HANS-GEORG ELIAS · MAKROMOLEKÜLE

Makromoleküle

Struktur - Eigenschaften - Synthesen
Stoffe - Technologie

HANS-GEORG ELIAS

Mit 361 Abbildungen und 243 Tabellen

4., umgearbeitete und wesentlich erweiterte Auflage

HÜTHIG & WEPF VERLAG BASEL · HEIDELBERG · NEW YORK

Anschrift des Verfassers

Prof. Dr. H.-G. ELIAS
Michigan Molecular Institute
1910 West St. Andrews Road
Midland, MI 48640, USA

CIP-Kurztitelaufnahme der Deutschen Bibliothek

Elias, Hans-Georg:
Makromoleküle : Struktur, Eigenschaften,
Synthesen, Stoffe, Technologie / Hans Georg
Elias. − 4., völlig umgearb. u. wesentl. erw. Aufl. −
Heidelberg : Hüthig und Wepf, 1981.
   ISBN 3-7785-0677-3

© 1981 Hüthig & Wepf Verlag Basel : Heidelberg
Printed in Germany

Didici in mathematicis ingenio, in natura experimentis, in legibus divinis humanisque auctoritate, in historia testimoniis nitendum esse

G. W. Leibniz

(Ich lernte, daß man sich in der Mathematik auf die Eingebung des Geistes, in der Naturwissenschaft auf das Experiment, in der Lehre vom göttlichen und menschlichen Recht auf die Autorität und in der Geschichte auf beglaubigte Quellen zu stützen habe).

Vorwort zur vierten Auflage

Die vierte Auflage dieses Lehrbuches verfolgt die gleichen Ziele wie seine 1971, 1972 und 1975 erschienenen Vorgänger: präzise Definitionen der Grundlagen, breiter Überblick über das Gesamtgebiet, integrierende Darstellung von Chemie, Physik und Technologie und ausgewogene Behandlung von Tatsachen- und Verständniswissen. Daß dabei eine „physikalisch-chemische" Betrachtungsweise überwiegt, liegt in der Natur der Sache. Strukturen, Reaktionen und Eigenschaften von Makromolekülen und Polymeren werden nun einmal weitgehend von statistischen Parametern reguliert; eine rein qualitative, klassisch-organische Behandlung führt oft zu Trugschlüssen. Die Komplexität insbesondere der technologisch interessanten Prozesse und Eigenschaften schließt andererseits eine völlig quantitative „physikalische" Behandlung aus. Daß manche Ausführungen dem Organiker zu mathematisch vorkommen und andere wiederum dem Physiker als zu simplifizierend, ist eine logische und durchaus beabsichtigte Konsequenz.

Die Gliederung ist gegenüber der dritten Auflage praktisch unverändert. Aus didaktischen Gründen wurden einzelne Unterkapitel umgestellt. Neu ist der Teil VI, der erstmals die Technologie von Polymeren zusammenfassend darstellt. Der mehr oder weniger rein beschreibende Inhalt dieser Kapitel zeigt dabei deutlich, wie weit wir noch von einem wahren Verständnis der Beziehungen zwischen chemischer Struktur und technischen Eigenschaften entfernt sind. Der Teil V („Stoffe") konzentriert sich nun stärker als vorher auf spezifische industrielle Synthesen und stoffspezifische Eigenschaften. Ihm vorangestellt ist ein neues Kapitel über Rohstoffe und damit zusammenhängende Energieprobleme.

Der Inhalt wurde völlig umgeschrieben. Neuere Beobachtungen und Erkenntnisse mußten dabei möglichst nahtlos integriert werden. Der aufmerksame Leser wird daher viele neue Befunde, Überlegungen und Fakten finden, deren Aufzählung den Rahmen dieses Vorwortes sprengen würde. An anderen Stellen wurde das Buch gestrafft. Völlig eliminiert und durch Fließ-Schemata ersetzt wurden z.B. die Angaben über Monomersynthesen, da hier nunmehr ausgezeichnete Monographien existieren. Bei einem Buch dieses Umfanges ist es ferner nur natürlich, daß verschiedene Gebiete nicht behandelt oder nur gestreift werden konnten. Das gilt besonders für biochemische, biophysikalische und biotechnologische Probleme wie Membranen, trägerfixierte Enzyme usw.

Nomenklatur und Symbolik folgen im allgemeinen den internationalen Vorschriften und Empfehlungen. In einigen Fällen mußte jedoch von diesen Regeln im Interesse der Klarheit abgewichen werden.

Mein Dank gilt auch diesmal meinen Kollegen und Freunden in aller Welt, die mich durch Übersendung von Sonderdrucken unterstützt, sowie auf Fehler aufmerksam gemacht haben. Besonders danke ich Herrn Dr. H. Schleicher, Akademie der Wissenschaften der DDR, für Vorschläge zur Sektion „Viscose".

Dezember 1980   Hans-Georg Elias

Aus dem Vorwort zur 1.–3. Auflage

Dieses Lehrbuch ist – wie so viele seiner Art – aus den Bedürfnissen des Unterrichts entstanden. Im obligatorischen Unterricht in den makromolekularen Wissenschaften für die Chemiker und Werkstoffkundler des 3. – 7. Semesters hatte ich seit vielen Jahren ein Lehrbuch vermißt, das von den Grundlagen der Chemie und Physik makromolekularer Substanzen bis zu den Anwendungen der Makromoleküle in der Technik führte. Dieses Lehrbuch sollte die Lücke zwischen den kurzen und daher oft zu sehr simplifizierenden Einführungen und den hochspezialisierten Lehrbüchern und Monographien über Teilgebiete der makromolekularen Wissenschaften schließen und einen Überblick über das Gesamtgebiet vermitteln. Die Gliederung des Stoffes ergab sich dann aus folgenden Überlegungen:

Die chemische Struktur von makromolekularen Verbindungen sollte im Idealfall unabhängig vom eingeschlagenen Syntheseweg sein. Von der chemischen und der physikalischen Struktur hängen auch alle Eigenschaften ab. Die Kapitel über die Struktur der Makromoleküle stehen darum am Anfang des Buches, in Übereinstimmung mit der seit vielen Jahren erfolgreichen Praxis bei Lehrbüchern der anorganischen und der organischen Chemie. . . . . .

Bei den einzelnen Kapiteln wird eine angemessene Kenntnis der anorganischen, organischen und physikalischen Chemie einschließlich der dort verwendeten Methoden vorausgesetzt. Alle für die Wissenschaft der Makromoleküle wichtigen Überlegungen und Ableitungen wurden jedoch – wenn immer möglich – von den Grundphänomenen und -überlegungen aus Schritt für Schritt vorgenommen. Ich hoffe daher, daß sich dieses Buch zum Selbststudium eignet. In einigen Fällen war ich gezwungen, strengere Ableitungen mit ihrem zwangsläufig größeren mathematischen Aufwand zugunsten halbquantitativer, aber durchsichtigerer Ansätze zu vernachlässigen.

Ein Lehrbuch muß sich notgedrungen stark auf die in Übersichtsartikeln und Monographien zugängliche Sekundärliteratur stützen. Ich habe zwar über 4000 Originalarbeiten vor, während und nach der Abfassung der einzelnen Kapitel wiederholt konsultiert, jedoch mit einer Ausnahme davon abgesehen, Originalliteratur zu zitieren. Diese Ausnahme betrifft das Kapitel über die geschichtliche Entwicklung, und zwar deshalb, weil mir eine abgewogene Darstellung der Geschichte der Chemie und Physik der makromolekularen Substanzen im Sinne einer Geschichte der Erkenntnisse nicht zugänglich war. Außerdem glaube ich, daß das Studium dieser älteren Originalliteratur dem Interessierten doch einen kleinen Einblick in die Schwierigkeiten vermittelt, die Vorurteile und unsaubere Begriffe einem besseren Verständnis der Phänomene bereiten. Die Originalliteratur vor allem der neueren Arbeiten sollte jedoch über die angeführten Übersichtsarbeiten verhältnismäßig leicht zugänglich sein. Ich hatte außerdem Bedenken, in einem Lehrbuch (das weder eine Monographie noch ein Referenzbuch ist und sein soll) Originalliteratur zu zitieren, weil der Fachmann nur zu leicht neuere Entwicklungen gegenüber den ihm selbstverständlich gewordenen älteren Entdeckungen und Überlegungen überbewertet. Eine historisch sachgemäße und abgewogene Würdigung der Ideen und Entdeckungen ist aber eine Aufgabe, der ich mich bei der Vielfalt und der Breite dieses Gebietes nicht gewachsen fühlte. Da es mir aus diesen Gründen unmöglich war, der Arbeit einzelner Chemiker und Physiker die gebührende Anerkennung zu zollen, habe ich im Text Namen nur dann erwähnt, wenn sie im Zusammenhang mit Reaktionen, Methoden und Phänomenen zu termini technici geworden sind (z.B. Staudinger-Index, Ziegler-Katalysatoren, Flory-Huggins-Konstante, Trommsdorf-Norrish-Effekt, Smith-Harkins-Theorie usw.). Aus der gelegentlichen Verwendung von Markennamen kann kein Recht für die allgemeine Benutzung abgeleitet werden.

In allen Fällen wurde weniger Wert darauf gelegt, möglichst viele Fakten zu vermitteln als vielmehr das Denken zu schulen und die Zusammenhänge zwischen den einzelnen Teilgebieten aufzuzeigen. Ich habe also ähnlich wie Dr. Andreas Libavius (Alchemia, Ein Lehrbuch der Chemie aus dem Jahre 1597, Neuauflage 1964 des Gmelin-Institutes) die Chemie in

> „mühevoller Arbeit, hauptsächlich aus den allerorten verstreuten Einzelangaben der besten alten und neueren Autoren, ferner auch aus etlichen allgemeinen Lehrvorschriften zusammengetragen und anhand theoretischer Überlegung und größtmöglicher praktischer Erfahrung nach sorgfältiger Methode dargelegt und zu einem einheitlichen Gesamtwerk verarbeitet."

Der Leser möge beurteilen, inwieweit dies für das vorliegende Lehrbuch gelungen ist.

HANS-GEORG ELIAS

Abbildungsnachweis

Den folgenden Verlagen sei für die Erlaubnis zur Übernahme von Abbildungen und Tabellen gedankt:

Academic Press, London/New York, D. Lang, H. Bujard, B. Wolff und D. Russell, J. Mol. Biol. **23** (1967) 163, (Abb. 4–15); R. S. Baer, Adv. Prot. Chem. **7** (1952) 69, (Abb. 30–5); C. D. Han, Rheology in Polymer Processing, 1976, (Abb. 35–14)

Akademie-Verlag, Berlin, H. Dautzenberg, Faserforschg. Textiltechn. **21** (1970) 117, (Abb. 4–19); K. Edelmann, Faserforschg. Textiltechn. **3** (1952) 344, (Abb. 7–6)

Akademische Verlagsgesellschaft, Leipzig, G. V. Schulz, A. Dinglinger und E. Husemann, Z. Physik. Chem. **B 43** (1939) 385 (Abb. 20–6)

American Chemical Society, Washington, D.C.; S. I. Mizushima und T. Shimanouchi, J. Amer. Chem. Soc. **86** (1964) 3521, (Abb. 4–7); M. Goodman und E. E. Schmidt, J. Amer. Chem. Soc. **81** (1959) 5507, (Abb. 4–22); K. G. Siow und G. Delmas, Macromolecules **5** (1972) 29, (Abb. 6–13); P. J. Flory, J. Amer. Chem. Soc. **63** (1941) 3083, (Abb. 17–9); G. V. Schulz, Chem. Tech. 3/4 (1973) 224, (Abb. 18–5); G. V. Schulz, Chem. Tech. 3/4 (1973) 221, (Abb. 20–2); M. Litt, Macromolecules **4** (1971) 312, (Abb. 22–11); N. Ise und F. Matsui, J. Am. Chem. Soc. **90** (1968) 4242, (Abb. 23–1); H. P. Gregor, L. B. Luttinger und E. M. Loebl, J. Phys. Chem. **59** (1955) 34, (Abb. 23–8); J. S. Noland, N. N.-C. Hsu, R. Saxon und D. M. Schmitt, in N. A. J. Platzer, Hrsg., Multicomponent Polymer Systems, ACS Adv. Chem. Ser. **99**, (Abb. 35–5)

American Institute of Physics, New York, W. D. Niegisch und P. R. Swan, J. Appl. Phys. **31** (1960) 1906, (Abb. 5–16); M. Shen, D. A. McQuarrie und J. L. Jackson, J. Appl. Phys. **38** (1967) 791, (Abb. 11–4); H. D. Keith und F. J. Padden, jr., J. Appl. Phys. **30** (1959) 1479, (Abb. 11–22); R. S. Spencer und R. F. Boyer, J. Appl. Phys. **16** (1945) 594, (Abb. 11–17)

Applied Science Publishers, London, C. B. Bucknall, Toughened Plastics (1977), (Abb. 35–12 und Abb. 35–13)

Badische Anilin- & Soda-Fabrik AG, Ludwigshafen/Rh., –, Kunststoff-Physik im Gespräch, 2. Aufl., (1968), S. 103 und 107, (Abb. 11–8 und 11–10)

The Biochemical Journal, London, P. Andrews, Biochem. J. **91** (1964) 222, (Abb. 9–18)

Butterworth, London, H. P. Schreiber, E. B. Bagley und D. C. West, Polymer **4** (1963) 355, (Abb. 7–8); A. Sharples, Polymer **3** (1962) 250, (Abb. 10–8); A. Nakajima und F. Hameda, IUPAC, Macromol. Microsymp. VIII und IX (1972) 1, (Abb. 10–9); A. Gandica und J. H. Magill, Polymer **13** (1972) 595, (Abb. 10–10); C. E. H. Bawn und M. B. Huglin, Polymer **3** (1962) 257, (Abb. 17–4); D. R. Burfield und P. J. T. Tait, Polymer **13** (1972) 307, (Abb. 19–2 und 19–3); I. D. McKenzie, P. J. T. Tait, D. R. Burfield, Polymer **13** (1972) 307, (Abb. 19–4)

Chemie-Verlag Vogt-Schild AG, Solothurn, G. Henrici-Olivé und S. Olivé, Kunststoffe-Plastics **5** (1958) 315 (Abb. 20–3 und 20–4)

M. Dekker, New York, H.-G. Elias, S. K. Bhatteya und D. Pae, J. Macromol. Sci. [Phys.] **B–12** (1976) 599 (Abb. 11–1); R. L. McCullough, Concepts of Fibers-Resins Composites, (1971) (Abb. 35–15 und 35–16)

Engineering, Chemical & Marine Press, London, R. A. Hudson, British Plastics **26** (1953) 6, (Abb. 11–18)

The Faraday Society, London, R. M. Barrer, Trans. Faraday Soc. **35** (1939) 628, (Tab. 7–5); R. B. Richards, Trans. Faraday Soc. **42** (1946) 10, (Abb. 6–23); L. R. G. Treloar, Trans. Faraday Soc. **40** (1944) 59, (Abb. 11–5); F. S. Dainton und K. J. Ivin, Trans. Faraday Soc. **46** (1950) 331, (Tab. 16–7)

W. H. Freeman and Co., San Francisco, M. F. Perutz, Sci. American (Nov. 1964) 71, (Abb. 4–14); H. Neurath, Sci. American (Dec. 1964) 69, (Abb. 30–2)

Gordon and Breach, New York, G. R. Snelling, Polymer News 3/1 (1976) 36, (Abb. 33–4)

Gazetta Chimica Italiana, Rom, G. Natta, P. Corradini und I. W. Bassi, Gazz. Chim. Ital. **89** (1959) 784, (Abb. 4–8)

General Electric Co., Schenectady, N. Y., A. R. Shultz, GE-Report 67–C–072, (Abb. 6–18); F. A. Karasz, H. E. Bair und J. M. O'Reilly, GE-Report 68–C–001, (Abb. 10–3)

C. Hanser, München, R. Rehage, Kunststoffe **53** (1963) 605, (Abb. 6—14); H.-G. Elias, Neue polymere Werkstoffe 1969—1974 (1975), (Abb. 33—2 und 33—5); H.-G. Elias, Kunststoffe **66** (1976) 641, (Abb. 33—6)
Interscience Publ., New York, T. M. Birshtein und O. B. Ptitsyn, Conformation of Macromolecules, (1966), (Abb. 4—4); P. J. Flory, Statistical Mechanics of Chain Molecules, 1969, (Abb. 4—18); P. Pino, F. Ciardelli, G. Montagnoli und O. Pieroni, Polymer Letters **5** (1967) 307, (Abb. 4—23); A. Jeziorny und S. Kepka, J. Polymer Sci. B **10** (1972) 257, (Abb. 5—4); P. H. Lindenmeyer, V. F. Holland und F. R. Anderson, J. Polymer Sci. C **1** (1963) 5, (Abb. 5—17, 5—18, 5—19); H. D. Keith, F. J. Padden und R. G. Vadimsky, J. Polymer Sci. [A—2] **4** (1966) 267, (Abb. 5—22); G. Rehage und D. Möller, J. Polymer Sci. C **16** (1967) 1787, (Abb. 6—17); T. G. Fox, J. Polymer Sci. C **9** (1965) 35, (Abb. 7—9); Z. Grubisic, P. Rempp und H. Benoit, J. Polymer Sci. B **5** (1967) 753, (Abb. 9—19); R. Rehage und W. Borchard, in R. N. Haward, Hrsg., The Physics of the Glassy State (1973), (Abb. 10—2); N. Overbergh, H. Bergmans und G. Smets, J. Polymer Sci. C **38** (1972) 237, (Abb. 10—14); O. B. Edgar und R. Hill, J. Polymer Sci. **8** (1952) 1, (Abb. 10—18); P. I. Vincent, Encycl. Polymer Sci. Technol. **7** (1967) 292, (Abb. 11—15); P. J. Berry, J. Polymer Sci. **50** (1961) 313, (Abb. 11—20); H. W. McCormick, F. M. Brower und L. Kin, J. Polymer Sci. **39** (1959) 87, (Abb. 11—23); N. Berendjick, in B. Ke, Hrsg., Newer Methods of Polymer Characterization, (1964), (Abb. 12—1); E. J. Lawton, W. T. Grubb und J. S. Balwit, J. Polymer Sci. **19** (1956) 455, (Abb. 21—2); G. Molau und H. Keskkula, J. Polymer Sci. [A—1] **4** (1966) 1595, (Abb. 35—8); A. Ziabicki, in H. Mark, S. M. Atlas und E. Cernia, Man-Made Fibers, Vol. 1 (1967), (Abb. 38—6, 38—7)
IPC Business Press, G. Allen, G. Gee und J. P. Nicholson, Polymer **2** (1961) 8, (Abb. 35—6)
Journal of the Royal Netherlands Chemical Society, s'Gravenhage, D. T. F. Paals und J. J. Hermans, Rec. Trav. **71** (1952) 433, (Abb. 9—25)
Kodansha, Tokio, S. Iwatsuki und Y. Yamashita, Progr. Polymer Sci. Japan **2** (1971) 1, (Abb. 22—9)
Kogyo Chosakai Publ. Co., Tokio, M. Matsuo, Japan Plastics (July 1968), Abb. 5—33)
McGraw-Hill Book Co., New York, A. X. Schmidt und C. A. Marlies, Principles of High Polymer Theory and Practice (1948), (Abb. 10—5)
Pergamon Press, New York, J. T. Yang, Tetrahedron **13** (1961) 143, (Abb. 4—26); H. Hadjichristidis, M. Devaleriola und V. Desreux, Europ. Polym. J. **8** (1972) 1193, (Abb. 9—27); J. M. G. Cowie, Europ. Polym. J. **11** (1975) 295, (Abb. 10—22)
Plenum Publ., New York, J. A. Manson und L. H. Sperling, Polymer Blends and Composites (1976), (Abb. 35—10)
The Royal Society, London, N. Grassie und H. W. Melville, Proc. Royal Soc. [London] A **199** (1949) 14, (Abb. 23—6)
Societa Italiana di Fisica, Bologna, G. Natta und P. Corradini, Nuovo Cimento Suppl. **15** (1960) 111 (Abb. 5—9)
Society of Plastics Engineers, Greenwich, Conn., J. D. Hoffman, SPE Trans. **4** (1964) 315, (Abb. 10—13); S. L. Aggarwal und R. L. Livigni, Polymer Engng. Sci. **17** (1977) 498, (Abb. 35—9)
Springer-Verlag, New York, H.-G. Elias, R. Bareiss und J. G. Watterson, Adv. Polymer Sci. **11** (1973) 111, (Abb. 8—5)
D. Steinkopff-Verlag, Darmstadt, A. J. Pennings, J. M. M. A. van der Mark und A. M. Keil, Kolloid-Z. **237** (1970) 336, (Abb. 5—28); G. Kanig, Kolloid-Z. **190** (1963) 1, (Abb. 35—1)
Textile Research Institute, Princeton, NJ, H. M. Morgan, Textile Res. J. **32** (1962) 866, (Abb. 5—36)
Van Nostrand Reinhold Co., New York, R. C. Bowers und W. A. Zisman, in E. Baer, Hrsg., Engng. Design for Plastics, (Abb. 13—4)
Verlag Chemie, Weinheim/Bergstraße, G. V. Schulz, Ber. Dtsch. Chem. Ges. **80** (1947) 232, (Abb. 9—1); H. Benoit, Ber. Bunsenges. **70** (1966) 286, (Abb. 9—5); G. Rehage, Ber. Bunsenges. **74** (1970) 796, (Abb. 10—1); K.-H. Illers, Ber. Bunsenges. **70** (1966) 353, (Abb. 10—25); J. Smid, Angew. Chem. **84** (1972) 127, (Abb. 18—1); F. Patat und Hj. Sinn, Angew. Chem. **70** (1958) 496, (Gl. 19—12); G. V. Schulz, Ber. Dtsch. Chem. Ges. **80** (1947) 232 (Abb. 20—5); E. Thilo, Angew. Chem. **77** (1965) 1057, (Abb. 32—4)

Verzeichnis der Abkürzungen

Alle Abkürzungen wurden nach Möglichkeit dem „Manual of Symbols and Terminology for Physicochemical Quantities and Units", Pure and Applied Chemistry **21** (1970) No. 1, entnommen. Einige der dort aufgeführten Symbole mußten jedoch im Interesse der Klarheit durch andere ersetzt werden.

Nach ISO (International Standardization Organization) sollen alle extensiven Größen mit großen Buchstaben, alle intensiven Größen mit kleinen Buchstaben bezeichnet werden. IUPAC folgt jedoch nicht dieser Empfehlung, sondern benutzt kleine Buchstaben für spezifische Größen.

Die folgenden Symbole wurden über oder hinter einem Buchstaben verwendet:

Symbole über einem Buchstaben:

$^{-}$ bezeichnet einen Mittelwert. $\bar{M}$ ist daher der Mittelwert des Molekulargewichtes M. Kompliziertere Mittelwerte werden häufig durch $\langle \ \rangle$ wiedergegeben. $\langle R_G^2 \rangle_z$ ist daher eine andere Schreibweise für $\overline{(R_G^2)}_z$

$^{\sim}$ gibt eine partielle Größe an. $\tilde{v}_A$ ist das partielle spezifische Volumen der Verbindung A. V_A ist das Volumen von A, während $\tilde{V}_A^m$ das partielle Molvolumen von A ist.

Hochgestellte Symbole hinter einem Buchstaben:

°	reine Substanz oder Standardzustand
∞	unendliche Verdünnung oder unendlich hohes Molekulargewicht
m	molare Größe (in Fällen, bei denen tiefgestellte Buchstaben unzweckmäßig sind)
(q)	q. Ordnung eines Momentes (immer in Klammern)
‡	aktivierter Komplex

Tiefgestellte Symbole hinter einem Buchstaben:

0	Ausgangszustand
1	Lösungsmittel
2	Gelöstes
3	Zusätzliche Komponente (z. B. Fällungsmittel, Salz usw.)
am	amorph
B	Sprödigkeit oder Bruch
bd	Bindung
bp	Siedeprozess
cr	kristallin
crit	kritisch
cryst	Kristallisation
e	Gleichgewicht
E	Endgruppe
G	Glaszustand
i	Laufzahl
i	Initiation
i	isotaktische Diade
ii	isotaktische Triade
is	heterotaktische Triade
j	Laufzahl
k	Laufzahl

Verzeichnis der Abkürzungen XIII

m	molar
M	Schmelzprozeß
mon	Monomer
n	Zahlenmittel
p	Polymerisation, insbesondere Wachstum
pol	Polymer
r	allgemein für Mittelwert
s	syndiotaktische Diade
ss	syndiotaktische Triade
st	Startreaktion
t	Abbruchreaktion („termination")
tr	Übertragungsreaktion („transfer")
u	Umsatz
U	Grundbaustein
w	Massenmittel
z	z-Mittel

Präfixes:

at	ataktisch
ct	cis-taktisch
eit	erythrodiisotaktisch
it	isotaktisch
st	syndiotaktisch
tit	threodiisotaktisch
tt	trans-taktisch

Eckige Klammern um einen Buchstaben bezeichnen Stoffmengenkonzentrationen (IUPAC schreibt hierfür das Symbol c vor, das jedoch bislang stets für die Einheit Masse/Volumen gebraucht wurde). – Alle Winkelangaben sind stets in °.

Von wenigen Ausnahmen abgesehen, wurde als Einheit für die Länge nicht das Meter verwendet, sondern die davon abgeleiteten Einheiten. Die Verwendung des Meters führt in den makromolekularen Wissenschaften zu sehr unzweckmäßigen Einheiten.

Symbole:

A	Absorption (früher Extinktion) ($= \log \tau_i^{-1}$)
A	Fläche
A	Helmholtz-Energie ($A = U - TS$), früher Freie Energie
A^m	Molare Helmholtz-Energie
A	Aktionskonstante (in $k = A \exp(-E/RT)$
A_2	Zweiter Virialkoeffizient
a	Aktivität
a	Exponent in Eigenschaft/Molmassen-Beziehungen ($E = KM^a$). Immer mit Index, z. B. a_η, a_s usw.
a	Linearer Absorptionskoeffizient ($a = l^{-1} \log (I_0/I)$)
a_0	Konstante der Moffit-Yang-Gleichung
b	Bindungslänge
b_0	Konstante der Moffit-Yang-Gleichung

C	Cyclus, Drehachse
C	Wärmekapazität
C^m	Molare Wärmekapazität
C_N	charakteristisches Verhältnis
C_{tr}	Übertragungskonstante ($C_{tr} = k_{tr}/k_p$)
c	spezifische Wärmekapazität (früher: spezifische Wärme). (c_p = spezifisch isobare Wärmekapazität, c_v = spezifische isochore Wärmekapazität)
c	„Gewichts"konzentration (= Masse Gelöstes durch Volumen Lösungsmittel). IUPAC schlägt für die Größe das Symbol ρ vor, was zu Verwechslungen mit dem gleichen IUPAC-Symbol für die Dichte führen kann. DIN 1304 besagt in diesem Fall, daß für andere Größen als die Dichte auf andere Buchstaben ausgewichen werden kann.
$\hat{c}$	Lichtgeschwindigkeit im Vakuum oder Schallgeschwindigkeit
D	Digyre, zweizählige Achse
D	Diffusionskoeffizient
D_{rot}	Rotationsdiffusionskoeffizient
E	Energie (E_k = kinetische Energie, E_p = Potentialenergie, $E^{\ddagger}$ = Aktivierungsenergie)
E	Elektronegativität
E	Elastizitätsmodul, Young-Modul ($E = \sigma_{11}/\epsilon$)
E	Allgemeine Eigenschaft
E	Elektrische Feldstärke
e	Elementarladung
e	Parameter in der Q,e-Copolymerisationstheorie
e	Kohäsionsenergiedichte (immer mit Index)
e	elektrische Partialladung
F	Kraft
f	Bruchteil (soweit nicht Stoffmengenanteil, Massenbruch, Volumenbruch)
f	Molekularer Reibungskoeffizient (z. B., f_s, f_D, f_{rot})
f	Funktionalität
G	gauche-Konformation
G	Gibbs-Energie (früher Freie Enthalpie) ($G = H - TS$)
G^m	Molare Gibbs-Energie
G	Schermodul ($G = \sigma_{21}/$Scherwinkel)
G	Anteil des statistischen Gewichtes ($G_i = g_i/\Sigma_i g_i$)
g	Erdbeschleunigung
g	statistisches Gewicht
g	Parameter für die Dimensionen verzweigter Makromoleküle
H	Höhe
H	Enthalpie
H^m	Molare Enthalpie
h	Höhe
h	Planck-Konstante
I	Elektrische Stromstärke
I	Intensität
i	Strahlungsintensität eines Moleküls
J	Fluß (von Masse, Volumen, Energie usw.), immer mit entsprechendem Index
K	Allgemeine Konstante
K	Gleichgewichtskonstante

K	Kompressionsmodul ($p = -K\Delta V/V_0$)
k	Boltzmann-Konstante
k	Geschwindigkeitskonstante chemischer Reaktionen (immer mit Index)
k	Kopplungsgrad bei Schulz-Flory-Verteilungen
l	Länge
L	Länge
L	Fadenendenabstand
L	Phänomenologischer Koeffizient
M	molare Masse, Molmasse („Molekulargewicht")
m	Masse
N	Zahl
N_L	Avogadro-Konstante (Loschmidtsche Zahl)
n	Stoffmenge einer Substanz (in mol)
n	Brechungsindex
P	Permeabilitätskoeffizient
Pr	Produktion
p	Wahrscheinlichkeit
p	Dipolmoment
p_i	Induziertes Dipolmoment
p	Druck
p	Reaktionsausmaß
p	Zahl konformativer Strukturelemente pro Windung
Q	Elektrizitätsmenge, Ladung
Q	Wärme
Q	Zustandssumme (System)
Q	Parameter in der Q,e-Copolymerisationsgleichung
Q	Polymolekularitätsindex ($Q = \bar{M}_w/\bar{M}_n$)
Q	Preis
q	Zustandssumme (Teilchen)
R	Allgemeine Gaskonstante
R	Elektrischer Widerstand
R	dichroitisches Verhältnis
R_G	Trägheitsradius
R_n	Sequenzzahl (Laufzahl)
R_θ	Rayleigh-Verhältnis
r	Radius
r	Copolymerisationsparameter
r_0	Anfängliches Molverhältnis der Gruppen bei der Polykondensation
S	Sphenoid, Drehspiegelachse
S	Entropie
S^m	Molare Entropie
S	Löslichkeitskoeffizient
s	Sedimentationskoeffizient
s	Selektivitätskoeffizient (bei osmotischen Messungen)
T	Temperatur (sowohl in K als auch in °C)
T	trans-Konformation
T	Tetraeder

XVI *Verzeichnis der Abkürzungen*

t	Zeit
U	Elektrische Spannung
U	Innere Energie
U^m	Molare Innere Energie
u	Umsatz
u	Ausgeschlossenes Volumen
V	Volumen
V	Elektrisches Potential
v	Geschwindigkeit, Reaktionsgeschwindigkeit
v	spezifisches Volumen (immer mit Index)
W	Arbeit
w	Massenbruch bzw. Massenanteil („Gewichtsbruch")
X	Polymerisationsgrad
X	Elektrischer Widerstand
x	Stoffmengenanteil („Molenbruch")
Z	Stoßzahl
Z	z-Anteil
z	Ladung des Ions
z	Koordinationszahl
z	Dissymmetrie (Lichtstreuung)
z	Parameter der Theorie des ausgeschlossenen Volumens
z	Anzahl Nachbarn
α	Winkel, insbesondere Rotationswinkel der optischen Aktivität
α	Kubischer Ausdehnungskoeffizient ($\alpha = V^{-1}(\partial V/\partial T)_p$)
α	Aufweitungsfaktor (als reduzierte Länge, z. B. α_L beim Fadenendenabstand oder α_R beim Trägheitsradius)
α	Elektrische Polarisierbarkeit eines Moleküls
α	Kristallinitätsgrad (mit Index für Methode, z. B. IR, V usw.)
$[\alpha]$	„Spezifische" optische Drehung
β	Winkel
β	Druckkoeffizient
β	Integral des ausgeschlossenen Volumens
Γ	Vorzugssolvatation
γ	Winkel
γ	Oberflächenspannung
γ	Linearer Ausdehnungskoeffizient
γ	Grenzflächenenergie
γ	Vernetzungsindex
γ	Geschwindigkeitsgefälle
δ	Verlustwinkel
δ	Löslichkeitsparameter
δ	Chemische Verschiebung
ϵ	Lineare Dehnung ($\epsilon = \Delta l/l_0$)
ϵ	Erwartung

Verzeichnis der Abkürzungen XVII

ϵ Energie pro Molekül
ϵ_r Relative Permittivität (Dielektrizitätszahl)

η Dynamische Viskosität
$[\eta]$ Staudinger-Index (wird in DIN 1342 J_0 genannt)

Θ Charakteristische Temperatur, insbesondere Theta-Temperatur
θ Winkel, insbesondere Torsionswinkel (Konformationswinkel)

ϑ Winkel

κ Isotherme Kompressibilität ($\kappa = -V^{-1}\,(\partial V/\partial p)_T$)
κ Elektrische Leitfähigkeit (früher: spezifische Leitfähigkeit)
κ Enthalpischer Wechselwirkungsparameter bei der Theorie der Lösungen

Λ Achsenverhältnis von Stäbchen
λ Wellenlänge
λ Wärmeleitfähigkeit
λ Kopplungsgrad

μ Chemisches Potential
μ Moment
μ Permanentes Dipolmoment

ν Kinetische Kettenlänge
ν Moment, bezogen auf einen Referenzwert
ν Frequenz
ν effektive Stoffmengenkonzentration an Netzketten

ξ Abschirmverhältnis bei der Theorie der statistischen Knäuel
Ξ Zustandssumme

Π Osmotischer Druck
π mathematische Konstante

ρ Dichte

σ Spiegelung, Spiegelebene
σ Mechanische Spannung (σ_{11} = Normalspannung, σ_{21} = Scherspannung)
σ Standardabweichung
σ Behinderungsparameter
σ Kooperativität
σ elektrische Leitfähigkeit

τ Bindungswinkel
τ Relaxationszeit
τ_i Innere Durchlässigkeit (Transmission, Durchlässigkeitsfaktor) (gibt das Verhältnis von durchgelassenem zu eingestrahltem Licht an)

ϕ Volumenbruch (Volumengehalt)
ϕ Winkel

$\varphi(r)$ Potential zwischen zwei durch einen Abstand r getrennten Segmenten

Φ Konstante in der Viskositäts/Molmassen-Beziehung

[Φ]	„Molare" optische Drehung
χ	Wechselwirkungsparamter in der Theorie der Lösungen
ψ	Entropischer Wechselwirkungsparameter in der Theorie der Lösungen
ω	Winkelfrequenz, Winkelgeschwindigkeit
Ω	Winkel
Ω	Wahrscheinlichkeit
Ω	Schiefe einer Verteilung

Inhaltsverzeichnis

(Literatur befindet sich am Ende jedes Kapitels)

Vorworte VII
Abbildungsnachweis X
Verzeichnis der Abkürzungen XII

TEIL I: STRUKTUR

1 Einführung 3
   1.1 Grundbegriffe 3
   1.2 Geschichtliche Entwicklung 7

2 Konstitution 17
   2.1 Nomenklatur 17
      2.1.1 Anorganische Makromoleküle 18
      2.1.2 Organische Makromoleküle 18
   2.2 Atombau und Kettenbildung 22
      2.2.1 Übersicht 22
      2.2.2 Isoketten 23
      2.2.3 Heteroketten 26
   2.3 Homopolymere 29
      2.3.1 Verknüpfung der Grundbausteine 29
      2.3.2 Substituenten 32
      2.3.3 Endgruppen 33
   2.4 Copolymere 34
      2.4.1 Definitionen 34
      2.4.2 Konstitutive Zusammensetzung 35
      2.4.3 Konstitutive Uneinheitlichkeit 36
      2.4.4 Sequenzen 39
      2.4.5 Sequenzlängen 40
   2.5 Molekülarchitektur 42
      2.5.1 Verzweigungen 43
      2.5.2 Pfropfpolymere und Pfropfcopolymere 44
      2.5.3 Ungeordnete Netzwerke 44
      2.5.4 Geordnete Netzwerke 47

3 Konfiguration 51
   3.1 Übersicht 51
      3.1.1 Symmetrie 51
      3.1.2 Stereoisomerie 53
      3.1.3 DL- und RS-System 55
      3.1.4 Stereoformeln 57
   3.2 Ideale Taktizität 58
      3.2.1 Definitionen 58
      3.2.2 Monotaktizität 59

		3.2.3 Ditaktizität	64
3.3		Reale Taktizität	66
		3.3.1 J-Aden	66
		3.3.2 Experimentelle Methoden	67

4 Konformation ... 75

4.1	Grundlagen	75
	4.1.1 Konformation um Einzelbindungen	75
	4.1.2 Konformationsanalyse	78
	4.1.3 Konstitutionseinflüsse	80
4.2	Konformation im Kristall	83
	4.2.1 Intra- und intercatenare Kräfte	83
	4.2.2 Helix-Typen	85
	4.2.3 Konstitutionseinflüsse	86
4.3	Konformation in Schmelze und Lösung	88
	4.3.1 Niedermolekulare Verbindungen	88
	4.3.2 Makromolekulare Verbindungen	89
4.4	Gestalt von Makromolekülen	92
	4.4.1 Übersicht	92
	4.4.2 Kompakte Moleküle	94
	4.4.3 Knäuelmoleküle	95
	4.4.4 Ausgeschlossenes Volumen kompakter Moleküle	96
	4.4.5 Ausgeschlossenes Volumen von Knäuelmolekülen	97
4.5	Statistik von Knäuelmolekülen	100
	4.5.1 Ungestörte Knäuel	100
	4.5.2 Behinderungsparameter und charakteristisches Verhältnis	103
	4.5.3 Statistisches Vorzugselement	104
	4.5.4 Ketten mit Persistenz	105
	4.5.5 Dimensionen	108
4.6	Optische Aktivität	111
	4.6.1 Übersicht	111
	4.6.2 Grundlagen	112
	4.6.3 Struktureinflüsse	113
	4.6.4 Poly (α-aminosäuren)	115
	4.6.5 Proteine	115
	4.6.6 Poly (α-olefine)	116
4.7	Konformationsumwandlungen	119
	4.7.1 Phänomene	119
	4.7.2 Thermodynamik	120
	4.7.3 Kinetik	123

Anhang zu Kap. 4 ... 124

A–4.1	Berechnung der Fadenendenabstände im Segmentmodell	124
A–4.2	Beziehung zwischen Fadenendenabstand und Trägheitsradius im Segmentmodell	124
A–4.3	Berechnung der Fadenendenabstände bei Valenzwinkelketten	127
A–4.4	Verteilung der Fadenendenabstände	128

5 Übermolekulare Strukturen ... 131

- 5.1 Übersicht ... 131
  - 5.1.1 Phänomene ... 131
  - 5.1.2 Kristallinität ... 131
- 5.2 Bestimmung der Kristallinität ... 134
  - 5.2.1 Röntgenographie ... 134
  - 5.2.2 Dichte-Messungen ... 139
  - 5.2.3 Kalorimetrie ... 140
  - 5.2.4 Infrarotspektroskopie ... 141
  - 5.2.5 Indirekte Methoden ... 141
- 5.3 Kristallstrukturen ... 142
  - 5.3.1 Molekülkristalle und Supergitter ... 142
  - 5.3.2 Elementar- und Einheitszellen ... 142
  - 5.3.3 Polymorphie ... 146
  - 5.3.4 Isomorphie ... 147
  - 5.3.5 Gitterdefekte ... 148
- 5.4 Morphologie kristalliner Polymerer ... 150
  - 5.4.1 Fransenmizellen ... 150
  - 5.4.2 Polymereinkristalle ... 150
  - 5.4.3 Sphärolithe ... 155
  - 5.4.4 Dendrite und epitaktisches Wachstum ... 157
- 5.5 Mesomorphe Strukturen ... 158
- 5.6 Amorpher Zustand ... 160
  - 5.6.1 Freies Volumen ... 160
  - 5.6.2 Morphologie von Homopolymeren ... 162
  - 5.6.3 Morphologie von Blockpolymeren ... 163
- 5.7 Orientierung ... 167
  - 5.7.1 Definition ... 167
  - 5.7.2 Röntgeninterferenzen ... 167
  - 5.7.3 Optische Doppelbrechung ... 168
  - 5.7.4 Infrarot-Dichroismus ... 168
  - 5.7.5 Polarisierte Fluoreszenz ... 169
  - 5.7.6 Schallfortpflanzung ... 170

TEIL II: LÖSUNGSEIGENSCHAFTEN

6 Thermodynamik der Lösungen ... 175

- 6.1 Grundbegriffe ... 175
- 6.2 Löslichkeitsparameter ... 176
  - 6.2.1 Grundlagen ... 176
  - 6.2.2 Experimentelle Bestimmung ... 179
  - 6.2.3 Anwendungen ... 180
- 6.3 Statistische Thermodynamik ... 182
  - 6.3.1 Mischungsentropie ... 182
  - 6.3.2 Mischungsenthalpie ... 183
  - 6.3.3 Gibbssche Mischungsenergie von Nichtelektrolyten ... 185
  - 6.3.4 Gibbssche Mischungsenergie von Polyelektrolyten ... 186
  - 6.3.5 Chemisches Potential konzentrierter Lösungen ... 187
  - 6.3.6 Chemisches Potential verdünnter Lösungen ... 189
- 6.4 Virialkoeffizienten ... 190
  - 6.4.1 Definition ... 190
  - 6.4.2 Ausgeschlossenes Volumen ... 191

6.5	Assoziation	192
	6.5.1 Grundlagen	192
	6.5.2 Offene Assoziation	194
	6.5.3 Geschlossene Assoziation	196
	6.5.4 Bindungskräfte	199
6.6	Phasentrennung	200
	6.6.1 Grundlagen	200
	6.6.2 Obere und untere kritische Mischungstemperaturen	202
	6.6.3 Quasibinäre Systeme	204
	6.6.4 Fraktionierung und Mikroverkapselung	206
	6.6.5 Ermittlung von Theta-Zuständen	207
	6.6.6 Phasentrennung bei Lösungen von Stäbchen	210
	6.6.7 Unverträglichkeit	211
	6.6.8 Quellung	212
	6.6.9 Kristalline Polymere	214

7 Transportphänomene ... 217

7.1	Hydrodynamisch wirksame Größen	217
7.2	Diffusion in verdünnten Lösungen	218
	7.2.1 Grundlagen	218
	7.2.2 Experimentelle Methoden	219
	7.2.3 Molekulare Größen	220
7.3	Rotationsdiffusion und Strömungsdoppelbrechung	221
7.4	Elektrophorese	224
7.5	Viskosität	225
	7.5.1 Begriffe	225
	7.5.2 Methoden	229
	7.5.3 Viskosität von Schmelzen und hochkonzentrierten Lösungen	232
7.6	Permeation durch Festkörper	235
	7.6.1 Grundlagen	235
	7.6.2 Konstitutionseinflüsse	239

8 Molmassen und Molmassenverteilungen ... 242

8.1	Einführung	242
8.2	Statistische Gewichte	242
8.3	Molmassenverteilungen	244
	8.3.1 Darstellung von Verteilungsfunktionen	244
	8.3.2 Typen von Verteilungsfunktionen	245
	8.3.2.1 Gauss-Verteilung	245
	8.3.2.2 Logarithmische Normalverteilungen	247
	8.3.2.3 Poisson-Verteilungen	249
	8.3.2.4 Schulz-Flory-Verteilungen	249
	8.3.2.5 Kubin-Verteilung	250
8.4	Momente	251
8.5.	Mittelwerte	251
	8.5.1 Allgemeine Beziehungen	251
	8.5.2 Einfache einmomentige Mittel	252
	8.5.3 Einmomentige Exponentmittel	253
	8.5.4 Mehrmomentige Mittel	254
	8.5.5 Molmassenverhältnisse	256
	8.5.6 Copolymere	257

9 Bestimmung von Molmassen und Molmassenverteilungen 259

- 9.1 Einleitung 259
- 9.2 Membranosmometrie 260
  - 9.2.1 Semipermeable Membranen 260
  - 9.2.2 Experimentelle Methodik 262
  - 9.2.3 Nichtsemipermeable Membranen 264
- 9.3 Ebullioskopie und Kryoskopie 266
- 9.4 Dampfdruckosmometrie 267
- 9.5 Lichtstreuung 268
  - 9.5.1 Grundlagen 268
  - 9.5.2 Kleine Teilchen 268
  - 9.5.3 Copolymere 272
  - 9.5.4 Konzentrationsabhängigkeit 275
  - 9.5.5 Große Teilchen 277
  - 9.5.6 Meßtechnik 280
- 9.6 Röntgenkleinwinkel- und Neutronenstreuung 281
- 9.7 Ultrazentrifugation 282
  - 9.7.1 Phänomene und Methoden 282
  - 9.7.2 Grundgleichungen 285
  - 9.7.3 Sedimentationsgeschwindigkeit 286
  - 9.7.4 Sedimentationsgleichgewicht 289
  - 9.7.5 Gleichgewichte im Dichtegradienten 289
  - 9.7.6 Präparative Ultrazentrifugation 292
- 9.8 Chromatographie 293
  - 9.8.1 Elutionschromatographie 293
  - 9.8.2 Gelpermeationschromatographie 293
  - 9.8.3 Adsorptionschromatographie 296
- 9.9 Viskosimetrie 297
  - 9.9.1 Grundlagen 297
  - 9.9.2 Experimentelle Methoden 298
  - 9.9.3 Konzentrationsabhängigkeit bei Nichtelektrolyten 302
  - 9.9.4 Konzentrationsabhängigkeit bei Polyelektrolyten 305
  - 9.9.5 Staudinger-Index und Molmassen starrer Moleküle 306
  - 9.9.6 Staudinger-Index und Molmassen von Knäuelmolekülen 308
  - 9.9.7 Eichung von Viskositäts/Molmassen-Beziehungen 313
  - 9.9.8 Einflüsse der chemischen Struktur 316

TEIL III: FESTKÖRPEREIGENSCHAFTEN

10 Thermische Umwandlungen 321

- 10.1 Grundlagen 321
  - 10.1.1 Phänomene 321
  - 10.1.2 Thermodynamik 322
- 10.2 Spezielle Größen und Methoden 324
  - 10.2.1 Thermische Ausdehnung 324
  - 10.2.2 Wärmekapazität 325
  - 10.2.3 Differentialthermoanalyse 326
  - 10.2.4 Breitlinien-Kernresonanz 328
  - 10.2.5 Dynamische Methoden 329
  - 10.2.6 Technische Prüfmethoden 329
- 10.3 Kristallisation 331

		10.3.1	Keimbildung	331
		10.3.2	Keimbildner	334
		10.3.3	Keimwachstum	335
		10.3.4	Morphologie	338
	10.4	Schmelzen		340
		10.4.1	Schmelzprozesse	340
		10.4.2	Einfluß der Molmassen	343
		10.4.3	Einfluß der Konstitution	344
		10.4.4	Copolymere	348
	10.5	Glasübergang		348
		10.5.1	Freies Volumen	348
		10.5.2	Molekulare Interpretation	350
		10.5.3	Statische und dynamische Glasübergangstemperaturen	352
		10.5.4	Einfluß der Konstitution	354
	10.6	Andere Umwandlungen und Relaxationen		357
	10.7	Wärmeleitfähigkeit		358

11 Mechanische Eigenschaften ... 362

	11.1	Phänomene		362
	11.2	Energieelastizität		363
		11.2.1	Grundlagen	363
		11.2.2	Theoretische Elastizitätsmoduln	365
		11.2.3	Reale Elastizitätsmoduln	368
	11.3	Entropieelastizität		369
		11.3.1	Phänomene	369
		11.3.2	Phänomenologische Thermodynamik	370
		11.3.3	Statistische Thermodynamik	373
		11.3.4	Reale Netzwerke	374
		11.3.5	Gescherte Netzwerke	375
		11.3.6	Verhakungen	377
	11.4	Viskoelastizität		379
		11.4.1	Grundlagen	379
		11.4.2	Relaxationsprozesse	381
		11.4.3	Retardationsprozesse	382
		11.4.4	Kombinierte Prozesse	382
		11.4.5	Dynamische Beanspruchungen	383
	11.5	Verformvorgänge		385
		11.5.1	Zugversuche	385
		11.5.2	Teleskop-Effekt	387
		11.5.3	Verstreckungsprozesse	389
		11.5.4	Härte	390
		11.5.5	Abrieb und Reibung	392
	11.6	Bruchvorgänge		393
		11.6.1	Begriffe und Methoden	393
		11.6.2	Bruchtheorie	394
		11.6.3	Spannungskorrosion	396
		11.6.4	Zeitfestigkeit	398

12 Grenzflächenphänomene ... 402

	12.1	Spreitung ... 402
	12.2	Oberflächenspannung flüssiger Polymerer ... 403

12.3 Grenzflächenspannung fester Polymerer... 404
    12.3.1 Grundlagen... 404
    12.3.2 Oberflächenenergie und kritische Oberflächenspannung... 405
12.4 Adsorption von Polymeren... 407

13 Elektrische Eigenschaften ... 411

13.1 Dielektrische Eigenschaften... 411
    13.1.1 Polarisierbarkeit... 411
    13.1.2 Verhalten im elektrischen Wechselfeld... 412
    13.1.3 Durchschlagsfeldstärke... 414
    13.1.4 Kriechstrom... 414
    13.1.5 Elektrostatische Aufladung... 415
    13.1.6 Elektrete... 416
13.2 Elektrische Leitfähigkeit... 417
    13.2.1 Grundlagen... 417
    13.2.2 Einfluß der chemischen Struktur... 418
    13.2.3 Photoleitfähigkeit... 420

14 Optische Eigenschaften ... 421

14.1 Lichtbrechung... 421
14.2 Lichtbeugung... 422
    14.2.1 Grundlagen... 422
    14.2.2 Irisierende Farben... 423
    14.2.3 Lichtleitung... 424
    14.2.4 Transparenz... 425
    14.2.5 Glanz... 426
14.3 Lichtstreuung... 427
    14.3.1 Phänomene... 427
    14.3.2 Opazität... 428
14.4 Farbe... 429
    14.4.1 Einführung... 429
    14.4.2 Munsell-System... 430
    14.4.3 CIE-System... 431

TEIL IV: SYNTHESEN UND REAKTIONEN

15 Polyrekationen ... 437

15.1 Übersicht... 437
15.2 Mechanismus und Kinetik... 437
    15.2.1 Einteilung von Polyrektionen... 437
    15.2.2 Funktionalität... 440
    15.2.3 Elementarschritte bei Polymerisationen... 440
    15.2.4 Konstitution und Aktivierbarkeit... 442
    15.2.5 Unterscheidung von Mechanismen... 445
    15.2.6 Kinetik... 447
    15.2.7 Aktivierungsgrößen... 448
15.3 Statistik... 449
    15.3.1 Übersicht... 449

	15.3.2	Grundbegriffe	450
	15.3.3	Stoffmengenanteile	452
	15.3.4	Taktizität	453
	15.3.5	Geschwindigkeitskonstanten	456
	15.3.6	Aktivierungsgrößen	458
15.4	Experimentelle Verfolgung von Polyreaktionen		459
	15.4.1	Nachweis und quantitative Bestimmung der Polymerbildung	459
	15.4.2	Isolierung und Reinigung des Polymeren	460

16 Gleichgewichte bei Polyreaktionen 464

16.1	Übersicht		464
16.2	Polymerbildung		464
	16.2.1	Monomerkonzentrationen	464
	16.2.2	Polymerisationsgrade	465
	16.2.3	Übergangstemperaturen	470
	16.2.4	Druckeinflüsse	472
	16.2.5	Lösungsmitteleffekte	473
	16.2.6	Konstitution und Polymersationsentropie	475
	16.2.7	Konstitution und Polymerisationsenthalpie	478
16.3	Ringbildung		479
	16.3.1	Ring/Ketten-Gleichgewichte	480
	16.3.2	Kinetisch kontrollierte Ringbildungen	481
	16.3.3	Cyclopolymerisation	482

17 Polykondensationen 485

17.1	Chemische Reaktionen		485
	17.1.1	Übersicht	485
	17.1.2	Substituierende Polykondensationen	485
	17.1.3	Addierende Polykondensationen	486
	17.1.4	Reaktionslenkung	487
17.2	Bifunktionelle Polykondensationen: Gleichgewichte		487
	17.2.1	Gleichgewichtskonstanten	487
	17.2.2	Umsatz und Polymerisationsgrad	490
	17.2.3	Umsatz und Polymerisationsgradverteilung	493
17.3	Bifunktionelle Polykondensationen: Kinetik		497
	17.3.1	Homogene Polykondensationen	497
	17.3.2	Heterogene Polykondensationen	498
17.4	Bifunktionelle Copolykondensationen		502
17.5	Multifunktionelle Polykondensationen		504
	17.5.1	Cyclopolykondensationen	504
	17.5.2	Gelpunkte	505
	17.2.3	Molmassen	509
17.6	Technische Polykondensationen		512

18 Ionische Polymerisationen 515

18.1	Ionen und Ionenpaare		515
18.2	Anionische Polymerisationen		517
	18.2.1	Übersicht	517
	18.2.2	Initiation und Start	517

	18.2.3	Wachstum: Mechanismen	519
	18.2.4	Wachstum: lebende Polymerisationen	520
	18.2.5	Wachstum: Ionengleichgewichte	522
	18.2.6	Molmassenverteilungen	527
	18.2.7	Übertragung und Abbruch	530
	18.2.8	Stereokontrolle	533

18.3 Kationische Polymerisationen 535
    18.3.1 Übersicht 535
    18.3.2 Initiation durch Salze 537
    18.3.3 Initiation durch Brønsted- und Lewis-Säuren 539
    18.3.4 Wachstum 540
    18.3.5 Isomerisierende Polymerisation 542
    18.3.6 Übertragung 543
    18.3.7 Abbruch 544

18.4 Zwitterionen-Polymerisationen 545

19 Polyinsertionen 548

19.1 Übersicht 548
19.2 Ziegler-Natta-Polymerisationen 548
    19.2.1 Einführung 548
    19.2.2 Ziegler-Katalysatoren 549
    19.2.3 Wachstumsmechanismus 553
    19.2.4 Abbruchsreaktionen 557
    19.2.5 Kinetik 557

19.3 Metathese-Polymerisationen 562
19.4 Pseudoionische Polymerisationen 563
    19.4.1 Pseudoanionische Polymerisationen 563
    19.4.2 Pseudokationische Polymerisationen 564

19.5 Enzymatische Polyreaktionen 565

20 Radikalische Polymerisationen 570

20.1 Übersicht 570
20.2 Initiation und Start 571
    20.2.1 Initiatorzerfall 571
    20.2.2 Startreaktionen 573
    20.2.3 Redox-Initiation 575
    20.2.4 Fotoinitiation 577
    20.2.5 Elektrolytische Polymerisation 577
    20.2.6 Thermische Polymerisation 577

20.3 Wachstum und Abbruch 579
    20.3.1 Aktivierung der Monomeren 579
    20.3.2 Abbruchsreaktionen 580
    20.3.3 Stationaritätsprinzip 582
    20.3.4 Ideale Polymerisationskinetik 583
    20.3.5 Geschwindigkeitskonstanten 585
    20.3.6 Kinetische Kettenlänge 587
    20.3.7 Nicht-ideale Kinetik: dead end-Polymerisation 588
    20.3.8 Nicht-ideale Kinetik: Gel- und Glaseffekt 589

20.4 Kettenübertragung 592
    20.4.1 Übersicht 592
    20.4.2 Kinetik 593

		20.4.3	Übertragungskonstanten	596

- 20.5 Stereokontrolle ... 599
- 20.6 Technische Polymerisationen ... 601
  - 20.6.1 Initiatoren ... 601
  - 20.6.2 Polymerisation in Masse ... 602
  - 20.6.3 Polymerisation in Suspension ... 602
  - 20.6.4 Polymerisation in Lösungs- und Fällungsmitteln ... 603
  - 20.6.5 Emulsionspolymerisation ... 603
    - 20.6.5.1 Phänomene ... 603
    - 20.6.5.2 Kinetik ... 606
    - 20.6.5.3 Produkteigenschaften ... 609
  - 20.6.6. Polymerisation in der Gasphase und unter Druck ... 610

Anhang: Molmassenverteilung bei radikalischen Polymerisationen ... 612

21 Strahlungsaktivierte Polymerisationen ... 617

- 21.1 Übersicht ... 617
- 21.2 Strahlungsinitiierte Polymerisationen ... 618
- 21.3 Fotoaktivierte Polymerisationen ... 619
  - 21.3.1 Angeregte Zustände ... 619
  - 21.3.2 Fotoinitiation ... 621
  - 21.3.3 Fotopolymerisation ... 622
- 21.4 Polymerisation im festen Zustand ... 624
  - 21.4.1 Start ... 625
  - 21.4.2 Wachstum ... 625
  - 21.4.3 Abbruch und Übertragung ... 627
  - 21.4.4 Stereokontrolle und Morphologie ... 627

22 Copolymerisationen ... 630

- 22.1 Übersicht ... 630
- 22.2 Copolymerisationsgleichungen ... 632
  - 22.2.1 Grundlagen ... 632
  - 22.2.2 Copolymerisationen mit stationärem Zustand ... 633
  - 22.2.3 Experimentelle Bestimmung von Copolymerisationsparametern ... 636
  - 22.2.4 Sequenzverteilung in Copolymeren ... 639
  - 22.2.5 Q, e-Schema ... 641
  - 22.2.6 Terpolymerisationen ... 643
  - 22.2.7 Copolymerisationen mit Depolymerisation ... 645
  - 22.2.8 Lebende Copolymerisationen ... 646
- 22.3 Spontane Copolymerisationen ... 647
  - 22.3.1 Übersicht ... 647
  - 22.3.2 Polymerisation von Zwitterionen ... 648
  - 22.3.3 Copolymerisation von Ladungsübertragungskomplexen ... 650
    - 22.3.3.1 Zusammensetzung und Gleichgewichte ... 650
    - 22.3.3.2 Autopolymerisationen ... 652
    - 22.3.3.3 Regulierte Polymerisationen ... 653
- 22.4 Radikalische Copolymerisationen ... 656
  - 22.4.1 Konstitutionseinflüsse ... 656
  - 22.4.2 Einfluß der Umgebung ... 659
  - 22.4.3 Kinetik ... 661
- 22.5 Ionische Copolymerisationen ... 662

		22.5.1	Übersicht 662
		22.5.2	Einflüsse von Konstitution und Umgebung 664
		22.5.3	Kinetik 666

23 Reaktionen von Makromolekülen 668

    23.1 Grundlagen 668
        23.1.1 Überblick 668
        23.1.2 Molekül und Gruppe 668
        23.1.3 Medium 670
    23.2 Polymere Katalysatoren 670
    23.3 Isomerisierungen 674
        23.3.1 Austauschgleichgewichte 674
        23.3.2 Konstitutions-Umwandlungen 675
        23.3.3 Konfigurations-Umwandlungen 676
    23.4 Polymeranaloge Reaktionen 677
        23.4.1 Übersicht 677
        23.4.2 Komplexbildung 678
        23.4.3 Säure/Base-Reaktionen 681
        23.4.4 Ionenaustauscher 684
        23.4.5 Polymeranaloge-Umsetzungen 685
        23.4.6 Ringschluß-Reaktionen 687
        23.4.7 Polymer-Reagentien 688
    23.5 Aufbau-Reaktionen 690
        23.5.1 Blockpolymerisationen 690
        23.5.2 Pfropfpolymerisationen 691
        23.5.3 Vernetzungsreaktionen 693
    23.6 Abbau-Reaktionen 695
        23.6.1 Grundlagen 695
        23.6.2 Kettenspaltungen 696
        23.6.3 Pyrolyse 699
        23.6.4 Depolymerisation 701
    23.7 Biologische Reaktionen 703
    Anhang: Berechnung des maximal möglichen Umsatzes bei intramolekularen Cyclisierungsreaktionen 705

TEIL V: STOFFE

24 Rohstoffe 713

    24.1 Einführung 713
    24.2 Erdgas 716
    24.3 Erdöl 716
    24.4 Ölschiefer 722
    24.5 Kohle 722
    24.6 Holz 725
        24.6.1 Übersicht 725
        24.6.2 Pressholz 726
        24.6.3 Polymerholz 726
        24.6.4 Zellstoffgewinnung 727
        24.6.5 Holzverzuckerung 728
        24.6.6 Holzvergasung 728
        24.6.7 Lignin 729
    24.7 Weitere pflanzliche und tierische Rohstoffe 730

25 Kohlenstoff-Ketten ... 735

25.1 Kohlenstoffe ... 735
    25.1.1 Diamant und Graphit ... 735
    25.1.2 Ruße ... 736
    25.1.3 Kohlenstoff- und Graphitfasern ... 736
25.2 Poly(olefine) ... 737
    25.2.1 Poly(ethylen) ... 737
        25.2.1.1 Homopolymere ... 737
        25.2.1.2 Derivate ... 739
        25.2.1.3 Copolymere ... 739
    25.2.2 Poly(propylen) ... 741
    25.2.3 Poly(buten–1) ... 742
    25.2.4 Poly(4–methylpenten–1) ... 742
    25.2.5 Poly(isobutylen) ... 742
    25.2.6 Poly(styrol) ... 743
25.3 Poly(diene) ... 743
    25.3.1 Poly(butadiene) ... 744
        25.3.1.1 Anionische Polymerisation ... 744
        25.3.1.2 Alfin-Polymerisation ... 745
        25.3.1.3 Radikalische Polymerisation ... 745
        25.3.1.4 Ziegler-Polymerisation ... 746
    25.3.2 Poly(isoprene) ... 747
        25.3.2.1 Natürliche Polyprene ... 747
        25.3.2.2 Synthetisches Poly(isopren) ... 748
        25.3.2.3 Derivate ... 749
    25.3.3 Poly(dimethylbutadien) ... 750
    25.3.4 Poly(chloropren) ... 750
    25.3.5 Poly(alkenamere) ... 751
25.4 Aromatische Kohlenwasserstoffketten ... 751
    25.4.1 Poly(phenylene) ... 751
    25.4.2 Poly(p-xylylen) ... 752
    25.4.3 Phenolharze ... 752
        25.4.3.1 Säurekatalyse ... 752
        25.4.3.2 Basenkatalye ... 753
    25.4.4 Poly(armethylene) ... 755
25.5 Andere Poly(kohlenwasserstoffe) ... 755
    25.5.1 Cumaron/Inden-Harze ... 755
    25.5.2 Harzöl-Harze ... 756
    25.5.3 Pinen-Harze ... 756
    25.5.4 Polymere aus ungesättigten Naturölen ... 756
25.6 Poly(vinylverbindungen) ... 757
    25.6.1 Poly(vinylacetat) ... 757
    25.6.2 Poly(vinylalkohol) ... 758
    25.6.3 Poly(vinylacetale) ... 758
    25.6.4 Poly(vinylether) ... 759
    25.6.5 Poly(N-vinylcarbazol) ... 759
    25.6.6 Poly(N-vinylpyrrolidon) ... 759
    25.6.7 Poly(vinylpyridine) ... 760
25.7 Poly(halogenkohlenwasserstoffe) ... 760
    25.7.1 Poly(tetrafluorethylen) ... 761
        25.7.1.1 Homopolymere ... 761
        25.7.1.2 Copolymere ... 761
    25.7.2 Poly(trifluorchlorethylen) ... 762
    25.7.3 Poly(vinylidenfluorid) ... 762
    25.7.4 Poly(vinylfluorid) ... 762

		25.7.5	Poly(vinylchlorid)	763

        25.7.5 Poly(vinylchlorid) 763
              25.7.5.1 Homopolymere 763
              25.7.5.2 Derivate 763
              25.7.5.3 Copolymere 764
        25.7.6 Poly(vinylidenchlorid) 764
    25.8 Poly(acrylverbindungen) 764
        25.8.1 Poly(acrylsäure) 764
        25.8.2 Poly(acrylsäureester) 765
        25.8.3 Poly(acrolein) 765
        25.8.4 Poly(acrylamid) 766
        25.8.5 Poly(acrylnitril) 766
        25.8.6 Poly(α-cyanocrylate) 767
        25.8.7 Poly(methylmethacrylat) 767
        25.8.8 Poly(2–hydroxyethylmethacrylat) 768
        25.8.9 Poly(methacrylimid) 768
    25.9 Poly(allylverbinduungen) 769

26 Kohlenstoff/Sauerstoff-Ketten 774

    26.1 Polyacetale 774
        26.1.1 Poly(oxymethylen) 774
        26.1.2 Höhere Polyacetale 776
    26.2 Aliphatische Polyether 776
        26.2.1 Poly(ethylenoxid) 777
        26.2.2 Poly(tetrahydrofuran) 777
        26.2.3 Poly(propylenoxid) 777
        26.2.4 Poly(epichlorhydrin) und verwandte Polymere 778
        26.2.5 Epoxid-Harze 778
        26.2.6 Furan-Harze 780
    26.3 Aromatische Polyether 780
        26.3.1 Poly(phenylenoxide) 780
        26.3.2 Phenoxy-Harze 781
    26.4 Aliphatische Polyester 782
        26.4.1 Poly(α-hydroxyessigsäuren) 782
        26.4.2 Poly(β-propionsäuren) 783
        26.4.3 Poly(ϵ-caprolacton) 784
        26.4.4 Andere gesättigte Polyester 784
        26.4.5 Ungesättigte Polyester 784
    26.5 Aromatische Polyester 785
        26.5.1 Polycarbonat 785
        26.5.2 Poly(ethylenglycolterephthalat) 786
        26.5.3 Poly(butylenterephthalat) 787
        26.5.4 Poly(p-hydroxybenzoat) 787
        26.5.5 Alkydharze 788

27 Kohlenstoff/Schwefel-Ketten 790

    27.1 Aliphatische Polysulfide mit Monoschwefel 790
    27.2 Aliphatische Polysulfide mit Polyschwefel 791
    27.3 Aromatische Polysulfide 792
    27.4 Aromatische Polysulfidether 792
    27.5 Polyethersulfone 792

28 Kohlenstoff/Stickstoff-Ketten ... 795

28.1 Polyimine ... 795
28.2 Polyamide ... 796
    28.2.1 Aufbau und Synthese ... 796
    28.2.2 Nylon-Reihe ... 797
    28.2.3 Perlon-Reihe ... 798
        28.2.3.1 Aminosäure-Polymerisation ... 798
        28.2.3.2 Lactam-Polymerisation ... 799
        28.2.3.3 Andere Polyreaktionen ... 800
        28.2.3.4 Poly(α-Aminosäuren) ... 800
        28.2.3.5 Höhere Poly(ω-Aminosäuren) ... 801
    28.2.4 Polyamide mit Ringen in der Kette ... 803
28.3 Polyharnstoffe und verwandte Verbindungen ... 805
    28.3.1 Polyharnstoffe ... 805
    28.3.2 Aminoharze ... 806
        28.3.2.1 Synthesen ... 806
        28.3.2.2 Technische Produkte ... 808
    28.3.3 Polyhydrazide ... 808
28.4 Polyurethane ... 809
    28.4.1 Synthese ... 809
    28.4.2 Eigenschaften und Verwendung ... 811
28.5 Polyimide ... 812
    28.5.1 Nylon 1 ... 812
    28.5.2 In situ-Imidbildung ... 813
    28.5.3 Vorgeformte Imidgruppen ... 815
28.6 Polyazole ... 815
    28.6.1 Poly(benzimidazole) ... 816
    28.6.2 Poly(hydantoine) ... 817
    28.6.3 Poly(parabansäuren) ... 818
    28.6.4 Poly(terephthaloyloxamidrazon) ... 819
    28.6.5 Poly(oxadiazole) und Poly(triazole) ... 820
28.7 Polyazine ... 820
    28.7.1 Poly(phenylchinoxaline) ... 821
    28.7.2 Poly(chinazolindione) ... 821
    28.7.3 Poly(triazine) ... 822
    28.7.4 Poly(isocyanurate) ... 823

29 Nucleinsäuren ... 825

29.1 Vorkommen ... 825
29.2 Chemische Struktur ... 825
29.3 Substanzen ... 828
    29.3.1 Desoxyribonucleinsäuren ... 828
    29.3.2 Ribonucleinsäuren ... 829
    29.3.3 Nucleoproteine ... 830
    29.3.4 Funktion ... 832
29.4 Synthesen ... 833
    29.4.1 Grundlagen ... 833
    29.4.2 Chemische Polynucleotid-Synthesen ... 833
    29.4.3 Enzymatische Polynucleotid-Synthesen ... 833

30 Proteine ... 837

30.1 Vorkommen und Einteilung ... 837
30.2 Struktur ... 837

	30.2.1	Übersicht... 837
	30.2.2	Protein-Nachweis... 839
	30.2.3	Sequenz... 840
	30.2.4	Sekundär- und Tertiärstrukturen... 842
	30.2.5	Quartärstrukturen... 843
	30.2.6	Denaturierung... 844
30.3	Protein-Synthesen... 845
	30.3.1	Biosynthese... 845
	30.3.2	Peptidsynthese... 848
	30.3.3	Technische Protein-Synthesen... 850
30.4	Enzyme... 850
	30.4.1	Einteilung... 850
	30.4.2	Struktur und Wirksamkeit... 852
	30.4.3	Proteasen... 853
	30.4.4	Oxidoreduktasen... 854
	30.4.5	Industrielle Nutzung... 855
30.5	Skleroproteine... 857
	30.5.1	Einteilung... 857
	30.5.2	Seide... 857
	30.5.3	Wolle... 859
	30.5.4	Kollagen und Elastin... 860
	30.5.5	Gelatine... 863
	30.5.6	Casein... 863
30.6	Blutproteine... 864
30.7	Glycoproteine... 865

31 Polysaccharide... 868

31.1	Vorkommen und Bedeutung... 868
31.2	Grundtypen... 868
	31.2.1 Einfache Monosaccharide... 868
	31.2.2 Derivate der Monosaccharide... 872
	31.2.3 Nomenklatur der Polysaccharide... 873
31.3	Synthesen... 874
	31.3.1 Biologische Synthese... 874
	31.3.2 Chemische Synthese... 874
	31.3.2.1 Stufenweise Synthesen... 875
	31.3.2.2 Ringöffnungs-Polymerisation... 875
31.4	Poly(α-glucosen)... 877
	31.4.1 Amylosegruppe... 877
	31.4.1.1 Stärke... 877
	31.4.1.2 Amylose... 878
	31.4.1.3 Amylopektin... 879
	31.4.1.4 Glykogen... 879
	31.4.1.5 Dextrine... 879
	31.4.1.6 Pullulan... 880
	31.4.2 Dextran... 880
31.5	Cellulose... 881
	31.5.1 Definition und Vorkommen... 881
	31.5.2 Native Cellulosen... 881
	31.5.3 Reorientierte Cellulosen... 883
	31.5.4 Regenerierte Cellulosen... 884
	31.5.4.1 Cuoxam-Verfahren... 884
	31.5.4.2 Viscose-Verfahren... 885

		31.5.5	Struktur von Cellulosen	887
			31.5.5.1 Chemische Struktur	887
			31.5.5.2 Physikalische Struktur	888
		31.5.6	Cellulosederivate	889
			31.5.6.1 Cellulosenitrat	890
			31.5.6.2 Celluloseacetat	890
			31.5.6.3 Celluloseether	891
	31.6	Poly(β-glucosamine)		891
		31.6.1	Chitin und Chitosan	891
		31.6.2	Mucopolysaccharide	892
	31.7	Poly(galactosen)		892
		31.7.1	Gummi arabicum	892
		31.7.2	Agar-Agar	892
		31.7.3	Traganth	894
		31.7.4	Carrageenin	894
		31.7.5	Pektine	894
	31.8	Poly(mannosen)		895
		31.8.1	Guaran	895
		31.8.2	Alginate	896
	31.9	Andere Polysaccharide		896
		31.9.1	Xylane	896
		31.9.2	Xanthane	896
		31.9.3	Polyfructosen	897

32 Anorganische Ketten ... 899

	32.1	Einleitung		899
	32.2	Bor-Polymere		899
	32.3	Silicium-Polymere		900
		31.3.1	Silikate	900
		32.3.2	Silicone	903
			32.3.2.1 Silikat-Umwandlungen	903
			32.3.2.2 Polyreaktionen	904
			32.3.2.3 Produkte	905
		32.3.3	Poly(carboransiloxane)	906
	32.4	Phosphor-Ketten		907
		32.4.1	Elementarer Phosphor	907
		32.4.2	Polyphosphate	907
		32.4.3	Polyphosphazene	909
	32.5	Schwefel-Ketten		910
		32.5.1	Elementarer Schwefel	910
		32.5.2	Polysulfazen	911
	32.6	Metallorganische Verbindungen		911

TEIL VI: TECHNOLOGIE

33 Übersicht ... 917

33.1	Einteilung der Kunststoffe	917
33.2	Eigenschaften der Kunststoff-Klassen	919
33.3	Wirtschaftliche Aspekte	921

34 Ausrüstung ... 928

- 34.1 Einführung ... 928
- 34.2 Compoundieren ... 929
- 34.3 Füllstoffe ... 929
- 34.4 Farbmittel ... 932
- 34.5 Antioxidantien und Wärmestabilisatoren ... 933
  - 34.5.1 Übersicht ... 933
  - 34.5.2 Oxidation ... 933
  - 34.5.3 Antioxidantien ... 935
  - 34.5.4 Wärmestabilisatoren ... 937
- 34.6 Flammschutzmittel ... 939
  - 34.6.1 Verbrennungsprozesse ... 939
  - 34.6.2 Flammschutz ... 941
- 34.7 Lichtschutzmittel ... 942
  - 34.7.1 Prozesse ... 942
  - 34.7.2 Lichtschutz ... 944

35 Blends und Composites ... 947

- 35.1 Übersicht ... 947
- 35.2 Weichgemachte Polymere ... 948
  - 35.2.1 Weichmacher ... 948
  - 35.2.2 Weichmacherwirkung ... 949
  - 35.2.3 Technische Weichmacher ... 952
  - 35.2.4 Gleitmittel ... 953
- 35.3 Blends und IPN's ... 953
  - 35.3.1 Einteilung und Aufbau ... 953
  - 35.3.2 Herstellung von Polymerblends ... 957
  - 35.3.3 Phasenmorphologie ... 960
  - 35.3.4 Elastomer-Verschnitte ... 961
  - 35.3.5 Kautschukmodifizierte Thermoplaste ... 962
    - 35.3.5.1 Herstellung ... 962
    - 35.3.5.2 Modulun und Viskositäten ... 964
    - 35.3.5.3 Zug- und Schlagfestigkeiten ... 965
  - 35.3.6 Mischungen von Thermoplasten ... 968
- 35.4 Verbundwerkstoffe (Composites) ... 969
  - 35.4.1 Übersicht ... 969
  - 35.4.2 Elastizitätsmodulun ... 970
  - 35.4.3 Zugfestigkeiten ... 972
  - 35.4.4 Schlagzähigkeiten ... 974
- 35.5 Schaumstoffe ... 974
  - 35.5.1 Übersicht ... 974
  - 35.5.2 Herstellung ... 975
  - 35.5.3 Eigenschaften ... 976

36 Thermoplaste und Duromere ... 979

- 36.1 Einführung ... 979
- 36.2 Verarbeitung ... 981
  - 36.2.1 Einleitung ... 981
  - 36.2.2 Verarbeitung über den viskosen Zustand ... 982

36.2.3	Verarbeitung über den elastoviskosen Zustand	985
36.2.4	Verarbeitung über den elastoplastischen Zustand	988
36.2.5	Verarbeitung über den viskoelastischen Zustand	989
36.2.6	Verarbeitung über den festen Zustand	990
36.2.7	Veredlung von Kunststoffoberflächen	991

36.3	Massenthermoplaste	992
36.4	Konstruktionsthermoplaste	995
36.5	Temperaturbeständige Thermoplaste	999
36.6	Duromere	1000
36.7	Folien	1003
36.8	Abfallaufbereitung	1004

37 Elastomere und Elastoplaste ... 1008

37.1	Einleitung		1008
37.2	Dien-Kautschuke		1008
	37.2.1	Aufbau und Formulierung	1008
	37.2.2	Vulkanisation	1010
	37.2.3	Kautschuk-Typen	1012
37.3	Spezialkautschuke		1014
	37.3.1	Öl- und temperaturbeständige Kautschuke	1014
	37.3.2	Flüssigkautschuke	1016
	37.3.3	Pulverkautschuke	1018
	37.3.4	Thermoplastische Elastomere	1018
37.4	Altgummi-Aufbereitung		1020

38 Fasern und Fäden ... 1022

38.1	Einteilung und Übersicht		1022
38.2	Herstellung von Fäden und Fasern		1024
	38.2.1	Übersicht	1024
	38.2.2	Spinnverfahren	1024
	38.2.3	Spinnbarkeit	1027
	38.2.4	Flach-, Splitter- und Spaltfäden	1029
38.3	Spinnverfahren und Faserstruktur		1030
	38.3.1	Flexible Kettenmoleküle	1030
	38.3.2	Steife Kettenmoleküle	1033
38.4	Ausrüstung von Fäden und Fasern		1033
	38.4.1	Natur- und Regeneratfasern	1034
	38.4.2	Synthesefasern	1035
38.5	Fasertypen		1036
	38.5.1	Übersicht	1036
	38.5.2	Wolltypen	1040
	38.5.3	Baumwolltypen	1041
	38.5.4	Seidentypen	1041
	38.5.5	Elastische Fasern	1042
	38.5.6	Hochmodul- und Hochtemperaturfasern	1043
38.6	Flächige Gebilde		1044
	38.61	Textilverbundstoffe	1044
	38.6.2	Papiere	1046
	38.6.3	Leder	1047

39 Überzüge und Klebstoffe 1051

    39.1 Übersicht 1051
    39.2 Überzüge 1051
        39.2.1 Grundlagen 1051
        39.2.2 Lösungsmittel-Lacke 1053
        39.2.3 Lacke mit wasserlöslichen Bindemitteln 1054
        39.2.4 Wässrige Dispersionen 1054
        39.2.5 Nichtwässrige Dispersionen 1055
        39.2.6 Pulverlacke 1055
    39.3 Mikrokapseln 1056
    39.4 Klebstoffe 1057
        39.4.1 Einführung 1057
        39.4.2 Adhäsion 1057
        39.4.3 Typen 1058
        39.4.4 Klebung 1059

Anhang

    Tab. VII−1   SI-Einheiten 1065
    Tab. VII−2   Vorsilben für SI-Einheiten 1066
    Tab. VII−3   Fundamentale Konstanten 1067
    Tab. VII−4   Umrechnungen von veralteten und angelsächsischen Einheiten in SI-Einheiten 1067
    Tab. VII−5   Energieinhalte verschiedener Energieträger 1070
    Tab. VII−6   International gebräuchliche Kurzbezeichnungen für Thermoplaste, Duroplaste, Fasern, Elastomere und Hilfsstoffe 1070
    Tab. VII−7   Generische Namen von Textilfasern 1076

Sachregister 1078

Elias, Makromoleküle, 3. Auflage

ERRATA

Seite 166: Abb. 5–34 ergänzen durch

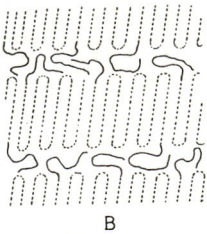

B

Seite 208/209: Legenden 6–18/6–19 vertauschen.

Seite 281: Abb. 9–10 um 180° drehen.

Seite 303: In Gl. (9–137) „$^{-4}$" tilgen.

Seite 367: $a = 10$ der oberen,
$a = 15$ der mittleren und
$a = 25$ der unteren
Kurve von PE zuordnen.

Seite 567: Gl. (19–46) ersetzen durch: $ES + P_n \rightleftarrows E + P_{n+1} + X$; $v_i = k_i$ [ES]
$v_{-i} = k_{-i}$ [E] [P]

Seite 587: In Gl. (20–62) ist das 3. Gleichheitszeichen durch ein Malzeichen zu ersetzen.

Seite 588: Gl. (20–64) k_{pm} durch v_{pm} ersetzen.

Seite 830: In Abb. 29–3 sind die Strukturen zu vertauschen

Seite 869: Formel (31–1) Furanose-Struktur durch 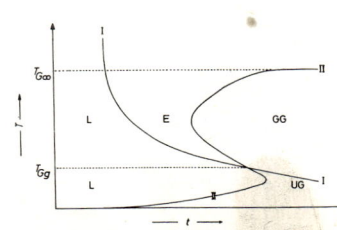 ersetzen.

Seite 943: Abszissenbeschriftung in Abb. 34–3 lies $10^3 \lambda^{-1}/nm^{-1}$

Seite 950: In der Kurvenbeschriftung von Abb. 35–2 sind A und B vertauscht.
Lies: B = PS
A = PVM
B = PVC
A = PCL

Seite 955: Abszissenbeschriftung in Abb. 35–4 lies $T/°C$ anstelle $T_G/°C$.

Seite 1001: Fig. 36–8 durch

ersetzen.

Teil I

STRUKTUR

1 Einführung

1.1 Grundbegriffe

Makromoleküle sind Moleküle aus einer großen Zahl von Atomen. Sie können in der Natur vorkommen wie z. B. Cellulose, Enzyme und Naturkautschuk oder synthetisch hergestellt werden wie z. B. Poly(ethylen), Nylon und Silicone.

Alle Makromoleküle enthalten immer mindestens eine sich durch das ganze Molekül hindurchziehende Kette aus miteinander verknüpften Atomen. Dieses „Rückgrat" kann z. B. aus Kohlenstoffatomen bestehen wie beim

    Poly(methylen) $\qquad R-(CH_2)_N-R'$

oder aus Kohlenstoff- und Sauerstoffatomen wie beim

    Poly(oxyethylen); $\qquad R-(OCH_2CH_2)_N-R'$
    Poly(ethylenoxid);
    Poly(ethylenglycol)

oder aus Kohlenstoff- und Stickstoffatomen wie bei den

    Polypeptiden $\qquad R-(NH-CHR''-CO)_N-R'$

oder aber auch ganz ohne Kohlenstoffatome aufgebaut sein wie beim

    Poly(dimethylsiloxan) $\qquad R-(O-Si(CH_3)_2)_N-R'$

Die Bindungen zwischen den Kettenatomen müssen nicht notwendigerweise covalent sein. Makromoleküle können innerhalb der Ketten auch koordinative Bindungen oder Elektronenmangelbindungen aufweisen (vgl. Kap. 2). Ionenbindungen oder metallische Bindungen führen dagegen definitionsgemäß nicht zu makromolekularen Ketten.

Jede Kette besteht aus einer Reihe von *konstitutiven Einheiten* und aus zwei *Endgruppen*. Beim Poly(oxyethylen) können solche Endgruppen z. B. R = H und R' = OH sein, sodaß das Molekül dann zwei Hydroxylendgruppen besitzt. Konstitutive Einheiten sind hier die Gruppierungen

    CH_2 CH_2CH_2 O OCH_2 OCH_2CH_2 OCH_2CH_2O CH_2OCH_2 usw.

Nur die konstitutive Einheit OCH_2CH_2 ist jedoch die kleinste, regelmäßig wiederkehrende Einheit, die den Aufbau der Kette vollständig beschreibt. Sie wird daher *konstitutives Strukturelement* genannt.

Der Begriff des Strukturelementes (engl. repeat unit) bezieht sich immer auf die Struktur der fertigen Kette. Der Begriff des *Grundbausteins* (auch Mer, Monomerbaustein oder Monomereinheit genannt) gibt dagegen die Herkunft dieser Einheiten an. Ein konstitutives Strukturelement kann daher je nach Synthese und Aufbau der Makromoleküle größer als, gleich groß wie oder kleiner als ein Grundbaustein sein (vgl. Tab. 1–1).

Tabelle 1–1: *Grundbausteine und Strukturelemente verschiedener Makromoleküle*

Ausgangsmonomere	Grundbausteine	Konstitutives Strukturelement
$CH_2=CH_2$	$-CH_2-CH_2-$	$-CH_2-$
CH_2N_2	$-CH_2-$	$-CH_2-$
$Cl(CH_2)_2Cl +$ $Na(CH_2)_2Na$	$-CH_2-CH_2-$	$-CH_2-$
$Cl(CH_2)_2Cl +$ $Na(CH_2)_3Na$	$-CH_2-CH_2-$ $-CH_2-CH_2-CH_2-$	$-CH_2-$
$NH_2(CH_2)_6NH_2 +$ $HOOC(CH_2)_4COOH$	$-NH(CH_2)_6NH-$ $-CO(CH_2)_4CO-$	$-NH(CH_2)_6NH-CO(CH_2)_4CO-$

Als *Polymer* wurde ursprünglich ein *Molekül* aus vielen (griech. πολυ) Grundbausteinen (griech. μεροσ) bezeichnet. Heute wird jedoch nach IUPAC (Internationale Union für Reine und Angewandte Chemie) ein „Polymer als eine *Substanz* definiert, die aus Molekülen aufgebaut ist, die sich durch vielfache Wiederholung von konstitutiven Einheiten auszeichnen und die so groß sind, daß sich ihre Eigenschaften bei Zugabe oder Wegnahme einer oder weniger der konstitutiven Einheiten nicht wesentlich ändern".

Unterscheiden sich die Makromoleküle bei sonst gleichen konstitutiven Strukturelementen nur in der Zahl N der Strukturelemente, so spricht man von einer *polymerhomologen Reihe*. Der Begriff der Homologie der niedermolekularen Chemie wird dabei erweitert. Homologe sind in der organischen Chemie z. B. die aliphatischen, unverzweigten Alkohole

CH_3OH CH_3CH_2OH $CH_3CH_2CH_2OH$ usw.

Die Eigenschaft „Alkohol" wird hier durch die Hydroxylgruppe, eine der beiden Endgruppen im Sinne der makromolekularen Chemie hervorgerufen. Beim Begriff der polymerhomologen Reihe sind dagegen die mittelständigen Methylengruppen entscheidend; die chemische Natur der Endgruppen interessiert erst in zweiter Linie.

Die Anzahl N der in einer makromolekularen Kette vereinigten Grundbausteine wird als *Polymerisationsgrad X* definiert. Der theoretisch wichtige Polymerisationsgrad ist nicht direkt meßbar. Er kann jedoch aus den experimentell bestimmbaren *molaren Massen M* (den „Molekulargewichten") der Polymeren, der Grundbausteine M_U und der Endgruppen M_E berechnet werden:

(1-1) $X \equiv (M - M_E)/M_U \approx M/M_U$

Der Polymerisationsgrad bezieht sich also weder auf die Zahl der konstitutiven Strukturelemente noch auf die Zahl der konstitutiven Einheiten, sondern auf die Zahl der Grundbausteine. Er ist auch nur in Ausnahmefällen mit der Zahl der *Kettenglieder* identisch. Die Kettengliederzahl gibt die Zahl der Atome an, die das Kettengerüst aufbauen. Sie ist gleich N im Falle des Poly(methylens), gleich $2N$ beim Poly(dimethylsiloxan) und gleich $3N$ beim Poly(oxyethylen).

Die meisten Polymeren bestehen aus Mischungen von Polymerhomologen verschiedenen Polymerisationsgrades: sie sind polymolekular oder molekularuneinheitlich. Der Polymerisationsgrad derartiger Polymerer ist daher stets ein Mittelwert, der noch von dem bei der Mittelung verwendeten statistischen Gewicht abhängt. Besonders wichtig sind der Zahlenmittelwert (Wichtung über die Stoffmenge n oder die äquivalente Zahl N der Moleküle, da $n_i = N_i/N_L$)

(1-2) $\langle X_n \rangle \equiv \sum_i n_i X_i / \sum_i n_i$; $\langle M_n \rangle \equiv \sum_i n_i M_i / \sum_i n_i$

und der Massenmittelwert (Wichtung über die Masse m oder den äquivalenten Massenbruch w)

(1-3) $\langle X \rangle_w \equiv \sum_i m_i X_i / \sum_i m_i$; $\langle M \rangle_w \equiv \sum_i m_i M_i / \sum_i m_i$

Der ,,Massenmittelwert" wurde früher als ,,Gewichtsmittelwert" bezeichnet. Statt ,,Mittelwert" wird oft auch nur ,,Mittel" gesagt. Nicht nur Polymerisationsgrade und molare Massen, auch andere Eigenschaften von Polymeren treten meist als Mittelwerte auf.

Die Eigenschaften der Vertreter einer polymerhologen Reihe ändern sich systematisch mit dem Polymerisationsgrad. Einige Eigenschaften wie z. B. die Siedetemperatur oder die Schmelzviskosität nehmen kontinuierlich mit steigendem Polymerisationsgrad zu (vgl. Abb. 1-1). Andere Eigenschaften wie z.B. die Schmelztemperatur oder die Reißfestigkeit werden dagegen bei sehr hohen Polymerisationsgraden praktisch

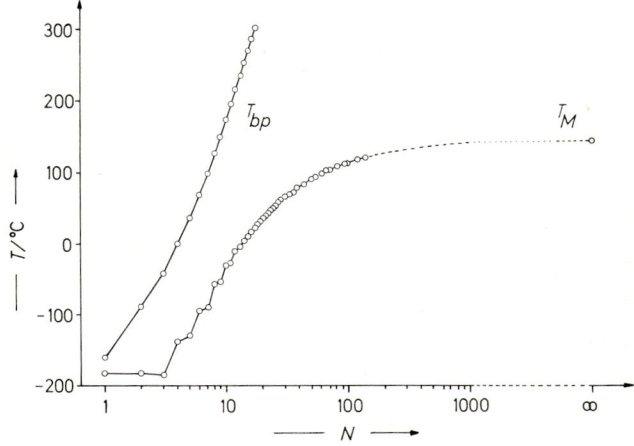

Abb. 1-1 Abhängigkeit der Schmelztemperatur T_M und der Siedetemperatur T_{bp} von der Anzahl N der Methylengruppen in Alkanen $H(CH_2)_N H$

unabhängig von der molaren Masse. Zwischen den nieder- und den hochmolekularen Vertretern einer polymerhomologen Reihe besteht daher keine scharfe Grenze.

Aus Zweckmäßigkeitsgründen werden jedoch Polymere mit einer kleinen Zahl von konstitutiven Einheiten und mit unspezifizierten Endgruppen als *Oligomere* bezeichnet. „Klein" ist dabei relativ: zwei bis zwanzig konstitutive Einheiten in der Chemie synthetischer Polymerer, einige hundert Einheiten in der Nucleotidchemie. Oligomere mit Fragmenten eines Kettenüberträgers (vgl. Teil IV) als Endgruppen heißen *Telomere. Telechelische Polymere* sind dagegen Oligomere mit bekannten funktionellen Endgruppen.

Strukturelemente, Grundbausteine, Endgruppen und Polymerisationsgrade beschreiben die *Konstitution* einer unverzweigten („linearen") Kette. Bei Copolymeren aus zwei oder mehr Grundbausteinsorten muß außer der mittleren Zusammensetzung der Kette auch noch die Aufeinanderfolge (Sequenz) der Grundbausteine angegeben werden. Ketten können ferner via Verzweigungen und Vernetzungen miteinander verknüpft sein. Unterschiede in den molaren Massen und Verteilungen der molaren Massen („Molekulargewichtsverteilungen") zählen ebenfalls zu den Konstitutionsisomerien, werden aber in Teil II besprochen, da molare Massen praktisch ausschließlich über Lösungseigenschaften ermittelt werden.

Die *Konfiguration* (Kap. 3) gibt die räumliche Anordnung der Substituenten um ein bestimmtes Atom und die Aufeinanderfolge („Sequenz") derartiger Mikrokonfigurationen innerhalb einer Kette wieder. Die Konfiguration der Substituenten entspricht derjenigen der niedermolekularen Chemie und wird daher nicht diskutiert.

Die *Konformation* (Konstellation, Konfiguration der Physiker) beschreibt die bevorzugte Lagerung von Atomgruppen bei der Drehung um Einfachbindungen (Kap. 4). Konformationen können im Gegensatz zu Konfigurationen ohne Lösung von chemischen Bindungen ineinander überführt werden. Die Sequenz der Konformationen um einzelne Bindungen bestimmt die Makrokonformation (die Gestalt) des gesamten Makromoleküls. Die Makrokonformationen von Polymeren können sich in Lösung und im festen Zustand wesentlich voneinander unterscheiden.

Unter *Orientierung* (Kap. 5) versteht man die Vorzugsrichtung von Molekülen oder Molekülverbänden im festen Zustand ohne Ausbildung einer Ordnung über größere Bereiche. Die *Kristallinität* (Kap. 5) setzt dagegen nicht nur eine dreidimensionale Vorzugsordnung der Ketten voraus, sondern auch strenge gegenseitige Beziehungen zwischen den Gitterpunkten eines Kristallgitters. Als Gitterpunkte können die Kettenglieder betrachtet werden. Bei Polymeren ist aber im Gegensatz zu niedermolekularen Substanzen nicht nur die gegenseitige Anordnung von Gitterpunkten verschiedener Moleküle zu berücksichtigen, sondern auch die Anordnung der Gitterpunkte eines einzelnen Makromoleküls relativ zu den Gitterpunkten des gleichen Moleküls.

Konstitution und Konfiguration zählt man zur chemischen Struktur, Orientierung und Kristallinität zur physikalischen. Die Konformation wird sowohl der chemischen als auch der physikalischen Struktur zugeordnet. Der chemische Strukturbegriff umfaßt somit im wesentlichen den Aufbau des isolierten Moleküls, der physikalische Strukturbegriff den Aufbau von Molekülverbänden. Kristallinität und Orientierung sind dabei eine Folge der Konformation, die Konformation wiederum eine Folge der Konstitution und der Konfiguration.

Chemische und physikalische Struktur bestimmen zusammen mit der Beweglichkeit der Kettenglieder und Moleküle die Eigenschaften und Anwendungen synthetischer und natürlicher Polymerer. Die chemische Struktur der Makromoleküle beeinflußt die chemische Reaktivität, die physikalische Struktur dagegen die Werkstoffeigenschaften. Nucleinsäuren sind z. B. Träger genetischer Information und/oder Matrizen für Proteinsynthesen, Enzyme sehr spezifische Katalysatoren. Bei synthetischen Polymeren spielen die chemischen Eigenschaften dagegen eher eine untergeordnete Rolle: sie sollen als Werkstoffe vielmehr möglichst chemisch stabil sein. Da polymere Werkstoffe gegenüber herkömmlichen Werkstoffen wie Metallen, Glas und Keramik oft deutliche Vorteile in Bezug auf Eigenschaften und Verarbeitung bieten, ist der in den letzten Jahrzehnten erfolgte steile Anstieg der Polymerproduktion verständlich (vgl. Teil VI). Kunststoffe haben volumen- und wertmäßig fast die Stahlerzeugung erreicht, synthetische Fasern mengenmäßig fast die der Naturfasern. Die Produktion von synthetischen Elastomeren ist schon jetzt doppelt so hoch wie die von Naturkautschuk.

1.2 Geschichtliche Entwicklung

> „Man gedenkt nicht derer, die zuvor gewesen sind; also auch derer, so hernach kommen, wird man nicht gedenken bei denen, die danach sein werden."
>
> Prediger Salomo 1, 11.

Natürlich vorkommende Polymere werden von der Menschheit schon seit Urzeiten für verschiedene Zwecke verwendet. Die Proteine des Fleisches und die Polysaccharide des Getreides sind wichtige Nahrungsmittel. Wolle und Seide, beides Proteine, dienen als Bekleidung. Holz mit dem Hauptbestandteil Cellulose, einem Polysaccharid, wird als Bau- und Brennmaterial verwendet. Bernstein, ein hochmolekulares Harz, wurde bereits von den Griechen als Schmuck getragen. Der Einsatz von Asphalt als Adhäsiv ist schon in der Bibel erwähnt.

Im Jahre 1839 beobachtete E. Simon [1], daß Styrol beim Erhitzen von einer klaren Flüssigkeit in eine feste, durchscheinende Masse übergeht, in ein Poly(styrol) im heutigen Sinne. Da dabei die Bruttozusammensetzung an Kohlenstoff und Wasserstoff konstant blieb, nannte M. Berthelot [2] diesen Vorgang eine Polymerisation. Der Name Polymerisation gab also ursprünglich einfach an, daß sich mehrere Moleküle zu einem größeren Verband ohne Änderung der Bruttozusammensetzung vereinigen. Offen blieb dabei, ob es sich um physikalische Moleküle (Assoziate) oder um echte Makromoleküle im heutigen Sinne handelte. Heute wird die Polymerisation als eine sich wiederholende Addition von Monomeren an eine wachsende aktivierte Kette definiert, z. B. beim Styrol

$$(1\text{-}4) \quad R\sim\sim CH_2-\underset{\underset{C_6H_5}{|}}{CH^*} \xrightarrow{+\ CH_2=CH(C_6H_5)} R\sim\sim CH_2-\underset{\underset{C_6H_5}{|}}{CH}-CH_2-\underset{\underset{C_6H_5}{|}}{CH^*} \quad \text{usw.}$$

Berthelot beobachtete auch schon, daß bei noch höheren Temperaturen ziemlich leicht eine Depolymerisation der festen Masse zurück zum Styrol eintritt. Diese einfache, bereits durch eine Temperaturänderung erzielbare Umwandlung Styrol $\rightleftharpoons$ (Poly(styrol) $\rightleftharpoons$ Styrol bildete später eine scheinbar zuverlässige Stütze für die Mizellar-Theorie solcher Substanzen.

Vor Berthelot hatte Wurtz [3] bereits Ethylenoxid zu Poly(ethylenoxiden) niedrigen Molekulargewichtes umgesetzt, in der heutigen Schreibweise

$$(1-5) \quad N\ H_2C\!-\!\!-\!CH_2 \longrightarrow \text{\textdaggerdbl}(CH_2-CH_2-O\text{)}_N$$
$$\diagdown\!\diagup$$
$$O$$

Etwa zur gleichen Zeit nahm Lourenço [4] die Umsetzung in Gegenwart von Ethylenhalogeniden vor und isolierte aus der Reaktionsmasse Substanzen mit Polymerisationsgraden bis zu $N = 6$. Er stellte bereits fest, daß sich die Bruttozusammensetzung derartiger Verbindungen mit steigendem N immer mehr derjenigen für reines Ethylenoxid nähert, obwohl die Eigenschaften dieser Substanzen von denen des Ethylenoxids verschieden sind. Lourenço beobachtete auch ein Ansteigen der Viskosität dieser bei Raumtemperatur flüssigen Verbindungen mit zunehmendem Polymerisationsgrad und stellte bereits eine Kettenformel für die Produkte auf.

Nur kurze Zeit nach diesen Arbeiten entdeckte Th. Graham [5], daß Leim und einige andere Substanzen in Wasser viel langsamer diffundieren als Kochsalz und auch nur schlecht durch eine Membran permeieren. Da dieses Verhalten für leimähnliche, nichtkristallisierende Substanzen charakteristisch war, die damals bekannten kristallisierenden Substanzen aber alle schnell diffundierten und permeierten, unterschied Graham zwischen Kristalloiden und Kolloiden (von dem Griechischen $\kappa o \lambda \lambda a$ = Leim). Er ordnete also das kolloide Verhalten dem Aufbau der Kolloide und nicht ihrem Zustand zu.

Die weitere Einteilung der Kolloide in Untergruppen beschäftigte viele Forscher. Studien des Koagulationsprozesses führten z. B. A. Müller [6] im Jahre 1903 zu den Gruppen der Suspensionen mit physikalischen Flockungsprozessen und den Hochmolekularen mit chemischen Fällvorgängen. Als „hochmolekular" bezeichnete A. Müller die Eiweißkörper und die kolloide Kieselsäure. Die spätere Einteilung der Kolloide von H. Staudinger [7] in Dispersionskolloide, Mizellkolloide (Assoziationskolloide) und Molekülkolloide (Makromoleküle) ist sehr zweckmäßig und bildet die Grundlage moderner Lehrbücher der Kolloid-Chemie [8].

Später fand man, daß auch anorganische Substanzen kolloid sein können. Beispiele sind die Oxidhydrate des Eisens und des Aluminiums. Die Reaktionsfähigkeit dieser Kolloide ist aber von derjenigen ihrer kristalloiden Formen nicht sehr verschieden. Offenbar können alle Substanzen unter geeigneten Bedingungen in den kolloiden Zustand übergehen und wieder in den nichtkolloiden Zustand zurückverwandelt werden. Kolloide sind demnach allgemein mögliche *Zustände* der Materie und nicht spezifische *Stoffe* (Wo. Ostwald [9], P. P. von Weimarn [10]).

Die richtige Folgerung, daß man alle niedermolekularen Substanzen in den kolloiden Zustand überführen kann, führte aber auch zur falschen Umkehr dieses Satzes, nämlich, daß alle Kolloide Assoziate oder Aggregate kleinerer Moleküle sind, also physikalische Polymere.

In den Jahren zwischen Graham's Entdeckung und Ostwald's Postulat war die Idee von echten Makromolekülen im heutigen Sinne durchaus lebendig. Hlasiwetz und Habermann [11] nahmen z. B. 1871 an, daß Proteine und Polysaccharide Polymere sind. Ihnen fehlten jedoch die Methoden, um die von ihnen postulierte hohe molare Masse zu beweisen.

1.2 Geschichtliche Entwicklung

Eine solche Möglichkeit boten die von Raoult 1882–1885 [12] und van't Hoff 1887–1888 [13] entdeckten Gesetze für die Beziehungen zwischen Dampfdruck und Stoffmengenanteil bzw. osmotischem Druck, Konzentration, Temperatur und molarer Masse. Mit diesen Methoden erhielt man für Kautschuk, Stärke und Cellulosenitrat sehr hohe molare Massen zwischen 10 000 und 40 000 g mol^{-1}. Andere Autoren fanden an den gleichen Stoffen ähnlich hohe Werte, so Gladstone und Hibbert [14] an Kautschuk 6000 – 12 000 g mol^{-1} und Brown und Morris [15] an einem durch Hydrolyse gewonnenen Abbauprodukt der Stärke kryoskopisch eine molare Masse von ca. 30 000 g mol^{-1}.

Diese hohen molaren Massen erschienen aber den meisten Forschern jener Zeit als unglaubwürdig. Die gleichen Methoden gaben nämlich bei covalent aufgebauten Kristalloiden molare Massen, die gut mit den chemischen Formelgewichten übereinstimmten. Bei den Kolloiden ließ sich aber das Formelgewicht nicht eindeutig ermitteln, sodaß auch die mit physikalischen Methoden erhaltenen molaren Massen suspekt erschienen. Außerdem wurde z. B. vom Raoult'schen Gesetz eine Proportionalität zwischen Dampfdruck und Konzentration, vom van't Hoff'schen Gesetz eine Proportionalität zwischen osmotischem Druck und Konzentration gefordert. Beide Forderungen waren bei den damals untersuchten, covalent aufgebauten Kristalloiden im Rahmen der erreichbaren Meßgenauigkeit gut erfüllt, nicht aber bei den Kolloiden. Auch dieser „Verstoß" gegen die Gesetze von Raoult und van't Hoff ließ die hohen molaren Massen der Kolloide nicht glaubwürdiger erscheinen. Wir wissen heute, daß beide Gesetze nur Grenzgesetze für unendlich kleine Konzentrationen sind. Eine Konzentrationsabhängigkeit scheinbarer, d. h. über die Grenzgesetze berechneter molarer Massen ist auch bei niedermolekularen Substanzen die Regel, nicht die Ausnahme. Dieser durch Wechselwirkungen zwischen Gelöstem und Lösungsmittel bedingte Effekt wurde bereits 1900 von Nastukoff [16] bei ebullioskopischen Messungen erkannt, der auch schon eine Extrapolation auf die Konzentration null des Gelösten vorschlug. Durch eine ähnliche Extrapolation erhielt Caspari [17] bei osmotischen Messungen an Kautschuk bereits 1914 eine molare Masse von 100 000 g mol^{-1}.

Die Formulierung der Gesetze von Raoult und van't Hoff als Grenzgesetze schien damals aber als untragbar. Dagegen sprachen die scheinbar uneingeschränkte Gültigkeit dieser Gesetze bei den covalenten Kristalloiden und die Umwandelbarkeit niedermolekularer Verbindungen in Kolloide. Außerdem waren die Kolloide nicht die einzige Klasse von Verbindungen, die starke Abweichungen vom Raoult'schen Gesetz zeigten. Ähnliche Diskrepanzen waren bei Elektrolyten gefunden worden. Da die damals bekannten Elektrolyte sämtlich anorganische Verbindungen waren und man diese prinzipiell in Kolloide überführen konnte, lag der Gedanke an irgendwelche besonderen Kräfte nahe.

Gegen die Annahme echter, durch covalente Bindungen zusammengehaltene Makromoleküle sprachen aber auch die Erfahrungen der ihre ersten Ruhmestaten vollbringenden organischen Chemie. Der ungeheure Erfolg der klassischen organischen Chemie beruhte vor allem auf dem Prinzip der kleinsten Konstitutionsänderung bei Reaktionen, auf der Elementaranalyse als Grundvoraussetzung zur Aufstellung einer Konstitutionsformel und auf der Kristallisationsfähigkeit reiner Substanzen. Kolloide konnten aber damals nicht kristallisiert werden. Zwar gab es auch in der niedermolekularen organischen Chemie schwierig zu kristallisierende Stoffe wie Alkohole oder Zucker, was man aber zunächst als unerklärbare Ausnahme betrachtete. Außerdem fehlte bei den Kolloiden ein weiteres Reinheitskriterium der organischen Chemie. Als „rein" gilt in der organischen Chemie eine Substanz, für die sich eine einzige Strukturformel mit einer einzigen molaren Masse aufstellen läßt. Für einen Teil der damals bekannten Kolloide gab es aber trotz offenbar gleicher Strukturformeln verschiedene molare Massen.

Damit wurde die Frage wichtig, welche besonderen Kräfte denn solche Kolloide zusammenhalten. Aus dem Studium der Gase wußte man von der Existenz zwischenmolekularer Kräfte [18]. Ähnliche Kräfte konnten auch in Lösung wirksam sein. Für organische Moleküle bot sich die Lehre von den Partialvalenzen an, die nach Thiele [19] von Substanzen mit konjugierten Doppelbindungen ausgeübt werden. Die Existenz von Molekülverbindungen wie den Chinhydronen [20] ließ diese Lehre als gesichert erscheinen.

Die Partialvalenz-Lehre bot eine bequeme Erklärung für das Verhalten des Naturkautschuks. Die bereits von M. Faraday 1826 [21] aufgestellte Bruttoformel C_5H_8 wies auf eine Doppelbindung pro Einheit. Harries [22] bestätigte diese Folgerung durch Ozonisieren des Naturkautschuks und anschließende Hydrolyse des Ozonids. Da er als Bruttoformel ebenfalls C_5H_8 fand, glaubte er, keine Endgruppen annehmen zu müssen. Aus den von ihm beobachteten niedrigen molaren Massen schloß er anfänglich auf Ringe von zwei Isopren-Einheiten (vgl. Abb. 1-2), später auf solche von fünf bis sieben pro ringförmiges Molekül.

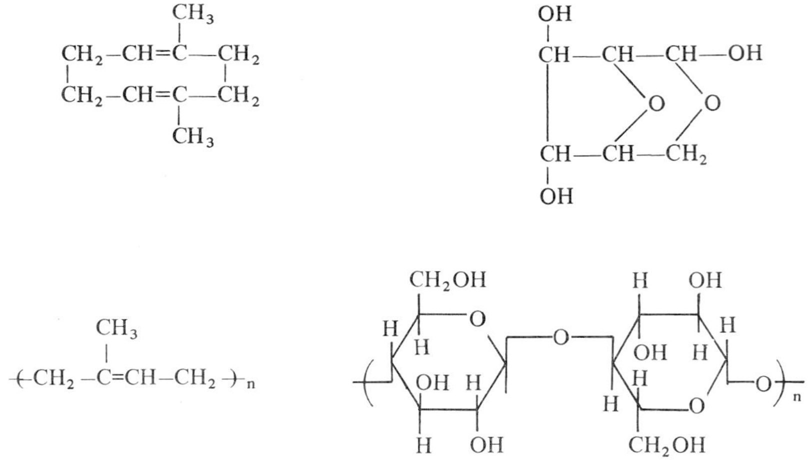

Abb. 1-2 Veraltete Ringformeln (oben) für Naturkautschuk (links) und Cellulose (rechts) verglichen mit den modernen Schreibweisen (unten).

Für niedermolekulare, ringförmige Verbindungen, die über Partialvalenzen zusammengehalten werden, schien auch zu sprechen, daß Kautschuk nicht destillierbar ist. Es war bekannt, daß assoziierte Substanzen einen weit höheren Siedepunkt als nichtassoziierte haben. Pickles [23] schlug dagegen bereits 1910 für den Kautschuk die noch heute gültige Kettenstruktur vor. Er führte zum Konstitutionsbeweis bereits die erste gezielte polymeranaloge Umsetzung aus, nämlich die Anlagerung von Brom an die Doppelbindungen des Naturkautschuks. Da die Bromaufnahme nicht die Molekülgröße änderte, sah Pickles den Naturkautschuk als echtes Molekül an. Seine Auffassung drang jedoch nicht durch.

Ähnliche Ringformeln wie die für den Naturkautschuk wurden dann für sehr viele organische Kolloide aufgestellt. Die Strukturformel der Cellulose wurde z. B. als Ring geschrieben (Abb. 1–2). Die Formel konnte mit ihren drei Hydroxylgruppen und der Halbacetalgruppe gut das chemische Verhalten der Cellulose wiedergeben. Der kolloide Charakter wurde durch eine Assoziation vieler solcher cyclischer Verbindungen zu größeren Teilchen erklärt. Mit der Annahme cyclischer Verbindungen stimmte auch überein, daß man keine Endgruppen fand. Wir wissen heute, daß der Anteil der Endgruppen wegen der hohen molaren Masse viel zu gering war, um mit den damaligen Methoden erkannt zu werden.

Auch eine andere Beobachtung sprach für Assoziation: die Drehung von optisch aktivem Diamylitaconat war beim Monomeren und beim „Polymeren" etwa gleich groß [24]. Bei konstitutiv unterschiedlichen Substanzen wurden aber sonst immer Unterschiede gefunden.

In den Jahren 1910–1920 waren die Beweise für organische Kolloide als physikalische Teilchenverbände und gegen echte, covalent aufgebaute Makromoleküle erdrückend. Die organischen Kolloide hatten die gleiche Bruttozusammensetzung und die gleiche Reaktionsfähigkeit wie ihre bekannten nichtkolloiden Grundstoffe. Sie ließen sich ferner oft leicht in die nichtkolloiden Vertreter zurückverwandeln und waren nicht kristallisierbar. Bei Bestimmungen der molaren Massen traten Anomalien auf. Alle diese Phänomene kannte man schon von den anorganischen Kolloiden. Da man ferner keine Endgruppen fand, schienen alle Befunde für die Annahme von assoziierten niedermolekularen Ringen zu sprechen. Der kolloide Charakter war leicht theoretisch zu deuten: die Teilchen wurden durch besondere Kräfte zusammengehalten, z. B. durch die Thiele'schen Partialvalenzen.

Gegen die Annahme von Molekülkomplexen bei den organischen Kolloiden sprach sich jedoch H. Staudinger aus. Staudinger hatte bei seinen Untersuchungen über Ketene [25] „polymere" Produkte erhalten, denen er die Struktur von Cyclobutanderivaten zuschrieb. Da ein anderer Autor [26] diese Dimeren jedoch als Molekülkomplexe ansah, stellte H. Staudinger in einer berühmt gewordenen Arbeit [27] die Argumente für covalente Bindungen zusammen. Die scheinbare Abwesenheit der durch die Valenzstrichschreibweise geforderten Endgruppen schien kein Widerspruch zu sein, da man damals allgemein annahm, daß die Reaktivität einer Gruppe mit steigender molarer Masse sinkt.

In späteren Arbeiten versuchte Staudinger, seine Vorstellung von den organischen Kolloiden als echten Makromolekülen experimentell zu beweisen. Dazu mußte zunächst die Vorstellung der sog. ersten Mizellarlehre widerlegt werden, daß bei den organischen Kolloiden kleinere Ringe durch Partialvalenzen zusammengehalten werden. Staudinger und Fritschi [28] hydrierten 1922 den Naturkautschuk. Da der Hydrokautschuk keine Doppelbindungen mehr enthält, sollte er nach den Vorstellungen der Mizellarlehre keine kolloiden Eigenschaften aufweisen. Tatsächlich blieben aber die kolloiden Eigenschaften erhalten, wie auch schon Pickles bei seinen Bromierungsversuchen gefunden hatte. Auch die Hydrierung von Poly(styrol) zum Poly(vinylcyclohexan) entfernte die Träger der Thiele'schen Partialvalenzen, führte aber wiederum zu einem Kolloid. Staudinger schloß daraus, daß diese organischen Kolloide aus vielen über covalente Bindungen verknüpften Atomen bestehen, also echte „Makromoleküle" [29] sind. Da die Bindungsstärke von covalenten Bindungen viel größer als die von van der Waals'schen Bindungen ist, sollten derartige Molekülkolloide ihren kolloiden Charakter im Gegensatz zu den Assoziationskolloiden in allen Lösungsmitteln beibehalten [30].

Diese Befunde wurden jedoch vom größeren Teil der Fachwelt nicht als Beweise akzeptiert. Kryokopische Bestimmungen der molaren Masse von Naturkautschuk in Campher gaben z.b. molare Massen von 1400–2000 g mol^{-1} [31], während Staudinger am hydrierten Kautschuk Werte von 3000–5000 g mol^{-1} gefunden hatte. Gegen Staudinger's Vorstellung von Molekülkolloiden schienen ferner die an solchen Verbindungen ausgeführten röntgenographischen Untersuchungen zu sprechen. Ein großer Teil der organischen Kolloide gab Röntgenbilder, die mehr denen von Flüssigkeiten als denen von niedermolekularen Kristalloiden ähnelten. Außerdem wurde bei organischen Kolloiden mit mehr kristallitähnlichen Röntgenbildern nur eine verhältnismäßig kleine Einheitszelle gefunden. Es war aber von Messungen an homologen Reihen niedermolekularer Substanzen bekannt, daß die Größe der Einheitszelle direkt der molaren Masse proportional ist. Da man sich nicht vorstellen konnte, daß eine derartige Proportionalität nicht für alle molaren Massen gelten muß, schloß man daraus auf niedrige molare Massen bei den organischen Kolloiden.

Die röntgenographischen Messungen sprachen aber auch gegen die Existenz von kleinen Ringen und für die Annahme von Kettenstrukturen [32], da sich Ringe mit der gefundenen Struktur der Elementarzelle nicht vereinbaren ließen. Die Auswertung der Breite der Röntgenreflexe des Kautschuks führte zu Kristallitlängen von ca. 30–60 nm. Unter der Annahme, daß Kristallitlänge und Moleküllänge identisch seien, kamen K. H. Meyer und H. Mark damit zu molaren Massen von ca. 5000 g mol^{-1} für Cellulose und 5000–10 000 g mol^{-1} für Naturkautschuk. Die in Lösung gefundenen, viel größeren molaren Massen des Naturkautschuks von ca. 150 000–380 000 g mol^{-1} wurden als Masse der solvatisierten Kette interpretiert oder später auch durch die Annahme, daß die röntgenographisch gefundenen Mizellen in Lösung als Assoziate vorliegen. Diese sog. zweite Mizellarlehre nahm also im Gegensatz zur ersten Mizellarlehre Ketten statt Ringe und bereits höhere molare Massen an, während der eigentliche kolloide Charakter immer noch durch eine Assoziation solcher Ketten zu größeren Teilchenverbänden zustande kommen sollte.

H. Staudinger und R. Signer [33] betonten dagegen, daß die Kristallitlänge nichts mit der Moleküllänge zu tun haben muß. Da die Kristallstruktur wesentlich von der Konstitution der Verbindungen abhängt, versuchte Staudinger seine Anschauung durch „polymeranaloge" Umsetzungen von gesättigten Verbindungen zu beweisen. Unverzweigtes Poly(vinylacetat) läßt sich durch Verseifung in Poly(vinylalkohol) und Poly(vinylalkohol) durch Veresterung wieder in Poly(vinylacetat) überführen:

(1–6)

$$\mathrm{-(CH_2-CH)_n\!\!-} \atop \mathrm{\underset{CH_3}{\underset{|}{\underset{CO}{\underset{|}{O}}}}}\quad \xrightarrow[-\text{CH}_3\text{COOH}]{+\text{H}_2\text{O}} \quad \mathrm{-(CH_2-CH)_n\!\!-} \atop \mathrm{\underset{}{OH}} \quad \xrightarrow[-\text{H}_2\text{O}]{+\text{CH}_3\text{COOH}} \quad \mathrm{-(CH_2-CH)_n\!\!-} \atop \mathrm{\underset{CH_3}{\underset{|}{\underset{CO}{\underset{|}{O}}}}}$$

Da für die Polymeranalogen in verschiedenen Lösungsmitteln gleiche Polymerisationsgrade erhalten wurden, war es wegen der unterschiedlichen Wechselwirkungen Polymer/Lösungsmittel ziemlich unwahrscheinlich, daß Assoziationskolloide vorliegen (vgl. z. B. [34]).

Staudinger entwickelte seine Vorstellungen an Naturstoffen wie Amylose oder Cellulose oder an Polymerisaten wie z. B. dem Poly(styrol). Der Bildungsmechanismus dieser Naturstoffe und Polymerisate war aber zu jener Zeit nicht bekannt. Bei der Styrolpolymerisation wurde zwar eine stufenweise Anlagerung an einen aktiven Keim undefinierter chemischer Natur vermutet [35], der später als Radikal identifiziert wurde [36, 37], doch blieb der Startschritt offen. Diskutiert wurde die Anlagerung von Radikalen an das Monomer [38] oder ein Ablauf über aktivierte Komplexe zwischen Styrol und z. B. Dibenzoylperoxid [39]. Das Problem wurde 1941–1943 schließlich durch Markierung der Initiatoren gelöst [40–42], wobei bewiesen werden konnte, daß das markierte Initiatorfragment als Endgruppe in das Polymer eingebaut wird.

Der Mechanismus, der zu den von H. Staudinger als Modellsubstanzen verwendeten Polymerisaten führt, war also zu jener Zeit alles andere als klar. Von der zweiten Gruppe der von Staudinger verwendeten Verbindungen, den makromolekularen Naturstoffen, wußte man über den Bildungsmechanismus noch viel weniger. W. H. Carothers [43] beschloß daher, makromolekulare Verbindungen schrittweise mit bekannten Kondensationsreaktionen der niedermolekularen organischen Chemie aufzubauen, z. B. durch Umsetzung von Glycolen mit Dicarbonsäuren:

(1-7)

$$HO-R-OH + HOOC-R'-COOH \xrightarrow{H_2O} HO-R-OCO-R'-COOH$$

$$HO-R-OCO-R'-COOH + HO-R-OH \xrightarrow{H_2O} HO-R-OCO-R'-COO-R-OH \text{ usw.}$$

Bei dieser Polykondensation werden im Gegensatz zur Polymerisation niedermolekulare Verbindungen abgespalten.

Carothers konnte an vielen Verbindungen zeigen, daß Makromoleküle nicht nur durch irgendwelche mysteriösen Prozesse, sondern auch mit den bekannten Methoden der organischen Chemie aufgebaut werden können. Seine Arbeiten lieferten einen weiteren Beweis für den Aufbau organischer Molekülkolloide über covalente Bindungen und führten überdies zur ersten großtechnisch hergestellten synthetischen Faser, dem Nylon 6,6 (Poly(hexamethylenadipamid)), das aus Hexamethylendiamin und Adipinsäure erhalten wird:

(1-8) $\quad n\ H_2N(CH_2)_6NH_2 + n\ HOOC(CH_2)_4COOH \longrightarrow$

$\longrightarrow H(HN(CH_2)_6NHCO(CH_2)_4CO)_nOH + (2n-1)\ H_2O$

Ein weiteres Argument gegen die Mizellartheorie kam von der Biochemie. Im Jahre 1926 gelang es Sumner [44], das Enzym Urease und im Jahre 1930 Northrop [45], das Enzym Pepsin zu kristallisieren. Damit war die These widerlegt, daß Kolloide nur unter Verlust ihrer kolloiden Eigenschaften kristallisiert werden können. Th. Svedberg [46] zeigte ferner mit seiner Ultrazentrifuge in den Jahren 1927–1940, daß die kolloide Lösungen liefernden Proteine sich bei Ultrazentrifugen-Versuchen bei verschiedenen Temperaturen und in unterschiedlichen Salzlösungen als einheitlich in Bezug auf die molare Masse erwiesen. Auch dieser Befund sprach gegen die Vorstellung von Assoziationskolloiden. Schließlich fand Tiselius mit der von ihm entwickelten Methode der Elektrophorese [47], daß einunddasselbe Protein immer die gleiche Ladung pro Masse aufwies, was ebenfalls im Widerspruch zum Verhalten der anorganischen Assoziationskolloide stand. Die Erkenntnis, daß es sich bei den organischen Kolloiden um echte Makromoleküle handelt, war somit am Anfang der 30er Jahre gesichert.

Die mangelnde Kristallisationsfähigkeit vieler synthetischer organischer Polymerer wurde bereits in der 40er Jahren auf den unregelmäßigen konfigurativen Aufbau zurückgeführt. 1948 fanden Schildknecht und Mitarbeiter [48], daß Vinylether je nach dem verwendeten Katalysator konstitutiv identische Polymere mit unterschiedlichen physikalischen Eigenschaften ergab. Radikalisch hergestellte Poly(vinylmethylether) waren amorph, kationisch bei tiefen Temperaturen erzeugte dagegen kristallin. Die Befunde wurden auch schon richtig als Unterschiede im sterischen Aufbau der Polymeren gedeutet. Die Ergebnisse wurden jedoch nicht sehr beachtet, offenbar, weil sich auf diesem Wege nicht auch andere, konfigurativ regulär aufgebaute Polymere erzeugen ließen.

Der Weg zur gezielten Synthese konfigurativ regelmäßig aufgebauter Polymerer wurde erst nach der Entdeckung der Ziegler-Katalysatoren frei. Ziegler fand, daß Katalysatorsysteme aus Aluminiumalkylen und Titantetrachlorid schon bei Raumtemperatur und Normaldruck Ethylen zu Poly(ethylen) polymerisieren [49]. Poly(ethylen) wurde bis zu diesem Zeitpunkt ausschließlich durch radikalische Polymerisation von Ethylen bei hohen Drucken erzeugt. Natta und Mitarbeiter [50] beobachteten, daß diese Katalysatoren α-Olefine zu sterisch einheitlichen und oft kristallisierbaren Polymeren umsetzen. Mit abgeänderten Ziegler-Katalysatoren gelang später auch die Polymerisation anderer Monomertypen, so daß heute eine Vielzahl sterisch einheitlicher Polymerer bekannt ist.

Kettenförmige Makromoleküle enthalten viele Bindungen in der Hauptkette. Die einzelnen Kettenatome können daher sehr viele verschiedene Lagen relativ zueinander einnehmen. W. Kuhn [51] erkannte schon in den 30er Jahren, daß die Probleme der räumlichen Gestalt von fadenförmigen Makromolekülen mit statistischen Rechenverfahren besonders elegant gelöst werden können. Ganz allgemein spielen statistische Betrachtungsweisen in der makromolekularen Chemie eine große Rolle, wie besonders von P. J. Flory [52] meisterlich gezeigt wurde.

Literatur zu Kap. 1

1.1 Grundbegriffe

DEFINITIONEN
International Union of Pure and Applied Chemistry, Macromolecular Division, Commission on Macromolecular Nomenclature, Basic definitions of terms relating to polymers 1974, Pure Appl. Chem. **40**/3 (1974) 479.
HANDBÜCHER
Houben-Weyl. Methoden der organischen Chemie (Hrsg. E. Müller), G. Thieme, Stuttgart, Bd. XIV, Makromolekulare Stoffe, Teil 1, Polymerisation, 1961; Teil 2, Polykondensate, Reaktionen an Polymeren, 1963; Bd. XV, Makromolekulare Naturstoffe (geplant)

R. Vieweg, Hrsg. Kunststoff-Handbuch, C. Hanser, München 1963–1975 (12 Bände)

H. Mark, N. G. Gaylord und N. M. Bikales,Hrsg., Encyclopedia of Polymer Science and Technology, J. Wiley, New York, 15 Bände, 1966–1972, Ergänzungsbände (Suppl.) seit 1976

DATENSAMMLUNGEN
J. Brandrup und E. H. Immergut, Hrsg., Polymer Handbook, J. Wiley, New York, 2. Aufl. 1975

BIBLIOGRAPHIEN
P. Eyerer, Informationsführer Kunststoffe, VDI-Verlag, Düsseldorf 1976

J. Schrade, Kunststoffe (Hochpolymere), Bibliographie aus dem deutschen Sprachgebiet, Erste Folge 1911–1969, Dr. J. Schrade, Schweiz. Aluminium AG, Zürich 1976

O. A. Battista, The Polymer Index, McGraw Hill, New York 1976

E. R. Yescombe, Plastics and Rubbers: World Sources of Informations, Appl. Sci. Publ., Barking, Essex, England, 2. Aufl. 1976

1.2 Geschichtliche Entwicklung

H. Staudinger, Arbeitserinnerungen, Hüthig, Heidelberg 1961
[1] E. Simon, Ann. **31** (1839) 265
[2] M. Berthelot, Bull. soc. chim. France [2] **6** (1866) 294
[3] A. Wurtz, Compt. rend. **49** (1859) 813; **50** (1860) 1195
[4] A.-V. Lourenço, Compt. rend. **49** (1859) 619; **51** (1860) 365; Ann. chim phys. [3] **67** (1863) 273
[5] Th. Graham, Phil. Trans. Royal Soc. [London] **151** (1861) 183; J. chem. Soc. [London] **1864** 318
[6] A. Müller, Z. anorg. Chem. **36** (1903) 340
[7] H. Staudinger, Organische Kolloidchemie, Vieweg, Braunschweig, 1. Aufl. 1940, 3. Aufl. 1950
[8] J. Stauff, Kolloidchemie, Springer, Berlin 1960
[9] Wo. Ostwald, Kolloid-Z. **1** (1907) 291, 331
[10] P. P. v. Weimarn, Kolloid-Z. **2** (1907/1908) 76
[11] H. Hlasiwetz und J. Habermann, Ann. Chem. Pharm. **159** (1871) 304
[12] F. M. Raoult, Comp. rend. **95** (1882) 1030; Ann. chim. phys. [6] **2** (1884) 66; Compt. rend **101** (1885) 1056
[13] J. H. van't Hoff, Z. physikal. Chem. **1** (1887) 481; Phil. Mag. [5] **26** (1888) 81
[14] J. H. Gladstone und W. Hibbert, J. chem. Soc. [London] **53** (1888) 679; Phil. Mag. [5] **28** (1889) 38
[15] H. T. Brown und G. H. Morris, J. chem. Soc. [London] **55** (1889) 462
[16] A. Nastukoff, Ber. dtsch. chem. Ges. **33** (1900) 2237
[17] W. A. Caspari, J. chem. Soc. [London] **105** (1914) 2139
[18] J. D. van der Waals, Die Kontinuität des gasförmigen und flüssigen Zustands, Diss. Leiden 1873; ferner das Werk gleichen Titels, 2 Bde., 2. Aufl., J. A. Barter, Leipzig 1895 und 1900. J. W. van der Waals, Die Zustandsgleichung, Nobelpreisrede, Akad. Verlagsgesellschaft, Leipzig 1911
[19] J. Thiele, Liebigs Ann. Chem. **306** (1899) 87
[20] P. Pfeiffer, Liebigs Ann. Chem. **404** (1914) 1; **412** (1917) 253
[21] M. Faraday, Quart. J. Science **21** (1826) 19
[22] C. Harries, Ber. dtsch. chem. Ges. **37** (1904) 2708; **38** (1909) 1195, 3985
[23] S. S. Pickles, J. chem. Soc. [London] **97** (1910) 1085
[24] P. Walden, Z. physikal. Chem. **20** (1896) 383
[25] H. Staudinger, Die Ketene, F. Enke, Stuttgart 1912, p. 46
[26] G. Schroeter, Ber. dtsch. chem. Ges. **49** (1916) 2697
[27] H. Staudinger, Ber. dtsch. chem. Ges. **53** (1920) 1073
[28] H. Staudinger und J. Fritschi, Helv. Chim. Acta **5** (1922) 785
[29] H. Staudinger, Ber. dtsch. chem. Ges. **57** (1924) 1203
[30] H. Staudinger, Ber. dtsch. chem. Ges. **59** (1926) 3019; H. Staudinger, K. Frey und W. Starck, Ber. dtsch. chem. Ges. **60** (1927) 1782

[31] R. Pummerer, H. Nielsen und W. Gündel, Ber. dtsch. chem. Ges. **60** (1927) 2167
[32] K. H. Meyer und H. Mark, Ber. dtsch. chem. Ges. **61** (1928) 593, 1939
[33] Vgl. z. B. die Ausführungen zur geschichtlichen Entwicklung in H. Mark, Physical Chemistry of High Polymeric Systems, Interscience, New York 1940
[34] H. Staudinger und E. Husemann, Liebigs Ann. Chem. **527** (1937) 195
[35] H. Staudinger und E. Urech, Helv. Chim. Acta **12** (1929) 1107
[36] W. Chalmers, J. Amer. Chem. Soc. **56** (1934) 912
[37] H. Staudinger und W. Frost, Ber. dtsch. chem. Ges. **68** (1935) 2351
[38] H. W. Melville, Proc. Royal Soc. [London] **A 163** (1937) 511
[39] G. V. Schulz und E. Husemann, Z. physik. Chem. **B 39** (1938) 246
[40] C. C. Price, R. W. Kell und E. Kred, J. Amer. Chem. Soc. **63** (1941) 2708; **64** (1942) 1103
[41] W. Kern und H. Kämmerer, J. Prakt. Chem. **161** (1942) 81, 289
[42] P. D. Bartlett und S. C. Cohen, J. Amer. Chem. Soc. **65** (1943) 543
[43] W. H. Carothers, Chem. Revs. **8** (1931) 353; H. Mark und G. S. Whitby, Hrsg., Collected papers of W. H. Carothers, Interscience, New York 1940
[44] J. B. Sumner, J. Biol. Chem. **69** (1926) 435
[45] J. H. Northrop, J. Gen. Physiol. **13** (1930) 739
[46] T. Svedberg, Die Ultrazentrifuge, Steinkopff, Darmstadt 1940
[47] A. Tiselius, Kolloid-Z. **85** (1938) 129
[48] C. E. Schildknecht, S. T. Gross, H. R. Davidson, J. M. Lambert und A. O. Zoss, Ind. Engng. Chem. **40** (1948) 2104
[49] K. Ziegler, Angew. Chem. **76** (1964) 545
[50] G. Natta, Angew. Chem. **76** (1964) 553
[51] W. Kuhn, Ber. dtsch. chem. Ges. **65** (1930) 1503
[52] P. J. Flory, Principles of polymer chemistry, Cornell University Press, Ithaca, New York 1953; P. J. Flory, Statistical mechanics of chain molecules, Interscience, New York 1969

2 Konstitution

Zur Beschreibung der Konstitution makromolekularer Verbindungen müssen sehr viel mehr Parameter als bei niedermolekularen Verbindungen herangezogen werden: die Konstitution der Kette selbst, die ihrer Substituenten sowie evtl. die Verknüpfung von Ketten. Die Konstitution der Kette wird durch den Typ und die Aufeinanderfolge der Kettenatome, Grundbausteine und konstitutiven Strukturelemente beschrieben, die der Substituenten durch die Art der Seiten- und Endgruppen, und die der Kettenverknüpfungen durch Typ und Ordnung der Verzweigungen und Vernetzungen.

2.1 Nomenklatur

Natürlich vorkommende Polymere tragen in der Regel Trivialnamen. Diese Trivialnamen deuten die Herkunft (z.B. Cellulose), das Verhalten (z.B. Nucleinsäuren) oder die Funktion (z.B. Katalase) an.

Synthetische Polymere wurden in den Anfangstagen der makromolekularen Chemie einfach nach den Ausgangsmonomeren benannt. Die Polymeren des Ethylens hießen daher Poly(ethylen), die des Styrols Poly(styrol) und die der Lactame Poly(lactame). In anderen Fällen wies der Name auf eine im Polymeren enthaltene charakteristische Gruppe hin: die aus Diaminen und Dicarbonsäuren entstehenden Polymeren wurden daher Polyamide genannt, die aus Dialkoholen und Dicarbonsäuren entsprechend Polyester. Diese phänomenologische Bezeichnungsweise muß versagen, wenn aus den Monomeren mehr als eine Sorte von Grundbausteinen entstehen kann.

Die IUPAC-Nomenklatur makromolekularer Substanzen baut dagegen auf der Konstitution auf. Sie folgt weitgehend der Nomenklatur niedermolekularer anorganischer und organischer Moleküle. Die Nomenklatur nieder- und hochmolekularer anorganischer Moleküle folgt dem Additivitätsprinzip, die Nomenklatur niedermolekularer organischer Moleküle dagegen dem Substitutionsprinzip. Die Nomenklatur organischer Makromoleküle ist ein Hybrid beider Prinzipien: zuerst werden die als Biradikal gedachten kleinsten konstitutiven Strukturelemente benannt, dann jedoch deren Namen addiert.

Die Namen von Makromolekülen setzen sich daher aus dem Namen des konstitutiven Strukturelementes und einer Vorsilbe zusammen, die den griechischen Namen der Zahl der konstitutiven Strukturelemente pro Molekül angibt. Eine große, jedoch nicht genau bekannte Zahl wird durch die Vorsilbe „poly" wiedergegeben. Endgruppen werden meist nicht spezifiziert. Sind sie bekannt, dann werden sie mit dem entsprechenden Radikalnamen und den davorgestellten griechischen Buchstaben α und ω vor den Namen des Polymeren geschrieben. Die ω-Endgruppe muß dabei ein Zentralatom enthalten. Beispiele:

$Cl(S)_7 SCl$ α-Chlor-ω-chlorschwefel-*catena*-hepta(schwefel)
$Cl(CH_2)_n CCl_3$ α-Chlor-ω-trichlormethyl-poly(methylen)

2.1.1 ANORGANISCHE MAKROMOLEKÜLE

Der Name eines konstitutiven Strukturelementes besteht aus dem Namen des Zentralatoms und den Namen der Brücken- und Seitengruppen. Als Zentralatom wird dasjenige gewählt, das in der für die Nomenklatur anorganischer Verbindungen vorgeschriebenen Sequenz

→ F Cl Br I At O S Se Te Po N P As Sb Bi C Si Ge Sn Pb B Al Ga In Tl Zn Cd Hg Cu Ag Au Ni Pd Pt Co Rh Ir Fe Ru Os Mn Tc Re Cr Mo W V Nb Ta Ti Zr Hf Sc Y La Lu Ac Lr Be Mg Ca Sr Ba Ra Li Na K Rb Cs Fr He Ne Ar Kr Xe Rn →

zuletzt steht (vgl. Bsp. 5 in Tab. 2–1). Die Oxidationszahl des Zentralatoms wird diesem in runden Klammern beigefügt.

Alle mit dem Zentralatom verbundenen Gruppen heißen Liganden. Liganden werden stets in alphabetischer Reihenfolge angeordnet, unabhängig davon, wieviel Liganden eines bestimmten Typs vorhanden sind oder ob es sich um Brücken- oder Seitengruppen handelt. Brückengruppen erhalten ein μ unmittelbar vor ihren Namen; sie werden zudem durch einen Bindestrich von den anderen Liganden abgetrennt. Wenn die gleiche Gruppe sowohl als Brückengruppe als auch als Seitengruppe vorhanden ist, wird sie zuerst als Brückengruppe zitiert (vgl. Bsp. 9 in Tab. 2–1). Eine Brückengruppe mit mehr als einer Bindung zu einem Zentralatom ist gleichzeitig auch eine chelierende Gruppe; die kursiv geschriebenen Symbole der koordinierenden Atome werden dem Namen der Brückengruppe nachgestellt (Bsp. 11 der Tab. 2–1).

Bei anorganischen Makromolekülen wird ferner zwischen den Namen der Endgruppen und der Bezeichnung für die Zahl der konstitutiven Strukturelemente pro Molekül noch eine kursiv geschriebene Bezeichnung für die Dimensionalität der Moleküle eingeschoben. Die kursiv geschriebenen Vorsilben *Cyclo*, *Catena*, *Phyllo* und *Tecto* bezeichnen dabei ringförmige, einsträngige („eindimensionale"), flächenförmige („zweidimensionale"), und netzförmige („dreidimensionale") Polymere. Die Polymerisation von *Cyclo*-octaschwefel führt daher zu *Catena*-poly(schwefel) (Bsp. 1 und 2 in Tab. 2–1).

Bei mehrsträngigen Polymeren wird daher zunächst jeder Strang wie bei Einzelketten benannt. Die Verbindungsgruppen zwischen den einzelnen Strängen erhalten vor ihrem Ligandennamen das Symbol μ'. Die beiden verknüpften Zentralatome werden kursiv geschrieben (Bsp. 13 in Tab. 2–1).

2.1.2 ORGANISCHE MAKROMOLEKÜLE

Die kleinste konstitutive Struktureinheit eines unverzweigten organischen Polymeren ist ein bivalentes Radikal. Der Name dieses Radikals wird analog zu den Namen entsprechender Radikale in der niedermolekularen organischen Chemie gebildet. Die Gruppe $-CH_2-$ heißt daher „methylen" und das Polymer Poly(methylen). Beispiele für Namen anderer bivalenter Radikale sind

$-O-$	$-S-$	$-NH-$	$-CO-$	
oxy	thio	imino	carbonyl	(falls mit Heteroatom verbunden)
			oxo	(alle anderen Fälle)

2.1 Nomenklatur

–CH=CH–
vinylen

1,4-phenylen

1,4-cyclohexylen

4,6-chinolindiyl

Für einige häufig vorkommende bivalente Radikale werden die Trivialnamen beibehalten. So heißt die Einheit $-CH_2CH_2-$ „ethylen" und nicht „dimethylen", die Einheit $-CH_2CH(CH_3)-$ „propylen" und nicht „1-methylethylen" und die Einheit $-OC-C_6H_4-CO-$ „terephthaloyl" und nicht „carbonyl-1,4-phenylen-carbonyl" oder „oxo-1,4-phenylenoxo" (Bsp. 7 in Tab. 2-2).

Tab. 2-1: Trivialnamen und strukturelle Namen anorganischer Makromoleküle

Nr.	Konstitution	Trivialname	Struktureller Name
1	S_8		*Cyclo*-octa(schwefel)
2	$(S)_n$	Polymerer Schwefel	*Catena*-poly(schwefel)
3	$(SiF_2)_n$	Siliciumdifluorid	*Catena*-poly(difluorsilicium)
4	$(O-Si(C_6H_5)_2)_n$	Poly(diphenylsiloxan)	*Catena*-poly(μ-oxy-diphenylsilicium(IV))
5	$(N=PCl_2)_n$	Poly(phosphornitrilchlorid); Poly(dichlorphosphazen)	*Catena*-poly(dichlor-μ-nitrido-phosphor(V))
6	$[NC-Ag]_n$	Silbercyanid	*Catena*-poly(μ-cyan-C:N–silber(I))
7	[Au with F ligands]$_n$	Goldtrifluorid	*Catena*-poly[cis-μ-fluor-difluorgold(III)]
8	$2nK^+$ [AlF$_4$–F]$_n^{2-}$		*Catena*-poly[trans-μ-fluor-tetrafluoroaluminat(III)]
9	[Cl–Zn(NH$_3$)–Cl]		*Catena*-poly[ammin-μ-fluor-tetrafluoroaluminat(III)]
10	[Cl$_2$Pd]$_n$	Palladiumchlorid	*Catena*-poly[di-μ-chlor-palladium(II)]
11	[benzochinonat-Zn]$_n$		*Catena*-poly{μ-[2,5-dihydroxy-p-benzochinonat(2-)-$O^1,O^2:O^4,O^5$]-zink(II)}
12	[phenylsiloxan]	Poly(phenylsesquisiloxan)	μ'–Oxy–bis{*catena*-poly[μ–oxy–phenylsilicium(IV)]}
13	[N≡C–CH$_3$ / Cu–Cl / Cl–Cu / N≡C–CH$_3$]$_n$		Bis(*Cu*-Cl', *Cl*-Cu') {*Catena*-poly[acetonitril-chlorkupfer(I)]}

Der strukturelle Name komplizierterer Verbindungen wird durch die Aufeinanderfolge der Namen einfacher bivalenter Radikale gebildet, wobei Senioritätsregeln zu beachten sind. Bei jeder Kombination steht die Einheit mit der größten Seniorität links. Die größte Seniorität besitzen heterocyclische Ringe. Es folgen Kettenstücke mit Heteroatomen, carbocyclische Ringe und schließlich Kettenstücke mit nur Kohlenstoffatomen als Kettengliedern. Substituenten beeinflussen die Seniorität nicht. Beispiele sind Poly(oxymethylen) (Bsp. 3 in Tab. 2-2), Poly(iminoethylen) (Bsp. 4) und Poly(1-oxotrimethylen) (Bsp. 5). Die Namen der einzelnen bivalenten Radikale werden dabei nicht durch Bindestriche getrennt. Die durch den strukturellen Namen implizierte Kettenrichtung ist dabei in der Regel nicht mit der Richtung des Kettenwachstums identisch.

Tab. 2-2: Trivialnamen und strukturelle Namen von organischen Makromolekülen

Nr.	Konstitution	Trivialname	Struktureller Name
1	$(CH_2)_n$	Poly(methylen)	Poly(methylen)
2	$(CH=CHCH_2CH_2)_n$	1,4-Poly(butadien)	Poly(1-butenylen)
3	$(OCH_2)_n$	Poly(formaldyhd)	Poly(oxymethylen)
4	$(NHCH_2CH_2)_n$	Poly(ethylenimin)	Poly(iminoethylen)
5	$(COCH_2CH_2)_n$	Poly(ethylen-co-kohlenmonoxid)	Poly(1-oxotrimethylen)
6	$(NHCO(CH_2)_4CONH(CH_2)_6)_n$	Poly(hexamethylen-adipamid); Nylon 6.6	Poly(iminoadipoyliminohexamethylen)
7	$(OCH_2CH_2OOC\text{-}C_6H_4\text{-}CO)_n$	Poly(ethylenterephthalat)	Poly(oxyethylenoxyterephthaloyl)
8	(Maleinsäureanhydrid-Styrol-Copolymer mit $CH_2-CH(C_6H_5)$ und $O=C-O-C=O$)	Poly(maleinsäureanhydrid-co-styrol)	Poly[(tetrahydro-2,5-dioxo-3,4-furandiyl)(1-phenylethylen)]
9	$(CH(OH)-CH_2)_n$	Poly(vinylalkohol)	Poly(1-hydroxyethylen)
10	$(C(CH_3)(COOCH_3)-CH_2)_n$	Poly(methylmethacrylat)	Poly[(1-methoxycarbonyl)-1-methylethylen]

In jeder Gruppe von bivalenten Radikalen sind noch die folgenden speziellen Regeln zu beachten:

1. Heteroatome folgen sich in der Anordnung: O, S, Se, Te, N, P, As, Sb, Bi, Si, Ge, Sn, Pb, B und Hg. Schieben sich zwischen zwei Heteroatome oder zwei Ringe oder einem Heteroatom und einem Ring aliphatische Stücke ein, so ist immer der kürzeste Weg zwischen den Einheiten mit der größten Seniorität zu wählen. Die Verbindung $-O-CH_2-NH-CHCl-CH_2-SO_2-(CH_2)_6-$ wird in dieser Reihenfolge geschrieben, weil der kürzeste Weg zwischen O (größte Seniorität) und S (zweitgrößte Seniorität) über den Rest $-CH_2-NH-CHCl-CH_2-$ mit 4 Kettenatomen verläuft. Bei der Schreibweise $-O-(CH_2)_6-SO_2-CH_2-CHCl-NH-CH_2-$ käme zwar die richtige Reihenfolge für die Seniorität O, S und N heraus, der Weg zwischen O und S betrüge jedoch 6 Kettenatome und wäre damit länger.

2. Bei Heterocyclen hat im Gegensatz zu Heteroatomen Stickstoff die größte Seniorität, gefolgt von O, S, Se, Te, P, As usw. (vgl. Punkt 1). Heterocyclische Ringe

werden in der folgenden Reihenfolge zitiert: (a) das größte stickstoffhaltige Ringsystem, und zwar ohne Rücksicht auf die Zahl der Stickstoffatome im Ring, (b) bei gleicher Ringgröße das System mit der größten Zahl Stickstoffatome, und (c) das Ringsystem mit der größten Zahl anderer Heteroatome mit der größten Seniorität. Beispiele für abnehmende Seniorität:

3. Bei verschiedenen Ringen kommen zuerst (a) die Systeme mit der größeren Zahl an Ringen, (b) die größten individuellen Ringe, und (c) die am wenigsten hydrierten Ringe. Beispiele:

4. Bei zwei gleichen Ringen gelten die folgenden Regeln: die größte Seniorität haben Ringe mit der größten Zahl an Substituenten. Bei gleicher Zahl von Substituenten kommt der Ring mit den Substituenten mit den niedrigeren Positionsnummern zuerst. Falls sowohl die Zahl der Substituenten als auch deren Positionsnummern gleich sind, hat derjenige Ring die höhere Seniorität, dessen Substituenten Namen haben, die früher im Alphabet erscheinen. Beispiele:

5. Innerhalb jedes Ringes wird immer der kürzeste Weg eingeschlagen.

Die Namen der Substituenten werden vor den Namen des bivalenten Radikals gesetzt. Poly(vinylalkohol) heißt daher korrekt Poly(hydroxyethylen) (Bsp. 9) und Poly(methylmethacrylat) heißt nach IUPAC Poly[(1-methoxycarbonyl)-1-methylethylen](Bsp. 10).

Doppelsträngige Polymere besitzen vier Verknüpfungsstellen. Die Beziehungen dieser Stellen zueinander werden durch zwei kursiv geschriebene Zahlenpaare angegeben, die durch einen Doppelpunkt getrennt sind. Beispiele dafür sind

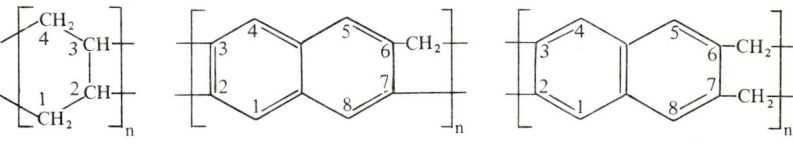

Poly(1,4:2,3-butantetrayl) *Poly(2,3:6,7-naphthalintetrayl-6-methylen)* *Poly(2,3:6,7-naphthalintetrayl-6,7-dimethylen)*

Wenn in einer konstitutiven Struktureinheit sowohl tetravalente als auch bivalente Radikale vorhanden sind (z. B. bei Spiropolymeren), dann haben die tetravalenten den Vorrang vor den bivalenten:

Poly[2,4,8,10-tetraoxaspiro[5.5]-undecan-3,9-diyliden-9,9-bis(octamethylen)]

Poly[1,3-dioxa-2-silacyclohexan-5,2-diyliden-2,2-bis(oxymethylen)]

Nach den IUPAC-Nomenklaturvorschriften müssen die Trivialnamen gewöhnlicher Polymerer nicht notwendigerweise durch Strukturnamen ersetzt werden. In diesem Buch werden daher beide Gruppen von Namen nebeneinander verwendet. Die standardisierten Kurzformen von Trivialnamen werden in der Regel nur bei Diagrammen benutzt (vgl. Tab. VII-6). Markennamen von Thermoplasten, Duromeren, Elastomeren und Fasern werden im Text nicht verwendet.

2.2 Atombau und Kettenbildung

2.2.1 ÜBERSICHT

In der niedermolekularen Chemie wird ein Molekül als körperliche Einheit mit im Zeitmittel stabiler räumlicher Anordnung angesehen. Eine derartige Definition ist sehr weit gefaßt und schließt im Prinzip auch einen Kochsalzkristall oder ein Stück Eisen ein. Sie wird zweckmäßig weiter eingeschränkt, indem die Bindungsverhältnisse zur weiteren Abgrenzung herangezogen werden.

In diesem Buch wird als Makromolekül eine Verbindung angesehen, bei der die Atome in der Hauptkette durch gerichtete Valenzen gebunden sind und die Bindungselektronen bei beiden gebundenen Atomen anteilig werden. Eine derartige Definition beschränkt die Bindungstypen auf die covalente Bindung und deren Übergänge zur ionischen bzw. metallischen Bindung, d.h. die koordinative Bindung und die Elektronenmangelbindung. Über metallische Bindungen aufgebaute Atomverbände werden nicht zu den Makromolekülen gezählt, da hier zwar die Bindungselektronen bei den gebundenen Atomen anteilig werden, die Bindung aber nicht gerichtet ist. Ionenkristalle werden ebenfalls nicht als Makromoleküle angesehen, da bei der idealen ionischen Bindung die Elektronen nicht anteilig werden und die Bindung außerdem nicht gerichtet ist.

Die so definierten makromolekularen Ketten unterteilt man nach der Art der Kettenatome, der konstitutiven Strukturelemente und Grundbausteine sowie nach der Molekülarchitektur.

Ketten aus lauter gleichen Kettenatomen heißen *Isoketten*, Ketten aus zwei oder mehr verschiedenen Typen von Kettenatomen dagegen *Heteroketten*. Isoketten werden besonders leicht von Kohlenstoff, seltener dagegen von anderen Elementen gebildet.

Ketten ohne kettenständige Kohlenstoffatome werden auch anorganische Ketten genannt.

Iso- und Heteroketten können unsubstituiert oder substituiert sein. Dabei ist die unterschiedliche Bedeutung des Wortes „Substitution" in der anorganischen und in der organischen Chemie zu beachten. Unsubstituierte Isoketten im strengen Sinne liegen beim *Catena*-Poly(schwefel) vor. Silane $H(SiH_2)_nH$ sind dagegen im Sinne der anorganischen Nomenklatur als substituiert anzusehen. In der organischen Chemie werden dagegen die Poly(alkane) $H(CH_2)_nH$ als unsubstituierte Ketten bezeichnet, da man als Grundkörper nicht den Diamanten ansieht, sondern die Alkane.

Poly(methylen), Poly(oxyethylen) und Poly(dimethylsiloxan) weisen nur je ein konstitutives Strukturelement auf, das zudem stets in der gleichen Aufeinanderfolge angeordnet ist. Derartige Ketten werden *regulär* genannt. *Irreguläre* Ketten haben dagegen eine irreguläre Anordnung der konstitutiven Strukturelemente. Die Irregularität kann durch eine irreguläre Verknüpfung eines konstitutiven Strukturelementes oder aber durch eine irreguläre Aufeinanderfolge verschiedener konstitutiver Strukturelemente hervorgerufen werden.

Polymere aus Makromolekülen mit nur einer Sorte von Grundbausteinen heißen *Homopolymere*. *Copolymere* entstehen aus zwei, drei, vier usw. Sorten von Monomeren und werden daher auch Bipolymere, Terpolymere, Quaterpolymere usw. genannt. Copolymere wurden früher auch als Heteropolymere, Mischpolymere oder Interpolymere bezeichnet.

2.2.2 ISOKETTEN

Isoketten werden definitionsgemäß von all den Elementen gebildet, bei denen isolierbare Verbindungen mit mindestens 3 oder mehr identischen Kettengliedern existieren. Als isolierbar werden dabei alle diejenigen Verbindungen angesehen, die in irgendeiner fluiden Form erhalten werden können, z.B. als Gas, Schmelze oder Lösung.

Die höchsten Kettengliederzahlen für Isoketten weisen die Elemente der 1. Periode auf (Tab. 2–3). Innerhalb jeder Gruppe nehmen die Kettengliederzahlen mit zunehmender Periodenzahl ab.

Auf der Fähigkeit des *Kohlenstoffs,* Isoketten zu bilden, beruht letztlich die gesamte organische Chemie. Diamant als dreidimensionaler Kohlenstoff wäre z.B. systematisch als *Tecto*-Poly(kohlenstoff) zu bezeichnen; er ist bekanntlich der Grundkörper der Alkane. Alkane bzw. Poly(alkane) mit der Kette $R(CH_2)_NR$ können praktisch mit „unendlich" hohen Kettengliederzahlen erhalten werden.

Auch *Silicium* liegt im festen Zustand als Polymer vor. Silane $H(SiH_2)_NH$ sind jedoch nur mit Kettengliederzahlen bis zu $N = 45$ isoliert worden. Dagegen existieren hochmolekulare Silane $(SiH)_N$, vermutlich als *Phyllo*-Poly(silan)e mit sechsgliedrigen, flächenmäßig annellierten Ringen.

Die Tendenz zur Bildung längerer Isoketten ist bei den Germanen $H(GeH_2)_nH$ und Stannanen $H(SnH_2)_nH$ noch weiter herabgesetzt. Germanium existiert als Element in polymerer Form, während Zinn in einer Modifikation als Polymer existiert, in einer anderen dagegen metallische Bindungen aufweist.

In der dritten Gruppe liegt nur *Bor* als Element im festen Zustand als Polymer vor. Bei den Boranen (Borwasserstoffen) existieren teilweise Bor/Bor-Bindungen, teilweise aber Bor/Wasserstoff/Bor-Bindungen in den „Ketten".

In der fünften Gruppe wurde beim *Stickstoff* durch Zersetzen von Stickstoffwasserstoffsäure HN_3 bei 1000°C und Abschrecken des Reaktionsproduktes mit flüssigem Stickstoff eine blaue Masse mit der Zusammensetzung $(NH)_n$ erhalten. In diesem Produkt liegen vermutlich Isoketten vor. Die Verbindung wandelt sich bei $-125°C$ in Ammoniumazid NH_4N_3 um. Ein Elementpolymeres des Stickstoffs existiert dagegen nicht.

Die Elemente Phosphor, Arsen und Antimon liegen dagegen in einigen ihrer sog. allotropen Modifikationen als Polymere vor. Das bestbekannte Beispiel ist der schwarze Phosphor (vgl. Kap. 33.4.1). Die entsprechenden Wasserstoffverbindungen, d.h. die Phosphane, Arsane und Stilbane, sind nur in Form kurzer Isoketten oder kleiner Ringe bekannt.

In der sechsten Gruppe besteht eine bei tiefen Temperaturen vorkommende Ozon-Modifikation wahrscheinlich aus Isoketten des *Sauerstoffs*. Schwefel bildet in der Schmelze, Selen und Tellur im festen Zustand kettenförmige Polymere. Die Tendenz zur Bildung von kettenförmigen Wasserstoffverbindungen ist jedoch bei den Sulfanen, Selanen und Telluranen gegenüber den fünften Gruppe deutlich herabgesetzt. Beim Schwefel kennt man z.B. kettenförmige „Polysulfane" HS_nH mit n = 2–8, „Halogensulfane" XS_nX mit X = Cl, Br, J. sowie Schwefelkationen S_n^{2+} (mit n = 4, 8, 16) und Schwefelanionen S_n^{2-} (mit n = 4, 9).

Tab. 2-3: Ordnungszahl der Elemente und ihre Fähigkeit, Isoketten zu bilden. Die bei jedem Element unten rechts stehenden Zahlen geben die höchste Kettengliederzahl an, die bislang bei *isolierten* Isoketten beobachtet wurde.

III B		IV B		V B		VI B		VII B	
2s	1p	2s	2p	2s	3p	2s	4p	2s	5p
5 B		6 C		7 N		8 O		9 F	
	~5		∞		∞?		∞?		2
13 Al		14 Si		15 P		16 S		17 Cl	
	1		45		>10		30000		2
31 Ga		32 Ge		33 As		34 Se		35 Br	
	1		6		5		?		2
49 In		50 Sn		51 Sb		52 Te		53 J	
	1		5		3		?		2
81 Tl		82 Pb		83 Bi		84 Po		85 At	
	1		2		?		?		2

Isoketten aus Elementen anderer Gruppen sind nicht bekannt. Der experimentelle Befund, daß nur eine ganz bestimmte Zahl von im Periodensystem eng beieinanderstehenden Elementen solche Isoketten bilden kann, läßt sich wie folgt erklären:

Die Elemente der 1. Periode weisen keine verfügbaren d-Orbitals auf. Sie können daher nicht mehr als insgesamt 4 σ-Bindungen pro Atom ausbilden, was dem sp^3-Hybrid entspricht. Nur Kohlenstoff und die rechts vom Kohlenstoff stehenden Elemente haben jedoch genügend Elektronen, um mindestens ein Elektron zu jeder vollen Bindung (σ, π_x, π) beisteuern zu können. Die rechts vom Kohlenstoff stehenden Elemente weisen eine geringere Bindungsenergie als Kohlenstoff auf (Tab. 2-4) und bilden als Elektronendonatoren mit entsprechenden Elektronenacceptoren besonders leicht Heteroketten. Stickstoff, Sauerstoff und Fluor weisen relativ zu geringe Bindungsenergien auf, was nach K. S. Pitzer durch die starke gegenseitige Abstoßung der freien Elektronenpaare bedingt ist.

Tab. 2-4: Bindungsenergien (10^{-5} J/mol-Bindung) bei Bindungen zwischen gleichen Elementen.

						H–H	4,30
C–C	3,50	N–N	1,60	O–O	1,60	F–F	1,60
Si–Si	1,80	P–P	2,10	S–S	2,10	Cl–Cl	2,40
Ge–Ge	1,60	As–As	1,30	Se–Se	1,80	Br–Br	1,90
Sn–Sn	1,40	Sb–Sb	1,20	Te–Te	1,40	J–J	1,50

Die links vom Kohlenstoff stehenden Elemente verfügen dagegen über weniger Elektronen als besetzbare Orbitals. Da nun die Atome versuchen, ihre energetisch zugänglichen äußeren Orbitals zu besetzen, bekommt man beim Bor und beim Beryllium Bindungen über Wasserstoff, über Methylgruppen usw., da sich dabei die Orbitals überlappen.

Die Elemente der zweiten Periode weisen d-Orbitals mit genügend niedriger Energie aus, um untereinander Bindungen ausbilden zu können. Die d-Orbitals werden aber im allgemeinen nicht für σ-Bindungen verwendet, sondern für π-Bindungen in den entsprechenden Hybriden. Die Ausbildung dieser Hybride erhöht die Stabilität der Moleküle. Die Hybridbildung ist am stärksten bei Silicium, Phosphor und Schwefel ausgeprägt. Diese Elemente stellen darum im festen Zustand Polymere dar, die teilweise auch im isolierten Zustand noch hohe Kettengliederzahlen aufweisen.

In der vierten Periode werden die d-Orbitals mehr für σ-Bindungen als für π-Bindungen verwendet. Die Bindungsfähigkeit der Elemente der 3. Periode liegt erwartungsgemäß zwischen denen der 2. und denen der 4. Periode.

Man kann daher erwarten, daß die Bindungsenergie innerhalb jeder Gruppe mit steigender Ordnungszahl abnimmt und ebenso innerhalb jeder Periode (vgl. Tab. 2-4). Der makromolekulare Charakter der anorganischen Makromoleküle wird folglich umso weniger ausgeprägt sein, je höher die Ordnungszahl der Elemente ist.

Die in der Tab. 2-4 wiedergegebenen Bindungsenergien entsprechen im großen und ganzen den Erwartungen. Sie sind allerdings nicht ganz unproblematisch, da sie meist nicht an echten Kettenstrukturen gemessen wurden, sondern an niedermolekularen Verbindungen mit nur einer Isobindung. Die Bindungsstärke derartiger Bindungen wird aber durch die Substituenten beeinflußt. Die Energien der Tab. 2-4 sind daher „mittlere" Bindungsenergien aus einer Vielzahl von Verbindungen und keine echten Trennungsenergien. Sogar bei den Makromolekülen selbst sind Effekte zu erwarten, da die ein-, zwei- oder dreidimensionalen Strukturen verschieden stark durch Polarisationseffekte beeinflußt sind und daher eine unterschiedliche Bindungsstabilität besitzen.

Nur wenige Elemente bilden demnach *isolierbare* Isoketten. Mit Ausnahme von 11 Elementen besitzen aber alle anderen, für die kristallographische Daten vorliegen, mindestens eine makromolekulare Form im kristallinen Zustand. Von ca. 1200 kristallographisch untersuchten Verbindungen aus zwei Elementen waren nur 5 % nicht makromolekular. 1,5 % kamen dagegen als lineare Polymere, 7,5 % als Flächenpolymere und 86 % als Schichtenpolymere vor.

2.2.3 HETEROKETTEN

Heteroketten sind in großer Zahl bekannt. Kohlenstoff bildet mit Elementen wie Sauerstoff, Schwefel und Stickstoff eine ganze Reihe verschiedener Heteroketten, bei denen die Heteroatome in den Grundbausteinen teils alternierend mit, teils in größeren Abständen zum Kohlenstoff angeordnet sind. Beispiele sind

$+CRR'-O+$	$+CRR'-CR''R'''-O+$	$+R-CO-O+$	$+R-SO_2+$
Polyacetale	Polyether	Polyester	Polysulfone
$+CRR'-CR''R'''-NR+$	$+R-NH-CO+$	$+R-NH-CO-NH+$	$+R-CO-NH-CO+$
Polyimine	Polyamide	Polyharnstoffe	Polyimide

Anorganische Heteroketten kommen in weit verschiedeneren Typen als organische Heteroketten vor. Man kann sie als lineare Ketten ohne (I) bzw. mit (II) kettenständigen Ringen klassifizieren, sowie als „Spiro"-Verbindungen mit kleineren (III) oder größeren (IV) Ringen:

I	II	III	IV
A = B, Al, Si, Ge, Sn, Pb, P, Sb, Ti, V, Cr, Fe, Co	Si, P, B	Be, Si, Pd, Nb	Be, Zn, Co, Cr
D = O, S, Se, Na	O, N		
X,Y = O, Hal, org. Rest		H, F, Cl, Me (bei Be) O, S (bei Si), Cl (bei Pd), J (bei Nb),	OH, H_2O
R =	Me, Ph		Me, Ph
Ar =	Phenylen, Borazin Phosphazen usw.		

Bildung und Stabilität der Heteroketten hängen im Wesentlichen von der Elektronegativität der beteiligten Atome ab. Die Elektronegativität E ist ein Maß für die Fähigkeit der Elemente, mit dem jeweils anderen Element der Bindung um den größeren Anteil der Elektronenladung zu konkurrieren. Elektronegativitäten können nicht direkt gemessen werden. Sie werden aus Ionisationspotentialen, Atomradien, Kraftkonstanten oder Bindungsenergien abgeschätzt. Am bekanntesten ist die von L. Pauling über die Bindungsenergien aufgestellte Elektronegativitätsreihe.

In der Paulingschen Elektronegativitätsreihe dient Fluor, das elektronegativste Element, als Bezugselement mit $E = 4{,}0$. Kohlenstoff erhält in dieser Skala den Wert $E = 2{,}5$, Wasserstoff den Wert 2,1. Jede Kombination von Elementen mit höherer Elektronegativität als 2,5 mit solchen niedrigerer Elektronegativität führt bei Beachtung gewisser Auswahlregeln zu Heteroketten. Sauerstoff (3,5), Stickstoff (3,0) und Schwefel (2,5) bilden daher Heteroketten mit Bor (2,0), Aluminium (1,5), Silicium (1,8), Germanium (1,8), Zinn (1,8), Blei (1,8), Titan (1,5), Zirkon (1,4), Phosphor (2,1), Arsen (2,0), Antimon (1,9), Wismut (1,9) und Vanadin (1,6).

Die Tendenz zur Bildung von Heteroketten konkurriert mit der zur Bildung von Mehrfach-Bindungen. Bei Mehrfachbindungen sind zusätzlich zu den σ-Bindungen noch π-Bindungen vorhanden. Eine π-Bindung besitzt den Bindungsgrad 2. Bindungsgrade können über Kraftkonstanten berechnet werden, die wiederum aus Schwingungsspektren (Infrarot- und Raman-Spektroskopie) erhalten werden können.

Für das Auftreten von π-Bindungen zwischen verschiedenen Elementen wurden aus derartigen Messungen empirisch folgende Bedingungen aufgestellt:
1) Beide Atome, zwischen denen die Bindung besteht, müssen einen Elektronenmangel aufweisen.
2) Die Summe der Pauling'schen Elektronegativitäten beider Bindungspartner muß mindestens 5 betragen.
3) Die Differenz der Pauling'schen Elektronegativitäten beider Bindungspartner soll möglichst gering sein, d. h. unter 1,5.

Die Bedeutung dieser Regeln für die Polymer-Chemie kann an den folgenden Beispielen demonstriert werden:

Das Stickstoff-Atom weist eine Elektronegativität von 3 auf. Die Summe der Elektronegativitäten ΣE beträgt somit 6, die Differenz ΔE dagegen null. Zwei Stickstoffatome bilden daher eine sehr stabile Mehrfachbildung (Dreifachbildung) aus: unter normalen Bedingungen ist ein polymerer Stickstoff nicht beständig.

Beim Cyanwasserstoff H–C≡N gilt für die Kohlenstoff/Stickstoff-Bindung $\Sigma E = 5{,}5$ und $\Delta E = 0{,}5$. Die Dreifachbindung ist also beständig, aber schwächer als die Stickstoff/Stickstoff-Dreifachbindung. Cyanwasserstoff ist entsprechend auch in Form polymerer Verbindungen bekannt. Bei der Bor/Stickstoff-Bindung sinkt ΣE auf 5,0, während ΔE auf 1,0 ansteigt. HBNH liegt nicht mehr monomer, sondern ausschließlich trimer vor.

Bei zu großen Unterschieden in der Elektronegativität entstehen ionische Bindungen und damit keine Makromoleküle. Man findet entsprechend, daß die Bindungsenergie bei Bindungen zwischen Elementen der 1. und 2. Periode mit voll besetzten Orbitals mit zunehmender Differenz der Elektronegativität in erster Näherung ansteigt (Tab. 2–5). Deutlich höher liegen dagegen die Bindungsenergien bei Bindungen zwischen Bor und Kohlenstoff (440 kJ/mol Bdg.) und Bor und Stickstoff (830 kJ/mol Bdg.), was auf die Elektronenstruktur des Bors zurückzuführen ist. Bei derartigen Vergleichen ist also stets auf die Stellung des Elementes im Periodensystem, d. h. auf den „ionischen Bindungsanteil" zu achten.

Bindungsenergien (eigentlich Dissoziationsenergien) sagen primär etwas über die thermische Spaltbarkeit der Bindungen aus und geben daher Hinweise auf die thermi-

Tab. 2-5: Bindungsenergien und Differenz der Elektronegativitäten

Bindung	Differenz der Elektronegativitäten	Bindungsenergie kJ/(mol Bdg.)
C–S	0	260
C–N	0,5	290
C–Si	0,7	290
C–O	1,0	350
Si–O	1,7	370

sche Stabilität von Makromolekülen. Die Angreifbarkeit einer Bindung durch andere Reagenzien hängt vom ionischen Bindungsanteil und der Zahl unbesetzter Orbitals oder freier Elektronenpaare ab, da dadurch die Aktivierungsenergie herabgesetzt wird. Der Widerstand gegenüber Reduktion, Oxidation, Hydrolyse usw. nimmt aber in jeder Gruppe mit steigender Ordnungszahl ab. Kohlenwasserstoffe C_nH_{2n+2} werden daher nicht hydrolysiert, wohl aber die Silane Si_nH_{2n+2}, da bei diesen nur 4 Stellen bei einer maximalen Koordinationszahl 6 abgesättigt sind.

In den Verbindungen des Kohlenstoffs mit Stickstoff, Phosphor, Sauerstoff, Schwefel, Selen und den Halogenen ist der Kohlenstoff entsprechend der Stellung jener Elemente im Perioden-System positiviert ($C^{\delta+} - E^{\delta-}$) und wird daher leicht durch nucleophile Reagenzien angegriffen. Ist der Bindungspartner des Kohlenstoffs dagegen ein Metallatom, so kann der nunmehr negativierte Kohlenstoff ($C^{\delta-} - Mt^{\delta+}$) nur durch elektrophile Reagenzien angegriffen werden. Alle Makromoleküle mit Heteroatomen in der Kette sind daher labiler als die reinen Kohlenstoffketten. Sie gehen unter den meisten Bedingungen Austauschgleichgewichte ein und sind chemisch leichter angreifbar. Die Angreifbarkeit des Kohlenstoffs hängt weiterhin von dessen Substituenten ab. Diese Substituenten wirken entweder als Elektronendonatoren, wie z.B. der Methylrest, oder als Elektronenacceptoren, z.B. Halogene, und können daher je nach Aufbau der Bindungen der Hauptkette diese verfestigen oder lockern.

Ähnliche Überlegungen gelten für die Bindung von Kohlenstoff an kettenständige Heteroatome. Die ≥Si–CH$_3$-Bindung ist wenig polarisiert und daher so ausreichend stabil, daß sie in den technisch hergestellten Poly(dimethylsiloxanen) $-(Si(CH_3)_2-O)_n$ verwendet werden kann. Die Ti–C- und Al–C-Bindungen sind dagegen sauerstoff- und wasserstoffempfindlich (Elektronegativität der Metalle!).

Beim Bor und beim Beryllium sind weniger Elektronen als unbesetzte Orbitals vorhanden. Die Besetzung der äußeren Orbitals kann z.B. beim Dimethylberyllium I durch eine Überlappung zwischen je einem Orbital des Kohlenstoffs und je einem von zwei verschiedenen Berylliumatomen erreicht werden. Das resultierende hochmolekulare, kettenförmige Dimethylberyllium weist also 3-Zentren-Bindungen auf, die in der Valenzstrich-Schreibweise zu einer absurden Darstellung führen. Ähnlich sind die Borhydride und einige Aluminiumverbindungen gebaut.

I   II   III   IV

Neben- und Hauptgruppen-Elemente der höheren Perioden weisen oft ein dynamisches Gleichgewicht zwischen den verschiedenen Koordinationszahlen auf. Zu den freien Orbitals niedriger Energie dieser Metallatome können nun Elemente wie Fluor, Chlor, Sauerstoff usw. ein oder sogar zwei freie Elektronenpaare donieren. Fluor kann daher als bifunktionelles Brückenatom wirken, Sauerstoff sogar je nach Partner mono- bis tetrafunktionell sein. In allen Fällen wird die Koordinationszahl erhöht. Solche Fluor-Brücken liegen z.b. beim Anion des Komplexes aus Thalliumfluorid und Aluminiumfluorid II vor, wobei jede Einheit doppelt negativ geladen ist. Chlorbrücken sind z. B. beim Palladium(II)chlorid III und Jodbrücken beim Niob(II)jodid IV vorhanden.

Alle diese Verbindungen verfügen über zahlreiche unbesetzte Orbitals. Sie sind daher leicht angreifbar und zerfallen in allen gebräuchlichen Lösungsmitteln in kleinere Einheiten. Sie wurden daher früher auch im festen Zustand nicht als makromolekulare Substanzen angesehen.

2.3 Homopolymere

2.3.1 VERKNÜPFUNG DER GRUNDBAUSTEINE

Ein Homopolymer ist nach der IUPAC-Definition ein Polymer, das aus einer einzigen Monomerspezies entstanden ist. Diese auf dem Verfahren basierende Nomenklatur sagt somit nur etwas über die chemische Struktur des Ausgangsmonomeren aus, nicht aber über die Struktur des Polymeren selbst. In vielen Fällen kann nun die chemische Struktur der Polymere „intuitiv" aus der Struktur der Monomeren abgelesen werden. Bei der Ringöffnungspolymerisation von Lactonen und bei der Polykondensation von ω-Hydroxycarbonsäuren erhält man z.B. Polymere mit den gleichen Grundbausteinen

$$(2\text{-}1) \quad (CH_2)_n \underset{O}{\overset{CO}{|}} \quad \rightarrow \quad -\!\!\left(O(CH_2)_n CO\right)\!\!- \quad \overset{-H_2O}{\longleftarrow} \quad HO(CH_2)_n COOH$$

Bei diesen Polyreaktionen ändert sich die Struktur der Grundbausteine beim Übergang vom Monomeren zum Polymeren nicht. Außerdem erfolgt die Verknüpfung der Grundbausteine stets in der gleichen Richtung; es bilden sich keine Peroxid- und keine Diketo-Strukturen aus.

Diese beiden Merkmale sind jedoch vor allem bei Polymerisationen von Monomeren mit Doppelbindungen nicht immer erfüllt. Es können sowohl Isomerisierungen des Monomeren vor bzw. während der Verknüpfung des Monomeren mit der Polymerkette als auch „falsche" Verknüpfungen der Grundbausteine auftreten. Die angenommene chemische Struktur des Polymeren muß daher immer sehr sorgfältig durch analytische Methoden überprüft werden. Analysen sind besonders wichtig bei technischen Produkten, deren Herstellungsgeschichte nicht genau bekannt ist. Der chemische Name technischer Polymerer ist nämlich sehr häufig nur eine Art Gattungsname. Technische Poly(ethylene) sind z.B. trotz ihres Namens häufig keine Homopolymeren, sondern

Copolymere von Ethylen und Propylen. Außerdem enthalten technische Produkte praktisch immer Additive, z.B. Antioxidantien, Lichtschutzmittel, Füllstoffe usw. Bei der Polymerisation von Monomeren mit Mehrfachbindungen ist immer damit zu rechnen, daß neben Kopf/Schwanz-Verknüpfungen auch Kopf/Kopf- und Schwanz/Schwanz-Strukturen gebildet werden, z.B. bei Vinylverbindungen

(2-2)

$$CH_2=CH \atop |R \quad \begin{array}{l} \xrightarrow{1,2\text{-Addition}} +CH_2-CH(R)-CH_2-CH(R)-CH_2-CH(R)+ \quad \text{Kopf/Schwanz} \\ \xrightarrow{1,1\text{-Addition}} +CH_2-CH(R)-CH(R)-CH_2-CH_2-CH(R)+ \quad \text{Kopf/Kopf} \\ \quad \text{bzw. Schwanz/Schwanz} \end{array}$$

Als „Kopf" wird dabei in der Regel der größte Substituent bezeichnet.

Größere Anteile an Kopf/Kopf- bzw. Schwanz/Schwanz-Strukturen sind zu erwarten, wenn sterische Effekte klein sind und die Resonanzstabilisierung des wachsenden Makroradikals oder Makroions gering ist. Bei der radikalischen Polymerisation von Vinylfluorid I entstehen z.B. ca 6–10%, bei der von Vinylidenfluorid II 10–12% Kopf/Kopf/Strukturen, weil der Atomradius von Fluor mit 0,067 nm kleiner als der von Wasserstoff mit 0,077 nm ist. Ähnliche Effekte sind auch für die 40% Kopf/Kopf-Strukturen verantwortlich, die bei der Polymerisation von Propylenoxid III mit Diethylzink/Wasser als Initiator entstehen.

$$CH_2=CHF \qquad CH_2=CF_2 \qquad H_2C\!\!-\!\!\!-\!\!CH(CH_3)$$
$$\diagdown\!\!\diagup$$
$$O$$

I II III

Die Kopf/Kopf-Strukturen des Poly(vinylfluorids) und des Poly(vinylidenfluorids) konnten durch ^{19}F-Kernresonanzmessungen ermittelt werden. Zur Bestimmung kleiner Anteile „falscher" Strukturen sind die physikalischen Verfahren allerdings nicht empfindlich genug. Man muß dann chemische Methoden anwenden.

Poly(vinylalkohol) enthält etwa 1–2% Kopf/Kopf-Verknüpfungen, wie durch Oxidation der Hydroxylgruppen gefunden wurde. Kopf/Kopf-Strukturen werden durch Periodsäure H_5IO_6 nämlich zu Oxalsäure und Bernsteinsäure oxidiert

(2-3) $-CH_2-\overline{CH-CH}-CH_2-CH_2-\overline{CH-CH}-CH_2- \quad \rightarrow \quad$ HOOC–COOH
$\ |\ \ \ |\ |\ \ \ |$ +
OH OH$$OH OH$$HOOC–CH_2–CH_2–COOH

Kopf/Schwanz-Strukturen werden dagegen mit Chromtrioxid zu Essigsäure oxidiert, wobei Kopf/Kopf-Strukturen nicht angegriffen werden:

(2-4) $+CH_2-CH(OH)-CH_2-CH(OH)+ \quad \rightarrow \quad +CH_2-C(=O)-CH_2-C(=O)+ \quad \rightarrow \quad CH_3COOH$

2.3 Homopolymere

In all diesen Fällen erhält man verschiedene Verknüpfungen der Grundbausteine, während die Struktur der Grundbausteine selbst gleich bleibt. Selbst unter normalen Polymerisationsbedingungen können aber einige andere Grundbausteine anomal eingebaut werden. Bei der radikalischen Polymerisation von Methacrylnitril erfolgt z.B. in geringem Ausmaß eine Polymerisation über die Nitrilgruppe

$$
(2-5) \quad \underset{\underset{C\equiv N}{|}}{\overset{\overset{CH_3}{|}}{CH_2=C}} \longrightarrow -\!\!\left(CH_2-\overset{\overset{CH_3}{|}}{C}=C=N\right)\!\!-
$$

wie spektroskopisch nachgewiesen wurde. Bei ionischen Polymerisationen können solche „falschen" Bausteine u.U. zu Hauptprodukten der Polymerisation werden. Acrylamid polymerisiert z.B. radikalisch zu Poly(acrylamid), anionisch jedoch unter Protonverschiebung zu Poly(β-alanin):

$$
(2-6) \quad -\!\!\left(CH_2CH\right)\!\!- \quad \underset{}{\overset{rad.}{\longleftarrow}} \quad \underset{CONH_2}{\overset{}{CH_2=CH}} \quad \overset{anion.}{\longrightarrow} \quad -\!\!\left(CH_2CH_2CONH\right)\!\!-
$$
$$
\quad\quad\quad\quad\;\; | \\
\quad\quad\quad\; CONH_2
$$

Styrol-p-sulfamid reagiert ähnlich

$$
(2-7) \quad -\!\!\left(CH_2CH\right)\!\!- \quad \overset{rad.}{\longleftarrow} \quad CH_2=CH \quad \overset{anion.}{\longrightarrow} \quad -\!\!\left(CH_2CH_2-\!\!\bigcirc\!\!-SO_2NH\right)\!\!-
$$

mit C_6H_4-SO_2NH_2 Seitengruppen.

Bei kationischen Polymerisationen treten gelegentlich Hydridverschiebungen auf. 4,4-Dimethylpenten-1 polymerisiert bei tiefen Temperaturen ganz normal über die Kohlenstoff/Kohlenstoff-Doppelbindung, während bei höheren Temperaturen zusätzlich noch andere Bausteine mit drei kettenständigen Kohlenstoffatomen pro Grundbaustein entstehen:

(2-8)
$$
-\!\!\left(CH_2CH\right)\!\!- \quad \overset{-130°C}{\longleftarrow} \quad CH_2=CH \quad \overset{0°C}{\longrightarrow} \quad -\!\!\left(CH_2CH_2CH\right)\!\!-
$$
$$
\;\;\;\;\;\; | \quad\quad\quad\quad\quad\quad\quad\quad\;\; | \quad\quad\quad\quad\quad\quad\quad\quad\quad\;\; | \\
CH_2C(CH_3)_3 \quad\quad\quad\quad\; CH_2C(CH_3)_3 \quad\quad\quad\quad\quad C(CH_3)_3
$$

Die „falschen" Grundbausteine können häufig durch spektroskopische Verfahren wie Infrarot- oder Kernresonanzspektroskopie, im speziellen Fall der Acrylamid- bzw. Styrolsulfamid-Polymeren auch durch Hydrolyse, ermittelt werden. Polymere, zu denen kein im Grundbaustein gleiches Monomeres existiert, werden auch Phantom- oder Exoten-Polymere genannt.

Die in kleinen Mengen entstehenden „falschen" Gruppierungen sind oft weniger stabil als die „normalen" Grundbausteine. Sie sind daher in Abbauversuchen häufig als „Lockerstellen" („weak links") zu erkennen. Umgekehrt wird auf ihre Existenz manchmal nur durch Abbauversuche geschlossen, was natürlich nicht beweisend ist. Dazu kommt, daß Lockerstellen auch durch kleine Mengen eingebauter Fremdstoffe erzeugt werden können, z.b. durch kleine Mengen eingebauten Sauerstoffes.

2.3.2 SUBSTITUENTEN

Neutrale Substituenten an makromolekularen Ketten weisen gegenüber denen an niedermolekularen Substanzen keine Besonderheiten bezüglich der Konstitution und der Nomenklatur auf. Praktisch alle entsprechenden Gruppierungen der niedermolekularen organischen, metallorganischen und anorganischen Chemie können als Substituenten makromolekularer Ketten dienen.

Besonderheiten gibt es bei Polymeren mit Substituenten mit ionisch dissoziierbaren Bindungen, die als Unterklasse von Polymeren mit ionisch dissoziierbaren Bindungen ganz allgemein angesehen werden können. Derartige Polymere heißen *Polyelektrolyte,* falls die Konzentration an Ionen hoch ist und die Polymeren daher wasserlöslich sind. Wasserunlösliche Polymere mit geringen Konzentrationen an ionisch dissoziierten Bindungen nennt man dagegen *Ionomere*.

Polyelektrolyte können Polysäuren, Polybasen oder Polyampholyte sein. Sie dissoziieren in Polyionen und entgegengesetzt geladene Gegenionen. Polysäuren geben bei der Dissoziation Protonen ab und werden dann zu Polyanionen. Die Salze von Polysäuren heißen entsprechend Polysalze. Eine Polysäure mit kettenständigen dissoziierbaren Gruppen ist z.B. die Poly(phosphorsäure) I; Polysäuren mit seitenständigen dissoziierbaren Gruppen sind z.B. Poly(vinylphosphonsäure) II, Poly(vinylschwefelsäure) III, Poly(vinylsulfonsäure) IV und Poly(vinylcarbonsäure) bzw. Poly(acrylsäure) V mit z.B. den Grundbausteinen

$$\begin{array}{ccccc} \mathrm{O} \\ \parallel \\ -\mathrm{O}-\mathrm{P}- & -\mathrm{CH_2CH}- & -\mathrm{CH_2CH}- & -\mathrm{CH_2CH}- & -\mathrm{CH_2CH}- \\ | & | & | & | & | \\ \mathrm{OH} & \mathrm{PO_3H_2} & \mathrm{SO_3H} & \mathrm{SO_2H} & \mathrm{COOH} \\ \mathrm{I} & \mathrm{II} & \mathrm{III} & \mathrm{IV} & \mathrm{V} \end{array}$$

Polybasen nehmen bei der Ionisation entsprechend Protonen oder auch Methylgruppen auf und werden durch solche „Quaternierungen" zu Polykationen. Ein Beispiel für Polybasen mit kettenständigen pro-ionischen Gruppen ist das Poly(ethylenimin) VI, Beispiele für Polybasen mit seitenständigen pro-ionischen Gruppen sind das Poly(vinylamin) VII und das Poly(4-vinylpyridin) VIII mit den Grundbausteinen

$$\begin{array}{ccc} -\mathrm{CH_2CH_2NH}- & -\mathrm{CH_2CH}- & -\mathrm{CH_2CH}- \\ & | & | \\ & \mathrm{NH_2} & \mathrm{C_5H_4N} \\ \mathrm{VI} & \mathrm{VII} & \mathrm{VIII} \end{array}$$

Polyampholyte sind Polymere mit sowohl positiven als auch negativen Ladungen.
Polyionen, Polyanionen, Polykationen usw. sind von Makroionen, Makroanionen, Makrokationen usw. zu unterscheiden. Makroionen tragen im Gegensatz zu Polyionen nur eine oder nur wenige ionische Gruppierungen. Die bei einer kationischen Polymerisation wachsende Polymerkette weist z.B. am wachsenden Ende eine positive Ladung auf, die Polymerkette ist daher ein Makrokation, aber kein Polykation. Entsprechende Definitionen gelten für Makroanionen und Makroradikale. Bei normalen radikalischen Polymerisationen treten daher z.B. Makroradikale auf, bei radikalischen Pfropfpolymerisationen dagegen Polyradikale.

2.3.3 ENDGRUPPEN

Endgruppen sind definitionsgemäß die am Ende einer makromolekularen Kette vorkommenden Gruppierungen. Ein unverzweigtes Makromolekül besitzt entsprechend zwei Endgruppen, ein sternförmiges mit vier Armen deren vier.

Die Bestimmung der Endgruppen eines Polymeren gestattet Rückschlüsse auf den Synthese-Mechanismus, unter günstigen Umständen auch auf die Molmasse oder den Verzweigungsgrad. Je höher die Molmasse bei sonst gleicher Molekülarchitektur, umso geringer ist natürlich der Anteil der Endgruppen. Falls daher die Molekülarchitektur bekannt ist, kann man über Endgruppen die Molmasse bestimmen. Da der Endgruppenanteil reziprok proportional der Molmasse ist, muß die Methode auf das Zahlenmittel der Molmasse ansprechen (vgl. auch Kap. 8). Im allgemeinen Fall berechnet sich das Zahlenmittel der Molmasse aus den Stoffmengen n_i der i verschiedenen Typen von Endgruppen, der Zahl N_{end} der total vorhandenen Endgruppen pro Makromolekül und der Masse m der bei der analytischen Bestimmung verwendeten Probe zu

$$(2-9) \quad \langle M \rangle_{n,end} = N_{end}\, m / \sum_{i=1}^{i=i} n_i$$

Das Zahlenmittel der Molmasse ergibt sich somit *nicht* als arithmetisches Mittel aus den individuell für jeden einzelnen Typ von Endgruppe berechneten Äquivalentmassen. Es ist vielmehr der Kehrwert des Mittels über die Kehrwerte der Äquivalenzmassen.

Die Empfindlichkeit derartiger Molmassenbestimmungen hängt außer von der Art der Endgruppe auch von der Methode ab. Mit Titrationen kann man Molmassen von bis ca. 40 000, über die mikroanalytische Bestimmung von Iod bis 100 000, mit radioaktiv markierten Gruppen bis 200 000 und mit intensiv farbigen Gruppen bis 1 000 000 g/mol bestimmen.

In jedem Fall muß die Zahl der Enden pro Makromolekül und die Struktur der Endgruppen mit Sicherheit bekannt sein. Umgekehrt kann man natürlich aus analytischen Endgruppenbestimmungen in Kombination mit Molmassenbestimmungen die Zahl der Verzweigungen pro Molekül ermitteln.

2.4 Copolymere

2.4.1 DEFINITIONEN

Copolymere entstehen nach IUPAC aus mehr als einem Typ von Monomeren. Sie werden nach der Zahl der Monomertypen als Bi-, Ter-, Quater-, Quinterpolymere usw. klassifiziert. Nach der Sequenz, d.h. der Aufeinanderfolge der Kette unterscheidet man ferner alternierende und statistische Copolymere sowie Gradientencopolymere. Bei alternierenden Copolymeren wechseln sich die beiden Grundbausteintypen A und B regelmäßig ab. Statistische Copolymere weisen dagegen unregelmäßige Anordnungen der beiden Monomertypen auf. Bei Gradientencopolymeren (engl. graded copolymers, tapered copolymers) besteht schließlich ein Gradient der Copolymerzusammensetzung entlang der Kette, sodaß z.B. das eine Kettenende reich an A-Bausteinen und das andere Kettenende reich an B-Bausteinen ist. Blockpolymere bestehen nach IUPAC aus Blöcken von Homosequenzen; Pfropfpolymere dagegen aus A-Ketten mit aufgepfropften B-Seitenästen. Multiblockpolymere mit kurzen Blöcken werden auch Segmentpolymere oder segmentierte Polymere genannt. Block- und Pfropfpolymere sind von den Block- und Pfropf*co*polymeren zu unterscheiden, bei denen mindestens ein ketten- oder seitenständiger Block bzw. Ast aus alternierenden, statistischen oder Gradienten-Copolymeren besteht. Bei Bipolymeren findet man daher die folgenden Typen und Bezeichnungen:

```
-A-B-A-B-A-B-A-B-A-B-A-B-      alternierendes Copolymer; Poly(A-alt-B)
-A-B-B-B-A-A-B-A-A-A-A-B-      statistisches Copolymer; Poly(A-ran-B)
-A...........A-B............B- Blockpolymer; Poly(A-block-B)
-A-A-A-A-A-A-A-A-A-A-A-A-      Pfropf- bzw. Graftpolymer; Poly(A-g-B)
   B                 B
   B                 B
   B                 B
   |                 B
                     |

-A-A-A-A-A-A-A-A-A-A-A-A-      Pfropf- bzw. Graftcopolymer;
   B                 B         Poly(A-g(B-ran-A))
   B                 A
   A                 A
   B                 B
   |                 A
                     |
```

Bipolymere mit unbekannter Sequenz der Bausteintypen werden als Poly(A/B) bezeichnet. Copolymere mit mehr als zwei Grundbausteinen werden analog wie Bipolymere klassifiziert und benannt.

Copolymere sind in Natur und Technik weit verbreitet. Proteine sind z.B. Copolymere aus ca. 20 verschiedenen Typen von α-Aminosäuren in irregulärer Anordnung, jedoch mit von Kette zu Kette gleicher Sequenz. In der Natur kommen z.B. auch Blockcopolymere aus α-Aminosäure- und Zuckereinheiten vor.

Synthetische Copolymere werden hergestellt, um bestimmte Anwendungseigenschaften zu verbessern oder überhaupt erst zu erzielen. Alternierende und statistische

Polymere werden dabei meist in einem Schritt aus einer Mischung von A- und B-Monomeren oder durch chemische Transformation eines vorgeformten Polymeren synthetisiert. Block- und Pfropfpolymere werden jedoch in der Regel in zwei aufeinander folgenden, verschiedenen Polyreaktionen erhalten und und darum auch als „Mehrschritt"-Polymere bezeichnet.

Die Analyse von Copolymeren ist wesentlich komplizierter als die von Homopolymeren, da außer der konstitutiven Zusammensetzung auch die Sequenz ermittelt werden muß. In vielen Fällen sieht man daher von der Ermittlung der Verteilung der Grundbausteine in Bezug auf ihren Anteil an Zweier-, Dreier-, Vierer- usw. -Sequenzen ab und begnügt sich mit der Angabe einer „konstitutiven Uneinheitlichkeit".

2.4.2 KONSTITUTIVE ZUSAMMENSETZUNG

Die mittlere Zusammensetzung von Copolymeren läßt sich am einfachsten bestimmen, wenn die Grundbausteine durch gezielte Abbaureaktionen isoliert und identifiziert werden können. Dieses Verfahren ist bei der Strukturaufklärung von Proteinen üblich. Die Proteine werden in automatisierten Aminosäureanalysatoren sauer und basisch hydrolysiert, die entstehenden α-Aminocarbonsäuren chromatographiert und ihr Anteil über die Farbreaktion mit Ninhydrin quantitativ bestimmt.

Bei Kohlenstoff-Ketten ist dieses Verfahren nicht anwendbar, da die Grundbausteine nicht durch derartig milde Abbaureaktionen isoliert werden können. Bei der Pyrolyse solcher Polymerer unter kontrollierten Bedingungen entstehen aber Abbauprodukte, die bei der gaschromatographischen Analyse eine Art Fingerabdruck für das betreffende Polymere (Zusammensetzung und Sequenz) geben. Da die Methode schnell ist, aber keine Absolutaussagen liefert, wird sie bevorzugt für die Betriebskontrolle angewandt.

Die Zusammensetzung von Copolymeren mit Kohlenstoff-Ketten läßt sich verhältnismäßig einfach bestimmen, wenn die Grundbausteine sich in ihrer analytischen Zusammensetzung sehr unterscheiden oder aber charakteristische Elemente, Gruppen oder markierte Atome enthalten. Chemische (Mikroanalyse, Gruppenbestimmung usw.) und spektroskopische Methoden (Infrarot, Ultraviolett, Kernresonanz usw.), sowie Aktivitätsbestimmungen liefern dann die mittlere Zusammensetzung des Polymeren. Die mittlere Zusammensetzung kann auch über den Brechungsindex fester Proben bestimmt werden. In Lösung kann man die Zusammensetzung über das Brechungsinkrement dn/dc bestimmen, das die Änderung des Brechungsindex mit der Konzentration angibt. Für den Massenanteil w_A des Grundbausteins A gilt dann

(2 – 10) $(dn/dc)_{Copolymer} = (dn/dc)_A w_A + (dn/dc)_B w_B$

mit $w_A + w_B = 1$. Temperatur, Wellenlänge und Lösungsmittel, sowie die Brechungsindexinkremente der beiden Homopolymeren A und B müssen dabei bekannt sein. Tab. 2 – 6 gibt eine Übersicht über die Übereinstimmung der Ergebnisse verschiedener Analysen-Verfahren bei Styrol/Methylmethacrylat-Copolymeren. Die UV-Analyse liefert hier meist stark abweichende Ergebnisse, da die Bandenlage noch von der Länge der Styrolsequenzen abhängt.

Bei sich nur wenig chemisch unterscheidenden Copolymeren kann man auch die Methode der Fällungspunkt-Titration (Kap. 6.6.5) einsetzen. Bei dieser Methode werden Lösungen verschiedener Konzentration mit einem geeigneten Fällungsmittel auf

Tab. 2-6: Ergebnisse verschiedener Analysen-Verfahren bei Styrol/Methylmethacrylat-Copolymeren (nach H.-G. Elias und U. Gruber)

Probe Nr.	% Methylmethacrylat im Polymeren				
	C, H, O	IR	UV	NMR	dn/dc
CL 2	74,4	74,0	78,5	73,5	72,8
CL 4	58,1	53,0	57,7	–	57,0
CL 6	42,2	41,0	48,5	40,2	41,5
CL 8	23,0	23,5	28,7	24,1	21,5

den ersten Fällungspunkt titriert. Durch Extrapolation auf 100 % Polymer wird ein kritischer Volumenbruch ϕ_{crit} des Polymeren erhalten, der linear von der Zusammensetzung des Copolymeren abhängt.

Die Methode der Fällungspunkt-Titration gestattet unter gewissen Voraussetzungen, ein Homopolymer neben Copolymeren nachzuweisen und somit die Ergebnisse von Pfropfversuchen zu kontrollieren. Alle anderen bislang beschriebenen Methoden gestatten keine Differenzierung zwischen Copolymeren und Polymergemischen. Zum Nachweis von Polymergemischen eignet sich auch die Ultrazentrifugation in einem Dichtegradienten (Kap. 9.7.5) und u.U. auch die fraktionierte Fällung (Kap. 6.6.4).

2.4.3 KONSTITUTIVE UNEINHEITLICHKEIT

Copolymere sind durch ihre konstitutive Zusammensetzung nicht genügend charakterisiert. Ein Polymer aus je 50% A- und B-Bausteinen kann ja z.B. ein Copolymer mit von Molekül zu Molekül konstanter Zusammensetzung, ein Copolymer mit von Molekül zu Molekül variabler Zusammensetzung, ein Gemisch aus zwei Homopolymeren oder ein Gemisch von Homo- und Copolymeren sein. Copolymere müssen daher noch durch ihre Zusammensetzungsverteilung charakterisiert werden, d.h. die Verteilung der Stoffmengen- bzw. Molmassenanteile in Bezug auf die Zusammensetzung.

Dazu eignen sich vor allem zwei Verfahren: fraktionierte Fällung bzw. Auflösung und Gleichgewichtszentrifugation in einem Dichtegradienten. Die Gleichgewichtszentrifugation eignet sich nur für Polymere mit sehr hohen Molmassen (vgl. Kap. 9) und soll daher nicht an dieser Stelle besprochen werden. Universell anwendbar ist dagegen die fraktionierte Fällung. Gibt man zu einer Lösung des Copolymeren portionsweise ein Fällungsmittel, so werden zuerst die Anteile mit der geringsten Löslichkeit, dann die mit mittlerer Löslichkeit usw. gelartig ausgefällt. Das Gel besteht aus der im Lösungsmittel/Fällungsmittel gequollenen Polymerfraktion. Da die Löslichkeit von der konstitutiven Zusammensetzung abhängt, gewinnt man so eine Reihe von Fraktionen mit verschiedener mittlerer konstitutiver Zusammensetzung. Tab. 2-7 zeigt die Ergebnisse einer solchen Fraktionierung an einem Copolymeren aus Vinylacetat und Vinylchlorid. Fraktionsnummern und Zusammensetzung gehen dabei aber nicht konform, da bei derartigen Fraktionierungen die Löslichkeit nicht nur von der konstitutiven Zusammensetzung, sondern auch von den Molmassen abhängt. Durch geeignete Auswahl von Lösungs- und Fällungsmitteln kann die Fraktionierung so entweder überwiegend nach dem Molmassen oder nach den Zusammensetzungen ablaufen (vgl. auch Kap. 6). Ungeeignete Lösungsmittel/Fällungsmittel-Paare können andererseits einheitliche Polymere vortäuschen.

2.4 Copolymere

Die Zusammensetzungsverteilung kann man bei Bipolymeren durch ein zweiachsiges Diagramm wiedergeben, in dem die Abszisse die gemessene Eigenschaft wie z.B. den Gehalt an Vinylchlorid-Bausteinen und die Ordinate die dazugehörige Summe der Massenanteile beschreibt. Eine derartige integrale Massenverteilung der Eigenschaften wird wie folgt aus den Fraktionierdaten erhalten, z.B. für das Copolymere der Tab. 2-7:

Tab. 2-7: Ergebnisse der Fraktionierung eines Copolymeren aus Vinylacetat und Vinylchlorid, geordnet nach steigendem Anteil E_{VC} an Vinylchloridbausteinen in den Fraktionen (nach H.-J. Cantow und O. Fuchs)

Fraktion Nr.	Menge m_i in mg	Anteil w_i in %	E_{VC}	$\sum_i w_i^*$
2	41,0	5,32	0,363	2,660
1	56,0	7,27	0,364	8,955
5	78,5	10,19	0,412	17,683
3	43,5	5,65	0,414	25,600
4	61,5	7,98	0,510	32,414
6	64,5	8,37	0,577	40,591
15	26,5	3,44	0,587	46,495
11	38,0	4,93	0,595	50,681
13	38,0	4,93	0,595	55,613
7	72,5	9,41	0,625	62,784
9	51,0	6,62	0,636	70,798
8	63,5	8,24	0,638	78,228
10	32,0	4,15	0,642	84,425
14	56,0	7,27	0,665	90,136
12	48,0	6,23	0,676	96,885

$\sum m_i = 770{,}5 \quad \sum w_i = 100 \quad \bar{E}_{VC} = 0{,}550 = (\bar{E}_w)_{VC} = \bar{E}_w$

Jede Fraktion ist per se nicht einheitlich in Bezug auf die gemessene Eigenschaft, sondern weist selbst eine Verteilung auf. Der für diese Fraktion gemessene Eigenschaftswert ist darum ebenfalls ein Mittelwert. In erster Näherung wird nun die Hälfte der Fraktion eine Zusammensetzung unterhalb, die andere Hälfte dagegen eine Zusammensetzung oberhalb dieses Fraktionsmittelwertes aufweisen. Für die Fraktion 2 mit $E_{vc} = 0{,}363$ ist also zur Berechnung der integralen Zusammensetzung nicht der Anteil $w_2 = 0{,}0532$ zu nehmen, sondern nur die Hälfte davon, d.h. $w_2^* = 0{,}0266$. Bei der nächsten Fraktion berechnet sich der auf Ordinaten einzutragende Anteil entsprechend aus dem ganzen Anteil der Fraktion 2 und dem halben Anteil der Fraktion 1, d.h. zu $w_1^* = 0{,}0532 + (0{,}0727/2) = 0{,}08955$ usw.

Die Auftragung zeigt, daß die integrale Massenverteilung des Gehaltes an Vinylchlorid-Grundbausteinen durchaus nicht „glatt" ist, d.h. nur einen einzigen Wendepunkt aufweist. Man beobachtet vielmehr Stufen, wobei natürlich durch eine zweite Fraktionierung zu prüfen ist, ob die Stufen real sind oder nur durch das Experiment vorgetäuscht werden. Die Verteilung ist außerdem „schief", da die mittlere Zusammensetzung einem Massenanteil von 0,35 entspricht und nicht einem solchen von 0,50. Die Zusammensetzungsverteilung erstreckt sich ferner nicht über den gesamten Bereich von $E_{vc} = 0$ bis $E_{vc} = 1{,}0$ sondern nur von etwa 0,33 bis 0,73 (Abb. 2-1).

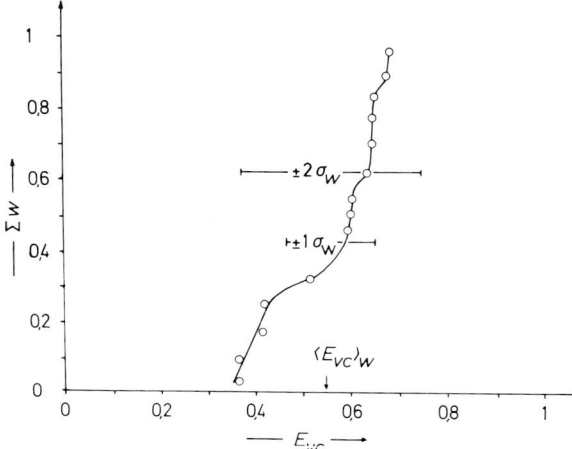

Abb. 2-1: Integrale Massenverteilung des Vinylchlorid-Gehaltes eines Poly(vinylchlorid-co-vinylacetates) mit dem Massenmittel $(E_n)_w$ der Zusammensetzung und der Standardabweichung σ_w der Massenverteilung (nach Daten von H. J. Cantow und O. Fuchs).

Vorteilhafter als eine zweidimensionale Darstellung ist wegen des immer vorhandenen Einflusses der Molmassenverteilung auf die Löslichkeit eine dreidimensionale. Bei diesem Diagramm nimmt man die Molmassenverteilung für jede mittlere Zusammensetzung an Grundbausteinen auf, sodaß man eine Art Relief bekommt (Abb. 2-2). Der Arbeitsaufwand ist jedoch für eine derartige Darstellung ziemlich hoch.

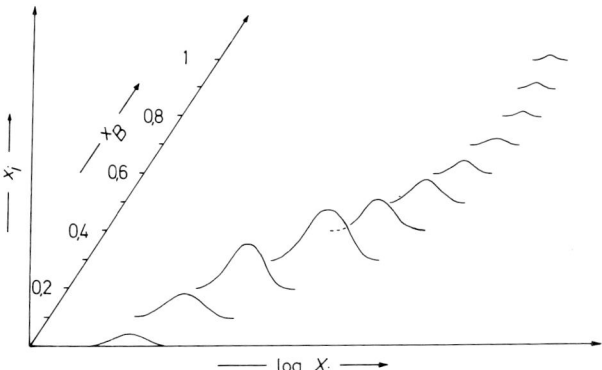

Abb. 2-2: Dreidimensionale Darstellung der differentiellen Verteilung der Stoffmengenanteile x_i an Copolymermolekülen mit dem Stoffmengenanteil x_B an B-Bausteinen und dem Polymerisationsgrad X_i (schematisch)

2.4.4 SEQUENZEN

Bei Bipolymeren aus den zwei Grundbausteintypen A und B folgen sich die Bausteine in einer bestimmten Kette in einer durch den Mechanismus der Polyreaktion bedingten Weise, z.B.

$$-\underline{A}-B-\underline{A-A}-B-B-\underline{A-A-B}-A-B-B-B-A-A-A-B-B-$$

In der Kette sind also die unterstrichenen Sequenzen aus 1, 2, 3 usw. gleichen Bausteinen vorhanden, sog. Homo-Monaden A und B, Homo-Diaden AA und BB, Homo-Triaden AAA und BBB usw. Analog kann man Hetero-Diaden AB und BA, Hetero-Triaden AAB, ABA, BAA, BBA, BAB und ABB, Hetero-Tetraden usw. definieren. Jeder Grundbaustein gehört einer Monade, zwei Diaden, drei Triaden, vier Tetraden usw. an. Die Zahl der zu jeder j-Ade gehörenden Typen ist folglich bei linearen Polymeren mit dem Polymerisationsgrad X gleich $X - j + 1$. Bei ringförmigen Polymeren ist dagegen die Zahl der möglichen Typen pro j-Ade immer gleich dem Polymerisationsgrad, wobei die j-Ade selbstverständlich nicht größer als der Polymerisationsgrad sein kann.

Zwischen den j-Aden bestehen unabhängig von ihrem Bildungsmechanismus notwendige Beziehungen. A-Monaden kommen z.B. in den Diaden AA, AB und BA vor. Die beiden letzten Diadentypen sind aber nicht experimentell unterscheidbar und werden zusammen als Anteil f_{AB} gemessen. Man muß ferner systematisch vorgehen, damit jede j-Ade nur einmal in den (j + 1)-Aden mitgezählt wird. Für die Beziehungen zwischen den Monaden und Diaden erhält man folglich (gezählte j-Aden sind unterstrichen)

(2-11) $\quad f_{\underline{A}} = f_{\underline{A}A} + f_{\underline{A}B} = f_{AA} + (1/2) f_{\overline{AB}}$

(2-12) $\quad f_{\underline{B}} = f_{\underline{B}B} + f_{\underline{B}A} = f_{BB} + (1/2) f_{\overline{AB}}$

Für die Beziehungen zwischen Diaden und Triaden gilt

(2-13) $\quad f_{\underline{AA}} = f_{\underline{AA}A} + f_{\underline{AA}B} = f_{AAA} + (1/2) f_{\overline{AAB}}$

(2-14) $\quad f_{\underline{AB}} = f_{\underline{AB}A} + f_{\underline{AB}B} = f_{ABA} + (1/2) f_{\overline{ABB}}$

(2-15) $\quad f_{\underline{BA}} = f_{\underline{BA}A} + f_{\underline{BA}B} = (1/2) f_{BAA} + f_{BAB}$

(2-16) $\quad f_{\underline{BB}} = f_{\underline{BB}B} + f_{\underline{BB}A} = f_{BBB} + (1/2) f_{\overline{BBA}}$

(2-17) $\quad f_{AB} = f_{BA}$ (ununterscheidbar bzw. äquivalent)

(2-18) $\quad f_{ABA} = (1/2) + f_{\overline{ABB}} = (1/2) f_{\overline{BAA}} + f_{BAB}$

Ein Bipolymer kann durch die Anteile f_{AA}, $f_{\overline{AB}}$ und f_{BB} an AA-, (AB- und BA-) und BB-Bindungen beschrieben werden. Dazu eignen sich besonders gut Dreiecksdiagramme (Abb. 2-3), da man hier die Abhängigkeit der drei Diadentypen als Funktion z.B. einer Reaktionsbedingung wiedergeben kann. In diesem Fall erhält man im Dreiecksdiagramm eine Kurve anstelle eines Punktes.

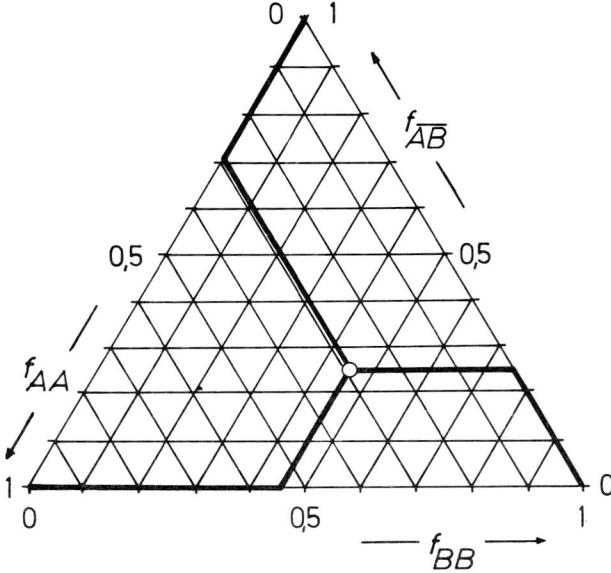

Abb. 2-3: Darstellung der Zusammensetzung eines Bipolymeren an konstitutiven Triaden im Dreiecksdiagramm. Im Beispiel gilt $f_{AA} = 0{,}30$, $f_{\overline{AB}} = 0{,}25$ und $f_{BB} = 0{,}45$.

2.4.5 SEQUENZLÄNGEN

Sequenzlängen können durch eine Reihe von chemischen und physikalischen Methoden ermittelt werden. Alle Methoden hängen in der Regel stark von der Konstitution der Polymeren ab; sie sind also oft nur bei speziellen Polymeren brauchbar.

Chemische Methoden beruhen praktisch ausschließlich auf zwei Prinzipien: Spaltung der Kette oder Reaktion benachbarter Seitengruppen. Die mit der Spaltung der Kette arbeitenden Methoden nutzen aus, daß eine der Komponenten eines Copolymeren bei einer bestimmten Reaktion angegriffen wird, während die anderen Komponenten stabil sind. Bei Copolymeren aus Isobutylen und Isopren lassen sich z.B. die kettenständigen Doppelbindungen des Isoprens ozonolytisch spalten. Aus der Molmasse der übrigbleibenden Oligomeren des Isobutylens kann man dann die mittlere Sequenzlänge der Isobutylensequenzen berechnen.

Bei Proteinen und Peptiden werden dagegen die Grundbausteine durch geeignete Enzyme einer nach dem anderen von einem Ende der Kette her abgespalten. Ein Beispiel sind die Copolymeren aus L- und D-Leucin. Das Enzym Carboxypeptidase A spaltet hier von dem Kohlenstoffende der Peptidkette solange L-Leucinreste ab, bis es auf eine L/D-Bindung stößt.

Bei der Reaktion benachbarter Gruppen wird die Tatsache ausgenutzt, daß bei kinetisch kontrollierten Reaktionen nicht alle Gruppen vollständig reagieren können (vgl. Kap. 23). Die Hydroxylgruppen des Poly(vinylalkohols) können z.B. nicht vollständig mit Butyraldehyd acetalisiert werden, da durch den statistischen Charakter der Reaktion isolierte OH-Gruppen übrig bleiben. Damit keine intermolekularen Reaktionen eintreten, muß natürlich in genügend hoher Verdünnung gearbeitet werden. Außerdem sollten möglichst „gute" Lösungsmittel verwendet werden, da dann das Polymerknäuel stark aufgeweitet und die Tendenz weiter entfernt stehender OH-Gruppen zu Reaktionen untereinander verringert wird.

Bei den physikalischen Methoden können ebenfalls zwei Gruppen von Methoden unterschieden werden. Die eine Gruppe erfaßt relativ kleine, die andere relativ lange Sequenzen. Zur ersteren Gruppe gehören Kernresonanz-, Ultraviolett- und Infrarot-Spektroskopie, zur zweiten Gruppe Röntgenographie und Differentialthermoanalyse. Im Infrarotspektrum verschiebt sich z.B. die Intensität der $(-CH_2-)_n$ -rocking Frequenz von 815 (n = 1) über 752 (n = 2), 733 (n = 3) und 726 (n = 4) auf 722 cm^{-1} (n ⩾ 5), so daß also kurze Methylensequenzen ermittelt werden können. Im Fern-IR zeigt eine isolierte Styrol-Einheit (n = 1) in $(-CH_2-CH(C_6H_5)-)_n$ eine breite Bande bei 560 cm^{-1}, während man für n ⩾ 6 eine scharfe Bande bei 540 cm^{-1} findet. Diese Bande stammt von einer Deformation des aromatischen Ringes, die mit einer Deformation der Kette gekoppelt ist; sie kann daher zur Sequenzanalyse von Styrol-Butadien-Copolymeren verwendet werden. Kernresonanz-Studien erlauben in günstigen Fällen, die Sequenz von Pentaden aufzuklären, Ultraviolett-Untersuchungen maximal diejenige von Triaden. Röntgenographie und Differentialthermoanalyse lassen sich zur Sequenzanalyse heranziehen, weil längere Sequenzen entweder besser kristallisieren können als kürzere oder aber eine deutlich andere Glastemperatur zeigen. Um mit diesen Methoden etwas aussagen zu können, müssen in der Regel mindestens 15–20 Einheiten zu einer Sequenz verbunden sein. Blockcopolymere und Polymergemische können daher nicht unterschieden werden. Beide Methoden sind jedoch weit weniger direkt als die bislang besprochenen, da u.U. „falsche" Gruppen in die Sequenz eingebaut werden können, ohne daß z. B. die Kristallisationsfähigkeit geändert wird.

Das Zahlenmittel $\langle X_a \rangle_n$ der Sequenzlänge von A-Homosequenzen ist durch

(2-19) $\quad \langle X_a \rangle_n = \sum_i (N_a)_i (X_a)_i / \sum_i (N_a)_i$

definiert, wobei $(N_a)_i$ die Zahl der A-Homosequenzen mit der „Länge" $(X_a)_i$ ist. Diese Größe ist in der Regel experimentell nicht direkt zugänglich. Sie läßt sich jedoch wie folgt aus anderen Daten berechnen.

Der Zähler der Gl. (2-19) ist nichts anderes als die totale Zahl der A-Bausteine im Polymeren

(2-20) $\quad N_A = \sum_i (N_a)_i (X_a)_i$

Der Nenner ergibt sich aus folgenden Überlegungen. Jede A-Homosequenz beginnt mit einer Bindung BA und hört mit einer Bindung AB auf. Die Zahl der A-Homosequenzen muß folglich gleich der Hälfte der Zahl aller AB-Bindungen sein:

(2-21) $\quad \sum_i (N_a)_i = (1/2) N_{AB}$

Diese Beziehung gilt exakt für ringförmige Moleküle und in guter Näherung für lineare Makromoleküle hohen Polymerisationsgrades. Die Zahl N_{AB} an AB-Bindungen läßt sich wiederum durch den Bruchteil f_{AB} ausdrücken:

$$(2-22) \quad f_{AB} = \frac{N_{AB}}{N_{AA} + N_{\overline{AB}} + N_{BB}} = \frac{N_{AB}}{(\langle X \rangle_n - 1) N_{cop}}$$

Dabei ist zu berücksichtigen, daß die Zahl ($N_{AA} + N_{\overline{AB}} + N_{BB}$) der Bindungen in *einem* Molekül immer um 1 kleiner als der Polymerisationsgrad ist und daß die Zahl *aller* Bindungen natürlich noch von der Zahl der total vorhandenen Copolymermoleküle N_{cop} abhängt. Die Zahlen N_A der A-Bausteine bzw. N_{cop} der Copolymermoleküle ergeben sich aus den entsprechenden Massen m und Molmassen M

$$(2-23) \quad N_A = m_A N_L / M_A$$

$$(2-24) \quad N_{cop} = (m_A + m_B) N_L / \langle M \rangle_n$$

Das Zahlenmittel $\langle M \rangle_n$ der Molmasse des Copolymeren ist mit dem entsprechenden Polymerisationsgrad durch

$$(2-25) \quad \langle X \rangle_n = \frac{N_A + N_B}{N_{cop}} = \langle M \rangle_n \left(\frac{w_A}{M_A} + \frac{w_B}{M_B} \right)$$

verknüpft. Einsetzen der Gl. (2-20)–(2-24) in Gl. (2-19) führt nach einer Umformung zu

$$(2-26) \quad 1/\langle X_a \rangle_n = 0.5 \, f_{\overline{AB}} \, [1 - \langle M \rangle_n^{-1} (M_A / w_A) + (w_B M_A / w_A M_B)]$$

Das Zahlenmittel der Sequenzlänge der A-Homosequenzen läßt sich somit aus den Massenanteilen w_A und w_B sowie den Molmassen M_A und M_B der Grundbausteine, dem Anteil $f_{\overline{AB}}$ der totalen (AB + BA)-Bindungen und dem Zahlenmittel der Molmasse des Copolymeren berechnen. Sehr häufig wird ferner eine Sequenz- oder Blockzahl $\langle R \rangle_n$ (engl. run number) verwendet, die die totale Zahl aller Blöcke bzw. Homosequenzen pro 100 Grundbausteine angibt

$$(2-27) \quad \langle R \rangle_n = 200 \, [\langle X_a \rangle_n + \langle X_b \rangle_n]^{-1}$$

2.5 Molekülarchitektur

Makromoleküle unterscheiden sich nicht nur in der konstitutiven Zusammensetzung und der Verknüpfung bzw. Aufeinanderfolge der Grundbausteine, sondern auch in der Molekülarchitektur. Die Molekülarchitektur ist durch die Art gegeben, in der einzelne makromolekulare Ketten miteinander verknüpft sind. Man unterscheidet unverzweigte Ketten, verzweigte Moleküle, geordnete und ungeordnete Netzwerke. Interpenetrierende Netzwerke (IPN's) bestehen aus zwei sich gegenseitig durchdringenden, aber nicht miteinander verbundenen Netzwerken.

2.5.1 VERZWEIGUNGEN

Die einfachste Molekülarchitektur liegt bei den unverzweigten oder „eindimensionalen" Ketten vor, z.B. beim Schwefel I oder beim Poly(methylen) II:

$$-S-S-S-S-S-S- \qquad -CH_2-CH_2-CH_2-CH_2- \qquad \begin{array}{c} -CH_2-CH- \\ | \\ (CH_2)_5 H \end{array}$$

$$\text{I} \hspace{3cm} \text{II} \hspace{3cm} \text{III}$$

Unverzweigte Ketten werden aus historischen Gründen auch als „lineare" Ketten bezeichnet, weil man für sie ursprünglich eine völlig gestreckte Gestalt annahm. Tatsächlich sorgt jedoch die statistische Verteilung der Mikrokonformationen für die Form eines statistischen Knäuels im isolierten und wohl auch im amorphen Zustand. Regelmäßig angeordnete Substituenten wie beim Poly(hepten-1) III werden nicht als Verzweigungen angesehen; III ist darum ein unverzweigtes Polymer.

Verzweigungen entstehen definitionsgemäß erst durch eine Polyreaktion; sie sind nicht im Ausgangsmonomer selbst enthalten. Aus diesem Grunde weisen bei durch Einschrittreaktionen entstandenen verzweigten Makromoleküle die Zweige die gleiche Konstitution wie die Hauptkette auf. Als Hauptkette wird dabei die längste der so vereinigten Ketten bezeichnet. Die mit der Hauptkette verknüpften anderen Ketten werden je nach ihrer Länge Kurz- oder Langkettenverzweigungen geannt. Kurzketten stellen sozusagen mit der Hauptkette verknüpfte Oligomere, Langketten dagegen verknüpfte Polymere dar. Sind die Zweige der Langkettenverzweigungen selbst verzweigt, so spricht man von Folgeverzweigungen. Bei sehr starken Folgeverzweigungen hat das Polymer eine Art Tannenbaumstruktur. Ein Beispiel sind die Kurz- und Langkettenverzweigungen des Poly(ethylens)

$$\begin{array}{c} \sim\sim CH_2-CH-(CH_2)_x-CH-(CH_2)_y\sim\sim \\ | \hspace{2.5cm} | \\ CH_2 CH_3 \hspace{1.5cm} (CH_2)_3 CH_3 \end{array} \hspace{1cm} \begin{array}{c} \sim\sim CH_2-CH-(CH_2)_x-CH-(CH_2)_y\sim\sim \\ | \hspace{2.5cm} | \\ (CH_2)_y CH_3 \hspace{1cm} (CH_2)_z CH_3 \end{array}$$

kurzkettenverzweigt $\hspace{3cm}$ langkettenverzweigt
$(y, x \gg 1)$ $\hspace{4cm}$ $(x, y, z \gg 1)$

Sternförmige Verzweigungen gehen von einem einzigen Verzweigungspunkt aus. Kammförmige Moleküle enthalten dagegen an einer Hauptkette in mehr oder weniger gleichen Abständen angeordnete, etwa gleich lange Verzweigungen (vgl. Abb. 2-4).

Die Bestimmung der Anzahl Verzweigungsstellen pro Makromolekül, der mittleren Länge der Verzweigungen, der Längenverteilung der Verzweigungen sowie der Länge der Stücke der Hauptkette zwischen zwei Verzweigungsstellen stellt ein schwieriges analytisches Problem der makromolekularen Chemie dar. Bei stark kurzkettenverzweigten Polymeren kann man die Verzweigungsstellen oder die Endgruppen häufig noch spektroskopisch oder chemisch bestimmen. Bei langkettenverzweigten Polymeren ist jedoch die Zahl der Verzweigungsstellen im Vergleich zur Zahl der Kettenglieder sehr gering. Man schätzt daher die Existenz und das Ausmaß der Langkettenverzweigung meist über die Dimensionen der Makromoleküle in Lösung ab. Bei gleicher Masse muß nämlich ein über Langketten verzweigtes Makromolekül geringere Dimensionen

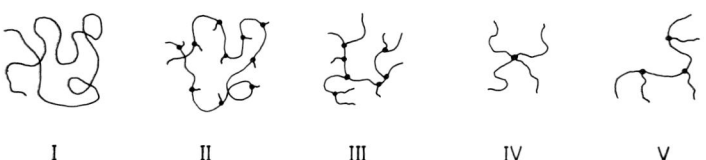

Abb. 2-4: Schematische Darstellung unverzweigter und verzweigter Ketten gleichen Polymerisationsgrades. I = unverzweigt, II = kurzkettenverzweigt, III = langkettenverzweigt, IV = sternförmig verzweigt, V = kammförmig verzweigt. Verzweigungsstellen sind durch einen ● gekennzeichnet.

als ein unverzweigtes aufweisen, wie man sich bei sternförmigen Makromolekülen leicht klarmacht (Abb. 2-4).

2.5.2 PFROPFPOLYMERE UND PFROPFCOPOLYMERE

Pfropfpolymere sind verzweigte Polymere, bei denen die Verzweigungen eine andere Konstitution oder Konfiguration als die primär vorliegende Kette aufweisen. Das bei der Pfropfreaktion vorgegebene Polymer wird oft auch Pfropfunterlage oder Pfropfsubstrat genannt. Pfropfcopolymere bilden eine Untergruppe der Pfropfpolymeren (vgl. Kap. 2.4.1).

Pfropfpolymere werden in der Regel durch eine Reihe von Parametern charakterisiert, wie sich am einfachsten am Beispiel einer Pfropfung von B-Monomeren auf ein Polymer mit A-Grundbausteinen klarmachen läßt. Das erhaltene Reaktionsprodukt soll nach chemischen oder spektroskopischen Analysen 40 % A-Bausteine und 60 % Bausteine enthalten; es ist nicht notwendigerweise ein Pfropfpolymer, da es außer dem gewünschten Pfropfpolymeren Poly(A–g–B) noch unreagiertes Pfropfsubstrat Poly(A) und zusätzlich gebildetes Homopolymer Poly(B) enthalten kann. Die präparative Fraktionierung des Reaktionsproduktes soll nun 10% Poly(A), 70% Poly(A–g–B) und 20% Poly(B) ergeben haben. Aus diesen Zahlen folgt, daß das Pfropfpolymer 30% aller A-Gruppen und 40% aller B-Gruppen des Reaktionsproduktes enthält. Das Pfropfpolymere ist folglich aus 42,9% A-Gruppen und 57,1% B-Gruppen zusammengesetzt.

Der *Pfropferfolg* ist nun als Anteil des gepfropften Substrates in Bezug auf die totale Menge Substrat definiert; er beträgt für das obige Beispiel 75%. Die *Pfropfausbeute* bezieht sich entsprechend auf den Anteil des aufgepfropften B-Monomeren in Bezug auf die total umgesetzten B-Bausteine; sie ist im Beispiel 66,7%. Der *Pfropfungsgrad* gibt die Menge des aufgepfropften B-Monomeren, bezogen auf die totale Menge Substrat an; er ergibt sich für das Beispiel zu 100%. Die *Pfropfhöhe* bezieht dagegen die aufgepfropfte Menge B auf die gepfropfte Menge A; sie ist folglich 133%.

2.5.3 UNGEORDNETE NETZWERKE

Vernetzte Polymere enthalten pro Kette mindestens zwei Brücken zu anderen Ketten. Die Brücken können intra- oder intercatenar bzw. intra- oder interchenar sein. Sie sollten dagegen nicht intra- oder intermolekular genannt werden, da ein vernetztes Polymermolekül ein einziges Molekül darstellt und folglich nur intramolekulare Verknüpfungen aufweisen kann. Vernetzungs*reaktionen* sind dagegen in der Regel intermolekular.

Intracatenar vernetzte Makromoleküle kommen sehr häufig in der Natur vor. Beim Enzym Ribonuclease ist z. B. die einzige Peptidkette durch vier Disulfidbrücken mit sich selbst verknüpft (Abb. 2–5). Beim Insulin, einem anderen Protein, sind dagegen zwei Ketten A und B von unterschiedlicher Zusammensetzung und Folge der Peptidreste durch insgesamt zwei Disulfidbrücken miteinander verbunden.

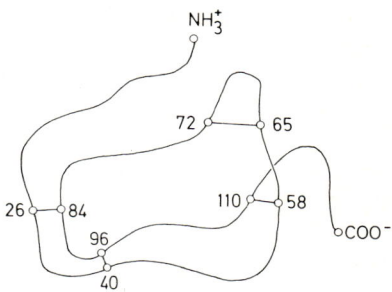

Abb. 2–5:

Schematische Darstellung des aus 124 Aminosäureresten bestehenden Enzyms Ribonuclease. Die vier intramolekularen Vernetzungsstellen stammen von Cystin-Bindungen. Die Nummern geben die Position der entsprechenden Aminosäuren an.

Derartige kleine und intracatenar vernetzte Makromoleküle sind wie die verzweigten Makromoleküle prinzipiell in irgendeinem Lösungsmittel löslich. Sie unterscheiden sich damit charakteristisch von den eigentlichen vernetzten Molekülen, die sehr viele intercatenare Brücken aufweisen. Diese vernetzten Moleküle oder Netzwerke sind „unendlich" groß im Vergleich zu den üblichen unverzweigten oder verzweigten Makromolekülen. Sie lösen sich nicht mehr in Lösungsmitteln. Umgekehrt sind natürlich nicht alle unlöslichen Polymeren auch vernetzt.

Falls die Vernetzungsdichte nicht zu groß ist, können derartige Netzwerke noch durch Lösungsmittel zu einem sog. Gel angequollen werden. Gele mit Abmessungen von ca. 10–10000 nm werden Mikrogele genannt. Ein Mikrogel ist meist noch löslich oder suspendierbar.

Gelbindung tritt bei irreversiblen Polyreaktionen immer dann ein, wenn die Funktionalität der Moleküle größer als zwei ist oder wird. Kurz nach Überschreiten eines Gelpunktes liegt ein Teil der Grundbausteine in einem den ganzen Reaktionen umspannenden Gel vor, der andere Teil dagegen in verzweigten und daher noch löslichen Molekülen. Ein solches Produkt heißt teilvernetzt. Der Begriff der Teilvernetzung bezieht sich dagegen auf die Architektur der Moleküle selbst. Ein verzweigtes Polymer ist folglich nicht teilvernetzt, ein teilvernetztes Produkt dagegen meist auch verzweigt.

Die Beschreibung von Netzwerken über ihre Molmasse wird bei diesen „unendlich" großen Polymeren sinnlos. Vernetzte Polymere werden statt dessen über die Netzkettenlänge, die Netzwerkdichte und die Art der Verknüpfung charakterisiert. Als Vernetzungsstelle wird dabei eine solche Gruppierung definiert, von der mehr als zwei Netzketten ausgehen. Eine Netzkette ist entsprechend ein Kettenstück zwischen Vernetzungsstellen.

Der Vernetzungsgrad x_c, auch Vernetzungsdichte oder Netzwerkdichte genannt, ist als Stoffmengenanteil der vernetzten Grundbausteine an den total vorhandenen

Grundbausteinen definiert. Mit seiner Hilfe kann das Zahlenmittel der Molmasse einer Netzkette aus der Molmasse M_u des Grundbausteines berechnet werden

(2 - 28) $\quad \langle M_c \rangle_n = M_u / x_c$

Die Netzwerkdichte kann außer über den Vernetzungsgrad auch über den sog. Vernetzungsindex charakterisiert werden. Der Vernetzungsindex γ gibt die Zahl vernetzter Grundbausteine pro Primärmolekül an, wobei ein Primärmolekül ein lineares Molekül vor der Vernetzung ist

(2-29) $\quad \gamma = \dfrac{\langle M_n \rangle_o}{\langle M_c \rangle_n} = \dfrac{\langle M_n \rangle_o x_c}{M_u} = x_c \langle X \rangle_n$

Alle betrachteten Größen beziehen sich auf ideale Netzwerke, d.h. solche, bei denen keine Netzketten mit freien Enden vorhanden sind. Der Anteil der freien Enden ist umso größer, je niedriger die Molmasse der Primärmoleküle ist. Für $\langle M_n \rangle_o > \langle M_c \rangle_n$ kann die Stoffmengenkonzentration $[M_c]_{eff}$ effektiver Netzketten aus der Stoffmengenkonzentration $[M_c]$ insgesamt vorhandener Ketten über

(2-30) $\quad [M_c]_{eff} = [M_c] \, (1 - 2 \langle M_c \rangle_n / \langle M_n \rangle_o)$

berechnet werden. Bei sehr starker Vernetzung läßt sich diese Korrekturformel nicht mehr anwenden, da dann zusätzlich freie Enden entstehen.

Die Beschreibung von Netzwerken über Vernetzungsgrad und Netzwerkdichte sagt nichts über die innere Architektur der Netzwerke, d.h. über ihre Homogenität aus. Je nach den Herstellungsbedingungen sind die meisten Netzwerke mehr oder weniger inhomogen, d.h. die lokale Netzwerkdichte weist eine Verteilung auf. Bei Polykondensationen wird der Gelpunkt in der Regel erst bei recht hohen Umsätzen erreicht und die gebildeten Netzwerke sind ziemlich homogen. Bei Polymerisationen tritt dagegen der Gelpunkt schon bei niedrigen Umsätzen auf. Von den räumlichen fixierten Zentren der so festgelegten Netzwerkstruktur geht dann die Polymerisation weiter und es entstehen dichter vernetzte Zentren in einer weniger dicht vernetzten Matrix.

Inhomogenitäten können bei Netzwerken durch eine ganze Reihe von Ursachen entstehen, z.B. durch nichtreagierte funktionelle Gruppen, lose Kettenenden, Verschlingungen von Kettenteilen und intracatenare Ringschlüsse. Sie werden durch Vorordnungen der Monomeren im nichtvernetzten Zustand, durch Verdünnungseffekte, unterschiedliche Reaktivität von Monomeren, Entmischungseffekte durch diffusionskontrollierte Wachstumsschritte und Phasentrennungseffekte hervorgerufen.

Phasentrennungen kann man zur Synthese sog. makroporöser oder makroretikularer Netzwerke ausnutzen. Bei diesen Verfahren polymerisiert man in Ggw. eines Lösungsmittels, das für das entsprechende unvernetzte Polymer ein Fällungsmittel darstellt. Ein Beispiel ist die vernetzende radikalische Polymerisation von Styrol mit etwas p-Divinylbenzol in Hexan. Hexan ist ein Lösungsmittel für Styrol und Divinylbenzol, jedoch ein Fällungsmittel für Poly(styrol). Bei der Polymerisation gehen die Poly(styrol)-Segmente unter gleichzeitiger Vernetzung schon bei geringen Umsätzen eine Phasentrennung ein. Die weitere Polymerisation erfolgt dann in der Nähe der ausgefällten Wachstumszentren und es bilden sich je nach den Bedingungen entweder

Poren in einer kontinuierlichen Matrix oder aber globuläre Strukturen mit porenartigen Zwischenräumen (Abb. 2-6). Makroretikulare Netzwerke sind bei gleichem Vernetzungsgrad viel durchlässiger für Lösungsmittel und gelöste Substanzen als homogene Netzwerke. Außerdem quellen sie weniger stark, sind also widerstandsfähiger gegen Druck. Sie werden daher bevorzugt in Ionenaustauscher- und Gelpermeationschromatographie-Säulen verwendet.

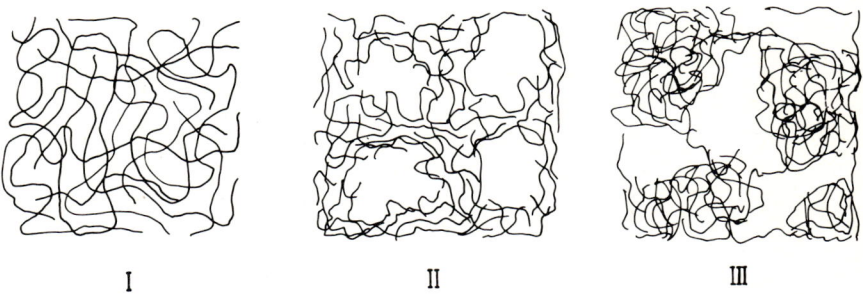

I II III

Abb. 2-6: Schematische Darstellung ungeordneter Netzwerke. I = homogenes Netzwerk, II und III makroretikulare Netzwerke.

Für die typischen Netzwerkeigenschaften wie Quellung in Lösungsmitteln, Elastizität usw. ist die Natur der Vernetzungsquellen ziemlich belanglos. Die meisten chemischen Vernetzungen erfolgen über covalente Bindungen, doch kann man auch Vernetzungen über koordinative Bindungen oder Elektronenmangelbindungen erzielen. Vernetzungsartige Wirkungen werden außerdem durch rein physikalische Phänomene hervorgerufen, z.B. durch kristalline Bereiche oder interlamellare Verknüpfungen in partiell kristallinen Polymeren, amorphe Domänen in Blockpolymeren, oder Verhakungen von Molekülteilen in amorphen Polymeren und Polymerschmelzen.

2.5.4 GEORDNETE NETZWERKE

Bei geordneten Netzwerken sind im Gegensatz zu den ungeordneten Netzwerken alle Grundbausteine strukturell äquivalent. Man bezeichnet sie als 0-, 1-, 2- oder 3-Typen, wenn sich die geordnete Netzwerkstruktur in 0, 1, 2 oder 3 Raumrichtungen erstreckt (Abb. 2-7). Eine andere Bezeichnungsweise ist null-, ein-, zwei- oder dreidimensional. Die IUPAC-Nomenklatur sieht für die 1-, 2- und 3-Typen die Vorsilben *Catena, Phyllo* und *Tecto* vor.

Geordnete Netzwerke können über Gleichgewichts- oder Nichtgleichgewichtsreaktionen erhalten werden. Bei reversiblen Reaktionen muß man in der Regel das Gleichgewicht über die Löslichkeit verschieben, um eine hohe Ausbeute an geordneten Netzwerken zu erzielen. Geordnete Netzwerke entstehen bei kinetisch kontrollierten Reaktionen entweder direkt durch stereospezifische Homopolymerisation oder aber durch Cyclopolykondensation starrer Monomerer.

Die *0-Typen* bilden Käfigstrukturen und gehören daher nicht zu den Polymeren. Beispiele für 0-Typen sind Adamantan und Bullvalen.

Bei den *1-Typen* unterscheidet man Spiro- und Brückenverknüpfungen. Spiroketten kann man im Prinzip noch zu den Einzelketten rechnen (vgl. auch Kap. 2.2.3).

1-Typen mit Brückenverknüpfungen werden ferner Doppelstrangpolymere oder wegen ihres an eine Leiter erinnernden Aufbaues auch Leiterpolymere genannt. Leiterpolymere sind meist gut thermisch beständig, da das Brechen einer kettenständigen Bindung im Gegensatz zu den kettenförmigen Polymeren nicht zu einer niedrigeren Molmasse führt.

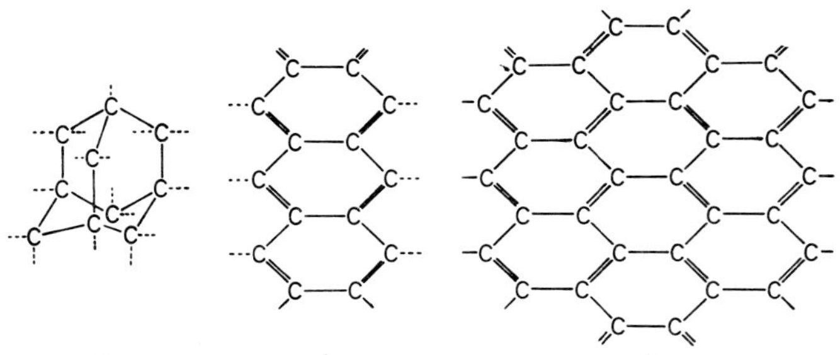

Abb. 2-7: Geordnete Netzwerke. 0 = Adamantan als Beispiel eines Käfigpolymeren (0-Typ). 1 = cyclisiertes und dehydriertes 1,2-Poly(butadien) als Beispiel eines Leiter- oder Doppelstrangpolymeren (1-Typ). 2 = Graphit als Beispiel eines Flächen- oder Schichtenpolymeren (2-Typ). · · · ·Bindungen zum Wasserstoff, ——— und ═══════ Bindungen zum Kohlenstoff.

Im Prinzip gehören zu den 1-Typ-Polymeren auch die verschiedenen Arten von Helices. Da deren „Netzwerk" jedoch durch eine spezielle Konformation bedingt ist, werden sie in Kap. 4 und nicht hier behandelt.

Schichten- oder Flächen-Polymere vom *2-Typ* liegen beim Graphit und seinen Abkömmlingen vor. Diamant ist ein Netz- oder Gitter-Polymer vom *3-Typ*. Netzpolymere existieren ausschließlich, Flächenpolymere praktisch ausschließlich im festen Zustand. Sie werden daher auch als einaggregatige Stoffe bezeichnet. Bestimmte Zellwände von Bakterien bestehen aus sackartig aufgebauten Makromolekülen. Diese sackartigen Moleküle sind ein Spezialfall der Flächenpolymeren.

Beim Kohlenstoff ist die Zahl der Schichten- und Gitter-Polymeren wegen der Koordinationszahl 4 sehr beschränkt. Bei anorganischen Verbindungen existieren sie jedoch in großer Zahl, z.B. beim Quarz $(SiO_2)_x$, beim schwarzen Phosphor $(P)_x$ usw. Bei der Synthese von Flächenpolymeren treten im Prinzip die gleichen Probleme wie bei der von Leiterpolymeren auf. Um die gewünschte Ordnung in einer Richtung (1-Typ) oder in zwei Richtungen (2-Typ) zu erhalten, muß man alle zu ungerichteten Strukturen führenden Vorgänge vermeiden. Bei der Synthese des künstlichen Graphits erreicht man das durch peinlichen Ausschuß aller Kristallisationskeime.

Literatur zu Kap. 2

2.1 Nomenklatur

Deutscher Zentralausschuß für Chemie, Internationale Regeln für die chemische Nomenklatur und Terminologie, Verlag Chemie, Weinheim 1975 ff.

IUPAC, Nomenclature of inorganic chemistry, definitive rules 1970, Butterworths, London, 2. Aufl. 1971
IUPAC, A structure-based nomenclature for polymers. II. One-dimensional inorganic and semi-organic polymers, manuscript
IUPAC, Nomenclature of organic chemistry, Butterworths, London, 3. Aufl. 1971
IUPAC, Macromolecular Nomenclature Commission, Nomenclature of regular single-strand organic polymers, Macromolecules 6 (1973) 149; J. Polymer Sci. [Polymer Letters Ed.] 11 (1973) 389

2.2 Atombau und Kettenbildung

M. F. Lappert und G. J. Leigh, Developments in inorganic polymer chemistry, Elsevier, Amsterdam 1962
F. G. A. Stone und W. A. G. Graham, Hrsg., Inorganic polymers, Academic Press, New York 1962
K. Andrianov, Metal organic polymers, Interscience, New York 1965
F. G. R. Gimblett, Inorganic polymer chemistry, Butterworths, London 1973
A. L. Rheingold, Homoatomic rings, chains and macromolecules of main-group elements, Elsevier, Amsterdam 1977

2.3 Homopolymere

Allgemeine Analysenmethoden

D. O. Hummel und F. Scholl, Atlas der Kunststoff-Analyse, C. Hanser, München 1968, 2 Bde.
M. P. Stevens, Characterization and analysis of polymers by gas chromatography, M. Dekker, New York 1969
J. Haslam, H. A. Willis und D. C. M. Squirrel, Identification and analysis of plastics, Iliffe, London 1972
E. Schröder, J. Franz und E. Hagen, Ausgewählte Methoden zur Plastanalytik, Akademie-Verlag, Berlin 1975
J. Urbanski, Handbook of analysis of synthetic polymers and plastics, Halsted Press, New York 1976
V. G. Berezkin, V. R. Alishoyev, I. B. Nemirovskaya, Gas chromatography of polymers, Elsevier, Amsterdam 1977
M. Hoffmann, H. Krömer und R. Kuhn, Polymeranalytik, Thieme-Verlag, Stuttgart 1977 (2 Bde.)

Spektroskopie

S. Krimm, Infrared spectra of high polymers, Fortschr. Hochpolym. Forschg. 2 (1960/61) 51
R. Zbinden, Infrared spectroscopy of high polymers, Academic Press, New York 1964
J. C. Henniker, Infrared spectroscopy of industrial polymers, Academic Press, New York 1967
A. Elliot, Infrared spectra and structure of organic long-chain polymers, Arnold, London 1969
J. L. Koenig, Raman spectroscopy of biological molecules: a review, J. Polymer Sci. D [Macromol. Revs.] 6 (1972) 59
J. Dechant, Ultrarotspektroskopische Untersuchungen an Polymeren, Akademie-Verlag, Berlin 1972
J. L. Koenig, Raman scattering of synthetic polymers, Revs. Appl. Spectroscopy 4 (1971) 233
D. O. Hummel, Hrsg., Polymer spectroscopy, Verlag Chemie, Weinheim 1975

Strukturen

S. R. Palit und B. M. Mandal, End-group studies using dye techniques, J. Macromol. Sci. [Revs.] C 2 (1968) 225
M. F. Hoover, Cationic quaternary polyelectrolytes — a literature review, J. Macromol. Sci. [Chem.] A 4 (1970) 1237
F. Oosawa, Polyelectrolytes, M. Dekker, New York 1971
L. Holiday, Ionic polymers, Halsted Press, New York 1975
R. G. Garmon, End group determinations, Techn. Methods Polym. Eval. 4/1 (1975) 31
A. Eisenberg und M. King, Ion-containing polymers; physical properties and structure (= R. S. Stein, Hrsg., Polymer physics, Bd. 2), Academic Press, New York 1977
N. C. Billingham, Molar mass measurements in polymer science, Wiley, New York 1977 (u.a. Endgruppen-Bestimmungen)

2.4 Copolymere (s. auch 2.3)

G. Schnell, Ultrarotspektroskopische Untersuchungen an Copolymerisaten, Ber. Bunsenges. **70** (1966) 297

U. Johnsen, Die Ermittlung der molekularen Struktur von sterischen und chemischen Copolymeren durch Kernspinresonanz, Ber. Bunsenges. **70** (1966) 320

J. C. Randall, Polymer sequence determination — carbon 13 nmr method, Academic Press, New York 1977

M. M. Coleman and P. C. Painter, Fourier transform infrared studies of polymeric materials, J. Macromol. Sci.-Rev. Macromol. Chem. C **16** (1977–1978) 197

2.5 Molekülarchitektur

W. Funke, Über die Strukturaufklärung vernetzter Makromoleküle, insbesondere vernetzter Polyesterharze, mit chemischen Methoden, Adv. Polymer Sci. **4** (1965/67) 157

W. De Winter, Double strand polymers, Revs. Macromol. Sci. **1** (1966) 329

H.-G. Elias, Die Struktur vernetzter Polymerer, Chimia **22** (1968) 101

V. A. Grecanovskij: Verzweigungen an Polymerketten (russ.), Usspechi Khim. (Fortschr. Chem.) **38** (1969) 2194; Rubber Chem. Technol. **45** (1972) 519

C. G. Overberger und J. A. Moore, Ladder polymers, Adv. Polymer. Sci. **7** (1970) 113

G. Delzenne, Recent advances in photo-crosslinkable polymers, Revs. Polymer Technol. **1** (1972) 185

N. A. Platé und V. P. Shibaev, Comb-like polymers. Structure and properties, J. Polymer Sci. [Macromol. Revs.] **8** (1974) 117

P. A. Small, Long-chain branching in polymers, Adv. Polymer. Sci. **18** (1975) 1

D. Klempner, Polymernetzwerke mit gegenseitiger Durchdringung, Angew. Chem. **90** (1978) 104

3 Konfiguration

3.1 Übersicht

3.1.1 SYMMETRIE

Konfiguration und Konformation eines Moleküles sind Teilaspekte seiner statischen Stereochemie, d. h. der räumlichen Anordnung der Atome des Moleküls. Stereochemische Betrachtungen wiederum setzen die Kenntnis der Symmetrieeigenschaften voraus.

Die Symmetrieeigenschaften eines Objekts und damit auch eines Moleküls werden nach der Gruppentheorie durch Symmetrieelemente und Symmetrieoperationen beschrieben. Die grundlegenden Symmetrieelemente sind das Symmetriezentrum, die Symmetrieachse bzw. Drehachse und die Symmetrieebene bzw. Spiegelebene. Ihnen entsprechen als Symmetrieoperationen die Inversion um einen Punkt, die Rotation bzw. Drehung um eine Achse und die Reflexion bzw. Spiegelung an einer das Objekt schneidenden Ebene. Als vierte Symmetrieoperation kommt bei ,,unendlich" ausgedehnten Objekten noch die Translation als dreidimensionale Wiederholung der Identität dazu. Kombinationen von Symmetrieoperationen werden als ,,komplex" bezeichnet. Die Kombination von Rotation und Reflexion heißt Drehspiegelung, die von Rotation und Inversion entsprechend Drehinversion. Die dazugehörigen Symmetrieelemente sind die Drehspiegelachse und die Drehinversionsachse.

Bei Symmetrieoperationen ändert ein Objekt zwar seine Lage, nicht aber seine Erscheinung. Mindestens ein Punkt des Objekts behält bei Symmetrieoperationen jedoch seine Position, sodaß man das Objekt mit sog. Punktgruppen bzw. Symmetriegruppen als Gruppen von Symmetrieelementen beschreiben kann. Die 32 möglichen Punktgruppen entsprechen dabei den 32 Kristallklassen der Kristallographie; sie werden durch die Schönflies-Symbolik gekennzeichnet.

In dieser Symbolik bezeichnet T einen Tetraeder, O einen Oktaeder, S ein Sphenoid bzw. eine Drehspiegelachse, C einen Cyclus bzw. eine Drehachse und D eine Digyre bzw. zweizählige Achse, auf der sich senkrecht weitere zweizählige Achsen befinden. Eine Drehachse ist n-zählig und erhält das Symbol C_n, falls das Objekt bei einer vollen Drehung um 360° n-mal mit sich selbst zur Deckung gebracht werden kann. Spiegelungen bzw. die dazugehörigen Spiegelebenen werden auch oft mit dem Symbol σ bezeichnet.

Die höchstzählige Drehachse heißt Hauptachse oder Hauptdrehachse; sie wird stets vertikal angeordnet. Alle anderen Symmetrieelemente werden auf diese Hauptachse bezogen. Spiegelungen an einer zur Hauptachse senkrechten, d. h. horizontalen Ebene erhalten das Symbol σ_h. Spiegelebenen vertikal zur Hauptachse enthalten gleichzeitig auch die Hauptdrehachse selbst; ihr Symbol ist σ_v. Da im letzteren Falle gewisse Winkel durch die Spiegelebene halbiert werden, also dihedral sind, verwendet man statt σ_v auch oft das Symbol σ_d. Die wichtigsten Symmetriegruppen sind in Tab. 3–1 zusammengestellt, einige molekulare Beispiele in Abb. 3–1. Die weitere Unterteilung der Symmetrieeigengruppen nach der Zähligkeit führt dann zu den insgesamt 32 Punktgruppen.

Tab. 3-1 Definitionen von Symmetriegruppen. Chirale Symmetriegruppen sind mit einem * gekennzeichnet

Symmetriegruppe	Symbol	Beispiel
Keine Symmetrieache		
*Einzählige Drehachse	C_1	L-Alanin
Ein Inversionszentrum	C_i, S_2, i	2,3-Dibrombutan
Eine Spiegelebene	C_s, S_1, σ	Vinylchlorid
Eine n-zählige Symmetrieachse		
*n-Zählige Drehachse (n > 1)	C_n	1,3-Dibromallen (C_2)
n-Zählige Drehachse und senkrecht dazu eine Symmetrieebene	$C_{nh} = C_n + \sigma_n$	trans-1,2-Dibromethylen (C_{2h})
n-Zählige Drehachse mit n Symmetrieebenen	$C_{nv} = C_n + n\,\sigma_v$	1,1-Dibromethylen
n-Zählige Drehspiegelachse mit gerader Zahl n ≠ 2	S_n	Tetramethylspiropyrrolidinium-Ion (S_4)
Eine n-zählige und n 2-zählige Symmetrieachse		
*Eine n-zählige Drehachse und n zweizählige Drehachsen senkrecht dazu	$D_n = C_n + nC_2$	Doppelt überbrücktes Biphenyl (D_2)
Eine n-zählige Drehachse, n zweizählige Drehachsen und n vertikale Spiegelebenen	$D_{nd} = C_n + n\,C_2 + n\,\sigma_d$	Allen
Eine n-zählige Drehachse, n zweizählige Drehachsen, n vertikale Spiegelebenen und eine horizontale Spiegelebene	$D_{nh} = C_n + n\,C_2 + n\,\sigma_v + \sigma_h$	Ethylen
Mehrere n-zählige Symmetrieachsen mit n > 2		
Tetraeder	$T_d = 4\,C_3 + 3\,C_2 + 6\,\sigma$	Methan
Oktaeder	$O_h = 3\,C_4 + 4\,C_3 + 6\,C_2 + 9\,\sigma$	Chromhexacarbonyl
Kugel	K_h = alle Symmetrieelemente	

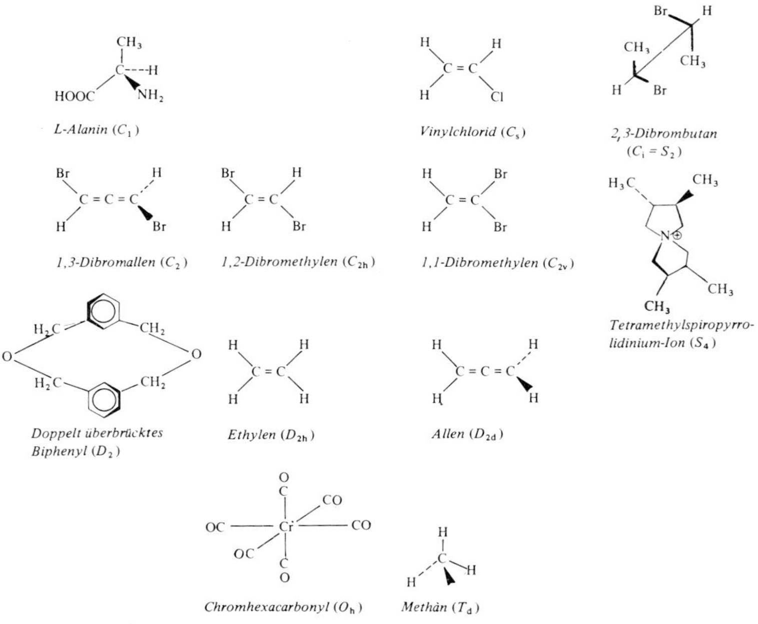

Abb. 3-1: Beispiele für Symmetriegruppen

3.1.2 STEREOISOMERIE

Zwei Moleküle mit gleicher Aufeinanderfolge, aber unterschiedlicher räumlicher Anordnung der Atome werden als Stereoisomere bezeichnet. Sie unterscheiden sich daher von den Konstitutionsisomeren, die bei gleicher Summenformel verschiedene Aufeinanderfolgen der Atome aufweisen. Konstitutionsisomere und Stereoisomere sind daher die beiden Unterklassen der Isomeren, Molekülen mit gleicher Summenformel aber unterschiedlichen Aufbaus. Ein Isomer ist immer entweder ein Konstitutionsisomer *oder* ein Stereoisomer; es kann niemals beides gleichzeitig sein.

Stereoisomere teilt man nach ihren Symmetrieeigenschaften in Enantiomere und Diastereomere ein. Enantiomere verhalten sich wie Bild und Spiegelbild und werden darum auch Antipoden genannt (Abb. 3–2); sie weisen pro Isomer die gleiche Energie auf. Diastereomere entsprechen dagegen nicht Bild und Spiegelbild; sie sind energetisch ungleich. Zwei Stereoisomere sind daher immer enantiomer *oder* diastereomer zueinander, jedoch niemals beides zugleich.

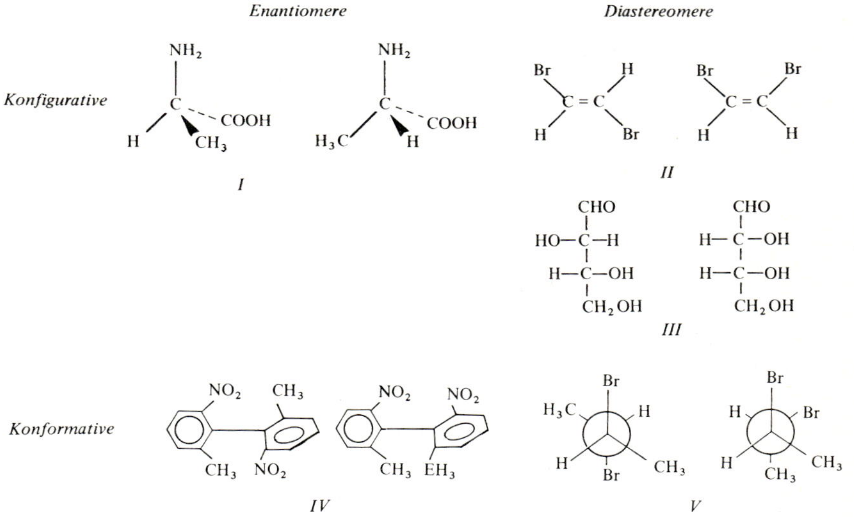

Abb. 3–2: Beispiele für Stereoisomere. D- und L-Alanin sind konfigurative Enantiomere (I), cis- und trans-Dibromethylen (II) bzw Threose (III, links) und Erythrose (III, rechts) sind konfigurative Diastereomere. Konformative Enantiomere sind die beiden Atropisomeren des 2,8-Dinitro-6,12-dimethylbiphenyls (IV) und die beiden gezeigten Konformeren des 2,3-Dibrombutans.

Konfigurationsisomerien und Konformationsisomerien sind ebenfalls Stereoisomerien. Die Begriffe sind jedoch nicht so scharf definiert und überschneiden sich auch teilweise. In der niedermolekularen organischen Chemie werden daher zwar die klassischen Begriffe der Konfiguration und Konformation noch verwendet, treten jedoch hinter den Begriffen der Enantiomerie und Diastereomerie zurück. In der makromolekularen Chemie ist es dagegen zweckmäßig, Konfigurationen und Konformationen getrennt zu behandeln, da eine gegebene Konfiguration zu sehr viel mehr

Konformationen als in der niedermolekularen Chemie führen kann. Zusätzlich zu den Konfigurationen um ein einzelnes Atom oder eine einzige Gruppe und den Konformationen um eine einzelne Bindung treten hier nämlich noch ganze geordnete oder ungeordnete Sequenzen von Konfigurationen und Konformationen in der Kette auf. In der makromolekularen Stereochemie sind daher auch die Translation als Symmetrieoperation und die Identität als Symmetrieelement zu berücksichtigen.

Enantiomere sind als Bild/Spiegelbild-Isomere immer „chiral", d.h. die beiden Isomeren verhalten sich zueinander wie die linke und die rechte Hand (vom Griech. χείρ = Hand). Chiralität zeichnet sich durch die Abwesenheit von Symmetriezentren, Symmetrieebenen und Drehspiegelachsen aus; n-zählige Symmetrieachsen können jedoch anwesend sein. Wegen dieser Sonderstellung werden Symmetrieachsen auch als Symmetrieelemente 1. Art von allen anderen Symmetrieelementen unterschieden, die Symmetrieelemente 2. Art genannt werden.

Diastereomere können sowohl achiral als auch chiral sein. Das Paar cis/trans-1,2-Dibromethylen stellt z. B. ein Paar achirale Diastereomere dar, das Paar Threose/Erythrose dagegen chirale Diastereomere. Eine Unterklasse der Diastereomeren sind die Epimeren, Moleküle mit mehreren Asymmetriezentren, von denen eines unterschiedlich, die anderen jedoch gleich aufgebaut sind.

Ein chirales Molekül kann nun entweder asymmetrisch oder dissymmetrisch sein. Eine Asymmetrie ist durch die völlige Abwesenheit von Symmetrieelementen 1. und 2. Art gekennzeichnet, mehrzählige Drehachsen eingeschlossen. Von den in Tab. 3-1 aufgeführten drei chiralen Symmetriegruppen ist daher auch nur eine einzige auch asymmetrisch, nämlich die Symmetriegruppe C_1 mit einer einzähligen Drehachse. Asymmetrie findet man immer bei Molekülen mit vier tetraedrisch um ein Zentralatom angeordneten Liganden, wobei die Zentralatome z. B. Kohlenstoff, Si, P^+, N^+ usw. sein können. Moleküle mit vier in einer Symmetrieebene liegenden Liganden sind dagegen nicht asymmetrisch. Asymmetrische Moleküle sind immer optisch aktiv.

Chirale Moleküle mit mehrzähligen Drehachsen sind dagegen dissymmetrisch. Sie weisen die Symmetriegruppen C_n und D_n auf. Dissymmetrische Moleküle sind ebenfalls optisch aktiv, da das Auftreten optischer Aktivität an die Abwesenheit von Drehspiegelachsen beliebiger Zähligkeit gebunden ist. Es sei ausdrücklich darauf aufmerksam gemacht, daß der so definierte Begriff der Dissymmetrie nicht mit älteren Definitionen übereinstimmt, bei denen z. B. „Dissymmetrie" anstelle des moderneren „Chiralität" verwendet wird.

Chiralität ist daher die notwendige und hinreichende Bedingung für eine optische Aktivität. Optische inaktive Objekte heißen achiral. Im speziellen Fall eines aus mehreren chiralen Zentren aufgebauten, jedoch durch Kompensation insgesamt achiralen Moleküles spricht man von einer meso-Verbindung. Racemate sind dagegen Mischungen aus gleichen Anteilen zweier Enantiomerer.

Pseudoasymmetrie und Prochiralität sind zwei weitere, häufig gebrauchte Begriffe. Pseudoasymmetrische Atome besitzen nur einige Eigenschaften der asymmetrischen. Das bestbekannte Beispiel ist die Trihydroxyglutarsäure I. Das mittlere Kohlenstoffatom kann hier entweder mit zwei gleich konfigurierten (I-1 und I-2) oder zwei ungleich konfigurierten (I - 3 und I - 4) Liganden besetzt werden. Im ersteren Fall ist das mittlere C-Atom achiral, das Molekül jedoch chiral, da es keine Symmetrieelemente 2. Art besitzt. Im zweiten Fall ist das mittlere C-Atom definitionsgemäß asymmetrisch, da es vier ungleiche Liganden tetraedrisch angeordnet enthält. Es wird jedoch im Gegensatz zu einem echten Chiralitätszentrum von einer Symmetrieebene durchschnitten. Beim Ligandenaustausch ergeben sich auch keine Enantiomeren, sondern zwei verschiedene meso-Formen. Derartige C-Atome nennt man darum pseudoasymmetrisch. Sie treten immer bei Verbindungen des Typs CabF Ⅎ auf, wobei a und b zwei verschiedene achirale Liganden und F und Ⅎ zwei konstitutionell gleiche, aber spiegelbildliche (enantiomorphe) Liganden sind. Pseudoasymmetrische C-Atome werden mit den kleinen Buchstaben r und s beschrieben.

```
      COOH              COOH              COOH              COOH
       |                 |                 |                 |
   H—C^R—OH          HO—C^S H          H—C^R—OH          H—C^R—OH
       |                 |                 |                 |
   H—C—OH            HO—C—H            H—C^r—OH          HO—C^s—H
       |                 |                 |                 |
   HO—C^R—H          H—C^S—OH          H—C^S—OH          H—C^S—OH
       |                 |                 |                 |
      COOH              COOH              COOH              COOH

       I-1               I-2               I-3               I-4
```

    Enantiomere   Diastereomere meso-Formen

Moleküle des Typs Caabc werden bei Ersatz eines der beiden gleichen achiralen Liganden a durch einen neuen Liganden d chiral. Derartige Anordnungen werden daher prochiral oder potentiell chiral genannt. Sie besitzen Symmetriezentren oder Symmetrieebenen, weisen jedoch keine Symmetrieachse durch das prochirale C-Atom auf. Die beiden achiralen Liganden a reagieren daher zwar mit achiralen Reagenzien gleich schnell, jedoch ungleich schnell mit chiralen. Markiert man nämlich diese beiden Liganden als a′ und a″, so ist in der prochiralen Anordnung das von a′ her betrachtete Dreieck cba″ spiegelbildlich zu dem von a″ gesehenen Dreieck cba′. Die eine Anordnung hat die Seniorität a > b > c entgegen dem Uhrzeigersinn angeordnet und wird daher als Si (vom lat. sinister) bezeichnet, die dazu spiegelbildliche entsprechend als Re (vom lat. rectus). Da die beiden Dreiecke cba′ und cba″ eben sind, kann man die gleichen Betrachtungen auch auf eben gebaute trigonale Anordnungen des Typs Cabc übertragen, z. B. auf Carbonylverbindungen. Acetaldehyd hat entsprechend eine Vorderseite und eine Rückseite, es ist prochiral oder zweidimensional chiral.

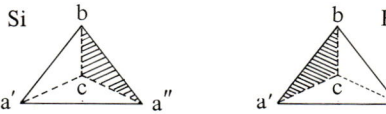

3.1.3 DL- UND RS-SYSTEM

Die räumliche Anordnung der Atome um das chirale oder starre Zentrum eines niedermolekularen Moleküls bezeichnet man als Konfiguration. Der chirale Teil kann ein Chiralitätszentrum, der starre Teil eine Doppelbindung oder ein starrer Ring sein.

Konfigurationen können mit dem DL- oder dem RS-System beschrieben werden. Das ältere DL-System ist nur für Chiralitätszentren des Typs R—CHX—R′ nützlich.

Das neuere RS-System kann dagegen sowohl auf beliebige Chiralitätszentren als auch auf Chiralitätsachsen und Chiralitätsebenen angewendet werden.

Beim DL-System wurde zunächst dem rechtsdrehenden (+)-Glycerinaldehyd willkürlich die D-Konfiguration zugeordnet. Bei D-Konfigurationen steht der Substituent X bei der Fischer-Projektion definitionsgemäß auf der rechten Seite, wobei beim (+)-Glycerinaldehyd X gleich OH gesetzt wird. Bei Zuckern mit ihren mehreren Chiralitätszentren ist dasjenige Zentrum für die Zuordnung entscheidend, das am weitesten vom C-Atom mit der höchsten Oxidationsstufe entfernt ist. Die rechtsdrehende (+)-Glucose besitzt also die D-Konfiguration. Bei α-Aminosäuren dient jedoch das linksdrehende L-(−)-Serin als Bezugssubstanz.

```
      CHO                CHO                 COOH
       |                  |                   |
   H−C−OH             H−C−OH            H₂N−C−H
       |                  |                   |
     CH₂OH            HO−C−H               CH₂OH
                          |
                      H−C−OH
                          |
                      H−C−OH
                          |
                        CH₂OH
```

D-(+)-Glycerin- D-(+)-Glucose L-(−)-Serin
aldehyd

Das RS-System beruht dagegen auf rein topologischen Grundlagen und ist daher unabhängig von Bezugssubstanzen. Die einzelnen Liganden eines Chiralitätszentrums werden bei diesem System in einer Sequenz angeordnet, von der sich die Zuordnungen R bzw. S ableiten lassen. Die Liganden erhalten verschiedene Senioritäten, wobei die Stellung des direkt mit dem Chiralitätszentrum verknüpften Atoms im Periodensystem zugrundegelegt wird:

I, Br, Cl, HSO_3, HS, F, C_6H_5COO, CH_3COO, HCOO, C_6H_5O, $C_6H_5CH_2O$, C_2H_5O, CH_3O, HO, NO_2, NO, $(CH_3)_3\overset{+}{N}$, $(C_2H_5)_2N$, $(CH_3)_2NH$, CH_3NH, NH_3^+, NH_2, CCl_3, COCl, CF_3, $COOCH_3$, COOH, $CONH_2$, C_6H_5CO, CH_3CO, CHO, CR_2OH, CH_2OH, $(C_6H_5)_3C$, C_6H_5, $(CH_3)_3C$, C_6H_{11}, $CH_2=CH$, $(CH_3)_2CH$, $C_6H_5CH_2$, $(CH_3)_2CHCH_2$, C_6H_{13}, C_5H_{11}, C_4H_9, C_3H_7, C_2H_5, CH_3, Li, D, H, einsames Elektronenpaar

Ein Chiralitätszentrum wird dann von der Seite betrachtet, die dem Liganden mit der niedrigsten Seniorität abgewendet ist. Folgen sich die restlichen Liganden mit abnehmender Seniorität im Uhrzeigersinn, so erhält das Chiralitätszentrum das Symbol R (= rectus). Sind die restlichen Liganden mit abnehmender Seniorität entgegen dem Uhrzeigersinn angeordnet, so handelt es sich dagegen um eine S-Konfiguration (S = sinister). D-(+)-Glycerinaldehyd ist somit wegen der Seniorität OH > CHO > CH_2OH > H der S-Glycerinaldehyd und L-(−)-Serin wegen der Seniorität NH_2 > COOH > CH_2OH > H das R-Serin. Das RS-System ist eindeutig, jedoch formal, da sehr ähnliche Verbindungen wegen der verschiedenen Seniorität der Liganden zu verschiedenen Serien gehören können. Ein Beispiel dafür sind (S)-Alanin I und (R)-Trifluoralanin II:

$$\begin{array}{c} NH_2 \\ | \\ CH_3-C-H \\ | \\ COOH \end{array} \quad I \qquad \begin{array}{c} NH_2 \\ | \\ CF_3-C-H \\ | \\ COOH \end{array} \quad II$$

3.1.4 STEREOFORMELN

Die räumliche Anordnung von Liganden um Chiralitätszentren kann durch verschiedene Stereoformeln dargestellt werden. Dreidimensionale Modelle werden dabei auf dem Papier so abgebildet, daß ▶— die sich oberhalb, —— die sich in, und - - - - - die sich unterhalb der Papierebene befindenden Bindungen wiedergeben. Ein R-Molekül der Formel CzyxH mit vier verschiedenen Liganden der Seniorität $z > y > x > H$ erhält so die Darstellung I, wenn das asymmetrische C-Atom und die Liganden y und z in der Ebene angeordnet werden. x liegt dann über, H unter der Ebene.

Bei der zweidimensionalen Fischer-Projektion legt man dagegen die Projektionsebene in einer solchen Weise durch das asymmetrische C-Atom, daß sich zwei Liganden über und zwei Liganden unter der Projektionsebene = Papierebene befinden (II). Die unteren Liganden nehmen im projizierten Achsenkreuz die vertikalen, die oberen Liganden dagegen die horizontalen Positionen ein (III). In der resultierenden Fischer-Projektion (IV) wird dann die Lage der Liganden nicht mehr durch ein besonderes Symbol hervorgehoben:

I   II   III   IV

Moleküle mit zwei und mehr Chiralitätszentren werden analog dargestellt, wobei Konformationsunterschiede außer acht gelassen werden. Aus diesem Grunde bevorzugt man für solche Moleküle eine Reihe anderer Stereoformeln, nämlich die Keilstrich-, Sägebock- und Newman-Projektionen:

Fischer   Keilstrich   Sägebock   Newman

Ohne an dieser Stelle auf die Konformationen näher einzugehen, sei nur erwähnt, daß die Fischer-Projektionen einer synperiplanaren (eklipstischen, cis) Konformation und die drei anderen Stereoformeln einer antiperiplanaren (gestaffelten, trans) Konformation entsprechen (vgl. auch Kap. 4.1.1).

Bei der Darstellung makromolekularer Ketten ist es zweckmäßig, entweder die Fischer-Projektionen um 90° zu drehen oder die Ketten ∿∿ als hypothetische Zickzack-Strukturen zu zeigen. Die Schreibweise

H H   H R H R   H   R
~~C—C~~   entspricht   `C——C´   und auch   ╲ ╱
  | | ╱   ╲   ╳
  R R   ╱ ╲
                                                               R   H

während die Struktur

H R   H R R H   H‥ R
 | | `C——C´   ╲ ╱
~~C—C~~   den Schreibweisen   ╱   ╲   und   ╳
 | | ╱ ╲
 R H   H   R

äquivalent ist.

In dieser Konvention deuten oberhalb der Hauptkette liegende Gruppierungen Stellungen oberhalb der Papierebene, unterhalb der Hauptkette angeordnete Gruppierungen dagegen unterhalb der Papierebene liegende Liganden an. Die Schreibweise ~~CHR–CHR~~ ist für Polymere mit unbekannter sterischer Struktur reserviert. Bei Betrachtungen von chemischen Reaktionen muß jedoch manchmal von dieser Schreibweise aus didaktischen Gründen abgewichen werden.

3.2 Ideale Taktizität

3.2.1 DEFINITIONEN

Reguläre Makromoleküle wie z. B.

$+CHCH_3+_n$ $\quad\quad$ $+CH(CH_3)-CH_2+_n$ $\quad\quad$ $+NH-CO-CH(CH_3)+_n$

I $\quad\quad\quad\quad\quad\quad$ II $\quad\quad\quad\quad\quad\quad\quad\quad$ III

besitzen die angezeigten, sich wiederholenden konstitutiven Strukturelemente. Nur beim Poly(methylmethylen) I ist jedoch das konstitutive Strukturelement auch mit den zwei möglichen konfigurativen Grundbausteinen identisch. Beim Poly(propylen) II sind dagegen schon zwei konstitutive Strukturelemente und vier konfigurative Grundbausteine zu unterscheiden.

```
  H              CH_3            CH_3            H
  |               |               |              |
 -C-CH_2-       -C-CH_2-       -CH_2-C-       -CH_2-C-
  |               |               |              |
  CH_3            H               H              CH_3

  II-1            II-2            II-3           II-4
```

Die konfigurativen Grundbausteine II-1 und II-2 verhalten sich wie Bild und Spiegelbild; sie sind Enantiomere. Auch II-3 und II-4 sind enantiomer zueinander.

Die Paare II–1/II–4 bzw. II–2/II–3 sind dagegen diasteromere Paare, da sie verschiedene konstitutive Grundbausteine aufweisen.

Bei Polymeren ist nun nicht nur die Art der konfigurativen Grundbausteine, sondern auch deren gegenseitige Verknüpfung zu sog. sterischen Strukturelementen wichtig. Beim stereoregulären Poly(propylen) sind die drei einfachsten sterischen Strukturelemente ;

$$\begin{array}{ccc}
\mathrm{H} & \mathrm{CH_3} \quad \mathrm{H} & \mathrm{CH_3} \quad \mathrm{CH_3} \quad \mathrm{H} \\
| & | \quad\quad | & | \quad\quad | \quad\quad | \\
-\mathrm{C}-\mathrm{CH_2}- & -\mathrm{C}-\mathrm{CH_2}-\mathrm{C}-\mathrm{CH_2}- & -\mathrm{C}-\mathrm{CH_2}-\mathrm{C}-\mathrm{CH_2}-\mathrm{C}-\mathrm{CH_2}- \\
| & | \quad\quad | & | \quad\quad | \quad\quad | \\
\mathrm{CH_3} & \mathrm{H} \quad\quad \mathrm{CH_3} & \mathrm{H} \quad\quad \mathrm{H} \quad\quad \mathrm{CH_3}
\end{array}$$

II–1   II–5   II–6

Dabei ist es unerheblich, ob II–1 oder II–2 als einfachstes sterisches Strukturelement gewählt wird. Unendlich lange Poly(propylen)-Moleküle aus II–1 unterscheiden sich nämlich von denen aus II–2 nur durch die Orientierung der Strukturelemente. Die Ketten aus II–1 und II–2 sind daher im Gegensatz zu ihren konfigurativen Grundbausteinen nicht enantiomer zueinander.

Die Aufeinanderfolge der konfigurativen Strukturelemente entscheidet nun über die Taktizität, die Aufeinanderfolge der sterischen Strukturelemente über die Stereoregularität der Polymeren. Als stereoreguläres Polymer wird nach IUPAC ein reguläres Polymer definiert, das in seinen Molekülen einen Typ sterischer Strukturelemente in einer einzigen Art von Verknüpfung aufweist. Ein taktisches Polymer weist entsprechend nur einen Typ konfigurativer Strukturelemente in einer einzigen Verknüpfungsart auf. Ein stereoreguläres Polymer ist daher immer auch ein taktisches Polymer. Umgekehrt ist ein taktisches Polymer nicht immer stereoregulär, da bei einem taktischen Polymeren nicht *alle* Stereoisomerie-Zentren definiert sein müssen. IV–1 ist daher z. B. ein taktisches Polymer hinsichtlich der Konfiguration des die Estergruppe tragenden Kettenatoms, es ist aber kein stereoreguläres Polymer, da die Konfiguration des die Methylgruppe tragenden Kettenatoms nicht definiert ist. IV–2 ist ebenfalls taktisch, aber nicht stereoregulär. IV–3 dagegen stereoregulär und folglich auch taktisch.

$$\left(\begin{array}{c} \mathrm{H} \\ | \\ -\mathrm{C}-\mathrm{CH(CH_3)}- \\ | \\ \mathrm{COOR} \end{array}\right) \quad \left(\begin{array}{c} \mathrm{H} \\ | \\ -\mathrm{CH(COOR)}-\mathrm{C}- \\ | \\ \mathrm{CH_3} \end{array}\right) \quad \left(\begin{array}{cc} \mathrm{H} & \mathrm{CH_3} \\ | & | \\ -\mathrm{C}\text{------}\mathrm{C}- \\ | & | \\ \mathrm{COOR} & \mathrm{H} \end{array}\right)$$

IV–1   IV–2   IV–3

3.2.2 MONOTAKTIZITÄT

Taktische Polymere werden nach der relativen Verknüpfung der konfigurativen Grundbausteine weiter in isotaktische, syndiotaktische und heterotaktische Polymere unterteilt. Sind pro konfigurativem Grundbaustein zwei definierte Stereoisomeriestellen vorhanden, so spricht man von ditaktischen Polymeren, d.h. z.B. von diisotaktischen und disyndiotaktischen Polymeren. Weist der konfigurative Grundbaustein drei definierte Stereoisomeriestellen auf, so handelt es sich um ein tritaktisches Polymer usw.

Bei isotaktischen Polymeren ist nur eine Art von konfigurativen Grundbausteinen vorhanden; konfigurativer Grundbaustein und konfiguratives Strukturelement sind somit identisch. Ein Beispiel dafür ist das Poly(propylen) mit dem Grundbaustein II-1. Bei syndiotaktischen Polymeren alternieren dagegen die beiden enantiomeren konfigurativen Grundbausteine; ein Beispiel ist das Poly(propylen) mit dem konfigurativen Strukturelement II-5. Heterotaktische Polymere weisen dagegen konfigurative Strukturelemente aus zwei gleichen und einem dazu enantiomeren konfigurativen Grundbaustein auf. Ein Beispiel wäre das hypothetische heterotaktische Polymer aus den Einheiten II-6. Die Abb. 3-3 zeigt andere Beispiele für iso- und syndiotaktische Polymere. Isotaktische Polymere haben dabei in der Fischer-Projektion (und nur in dieser) alle Liganden des Stereozentrums „auf der selben Seite". In der Keilstrich-Stereoformel sind diese Liganden jedoch nur dann auf der gleichen Seite der Papierebene, wenn der Grundbaustein eine gerade Zahl von Kettenatomen aufweist.

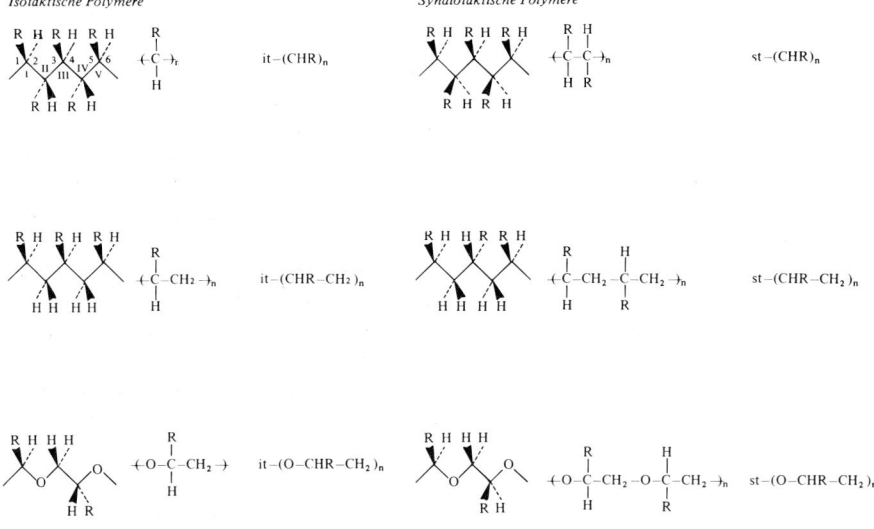

Abb. 3–3: Beispiele für isotaktische und syndiotaktische Polymere

Isotaktische und syndiotaktische Polymere können leicht anhand der sog. Bindungsregel unterschieden werden. Bei einem Kohlenstoffatom als Zentralatom werden dabei die drei verschiedenen Substituenten r, R und ~~~ (Kette) z.B. so angeordnet, daß die Größe der Substituenten relativ zur Bindung —— entgegengesetzt dem Uhrzeigersinn zunimmt (Abb. 3-4, links). Die zu diesem Zentralatom führende Bindung —— kann man dann als eine (+)-Bindung bezeichnen. Die vom Zentralatom zur Kette ~~~ wegführende Bindung ist danach zwangsläufig eine (–)-Bindung. Ordnet man dagegen die Substituenten ihrer Größe nach im Uhrzeigersinn an, so ist die zum Zentralatom führende Bindung nunmehr eine (–)-Bindung und die von ihm wegführende eine (+)-Bindung (Abb. 3-4, rechts).

3.2 Ideale Taktizität

Zwei Zentralatome bzw. die zu ihnen gehörenden Grundbausteine sind nun konfigurativ identisch, wenn die entsprechenden Bindungen durch den gleichen Satz von (+)- und (−)-Zeichen charakterisiert sind. Als isotaktisch werden Polymere definiert, bei denen alle Zentralatome die gleiche Konfiguration aufweisen. In der Kette folgen sich daher immer (+)- und (−)-Bindungen, d.h. (+) (−) (+) (−) (+) (−) . . . Syndiotaktisch sind dagegen Polymere, bei denen jedes zweite Zentralatom die entgegengesetzte Konfiguration wie das erste aufweist und jedes dritte die gleiche wie das erste. Bei syndiotaktischen Polymeren folgen sich also die Bindungen in der Reihenfolge (+) (−) (−) (+) (+) (−) (−) (+) (+) . . . .

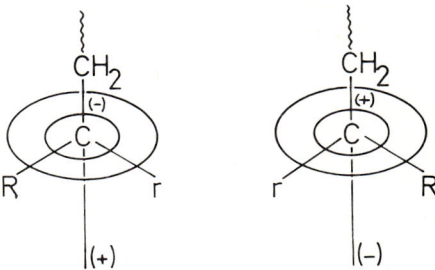

Abb. 3–4:
Definition der (+)- und (−)-Bindungen um ein Zentralatom C mit den Substituenten r, R und ∼∼∼(Kette).

Als Beispiel sei eine isotaktische Kohlenstoffkette mit dem Grundbaustein ─(CRr)─ betrachtet (Abb. 3–3 oben). Von der Bindung 1 ausgehend sind die drei Substituenten am Kohlenstoffatom I in Bezug auf ihre Größe entgegengesetzt dem Uhrzeigersinn angeordnet. Die Bindung 1 sei als (+)-Bindung, die Bindung 2 als (−)-Bindung des Kohlenstoffatoms I bezeichnet. Schreitet man die Kette nach rechts ab, so muß nach der Definition bei einem isotaktischen Polymeren beim Kohlenstoffatom II die Bindung 2 eine (+)-Bindung und die Bindung 3 eine (−)-Bindung sein. Die drei Substituenten um das C-Atom III müssen also ebenfalls dem Uhrzeigersinn entgegengesetzt angeordnet sein. Das bedeutet für dieses Beispiel bei der gewählten Projektion, daß der Substituent R beim Kohlenstoffatom II hinter der Papierebene liegen muß. Bei einem isotaktischen Polymeren mit dem Grundbaustein ─(CRr)─ liegen daher bei dieser Projektion die Substituenten R abwechselnd vor und hinter der Papierebene. Beim entsprechenden syndiotaktischen Polymeren befinden sich dagegen alle gleichen Substituenten stets auf einundderselben Seite relativ zur Papierebene.

Bei einem isotaktischen Polymeren vom Typ ─(CRr)─ ist also jede einzelne Bindung je nach dem betrachteten Zentralatom gleichzeitig eine (+) *und* eine (−)-Bindung. Geht man zu einem isotaktischen Polymeren mit dem Grundbaustein ─(CH$_2$—CHR)─ über, so ist jedes Zentralatom von zwei CH$_2$-Gruppen flankiert. Bei einem derartigen Polymeren ist jede Bindung entweder (+) *oder* (−). In der Projektion ragen alle R-Substituenten aus der Papierebene heraus. Bei einem syndiotaktischen Polymeren mit dem Grundbaustein ─(CH$_2$—CRr)─ liegen dagegen die Substituenten R in der Projektion abwechselnd vor und hinter der Papierebene (Abb. 3–3, unten).

Stereoisomere werden somit in der makromolekularen und in der niedermolekularen Chemie verschieden betrachtet. Bei makromolekularen Verbindungen beginnt man an einem Ende der Kette und betrachtet die Konfigurationen um jedes Kettenatom relativ zum vorhergehenden. Bei niedermolekularen Verbindungen wird dagegen die absolute Konfiguration um jedes einzelne Kettenatom ermittelt. Die letztere

Betrachtungsweise führt bei makromolekularen Verbindungen wegen der Nichtberücksichtigung der translatorischen Symmetrieoperationen zu allerlei Ungereimtheiten.

2,4-Dichlorpentan besitzt z.B. zwei asymmetrische Kohlenstoffatome mit vier Liganden der Seniorität Cl > CH_2 –CHCl–CH_3 > CH_3 > H (Abb. 3–5). Nach der Chiralitätsregel weist das Molekül I die Konfigurationsfolge RS auf. Die beiden asymmetrischen Zentralatome besitzen eine entgegengesetzte Konfiguration; das Molekül ist folglich eine meso-Verbindung. Da die Moleküle I und III sich durch eine Drehung um 180°C ineinander überführen lassen, muß das Molekül I mit dem Molekül III identisch sein. Die Moleküle II und IV lassen sich dagegen nicht durch eine Symmetrieoperation ineinander überführen. Sie sind Enantiomere; ihre 1:1-Mischung ist daher racemisch.

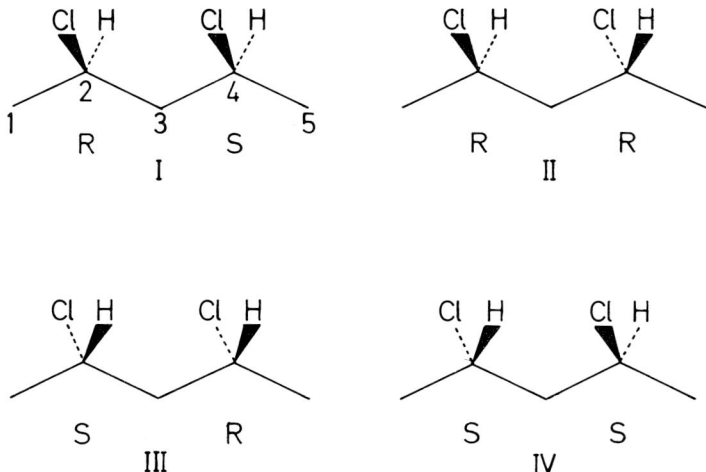

Abb. 3–5: Die vier möglichen Konfigurationen des 2,4-Dichlorpentans

Bei längeren Molekülketten ist die Situation ähnlich. Bei den Heptameren des Propylens mit je einer Isopropyl- und Isobutyl-Endgruppe kehrt sich die Konfiguration des Moleküles mit der Stereoformel I bei Anwendung der „absoluten" Konfigurationsanalyse in der Mitte um (Abb. 3–6). Die obere Hälfte weist eine S-, die untere Hälfte eine R-Konfiguration auf. Die Stereoformeln I und IV gehören entsprechend zur gleichen meso-Verbindung. Die Konfigurationsumkehr ist jedoch durch die Konvention bedingt und darum nur scheinbar. In Wirklichkeit haben nämlich alle asymmetrischen Kohlenstoffatome die gleiche relative Konfiguration zueinander; das Molekül ist isotaktisch. In falsch verstandener Analogie dazu hat man die Stereoformeln II und III für ein syndiotaktisches Molekül mit dem Namen „racemisch" belegt. Tatsächlich handelt es sich dabei jedoch nicht um zwei Enantiomere, sondern um eine einzige Verbindung. Auch hier gibt es natürlich keine echte Konfigurationsumkehr.

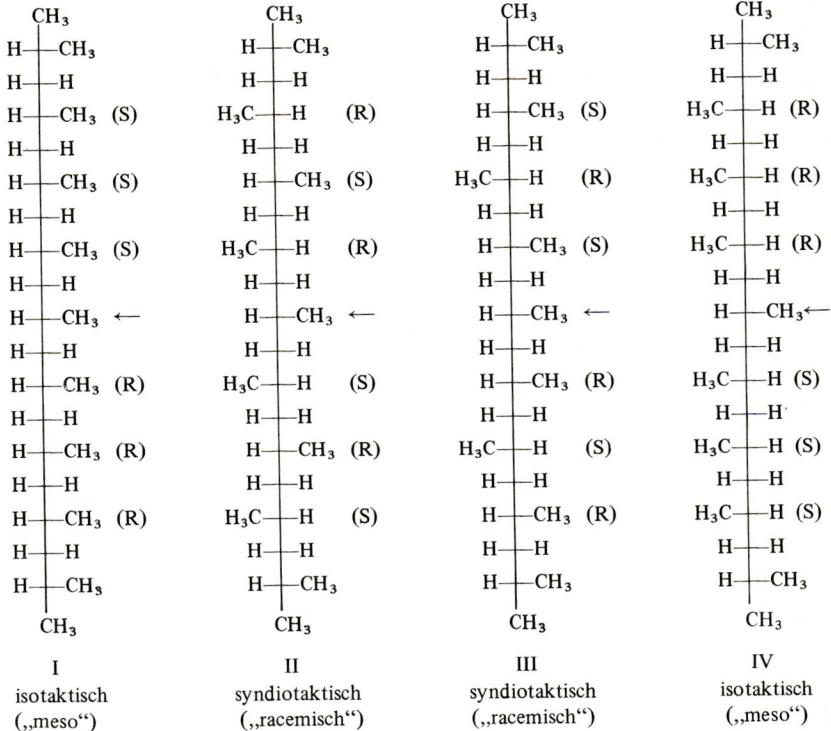

Abb. 3–6: Konfiguration der Heptameren des Propylens mit je einer Isopropyl- und einer Isobutyl-Endgruppe. Für die Konfigurationsanalyse (Strukturanalyse), nicht aber für die Polymerisation (Prozeßanalyse), besitzt das Molekül zwei gleiche Endgruppen. Die Konfiguration wird in der Fischer-Projektion wiedergegeben (vgl. weiter unten). R und S sind im Sinne der organischen Konfigurationsanalyse definiert.

Stereoblockpolymere werden analog wie konstitutive Blockpolymere definiert: jeder aufeinanderfolgende Block hat einen unterschiedlichen sterischen Aufbau, besteht aber aus den gleichen konstitutiven Grundbausteinen. Taktische Blockpolymere stehen zu Stereoblockpolymeren im gleichen Verhältnis wie taktische Polymere zu stereoregulären Polymeren: bei ersteren sind nicht alle Stereoisomerie-Zentren definiert, bei letzteren jedoch alle. Stereoblockcopolymere und taktische Blockcopolymere sind entsprechend aus mehr als einem Monomeren abgeleitet.

Ataktische Polymere sind ebenfalls reguläre Polymere. Sie besitzen definitionsgemäß die möglichen konfigurativen Grundbausteine in gleichen Mengen, jedoch mit ideal statistischer Verteilung von Molekül zu Molekül. Solche Verteilungen werden bei der Polymerisation durch symmetrische Bernoulli-Mechanismen hervorgerufen (vgl. Kap. 15). Sie zeichnen sich durch die gleiche Zahl iso- und syndiotaktischer Diaden ($N_i = N_s$), die gleiche Zahl iso-, hetero- und syndiotaktischer Triaden ($N_{ii} = N_{is} = N_{si} = N_{ss}$) usw. aus. In der Literatur wird jedoch der Begriff der Ataktizität meist nicht in diesem strengen Sinne gebraucht, sondern vielmehr als „nicht taktisch" oder „nicht überwiegend taktisch unter den verwendeten Meßbedingungen".

Polymere mit unterschiedlicher geometrischer Isomerie sind ebenfalls taktisch. Je nach der sterischen Anordnung der Kettenteile relativ zu kettenständigen Doppelbindung unterscheidet man hier cis-taktische (ct) und trans-taktische (tt) Polymere. Beispiele dafür sind cis- und trans-1,4-Poly(butadien).

$$\begin{array}{cc} +CH_2 \quad CH_2 + & +CH_2 \\ \diagdown \quad \diagup & \diagdown \\ CH=CH & CH=CH \\ & \diagdown \\ & CH_2 + \\ \\ ct & tt \end{array}$$

3.2.3 DITAKTIZITÄT

Ditaktische Polymere besitzen zwei Stereoisomerie-Zentren pro konstitutiven Grundbaustein, tritaktische deren drei. Ditaktische Polymere entstehen z.B. durch Polymerisation 1,2-disubstituierter Ethylenderivate, wie Gl. (3-1) für Penten-2 zeigt:

(3-1) $n\ CH_3-CH=CH-C_2H_5 \quad \longrightarrow \quad +CH(CH_3)-CH(C_2H_5)+_n$

Das entstehende Poly((1-ethyl)(2-methyl)ethylen) kann im Prinzip in vier verschiedenen Konfigurationen auftreten, da für jedes der beiden asymmetrischen Kohlenstoffatome je zwei Anordnungen bestehen. Die Zahl der Anordnungen wird jedoch durch deren paarweise Kopplung im Grundbaustein eingeschränkt. Beide Bausteine sind daher entweder nur isotaktisch oder nur syndiotaktisch, so daß das Polymer entweder diisotaktisch oder aber disyndiotakisch ist. Polymere mit gleicher Folge der Grundbausteine in der Fischer-Projektion werden in Analogie zu der bei niedermolekularen Verbindungen üblichen Nomenklatur als erythro-, solche mit abwechselnder Folge als threo-Polymere bezeichnet (Abb. 3-7).

Bei der erythro-di-isotaktischen (eit) Konfiguration liegen die Substituenten R und R' bei der Fischer-Projektion alle auf der gleichen Seite. Bei der Keilstrich-Projektion befinden sich alle Substituenten R auf der einen, alle Substituenten R' dagegen auf der anderen Seite der Papierebene. Bei der Newman-Projektion der ekliptischen Konformation liegen bei der eit-Konfiguration R über R' und H über H. Die charakteristischen Merkmale der drei anderen Konfigurationen können Abb. 3-7 entnommen werden.

Durch Polymerisation der Doppelbindung ungesättigter Ringe können Polymere mit Ringen als Stereoisomerie-Zentren synthetisiert werden. Die direkt an die Kettenatome des Ringes gebundenen anderen Ringatome sind wie Substituenten zu behandeln. Das Poly(cyclohexen) bildet darum ebenfalls wie das Poly(penten-2) vier verschiedene Konfigurationen aus (Abb. 3-8). Eine Besonderheit ergibt sich nur für die Bindungen, die die Ein- oder Austrittsstellen der Kette am Ring darstellen. Sie weisen eine cis-Stellung bei der erythro- und eine trans-Stellung bei der threo-Konfiguration auf.

3.2 Ideale Taktizität

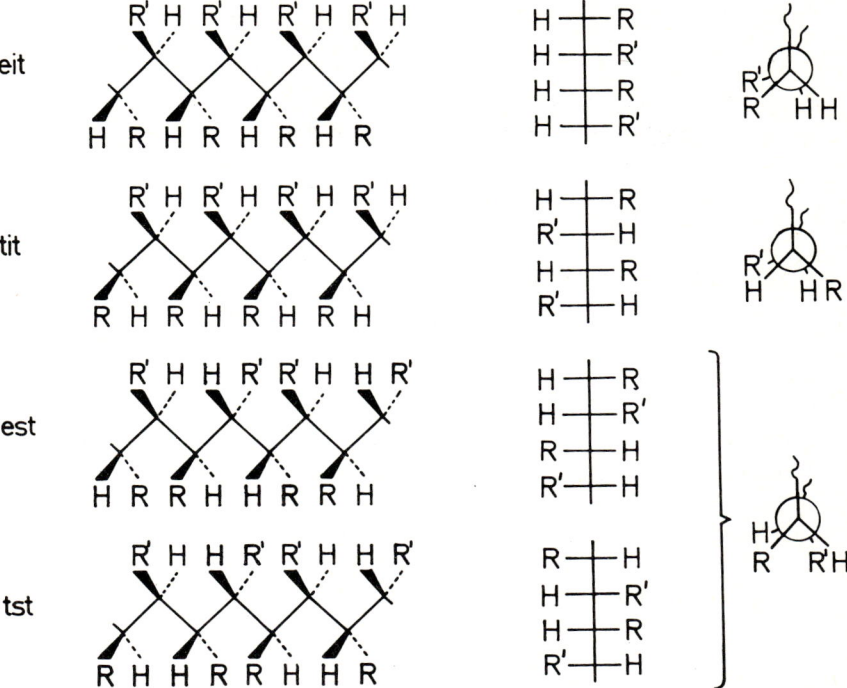

Abb. 3–7: Die vier Konfigurationen des ditaktischen Poly(penten-2). eit = erythro-di-isotaktisch. tit = threo-di-isotaktisch, est = erythro-di-syndiotaktisch, tst = threo-di-syndiotaktisch. R = CH$_3$, R' = C$_2$H$_5$ (oder umgekehrt).

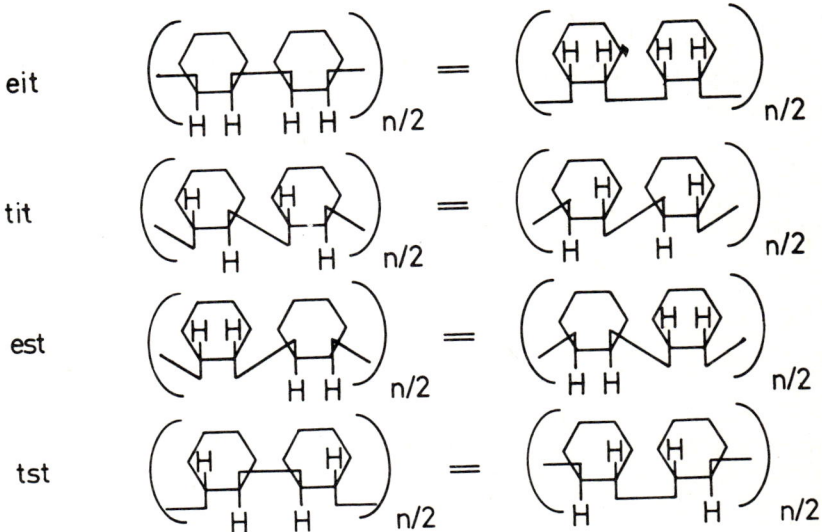

Abb. 3–8: Die vier Konfigurationen des ditaktischen Poly(cyclohexens)

3.3 Reale Taktizität

3.3.1 J-ADEN

Die vorstehend beschriebenen Strukturen stereoregulärer und taktischer Polymerer sind idealisiert. Reale Polymere sind dagegen stets irregulär; sie besitzen keine perfekten sterischen oder taktischen Strukturen. Die mittleren Anteile und die Sequenz der sterischen und konfigurativen Diaden, Triaden usw. müssen daher ähnlich wie die der konstitutiven Diaden, Triaden usw. über geeignete statistische Parameter beschrieben werden.

Konfigurative Diaden können nur isotaktisch oder syndiotaktisch sein. Die Summe ihrer Stoffmengenanteile muß daher gleich eins sein:

$$(3-2) \qquad x_i + x_s \equiv 1$$

Dabei ist zu berücksichtigen, daß der Stoffmengenanteil an isotaktischen Diaden bei chiralen Grundbausteinen wie z.B. α-Aminosäuren durch die Summe der Anteile der DD- und LL-Verknüpfungen gegeben ist und bei den syndiotaktischen Diaden entsprechend durch die Summe der DL- und LD-Verknüpfungen:

$$(3-3) \qquad x_i \equiv x_{DD} + x_{LL}$$

$$(3-4) \qquad x_s \equiv x_{DL} + x_{LD}$$

Konfigurative Triaden bestehen aus je zwei Diaden. Die beiden Diaden können entweder beide isotaktisch, beide syndiotaktisch oder aber je iso- und syndiotaktisch sein. Beim Stoffmengenanteil $x_h = x_{is} + x_{si} = x_{\bar{is}}$ der sog. heterotaktischen Triaden wird dabei nicht die Richtung unterschieden; sowohl is als auch si werden durch $x_{\bar{is}}$ erfaßt. Analog kann man sechs verschiedene konfigurative Tetraden, zehn verschiedene konfigurative Pentaden usw. unterscheiden. Die Zahl der möglichen J-Aden-Typen (Diaden, Triaden, Tetraden usw.) ist durch

$$(3-5) \qquad N_J = 2^{j-2} + 2^{k-1}$$

gegeben. Wenn j eine gerade Zahl ist, gilt $k = j/2$. Bei ungeradem j gilt dagegen $k = (j-1)/2$. Für die Stoffmengenanteile erhält man

$$(3-6) \qquad x_{ii} + x_{\bar{is}} + x_{ss} \equiv 1 \qquad \text{(Triaden)}$$

$$(3-7) \qquad x_{iii} + x_{\bar{iis}} + x_{isi} + x_{\bar{iss}} + x_{sis} + x_{sss} \equiv 1 \qquad \text{(Tetraden)}$$

Zwischen den verschiedenen Typen von J-Aden müssen unabhängig vom Polymerisationsmechanismus allgemeingültige Beziehungen bestehen, da jeder Typ sich von den Triaden an aus mehreren Diaden zusammensetzt. Die Beziehung zwischen den Stoffmengenanteilen an Diaden und Triaden lautet daher

$$(3-8) \qquad x_i = x_{ii} + 0{,}5\, x_{\bar{is}}; \quad x_s = x_{ss} + 0{,}5\, x_{\bar{is}}$$

Für die Tetraden gilt analog

(3-9) $\quad x_{ii} = x_{iii} + 0{,}5\, x_{\overline{iis}}$

$\quad\quad\quad x_{ss} = x_{sss} + 0{,}5\, x_{\overline{iss}}$

$\quad\quad\quad x_{is} = 0{,}5\, x_{\overline{iis}} + x_{sis} + 0{,}5\, x_{\overline{iss}} + x_{isi}$

Die Sequenzenlängen konfigurativer J-Aden werden analog definiert und behandelt wie die Sequenzlängen konstitutiver J-Aden (vgl. Kap. 2.4.5). So ergibt sich für das Zahlenmittel der Sequenzlänge der isotaktischen Sequenzen

(3-10) $\quad \langle X_I \rangle_n \equiv 2\, x_i / x_{\overline{is}}$

Da der Übergang zwischen einer isotaktischen und einer syndiotaktischen Sequenz durch eine heterotaktische Triade charakterisiert ist, ergibt sich das Zahlenmittel der Sequenzlängen *aller* isotaktischen und syndiotaktischen Sequenzen folglich durch den reziproken Anteil aller heterotaktischen Triaden:

(3-11) $\quad \langle X \rangle_n = 1 / x_{\overline{is}}$

3.3.2 EXPERIMENTELLE METHODEN

Die experimentellen Methoden zur Bestimmung der Anwesenheit, des Typs und des Anteils an konfigurativen Strukturelementen können in absolute und relative Verfahren eingeteilt werden. Absolutverfahren erfordern keine Kalibrierung mit Polymeren bekannter Taktizität. Relativverfahren benötigen dagegen einen Vergleich mit Standardsubstanzen. Zu den Absolutverfahren gehören die Röntgenographie, die Kernresonanzspektroskopie, die Infrarotspektroskopie und die Messung der optischen Aktivität. Relativverfahren benutzen Messungen der Kristallinität, der Löslichkeit, der Glasübergangs- und Schmelztemperaturen sowie chemische Reaktionen (Tab. 3-2).

Röntgenographie

Zu den Absolutmethoden gehört die Röntgenographie (Kap. 5.2.1). Aus der Lage und der Stärke der Reflexe kann auf die Abstände der Atome im Kristallverband und damit auch auf die Konfiguration geschlossen werden. Die Methode setzt somit nicht die Kenntnis von Modellverbindungen voraus. Sie ist aber nur bei gut kristallisierenden Substanzen hoher sterischer Reinheit anwendbar. Die Röntgenographie wird bei Untersuchungen der Konfiguration benutzt, um Relativmethoden zu eichen.

Kernresonanzspektroskopie

Die Kernresonanzspektroskopie von Lösungen von Polymeren ist eine sehr wichtige Methode zur Konfigurationsaufklärung von Polymeren, da sie auch bei nichtkristallisierenden Verbindungen angewendet werden kann. Die Methode beruht darauf, daß die chemische Verschiebung der Signale von bestimmten Wasserstoffatomen

("Protonen"), ^{13}C- und ^{19}F-Atomen usw. von der Konfiguration der Hauptkette abhängt. Die Methode stellt prinzipiell ein Absolutverfahren dar, doch kann sie aus technischen Gründen oft nur als Relativverfahren eingesetzt werden. Ein Beispiel dafür ist die Analyse der Spektren von Poly(methylmethacrylaten) verschiedener Taktizität.

Beim Poly(methylmethacrylat) mit dem Grundbaustein $-(-CH_2-C(CH_3)(COOCH_3)-)-$ kann man Signale von den Methylenprotonen $-CH_2-$, von den α-Methylprotonen $-CH_3$ und von den Methylesterprotonen $-COOCH_3$ erwarten. Die Zuordnung der drei Protonensorten ist durch Vergleich mit dem Spektrum des Methylpivalates $(CH_3)_3C-COOCH_3$ möglich. Die α-Methylprotonen und die Methylesterprotonen erscheinen beim Poly(methylmethacrylat) und beim Methylpivalat jeweils an der gleichen Stelle des Spektrums. Aussagen über die Taktizität ergeben sich aus folgenden Überlegungen.

Tab. 3–2 Methoden zur Bestimmung von Taktizitäten

| Methode | Bestimmung | | | Bemerkungen |
	der Anwesenheit	des Typs	des Anteils	
Röntgenographie	nur bei kristallinen Polymeren	ja	nein	
Kernresonanz-spektroskopie	ja	im Prinzip	Diaden und Triaden, manchmal auch Tetraden und Pentaden	^{1}H, ^{13}C, ^{19}F usw. in Lsg., ^{13}C auch in Festkörpern
Infrarotspektroskopie	nur manchmal	manchmal	nur Diaden	über Konformation
Optische Aktivität	nur bei chiralen Molekülen	ja	ja	hauptsächlich über Konformation
Kristallinität	fraglich	meist nein	fraglich	
Löslichkeit	fraglich	nein	fraglich	Diadenanteile nach Kalibrierung über Trübungspunkt-Titration
Glasübergangs- und Schmelztemperaturen	manchmal	nein	manchmal	
Chemische Reaktionen	manchmal	nein	ja	Kalibrierung erforderlich

Beim st-Poly(methylmethacrylat) befinden sich die beiden Methylenprotonen in chemisch äquivalenter Umgebung, da jedes Proton von einer α-Methylgruppe und von einer Methylestergruppe flankiert wird. Beim it-Poly(methylmethacrylat) sind dagegen die beiden Methylenprotonen chemisch nicht äquivalent, da das eine Proton von zwei α-Methylgruppen und das andere von zwei Methylester-Gruppen umgeben ist (Abb. 3–5). Dabei ist es gleichgültig, ob wirklich nur die in Abb. 3–3 dargestellten Konformationen eingenommen werden, da nur das Zeitmittel des Aufenthaltes gemessen wird. Die beiden äquivalenten Methylenprotonen des st-PMMA führen daher zu einem einzigen Protonenresonanzsignal, die chemisch nicht äquivalenten Methylenprotonen des it-PMMA dagegen zu einem AB-Quartett (Abb. 3–8).

3.3 Reale Taktizität

Da die beiden Wasserstoffatome einer Methylengruppe einer isotaktischen Diade NMR-spektroskopisch nicht äquivalent sind, hat man sie auch als „meso" (oder auch heterosterisch oder diastereotopisch) bezeichnet. Die Methylengruppe einer syndiotaktischen Diade hat man in Analogie dazu auch „racemisch" genannt (oder auch homosterisch oder enantiotrop). Aus diesem Grunde werden die Stoffmengenanteile iso- bzw. syndiotaktischer Diaden in der Literatur häufig durch (m) oder (r) statt x_i bzw. x_s symbolisiert. Diese Namen decken sich nicht mit der Bedeutung in der organischen Chemie und sind daher mißverständlich. Sie sind außerdem überflüssig, da die Bezeichnungen iso- und syndiotaktisch von der Konfiguration her eindeutig definiert sind und man nicht ein meßtechnisches Phänomen einer speziellen Methode zur Grundlage einer Strukturbezeichnung machen sollte.

Die Resonanzsignale der α-Methylprotonen erscheinen je nach Taktizität an verschiedenen Stellen des Spektrums. Aus der Lage dieser Signale allein kann noch nicht auf die Konfiguration geschlossen werden, da nur schwierig etwas über die Art der Abschirmung ausgesagt werden kann. Die Zuordnung gelingt jedoch leicht, wenn man die von den Methylenprotonen stammenden Signale kennt.

Mit den so gewonnenen Zuordnungen kann das Spektrum von nicht-holotaktischem PMMA analysiert werden. Man sieht aus dem Spektrum eines sog. ataktischen PMMA, daß aus den Methylenprotonsignalen nur schwierig Aufschlüsse auf den Anteil der iso- und syndiotaktischen Diaden zu erhalten sind. Die Signale des Singletts und des Quartetts sind nicht gut voneinander getrennt. Besser ist die Situation bei den α-Methylprotonsignalen. Hier werden drei verschiedene Signale beobachtet, von denen je eines die Lage der entsprechenden Signale der iso- bzw. syndiotaktischen Polymeren einnimmt. Das dritte Signal liegt zwischen diesen beiden. Man schließt daraus, daß die Signale der α-Methylprotonen auf die Triaden ansprechen und daß das mittlere Signal den heterotaktischen Triaden zuzuordnen ist. Die Fläche unter den Signalen ist dann proportional den Anteilen der entsprechenden Triaden.

Für die Methylesterprotonen erscheint unabhängig von der Taktizität an der stets gleichen Lage nur ein einziges Signal (in Abb. 3–9 nicht gezeigt). Das Signal der Methylesterprotonen kann daher nicht zur Taktizitätsbestimmung herangezogen werden. Offenbar beeinflußt die Konfiguration der Hauptkette wegen des zu großen Abstandes dieser Protonen nicht mehr deren chemische Verschiebung.

Im allgemeinen sind die bei Lösungen von Polymeren erhaltenen Signale breiter als die der niedermolekularen Modellverbindungen. Bei niedermolekularen Verbindungen sind die Signale umso breiter, je höher die Konzentration und je tiefer die Temperatur ist. Die Verbreiterung der Signale resultiert aus den starken magnetischen Wechselwirkungen zwischen verschiedenen Kernen (Kap. 10.2.4). Erniedrigt man die Konzentration, so nimmt die Orientierung der Kerne ab und die Signale werden schmaler. Der gleiche Effekt läßt sich durch Erhöhen der Temperatur erzielen.

Bei Polymeren sind die einzelnen Grundbausteine zu einer Kette gekoppelt. Da es für die Breite der Signale auf die Einflüsse der nächsten Nachbarn ankommt, lassen sich durch Verdünnen der Lösungen keine schärferen Signale erzielen. Die Schärfe der Signale ist bei statistischen Knäueln auch weitgehend unabhängig von der Molmasse. Schärfere Signale lassen sich daher nur durch Messungen bei erhöhten Temperaturen erhalten. Die Aufspaltung der Signale bei nicht regulären Polymeren hängt in einem gewissen Umfang noch von der Natur des verwendeten Lösungsmittels ab. Es ist z. Zt. nicht geklärt, ob dieser Einfluß des Lösungsmittels von einer Verschiebung der Konformationen oder von einer spezifischen Wechselwirkung des Lösungsmittels mit den Grundbausteinen (Solvatation) herrührt.

Spin/Spin-Kopplungen benachbarter CH_2- und CH-Gruppen können bei Polymeren des Typs $(-CH_2-CHR-)_n$ zu schlecht interpretierbaren Protonresonanz-Spektren führen. Diese Schwierigkeiten kann durch die Doppelresonanztechnik und/oder höhere Magnetstärken überwunden werden.

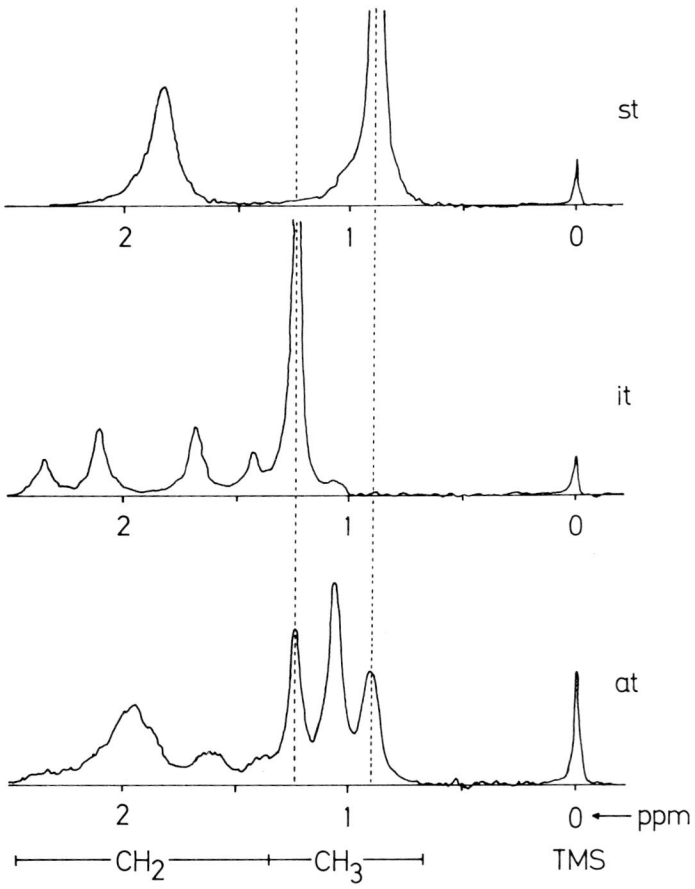

Abb. 3–9: Ausschnitt aus den 60 MHz Protonresonanzspektren von isotaktischen (it), syndiotaktischen (st) und ataktischen (at) Poly(methylmethacrylaten). Die Signale der Methylesterprotonen sind nicht gezeigt. TMS = Referenzsignal des Tetramethylsilans (nach P. Goeldi und H.-G. Elias).

60 MHz-Protonresonanz-Spektren liefern in der Regel nur Diaden- und Triaden-Anteile. Tetraden und Pentaden lassen sich durch Messungen bei höheren magnetischen Feldstärken ermitteln, da dann die chemischen Verschiebungen größer sind, was zu einer besseren Auflösung führt (Abb. 3–10). Derartige Messungen können z. B. bei 220

oder 300 MHz mit supraleitenden, mit flüssigem Helium gekühlten Magneten ausgeführt werden. Höhere J-Aden lassen sich auch häufig über die ^{13}C-Spektren bestimmen, da die chemische Verschiebung von ^{13}C viel größer als die von Protonen ist (bis zu 250 ppm gegenüber bis zu 10 ppm). Außerdem können Taktizitäten nicht nur über die chemische Verschiebung, sondern auch über Spin/Spin- und Spin/Gitter-Relaxationszeiten bestimmt werden. Die Relaxationszeiten sind dabei sogar manchmal auf Taktizitäten empfindlicher als die chemischen Verschiebungen.

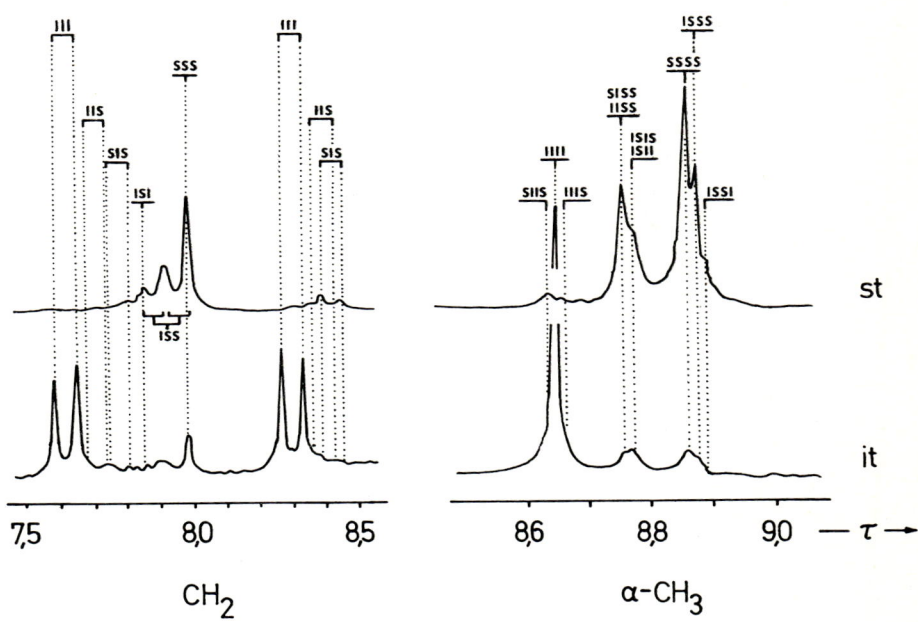

Abb. 3-10: Protonresonanzspektren von Poly(methylmethacrylaten) in ca. 0,1/g/ml Lösungen in Chlorbenzol bei 135 °C und 220 MHz. Links: die Tetraden liefernden β-Methylensignale. Rechts: die Pentaden liefernden Signale der α-Methylprotonen. Oben: überwiegend syndiotaktisches PMMA. Unten: überwiegend isotaktisches PMMA.

Infrarotspektroskopie

Zur quantitativen Bestimmung der Anteile der Diaden wird häufig auch die IR-Spektroskopie herangezogen. Die Zuordnung der Diadentypen erfolgt hier in der Regel mit Polymeren oder Oligomeren bekannter Konfiguration. In vereinzelten Fällen ist bereits die Berechnung der Absorptionsfrequenzen für die einzelnen Typen gelungen. Direkt auf verschiedene Konfigurationen sprechen oft die CH- und CH$_2$-Deformationsschwingungen an, bei Poly(α-aminosäuren) manchmal auch die Amid I-Bande (Abb. 3-11). Da Produkte unterschiedlicher Stereoregularität verschieden stark kristallisieren und die IR-Spektren im Bereich von ca. 670–1000 cm^{-1} auf Kristallinität empfindlich sind, kann man den Gehalt an Diaden auch über die sogen. kristallinen Banden bestimmen. Diese Methode ist aber oft nicht gut geeignet, da die Kristallinität eines Polymeren von der Vorgeschichte abhängt (Kap. 5).

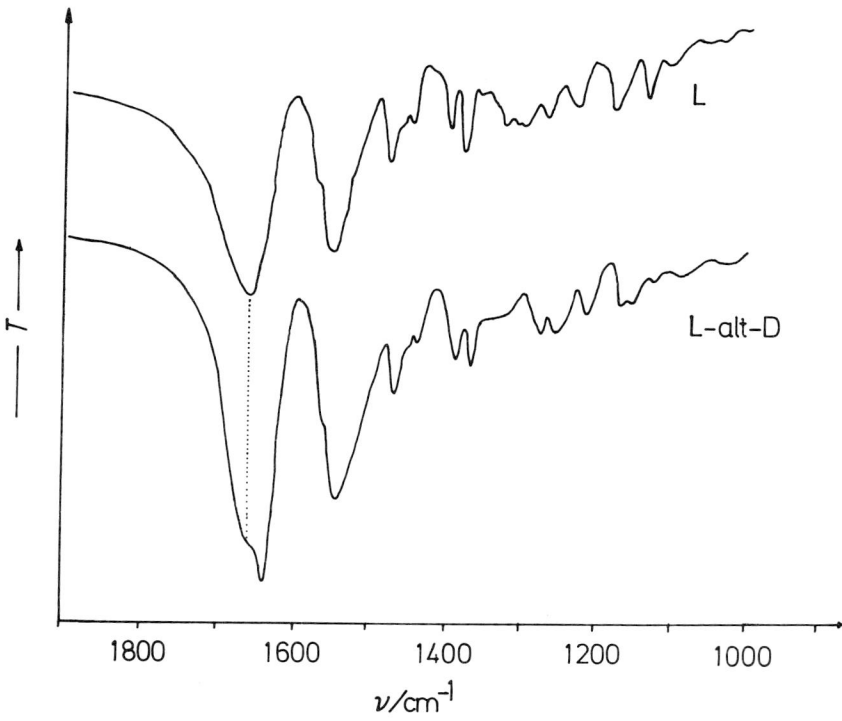

Abb. 3-11: Einfluß der Taktizität von Poly(leucinen) auf die Amid I-Bande bei 1643cm^{-1}. Oben Poly(L-leucin); unten Poly(L-alt-D-leucin). Nach F.-G. Fick, J. Semen und H.-G. Elias.

Andere Methoden

Eine Reihe weiterer Methoden nutzt ebenfalls die unterschiedliche Kristallinität verschieden stark stereoregulärer Polymerer aus. Diese Verfahren sind jedoch alle aus zwei Gründen nicht völlig eindeutig. Einmal ist bekannt, daß auch weitgehend „ataktische" Polymere, wie z.b. der durch Verseifung von radikalisch polymerisiertem Vinylacetat hergestellte Poly(vinylalkohol), relativ gut kristallisieren können. Zum anderen können große Substituenten die Kristallisation stereoregulärer Polymerer erschweren oder verhindern. Das kristallisierbare, isotaktische Poly(styrol) läßt sich z. B. in einer Folge von polymeranalogen Reaktionen über das nichtkristallisierbare Poly(p-jodstyrol) und das Poly(p-lithiumstyrol) ohne Konfigurationsumkehr in das kristallisierbare, isotaktische Poly(styrol) zurückverwandeln:

(3-12)

$$\text{+CH}_2\text{-CH+} \xrightarrow{\text{+J}_2/\text{HJO}_3} \text{+CH}_2\text{-CH+} \xrightarrow{\text{+Li}} \text{+CH}_2\text{-CH+} \xrightarrow{\text{+H}_2\text{O}} \text{+CH}_2\text{-CH+}$$
$$||||$$
$$\text{C}_6\text{H}_5\text{C}_6\text{H}_4\text{J}\text{C}_6\text{H}_4\text{Li}\text{C}_6\text{H}_5$$

Da sich kristalline Polymere schwieriger lösen als amorphe, können u.U. stereoreguläre Polymere von ataktischen über die Löslichkeit getrennt werden. Die Löslichkeit hängt aber außer von der Kristallinität noch vom Grad der Stereoregularität und vom Molekulargewicht ab. Gut lösliche Fraktionen von hochmolekularen ataktischen Polymeren können daher auch niedermolekulare Anteile von stereoregulärem Material enthalten und umgekehrt. Hinweise auf unterschiedliche Kristallinität — und bei gleicher Probenvorbehandlung damit auch auf verschiedene Stereoregularität — können ferner über die Höhe der Schmelz- und Glasübergangstemperaturen erhalten werden (vgl. Kap. 10).

Zur Bestimmung der Stereoregularität wurden ferner Dipolmomente, Strömungsdoppelbrechung, Verseifungsgeschwindigkeit und Fällungspunkttitrationen herangezogen. Alle diese Methoden sind jedoch entweder nur für spezielle Polymere brauchbar und/oder sind nur indirekte Verfahren, so daß sie sich nicht weiter eingeführt haben.

Literatur zu Kap. 3

Nomenklatur

M. L. Huggins, G. Natta, V. Desreux und H. Mark, Nomenklaturbericht über sterische Anordnung in Hochpolymeren, Makromol. Chem. 82 (1965) 1
R. S. Cahn, C. Ingold und V. Prelog, Spezifikation der molekularen Chiralität, Angew. Chem. 78 (1966) 413
IUPAC, Fundamental Stereochemistry, Tentative rules for the nomenclature of organic chemistry, Section E. Fundamental stereochemistry, J. Org. Chem. 35 (1970) 2849

Allgemeine Übersichten

K. Mislow, Introduction to stereochemistry, W. A. Benjamin, New York 1965; Einführung in die Stereochemie, Verlag Chemie, Weinheim 1967
G. Natta und M. Farina, Struktur und Verhalten von Molekülen im Raum, Verlag Chemie, Weinheim 1976
W. Bähr und H. Theobald, Organische Stereochemie, Springer, Berlin 1973
E. L. Eliel, Stereochemistry of carbon compounds, McGraw-Hill, New York 1962; Stereochemie der Kohlenstoffverbindungen, Verlag Chemie, Weinheim 1966
E. L. Eliel, Grundlagen der Stereochemie, Birkhäuser, Basel 1972

Gruppentheorie

F. A. Cotton, Chemical application of group theory, Interscience, New York 1963
H. H. Jaffé und M. Orchin, Symmetrie in der Chemie, Hüthig, Heidelberg 1967
K. Mathiak und P. Stingl, Gruppentheorie, Akad. Verlagsges., Frankfurt/Main, 2. Aufl. 1969
J. D. Donaldson und S. D. Ross, Symmetry in the stereochemistry, Intertext Books, London 1972

Konfiguration und Taktizität von Makromolekülen

L. Dulog, Taktizität und Reaktivität, di- und tritaktische Polymere, Fortschr. Chem. Forschg. 6 (1966) 427
G. Natta und F. Danusso, Stereoregular polymers and stereospecific polymerizations, Pergamon, Oxford 1967 (2 Bde. mit Originalarbeiten der Natta-Schule)
A. D. Ketley, Hrsg., The stereochemistry of macromolecules, Dekker, New York, 3 Bde., 1967–1968
F. A. Bovey, Polymer conformation and configuration, Academic Press, New York 1969

Infrarotspektroskopie

S. Krimm, Infrared spectra of high polymers, Fortschr. Hochpolym. Forschg. 2 (1960) 51
G. Schnell, Ultrarotspektroskopische Untersuchungen an Copolymerisaten, Ber. Bunsenges. **70** (1966) 297

Kernresonanzspektroskopie

P. R. Sewell, The nuclear magnetic resonance spectra of polymers, Ann. Rev. NMR Spectrosc. **1** (1968) 165
Hung Yu Chen, Application of high resolution NMR spectroscopy to elastomers in solution, Rubber Chem. Technol. **41** (1968) 47 (enthält auch Daten von Thermoplasten usw.)
M. E. Cudby und H. A. Willis, Nuclear magnetic resonance spectra of polymers, Ann. Rev. NMR Spectrosc. **4** (1971) 363
F. A. Bovey, High resolution NMR of macromolecules, Academic Press, New York 1972
I. D. Robb und G. J. T. Tiddy, Nucl. Mag. Res. **3** (1974) 279

4 Konformation

Der Ausdruck „Konformation" bezieht sich stets auf eine einzelne Bindung; derartige Konformationen werden manchmal auch Mikrokonformationen genannt. In einem Makromolekül sind sehr viele solcher Mikrokonformationen vorhanden, sodaß das Makromolekül als Ganzes eine Makrokonformation annimmt. Die Makrokonformation bestimmt dann die Molekülgestalt.

4.1 Grundlagen

4.1.1 KONFORMATION UM EINZELBINDUNGEN

Als Konformationen bzw. Konstellationen bezeichnet man die durch Rotation um eine Einzelbindung hervorgerufenen räumlichen Anordnungen von Atomen oder Atomgruppen von Molekülen definierter Konfiguration, die sich nicht zur Deckung bringen lassen. In diese klassische Definition werden manchmal auch die sog. Torsionsstereoisomerien eingeschlossen, die durch Drehung um Doppelbindungen oder partielle Doppelbindungen entstehen, z. B. bei Helicenen oder Amiden. Durch diese Erweiterung überschneiden sich die Begriffe der Konformation und der Konfiguration.

Von den unendlich vielen theoretisch möglichen Konformationen sind nur einige energetisch ausgezeichnet. Diese Konformationsisomeren bezeichnet man als Konformere, Rotationsisomere oder Rotamere. Sie können jedoch nur dann als Substanzen isoliert werden, wenn die Rotationsbarriere mehr als ca. 65–85 kJ/mol Bindung beträgt. Die Existenz von Konformeren mit niedrigeren Rotationsschwellen wurde dagegen erstmals in der 30er Jahren aufgrund der Unterschiede zwischen berechneten und beobachteten Entropien vermutet.

Ethan besitzt z. B. zwei derartige Konformere (Abb. 4-1). Bei der gestaffelten oder antiperiplanaren (ap) Konformation stehen die H-Atome jeweils auf Lücke, bei der gedeckten oder synperiplanaren (sp) Konformation dagegen einander gegenüber.

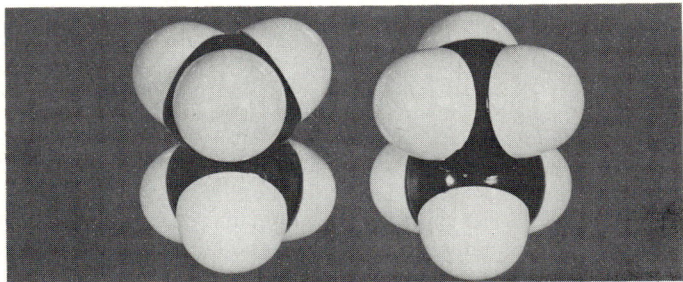

Abb. 4-1: Gedeckte bzw. synperiplanare (links) und gestaffelte bzw. antiperiplanare (rechts) Konformation von Ethan.

Die ap-Konformation besitzt die Symmetriegruppe D_{2d}, die sp-Konformation die Symmetriegruppe D_{3h}. Beide Konformeren sind daher achiral. Sie können durch Rotation einer der Methylgruppen um jeweils 60° ineinander überführt werden. Die dazwischen liegenden Konformationen gehören jedoch zur Symmetriegruppe D_3; sie sind chiral.

Moleküle $A_i-B_j-C_k$ sind bekanntlich eindeutig geometrisch definiert, wenn die beiden Bindungslängen $b(A_i, B_j)$ und $b(B_j, C_k)$ und der Bindungswinkel $\tau(B_j)$ = $\tau(A_i, B_j, C_k)$ gegeben sind. Bei Molekülen $A_i-B_j-C_k-D_l$ muß man jedoch zur vollständigen geometrischen Beschreibung außer den drei Bindungsabständen und den beiden Bindungswinkeln (Valenzwinkeln) noch den sog. Torsionswinkel angeben, manchmal auch Konformationswinkel, Rotationswinkel oder Diederwinkel genannt. Der Torsionswinkel θ ist der Winkel zwischen der $A_i-B_j-C_k$-Ebene und der $B_j-C_k-D_l$-Ebene (Abb. 4-2). Er nimmt bei synperiplanaren Konformationen den Wert null an. Ein Konformationswinkel wird positiv genannt, wenn die A_iB_j-Bindung um weniger als 180° nach rechts gedreht werden muß, um deckungsgleich mit der C_kD_l-Bindung zu werden. Der Torsionswinkel $\theta(B_j)$ in Abb. 4-2 ist daher negativ. Torsionswinkel werden dabei von $-180°$ bis $+180°$ anstatt von 0° bis 360° gemessen.

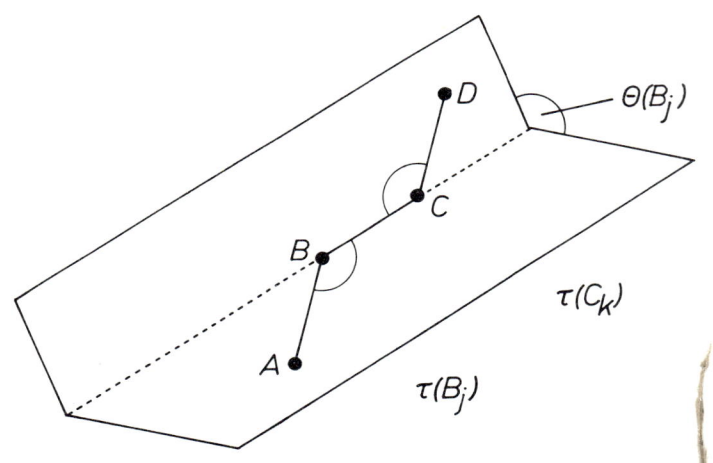

Abb. 4-2: Anordnung von vier konsekutiven Atomen A–B–C–D im Raum mit Bindungswinkeln $\tau(B_j) = \tau(A_i, B_j, C_k)$ und $\tau(C_k) = \tau(B_j, C_k, D_l)$ sowie Torsionswinkel $\theta(B_j, C_k) = \theta(A_i, B_j, C_k, D_l)$.

Bei Kohlenstoffverbindungen wird nun die Konfiguration durch die tetraedrische Anordnung der Liganden bestimmt. Beim Ethan mit seinen je drei Wasserstoffatomen pro Kohlenstoffatom gibt es folglich je drei gleiche Energiemaxima und -minima und nur zwei mögliche Konformere: ap und sp. Beim Butan trägt jedes C-Atom zu beiden Seiten der zentralen C–C-Bindung ebenfalls drei Liganden, nämlich zwei Wasserstoffatome und eine Methylgruppe. Nur zwei der je drei Energiemaxima und -minima sind daher gleich (Abb. 4-3). An die Stelle von drei identischen synperiplanaren Stellungen treten eine synperiplanare und zwei zueinander spiegelbildliche anticlinale. Die drei identischen antiperiplanaren Stellungen werden durch eine antiperiplanare und zwei synclinale ersetzt. Die ap-Konformation ist plansymmetrisch und gehört folglich zur Symmetriegruppe C_{2h}. Die beiden sc-Konformationen gehören dagegen zur Symmetriegruppe C_2 und sind daher chiral und enantiomer zueinander.

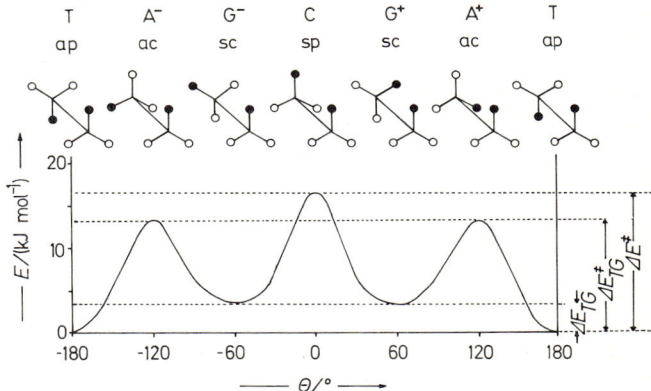

Abb. 4-3: Konformationen und Potenialschwellen um die CH_2/CH_2-Bindung beim Butan $CH_3CH_2CH_2CH_3$ als Funktion des Torsionswinkels zwischen den Methylgruppen (●)

Diese in der niedermolekularen organischen Chemie gebräuchlichen Bezeichnungen werden in der makromolekularen Chemie gemäß den IUPAC-Vorschlägen durch die Bezeichnungen cis, anticlinal, gauche und trans ersetzt. Daneben sind noch einige ältere Namen gebräuchlich:

cis (C) = synperiplanar (sp); ekliptisch, planar-syn, gedeckt, cis-gedeckt, verdeckt;
anti (A) = anticlinal (ac); teilweise ekliptisch, schief-anti, teilweise verdeckt;
gauche (G) = synclinal (sc); schief, schief-syn, windschief, gauche-gestaffelt;
trans (T) = antiperiplanar (ap); gestaffelt, trans-gestaffelt, anti, auf Lücke, Atom-
           Lücke, antiparallel.

Diese Konformationen entsprechen Torsionswinkeln von 0° (C), 60° (G^+), 120° (A^+), ±180° (T), −120° (A^-), und −60° (G^-). Andere Konformationen erhalten die gleichen Namen, wenn sie nicht mehr als ± 30° von den idealen Konformationen abweichen. Eine Konformation mit einem Torsionswinkel von 170° wird daher ebenfalls trans genannt. Enantiomorphe Konformationen mit unbekanntem Vorzeichen werden entsprechend als $G/\overline{G}$, $A/\overline{A}$, $C/\overline{C}$ und $T/\overline{T}$ bezeichnet; in den letzteren beiden Fällen natürlich nur dann, wenn die Torsionswinkel nicht genau 0° bzw. 180° betragen.

Dreifache Rotationspotentiale wie beim Ethan und beim Butan sind jedoch nicht immer die Regel. Zweifache Rotationspotentiale werden z. B. durch kettenständige 1,4-Phenylengruppen erzeugt. Auch *Catena*-Poly(schwefel) besitzt ein zweifaches Rotationspotential.

4.1.2 KONFORMATIONSANALYSE

Die Konformationsanalyse untersucht die bevorzugten Konformationen eines Moleküls, z.B. über Mikrowellen-, UV-, IR-, NMR- und Ramanspektren, Röntgenstrukturanalysen, Messungen des Gleichgewichtes, der Kinetik oder der Dipolmomente usw. Die Existenz und die Stabilität von Konformeren können jedoch auch über Energieberechnungen ermittelt werden.

Alle Berechnungen basieren auf mechanischen Molekülmodellen: die Atome sind mehr oder weniger deformierbare Kugeln, die Bindungen steife Federn. Anziehung und Abstoßung werden separat als Funktion des Torsionswinkels berechnet. Ein typischer Ansatz geht z. B. von der totalen Energie eines Ethanmoleküles aus, die sich aus fünf Anteilen zusammensetzt (Abb. 4-4):

I) der Energie E_{nn} zwischen den Kernen der nichtgebundenen Wasserstoffatome,
II) der Energie E_b zwischen den Elektronen der Kohlenstoff/Kohlenstoff-Bindung,
III) der Energie E_{ee} zwischen den Elektronen der Bindungen zwischen den Kohlenstoffatomen und den Wasserstoffatomen,
IV) der Energie E_{ne} zwischen den Wasserstoffatomen und den an den anderen C–H-Bindungen beteiligten Elektronen, und
V) der kinetischen Energie E_{kin} der Elektronen.

Der Ausdruck „nichtgebunden" wird dabei auf diejenigen Atome angewendet, die zwar die Konformation um eine Bindung beeinflussen, aber nicht an das betrachtete Bindungsatom gebunden sind. Im Ethan $H_3 C^1 - C^2 H_3$ sind daher die drei an das C^2 gebundenen Wasserstoffatome „nichtgebunden" in Bezug auf C^1. Bei Makromolekülen beziehen sich die Begriffe „gebunden" und „nichtgebunden" immer auf die Bindung an kettenständige Atome, niemals auf Bindungen innerhalb der Substituenten.

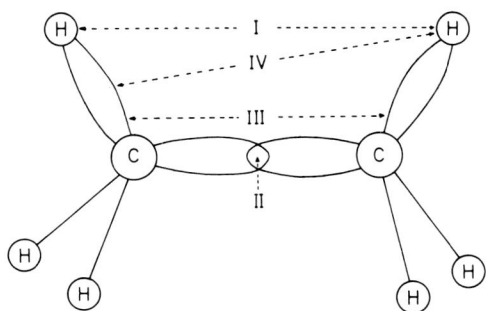

Abb. 4-4: Schematische Darstellung der wichtigsten Wechselwirkungen im Ethanmolekül (nach T. M. Birshtein und O. B. Ptitsyn). Zur Bedeutung von I-IV vgl. den Text.

Für das Auftreten bestimmter Konformationen sind nun nur solche Wechselwirkungen wichtig, die vom Torsionswinkel abhängen. Wechselwirkungen zwischen den Elektronen der C–C-Bindung (II) können daher nur dann zur Konformationsenergie beitragen, wenn um die σ-Bindung keine zylindrische Symmetrie herrscht. Die Symmetrie würde aufgehoben, wenn sich der 4 f-Zustand an der Bindung beteiligen würde, da dann die entsprechenden Molekülorbitale nicht zylindersymmetrisch zur C—C-Bindung sind. In diesem Fall müßten sich die Elektronenwolken in der cis-Konformation stärker überlappen als in der trans. Experimentell wird aber gerade der umgekehrte Effekt gefunden, nämlich eine stabilere trans-Konformation. Die Wechselwirkungen zwischen den Elektronen der C—C-Bindung tragen daher nicht oder nicht wesentlich zur Konformation bei, d.h. es gilt $E_b \approx 0$.

Die gesamte Anziehung ist folglich durch E_{ne}, die Abstoßung durch $E_{nn} + E_{ee} + E_{kin}$ gegeben. Für das Ethanmolekül werden sowohl für die Anziehung als auch für die Abstoßung als Funktion des Torsionswinkels Kurven mit je drei gleichen Maxima bzw. Minima gefunden. Die Phasen der Anziehungs- und der Abstoßungsenergie sind dabei um 120° verschoben. Der Energieunterschied zwischen Maximum und Minimum beträgt bei der Anziehung 82,5 kJ/mol, bei der Abstoßung 93,8 kJ/mol. Die Differenz zwischen diesen beiden Energien wird als Potentialenergie, Potentialschwelle oder Rotationsbarriere bezeichnet. Sie stellt eine Aktivierungsenergie für die Überwindung des Energiemaximums dar. Beim Ethan wird sie durch die Abstoßung hervorgerufen und beträgt dort 11,3 kJ/mol.

Der eigentliche Einfluß der Kette auf die Konformation von Makromolekülen tritt erst beim n-Pentan deutlich hervor, da beim n-Pentan zum ersten Mal zwei aufeinanderfolgende Kettenkonformationen zu berücksichtigen sind. Da bei jeder solchen Kettenbindung ein trans- und zwei gauche-Lagen möglich sind, ergeben sich für die beiden aufeinanderfolgenden Kettenkonformationen vier verschiedene Kombinationen oder konformative Diaden (Abb. 4–5). Die Diade TT besitzt dabei die niedrigste Energie, die Kombination G^-G^+ die höchste. Die Berechnungen der Makrokonformation gestalten sich nun selbst bei diesem vereinfachten Modell, bei dem die cis-Konformationen unberücksichtigt bleiben, sehr schwierig. Man vereinfacht das Modell daher noch weiter, indem man die Kombinationen G^-G^+ bzw. G^+G^- ebenfalls ausschließt und die Energiedifferenz zwischen G und T als konstant annimmt. Die Energiedifferenzen sollen daher von der darauf folgenden Konformation unabhängig sein.

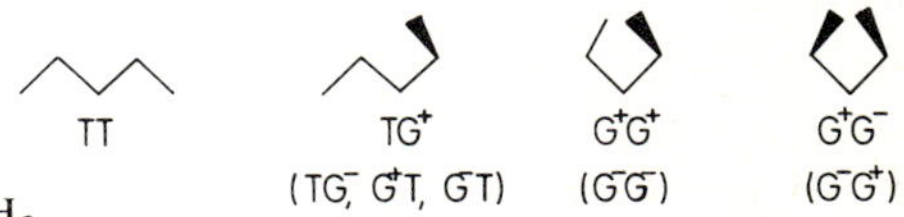

Abb. 4–5: Konformative Diaden beim Pentan $CH_3CH_2CH_2CH_2CH_3$

TT   TG$^+$ G$^-$G$^-$ G$^+$G$^-$
(TG$^-$, G$^-$T, GT)   (GG)   (GG)

Bei aliphatischen Kohlenwasserstoffen führen die dominierenden Abstoßungskräfte zu einer trans-Konformation der Kette. Wenn jedoch das benachbarte Kettenatom nichtgebundene Elektronenpaare oder elektronegative Substituenten aufweist, dann wird für eine der möglichen Konformationen die Anziehung zwischen Kern und Elektronen so groß, daß die Bilanz zwischen anziehenden und abstoßenden Effekten geändert wird. Derartige Verbindungen versuchen die Konformationen mit der größtmöglichen Zahl von gauche-Wechselwirkungen zwischen den benachbarten Elektronenpaaren und/oder elektronegativen Substituenten einzunehmen (gauche-Effekt). Poly(oxymethylen) mit dem Grundbaustein $+O-CH_2+$ liegt daher im Kristall im energieärmsten Zustand in einer all-gauche-Konformation vor.

Die Konformationsenergie größerer Moleküle wird als gewogene Summe der Beiträge der einzelnen Kettenbindungen berechnet. Einflüsse, die sich über mehr als zwei Kettenbindungen erstrecken, werden jedoch meist vernachlässigt. Einer bestimmten Konformation wird dabei die Energie 0 und das statistische Gewicht 1 zugeordnet. Für Poly(ethylen) ist dies z. B. die trans-Konformation, für Poly(oxymethylen) die gauche-Konformation.

Für die Berechnung der Konformationsenergie existieren verschiedene Ansätze, die sich in der Wahl des Potentials und der Parameter unterscheiden. Bei Makromolekülen werden oft die Beiträge der Deformation der Bindungslängen und der Verzerrung der Bindungswinkel vernachlässigt und die Konformationsenergie aus den Anteilen der Torsionsenergie, der Wechselwirkungsenergie zwischen nichtgebundenen Gruppen, der elektrostatischen Wechselwirkungsenergie und der Energie der Wasserstoffbrückenbindung berechnet, z. B.

$$(4-1) \quad E_r = \sum_i 0{,}5\,(E_i^+)\,(1 - \cos N_i \theta_i) + \sum_{i,j} 2\,\epsilon_{ij}\,[(d_{ij}/r^{12}) - (b_{ij}/r^6)] +$$

 Torsionsenergie $\qquad\qquad$ Wechselwirkungen nichtgebundener Gruppen

$$+ B(e_j e_k / r) \quad + \quad E_H$$

 elektrostatische $\qquad\qquad$ Energie der
 Energie $\qquad\qquad\qquad$ Wasserstoffbrücke

E_i^+ ist dabei die Potentialschwelle für die Rotation um die Bindung i, N_i die Symmetrie der Rotation (2, 3 oder 6), θ_i der Torsionswinkel, r der Abstand der Atomkerne und e_j und e_k die durch die Dipolmomente der Bindungen bedingten Partialladungen. Der Faktor B enthält die Coulomb-Energie und die relative Permittivität. ϵ_{ij}, d_{ij} und b_{ij} sind Parameter, die die Energiekurve für die von den nichtgebundenen Atomen kommenden Anteile beschreiben. Anstelle des Lennard-Jones'schen 12-6-Potentials wird auch häufig ein 9-6-Potential benutzt.

Obwohl die Berechnungen je nach Wahl der Bindungsabstände, Wechselwirkungsenergie, Potentiale usw. im einzelnen stark voneinander abweichen können, stimmen die allgemeinen Schlußfolgerungen oft recht gut überein. Für das in einer α-Helix vorliegende Poly(L-alanin) mit dem Grundbaustein $-(-NH-CH(CH_3)-CO-)-$ wurde z. B. von zwei Arbeitsgruppen übereinstimmend gefunden, daß Wasserstoffbrückenbindungen hier nur zu ca. 20% zur Stabilität für Helix beitragen. Dabei unterscheiden sich die Angaben der beiden Arbeitsgruppen für den elektrostatischen Beitrag sogar im Vorzeichen (Tab. 4-1).

In einem Konturdiagramm werden dann die Linien gleicher Energie gegen die Torsionswinkel θ_1 und θ_2 zweier aufeinander folgender Kettenbindungen aufgetragen (Abb. 4-6). Die resultierende Konformationsenergiekarte zeigt für das it-Poly(propylen) zwei Energieminima, wie sie auch für das kristalline it-PP röntgenographisch gefunden wurden. Sie entsprechen je einer links- und einer rechtsgängigen 3_1-Helix.

4.1.3 KONSTITUTIONSEINFLÜSSE

Beim Ethan sind die energetisch bevorzugten trans-Konformationen nur durch eine relativ niedrige Potentialschwelle von 11,3 kJ/mol getrennt. Die Konformeren werden sich daher in fluider Phase relativ schnell ineinander umwandeln können. Die dazu nötige Energie stammt vom Zusammenstoß zweier Moleküle. Bei einer Kol-

Tab. 4-1: Beiträge der einzelnen Wechselwirkungsenergien zur Stabilität der α-Helix des Poly(L-alanins)

Beitrag der	E in J/mol nach	
	Ooi, Scott, Van der Kooi, Scheraga	Kosuge, Fujiwa, Isogai, Saitô
Rotation	2 050	2 430
nichtgebundenen Atome	−25 080	−29 940
elektrostatischen Wechselwirkung	−4 610	10 890
Wasserstoffbrückenbindung	−7 290	−4 280
Total	−34 930	−20 890
Beitrag der Wasserstoffbrückenbindung	20,8 %	20,5 %

lision kann aber im Mittel nur ein kleiner Teil der thermischen Energie (ca. 0,5 *RT* pro Freiheitsgrad) an das andere Molekül abgegeben werden. Wegen der Maxwell-Boltzmann'schen Energieverteilung wird daher nur bei einer geringen Zahl von Stößen soviel Energie übertragen, daß die Potentialschwelle überwunden werden kann. Bei der größeren Zahl der Stöße wird dagegen nur so wenig Energie abgegeben, daß es nur zu Schwingungen von maximal ± 20° um die Potentialminima kommt. Die Mehrzahl der Moleküle beharrt daher bei normalen Temperaturen in Konformationen mit einem Minimum der Potentialenergie. Man kann folglich die Bindungen bzw. Moleküle so behandeln, als ob sie nur in diskreten Rotationszuständen vorkommen. Fluktuationen um die Minima werden bei diesem Ansatz nicht bestritten; es wird jedoch angenommen, daß sie sich gegenseitig auskompensieren.

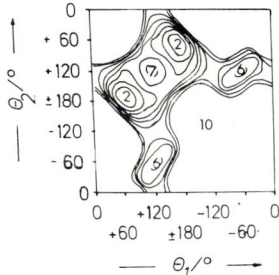 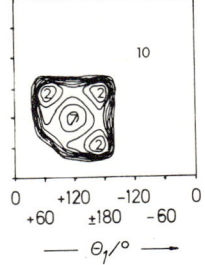

Abb. 4-6: Konturdiagramm für die Konformationsenergie als Funktion der Torsionswinkel θ_1 und θ_2 zweier aufeinanderfolgender Kettenbindungen beim isotaktischen (links) und beim syndiotaktischen Poly(propylen) (rechts). Die Zahlen geben die Energie in kcal/mol Bindung an (1 kcal = 4,184 kJ). Das it-PP zeigt zwei Energieminima bei $\theta_2 = 180°$ und $\theta_1 = 60°$ (TG$^+$) bzw. $\theta_2 = 60°$ und $\theta_1 = 180°$ (G$^-$T), die zu je einer links- bzw. rechtshändigen Helix gehören. Das st-PP zeigt drei Energieminima: eines für die TT-Konformation bei $\theta_2 = 180°$ und $\theta_1 = 180°$, die anderen beiden für zwei Helixkonformationen (TG$^+$ bzw. G$^-$T). Nach G. Natta, P. Corradini und P. Ganis.

Die Konformationsumwandlungen sind im allgemeinen sehr schnell. Aus den Potentialenergien läßt sich nämlich über

(4-2) $\quad k_{\text{conf}} = (kT/h)\exp(-\Delta E^{\ddagger}/RT))$

die Geschwindigkeitskonstante dieser Umwandlung berechnen. Nur bei hohen Potentialenergien und/oder tiefen Temperaturen ist jedoch k_{conf} so niedrig, daß innerhalb der für Trennprozesse benötigten Zeit keine merkliche Konformationsumwandlung stattfindet (Tab. 4-2). Die Konformeren befinden sich daher im allgemeinen in einem raschen dynamischen Gleichgewicht. Andererseits beobachtet man bei Elektronenspinresonanzexperimenten Zustände mit Lebensdauern von Mikrosekunden, was im Vergleich zu den übrigen Werten von $1/k_{\text{conf}}$ einer Art Momentaufnahme der Population der Konformeren entspricht. Die Konformeren erscheinen daher bei der ESR als definierte Spezies. Bei dieser Zeitskala wird es somit schwierig, Konfigurations- und Konformationsisomere begrifflich zu unterscheiden.

Tab. 4-2 Berechnete Geschwindigkeitskonstanten k_{conf} und Zeiten $t_5 \approx 0{,}05/k_{\text{conf}}$ für eine Konformationsumwandlung von 5%. $\quad (3 \cdot 10^{12}\text{s} \approx 95\,000\text{ a})$.

$\Delta E^{\ddagger}$ in kJ/mol	$k_{\text{conf}}/\text{s}^{-1}$ für T =			t_5/s für T =		
	100 K	300 K	500 K	100 K	300 K	500 K
10	$1{,}25 \cdot 10^7$	$1{,}13 \cdot 10^{11}$	$9{,}40 \cdot 10^{11}$	10^{-9}	10^{-13}	10^{-14}
25	0,18	$2{,}77 \cdot 10^8$	$2{,}55 \cdot 10^{10}$	10^{-1}	10^{-10}	10^{-12}
50	$1{,}59 \cdot 10^{-14}$	$1{,}23 \cdot 10^4$	$6{,}23 \cdot 10^7$	10^{12}	10^{-6}	10^{-9}
100	$1{,}21 \cdot 10^{-40}$	$2{,}42 \cdot 10^{-5}$	$3{,}27 \cdot 10^2$	10^{38}	10^3	10^2

Die Höhe der Potentialschwelle nimmt bei sonst gleicher Struktur erwartungsgemäß mit zunehmender Bindungslänge ab, z. B. vom Ethan über das Methylsilan zum Disilan (Tab. 4-3). Sie steigt mit größer werdender sterischer Hinderung, wie man an den Reihen Ethan-Propan-Isobutan-Neopentan, Methanol-Dimethylether und Acetaldehyd-Propylen-Isobutylen sieht.

Die Potentialschwelle sinkt auch beim Übergang von der dreizähligen CH_3-Gruppe zur einzähligen OH-Gruppe (vgl. Ethan-Methanol). Allein aus diesem Grund ist die Potentialschwelle bei CH_2/CO- und CH_2/O-Bindungen erheblich tiefer als bei der CH_2/CH_2-Bindung.

Bei Verbindungen von Typ $+CH_2 CR_2 +_n$ gibt es mehr gleichwertige Konformationen als bei Verbindungen des Typs $+CH_2 CHR +_n$. Die Liganden symmetrischer Verbindungen können sich daher mit größerer Wahrscheinlichkeit in bestimmten Konformationen aufhalten, als die von unsymmetrisch substituierten, d. h. das Molekül wird flexibler.

Für eine hohe Flexibilität eines Moleküls sind verschiedene Faktoren verantwortlich: a) großer Bindungsabstand der Kettenatome, da dann die Potentialschwelle niedrig wird, b) viele konkurrierende Lagen bei gleichen Substituenten, c) geringer Potentialunterschied zwischen gauche- und trans-Lagen durch den gauche-Effekt. Alle drei Effekte sind beim Poly(dimethylsiloxan) $+Si(CH_3)_2-O+_n$ vorhanden, nämlich ein relativ großer Atomabstand Si–O von 0,164 nm, Symmetrie um die Hauptkette und Polarisation der Si—O-Bindung. Die große Flexibilität der Poly(dimethylsiloxane) ist maßgeblich für die tiefe Glasübergangstemperatur verantwortlich. Poly(dimethylsiloxane) sind daher bis zu Molmassen von Millionen noch hochviskose Flüssigkeiten.

Tab. 4-3 Potentialschwellen $\Delta E^{\ddagger}$ und Bindungsabstände L bei den mit einem — gekennzeichneten Bindungen

Verbindung	$\dfrac{E^{\ddagger}}{kJ/mol}$	$\dfrac{L}{nm}$	Verbindung	$\dfrac{E^{\ddagger}}{kJ/mol}$	$\dfrac{L}{nm}$
SiH_3-SiH_3	4,2	0,234	CH_3-CHO	4,9	0,154
SiH_3-CH_3	7,1	0,193	$CH_3-CH=CH_2$	8,4	0,154
CH_3-CH_3	12,3	0,154	$CH_3-C(CH_3)=CH_2$	10,0	0,154
$CH_3-CH_2CH_3$	14,9	0,154	$\sim CH_2-CH_2COCH_2\sim$	9,6	0,154
$CH_3-CH(CH_3)_2$	16,3	0,154	$\sim CH_2-COCH_2CH_2\sim$	3,4	0,154
$CH_3-C(CH_3)_3$	20,1	0,154	$\sim CH_2-COOCH_2\sim$	2,1	0,154
CCl_3-CCl_3	42	0,154	$\sim CH_2-OOCCH_2\sim$	5,0	0,143
CH_3-NH_2	8,3	0,147	CH_3-OCH_3	11,3	0,143
CH_3-SH	5,4	0,181	$\sim CH_2-SCH_2CH_2\sim$	8,8	0,181
CH_3-OH	4,5	0,144	$\sim CH_2-NHCH_2CH_2\sim$	13,8	0,147

4.2 Konformation im Kristall

4.2.1 INTRA- UND INTERCATENARE KRÄFTE

Die Makrokonformation von kettenförmigen Makromolekülen in kristallinen Polymeren wird prinzipiell durch zwei Faktoren bestimmt, nämlich intra- und intercatenare Kräfte. Berechnungen der Potentialenergie von isolierten Molekülen, d. h. im „Vakuum", stützen sich ausschließlich auf intracatenar wirkende Kräfte (vgl. Kap. 4. 1. 2). Die so berechneten Mikrokonformationen entsprechen einem Minimum der Inneren Energie. Nach dem Äquivalenzprinzip sollen nun alle Struktureinheiten geometrisch äquivalente Positionen in bezug auf die kristallographische Achse einnehmen, wobei als Struktureinheit z. B. ein Grundbaustein fungieren kann. Die reguläre Sequenz der Mikrokonformationen sollte also auch zu einer regulären Makrokonformation führen.

Die Frage ist dann, ob intercatenare Effekte zu Änderungen der durch intracatenare Kräfte erzeugten Mikrokonformationen führen können, und wenn ja, in welchem Ausmaß. Intercatenare Kräfte beeinflussen nun ganz sicher die gegenseitige Packung von Ketten und führen damit auch zu unterschiedlichen Dichten. Die üblicherweise gefundenen maximalen Dichtedifferenzen entsprechen jedoch nur Energiedifferenzen von ca. 1,2 kJ/mol Grundbaustein. Derartig geringe Effekte schließen durch intercatenare Kräfte erzeugte Änderungen der Mikrokonformationen relativ zum Zustand im „Vakuum" nicht aus; sie machen sie aber recht selten. Im allgemeinen entspricht daher die Makrokonformation im Kristall derjenigen im Vakuum. Das Prinzip der kleinsten intracatenaren Konformationsänderung sagt daher aus, daß eine Kette im Kristall die Makrokonformation mit der niedrigsten Energie einnimmt, die mit dem Äquivalenzprinzip noch verträglich ist.

Konfor-mation	Räumliche Darstellung rechtwinklig zur Kette	Räumliche Darstellung in Kettenrichtung	Grundbausteine	Helix-Typ[1]	Torsions-winkel	Beispiele
T			$-CH_2-CH_2-$	1_1	0/0	Poly(ethylen)
			$-CH_2-$	2_1	0/0	Poly(methylen)
			$-CH_2-CHCl-$	1_1	0/0	st-Poly(vinylchlorid)
		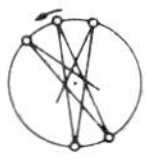	$-CF_2-CF_2-$	13_1	16/16	Poly(tetrafluor-ethylen)
TG	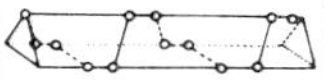		$-CH_2-CH-$ $\quad\quad\;\;\mid$ $\quad\quad\;\;R$	3_1	0/120 0/120 0/120	it-Poly(propylen) (R = CH_3) it-Poly(styrol) (R = C_6H_5) it-Poly(5-methyl-1-hepten) (R = $CH_2-CH_2-CH-CH_2-CH_3$) $\quad\quad\quad\quad\quad\quad\;\;\mid$ $\quad\quad\quad\quad\quad\quad\;CH_3$
		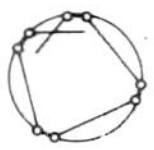	$-CH_2-CH-$ $\quad\quad\;\;\mid$ $\quad\quad\;\;CH_2$ CH_3-CH $\quad\quad\;\;\mid$ $\quad\quad\;\;CH_3$	7_2	-13/110	it-Poly(4-methyl-1-penten)
			$-CH_2-CH-$ $\quad\quad\;\;\mid$ $CH_3-\bigcirc$	11_3	-16/104	it-Poly(m-methyl-styrol)
			$-CH_2-CH-$ $\quad\quad\;\;\mid$ CH_3-CH $\quad\quad\;\;\mid$ $\quad\quad\;\;CH_3$	4_1	-24/96 0/90 -45/95	it-Poly(3-methyl-1-buten) it-Poly(o-methyl-styrol) it-Poly(acetaldehyd)
G	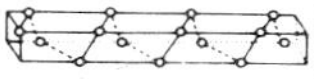	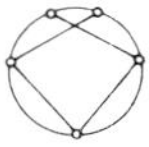	$-CH_2-O-$	9_5	103/103	Poly(oxymethylen)
TTG	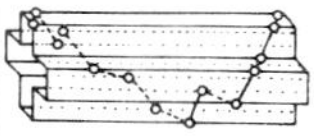	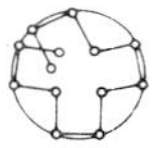	$-CH_2-CH_2-O-$	7_2	-12/12/120	Poly(ethylenglykol)
		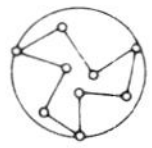	$-NH-CH_2-CO-$	7_2	-36/0/106	Poly(glycin) II
TGG	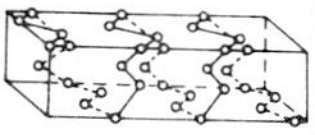	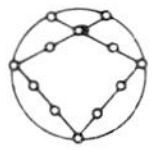	$-NH-CHR-CO-$	11_3	0/122/143	α-Helix der Polypeptide
TTGG		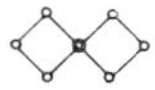	$-CH_2-CH(CH_3)-$	4_2	0/-120/-120	st-Poly(propylen)

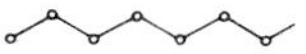

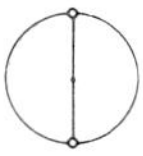

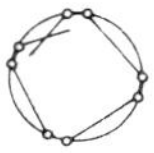

[1]) Grundbausteine pro Zahl der Windungen

Abb. 4-7: Wichtige Konformationstypen von Makromolekülen (nach S.-I. Mizushima und T. Shimanouchi).

Die Ketten versuchen sich so dicht wie möglich zu packen. Die erzielbaren minimalen Kettenabstände sind dabei durch die van der Waals'schen Radien der Atome gegeben. Die Kenntnis dieser Radien erlaubt mit Hilfe der Äquivalenz- und der Energieprinzipien die Makrokonformation im kristallinen Zustand abzuschätzen, ohne daß die im einzelnen wirkenden Kräfte bekannt sein müssen.

Beim Poly(ethylen) läßt sich aus der Bindungslänge von 0,154 nm und dem Bindungswinkel von 109,6° für die Kohlenstoffatome berechnen, daß die nichtgebundenen Wasserstoffatome in der T-Konformation 0,25 nm voneinander entfernt sind. Dieser Abstand ist größer als die Summe der von der Waals-Radien der Wasserstoffatome von 0,24 nm. Kristallines Poly(ethylen) liegt daher in der T-Konformation vor.

Beim Poly(tetrafluorethylen) wäre dagegen bei einer T-Konformation die Distanz der nichtgebundenen Fluoratome mit 0,25 nm kleiner als die sich zu 0,28 nm ergebende Summe der van der Waals-Radien. Die Kettenatome weichen daher unter leichter Veränderung des Torsionswinkels von 0 auf 16° aus der idealen T-Konformation aus (vgl. auch Abb. 4–7). Je größer die Substituenten, umso größer ist bei Kohlenstoffketten die Abweichung von der T-Konformation. Beim isotaktischen Poly(propylen) mit dem Grundbaustein $-(CH_2-CH(CH_3))-$ ist im energieärmsten Zustand z. B. jede zweite Konformation eine G-Konformation, sodaß die ganze Kette die Konformationssequenz ... TGTGTG ... annimmt. Diese Sequenz führt zu der Makrokonformation einer Helix.

4.2.2 HELIX-TYPEN

Makromoleküle liegen recht häufig in der Konformation einer Helix vor. Helices werden durch eine Zahl p_q gekennzeichnet, bei der p die Anzahl konformativer Strukturelemente pro q Windungen angibt, nach denen die Ausgangslage wieder hergestellt ist. it-Poly(propylen) bildet z. B. eine 3_1-Helix, d. h. es werden 3 konformative Strukturelemente z. B. des Typs $-(CH_2-CH(CH_3))-$ benötigt, um nach einer Windung die gleiche und nur durch eine Translation verschiedene räumliche Lage zu erreichen (Abb. 4–8). Bei einer 7_2-Helix sind entsprechend 7 konformative Strukturelemente in 2 Windungen erforderlich.

Eine Helix ist durch ihren Schraubensinn charakterisiert. Eine rechtsgängige Helix dreht im Uhrzeigersinn vom Beobachter weg, wenn man sie entlang der Achse betrachtet, eine linksgängige entsprechend umgekehrt. Die Helix ... $TG^+TG^+TG^+$ ... des it-PP ist daher linksgängig. Die linksgängige α-Helix der L-α-Aminosäuren hat entsprechend die Kettenkonformation ... $G^+G^+(trans)G^+G^+(trans)$ .... Das Symbol (trans) wird dabei manchmal verwendet, um starre Torsionswinkel anzuzeigen, in diesem Fall um die Amid-Doppelbindung (vgl. Abb. 4–7). Rechtsgängige Helices erhalten den Deskriptor P (plus), linksgängige den Deskriptor M (minus).

Polymere aus einem einzigen Typ von chiralen Grundbausteinen können im Prinzip links- und rechtsgängige Helices bilden. Die beiden Helixtypen sind jedoch diastereomer zueinander, d. h. sie sind energetisch ungleich. Aus diesem Grunde wird bei derartigen Polymeren immer eine bestimmte Gängigkeit bevorzugt. Polymere aus chiralen (S)-α-Olefinen und die meisten Poly(D-saccharide) bilden z. B. ausschließlich linksgängige Helices. Desoxyribonucleinsäuren und fast alle Poly(L-α-aminosäuren) liegen dagegen in rechtsgängigen Helices vor. Die Polymeren aus den entsprechenden monomeren Antipoden bilden Helices mit der entgegengesetzten Gängigkeit.

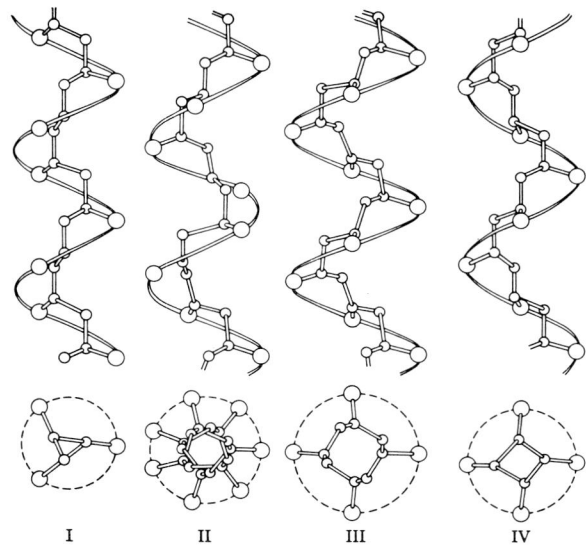

Abb. 4-8: Schematische Darstellung der Helix-Typen verschiedener isotaktischer Polymerer
$-(CH_2-CHR)_n$. I = 3_1; II = 7_2; III und IV = 4_1 (nach G. Natta, P. Corradini und I. W. Bassi).

Helices aus Polymeren mit prochiralen Grundbausteinen sind dagegen enantiomer zueinander. Links- und rechtgängige Helices sind in diesem Falle energetisch gleich wahrscheinlich. Isotaktisches Poly(propylen) weist daher im kristallinen Zustand gleiche Mengen an links- und rechtsgängigen Helices mit den Konformationen $(TG^+)_n$ bzw. $(TG^-)_n$ auf.

Makrokonformationen aus zwei oder drei ineinander gewundenen Helices werden manchmal auch als Superhelices oder Supersekundärstrukturen bezeichnet. Desoxyribonucleinsäuren bilden z. B. eine Doppelhelix aus zwei identischen Einzelhelices (vgl. Kap. 29). Bei synthetischen Polymeren scheinen it-Poly(methylmethacrylat) sowie Poly(p-hydroxybenzoesäure) Doppelhelices zu bilden. Tripelhelices werden z. B. vom Protein Kollagen gebildet (vgl. Kap. 30).

4. 2. 3 KONSTITUTIONSEINFLÜSSE

Bei isotaktischen Polyvinylverbindungen $-(CH_2-CHR)-$ zwingt die Größe der Substituenten R an jedem zweiten Kettenatom die Kette dazu, von der all-T-Konformation in die TG-Konformation auszuweichen. it-Poly(propylen) und it-Poly(styrol) liegen im kristallinen Zustand in Form von 3_1-Helices mit Torsionswinkeln von 0° und 120° vor. Die Bindungswinkel werden mit zunehmender Größe des Substituenten deutlich deformiert: 110° beim Poly(ethylen), 114° beim it-Poly(propylen) und 116° beim it-Poly(styrol). Beim Übergang vom it-Poly(5-methyl-1-hepten) zum it-Poly-(4-methyl-1-penten) rückt die Methylgruppe näher an die Hauptkette heran. Der größere sterische Effekt zwingt die Kettenatome, von den idealen trans- und gauche-Lagen mit Torsionswinkeln von 0 und +120° abzuweichen und Torsionswinkel von − 13 und + 110° anzunehmen. Poly(4-methyl-1-penten) liegt daher als 7_2-Helix vor.

Beim Poly(3-methyl-1-buten) befindet sich die Methylgruppe noch näher an der Kette: die Helix wird weiter aufgeweitet zu einer 4_1-Helix.

Isotaktische Polymere mit zwei Kettenatomen pro Grundbaustein neigen also dazu, in mehr oder weniger idealen TG-Konformationen aufzutreten. Die geringeren Energie-Unterschiede bei kleinen Abweichungen von den idealen Rotationswinkeln können außerdem zu verschiedenen Helixtypen führen. Bei rascher Kristallisation des it-Poly(buten-1) entsteht z. B. eine 4_1-Helix, die als energiereichere Form beim Tempern in eine 3_1-Helix übergeht (vgl. auch Kap. 10).

Bei syndiotaktischen Vinylpolymeren sind die Substituenten in der all-trans-Konformation weiter voneinander entfernt als bei den entsprechenden isotaktischen Verbindungen. Die T-Konformation ist daher in der Regel die energieärmste Konformation syndiotaktischer Polymerer. Poly(1,2-butadien), Poly(acrylnitril) und Poly(vinylchlorid) gehören zu dieser Gruppe. In einigen Fällen ist eine Folge von Torsionswinkeln $0,0,-120,-120°$ vorteilhafter. Substanzen wie st-Poly(propylen) nehmen daher in der Regel eine TTGG-Konformation ein, können aber auch wegen des geringen Energie-Unterschieds in einer T-Konformation kristallisieren.

Poly(vinylalkohol) mit dem Grundbaustein $-(CH_2-CHOH)-$ trägt an jedem zweiten Kettenatom eine Hydroxylgruppe. Diese OH-Gruppen können intramolekulare Wasserstoffbrücken bilden. it-Poly(vinylalkohol) bildet daher im Gegensatz zu den it-Poly(α-olefinen) keine Helix, sondern eine all-trans-Konformation aus. st-Poly(vinylalkohol) liegt aus dem gleichen Grund nicht als Zick-Zack-Kette, sondern als Helix vor.

Bei Polymeren mit Heteroatomen in der Kette kann der verminderte Einfluß der Wechselwirkungen zwischen den Elektronenwolken der Bindungen an den Kettenatomen wirksam werden. Bei der CH_2-Gruppe sind drei Bindungen, bei der O-Gruppe dagegen nur eine zu berücksichtigen. Die Potentialschwelle sinkt daher auf ungefähr 1/3 des Wertes bei Kohlenstoffketten ab (vgl. auch Tab. 4–3). Das bedeutet, daß z. B. Moleküle mit Sauerstoffatomen in der Hauptkette flexibler als vergleichbare mit Kohlenstoffketten sind. Wegen des verminderten Atomabstandes von 0,144 nm bei der C–O-Bindung gegenüber 0,154 nm bei der C–C-Bindung rücken Methylsubstituenten relativ näher zusammen, wodurch die Helix aufgeweitet wird. it-Poly(acetaldehyd) liegt daher als 4_1-Helix vor, it-Poly(propylen) aber als 3_1-Helix. Fällt der Einfluß der Methylsubstituenten fort, wie beim Poly(oxymethylen), so machen sich die Effekte der Bindungsorientierung besonders stark bemerkbar. Poly(oxymethylen) liegt daher in der G-Konformation vor, Poly(ethylenglykol) dagegen als TTG. Poly(glycin) II kristallisiert wie Poly(ethylenglykol) in einer 7_2-Helix, die wegen der Wasserstoffbrücken jedoch deformiert ist. Beim it-Poly(propylenoxid) wird durch die Methylsubstituenten die Abstoßung zwischen den Methylgruppen herauf- und die Bindungsorientierung herabgesetzt: dieses Polymere kristallisiert in einer all-trans-Konformation.

4.3 Konformation in Schmelze und Lösung

4.3.1 NIEDERMOLEKULARE VERBINDUNGEN

Die Konformation von Molekülen wird im Gaszustand ausschließlich, im kristallinen Zustand praktisch ausschließlich von intracatenaren Kräften bestimmt. Lösungsmittel wechselwirken mit dem Gelösten und können daher dessen Konformation ändern. Die Effekte sind jedoch gering, wenn das Gelöste nur von seinesgleichen umgeben ist. Butan weist daher im Gaszustand mit 3,35 kJ/mol und im flüssigen Zustand mit 3,22 kJ/mol die praktisch gleiche Konformationsenergie auf.

Beim 1,2-Dichlorethan können jedoch die Lösungsmittel mit den Chloratomen in Wechselwirkung treten. In den meisten Lösungsmitteln bevorzugt das 1,2-Dichlorethan die trans-Konformation; die Konformationsenergie $E_T - E_G$ ist daher negativ (Abb. 4-9). Je polarer das Lösungsmittel, umso positiver wird jedoch die Konformationsenergie, bis schließlich in Methanol die gauche-Konformation des 1,2-Dichlorethans überwiegt.

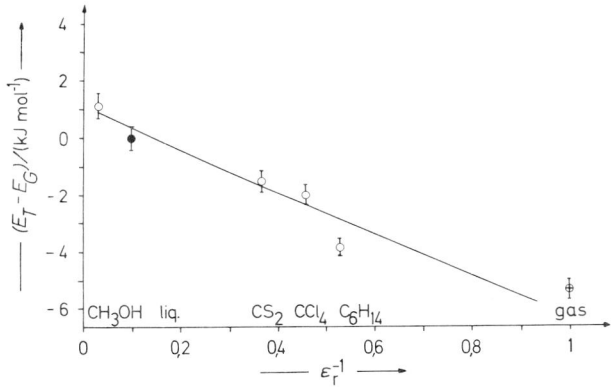

Abb. 4-9: Konformationsenergie von 1,2-Dichlorethan als Funktion der relativen Permittivität (früher: Dielektrizitätskonstante) in verschiedenen Lösungsmitteln (○), in Flüssigkeit (●) und im Gaszustand (⊕)

Tab. 4-4 Einfluß des Lösungsmittels auf die Konformation von meso-2,4-Pentandiol bei 40°C

Lösungs- mittel	Relative Permittivität	TT	Anteile konformativer Diaden in %		
			TG^+ und G^-T	TG^- und G^+T	G^+G^+ und G^-G^-
CCl_4	2,2	70	10	10	10
CH_2Cl_2	8,9	90	10	0	0
Pyridin	12,4	45	48	7	0
DMSO	46,7	30	60	10	0
D_2O	78,4	5	70	25	0

Die durch den gauche-Effekt bedingte Zunahme von gauche-Konformationen des Gelösten in polaren Lösungsmitteln zeigt sich auch beim meso-2,4-Pentandiol (Tab. 4-4). Bei dieser Verbindung sinken die Anteile der TT-Diaden mit zunehmender

Polarität des Lösungsmittels, während die Anteile an (TG$^+$ + G$^-$T)-Diaden ansteigen. Auffälligerweise sind die Anteile an reinen gauche-Diaden in allen Lösungsmitteln praktisch gleich null.

4.3.2 MAKROMOLEKULARE VERBINDUNGEN

Beim Schmelzen von kristallisierten helicalen Polymeren wird dem Kristallgitter in der Regel soviel Energie zugeführt, daß der die Makrokonformation stabilisierende Einfluß der Packung fortfällt und neue bzw. irreguläre Konformationssequenzen erzeugt werden. Dieser Stabilitätsverlust der einzelnen Helix wird jedoch entropisch kompensiert, da jedes einzelne Makromolekül nunmehr sehr viele Makrokonformere bilden kann, die untereinander in einem schnellen Gleichgewicht stehen. In der Schmelze überleben daher nur sehr kurze helicale Sequenzen in sehr geringen Konzentrationen. Sie sind daher z. B. spektroskopisch nicht mehr beobachtbar.

Ein Beispiel dafür ist syndiotaktisches Poly(propylen). Im stabilsten kristallinen Zustand zeigt hier das IR-Spektrum eine ausgeprägte „kristalline" Bande bei 868 cm^{-1}, die nach theoretischen Berechnungen praktisch ausschließlich durch die helicale (TTGG)-Konformationen bedingt ist (Abb. 4–10). Die Bande verschwindet beim Schmelzen.

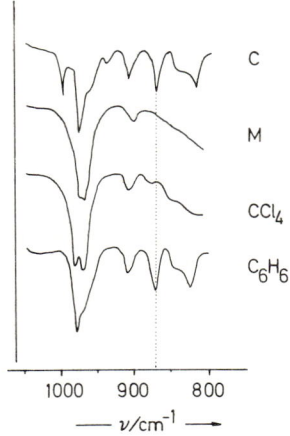

Abb. 4–10:
Ausschnitt aus dem Infrarotspektrum eines syndiotaktischen Poly(propylens), aufgenommen bei 37°C im kristallinen Zustand (C), in 4% Lsg. in Benzol (C_6H_6) bzw. in Tetrachlorkohlenstoff (CCl_4) sowie bei 170°C in der Schmelze (M). Die Bande bei 868 cm^{-1} mißt die Konzentration an helicalen (TTGG)-Sequenzen. Nach M. Peraldo und M. Cambini bzw. B. H. Stofer und H.-G. Elias.

Beim Lösen kristallisierter helicaler Polymerer treten prinzipiell die gleichen Effekte auf. Zusätzlich ist jedoch noch die Wechselwirkung des Lösungsmittels mit dem Polymeren und die dadurch erzeugte Änderung der Population und der Sequenzlänge der Konformationen zu beachten. Je nach der Stärke der Wechselwirkungen kann man dabei zwei Grenzfälle unterscheiden:

Starke Wechselwirkungen treten nur zwischen polaren Gruppen auf. Sie führen z. B. zu einer Solvatation makromolekularer Gruppen. Alternativ können auch Lösungsmittelmoleküle in der Nähe einer makromolekularen Gruppe einen gauche-Effekt induzieren. In jedem Falle werden die Konformationsänderungen des Makromoleküls beim Übergang vom kristallinen in den gelösten Zustand durch gruppenspezifische Wechselwirkungen, d. h. letztlich durch enthalpische Effekte, bewirkt. Da praktisch jede Bindung eine neue Konformation einnehmen kann, bleiben nur sehr wenige Bindungen in der alten Konformation erhalten. Die Sequenzlänge konformativer Diaden polarer Makromoleküle in stark polaren Lösungsmitteln ist daher sehr kurz.

Beim Lösen apolarer Makromoleküle in apolaren Lösungsmitteln treten dagegen nur schwache oder gar keine gruppenspezifischen Wechselwirkungen auf. Weder Solvatation noch induzierte gauche-Effekte sind treibende Kräfte für Konformationsänderungen. Konformationsänderungen müssen daher weitgehend entropisch bedingt sein. Aus energetischen Gründen werden nur einzelne Konformationen umgewandelt. Große Sequenzen bleiben in der ursprünglichen Konformation erhalten (Abb. 4-11), wobei natürlich bei enantiomeren Polymeren rasche Konformationsumwandlungen von linksgängigen in rechtsgängige Helices und umgekehrt stattfinden.

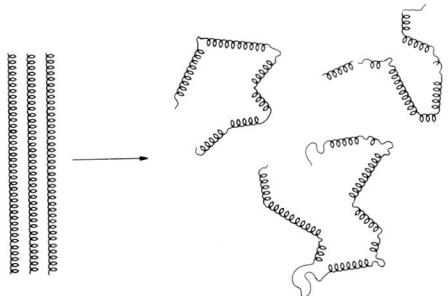

Abb. 4-11: Lösen von Makromolekülen, die im Kristall als Helix vorliegen. Nur wenige „falsche" Konformationen genügen, um die Makrokonformation eines Knäuels unter weitgehendem Beibehalt der Mikrokonformation einer Helix zu erzeugen.

Längere konformative Homosequenzen können dabei durch geordnete Lösungsmittel stabilisiert werden. Benzol bildet z. B. geldrollenförmige Assoziate, während Tetrachlorkohlenstoff keine Ordnung aufweist. st-Poly(propylen) weist nun in CCl_4 praktisch keine helicalen Sequenzen auf, wohl aber in Benzol. Die Intensität der durch diese Sequenzen in Benzol erzeugten IR-Bande bei 868 cm^{-1} nimmt mit steigender Temperatur ab, bis schließlich bei ca. 57°C alle Helixstücke aufgeschmolzen sind (Abb. 4-12).

Ähnliche Ordnungserscheinungen in Lösung lassen sich auch bei anderen Polymeren und mit anderen Methoden beobachten. Nach Protonresonanz-Messungen tritt bei Poly(oxyethylenen) $HO(CH_2CH_2O)_nH$ in benzolischer Lösung und schwächer in CCl_4-Lösungen vom Heptameren an ein neues Signal auf, das sicher einer anderen Konformation zuzuschreiben ist. Alkane $CH_3(CH_2)_nCH_3$ zeigen nach PMR-Messungen in 1-Chlornaphthalin bei n < 14 nur ein Methylenproton-Signal, bei n > 15 aber zwei. Diese Signalaufspaltung wurde nicht in CCl_4 oder in deuterierten Alkanen gefunden. Sie wurde durch eine intramolekulare Kettenfaltung erklärt, könnte aber auch durch eine intermolekulare Assoziation von Kettenstücken bedingt sein.

Die mittlere Zahl der in helicalen Sequenzen vorliegenden Bausteine kann über die Konformationsenergie ΔE abgeschätzt werden. Sie ist durch die Hälfte der Gibbs-Energie für die „Reaktion" zwischen einer linksgängigen und einer rechtsgängigen konformativen Diade

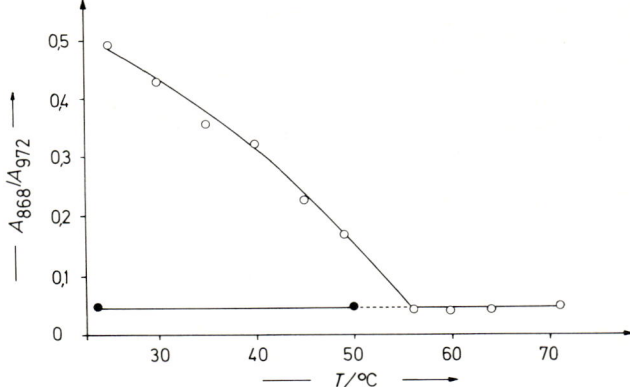

Abb. 4-12: Temperaturabhängigkeit des Verhältnisses der Absorptionen bei 868 („kristalline" Bande) und bei 972 cm^{-1} (Bezugsbande) bei einer Lösung eines st-Poly(propylens) (ca. 4 · 10^{-3} g/cm^3) in Benzol (○) und Tetrachlorkohlenstoff (●) (nach B. Stofer und H.-G. Elias).

(4-3) $\quad$ ll + dd $\rightleftarrows$ ld + dl

gegeben, d. h. durch

(4-4) $\quad \Delta E = (1/2)\,\Delta G = -(RT/2)\ln\dfrac{[ld]\,[dl]}{[ll]\,[dd]} = (RT/2)\ln\dfrac{g_{ll}g_{dd}}{g_{ld}g_{dl}}$

Die Stoffmengenkonzentrationen können dabei durch die statistischen Gewichte g_{ii} ersetzt werden, die wiederum mit der Konformationsenergie E_{jk} einer konformativen Diade über $E_{jk} = -RT \ln g_{jk}$ verknüpft sind. Für die Konformationsenergie ΔE erhält man daher

(4-5) $\quad \Delta E = 0{,}5\,(E_{ll} + E_{dd}) - 0{,}5\,(E_{ld} + E_{dl})$

E_{ll} ist dabei die Konformationsenergie einer linksgängigen Monomereneinheit, die einer anderen linksgängigen Monomereinheit folgt; E_{dl} die Energie einer linksgängigen Einheit, die einer rechtsgängigen folgt usw. Bei Ketten mit achiralen konfigurativen Grundbausteinen gilt $E_{ld} = E_{dl}$, bei Ketten mit chiralen kettenständigen Gruppierungen oder seitenständigen Liganden dagegen $E_{ld} \neq E_{dl}$. Die mittlere Zahl N_h der in helicalen Sequenzen vorliegenden Bausteine ergibt sich dann über

(4-6) $\quad N_h = \dfrac{1 + \exp(-\Delta E/RT)}{\exp(-\Delta E/RT)}$

Nach diesen Berechnungen liegen z. B. bei Poly(4-methyl-1-penten) je ca. 12 Monomereinheiten in links- und rechtsgängigen helicalen Segmenten vor. Beim Poly-

((S)-4-methyl-1-hexen) kommen jedoch im Mittel 31 Grundbausteine in einer linksgängigen Helix, aber nur 2,2 in einer rechtsgängigen Helix vor.

Da Polymere mit chiralen Bausteinen Helices mit bevorzugter Gängigkeit bilden und die Helices selbst chiral sind, läßt sich die Helizität derartiger Polymerer über ihre optische Aktivität bzw. ihre optische Rotationsdipersion oder ihren Circulardichroismus studieren. Diese Methoden sind natürlich bei Polymeren aus prochiralen Monomeren nicht anwendbar. Man kann aber in diesem Falle das Konformationsgleichgewicht durch chemische Reaktionen „einfrieren". Jeder konfigurative Diadentyp entspricht ja einem bestimmten Konformationstyp. Im stereochemischen Gleichgewicht führen die dort vorhandenen Konformationen folglich zu den entsprechenden Populationen an konfigurativen Diaden, Triaden usw. Derartige Gleichgewichte lassen sich z. B. über die Reaktion von Poly(acrylverbindungen) mit Basen studieren (vgl. Gl. (23-10)). Die so entstehenden Verteilungen an konfigurativen Diaden und Triaden sind schon bei konstitutiven Trimeren mit denen von konstitutiven Dimeren praktisch identisch (Tab. 4-5); bei Konformationsbetrachtungen müssen folglich nur die nächsten Nachbarn berücksichtigt werden und nicht weiter entfernte Gruppierungen. Bei Poly(acrylverbindungen) mit kleinen Substituenten entstehen dabei praktisch idealataktische Polymere. Größere Substituenten führen jedoch zu einem höheren Anteil an syndiotaktischen Diaden auf Kosten der isotaktischen, während der Anteil an heterotaktischen Diaden praktisch konstant bleibt.

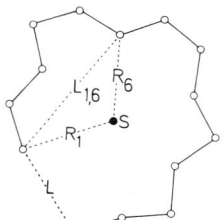

Abb. 4–13:

Schematische Darstellung eines Knäuelmoleküls aus 14 Massenpunkten mit dem Fadenendenabstand L und den Trägheitsradien R_i der einzelnen Massepunkte zum Schwerpunkt S.

4.4 Gestalt von Makromolekülen

4.4.1 ÜBERSICHT

Die äußere Gestalt von Makromolekülen wird durch die Zahl und die Verteilung der Konformationen sowie durch die Wechselwirkungen zwischen den Kettensegmenten bestimmt. Als Kettensegmente oder kurz „Segmente" werden dabei Kettenteile von meist beliebiger Länge definiert.

Moleküle in einer perfekten Helixkonformation sind ihrer Gestalt nach Zylinder bzw. Stäbchen. Sie werden durch ihre äußeren Abmessungen wie Länge und Durchmesser charakterisiert.

Bei Makromolekülen mit unterbrochenen Helixkonformationen kann man je nach den Wechselwirkungen zwischen den nichthelicalen und helicalen Segmenten zwei Typen unterscheiden. Bei starken Anziehungskräften packen sich die Segmente in bestimmten, durch die Konstitution und Konfiguration der Grundbausteine vorgegebenen, mehr oder weniger dichten Lagen zusammen. Es resultieren „kompakte" Körper mit der Gestalt von Kugeln oder Ellipsoiden. Sie werden ebenfalls durch ihre äußeren Abmessungen wie Durchmesser, Achsenlänge und Achsenverhältnis charakterisiert.

Tab. 4-5 Stereochemische Gleichgewichte bei Verbindungen $CH_3(CHR-CH_2)_N H$

R	N	$\frac{T}{°C}$	Lösungsmittel	Katalysator	x_i	x_{ii}	x_{ss}	x_{is}
CH_3	4	−75	Pentan	HSO_3Cl	0,46			
CH_3	4	270	Octan	Pd/C	0,49			
CH_3	5	270	Octan	Pd/C	0,49	0,24	0,26	0,50
COOH	3	180	Wasser	HCl	0,48	0,24	0,27	0,49
$COONH_4$	3	180	Wasser	NH_4OH	0,48	0,24	0,27	0,49
COONa	3	180	Wasser	NaOH	0,45	0,20	0,30	0,50
$COOCH_3$	2	25	Methanol	CH_3ONa	0,46			
$COOCH_3$	3	25	Methanol	CH_3ONa	0,45	0,20	0,29	0,51
$COOC_2H_5$	3	25	Ethanol	C_2H_5ONa	0,43	0,18	0,31	0,51
$COO(i-C_3H_7)$	3	25	i-Propanol	$i-C_3H_7OH$	0,36	0,11	0,40	0,49
C_6H_5	2	25	DMSO	t-BuOK	0,49			
C_6H_5	3	70	DMSO	t-BuOK	0,47	0,22	0,28	0,50
CN	2	25	Methanol	NaOH	0,40			
Cl	2	25	CS_2	LiCl	0,29			
Cl	2	70	DMSO	LiCl	0,36			
Cl	3	70	DMSO	LiCl	0,34	0,11	0,43	0,46

Wirken dagegen zwischen den Segmenten überwiegend Abstoßungskräfte, dann nehmen die Segmente schon bei wenigen „Knicken" zwischen den helicalen Segmenten die Gestalt eines Knäuels mit mehr oder weniger wirr durcheinander liegenden Kettenstücken an (Abb. 4-11). Ein derartiges Knäuelmolekül wird über seinen Fadenendenabstand L oder über seinen Trägheitsradius R charakterisiert (Abb. 4-13). Diese Größen werden oft mit der Konturlänge und der maximal möglichen Länge verglichen. Die Konturlänge ist die Länge einer völlig gestreckten Kette aus N Kettenbindungen mit der Bindungslänge b

(4-7) $\qquad L_{cont} = N b$

Sie ergibt sich beim Abschreiten der Kontur der Kette und ist folglich unabhängig vom Bindungswinkel zwischen den Kettenatomen. Die physikalisch maximal mögliche Länge ist dagegen außer durch Zahl und Länge der Kettenbindungen noch durch den Bindungswinkel τ der Kette gegeben. Sie berechnet sich aus einfachen geometrischen Überlegungen zu

(4-8) $\qquad L_{max} = N b \sin(0{,}5\,\tau)$

Die Gestalt und Größe von Makromolekülen und die Segmentverteilung innerhalb dieser Formen bestimmen das ausgeschlossene Volumen der Polymeren. Kompakte Molekülformen wie Helices, Ellipsoide und Kugeln besitzen nur ein *äußeres* (externes, intermolekulares) ausgeschlossenes Volumen: der Platz eines Moleküles im Raum kann von keinem zweiten eingenommen werden und ist daher für die anderen Moleküle ausgeschlossen. Knäuelmoleküle mit ihrem lockeren inneren Aufbau weisen dagegen zusätzlich noch ein *inneres* (internes, intramolekulares) ausgeschlossenes Volumen auf, da der Platz eines Segmentes nicht von einem anderen Segment des gleichen Moleküles eingenommen werden kann.

Abb. 4-14: Tertiärstruktur des Proteins Myoglobin (I) und Quartärstruktur des Proteins Hämoglobin (II). ● bedeutet einen Aminosäurerest. Hämoglobin besteht aus 4 Untereinheiten vom Myoglobin-Typ. Die Häminebenen sind in der schematischen Darstellung schraffiert eingezeichnet (nach M. F. Perutz). Das Hämoglobin ist verglichen mit dem Myoglobin verkleinert dargestellt.

4.4.2 KOMPAKTE MOLEKÜLE

Eine perfekte helicale Kettenkonformation führt immer zur äußeren Gestalt eines Stäbchens bzw. Zylinders, Jeder Stab weist aber pro Grundbaustein eine gewisse Flexibilität auf. Die Biegsamkeit pro Molekül muß daher mit steigendem Polymerisationsgrad zunehmen, selbst wenn die Biegsamkeit pro Grundbaustein konstant bleibt. Ein makroskopisches Beispiel dafür ist die Biegsamkeit von Stahldrähten gleicher Dicke aber verschiedener Länge. Bei sehr hohen Molmassen wird somit selbst eine perfekte Helix in Form eines Knäuels vorliegen. Helical vorliegende und andere „steife" Makromoleküle lassen sich daher häufig gut durch das Modell einer sog. wurmartigen Kette beschreiben: bei niedrigen Molmassen ähneln die Ketten steifen Stäbchen, bei hohen Molmassen dagegen Knäueln. Beispiele sind Nucleinsäuren, viele Poly-(α-aminosäuren) und hochtaktische Poly(α-olefine).

Ellipsoide und Kugeln findet man vor allem bei Proteinen, natürlich vorkommenden Copolymeren verschiedener α-Aminosäuren. Bestimmte Sequenzen dieser α-Aminosäuren können sich zu helicalen Konformationen anordnen, während andere Sequenzen nichthelical sind (Abb. 4-14). Die Wechselwirkungen dieser geordneten und ungeordneten Sequenzen mit sich selbst und dem Lösungsmittel bestimmen dann die innere Struktur und die äußere Gestalt. In Wasser versuchen sich z. B. die hydrophilen Gruppen an der Oberfläche des Protein-Moleküls anzuordnen und die hydrophoben Gruppen im Innern. Beim Myoglobin sind z. B. nur zwei Aminosäurereste mit hydrophilen Substituenten im Innern anzutreffen. Ein solches Proteinmolekül erscheint dann als ziemlich kompakte Kugel oder als Ellipsoid.

Viele Proteinmoleküle schließen sich zu Assoziaten aus mehreren Molekülen zusammen. Diese „Quartärstrukturen" sind häufig so stabil, daß sie im experimentell zugänglichen Konzentrationsbereich nicht merklich in die Moleküle dissoziieren.

Sie erscheinen dann als Moleküle und nicht als Assoziate. Ihrer äußeren Gestalt nach sind sie meist ebenfalls kugelförmig oder ellipsoidal. Ein Beispiel ist das Protein Hämoglobin, daß aus vier „Untereinheiten" (d. h. Molekülen) vom Myoglobin-Typ besteht (Abb. 4-14).

Die Dissoziation von Quartärstrukturen kann jedoch in geeigneten Lösungsmitteln erzwungen werden, bei Proteinen z. B. oft durch wässrige Harnstofflösungen. In wieder anderen Lösungsmitteln wie z. B. Dichloressigsäure lösen sich auch die helicalen Sequenzen auf und das Molekül nimmt die Form eines Knäuels an. Diese „Denaturierung" kann ferner durch vorsichtiges Erwärmen wässriger Proteinlösungen hervorgerufen werden; sie wird daher manchmal Wärmedenaturierung genannt. Beim stärkeren Erhitzen oder unter dem Einfluß von Strahlung, Druck, Scherkräften oder chemischen Reagenzien setzt dann anschließend eine Assoziation der Knäuelmoleküle zu größeren Aggregaten ein. Diese „Wärmeaggregation" gibt sich durch Trübwerden der Lösung und Änderungen der biologischen Aktivität zu erkennen. Im technischen Bereich werden Wärmedenaturierung und Wärmeaggregation oft nicht voneinander unterschieden und dann einfach als Denaturierung bezeichnet.

4.4.3 KNÄUELMOLEKÜLE

Die Knäuelform von Makromolekülen läßt sich bei genügend großem Durchmesser der Kette elektronenmikroskopisch nachweisen. Da die Moleküle auf einer Unterlage liegen, erhält man stets eine zweidimensionale Projektion ihrer in Lösung vorliegenden dreidimensionalen Form. Desoxyribonucleinsäure wird so als zweidimensionales Knäuel abgebildet, obwohl die lokale Konformation die einer Doppelhelix ist (Abb. 4-15).

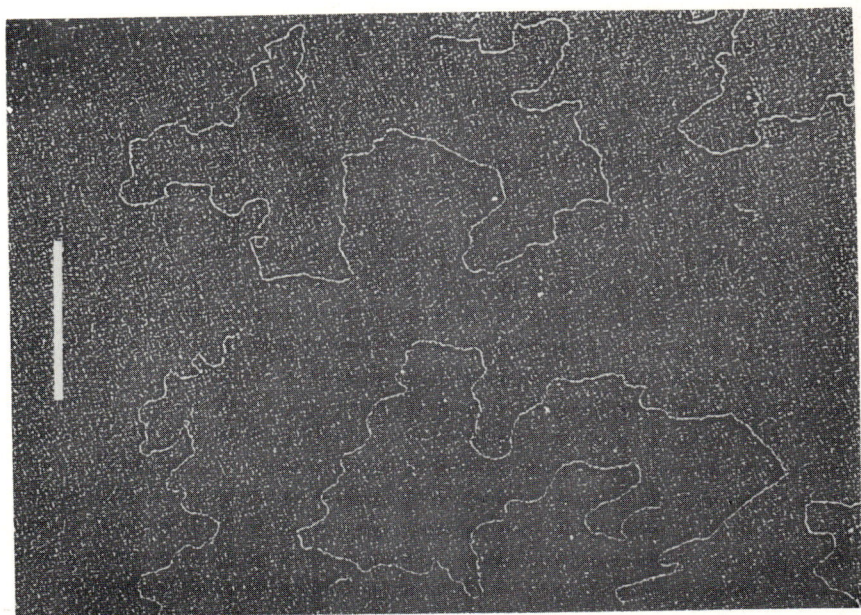

Abb. 4-15: Elektronenmikroskopische Aufnahme der Doppelketten der Desoxyribonucleinsäure (nach D. Lang, H. Bujard, B. Wolff und D. Russell).

Derartige Abbildungen entsprechen Momentaufnahmen. Die Konformationen wandeln sich rasch ineinander um und erzeugen folglich auch sich schnell ändernde Makrokonformationen. Die experimentell beobachteten Abmessungen sind daher selbst bei molekulareinheitlichen Polymeren Mittelwerte über sehr viele Makrokonformationen. Bei molekularuneinheitlichen Polymeren tritt dazu noch die Mittelung über die verschiedenen Molekülängen. Die Zahl der möglichen Makrokonformationen ist dabei astronomisch. Eine lineare Molekülkette mit N kettenständigen Bindungen und 3 energetisch gleich wahrscheinlichen Konformationen um jede Bindung kann nämlich 3^N Makrokonformationen einnehmen. Bei einem Polymerisationsgrad von 1001 sind das folglich bereits $3^{1000} \approx 10^{477}$ Makrokonformationen. Die besten EDV-Maschinen können jedoch z. Zt. nur $3^{100} \approx 10^{47}$ Konformationen berechnen. Glücklicherweise erreicht man bei ca. 100 Kettenbindungen für viele Eigenschaften bereits die asymptotischen Werte.

Die Gestalt von Knäuelmolekülen wird oft inkorrekterweise als kugelförmig angenommen. Tatsächlich nehmen jedoch die unzähligen Makrokonformationen eines Knäuelmoleküles niemals eine einfache geometrische Form an, auch nicht momentan. Man kann aber jeder Makrokonformation eine mittlere Gestalt zuordnen, was selbstverständlich vor der Mittelung über die anderen möglichen Makrokonformationen zu erfolgen hat. Unterläßt man diese Zuordnung, so wird die Mittelung zu einer symmetrischeren Gestalt führen als in Wirklichkeit vorhanden ist.

Die momentane Gestalt eines Knäuelmoleküles läßt sich mit den bekannten Methoden nicht experimentell bestimmen. Sie kann jedoch wie folgt berechnet werden:

Der Schwerpunkt des Moleküls wird in den Ursprung eines Cartesischen Koordinatensystems gelegt. Das Molekül wird dann in diesem Koordinatensystem so orientiert, daß die Haupt-Trägheitsachsen mit den Koordinatenachsen identisch sind. Der Vektorradius R_i jedes Massenpunktes (vgl. Abb. 4-13) kann nun in die drei orthogonalen Komponenten $(R_i)_1$, $(R_i)_2$ und $(R_i)_3$ zerlegt werden. Dabei muß gelten

(4-9) $\quad (R_i)_1^2 + (R_i)_2^2 + (R_i)_3^2 = R_i^2$

In gleicher Weise kann auch der Trägheitsradius in drei Komponenten zerlegt werden, nämlich $R_{G,1}^2$, $R_{G,2}^2$ und $R_{G,3}^2$. Da diese drei Komponenten in einer speziellen Beziehung zu den drei Haupt-Trägheitsachsen des Moleküls stehen, werden sie die Haupt-Komponenten des Trägheitsradius der Kette genannt.

Bei einem völlig kugelsymmetrischen Knäuelmolekül würde gelten

(4-10) $\quad R_{G,1}^2 = R_{G,2}^2 = R_{G,3}^2 = R_G^2/3$

Berechnungen haben jedoch gezeigt, daß die Quadrate der Hauptkomponenten nicht gleich groß, sondern verschieden sind. Sie verhalten sich zueinander wie 11,8 : 2,7 : 1. Die momentane Gestalt eines Knäuelmoleküls ist daher nicht kugelförmig, sondern mehr die einer Niere. Mit zunehmender Verzweigung werden die Moleküle jedoch symmetrischer.

4.4.4 AUSGESCHLOSSENES VOLUMEN KOMPAKTER MOLEKÜLE

Das ausgeschlossene Volumen starrer Makromoleküle ist verhältnismäßig einfach zu berechnen, da man hier nur das zwischen zwei Molekülen herrschende ausgeschlossene Volumen betrachten muß. Das ausgeschlossene Volumen innerhalb eines Moleküles ist dagegen bei starren Molekülen definitionsgemäß gleich null.

Das Volumen einer unsolvatisierten *Kugel* mit den Radius r, der Molmasse M und dem spezifischen Volumen v ist durch

(4-11) $\quad V_{Kugel} = (4\pi/3)(r_{Kugel})^3 = M_{Kugel} v_{Kugel}/N_L$

gegeben. Eine Kugel kann sich einer anderen Kugel nur bis auf die Distanz $2r_{Kugel}$ nähern. Das ausgeschlossene Volumen u_{Kugel} ist somit achtmal so groß wie das Volumen der Kugel selbst:

(4-12) $\quad u_{Kugel} = (4\pi/3)(2r_{Kugel})^3 = 8 M_{Kugel} v_{Kugel}/N_L$

Zur Berechnung des ausgeschlossenen Volumens von *Stäbchen* werden diese als Zylinder mit dem Volumen

(4-13) $\quad v_{stab} = (\pi r_{stab}^2) \, l_{stab}$

und dem Radius r_{stab} sowie der Länge l_{stab} angenommen. Das Problem ist hier die Berechnung der gegenseitigen Orientierung der Stäbchen im Raum. Bei Stäbchen, die weniger als den Abstand l_{stab} voneinander entfernt sind, können nämlich nicht alle Orientierungen auftreten. Die Durchrechnung führt zu einem Faktor (l_{stab}/r_{stab}) anstelle des bei Kugeln geltenden Faktors 8

(4-14) $\quad u_{stab} = (l_{stab}/r_{stab})(M_{stab} \, v_{stab}/N_L)$

In analoger Weise lassen sich die ausgeschlossenen Volumina anderer starrer Teilchen berechnen. Sie sind zusammen mit den Beziehungen zwischen dem Trägheitsradius und den charakteristischen Dimensionen in Tab. 4-6 zusammengestellt.

4.4.5 AUSGESCHLOSSENES VOLUMEN VON KNÄUELMOLEKÜLEN

Reale Knäuelmoleküle weisen ein externes und ein internes ausgeschlossenes Volumen auf. Das externe ausgeschlossene Volumen wird intermolekular erzeugt; sein Einfluß verschwindet folglich bei unendlich verdünnten Lösungen. Das ausgeschlossene interne Volumen besitzt jedoch auch bei unendlicher Verdünnung noch einen endlichen Wert.

Das interne ausgeschlossene Volumen wird dagegen intramolekular durch die endliche Dicke der Molekülketten hervorgerufen; sein Einfluß ist daher selbst bei unendlicher Verdünnung noch vorhanden. Das interne ausgeschlossene Volumen kann formal in zwei Teile zerlegt werden. Abstoßungskräfte führen zu einem positiven ausgeschlossenen Volumen. Anziehungskräfte machen dagegen das resultierende Volumen zweier sich kontaktierender Kettenstücke kleiner als die Summe ihrer Einzelvolumina; das ausgeschlossene Volumen ist hier negativ.

In speziellen Fällen kompensieren sich positives und negatives Volumen gegenseitig. Das Knäuel benimmt sich dann so, als ob es aus einem unendlich dünnen Faden besteht. Es nimmt in diesem Falle folglich seine sog. ungestörten Dimensionen ein;

es ist ein „ideales" Knäuel mit einer Gauß-Verteilung der Fadenendenabstände (vgl. Kap. A 4-4).

Die das ausgeschlossene Volumen erzeugenden Wechselwirkungskräfte nennt man „langreichend", da sie zwischen Kettengliedern erfolgen, die entlang der Kette durch viele andere Kettenglieder getrennt sind. Die behinderte Drehbarkeit wird entsprechend durch „kurzreichende" Kräfte zwischen nichtgebundenen Atomen bzw. Gruppen hervorgerufen. Die Ausdrücke „kurzreichend" und „langreichend" beziehen sich folglich nicht auf die Reichweite der Kräfte selbst, sondern auf den Abstand der beteiligten Gruppen entlang der Kette (Abb. 4-16).

Tab. 4-6: Ausgeschlossene Volumina u und mittlere Trägheitsquadrate $\langle R_G^2 \rangle$ als Funktion der charakteristischen Dimensionen verschiedener Teilchenformen (V = Volumen)

Teilchen	u	$\langle R_G^2 \rangle$
Unendlich dünne Kugelschalen mit Radius r	$8 V$	r^2
Kugelschale mit äußerem Radius r_a und innerem Radius $r_i = C r_a$	$8 V$	$(3/5)\left(C^2 + \dfrac{C+1}{C^2+C+1}\right) r_a^2$
Kugel mit Radius r	$8 V$	$(3/5) r^2$
Sehr dünnes Scheibchen mit Dicke h und Radius r	$\pi (r/h) V$	$0{,}5 r^2$
Rotationsellipsoide a) zigarrenförmig mit Länge l und Radius r ($l \gg r$)	$(3/8) \pi (l/r) V$	$(1/5)(l^2 + 2 r^2)$
b) linsenförmig mit Dicke h und Radius r ($r \gg h$)	$(3/2) \pi (r/h) V$	$(1/5)(r^2 + 2 h^2)$
Stäbchen mit Länge l und Durchmesser $2 r$	$(l/r) V$	$(l^2/12) + r^2$
Knäuel im Theta-Zustand mit dem Fadenendenabstand $\langle L^2 \rangle_0^{0,5}$	siehe Kap. 4.5.5	$\langle L^2 \rangle_0 / 6$
Knäuel mit dem hydrodynamisch äquivalenten Radius r_h		$(8/(3 \pi^{0,5}))^2 \langle r_h^2 \rangle$
Knäuel mit der Beziehung $\langle L^2 \rangle = \text{const.} M^{1+\epsilon}$		$(1/6) \langle L^2 \rangle (1 + (5/6)\epsilon + (1/6)\epsilon^2)^{-1}$

Langreichende Kräfte bewirken wegen des erzeugten internen ausgeschlossenen Volumens entweder eine Aufweitung oder eine Kontraktion des Knäuelmoleküls. Diese Dimensionsänderung läßt sich formal durch einen auf die Trägheitsradien bezogenen Aufweitungs- oder Expansionsfaktor α_R beschreiben

(4-15) $\quad \langle R_G^2 \rangle = \alpha_R^2 \langle R_G^2 \rangle_0$

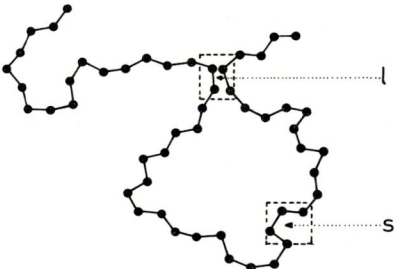

Abb. 4-16: Kurzreichende (s) und langreichende (l) Kräfte bei kettenförmigen Molekülen.

Der Aufweitungsfaktor wird bei ungestörten Knäuelmolekülen gleich 1. Je größer α_R, umso stärker ist die Aufweitung und umso „besser" ist auch das Lösungsmittel für das betreffende Polymere.

In Gl. (4-15) wurde der Aufweitungsfaktor so angesetzt, daß er bei Umrechnung auf Längen gerade die lineare Aufweitung angibt. Der so berechnete lineare Aufweitungsfaktor ist natürlich eine fiktive Größe, da die Knäuel nicht kugelförmig gebaut sind und folglich in den verschiedenen Raumrichtungen verschiedene Aufweitungsfaktoren aufweisen. Die in verschiedenen Richtungen ungleichmäßige Aufweitung führt dann dazu, daß die Verteilung der Molekülsegmente in realen Knäueln nicht mehr wie bei idealen Knäueln einer Gauß-Statistik folgt. Aus diesem Grunde ist auch der über die Trägheitsradien definierte Aufweitungsfaktor nicht mit dem analog über die Fadenendenabstände definierten identisch.

Zur Berechnung des ausgeschlossenen Volumens von Knäuelmolekülen muß die Potentialfunktion $\varphi(r)$ zwischen zwei sich im Abstand r befindenden Segmenten gefunden werden. Die Segmente können aus einem Molekül stammen oder auch aus zwei Molekülen. Da jedes Molekül viele Segmente aufweist, gestalten sich die Ansätze sehr schwierig. Der Weg kann daher nur skizziert werden.

Das ausgeschlossene Volumen u_{seg} eines Segmentes wird durch das sog. Cluster-Integral ausgedrückt, wobei $\varphi(r)$ viel kleiner als $\langle R_G^2 \rangle^{1/2}$ sein soll:

$$(4-16) \quad u_{seg} = 4\pi \int_0^\infty (1 - \exp(-\varphi(r)/(kT))) \, r^2 \, dr$$

Alle Theorien stimmen nun darin überein, daß man u_{seg} in eine direkte Beziehung zum Aufweitungsfaktor α_R bringen kann. Zur Vereinfachung der Rechnung wird dazu ein Parameter z definiert

$$(4-17) \quad z = (4\pi)^{-3/2} \, (u_{seg}/M_{seg}^2) \, (M^2/\langle R_G^2 \rangle_0^{3/2})$$

u_{seg}/M_{seg}^2 ist dabei eine von der Molmasse M der Kette unabhängige, aber noch von Konstitution und Konfiguration abhängige Konstante, da sie das durch ein Segmentpaar erzeugte ausgeschlossene Volumen beschreibt. Der Parameter z ist nicht direkt experimentell zugänglich; er kann aus experimentellen Daten nur mit Hilfe von Theorien berechnet werden.

Mit Hilfe von z läßt sich aus dem Cluster-Integral ein Ausdruck für den Aufweitungsfaktor ableiten, wenn folgende Annahmen gemacht werden:
1. Die Wahrscheinlichkeit für die Verteilung der Bindungsvektoren folgt einer Gauß-Funktion
2. Das Potential für die Wechselwirkung zwischen den Segmenten ist additiv.
3. Das Paarpotential folgt dem Ansatz

$$\exp(-\varphi(r)/(kT)) = 1 - u_{seg}\,\delta(r) \approx \exp(-u_{seg}\,\delta(r))$$

wobei r der Vektorabstand zwischen zwei Segmenten und $\delta(r)$ die dreidimensionale Dirac-Delta-Funktion ist.

Mit diesen Annahmen folgt für die Beziehung zwischen dem Aufweitungsfaktor α_R (bezogen auf den Trägheitsradius) und z

(4-18) $\quad \alpha_R^2 = 1 + (134/105)z - 2{,}082\,z^2 + \ldots$

und entsprechend für den Aufweitungsfaktor α_L (bezogen auf den Fadenendenabstand)

(4-19) $\quad \alpha_L^2 = 1 + (4/3)z - 2{,}075\,z^2 + 6{,}459\,z^3 - \ldots$

Die Reihenentwicklungen gelten exakt für Knäuel mit paarweise additiven Wechselwirkungen. Die Reihen konvergieren jedoch nur sehr langsam und sind daher in der angegebenen Form nur für $z \leq 0{,}10$ (für α_R) bzw. $z < 0{,}15$ (für α_L) anwendbar. α_R^2 sollte aber in jedem Fall nur von z abhängen, d. h. Gl. (4-18) sollte universell für alle Systeme Polymer/Lösungsmittel/Temperatur gelten.

Für die Funktion $\alpha_R = f(z)$ wurde bislang kein geschlossener Ausdruck gefunden. Es ist auch fraglich, ob es überhaupt eine allgemein gültige Funktion $\alpha_R = f(z)$ gibt. Die früher viel verwendete Funktion

(4-20) $\quad \alpha_R^3 = 1 + 2z$

beschreibt zwar die Anfangsneigung bei $\alpha_R \approx 1$ korrekt, führt jedoch bei großen Aufweitungsfaktoren zu starken Abweichungen von der experimentellen Kurve (Abb. 4-17). Die Meßdaten lassen sich jedoch oft gut durch die halbempirischen Yamakawa-Tanaka-Gleichungen wiedergeben.

(4-21a) $\quad \alpha_R^2 = 0{,}541 + 0{,}459(1 + 6{,}04\,z)^{0{,}46}$

(4-21b) $\quad \alpha_L^2 = 0{,}572 + 0{,}428(1 + 6{,}23\,z)^{0{,}50}$

4.5 Statistik von Knäuelmolekülen

4.5.1 UNGESTÖRTE KNÄUEL

Knäuelmoleküle werden im allgemeinen durch statistische Größen wie den Fadenendenabstand L und den Trägheitsradius R charakterisiert. Zwischen diesen Größen

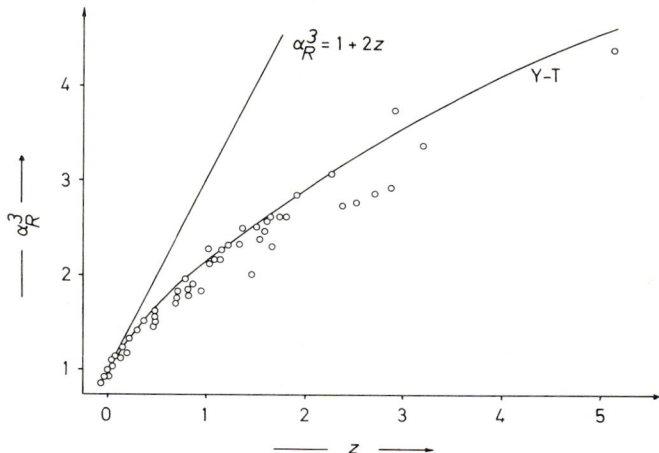

Abb. 4-17: Aufweitungsfaktor als Funktion von z für Poly(styrol) in verschiedenen Lösungsmitteln. Y-T = Yamakawa-Tanaka-Gleichung.

selbst und zwischen ihnen und molekularen Größen wie der Zahl N der Bindungen, den Bindungslängen b, den Bindungswinkeln τ und den Torsionswinkeln θ bestehen oft einfache Zusammenhänge.

Beim einfachsten Modell werden unendlich dünne Segmente und beliebig große Bindungswinkel angenommen. Die gewünschte Beziehung zwischen dem Fadenendenabstand L und den anderen molekularen Größen läßt sich dann durch eine Vektorrechnung erhalten (vgl. Anhang zu Kap. 4). Das Wesentliche läßt sich einer etwas mehr anschaulicheren Betrachtung entnehmen:

Zwei Segmente mit der Länge b sollen einen Winkel τ einschließen. Der Abstand L_{00} zwischen den Enden der beiden Segmente ist dann durch den Cosinussatz gegeben

(4-22) $\quad L_{00}^2 = 2\,b^2 - 2\,b^2 \cos \tau$

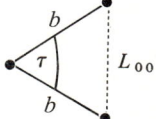

Wenn beliebig viele Winkel τ vorhanden sind, tritt an die Stelle von L_{00}^2 das Mittel über die Quadrate der Fadenendenabstände $\langle L^2 \rangle_{00}$ und anstelle $\cos \tau$ das Mittel $\langle \cos \tau \rangle$. Da alle Richtungen gleich wahrscheinlich sind, wird aber $\langle \cos \tau \rangle = 0$. Gl. (4-22) wird daher zu

(4-23) $\quad \langle L^2 \rangle_{00} = 2\,b^2$

Beim Übergang von 2 Segmenten auf N Segmente erhält man entsprechend:

(4-24) $\quad \langle L^2 \rangle_{00} = N\,b^2$

Das Ergebnis ist für alle Prozesse charakteristisch, die mit einer sog. Irrflugstatistik erfaßt werden können. Zu ihnen gehören u. a. auch Diffusionsprozesse. Der Irrflug zeichnet sich dadurch aus, daß jeder Schritt (im obigen die Richtung jeder Bindung) unabhängig vom vorhergehenden ist. In einem realen Knäuel sind jedoch feste Bindungswinkel vorhanden. Die Durchrechnung ergibt für die Beziehung zwischen dem Fadenendenabstand L_{of} dieser Valenzwinkelkette (mit implizit angenommener freier Drehbarkeit) einerseits und der Zahl N der Bindungen, die Bindungslänge b und dem Bindungswinkel τ für eine große Zahl N andererseits

(4-25) $\langle L^2 \rangle_{of} = N b^2 \, (1 - \cos \tau)(1 + \cos \tau)^{-1}$

Der Übergang von beliebigen zu fixen Bindungswinkeln bedeutet eine Knäuelaufweitung, wenn die Bindungswinkel größer als 90° sind.

Auch die Valenzwinkelkette mit freier Drehbarkeit ist irreal, da sie die Existenz der Konformeren vernachlässigt. Jeder Konformation ist ein Torsionswinkel θ zugeordnet (vgl. Abb. 4-3). Durch eine analoge mathematische Behandlung, wie sie beim Einfluß des Bindungswinkels auf die Knäueldimensionen vorgenommen wurde, erhält man für symmetrisch gebaute Ketten (z. B. $-\!(\mathrm{CH}_2\mathrm{CR}_2)\!-_n$) unendlich hohen Polymerisationsgrades und für endliche θ-Werte

(4-26) $\langle L^2 \rangle_0 = N b^2 \left(\dfrac{1 - \cos \tau}{1 + \cos \tau} \right)\left(\dfrac{1 + \cos \theta}{1 - \cos \theta} \right) = N b^2 \left(\dfrac{1 - \cos \tau}{1 + \cos \tau} \right) \sigma_{symm}^2$

Da verschiedene Mikrokonformationen vorliegen können, ist über alle Einflüsse zu mitteln. Das die Rotationswinkel enthaltende Glied wird daher oft durch eine neue Größe σ_{symm}^2 wiedergegeben, die als Quadrat angesetzt wird, damit σ den Längeneinheiten L und b vergleichbar wird.

Bei einer Kette mit völlig freier Drehbarkeit wird $\cos \theta = 0$ und Gl. (4-26) geht in Gl. (4-25) über. Eine all-trans-Kette mit $\theta = 0$ ist völlig steif. σ_{symm} ist folglich ein Maß für die Rotationsbehinderung und wird darum Behinderungsparameter genannt. Bei taktischen Polymeren ist der Zusammenhang zwischen θ und σ komplizierter. Man kann jedoch immer analog zu Gl. (4-26) ansetzen:

(4-27) $\langle L^2 \rangle_0 = N b^2 \, (1 - \cos \tau)(1 + \cos \tau)^{-1} \, \sigma^2$

Der Fadenendenabstand ist eine anschauliche, aber keine direkt meßbare Größe. Er verliert zudem bei verzweigten Makromolekülen jede physikalische Bedeutung, da dort mehr als zwei Kettenenden vorhanden sind. Direkt meßbar ist dagegen der Trägheitsradius.

Der Trägheitsradius $\langle R_G^2 \rangle^{0,5}$ ist als Wurzel aus dem Mittel über alle Quadrate der Trägheitsradien definiert, diese wiederum als 2. Moment der Massenverteilung

(4-28) $\langle R_G^2 \rangle^{0,5} = [(\sum_i m_i R_i^2)/(\sum_i m_i)]^{0,5}$

Beim Segmentmodell und den Valenzwinkelketten mit und ohne behinderte Drehbarkeit besteht eine definierte Beziehung zwischen dem Fadenendenabstand und dem Trägheitsradius. Sie ist im Anhang zum Kap. 4 für das Segmentmodell abgeleitet. Aus den Gl. (4-24), (4-25) und (4-26) geht hervor, daß beim Übergang vom Segmentmodell zu den beiden Valenzwinkelketten für $\tau > 90°$ der Fadenendenabstand größer wird. Auch der Trägheitsradius muß daher zunehmen. Die Durchrechnung zeigt, daß für alle drei Modelle stets die gleiche Beziehung zwischen Fadenendenabstand und Trägheitsradius besteht, nämlich für den Grenzfall unendlich hoher Molmasse

(4-29) $\quad \langle L^2 \rangle_0 = 6 \langle R_G^2 \rangle_0$

4.5.2 BEHINDERUNGSPARAMETER UND CHARAKTERISTISCHES VERHÄLTNIS

Der Behinderungsparameter σ mißt die behinderte Drehbarkeit um Kettenbindungen und ist daher ein Maß für die thermodynamische Flexibilität der Knäuelmoleküle. Er läßt sich über die Gl. (4-29) und (4-27) aus dem Trägheitsradius ungestörter Knäuel berechnen, wenn die Anzahl der Kettenbindungen sowie deren Bindungslängen und Bindungswinkel bekannt sind.

Der Behinderungsparameter ist nur bei unpolaren Polymeren in apolaren Lösungsmitteln unabhängig von der Umgebung. Bei polaren Polymeren und/oder polaren Lösungsmitteln hängt er jedoch deutlich von Typ des Lösungsmittels ab (vgl. Tab. 4-7). Derartige Effekte sind wegen der in polaren Lösungsmitteln zu erwartenden Veränderungen des trans/gauche-Verhältnisses zu erwarten.

Bei etwa gleichen Wechselwirkungen Polymer/Lösungsmittel nimmt der Behinderungsparameter mit steigender Größe des Substituenten, d. h. mit zunehmendem Formelgewicht M_u des Grundbausteins zu. Tab. 4-7 zeigt dies für die Reihe Poly(ethylen)-Poly(propylen)-Poly(styrol)-Poly(1-vinylnaphthalin).

Cellulose und ihre Derivate weisen σ-Werte von ca. 2 auf. Sie sind also thermodynamisch etwa gleich flexibel wie Poly(isobutylen). Die Celluloseketten sind keines-

Tab. 4-7 Behinderungsparameter verschiedener „ataktischer" Polymerer

Polymer	Lösungsmittel	$T/°C$	σ
Poly(ethylen)	Tetralin	100	1,63
Poly(propylen)	Cyclohexanon	92	1,8
Poly(isobutylen)	Benzol	24	1,93
Poly(styrol)	Cyclohexan	34	2,3
Poly(1-vinyl-naphthalin)	Decalin/Toluol	25	3,2
Poly(methylmethacrylat)	Benzol	30	2,10
	Toluol	30	2,12
	Benzol/Cyclohexan	25	2,14
	Aceton	25	1,86
	Butanon	25	1,89
	Butylchlorid	25	1,87
Cellulose	Kupferethylendiamin	25	2,0
Hydroxyethylcellulose	Methanol	25	1,9
Poly(kaliumvinylsulfonat)	1 mol/l KCl in Wasser	45	2,81
Poly(natriumvinylsulfonat)	1 mol/l NaCl in Wasser	45	2,97
Poly(acrylsäure)	Dioxan	30	1,85
Poly(natriumacrylat)	1,5 mol/l NaBr/H_2O	15	2,38

falls steif, wie häufig noch aufgrund der hohen Exponenten in der Staudinger-Index/Molmasse-Beziehung angenommen wird (vgl. Kap. 9.9.7.). Dieser hohe Exponent ist jedoch durch die Durchspülbarkeit der Cellulosemoleküle bedingt.

Polyelektrolyte besitzen in konzentrierten Salzlösungen mehr oder weniger ungestörte Dimensionen, die jedoch wegen der verschieden starken Bindung der Gegenionen an den Polyelektrolyten noch etwas vom Typ des Gegenions abhängen. Die sich so ergebenden σ-Werte liegen im üblichen Bereich. Die großen Dimensionen von Polyelektrolyten in verdünnten Salzlösungen können daher nicht durch kurzreichende Kräfte hervorgerufen werden; sie müssen von langreichenden Kräften stammen.

Zur Berechnung des Behinderungsparameters σ aus dem Quadrat des ungestörten Fadenendenabstandes $\langle L^2 \rangle_0$ wird angenommen, daß die Zahl N der Bindungen, die Bindungslänge b und der Bindungswinkel τ Konstanten sind. Diese Annahme trifft sicher für die Kettengliederzahl zu und wohl auch für die Bindungslänge, da die Bindungsenergie der Kettenbindungen ca. 40–400 kJ/mol Bindung beträgt. Die Annahme eines konstanten Bindungswinkels ist dagegen kritisch. Nach spektroskopischen Messungen und Bestimmungen der Verbrennungswärme von Ringen sind bei einer Deformation des C–C–C-Bindungswinkels um 5,6° nämlich nur etwa 2 kJ/mol und bei einer Änderung um 10° nur etwa 7 kJ/mol erforderlich. Da die Konformationsenergien im gleichen Bereich liegen, ist die Annahme eines konstanten Bindungswinkels bei der Berechnung von σ nicht unbedenklich.

Aus diesem Grunde werden oft das Bindungswinkelglied und der Behinderungsparameter nicht getrennt. Man definiert statt dessen ein charakteristisches Verhältnis C_N als Maß für die Ausdehnung der Kette im ungestörten Zustand:

(4-30) $\quad C_N \equiv \langle L^2 \rangle_0 / (N b^2) = (1 - \cos \tau)(1 + \cos \tau)^{-1} \sigma^2$

C_N nimmt mit steigender Zahl N der Bindungen zuerst schnell, dann langsam zu und wird schließlich bei Kettengliederzahlen $N+1$ über etwa 100–200 praktisch konstant (Abb. 4-18).

4.5.3 STATISTISCHES VORZUGSELEMENT

Nach Gl. (4-27) hängt der Fadenendenabstand einmal von der von Konstitution und Konfiguration unabhängigen Zahl der Bindungen und zum anderen von davon abhängigen Größen (Bindungslänge, Bindungwinkel, Behinderungsparameter) ab. Eine bestimmte Versteifung der Kette kann aber sowohl durch eine größere Bindungslänge und einen höheren Bindungswinkel als auch durch einen größeren Behinderungsparameter erreicht werden. Formal kann man dies alles in eine größere Länge einbeziehen und die Anzahl der Glieder entsprechend verringern. Anstelle von Gl. (4-27) kann man daher auch schreiben

(4-31) $\quad \langle L^2 \rangle_0 = N_s L_s^2$

wobei L_s als statistisches Vorzugselement bezeichnet wird und N_s die Zahl der statistischen Vorzugselemente ist. Je größer L_s, umso steifer die Kette. L_s kann daher wie der Behinderungsparameter σ als Maß für die Flexibilität verwendet werden, hat aber eine geringere physikalische Bedeutung als σ. Da die Berechnung von σ jedoch nicht ganz unbedenklich ist und die von L_s frei von diesen Voraussetzungen ist, können L_s

und σ zur Zeit noch gleichberechtigt verwendet werden. Gl. (4-30) entspricht der Gl. (4-24) für die Segmentkette mit unspezifizierter Segmentlänge.

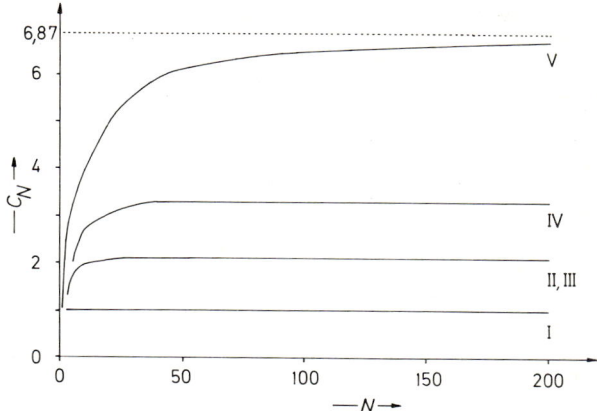

Abb. 4-18: Charakteristisches Verhältnis C_N als Funktion der Kettengliederzahl N für eine Segmentkette (I), eine Valenzwinkelkette mit freier Drehbarkeit (II), eine Valenzwinkelkette mit freier Drehbarkeit und drei Rotameren gleicher Energie (III), einer Valenzwinkelkette mit behinderter Drehbarkeit und einer Konformationsenergie $E_G - E_T$ = 2,09 kJ/mol, und einer Valenzwinkelkette wie bei (IV), aber mit zusätzlichem Einfluß der Nachbarn ($E_G - E_T$ = 8,30 kJ/mol) (V). Bindungswinkel 112° (nach P. J. Flory).

Die Konturlänge muß bei diesem Modell durch das Produkt aus der Länge L_s und der Zahl N_s der statistischen Vorzugselemente gegeben sein (vgl. Kap. 4.4.1);

(4-32) $\quad L_{cont} = N_s L_s = N b$

so daß man für Gl. (4-31) auch schreiben kann

(4-33) $\quad \langle L^2 \rangle_0 = L_{cont} \cdot L_s = N_s L_s^2$

Das statistische Vorzugselement läßt sich somit aus der Konturlänge L_{cont} und dem experimentell ermittelten Fadenendenabstand berechnen, jedoch nur bei diesem Modell.

4.5.4 KETTEN MIT PERSISTENZ

Beim Segmentmodell wird der Winkel zwischen zwei Segmenten nicht fixiert. Setzt man die Segmentlänge gleich der Bindungslänge, so ist immer noch der Winkel zwischen zwei Bindungen frei wählbar. Da jedoch der Bindungswinkel bei einem realen System festgelegt ist, können die auf das erste Segment folgenden Segmente nicht beliebige Lagen im Raum einnehmen. Die Kette hat also eine bestimmte Nachwirkung oder Persistenz.

Die so erzeugte Kettensteifheit kann durch eine Persistenzlänge L_{pers} beschrieben werden. L_{pers} ist als Mittel der Projektion des Fadenendabstandes einer unendlich langen Kette in Richtung des ersten Segmentes definiert:

(4-34) $\quad L_{\text{pers}} \equiv b/(1 + \cos \tau)$

Für den Fadenendabstand einer endlich langen Kette mit freier Drehbarkeit gilt nach Gl. (A4-28) im Anhang zu Kap. 4:

(4-35) $\quad \langle L^2 \rangle_{\text{of}} = N\, b \left[b \left(\dfrac{1 - \cos \tau}{1 + \cos \tau} \right) + \dfrac{2\, b \cos \tau}{N} \left(\dfrac{1 - (-\cos \tau)^N}{(1 + \cos \tau)^2} \right) \right]$

Die Kombination der Gl. (4-32) – (4-35) führt zu

(4-36) $\quad \langle L^2 \rangle_{\text{of}} = L_{\text{cont}} L_{\text{pers}} (1 - \cos \tau) + 2 L_{\text{cont}} L_{\text{pers}} \left(\dfrac{\cos \tau}{N} \right) \left(\dfrac{1 - (-\cos \tau)^N}{1 + \cos \tau} \right)$

Eine Kette mit einer unendlichen Zahl von Segmenten mit der Länge null und Valenzwinkeln von $\tau \to 180°$ wird wurmähnlich genannt. Die Konturlänge der Kette bleibt dabei konstant. Dieser Grenzfall ist nicht ohne weiteres aus Gl. (4-36) abzuleiten, da dann zwar $\tau \to \pi$ wird (und folglich $\cos \tau \to -1$), aber auch gleichzeitig $N \to \infty$. Im zweiten Glied der Gl. (4-36) wird daher N durch die Konturlänge ausgedrückt und $(1 + \cos \tau)$ durch die Persistenzlänge

(4-37) $\quad \langle L^2 \rangle_{\text{of}} = L_{\text{cont}} L_{\text{pers}} (1 - \cos \tau) + 2 L_{\text{pers}}^2 (\cos \tau)(1 - (-\cos \tau)^N)$

Gl. (4-37) enthält mit Ausnahme des Ausdrucks $(-\cos \tau)^N$ kein Glied mehr mit N. Für den Grenzfall $\tau \to \pi$, d. h. $(1 - \cos \tau) \to 2$, geht daher Gl. (4-37) über in

(4-38) $\quad \langle L^2 \rangle_{\text{of}} = 2 L_{\text{cont}} L_{\text{pers}} - 2 L_{\text{pers}}^2 + 2 L_{\text{pers}}^2 (-\cos \tau)^N$

$(-\cos \tau)$ ist im Grenzfall nur wenig kleiner als 1, es wird aber als N. Potenz genommen. Durch einige Umformungen kann es jedoch in einen besser behandelbaren Ausdruck überführt werden. Zuerst wird $\cos \tau$ durch Gl. (4-34) ausgedrückt. Anschließend wird durch Multiplikation von Zähler und Nenner mit N die Konturlänge eingeführt:

(4-39) $\quad \lim_{\substack{N \to \infty \\ \tau \to \pi}} (-\cos \tau)^N = \lim_{N \to \infty} \left(1 - \dfrac{b}{L_{\text{pers}}} \right)^N = \lim_{N \to \infty} \left(1 - \dfrac{L_{\text{cont}}}{N L_{\text{pers}}} \right)^N$

Es gilt nunmehr

(4-40) $\quad \lim_{x \to \infty} (1 - (1/x))^x = e^{-1}$

Gl. (4-39) wird daher so umgeformt, daß sie wie Gl. (4-37) gelöst werden kann:

$$(4\text{-}41)\quad \lim_{N\to\infty}\left(1-\frac{L_{\text{cont}}}{N L_{\text{pers}}}\right)^N = \left[\lim_{N\to\infty}\left(1-\frac{L_{\text{cont}}}{N L_{\text{pers}}}\right)^{\frac{N L_{\text{pers}}}{L_{\text{cont}}}}\right]^{\frac{L_{\text{cont}}}{L_{\text{pers}}}} = \exp(-L_{\text{cont}}/L_{\text{pers}})$$

Einsetzen von Gl. (4-41) in Gl. (4-38) führt daher zu

$$(4\text{-}42)\quad \langle L^2\rangle_{\text{of}} = 2 L_{\text{pers}}^2 (y - 1 + \exp(-y));\ y = L_{\text{cont}}/L_{\text{pers}}$$

Für den Trägheitsradius erhält man durch eine analoge Ableitung

$$(4\text{-}43)\quad \langle R_G^2\rangle_{\text{of}} = L_{\text{pers}}^2 [(2/y^2)(y - 1 + \exp(-y)) - 1 + (y/3)]$$

Bei flexiblen Ketten ist die Konturlänge viel größer als die Persistenzlänge. y wird also viel größer als 1 und der Ausdruck $\exp(-y)$ strebt gegen 0. Gl. (4-42) wird daher zu

$$(4\text{-}44)\quad \lim_{y\to\infty} \langle L^2\rangle_{\text{of}} = 2 L_{\text{pers}} L_{\text{cont}}$$

und Gl. (4-43) zu

$$(4\text{-}45)\quad \lim_{y\to\infty} \langle R_G^2\rangle_{\text{of}} = \lim_{y\to\infty} \frac{L_{\text{pers}} L_{\text{cont}}}{3}\left[1 - \frac{3}{y} + \frac{6}{y^2} - \frac{6}{y^3}\right] = \frac{L_{\text{pers}} L_{\text{cont}}}{3}$$

Aus dem Vergleich der Gl. (4-33) und (4-44) geht hervor, daß die Persistenzlänge gerade halb so groß wie die Länge L_s des statistischen Vorzugselementes ist. In diesem Fall steht der Trägheitsradius einer wurmartigen Kette in der gleichen Beziehung zum Fadenendenabstand wie derjenige einer Valenzwinkelkette ohne oder mit behinderter Drehbarkeit (vgl. die Gl. (4-44), (4-45) und (4-29)).

Für sehr steife Ketten strebt dagegen $y \to 0$. $\exp(-y)$ kann dann in eine Reihe $(1 - y + (y^2/2!) - (y^3/3!) + \ldots)$ entwickelt werden und man erhält für den Fadenendenabstand bzw. den Trägheitsradius

$$(4\text{-}46)\quad \langle L^2\rangle_{\text{of}} = L_{\text{cont}}^2 (1 - (y/3) + (y^2/12) - \ldots) = L_{\text{cont}}^2$$

$$(4\text{-}47)\quad \langle R_G^2\rangle_{\text{of}} = (L_{\text{cont}}^2/12)(1 - (y/5) + (y^2/30) - \ldots) = L_{\text{cont}}^2/12$$

Eine sehr steife Kette verhält sich daher wie ein Stäbchen, da der Fadenendenabstand gleich der Konturlänge wird und der Trägheitsradius um den Faktor $(12)^{0,5}$ kleiner als der Fadenendenabstand ist.

Das Modell der Kette mit Persistenz beschreibt also den ganzen Übergang von den mehr stäbchenartigen Oligomeren (kleines y) zu den gut entwickelten Knäueln (großes y). Es vernachlässigt jedoch die endliche Dicke der Ketten, d. h. es gilt streng nur für ungestörte Knäuel. Der dadurch hervorgerufene Fehler ist jedoch vernachlässigbar, wenn die Persistenzlänge viel größer als die Kettendicke ist.

4.5.5 DIMENSIONEN

Alle bisherigen Betrachtungen bezogen sich auf die Trägheitsradien unverzweigter Fadenmoleküle bei unendlicher Verdünnung. Mit zunehmender Konzentration füllen die Knäuel immer stärker das verfügbare Volumen aus. Oberhalb einer gewissen kritischen Konzentration werden kann die lockeren Knäuel komprimiert. Diese kritische Konzentration kann grob abgeschätzt werden, wenn man bei der kritischen Konzentration eine hexagonal dichteste Kugelpackung (ca. 75% des totalen Volumens) von Kugeln mit dem Radius r annimmt. Dieser Ansatz führt zu

$$(4\text{-}48) \quad c_{\text{crit}} = \frac{9}{16 \pi (5/3)^{3/2} N_L} \cdot \frac{M}{\langle R_G^2 \rangle^{3/2}} = 1{,}38 \cdot 10^{-25} \frac{M}{\langle R_G^2 \rangle^{3/2}} \text{ g/cm}^3$$

Ein kugelförmiges Makromolekül mit einer Molmasse von $1{,}3 \cdot 10^6$ g/mol und einem Trägheitsradius $\langle R_G^2 \rangle^{1/2} = 100$ nm sollte demnach eine kritische Konzentration von ca. $1{,}8 \cdot 10^{-4}$ g/cm^3 aufweisen. Oberhalb dieser Konzentration sollten die Knäuel komprimiert werden und die Trägheitsradien sinken (Abb. 4-19). Bei noch höheren Konzentrationen beobachtet man jedoch wieder ein Ansteigen der Trägheitsradien, was als Assoziation gedeutet wurde.

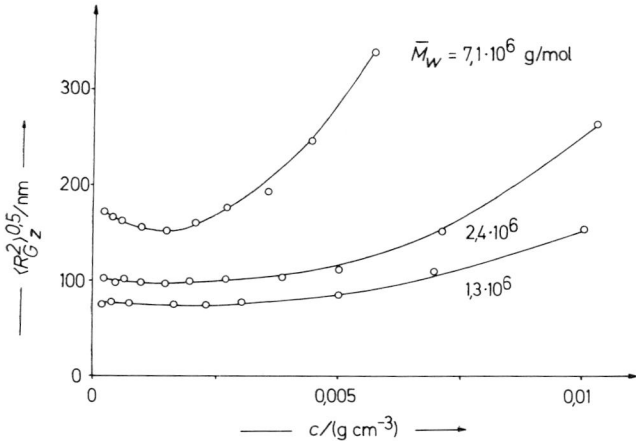

Abb. 4-19: Konzentrationsabhängigkeit des z-Mittels der Trägheitsradien für Poly(styrole) verschiedener Molmasse in Benzol bei 20°C (nach H. Dautzenberg).

Die Trägheitsradien von Polymeren gegebener Konstitution und Konfiguration ergeben sich für den ungestörten Zustand als Funktion der Wurzel aus den Molmassen. Nach den Gl. (4-27) und (4-29) erhält man nämlich für $N_e = M/M_e$ Kettenglieder mit der Molmasse M_e pro Kettenglied und der Länge L_e

$$(4\text{-}49) \quad \langle R_G^2 \rangle_o = L_e^2 (6 M_e)^{-1} (1 - \cos \tau)(1 + \cos \tau)^{-1} \sigma^2 M = K_e M$$

4.5 Statistik von Knäuelmolekülen

Für andere als ungestörte Zustände erhält man dagegen eine kompliziertere Funktion. Die Trägheitsradien sind ja mit den ungestörten Trägheitsradien über den Aufweitungsfaktor α_R verknüpft (Gl. (4-15)). Dieser ist wiederum eine komplizierte Funktion des z-Parameters (Gl. (4-21)), der dazu noch selbst von der Molmasse abhängt (Gl. (4-17)). Man erhält daher unter Einbezug der Molmassenabhängigkeit des Aufweitungsfaktors in einen empirischen Exponenten der Molmasse

$$(4\text{-}50) \quad \langle R_G^2 \rangle = K_e \alpha_R^2 M = K_R M^{1+\epsilon} = K_R M^{a_R} \quad (\epsilon > 0)$$

Derartige Beziehungen zwischen dem Trägheitsradius und der Molmasse gelten häufig über einen erstaunlich weiten Molmassenbereich (Abb. 4-20).

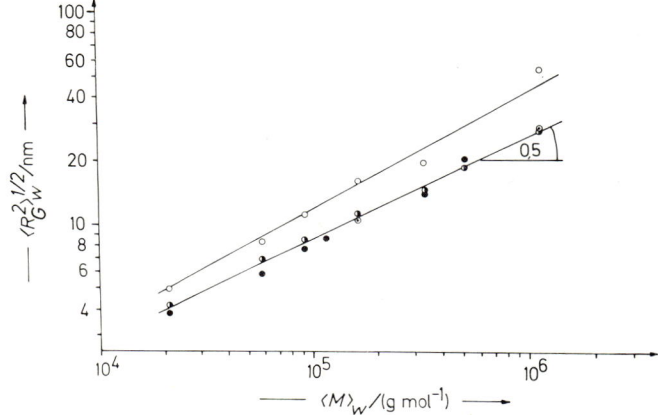

Abb. 4-20: Massenmittel der Trägheitsradien von Poly(styrolen) als Funktion des Massenmittels der Molmasse in Schwefelkohlenstoff (○), Cyclohexan (◐), und für deuteriertes Poly(styrol) im festen Zustand (●). Messungen bei 35,4°C. Nach H. Benoit, D. Decker, J. S. Higgins, C. Picot, J. P. Cotton, B. Farnoux und G. Jannink.

Messungen an Polymeren gegebener Konstitution und Konfiguration in willkürlich ausgewählten Lösungsmitteln führen in der Regel nicht zu den ungestörten Dimensionen von Polymeren, da die Dimensionen sowohl durch langreichende als auch kurzreichende Kräfte bestimmt werden. Die Einflüsse können jedoch wie folgt getrennt werden:

Durch Kombination der Gl. (4-15), (4-17) und (4-20) gelangt man nach einer Umformung zu

$$(4\text{-}51) \quad \left(\frac{\langle R_G^2 \rangle}{M}\right)^{3/2} = \left(\frac{\langle R_G^2 \rangle_0}{M}\right)^{3/2} + 2\,(4\pi)^{-3/2} \left(\frac{u_{\text{seg}}}{M_{\text{seg}}^2}\right) M^{0,5}$$

Da $\langle R_G^2 \rangle_0/M$ das Quadrat des Behinderungsparameters σ enthält, ist es ein Maß für die kurzreichenden Wechselwirkungen. Die Neigung enthält dagegen die Konstante (u_{seg}/M_{seg}^2), also ein Maß für die langreichenden Wechselwirkungen. Durch Auftragen von $(\langle R_G^2 \rangle/M)^{3/2} = f(M^{0,5})$ können also lang- und kurzreichende Wechselwirkungen voneinander getrennt werden (Abb. 4-21). Die Beziehung gilt oft über verhältnismäßig weite Molmassenbereiche. Sie muß aber bei hohen Molmassen versagen, da dort die ihr zugrundeliegende Funktion $\alpha_R^3 = 1 + 2z$ stark von den experimentell gefundenen Daten abweicht (vgl. Abb. 4-16).

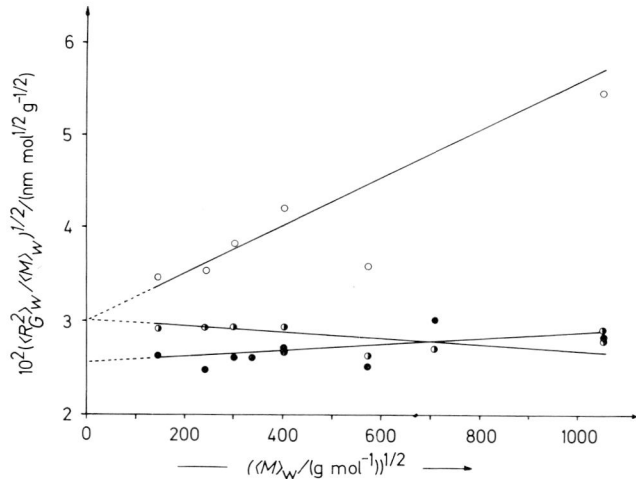

Abb. 4-21: Reduzierte Trägheitsradien als Funktion der Molmasse für Poly(styrole) (Daten der Abb. 4-20).

Experimentell hat sich gezeigt, daß die ungestörten Dimensionen von iso- und syndiotaktischen Polymeren gleicher Konstitution und Molmasse bis zu 20% verschieden sein können, obwohl sie in sog. guten Lösungsmitteln mit hohem Exponenten α_R praktisch die gleichen Trägheitsradien aufweisen. Der Effekt läßt sich wie folgt verstehen. Im ungestörten Zustand dominieren die kurzreichenden Kräfte, die von der Mikrokonformation abhängen. Die Mikrokonformation wird aber stark von der Konfiguration beeinflußt. In guten Lösungsmitteln herrschen dagegen die langreichenden Kräfte vor, die als Wechselwirkungen zwischen Segmenten praktisch nicht von der Mikrokonformation und damit auch nicht von der Konfiguration abhängen.

Zwischen dem Trägheitsradius und dem Fadenendenabstand gilt für Knäuel in beliebig guten Lösungsmitteln eine kompliziertere Beziehung als für die Valenzwinkelkette mit behinderter Drehbarkeit, nämlich

(4-52) $\quad \langle L^2 \rangle = 6(1 + (5/6)\epsilon + (1/6)\epsilon^2) \langle R_G^2 \rangle$

Für Knäuel mit ungestörten Dimensionen wird $\epsilon = 0$ und Gl. (4-52) reduziert sich zu Gl. (4-15). Bei unendlich dünnen Stäbchen ist dagegen der Trägheitsradius direkt proportional der Molmasse, d. h. es gilt $\langle R_G^2 \rangle = K_R M^2$. Für Stäbchen wird also Gl. (4-52) zu

(4-53) $\quad \langle L^2 \rangle = 12 \langle R_G^2 \rangle$

Verzweigte Makromoleküle weisen gegenüber unverzweigten gleicher Molmasse die größere Segmentdichte und damit das geringere Knäuelvolumen auf, wie man sich durch Vergleich eines sternförmigen Moleküls mit einem linearen leicht klar macht. Der Einfluß der Verzweigung auf die Dimensionen läßt sich durch einen g-Faktor erfassen

(4-54) $\quad \overline{R^2}_{\text{verzweigt}} / \overline{R^2}_{\text{unverzweigt}} = g$

Die Größe von *g* hängt vom Typ der Verzweigung (Stern, Kamm) und der Regelmäßigkeit der Verzweigung ab. Die Dimensionen sinken dabei vom linearen Makromolekül über den regelmäßig aufgebauten Kammtyp, den unregelmäßig aufgebauten Kammtyp, die regelmäßig statistische Verzweigung und die unregelmäßige Verzweigung zum Sterntyp ab. Die quantitative Zuordnung von Typ, Anzahl und Regelmäßigkeit der Verzweigungen einerseits zu den Dimensionen andererseits ist zur Zeit noch nicht vollständig theoretisch gelöst, da die Effekte auch noch von der Güte des Lösungsmittels abhängen. Sie ist aber praktisch wichtig, da die Bestimmung der Dimensionen oft die einzige Möglichkeit ist, die Langkettenverzweigung von Polymeren zu erkennen.

4.6 Optische Aktivität

4.6.1 ÜBERSICHT

Polymere mit einem einzigen Typ von chiralen Grundbausteinen sind immer optisch aktiv, d. h. sie drehen die Ebene des polarisierten Lichtes. Der Einfluß der Endgruppen verschwindet hier in der Regel bei Polymerisationsgraden von etwa 10-20; die gemessene optische Aktivität ist bei höhermolekularen Polymeren folglich diejenige des chiralen Grundbausteins. Ein Beispiel dafür sind Poly(L-α-aminosäuren)in der Knäuelkonformation, z. B. in Dichloressigsäure.

Diesem Einfluß überlagert sich bei helicalen Polymeren aus chiralen Grundbausteinen noch derjenige der Helix, die ja ebenfalls chiral ist. Man bekommt so eine Art Verstärkereffekt, der Messungen der optischen Aktivität für das Studium von Polymerdimensionen in Lösung außerordentlich interessant macht.

Copolymere aus alternierend angeordneten Bausteinen jeweils entgegengesetzter Chiralität sind von der Konfiguration her optisch inaktiv. Sie können jedoch in gewissen helicogenen Lösungsmitteln Helices mit einem einzigen Schraubensinn erzeugen, sodaß diese Vorzugskonformation eine optische Aktivität hervorruft. Ein Beispiel dafür ist Poly(L-alt-D-leucin), das in Benzol als sog. π-Helix vorliegt.

Einen ähnlichen Effekt trifft man manchmal auch bei Copolymeren aus chiralen und nichtchiralen Bausteinen an, deren optische Aktivität höher ist, als sich aus der Additivitätsregel ergibt. Offenbar werden hier nichtchirale Bausteine durch die helicalen Sequenzen der chiralen Bausteine in Helices einbezogen.

Polymere aus nichtchiralen Bausteinen sind dagegen selbst dann nicht optisch aktiv, wenn ihre Ketten in der Helixkonformation vorliegen. Da ihre Moleküle enantiomer zueinander sind, treten links- und rechtsgängige Helices mit gleicher Wahrscheinlichkeit auf und die optische Aktivität der Polymeren ist gleich null.

4.6.2 GRUNDLAGEN

Trifft eine linear polarisierte elektromagnetische Welle auf ein Stereoisomeriezentrum wie z. B. ein asymmetrisches Kohlenstoffatom, so wird die Ebene des polarisierten Lichtes gedreht. Linear polarisiertes Licht kann man als Überlagerung zweier zirkular polarisierter Wellen entgegengesetzten Drehsinns auffassen. Wegen der asymmetrischen Elektronenkonfiguration in der unmittelbaren Nähe eines Stereoisomeriezentrums unterscheiden sich die beiden Fortpflanzungsgeschwindigkeiten von links und rechts zirkular polarisiertem Licht, so daß eine Drehung der Polarisationsebene resultiert.

Die Drehung der Polarisationsebene wird als optische Drehung α gemessen. Die sog. spezifische optische Drehung $[\alpha]$ der organischen Chemie bezieht diesen Drehwinkel noch auf die Länge l der Küvette, den Massenanteil w_2 des Gelösten in der Lösung und auf die Dichte ρ der Lösung:

(4-55) $[\alpha] = \alpha/(l\, w_2\, \rho)$

Traditionsgemäß werden α in °, l in dm und ρ in g/cm³ gemessen. Aus den Einheiten grad · Länge² · Masse⁻¹ geht hervor, daß $[\alpha]$ eigentlich eine spezifische Flächendrehung ist und keine „spezifische" Drehung.

Die sog. molare optische Drehung $[\Phi]$

(4-56) $[\Phi] = 10^{-2}\, [\alpha]\, M_u$

wäre korrekterweise ebenfalls als molare Flächendrehung zu bezeichnen. $[\alpha]$ wird dabei in den traditionellen Einheiten und M_u in g/mol gemessen. M_u ist die Molmasse eines Grundbausteins bzw. diejenige niedermolekularer Verbindungen.

Gelegentlich wird auch noch eine sog. effektive molare Drehung angegeben. Sie berücksichtigt den Einfluß des Brechungsindex über den Faktor $(n^2 + 2)$ und den der drei Raumrichtungen über den Faktor 3:

(4-57) $[\Phi]_{\text{eff}} = (3/(n^2 + 2))\, [\Phi]$

$[\alpha]$, $[\Phi]$ und $[\Phi]_{\text{eff}}$ hängen noch von der Meßtemperatur und der Wellenlänge ab, gelegentlich auch noch von der Konzentration.

Die Wellenlängenabhängigkeit von $[\Phi]$ läßt sich in der Regel durch eine der beiden folgenden Gleichungen empirisch wiedergeben:

(4-58) $[\Phi] = a_0 \left(\dfrac{\lambda_0^2}{\lambda^2 - \lambda_0^2} \right)$ (eintermige Drude-Gleichung)

(4-59) $[\Phi] = a_0 \left(\dfrac{\lambda_0^2}{\lambda^2 - \lambda_0^2} \right) + b_0 \left(\dfrac{\lambda_0^2}{\lambda^2 - \lambda_0^2} \right)^2$ (Moffitt-Yang-Gleichung)

a_0, b_0 und λ_0 sind Konstanten, die für das System spezifisch sind. λ_0 gibt dabei die Wellenlänge des nächstgelegenen Absorptionsmaximums an. Die Wellenlängenabhängigkeit der optischen Drehung bzw. der von ihr abgeleiteten Größen wird optische Rotationsdispersion genannt (ORD). Sie spricht auf Unterschiede im Brechungsindex der links- und rechtsdrehenden Komponenten an.

Die Drude-Gleichung beschreibt im allgemeinen die optische Aktivität von Knäuelmolekülen, die Moffitt-Yang-Gleichung die von Helices.

Die links- und rechtsdrehenden Komponenten des Lichtes werden bei optisch aktiven Verbindungen verschieden stark absorbiert. Die Wellenlängenabhängigkeit der Differenz der Absorptionen von links- und rechtspolarisiertem Licht wird als Circulardichroismus (CD) bezeichnet.

Führt man Messungen der optischen Rotationsdispersion in der Nähe einer Absorptionsbande aus, so wird ein komplexes Verhalten beobachtet (Cotton-Effekt). Im Wendepunkt der Absorptionsbande ist die optische Aktivität gleich null. Auf der einen Seite der Absorptionsbande geht dagegen die optische Aktivität durch ein Minimum (Tal oder Trog), auf der anderen durch ein Maximum (Gipfel oder Peak). Der Cotton-Effekt wird positiv genannt, wenn sich der Gipfel bei höheren Wellenlängen als das Tal befindet. Der Wendepunkt der Kurve $[\alpha] = f(\lambda)$ liegt bei isolierten Cotton-Effekten bei $[\alpha] = 0$; er entspricht dem Maximum der UV-Absorption.

Ein Cotton-Effekt tritt immer auf, wenn sich eine absorbierende Gruppe in einer asymmetrischen Umgebung befindet. Die eine Komponente des zirkular polarisierten Lichtes wird dann stärker absorbiert als die andere. Die schwächer absorbierte Komponente besitzt die größere Geschwindigkeit und folglich einen kleineren Brechungsindex auf der Bandenseite mit der niedrigeren Frequenz. Da der Cotton-Effekt durch die asymmetrische Umgebung einer absorbierenden Gruppe hervorgerufen wird, hängt seine Größe stark vom Helixgehalt der Moleküle ab.

4.6.3 STRUKTUREINFLÜSSE

Die durch das asymmetrische Kohlenstoffatom z. B. in Verbindungen der allgemeinen Formel $R-*CH(CH_3)-(CH_2)_y-CH_3$ hervorgerufene molare Drehung $[\Phi]$ wird nur wenig durch die weiter entfernten Nachbarn beeinflußt (Tab. 4-8). Die meßbare optische Drehung hängt dabei von der Empfindlichkeit des Polarimeters und von den speziellen experimentellen Bedingungen ab. L-Äpfelsäure ist z. B. in verdünnten wässrigen Lösungen links-, in konzentrierteren Lösungen dagegen rechtsdrehend. Bei einer bestimmten Konzentration ist daher die optische Drehung gleich null, obwohl L-Äpfelsäure natürlich chiral ist. Alle optisch aktiven Systeme müssen daher chiral sein. Ob ein chirales System dagegen optisch aktiv ist, hängt von den Bedingungen ab.

Endgruppen beeinflussen die optische Aktivität nur bei niedrigen Polymerisationsgraden, da ihr Anteil am Molekül gering ist. Abb. 4-22 zeigt, daß die spezifische Drehung $[\alpha]$ der polymerhomologen Reihe der Poly(γ-methyl-L-glutamate) in dem Wasserstoffbrücken sprengenden Lösungsmittel Dichloressigsäure mit steigendem Polymerisationsgrad X weiter abnimmt, da der Einfluß der Endgruppen auf die optische Aktivität immer geringer wird. In dem helicogenen (helixerzeugenden) Lösungsmittel Dioxan sinkt die optische Aktivität vom Monomeren zum Dimeren, Trimeren und Tetrameren ab, um dann beim Pentameren durch die Helixbildung wieder steil anzusteigen. Bei höheren Polymerisationsgraden wird der durch die Helixbildung bedingte Beitrag pro Grundbaustein immer geringer, bis schließlich die optische Aktivität unabhängig vom Polymerisationsgrad wird. Praktisch konstante Werte der optischen Aktivität werden schon bei Polymerisationsgraden von ca. 10-15 erreicht.

Der Wiederanstieg der optischen Aktivität beim Pentameren erklärt sich aus der Helixstruktur. Die Helices des Poly(γ-methyl-L-glutamates) weisen 3,7 Grundbausteine pro Windung auf. Damit eine Helix ausgebildet werden kann, sind somit mindestens 4 Aminosäure-Reste erforderlich. Bei vier Resten ist aber die Helix noch nicht genügend durch den Beitrag der nichtgebundenen Atome stabilisiert.

Tab. 4-8: Molare optische Drehung $[\Phi]_{25}^D$ verschiedener niedermolekularer Verbindungen R–*CH(CH$_3$)–(CH$_2$)$_y$–CH$_3$ bei 589 nm und 25 °C im flüssigen Zustand. Die für $y = \infty$ angegebenen Zahlen wurden durch Extrapolation von $[\Phi]_{25}^D = f(y^{-1})$ auf $y^{-1} \to 0$ erhalten.

R	$[\Phi]_{25}^D / (10^{-2}\,\text{grad}\,\text{dm}^{-1}\,\text{cm}^3\,\text{mol}^{-1})$ bei y =				
	1	2	3	4	∞
(CH$_2$)$_2$H	0	10	11,4	12,5	16,0
(CH$_2$)$_3$H	−10	0	1,5	2,4	6,0
(CH$_2$)$_4$H	−11,4	−1,7	0	0,8	5,0
(CH$_2$)$_5$H	−12,5	−2,4	−0,8	0	4,0
(CH$_2$)$_2$Br	−38,8	−21,3	−16,8	−14,7	−7,0
(CH$_2$)$_3$Br	−21,9	−14,5	−8,3	−6,2	−1,0
(CH$_2$)$_4$Br	−14,9	−7,8	−5,3	−4,0	−0,5
(CH$_2$)$_2$OH	−9,0	2,1	4,0	6,1	10,5
(CH$_2$)$_3$OH	−11,9	0	0,7	2,6	7,0
(CH$_2$)$_4$OH	−12,0	−1,7	0	0,8	5,5

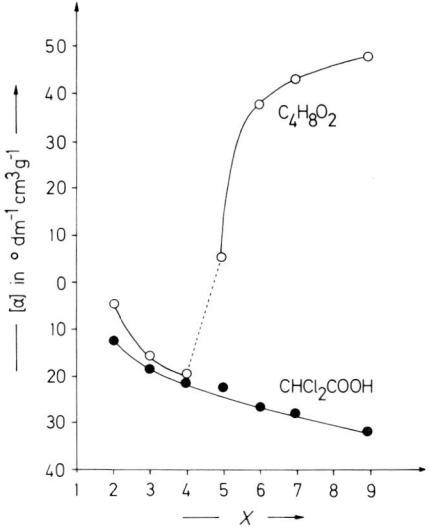

Abb. 4-22: Abhängigkeit der spezifischen Drehung $[\alpha]_\lambda$ von oligomeren Poly(γ-methyl-L-glutamaten) verschiedenen Polymerisationsgrades X in Dichloressigsäure (Knäuel) und in Dioxan (Helix) (nach M. Goodman und E. E. Schmitt).

4.6.4 POLY(α-AMINOSÄUREN)

Poly(L-α-aminosäuren) bilden in der Regel rechtsgängige Helices, Poly(D-α-aminosäuren) dagegen linksgängige. Eine Ausnahme ist das Poly(β-benzyl-L-aspartat), das in linksgängigen Helices vorliegt. Die Helixstruktur bleibt in Lösungsmitteln wie Dioxan oder Dimethylformamid erhalten. In Dichloressigsäure oder Hydrazin liegen jedoch Knäuelmoleküle vor.

Die Wellenlängenabhängigkeit der molaren optischen Aktivität der Knäuel kann durch eine eintermige Drude-Gleichung, die von Helices durch die Moffitt-Yang-Gleichung wiedergegeben werden. λ_0 ist meist völlig unabhängig vom Lösungsmittel, während sich a_0 und b_0 als verschieden hoch erwiesen (Tab. 4-9). b_0 wurde für verschiedene helicogene Lösungsmittel für ein gegebenes Polymer als etwa konstant gefunden, während a_0 noch vom Lösungsmittel abhängt. b_0 erwies sich auch bei verschiedenen Poly(α-aminosäuren) als etwa gleich hoch, sofern diese in der Helixkonformation vorlagen. b_0 ist darum eine für die Helixkonformation von Poly(α-aminosäuren) typische Konstante, während a_0 Beiträge der Helix und des asymmetrischen C-Atoms enthält.

Tab. 4 – 9: Einfluß der Bruttokonformation auf die Parameter λ_0, a_0 und b_0 beim Poly(γ-benzyl-L-glutamat)

Lösungsmittel	Bruttokonformation	Auswertung nach	λ_0 nm	a_0 in 10^{-2} grad dm^{-1}	b_0 cm^3 mol^{-1}
Dichloressigsäure	Knäuel	Drude	190	–	–
,,	,,	Moffitt-Yang	212	–	0
Hydrazin	,,	Drude	212	–	0
Dimethylformamid	Helix	Moffitt-Yang	212	200	-660
Dioxan	,,	,,	212	220	-670
Dioxan	,,	,,	212	198	-682
Chloroform	,,	,,	212	250	-625
1,2-Dichlorethan	,,	,,	212	205	-635

4.6.5 PROTEINE

Bei Proteinen, natürlich vorkommenden, in der Sequenz einheitlichen Copolymeren der α-Aminosäuren (vgl. Kap. 30) ist die Konstante b_0 je nach Protein verschieden groß. Da Proteine in der Regel L-Aminosäuren enthalten, die Helixkonformation nicht sehr stark von der Größe des Substituenten abhängt und Proteine in wäßriger Lösung eine recht kompakte Struktur einnehmen (vgl. 4.4.2), hat man die Konstante b_0 als Maß für den Helixgehalt der Proteine herangezogen. Für eine 100%ige Helixkonformation wurde $b_0 = -650$ gesetzt. Für verschiedene Proteine wurden die in Tab. 4-10 zusammengestellten Zahlen erhalten.

Tab. 4-10: Helixgehalt f_h verschiedener Proteine

Protein	$b_o/(10^{-2}$ grad dm^{-1} cm^3 mol^{-1})	$f_h/\%$
Tropomyosin	-650	100
Serumalbumin	-290	46
Ovalbumin	-195	31
Chymotrypsin	- 95	15

Die Abschätzung des Helixgehaltes von Proteinen ist wichtig, da sie den Einfluß des Lösungsmittels auf die Konformation im Vergleich zur röntgenographisch im kristallinen Zustand ermittelten abzuschätzen erlaubt. Sie setzt ein ,,2-Phasen"-Modell voraus, d. h. das alleinige und scharf voneinander getrennte Vorkommen von Helix- und Knäuel-Stücken. Diese Annahme wird durch die Beobachtungen bei den Helix/Knäuel-Umwandlungen bestätigt (vgl. weiter unten). Die Bestimmung des Helixgehaltes von Proteinen über b_0 ist aber nicht ganz unbedenklich, da zu kurze Helixstücke nicht den vollen Beitrag zu b_0 beisteuern (vgl. 4-22), L-Aminosäuren nicht nur in Rechts-Helices, sondern auch in Links-Helices mit Vorzeichen-Wechsel für b_0 vorkommen und schließlich Mischungen von Rechts- und Links-Helices vorhanden sein können.

4.6.6 POLY(α-OLEFINE)

Die molare optische Drehung von optisch aktiven it-Poly(α-olefinen) hängt außer von der Wellenlänge und Temperatur noch von der optischen Reinheit der Monomeren (und damit auch der Polymeren) ab (Abb. 4-23). Bei hohen optischen Reinheiten des Monomeren wird die molare optische Drehung des Polymeren konstant.

Wird ein Monomer mit gegebener optischer Reinheit unter verschiedenen Bedingungen polymerisiert, so hängt die molare optische Drehung des Polymeren noch von seiner Taktizität ab. Durch Extrapolation der reziproken molaren optischen Drehung auf ein taktisches Polymer läßt sich die molare optische Drehung des letzteren erhalten (Abb. 4-24).

Für Poly[(S)-4-methylhexen-1] wurde so ein Wert [Φ] = 292 gefunden, während der Wert des als Modellverbindung benutzten hydrierten Monomeren nur 9,9 beträgt (jeweils in 10^{-2} grad dm^{-1} cm^3 mol^{-1}). Diese Erhöhung stammt zweifellos von dem Beitrag der Helix.

Die Wellenlängenabhängigkeit der molaren optischen Drehung von Poly(α-olefinen) läßt sich gut durch die eintermige Drude-Gleichung beschreiben. λ_0 ist bei den Polymeren und ihren hydrierten Monomeren etwa gleich groß (Tab. 4-11). Die a_0-Werte sind aber bei den Polymeren teilweise beträchtlich höher als bei den hydrierten Monomeren. Sie werden nur wenig von dem bei der Messung verwendeten Lösungsmittel beeinflußt, d. h. die Länge der helicalen Kettenstücke ist lösungsmittelunabhängig.

Die molare optische Drehung der Poly(α-olefine) sinkt mit steigender Temperatur. Dieser Effekt wurde als Schmelzen relativ langer linkshändiger Helixstücke interpretiert. Nach der gleichen Modellrechnung sollte sich die Länge der relativ kurzen rechtshändigen Helixstücke nicht wesentlich mit der Temperatur ändern.

Die molare optische Drehung konfigurativer Copolymerer aus (S)- und (R)-Isomeren des gleichen Monomeren ist bei Poly(α-olefinen) in der Regel keine lineare Funktion der optischen Reinheit des Monomeren, sondern eine hyperbolische. Die molaren optischen Drehungen der Copolymeren sind daher höher als sich aus der Additivitätsregel ergibt. Es ist bislang nicht klar, ob dieser Effekt von langen taktischen Blöcken im Polymeren oder von Mischungen von (S)- und (R)-Unipolymeren stammt.

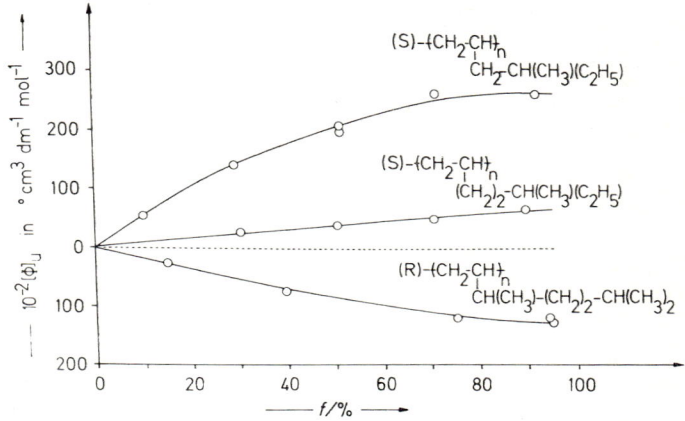

Abb. 4-23: Molare optische Rotation verschiedener methanolunlöslicher Poly(α-olefine) in Kohlenwasserstoff-Lösungen als Funktion der optischen Reinheit der Ausgangsmonomeren (nach P. Pino, F. Ciardelli, G. Montagnoli und O. Pierono).

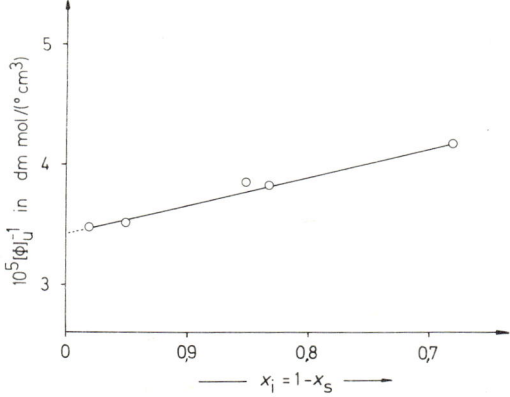

Abb. 4-24: Abhängigkeit der reziproken molaren optischen Rotation vom Stoffmengenanteil isotaktischer bzw. syndiotaktischer Diaden beim Poly[(S)-4-methyl-1-hexen]. Reinheit des Ausgangsmonomeren: 93 %. Nach Messungen von P. Pino et al.

Tab. 4-11: Konstanten a_0 und λ_0 der internen Drude-Gleichung für verschiedene synthetische Polymere und ihre hydrierten Monomeren (als niedermolekulare Modelle) bei Raumtemperatur. Polymerisation der Monomeren mit Ziegler-Katalysatoren (I, II), kationisch (III), anionisch (IV) und radikalisch (V, VI). Messungen im jeweils gleichen Lösungsmittel für Polymer und hydriertes Monomer.

	Monomer		λ_0/nm		$a_0/(10^{-2}$ grad dm^{-1} cm^3 mol$^{-1})$	
	Name	Konstitution	Modell	Polymer	Modell	Polymer
I.	(S)-3-Methyl-1-penten	$CH_2=CH$ | $CH(CH_3)(C_2H_5)$	176	167	−113	1143
II.	(S)-4-Methyl-1-hexen	$CH_2=CH$ | $CH_2-CH(CH_3)C_2H_5$	170	165	3078	104
III.	(1R, 3R, 4S)-1-Methyl-4-isopropyl-cyclohex-3-yl-vinylether	$CH_2=CH$ — O — (cyclohexyl with $CH(CH_3)_2$ and CH_3)	155	165	−1144	−2169

IV.	[(−)-N-Propyl-N-α-phenylethyl]acrylamid	$CH_2=CH$
		    |
		$CO-N-CH-C_6H_5$
		    | |
		    C_3H_7 CH_3
			280	272	−1518	−1188

V.	[(1S, 2R, 4S)-1,7,7-Trimethyl-norborn-2-yl]-acrylat	$CH_2=CH$ | $CO-O-$ (norbornyl with H_3C, CH_3, CH_3)	190	191	−485	−401

VI.	[(S)-2-Methylbutyl]-methacrylat	$CH_2=CCH_3$
		    |
		$CO-O-CH_2-CH-C_2H_5$
		                     |
		                        CH_3
			191	188	59	53

4.7 Konformationsumwandlungen

4.7.1 PHÄNOMENE

Die Grundbausteine eines Makromoleküls können entweder in helicalen (h) oder nicht-helicalen (c) Konformationen vorliegen. Im zeitlichen Mittel kann daher eine solche Kette aus helicalen und nichthelicalen Sequenzen bestehen, z. B. aus ... hhchhhhhhccchhcccchhhh... Der Anteil an helicalen und nicht-helicalen Konformationen ändert sich dabei mit dem Lösungsmittel, der Temperatur und dem Druck. Diese Änderungen können entweder mit gruppenspezifischen (IR, UV, NMR, ORD, CD) oder mit molekülspezifischen Methoden (Trägheitsradien, Viskositäten) verfolgt werden.

Messungen des sog. Staudinger-Index (vgl. Kap. 9) von Poly(methylmethacrylaten) als Funktion der Temperatur zeigen z.B. bei ca. 47°C ein Minimum (Abb. 4-25), das als Konformationsumwandlung gedeutet wurde.

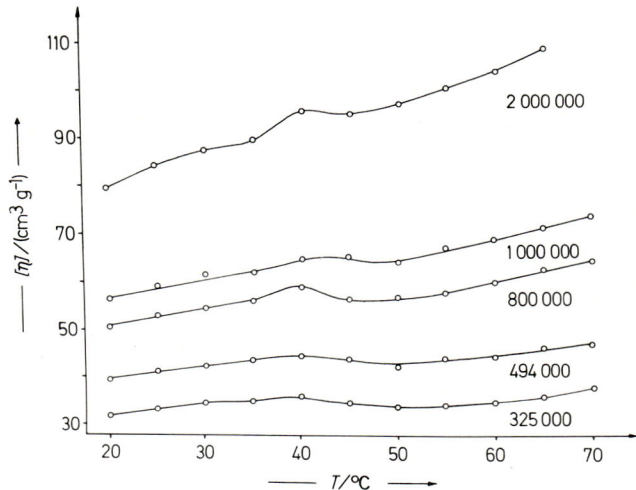

Abb. 4-25: Änderung der Staudingerindices [η] mit der Temperatur bei Poly(methylmethacrylaten) verschiedenen Massenmittels der Molmasse (nach I. Katime, C. Ramiro Vera und J. E. Figueruelo)

Die spezifische Drehung des Poly(γ-benzyl-L-glutamates) nimmt z.B. in Mischungen von Ethylendichlorid und Dichloressigsäure mit steigendem Gehalt an letzterer zuerst etwas zu, bleibt dann über einen großen Mischungsbereich konstant und sinkt schließlich mit einem Gehalt von ca. 75 Vol. proz. Dichloressigsäure sprunghaft zu negativen Werten ab (Abb. 4-26). Da Ethylendichlorid ein helicogenes Lösungsmittel ist, wird die anfängliche Zunahme einer Änderung der Helixstruktur (Aufweitung?), der Abfall aber dem Helix/Knäuel-Übergang zugeschrieben.

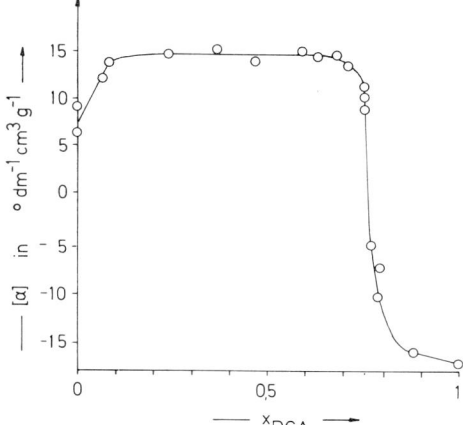

Abb. 4-26: Spezifische Drehung $[\alpha]_D$ eines Poly(γ-benzyl-L-glutamates) ($\overline{M}_W$ = 350 000 g/mol) in Gemischen aus Ethylendichlorid/Dichloressigsäure bei 20°C (nach J. T. Yang).

4.7.2 THERMODYNAMIK

Die Konformationsänderungen von Makromolekülen müssen kooperative Effekte sein, da jede Konformation zumindest bei regelmäßigen konformativen Sequenzen durch diejenige der Nachbarbindungen beeinflußt wird. Für jede einzelne Konformationsumwandlung kann man eine Gleichgewichtskonstante definieren. Die verschiedenen Konformationen werden dabei als A und B voneinander unterschieden. A und B können z. B. trans- oder gauche-Konformationen sein, oder aber auch die trans- und cis-Stellungen der Peptidgruppen beim Poly(prolin) usw.

Der Prozeß

(4-60)   AAB $\rightleftarrows$ ABB

(bzw. BAA $\rightleftarrows$ BBA) beschreibt das *Wachstum* bereits bestehender Folgen von A- oder B-Konformationen. Ihm wird eine Gleichgewichtskonstante $K_w = K$ zugeordnet. Beim Prozeß

(4-61)   AAA $\rightleftarrows$ ABA

wird dagegen eine B-Sequenz begonnen oder vernichtet. Diesem *Keimbildungsprozeß* kann man eine Gleichgewichtskonstante $K_k = \sigma K_w = \sigma K$ zuordnen. σ ist ein Maß für die Kooperativität der Umwandlung. Bei $\sigma < 1$ nehmen die Segmente bevorzugt die Konformation der Nachbarn an. Konformative Diaden AA bzw. BB sind in diesem Falle wahrscheinlicher als Diaden AB oder BA (positive Kooperativität). Bei $\sigma = 1$ gilt dagegen $K_w = K_k$; es liegt keine Kooperativität vor. Eine negative Kooperativität oder Antikooperativität mit $\sigma > 1$ ist nicht bekannt.

Die Keimbildung im Innern einer Kette muß mikroskopisch reversibel sein. Die Gleichgewichtskonstante des Prozesses

(4-62)   BBB $\rightleftarrows$ BAB

beträgt daher $K^{-1}\sigma$. An den beiden Kettenenden besitzen die Konformationen jedoch nur je einen Nachbarn. Die σ-Werte der Keimbildung von den Enden her müssen daher verschieden von denen im Innern der Kette sein und außerdem noch vom Typ der Konformation (A oder B) abhängen. In erster Näherung kann man jedoch bei vielen Umwandlungen auch die Bildung eines Keimes an den Enden der Kette durch σ beschreiben.

In einer Kette mit einer Sequenz aus $N = 4$ Konformationen kann die All-B-Konformation aus der All-A-Konformation in vier Schritten erreicht werden:

(4-63)   AAAA $\rightleftarrows$ BAAA $\rightleftarrows$ BBAA $\rightleftarrows$ BBBA $\rightleftarrows$ BBBB

Auf einen Keimbildungsschritt folgen drei Wachstumsschritte. Für die Gleichgewichtskonzentrationen gilt daher

(4-64) $c_{BBBB} = \sigma K \cdot K \cdot K \cdot K \cdot c_{AAAA} = \sigma K^4 c_{AAAA}$

Bei $\sigma K^4 = 1$ gilt daher $c_{BBBB} = c_{AAAA}$.

Ist nun die Gleichgewichtskonstante $K \gg 1$, so muß wegen $\sigma K^4 = 1$ auch $1/\sigma^{1/4} \gg 1$ sein. Alle Zwischenstufen müssen daher in diesem Fall gegenüber den beiden Extremformen in kleinen Konzentrationen vorliegen (z. B. für $\sigma = 10^{-4}$: $c_{BBBB} = 10\, c_{BBBA} = 10^2\, c_{BBAA} = 10^3\, c_{BAAA}$). Die Konformationsumwandlung tritt also entweder vollständig oder gar nicht auf.

Die Umwandlung einer Kette aus vier Konformationen ist somit durch das Produkt σK^4 beschreibbar. Bei der N. Konformation ist dieser Ausdruck durch σK^N zu ersetzen. Der Bruchteil f_B gebildeter B-Zustände ist dann

(4-65) $f_B = \sigma K^N/(1 + \sigma K^N)$

f_B kann jedoch nur dann über Gl. (4-65) berechnet werden, wenn N klein ist. Für einen Alles-oder-Nichts-Prozeß gilt nämlich $1/\sigma^{1/N} \gg 1$ (vgl. oben) oder $\sigma^{1/N} \ll 1$. Bei gleicher Wahrscheinlichkeit der Umwandlung pro Konformation muß aber die Umwandlung pro Kette mit steigendem N zunehmen. Für diese Wahrscheinlichkeit ist daher das Produkt von $\sigma^{1/N}$ und N zu betrachten. Als Bedingung für Gl. (4-65) gilt daher

(4-66) $N\sigma^{1/N} \ll 1$

Bei großen Kettenlängen wird dagegen die Umwandlung unabhängig von N. Der Umwandlungsgrad f_B berechnet sich hier zu

(4-67) $f_B = 0{,}5 \left(1 + \dfrac{K-1}{((K-1)^2 + 4\sigma K)^{0{,}5}}\right)$

Am Mittelpunkt der Umwandlung ($f_B = 0{,}5$) wird daher nach Gl. (4-69) unabhängig von σ immer $K = 1$. Die Umwandlung ist jedoch umso schärfer, je kleiner σ ist.

Für die Umwandlung von Ketten mittlerer Kettenlänge sind die Ausdrücke komplizierter. In diesem Bereich hängen dann die Umwandlungen deutlich von der Kettenlänge ab (vgl. auch Abb. 4-27).

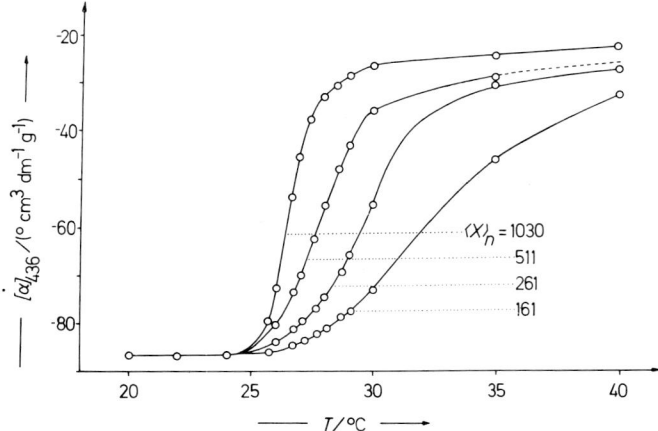

Abb. 4-27: Temperaturabhängigkeit der spezifischen Drehung $[\alpha]_{436}$ von Poly(ϵ-carbobenzyloxy-L-lysinen) verschiedenen Zahlenmittels des Polymerisationsgrades in m-Cresol (nach M. Matsuoka, T. Norisuye, A. Teramoto und H. Fujita)

σ ist nach diesem Ansatz ein Maß für die von den Enden der Helixsequenzen ausgeübten Effekte. In diesen Enden befinden sich ja die Grundbausteine wegen der Nähe der nichthelicalen Sequenzen in einer anderen Umgebung als in der Mitte der Helix. Bei Proteinen und Poly(α-aminosäuren) hat sich gezeigt, daß σ sehr klein ist (Tab. 4-12). Endeffekte werden bei diesen Polymeren also nicht bevorzugt. Falls also ein helicaler Zustand aus 4 Bausteinen von einem helicalen Zustand aus 3 Bausteinen getrennt ist, so wird sich ein helicaler Zustand aus 7 Bausteinen zu bilden versuchen.

Tab. 4-12 Thermodynamische Parameter K und σ für die Helix/Knäuel-Umwandlung von Poly(α-aminosäuren) bzw. Poly(nucleotiden)

Grundbausteine	$T/°C$	K	$10^5\,\sigma$
Glycin	60	0,63	1,0
L-Serin	60	0,74	7,5
Hydrosypropyl-L-glutamin	60	0,96	22
L-Alanin	0	1,08	
L-Alanin	60	1,01	80
L-Alanin	80	0,99	
L-Phenylalanin		1,00	180
L-Leucin	0	1,28	
L-Leucin	60	1,09	330
L-Leucin	80	1,33	
Adenin/Thymin (1:1)		0,5	10
Guanin/Cytosin (1:1)		2,0	10

Die Gleichgewichtskonstante K beschreibt dagegen, ob helicale oder nicht-helicale Zustände bevorzugt sind. K-Werte größer als 1 zeigen Helixformer, K-Werte viel kleiner als 1 dagegen Knäuelbildner an. Bei Proteinen sind z. B. Prolin, Serin, Glycin und Asparagin typische Helixbrecher. Lysin, Thyrosin, Asparaginsäure, Threonin, Arginin, Cystein und Phenylalanin verhalten sich indifferent, während alle anderen α-Aminosäuren typische Helixbildner sind.

4.7.3 KINETIK

Die Kinetik der Konformationsumwandlungen ist mit Ausnahme der Helix/Knäuel-Umwandlungen von Polypeptiden und Polynucleotiden noch wenig erforscht. Für derartige Helix/Knäuel-Umwandlungen wurden verhältnismäßig hohe Geschwindigkeitskonstanten von 10^6 bis 10^7 s^{-1} gefunden. Bei Denaturierungsprozessen, bei denen auch Helix/Knäuel-Umwandlungen beteiligt sind (vgl. Kap. 4.6.2), beobachtete man dagegen Geschwindigkeitskonstanten von 10^{-6} bis 1 s^{-1}. Die hohe Geschwindigkeit der Helix/Knäuel-Umwandlungen ist zweifellos durch die Kooperativität bedingt. Die niedrigere Geschwindigkeit der Denaturierung muß daher von den Umwandlungen in den nicht-helicalen Bereichen stammen.

Bei der Rotation um eine Einzelbindung muß sich offenbar ein großer Teil des Moleküls bewegen (Abb. 4-25 a). Das dürfte in viskosen Medien sehr schwierig sein. Bei einer gekoppelten Rotation um zwei Bindungen (Abb. 4-25 b) würde man dagegen eine Erhöhung der Aktivierungsenergie gegenüber ähnlich gebauten niedermolekularen Verbindungen erwarten.

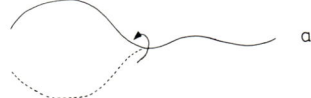

Abb. 4-28: Typen von Rotationsumwandlungen in einer Kette (nach H. Morawetz)

Das Problem wurde bei Piperazin-Polymeren und Diacoylpiperazinen als Modellsubstanzen studiert. Die N–CO-Bindung dieser Verbindungen weist partiellen Doppelbindungscharakter auf. Die Rotation um diese Bindung ist daher verhältnismäßig langsam. Je nachdem, ob sich die benachbarten Gruppen in cis- oder trans-Stellung zu der N–CO-Bindung befinden, wird man daher verschiedene Absorptionsbanden im Protonenresonanzspektrum finden. Aus der Temperaturabhängigkeit der Bandenintensitäten läßt sich dann die Freie Aktivierungsenergie $\Delta G^{\ddagger}$ ermitteln.

Experimentell wurde gefunden, daß sich die freien Aktivierungsenergien für Diacetylpiperazin (I) einerseits und Poly(succinylpiperazin) (II, R = (CH$_2$)$_2$), poly(adipylpiperazin) (II, R = (CH$_2$)$_4$) und Poly(sebacylpiperazin) (II, R = (CH$_2$)$_8$) andererseits praktisch nicht unterscheiden ($\Delta G^\ddagger = 76$ kJ/mol). Die Ursache ist unklar. Die Aktierungsenergie könnte z. B. im Polymermolekül gespeichert und für die Rotation um eine andere Bindung gebraucht werden. Alternativ könnte die durch die Rotation erzeugte Spannung durch Verdrehungen von Rotations- und Valenzwinkeln ausgeglichen werden.

A – 4 Anhang zu Kap. 4

A–4.1 Berechnung der Fadenendabstände im Segmentmodell

Beim Segment-Modell wird die Länge und die Richtung jeder einzelnen Bindung durch einen Vektor b_i beschrieben (Abb. 4-13). Der vektorielle Abstand L_{00} zwischen den beiden Enden der Kette ist dann

$$(A\ 4-1) \quad L_{00} = b_1 + b_2 + \ldots b_{n-1} = \sum_{i=1}^{i=n-1} b_i$$

Für das Mittel über die Quadrate der Fadenendabstände $\overline{L_{00}^2}$ (Mittelung über alle Moleküle und über alle zeitlichen Formen eines Moleküls) sind dann die Produkte der Vektoren anzusetzen

$$(A\ 4-2) \quad \overline{(L_{00}^2)} = \overline{L \cdot L} = \overline{(\sum_i b_i \sum_j b_j)} = \overline{b_1 b_1} + \overline{b_2 b_2} + \ldots \overline{b_{n-1} b_{n-1}} + 2 \sum_i \sum_j \overline{b_i b_j}$$

wobei der Index j die gleiche Bedeutung hat wie der Index i und lediglich andeuten soll, daß jedes Glied der ersten Summe mit jedem Glied der zweiten Summe multipliziert werden soll. Das Skalarenprodukt $b_i b_{i+1}$ ist gleich $b_i b_{i+1} \cos(180-\tau)$, wobei $(180-\tau)$ der Winkel zwischen zwei aufeinanderfolgenden Bindungen ist und τ somit der Bindungswinkel. Bei dem gewählten Segmentmodell hat nun jeder Winkel τ die gleiche Wahrscheinlichkeit wie der Winkel $(180 + \tau)$. Es gilt dann $\cos \tau = -\cos(180 + \tau)$. Die Doppelsumme in Gl. (A 4-2) verschwindet und man erhält aus Gl. (A 4-2)

$$(A\ 4-3) \quad \overline{(L_{00}^2)} = (N-1) b^2 \approx N b^2$$

Sind mehrere verschiedene Bindungen mit unterschiedlichen Längen b_q vorhanden (z.B. in Polyamiden), so ist Gl. (A 4-3) durch die entsprechende Summe zu ersetzen:

$$(A\ 4-4) \quad \overline{(L_{00}^2)} = \sum_q (N-1)_q\ b_q^2$$

A – 4.2 Beziehung zwischen Fadenendabstand und Trägheitsradius im Segmentmodell

Experimentell zugänglich ist nun nicht der Fadenendabstand $\overline{(L^2)}^{0,5} \equiv \langle L \rangle$, sondern nur der Trägheitsradius $\langle R_G^2 \rangle^{0,5} \equiv \langle R \rangle$. Fadenendabstand und Trägheitsradius sind aber in diesem Modell eindeutig miteinander verknüpft. Wie in Abb. 4-13 gezeigt, kann man sich die Massen der Kettenatome in Massenpunkten konzentriert denken, die durch Bindungen der Länge b miteinander verknüpft sind. r_1 ist der Vektor vom Schwerpunkt des Moleküls zum 1. Massenpunkt, r_i der entsprechende Vektor zum i. Massenpunkt und L_i der Vektor zwischen diesen beiden Massenpunkten. Es gilt dann für jeden Massenpunkt

(A4-5) $r_i = r_1 + L_i$

Der Schwerpunkt ist als 1. Moment des Trägheitsradius so definiert, daß für ihn mit $r_i = 0$ gilt

(A4-6) $\sum\limits_i m_i r_i = 0$

Da alle Massenpunkte identisch sind, gilt für alle N Massenpunkte

(A4-7) $\sum\limits_{i=1}^{i=n} r_i = N r_1 + \sum\limits_{i=1}^{i=n} L_i = 0$

und daher

(A4-8) $r_1 = -(1/N) \sum\limits_i L_i$

Der Trägheitsradius $\langle R \rangle$ ist nun als Wurzel aus dem Mittel über alle Quadrate der Radien r definiert (vgl. oben), diese wiederum als 2. Moment der Massenverteilung

(A4-9) $r^2 = (\sum\limits_i m_i r_i^2)/(\sum\limits_i m_i)$

bzw. für das Mittel über alle Quadrate (mit dem Index oo für dieses Modell)

(A4-10) $\overline{R_{oo}^2} = (\overline{\sum\limits_i m_i r_i^2})/(\sum\limits_i m_i) = \langle R^2 \rangle_{oo}$

Die Massen m_i sind per Definition alle identisch. Da man außerdem die Mittelung erst über alle Summen oder zuerst über alle Produkte und dann erst über alle Summen ausführen kann, kann man anstelle (A4-10) auch schreiben

(A4-11) $\langle R^2 \rangle_{oo} = (m_i \sum\limits_i \overline{r_i^2})/\sum\limits_i m_i$

und mit $m = \sum\limits_i m_i$ und der Anzahl N der Kettenglieder ($N = m/m_i$) aus (A4-11)

(A4-12) $\langle R^2 \rangle_{oo} = \sum\limits_i \overline{r_i^2}/N$

Beim Poly(methylen) ist die Zahl der Kettenglieder N mit dem Polymerisationsgrad $\overline{X}_n$ identisch. Bei Grundbausteinen aus zwei Kettengliedern, z. B. beim Poly(styrol), wird jedoch $N = 2 \overline{X}_n$. Für die Beziehung zwischen dem Trägheitsradius und dem Fadenendenabstand ergibt sich

(A4-13) $\langle R^2 \rangle_{oo} = (1/N) \sum\limits_{i=1}^{i=n} (r_1 + L_i)(r_1 + L_i)$

$\langle R^2 \rangle_{oo} = r_1^2 + (1/N) \sum\limits_{i=1}^{i=n} L_i^2 + (2/N) r_1 (\sum\limits_{i=1}^{i=n} L_i)$

Nach Gl. (A4-2) wird aber

(A2-2a) $\overline{r_1^2} = \sum\limits_{i=1}^{i=n} \sum\limits_{j=1}^{j=n} L_i L_j$

und nach Gl. (A 4-8) und Gl. (A 4-2)

(A4-8a) $(2/N) r_1 (\sum_{i=1}^{i=n} L_i) = -(2/N^2) \sum_{i=1}^{i=n} \sum_{j=1}^{j=n} L_i L_j$

Mit den Gl. (A 4-2a) und (A 4-8a) wird Gl. (A4-13) dann zu

(A4-14) $\langle R^2 \rangle_{oo} = (1/N) \sum_{i=1}^{i=n} L_i^2 - (1/N^2) \sum_{i=1}^{i=n} \sum_{j=1}^{j=n} L_i L_j$

Das Vektorprodukt wird nach der schon bei Gl. (A 4-2) benutzten Cosinus-Regel gelöst

(A4-15) $L_{ij}^2 = L_i^2 + L_j^2 - 2 L_i L_j$

Die Indices i und j haben definitionsgemäß die gleiche Bedeutung, so daß die Summierungen über die Quadrate der Abstände L_i^2 und L_j^2 identisch sind. Durch Einsetzen von (A 4-15) in (A 4-14) erhält man daher

(A4-16) $\langle R^2 \rangle_{oo} = (1/2N^2) \sum_{i=1}^{i=n} \sum_{h=1}^{j=n} \overline{L_{ij}^2}$

Der Mittelwert $\overline{L_{ij}^2}$ ist aber nach Gl. (A 4-2) bzw. (A 4-3) der Fadenendenabstand einer Kette von $|j-i|$ Elementen der Länge b

(A4-17) $\overline{L_{ij}^2} = |j-i| b^2 = (|j-i| \overline{L^2})/N$

Die absolute Differenz entspricht einem Summenprodukt, wobei jede Summe einzeln gelöst werden kann. Für die Summierung über alle j-Werte erhält man

(A4-18) $\sum_{j=1}^{j=n} |j-i| = \sum_{j=1}^{i} (i-j) + \sum_{j=i+1}^{n} (j-1)$

$= i^2 - 0{,}5\, i\,(i+1) + 0{,}5\,(N-i)\,(N+i+1) - i\,(N-i)$

$= i^2 - iN + 0{,}5\, N^2 + 0{,}5\, N - i$

und für die Summierung über alle i-Werte

(A4-19) $\sum_{i=1}^{i=n} i^2 = 1^2 + 2^2 + \ldots N^2 = \dfrac{N(N+1)(2N+1)}{N}$

Man erhält also

(A4-20) $\sum_{i=1}^{i=n} \sum_{j=1}^{i=j} |j-i| = (N^3 - N)/3 \cong N^3/3$ \quad (für $N \geqslant 1$)

Aus Gl. (A 4-16) wird mit (A 4-17) und (A 4-20)

(A4-21) $\langle R^2 \rangle_{oo} = \dfrac{1}{2 N^2} \cdot \dfrac{N^3}{3} \cdot \dfrac{\overline{L^2}}{N} = \dfrac{1}{6} \overline{L_{oo}^2} = \overline{R_{oo}^2}$

Gl. (A 4-21) gestattet, die experimentell z. B. über Lichtstreuungsmessungen zugänglichen Trägheitsradien in die theoretisch wichtigen Fadenendenabstände umzurechnen. Diese Umrechnung bleibt auch für die Valenzwinkelkette und die Valenzwinkelkette mit behinderter Drehbarkeit gültig, nicht aber für beliebig gute Lösungsmittel und/oder verzweigte Moleküle.

A-4.3 Berechnung der Fadenendenabstände bei Valenzwinkelketten

Das Segmentmodell nimmt beliebige Winkel zwischen den aufeinanderfolgenden Segmenten an. In einem realen Makromolekül sind jedoch Bindungswinkel zu berücksichtigen, die in erster Näherung (vgl. Kap. 4.5.1) als konstant angesetzt werden können. Wie beim Segmentmodell (vgl. Gl. (A 4-2) sind für N Kettenglieder, d.h. $(N-1)$ Bindungen, alle Vektoren miteinander zu multiplizieren:

(A 4-22) $\overline{(L_{of}^2)} = \vec{L} \cdot \vec{L} = (b_1 b_1 + b_2 b_2 + \ldots b_{n-1} b_{n-1}) +$
$+ 2(b_1 b_2 + b_2 b_3 + \ldots b_{n-2} b_{n-1}) +$
$+ 2(b_1 b_3 + b_2 b_4 + \ldots b_{n-3} b_{n-1}) +$
$+ \ldots$

Das skalare Produkt der Vektoren b_i und b_j, die den Winkel $(180-\tau)$ einschließen, ist als $b_i b_{i+1} = |b_i||b_{i+1}| \cos(180-\tau)$ definiert. Aus Gl. (A 4-22) wird dann

(A 4-23) $\overline{(L_{of}^2)} = (N-1) b^2 + 2(N-2) b^2 \cos(180-\tau) + 2(N-3)(b_1 b_3) + \ldots + 2(b_1 b_{n-1})$

Für die Mittelwerte der skalaren Produkte gilt

(A 4-24) $b_1 b_{1+j} = b^2 \cos^j(180-\tau)$

und Gl. (A 4-23) wird dann zu

(A 4-25) $L_{of}^2 = (N-1) b^2 + 2 b^2 [(N-2) \cos(180-\tau) + (N-3) \cos^2(180-\tau) +$
$+ \cos^{N-2}(180-\tau)]$

Gl. (A 4-25) enthält Reihenentwicklungen. Setzt man $a = N-1$ und $x = \cos(180-\tau) = \cos \alpha$, so erhält man mit den für $x < 1$ gültigen Beziehungen

(A 4-26) $(1 + x + x^2 + x^3 + \ldots) = 1/(1-x)$

und

(A 4-27) $(1 + 2x + 3x^2 + 4x^3 + \ldots) = 1/(1-x)^2$

für Gl. (A 4-25) nunmehr

(A 4-28) $\overline{L_{of}^2} = (N-1) b^2 \left(\frac{1 + \cos \alpha}{1 - \cos \alpha} \right) - 2 b^2 (\cos \alpha) \left(\frac{1 - \cos^{N-1} \alpha}{(1 - \cos \alpha)^2} \right)$

Für viele Kettenglieder, d. h. für $(N-1) \gg 1$, verschwindet das letzte Glied, und Gl. (A 4-28) reduziert sich zu

$$\text{(A4-29)} \quad \overline{L_{of}^2} = N \cdot b^2 \left(\frac{1 + \cos \alpha}{1 - \cos \alpha} \right) = N \cdot b^2 \left(\frac{1 - \cos \tau}{1 + \cos \tau} \right)$$

Für den Trägheitsradius erhält man analog

$$\text{(A4-30)} \quad 6\, \overline{R_{of}^2} = N \cdot b^2 \left(\frac{1 + \cos \alpha}{1 - \cos \alpha} \right) = N \cdot b^2 \left(\frac{1 - \cos \tau}{1 + \cos \tau} \right)$$

A 4.4 Verteilung der Fadenendenabstände

Ein Ensemble von Kettenmolekülen gleicher Länge weist zu jeder Zeit eine statistische Verteilung der Fadenendenabstände auf. Die Ableitung kann analog zu der der Maxwell'schen Geschwindigkeitsverteilung von Molekülen in einem idealen Gas erfolgen.

$p(L_x)$ sei die Verteilungsfunktion der x-Komponente des Fadenendenabstandes L. Da der Raum isotrop ist, muß gelten $p(L_x) = p(-L_x)$ und folglich auch $p(L_x) = f(L_x^2)$.

Die drei Verteilungsfunktionen für die drei möglichen Raumrichtungen müssen bei einer kleinen Zahl N von Bindungen voneinander abhängen. Bei $N = 1$ muß z.B. gelten $L_x^2 + L_y^2 + L_z^2 = b^2$, wobei b der Bindungsabstand ist. Die drei Komponenten werden jedoch umso weniger voneinander abhängen, je größer die Zahl der Bindungen ist. Wird N sehr groß und ist gleichzeitig L^2 viel kleiner als das Quadrat der Länge des ausgestreckten Moleküls, dann können die Komponenten als unabhängig voneinander betrachtet werden. Die totale Wahrscheinlichkeit ist dann einfach das Produkt der Einzelwahrscheinlichkeiten, oder

$$\text{(A4-31)} \quad p(L_x) p(L_y) p(L_z) = f(L_x^2) f(L_y^2) f(L_z^2)$$

Diese Wahrscheinlichkeit kann jedoch nicht von der Raumrichtung abhängen. Sie muß eine Funktion der Quadrate der Fadenendenabstände sein:

$$\text{(A4-32)} \quad L^2 = L_x^2 + L_y^2 + L_z^2$$

Es muß also gelten

$$\text{(A4-33)} \quad f(L_x^2) f(L_y^2) f(L_z^2) = F(L^2) = f(L_x^2 + L_y^2 + L_z^2)$$

Die Bedingung (A 4-33) kann nur durch eine einzige mathematische Funktion befriedigt werden, nämlich durch

$$\text{(A4-34)} \quad p(L_x) = f(L_x^2) = a \exp(-d L_x^2)$$

Das Minus-Zeichen kommt dabei von der Bedingung, daß $p(L_x)$ gleich null werden muß, wenn L_x gegen unendlich strebt. Die Konstanten a und d können wie folgt ermittelt werden:

Die Verteilungsfunktion muß normalisiert werden, d. h. es gilt

$$\text{(A4-35)} \quad p(L_x)\, dL_x = a \int_{-\infty}^{+\infty} \exp(-b L_x^2) = a (\pi/b)^{0.5} = 1$$

Das zweite Moment der Verteilungsfunktion muß außerdem das Mittel über die Quadrate der Komponente von L geben, d. h. $\langle L_x^2 \rangle = \langle L^2 \rangle / 3 = N b^2 / 3$:

(A4-36) $\quad \langle L_x^2 \rangle = \int\limits_{-\infty}^{+\infty} L_x^2 \, p(L_x) \, dL_x = a \int\limits_{-\infty}^{+\infty} L_x^2 \, \exp(-dL_x^2) = a \, \pi^{0,5}/(2d^{3/2}) =$

$$= N b^2 / 3$$

Division von (A4-35) durch (A4-36) und Einsetzen des Resultats in (A4-34) führt zu

(A4-37) $\quad p(L_x) = \left(\dfrac{3}{2 \pi N b^2} \right)^{0,5} \exp\left(-\dfrac{3}{2 N b^2} L_x^2 \right)$

Literatur zu Kap. 4

4.1-4.3 Konformationen

M. V. Volkenstein, Configurational statistics of polymer chains, Akademia Nauk, Moskau 1959; Interscience, New York 1963
T. M. Birshtein und O. B. Ptitsyn, Conformations of macromolecules, Interscience, New York 1966
F. A. Bovey, Polymer conformation and configuration, Academic Press, New York 1969
P. J. Flory, Statistical mechanics of chain molecules, Interscience, New York 1969
G. G. Lowry, Markov chains and Monte Carlo calculations in polymer science, Dekker, New York 1970
A. J. Hopfinger, Conformational properties of macromolecules, Academic Press, New York 1973

4.4-4.5 Gestalt von Makromolekülen

H. Sund und K. Weber, Die Quartärstruktur der Proteine, Angew. Chem. **78** (1966) 217
G. N. Ramachandran, Conformation of biopolymers, 2 Bde., Academic Press, London 1967
R. E. Dickerson und I. Geis, The structure und action of proteins, Harper and Row, New York 1969
V. N. Tsvetkov, V. Ye. Eskin uui S. Ya. Frenkel, Structure of macromolecules in solution, Butterworth, London 1970
H. Yamakawa, Modern theory of polymer solutions, Harper and Row, New York 1971
H. Yamakawa, Polymer statistical mechanics, Ann. Rev. Phys. Chem. **25** (1974) 179
H. Morawetz, Macromolecules in solution, Interscience, New York, 2. Aufl. 1975
K. Šolc, Shape of flexible polymer molecules, Polymer News **4** (1977) 67
D. A. Rees und E. J. Welsh, Sekundär- und Tertiärstruktur von Polysacchariden in Lösungen und in Gelen, Angew. Chem. **89** (1977) 228

4.6 Optische Aktivität

C. Djerassi, Optical rotary dispersion, McGraw-Hill, New York 1960
L. Velluz, M. Legrand und M. Grosjean, Optical circular dichroism, Verlag Chemie, Weinheim 1965
B. Jirgenson, Optical rotatory dispersion of proteins and other macromolecules, Springer, Berlin 1969
P. Pino, F. Ciardelli und M. Zandomeneghi, Optical activity in stereoregular synthetic polymers, Ann. Rev. Phys. Chem. **21** (1970) 561
P. Crabbé, ORD und CD in chemistry and biochemistry, Académic Press, New York 1972

4.7 Konformationsumwandlungen

D. Poland und H. A. Scheraga, Theory of helix-coil transitions in biopolymers — statistical mechanical theory of order-disorder transitions in biological macromolecules, Academic Press, New York 1970

C. Sadron, Hrsg., Dynamic aspects of conformation changes in biological macromolecules, Reidel, Dordrecht (Niederlande) 1973

R. Cerf, Cooperative conformational kinetics of synthetic and biological chain molecules, Adv. Chem. Phys. **33** (1975) 73

A. Teramoto und H. Fujita, Conformation-dependent properties of synthetic polypeptides in the helix-coil transition region, Adv. Polymer Sci. **18** (1975) 65

A. Teramoto und H. Fujita, Statistical thermodynamic analysis of helix-coil transistions in polypeptides, J. Macromol. Sci. — Revs. Macromol. Chem. **C 15** (1976) 165

5 Übermolekulare Strukturen

5.1 Übersicht

5.1.1 PHÄNOMENE

Makromoleküle bilden im festen Zustand Molekülverbände, die von völlig ungeordneten (amorphen) bis zu völlig geordneten (ideal-kristallinen) physikalischen Strukturen reichen können. Die auftretende Struktur hängt dabei nicht nur von der Konstitution und Konfiguration der Moleküle und den dadurch hervorgerufenen Mikro- und Makrokonformationen ab, sondern auch von den experimentellen Bedingungen. Mit anderen Worten: die im festen Zustand beobachteten physikalischen Strukturen entsprechen meist nicht den Gleichgewichtszuständen. Man muß daher z.B. zwischen der Kristallinität und der Kristallisierbarkeit unterscheiden. Die Kristallisierbarkeit ist durch Konstitution und Konfiguration gegeben und nicht durch die Kristallisationsbedingungen. Als thermodynamischer Gleichgewichtszustand hängt sie nur noch von der Temperatur und dem Druck ab. Die Kristallinität wird dagegen stark durch die Kristallisationsbedingungen beeinflußt; sie schließt eingefrorene Ungleichgewichtszustände ein und ist immer niedriger als die Kristallisierbarkeit.

Die Kristallisationsbedingungen beeinflussen jedoch nicht nur die Kristallinität, sondern auch die Morphologie der festen Polymeren wie z. B. elektronenmikroskopische Aufnahmen verschieden präparierter Festkörperzustände eines Polyamids 6 zeigen (Abb. 5–1). Schreckt man eine 260° C heiße Glycerin-Lösung dieses Polyamids durch Eingießen in ca. 25° C warmes Glycerin ab, so entstehen kugelförmige Gebilde (Abb. 5–1a). Beim Abkühlen der gleichen Lösung mit 1–2 K min^{-1} bilden sich Fibrillen aus (Abb. 5–1b). Bei einer Abkühlungsgeschwindigkeit von ca. 40 K min^{-1} treten Plättchen auf (Abb. 5–1c). Aus einer verdunstenden Lösung in Ameisensäure bekommt man dagegen schafgarbenähnliche Gebilde (Abb. 5–1d).

Die kugelförmigen Gebilde zeigen keinen elektronenmikroskopisch erkennbaren Ordnungsgrad und können als amorph angesehen werden. Die Plättchen lassen einen hohen Ordnungsgrad vermuten, sie erinnern an Kristalle. Bei den Fibrillen und Schafgarben liegen zweifellos ebenfalls geordnete Strukturen vor. Welcher Art diese Ordnungszustände sind, läßt sich aus den elektronenmikroskopischen Aufnahmen ohne zusätzliche Methoden nicht erkennen.

Bei kristallinen Polymeren muß man daher mindestens zwei Typen von Ordnungszuständen unterscheiden. Über kurze Distanzen können sich z. B. praktisch idealkristalline Zustände ausbilden; sie werden durch die Einheits- und Elementarzellen beschrieben. Die resultierenden geordneten Substrukturen lagern sich dann mehr oder weniger geordnet zu größeren Gebilden zusammen, wodurch die Morphologie des Festkörpers gegeben wird.

5.1.2 KRISTALLINITÄT

Als Kristall wurde z.B. in der Mitte des 19. Jahrhunderts ein Material mit ebenen Oberflächen bezeichnet, die sich unter festen Winkeln schneiden. Die elektronenmi-

132 5 Übermolekulare Strukturen

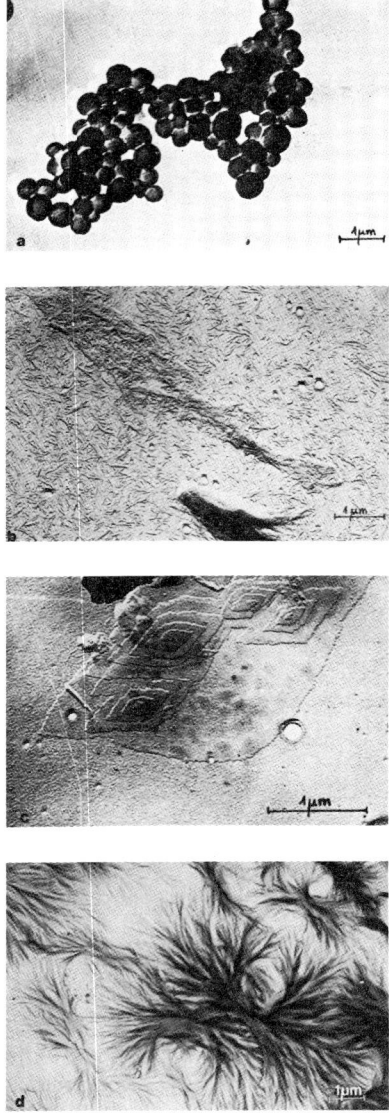

Abb. 5-1: Elektronenmikroskopische Aufnahmen von unter verschiedenen Bedingungen erzeugten morphologischen Strukturen eines Polyamids 6 (nach Ch. Ruscher und E. Schulz). Von oben nach unten: 260°C heiße Lösung in Glycerin durch Eingießen in 20°C warmes Glycerin abgeschreckt (5-1a); 260°C heiße Lösung in Glycerin mit etwa 1-2 K/min abgekühlt (5-1b); 260°C heiße Lösung in Glycerin mit etwa 40 K/min abgekühlt (5-1c); langsame Verdunstung aus ameisensaurer Lösung bei Zimmertemperatur (5-1d)

kroskopische Aufnahme 5-1c zeigt z. B. ebene Oberflächen, die aber spiralförmig angeordnet sind. Dichte, Röntgenstreuung und Schmelztemperatur entsprechen jedoch nicht einer 100 prozentigen Kristallinität (vgl. weiter unten). Gegen Ende des 19. Jahrhunderts wurde ein Kristall neu als homogenes, anisotropes, festes Medium definiert. „Homogen" bedeutet, daß die physikalischen Eigenschaften sich bei einer Translation in Richtung der Kristallachsen nicht ändern. Die Kristalle sind anisotrop, weil die physikalischen Eigenschaften in verschiedenen Richtungen – d.h. bei einer Rotation – variieren. Diese Definition trifft aber auch für verstrecktes, durch radikalische Polymerisation hergestelltes Poly(styrol) zu, das aber nach allen experimentellen Kriterien zweifellos nicht kristallin ist.

Die Kristallinität wurde am Anfang des 20. Jahrhunderts auf der molekularen bzw. atomaren Basis des Gitterkonzeptes neu definiert. Kristalle mit hoher Ordnung müssen demnach bei der Durchstrahlung mit Röntgenstrahlen scharfe Beugungsbilder geben, weil die „Sonde" – d.h. die Wellenlänge der Röntgenstrahlung – mit den atomaren Abständen vergleichbar ist. Aus dem Gitterkonzept folgt auch eine scharfe Schmelztemperatur. Makromolekulare Substanzen zeigen aber bei elektronenmikroskopisch als kristallin ansprechbaren Gebilden nur unscharfe Beugungsdiagramme. Das kann man so deuten, als ob kristalline und amorphe Bereiche nebeneinander vorliegen (2-Phasen-Modell) oder als ob der Kristall Fehlstellen enthält (1-Phasen-Modell). Wertet man z. B. die röntgenographischen Messungen an Polyamiden nach dem 2-Phasen-Modell aus, so folgt daraus eine Kristallinität von weniger als 50%. Eine solche Angabe ist aber nur schlecht mit der elektronenmikroskopischen Aufnahme der Abb. 5-1c zu vereinbaren. Dichte-Messungen führen zum gleichen Ergebnis: die gleiche Dichte kann als Auswirkung eines relativ großen amorphen Anteils (2-Phasen-Modell) oder einer kleinen Zahl von Fehlstellen (1-Phasen-Modell) interpretiert werden (Tab. 5-1).

Tab. 5-1: Vergleich der aus den Dichten ρ bzw. spezifischen Volumina $v = 1/\rho$ des Poly(ethylens) nach dem 2-Phasen-Modell berechneten Kristallinitäten mit dem nach dem 1-Phasen-Modell berechneten Gehalt an Fehlstellen

Bezeichnung	Dichte ρ g cm^{-3}	spez. Vol. v cm^3 g^{-1}	% Kristallinität	% Fehlstellen
100 % kristallin	1,000	1,000	100	0
–	0,981	1,020	89	1,9
–	0,971	1,030	83	2,9
100 % amorph	0,852	1,174	0	–

Es ist fraglich, ob das 2-Phasen-Modell die Verhältnisse korrekt beschreibt. Der Begriff der Phase ist bei der Interpretation der physikalischen Struktur makromolekulare Substanzen schon deshalb mit Vorsicht zu gebrauchen, weil meist nicht Gleichgewichtszustände vorliegen und die Grenzen zwischen „kristallinen" und „amorphen" Phasen fließend sind. Wie die elektronenmikroskopischen Aufnahmen (insbesondere Abb. 5-1d) zeigen, können nämlich in einer bestimmten Probe nebeneinander verschiedene Ordnungszustände auftreten. Die einzelnen Methoden zur Bestimmung der Kristallinität erfassen nun verschiedene Grade der Ordnung. Sie werden folglich zu verschiedenen Kristallinitätsgraden führen (Tab. 5-2). Der Begriff *der* „Kristallinität" ist daher bei Makromolekülen ebenso undefiniert wie der der Molmasse, sofern man ihn nicht genauer spezifiziert. Zur Zeit ist es noch nicht möglich, für die verschiedenen Methoden zur Kristallinitätsbestimmung anzugeben, auf welche Grade der Ordnung sie noch ansprechen. Man kennzeichnet daher die Kristallinität durch die verwendete Meßmethode und spricht von Röntgenkristallinität, Dichtekristallinität, Infrarotkristallinität usw. Je nach der verwendeten Methode können somit für das gleiche Polymere verschiedene Kristallinitäten erhalten werden, wie Tab. 5-2 für Baumwolle und Poly(ethylenglykolterephthalat) zeigt. Beim Poly(ethylen) und beim kristallinisierten 1,4-cis-Poly(isopren) liefern dagegen die verschiedenen Methoden recht gut übereinstimmende Werte für die Kristallinität.

Tab. 5-2: Vergleich der nach verschiedenen Methoden erhaltenen Kristallinitätsgrade (Auswertung nach dem 2-Phasen-Modell). Alle Zahlenwerte gelten für ganz bestimmte Kristallisations- bzw. Verstreckungsbedingungen

Methode	Cellulose (Baumwolle)	Kristallinitätsgrad (%) bei Poly(ethylenglykolterephthalat)	
		unverstreckt	verstreckt
Hydrolyse	93	–	–
Formylierung	87	–	–
Infrarotspektroskopie	–	61	59
Röntgenographie	80	29	2
Dichte	60	20	20
Deuteriumaustausch	56	–	–

5.2 Bestimmung der Kristallinität

5.2.1 RÖNTGENOGRAPHIE

Beim Auftreffen von schnellen Elektronen auf Materie werden aus den inneren Schalen der getroffenen Atome Elektronen herausgeschlagen und die Atome ionisiert. Aus den äußeren Schalen springen anschließend Elektronen in die inneren Schalen über. Da die Energiestufen diskret sind, wird eine Linienstrahlung ausgesendet. Der Linienstrahlung kommt somit eine ganz bestimmte Wellenlänge zu, z. B. 0,154 nm bei der in der Röntgenographie viel verwendeten Cu-K_α-Strahlung. Analog verhalten sich Elektronenstrahlen. Auch sie besitzen eine diskrete Wellenlänge, z.B. 0.0213 nm bei einer Beschleunigung der Elektronen auf 10 000 Volt.

Da die Röntgenstrahlen elektromagnetischer Natur sind, müssen sie an Gittern gebeugt werden, wenn die Gitterabstände der Wellenlänge der Röntgenstrahlen vergleichbar sind. Bei Kristallen mit ihrem dreidimensionalen Gittersystem wird diese Aufgabe von den Netzebenen übernommen. Die von den verschiedenen Netzebenen kommenden Strahlen interferieren miteinander und führen zu diskreten Reflexen. Die Lage der Reflexe ist nach Bragg durch die Wellenlänge λ des einfallenden Röntgenlichtes, den Abstand l_{bragg} der Netzebenen und dem Winkel θ zwischen einfallendem Strahl und Netzebene gegeben:

(5-1) $N\lambda = 2\,l_{\text{bragg}} \sin \theta$

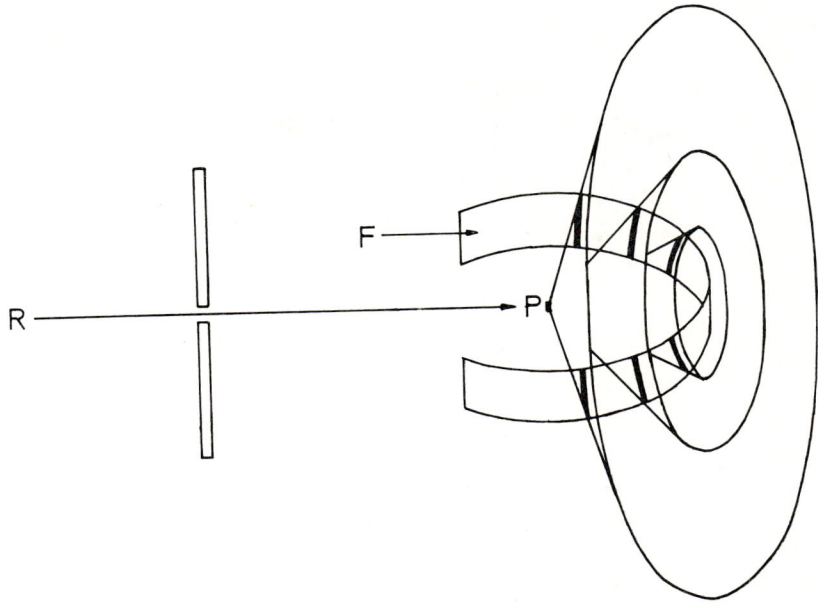

Abb. 5-2: Pulvermethode nach Debye-Scherrer. Ein Röntgenstrahl R trifft nach Durchlaufen einer Blende auf ein pulverförmiges Präparat P. Die von P hervorgerufenen Reflexe liegen auf Reflexionskegeln, von denen ein Filmstreifen F Bogen herausschneidet.

N ist dabei die Ordnungszahl der Reflexion. Sie kann entsprechend den Interferenzen 1. Ordnung, 2. Ordnung usw. Werte von 1, 2, 3 ... annehmen. Für den Reflex mit der stärksten Intensität wird meist $N = 1$ gesetzt. Sind die Netzebenen der verschiedenen Kristallite zueinander ungeordnet – wie in Kristallpulvern –, so findet ein monochromatischer Primärstrahl genügend Teilchen für alle der Bragg-Bedingung genügenden Reflexionsstellungen (Abb. 5-2). Da viele kleine Kristallite mit vielen Orientierungsrichtungen der Netzebenen vorhanden sind, erhält man ein System koaxialer Strahlungskegel, die eine gemeinsame Spitze im Zentrum der Probe haben. Ein senkrechter Schnitt dieses Kegelsystems auf einer fotografischen Platte führt zu einer Folge von konzentrischen Kreisen bzw. bei Verwendung eines Filmstreifens zu Kreisausschnitten.

Röntgenographische Aufnahmen amorpher Polymerer zeigen auf fotografischen Platten auf einem starken Untergrund schwache Ringe mit höherer Schwärzung (Abb. 5-3a). Diese schwache Maxima werden auch Halos genannt und stammen von der Nahordnung in den amorphen Polymeren. Teilkristalline Polymere weisen ebenfalls diese Halos, dazu aber die relativ starken Ringe von den kristallinen Reflexen auf (Abb. 5-3b). Die bei Polymeren immer recht starke Untergrundstreuung stammt hauptsächlich von der Streuung durch die Luft und etwas von der thermischen Bewegung in Kristalliten und von der Comptonstreuung. Die Comptonstreuung ist eine inkohärente Streuung, die als quantenmäßiger Streuvorgang bei jeder Substanz unabhängig von deren physikalischem Zustand in gleicher Weise auftritt.

136 5 Übermolekulare Strukturen

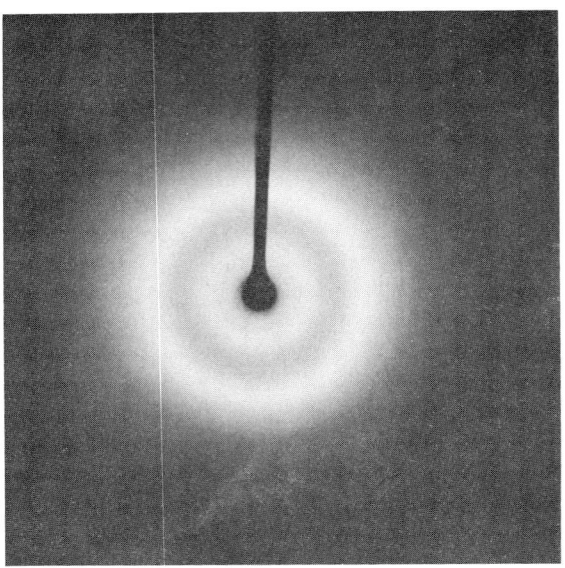

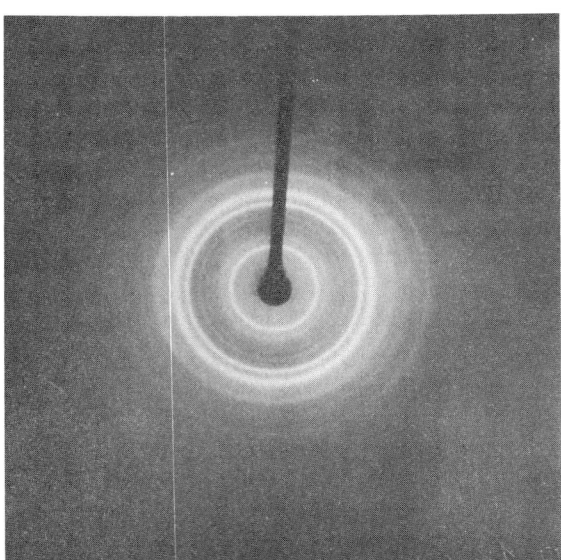

Abb. 5-3: Röntendiagramme von a) amorphem ataktischen Poly(styrol) (oben) und b) unverstrecktem, partiell kristallinen isotaktischen Poly(styrol) (unten)

Die Anteile der Reflexe und der Halos werden in der Regel im Sinne des 2-Phasen-Modells als Anteile der kristallinen und amorphen Phasen interpretiert. Dazu wird zunächst der Untergrund abgetrennt (vgl. Abb. 5-4). Zur Ermittlung des amorphen Anteils fängt man bei den kleinsten Winkeln an, da dort fast immer kristalline Reflexe fehlen. In den Minima zwischen je zwei Maxima ist außerdem die kristalline Streuung immer dann gering, wenn die Maxima mehr als 3° auseinander liegen. Zur weiteren Auswertung wird angenommen, daß die bei einem bestimmten Winkel bzw. bestimmten Winkelbereich gemessene Streuintensität der Reflexe dem kristallinen Anteil und die des Halos dem amorphen Anteil proportional ist. Die Proportionalitätsfaktoren hängen noch vom Beobachtungswinkel und der spezifischen Funktion ab. Sie können z. B. durch Vergleich mit vollständig amorphen bzw. kristallinen Proben ermittelt werden. Amorphe Proben lassen sich beispielsweise durch Abschrecken (nicht immer möglich) erhalten oder indem man direkt die Schmelze röntgenographisch untersucht. Amorphe Cellulose wird z. B. durch Mahlen in Kugelmühlen hergestellt.

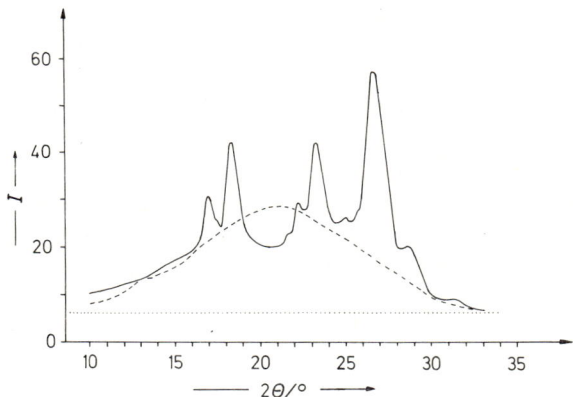

Abb. 5-4: Röntgendiagramme eines amorphen (– – –) und eines kristallinen Poly(ethylenglykolterephthalates) (—). Das amorphe PETP wurde durch Ausfällen des Polymeren aus einer Lösung in Phenol/Tetrachlorethan (1:1) mit Glyzerin, das kristalline PETP durch Tempern erhalten. Gezeigt ist die Intensität als Funktion des doppelten Bragg-Winkels (nach A. Jeziorny und S. Kepka)

Die Intensität der Reflexe ist somit ein Maß für die Kristallinität. Die Breite der Reflexe hängt sowohl von der Größe der Kristallite als auch von örtlichen Gitterschwankungen ab. Je kleiner die Kristallite sind, umso mehr geht die selektive Beugung in eine Streuung über. Ganz kleine Kristallite können daher nicht röntgenographisch erkannt werden. Außerdem müssen natürlich die Kristallite in bestimmten Minimalkonzentrationen vorliegen, da die Methode sonst nicht mehr auf die Intensitäten der Reflexe anspricht. In dieser Beziehung ist die qualitative Bestimmung der Kristallinität mit einem Polarisationsmikroskop empfindlicher, da man hier die diskreten kristallinen Bezirke sehen kann, allerdings nur dann, wenn sie größer als die Wellenlänge des Lichtes sind. Damit man diskrete Reflexe im Röntgendiagramm erhält, müssen geordnete dreidimensionale Bereiche von mindestens 2–3 nm Kantenlänge in genügend hoher Konzentration anwesend sein. Diese Methode zur Berechnung von Kristallitgrößen aus der Breite der Reflexe ist aber bei fadenförmigen Makromolekülen sehr fraglich. Bei der Kristallisation können sich nämlich die Positionen der Grundbausteine der einzelnen Ketten etwas gegeneinander verschieben, da aus kinetischen Gründen Teile der Ketten in Ordnungszuständen festgelegt werden, bevor die Ketten ihre idealen Gitterpositionen erreichen. Durch diesen Effekt werden örtliche Schwankungen der Gitterkonstanten hervorgerufen, die ebenfalls die Reflexbreite vergrößern.

Bei verstreckten Fasern und Filmen erhält man Röntgenbeugungsbilder, die denen von Drehkristall-Aufnahmen nach Bragg ähnlich sind (Abb. 5-5). Das Drehkristall-Verfahren wurde ursprünglich eingeführt, um möglichst viele Netzebenen zu orientieren. In verstreckten Fasern und Filmen liegen die Molekülachsen weitgehend in Verstreckungsrichtung (vgl. Kap. 5.6). Die Molekülachsen entsprechen einer Netzebene. Ein senkrecht zur Verstreckungsrichtung einfallender Strahl wird daher auf einer fotografischen Platte je nach dem Orientierungsgrad der Molekülachsen mehr oder weniger scharfe Reflexe erzeugen. Die erhaltenen Röntgenbeugungsbilder werden aus historischen Gründen Faserdiagramme genannt, obwohl sie natürlich auch bei verstreckten Filmen beobachtbar sind. Bei Faseraufnahmen muß aber im Gegensatz zu Drehkristallaufnahmen die Faser nicht gedreht werden, da immer sehr viele Kristallite orientiert sind. Reflexe auf der 0. Schichtlinie werden „äquatorial" genannt. Sie entsprechen Netzebenen, die parallel zur Molekülachse liegen. Netzebenen, die senkrecht („normal") zur Molekülachse liegen, erzeugen die sog. Meridional-Reflexe. Meridional-Reflexe liegen auf einer Ebene, die den Äquator halbiert. Bei ungenügender Orientierung der Kristallite entarten die Reflexe (spots) zu Sicheln (arcs) (vgl. dazu Kap. 5.7). Sicheln liegen damit in ihrer Form zwischen den Reflexen des Faserdiagramms mit völliger Orientierung der Kristallite und den Bögen, die von unorientierten Kristalliten erzeugt werden.

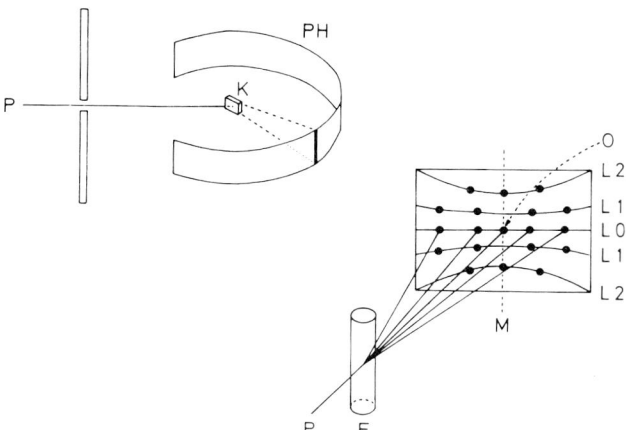

Abb. 5-5: Drehkristallverfahren nach Bragg (oben links) und Erzeugung eines Faserdiagramms (unten rechts) durch röntgenographische Messungen. K = Kristall, PH = photographischer Film, P = Primärstrahl, F = Faser, M = Meridian, O = Nullpunkt; L0, L1, L2 = 0., 1. und 2. Schichtlinie. L0 = Äquator.

Bei helixbildenden Makromolekülen läßt sich aus der Anzahl und den Abständen der beobachteten Schichtlinien der Aufbau der Helix ablesen. In einer 3_1-Helix ist jedes vierte, siebte usw. Kettenglied in der gleichen Position wie das erste. Es sind daher 3 Schichtlinien zu erwarten, wie es Abb. 5-6 für einen verstreckten Film von it-Poly(propylen) zeigt.

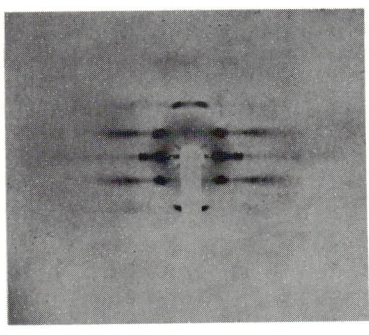

Abb. 5-6: Faserdiagramm eines verstreckten Filmes von it-Poly(propylen) (R. J. Samuels.)

5.2.2 DICHTE-MESSUNGEN

Moleküle sind im kristallinen Zustand dichter gepackt als im amorphen. Die Dichte kristalliner Polymerer ist entsprechend höher ($\rho_{cr} > \rho_{am}$) und ihr spezifisches Volumen folglich niedriger ($v_{cr} < v_{am}$). Aus dem beobachteten spezifischen Volumen v_{beob} kann daher unter Annahme des 2-Phasen-Modells und einer Additivität der spezifischen Volumina v_{cr} und v_{am} ein auf die Masse bezogener Kristallinitätsgrad α_m ermittelt werden

(5 – 2) $\quad v_{beob} = \alpha_m v_{cr} + (1 - \alpha_m) v_{am}$

bzw. aufgelöst nach α_m

(5 – 3) $\quad \alpha_m = (v_{am} - v_{beob})/(v_{am} - v_{cr})$

Analog kann man auch einen Kristallinitätsgrad α_v auf Volumenbasis definieren

(5 – 4) $\quad \alpha_v = (\rho_{beob} - \rho_{am})/(\rho_{cr} - \rho_{am})$

Die Dichte ρ_{beob} bzw. das spezifische Volumen v_{beob} werden direkt experimentell bestimmt. Dazu eignet sich z. B. das Dichtegradientenrohr. Ein Dichtegradientenrohr enthält eine Flüssigkeit, deren Dichte vom Meniskus bis zum Boden kontinuierlich zunimmt. Solche Flüssigkeiten können z. B. aus Mischungen organischer Lösungsmittel oder aus Salzlösungen bestehen. Sie dürfen die zu untersuchende makromolekulare Probe weder lösen noch quellen, müssen sie aber benetzen. Durch geeignete mechanische Vorrichtungen können z. B. Dichtegradienten aufgebaut werden, bei denen sich die Dichten linear, konkav, konvex usw. mit der Höhe der Flüssigkeitssäule ändern. Die makromolekulare Probe bleibt dann entsprechend ihrer Dichte in einer bestimmten Höhe schweben.

Das spezifische Volumen der amorphen Substanz wird erhalten, wenn man die spezifischen Volumina der Schmelze über den Schmelzpunkt hinaus zu tieferen Temperaturen extrapoliert. Man kann auch versuchen, durch Abschrecken der Schmelze usw. völlig amorphe Eichsubstanzen herzustellen. Das spezifische Volumen der kristallinen Substanz wird aus dem Röntgendiagramm entnommen. Man bestimmt dazu das Volumen V_e der Elementarzelle (vgl. Kap. 5.3.1) und die Anzahl N_i der in ihr enthaltenen Atome der Sorte i mit den entsprechenden Atomgewichten A_i

(5-5) $1/v_{cr} = \rho_{cr} = \Sigma\, N_i A_i / V_e$

Die Dichten amorpher und kristalliner Polymerer können bis zu 15% verschieden sein (Tab. 5-3). Den größten Dichteunterschied weisen dabei Polymere mit unsubstituierten Grundbausteinen auf wie z.B. Poly(ethylen) und Nylon 66. Die Ketten kristallisieren in einer all-trans-Konformation mit besonders enger Packung der Molekülketten. Bei helixbildenden Makromolekülen mit großen Substituenten, wie z. B. Poly(styrol), ist die Packung dagegen weniger gut.

Tab. 5-3: Dichten von Polymeren im total amorphen und im total kristallinen Zustand

Polymer	Dichte in g/cm³		
	kristallin (ρ_{cr})	amorph (ρ_{am})	$\rho_{cr} - \rho_{am}$
Poly(ethylen)	1,00	0,855	0,145
it-Poly(propylen)	0,937	0,854	0,083
it-Poly(styrol)	1,111	1,054	0,057
Poly(vinylalkohol)	1,345	1,269	0,076
Poly(ethylenterephthalat)	1,455	1,335	0,120
Bisphenol A-Polycarbonat	1,30	1,20	0,10
Nylon 66 (α-Mod.)	1,220	1,069	0,151
trans-1,4-Poly(butadien)	1,020	0,926	0,094

5.2.3 KALORIMETRIE

Der unterschiedliche Ordnungszustand bedingt unterschiedliche spezifische Wärmen von kristallinen und amorphen Polymeren. Setzt man ein 2-Phasen-Modell voraus, so kann man bei partiell kristallinen Polymeren über die Enthalpien analog zu Gl. (5-3) einen Kristallinitätsgrad α berechnen

(5-6) $\alpha = (H_{am} - H_{beob})/(H_{am} - H_{cr}) = \Delta H_m / \Delta H_m^\circ$

H_{am}, H_{cr} und H_{beob} sind die Enthalpien der total amorphen, total kristallinen bzw. der untersuchten Probe. ΔH_m ist entsprechend die Schmelzenthalpie der Probe und ΔH_m° die eines total kristallinen Materials. ΔH_m° ist bei Makromolekülen nur sehr schwierig zu bestimmen, da nie total kristalline Substanzen erhalten werden. ΔH_m° wird daher hauptsächlich über die Schmelzpunktsdepression bei Zusatz von Verdünnungsmitteln und gelegentlich an niedermolekularen Modellverbindungen ermittelt, was natürlich eine gewisse Unsicherheit hervorruft. Weist die untersuchte Probe sehr kleine Kristallite auf, so wird nicht ΔH_m, sondern eine Größe $\Delta H_m'$ gemessen, in die noch der Anteil an Grenzflächenenergie γ an den Stirnflächen der Kristallite sowie die Länge L der Kristallite eingeht

(5-7) $\Delta H' = \Delta H_m - (2\,\gamma/\rho_c L)$

Dabei wird angenommen, daß die Molekülachsen parallel zur Länge L liegen (vgl. Kap. 10. 4. 1).

5.2.4 INFRAROTSPEKTROSKOPIE

Bei kristallinen Polymeren erscheinen im IR-Spektrum oft Absorptionsbanden, die bei amorphen Polymeren völlig fehlen (Tab. 5-4). Diese Banden liegen meist im Bereich zwischen 650 und 1500 cm^{-1}. Sie stammen folglich von Deformations-Schwingungen, die wiederum durch die Konformation der Makromoleküle bedingt sind. Diese Banden des Infrarotspektrums sprechen somit primär auf die Konformation der einzelnen Makromoleküle an und nicht auf intermolekulare Wechselwirkungen. Makromoleküle können nun in verschiedenen Konformationen kristallisieren, wodurch verschiedene Kristallmodifikationen auftreten (vgl. Kap. 5.3.1). Diese Modifikationen können wiederum in einer Probe nebeneinander vorliegen. Man muß sich also bei der Bestimmung des Kristallinitätsgrades aus IR-Messungen zuerst vergewissern, ob durch die herangezogene Bande auch alle kristallinen Anteile erfaßt werden.

Ein gebräuchliches Verfahren zur Bestimmung der Kristallinität aus IR-Messungen verknüpft die gemessene Absorbance (früher: Extinktion) A_{cr} einer kristallinen Bande über den Kristallinitätsgrad α_{IR} mit der Extinktion A_{cr}° einer 100 % kristallinen Probe. Bei amorphen Banden gilt analog $A_{am} = (1 - \alpha_{IR}) A_{am}^{\circ}$. Auch bei dieser Auswertung wird daher ein 2-Phasen-Modell zugrundegelegt. Sowohl A_{am} als auch A_{cr} sind natürlich noch der Gesamtmenge der Probe portional. Da man aber nur das Verhältnis $D = A_{cr}/A_{am}$ mißt, kürzt sich der Konzentrationseinfluß heraus. Durch Einsetzen der Ausdrücke für A_{cr} und A_{am} in den Ausdruck für D erhält man daher

$$(5-8) \quad \alpha_{IR} = \frac{D}{D + (A_{cr}^{\circ}/A_{am}^{\circ})}$$

Die Extinktionen A_{cr}° bzw. A_{am}° der total kristallinen bzw. total amorphen Proben müssen wiederum gesondert ermittelt werden.

Tab. 5-4: Bei der Bestimmung der Kristallinität von Poly(α-olefinen) herangezogene IR-Banden

Polymer	IR-Bande bei cm^{-1}	
	amorph	kristallin
Poly(ethylen)	1298	1894, 719
it-Poly(propylen)	4274	975, 894
it-Poly(buten-1) (rhomboedr. Modif.)	4274	815, 922

5.2.5 INDIREKTE METHODEN

Indirekte Methoden zur Bestimmung des Kristallinitätsgrades gehen davon aus, daß in der kristallinen Phase eine bestimmte chemische oder physikalische Reaktion anders als in der amorphen verläuft. Gebräuchliche physikalische Reaktionen sind z. B. die Wasserdampfabsorption hydrophiler Polymerer oder die Farbstoffdiffusion in das Polymere. Sie werden ebenso wie eine Reihe chemischer Reaktionen (Hydrolyse, Formylierung, Deuteriumaustausch) vor allem bei der Kristallinitätsbestimmung der Cellulose verwendet.

Die von derartigen indirekten Methoden stammenden Kristallinitätsgrade sind jedoch nicht sehr zuverlässig. Beim Eindringen von Wasser und chemischen Reagenzien in das feste Polymer kann nämlich eine Quellung eintreten. Dadurch ändert sich aber die Zugänglichkeit der einzelnen Bereiche, und der erhaltene Kristallinitätsgrad bezieht sich folglich nicht mehr auf die Ausgangsprobe.

5.3 Kristallstrukturen

5.3.1 MOLEKÜLKRISTALLE UND SUPERGITTER

Das Konzept eines Kristalls als eines dreidimensionalen Gitters aus sich periodisch wiederholenden Einheiten sagt per se weder etwas über die Struktur und Größe dieser Einheiten noch über die Periodizitäten aus. Bei niedermolekularen Substanzen sind die Einheiten oft mit den Molekülen identisch und der Abstand zwischen den Molekülen bestimmt dann die Periodizität dieser Molekülkristalle.

Ähnliche Molekülkristalle können auch bei makromolekularen Substanzen auftreten. Kugelförmige und ellipsoidale Proteine bilden z. B. große Proteinkristalle, bei denen die Proteinmoleküle die Gitterplätze besetzen. Der ziemlich große Raum zwischen den Gitterplätzen und der Raum innerhalb der Proteinmoleküle wird durch Wasser bzw. wäßrige Salzlösungen ausgefüllt. Proteinkristalle enthalten bis zu 95 % Wasser oder Salzlösung. Die so entstehenden Kanäle und Lücken sind oft so groß, daß niedermolekulare Substrate in die Molekülkristalle eindringen und dort enzymatisch reagieren können. Schwermetallionen können ebenfalls eindiffundieren. Dieser Effekt wird bei Röntgenanalysen ausgenutzt, da die Schwermetallbeladung die Phasen der Streuwellenverteilung und damit auch die dreidimensionale innere Struktur der Proteinmoleküle ermitteln läßt (vgl. auch Kap. 4.4.2).

Fadenförmige Makromoleküle bilden nur selten große Kristalle. Eines der wenigen Beispiele ist das Poly(oxy-2,6-diphenyl-1,4-phenylen), bei dem aus dessen Lösungen in Tetrachlorethan bis zu zentimetergroße Kristalle erhalten werden konnten. In diesem Falle enthielten die Kristalle ebenfalls viel Lösungsmittel, nämlich bis zu 35%.

Ein anderer Spezialfall sind die sog. Supergitter bei bestimmten Blockpolymeren. Im festen Zustand lagern sich hier die gleichartigen Blöcke verschiedener Moleküle zu bestimmten Formen zusammen, z. B. als kugelförmige Domänen aus der einen Blocksorte in einer kontinuierlichen Matrix aus der anderen Blocksorte (vgl. auch Kap. 5. 6. 3). Falls die Blöcke jeweils gleich groß sind, ordnen sich die kugelförmigen Domänen in regelmäßigen Abständen an. Sie bilden so ein Gitter, das wegen der vergleichsweise großen Abstände der Gitterpunkte in Bezug auf atomare Dimensionen als Supergitter bezeichnet wird.

5.3.2 ELEMENTAR- UND EINHEITSZELLEN

Bei niedermolekularen Substanzen enthält die Einheitszelle wenigstens ein ganzes Molekül. Sie gibt somit die kürzeste Periodizität in einem Röntgenspektrum an. Die größte Ausdehnung dieser Einheitszelle ist z. B. bei unverzweigten niedermolekularen Paraffinen gleich der Länge des Paraffinmoleküls in all-trans-Konformation. Die Länge L der Einheitszelle ist daher bei n-Alkanen $H(CH_2)_nH$ bis zu einer Kettengliederzahl $n = 70$ gleich der max. Länge (Abb. 5–7). Bei anderen Molekülen (z.B.

Polyurethanen) steht die Molekülachse nicht senkrecht, sondern schräg auf der Basisebene. In diesem Falle ist L nicht gleich, sondern nur proportional der max. Länge. Da L mit steigendem n wächst, verschieben sich die von diesen „Langperioden" stammenden Reflexe zu immer kleineren Winkeln. Die beiden anderen Dimensionen der Einheitszelle sind durch die Ausdehnung der Molekülkette senkrecht zur Molekülachse und die zwischenmolekularen Abstände bedingt.

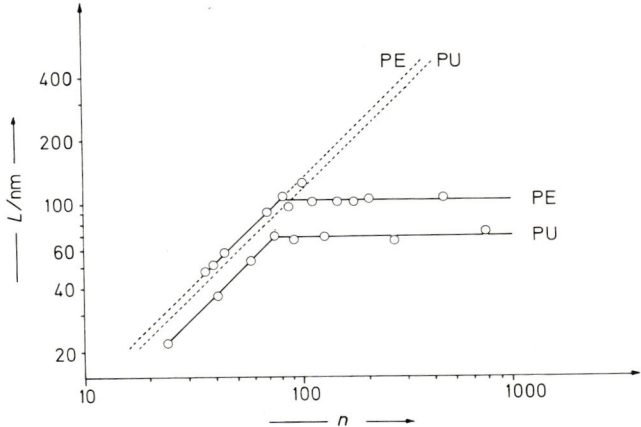

Abb. 5-7: Abhängigkeit der Länge L der beobachteten Langperiode von der Anzahl n der Kettenglieder bei Alkanen PE mit der Konstitutionsformel $H(CH_2)_n H$ (54°C, c-Richtung) und Polyurethanen PU mit der Konstitutionsformel
$HO(CH_2)_2 O(CH_2)_2 [OOC-NH(CH_2)_6 NH-COO-(CH_2)_2 O(CH_2)_2]_x OH$
(Raumtemperatur). Die Langperioden der niedermolekularen Polyurethane sind wesentlich kürzer als die für eine all-trans-Konformation (-- -- --) berechneten: die Molekülachsen müssen also schief auf der Basisebene stehen. (Messungen an Alkanen und Poly-(ethylenen) nach verschiedenen Autoren, an Polyurethanen nach W. Kern, J. Davidovits, K. J. Rauterkus und G. F. Schmidt). 1 A = 0,1 nm.

Oberhalb von $n \approx 80$ bleibt dann jedoch die Länge L der Einheitszelle der Alkane mit $L \approx 10,5$ nm bei Zimmertemperatur konstant. Da die Konturlänge mit steigendem n weiter zunimmt, müssen sich folglich die Ketten im Kristall zurückfalten. Einen analogen Effekt beobachtet man z. B. bei Polyurethanen.

Bei kettenförmigen Makromolekülen treten zusätzlich zu diesen von der Einheitszelle stammenden Langperiodizitäten noch Kurzperiodizitäten auf. Die Kurzperiodizitäten werden durch die Elementarzelle hervorgerufen. In den Einheitszellen der n-Alkane wiederholen sich nämlich periodisch die CH_2-Glieder. Da die n-Alkane und somit auch Poly(ethylen) in der all-trans-Konformation kristallisieren, weist jede 3., 5., 7. usw. CH_2-Gruppe die gleiche Lage im Kristallgitter wie die erste auf. Als Folge der sich wiederholenden Methylengruppen ergibt sich somit eine Elementarzelle, die zu Kurzperiodizitäten im Röntgendiagramm führt. Kurzperiodizitäten können röntgenographisch an den starken Reflexen bei relativ hohen Winkeln erkannt werden. Aus der Lage und Intensität dieser Reflexe kann dann auf die Anordnung der Molekülsegmente in der Elementarzelle geschlossen werden. Der kettenförmige Aufbau der

Tab. 5-5: Gitterkonstanten und Kristallformen einiger kristalliner Polymerer bei 25 °C (1 Å = 0,1 nm).

Polymer	Anzahl Grundbausteine in der Elementarzelle	Gitterkonstanten (Å)			Helix	Kristallsystem
		a	b	c		
Poly(ethylen)	2	7,36	4,92	2,534	–	rhombisch
st-Poly(vinylchlorid)	4	10,40	5,30	5,10	–	rhombisch
Poly(isobutylen)	16	6,94	11,96	18,63	8_5	rhombisch
it-Poly(propylen) (α-Form)	12	6,65	20,96	6,50	3_1	monoklin
it-Poly(propylen) (β-Form)	?	6,47	10,71	?	3_1	pseudohexagonal
it-Poly(propylen) (γ-Form)	3	6,38	6,38	6,33	3_1	triklin
st-Poly(propylen)	8	14,50	5,81	7,3	4_1	rhombisch
it-Poly(styrol)	18	22,08	22,08	6,63	3_1	triklin
it-Poly(vinylcyclohexan)	16	21,9	21,9	6,50	4_1	tetragonal
it-Poly(o-methylstyrol)	16	19,01	19,01	8,10	4_1	tetragonal
it-Poly(buten-1) (Mod. 1)	18	17,69	17,69	6,50	3_1	triklin
it-Poly(buten-1) (Mod. 2)	44	14,85	14,85	20,60	11_3	tetragonal
it-Poly(buten-1) (Mod. 3)	?	12,49	8,96	?	?	rhombisch

Makromoleküle bedingt, daß in Kristallgittern die Atomabstände in Kettenrichtung von denen senkrecht dazu verschieden sind. Diese Anisotropie verhindert das Auftreten kubischer Gitter. Die übrigen sechs Gitterformen – hexagonal, tetragonal, trigonal, rhombisch, monoklin und triklin – werden dagegen bei fadenförmigen Makromolekülen beobachtet (Tab. 5-5). Die Richtung der Molekülkette wird als c-Richtung bezeichnet. Der Wert $c = 0,2534$ nm beim Poly(ethylen) ist gerade derjenige, der sich aus dem Abstand zweier Kohlenstoffatome von 0,154 nm und dem C–C–C-Bindungswinkel von 112° für den Abstand zwischen einer CH_2-Gruppe und ihrem übernächsten Nachbarn ergibt, wenn Poly(ethylen) in einer all-trans-Konformation kristallisiert (Abb. 5-8). st-Poly(vinylchlorid) kristallisiert ebenfalls in der all-trans-Konformation. Nur jede zweite CHCl-Gruppe ist aber in der gleichen Lage wie die 1., so daß sich die Gitterkonstante auf $c = 0,51$ nm verdoppelt. Beim Poly(isobutylen) ist dagegen der c-Wert kein ganzzahliges Vielfaches von 0,253, so daß man allein aus diesem Wert auf die Abwesenheit der all-trans-Konformation der Kette schließen kann. Tatsächlich nimmt Poly(isobutylen) im Kristall die Konformation einer 8_5-Helix an. Die Gitterkonstanten hängen natürlich stark von Konstitution und Konfiguration ab, wie man an den vier isomeren Poly(butadienen) sieht (Abb. 5-9).

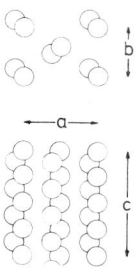

Abb. 5-8:
Anordnung der CH_2-Gruppen (als ○) im Kristallgitter des Poly(ethylens). Die Ketten verlaufen als Folge der Kettenfaltung antiparallel (nach C. W. Bunn).

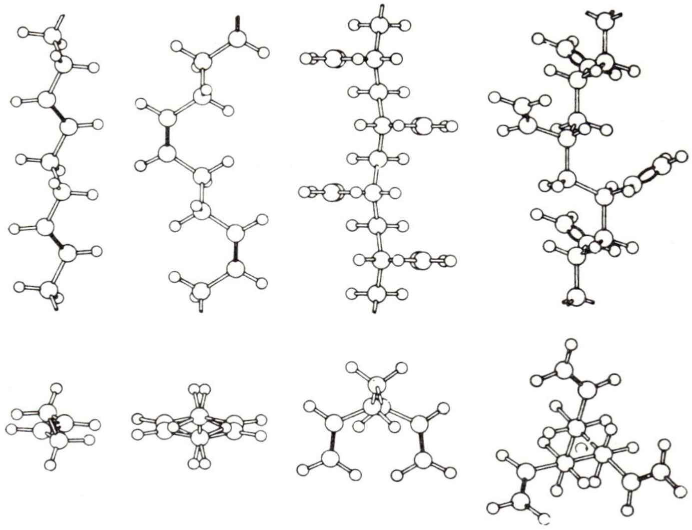

	1,4-cis	1,4-trans	1,2-syn-diotaktisch	1,2-iso-taktisch	
$a =$	0,460	0,454	1,098	1,73	nm
$b =$	0,950	–	0,660	–	nm
$c =$	0,860	0,49	0,514	0,65	nm
$\rho =$	1,01	1,01	0,963	0,96	g cm^{-3}
Kristallform	monoklin	hexagonal bis 60°C	rhombisch	rhombisch	

Abb. 5-9: Konformationen, Gitterkonstanten (a,b und c), Dichten ρ und Kristallformen der vier isomeren Poly(butadiene) (nach G. Natta und P. Corradini).

Bei einer Temperaturerhöhung bleiben z. B. beim Poly(ethylen) die Abmessungen in c-Richtung konstant, da sich Bindungsabstände und Valenzwinkel der Kettenatome praktisch nicht ändern. Da die zwischenmolekularen Kräfte jedoch temperaturunabhängig sind, müssen sich die a-und b-Werte verändern. Der Wert von b nimmt z. B. beim Poly(ethylen) bei Erhöhung der Temperatur von – 196 auf + 138°C um ca. 7% zu.

Bei der Packung der bisher besprochenen fadenförmigen Makromoleküle spielt die laterale Ordnung keine große Rolle. Derartige Effekte werden jedoch merklich, wenn zwischen den einzelnen Ketten starke Wasserstoffbrücken ausgebildet werden können, wie z. B. bei Polyamiden und Proteinen. Einige Vertreter dieser Substanzklassen kristallisieren in Form von Faltblatt-Strukturen (pleated sheet), wie es Abb. 5–10 für die Polyamide 6 und 6,6 zeigt.

Molekülketten liegen im kristallinen Zustand meist parallel zueinander. Sie können sich jedoch in der Chiralität, der Konformation und der Orientierung unterscheiden.

Zwei Ketten gleicher Chiralität und Konformation sind isomorph zueinander. Zwei Helices des isotaktischen Poly(propylens) mit jeweils der gleichen Konformationsfolge ... TG$^+$TG$^+$TG$^+$ ... sind daher isomorph. Zwei derartige Ketten sind außerdem isoclinal, wenn die Bindungsvektoren in jeder Kette jeweils die gleiche positive oder

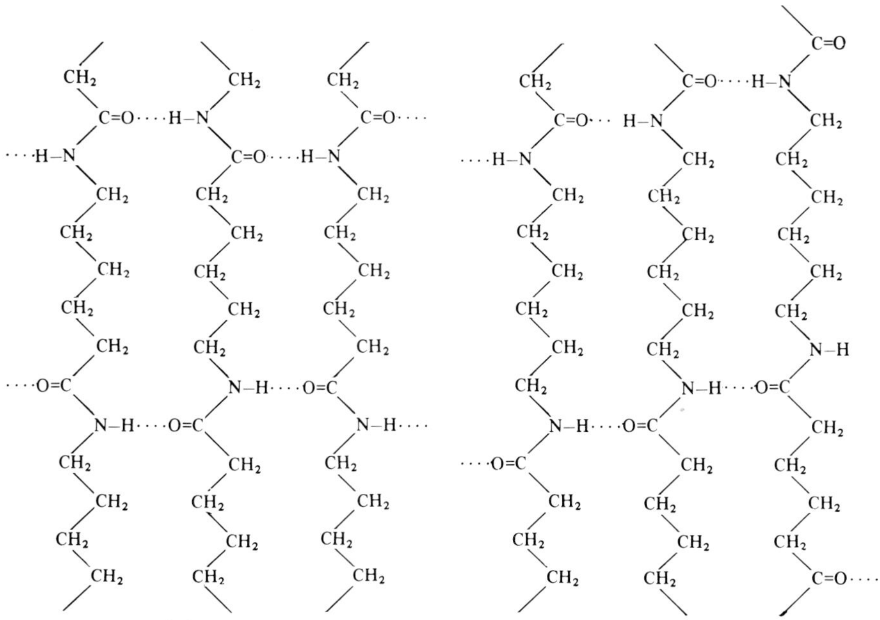

Abb. 5-10: Faltblattstrukturen von Polyamid 6 (Poly(caprolactam)) und Polyamid 6,6 (Poly(hexamethylenadipamid)).

negative Orientierung aufweisen. Bei anticlinalen Ketten besitzen dagegen die Bindungsvektoren in der anderen Kette jeweils die entgegengesetzte Orientierung (Abb. 5-11). Die Ketten der Polyamide 6 und 6,6 sind daher zwar parallel zueinander, im ersteren Falle jedoch anticlinal und im letzteren isoclinal (Abb. 5-10).

Zwei Ketten mit entgegengesetzter Chiralität aber äquivalenter Konformation sind dagegen enantiomorph zueinander (Abb. 5-11). Ein Beispiel dafür sind isotaktische Ketten mit den Konformationen ... $TG^+TG^+TG^+$ ... und ... $G^-TG^-TG^-T$ ...
Auch enantiomorphe Ketten können isoclinal oder anticlinal sein.

5.3.3 POLYMORPHIE

Das Vorkommen verschiedener Kristallmodifikationen bei dem gleichen Molekül oder dem gleichen Grundbaustein wird als Polymorphie bezeichnet. Die Modifikationen zeichnen sich durch unterschiedliche Gitterkonstanten oder -winkel aus und besitzen folglich verschiedene Elementarzellen. Die verschiedenen Elementarzellen bewirken wiederum makroskopisch wahrnehmbare Unterschiede in Kristallform, Löslichkeit, Schmelzpunkt usw.

Polymorphie kann entweder durch unterschiedliche Konformationen der Kettenmoleküle oder durch eine verschiedene Packung derselben bei gleicher Konfomation bedingt sein. Derartige Unterschiede werden durch geringfügige Änderungen der Kristallisationsbedingungen hervorgerufen, z. B. durch verschiedene Kristallisationstemperaturen.

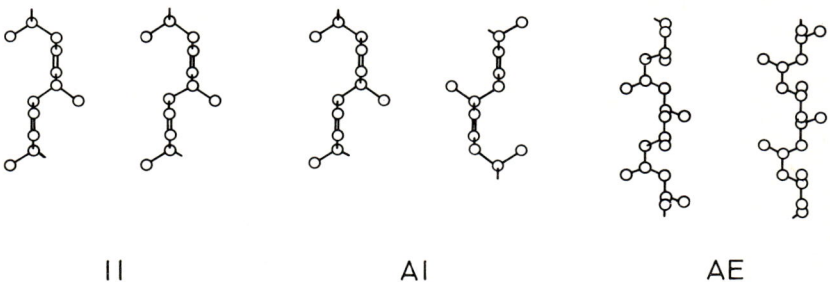

Abb. 5-11: Relative Anordnung von Ketten im Kristallgitter. II = isoclinal isomorph, AI = anticlinal isomorph, AE = anticlinal enantiomorph.

Polymorphie wird bei fadenförmigen Makromolekülen relativ häufig beobachtet. Sie tritt immer auf, wenn isoenergetische Zustände vorhanden sind. Die stabile Kristallform des Poly(ethylens) weist z. B. ein orthorhombisches Gitter auf. Beim Verstrecken wurden aber trikline und monokline Modifikationen beobachtet. Beim it-Poly(propylen) sind drei Modifikationen bekannt: α (monoklin), β (pseudohexagonal) und γ (triklin). Da die Moleküle in allen Modifikationen in der Konformation einer 3_1-Helix vorliegen, müssen für diese Polymorphie Unterschiede in der Packung der Ketten verantwortlich sein. Die drei Modifikationen treten bei verschiedenen Kristallisationstemperaturen auf. Beim it-Poly(buten-1) entsprechen aber die verschiedenen Modifikationen unterschiedlichen Helixtypen, so daß Konformationsunterschiede wichtig sein dürften (vgl. auch Tab. 5-5). Die Enthalpie- und Entropieunterschiede der Modifikationen sind im allgemeinen gering (Tab. 5-6).

Tab. 5-6: Thermodynamische Größen der drei Modifikationen des it-Poly(buten-1), bezogen auf den Grundbaustein

Modifikation	$\dfrac{T_M}{°C}$	$\dfrac{\Delta H_M}{\text{J mol}^{-1}}$	$\dfrac{\Delta S_M}{\text{J K}^{-1}\text{ mol}^{-1}}$
1	138	6700	16,3
2	130	4200	10,4
3	106,5 (?)	6300	16,5

5.3.4 ISOMORPHIE

Als Isomorphie wird das Phänomen bezeichnet, daß sich im Gitter verschiedene Monomereinheiten gegenseitig ersetzen können. Isomorphie ist bei Copolymeren möglich, falls die entsprechenden Unipolymeren analoge Kristallmodifikationen, ähnliche Gitterkonstanten und gleiche Helixtypen aufweisen. Nach Tab. 5-5 besitzen z. B.

148 5 Übermolekulare Strukturen

die γ-Form des it-Poly(propylens) und die Modifikation 1 des it-Poly(buten-1) trikline Kristallform, ähnliche Gitterkonstanten für die c-Richtung und den gleichen Helix-Typ. Die Copolymeren aus Propylen und Buten-1 zeigen daher Isomorphie. Isomorphie tritt besonders leicht bei helixbildenden Makromolekülen auf, da die Helixkonformationen zu „Kanälen" im Kristallgitter führen, in die dann andere Substituenten gut hineinpassen.

Das gleiche Phänomen wird von einigen Schulen auch Allomerie genannt. Als Polyallomere werden von einer Firma kristalline Copolymere aus zwei oder mehr olefinischen Monomeren bezeichnet.

5.3.5 GITTERDEFEKTE

Kristallgitter können eine ganze Reihe von Defekten aufweisen. Einige davon sind charakteristisch für alle Arten von nichtmetallischen Festkörpern, andere typisch für kristalline makromolekulare Substanzen. Allgemein vorkommende Gitterdefekte sind Phononen, Elektronen, Löcher, Excitonen, Fehlstellen, Zwischengitteratome und Versetzungen. Typische Gitterdefekte kristalliner makromolekularer Substanzen stammen von Endgruppen, Kinken, Jogs, Reneker-Defekten und Kettenversetzungen. Verzerrungen des ganzen Kristallgitters können durch das Modell des Parakristalls erfaßt werden. Wir werden die Defekte in Punkt-, Linien- und Netzdefekte einteilen.

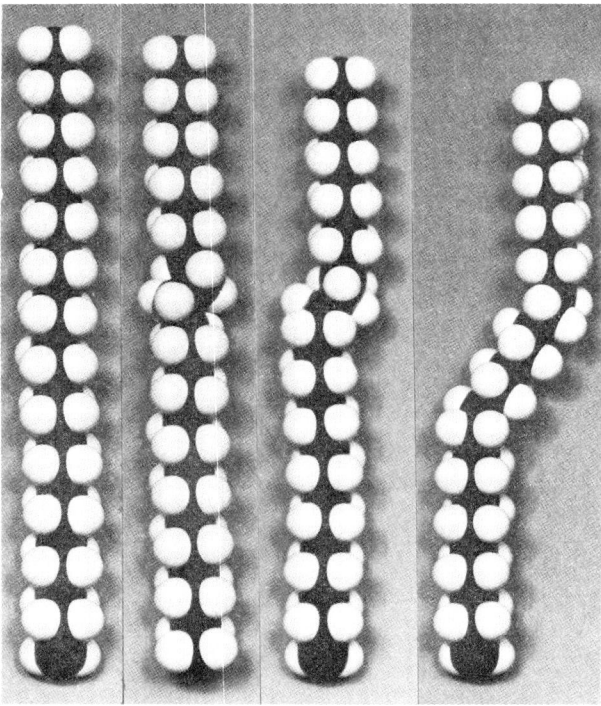

Abb. 5-12: Gitterdefekte beim Poly(ethylen). Von links nach rechts: all-trans-Konformation, Reneker-Defekt, Kinke und Jog.

Allgemeine Punktdefekte: Gitteratome können um ihre ideale Position thermisch schwingen. Man kann diese Schwingungen als die eines elastischen Körpers mit der Energie $h\nu$ auffassen. Derartige elastische Körper werden *Phononen* genannt. — *Elektronen* und *Löcher* sind vor allem bei halbleitenden nichtmetallischen Festkörpern wichtig. Ein derartiger Festkörper wird perfekt genannt, wenn er ein leeres Leitfähigkeitsband aufweist. In einem perfekten Festkörper muß natürlich ein isoliertes *Elektron* einen Defekt hervorrufen. „Löcher" sind Quantenzustände in einem normal gefüllten Leitfähigkeitsband. Sie verhalten sich in einem elektrischen Feld wie eine positive Ladung. Elektronen und Löcher können durch thermische Bewegung oder durch Absorption von Licht erzeugt werden. Elektronen und Löcher können frei durch den Kristall wandern. — *Excitonen* sind Elektron/Loch-Paare. Excitonen werden gebildet, wenn ein Elektron zwar Energie aufnimmt, aber nicht genug, um das „Loch" zu verlassen. Die elektrische Ladung des Excitons ist daher null. Es kann wohl Energie transportieren, aber nicht den elektrischen Strom leiten. — Leere Gitterplätze werden *Fehlstellen* genannt. — Atome auf Plätzen zwischen den Gitterpunkten heißen *Zwischengitteratome*.

Spezielle makromolekulare Punktdefekte: Endgruppen besitzen eine andere chemische Struktur als die Grundbausteine der Kette. Sie rufen daher in einem Kristallgitter Störungen hervor (vgl. auch Abb. 5–18).

Kinken, Jogs und *Reneker-Defekte* sind konformative Fehler (vgl. Abb. 5–12). Bei Kinken und Jogs wird ein Teil der Kette durch die „falschen" Konformationen parallel zur Längsachse verschoben. Diese Fehler werden als Kinken bezeichnet, wenn die Verschiebung kleiner als der Kettenabstand ist.

Beispiel: ... T T T T G$^+$ T G$^-$ T T T T ...). Bei Jogs ist dagegen die Verschiebung größer als der Kettenabstand (Beispiel: ... T T T T G$^+$ T T T T G$^-$ T T T T ...). Kinken und Jogs verkürzen planare Ketten und drehen Helices.

Reneker-Defekte bestehen sowohl aus konformativen Fehlern als auch aus Änderungen des Bindungswinkels (vgl. Abb. 5–12). Wie bei den Kinken und Jogs wird auch hier die Kette verkürzt. Reneker-Defekte können durch eine Kette wandern, ohne daß die relative Lage der Kette im Kristallverband geändert wird. Bei Kinken und Jogs sind dagegen weiträumige Kettenbewegungen erforderlich, wenn diese Defekte durch das Gitter wandern sollen.

Netzdefekte entstehen, wenn die Positionen der Gitteratome statistisch gegenüber den idealen Positionen der Gitterplätze verschoben werden. Netzdefekte können mit dem Modell des Parakristalls erfaßt werden (Abb. 5–13).

Abb. 5-13: Parakristall (schematisch).

5.4 Morphologie kristalliner Polymerer

5.4.1 FRANSENMIZELLEN

In den Anfangstagen der makromolekularen Chemie wurden im Röntgendiagramm der Gelatine (Abbauprodukt des Proteins Kollagen) nebeneinander kristalline Reflexe und amorphe Halos beobachtet, was nach dem 2-Phasen-Modell als Koexistenz von perfekten Kristallbereichen und total amorphen Bereichen gedeutet wurde. Aus der Linienverbreiterung der Reflexe bei diesen Röntgenweitwinkelaufnahmen und später aus der Lage der Reflexe bei der Röntgenkleinwinkelstreuung wurden Kristallitgrößen von 10–80 nm berechnet. Die Kristallgrößen waren daher kleiner als die aus den Molmassen errechenbaren max. Längen. Bei Poly(oxymethylenen) wurde außerdem beobachtet, daß mit wachsender Molmasse die von den Elementarzellen herrührenden Kurzperiodizitäten erhalten blieben, während die Langperiodizitäten verschwanden. Dieser Effekt wurde der Abwesenheit höherer Ordnungen zugeschrieben. Höhere Ordnungen können aber nur von hochregelmäßigen Gittern stammen. Da die bekannten makromolekularen Substanzen weder bei direkter Beobachtung noch unter dem Lichtmikroskop als kristallin erschienen, schien die diskutierte Alternative – Gitterfehlstellen in Kristallen – wenig wahrscheinlich. Alle diese Befunde führten somit zum Modell der Fransenmizelle (Abb. 5-14).

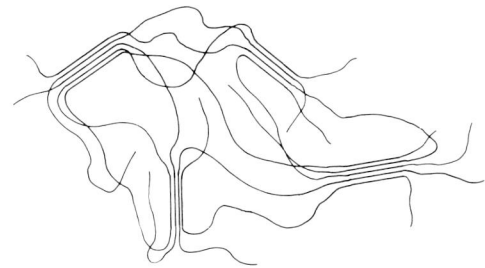

Abb. 5-14: Fransenmizelle: eine einzelne Kette läuft durch mehrere kristalline und amorphe Bereiche.

Bei diesem Modell wird angenommen, daß die einzelne Molekülkette durch mehrere kristalline Bereiche läuft. Das Modell konnte die röntgenographischen Befunde und eine Reihe weiterer Effekte erklären. Derartige Effekte und ihre Deutung sind die im Vergleich zur röntgenographischen Dichte kleinere makroskopische Dichte als Auswirkung der amorphen Bereiche, das Auftreten von Sicheln im Röntgendiagramm verstreckter Polymerer als Folge der Orientierung von Kristalliten, der endliche Schmelzbereich als Folge verschieden großer Kristallite, die optische Doppelbrechung verstreckter Polymerer als Orientierung von Molekülketten im amorphen Bereich und die Heterogenität in bezug auf chemische und physikalische Reaktionen wegen der besseren Zugänglichkeit der amorphen Phase im Vergleich zur kristallinen.

5.4.2 POLYMEREINKRISTALLE

Im Jahre 1957 wurde aber gefunden, daß ca. 0,1% Lösungen von Poly(ethylen) beim Abkühlen elektronenmikroskopisch sichtbare rhombische Plättchen abscheiden

(Abb. 5-15). Die Dicke dieser Plättchen ist bei konstanter Kristallisationstemperatur stets gleich groß. Die Elektronenbeugung zeigt scharfe, punktförmige Flecken, die für Einkristalle sprechen. Die Auswertung der Elektronenbeugungs-Diagramme führt zu einem Modell, bei dem die Richtung der Molekülkette senkrecht zur Oberfläche ist. Da die Plättchendicke kleiner als die max. Länge ist, müssen sich folglich die Ketten zurückfalten (Abb. 5-16). Polymereinkristalle sind bei vielen makromolekularen Substanzen beobachtet worden, z. B. auch bei Poly(oxymethylen), Poly(acrylnitril), Nylon 6 (vgl. Abb. 5-1), Poly(acrylsäure), Cellulosederivaten und Amylose.

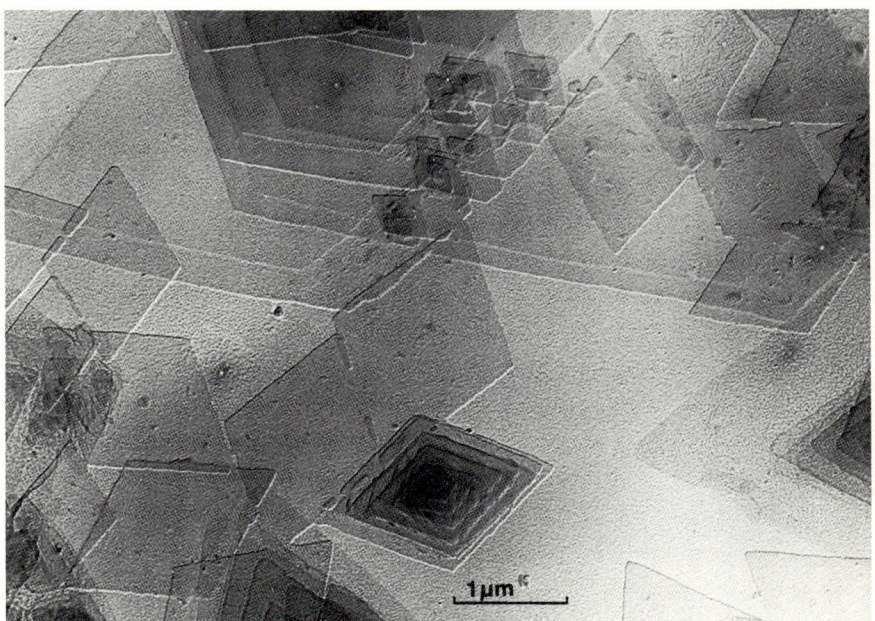

Abb. 5-15: Aus verdünnter Lösung erhaltene Einkristalle des Poly(ethylens). Beim Kristall unten mitte ist eine Schraubenversetzung erkennbar (A. J. Pennings und A. M. Kiel).

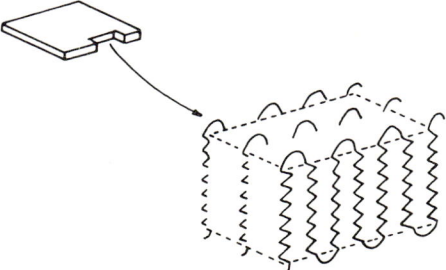

Abb. 5-16: Schematische Darstellung der Kettenfaltung in einem Poly(ethylen)einkristall (nach W. D. Niegisch und P. R. Swan).

Für eine Kettenfaltung in den Polymereinkristallen sprechen auch Rißversuche. Bei einer Kettenfaltung nach Abb. 5-16 müssen die Molekülebenen in den Diagonalen ihre Richtung wechseln. Risse entlang den Molekülebenen sollten daher an den Diagonalen gestoppt werden (Abb. 5-17). Die Moleküle werden bei einem Riß senkrecht zur Kettenebene in Form von Fibrillen herausgezogen (Abb. 5-18).

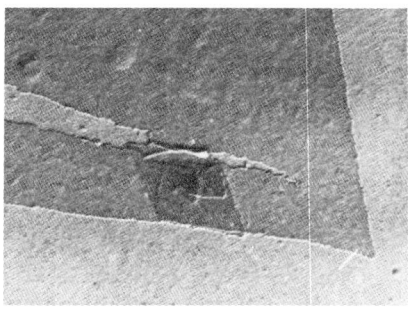

Abb. 5-17:
Stoppen eines entlang der Kettenebene verlaufenden Risses in einem Polymereinkristall an der Diagonalen (P. H. Lindenmeyer, V. F. Holland und F. R. Anderson).

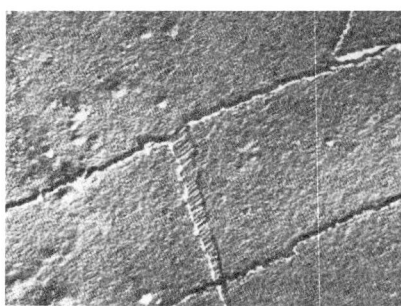

Abb. 5-18:
Riß senkrecht zur Kettenebene in einem Poly(ethylen)einkristall. Die Moleküle werden an der Rißstelle als Fibrillen herausgezogen (P. H. Lindenmeyer, V. F. Holland und F. R. Anderson).

Da die Makromoleküle in den Polymereinkristallen unter Kettenfaltung kristallisieren, werden derartige Kristallite auch Faltenmizellen genannt. Faltenmizellen entstehen nicht nur aus verdünnter Lösung (Abb. 5-15), sondern auch als Lamellenstrukturen bei der Kristallisation aus der Schmelze (Abb. 5-19). Bei der Kristallisation aus der Schmelze unter Druck wird die Lamellenhöhe stark vergrößert, d. h. der relative Anteil der Deckschichten geht zurück (Abb. 5-20). Daraus folgt, daß derartige „gestrecktkettige Kristalle" dem Gleichgewichtszustand entsprechen. Kettenfaltungen müssen folglich kinetisch bedingt sein (vgl. auch Kap. 10).

Die genaue Struktur der Faltenmizellen ist trotz vieler Untersuchungen nicht völlig bekannt. Aus Röntgenkleinwinkelmessungen läßt sich z. B. der Abstand der Schwerpunkte der Lamellen ermitteln, aus Röntgenweitwinkelmessungen die Dicke der geordneten Lamellenschicht. Nach diesen Messungen beträgt die Differenz zwischen Schwerpunktsabstand und Lamellendicke nur 0,1–1 nm. Daraus wurde geschlossen, daß die Deckschichten der Lamellen ziemlich regelmäßig aufgebaut sind. Andererseits sind die Einkristalle zu etwa 75–85% röntgenkristallin. Baut man die Deckschichten durch Oxidation mit rauchender Salpetersäure ab, so erhält man für den verbleibenden Rückstand eine Röntgenkristallinität von ca. 100%. Dieser Befund spricht aber für ziemlich ungeordnete Deckschichten. Nach Messungen der Neutronenbeugung von schmelzkristallisierten Poly(ethylenen), die kleine Mengen Poly(deuteroethylen) enthielten, steigt außerdem der Trägheitsradius mit der Wurzel aus der Molmasse an, was ebenfalls gegen regelmäßige Kettenfaltungen spricht. Ob der Wiedereintritt der Ketten in den Einkristall an benachbarten Stellen erfolgt, wie in Abb. 5-21 dargestellt, oder an weiter entfernten, wie das sog. Switchboard-Modell annimmt, ist ebenfalls umstritten. In anderen Arbeiten wird wiederum die „amorphe" Deckschicht als Schicht physikalisch adsorbierten Polymers gedeutet.

Abb. 5-19:
Lamellenstruktur von aus der Schmelze kristallisiertem Poly(ethylen). (Nach P. H. Lindenmeyer, V. F. Holland und F. R. Anderson).

Abb. 5-20:
Gestrecktkettige Kristalle des Poly(ethylens). Kristallisation bei 4800 bar und 225°C, $\overline{M}_w =$ 78 300 g mol^{-1}, 99% kristallin (nach B. Wunderlich und B. Prime).

Die Faltenlänge oder Lamellenhöhe kann nicht nur durch steigenden Druck, sondern auch durch steigende Kristallisationstemperaturen vergrößert werden. Bei vielen Polymeren nimmt die Faltlänge linear mit der reziproken Differenz zwischen Schmelz- und Kristallisationstemperatur zu (Abb. 10-9). Dieser Effekt der Unterkühlung spricht ebenfalls für eine kinetische Ursache der Kettenfaltung.

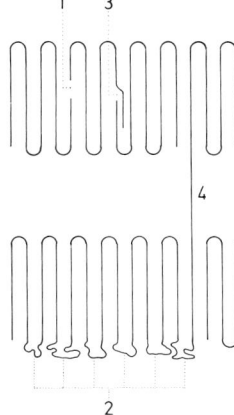

Abb. 5–21:
Einige mögliche Gitterdefekte bei Kettenfaltungen. 1 = Kettenenden, 2 = ungeordnete Deckschicht, 3 = Versetzung, 4 = interlamellare Verknüpfung.

Bei Polyamiden ist dagegen die Faltlänge unabhängig von der Unterkühlung. Sie wird hier durch die Anzahl der Wasserstoffbrücken bestimmt. Die Polyamide 3, 6.6 und 6.12 besitzen 16 Wasserstoffbrücken pro Faltlänge, d. h. vier Strukturelemente. Die Polyamide 10.10 und 12.12 weisen dagegen nur zwölf Wasserstoffbrücken pro Faltlänge auf, d. h. nur drei Strukturelemente.

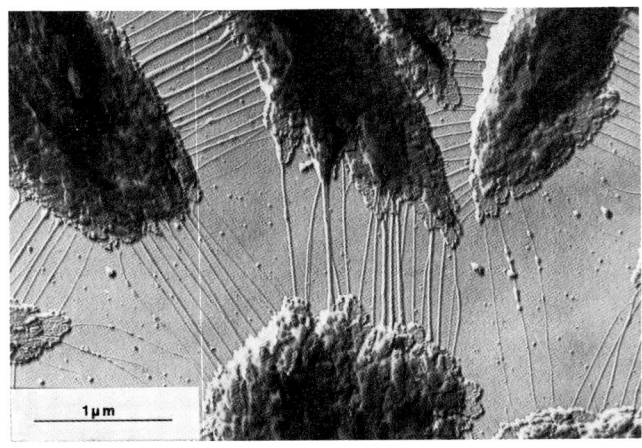

Abb. 5–22: Interlamellare Verknüpfungen zwischen Poly(ethylen)-Lamellen ($\overline{M}_w$ = 728 000 g mol^{-1}) Kristallisation von Poly(ethylen)/Paraffin-Mischungen bei 95°C (nach H. D. Keith, F. J. Padden und R. G. Vadimsky).

Da die Falthöhe mit steigender Kristallisationstemperatur steil zunimmt, wird ein nachträglich bei höheren Temperaturen getemperter Polymereinkristall entsprechend dicker. Das für die Erhöhung der Falthöhe erforderliche Material wird aus dem Innern des Kristalls entnommen, so daß Löcher entstehen.

Bei der Kristallisation von konzentrierten Lösungen und von Schmelzen ist die Wahrscheinlichkeit groß, daß Moleküle in andere Lamellen eingebaut werden. Derartige interlamellare Verknüpfungen oder Kristallbrücken wurden erstmals durch gemeinsame Kristallisation von Poly(ethylen) mit Paraffingemischen und nachträgliches Weglösen des Paraffins nachgewiesen (Abb. 5-22). Die interlamellaren Verknüpfungen nehmen mit steigendem Molekulargewicht zu, da bei größeren Molekulargewichten eine höhere Wahrscheinlichkeit besteht, daß Kettenteile in anderen Lamellen festgelegt werden können, bevor sie sich zurückfalten. Aus der Schmelze kristallisiertes Material enthält daher immer einen relativ hohen amorphen Anteil. Entfernt man den amorphen Anteil und die Kristallbrücken, so erhält man sog. mikrokristalline Polymere.

5. 4. 3 SPHÄROLITHE

Bei der Kristallisation aus der Schmelze entstehen manchmal polykristalline Bereiche, die wegen ihrer Kugelform Sphärolithe genannt werden. Mikrotom-Schnitte zeigen, daß sie im Innern radial-symmetrisch aufgebaut sind. Bei der Kristallisation in dünnen Folien entstehen flächenförmige Gebilde mit ähnlichem inneren Aufbau (Abb. 5-23). Sie werden daher ebenfalls als Sphärolithe bezeichnet, da man sie als Querschnitte von aus der Masse kristallisierten Sphärolithen ansehen kann.

Sphärolithe mit Durchmessern zwischen ca. 5 μm und einigen Millimetern können mit dem Lichtmikroskop, mit Durchmessern unter 5 μm mit dem Elektronenmikroskop oder der Kleinwinkellichtstreuung untersucht werden. Im polarisierten Licht zeigen Sphärolithe das von Interferenz-Effekten stammende, typische Malteserkreuz (Abb. 5-23). Diese Effekte treten auf, da die Lichtgeschwindigkeit in den verschiedenen Gebieten unterschiedlich groß ist. Das Malteserkreuz erscheint, weil die Sphärolithe sich wie Kristalle mit radialer optischer Symmetrie verhalten und es für diesen Fall vier Positionen der Extinktion gibt (vgl. Kap. 7.4).

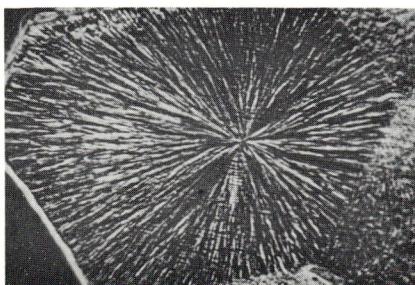 

Abb. 5-23: Sphärolithe des it-Poly(propylens) unter dem Phasenkontrastmikroskop (links) und dem Polarisationsmikroskop (rechts) (nach R. J. Samuels).

Die Unterschiede der Lichtgeschwindigkeiten stammen von Unterschieden im Brechungsindex. Ist der höchste Brechungsindex in radialer Richtung, so spricht man von positiven Sphärolithen. Negative Sphärolithe weisen den höchsten Brechungsindex in tangentialer Richtung auf.

Aus dem optischen Verhalten der Sphärolithe lassen sich Informationen über deren Mikrostruktur entnehmen. Bei versteckten Fasern aus Poly(ethylen) ist die Lichtgeschwindigkeit in Faserrichtung geringer als in den Richtungen senkrecht dazu. Zur Faserrichtung paralleles Licht erzeugt hier einen höheren Brechungsindex. In verstreckten Fasern von Poly(ethylen) liegen die Molekülachsen weitgehend parallel zur Faserachse. Da Poly(ethylen) negative Sphärolithe bildet, müssen die Molekülachsen rechtwinklig zum Sphärolith-Radius sein (Abb. 5-24).

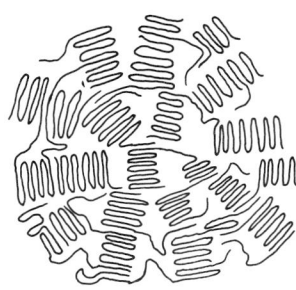

Abb. 5-24:
Schematische Darstellung des inneren Aufbaus eines Polyamid-Sphärolithen.

Beim Poly(vinylidenchlorid) ist der Brechungsindex in Molekülrichtung niedriger als rechtwinklig dazu. Da die Sphärolithe positiv sind, müssen also auch hier die Molekülachsen tangential zum Sphärolith-Radius angeordnet sein. Dieses Verhalten tritt vor allem bei Polymeren mit stark polarisierbaren Gruppen auf, z. B. auch bei Polyestern und Polyamiden. Ein- und dasselbe Material kann u. U. sowohl positive als auch negative Sphärolithe bilden, evtl. sogar gleichzeitig. Die negativen Sphärolithe des Nylon 66 haben z. B. eine höhere Schmelztemperatur als die positiven.

Sphärolithe weisen eine nicht sehr perfekte kristalline Struktur auf, da der Schmelzpunkt der Sphärolithe meist erheblich unterhalb des thermodynamischen Schmelzpunktes liegt (vgl. Kap. 10). Man kann außerdem selbst dann eine weitere Zunahme der Röntgen-Kristallinität beobachten, wenn der ganze Film schon von Sphärolithen erfüllt ist. Die Orientierung der kristallinen Bereiche führt zu den charakteristischen optischen Eigenschaften der Sphärolithe. Vernetzt man nämlich Sphärolithe durch Bestrahlung, so bleibt die Identität der einzelnen Sphärolithen selbst nach dem Erhitzen über den Schmelzpunkt erhalten. Die Doppelbrechung orientierter Sektionen von Sphärolithen ist aber niedriger als bei hochorientierten Fasern.

Die Orientierung der Molekülachsen in den Sphärolithen kann besonders gut durch Lichtstreuung bei sehr kleinen Winkeln verfolgt werden. Die Streuung von z. B. vertikal polarisiertem Einfallslicht und die Winkelverteilung des vertikal polarisierten Sreulichtes kann berechnet werden. Für diesen Fall zeigen z. B. positive und negative Sphärolithe verschiedene Streudiagramme (Abb. 5-25).

5.4 Morphologie kristalliner Polymerer

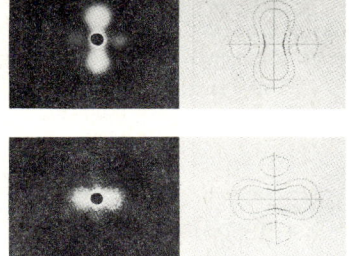

Abb. 5–25:
Kleinwinkellichtstreuung von positiven und negativen Sphärolithen. Aufnahmen mit vertikalem Einfalls- und Streulicht. Links: experimentell, rechts: theoretisches Bild, oben: negativer, unten: positiver Sphärolith (nach R. J. Samuels).

Sphärolithe machen Filme und Folien opak, wenn ihre Durchmesser größer als die halbe Wellenlänge des Lichtes sind und außerdem Inhomogenitäten in bezug auf die Dichte oder den Brechungsindex bestehen. Sphärolithisches Poly(ethylen) ist z. B. opak, sphärolithisches Poly(4-methyl-penten-1) aber glasklar, selbst wenn beim letzteren Material gleich viele Sphärolithe mit gleichen Dimensionen wie beim Poly(ethylen) vorliegen.

5.4.4 DENDRITE UND EPITAKTISCHES WACHSTUM

Sphärolithe entstehen, weil die Brutto-Kristallisationsgeschwindigkeit in allen Raumrichtungen gleich groß ist. Im Innern der Sphärolithe liegen dagegen unterschiedliche Kristallisationsgeschwindigkeiten in den verschiedenen Richtungen vor.

Ist dagegen die Brutto-Wachstumsgeschwindigkeit in den verschiedenen Zonen unterschiedlich hoch, so entstehen sog. Dendrite. Dendrite sind Gebilde, die unter dem Licht- oder Elektronenmikroskop schneeflockenähnlich erscheinen (Abb. 5–26). Das in den Dendriten vorliegende amorphe Material kann durch Salpetersäure leicht oxidiert und weggeätzt werden. Die zurückbleibenden kristallinen Anteile weisen wiederum eine Lamellenstruktur mit gleichmäßiger Lamellendicke auf.

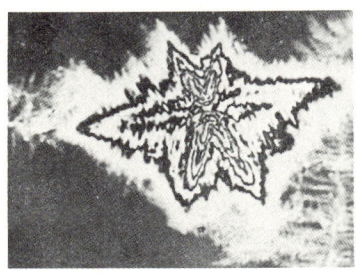

Abb. 5–26:
Dendrit des Poly(ethylens), kristallisiert aus einer verdünnten Lösung in Xylol bei ca. 70°C (nach B. Wunderlich).

Unterschiedliche Kristallisationsgeschwindigkeiten führen auch zu den „Fleisch am Spieß"- oder Schaschlik-Strukturen (engl. shish-kebab (aus dem Arab.)) (Abb. 5–27). Schaschlik-Strukturen entstehen, wenn kristallisierende verdünnte Lösungen sehr stark gerührt werden. Die Makromoleküle orientieren sich im Strömungsgradienten und lagen sich parallel zueinander ab. Nach Messungen der Röntgenbeugung, Elektronenbeugung und der Doppelbrechung sind die Ketten parallel zur Faserachse. Die entstehenden Fibrillen ordnen sich zu Bündelkeimen. Zwischen diesen Bündelkeimen

158   5 Übermolekulare Strukturen

ist aber das Schergefälle stark vermindert. Aus der sich zwischen den Fibrillen befindenden Lösung kristallisieren die restlichen Makromoleküle in Lamellen mit gefalteten Ketten aus. Die Lamellen sind dabei senkrecht zu den Fibrillen angeordnet (Abb. 5-28).

Die Bildung von Schaschlik-Strukturen ist ein Spezialfall des epitaktischen Aufwachsens. Als Epitaxie wird das orientierte Aufwachsen einer kristallinen Substanz auf einer anderen definiert.

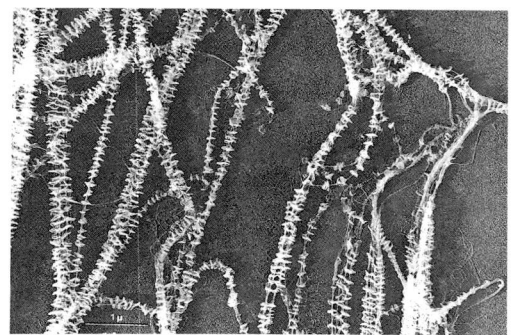

Abb. 5-27: Shish-kebab-Strukturen bei linearem Poly(ethylen) ($\bar{M}_w$ = 153 000; $\bar{M}_n$ = 12 000). Kristallisation aus 5 proz. Lösung in Xylol bei 102°C (nach A. J. Pennings und A. M. Kiel).

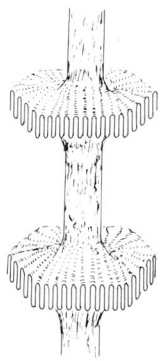

Abb. 5-28:
Schematische Darstellung der Lagerung der Ketten in Schaschlik-Strukturen (nach A. J. Pennings, J. M. M. A. van der Mark und A. M. Kiel).

5.5 Mesomorphe Strukturen

Kristalle weisen eine dreidimensionale Fernordnung auf, amorphe Polymere dagegen gar keine. Es muß daher prinzipiell auch Fälle mit ein- oder zweidimensionaler Fernordnung geben. Sie werden Mesophasen oder mesomorphe Strukturen genannt, weil sie in der Mitte zwischen den völlig geordneten und den völlig ungeordneten Strukturen liegen.

Mesophasen können röntgenographisch erkannt und bestimmt werden. Dreidimensional-kristalline Polymere weisen am Meridian, am Äquator und auch in allen anderen

Richtungen scharfe Beugungsreflexe auf (vgl. Abb. 5–6). Einige Polymere geben dagegen nur am Meridian scharfe Beugungsreflexe. Beispiele dafür sind Poly(trimethylenterephthalamid) und Poly(oxydiethylen-4,4'-dibenzoat). Ein derartiges Verhalten zeigt longitudinale Ordnung in Kettenrichtung und laterale Unordnung in den beiden anderen Raumrichtungen an: die Kristalle besitzen eindimensionale Ordnung und zweidimensionale Unordnung wie sie für nematische Mesophasen charakteristisch ist (Abb. 5–29). Andere eindimensionale Orientierungsordnungen sind die smektischen und die cholesterischen Mesophasen.

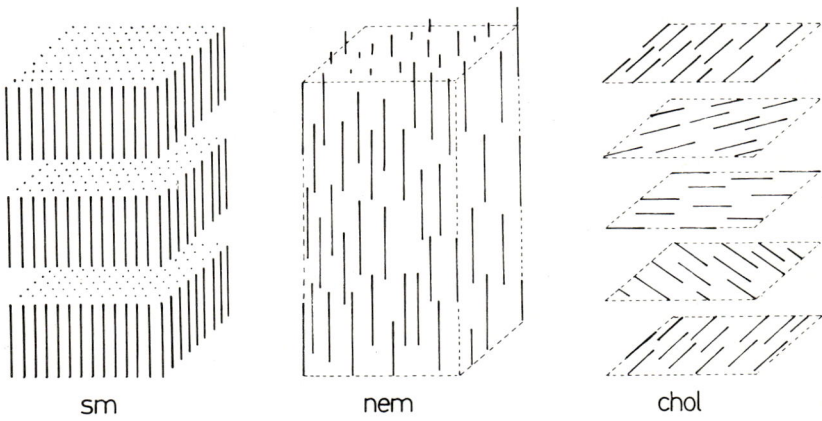

Abb. 5-29: Schematische Darstellung der Lagerung der Moleküle in smektischen (sm), nematischen (nem) und cholesterischen (chol) Mesophasen.

Bei smektischen Systemen lagern sich die Moleküle in parallelen Schichten. Die Molekülachse ist dabei senkrecht zur Schichtebene. Innerhalb dieser Schicht können die Moleküle regelmäßig oder unregelmäßig zueinander angeordnet sein. Im nematischen Zustand liegen die Moleküle ebenfalls parallel, jedoch nicht in Schichten. Der cholesterische Zustand liegt zwischen dem smektischen und dem nematischen: Anordnung der Moleküle in Schichten, aber mit Molekülachsen parallel zur Schichtebene.

Bei niedermolekularen Verbindungen sind die Schichten der smektischen Mesophase und die Moleküle in der nematischen Mesophase leicht gegeneinander verschiebbar, so daß derartige Schmelzen den Charakter von Flüssigkeiten aufweisen. Andererseits sind diese Schmelzen wegen ihrer eindimensionalen Ordnung optisch anisotrop und zeigen charakteristische Farben. Sie werden daher auch „flüssige Kristalle" genannt. Lösungen stäbchenförmiger Makromoleküle weisen ähnliche Ordnungserscheinungen auf; man nennt sie tactoidale Lösungen. Bei Polymerschmelzen kann eine eindimensionale Ordnung bei Temperaturerniedrigung unter die Schmelz- bzw. Glasübergangstemperatur eingefroren werden; sie führt dann zu den diskutierten charakteristischen Röntgendiagrammen.

Einige orientierte Polymere zeigen nur am Äquator scharfe Röntgenbeugungen. In diesem Falle müssen die Makromoleküle lateral in einer zweidimensionalen Ordnung gepackt sein. Die Grundbausteine sind jedoch innerhalb jeder Kette irregulär angeordnet, und zwar entweder wegen einer statistischen Verschiebung der Kette parallel zu den benachbarten Ketten, einer statistischen Verteilung von Grundbausteinen innerhalb jeder Kette oder eines irregulären Aufbaus hinsichtlich der Taktizität. Beispiele sind Poly(acrylnitril) für den letzteren Fall und Poly(ethylen-p-carboxyphenoxyundecanoat) für den ersteren.

Schließlich existiert noch die Möglichkeit, daß bei Makromolekülen mit sehr langen Seitenketten Teile der Seitenketten in mesomorphen Strukturen vorliegen, während sich die Hauptkette unterhalb der Glasübergangstemperatur normal amorph und oberhalb normal flüssig verhält. Dieses Verhalten wird beobachtet, wenn die Bewegungen der Haupt- und Seitenketten durch bewegliche Abstandshalter („Spacer") entkoppelt werden. Ein Beispiel dafür sind Poly(methacrylate) mit dem Grundbaustein

$$-\!\!\left(\!CH_2-C(CH_3)\!\right)\!\!-$$
$$|$$
$$COO(CH_2)_6O-(p-C_6H_4)-COO-(p-C_6H_4)-OCH_3$$

5.6 Amorpher Zustand

Im völlig amorphen Zustand ist definitionsgemäß keine Fernordnung der Grundbausteine vorhanden. Amorphe Materialien können daher nicht röntgenkristallin sein. Diese Definition sagt natürlich nichts über die gegenseitige Anordnung von Kettensegmenten und über die relative Lage der Moleküle selbst aus. Man kann zwar verschiedene ideale Ordnungszustände definieren und dann mit geeigneten Methoden die Abweichungen von der Idealität messen. Es gibt aber keine experimentellen Methoden, mit denen man Abweichungen von der idealen Unordnung bestimmen kann, ganz abgesehen von dem Problem, wie denn nun die ideale Unordnung von Molekülketten endlicher Länge und Dicke definiert werden soll. Ein weiteres Problem ist die bei Kettenmolekülen mögliche dichteste Packung. Bei harten Kugeln und anderen einfachen Körpern läßt sich die dichteste Packung aus geometrischen Überlegungen berechnen. Bei Kettenmolekülen ist dies wegen ihrer Persistenz und endlichen Dicke wesentlich schwieriger und man kann sich leicht vorstellen, daß immer eine bestimmte Anzahl Leerstellen vorhanden ist. Diese Leerstellen führen zu einem „freien" Volumen, das verschieden definiert wird.

5.6.1 FREIES VOLUMEN

Die Dichte im amorphen Zustand ist deutlich von derjenigen der entsprechenden Flüssigkeit verschieden. Das spezifische Volumen von Polymer/Monomer-Mischungen nimmt mit steigender Konzentration zunächst linear ab (Abb. 5-30). Bei einem bestimmten Polymeranteil wird aber die Viskosität der Mischung so hoch, daß sich die Kettensegmente nicht mehr frei bewegen können. Dieser Einfrierprozeß führt dazu, daß das spezifische Volumen v_{am}° des amorphen Polymeren größer ist als das spezifische Volumen v_l° des flüssigen Polymeren bei gleicher Temperatur wäre. Die Dichte des flüssigen Polymeren ist also höher als die Dichte des festen: das feste Polymer besitzt Leerstellen bzw. ein sog. freies Volumen. Man muß sich darunter Bezirke von etwa atomarem Durchmesser vorstellen. Der Anteil f_{WLF} dieses freien Volumens berechnet sich zu

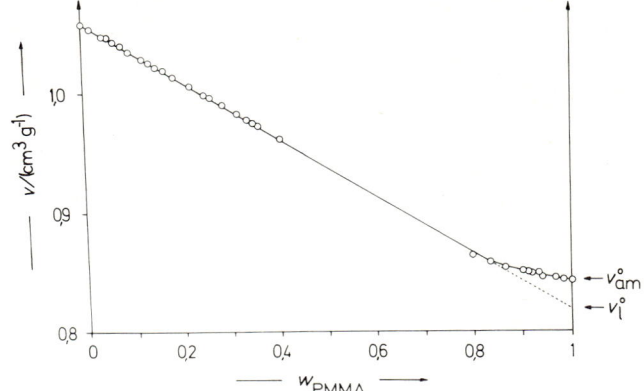

Abb. 5-30: Spezifisches Volumen von Methylmethacrylat/Poly(methylmethacrylat)-Mischungen in Abhängigkeit vom Massenanteil des Polymeren bei 25°C. $v_{am}^0 = 0{,}842$ cm^3 g^{-1}, $v_1^0 = 0{,}820$ cm^{3}g^{-1}, (nach D. Panke und W. Wunderlich).

(5-9) $\quad f_{\text{WLF}} = (v_{am}^\circ - v_1^\circ)/v_{am}^\circ$

Das gleiche freie Volumen tritt auch in der Williams-Landel-Ferry-Gleichung für die dynamische Glastemperatur auf (vgl. Kap. 10.). Der Anteil dieses freien Volumens ist unabhängig vom Typ des Polymeren. Er beträgt etwa 2,5% (Tab. 5-7).

Außer dem WLF-freien Volumen werden noch eine Reihe anderer freier Volumen definiert und diskutiert. Das sog. Leervolumen bezieht das bei der Temperatur T gemessene spezifische Volumen v_{am}° des amorphen Polymeren auf das spezifische Volumen v_{vdW}°, das sich aus den van der Waals-Radien berechnet. Der Anteil des Leervolumens ergibt sich zu

(5-10) $\quad f_{\text{leer}} = (v_{am}^\circ - v_{vdW}^\circ)/v_{am}^\circ$

Tab. 5-7: Anteile der verschiedenen freien Volumina bei amorphen Polymeren bei der Glastemperatur, berechnet mit den kristallinen Dichten bei 0 °C, nicht 0 K (nach A. Bondi).

Polymer	Anteile des freien Volumens			
	f_{leer}	f_{exp}	f_{WLF}	f_{fluk}
Poly(styrol)	0,375	0,127	0,025	0,0035
Poly(vinylacetat)	0,348	0,14	0,028	0,0023
Poly(methylmethacrylat)	0,335	0,13	0,025	0,0015
Poly(butylmethacrylat)	0,335	0,13	0,026	0,0010
Poly(isobutylen)	0,320	0,125	0,026	0,0017

Der Anteil dieses Leervolumens ist beträchtlich (Tab. 5-7). Bei Makromolekülen ist aber das Leervolumen nicht völlig für thermische Bewegungen verfügbar, da die Bausteine aus konformativen Gründen nicht alle freien Plätze einnehmen können. Das für die thermische Ausdehnung verfügbare Volumen kann aus den spezifischen Volumina der amorphen und kristallinen Polymeren bei 0 K berechnet werden. Für den Anteil des Ausdehnungsvolumens erhält man daher

(5-11) $\quad f_{exp} = ((v_{am}^{\circ})_{\circ} - (v_{cr}^{\circ})_{\circ}/(v_{am}^{\circ})_{\circ}$

Schließlich läßt sich noch aus Messungen der Schallgeschwindigkeit ein Anteil f_{fluk} des Fluktuationsvolumens bestimmen, der die Bewegung des Schwerpunktes eines Moleküls als Resultat der thermischen Bewegung beschreibt.

5.6.2 MORPHOLOGIE VON HOMOPOLYMEREN

Die physikalische Struktur fester amorpher Homopolymerer ist trotz vieler Untersuchungen heftig umstritten. Alle Strukturvorschläge lassen sich dabei auf zwei Grenztypen zurückführen: Knäuelmodell und Bündelmodell.

Das *Knäuelmodell* basiert auf der Überlegung, daß im amorphen festen Zustand eine willkürlich herausgegriffene Kettengruppierung stets von gleichen Kettengruppierungen umgeben ist. Die zwischen diesen Gruppierungen wirkenden Kräfte müssen demnach gleich groß sein. Die Kettengruppierung kann außerdem nicht unterscheiden, ob sie inter- oder intramolekular wechselwirkt. Die Verhältnisse sollten also ähnlich wie bei isolierten Knäuelmolekülen im ungestörten Zustand sein (vgl. Kap. 4. 5. 1).

In der Tat besitzen Knäuelmoleküle im amorphen festen Zustand nach Untersuchungen mit der Neutronenstreuung die gleichen ungestörten Dimensionen wie in den entsprechenden verdünnten Lösungen (vgl. Abb. 4-20). Der experimentelle Befund ist unabhängig von der Präparation der festen Lösungen. In einem Fall wurde ein protoniertes Polymer in einem deuterierten Monomeren gelöst und das Monomere anschließend polymerisiert. In diesem Fall hätte man intuitiv eine Art Spaghetti-Struktur erwartet. In einem anderen Experiment wurden ein protoniertes und ein deuteriertes Polymer sonst gleicher Konstitution in verdünnter Lösung gemischt und dann die Lösung konzentriert. In diesem Falle hätte man intuitiv eine Art Packung von Wollknäueln erwartet. In beiden Fällen wurden jedoch die gleichen Dimensionen gefunden. Der Befund schließt natürlich nicht aus, daß gewisse Nahordnungen existieren.

Die verschiedenen Bündelmodelle nehmen nun in der Tat verschiedene Typen und Grade von Ordnung in amorphen Polymeren an. Sie basieren auf verschiedenen experimentellen Befunden und/oder theoretischen Überlegungen.

Berechnungen mit Hilfe des Spaghetti-Modells sagten z. B. für amorphe Polymere Dichten von maximal 65% der kristallinen Dichten voraus. Experimentell werden aber Dichtedifferenzen von nur 85–95% gefunden (vgl. Tab. 5-3). Daraus wurde geschlossen, daß im amorphen Zustand gewisse Ordnungen vorhanden sein müssen, z. B. über kurze Distanzen parallel gelagerte Segmente.

Derartige Berechnungen basieren jedoch auf recht groben geometrischen Modellen und sind daher nicht über jeden Zweifel erhaben. In der Tat können nach Computersimulationen bis zu 88% der Plätze primitiver kubischer Gitter besetzt werden, ohne daß ideale oder gestörte Kettenbündel auftreten. Raumerfüllungsprobleme verhindern also nicht die dichte Packung von Knäuelmolekülen.

5.6 Amorpher Zustand

Eine Parallelisierung von Kettensegmenten ist nun durchaus wahrscheinlich und wird wegen der Persistenz der Ketten auch bereits bei Alkanen gefunden. Die Frage ist nur, wie weit sich eine derartige Ordnung erstreckt, d. h. ob es außer der Nahordnung auch eine Fernordnung gibt. Aufschlußreich sind Untersuchungen an geschmolzenen Poly(ethylenen). Nach röntgenographischen Untersuchungen ist hier die intermolekulare Ordnung größer als bei den amorphen Polycarbonaten und Poly(ethylenterephthalaten). Selbst in diesem Fall übersteigt aber die Ordnung nicht mehr als ca. 2 nm in Kettenrichtung und nicht mehr als ca. 3 nm rechtwinklig dazu. Außerdem haben Messungen der Breitlinienkernresonanz ergeben, daß die Linienbreite der Peaks ca. 50 mal kleiner als die für das sog. Mäandermodell vorhergesagte ist. Dieses Modell nimmt Bündel von Kinken bzw. Jogs als thermodynamisch stabile Einheiten an. Dem Mäandermodell kommt daher keine physikalische Bedeutung zu.

Bei Polymeren werden gelegentlich elektronenmikroskopisch kugelförmige Gebilde beobachtet. Die Durchmesser dieser „Noduln" variieren zwischen 2-4 nm bei Poly(styrol) und ca. 8 nm bei Poly(ethylenterephthalat). Es ist umstritten, ob diese Strukturen real sind oder aber von experimentellen Fehlern wie mangelnde Fokussierung, Artefakten bei der elektronenmikroskopischen Präparation, Oberflächeneffekten beim Bruch usw. herrühren.

5.6.3 MORPHOLOGIE VON BLOCKPOLYMEREN

Zwei konstitutiv verschiedene Polymere sind meist unverträglich; ihre Mischungen entmischen sich über die experimentell zugänglichen Konzentrationsbereiche (vgl. Kap. 6). Auch die Blöcke von Blockpolymeren werden sich daher zu entmischen versuchen. Die Entmischung kann aber nicht vollständig sein, da die Blöcke ja aneinander gekoppelt sind. Gleichartige Blöcke können daher höchstens aggregieren. Die Form der Aggregate ist dabei durch die Forderung nach bestmöglicher Packung festgelegt.

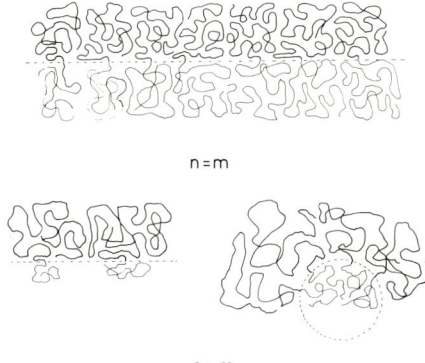

Abb. 5-31: Schematische Darstellung der Volumenbeanspruchung der Blöcke bei Zweiblock-Copolymeren $A_n B_m$ mit verschiedenen Blockverhältnissen. Bei sehr großen Blockverhältnissen müssen allein wegen der Volumenbeanspruchung kugelförmige Aggregate der kleineren Blöcke in einer Matrix der anderen Blöcke erhalten werden. Bei einem Blockverhältnis von 1 bilden sich dagegen Lamellen aus. Das Blockverhältnis bezieht sich dabei auf die Dimensionen, nicht auf die Zahl der Grundbausteine.

Isolierte Ketten eines nichtkristallisierbaren Polymeren versuchen die Form statistischer Knäuel anzunehmen. Das Gleiche trifft für die beiden Blöcke eines amorphen Biblockpolymeren zu. Ist nun der Raumbedarf jeder der beiden Blöcke gleich groß, so werden sich alle A-Blöcke in einer Schicht anordnen und alle B-Blöcke in einer anderen. Die A-Schicht ist wegen der Verträglichkeit einer anderen A-Schicht zugekehrt und die B-Schicht entsprechend einer anderen B-Schicht. Das Blockpolymere bildet daher Lamellen aus abwechselnden A- und B-Schichten aus (Abb. 5–31).

Ist nun aber der Platzbedarf eines Blockes sehr viel größer als der des anderen, so kann der kleinere Block nicht in eine Lamelle gepackt werden, ohne die Forderung nach dichter Packung zu verletzen. Günstiger ist es, wenn sich die kleinen Blöcke in einer Kugelstruktur anordnen und die größeren Blöcke diese Kugeln als Matrix umgeben (Abb. 5–32).

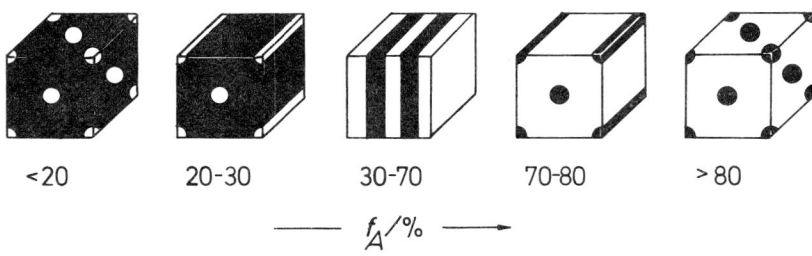

<20   20-30   30-70   70-80   >80

——— $f_A/\%$ ———>

Abb. 5-32: Schematische Darstellung der Morphologie von Bi- und Triblockpolymeren mit A-Blöcken (weiße Phasen) und B-Blöcken (schwarze Phasen).

Bei etwa gleich großem Platzbedarf der Blöcke sollten daher Lamellenstrukturen gebildet werden. Die Theorie sagt derartige Strukturen für Anteile an der Unterschußkomponenten von 30–70% voraus; experimentell wurden für Blockpolymere aus Styrol und Butadien Werte von 35-65% gefunden (Tab. 5–8). Bei sehr unterschiedlichen Blocklängen sollte dagegen die Unterschußkomponente Kugeln in einer Matrix der anderen Komponente bilden. Zwischen diesen für die Ausbildung von Lamellen und Kugeln günstigen Bereichen liegt der Stabilitätsbereich für Zylinder, die man ja als Übergang von den Kugeln zu den Lamellen auffassen kann. Andere morphologische Formen als Kugeln, Zylinder und Lamellen sind nicht zu erwarten, da dann die Forderung nach guter Packung verletzt würde. Triblockpolymere $A_{m/2}B_nA_{m/2}$ kann man dabei wie Biblockpolymere A_mB_n behandeln, d. h. man muß im ersteren Fall nur den halben A-Block berücksichtigen.

Tab. 5-8: Struktur der im Unterschuß vorliegenden Komponenten bei amorphen Blockpolymeren Poly(styrol-b-butadien). A ist ungefähr proportional zu $(M_A/M_B)^{1/2}$, wobei M_A und M_B die Molmassen der A- und B-Blöcke sind.

Struktur	Anteil an Komponente im Unterschuß (in %)		Molmassenabhängigkeit der Dimensionen
	Theorie	Experiment	
Kugeln	0–20	0–20	Radius = 1,33 A $M^{1/2}$
Zylinder	20–30	20–35	Radius = 1,0 A $M^{1/2}$
Lamellen	30–70	35–65	Dicke = 1,4 A $M^{1/2}$

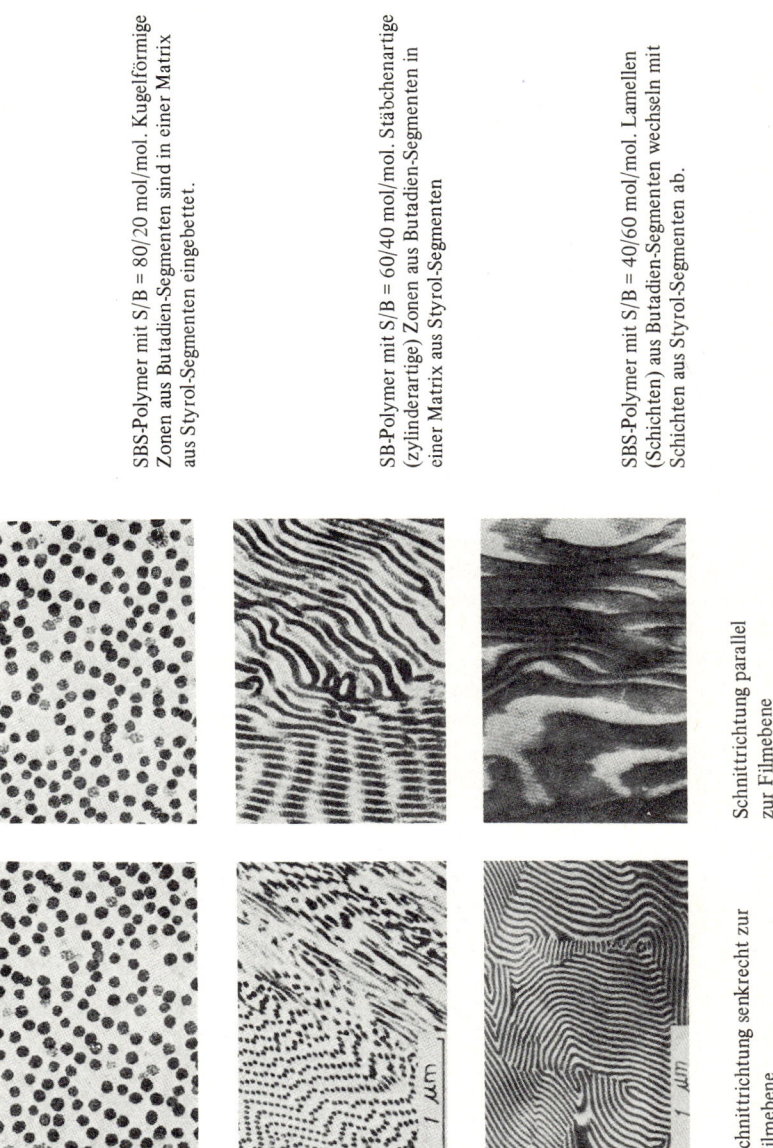

Abb. 5-33: Elektronenmikroskopische Aufnahmen von Filmen aus Zweiblock- und Dreiblockpolymeren aus Styrol und Butadien bei Schnitten senkrecht und parallel zur Filmebene (nach M. Matsuo).

Die drei theoretisch vorhergesagten Formen und ihre Abhängigkeit von der relativen Blockgröße wurden in der Tat experimentell gefunden (Abb. 5-33). Das experimentell für das Auftreten von Zylindern gefundene Komponentenverhältnis von 60/40 entspricht dabei allerdings nicht ganz dem theoretisch geforderten von 70/30 bis 80/20. Dieser Effekt ist darauf zurückzuführen, daß die untersuchten Filme aus Lösungsmitteln gegossen wurden. Je nach der Lösungsmittelgüte ändern sich aber auch die Knäueldimensionen, die dann beim Entfernen des Lösungsmittels mehr oder weniger eingefroren werden. Die Morphologie fester Blockpolymerer wird daher nicht nur von der Zusammensetzung des Blockpolymeren, sondern auch von den Herstellungsbedingungen beeinflußt (Tab. 5-9).

Tab. 5-9: Abhängigkeit der Morphologie amorpher Triblockpolymerer Poly(styrol-b-butadien-b-styrol) von den bei der Präparation verwendeten Lösungsmitteln (nach M. Matsuo)

Styrol/Butadien mol/mol	Lösungsmittel		
	Toluol	Cyclohexan	Butanon
80/20	Kugeln	Netzwerk	Kugeln
60/40	Zylinder	Zylinder	Kugeln
40/60	Lamellen	Lamellen	kurze Zylinder

Ähnliche Lösungsmitteleffekte beeinflussen auch die Morphologie von Blockpolymeren aus einer kristallisierbaren und einer nicht-kristallisierbaren Komponenten. Bei den Biblockpolymeren Poly(styrol-b-ethylenoxid) sind die Poly(ethylenoxid)-Blöcke im Prinzip kristallisierbar. Butylphthalat ist nun ein gutes Lösungsmittel für die Poly(styrol)-Blöcke und ein relativ schlechtes für die Poly(ethylenoxid)-Blöcke. Bei der Phasentrennung bilden sich Lamellen aus den beiden Komponenten aus, wobei die Poly(ethylenoxid)-Lamellen kristallisieren. Nitromethan ist dagegen umgekehrt ein gutes Lösungsmittel für Poly(ethylenoxid) und ein schlechtes für Poly(styrol). In diesem Falle bilden die Poly(styrol)-Blöcke kugelförmige Domänen in der Poly(ethylenoxid)-Matrix.

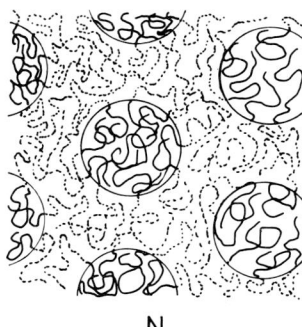

Abb. 5-34: Morphologie von Biblockpolymeren Poly(styrol-b-ethylenoxid), die aus Nitromethan N bzw. Butylphthalat B gegossen wurden. —— Poly(styrol)-Blöcke, ----- Poly(ethylenoxid)-Blöcke (nach C. Sadron).

5.7 Orientierung

5.7.1 DEFINITION

Beim Verstrecken von Fasern oder Folien und Filmen können sich Moleküle und/oder Kristallbereiche in Streckrichtung ausrichten und damit orientieren. Da der Orientierungsgrad oft nur schwierig und die Verteilungsfunktion der Orientierung bislang praktisch überhaupt nicht meßbar ist, nimmt man daher oft den Verstreckungsgrad als Maß für die Orientierung. Der Verstreckungsgrad ist aber kein gutes Maß für den Orientierungsgrad, da beim Verstrecken im Extremfall nur viskoses Fließen auftreten kann. Die Verstreckungsbedingungen haben daher einen großen Einfluß auf den erzielten Orientierungsgrad. Außerdem hängt natürlich der erzielbare Orientierungsgrad bei einer gegebenen Verstreckung stark von der Vorgeschichte des Materials ab.

Die zur Charakterisierung der Orientierung verwendeten Methoden sind Röntgenweitwinkelstreuung, Infrarotspektroskopie, Kleinwinkellichtstreuung, Brechungsindexmessungen, polarisierte Fluoreszenz und Schallgeschwindigkeit. Sie sprechen teils auf die Orientierung von Ketten, teils auf die Orientierung von Kristalliten und teils auf beide Orientierungsarten an.

5.7.2 RÖNTGENINTERFERENZEN

Mit zunehmendem Verstreckungsgrad entwickeln sich auf Röntgenweitwinkel-Aufnahmen rechtwinklig zur Zugrichtung aus den kreisförmigen Reflexen zunächst Sicheln und dann punktförmige Reflexe (Abb. 5-35). Die reziproke Länge der Sicheln ist somit ein Maß für die Größe der Orientierung der Kristallite, genauer gesagt, der Netzebenen. Sicheln an verschiedenen Positionen im Röntgendiagramm entsprechen den verschiedenen Netzebenen. Für jede der drei Raumkoordinaten existiert somit ein Orientierungsfaktor f, der mit dem Orientierungswinkel β über

$$(5-12) \quad f = 0{,}5 \, (3 \, \overline{\cos^2 \beta} - 1)$$

verknüpft ist. β ist als Winkel zwischen Verstreckungsrichtung und optischer Hauptachse der Bausteine definiert. f wird gleich 1 für eine vollständige Orientierung in Kettenrichtung ($\beta = 0$), gleich $-0{,}5$ für eine vollständige Orientierung senkrecht zur Kettenrichtung ($\beta = 90°$) und gleich 0 für eine statistische Orientierung. Falls die optischen Achsen der Kristallite rechtwinklig aufeinander stehen, gilt $f_a + f_b + f_c = 0$. Uniaxial

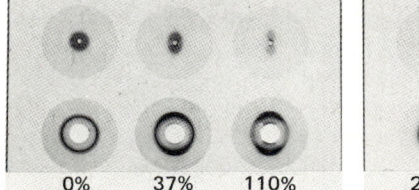 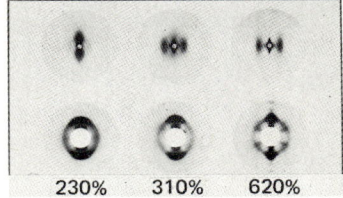

Abb. 5-35: Röntgenkleinwinkel- (oben) und Röntgenweitwinkel-Interferenzen (unten) von verstrecktem Poly(ethylen) (nach Hendus). Die Proben wurden um 0, 37, 110, 230, 310 und 620% verstreckt.

verstreckte Polymere werden durch einen einzigen *f*-Wert charakterisiert. Die Methode eignet sich besonders gut für niedrige bis mittlere Orientierungsgrade, da bei sehr hohen Verstreckungen u. U. schon die Kristallite deformiert werden.

5.7.3 OPTISCHE DOPPELBRECHUNG

Jedes durchsichtige Material weist entlang den drei Hauptachsen drei Brechungsindices n_x, n_y, und n_z auf. Bei isotropen Materialien sind definitionsgemäß alle drei Brechungsindices gleich groß. Bei anisotropen Materialien sind mindestens zwei Brechungsindices verschieden. Die Differenz zwischen je zweien dieser Brechungsindices wird als Doppelbrechung Δn bezeichnet.

Brechungsindices sind verschieden, wenn die Polarisierbarkeiten verschieden sind. Ein Alkan besitzt z. B. eine größere Polarisierbarkeit entlang der Kette als rechtwinklig dazu, weil die Elektronenbeweglichkeit entlang der Kette größer ist.

Amorphe nicht-orientierte Polymere sind optisch nicht doppelbrechend, da ihre an sich optisch anisotropen Grundbausteine unregelmäßig angeordnet sind. Eine Doppelbrechung entsteht erst, wenn die Ketten orientiert sind oder unter Spannung stehen. Allgemein gilt

(5-13) $\quad \Delta n = \Sigma \phi_i \Delta n_i + \Delta n_f + \Delta n_{sp}$

Jede einzelne Phase i trägt somit entsprechend ihrem Volumenbruch ϕ_i und ihrer Doppelbrechung Δn_i zur Doppelbrechung bei. Derartige Phasen können z. B. die amorphe und die kristalline Phase teilkristalliner Polymerer, die Aggregate in Blockcopolymeren, Füllstoffe oder weichgemachte Bereiche sein.

Eine Formdoppelbrechung Δn_f entsteht, wenn das elektrische Feld an der Grenzfläche zweier Phasen verzerrt wird. Die beiden Phasen müssen in ihren Dimensionen der Wellenlänge des Lichtes vergleichbar sein.

Unter Spannung werden amorphe Polymere ebenfalls doppelbrechend. Die Spannungsdoppelbrechung Δn_{sp} hängt von der Größe der angelegten Spannung und der Anisotropie der Grundbausteine ab. Sie kann daher besonders leicht beim Poly(styrol) mit seinen stark anisotropen Phenylgruppen beobachtet werden, und zwar sogar im unpolarisierten Licht. Die Spannungsdoppelbrechung ist besonders wichtig für das Konstruieren mit Kunststoffen, da die Proben an den Stellen höchster Spannung leicht brechen.

Im allgemeinen muß man jedoch polarisiertes Licht verwenden. Die auftretenden Interferenzfarben sind am stärksten, wenn man die doppelbrechende Probe unter einem Winkel von 45° zur Schwingungsrichtung der Polarisation beobachtet. Die Ordnung der Interferenzfarben hängt von den Brechungsindices parallel und senkrecht zur Verstreckungsrichtung und von der Dicke der Proben ab. Die Brechungsindices werden durch Einbetten der Proben in inerte Flüssigkeiten von bekanntem Brechungsindex ermittelt.

5.7.4 INFRAROT-DICHROISMUS

Licht wird absorbiert, wenn die Schwingungsrichtung des elektrischen Vektors des Lichtes gleich der Schwingungsrichtung der absorbierenden Gruppe ist. Die Intensität einer Absorptionsbande eines orientierten Polymeren hängt also von der Richtung des elektrischen Vektors des einfallenden Strahles relativ zur Orientierungsrichtung ab. Die Absorption wird folglich je nach Schwingungsrichtung des einfallenden polarisierten Lichtes verschieden sein. Der Grad der Orientierung wird über das dichroitische Verhältnis R gemessen

(5-14) $\quad R = A_\parallel / A_\perp = \ln(I_0/I_\parallel)/\ln(I_0/I_\perp)$

In Gl. (5-14) ist die I_0 die Intensität des einfallenden und $I_\parallel$ bzw. $I_\perp$ die Intensität des durchgelassenen Lichtes parallel bzw. rechtwinklig zur Verstreckungsrichtung. Aus dem dichroitischen Verhältnis R und dem entsprechenden Wert R^∞ für eine vollständige Orientierung ergibt sich der Orientierungsfaktor f analog zur Lorenz-Lorentz-Formel zu

(5-15) $\quad f = (R - 1)(R^\infty + 2)/(R^\infty - 1)(R + 2)$

R^∞ kann berechnet werden, wenn bekannt ist, daß die Schwingung des Dipoles einer bestimmten Gruppe in einem uniaxial verstreckten Polymeren rechtwinklig zur Kettenachse erfolgt, wie es z. B. bei Wasserstoffbrücken zwischen Amidgruppen von Polyamiden der Fall ist. Die Methode spricht sowohl auf „amorphe" als auch auf „kristalline" Banden an. Jede durch Verstreckung hervorgerufene Änderung von IR-Banden muß aber zunächst darauf geprüft werden, ob sie nicht von Konformationsänderungen der Moleküle beim Verstrecken herrührt.

5.7.5 POLARISIERTE FLUORESZENZ

Die meisten organischen Polymeren fluoreszieren nicht. Es wird ihnen daher ca. 10^{-4} Gew. proz. eines fluoreszierenden organischen Farbstoffes zugemischt. Zur Auswertung wird angenommen, daß der Farbstoffzusatz die Morphologie des Polymeren nicht verändert, und daß die Achsen von Farbstoffmolekül und Polymermolekül übereinstimmen. Die chromophoren Gruppen dürfen außerdem während der Lebenszeit des angeregten Zustandes nicht rotieren, was vermutlich wegen der hohen Viskosität zutreffend ist. Da der Farbstoff in den meisten Fällen nicht in das Kristallgitter des Polymeren paßt, spricht die Methode nur auf die amorphen Bereiche an.

Zur Messung läßt man polarisiertes, paralleles Licht auf die fluoreszierenden Gruppen fallen. Das Fluoreszenzlicht ist ebenfalls polarisiert.

Wenn Polarisator und Analysator parallel zur Streckrichtung sind, hängt die beobachtete Intensität von der 4. Potenz des Cosinus des Winkels β zwischen Streckrichtung und Molekülachse ab

(5-16) $\quad I_\parallel = const \, \langle \cos^4 \beta \rangle$

Für die Intensität des Fluoreszenz-Lichtes mit der Polarisationsrichtung rechtwinklig zur Verstreckungsrichtung erhält man dagegen bei uniaxialer Verstreckung

(5-17) $\quad I_\perp = 0{,}5 \, C \, [\langle \cos^2 \beta \rangle - \langle \cos^4 \beta \rangle]$

5.7.6 SCHALLFORTPFLANZUNG

Die Schallgeschwindigkeit hängt von den Abständen zwischen den Kettenatomen und den intermolekularen Abständen der Ketten ab. Zur Bestimmung des Orientierungswinkels β aus der Messung der Schallgeschwindigkeit $\hat{c}$ in Faserlängsrichtung müssen daher auch die Schallgeschwindigkeiten $\hat{c}_\perp$ und $\hat{c}_\parallel$ rechtwinklig und parallel zu einer Probe mit völliger Orientierung der Ketten bekannt sein:

$$(5\text{-}18) \quad \frac{1}{\hat{c}_u^2} = \frac{1-\langle\cos^2\beta\rangle}{\hat{c}_\perp^2} + \frac{\langle\cos^2\beta\rangle}{\hat{c}_u^2}$$

Bei einer völlig unorientierten Probe ist nach Gl. (5-12) $f = 0$ und damit auch $\langle\cos^2\beta\rangle = 1/3$. Mit diesen Werten geht Gl. (5-18) über in

$$(5\text{-}19) \quad \hat{c}_\perp^2 = 2\,\hat{c}_u^2\hat{c}_\parallel^2/(3\,\hat{c}_\parallel^2 - \hat{c}_u^2)$$

Typische Werte liegen bei etwa $\hat{c}_\parallel \sim 1{,}5$ km/s und $\hat{c}_\perp \sim (7\text{-}10)$ km/s.

Zur Bestimmung des Orientierungswinkels wird wie folgt vorgegangen. $\hat{c}_\parallel$ wird entweder geschätzt oder theoretisch berechnet. $\hat{c}_u$ wird gemessen. $\hat{c}_\perp$ wird dann über Gl. (5-19) berechnet. Da nach allen Erfahrungen die Ungleichung $3\,\hat{c}_\parallel^2 \gg \hat{c}_u^2$ gilt, ist der berechnete Wert von $\hat{c}_\perp$ ziemlich unempfindlich auf den gewählten Wert von $\hat{c}_\parallel$. Gl. (5-19) kann daher auch als

$$(5\text{-}20) \quad \hat{c}_\perp^2 = 2\,\hat{c}_u^2/3$$

geschrieben werden und Gl. (5-18) als

$$(5\text{-}21) \quad \frac{1}{\hat{c}^2} = \frac{1-\langle\cos^2\beta\rangle}{\hat{c}_\perp^2}$$

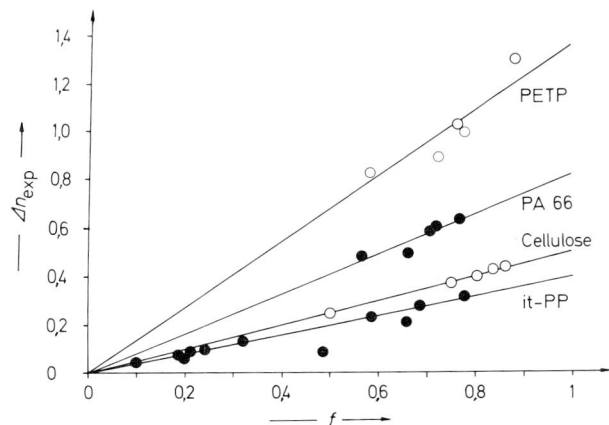

Abb. 5-36: Optische Doppelbrechung Δn_{exp} als Funktion des Orientierungsfaktors f aus Schallmessungen bei verschiedenen Polymeren (nach H. M. Morgan).

Die Kombination der Gl. (5-20) und (5-21) gibt

(5-22) $\langle \cos^2 \beta \rangle = 1 - (2\,\hat{c}_u^2/3\,\hat{c}^2)$

Aus den Gl. (5-22) und (5-12) erhält man einen Ausdruck für den Orientierungsfaktor f, der demnach aus den Schallgeschwindigkeiten in den Fasern und in einer unverstreckten Probe bestimmt werden kann:

(5-23) $f = 1 - (\hat{c}_u^2/\hat{c}^2)$

Die Methode gestattet, den Orientierungsfaktor während des Verstreckungsvorganges von Filmen und Fasern zu messen. Experimentell hat sich eine lineare Beziehung zwischen dem so bestimmten Orientierungsfaktor und der Doppelbrechung ergeben (Abb. 5-36).

Literatur zu Kap. 5

5.1 Allgemeine Übersichten

B. Wunderlich, Macromolecular physics, Academic Press, New York, 3 Bde., 1973-

5.2 Bestimmung von Kristallstrukturen und Kristallinität

S. Krimm, Infrared spectra of high polymers, Fortschr. Hochpolym. Forsch.- Adv. Polymer Sci. 2 (1960) 51

E. W. Fischer, Electron diffraction, in B. Ke, Hrsg., Newer Methods of Polymer Characterization, Interscience, New York 1964, p. 279

W. O. Statton, Small angle X-ray studies of polymers, in B. Ke, Hrsg., Newer Methods of Polymer Characterization, Interscience, New York 1964, p. 231

B. K. Vainsthein, Diffraction of X-rays by chain molecules, Elsevier, Amsterdam 1966

H. Brumberger, Hrsg., Small angle X-ray scattering, Gordon and Breach, New York 1967

A. Elliott, Infrared spectra and structure of organic long-chain polymers, Arnold, London 1969

L. E. Alexander, X-Ray diffraction methods in polymer science, Wiley, New York 1969

S. Kavesh und J. M. Smith, Meaning and measurement of crystallinity in polymers: A Review, Polymer Engng. Sci. 9 (1969) 331

M. Kakudo and N. Kasai, X-Ray diffraction by polymers, Kodansha, Tokio, and Elsevier, Amsterdam, 1972

G. H. W. Milburn, X-ray crystallography, An introduction to the theory and practice of single-crystal structure analysis, Butterworth, London 1972

5.3 Kristallstrukturen

C. W. Bunn, Chemical crystallography, Clarendon Press, Oxford 1946

F. Danusso, Macromolecular polymorphism and stereoregular synthetic polymers, Polymer [London] 8 (1967) 281

G. Allegra and I. W. Bassi, Isomorphism in synthetic macromolecular systems, Adv. Polymer Sci. 6 (1969) 549

R. Hosemann, The paracrystalline state of synthetic polymers, Crit. Revs. Macromol. Sci. 1 (1972) 351

A. I. Kitaigorodsky, Molecular crystals and molecules, Academic Press, New York 1973

5.4 Morphologie kristalliner Polymerer

P. H. Geil, Polymer single crystalls, Wiley, New York 1963
D. A. Blackadder, Ten years of polymer single crystals, J. Macromol. Sci. (Revs) C **1** (1967) 297
J. Willems, Oriented overgrowth (epitaxy) of macromolecular organic compounds, Experientia **23** (1967) 409
L. Mandelkern, Thermodynamics and physical properties of polymer crystals formed from dilute solution, Progr. Polymer Sci. **2** (1970) 163
R. A. Fava, Polyethylene crystals, J. Polymer Sci. **D 5** (1971) 1
R. H. Marchessault, B. Fisa und H. D. Chanzy, Nascent morphology of polyolefins, Crit. Revs. Macromol. Sci. **1** (1972) 315
A. Keller, Morphology of lamellar polymer crystals, in C. E. H. Bawn, Hrsg., Macromol. Sci. (=Vol. 8 der Physical Chemistry Series One (1972) der MTP International Review of Science)
R. J. Samuels, Structured polymers properties, Wiley, New York 1974
D. C. Bassett, Chain-extended polyethylene in context: a review, Polymer [London] **17** (1976) 460

5.5 Mesophasen

V. P. Shibayev und N. A. Plate, Liquid crystalline polymers, Vysokomol. soyed. A **19** (1977) 923; Polymer Sci. USSR **19** (1977) 1065
S. P. Papkov, The liquid crystalline state of linear polymers. Review, Polymer Sci. USSR **19** (1978) 1

5.6 Amorpher Zustand

R. N. Haward, Occupied Volume of Liquids and Polymers, J. Macromol. Sci. C **4** (1970) 191
T. G. F. Schoon, Microstructure in Solid Polymers, Brit. Polymer J. **2** (1970) 86
G. S. Y. Yeh, Morphology of Amorphous Polymers, Crit. Revs. Macromol. Sci. **1** (1972) 173
R. E. Robertson, Molecular Organization of Amorphous Polymers, Ann. Rev. Mater. Sci. **5** (1975) 73
R. F. Boyer, Structure of amorphous solids. Structure of the amorphous state in polymers, Ann. N. Y. Acad. Sci. **279** (1976) 223
J. A. Manson und L. H. Sperling, Polymer blends and composites, Plenum Publ. Corp., New York 1976
A. Noshay und J. E. McGrath, Block copolymers: Overview and critical survey, Academic Press, New York 1976
G. Allen and S. E. B. Petrie, Hrsg., Physical structure of the amorphous state, M. Dekker, New York 1977

5.7 Orientierung

G. L. Wilkes, The Measurement of Molecular Orientation in Polymeric Solids, Adv. Polymer Sci. **8** (1971) 91
C. R. Desper, Technique for measuring orientation in polymers, Crit. Revs. Macromol. Sci. **1** (1973) 501
I. M. Ward, Hrsg., Structure and properties of oriented polymers, Halsted Press, New York 1975

Teil II

LÖSUNGSEIGENSCHAFTEN

6 Thermodynamik der Lösungen

6.1 Grundbegriffe

Nach dem zweiten Hauptsatz der Thermodynamik ist die Gibbs-Energie G mit der Enthalpie H, der Entropie S und der thermodynamischen Temperatur T über

(6-1) $\quad G = H - TS = U + pV - TS$

verknüpft. U ist die innere Energie, p der Druck und V das Volumen. Für die Helmholtz-Energie gilt

(6-2) $\quad A = U - TS = G - pV$

Bei isobaren Prozessen in kondensierten Systemen gilt häufig $\Delta G \approx \Delta A$, da die Änderung des Volumens oft (aber nicht immer) vernachlässigbar klein ist.

Die Änderung der Gibbs-Energie mit den Molen n_i der Komponente i wird partielle molare Gibbs-Energie $\widetilde{G}_i^m$ oder chemisches Potential μ_i genannt:

(6-3) $\quad (\partial G/\partial n_i)_{T,p,n_j \neq i} \equiv \widetilde{G}_i^m \equiv \mu_i$

Für das Differential des chemischen Potentials der Komponente i gilt (vgl. Lehrbücher der chemischen Thermodynamik):

(6-4) $\quad d\widetilde{G}_i^m = (\partial \widetilde{G}_i^m/\partial p) dp + (\partial \widetilde{G}_i^m/\partial T) dT + (\partial \widetilde{G}_i^m/\partial n_i) dn_i$

$\qquad d\widetilde{G}_i^m = \widetilde{V}_i^m dp \qquad - \widetilde{S}_i^m dT \qquad + RT\, d\ln a_i$

$\widetilde{V}_i^m$ ist dabei das partielle Molvolumen der Komponente i und a_i deren Aktivität. Das vollständige Differential von G^m ist dann

(6-5) $\quad dG^m = \sum_i \widetilde{G}_i^m dn_i + \sum_i n_i d\widetilde{G}_i^m$

Da die linke Seite und das erste Glied der rechten Seite dieser Gleichung nach Gl. (6-3) identisch sein müssen, folgt daraus als sog. Gibbs-Duhem-Beziehung

(6-6) $\quad \sum_i n_i d\widetilde{G}_i^m = 0 = \sum_i n_i d\mu_i$

Für einen isotherm-isobaren Prozeß erhält man aus Gl. (6-4) mit $dp = 0$ und $dT = 0$ nach der Integration und dem Übergang zu chemischen Potentialen

(6-7) $\quad \mu_i = \mu_i^o + RT \ln a_i = \mu_i^o + RT \ln x_i \gamma_i$

Die Integrationskonstante μ_i^o ist das auf die reine Substanz bezogene chemische Potential. Die molare Aktivität wird häufig noch in den Molenbruch x_i und den Aktivitätskoeffizienten γ_i aufgeteilt. Der vom Molenbruch herrührende Beitrag zum chemischen Potential wird als ideales Glied, der vom Aktivitätskoeffizienten stammende als Exzess-Glied bezeichnet:

(6-8) $\quad \Delta \mu_i = \mu_i - \mu_i^o = RT \ln x_i + RT \ln \gamma_i = \Delta \mu_i^{id} + \Delta \mu_i^{exc}$

Je nach dem Anteil und dem Vorzeichen des idealen Gliedes und des Exzess-Terms teilt man die Lösungen bzw. Mischungen in vier Typen ein: ideale, athermische, reguläre und irreguläre (oder reale) Lösungen.

Bei der idealen Lösung stammt der gesamte Beitrag zur Gibbs-Mischungsenthalpie nur vom Beitrag der idealen Mischungsentropie (vgl. Kap. 6.3.1). Bei der athermischen Lösung ist die Mischungsenthalpie gleich null; die Mischungsentropie ist aber anders als die ideale Mischungsentropie. Bei der regulären Lösung ist keine Exzeß-Mischungsentropie vorhanden; die Mischungsenthalpie ist dagegen nicht gleich null. Bei den irregulären Lösungen treten sowohl eine Mischungsenthalpie als auch eine Exzess-Mischungsentropie auf.

Ein für die makromolekulare Wissenschaft sehr wichtiger Spezialfall der irregulären Lösung ist die pseudoideale Lösung oder Theta-Lösung. Bei der Theta-Lösung kompensieren sich bei einer bestimmten Temperatur gerade die Mischungsenthalpie und die Exzess-Mischungsentropie. Eine verdünnte Lösung erscheint daher bei der Theta-Temperatur als eine ideale Lösung. Im Gegensatz zur idealen Lösung ist jedoch die Mischungsenthalpie ungleich null und die Mischungsentropie beträchtlich von der idealen Mischungsentropie verschieden. Eine ideale Lösung verhält sich somit bei allen Temperaturen ideal, eine pseudoideale dagegen nur bei der Theta-Temperatur. Die Theta-Temperatur entspricht somit der Boyle-Temperatur realer Gase.

6.2 Löslichkeitsparameter

6.2.1 GRUNDLAGEN

Die thermodynamische Analyse gestattet eine Einteilung der Lösungen, *nachdem* die thermodynamischen Parameter bestimmt wurden. Sie kann aber ohne zusätzliche Annahmen nicht die Löslichkeit oder Mischbarkeit zweier Substanzen vorhersagen. Eine solche Vorhersage ist jedoch in vielen Fällen mit dem Konzept der Löslichkeitsparameter möglich, das auf den folgenden Überlegungen basiert:

Beim Übergang von der Flüssigkeit in die Dampfphase muß pro Molekül die Wechselwirkungsenergie $z\epsilon_j/2$ und pro Mol folglich die Wechselwirkungsenergie $N_L z\epsilon_j/2$ aufgewendet werden. $N_L z\epsilon_j/2$ ist aber gerade die negative innere molare Verdampfungsenthalpie. Bezieht man auf das Molvolumen V^m, so bekommt man eine Wechselwirkungsenergie pro Volumen, die Kohäsionsenergiedichte genannt wird:

(6-9) $\quad e_j \equiv -0,5 N_L z \epsilon_j / V_j^m = (\Delta E_{vap})_j / V_j^m$

ϵ_j ist dabei die Wechselwirkungsenergie pro Bindung. Pro Molekül sind z Nachbarn vorhanden. Als Löslichkeitsparameter wird die Wurzel aus der Kohäsionsenergiedichte definiert:

(6-10) $\quad \delta_j \equiv e_j^{0,5} = (N_L \epsilon_j / V_j^m)^{0,5}$

Die Wechselwirkungsenergien ϵ sind wie folgt miteinander verknüpft. Beim Mischen von Lösungsmittel 1 und Polymer 2 werden für jede gebrochene 1/1-Bindung und für jede gebrochene 2/2-Bindung zwei zwischenmolekulare 1/2-Bindungen erzeugt. Die Änderung der Wechselwirkungsenergie beim Mischungsprozeß ist daher

6.1 Grundbegriffe

(6-11) $\quad \Delta\epsilon = \epsilon_{12} - 0{,}5\,(\epsilon_{11} + \epsilon_{22})$

(6-12) $\quad -2\,\Delta\epsilon = (\epsilon_{11}^{0,5})^2 - 2\,\epsilon_{12} + (\epsilon_{22}^{0,5})^2$

Die Quantenmechanik hat nun gezeigt, daß für Dispersionskräfte die Wechselwirkungsenergie zweier verschiedener kugelförmiger Moleküle gleich dem geometrischen Mittel der Wechselwirkungsenergien der Moleküle unter sich ist, d. h.

(6-13) $\quad \epsilon_{12} = -(\epsilon_{11}\epsilon_{22})^{0,5}$

In Gl. (6 - 13) muß ein Minus-Zeichen auftreten, da die Wechselwirkungsenergie ϵ_{12} ein geometrisches Mittel aus normalerweise negativen Wechselwirkungsenergien ϵ_{11} und ϵ_{12} darstellt. Einsetzen von Gl. (6-13) in Gl. (6-12) gibt

(6-14) $\quad \Delta\epsilon = -0{,}5\,(|\epsilon_{11}|^{0,5} - |\epsilon_{22}|^{0,5})^2$

Die Kombination der Gl. (6 - 14) und (6 - 10) führt mit der Annahme, daß das Molvolumen des Lösungsmittels und das Molvolumen des Grundbausteins des Polymeren gleich groß sind, zu

(6-15) $\quad 0{,}5\,z\,N_L\,\Delta\epsilon/V^m = -0{,}5\,(\delta_1 - \delta_2)^2$

Die Differenz der Löslichkeitsparameter liefert somit ein Maß für die Wechselwirkungen zwischen Lösungsmittel und Gelöstem im Vergleich zur Wechselwirkung zwischen gleichen Komponenten. Gilt nun $\epsilon_{11} \gg \epsilon_{12}$ und/oder $\epsilon_{22} \gg \epsilon_{12}$, so wird es zu keiner Wechselwirkung des Gelösten mit dem Lösungsmittel kommen. Die Differenz $|\delta_1 - \delta_2|$ wird dann sehr groß. Bei gleich großen Wechselwirkungen 1/1, 2/2 und 1/2 wird dagegen $\delta_1 - \delta_2 = 0$ und man erhält eine gute Löslichkeit. Es muß daher eine maximal zulässige Differenz $|\delta_1 - \delta_2|$ geben, bei der gerade noch Mischung eintritt. Die experimentell gefundenen maximalen Differenzen schwanken je nach Polarität des Lösungsmittels zwischen ± 0,8 und ± 3,4 $cal^{0,5}\,cm^{-1,5}$ (Tab. 6 - 1).

Löslichkeitsparameter werden traditionell ohne Einheiten angegeben, sind aber streng genommen auf die Einheit $cal^{0,5}\,cm^{-1,5}$ bezogen. Es gilt 1 $cal^{0,5}\,cm^{-1,5}$ = 2,05 $J^{0,5}\,cm^{-1,5}$.

Tab. 6-1: δ-Bereiche für Polymere

Polymer	Löslichkeitsparameter δ der noch lösenden Lösungsmittel	
	apolare Lösungsmittel	polare Lösungsmittel (Alkohole, Ester, Ether, Ketone)
Poly(styrol)	9,3 ± 1,3	9,0 ± 0,9
Poly(vinylchlorid-co-vinylacetat)	10,2 ± 0,9	10,6 ± 2,8
Poly(vinylacetat)	10,8 ± 1,9	11,6 ± 3,1
Poly(methylmethacrylat)	10,8 ± 1,2	10,9 ± 2,4
Cellulosetrinitrat	11,9 ± 0,8	11,2 ± 3,4

Das Konzept des Löslichkeitsparameters ist ein Versuch, die alte Faustregel „Gleiches löst Gleiches" quantitativ zu fassen. Es muß versagen, wenn die Wechselwirkungskräfte sehr unterschiedlicher Natur sind. Um die recht groben Vorhersagen über die mögliche Mischung eines Polymeren mit einem Lösungsmittel zu verfeinern, wird daher neuerdings der Löslichkeitsparameter in drei Teilparameter zerlegt, die die Anteile der Wechselwirkung durch Dispersionskräfte, Dipolkräfte und Wssserstoffbrückenbindungen beschreiben (Tab. 6 - 2):

(6-16) $\quad \delta^2 = \delta_d^2 + \delta_p^2 + \delta_h^2$

Tab. 6-2: Löslichkeitsparameter (in cal^{0,5}cm$^{-1,5}$) für verschiedene Lösungsmittel

Lösungsmittel	δ_1	δ_d	δ_p	δ_h
Heptan	7,4	7,4	0	0
Cyclohexan	8,18	8,18	0	0
Benzol	9,05	8,99	0,5	1,0
Tetrachlorkohlenstoff	8,65	8,65	0	0
Chloroform	9,33	8,75	1,65	2,8
Dichlormethan	9,73	8,72	3,1	3,0
1,2-Dichlorethan	9,42	8,85	2,6	2,0
Aceton	9,75	7,58	5,1	3,4
Butanon	9,30	7,77	4,45	2,5
Cyclohexanon	10,00	8,65	4,35	2,5
Ethylacetat	9,08	7,44	2,6	4,5
Propylacetat	8,74	7,61	2,2	3,7
Amylacetat	8,49	7,66	1,6	3,3
Acetonitril	11,95	7,50	8,8	3,0
Pyridin	10,60	9,25	4,3	2,9
Diethylether	7,61	7,05	1,4	2,5
Tetrahydrofuran	9,49	8,22	2,7	3,9
p-Dioxan	9,65	8,93	0,65	3,6
1-Pentanol	10,59	7,81	2,2	6,8
1-Propanol	11,85	7,75	3,25	8,35
Ethanol	12,90	7,73	4,3	9,4
Methanol	14,60	7,42	6,1	11,0
Cyclohexanol	10,69	7,75	3,8	6,3
m-Kresol	11,52	9,14	2,35	6,6
Nitrobenzol	11,25	9,17	6,2	2,0
Dimethylacetamid	10,24	8,2	5,6	5,0
Hexamethylphosphamid	11,35	9,0	4,2	5,5
Dimethylformamid	12,14	8,5	6,7	5,5
Dimethylsulfoxid	13,04	9,0	8,0	5,0
Wasser	23,43	6,0	15,3	16,7

Erwartungsgemäß variieren dabei die von den Dispersionskräften stammenden Anteile δ_d nur sehr wenig. Löslichkeitsdiagramme werden daher so konstruiert, daß man die δ_h-Werte gegen die δ_p-Werte aufträgt. Für jedes Lösungsmittel wird auch sein δ_d-Wert vermerkt. Dann zeichnet man (z. B. farbig) alle Punkte ein, die Lösungsmittel für das betreffende Polymere darstellen. Schließlich konstruiert man mit Hilfe der δ_d-Werte „Höhenlinien" für alle Löser. Im allgemeinen nimmt die Löslichkeit bei sonst gleichem δ_p und δ_h mit steigendem δ_d zu. Liegt daher eine Substanz mit ihrem δ_d-Wert innerhalb der Höhenlinie für den gleichen numerischen Wert, so wird es sich um ein Lösungsmittel für das Polymer handeln.

6.2.2 EXPERIMENTELLE BESTIMMUNG

Die Löslichkeitsparameter δ_1 können direkt über Gl. (6 – 10) erhalten werden. Von der experimentell zugänglichen negativen äußeren Verdampfungsenthalpie ist nämlich die gegen den Außendruck zu leistende Arbeit abzuziehen, damit die negative innere Verdampfungsenthalpie erhalten wird. Alle δ_1-Werte der Tab. 6 – 2 wurden auf diese Weise ermittelt.

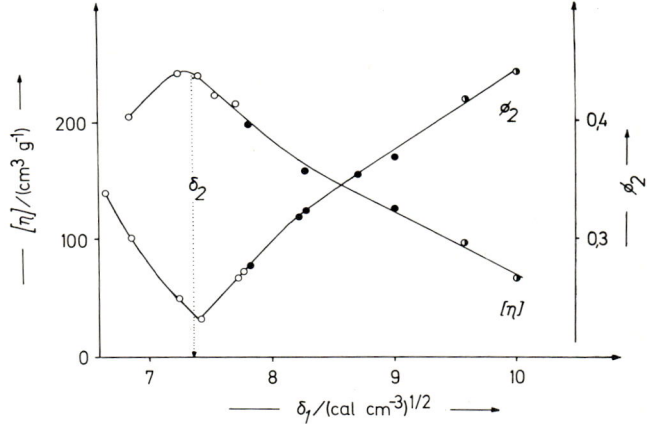

Abb. 6–1: Einfluß der Lösungsmittelgüte, gemessen durch den Löslichkeitsparameter δ_1 des Lösungsmittels, auf den Staudinger-Index $[\eta]$ gelösten Naturkautschuks und auf den Volumenbruch ϕ_2 des Polymeren in vernetztem Naturkautschuk für Aliphaten (o), langkettige Ester (●) und langkettige Ketone (◐). Nach Daten von G. M. Bristow und W. F. Watson. Der Löslichkeitsparameter ist in den traditionellen physikalischen Einheiten angegeben.

Makromoleküle sind wegen der großen Kohäsionsenergie pro Molekül nicht unzersetzt verdampfbar. Man setzt daher ihre Löslichkeitsparameter δ_2 gleich denen von niedermolekularen Modellverbindungen. Alternativ kann man ihre Löslichkeitsparameter auch durch Quellungsmessungen an entsprechend vernetzten Polymeren abschätzen. Vernetzte Polymere quellen umso stärker, je größer die Wechselwirkung Polymer/Lösungsmittel ist (vgl. Kap. 6.6.7). Trägt man daher den Quellungsgrad Q' eines vernetzten Polymeren gegen die Löslichkeitsparameter δ_1 verschiedener Lösungsmittel auf, so entspricht der δ_1-Wert des optimal quellenden Lösungsmittels dem δ_2-Wert des Polymeren (Abb. 6 – 1).

Bei löslichen Polymeren kann man auch deren Staudinger-Indices $[\eta]$ in verschiedenen Lösungsmittel messen. $[\eta]$ ist umso größer, je stärker die Wechselwirkung Polymer/Lösungsmittel ist (Kap. 9.9.6). Trägt man daher die [η]-Werte gegen die Löslichkeitsparameter der verwendeten Lösungsmittel auf, so entspricht das Maximum dem Löslichkeitsparameter δ_2 des Polymeren.

Das Quellungsverfahren für vernetzte Polymere und die Viskositätsmethode für lösliche liefern recht eindeutige Werte für die Löslichkeitsparameter der Polymeren, wenn man sich auf eine Reihe von strukturell ähnlichen Lösungsmitteln beschränkt. Die Daten der Abb. 6-1 gelten z.B. für aliphatische Kohlenwasserstoffe sowie langkettige Ester und Ketone. Cycloaliphatische Kohlenwasserstoffe und sehr kurzkettige Ester wie z.B. Ethylacetat weichen deutlich von den gezeigten Kurvenzügen ab.

Die Löslichkeitsparameter von Polymeren können auch über die Löslichkeitsparameter niedermolekularer Analoga abgeschätzt werden. Man trägt dazu die Löslichkeitsparameter homologer Reihen gegen das Verhältnis V_e^m/V_c^m auf und extrapoliert die Werte auf verschwindend kleine Molvolumina V_e^m der Endgruppen bzw. unendlich hohe Molvolumina V_c^m der mittelständigen Gruppen (Abb. 6-2).

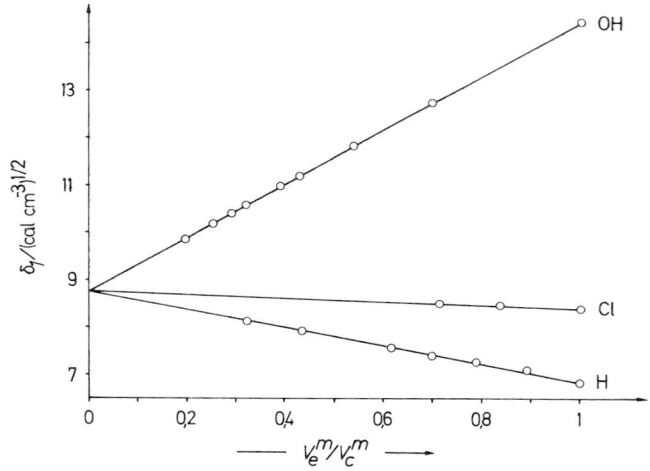

Abb. 6–2: Löslichkeitsparameter δ_1 von Alkanen H(CH$_2$)$_n$H, 1-Chloralkanen und 1-Hydroxylalkanen als Funktion des Verhältnisses der Molvolumina von Endgruppen (V_e^m) zu mittelständigen Gruppen (V_c^m). Nach B. A. Wolf.

6.2.3 ANWENDUNGEN

Die Löslichkeit eines Polymeren läßt sich in vielen Fällen mit Hilfe seines δ_2-Wertes abschätzen.

Apolare Substanzen besitzen niedrige, polare dagegen hohe Löslichkeitsparameter, da bei den letzteren die Verdampfungswärme höher ist. Apolare, nichtkristalline Polymere werden sich daher gut in Lösungsmitteln mit niedrigen δ_1-Werten lösen. Auch für polare nichtkristalline Polymere in polaren Lösungsmitteln sind Löslichkeitsvorhersagen aufgrund der Löslichkeitsparameter noch recht zuverlässig (vgl. Tab. 6-3). Schwieriger wird es bei kristallinen Polymeren und bei apolaren Polymeren in polaren

Lösungsmitteln und vice versa, da in diesen Fällen die für reine Dispersionskräfte angesetzte Gl. (6 – 13) nicht mehr gilt.

Tab. 6-3: Löslichkeit und Löslichkeitsparameter von Polymeren

Lösungsmittel		Löslichkeit der Polymeren			
Name	δ_1	Poly(isobutylen) $\delta_2 = 7,9$	Poly(methylmethacrylat) $\delta_2 = 9,1$	Poly(vinylacetat) $\delta_2 = 9,4$	Poly(hexamethylenadipamid) $\delta_2 = 13,6$
Decafluorbutan	5,2	–	–	–	–
Neopentan	6,25	+	–	–	–
Hexan	7,3	+	–	–	–
Diethylether	7,4	–	–	–	–
Cyclohexan	8,2	+	–	–	–
Tetrachlorkohlenstoff	8,62	+	+	–	–
Benzol	9,2	+	+	+	–
Chloroform	9,3	+	+	+	–
Butanon	9,3	–	+	+	–
Aceton	9,8	–	+	+	–
Schwefelkohlenstoff	10,0	–	–	–	–
Dioxan	10,0	–	+	+	–
Dimethylformamid	12,1	–	+	+	(+)
m-Kresol	13,3	–	+	+	+
Ameisensäure	13,5	–	+	–	+
Methanol	14,5	–	–	–	–
Wasser	23,4	–	–	–	–

Verdünnte Lösungen von Poly(styrol) ($\delta_2 = 9,3$) sind z.B. wohl mit Butanon ($\delta_1 = 9,3$) und Dimethylformamid ($\delta_1 = 12,1$) herstellbar, aber nicht mit Aceton ($\delta_1 = 9,8$). Im flüssigen Aceton bilden nämlich die Acetonmoleküle durch Dipol/Dipol-Wechselwirkungen Dimere. Bei diesen Dimeren sind die Ketogruppen durch die Methylgruppen abgeschirmt. Sie können daher nicht mehr die Phenylgruppen des Poly(styrols) solvatisieren. Eine Zugabe von Cyclohexan ($\delta_1 = 8,2$) setzt die Assoziationstendenz der Acetonmoleküle herab und macht somit Ketogruppen für die Solvatation frei. Aus dem gleichen Grund sind auch 40 proz. Lösungen von Poly(styrol) in Aceton möglich. Butanon ist dagegen durch die zusätzliche CH_2-Gruppe „intern verdünnt" und daher ein Lösungsmittel für alle Konzentrationsbereiche.

Ähnliche Überlegungen gelten für Mischungen von Lösungsmitteln. Ein Nichtlöser mit einem niedrigeren und ein Nichtlöser mit einem höheren Löslichkeitsparameter als das Polymer geben zusammen oft einen guten Mischlöser (Tab. 6 – 4). Umgekehrt kann eine Mischung aus zwei Lösungsmitteln ein Nichtlöser sein. Poly(acrylnitril) ($\delta_2 = 12,8$) löst sich z. B. sowohl in Dimethylformamid ($\delta_1 = 12,1$) als auch in Malodinitril ($\delta_1 = 15,1$), aber nicht in deren Mischung.

Um kristallisierte Polymere zu lösen, muß Gibbs-Schmelzenergie aufgewendet werden. Dieser zusätzliche Energieaufwand wird beim Konzept des Löslichkeitsparameters nicht berücksichtigt. Kristalline Polymere lösen sich daher oft erst oberhalb ihrer Schmelztemperatur in Lösungsmitteln mit etwa gleichen Löslichkeitsparametern. Unverzweigtes hochkristallines Poly(ethylen) ($\delta_2 = 8,0$) löst sich in Dekan ($\delta_2 = 7,8$) erst in der Nähe des Schmelzpunkts von ca. 135 °C.

Die Kristallinität von Polymeren ist auch für den merkwürdigen Effekt verantwortlich, daß sich ein Polymer bei konstanter Temperatur in einem Lösungsmittel zunächst löst und später bei der gleichen Temperatur daraus wieder ausfällt. In diesen Fällen ist das ursprüngliche Polymer niedrigkristallin und löst sich daher gut. Wegen der großen Verdünnung ist anschließend des Gleichgewicht kristallines Polymer/Lösungsmittel leicht erreichbar. Das ausgefallene Polymer weist dann eine höhere Kristallinität auf als das ursprüngliche.

Tab. 6-4: Löslichkeit von Polymeren in Mischungen von Nichtlösern

Polymer		Lösungen möglich in Mischungen aus			
Name	δ_2	Nichtlöser I	δ_I	Nichtlöser II	δ_{II}
at-Poly(styrol)	9,3	Aceton	9,8	Cyclohexan	8,2
at-Poly(vinylchlorid)	9,53	Aceton	9,8	Schwefelkohlenstoff	10,0
at-Poly(acrylnitril)	12,8	Nitromethan	12,6	Wasser	23,4
Poly(chloropren) (rad. polymerisiert)	8,2	Diethylether	7,4	Ethylacetat	9,1
Nitrocellulose	10,6	Ethanol	12,7	Diethylether	7,4

6.3. Statistische Thermodynamik

6.3.1 MISCHUNGSENTROPIE

Bei idealen Lösungen wird für die paarweisen Wechselwirkungen angenommen, daß beim Ersatz einer Gruppe 1 durch eine Gruppe 2 keine Energie gewonnen wird, d.h. $\Delta \epsilon$ in Gl. (6-11) ist gleich null. Die Mischungsenthalpie einer idealen Lösung ist daher ebenfalls gleich null.

Da bei idealen Lösungen definitionsgemäß alle Kräfte gleich groß sind, können auch alle von der Umgebung der Moleküle abhängigen Entropieanteile nichts zur Entropieänderung beitragen. Die Translationsentropie und die inneren Rotations- und Vibrationsentropien ändern sich daher beim Mischen nicht. Die Lösungsteilnehmer können aber auf sehr viele verschiedene Arten relativ zueinander angeordnet werden. Durch die vielen möglichen Kombinationen wird beim Mischen eine Entropie ΔS_{comb} beigesteuert (oft „Konfigurationsentropie" genannt). Dieser Entropiebeitrag läßt sich über die Ω möglichen Anordnungen der Moleküle 1 und 2 (bzw. Grundbausteine) berechnen, wenn die Molvolumina beider Komponenten gleich groß sind (vgl. Lehrbücher der statistischen Thermodynamik):

(6-17) $\quad \Delta S^{id} \approx \Delta S_{comb} = k \ln \Omega = k \ln \left(\dfrac{(N_1 + N_2)!}{N_1! N_2!} \right)$

Mit Hilfe der Stirlingschen Näherung

(6-18) $\quad \ln N! \approx N \ln N - N$

geht Gl. (6-17) über in

(6-19) $\quad \Delta S_{comb} = -k(N_1 \ln x_1 + N_2 \ln x_2) = \Delta S$

oder bei Übergang zu Stoffmengenanteilen

(6-20) $S_{comb}^m = -R(x_1 \ln x_1 + x_2 \ln x_2)$

Bei niedermolekularen Substanzen 1 und 2 werden dabei die Stoffmengenanteile auf die Stoffmengen an Molekülen bezogen, da jedes Molekül eine „Zelle" der als Gitter gedachten Lösung einnimmt (Abb. 6-3). Bei Makromolekülen beziehen sich jedoch die Stoffmengenanteile auf die Grundbausteine, da hier diese einen Gitterplatz besetzen. Der Stoffmengenanteil der Grundbausteine (der „Grundmolenbruch") ist dabei durch

(6-21) $x_2 = \dfrac{N_2 X_2}{N_1 X_1 + N_2 X_2} = \dfrac{N_2 X_2}{N_1 + N_2 X_2}$

gegeben, da der Polymerisationsgrad X_1 des Lösungsmittels definitionsgemäß gleich 1 ist. Bei gleichem Platzbedarf von Lösungsmittelmolekül und Polymergrundbaustein lassen sich die Stoffmengenanteile natürlich ohne weiteres durch die entsprechenden Volumenanteile ersetzen. Bei ungleichem Platzbedarf ist jedoch der Volumenanteil und nicht der Stoffmengenanteil die korrekt zu verwendende Größe, wie hier nicht weiter gezeigt werden soll.

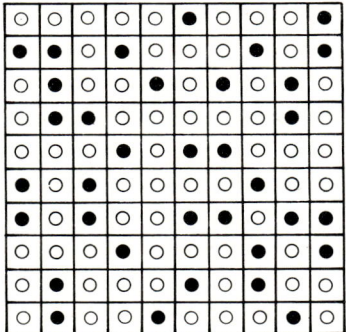 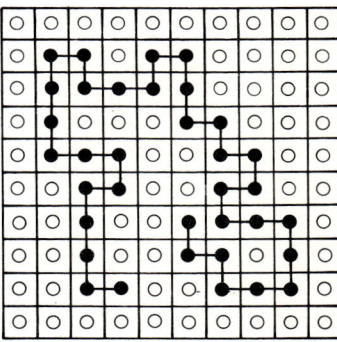

Abb. 6-3: Anordnung von niedermolekularen und hochmolekularen Gelösten (●) in Lösungsmitteln (o) in einem zweidimensionalem Gitter.

6.3.2 MISCHUNGSENTHALPIE

Zur Berechnung der Mischungsenthalpie wird angenommen, daß die Verteilung der Moleküle bzw. Grundbausteine nicht durch die Mischungsenthalpie beeinflußt wird. Diese Annahme erlaubt, Mischungsenthalpie und Mischungsentropie getrennt voneinander zu berechnen. Die Mischungsenthalpie ΔH ergibt sich aus der Differenz der Enthalpien H_{12} der Lösung und H_{11} bzw. H_{22} der reinen Komponenten:

(6-22) $\Delta H = H_{12} - (H_{11} + H_{22})$

Die Enthalpien H_{12}, H_{11} und H_{22} werden wie folgt berechnet: zwischen zwei Bausteinen herrscht eine Wechselwirkungsenergie ϵ_{ij}. Jeder Baustein trägt also einen Betrag $0,5\,\epsilon_{ij}$ bei. Jeder Baustein ist ferner von z Nachbarn umgeben. Im allgemeinen Fall besteht ein Molekül aus X Bausteinen. Für die $X_1 N_1$ Bausteine aller N_1 Lösungsmittelmoleküle ergibt sich daher für H_{11} mit der Definition der Volumenbrüche $\phi_1 = N_1 X_1 / N_g$

(6-23) $H_{11} = N_1 X_1 z\,(0,5\,\epsilon_{11}) = z\,(0,5\,\epsilon_{11})\,N_g \phi_1$

wobei N_g die totale Zahl der Gitterplätze ist. Für die Enthalpie der reinen Polymeren erhält man analog

(6-24) $H_{22} = N_2 X_2 z\,(0,5\,\epsilon_{22}) = z\,(0,5\,\epsilon_{22})\,N_g \phi_2$

Zur Berechnung der Enthalpie H_{12} der Lösung sind für jeden Baustein die Wechselwirkungsenergien mit seinen z Nachbarn zu betrachten. In der Lösung befinden sich $X_1 N_1$ Bausteine des Lösungsmittels, so daß also $X_1 N_1 z$ Wechselwirkungen der Lösungsmittelmoleküle vorhanden sind. Ein Lösungsmittelbaustein kann nun von anderen Lösungsmittelbausteinen mit der Wechselwirkungsenergie $0,5\,\epsilon_{11}$ pro Baustein oder aber von Bausteinen des Gelösten mit der Wechselwirkungsenergie $0,5\,\epsilon_{12}$ umgeben sein. Die relativen Anteile dieser beiden möglichen Wechselwirkungen sind durch die Volumenbrüche der beiden Bausteinsorten gegeben. Ein entsprechender Beitrag stammt von den Bausteinen des Gelösten. Für die Enthalpie der Lösung ergibt sich daher

(6-25) $H_{12} = X_1 N_1 z\,(0,5\,\epsilon_{11}\phi_1 + 0,5\,\epsilon_{12}\phi_2) + X_2 N_2 z\,(0,5\,\epsilon_{22}\phi_2 + 0,5\,\epsilon_{12}\phi_1)$

Einsetzen der Gl. (6-23) - (6-22) ergibt mit der Definition der Stoffmengenanteile, Gl. (6-21) und der Annahme, daß Stoffmengenanteile und Volumenanteile identisch sind,

(6-26) $\phi_i \equiv x_i \equiv \dfrac{N_i X_i}{N_i X_i + N_j X_j} = \dfrac{N_i X_i}{N_g}$

nunmehr

(6-27) $\Delta H = z N_g \phi_1 \phi_2 (\epsilon_{12} - 0,5\,\epsilon_{11} - 0,5\,\epsilon_{22}) = z N_1 X_1 \phi_2 \Delta\epsilon$

Es wird nun ein Wechselwirkungsparameter χ pro Molekül Lösungsmittel wie folgt definiert. $\Delta\epsilon$ ist der mittlere Energiegewinn pro Kontakt Baustein/Baustein. Jeder Lösungsmittelbaustein ist aber von z Nachbarn umgeben. Jedes Lösungsmittelmolekül besitzt X_1 Bausteine. Bezogen auf die thermische Energie kT ergibt sich daher

(6-28) $\chi \equiv z X_1 \Delta\epsilon / kT$

Der sog. Flory-Huggins-Wechselwirkungsparameter χ ist daher definitionsgemäß ein Maß für die Wechselwirkungsenergie $\Delta\epsilon$. $\Delta\epsilon$ ist aber eigentlich ein Maß für die Gibbs-Energie und nicht für die Enthalpie. χ enthält daher noch einen Entropieanteil. Der Entropiebeitrag hängt aber noch von der Konzentration ab. Diese Konzentrationsabhängigkeit kann man in erster Näherung als lineare Funktion des Volumenbruches ϕ_2 des Gelösten ansetzen (vgl. auch Abb. 6-4)

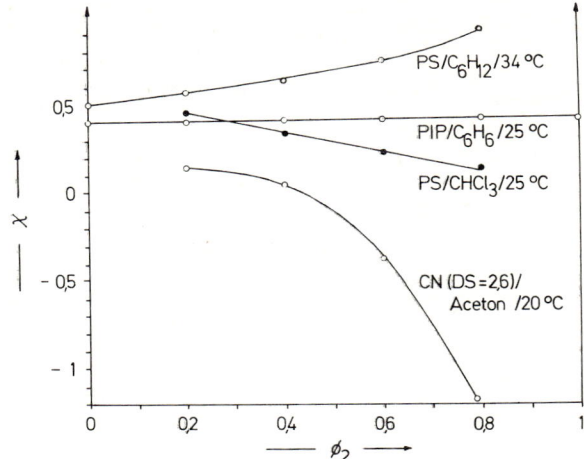

Abb. 6–4: Abhängigkeit des Flory-Huggins-Wechselwirkungsparameters χ vom Volumenbruch ϕ_2 des Polymeren für Poly(styrol) in Cyclohexan bzw. Chloroform, cis-1,4-Poly(isopren) in Benzol und Cellulosenitrat in Aceton.

(6-29) $\quad \chi = \chi_0 + \sigma\phi_2$

Mit den Beziehungen (6 - 28) und (6 - 29) geht Gl. (6 - 27) über in

(6-30) $\quad \Delta H = kTN_1\phi_2(\chi_0 + \sigma\phi_2)$

oder bei Bezug auf die Stoffmenge $n_1 = N_1/N_L$ bzw. der Stoffmengenanteil $x_1 = n_1/(n_1 + n_2)$ für die molare Mischungsenthalpie

(6-31) $\quad \Delta H^m = \Delta H/(n_1 + n_2) = RTx_1\phi_2(\chi_0 + \sigma\phi_2)$

6.3.3 GIBBSsche MISCHUNGSENERGIE VON NICHTELEKTROLYTEN

Die Kombination der Gl. (6 - 1), (6 - 20) und (6 - 30) führt mit Hilfe der Beziehungen $\phi_2 = N_2X_2/N_g$, $N_g = n_gN_L$, $N_g = N_1 + N_2$, $k = R/N_L$, $\Delta G^m = \Delta G/n_g$ und $x_1 = \phi_1$ zu

(6-32) $\quad \Delta G^m/RT = X_1^{-1}[\phi_1\phi_2\chi_0 + \phi_1\phi_2^2\sigma + \phi_1 \ln \phi_1 + X_1X_2^{-1}\phi_2 \ln \phi_2]$

In Abb. 6-5 ist $\Delta G^m/RT$ entsprechend Gl. (6 - 32) als Funktion des Volumenbruches ϕ_2 der Grundbausteine des Gelösten aufgetragen. Bei Mischungen von niedermolekularen Verbindungen gilt häufig $X_1 = X_2 = 1$. Die molare Gibbs-Mischungsenergie ist für diesen Wechselwirkungsparameter $\chi = 0.5$ immer negativ und besitzt ein Minimum bei $\phi_2 = 0.5$. Derartige Mischungen können sich niemals entmischen.

Beim gleichen Wechselwirkungsparameter $\chi_0 = 0.5$ wird aber die Funktion unsymmetrisch, wenn der Polymerisationsgrad X_2 von 1 auf 100 ansteigt. Dieses Verhalten ist durch das letzte Glied in Gl. (6-32), also durch ein Entropieglied bedingt. Das von dem der niedermolekularen Verbindungen abweichende Verhalten der hochmolekularen Lösungen ist also im wesentlichen durch die unterschiedliche Molekülgröße der niedermolekularen Lösungsmittel und der hochmolekularen Gelösten bedingt.

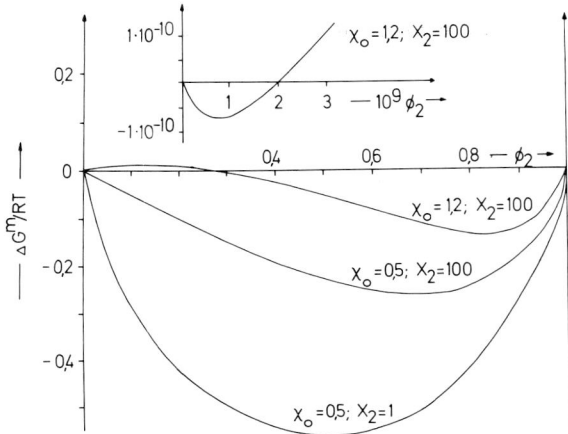

Abb. 6–5: Reduzierte molare Gibbs-Mischungsenergie $\Delta G^m / RT$ als Funktion des Volumenbruches ϕ_2 der Bausteine des Gelösten bei verschiedenen Wechselwirkungsparametern χ_0 und Polymerisationsgraden X_2 des Gelösten für niedermolekulare Lösungsmittel ($X_1 = 1$). Berechnungen mit $\sigma = 0$.

Steigt nun bei gleichem Polymerisationsgrad $X_2 = 100$ der Flory-Huggins'sche Wechselwirkungsparameter χ_0 von 0,5 auf 1,2 an, so wird die molare Gibbs-Mischungsenergie im Bereich zwischen $\phi_2 = 2 \cdot 10^{-9}$ und $\phi_2 = 0,3$ sogar positiv. Da es nun zwei Konzentrationsbereiche mit negativen Werten der molaren Gibbs-Mischungsenergie gibt, erfolgt in diesem Gebiet eine Phasentrennung in zwei Lösungen. Die eine Lösung ist dabei sehr verdünnt, die andere sehr konzentriert an dem Gelösten (vgl. auch Kap. 6.6).

Die vorstehend beschriebene einfache Flory-Huggins-Theorie arbeitet mit einer Reihe von inkorrekten Annahmen: gleiche Größe des Gitterplatzes für Lösungsmittel- und Polymergrundbaustein, einheitliche Verteilung der Bausteine im Gitter, statistische Verteilung der Moleküle und Verwendung von Volumenbrüchen anstelle von Oberflächenbrüchen bei der Ableitung der Mischungsenthalpie. Die vorgeschlagenen Verbesserungen führen aber entweder zu sehr komplizierten Gleichungen oder aber sogar zu einer schlechteren Übereinstimmung zwischen Theorie und Experiment. Offenbar kompensieren sich bei der Flory-Huggins-Theorie verschiedene Vereinfachungen weg.

6.3.4 GIBBSsche MISCHUNGSENERGIE VON POLYELEKTROLYTEN

Die molare Gibbs-Mischungsenergie ΔG_{el}^m von Polyelektrolyten setzt sich aus der molaren Gibbs-Mischungsenergie des ungeladenen Polymeren ΔG^m (vgl. Gl. (6-32)), dem Anteil ΔG_{coul}^m für die Coulomb'sche Wechselwirkung zwischen dem Polyion und den Gegenionen und dem Anteil ΔG_{mm}^m für elektrische Wechselwirkungen innerhalb der Makromoleküle selbst zusammen:

(6-33) $\quad \Delta G_{el}^m = \Delta G^m + \Delta G_{coul}^m + \Delta G_{mm}^m$

Die Größe von ΔG_{mm}^m wird durch die Verteilung der Ionen im Innern des Makromoleküls bestimmt. Diese Verteilung ist bislang nicht experimentell zugänglich. Man setzt daher ein bestimmtes Modell für die Verteilung der Ionen im Makromolekül an. Das Modell eines Stäbchens eignet sich z.B. sehr gut für echte stäbchenförmige Moleküle (Viren, Nucleinsäuren) oder für fadenförmige Makromoleküle bei hohen Ionisationsgraden. Im letzteren Fall stoßen sich die vielen gleichen Ladungen entlang der Kette gegenseitig ab, wodurch eine Versteifung und ein stäbchenartiges Verhalten resultiert. Für knäuelförmige Moleküle mit niedrigen Ionisationsgraden oder starre Kugeln (z. B. Globuline) sind dagegen Kugelmodelle besser geeignet.

6.3.5 CHEMISCHES POTENTIAL KONZENTRIERTER LÖSUNGEN

Das chemische Potential des Lösungsmittels ist nach Gl. (6 – 3) als Ableitung der Gibbs-Mischungsenergie nach der Stoffmenge des Lösungsmittels definiert. Durch Differentiation der Gl. (6 – 32) erhält man daher mit der Bedingung $\phi_1 = 1 - \phi_2$

(6-34) $\quad \Delta \mu_1 = RT\left[(\chi_0 - \sigma + 2\sigma\phi_2)\phi_2^2 + \ln(1 - \phi_2) + (1 - X_1 X_2^{-1})\phi_2\right]$

und analog für das chemische Potential des Gelösten

(6-35) $\quad \Delta \mu_2 = RT\left[(\chi_0 \phi_1 + 2\sigma\phi_2\phi_1 - 1) X_2 X_1^{-1} \phi_1 + \phi_1 + \ln \phi_2\right]$

Das chemische Potential des Lösungsmittels sinkt in einem System Polymer/Lösungsmittel mit steigendem Volumenbruch des Gelösten zuerst langsam, dann schneller zu negativen Werten ab, falls χ_0 gleich null ist (Abb. 6-5). Je größer der Wechselwirkungsparameter wird, umso flacher wird der anfängliche Kurvenverlauf. Für das gewählte Beispiel tritt bei $\chi_0 = 0{,}605$ nach einem schwachen anfänglichen Abfall von $\Delta \mu_1/RT$ im Bereich zwischen $\phi_2 = 0{,}05$ und $\phi_2 < 0{,}14$ ein praktisch horizontales Kurvenstück auf, bevor der Abfall zu negativeren Werten einsetzt. Für noch größere Werte des Flory-Huggins-Wechselwirkungsparameters durchläuft $\Delta \mu_1/RT$ nach einem schwachen Minimum (in Abb. 6-6 nicht erkennbar) ein starkes Maximum. Für das betrachtete Beispiel ist daher $\chi_0 = 0{,}605$ ein kritischer Wechselwirkungsparameter. Als kritische Konzentration wird dabei derjenige Volumenbruch des Gelösten definiert, bei dem Maximum, Minimum und Wendepunkt zusammenfallen.

Die chemischen Potentiale lassen sich für jeden Volumenbruch aus der Auftragung von $\Delta G^m = f(\phi_2)$ entnehmen (vgl. Abb. 6-5 und 6-6). Nach den Gl. (6-5) und (6-6) erhält man nämlich

(6-36) $\quad d\Delta G^m = \Delta \mu_1 dn_1 + \Delta \mu_2 dn_2$

Die Integration führt mit $\phi_i = N_i X_i / N_g$ und $n_i = N_i / N_L$ zu

(6-37) $\quad \Delta G^m = n_1 \Delta \mu_1 + n_2 \Delta \mu_2 = (\phi_1 N_g X_1^{-1} \Delta \mu_1 + \phi_2 N_g X_2^{-1} \Delta \mu_2)/N_L$

(6-38) $\quad N_L \Delta G^m = N_g X_1^{-1} \Delta \mu_1 + N_g \phi_2 (X_2^{-1} \Delta \mu_2 - X_1^{-1} \Delta \mu_1)$

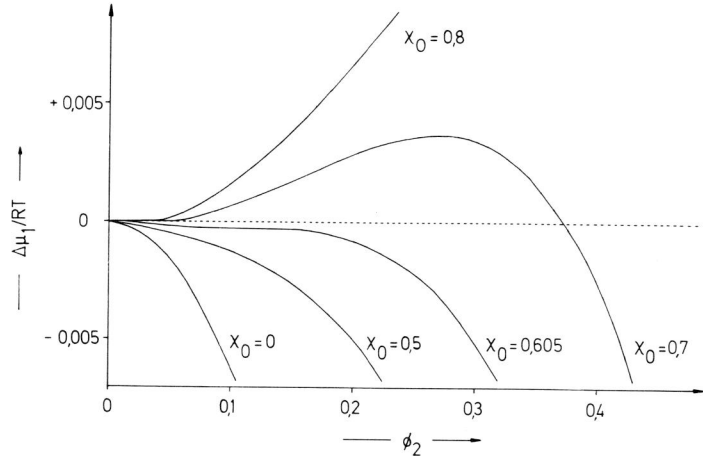

Abb. 6-6: Reduziertes chemisches Potential $\Delta\mu_1/RT$ des Lösungsmittels mit dem Polymerisationsgrad $X_1 = 1$ als Funktion des Volumenbruches ϕ_2 der Bausteine eines molekulareinheitlichen Gelösten vom Polymerisationsgrad $X_2 = 100$ bei verschiedenen Wechselwirkungsparametern χ. Berechnungen mit $\sigma = 0$.

Die Gleichung der Tangenten an der $\Delta G^m = f(\phi_2)$-Kurve lautet für den Punkt $\phi_2^\S$

(6-39) $\quad Y = A + B\phi_2^\S$

Die Neigung B ist durch die Ableitung der Gl. (6-38) gegeben

(6-40) $\quad B = (\partial \Delta G^m/\partial \phi_2)_{N_g}^\S = N_g(X_2^{-1}\Delta\mu_2^\S - X_1^{-1}\Delta\mu_1^\S)$

Der Wert von A ergibt sich aus der Überlegung, daß am Punkt $\phi_2^\S$ der Wert von ΔG^m ebenfalls durch Gl. (6-38) gegeben ist, d. h. durch

(6-41) $\quad A = X_1^{-1}N_g\Delta\mu_1^\S$

Für Y gilt folglich

(6-42) $\quad Y = X_1^{-1}N_g\Delta\mu_1^\S + N_g(X_2^{-1}\Delta\mu_2^\S - X_1^{-1}\Delta\mu_1^\S)\phi_2^\S$

Für die Grenzfälle $\phi_2 \to 0$ und $\phi_2 \to 1$ ergibt sich daher

(6-43) $\quad \lim_{\phi_2 \to 0} Y = X_1^{-1}N_g\Delta\mu_1^\S \quad$ und $\quad \lim_{\phi_2 \to 1} Y = X_2^{-1}N_g\Delta\mu_2^\S$

Legt man daher bei einem Volumenbruch $\phi_2^\S$ eine Tangente an die $\Delta G^m = f(\phi_2)$-Kurve, so liefert die Extrapolation dieser Tangenten auf die Werte $\phi_2 = 0$ und $\phi_2 = 1$ Werte, aus denen die chemischen Potentiale des Lösungsmittels bzw. des Gelösten entnommen werden können.

6.3.6 CHEMISCHES POTENTIAL VERDÜNNTER LÖSUNGEN

Bei verdünnten Lösungen von Makromolekülen ist der Volumenbruch des Gelösten sehr klein. Der Ausdruck $(1 - \phi_2)$ läßt sich in diesem Falle in eine Reihe entwickeln

$$(6-44) \quad \ln(1 - \phi_2) = -\phi_2 - (\phi_2^2/2) - (\phi_2^3/3) - \ldots$$

Bricht man diese Reihenentwicklung nach dem 2. Glied ab und setzt sie in Gl. (6-34) ein, so erhält man unter Vernachlässigung der Terme mit ϕ_2^3 und höher für hochmolekulare Gelöste in niedermolekularen Lösungsmitteln $(X_1/X_2 \approx 0)$

$$(6-45) \quad \Delta\mu_1^{exc}/RT = (\chi_0 - \sigma - 0{,}5)\,\phi_2^2$$

In Gl. (6–45) tritt das Exzeß-Potential und nicht das Potential selbst aus dem folgenden Grunde auf. Damit die Gittertheorie der Lösungen angewendet werden kann, muß ein genügend kleines Lösungsvolumen betrachtet werden, da nur hier die Segmentverteilung homogen genug ist. In einem kleinen Lösungsvolumen ist aber kein ganzes Molekül mehr vorhanden, d. h. der Term X_1/X_2 strebt gegen null. Da dieser Term aber auch das ideale Verhalten repräsentiert, muß Gl. (6-45) das Exzeß-Verhalten wiedergeben.

In dieser Gleichung stammt die Größe $(\chi_0 - \sigma)$ von der Mischungsenthalpie und der Faktor 0,5 von den Mischungsentropie. Im allgemeinen Fall kann daher $(\chi_0 - \sigma)$ durch einen neuen Enthalpieparameter κ und 0,5 durch einen neuen Entropieparameter ψ ersetzt werden:

$$(6-46) \quad \Delta\mu_1^{exc}/RT = (\kappa - \psi)\,\phi_2^2$$

Das chemische Potential gibt die partielle molare Gibbs-Verdünnungsenergie an. Für die partiellen molaren Verdünnungsenthalpien und -entropien erhält man daher

$$(6-47) \quad \Delta\widetilde{H}_1^m = RT\kappa\phi_2^2 \quad ; \quad \Delta\widetilde{S}_1^m = R\psi\phi_2^2$$

Im Theta-Zustand (vgl. Kap. 6.1) gilt $\Theta = \Delta\widetilde{H}_1^m/\Delta\widetilde{S}_1^m$ und nach Gl. (6-47) mit $T = \Theta$ auch

$$(6-48) \quad \Theta = \kappa T/\psi$$

Die Kombination der Gl. (6-34), (6-46) und (6-48) ergibt daher einen Ausdruck für die Temperaturabhängigkeit des Flory-Huggins-Wechselwirkungsparameters

$$(6-49) \quad (\chi_0 - \sigma) = (0{,}5 - \psi) + \psi\,(\Theta/T)$$

Im Theta-Zustand nimmt daher für $X_2/X_1 \gg 0$ der Ausdruck $(\chi_0 - \sigma)$ den Wert 0,5 an. Er wird bei guten Lösungsmitteln mit positiver Mischungsenthalpie wegen $T > \Theta$ kleiner als 0,5.

6.4 Virialkoeffizienten

6.4.1 DEFINITION

Der chemische Potential von Lösungen von Nichtelektrolyten kann immer als eine Reihenentwicklung nach ganzen positiven Potenzen der Konzentration geschrieben werden:

(6-50) $\quad \Delta \mu_1 = -RT \widetilde{V}_1^m (A_1 c_2 + A_2 c_2^2 + A_3 c_2^3 + \ldots)$

Die Proportionalitätskoeffizienten dieser Serie werden die ersten, zweiten, dritten ..... Virialkoeffizienten genannt. Aus dem Vergleich mit dem Ausdruck für den osmotischen Druck Π

(6-51) $\quad \Delta \mu_1 = -\Pi \widetilde{V}_1^m = -RT c_2 \widetilde{V}_1^m / M_2$

(vgl. Lehrbücher der chemischen Thermodynamik) geht hervor, daß der erste Virialkoeffizient gleich der reziproken Molmasse des Gelösten ist. Der zweite Virialkoeffizient ist ein Maß für das ausgeschlossene Volumen (vgl. Kap. 6.4.2).

Beim Vergleich der in der Literatur berichteten Virialkoeffizienten ist auf ihre Definition zu achten. Gl. (6-50) entspricht bei Anwendung auf den osmotischen Druck einem Ausdruck

(6-52) $\quad \Pi/c_2 = RTM_2^{-1} + RTA_2 c_2 + RTA_3 c_2^2 + \ldots$

Statt dessen definiert man auch oft

(6-53) $\quad \Pi/c_2 = RTM_2^{-1} + A_2 c_2 + A_3 c_2^2 + \ldots$

Wir werden in der Regel Gl. (6-52) verwenden. Mit Hilfe von Gl. (6-52) kann man eine scheinbare Molmasse M_{app} als die Molmasse definieren, die mit Hilfe einer für unendliche Verdünnung geltenden Gleichung aus experimentellen Daten bei endlichen Konzentrationen berechnet wurde

(6-54) $\quad M_{app}^{-1} \equiv \Pi/(RTc_2) = M_2^{-1} + A_2 c_2 + A_3 c_2^2 + \ldots$

Die Virialkoeffizienten können daher aus der Konzentrationsabhängigkeit reziproker scheinbarer Molmassen ermittelt werden. Da die verschiedenen Methoden aber verschiedene Mittelwerte der Molmasse geben (vgl. Kap. 8 und 9), wird man auch für die Virialkoeffizienten je nach Methode verschiedene Mittelwerte erhalten. Für Messungen des osmotischen Druckes (und aller anderen kolligativen Methoden) erhält man einen Mittelwert

(6-55) $\quad A_2^{\Pi} = \sum_i \sum_j w_i w_j A_{ij}$

während man z. B. für Lichtstreuungsmessungen erhält

(6-56) $\quad A_2^{LS} = \sum_i \sum_j w_i M_i w_j M_j A_{ij} / (\sum_i w_i M_i)^2$

Der Name „Virialkoeffizient" stammt von dem gegen Ende des 19. Jahrhunderts viel benutzten Virialtheorem. Dieses Theorem sagte aus

Mittel von $(mv^2/2) = -$ Mittel von $0,5\,(Xx + Yy + Zz)$

Dabei sind m = Masse der Teilchen, v = Geschwindigkeit, x, y, z = Koordinaten der Teilchen, und X, Y, Z = Komponenten der Kräfte, die auf die Teilchen einwirken. Der Ausdruck der rechten Seite wurde „Virial" genannt, da Kräfte betrachtet wurden. Das Virial läßt sich in eine Reihe entwickeln, deren Koeffizienten folglich die Virialkoeffizienten waren.

6.4.2 AUSGESCHLOSSENES VOLUMEN

Der zweite Virialkoeffizient hängt vom ausgeschlossenen Volumen u ab. In sehr verdünnten Lösungen verteilen sich die Makromoleküle ohne gegenseitige Behinderung, weil das totale ausgeschlossene Volumen $N_2 u$ viel kleiner als das totale Volumen V ist. Die Gesamtzahl der Anordnungsmöglichkeiten dieser N_2 Makromoleküle berechnet sich aus der Zustandssumme Ω zu

(6-57) $\quad \Omega = const \prod_{i=0}^{N_2-1} (V - iu)$

Eine allfällige Wechselwirkung Polymer/Lösungsmittel wird durch das effektive ausgeschlossene Volumen miterfaßt. ΔH ist daher gleich null und das Zufügen des Lösungsmittels erfolgt „athermisch"

(6-58) $\quad \Delta G = -T\Delta S = -kT \ln \Omega = -kT \ln [const \prod_{i=0}^{N_2-1} (V - iu)]$

Das dem zweiten Molekül verfügbare Volumen ist $(V - u)$, das dem dritten verfügbare $(V - 2u)$ usw. Auflösen des Logarithmus führt zu einer Summe anstelle des Produktes

(6-59) $\quad \Delta G = -kT\,[N_2 \ln V + \sum_{i=0}^{N_2-1} \ln(1 - (iu/V))] + const'$

Bei verdünnten Lösungen ist $iu/V \ll 1$. Der Logarithmus läßt sich in eine Reihe $\ln(1-y) = -y - \ldots$ entwickeln und man erhält

(6-60) $\quad \Delta G = -kT\,[N_2 \ln V + \sum_{i=0}^{N_2-1} (iu/V)] + const'$

Da (u/V) konstant ist, ergibt sich für den Summenausdruck bei $N_2 \to \infty$

(6-61) $\quad \sum_{i=0}^{N_2-1} i = N_2^2/2$

Für den osmotischen Druck ergibt sich aus den Gl. (6-51) und (6-3)

(6-62) $\quad \Pi = -(\widetilde{V}_1^m)^{-1} (\partial G/\partial n_1)_{n_2,p,T} = -(N_L/\widetilde{V}_1^m)(\partial G/\partial N_1)_{N_2,p,T}$

$\qquad = -(N_L/\widetilde{V}_1^m)(\partial G/\partial V)_{N_2,p,T}(\partial V/\partial N_1)_{N_2,p,T}$

$\qquad = -(\partial G/\partial V)_{N_2,p,T}$

Einsetzen von Gl. (6-61) in Gl. (6-60), differenzieren nach V und berücksichtigen von Gl. (6-62) liefert mit $N_2/V = c_2 N_L/M_2$

(6-63) $\Pi/c_2 = (RT/M_2) + (RTN_L u/(2M_2^2))c_2 + \ldots$

Der Koeffizientenvergleich mit Gl. (6-52) gibt für den zweiten Virialkoeffizienten

(6-64) $A_2 = N_L u/(2M_2^2)$

Ausdrücke für das ausgeschlossene Volumen starrer Teilchen wurden bereits in Kap. 4.4.4 abgeleitet. Für unsolvatisierte Kugeln ergibt sich aus den Gl. (6-64) und (4-12) für den zweiten Virialkoeffizienten von Kugeln

(6-65) $A_2 = 4v_2/M_2$

wobei v_2 das spezifische Volumen ist. Der zweite Virialkoeffizient von Kugeln ist somit reziprok proportional der Molmasse und wird bei unendlicher Molmasse gleich null.

Für unsolvatisierte Stäbchen ergibt sich aus den Gl. (6-64) und (4-40) mit $M_2 = (\pi R_2^2)LN_L/v_2$

(6-66) $A_2 = v_2^2/(2\pi R_2^3 N_L)$

wobei R der Radius der Stäbchen ist. Der zweite Virialkoeffizient von stäbchenförmigen Molekülen ist daher unabhängig von deren Länge bzw. Molmasse.

Die Abhängigkeit des zweiten Virialkoeffizienten knäuelförmiger Moleküle von der Molmasse ist schwierig zu berechnen, da das ausgeschlossene Volumen eine komplizierte Funktion der Molmasse ist (vgl. Kap. 4.4.5). Die üblichen Ansätze ersetzen in Gl. (6-64) das ausgeschlossene Volumen u des Moleküls durch das ausgeschlossene Volumen u_{seg} des Segmentes und die Molmasse M_2 des Moleküls durch die Molmasse M_u des Segmentes. Die Molmassenabhängigkeit des ausgeschlossenen Volumens wird durch eine Funktion $h(z)$ ausgedrückt, deren Koeffizienten theoretisch berechnet wurden:

(6-67) $A_2 = \dfrac{N_L u_{seg}}{2 M_u^2}(1 - 2{,}865\,z + 14{,}278\,z^2 - \ldots)$

Für $u_{seg} = 0$ und $z = 0$ wird auch $A_2 = 0$, d.h. A_2 wird gleich null für Theta-Bedingungen. Da z mit steigender Molmasse schwächer als mit dem Quadrat der Molmasse zunimmt, sinkt A_2 mit steigender Molmasse. Die Molmassenabhängigkeit läßt sich in vielen Fällen durch eine Potenzformel wiedergeben:

(6-68) $A_2 = K_A M_2^{a_A}$

wobei K_A und a_A empirische Konstanten für jedes System Polymer/Lösungsmittel/Temperatur sind.

6.5 Assoziation

6.5.1 GRUNDLAGEN

Makromoleküle können in Lösung unter bestimmten Bedingungen mit ihresgleichen zu größeren, aber noch löslichen Molekülverbänden zusammentreten. Wir

6.5 Assoziation

werden diese Erscheinung als Multimerisation bezeichnen. Die reversible Multimerisation werden wir Assoziation, die irreversible Aggregation nennen. In der Literatur werden jedoch die beiden Begriffe oft nicht unterschieden.

Assoziationen können durch gruppen- oder molekülspezifische Methoden untersucht werden. Gruppenspezifische Methoden sprechen auf das Verhalten einer Gruppe an, z. B. einer Wasserstoffbrückenbindung. Sie sind jedoch oft zu wenig empfindlich. Bei einem Makromolekül genügt nämlich eine assoziationsfähige Gruppe pro Molekül, um eine Dimerisation hervorzurufen. Bei einem Polymerisationsgrad von 1000 entspricht das einer Gruppenkonzentration von nur 0,1 %. Gruppenspezifische Methoden messen aber häufig nicht besser als auf ± 1 %.

Molekülspezifische Methoden sprechen dagegen auf die Molekül- bzw. Teilchenmasse an. Bei einer vollständigen Dimerisation wird sich die Teilchenmasse verdoppeln, d.h. der Effekt beträgt 100 %. Molekülspezifische Methoden sind daher weit empfindlicher als gruppenspezifische. Sie zeigen jedoch nur intermolekulare Assoziationen und geben in der Regel keinen Aufschluß über die molekulare Ursache der Assoziation.

Bei molekülspezifischen Methoden mißt man die scheinbaren Molmassen als Funktion der Konzentration (vgl. Kap. 6.4.1). Alle bislang angegebenen Ausdrücke gelten aber nur für den Fall, daß eine Erhöhung der Massenkonzentration zu einer gleich großen Erhöhung der Stoffmengenkonzentration führt. Diese Annahme ist bei Multimerisationen unzutreffend, da bei höheren Massenkonzentrationen relativ geringere Konzentrationen an kinetisch unabhängigen Teilchen entstehen. Die Konzentrationsabhängigkeit der scheinbaren Molmasse ist daher durch zwei Teilfunktionen gegeben. Der Assoziationsterm beschreibt die Änderung der Konzentration unabhängiger Teilchen relativ zur Änderung der Massenkonzentration. Dieser Assoziationsterm tritt bei assoziierenden Polymeren auch in Abwesenheit jeglicher Polymer/Lösungsmittel-Wechselwirkung auf, d.h. auch bei einer Theta-Lösung. Die Virialkoeffizienten beschreiben dagegen alle anderen Wechselwirkungen. An die Stelle von Gl. (6-54) tritt dann

$$(6\text{-}69) \quad M_{app}^{-1} = (M_{app})_\Theta^{-1} + \left(\frac{\sum_i \sum_j (A_2)_{ij} c_i c_j}{c^2} \right) c + \ldots$$

$(M_{app})_\Theta$ ist noch konzentrationsabhängig. Die genaue Form der Konzentrationsabhängigkeit hängt sowohl von der Stöchiometrie der Assoziation als auch von der wirksamen Einheit ab.

Bei der Stöchiometrie können zwei einfache Fälle unterschieden werden. Bei der *offenen Assoziation* liegt ein konsekutiver Prozeß vor

$$(6\text{-}70) \quad \begin{aligned} M_I + M_I &\rightleftarrows M_{II} \\ M_{II} + M_I &\rightleftarrows M_{III} \\ M_{III} + M_I &\rightleftarrows M_{IV} \quad \text{usw.} \end{aligned}$$

Bei der offenen Assoziation stehen somit alle möglichen Multimeren mit den Unimeren im Gleichgewicht.

Bei der *geschlossenen Assoziation* handelt es sich dagegen um einen „Alles-oder-Nichts"-Prozeß, bei dem nur zwei Teilchensorten vorhanden sind:

(6-71) $N\,M_I \rightleftarrows M_N$

Die wirksame Einheit kann entweder das Molekül oder ein Segment sein. Bei den *molekülbezogenen* Assoziationen ist die Zahl der assoziogenen Gruppen unabhängig von der Molekülgröße. Ein Beispiel dafür sind Assoziationen über die Endgruppe. Bei linearen Molekülen sind gerade zwei Endgruppen vorhanden. Jedes Molekül hat daher zwei assoziogene Gruppen. Die Gleichgewichtskonstanten der Assoziation sind in diesem Fall offenbar auf die Stoffmengenkonzentration zu beziehen.

Bei den *segmentbezogenen* Assoziationen sind Segmente aus mehreren Grundbausteinen für die Assoziation verantwortlich. Ein Beispiel dafür sind z. B. syndiotaktische Sequenzen genügender Länge in einem „ataktischen" Polymeren. Die Zahl dieser assoziogenen Segmente wird mit der Molmasse zunehmen. Die Gleichgewichtskonstanten der Assoziation sind in diesem Fall auf die Massekonzentration zu beziehen.

Polymere besitzen in der Regel eine Molmassenverteilung. Wenn sie assoziieren, wird eine Teilchenmassenverteilung entstehen, die je nach den wirksamen Einheiten von der Molmassenverteilung verschieden sein wird.

Bei *molekülbezogenen* Assoziationen ist das Zahlenmittel der Molmasse des N-Mers gerade N mal so groß wie das Zahlenmittel der Molmasse des Unimers:

(6-72) $(\overline{M}_N)_n = N\,(\overline{M}_I)_n$

Für das Gewichtsmittel der Molmasse des N-Meren ergibt die Rechnung dagegen für beliebige Verteilungsfunktionen

(6-73) $(\overline{M}_N)_w = (\overline{M}_I)_w + (N-1)\,(\overline{M}_I)_n$

Bei den *segmentbezogenen* Assoziationen ergibt sich

(6-74) $(\overline{M}_N)_n = (\overline{M}_I)_n + (N-1)\,(\overline{M}_I)_w$; nur Schulz-Flory-Verteilung

(6-75) $(\overline{M}_N)_w = N\,(\overline{M}_I)_w$; alle Verteilungen

Sowohl bei der molekül- als auch bei der segmentbezogenen Assoziation ist daher die Polydispersität $(\overline{M}_N)_w/(\overline{M}_N)_n$ immer kleiner als die Polymolekularität $(\overline{M}_I)_w/(\overline{M}_I)_n$. Für die molekülbezogene, nicht aber für die segmentbezogene Assoziation ergibt sich dabei eine lineare Beziehung zwischen den beiden Größen:

(6-76) $((\overline{M}_N)_w/(\overline{M}_N)_n - 1) = N^{-1}\,((\overline{M}_I)_w/(\overline{M}_I)_n - 1)$

Die Verengung der Verteilung tritt auf, weil die Variation der Molekülgrößen nunmehr innerhalb eines Teilchens geschieht. Die Gl. (6-72) bis (6-76) ergeben sich aus längeren statistischen Rechnungen, die hier nicht wiedergegeben werden können.

6.5.2 OFFENE ASSOZIATION

Bei der offenen Assoziation liegt eine Reihe von Teilchen mit den Teilchengewichten M_I, M_{II}, M_{III} usw. vor. Die totale Stoffmengenkonzentration ist daher

(6-77) $[M] = [M_I] + [M_{II}] + [M_{III}] + \ldots\ldots$

6.5 Assoziation

Die Gleichgewichtskonstante der molekülbezogenen offenen Assoziation ist durch

(6-78) $(^nK_{N-1})_0 = [M_N]/([M_{N-1}][M_I])$

definiert. Erfolgt die Assoziation z. B. über die Endgruppen, so kann man annehmen, daß die so definierten Gleichgewichtskonstanten unabhängig vom Assoziationsgrad N der entstandenen Multimeren sind:

(6-79) $^nK_0 = (^nK_I)_0 = (^nK_{II})_0 = (^nK_{III})_0 = \ldots$

Einsetzen der Gl. (6-78) und (6-79) in Gl. (6-77) führt zu

(6-80) $[M] = [M_I](1 + (^nK_0[M]) + (^nK_0[M])^2 + \ldots)$

Da für die Dimerisation nach Gl. (6-78) immer $^nK_0[M_I] = [M_{II}]/[M_I]$ gilt und die Stoffmengenkonzentration des Dimeren kleiner als die des Unimeren sein muß, gilt stets $^nK_0[M_i] < 1$. Gl. (6-80) kann daher nach den für derartige Reihen gültigen Regeln auch als

(6-81) $[M] = [M_I](1 - {}^nK_0[M_I])^{-1}$

geschrieben werden. Für die totale Stoffmengenkonzentration gilt

(6-82) $[M] = c/(\overline{M}_n)_{app,\Theta}$

Die Kombination der Gl. (6-81) und (6-82) ergibt daher

(6-83) $[M_I]^{-1} = {}^nK_0 + (M_n)_{app,\Theta} c^{-1}$

Für die Massekonzentration gilt

(6-84) $c = c_I + c_{II} + c_{III} + \ldots$

Mit der Gleichung

(6-85) $[M_i] = c_i (\overline{M}_i)_n^{-1}$

und den Gl. (6-78), (6-79) und (6-72) erhält man daher

(6-86) $c = [M_I](\overline{M}_I)_n (1 + 2\,{}^nK_0[M_I] + 3\,(^n(K_0[M_I])^2 + \ldots)$

bzw. für $^nK_0[M_I] < 1$

(6-87) $c = [M_I](\overline{M}_I)_n/(1 - {}^nK_0[M_I])^2$

Die Kombination der Gl. (6-87) und (6-83) führt zu

(6-88) $(M_n)_{app,\Theta} = (\overline{M}_I)_n + {}^nK_0 (M_I)_n (c/(M_n)_{app,\Theta})$

Für die scheinbaren Gewichtsmittel der Molmasse im Theta-Zustand erhält man durch analoge Rechnungen

(6-89) $(M_w)_{app,\Theta} = (\overline{M}_I)_w + 2\,{}^nK_0 (\overline{M}_I)_n \left(c/(M_n)_{app,\Theta}\right)$

Gl. (6-88) zeigt, daß man durch Auftragen des scheinbaren Zahlenmittels im Theta-Zustand gegen $c/(M_n)_{app,\Theta}$ aus dem Ordinatenabschnitt das wahre Zahlenmittel der Molmasse des Unimeren und aus der Neigung die Gleichgewichtskonstante der Assoziation entnehmen kann. Gl. (6-89) zeigt jedoch, daß man aus Messungen des scheinbaren Gewichtsmittels der Molmasse allein nicht das wahre Gewichtmittel der Molmasse ermitteln kann, sofern molekülbezogene offene Assoziationen vorliegen: man muß immer noch das entsprechende scheinbare Zahlenmittel kennen.

Abb. 6-7 zeigt die Konzentrationsabhängigkeit der normalisierten reziproken scheinbaren Zahlenmittel der Molmasse einiger Poly(oxyethylene) $H(OCH_2CH_2)_N OH$ in Benzol. Das hochmolekulare Produkt H 6000 folgt der Gl. (6-54). Bei den niedermolekularen Produkten ist die Assoziation offensichtlich. Aus derartigen Diagrammen darf jedoch nicht geschlossen werden, daß die Assoziation mit steigender Molmasse abnimmt. In der Tat ergibt eine Auftragung nach G. (6-88), daß die Anfangsneigungen der Funktion $(M_n)_{app,\Theta}/(M_1)_n = f(c/(M_n)_{app,\Theta})$ unabhängig von der Molmasse des Unimeren gleich groß sind. Auch die Gleichgewichtskonstanten der Assoziation müssen daher gleich groß sein. Die mit fallender Molmasse zunehmenden Abweichungen von der Geraden in Abb. 6-5 deuten auf negative Virialkoeffizienten.

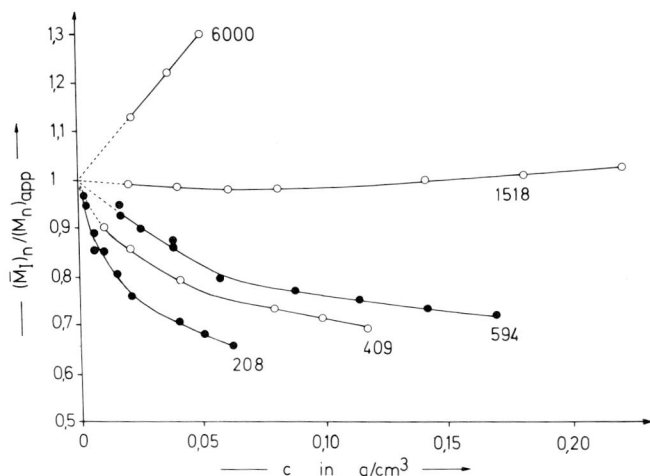

Abb. 6-7: Konzentrationsabhängigkeit der normalisierten reziproken scheinbaren Zahlenmittel der Molmasse einer Reihe von α-Hydroxy-ω-hydroxyethylen-poly(oxyethylenen) in Benzol bei 25°C. Die Zahlen geben die Zahlenmittel der Molmassen der Unimeren an (nach H.-G. Elias und Hp. Lys).

6.5.3 GESCHLOSSENE ASSOZIATION

Die Gleichgewichtskonstanten der molekülbezogenen geschlossenen Assoziation sind durch

(6-90) $^nK_c \equiv [M_N]/[M_I]^N$

definiert. Für die Konzentrationsabhängigkeit der scheinbaren Molmassen lassen sich keine geschlossenen Ausdrücke angeben. Die Molmassen der Unimeren, die Gleichgewichtskonstante ^nK_c und der Assoziationsgrad N werden daher in der Regel durch Iteration gewonnen.

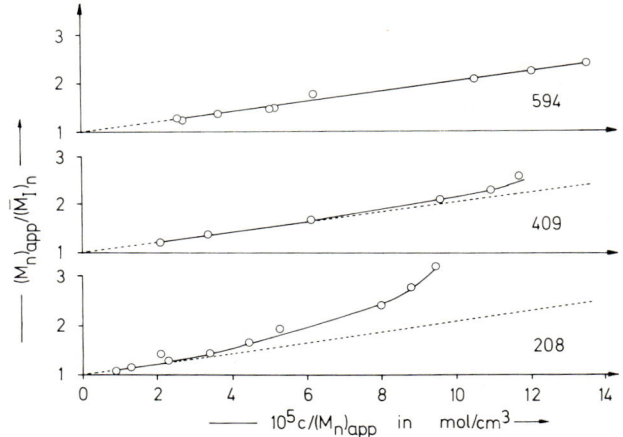

Abb. 6–8: Auftragung der Daten der Abb. 6–7 für molekülbezogene offene Assoziationen mit teilchenunabhängigen Gleichgewichtskonstanten der Assoziation. Die Zahlen geben die Zahlenmittel der Molmassen der Unimeren an.

Die berechneten Abhängigkeiten der Konzentrationen c_N des Multimeren und c_I des Unimeren von der totalen Konzentration c zeigen bei einer bestimmten Konzentration einen mehr oder weniger ausgeprägten Knick (Abb. 6–9). Dieser Knick wird üblicherweise als kritische Mizellkonzentration cmc bezeichnet. Wie man für die Konzentrationsabhängigkeit der reziproken scheinbaren Molekulargewichte sieht, treten auch dort derartige „kritische Mizellkonzentrationen" auf. Die Lage dieser kritischen Mizellkonzentrationen hängt von der verwendeten Meßmethode ab. Die cmc ist physikalisch nicht gut definiert und auf keinen Fall die Konzentration, bei der *erstmals* Assoziate auftreten (vgl. auch Abb. 6–9).

Geschlossene Assoziationen treten besonders bei Lösungen von Detergentien auf. Sie werden aber auch für Poly(γ-benzyl-L-glutamate) in verschiedenen organischen Lösungsmitteln gefunden (Abb. 6–10). In diesem Falle konnte gezeigt werden, daß die Gibbs-Energie der Assoziation noch vom reziproken Zahlenmittel der Molmasse das Unimeren abhing. Die Assoziation muß also hier über die Endgruppen erfolgen. Der scheinbare Widerspruch zwischen diesem Befund und dem Auftreten einer geschlossenen Assoziation anstelle einer offenen wurde durch Auftreten ringförmiger Assoziate erklärt. Da die Moleküle in der Helixkonformation vorliegen und folglich ziemlich steif sind, muß man dann eine Beziehung zwischen der Gleichgewichtskonstanten der Assoziation und dem Assoziationsgrad erwarten. Diese Beziehung wurde in der Tat gefunden.

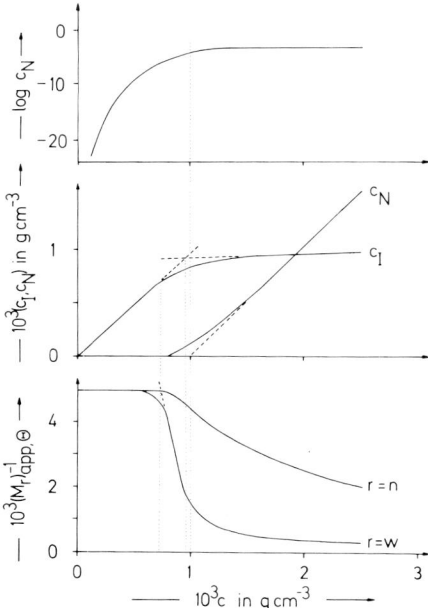

Abb. 6–9: Berechnete Abhängigkeiten der Konzentrationen des Multimeren und des Unimeren sowie der reziproken scheinbaren Zahlen- und Gewichtsmittel der Molmassen von der Gesamtkonzentration c bei geschlossener (molekülbezogener) Assoziation im Theta-Zustand (nach H.-G. Elias und J. Gerber). Berechnungen für $(M_I)_n = (M_I)_w = 200$ g mol^{-1}, $N = 21$ und $^nK_c = 10^{45}$ (dm^3 mol^{-1})$^{N-1}$. Die durch Extrapolation der gestrichelten Linien erhaltenen „kritischen Mizellkonzentrationen" sind je nach Methode verschieden.

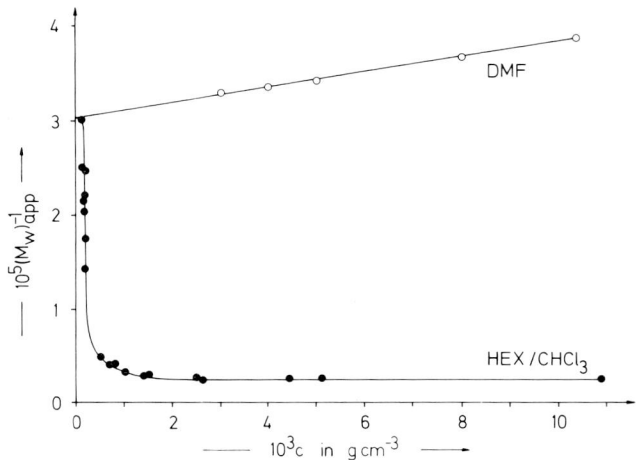

Abb. 6–10: Konzentrationsabhängigkeit der reziproken scheinbaren Gewichtsmittel eines Poly(γ-benzyl-L-glutamates) in Dimethylformamid bei 70°C und im Gemisch Hexan/Chloroform ($V/V = 0{,}477/0{,}523$) bei 25°C (nach Daten von H.-G. Elias und J. Gerber).

6.5.4. BINDUNGSKRÄFTE

Die besprochene Assoziation der Poly(oxyethylene) und der Poly(γ-benzyl-L-glutamate) wird durch die gleichen Bindungen bewirkt wie bei den entsprechenden niedermolekularen Verbindungen. Nach IR- und PMR-Messungen erfolgt die Multimerisation in jedem Fall über Wasserstoffbrücken: bei den POE über Hydroxyl-, bei den PBLG über Amingruppen.

Bei Polymeren können aber noch andere Bindungstypen auftreten. In gewissen Lösungsmitteln und bei höheren Konzentrationen lagern sich nämlich die Poly(γ-benzyl-L-glutamate) nicht über die Endgruppen zu ringförmigen Assoziaten, sondern lateral zu bündelförmigen Strukturen zusammen. Es entstehen mesomorphe Strukturen, wie sie auch von gewissen steifen niedermolekularen Molekülen bekannt sind (vgl. auch Kap. 5.5).

Spezifisch für Multimerisationen von Makromolekülen sind dagegen die Stereokomplexe und die solvatophoben Bindungen. Gewisse Polymere mit zueinander komplementären Stereostrukturen bilden sog. Stereokomplexe, deren Stöchiometrie noch von der Länge der Stereosequenzen abhängt. Beispiele dafür sind die Stereokomplexe aus Poly(γ-benzyl-D-glutamat) und Poly(γ-benzyl-L-glutamat) einerseits oder aus isotaktischen und syndiotaktischen Poly(methylmethacrylaten) andererseits. Die spezifische Enthalpie der Stereokomplexbildung von it- und st-PMMA ist z.B. eine lineare Funktion des Massenanteils an syndiotaktischen Diaden (Abb. 6–11) mit einem Maximum bei w_{st} = 0,58. Berücksichtigt man jedoch nur die syndiotaktischen Heptaden, so wird das Diagramm symmetrisch und das Maximum liegt nunmehr bei genau w_{hept} = 0,5. Eine Stereokomplexbildung kann daher bei diesen Proben erst auftreten, wenn die Stereosequenz mindestens sieben Einheiten umfaßt.

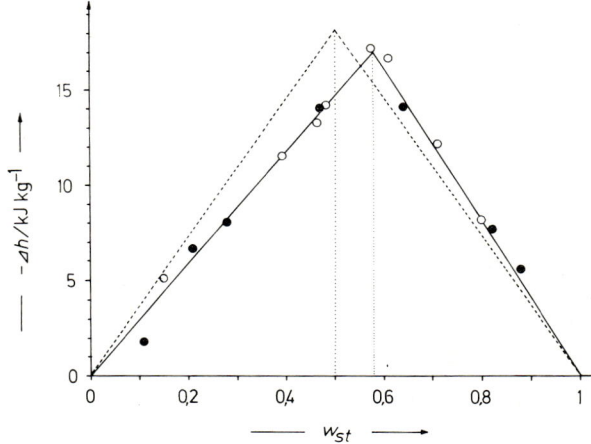

Abb. 6–11: Negative spezifische Enthalpie der Stereokomplexbildung aus st- und it-Poly(methylmethacrylat) in o-Xylol (o) oder Dimethylformamid (●) bei 25°C als Funktion des Massenanteiles an syndiotaktischem Polymer. Die gestrichelte Linie gibt die Verhältnisse bei Auftragung gegen den Anteil an syndiotaktischen Triaden wieder. Nach Daten von W. Siemens und G. Rehage.

Assoziatbildungen durch solvatophobe Bindungen treten nur in geordneten Lösungsmitteln auf. Benzol mit seinen geldrollenförmigen Anordnungen von Benzolmolekülen und Wasser mit seinen Netzwerkstrukturen aus Wasserstoffbrücken sind derartige geordnete Lösungsmittel. Bringt man nun ein solvatophobes Gelöstes in ein solches Lösungsmittel, so werden sich die Lösungsmittelmoleküle in einer höher geordneten Struktur um das Gelöste anordnen, z.B. als „Eisbergstruktur" im Falle des Wassers. Bei der Assoziation des Gelösten wird ein Teil dieser Eisberge aufgeschmolzen und die Assoziation durch solvatophobe Bindungen ist entsprechend durch eine Entropiezunahme gekennzeichnet. Bei anderen Assoziationstypen nimmt dagegen die Entropie ab, weil die Zusammenlagerung von Unimeren zu Multimeren von einer Abnahme der Translationsentropie begleitet ist. Solvatophobe Bindungen wurden z.B. bei der Assoziation von syndiotaktischen Poly(propylen) in Benzol (vgl. Kap. 4.3.2) und bei der Assoziation von Detergentien und gewissen Proteinen in Wasser gefunden. Für solvatophobe Bindungen in wässrigen Lösungen hat sich der Name „hydrophobe Bindung" eingebürgert. Der Name ist jedoch schlecht gewählt, da es nicht auf die Hydrophobie des Gelösten, sondern auf die Ordnung des Lösungsmittels ankommt, und es sich zudem nicht um eine normale Bindung zwischen *Gruppen* handelt. Aus diesem Grunde wird die hydrophobe Bindung manchmal auch Entropiebindung genannt.

6.6 Phasentrennung

6.6.1 GRUNDLAGEN

Falls bei einem System eine Phasentrennung auftritt, müssen die chemischen Potentiale jeder Komponenten in jeder Phase gleich sein. Für ein binäres System aus zwei Komponenten 1 und 2 gilt daher

(6-91) $\quad \mu_1' = \mu_1'' \quad$ und $\quad \mu_2' = \mu_2''$

und folglich auch

(6-92) $\quad \Delta\mu_1' = \mu_1' - \mu_1^0 = \mu_1'' - \mu_1^0 = \Delta\mu_1''$

$\qquad \Delta\mu_2' = \mu_2' - \mu_2^0 = \mu_2'' - \mu_2^0 = \Delta\mu_2''$

Die Werte von $\Delta\mu_1$ und $\Delta\mu_2$ sind aber durch die Ordinatenabschnitte der Tangenten an der $\Delta G^m = f(\phi_2)$-Kurve gegeben (vgl. Kap. 6.3.5). Die geforderte Gleichheit der chemischen Potentiale in beiden Phasen kann daher nur dann erfüllt sein, wenn zwei Punkte eine gemeinsame Tangente besitzen (vgl. Abb. 6 – 12). Für eine Kurve mit zwei Minima gibt es aber nur eine einzige gemeinsame Tangente. Die Berührungspunkte A und B dieser Tangenten mit der $\Delta G^m = f(\phi_2)$-Kurve bestimmen die Zusammensetzung ϕ_2' und ϕ_2'' der beiden Phasen.

Nur Systeme mit den Zusammensetzung $\phi_2 < \phi_2'$ und $\phi_2 > \phi_2''$ sind stabil. Jedes andere System mit einer Zusammensetzung $\phi_2' < \phi_2 < \phi_2''$ wird sich in zwei Phasen entmischen. Die Grenze zwischen dem stabilen und dem nicht-stabilen Bereich wird Binodale oder Binodiale genannt. Sie wird durch Gleichsetzen der chemischen Potentiale jedes Polymeren in den beiden Phasen erhalten. Die Berechnungen sind jedoch sehr kompliziert, da die Polymeren normalerweise Makromoleküle sehr verschiedenen

Polymerisationsgrades enthalten und die Gl. (6-91) bzw. (6-92) somit für jeden einzelnen Polymerisationsgrad angesetzt werden müssen.

Der nicht-stabile Bereich wird weiter in einen metastabilen und einen instabilen Bereich aufgeteilt, deren Grenze durch die sog. Spinodale gegeben ist. Im metastabilen Bereich ist das System noch gegen Phasen mit verschwindend kleinen Unterschieden in der Zusammensetzung stabil, da hier die Bedingung $(\partial^2 \Delta G^m / \partial \phi_2^2) > 0$ gilt. Im metastabilen Bereich ist aber das System instabil gegenüber Phasen mit den Zusammensetzungen $\phi_1' < \phi_2 < \phi_2'''$ und $\phi_2''' < \phi_1 < \phi_2''$ (Abb. 6-12).

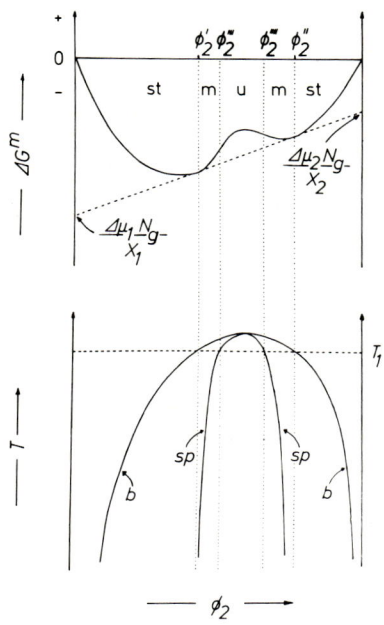

Abb. 6-12:
Schematische Darstellung der molaren Gibbs-Mischungsenergie (oben) und der Entmischungstemperatur (unten) als Funktion des Volumenbruches des Gelösten für ein partiell mischbares System. st = stabiler Bereich, m = metastabiler Bereich, u = instabiler Bereich, b = Binodale, sp = Spinodale, T_1 = Temperatur, für welche das obere Diagramm gilt.

Die Spinodale ist durch die Wendepunkte in der Funktion $\Delta G^m = f(\phi_2)$ charakterisiert, d.h. durch

$$\partial^2 \Delta G^m / \partial \phi_2^2 = \partial \Delta u_1 / \partial \phi_2 = 0$$

Mit dieser Bedingung erhält man daher aus Gl. (6-34) für $X_1 = 1$ und $\sigma = 0$ für die Spinodale

(6-93) $(\partial \Delta \mu_1 / \partial \phi_2) = RT[2\chi_0 \phi_2 - (1-\phi_2)^{-1} + (1-X_2^{-1})] = 0$

Der kritische Punkt ist als derjenige Volumenbruch des Polymeren definiert, bei dem Maximum, Minimum und Wendepunkt der Funktion $\Delta \mu_1 = f(\phi_2)$ zusammenfallen. Durch Differentiation der Gl. (6-93) bekommt man daher

(6-94) $(\partial^2 \Delta \mu_1 / \partial \phi_2^2) = RT[2\chi_0 - (1-\phi_2)^{-2}] = 0$

Gl. (6-93) und (6-94) werden je nach χ_0 aufgelöst. Für den kritischen Punkt gilt dann unter Berücksichtigung von $(1 + X_2^{0,5})(1 - X_2^{0,5}) = (1 - X_2)$ und mit einem negativen Vorzeichen der Wurzel $(X_2/(1-X_2)^2)^{0,5}$ für den kritischen Punkt

(6-95) $\quad (\phi_2)_{crit} = (1 + X_2^{0,5})^{-1}$

Der kritische Volumenbruch nimmt also umso niedrigere Werte an, je höher der Polymerisationsgrad des Gelösten ist.

Der kritische Wert für den Flory-Huggins-Wechselwirkungsparameter ergibt sich durch Kombination der Gl. (6-94) und (6-95) zu

(6-96) $\quad (\chi_0)_{crit} = (1 + X_2^{0,5})^2/(2\,X_2) \approx 0,5 + X_2^{-0,5}$

Bei unendlich hohen Polymerisationsgraden strebt der kritische Wechselwirkungsparameter somit einem Wert von 0,5 zu.

6.6.2 OBERE UND UNTERE KRITISCHE MSICHUNGSTEMPERATUREN

Die Temperaturabhängigkeit der Floy-Huggins-Wechselwirkungsparameter kann in guter Näherung durch

(6-97) $\quad \chi_0 = \alpha + (\beta/T)$

wiedergegeben werden, wobei α und β systemabhängige Konstanten sind. Bei endothermen Mischungen ist β positiv, der Wechselwirkungsparameter nimmt in diesem Falle mit steigender Temperatur ab. Oberhalb einer bestimmten Temperatur liegt eine vollständige Lösung vor („upper critical solution temperature", UCST) (vgl. Abb. 6-13 und 6-14).

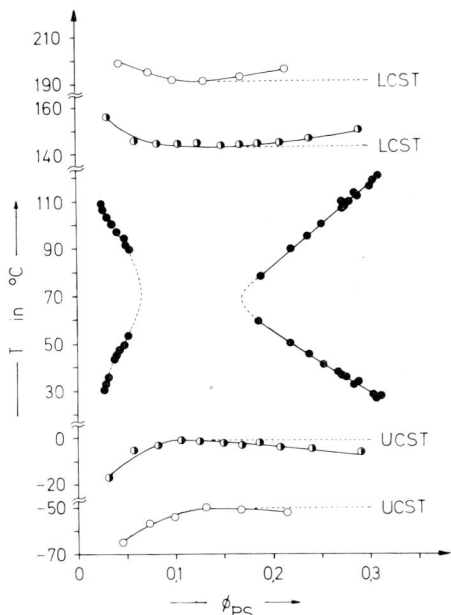

Abb. 6-13:
Entmischungstemperaturen als Funktion des Volumenbruches des Gelösten für das System Poly(styrol)/Aceton. Daten für Molmassen von 4800 (o), 10300 (☉) und 19800 (●). LCST = untere kritische Entmischungstemperatur, UCST = obere kritische Entmischungstemperatur (K. G. Siow, G. Delmas und D. Patterson).

Es gibt jedoch auch Systeme, die unterhalb einer bestimmten Temperatur einphasig sind und sich oberhalb dieser Temperatur entmischen („lower critical solution temperature", LCST) (Abb. 6-13 und 6-14). Die LCST entsprechen einer entropisch, die UCST einer enthalpisch induzierten Entmischung. Jedes System Polymer/Lösungsmittel sollte prinzipiell sowohl eine LCST als auch eine UCST aufweisen, obwohl die eine oder die andere kritische Mischungstemperatur aus experimentellen Gründen nicht immer bestimmbar ist.

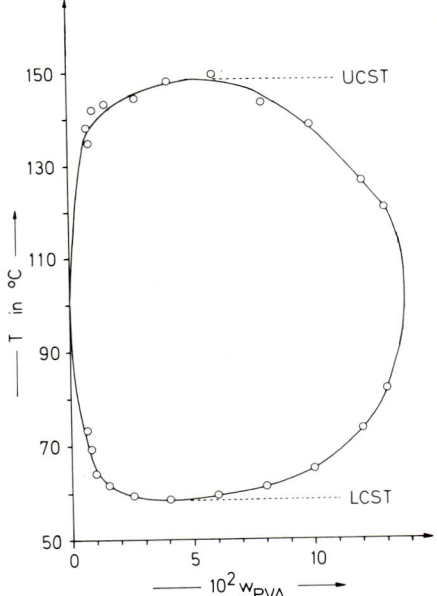

Abb. 6–14:
Entmischungstemperaturen als Funktion des Massenbruches des Gelösten für das System Poly((vinylalkohol)$_{93}$-co-(vinylacetat)$_7$)/Wasser. $\langle M_n \rangle$ = 140 000 g mol^{-1} (G. Rehage).

Die Bezeichnungen UCST und LCST haben dabei nichts mit der absoluten Lage der Entmischungstemperaturen zu tun. Bei einigen Systemen liegt nämlich die UCST bei höheren Temperaturen als die LCST (Abb. 6-13), bei anderen dagegen tiefer (Abb. 6-14). Je nach der relativen Lage dieser beiden Entmischungstemperaturen beobachtet man daher entweder ein „Stundenglas"-Diagramm (Abb. 6-13) oder eine geschlossene Mischungslücke (Abb. 6-14). Einunddasselbe Polymer kann dabei je nach Lösungsmittel den einen oder den anderen Typ zeigen: Poly(oxyethylen) in Wasser weist eine geschlossene Mischungslücke auf, das gleiche Polymer in t-Butylacetat jedoch ein Stundenglas-Verhalten.

Der Fall UCST > LCST wird bei wasserlöslichen Polymeren gefunden. Beispiele dafür sind Poly(vinylalkohol) (siehe Abb. 6-14). Poly(vinylmethylether), Methylcellulose und Poly(L-prolin). Die beim Erhitzen der wässrigen Lösungen dieser Polymeren auftretenden Entmischungen stammen von der mit steigender Temperatur zunehmenden Desolvatation.

Der Fall UCST < LCST tritt ganz allgemein bei Lösungen von Makromolekülen bei Temperaturen oberhalb des Siedepunktes des Lösungsmittels bei Partialdrucken von mehreren Bar auf. Bei diesen Systemen entsteht durch Mischen des dichten Polymeren mit dem hochexpandierten Lösungsmittel eine Kontraktion, die zu negativen Mischungsentropien und damit zu unteren kritischen Lösetemperaturen führt. Da dieser Effekt für alle Lösungen von Makromolekülen charakteristisch ist, muß die Lösungsmittelgüte zwischen der oberen und der unteren kritischen Lösetemperatur ein Maximum durchlaufen, d. h. χ_0 muß durch ein Minimum gehen.

6.6.3 QUASIBINÄRE SYSTEME

Alle bisherigen Betrachtungen bezogen sich auf echte binäre Systeme. Als ,,binär" wird ein System bezeichnet, bei dem sowohl das Lösungsmittel als auch das Gelöste molekulareinheitlich sind. Makromolekulare Substanzen weisen dagegen meist eine Molmassenverteilung auf: sie bilden daher mit einem reinen Lösungsmittel nur quasibinäre Systeme.

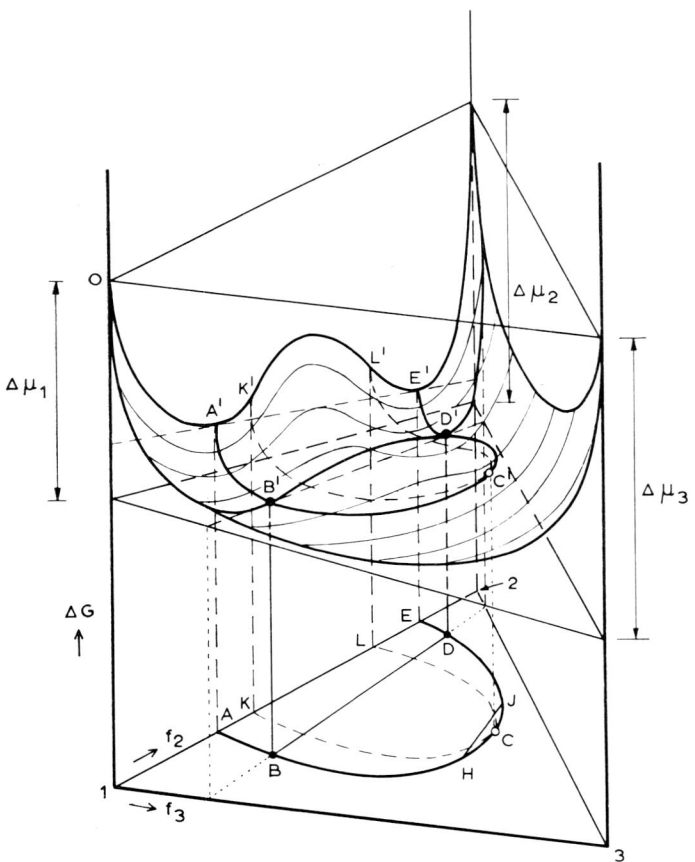

Abb. 6−15: Oberfläche der Gibbs-Energie für ein partiell mischbares System aus einem Lösungsmittel und zwei molekulareinheitlichen Polymeren. Das binäre System 1−2 weist begrenzte Mischbarkeit auf, die binären Systeme 1−3 und 2−3 sind völlig mischbar (R. Koningsveld).

Quasibinäre Systeme weichen bei Phasentrennungen vom Verhalten binärer Systeme ab. Ihr Verhalten kann am einfachsten anhand der Trübungskurve ternärer Systeme aus einem Lösungsmittel und zwei einheitlichen Gelösten verstanden werden. Die Trübungskurve gibt einen Spezialfall der Phasentrennung wieder: sie entspricht demjenigen Phasengleichgewicht, bei der die Menge der einen Phase gegen null strebt.

Ein derartiges ternäres System weist für die Gibbs-Mischungsenergie eine Oberfläche anstelle einer Kurve wie bei einem binären System auf (Abb. 6 - 15) und anstelle einer Tangenten eine Tangentenebene. Rollt man bei einem ternären System mit begrenzter Mischbarkeit die Tangentenebene auf der Oberfläche ab, so bekommt man zwei Serien von Kontaktpunkten (z.B. B' und D'). Die Verbindende $A'B'C'D'E'$ sowie ihre Projektion ABCDE auf die Basisfläche werden je Binodiale genannt. Die Binodiale beschreibt die Grenze zwischen stabilen und metastabilen Mischungen und gibt die Zusammensetzungen der koexistierenden Phasen an. Diese Zusammensetzungen sind durch die Verbindungslinien AE, BD, HJ usw. verbunden. Die Zusammensetzungen der koexistierenden Phasen werden im kritischen Punkt C' (bzw. C) identisch.

Bei einer Temperaturänderung ändert sich auch die Oberfläche der Gibbs-Mischungsenergie und damit auch die Binodiale (vgl. Abb. 6 - 16). Die Verbindende der kritischen Punkte ist durch $C-C_5-C'$ gegeben. Das Maximum dieser Verbindungslinie tritt beim kritischen Punkt C für das reine Polymer P_2 auf. Nur bei echten binären Systemen kann daher der kritische Punkt mit dem Maximum der Trübungskurve identisch sein. Die kritischen Punkte für Polymermischungen liegen dagegen tiefer, d. h. bei größeren Volumenbrüchen des Polymeren. Der Schnittpunkt der Koexistenz-

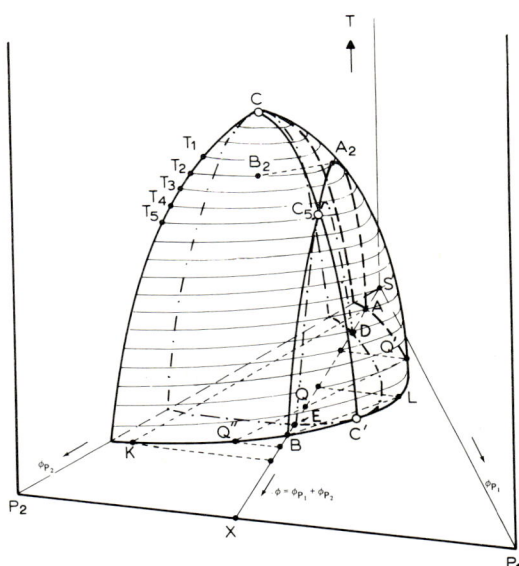

Abb. 6 - 16: Binodial-Oberfläche eines ternären flüssigen Systems mit einem zweiphasigen Bereich. CC_5C' = Verbindungslinie der kritischen Punkte. AA_2C_5B = quasibinärer Abschnitt (Trübungskurve). (R. Koningsveld).

kurve mit der Trübungskurve gibt den kritischen Punkt an (vgl. Abb. 6-17). Quantitative Berechnungen ergaben, daß der kritische Volumenbruch eines quasibinären Systems durch

(6-98) $(\phi_2)_{crit} = (1 + \overline{X}_w \overline{X}_z^{-0,5})^{-1}$

gegeben ist (vgl. dazu Gl. (6-95) für binäre Systeme). Der kritische Wechselwirkungsparameter ergibt sich zu

(6-99) $(\chi_0)_{crit} = 0,5 (1 + \overline{X}_z^{0,5} \overline{X}_w^{-1}) (1 + \overline{X}_z^{-0,5})$

Die Differenz zwischen dem Volumenbruch des Gelösten im Maximum der Trübungskurve und dem kritischen Volumenbruch kann als Maß für die Molekularuneinheitlichkeit dienen. Entsprechendes gilt für die Differenz der maximalen Trübungstemperatur und der kritischen Entmischungstemperatur.

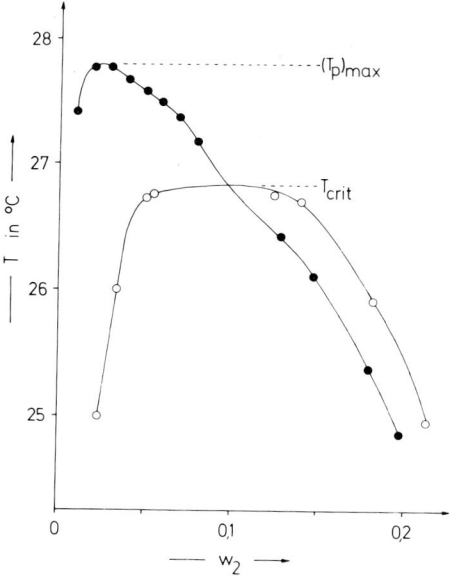

Abb. 6-17: Erste Fällungstemperaturen eines molekularuneinheitlichen Poly(styrols) mit $\overline{M}_z : \overline{M}_w : \overline{M}_n = 2,4 : 1,65 : 1$ und $\overline{M}_n = 210\,000$ g mol^{-1} in Abhängigkeit vom Massenbruch w_2 des Polymeren (●—●—●). Die Kurve ○—○—○ gibt die Koexistenzkurve einer sechsprozentigen Ausgangslösung für verschiedene Temperaturen T wieder, d. h. die Massenbrüche des Polymeren in den beiden koexistierenden Phasen (nach G. Rehage und D. Möller).

6.6.4 FRAKTIONIERUNG UND MIKROVERKAPSELUNG

Die Fraktionierung von Polymeren nach der Molmasse bildet die bedeutendste analytische Anwendung des Phänomens der Phasentrennung. Bei endothermen Systemen fallen bei einer Temperaturerniedrigung aus einer quasibinären Lösung zuerst die

Polymeren mit den höchsten Molmassen aus. Bei dieser „Fällung" handelt es sich selbstverständlich um eine Phasentrennung in eine hochkonzentrierte Gelphase und in eine an Polymeren verdünnte Solphase. Durch sukzessive Temperaturerniedrigung werden weitere Fraktionen isoliert und von jeder Fraktion Menge und Molmasse bestimmt. Die Fraktionierung ist dabei so vorzunehmen, daß die erhaltenen Fraktionen möglichst gut die Molmassenverteilung wiedergeben. Nach Computer-Rechnungen auf der Basis der Flory-Huggins-Theorie wird dies am besten erreicht, indem man zuerst das Polymer in fünf Fraktionen aufteilt und dann jede Fraktion in drei Unterfraktionen zerlegt (oder umgekehrt). Die anfallenden Fraktionen müssen dabei nicht notwendigerweise eine viel engere Molmassenverteilung als die Ausgangssubstanz aufweisen. Sie kann im Gegenteil u.U. sogar viel breiter sein.

Da die Fällungstemperaturen oft in einem experimentell ungünstigen Bereich liegen, wird die Fällfraktionierung meist durch Zugabe eines Fällungsmittels bei konstanter Temperatur ausgeführt. Es ist dabei vorteilhaft, mit einer ca. einprozentigen Lösung in einem schlechten Lösungsmittel zu beginnen und als Fällungsmittel einen schwachen Nichtlöser zu verwenden. Um eine gute Fraktionierung zu erreichen, wird nach der eingetretenen Fällung wieder bis zum Lösen erwärmt und dann unter gutem Rühren erneut abgekühlt. Weitere Fraktionen werden durch sukzessive Zugabe von Fällungsmittel gewonnen.

6.6.5 ERMITTLUNG VON THETA-ZUSTÄNDEN

Bei binären Systemen ist die kritische Temperatur mit dem Maximum der Trübungskurve identisch (vgl. Kap. 6.6.3). Für die Abhängigkeit der kritischen Temperatur von Polymerisationsgrad des Gelösten ergibt sich durch Kombination der Gl. (6 – 49) und (6 – 96) unter Annahme von $\sigma = 0$

$$(6-100) \quad \frac{1}{T_{\text{crit}}} = \frac{1}{\Theta} + \frac{1}{\Theta \psi}\left(\frac{1}{X_2^{0,5}} + \frac{1}{2\,X_2}\right)$$

Bei unendlich hohem Polymerisationsgrad ist somit die kritische Mischungstemperatur mit der Theta-Temperatur identisch. Die Theta-Temperatur ist daher die kritische Mischungstemperatur eines Polymeren mit unendlich hohem Polymerisationsgrad.

Die von Gl. (6 – 100) geforderte Abhängigkeit der kritischen Mischungstemperatur vom Polymerisationsgrad wird nicht nur für binäre, sondern auch für quasibinäre Systeme gefunden (Abb. 6 – 18). Die Neigung der Geraden wird dabei durch den Entropieterm ψ bestimmt. Ist dessen Wert sehr klein, so liegt die kritische Mischungstemperatur weit entfernt von der Theta-Temperatur. Poly(chloropren) in Butanon weist z. B. eine Theta-Temperatur von 298,2 K und einen Entropieterm von $\psi = 0{,}05$ auf. Für eine Molmasse von 700 000 g mol^{-1} beträgt somit die kritische Mischungstemperatur $-73\,°C$. U.U. müssen also recht breite Temperaturintervalle untersucht werden, um die kritische Mischungstemperatur zu bestimmen.

Die auf Gl. (6 – 100) basierende Methode zur Bestimmung der Theta-Temperatur setzt Messungen an verschiedenen Proben bekannten Polymerisationsgrades voraus und ist daher sehr aufwendig. Theta-Temperaturen können aber auch nach einem anderen Verfahren an einer einzigen Probe ermittelt werden, deren Molmasse zudem nicht bekannt zu sein braucht. Das Verfahren wurde erstmals bei der Bestimmung von

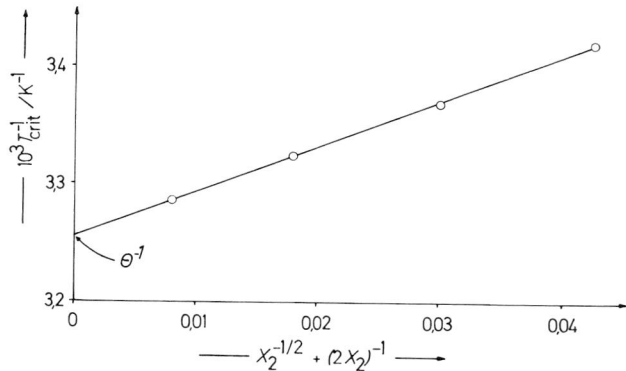

Abb. 6–19: Abhängigkeit des Volumenbruches ϕ_3 des Fällungsmittels vom Logarithmus des Volumenbruches ϕ_2 des Gelösten im ersten Trübungspunkt für Poly(styrole) verschiedenen Viskositätsmittels der Molmasse im System Benzol/i-Propanol bei 25°C (nach A. Staško und H.-G. Elias).

Theta-Mischungen gefunden und später auf die Bestimmung von Theta-Temperaturen von binären und quasibinären Systemen übertragen.

Das Verfahren arbeitet mit sehr verdünnten Lösungen, normalerweise im Bereich von ϕ_2 zwischen 10^{-2} und 10^{-5}. Bei der sog. Fällungspunkttitration werden verdünnte Lösungen des Polymeren bei konstanter Temperatur mit einem Nichtlösungsmittel auf die ersten Trübungspunkte titriert. Trägt man dann den Volumenbruch ϕ_3 des Fällungsmittels im ersten Fällungspunkt gegen den Logarithmus des Volumenbruches ϕ_2 des Polymeren im Fällungspunkt auf, so schneiden sich die bei polymerhomologen Substanzen erhaltenen Geraden nach experimentellen und theoretischen Befunden beim Volumenbruch $\phi_2 = 1$ in einem Punkt $(\phi_3)_\Theta$ (Abb. 6–19). Dieser Punkt entspricht einem Theta-Gemisch Lösungsmittel/Fällungsmittel für das Polymer bei dieser Temperatur.

In analoger Weise kann man die erste Trübung auch durch Temperaturerniedrigung anstelle durch Fällungsmittelzugabe erzeugen. Die Konzentrationsabhängigkeit der ersten Trübungstemperaturen wird dabei durch

(6-101) $T_p^{-1} = \Theta^{-1} + \text{const.} \log \phi_2$

beschrieben. Bei $\phi_2 = 1$ erhält man somit den Kehrwert der Theta-Temperatur.

Führt man die Messungen mit dem gleichen System Lösungsmittel/Fällungsmittel/Temperatur an Copolymeren verschiedener Zusammensetzung aus, so liegen die $(\phi_3)_\Theta$-Werte für die verschiedenen Gehalte w_A der Copolymeren an der Bausteinsorte A auf einer Geraden (Abb. 6–20). Experimentell wurde gezeigt, daß die Methode nur auf die mittlere Zusammensetzung der Copolymeren anspricht, vorausgesetzt, es handelt sich um Copolymere mit genügend niedriger Uneinheitlichkeit von Molekül zu Molekül. Die erhaltenen Werte von $(\phi_3)_\Theta$ sind also unabhängig davon, ob es sich um alternierende, statistische oder verzweigte Copolymere, oder um Block- oder Pfropfpolymere handelt. Mit dem Verfahren kann somit die Zusammensetzung von Copo-

6.6 Phasentrennung

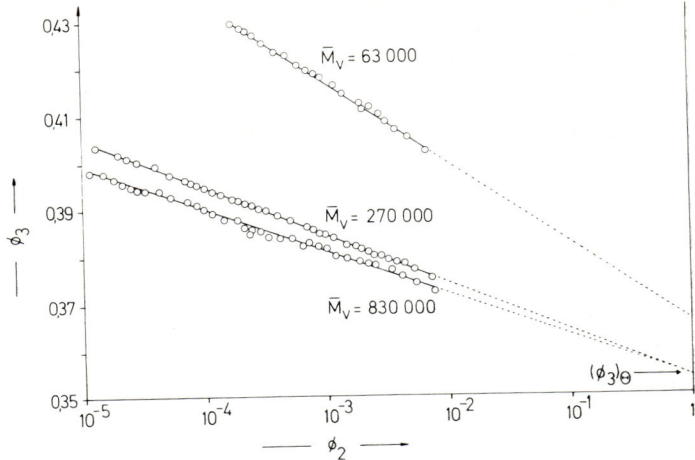

Abb. 6–18: Bestimmung der Theta-Temperatur aus der Abhängigkeit der kritischen Temperatur vom Polymerisationsgrad. Messungen an Poly(styrolen) in Cyclohexan (nach A. R. Shultz).

lymeren aufgeklärt werden. Es ist besonders interessant für die Untersuchung von Pfropfpolymeren, da z.B. eine kleine Beimengung des Unipolymeren mit dem niedrigeren $(\phi_3)_\Theta$ nur diesen Wert ergibt und nicht den $(\phi_3)_\Theta$-Wert der mittleren Zusammensetzung des Gemisches. Wählt man nun umgekehrt ein anderes System Lösungsmittel/Fällungsmittel/Temperatur, in dem dieses Unipolymer jetzt einen höheren $(\phi_3)_\Theta$-Wert als das Copolymer aufweist, so läßt sich die Zusammensetzung des Copolymeren unabhängig von der Beimengung des Unipolymeren ermitteln.

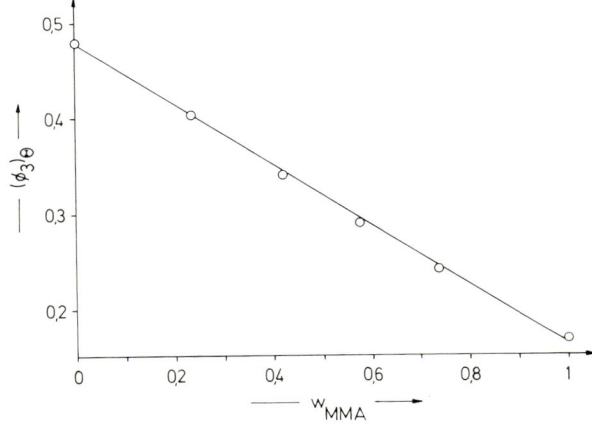

Abb. 6–20: Abhängigkeit der $(\phi_3)_\Theta$-Werte vom Massenbruch w_{MMA} der Methylmethacrylat-Bausteine in Poly(styrol-co-methylmethacrylaten). Lösungsmittel: Methylisopropylketon, Fällungsmittel: n-Hexan, Temperatur: 25°C (nach H.-G. Elias und U. Gruber).

Die Molmassenverteilung kann, wenigstens im Prinzip, durch die Methode der Fällungstitration ermittelt werden. Bei der Fällungstitration gibt man zu einer sehr verdünnten (ca. 0.01%) Lösung unter Rühren laufend Fällungsmittel und beobachtet die Zunahme die Trübung als Funktion der Fällungsmittelmenge. Die erhaltene Trübungskurve ist ein qualitatives Maß für die Molmassenverteilung. Sie kann jedoch nur schwierig quantitativ ausgewertet werden, da die Trübung sich durch das Zusammenfließen der Tröpfchen während der Titration laufend ändert. Die Trübung ist daher nicht nur durch die Masse und Konzentration der Polymeren allein bedingt.

6.6.6 PHASENTRENNUNG BEI LÖSUNGEN VON STÄBCHEN

Lösungen knäuelförmiger Makromoleküle entmischen sich normalerweise in zwei Phasen: eine niedrigkonzentrierte Solphase und eine höherkonzentrierte Gelphase. Lösungen von Stäbchen können Mesophasen bilden (vgl. Kap. 5.5), sodaß bei einer Phasentrennung mindestens drei Phasen auftreten: eine verdünnte isotrope Phase, eine anisotrope (flüssig-kristalline) Mesophase und eine heterogene Phase als Dispersion der Mesophase in der isotropen Phase. Falls mehr als eine Mesophase existieren kann, beobachtet man bei Phasentrennung noch eine vierte (anisotrope) Phase aus den beiden Mesophasen (Abb. 6–21).

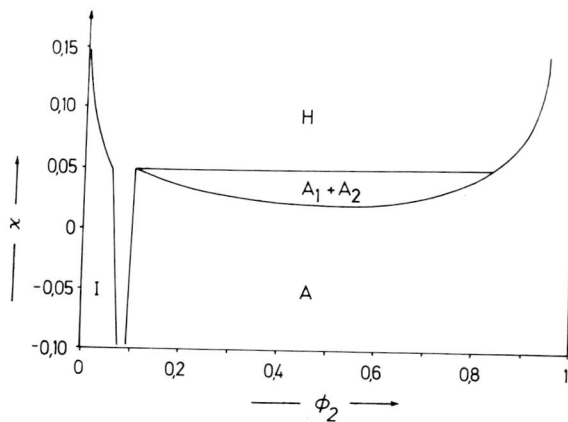

Abb. 6–21: Wechselwirkungsparameter χ als Funktion des Volumenbruches von starren Stäbchen mit dem Achsenverhältnis 150 in einem Lösungsmittel. Es bilden sich isotropen Lösungen (I), anisotrope Mesophasen (A), heterogene Phasen (H) und Mischphasen aus zwei Mesophasen ($A_1 + A_2$) aus. Der Wechselwirkungsparameter kann durch experimentell direkt meßbare Größen wie die reziproke Temperatur (vgl. Gl. (6–94) oder die Salzkonzentration in einem Lösungsmittel/Salz-Gemisch ersetzt werden.

Die kritischen Bedingungen für eine Phasentrennung von Lösungen von Stäbchen sind theoretisch berechnet worden. Für den kritischen Volumenbruch ergab sich in erster Näherung

(6-102) $\quad (\phi_2)_{crit} \approx \dfrac{8}{\Lambda}\left(1 - \dfrac{2}{\Lambda}\right)$

wobei Λ das Achsenverhältnis des Stäbchens ist. Für das in Abb. 6-21 gezeigte Beispiel ergibt sich so ein kritischer Volumenbruch von ca. 0,053.

Derartige Phasentrennungen sind bei einer Reihe steifer Makromoleküle gefunden worden, z.B. bei Lösungen von Poly(γ-benzyl-L-glutamaten) in helicogenen Lösungsmitteln, bei Lösungen von Poly(p-benzamid) in LiCl-haltigen Lösungen von N,N-Dimethylacetamid usw..

6.6.7 UNVERTRÄGLICHKEIT

In einem Gemisch von zwei verschiedenen Polymeren vertritt das Polymer 1 die Rolle des Lösungsmittels für das Polymer 2. In Gl. (6-34) werden in einem System Polymer 1/Polymer 2 die Polymerisationsgrade X_1 und X_2 vergleichbar groß. Für $\sigma = 0$ geht Gl. (6-34) daher über in

(6-102) $\quad \Delta\mu_1/RT = \chi_0\phi_2^2 + \ln(1 - \phi_2)$

Der ganze Entropiebeitrag stammt vom relativ kleinen logarithmischen Glied. Beim Mischen zweier Polymerer wird also nur wenig Entropie gewonnen, da die Ketten sich wegen ihrer großen Länge nur an wenigen Punkten berühren können, was zu einer drastischen Erniedrigung der Konfigurationsentropie führt. Die Verträglichkeit wird also weitgehend von der Mischungsenthalpie bestimmt.

Der numerische Vergleich der beiden Glieder in Gl. (6-103) ergibt, daß das chemische Potential schon bei sehr geringen Konzentrationen positiv wird. Gemische zweier Polymerer sind daher in der Regel thermodynamisch unverträglich. „Unverträglich" bedeutet dabei nicht, daß die beiden Polymeren über den ganzen Konzentrationsbereich unmischbar sind. Es bedeutet nur, daß in den praktisch wichtigen Konzentrationsbereichen Unverträglichkeit auftritt.

Die theoretische Aussage wird experimentell bestätigt. Von 281 untersuchten Polymerpaaren waren 239 mit Sicherheit unverträglich. Unverträglichkeit wird dabei auch für sehr ähnliche Polymere gefunden, z. B. für Poly(styrol)/Poly(p-methylstyrol). Nitrocellulose ist dagegen mit recht vielen Polymeren verträglich.

Für Mischungen von zwei Polymeren in einem gemeinsamen Lösungsmittel gilt sinngemäß das gleiche. Theoretische Berechnungen der Spinodalen zeigten, daß die Unverträglichkeit bei hohen Polymerkonzentrationen vom Wechselwirkungsparameter χ_{23} (Polymer/Lösungsmittel 3) abhängt. Bei tiefen Konzentrationen ist dagegen die Differenz zwischen den Wechselwirkungsparametern χ_{12} und χ_{13} wichtig. Falls diese beiden Wechselwirkungsparameter stark verschieden sind, wird man daher starke Lösungsmitteleinflüsse auf die Unverträglichkeit zweier Polymerer in verdünnten Lösungen beobachten. Das System Poly(styrol)/Poly(vinylmethylether) ist z.B. in Toluol, Benzol und Perchlorethylen verträglich, nicht aber in Chloroform und Methylenchlorid. Bei hohen Polymerkonzentrationen gilt dagegen, daß die Unverträglichkeit in einem Lösungsmittel normalerweise von einer Unverträglichkeit in allen anderen Lösungsmitteln begleitet wird.

Unverträgliche Polymergemische geben sich in vielen Fällen rein optisch durch ihr opakes Aussehen im festen Zustand zu erkennen. Klare Proben sind dagegen kein Beweis für die Verträglichkeit zweier Polymerer, da eine Opazität nur bei genügend großen Brechungsunterschieden zwischen genügend großen Bereichen beobachtet wird (vgl. auch Kap. 14.3). Bei klaren Proben läßt sich daher eine Unverträglichkeit oft elektronenmikroskopisch nachweisen. Bei genügend großen Bereichen treten oft auch zwei Glastemperaturen auf, die sich bei unverträglichen Polymeren nicht mit der Zusammensetzung des Gemisches ändern.

Unverträglichkeit ist in der Technik nicht immer unerwünscht. Sie wird sogar technisch bei den Blockpolymeren (vgl. Kap. 5) und bei den schlagfesten Polymeren (vgl. Kap. 35.3) ausgenutzt).

6.6.8 QUELLUNG

Bringt man ein chemisch vernetztes Makromolekül in verschiedene Lösungsmittel, so quillt es im Gleichgewicht je nach Güte des Lösungsmittels verschieden stark auf (Abb. 6-22). Die Quellung erfolgt bis zu einem Grenzwert, da das Lösungsmittel versucht, das Gel völlig aufzulösen. Wegen der chemischen Vernetzung werden aber die elastischen Rückstellkräfte wirksam. Im Quellungsgleichgewicht gilt folglich

(6-104) $\quad \Delta G = \Delta G_{mix} + \Delta G_{el} = 0$

wobei ΔG_{mix} die Gibbs-Mischungsenergie und ΔG_{el} die Gibbs-Energie der Elastizität ist. Für das chemische Potential des Lösungsmittels im Gel gilt folglich

(6-105) $\quad \Delta \mu_1^{gel} = N_L (\partial \Delta G_{mix}/\partial N_1)_{p,T,N_2} + N_L (\partial \Delta G_{el}/\partial N_1)_{p,T,N_2} = 0$

mit

(6-106) $\quad N_L (\partial \Delta G_{el}/\partial \alpha)_{N_2,p,T} (\partial \alpha/\partial N_1)_{N_2,p,T} = N_L (\partial \Delta G_{el}/\partial N_1)_{N_2,p,T}$

Die drei Differentiale in den Gl. (6-105) und (6-106) lassen sich wie folgt ermitteln:

1. Das chemische Potential des Lösungsmittels

(6-107) $\quad \Delta \mu_1 = (\partial \Delta G/\partial n_1)_{p,T,n_2} = N_L (\partial \Delta G/\partial N_1)_{p,T,N_2}$

ist durch Gl. (6-34) gegeben. Für unendlich hohe Polymerisationsgrade ($X_2 \to \infty$) in niedermolekularen Lösungsmitteln ($X_1 = 1$) erhält man für $\sigma = 0$ mit $R/N_L = k$

(6-108) $\quad (\partial \Delta G_{mix}/\partial N_1)_{p,T,N_2} = kT(\chi_0 \phi_2^2 + \ln(1-\phi_2) + \phi_2)$

2. Die Gibbssche Energie der Elastizität hängt nach der Ableitung in Kap. 11.3.3 außer vom Aufweitungsfaktor $\alpha = \alpha_x = \alpha_y = \alpha_z$ noch von der effektiven Molkonzentration ν_e an Ketten im Netzwerk vor der Vernetzung ab. Mit $\Delta G_{el} = -T \Delta S$ erhält man aus der Gl. (11-31)

(6-109) $\Delta G_{el} = 0.5\, kT\nu_e\,(3\,\alpha^2 - 3 - \ln \alpha^3)$

bzw. nach der Differentiation

(6-110) $(\partial \Delta G_{el}/\partial \alpha)_{p,T,N_2} = 0.5\, kT\nu_e\,(6\,\alpha - 3\,\alpha^{-1})$

3. Ein vernetztes Polymer mit dem Volumen V_0 im ungequollenen Zustand quillt bis zum Volumen V. Bei einer isotropen Ausdehnung gilt $\alpha^3 = V/V_0 = \phi_2^{-1}$. Falls die Volumina additiv sind, gilt ferner $\phi_2 = V_0/(V_1 + V_0) = V_0/(N_1 V_1^m N_L^{-1} + V_0)$. Durch Einsetzen all dieser Beziehungen in den Ausdruck für α und Differentiation erhält man

(6-111) $(\partial \alpha/\partial N_1)_{p,T,N_2} = V_1^m/(3\,\alpha^2 V_0 N_L)$

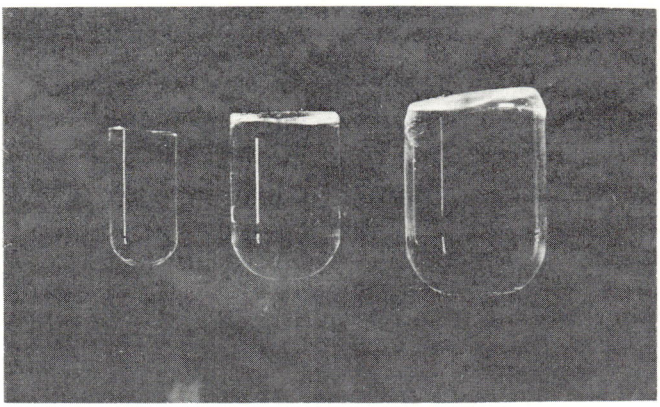

Abb. 6-22: Einfluß der Güte des Lösungsmittels auf die Quellung schwach vernetzter Proben von Polystyrol (Vernetzung mit Divinylbenzol). Von links nach rechts: ungequollene Probe, Quellung im schlechten Lösungsmittel Cyclohexan (χ_0 hoch), Quellung im guten Lösungsmittel Benzol (χ_0 niedrig)

Die Kombination der Gl. (6-105), (6-106), (6-108), (6-110) und (6-111) führt nach einigen Umformungen zu

(6-112) $\chi_0 \phi_2^2 + \ln(1-\phi_2) + \phi_2 = -(\nu_e V_1^m V_0^{-1} N_L^{-1})\,(\phi_2^{1/3} - (\phi_2/3))$

Falls man daher den Flory-Huggins-Wechselwirkungsparameter durch andere Messungen kennt, läßt sich aus dem beobachteten Volumenbruch des Polymeren im Gel die effektive Zahl der Netzketten berechnen.

Gl. (6-112) beschreibt recht gut das Verhalten schwach gequollener, schwach vernetzter Polymerer. Bei stark vernetzten Substanzen sind natürlich die Beiträge der Wechselwirkung Polymer/Lösungsmittel und der Verdünnung durch das Lösungsmittel gegenüber dem Elastizitätsterm zu vernachlässigen. Hochvernetzte Polymere quellen daher in verschieden guten Lösungsmitteln gleich stark, aber selbstverständlich nur wenig.

6.6.9 KRISTALLINE POLYMERE

Alle bislang diskutierten Ableitungen gelten nur für die Entmischung in zwei flüssige Phasen. Bei kristallinen Polymeren erfolgt jedoch die Phasentrennung in eine kristalline und eine flüssige Phase. Für die Änderung des chemischen Potentials der gelösten Substanz in der Solphase gilt nach Gl. (6-4):

(6-113) $d\mu_i^{sol} = \widetilde{V}_i^m\, dp - \widetilde{S}_i^m dT + RT\, d\ln a_i^m$

Bei einem kristallinen Material ist die Aktivität definitionsgemäß gleich 1:

(6-114) $d\mu_i^{cr} = V_i^m\, dp - S_i^m\, dT$

Im Lösegleichgewicht sind die chemischen Potentiale in beiden Phasen gleich groß:

(6-115) $d(\mu_i^{sol} - \mu_i^{cr}) = (\widetilde{V}_i^m - V_i^m)\, dp - (\widetilde{S}_i^m - S_i^m)\, dT + RT\, d\ln a_i = 0$

Bei einem isotherm/isobaren Prozeß gilt $dp = 0$ und $dT = 0$ und folglich auch $d\ln a_i = 0$, d. h. $a_i = const$. Im Lösegleichgewicht kristalliner Substanzen kann daher eine bestimmte Sättigungsgrenze nicht überschritten werden. Eine kristalline Substanz ist daher im Gegensatz zu einer amorphen Substanz nur begrenzt löslich. Da diese Sättigungsgrenze von der Aktivität abhängt und Zusätze die Aktivität verändern, wird auch die Sättigungskonzentration durch Zusätze erniedrigt (Aussalzen) oder erhöht (Einsalzen).

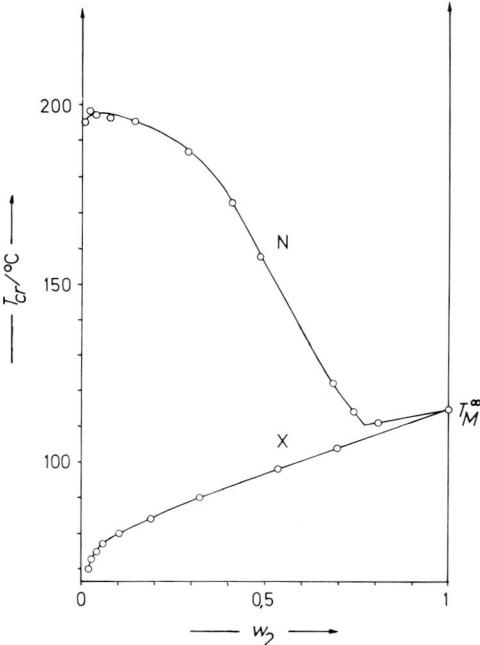

Abb. 6-23: Kristallisationstemperatur T_{cr} von Poly(ethylen) in Xylol (X) bzw. Nitrobenzol (N) als Funktion des Massenbruches w_2 des Polymeren (nach R. B. Richards).

Der Schmelztemperatur T_{cr} eines Systems aus einem molekulareinheitlichen Polymeren und einem Lösungsmittel hängt stark von der Konzentration des Polymeren ab. Das chemische Potential des Polymeren in der kristallinen Phase ist mit der Gibbsschen Schmelzenergie ΔG_M^m identisch

(6–116) $\quad \mu_2^{cr} - \mu_2^0 = \Delta G_M^m = \Delta H_M^m - T_{cr}\Delta S_M^m = \Delta H_M^m (1 - T_{cr}\Delta S_M^m/\Delta H_M^m)$

Bei der Schmelztemperatur des unverdünnten Polymeren gilt $T_M^\infty = \Delta H_M^m/\Delta S_M^m$, sodaß Gl. (6-116) übergeht in

(6–117) $\quad \mu_2^{cr} - \mu_2^0 = \Delta H_M^m (1 - (T_{cr}/T_M^\infty))$

Die Schmelzenthalpie und die Schmelzentropie werden als temperaturunabhängig angenommen. Im Gleichgewicht gilt ferner

(6–118) $\quad \mu_2^{cr} - \mu_2^0 = \mu_2^{sol} - \mu_2^0$

Einsetzen der Gl. (6-118) und (6-35) in Gl. (6-117) führt zu

(6–119) $\quad \dfrac{1}{T_{cr}} = \dfrac{1}{T_M^\infty} + \dfrac{R}{\Delta H_M^m} \left[X_2 X_1^{-1}(\chi_0 + 2\sigma\phi_2)(1-\phi_2)^2 + (1 - X_2 X_1^{-1})(1-\phi_2) + \ln\phi_2 \right]$

Nach Gl. (6-119) sollte also die Schmelztemperatur bei einer Phasentrennung in eine flüssige und eine kristalline Phase mit steigender Konzentration des Lösungsmittels abnehmen. Dieses Verhalten wird z.B. bei Lösungen des Poly(ethylens) in Xylol beobachtet (Abb. (6-23)).

Literatur zu Kap. 6

6.1 Grundlagen

P. J. Flory, Principles of Polymer Chemistry, Cornell University Press, Ithaca, N.Y. 1953
H. Tompa, Polymer Solutions, Butterworth, London 1956
H. Morawetz, Macromolecules in Solution, Interscience, New York, 2. Aufl. 1975
P. J. Flory, Statistical Mechanics of Chain Molecules, Interscience, New York 1969
V. N. Tsvetkov, V. Ye. Eskin und S. Ya. Frenkel, Structure of Macromolecules in Solution, Butterworth, London 1970
G. C. Berry und E. F. Casassa, Thermodynamic and Hydrodynamic Behavior of Dilute Polymer Solutions, Macromol. Revs. **4** (1970) 1
H. Yamakawa, Modern Theory of Polymer Solutions, Harper und Row, New York 1971
S. von Taparicza und J. M. Prausnitz, Thermodynamik von Polymerlösungen: Eine Einführung, Chem.-Ing.-Techn. **47** (1975) 552
D. W. van Krevelen, Properties of polymers, Elsevier, Amsterdam, 2. Aufl. 1976
H. Eisenberg, Biological macromolecules and polyelectrolytes in solution, Clarendon Press, Oxford 1976

6.2 Löslichkeitsparameter

J. L. Gardon, Cohesive-Energy Density, in H. F. Mark, N. G. Gaylord und N. M. Bikales, Hrsg., Encyclopedia of Polymer Science and Technology, Interscience, New York 1966, Vol. 3, p. 833
D. Patterson, Free volume and polymer solubility. A qualitative review, Macromolecules **2** (1969) 672
A. F. M. Barton, Solubility parameters, Chem. Revs. **75** (1975) 731

6.3 Statistische Thermodynamik

D. Patterson, Thermodynamics of Non-Dilute Polymer Solutions, Rubber Chemistry and Technology **40** (1967) 1
H. Sotobayashi und J. Springer, Oligomere in verdünnten Lösungen, Adv. Polymer Sci. **6** (1969) 473
K.-J. Liu und J. E. Anderson, Proton Magnetic resonance studies of molecular interactions in polymer solutions. J. Macromol. Sci. **C 5** (1970) 1
A. Veis, Hrsg., Biological polyelectrolytes, Biol. Macromol. Ser. **3**, Dekker, New York 1970
A. Katchalsky, Polyelectrolytes, in IUPAC-International Symposium on Macromolecules, Leiden 1970 (= Pure and Applied Chemistry **26** (1971) Nos. 3–4, p. 327
F. Oosawa, Polyelectrolytes, Dekker, New York 1971
N. Ise, The Mean Activity Coefficient of Polyelectrolytes in Aqueous Solutions and Its Related Properties, Adv. Polymer Sci. **7** (1971) 536
D. J. R. Laurence, Interactions of Polymers with Small Ions and Molecules, in B. Carroll, Hrsg., Physical Methods in Macromolecular Chemistry, Dekker, N.Y., Vol. 2, 1972
B. E. Conway, Solvation of Synthetic and Natural Polyelectrolytes, J. Macromol. Sci. **C 6** (1972) 113
W. V. Smith, Fractionation of Polymers, Rubber Chem. Technol. **45** (1972) 667
E. Sélégny, M. Mandel und U. P. Strauss, Hrsg., Polyelectrolytes (= Charged and reactive polymers, Bd. 1), Reidel Publ. Co., Dordrecht, Holland 1974
L. Rebenfeld, P. J. Makarewicz, H. D. Weigmann, G. L. Wilkes, Interaction between solvents and polymers in the solid state, J. Macromol. Sci.-Revs. Macromol. Chem. **C 15** (1976) 279
R. A. Orwoll, The polymer-solvent interaction parameter χ, Rubber Chem. Technol. **50** (1977) 451

6.5 Assoziation

H.-G. Elias, Association and Aggregation as Studied via Light Scattering, in M. B. Huglin, Hrsg., Light Scattering from Polymer Solutions, Academic Press, London 1972
H.-G. Elias, Association of Synthetic Polymers, in K. Solc, Hrsg., Order in Polymer Solutions (= Midland Macromol. Monographs, Vol. 2), Gordon and Breach, New York 1975
T. Wagenknecht und V. A. Bloomfield, Equilibrium mechanisms of length regulation in linear protein aggregates, Biopolymers **14** (1975) 2297
F. Oozawa und S. Asakura, Thermodynamics of the polymerization of protein, Academic Press, London 1975
Z. Tuzar und P. Kratochvíl, Block and graft copolymer micelles in solution, Adv. Colloid Interf. Sci. **6** (1976) 201

6.6 Phasentrennung

M. J. R. Cantow, Hrsg., Polymer Fractionation, Academic Press, New York 1967
R. Konigsveld, Preparative and Analytical Aspects of Polymer Fractionation, Adv. Polymer Sci. **7** (1970) 1
W. V. Smith, Fractionation of Polymers, Rubber Chem. Technol. **45** (1972) 667
B. A. Wolf, Zur Thermodynamik der enthalpisch und entropisch bedingten Entmischung von Polymerlösungen, Adv. Polymer Sci. **10** (1972) 109
S. Krause, Polymer Compatibility, J. Macromol. Sci. [Revs.] **C 7** (1972) 251
H.-G. Elias, Cloud point and turbidity titrations, in L. H. Tung, Hrsg., Fractionation of Synthetic Polymers, M. Dekker, New York 1977
R. Koningsveld, Phase equilibria in polymer systems, Brit. Polymer J. **7** (1975) 435

7 Transportphänomene

Transportiert werden können Materie, Energie, Ladung, Impuls und Drehimpuls. Der Transport von Materie erfolgt im Schwerefeld der Erde durch Diffusion, im Zentrifugalfeld durch Sedimentation und im elektrischen Feld z. B. durch Elektrophorese. Die Viskosität von Gasen ist durch einen Transport von Impuls bedingt. Energie wird z. B. bei der Wärmeleitung transportiert.

In diesem Kapitel werden die Grundlagen des Transportes von Makromolekülen in verdünnten Lösungen beschrieben; sie werden im Kap. 9 bei der Bestimmung von Molmassen angewendet. Ferner wird die Viskosität von Schmelzen und konzentrierten Lösungen behandelt, nicht aber die Ermittlung von Molmassen über relative Viskositäten (s. dazu Kap. 9). Die Wärmeleitung wird aus Zweckmäßigkeitsgründen zusammen mit den thermischen Eigenschaften von Polymeren in Kap. 10 diskutiert.

7.1 Hydrodynamisch wirksame Größen

Beim Transport von Materie in einer Lösung sind die hydrodynamisch wirksame Masse und das hydrodynamisch wirksame Volumen nicht mit der Masse und dem Volumen des „trockenen" Makromoleküls identisch. Ein Proteinmolekül wie z. B. Myoglobin schleppt in seinem Innern beim Transport Lösungsmittel mit, das zum Reibungswiderstand beiträgt.

Die hydrodynamisch wirksame Masse m_h eines wandernden Moleküls setzt sich aus der Masse m_2 des „trockenen" Makromoleküls mit der Molmasse M_2 und aus der Masse $m_1^\square$ des mit diesem Makromolekül transportierten Lösungsmittels zusammen. Drückt man diese Masse des Lösungsmittels als Vielfaches $\Gamma_h = m_1^\square / m_2$ der Molekülmasse aus, so erhält man für die hydrodynamisch wirksame Masse eines Moleküls

$$(7-1) \quad m_h = m_2 + m_1^\square = m_2(1 + \Gamma_h) = M_2(1 + \Gamma_h)/N_L$$

Das hydrodynamisch wirksame Volumen V_h setzt sich analog aus den Volumina des trockenen Makromoleküls und des mitwandernden Lösungsmittels zusammen, wobei die Volumina durch die spezifischen Volumina v_2 und $v_1^\square$ ersetzt werden können:

$$(7-2) \quad V_h = V_2 + V_1^\square = v_2 m_2 + v_1^\square m_1 = M_2(v_2 + \Gamma_h v_1^\square)/N_L$$

Das spezifische Volumen $v_1^\square$ des Lösungsmittels im Makromolekül ist verschieden vom spezifischen Volumen v_1 des reinen Lösungsmittels, da ein Teil des im Makromolekül vorhandenen Lösungsmittels in eine spezifische Wechselwirkung (Solvatation) mit dem Makromolekül treten wird. Ein anderer Teil wird rein mechanisch mitgeschleppt. Das totale Volumen V der Lösung aus dem Lösungsmittel mit der totalen Masse m_1 und dem trockenen Makromolekül mit der Masse m_2 ergibt sich daher zu

$$(7-3) \quad V = m_2 v_2 + (m_1 - m_1^\square) v_1 + m_1^\square v_1^\square$$

und mit $\Gamma_h = m_1^\square/m_2$

(7-4) $V = m_2 v_2 + m_1 v_1 + \Gamma_h m_2 (v_1^\square - v_1)$

In einer sehr verdünnten Lösung ist Γ_h konstant und unabhängig von der Konzentration. Das partielle spezifische Volumen des Gelösten ergibt sich durch Differentiation der Gl. (7-4) in diesem Fall zu

(7-5) $\widetilde{v}_2 = (\partial V/\partial m_2)_{p,T,m_1} = v_2 + \Gamma_h (v_1^\square - v_1)$

Die Kombination der Gl. (7-2) und (7-5) führt zu

(7-6) $V_h = (M_2/N_L)(\widetilde{v}_2 + \Gamma_h \widetilde{v}_1)$

Das hydrodynamische Volumen hängt daher stark vom Faktor Γ_h ab. Γ_h ist nach diesen Betrachtungen ein Maß für die innerhalb eines Makromoleküls durch Solvatation und/oder rein mechanisch mitgeschleppte Menge Lösungsmittel.

7.2 Diffusion in verdünnten Lösungen

7.2.1 GRUNDLAGEN

Bei den Diffusionsprozessen werden die Translationsdiffusion, die Rotationsdiffusion und die Thermodiffusion voneinander unterschieden. Die Translationsdiffusion wird meist als Diffusion schlechthin angesehen. Sie besteht im isothermen Ausgleich von Materie zwischen zwei Phasen unterschiedlicher Konzentration. Als Rotationsdiffusion wird die Drehung von Molekülen und Partikeln um ihre eigene Achse bezeichnet. Thermodiffusion ist der Ausgleich von Materie unter der Wirkung eines Temperaturgradienten.

Die Diffusion eines Gelösten wird durch seinen Fluß J_d beschrieben, der als zeitliche Änderung der Masse bei Durchtritt durch eine Grenzfläche A definiert ist:

(7-7) $J_d \equiv dm/(A\,dt)$

Der Fluß erfolgt von der höheren zur tieferen Konzentration und ist daher nach dem 1. Fickschen Gesetz proportional dem Konzentrationsgradienten (vgl. Lehrbücher der Physikalischen Chemie):

(7-8) $J_d = -D(\partial c/\partial r)$

Die Proportionalitätskonstante D wird Diffusionskoeffizient genannt.

Bei Lösungen von Polymeren mißt man meist nicht die Verschiebung der Masse und folglich auch nicht den Fluß, sondern die Änderung der Konzentration mit der Zeit. Da das Gesetz der Erhaltung der Masse gelten muß, bekommt man unmittelbar

(7-9) $(\partial c/\partial t) = -(\partial J_d/\partial r)$

Durch Kombination dieser Gleichung mit Gl. (7-8) gelangt man zum 2. Fickschen Gesetz

(7-10) $\dfrac{\partial c}{\partial t} = \dfrac{\partial (D(\partial c/\partial r))}{\partial r}$

Ist der Diffusionskoeffizient D unabhängig von der Konzentration c und damit auch vom Weg r, so geht Gl. (7–10) über in

(7–11) $\quad \partial c/\partial t = D\, (\partial^2 c/\partial r^2)$

7.2.2 EXPERIMENTELLE METHODEN

Eine verhältnismäßig einfache Lösung des 2. Fickschen Gesetzes ergibt sich für den Fall, daß beim Beginn des Experimentes zwischen zwei Lösungen mit den Konzentrationen c' und c'' eine unendlich scharfe Grenzfläche ($dr = 0$) besteht. Die Diffusion soll ferner nur über einen so großen Zeitraum beobachtet werden, daß an den Enden des Diffusionsraumes noch die Ausgangskonzentrationen erhalten bleiben. Die Integration der Gl. (7–11) liefert dann

(7–12) $\quad c\,(r, t) = \left(\dfrac{c' - c''}{2}\right)\left[1 - (2/\pi^{0,5}) \int_{r_0}^{r} \exp(-(r-r_0)^2/4\,Dt)\,dr\right]$

Die für diese Randbedingungen geforderte scharfe Grenzfläche wird experimentell einer Reihe von Diffusionszellen verwirklicht. Bei den Schieberzellen teilt ein Schieber die untere, mit der dichteren Lösung beschickte Kammer von der oberen mit der weniger dichten Lösung (meist Lösungsmittel). Beim Beginn des Diffusionsexperimentes wird dann der Schieber herausgezogen. Eine andere Diffusionszelle arbeitet nach dem Unterschichtungsprinzip. Die Kammer ist hier zunächst zur Hälfte mit der weniger dichten Lösung gefüllt. Durch ein Ventil wird dann am Boden der Kammer die dichtere Lösung eingelassen, und zwar so lange, bis die Grenzschicht zwischen den beiden Lösungen die Mitte des Beobachtungsfensters erreicht. In dieser Position sind rechtwinklig zu den Zellenfenstern Schlitze angebracht, durch die die Grenzschicht abgesaugt und somit geschärft werden kann.

Das Fortschreiten der Diffusion kann z. B. durch Absorptionsmessungen (sichtbares Licht, UV, IR) oder durch Interferenzmessungen verfolgt werden. Beide Typen von Verfahren registrieren eine der Konzentration proportionale Größe als Funktion des Ortes bei konstanter Zeit (oder umgekehrt) und erfüllen daher die Bedingung der Gl. (7–12). Durch eine geeignete optische Methode, das Schlierenverfahren, kann man aber auch den Konzentrationsgradienten dc/dr als Funktion des Ortes aufnehmen. Zur Auswertung der Experimente nach dem Schlierenverfahren ist Gl. (7–12) zu differenzieren:

(7–13) $\quad \partial c/\partial r = -[0{,}5\,(c' - c'')/(\pi Dt)^{0,5}]\,\exp[-(r-r_0)^2/(4\,Dt)]$

Die über die Gl. (7–12) bzw. (7–13) ermittelten Diffusionskoeffizienten hängen in der Regel noch von den Konzentrationen der Ausgangslösungen ab. Alle bisherigen Gleichungen bezogen sich dagegen auf unendlich verdünnte Lösungen. Die Konzentrationsabhängigkeit des Diffusionskoeffizienten läßt sich bei verdünnten Lösungen meist durch

(7–14) $\quad D_c = D\,(1 + k_D c)$

wiedergeben. Die Konstante k_D enthält einen hydrodynamischen und einen thermodynamischen Term und nimmt in einer polymerhomologen Reihe im allgemeinen mit steigendem Molekulargewicht ab. Der bei einer endlichen Konzentration c gemessene Diffusionskoeffizient D_c bezieht sich auf das Mittel zwischen den beiden Ausgangskonzentrationen, d.h. bei der Messung einer Konzentration c_0 gegen das reine Lösungsmittel auf die Konzentration $c_0/2$.

Die Diffusionskoeffizienten D werden bei polymolekularen Stoffen je nach Auswertemethode als verschiedene Mittelwerte erhalten. Besonders häufig sind das Massenmittel (auch Momentenmittel genannt)

$$(7-15) \quad \bar{D}_w = \frac{\sum\limits_i w_i D_i}{\sum\limits_i w_i} \equiv \bar{D}_w^{(1)}$$

und das sog. Flächenmittel (auch D_1-Mittel genannt)

$$(7-16) \quad \bar{D}_A = \left(\frac{\sum\limits_i w_i D_i^{-0,5}}{\sum\limits_i w_i} \right)^{-2} \equiv \bar{D}_w^{(-0,5)}$$

Massen- und Flächenmittel sind bei nicht zu breiten Molmassenverteilungen für statistische Knäuel und flexible Stäbchen innerhalb der Meßfehler praktisch identisch. Neben diesen Mittelwerten lassen sich natürlich noch eine Reihe anderer definieren (s. auch Kap. 8).

7.2.3 MOLEKULARE GRÖSSEN

Der Diffusionskoeffizient D ist nach der Einstein-Sutherland-Gleichung mit dem molekularen Reibungskoeffizienten f_D verknüpft:

$$(7-17) \quad D = \frac{kT}{f_D} = \frac{RT}{f_D N_L}$$

Für den Reibungskoeffizienten f_{Kugel} einer unsolvatisierten Kugel von homogener Dichte in einem Lösungsmittel mit der Viskosität η_1 gilt andererseits nach Stokes

$$(7-18) \quad f_{Kugel} = 6\pi \eta_1 r_{Kugel}$$

Bei einer solvatisierten Kugel ist der Radius r_{Kugel} durch den hydrodynamisch wirksamen Radius r_h zu ersetzen. Abweichungen von der Kugelform können ferner durch einen Asymmetriefaktor $f_A = f_D / f_{Kugel}$ beschrieben werden. Der Reibungskoeffizient eines solvatisierten Teilchens beliebiger Form ergibt sich daher zu

$$(7-19) \quad f_D = f_A (6\pi \eta_1 r_h)$$

Der hydrodynamische Radius läßt sich durch das hydrodynamische Volumen der Gl. (7–6) und der Reibungskoeffizient durch Gl. (7–17) ausdrücken, so daß man für den Diffusionskoeffizienten erhält

$$(7-20) \quad D = \left(\frac{RT}{6\pi \eta_1 N_L f_A} \right) \left[\frac{3 M_2}{4\pi N_L} (\widetilde{V}_2 + \Gamma_h \widetilde{V}_1) \right]^{-1/3}$$

Der Diffusionskoeffizient D läßt sich nach Gl. (7–20) nicht ohne weiteres molekular interpretieren, da er außer von den bekannten bzw. meßbaren Größen R, T, N_L, η_1, $\widetilde{V}_2$ und v_1 noch von drei Unbekannten abhängt: der Molmasse M_2, dem Asymmetriefaktor f_A und dem Parameter Γ_h. Für unsolvatisierte Kugeln ist $f_A = 1$ und

$\Gamma_h = 0$. In einer homologen Reihe solcher Kugelmoleküle nimmt der Diffusionskoeffizient D folglich mit $M^{-1/3}$ ab. In einer homologen Reihe von Molekülen anderer Formen ist noch die Molmassenabhängigkeit von f_A und Γ_h zu berücksichtigen. Allgemein findet man für solche Reihen empirisch

(7–21) $\quad D = K_D M_2^{a_D}$

K_D und a_D sind Konstanten, die noch von der Form und Solvatation der Moleküle abhängen. a_D läßt sich durch die Exponenten der Beziehungen zwischen Molmasse und anderen hydrodynamischen Größen ausdrücken (vgl. Gl. (8–61)).

Die Diffusionskoeffizienten D von Makromolekülen in verdünnten Lösungen weisen Werte von ca. 10^{-7} cm^2/s auf (Tab. 7-1). Die Diffusionskoeffizienten der Proteine Ribonuclease, Hämoglobin, Kollagen und Myosin sowie der Desoxyribonuclease wurden in verdünnten wässrigen Salzlösungen gemessen. Sie wurden unter der Annahme, daß die Diffusionskoeffizienten in diesen Salzlösungen und in reinem Wasser sich nur durch den Einfluß der unterschiedlichen Viskosität und nicht durch geänderte Asymmetriekoeffizienten und Solvatationskoeffizienten unterscheiden, auf Messungen in reinem Wasser umgerechnet. Die Diffusionskoeffizienten von Makromolekülen in Schmelzen sind viel geringer und liegen bei ca. 10^{-12} bis 10^{-13} cm^2/s.

Tab. 7-1: Diffusionskoeffizienten D von Makromolekülen in verdünnten Lösungen

Makromolekül	$\dfrac{M_2}{\text{g/mol}}$	Lösungsmittel	$\dfrac{T}{°C}$	$\dfrac{10^7 D}{\text{cm}^2/\text{s}}$
Ribonuclease	13 683	Wasser	20	11,9
Hämoglobin	68 000	Wasser	20	6,9
Kollagen	345 000	Wasser	20	0,69
Myosin	493 000	Wasser	20	1,16
Desoxyribonucleinsäure	6 000 000	Wasser	20	0,13
Poly(methylmethacrylat)	34 100	Aceton	20	17,4
,,	280 000	,,	20	4,65
,,	580 000	,,	20	1,15
,,	935 000	,,	20	0,85
,,	200 000	Butylchlorid	35,6	7,18

Die Diffusionskoeffizienten gelöster Substanzen nehmen in niedermolekularen Flüssigkeiten mit zunehmender Viskosität der Lösungsmittel zunächst stark ab (Abb. 7–1). Sie werden dann aber für nicht zu hochmolekulare Polymere als Lösungsmittel praktisch konstant. Daraus folgt, daß die Diffusion des Gelösten nur durch die Segmentbeweglichkeit der Lösungsmittelmoleküle bestimmt wird, nicht aber durch die Bewegung der Molekülschwerpunkte.

7.3 Rotationsdiffusion und Strömungsdoppelbrechung

In einer verdünnten Lösung von anisotropen Teilchen (z. B. Stäbchen) liegen die Längsachsen der Teilchen im Ruhezustand unter allen möglichen Winkeln zum räumlichen Koordinatensystem verteilt. Diese Winkelverteilung der Längsachsen wird durch ein von außen angelegtes Feld gestört. Die Längsachsen orientieren sich mehr oder weniger stark je nach Art des Feldes und seiner Wechselwirkung mit den Teilchen parallel oder senkrecht zur Richtung des Feldes. Eine solche Orientierung kann z. B. durch ein elektrisches Feld (Kerr-Effekt) oder durch ein magnetisches Feld (Cotton-Mouton-Effekt) erzwungen werden. Nach dem Abschalten des Feldes stellen sich die Teilchen durch Rotationsdiffusion wieder in ihre Gleichgewichtslage ein. Für den Rotationsdiffusionskoeffizienten D_r gilt eine analoge Gleichung wie für den normalen Diffusionskoeffizienten D (vgl. Gl. (7−17)), mit einem Reibungskoeffizienten für die Rotation f_r:

(7−22) $D_r = RT/(f_r N_L)$

Für die stäbchenförmigen Teilchen des Tabakmosaikvirus von 280 nm Länge wurden z. B. bei Zimmertemperatur Rotationsdiffusionskoeffizienten von 550 s^{-1} gefunden. Die Stäbchen brauchen also 0,0018 s, um in ihre Ruhelage zurückzukehren.

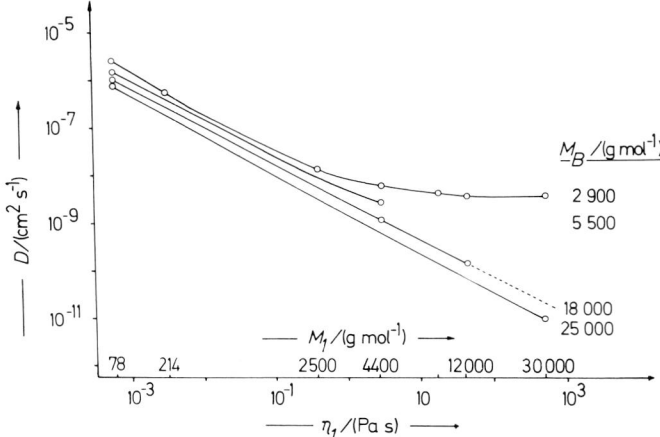

Abb. 7−1: Abhängigkeit der Diffusionskoeffizienten von cis-1,4-Poly(butadien) BR mit den Molmassen M_{BR} = 2 900, 5 500, 18 000 und 25 000 g/mol von der Viskosität η_1 des Lösungsmittels bei 40°C. Als Lösungsmittel wurden Benzol, Pentachlorpropan und trans-1,4-Poly(pentenamere) mit Molmassen zwischen 2 500 und 30 000 g/mol verwendet (nach M. Hoffmann).

Eine Orientierung der Teilchen kann statt durch elektrische oder magnetische Felder auch rein mechanisch durch eine erzwungene Strömung erzielt werden. Eine derartige Strömung mit einem linearen Geschwindigkeitsgradienten läßt sich erzeugen, wenn man die zu untersuchende Flüssigkeit in einen engen Spalt zwischen zwei konzentrische Zylinder bringt (Abb. 7−2). Der eine der beiden Zylinder dreht sich (Rotor), der andere ruht (Stator). Durch die partielle Orientierung der anisotropen Moleküle sind die Brechungsindices n rechtwinklig bzw. parallel zur Strömungsrichtung verschieden. Die Differenz $\Delta n = n_\perp - n_\parallel$ dieser beiden Brechungsindices wird als Doppelbrechung bezeichnet.

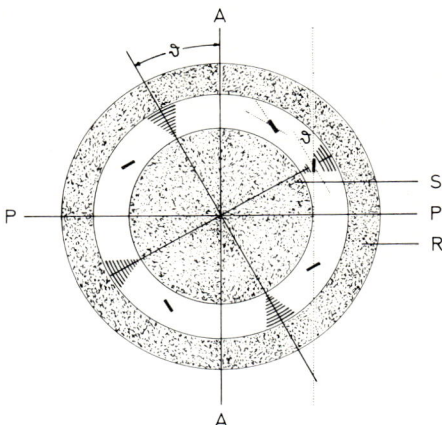

Abb. 7–2: Schematische Darstellung der Strömungsdoppelbrechung von ellipsoidförmigen Teilchen zwischen dem Stator S und dem Rotor R. ϑ = Extinktionswinkel.
A —— A bzw. P —— P: Polarisationsebenen des Analysators bzw. Polarisators.

Betrachtet man die rotierende Lösung unter gekreuzten Nicols, so beobachtet man ein dunkles Kreuz auf einem hellen Untergrund. Der Effekt kommt wie folgt zustande. Tritt planpolarisiertes Licht durch eine isotrope Lösung, so erfolgt völlige Auslöschung. Lösungen mit partiell orientierten anisotropen Teilchen verursachen unter den gleichen Bedingungen eine Auslöschung nur an den Stellen, an denen die optische Achse der anisotropen Teilchen parallel zur Polarisationsebene des Polarisators oder des Analysators ist. Damit gibt es vier Positionen für die Auslöschung. Wie man aus Abb. 7–3 sieht, liegen alle eingezeichneten Teilchen unter einem Winkel ϑ zur Tangente an eine Kreisbewegung. Nur an den vier Stellen des Kreuzes sind sie aber auch parallel zu den Polarisationsebenen A – A bzw. P – P, wie es für das Teilchen im rechten oberen Quadranten gezeigt ist. Experimentell findet man, daß das Kreuz bei kleinen Gradienten unter Winkeln von 45°, bei sehr großen Gradienten unter Winkeln von 0° mit den beiden Schwingungsebenen liegt. Der kleinere der Winkel zwischen den Schwingungsebenen und dem schwarzen Kreuz wird als Extinktionswinkel ϑ bezeichnet. ϑ variiert folglich von 45° bei kleinen zu 0° bei großen Strömungsgradienten. Der Extinktionswinkel ist daher ein Maß für die Ausrichtung der Teilchen im Strömungsfeld, die Stärke der Doppelbrechung ein Maß für die Intensität der Orientierung.

Der Ausrichtung der Moleküle wirkt die Rotationsdiffusion entgegen. Sie ist umso schneller, je kleiner die Moleküle sind. Für ein bestimmtes Achsenverhältnis der Molekel besteht daher eine untere Grenze für die noch erfaßbare Länge. Sie liegt bei ca. 20 nm. Noch kürzere Moleküle erfordern so hohe Strömungsgradienten, daß die Strömung turbulent wird und die Voraussetzungen für die Messung und Auswertung nicht mehr gegeben sind. Steife lange Moleküle erfordern umgekehrt nur niedrige Gradienten. So beobachtet man z. B. beim Tabakmosaikvirus schon einen starken Effekt bei Geschwindigkeitsgradienten von ca. 5 s^{-1}. Bei den flexiblen Knäueln des Poly(styrols) ist dagegen selbst bei $10^4 s^{-1}$ nur eine geringe Strömungsdoppelbrechung beobachtbar. Die Methode wird daher hauptsächlich bei starren Makromolekülen angewendet und liefert dort die Länge der Teilchen.

7.4 Elektrophorese

Die Wanderung von elektrisch geladenen Teilchen mit der Masse m und der Ladung Q unter der Wirkung eines einheitlichen elektrischen Feldes mit der Feldstärke E wird als Elektrophorese bezeichnet. Derartige Teilchen können biologische Zellen, Kolloide, Makromoleküle oder niedermolekulare Substanzen sein. An sich elektrisch neutrale Teilchen können durch geeignete Komplexbildung elektrophoretisch beweglich gemacht werden. Ein Beispiel dafür ist die Bildung von Boratkomplexen bei Polysacchariden:

$$(7-23) \quad H_2BO_3^- + \begin{array}{c}HO\\ \\HO\end{array}\!\!\!\!\!\!\!\!>\!\!R\!\sim\!\sim\!\sim \;\rightleftarrows\; \left[\begin{array}{c}HO\\ \\HO\end{array}\!\!\!\!\!\!\!\!>\!\!B\!<\!\!\!\!\!\!\!\!\begin{array}{c}O\\ \\O\end{array}\!\!\!\!\!\!>\!\!R\!\sim\!\sim\!\sim\right]^- + H_2O$$

Bei der freien Elektrophorese, auch Tiselius-Elektrophorese genannt, wandern die Teilchen in einem Lösungsmittel, meist wässrige Salzlösungen. Bei der Trägerelektrophorese bewegen sie sich in einem gequollenen Träger (z. B. Papier, Stärkegel, vernetztes Poly(acrylamid)).

Die Wanderung wird mit der Kraft QE erzwungen. Ihr entgegen wirkt die Reibungskraft $f(dl/dt)$. f ist dabei der Reibungskoeffizient und dl/dt die Wanderungsgeschwindigkeit. Die Resultierende dieser beiden Kräfte ist nach dem zweiten Newtonschen Gesetz durch $m(d^2l/dt^2)$ gegeben. Es gilt also:

$$(7-24) \quad m\,(d^2l/dt^2) = QE - f(dl/dt)$$

oder aufgelöst

$$(7-25) \quad dl/dt = (QE/f)\,(1 - \exp\,[-(f/m)t])$$

Der Quotient f/m beträgt bei molekularen Teilchen ca. $(10^{12} - 10^{14})\,s^{-1}$. Für Zeiten größer als 10^{-11} s reduziert sich also Gl. (7−25) zu

$$(7-26) \quad dl/dt = QE/f$$

Die elektrophoretische Beweglichkeit μ wird als Wanderungsgeschwindigkeit unter der Wirkung eines elektrischen Feldes von 1 V/cm definiert. Nach Einsetzen der Einstein-Sutherland-Gleichung (Gl. 7−17) erhält man daher

$$(7-27) \quad \mu = (dl/dt)/E = N_L QD/(RT)$$

Die Elektrophorese wird in der Wissenschaft zur Analyse und Trennung von geladenen Teilchen aufgrund von deren unterschiedlichen elektrophoretischen Beweglichkeiten eingesetzt. Bei der Analyse von Proteingemischen hängt der erhaltbare scheinbare Anteil z. B. des Proteins A außer von der totalen Proteinkonzentration noch von der Ionenstärke Γ ab. Man trägt daher die scheinbaren Anteile von A gegen c/Γ auf und extrapoliert auf $(c/\Gamma) \rightarrow 0$.

In der Technik nutzt man die Elektrophorese bei der Elektrotauchlackierung oder elektrophoretischen Lackierung aus. Der zu lackierende Metallgegenstand wird z. B. als Anode geschaltet. Die negativ geladenen Teilchen (meist Latexteilchen) wandern nach Anlegen eines elektrischen Feldes zur Anode und werden dort als Film abgeschieden. Darauf setzt eine Elektroosmose ein, d. h. eine Austreibung von Wassermolekülen. Der Festkörpergehalt der Polymerschicht wird dadurch bis auf 95 % erhöht. Anschließend kann noch eine Elektrolyse stattfinden, wodurch restliches Wasser und gelöste Ionen entfernt werden. Die Elektrotauchlackierung gestattet im Gegensatz zu anderen automatischen Lackierverfahren eine gleichmäßige Beschichtung von schwer zugänglichen Ecken und Kanten. Außerdem arbeitet sie mit Wasser und nicht mit organischen Lösungsmitteln, so daß die kostspieligen Anlagen zur Rückgewinnung der Lösungsmitteldämpfe fortfallen. Die Elektrotauchlackierung wird daher zunehmend für die Lackierung von Autokarosserien eingesetzt.

7.5 Viskosität

7.5.1 BEGRIFFE

Es sei ein unendlich langes, ebenes Band betrachtet, das mit einer Geschwindigkeit v (cm/s) durch eine Flüssigkeit zwischen zwei parallelen, unendlich langen Platten mit dem Abstand y läuft. In unmittelbarer Nähe der Platten wird die Flüssigkeit ruhen, in unmittelbarer Nähe des Bandes sich dagegen ebenfalls mit der Geschwindigkeit v fortbewegen. Zwischen Platte und Band besteht somit ein Geschwindigkeitsgefälle $\dot{\gamma} = dv/dy$ mit der Einheit s^{-1}. $\dot{\gamma}$ wird auch Geschwindigkeitsgradient oder Schergeschwindigkeit genannt.

Dieses Bandviskosimeter läßt sich wegen der Dichtungsschwierigkeiten an den beiden Enden nur für extrem hochviskose Massen realisieren. Die Eigenschaften eines Bandviskosimeters weisen aber in guter Näherung die Rotationsviskosimeter vom Couette-Typ auf (vgl. Kap. 9.5.2). Bei den Couette-Viskosimetern dreht sich ein Rotor um einen Stator (oder umgekehrt). Zwischen dem Rotor und dem Stator befindet sich die viskose Flüssigkeit. Falls der Spalt zwischen Rotor und Stator genügend eng ist, bleibt das Geschwindigkeitsgefälle über den ganzen Abstand konstant (Abb. 7–3).

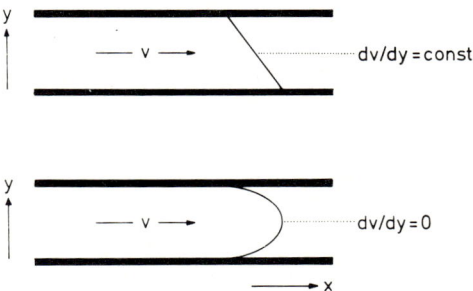

Abb. 7–3: Definition der Geschwindigkeitsgefälle dv/dy bei einer Strömung mit der Geschwindigkeit v zwischen zwei parallelen Platten bzw. einem Stator und einem Rotor (oben) oder in einer Kapillare (unten). Bei den Platten ist für alle Abstände y das Geschwindigkeitsgefälle $dv = dy$ const. Bei der Kapillaren ist in der Kapillarmitte $dv/dy = 0$.

Bei laminaren Strömungen von Flüssigkeiten in einer Kapillare ist dv/dy jedoch nicht konstant, sondern ändert sich mit dem Abstand y von der Wand. Am Rand der ruhenden Kapillaroberfläche ist das Geschwindigkeitsgefälle am größten, in der Kapillarmitte ist $\dot{\gamma} = dv/dy = 0$ (Abb. 7–3).

Das Geschwindigkeitsgefälle gibt somit die Änderung der Geschwindigkeit zweier vorbeifließender Schichten mit dem Abstand senkrecht zur Strömungsrichtung an. An der Berührungsfläche zwischen den beiden Schichten wirken folglich in Zugrichtung wirkende Kräfte. Sie werden Scher-, Schub-, oder Tangentialkräfte genannt. Das Verhältnis von Scherkraft K zu Berührungsfläche A heißt Scher- oder Schubspannung σ_{21}.

Für viele niederviskose Flüssigkeiten besteht nach dem Newton'schen Gesetz

(7–28) $\quad \sigma_{21} = \eta \dot{\gamma} = \eta \, (dv/dy)$

eine direkte Proportionalität zwischen Geschwindigkeitsgefälle $\dot{\gamma}$ und Schubspannung σ_{21}. Der Proportionalitätsfaktor η wird als Viskosität oder Zähigkeit bezeichnet, sein Kehrwert $1/\eta$ als Fluidität.

Flüssigkeiten, die das Newton'sche Gesetz befolgen, werden Newton'sche Flüssigkeiten genannt. Bei nicht-Newton'schen Flüssigkeiten ändert sich die aus dem Quotienten $\sigma_{21}/\dot{\gamma}$ berechenbare Größe η noch mit dem Geschwindigkeitsgefälle bzw. mit der Schubspannung. η ist bei nicht-Newton'schen Flüssigkeiten daher eine scheinbare Viskosität. Für die Grenzfälle $\dot{\gamma} \to 0$ bzw. $\sigma_{21} \to 0$ gilt jedoch immer die Gl. (7–28). Schmelzen und Lösungen von Makromolekülen zeigen oft nicht-Newton'sches Verhalten. Nicht-Newton'sche Flüssigkeiten werden in dilatante, strukturviskose, thixotrope und rheopexe Flüssigkeiten eingeteilt.

Bei *dilatanten* Flüssigkeiten nimmt $\dot{\gamma}$ schwächer als proportional mit σ_{21} zu, bei strukturviskosen Flüssigkeiten stärker als proportional zu (Abb. 7–4). Anders ausgedrückt: bei strukturviskosen Flüssigkeiten nimmt die scheinbare Viskosität $\eta_{app} = \sigma_{21}/\dot{\gamma}$ mit steigender Schubspannung σ_{21} ab, bei dilatanten Flüssigkeiten dagegen zu. Die Fluiditäten nehmen dagegen bei strukturviskosen Flüssigkeiten mit steigendem σ_{21} zu, bei dilatanten ab. Bei $\dot{\gamma} \to 0$ weisen sowohl dilatante als auch strukturviskose Flüssigkeiten ein Newton'sches Verhalten auf. Strukturviskose Körper werden in der angelsächsischen Literatur oft als pseudoplastisch bezeichnet.

Ein strukturviskoses Verhalten tritt auf, wenn sich asymmetrische starre Teilchen in einer Strömung ausrichten und/oder flexible Knäuel durch das Geschwindigkeitsgefälle deformiert werden. Im ersteren Fall sollte die Strukturviskosität wegen der Wechselwirkung zweier Teilchen mit dem Quadrat der Konzentration, im zweiten Fall nur mit der Konzentration selbst variieren. Dilatanz ist bei Schmelzen und Lösungen von Makromolekülen selten, kommt aber bei Dispersionen vor.

Plastische Körper werden auch Bingham-Körper genannt. Sie zeigen eine Fließgrenze (Abb. 7–4). Als Fließgrenze (engl. yield value) wird der Mindestwert von σ_{21} bezeichnet, oberhalb dessen eine Variation von $\dot{\gamma}$ mit σ_{21} eintritt, d. h. oberhalb $(\sigma_{21})_0$. Idealplastische Körper verhalten sich oberhalb ihrer Fließgrenze wie Newton'sche Flüssigkeiten. Pseudoplastische Körper zeigen dagegen oberhalb $(\sigma_{21})_0$ ein strukturviskoses Verhalten. Die Plastizität bzw. die Fließgrenze wird als Auflösen von Assoziaten gedeutet. Sie ist besonders bei Lacken erwünscht.

Das Fließverhalten der verschiedenen nicht-Newton'schen Klassen von Flüssigkeiten kann in einer generalisierten Fließkurve zusammengefaßt werden (Abb. 7–5),

7.5 Viskosität

die den Spannungs-/Dehnungs-Diagrammen bei Zugspannungsversuchen bemerkenswert ähnelt (vgl. Kap. 11). Auf den Newton'schen Bereich (dem Proportionalitätsbereich) folgt hier zuerst ein strukturviskoses Verhalten, daß dann von Dilatanz und schließlich von Turbulenz abgelöst wird. Zwischen den strukturviskosen und dilatanten Bereichen liegt ein mehr oder weniger ausgedehnter zweiter „Newton'scher Bereich".

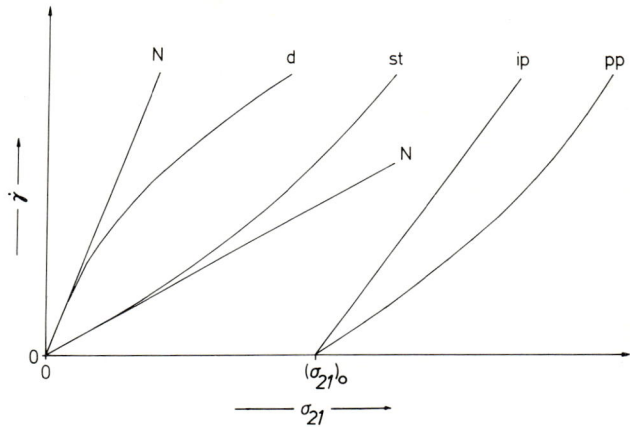

Abb. 7–4: Schematische Darstellung der Funktion Schergeschwindigkeit $\dot{\gamma} = f$ (Schubspannung σ_{21}) für Newtonsche (N), dilatante (d), strukturviskose (st), idealplastische (ip) und pseudoplastische (pp) Flüssigkeiten. $(\sigma_{21})_0$ = Fließgrenze.

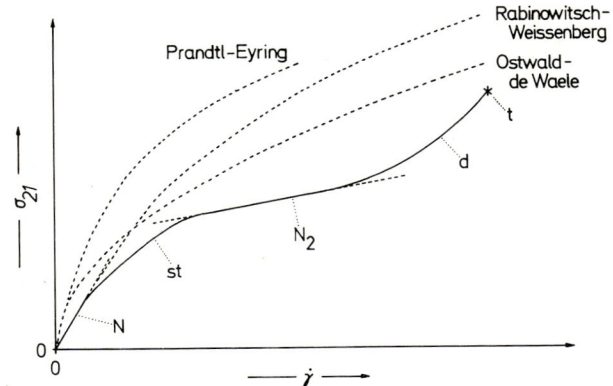

Abb. 7–5: Generalisierte Fließkurve mit erstem Newtonschen Bereich (N), strukturviskosem Bereich (st), zweitem Newtonschen Bereich (N_2), dilatantem Bereich (d) und Einsetzen der Turbulenz bzw. des Schmelzbruches (t).

Es hat nicht an Versuchen gefehlt, das allgemeine Fließverhalten durch empirische Fließgesetze auszudrücken. Im allgemeinen gelten derartige Formeln nur über einen begrenzten Schubspannungsbereich (vgl. Abb. 7–5). Derartige Fließgesetze sind z. B.

(7–28) $\quad \dot{\gamma} = a\, \sigma_{21}^{m}$ $\hspace{2cm}$ (Ostwald-de Waele)

(7–29) $\quad \dot{\gamma} = b\, \sinh(\sigma_{21}/d)$ $\hspace{1cm}$ (Prandtl-Eyring)

(7–30) $\quad \dot{\gamma} = f\sigma_{21} + g\sigma_{21}^{3}$ $\hspace{1.3cm}$ (Rabinowitsch-Weissenberg)

wobei a, b, d, f, g und m empirische Konstanten sind.

Schubspannungen und Geschwindigkeitsgefälle können oft über mehrere Zehnerpotenzen variiert werden. Aus diesem Grunde werden sie meist nicht direkt, sondern in Form ihrer Logarithmen gegeneinander aufgetragen (Abb. 7–6). Die resultierende Fließkurve besitzt bei sehr kleinen Schubspannungen die Neigung 1. In diesem Newton'schen Gebiet läuft sie mit dem Wert $1/\eta_0$ bei $\log \sigma_{21} = 0$, d. h. bei $\sigma_{21} = 1$, in die Ordinate ein. Da eine derartige logarithmische Auftragung einer Linearisierung der Ostwald-de Waele-Gleichung entspricht, gibt die Neigung der Fließkurve den sog. Fließexponenten m an. Dieser Fließexponent kann nach den Abb. 7–5 und 7–6 natürlich nur für einen sehr begrenzten Schubspannungsbereich als konstant angesehen werden. Er liegt häufig zwischen 2 und 3.

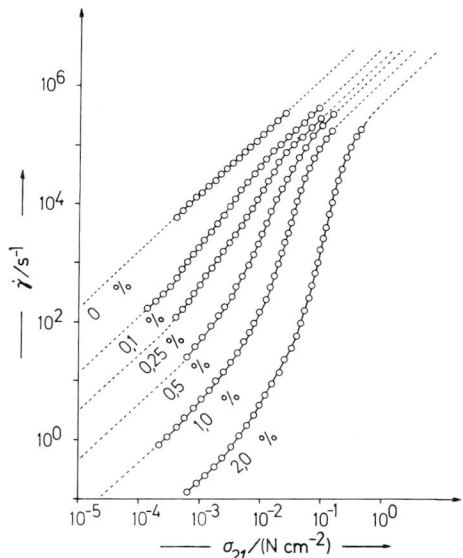

Abb. 7–6: Fließkurven verschieden konzentrierter Lösungen eines Cellulosenitrates (M = 294 000 g mol^{-1}) in Butylacetat bei 20°C (nach K. Edelmann).

Das bei sehr hohen Schubspannungen auftretende 2. Newton'sche Gebiet ist oft schwierig zu ermitteln; viele Rheologen bezweifeln sogar dessen Existenz. Da man bislang kein allgemeines Fließgesetz kennt, kann man folglich auch das Fließverhalten nicht durch ein oder zwei Parameter charakterisieren. Dazu kommt, daß bei einigen Flüssigkeiten die scheinbare Viskosität noch zeitabhängig ist:

Bei Newton'schen, dilatanten und strukturviskosen Flüssigkeiten sowie bei Bingham-Körpern stellt sich bei einer Änderung der Schubspannung praktisch momentan das dazugehörige Geschwindigkeitsgefälle bzw. die entsprechende scheinbare Viskosität ein. Bei einigen Flüssigkeiten ist jedoch eine merkliche Einstellungszeit erforderlich, d.h. die scheinbare Viskosität ist noch zeitabhängig. Nimmt die scheinbare Viskosität bei konstanter Schubspannung bzw. bei konstantem Geschwindigkeitsgefälle mit zunehmender Zeit ab, so spricht man von thixotropen Flüssigkeiten. Flüssigkeiten werden dagegen als rheopex oder antithixotrop bezeichnet, wenn die scheinbare Viskosität mit der Zeit zunimmt. Die Thixotropie wird als zeitabhängiges Zusammenbrechen von Ordnungsstrukturen gedeutet. Für die Rheopexie fehlt ein anschauliches molekulares Bild.

Erhöht man die Fließgeschwindigkeit niedermolekularer Flüssigkeiten sehr stark, so treten als Folge der Oberflächenrauhigkeiten der Wände zusätzliche Geschwindigkeitskomponenten auf. Diese Störungen des laminaren Fließens werden mit steigender Durchflußgeschwindigkeit schließlich so groß, daß sie nicht mehr durch die Viskosität der Flüssigkeit gedämpft werden. Die einzelnen Flüssigkeitsschichten strömen nicht mehr parallel: die Strömung wird turbulent. Das Einsetzen der Turbulenz wird durch die Reynoldszahl beschrieben.

Bei Schmelzen von makromolekularen Substanzen beobachtet man den gleichen Effekt. Weil es sich jedoch um elastische Flüssigkeiten handelt, erhält man zusätzlich noch elastische Schwingungen kleiner Flüssigkeitsteilchen. Durch das Aufschaukeln dieser Schwingungen entsteht eine elastische Turbulenz. Diese elastische Turbulenz tritt schon bei viel geringeren Geschwindigkeiten als die normale Turbulenz auf, d. h. bei geringeren Reynoldszahlen. Eine elastische Turbulenz gibt sich auch dadurch zu erkennen, daß die Durchflußgeschwindigkeit mit steigendem Druck im elastisch-turbulenten Bereich stärker zunimmt als im laminaren Bereich. Bei normalen Flüssigkeiten ist dagegen die Zunahme der Durchflußgeschwindigkeit im turbulenten Bereich geringer als im laminaren. Die elastische Turbulenz macht sich bei der Kunststoffverarbeitung als sog. Schmelzbruch bemerkbar.

7.5.2. METHODEN

Bei Messungen an hochviskosen Lösungen und Schmelzen muß man sicher sein, daß sich die Systeme im thermischen Gleichgewicht befinden. In vielen Fällen genügt es, die Systeme ca. eine Woche bei der Meßtemperatur zu temperieren. Bei einigen Untersuchungen wurde jedoch das Gleichgewicht erst nach einem halben Jahr erreicht.

Viskositäten bzw. Schubspannungen und Schergradienten können mit einer Reihe von Geräten gemessen werden. Die wichtigsten von ihnen sind entweder Rotations- oder Kapillarviskosimeter oder können als technische Viskosimeter klassifiziert werden.

Rotationsviskosimeter: Bei Rotationsviskosimetern bewegt sich ein Rotor gegen einen Stator (vgl. Abb. 9 – 23). Für Messungen an hochviskosen Lösungen eignet sich besonders das Epprecht-Viskosimeter. Beim Epprecht-Viskosimeter ist der Drehwinkel eines Torsionsdrahtes, an dem der Stator hängt, ein Maß für das vom Rotor auf die Flüssigkeit ausgeübte Drehmoment. Da alle anderen Größen (Radius der Zylinder, Spaltbreite, Drehzahl) konstant gehalten werden, läßt sich daraus die scheinbare Viskosität berechnen.

Das Brookfield-Viskosimeter ist einfacher aufgebaut als das Epprecht-Viskosimeter. Beim Brookfield-Viskosimeter wird ein rotierender Metallbügel in die Flüssigkeit eingetaucht und die auf diesen wirkende Bremskraft gemessen.

Bei den Kegel-Platte-Viskosimetern dreht sich ein Kegel auf einer Platte. Der Winkel zwischen der Platte und dem Kegel wird möglichst niedrig gehalten (kleiner als 4°), damit das Schergefälle einheitlich bleibt.

Zur Berechnung der Viskositäten, Schubspannungen und Schergradienten müssen in der Regel eine Reihe von Korrekturen für die nicht unendliche Länge der Zylinder, die Variation des Schergefälles mit dem Abstand usw. angebracht werden, die von Instrument zu Instrument variieren.

Kapillarviskosimeter für Messungen an konzentrierten Lösungen und Schmelzen bestehen meistens nur aus einem Kapillarrohr in einem Druckgefäß. Die Kapillaren sind wegen der hohen treibenden Drucke häufig aus Metall.

Beim Fließen einer Flüssigkeit durch eine Kapillare mit dem Radius R und der Länge L unter dem Druck p wirkt auf die Flüssigkeitszylinder eine Kraft $\pi R^2 p$. Ihr entgegen wirkt eine Reibungskraft $2\pi R L \sigma_{21}$. Im Gleichgewicht gilt daher

(7–31) $\quad \pi R^2 p - 2\pi R L \sigma_{21} = 0$

oder aufgelöst nach dem Proportionalitätskoeffizienten σ_{21}

(7–32) $\quad \sigma_{21} = pR/(2L)$

σ_{21} wird als Schubspannung bezeichnet. Das über Gl. (7–32) berechnete σ_{21} gilt für den Kapillarrand. Es ist für Newton'sche und nicht-Newton'sche Flüssigkeiten gleich groß, weil p, R und L nur vom Meßsystem und nicht von den zu messenden Eigenschaften der Flüssigkeit abhängen.

Setzt man Gl. (7–32) in das Newton'sche Gesetz, Gl. (7–28), mit $y = R$ ein, so ergibt sich $dv = (pR/2\eta L)\, dR$ und nach der Integration mit der Randbedingung $v_R = 0$ für die Geschwindigkeit v bei Abständen $y \leqslant R$ von der Kapillarwand

(7–33) $\quad v = (R^2 - y^2)\, p/(4\eta L)$

Das Fließen in einer Kapillare wird als Bewegung von konzentrischen Hohlzylindern mit verschiedenen Geschwindigkeiten aufgefaßt. Durch einen solchen Hohlzylinder mit den Radien y und $(y + dy)$ strömt das Strömungsvolumen q (pro Zeiteinheit durchfließendes Volumen)

(7–34) $\quad q = 2\pi y\, dy\, v$

Das totale Strömungsvolumen ergibt sich durch Integration über die Strömungsvolumina aller Hohlzylinder

(7–35) $\quad Q = \int_{y=0}^{y=R} 2\pi y v\, dy$

7.5 Viskosität

und mit Gl. (7–33)

$$(7-36) \quad Q = \int_{y=0}^{y=R} 2\pi y \left(\frac{R^2 - y^2}{4\eta L}\right) p \, dy = \frac{\pi p}{2\eta L} \int_{y=0}^{y=R} (R^2 - y^2) y \, dy$$

$$Q = \frac{\pi p}{2\eta L} \left[\frac{R^2 y^2}{2} - \frac{y^4}{4}\right]_0^R = \frac{\pi p R^4}{8\eta L}$$

Gl. (7–36) ist das Hagen-Poiseuillesche Gesetz. Durch Einsetzen von Gl. (7–32) und (7–36) in Gl. (7–28) und Auflösen nach dv/dR erhält man weiterhin für das maximale Geschwindigkeitsgefälle dv/dR am Rand der Kapillare

$$(7-37) \quad dv/dR = (4Q)/(\pi R^3) = \dot{\gamma}$$

Bei nicht-Newtonschen Flüssigkeiten ist $\dot{\gamma}$ eine kompliziertere Funktion von σ_{21} als es das Newtonsche Gesetz angibt, d.h. es ist auch $dv/dR \neq \dot{\gamma}$. Gl. (7–35) wird daher nur partiell integriert

$$(7-38) \quad Q = 2\pi \left|\frac{y^2 v}{2}\right|_2^R - \int_0^R y^2 (dv/dy) \, dv$$

Der erste Summand wird in beiden Grenzfällen gleich null. Aus dem zweiten Summanden ergibt sich bei Berücksichtigung von $\dot{\gamma} = \sigma_{21}/\eta_{app} = f(\sigma_{21})$ und nach dem Einführen der Schubspannung $(\sigma_{21})_R$ am Kapillarrand

$$(7-39) \quad Q = \pi \int_0^R y^2 f(\sigma_{21}) \, dv = (\pi R^3/(\sigma_{21})_R^3) \int_0^R \sigma_{21}^2 f(\sigma_{21}) \, d\sigma_{21}$$

Nach Gl. (7–37) gilt für nicht-Newton'sche Flüssigkeiten auch $dv/dR \neq (4Q)/(\pi R^3) = \dot{\gamma}$. Gl. (7–39) wird daher zu

$$(7-40) \quad \dot{\gamma} = (4/(\sigma_{21})_R^3) \int_0^R \sigma_{21}^2 f(\sigma_{21}) \, d\sigma_{21}$$

$d\dot{\gamma}/d\sigma_{21}$ wird damit zu

$$(7-41) \quad d\dot{\gamma}/d\sigma_{21} = (4/(\sigma_{21})_R^3) \sigma_{21}^2 f(\sigma_{21}) = (4/(\sigma_{21})_R^3) \sigma_{21}^2$$

woraus man erhält

$$(7-42) \quad (1/4) \sigma_{21} (d\dot{\gamma}/d\sigma_{21}) = ((\sigma_{21}^3)/(\sigma_{21})_R^3) \dot{\gamma}$$

In Analogie zur Gleichung für dv/dR für Newtonsche Flüssigkeiten wird für nicht-Newtonsche Flüssigkeiten $dv/dR = A\dot{\gamma}$ gesetzt. Da in Gl. (7–42) ein Faktor $\sigma_{21}^3/(\sigma_{21})_R^3 \neq 1$ vorkommt, wird A weiter in $A = a + (\sigma_{21}^3)/(\sigma_{21})_R^3$ aufgespalten. Durch Einsetzen von Gl. (7–42) ergibt sich dann

$$(7-43) \quad dv/dR = a\dot{\gamma} + (\sigma_{21}^3/(\sigma_{21})_R^3) \dot{\gamma} = a\dot{\gamma} + (1/4) \sigma_{21}(d\dot{\gamma}/d\sigma_{21})$$

Gl. (7–43) muß auch für Newtonsche Flüssigkeiten zutreffen. Da hier $\dot{\gamma} = \sigma_{21}/\eta$ und folglich $d\dot{\gamma}/d\sigma_{21} = 1/\eta$ gilt, erhält man weiter $dv/dR = a(\sigma_{21}/\eta) + (1/4)(\sigma_{21}/\eta)$ und folglich $a = 3/4$. Gl. (7–43) geht mit diesen Ausdrücken in die Weißenbergsche Gleichung über

$$(7-44) \quad dv/dR = (3/4)\dot{\gamma} + (1/4)\sigma_{21}(d\dot{\gamma}/d\sigma_{21})$$

oder mit $dv/dR = \sigma_{21}/\eta$ und $\dot{\gamma} = \sigma_{21}/\eta_{app}$

(7–45) $(1/\eta) = (3/4)(1/\eta_{app}) + (1/4)(d\dot{\gamma}/d\sigma_{21})$

$d\dot{\gamma}/d\sigma_{21}$ wird dabei einer Auftragung von $\sigma_{21} = f(\dot{\gamma})$ entnommen.

Beim Vergleich von Literaturdaten ist zu beachten, daß häufig nicht das Geschwindigkeitsgefälle $\dot{\gamma}$, sondern nach Kroepelin das mittlere Geschwindigkeitsgefälle G über den gesamten Kapillardurchmesser angegeben wird (vgl. Gl. (7–37)):

(7–46) $G = (8 Q)/(3 \pi R^3) = (2/3) \dot{\gamma}$

Technische Viskosimeter: Technische Viskosimeter gestatten nicht die Berechnung von Schubspannungen und Geschwindigkeitsgradienten, da die Meßbedingungen in der Regel invariant sind. Ihr Vorteil ist der einfache Aufbau und die schnelle Messung.

Als Fordbecher werden genormte Gefäße mit einem Loch am Boden bezeichnet. Die Flüssigkeit läuft unter ihrem Eigendruck aus. Die Durchlaufzeit einer genormten Flüssigkeitsmenge ist ein Maß für die Viskosität. Da sich während der Messung die Flüssigkeitshöhe und damit der Druck ändert, variiert auch die Schubspannung mit der Zeit. Fordbecher werden vor allem in der Lackindustrie verwendet. Geräte zur Bestimmung des Schmelzindex (auch Graderwert oder Gradzahl genannt) arbeiten im Prinzip ähnlich. Hier wird die Menge der Schmelze gemessen, die in einer bestimmten Zeit unter bestimmten Bedingungen ausgelaufen ist. Der Schmelzindex ist also der Fluidität und nicht der Viskosität proportional.

Bei den Höppler-Viskosimetern mißt man die Zeit, die eine rollende Kugel zum Durchlaufen eines schräg gestellten Rohres benötigt. Bei den Cochius-Rohren ist die Aufsteigzeit einer Luftblase ein Maß für die Viskosität. Die wahren Viskositäten, Schubspannungen und Schergradienten sind auch hier schwierig zu ermitteln.

7.5.3 VISKOSITÄT VON SCHMELZEN UND HOCHKONZENTRIERTEN LÖSUNGEN

Trägt man den Logarithmus der Viskosität von konzentrierten Polymerlösungen gegen den Logarithmus der Konzentration auf, so erhält man Kurven, die sich durch zwei Geraden mit verschiedener Steigung annähern lassen (Abb. 7–7). Die Geraden schneiden sich bei einer kritischen Konzentration c_{crit}, die noch von der Güte des Lösungsmittels abhängt. Diese kritische Konzentration wird als diejenige interpretiert, bei der sich erstmals Verhakungen und/oder dichte Packungen von Molekülsegmenten ausbilden können. Die Neigung der Geraden beträgt ca. 2–4 unterhalb und ca. 5–6 oberhalb der kritischen Konzentration.

Die Vorstellung von Verhakungen oder dichten Packungen läßt eine Abhängigkeit der kritischen Konzentration von der Molmasse erwarten. In der Tat wird experimentell eine Proportionalität von kritischer Konzentration zu M^α gefunden. Der Exponent α soll nach theoretischen Überlegungen den Wert 1 für Verhakungen und den Wert 0,5 für dichte Packungen annehmen.

Die Viskosität stäbchenförmiger Makromoleküle soll beim Schergefälle null nach theoretischen Überlegungen sowohl dem Volumenbruch ϕ als auch der Molmasse M des Polymeren proportional sein

(7–47) $\eta \propto \phi^{5/3} M^8$

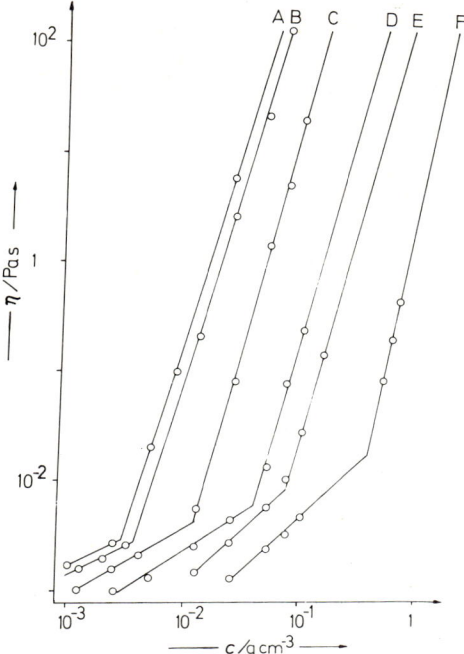

Abb. 7–7: Viskosität η von Lösungen von Poly(isobutylenen) in Toluol bei 25°C als Funktion der Konzentration. ⟨M⟩_w = 7 270 000 (A), 3 550 000 (B), 1 250 000 (C), 328 000 (D), 139 000 (E) und 40 600 g/mol (F). Nach J. Schurz und H. Hochberger.

Bei der Viskosität von Schmelzen wird ebenfalls eine kritische Molmasse gefunden, unterhalb derer die Schmelzviskosität beim Schergefälle null direkt proportional der Molmasse ist:

(7–48) $\eta = K \langle M \rangle_w$

Oberhalb der kritischen Molmasse gilt dagegen (vgl. Abb. 7–8):

(7–49) $\eta = K' \langle M \rangle_w^{3,4}$

Bei endlichen Schergefällen werden oft Abweichungen von diesem Verhalten gefunden (Abb. 7–8). Vermutlich sind jedoch Korrelationen bei konstanter Schubspannung sinnvoller als bei konstantem Schergefälle.

Verhakungen können sich natürlich nur dann ausbilden, wenn die Molekülketten genügend lang sind, d. h. wenn sie eine genügende Zahl N_{crit} von Kettengliedern aufweisen. Die kritische Kettengliederzahl ist jedoch keine allgemeine Konstante, sondern hängt noch von der Konstitution der Makromoleküle ab (Tab. 7–2). Die Tendenz zur Verhakung ist umso größer, je weniger steif die Makromoleküle sind. Ein Maß für die Steifheit ist das Verhältnis $\langle R_\theta^2 \rangle / \langle M \rangle_w$, wobei R_θ der Trägheitsradius im ungestörten Zustand ist. Um die Viskositäten von Schmelzen und Lösungen miteinander verglei-

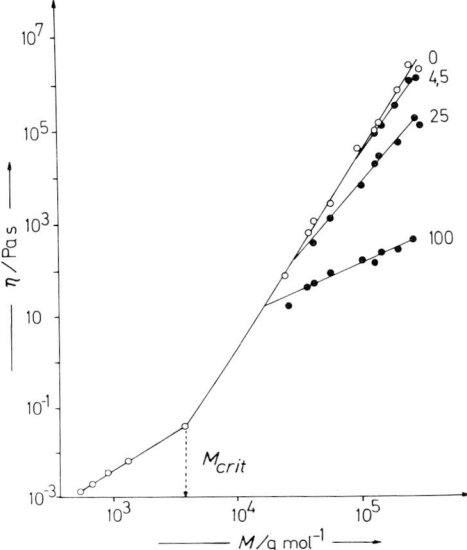

Abb. 7–8: Schmelzviskosität η unverzweigter Poly(ethylene) als Funktion der Molmasse M bei 190°C und Schubspannungen von $\sigma_{21} = 0$ (o) bzw. 4, 5, 25 und 100 N/cm² (alle •). Nach H. P. Schreiber, E. B. Bagley und D. E. West.

chen zu können, wird ferner noch auf den Volumenbruch ϕ_2 des Polymeren und auf dessen spezifisches Volumen v_2 bezogen. Die so definierbare neue Größe z_w

(7–50) $\quad z_w = N_{crit}\, \phi_2 \langle R_0^2 \rangle / \langle M \rangle_w v_2)$

führt in der Auftragung log η = f(log z_w) zu Knickpunkten, die nunmehr unabhängig von der Konstitution der Makromoleküle sind (Abb. 7–9).

In diese Beziehungen wurde für die Molmasse bzw. die Kettengliederzahl das Gewichtsmittel eingesetzt, da nach Experimenten mit Polymeren verschiedener Molmassenverteilungen die Viskosität bei der Schubspannung null vom Gewichtsmittel der Molmasse abhängt. Bei endlichen Schubspannungen weisen dagegen bei gleichem Gewichtsmittel die molekulareinheitlicheren Proben die größere Viskosität auf, so daß die niedermolekularen Anteile als eine Art von Schmiermittel zu wirken scheinen. Der korrekte Mittelwert ist jedoch nicht mit Sicherheit bekannt.

Die Temperaturabhängigkeit der Viskosität folgt häufig der Arrhenius'schen Beziehung. Definiert man ein Viskositätsverhältnis η_R (nicht zu verwechseln mit dem Verhältnis η/η_1 bei verdünnten Lösungen, vgl. Kap. 9.9) über die Viskositäten η und

Tab. 7–2: Kritische Kettengliederzahl N_{crit} verschiedener Polymerer (nach T. G. Fox)

Polymer	N_{crit}	Polymer	N_{crit}
Poly(ethylen)	286	Poly(isobutylen)	609
1,4-cis-Poly(isopren)	296	at-Poly(styrol)	730
at-Poly(vinylacetat)	570	Poly(dimethylsiloxan)	784

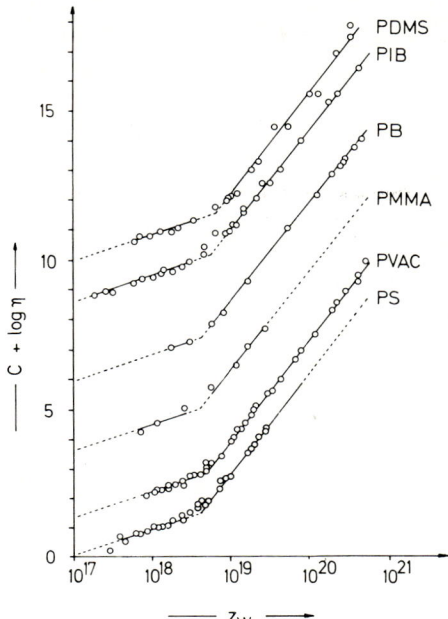

Abb. 7–9: Abhängigkeit der Schmelzviskosität η von Polymeren von der Größe z_W (vgl. Text) bei $\sigma_{21} \to 0$. Zur besseren Übersichtlichkeit wurden die η-Werte der einzelnen Polymertypen jeweils mit einem konstanten Faktor C multipliziert. PDMS = Poly(dimethylsiloxane), PIB = Poly(isobutylene), PB = Poly(butadiene), PMMA = Poly(methylmethacrylate), PVAC = Poly(vinylacetate), PS = Poly(styrole) (nach T. G. Fox).

Dichten ρ bei der Meßtemperatur T und einer Referenztemperatur T_I

(7–51) $\eta_R = (\eta\, \rho\, T)/(\eta_I\, \rho_I\, T_I)$

so läßt sich die gesamte Temperaturabhängigkeit über die halbempirische Williams-Landel-Ferry-Gleichung (WLF-Gleichung)

(7–52) $\log \eta_R = \dfrac{-B(T-T_I)}{C+(T-T_I)}$

erfassen (vgl. auch die Ableitung in Kap. 10.5.2). B und C sind dabei stoffspezifische Konstanten. Die tiefstmögliche Referenztemperatur ist die Glastemperatur T_G (vgl. Kap. 10.5.2).

7.6 Permeation durch Festkörper

7.6.1 GRUNDLAGEN

Befindet sich ein Gas auf beiden Seiten einer Membran oder eines Filmes unter verschiedenen Drucken, so permeiert das Gas so lange durch die Membran, bis die anfängliche Druckdifferenz ausgeglichen ist. Hält man dagegen eine konstante Druckdifferenz Δp aufrecht, dann stellt sich im einfachsten Fall der permanenten Gase nach dem Henryschen Gesetz

(7–53) $\quad \Delta w = S \Delta p$

ein Konzentrationsunterschied der Gase auf beiden Seiten der Membran ein. Die Proportionalitätskonstante S wird Löslichkeitskoeffizient genannt. Mißt man den Konzentrationsunterschied als Unterschied der Massenbrüche des Gases, so hat der Löslichkeitskoeffizient die physikalische Einheit eines reziproken Druckes.

Nach Anlegen eines Druckes dauert es eine bestimmte Zeit t_1, bis das Gas durch eine unbeladene Membran durchtritt (Abb. 7–10). Gl. (7–7) geht daher über in

(7–54) $\quad \Delta m = J_d A (t - t_1)$

Die Einstellzeit t_1 ist mit dem Diffusionskoeffizienten des Gases in der Membran verknüpft, wie eine längere theoretische Rechnung zeigt:

(7–55) $\quad D = L_m^2 / (6\, t_1)$

wobei L_m die Dicke der Membran ist. Aus der Einstellzeit kann somit der Diffusionskoeffizient des Gases in der Membran berechnet werden.

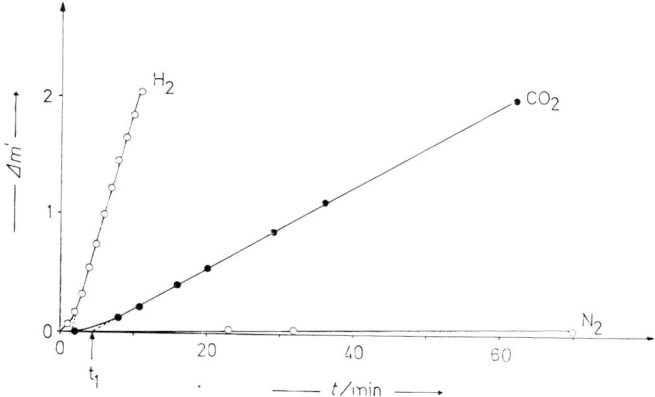

Abb. 7–10: Zeitabhängigkeit der Permeation von verschiedenen Gasen durch eine Folie aus einem Styrolcopolymeren bei 25°C. Die Änderung $\Delta m'$ ist bei der gewählten Versuchsanordnung proportional der Massenänderung Δm (nach P. Goeldi und H.-G. Elias).

Nach einer Zeit $t \approx 3\, t_1$ wird für den Gasdurchtritt ein stationärer Zustand erreicht. Bei Gültigkeit des 1. Fickschen Gesetzes wird der Diffusionskoeffizient konzentrationsunabhängig. dc kann dann durch die Konzentrationsdifferenz Δw ersetzt werden und dr durch die Membrandicke L_m. Gl. (7–8) geht dann über in

(7–56) $\quad -J_d = D \Delta w / L_m$

Die Kombination mit dem Henryschen Gesetz liefert

(7–57) $\quad -J_d = DS (\Delta p / L_m) = P (\Delta p / L_m)$

Aus den Gl. (7−54), (7−55) und (7−57) erhält man dann

(7−58) $\quad \Delta m = \dfrac{PA \, \Delta p}{L_m} \left(t - \dfrac{L_m^2}{6D} \right)$

Aus der Zeitabhängigkeit des Durchtritts der Gase läßt sich bei bekannter Membranfläche A und Membrandicke L_m sowie konstanter Druckdifferenz Δp der Permeabilitätskoeffizient P ermitteln. Aus dem Permeabilitätskoeffizienten und dem Diffusionskoeffizienten errechnet sich dann der Löslichkeitskoeffizient S.

Die Temperaturabhängigkeit der Diffusionskoeffizienten wird durch die Aktivierungsenergie $E_D^{\ddagger}$ der Diffusion geregelt:

(7−59) $\quad D = D_o \exp(-E_D^{\ddagger}/RT)$

Dabei bestehen Unterschiede zwischen den zwei möglichen Diffusionstypen: aktivierte Diffusion und Diffusion durch Poren. Bei der aktivierten Diffusion diffundiert das Gas in einer Reihe von aktivierten Diffusionsschritten durch die Membran. Der Diffusionskoeffizient nimmt mit der Temperatur zu. Bei der Diffusion durch Poren nimmt dagegen die Diffusion mit steigender Temperatur leicht ab, weil die Viskosität der Gase mit steigender Temperatur zunimmt. Stickstoff diffundiert z. B. durch Poly(ethylen) durch aktivierte Diffusion, durch Pergamin dagegen durch Poren (Tab. 7−3).

Tab. 7−3: Permeabilitätskoeffizienten von Stickstoff in Poly(ethylen) und Pergamin bei verschiedenen Temperaturen

$T/°C$	$10^7 P/(\text{cm}^2 \, \text{s}^{-1} \, \text{bar}^{-1})$	
	Poly(ethylen)	Pergamin
0	0,25	11,2
30	2,1	9,4
50	7,4	9,3
70	22,0	8,4

Das Gegeneinanderspielen der beiden Diffusionsarten nutzt man bei Laminaten aus zwei verschiedenen Filmen aus. Sauerstoff diffundiert z. B. bei Druckunterschieden von ca. 1 bar durch 0,025 mm dicke Aluminiumfolien mit Poren von 1 μm mit Geschwindigkeiten von ca. $5 \cdot 10^{-5}$ cm^3/s. Nach dem Laminieren mit ca. 0,025 mm starken Poly(ethylen)-Folien sinkt die Diffusionsgeschwindigkeit jedoch auf $5 \cdot 10^{-13}$ cm^3/s ab.

Die Temperaturabhängigkeit der Löslichkeitskoeffizienten wird durch die Lösungsenthalpie ΔH bestimmt:

(7−60) $\quad S = S_o \exp(-\Delta H/RT)$

Der Löslichkeitskoeffizient nimmt mit steigender Temperatur meist ab, während der Diffusionskoeffizient meist ansteigt. Der Permeabilitätskoeffizient als das Produkt beider Größen kann somit je nach System entweder kleiner oder größer mit steigender Temperatur werden. Bei der Glasübergangstemperatur beobachtet man dabei erwartungsgemäß oft eine Änderung im Permeationsverhalten von Gasen (Abb. 7−11).

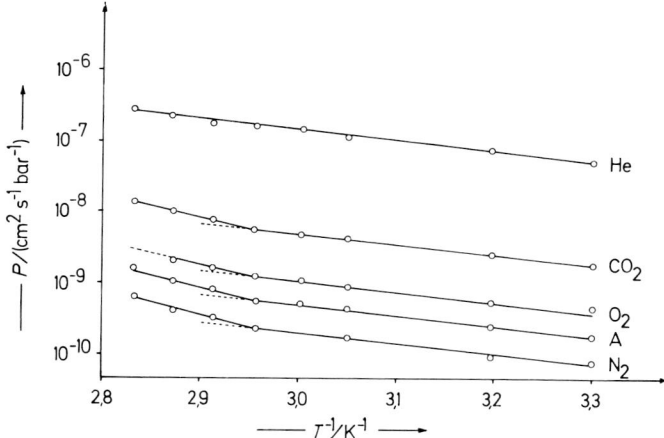

Abb. 7–11: Temperaturabhängigkeit des Permeabilitätskoeffizienten verschiedener Gase in Barex (vgl. auch Text). Nach H. Yasuda und T. Hirotsu

Bei Elastomeren, d. h. bei Polymeren oberhalb der Glasübergangstemperatur, beobachtet man auch häufig einen Kompensationseffekt für die Beziehung zwischen $\log D_o$ und $E_D^{\ddagger}$ (Abb. 7–12). Die (nicht gezeigten) Werte für glasige Polymere liegen auf dieser Geraden deutlich tiefer, während die D_o-Werte für die Diffusion von Wasserstoff in Elastomeren höher sind.

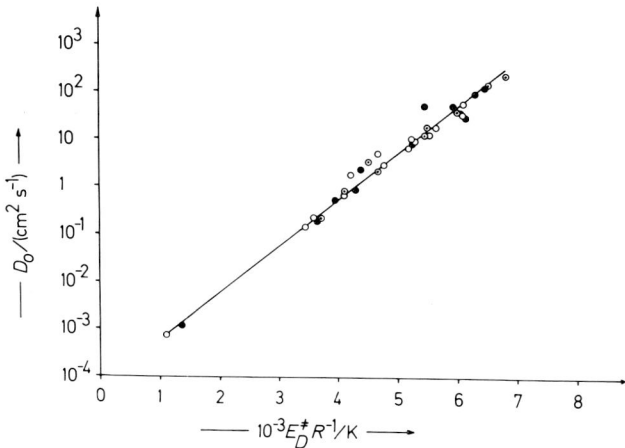

Abb. 7–12: Kompensationseffekt zwischen der Aktionskonstante D_0 und der Aktivierungsenergie $E_D^{\ddagger}$ der Diffusion von Stickstoff (●), Sauerstoff (○) und Kohlendioxid (⊙) durch verschiedene Polymere oberhalb deren Glasübergangstemperatur.

Spezielle Probleme treten beim Durchtritt von Flüssigkeiten durch Filme auf, wenn die Flüssigkeiten quellend wirken. Für die Zeitabhängigkeit der durchtretenden Masse ist hier Gl. (7−58) bei einem stationären Zustand durch

(7−61) $\Delta m = KAt^n$

zu ersetzen. A ist dabei die Durchtrittsfläche und K eine Konstante. Der Exponent n nimmt im sog. Fall I den Wert 0,5, im sog. Fall II den Wert 1 an. Der Fall I entspricht dem Fickschen Verhalten; die Beweglichkeit der durchtretenden Moleküle ist hier viel geringer als die Relaxationsgeschwindigkeit der Polymersegmente. Im Fall II ist es gerade umgekehrt: die Beweglichkeit des Lösungsmittels ist viel größer als die Relaxationsgeschwindigkeit der Polymersegmente. Dieses Permeabilitätsverhalten ist durch eine scharfe Grenzfläche zwischen der mit konstanter Geschwindigkeit vorrückenden gequollenen Zone und dem inneren glasigen Kern gekennzeichnet. Zwischen den beiden Grenzfällen liegt das Gebiet der sog. anomalen Diffusion mit $0{,}5 < n < 1$.

7.6.2 KONSTITUTIONSEINFLÜSSE

Die Permeabilitätskoeffizienten von Gasen in Polymeren können in außerordentlich weiten Grenzen variieren (Tab. 7−4). Sie sind im allgemeinen niedriger für Polymere unterhalb der Glasübergangstemperatur als für Polymere oberhalb dieser Temperatur; eine scharfe Abgrenzung besteht jedoch nicht. Im einzelnen können erhebliche Unterschiede auftreten: der Permeabilitätskoeffizient von Sauerstoff in Cellulose ist 900 mal, in Poly(vinylchlorid) $5 \cdot 10^4$ mal, in Poly(ethylen) $7 \cdot 10^5$ mal und in Poly(dimethylsiloxan) sogar 10^8 mal größer als in Poly(vinylalkohol). Diese Permeabilitätsunterschiede sind sehr bedeutsam. Die Verpackung von kohlensäurehaltigen Flüssig-

Tab. 7−4: Permeabilitätskoeffizienten von Gasen und Wasserdampf durch verschiedene Polymere bei 30°C. Der Gasdurchtritt Δm wurde in cm³ gemessen. Barex ist ein Pfropfcopolymer von Acrylnitril/Methylacrylat auf Nitrilkautschuk, Lopac ein Copolymer von Methacrylnitril und Styrol

Polymer	$10^7 P/\text{cm}^2\ \text{s}^{-1}\ \text{bar}^{-1}$				
	H_2	He	O_2	CO_2	H_2O
Poly(dimethylsiloxan)		233	605	3240	40000
Poly(oxy-2,6-dimethylphenylen)	113	78	16	76	4060
Poly(tetrafluorethylen)	10		4,9	13	33
Poly(styrol)	23	19	2,6	10,5	1200
Poly(propylen); $\rho=0{,}907\ \text{g/cm}^3$	41	38	2,2	9,2	65
Polycarbonat	12		1,4	8,0	1400
Butylkautschuk	7,3		1,3	5,2	120
Celluloseacetat	3,5	16	0,8	2,4	6800
Poly(ethylen); $\rho=0{,}964\ \text{g/cm}^3$		1,14	0,40	1,8	12
Poly(vinylchlorid)	1,7	2,05	0,045	0,16	275
Polyamid 6		0,53	0,038	0,16	275
Poly(ethylenterephthalat)		1,32	0,035	0,17	175
Barex			0,0054	0,018	660
Poly(vinylidenchlorid)		0,31	0,0053	0,029	1,0
Lopac			0,0035	0,011	340
Poly(methacrylnitril)			0,0012	0,0032	410
Poly(acrylnitril)		0,55	0,0003	0,0018	300

keiten verlangt z. B. eine geringe Sauerstoff- und Kohlendioxid-Durchlässigkeit. Umgekehrt erfordern Verpackungen für frische Früchte, Gemüse und Fische sowie Membranen für künstliche Lungen eine hohe Sauerstoffpermeabilität.

Die Permeation von Gasen durch Membranen oder Folien wird nach den Gl. (7–57) bzw. (7–58) sowohl durch die Diffusionskoeffizienten D als auch den Löslichkeitskoeffizienten S bestimmt. Der Diffusionskoeffizient nimmt für eine gegebene Membran im Großen und Ganzen mit steigender Molmasse des Gases ab (Tab. 7–5). Da der Löslichkeitskoeffizient S jedoch von der Wechselwirkung des Gases mit dem Membranmaterial abhängt, besteht keine allgemeine Beziehung zwischen der Molmasse des Gases und dem Permeabilitätskoeffizienten P.

Der Diffusionskoeffizient eines Gases in einer Membran ist umso niedriger, je größer der Weg ist, den das Gas zurücklegen muß. Sperrige Grundbausteine, Füllstoffe und kristalline Bereiche setzen daher den Diffusionskoeffizienten herab (Umwegfaktor). Je flexibler die Ketten des Membranmaterials sind, umso geringer ist die Aktivierungsenergie für die Diffusion, umso größer ist auch der Diffusionskoeffizient.

Die Permeation von Flüssigkeiten, vor allem von Wasser, spielt bei der Witterungsbeständigkeit von Kunststoffen eine große Rolle. Sie ist außerdem ein analytisches Problem bei der Trocknung von Polymeren. Dampft man Lösungen von Polymeren ein, so beobachtet man häufig, daß ein beträchtlicher Teil der Lösungsmittel selbst oberhalb der Siedepunkte nicht aus dem Polymeren entfernt werden kann. Diese Inklusion kann z. B. bis zu 20 % bei CCl_4 in Poly(styrol) und bis zu 10 % bei Dimethylformamid in Poly(acrylnitril) beitragen. Eine unberücksichtigte Inklusion verfälscht die Analysenwerte. Sie tritt auf, weil die Permeation von Flüssigkeiten (Lösungsmittel, Monomere usw.) durch Polymere unterhalb ihrer Glastemperatur sehr gering ist. Eine Inklusion kann am besten durch Gefriertrocknung der Polymerlösungen vermieden werden. Dazu werden ca. 1 – 10 %ige Lösungen des Polymeren in Lösungsmitteln mit genügend hohen Schmelzpunkten und leichter Verdampfbarkeit (z. B. Benzol, Dioxan, Wasser, Ameisensäure) schlagartig eingefroren und das Lösungsmittel anschließend absublimiert. Dieses Verfahren entfernt die Lösungsmittel fast vollständig. Da das zurückbleibende Polymer jedoch eine große Oberfläche aufweist und darum leicht Feuchtigkeit aufnimmt, ist es zweckmäßig, es nach der Gefriertrocknung vorsichtig zusammenzusintern. Inklusion wird auch vermieden, wenn man dem Lösungsmittel vor dem Eindampfen einen Nichtlöser zusetzt, der mit dem Lösungsmittel ein Azeotrop bildet. Eine andere Möglichkeit ist, das Polymer in einem schlechten Lösungsmittel zu lösen und in ein starkes Fällungsmittel auszufällen.

Tab. 7-5: Permeabilitätskoeffizient P, Diffusionskoeffizient D und Löslichkeitskoeffizient S verschiedener Gase in vulkanisiertem cis-1,4-Poly(isopren) bei 25 °C (nach R. M. Barrer)

Gas	$\dfrac{M}{\text{g/mol}}$	$\dfrac{10^7\,P}{(\text{cm}^2/\text{s})/\text{bar}}$	$\dfrac{10^7\,D}{\text{cm}^2/\text{s}}$	$\dfrac{S}{(\text{cm}^3/\text{cm}^3)/\text{bar}}$
H_2	2	3,4	85	0,040
N_2	28	0,51	15	0,035
O_2	32	1,5	21	0,070
CO_2	44	10,0	11	0,90

Literatur zu Kap. 7

7.3 Rotationsdiffusion und Strömungsdoppelbrechung

V. N. Tsvetkov, Flow Birefringence, in B. Ke, Hrsg., Newer Methods of Polymer Characterization, Interscience, New York 1964
H. Janeschitz-Kriegl, Flow Birefringence of Elastico-Viscous Polymer Systems, Adv. Polymer Sci **6** (1969) 170

7.4 Elektrophorese

R. L. Yeates, Electropainting, Draper, Teddington 1966
K. Weigel, Elektrophorese-Lacke, Wiss. Verlagsges., Stuttgart 1967
J. R. Cann und W. B. Goad, Interacting Macromolecules, The Theory and Practice of Their Electrophoresis, Ultracentrifugation and Chromatography, Academic Press, New York 1970
W. Machu, Die Elektrotauchlackierung, Verlag Chemie, Weinheim 1973

7.5 Viskosität

W. Philippoff, Viskosität der Kolloide, Steinkopff, Dresden 1942
M. Reiner, Deformation and Flow, Lewis and Co, London 1949
F. R. Eirich, Hrsg., Rheology, Theory and Applications, 5 Bde., Academic Press, New York 1956–1969
J. R. Van Wazer, J. W. Lyons, K. Y. Kim und R. E. Colwell, Viscosity and Flow Measurement, Interscience, New York 1963
A. Peterlin, Non-Newtonian Viscosity and the Macromolecule, Adv. Macromol. Chem. **1** (1968) 225
S. Middleman, The Flow of High Polymers, Interscience, New York 1968
G. C. Berry und T. G. Fox, The Viscosity of Polymers and Their Concentrated Solutions, Adv. Polymer Sci. **5** (1968) 261
G. W. Scott-Blair, Elementary Rheology, Academic Press, London 1969
V. Semjonov, Schmelzviskositäten hochpolymerer Stoffe, Adv. Polymer Sci. **5** (1968) 387
J. D. Ferry, Viscoelastic Properties of Polymers, Wiley, New York 1970
J. A. Brydson, Flow Properties of Polymer Melts, Iliffe, London 1970
O. Plajer, Praktische Rheologie für Kunststoffschmelzen, Zechner und Hüthig, Heidelberg 1970
J. Schurz, Viskositätsmessungen an Hochpolymeren, Kohlhammer, Stuttgart 1972
W. W. Graessley, The Entanglement Concept in Polymer Rheology, Adv. Polymer Sci. **16** (1974) 1
K. Walters, Rheometry, Halsted, New York 1975
R. Darby, Viscoelastic Fluids, Dekker, New York 1976
J. W. Hill und J. A. Cuculo, Elongational Flow Behavior of Polymeric Fluids, J. Macromol. Sci. Revs. **C 14** (1976) 107
E. Dschagarowa und G. Mennig, Verminderung des Reibungswiderstandes von Flüssigkeiten im turbulenten Bereich mittels hochpolymerer Zusätze, Fortschr. Ber. VDI-Ztg., Reihe 7, Nr. 41, VDI-Verlag, Düsseldorf 1976
L. E. Nielsen, Polymer Rheology, Dekker, New York 1977
R. B. Bird, O. Hassager, R. C. Armstrong und C. F. Curtiss, Dynamics of Polymer Liquids, 2 Bde., Wiley, New York 1977
E. Boudreaux, Jr., und J. A. Cuculo, Polymer Flow Instability: A Review and Analysis, J. Macromol. Sci.-Rev. Macromol. Chem. **C 16** (1977/78) 39
R. S. Lenk, Polymer Rheology, Appl. Sci. Publ., Barking, Essex 1978

7.6 Permeation durch Festkörper

J. Crank und G. S. Park, Hrsg., Diffusion in Polymers, Academic Press, London 1968
H. J. Bixler und O. J. Sweeting, Barrier Properties of Polymer Films, in O. J. Sweeting, Hrsg., The Science and Technology of Polymer Films, Vol. II, Wiley-Interscience, New York 1971
C. E. Rogers und D. Machin, The Concentration Dependence of Diffusion Coefficients in Polymer-Penetrant Systems, Crit. Revs. Macromol. Sci. **1** (1972) 245
V. Stannett, H. B. Hopfenberg und J. H. Petropoulos, Diffusion in Polymers, in C. E. H. Bawn, Hrsg., Macromol. Sci. (= Vol. 8, Physical Chemistry Series One, MTP International Review of Science, 1972)

8 Molmassen und Molmassenverteilungen

8.1 Einführung

Bei der Synthese von Polymeren in vivo und in vitro entstehen nur unter ganz speziellen Voraussetzungen molekulareinheitliche Substanzen, d. h. solche, bei denen jedes Makromolekül die gleiche Molmasse (= „Molekulargewicht") aufweist. Die ganz überwiegende Zahl der Polymersynthesen verläuft jedoch statistisch zu mehr oder minder breiten Molmassenverteilungen. Der Typ der Molmassenverteilung hängt von der Polyreaktion ab, die wiederum thermodynamisch oder kinetisch kontrolliert sein kann. Jeder Verteilungstyp ist durch eine ganz bestimmte Beziehung zwischen den Stoffmengenanteilen x und den Polymerisationsgraden X charakterisiert. Aus dem Typ der Verteilungsfunktion kann man daher in vielen Fällen Rückschlüsse auf den Typ der Polyreaktion ziehen.

Anstatt die ganze Verteilung der Polymerisationsgrade zu bestimmen, begnügt man sich oft mit der Angabe verschiedener Momente der Verteilung bzw. verschiedener Mittelwerte des Polymerisationsgrades. Auch diese Beziehungen zwischen verschiedenen Momenten bzw. Mittelwerten sind nämlich für einen bestimmten Verteilungstyp charakteristisch.

Die Beschreibung der Verteilungsfunktionen, der Momente und der Mittelwerte kann alternativ auch über die Molmassen anstelle der Polymerisationsgrade erfolgen. Theoretisch ist die Beschreibung über die Polymerisationsgrade vorzuziehen, experimentell werden jedoch Molmassen erhalten.

8.2 Statistische Gewichte

Die einzelnen Spezies i einer Polymerisationsgrad- bzw. Molmassenverteilung können mit verschiedenen statistischen Gewichten g belegt werden. Das statistische Gewicht kann z. B. ein Zählen oder ein Wiegen sein.

Bei mechanistischen Überlegungen bezieht man alle Vorgänge auf die reagierenden Stoffmenge n_i bzw. auf die Zahl N_i der Moleküle. Dabei gilt

(8–1) $n_i = N_i/N_L$

Bei Fraktionierungen ermittelt man dagegen in der Regel die Masse m_i aller Moleküle der Spezies i. Diese Masse ergibt sich aus der Masse eines einzelnen Moleküles $(m_{mol})_i$ zu

(8–2) $m_i = N_i (m_{mol})_i$

Mit der Definition der Molmasse

(8–3) $M_i = (m_{mol})_i N_L$

und den Gl. (8–2) und (8–3) folgt daher

(8–4) $M_i = (m_i/N_i) N_L = m_i/n_i$

8.2 Statistische Gewichte

Masse und Stoffmenge sind daher über die Molmasse miteinander verknüpft. Gl. (8–4) gilt jedoch nur für molekulareinheitliche Spezies i. Bei uneinheitlichen Spezies tritt an die Stelle der Molmasse M_i das entsprechende Zahlenmittel $\langle M_n \rangle_i$ (vgl. Kap. 1.1):

(8–5) $m_i = n_i \langle M_n \rangle_i$

In Analogie zur Gl. (8–4) kann man ferner niedrigere und höhere statistische Gewichte definieren, z. B.

(8–6)   (n−1)-stat. Gew. $(n-1)_i = n_i M_i^{-1} = m_i M_i^{-2} = (m-2)_i$

(8–7)   Zahlen-stat. Gew. $n_i = n_i M_i^0 = m_i M_i^{-1} = (m-1)_i$

(8–8)   Massen-stat. Gew. $m_i = n_i M_i = m_i M_i^0 = m_i$

(8–9)   z-stat. Gew. $z_i = n_i M_i^2 = m_i M_i = (m+1)_i$

(8–10)   (z+1)-stat. Gew. $(z+1)_i = n_i M_i^3 = m_i M_i^2 = (m+2)_i$

Normalerweise werden die Ausdrücke vor dem ersten Gleichheitszeichen verwendet; sie stellen Symbole dar, jedoch nicht Rechenoperationen. Natürlich könnte man z. B. statt des Symbols z_i auch die Symbole $(m+1)_i$ oder $(n+2)_i$ verwenden, doch hat sich diese Symbolik nicht eingeführt. Bei molekularuneinheitlichen Spezies muß für die Molmasse M_i immer derjenige Mittelwert eingesetzt werden, der dem zu multiplizierenden statistischen Gewicht entspricht (vgl. auch Gl. (8–5)):

(8–11) $(z+1) = z_i \langle M_z \rangle_i = m_i \langle M_w \rangle_i \langle M_z \rangle_i = n_i \langle M_n \rangle_i \langle M_w \rangle_i \langle M_z \rangle_i$

Diese Vorschrift gilt generell für jedes statistische Gewicht und für jede betrachtete Eigenschaft.

Anstelle der Stoffmengen, Massen usw. kann man als statistische Gewichte auch die Stoffmengenanteile x_i, Massenanteile w_i, z-Anteile Z_i usw. verwenden. Aus deren Definitionen und den obigen Gleichungen ergibt sich dann

(8–12) $x_i = n_i / \sum_i n_i$

(8–13) $w_i = m_i / \sum_i m_i = x_i \langle M_n \rangle_i \langle M_n \rangle^{-1}$

(8–14) $Z_i = z_i / \sum_i z_i = w_i \langle M_w \rangle_i \langle M_w \rangle^{-1} = x_i \langle M_n \rangle_i \langle M_w \rangle_i (\langle M_n \rangle \langle M_w \rangle)^{-1}$

$\langle M_n \rangle_i$, $\langle M_w \rangle_i$ und $\langle M_z \rangle_i$ sind dabei die Zahlen-, Massen- und z-Mittel der einzelnen Fraktionen i, während $\langle M_n \rangle$, $\langle M_w \rangle$ und $\langle M_z \rangle$ die entsprechenden Mittelwerte der ganzen Probe sind. Die Gl. (8–12)–(8–14) ergeben sich aus den entsprechenden Summierungen, z. B. aus

(8–15) $\sum_i m_i = \sum_i n_i \langle M_n \rangle_i = n \langle M_n \rangle = m$

Außer diesen auf die Moleküle bzw. Teilchen per se bezogenen statistischen Gewichte gibt es auch noch solche, die deren Abmessungen statistisch wichten. Es gibt also nicht nur Zahlen-, Massen- und z-Mittel, sondern auch Längen-, Oberflächen- und Volumen-Mittelwerte. Die auf Abmessungen basierenden statistischen Gewichte können in die auf Teilchenzahlen bzw. -massen bezogenen umgerechnet werden, wenn die Gestalt der Teilchen bekannt ist. Für die Massen gilt z. B. so bei verschieden großen Kugeln mit variablen Radien R_i und Volumina V_i, aber der gleichen Dichte ρ

(8–16) $\quad m_i = N_i V_i \rho = N_i (4\pi R_i^3/3)\rho = N_i(\rho/3)R_i A_i$ \hfill (Kugeln)

und entsprechend bei Stäbchen mit den Längen L_i und konstanten und gegenüber den Längen vernachlässigbaren Radien R

(8–17) $\quad m_i = N_i V_i \rho = N_i (\pi R^2 L_i)\rho \approx N_i(\rho/2)R A_i$ \hfill (Stäbchen)

und bei Scheibchen mit den Radien R_i und konstanten und gegenüber den Radien vernachlässigbaren Höhen H

(8–18) $\quad m_i = N_i V_i \rho = N_i (\pi R_i^2/H)\rho \approx N_i(\rho/2)H A_i$ \hfill (Scheibchen)

8.3 Molmassenverteilungen

8.3.1 DARSTELLUNG VON VERTEILUNGSFUNKTIONEN

Bei Verteilungsfunktionen unterscheidet man diskontinuierliche und kontinuierliche. Die diskontinuierlichen Verteilungsfunktionen unterteilt man in Häufigkeitsverteilungen und in kumulative Verteilungen, die kontinuierlichen Verteilungen in differentielle und integrale Verteilungen.

Bei den *diskontinuierlichen* Verteilungen geben die Häufigkeitsverteilungen die Verteilungen der statistischen Gewichte der Komponenten i einer Mischung in Bezug auf ihre Eigenschaft E an. E kann z. B. der Polymerisationsgrad sein. Typische Häufigkeitsverteilungen sind daher

$$x_i(E_i) \qquad w_i(E_i) \qquad Z_i(E_i) \qquad \text{usw.}$$

Die kumulativen Verteilungen repräsentieren die Summierungen über alle statistischen Gewichte. Sie geben die Wahrscheinlichkeit an, die Eigenschaft E für Werte kleiner als E_i zu finden. Typische kumulative Verteilungen sind daher

$$\sum_{k=1}^{k=i} x_k(E_k) \qquad \sum_{k=1}^{k=i} w_k(E_k) \qquad \sum_{k=1}^{k=i} Z_k(E_k)$$

Häufigkeitsverteilungen und kumulative Verteilungen sind Stufenverteilungen (vgl. Abb. 8 – 1). Sie können nach dem in Kap. 2 beschriebenen Verfahren in kontinuierliche Verteilungen überführt werden.

Diskontinuierliche Verteilungsfunktionen können nämlich dann durch *kontinuierliche* Verteilungsfunktionen ersetzt werden, wenn der Unterschied zwischen zwei benachbarten Eigenschaften sehr klein gegenüber dem gesamten Bereich der Eigenschaften ist. Die Häufigkeitsverteilungen gehen dann in die entsprechenden differentiellen Verteilungen

$$x(E) \qquad w(E) \qquad Z(E) \qquad \text{usw.}$$

über und die kumulativen Verteilungen in die integralen Verteilungen

$$\int_0^E x(E')\,dE' \qquad \int_0^E w(E')\,dE' \qquad \int_0^E Z(E')\,dE' \qquad \text{usw.}$$

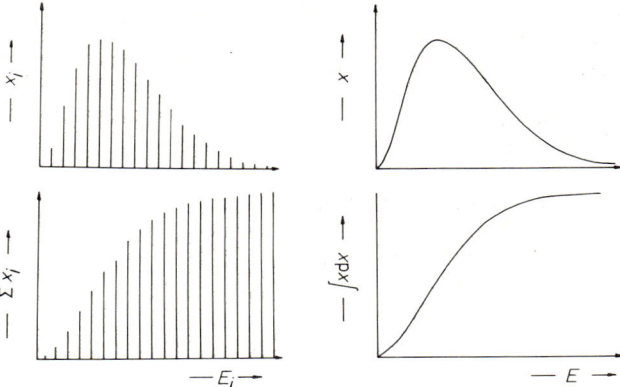

Abb. 8–1: Häufigkeitsverteilung (oben links) sowie kumulative (unten links), differentielle (oben rechts) und integrale (unten rechts) Verteilungen der Stoffmengenanteile x einer Eigenschaft E (schematisch). Lies $\int x \mathrm{d}E$ anstelle von $\int x \mathrm{d}x$.

Im deutschsprachigen Bereich werden als „Häufigkeitsverteilungen" gelegentlich nur die Stoffmengenverteilungen bezeichnet. Dieser Sprachgebrauch kann zu Mißverständnissen führen, da auch Massenverteilungen, z-Verteilungen usw. als Häufigkeitsverteilungen dargestellt werden können.

8.3.2 TYPEN VON VERTEILUNGSFUNKTIONEN

Die Typen der Verteilungsfunktionen werden meist nach dem Namen ihrer Entdecker bezeichnet. In diesem Kapitel werden nur die mathematischen Konsequenzen der Verteilungsfunktionen beschrieben; die Zuordnung zu Gleichgewichten bzw. Mechanismen erfolgt in den Kap. 16 – 23.

8.3.2.1 Gauß-Verteilung

Die bekannteste **Verteilung** ist die Gauß-Verteilung. Sie gibt das Fehlergesetz für arithmetische Mittel wieder. In der Mathematik wird die Gauß-Verteilung wegen ihres häufigen Vorkommens auch Normalverteilung genannt. In den makromolekularen Wissenschaften bezeichnet man dagegen abweichend davon häufig eine bestimmte Schulz-Flory-Verteilung als Normalverteilung.

Die differentielle Verteilung der Stoffmengenanteile der Eigenschaft E wird bei einer Gauß-Verteilung durch

$$(8-19) \quad x(E) = \frac{1}{\sigma_n (2\pi)^{1/2}} \exp\left(-\frac{(E - \overline{E}_m)^2}{2\sigma_n^2}\right)$$

wiedergegeben. $\overline{E}_m$ ist der Medianswert. Er gibt den Wert der Eigenschaft, der bei $\int_{-\infty}^{E_m} \mathrm{d}x = 0{,}5$ vorliegt. Da die Gauß-Verteilung symmetrisch um den Median ist (vgl. Abb. 8–2), gibt der Median das Zahlenmittel $\overline{E}_n = \langle E_n \rangle$ der Eigenschaft an. Die folgende Betrachtung wird auf die Eigenschaft Polymerisationsgrad X beschränkt. σ_n ist in Gl. (8–19) ein anpassungsfähiger Parameter. Da er die Breite der Verteilung und damit auch die Abweichung vom Mittelwert beschreibt, wird er Standardabweichung genannt. Die Abweichung eines Wertes X_i vom Mittelwert $\bar{X}_n = \langle X_n \rangle$ wird durch den mittleren Fehler s_n des Einzelwertes beschrieben:

$$(8-20) \quad s_n = \sqrt{\frac{n_i(X_i - \bar{X}_n)^2}{\sum_i n_i}}$$

Löst man Gl. (8–20) auf, summiert, und setzt $\sum_i s_n^2 = \sigma_n^2$, so erhält man

$$(8-21) \quad \sigma_n^2 \sum_i n_i = \sum_i n_i X_i^2 - 2\bar{X}_n \sum_i n_i X_i + \bar{X}_n^2 \sum_i n_i$$

Division durch $\sum_i n_i$, Einsetzen der Ausdrücke für das Zahlen- und das Massenmittel des Polymerisationsgrades (vgl. Gl. (8–44) und (8–45)) und Auflösen nach σ_n gibt

$$(8-22) \quad \sigma_n = (\bar{X}_w \bar{X}_n - \bar{X}_n^2)^{1/2}$$

Die Standardabweichung der Stoffmengenverteilung der Polymerisationsgrade kann also aus dem Zahlen- und dem Massenmittel der Polymerisationsgrade berechnet werden. Die Standardabweichung ist ferner ein absolutes Maß für die Breite einer Gauß-Verteilung (und nur einer Gauß-Verteilung), da ein Wert von $\bar{X}_n \pm 1\,\sigma_n$ immer einem Stoffmengenanteil von 68,26 % entspricht, $\bar{X}_n \pm 2\,\sigma_n$ immer einem Anteil von 95,44 %, und $\bar{X}_n \pm 3\,\sigma_n$ einem von 99,73 %. Beim Beispiel der Abb. 8–2 mit $\bar{X}_w = 3170$ und $\bar{X}_n = 3000$ beträgt nach Gl. (8–22) $\sigma_n = 714$. Im Bereich $\bar{X}_n = 3000 \pm 714$ liegen folglich 68,26 % aller Moleküle.

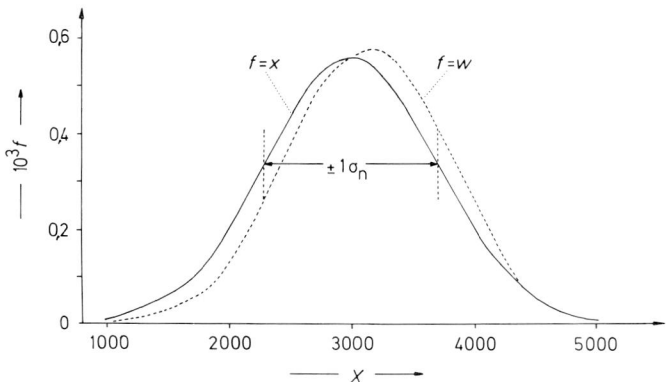

Abb. 8–2: Stoffmengenanteile x (―――) bzw. Massenanteile w (– – – –) als Funktion der Polymerisationsgrade X bei einer Gauss-Funktion der differentiellen Stoffmengenverteilung der Polymerisationsgrade. Berechnungen mit $\langle X_w \rangle = 3170$ und $\langle X_n \rangle = 3000$.

Die differentielle Gauß-Verteilung der Stoffmengen verliert ihre Symmetrie und ihre typische Gauß-Form, wenn man anstelle der Stoffmengenanteile die Massenanteile aufträgt (Abb. 8–2). Die Symmetrie der Kurvenform tritt jedoch wieder auf, wenn man in einer graphischen Darstellung die Massenbrüche für eine Gauß-Verteilung der

Massenbrüche aufträgt. Diese differentielle Gauß-Verteilung der Massenbrüche ist selbstverständlich auf das Massenmittel des Polymerisationsgrades und auf die Standard-Abweichung σ_w zu beziehen:

$$(8-23) \quad w(X) = \frac{1}{\sigma_w (2\pi)^{1/2}} \exp\left(-\frac{(X - \overline{X}_w)^2}{2\sigma_w^2}\right)$$

Die Standardabweichung σ_w ist gegeben durch

$$(8-24) \quad \sigma_w = (\overline{X}_z \overline{X}_w - \overline{X}_w^2)^{1/2}$$

Bei der Angabe eines Typs einer Verteilungsfunktion ist daher stets anzugeben, worauf die Verteilungsfunktion bezogen ist, auf Stoffmengen, Massen usw.

8.3.2.2 Logarithmische Normalverteilungen

Differentielle logarithmische Normalverteilungen weisen die gleiche mathematische Form wie die Gauß-Verteilungen auf; nur tritt als Variable der Logarithmus der Eigenschaft anstelle der Eigenschaft selbst auf:

$$(8-25) \quad x(X) = \frac{1}{(2\pi)^{1/2} X \sigma_n^*} \exp\left(-\frac{(\ln X - \ln \overline{X}_M)^2}{2(\sigma_n^*)^2}\right)$$

Die Kurve ist nunmehr um $\ln \overline{X}_M$ symmetrisch. Der Median $\overline{X}_M$ ist nicht mit dem Zahlenmittel $\overline{X}_n$ identisch (vgl. weiter unten). Die Funktion entspricht dem Fehlergesetz für das geometrische Mittel. Bei der logarithmischen Normalverteilung ist daher das Verhältnis der Polymerisationsgrade wichtig, bei der Gauß-Verteilung dagegen die Differenz.

Differentielle logarithmische Normalverteilungen lassen sich generalisieren, z. B. für die Massenverteilung der Polymerisationsgrade:

$$(8-26) \quad w(X) = \frac{1}{(2\pi)^{1/2} \sigma_w^*} \cdot \frac{X^A}{B \overline{X}_M^{A+1}} \cdot \exp-\left(\frac{(\ln X - \ln \overline{X}_M)^2}{2(\sigma_w^*)^2}\right)$$

mit $\quad B = \exp[0,5 (\sigma_w^*)^2 (A+1)^2]$

Zwei Spezialfälle werden in den makromolekularen Wissenschaften empirisch verwendet:

Lansing-Kraemer-Verteilung: $A = 0$; $B = \exp(0,5 \sigma_w^{*2})$

Wesslau-Verteilung : $A = -1$; $B = 1$

Eine logarithmische Normalverteilung der Stoffmengen gemäß Gl. (8–25) ist in Abb. 8–3 wiedergegeben. Die logarithmische Verteilung ist demnach eine schiefe Verteilung, wenn als Abszisse der Polymerisationsgrad gewählt wird. Das Maximum der Kurve fällt nicht mit dem Zahlenmittel des Polymerisationsgrades zusammen. Das Bild ändert sich nicht prinzipiell, wenn man für die logarithmische Normalverteilung der Stoffmengen nicht die Stoffmengenanteile, sondern die Massenanteile aufträgt (Abb. 8–3). Auch hier ist das Maximum der Kurve weder mit dem Zahlen- noch mit dem Massenmittel des Polymerisationsgrades identisch.

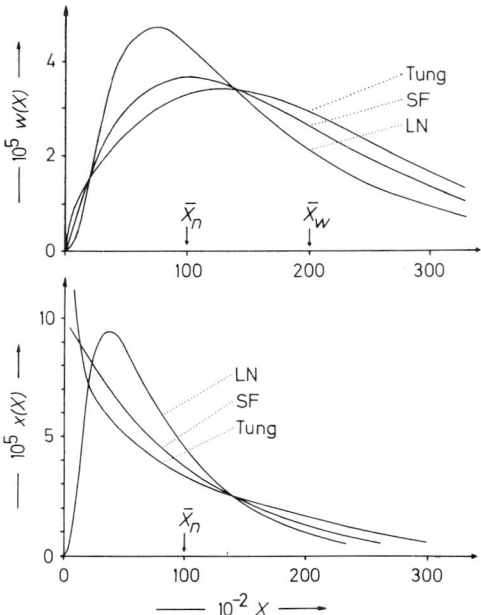

Abb. 8–3: Abhängigkeit der Stoffmengenanteile x und Massenanteile w als Funktion des Polymerisationsgrades X für die Verteilung der Stoffmengen bei Schulz-Flory- (SF), Poisson- (P) und logarithmischen Normalverteilungen (LN). Schematisch für eine Probe mit $\langle X_w \rangle$ = 10000.

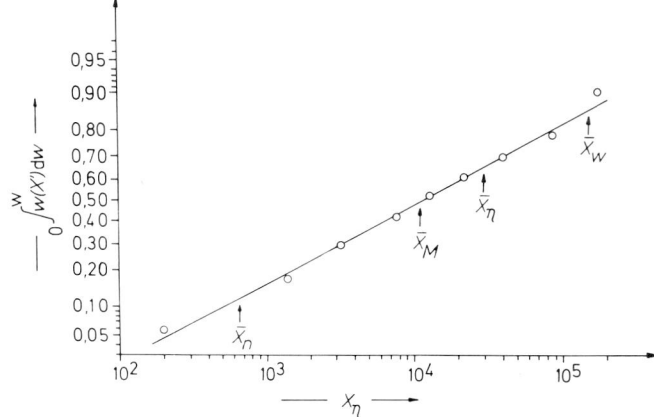

Abb. 8–4: Integrale Massenverteilung der Polymerisationsgrade bei einer Wesslau-Verteilung nach Auftragung in einem logarithmischen Summenhäufigkeits-Diagramm. Gemessen wurden die Massenanteile w_i und die Viskositätsmittel $\langle X_\eta \rangle_i$ der Polymerisationsgrade der Fraktionen (o) (anstelle der korrekten Massenmittel $\langle X_w \rangle_i$). Aus dem Wert für den Polymerisationsgrad $\langle X_M \rangle$ beim Median, dem Viskositätsmittel $\langle X_\eta \rangle$ des Polymerisationsgrades der Gesamtprobe und dem bekannten Exponenten a_η der Viskositäts/Molmassen-Beziehung wurden dann über die Gl. (8–27) und (8–28) die Zahlen- und Massenmittel der Polymerisationsgrade berechnet.

Logarithmische Normalverteilungen lassen sich linear darstellen, wenn z. B. ihre integrale Verteilung in ein Diagramm-Papier eingetragen wird, dessen Ordinate entsprechend einer Summenwahrscheinlichkeit und dessen Abszisse logarithmisch eingeteilt ist (Abb. 8–4).

Die Beziehungen zwischen dem Medianswert und den verschiedenen Mittelwerten lassen sich aus Gl. (8–26) ableiten:

(8–27) $\overline{X}_n = \overline{X}_M \exp[(2A + 1)(\sigma_w^*)^2/2]$

(8–28) $\overline{X}_w = \overline{X}_M \exp[(2A + 3)(\sigma_w^*)^2/2]$

(8–29) $\overline{X}_z = \overline{X}_M \exp[(2A + 5)(\sigma_w^*)^2/2]$

und analog für das Viskositätsmittel der Polymerisationsgrade (mit dem Exponenten a_η der Viskositäts/Molekulargewichts-Beziehung, vgl. Kap. 9):

(8–30) $\overline{X}_\eta = \overline{X}_M \exp[(2(A + a_\eta) + 1)(\sigma_w^*)^2/2]$

Die Gl. (8–27)–(8–29) führen somit zu

(8–31) $\exp(\sigma_w^*)^2 = = \overline{X}_w/\overline{X}_n = \overline{X}_z/\overline{X}_w$

Das Verhältnis zweier aufeinander folgender einfacher Mittelwerte des Polymerisationsgrades ist daher bei logarithmischen Normalverteilungen konstant und unabhängig von dem betreffenden Verhältnis.

8.3.2.3 Poisson-Verteilungen

Poisson-Verteilungen treten auf, wenn eine konstante Zahl von Polymerketten gleichzeitig zu wachsen anfangen kann und die Anlagerung der Monomeren an diese Ketten zufällig und unabhängig von der vorhergehenden Anlagerung der anderen Monomeren ist. Poisson-Verteilungen treten daher bei den sog. lebenden Polymeren auf (vgl. Kap. 15 und 18).

Für die differentielle Verteilung der Stoffmengenanteile der Polymerisationsgrade gibt die Poisson-Verteilung:

(8–32) $x = \dfrac{\nu^{X-1} \exp(-\nu)}{\Gamma(X)}$

wobei $\nu = \overline{X}_n - 1$ und $\Gamma(X) = $ Gamma-Funktion. Für die Beziehung zwischen dem Gewichts- und dem Zahlenmittel des Polymerisationsgrades gilt ferner (vgl. Kap. 18)

(8–33) $\overline{X}_w/\overline{X}_n = 1 + (1/\overline{X}_n) - (1/\overline{X}_n)^2$

Das Verhältnis $\overline{X}_w/\overline{X}_n$ hängt somit bei der Poisson-Verteilung nur vom Zahlenmittel des Polymerisationsgrades und sonst von keinem anderen Parameter ab. Mit steigendem Polymerisationsgrad strebt das Verhältnis $\overline{X}_w/\overline{X}_n$ dem Wert 1 zu. Die Poisson-Verteilung ist somit eine sehr enge Verteilung.

8.3.2.4 Schulz-Flory-Verteilungen

Den Schulz-Flory-Verteilungen liegt ein Prozeß zugrunde, bei dem eine zeitlich konstante Zahl von Ketten wahllos Monomer addiert, bis der individuelle Keim durch einen Abbruch vernichtet wird. Im Gegensatz zur Poisson-Verteilung müssen also die ursprünglich vorhandenen Keime nicht individuell erhalten bleiben. Sie müssen auch nicht alle zur gleichen Zeit eine Polymerkette starten. Es wird nur gefordert, daß die Keimkonzentration stationär bleibt. Derartige Prozesse liegen bei Polykondensationen und den meisten radikalischen Polymerisationen vor. In den Anfangstagen der makromolekularen Wissenschaften wurden derartige Prozesse als die normalen angesehen und die durch sie erzeugten Verteilungen folglich als „Normalverteilungen" bezeichnet. Dieser Begriff ist verschieden vom mathematischen Begriff einer „Normalverteilung" (vgl. Kap. 8.3.2.1). Der englische Ausdruck „most probable distribution" bezieht sich auf eine Schulz-Flory-Verteilung mit $\overline{X}_w/\overline{X}_n = 2$.

Zur Berechnung der Verteilungen muß der sog. Kopplungsgrad k bekannt sein. Der Kopplungsgrad gibt an, wieviel unabhängig gewachsene Ketten zur Bildung einer toten Kette erforderlich sind. Der Kopplungsgrad ist z. B. gleich 2, wenn zwei radikalische Ketten gemäß

(8–34) $P_i^\bullet + P_{x-1}^\bullet \to P_x$

zu einer einzigen Kette kombinieren. Für die differentielle Verteilung der Stoffmengenanteile erhält man (vgl. auch Kap. 20)

(8–35) $x = \dfrac{\beta^{k+1} X^{k-1} \overline{X}_n \exp(-\beta X)}{\Gamma(k+1)}$

und daraus für die Massenanteile

(8–36) $w = \dfrac{\beta^{k+1} X^k \exp(-\beta X)}{\Gamma(k+1)}$; $\beta = k/\langle X_n \rangle$

Die Auftragung der Stoffmengenanteile gegen die Polymerisationsgrade gibt für diese Molmassenverteilung eine exponentiell abfallende Kurve (Abb. 8–3). Aus diesem Grunde – und nicht etwa wegen des Auftretens einer Exponentialfunktion in der Gl. (8–35) – zählt man die Schulz-Flory-Verteilungen zu den Exponentialverteilungen.

Die einfachen einmomentigen Mittelwerte des Polymerisationsgrades sind über

(8–37) $\overline{X}_n/k = \overline{X}_w/(k+1) = \overline{X}_z/(k+2)$

miteinander verbunden. Mit zunehmendem Kopplungsgrad werden also die Verteilungen immer enger. Über die Gl. (8–37) und (8–31) können übrigens die logarithmischen Normalverteilungen und die Schulz-Flory-Verteilungen voneinander unterschieden werden. Für Schulz-Flory-Verteilungen gilt nämlich stets

(8–38) $\dfrac{\langle M_n \rangle + \langle M_z \rangle}{\langle M_w \rangle} = 2$

während bei logarithmischen Verteilungen diese Beziehung wegen Gl. (8–31) nur für $\langle X_z \rangle : \langle X_w \rangle : \langle X_n \rangle = 3:2:1$ erhalten wird.

8.3.2.5 Kubin-Verteilung

Die Kubin-Verteilung ist eine empirische verallgemeinerte Exponentialverteilung mit den empirischen Konstanten γ, β und λ:

(8-39) $w = \gamma \beta^{(\lambda+2)/\gamma} \; [\, \Gamma((\lambda+2)/\gamma) \,]^{-1} X^{\lambda+1} \exp(-\beta X^\gamma)$

Sie umfaßt folgende Spezialfälle:

$\gamma = 1$	Normale Exponentialverteilung
$\gamma = 1\;;\; \lambda = k-1$	Schulz-Flory-Verteilung
$\gamma = B\;;\; \lambda = B-2$	Tung-Verteilung

8.4 Momente

In der Mechanik ist das 1. Moment $\nu^{(1)}$ einer Kraft als Vektor-Produkt von Kraft (z. B. g) und Abstand (z. B. E) von der Achse zur Angriffslinie der Kraft definiert. Das 2. Moment $\nu^{(2)}$ ist entsprechend das Vektor-Produkt von Kraft und Quadrat des Abstandes. Greifen mehrere Kräfte an mehreren Abständen an, so hat man zur Bestimmung der Momente die Summen der Vektor-Produkte zu bilden. Allgemein kann man ferner nicht nur erste und zweite Momente, sondern beliebige Momente in Bezug auf einen beliebigen Referenzwert E_0 definieren:

(8-40) $\nu_g^{(q)}(E) \equiv \sum_i g_i (E_i - E_0)^q / \sum_i g_i$

$\nu_g^{(q)}(E)$ ist daher das q. Moment der g-Verteilung der E-Werte in Bezug auf E_0.

Momente können natürlich nicht nur für die Beziehungen zwischen Kraft und Abstand, sondern ganz generell für die Beziehungen zwischen beliebigen Größen angegeben werden. Die Ordnung q kann beliebige positive oder negative, ganzzahlige oder gebrochene, rationale oder irrationale Werte annehmen. Ein Moment besitzt daher in der Regel eine andere physikalische Einheit als die Eigenschaft E. Das statistische Gewicht g kann z. B. ein Zählen oder Wiegen sein (vgl. dazu Kap. 8.2). Die Eigenschaft kann der Polymerisationsgrad, die Molmasse, der Sedimentationskoeffizient, die Moleküldimension oder irgendeine andere Eigenschaft sein. Der Referenzwert E_0 kann im Prinzip beliebig gewählt werden. Da es aber z. B. keine negativen Polymerisationsgrade geben kann, ist es häufig zweckmäßig, die Momente auf einen Referenzwert 0 zu beziehen und diesen Momenten ein besonders Symbol zu geben:

(8-41 $\mu_g^{(q)}(E) \equiv \sum_i g_i E_i^q / \sum_i g_i$

Die Einführung der Momente der Polymerisationsgrade bzw. der Molmassenverteilung vereinfacht die Beschreibung komplizierterer Mittelwerte dieser Größen erheblich.

8.5 Mittelwerte

8.5.1 ALLGEMEINE BEZIEHUNGEN

Mittelwerte besitzen im Gegensatz zu Momenten immer die gleiche physikalische Einheit wie die zugrundeliegende Eigenschaft. Mittelwerte sind daher entweder Momente 1. Ordnung oder solche Kombinationen von Momenten verschiedener Ordnung, daß die resultierende physikalische Einheit wieder die der Eigenschaft ist.

Alle bisher bekannten Mittelwerte setzen sich meist aus ein oder zwei Momenten zusammen. Sie lassen sich durch die allgemeine Formel

$$(8\text{-}42) \quad \langle X_g^{(p,q)} \rangle = \left(\frac{\mu_g^{p+q-1}(X)}{\mu_g^{q-1}(X)} \right)^{1/p} = \left(\frac{\sum_i G_i X_i^{p+q-1}}{\sum_i G_i X_i^{q-1}} \right)^{1/p}$$

beschreiben. Gl. (8–42) enthält vier wichtige Spezialfälle:
1. Im Falle p = q = 1 reduziert sich Gl. (8–42) zu einem einfachen einmomentigen Mittelwert.
2. Im Falle q = 1 und p ≠ q erhält man ein einmomentiges Exponentenmittel.
3. Für q ≠ 1 und q ≠ p ≠ 1 resultiert ein zweimomentiges Exponentenmittel.
4. p = 1 und p ≠ q führt dagegen zu einem zweimomentigen Ordnungsmittel.

8.5.2 EINFACHE EINMOMENTIGE MITTEL

Die einfachen einmomentigen Mittelwerte sind durch

$$(8\text{-}43) \quad \overline{X}_g \equiv \frac{\sum_i g_i X_i}{\sum_i g_i} \equiv \sum_i G_i X_i \equiv \langle X_g \rangle$$

definiert. Sie werden je nach Art des statistischen Gewichtes als Zahlenmittel ($g = n$), Massen- oder Gewichtsmittel ($g = m$), z-Mittel ($g = z$) usw. bezeichnet. Aus historischen Gründen — und neuerdings auch, um Verwechslungen mit dem Index m für „mol" zu vermeiden — ist es üblich, das Gewichtsmittel des Polymerisationsgrades als $\overline{X}_w$ zu bezeichnen und nicht als $\overline{X}_m$. Falls die Spezies i nicht molekulareinheitlich sind, muß für X_i der korrekte Mittelwert eingesetzt werden.

Das Zahlenmittel des Polymerisationsgrades ist daher gegeben durch

$$(8\text{-}44) \quad \langle X_n \rangle \equiv \frac{\sum_i n_i \langle X_n \rangle_i}{\sum_i n_i} \equiv \sum_i x_i \langle X_n \rangle_i = \frac{\sum_i c_i}{\sum_i (c_i/\langle X_n \rangle_i)} = \frac{c}{\sum_i (c_i/\langle X_n \rangle_i)}$$

$$= \sum_i w_i / (\sum_i w_i / \langle X_n \rangle_i)$$

das Massenmittel (Gewichtsmittel) durch

$$(8\text{-}45) \quad \langle X_w \rangle = \frac{\sum_i m_i \langle X_w \rangle_i}{\sum_i m_i} = \frac{\sum_i n_i \langle X_n \rangle_i \langle X_w \rangle_i}{\sum_i n_i \langle X_n \rangle_i} = \frac{\sum_i c_i \langle X_w \rangle_i}{\sum_i c_i}$$

$$= \sum_i w_i \langle X_w \rangle_i = \frac{\sum_i x_i \langle X_n \rangle_i \langle X_w \rangle_i}{\langle X_n \rangle}$$

und das z-Mittel durch

$$(8\text{-}46) \quad \langle X_z \rangle = \frac{\sum_i z_i \langle X_z \rangle_i}{\sum_i z_i} = \frac{\sum_i m_i \langle X_w \rangle_i \langle X_z \rangle_i}{\sum_i m_i \langle X_w \rangle_i} = \frac{\sum_i n_i \langle X_n \rangle_i \langle X_w \rangle_i \langle X_z \rangle_i}{\sum_i n_i \langle X_n \rangle_i \langle X_w \rangle_i}$$

$$= \sum_i Z_i \langle X_z \rangle_i = \frac{\sum_i w_i \langle X_w \rangle_i \langle X_z \rangle_i}{\langle X_w \rangle} = \frac{\sum_i x_i \langle X_n \rangle_i \langle X_w \rangle_i \langle X_z \rangle_i}{\langle X_n \rangle \langle X_w \rangle}$$

Nach diesen Gleichungen muß immer gelten

(8-47) $\langle X_{z+1}\rangle \geqslant \langle X_z\rangle \geqslant \langle X_w\rangle \geqslant \langle X_n\rangle \geqslant \langle X_{n-1}\rangle$

wie man leicht durch Umformen der Gl. (8-22) sieht

(8-48) $\dfrac{\langle X_w\rangle}{\langle X_n\rangle} = 1 + \dfrac{\sigma_n^2}{\langle X_n\rangle^2}$

Dieser Ausdruck kann niemals kleiner als 1 werden. Analoge Ungleichungen kann man für $\langle X_z\rangle/\langle X_w\rangle$, $\langle X_{z+1}\rangle/\langle X_z\rangle$ usw. schreiben.

Tab. 8-1: Massenanteile w_i und Polymerisationsgrade X_i der drei Komponenten A, B und C einer hypothetischen Mischung

i	w_i	$(X_n)_i$	$(X_w)_i$	$(X_z)_i$
A	0,2	100	150	200
B	0,5	300	500	800
C	0,3	500	700	900

Ein numerisches Beispiel möge die Verhältnisse verdeutlichen. Es seien drei Fraktionen A, B und C angenommen, die im Verhältnis ihrer Massenanteile w_i gemischt werden. Jede Fraktion weise wiederum eine Verteilung der Polymerisationsgrade auf, die durch die individuellen Zahlen-, Massen- und z-Mittel charakterisiert sind (Tab. 8-1). Aus den Gl. (8-44)-(8-46) ergeben sich dann die Zahlen-, Massen- und z-Mittel der Mischung zu

$$\langle X_n\rangle = \dfrac{0{,}2 + 0{,}5 + 0{,}3}{\dfrac{0{,}2}{100} + \dfrac{0{,}5}{300} + \dfrac{0{,}3}{500}} \approx 234$$

$$\langle X_w\rangle = 0{,}2 \cdot 150 + 0{,}5 \cdot 500 + 0{,}3 \cdot 700 = 535$$

$$\langle X_z\rangle = \dfrac{0{,}2 \cdot 150 \cdot 200 + 0{,}5 \cdot 500 \cdot 800 + 0{,}3 \cdot 700 \cdot 900}{0{,}2 \cdot 150 \; + \; 0{,}5 \cdot 500 \; + \; 0{,}3 \cdot 700} \approx 738$$

8.5.3 EINMOMENTIGE EXPONENTENMITTEL

Die allgemeine Gleichung für ein einmomentiges Mittel lautet:

(8-49) $\langle X_g\rangle = (\sum\limits_i G_i X_i^q)^{1/q} = \overline{X}_q$

Das bekannteste dieser einmomentigen Exponentenmittel ist das sog. Viskositätsmittel der Molmasse:

(8-50) $\langle M_\eta\rangle \equiv (\sum\limits_i w_i M_i^{a_\eta})^{1/a_\eta} \equiv \overline{M}_\eta$

wobei a_η der Exponent der Beziehung zwischen Staudinger-Index $[\eta]$ und Molmasse ist (vgl. Gl. (8-54)). Streng genommen ist das Viskositätsmittel ein Gewichts-Viskositätsmittel, da das zugrundeliegende statistische Gewicht ein Wiegen ist. Analoge Mittel mit verschiedenen statistischen Gewichten existieren z. B. für die Sedimentationskoeffizienten, Diffusionskoeffizienten usw.

8.5.4 MEHRMOMENTIGE MITTEL

Mittelwerte können nach Gl. (8–42) auch aus zwei Momenten bestehen. Die Ordnungen der Momente (d. h. (p + q − 1) für das im Zähler und (q−1) für das im Nenner stehende Moment) müssen mit dem Exponenten 1/p so kombiniert werden, daß der Gesamtausdruck die physikalische Einheit der Eigenschaft besitzt. Da die physikalischen Einheiten auf beiden Seiten der Gleichung identisch sein müssen, folgt aus Gl. (8–42) unmittelbar die sog. Exponentenregel:

(8–51) $1 = (q + p -1)(1/p) - (q - 1)(1/p)$

Sie lautet in allgemeiner Form: Die Produktensumme der Exponenten der Eigenschaften muß immer gleich 1 sein. Die Regel basiert auf Einheitsbetrachtungen und ist daher unabhängig von jeder Annahme über die Gestalt der Makromoleküle.

Die Exponentenregel ist besonders in Kombination mit einer anderen Regel bedeutsam. Diese andere Regel besagt, daß die Beziehungen zwischen zwei Variablen stets als Exponentialbeziehungen beschrieben werden können, zumindest in einem begrenzten Bereich. Empirisch wurden z. B. die folgenden Beziehungen zwischen Molmasse M einerseits und Sedimentationskoeffizient s, Diffusionskoeffizient D und Staudinger-Index $[\eta]$ andererseits über weite Molmassenbereiche gefunden

(8–52) $s = K_s M^{a_\eta}$

(8–53) $D = K_D M^{a_D}$

(8–54) $[\eta] = K_\eta M^{a_\eta}$

Aus je zwei der drei Größen läßt sich die Molmasse berechnen (für die Ableitung vgl. Kap. 9):

(8–55) $\bar{M}_{sD} = A_{sD} K_{sD} s D^{-1}$

(8–56) $\bar{M}_{s\eta} = A_{s\eta} K_s s^{3/2} [\eta]^{1/2}$

(8–57) $\bar{M}_{D\eta} = A_{D\eta} K_{D\eta} D^{-3} [\eta]^{-1}$

Die Größen K_{sD}, $K_{s\eta}$ und $K_{D\eta}$ sind durch unabhängige Messungen zugänglich und molmassenunabhängig. Sie werden darum physikalische Konstanten genannt. A_{sD}, $A_{s\eta}$ und $A_{D\eta}$ sind dagegen Modellkonstanten, da sie noch bestimmte Annahmen enthalten. Sind z. B. die Reibungskoeffizienten von Sedimentation und Diffusion gleich groß (vgl. Kap. 9.7.3), so wird $A_{sD} = 1$. Die Modellkonstanten können allenfalls den numerischen Wert der Molmasse beeinflussen, nicht aber die Mittelwertsbildung. Sie können bis zum Beweis des Gegenteils gleich 1 gesetzt werden.

Nimmt man z. B. an, daß die Eigenschaften s, D und $[\eta]$ jeweils als einfaches Gewichtsmittel gemessen werden, so folgt aus der Kombination der Gl. (8–52)–(8–57):

(8–58) $\bar{M}_{s_w D_w} = A_{sD} (\sum_i w_i M_i^{a_s})(\sum_i w_i M_i^{a_D})^{-1}$; $a_s - a_D = 1$

(8–59) $\bar{M}_{s_w \eta_w} = A_{s\eta} (\sum_i w_i M_i^{a_s})^{3/2}(\sum_i w_i M_i^{a_\eta})^{1/2}$; $(3/2) a_s + (1/2) a_\eta = 1$

(8–60) $\bar{M}_{D_w \eta_w} = A_{D\eta} (\sum_i w_i M_i^{a_D})^{-3}(\sum_i w_i M_i^{a_\eta})^{-1}$; $-3 a_D - a_\eta = 1$

Das Produkt der physikalischen Konstanten muß nach der Dimensionsanalyse gleich 1 sein.

8.5 Mittelwerte

Mit den Gl. (8–58)–(8–60) erhält man für die Exponentenregel (vgl. Gl. (8–51)):

(8–61) $a_\eta = 2 - 3\,a_s = -(1 + 3\,a_D)$

Mit diesen Beziehungen können die in den Gl. (8–58)–(8–60) auftretenden Mittelwerte in andere Mittelwerte bzw. Momente umgerechnet werden. Man entnimmt der Tab. 8–2, daß der Mittelwert derartiger zweimomentiger Mittel sowohl von der Mittelwertsbildung der Eigenschaften als auch von der Molmassenabhängigkeit der Eigenschaften bestimmt wird. So führt z. B. die Kombination des Gewichtsmittels des Sedimentationskoeffizienten mit dem Gewichtsmittel des Diffusionskoeffizienten und $a_\eta = 2$ zum Zahlenmittel der Molmasse. In einigen Fällen besteht der Mittelwert des zweimomentigen Mittels aus einer Kombination zweier einfacher Mittel, in anderen ist die Beschreibung über die Momente einfacher.

Tab. 8–2: Momente und Mittelwerte der Molmassen für einige Kombinationen von s, D und $[\eta]$

Kombination von	Exponent a_η	Momente bzw. Mittelwerte
$\langle s_n \rangle$ und $\langle D_n \rangle$	beliebig	$\mu_n^{(1)} = \langle M_n \rangle$
$\langle s_w \rangle$ und $\langle D_w \rangle$	2	$\mu_n^{(1)} = \langle M_n \rangle$
$\langle s_w \rangle$ und $\langle D_w \rangle$	0,5	$\mu_n^{(1)} \mu_w^{(0,5)} / \mu_n^{(0,5)} = \sum_i x_i M_i^{1,5} / \sum_i x_i M_i^{0,5}$
$\langle s_w \rangle$ und $\langle D_z \rangle$	beliebig	$\mu_w^{(1)} = \langle M_w \rangle$
$\langle s_w \rangle$ und $\langle [\eta]_w \rangle$	2	$(\mu_w^{(2)})^{0,5} = (\langle M_w \rangle \langle M_z \rangle)^{0,5}$
$\langle s_w \rangle$ und $\langle [\eta]_w \rangle$	0,5	$(\mu_w^{(0,5)})^2 = (\sum_i w_i M_i^{0,5})^2 = \langle M_\eta \rangle_\theta$

Der numerische Wert dieser zweimomentigen Mittel der Molmasse hängt somit bei gleicher Verteilungsbreite noch vom Wert der Konstanten a_η ab (Abb. 8–5). a_η wiederum ist bei einer gegebenen homologen Reihe eine Funktion der Form der Teilchen und ihrer Wechselwirkung mit dem Lösungsmittel. Starre Stäbchen ohne Rotationsdiffusion weisen z. B. einen Wert von $a_\eta = 2$, Kugeln einen von $a_\eta = 0$ auf. Für statistische Knäuel werden gewöhnlich Werte zwischen 0,5 und 0,9 erhalten (vgl. auch Kap. 9.8).

Bei diesen zweimomentigen Mitteln liegt das scheinbare Paradox vor, daß eine Absolutmethode zur Bestimmung der Molmasse je nach Lösungsmittel (d. h. je nach a_η) zu verschiedenen numerischen Werten der Molmasse führt, wenn molekularuneinheitliche Substanzen vorliegen. Eine Molmassenmethode wird absolut genannt, wenn alle Parameter direkt gemessen werden können und keine Annahmen über die chemische und physikalische Struktur getroffen werden müssen. Dies trifft z. B. bei Gl. (8–55) zu, bei der die Größen s, D und $K_{sD} = RT/(1-\bar{v}_2\rho_1)$ direkt meßbar sind und bei der A_{sD} gleich 1 gesetzt werden kann.

Die zweimomentigen Mittel können bei gleicher Verteilung beträchtlich vom Exponenten a_η abhängen (Abb. 8–5). In einigen Fällen existieren unabhängig von der Breite der Verteilung Identitäten verschiedener Mittelwerte. Bei $a_\eta = 1$ ist z. B. immer $\langle M_\eta \rangle = \langle M_w \rangle$, bei $a_\eta = 0,5$ immer $\langle M_\eta \rangle = \langle M_{s_w \eta_w} \rangle$ und bei $a_\eta = -1$ immer $\langle M_{s_w D_w} \rangle = \langle M_w \rangle$.

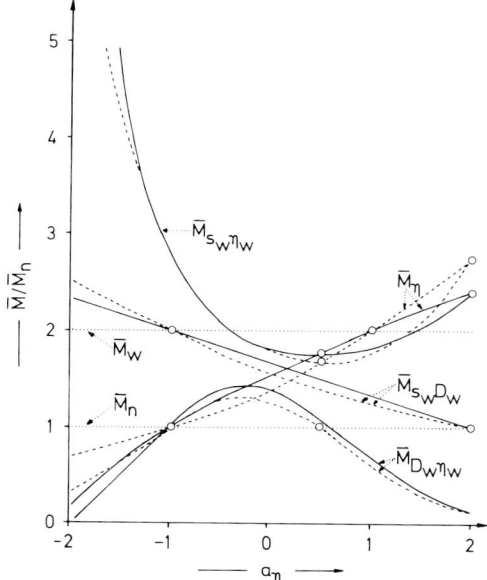

Abb. 8–5: Berechnete Verhältnisse $\overline{M}/\overline{M}_n$ als Funktion des Exponenten a_η der Viskositäts/Molmassen-Beziehung für eine Schulz-Flory-Verteilung (———) bzw. eine generalisierte logarithmische Normalverteilung (– – –) der Molmassen mit je $\overline{M}_w/\overline{M}_n = 2$. $\overline{M}$ kann $\overline{M}_{s_w \eta_w}, \overline{M}_\eta, \overline{M}_{s_w D_w}$ oder $\overline{M}_{D_w \eta_w}$ sein. Nach H.-G. Elias, R. Bareiss und J. G. Watterson.

8.5.5 MOLMASSENVERHÄLTNISSE

Die Breite einer Molmassenverteilung kann nach Gl. (8–47) immer durch das Verhältnis zweier Mittelwerte der Molmasse charakterisiert werden. Viel verwendet werden das Molmassenverhältnis („Polymolekularitätsindex") Q und die molekulare Uneinheitlichkeit U

(8–62) $Q = \langle M_w \rangle / \langle M_n \rangle = U + 1$

Bei molekulareinheitlichen Substanzen wird $Q = 1$ und $U = 0$. Polymolekularitätsindices und molekulare Uneinheitlichkeiten lassen sich natürlich auch für Quotienten anderer Mittelwerte als Zahlen- und Massenmittel der Molmassen definieren.

Je größer Q oder U, umso breiter sind die Molmassenverteilungen. Beide Größen sind allerdings bei engen Molmassenverteilungen nicht sehr empfindlich auf die Breite der Verteilung. Sie hängen außerdem noch von der Verteilungsbreite ab, wie man aus Gl. (8–48) sieht. Proben mit verschiedenen Polymerisationsgraden (oder Molmassen) und gleicher Uneinheitlichkeit weisen nämlich verschiedene Standardabweichungen auf (Abb. 8–6); umgekehrt werden für Polymere gleicher Standardabweichung der Polymerisationsgrade und verschiedenen Polymerisationsgraden auch verschiedene Uneinheitlichkeiten erhalten. Außerdem ist zu beachten, daß die Standardabweichung im allgemeinen Fall ein relatives, aber kein absolutes Maß für die Breite der Verteilung ist. Als absolutes Maß für die Breite müßte nämlich der durch die Standardabweichung erfaßte Anteil unabhängig von der Breite der Verteilung sein, was nur für die Gaußverteilung zutrifft, nicht aber für andere Verteilungstypen.

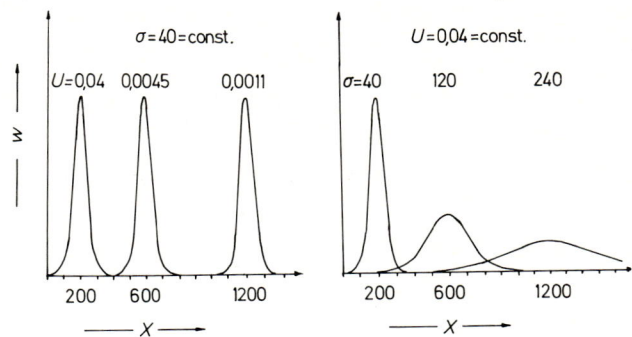

Abb. 8–6: Gauss-Verteilungen für Proben mit den Polymerisationsgraden $\langle X_n \rangle$ = 200, 600 oder 1200 mit konstanter Standardabweichung σ (und folglich variablen Uneinheitlichkeiten) bzw. konstanter Uneinheitlichkeit U (und variabler Standardabweichung)

8.5.6 COPOLYMERE

Bei Copolymeren kann sich jedes Molekül von einem anderen durch seine relative Zusammensetzung und die absolute Zahl an Grundbausteinen A und B unterscheiden. Die relative Zusammensetzung des Copolymeren ist durch den Massenanteil w_A an Grundbausteinen der Sorte A gegeben:

$$(8-63) \quad w_A = \frac{\sum\limits_{N_A^o} N_A^s N_A^o M_A^o}{\sum\limits_{N_i} N_i (N_A^o M_A^o + N_B^o M_B^o)}$$

wobei N_A^s die Zahl der Homosequenzen aus A-Grundbausteinen pro Molekül, N_A^o die Zahl der A-Grundbausteine pro Homosequenz, N_i die totale Zahl der Copolymermoleküle und M_A^o die Molmasse des Grundbausteins A ist.

Die Zahlenmittel der Molmassen der Homosequenzen A bzw. B und das Zahlenmittel der Molmasse des Copolymeren sind

$$(8-64) \quad \langle M_n^A \rangle = \frac{\sum\limits_{N_A^o} N_A^s N_A^o M_A^o}{\sum\limits_{N_A^o} N_A^s} \quad ; \quad \langle M_n^B \rangle = \frac{\sum\limits_{N_B^o} N_B^s N_B^o M_B^o}{\sum\limits_{N_B^o} N_B^s}$$

$$(8-65) \quad \langle M_n \rangle = \frac{\sum\limits_i N_i (N_A^o M_A^o + N_B^o M_B^o)}{\sum\limits_i N_i}$$

Das Zahlenmittel der Molmasse setzt sich somit additiv aus den Zahlenmitteln der Molmasse der Homosequenzen zusammen, z. B. bei einem Zweiblockpolymeren

$$(8-66) \quad \langle M_n \rangle = \langle M_n^A \rangle + \langle M_n^B \rangle$$

Analog kann man aus dem Massenanteil an A-Grundbausteinen und dem Zahlenmittel der Molmassen der Homosequenzen A das Zahlenmittel der Molmasse des Copolymeren ausrechnen.

Für die Massenmittel (Gewichtsmittel) der Molmassen gilt entsprechend

$$(8-67) \quad \langle M_w \rangle = \frac{\sum_i N_i (N_A^s M_A^o + N_B^s M_B^o)^2}{\sum_i N_i (N_A^s M_A^o + N_B^s M_B^o)}$$

Definiert man die Gewichtsmittel der Molmassen der A- und B-Sequenzen als

$$(8-68) \quad \langle M_w^A \rangle = \frac{\sum_{N_A^o} N_A^s (N_A^o M_A^o)^2}{\sum_{N_A^o} N_A^s (N_A^o M_A^o)} \quad ; \quad \langle M_w^B \rangle = \frac{\sum_{N_B^o} N_B^o (N_B^o M_B^o)^2}{\sum_{N_B^o} N_B^o (N_B^s M_B^o)}$$

so folgt unmittelbar mit Gl. (8–67), daß das Gewichtsmittel der Molmasse eines Copolymeren nicht einfach durch die Summe der Gewichtsmittel der Molmassen der Segmente gegeben ist.

Literatur zu Kap. 8

L. H. Peebles, Molecular Weight Distributions in Polymers, Interscience, New York 1971

H.-G. Elias, R. Bareiss und J. G. Watterson, Mittelwerte des Molekulargewichtes und anderer Eigenschaften, Adv. Polymer Sci.-Fortschr. Hochpolym. Forschg. **11** (1973) 111

H.-G. Elias, Polymolecularity and polydispersity in molecular weight determinations, Pure Appl. Chem. **43**/1–2 (1975) 115

9 Bestimmung von Molmassen und Molmassenverteilungen

9.1 Einleitung

Die Methoden zur Bestimmung der Molmassen werden in Absolut-, Äquivalent- und Relativmethoden eingeteilt. Bei Absolutmethoden wird die Molmasse aus den Meßgrößen ohne weitere Annahmen über die chemische und/oder physikalische Struktur der Polymeren berechnet. Äquivalentmethoden benötigen dagegen eine Kenntnis der chemischen Struktur. Relativmethoden sprechen sowohl auf die chemische als auch die physikalische Struktur des Gelösten und auf dessen Wechselwirkung mit dem Lösungsmittel an; sie müssen stets geeicht werden.

Zu den Absolutmethoden gehören alle Streuverfahren (Lichtstreuung, Röntgenkleinwinkelstreuung, Neutronenstreuung), das Sedimentationsgleichgewicht und die colligativen Methoden (Membranosmometrie, Ebullioskopie, Kryoskopie und Dampfdruckosmometrie). Endgruppenbestimmungen zählen zu den Äquivalentmethoden, da zur Berechnung der Molmasse die chemische Natur und die Zahl der Endgruppen pro Molekül bekannt sein muß. Die wichtigsten Relativmethoden sind die Viskosimetrie und die Gelpermeationschromatographie.

Bei den weitaus meisten Methoden wird nicht eine relative Molekularmasse, sondern eine molare Masse bestimmt. Als physikalische Einheit der molaren Masse bzw. Molmasse wird in diesem Buch stets g/mol Makromolekül benutzt, da dann die Zahlenwerte mit denjenigen der relativen Molekularmassen übereinstimmen. Die von der IUPAC empfohlene Einheit kg/mol ist dagegen um den Faktor 1000 kleiner als die Einheit der relativen Molekularmasse. In der biochemischen Literatur wird außerdem noch die Einheit 1 dalton = 1 g/mol verwendet.

Tab. 9-1: Ungefähre Arbeitsbereiche der wichtigsten Methoden zur Bestimmung der Molmasse (A = Absolutmethode, Ä = Äquivalentmethode, R = Relativverfahren)

Mittelwert der Molmasse	Methode	Typ	Molmassenbereich in g/mol Molekül
$\bar{M}_n$	Ebullioskopie, Kryoskopie, Dampfdruckosmometrie, isotherme Destillation	A	$< 10^4$
$\bar{M}_n$	Endgruppenbestimmung	Ä	$< 3 \cdot 10^4$
$\bar{M}_n$	Membranosmometrie	A	$5 \cdot 10^3 - 10^6$
$\bar{M}_n$	Elektronenmikroskopie	A	$> 5 \cdot 10^5$
$\bar{M}_w$	Sedimentationsgleichgewicht	A	$< 10^6$
$\bar{M}_w$	Lichtstreuung	A	$> 10^2$
$\bar{M}_w$	Sedimentationsgleichgewicht im Dichtegradienten	A	$> 5 \cdot 10^4$
$\bar{M}_w$	Röntgenkleinwinkelstreuung	A	$> 10^2$
$\bar{M}_{sD}$	kombinierte Sedimentation und Diffusion	A	$> 10^3$
$\bar{M}_\eta$	Viskosimetrie verdünnter Lösungen	R	$> 10^2$
$\bar{M}_{GPC}$	Gelpermeationschromatographie	R	$> 10^3$

Die Auswahl einer Methode richtet sich primär nach der gewünschten Information, sekundär nach dem Arbeitsbereich, der verfügbaren Substanzmenge, dem Zeitbedarf und der evtl. erforderlichen Reinigung der Proben. In der Regel werden Messungen bei verschiedenen Konzentrationen vorgenommen und aus diesen Meßwerten dann mit Hilfe einer „idealen", d. h. streng nur für unendliche Verdünnung geltenden, theoretischen Beziehung scheinbare Molmassen berechnet. Diese scheinbaren Molmassen müssen dann noch auf die Konzentration null extrapoliert werden, um die Molmasse zu erhalten. Scheinbare und wahre Molmassen können sich dabei beträchtlich unterscheiden. Knäuelförmige Polymere vom Zahlenmittel der Molmasse 10^6 g/mol können z. B. in guten Lösungsmittel bei einer Konzentration von 0,01 g/ml z. B. ein scheinbares Zahlenmittel der Molmasse von 555 000 g/mol, bei einer Konzentration von 0,1 g/ml dagegen eines von nur 110 000 g/mol aufweisen.

9.2 Membranosmometrie

9.2.1 SEMIPERMEABLE MEMBRANEN

Die Membranosmometrie beruht ebenso wie die Ebullioskopie, die Kryoskopie und die Dampfdruckosmometrie auf der strengen thermodynamischen Grundlage des 2. Hauptsatzes in der Form

(9-1) $dG = V dp - S dT$

Bei der Membranosmometrie wird der Druckunterschied zwischen einer Lösung und dem reinen Lösungsmittel gemessen, die durch eine nur für das Lösungsmittel durchlässige (semipermeable) Membran getrennt sind. Da man isotherm arbeitet, geht Gl. (9-1) mit $dT = 0$ über in

(9-2) $\Delta G = V \Delta p = V \Pi$

da man für kleine Druckänderungen die Differentiale durch Differenzen ersetzen kann. Der manometrisch meßbare Druckunterschied Δp wird als osmotischer Druck Π bezeichnet. Die Differentiation der Gl. (9-2) nach den Stoffmengen n_1 des Lösungsmittels gibt

(9-3) $(\partial \Delta G / \partial n_1) = \Pi (\partial V / \partial n_1)$

Mit den bekannten Definitionen des Unterschiedes im chemischen Potential des Lösungsmittels $\Delta \mu_1$ und des partiellen Molvolumens $\widetilde{V}_1^m$ erhält man

(9-4) $-\Delta \mu_1 = \mu_{1(p)} - \mu_1 = \Pi \cdot \widetilde{V}_1^m$

Die Differenz des chemischen Potentials ist durch die Aktivität des Lösungsmittels a_1 ausdrückbar und in sehr verdünnter Lösung durch die Stoffmengenanteile x_1 des Lösungsmittels bzw. x_2 des Gelösten:

(9-5) $\Pi \widetilde{V}_1^m = -RT \ln a_1 \cong -RT \ln x_1 = -RT \ln(1 - x_2) \approx RT x_2$

Nun ist $x_2 = n_2/(n_2 + n_1)$, $n_2 = m_2/M_2$, $c_2 = m_2/(V_2 + V_1)$ und $V_1^m = V_1/n_1$.
Bei verdünnten Lösungen gilt $n_2 \ll n_1$ und $V_2 \ll V_1$ und folglich $x_2 = V_1^m c_2/M_2$. Mit $V_1^m \approx \widetilde{V}_1^m$ ergibt sich aus Gl. (9-5) die van't Hoff'sche Gleichung als Grenzgesetz für unendliche Verdünnung

(9-6) $\quad \lim\limits_{c_2 \to 0} (\Pi/c_2) = RT/M_2$

Für endliche Konzentrationen wird Π/c_2 bei Lösungen von nichtassoziierenden Nichtelektrolyten durch eine Reihe nach ganzen positiven Potenzen der Konzentration wiedergegeben (vgl. Gl. (6-54))

(9-7) $\quad \Pi/(RTc_2) \equiv (M_2)_{\text{app}}^{-1} = A_1 + A_2 c_2 + A_3 c_2^2 + \ldots$

wobei A_1, A_2 usw. die ersten, zweiten usw. Virialkoeffizienten sind. A_1 ergibt sich aus dem Koeffizientenvergleich mit Gl. (9-6) zu $(M_2)^{-1}$. A_1 wird erhalten, indem der osmotische Druck Π bei verschiedenen Konzentrationen c_2 gemessen wird. Der reduzierte osmotische Druck Π/c_2 wird gegen c_2 aufgetragen und aus dem Ordinatenabschnitt bei $c_2 \to 0$ der Wert von RTA_1 ermittelt (Abb. 9-1). Bei assoziierenden Substanzen treten auf der rechten Seite von Gl. (9-7) kompliziertere Ausdrücke auf (vgl. Kap. 6.5). Da der meßbare osmotische Druck Π reziprok proportional der Molmasse ist, wird die Methode mit steigender Molmasse immer ungenauer. Die obere Grenze liegt bei Molmassen von ca. 1–2 Millionen g/mol.

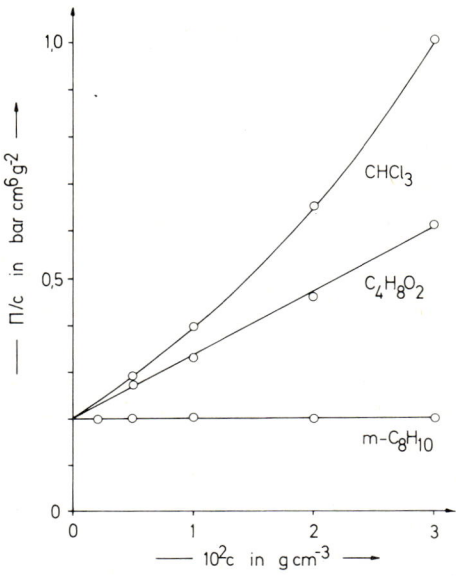

Abb. 9–1: Konzentrationsabhängigkeit der reduzierten osmotischen Drucke Π/c eines Poly(methylmethacrylates) in Chloroform, Dioxan und m-Xylol bei 20°C (nach G. V. Schulz und H. Doll).

Die in Gl. (9–6) auftretende Molmasse M_2 ist bei einem polymolekularen Gelösten das Zahlenmittel $\overline{M}_n$ des Gelösten. Bei einem System aus vielen Komponenten ist nämlich der resultierende osmotische Druck Π durch die Summe aller osmotischen Drucke Π_i gegeben:

(9–8) $\quad \Pi = \sum_i \Pi_i = RT \sum_i (c_i/M_i)$

Die in Gl. (9–9) auftretende Summe $\sum_i (c_i/M_i)$ ist auch in der Definition des Zahlenmittels der Molmasse enthalten (vgl. Gl. (8–44), d. h. in $\overline{M}_n = \sum_i c_i / \sum_i (c_i/M_i)$). Setzt man diesen Ausdruck in Gl. (9–9) ein, so sieht man, daß bei osmotischen Messungen das Zahlenmittel der Molmasse erhalten wird:

(9–9) $\quad \Pi = (RT \sum_i c_i)/\overline{M}_n = RT\, c/\overline{M}_n$

Bei Polyelektrolyten können die Polyionen nicht wegen ihrer Größe, die Gegenionen nicht wegen des Prinzips der Elektroneutralität permeieren. Da pro Polyion viele wirksame Gegenionen vorhanden sind, ergibt sich aus Gl. (9–6) mit der Stoffmengenkonzentration $[M_E] = c_2/M_2$ der Polyionen für kleine Konzentrationen näherungsweise

(9–10) $\quad \Pi = RT N_z [M_E]$

N_z ist der effektive Ionisationsgrad, d. h. der Bruchteil von Gegenionen, der zum osmotischen Druck beiträgt. N_z ist also kleiner als die totale Zahl der Gegenionen. Es wird bei hohen Ionisationsgraden praktisch konstant.

9.2.2 EXPERIMENTELLE METHODIK

Der osmotische Druck Π wird im einfachsten Fall in einem Einkammer-Osmometer mit horizontal angeordneter Membran gemessen (Abb. 9-2). Π wird dann mit dem manometrisch meßbaren Druckunterschied Δp_{eq} im Gleichgewicht identifiziert.

Der osmotische Druck ergibt sich aus den Steighöhen h_s und h_1 und mit den Dichten ρ_s und ρ_1 der Lösung S bzw. des Lösungsmittels 1 mit den Notierungen $\Delta h = h_s - h_1$ und $\Delta \rho = \rho_s - \rho_1$ sowie mit der bei semipermeablen Membranen gültigen Beziehung $\Pi = \Delta p_{eq}$ zu

(9-11) $\quad \Pi = \Delta p_{eq} = h_s \rho_s - h_1 \rho_1 = \Delta h \rho_1 - h_s \Delta \rho = \Delta h \rho_s + h_1 \Delta \rho$

Zur Berechnung des osmotischen Druckes Π müssen also außer der Steighöhendifferenz Δh und der Dichte des Lösungsmittels auch noch die absolute Steighöhe h_s (oder h_1) und die Dichtedifferenz $\Delta \rho$ bekannt sein. Bei Osmometern mit vertikal angeordneten Membranen kann man in guter Näherung die Membranmitte als Bezugspunkt für die Höhenmessung annehmen.

Zu Beginn eines osmotischen Experimentes entspricht der Steighöhenunterschied Δh nach der Füllung der beiden Kammern nicht dem osmotischen Druck im Gleichgewicht. Um den Gleichgewichtsdruck zu erreichen, muß Lösungsmittel durch die Membran permeieren. Der Durchtritt erfolgt z. B. von der Lösungsmittelkammer in die Lösungskammer, falls Δh kleiner als der entsprechende osmotische Druck ist bzw. umgekehrt, falls Δh größer ist als es dem osmotischen Druck entspricht. Die Zeit bis zum

Erreichen des Gleichgewichtes ist umso größer, je größer das zu verschiebende Flüssigkeitsvolumen ist, d.h. je weiter die Kapillaren sind. Da man aus experimentellen Gründen die Kapillaren nicht beliebig eng wählen kann (Verschmutzung usw.) und die Membran eng sein muß (Semipermeabilität), kann die Einstellung eines osmotischen Gleichgewichtes u.U. Tage und Wochen dauern. Dieser Einstellung durch Osmose können sich noch andere Einstellungen wie z. B. durch Nachlauf in den Kapillaren, Adsorption des Gelösten an der Membran, partielle Permeation des Gelösten durch die Membran usw. überlagern, worauf stets gesondert zu prüfen ist.

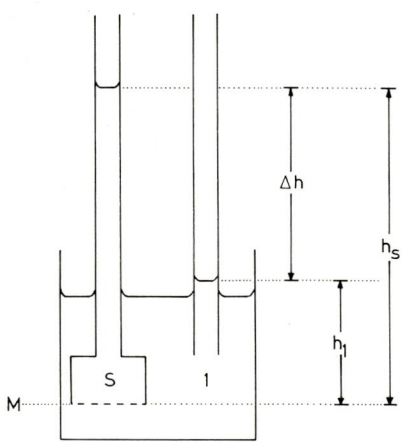

Abb. 9–2: Berechnung des osmotischen Druckes Π aus den Höhen h_s der Lösung und h_1 des Lösungsmittels über einer horizontal angeordneten Membran.

In den kommerziell erhältlichen, automatisch arbeitenden Membranosmometern wird daher dieser Zeitbedarf durch einen meßtechnischen Trick verringert. Strömt z.B. Lösungsmittel in die Lösungskammer ein, so wird der Anstieg der Steighöhendifferenz sofort über einen Servomechanismus durch eine Änderung der Füllhöhe kompensiert. Bei diesen Geräten treten daher nur sehr kleine Flüssigkeitsmengen durch die Membranen, so daß der Gleichgewichtszustand schon nach 10–30 min erreicht wird.

Alternativ kann der osmotische Druck auch dynamisch aus der Einstellgeschwindigkeit berechnet werden. Die Geschwindigkeit der Annäherung an das Gleichgewicht ist der Entfernung vom Gleichgewicht proportional

(9-12) $d(p - \Pi)/dt = -k(p - \Pi)$

oder integriert

(9-13) $\ln[(p_1 - \Pi)/(p_2 - \Pi)] = \dfrac{(t_2 - t_1)}{t_{0,5}} \ln 2 = \alpha \ln 2$

p_2 und p_1 sind dabei die osmotischen Drucke zu den Zeiten t_1 und t_2. $t_{0,5}$ ist die Halbwertszeit für den Lösungsmitteldurchtritt. Sie wird in einem Vorversuch bestimmt. Gl. (9-13) wird entlogarithmiert und nach Π aufgelöst:

(9-14) $(p_1 - \pi)/(p_2 - \Pi) = 2^\alpha$

(9-15) $\Pi = (2^\alpha p_2 - p_1)/(2^\alpha - 1)$

Als Membranen werden für organische Lösungsmittel meist Folien aus regenerierter Cellulose verwendet, z. B. Cellophan 600, Gelcellophan, Ultracellafilter feinst und allerfeinst. Für wässrige Lösungen eignen sich Membranen aus Celluloseacetat (z. B. Ultrafeinfilter) oder Nitrocellulose (Kollodium). Für aggressive Lösungsmittel (Ameisensäure usw.) sind Glasmembranen verwendet worden.

9.2.3 NICHTSEMIPERMEABLE MEMBRANEN

Nach den Voraussetzungen soll die verwendete Membran streng semipermeabel sein, d.h. nur das Lösungsmittel, nicht aber das Gelöste durchlassen. Diese Forderung läßt sich z.B. bei nativen Proteinen leicht erfüllen. Native Proteine sind meist molekulareinheitlich und weisen eine kompakte Struktur auf. Solange die Porendurchmesser der Membran kleiner als die Durchmesser der Proteinmoleküle sind, ist somit die Membran streng semipermeabel. Da Proteinmoleküle Durchmesser von meist mehr als 5 nm aufweisen, ist es nicht allzu schwierig, entsprechende Porenmembranen wie z. B. auf der Basis von Celluloseacetat für wässrige Lösungen zu finden. Fadenförmige Makromoleküle weisen dagegen zwar große Knäueldurchmesser, aber nur sehr geringe Fadendurchmesser auf. Sie können daher sehr leicht durch Membranen mit relativ engen „Poren" von nur 1 – 2 nm treten. Die Permeation ist umso leichter möglich, je niedriger die Molmassen sind. Bei molekularuneinheitlichen Substanzen wird daher ein Teil permeieren können. Im osmotischen Gleichgewicht (bei sog. statischen Messungen) werden sich alle permeierbaren Anteile entsprechend ihren Aktivitäten auf beide Seiten der Membran in einem Donnan-Gleichgewicht verteilen. Der beobachtete os-

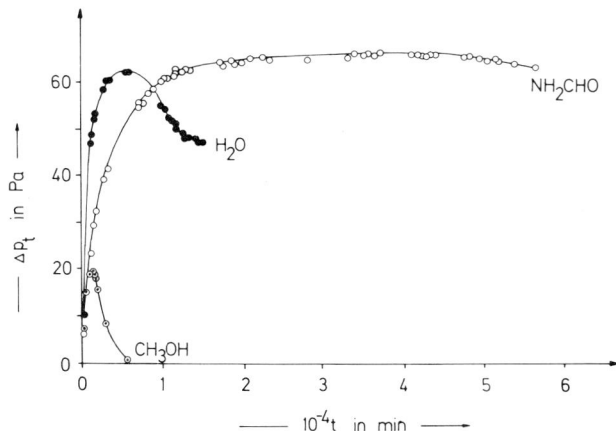

Abb. 9–3: Zeitabhängigkeit des hydrostatischen Druckes Δp_t bei Lösungen eines Poly(ethylenglykols) ($c = 2 \cdot 10^{-4}$ g/cm^3; $\overline{M}_n = 4000$; $\overline{M}_w = 4300$ g/mol Molekül) in Formamid, Wasser bzw. Methanol an Cellophan 600-Membranen (= Cellulosehydrat) bei 25°C. Der theoretisch für diese Konzentration zu erwartende osmotische Druck einer idealen Lösung beträgt $\Pi_{id} = 127$ Pa (nach H.-G. Elias).

motische Druck im Gleichgewicht entspricht daher bei jeder Konzentration nicht dem theoretischen osmotischen Druck der Ausgangssubstanz. Für den Grenzwert des reduzierten osmotischen Drucks Π/c_2 bei $c_2 \to 0$ erhält man die Molmasse des nichtpermeierbaren Anteils.

Die teilweise oder vollständige Permeation des Gelösten kann häufig daran erkannt werden, daß bei Messungen von „unten her" (Steighöhendifferenz Δp_0 bei t = 0 kleiner als Π) der meßbare Druck Δp durch ein Maximum geht und dann bis zu einem Gleichgewichtswert abfällt (Abb. 9–3). Der Effekt kommt durch das Gegeneinanderwirken von Eindringen des Lösungsmittels in die Lösungszelle und Permeation des Gelösten in die Lösungsmittelzelle zustande. Da bei kleinen Versuchszeiten noch praktisch kein Gelöstes permeiert sein kann, wird oft angenommen, daß durch die bei automatischen Osmometern möglichen kurzen Meßzeiten der wahre osmotische Druck auch bei permeierenden Substanzen erfaßt werden kann. Diese Annahme ist irrig.

Bei nicht-semipermeablen Membranen können sowohl das Lösungsmittel als auch das Gelöste durch die Membran treten. J_v sei der Volumenfluß, J_D der Fluß durch Diffusion (Permeation). Beide Flüsse können sowohl durch eine hydrostatische Druckdifferenz Δp als auch durch einen osmotischen Druck Π bewirkt werden:

(9–16) $\quad J_v = L_p \Delta p + L_{pD} \Pi$

(9–17) $\quad J_D = L_{Dp} \Delta p + L_D \Pi$

Bei der dynamischen Osmometrie wird nun die Druckdifferenz beim Volumenfluß $J_v = 0$ bestimmt, d. h. es gilt mit Gl. (9–16)

(9–18) $\quad (\Delta p)_{J_v} = -(L_{pD}/L_p) = s\Pi$

Das negative Verhältnis der beiden sog. phänomenologischen Koeffizienten L_{pD} und L_p wird Selektivitätskoeffizient, Reflektionskoeffizient oder Staverman-Koeffizient genannt.

Bei semipermeablen Membranen gilt $-L_{pD} = L_p$ und der Staverman-Koeffizient s wird gleich 1. Bei nicht-semipermeablen Membranen gilt dagegen $-L_{pD} < L_p$, d. h. der Staverman-Koeffizient wird kleiner als 1 und im Grenzfall einer völlig permeablen Membran gleich null. Bei der dynamischen Osmometrie an nicht-semipermeablen Membranen wird somit beim Volumenfluß null niemals der osmotische Druck Π, sondern immer ein kleinerer Wert $s\Pi$ erhalten, und zwar auch bei sehr kurzen Versuchszeiten.

Der Staverman-Koeffizient s kann bislang nicht theoretisch berechnet werden. Experimentell wurde gefunden, daß er mit fallender Molmasse des Gelösten von 1 bei Poly(oxyethylenen) mit Molmassen größer als 6000 g/mol mehr oder weniger linear bis auf $s = 0$ bei $M = 62$ g/mol absinkt, wenn man Cellophan 600-Membranen verwendet.

Um daher das Zahlenmittel der Molmasse einer partiell permeierenden Probe zu ermitteln, wird die Lösung zuerst an der gleichen Membran dialysiert, wie sie für die Membranosmometrie verwendet wird. Der nichtdialysierbare Anteil wird anschließend membranosmotisch, der dialysierbare z. B. dampfdruckosmotisch untersucht. Aus den Massenanteilen und Molmassen der beiden Fraktionen wird dann die Molmasse der ursprünglichen Probe berechnet.

9.3 Ebullioskopie und Kryoskopie

Die Siedetemperatur einer Lösung und des entsprechenden reinen Lösungsmittels sind wegen der Differenz der Aktivitäten verschieden. Im Gleichgewicht geht Gl. (9–1) in der Form $d\Delta G = \Delta V dp - \Delta S dT$ wegen $d\Delta G = 0$ über in

(9–19) $\quad \Delta V dp = \Delta S dT$

Für einen isotherm-isobaren Proteß gilt andererseits der 2. Hauptsatz in der Form $\Delta S = (\Delta H)_{T,p}/T$. Setzt man diesen Ausdruck in Gl. (9–19) ein und formt um, so erhält man

(9–20) $\quad \Delta H = T\Delta V (dp/dT)$

Das Volumen des Gases ist aber am Siedepunkt groß gegenüber dem Volumen der Flüssigkeit. $\Delta V = V_{gas} - V_{fl}$ geht damit über in $\Delta V \approx V_{gas}$. Nach Einführung dieses Ausdruckes und des Gesetzes der idealen Gase $pV_{gas}^m = RT_s$ in Gl. (9–20) sowie Indizierung für die Siedetemperatur T_s bekommt man bei Übergang zu stoffmengenbezogenen Größen

(9–21) $\quad \Delta H_s^m = T_s (dp/dt)(RT_s/p)$

bzw. mit dem Raoult'schen Gesetz $x_2 = \Delta p/p_1$ und mit $x_2 = n_2/(n_1+n_2) \approx n_2/n_1 = m_2 M_1/m_1 M_2 = m_2 M_1/M_2 \rho_1 V_1 \cong c_2 M_1/M_2 \rho_1$ nach einer Umformung

(9–22) $\quad \dfrac{\Delta T_s}{c_2} = \left(\dfrac{RT_s^2 M_1}{p_1 \Delta H_s^m}\right) \cdot \dfrac{1}{M_2} = E \cdot (1/M_2) \quad$ (für $c_2 \to 0$)

oder analog zu Gl. (9–6) geschrieben

(9–23) $\quad \dfrac{\Delta T_s}{c_2}\left(\dfrac{p_1 \Delta H_s^m}{T_s M_1}\right) = \dfrac{RT_s}{M_2} \quad$ (für $c_2 \to 0$)

Um für eine gegebene Molmasse M_2 des Gelösten eine möglichst große Erhöhung der Siedetemperatur ΔT_s zu erreichen, muß folglich die ebullioskopische Konstante E des Lösungsmittels groß sein. Das Lösungsmittel soll möglichst eine hohe Siedetemperatur T_s, eine große Molmasse M_1 und eine niedrige molare Verdampfungsenthalpie ΔH_s^m aufweisen.

Gl. (9–23) gilt nach der Ableitung nur für unendlich kleine Konzentrationen. Für endliche Konzentrationen kann man analog zu membranosmotischen Messungen wieder Reihenentwicklungen mit Virialkoeffizienten schreiben. Bei polymolekularen Gelösten wird ebullioskopisch das Zahlenmittel der Molmasse gemessen (Beweis analog zur Ableitung für den osmotischen Druck).

Bei kryoskopischen Messungen erhält man durch eine analoge Ableitung für die Erniedrigung der Gefriertemperatur ΔT_M unendlich verdünnter Lösungen

(9–24) $\quad \dfrac{\Delta T_M}{c_2} = \left(\dfrac{RT_g^2 M_1}{\rho_1 \Delta H_M}\right)\cdot \dfrac{1}{M_2} \quad$ (für $c_2 \to 0$)

wobei T_g die Gefriertemperatur des Lösungsmittels und ΔH_M^m dessen molare Schmelzenthalpie sind.

9.4 Dampfdruckosmometrie

Dampfdruckosmotische (thermoelektrische, vaporometrische) Messungen beruhen auf dem folgenden Prinzip. Ein Tropfen einer Lösung mit einem nichtflüchtigen Gelösten befindet sich auf einem Temperaturfühler, z.B. einem Thermistor. Der umgebende Raum ist mit Lösungsmitteldampf gesättigt. Zu Beginn der Messung weisen Tropfen und Dampf die gleiche Temperatur auf. Da der Dampfdruck der Lösung geringer ist als der des Lösungsmittels, kondensiert Lösungsmitteldampf auf dem Lösungstropfen auf. Durch die freigesetzte Kondensationswärme steigt die Temperatur des Tropfens solange an, bis die Temperaturdifferenz ΔT_{th} zwischen Lösungstropfen und Lösungsmitteldampf die Differenz der Dampfdrucke wieder aufhebt und damit die chemischen Potentiale des Lösungsmittels in den beiden Phasen gleich sind. Für diesen Fall gilt analog den bei ebullioskopischen Messungen geltenden Gleichungen für die Beziehung zwischen der Temperaturdifferenz ΔT_{th} und dem Zahlenmittel $\overline{M}_n = M_2$ des Gelösten

$$(9-25) \quad \frac{\Delta T_{th}}{c_2} = \left(\frac{RT^2}{L_1 \cdot \rho_s}\right) \cdot \frac{1}{\overline{M}_n} \qquad \text{(für } c_2 \to 0\text{)}$$

wobei L_1 die Verdampfungswärme des Lösungsmittels pro Gramm und ρ_s die Dichte der Lösung ist.

Das Verfahren würde also ähnlich wie die Ebullioskopie oder die Kryoskopie eine strenge thermodynamische Grundlage besitzen, wenn die Versuche sowohl für den Lösungstropfen als auch für den Lösungsmitteldampf jeweils isotherm ausgeführt werden könnten. Tropfen und Dampf stehen jedoch miteinander im thermischen Kontakt, so daß sich die Temperaturdifferenz mit der Zeit durch Konvektion, Strahlung und Leitung auszugleichen versucht. Dadurch kondensiert aber wieder neuer Lösungsmitteldampf und zwar solange, bis sich schließlich ein stationärer Zustand mit einer bestimmten Temperaturdifferenz ΔT einstellt. Gl. (9–25) ist daher mit der Beziehung $\Delta T = k_E \Delta T_{th}$ durch

$$(9-26) \quad \frac{\Delta T}{c_2} = k_E \left(\frac{RT^2}{L_1 \rho_s}\right) \cdot \frac{1}{\overline{M}_n} = K_E \cdot \frac{1}{\overline{M}_n} \qquad \text{(für } c_2 \to 0\text{)}$$

zu ersetzen. Da k_E nicht theoretisch berechnet werden kann, wird K_E in der Regel durch Eichmessungen mit Substanzen bekannter Molmasse ermittelt. Bei endlichen Konzentrationen werden durch die Effekte der Virialkoeffizienten und/oder der Assoziation wie bei allen anderen Methoden zur Molmassenbestimmung nur scheinbare Molmassen M_{app} erhalten (vgl. dazu Kap. 6.4 und 6.5), die noch auf die Konzentration $c_2 \to 0$ extrapoliert werden müssen (vgl. auch Kap. 9.2.1). Bei der Dampfdruckosmometrie werden nichtflüchtige Verunreinigungen mitgemessen, flüchtige jedoch nicht, weil sie in den Dampfraum gehen.

9.5 Lichtstreuung

9.5.1 GRUNDLAGEN

Bei der Streulichtmethode zur Bestimmung der Molmassen wird das von Lösungen von Makromolekülen seitlich abgestrahlte Streulicht gemessen. Dieses Streulicht wird bei großen Teilen im sichtbaren Licht als Tyndall-Effekt beobachtet. Das eintretende Primärlicht der Intensität I_0 wird beim Durchgang durch ein streuendes Medium nach dem Beer'schen Gesetz um den Anteil I_s des Streulichtes vermindert

$$(9-27) \quad I_0 - I_s = I = I_0 \exp(-\tau r)$$

r ist dabei der im Medium zurückgelegte Weg und τ der Extinktionskoeffizient der Streustrahlung. Die Gesamtintensität bleibt konstant ($I_0 = I + I_s$). Es handelt sich also um eine konservative Extinktion und nicht um eine konsumptive wie bei der Absorption farbiger Lösungen. Die Streulichtintensität I_s beträgt bei reinen Flüssigkeiten und bei verdünnten Lösungen von Makromolekülen nur ca. 1/10 000 bis 1/50 000 der Primärintensität I_0. Die Streuintensität I_s kann daher nicht mit genügender Genauigkeit über eine Differenzmessung bestimmt werden. Sie wird vielmehr direkt mit photoelektrischen Zellen und Sekundärelektronenvervielfachern sehr genau gemessen.

Bei Streulichtmessungen ist es zweckmäßig, zwischen den Effekten bei „kleinen" und „großen" Teilchen oder Molekülen zu unterscheiden. Bei kleinen Teilchen sind die Abmessungen viel kleiner als die Wellenlänge λ_0 des einfallenden Lichtes, d. h. kleiner als ca. $(0,05-0,07)\,\lambda_0$.

9.5.2 KLEINE TEILCHEN

Sichtbares, unpolarisiertes Licht besitzt einen elektrischen Vektor rechtwinklig auf der Ausbreitungsrichtung, der sich sinusförmig mit der Zeit ändert. Für die Feldstärken E_v und E_h der vertikalen und horizontalen Komponenten gilt dann (vgl. Lehrbücher der theoretischen Physik) für einen bestimmten Punkt im Raum:

$$(9-28) \quad E = E_0 \cos(\omega t)$$

$$E_v = E_{ov}\cos(\omega t) \qquad E_{ov} = E_0 \cos\phi$$
$$E_h = E_{oh}\cos(\omega t) \qquad E_{oh} = E_0 \cos\phi$$

wobei E_0 die maximale Feldstärke, ω die Kreisfrequenz, t die Zeit und ϕ der Winkel zwischen dem Vektor E und der Senkrechten ist.

Das elektrische Feld wirkt auf jedes sich im Lichtstrahl befindende Teilchen und erzeugt dort ein Dipolelement p, da die Elektronen dieses Teilchens in die eine und die dazugehörigen Atomkerne in die entgegengesetzte Richtung verschoben werden. Feldstärke und Dipolmoment sind einander proportional; die Proportionalitätskonstante α wird Polarisierbarkeit genannt:

$$(9-29) \quad \boldsymbol{p} = \alpha \boldsymbol{E}$$

9.5 Lichtstreuung

Es sei angenommen, daß die Teilchen klein sind (keine intramolekulare Interferenz, vgl. Kp. 9.5.5), daß die Teilchen unabhängig voneinander sind (ideales Gas oder unendlich verdünnte Lösung) und daß das Licht nicht konsumptiv absorbiert wird. Unter diesen Voraussetzungen sind die Gl. (9-28) und (9-29) kombinierbar:

(9-30) $\quad p = \alpha E_0 \cos(\omega t)$

Gl. (9-30) sagt aus, daß der induzierte Dipol dem schwingenden elektrischen Felde mit der gleichen Frequenz folgt. Ein schwingender Dipol sendet aber gleichfalls elektromagnetische Strahlung aus, d. h. die Streustrahlung. Die Streustrahlung weist nach Gl. (9-30) die gleiche Wellenlänge wie die einfallende Strahlung auf. Die Energie einer Lichtquelle wird durch ihre Intensität gemessen, d. h. der pro Sekunde auf eine Fläche von 1 cm² fallenden Energie. Diese Energie ist nach dem Theorem von Poynting dem über eine Periode gemittelten Wert von E^2, d. h. $\bar{E}^2 \equiv \langle E^2 \rangle$ proportional. Für die vertikal und horizontal polarisierten Anteile des einfallenden Lichtes gilt demnach mit Gl. (9-28)

(9-31) $\quad I_{0,v} = const. \langle E_v^2 \rangle = const. E_{0v}^2 \langle \cos^2(\omega t) \rangle$

$\quad\quad\quad I_{0,h} = const.$

Die Intensität $i_{s,v}$ des vertikal polarisierten Streulichtes eines Moleküles ergibt sich analog aus der Feldstärke $E_{s,v}$ des Streulichtes

(9-32) $\quad i_{s,v} = const. E_{s,v}^2$

und analog für die horizontal polarisierte Komponente. Die Feldstärke E_s des vertikal oder horizontal polarisierten Streulichtes erhält man durch folgende Überlegungen. Die erste Ableitung des Dipolmomentes nach der Zeit (dp/dt) entspricht einem elektrischen Strom, der ein konstantes magnetisches Feld erzeugen würde. Die zweite Ableitung d^2p/dt^2 entspricht einem oszillierenden Feld, wie es von dem schwingenden Dipol hervorgerufen wird. Also gilt

(9-33) $\quad E_s = const' \, (d^2p/dt^2)$

Der Ausdruck für (d^2p/dt^2) ergibt sich durch zweimalige Differentiation von Gl. (9-30) zu

(9-34) $\quad d^2p/dt^2 = \alpha E_0 \omega^2 \cos(\omega t)$

Die Proportionalitätskonstante $const'$ setzt sich aus zwei Faktoren zusammen, nämlich $(1/r)$ und $(\sin \vartheta_x)$. x kann sowohl für das horizontal polarisierte Streulicht h als auch für den vertikal polarisierten Anteil v stehen.

Der Faktor $(1/r)$ folgt aus dem Gesetz der Erhaltung der Energie. Das abgestreute Licht verteilt sich um den schwingenden Dipol. Der totale Energiefluß, d. h. die pro Sekunde abgestreute Energie, muß jedoch konstant sein. Die Intensität ist gleich dem Energiefluß pro cm²; sie variiert folglich mit $(1/r^2)$. Da die Intensität dem Quadrat der Feldstärke proportional ist, muß die Feldstärke selbst proportional $(1/r)$ sein.

Der Faktor $(\sin \vartheta_x)$ folgt aus der Überlegung, daß zwar das gestreute Licht kugelförmig abgestrahlt wird, die Feldstärke aber von der Richtung abhängt (Abb. 9-4).

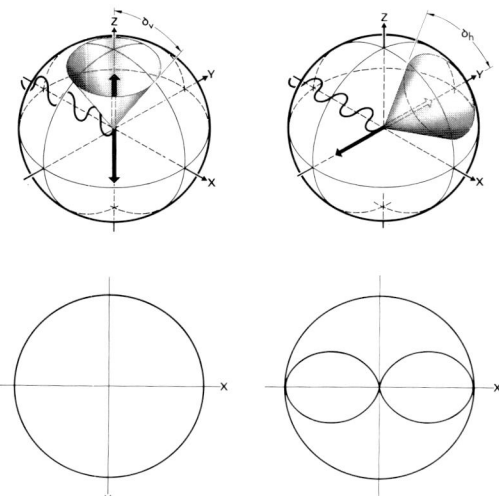

Abb. 9–4: Streudiagramme kleiner Teilchen bei vertikal (v) und horizontal (h) polarisiertem Einfallslicht. Obere Reihe: Lagen des schwingenden Dipols und Definitionen der Winkel ϑ_v und ϑ_h. Untere Reihe: Polardiagramme der Streulichtintensitäten (durch Pfeile angedeutet) in der xy-Ebene.

Wir betrachten dazu vertikal polarisiertes Einfallslicht von der Intensität $(I_v)_0$, das in der x-Richtung auf das Teilchen fällt und einen in der z-Richtung schwingenden Dipol induziert. Senkrecht zur Dipolachse wird die größte Feldstärke des gestreuten Lichtes beobachtet. In Richtung der Dipolachse ist dagegen die Feldstärke gleich null. Die Feldstärke ist daher proportional $(\sin \vartheta_v)$, wobei ϑ_v der Winkel zwischen der Dipolachse und der Beobachtungsrichtung ist. In der xy-Ebene ist folglich die Intensität $i_{s,v}$ des vertikal polarisierten Streulichtes unabhängig vom Beobachtungswinkel.

Einsetzen dieser Ausdrücke und von Gl. (9–34) in die Gl. (9–33) führt für vertikal polarisiertes Einfallslicht zu

(9–35) $E_{s,v} = (1/r)(\sin \vartheta_v)(\tilde{c})^{-2} \alpha E_0 \omega^2 \cos(\omega t)$

Die rechte Seite dieser Gleichung wurde dabei noch durch das Quadrat der Lichtgeschwindigkeit $\tilde{c}$ geteilt, um die Dimensionen anzupassen. Die Kombination der Gl. (9–31), (9–32) und (9–35) ergibt dann unter Berücksichtigung der Frequenz $\omega/2\tau = \tilde{c}/\lambda$ und einer Mittelwertsbildung für die Periode

(9–36) $i_{s,v}/I_{o,v} = 16\pi^4 \alpha^2 (\sin^2 \vartheta_v) r^{-2} \lambda_o^{-4}$

Bei horizontal polarisiertem Einfallslicht mit der Intensität $(I_h)_0$ schwingt der Dipol in der y-Richtung. Senkrecht zur Dipolachse wird wiederum die größte Intensität beobachtet. In der y-Richtung ist die Intensität gleich null (Abb. 9-4). Die Feldstärke ist proportional $(\sin \vartheta_h)$, wobei ϑ_h der Winkel zwischen der Dipolachse und der Beobachtungsrichtung ist. Für die Streulichtintensität des horizontal polarisierten Streulichtes erhält man analog zu Gl. (9–36)

(9-37) $\quad i_{s,h}/I_{o,h} = 16\,\pi^4\alpha^2\,(\sin^2\vartheta_h)\,r^{-2}\lambda_o^{-4}$

bzw. beim Übergang zur Gesamtintensität mit $I_{o,v} = I_{o,h} = 0{,}5\,I_o$

(9-38) $\quad \dfrac{i_s}{I_o} = \dfrac{i_{s,v} + i_{s,h}}{I_o} = \dfrac{16\pi^4\alpha^2\,(\sin^2\vartheta_v + \sin^2\vartheta_h)}{2\,r^2\,\lambda_o^4}$

und mit $(\sin^2\vartheta_v + \sin^2\vartheta_h) = (1 + \cos^2\vartheta)$, wobei ϑ der Winkel zwischen dem einfallenden Licht und dem Beobachter ist

(9-39) $\quad i_s r^2/I_o = 16\,\pi^4\alpha^2\lambda_o^{-4}((1 + \cos^2\vartheta)/2)$

Der Faktor $(1 + \cos^2\vartheta)/2$ gibt die Winkelfunktion der reduzierten Streustrahlung $i_s r^2/I_0$ für unpolarisiertes Licht wieder. Sie setzt sich je zur Hälfte aus dem Beitrag der vertikalen Komponente $(1/2)$ und dem der horizontalen Komponente $(\cos^2\vartheta/2)$ zusammen. Da bei einem Beobachtungswinkel von 90° die reduzierte Streulichtintensität bei horizontal polarisiertem Einfallslicht gleich null wird, nimmt man für Streulichtmessungen nur vertikal polarisiertes oder unpolarisiertes Licht.

Die bisherigen Ableitungen setzten isotrope kleine Teilchen voraus. Bei isotropen Teilchen erzeugt vertikal polarisiertes Einfallslicht nur vertikal polarisiertes Streulicht und horizontal polarisiertes Einfallslicht nur horizontal polarisiertes Streulicht. Bei anisotropen Teilchen (z. B. Benzolmolekülen) tritt aber eine Depolarisation des Streulichtes auf. Aus vertikal polarisiertem Einfallslicht erhält man daher hier nicht nur vertikal polarisiertes, sondern auch horizontal polarisiertes Streulicht. Dieser Effekt muß durch einen Korrekturfaktor, den sog. Cabannes-Faktor, berücksichtigt werden. Bei Lösungen von Makromolekülen ist der Cabannes-Faktor gewöhnlich sehr nahe bei 1.

In Gl. (9-39) sind alle Größen bis auf die Polarisierbarkeit α direkt meßbar. α ist die totale Polarisierbarkeit, d. h. bei verdünnten Lösungen die Differenz zwischen der Polarisierbarkeit des Gelösten und der des von ihm verdrängten Lösungsmittels: Bei Gasen ist die Polarisierbarkeit mit der relativen Permittivität (Dielektrizitätszahl) ϵ über $\epsilon - 1 = 4\,\pi\alpha(N/V)$ verknüpft, wobei N die Zahl der im Volumen V befindlichen Moleküle ist. In verdünnten Lösungen ist entsprechend die Differenz der Dielektrizitätszahlen von Lösung und Lösungsmittel zu berücksichtigen

(9-40) $\quad \epsilon - \epsilon_1 = 4\,\pi\alpha\,(N/V) = \Delta\epsilon$

Mit der Maxwell'schen Beziehung $\epsilon = n^2$ und der Definition $(N/V) \equiv cN_L/M_2$ bekommt man aus Gl. (9-45)

(9-41) $\quad \alpha = \dfrac{M_2\,(n^2 - n_1^2)}{4\,\pi c N_L}$

Für verdünnte Lösungen läßt sich der Brechungsindex n in eine Reihe als Funktion der Konzentration c entwickeln: $n = n_1 + (dn/dc)c + \ldots$ Dabei ist n_1 der Brechungsindex des Lösungsmittels. Für das Quadrat des Brechungsindex bekommt man daraus mit $(dn/dc)^2 c^2 \ll 2\,n_1\,(dn/dc)\,c$

(9-42) $\quad n^2 = n_1^2 + 2n_1\,(dn/dc)c$

Durch Kombination der Gl. (9–39)–(9–42) und mit $c = (N/V)M_2/N_L$ gelangt man zu

$$(9-43) \quad R_\vartheta = \frac{i_s r^2 (N/V)}{I_0} = \frac{4\, n_1^2 \pi^2\, (\mathrm{d}n/\mathrm{d}c)^2\, ((1+\cos^2\vartheta)/2)\, c \cdot M_2}{N_L \cdot \lambda_0^{-4}}$$

Die linke Seite der Gl. (9–43) entspricht der reduzierten Streulichtintensität aller im Volumen V befindlichen N Moleküle und wird Rayleigh-Verhältnis R_ϑ genannt. Mit der Definition einer optischen Konstanten κ

$$(9-44) \quad \kappa \equiv 4\pi^2 n_1^2\, (\mathrm{d}n/\mathrm{d}c)^2 \cdot N_L^{-1} \lambda_0^{-4} ((1+\cos^2\vartheta)/2)$$

läßt sich Gl. (9–43) in der Form

$$(9-45) \quad R_\vartheta = \kappa \cdot c \cdot M_2 \qquad \text{für } c \to 0$$

schreiben. Gl. (9–45) gilt nach der Ableitung für unendlich verdünnte Lösungen und ist die Basis für Molmassenbestimmungen nach der Streulichtmethode. Die in ihr auftretende Molmasse M_2 ist bei molekularuneinheitlichem Gelösten das Gewichtsmittel $\bar{M}_w$, wie aus der folgenden Ableitung hervorgeht:

Das Rayleigh-Verhältnis für eine Mischung von i polymerhomologen Makromolekülen mit verschiedener Molmasse lautet mit Gl. (9–45)

$$(9-46) \quad \bar{R}_\vartheta = \sum_i (R_\vartheta)_i = \sum_i \kappa\, c_i M_i = \kappa \cdot \sum_i c_i M_i$$

da das Brechungsindexinkrement $\mathrm{d}n/\mathrm{d}c$ bei Molmassen über ca. 20 000 von der Molmasse unabhängig wird und κ daher nach Gl. (9–44) weder von c noch von M abhängt. Der Vergleich des Summenausdrucks $\sum_i c_i M_i$ mit den Definitionen der Mittelwerte der Molmasse (Gl. (8–44) und (8–45)) zeigt, daß man bei hohen Molmassen ($M_E \ll M_2$) mit $\sum c_i = c$ und $c_i/c = w_i$ schreiben kann

$$(9-47) \quad \bar{R}_\vartheta = \kappa c \bar{M}_w$$

9.5.3 COPOLYMERE

Bei Copolymeren ist im allgemeinen Fall eine Verteilung der Molmassen und zusätzlich eine Verteilung der Grundbausteine auf die einzelnen Moleküle zu erwarten. Da im allgemeinen die einzelnen Moleküle i nicht die gleiche Zusammensetzung aufweisen, werden sie auch nicht das gleiche Brechungsindexinkrement $Y_i = (\mathrm{d}n/\mathrm{d}c)_i$ besitzen. Gl. (9–43) kann daher nicht wie bei Gl. (9–46) aufsummiert werden, sondern nach

$$(9-48) \quad \bar{R}_\vartheta = \kappa' \sum_i Y_i^2\, c_i M_i$$

κ' wird analog zu κ (vgl. Gl. (9–44)) definiert als

$$(9-44) \quad \kappa' = 4\pi^2 n_1^2\, N_L^{-1} \lambda_0^{-4}\, ((1+\cos^2\vartheta)/2)$$

Die Summierung muß sowohl über Moleküle gleicher mittlerer Zusammensetzung, aber verschiedener Molmasse, als auch über Moleküle verschiedener mittlerer Zusammensetzung und gleicher Molmasse erfolgen. Bei einer konventionellen Auswertung der

9.5 Lichtstreuung

Meßdaten nach Gl. (9–45) wird wegen Gl. (9–48) anstelle des Gewichtsmittels $\overline{M}_w$ selbst bei $c \rightarrow 0$ nur ein scheinbares Gewichtsmittel $(M_w)_{app}$ erhalten, nämlich

(9–50) $\quad \overline{R}_\vartheta = \kappa c (M_w)_{app} = \kappa' Y_{cp}^2 c (M_w)_{app}$

Y_{cp} ist dabei das Brechungsindexinkrement des gesamten Copolymeren. Durch Kombination der Gl. (9–48) und (9–50) gelangt man nach Einführen des Gewichtsanteils $w_i = c_i/c$ der Molekülsorte i zu

(9–51) $\quad (M_w)_{app} = Y_{cp}^{-2} \sum_i Y_i^2 w_i M_i$

Die Brechungsindexinkremente Y_i der Molekülsorten i müssen nun mit den Brechungsindexinkrementen Y_A und Y_B der Unipolymeren A und B verknüpft werden. Der Brechungsindex n_{cp} eines Copolymeren aus den Bausteinen A und B hängt von den entsprechenden Brechungsindices n_A und n_B des Unipolymeren sowie den Gewichtsanteilen w_A und w_B ab:

(9–52) $\quad n_{cp} = n_A w_A + n_B w_B \; ; \; w_A + w_B \equiv 1$

Analog gilt für ein Copolymermolekül mit der Zusammensetzung i

(9–53) $\quad n_i = n_A w_{A,i} + n_B w_{B,i}$

Anstelle der Brechungsindices n_i kann man auch die Differenz der Brechungsindices zum Brechungsindex n_1 des verwendeten Lösungsmittels betrachten:

(9–54) $\quad n_{cp} - n_1 = (n_A - n_1) w_A + (n_B - n_1) w_B$

bzw. nach Division beider Seiten durch die Konzentration c des Copolymeren

(9–55) $\quad \left(\dfrac{n_{cp} - n_1}{c}\right) = \left(\dfrac{n_A - n_1}{c}\right) w_A + \left(\dfrac{n_B - n_1}{c}\right) w_B$

Die Klammerausdrücke stellen die Brechungsindexinkremente $Y = (dn/dc)$ dar, vorausgesetzt, daß sich die Brechungsindices der Lösungen linear mit der Konzentration ändern:

(9–56) $\quad Y_{cp} = Y_A w_A + Y_B w_B$

Analog gilt für die i.Molekülsorte

(9–57) $\quad Y_i = Y_A w_{A,i} + Y_B w_{B,i}$

Die Kombination der Gl. (9–56) und (57) führt mit $w_B = 1 - w_A$ und $w_{B,i} = 1 - w_{A,i}$ zu

(9–58) $\quad Y_i - Y = (Y_A - Y_B) \Delta w_{A,i} = \Delta Y \Delta w_{A,i}$
$\quad\quad\quad Y_i - Y_{cp} = (Y_A - Y_B)(w_A - w_{A,i}) = (\Delta Y)(\Delta w_{A,i})$

Setzt man nun Gl. (9–58) in Gl. (9–51) ein, so erhält man

(9–59) $\quad (M_w)_{app} = \sum_i w_i M_i + 2(\Delta Y/Y_{cp}) \sum_i w_i M_i (\Delta w_{A,i}) + (\Delta Y/Y_{cp})^2 \sum_i w_i M_i (\Delta w_{A,i})^2$

In dieser Gleichung entspricht die erste Summe dem Gewichtsmittel der Molmasse $\overline{M}_w = \Sigma w_i M_i$. Die zweite und die dritte Summe enthalten das erste und zweite Moment $v_z^{(1)}$ bzw. $v_z^{(2)}$ der z-Verteilung der Produkte (vgl. dazu Kap. 8.4), da man mit $w_i = m_i/\Sigma m_i$ nach Multiplizieren von Zähler und Nenner mit $\sum_i z_i$ schreiben kann ($\Delta w_A = E_i - \overline{E}$)

$$(9-60) \quad \sum_i w_i M_i (\Delta w_{A,i}) = \left(\frac{\sum_i m_i M_i (\Sigma w_{A,i})}{\sum_i Z_i}\right)\left(\frac{\sum_i Z_i}{\sum_i m_i}\right) = v_z^{(1)} \overline{M}_w$$

$$\sum_i w_i M_i (\Delta w_{A,i})^2 = v_z^{(2)} \overline{M}_w$$

Mit diesen Beziehungen geht Gl. (9–59) über in

$$(9-61) \quad (M_w)_{app} = \overline{M}_w \left[1 + 2 v_z^{(1)} \left(\frac{Y_A - Y_B}{Y_{cp}}\right) + v_z^{(2)} \left(\frac{Y_A - Y_B}{Y_{cp}}\right)^2\right]$$

Diese Gleichung sagt aus, daß bei Streulichtmessungen an chemisch uneinheitlichen Copolymeren oder Mischungen von Polymeren nicht ein Gewichtsmittel, sondern ein scheinbares Gewichtsmittel der Molmasse erhalten wird. Das scheinbare Gewichtsmittel $(M_w)_{app}$ hängt noch von den Brechungsindexinkrementen Y_A, Y_B und Y_{cp} des Unipolymeren A, des Unipolymeren B und des Copolymeren ab. Da sich diese Brechungsindexinkremente in einer Reihe von Lösungsmitteln unterschiedlich ändern, führt man eine Reihe von Streulichtmessungen in Lösungsmitteln möglichst verschiedener Brechungsindices aus. Aus der Auftragung von $(M_w)_{app} = f((Y_A - Y_B)/Y_{cp})$ ist für $(Y_A - Y_B)/Y_{cp} = 0$ das wahre Gewichtsmittel der Molmasse zu entnehmen (vgl. Abb. 9–5). Aus der Krümmung der Kurve lassen sich die Momente $v_z^{(1)}$ und $v_z^{(2)}$ berechnen. Bei konstitutiv einheitlichen Copolymeren, wie sie z. B. durch eine azeotrope Copolymerisation erhalten werden (vgl. Kap. 22), werden dagegen wegen $\Delta w_A = w_A - w_{A,i} = 0$ auch die ersten und zweiten Momente $v_z^{(1)}$ bzw. $v_z^{(2)}$ gleich null. Konstitutiv einheitliche Copolymere geben daher bei Streulichtmessungen in verschiedenen Lösungsmitteln vom Brechungsindex des Lösungsmittels unabhängige Molmassen (vgl. auch Abb. 9–5).

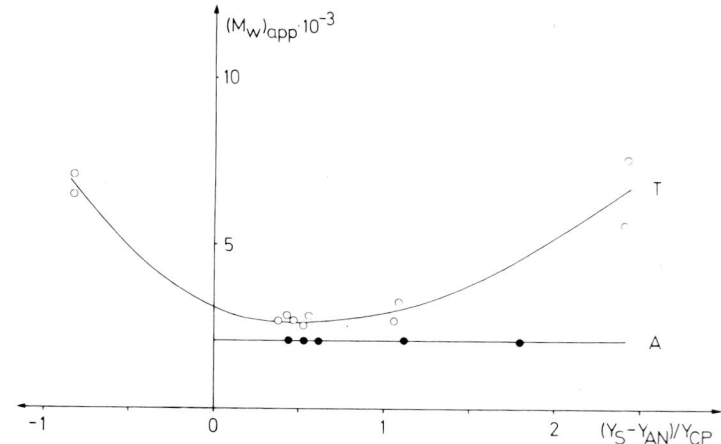

Abb. 9–5: Abhängigkeit des scheinbaren Gewichtsmittels der Molmasse (bei $c \to 0$) bei je einem technisch (T) bzw. azeotrop (A) hergestellten Copolymeren aus Styrol und Acrylnitril von den Brechungsindexinkrementen Y_s des Poly(styrols), Y_{an} des Poly(acrylnitrils) und Y_{cp} der totalen Copolymeren in verschiedenen Lösungsmitteln (nach H. Benoit). Das hier verwendete $(M_w)_{app}$ ist auf $c \to 0$ extrapoliert und daher nicht das $(M_w)_{app}$ des Kap. 6.5 und nicht das M_{app} des Kap. 9.5.4.

9.5.4 KONZENTRATIONSABHÄNGIGKEIT

Die Ableitungen in Kap. 9.5.2 bezogen sich auf kleine, isotrope, statistisch verteilte Moleküle, die sich unabhängig voneinander bewegen (z.B. im Vakuum). Die Gesamtintensität des Streulichtes ergab sich dabei aus der Summation der von den einzelnen Molekülen ausgestrahlten Intensitäten. In Flüssigkeiten sind jedoch die thermischen Bewegungen der Molekeln nicht unabhängig voneinander. Wegen der intermolekularen Interferenzen ist die gemessene Streulichtintensität niedriger als die Summe der Einzelintensitäten.

In reinen Flüssigkeiten führen die thermischen Bewegungen der Moleküle zu lokalen und zeitlichen Schwankungen in der Dichte der Flüssigkeiten. Bei Lösungen tritt dazu noch eine Schwankung der Konzentration des Gelösten. Es sei nun angenommen, daß die Schwankungen der Dichte des Lösungsmittels und die Schwankungen der Konzentration des Gelösten unabhängig voneinander erfolgen. In diesem Falle ergibt sich die Streulichtintensität i_s des Gelösten einfach dadurch, daß man die Streulichtintensität i_{LM} des reinen Lösungsmittels von der Streulichtintensität i_{Lsg} der Lösung abzieht:

$$(9-62) \quad i_s = i_{Lsg} - i_{LM}.$$

Gl. (9–39) erfaßt die von einem Molekül ausgesandte Streulichtintensität i_s. Das Rayleighverhältnis R_ϑ eines Systems aus N streuenden Molekülen im Volumen V ist durch $R_\vartheta = i_s r^2 (N/V)/I_0$ definiert (vgl. auch Gl. (9–43)). Gl. (9–39) läßt sich entsprechend schreiben als

$$(9-63) \quad R_\vartheta = \frac{i_s r^2 (N/V)}{I_0} = \frac{16 \pi^4 \alpha^2 (N/V)}{\lambda_0^4} \left(\frac{1 + \cos^2 \vartheta}{2} \right)$$

Das totale Volumen wird nun in q Volumenelemente unterteilt. Jedes Volumenelement sei in seinen Abmessungen kleiner als die Wellenlänge des Lichtes. Andererseits soll es so groß sein, daß es mehrere streuende Moleküle enthält. Jedes Volumenelement soll eine Polarisierbarkeit $\alpha^\S$ aufweisen, die um einen bestimmten Betrag $\Delta\alpha$ um die mittlere Polarisierbarkeit $\bar{\alpha}$ des ganzen Systems schwankt. Für das Quadrat der Polarisierbarkeit eines Volumenelementes erhält man daher

$$(9-64) \quad (\alpha^\S)^2 = (\bar{\alpha} + \Delta\alpha)^2 = (\bar{\alpha})^2 + 2 \Delta\alpha (\bar{\alpha}) + (\Delta\alpha)^2$$

Die mittlere Polarisierbarkeit $\bar{\alpha}$ ist für alle Volumenelemente gleich groß und trägt damit nichts zum von der Schwankung stammenden Beitrag der Polarisierbarkeit bei. Die mittlere Schwankung $\Delta\alpha$ ist gleich null. Einen Beitrag zur Lichtstreuung des ganzen Systems liefert folglich nur das Mittel über die Quadrate der Abweichungen, d. h. $\overline{(\Delta\alpha)^2}$. q Volumenelemente steuern einen q mal so großen Betrag bei, so daß Gl. (9–63) übergeht in

$$(9-65) \quad R_\vartheta = 16 \pi^4 \, \overline{(\Delta\alpha)^2} \cdot q \lambda_0^{-4} ((1 + \cos^2 \vartheta)/2)$$

Die Polarisierbarkeit ist nach (Gl. 9–40) mit der optischen Dielektrizitätszahl verknüpft. Mit der betrachteten Zahl q der Volumenelemente anstelle der Konzentration N/V erhält man somit $\overline{(\Delta\epsilon)^2} = (4\pi q)^2 \, \overline{(\Delta\alpha)^2}$. Gl. (9–65) wird damit zu

(9–66) $\quad R_\vartheta = \pi^2 \, \overline{(\Delta\epsilon)^2} \cdot q^{-1} \lambda_0^{-4} \, ((1 + \cos^2\vartheta)/2)$

Das Mittel über die Quadrate der Differenz der Dielektrizitätszahlen läßt sich durch die entsprechenden Konzentrationsschwankungen ausdrücken

(9–67) $\quad \overline{(\Delta\epsilon)^2} = (\partial\epsilon/\partial c)^2 \, \overline{(\Delta c)^2}$

Das Mittel über die Quadrate der Konzentrationsdifferenzen ergibt sich aus der Wahrscheinlichkeit p, mit der die einzelnen Quadrate auftreten

(9–68) $\quad \overline{(\Delta c)^2} \equiv \int_0^\infty p (\Delta c)^2 \, d(\Delta c) / \int_0^\infty p \, d(\Delta c)$

Die Wahrscheinlichkeiten p ergeben sich aus der Konzentrationsabhängigkeit der Schwankung der Gibbs-Energie. Bei nicht zu großen Schwankungen kann ΔG in eine Taylor-Reihe entwickelt werden, die nach dem zweiten Glied abgebrochen wird.

(9–69) $\quad \Delta G = \left(\dfrac{\partial G}{\partial c}\right)_{p,T} (\Delta c) + \dfrac{1}{2!} \left(\dfrac{\partial^2 G}{\partial c^2}\right)_{p,T} (\Delta c)^2 + \ldots$

Die Schwankungen erfolgen bei konstanter Temperatur und konstantem Druck um die Gleichgewichtskonzentration. Es gilt daher $(\partial G/\partial c) = 0$. Für die Wahrscheinlichkeit p, einen bestimmten Wert von Δc zu finden, ergibt sich daher aus Gl. (9–69)

(9–70) $\quad p = \exp(-\Delta G/kT) = \exp(-(\partial^2 G/\partial c^2)(\Delta c)^2/2kT)$

Durch Einsetzen von Gl. (9–70) in (9–68) und Ersetzen der Summen durch Integrale gelangt man zu

(9–71) $\quad \overline{(\Delta c)^2} = \dfrac{\int_0^\infty [\exp(-(\partial^2 G/\partial c^2)(\Delta c)^2/2kT](\Delta c)^2 \, d(\Delta c)}{\int_0^\infty [\exp(-(\partial^2 G/\partial c^2)(\Delta c)^2/2kT] \, d(\Delta c)} = \dfrac{\int_0^\infty x^2 e^{-ax^2} dx}{\int_0^\infty e^{-ax^2} dx} = \dfrac{A}{B}$

mit $x = \Delta c$ und $a = (\partial^2 G/\partial c^2)/2kT$. Die Lösung der beiden Integrale ist bekannt, nämlich $A = (1/4a)(\pi/a)^{0,5}$ und $B = (1/2)(\pi/a)^{0,5}$. Gl. (9–71) wird damit zu

(9–72) $\quad \overline{(\Delta c)^2} = kT/(\partial^2 G/\partial c^2)_{p,T}$

Weiterhin gilt

(9–73) $\quad (\partial^2 G/\partial c^2)_{p,T} = (-\partial\mu_1/\partial c)/(V_1^m cq)$

Die Kombination der Gl. (9–66), (9–67), (9–72) und (9–73) führt zu

(9–74) $\quad R_\vartheta = \dfrac{\pi^2 kT V_1^m c \, (\partial\epsilon/\partial c)^2}{\lambda_0^4 \, (-\partial\mu_1/\partial c)} \left(\dfrac{1 + \cos^2\vartheta}{2}\right)$

Wegen der Maxwell'schen Beziehung $\epsilon = n^2$ kann man setzen $\partial\epsilon/\partial c = \partial n^2/\partial c$. Aus Gl. (9–42) ergibt sich dann $\partial\epsilon/\partial c = 2n_1 (dn/dc)$.

Für die Änderung des chemischen Potentials mit der Konzentration erhält man aus der Gl. (6–47) (mit $\partial\Delta\mu_1/\partial c_2 \equiv \partial\mu_1/\partial c$)

$(9-75)\quad -\partial\mu_1/\partial c = RT\,\widetilde{V}_1^m(A_1 + 2A_2c + 3A_3c^2 + \ldots)$

Aus den Gl. (9–74) und (9–75) ergibt sich daher mit $\widetilde{V}_1^m \approx V_1^m$ und $A_1 = M_2^{-1}$ für den Winkel $\vartheta = 0$

$(9-76)\quad \left(\dfrac{4\pi^2 n_1^2(\partial n/\partial c)^2}{N_L \lambda_0^4}\right)\left(\dfrac{c}{R_o}\right) = \dfrac{\kappa c}{R_o} = \dfrac{1}{M_2} + 2A_2c + 3A_3c^2 + \ldots$

In der Lösung eines nicht assoziierenden Gelösten nimmt die scheinbare Molmasse $M_{app} \equiv R_o/\kappa c$ nach Gl. (9–76) mit steigender Konzentration c ständig ab. Bei molekularuneinheitlichen Substanzen ist M_2 das Gewichtsmittel (vgl. Gl. 9–47)). Die über Gl. (9–81) berechenbaren Virialkoeffizienten A_2 bzw. A_3 sind komplizierte Mittelwerte und nur bei molekulareinheitlichen Gelösten mit den über Zahlenmittelmethoden bestimmten Virialkoeffizienten identisch. Bei Lösungen von assoziierenden Substanzen stellt die rechte Seite von Gl. (9–76) einen komplizierteren Ausdruck dar (vgl. Kap. 6.5).

9.5.5 GROSSE TEILCHEN

Alle vorstehenden Ableitungen bezogen sich auf Moleküle, deren Abmessungen klein gegen die Wellenlänge λ_0 des einfallenden Lichtes sind. Sind die Dimensionen größer als ca. $(0,1-0,05)\,\lambda_0$, so kann das Molekül mehrere Streuzentren aufweisen. Das Verhältnis der von diesen Streuzentren ausgehenden Phasen ist jedoch festgelegt, da das Licht kohärent ist. Die von den verschiedenen Streuzentren ausgehenden Wellen können somit interferieren. Dieses Verhalten ist in Abb. 9–6 schematisch dargestellt.

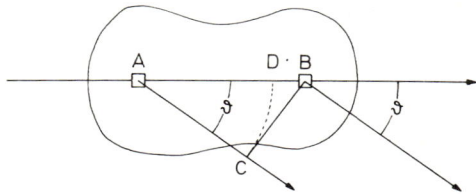

Abb. 9–6: Schematische Darstellung der Phasenverschiebung bei der Lichtstreuung an zwei Streuzentren A und B in einem großen Teilchen.

Die von den Streuzentren A und B unter dem jeweils gleichen Winkel ϑ gestreuten Wellen führen zu einem Gangunterschied Δ, der vom Cosinus des Streuwinkels ϑ abhängt:

$(9-77)\quad \Delta = \overrightarrow{DB} = \overrightarrow{AB} - \overrightarrow{AD} = \overrightarrow{AB}\,(1-\cos\vartheta)$

Der Gangunterschied ist somit gleich null für $\vartheta = 0$ und nimmt mit steigendem Winkel ϑ zu (Abb. 9–7). Das Verhältnis z der Streuintensitäten bei zwei verschiedenen Beobachtungswinkeln ist somit ein Maß für die auftretende Interferenz. Es wird als Dissymmetrie bezeichnet und experimentell meist bei den Winkeln 45 und 135° gemessen. In diesem Fall gilt $z = R_{45}/R_{135}$. Die Dissymmetrie ist ein Maß für die Größe der Teilchen. Sie hängt aber auch noch von der Form der Teilchen und deren Molmassenverteilung ab und ist darum nur mit zusätzlichen Annahmen quantitativ auswertbar (Abb. 9–8). Der Einfluß der Molmassenverteilung ist nach Abb. 9–8 jedoch bei Knäuelmolekülen mit nicht zu breiter Molmassenverteilung meist zu vernachlässigen.

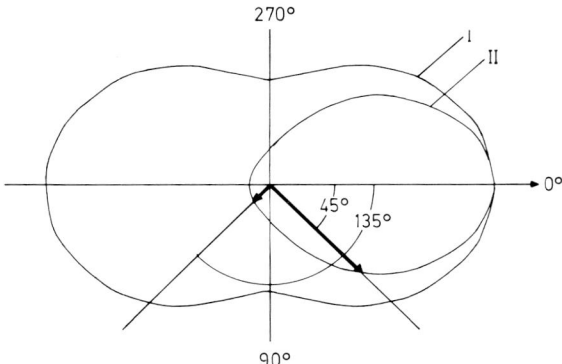

Abb. 9–7: Streudiagramme bei unpolarisiertem Einfallslicht: I: kleine Teilchen. II: verdünnte Lösungen monodisperser Kugeln mit dem Durchmesser $\lambda/2$.

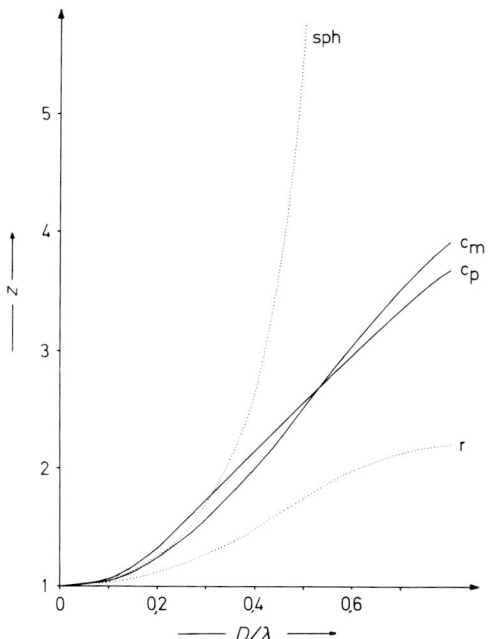

Abb. 9–8: Abhängigkeit der Dissymmetrie z des Streulichtes bei Winkeln von 45 und 135° vom Verhältnis D/λ bei Kugeln (sph), molekulareinheitlichen (c_m) bzw. molekularuneinheitlichen Knäueln (c_p; mit $\overline{M}_w/\overline{M}_n = 2$) und Stäbchen ($r$). λ ist die Wellenlänge des Lichtes im Medium vom Brechungsindex n. D entspricht dem Durchmesser von Kugeln, der Länge der Stäbchen und dem Fadenendenabstand $\langle L^2 \rangle^{0,5}$ bei Knäuelmolekülen.

9.5 Lichtstreuung

Vorteilhafter ist die Streufunktion $P(\vartheta)$. Als Streufunktion $P(\vartheta)$ wird die Winkelabhängigkeit der Streuintensität großer Teilchen relativ zu derjenigen kleiner Teilchen bezeichnet. Es gilt also $P(\vartheta) = R_\vartheta/R_0$. Für den Winkel $\vartheta = 0$ wird mit Gl. (9–77) definitionsgemäß auch $P(\vartheta) = 1$. Die in den vorhergehenden Abschnitten 9.5.2–9.5.4 abgeleiteten Gleichungen gelten also bei $\vartheta = 0$ auch für große Moleküle, so daß man beim Streuwinkel null das Gewichtsmittel $\overline{M}_w$ der Molmasse bestimmen kann. Experimentell mißt man die Streulichtintensitäten bzw. die Rayleigh-Verhältnisse R_ϑ bei den verschiedenen Winkeln und extrapoliert dann auf $\vartheta \to 0$. Dazu muß die genaue Funktionalität der Winkelabhängigkeit der Streufunktion bekannt sein. Die komplizierten und hier nicht wiedergegebenen Rechnungen führen für beliebige Teilchen bei Messungen mit unpolarisiertem Einfallslicht zu

$$(9-78) \quad P(\vartheta) = 1 - (1/3)(4\pi/\lambda')^2 \overline{\langle R_G^2 \rangle} \sin^2(\vartheta/2) + \ldots\ldots$$

$\lambda = \lambda_0/n$ ist die Wellenlänge der Strahlung im Medium. Nach Gl. (9–78) erhält man aus Messungen von $P(\vartheta)$ bei kleinen Beobachtungswinkeln das Mittel über die Quadrate der Trägheitsradien $\langle R_G^2 \rangle$. Diese Winkel müssen umso kleiner sein, je größer die Teilchen sind. Ein Wert von $\langle R_G^2 \rangle$ allein sagt natürlich noch nichts über die Form der Teilchen aus. Da sich aber in der Dissymmetrie z sowohl die Dimension als auch die Form der Teilchen widerspiegelt (Abb. 9-8), kann man durch einen Vergleich von $P(\vartheta)$ – bzw. vom daraus ausrechenbaren $\langle R_G^2 \rangle$ – mit z die Form ermitteln. Wenn jedoch Molmasse und spezifisches Volumen bekannt sind, kann man aus diesen Daten die Trägheitsradien für starre Teilchen berechnen (vgl. Kap. 4.5), mit den experimentell bestimmten vergleichen und so die Form ermitteln.

Für die Konzentrationsabhängigkeit der reduzierten Streulichtintensitäten ergibt sich mit der Streufunktion $P(\vartheta)$

$$(9-79) \quad \frac{\kappa c}{R_\vartheta} = \frac{1}{\overline{M}_w P(\vartheta)} + \frac{2 A_2}{Q(\vartheta)} c + \ldots\ldots$$

$Q(\vartheta)$ ist dabei eine weitere Streufunktion für endliche Konzentrationen c. Aus der Konzentrationsabhängigkeit der $(\kappa c/R_\vartheta)$-Werte beim Winkel null läßt sich damit der 2. Virialkoeffizient A_2, aus der Winkelabhängigkeit bei der Konzentration null die Streufunktion $P(\vartheta)$ und damit der Trägheitsradius entnehmen. Beide Extrapolationen liefern bei $c \to 0$ bzw. $\vartheta \to 0$ das Gewichtsmittel der Molmasse.

Die beiden Extrapolationen lassen sich nach Zimm in *einer* Auftragung durchführen. Beim Zimmdiagramm trägt man $(\kappa c/R_\vartheta)$ gegen $(\sin^2(\vartheta/2) + kc)$ auf. k ist ein beliebig wählbarer Zahlenwert, der lediglich die Aufgabe hat, das Diagramm übersichtlich zu gestalten (vgl. Abb. 9-9). Zimmdiagramme besitzen oft nicht die einfache Form der Abb. 9-9. Insbesondere ist eine Linearität der Funktion $f(\vartheta)$ für $c = 0$ nur bei statistischen Knäueln mit einer Schulz-Flory-Verteilung der Molmasse ($\overline{M}_w/\overline{M}_n = 2$) zu erwarten.

Bei einer molekularuneinheitlichen Probe stellt $P(\vartheta)$ und damit auch $\overline{R_G^2}$ einen Mittelwert dar. Für $c \to 0$ gilt nach Gl. (9–79) für den Mittelwert $\overline{P}(\vartheta)$ der Streufunktion $\overline{P}(\vartheta) = R_\vartheta/(\kappa c \overline{M}_w)$. Setzt man die entsprechenden Ausdrücke für die i.Spezies ein und summiert, so gelangt man zu

$$(9-80) \quad \overline{P}(\vartheta) = \frac{R_\vartheta}{\kappa c \overline{M}_w} = \frac{\sum_i \kappa c_i M_i P_i(\vartheta)}{\sum_i \kappa c_i M_i} = \frac{\sum_i c_i M_i P_i(\vartheta)}{\sum_i c_i M_i} = \frac{\sum_i m_i M_i P_i(\vartheta)}{\sum_i m_i M_i}$$

und weiter mit der Definition $z_i \equiv m_i M_i$ (vgl. Kap. 8.2) zu

$$(9-81) \quad \overline{P}(\vartheta) = \sum_i z_i P_i(\vartheta) / \sum_i z_i \equiv \overline{P}_z(\vartheta)$$

Die Streufunktion $\overline{P}(\vartheta)$ und damit nach Gl. (9–81) auch das Mittel über die Quadrate der Trägheitsradien stellt somit ein z-Mittel dar. Die aus den Trägheitsradien mit Hilfe einer Eichfunktion berechenbaren Molmassen stellen jedoch je nach Form der Teilchen verschiedene Mittelwerte dar: $\overline{M}_z$ für Knäuel im Theta-Zustand, $(\overline{M}_{z+1}\overline{M}_z)^{0,5}$ für Stäbchen usw.

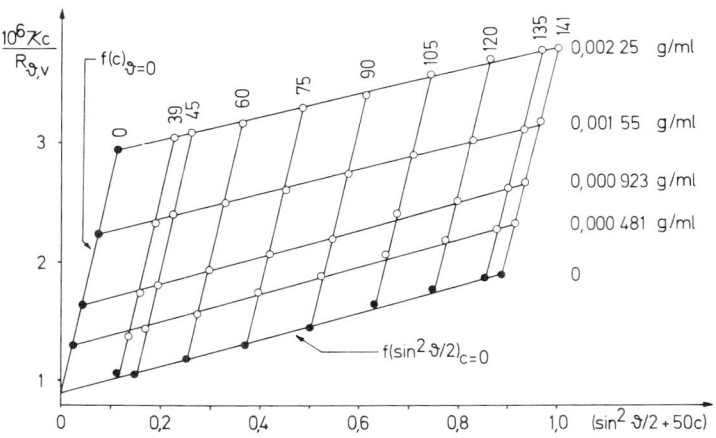

Abb. 9–9: Zimm-Diagramm eines Poly(vinylacetates) in Butanon bei 25°C.

9.5.6 MESSTECHNIK

Die für Streulichtmessungen verwendeten Lösungen müssen absolut staubfrei sein. Staubteilchen liefern nämlich als sehr große Teilchen einen großen, ihrem Massenanteil bei weitem überproportionalen Anteil zur Streustrahlung. Staub kann durch Filtrieren durch enge Fritten und/oder Zentrifugieren bei hohen Tourenzahlen beseitigt werden. Anwesender Staub gibt sich in der Regel durch ein starkes Abbiegen des Zimmdiagramms zu kleineren Werten von $\kappa c/R_\vartheta$ bei Winkeln unter ca. 45–60° zu erkennen.

Bei den im Handel befindlichen Streulichtphotometern wird aus dem von einer Quecksilberlampe stammenden Licht durch Farbfilter eine bestimmte Wellenlänge ausgeblendet und der Strahl durch eine Linse parallelisiert (Abb. 9–10). Neuerdings werden auch Laser verwendet. Der Strahl fällt dann auf eine die Lösung enthaltende Glaszelle mit parallelen Ein- und Austrittsfenstern. Seine Intensität wird mit Photozellen und Sekundärelektronenvervielfachern gemessen. Wie man aus Abb. 9 – 10 erkennt, „sieht" der Strahl unter verschiedenen Beobachtungswinkeln ϑ verschieden große Streuvolumina. Die beobachtete Intensität wird daher noch durch Multiplikation mit sin ϑ auf die eines Einheitsvolumens korrigiert. Bei präzisen Messungen müssen je nach der Apparatekonstruktion noch weitere Korrekturen angebracht werden: Korrekturen für Zellen und Spaltformen, für falsches Streulicht (Reflektion von den Wänden), für Mehrfachstreuung usw. Korrekturen müssen auch evt. für Depolarisation und Fluoreszenz vorgenommen werden. Von der so ermittelten Streulichtintensität der Lösung wird dann die Intensität des Lösungsmittels abgezogen, um die Streulichtintensität des Gelösten zu erhalten. Dabei wird angenommen, daß die Fluktuationen der Dichte und der Konzentration unabhängig voneinander erfolgen.

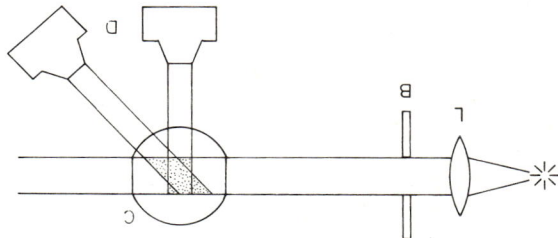

Abb. 9–10: Schematische Darstellung eines Streulichtphotometers mit Lichtquelle, Linse L, Blende B, Meßzelle C und Detektor D (Photozelle mit Sekundärelektronenvervielfacher).

Genügend große Intensitäten werden nur beobachtet, wenn die Absolutwerte der Brechungsindexinkremente $Y = dn/dc$ über ca. 0,05 cm^3/g betragen. Die Brechungsindexinkremente nehmen in erster Näherung linear mit dem Brechungsindex n_1 des Lösungsmittels ab, wobei die Neigung entsprechend der Gladstone-Dale-Regel durch das partielle spezifische Volumen $\tilde{v}_2$ des Gelösten gegeben ist

(9–82) $\quad (dn/dc) = \tilde{v}_2 n_2 - \tilde{v}_2 n_1$

Die Brechungsindexinkremente von Polymerlösungen besitzen in der Regel selten Werte über 0,2 cm^3/g. Bei Lösungen mit $c = 0,01$ g/cm^3 beträgt somit der Brechungsindexunterschied zwischen Lösung und Lösungsmittel im günstigsten Fall nur 0,002 Einheiten. Um Molmassen auf ± 2 % bestimmen zu können, müssen die Brechungsindexinkremente auf ± 1 % bekannt sein, da sie in Gl. (9–76) im Quadrat eingehen. Die Brechungsindexinkremente müssen also auf besser als ± 2 · 10^{-5} bekannt sein. Wegen der Temperaturschwankungen bei Einzelmessungen mißt man daher nicht die Brechungsindices der Lösungen und des Lösungsmittels separat, sondern direkt den Unterschied in speziellen Differentialrefraktometern.

9.6 Röntgenkleinwinkel- und Neutronenstreuung

Die Theorie der Streustrahlung gilt für jede Wellenlänge, also auch für die Röntgen- und die Neutronenstreuung. Die Form der Gl. (9–76) bleibt jeweils gleich. Zu ersetzen ist lediglich der Ausdruck κ. Während die Lichtstreuung auf die unterschiedliche Polarisierbarkeit der Moleküle anspricht, erfaßt die Röntgenstreuung die unterschiedliche Elektronendichte und die Neutronenstreuung die unterschiedlichen Streuquerschnitte von Atomen. κ lautet daher für die verschiedenen Methoden:

(9-83) $\quad \kappa_{LS} = \dfrac{4\pi^2 n_1^2 (dn/dc)^2}{N_L \lambda_0^4}$

(9-84) $\quad \kappa_{RKWS} = \dfrac{e^4 (\Delta N_e)^2}{m_e^2 \hat{c}^4 N_L}$

(9-85) $\quad \kappa_{NKWS} = \dfrac{N_L N_p^2 (b_H - b_D)^2}{M_u^2}$

Dabei ist e = Ladung eines Elektrons von der Masse m_e, ΔN_e = Differenz zwischen der Zahl der Elektronen von 1 g Polymer und der Zahl der Elektronen im entsprechenden Volumen des Lösungsmittels, $\hat{c}$ = Lichtgeschwindigkeit, N_p ausgetauschte Protonen pro Grundbaustein mit dem Formelgewicht M_u, und b_H bzw. b_D = kohärente Streuamplituden von Wasserstoff bzw. Deuterium. Für Gl. (9-85) war dabei angenommen worden, daß die Experimente mit wasserstoffhaltigen Polymeren in deuteriumhaltigen Analogen ausgeführt wurden.

Bei Streulichtmessungen sind die Wellenlängen des eingestrahlten Lichtes größer als die Dimensionen der Moleküle, bei Röntgenmessungen dagegen kleiner. Nach Gl. (9-78) wird der gleiche Effekt bei einem gegebenen Teilchen mit $\langle R_G^2 \rangle$ durch das Verhältnis $\sin^2(\vartheta/2)/(\lambda)^2$ gegeben. Was bei Streulichtmessungen mit einer Wellenlänge von $\lambda_0 = 436$ nm in einem Lösungsmittel mit $n_1 = 1,45$ (d. h. $\lambda = 436/1,45$ nm = 300 nm) bei einem Winkel von $\vartheta = 90°$ beobachtet wird, muß man bei Röntgenuntersuchungen bei einem Winkel $\vartheta = 0,03°$ untersuchen.

Bei diesen Röntgenkleinwinkelmessungen kann die Streufunktion nach Guinier durch

(9-86) $\quad P(s) = \exp[-(4\pi^2/3\lambda_0^2)(\langle R_e^2 \rangle)\vartheta^2]$

approximiert werden. $\langle R_e^2 \rangle$ ist das Mittel über die Quadrate der Trägheitsradien über die Verteilung der Elektronen, nicht der Massen. Die Streufunktion $P(s)$ ist ebenso wie die Streufunktion $P(\vartheta)$ der Lichtstreuung auf den Wert 1 beim Winkel null normiert. Sie entspricht einer Gauß-Kurve. Experimentell beschreibt sie oft nur den Bereich um $\vartheta \to 0$, während bei größeren Winkeln Abweichungen auftreten. Große Assoziate stören bei Röntgenkleinwinkelstreuungen im Gegensatz zur Lichtstreuung nicht, da sie nur bei extrem kleinen Winkeln streuen. Röntgenkleinwinkelmessungen gestatten die Ermittlung von Trägheitsradien von Molekülen bis herab zu Molmassen von ca. 300 g/mol.

9.7 Ultrazentrifugation

9.7.1 PHÄNOMENE UND METHODEN

Gelöste Teilchen oder Moleküle mit der Dichte ρ_2 wandern unter dem Einfluß eines Zentrifugalfeldes in einem Lösungsmittel mit der Dichte ρ_1. Sie sedimentieren in Richtung des Zentrifugalfeldes, wenn $\rho_2 > \rho_1$ und flotieren in Richtung zum Rotationszentrum bei $\rho_2 < \rho_1$. Die Sedimentationsgeschwindigkeit (bzw. Flotationsgeschwindigkeit) hängt bei konstanten äußeren Bedingungen von der Masse und der Form der Partikeln sowie von der Viskosität der Lösung ab. Alle diese Größen können daher prinzipiell durch dieses Sedimentationsgeschwindigkeits-Experiment bestimmt werden.

Der Absetzbewegung wirkt die durch die Brown'sche Bewegung hervorgerufene Rückdiffusion der Partikeln entgegen. Bei genügend geringen Zentrifugalfeldern (relativ zur Masse der Teilchen und zur Dichtedifferenz) wird die Sedimentationsgeschwindigkeit gleich der Diffusionsgeschwindigkeit und es stellt sich ein Sedimentationsgleichgewicht ein. Das Sedimentationsgleichgewicht hängt bei gegebenen experimentellen Bedingungen von der Masse der gelösten Moleküle ab und ist darum eine Methode zur Bestimmung der Molmasse.

Sedimentationsgeschwindigkeits- und Sedimentationsgleichgewichtsexperimente wurden mit den erstmals von Th. Svedberg konstruierten Ultrazentrifugen ausgeführt (vgl. Abb. 9 – 11). Derartige Ultrazentrifugen erreichen Geschwindigkeiten von ca. 70 000 Umdrehungen pro Minute, was Schwerefeldern von ca. 350 000 Erdschweren entspricht. Die Umdrehungsgeschwindigkeiten in U/min können über $\omega = 2\pi(\text{U/min}/60$ in Winkelgeschwindigkeiten $\omega/(\text{rad/s})$ umgerechnet werden. Die zu untersuchenden

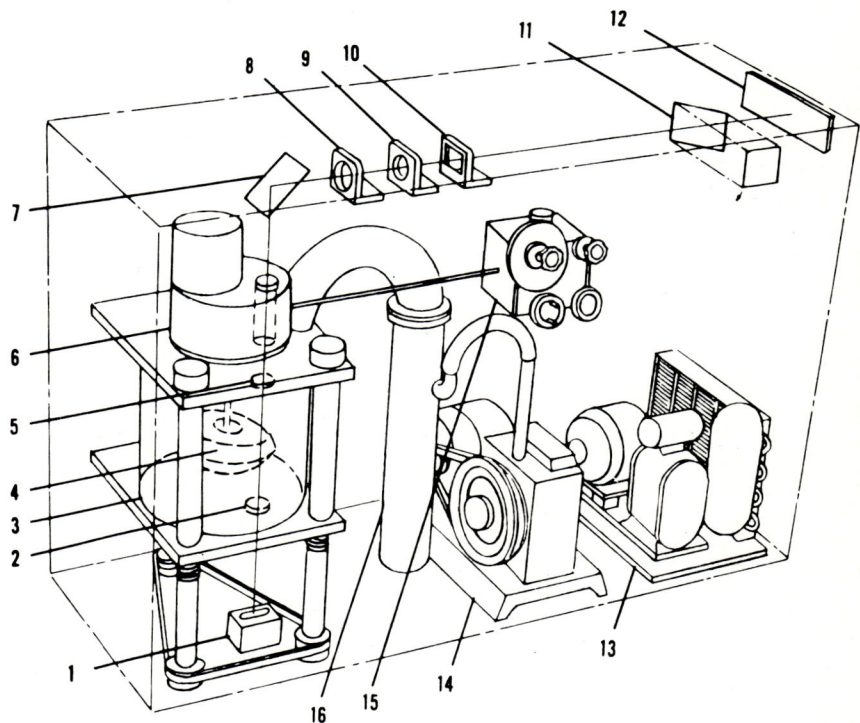

Abb. 9–11: Schematischer Aufbau einer analytischen Ultrazentrifuge. Zur Bedeutung der Zahlen vgl. den Text. (Spinco-Ultrazentrifuge der Fa. Beckman Instruments).

Lösungen befinden sich in speziellen Zellen mit Quarz- oder Saphirfenstern in einem Rotor (4) aus Duraluminium oder Titan, der von einem Elektromotor über ein Getriebe (6) angetrieben wird. Die Geschwindigkeit des Rotors wird ständig mit einer Referenzgeschwindigkeit verglichen, die von einem Synchronmotor mit Differentialgetriebe (15) stammt. Die Rotorgeschwindigkeit wird dadurch auf einen konstanten Wert eingeregelt. Der Rotor hängt an einer dünnen Stahlachse zum Schutz gegen Unfälle in einer Kammer aus Stahl (3). Die Stahlkammer wird durch eine Rotationspumpe (14) und eine Öldiffusionspumpe (16) auf ca. 10^{-6} bar evakuiert, damit die Reibungswärme gering bleibt. Die Temperatur des Rotors wird durch ein Kühlaggregat (13) und ein Heizaggregat (nicht gezeigt) mit einem Regler auf ca. $\pm 0{,}1$ °C konstant gehalten. Die Vorgänge in den Zellen werden durch ein optisches System mit Lichtquelle (1) und Linsen (2, 5, 9, 10) auf einer fotografischen Platte (12) registriert oder können über einen Umlenkspiegel (11) direkt beobachtet werden. Zur Zeit sind drei optische Verfahren gebräuchlich: Interferenzoptik, Schlierenoptik, Absorptionsoptik. Bei der Interferenzoptik beobachtet man die Zahl bzw. Verschiebung der Interferenzlinien. Die Zahl der Interferenzlinien ist dem Brechungsindexunterschied und damit der Konzentrationsdifferenz proportional. Bei der Schlierenoptik wird mit Hilfe einer speziellen optischen Anordnung die Änderung der Konzentration c mit dem Weg r optisch differenziert, so daß der Konzentrationsgradient dc/dr als Funktion des Abstandes r beobachtet wird. Bei der Absorptionsoptik wird die Absorption im Sichtbaren oder im Ultravioletten gemessen und registriert. Bei den neueren Absorptionsverfahren wird die Absorption direkt Punkt für Punkt mit einer fotoelektrischen Zelle abgetastet, so daß der mühevolle Umweg über eine fotografische Platte vermieden wird.

Die Experimente werden in sektorförmigen Zellen ausgeführt, damit eine Konvektion bei der Sedimentation vermieden wird. Falls nämlich die Wände nicht radial zum Rotationszentrum angeordnet sind, stoßen die wandernden Teilchen gegen die Wand (Abb. 9 – 12, I), werden dort reflektiert und bauen in der Nähe der Wand eine Schicht höherer Konzentration auf (II). Diese Konzentrationsverteilung führt zu radialen Konvektionsströmungen (III).

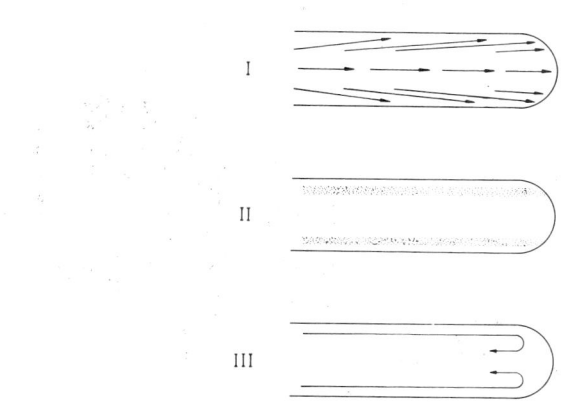

Abb. 9–12: Schematische Darstellung der Ausbildung von Konvektionsströmungen bei Ultrazentrifugenzellen mit parallelen Wänden zu den Zeiten I, II und III.

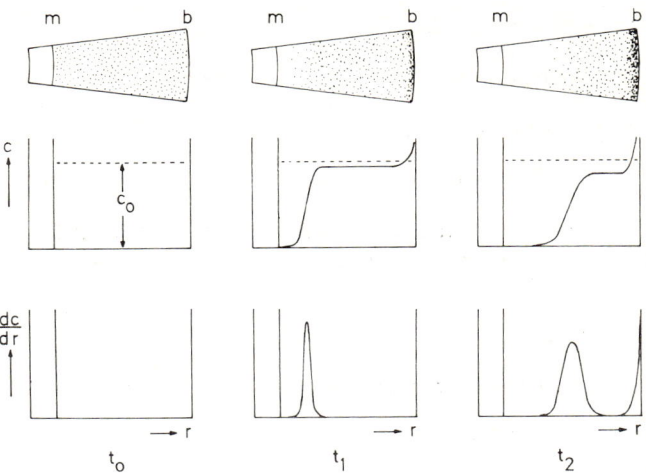

Abb. 9–13: Schematische Darstellung des Sedimentationsverlaufs in sektorförmigen Zellen zu den Zeiten t_0, t_1 und t_2.

Zur Zeit t_0 ist die Zelle homogen mit der Lösung gefüllt (Abb. 9 – 13). Beim Anlegen eines Schwerefeldes setzen sich alle Moleküle in Bewegung. Am Meniscus m erscheint nach einer Zeit t_1 eine Schicht reinen Lösungsmittels, am Boden b lagern sich Moleküle ab. Die Grenzschicht zwischen Lösungsmittel und sedimentierender Lösung ist wegen der Rückdiffusion nicht scharf. Es ergibt sich daher kein Konzentrationssprung, sondern eine Kurve $c = f(r)$. Wegen der Sektorform der Zelle bekommt man einen Verdünnungseffekt, die Konzentration der Lösung in der Zone konstanter Konzentration wird daher mit zunehmender Versuchszeit immer geringer. Bei der Differentiation erhält man Gradientenkurven (dritte Reihe der Abb. 9 – 13). Die Wanderungsgeschwindigkeit der Gradientenkurve ist ein Maß für die Sedimentationsgeschwindigkeit.

9.7.2 GRUNDGLEICHUNGEN

Bei der Sedimentation tritt an jeder Stelle der Zelle ein Fluß $J = cv$ als Produkt aus Konzentration c und molekularer Wanderungsgeschwindigkeit v auf. Die Menge des Gelösten, die von einem Volumenelement A im Abstand r_A vom Rotationszentrum in ein anderes Volumenelement B im Abstand r_B fließt, muß gleich der zeitlichen Änderung der restlichen Menge sein:

$$(9-87) \quad (rJ)_A - (rJ)_B = \frac{\partial}{\partial t} \int_{r_A}^{r_B} (rc\, dr)$$

Dividiert man beide Seiten durch $\Delta r = r_B - r_A$ und geht zum Grenzfall $\Delta r \to 0$ über, so erhält man

$$(9-88) \quad (\partial c/\partial t)_r = -(1/r)\,[\partial (rJ)/\partial r]_t$$

In der Zeiteinheit bewirkt die Sedimentation einen Fluß J_s in Richtung des Zentrifugalfeldes. Ihr entgegen wirkt der durch die Diffusion hervorgerufene Fluß J_d. Für den resultierenden Fluß gilt folglich

(9–89) $\quad J = J_s + J_d = cv_s + cv_d$

Der durch die Diffusion bewirkte Fluß J_d ist durch Gl. (7 – 8) gegeben

(9–90) $\quad J_d = -D\,(\partial c/\partial r)$

Die molekulare Sedimentationsgeschwindigkeit v_s ist dem Zentrifugalfeld $\omega^2 r$ proportional; die Proportionalitätskonstante wird als Sedimentationskoeffizient s bezeichnet

(9–91) $\quad v_s = s\omega^2 r$

s ist dabei als Sedimentationsgeschwindigkeit im Einheitsfeld definiert

(9–92) $\quad s \equiv (dr/dt)/(\omega^2 r)$

Ein Sedimentationskoeffizient von der Größe $1 \cdot 10^{-13}$ s wird als eine Svedberg-Einheit (1 S) bezeichnet.

Durch Kombination der Gl. (9–88)–(9–91) gelangt man zur sog. Lamm'schen Differentialgleichung der Ultrazentrifuge

(9–93) $\quad \left(\dfrac{\partial c}{\partial t}\right)_r = \dfrac{-\partial\,(s\omega^2 r^2 c - rD\,(\partial c/\partial r))}{r\,\partial r}$

9.7.3 SEDIMENTATIONSGESCHWINDIGKEIT

Bei Sedimentationsgeschwindigkeits-Experimenten werden so hohe Winkelgeschwindigkeiten ω gewählt, daß in Gl. (9–93) das Diffusionsglied $rD\,(\partial c/\partial r)$ viel kleiner als das Sedimentationsglied $s\omega^2 r^2 c$ wird. Bei der erzwungenen Wanderung eines Mols Moleküle mit der Geschwindigkeit dr/dt wird ein Widerstand F_s erzeugt

(9–94) $\quad F_s = f_s N_L\,(dr/dt)$

Die Proportionalitätskonstante f_s wird Reibungskoeffizient genannt. Auf das Molekül mit der hydrodynamischen Masse m_h und dem hydrodynamischen Volumen V_h wirkt ferner eine effektive Zentrifugalkraft F_r. F_r ist die Resultierende von Zentrifugalkraft $m_h \omega^2 r$ und durch das Lösungsmittel bewirkter Auftriebskraft $V_h \rho_1 \omega_2 r$:

(9–95) $\quad F_r = m_h \omega^2 r - V_h \rho_1 \omega^2 r$

Setzt man $F_s = F_r$ und führt für m_h bzw. V_h die Gl. (7–1) bzw. (7–6) ein, so erhält man mit $\rho_1 = 1/\tilde{v}_1$ und den Gl. (9–94) und Gl. (9–92)

(9–96) $\quad M_2 = f_s s N_L/(1 - \tilde{v}_2 \rho_1)$

Die s-Werte sind also allein noch kein Maß für die Molmasse, da die Molmasse außerdem noch vom Reibungskoeffizienten f_s bzw. vom Auftriebsterm $(1 - \tilde{v}_2 \rho_1)$ abhängt. Die Reibungskoeffizienten sind durch die Form und die Solvatation der Teilchen bestimmt (Tab. 9–2).

Tab. 9-2: Sedimentationskoeffizienten s und Reibungskoeffizienten f_s (als Verhältnis f_s/f_{Kugel}) von Makromolekülen mit der Molmasse M_2

Substanz	$\dfrac{10^{-4} M_2}{\text{g/mol}}$	Lösungsmittel	Temperatur °C	$\dfrac{s}{\text{Svedberg}}$	f_s/f_{kugel}
Poly(styrol)	9	Butanon	20	12	1,38
,,	96	,,	20	22	3,75
,,	500	,,	20	45	5,24
Poly(vinylalkohol)	6,5	Wasser	25	1,54	3,5
Cellulose	590	Cuoxam	20	17,5	13,1
Ribonuclease	1,27	verd.Salzlösung	20	1,85	1,04
Myoglobin	1,69	,,	20	2,04	1,11
Tabakmosaikvirus	5900	,,	20	17,4	2,9

Die Reibungskoeffizienten f_s lassen sich wie folgt eliminieren. Sind die Reibungskoeffizienten bei der Sedimentation und bei der Diffusion gleich groß, was nach den experimentellen Befunden zutrifft, so erhält man aus Gl. (9−96) mit Gl. (7−17) die Svedberg-Gleichung

$$(9-97) \quad M_2 = sRT/D\,(1 - \tilde{v}_2 \rho_1)$$

Eine andere Möglichkeit, den Reibungskoeffizienten f_s zu eliminieren, ergibt sich über Viskositätsmessungen. Der Reibungskoeffizent f_D ist nach Gl. (7−19) mit einem Asymmetriefaktor f_A und dem Stokes'schen Reibungsfaktor einer Kugel verknüpft. Erweitert man Gl. (7−19) mit $M_2^{0,5}$, so erhält man eine Form

$$(9-98) \quad f_s = f_D = f_A\, 6\,\pi\eta_1\, (\langle R_G^2 \rangle/M_2)^{0,5} M_2^{0,5}$$

die dem später in Gl. (9−148) diskutierten Ausdruck für den Staudinger-Index $[\eta]$ ähnlich ist:

$$(9-99) \quad [\eta] = \Phi\, (\langle R_G^2 \rangle/M_2)^{3/2} M_2^{0,5}$$

Durch Kombination der Gl. (9−96), (9−98) und (9−99) erhält man dann die Mandelkern-Flory-Scheraga-Gleichung

$$(9-100) \quad M_2 = \left(\frac{N_L \eta_1}{\Phi^{1/3}\,(6\,\pi f_A)^{-1}\,(1-\tilde{v}_2 \rho_1)} \right)^{3/2} [\eta]^{1/2}\, s^{3/2}$$

In der Literatur wird meist noch gesetzt:

$$(9-101) \quad P = 6\,\pi f_A$$

$$(9-102) \quad \beta = \Phi^{1/3}\, P^{-1}$$

f_A ist ein Faktor, der einerseits die Beziehung zwischen dem Trägheitsradius und dem Radius und andererseits alle Abweichungen vom Reibungsfaktor einer unsolvatisierten Kugel beschreibt. Bei Kugeln besteht die Beziehung $R_G^2 = (3/5)\,r^2$. Der Faktor f_A wird somit bei Kugeln zu $f_A = (5/3)^{0,5}$. P nimmt daher den Wert 24,34 an. Die Konstante Φ läßt sich bei Kugeln über die Einstein-Gleichung berechnen:

$$(9-103) \quad [\eta] = \frac{2{,}5}{\rho_2} = \frac{2{,}5\, V_2}{m_2} = \frac{2{,}5\,(4\,\pi\,r^3/3)}{M_2/N_\mathrm{L}} =$$

$$= \frac{2{,}5 \cdot 4 \cdot \pi \cdot N_\mathrm{L} \cdot (5/3)^{3/2}}{3} \left(\frac{R_\mathrm{G}^3}{M_2}\right) = \Phi\,(R_\mathrm{G}^3/M_2)$$

Φ ergibt sich so zu $13{,}56 \cdot 10^{24}$ (mol Makromolekül)$^{-1}$. Es ist auf den Trägheitsradius bezogen; $[\eta]$ ist in cm^3/g zu messen. Bezieht man auf den Radius der Kugeln und auf $[\eta]$ in 100 cm^3/g, so erhält man $\Phi = 6{,}30 \cdot 10^{22}$. Für andere Teilchengestalten ergeben sich andere Zahlenwerte für P und β (vgl. Tab. 9-3).

Sowohl Gl. (9-97) als auch Gl. (9-100) liefern zusammengesetzte Mittel der Molmasse (vgl. Kap. 8.5.4).

Tab. 9-3: Berechnete Konstanten $\Phi, P,$ und β. Φ ist auf dem Trägheitsradius bezogen, β dagegen auf den Fadenendenabstand. r_a = Radius der Rotationsachse und r_b = Radius des Äquators bei Ellipsoiden. $[\eta]$ in 100 cm^3/g.

Molekülform	$r_\mathrm{a}/r_\mathrm{b}$	$10^{22}\,\Phi$ 100/mol	P	$10^6\,\beta$
Kugeln, unsolvatisiert	1	13,57	24,34	2,11
Ellipsoide, zigarrenförmig	1	–	–	2,12
	2	–	–	2,13
	3–300	–	–	$1{,}81\,(r_\mathrm{a}/r_\mathrm{b})^{0{,}126}$
Ellipsoide, linsenförmig	1→0,067	–	–	2,12→2,14
	0,05–0,0033	–	–	2,15
Knäuel, Theta-Zustand	–	4,21	5,20	2,73
halbstarre Fäden	–	–	–	2,81

Bei diesen Ableitungen war implizit angenommen worden, daß s und D unabhängig von der Konzentration sind. Gl. (9-97) gilt daher nur für unendliche Verdünnung. Sedimentations- und Diffusionskoeffizienten werden aber bei endlichen Konzentrationen gemessen und müssen daher auf $c \to 0$ extrapoliert werden. Für D kann dies nach Gl.(7-14) erfolgen. Die Extrapolationsformel für die Sedimentationskoeffizienten ergibt sich aus der Überlegung, daß nach Gl. (9-96) die s-Werte und damit auch die s_c-Werte reziprok proportional dem Reibungskoeffizienten f_s sind. Da nun f_s proportional der Viskosität η und diese wiederum proportional der Konzentration c ist, muß also $1/s_\mathrm{c}$ direkt der Konzentration proportional sein. Diese Abhängigkeit wird meist formuliert als

$$(9-104) \quad (1/s_\mathrm{c}) = (1/s)\,(1 + k_\mathrm{s} c)$$

Da die Sedimentationsgeschwindigkeit von der Molmasse abhängt, werden bei paucimolekularen Materialien aus zwei, drei usw. Molekülsorten mit etwa gleichen Reibungskoeffizienten aber unterschiedlichen Molmassen im Sedimentationsdiagramm zwei, drei usw. Gradientenkurven beobachtet. Sedimentationsmessungen werden daher in der Proteinchemie sehr häufig eingesetzt, um die Homogenität von Materialien zu prüfen. Bei polymolekularen Substanzen kann dagegen aus der Verbreiterung der Gradientenkurven mit der Zeit die Verteilung der Sedimentationskoeffizienten bestimmt werden. Für eine bestimmte Ausgangskonzentration werden dazu bei verschiedenen Zeiten Gradientenkurven erhalten, aus denen die Sedimentationskoeffizienten der 5, 10, 20 .... 80, 90, 95 % entsprechenden Massen ermittelt werden. Da die Gradientenkurven aber auch noch durch die Diffusion verbreitert werden, extrapoliert man die so erhaltenen Sedimentationskoeffizienten noch auf die Zeit unendlich. Bei einer unendlich großen Zeit wirkt sich nur noch die unterschiedliche Sedimentationsgeschwindigkeit, aber nicht mehr die Rückdiffusion aus. Es resultiert eine Funktion $w_i = f(s_i)$, die über die empirische Beziehung $s = K_s M^{\alpha_s}$ in die Molmassenverteilung $w_i = f(M_i)$ umgerechnet wird. Derartige Messungen werden am besten in Θ-Lösungsmitteln ausgeführt, da sonst zu viele Korrekturen für die thermodynamische Nichtidealität usw. anzubringen sind.

9.7.4 SEDIMENTATIONSGLEICHGEWICHT

Im Sedimentationsgleichgewicht ändert sich an jeder Stelle der Ultrazentrifugenzelle die Konzentration nicht mehr mit der Zeit, d. h. es gilt $(\partial c/\partial t)_r = 0$. Gl. (9-93) geht dann über in

(9-105) $\quad s/D = (\partial c/\partial r)/(\omega^2 rc)$

Durch Kombination von Gl. (9-105) mit Gl. (9-97) erhält man

(9-106) $\quad M_2 = \dfrac{RT}{\omega^2(1-\tilde{v}_2\rho_1)} \cdot \left(\dfrac{dc/dr}{rc}\right)$

Aus Gl. (9-106) kann man bei Kenntnis der an den Abständen r vom Rotationszentrum herrschenden Konzentration c und Konzentrationsgradienten dc/dr die Molmasse M_2 ermitteln. Bei polymolekularen Substanzen ist diese Molmasse ein Gewichtsmittel $\bar{M}_w$. Für den mittleren Konzentrationsgradienten ergibt sich nämlich nach einer Umformung von Gl. (9-106)

(9-107) $\quad \overline{dc/dr} = \dfrac{\omega^2 r(1-\tilde{v}_2\rho_1)}{RT} \sum_i c_i M_i$

und mit der Definition des Gewichtsmittels $\bar{M}_w \equiv \sum_i c_i M_i / \sum_i c_i$ sowie $\sum_i c_i = c$

(9-108) $\quad \bar{M}_w = \dfrac{RT}{\omega^2(1-\tilde{v}_2\rho_1)} \cdot \dfrac{\overline{dc/dr}}{rc}$

Gl. (9-108) gilt streng nur für unendliche Verdünnung. Für endliche Konzentrationen liefert sie eine scheinbare Molmasse $(M_w)_{app}$, die wie üblich durch Auftragen von $1/(M_w)_{app} = f(c)$ auf $c \to 0$ extrapoliert wird.

9.7.5 GLEICHGEWICHTE IM DICHTEGRADIENTEN

Bislang wurde stillschweigend angenommen, daß das Lösungsmittel bei Sedimentationsversuchen aus einer einzigen Komponente bestehe. Ist nun aber das Lösungsmittel eine Mischung aus zwei Substanzen stark verschiedener Dichte (z.B. CsCl in Wasser oder Mischungen von Benzol und CBr$_4$), so werden beide Substanzen verschieden stark sedimentieren. Im Gleichgewicht existiert ein Dichtegradient des Lösungsmittelgemisches. Am Boden der Zelle wird die Dichte ρ_b, am Meniscus die Dichte ρ_m herrschen. Die Dichte des gelösten Makromoleküls ρ_2 soll gerade zwischen diesen beiden Dichten liegen ($\rho_m < \rho_2 < \rho_b$). Die Makromoleküle werden dann vom Meniscus der Zelle in Richtung Boden sedimentieren und vom Boden in Richtung Meniscus flotieren (Abb. 9-14). Im Sedimentationsgleichgewicht werden sich die Makromoleküle an einer Stelle § des Dichtegradienten mit derjenigen Dichte ρ_g befinden, die gerade der Dichte des Makromoleküls in Lösung entspricht ($\rho_g = \rho_2^\S \approx 1/\tilde{v}_2^\S$). Diese Stelle habe den Abstand $r^\S$ vom Rotationszentrum.

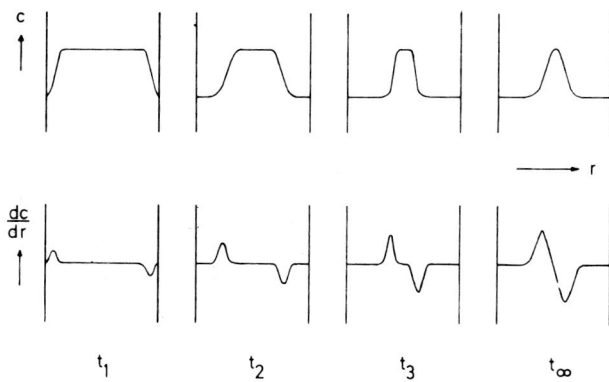

Abb. 9-14: Schematische Darstellung der Einstellung eines Sedimentationsgleichgewichtes in einem Dichtegradienten (c = Konzentration des makromolekularen Gelösten).

Zur quantitativen Betrachtung wird von der Gleichung für das Sedimentationsgleichgewicht (Gl. 9-106) in der Form

(9-109) $\quad d \ln c/dr = M_2^\S \, \omega^2 \, r^\S \, (1 - \tilde{v}_2 \rho)/RT$

ausgegangen. ρ ist dabei nunmehr die Dichte des Dichtegradienten an beliebigen Stellen r. Statt auf den Abstand vom Rotationszentrum, wird ferner auf den Abstand von der Stelle $r^\S$ bezogen. dr wird also durch $d(r - r^\S)$ ersetzt. Gl. (9-109) geht damit über in

(9-110) $\quad d \ln c/d(r - r^\S) = M_2^\S \, \omega^2 \, r^\S \, (1 - (\rho/\rho^\S))/RT$

In der Umgebung der Stelle $r^\S$ ändert sich die Dichte des Gradienten in erster Näherung nach

(9-111) $\quad \rho = \rho^\S + (d\rho/dr)^\S (r - r^\S)$

Die Dichteänderung des Gradienten wird praktisch nicht von der Anwesenheit der Makromoleküle beeinflußt, da die Konzentration des den Dichtegradienten formenden

Materiales viel größer als die der Makromoleküle ist. Die Kombination von (9–110) und (9–111) führt zu

(9–112) $d \ln c / d (r - r^§) = -M_2^§ \, \omega^2 \, r^§ \, (d\rho/dr)^§ \, (r - r^§)/RT \, \rho^§$

oder integriert

(9–113) $\ln (c/c^§) = - \dfrac{M_2^§ \, \omega^2 \, r^§ \, (d\rho/dr)^§ \, (r - r^§)^2}{2 RT \, \rho^§}$

bzw. umgeformt

(9–114) $c = c^§ \exp \left(- \dfrac{M_2^§ \, \omega^2 r^§ (d\rho/dr)^§ (r - r^§)^2}{2 RT \, \rho^§} \right) = c^§ \exp \left(- \dfrac{(r - r^§)^2}{2 \sigma^2} \right)$

wobei gesetzt wurde

(9–115) $\sigma^2 = RT \, \rho^§ / M_2^§ \, \omega^2 r^§ (d\rho/dr)^§$

Gl. (9–114) gibt eine Gauß'sche Verteilungsfunktion wieder (vgl. auch Kap. 8.3. 2.1). Aus dem Abstand der Wendepunkte der Funktion $c = f(r - r^§)$ läßt sich somit die Molmasse berechnen. Die untere Grenze für die Molmasse liegt bei Proteinen in $CsCL/H_2O$-Lösungen bei ca. 10 000–50 000 g/mol Molekül. Sie ist im wesentlichen durch die endliche Länge der Ultrazentrifugenzellen (ca. 1,2 cm) und die dadurch gegebenen optimalen Werte von $(r - r^§)$ bedingt.

Die in Gl. (9–115) auftretende Molmasse ist jedoch nicht die in den Gl. (9–106) und (9–107) auftretende Molmasse des unsolvatisierten Moleküls. Die Messungen erfolgen ja in Mischlösern, von denen die eine Komponente des Makromolekül besser als die andere solvatisiert. Solvatisiert nur die Komponente 1, so setzt sich die Masse des solvatisierten Makromoleküls aus den Massen des „trockenen" Makromoleküls m_2 und der Masse $m_1^\square$ des solvatisierenden Lösungsmittels zusammen. Aus $m_2^§ = m_2 + m_1^\square$ ergibt sich mit der Definition $\Gamma_1 = m_1^\square/m_2$ folglich $m_2^§ = m_2 (1 + \Gamma_1)$ und nach Umrechnung auf die Molmasse mit $M_x = m_x N_L$

(9–116) $M_2^§ = M_2 (1 + \Gamma_1)$

Der Parameter Γ_1 läßt sich aus den partiellen spezifischen Volumina $\widetilde{v}_2$ des Gelösten bzw. $\widetilde{v}_1$ des Lösungsmittels und der Dichte $\rho^§$ über

(9–117) $\Gamma_1 = (\widetilde{v}_2 \rho^§ - 1)/(1 - \widetilde{v}_1 \rho^§)$

ermitteln. $\widetilde{v}_2$ wird über Dichte-Messungen an verdünnten Lösungen der Makromoleküle in einkomponentigen Lösungsmitteln in guter Näherung über $\rho = \rho_1 + (1 - \widetilde{v}_2 \rho_1) c$ erhalten.

Sedimentationsgleichgewichtsmessungen im Dichtegradienten werden meist ausgeführt, um Unterschiede in den Dichten verschiedener Makromoleküle zu bestimmen. Sie wurden z.B. bei Replikationsstudien an mit ^{15}N-markierten Desoxyribonucleinsäuren eingesetzt. Sie eignen sich prinzipiell auch zur Unterscheidung von echten Copolymeren und Polymergemischen. Bei derartigen Versuchen stört jedoch meist die erhebliche Rückdiffusion und die breite Molmassenverteilung. Beide Effekte verbreitern die Gradientenkurven stark, so daß sich die Kurven von Substanzen mit verschiedener Dichte stark überlappen.

9.7.6 PRÄPARATIVE ULTRAZENTRIFUGATION

Substanzen verschiedenen Molekulargewichtes können durch Sedimentationsversuche voneinander getrennt werden. Das Verfahren eignet sich für präparative Trennungen besonders bei kompakten Molekülen und wird daher bevorzugt in der Protein- und in der Nucleinsäurechemie eingesetzt. Es können drei Verfahren unterschieden werden:

Bei den normalen Sedimentationsversuchen sedimentieren die Teilchen in reinen Lösungsmitteln bzw. in relativ verdünnten Salzlösungen. Die Dichte des Lösungsmittels bzw. der Salzlösung ist praktisch über die ganze Zelle konstant (Abb. 9-15). Die schneller wandernden Teilchen sammeln sich bevorzugt am Boden an. Sie sind jedoch stets durch Anteile langsamer sedimentierender Teilchen verunreinigt. Auch die langsamere Komponente kann umgekehrt nicht quantitativ isoliert werden.

Bei der Bandzentrifugation handelt es sich ebenfalls um eine Geschwindigkeitsmethode. Die Teilchen sedimentieren hier aber in einem Mischlöser (z.B. Salzlösung). Zuerst wird durch Zentrifugieren des Mischlösers allein ein Dichtegradient erzeugt. Dann wird die Lösung am Meniscus der Zelle aufgegeben. Die einzelnen Komponenten sedimentieren in Bändern, die nicht mehr durch die anderen Komponenten verunreinigt sind. Der relativ schwache Dichtegradient soll nur die wandernden Bänder stabilisieren. Sobald sich die Bänder ausgebildet haben, wird die Sedimentation unterbrochen. Die isolierten Komponenten sind hochrein.

Bei der isopyknischen Zonenzentrifugation handelt es sich dagegen um das präparative Analogon zum Sedimentationsgleichgewicht in einem Dichtegradienten. Hier verwendet man steile Dichtegradienten und wartet das Gleichgewicht ab. Sowohl die Bandzentrifugation als auch die isopyknische Zonenzentrifugation können mit sehr kleinen Konzentrationen des Gelösten ausgeführt werden. Sie haben sich daher besonders für die Trennung biologischer Makromoleküle eingeführt. Beide Verfahren werden in der Literatur auch mit einer Anzahl anderer Namen bezeichnet.

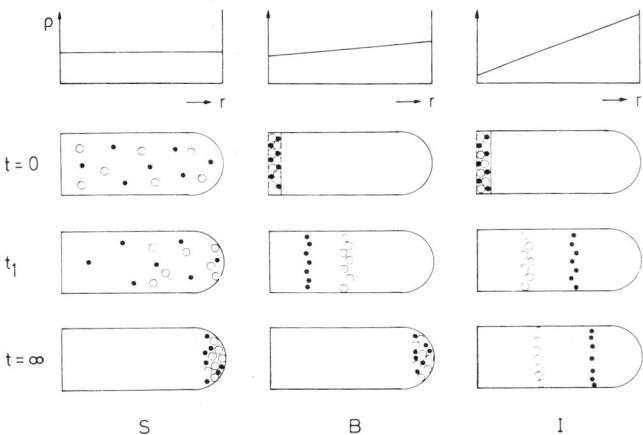

Abb. 9-15: Typen von Ultrazentrifugenversuchen für präparative Zwecke. S = normaler Sedimentationsversuch, B = Bandzentrifugation in einem stabilisieren len Gradienten, I = isopyknische Zonenzentrifugation. ρ = Dichte des gradientenbildenden Materials. ○ = hohe Molmasse, niedrige Dichte; ● = niedrige Molmasse, große Dichte.

9.8 Chromatographie

Makromoleküle können durch chromatographische Verfahren einerseits nach Unterschieden in ihrer Konstitution bzw. Konfiguration, andererseits nach ihrer Molmasse fraktioniert werden. Viel benutzt werden die Verfahren der Elutionschromatographie und der Gelpermeationschromatographie, seltener die der Adsorptionschromatographie.

9.8.1 ELUTIONSCHROMATOGRAPHIE

Bei der Elutionschromatographie wird das zu trennende Material in dünner Schicht auf einen inerten Träger gebracht und dann eluiert. Als inerte Träger eignen sich z. B. Quarzsand oder Metallfolien. Die Folien werden z.B. in die Lösung der Makromoleküle getaucht und dann getrocknet. Der dünne Oberflächenfilm wird dann bei konstanter Temperatur mit Lösungsmittel/Fällungsmittel-Gemischen steigenden Lösungsmittelgehaltes eluiert. Die niedermolekularen Fraktionen erscheinen daher zuerst.

Eine elegante Variante des Verfahrens ist als Baker-Williams-Methode bekannt. Bei diesem Verfahren ist die Kolonne noch mit einem Temperiermantel umgeben, durch den ein Temperaturgradient aufrecht erhalten wird. Der Trenneffekt wird durch die simultanen Konzentrations- und Temperaturgradienten gesteigert.

9.8.2 GELPERMEATIONSCHROMATOGRAPHIE

Bei der Gelpermeationschromatographie besteht die Trennkolonne aus einem sog. makroporösen Gel mit verschieden weiten Poren, das mit dem Lösungsmittel gequollen ist. Eine ca. 0,5 %ige Lösung wird auf die Kolonne gegeben und die Kolonne dann mit einem stetigen Strom von Lösungsmittel eluiert. In homologen Reihen von Molekülen ähnlicher Gestalt erscheinen die Moleküle mit der höchsten Molmasse zuerst. Sie erfordern also das geringste Elutionsvolumen. Der Effekt wird so gedeutet, daß die großen Moleküle nicht oder weniger gut in die Poren des Gelmaterials eindringen können und daher die geringere Verweilzeit besitzen (Abb. 9–16). Die Methode ist in der Literatur unter einer Vielzahl von weiteren Namen bekannt (Gelfiltration, Gelchromatographie, Ausschlußchromatographie, Molekularsiebchromatographie usw.). Sie ist eine spezielle Form der Flüssigkeits-Chromatographie.

Die Elution erfolgt unter Drucken bis zu ca. 10 bar. Die verwendeten Gele dürfen daher unter diesen Bedingungen nicht komprimiert werden. Für organische Lösungsmittel werden meist vernetzte Poly(styrole) oder poröses Glas, für wässrige Lösungen vernetzte Dextrane, Poly(acrylamide) oder Cellulose eingesetzt. Die Konzentrationen der austretenden Lösungen werden meist automatisch als Funktion des Volumens registriert, z. B. über den Brechungsindex oder durch Spektroskopie (Abb. 9–17).

Das Maximum des entstehenden Diagramms $n_{Lsg} = f(V)$ wird als Elutionsvolumen bezeichnet. Zwischen dem Evolutionsvolumen V_e und dem Logarithmus der Molmasse besteht für Substanzen ähnlicher Molekülgestalt und Wechselwirkung mit dem Lösungsmittel für ein bestimmtes Gel eine empirische Beziehung (Abb. 9–18). Bei kleinen und bei großen Molmassen werden die Elutionsvolumina jedoch unabhängig von der Molmasse. Die Ausschlußgrenzen hängen außer vom Gelmaterial auch noch von der Form der gelösten Makromoleküle ab.

Das Elutionsvolumen hängt für eine polymerhomologe Reihe vermutlich nur deshalb mit der Molmasse zusammen, weil sich auch das hydrodynamische Vo-

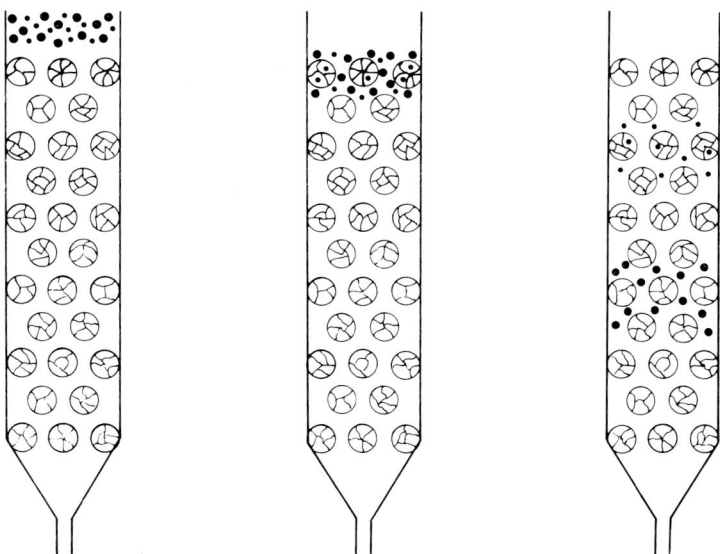

Abb. 9–16: Schematische Darstellung der Trennung verschieden großer Moleküle an makroporösen Gelen durch Gelpermeationschromatographie.

lumen der Makromoleküle gesetzmäßig ändert. Das hydrodynamische Volumen ist dem Produkt $[\eta]M$ proportional. In der Tat scheint für jedes Gelmaterial eine „universelle" Eichkurve $\log [\eta]M = f(V_e)$ für verschiedene lineare und verzweigte Polymere und Copolymere zu existieren (Abb. 9 – 19).

Die zum Elutionsvolumen gehörige Molmasse stellt vermutlich einen Mittelwert

$$(9-118) \quad \bar{M}_{\mathrm{GPC}} = \frac{\sum\limits_i m_i M_i^{1+a_\eta}}{\sum\limits_i m_i M_i^{a_\eta}}$$

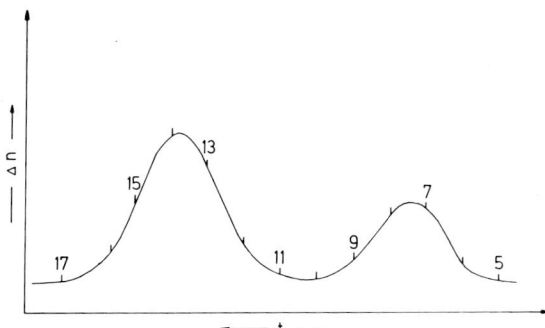

Abb. 9–17: Schematische Darstellung eines GPC-Diagramms. Die Zahlen geben die Fraktionsnummern an; sie sind dem durchgeflossenen Volumen proportional. In der Regel wird die Brechungsindex-Differenz von Lösung und Lösungsmittel Δn als Funktion der Zeit t gemessen.

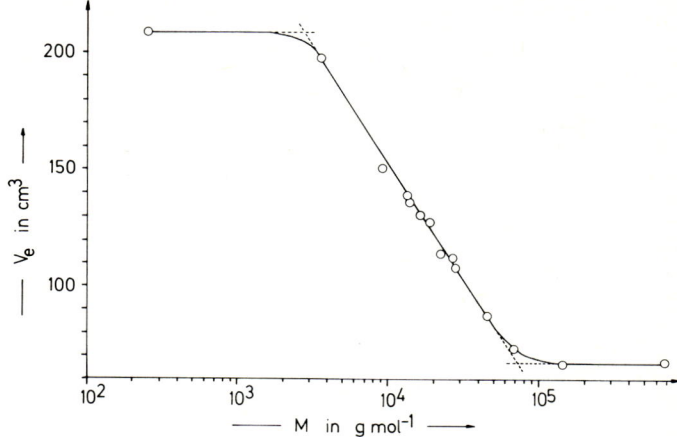

Abb. 9–18: Elutionsvolumen V_e als Funktion der Molmasse M von Saccharose und verschiedenen Proteinen an vernetztem Dextran (Sephadex G 75) in verdünnter Salzlösung (nach P. Andrews).

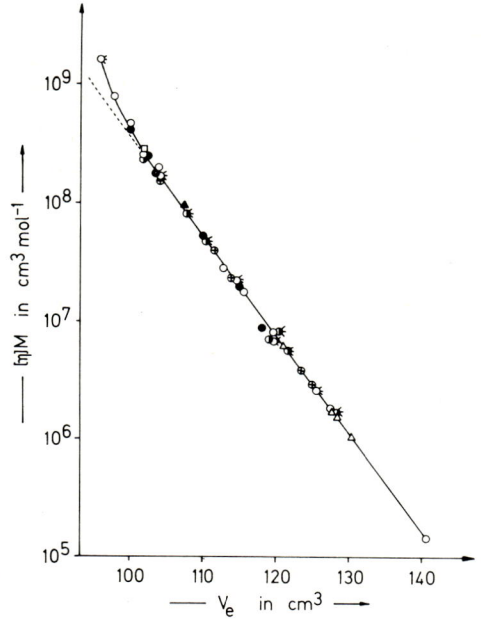

Abb. 9–19: „Universelle" Kalibrierkurve bei der Gelpermeationschromatographie nach Messungen an linearem Poly(styrol) (○), kammartig verzweigtem Poly(styrol) (○⋖), sternartig verzweigtem Poly(styrol) (⊕), Poly(methylmethacrylat) (●), Poly(vinylchlorid) (△), cis-1,4-Poly(butadien) (▲), Poly(styrol-Poly(methylmethacrylat)-Pfropfcopolymeren (⊙⋖), statistischen Copolymeren aus Styrol und Methylmethacrylat (◐), und an Leiterpolymeren des Poly(phenylsiloxans) (□). Nach Z. Grubisic, P. Rempp und H. Benoit.

dar. Dieses Mittel ergibt für Schulz-Flory-Verteilungen mit dem Kopplungsgrad k

$$(9-119) \quad \overline{M}_{GPC} = \frac{\overline{M}_w(k + a_\eta + 1)}{k+1} = \frac{\overline{M}_n(k + a_\eta + 1)}{k}$$

Für Kugeln mit $a_\eta = 0$ erhält man daher $\overline{M}_{GPC} = \overline{M}_w$ und für steife Stäbchen $\overline{M}_{GPC} = \overline{M}_{z+1}$. Für Knäuelmoleküle mit den üblichen Molmassenverteilungen bekommt man in Theta-Lösungen ein Mittel nahe dem Gewichtsmittel.

Die Elutionskurve ist umso breiter, je breiter die Molmassenverteilung ist. Auch molekulareinheitliche Substanzen geben jedoch eine Kurve und kein scharfes Signal. Dieser Effekt ist durch die sog. axiale Dispersion bedingt. Sie wird nach dem oben beschriebenen Modell als Verteilung von Verweilzeiten in den Poren gedeutet. Für sie muß also bei der Berechnung von Molmassenverteilungen korrigiert werden. Dazu wird angenommen, daß die totale Standardabweichung σ_{tot} sich aus den Standardabweichungen der Polymolekularität σ_{mol} und der axialen Dispersion σ_{ad} zusammensetzt:

$$(9-120) \quad \sigma_{tot}^2 = \sigma_{mol}^2 + \sigma_{ad}^2$$

σ_{ad} wird ermittelt, indem man die Flüssigkeit nach der Entwicklung der Elutionskurve rückwärts fließen läßt. Aus dem berechneten σ_{mol} läßt sich dann die wahre Elutionskurve konstruieren.

9.8.3 ADSORPTIONSCHROMATOGRAPHIE

Die Adsorptionschromatographie basiert auf der verschieden starken Wechselwirkung von Adsorbens und Adsorptiv. Sie eignet sich daher für Trennungen aufgrund der Unterschiede in Konstitution und Konfiguration. Die Adsorptions/Desorptions-Gleichgewichte werden jedoch im realen Fall von einer Reihe weiterer Effekte überlagert.

Bei der Dünnschichtchromatographie von Polymeren kann man je nach Anteil des Fällungsmittels im Entwickler vier Bereiche unterscheiden (Abb. 9-20). Bei kleinen Fällungsmittelgehalten überwiegt die Adsorption. Mit zunehmendem Fällungsmittelgehalt steigen die R_f-Werte an und werden schließlich im Desorptionsgebiet unabhän-

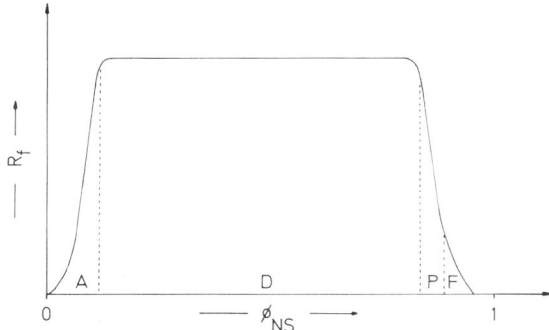

Abb. 9-20: Schematische Darstellung der R_f-Werte als Funktion des Volumenbruches ϕ_{NS} des Nichtlösers bei der Dünnschichtchromatographie. A = Adsorption, D = Desorption, P = Phasentrennung, F = Fällung.

gig von der Fällungsmittelkonzentration. Bei noch höheren Fällungsmittelkonzentrationen setzt schließlich zuerst Phasentrennung und dann eine Fällung der Polymeren ein. Im Adsorptions/Desorptions-Gebiet erfolgen Trennungen nach Konstitution und Konfiguration, im Fällungsgebiet nach der Molmasse. Überlagert ist ferner noch ein Molekularsieb-Effekt, der von den meist ziemlich grobporigen Trägern stammt.

9.9 Viskosimetrie

9.9.1 GRUNDLAGEN

Untersuchungen über die Viskosität von Dispersionen anorganischer Kolloide und über die Viskosität von Lösungen von Makromolekülen zeigten, daß zwischen der Teilchen- bzw. Molekülgröße einerseits und der Viskosität andererseits eine Beziehung besteht. Aus der Viskosität verdünnter Lösungen von Makromolekülen kann daher auf die Molmasse geschlossen werden. Die Methode stellt in der Praxis das wichtigste Verfahren zur Bestimmung der Molmasse dar, da sie apparativ einfach und schnell auszuführen ist. Sie ist jedoch keine Absolutmethode, da die Viskosität außer von der Molmasse noch von anderen Moleküleigenschaften abhängt, z. B. von der Form der gelösten Teilchen.

Einstein leitete nämlich bereits 1906 eine Beziehung zwischen der Viskosität η der Lösung unsolvatisierter Kugeln und deren Volumenbruch ϕ_2 sowie der Viskosität des reinen Lösungsmittels η_1 ab

$$(9-121) \quad \eta_{sp} \equiv (\eta/\eta_1) - 1 = 2,5\, \phi_2 \; ; \quad (\phi_2 \to 0)$$

η_{sp} wird spezifische Viskosität, $\eta/\eta_1 = \eta_{rel}$ relative Viskosität genannt. Die Konstante 2,5 ergab sich aus hydrodynamischen Berechnungen. Gl. (9-121) gilt nur bei Abwesenheit von Wechselwirkungen zwischen den Lösungsteilnehmern, d. h. für unendlich verdünnte Lösungen. Der Einfluß endlicher Konzentration kann durch eine Reihenentwicklung nach höheren Potenzen des Volumenbruches berücksichtigt werden, wie er experimentell bei Messungen an Dispersionen von Kügelchen aus Glas oder Guttapercha gefunden wurde:

$$(9-122) \quad \eta_{sp} = 2,5\, \phi_2 + \alpha\, \phi_2^2 + \beta\, \phi_2^3 + \ldots ; \alpha, \beta = \text{const.}$$

Gl. (9-122) kann verallgemeinert werden, wenn man zu anderen Teilchen als unsolvatisierten Kugeln, z.B. Knäueln oder Stäbchen, übergeht. Der Volumenbruch des Gelösten ist durch $\phi_2 \equiv V_2/V$ definiert. Das Volumen V_2 aller Moleküle des Gelösten in der Lösung von Volumen $V = V_{Lsg}$ (ml) ist über die Zahl N_2 der Moleküle des Gelösten mit dem hydrodynamischen wirksamen Volumen V_h des Einzelmoleküls verknüpft ($V_2 = N_2 V_h$). Die Stoffmengenkonzentration $[M_2]$ der gelösten Moleküle in mol/dm³ ist mit N_2 über $[M_2] = 10^3 N_2/(N_L V_{Lsg})$ und mit der Konzentration c_2 des Gelösten in g/cm³ über $[M_2] = 10^3 c_2/M_2$ verknüpft. M_2 ist die Molmasse des Gelösten. Setzt man diese Beziehung in Gl. (9-121) ein und formt um, so erhält man

$$(9-123) \quad \eta_{sp}/c_2 = 2,5 \cdot N_L (V_h/M_2) ; \quad c_2 \to 0$$

wobei der Grenzwert

(9–124) $\lim_{c_2 \to 0} \eta_{sp}/c_2 \equiv [\eta]$

als Staudinger-Index oder Grenzviskositätszahl $[\eta]$ bezeichnet wird (engl.: intrinsic viscosity). $[\eta]$ hängt nach Gl. (9–123) sowohl von der Molmasse M_2 als auch vom hydrodynamischen Volumen V_h des Gelösten ab. V_h ist seinerseits eine Funktion der Masse, der Form und der Dichte der gelösten Moleküle. Der Staudinger-Index einer Substanz aus flexiblen Makromolekülen kann daher je nach der Wechselwirkung mit dem Lösungsmittel differieren, oft bis zum Faktor 5 (Tab. 9-4).

Tab. 9-4: Einfluß des Lösungsmittels auf die Staudinger-Indices $[\eta]$ je einer Probe Poly(isobutylen) (PIB), Poly(styrol) (PS) und Poly(methylmethacrylat) (PMMA) bei 34 °C

Lösungsmittel	PIB	$[\eta]$ in cm³/g PS	PMMA
Cyclohexan	478	44	Nichtlöser
CCl₄	462	100	305
n-Hexan	327	Nichtlöser	Nichtlöser
Chlorbenzol	250	107	–
Toluol	247	–	403
Benzol	119	114	640
Butylacetat	Nichtlöser	–	195

$[\eta]$ besitzt die Einheit einer reziproken Konzentration und daher eines spezifischen Volumens. Es wird jetzt meist in cm³/g angegeben. Die ältere Literatur benutzte die Einheiten 100 ml/g oder Ltr/g (hier mit dem besonderen Symbol Z_η), so daß die numerischen Werte 100 bzw. 1000 mal kleiner als bei der Verwendung von cm³/g sind. Für Lösungen niedermolekularer Substanzen kann $[\eta]$ u. U. negative Werte annehmen, und zwar dann, wenn die Viskosität der Lösung (und damit des Gelösten) kleiner als die Viskosität des Lösungsmittels ist.

In Mischungen von Polymeren ohne spezielle Wechselwirkungen zwischen den Polymeren, wie sie z. B. bei polymerhomologen Reihen vorliegen, erhält man den Staudinger-Index als Gewichtsmittel (Philippoff-Gleichung):

(9–125) $\overline{[\eta]}_w = \sum_i W_i [\eta]_i / \sum_i W_i = \sum_i c_i [\eta]_i / \sum_i c_i =$
$= \sum_i c_i [\eta]_i / c = \sum_i w_i [\eta]_i = [\eta]$

Das Staudinger-Index von Mischungen verschiedener Polymerer ist dagegen wegen der Anziehungs- oder Abstoßungskräfte meist kleiner oder größer als der über Gl. (9–125) aus den Gewichtsanteilen w_i und den Staudinger-Indices $[\eta]_i$ der Komponenten berechnete. Ein Beispiel dafür sind die Werte für Mischungen aus Poly(styrol) und Poly(methylmethacrylat) (Tab. 9-5).

9.9.2 EXPERIMENTELLE METHODEN

Zur Ermittlung des Staudinger-Index $[\eta]$ müssen die Viskositäten von Lösungen verschiedener Konzentration sowie die des Lösungsmittels bestimmt werden. Die Konzentrationen der Lösungen dürfen nicht zu hoch sein, da sonst die Extrapolation

Tab. 9-5: Experimentell gefundene und nach Gl. (9-1) berechnete Staudinger-Indices von Mischungen aus je einem Poly(styrol) (PS) und Poly(methylmethacrylat) (PMMA) in Chloroform bei 25 °C

Gewichtsanteile		[η] in cm³/g	
w_{PS}	w_{PMMA}	ber.	gef.
1,0	0,0	–	120,0
0,7	0,3	90,8	102,0
0,5	0,5	76,4	84,0
0,3	0,7	58,9	65,0
0,1	0,9	41,4	44,0
0,0	1,0	–	32,7

der Viskositätsdaten auf unendliche Verdünnung schwierig ist. Erfahrungsgemäß sind sie so zu wählen, daß η/η_1 zwischen etwa 1,2 und 2,0 liegt.

Die obere Grenze von $\eta_{rel} \approx 2$ ergibt sich durch die mit der Konzentration zunehmenden Abweichungen von der linearen Beziehung zwischen η_{sp}/c und c. Die untere Grenze von $\eta_{rel} \approx 1,2$ ist dadurch bedingt, daß apparateabhängige Anomalien in der Funktion $(\eta_{sp}/c) = f(c)$ auftreten. Diese Anomalien werden meist als Effekt der Adsorption der Makromoleküle an der Kapillarwand gedeutet.

Damit nun $\eta_{sp} = \eta_{rel} - 1$ bei $\eta_{rel} = 1,2$ auf ca. ± 1 % bestimmt werden kann, muß das Viskositätsverhältnis auf besser als ± 0,2 % bestimmt werden. Die Viskositäten selbst müssen folglich besser als ca. ± 0,1 % ermittelt werden (Fehlerfortpflanzung). Für eine derartige Aufgabe eignen sich vor allem Kapillarviskosimeter. Die üblichen Rotationsviskosimeter vom Couette-Typ arbeiten im günstigsten Fall mit einer Genauigkeit von ± 1 %. Kugelfallviskosimeter sind noch ungenauer.

Die in der makromolekularen Chemie meist verwendeten Typen von Kapillarviskosimetern sind in Abb. 9-21 dargestellt. Bei allen wird als Maß für die Viskosität die Durchlaufzeit eines bestimmten Flüssigkeitsvolumens zwischen zwei Marken bei konstantem Druck gemessen. Beim Ausströmen der Flüssigkeit wird jedoch die potentielle Energie teilweise in Reibungsenergie umgewandelt, sofern der Fluß nicht unendlich langsam ist. Ein anderer Teil setzt sich in kinetische Energie um, die durch Wirbelbildung beim Austritt aus der Kapillaren vernichtet wird (Hagenbach). Außerdem wird zur Ausbildung des parabolischen Geschwindigkeitsprofiles eine gewisse Anlaufarbeit gebraucht (Couette). Die durch diese beiden Effekte hervorgerufene scheinbare Viskositätserhöhung wird nach Hagenbach-Couette durch ein Korrekturglied zur Hagen-Poiseuille'schen Gleichung (zur Ableitung s. Gl. (7-36)) berücksichtigt:

$$(9-126) \quad \eta = \frac{\pi r^4 pt}{8LV} - \frac{k\rho V}{8\pi Lt} = \text{const.} \, pt - \text{const}' \, \rho t^{-1}$$

In dieser Gleichung sind r = Radius der Kapillaren, p = Druck, L = Länge der Kapillaren, V = Volumen der Flüssigkeit mit der Dichte ρ. Die Konstante k hängt von der geometrischen Form des Kapillarendes ab. Sie kann nicht theoretisch berechnet werden und wird durch Eichmessungen an Flüssigkeiten verschiedener Viskosität erhalten.

Die Hagenbach-Couette-Korrektur ist nach Gl. (9-126) bei Viskosimetern mit sehr langen Kapillaren zu vernachlässigen. Bei käuflichen Kapillarviskosimetern werden die Werte für die Hagenbach-Couette-Korrektur vom Hersteller in Form von Korrekturzeiten angegeben. Die Meßzeit soll nie unter 100 s betragen, da sonst die prozentualen Fehler zu hoch werden. Die Viskosimeter müssen außerdem stets senkrecht hängen, da sonst die effektive Länge der Kapillare von Messung zu Messung verschieden ist. Die Temperatur sollte auf ca. ± 0,01 °C konstant sein, da ein Temperaturunterschied von 0,01 °C in der Regel eine Viskositätsänderung von ca. 0,02 % bedingt.

Lösung und Lösungsmittel besitzen verschiedene Dichten. Bei Messungen in Kapillarviskosimetern werden daher bei gleichen Füllhöhen $h = h_0$ die mittleren treibenden Drucke p verschieden groß sein. Nach Gl. (9–126) ist somit für die relative Viskosität im Falle einer verschwindend kleinen Hagenbach-Couette-Korrektur zu setzen:

$$(9-127) \quad \eta_{rel} = \frac{\eta}{\eta_1} = \frac{\text{const.} \, pt}{\text{const.} \, p_1 t_1} = \frac{\text{const.} \, (h\rho) t}{\text{const.} \, (h_1 \rho_1) t_1} = \frac{\rho \cdot t}{\rho_1 \cdot t_1}$$

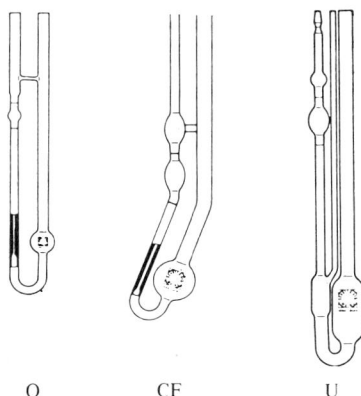

Abb. 9–21: Kapillarviskosimeter nach Ostwald (O), Cannon-Fenske (CF) und Ubbelohde (U).

Die Dichte-Unterschiede zwischen Lösung und Lösungsmittel sind besonders bei Viskositätsmessungen an relativ niedrigmolekularen Substanzen zu beachten, da dort recht hohe Konzentrationen gemessen werden müssen, um η_{rel}-Werte von 1,2 bis 2 zu erreichen.

Die in Abb. 9–21 aufgeführten Kapillarviskosimeter unterscheiden sich in ihren Anwendungsbereichen. Ostwald-Viskosimeter brauchen nur geringe Flüssigkeitsmengen von ca. 3 cm³ und werden darum und wegen ihres niedrigen Preises wohl am häufigsten verwendet. Die Flüssigkeitsmenge muß aber sehr genau eingefüllt werden, da sonst der treibende Druck bei den verschiedenen Lösungen verschieden hoch ist.

Die Ubbelohde-Viskosimeter mit hängendem Niveau sind so konstruiert, daß die Dicke der hängenden Schicht am Ausgang der Kapillare immer gleich groß ist. Die Druckhöhe bleibt dadurch immer konstant. Ubbelohde-Viskosimeter brauchen daher nicht so präzis gefüllt zu werden wie Ostwald-Viskosimeter. Außerdem gleicht bei Ubbelohde-Viskosimetern der Zug der hängenden Flüssigkeit gerade die Effekte der

Oberflächenspannung am oberen Meniskus aus, was vor allem bei oberflächenaktiven Substanzen wichtig ist. Ubbelohde-Viskosimeter erfordern größere Flüssigkeitsmengen als Ostwald-Viskosimeter. Ihr größeres Volumen kann aber umgekehrt benutzt werden, um verschieden verdünnte Lösungen im Viskosimeter selbst herzustellen.

Bei Cannon-Fenske-Viskosimetern sind die treibenden Drucke in den beiden Flüssigkeitskugeln verschieden. Diese Viskosimeter gestatten daher eine qualitative Prüfung auf den Einfluß der Schubspannung σ_{ij} auf die Lösungsviskositäten. Die Schubspannung ist über

(9–128) $\quad \sigma_{ij} = pr/2L$

aus dem treibenden Druck p und der Länge L bzw. dem Radius r der Kapillaren berechenbar (vgl. die Ableitung in Kap. 7). Bei Newton'schen Flüssigkeiten sind die Viskositäten und damit auch die Staudinger-Indices unabhängig von σ_{ij}. Lösungen von Makromolekülen hoher Molmasse zeigen aber auch in verdünnten Lösungen u. U. schon nicht-Newton'sches Verhalten, d. h. es wird $\eta = f(\sigma_{ij})$. Nach experimentellen und theoretischen Untersuchungen nimmt der bei einer bestimmten Schubspannung gemessene Staudingerindex mit zunehmendem σ_{ij} nach

(9–129) $\quad [\eta]_{\sigma_{ij}} = [\eta] (1 - A\beta^2 \ldots)$

ab. β ist eine generalisierte Schubspannung,

(9–130) $\quad \beta = ([\eta] \eta_1 \overline{M}_n / RT) \sigma_{ij}$

die die Effekte der Viskosität η_1 des Lösungsmittels, des Zahlenmittels $\overline{M}_n$ des Molekulargewichtes und der Temperatur T berücksichtigt. A ist eine Konstante, die noch von der Lösungsmittel-Güte abhängt. Poly(styrol)-Lösungen zeigen bei $\beta > 0,1$ nicht-Newton'sches Verhalten (Abb. 9–22), was etwa Molmassen von mehr als 500 000 g/mol entspricht.

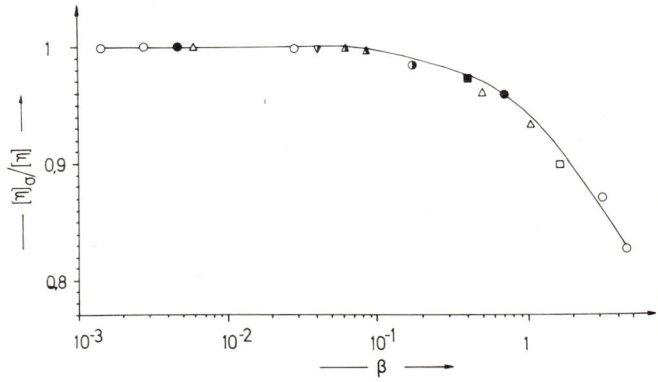

Abb. 9–22: Abhängigkeit der reduzierten Staudinger-Indices $[\eta]_\tau/[\eta]$ von der reduzierten Schubspannung $\beta = ([\eta]\eta_1 \overline{M}_n/RT)\sigma_{ij}$ bei Poly(styrolen) mit $\overline{M}_w = 7,1 \cdot 10^6$ (○, □, △), $3,2 \cdot 10^6$ (●) und $1,4 \cdot 10^6$ (◐, ◨, ▲, ▼) in guten (○, ●, ◐, □, ◨) und Theta-Lösungsmitteln (△, ▲, ▼).

302   9 Bestimmung von Molmassen und Molmassenverteilungen

Da die Einflüsse der Schubspannung bei stäbchenförmigen Makromolekülen besonders stark ausgeprägt sind, werden für Messungen an Substanzen wie Desoxyribonucleinsäure häufig Rotationsviskosimeter verwendet (Abb. (9-23)). Bei Rotationsviskosimetern wird zwischen Rotor und Stator bei genügend kleinen Rotationsgeschwindigkeiten und engen Spalten ein linearer Geschwindigkeitsgradient erzeugt. Dazu müssen Rotor und Stator gut zentriert sein. Bei Rotationsviskosimetern vom Couette-Typ wird diese Zentrierung durch eine mechanische Achse erreicht. Eine viel bessere Zentrierung ist beim Zimm-Crothers-Viskosimeter möglich. Beim Zimm-Crothers-Viskosimeter wird der Effekt ausgenutzt, daß ein Rotor geeigneten Auftriebs durch die Oberflächenspannung der zu messenden Flüssigkeit zwischen Stator und Rotor automatisch zentriert wird. Der Rotor enthält ein Eisenplättchen. Der thermostatisierte Stator befindet sich zwischen den Polen eines Magneten, der auf einem Motor mit konstanter, aber variabel einstellbarer Drehzahl befestigt ist. Die Kopplung zwischen dem äußeren Magnetfeld und dem in Eisenplättchen hervorgerufenen magnetischen Moment erzeugt ein schwaches Drehmoment. Auf diese Weise können Schubspannungen bis herab zu ca. 40 nN cm^{-2} erreicht werden.

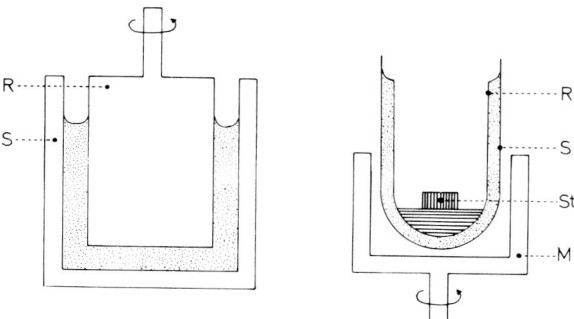

Abb. 9-23: Rotationsviskosimeter vom Couette-Typ (links) bzw. vom Zimm-Crothers-Typ (rechts). R = Rotor, S = Stator, St = Stahlplättchen, M = Magnet.

9.9.3 KONZENTRATIONSABHÄNGIGKEIT BEI NICHTELEKTROLYTEN

Der Staudinger-Index $[\eta]$ ist als Grenzwert der reduzierten Viskosität η_{sp}/c ($= \eta_{sp}/c_2$) für unendliche Verdünnung definiert. Da die Messungen bei endlichen Konzentrationen ausgeführt werden, müssen die η_{sp}/c-Werte oder verwandte Größen somit mit einer geeigneten Gleichung auf $c \to 0$ extrapoliert werden. Die Extrapolation sollte über den Bereich $\eta_{rel} = 1,2$ bis 2 möglichst linear erfolgen.

Alle bis jetzt aufgestellten Extrapolationsformeln sind empirisch. Die viel verwendeten Beziehungen von Schulz und Blaschke, von Huggins sowie von Kraemer gehen sämtlich von der Beziehung aus:

(9-131) $\eta_{sp}/c = [\eta]/(1 - k[\eta]c)$

Die durch Umformung aus Gl. (9-131) erhaltbare Extrapolationsformel

(9–132) $\quad c/\eta_{sp} = (1/[\eta]) - kc$

ist bislang jedoch praktisch nicht benutzt worden. Löst man Gl. (9–131) auf, so erhält man $c = \eta_{sp}/([\eta] + \eta_{sp} k [\eta])$. Setzt man diesen Ausdruck wiederum in die rechte Seite von Gl. (9-131) für c ein, so gelangt man zu der als Schulz-Blaschke-Gleichung bekannten Formel

(9–133) $\quad \eta_{sp}/c = [\eta] + k [\eta] \eta_{sp}$

Für kleine Werte von $k[\eta]c$ kann man den Klammerausdruck der Gl. (9-131) in eine Reihe $(1 - k[\eta]c)^{-1} = 1 + k[\eta]c + \ldots$ entwickeln. Setzt man diese Beziehung in Gl. (9-131) ein, so erhält man die Huggins-Gleichung

(9–134) $\quad \eta_{sp}/c = [\eta] + k [\eta]^2 c$

Entwickelt man $\ln \eta_{rel} = \ln (1 + \eta_{sp})$ in eine Taylor-Reihe

(9–135) $\quad \ln \eta_{rel} = \eta_{sp} - (1/2) \eta_{sp}^2 + (1/3) \eta_{sp}^3 - \ldots$

und setzt diese Gleichung in Gl. (9–134) ein, so resultiert die Kraemer-Gleichung

(9–136) $\quad (\ln \eta_{rel})/c = [\eta] + [\eta]^2 (k - 0{,}5 + ([\eta] c (0{,}333 - k)))c + \ldots$

die meist in der abgekürzten Form

(9–137) $\quad (\ln \eta_{rel})/c = [\eta] + (k - 0{,}5) [\eta]^2 c \quad -4$

ohne das Glied $(0{,}333 - k) [\eta]^3 c^2$ geschrieben wird. Dieses Glied stammt jedoch aus der mathematischen Reihenentwicklung der Gl. (9–135) und darf wegen seiner Größe nicht ohne weiteres vernachlässigt werden. Abb. 9 – 24 zeigt typische Konzentrationsabhängigkeiten.

Die numerische Durchrechnung experimenteller Daten zeigt, daß die Gl. (9–131)–(9–134) und (9–137) verschiedene Werte für $[\eta]$ und k geben. Da die Gl. (9–134) und (9–137) Näherungen von Gl. (9–131) sind, müssen sie a priori einen weniger breiten Konzentrationsbereich überstreichen. Diese Argumentation setzt natürlich voraus, daß Gl. (9–131) die Konzentrationsabhängigkeit von η_{sp}/c wirklich adäquat beschreibt. Extrapolationen über einen noch breiteren Konzentrationsbereich läßt die Martin-Gleichung (oft auch Bungenberg-de Jong-Gleichung genannt) zu

(9–138) $\quad \log (\eta_{sp}/c) = \log [\eta] + k \cdot c$

Die molekulare Bedeutung des Koeffizienten k ist noch nicht geklärt. Theoretische Untersuchungen deuten darauf hin, daß k bei Knäueln in einen hydrodynamischen Faktor k_h und einen thermodynamischen Faktor $(3 A_2 M/[\eta]) f(\alpha)$ zerlegt werden kann, wobei $f(\alpha)$ eine Funktion des Aufweitungsfaktors α ist:

(9–139) $\quad k = k_h - (3 A_2 M/[\eta]) f(\alpha)$

Der hydrodynamische Faktor k_h besitzt wahrscheinlich Werte zwischen 0,5 und 0,7. In Theta-Lösungsmitteln ist demnach wegen $A_2 = 0$ ein $k = 0{,}5 - 0{,}7$ zu erwarten, in guten Lösungsmitteln wegen $A_2 > 0$ ein $k < 0{,}5 - 0{,}7$. Experimentell werden

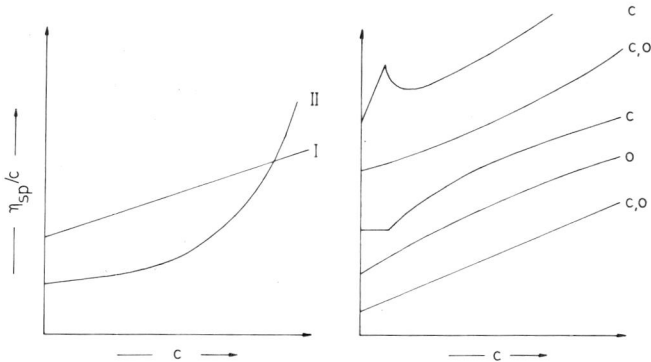

Abb. 9–24: Schematische Darstellung der Konzentrationsabhängigkeit von η_{sp}/c bei verschiedenen Polymer/Lösungsmittel- und Polymer/Polymer-Wechselwirkungen. Linke Abbildung: nicht-assoziierende Polymere. Rechte Abbildung: assoziierende Polymere. I = gutes Lösungsmittel, II = schlechtes Lösungsmittel. o = offene Assoziation, c = geschlossene Assoziation. Die Vielfalt der Kurven bei assoziierenden Polymeren stammt von den verschiedenen möglichen Modellen sowie von den relativen Einflüssen der Gleichgewichtskonstanten der Assoziation, der Assoziationszahl, dem Molekulargewicht und der Form und Größe der Moleküle und Assoziate und der Wechselwirkung mit dem Lösungsmittel. In gewissen Fällen ist es schwierig, zwischen offenen und geschlossenen Assoziationen zu unterscheiden oder auch nur zwischen nicht-assoziierenden und assoziierenden Polymeren.

für gute Lösungsmittel k-Werte zwischen 0,25 und 0,35 gefunden. Mit steigender Molmasse sollte nach Gl. (9–139) das zweite Glied zunächst stark und dann immer schwächer ansteigen, da bei statistischen Knäueln $[\eta]$ und $f(\alpha)$ weniger als proportional mit der Molmasse ansteigen und A_2 weniger als proportional mit M sinkt. Alle diese Erwartungen werden durch die Mehrzahl der experimentellen Daten bestätigt.

Oft begnügt man sich mit einer Viskositätsmessung bei einer einzigen Konzentration c (meist 0,5 %) und gibt die sog. inhärente Viskosität $\{\eta\}_c = (\ln \eta_{rel}/c)_c$ für diese Konzentration an. Zur Kennzeichnung der klassischen Kunststoffe wie Poly(styrol) und Poly(vinylchlorid) wird vor allem im deutschsprachigen Bereich noch die sog. Fikentscher-Konstante K (nicht zu verwechseln mit dem über Gl. (9–151) definierten K der modifizierten Staudinger-Gleichung) verwendet. K wird mit Hilfe von Tabellenwerken aus der relativen Viskosität bei einer verhältnismäßig hohen Konzentration über

$$(9-140) \quad \log \eta_{rel} = \left(\frac{75 \, k_F^2}{1 + 1{,}5 \, k_F c} + k_F \right) c$$

mit der Definition $K = 1000 \, k_F$ ermittelt. K wurde seinerzeit eingeführt, weil man aufgrund eines beschränkten Tatsachenmaterials K als konzentrationsunabhängige, aber auf die Molmasse ansprechende Konstante ansah. K hängt jedoch noch von der Konzentration ab und ist bei hohen Molmassen zunehmend weniger empfindlich auf Änderungen in der Molmasse.

9.9.4 KONZENTRATIONSABHÄNGIGKEIT BEI POLYELEKTROLYTEN

In Lösungen von Polyelektrolyten ohne zugesetztes Fremdsalz nimmt η_{sp}/c mit fallender Konzentration des Polyelektrolyten stark zu (Abb. 9–25). Mit steigender Fremdsalzkonzentration wird der Anstieg schwächer. Bei kleinen Polymerkonzentrationen durchläuft die Funktion $(\eta_{sp}/c) = f(c)$ ein Maximum, was jedoch nicht bei allen Polyelektrolytlösungen gefunden wurde. Bei hohen Konzentrationen des Polyelektrolyten nimmt η_{sp}/c wie bei Lösungen von Nichtelektrolyten mit der Konzentration zu.

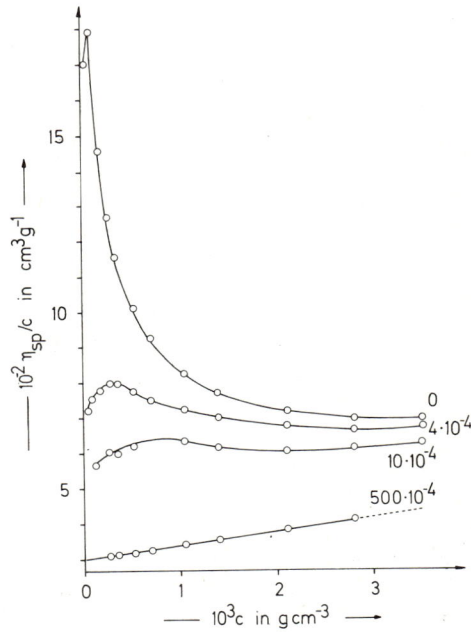

Abb. 9–25: Konzentrationsabhängigkeit der Viskositätszahlen η_{sp}/c eines Natriumpektinates in NaCl-Lösungen verschiedener Konzentration in mol dm^{-3} bei 27°C (nach D. T. F. Pals und J. J. Hermans).

Der Effekt wird wie folgt erklärt: Mit abnehmender Polyelektrolytkonzentration nimmt die Dissoziation zu. Bei Polysalzen (z. B. Natriumpektinat, Natriumsalz der Poly(acrylsäure) usw.) bilden die Gegenionen eine Ionensphäre um die Ketten der Polyelektrolytmakromoleküle. In sehr verdünnten, salzfreien Lösungen ist die Dicke der Ionensphäre größer als der Durchmesser des geknäuelten Moleküls. Die Carboxylatgruppen –COO$^-$ stoßen sich gegenseitig ab, wodurch die Kette versteift wird und die Viskosität ansteigt. Bei mittleren Polyelektrolytkonzentrationen befinden sich die Gegenionen teils außerhalb, teils innerhalb des Knäuels. Bei sehr hohen Polyelektrolytkonzentrationen ist die Konzentration der Gegenionen im Innern des Knäuels größer als außerhalb. Durch den erzeugten osmotischen Effekt dringt mehr Wasser in das Knäuel ein und weitet es auf. Bei hohen Polyelektrolytkonzentrationen überwiegt also der osmotische, bei sehr kleinen der elektrostatische Effekt. Durch einen Zusatz von Fremdsalz wird die Ionenstärke außerhalb des Knäuels relativ zum Innern erhöht und die Dicke der Ionenwolke verringert. Beide Effekte verkleinern den Knäueldurchmesser und damit auch η_{sp}/c.

Der Staudinger-Index eines Polyelektrolyten kann empirisch nach der Fuoss-Gleichung

(9–141) $\quad c/\eta_{sp} = (1/[\eta]) + Bc^{0,5} - \ldots$

ermittelt werden. Dazu werden für Konzentrationen $c > c_{max}$ die Werte von c/η_{sp} gegen $c^{0,5}$ aufgetragen und auf $c^{0,5} \to 0$ extrapoliert.

9.9.5 STAUDINGER-INDEX UND MOLMASSE STARRER MOLEKÜLE

Unsolvatisierte Kugeln

Der Staudinger-Index $[\eta]$ hängt nach Gl. (9–123) sowohl von Molmasse als auch vom hydrodynamischen Volumen ab, das seinerseits wiederum eine Funktion der Molmasse sein kann. Der einfachste Fall liegt bei unsolvatisierten Kugeln vor. Letztere sind außer durch ihre Gestalt durch eine vom Ort unabhängige Dichte definiert, die gleich der Dichte des trockenen Materials ist. Die Masse $(m_{mol})_2$ eines einzelnen Moleküls ist mit dessem hydrodynamischen Volumen über $(m_{mol})_2 = V_h \rho_2$ verknüpft, bzw. mit dem Molekulargewicht M_2 über $M_2 = N_L (m_{mol}) \rho_2$. Gl. (9–123) geht daher für unsolvatisierte Kugeln über in

(9–142) $\quad [\eta] = 2,5/\rho_2$

Solvatisierte Kugeln

Unsolvatisierte Kugeln sind in guter Näherung in Dispersionen realisierbar (z. B. bei Poly(styrol)-Latices), nicht jedoch bei isolierten Makromolekülen. Gewisse Proteine liegen jedoch in wässriger Lösung als solvatisierte Kugeln vor. Bei diesen Proteinen befindet sich ein Teil der Aminosäure-Reste in der Helix-Konformation, ein anderer in der Knäuelkonformation (vgl. Abb. 4-14). Die Helix- und Knäuelteile lagern sich unter dem Einfluß das Wassers durch hydrophobe Bindungen, Salzbindungen usw. zu hydratisierten kugelförmigen Partikeln zusammen. Die Masse des hydrodynamisch wirksamen Einzelmoleküls setzt sich folglich aus der Masse des Proteinanteils und der des Hydratwassers zusammen, d.h. $m_h = m_2 + m_1^\square$. Die Dichte ist im Mittel für jedes Kugelsegment gleich groß. Wenn das Verhältnis der Massen $\Gamma = m_1^\square/m_2$ genügend niedrig ist, wird während der Messung kein Hydratwasser gegen das umgebende Wasser ausgetauscht. Die hydratisierte Kugel ist also undurchspült, da alles Hydratwasser bei der Masse und beim Volumen des hydrodynamisch wirksamen Teilchens mitzuzählen ist. Ersetzt man das hydrodynamische Volumen V_h in Gl. (9–123) durch den Ausdruck der Gl. (7–6), so erhält man

(9–143) $\quad [\eta] = \widetilde{v}_2 + \Gamma v_1$)

Der Staudinger-Index einer solvatisierten Kugel hängt demnach nur vom partiellen spezifischen Volumen $\widetilde{v}_2$ des Gelösten, vom spezifischen Volumen v_1 des Wassers und vom Massenverhältnis $\Gamma = m_1^\square/m_2$ (Solvatationsgrad der beiden Komponenten im Innern der Kugel) ab. Auch bei solvatisierten Kugeln läßt sich daher aus dem Staudinger-Index allein noch nicht die Molmasse berechnen. Die Staudinger-Indices kugelförmiger Proteinmoleküle sind niedrig und bei gleichem Hydrationsgrad unabhängig von der Molmasse (Tab. 9–6). Die in dieser Tabelle aufgeführten Proteine besitzen allerdings keine exakt kugelförmige Gestalt, da ihre Reibungskoeffizienten f etwas größer sind als die von Kugeln f_0.

Tab. 9-6: Staudinger-Index $[\eta]$ und Reibungsverhältnis f/f_0 einiger kugelähnlicher Proteine bei 20 °C in verdünnten Salzlösungen

Protein	$\dfrac{M_2}{\text{g mol}^{-1}}$	$\dfrac{[\eta]}{\text{cm}^3\ \text{g}^{-1}}$	f/f_0
Ribonuclease	13 683	3,30	1,14
Myoglobin	17 000	3,1	1,11
β-Lactoglobulin	35 000	3,4	1,25
Serumalbumin	65 000	3,68	1,31
Hämoglobin	68 000	3,6	1,14
Katalase	250 000	3,9	1,25

Unsolvatisierte Stäbchen

Die Beziehung zwischen Staudinger-Index und Molmasse läßt sich bei unsolvatisierten stäbchenförmigen Molekülen wie folgt veranschaulichen. $[\eta]$ hängt vom hydrodynamischen Volumen ab (vgl. Gl. (9–123)) und damit vom Trägheitsradius. Man kann daher anstelle von Gl. (9–123) mit einer allgemeinen Proportionalitätskonstanten Φ^* schreiben

$$(9-144) \quad [\eta] = \Phi^* \langle R_G^2 \rangle_{\text{st}}^{3/2} / M_2$$

Bei Stäbchen ist der Trägheitsradius nach Gl. (4–53) mit dem Fadenendenabstand verknüpft: $\langle L_{\text{st}}^2 \rangle = 12 \langle R_G^2 \rangle_{\text{st}}$. Für Makromoleküle in der all-trans-Konformation ist der Fadenendenabstand gleich der maximalen Kettenlänge L_{max}. L_{max} ist jedoch proportional dem Polymerisationsgrad X (vgl. auch Gl. 4–8)). Bei helixförmigen, stäbchenartigen Makromolekülen ist der Fadenendenabstand gleich der Länge der Helix und diese wiederum proportional dem Polymerisationsgrad. Im allgemeinen gilt also für stäbchenförmige Makromoleküle $\langle L^2 \rangle = const.\ X^2$. Mit $X = M_2/M_u$ gilt folglich

$$(9-145) \quad [\eta] = \Phi^* \left(\frac{const.}{12 M_u^2} \right)^{3/2} M_2^2 = K \cdot M_2^2$$

Nach dieser Beziehung ist der Staudinger-Index von Stäbchen dem Quadrat der Molmasse proportional. Für eine homologe Reihe von Stäbchenmolekülen, d. h. eine solche mit konstanter Dicke, gilt diese Funktionalität aber nur in einem beschränkten Molmassenbereich. Bei kleinen Molmassen ähneln die Stäbchen immer mehr einer Kugel, so daß der Exponent unter 2 sinkt. Bei hohen Molmassen ist ein reales Stäbchenmolekül nicht mehr inflexibel, da ein Stab unendlicher Länge sich wie ein statistisches Knäuel verhält (vgl. die Flexibilität von Drahtstücken). Auch bei hohen Molmassen sinkt daher der Exponent unter 2 ab (vgl. auch Abb. 9–26).

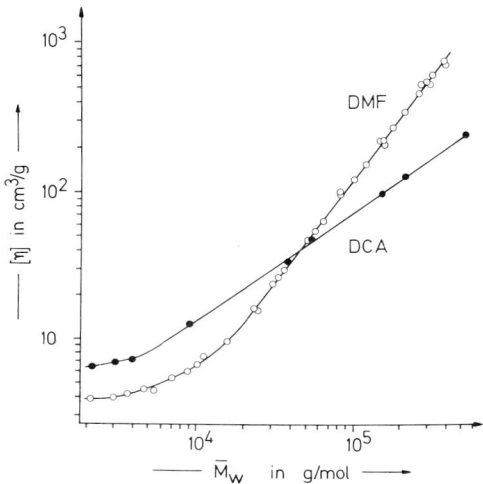

Abb. 9–26: Molmassenabhängigkeit der Staudinger-Indices, aufgetragen gemäß Gl. (9–151), für Poly(γ-benzyl-L-glutamate) in Dichloressigsäure (DCA) und Dimethylformamid (DMF) bei 25°C. In DCA liegen Knäuel, in DMF Helices vor. Nach P. Rohrer und H.-G. Elias.

9.9.6 STAUDINGER-INDEX UND MOLMASSE VON KNÄUELMOLEKÜLEN

Undurchspülte Knäuel

Als undurchspülte Knäuel werden Knäuel definiert, bei denen sich bei Transportprozessen die Lösungsmittelmoleküle im Innern des Knäuels mit gleicher Geschwindigkeit bewegen wie die Segmente des Polymermoleküls. Das hydrodynamische Volumen V_h dieser Knäuel ist in thermodynamisch guten Lösungsmitteln größer als in Theta-Lösungsmitteln. Diese Aufweitung kann man in Analogie zu derjenigen des Trägheitsradius (vgl. Kap. 4.5) durch einen Expansionskoeffizienten α_η beschreiben, also durch $V_h = (V_h)_\Theta \alpha_\eta^3$. Die Größe α_η ist jedoch von dem für den Trägheitsradius verwendeten Expansionskoeffizienten α_R verschieden, da der hydrodynamische Radius als Folge der nicht-Gauß'schen Segmentverteilung im Knäuel etwas anders von der Molmasse abhängt als der Trägheitsradius. Ganz allgemein kann man aber schreiben

(9–146) $V_h = (V_h)_\Theta \alpha_\eta^3 = (V_h)_\Theta \alpha_R^q;$ $q \neq 3$

Der Faktor q besitzt nach Modellrechnungen Werte von 2,43 für kugelförmige und 2,18 für ellipsoidähnliche Knäuel. Setzt man Gl. (9–146) in Gl. (9–123) ein, so gelangt man zu

(9–147) $[\eta] = 2{,}5\, N_L (V_h)_\Theta \alpha_R^q / M_2$

Das hydrodynamische Volumen $(V_h)_\Theta$ ist der dritten Potenz des Trägheitsradius im Thetazustand proportional, d.h. man kann schreiben $(V_h)_\Theta = \Phi' \langle R_G^2 \rangle_0^{3/2}$. Gl. (9–147) lautet dann

(9–148) $\quad [\eta] = 2{,}5\, N_L\, \Phi' \langle R_G^2 \rangle_0^{3/2} \alpha_R^q / M_2 = 2{,}5\, N_L\, \Phi' (\langle R_G^2 \rangle_0 / M_2)^{3/2} M_2^{0,5} \alpha_R^q$

$\quad\quad\quad = \Phi (\langle R_G^2 \rangle / M_2)^{3/2} M_2^{0,5} = \Phi (\langle R_G^2 \rangle)^{3/2} / M_2$

wobei die Beziehung $\langle R_G^2 \rangle = \langle R_G^2 \rangle_0 \alpha_R^2$ benutzt und $\Phi = 2{,}5\, \Phi' (\alpha_R^q / \alpha_R^3)$ gesetzt wurde.

Gl. (9–148) beschreibt den Staudinger-Index $[\eta]$ von undurchspülten Knäueln als Funktion von Molmasse und Trägheitsradius. Um $[\eta]$ als alleinige Funktion der Molmasse zu erhalten, kann man zwei Wege begehen:

1. Nach Gl. (4-50) gilt $\langle R_G^2 \rangle = const'. \, M_2^{1+\epsilon}$. Gl. (9–148) läßt sich daher schreiben als

(9–149) $\quad [\eta] = \Phi \, (const'.)^{3/2} M_2^{0,5(1+3\epsilon)}$

oder mit $K = \Phi \, (const'.)^{3/2}$ und der Definition

(9–150) $\quad a_\eta \equiv 0{,}5 \,(1 + 3\epsilon)$

auch als

(9–151) $\quad [\eta] = K M_2^{a_\eta}$

Da ϵ bei undurchspülten Knäueln kaum Werte über 0,23 annimmt, erhält man bei undurchspülten Knäueln a_η-Werte von maximal ca. 0,9. Im Theta-Zustand wird $\epsilon = 0$ und Gl. (9–151) reduziert sich zu

(9–152) $\quad [\eta]_\Theta = K_\Theta M_2^{0,5}$

Gl. (9–151) wird als modifizierte Staudinger-Gleichung (ursprünglich mit $a_\eta = 1$) oder als Kuhn-Mark-Houwink-Sakurada-Gleichung bezeichnet. Sie wurde zuerst empirisch gefunden. K und a_η sind durch Eichung gewonnene empirische Konstanten (vgl. Kap. 9.9.7 und 9.9.8 und Abb. 9–26), wobei a_η in Spezialfällen auch theoretisch berechnet werden kann (Tab. 9–7).

2. Das Verhältnis $(\langle R_G^2 \rangle / M_2)^{3/2}$ läßt sich nach Gl. (4–51) auch ausdrücken als

(9–153) $\quad (6 \langle R_G^2 \rangle / M_2)^{3/2} = A^3 + 0{,}632\, B\, M_2^{0,5}$

Setzt man Gl. (9–148) in Gl. (9–153) ein, so gelangt man zur Burchard-Stockmayer-Fixman-Gleichung (oft nur Stockmayer-Fixman-Gleichung genannt)

(9–154) $\quad [\eta]/M_2^{0,5} = K_\Theta + (0{,}632/6^{3/2})\, \Phi\, B\, M_2^{0,5}$

wobei gesetzt wurde

(9–155) $\quad K_\Theta = (\Phi/6^{3/2})\, A^3$

Nach Gl. (9–156) läßt sich durch Auftragen von $[\eta]/M_2^{0,5} = f(M_2^{0,5})$ die Größe K_Θ bestimmen, die über A den Beitrag der Rotationsbehinderung enthält (vgl.

Tab. 9-7: Theoretische Exponenten a_η der Viskositäts/Molmassen-Beziehung Gl. (9–151).

Form	Homologie	a_η
Stäbchen	Durchmesser const.; Höhe prop. M; keine Rotationsdiffusion	2
Stäbchen	dto., aber mit Rotationsdiffusion	1,7
Knäuel	unverzweigt; durchspült; kein ausgeschlossenes Volumen	1
Knäuel	unverzweigt; undurchspült; ausgeschlossenes Volumen	0,51–0,9
Knäuel	unverzweigt; undurchspült; kein ausgeschlossenes Volumen	0,5
Scheibchen	Durchmesser prop. M; Höhe const.	0,5
Kugeln	konstante Dichte; unsolvatisiert oder gleich solvatisiert	0
Scheibchen	Durchmesser const.; Höhe prop. M	−1
Stäbchen	Durchmesser prop. $M^{0,5}$; Höhe const.	−1
Stäbchen	Durchmesser prop. M; Höhe const.	−2

Abb. 9–27). A enthält nämlich nach Gl. (4–51) außer dem Bindungsabstand l der Kettenatome, dem Valenzwinkel ϑ und dem mittleren Formelgewicht M_u der Kettenglieder noch den Behinderungsparameter σ

$$(9-156) \qquad A = \left[\left(\frac{1-\cos\vartheta}{1+\cos\vartheta}\right)\sigma^2\, l^2/M_u\right]^{0,5}$$

Gl. (9–156) gestattet somit eine Bestimmung von σ allein auf viskosimetrischem Wege. K_θ ist wie σ nur dann eine Materialkonstante, wenn weder in polaren Lösungsmitteln noch in Mischlösern gemessen wird (vgl. Kap. 4.5.1).

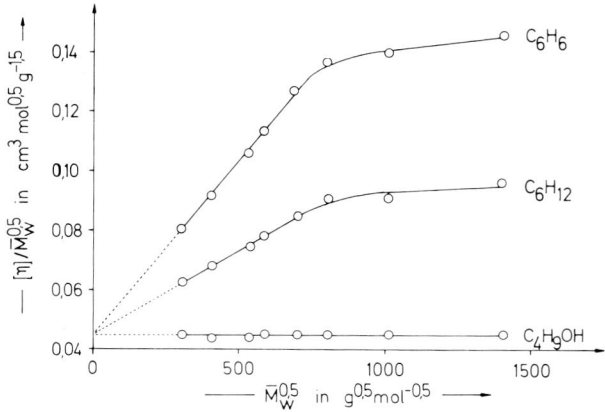

Abb. 9–27: Burchard-Stockmayer-Fixman-Diagramm für Poly(cyclohexylmethacrylat) in Benzol und Cyclohexan bei 25°C bzw. in Butanol bei 23°C (nach N. Hadjichristidis, M. Devaleriola und V. Desreux).

Die Gl. (9−151) und (9−154) beschreiben beide die Staudinger-Indices [η] als Funktion des Molekulargewichtes. Experimentell hat sich gezeigt, daß Gl. (9−151) über einen größeren Bereich von Molmassen, Temperaturen und Lösungsmitteln gilt als Gl. (9−154). Gl. (9−154) ist in der Nähe der Theta-Temperatur gut erfüllt, liefert aber bei hohen Molekulargewichten relativ zu kleine Werte von [η]/$M^{0,5}$ falls T $>$ Θ (Abb. 9−27). Um eine bessere Linearität zu erhalten, wurden viele Funktionen vorgeschlagen. Recht gut bewährt hat sich dabei die Berry-Gleichung (vgl. auch Abb. 9−28)

(9−157) $\left(\dfrac{[\eta]}{\overline{M}_w^{0,5}}\right)^{0,5} = K_\Theta^{0,5} + D\left(\dfrac{\overline{M}_w}{[\eta]}\right).$

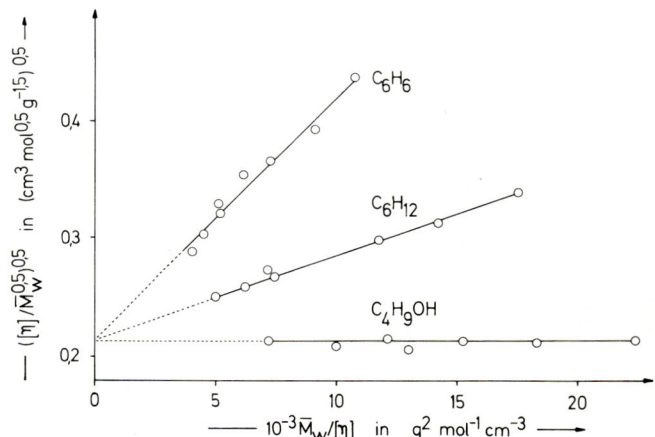

Abb. 9−28: Berry-Diagramm für Poly(cyclohexylmethacrylat) in Benzol und Cyclohexan bei 25°C bzw. in Butanol bei 23°C (gleiche Meßwerte wie in Abb. 9−27). Nach N. Hadjichristidis, M. Devaleriola und V. Desreux.

In den Gl. (9−148), (9−149) und (9−154) taucht überall Φ als Konstante auf. Theoretische und experimentelle Untersuchungen haben gezeigt, daß Φ unabhängig von der Konstitution und der Konfiguration des Polymeren und der chemischen Natur des verwendeten Lösungsmittels ist. Φ als Proportionalitätsfaktor zwischen hydrodynamischen Volumen und Trägheitsvolumen ist vielmehr nur mit der Aufweitung der Knäuel in den betreffenden Lösungsmitteln verknüpft, d. h. mit den Werten von α bzw. ϵ. Die aufwendige theoretische Durchrechnung führt bei Knäueln zu

(9−158) $\Phi = \Phi_0(1 - 2{,}63\,\epsilon + 2{,}86\,\epsilon^2)$

wobei Φ_0 der Wert im Theta-Zustand ($\epsilon = 0$ bzw. $a_\eta = 0{,}5$) ist. Bezieht man Φ_0 auf den Trägheitsradius, so gilt $\Phi_0 = 4{,}18 \cdot 10^{24}$ (mol Makromolekül)$^{-1}$. Rechnet man mit dem Fadenendabstand, so bekommt man wegen $\langle R_G^2 \rangle_0 = \langle L^2 \rangle_0/6$ dagegen $\Phi_0 = 2{,}84 \cdot 10^{23}$ (mol Makromolekül)$^{-1}$ (vgl. auch Tab. 9−3).

Durchspülte Knäuel

Bei durchspülten Knäueln ist die Relativgeschwindigkeit des Lösungsmittels innerhalb und außerhalb des Knäuels gleich groß. Durchspülte Knäuel sind bei Makromolekülen mit relativ starrer Kette in guten Lösungsmitteln zu erwarten. Undurchspülte Knäuel sind dagegen ein Grenzfall für sehr flexible Ketten in schlechten Lösungsmitteln. Zwischen beiden Extremen sind alle Übergänge möglich. Das Modell des teilweise durchspülten Knäuels ist jedoch theoretisch nur sehr schwierig zu erfassen. In der Literatur werden vor allem zwei theoretische Ansätze diskutiert:

Bei der Kirkwood-Riseman-Theorie berechnet man die Störung der Fließgeschwindigkeit des Lösungsmittels durch $(N-1)$ Kettenelemente für das N. Kettenelement und summiert dann über alle möglichen Konformationen. Als anpassungsfähige Parameter werden die effektive Bindungslänge b und der Reibungswert ζ des Grundbausteins verwendet.

Die Debye-Bueche-Theorie stellt sich dagegen ein teilweise durchspültes Knäuel als eine mehr oder weniger permeable Kugel vor, in der eine Anzahl von Perlen homogen verteilt sind. Die Perlen sollen den Grundbausteinen entsprechen. Es wird dann der Widerstand beim Fließen berechnet, den eine Perle bei den anderen erzeugt. Dieser Widerstand wird durch die Länge L ausgedrückt. L ist der Abstand von der Kugeloberfläche, bei dem die Geschwindigkeit des Lösungsmittels im Inneren der Kugel nur noch den e. Teil des Wertes an der Kugeloberfläche beträgt. Das Abschirmverhältnis ζ ist durch das Verhältnis von Radius R_s der Kugel zu Abschirmlänge L gegeben

(9–159) $\zeta = R_s/L$

ζ kann aus der von Debye und Bueche berechneten Abschirmfunktion $F(\zeta)$ erhalten werden

(9–160) $F(\zeta) = 2{,}5 \left[\dfrac{1 + \left(\dfrac{3}{\zeta^2}\right) - \left(\dfrac{3}{\zeta}\right)\cotg \zeta}{1 + \dfrac{10}{\zeta^2}\left(1 + \dfrac{3}{\zeta^2} - \left(\dfrac{3}{\zeta}\right)\cotg \zeta\right)} \right]$

die wiederum mit dem Staudinger-Index verknüpft ist

(9–161) $[\eta] = F(\zeta) N_L \left(\dfrac{4\pi R_s^3}{3}\right) M_2^{-1}$

Reale makromolekulare Knäuel besitzen jedoch eher die Gestalt einer Bohne (vgl. Kap. 4.4.3). Bei bohnenförmigen Knäueln entspricht R_s der Hauptachse des Rotationsellipsoides. Für derartige Knäuel mit hoher Flexibilität (z. B. Poly(styrol)) wurde empirisch ein einfacher Zusammenhang zwischen dem Abschirmungsverhältnis ζ und der Größe ϵ gefunden, nämlich $\zeta \epsilon = 3$. ϵ beschreibt den Einfluß des Lösungsmittels auf die Knäuelaufweitung (vgl. 9–158)). Gl. (9–159) geht damit über in

(9–162) $L = (R_s \epsilon)/3$

ϵ läßt sich nach Gl. (9–150) aus dem Exponenten a_η der Viskositäts-Molekulargewichts-Beziehung $[\eta] = KM^{a_\eta}$ berechnen. Für ein $a_\eta = 0{,}8$ ergibt sich z.B. $\epsilon = 0{,}2$.

L wird dann nach Gl. (9-162) zu $L = 0{,}067\, R_s$. Die Eindringtiefe L beträgt somit für diesen Fall aufgeweiteter Knäuel nur 6,7 % der Hauptachse des Rotationsellipsoides. Das Lösungsmittel dringt daher nur wenig in die Knäuel ein. Bei den starreren Celluloseketten ist die Eindringtiefe dagegen größer.

Dimensionen aus Viskositätsmessungen

Nach Gl. (9-148) ist der Staudinger-Index $[\eta]$ mit dem Trägheitsradius $\langle R_G^2 \rangle^{3/2} = E$ verknüpft. Bei sehr verdünnten Lösungen gilt ferner $[\eta] \approx \eta_{sp}/c$ und folglich

$$(9-163) \quad \eta_{sp}/c \approx [\eta] = \Phi \langle R_G^2 \rangle^{3/2}/M = \Phi E/M$$

Für ein polymolekulares Gelöstes mit i Komponenten ergibt sich entsprechend mit $m_i = n_i M_i$, $w_i = c_i/c$ und $w_i = W_i/\sum_i W_i$

$$(9-164) \quad \sum_i (\eta_{sp})_i = \Phi \sum_i E_i(c_i/M_i) = \Phi c \sum_i n_i E_i / \sum m_i$$

Der Staudinger-Index $[\eta]$ eines polymolekularen Gelösten ist nach Gl. (9-125) das Gewichtsmittel über die Staudinger-Indices der einzelnen Komponenten:

$$(9-165) \quad [\eta] = \frac{\sum_i c_i [\eta]_i}{\sum_i c_i} \approx \frac{\sum_i c_i (\eta_{sp})_i/c_i}{\sum_i c_i} = \frac{\sum_i (\eta_{sp})_i}{c}$$

Setzt man Gl. (9-165) in Gl. (9-164) ein und berücksichtigt die Definition des Zahlenmittels des Molekulargewichtes $\overline{M}_n = \sum_i m_i / \sum_i n_i$, so erhält man nach einer Erweiterung mit $\sum_i n_i / \sum_i n_i$

$$(9-166) \quad [\eta] = \Phi \frac{\sum_i n_i E_i}{\sum_i m_i} = \Phi \left(\frac{\sum_i n_i E_i}{\sum_i n_i} \right) \left(\frac{\sum_i n_i}{\sum_i m_i} \right) = \Phi \overline{E}_n / \overline{M}_n = \Phi \langle R_G^2 \rangle_n^{3/2}/\overline{M}_n$$

Gl. (9-166) zeigt, daß durch Viskositätsmessungen die Zahlenmittel der 1,5. Potenz der Mittel über die Quadrate der Trägheitsradien erhalten werden.

9.9.7 EICHUNG VON VISKOSITÄTS/MOLMASSEN-BEZIEHUNGEN

Der Vergleich der Ausdrücke für die Molmassenabhängigkeit der Staudinger-Indices zeigt, daß die Beziehungen für alle Formen durch die modifizierte Staudinger-Gleichung $[\eta] = KM^{a_\eta}$ wiedergegeben werden können (vgl. auch Tab. 9-7). Sowohl K als auch a_η sind meist a priori unbekannt. Die modifizierte Staudinger-Gleichung muß daher für jede polymerhomologe Reihe empirisch ermittelt werden. Dazu bestimmt man für eine Anzahl von Proben die Molmassen und Staudinger-Indices (Lösungsmittel, Temperatur = const) und trägt entsprechend Gl. (9-156) log $[\eta]$ gegen log M_2 auf (Abb. 9-26). Die Neigung ist gleich a_η, der Ordinatenabschnitt bei log $M_2 = 0$ gleich K. Bei kleinen Molmassen wird die Neigung geringer (Endgruppeneinflüsse, Abweichung von der Knäuelstatistik usw.), was in Abb. 9-26 durch die logarithmische Darstellung überbewertet wird. Bei knäuelförmigen Makromolekülen steigt a_η mit zunehmender thermodynamischer Güte des Lösungsmittels. K sinkt, wenn a_η steigt (Tab. 9-8 und Abb. 29-9), was durch

(9–167) $\log K = 1{,}507 - 4{,}368\, a_\eta$

wiedergegeben werden kann. Lediglich der Meßwert für ellipsoidale, kompakte Proteine bei $a_\eta = 0{,}1$ fällt heraus.

Tab. 9-8: Konstanten K und a_η für Lösungen knäuelförmiger Makromoleküle

Substanz	Temp. °C	Lösungsmittel	$K \cdot 10^3$ ml/g	a
at-Poly(styrol)	34	Benzol	9,8	0,74
"	34	Butanon	28,9	0,60
"	35	Cyclohexan	78	0,50
Nylon 66	25	90 proz. HCOOH	13,4	0,87
"	25	m-Kresol	35,3	0,79
"	25	2 m KCl in 90 proz. HCOOH	142	0,56
"	25	2,3 m KCl in 90 proz. HCOOH	253	0,50
Cellulosetricaproat	41	Dimethylformamid	245	0,50
Cellulosetricarbanilat	20	Aceton	4,7	0,84
Amylosetricarbanilat	20	Aceton	0,81	0,90
Poly-γ-benzyl-L-glutamat	25	Dichloressigsäure	2,8	0,87
"	25	Dimethylformamid	0,00029	1,70

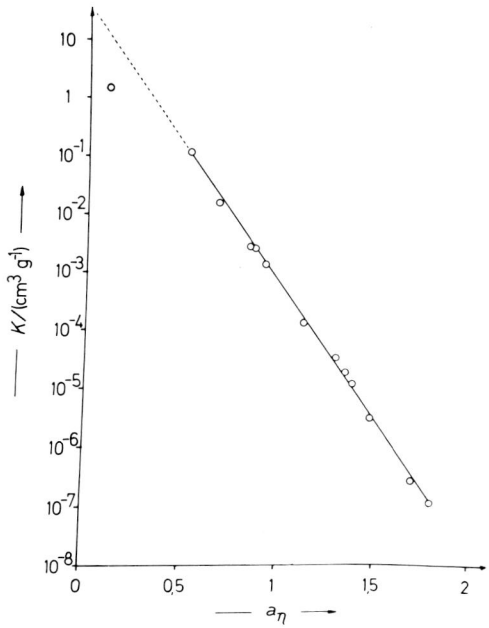

Abb. 9–29: Beziehung zwischen den Konstanten K und a_η für verschiedene Polymere.

Da bei derartigen Eichungen nur gleiche Mittelwerte miteinander **verglichen** werden dürfen, ergibt sich die Frage, welchem Mittelwert das in Gl. (9–151) enthaltene Molekulargewicht entspricht. Der Staudinger-Index $[\eta]$ einer polymolekularen Substanz stellt nach Gl. (9–120) ein Gewichtsmittel dar. Gl. (9–151) **läßt sich daher schreiben als**

$$(9-168) \quad K M_2^{a_\eta} = [\eta] = \frac{\sum_i W_i [\eta]_i}{\sum_i W_i} = \frac{\sum_i W_i K_i M_i^{a_\eta}}{\sum_i W_i}$$

K_i ist bei genügend hohen Molekulargewichten unabhängig von M_2, es gilt also $K_i = K$. Löst man Gl. (9-156) in der Schreibweise $[\eta] = K (\bar{M}_\eta)^{a_\eta}$ nach $\bar{M}_\eta$ auf und setzt Gl. (9–168) ein, so erhält man

$$(9-169) \quad \bar{M}_\eta = \left(\frac{[\eta]}{K} \right)^{1/a_\eta} = \left(\frac{\sum_i W_i M_i^{a_\eta}}{\sum_i W_i} \right)^{1/a_\eta}$$

Das durch Viskositätsmessungen erhaltene Molekulargewicht stellt ein Viskositätsmittel dar, das nicht mit dem Zahlen- oder Gewichtsmittel identisch ist (vgl. auch Abb. 8–4). Das Viskositätsmittel $\bar{M}_\eta$ wird nur für $a_\eta = 1$ mit dem Gewichtsmittel $\bar{M}_w$ identisch. Für $a_\eta < 1$ wird $\bar{M}_\eta < \bar{M}_w$. Trägt man somit bei Substanzen gleicher Molekulargewichtsverteilung $\log [\eta]$ gegen $\log \bar{M}_w$ statt gegen $\log \bar{M}_\eta$ auf, so wird bei $a_\eta < 1$ die Konstante K zu niedrig gefunden (Abb. 9–30). a_η ändert sich jedoch nicht. Beim Auftragen von $\log [\eta]$ gegen $\log \bar{M}_n$ wird K dagegen zu groß. Ändert sich mit dem Molekulargewicht auch die Breite oder der Typ der Molekulargewichtsverteilung, so erhält man beim Auftragen gegen $\log \bar{M}_n$ oder $\log \bar{M}_w$ inkorrekte Werte für K und a_η.

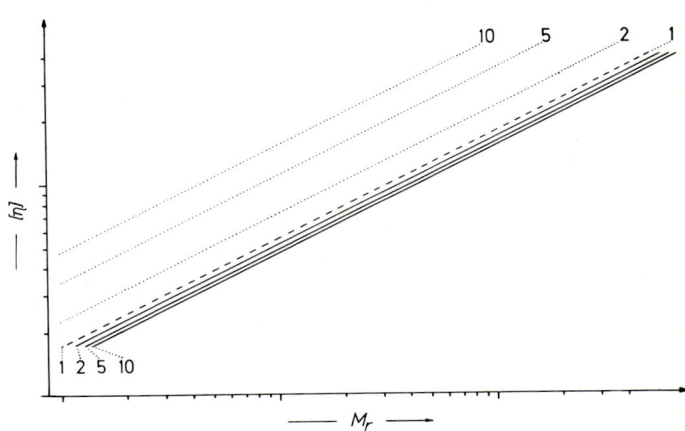

Abb. 9–30: Einfluß der Molmassenverteilung (ausgedrückt durch $\bar{M}_w/\bar{M}_n$) auf die Beziehung zwischen Staudinger-Indices $[\eta]$ und Molmassen M_r bei $a_\eta = 0.5$. ···· $M_r = \bar{M}_n$, – – – – $M_r = \bar{M}_w$. Die Zahlen geben das Verhältnis $\bar{M}_w/\bar{M}_n$ an.

Um das Viskositätsmittel $\overline{M}_\eta$ des Molekulargewichtes zu berechnen, müssen $\overline{M}_w$, $\overline{M}_n$ und a_η bekannt sein. Man trägt zunächst $\log [\eta]$ gegen $\log \overline{M}_w$ auf und berechnet K und a_η. Das Viskositätsmittel ermittelt man dann über die für nicht zu breite Verteilungen ($\overline{M}_w/\overline{M}_n < 2$) geltende Näherung

$$(9-170) \quad \frac{\overline{M}_\eta}{\overline{M}_n} = \left(\frac{1-a_\eta}{2}\right) + \left(\frac{1+a_\eta}{2}\right)\left(\frac{\overline{M}_w}{\overline{M}_n}\right)$$

Anschließend trägt man $\log [\eta]$ gegen $\log \overline{M}_\eta$ auf, berechnet erneut K und a_η und wiederholt diese Prozedur solange, bis sich K und a_η nicht mehr ändern.

9.9.8 EINFLÜSSE DER CHEMISCHEN STRUKTUR

Der Staudinger-Index ist ein Maß für die Dimensionen der Makromoleküle. Bei flexiblen Makromolekülen wird er demzufolge durch die Skelettparameter (Bindungslänge, Valenzwinkel, Polymerisationsgrad, Masse des Grundbausteins), den Behinderungsparameter σ als Maß für die Rotationsbehinderung und den Aufweitungsfaktor α als Maß für die thermodynamische Wechselwirkung mit dem Lösungsmittel bestimmt. In Theta-Lösungsmitteln wird $\alpha = 1$. Nach den Gl. (9–148) und (9–152) wird dann

$$(9-171) \quad K_\Theta = \Phi_0 (\langle R_G^2 \rangle_\Theta / M_2)^{3/2} = \Phi_0 (\langle R_G^2 \rangle_\Theta / X_2)^{3/2} (M_u)^{-3/2}$$

$\langle R_G^2 \rangle_\Theta$ ist nach Gl. (4–27) proportional σ^2. Falls also der Rotationsbehinderungsparameter unabhängig von der Art der Substituenten wäre, sollte beim Auftragen von $\log K_\Theta$ gegen $\log M_u$ die Neigung $-3/2$ betragen. Die Neigung ist jedoch bei Verbindungen vom Typ $\text{--(CH}_2\text{--CR}^1\text{R}^2\text{)}_n\text{--}$ positiver (Abb. 9–31). Die Rotationsbehinderung nimmt somit mit steigendem Formelgewicht der Grundbausteine M_u, d.h. stei-

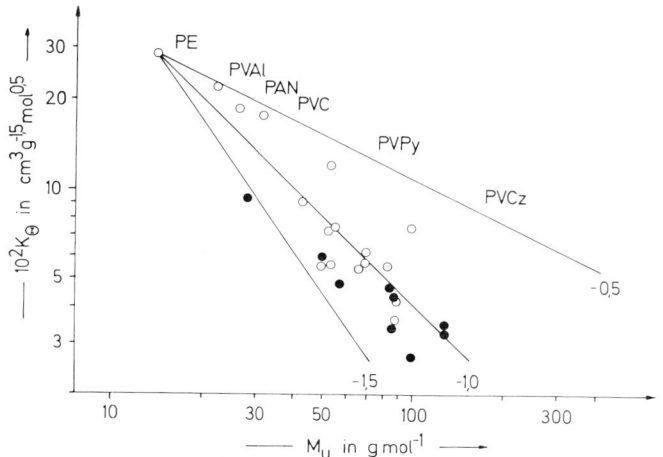

Abb. 9–31: Beziehung zwischen den Konstanten K_Θ der Viskositäts-Molmassen-Beziehung $[\eta] = K_\Theta M^{0,5}$ und den Molmassen M_u der Kettenglieder bei Polymeren vom Typ $\text{--(CH}_2\text{--CHR--)}_n$ (○) bzw. $\text{--(CH}_2\text{--CRR'--)}_n$ (●). PE = Poly(ethylen), PVA1 = Poly(vinylalkohol), PAN = Poly(acrylnitril), PVC = Poly(vinylchlorid), PVPy = Poly(2-vinylpyridin), PVCz = Poly(N-vinylcarbazol). Die Zahlen geben die Neigungen an.

gender Größe der Substituenten R^1 bzw. R^2 zu. Relativ viel zu hohe Werte weist z. B. Poly(N-vinylcarbazol) auf. Abb. 9–31 kann dazu dienen, die K_Θ-Werte für Polymere mit unbekannter Viskositäts/Molmassen-Beziehung abzuschätzen.

Die K_Θ-Werte von Copolymeren lassen sich nicht linear aus den K_Θ-Werten der Unipolymeren extrapolieren. Für Poly(p-chlorstyrol) wurde z.B. K_Θ = 0,050, für Poly(methylmethacrylat) K_Θ = 0,049 cm³ g⁻¹ gefunden. Für ein Copolymer mit x_{mma} = 0,484 ergab sich jedoch K_Θ = 0,064 cm³ g⁻¹. Das Knäuel des Copolymeren wird daher durch die Abstoßung polarer Gruppen aufgeweitet.

Durch Verzweigungen wird das hydrodynamische Volumen relativ zur Masse vermindert. Der Staudinger-Index verzweigter Makromoleküle ist daher niedriger als derjenige unverzweigter. Der Effekt ist besonders stark bei Langkettenverzweigungen ausgeprägt. Nimmt bei polymerhomologen Reihen die Zahl der Verzweigungsstellen mit zunehmender Molmasse zu, so sinken auch die $[\eta]$-Werte relativ zu denen der unverzweigten Moleküle ab. Die Neigung der log $[\eta]$ = f (log M_2)-Kurve wird daher mit steigender Molmasse immer geringer, was als Indiz für verzweigte Makromoleküle gelten kann.

Literatur zu Kap. 9

9.1 Molmassen und Molmassenverteilung (allgemein)

R. U. Bonnar, M. Dimbat und F. H. Stross, Number Average Molecular Weights, Interscience, New York 1958
P. W. Allen, Hrsg., Techniques of Polymer Characterization, Butterworths, London 1959
Ch'ien Jên-Yüan, Determination of Molecular Weights of High Polymer, Oldbourne Press, London 1963
S. R. Rafikov, S. Pavlova und I. I. Tverdokhlebova, Determination of Molecular Weights and Polydispersity of High Polymers, Akad. Wiss. USSR, Moskau 1963; Israel Program of Scientific Translation, Jerusalem 1964
—, Characterization of Macromolecular Structure, Natl. Acad. Sci. US, Publ. 1573, Washington D. C., 1968 (nachstehend CMS genannt)
N. C. Billingham, Molar mass measurements in polymer science, Halsted Press, New York 1977

9.2 Membranosmometrie

H. Coll und F. H. Stross, Determination of Molecular Weights by Equilibrium Osmotic Pressure Measurements, in CMS (vgl. oben)
H.-G. Elias, Dynamic Osmometry, in CMS (vgl. oben)
M. P. Tombs und A. R. Peacocke, The osmotic pressure of biological macromolecules, Clarendon Press, Oxford 1977
H. Coll, Nonequilibrium osmometry, J. Polymer Sci. D [Macromol. Revs.] **5** (1971) 541

9.3 Ebullioskopie und Kryoskopie

R. S. Lehrle, Ebulliometry Applied to Polymer Solutions, Progr. in High Polymers **1** (1961) 37
M Ezrin, Determination of Molecular Weight by Ebulliometry, in CMS (vgl. oben)

9.4 Dampfdruckosmometrie

W. Simon und C. Tomlinson, Thermoelektrische Mikrobestimmung von Molekulargewichten, Chimia **14** (1960) 301
K. Kamide und M. Sanada, Molecular Weight Determination by Vapor Pressure Osmometry, Kobunshi Kagaku (Chem. High Polymers Japan) **24** (1967) 751 (in jap. Sprache)
J. van Dam, Vapor-Phase Osmometry, in CMS (vgl. oben)

9.5 Lichtstreuung

D. McIntyre und F. Gornick, Hrsg., Light Scattering from Dilute Polymer Solutions, Gordon and Breach, New York 1964
K. A. Stacey, Light Scattering in Physical Chemistry, Butterworths, London 1956
M. Kerker, The Scattering of Light and other Electromagnetic Radiation, Academic Press, New York 1969
M. B. Huglin, Hrsg., Light Scattering from Polymer Solutions, Academic Press, London 1972
B. Chu, Laser light scattering, Academic Press, New York 1974
B. J. Berne und R. Pecora, Dynamic light scattering, J. Wiley, New York 1976

9.6 Röntgenkleinwinkelstreuung und Neutronenstreuung

H. Brumberger, Hrsg., Small Angle X-Ray Scattering, Gordon and Breach, New York 1967
G. Allen und C. J. Wright, Neutron scattering studies of polymers, Internat. Rev. Sci., Phys. Chem. [2] 8 (1975) 223.

9.7 Ultrazentrifugation

T. Svedberg und K. O. Pedersen, Die Ultrazentrifuge, D. Steinkopff, Dresden 1940; The Ultracentrifuge, Clarendon Press, Oxford 1940
H. K. Schachman, Ultracentifugation in Biochemistry, Academic Press, New York 1959
R. L. Baldwin und K. E. van Holde, Sedimentation of High Polymers, Fortschr. Hochpolymer-Forschg. 1 (1960) 451
H.-G. Elias, Ultrazentrifugen-Methoden, Beckman Instruments, München 1961
J. Vinograd und J. E. Hearst, Equilibrium Sedimentation of Macromolecules and Viruses in a Density Gradient, Fortschr. Chem. Org. Naturstoffe 20 (1962) 372
J. W. Williams, Hrsg., Ultracentrifugal Analysis in Theory and Experiment, Academic Press, New York 1963
H. Fujita, Foundations of ultracentrifugal analysis, Wiley, New York 1975

9.8 Chromatography

G. M. Guzmàn, Fractionation of High Polymers, Progress in High Polymers 1 (1961) 113
R. M. Screaton, Column Fractionation of Polymers, in B. Ke, Hrsg., Newer Methods of Polymer Characterization, Interscience, New York 1964
J. F. Johnson, R. S. Porter und M. J. R. Cantow, Gel Permeation Chromatography with Organic Solvents, Revs. Macromol. Chem. 1 (1966) 393
M. J. R. Cantow, Hrsg., Polymer Fractionation, Academic Press, New York 1967
H. Determann, Gelchromatographie, Springer, Berlin 1967
L. Fischer, An introduction to gel chromatography, North Holland, Amsterdam 1969
J. F. Johnson und R. S. Porter, Gel Permeation Chromatography, Progr. Polymer Sci. 2 (1970) 201
K. H. Altgelt und L. Segal, Gel Permeation Chromatography, Dekker, New York 1971
N. Friis und A. Hamielec, Gel permeation chromatography – Review of axial dispersion phenomena, their detection and correction, Adv. Chromat. 13 (1975) 41
C. F. Simpson, Practical high performance liquid chromatography, Heyden, London 1976
H. Inagaki, Polymer separation and characterization by thin-layer chromatography, Adv. Polymer Sci. 24 (1977) 189
J. Cazes, Hrsg., Liquid chromatography of polymers and related materials, Dekker, New York 1977

9.9 Viskosimetrie

G. Meyerhoff, Die viskosimetrische Molekulargewichtsbestimmung von Polymeren, Fortschr. Hochpolym. Forschg. – Adv. Polymer Sci. 3 (1961/64) 59
M. Kurata und W. H. Stockmayer, Intrinsic Viscosities and Unperturbed Dimensions of Long Chain Molecules, Fortschr. Hochpolym. Forschg. – Adv. Polymer Sci. 3 (1961/64) 196
H. van Oene, Measurement of the Viscosity of Dilute Polymer Solutions, in CMS (vgl. oben).
H. Yamakawa, Modern Theory of Polymer Solutions, Harper & Row, New York 1971

9.10 Andere Methoden

D. V. Quayle, Molecular Weight Determination of Polymers by Electron Microscopy, Brit. Polymer J. 1 (1969) 15

Teil III

FESTKÖRPEREIGENSCHAFTEN

10 Thermische Umwandlungen

10.1 Grundlagen

10.1.1 PHÄNOMENE

Niedermolekulare Substanzen ändern mit steigender Temperatur ihren Stoffzustand und gehen bei der Schmelztemperatur sichtbar vom Kristall in eine Flüssigkeit und bei der Siedetemperatur von der Flüssigkeit in ein Gas über. Jeder dieser Übergänge ist thermodynamisch durch eine sprunghafte Änderung der Enthalpie oder des Volumens gegeben. Da die Änderungen aber nur sehr aufwendig zu bestimmen sind, ermittelt man die Umwandlungstemperaturen meist über andere Methoden.

In der organischen Chemie werden z. B. Schmelztemperaturen als Beginn des Fluidwerdens im sog. Schmelzpunktsröhrchen gemessen. Die Methode kann letztlich zur Bestimmung der Schmelztemperaturen verwendet werden, weil sich bei der Schmelztemperatur die Viskosität um mehrere Zehnerpotenzen ändert und die Viskosität der Schmelze sehr niedrig ist. Sie muß versagen, wenn die Viskosität der Schmelze so hoch ist, daß innerhalb des Beobachtungszeitraumes kein Fließen mehr wahrgenommen werden kann. Das ist bereits bei hochannellierten Kohlenwasserstoffen wie dem Coronen der Fall und erst recht bei kristallinen Polymeren. Im Falle des Coronens führt die Verwendung des Schmelzpunktröhrchens lediglich zu Unsicherheiten bei der Bestimmung der exakten Schmelztemperatur. Bei Polymeren ist der so ermittelte „Schmelzpunkt" jedoch eine Fließtemperatur, die wegen der hohen Viskosität der Schmelze u. U. weit über der eigentlichen Schmelztemperatur liegen kann.

Im Schmelzpunktsröhrchen können demgemäß auch nichtkristalline Polymere ein Fließen zeigen. Radikalisch polymerisiertes Styrol geht z. B. beim Erwärmen von einer spröden, ziemlich harten, glasartigen Masse in ein weiches, gummiartiges Material über. Da das feste Poly(styrol) röntgenamorph ist, kann es sich bei diesem Übergang nicht um eine Schmelztemperatur handeln. Es liegt vielmehr eine Erweichungstemperatur vor, ein Übergang von einem festen Körper in eine Flüssigkeit. Beim Abkühlen wird der gleiche Effekt entsprechend als Einfriertemperatur beobachtet. Die Begriffe „Einfriertemperatur" und „Erweichungstemperatur" werden heute meist phänomenologisch definiert. Die Einfriertemperatur ist demnach die Temperatur, bei der erstmals Abweichungen der Meßgröße vom „normalen" Verhalten bei höheren Temperaturen beobachtet werden (vgl. dazu Abb. 10–1). Die „Erweichungstemperatur" ist in ähnlicher Weise für Experimente mit steigender Temperatur definiert. Als „Glasübergangstemperatur" wird dann die Temperatur bezeichnet, bei der sich die beiden „linearen" Kurventeile unterhalb der Erweichungstemperatur und oberhalb der Einfriertemperatur schneiden. Die Glasübergangstemperatur liegt demnach zwischen diesen beiden Temperaturen. In vielen Fällen ist jedoch der Unterschied zwischen den drei Größen konzeptual und numerisch belanglos.

Außer Schmelz- und Glasübergangstemperaturen existieren noch weitere Umwandlungs- bzw. Relaxationstemperaturen. Da diese sich nicht immer sofort molekular deuten lassen, bezeichnet man oft den bei der höchsten Temperatur stattfindenden Übergang als α-Umwandlung, den nächsttieferen als β-Umwandlung usw.

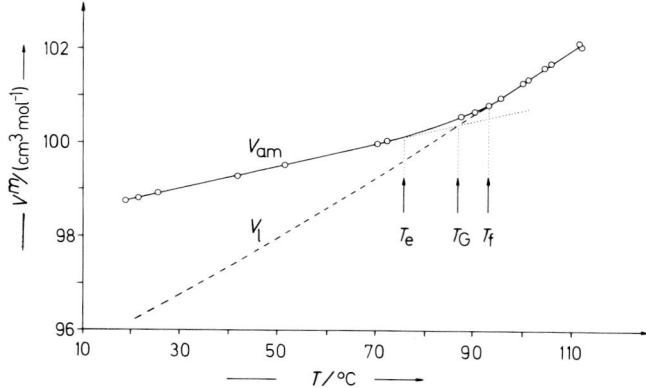

Abb. 10–1: Molvolumina eines ataktischen Poly(styrols) mit $\bar{M}_n$ = 20 000 g mol^{-1} als Funktion der Temperatur. T_e = Erweichungstemperatur, T_G = Glasübergangstemperatur, T_f = Einfriertemperatur. Nach G. Rehage.

10.1.2 THERMODYNAMIK

Thermodynamische Zustände werden bekanntlich durch die Gibbs-Energie bzw. deren erste Ableitungen nach der Temperatur oder dem Druck beschrieben, z. B. durch die Enthalpie H, die Entropie S und das Volumen V

(10–1) $\quad H = G - T(\partial G/\partial T)_p$

(10–2) $\quad S = -(\partial G/\partial T)_p$

(10–3) $\quad V = (\partial G/\partial p)_T$

Die zweiten Ableitungen der Gibbs-Energie führen entsprechend zur Wärmekapazität C_p, zum kubischen Ausdehnungskoeffizienten α und zur isothermen Kompressibilität κ:

(10–4) $\quad C_p = (\partial H/\partial T)_p = T(\partial S/\partial T)_p = -T(\partial^2 G/\partial T^2)_p$

(10–5) $\quad \alpha = V^{-1}(\partial V/\partial T)_p$

(10–6) $\quad \kappa = -V^{-1}(\partial V/\partial p)_T$

Thermodynamische Umwandlungen lassen sich durch die entsprechenden Änderungen dieser Zustandsgrößen charakterisieren. Dabei unterscheidet man thermodynamische Umwandlungen 1. und 2. Ordnung. Beide Typen von thermodynamischen Umwandlungen zeichnen sich durch thermodynamische Gleichgewichtszustände zu beiden Seiten der physikalischen Umwandlungstemperatur aus.

Thermodynamische Umwandlungen 1. Ordnung sind nun durch Sprünge in den *ersten* Ableitungen der Gibbs-Energie mit der Temperatur definiert; entsprechend zeigen auch die zweiten Ableitungen einen Sprung (Abb. 10–2). Eine typische thermodynamische Umwandlung 1. Ordnung ist z. B. die Schmelztemperatur.

Thermodynamische Umwandlungen 2. Ordnung sind dagegen durch das erstmalige Auftreten von Sprüngen bei den *zweiten* Ableitungen der Gibbs-Energie mit der Temperatur definiert; die ersten Ableitungen und die Gibbs-Energie selbst verlaufen bei der Umwandlungstemperatur kontinuierlich (Abb. 10–2). Alle sicher bekannten thermodynamischen Umwandlungen 2. Ordnung sind Einphasen-Umwandlungen wie z. B. die Rotationsumwandlungen in Kristallen und das Verschwinden des Ferromagnetismus am Curie-Punkt.

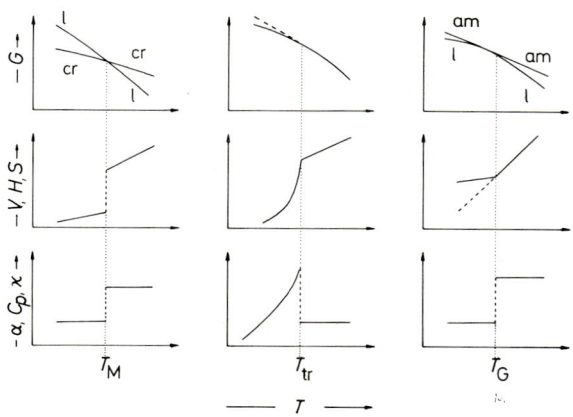

Abb. 10–2: Schematische Darstellung verschiedener thermischer Umwandlungen: Schmelzprozeß als thermodynamische Umwandlung 1. Ordnung, Rotationsumwandlung als thermodynamische Umwandlung 2. Ordnung und Glasumwandlung. l = Flüssigkeit, cr = Kristall, am = amorpher Zustand. Nach G. Rehage und W. Borchard.

Die sog. Glasübergangstemperatur (oft auch nur kurz Glastemperatur genannt) weist nun viele Züge einer echten thermodynamischen Umwandlung 2. Ordnung auf, z. B. die Diskontinuitäten bei C_p, α und κ. Sie ist jedoch keine echte thermodynamische Umwandlung, da kein Gleichgewicht zu *beiden* Seiten der Umwandlungstemperatur existiert. Die Lage der Glasübergangstemperatur hängt vielmehr von der Geschwindigkeit des Abkühlens der Probe ab: je langsamer die Abkühlgeschwindigkeit, umso tiefer ist die Glasübergangstemperatur. Bei sehr langsamem Abkühlen wird überhaupt kein Knick mehr für das Volumen als Funktion der Temperatur erhalten (Abb. 10–1), d. h. die Glasübergangstemperatur ist verschwunden.

Die Kurve für sehr langsames Abkühlen kann man nicht durch direkte Messungen gewinnen. Man kann z. B. eine Zeit $t_{1/e}$ definieren, bei der der Abstand von der Gleichgewichtskurve $1/e$ der Ausgangsabweichung beträgt. Diese Zeit beträgt bei den in Abb. 10–1 wiedergegebenen Messungen an einer Poly(styrol)-Probe mit einer Glasübergangstemperatur T_G = 89 °C und zwar nur 1 Sekunde bei 95 °C und 5 Minuten bei 89 °C, aber bereits 1 Jahr bei 77 °C. Die gestrichelte Kurve in Abb. 10–1 wurde daher durch Extrapolation der Werte an Lösungen in einem Malonester erhalten, was möglich war, da der kubische Ausdehnungskoeffizient sich als eine lineare Funktion der Konzentration bis zu einem Poly(styrol)-Gehalt von 90 % erwies.

Die Erniedrigung der Glasübergangstemperatur bei langsamer Abkühlung deutet auf einen kinetischen Effekt. Bei echten thermodynamischen Umwandlungen 2. Ordnung hängt dagegen die Umwandlungstemperatur nicht von der Geschwindigkeit der Unterkühlung ab. Gegen eine thermodynamische Ursache der Glastemperatur spricht auch, daß C_p, α und κ unterhalb T_G kleiner sind als oberhalb. Bei echten thermodynamischen Umwandlungen 2. Ordnung ist es dagegen gerade umgekehrt (Abb. 10–1).

Wie bereits in Kap. 5.5.1 ausgeführt, friert bei der Glastemperatur die Bewegung der Kettensegmente ein. Ein perfekter Kristall kann keine beweglichen Kettensegmente aufweisen, da alle Segmente im Kristallgitter festgelegt sind. Hochkristalline Polymere weisen daher keine Glasübergangstemperaturen auf. Amorphe Polymere besitzen umgekehrt keine Schmelztemperatur, da ein Schmelzen ein Kristallgitter voraussetzt.

Teilkristalline Polymere zeigen dagegen sowohl eine Glasübergangstemperatur als auch eine Schmelztemperatur (Abb. 10–3). Da die Kettensegmente bereits unterhalb der Glasübergangstemperatur etwas beweglich sind (vgl. Kap. 10.5), kann es wegen der praktisch immer vorhandenen Kristallisationskeime (vgl. Kap. 10.3.2) bereits unterhalb der Glasübergangstemperatur zu einer beginnenden Kristallisation kommen (Abb. 10–3). Beim Aufheizen werden die Kettensegmente ständig zwischen den kristallinen und nichtkristallinen Bereichen neu verteilt, so daß ein Schmelz*bereich* beobachtet wird. Das obere Ende des Schmelzbereiches wird als Schmelztemperatur T_M der Probe definiert, da hier die größten und vollkommensten Kristallite schmelzen. Diese Schmelztemperatur T_M ist tiefer als die thermodynamische Schmelztemperatur T_M^o eines perfekten Kristalls.

10.2 Spezielle Größen und Methoden

10.2.1 THERMISCHE AUSDEHNUNG

Die thermische Ausdehnung hängt von der Änderung der zwischen den Atomen wirkenden Kräfte mit der Temperatur ab. Diese Kräfte sind groß bei kovalenten Bindungen und klein bei van der Waals-Kräften. Im Quarzkristall sind z. B. alle Atome in einem Gitter dreidimensional kovalent gebunden: die thermische Ausdehnung ist daher nur gering. Bei Flüssigkeiten herrschen dagegen zwischen den Molekülen nur die stark temperaturabhängigen intermolekularen Kräfte: die thermische Ausdehnung ist groß. Bei Polymeren sind die Kettenatome in einer Richtung kovalent gebunden, in den beiden anderen Richtungen wirken dagegen nur intermolekulare Kräfte. Polymere liegen daher in ihrer thermodynamischen Ausdehnung zwischen den Flüssigkeiten einerseits und Quarz bzw. Metallen andererseits (Tab. 10–1).

Wegen der sehr verschiedenen thermischen Ausdehnungskoeffizienten von Polymeren einerseits und Metallen bzw. Glas andererseits können daher beim Verbinden derartiger Stoffe bei thermischer Beanspruchung erhebliche Probleme auftreten. Technisch wichtig ist auch die sog. Maßhaltigkeit der Polymeren. Maßhaltige Polymere müssen nicht nur einen kleinen Ausdehnungskoeffizienten aufweisen, sondern auch keine Rekristallisationserscheinungen zeigen. Rekristallisationen führen wegen der Dichteunterschiede zwischen kristallinen und amorphen Bereichen zu Verzügen.

10.2 Spezielle Größen und Methoden

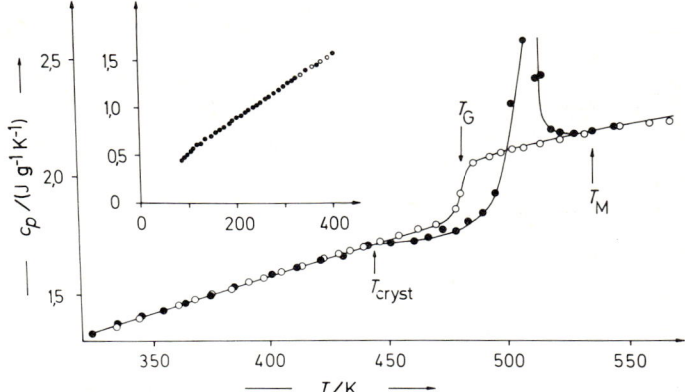

Abb. 10–3: Spezifische Wärmekapazitäten c_p bei konstantem Druck von partiell kristallinem (•-•-•) und von amorphem (o-o-o) Poly[oxy-(2,6-dimethyl)-1,4-phenylen]. T_{cryst} = Beginn der Rekristallisation, T_G = Glasübergangstemperatur, T_M = Schmelztemperatur. Nach F. E. Karasz, H. E. Bait und J. M. O'Reilly.

Tab. 10–1: Dichte ρ, spezifische Wärmekapazität c_p bei konstantem Druck, linearer Ausdehnungskoeffizient β und Wärmeleitfähigkeit λ von Polymeren, Metallen und Glas bei 25 °C

Stoff	$\dfrac{\rho}{\text{g cm}^{-3}}$	$\dfrac{c_p}{\text{J g}^{-1}\text{ K}^{-1}}$	$\dfrac{10^5 \beta}{\text{K}^{-1}}$	$\dfrac{\lambda}{\text{J m}^{-1}\text{ s}^{-1}\text{ K}^{-1}}$
Poly(ethylen)	0,92	2,1	20	0,35
Poly(styrol)	1,05	1,3	7	0,16
Poly(vinylchlorid)	1,39	1,2	8	0,18
Poly(methylmethacrylat)	1,19	1,5	8,2	0,20
Poly(caprolactam)	1,13	1,9	8	0,29
Poly(oxymethylen)	1,42	1,5	9,5	0,23
Kupfer	8,9	0,39	2	350
Grauguß	7,25	0,54	1	58
Jenaer Glas 16 III	2,6	0,78	1	0,96
Quarz (Mittel über die Raumrichtungen)	2,65	0,72	0,1	10,5

10.2.2 WÄRMEKAPAZITÄT

Bei Polymeren ist nur die Wärmekapazität („spezifische Wärme") C_p bei konstantem Druck zugänglich. Für theoretische Betrachtungen ist dagegen die Wärmekapazität C_v bei konstantem Volumen wichtig. Beide Größen sind nach den thermodynamischen Gesetzen über den kubischen Ausdehnungskoeffizienten α und die isotherme Kompressibilität κ miteinander verknüpft und können daher ineinander umgerechnet werden:

(10–7) $\quad C_p = C_v + TV\alpha^2/\kappa$

Die molare Wärmekapazität C_v^m bei konstantem Volumen kann bei kristallinen Polymeren theoretisch berechnet werden, wenn das Frequenzspektrum bekannt ist. Im kristallinen Zustand schwingen die Atome harmonisch um ihre Gleichgewichtslagen. Jede einzelne Schwingung trägt entsprechend der Einstein-Funktion

(10–8) $E(\Theta/T) = \Theta^2 [\exp(\Theta/T)/[1 - \exp(\Theta/T)]$

zur Wärmekapazität bei. $\Theta = h\nu/k$ ist dabei die Einstein-Temperatur. Die molare Wärmekapazität ist dann einfach die Summe über alle diese Beiträge

(10–9) $C_v^m = R \Sigma E(\Theta/T)$

Die Wärmekapazität ist bei sehr tiefen Temperaturen fast ausschließlich durch diese Gitterschwingungen bestimmt. Bei etwas höheren Temperaturen muß man noch eine Korrektur für die Anharmonizität der Gitterschwingungen berücksichtigen. Bei noch höheren Temperaturen hat man außerdem den Anteil von Gruppenschwingungen und von Rotationen um die Kettenbindungen einzubeziehen. Ein weiterer Beitrag kann schließlich von Gitterdefekten herrühren.

Nach dem Gleichverteilungssatz der Energie kann die Wärmekapazität maximal $3R$ pro Mol Atome per Grundbaustein betragen. In Wirklichkeit sind jedoch immer Freiheitsgrade eingefroren, so daß die molare Wärmekapazität niedriger ist. Empirisch wurde für feste Polymere bei Raumtemperatur pro Mol Atom ein Wert von etwa $1 R = 8,314$ J K^{-1} mol^{-1} gefunden. Für das Beispiel der Abb. 10–3 ergibt sich eine spezifische Wärmekapazität von 1,22 J K^{-1} g^{-1} bei 25 °C. Mit der Bruttoformel C_8H_8O für den Grundbaustein erhält man daher eine Wärmekapazität pro Mol Grundbaustein von 146,4 J K^{-1} mol^{-1} und mit 17 Atomen pro Grundbaustein eine Wärmekapazität von 8,61 J K^{-1} mol^{-1} pro Mol Atom.

Die Wärmekapazität ist unterhalb der Glasübergangstemperatur unabhängig davon, ob das Polymer amorph oder kristallin vorliegt (Abb. 10–3). Bei der Glasübergangstemperatur nimmt die Wärmekapazität durch das Einsetzen neuer Schwingungen mehr oder weniger sprunghaft zu. Da derartige Bewegungen aber schon unterhalb der Glasübergangstemperatur beginnen können, beobachtet man gelegentlich bei kristallisierenden amorphen Polymeren bereits unterhalb der Glasübergangstemperatur den Beginn einer Rekristallisation. Beim Schmelzen durchläuft dann die Wärmekapazität ein Maximum. Die eigentliche Schmelztemperatur ist somit das obere Ende des Schmelzbereiches.

10.2.3 DIFFERENTIALTHERMOANALYSE

Bei der Differentialthermoanalyse (DTA) werden die Probe und eine Vergleichssubstanz mit konstanter Geschwindigkeit aufgeheizt. Die Vergleichssubstanz wird so gewählt, daß sie im untersuchten Temperaturbereich keine chemische oder physikalische Umwandlung aufweist. Gemessen wird die Temperaturdifferenz zwischen Probe und Vergleichssubstanz als Funktion der Temperatur. Erreicht die Temperatur z. B. die Schmelztemperatur der Probe, so wird solange Wärme aufgenommen, bis die gesamte Probe geschmolzen ist. Die Temperatur der Probe ändert sich dabei nicht, während die der Vergleichssubstanz weiter ansteigt. Bei der Schmelztemperatur beobachtet man daher eine Endothermie, d. h. eine negative Temperaturdifferenz zwischen Probe und Vergleichssubstanz (Abb. 10–4). Das Minimum des Peaks wird als eigentliche Schmelztemperatur angesehen, da hier bei der Aufheizgeschwindigkeit null die häufigste Kristallitlänge aufschmilzt. Mit fortschreitender Aufheizzeit nimmt die Probe schließlich wieder die Temperatur der Vergleichssubstanz an und die Temperaturdifferenz wird gleich null, was durch eine Null-Linie parallel zur Temperaturachse angezeigt wird. Die Null-Linie ist aber meist nicht zu beiden Seiten des Signals für die Schmelztemperatur gleich hoch, da die Proben unter- bzw. oberhalb der Schmelztemperatur in der Regel verschiedene Wärmekapazitäten besitzen.

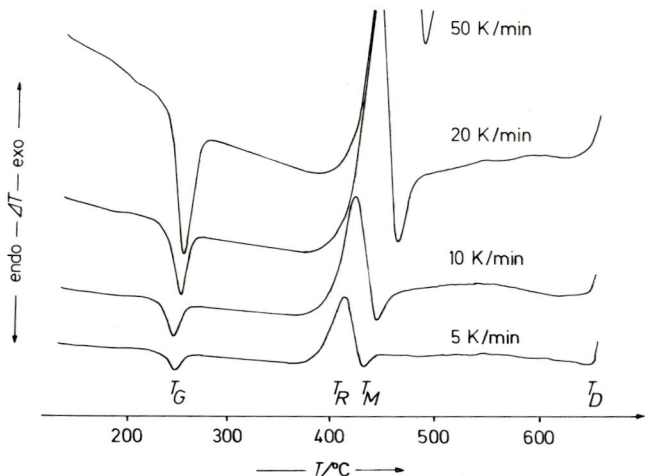

Abb. 10–4: DSC-Diagramme eines Poly(oxy-2,6-dimethyl-(1,4-phenylens)). Alle Messungen mit gleicher Probenmenge und gleicher Empfindlichkeit, aber verschiedenen Aufheizgeschwindigkeiten. T_G = Glasübergangstemperatur, T_R = Beginn der Rekristallisation, T_M = Schmelztemperatur, T_D = Beginn der Zersetzung.

Die Abtast-Kalorimetrie (Differential Scanning Calorimetry, DSC) ist eine Abart der Differentialthermoanalyse. Bei der DSC führt man bei den Umwandlungstemperaturen die zur Umwandlung benötigte Wärme zusätzlich zu oder ab. Die Methode eignet sich daher besonders gut für die quantitative Messung der Schmelz- bzw. Kristallisationswärmen, z. B. für die Kristallisation bei einer bestimmten Temperatur.

Die eigentliche Differentialthermoanalyse eignet sich dagegen besonders für Routineuntersuchungen, da sie schnell und einfach auszuführen ist. Messungen an unbekannten Substanzen sind dagegen manchmal nur mit Mühe und nur unter Beiziehung von Ergebnissen anderer Methoden interpretierbar. Auch quantitative Messungen sind recht schwierig. Diese Unsicherheiten treten auf, weil die Form und die Größe der Peaks noch von den experimentellen Bedingungen abhängt. Ein endothermer Peak wird meist einer Schmelztemperatur zugeschrieben, kann aber bei hohen Aufheizgeschwindigkeiten auch eine Glasübergangstemperatur anzeigen. Zwischen beiden Umwandlungstemperaturen kann u. U. durch Beobachtung des Aufheizens der Probe unter einem Polarisationsmikroskop entschieden werden: Polymere mit genügend großen Kristalliten sind unterhalb der Schmelztemperatur doppelbrechend, oberhalb der Schmelztemperatur aber nicht.

Eine Stufe wird bei der DTA meist einem Glasübergang zugeschrieben. Als Glasübergangstemperatur wird dabei in der Regel der Schnittpunkt der beiden Äste angesehen. Bei der DSC, manchmal auch bei der DTA, zeigt sich die Glasübergangstemperatur dagegen durch einen Peak an (Abb. 10-4).

In jedem Fall ist zu prüfen, inwieweit die Ergebnisse von der Aufheizgeschwindigkeit und der Probenmenge abhängen. Größere Probenmengen führen zu einem stärkeren Temperaturgefälle und zu einem langsameren Temperaturausgleich. Der Peak wird dadurch verbreitert und zu höheren Temperaturen verschoben. Höhere Aufheizgeschwindigkeiten erzeugen größere Peaks, da mehr Wärme pro Zeiteinheit freigesetzt wird (Abb. 10-4).

10.2.4 BREITLINIEN-KERNRESONANZ

Atomkerne mit ungerader Zahl von Protonen besitzen ein magnetisches Moment und führen daher in einem Magnetfeld eine Präzessionsbewegung aus. Wenn die elektromagnetische Schwingungsfrequenz mit derjenigen der Präzessionsbewegung übereinstimmt, wird ein Resonanzsignal beobachtet. Die Frequenz hängt vom Verhältnis des magnetischen Kernmoments zum Drehimpuls und von der Stärke des äußeren Richtmagnetfeldes ab.

Bei der hochauflösenden magnetischen Kernresonanz von Lösungen beobachtet man die Abschirmung, die von den benachbarten Elektronen des gleichen Moleküls stammt. Dieses Verfahren wird daher zur Aufklärung der Konstitution und Konfiguration von Molekülen verwendet. In festen Substanzen unterhalb der Glasübergangstemperatur oder in Schmelzen liegen dagegen hohe Konzentrationen und folglich auch starke Wechselwirkungen zwischen den magnetischen Dipolen verschiedener Kerne vor. Die magnetischen Dipole dieser benachbarten Kerne weisen eine Verteilung der Orientierung relativ zum benachbarten Kern auf. Es resultiert daher ein breites Signal.

Mit steigender Temperatur nimmt die Bewegung der Kettenglieder immer mehr zu. Die Verteilung der Orientierung wird daher statistischer. Die zunehmende gegenseitige Kompensation führt zu einer Verschärfung der Signale. Aus der Linienbreite lassen sich daher Aussagen über die Beweglichkeit der Moleküle und folglich über die Glasübergangstemperatur gewinnen. Da man jedoch bei Frequenzen im MHz-Bereich arbeitet, liegen die Glastemperaturen aus NMR-Messungen höher als bei den „statischen" Messungen der Temperaturabhängigkeit der spezifischen Wärme oder der Differentialthermoanalyse (vgl. Kap. 10.5.2). Die Methode spricht auch auf einsetzende Bewegungen der Seitengruppen an, nicht aber auf einsetzende Bewegungen kurzer Kettenstücke bei den Umwandlungen unterhalb der Glasübergangstemperatur. Sie eignet sich auch nicht gut für die Bestimmung von Schmelztemperaturen. Die Resonanzsignale werden nämlich schon weit unterhalb der Schmelztemperatur kristalliner Polymerer mit steigender Temperatur immer schärfer, während die Röntgenkristallinität konstant bleibt. Selbst unterhalb der Schmelztemperatur muß daher eine bestimmte Beweglichkeit der Segmente im Kristallgitter vorliegen.

Nach dem plötzlichen Anlegen eines magnetischen Feldes an eine Probe baut sich mit der Zeit eine magnetische Polarisation auf. Diese Magnetisierung folgt gewöhnlich einer e-Funktion. Die Zeitkonstante wird Spin-Gitter-Relaxationszeit T_1 genannt. Das Kernresonanzexperiment entspricht also makroskopisch dem dielektrischen Relaxationsexperiment. Molekular bestehen jedoch Unterschiede. Die Kernmagnetisierung ist nämlich gleich der Summe über alle individuellen kernmagnetischen Momente. Die

Orientierungen dieser Kernmagnete sind aber nur lose mit dem Moleküllagen gekoppelt. T_1 ist daher meist viel größer als die molekulare Relaxationszeit aus Messungen der dielektrischen Relaxation (vgl. auch Kap. 10.5.3).

10.2.5 DYNAMISCHE METHODEN

Die Methoden des mechanischen Verlustes und des dielektrischen Verlustes basieren auf der unterschiedlichen Beweglichkeit der Segmente bzw. der daran gebundenen Dipole im Glaszustand und in der Schmelze. Diese Unterschiede führen zu einer anomalen Dispersion des Elastizitätsmoduls (vgl. Kap. 11.4.4) bzw. der relativen Permittivität (vgl. Kap. 13.1.2) und zu den entsprechenden Verlusten in mechanischen bzw. elektrischen Wechselfeldern.

Leistet man an einer Probe Arbeit, so wird ein Teil davon durch die Bewegungen der Moleküle bzw. Molekülsegmente irreversibel in ungeordnete Wärmebewegung überführt. Dieser Verlust durchläuft in Abhängigkeit der Temperatur bzw. der angewendeten Frequenz ein Maximum bei der entsprechenden Umwandlung bzw. dazugehörigen Relaxationsfrequenz im mechanischen Wechselfeld (Torsionsschwingungsversuch). Bei dielektrischen Messungen erhält man einen ähnlichen Effekt durch die verzögerte Einstellung der Dipole. Durch dielektrische Messungen kann daher nur die Glasübergangstemperatur polarer Polymerer gemessen werden. Die mit dynamischen Methoden gemessenen Glasübergangstemperaturen liegen je nach angewendeter Frequenz höher als die mit statischen Methoden erhaltenen (vgl. Kap. 10.5.3).

Derartige dynamische mechanische Testmethoden eignen sich natürlich nur für solche Proben, die ihr eigenes Gewicht tragen können. Um Lacke und nicht-selbsttragende Filme zu untersuchen, imprägniert man einen Strang von Glasfasern mit der Lösung des Testmaterials und entfernt dann das Lösungsmittel thermisch. Der imprägnierte Strang wird dann Wechselschwingungen ausgesetzt (torsional braid analysis).

10.2.6 TECHNISCHE PRÜFMETHODEN

In der Technik werden eine ganze Reihe von empirischen Prüfverfahren verwendet, um die physikalischen Umwandlungen zu bestimmen. Die Methoden sprechen in der Regel gleichzeitig auf verschiedene physikalische Größen an und sind daher genormt. In den einzelnen Ländern bestehen unterschiedliche Normvorschriften.

Bei Sprödigkeitsmessungen wird die Temperatur ermittelt, bei der eine Probe durch einen Schlag bricht. Bei dieser Temperatur können größere Kettensegmente nicht mehr ausweichen. Bei der Glastemperatur wird dagegen die Beweglichkeit viel kleinerer Molekülsegmente beeinflußt. Die Sprödigkeitstemperatur liegt daher immer höher als die Glastemperatur. Sie hängt aber nicht nur von den Beweglichkeiten größerer Segmente ab, sondern auch noch von der Elastizität der Probe, da das Bruchverhalten von der Deformation der Probe beeinflußt wird. Dünne Proben sind aber elastischer als dicke. Die Sprödigkeitstemperaturen fallen mit zunehmender Molmasse bis zu einem Grenzwert ab, weil größere Moleküllängen zu größeren mechanischen Festigkeiten führen (Abb. 10–5).

Die sog. Wärmeformbeständigkeit von Kunststoffen wird durch Martens-Zahlen, Vicat-Temperaturen oder Formbeständigkeitstemperaturen (engl. heat distortion temperature) charakterisiert. Die Martens-Zahl ist als die Temperatur definiert, bei der sich ein genormter, mit 5 MPa belasteter Prüfstab bei einer Aufheizgeschwindigkeit von 50 K/h um einen bestimmten Betrag durchbiegt. Bei der Bestimmung der Formbeständigkeitstemperatur heizt man entsprechend einen mit 1,85 MPa belasteten Biegestab mit 120 K/h auf. Die Vicat-Temperatur ist die Temperatur, bei der eine mit 10 bzw. 50 N belastete Nadel von 1 mm² Fläche in den mit 50 K/h erwärmten Probekörper um 1 mm eingedrungen ist. Die so bestimmten „Wärmeformbeständigkeiten" hängen noch von der Elastizität der Probe ab. Sie liegen bei amorphen Polymeren unterhalb der Glasübergangstemperatur, bei kristallinen Polymeren unterhalb der Schmelztemperatur.

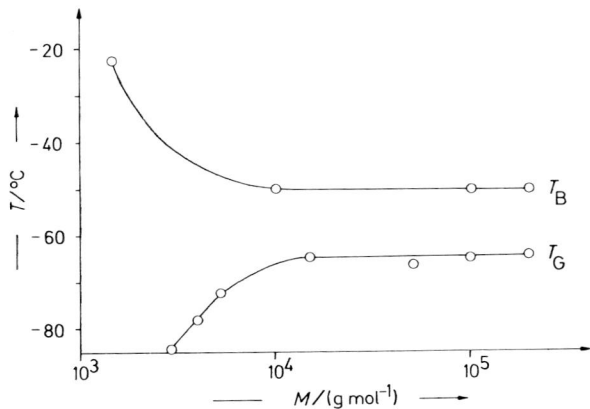

Abb. 10–5: Molekulargewichtsabhängigkeit der Sprödigkeitstemperaturen T_B und der Glasübergangstemperaturen T_G von Poly(isobutylen). Nach A. X. Schmidt und C. A. Marlies.

Die Vicat-Temperatur mißt die Temperatur, bei der eine Nadel unter sonst konstanten Bedingungen um einen bestimmten Betrag in die Probe eindringt. Die Methode spricht somit auch auf die Elastizität und die Oberflächenhärte an.

Die Methoden zur Bestimmung der Martens-, Vicat- und Formbeständigkeitstemperaturen sind integrale Verfahren. Sie eignen sich daher nur für die Untersuchung von Proben mit einer einzigen thermischen Umwandlungstemperatur. Weder teilkristalline Polymere noch Polymerblends können mit ihnen sinnvoll charakterisiert werden.

In präparativ arbeitenden Laboratorien werden „Erweichungspunkte" oft mit der Koflerbank bestimmt. Eine Koflerbank besteht aus einer Metallplatte, entlang der ein Temperaturgefälle besteht. Die Probe wird mit einem Pinsel von den kälteren zu den wärmeren Stellen der Metallplatte geschoben. An einer bestimmten Stelle wird die Probe an der Platte kleben bleiben; die dazu gehörende Temperatur wird als „Erweichungspunkt" angesehen. Da diese Temperatur sowohl von der Viskosität der Probe als auch von deren Adhäsion an der Metalloberfläche abhängt, ist der so ermittelte Erweichungspunkt sehr undefiniert. Er steht oft in keiner einfachen Beziehung zur Glasübergangs- oder Schmelztemperatur.

10.3 Kristallisation

Beim Abkühlen von Polymerlösungen und -schmelzen kristallisieren viele Polymere. Die dadurch erzeugten Ordnungszustände hängen außer von der Konstitution und der Konfiguration der Makromoleküle noch sehr stark von äußeren Bedingungen ab, z. B. von der Konzentration der Polymeren, der Temperatur, dem Lösungsmittel, der Induzierung, der Scherbeanspruchung der Lösungen bzw. Schmelzen usw.. Diese inneren und äußeren Parameter bestimmen nicht nur Bildung und Wachstum der Kristallisationskeime, sondern auch die Morphologie der entstehenden kristallinen Gebilde.

10.3.1 KEIMBILDUNG

Jede Kristallisation wird durch Kristallisationskeime ausgelöst. Die Keimbildung kann homogen oder heterogen sein. Homogene Keime werden aus den Molekülen bzw. Molekülsegmenten des kristallisierenden Stoffes selbst gebildet; diese Keimbildung wird daher auch spontan oder thermisch genannt. Heterogene Keime werden dagegen durch fremde Grenzflächen erzeugt, z. B. durch Staubkörner, Gefäßwände oder zugesetzte Nucleierungsmittel. Die Keimkonzentrationen variieren in weiten Grenzen von z. B. 1 Keim/cm^3 beim Poly(ethylenoxid) bis 10^{12} Keime/cm^3 beim Poly(ethylen).

Keime werden erst oberhalb einer bestimmten Größe stabil. In jeder Schmelze oder Lösung entstehen und zerfallen in jedem Augenblick lockere Aggregate von Molekülen bzw. Segmenten, sog. Embryonen. Die Gibbs-Energie ΔG_i der Bildung eines Embryons aus i Gitterbausteinen ist durch die Gibbs-Oberflächenenergie ΔG_σ und die Gibbs-Kristallisationsenergie ΔG_{cryst} gegeben:

(10–10) $\quad \Delta G_i = \Delta G_\sigma - \Delta G_{cryst}$

bzw. bei kugelförmigen Keimen vom Radius r mit der Gibbs-Oberflächenenergie ΔG_σ^a pro Einheitsfläche und der Gibbs-Kristallisationsenergie ΔG_{cryst}^v pro Einheitsvolumen

(10–11) $\quad \Delta G_{i(r)} = 4\pi r^2 \Delta G_\sigma^a - (4\pi/3)r^3 \Delta G_{cryst}^v$

und entsprechend für einen beliebig geformten Keim aus j Molekülen oder Segmenten

(10–12) $\quad \Delta G_{i(j)} = K' j^{2/3} \Delta G_\sigma^a - K'' j \Delta G_{cryst}^v$

Oberflächenenergie und Kristallisationsenergie besitzen umgekehrte Vorzeichen, so daß die Keimbildungsenergie erst oberhalb einer kritischen Keimgröße r_{crit} bzw. j_{crit} negativ wird (Abb. 10–6). Oberhalb der kritischen Keimgröße gehen die Embryonen in stabile Keime über, die dann weiter wachsen, z. B. zu Sphärolithen.

Die Keimbildung kann ferner primär, sekundär oder tertiär sein (Abb. 10–7). Die primäre Keimbildung ist dreidimensional; in jeder Raumrichtung wird eine neue Oberfläche gebildet. Die sekundäre Keimbildung ist dagegen zweidimensional, die tertiäre eindimensional.

Die homogene Keimbildung ist stets primär. Sie ist sehr selten und scheint nur bei der sehr starken Unterkühlung von Schmelzen von Poly(pivalolacton) und Poly(chlortrifluorethylen) beobachtet worden zu sein. Als spontaner Prozeß muß die homogene Keimbildung sporadisch sein, d. h. die Keime werden einer nach dem anderen gebildet und man beobachtet eine Zunahme der Zahl der Sphärolithe mit der Zeit.

Derartige Effekte treten jedoch nicht nur bei der homogenen, sondern auch bei der sog. athermischen Keimbildung auf. Partiell kristalline Polymere besitzen nämlich einen breiten Schmelzbereich. Oberhalb ihrer konventionell definierten Schmelztemperatur sehen derartige Proben zwar geschmolzen aus, können aber noch Bruchstücke von Kristalliten gelöst enthalten. Diese Bruchstücke wirken als athermische Kristallisationskeime und lösen beim Abkühlen die Kristallisation aus (Abb. 10-8). Derartige verschleppte Keime sind auch für das „Erinnerungsvermögen" von Schmelzen verantwortlich, d. h. für das Phänomen, daß die Sphärolithe nach dem Schmelzen und Abkühlen oft wieder an der gleichen Stelle wie vor dem Schmelzen erscheinen. Die Sphärolithe treten am gleichen Ort auf, weil die Viskosität der Schmelze sehr hoch ist und die athermischen Keime daher nicht wegdiffundieren können.

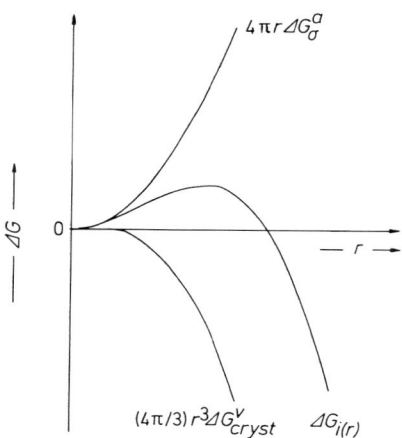

Abb. 10-6: Gibbs-Oberflächenenergie ΔG_σ^a, Gibbs-Kristallisationsenergie ΔG_{cryst}^v und Gibbs-Keimbildungsenergie $\Delta G_{i(r)}$ für die Bildung kugelförmiger Keime mit dem Radius r.

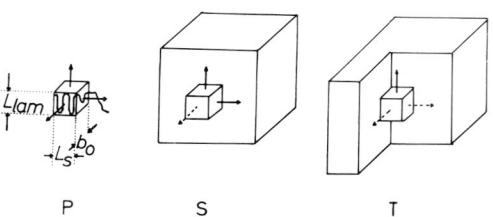

Abb. 10-7: Schematische Darstellung der primären (P), sekundären (S) und tertiären (T) Keimbildung. Das Wachstum in der - - - Richtung erzeugt keine neuen Oberflächen, wohl aber das Wachtum in der —— Richtung. L_{lam} = Lamellenhöhe, L_s = Lamellenlänge, b_o = Lamellendicke (etwa von der Dicke eines Moleküldurchmessers). Der Keim bildet sich in Richtung L_s, der Kristall wächst durch Anlagerung weiterer Moleküle in allen drei Raumrichtungen.

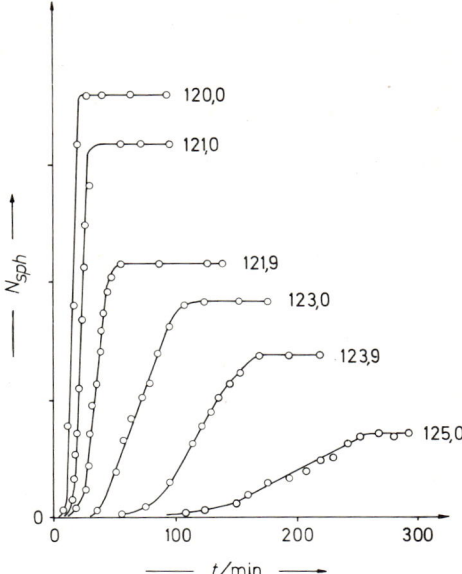

Abb. 10–8: Zeitabhängigkeit der Zahl N_{sph} gebildeter Sphärolithe (in willkürlichen Einheiten) bei der athermischen Kristallisation von Schmelzen von Poly(decamethylenglycolterephthalat) bei verschiedenen Temperaturen in °C (nach A. Sharples)

Eine heterogene Keimbildung tritt ein, wenn die aufwachsenden Moleküle bzw. Segmente die Keimoberfläche benetzen oder sich in Spalten und Löchern der Keime einlagern können. Ist die Wechselwirkung zwischen Keimen und kristallisierenden Substanzen stark, so ist die Zahl der Keime bzw. der daraus entstehenden Sphärolithe von Anfang an konstant; alle Sphärolithe sind dann gleich groß.

Bei der heterogenen Keimbildung lagert sich ein Kettenmolekül unter Kettenfaltung an die Oberfläche eines bestehenden Keimes an (Abb. 10–7). Die Gibbs-Energie der sekundären Keimbildung ist daher durch die Oberflächenenergien der Faltoberfläche σ_f und der Seitenflächen σ_s und die Kristallisationsenergie pro Volumen gegeben:

(10–13) $\quad \Delta G_i = 2 L_s b_o \sigma_f + 2 L_{lam} b_o \sigma_s - b_o L_s L_{lam} \Delta G^v_{cryst}$

Von den vier möglichen Seitenflächen sind dabei jedoch nur zwei zu berücksichtigen, da in Richtung b_o keine neue Seitenfläche gebildet wird, sondern lediglich eine andere ersetzt wird. Differenzieren der Gl. (10–13) nach L_s und Gleichsetzen des Ergebnisses mit Null gibt für die kritische theoretische Lamellenhöhe

(10–14) $\quad (L_{lam})_{theor} = 2 \sigma_f / \Delta G^v_{cryst}$

und entsprechend nach Differentiation nach L_{lam} für die kritische theoretische Länge der Seitenfläche

(10–15) $\quad (L_s)_{theor} = 2 \sigma_s / \Delta G^v_{cryst}$

Die Gibbs-Energie der Kristallisation hängt aber von der Kristallisationstemperatur ab

(10–16) $\Delta G_{cryst} = (\Delta H_M)_u - T_{cryst}(\Delta S_M)_u$

Die Schmelztemperatur ist andererseits durch

(10–17) $T_M^0 = (\Delta H_M)_u/(\Delta S_M)_u = \Delta H_M^0/\Delta S_M^0$

gegeben. Einsetzen der Gl. (10–16) und (10–17) in Gl. (10–14) führt zu

(10–18) $(L_{lam})_{theor} = \dfrac{2\,\sigma_f\, T_M^0}{(\Delta H_M)_u\,(T_M^0 - T_{cryst})}$

Die kritische theoretische Lamellenhöhe nimmt also mit steigender Unterkühlung $(T_M^0 - T_{cryst})$ ab. Dieses Verhalten wurde auch experimentell für die realen Lamellenhöhen gefunden (Abb. 10–9).

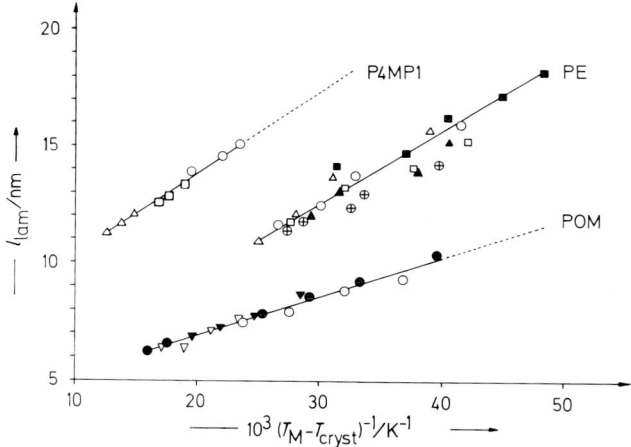

Abb. 10–9: Abhängigkeit der Lamellenhöhe L_{lam} von der reziproken Unterkühlung beim Poly-(4-methylpenten-1), Poly(ethylen) und Poly(oxymethylen) nach Versuchen in verschiedenen Lösungsmitteln (nach A. Nakajima und F. Hameda)

10.3.2 KEIMBILDNER

Homogene und athermische Keime bilden sich sporadisch. Die Kristallisation erfolgt daher nur langsam und die Endeigenschaften der Polymeren werden erst nach verhältnismäßig langer Zeit erreicht, was wiederum z. B. zu großen Zykluszeiten beim Spritzgießen führt. Die zuerst gebildeten Keime wachsen außerdem zu großen Sphärolithen, die die mechanischen Eigenschaften ungünstig beeinflussen.

Man versucht daher, die Kristallisation durch feste Keimbildner zu steuern. Im Prinzip kann man Keime aus dem eigenen Polymeren zusetzen und so extern eine homogene Nucleierung erzeugen. Bei dieser Tröpfchentechnik zerteilt man eine Probe

z. B. durch Mahlen in so viele kleine Teilchen, daß die Wahrscheinlichkeit für den Aufenthalt von Fremdkörpern in den Teilchen unwahrscheinlich wird.

Eine Methode zur internen homogenen Nucleierung nutzt die Tendenz von Kettenmolekülen zur Kettenfaltung aus. Steife Makromoleküle können sich nicht gut falten. Polymerisiert man jedoch flexible Segmente ein, so werden sich diese bevorzugt in den Faltoberflächen aufenthalten und die homogene Keimbildung wird durch die Faltung erleichtert.

Technisch verwendet man jedoch spezielle externe Nucleierungsmittel. Für Poly(olefine) eignen sich die Alkali-, Erdalkali-, Aluminium- und Titaniumsalze von organischen Carbon-, Sulfon- und Phosphorsäuren. Man kann auch Flavanthron, Kupferphthalocyanine oder andere planare aromatische Ringsysteme verwenden. Für Polyamide werden Quarz, Graphit, Titaniumdioxid, Ruß und Alkalihalogenide, für aromatische Polyester Ruß und Sulfate zweiwertiger Metalle eingesetzt. Die Wirkung dieser Keimbildner hängt offenbar nicht nur von ihrer Benetzbarkeit durch die Polymerschmelzen ab. Alle wirksamen Nucleierungsmittel scheinen nämlich auf ihrer Oberfläche flache Furchen aufzuweisen. Diese Furchen zwingen die adsorbierten Polymermoleküle, gestreckte Konformationen einzunehmen, was wiederum die Vorstufe für eine Kristallisation unter Kettenfaltung ist.

Keimbildner beeinflussen jedoch nicht nur die Kristallisationsgeschwindigkeit, sondern auch die Morphologie. Isotaktisches Poly(propylen) kristallisiert z. B. in Ggw. von p-t-Butylbenzoesäure monoklin, bei Zusatz des Chinacridon-Farbstoffes Permanentrot E3B dagegen pseudohexagonal.

10.3.3 KEIMWACHSTUM

Kurz unterhalb der Schmelztemperatur ist die Kristallisationsgeschwindigkeit sehr klein, da die gebildeten Keime schnell wieder aufgelöst werden. Bei einer Temperatur T_{ch} von ca. 50 K unterhalb der Glastemperatur ist dagegen die Beweglichkeit der Segmente und Moleküle praktisch gleich null. Eine Kristallisation tritt daher in der Regel nur zwischen dem Schmelzpunkt und der Glastemperatur auf. Die Kristallisationsgeschwindigkeit läuft dabei durch ein Maximum (Abb. 10–10). Unabhängig vom Typ des Polymeren erhält man dabei eine einzige Kurve, wenn man $\ln(v/v_{max})$ gegen $(T - T_{ch})/(T_M^0 - T_{ch})$ aufträgt. Das Maximum liegt bei etwa 0,63. Drückt man T_{ch} durch $T_G - 50$ aus und berücksichtigt, daß die Werte für T_M^0/T_G etwa zwischen 2 und 1,5 liegen, so ergibt sich, daß die maximalen Kristallisationsgeschwindigkeiten bei ca. $(0,8 - 0,87) T_M^0$ liegen.

Die Zeitabhängigkeit der primären Kristallisation wird durch die Avrami-Gleichung beschrieben. Die Avrami-Gleichung wurde zuerst für die Kristallisation von Metallen abgeleitet. Die Kristallinität wird als Volumbruch ϕ des kristallinen Materials in der Gesamtprobe ausgedrückt. Zur Ableitung wird angenommen, daß aus jedem Keim ein Gebilde (z. B. Stab, Scheibe, Kugel) entsteht). Nach einer unendlich langen Zeit ist die ganze Probe mit diesen Gebilden ausgefüllt. Die Kristallinität der Probe ist dann gleich ϕ_∞. ϕ_∞ ist aber auch die Kristallinität eines einzelnen Gebildes, da sich ja dessen Kristallinität während der Kristallisation nicht ändern soll. Zu einer Zeit t ist der durch die Gebilde ausgefüllte Bruchteil des Volumens der Probe gleich ϕ/ϕ_∞. Bei statistisch verteilten Gebilden ist die Wahrscheinlichkeit p, daß ein Punkt nicht in irgend einem Gebilde liegt, proportional diesem Bruchteil, d. h.

(10–19) $p = 1 - (\phi/\phi_\infty)$

Die Wahrscheinlichkeit p_i, daß ein Punkt nicht in einem bestimmten Gebilde mit dem Volumen V_i liegt, ist

(10–20) $p_i = 1 - (V_i/V)$

Die Wahrscheinlichkeit, daß ein Punkt außerhalb aller Gebilde liegt, ist gleich dem Produkt der Einzelwahrscheinlichkeiten

(10–21) $p = p_1 p_2 \ldots p_n = \prod_{i=1}^{n} (1 - (V_i/V))$

oder

(10–22) $\ln p = \sum_{i=1}^{n} \ln (1 - (V_i/V))$

Falls das Volumen jedes Gebildes viel kleiner als das totale Volumen ist ($V_i \ll V$), läßt sich der Logarithmus in eine Reihe entwickeln ($\ln(1-x) = -x - x^2/2 - \ldots$), wobei die Glieder mit x^2 und höher vernachlässigt werden können

(10–23) $\ln p = - \sum_{i=1}^{n} (V_i/V) = - V^{-1} \sum_{i=1}^{n} V_i$

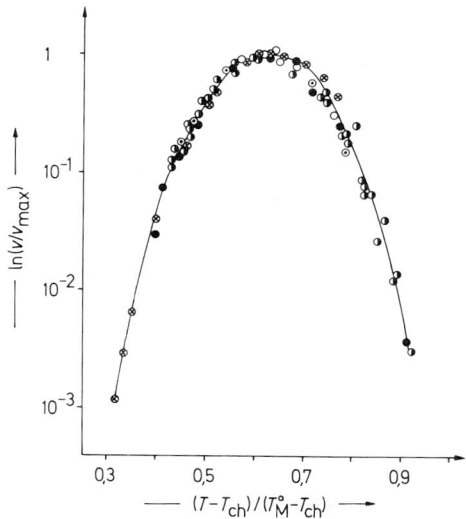

Abb. 10–10: Darstellung des natürlichen Logarithmus der reduzierten Wachstumsgeschwindigkeit von Sphärolithen verschiedener Polymerer als Funktion einer reduzierten Temperatur. T_{ch} = charakteristische Temperatur, ca. 50 K unter T_G, bei der alle Segmentbewegungen aufhören; T_M° = thermodynamischer Schmelzpunkt. Nach A. Gandica und J. H. Magill.

10.3 Kristallisation

Das mittlere Volumen $\overline{V}_i$ eines einzelnen Gebildes ist durch $\overline{V}_i = (\sum_{i=1}^{n} V_i)/N$ gegeben. N ist die Zahl der Gebilde. Die Konzentration ν der Gebilde pro Einheitsvolumen ist gleich $\nu = N/V$. Mit diesen Notierungen geht Gl. (10–23) nach der Entlogarithmierung über in $p = \exp(-\nu \overline{V}_i)$ und Gl. (10–19) wird zu

(10–24) $\quad \phi = \phi_\infty (1 - \exp(-\nu \overline{V}_i))$

Werden nun alle Keime simultan gebildet, so ist die Konzentration der Keime konstant ($\nu = k_0$). Die Gebilde besitzen ferner alle das gleiche Volumen $\overline{V}_i$. $\overline{V}_i$ nimmt natürlich mit der Zeit zu. Bei Stäbchen vom konstanten Querschnitt A ist diese Zunahme gänzlich auf die mit der Zeit zunehmende Länge L zurückzuführen. Es gilt also

(10–25) $\quad \overline{V}_i = A \cdot L = A k_1 t \qquad$ (Stäbchen)

Bei Scheibchen bleibt die Dicke d konstant und der Radius r wächst proportional der Zeit t. Für das mittlere Volumen ergibt sich also

(10–26) $\quad \overline{V}_i = \pi d r^2 = \pi d (k_2 t)^2 \qquad$ (Scheibchen)

Bei Kugeln nimmt der Radius ebenfalls proportional der Zeit t zu und man erhält

(10–27) $\quad \overline{V}_i = (4/3) \pi (k_3 t)^3 \qquad$ (Kugeln)

Bei der sporadischen Keimbildung werden die Keime nicht gleichzeitig, sondern unregelmäßig nacheinander gebildet. ν ist daher keine zeitunabhängige Konstante, sondern nimmt mit der Zeit t zu. Es sei angenommen, daß die Keime zeitlich und räumlich statistisch gebildet werden. Die Berechnung wird sehr vereinfacht, wenn man diesen Prozeß auf das gesamte Volumen bezieht, einschließlich desjenigen, das bereits durch wachsende Gebilde ausgefüllt ist. Das Resultat wird durch diese scheinbare Doppelbelegung nicht geändert, da die im Innern eines Gebildes neu entstehenden Keime nicht den Bruchteil des freien Raumes beeinflussen. Bei der sporadischen Keimbildung möge die Konzentration ν der Keime linear mit der Zeit t zunehmen:

(10–28) $\quad \nu = kt$

Das mittlere Volumen $\overline{V}_i$ eines Gebildes ergibt sich dann aus der Überlegung, daß jeder Keim im gleichen Zeitraum die gleiche Bildungschance hat. Diese Chance ist für den Zeitraum von $(t - \tau)$ bis $(t - \tau + d\tau)$ gleich $d\tau/t$. Die Gleichungen (10–25)–(10–27) gehen also über in

(10–29) $\quad \overline{V}_i = k_1 A \int_0^t (t - \tau) (d\tau/t) = 0{,}5 \, k_1 A t \qquad$ (Stäbchen)

(10–30) $\quad \overline{V}_i = \pi d k_2^2 \int_0^t (t - \tau)^2 (d\tau/t) = (1/3) \pi d k_2^2 t^2 \qquad$ (Scheibchen)

(10–31) $\quad \overline{V}_i = (4/3) \pi k_3^3 \int_0^t (t - \tau)^3 (d\tau/t) = (1/3) \pi k_3^3 t^3 \qquad$ (Kugeln)

Setzt man diese Ausdrücke für ν und $\overline{V}_i$ in Gl. (10–24) ein, so gelangt man zu Gleichungen vom allgemeinen Typ

(10–32) $\quad \phi = \phi_\infty [1 - \exp(-z t^n)]$

Gl. (10–32) wird als Avrami-Gleichung bezeichnet. Die Konstanten z und n haben für die verschiedenen Gebilde und Typen der Keimbildung die in Tab. 10–2 zusammengestellte Bedeutung.

Zur Auswertung von Kristallisationsmessungen wird Gl. (10–32) doppelt logarithmiert

(10–33) $\quad \ln [-\ln (1 - (\phi \, \phi_\infty^{-1}))] = \ln z + n \cdot \ln t$

Die Konstante n kann dann aus der Auftragung der linken Seite der Gl. (10–33) gegen $\ln t$ entnommen werden. Bei der Kristallisation von Poly(chlortrifluorethylen) wurde z. B. je nach den Bedingungen $n = 1$ oder $n = 2$ gefunden, beim Poly(hexamethylenadipamid) $n = 3$. Poly(ethylenterephthalat) gab je nach Kristallisationstemperatur Werte zwischen 2 und 4. Die Interpretation der n-Werte muß sehr vorsichtig erfolgen, da auch gebrochene Zahlen und Werte von $n = 6$ bekannt sind. Verschiedene Methoden können verschiedene Werte von n geben, wenn die Methoden verschieden auf die Form ansprechen. Die Dilatometrie mißt z. B. in der Regel das Wachstum von Sphärolithen, die Calorimetrie dagegen auch das Wachstum von Lamellen in Sphärolithen. Die Avrami-Gleichung kann in allen Fällen natürlich nur gelten, bis sich die wachsenden Gebilde zu berühren anfangen.

Tab. 10–2: Konstanten z und n der Avrami-Gleichung

Gebilde	z		n	
	simultan	sporadisch	simultan	sporadisch
Stäbchen	$k_0 k_1 A$	$0{,}5 \, kk_1 A$	1	2
Scheibchen	$k_0 k_2^2 \pi d$	$(1/3) \, kk_2^2 \pi d$	2	3
Kugel	$(4/3) \, k_0 k_3^3 \pi$	$(4/3) \, kk_3^3 \pi$	3	4

Die Kristallisationsgeschwindigkeit hängt von der Konstitution und der Konfiguration der Polymeren ab und schwankt daher in weiten Grenzen (Tab. 10–3). Symmetrisch aufgebaute Polymere kristallisieren meist rasch; Polymere mit sperrigen Substituenten und Kettengliedern dagegen langsam. Da die Kristallisationsgeschwindigkeit sowohl von der Keimbildung als auch vom Keimwachstum abhängt, ist sie bei athermischen Kristallisationen meist höher als bei spontanen. Poly(ethylenglycolterephthalat) kann z. B. durch rasches Abkühlen unter die Schmelztemperatur praktisch völlig amorph erhalten werden, was beim rasch kristallisierenden Poly(ethylen) selbst beim Abkühlen mit flüssigem Stickstoff niemals gelungen ist. PET kristallisiert auch aus diesem Grunde daher viel langsamer als PE.

10.3.4 MORPHOLOGIE

Die Zusammenhänge zwischen der Mikrostruktur kristalliner Polymerer einerseits und der Morphologie bzw. den Kristallisationsbedingungen andererseits sind noch nicht völlig geklärt. Nach Messungen der Neutronenstreuung an partiell deuterierten Poly-(ethylenen) ändert sich der Trägheitsradius beim Übergang von der Schmelze in den teilkristallinen Zustand nicht. In beiden Fällen variiert der Trägheitsradius mit der Wurzel aus der Molmasse. Er ist auch unabhängig von der durch Tempern veränderbaren Langperiode, welche die mittlere Kristalldicke in Kettenrichtung charakterisiert. Eine Erklärung dieses Phänomens und die Zuordnung makroskopischer Ordnungszustände stehen noch aus.

Tab. 10–3: Lineare Kristallisationsgeschwindigkeiten verschiedener Polymerer aus der Schmelze bei Unterkühlungen von ca. 30°C unter dem Schmelzpunkt

Polymer	Kristallisationsgeschwindigkeit in μm/min
Poly(ethylen)	5000
Poly(hexamethylenadipamid)	1200
Poly(oxymethylen)	400
Poly(caprolactam)	150
Poly(trifluorchlorethylen)	30
it-Poly(propylen)	20
Poly(ethylenglycolterephthalat)	10
it-Poly(styrol)	0,25
Poly(vinylchlorid)	0,01

Aus der Schmelze bilden sich in der Regel Sphärolithe, die im Innern eine fibrilläre Struktur aufweisen (Abb. 5–24). Die fibrilläre Struktur ist eine Folge der beim Sphärolithwachstum auftretenden fraktionierten Kristallisation. Die im Polymeren enthaltenen Fraktionen mit starker Verzweigung und/oder niedriger Molmasse besitzen niedrigere Schmelztemperaturen als die unverzweigten hochmolekularen Anteile; sie erfordern daher zur Kristallisation eine stärkere Unterkühlung. Diese schlechter kristallisierenden Anteile werden von der Wachstumzone ausgeschlossen und geraten in eine Zwischenzone. Sie unterdrücken hier die Kristallisation, was zum bevorzugten Wachstum in der Wachstumzone und daher zu einer fibrillären Struktur führt.

Sphärolithe können als Spezialform des dendritischen Wachstums aufgefaßt werden. Dendrite entstehen immer, wenn Kristalle in unterkühler Schmelze in Richtung eines starken Temperaturgefälles wachsen (vgl. auch Kap. 5.4.4). Die zwischen den Dendriten sich befindende flüssige Phase erstarrt dabei oft mikrokristallin. Die Keimbildung kann ferner von der Oberfläche der Schmelze her erfolgen. Dieser stark durch Diffusionsprozesse beeinflußte Prozeß wird als Transkristallisation bezeichnet.

Aus sehr verdünnten Lösungen von Polymeren entstehen durch Facettenwachstum ausgesprochen flächenarme lamellenartige Einkristalle (vgl. Kap. 5.4.2). Die Segmente wachsen bevorzugt eindimensional auf die Seitenflächen der Lamellen auf, können aber auch auf den Seitenflächen zweidimensional stufen- oder spiralförmig angelagert werden. Die Lamellenhöhe hängt bei gegebener Kristallisationstemperatur bei genügend hohen Polymerisationsgraden praktisch nicht mehr von der Molmasse ab. Die Lamellenhöhe variiert jedoch mit dem Lösungsmittel, wenn in verschiedenen Lösungsmitteln verschiedene Makrokonformationen des Polymeren stabil sind. Amylosetricarbanilat kristallisiert z. B. aus verdünnten Lösungen in Dioxan/Ethanol in Form gefalteter Ketten, aus Pyridin/Ethanol dagegen in Form gefalteter Helices. Bei mittleren Polymerkonzentrationen bilden sich bei sehr hohen Polymerisationsgraden u. U. Bündelkeime, da die Faltungsmizellen durch die hohe Viskosität der Lösung zu größeren morphologischen Einheiten assoziieren. Bei noch höheren Konzentrationen werden Fibrillen oder Netzwerke beobachtet.

Spezielle Morphologien treten bei durch Fließvorgänge hervorgerufenen Kristallisationen auf. Solche Prozesse finden sich in der Natur bei der Bildung von Cellulose- und Naturseide-Fäden, bei der Blutkoagulation und bei der mechanischen Denaturierung von Proteinen. In der Technik werden derartige Kristallisationen beim Flash-Spinnen, bei der Herstellung von Hochmodulfasern und bei der Erzeugung synthetischer Papiere ausgenutzt.

Bei der Scherbeanspruchung von kristallisierenden Polymerschmelzen deformieren sich zuerst die Sphärolithe. Anschließend entstehen durch epitaktisches Aufwachsen Schaschlik-Strukturen und schließlich Kettenorientierungen in Zugrichtung (Abb. 10–11). Bei höheren Zugspannungen wird die Kristallisation offensichtlich durch eine entlang den Strömungslinien angeordnete kontinuierliche Reihe von Kristallkeimen ausgelöst. Dadurch entsteht eine „Reihenstruktur" von orientierten Lamellen bzw. Ketten. Gleichzeitig ändern sich auch die Avrami-Exponenten n von 3–4 beim Sphärolithwachstum zu 1–2 bei den Reihenstrukturen. Schaschlikartige Faserstrukturen bilden sich ebenfalls beim starken (turbulenten) Scheren verdünnter Lösungen kristallisierender Polymerer. Auf diese Weise können bei Wachstumsgeschwindigkeiten bis zu 160 cm/min bis zu 2000 m lange Poly(ethylen)-Fasern erzeugt werden, die etwa 40% der theoretischen Festigkeit aufweisen.

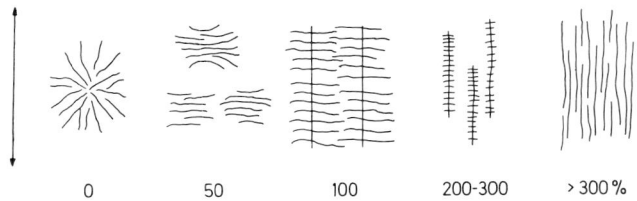

Abb. 10–11: Einfluß des Scherens auf die Kristallisation von Naturkautschuk. ↔ Richtung der Zugspannung. Nach E. H. Andrews

10.4 Schmelzen

10.4.1 SCHMELZPROZESSE

Die Ecken und Kanten von Kristallen sind immer so ungeordnet, daß an ihnen bei genügender Energiezufuhr der Schmelzprozeß einsetzen kann. Im Gegensatz zur Kristallisation brauchen daher keine Keimbildner anwesend zu sein. Die Schmelzprozesse werden jedoch von der Aufheizgeschwindigkeit beeinflußt (Abb. 10–12). Bei aus Lösungen erhaltenen Einkristallen sinkt die Schmelztemperatur mit zunehmender Aufheizgeschwindigkeit zunächst ab und wird dann konstant. Offenbar finden bei niedrigen Aufheizgeschwindigkeiten Reorganisationen der Kristalle statt. Bei aus der

Schmelze kristallisierten Polymeren beobachtet man dagegen eine Zunahme der Schmelztemperatur mit steigender Aufheizgeschwindigkeit, weil die Kristalle stärker überhitzt werden. Die Überhitzung ist umso ausgeprägter, je perfekter die Kristalle sind, d. h. sie ist bei gestrecktkettigen Kristallen höher als bei Sphärolithen.

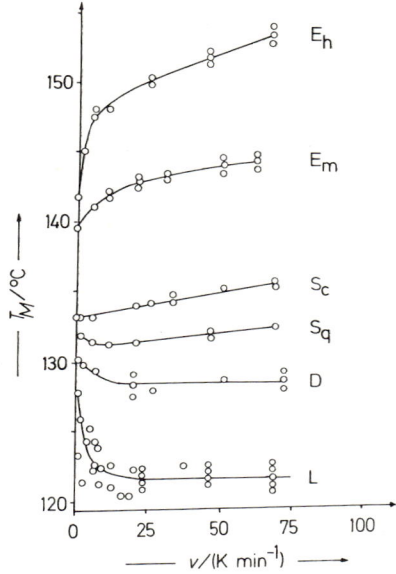

Abb. 10–12: Schmelzverhalten eines Poly(ethylens) als Funktion der Morphologie und der Aufheizgeschwindigkeit. L = aus Lösung erhaltene lamellenförmige Einkristalle, D = durch Abschrecken von Lösungen erhaltene Dendrite, Sq = Sphärolithe durch Abschrecken von Schmelzen unter normalem Druck, Sc = Sphärolithe durch Kristallisation von Schmelzen unter normalem Druck, E = gestrecktkettige Kristalle durch Kristallisation von Schmelzen von hochmolekularem (E_h) und mittelmolekularem (E_m) Poly(ethylen) unter hohem Druck (nach B. Wunderlich).

Die Schmelztemperatur wird als die Temperatur definiert, bei der die kristalline Schicht im thermodynamischen Gleichgewicht mit der Schmelze steht. Sie muß noch von der Dicke der Lamelle *vor* Einsetzen des Schmelzprozesses abhängen. Jeder Grundbaustein trägt ja eine Schmelzenthalpie $(\Delta H_M)_u$ zur beobachteten Schmelzenthalpie ΔH_M bei. Die Schmelzenthalpie wird außerdem um den Betrag der Grenzflächenenthalpie ΔH_f auf beiden Seiten der Lamelle erniedrigt. Für eine Lamelle aus N_u Grundbausteinen erhält man daher

(10–34) $\Delta H_M = N_u (\Delta H_M)_u - 2 \Delta H_f$

Die für eine solche Lamelle beobachtbare Schmelztemperatur ist

(10–35) $T_M = \Delta H_M / \Delta S_M$

während die Schmelztemperatur für eine unendlich dicke Lamelle den Wert

(10–36) $T_M^0 = N_u (\Delta H_M)_u / (N_u (\Delta S_M)_u) = (\Delta H_M)_u / (\Delta S_M)_u$

annehmen würde. Durch Einsetzen der Gl. (10–34)–(10–36) ineinander gelangt man zu

(10–37) $T_M = T_M^0 - \dfrac{2\Delta H_f}{(\Delta S_M)_u} \cdot \dfrac{1}{N_u} = T_M^0 \left[1 - \dfrac{2\Delta H_f}{(\Delta H_M)_u} \cdot \dfrac{1}{N_u}\right]$

Durch Auftragen der experimentell beobachteten Schmelztemperatur T_M gegen die reziproke Anzahl der Grundbausteine pro Lamelle, d. h. die Lamellenhöhe, und Extrapolation auf eine unendlich dicke Lamelle läßt sich somit die Schmelztemperatur T_M^0 erhalten (Abb. 10–13).

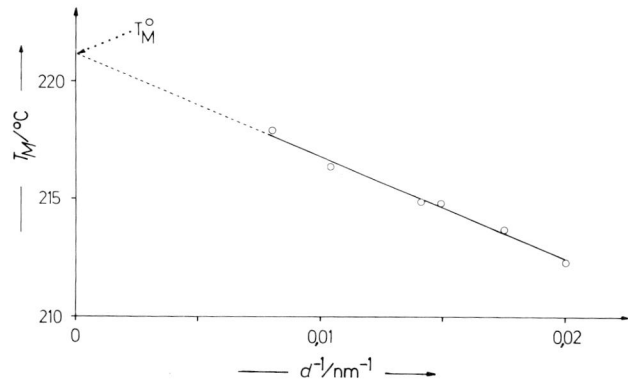

Abb. 10–13: Abhängigkeit der Schmelztemperaturen von Poly(trifluorchlorethylen) von der reziproken Lamellendicke d der Lamellen. Die Lamellendicken wurden röntgenographisch bei kleinen Winkeln als Abstände der Lamellen gemessen; sie enthalten daher sowohl die kristallinen Anteile als auch die amorphe Deckschicht. J. D. Hoffman, nach Daten von P. H. Geil und J. J. Weeks.

Die Anzahl N_u der Grundbausteine pro Kettenstück in der Lamelle ist mit der beobachteten Lamellendicke L_{beob} über die kristallographische Länge L_u eines Grundbausteins verbunden:

(10–38) $L_{beob} = N_u L_u$

Die beobachtete Lamellendicke wird aber experimentell immer um einen Faktor γ größer als die über die Wachstumstheorie berechnete Lamellendicke $(L_{lam})_{theor}$ gefunden:

(10–39) $L_{beob} = \gamma (L_{lam})_{theor}$

Einsetzen der Gl. (10–17), (10–18), (10–38) und (10–39) in die Gl. (10–37) führt mit $\sigma_f = L_u \Delta H_f$ zu

(10–40) $T_M = T_M^0 (1 - \gamma^{-1}) + \gamma^{-1} T_{cryst}$

Durch Auftragen der experimentellen Schmelztemperatur T_M von Kristallen gegen deren Kristallisationstemperatur T_{cryst} sollte man daher eine Gerade erhalten (Abb. 10–14). Der Schnittpunkt dieser Geraden mit der Linie für $T_M = T_{cryst}$ gibt die Schmelztemperatur T_M^0. Der Faktor γ wurde für viele Polymere als zu etwa 2 ermittelt.

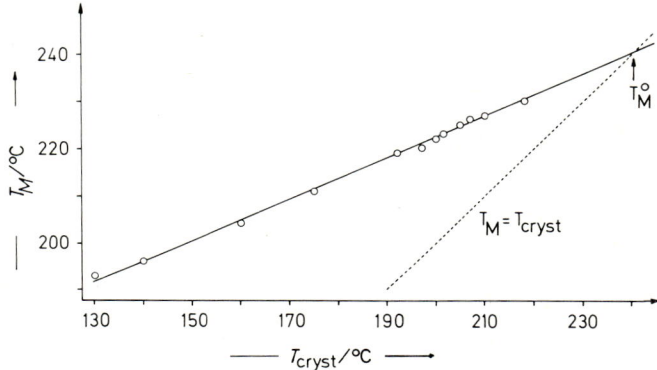

Abb. 10–14: Einfluß der Kristallisationstemperatur T_{cryst} auf die Schmelztemperatur T_M von it-Poly(styrol). Nach N. Overbergh, H. Bergmans und G. Smets.

10.4.2 EINFLUSS DER MOLMASSEN

Die meisten der in der Literatur berichteten Schmelztemperaturen gelten weder für perfekte Kristalle unendlich langer Ketten (T_M^∞) noch für perfekte Kristalle endlich langer Ketten oder für imperfekte Kristalle unendlich langer Ketten (T_M^0). Sie sind vielmehr die beobachteten Schmelztemperaturen T_M imperfekter Kristalle von Polymeren endlicher Molmasse. Die Schmelztemperaturen T_M^0 erhält man durch folgende Überlegungen:

Die Schmelzenthalpien $(\Delta H_M)_X$ von Polymeren hängen von der Schmelzenthalpie $(\Delta H_M)_u$ per Grundbaustein, dem Polymerisationsgrad X, der Schmelzenthalpie $(\Delta H_M)_E$ der Endgruppen und der Änderung der Wärmekapazität beim Übergang vom Kristall zur Schmelze ab

(10–41) $(\Delta H_M)_X = X(\Delta H_M)_u + 2(\Delta H_M)_E + X\Delta C_p(T_M^0 - T_M)$

Die Schmelzentropie enthält zusätzlich einen Beitrag der Mischungsentropie ΔS_{mix}, der vom Mischen der Grundbausteine mit den Endgruppen herrührt. Die Endgruppen sind nämlich zwar von den kristallinen Bereichen ausgeschlossen, können sich aber in der Schmelze mit den Grundbausteinen mischen:

(10–42) $(\Delta S_M)_X = X(\Delta S_M)_u + 2(\Delta S_M)_E + \Delta S_{mix} + X\Delta C_p \ln(T_M^0/T_M)$

mit

(10–43) $\Delta S_{mix} = R \ln \Omega = R \ln \dfrac{X!}{2!(X-2)!} = R \ln \dfrac{X(X-1)}{2} \cong 2R \ln X - R \ln 2$

Einsetzen der Gl. (10–41)–(10–43) in die Ausdrücke für die Schmelztemperaturen

(10–44) $(\Delta H_M)_X = T_M (\Delta S_M)_X$

(10–45) $(\Delta H_M)_u = T_M^0 (\Delta S_M)_u$

führt nach dem Umformen zu

(10–46) $T_M = T_M^0 - \dfrac{2 R T_M T_M^0}{(\Delta H_M)_u} \left(\dfrac{\ln X}{X} \right) + f(X)$

mit

$$f(X) = \dfrac{2[(\Delta H_M)_E - T_M (\Delta S_M)_E] + R T_M \ln 2 + \Delta C_p [(T_M^0 - T_M) - X \ln(T_M^0 / T_M)]}{X (\Delta H_M)_u}$$

Der Ausdruck f(X) ist gegenüber den anderen Größen der rechten Seite der Gl. (10–46) vernachlässigbar. Durch Auftragen der Schmelztemperatur gegen $(\ln X)/X$ sollten sich daher wegen $T_M^0 \approx T_M$ Geraden ergeben, aus deren Ordinatenabschnitt die Schmelztemperatur T_M^0 und aus deren Neigung die Schmelzenthalpie pro Grundbaustein entnommen werden kann (Abb. 10–15). Die so erhaltenen Schmelztemperaturen stimmen gut mit den aus Lamellenhöhen bzw. Kristallisationstemperaturen ermittelten überein.

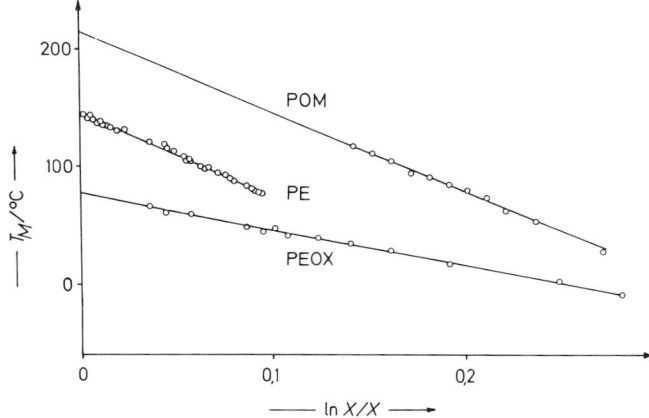

Abb. 10–15: Schmelztemperatur T_M als Funktion des Polymerisationsgrad-Parameters $(\ln X)/X$ für Poly(oxymethylen), Poly(ethylen) und Poly(oxyethylen). Nach Daten von J. N. Hay

10.4.3 EINFLUSS DER KONSTITUTION

Die Schmelztemperatur wird durch die Höhe der Schmelzenthalpien und Schmelzentropien bestimmt (Tab. 10–4). Die Schmelzentropie kann dabei weiter in den von den Konformationsänderungen beim Schmelzen stammenden Anteil ΔS_c und den von den Volumenänderungen herrührenden Betrag $(\alpha/\beta)\Delta V_M$ aufgeteilt werden, wobei α der

10.4 Schmelzen

kubische Expansionskoeffizient und β der Kompressionskoeffizient in der Nähe der Schmelztemperatur sind:

(10–47) $\quad \Delta H_M = T_M^0 \, \Delta S_M = T_M^0 (\Delta S_c + (\alpha/\beta) \Delta V_M)$

Tab. 10–4: Schmelzenthalpien ΔH_M, Schmelzentropien ΔS_M, Schmelztemperaturen T_M und Änderungen $\Delta \bar{v}_M$ der Volumina beim Schmelzen von Polymeren. N = Anzahl „freier" Kettenglieder pro Strukturelement (nach B. Wunderlich)

Strukturelement der Polymeren	N	$\Delta H_M/(\text{kJ mol}^{-1})$		$\Delta S_M/(\text{J mol}^{-1}\text{K}^{-1})$		$T_M/°C$	$\Delta v_M/(\text{cm}^3\text{g}^{-1})$
		pro Struktur- element	pro Ketten- glied	pro Struktur- element	pro Ketten- glied		
CF_2	1	3,42	3,42	5,69	5,7	327	0,065
CH_2	1	4,11	4,11	9,91	9,9	142	0,173
$CH_2-CH(CH_3)$ (it)	2	6,94	3,47	15,1	7,6	187	0,112
$CH_2-CH(C_2H_5)$ (it)	2	7,01	3,51	17,0	8,5	139	0,112
$CH_2-CH(C_3H_7)$ (it)	2	6,31	3,16	15,6	7,8	131	0,093
$CH_2-CH(C_6H_5)$ (it)	2	10,0	5,00	19,4	9,7	242	0,061
$CH_2CH=CHCH_2$ (cis)	3	9,20	3,07	32	10,7	14	0,121
$CH_2CH=CHCH_2$ (trans)	3	3,61	1,20	8,7	2,9	142	0,157
$CH_2CCH_3=CHCH_2$ (cis)	3	4,36	1,45	14,4	4,8	30	0,108
$CH_2CCH_3=CHCH_2$ (trans)	3	12,9	4,3	36,4	12,1	81	0,153
$O-CH_2$	2	9,79	4,90	21,4	10,7	184	0,085
$O-(CH_2)_2$	3	8,66	4,33	25,3	8,4	69	0,081
$O-(CH_2)_5$	6	14,4	2,4	43,7	7,3	56	0,116
$OOC-CH_2$	3	11,1	3,7	22	7,3	231	0,078
$OOC-(CH_2)_2$	4	9,08	2,27	25,5	6,4	83	0,041
$OOC(CH_2)_5$	7	16,2	2,31	48,1	6,9	64	0,076
$OOC(CH_2)_4COO(CH_2)_2$	10	21,0	2,10	62,2	6,2	64	0,092
$OOC(CH_2)_6COO(CH_2)_2$	12	26,6	2,22	76,6	6,4	74	0,115
$OOC(CH_2)_8COO(CH_2)_2$	14	32,0	2,29	89,8	6,4	83	0,132
$OOCC_6H_5COO(CH_2)_2$	7	26,9	3,84	48,6	6,9	280	0,088
$NH(CH_2)_5CO$	7	26,0	3,71	48,8	7,0	260	0,077
$NH(CH_2)_4NHCO(CH_2)_6CO$	14	67,9	4,85	123	6,8	279	0,111
Cellulosetributyrat	(5)	12,6	2,52	26,2	5,24	208	

Die Kettenglieder gewinnen beim Schmelzen konformative Freiheitsgrade. Im idealen Falle von drei Konformeren (z. B. T, G$^+$, G$^-$) mit gleichen Konformationsenergien würde die Konformationsentropie beim Schmelzen um einen Betrag von $R \ln 3 = 9{,}13$ J mol^{-1} K^{-1} zunehmen. Die Konformationsenergien sind jedoch nicht alle gleich groß, so daß man eine etwas geringere Konformationsentropie erhält. Außerdem nimmt bei der Schmelztemperatur praktisch immer das Volumen zu (vgl. Tab. 10–4). Die Schmelzentropie ist daher nach Gl. (10–47) niedriger als die Konformationsentropie. Die Konformationsentropie trägt jedoch mindestens 75 % zur Schmelzentropie bei. In der Tat liegen die meisten Schmelzentropien pro Kettenglied zwischen 6 und 8 J mol^{-1} K^{-1}. Die Werte für 1,4-trans-Poly(butadien) und 1,4-cis-Poly(isopren) sind wesentlich niedriger. Diese Polymeren weisen aber nach Breitlinienkernresonanzmessungen schon unterhalb der Schmelztemperatur hohe Segmentbeweglichkeiten auf, so daß der Gewinn an Konformationsentropie beim Schmelzen geringer ist.

Die Schmelzenthalpien von Polymeren liegen im allgemeinen zwischen 2 und 3 kJ/mol. Niedrigere Werte sind bei hohen Kettenbeweglichkeiten unterhalb der Schmelztemperatur, höhere bei intramolekularen Wasserstoffbrückenbindungen zu erwarten.

Es wird oft vermutet, daß die Schmelztemperaturen entscheidend durch die Kohäsionsenergien beeinflußt werden. Nun ist aber die Kohäsionsenergie ein Maß für die intermolekular wirkenden Kräfte beim Übergang flüssig/gasförmig, während beim Schmelzen der Übergang fest/flüssig betrachtet wird. Beide Größen sind daher nicht unbedingt vergleichbar. Infrarotmessungen an Polyamidschmelzen haben ferner gezeigt, daß oberhalb der Schmelztemperatur noch der größte Teil aller Wasserstoffbrückenbindungen vorhanden ist. Die Kohäsionsenergie muß daher relativ unwichtig sein.

Tab. 10–5: Vergleich der Kohäsionsenergien, Schmelztemperaturen von Polymeren und Glasübergangstemperaturen

Kettenglieder		Beispiele für Polymere			
Gruppierung	Kohäsionsenergie in kJ/mol Gruppe	Grundbaustein	mittlere Kohäsionsenergie in kJ/mol Gruppe	T_M °C	T_G °C
$-CH_2-$	2,85	$-CH_2-$	2,85	144	-80
$-CF_2-$	3,18	$-CF_2-$	3,18	327	127
$-O-$	4,19	$-CH_2-O-$	3,52	188	-85
		$-CH_2-CH_2-O-$	3,31	67	-67
$-C(CH_3)_2-$	8,00	$-CH_2-C(CH_3)_2-$	5,40	44	-73
$-CCl_2-$	13,0	$-CH_2-CCl_2-$	7,91	198	-17
$-CH(C_6H_5)-$	18,0	$-CH_2-CH(C_6H_6)-$	10,4	250*	100
$-CHOH-$	21,4	$-CH_2-CHOH-$	12,1	265**	85
$-COO-$	12,1	$-(CH_2)_5-COO-$	4,4	55	
$-CONH-$	35,6	$-(CH_2)_5-CONH-$	8,3	228	45

* isotaktisch;   ** wahrscheinlich syndiotaktisch

Wenn ferner die Schmelztemperaturen primär von der Kohäsionsenergie bestimmt würden, sollten sie mit zunehmender Zahl von Gruppen mit hohen Kohäsionsenergien pro Grundbaustein zunehmen. Die Kohäsionsenergie einer Methylengruppe beträgt 2,85 kJ mol^{-1}, einer Estergruppe 12,1 kJ mol^{-1} und einer Amidgruppe 35,6 kJ mol^{-1}. Die Schmelztemperaturen von aliphatischen Polyamiden und Polyestern sollten daher umso höher liegen, je niedriger ihr Gehalt an Methylengruppen ist. Das Verhalten der Polyester ist aber gerade umgekehrt (Abb. 10–16).

Andererseits besitzen aber Estergruppen eine niedrigere Potentialschwelle als Methylen- und Amidgruppen (Tab. 4–3). Die Flexibilität des Einzelmoleküls und nicht die intermolekulare Wechselwirkung der Ketten ist daher der primäre Faktor für die Höhe der Schmelztemperaturen.

Die Flexibilität eines Moleküls hängt von der Konstitution und der Konfiguration der Kette und der dadurch erzeugten Konformation ab. Sie ist bei gleicher Konformation umso höher, je größer die Abstände und Valenzwinkel zwischen den Kettenatomen sind. Sie ist höher, wenn die Rotationsbehinderung niedriger ist. Poly(ethylen) ($T_M^0 = 144$ °C) mit seiner relativ hohen Potentialschwelle für die Rotation um die CH_2/CH_2-Bindung hat daher eine höhere Schmelztemperatur als das Ethergruppen enthaltende Poly(tetrahydrofuran) $-(CH_2-CH_2-CH_2-CH_2-O-)_n$ mit $T_M \sim 35$°C (vgl. dazu auch Kap. 4.2). Starre Gruppen (Phenylreste usw.) erhöhen die Schmelztemperatur.

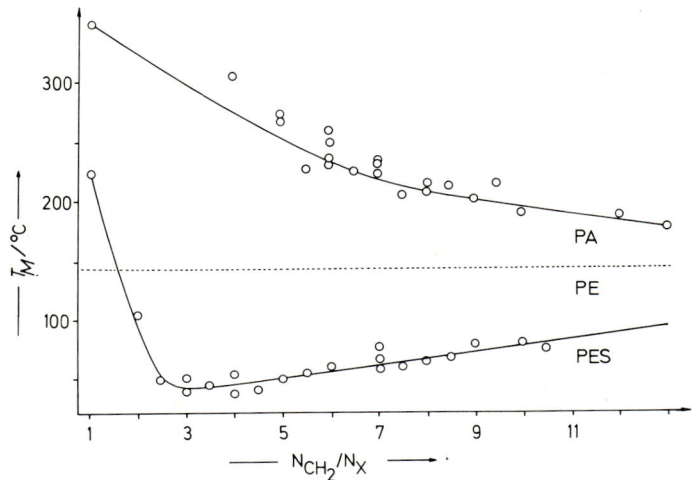

Abb. 10-16: Abhängigkeit der Schmelztemperatur T_M von aliphatischen Polyamiden PA und aliphatischen Polyestern PES mit X = Amid- oder Estergruppe als Funktion des Gruppenverhältnisses. ------ Poly(ethylen)

Helices sind je nach Konformation lockerer oder dichter aufgebaut. Helices des Poly(oxymethylens) mit der Konformationssequenz GG haben z. B. bei etwa gleicher Zahl der Kettenatome pro Längeneinheit in Kettenrichtung einen viel kleineren Durchmesser als die Helices des Poly(ethylenoxids), die aus TTG-Sequenzen aufgebaut sind. Die Helices des Poly(oxymethylens) sind daher steifer und die Schmelztemperatur des Poly(oxymethylens) ist folglich höher als die des Poly(oxyethylens).

Die Tendenz zur Versteifung der Helix durch dichtere Packung läßt sich auch durch Substitution erreichen. Zusätzliche Substituenten in unmittelbarer Nähe der Hauptkette von helixbildenden Makromolekülen weiten die Helix auf und erniedrigen die Schmelztemperatur. Die Schmelztemperatur des it-Poly(butens-1) ist daher niedriger als die des it-Poly(propylens). Poly-(3-methylbuten-1) besitzt wegen der dichteren intermolekularen Packung eine höhere Schmelztemperatur als Poly(buten-1).

		CH$_3$	CH$_3$
		$\mid$	$\mid$
CH$_3$	CH$_2$–CH$_3$	CH–CH$_3$	CH$_3$–C–CH$_3$
$\mid$	$\mid$	$\mid$	$\mid$
+CH$_2$–CH$\rightarrow_n$	+CH$_2$–CH$\rightarrow_n$	+CH$_2$–CH$\rightarrow_n$	+CH$_2$–CH$\rightarrow_n$
it-Poly(propylen)	it-Poly(buten-1)	it-Poly(3-methyl-buten-1)	it-Poly(3,3'-di-methyl-buten-1)
3_1-Helix	3_1-Helix	4_1-Helix	?
T_M = 186 °C	T_M = 136 °C	T_M = 304 °C	T_M > 320 °C
(monoklin)	(rhombisch)	(monoklin)	

In der Reihe der Poly(α-olefine) mit linearen aliphatischen Substituenten ist der unmittelbar an der Kette sitzende Substituent stets eine CH-Gruppe. Die Kettenkonformation bleibt somit erhalten. Die längeren Seitenketten setzen aber die gegenseitige Packung der Ketten herab, so daß die Schmelztemperatur sinkt (Abb. 10–17). Erst bei sehr langen Seitenketten tritt eine zusätzliche Ordnung der Seitenketten untereinander ein, so daß der Schmelzpunkt mit steigender Zahl der Kohlenstoffatome wieder ansteigt (sog. Seitenkettenkristallisation)

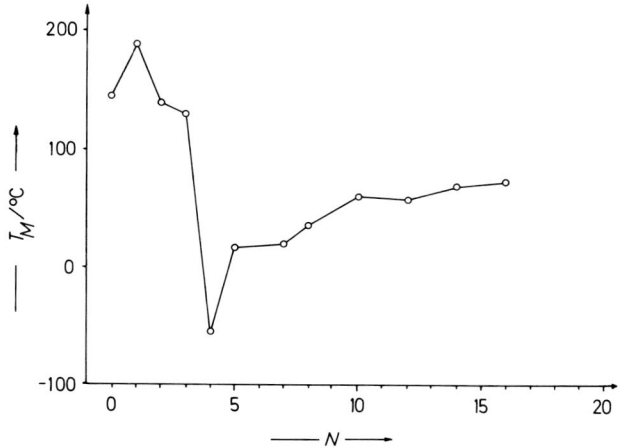

Abb. 10–17: Schmelztemperaturen T_M isotaktischer Poly(α-olefine) $+CH_2-CHR+_n$ als Funktion der Zahl N der Methylengruppen in den Resten $R = (CH_2)_N H$.

10.4.4 COPOLYMERE

Bei Copolymeren können die einzelnen Bausteine miteinander isomorph sein. Sind sie zudem noch statistisch angeordnet, so steigen die Schmelztemperaturen regelmäßig mit dem Stoffmengenanteil des höher schmelzenden Comonomeren an. Ein Beispiel dafür sind die Copolymeren aus Hexamethylenterephthalamid und Hexamethylenadipamid (Abb. 10–18). Bei nichtisomorphen Bausteinen werden dagegen die Kristallitlängen mit zunehmendem Anteil des zweiten Comonomeren vermindert. Die Schmelztemperaturen sinken und erreichen bei einer bestimmten Zusammensetzung des Copolymeren ein Minimum, wie Abb. 10–18 für die Copolymeren aus Hexamethylenterephthalamid und Hexamethylensebacinsäureamid zeigt.

10.5 Glasübergang

10.5.1 FREIES VOLUMEN

Bei den ersten Messungen von Glasübergängen wurde bereits beobachtet, daß die Viskosität bei der Einfriertemperatur unabhängig von der Substanz ca. 10^{12} Pa·s betrug. Als charakteristisch für den Einfrierprozeß wurde daher ein „isoviskoses" Verhalten angesehen. Heute neigt man dagegen dazu, die Glasübergangstemperatur als die-

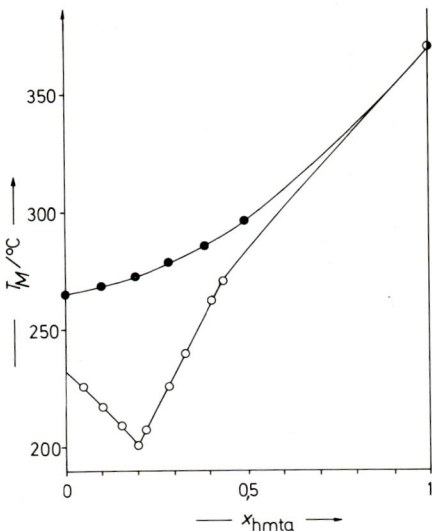

Abb. 10–18: Schmelztemperaturen T_M von Copolymeren aus Hexamethylenterephthalamid (HMTA) und Hexamethylenadipamid (•) bzw. Hexamethylensebacinsäureamid (∘). Nach O. B Edgar und R. Hill.

jenige Temperatur anzusehen, bei der alle Substanzen das gleiche freie Volumen aufweisen (vgl. Kap. 5.6.1). Die Meinungen gehen dabei auseinander, um welches freie Volumen es sich handelt.

Unterhalb bzw. oberhalb der Glasübergangstemperatur ändern sich die Volumina praktisch linear mit der Temperatur (vgl. Abb. 10–1). Mit der Definition der kubischen Ausdehnungskoeffizienten erhält man dann für den flüssigen und den amorphen Zustand:

(10–48) $\quad (V_l^0)_T = (V_l^0)_0 + (V_l^0)_T \alpha_l T$

(10–49) $\quad (V_{am}^0)_T = (V_{am}^0)_0 + (V_{am}^0)_T \alpha_{am} T$

Bei der Glastemperatur T_G werden die Volumina der Flüssigkeit und des amorphen Materials in erster Näherung gleich groß. Es gilt daher $(V_l^0)_G = (V_{am}^0)_G$. Gleichsetzen der Gl. (10–48) und (10–49) und erneutes Einsetzen der Gl. (10–49) führt zu

(10–50) $\quad \left(\dfrac{(V_{am}^0)_0 - (V_l^0)_0}{(V_{am}^0)_0} \right) [1 - \alpha_{am} T_G] = [\alpha_l - \alpha_{am}] T_G$

Beim absoluten Nullpunkt der Temperatur müssen die Volumina der Flüssigkeit und des Kristalls gleich groß werden. Das Glied in runden Klammern auf der linken Seite der Gl. (10–50) muß daher gleich dem Anteil f_{exp} des freien Volumens sein (vgl. Gl. (5–11)). Es gilt daher

(10-51) $f_{exp} = [\alpha_1 - \alpha_{am}]T_G/(1 - \alpha_{am}T_G) \approx [\alpha_1 - \alpha_{am}]T_G$

Die über Gl. (10-51) berechenbaren Anteile f_{exp} des freien Volumens stimmen ganz gut mit den in Tab. 5-7 wiedergegebenen überein (Tab. 10-6). Nach der empirischen Boyer-Simha-Regel beträgt das Produkt $[\alpha_1 - \alpha_{am}]T_G$ für eine große Zahl von Polymeren ca. 0,11. Abweichungen von dieser Regel treten bei teilkristallinen Polymeren und bei solchen mit Relaxationsmechanismen unterhalb der Glasübergangstemperatur auf.

Tab. 10-6: Kubische Ausdehnungskoeffizienten α_1 und α_{am}

Polymer	$\dfrac{T_G}{K}$	$\dfrac{10^4 \alpha_1}{K^{-1}}$	$\dfrac{10^4 \alpha_{am}}{K^{-1}}$	f_{exp} Gl. (10-51)	f_{exp} Tab. 5-7	$(\alpha_1 - \alpha_{am})T_G$
PE	193	7,97	2,87	0,104	–	0,098
PIB	200	5,79	1,86	0,082	0,125	0,079
PS	373	5,65	2,09	0,144	0,127	0,133
PVAC	300	6,53	2,26	0,137	0,14	0,128
PMMA	378	5,28	2,16	0,128	0,13	0,118

10.5.2 MOLEKULARE INTERPRETATION

Bei der Glasübergangstemperatur müssen gekoppelte Bewegungen von Kettensegmenten einfrieren bzw. einsetzen, wie man aus dem Verhalten von chemisch oder physikalisch vernetzten Polymeren schließen kann. Eine Vernetzung schränkt nämlich die Beweglichkeit der Kettensegmente immer dann ein, wenn der Abstand zwischen den Vernetzungsstellen kleiner als die für die Beweglichkeit verantwortliche Segmentlänge wird. Bei vernetzenden Copolymerisationen wurde so gefunden, daß für die Glasübergangstemperatur Bewegungen von 30-50 Kettengliedern verantwortlich sind. Physikalische Vernetzungen zeigen den gleichen Effekt: die Glasübergangstemperatur nimmt bei partiell kristallinen Polymeren oft mit dem Kristallisationsgrad zu (Abb. 10-19), z. B. bei Poly(vinylchlorid), Poly(ethylenoxid) und Poly(ethylenglycolterephthalat), nicht aber bei it-Poly(propylen) oder Poly(chlortrifluorethylen).

Da sowohl die Glasübergangstemperatur als auch die Schmelztemperatur von der Beweglichkeit der Segmente bzw. Moleküle abhängen, sollte eine Beziehung zwischen beiden Größen bestehen. In der Tat ergibt sich beim Auftragen der Summenhäufigkeit für bestimmte T_G/T_M-Verhältnisse gegen eben dieses Verhältnis für über 70 Homopolymere eine glatte Kurve (Abb. 10-20). Abweichungen findet man nur bei niedrigen T_G/T_M-Werten; diese Werte gehören zu unsubstituierten Polymeren wie Poly(ethylen), Poly(oxyethylen) usw. Der Median der Kurve ist unabhängig von der Konstitution der Polymeren. Er entspricht der empirischen Beaman-Boyer-Regel

(10-52) $T_G \approx (2/3) T_M$

Die Glasübergangstemperatur wird durch intra- und/oder intermolekulare cooperative Segmentbeweglichkeiten beeinflußt. Da man im amorphen Zustand und in Lösung etwa die gleichen Übergangstemperaturen beobachtet, müssen sie hauptsächlich von intramolekularen Effekten stammen. Dafür spricht auch die gute Beziehung zwischen der Glasübergangstemperatur und dem Behinderungsparameter für die Rotation um Kettenbindungen (Abb. 10–21). Die Glasübergangstemperatur hängt somit primär von der Flexibilität einer Einzelkette und nur sekundär von den zwischen den Ketten wirkenden Kräften ab.

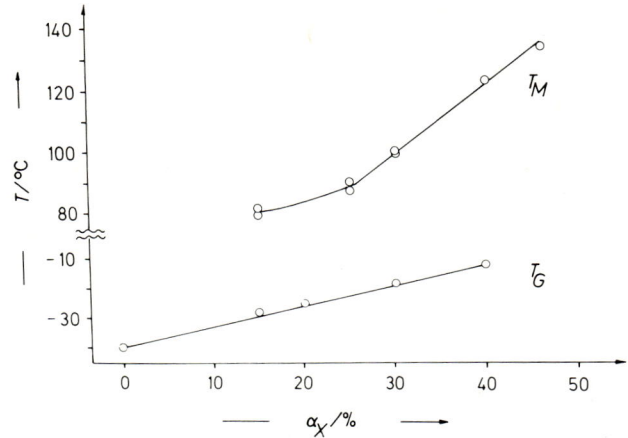

Abb. 10–19: Abhängigkeit der Schmelztemperatur T_m und der Glasübergangstemperatur T_G von der Röntgenkristallinität α_x eines 90% syndiotaktischen 1,2-Poly(butadiens).

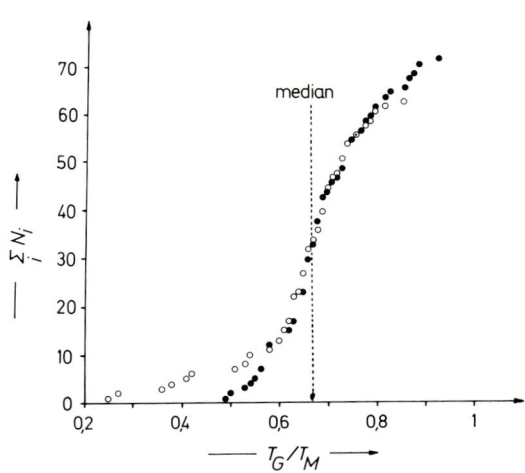

Abb. 10–20: Summenhäufigkeit des Auftretens bestimmter Verhältnisse T_G/T_M als Funktion dieses Verhältnisses für (∘) „symmetrische" Polymere wie z.B. ${CH_2CR_2}$ und für (•) „unsymmetrische" wie z.B. ${CH_2CHR}$. Nach D. W. van Krevelen.

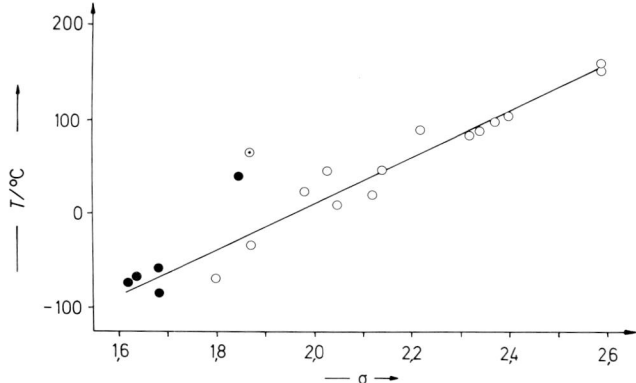

Abb. 10–21: Beziehung zwischen der Glasübergangstemperatur T_G und dem Behinderungsparameter σ bei Kohlenstoff-Ketten (∘), Kohlenstoff/Sauerstoff-Ketten (•) und Kohlenstoff/Stickstoff-Ketten (⊙).

10.5.3 STATISCHE UND DYNAMISCHE GLASÜBERGANGSTEMPERATUREN

Die Kettensegmente bewegen sich oberhalb der Glasübergangstemperatur mit einer bestimmten Frequenz. Die Frequenz der angewendeten Meßmethode bzw. die Deformationszeit der Probe müssen folglich den numerischen Wert der beobachteten Glasübergangstemperatur bestimmen. Die Meßmethoden teilt man daher je nach der Geschwindigkeit der Messung in statische und dynamische Verfahren ein.

Zu den statischen Verfahren zählt die Bestimmung der Wärmekapazitäten (einschließlich der Differentialthermoanalyse), der Volumenänderung und wegen der Lorenz-Lorentz'schen Beziehung zwischen Volumen und Brechungsindex auch die Änderung der Brechungsindices als Funktion der Temperatur. Dynamische Verfahren stellen die Messungen der Breitlinienkernresonanz, des mechanischen Verlustes und des dielektrischen Verlustes dar.

Statische und dynamische Glasübergangstemperaturen können ineinander umgerechnet werden. Die Wahrscheinlichkeit p für die Segmentbeweglichkeit ist umso größer, je größer der Anteil f_{WLF} des freien Volumens ist (vgl. dazu auch Kap. 5.6.1). Für $f_{WLF} = 0$ muß auch gelten $p = 0$. Für $f_{WLF} \to \infty$ gilt andererseits $p \to 1$. Die Funktion muß daher lauten

(10–53) $\quad p = \exp(-B/f_{WLF})$; $B = $ const.

Das Ausmaß der Deformation hängt von der Zeit t ab. In guter Näherung gilt $pt = const$. Gl. (10–53) geht daher über in

(10–54) $\quad \log pt = -(B/f_{WLF}) \log e + \log t = \log const$

Für die Differenzen der Logarithmen der Zeiten t_2 und t_1 gilt daher mit den entsprechenden Anteilen der freien Volumina

(10–55) $\quad \log t_2 - \log t_1 = \Delta (\log t) = B (\log e) \left(\dfrac{1}{(f_{WLF})_2} - \dfrac{1}{(f_{WLF})_1} \right)$

10.5 Glasübergang

Eine Änderung der Zeitskala entspricht also einer Änderung des freien Volumens (eine kleinere Zeit entspricht einem größeren Volumen). Andererseits muß der Anteil des freien Volumens mit steigender Temperatur zunehmen. Diese Zunahme wird in der Nähe der Glasübergangstemperatur linear sein,

(10–56) $\quad (f_{WLF})_2 = (f_{WLF})_1 + (\alpha_1 - \alpha_{am})(T_2 - T_1)$

wobei α_1 und α_{am} die Ausdehnungskoeffizienten der Flüssigkeit und des amorphen Polymers sind. Der Bruchteil des freien Volumens für diese beiden Zustände wird jedoch bei de Glasübergangstemperatur T_G gleich groß sein. Aus den Gl. (10–55) und (10–56) erhält man daher mit $T_1 = T_G$ für beliebige Temperaturen $T_2 = T$

(10–57) $\quad \Delta (\log t) = - \dfrac{[B (\log e)/(f_{WLF})_G][T - T_G]}{[(f_{WLF})_G/(\alpha_1 - \alpha_{am})] + [T - T_G]}$

oder aufgelöst nach T und mit $\Delta (\log t) = - \log a_t$

(10–58) $\quad T = T_G + \dfrac{[(f_{WLF})_G/(\alpha_1 - \alpha_{am})][\log a_t]}{[(B \log e)/(f_{WLF})_G - \log a_t]}$

Empirisch wurde für $(f_{WLF})_G \approx 0{,}025$ gefunden (vgl. Kap. 5.6.1). B kann in guter Näherung als 1 gesetzt werden. Da $(\alpha_1 - \alpha_{am})$ für viele Stoffe etwa $4{,}8 \cdot 10^{-4}$ K^{-1} beträgt (vgl. auch Tab. 10–6), reduziert sich Gl. (10–58) zu

(10–59) $\quad T = T_G + \dfrac{51{,}6 \log a_t}{17{,}4 - \log a_t}$

Gl. (10–59) bzw. Gl. (10–58) sind als Williams-Landel-Ferry-Gleichung oder als WLF-Gleichung bekannt. Sie gelten für alle Relaxationsprozesse und damit auch für die Temperaturabhängigkeit der Viskosität (vgl. Kap. 7.6.4). Ihr Gültigkeitsbereich ist auf Temperaturen zwischen T_G und etwa $(T_G + 100$ K) beschränkt. Über einen weiteren Temperaturbereich variiert nämlich der Ausdehnungskoeffizient α_1 nicht linear mit der Temperatur, sondern mit der Wurzel daraus.

Die WLF-Gleichung gestattet, die statische Glastemperatur T_G und die verschiedenen dynamischen Glastemperaturen T ineinander umzurechnen. Dazu müssen die Deformationszeiten für die einzelnen Methoden bekannt sein (vgl. Tab. 10–7). Der Verschiebungsfaktor a_t für die Umrechnung ergibt sich dann aus der Differenz der Logarithmen der Deformationszeiten.

Ein- und derselbe Stoff kann sich somit je nach der verwendeten Methode mechanisch ganz verschieden verhalten. Poly(methylmethacrylat) ist nach Tab. 10–7 bei 140°C gegenüber Messungen der Rückprallelastizität von Kugeln ein Glas, bei penetrometrischen Messungen dagegen ein gummielastischer Körper. Statische und dynamische Glasübergangstemperaturen habe somit auch eine unmittelbare praktische Bedeutung. Bei der statischen Glasübergangstemperatur geht der Körper bei langsamen Beanspruchungen wie Ziehen, Biegen usw. vom Spröd- in das Zähverhalten über. Die dynamische Glasübergangstemperatur ist dagegen wichtig für Kurzzeitbeanspruchungen (Schlag, Stoß).

Tab. 10−7: Deformationszeiten (reziproke effektive Frequenzen) bei verschiedenen Methoden und beim Poly(methylmethacrylat) beobachtete Glastemperaturen. Bei den mit * bezeichneten Methoden können die Frequenzen variiert werden

Methode	Deformationszeit in s	Glasübergangstemperatur in °C
Thermische Ausdehnung	10^4	110
Penetrometrie	10^2	120
Mechanischer Verlust*	$10^3 - 10^{-7}$	−
Rückprallelastizität	10^{-5}	160
Dielektrischer Verlust*	$10^4 - 10^{-11}$	−
NMR Linienbreite	$10^{-4} - 10^{-5}$	−
NMR-Spin-Gitter-Relaxationszeit	$10^{-7} - 10^{-8}$	−

10.5.4 EINFLUSS DER KONSTITUTION

Glasübergangstemperaturen nehmen bei polymerhomologen Reihen mit steigender Molmasse zu und werden erst oberhalb von Polymerisationsgraden von ca. 100−600 praktisch konstant. Die Polymerisationsgradabhängigkeit scheint sich dabei in drei Bereiche mit ziemlich scharf ausgeprägten Übergängen einteilen zu lassen (Abb. 10−22). In diesem Verhalten spiegeln sich vermutlich Einflüsse der Endgruppen und der Packungsdichte wider.

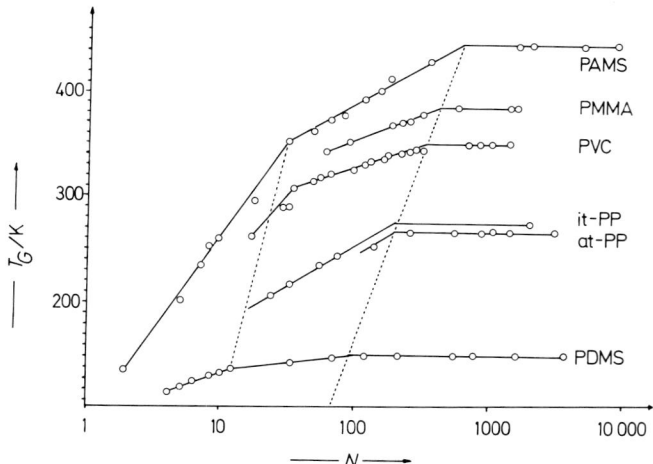

Abb. 10−22: Glasübergangstemperatur als Funktion des Logarithmus der Zahl N der Kettenglieder für Poly(α-methylstyrol), Poly(methylmethacrylat), Poly(vinylchlorid), iso- bzw. ataktisches Poly(propylen) und Poly(dimethylsiloxan); (J. M. G. Cowie).

Die verschiedene Packungsdichte ist auch für den Einfluß der Art und Zahl der Verzweigungen auf die Glasübergangstemperatur verantwortlich. Verzweigte Polymere besitzen immer höhere Glasübergangstemperaturen als unverzweigte und statistisch verzweigte immer höhere als sternförmig verzweigte gleichen Verzweigungsgrades (Abb. 10–23).

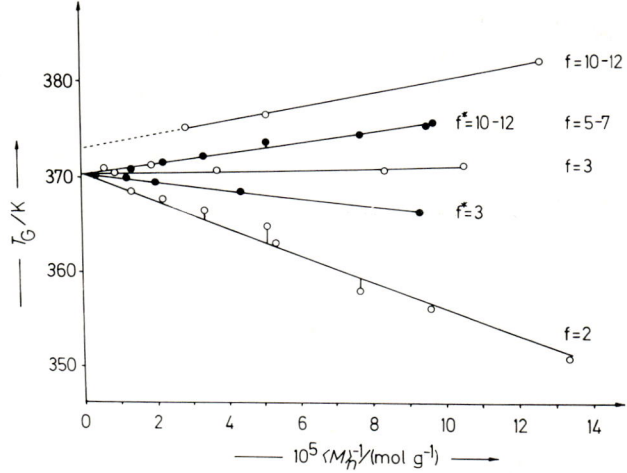

Abb. 10–23: Glasübergangstemperatur als Funktion des reziproken Zahlenmittels der Molmasse für lineare ($f = 2$) und sternförmige Poly(styrole) mit $f^* = 3$ bzw. $f^* = 10-12$ Armen, sowie für mit Divinylbenzol verzweigte Poly(styrole) mit mittleren Verzweigungsgraden pro Kette von $f = 3$, $5-7$ oder $10-12$ (nach Daten von F. Rietsch, D. Daveloose und D. Froelich).

Auch bei den Einflüssen verschieden langer Seitenketten äußern sich Packungseffekte. Bei Poly(alkylmethacrylaten) verringert die zunehmende Länge der Alkylreste die Möglichkeit für eine gute Packung der Ketten, wodurch sowohl die Glasübergangstemperaturen als auch die Sprödigkeitstemperaturen sinken. Bei noch längeren Alkylresten werden jedoch die Seitenketten eines Polymermoleküls gegenseitig stark festgelegt, wodurch die Flexibilität der Einzelkette sinkt und die Sprödigkeitstemperatur wieder ansteigt (Abb. 10–24).

Die Zusammenhänge zwischen Glasübergangstemperatur und Taktizität sind nur wenig erforscht. Ataktisches und isotaktisches Poly(styrol) weisen praktisch je die gleichen Glasübergangstemperaturen auf, ebenso at- und it-Poly(methylacrylat). Die Glasübergangstemperatur des it-Poly(methylmethacrylates) (42 °C) ist dagegen deutlich tiefer als die des ataktischen Produktes (103 °C).

Die Glasübergangstemperatur von Copolymeren hängt von den Massenanteilen w_A und w_B an A- und B-Bausteinen, den Wahrscheinlichkeiten p des Auftretens von AA-, AB-, BA- und BB-Diaden und den entsprechenden Glasübergangstemperaturen ab. Empirisch kann man unter Berücksichtigung von $(T_G)_{BA} = (T_G)_{AB}$ ansetzen

$$(10-60) \quad \frac{1}{T_G} = \frac{w_A p_{AA}}{(T_G)_{AA}} + \frac{w_A p_{AB} + w_B p_{BA}}{(T_G)_{AB}} + \frac{w_B p_{BB}}{(T_G)_{BB}}$$

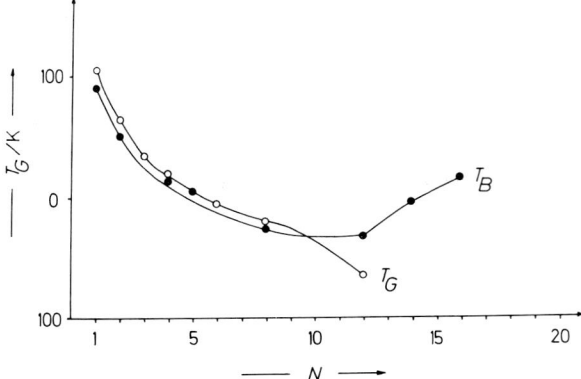

Abb. 10–24: Glasübergangstemperaturen T_G bzw. Sprödigkeitstemperaturen T_B für Poly(alkylmethacrylate) mit dem Grundbaustein $+\!(CH_2-C(CH_3)(COO(CH_2)_N H)\!)\!+$

Die Glasübergangstemperaturen können entsprechend mit dem Gehalt an einer Komponenten ab- bzw. zunehmen oder sogar durch Maxima und Minima laufen (Abb. 10–25). Wird die Glasübergangstemperatur durch Einpolymerisation einer zweiten Komponenten herabgesetzt, so spricht man von „innerer Weichmachung". Butylmetha-

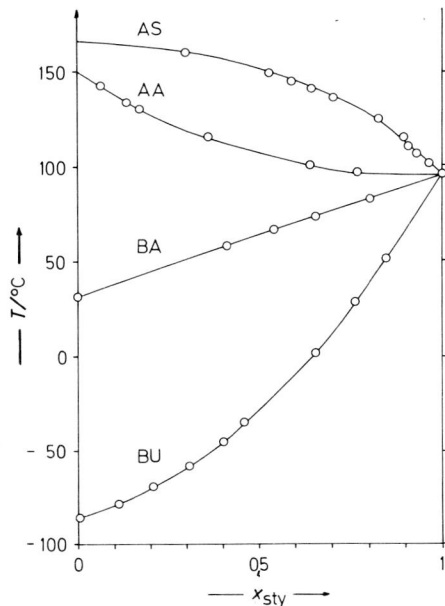

Abb. 10–25: Glasübergangstemperaturen T_G radikalisch hergestellter Copolymerer aus Styrol und Acrylsäure (AS), Acrylamid (AA), t-Butylacrylat (BA) bzw. Butadien (BU) als Funktion des Stoffmengenanteiles x_{sty} an Styrol-Bausteinen (nach K. H. Illers).

crylat ist z. B. ein solcher innerer Weichmacher für Poly(styrol). In Analogie dazu wird die Weichmachung durch Zumischen anderer Substanzen als „äußere Weichmachung" oder meist als Weichmachung schlechthin bezeichnet.

10.6 Andere Umwandlungen und Relaxationen

Außer der Schmelz- und der Glasübergangstemperatur treten bei Polymeren noch eine Reihe anderer Umwandlungs- bzw. Relaxationstemperaturen auf. Derartige Temperaturen können sowohl oberhalb als auch unterhalb der Glasübergangstemperatur liegen. Wie diese hängen sie auch von der Frequenz der Meßmethode ab.

Typisch dafür sind Messungen des mechanischen Verlustfaktors (zur Def. vgl. Kap. 11). Beim Poly(cyclohexylmetharcrylat) wird hier bei einer Frequenz von 10^{-4} Hz ein Verlustmaximum bei $-125\,°C$ beobachtet (Abb. 10–26). Das Maximum verschiebt sich bei höheren Frequenzen zu höheren Temperaturen. Die reziproke Verlusttemperatur hängt dabei linear vom Logarithmus der Frequenz ab (Abb. 10–27). Untersuchungen an verschiedenen chemischen Verbindungen zeigten, daß die Verlustmaxima spezifisch für die Cyclohexylgruppe sind. Sowohl die Werte für Poly(cyclohexylmethacrylat) und Poly(cyclohexylacrylat) als auch die für Cyclohexanol lassen sich nämlich auf der gleichen Kurve anordnen, nicht aber z. B. die Werte für Poly(phenyl-acrylat). Die Verlustmaxima müssen folglich von der Boot/Sessel-Umwandlung des Cyclohexylringes herrühren.

Die Boot/Sessel-Umwandlung des Cyclohexanringes ist eines der wenigen Beispiele, bei denen einer beobachteten β Umwandlung ein molekularer Mechanismus zugeordnet werden kann. Derartige Umwandlungen unterhalb der Glasübergangstemperatur sind jedoch sehr häufig. Sie geben sich bei DSC-Diagrammen oft durch einen Knick in der Kurve zu erkennen (Abb. 10–28). In vielen Fällen scheinen sie durch gekoppelte Bewegungen sehr kurzer Kettensegmente bedingt zu sein.

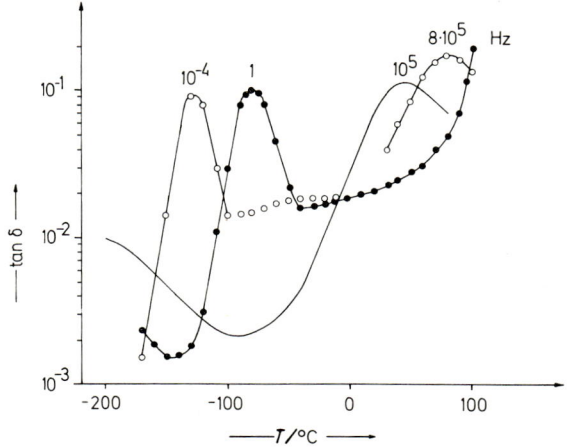

Abb. 10–26: Mechanischer Verlustfaktor tg δ von Poly(cyclohexylmethacrylat) als Funktion der Temperatur für verschiedene Frequenzen (nach J. Heijboer).

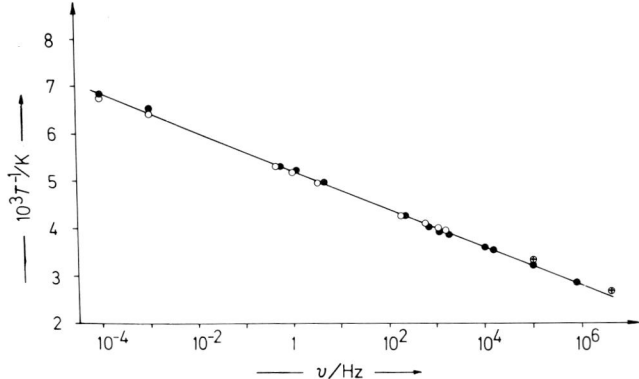

Abb. 10–27: Temperaturabhängigkeit der Verlustmaxima von Poly(cyclohexylmethacrylat) (•), Poly(cyclohexylacrylat) (○) und Cyclohexanol (⊕). Nach J. Heijboer.

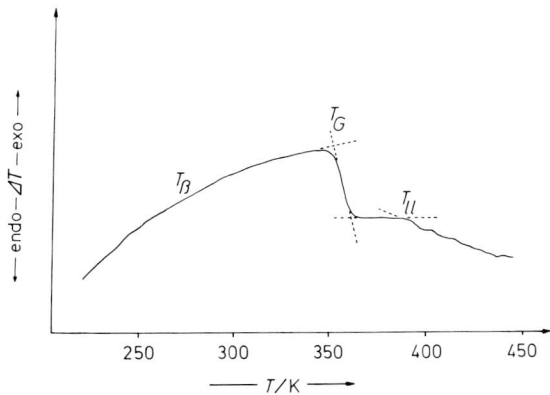

Abb. 10–28: DSC-Thermogramm eines niedermolekularen Poly(styrols) mit β-Übergang (T_β), Glasübergangstemperatur T_G und Flüssig/Flüssig-Übergang T_{ll}. Nach R. F. Boyer.

Oberhalb der Glasübergangstemperatur wird bei amorphen Polymeren eine Flüssig/Flüssig-Umwandlung beobachtet (Abb. 10–28). Die Molmassenabhängigkeit dieser Umwandlungstemperatur verläuft parallel zu derjenigen der Glasübergangstemperatur. Für unendlich hohe Molmassen scheint unabhängig von der Konstitution der Polymeren eine einfache Beziehung zwischen der Glasübergangstemperatur und der Flüssig/Flüssig-Umwandlung zu bestehen, nämlich $T_{ll} = 1{,}2\, T_G$ (Abb. 10–29).

10.7 Wärmeleitfähigkeit

Die üblichen Polymeren leiten nicht den elektrischen Strom. Wärme wird daher bei ihnen auch nicht durch Elektronen transportiert; sie muß vielmehr durch elastische

10.7 Wärmeleitfähigkeit

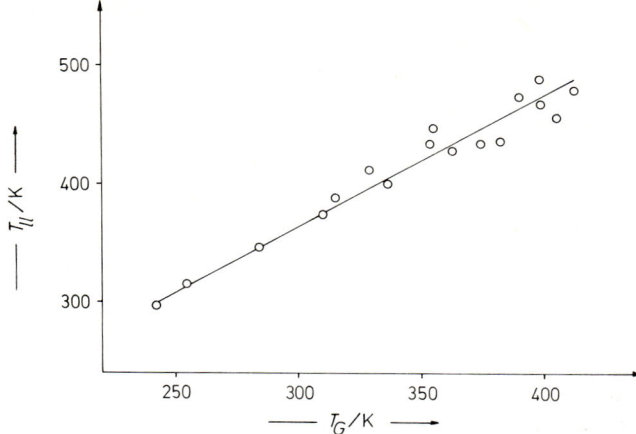

Abb. 10–29: Beziehung zwischen den Flüssig/Flüssig-Übergangstemperaturen und den Glasübergangstemperaturen für verschiedene Polymere. Nach R. F. Boyer.

Wellen (im Teilchenbild: Phononen) weitergeleitet werden. Die Strecke, bei der die Intensität der elastischen Wellen auf 1/e abgesunken ist, wird freie Weglänge der Phononen genannt. Sie ist bei Gläsern, amorphen Polymeren und Flüssigkeiten bei nicht zu tiefen Temperaturen weitgehend temperaturunabhängig und beträgt ca. 0,7 nm. Daraus kann man schließen, daß der bei amorphen Polymeren unterhalb der Glastemperatur beobachtete schwache Abfall der Wärmeleitfähigkeit im wesentlichen durch den Abfall der Wärmekapazität mit der Temperatur bedingt ist (Abb. 10–30).

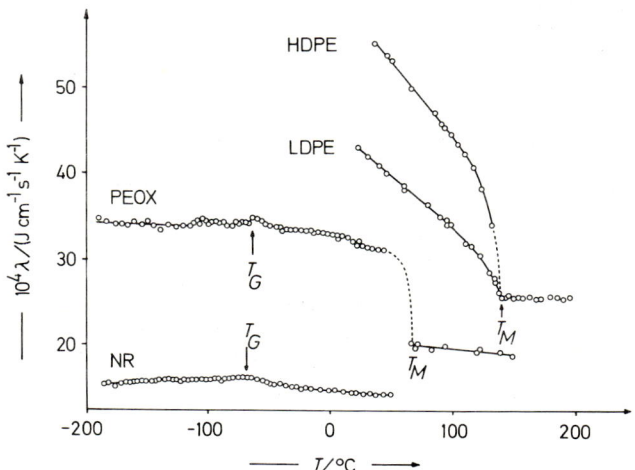

Abb. 10–30: Wärmeleitfähigkeit λ von Naturkautschuk NR, Poly(oxyethylen) PEOX und Poly(ethylenen) PE verschiedener Dichte als Funktion der Temperatur. T_G = Glasübergangstemperatur, T_M = Schmelztemperatur. Nach Daten verschiedener Autoren aus der Zusammenstellung von W. Knappe.

Bei noch tieferen Temperaturen wird schließlich bei 5–15 K ein Plateau erreicht. Dann setzt wieder ein langsamerer Abfall ein, bis schließlich die Wärmeleitfähigkeit bei Temperaturen unterhalb 0,5 K dem Quadrat der Temperatur proportional wird.

Bei Temperaturen oberhalb 150 K wird die Wärme im wesentlichen durch Stösse von Molekül zu Molekül weitergeleitet. Wegen der zunehmend lockeren Anordnung der Moleküle kann man daher oberhalb der Glasübergangstemperatur einen Abfall der Wärmeleitfähigkeit erwarten. Weil sich aber die Molekülpackungen unterhalb und oberhalb der Glasübergangstemperatur nicht sehr unterscheiden, sind auch die Wärmeleitfähigkeiten nicht sehr verschieden: die Wärmeleitfähigkeit zeigt bei der Glasübergangstemperatur nur ein schwaches Maximum.

Bei kristallinen Polymeren ändert sich dagegen die Packungsdichte bei der Schmelztemperatur drastisch: die Wärmeleitfähigkeit nimmt bei der Schmelztemperatur stark ab. Der Abfall ist umso stärker, je kristalliner das betreffende Polymere ist. Er setzt dabei weit unterhalb der Temperaturen ein, bei denen durch andere Methoden der Beginn des Schmelzens festgestellt wird.

Literatur zu Kap. 10

10.1 Grundlagen

B. Wunderlich und H. Bauer, Heat capacities of linear high polymers, Adv. Polymer Sci. 7 (1970) 151
A. D. Jenkins, Polymer Science, a materials science handbook, 2 Bde., North Holland, Amsterdam 1972
G. Patfoort, Polymers: an introduction to their physical, mechanical and rheological behavior, Story-Scientia, Ghent 1974
G. M. Bartenev und Yu. V. Zenlenev, Hrsg., Relaxation phenomena in polymers, Halsted, New York 1974
A. M. North, Relaxations in polymers, Internat. Rev. Sci., Phys. Chem. [2] 8 (1975) 1
D. J. Meier, Hrsg., Molecular basis of relaxations and transitions of polymers, (= Midland Macromolecular Monographs 4), Gordon and Breach, New York 1978.

10.2 Meßmethoden

M. Dole, Calorimetric studies and transitions in solid high polymers, Fortschr. Hochpolym. Forschg. 2 (1960) 221
W. J. Smothers and Y. Chiang, Handbook of differential thermal analysis, Chem. Publ. Col, New York 1966
D. Schultze, Differentialthermoanalyse, Verlag Chemie, Weinheim 1969
R. C. MacKenzie, Hrsg., Differential thermal analysis, Academic Press, Vol. 1 (1970), Vol. 2 (1972)
J. K. Gillham, Torsional braid analysis – A semimicro thermomechanical approach to polymer characterization, Crit. Revs. Macromol. Sci. 1 (1972) 83
A. M. Hassan, Application of wide-line NMR to polymers, Crit. Revs. Macromol. Sci. 1 (1972) 399
V. J. McBrierty, N. M. R. of solid polymers: a review, Polymer [London] 15 (1974) 503
W. Wrasidlo, Thermal analysis of polymers, Adv. Polymer Sci. 13 (1974) 1
J. Chiu, Dynamic thermal analysis of polymers, an overview, J. Macromol. Sci. [Chem.] A 8 (1974) 1

10.3 Kristallisation

L. Mandelkern, Crystallization of polymers, McGraw-Hill, New York 1964
A. Sharples, Introduction to polymer crystallization, Arnold, London 1966
B. Wunderlich, Crystallization during polymerization, Adv. Polymer Sci. 5 (1968) 568
J. N. Hay, Application of the modified Avrami equation to polymer crystallization kinetics, Brit. Polymer J. 3 (1971) 74

S. K. Bhateja und K. D. Pae, The effects of hydrostatic pressure on the compressibility, crystallization, and melting of polymers, J. Macromol. Sci. [Revs.] C **13** (1975) 77

J. P. Mercier und R. Legras, Hrsg., Recent advances in the field of crystallization and fusion of polymers, Polymer Symp. **59** (1977)

R. L. Miller, Hrsg., Flow induced crystallization of polymers (Midland Macromolecular Monographs 6), Gordon and Breach, New York 1979

10.4 Schmelzen

H. G. Zachmann, Das Kristallisations- und Schmelzverhalten hochpolymerer Stoffe, Fortschr. Hochpolym. Forschg.-Adv. Polymer Sci. **3** (1961/64) 581

10.5 Glasübergang

R. F. Boyer, The relation of transition temperatures to chemical structure in high polymers, Rubber Chem. Technol. **36** (1963) 1303

A. J. Kovacs, Transition vitreuse dans les polymères amorphes. Etude phénoménologique, Fortschr. Hochpolym. Forschg.-Adv. Polymer Sci. **3** (1961/64) 394

M. C. Shen und A. Eisenberg, Glass transitions in polymers, Rubber Chem. Technol. **43** (1970) 95

N. W. Johnston, Sequence distribution − glass transition effects, J. Macromol. Sci. [Revs. Macromol. Chem.] C **14** (1976) 215

M. Goldstein und R. Simha, Hrsg., The glass transition and the nature of the glassy state, Ann. N.Y. Acad. Sci. **279** (1976) 1

R. F. Boyer, Transitions and relaxations, in Encycl. Polymer Sci. Technol., Suppl. Vol. **2** (1977) 745

10.6 Andere Umwandlungen

A. Hiltner und E. Baer, Relaxation processes at cryogenic temperatures, Crit. Revs. Macromol. Sci. **1** (1972) 215

10.7 Wärmeleitfähigkeit

D. R. Anderson, Thermal conductivity of polymers, Chem. Revs. **66** (1966) 677

W. Knappe, Wärmeleitung in Polymeren, Adv. Polymer Sci. **7** (1971) 477

D. Hands, K. Lane und R. P. Sheldon, Thermal conductivities of amorphous polymers, J.Polymer. Sci. [Symp.] **42** (1973) 717

C. L. Choy, Thermal conductivity of polymers, Polymer **18** (1977) 984

D. Hands, The thermal transport properties of polymers, Rubber Chem. Technol. **50** (1977) 480

D. W. Phillips und R. A. Pethrick, Ultrasonic studies of solid polymers, J. Macromol. Sci.-Rev. Macromol. Chem. C **16** (1977/78) 1

11 Mechanische Eigenschaften

11.1 Phänomene

Makromolekulare Stoffe verhalten sich gegenüber mechanischen Beanspruchungen ganz verschieden. Becher aus konventionellem Poly(styrol) sind recht spröde und brechen bei einem kurzen, schnellen Schlag. Becher aus Nylon 6 sind dagegen sehr zäh. Schwach vernetzter Naturkautschuk dehnt sich beim Verstrecken um mehrere hundert Prozent; nach der Entlastung nimmt er praktisch seine ursprüngliche Form wieder an. Knetgummi bleibt dagegen nach dem Verformen völlig deformiert.

Rein gefühlsmäßig wird das Verhalten gegenüber einer Beanspruchung oft mit dem Aggregatzustand eines Stoffes verbunden. Niedermolekulare Substanzen können demgemäß fest, flüssig oder gasförmig sein. Bei niedermolekularen Stoffen ist die Einteilung nach Aggregatzuständen in der Regel auch eine Einteilung nach Ordnungszuständen. Die Einteilung nach den klassischen drei Aggregatzuständen erweist sich jedoch bei makromolekularen Substanzen als zu eng.

Als „fest" werden bei niedermolekularen Substanzen Stoffe bezeichnet, die eine hohe Ordnung und einen großen Widerstand gegen eine Verformung aufweisen. Fest in diesem Sinne sind z. B. Eisen und Kochsalz. Die Ordnung kommt durch ihre hohe Kristallinität zustande. Bei einer kurzen Beanspruchung werden die Atome aus ihrer Ruhelage ausgelenkt, die Atomabstände vergrößern sich. Nach der Entlastung nehmen die Atome wieder ihre Ruhelagen ein. Damit der Vorgang reversibel ist, darf die Dehnung ca. $1-2\%$ nicht überschreiten. Derartige Körper werden idealelastisch oder energieelastisch genannt.

Fest im üblichen Sprachgebrauch sind aber auch Holz und Glas. Beide Stoffe zeigen bei Raumtemperatur einen großen Widerstand gegen eine Verformung, sind aber nicht röntgenkristallin. Andererseits gibt es „kristalline Flüssigkeiten", die zwar eine optisch nachweisbare Ordnung, aber wenig Widerstand gegen eine Verformung aufweisen.

Echte Flüssigkeiten weisen dagegen keine weitreichende Ordnung auf. Sie verformen sich schon bei sehr kleinen und kurzzeitigen Beanspruchungen so vollständig, daß sie sehr schnell die Form des umgebenden Gefäßes annehmen. Auch Flüssigkeiten besitzen aber eine elastische Komponente, die sich z.B. bei Bauchklatschern beim Turmspringen unangenehm bemerkbar macht. Unter normalen Bedingungen verhalten sich aber niedermolekulare Flüssigkeiten rein viskos. Die Moleküle werden bei einer Beanspruchung irreversibel gegeneinander verschoben. Bei hochmolekularen Substanzen ist ein Fließen verhältnismäßig leicht oberhalb ihrer Glastemperatur möglich. Unterhalb der Glastemperatur amorpher Polymerer sind Deformationen viel schwieriger. Aus diesem Grunde und wegen ihrer mangelnden Ordnung bezeichnet man amorphe Substanzen unterhalb ihrer Glastemperatur auch als unterkühlte Flüssigkeiten.

Viskoses und energieelastisches Verhalten sind nach der Rheologie, der Lehre vom Fließen, nur zwei Grenzformen der möglichen Verhaltensweise der Materie. Es ist zweckmäßig, noch die entropieelastischen, die viskoelastischen und die plastischen Körper als besondere Klassen zu betrachten.

Plastische Körper zeigen eine irreversible Verformung erst oberhalb einer bestimmten Beanspruchung (vgl. Kap. 7.5.1).

Entropieelastische oder hochelastische Körper, wie z. B. schwach vernetzte Elastomere, können im Gegensatz zu den energieelastischen Stoffen um sehr große Beträge reversibel gedehnt werden (vgl. Kap. 11.3.1). Entropieelastische Körper verhalten sich daher — von sehr großen Dehnungen von einigen hundert Prozent einmal abgesehen — bei einer Beanspruchung wie feste niedermolekulare Substanzen. Wie Flüssigkeiten zeigen sie dagegen eine geringe Formbeständigkeit, aber eine hohe Volumenbeständigkeit. Die Ausdehnungs- und Kompressibilitätskoeffizienten sind jedoch kleiner als die von Flüssigkeiten. Dieses Verhalten wird durch eine Auslenkung der Molekülsegmente aus ihrer Ruhelage durch Einnehmen neuer Konformationen verursacht. Nach dem Entlasten stellt sich wieder die wahrscheinlichste Verteilung der Konformationen ein. Die Elastizität beruht also auf einer Entropieänderung. Da bei derartigen Stoffen die Molekülketten durch die Vernetzung gegenseitig festgelegt sind, kann kein Abgleiten der Molekülketten voneinander auftreten, d. h. kein viskoses Fließen.

Unvernetzte makromolekulare Substanzen zeigen ebenfalls in einem gewissen Ausmaß ein entropieelastisches Verhalten. Man kann sich dazu vorstellen, daß die Molekülketten zu einem Teil miteinander verhakt sind. Bei kurzen Beanspruchungen können sich die Verhakungen nicht voneinander lösen. Die Verhakungen wirken dann wie Vernetzungen und der Körper zeigt ein entropieelastisches Verhalten. Bei langen Beanspruchungszeiten schlüpfen jedoch die Ketten aus der Verhakung: die Substanz fließt. Stoffe mit vergleichbaren Anteilen von entropieelastischem und viskosem Verhalten nennt man viskoelastisch.

Der wissenschaftlichen Einteilung der Stoffzustände nach ihrem Fließverhalten entspricht in einem gewissen Umfang die Einteilung nach ihrer technischen Verwendung. Man unterscheidet hier Thermoplaste, Fasern, Elastomere und Duromere. Diese Einteilung gilt selbstverständlich nur für die betrachtete Gebrauchs- oder Verarbeitungstemperatur (vgl. Kap. 33).

11.2 Energieelastizität

11.2.1 GRUNDLAGEN

Ein ideal- oder energieelastischer Körper verformt sich unter der Einwirkung einer Kraft um einen bestimmten, von der Dauer der Einwirkung unabhängigen Betrag. Die Verformung kann eine Dehnung, Stauchung, Kompression, Biegung, Verdrillung oder Scherung sein (vgl. Tab. 11–1). Zu Vergleichszwecken bezieht man jedoch nicht auf die Kraft selbst, sondern auf die Kraft pro Flächeneinheit, d. h. die Spannung.

Energieelastische Körper lassen sich bei Zugspannungs/Dehnungs-Messungen durch das Hookesche Gesetz beschreiben. Nach diesem Gesetz ist die Zugspannung $\sigma_{11} = F/A_0$ direkt proportional der Deformation $\epsilon = (L - L_0)/L_0 = \Delta L/L_0$:

$$(11-1) \quad \sigma_{11} = E \epsilon \; ; \quad E = \frac{F/A_0}{\Delta L/L_0}$$

Die Proportionalitätskonstante E wird Elastizitätsmodul, E-Modul oder Young-Modul genannt. Sie wird immer auf den Querschnitt der Probe *vor* der Verstreckung bezogen. Der Kehrwert des Elastizitätsmoduls wird Zugnachgiebigkeit genannt.

Tab. 11-1: Bezeichnungen der Moduln bei verschiedenen Verformungen

Kraft	Verformung	Modul
Zugspannung	Dehnung	Elastizitätsmodul
Scherspannung (tangential)	Scherung	Schermodul, Schubmodul, Gleitmodul (im Engl. Torsionsmodul)
Scherspannung (an Zylindern)	Verdrehung, Verdrillung, Torsion	Torsionsmodul
Druckspannung	Stauchung	Elastizitätsmodul (falls allseitiger Druck: Kompressionsmodul)
Biegespannung	Biegung	Elastizitätsmodul (als Mittelwert von Zug und Druck)

Ähnliche Beziehungen bestehen für andere Verformungen energieelastischer Körper. Bei einer allseitigen Kompression ist die Proportionalitätskonstante zwischen Druck p und Kompression $(-\Delta V/V_0)$ der Kompressionsmodul K:

$$(11-2) \quad p = K(-\Delta V/V_0)$$

Scherspannung σ_{21} und Verformung γ sind durch den Scher-, Schub- oder Gleitmodul G verknüpft:

$$(11-3) \quad \sigma_{21} = G\gamma$$

Der Schermodul wird manchmal auch als Steifheit bezeichnet. Sein Kehrwert ist die Schernachgiebigkeit. Der Kehrwert des Kompressionsmoduls heißt dagegen Kompressibilität.

Die Moduln sind über die Poisson-Zahl (das Poisson-Verhältnis) miteinander verknüpft, welches das Verhältnis von relativer Querkontraktion zu axialer Dehnung angibt:

$$(11-4) \quad \mu = \frac{\Delta d/d_0}{\Delta l/l_0}$$

Nach Berechnungen für einfache Körper kann μ nur zwischen 0,5 und 0 variieren. Der obere Grenzwert von 0,5 wird bei volumenkonstanten Verformungen erreicht, z. B. bei Flüssigkeiten. Der untere Grenzwert von 0 tritt bei Verformungen ohne Querkontraktion auf, z. B. bei energieelastischen Festkörpern.

Bei geometrisch einfachen Körpern ergibt sich für die Beziehung zwischen der Poisson-Zahl und den verschiedenen Moduln

$$(11-5) \quad E = 2G(1+\mu) = 3K(1-2\mu)$$

Die Poisson-Zahl kann somit aus je zwei Moduln berechnet werden. Experimentell wird jedoch bei Polymeren nicht immer die von Gl. (11–5) geforderte Identität gefunden, da derartige Messungen oft unter verschiedenen Beanspruchungszeiten durchgeführt werden, wobei viskoelastische Anteile merklich werden. Aufgrund der theoretischen Grenzwerte für die Poisson-Zahl läßt sich jedoch vorhersagen, daß der Schubmodul immer zwischen 1/3 und 1/2 des E-Moduls liegen muß.

11.2 Energieelastizität

Tab. 11–2: Poisson-Zahlen ν, Elastizitätsmodul E, Schubmodul G und Kompressionsmodul K verschiedener Polymerer

Polymer	ν exp.	G/GPa exp.	K/GPa exp.	E/GPa exp.	aus G	aus K
Naturkautschuk	0,50	0,00035	2	0,0011	0,0011	–
Poly(ethylen), niedr. Dichte	0,49	0,070	3,3	0,20	0,21	0,20
Polyamid 6.6	0,44	0,70	5,1	1,9	2,0	1,8
Epoxidharz	0,40	0,90	6,4	2,5	2,5	3,8
Poly(methylmethacrylat)	0,40	1,1	5,1	3,2	3,1	3,0
Poly(styrol)	0,38	1,15	5,5	3,4	3,2	4,0

Der E-Modul sollte nach theoretischen Überlegungen linear mit dem Druck p zunehmen. Die Druckabhängigkeit sollte nach den gleichen Ableitungen durch die Poisson-Zahl gegeben sein.

(11–6) $\quad E_p = E_0 + 2(5 - 4\mu_0)(1 - \mu_0)p$

wobei E_p und E_0 die E-Moduln beim Druck p und beim Druck von 1 MPa sind und μ_0 die Poisson-Zahl bei 1 MPa. Für verschiedene Polymere mit etwa gleicher Poisson-Zahl sollte daher das Druckverhältnis E_p/E_0 bei konstantem Druck linear vom Kehrwert des E-Moduls E_0 abhängen (Abb. 11–1).

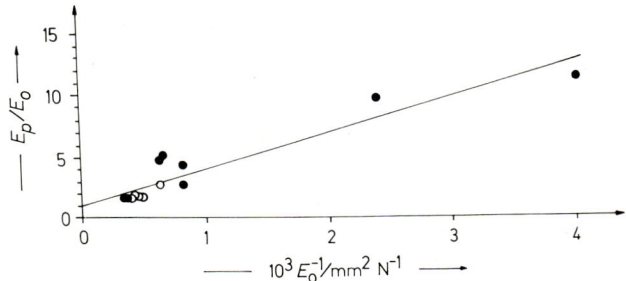

Abb. 11–1: Abhängigkeit des Modulverhältnisses E_p/E_0 verschiedener kristalliner (•) und amorpher (○) Polymerer vom Elastizitätsmodul E_0 bei einem Druck von 689 MPa (nach H.-G. Elias, S. K. Bhateja und K. D. Pae).

11.2.2 THEORETISCHE ELASTIZITÄTSMODULN

Die Elastizitätsmoduln von Polymeren lassen sich für die Kettenrichtung theoretisch berechnen. Als Beispiel sei eine Kette mit N Bindungen der Bindungslänge b und dem Bindungswinkel τ in all-trans-Konformation angenommen. Die maximale Länge dieser Kette beträgt dann

(11–7) $\quad L_{max} = N b \sin(0{,}5\,\tau) = N b \cos\theta$

wobei $\theta = (180 - \tau)/2$ der Komplementärwinkel des Bindungswinkels ist. Eine Längenänderung ΔL des Polymeren kann sowohl durch eine Deformation Δb der Bindungslängen als auch durch eine Aufweitung $\Delta\theta$ der Bindungswinkel hervorgerufen werden. Die Deformation Δb ergibt sich aus der dazu notwendigen Kraft $F\cos\theta$ und der aus Infrarotmessungen erhältlichen Kraftkonstanten k_b zu $\Delta b = (F\cos\theta)/k_b$. Auf jeden Komplementärwinkel wirkt entsprechend eine Kraft $(1/2) F b \sin\theta$, so daß sich mit der Kraftkonstanten k_τ für die Deformation des Bindungswinkels die Aufweitung der Bindungswinkel zu $\Delta\theta = -(1/4) F b \sin\theta/k_\tau$ ergibt. Mit der Definition des Elastizitätsmoduls (Gl. (11–1)) für molekulare Größen erhält man somit

$$(11-8) \quad E = \frac{b\cos\theta}{A_m}\left[\frac{\cos^2\theta}{k_b} + \frac{b^2\sin^2\theta}{4 k_\tau}\right]^{-1}$$

wobei A_m die Querschnittsfläche der Kette ist.

Tab. 11–3: Theoretische und experimentelle Elastizitätsmoduln von Polymeren verschiedenen Kristallisationsgrades α_{cryst}. A_m = molekulare Querschnittsfläche
[a)] Rayon, [b)] Flachs, [c)] Polymeres von $C_6H_5NHCOOCH_2-C\equiv C-C\equiv C-CH_2OOCNHC_6H_5$
[d)] Modmor I

Polymer	$\dfrac{10^{16} A_m}{cm^2}$	E/GPa Theorie	Gitter	Zugspannung	α_{cryst}/%
Poly(ethylen)	18,3	186–347	250	200	98
Poly(ethylen)			250	15	84
Poly(ethylen)			250	2,4	64
Poly(ethylen)			250	0,7	52
Poly(tetrafluorethylen), Mod. II	27,5	163	156		
Poly(oxymethylen), trigonal	17,2	48	54	23	
orthorhombisch	18,2	220	105		
Poly(oxyethylen)	21,5	9	10		
Polyamid 6,6	17,6	196		5	
Poly(p-benzamid)	19,8	203		77	
Poly(p-phenylenterephthalamid)	20,3			132	
Poly(ethylenterephthalat)	20,0	122–146	140	13	
Cellulose I	32,3	129	130	12[a)]–105[b)]	
Cellulose II			90		
Poly(diacetylenderivat)[c)]		45		45	100
it – Poly(propylen)	34,3	50	35	6	
it – Poly(styrol)	69,8		12		
st – Poly(vinylfluorid), β-Mod.	21,1	212	181	21	
st – Poly(vinylchlorid)	21,4	230			
st – Poly(vinylalkohol)	21,6		255	25	
st – Poly(acrylnitril)	30,8	236			
st – Poly(methylmethacrylat)		63			
Poly(isobutylen)	41,2	84			
Graphit		1020		420[d)]	
Stahl		270		210	
E-Glas				69–138	

Die theoretischen Elastizitätsmoduln hängen somit außer von den Bindungslängen, Bindungswinkeln und molekularen Querschnittsflächen der Ketten noch von den beiden Kraftkonstanten für die Deformation der Bindungslängen und der Aufweitung der Bindungswinkel ab. Polymere mit etwa gleichen Querschnittsflächen können daher sehr verschiedene Elastizitätsmoduln aufweisen (Tab. 11−3).

Die so berechneten theoretischen Elastizitätsmoduln werden im großen und ganzen durch die experimentell gewonnenen sog. Gittermodul (Kristallmodul) bestätigt. Die Gittermoduln werden bestimmt, indem der Bragg-Winkel ausgesuchter Reflexe als Funktion der angelegten Zugspannung röntgenographisch verfolgt wird. Die so erhaltenen scheinbaren Gittermoduln

$$(11-9) \quad E_{\text{cryst}}^{\text{app}} = \frac{\text{angelegte Kraft/Querschnittsfläche}}{\text{gemessene Dehnung des Kristalls}}$$

sind jedoch nur dann mit dem wahren Gittermodul E_c identisch, wenn die Spannungsverteilung homogen ist. Bei tieferen Temperaturen wird diese Forderung wegen der geringeren Kettenbeweglichkeit eher erfüllt sein als bei höheren. Die scheinbaren Gittermoduln nehmen daher mit der Temperatur ab und erreichen bei höheren bzw. tieferen Temperaturen je ein Plateau (Abb. 11−2).

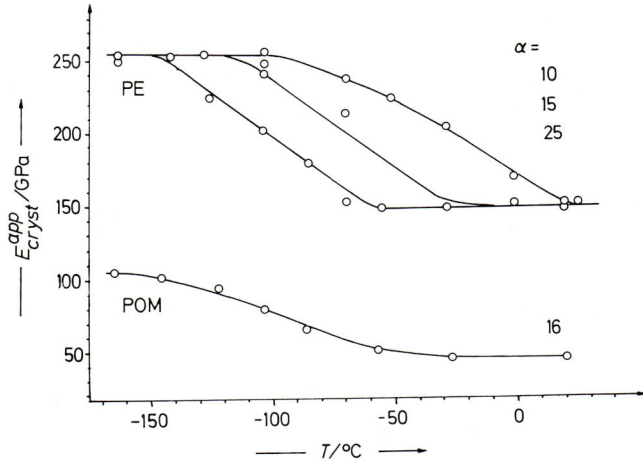

Abb. 11−2: Temperaturabhängigkeit der scheinbaren Gittermoduln $E_{\text{cryst}}^{\text{app}}$ von der Verstreckungstemperatur und dem Verstreckungsgrad α bei einem Poly(ethylen) PE und einem Poly(oxymethylen) POM. Nach Daten von B. Brew, J. Clements, G. R. Davies, R. Jakeways und I. M. Ward.

Die so erhaltenen Gittermoduln sind im großen und ganzen mit den theoretisch berechneten E-Moduln identisch. Sie hängen auch nicht von der Dichte-Kristallinität $\alpha_{\text{cryst}}^{\text{D}}$ ab, ein Hinweis, daß die Spannungsverteilung in der Tat homogen ist.

11.2.3 REALE ELASTIZITÄTSMODULN

Die über Zugspannungs-/Dehnungs-Messungen ermittelten Elastizitätsmoduln sind in der Regel viel tiefer als die Gittermoduln der gleichen Polymeren (Tab. 11–3). Der Unterschied ist auf die Effekte der Entropie- und Viscoelastizität zurückzuführen. Da in solchen Polymerproben die meisten Ketten nicht in Richtung der Zugspannung liegen, können Deformationen auch durch Konformationsänderungen erfolgen. Außerdem können die Ketten irreversibel voneinander abgleiten. Die aus Zugspannungs-/Dehnungs-Messungen erhaltenen E-Moduln sind daher keine Maßzahlen für die Energieelastizität. Sie sind vielmehr nur Proportionalitätskonstanten in der Hookeschen Gleichung. Die Grenze des entsprechenden Proportionalitätsbereiches liegt bei Polymeren bei ca. 0,1–0,2 %. Oberhalb dieser sog. Proportionalitätsgrenze kann die Beziehung zwischen Spannung und Dehnung völlig anders verlaufen (Kap. 11.5). Die Elastizitätsmoduln von Polymeren werden daher üblicherweise bei einer Dehnung von 0,2 % und über Zeiten von 100 s gemessen. Über längere Zeiten und/oder bei größeren Dehnungen gemessene Moduln sind niedriger.

Der Einfluß des Kristallinitätsgrades auf die Elastizitätsmoduln läßt sich vielfach mit Hilfe des 2-Phasen-Modells in der gleichen Weise wie bei Blends oder faserverstärkten Kunststoffen beschreiben (vgl. Kap. 35). Man faßt dabei das kristalline Polymere als Verbundwerkstoff aus der amorphen und der kristallinen Phase auf. Die E-Moduln des realen Polymeren ergeben sich dann aus den idealen E-Moduln der kristallinen und der amorphen Phase aus den entsprechenden Additivitätsregeln für die verschiedenen Arten der Orientierung der Kristallite. U. U. muß noch ein Kontinuitätsfaktor für die verschiedenen Phasen eingeführt werden, der in erster Näherung durch das Schlankheitsverhältnis der Kristallite gegeben zu sein scheint.

Die E-Moduln hängen oft noch von der Umgebung ab. Wasser wirkt in vielen Fällen als Weichmacher und setzt dann wegen der erhöhten Kettenbeweglichkeit den Elastizitätsmodul herab. Die zeitabhängige Diffusion des Wassers in die Polymeren führt daher zu zeitabhängigen E-Moduln. Ein Polyamid besaß z. B. im trockenen Zustand einen E-Modul von 2,75 GPa, luftfeucht einen von 1,7 GPa und nach vier Monaten an der Luft einen von 0,86 GPa.

Die E-Moduln ändern sich bei der Variation des Stoffzustandes um ein bis mehrere Zehnerpotenzen (vgl. auch Kap. 11.4). Für jeden Stoffzustand lassen sich jedoch Richtwerte angeben, die weitgehend unabhängig von der chemischen Struktur der Polymeren sind (Tab. 11–4). Für die „normalen" unorientierten und partiell kristallinen Polymeren ergeben sich so E-Moduln von ca. 0,1 – 10 GPa (Tab. 11–3). Diese Werte sind für lasttragende Anwendungen von Polymeren zu niedrig, können jedoch durch sorgfältiges Verstrecken und/oder Zusatz geeigneter Füllstoffe stark erhöht werden (vgl. auch Kap. 35).

Tab. 11–4: Elastizitätsmoduln verschiedener Materialien bei Raumtemperatur

Material	E/GPa
Vulkanisierter Kautschuk	0,001–0,01
Kristallisierter Kautschuk	0,1
Unorientierte, partiell kristalline Polymere	0,1–10
Fasern, verstärkte Kunststoffe	10–100
Anorganische Gläser	100–1000
Kristalle	1000–10 000

11.3 Entropieelastizität

11.3.1 PHÄNOMENE

Schwach vernetzte Polymere oberhalb ihrer Glasübergangstemperatur sind Gummis. Derartige Gummis weisen gleichzeitig die Charakteristiken von Festkörpern, Flüssigkeiten und Gasen auf. Wie Festkörper besitzen sie eine Dimensionsstabilität und verhalten sich bei kleinen Verformungen wie Hookesche Körper. Andererseits weisen sie ähnliche Ausdehnungskoeffizienten und Elastizitätsmodul wie Flüssigkeiten auf. So wie die Drucke von komprimierten Gasen mit steigender Temperatur zunehmen, so steigen auch bei Gummis die Spannungen an (Abb. 11—3). Unterhalb der Glasübergangstemperatur nehmen dagegen die Spannungen mit abnehmender Temperatur zu.

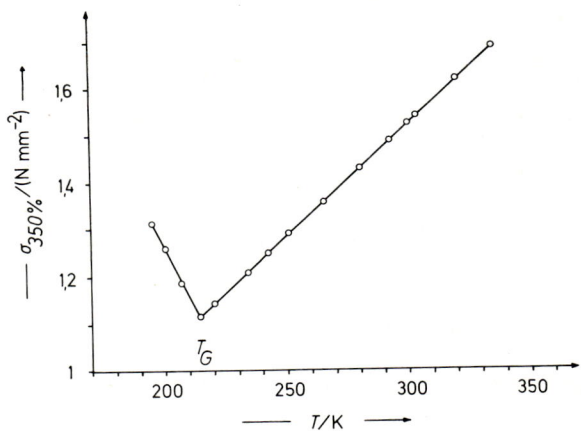

Abb. 11—3: Zugspannung $\sigma_{350\%}$ bei 350% Dehnung als Funktion der Temperatur bei schwach vernetztem Naturkautschuk. Nach Daten von K. H. Meyer und C. Ferri.

Das gasähnliche Verhalten ist charakteristisch für sog. entropieelastische Körper. Deformiert man solche Materialien, so werden die Segmente aus ihrer Gleichgewichtslage entfernt und in einen entropisch ungünstigeren Zustand gebracht. Die Segmente können jedoch wegen der Vernetzung nicht voneinander abgleiten; der Körper wird also nicht irreversibel verformt. Bei der Entlastung kehren die Segmente aus einer geordneteren in eine ungeordnetere Lage zurück: die Entropie nimmt zu. Das Phänomen der „Gummielastizität" kann somit auf verschiedene Weisen beschrieben werden. In molekularer Sicht wird durch die Verformung eine Konformationsänderung erzwungen. Thermodynamisch gesehen erzeugt die Deformation eine Entropieerniedrigung. In der Sprache der Mechanik hat man das Auftreten einer Normalspannung zu betrachten. Dieser Spannungsanteil hat seinen Namen daher, weil er rechtwinklig („normal") zur Deformationsrichtung auftritt.

Entropie- und energieelastische Körper unterscheiden sich sehr charakteristisch:
1. Energieelastische Körper weisen kleine reversible Deformationen von ca. 0,1 % bei großen Elastizitätsmoduln auf. Entropieelastische Körper besitzen dagegen niedrige Elastizitätsmoduln und hohe reversible Deformationen von einigen hundert Prozent.
2. Beim Verstrecken kühlen sich energieelastische Körper ab, entropieelastische erwärmen sich dagegen.
3. Energieelastische Körper wie z. B. Stahl und weniger als ca. 10% gedehnte Gummis dehnen sich beim Erhitzen aus, stark gedehnter Gummi zieht sich jedoch zusammen.

11.3.2 PHÄNOMENOLOGISCHE THERMODYNAMIK

Die im vorhergehenden Kapitel beschriebenen Zustandsänderungen entropieelastischer Körper lassen sich durch die phänomenologische Thermodynamik quantitativ beschreiben. Man geht dazu von einer der Grundgleichungen der Thermodynamik aus. Die hier interessierende Beziehung verknüpft den Druck p mit der Inneren Energie U, dem Volumen V, und der thermodynamischen Temperatur T (vgl. Lehrbücher der chemischen Thermodynamik):

(11–10) $\quad p = -(\partial U/\partial V)_T + (\partial p/\partial T)_V T$

Statt der Volumenänderung dV wird nun die Längenänderung dl beim Anlegen einer Reckkraft F betrachtet. F hat das umgekehrte Vorzeichen wie der Druck p. Gl. (11–10) geht somit über in

(11–11) $\quad F = (\partial U/\partial l)_T + (\partial F/\partial T)_l T$

Differenziert man den 2. Hauptsatz der Thermodynamik $A = U - TS$ nach der Länge l, so erhält man

(11–12) $\quad (\partial A/\partial l)_T = (\partial U/\partial l)_T - T(\partial S/\partial l)_T$

Durch Gleichsetzen der beiden Ausdrücke für $(\partial U/\partial l)_T$ in den Gl. (11–9) und (11-10) findet man

(11–13) $\quad (\partial A/\partial l)_T + T(\partial S/\partial l)_T = F - T(\partial F/\partial T)_l$

In der Thermodynamik gilt ferner ganz allgemein

(11–14) $\quad (\partial S/\partial V)_T = (\partial p/\partial T)_V$

Da die Kraft F dem Druck p proportional ist und die Länge l dem Volumen V, kann man in Analogie zu Gl. (11–14) setzen

(11–15) $\quad (\partial S/\partial l)_T = -(\partial F/\partial T)_l$

Setzt man Gl. (11–15) in Gl. (11–13) ein, so resultiert

(11–16) $\quad (\partial A/\partial l)_T - T(\partial F/\partial T)_l = F - T(\partial F/\partial T)_l$

11.3 Entropieelastizität

Die zweiten Terme jeder Seite der Gl. (11−16) sind miteinander identisch. Die sog. thermische Zustandsgleichung der entropieelastischen Körper lautet daher

(11−17) $(\partial A/\partial T)_l = F$

Experimentell wurde gefunden, daß bei weniger als 300 % gedehntem, schwach vernetzten Naturkautschuk die Kraft F der Temperatur T proportional ist. Daraus folgt $F = const \cdot T$ bzw. $(\partial F/\partial T) = const$ oder

(11−18) $F/T = (\partial F/\partial T)$

Setzt man Gl. (11−18) in Gl. (11−11) ein, so resultiert

(11−19) $(\partial U/\partial l)_T = 0$

Die Innere Energie U eines entropieelastischen Körpers ändert sich bei einer Dehnung somit nicht. In diesem Verhalten unterscheidet sich ein entropieelastischer Körper grundlegend von einem energieelastischen.

Für die Änderung der Reckkraft F beim Erwärmen ergibt sich die folgende Beziehung. Durch eine Kombination von Gl. (11−18) und Gl. (11−15) gelangt man zu

(11−20) $dS = -(F/T)\,dl$

TdS und F sind positiv. Die Längenänderung muß also negativ sein: entropieelastische Körper besitzen einen negativen thermischen Ausdehnungskoeffizienten.

Das totale Differential der Längenänderung eines entropieelastischen Körpers lautet

(11−21) $dl = (\partial l/\partial F)_T\,dF + (\partial l/\partial T)_F\,dT$

Erwärmt man bei konstanter Länge, so ist $dl = 0$. Gl. (11−21) geht dann über in

(11−22) $(\partial F/\partial T)_l = -(\partial l/\partial T)_F / (\partial l/\partial F)_T$

Der thermische lineare Ausdehnungskoeffizient $\gamma = (1/l)(\partial l/\partial T)$ eines entropieelastischen Körpers ist nach Gl. (11−20) negativ. Der Nenner der Gl. (11−22) entspricht der Längenzunahme bei einer Erhöhung der Spannung. $(\partial l/\partial F)_T$ ist positiv. In Gl. (11−22) muß also $(\partial F/\partial T)_l$ positiv sein: beim Erwärmen eines entropieelastischen Körpers nimmt die Spannung zu.

Real entropieelastische Körper enthalten im Gegensatz zu ideal entropieelastischen immer noch einen energieelastischen Anteil. Die von diesem Anteil herrührende Kraft F_e ist für eine uniaxiale Deformation gegeben durch

(11−23) $F_e = (\partial U/\partial l)_{T,V} = F - T(\partial F/\partial T)_{V,l}$

Der energieelastische Anteil F_e/F kann daher prinzipiell aus Kraft/Temperatur-Messungen bei konstantem Volumen erhalten werden. Da derartige Messungen experimentell schwierig sind, mißt man meist bei konstanter Länge und wertet dann mit für diesen Fall abgeleiteten, aber hier nicht wiedergegebenen Gleichungen aus.

Die so ermittelten energieelastischen Anteile F_e/F sind, wie von der Theorie gefordert, über einen recht breiten Bereich unabhängig vom Verstreckungsverhältnis α

(Abb. 11–4). In diesem Bereich sind die Daten auch unabhängig von der Meßmethode, den Vernetzungsbedingungen, dem Vernetzungsgrad, dem Deformationstyp (Dehnung, Kompression, Verdrillung), der Natur des quellenden Lösungsmittels und dem Verdünnungsgrad. Bei höheren Verstreckungsverhältnissen fallen die F_e/F-Werte ab, weil der Naturkautschuk unter Spannung kristallisiert. Der steile Anstieg der F_e/F-Werte zu kleineren Verstreckungsgraden ist vermutlich durch die hier merklich werdenden Beiträge intermolekularer Wechselwirkungen bedingt.

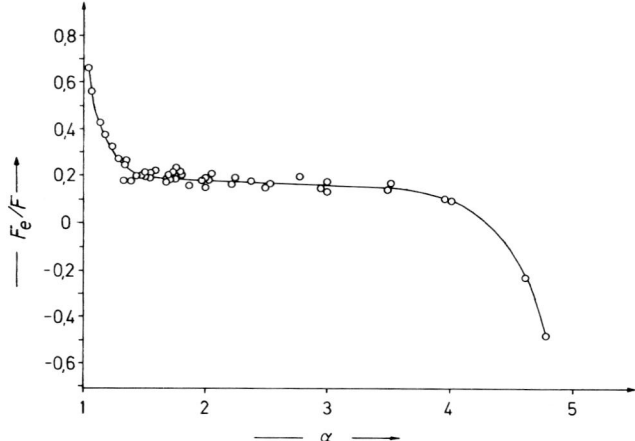

Abb. 11–4: Abhängigkeit des energieelastischen Anteils F_e/F vom Verstreckungsverhältnis α beim Naturkautschuk nach Daten verschiedener Autoren (M. Shen, D. A. McQuarrie und J. L. Jackson)

Energieelastische Anteile können sowohl positiv als auch negativ sein (Tab. 11–5). Bei Polymeren mit einer trans-Konformation als energieärmster Konformation führt daher eine Umwandlung von gauche nach trans zu einer Energie-Erniedrigung. Der energieelastische Anteil ist dann negativ wie es für vernetztes Poly(ethylen) gefunden wurde. Bei Poly(dimethylsiloxan)-Netzwerken ist dagegen der energieelastische Anteil positiv; es müssen sich somit beim Verstrecken trans-Konformationen in gauche-Konformationen umwandeln.

Tab. 11–5: Energieelastische Anteile bei verschiedenen vernetzten Polymeren

Polymer	F_e/F	Polymer	F_e/F
Poly(ethylen)	−0,42	Poly(isobutylen)	−0,06
Poly(oxyethylen)	0,08	Poly(dimethylsiloxan)	0,19
Poly(oxytetramethylen)	−0,47	cis-1,4-Poly(butadien)	0,12
Poly(vinylalkohol)	0,42	trans-1,4-Poly(butadien)	−0,25
Poly(styrol)	0,16	cis-1,4-Poly(isopren)	0,17
Poly(ethylen-co-propylen)	−0,43	trans-1,4-Poly(isopren)	−0,09

11.3.3 STATISTISCHE THERMODYNAMIK IDEALER NETZWERKE

Die phänomenologische Thermodynamik beschreibt die Änderungen von Energien, Volumina, Temperaturen usw. Sie kann aber ohne zusätzliche Annahmen nichts über die diesen Prozessen zugrundeliegenden molekularen Phänomene aussagen. Die statistische Thermodynamik versucht, solche Aussagen durch Wahrscheinlichkeitsbetrachtungen zu erhalten.

Beim Dehnen eines schwach vernetzten Materials nehmen die sich zwischen zwei Vernetzungspunkten befindenden Molekülsegmente eine unwahrscheinlichere Lage ein. Die Enden der Segmente entfernen sich voneinander. Das eine Ende soll definitionsgemäß im Koordinatenursprung liegen. Es muß dann die Wahrscheinlichkeit $\Omega_i(x, y, z)\,dxdydz$ betrachtet werden, den anderen Endpunkt in einem Volumenelement $dxdydz$ zu finden (vgl. dazu Gl. (A 4–37) für den Ausdruck für *eine* Richtung)

(11–24) $\quad \Omega_i(x, y, z)\,dxdydz = (B/\pi^{0,5})^3 \exp(-B^2(x_i^2 + y_i^2 + z_i^2))\,dxdydz$

mit

(11–25) $\quad B^2 = (3/2)/N b^2)$

wobei N die Anzahl der Bindungen und b die Bindungslänge ist.

Durch Einsetzen von Gl. (11–24) in die Boltzmannsche Gleichung $s_i = k \ln \Omega_i$ erhält man für die Entropie eines Segmentes

(11–26) $\quad s_i = k \ln[const(B/\pi^{0,5})^3 \,dxdydz] - kB^2(x_i^2 + y_i^2 + z_i^2)]$

Die Konstante *const* dient zum Anpassen der Einheiten und ist daher eine reine Hilfsgröße. Sie fällt bei der weiteren mathematischen Behandlung wieder heraus. Es wird nämlich jetzt angenommen, daß sich die Abmessungen jedes einzelnen Segmentes in der gleichen Weise wie die äußeren Abmessungen des Prüfkörpers ändern, nämlich mit dem Dehnungsverhältnis α. Die Abmessung in x-Richtung des i.Segmentes soll daher bei dieser affinen Deformation nach der Dehnung α-mal so groß wie vor der Dehnung sein usw.:

(11–27) $\quad x_i = \alpha_x x_{i,o}\,; \quad y_i = \alpha_y y_{i,o}\,; \quad z_i = \alpha_z z_{i,o}$

Gl. (11–27) geht mit Gl. (11–26) für die Entropieänderung *eines* Segmentes beim Recken über in

(11–28) $\quad \Delta s_i = s_i - s_{i,o} = -kB^2[(\alpha_x^2 x_{i,o}^2 + \alpha_y^2 y_{i,o}^2 + \alpha_z^2 z_{i,o}^2) - (x_{i,o}^2 + y_{i,o}^2 + z_{i,o}^2)]$

Die totale Entropieänderung soll additiv sein. Bei gleich langen Ketten gilt dann

(11–29) $\quad \Delta S = \sum_i \Delta s_i = -kB^2[(\alpha_x^2 - 1)\sum_i x_{i,o}^2 + (\alpha_y^2 - 1)\sum_i y_{i,o}^2 + (\alpha_z^2 - 1)\sum_i z_{i,o}^2]$

Nun gilt aber für den Fadenendenabstand (vgl. Gl. (4–24))

(11–30) $\quad \langle L^2 \rangle_{00} = N b^2 = \langle x_0^2 \rangle + \langle y_0^2 \rangle + \langle z_0^2 \rangle$

sowie mit der Zahl N_i der Segmente

(11–31) $\quad \sum_i x_{i,o}^2 = N_i \langle x_0^2 \rangle\,; \quad \sum_i y_{i,o}^2 = N_i \langle y_0^2 \rangle\,; \quad \sum_i z_{i,o}^2 = N_i \langle z_0^2 \rangle$

und bei einem isotropen Material

(11–32) $\langle x_0^2 \rangle = \langle y_0^2 \rangle = \langle z_0^2 \rangle$

Aus den Gl. (11–29)–(11–31) und (11–25) folgt daher

(11–33) $\Delta S = -0{,}5 \, kN_i \, (\alpha_x^2 + \alpha_y^2 + \alpha_z^2 - 3)$

Nach Gl. (11–33) ist die Entropieänderung eines Kautschuks beim Verstrecken nicht durch eine besondere chemische Struktur bedingt, sondern lediglich durch die Zahl der Vernetzungspunkte zwischen den Ketten.

Gl. (11–33) beschreibt einen Spezialfall, nämlich den eines Dehnens ohne Volumenänderung ($\alpha_x \alpha_y \alpha_z = 1$). Für den allgemeinen Fall sind verschiedene Gleichungen vorgeschlagen worden, die sich alle auf einen Typ

(11–34) $\Delta S = -A \, [(\alpha_x^2 + \alpha_y^2 + \alpha_z^2 - 3) - D]$

zurückführen lassen. Sowohl der Frontfaktor A als auch D haben nach den verschiedenen theoretischen Ansätzen eine unterschiedliche Bedeutung, z. B. $D = \ln \alpha^3$.

Die Reckkraft F läßt sich nach Gl. (11 - 20) durch

(11–35) $F = -T \, (\partial S/\partial l)_{T,V} = -T \, (\partial \Delta S/\partial l)_{T,V}$

ausdrücken. ΔS ergibt sich aus Gl. (11–33). Dehnt sich die Kette beim Recken in einer Richtung aus ($\alpha_x = \alpha$) und verkürzt sie sich gleichmäßig in den beiden anderen Richtungen ($\alpha_y = \alpha_z = \alpha_x^{-0{,}5}$), dann geht Gl. (11 - 33) über in

(11–36) $\Delta S = -0{,}5 \, kN_i \, (\alpha^2 + (2/\alpha) - 3)$

und nach der Differentiation, mit $\alpha = l/l_0$,

(11–37) $(\partial \Delta S/\partial l)_{T,V} = -kN_i \, (\alpha - \alpha^{-2})/l_0$

bzw. eingesetzt in Gl. (11–35)

(11–38) $F = kTN_i \, (\alpha - \alpha^{-2})/l_0$

Dividiert man beide Seiten durch den Ausgangsquerschnitt $A_0 = V_0/l_0$, so geht Gl. (11–38) mit der Definition der Zugspannung $\sigma_{ii} = F/A_0$, der Gaskonstanten $R = kN_L$ und der Stoffmengenkonzentration $[M_i] = N_i/(V_0 N_L)$ der Netzketten über in

(11–39) $\sigma_{ii} = kT \, (N_i/V_0) \, (\alpha - \alpha^{-2}) = RT \, [M_i] \, (\alpha - \alpha^{-2})$

Das Experiment stimmt nach Abb. 11 - 5 bei der Kompression und bei kleinen Dehnungen recht gut mit der von Gl. (11–39) geforderten Beziehung zwischen σ und α überein. Bei großen Dehnungen treten Abweichungen auf. Sie könnten durch die beginnende Kristallisation des Kautschuks, eine nicht Gaußsche Verteilung der Vernetzungsstellen oder durch Zeiteffekte bedingt sein.

11.3.4 REALE NETZWERKE

Die experimentell gefundenen Abweichungen von Gl. (11–39) werden meist empirisch durch die Mooney-Rivlin-Gleichung

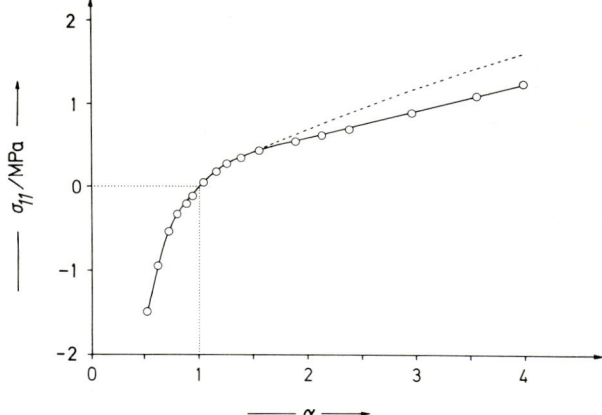

Abb. 11–5: Beziehung zwischen der Spannung σ_{ii} und dem Dehnungsverhältnis $\alpha = l/l_0$ bei vernetztem Naturkautschuk. ○——○ experimentell, – – – berechnet nach Gl. (11–39). Messungen durch Dehnung (bei $\alpha > 1$) oder Kompression (bei $\alpha < 1$) (nach L. R. G. Treloar).

$$(11-40) \quad [F^*] = \frac{\sigma_{ii}}{\alpha - \alpha^{-2}} = 2C_1 + 2C_2\alpha^{-1}$$

beschrieben (Abb. 11–6). Die Konstante $2C_1$ wird oft mit dem entsprechenden statistisch-thermodynamischen Ausdruck aus Gl. (11–39) identifiziert, d. h. mit

$$(11-41) \quad \frac{\sigma_{11}}{\alpha - \alpha^{-2}} = RT[M_i] = kT(N_i/V_0) = 2C_1$$

Die Konstante $2C_2$ nimmt nach Abb. 11–6 mit fallendem Volumenanteil ϕ_2 des Polymeren im gequollenen Netzwerk ab, d. h. mit steigendem Quellungsgrad. Sie wird auch durch die Vernetzungsbedingungen wie z. B. die Kettenorientierung während der Vernetzung, die Anwesenheit von Lösungsmitteln, dem Vernetzungsgrad usw. beeinflußt. Viele Indizien sprechen dafür, daß der Ausdruck $2C_2$ auf Verhakungen zwischen Kettensegmenten anspricht. Das Verhältnis C_2/C_1 nimmt nämlich mit der Querschnittsfläche der Polymermoleküle ab (Abb. 11–7), die wiederum mit der Steifheit der Polymerketten und deren Tendenz zur Verhakung verknüpft ist.

11.3.5 GESCHERTE NETZWERKE

Eine Scherung kann ähnlich wie ein Zug behandelt werden. Bei der Scherung wird die Probe in x-Richtung gedehnt und in y-Richtung entsprechend verkleinert. Die Abmessungen in der z-Richtung bleiben konstant. Es gilt also $\alpha = \alpha_x$, $\alpha = 1/\alpha_y$ und $\alpha_z = 1$. Gl. (11–33) geht damit über in

$$(11-42) \quad \Delta S = -0{,}5\, kN_i(\alpha^2 + \alpha^{-2} - 2)$$

und entsprechend für die auf das Einheitsvolumen V_0 bezogene Entropieänderung ΔS_V mit $[M_i] = N_i/(V_0 N_L)$, $R = kN_L$ und $\Delta S_V = \Delta S/V_0$

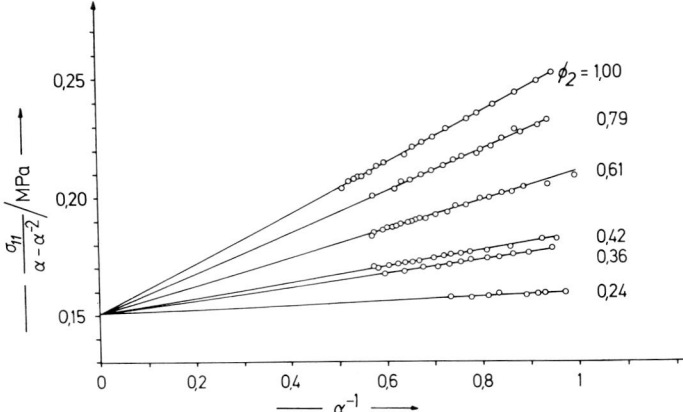

Abb. 11–6: Reduzierte Spannung $\sigma_{11}/(\alpha - \alpha^{-2})$ von vernetztem Naturkautschuk als Funktion des reziproken Dehnungsverhältnisses bei 45°C im ungequollenen ($\phi_2 = 1$) und in Decan gequollenem Zustand bei verschiedenen Quellungsgraden (nach J. E. Mark)

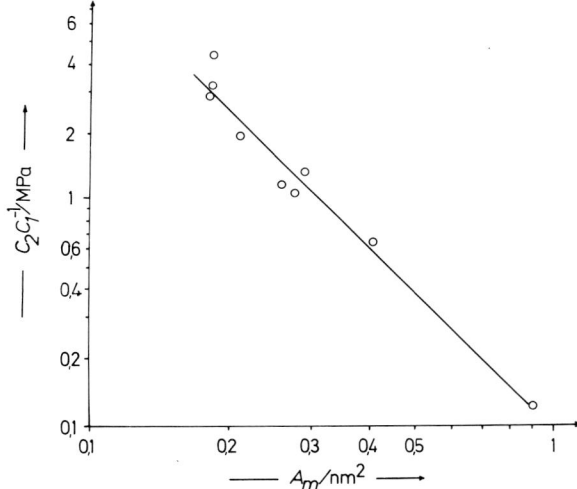

Abb. 11–7: Verhältnis C_2/C_1 der Mooney-Rivlin-Konstanten verschiedener Elastomerer als Funktion des Kettenquerschnittes bei $2\,C_1 = 0{,}2$ MPa (nach R. F. Boyer und R. L. Miller)

(11–43) $\quad \Delta S_V = -0{,}5\,R\,[M_i]\,(\alpha^2 + \alpha^{-2} - 2)$

Die Deformation γ bei einer Scherbeanspruchung ergibt sich durch $\gamma = \alpha - \alpha^{-1}$. Aus Gl. (11–42) wird somit wegen $\gamma^2 = (\alpha - \alpha^{-1})^2 = \alpha^2 + \alpha^{-2} - 2$

(11–44) $\quad \Delta S_V = -0{,}5\,R\,[M_i]\,\gamma^2$

11.3 Entropieelastizität

Die Beziehung zwischen Scherspannung σ_{21} und Scherung γ ist in Analogie zu Gl. (11–35) gegeben durch

(11–45) $\quad \sigma_{21} = - T(\partial \Delta S_V / \partial \gamma)$

Aus Gl. (11–45) erhält man daher nach Differentiation von Gl. (11–44)

(11–46) $\quad \sigma_{21} = RT\gamma \ [M_i] = G\gamma$

Nach Gl. (11–45) ist die Scherspannung direkt proportional der Scherung. Der Kautschuk verhält sich also bei der Scherung wie ein Hookescher Körper mit dem Schermodul G (vgl. Gl. (11–3)), nicht aber bei einer Dehnung (vgl. Gl. (11–39)).

11.3.6 VERHAKUNGEN

Nicht nur chemisch schwach vernetzte Stoffe, auch unvernetzte Kettenmoleküle zeigen unter bestimmten Beanspruchungen entropieelastisches Verhalten. Man kann sich dazu vorstellen, daß sich die Ketten langer, unvernetzter, flexibler Makromoleküle zu einem gewissen Ausmaß ineinander verhaken oder verschlaufen können. Bei einer schnellen Deformation durch Zug wirken die Verhakungen wie Vernetzungen. Die Kettenteile nehmen unwahrscheinlichere Lagen ein und versuchen, in die Ausgangslagen zurückzukehren. Es baut sich eine Normalspannung auf. Diese Normalspannung läßt sich in Kegel/Platte-Viskosimetern getrennt von der Schubspannung messen. Bei der Rotation gibt es eine Scherung. Auf den Rotor wird ein Drehmoment übertragen, aus dem die Schubspannung berechnet werden kann. Kegel und Platte werden aber durch die Normalspannung der Probe auseinandergedrückt. Um dieses zu verhindern, muß eine Kraft aufgewendet werden, die der Normalspannung proportional ist. Die Normalspannung kann viel größer als die Schubspannung sein (Abb. 11–8).

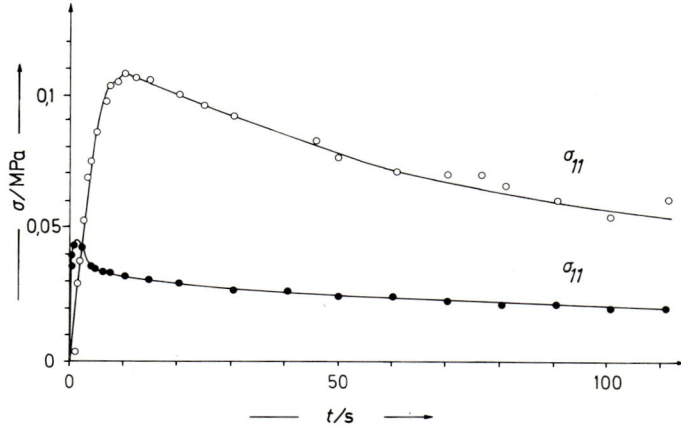

Abb. 11–8: Schubspannung σ_{21} und Normalspannung σ_{11} als Funktion der Zeit bei Messungen an einem Poly(ethylen) mit einem Kegel/Platte-Viskosimeter bei 150 °C und einem Geschwindigkeitsgefälle von 8,8 s^{-1} (nach BASF).

Schub- und Normalspannungen lassen sich in Kapillarviskosimetern nicht einzeln erfassen. Preßt man Material mit entropieelastischen Anteilen durch ein Düse, so werden die Makromoleküle deformiert. Die Segmente können aber bei kleinen Belastungszeiten und bei nicht zu starker Belastung wegen der Verhakungen nicht voneinander abgleiten. Am Düsenausgang hat das Material wieder mehr Platz zur Verfügung. Das Material wird sich somit beim Verlassen der Düse ausdehnen. Der Effekt ist bei Schmelzen als Barus- oder Memory-Effekt, bei Lösungen als Weissenberg-Effekt bekannt. Beim Extrudieren heißt er Strangaufweitung, beim Hohlkörperblasen Schwellverhalten. Der Effekt ist natürlich noch zeitabhängig, da die Ketten mit zunehmender Zeit stärker voneinander abgleiten können.

Der Barus-Effekt läßt sich im sog. Bagley-Diagramm erfassen. Löst man nämlich Gl. (7–32) nach dem Druck p auf und ersetzt die Schubspannung σ_{21} für nicht-Newton'sche Flüssigkeiten durch $\sigma_{21} = \eta_{app} \dot{\gamma}$, so erhält man

(11–47) $p = 2\,\sigma_{21}\,(L/R) = 2\,\eta_{app}\,\dot{\gamma}\,(L/R)$

Im Bagley-Diagramm trägt man den Druck p gegen die sog. Düsengeometrie L/R bei konstanter Schergeschwindigkeit $\dot{\gamma}$ auf. Bei Newton'schen Flüssigkeiten wird entsprechend Gl. (7–32) für $(L/R) = 0$ auch $p = 0$; die Neigung der Geraden ist durch $2\,\sigma_{21}$ gegeben. Ein derartiges Verhalten findet man auch für konzentrierte Polymerlösungen bei großen L/R-Werten (Abb. 11–9). Offenbar arbeitet man hier im Bereich der zweiten Newton'schen Viskosität η_∞. Bei kleinen L/R-Werten weicht aber die Funktion $p = f(L/R)$ für $\dot{\gamma} = $ const. von dieser Geraden ab und strebt einer neuen, linearen Beziehung zu. Diese bei kleinen L/R-Werten auftretende Gerade schneidet die p-Achse nicht bei $p = 0$, sondern bei einem endlichen Wert p_0 (Abb. 11–9 und 11–10). Gl. (11–47) geht somit über in

(11–48) $p = p_0 + const'.\,(L/R)$; $\dot{\gamma} = const.$

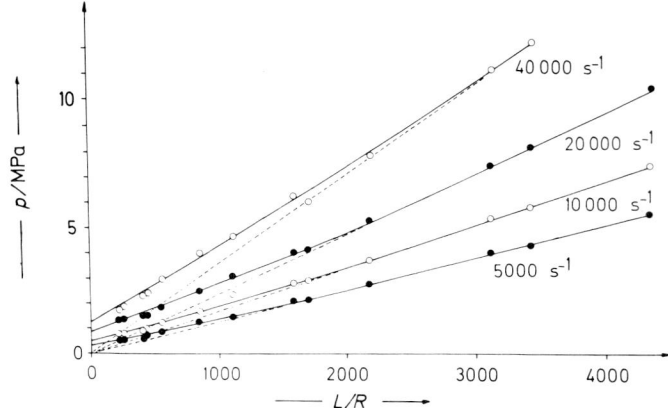

Abb. 11–9: Druck p als Funktion der Kapillargeometrie L/R bei einer 6%igen Lösung eines Poly-(isobutylens) ($\bar{M}_w = 6 \cdot 10^6, \bar{M}_n = 0{,}55 \cdot 10^6$ g mol^{-1}) in Toluol bei Zimmertemperatur bei verschiedenen Geschwindigkeitsgefällen. L = Länge, R = Radius der Kapillaren (nach J. Klein und H. Fusser).

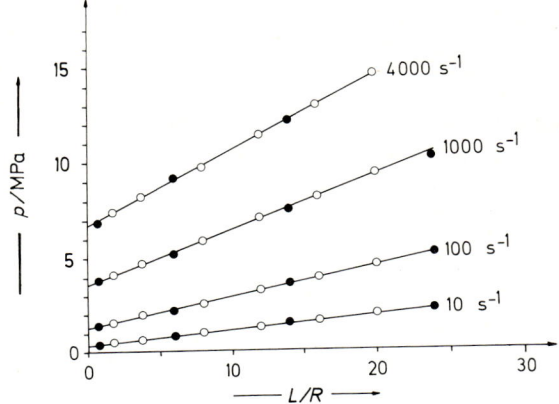

Abb. 11—10: Bagley-Diagramm eines schlagfesten Poly(styrols) bei 189 °C bei Geschwindigkeitsgefällen von 10, 100, 1000 und 4000 s^{-1} nach Messungen mit Kapillaren der Durchmesser 1 mm (●) bzw. 0,6 mm (○) und verschiedener Länge L (nach BASF).

p_0 wird gewöhnlich mit dem Druckverlust identifiziert, der durch die elastisch gespeicherte Energie der strömenden Flüssigkeit und durch die Ausbildung eines stationären Strömungsprofils an den beiden Enden der Kapillaren verursacht wird. Da der der Druckverlust bei großen L/R-Werten verschwindet, kann man jedoch annehmen, daß sich die elastische Deformation mit der Zeit in sehr langen Kapillaren ausgleichen kann (Lösung von Verhakungen). Dafür spricht auch, daß die p_0 jedoch eine unmittelsind, je größer die Schergeschwindigkeiten, d. h. je kleiner die Verweilzeiten sind. Außerdem geht auch die Strangaufweitung nach Messungen an Poly(ethylen)-Schmelzen bei sehr hohen L/R-Werten zurück. Die Strangaufweitung ist aber nach allgemeiner Auffassung ein Maß für die im System gespeicherte elastische Energie am Kapillarende.

Unabhängig von diesen theoretischen Erwägungen hat p jedoch eine unmittelbare praktische Bedeutung beim Extrudieren und Verspinnen von Kunststoffen. Je größer nämlich die Düsengeometrie L/R ist, umso höher muß der aufzubringende Druck sein. Man arbeitet daher in der Praxis mit möglichst kleinen Düsenlängen.

11.4 Viskoelastizität

11.4.1 GRUNDLAGEN

Bei den vorstehenden Diskussionen über das energie- und das entropieelastische Verhalten der Materie war stillschweigend angenommen worden, daß der Körper nach Entfernen der Belastung unmittelbar und vollständig in den Ausgangszustand zurückkehrt. Tatsächlich dauert dieser Prozeß bei makromolekularen Substanzen immer eine gewisse Zeit. Außerdem kehren nicht alle Körper vollständig in die Ausgangslage zurück; sie werden also u.U. teilweise irreversibel verformt.

Bei diesen Körpern müssen also gleichzeitig zeitunabhängige elastische und zeitabhängige viskose Eigenschaften zusammenwirken. Durch verschiedene Kombinationen der Grundgleichungen für das elastische und das viskose Verhalten der Materie lassen sich viele Phänomene beschreiben.

Die beiden Extremfälle des mechanischen Verhaltens lassen sich sehr gut durch mechanische Modelle wiedergeben. Als Modell für den energieelastischen Körper kann eine Sprungfeder dienen (Abb. 11–11). Die Sprungfeder kehrt nach der Entlastung sofort in ihre Ausgangslage zurück. Die Beziehung zwischen der Scherspannung $(\sigma_{21})_e$, dem Schermodul G_e und der elastischen Deformation γ_e ist durch das Hooke'sche Gesetz (Gl. 11–1) gegeben:

(11–49) $(\sigma_{21})_e = \sigma_e = G_e \gamma_e$

Die Differentiation nach der Zeit liefert

(11–50) $d(\sigma_{21})_e/dt = G_e (d\gamma_e/dt)$

Das Modell für eine Newton'sche Flüssigkeit ist ein Stempel in einem Kolben mit einer viskosen Flüssigkeit. Nach der Entlastung verstreicht eine gewisse Zeit, bis der Stempel seine Ausgangslage wieder erreicht hat. Diese Zeitabhängigkeit ist im Newton'schen Gesetz (Gl. (7–28)) bereits enthalten. Zur besseren Übersichtlichkeit und zur Anpassung an Gl. (11–50) schreiben wir im Newton'schen Gesetz die Schubspannung σ_{21} als $(\sigma_{21})_\eta = \sigma_\eta$ und die Schergeschwindigkeit (dv/dy) als Deformationsgeschwindigkeit $(d\gamma_\eta/dt)$:

(11–51) $\sigma_\eta = \eta (d\gamma_\eta/dt)$

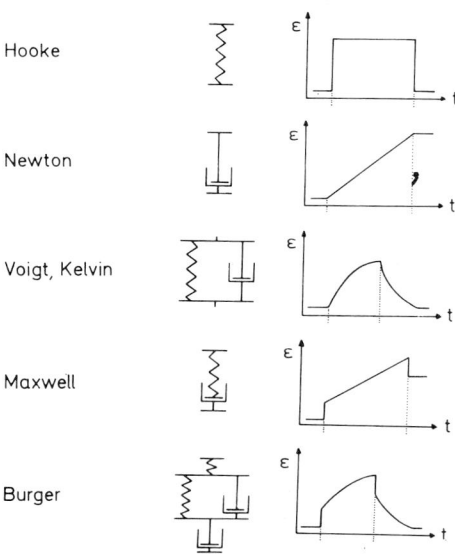

Abb. 11–11: Verformung ϵ als Funktion der Zeit bei verschiedenen Modellen. Die Prüflinge werden zur Zeit t_1 belastet und zur Zeit t_2 entlastet (durch ········ dargestellt).

Die Integration führt zu

(11–52) $\gamma_\eta = (\sigma_\eta/\eta)\, t$

Schaltet man den Hooke'schen Körper und den Newton'schen Körper in Reihe, so gelangt man zum Maxwell-Körper (Abb. 11–11). Das Voigt- oder Kelvin-Modell enthält dagegen den Hooke'schen und den Newton'schen Körper parallel geschaltet. Der Maxwell-Körper ist ein Modell für Relaxationserscheinungen, der Voigt-Körper ein Modell für Retardationsprozesse.

11.4.2 RELAXATIONSPROZESSE

> Die Berge ergossen sich vor
> dem Herrn.
> Richter 5,5

Unter einer Relaxation wird in der Mechanik die Abnahme der Spannung bei einer konstanten Deformation verstanden. Wird nämlich eine zähe Flüssigkeit durch eine Scherung deformiert, so entwickelt sich eine der Deformation entgegenwirkende Spannung. Die Spannung wird sehr schnell abnehmen, da die Moleküle bzw. Molekülsegmente schnell ausweichen. Das Maxwell-Modell beschreibt dieses Verhalten offenbar sehr gut. Bei einer Verformung wird sich die Feder sehr schnell bis zum Gleichgewichtswert ausdehnen. Hält man die Deformation konstant, dann wird sich durch die entspannende Feder mit der Zeit der Kolben langsam durch die zähe Flüssigkeit bewegen (vgl. auch Abb. 11–11). Entfernt man plötzlich die Spannung, zieht sich die Feder zusammen. Der Kolben bleibt aber im gedehnten Zustand. Das ursprünglich nur für energieelastische Körper geltende Federmodell darf wegen Gl. (11–46) auch bei Scherungen entropieelastischer Körper angewendet werden.

Bei diesen Prozessen überlagern sich die Deformationsgeschwindigkeiten $d\gamma/dt$. Durch Kombination der Ausdrücke für die Deformationsgeschwindigkeiten nach Hooke (Gl. 11–50) und nach Newton (Gl. 11–51) erhält man somit für die totale Verformungsgeschwindigkeit

(11–53) $d\gamma/dt = (d\gamma_e/dt) + (d\gamma_\eta/dt) = G_e^{-1}(d\sigma_e/dt) + (\sigma_\eta/\eta)$

Die Indices e und η können weggelassen werden, da man a priori nicht unterscheiden kann, welcher Prozeß welchen Beitrag zur erhaltenen Verformungsgeschwindigkeit liefert. Für die Relaxation gilt $d\gamma/dt = 0$. Gl. (11–53) geht somit über in

(11–54) $G^{-1}(d\sigma/dt) = -\sigma/\eta$

oder integriert

(11–55) $\sigma = \sigma_0 \exp(-Gt/\eta) = \sigma_0 \exp(-t/t_{\text{rel}})$

$t_{\text{rel}} = \eta/G$ ist die Relaxationszeit. Sie gibt an, nach welcher Zeit die Spannung auf den e. Teil des ursprünglichen Wertes abgefallen ist. Das Verhältnis t_{rel}/t wird Deborah-Zahl genannt. Die Deborah-Zahl ist null für Flüssigkeiten, 1 für Polymere bei der Glasübergangstemperatur und unendlich für ideal-energieelastische Festkörper.

Bei realen Polymeren existiert aber nicht nur eine Relaxationszeit, sondern ein ganzes Relaxationszeitenspektrum. Bei einem idealen Kautschuk sind z.B. die Abstände zwischen den Vernetzungspunkten alle gleich groß. Bei kurzen Beanspruchungszeiten werden die resultierenden Spannungen durch die weitgehend „freie" Drehbarkeit um die Kettenbindungen innerhalb kurzer Relaxationszeiten von ca. 10^{-5} s ausgeglichen. Bei großen Beanspruchungszeiten können sich auch die Vernetzungspunkte gegeneinander verschieben. Die für diesen Prozeß charakteristischen großen Relaxationszeiten verhindern das viskose Fließen des Materials bei kleinen Beanspruchungszeiten. Zwischen diesen beiden Relaxationszeiten existiert ein Bereich, in dem der Elastizitätsmodul praktisch konstant bleibt. Bei realen Kautschuken sind jedoch die Abstände der Vernetzungspunkte nicht konstant, sondern über einen weiten Bereich variabel. Man wird daher ein ganzes Relaxationszeitenspektrum zu erwarten haben. Dieses Spektrum kann man modellmäßig durch eine Folge von parallel geschalteten Maxwell-Körpern erfassen.

11.4.3 RETARDATIONSPROZESSE

Unter Retardation wird die Zunahme der Deformation mit der Zeit bei konstanter Spannung verstanden. Retardationsprozesse geben sich durch ein „Kriechen" oder ein „Nachfließen" des Materials zu erkennen. Da die Erscheinung erstmals bei scheinbar festen Materialien bei Raumtemperaturen ohne Wärmeeinwirkung gefunden wurde, nennt man sie auch „kalter Fluß". Entfernt man die Belastung, so findet man oft einen langsamen Rückgang der Deformation. U.U. kann die Probe wieder die ursprünglichen Dimensionen annehmen. Die Erscheinung des kalten Flusses läßt sich daher besser als verzögerte Elastizität denn als viskoses Fließen beschreiben.

Im Prinzip läßt sich der kalte Fluß durch ein Maxwell-Element wiedergeben. Wegen der bei der Lösung der Gleichungssysteme auftretenden mathematischen Schwierigkeiten bevorzugt man zur Beschreibung des Phänomens jedoch ein eigenes Modell mit parallel geschalteter Feder und Reibungselement (Voigt- oder Kelvin-Element). Da das Kriechen eine Deformation bei konstanter Spannung ist, braucht man nur die beiden Ausdrücke für die Spannung beim Hooke'schen Körper (Gl. (11–49)) und bei der Newton'schen Flüssigkeit (Gl. (11–51)) zu addieren:

(11–56) $\sigma = \sigma_e + \sigma_\eta = G_e \gamma_e + \eta (d\gamma_\eta/dt)$

Durch Integration folgt daraus (Index k zur Charakterisierung des Kelvin-Elementes)

(11–57) $\gamma_k = (\sigma/G)(1 - \exp(-Gt/\eta)) = \gamma_\infty (1 - \exp(-t/t_{ret}))$

Dabei wurden wieder die Indices wegen der Nichtunterscheidbarkeit fortgelassen. In Gl. (11–57) ist γ_∞ eine Konstante und t_{ret} die Retardationszeit. Auch bei den Retardationsprozessen existiert in der Regel ein ganzes Spektrum von Retardationszeiten. Retardations- und Relaxationszeiten sind zwar von etwa gleicher Größenordnung, aber nicht identisch, da sie auf verschiedenen Modellen für das Deformationsverhalten beruhen.

11.4.4 KOMBINIERTE PROZESSE

Makromolekulare Stoffe besitzen in der Regel außer viskosen und energieelastischen auch entropieelastische Anteile. Ein solches Verhalten wurde von den bisher diskutierten Modellen nur teilweise erfaßt. Es läßt sich aber gut durch ein 4-Parameter-Modell beschreiben, bei dem ein Hookescher Körper, ein Kelvin-Körper und ein Newton-Körper kombiniert werden (vgl. die unterste Figur in Abb. 11–11). Bei diesem Modell müssen wiederum die Deformationen addiert werden, d. h. mit den Gl. (11–49), (11–52) und (11–57)

(11–58) $\gamma = \gamma_e + \gamma_k + \gamma_\eta$

$\gamma = (\sigma/G) + \gamma_\infty [1 - \exp(-t/t_r)] + (\sigma/\eta)\, t$

oder bei Einführung der Nachgiebigkeiten $C = \gamma/\sigma$

(11–59) $C = C_0 + C_\infty (1 - \exp(-t/t_r)) + (t/\eta)$

Nach dieser Gleichung hängt das beobachtete mechanische Verhalten stark vom Verhältnis der Versuchszeit zur Orientierungszeit t_r ab. Ist $t \gg t_r$, so trägt das exponentielle Glied in Gl. (11–59) praktisch nichts mehr zur Gesamtverformung bei. Der durch dieses Glied beschriebene Anteil der Dämpfung an der Gesamtverformung wird umgekehrt umso merkbarer, je ähnlicher sich Versuchszeit t und Orientierungszeit t_r werden (vgl. Abb.11–12). Ähnliche Betrachtungen gelten für die Temperaturabhängigkeit. Bei tiefen Temperaturen strebt $t_r = \eta/G$ gegen unendlich. Die Viskosität η wird sehr groß. Man beobachtet daher bei tiefen Temperaturen nur eine Hooke'sche Elastizität. Bei hohen Temperaturen überwiegt dagegen das dritte Glied, bei dem die Orientierungszeit der Versuchszeit vergleichbar wird. Bei dieser Temperatur wird dann eine Dämpfung beobachtet.

11.4.5 DYNAMISCHE BEANSPRUCHUNGEN

Bei dynamischen Messungen wird der Prüfling periodisch beansprucht. Im einfachsten Fall wirkt eine sinusförmige Beanspruchung auf einen ideal-energieelastischen Körper. Die angelegte Spannung $\sigma(t)$ ändert sich dann mit der Kreisfrequenz ω und der Zeit

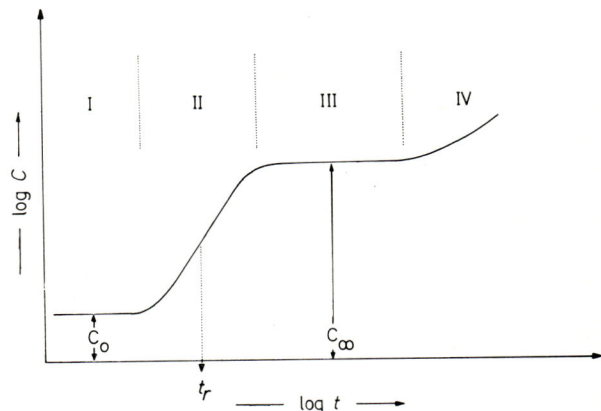

Abb. 11–12: Schematische Darstellung der Nachgiebigkeit C als Funktion der Zeit. t_r = Orientierungszeit. I = Glaszustand, II = viskoelastischer Zustand, III = entropieelastischer Zustand, IV = viskoses Fließen.

(11–60) $\sigma(t) = \sigma_0 \sin \omega t$

wobei σ_0 die Amplitude ist. Bei ideal-energieelastischen Körpern folgt die Verformung momentan der angelegten Spannung und es gilt folglich

(11–61) $\gamma(t) = \gamma_0 \sin \omega t$

Polymere sind jedoch nicht ideal-energieelastisch, sondern viscoelastisch. In diesem Falle hinkt die Verformung hinter der angelegten Spannung her. Für ideal-viscoelastische Körper kann der resultierende Phasenwinkel ϑ im entsprechenden Vektordiagramm als konstant angesehen werden, so daß gilt

(11–62) $\gamma(t) = \gamma_0 \sin(\omega t - \vartheta)$

Der Spannungsvektor kann in gleicher Weise als die Summe zweier Komponenten aufgefaßt werden. Eine Komponente $\sigma' = \sigma_0 \cos \vartheta$ ist dabei in Phase mit der Verformung, die andere mit $\sigma'' = \sigma_0 \sin \vartheta$ dagegen nicht. Jeder dieser beiden Komponenten kann ein Modul zugeordnet werden. Der reale Modul oder Speichermodul G' mißt die Steifigkeit und die Formfestigkeit des Prüflings. Er ist durch

(11–63) $G' = \sigma'/\gamma_0 = (\sigma_0/\gamma_0) \cos \vartheta = G^* \cos \vartheta$

gegeben. Der imaginäre oder Verlustmodul G'' beschreibt dagegen den Verlust an nutzbarer mechanischer Energie durch Dissipation in Wärme. Für ihn gilt

(11–64) $G'' = \sigma''/\gamma_0 = G^* \sin \vartheta$

Die gleichen Beziehungen lassen sich auch nach Einführen komplexer Variablen ableiten. Die Gleichungen (11–60) und (11–62) werden in dieser Schreibweise zu

(11–65) $\sigma^* = \sigma_0 \exp(i\omega t)$

(11–66) $\gamma^* = \gamma_0 \exp[i(\omega t - \vartheta)]$

und der komplexe Modul G^* ergibt sich zu

(11–67) $G^* = G' + iG''$

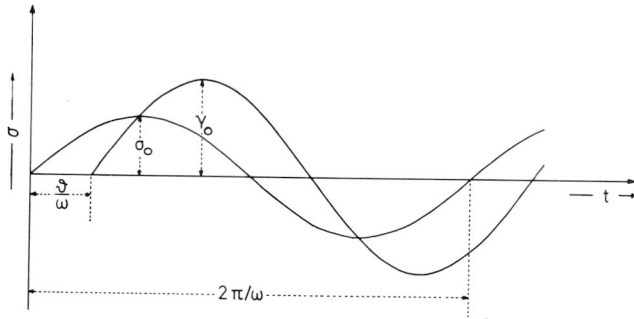

Abb. 11–13: Schematische Darstellung der Zugspannung σ als Funktion der Zeit t bei dynamischer (sinusförmiger) Beanspruchung (s. Text).

bzw. nach den Gl. (11–63) und (11–64) zu

(11–68) $G^* = [(G')^2 + (G'')^2]^{1/2}$

Das Verhältnis von imaginärem zu realem Modul heißt Verlustfaktor

(11–69) $\Delta = G''/G' = \text{tg } \vartheta$

Anstatt die Spannung $\sigma(t)$ vorzugeben und die resultierende Verformung $\gamma(t)$ zu verfolgen, kann man natürlich auch den Prüfling einer Verformung unterwerfen und die resultierende Spannung messen. In diesem Falle bekommt man die komplexe Nachgiebigkeit $J^* = 1/G^*$ und für die Speicher- und Verlustnachgiebigkeiten entsprechend

(11–70) $G' = J'/[(J')^2 + (J'')^2]$

(11–71) $G'' = J''/[(J')^2 + (J'')^2]$

Dynamisch-mechanische Messungen können meist in zwei Gruppen eingeteilt werden. Man kann einmal mit einem Torsionspendel die Reaktion des Prüflings auf eine einmal vorgegebene leichte Verdrillung messen. Der Prüfling oszilliert dann frei, wobei bei viscoelastischen Materialien mit jedem Zyklus die Amplitude weiter abnimmt. Bei idealviscoelastischen Materialien ist dabei das Verhältnis zweier aufeinanderfolgender Amplituden konstant. Das Verfahren liefert Schermoduln. Torsionspendel sind relativ einfach zu bedienen; nachteilig ist, daß bei dieser Methode die Frequenz keine unabhängige Variable ist.

Bei einer anderen Gruppe von Verfahren wird die Probe dagegen ständig erzwungenen Schwingungen ausgesetzt. Beim weit verbreitetsten Instrument dieser Art, dem Rheovibron, können dann die resultierenden Spannungen und Verformungen unabhängig voneinander gemessen werden. Da man beim Rheovibron eine Zugspannung vorgibt, sind die erhaltenen Moduln auch Zugspannungsmoduln und nicht Schermoduln wie beim Torsionspendel.

11.5 Verformvorgänge

11.5.1 ZUGVERSUCH

Beim Zugversuch wird ein genormter Probestab in eine Zugmaschine eingespannt, mit konstanter Geschwindigkeit gedehnt und die Zugspannung σ_{11} als Funktion der Zeit bzw. des Verstreckungsverhältnisses $\alpha = L/L_0$ registriert. Die Zugspannung wird dabei auf die ursprüngliche Querschnittsfläche A_0 der Probe bezogen. Statt des Verstreckungsverhältnisses bzw. Streckverhältnisses α wird auch oft die Dehnung $\epsilon = (L - L_0)/L_0$ angegeben. Wenn eine Probe auf z. B. das 2,5fache der ursprünglichen Länge gedehnt wird, dann ist sie in der üblichen Ausdrucksweise um 150 % gedehnt.

Einige typische Zugspannungs/Dehnungsdiagramme sind in Abb. 11–14 dargestellt. Elastomere zeigen demnach eine mit zunehmender Dehnung stärker ansteigende Zugspannung bis sie schließlich am Punkt IV reißen. Typische Thermoplaste verhalten sich dagegen anders. Bei niedrigen Spannungen bzw. Dehnungen wird im Bereich zwischen dem Ursprung und dem Punkt I das Hookesche Gesetz befolgt. Der Punkt I wird daher auch als *Proportionalitätsgrenze* oder Elastizitätsgrenze bezeichnet. Der letztere Name ist allerdings wegen der auch oberhalb von I vorhandenen Entropieelastizität inkorrekt. Die Proportionalitätsgrenze wird definitionsgemäß erreicht, wenn der Prüfling nach der Entlastung eine bleibende Dehnung von 0,01 % aufweist. Eine Längenzunahme von 0,2 % wird dagegen als *technische Streckgrenze* definiert.

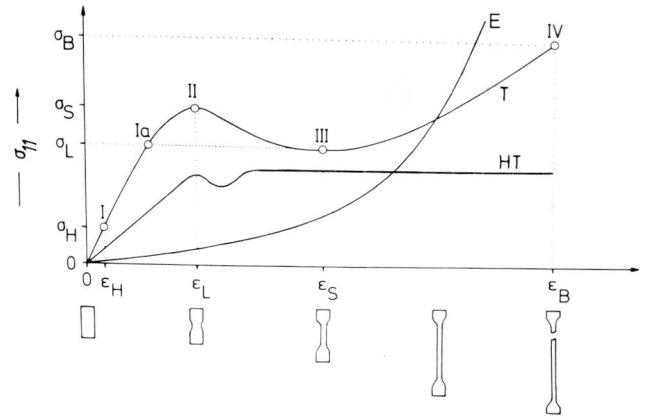

Abb. 11–14: Schematische Darstellung der Zugspannung σ_{11} als Funktion der Dehnung bei konstanter Temperatur für ein Elastomer E, einen partiell kristallinen Thermoplasten T und einen hart-elastischen Thermoplasten HT. Der duktile Bereich ist schraffiert. Der am Fuß der Zeichnung wiedergegebene Teleskopeffekt ist typisch für normale Thermoplaste, tritt aber bei Elastomeren und hart-elastischen Thermoplasten nicht auf. Die Zeichnung ist nicht maßstäblich: Elastomere weisen z.B. weit größere Reißdehnungen als Thermoplaste auf.

Der Punkt II gibt das Maximum der Zugspannungs/Dehnungs-Kurve und damit die *obere Fließgrenze* ϵ_S mit der oberen Streckspannung σ_S an. Am Punkt III liegen entsprechend die *untere Fließgrenze* ϵ_L und die untere Streckspannung σ_L vor. Im Bereich der unteren Streckgrenze können Verformungsbrüche auftreten. Zwischen den Punkten Ia–II–III liegt der sog. duktile Bereich. Schließlich wird beim Punkt IV die *Bruchgrenze* mit der Bruchfestigkeit bzw. Reißfestigkeit σ_B und der Bruchdehnung bzw. Reißdehnung ϵ_B erreicht. Am Punkt IV treten Trennbrüche auf. Der zwischen II und III auftretende Abfall der Zugspannung mit wachsender Dehnung wird Spannungsweichmachung, die zwischen III und IV auftretende Zunahme der Zugspannung dagegen Spannungsverhärtung genannt. Die Spannungsweichmachung ist jedoch nur nominell, da sie bei Bezug der Zugspannung auf den realen Querschnitt des Prüflings nicht gefunden wird.

Bei der Dehnung verjüngt sich nämlich der Querschnitt des Prüflings. Die bei einer bestimmten Dehnung herrschende wirkliche Zugspannung σ'_{11} ist daher größer als die nominelle Zugspannung (engineering stress) σ_{11}:

(11–72) $\sigma'_{11} = F/A = (F/A_0)(L/L_0) = \sigma_{11}(L/L_0)$; $V = const.$

Die wahre Dehnung (Hencky-Dehnung) ϵ' ist entsprechend ebenfalls von der nominellen Dehnung (Cauchy-Dehnung, engineering strain) ϵ verschieden:

(11–73) $\epsilon' = \int_{L_0}^{L} dL/L = \ln(L/L_0) = \ln(A_0/A)$

Nominelle und wahre Zugspannungs/Dehnungs-Diagramme unterscheiden sich charakteristisch (Abb. 11–15).

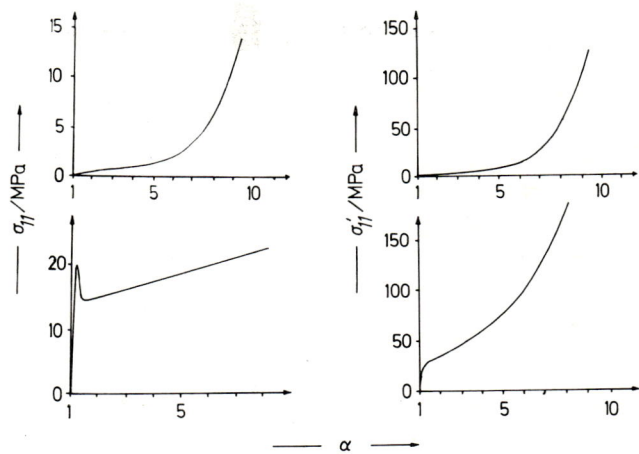

Abb. 11–15: Zugspannungs/Dehnungs-Diagramme eines Naturkautschuks (oben) und eines it-Poly-(propylens) (unten) bei Zimmertemperatur. Links: experimentelle Diagramme, rechts: wahre Zugspannungs/Dehnungs-Kurven. In der Originalarbeit wurden für die Abb. unten links keine numerischen Werte angegeben (nach P. I. Vincent).

Wiederum andere Zugspannungs/Dehnungs-Diagramme ergeben sich für sog. hartelastische Polymere (springy polymers). Diese Polymerzustände sollen einen hohen energieelastischen Anteil aufweisen, was auf eine spezielle Netzwerkstruktur zurückgeführt wird (vgl. Abb. 38–10). Elektronenmikroskopische Untersuchungen ergaben allerdings kein Anzeichen für die vorgeschlagene Netzwerkstruktur.

11.5.2 TELESKOP-EFFEKT

Praktisch alle Polymeren zeigen in einem bestimmten Temperaturbereich beim Verstrecken eine Halsbildung, den sog. Teleskop-Effekt (Abb. 11–14). Dieser Effekt gibt sich durch ein Einschnüren des Prüflings zu erkennen, wenn die obere Fließgrenze überschritten wird. Beim weiteren Verstrecken nimmt dann der Querschnitt in dieser Einschnürung laufend ab, bis die untere Fließgrenze erreicht wird. Beim noch weiteren Dehnen wächst die Länge der eingeschnürten Stelle auf Kosten der anderen Teile, wobei der Querschnitt jedoch praktisch konstant bleibt. Die Fließzone wandert somit den Prüfstab entlang und es bildet sich eine Art Hals aus.

Entscheidend für das Auftreten einer Halsbildung ist die Differenz zwischen Prüf- und Sprödigkeitstemperatur (Abb. 11–16). Bei genügend tiefen Temperaturen verhält sich jeder Körper als spröd, es gibt keine Spannungsweichmachung und keinen Teleskop-Effekt. Die durch die Spannungsweichmachung erzielte leichte Verstreckbarkeit wurde zuerst bei Raumtemperatur in Abwesenheit einer zusätzlichen Erwärmung gefunden; sie wurde daher auch kalter Fluß genannt. Ein kalter Fluß ist dadurch charakterisiert, daß die Zugspannung mit steigender Dehnung nicht ansteigt, sondern fällt oder mindestens konstant bleibt.

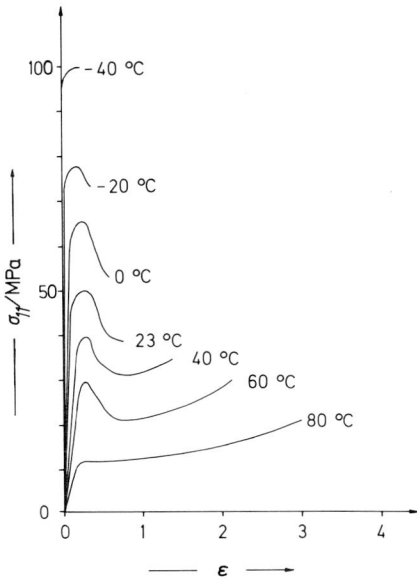

Abb. 11–16: Zugspannungs/Dehnungs-Diagramme eines Poly(vinylchlorides) bei Temperaturen zwischen −40 °C und +80 °C (nach R. Nitsche und E. Salewski). Die Probe erscheint spröd bei −40 °C, als duktil (zäh) bei 23 bis −20 °C, weist einen kalten Fluß bei 40 bis 60 °C auf und ist gummiähnlich bei 80 °C.

Während der Halsbildung kann sich die Temperatur lokal bis zu 50 °C über die Umgebungstemperatur erhöhen. Dadurch sinkt die Viskosität, was wiederum zu einem stärkeren Fließen führt. Der Effekt wird jedoch auch bei isothermer Versuchsführung gefunden und muß daher primär durch eine andere Ursache bedingt sein. Die Proben weisen nämlich mikroskopisch kleine lokale Unterschiede im Querschnitt auf. An diesen kleineren Querschnitten herrscht bei gleicher angreifender Kraft eine größere Zugspannung. Dadurch wird die Querviskosität (Trouton-Viskosität) relativ herabgesetzt. Die halsartige Fließzone wird dann durch eine örtliche Stauung der beim Verstrecken freiwerdenden Wärme stabilisiert. Der Wärmestau ruft eine örtliche Viskositätsabnahme hervor usw.

11.5.3 VERSTRECKUNGSPROZESSE

Amorphe Polymere nehmen im festen Zustand ihre ungestörten Dimensionen an (vgl. Kap. 5.6.2). Auch die Dimensionen partiell kristalliner Polymerer sind nicht wesentlich von ihren ungestörten Dimensionen in Lösung verschieden. Der Fadenendenabstand ungestörter Knäuel ist aber nach Gl. (4—27) durch die Anzahl N der Bindungen, die Bindungslängen b, die Bindungswinkel τ und den Behinderungsparameter σ gegeben.

Beim Verstrecken können die Fadenendenabstände maximal soweit auseinandergezogen werden, bis das ganze Makromolekül in trans-Konformation vorliegt. Diese maximal erreichbare Länge ist durch Gl. (4—8) gegeben. Das maximale Verstreckungsverhältnis α_{max} ergibt sich folglich zu

$$(11-74) \quad \alpha_{max} = L_{max}/\langle L^2 \rangle_0^{1/2} = \frac{N^{1/2}(1-\cos\tau)^{1/2}\sin(0{,}5\,\tau)}{\sigma(1+\cos\tau)^{1/2}}$$

Ein Poly(ethylen) mit der Molmasse 140 000 g/mol, d. h. mit $N = 10^4$, dem Bindungswinkel der Kohlenstoffbindungen $\tau = 112°$ und dem Behinderungsparameter $\sigma = 1{,}63$ kann daher maximal auf das 75fache verstreckt werden. Diese Verstreckungsverhältnisse werden jedoch selten erreicht. Unter den üblichen Verstreckungsbedingungen erzielt man nämlich nur die sog. „natürlichen" Verstreckungsverhältnisse, die durch das Ende der Halsbildung bzw. das Einsetzen der Spannungsverhärtung gegeben sind. Diese natürlichen Verstreckungsverhältnisse betragen ca. 1,5—2,5 bei amorphen Polymeren, 4—5 bei schwach und 5—10 bei stark kristallinen Polymeren. Methoden, die höhere Verstreckungsverhältnisse liefern, werden als Ultraverstreckung bezeichnet.

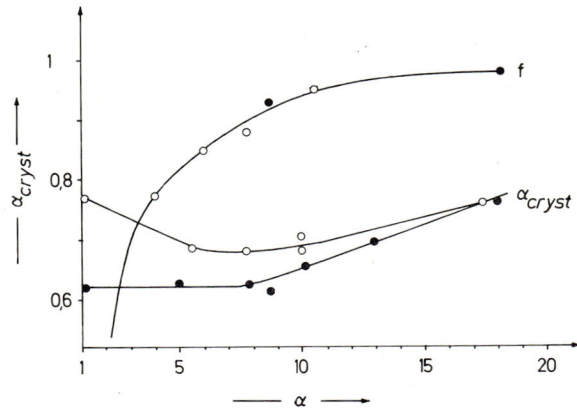

Abb. 11—17: Änderung der Kristallinität α_{cryst} und des Orientierungsgrades f mit dem Verstreckungsverhältnis α beim Verstrecken eines Poly(ethylens) bei 60°C. Das Poly(ethylen) wurde vor dem Verstrecken aus der Schmelze entweder abgeschreckt (●) oder langsam abkühlen gelassen (○). Nach W. Glenz und A. Peterlin

Beim Verstrecken partiell kristalliner Polymerer kann die Kristallinität mit steigendem Verstreckungsverhältnis abnehmen, konstant bleiben oder zunehmen (Abb.

11-17). Die Kettenorientierung nimmt dagegen kontinuierlich zu. Offenbar werden bei abgeschreckten Proben, d. h. solche mit niedrigeren Kristallinitätsgraden, zuerst die vorhandenen Kristallite mit den Molekülachsen in die Zugrichtung orientiert. Anschließend kristallisieren die amorphen Bereiche. Langsam abgekühlte Polymere sind dagegen höher kristallin. Hier müssen zunächst Kristallite aufgelöst werden, bevor sich die Molekülachsen orientieren können.

Die Zugspannungs/Dehnungs-Diagramme verstreckter Polymerer unterscheiden sich wesentlich von denen der unverstreckten (Abb. 11–18). Insbesondere fehlen bei ihnen die oberen Streckgrenzen, d. h. es fehlt der kalte Fluß. Die Orientierung der Kettensegmente und Kristallite verhindert hier natürlich das viscoelastische und das viscose Fließen.

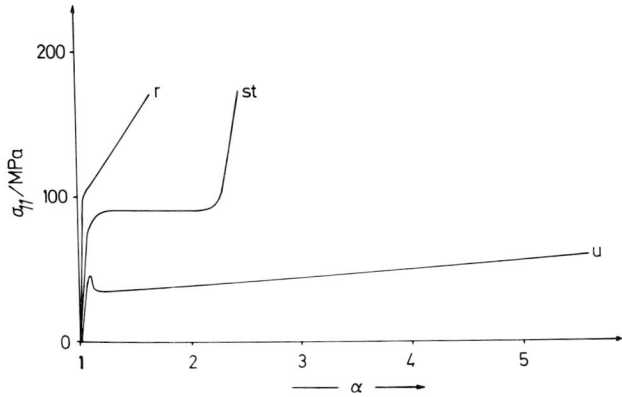

Abb. 11–18: Zugspannungs/Dehnungs-Diagramme eines Poly(ethylenglycolterephthalates) bei verschiedener Vorbehandlung. u = ungereckt, st = zweidimensional gereckt, r = gereckt und rekristallisiert (nach R. A. Hudson).

Das Einfrieren von Orientierungen wird bei den sog. Schrumpffolien genutzt. Schrumpffolien sind zweiachsig gereckte Folien, die zum festen Umhüllen von Formteilen dienen. Das verpackte Gut wird dann erwärmt, wobei sich unterhalb der Glasübergangstemperatur (bei amorphen Polymeren) bzw. unterhalb der Schmelztemperatur (bei kristallinen) die Folie zunächst leicht ausdehnt. Bei diesen Übergangstemperaturen werden jedoch Molekülteile beweglich: die Moleküle versuchen den geknäuelten Zustand einzunehmen und die Folie zieht sich zusammen.

11.5.4 HÄRTE

Unter der Härte eines Körpers wird sein mechanischer Widerstand gegen das Eindringen eines anderen Körpers verstanden. Eine für alle Stoffe geeignete, allgemeingültige Definition der Härte existiert nicht; es gibt auch keine allgemein anwendbare Prüfmethode. Man kann aber die verschiedenen Härteskalen ungefähr miteinander vergleichen (Tab. 11–6).

Tab. 11-6: Vergleich verschiedener Härteskalen

Material	Mohs	Vickers	Brinell	Härteskala nach Rockwell		Shore		
				M	α≈R	D	C	A≈IRHD
	10	2500	1000	500				
	9	1650	785	450				
	8	1030	600	400				
	7	600	440	350				
	6	325	310	300				
	5	155	200	250				
	4	63	120	200				
	3	20	65	150				
Harte Kunststoffe	2	4	25	100				
			16	80				
			12	70	100	90		
			10	65	97	86		
			9	63	96	83		
			8	60	93	80		
			7	57	90	77		
			6	54	88	74		
	1		5	50	85	70		
			4	45		65	95	
Weiche Kunststoffe			3	40	50	60	93	98
			2	32		55	89	96
			1,5	28		50	80	94
			1	23		42	70	90
Elastomere			0,8	20		38	65	88
			0,6	17		35	57	85
			0,5	15		30	50	80
						25	43	75
						20	36	70
						15	27	60
						12	21	50
						10	18	40
						8	15	30
						6,5	11	20
						4	8	10

Bei der Härteprüfung nach Mohs wird der Widerstand der Probe gegen Ritzen geprüft. Die Mohs'sche Härteskala ist in 10 Härtegrade eingeteilt. Die Härtegrade wurden willkürlich festgesetzt, z. B. Talk = 1, Kalkspat = 3, Quarz = 7, Diamant = 10. Eine ähnliche Härteskala beruht auf der Ritzfähigkeit durch Bleistifte verschiedener Härte.

Bei der Methode nach Brinell wird eine kleine Stahlkugel mit einer bestimmten Kraft in den Prüfkörper gedrückt. Gemessen wird die Eindrücktiefe, d. h. die bleibende, plastische Verformung. Man mißt also erst nach der Entlastung. Die Brinellmethode eignet sich besonders für die Härteprüfung an Metallen, da man dort oberhalb der Fließgrenze im plastischen Bereich mißt.

Die Härteprüfung nach Rockwell arbeitet ähnlich wie die Prüfung nach Brinell über die Eindrücktiefe. Im Gegensatz zur Methode von Brinell mißt sie aber die Eindrücktiefe einer Kugel unter Last. Letztlich wird also die bleibende *und* die elastische Verformung gemessen. Aus diesem Grunde gibt die Rockwell-Methode stets geringere Härtegrade als die Brinell-Methode. Die Härtegrade werden zudem nach Rockwell nicht als mechanische Spannung, sondern in Skalenteilen von 0–120 gemessen. Bei weichen Materialien werden Stahlkugeln, bei harten Diamantspitzen verwendet. Die Härteprüfung nach Vickers benutzt eine Diamantpyramide. Für Kunststoffe benutzt man eine abgeänderte Rockwellmethode (Kugeldruckhärte nach VDE). Bei den so ermittelten Rockwellhärten von Kunststoffen ist zu beachten, daß der plastische Anteil der Kunststoffe durch das Kriechen erst allmählich größer wird. Bei Metallen ist dagegen die Verformung immer plastisch und daher auch zeitunabhängig. Kunststoffe zeigen daher im Vergleich zu Metallen relativ hohe Rockwellhärten.

Die sog. Shore-Härten werden für Metalle und Kunststoffe verschieden gemessen. Bei harten Stoffen (Metallen) benutzt man das sog. Skleroskop und mißt den Rückprall einer kleinen Stahlkugel. Diese Shore-Härte wird also mit einer dynamischen Methode gemessen. Sie liefert die Rücksprunghärte (Stoßelastizität der Gummiindustrie). Weiche Kunststoffe werden dagegen mit dem sog. Durometer geprüft. Bei einem Durometer wird der Widerstand gegen das Eindringen eines Kegelstumpfes durch das Zusammendrücken einer geeichten Feder gemessen. Das Durometer arbeitet also nach einer statischen Methode. Es liefert die eigentliche Shore-Härte der Gummiindustrie. Die Shore-Härte wird wie die Rockwell-Härte in Skalenteilen angegeben.

Die Pendelhärte dient zum Prüfen von lackierten Stahloberflächen. Bei dieser Methode benutzt man das sog. Duroskop. Bei einem Duroskop läßt man ein Hämmerchen wie ein Pendel auf die Probe auffallen. Bei den Pendelhärte-Prüfungen gibt es noch viele weitere genormte Testmethoden.

Bei allen Härteprüfmethoden sind die Materialdicke und die Art der Unterlage sehr wichtig, weil meist die Elastizität mitgemessen wird. Außerdem ist zu beachten, daß die Härteprüfung stets die Härte der Oberfläche, nicht aber die Härte des im Innern der Probe sich befindenden Materials mißt. Die Oberfläche einer Probe kann z. B. durch die Luftfeuchtigkeit weichgemacht sein. Spritzt man einen kristallisierbaren Kunststoff in eine kalte Form, so ist u. U. die Oberfläche weniger kristallin als das Innere usw.

11.5.5 ABRIEB UND REIBUNG

Zu den Härteprüfungen kann man in einem gewissen Sinne auch die Abriebprüfungen rechnen. Der Abrieb wird teils von der Härte, teils von den Reibungseigenschaften der Probe beeinflußt.

Beim Rollen einer harten Kugel über ein weiches Material stammt die Reibung praktisch vollständig von Energieverlusten durch Deformation der weichen Unterlage. Sie hängt daher von den viskoelastischen Eigenschaften der Unterlage, nicht aber von deren Oberflächeneigenschaften ab. Falls die Deformation nur durch Druck, nicht aber durch Scherspannungen erfolgt, erhält man für den Reibungskoeffizienten

(11–75) $\mu = \beta (F/E)^a r^{a-1}$

wobei F die einwirkende Kraft, E der Elastizitätsmodul und r der Radius ist. Der Koeffizient β ist mit dem mechanischen Verlustmodul verknüpft. Der Exponent a nimmt für Zylinder den Wert 1/3, für Kugeln den Wert 1/4 an.

Beim Gleiten harter Körper auf anderen harten Körpern ist der Reibungskoeffizient $\mu = F_{21}/F_{11}$ durch das Verhältnis von tangential wirkender Kraft zur senkrecht wirkenden Kraft gegeben. Der so bestimmte Reibungskoeffizient liegt zwischen 0,15 und 0,5. Er ist unabhängig von der chemischen Natur der Körper, was auf einen Einfluß der Oberflächenrauhigkeit deutet.

Zu den Härteprüfungen kann man in einem gewissen Sinne auch die Abriebprüfungen rechnen. Der Abrieb wird teils von der Härte, teils von den Reibungseigenschaften der Probe beeinflußt. Das beste Verhalten gegen Abrieb zeigen die Polyharnstoffe, gefolgt von den Polyamiden und den Polyacetalen.

11.6 Bruchvorgänge

11.6.1 BEGRIFFE UND METHODEN

Ein Polymer kann je nach Typ, Umgebung und Beanspruchung sehr verschiedenartig brechen. Manche Polymere brechen bei einer Beanspruchung praktisch sofort. Bei anderen ist selbst nach Tagen und Monaten keine Veränderung bemerkbar. Der Bruch kann glatt oder splittrig sein. Die Dehnung beim Bruch kann weniger als 1 % oder mehr als einige tausend % betragen.

Im Extremfall sind zwei Arten von Bruchvorgängen möglich, nämlich der spröde und der zähe Bruch. Beim Sprödbruch (Zugbruch, athermischer Bruch) reißt das Material senkrecht zur Spannungsrichtung ohne jegliche Fließprozesse. Beim Zähbruch (Verformungsbruch) erfolgt dagegen das Zerreißen in Richtung der Schubspannung durch Gleitprozesse und durch Umlagerungsvorgänge in den kristallinen Bereichen. Ein Körper wird dabei definitionsgemäß als spröde bezeichnet, wenn seine Bruchdehnung weniger als 20 % beträgt.

Spröde Körper werden häufig durch Biegeprüfungen auf ihr Bruchverhalten geprüft (Abb. 11–19). Bei Biegeversuchen wird der Körper langsam mit kontinuierlich zunehmender Kraft belastet. Der Prüfkörper wird dabei entweder zweiseitig gelagert oder einseitig eingespannt. Die Biegefestigkeit ist ein Maß für die Fähigkeit eines Körpers, seine Form zu verändern. Weiche Körper können sich so stark durchbiegen, daß der Prüfling abrutscht.

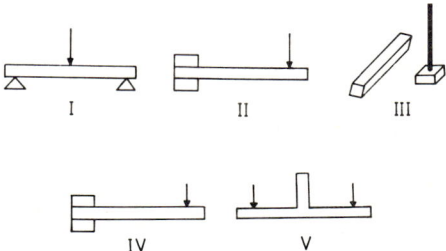

Abb. 11–19: Schematische Darstellung verschiedener Arten von Biegeversuchen: I: Biegeversuch mit zweiseitiger Lagerung des Prüflings. II: Biegeversuch mit einseitiger Lagerung. III: Pendelschlag-Versuch zur Bestimmung der Schlagbiegefestigkeit. IV: Biegeschlag-Versuch. V: Zugschlag-Versuch.

Bei der Prüfung auf die Schlagbiegefestigkeit (Schlagzähigkeit) wird der Prüfling in kurzer Zeit bis zum Bruch auf eine Biegung beansprucht. Der Schlag kann als Pendelschlag, als Biegeschlag oder als Zugschlag erfolgen. Bei der Prüfung auf Kerbschlagzähigkeit wird die Probe vorher definiert eingekerbt und sozusagen die Weiterreißfestigkeit gemessen. Als Schlagbiegefestigkeit wird das Verhältnis von Arbeitsaufnahme zu Querschnitt bezeichnet.

11.6.2 BRUCHTHEORIE

Die für einen Sprödbruch aufzuwendende Kraft $F = E/L$ läßt sich im Prinzip aus der zum Trennen von chemischen und physikalischen Bindungen aufzubringenden Energie E und dem Abstand L zwischen den Bindungspartnern berechnen. Bei gestrecktkettigen Kristallen von Poly(ethylen) sind bei einem Bruch senkrecht zur Kettenrichtung (d. h. der kovalenten Bindungen) ca. 20 000 MPa erforderlich, bei einem Bruch parallel zur Kettenrichtung (d. h. durch Aufheben der Dispersionskräfte) dagegen nur 200 MPa. Experimentell werden jedoch nur Reißfestigkeiten von maximal 20 MPa beobachtet (sog. Kristallparadoxon). Der Bruch muß also an Inhomogenitäten einsetzen, da diese zu einer ungleichmäßigen Verteilung der Zugspannung auf „Störstellen" und damit auch zu Spannungskonzentrationen führen.

Das Bruchverhalten energie- und entropieelastischer Körper ist verschieden. Nach der für energieelastische Körper geltenden Bruchtheorie von Ingles hängt die kritische Bruchspannung $(\sigma_{11})_{crit}$ mit der an der Spitze eines Risses herrschenden Spannung σ_{ii}, der Geometrie des Risses und dem Elastizitätsmodul zusammen. Im einfachsten Fall eines Risses mit der Länge L und einer runden Rißspitze mit dem Radius R gilt

(11–76) $\quad (\sigma_{11})_{crit} = \sigma_{11} \, (R/(4\,L))^{0,5}$

Die Ingles-Theorie beschreibt sehr gut das Bruchverhalten von Silikatglas, da Silikatgläser praktisch nur energieelastisch sind und die Rißfortpflanzungsenergien in der Größenordnung der Oberflächenenergien liegen.

Das Bruchverhalten beliebiger elastischer Körper wird durch die Theorie von Griffith beschrieben. Nach Griffith pflanzt sich ein Riß in einem elastischen Körper erst dann weiter fort, wenn die zum Brechen chemischer Bindungen notwendige Energie gerade von der gespeicherten elastischen Energie übertroffen wird. Durch Kombination mit dem Konzept von Ingles gelangt Griffith für lange Risse zu

(11–77) $\quad (\sigma_{11})_{crit} = (2\,E\,\gamma/\pi\,L)^{0,5}$

wobei E = Elastizitätsmodul und γ = Bruchflächenenergie, d. h. die Energie zur Schaffung einer neuen festen Oberfläche sind. Die vorausgesagte Abhängigkeit der kritischen Zugspannung von der Wurzel aus der reziproken Rißlänge wird in der Tat experimentell gefunden (Abb. 11–20). Bei kleinen Rißlängen weichen die Meßpunkte jedoch von der Griffith-Theorie ab und münden bei $L = 0$ in einen endlichen Wert von $(\sigma_{11})_{crit}$ ein. Die Rißlänge, bei der erstmals abweichendes Verhalten eintritt, ist jedoch nicht durch „natürlich vorkommende" Risse gegeben, sondern durch sog. Pseudobrüche.

Die Pseudobrüche (engl. crazes) entstehen kurz vor dem Einsetzen eines zerstörenden Bruches senkrecht zur Spannungsrichtung. Sie können bis zu 100 μm lang und bis zu 10 μm breit werden. Die Pseudobrüche sind jedoch keine Haarrisse, d. h. sie sind im Gegensatz zu den sog. Weißbrüchen zwischen den Bruchflächen nicht leer. Weißbrüche enthalten regellos angeordnete große Hohlräume. Pseudobrüche weisen dagegen Molekülbündel mit in Spannungsrichtung verstreckter Materie auf, die in der restlichen Probe verankert sind (Abb. 11–21). Die Pseudobrüche besitzen daher im Gegensatz zu den echten Brüchen eine strukturelle und mechanische Kontinuität.

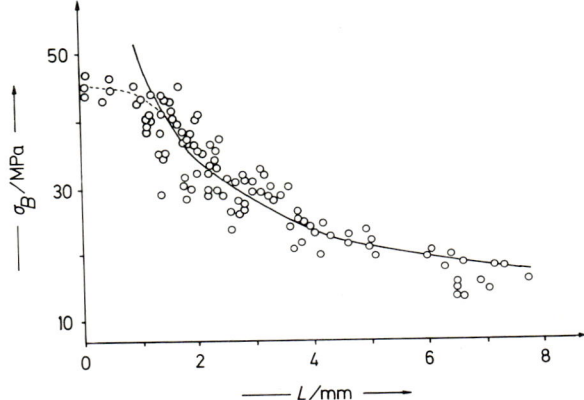

Abb. 11–20: Abhängigkeit der kritischen Zugspannung σ_B von der Länge L künstlich hergestellter Risse bei Poly(styrol)-Stäben mit Querschnitten zwischen $0{,}3 \cdot 0{,}5$ und $2{,}8 \cdot 0{,}5$ cm^2 und Zuggeschwindigkeiten zwischen 0,05 und 0,5 cm/min. Die ausgezogene Linie entspricht der von der Griffith-Theorie vorhergesagten Funktionalität (nach J.P. Berry).

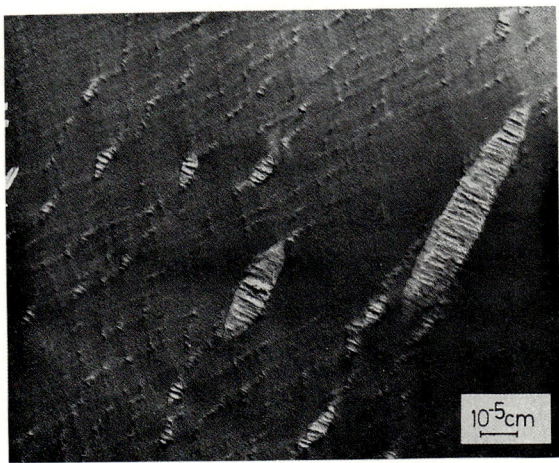

Abb. 11–21: Pseudobrüche bei einem zu 25% verstreckten Poly(styrol) der Molmasse 97 000 g/mol. Nach S. Wellinghoff und E. Baer.

Schon vor dem makroskopischen Bruch treten nach Elektronenspinresonanz-Messungen Radikale an den Kettenenden auf. Die Radikalkonzentration hängt nur von der Dehnung und nicht von der Zugspannung ab. In der Regel werden Konzentrationen von $10^{14}-10^{17}$ Radikale/cm^2 beobachtet. Da sich an der Oberfläche jedoch nur ca. 10^{13} Radikale/cm^2 befinden, müssen die Radikale im Innern der Probe gebildet werden, d. h. durch Zerreißen von Ketten. Bei einem faserförmigen Bruch werden außerdem auch chemische Zersetzungsprodukte erzeugt, bei glatten Brüchen dagegen nicht.

Der Bruch erfolgt dabei in der Regel in den amorphen Bereichen, da die amorphe Phase beim Verstrecken verspannt wird. Der Bruch tritt daher bei interlamellaren Bindungen und an den Grenzflächen von Sphärolithen auf (Abb. 11–22). In der Regel zeigen orientierte Proben in Orientierungsrichtung größere Reißfestigkeiten als nichtorientierte (Abb. 11–23).

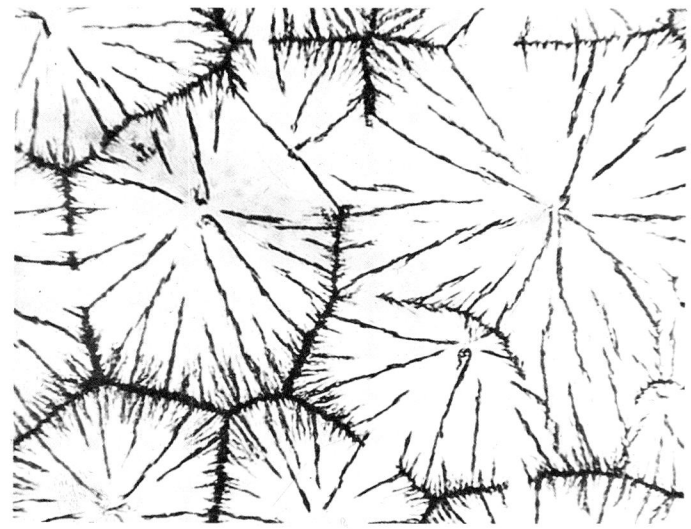

Abb. 11–22: Einsetzen des Bruches an den amorphen Stellen von Sphärolithen eines it-Poly(propylens), d.h. zwischen den Sphärolithen und radial in den Sphärolithen (nach H. D. Keith und F. J. Padden jr.).

Die Reißfestigkeit von Polymeren nimmt mit steigender Molmasse zunächst stark und dann schwächer zu (Abb. 11–23). Unterhalb einer bestimmten kritischen Molmasse ist die Reißfestigkeit praktisch null. Der Übergang von der starken zur schwachen Molmassenabhängigkeit wird wahrscheinlich durch das Auftreten von Verhakungen bestimmt. Bei sehr hohen Molmassen wird dann die Reißfestigkeit praktisch unabhängig von der Molmasse.

11.6.3 SPANNUNGSKORROSION

Bei Metallen und Kunststoffen spricht man von Spannungskorrosion, wenn das Material durch gleichzeitiges Einwirken chemischer Agenzien und mechanischer Kräfte geschädigt wird. Bei Kunststoffen beobachtet man in solchen Fällen meist eine Rißbildung auf der Oberfläche des Materials. Man spricht daher auch von Spannungskorrosionsrißbildung oder — da chemische Reaktionen meist eine geringe oder keine Rolle spielen — von Spannungsrißbildung. Die Spannungsrißbildung spielt eine große Rolle bei Flaschen, Rohren, Kabeln usw., die mit chemischen Reagenzien (vor allem oberflächenaktiven Stoffen) unter Zug in Berührung kommen.

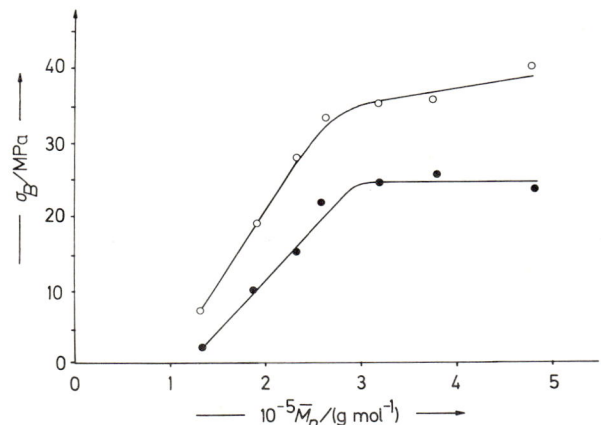

Abb. 11–23: Zugspannung σ_B beim Bruch bei at-Poly(styrolen) verschiedenen Zahlenmittels M_n der Molmasse mit enger Molekulargewichtsverteilung. Messungen bei 23°C und 50% rel. Luftfeuchtigkeit. Verarbeitung durch Formpressen (•) oder Spritzgießen (○). Spritzgegossenes Material ist orientiert (nach H. W. McCormick, F.M. Brower und L. Kin).

Das Ausmaß der Spannungskorrosion richtet sich nach dem umgebenden Medium. Bei nichtbenetzenden Medien sind die Effekte meist klein. Die Spannungskorrosion verläuft hier in drei Phasen. Bei einer Zugbeanspruchung unterhalb der Bruchgrenze wachsen Schwachstellen bis zu sichtbaren Haarrissen senkrecht zur Beanspruchungsrichtung. Die Risse vertiefen sich anschließend bis zu einem Grenzwert. Dann verfestigt sich das Material wieder. Bei benetzenden Medien gibt es dagegen keinen Grenzwert der Rißtiefe.

Die Ursache der Spannungskorrosion ist noch nicht völlig geklärt. Es ist sicher, daß sich in den Rissen noch amorphes Material befindet. Dieses Material kann durch kalten Fluß verformt werden. Das Ausmaß des kalten Flusses wird natürlich noch durch die Diffusion des umgebenden Mediums in das Material und dessen Quellung bestimmt. Benetzende Substanzen könnten in den Schwachstellen einen Quelldruck aufbauen.

Die Anfälligkeit eines Materials gegen Spannungskorrosion sinkt mit steigendem Molekulargewicht und steigt beim gleichen Material mit zunehmender Dichte an. Eine Spannungskorrosion tritt nur an der Oberfläche auf. Durch Polymerweichmacher (nicht flüchtig, nicht ins Innere der Probe diffundierend) wird die Oberfläche weichgemacht, wodurch sich die Spannungen ausgleichen und die Anfälligkeit gegen Spannungskorrosion sinkt. Die Beweglichkeit der Kettenteile sorgt auch dafür, daß oberhalb der Glastemperatur eines Materials keine Spannungsrisse mehr auftreten. Durch Vernetzen wird die Anfälligkeit gegen Spannungskorrosion herabgesetzt.

11.6.4 ZEITFESTIGKEIT

Werkstoffe können bei einer bestimmten Beanspruchung u.U. nicht „momentan", sondern erst nach einiger Zeit geschädigt werden. Dabei ist zwischen der Dauerfestigkeit und der Zeitfestigkeit zu unterscheiden. Unter einer Dauerfestigkeit versteht man die Beanspruchung, bei der ein Werkstoff selbst nach unendlich langer Zeit noch keinen Schaden erleidet. Als Zeitfestigkeit bezeichnet man die Beanspruchung, bei der nach einer bestimmten Zeit das Material zerstört oder beschädigt wird.

Die Beanspruchung kann dabei statisch oder periodisch erfolgen. Bei statischen Prüfungen (Zeitstandfestigkeits-Prüfungen) wird z.B. der Prüfling mit einem bestimmten Gewicht belastet und dann die Zeit bis zum Bruch gemessen. Die gleiche Prüfung wird dann mit verschiedenen Gewichten ausgeführt. Erfolgt die Beanspruchung unter Zug, so spricht man von einer Zeitstandzugfestigkeit. Eine ruhende Beanspruchung unter Druck würde entsprechend Zeitstanddruckfestigkeit heißen. Um die Zeitstandfestigkeiten zu ermitteln, trägt man gewöhnlich die der Kraft proportionale Größe (z.B. Zugspannung) entweder direkt oder als Logarithmus gegen den Logarithmus der Zeit auf (Abb. 11-24). Die Zeitstandfestigkeiten können je nach Polymer stark schwanken. Bei einer Belastung von 40 MPa weisen z. B. normale Poly(styrol)typen Zeitstandfestigkeiten von 0.01-10 Stunden auf, schlagfeste Poly(styrole) dagegen bis zu 10^4 Stunden. Partiell kristalline Polymere weisen zudem oft einen Knick in den Zeitfestigkeitsgeraden auf. Bei kleinen Zeiten tritt hier ein viskoser Bruch, bei großen Zeiten ein Sprödbruch auf.

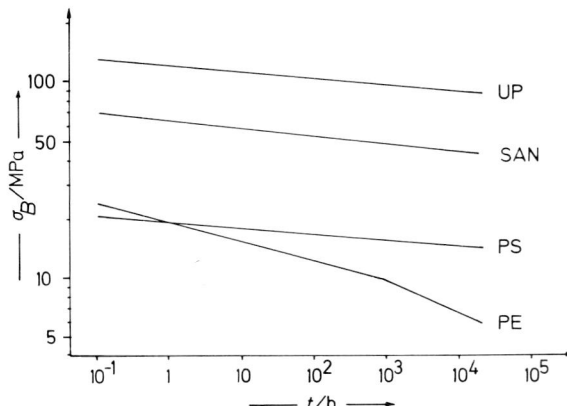

Abb. 11-24: Zeitstandzugfestigkeit (Zerreißfestigkeit σ_B) als Funktion der Zeit bei einem glasfaserverstärkten ungesättigten Polyester (UP), einem schlagfesten Poly(styrol) (SAN), einem Poly(styrol) (PS) und einem Poly(ethylen) (PE) (nach BASF).

11.6 Bruchvorgänge

Aussagekräftiger als die Zeitfestigkeitsdiagramme sind isochrone Zugspannungs/Dehnungs-Diagramme. Sie werden erhalten, indem Proben verschiedene Zeiten einer konstanten Belastung ausgesetzt werden. Anschließend wird für jede Belastungszeit das Zugspannungs/Dehnungs-Diagramm aufgenommen.

Bei den periodischen Beanspruchungen unterscheidet man solche mit Lastwechsel von denen unter Drehbeanspruchung. Bei den ersteren wird die Biegewechselfestigkeit, bei den letzteren die Torsionsbiegefestigkeit gemessen. Analog zur Ermittlung der Zeitstandfestigkeit trägt man zur Ermittlung der „Zeitschwingungsfestigkeit" wiederum die der Kraft proportionale Größe gegen den Logarithmus der Lastwechsel oder der Umdrehungen auf (Abb. 11–25). Derartige Kurven heißen Wöhler-Kurven. Auch hier zeigen normale und schlagzähle Poly(styrole) große Unterschiede. Bei Biegespannungen von 40 MPa brechen normale Poly(styrole) schon nach ca. 300 Lastwechseln, schlagfeste Poly(styrole) aber erst nach 1 Million.

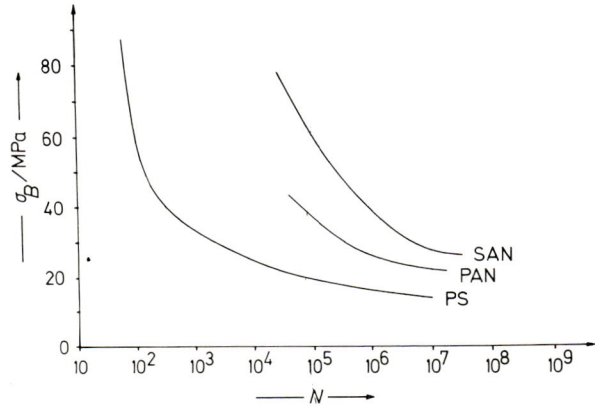

Abb. 11–25: Wöhler-Kurve für die Wechselbiegebeanspruchung eines schlagfesten Poly(styrols) (SAN), eines luftfeuchten Polyamids (PA) und eines Poly(styrols) (PS). Gemessen wird die Biegespannung σ_B als Funktion der Zahl N der Lastwechsel (nach BASF).

Literatur zu Kap. 11

11.1 Allgemeine Literatur

A. V. Tobolsky, Properties and Structures of Polymers, Wiley, New York 1960; Dtsch. Übersetzung: Mechanische Eigenschaften und Struktur von Polymeren, Berliner Union, Stuttgart 1967.
H. Oberst, Elastische und viskose Eigenschaften von Werkstoffen. Beuth-Vertrieb, Berlin 1963
L. E. Nielsen, Crosslinking – Effect on Physical Properties of Polymers, Revs. Macromol. Chem. **4** (1970) 69
I. M. Ward, Mechanical Properties of Solid Polymers, Wiley-Interscience, London 1971
A. Peterlin, Mechanical Properties of Polymeric Solids, Ann. Revs. Materials **2** (1972) 349
D. W. van Krevelen, Properties of Polymers – Correlation with Chemical Structures, Elsevier-North Holland, Amsterdam 1972
J. R. Martin, J. F. Johnson und A. R. Cooper, Mechanical Properties of Polymers: The Influence of Molecular Weight and Molecular Weight Distribution, J. Macromol. Sci. [Revs.] **C 8** (1972) 57

E. A. Meinecke und R. C. Clark, The Mechanical Properties of Polymeric Foams, Technomic Publ. Co., Westport, Conn. 1972

L. Nielsen, Mechanical properties of polymers and composites, M. Dekker, New York, Vol. 1 (1974), Vol. 2 (1976)

R. G. C. Arridge, Mechanics of polymers, Clarendon Press, Oxford 1975

R. M. Jones, Mechanics of composite materials, Scripta Book Co., Washington 1975

K. D. Pae und S. K. Bhateja, The effects of hydrostatic pressure on the mechanical behavior of polymers, J. Macromol. Sci. [Revs.] C 13 (1975) 1

D. W. van Krevelen, Properties of polymers — correlation with chemical structure, Elsevier, Amsterdam, 2. Aufl. 1976

A. Malmeisters, V. Tamusz und G. Teters, Mechanik der Polymerwerkstoffe, Akademie-Verlag, Berlin 1978

A. Casale und R. S. Porter, Polymer Stress Reactions, Academic Press, New York, Vol. 1 (1978)

11.2 Energieelastizität

I. Sakurada und K. Kaji, Relation between the polymer conformation and the elastic modulus of the crystalline region of polymer, J. Polymer Sci. C 31 (1970) 57

11.3 Entropieelastizität

M. Shen, W. F. Hall und R. E. De Wames, Molecular Theories of Rubber-Like Elasticity and Polymer Viscoelasticity, J. Macromol. Sci. C 2 (1968) 183

K. J. Smith, jr., und R. J. Gaylord, Rubber Elasticity, ACS Polymer Preprints 14 (1973) 708

J. E. Mark, Thermoelastic properties of rubberlike networks and their thermodynamic and molecular interpretation, Rubber Chem. Technol. 46 (1973) 593

L. R. G. Treloar, The elasticity and related properties of rubber, Rep. Progr. Phys. 36 (1973) 755; Rubber Chem. Technol. 47 (1974) 625

J. E. Mark, The constants $2 C_1$ and $2 C_2$ in phenomenological elasticity theory and their dependence in experimental variables, Rubber Chem. Technol. 48 (1975) 495

L. R. G. Treloar, The physics of rubber elasticity, Clarendon Press, Oxford, 3. Aufl. 1975

J. E. Mark, Thermoelastic results on rubberlike networks and their bearing on the foundations of elasticity theory, Macromol. Revs. 11 (1976) 135

S. Kawabata und H. Kawai, Strain energy density function of rubber vulcanizates from biaxial extension, Adv. Polymer Sci. 24 (1977) 89

11.4 Viskoelastizität

J. D. Ferry, Viscoelastic Properties of Polymers, 2. Aufl., Wiley, New York 1970

N. G. McCrum, B. R. Read und G. Williams, Anelastic and Dielectric Effects in Polymeric Solids, Wiley, London 1967

R. M. Christensen, Theory of Viscoelasticity: An Introduction, Academic Press, New York 1970

J. J. Aklonis, W. J. MacKnight und M. Shen, Introduction into Polymer Viscoelasticity, Wiley-Interscience, New York 1972

D. W. Hadley and I. M. Ward, Anisotropic and nonlinear viscoelastic behavior in solid polymers, Rep. Progr. Phys. 38/10 (1975) 1143

R. F. Boyer, Mechanical motions in amorphous and semicrystalline polymers, Polymer 17 (1976) 996

T. Murayama, Dynamic mechanical analysis of polymeric material, Elsevier, Amsterdam 1978

11.5 Verformvorgänge

A. J. Durelli, E. A. Phillips und C. H. Tsao, Introduction to the Theoretical and Experimental Analysis of Stress and Strain, McGraw-Hill, New York 1958

J. W. Dally and W. F. Riley, Experimental Stress Analysis, McGraw-Hill, New York 1965

O. H. Varga, Stress-Strain-Behavior of Elastic Materials, Interscience, New York 1966

A. Peterlin, Plastic deformation of polymers, Dekker, New York 1971

J. G. Williams, Stress Analysis of Polymers, Longmans, Harlow, Essex 1973

A. R. Payne, Physics and Physical Testing of Polymers, Progr. in High Polymers, 2 (1968) 1

H. J. Orthmann und H. J. Mair, Die Prüfung thermoplastischer Kunststoffe, Hanser, München 1971

G. C. Ives, J. A. Mead und M. M. Riley, Handbook of plastic test methods, Iliffe Books, London 1971
S. Turner, Mechanical Testing of Plastics, Butterworths, London 1973
J. K. Gillham, Torsional Braid Analysis, Crit. Revs. Macromol. Sci. **1** (1972) 83
B. Carlowitz, Tabellarische Übersicht über die Prüfung von Kunststoffen, Umschau-Vlg., Frankfurt/M., 4. Aufl. 1972
J. J. Bikerman, Sliding friction of polymers, J. Macromol. Sci. [Revs.] C **11** (1974) 1
L. H. Lee, ed., Advances in polymer friction and wear, 2 Bde., Plenum, London 1975

11.6 Bruchvorgänge

E. H. Andrews, Fracture in Polymers, Oliver and Boyd, Edinburgh 1968
H. H. Kausch und J. Becht, Elektronenspinresonanz, eine molekulare Sonde bei der mechanischen Beanspruchung von Thermoplasten, Kolloid-Z. Z.f. Polymere **250** (1970) 1048
G. H. Estes, S. L. Cooper und A. V. Tobolsky, Block Polymers and Related Heterophase Elastomers, J. Macromol. Sci. C **4** (1970) 313
P. E. Bruins, Hrsg., Polyblends and Composites (= Appl. Polymer Symposia **15**), Interscience, New York 1970
E. H. Andrews, Fracture of Polymers, in C. E. H. Bawn, Hrsg., Macromolecular Science (= Vol. 8 der Physical Chemistry Series One (1972), MTP International Review of Science)
H. Liebowitz, Hrsg., Fracture, Vol. 7, Fracture of Nonmetals and Composites, Academic Press, New York 1972
S. Rabinowitz und P. Beardmore, Craze formation and fracture in glassy polymers, Crit. Revs. Macromol. Sci. **1** (1972) 1
R. P. Kambour, A Review of Crazing and Fracture in Thermoplastics, J. Polymer. Sci. D **7** (1973) 1
J. A. Manson und R. W. Hertzberg, Fatigue Failure in Polymers, Crit. Revs. Macromol. Sci. **1** (1973) 433
H. H. Kausch, Polymer fracture, Springer, New York 1978
E. H. Andrews und P. E. Reed, Molecular fracture in polymers. Adv. Polymer Sci. **27** (1978) 1
L. G. E. Struik, Physical aging in amorphous polymers and other materials, Elsevier, Amsterdam 1978

12 Grenzflächenphänomene

12.1 Spreitung

Unlösliche Moleküle spreiten auf flüssigen Oberflächen, der sog. Hypophase. Bei kleinen Bedeckungen entspricht dieses Verhalten demjenigen eines zweidimensionalen Gases. Analog zur Gleichung der idealen Gase gilt dann für die Beziehung zwischen dem Oberflächendruck ($\gamma_o - \gamma$) als Differenz der Oberflächenspannungen zwischen Hypophase und bedeckter Fläche einerseits und der Fläche A pro Molekül Gespreitetem andererseits:

(12–1) $(\gamma_o - \gamma)A = kT;$ für $A \rightarrow \infty$

Über Gl. (12–1) läßt sich somit prinzipiell die Molmasse des spreitenden Stoffes ermitteln. Der Oberflächendruck und die spezifische Fläche werden mit einem Langmuir-Trog gemessen. Bei einem Langmuir-Trog spreitet eine bestimmte Menge Material über eine bestimmte Fläche, die auf der einen Seite durch einen leichtbeweglichen Schwimmer abgetrennt ist. Der auf diesen Schwimmer bei einer bestimmten Fläche durch eine bestimmte Menge Material ausgeübte Druck ist dann der Oberflächendruck. Diese Messungen sind nicht einfach auszuführen, da bei kleinen Materialmengen auch nur kleine Drucke vorliegen und die Oberfläche der Hypophase peinlich sauber sein muß. Die Methode hat sich daher nicht als Routineverfahren zur Bestimmung von Molmassen eingeführt.

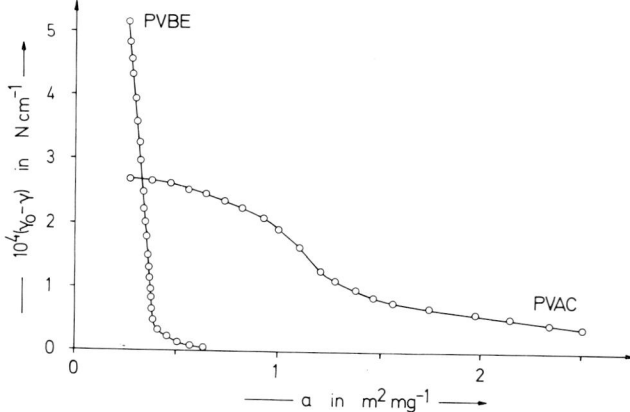

Abb. 12–1: Abhängigkeit des Spreitungsdruckes ($\gamma_o - \gamma$) von der spezifischen Fläche A bei Poly(vinylacetat) PVAC und Poly(vinylbenzoat) PVBE (nach N. Berendjik)

Interessante Aufschlüsse ergeben sich jedoch aus den ($\gamma_o - \gamma$) = f(A)-Diagrammen bei Molekülen verschiedener Form bzw. Konfiguration. Die starren Moleküle des Poly(vinylbenzoats) führen z. B. bei kleinen A-Werten zu einem Kollaps der Oberfläche, nicht aber die flexibleren Poly(vinylacetat)-Moleküle (Abb. 12–1). Auch isotaktische und syndiotaktische Moleküle zeigen bei Spreitungsversuchen ein verschiedenes Verhalten. Die Kurven sind jedoch als Funktion molekularer Größen nur schwierig quantitativ zu interpretieren. Dazu kommt, daß die über Gl. (12–1) bei endlichen Konzentrationen berechnete scheinbare Molmasse u. U. noch von der chemischen Natur der Hypophase abhängen kann. Ein solches Verhalten wurde bei Spreitungsversuchen an Proteinen gefunden und zeigt Assoziations/Dissoziations-Phänomene der Proteine an.

12.2 Oberflächenspannung flüssiger Polymerer

Flüssigkeiten besitzen gegenüber dem Gasraum eine Oberflächenspannung, gegenüber einer anderen Flüssigkeit eine Grenzflächenspannung. Diese Oberflächen- bzw. Grenzflächenspannungen können bei niedermolekularen Flüssigkeiten durch eine ganze Reihe verschiedener Methoden gemessen werden. Flüssige Polymere weisen jedoch sehr hohe Viskositäten auf, so daß sich bei ihnen nur wenige Methoden eignen. Nicht brauchbar sind die Ringabreiß- und die Kapillarmethode, da bei ihnen die gemessenen Oberflächenspannungen noch von der Geschwindigkeit der Messung abhängen. Geeignet sind dagegen alle sogen. statischen Methoden, z. B. die Methode des hängenden Tropfens und die Wilhelmysche Plattenmethode.

Bei der Wilhelmy-Methode wird eine Platte teilweise in eine benetzende Flüssigkeit getaucht. Auf die Platte wirkt in Abwärtsrichtung die Oberflächenspannung γ_{lv} der Flüssigkeit. Wenn die Platte vollständig benetzt wird und ihre untere Ecke sich gerade in Höhe der Flüssigkeitsebene befindet, dann ist die auf die Platte wirkende Kraft gleich $\gamma_{lv} l_{per}$, wobei l_{per} der Perimeter der Platte ist. Durch Messen des Auftriebes der Platte in Luft und in Kontakt mit der Flüssigkeitsoberfläche kann dann die Oberflächenspannung berechnet werden. Da ein Kontaktwinkel $\vartheta = 0$ schwierig zu verwirklichen ist, wird die Methode nur zum Messen der Oberflächenspannung, nicht aber zum Messen der Grenzflächenspannung zwischen zwei polymeren Flüssigkeiten verwendet.

Die Form eines hängenden Tropfens wird sowohl durch die Schwerkraft als auch durch die Oberflächenspannung beeinflußt. Der Tropfen wird fotografiert und dann der Durchmesser an verschiedenen Stellen gemessen. Die daraus berechenbaren Formfaktoren müssen in sich konsistent sein, wenn das hydrodynamische Gleichgewicht erreicht ist.

Die *Oberflächenspannung* eines flüssigen Polymeren hängt von dessen Endgruppen, von dessen Molmasse und von der Temperatur ab. Für die Molmassenabhängigkeit wurde theoretisch über die Theorie des freien Volumens eine Beziehung

$$(12-2) \quad \gamma_{lv}^{-1/4} = (\gamma_{lv}^{\infty})^{-1/4} + K_s \langle M \rangle_n^{-1}$$

abgeleitet, während empirisch

$$(12-3) \quad \gamma_{lv} = \gamma_{lv}^{\infty} - K_e \langle M \rangle_n^{-2/3}$$

gefunden wurde (Abb. 12–2). Die Neigungskonstante K_e wird von der chemischen Natur der Endgruppen beeinflußt. γ_{lv}^{∞} ist unabhängig von der Molmasse und der Natur der Endgruppen. Typische Oberflächenspannungen flüssiger Polymerer endlicher Molmasse sind in Tab. 12–1 zusammengestellt. Die Oberflächenspannungen variieren nicht sehr mit der Temperatur.

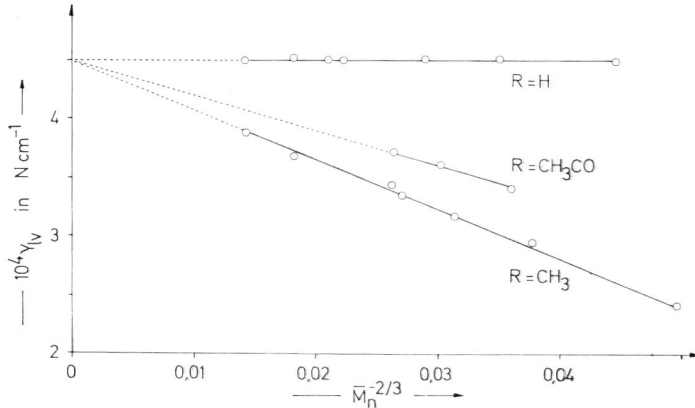

Abb. 12–2: Abhängigkeit der Oberflächenspannung γ_{lv} von Poly(ethylenoxiden) $RO(CH_2CH_2O)_nR$ vom Zahlenmittel der Molmasse $\langle M \rangle_n$ bei 24 °C (nach Daten verschiedener Autoren).

Tab. 12–1: Grenzflächenspannungen γ_{ll} zwischen zwei flüssigen Polymeren und Oberflächenspannungen γ_{lv} der reinen Polymeren bei 150 °C.

Polymer	$10^5 \gamma_{lv}$ N/cm	$10^5 \gamma_{ll}$ in N/cm bei						
		PDMS	it-PP	PBMA	PVAc	PE	PS	PMMA	PEOX
PDMS	13,6	0	3,0	3,8	7,4	5,4	6,0	–	9,8
it-PP	22,1	3,0	0	–	–	1,1	5,1	–	–
PBMA	23,5	3,8	–	0	2,8	5,2	–	1,8	–
PVAc	27,9	7,4	–	2,8	0	11,0	3,7	–	–
PE	28,1	5,4	1,1	5,2	11,0	0	5,7	9,5	9,5
PS	30,8	6,0	5,1	–	3,7	5,7	0	1,6	–
PMMA	31,2	–	–	1,8	–	9,5	1,6	0	–
PEOX	33,0	9,8	–	–	–	9,5	–	–	0

Die Grenzflächenspannungen zwischen zwei flüssigen Polymeren sind im allgemeinen klein. Sie sind umso größer, je stärker sich die Polaritäten der beiden Polymeren unterscheiden (Tab. 12–1).

12.3 Grenzflächenspannung fester Polymerer

12.3.1 GRUNDLAGEN

Ein Flüssigkeitstropfen bildet auf einer festen glatten Oberfläche einen bestimmten Kontaktwinkel ϑ aus. Der Wert des Kontaktwinkels wird nach der Young-Gleichung vektoriell durch die drei Grenzflächenspannungen Flüssigkeit/Dampf (γ_{lv}), Festkörper/Flüssigkeit (γ_{sl}) und Festkörper/Dampf (γ_{sv}) bestimmt, wobei γ_{sv} in die Oberflächenenergie γ_s^o des Festkörpers und den Gleichgewichtsdruck π_e aufgeteilt werden kann:

(12-4) $\quad \gamma_{sl} + \gamma_{lv} \cos \vartheta = \gamma_{sv} = \gamma_s^o + \pi_e$

Die Größe π_e gibt dabei den Ausbreitungsdruck des gesättigten Lösungsmitteldampfes auf der festen Polymeroberfläche im Gleichgewicht an. Sie strebt dem Wert null zu, wenn sich der Kontaktwinkel dem Wert null nähert. Bei endlichen Kontaktwinkeln kann π_e jedoch beträchtliche Werte annehmen, z. B. $14 \cdot 10^{-5}$ N/cm für Wasser auf Poly(ethylen). π_e wird im Vakuum gleich null.

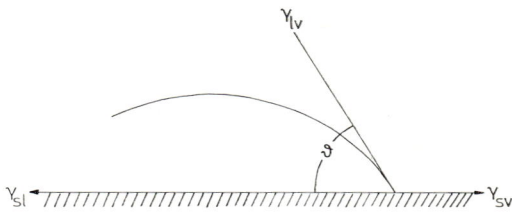

Abb. 12–3: Definition des Kontaktwinkels ϑ und der Grenzflächenspannungen γ_{sl} (fest-flüssig), γ_{lv} (flüssig-dampfförmig) und γ_{sv} (fest-dampfförmig).

Bei einem Kontaktwinkel $\vartheta = 0°$ erfolgt völlige, bei einem Kontaktwinkel $\vartheta = 180°$ dagegen keine Spreitung der Flüssigkeit auf der Oberfläche. Reale Systeme weisen Kontaktwinkel zwischen 0 und 180° auf. Da der Kontaktwinkel das Ausmaß der Spreitung bestimmt, ist sein Cosinus folglich ein direktes Maß für die Benetzbarkeit der Oberfläche.

Reale Oberflächen sind nicht eben, sondern rauh. Als Rauhigkeit r wird das Verhältnis r = wahre Oberfläche/geometrische Oberfläche definiert. r kann daher nur gleich oder größer als 1 sein. Frisch gespaltener Glimmer weist r-Werte nahe 1 auf, polierte Oberflächen r-Werte zwischen 1,5 und 2.

Als Folge der Rauhigkeit wird statt des theoretischen Kontaktwinkels ϑ ein experimenteller Mittelwert ϑ_{exp} gemessen. Die Oberflächenrauhigkeit wird die Kontaktfläche Flüssigkeit/Polymer zu vergrößern suchen. Dieser Tendenz überlagern sich die Wirkungen von Kohäsion und Adhäsion. Bei schlecht spreitenden Flüssigkeiten ($\vartheta > 90°$) überwiegt die Kohäsion. Die Vergrößerung der Oberfläche durch die Rauhigkeit wird dann durch eine Zunahme des Kontaktwinkels ausbalanciert ($\vartheta_{exp} > \vartheta$). Bei gut spreitenden Flüssigkeiten ($\vartheta < 90°$) überwiegt die Adhäsion. Bei einer aufgerauhten Oberfläche kann daher die Flüssigkeit eine größere Fläche als bei einer glatten einnehmen. Der Kontaktwinkel nimmt daher ab ($\vartheta_{exp} < \vartheta$). Die Rauhigkeit ist daher auch gleich $r = \cos \vartheta_{exp} / \cos \vartheta$. Aus der über die Flächen bestimmten Rauhigkeit r kann dann mit Hilfe des experimentell bestimmten Kontaktwinkels ϑ_{exp} der wahre Kontaktwinkel ϑ berechnet werden.

12.3.2 OBERFLÄCHENENERGIE UND KRITISCHE OBERFLÄCHENSPANNUNG

Die Oberflächenenergie γ_s des Festkörpers ist eine wichtige Materialkonstante.

Da sie nicht direkt meßbar ist, hat man versucht, sie über verschiedene Methoden abzuschätzen:

Anstelle die Grenzflächenspannungen des festen Polymeren γ_{sl} gegen eine niedermolekulare Flüssigkeit zu bestimmen und dann mit Hilfe der bekannten Oberflächenspannung γ_{lv} dieser Flüssigkeit und dem meßbaren Kontaktwinkel ϑ den Wert von γ_{sv} des festen Polymeren auszurechnen, kann man auch die Grenzflächenspannungen γ_{sl} des geschmolzenen Polymeren gegen eben diese niedermolekulare Flüssigkeit ermitteln und dann die bei verschiedenen Temperaturen berechneten γ_{sl}-Werte auf die Temperatur des festen Polymeren extrapolieren. Die Methode ist bedenklich, da einmal über einen größeren Temperaturbereich extrapoliert werden muß und zum anderen nicht ausgeschlossen werden kann, daß die Oberflächenstrukturen des geschmolzenen und des festen Polymeren identisch sind. Derartige Einflüsse zeigen sich z. B. bei den Kontaktwinkeln von geschmolzenen gegen festen Polymeren: der Kontaktwinkel von geschmolzenem Poly(butylmethacrylat) gegen festes Poly(vinylacetat) ist z. B. gleich null, der von geschmolzenem Poly(vinylacetat) gegen festes Poly(butylmethacrylat) dagegen 42°.

Nach dem sog. Zisman-Verfahren kann man ferner bei konstanter Temperatur für ein Polymer die Kontaktwinkel ϑ gegenüber verschiedenen Lösungsmitteln ermitteln und dann die Oberflächenspannungen γ_{lv} dieser Lösungsmittel gegen $\cos \vartheta$ auftragen (Abb. 12–4)

(12–5) $\gamma_{lv} = \gamma_{crit} - a(1 - \cos \vartheta)$

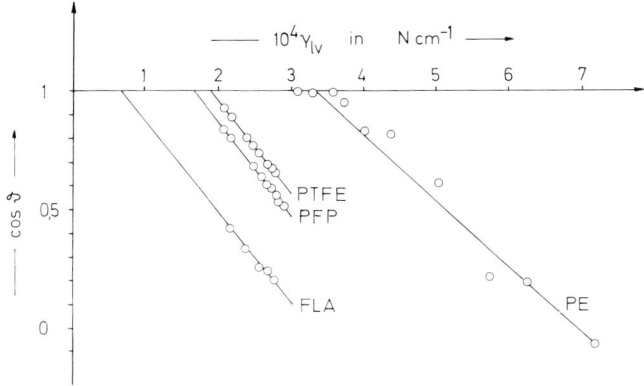

Abb. 12-4: Bestimmung der kritischen Oberflächenspannung über die Beziehung zwischen dem Cosinus des Kontaktwinkels und der Oberflächenspannung der verwendeten Flüssigkeiten bei 20°C bei Poly(ethylen) (PE), Poly(tetrafluorethylen) (PTFE), Poly(hexafluorpropylen) (PFP) und Perfluorlaurinsäure (FLA), monomolekular auf Platin (nach R. C. Bowers und W. A. Zisman).

Der Grenzwert der Oberflächenspannung bei einem Wert von $\cos \vartheta = 1$ entspricht einer völligen Benetzung und wird daher als kritische Oberflächenspannung γ_{crit} des Polymeren bezeichnet. Die praktisch lineare Beziehung zwischen $\cos \vartheta$ und γ_{lv} gilt dabei nicht nur für homologe Reihen, sondern auch für die verschiedensten Flüssigkeiten. Im Beispiel der Abb. 12—4 wurden z. B. beim Poly(ethylen) bei 20 °C so verschiedene Flüssigkeiten wie Benzol (γ_{lv} = 28,9 · 10^{-5} N/cm), 1,1,2,2-Tetrachlorethan (36,0 · 10^{-5}). Formamid (58,2 · 10^{-5}) und Wasser (72,0 · 10^{-5} N/cm) verwendet.

Die kritische Oberflächenspannung γ_{crit} der Polymeren scheint daher eine Art Materialkonstante zu sein. Sie ist jedoch weder mit der Oberflächenenergie γ_s^o noch mit der Grenzflächenspannung γ_{sv} des Polymeren identisch, wie man aus dem Vergleich der Gl. (12—4) und (12—5) sieht. Die theoretische Bedeutung der kritischen Oberflächenspannung ist daher umstritten. Die Werte von γ_{crit} und γ_{sv} sind jedoch nicht sehr verschieden (Tab. 12—2).

Tab. 12—2: Kritische Oberflächenspannungen γ_{crit} von reinen und ebenen Polymeren und Metallen bei 20 °C

Oberfläche bedeckt mit	$10^5 \gamma_{crit}$ N cm^{-1}	$10^5 \gamma_{sv}$ N cm^{-1}	Oberfläche bedeckt mit	$10^5 \gamma_{crit}$ N cm^{-1}	$10^5 \gamma_{sv}$ N cm^{-1}
—CF	6	—	PET	43	41,3
PHFP*	16,2	—	Kupfer	44	—
PTFE	18,5	14,0	Wolle	45	—
—CH$_3$	22	—	Aluminium	45	—
PDMS	23	—	Eisen	46	—
PVDF	25	30,3	PA 66	46	43,2
PVF	28	36,7	Natriumsilikat	47	—
PE	33	33,1	UF	61	—
PS	34	42,0	Wolle, chloriert	68	—
PVAL	37	—	Quarz	78	—
PVC	39	41,5	Titandioxid (Anatas)	91	—
PVDC	40	45	Zinn (II)oxid	111	—

* Poly(hexafluorpropylen)

Die kritischen Oberflächenspannungen aller bekannten festen Polymeren liegen niedriger als die Oberflächenspannung des Wassers von 72 · 10^{-5} N/cm (Tab. 12—2). Alle Polymeren werden daher von Wasser relativ schlecht benetzt. Die kritischen Oberflächenspannungen von fluorhaltigen Polymeren sind besonders niedrig. Sie werden daher nicht nur von Wasser, sondern auch von Ölen und Fetten schlecht benetzt. Öle und Fette besitzen als Glycerinester Oberflächenspannungen von ca. (20—30)· 10^{-5} N/cm. Der Effekt wird z. B. bei der Beschichtung von Bratpfannen ausgenutzt (Verhinderung des Anbackens).

12.4 Adsorption von Polymeren

Die Adsorption gelöster hochmolekularer Verbindungen auf feste Grenzflächen unterscheidet sich charakteristisch von derjenigen niedermolekularer Substanzen. Niedermolekulare Substanzen sind in erster Näherung mehr oder weniger kugelförmig; sie bilden mit der Oberfläche nur einen Kontakt aus und die Zahl der Kontakte pro Flächeneinheit bestimmt die Belegung. Bei niedermolekularen Substanzen genügt es daher, die Adsorptionsisothermen und deren Temperaturabhängigkeit zu messen.

Knäuelförmige Makromoleküle können jedoch mit der Unterlage sehr viele Kontakte ausbilden, so daß die Gestalt des adsorbierten Knäuelmoleküls je nach den Wechselwirkungen Polymer/Unterlage, Polymer/Lösungsmittel, Polymer/Polymer und Unterlage/Lösungsmittel sehr verschieden sein kann (Abb. 12–5). Zahl und Anordnung der adsorbierten Segmente führt zu einer bestimmten Makrokonformation, eine bestimmte Makrokonformation wiederum zu einer bestimmten Dicke und Polymerkonzentration in der adsorbierten Schicht.

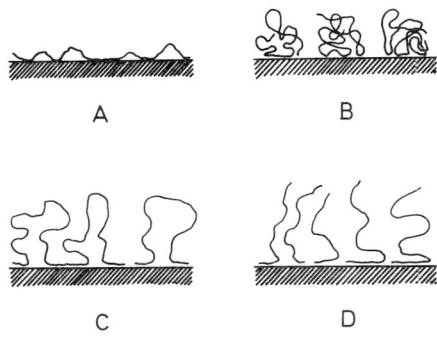

Abb. 12–5: Modellvorstellungen zur Adsorption von Knäuelmolekülen auf festen Oberflächen.
A = zweidimensionales Knäuel, B = dreidimensionales Knäuel, C = Schlaufen, D = Bürsten.

Schichtdicke und Polymerkonzentration erhält man ohne weitere Annahmen durch Ellipsometrie, d. h. durch die Veränderung von elliptisch polarisiertem Licht nach der Reflexion an mit einer adsorbierten Schicht bedeckten Oberfläche. Die Zahl der adsorbierten Segmente ist über infrarotspektroskopische Untersuchungen sowie über kalorische Messungen der Adsorptionsenthalpie zugänglich.

Das Adsorptionsgleichgewicht stellt sich je nach Konzentration und Molmasse des Polymeren in Minuten bis Stunden ein. Dabei steigen die pro Flächeneinheit adsorbierte Menge des Polymeren und die Dicke der Adsorptionsschicht bis zu konstanten Endwerten an, während die Polymerkonzentration in der adsorbierten Schicht zuerst abnimmt und dann erst konstant wird (Abb. 12–6). Je höher die Ausgangskonzentration der Lösung, umso größer die Schichtdicke und die pro Flächeneinheit adsorbierte Masse und umso niedriger die Polymerkonzentration in der adsorbierten Schicht. Bei niedrigen Ausgangskonzentrationen adsorbieren daher die Makromoleküle zunächst dreidimensional (B in Abb. 12–5) und spreiten sich mit zunehmender Zeit immer mehr „zweidimensional" auf der Oberfläche aus (A in Abb. 12–5). Bei höheren Ausgangskonzentrationen konkurrieren mehr Polymermoleküle um die Oberfläche: die Zeit bis zur Einstellung dauert länger, die Schichtdicken sind größer und die Polymerkonzentrationen in der adsorbierten Schicht sind niedriger. Bei hohen Ausgangskonzentrationen nimmt ferner die Schichtdicke mit der Wurzel aus der molaren Masse zu: aus dem Theta-System Poly(styrol)/Cyclohexan/36 °C werden die Polymermoleküle als ungestörte Knäuel adsorbiert.

Die Adsorption ist umso stärker, je schlechter das Lösungsmittel für das Polymere ist. Poly(styrol) adsorbiert aus dem guten Lösungsmittel Dioxan überhaupt nicht auf Chrom. Je polarer dagegen das Polymer, umso mehr Kontakte werden mit der Oberfläche ausgebildet, umso flacher und kompakter ist die adsorbierte Schicht. Die adsorbierte Schicht von Poly(ethylenoxid) ist auf Chrom nur 2 nm stark und so dicht gepackt, daß der Brechungsindex der adsorbierten Schicht mit dem des kristallisierten Polymeren identisch ist.

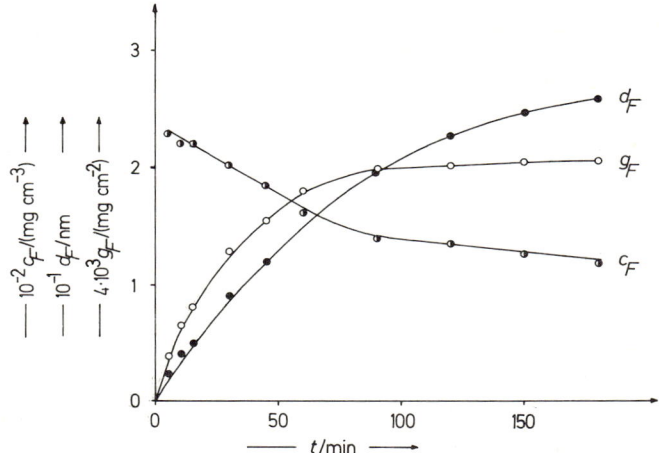

Abb. 12-6: Zeitabhängigkeit der Schichtdicke d_F, der pro Fläche adsorbierten Masse g_F und der Polymerkonzentration c_F in der adsorbierten Schicht bei der Adsorption von Poly-(styrol) mit $\langle M \rangle_w$ = 176 000 g/mol aus einer Lösung von 5 mg/cm³ in Cyclohexan an einer Chromoberfläche (nach Daten von E. Killmann, J. Eisenlauer und M. Korn).

Die Adsorption von Polymeren aus schlechten Lösungsmitteln ist im allgemeinen durch nur geringe Wechselwirkungen zwischen den Polymersegmenten gekennzeichnet. Ganz andere Verhältnisse liegen jedoch bei der Adsorption aus Polymerschmelzen vor. Hier sind die Segment/Segment-Wechselwirkungen stark und die Polymermoleküle werden wahrscheinlich zuerst in Form von Schlaufen adsorbiert (C in Abb. 12−5). Im Gleichgewicht sollten allerdings Bürsten vorliegen (D in Abb. 12−5), da hier bei der gleichen Zahl von Kontakten Polymersegment/Oberfläche mehr konformative Freiheitsgrade bestehen als bei den Schlaufen.

Literatur zu Kap. 12

12.0 Allgemeine Übersichten

J. F. Danielli, K. G. A. Pankhurst und A. C. Riddifort, Surface Phenomena in Chemistry and Biology, Pergamon Press, New York 1958

I. R. Miller und D. Bach, Biopolymers at interfaces, Surface Colloid Sci. 6 (1973) 185

L.-H. Lee, Hrsg., Characterization of metal and polymer surfaces, Vol. 2, Polymer surfaces, Academic Press, New York 1977

12.1 Spreitung

W. D. Harkins, The physical chemistry of surface films, Reinhold, New York 1952
D. J. Crisp, Surface films of polymers, in J. F. Danielli et al. (s.o.)
F. H. Müller, Monomolekulare Schichten, in R. Nitzsche und K. A. Wolf, Hrsg., Struktur und physikalisches Verhalten der Kunststoffe, Springer, Berlin 1962, Bd. 1

12.2 Oberflächenspannung flüssiger Polymerer

G. L. Gaines, Jr., Surface and interfacial tension of polymer liquids — a review, Polymer Engng. Sci. **12** (1972) 1
S. Wu, Interfacial and surface tensions of polymers, J. Macromol. Sci. Revs. Macromol. Chem. C **10** (1974) 1

12.3 Grenzflächenspannung fester Polymerer

W. A. Zisman, Relation of the equilibrium contact angle to liquid and solid constitution, Adv. Chem. Ser. **43** (1964)

12.4 Adsorption von Polymeren

F. Patat, E. Killmann und C. Schliebener, Die Adsorption von Makromolekülen aus Lösungen, Fortschr. Hochpolym.-Forschg. **3** (1961/64) 332
Yu. S. Lipatov und L. M. Sergeeva, Adsorption von Polymeren (in Russ.), Naukova Dumka, Kiew 1972; Wiley, New York 1974
S. G. Ash, Polymer adsorption at the solid/liquid interface, in D. H. Everett, Hrsg., Colloid Science, Bd. 1, Chem. Soc. London 1973
L. E. Smith und R. R. Stromberg, Polymers at liquid-solid interfaces, Loughborough 1975
E. Killmann, J. Eisenlauer und M. Korn, The adsorption of macromolecules on solid/liquid interfaces, Polymer Symp. **61** (1978) 413

13 Elektrische Eigenschaften

Die Materie wird nach ihrer „spezifischen" elektrischen Leitfähigkeit σ in elektrische Isolatoren ($\sigma = 10^{-12}$ bis 10^{-22} Ω^{-1} cm^{-1}), Halbleiter ($\sigma = 10^3$ bis 10^{-12} Ω^{-1} cm^{-1}) und Leiter ($\sigma > 10^3$ Ω^{-1} cm^{-1}) eingeteilt. Supraleiter weisen spezifische elektrische Leitfähigkeiten von ca. 10^{20} Ω^{-1} cm^{-1} auf. Die spezifische elektrische Leitfähigkeit ist der Kehrwert des spezifischen elektrischen Widerstandes. Da der elektrische Widerstand in Ohm gemessen wird, schreibt man in der amerikanischen Literatur für die Einheit der Leitfähigkeit statt ohm^{-1} oft auch mho.

Makromoleküle mit bestimmten Konstitutionsmerkmalen besitzen Halbleitereigenschaften (Kap. 13.2). Die meisten der technisch verwendeten Polymeren sind jedoch Isolatoren (Kap. 13.1). Ihre geringe Leitfähigkeit führt dazu, daß sich derartige Polymeren leicht elektrostatisch aufladen (Kap. 13.1.5). Die spezifischen Leitfähigkeiten betragen z. B. für Poly(ethylen) ca. 10^{-17} Ω^{-1} cm^{-1}, für Poly(styrol) 10^{-16} Ω^{-1} cm^{-1} und für (wasserhaltige?) Polyamide 10^{-12} Ω^{-1} cm^{-1}.

13.1 Dielektrische Eigenschaften

Beim Anlegen eines elektrischen Feldes werden die Gruppen bzw. die Moleküle des Isolators polarisiert. Bei höheren Feldstärken werden Elektronen abgetrennt und es entstehen Ionen. Bei noch höheren Feldstärken wird die Ionenleitfähigkeit schließlich so groß, daß das Material keinen elektrischen Widerstand mehr aufweist: es schlägt durch. Eine elektrische Leitfähigkeit kann nicht nur im Innern, sondern auch an der Oberfläche erfolgen.

13.1.1 POLARISIERBARKEIT

Legt man an einen Nichtleiter ein statisches elektrisches Feld E_i, so werden Elektronen und Atomkerne in entgegengesetzte Richtungen verschoben (Elektronenpolarisation). Die entsprechende Verschiebung von Atomen heißt Atompolarisation. Das dadurch induzierte elektrische Moment μ_i ist dem Feld E_i direkt proportional, d. h. es gilt für die Verschiebungspolarisation (Elektronen- und Atompolarisation)

(13−1) $\mu_i = \alpha_i \cdot E_i$

α ist die Polarisierbarkeit des Atoms, der Gruppe oder des Moleküls. Je größer α, umso mehr Energie wird vom Material aufgenommen.

Moleküle mit polaren Gruppen besitzen ein permanentes Dipolmoment μ_p. Ein statisches elektrisches Feld erzeugt bei diesen Molekülen zusätzlich zur induzierten Atom- und Elektronenpolarisation noch eine Orientierungspolarisation, d. h. eine bevorzugte Aufenthaltswahrscheinlichkeit der permanenten Dipole in Feldrichtung. Von Molekülen mit permanenten Dipolen wird daher mehr Energie als von solchen mit induzierten Dipolen gespeichert.

Die Polarisierbarkeit α ist im allgemeinen schlecht experimentell ermittelbar. Man kann jedoch das Verhältnis der Kapazitäten eines Kondensators im Vakuum und in dem betreffenden Medium, d. h. die relative Permittivität des Mediums (früher Dielektrizitätskonstante genannt), messen.

Die relative Permittivität elektrischer Nichtleiter ist bei niedrigen Frequenzen praktisch unabhängig von der Frequenz. Bei hohen Frequenzen hängt die relative Permittivität dagegen von der Frequenz ab, da die permanenten Dipole sich bei schnellem Wechsel des Feldes nicht mehr einstellen können.

13.1.2 VERHALTEN IM ELEKTRISCHEN WECHSELFELD

Legt man an ein dielektrisches Material plötzlich ein elektrisches Feld, so werden sich die im Dielektrikum vorhandenen permanenten molekularen Dipole zu orientieren versuchen. Diese Orientierung erfolgt durch Zufallsprozesse, d. h. durch Sprünge oder durch Diffusion. Das angelegte elektrische Feld bewirkt natürlich nicht diese Bewegungen; es beeinflußt vielmehr nur die mittlere Orientierung der Dipole. Da die molekularen Dipolmomente mit der Orientierung der Moleküle bzw. Molekülgruppen gekoppelt sind, entspricht die für den Aufbau der makroskopischen Orientierung benötigte Zeit etwa derjenigen, die im Mittel für die Reorientierung der Moleküle bzw. Gruppen benötigt wird.

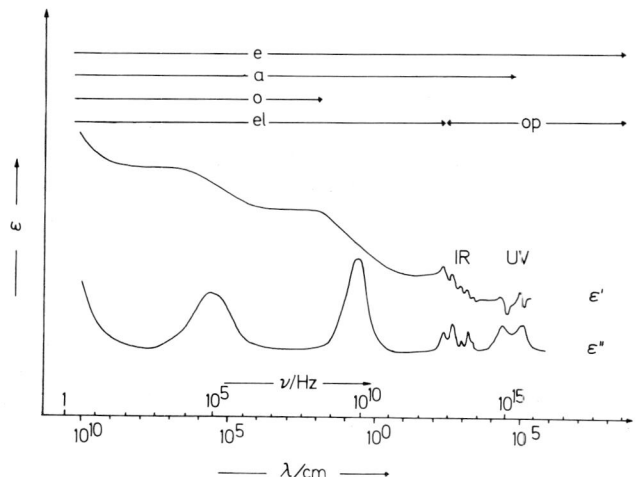

Abb. 13–1: Abhängigkeit der reellen (ϵ') und der imaginären (ϵ'') relativen Permittivität von der Frequenz bzw. der Wellenlänge (schematisch). e = Elektronenpolarisation, a = Atompolarisation, o = Orientierungspolarisation, el = elektrischer Bereich, op = optischer Bereich, IR = Infrarotgebiet, UV = ultravioletter Bereich

In einem elektrischen Wechselfeld versuchen die Dipole des Dielektrikums, sich in die Feldrichtung einzustellen. Dies gelingt ihnen umso weniger, je schneller sich die Richtung des Wechselfeldes ändert. Je stärker die Einstellung der Dipole hinter dem angelegten Wechselfeld nachhinkt, desto größer ist die bei diesem Vorgang verbrauchte elektrische Energie (Verlustleistung). Die nutzbare Leistung (sog. Blindleistung) wird dadurch verringert, da die Verlustleistung in Wärme umgesetzt wird.

13.1 Dielektrische Eigenschaften

Die Verlustleistung hängt von der Phasenverschiebung zwischen Strom und Spannung ab. Ist der Phasenwinkel zwischen Spannung und Stromstärke 90°, so ist die Verlustleistung null. Sind dagegen Strom und Spannung in Phase, so wird die gesamte elektrische Energie in Wärme umgewandelt und die Blindleistung ist null. ϑ ist der Winkel, um den der Phasenwinkel zwischen Stromstärke und Spannung von 90° abweicht. Das Verhältnis von Verlustleistung N_v zur Blindleistung N_b wird dielektrischer Verlustfaktor tg δ genannt:

$$(13-2) \quad \frac{N_v}{N_b} \equiv \frac{U \cdot I \cdot \cos(90-\vartheta)}{U \cdot I \cdot \sin(90-\vartheta)} \equiv \mathrm{tg}\,\delta$$

Blindleistung und Verlustleistung können auch als reelle ϵ' bzw. imaginäre relative Permittivität ϵ'' aufgefaßt werden

$$(13-3) \quad \epsilon = \epsilon' - i\,\epsilon''$$

Der dielektrische Verlustfaktor ergibt sich dann als

$$(13-4) \quad \mathrm{tg}\,\delta = \frac{\epsilon''}{\epsilon'} = \frac{\epsilon \cdot \sin\delta}{\epsilon \cdot \cos\delta}$$

ϵ' und ϵ'' hängen von der Frequenz ν ab. Die Funktion $\epsilon' = f(\nu)$ entspricht einer Dispersion, die Funktion $\epsilon'' = f(\nu)$ einer Absorption (Abb. 13–1). Der Energieverlust pro Sekunde, also die Verlustleistung, ergibt sich aus

$$(13-5) \quad N_v = E^2 \cdot 2\pi\nu \cdot \epsilon \cdot \mathrm{tg}\,\delta$$

Dabei ist E die elektrische Feldstärke, ν die Frequenz des Wechselfeldes, ϵ die relative Permittivität (Dielektrizitätskonstante) und tgδ der dielektrische Verlustfaktor. ϵ'tgδ wird in der angelsächsischen Literatur als loss factor bezeichnet; es ist also nicht identisch mit dem Verlustfaktor. In der deutschen Literatur wird dafür der Ausdruck Schweißfaktor vorgeschlagen. Stoffe mit hohem Schweißfaktor eignen sich für die Erwärmung im Hochfrequenzfeld, können also hochfrequent geschweißt werden. Als Isolierstoffe für Hochfrequenzleiter sind derartige Materialien dagegen nicht geeignet. Unpolare Kunststoffe wie Poly(ethylen), Poly(styrol), Poly(isobutylen) usw. besitzen niedrige relative Permittivitäten (ca. 2–3) und dielektrische Verlustfaktoren (tg$\delta = (1-8) \cdot 10^{-4}$). Sie besitzen als Isolierstoffe große Bedeutung für die Hochfrequenztechnik. Polare Materialien wie z. B. Poly(vinylchlorid) dagegen besitzen einen Schweißfaktor, der ca. hundertmal größer ist als der entsprechende Wert von Poly(styrol) oder Poly(ethylen). PVC kann daher ausgezeichnet mittels Hochfrequenz verschweißt werden.

Über das Verhalten von polaren Makromolekülen im elektrischen Wechselfeld können die Glasübergangstemperatur und andere Relaxationstemperaturen bestimmt werden (vgl. dazu auch Kap. 11.4.5). Sind die Frequenzen niedrig und ist die Probe oberhalb der Glasübergangstemperatur, so können die Dipole noch dem Wechselfeld folgen. Bei hohen Frequenzen und/oder unterhalb der Glasübergangstemperatur ist dies nicht mehr möglich. Das Verhalten eines polaren Makromoleküls in einem Wechselfeld richtet sich nun danach, ob sich die Dipole in der Kette oder aber in Seitengruppen befinden. Beim Poly(oxymethylen) $+CH_2-O+_n$ sind die Dipole in der Kette.

Sie können sich daher nur dann orientieren, wenn die Segmentbeweglichkeit groß ist, d. h. nur oberhalb der Glasübergangstemperatur. Bei Stoffen wie z. B. Poly(vinylethern) $\text{-(CH}_2\text{-CHOR)}_n$ befinden sich dagegen die Dipole in den Seitengruppen. Die Orientierung dieser flexiblen Gruppen kann daher entweder durch Segmentbewegungen der Hauptkette oder durch Ausrichten der Seitengruppen erfolgen. Man beobachtet hier daher zwei Dispersionsgebiete: bei niedrigen Frequenzen bedingt durch die Segmentbeweglichkeit und bei hohen Frequenzen durch die Orientierung der Seitengruppen. Arbeitet man unterhalb der Glasübergangstemperatur, so wird natürlich nur der Effekt der Seitengruppen beobachtet.

13.1.3 DURCHSCHLAGSFELDSTÄRKE

Durch den Imaginäranteil der Dielektrizitätskonstanten wird im Innern des Polymeren Wärme entwickelt. Läßt man das Feld sehr lange einwirken, so kann die entwickelte Wärme wegen der schlechten Wärmeleitfähigkeit des Materials nicht abgeführt werden. Der Stoff wird sich daher erwärmen. Der Imaginäranteil stammt nun entweder von der Dissoziation polarer Gruppen des Polymeren oder aber von Verunreinigungen. Diese Verunreinigungen müssen ionischer Natur sein, da die Leitfähigkeit der Polymeren stark von der Temperatur abhängt. Die elektronische Leitfähigkeit variiert dagegen viel weniger mit der Temperatur. Wegen der starken Temperaturabhängigkeit der ionischen Leitfähigkeit führt der Wärmestau zu einer immer besseren Leitfähigkeit, so daß schließlich ein Durchschlag erfolgt. Dünne Folien weisen wegen der besseren Wärmeabführung eine höhere Durchschlagsfeldstärke als dicke auf.

13.1.4 KRIECHSTROM

Die Kriechstrom ist definiert als „ein Strom, der sich auf der Oberfläche eines im trockenen, sauberen Zustand gut isolierenden Stoffes zwischen spannungsführenden Teilen infolge von leitfähigen Verunreinigungen bildet". Da der Oberflächenwiderstand um ca. zwei Zehnerpotenzen niedriger als der spezifische Widerstand und meist schwierig meßbar ist, testet man die Kriechstromfestigkeit unter standardisierten Bedingungen. Man benutzt dazu eine „Normalverunreinigung", nämlich eine Salzlösung mit zugefügtem Netzmittel. Diese Prüflösung wird gleichmäßig zwischen Elektroden, die sich in definiertem Abstand auf der Oberfläche des Prüflings unter definierter Spannung befinden, durchtropfen gelassen. Sobald die Oberfläche des Prüflings stark verunreinigt ist, bildet sich ein Lichtbogen. Der Lichtbogen kann sich einbrennen und so eine Kriechspur erzeugen. Die Kriechspur führt schließlich zum Überschlag. Die Zahl der bis zum Überschlag zugeführten Tropfen Normalverunreinigung ist ein Maß für die Kriechstromfestigkeit.

Ein Material ist kriechstromfest, falls sich unter der Wirkung des Lichtbogens keine Kohleteilchen bilden können. Erzeugt z.B. ein Lichtbogen aus dem Polymeren durch Depolymerisation Monomeres, so verhindern die verdampfenden Monomermoleküle die Ablage von Salz (Beispiel: Poly(methylmethacrylat)). Die gleiche Wirkung ergibt sich, wenn sich unter der Wirkung des Lichtbogens flüchtige Abbauprodukte bilden, wie z.B. beim Poly(ethylen) oder bei Polyamiden. Poly(N-vinylcarbazol) bildet dagegen keine flüchtigen Abbauprodukte und besitzt daher trotz seiner guten Isolationswirkung nur eine schlechte Kriechstromfestigkeit.

13.1.5 ELEKTROSTATISCHE AUFLADUNG

Statische Elektrizität, die sog. elektrostatische Aufladung, kann als Über- oder Unterschuß von Elektronen auf einer isolierten oder nichtgeerdeten Oberfläche definiert werden. Derartige Aufladungen können durch Kontakt der Oberfläche mit ionisierter Luft oder durch Reibung bzw. Kontakt zweier Oberflächen und anschließende Trennung der Oberflächen erzeugt werden. Materialien laden sich dann elektrostatisch auf, wenn die spezifische elektrische Leitfähigkeit niedriger als ca. 10^{-8} ohm^{-1} cm^{-1} ist und die relative Luftfeuchtigkeit weniger als ca. 70 % beträgt.

Reibt man Kunststoffe gegeneinander oder Kunststoffe gegen Metall, so werden je nach Reibpartner und -zeit verschieden hohe Aufladungen beobachtet. Poly(oxymethylen) gegen Polyamid 6 gibt z. B. beim erstmaligen Reiben eine Aufladung von 360 V/cm, beim zehnmaligen Reiben 1400 V/cm und schließlich einen Grenzwert von 3000 V/cm. Ein antistatisch ausgerüstetes ABS-Polymer erzeugt gegen Poly(acrylnitril) einen Grenzwert von 120 V/cm, gegen Polyamid 6 jedoch einen von – 1700 V/cm. Auf diese Weise läßt sich eine elektrostatische Spannungsreihe aufstellen (vgl. Tab. 13–1).

Tab. 13–1: Spannungsreihe nichtmetallischer Werkstoffe

Polymer	Ladungsdichte in 10^{-6} C/g	Polymer	Ladungsdichte in 10^{-6} C/g
Melaminharz	−14,7	Silicon	−0,18
Phenolharz	−13,9	Poly(styrol)	0,37
Graphit	− 9,13	Poly(tetrafluorethylen)	3,41
Epoxidharz	− 2,13	Poly(trifluorchlorethylen)	8,22

Die Ladungen sind jedoch nicht gleichmäßig verteilt. Auf der Oberfläche können z. B. „Inseln" von positiven Ladungen in einem „Meer" von negativen Ladungen und vice versa existieren, wie durch Bestauben der Oberfläche mit verschieden geladenen Farbstoffen festgestellt wurde. In der Regel überwiegt eine Ladungssorte.

Tab. 13–2: Halbwertszeiten $t_{1/2}$ für die Entladung elektrostatisch aufgeladener Polymerer

Polymer	$t_{1/2}$/s pos.	neg.	Polymer	$t_{1/2}$/s pos.	neg.
Cellophan	0,3	0,3	Poly(acrylnitril)	670	690
Wolle	2,5	1,6	Polyamid 66	940	720
Baumwolle	3,6	4,8	Poly(vinylalkohol)	8500	3800

Die so erzeugten Ladungen fließen wegen der schlechten Oberflächenleitfähigkeiten der meisten Polymeren nur langsam ab. Die Halbwertszeiten für den Abfluß sind dabei für positive und negative Aufladungen meist verschieden (Tab. 13–2). Die oft hohen Halbwertszeiten machen sich in der Technik und im Haushalt oft unangenehm bemerkbar, z. B. bei der Aufladung von Umlenkrollen bei Spinnprozessen oder beim Verstauben von Haushaltsartikeln aus Kunststoffen.

Die Entladungszeit hängt in erster Näherung direkt vom elektrischen Widerstand R und von der Kapazität C ab:

(13-6) $t = kRC = RQ/U$

Ladung Q und Spannung U und damit auch Kapazität C sind bei Kunststoffen schwierig beeinflußbar. Die Entladungszeit läßt sich also nur durch Erniedrigen des Entladungswiderstandes verringern. Der Entladungswiderstand wiederum hängt von den Durchgangs- und Oberflächenwiderständen des Polymeren sowie vom Widerstand der umgebenden Luft ab. Der kleinste dieser drei Widerstände gibt die niedrigste Zeitkonstante und bestimmt damit die Höhe der Aufladung.

Die elektrostatische Aufladung kann durch verschiedene Methoden verhindert werden. Eine Gruppe von Verfahren führt die Ladungen ab, z.B. durch Neutralisieren mit ionisierter Luft in der Textilindustrie oder durch Umhüllen von Gummischläuchen mit Metallstrümpfen an Tankstellen. Alternativ kann man die Materialien extern oder intern mit Antistatika ausrüsten. Arbeitet man z.B. in ein Copolymer aus Ethylen und Vinylidenchlorid bis zu 30 % Ruß ein, so behält das Material praktisch noch alle guten Eigenschaften des Kunststoffes. Durch diese interne Ausrüstung wird aber die spezifische Leitfähigkeit auf etwa 10^{-2} mho/cm heraufgesetzt. Das Material lädt sich nicht mehr elektrostatisch auf. Bei externen antistatischen Ausrüstungen bringt man Materialien auf die Oberfläche, die die Luftfeuchtigkeit binden. Im Gegensatz zur internen Ausrüstung ändert sich dadurch nicht die spezifische Leitfähigkeit, wohl aber der Oberflächenwiderstand. Externe antistatische Ausrüstungen müssen natürlich von Zeit zu Zeit erneuert werden. Die elektrostatische Aufladung kann auch verhindert werden, wenn die Reibung herabgesetzt wird, z.B. durch Zugabe von Gleitmitteln oder durch Beschichten mit Poly(tetrafluorethylen).

Die Effekte der elektrostatischen Aufladung werden umgekehrt auch technisch nutzbar gemacht, nämlich beim elektrostatischen Lackspritzen und bei der Beflockung von Materialien, um samtartige Oberflächen zu erzeugen.

13.1.6 ELEKTRETE

Elektrete sind Dielektrika, die ein einmal aufgegebenes elektrisches Feld eine gewisse Zeit halten können. Sie können nur aus Polymeren mit schlechter elektrischer Leitfähigkeit gebildet werden, z.B. aus Poly(styrol), Poly(methylmethacrylat), Poly(propylen), Polyamiden oder auch Carnaubawachs.

Zur Herstellung von Elektreten sind zwei Verfahren bekannt. Beim ersten Verfahren wird das Polymer auf Temperaturen oberhalb der Glastemperatur erhitzt, dann ein elektrisches Feld angelegt (z.B. 25 kV/cm) und das Polymer unter der Wirkung des Feldes erstarren gelassen. Eine optimale Arbeitstemperatur scheint bei ca 37 °C oberhalb der Glastemperatur T_G zu liegen. Beim zweiten Verfahren läßt man das Polymer beim Fließen unter Druck erstarren. Hier liegt das Temperaturoptimum offenbar bei $(T_G + 57)$ °C. Wenn das elektrische Feld weggenommen wird, sind die Körper auf der einen Seite positiv, auf der anderen Seite negativ geladen. Die Ladungsdifferenz nimmt nur langsam ab; der Abklingprozeß kann sich über Monate erstrecken.

Die Ursachen der Elektretbildung sind noch nicht gut bekannt. Wahrscheinlich können sowohl Volumen- als auch Oberflächenpolarisationen auftreten. Bei Feldern unter ca. 10 kV/cm erhält man eine Volumenpolarisation. Bricht man nämlich einen Elektreten parallel zu den geladenen Oberflächen, so entstehen zwei neue Elektrete. Bei Feldern über ca. 10 kV/cm erfolgt ein Durchbruch des Feldes und man erhält eine Oberflächenpolarisation. Für diese Deutung sprechen auch die Polarisierungen bei den verschiedenen Feldstärken. Bei kleinen Feldstärken ist die Polarisierung dem elektrischen Feld entgegengesetzt, was durch eine Wanderung von z.B. ionischen Verunreinigungen bedingt sein könnte. Bei Temperaturen oberhalb der Glastemperatur sollten sich die Abstände zwischen den Ionen leicht vergrößern und dann bei $T < T_G$ einfrieren lassen. Bei großen Feldstärken bricht Luft durch und die Oberflächen des Elektreten sind gleichsinnig polarisiert wie die Elektroden.

13.2 Elektrische Leitfähigkeit

13.2.1 GRUNDLAGEN

Die elektrische Leitfähigkeit σ eines Materials wird durch die Zahl N der Ladungsträger pro Volumen V, sowie deren Ladung e und Beweglichkeit μ bestimmt:

$$(13-7) \quad \sigma = (N/V)\, e\, \mu = (N_o/V)\, e\, \mu\, \exp(-E^+/kT)$$

Die Konzentration an Elektronen nimmt mit steigender Temperatur zu. Da die Aktivierungsenergie E^+ positiv ist, nimmt bei Halbleitern die elektrische Leitfähigkeit mit der Temperatur zu. Die Leitfähigkeit von Metallen fällt dagegen mit der Temperatur.

Die elektrischen Eigenschaften makromolekularer Halbleiter werden in der Regel durch die Leitfähigkeit, die Aktivierungsenergie der Leitfähigkeit, die Konzentration an freien Radikalen und die thermo-elektromotorische Kraft charakterisiert. Da die Polymeren meist als amorphe Pulver vorliegen, werden sie zu Tabletten gepreßt. Die Kontakte sind entweder unter Druck angepreßte Metallelektroden oder leitfähige Pasten. Die Proben dürfen keine ionischen Leitfähigkeiten und keine Oberflächenleitfähigkeiten aufweisen und müssen wasserfrei sein, da sonst zu hohe Leitfähigkeiten resultieren.

Zur Bestimmung der Thermo-EMK bringt man die Probe zwischen zwei Platten verschiedener Temperatur. Die bei einer Temperaturdifferenz von 1 °C auftretende Thermospannung wird Seebeck-Koeffizient genannt. Ein positiver Seebeck-Koeffizient stammt von einem Überschuß an Defektelektronen (p-Leitung), ein negativer von einem Überschuß an Leitungselektronen (n-Leitung). Die Konzentration an Leitungselektronen muß dabei natürlich nicht mit der über die Elektronenspinresonanz gemessenen Konzentration an freien Radikalen identisch sein.

Die spezifischen Leitfähigkeiten organischer Halbleiter reichen bis in das Gebiet der Halbmetalle bzw. Metalle. Auch die Konzentration an Ladungsträgern ist mit 10^9–10^{21} Teilchen/cm³ u. U. fast so hoch wie die bei Metallen, die Konzentrationen von 10^{21}–10^{22} Teilchen/cm³ aufweisen. Die Beweglichkeit der Ladungsträger ist jedoch mit 10^{-6}–10^2 cm² V^{-1} s^{-1} meist erheblich tiefer als die bei Metallen und anorganischen Halbleitern, bei denen sie ca. 10–10^6 cm² V^{-1} s^{-1} beträgt. Es ist daher fraglich, ob das bei anorganischen Halbleitern verwendete einfache Bändermodell auch bei organischen Halbleitern verwendet werden darf. Bei Festkörpern mit eng gepackten Atomen und guter Fernordnung, wie z. B. bei metallischen Halbleitern, bilden die verschiedenen Energieniveaus gut voneinander getrennte Valenz- und Leitfähigkeitsbänder. Die Differenz beträgt ca. das Doppelte der durch Gl. (13—7) definierten Aktivierungsenergie. Bei geeigneter Anregung können Elektronen das Valenzband verlassen und in das Leitfähigkeitsband aufgenommen werden. Im Valenzband entstehen so Löcher, die ebenfalls als Ladungsträger wirken. Elektronen und Löcher können sich in den Bändern frei bewegen; sie weisen daher hohe Beweglichkeiten auf.

Organische Moleküle sind jedoch nicht so dicht gepackt wie die Atome in Metallen oder Halbmetallen. Sie sind vielmehr relativ weit voneinander entfernt und werden zudem nur durch schwache van der Waals-Kräfte zusammengehalten. Die elektronische Wechselwirkung zwischen organischen Molekülen ist daher nur gering. Ladungen können nur durch thermisch aktiviertes Hüpfen übertragen werden und die Beweglichkeit der Ladungsträger ist niedrig.

13.2.2 EINFLUSS DER CHEMISCHEN STRUKTUR

Die spezifische Leitfähigkeit eines Polymeren hängt von zwei Faktoren ab: Transport der Ladungsträger innerhalb der einzelnen Moleküle und Transport von Molekül zu Molekül.

Für einen guten intramolekularen Elektronentransport muß das Molekül ein ausgedehntes delokalisiertes π-Elektronensystem aufweisen. Die spezifische Leitfähigkeit nimmt daher mit zunehmender Größe konjugierter Ringsysteme zu, d. h. in der Reihenfolge Coronen — Ovalen — Circumanthracen — Graphit (Tab. 13—3). Bei gleicher Größe des Ringsystems steigt die spezifische Leitfähigkeit mit der Ausgedehntheit des delokalisierten π-Elektronensystems an, wie man aus dem Vergleich von Violanthren und Violanthron sieht.

Intra- und intermolekularer Elektronentransport lassen sich natürlich nicht streng voneinander trennen. Der intermolekulare Übertritt von Elektronen wird z. B. erleichtert, wenn sich die Molekülketten in einem hohen Ordnungszustand befinden. Das kristalline Poly(acetylen) hat daher eine um vier Zehnerpotenzen höhere spezifische Leitfähigkeit als das amorphe. Bei amorphen Polymeren wird die elektronische Leitfähigkeit durch eine Vernetzung der Moleküle gefördert.

Das durch Umsetzen von p-Dichlorbenzol mit Natrium entstehende, praktisch lineare Poly(p-phenylen) weist z. B. nur eine relativ niedrige spezifische Leitfähigkeit von $10^{-11}\ \Omega^{-1}\ cm^{-1}$ auf, vermutlich, weil die Ketten nicht völlig planar sind. Bei der Polymerisation von Benzol mit Friedel-Crafts-Katalysatoren entstehen dagegen vernetzte oder verzweigte Poly(phenylene) mit spezifischen Leitfähigkeiten von $0,1\ \Omega^{-1}\ cm^{-1}$ und Aktivierungsenergien von $0,025$ eV. Noch höhere spezifische Leitfähigkeiten von über $5\ \Omega^{-1}\ cm^{-1}$ erhält man bei den Umsetzungsprodukten von Hexachlorbenzol mit Natrium. Vernetzte Systeme mit konjugierten Doppelbindungen und graphitähnlichen Strukturen entstehen auch bei der Oxidation und Pyrolyse des Poly(p-divinylbenzols), wobei spezifische Leitfähigkeiten bis zu $100\ \Omega^{-1}\ cm^{-1}$ auftreten können.

Die so hergestellten vernetzten Polymeren lassen sich jedoch nicht gut verarbeiten. Vorteilhafter sind in diesem Fall Ladungsübertragungskomplexe aus polymeren Donatoren und Akzeptoren. Der Komplex aus Poly(2-vinylpyridin) und Jod besitzt z. B. eine spezifische Leitfähigkeit von $10^{-3}\ \Omega^{-1} cm^{-1}$. Er wird als Kathode in Li/I_2-Batterien für einpflanzbare Herzschrittmacher verwendet. Diese Festkörperbatterie besitzt eine höhere Energiedichte als die besten Bleiakkumulatoren und Lebenszeiten von ungefähr 10 Jahren.

Tab. 13–3: Spezifische Leitfähigkeiten σ und Aktivierungsenergien $E^{\neq}$ der elektrischen Leitfähigkeit von Polymeren und niedermolekularen Verbindungen (T_p = Pyrolysetemperatur); 1 eV = 1,6021 · 10⁻¹⁹ J.

Name	Material Konstitutionsformel		$\dfrac{T}{°C}$	$\dfrac{\sigma}{\Omega^{-1}\,cm^{-1}}$	$\dfrac{E^{\neq}}{eV}$
Cellulose, trocken	—		25	10^{-18}	?
Gelatine, trocken	—		130	$2 \cdot 10^{-14}$	3,1
Tabakmosaikvirus	—		130	$9 \cdot 10^{-14}$	2,9
Desoxyribonucleinsäure	—		130	$2 \cdot 10^{-12}$	2,4
Coronen			15	$6 \cdot 10^{-18}$	0,85
Ovalen			15	$4 \cdot 10^{-16}$	0,55
Circumanthracen			15	$2 \cdot 10^{-13}$	?
Graphit	—		25	10^4	0,025
Violanthren			15	$5 \cdot 10^{-15}$	0,43
Violanthron			15	$4 \cdot 10^{-11}$	0,39
Poly(methylen)	$+CH_2+_n$		25	$< 10^{-17}$	?
Poly(vinylen)	$+CH=CH+_n$		25	$< 10^{-8}$	?
Poly(acetylen)	$+C\equiv C+_n$	amorph	25	$< 10^{-8}$	0,83
		kristallin	25	$< 10^{-4}$	?
Poly(phenylen)	$+\bigcirc+_n$		25	10^{-11}	0,94
Poly(p-divinylbenzol) (oxidiert und pyrolysiert bei T_p °C)	$+CH_2-CH+_n$ $+CH_2-CH+_n$	T_p = 500°C 600°C 700°C 1000°C	25	10^{-15} 10^{-12} 10^{-6} 10^2	? ? ? ?
Poly(carbazen)	$+N=CR+_n$		25	$\sim 10^{-5}$	$\sim 0,2$
Poly(azasulfen)	$+NS+_n$		25	~ 8	$\sim 0,02$

Ähnliche Leitfähigkeiten weisen auch Radikalionen auf, z. B. Systeme aus vinylpyridinhaltigen Copolymeren mit Tetracyan-p-chinodimethan. Diese Produkte sind im Gegensatz zu den vernetzten halbleitenden Polymeren löslich und zu Filmen vergießbar. Sie zersetzen sich jedoch langsam an der Luft und verlieren dabei ihre Leitfähigkeit.

13.2.3 PHOTOLEITFÄHIGKEIT

Licht kann bei geeigneten Systemen Radikalionen und damit auch Photoleitfähigkeiten erzeugen. Der Effekt wird in der sog. Xerographie ausgenutzt. Bei diesem Vervielfältigungsprozeß wird ein photoleitfähiges Material auf einen Metallzylinder aufgebracht und im Dunkeln mit einer Corona-Entladung negativ aufgeladen. Das abzubildende Objekt wird auf den Photoleiter projiziert, wobei die helleren Flächen entladen werden. Auf das so entstandene latente Bild wird dann ein mit einem Harz umhüllter, schwarzer, positiv geladener Entwickler gesprüht, der anschließend auf ein negativ geladenes Papier überführt wird. Die Kopie wird sodann erhitzt, wobei das Harz zusammensintert und das Bild fixiert wird.

Als photoleitfähiges Material wurde zuerst Diarsentriselenid verwendet. Heute benutzt man Poly(N-vinylcarbazol), das ultraviolettes Licht absorbiert und dabei ein Exciton bildet, welches in einem elektrischen Feld ionisiert wird. Poly(vinylcarbazol) verhält sich im sichtbaren Licht als Isolator, kann jedoch mit bestimmten Elektronendonatoren sensibilisiert werden und bildet dann Ladungsübertragungskomplexe.

Literatur zu Kap. 13

13.1 Dielektrische Eigenschaften

N. G. McCrum, B. E. Read und G. Williams, Anelastic and dielectric effects in polymeric solids, Wiley, London 1967
E. Fukada, Piezoelectric dispersion in polymers, Progr. Polymer Sci. Japan **2** (1971) 329
M. E. Baird, Electrical properties of polymeric materials, Plastics Institute, London 1973
A. D. Moore, Electrostatics and its applications, Wiley, New York 1973
Dechema-Monographie Bd. 72, Elektrostatische Aufladung, Verlag Chemie, Weinheim 1974
M. W. Williams, The dependence of triboelectric charging of polymers on their chemical compositions, J. Macromol. Sci.-Rev. Macromol. Chem. C **14** (1976) 251
P. Hedvig, Dielectric spectroscopy of polymers, Halsted, New York 1977

13.2 Elektronische Leitfähigkeit

J. E. Katon, Hrsg., Organic semiconducting polymers, Dekker, New York 1968
W. L. McCubbin, Conduction processes in polymers, J. Polymer Sci. C **30** (1970) 181
R. H. Norman, Conductive rubbers and plastics, Elsevier, Amsterdam 1970
H. Meier, Zum Mechanismus der organischen Photoleiter, Chimia **27** (1973) 263
Ya. M. Paushkin, T. P. Vishnyakova, A. F. Lunin und S. A. Nizova, Organic polymeric semiconductors, Wiley, New York 1974
E. P. Goodings, Polymeric conductors and semiconductors, Endeavour **34** (1975) 123
E. P. Goodings, Conductivity and superconductivity in polymers, Chem. Soc. Rev. **5** (1976) 95
Y. Wada und R. Hayakawa, Piezoelectricity and pyroelectricity of polymers, Japan. J. Appl. Phys. **15** (1976) 2041
J. M. Pearson, Photoconductive polymers, Pure Appl. Chem. **49** (1977) 463
A. R. Blythe, Electrical properties of polymers, Cambridge University Press 1979

14 Optische Eigenschaften

Die Wechselwirkung eines Materials mit dem elektromagnetischen Feld des einfallenden Lichtes bedingt dessen Erscheinung, d. h. dessen optische Eigenschaften. Im allgemeinen können zwei Hauptgruppen optischer Eigenschaften unterschieden werden: solche, die auf Mittelwerte molekularer Eigenschaften zurückgehen, und solche, die auf der Abweichung lokaler Werte von diesen Mittelwerten beruhen. Zur ersten Gruppe gehören Brechungs-, Absorptions- und Beugungsphänomene, zur zweiten Streuungserscheinungen. Umgekehrt kann man die Erscheinung eines Materials auch auf dessen geometrische Eigenschaften bzw. dessen Farbmerkmale zurückführen. Die ersteren beeinflussen solche Größen wie Glanz, Schleier, Transparenz und Opazität, die letzteren Größen wie Farbton, -reinheit und -stärke.

14.1 Lichtbrechung

Ein auf einen transparenten Körper im Vakuum mit dem Einfallswinkel α auffallender Lichtstrahl tritt am anderen Ende des Körpers unter einem anderen Einfallswinkel α' wieder aus (Abb. 14–1): das Licht wird gebrochen. Der Brechungsindex n als Maßzahl für die Brechung hängt sowohl vom Eintrittswinkel α als auch vom Brechungswinkel β ab:

(14–1) $\quad n = \sin\alpha/\sin\beta = \sin\alpha'/\sin\beta'$

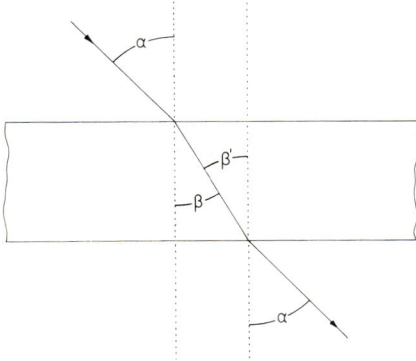

Abb. 14–1: Definition des Einfallswinkels α und des Brechungswinkels β beim Einfall von Licht auf eine von Luft umgebene planparallele Platte mit dem Brechungsindex $n = 1{,}5$. $\alpha = \alpha'$ und $\beta = \beta'$.

Der Brechungsindex n variiert mit der Wellenlänge des einfallenden Lichtes. Als Maß für diese Dispersion wird oft die Abbésche Zahl ν angegeben. Sie beruht auf Messungen des Brechungsindices bei den drei Wellenlängen 656,3, 589,3 und 486,1 nm:

(14–2) $\quad \nu = (n_{589} - 1)/(n_{486} - n_{656})$

Je kleiner ν, umso stärker kann das Material die Farben separieren.

Der Brechungsindex n eines Materials hängt nach der Lorenz-Lorentzschen Beziehung von der Polarisierbarkeit P aller sich im Einheitsfeld befindenden Moleküle ab:

(14–3) $\quad \dfrac{n^2 - 1}{n^2 - 2} = (4/3)\,\pi\,P = (4/3)\,\pi\,N\,\alpha = (4/3)\,\pi\,N\,\mu/E$

Die Polarisierbarkeit P ist durch die Zahl N der Moleküle im Einheitsvolumen und die Polarisierbarkeit α eines einzelnen Moleküls gegeben. Die Polarisierbarkeit α hängt wiederum vom Dipolmoment μ ab, das von einem elektrischen Feld mit der Feldstärke E erzeugt wird. α und daher auch n sind daher umso größer, je mehr Elektronen ein Molekül enthält und je beweglicher diese Elektronen sind. Kohlenstoff besitzt folglich eine viel größere Polarisierbarkeit als Wasserstoff. Da somit der Beitrag des Wasserstoffs zur Polarisierbarkeit in erster Näherung vernachlässigt werden kann, weisen die meisten Polymeren mit Kohlenstoff/Kohlenstoff-Ketten etwa den gleichen Brechungsindex von ca. 1,5 auf. Abweichungen von diesem „Normalwert" treten nur auf, wenn große Seitengruppen (z. B. Poly(N-vinylcarbazol)) oder starke Polarisierbarkeiten vorhanden sind (z. B. fluorhaltige Polymere) (vgl. auch Abb. 14–2). Aufgrund des Molekülbaus kann man ferner abschätzen, daß die Brechungsindices aller organischen Polymeren nur im Bereich 1,33 – 1,73 liegen können.

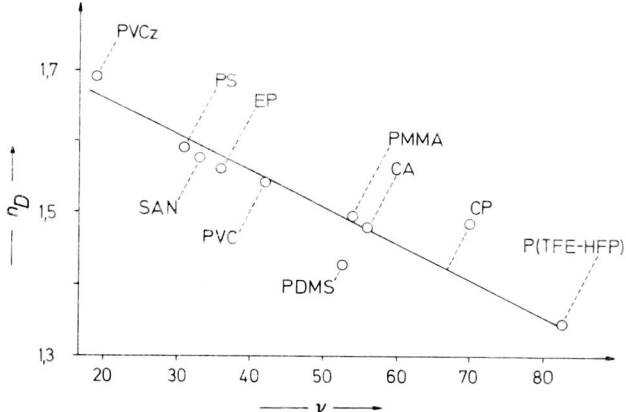

Abb. 14–2: Beziehung zwischen dem Brechungsindex n_D bei der D-Linie (589,3 nm) und der Abbéschen Dispersion ν (vgl. Gl. (14–2)) bei verschiedenen Polymeren. PVCz = Poly(N-vinylcarbazol), P(TFE–HFP) = Copolymer aus Tetrafluorethylen und Hexafluorpropylen. Für die anderen Abkürzungen vgl. Tab. VII–6.

14.2 Lichtbeugung

14.2.1 GRUNDLAGEN

Ein Teil des auf einen transparenten homogenen Körper auffallenden Lichtes wird an der Eintrittsoberfläche reflektiert, d. h. zurückgeworfen (äußere Reflexion), ein anderer Teil an der Austrittsoberfläche (innere Reflexion). Das Verhältnis der Intensität I_r des reflektierten Lichtes zur Intensität I_0 des einfallenden Lichtes hängt nach Fresnel sowohl vom Einfallswinkel α als auch vom Brechungswinkel β ab (zur Definition der Winkel vgl. Abb. 14−1):

$$(14-4) \quad \text{Reflexion } R = \frac{I_r}{I_0} = \frac{1}{2}\left[\frac{\sin^2(\alpha-\beta)}{\sin^2(\alpha+\beta)} + \frac{\text{tg}^2(\alpha-\beta)}{\text{tg}^2(\alpha+\beta)}\right]$$

Die Reflexion I_r/I_0 ist bei kleinen Einfallswinkeln α niedrig und steigt erst bei hohen α-Werten steil an (Abb. 14−3).

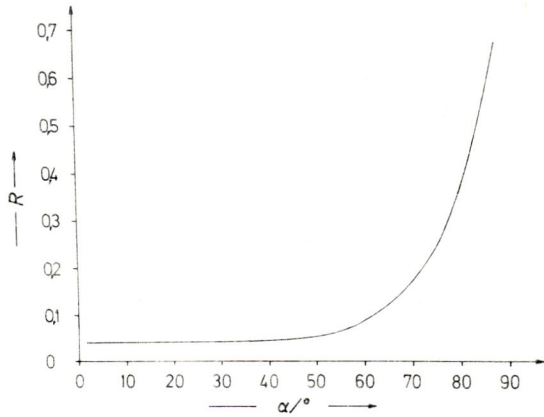

Abb. 14−3: Reflexion R als Funktion des Einfallswinkels α bei einem Material mit $n = 1,5$.

14.2.2 IRISIERENDE FARBEN

Bei Folien und Filmen aus vielen übereinander liegenden Schichten können durch Lichtbeugung irisierende Farben auftreten. Jede Grenzschicht reflektiert ja nur einen kleinen Anteil des Einfallslichtes. Falls alle Schichten gleich dick sind, wird das an den Grenzflächen reflektierte Licht in Phase verlassen. Es tritt eine verstärkende Interferenz auf, das reflektierte Licht besitzt eine hohe Intensität. Die Wellenlänge des reflektierten Lichtes hängt von den optischen Dichten der Schichten ab. Die Wellenlängen λ_m der Reflexionen m.Ordnung ergeben sich bei abwechselnd angeordneten Schichten von zwei Polymeren mit den Brechungsindices n_1 und n_2 und den Schichtdicken d_1 und d_2 bei rechtwinklig einfallendem Licht zu

$$(14-5) \quad \lambda_m = (2/m)(n_1 d_1 + n_2 d_2)$$

Die relativen Intensitäten der einzelnen Wellenlängen hängen vom Anteil der optischen Dichte der beiden Polymeren ab, d. h.

$$(14-6) \quad f_1 = (n_1 d_1)/(n_1 d_1 + n_2 d_2)$$

Bei gleichen optischen Dichten ($f_1 = f_2 = 0{,}5$) werden die Reflexionen geradzahliger Ordnung unterdrückt; die Reflexionen ungeradzahliger Ordnung besitzen ihre maximale Intensität. Bei $f_1 = 0{,}33$ würden dagegen die Reflexionen 3. Ordnung unterdrückt, während die Reflexion 1. Ordnung immer noch stark ist und die Reflexionen 2., 4. usw. Ordnung weniger als die maximale Intensität aufweisen. Wenn daher die Reflexion 1. Ordnung bei $\lambda_I = 1$ μm und $f_1 = 0{,}50$ ist, dann gibt es keine Reflexion bei $(1{,}5/2)$ μm = 0,75 μm, eine starke Reflexion bei $(1{,}5/3)$ μm = 0,5 μm, keine Reflexion bei $(1{,}5/4)$ μm = 0,375 μm usw. Ein solcher Film würde im nahen Infrarot (1,5 μm) und im Blaugrünen (0,5 μm) reflektieren.

Die Banden verbreitern sich, wenn man von gleicher zu variabler Schichtdicke übergeht. Durch geeignete Wahl der Zahl der Schichten, der Variation der Schichtdicke mit der laufenden Nummer der Schicht und der Brechungsindices der beiden Polymeren kann man so erreichen, daß u. U. das ganze sichtbare Spektrum reflektiert wird. Derartige Filme besitzen ein metallisches Aussehen.

14.2.3 LICHTLEITUNG

Totalreflexion tritt ein, wenn das eintretende Licht verlustlos (total) reflektiert wird. Das Problem ist besonders wichtig für die innere Reflexion, da es für die Herstellung sog. Lichtleiter ausgenutzt werden kann.

Eine Totalreflexion tritt bei einer inneren Reflexion nur oberhalb eines ganz bestimmten minimalen (kritischen) Winkels des inneren Einfallslichtes auf. Bei einem sich in Luft befindenden Material vom Brechungsindex n_1 ist diese Beziehung durch $\sin \alpha \geqslant 1/n_1$ gegeben. Bei $n_1 = 1{,}5$ ist daher $\alpha_{crit} = 42°$. Das Licht wird an der inneren Grenzfläche total reflektiert und zickzackförmig durch das System geführt (Abb. 14-4).

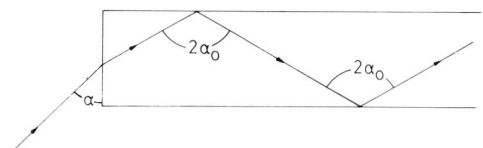

Abb. 14-4: Prinzip der Lichtleitung in einem Körper. $2\,\alpha_0$ = Öffnungswinkel.

Bei Luft als Mantel um den Lichtleiter liegt die optisch wirksame Mantelfläche frei. Kratzer an der Oberfläche und Staubablagerungen führen zu Lichtstreuung und damit zu Lichtverlust. Man umgibt daher den Lichtleiter mit einem ebenfalls transparenten, glatt anliegenden Mantel aus einem Material mit einem niedrigeren Brechungsindex n_2. Die Differenz des Brechungsindices n_1 und n_2 soll möglichst groß sein, da sie wegen

(14-7) $\quad n_0 \sin \alpha_0 = (n_1^2 - n_2^2)^{0{,}5}$

den Öffnungswinkel $2\,\alpha_0$ bestimmt. Der Öffnungswinkel $2\,\alpha_0$ gibt den Winkel an, unter dem das Licht in dem Lichtleiter bei einem umgebenden Medium (z. B. Luft) mit dem Brechungsindex n_0 weitergeleitet werden kann (vgl. Abb. 14-4). Technisch haben sich z. B. für sichtbares Licht Systeme mit einem Kern von Poly(methylmethacrylat) und einem Mantel von partiell fluorierten Polymeren, für ultraviolettes Licht auch hochreines Kieselglas als Kern und Poly(tetrafluorethylen-co-hexafluorpropylen) als Mantel eingeführt.

Mit flexiblen Lichtleiterbündeln kann man z. B. Licht „um die Ecke" leiten, mit geordneten Lichtleiterbündeln sogar „um die Ecke" gucken. Lichtleiter dienen daher in der Medizin zum Ausleuchten bzw. Beobachten von inneren Organen, in der Technik bei Autohecklichtern oder zum Entwerten von Briefmarken usw.

14.2.4 TRANSPARENZ

Bei einem Lichteinfall rechtwinklig zu einer optisch homogenen, planparallelen Probe wird ein Teil des Lichtes reflektiert, ein anderer durchgelassen. Die Fresnelsche Gleichung, Gl. (14–4), reduziert sich in diesem Fall für $\alpha \to 0$ und $\beta \to 0$ zu

(14–8) $\quad R_0 = (n-1)^2/(n+1)^2$

Die Lichtdurchlässigkeit τ_i (innere Transmission, Transparenz) ist folglich gleich

(14–9) $\quad \tau_i = 1 - R_0$

Bei den meisten Polymeren beträgt der Brechungsindex ca. $n \approx 1{,}5$. Die Transparenz kann folglich maximal 96 % sein, mindestens 4 % des Lichtes würden an der Grenzfläche Polymer/Luft reflektiert.

Diese ideale Transparenz wird jedoch nur selten erreicht, da das Licht auch immer etwas absorbiert und/oder gestreut wird. Poly(methylmethacrylat), das transparenteste Polymer, weist eine maximale Transparenz von 92 % auf (Abb. 14–5), und zwar im Bereich von ca. 430–1110 nm. Jenseits dieses Bereiches sinkt die innere Transmission wegen der Absorption ab. Infrarotstrahlung wird im allgemeinen von Polymeren absorbiert. Eine Ausnahme bilden halogenierte Poly(ethylene).

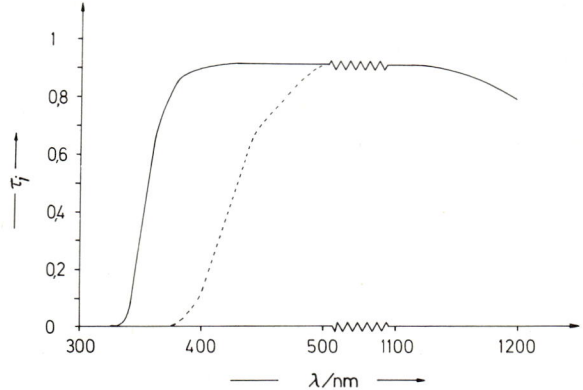

Abb. 14–5: Innere Durchlässigkeit (= Transparenz) als Funktion der Wellenlänge bei Poly(methylmethacrylat). Die maximal mögliche Transparenz von 96 % wird nahezu im Bereich 430–1115 nm erreicht. ---- Verschiebung bei Zusatz eines UV-Absorbers.

Technisch unterscheidet man zwischen transparenten und transluzenten Materialien. Transparente Körper lassen das Licht zu über 90 % durch; sie sind auch bei größeren Dicken noch weitgehend klar. Transluzente Körper mit einer Lichtdurchlässigkeit von unter 90 % sind dagegen nur bei geringen Dicken klar. Sie werden auch kontaktklare Körper genannt, da das Material allein zwar trüb erscheint, nicht jedoch als Verpackungsmaterial in Kontakt mit einem Füllgut.

Das Deckvermögen eines Anstrichstoffes kann in erster Näherung ebenfalls über die Fresnelsche Gleichung abgeschätzt werden. Bei pigmentierten Anstrichstoffen sind dazu die Brechungsindices n_1 des Pigmentes und n_2 des Polymeren zu berücksichtigen:

(14–10) $\quad R_0 = (n_1 - n_2)^2 / (n_1 + n_2)^2$

Das Deckvermögen steigt also mit zunehmender Differenz der Brechungsindices an. Als Weisspigment wird aus diesem Grund fast ausschließlich Rutil benutzt, eine TiO_2-Modifikation mit einem sehr hohen Brechungsindex von $n_D = 2,73$. Gemessen an Rutil besitzen andere Weisspigmente nur relative Deckvermögen von 78 (Anatas, eine andere TiO_2-Modifikation), 39 (ZnS), 18 (Lithopone, eine Mischung aus 28 % ZnS und 72 % $BaSO_4$) und 14 % (ZnO). Mikroporöse Füllstoffe sind günstiger als kompakte, weil die polymeren Bindemittel nicht in die Poren eindringen können und daher Luft eingeschlossen bleibt. Der Brechungsindexunterschied zwischen Luft und Füllstoff bzw. Bindemittel ruft dann eine zusätzliche Deckfähigkeit hervor. Kleine Variationen in der Polymerzusammensetzung können wegen des exponentiell mit dem Brechungsindexunterschied ansteigenden Deckvermögen ebenfalls große Unterschiede im letzteren erzeugen.

Das Deckvermögen wird jedoch nicht nur von der Reflektion, sondern auch stark von der Lichtstreuung beeinflußt. Das auf ein Teilchen auffallende Licht wird nach allen Seiten gestreut (vgl. Kap. 9.5). Die Streuintensität steigt mit der Teilchengröße an. Je größer die Teilchen, umso geringer ist aber auch die Rückwärtsstreuung. Eine große Rückwärtsstreuung ist jedoch für ein gutes Deckvermögen erwünscht. Das Deckvermögen läuft daher als Funktion der Teilchengröße durch ein Maximum. Je höher die Pigmentkonzentration, umso mehr steigt auch die Streuintensität an. Wird die Pigmentkonzentration zu hoch, so wird einundderselbe Lichtstrahl mehrmals gestreut. Die Mehrfachstreuung erniedrigt die relative Streuintensität und das Deckvermögen sinkt. Dieser Verlust an Deckvermögen wird merklich, falls die Partikelabstände kleiner als der dreifache Partikeldurchmesser werden.

14.2.5 GLANZ

Glanz wird als das Verhältnis der Reflexion der Probe zur Reflexion eines Standards definiert. In der Lackindustrie wird z. B. als Standard eine Probe mit dem Brechungsindex $n_D = 1,567$ genommen. Der Glanz als Verhältnis zweier Reflexionen hängt somit nach Gl. (14–4) von den beiden Brechungsindices der Probe und des Standards, sowie von dem Einfalls- und dem Brechungswinkel des Lichtes ab (Abb. 14–6). Je höher der Brechungsindex des Polymeren, umso höher ist auch der Glanz.

Der so berechnete, theoretisch maximal mögliche Glanz wird in der Praxis nur selten erreicht. Die Oberflächen sind stets etwas rauh. Rauhe Oberflächen streuen jedoch Licht und führen daher zu Lichtverlusten. Auch optische Inhomogenitäten unterhalb der Oberfläche, d. h. im Medium selbst, streuen das Licht merklich. Die relativen Anteile der Lichtstreuung von der Oberfläche und vom Medium hängen vom Einfallswinkel des Lichtes ab. Beide Anteile werden in der Regel voneinander getrennt, indem man die Streuung einmal in Luft und einmal nach Immersion des Prüfkörpers in ein Medium mit dem gleichen Brechungsindex wie der Prüfkörper mißt. Durch Subtraktion erhält man dann den von der Oberfläche der Probe stammenden Streuanteil.

Ein Glitzern ist ein Glanzphänomen an bevorzugten Stellen. Es ist durch eine erhöhte, gerichtete Lichtreflexion und/oder einen Farb- und Lichtintensitätskontrast zwischen der glitzernden Stelle und deren Umgebung bedingt. Ein Glitzern tritt bei Filmen und Formkörpern durch zugesetzte Metallpigmente, bei Fäden und Fasern durch deren dreieckige oder trilobale Struktur auf.

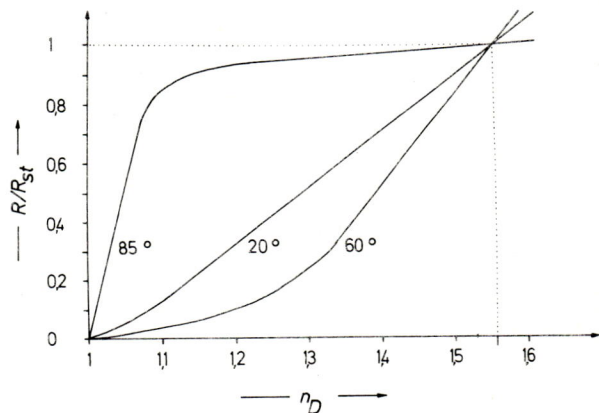

Abb. 14–6: Glanz R/R_{st} als Funktion des Brechungsindex n_D der Probe für verschiedene Einfallswinkel. Als Standard wurde ein Körper mit n_D = 1,567 gewählt.

14.3 Lichtstreuung

14.3.1 PHÄNOMENE

Alle vorhergehenden Ausführungen gelten nur für optisch homogene Systeme. Bei optisch inhomogenen Systemen wirkt das Medium in zweierlei Weise auf die das Medium durchlaufende elektromagnetische Welle ein. Einmal werden die Amplitude und die Phase der Welle verändert, d. h. die Wellenfront wird verzerrt. Es resultiert in der Sprache der Optik ein „geringeres Auflösevermögen", in der Terminologie der Kunststoffindustrie ein „Verlust an Klarheit".

Außerdem verliert aber die elektromagnetische Welle beim Durchtritt durch ein inhomogenes Medium einen Teil ihrer Energie durch Streuung (vgl. Kap. 9.4). Der durch die Vorwärtsstreuung hervorgerufene Verlust an Kontrast wird Schleier genannt („haze"). Der von der kombinierten Vorwärts- und Rückwärtsstreuung stammende verminderte Kontrast macht eine Probe „milchig".

Bei optisch inhomogenen Materialien ist die innere Durchlässigkeit durch die reflektierten, gestreuten und absorbierten Anteile gegeben:

(14–11) $\tau_i = 1 - R - f_{abs}$

Der Anteil R der Reflexion kann eliminiert werden, wenn man die Probe mit einer Substanz gleichen Brechungsindex umgibt. Sowohl die Änderung der Streuung als auch die der Absorption ist in diesem Fall der Schichtdicke ΔL der Probe proportional. Der Proportionalitätskoeffizient ist folglich durch die Summe von Absorptionskoeffizient K und Streukoeffizient S (sog. Trübung) gegeben:

(14–12) $\tau_i = 1 - (K + S)\,\Delta L$

Gl. (14–12) nimmt eine einmalige Streuung an. Für den etwas allgemeineren Fall muß man zu einer infinitisimalen Form übergehen, die nach der Integration zu

(14–13) $\tau_i = \exp(-(K + S))\,L$

führt. Die Summe $(K + S)$ wurde früher Extinktionskoeffizient genannt.

Die Kubelka-Munk-Theorie verknüpft den Extinktionskoeffizienten mit der Reflexion. Im einfachsten Fall wird angenommen, daß das Licht nur in zwei Richtungen gestreut wird: in Einfallsrichtung und rückwärts in die Einfallsrichtung normal zur Oberfläche des Körpers. Einfallendes und austretendes Licht sollen ferner diffus sein. Nach Kubelka-Munk galt dann für ein vollständiges Deckvermögen

(14–14) $K/S = (1 - R_\infty)^2 / (2\,R_\infty)$

wobei R_∞ die Reflexion eines unendlich dicken Filmes ist. Für ein unvollständiges Deckvermögen endlich dicker Filme ergibt sich theoretisch

(14–15) $R = \dfrac{1 - R_{sub}\,(a - b\,\text{cotgh}\,b\,S\,L)}{a - R_{sub} + b\,\text{cotgh}\,b\,S\,L}$

mit $\quad a = \dfrac{S + K}{S} \quad$ und $\quad b = (a^2 - 1)^{1/2}$

14.3.2 OPAZITÄT

Ein das Licht streuender Körper erscheint opak, wenn entweder lokale Schwankungen des Brechungsindex und/oder Schwankungen der Orientierung anisotroper Volumenelemente vorhanden sind.

Lokale Schwankungen des Brechungsindex führen jedoch nur dann zu einer Opazität, wenn verschiedene Strukturen vorliegen, die jeweils größer als etwa die Wellenlänge des einfallenden Lichtes sind. Die Strukturen dürfen andererseits aber auch nicht zu groß sein, da ein unendlich großer Einkristall kein Licht streut. Die Klarheit eines Materials kann daher durch Erniedrigung der Dimensionen der Strukturen beträchtlich erhöht werden. Die Annäherung der Brechungsindices der beiden Phasen vergrößert andererseits die Klarheit nur wenig. Ist bei PVC/ABS-Mischungen der Brechungsindex des PVC größer als der der dispersen Phase des ABS, so erscheint das Material im reflektierten Licht milchig-gelblich. Im umgekehrten Fall ist es blau-milchig.

Zwischen den Schwankungen des Brechungsindex und den Schwankungen der Orientierung anisotroper Volumenelemente kann durch die Streuung polarisierten Lichtes bei kleinen Winkeln entschieden werden. Die beim Einstrahlen von vertikal polarisiertem Licht beobachtete horizontal polarisierte Streuung (H_v-Streuung) stammt von der Anisotropie der Streuelemente. Die V_v-Streuung hängt dagegen sowohl von der Anisotropie der Streuelemente als auch von den Unterschieden im Brechungsindex ab.

Ein geordneter Sphärolith ist kugelsymmetrisch. Die Streuung im Innern eines H_v-Musters (vgl. auch Abb. 5−25) sollte daher gleich null sein. Eine endliche Streuintensität im Zentrum zeigt daher Unordnung an. Aus der Winkellage der maximalen Streuintensität kann dann auf die Sphärolithgröße geschlossen werden.

Lamellare Strukturen, bei denen sich die Ordnung über Bezirke mit Abmessungen größer als die Wellenlänge des Lichtes erstreckt, sind optisch weniger heterogen als Sphärolith-Strukturen. Sie streuen daher das Licht weniger, die Proben sind transparenter. Unter bestimmten Bedingungen durch Abschrecken und Orientieren hergestellte Poly(ethylen)-Folien sind daher klar, obwohl die Proben kristallin sind und sogar Überstrukturen mit Abmessungen größer als die Wellenlänge des Lichts aufweisen.

14.4 Farbe

14.4.1 EINFÜHRUNG

Farbe ist ein Sinneseindruck. Sie ist nur in Gegenwart von Licht vorhanden. Die sechs sog. psychologischen Grundfarben werden dabei in bunte Farben (Rot, Grün, Gelb, Blau) und unbunte Farben (Weiss, Schwarz) eingeteilt. Der Sinneseindruck „Farbe" kann verschieden entstehen:

Bei *Selbstleuchtern* ist die Mischung der Farben additiv. Ein Beispiel ist die Mischung des durch ein Prisma hervorgerufenen farbigen Lichtes.

Selbst *nicht leuchtende* farbige Körper führen zu subtraktiven Farbmischungen, und zwar durch Absorption und/oder Streuung. Dabei muß man Transmissionen und Remissionen unterscheiden. Ist z. B. eine unbunte Lichtquelle für den Beobachter hinter einem durchsichtigen farbigen Körper angeordnet, so wird ein bestimmter Wellenlängenbereich des Lichtes selektiv absorbiert. Der Beobachter sieht dann den verbleibenden Wellenlängenbereich als eine Durchsichtsfarbe (Transmission).

Fällt dagegen unbuntes Licht auf einen Körper unter einem bestimmten Winkel, so betrachtet man wegen der selektiven Rückstrahlung (Remission) eine Oberflächenfarbe, und zwar sowohl durch Absorption als auch durch Streuung. Weisspigmente remissieren überwiegend durch Streuung. Buntpigmente absorbieren Licht, wobei anorganische Buntpigmente außerdem relativ stark streuen, während organische Buntpigmente dies nur schwach tun. Der Farbeneindruck setzt sich aus bunter Remission und Glanzanteil zusammen, wobei das Verhältnis beider Anteile noch von der Beobachtungsrichtung abhängt. Ideal-matte Oberflächen reflektieren allseitig gleich gut, ideal-glänzende dagegen bevorzugt in die Beobachtungsrichtung.

Alle Farben können in verschiedene Farbsysteme geordnet werden. Die Farbsysteme können wiederum in zwei Klassen eingeteilt werden: solche, die auf Sammlungen physikalischer Farbproben basieren, und solche, die das nicht tun. Die erstgenannte Gruppe läßt sich weiter unterteilen in (a) Zufallskollektionen, die nicht eine gegebene Zwischenfarbe abzuleiten gestatten, (b) subjektive Systeme ohne übergeordnete Richtlinien, und (c) auf Prinzipien basierende Systeme. Das bestbekannte System der letzten Gruppe ist das Munsell-System (Kap. 14.4.2).

Das wichtigste System unter denjenigen, die nicht auf Sammlungen physikalischer Farbproben basieren, ist das sog. CIE-System. Dieses System wurde von der *Commis-*

sion *I*nternational de l'*E*clairage (= Internationale Beleuchtungskommission, IBK; International Commission on Illumination) entwickelt.

14.4.2 MUNSELL-SYSTEM

Das Munsell-System ordnet Farbproben nach einem bestimmten System an. Die Abstände zwischen den einzelnen Farbwerten wurden im Laufe der Jahre mehrmals revidiert; das verbesserte System ist als das Munsell-Renotation-System bekannt. Für glänzende und für matte Oberflächen existieren dabei zwei verschiedene MR-Systeme.

Eine Farbe wird im MR-System durch drei verschiedene Größen beschrieben: Farbton, Helligkeit und Sättigung. Der *Farbton* (Nuance, hue. shade) orientiert sich an den Spektralfarben, er kann z. B. blau, blaugrün, grün, gelb, gelbrot, rotgelb usw. sein. Die *Helligkeit* (value) gibt den Dunkelgrad eines bestimmten Farbtons an; eine rötliche Farbe kann z. B. hellrosa oder dunkelrot sein. Die *Sättigung* (Buntkraft, Reinheit, chroma, saturation) beschreibt den Graugehalt der Probe; eine Farbe ist dabei umso gesättigter, je geringer der Weissanteil ist. Unbunte Materialien werden nur durch die Sättigung beschrieben, bunte dagegen durch Sättigung, Farbton und Helligkeit.

Im Munsell-Farbbuch ist für jeden Farbton eine Seite reserviert. Die Farben gleichen Farbtons sind auf dieser Seite zweidimensional nach Helligkeit und Sättigung geordnet. Die Farbqualität (Farbton, Helligkeit, Sättigung) wird dann durch eine Kombination von Buchstaben und Zahlen beschrieben. Der Farbton wird durch 10 Buchstaben spezifiziert, die die 5 Hauptfarben (*R*ed, *Y*ellow, *G*reen, *B*lue, *P*urple) und die dazwischen liegenden 5 Kombinationen (z. B. GY = *G*reen-*Y*ellow) angeben. Eine weitere Unterteilung der Farbtöne erfolgt mit den Zahlen 1–10, die vor die Buchstaben geschrieben werden. Helligkeiten und Sättigungen werden dagegen nur durch Zahlen gekennzeichnet, wobei diese nach den Buchstaben angeordnet und durch einen Schrägstrich getrennt werden. Eine bestimmte grüngelbe Farbe ist daher z. B. durch die Munsell-Bezeichnung 5 GY 2/6 vollständig beschrieben.

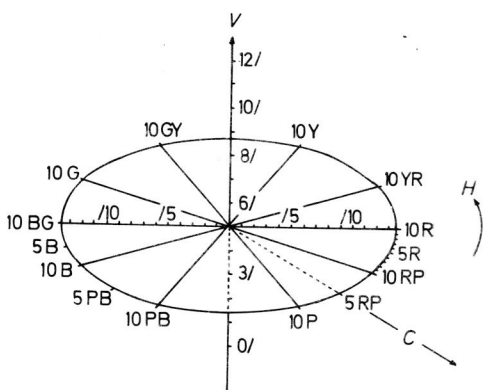

Abb. 14–7: Munsell-Koordinatensystem mit Farbton (H), Helligkeit (V) und Sättigung (C)

14.4 Farbe

Das Munsell-Farbsystem wird manchmal auch graphisch dargestellt (Abb. 14—7). Die Farben werden dabei nach ihrem Farbton entgegen dem Uhrzeigersinn in einem Kreis angeordnet, und zwar in der Richtung Y—GY—G—BG—B—PB—P—RP—R—YR. Die Zahlen für die Helligkeit werden auf einer Achse durch den Mittelpunkt des Kreises von oben nach unten geschrieben. Die Sättigung wird als Abstand vom Mittelpunkt des Kreises angegeben.

Die Farbqualität eines Farbstoffes wird von einer ganzen Reihe von Faktoren beeinflußt. Einundderselbe Farbstoff kann daher je nach Umgebung ganz verschiedene Munsell-Bezeichnungen aufweisen (Tab. 14—1).

Tab. 14—1: Einfluß der Umgebung (Oberflächenstruktur, Glanz, Konzentration usw.) auf die Farbqualität eines grünen Phthalocyanin-Farbstoffes

Material	Farbton	Helligkeit/Sättigung
Pigmentpulver	4.4 BG	4.3/6.3
Druckfarbe, fest	4.9 G	6.6/12.6
Druckfarbe, 50%	5.7 G	8.4/3.2
Acryllack, 25%	6.0 G	5.8/10.2
Acryllack, 1%	9.7 G	8.6/3.7

14.4.3 CIE-SYSTEM

Das CIE-System kommt im Gegensatz zum Munsell-System ohne physikalische Vergleichsproben aus. Es basiert auf den Grassmannschen Gesetzen, nach denen eine Farbvalenz durch die Summe der Vektorprodukte von drei Farbwerten und den dazugehörigen Farbwertanteilen vollständig beschrieben werden kann:

(14—16) $\quad F = xX + yY + zZ$

Die Farbvalenz ist die vom Auge registrierte Farbempfindung, die noch vom Beobachter und von der Lichtquelle abhängt. Das CIE-System definiert daher einen sog. Normalbeobachter mit einer ganz bestimmten Augenempfindlichkeit. Außerdem werden drei Standard-Lichtquellen A, B und C eingeführt, die der Weissglut (mit einer Temperatur von 2854 K für schwarze Körper), der Mittagssonne und dem Tageslicht bei bedecktem Himmel entsprechen. Die drei Farbwerte sind anundfürsich beliebig wählbar. Aus verschiedenen Gründen benutzt man jedoch als sog. Grundfarben oder Primärvalenzen drei monochromatische Grundfarben mit den Wellenlängen 700,0 nm (rot), 546,1 nm (grün) und 435,8 nm (blau). Durch Mischen der drei Grundfarben kann im Prinzip die zu prüfende Farbe nachgestellt werden. Gewisse Farben werden jedoch statt durch drei positive Anteile der drei Grundfarben nur durch zwei positive und einen negativen Anteil charakterisiert. In diesem Falle muß man der zu prüfenden Farbe und nicht der Vergleichsfarbe eine dritte Grundfarbe beimischen. Die Charakterisierung durch negative Zahlen kann jedoch verhindert werden, wenn man durch eine Umrechnung drei hypothetische (oder virtuelle) Grundfarben einführt, die sog. Normalvalenzen. Es sind diese Normalvalenzen, die in Gl. (14—16) eingehen.

Eine Farbe ist also durch die drei Zahlen X, Y und Z charakterisiert und kann daher in einem dreidimensionalen Koordinatensystem durch einen Punkt dargestellt werden. Da jede Farbart aber durch ihren Anteil an der Farbe, den sog. Normfarbwertanteil (trichromatic coefficient), festgelegt ist und die Summe aller Normfarbwertanteile definitionsgemäß gleich 1 ist, kann man eine Farbe auch durch einen Punkt in einem zweidimensionalen Diagramm, dem sog. Chromatizitätsdiagramm oder der sog. Farbtafel, darstellen (Abb. 14–8). Die reinen Spektralfarben entsprechen dabei Punkten, die auf dem sog. Spektralfarbenzug liegen. Die Verbindungslinie zwischen den Punkten bei 400 und 700 nm heißt die Purpurlinie. Alle reellen Farben liegen dann innerhalb des hufeisenförmigen Kurvenzuges.

Das CIE-System ist jedoch kein empfindungsmetrisches System, d. h. die Farbabstände sind für gleiche Empfindlichkeitsunterschiede nicht gleich groß. Die Empfindlichkeit des menschlichen Auges hat nämlich ein Maximum bei 555 nm und empfindet daher oft eine bestimmte Farbe nicht als das Maximum des Absorptionsspektrums, sondern als dessen Flanke. Aus diesem Grunde sind das CIE-System und das Munsell-System nicht direkt ineinander überführbar. Dem Farbton des Munsell-Systems entspricht aber im CIE-System die farbtongleiche Wellenlänge als vom Unbuntpunkt ausgehender Strahl. Der Munsellschen Sättigung läßt sich der spektrale Farbanteil des CIE-Systems zuordnen, der durch konzentrische Linien um den Unbuntpunkt gegeben ist. Der Munsellschen Helligkeit entspricht schließlich die Leuchtdichte des CIE-Systems.

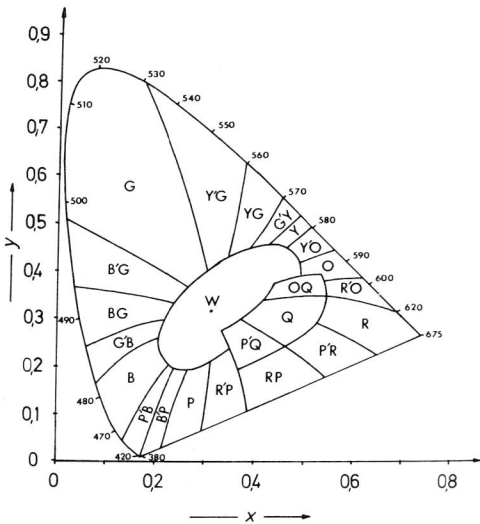

Abb. 14–8: CIE-Chromatizitätsdiagramm für die Normfarbwertanteile y und x. W = Weißpunkt bzw. Unbuntpunkt. Die anderen Buchstaben geben die Lage der umgangssprachlich benutzten Farben an: R = rot, R'O = rötliches Orange, O = Orange, Y'O = gelbliches Orange, Y = Gelb, G'Y = grünliches Gelb, YG = Gelbgrün, Y'G = gelbliches Grün, G = Grün, B'G = bläuliches Grün, BG = Blaugrün, G'B = grünliches Blau, B = Blau, P'B = purpurfarbenes Blau, B'P = bläulicher Purpur, P = Purpur, R'P = rötlicher Purpur, RP = Purpurrot, P'R = purpurfarbenes Rot, OQ = Orangerosa, Q = Rosa, P'Q = purpurfarbenes Rosa. Die Zahlen am sog. Spektralfarbenzug entsprechen den Wellenlängen des Lichtes in nm.

Literatur zu Kap. 14

14.0 Allgemeine Übersichten

R. S. Hunter, The measurement of appearance, Wiley, New York 1975

14.2 Lichtbeugung und 14.3 Lichtstreuung

N. S. Capany, Fiber optics, Academic Press, New York 1967
G. Kortüm, Reflexionsspektroskopie, Springer, Berlin 1969
T. Alfrey, jr., E. F. Gurnee und W. J. Schrenk, Physical optics of iridescent multilayered plastic films, Polymer Engng. Sci. **9** (1969) 400
R. Ross und A. W. Birley, Optical properties of polymeric materials and their measurements, J. Phys. D [Appl. Phys.] **6** (1973) 795
H. Dislich, Kunststoffe in der Optik, Angew. Chem. **91** (1979) 52

14.4 Farbe

R. M. Evans, An introduction to color, Wiley, New York 1948
Munsell Book of Color, Munsell Color Co., Baltimore. Pocket Edition (matt) 1929–1960, Cabinet Edition (Renotations, glänzend) 1958
G. Wyszecki, Farbsysteme, Musterschmidt, Berlin 1960
R. W. Burnham, R. M. Hanes und C. J. Bertleson, Color: A guide to basic facts and concepts, Wiley, New York 1963
W. D. Wright, The measurement of colour, Hilger and Watts, London, 3. Aufl. 1964
W. Schultze, Farbenlehre und Farbenmessung, Springer, Berlin, 7. Aufl. 1966
D. B. Judd, Color in business, science, and industry, Wiley, New York, 3. Aufl. 1975

Teil IV

SYNTHESEN UND REAKTIONEN

15 Polyreaktionen

15.1 Übersicht

Polymere können aus Monomeren durch Polyreaktionen oder aus anderen Polymeren durch entsprechende Umwandlungen hergestellt werden. Als Polyreaktionen bezeichnet man alle Synthesen, die von niedermolekularen (monomeren) zu hochmolekularen (polymeren) Verbindungen führen. Polyreaktionen treten nur auf, wenn die entsprechenden chemischen, thermodynamischen und mechanistischen Voraussetzungen erfüllt sind.

Polyreaktionen sind *chemisch* nur dann möglich, wenn die Monomeren mindestens bifunktionell sind (vgl. weiter unten). Die Funktionalität eines Moleküls hängt noch vom Reaktionspartner ab und ist somit keine molekülspezifische Größe.

Thermodynamisch gesehen muß die Änderung der Gibbs-Energie der Polyreaktion negativ sein. Polyreaktionen sind daher in der Regel nur in einem bestimmten Temperaturintervall thermodynamisch erlaubt (vgl. Kap. 16).

Mechanistisch müssen zwei Bedingungen erfüllt sein. Zunächst müssen die zu verknüpfenden Moleküle genügend leicht aktiviert werden können. Außerdem muß die Geschwindigkeit der Verknüpfungsreaktion viel größer sein als die Summe der Geschwindigkeiten aller Reaktionen, die die reaktiven Stellen blockieren können.

15.2 Mechanismus und Kinetik

15.2.1 EINTEILUNG VON POLYREAKTIONEN

Polyreaktionen (engl. polymerizations) werden nach IUPAC in Polymerisationen (engl. addition polymerizations) und Polykondensationen (engl. condensation polymerizations, polycondensations) eingeteilt. Polymerisationen bestehen nach dieser Definition aus einem wiederholten Anlagerungsprozeß, Polykondensationen aus einem wiederholten Kondensationsprozeß mit Abspaltung einfacher Moleküle. Ein Beispiel für eine Polymerisation ist die Addition von Styrolmolekülen an die aus Butyllithium entstehenden Anionen:

$$(15-1) \quad BuLi \xrightarrow{+S} Bu-CH_2\underset{C_6H_5}{CH}^{\ominus} Li^{\oplus} \xrightarrow{+S} Bu-CH_2\underset{C_6H_5}{CH}-CH_2\underset{C_6H_5}{CH}^{\ominus} Li^{\oplus} \quad usw.$$

Ein Beispiel für eine Polykondensation ist die Bildung von Polyamiden aus Diaminen und Dicarbonsäuren unter Abspaltung von Wasser:

$$(15-2) \quad H_2N-R-NH_2 + HOOC-R'-COOH \xrightarrow{-H_2O} H(NH-R-NH-CO-R'-CO)OH$$

Das entstehende Dimere kann dann mit einem anderen Dimeren zu einem Tetrameren oder mit einem Diamin oder einer Dicarbonsäure zu einem Trimeren reagieren. Die Trimeren reagieren wiederum mit Monomeren, Dimeren oder Trimeren zu Tetrameren, Pentameren oder Hexameren usw..

Die Einteilung in Polymerisationen und Polykondensationen hat sich für technische Belange gut bewährt, da die Reaktionsführung bei Polykondensationen wegen der abzuführenden niedermolekularen Abspaltungsprodukte natürlich ganz anders als bei

Polymerisationen sein muß. Aus dem gleichen Grunde teilt man im Deutschen, aber nicht in anderen Sprachen, die Polyreaktionen in *drei* Klassen ein: Polymerisationen, Polykondensationen und Polyadditionen. Eine Polyaddition ist nach dieser Definition eine Polyreaktion, bei der wie bei einer Polymerisation nichts abgespalten wird, wie bei einer Polykondensation aber der Grundbaustein des Polymeren nicht mit dem Monomeren identisch ist. Ein Beispiel für eine Polyaddition ist die Reaktion eines Diisocyanates mit einem Diol zu einem Polyurethan:

(15–3)   OCN–R–NCO + HO–R′–OH   ⟶

OCN–R–NH–CO$\{$O–R′–O–CO–NH–R–NH–CO$\}$O–R′–OH

Da eine solche Polyaddition mechanistisch wie eine Polykondensation abläuft, wird sie von manchen Autoren auch als addierende Polykondensation im Gegensatz zur substituierenden Polykondensation der Gl. (15–2) bezeichnet.

Alle diese Definitionen sind jedoch rein phänomenologisch und sagen nichts über die elementaren Vorgänge aus. In der Literatur finden sich daher noch drei andere Definitionen von Polymerisationen und Polykondensationen.

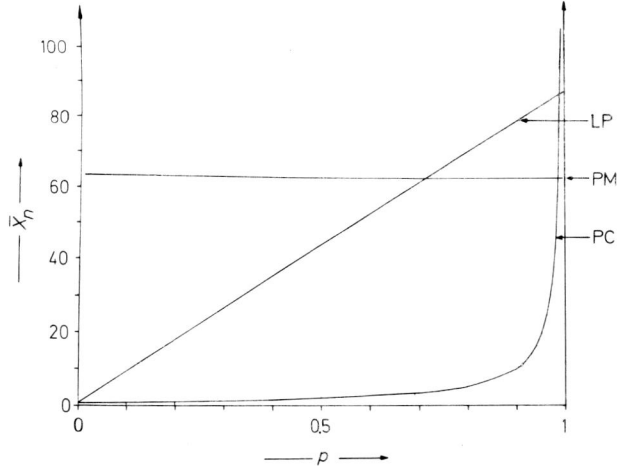

Abb. 15–1: Änderung des Zahlenmittels des Polymerisationsgrades mit dem Umsatz bei lebenden Polymerisationen (LP), Polymerisationen mit monofunktionellem Abbruch (PM) und Polycondensationen (PC). Die Lagen der Geraden bei LP und PM hängen noch vom Monomer/Initiator-Verhältnis ab.

Die molekulare Definition betrachtet den Verbleib der Moleküle. Polymerisationen bestehen demnach aus einer wiederholten Anlagerung von Monomermolekülen an Polymermoleküle, Polykondensationen dagegen aus Reaktionen aller im System vorhandenen Moleküle (Monomere, Oligomere, Polymere). Polymerisationen und Polykondensationen unterscheiden sich als Konsequenz dieser Definition charakteristisch in der Abhängigkeit des Polymerisationsgrades mit dem Umsatz (Abb. 15–1). Bei Polykondensationen nimmt der Polykondensationsgrad wegen der statistischen Vielfalt der

Reaktionsmöglichkeiten zwischen allen Sorten von Monomeren, Oligomeren und Polymeren zunächst nur sehr langsam mit dem Umsatz zu. Erst bei hohen Umsätzen, wenn die meisten Monomermoleküle verbraucht sind, steigt dann der Polymerisationsgrad steil mit dem Umsatz an. Bei Polymerisationen addieren sich jedoch stets nur Monomermoleküle an die wachsende Polymerkette. Im einfachsten Fall ist hier nur eine Startreaktion und eine Wachstumsreaktion vorhanden. In der Startreaktion wird ein aktives Zentrum gebildet, das dann in der Wachstumsreaktion Monomermoleküle anlagert. Bei Abwesenheit von Nebenreaktionen, die dieses aktive Zentrum (wie z. B. das Polystyryl-Anion in Gl. (15–1)) zerstören, bleibt die Polymerisation „lebend": das aktive Zentrum lagert solange Monomere an, bis das Polymerisationsgleichgewicht zwischen wachsender Kette und Monomer erreicht ist. In diesem Falle steigt der Polymerisationsgrad linear mit dem Umsatz an. Falls jedoch z. B. die aktiven Zentren ständig neu gebildet und wieder zerstört werden, dann wird zwar ebenfalls wie bei der lebenden Polymerisation eine konstante Konzentration von aktiven Zentren aufrechterhalten, im Gegensatz zu dieser aber durch einen stationären Zustand. In diesem Falle kann der Polymerisationsgrad schon bei kleinen Umsätzen recht hoch werden und dann über den gesamten Umsatzbereich mehr oder weniger konstant bleiben.

Polymerisationen und Polykondensationen unterscheiden sich auch charakteristisch in der Abhängigkeit des Polymerisationsgrades vom Verhältnis der Monomer- und Initiatorkonzentrationen. Bei Polymerisationen wird der Initiator als Endgruppe eingebaut (Gl. (15–1)). Es wird nur Monomer angelagert und der Polymerisationsgrad hängt noch vom Verhältnis $[M]/[I]$ ab, obwohl nicht notwendigerweise direkt proportional. Bei der Polykondensation werden dagegen alle Zwischenprodukte angelagert. Der Initiator ist ein echter Katalysator für den Verknüpfungsschritt. Er wird nicht verbraucht und der Polymerisationsgrad ist daher unabhängig vom Verhältnis $[M]/[I]$.

Die kinetische Betrachtungsweise identifiziert die Polykondensationen als Stufenreaktionen und die Polymerisationen als Kettenreaktionen. Hier liegen zwei Begriffsverwirrungen vor. Jede chemische Reaktion verläuft ja in „Stufen", da immer ein Molekül nach dem anderen reagiert und bereits termolekulare Reaktionen sehr selten sind. Auch Polymerisationen sind daher Stufenreaktionen im molekularen Sinn. Die organischen Chemiker gebrauchen dagegen den Begriff der „Stufenreaktion" rein phänomenologisch: Zwischenprodukte („Stufen") können isoliert und später erneut zur Reaktion gebracht werden. Das heißt aber nur, daß man gewisse Reaktionen „einfrieren" kann. Dieses Kriterium trifft aber nicht nur für die Polykondensation von Diaminen mit Dicarbonsäuren und andere Polykondensationen zu, sondern auch für die anionische Polymerisation von Styrol mit Butyllithium. Auch hier geht bei erneuter Zugabe von Styrol die Polymerisation weiter. Die Bezeichnung von Polymerisationen als „Kettenreaktionen" ist ebenfalls verwirrend. Bei jeder Polyreaktion entstehen natürlich Polymerketten. Andererseits zeichnen sich kinetische Ketten dadurch aus, daß sich drei Phasen zeitlich aufeinanderfolgen: Aufbau einer stationären Konzentration von Kettenträgern, Konstanz und schließlich Abfall dieser Kettenträgerkonzentration auf null. Die durch Monoradikale gestarteten radikalischen Polymerisationen sind in diesem Sinne kinetische Kettenreaktionen, nicht aber die lebende anionische Polymerisation von Styrol.

Eine dritte Definition betrachtet das Geschehen am eigentlichen Reaktionsort. Bei jeder Polyreaktion wird eine Kette mit einem Monomeren oder mit einer anderen Kette verknüpft. Das Monomer oder die andere Kette können sich dabei an die bestehende Kette *an*lagern oder in sie *ein*lagern. Der Initiator kann ein Starter oder ein Katalysator sein und folglich ständig mit einer individuellen Kette verbunden bleiben (Einketten-Mechanismus) oder aber von Kette zu Kette wechseln (Mehrketten-Mechanismus). Nach diesen Kriterien kann man dann zwischen Polymerisationen, Polyinsertionen und Polykondensationen unterscheiden (Tab. 15−1).

Tab. 15−1: Einteilung von Polyreaktionen

Kriterium	Polymerisation	Polyinsertion	Polykondensation
Initiatortyp	Starter	Starter	Katalysator
Initiatorort	an bestimmtem Kettenmolekül	an bestimmtem Kettenmolekül	Wechsel von Kette zu Kette
Verknüpfung des Monomeren bei Kettenverlängerung	Anlagerung	Einlagerung	Anlagerung

15.2.2 FUNKTIONALITÄT

Als Funktionalität wird die Anzahl reaktionsfähiger Stellen in einem Molekül unter den spezifischen Reaktionsbedingungen definiert. Die Funktionalität kann alle Werte von null aufwärts annehmen, auch gebrochene, da sie einen Mittelwert über alle Moleküle darstellt.

Unverzweigte Ketten werden gebildet, wenn die Funktionalität des *Moleküles* gleich zwei ist. Die Bifunktionalität des Moleküles kann dabei durch eine einzige bifunktionelle Gruppe hervorgerufen werden wie bei der Polymerisation der Isocyanatgruppe mit Basen als Initiatoren

$$(15-4) \quad R-N=C=O \longrightarrow -(NR-C)- \atop \underset{O}{\parallel}$$

oder aber auch durch Reaktion von zwei monofunktionellen Gruppen pro Molekül wie z. B. bei der Reaktion von Diisocyanaten mit Diolen (Gl. (15−3)). Die dabei entstehenden Urethangruppen können sich aber auch mit überschüssigen Isocyanatgruppen weiter zu Allophanatgruppierungen umsetzen:

$$(15-5) \quad -)NCO + -(NH-CO-O)- \longrightarrow -(NH-CO-N-CO-O)-$$

Die Isocyanat*gruppe* weist somit unter den verschiedenen Reaktionsbedingungen verschiedene Funktionalitäten auf: sie verhält sich bifunktionell bei der Polymerisation (Gl. (15−4)), monofunktionell bei der Polykondensation (Gl. (15−3)) und halbfunktionell gegenüber der ursprünglich vorliegenden Hydroxylgruppe bei der Allophanatbildung (Gl. (15−6)). Die Funktionalität einer Gruppe ist daher keine absolute Eigenschaft, sondern eine relative Größe, die noch vom Typ des Reaktionspartners und der Art der Reaktionsbedingungen abhängt.

15.2.3 ELEMENTARSCHRITTE BEI POLYMERISATIONEN

Jede Polymerisation beginnt mit Startschritten, an die sich dann die eigentliche Wachstumsreaktion anschließt. Das Wachstum einer individuellen Polymerkette wird durch Abbruchs- oder Übertragungsreaktionen gestoppt. Die chemische Struktur einer Kette kann ferner durch Nebenreaktionen wie Isomerisierungen und Pfropfreaktionen modifiziert werden.

In der Startreaktion lagert sich in vielen Fällen der Initiator an ein Monomer unter Ausbildung eines aktiven Zentrums an. Das aktive Zentrum kann ein Radikal, Kation oder Anion bei Polymerisationen oder z. B. eine Elektronenmangelbindung oder eine unbesetzte Ligandenstelle bei Polyinsertionen sein (vgl. Kap. 19). Spontane „thermische" Polymerisationen von Monomeren ohne zugefügten Initiator oder Katalysator sind relativ selten. Beispiele für echte spontane Polymerisationen sind die radikalisch ablaufende thermische Polymerisation von Styrol (Kap. 20) und die durch Ladungsübertragung eingeleitete Copolymerisation von Monomeren mit entgegengesetzter Polarität (Kap. 22). Diese echten spontanen Polymerisationen sind häufig schwierig von den unechten zu unterscheiden, bei denen die Polymerisation durch unerkannt gebliebene Verunreinigungen ausgelöst wird.

Die Art der Wachstumsreaktion richtet sich nach der Art des aktiven Zentrums. Unabhängig von der Art des Mechanismus erhält man bei völliger Abwesenheit von Abbruchs- und Übertragungsreaktionen sogenannte lebende Polymere. Lebende Polymere stehen im Polymerisationsgleichgewicht mit ihren Monomeren und können daher bei Zugabe neuen Monomers weiter wachsen. Ihr Polymerisationsgrad nimmt linear mit dem Umsatz zu (Abb. 15–1). Sind außerdem alle Startermoleküle anfänglich homogen verteilt und ist die Startreaktion sehr viel schneller als die Wachstumsreaktion, so werden alle Ketten praktisch gleichzeitig gestartet. Jede Kette hat die gleiche Chance für das Wachstum: die Molmassen weisen eine Poisson-Verteilung auf (vgl. Kap. 8). Bei diesem *zeit*gesteuerten Prozeß werden praktisch — aber nicht exakt — molekulareinheitliche Polymere gebildet.

Völlig molekulareinheitliche Makromoleküle werden dagegen bei den *struktur*gesteuerten Synthesen der Nucleinsäuren (Kap. 29) und der Enzyme (Kap. 30) erhalten. Die Molmassen und die chemische Struktur des entstehenden Makromoleküls werden hier durch ein morphologisches Muster (Matrize) geprägt. Die Monomeren M werden in einem ersten Schritt an die Bausteine T der makromolekularen Matrize angelagert, in einem zweiten Schritt als Makromolekül von der Matrize abgelöst; schematisch

$$(15-6) \quad -T-T-T- \xrightarrow{+M} \begin{matrix} -T-T-T- \\ |\ \ |\ \ | \\ M\ M\ M \end{matrix} \longrightarrow \begin{matrix} -T-T-T- \\ |\ \ |\ \ | \\ -M-M-M- \end{matrix} \longrightarrow \begin{matrix} -T-T-T- \\ + \\ -M-M-M- \end{matrix}$$

Bei synthetischen Polymeren sind Matrizenprozesse bislang nur partiell nachahmbar. In der Regel werden weder durch chemische noch durch physikalische Bindung der Monomeren an die Matrize molekular und konfigurativ einheitliche Polymere erhalten. Die chemische Struktur der durch Polymerisation an Matrizen, in monomolekularen Schichten, als Mesophasen oder als Inklusionsverbindungen hergestellten Polymeren kann jedoch oft beträchtlich von der Struktur der in Masse oder in Lösung erzeugten Polymeren abweichen.

Eine Polymerisation führt nur dann zu hochmolekularen Verbindungen, wenn Desaktivierungsreaktionen weitgehend abwesend sind. Die Wachstumsgeschwindigkeit muß bei Gegenwart von Desaktivierungsreaktionen immer größer als die Summe der Geschwindigkeiten aller Reaktionen sein, die die individuellen Ketten abbrechen. Die möglichen Desaktivierungsreaktionen lassen sich wie folgt einteilen:

1. Die Reaktion einer wachsenden Kette mit einer anderen wachsenden Kette oder einem Monomermolekül zu einer desaktivierten Kette heißt Kettenabbruch. Ein Beispiel ist die Kombination zweier wachsender Monoradikale. Abbruchsreaktionen vernichten aktive Zentren; sowohl die Polymerisationsgeschwindigkeit als auch der Polymerisationsgrad werden herabgesetzt. Die Desaktivierung durch Reaktion zweier Radikale ist einer der Gründe, warum ionische Polymerisationen schneller als radikalische sind. Die Reaktion zwischen zwei Radikalen weist eine kleine Aktivierungsenergie auf und ist daher sehr schnell. Die Konzentration an wachsenden Radikalen ist im stationären Zustand sehr klein (ca. 10^{-8} bis 10^{-9} mol/l). Bei ionischen Polymerisationen gibt es dagegen keinen Abbruch durch gegenseitige Desaktivierung zweier Polymerketten und eine höhere Aktivierungsenergie für einen unimolekularen Abbruch. Die Konzentration an wachsenden Makroionen ist daher unter den üblichen experimentellen Bedingungen viel größer (ca. 10^{-2} bis 10^{-3} mol/l).

2. Die wachsende Kette wird durch Übertragungsreaktionen desaktiviert, z. B.

(15–7) $\sim CH_2 \overset{*}{C}HCl + RCl \longrightarrow \sim CH_2CHCl_2 + R^*$

Der Polymerisationsgrad wird herabgesetzt, wenn RCl eine niedermolekulare Verbindung ist (Monomer, Lösungsmittel, Initiator usw.). Die Polymerisationsgeschwindigkeit ändert sich jedoch nicht durch die Übertragungsreaktion, wenn die Reaktivität des neu entstehenden Keimes gleich groß wie die des verschwindenden ist. β-Eliminationen wirken im gleichen Sinne, z. B.

(15–8) $\sim CHCl-CHCl-\overset{*}{C}HCl \longrightarrow \sim CHCl-CH=CHCl + Cl^{\bullet}$

3. Die spontane Isomerisierung von wachsendem Makroion und niedermolekularem Gegenion zu inaktiven Verbindungen führt ebenfalls zu einer Desaktivierung [vgl. Kap. 18].

4. Akkumulation von Schwingungsenergie innerhalb einer Kette könnte die Kette zerreißen und so den Polymerisationsgrad herabsetzen. Ein derartiger Effekt wird für Molekulargewichte über einigen zehn Millionen postuliert.

5. Komplexbildung zwischen Monomer und Initiator kann die Polymerisation unterhalb einer bestimmten kinetischen Bodentemperatur verhindern.

15.2.4 KONSTITUTION UND AKTIVIERBARKEIT

Monomere können zu Polymeren durch Öffnung von Mehrfachbindungen, durch Spaltung und Wiederverknüpfung von σ-Bindungen oder durch Absättigung koordinativ ungesättigter Gruppen vereinigt werden. Sie müssen dazu in der Regel geeignet aktiviert werden.

Heteroatome werden wegen ihrer freien Elektronenpaare oder Elektronenpaarlücken besonders leicht von Katalysatoren angegriffen. Bei Polykondensationen enthalten die reagierenden funktionellen Gruppen fast immer Heteroatome: Polykondensationen sind daher leicht aktivierbar. Aus dem gleichen Grund sind Heterocyclen leicht polymerisierbar, wenn die thermodynamischen Voraussetzungen gegeben sind. Cycloalkane lassen sich dagegen kaum polymerisieren.

Monomere mit polarisierten Doppelbindungen lassen sich ebenfalls leicht zur Polymerisation anregen. Die Polarisation kann dabei durch ein an der Mehrfachbindung beteiligtes Heteroatom oder aber durch elektronenanziehende (A) oder elektronenabgebende (D) Substituenten bewirkt werden. Formaldehyd besitzt z. B. eine negative

Teilladung auf dem Sauerstoffatom und eine positive auf dem Kohlenstoffatom. Ein Kation kann daher am Sauerstoffatom angreifen, wodurch die Polymerisation ausgelöst wird:

(15–9) $R^\oplus + \overset{\delta^-}{O}=\overset{\delta^+}{C}H_2 \longrightarrow R-O-\overset{\oplus}{C}H_2 \xrightarrow{+CH_2O} R-O-CH_2-O-\overset{\oplus}{C}H_2$ usw.

Formaldehyd läßt sich wegen dieser Polarisierung auch durch Anionen polymerisieren. Substituiert man das Kohlenstoffatom durch eine Methylgruppe, so kann das Kohlenstoffatom der Aldehydgruppe wegen der sterischen Hinderung nicht mehr durch Anionen angegriffen werden: Acetaldehyd läßt sich nur noch kationisch polymerisieren.

Bei Kohlenstoffdoppelbindungen liegen ähnliche Verhältnisse vor

$$\overset{\delta^-}{C}H_2=\overset{\delta^+}{C}H \qquad \overset{\delta^+}{C}H_2=\overset{\delta^-}{C}H$$
$$\qquad\;| \qquad\qquad\qquad\;\;\;|$$
$$\qquad\;D \qquad\qquad\qquad\;\;\;A$$

Propylen läßt sich wegen der elektronenabgebenden Methylgruppe nur kationisch polymerisieren, da der Angriff eines initiierenden Anions am α-Kohlenstoffatom wegen der sterischen Hinderung ziemlich unwahrscheinlich ist. Acrylester mit der elektronenanziehenden Estergruppe sind andererseits nur anionisch polymerisierbar (Tab. 15–2). Vinylether polymerisieren offenbar wegen der Mesomerie nicht radikalisch

(15–10) $CH_2=CH-O-CH_3 \longleftrightarrow \overset{\ominus}{C}H_2-CH=\overset{\oplus}{O}-CH_3$

Tab. 15–2: Initiatoren für die Polymerisation verschiedener Monomerer mit elektronenabgebenden (D) bzw. elektronenanziehenden (A) Substituenten

Monomer	Substituent	Initiation durch			
		Radikale	Kationen	Anionen	Ziegler-Kat.
Ethylen	–	+	+	–	+
Propylen	D	–	+	–	+
Isobutylen	D	–	+	–	–
Styrol	D,A	+	+	+	+
Vinylchlorid	A	+	–	+	+
Vinylether	D	–	+	–	+
Vinylester	D	+	–	–	–
Acrylester	A	+	–	+	+
Formaldehyd	–	–	+	+	–
Acetaldehyd	D	–	+	–	–
Tetrahydrofuran	–	–	+	–	–

Ob und an welcher Stelle ein Monomer zur Polymerisation aktivierbar ist, hängt also von der Polarisierung der Bindung, der sterischen Hinderung durch Substituenten und schließlich noch von einer möglichen Resonanzstabilisierung ab. Ein bestimmtes Atom wird dabei nur dann ausschließlich angegriffen, wenn Polarisierung, Resonanzstabilisierung und sterische Hinderung in gleicher Richtung wirken. Die bei der kationischen Polymerisation von Formaldehyd entstehende wachsende Poly(oxymethylen)-Kette ist z. B. resonanzstabilisiert:

(15-11) $\sim\!\!\sim\!\mathrm{CH_2-O-\overset{\oplus}{C}H_2}\quad\longleftrightarrow\quad\sim\!\!\sim\!\mathrm{CH_2-\overset{\oplus}{O}=CH_2}$

Auch bei der radikalischen Polymerisation von Styrol ist der Angriff am β-Kohlenstoffatom ungehindert; das entstehende Poly(styryl)-Radikal ist zudem resonanzstabilisiert:

(15-12) $\mathrm{R^\bullet + \overset{\beta}{C}H_2{=}\overset{\alpha}{C}H{-}C_6H_5}$ ⟶ β-Angriff ⟶ $\mathrm{R{-}CH_2{-}\overset{\bullet}{C}H(C_6H_5)}$
　　　　　　　　　　　　　　　　　⟶ α-Angriff ⟶ $\mathrm{R{-}CH(C_6H_5){-}\overset{\bullet}{C}H_2}$

Bei der radikalischen Polymerisation von Vinylacetat $\mathrm{CH_2{=}CH(OOCCH_3)}$ sind dagegen im Übergangszustand schwache Dipol/Dipol-Wechselwirkungen zwischen den Estergruppen vorhanden, wodurch trotz sterischer Hinderung durch diese Gruppen gelegentlich ein Angriff am α-Kohlenstoffatom möglich wird. Poly(vinylacetat) enthält daher ca. 1–2 % Kopf/Kopf-Gruppierungen, d. h. das Orientierungsverhältnis α/β ist 0,01–0,02. Das Orientierungsverhältnis hängt dabei nicht nur von der Natur des angegriffenen Monomeren, sondern auch von der angreifenden Spezies ab (Tab. 15–3). Bei gewissen Initiatoren erfolgt der Angriff sogar fast ausschließlich in α-Stellung, z. B. bei der Copolymerisation von Butadien und Propylen mit bestimmten modifizierten Ziegler-Katalysatoren.

Tab. 25–3: Orientierungsverhältnisse α/β bei der Anlagerung von Radikalen an Monomere

Monomer $\mathrm{CH_2{=}CXY}$ $\overset{\beta}{}\;\overset{\alpha}{}$	Orientierungsverhältnisse α/β bei				
	$^\bullet\mathrm{CH_2F}$	$^\bullet\mathrm{CH_2Cl}$	$^\bullet\mathrm{CF_3}$	$^\bullet\mathrm{CF_2CF_3}$	$^\bullet\mathrm{(CF_2)_7CF_3}$
$\mathrm{CH_2{=}CHCH_3}$			0,10		
$\mathrm{CH_2{=}CHF}$	0,30	0,18	0,09		
$\mathrm{CH_2{=}CF_2}$	0,44	0,14	0,03	0,011	0,006
$\mathrm{CH_2{=}CHCl}$			0,02		

1,2-Disubstituierte Ethylene RCH=CHR' polymerisieren nur unter gewissen Bedingungen zu hochmolekularen Produkten. Vinylcarbonat (I) polymerisiert radikalisch zu hochmolekularen, Maleinsäureanhydrid (II) jedoch nur zu niedermolekularen Verbindungen. 1,2-Diphenylethylen polymerisiert weder radikalisch noch ionisch zum Poly(phenylmethylen) (III), wohl aber Phenyldiazomethan $\mathrm{C_6H_5CHN_2}$.

$$\underset{\text{I}}{\begin{array}{c}\diagup\!\!\diagdown\\ \mathrm{O}\quad\mathrm{O}\\ \diagdown\mathrm{C}\diagup\\ \mathrm{O}\end{array}}\qquad\underset{\text{II}}{\begin{array}{c}\diagup\!\!\diagdown\\ \mathrm{O}\!\diagdown\mathrm{O}\!\diagup\mathrm{O}\end{array}}\qquad\underset{\text{III}}{\mathrm{-\!(CH)\!-}\atop\mathrm{C_6H_5}}$$

Einige 1,2-disubstituierte Ethylene polymerisieren jedoch mit gewissen Katalysatoren überraschend gut, weil sie vor der Polymerisation unter dem Einfluß des Katalysators isomerisiert werden. Hepten-3 isomerisiert unter dem Einfluß von $\mathrm{Al(C_2H_5)_3/TiCl_3/Ni(acac)_2}$ zuerst zum Hepten-1. das dann polymerisiert:

(15-13) $\underset{\mathrm{C_2H_5\;C_3H_7}}{\mathrm{HC{=\!=\!=}CH}}\;\rightleftarrows\;\underset{\mathrm{CH_3\;C_4H_9}}{\mathrm{HC{=\!=\!=}CH}}\;\rightleftarrows\;\underset{\mathrm{C_5H_{11}}}{\mathrm{CH_2{=\!=\!=}CH}}\;\rightleftarrows\;\underset{\mathrm{C_5H_{11}}}{\mathrm{-\!(CH_2{-}CH)\!-}}$

Isomerisierungen und Disproportionierungen des Monomeren sind auch bei anderen Systemen häufig zu finden. Propylen disproportioniert in Ggw. von MoO_3 auf Trägern zu Ethylen und Buten-2, von denen dann das Ethylen polymerisiert. 1,4-Dihydronaphthalin isomerisiert unter der Wirkung von Natriumnaphthalin zuerst zum 1,2-Dihydronaphthalin, das dann anionisch polymerisiert.

Bei Monomeren mit zwei oder mehr aktivierbaren Stellen hängt die Struktur des entstehenden Polymeren vom Initiator ab. Vinylisocyanat $CH_2=CH-NCO$ polymerisiert radikalisch über die Vinylgruppe, anionisch dagegen über die Stickstoff/Kohlenstoff-Doppelbindung. Diketen polymerisiert je nach Initiator zu Polyestern, Polyketonen oder Poly(vinylestern) mit Spirogruppen:

(15–14)

$$2n\ CH_2=C=O \rightarrow n\ CH_2=C\!-\!\!-\!\!-\!O$$
$$\quad\quad\quad\quad\quad\quad\quad |\quad\quad\quad |$$
$$\quad\quad\quad\quad\quad\quad CH_2\!-\!\!-\!C=O$$

$HgCl_2; Al(OC_3H_7)_3 \longrightarrow$ $\{O-\overset{\underset{\displaystyle \|}{CH_2}}{C}-CH_2-CO\}_n$

Lewis-S.; $Zn(C_2H_5)_2 \longrightarrow$ $\{CH_2-CO-CH_2-CO\}_n$
$\quad\quad\quad\quad\quad\quad\quad\quad\quad\quad\quad\quad\quad\quad \updownarrow$
$\quad\quad\quad\quad\quad\quad\quad\quad\quad\quad\quad\quad\quad\quad \{CH=C-CH=C\}_n$
$\quad\quad\quad\quad\quad\quad\quad\quad\quad\quad\quad\quad\quad\quad\quad\quad |\quad\quad\quad |$
$\quad\quad\quad\quad\quad\quad\quad\quad\quad\quad\quad\quad\quad\quad\quad\quad OH\quad OH$

γ-Strahlen $\longrightarrow$ $\{CH_2-C\}_n$ + Ringöffnung zum Polyester

15.2.5 UNTERSCHEIDUNG VON MECHANISMEN

Es ist nicht immer leicht zu entscheiden, nach welchem Mechanismus eine Polyreaktion abläuft. Aus dem verwendeten Katalysatortyp allein lassen sich in der Regel keine zuverlässigen Schlüsse ziehen. Ziegler-Katalysatoren bestehen z. B. aus einer Verbindung eines Übergangsmetalles (z. B. $TiCl_4$) und einer Verbindung eines Elementes der I.–III. Gruppe (z. B. AlR_3 für eine genauere Diskussion vgl. Kap. 19). Sie lösen in der Regel Polyinsertionen aus. Das System Phenyltitantriisopropoxid/Aluminiumtriisopropoxid bewirkt jedoch eine radikalische Polymerisation von Styrol. BF_3 initiiert (zusammen mit Cokatalysatoren, vgl. Kap. 18) meist kationische Polymerisationen, nicht aber beim Diazomethan, bei dem eine radikalische Polyreaktion über Boralkyle gestartet wird. Die Wirkungsweise der Initiatoren hängt dabei außer vom Monomeren auch vom Medium ab. Jod löst in der Form von Jodjodid $J^{\oplus}J_3^{\ominus}$ die kationische Polymerisation von Vinylethern aus. In Form bestimmter Komplexe $DJ^{\oplus}J^{\ominus}$ (mit D = Benzol, Dioxan, bestimmte Monomere) führt es aber zu einer anionischen Polymerisation von 1-Oxa-4,5-dithiacycloheptan.

Zur sicheren Feststellung eines Mechanismus müssen daher stets mehrere Kriterien herangezogen werden. Sie gründen sich meist auf Variationen von Temperatur, Lösungsmitteln, Zusätzen, und/oder Monomeren.

Die Temperaturabhängigkeit der Polyreaktionsgeschwindigkeit ist meist ein schlechtes Kriterium, da sowohl Polyinsertionen als auch ionische Polymerisationen und sogar radikalische Polymerisationen bei tiefen Temperaturen noch sehr schnell sein können.

Die Variation des Lösungsmittels gibt folgende Hinweise. Radikalische Polymerisationen hängen praktisch nicht von der relativen Permittivität des Lösungsmittels ab. Je polarer das Lösungsmittel bei vermutlich ionischen Polymerisationen, umso unwahrscheinlicher werden in der Regel Polyinsertionsmechanismen und umso wahrscheinlicher ionische Polymerisationen (Dissoziation in Ionen). Eine Polymerisation in Gegenwart von sauerstoffhaltigen Lösungsmitteln wird wegen der Bildung von Oxoniumsalzen nicht kationisch sein, es sei denn, das Monomere enthielte selbst Sauerstoff. So können Alkylvinylether in Diethylether kationisch polymerisiert werden, nicht aber Olefine. Anionische Polymerisation in Gegenwart von Alkylhalogeniden sind kaum möglich, da die als Gegenion vorhandenen Kationen $Mt^{\oplus}$ mit dem Alkylhalogenid reagieren:

(15–15) $(M_n)^{\ominus} Mt^{\oplus} + RCl \rightarrow (M_n)R + MtCl$

Durch Zusätze können bestimmte Polyreaktionen gestoppt werden. Diphenylpikrylhydrazyl ist z. B. ein Radikalfänger und unterbindet radikalische Polymerisationen. Ionische Mechanismen werden nicht beeinflußt. Benzochinon ist anderseits ebenfalls ein Inhibitor für radikalische Polymerisationen. Wegen seiner starken Basizität reagiert es aber mit Kationen, so daß man nicht zwischen radikalischen und kationischen Polymerisationen unterscheiden kann.

Kationische und anionische Polymerisationen können durch Zusatz markierten Methanols (CH_3OT oder $^{14}CH_3OH$) unterschieden werden:

(15–16) $\sim\sim M^{\ominus} + CH_3OT \rightarrow \sim\sim MT + \overset{\ominus}{O}CH_3$

(15–17) $\sim\sim M^{\oplus} + {}^{14}CH_3OH \rightarrow \sim\sim M-O-{}^{14}CH_3 + H^{\oplus}$

Findet man daher bei einem Kettenabbruch mit $^{14}CH_3OH$ das Polymer aktiv, so muß die Polymerisation kationisch ablaufen. Ein dabei resultierendes inaktives Polymer ist aber noch kein Beweis für die Abwesenheit einer kationischen Polymerisation oder für die Anwesenheit einer anionischen, da das Alkoxidion vom wachsenden Makrokation auch ein Wasserstoffatom abstrahieren kann:

(15–18) $\sim\sim CH_2-\overset{\oplus}{C}HR + CH_3O^{\ominus} \rightarrow \sim\sim CH=CHR + CH_3OH$

Arbeitet man mit tritiiertem Methanol CH_3OT und enthält das tote Polymer kein Tritium, so ist die Polymerisation sicher nicht anionisch.

Manche Monomere reagieren nur nach einem bestimmten Mechanismus, so daß andere ausgeschlossen sind. Isobutylen polymerisiert nur kationisch, nicht aber anionisch oder radikalisch. Ein die Polymerisation von Isobutylen auslösender Initiator wird daher höchstwahrscheinlich kationisch wirken. Acrylate und Methylmethacrylat polymerisieren nicht kationisch, wohl aber radikalisch oder anionisch. Cyclische Sulfide und Oxide gehen keine radikalische Polymerisation ein. Alternativ kann man zur Prüfung eines Initiators auch Monomere verwenden, die mit verschiedenen Initiatoren zu unterschiedlichen Strukturen führen. 2-Vinyloxyethylenmethacrylat polymerisiert kationisch über die Vinylgruppe, anionisch über die Acrylgruppe und radikalisch über beide Gruppen (vernetzte Polymere). Eine weitere Möglichkeit besteht über die Copolymerisation zweier verschiedener Monomerer (vgl. Kap. 22). Geeignete Paare sind in Tab. 15–4 zusammengestellt.

Tab. 15-4: Zur Prüfung auf die Initiatorwirkung geeignete Paare von Monomeren

Monomergemisch	Erhaltenes Polymer		
	kationisch	radikalisch	anionisch
Styrol/Methylmethacrylat	Poly(styrol)	statistisches Copolymer	Poly(methylmethacrylat)
Isobutylen/Vinylchlorid	Poly(isobutylen)	alternierendes Copolymer	–
Isobutylen/Vinylidenchlorid	Poly(isobutylen)	alternierendes Copolymer	Poly(vinylidenchlorid)

15.2.6 KINETIK

Bei Untersuchungen von Polymerisationen hat man meist nicht nur die Wachstumsreaktion, sondern auch noch Startreaktionen, Abbruchsreaktionen, Übertragungsreaktionen, Gleichgewichte zwischen Starter und eigentlichem Initiator usw. zu berücksichtigen. Die gemessene Polymerisationsgeschwindigkeit v_{br} ist daher in der Regel nicht mit der Geschwindigkeit v_p der Wachstumsreaktion identisch. In die direkt beobachtbare Polymerisationsgeschwindigkeit geht z. B. noch die Bildungsgeschwindigkeit der aktiven Spezies ein, die wiederum von der Anfangskonzentration des Initiators abhängt. Im allgemeinen Fall gilt

(15-19) $v_{br} = k \, [I]_o^m \, [M]^n$

wobei $[I]_o$ = Anfangskonzentration des Initiators und $[M]$ = momentane Konzentration des Monomeren. Die Proportionalitätskonstante k setzt sich meist aus mehreren Geschwindigkeitskonstanten von Elementarreaktionen zusammen.

Die Wachstumsreaktion ist in den weitaus meisten Fällen eine bimolekulare Reaktion zwischen einer wachsenden Spezies P* und einem Monomeren M. Für die Geschwindigkeit der Wachstumsreaktion gilt daher bei Vernachlässigung der Rückreaktion

(15-20) $v_p = [M] \sum_r (k_p)_r [P^*]_r$

Um die Geschwindigkeitskonstanten der Wachstumsreaktionen einer aktiven Spezies zu erhalten, muß man daher die Beziehung zwischen den Gl. (15-19) und (15-20) und die Zahl r und die Konzentrationen $[P^*]$ der aktiven Spezies kennen.

Bei radikalischen Polymerisationen liegt nur eine Sorte aktiver Spezies vor. Die Konzentration der wachsenden Polymerradikale ist jedoch so niedrig, daß sie experimentell meist nicht bestimmt werden kann. Die Konzentration $[P^*]$ der wachsenden Radikale wird daher rechnerisch eliminiert.

Bei ionischen Polymerisationen existieren meist mehrere Sorten von aktiven Spezies: freie Ionen, Ionenpaare, Ionenassoziate. Die Konzentration der Spezies kann häufig direkt durch Leitfähigkeitsmessungen, spektroskopische Untersuchungen oder Abstoppen der Polymerisation mit Basen (kationische Polymerisation) oder Säuren (anionische Polymerisation) ermittelt werden.

Die kinetische Behandlung von Polyreaktionen vereinfacht sich sehr bei Anwendung des Prinzips der gleichen chemischen Reaktivität. Dieses Prinzip nimmt an, daß die Reaktivität einer Gruppe unabhängig von der Größe des Moleküles ist. Die so postulierte Unabhängigkeit der Geschwindigkeitskonstanten von der Molekülgröße ist schon bei niedrigen Polymerisationsgraden erreicht, wie man z. B. aus dem Vergleich der Geschwindigkeitskonstanten für den hydrolytischen Abbau von Oligosacchariden sieht (Tab. 15–5). Auch bei der Polykondensation von Dicarbonsäuren mit Diaminen oder Diolen und bei der radikalischen Polymerisation wurde das Prinzip der gleichen chemischen Reaktivität bestätigt gefunden.

Tab. 15–5: Geschwindigkeitskonstanten k_i der Hydrolyse von Oligomeren der Cellulose (51 % H_2SO_4, 30°C)

Verbindung	$\dfrac{10^4 k_i}{s^{-1}}$
Cellobiose	6,9
— -triose	4,5
— -tetrose	3,7
— -pentose	3,5
— -hexose	3,2

Gegen das Prinzip der gleichen chemischen Reaktivität wurde eingewendet, daß die Geschwindigkeitskonstanten mit steigendem Molekulargewicht abnehmen müßten, weil die Beweglichkeit der Moleküle abnimmt. Entscheidend ist aber nicht die Beweglichkeit des ganzen Moleküls, sondern die des Molekülsegmentes, das die reagierende Gruppe enthält. Bei vernetzenden Polykondensationen nimmt z. B. die Beweglichkeit der Endgruppen ab, weil diese in dem entstehenden Netzwerk immobilisiert werden. Es trifft ferner zu, daß durch die hohe Viskosität der reagierenden Mischung die Stoßzahl abnimmt. Wegen dieser hohen Viskosität nimmt aber auch die Bewegungszeit zu, so daß die Wahrscheinlichkeit für die Reaktion im gleichen Ausmaß erhöht wird. Auch der sterische Faktor wird nicht durch die Molekülgröße beeinflußt, da bei endlichen Konzentrationen nicht unterschieden werden kann, ob die Abschirmung der reagierenden Gruppen vom gleichen Molekül oder durch fremde Segmente erfolgt.

Das Prinzip der gleichen Reaktivität gilt nicht mehr, wenn die reagierenden Gruppen nur formal voneinander isoliert, in Wirklichkeit aber miteinander gekoppelt sind. Die zweite Vinylgruppe der Divinylbenzole weist nach der Reaktion der ersten Gruppe eine ganz andere Reaktivität als die erste auf. Bei der Bildung von konjugierten Verbindungen bei der Polymerisation nimmt die Reaktivität ebenfalls ab. Ein Beispiel dafür ist die Polymerisation von Acetylen zu Poly(vinylen). Das Prinzip der gleichen chemischen Reaktivität wird scheinbar auch verletzt, wenn die reagierenden Enden assoziieren. Bei der Polykondensation von Glykolen mit Dicarbonsäuren sind z. B. die niedermolekularen Ester über die Hydroxyl- bzw. Carboxyl-Endgruppen assoziiert. Die Assoziation nimmt mit fortschreitender Polykondensation ab, da die Konzentration an Endgruppen sinkt. Die Endgruppen der niedermolekularen Polyester liegen also in anderer chemischer Umgebung vor als die der hochmolekularen. Die gemessene Reaktivität wird folglich verschieden sein.

15.2.7 AKTIVIERUNGSGRÖSSEN

Zur Beschreibung der Temperaturabhängigkeit der Geschwindigkeitskonstanten von Elementarreaktionen werden meist zwei Theorien benutzt. Nach der Kollisionstheorie hängt die Geschwindigkeitskonstante k_i vom Häufigkeitsfaktor p, vom sterischen Faktor Z und vom Boltzmann-Faktor $\exp(-E^{\ddagger}/RT)$ ab.

(15–21) $k_i = p\,Z\,\exp(-E^{\neq}/RT) = A\,\exp(-E^{\neq}/RT)$

Der Häufigkeitsfaktor p gibt die Zahl der Zusammenstösse an (ca. 10^{11} pro s). p ist in kondensierten Phasen noch diffusionskontrolliert. Der sterische Faktor Z ist ein Maß dafür, wieviele Stöße erfolgreich sind und somit ein Maß für die Wahrscheinlichkeit der Reaktion. p und Z werden oft zur Aktionskonstanten A zusammengefaßt. Der Boltzmann-Faktor $\exp(-E^{\neq}/RT)$ mißt die Zahl der Moleküle, die genügend Energie besitzen, um die Reaktion eingehen zu können. $E^{\neq}$ ist die scheinbare oder Arrhenius'sche Aktivierungsenergie.

Bei der Theorie des Übergangszustandes wird angenommen, daß der Übergangszustand durch eine Gleichgewichtskonstante $K^{\neq}$ beschrieben werden kann:

(15–22) $k_i = \dfrac{kT}{h} K^{\neq} = \dfrac{kT}{h} \exp(-\Delta G^{\neq}/RT)$

wobei k die Boltzmann-Konstante, h das Plancksche Wirkungsquantum und $\Delta G^{\neq}$ die Gibbs-Aktivierungsenergie sind. Mit dem 2. Hauptsatz der Thermodynamik gelangt man zu

(15–23) $k_i = \dfrac{kT}{h} \exp(\Delta S^{\neq}/R)\exp(-\Delta H^{\neq}/RT)$

Die Aktivierungsenthalpie $\Delta H^{\neq}$ ist für Reaktionen in der flüssigen Phase durch

(15–24) $\Delta H^{\neq} \equiv RT^2\,(\mathrm{d}\ln K^{\neq}/\mathrm{d}T) = RT^2\,(\mathrm{d}\ln k_i/\mathrm{d}T) - RT$

definiert. Für die Beziehung zwischen Arrhenius'scher Aktivierungsenergie und Aktivierungsenthalpie gilt folglich

(15–25) $\Delta H^{\neq} = E^{\neq} - RT$

und für die Beziehung zwischen Aktionskonstante und Aktivierungsentropie

(15–26) $\Delta S^{\neq} = R\,(\ln A - \ln(kT/h))$

15.3 Statistik

15.3.1 ÜBERSICHT

Polyreaktionen können nach zwei Verfahren quantitativ analysiert werden:

1. Die kinetische Methode geht von den wahrscheinlich auftretenden Elementarreaktionen aus, für welche die Differentialgleichungen aufgestellt und integriert werden. Die Methode ist flexibel und liefert in vielen Fällen direkt die absoluten Geschwindigkeitskonstanten der Elementarreaktionen. Nachteilig ist, daß für jede Polyreaktion gesonderte Annahmen gemacht werden müssen.

2. Die statistische Methode betrachtet die Wahrscheinlichkeit eines Ereignisses relativ zu anderen, konkurrierenden Ereignissen. Der Relativcharakter führt zu generalisierten Gleichungen, die auf verschiedene Polyreaktionen angewendet werden können und deshalb allgemeiner als die Gleichungen der Methode 1 sind. Es ist darum zweckmäßig, die Aussagen der statistischen Methode zusammenfassend, die Kinetik jedoch bei den einzelnen Polyreaktionen zu diskutieren.

Polyreaktionen können in statistischer Sicht in Einzel- und Mehrfach-Mechanismen eingeteilt werden. Bei Einzel-Mechanismen liegt nur ein einzelner Mechanismus vor, bei Mehrfach-Mechanismen dagegen mehrere. Ein Einzel-Mechanismus beschreibt z. B. die radikalische Copolymerisation zweier Monomerer A und B. Die ionische Polymerisation eines einzelnen Monomeren läuft dagegen in der Regel nach einem Mehrfach-Mechanismus ab, da sie sowohl über freie Ionen als auch über Ionenpaare erfolgt. Die Statistik derartiger Mehrfach-Mechanismen ist so komplex, daß sie kaum theoretisch und experimentell untersucht wurde. Die nachfolgenden Ausführungen beziehen sich daher nur auf Einzel-Mechanismen.

15.3.2 GRUNDBEGRIFFE

Einzelmechanismen werden je nach der Reichweite des Einflusses der wachsenden Zentren in Bernoulli- und Markoff-Mechanismen eingeteilt. Das wachsende Zentrum kann dabei ein wachsendes Kettenende bei Polymerisationen oder eine polymerisationsaktive Stelle bei Polyinsertionen sein.

Bei Bernoulli-Mechanismen übt die letzte Einheit keinen Einfluß auf die Verknüpfung der neuen Einheit aus. Bei Markoff-Mechanismen 1. Ordnung wird die Verknüpfung durch die letzte Einheit, bei Markoff-Mechanismen 2. Ordnung durch die vorletzte, bei Markoff-Mechanismen 3. Ordnung durch die vorvorletzte Einheit usw. beeinflußt. Bernoulli-Mechanismen sind daher ein Spezialfall der Markoff-Mechanismen und könnten auch Markoff-Mechanismen 0. Ordnung genannt werden. Markoff-Mechanismen zweiter und höherer Ordnung sind bei Polyreaktionen nicht mit Sicherheit bekannt und werden daher nicht weiter diskutiert. Die Diskussion wird ferner auf binäre Mechanismen beschränkt, d. h. auf Polyreaktionen, bei denen eine Einheit nur zwei Möglichkeiten für eine Reaktion besitzt.

Der Einfluß der Einheiten wird in Übergangswahrscheinlichkeiten für den Verknüpfungsschritt angegeben. Bei binären Markoff-Mechanismen 1. Ordnung kann die letzte Einheit A entweder mit einer neuen Einheit A mit der Wahrscheinlichkeit $p_{A/A}$ oder aber mit einer Einheit B mit der Wahrscheinlichkeit $p_{A/B}$ verknüpft werden. Da für die vorgegebene Einheit definitionsgemäß nur zwei Möglichkeiten existieren, gilt für die normierte Summe der Übergangswahrscheinlichkeiten

(15-27) $p_{A/A} + p_{A/B} \equiv 1$

und entsprechend für die Reaktion von B-Einheiten

(15-28) $p_{B/B} + p_{B/A} \equiv 1$

Bei Markoff-Mechanismen 2. Ordnung hätte man entsprechend die Übergangswahrscheinlichkeiten $p_{AA/A}, p_{AA/B}, p_{BA/A}, p_{BA/B}, p_{AB/A}, p_{AB/B}, p_{BB/A}$ und $p_{BB/B}$ zu berücksichtigen, für Bernoulli-Mechanismen dagegen nur die Übergangswahrscheinlichkeiten p_A und p_B.

Bernoulli- und Markoff-Mechanismen unterscheiden sich demzufolge danach, ob die Übergangswahrscheinlichkeiten der Kreuzschritte gleich denen der Homoschritte sind oder nicht (vgl. Tab. 15-6). Beide Mechanismen können ferner je nach den Übergangswahrscheinlichkeiten bei den Homoverknüpfungen in symmetrische und asymmetrische Mechanismen eingeteilt werden. Der symmetrische Bernoulli-Mechanismus wird bei Copolymerisationen konstitutiv verschiedener Monomerer auch „ideale azeotrope Copolymerisation", bei Copolymerisationen konfigurativ verschiedener Monomerer gelegentlich „Irrflug-Polymerisation" und bei der Stereokontrolle der Polymerisation nichtchiraler Monomerer auch „ideal-ataktische" Polymerisation genannt.

Tab. 15–6: Einteilung von Bernoulli- und Markoff-Mechanismen nach Übergangswahrscheinlichkeiten p und resultierenden Stoffmengenanteilen x unter der Annahme unendlich langer Ketten

		Bernoulli symm.	asymm.	Markoff 1. Ordnung symm.	asymm.
Homoverknüpfung	$p_{A/A}$	$\equiv p_{B/B}$	$\not\equiv p_{B/B}$	$\equiv p_{B/B}$	$\not\equiv p_{B/B}$
Kreuzverknüpfungen	$p_{A/B}$	$\equiv p_{B/B}$	$\equiv p_{B/B}$	$\not\equiv p_{B/B}$	$\not\equiv p_{B/B}$
	$p_{B/A}$	$\equiv p_{A/A}$	$\equiv p_{A/A}$	$\not\equiv p_{A/A}$	$\not\equiv p_{A/A}$
Konsequenzen	$p_{A/A}$	$= p_A$	$= p_A$		
	$p_{A/B}$	$= p_{B/A} = 0{,}5$	$\neq p_{B/A}$	$= p_{B/A} = 0{,}5$	$\neq p_{B/A}$
	x_A	$= 0{,}5$	$= p_A \neq p_B$		$= \dfrac{p_{B/A}}{p_{B/A} + p_{A/B}}$
	x_{AA}	$= 0{,}25$	x_A^2	$= 0{,}5\, p_{A/A}$	$= x_A p_{A/A}$
	x_{AB}	$= 0{,}5$	$= 2\, x_A (1 - x_A)$	$= 1 - p_{A/A}$	$= x_A p_{A/B} + x_B p_{B/A}$

Die Übergangswahrscheinlichkeiten sind streng von den Auftretenswahrscheinlichkeiten zu unterscheiden. Die Auftretenswahrscheinlichkeiten einer Einheit, einer Diade aus zwei Einheiten usw. sind mit den entsprechenden Stoffmengenanteilen („Molenbrüchen") identisch, d. h. es gilt (vgl. auch Kap. 3):

(15–29) $x_A + x_B \equiv 1$

(15–30) $x_{AA} + x_{AB} + x_{BB} \equiv 1$

(15–31) $x_{AAA} + x_{AAB} + x_{ABA} + x_{ABB} + x_{BAB} + x_{BBB} \equiv 1$ usw.

Die Anteile AB und BA wurden dabei wegen der experimentellen Ununterscheidbarkeit im Stoffmengenanteil x_{AB} zusammengefaßt, die Anteile AAB und BAA in x_{AAB} usw..

Für statistische Betrachtungen ist die Natur der „Einheit" belanglos, sofern sie nur physikalisch definiert ist. Als Einheiten können zwei konstitutiv verschiedene Monomere (z. B. Acrylnitril und Styrol), zwei optische Antipoden (z. B. D- und L-Alanin), zwei konfigurative Diaden (z. B. iso- und syndiotaktische Diaden) usw. definiert werden.

Alle Ableitungen beziehen sich ferner auf unendlich lange Ketten; Einflüsse der Startreaktionen und der Endgruppen werden somit nicht berücksichtigt. Bei unendlich langen Ketten muß aber die Wahrscheinlichkeit, in der Kette eine A/B-Verknüpfung zu finden, genau so groß wie die Wahrscheinlichkeit für eine B/A-Verknüpfung sein. Diese Wahrscheinlichkeiten setzen sich aus den Stoffmengenanteilen und den entsprechenden Übergangswahrscheinlichkeiten zusammen:

(15–32) $x_A p_{A/B} = x_B p_{B/A}$

15.3.3 STOFFMENGENANTEILE

Beim allgemeinen Fall eines binären *Markoff-Mechanismus 1. Ordnung* ergeben sich für die Stoffmengenanteile an A und B aus Gl. (15—29) und Gl. (15—32)

(15—33) $x_A = p_{B/A}/(p_{B/A} + p_{A/B}) = (1 - p_{B/B})/(2 - p_{A/A} - p_{B/B})$

(15—34) $x_B = p_{A/B}/(p_{B/A} + p_{A/B}) = (1 - p_{A/A})/(2 - p_{A/A} - p_{B/B})$

Für die Stoffmengenanteile an Zweier-Einheiten gilt entsprechend

(15—35) $x_{AA} \equiv x_A p_{A/A} = x_A(1 - p_{A/B})$

(15—36) $x_{BB} \equiv x_B p_{B/B} = x_B(1 - p_{B/A})$

(15—37) $x_{AB} \equiv x_A p_{A/B} + x_B p_{B/A}$

Markoff-Mechanismen 1. Ordnung werden daher im allgemeinen (asymmetrischen) Fall durch zwei Übergangswahrscheinlichkeiten beschrieben, z. B. $p_{A/B}$ und $p_{B/A}$. Diese beiden Übergangswahrscheinlichkeiten können aus den experimentell ermittelten Stoffmengenanteilen über die Gl. (15—35)—(15—37) berechnet werden. Sie können nicht gleichzeitig gleich null sein. Aus den Gl. (15—27) und (15—28) folgt für $p_{A/A} > p_{B/A}$ auch $p_{B/B} > p_{A/B}$. Eine Tendenz zur Bildung langer A-Ketten führt daher gleichzeitig zu einer Tendenz zur Bildung langer B-Ketten (vgl. Abb. 15—2).

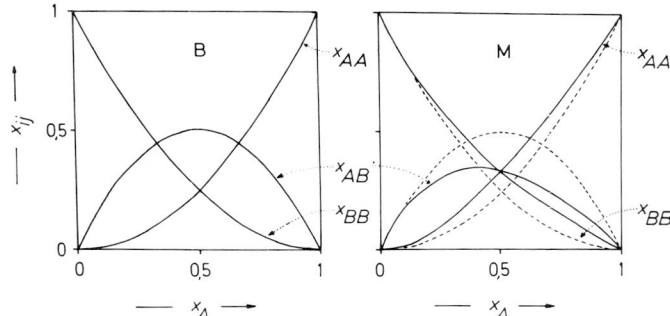

Abb. 15—2: Beziehung zwischen den verschiedenen Diadenanteilen x_{ij} (d. h. x_{AA}, x_{AB} oder x_{BB}) und dem Monadenanteil x_A für asymmetrische Bernoulli- (B) und Markoff-Mechanismen 1. Ordnung (M), letztere für $p_{B/A} = 0.5\, p_{A/A}$.

Bei *symmetrischen Markoff-Mechanismen* wird wegen $p_{A/A} = p_{B/B}$ (Tab. 15—6) auch $p_{A/B} = p_{B/A}$. Daraus folgt wegen Gl. (15—33) ferner $x_A = 1/2 = x_B$. Nach den Gl. (15—35)—(15—37) erhält man daraus $x_{AA} = x_{BB} = 0.5\, p_{A/A}$ und $x_{AB} = 1 - p_{A/A}$. Je nach der Wahrscheinlichkeit $p_{A/A}$ variiert also x_{AA} zwischen 0 ($p_{A/A} = 0$) und 0,5 ($p_{A/A} = 1$), während x_{AB} im gleichen Bereich von 1 auf 0 abfällt. Bei einem symmetrischen Markoff-Mechanismus 1. Ordnung werden daher bei einer Copolymerisation von A- und B-Monomeren immer gleiche Bruttozusammensetzungen an A- und B-Einheiten gefunden, während der Diadenanteil schwanken kann.

Der *asymmetrische Bernoulli-Mechanismus* ist ein weiterer Spezialfall (vgl. Tab. 15–6). Aus den Definitionen folgt $p_{A/A} = p_{B/A} = p_A$ und

(15–38) $\quad x_A = p_A \neq p_B = x_B$

und für die Stoffmengenanteile an AA-, AB- und BB-Einheiten

(15–39) $\quad x_{AA} = x_A^2$

(15–40) $\quad x_{AB} = x_A x_B + x_B x_A = 2 x_A (1 - x_A)$

(15–41) $\quad x_{BB} = x_B^2 = (1 - x_A)^2$

Der asymmetrische Bernoulli-Mechanismus wird daher durch einen einzigen Parameter vollständig beschrieben, z. B. x_A (vgl. auch Abb. 15–2).

Beim *symmetrischen Bernoulli-Mechanismus* werden A und B mit gleicher Wahrscheinlichkeit verknüpft, d. h. es gilt

(15–42) $\quad x_A = x_B = 0,5$

(15–43) $\quad x_{AA} = x_{BB} = 0,25 = 0,5 \, x_{AB}$

Ein symmetrischer Bernoulli-Mechanismus führt zu einem ideal-ataktischen Polymeren mit ideal-statistischer Verteilung der Einheiten. Der Begriff der Ataktizität wird jedoch meist nicht in diesem strengen Sinne gebraucht.

Bernoulli- und Markoff-Mechanismen können durch Vergleich der aus den experimentell bestimmten Stoffmengenanteilen berechneten Übergangswahrscheinlichkeiten oder (weniger gut) graphisch wie in Abb. 15–2 voneinander unterschieden werden. Eine bestimmte Statistik muß dabei nicht notwendigerweise für alle experimentellen Bedingungen gelten. Für die Stereokontrolle der radikalischen Polymerisation von Glycidylmethacrylat wurden z. B. bei $-78\,°C$ $p_{s/s} = 0,97$ und $p_{i/s} = 1,00$ gefunden, d. h. innerhalb der Meßfehler eine Bernoulli-Statistik. Bei $+60\,°C$ traten mit $p_{s/s} = 0,77$ und $p_{i/s} = 0,86$ jedoch deutliche Abweichungen von der Bernoulli-Statistik auf. Eine derartige Abweichung ist jedoch noch kein Beweis für eine Markoff-Statistik 1. Ordnung, da sie auch von Markoff-Statistiken höherer Ordnung oder von Mehrfach-Mechanismen hervorgerufen sein könnte. Zur näheren Unterscheidung müssen dann außer den Anteilen an Zweier-Einheiten noch die Anteile an Dreier-Einheiten usw. herangezogen werden.

15.3.4 TAKTIZITÄTEN

Die im vorhergehenden Abschnitt diskutierten Beziehungen gelten nicht nur für zwei konstitutiv oder konfigurativ verschiedene Monomere A und B, sondern auch für die Taktizitäten i und s bzw. cis und trans der Polymerisation von konstitutiv und konfigurativ einheitlichen Monomeren. Die Stoffmengenanteile an Einer-Einheiten entsprechen dann den konfigurativen Diaden, die der Zweier-Einheiten den konfigurativen Triaden usw..

Spezielle Verhältnisse ergeben sich jedoch, wenn konfigurativ verschiedene, jedoch konstitutiv identische Monomere copolymerisiert werden. Ein Beispiel dafür ist die Polymerisation der Mischungen von D- und L-Propylenoxid. Es ist dabei wichtig, scharf zwischen stereospezifischen und stereoselektiven Polymerisationen zu unterscheiden. Die Bedeutung dieser beiden Ausdrücke deckt sich zudem nicht mit derjenigen der entsprechenden stereospezifischen bzw. stereoselektiven Reaktionen der niedermolekularen organischen Chemie.

In der organischen Chemie wird eine Reaktion dann als stereospezifisch bezeichnet, wenn stereoisomere Reaktanden in diastereomer unterschiedliche Produkte überführt werden. Eine stereoselektive Reaktion gibt dagegen unbeschadet der Stereochemie des Reaktanden eines der gebildeten Diastereomeren im Überschuß (vgl. Lehrbücher der organischen Chemie). Alle stereospezifischen Reaktionen sind daher auch stereoselektiv, nicht jedoch vice versa.

Eine stereospezifische Polymerisation führt dagegen zu einem taktischen Polymeren. Bei stereoselektiven Polymerisationen wird andererseits nach IUPAC aus einer Mischung von stereoisomeren Monomeren durch Einbau nur einer stereoisomeren Spezies ein Polymer*molekül* gebildet. Die Polymerisationen von Propylen zu isotaktischem oder syndiotaktischem Poly(propylen) sind daher beide stereospezifisch, aber nicht stereoselektiv. Anders ist die Situation bei der Polymerisation von z. B. racemischem Propylenoxid. Eine exklusive Polymerisation des D-Monomeren zu Poly(D-propylenoxid) oder des L-Monomeren zu Poly(L-propylenoxid) aus der racemischen Mischung ist daher jeweils sowohl eine stereospezifische als auch eine stereoselektive Polymerisation. Die Polymerisation des gleichen Racemates zu einem Poly(propylenoxid) mit alternierenden D- und L-Einheiten ist zwar stereospezifisch, aber nicht stereoselektiv. Wird umgekehrt aus dem Racemat nur das L-Monomer zu einem Poly(L-propylenoxid) mit statistisch verteilten Kopf/Schwanz- und Kopf/Kopf- bzw. Schwanz/Schwanz-Verknüpfungen ohne Racemisierung bei der Ringöffnung (sehr unwahrscheinlich) polymerisiert, so wäre die Polymerisation stereoselektiv, aber nicht stereospezifisch. Die Polymerisation des racemischen Propylenoxides zu einer Mischung von Poly(L-propylenoxid) und Poly(D-propylenoxid) ist stereospezifisch und stereoselektiv im Sinne der IUPAC-Definition, d. h. in Bezug auf die entstehenden Polymer*moleküle*, aber nicht stereoselektiv in Bezug auf das entstehende Polymer.

Bei der Copolymerisation von D- und L-Monomeren werden isotaktische Diaden sowohl aus DD- als auch aus LL-Einheiten gebildet. Nach den Gl. (15–33) und (15–35) gilt daher für einen asymmetrischen Markoff-Mechanismus 1. Ordnung in Bezug auf die Bausteine

(15–44) $\quad x_i \equiv x_{LL} + x_{DD} = x_L p_{L/L} + x_D p_{D/D}$

bzw. nach dem Umformen mit den Gl. (15–27) und (15–28)

(15–45) $\quad x_i = 1 - 2 p_{L/D} p_{D/L}/(p_{L/D} + p_{D/L})$

Der Stoffmengenanteil an syndiotaktischen Diaden ergibt sich aus der Bedingung $x_i + x_s \equiv 1$.

Für die drei möglichen konfigurativen Triaden erhält man durch analoge Überlegungen

(15–46) $\quad x_{ii} = x_D p_{D/D}^2 + x_L p_{L/L}^2 = 1 + p_{L/D} p_{D/L} - 4 p_{L/D} p_{D/L}/(p_{L/D} + p_{D/L})$

(15–47) $\quad x_{ss} = x_D p_{D/L} p_{L/D} + x_L p_{L/D} p_{D/L} = p_{L/D} p_{D/L}$

(15–48) $\quad x_{is} = x_D p_{D/L} p_{L/L} + x_L p_{L/D} p_{D/D} + x_L p_{L/L} p_{L/D} + x_D p_{D/D} p_{D/L}$

$\qquad = 4 p_{L/D} p_{D/L}/(p_{L/D} + p_{D/L}) - 2 p_{L/D} p_{D/L}$

Bei einem (asymmetrischen) Bernoulli-Mechanismus ist die Anlagerung eines neuen Monomeren unabhängig vom Typ der vorhergehenden Einheit, d. h. es gilt $p_{D/L} = p_{L/L}$. Einsetzen in die Gl. (15–45)–(15–48) führt unter Berücksichtigung der Gl. (15–27) und (15–28) zu

(15–49) $\quad x_i = 1 - 2 p_{L/D}(1 - p_{L/D})$

(15–50) $\quad x_s = 2 p_{L/D}(1 - p_{L/D})$

(15–51) $\quad x_{ss} = p_{L/D}(1 - p_{L/D}) = 0{,}5 \, x_s$

(15–52) $\quad x_{is} = 2 p_{L/D}(1 - p_{L/D}) = x_s = 2 x_{ss}$

(15–53) $\quad x_{ii} = 1 - 3 p_{L/D}(1 - p_{L/D}) = 1 - 1{,}5 \, x_s = 1 - 3 x_{ss}$

Bei der nach einem asymmetrischen Bernoulli-Mechanismus verlaufenden Polymerisation optischer Antipoden kann daher der Stoffmengenanteil der syndiotaktischen Diaden niemals den Wert 2/3 überschreiten (vgl. auch Abb. 15–3). Außerdem muß der Anteil der heterotaktischen Triaden immer doppelt so groß sein wie der Anteil der syndiotaktischen Triaden.

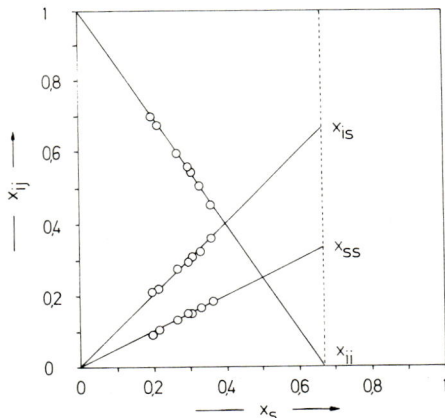

Abb. 15–3: Beziehung zwischen den Anteilen x_{ii} an den verschiedenen taktischen Triaden (d. h. ii, is und ss) und dem Anteil x_s an syndiotaktischen Diaden. Ausgezogene Linie: Theorie für einen enantiomorphen Katalysator mit Anlagerungen unabhängig von der vorhergehenden Einheit, (o) experimentelle Ergebnisse für die Polymerisation von Methylvinylether mit $Al_2(SO_4)_3/H_2SO_4$ in Toluol (nach Daten von T. Higashimura, Y. Ohsumi, K. Kuroda und S. Okamura).

Bei symmetrischen Markoff- und Bernoulli-Mechanismen reduzieren sich die Gl. (15–46)–(15–48) zu den bereits in den Gl. (15–39)–(15–41) angegebenen Beziehungen:

(15–54) $\quad x_{ii} = x_i^2$

(15–55) $\quad x_{is} = 2 x_i (1 - x_i)$

(15–56) $\quad x_{ss} = (1 - x_i)^2$

Der oben beschriebene asymmetrische Bernoulli-Mechanismus ist für die Polymerisation konfigurativ verschiedener Monomerer mit „enantiomorphen Katalysatoren" charakteristisch, jedoch nicht auf sie beschränkt. Bei einem enantiomorphen Katalysator soll der eine Typ von katalytisch aktiven Stellen die Polymerisation von D-Monomeren, die andere die von L-Monomeren bevorzugen. Die Wahrscheinlichkeit für die Anlagerung eines D-Monomeren an eine D-Einheit an einer D-Katalysatorstelle soll dabei größer sein als die Wahrscheinlichkeit für die Anlagerung eines L-Monomeren an eine L-Einheit an einer D-Katalysatorstelle. Für die L-Katalysatorstellen soll es umgekehrt sein. Es soll daher $p_{D/D} > p_{L/L}$ für die D-Stellen und $p_{L/L} > p_{D/D}$ für die L-Stellen gelten. Das Modell sagt daher die Bildung von zwei Ketten mit entgegengesetzter optischer Aktivität, jedoch in gleichen Mengen, voraus. Ein Beispiel dafür ist die Polymerisation von (RS)-4-Methyl-l-hexen mit Al(i-Bu)$_3$/TiCl$_4$. Das entstehende optisch inaktive Polymer ist durch Adsorptionschromatographie an optisch aktivem Poly[(S)-3-methyl-l-penten] in zwei optisch aktive Polymere mit jeweils entgegengesetztem Vorzeichen der optischen Drehung auftrennbar. Ein anderes Beispiel ist die Polymerisation der N-Leuchsanhydride von racemischem Leucin mit racemischem α-Methylbenzylamin.

15.3.5 GESCHWINDIGKEITSKONSTANTEN

Bei Markoff-Mechanismen 1. Ordnung liegen vier verschiedene Elementarreaktionen vor, deren Geschwindigkeitskonstanten mit Hilfe der experimentell bestimmten Diaden- und Triadenkonzentrationen berechnet werden können. Bei unendlich langen Ketten muß für jede Diadensorte ein stationärer Zustand bestehen. Für jede verschwindende Sorte wird durch die gekreuzten Wachstumsreaktionen eine neue Sorte gebildet, z. B. bei der Stereokontrolle

(15–57) $d[P_i^*]/dt = v_{s/i} - v_{i/s} = k_{s/i}[P_s^*][M] - k_{i/s}[P_i^*][M] = 0$

(15–58) $d[P_s^*]/dt = v_{i/s} - v_{s/i} = k_{i/s}[P_i^*][M] - k_{s/i}[P_s^*][M] = 0$

und folglich

(15–59) $[P_s^*]/[P_i^*] = k_{i/s}/k_{s/i}$

Der *momentane* Stoffmengenanteil an isotaktischen Diaden ist durch

(15–60) $x_i^{inst} = [P_i^*]/([P_i^*] + [P_s^*]) = k_{s/i}/(k_{s/i} + k_{i/s})$

gegeben. Der Stoffmengenanteil an isotaktischen Diaden im *fertigen* Polymeren berechnet sich wie folgt. Die zeitliche Zunahme der Stoffmengen an isotaktischen Diaden ergibt sich zu

(15–61) $dn_i/dt = k_{i/i}[P_i^*][M] + k_{s/i}[P_s^*][M]$

und die Polymerisationsgeschwindigkeit zu

(15–62) $-d[M]/dt = k_p[P^*][M]$

Die Änderung der Stoffmengen an isotaktischen Diaden mit dem Umsatz erhält man aus den Gl. (15–61), (15–62) und (15–59) zu

(15–63) $dn_i/d[M] = -(k_{i/i} + k_{i/s})[P_i^*]/(k_p[P^*])$

15.3 Statistik

bzw. nach Integration von 0 bis n_i und von $[M]_0$ bis $[M]$

(15-64) $n_i = (k_{i/i} + k_{i/s})[P_i^*]([M]_0 - [M])/(k_p[P^*])$

Einsetzen in den Ausdruck für den Stoffmengenanteil an isotaktischen Diaden führt mit Gl. (15-59) und dem entsprechenden Ausdruck für die syndiotaktischen Diaden zu

(15-65) $x_i = \dfrac{n_i}{n_i + n_s} = \dfrac{k_{s/i}(k_{i/i} + k_{i/s})}{k_{s/i}(k_{i/i} + k_{i/s}) + k_{i/s}(k_{s/s} + k_{s/i})}$

Der Vergleich der Gl. (15-65) und (15-60) zeigt, daß der momentane Stoffmengenanteil an isotaktischen Diaden nur dann identisch mit dem Stoffmengenanteil im fertigen Polymer ist, wenn gilt

(15-66) $k_{i/i} + k_{i/s} = k_{s/s} + k_{s/i}$

Mit Hilfe dieser Beziehungen können die vier individuellen Geschwindigkeitskonstanten berechnet werden, z. B.

(15-67) $k_p = k_{i/i} x_i \left[1 + \left(2 + \dfrac{x_{ss}}{x_s - x_{ss}}\right)\left(\dfrac{x_i - x_{ii}}{x_{ii}}\right)\right]$

(15-68) $k_p = k_{i/s} x_i \left(2 + \dfrac{x_{ii}}{x_i - x_{ii}} + \dfrac{x_{ss}}{x_s - x_{ss}}\right)$

Die Verhältnisse der Stoffmengenanteile verschiedener Sorten von Diaden, Triaden usw. führen daher je nach Mechanismus zu sehr unterschiedlichen Kombinationen von Geschwindigkeitskonstanten (Tab. 15-7). Das Verhältnis der Stoffmengenanteile von iso- und syndiotaktischen Diaden liefert z. B. bei Bernoulli-Mechanismus das Verhältnis der Geschwindigkeitskonstanten der iso- und syndiotaktischen Verknüpfungen, bei Markoff-Mechanismen 1. Ordnung jedoch das Verhältnis der Geschwindigkeitskonstanten der Kreuzschritte und nicht einen Mittelwert über die Geschwindigkeitskonstanten.

Tab. 15-7: Verhältnisse von Geschwindigkeitskonstanten, die aus den experimentell bestimmbaren Diaden- und Triaden-Konzentrationen berechnet werden können

J-Aden-Verhältnis	Bernoulli	Mechanismus Markoff 1. Ordnung	Markoff 2. Ordnung
x_i/x_s	$\dfrac{k_i}{k_s}$	$\dfrac{k_{s/i}}{k_{i/s}}$	$\dfrac{k_{ss/i}(k_{si/i} + k_{ii/s})}{k_{ii/s}(k_{is/s} + k_{ss/i})}$
x_{ii}/x_{ss}	$\dfrac{k_i^2}{k_s^2}$	$\dfrac{k_{i/i}k_{s/i}}{k_{s/s}k_{i/s}}$	$\dfrac{k_{ss/i}k_{si/i}}{k_{ii/s}k_{is/s}}$
x_{ii}/x_{is}	$\dfrac{k_i}{k_s}$	$\dfrac{k_{i/i}}{k_{i/s}}$	
x_{iii}/x_{sss}	$\dfrac{k_i^3}{k_s^3}$	$\dfrac{k_{i/i}^2 k_{s/i}}{k_{s/s}^2 k_{i/s}}$	$\dfrac{k_{ss/i}k_{si/i}k_{ii/i}}{k_{ii/s}k_{is/s}k_{ss/s}}$

15.3.6 AKTIVIERUNGSGRÖSSEN

Bei der statistischen Methode erhält man in der Regel nicht die Geschwindigkeitskonstanten der Elementarreaktionen, sondern Kombinationen davon (vgl. Tab. 15–7). Aus der Temperaturabhängigkeit des Verhältnisses je zweier Geschwindigkeitskonstanten

$$(16-69) \quad k_a/k_b = \exp((\Delta S_a^{\neq} - \Delta S_b^{\neq})/R)\exp(-(\Delta H_a^{\neq} - \Delta H_b^{\neq})/RT)$$

erhält man beim Auftragen des Logarithmus des Verhältnisses k_a/k_b gegen $1/T$ aus dem Ordinatenabschnitt die Differenz der Aktivierungsentropien und aus der Neigung die Differenz der Aktivierungsenthalpien. a und b können dabei die Monomeren A und B, die Verknüpfungsschritte s/i und i/s usw. bedeuten. Aus der Temperaturabhängigkeit der Stoffmengenanteile oder der Wahrscheinlichkeiten ergeben sich dagegen sehr komplexe Größen, die nur im Bernoulli-Fall einfach zu deuten sind.

Bei Untersuchungen der Stereokontrolle der Polymerisation in verschiedenen Lösungsmitteln wurde empirisch gefunden, daß Beziehungen zwischen den Differenzen der Aktivierungsenthalpien und den Differenzen der Aktivierungsentropien bestehen („Kompensationseffekt"):

$$(15-70) \quad (\Delta H_a^{\neq} - \Delta H_b^{\neq}) = (\Delta\Delta H^{\neq})_0 + T_0(\Delta S_a^{\neq} - \Delta S_b^{\neq})$$

Die Neigung hat die physikalische Einheit einer Temperatur und gibt als Kompensationstemperatur T_0 an, bei welcher Temperatur die Polymerisation in verschiedenen Lösungsmitteln immer zu den gleichen Anteilen an Elementarschritten a und b führt. Abb. 15–4 zeigt eine derartige Auftragung für eine radikalische Polymerisation unter Annahme einer Markoff-Statistik 1. Ordnung.

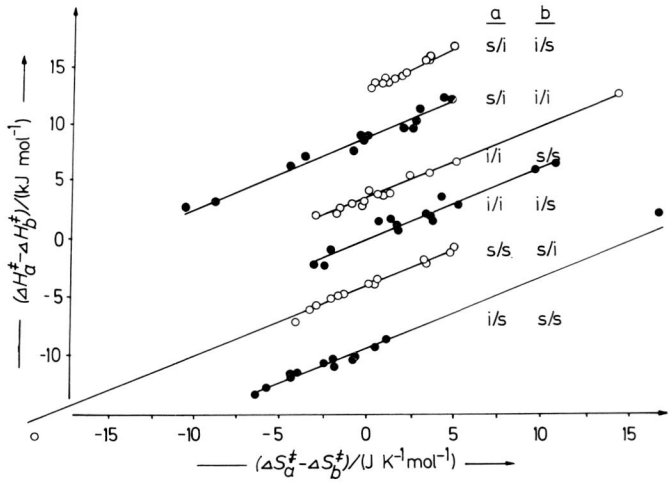

Abb. 15–4: Kompensationsdiagramm für die verschiedenen Anlagerungsmöglichkeiten bei einer Markoff-Statistik 1. Ordnung für die radikalische Polymerisation von Methylmethacrylat. Zur besseren Übersicht wurden einige der Geraden parallel nach oben oder unten verschoben. Die Kompensationstemperatur ist durch die Neigung der Geraden gegeben und unabhängig von der Art der Anlagerung (nach H.-G. Elias und P. Goeldi).

15.4 Experimentelle Verfolgung von Polyreaktionen

> Was die Herren nicht beweisen können, nennen
> sie Praxis, und was sie nicht widerlegen können,
> nennen sie Theorie.
>
> L. Bamberger, Reden im Reichstag

15.4.1 NACHWEIS UND QUANTITATIVE BESTIMMUNG DER POLYMERBILDUNG

Für die Durchführung von Polyreaktionen ist strengste Sauberkeit erforderlich. Bei der radikalischen Polymerisation von Styrol genügen bereits einige ppm Sauerstoff (parts per million), um die Polymerisation zu unterbinden. 1 % einer monofunktionellen Verunreinigung verursacht bei Polykondensationen, daß die mittleren Polymerisationsgrade nicht über 100 steigen können (vgl. Kap. 17).

Die Monomeren müssen daher sehr sorgfältig gereinigt werden. Wichtig ist das Entfernen höherfunktioneller Verbindungen, z. B. von Trichlormethylsilan aus Dichlordimethylsilan bei der Polykondensation mit Wasser zu Poly(dimethylsiloxan) oder von Divinylbenzol bei der Polymerisation von Styrol. Spätestens bei den abschließenden Reinigungsoperationen muß unter Stickstoff oder Helium sowie unter völligem Ausschluß von Wasser (falls die Reaktion darauf empfindlich ist) und Licht gearbeitet werden. Durch Licht können z. B. aus dem Monomeren oder dem Lösungsmittel Radikale entstehen, die das Monomer polymerisieren oder aber das Polymerisat angreifen. Es ist darum auch zweckmäßig, in ausgeglühten Quarzgefäßen zu arbeiten, da die Oberfläche von Glasgefäßen vor allem bei ionischen Polymerisationen in das Reaktionsgeschehen eingreifen kann. Bei Polymerisationen hat sich als abschließende Reinigungsstufe eine Vorpolymerisation bewährt. Ein Teil des Monomeren wird mit dem gleichen Initiator wie beim Hauptversuch anpolymerisiert. Nach einem Umsatz von ca. 20 % wird das restliche Monomer aus der polymerisierenden Mischung in das Reaktionsgefäß abdestilliert, das bereits den Initiator für den Hauptversuch enthält.

Absolute Reinheitskriterien sind schwierig zu definieren, da die meisten Nachweismethoden für noch wirksame Spuren von Verunreinigungen zu unempfindlich sind. Ein guter Hinweis ist die Reproduzierbarkeit von kinetischen Messungen, vor allem dann, wenn die Monomeren nach verschiedenen Methoden hergestellt und gereinigt wurden.

Polyreaktionen können über die Bildung des Polymeren, das Verschwinden des Monomeren oder die Bildung eines weiteren Reaktionsproduktes (z. B. Abspaltungsprodukte bei Polykondensationen) verfolgt werden. Im Zweifelsfall wird man alle drei Methoden heranziehen.

Rein qualitativ läßt sich die Bildung von Polymeren oft durch eine Viskositätszunahme verfolgen. Die quantitative Auswertung von Viskositätsmessungen ist aber schwierig, da die Viskosität einer reagierenden Mischung nicht nur vom Umsatz, sondern auch von den physikalischen Wechselwirkungen der Mischungsteilnehmer und vom Molekulargewicht des entstehenden Polymeren abhängt.

Die indirekten Methoden zur Verfolgung von Polyreaktionen verzichten auf die Isolierung der Polymeren. Sie gestatten aber, die Polyreaktionen kontinuierlich zu verfolgen. Besonders genau ist die Dilatometrie, bei der die Kontraktion einer polymerisierenden Mischung gemessen wird. Ein Dilatometer besteht aus einem kalibrierten

Rohr von ca. 3 mm Durchmesser mit angeschmolzenem Reaktionsgefäß von 4–8 cm³ Inhalt. Es wird zuerst mit dem Initiator beschickt. Das Monomer wird dann aus dem Vorratsgefäß z. B. unter Stickstoff eindestilliert und das Dilatometer in das Temperaturbad gebracht. Der Umsatz u berechnet sich aus den beobachteten Volumina V_0 und V_t der Monomer/Polymer-Mischung zu den Zeiten 0 und t und den partiellen spezifischen Volumina $\tilde{v}_{mon}$ und $\tilde{v}_{pol}$ von Monomer und Polymer zu

$$(15-71) \quad u = \left(\frac{V_0 - V_t}{V_0} \right) \left(\frac{\tilde{v}_{mon}}{\tilde{v}_{mon} - \tilde{v}_{pol}} \right)$$

Bei Lösungen ergibt sich das Volumen des Monomeren aus der Differenz der Volumina von Lösung und Lösungsmittel, sofern die Volumina additiv sind. In vielen Fällen sind jedoch die Dichten angenähert additiv und nicht die Volumina.

Bei der Polymerisation werden die van der Waals-Bindungen zwischen den Monomermolekülen durch kovalente Bindungen zwischen den Grundbausteinen ersetzt. Da die Bindungsabstände bei van der Waals-Bindungen ca. 0,3–0,5 nm betragen, bei kovalenten Bindungen dagegen 0,14–0,19 nm, resultiert im allgemeinen eine Kontraktion. Die Kontraktion ist umso stärker, je kleiner die Monomermoleküle sind, da dann mehr van der Waals-Bindungen pro Masseneinheit eliminiert werden müssen. Ethylen kontrahiert bei der Polymerisation daher um 66 %, Vinylchlorid um ca. 34 %, Styrol um 14 % und N-Vinylcarbazol sogar nur um 7,5 %. Die Polymerisation von Ethylenoxid führt zu einer Volumenabnahme von 23 %, die von Tetrahydrofuran um 10 %, und die von Octamethylcyclotetrasiloxan jedoch nur zu einer von 2 %. Einige gespannte bicyclische Verbindungen polymerisieren sogar unter Expansion. Bei Polykondensationen ist die Volumenabnahme umso geringer, je kleiner der abgespaltene Rest ist. Die Polykondensation von Hexamethylendiamin mit Adipinsäure führt zu einer Kontraktion von 22 % (Wasser-Abspaltung), die von Hexamethylendiamin und Dioctyladipat dagegen zu einer von 66 % (Abspaltung von Octanol).

Auch durch Messung der Brechungsindices lassen sich Polyreaktionen verfolgen. Brechungsindices bzw. spezifische Volumina ändern sich praktisch linear mit dem Umsatz.

Bei Polykondensationen können auch oft sehr einfach die Konzentrationen der Endgruppen als Funktion der Zeit bestimmt werden.

Die Abnahme des Monomeren (z. B. durch Titration der Doppelbindungen) wird nicht so häufig verwendet, um Polyreaktionen zu verfolgen. Der Nachweis von Doppelbindungen durch Bromaddition versagt z. B. bei sehr elektronenarmen Doppelbindungen. Monomeres kann z. B. auch durch andere Reaktionen als Polyreaktionen verschwinden. Außerdem läßt es sich nicht gut aus der hochviskosen Mischung entfernen. Bei Lösungen von polymerisierenden Monomeren kann man das Monomer gelchromatographisch bestimmen oder auch nach vorheriger Abtrennung des Polymeren gaschromatographisch.

15.4.2 ISOLIERUNG UND REINIGUNG DES POLYMEREN

Die Bildung des Polymeren kann direkt durch Isolieren des entstandenen Polymeren verfolgt werden. Die Methode hat den Vorteil, daß anschließend direkt die chemische Struktur untersucht werden kann. Die Polyreaktion wird dazu durch Zugabe von Inhibitoren oder durch starkes Abkühlen gestoppt. Das Monomer und/oder das Lösungsmittel können vom Polymeren abdestilliert werden, doch läßt sich wegen der hohen Viskosität nicht alles Monomer entfernen. Außerdem wird dadurch nicht der Initiator bzw. Katalysator entfernt. Eine Destillation muß auf jeden Fall bei sehr tiefen Temperaturen vorgenommen werden, da sonst das Polymer abgebaut wird oder aber die Polyreaktion weitergeht.

In der Regel wird daher das Polymer von Monomeren durch Umfällen getrennt. Eine 1–5 % Lösung des Polymeren wird in dünnem Strahl in einen zehnfachen Überschuß an Fällungsmittel unter heftigem Rühren eingetragen oder eingesprüht. Das Fällungsmittel soll nicht zu schwach sein, da sonst nicht alles Polymer ausgefällt wird und nicht zu stark, da sonst Monomer bzw. Initiator eingeschlossen werden. Das Ausfällen soll bei möglichst tiefen Temperaturen erfolgen. Arbeitet man oberhalb der Glastemperatur des Polymeren, so verklebt das Polymer.

Die ausgefallenen Polymeren enthalten stets noch Lösungsmittel. Beim Trocknen bei erhöhter Temperatur werden diese Lösungsmittel inkludiert, da sie bei Temperaturen unterhalb der Glastemperatur wegen der sehr hohen Viskosität nicht gut aus dem Polymeren entweichen können. Poly(styrol) kann z. B. 20% CCl_4 oder 2,5 % Butanon inkludieren, Poly(acrylnitril) 10% Dimethylformamid. Die Inklusion vermindert sich, wenn dem Lösungsmittel ein Nichtlöser zugesetzt wird, der mit dem Lösungsmittel azeotrop abdestilliert. Besser ist eine Gefriertrocknung. Das Makromolekül wird in Lösungsmitteln wie Wasser, Dioxan, Benzol oder Ameisensäure gelöst, die Lösung in flüssiger Luft schnell eingefroren und das Lösungsmittel dann bei Temperaturen unterhalb der Glastemperatur absublimiert. Bei zu langsamem Einfrieren sprengen die wachsenden Lösungsmittel-Kristalle die wenig beweglichen Polymerketten, so daß diese zu niedrigeren Molekulargewichten abgebaut werden. Derartige Effekte sind besonders bei molaren Massen von über ca. 10^6 g/mol zu beobachten.

Polymere können nicht durch Umkristallisieren gereinigt werden, da viele von ihnen nicht kristallisieren und bei den kristallisierbaren während der Kristallisation Verunreinigungen eingeschlossen werden. Aus verdünnten Lösungen von Poly(2,6-diphenyl-1,4-phenylenether) in Tetrachlorethan entstehen z. B. beim Eindunsten zentimetergroße Kristalle, die noch ca. 30% Lösungsmittel enthalten. Auch die Protein-„Einkristalle" enthalten stets große Mengen Wasser.

In manchen Fällen kann das Polymer durch Extraktion mit das Polymere gut quellenden Extraktionsmitteln gereinigt werden. Besonders für wasserlösliche Polymere eignet sich das Verfahren der Dialyse, für geladene Polymere die Methode der Elektrodialyse. Emulsionen lassen sich durch Einfrieren und Auftauen, durch Zugabe von Säuren bzw. Basen (jeweils anderen Vorzeichens als die Ladung der Latices), durch Kochen oder durch Zugabe von Elektrolyten brechen. Die zugegebenen Elektrolyte flocken bei gleicher Konzentration umso stärker, je höher ihre Ladung ist (Schulze-Hardy'sche Flockungsregel).

Zur Kontrolle auf verbleibende Verunreinigungen eignet sich die Gelpermeationschromatographie. Die chemische Struktur des Makromoleküls läßt sich dann mit den üblichen Methoden (magnetische Kernresonanz, Infrarot- und Ultraviolettspektroskopie, Elementaranalyse, Pyrolyse mit anschließender Gaschromatographie, usw.) aufklären.

Literatur zu Kap. 15

15.1 Übersichten

Houben-Weyl, Methoden der organischen Chemie, Bd. XIV, Makromolekulare Stoffe, Teil 1 und 2, G. Thieme, Stuttgart, 1961 und 1963
R. W. Lenz, Organic chemistry of synthetic high polymers, Interscience, New York 1967
T. Tsuruta und K. F. O'Driscoll, Structure and mechanism in vinyl polymerization, Dekker, New York 1969
G. E. Ham, Hrsg., Vinyl polymerization, 2 Bde., Dekker, New York 1969
K. C. Frisch und S. L. Reegen, Ring-opening polymerization, Dekker, New York 1969
G. Henrici-Olivé und S. Olivé, Polymerisation, Verlag Chemie, Heidelberg 1969
R. J. Cotter und M. Matzner, Ring forming polymerizations, 2 Bde., Academic Press, New York 1969
G. Odian, Principles of Polymerization, McGraw-Hill, New York 1970
K. C. Frisch, Hrsg., Cyclic monomers, Wiley-Interscience, New York 1972
R. H. Yocum und E. B. Nyquist, Functional monomers, 2 Bde., Dekker, New York 1973
P. E. M. Allen und C. R. Patrick, Kinetics and mechanisms of polymerization reactions, Wiley, New York 1974
A. D. Jenkins und A. Ledwith, Reactivity, mechanism and structure in polymer chemistry, Wiley, New York 1974
S. Penczek, Hrsg., Polymerization of heterocycles (Ring-Opening), Pergamon Press, Oxford 1976
C. J. Lee, Transport polymerization of gaseous intermediates and polymer crystals growth, J. Macromol. Sci.-Rev. Macromol. Chem. C **16** (1977/78) 79
J. Ulbricht, Grundlagen der Synthese von Polymeren, Akademie Verlag, Berlin 1978
H. Sumitomo und M. Okada, Ring-opening polymerization of bicyclic acetals, oxalactone, and oxalactam, Adv. Polymer Sci. **28** (1978) 47

15.2 Mechanismus und Kinetik

A. A. Frost und R. G. Pearson, Kinetics and mechanism, Wiley, New York, 2. Aufl. 1961
K. F. O'Driscoll und T. Yonozawa, Application of molecular orbital theory to vinyl polymerization, Revs. Macromol. Sci. **1** (1966) 1
T. Tsuruta und K. F. O'Driscoll, Structure and mechanism in vinyl polymerization, Dekker, New York 1969
M. Farina, Inclusion polymerization, in E. B. Mano, Hrsg., Proceedings of the International Symposium on Macromolecules, Elsevier, Amsterdam 1975
H.-G. Elias, Hrsg., Polymerization of organized systems, Midland Macromolecular Monographs **3**, Gordon and Breach New York – London 1976

15.3 Statistik

G. G. Lowry, Hrsg., Markov chains and Monte Carlo calculations in polymer science, Dekker, New York 1970
T. Tsuruta, Stereoselective and asymmetric-selective (or stereoelective) polymerizations, J. Polymer Sci. **D** (Macromol. Revs.) **6** (1972) 179
H.-G. Bührer, Asymmetrisch-selektive Polymerisation von nicht-olefinischen Monomeren, Chimia **26** (1972) 501
Y. Izumi und A. Tai, Stereo-differentiating reactions: the nature of asymmetric reactions, Kodansha, Tokio 1977; Halsted Press, New York 1977

15.4 Experimentelle Verfolgung von Polyreaktionen

S. H. Pinner, A practical course in polymer chemistry, Pergamon Press, New York 1961
I. P. Lossew und O. Ja. Fedotowa, Praktikum der Chemie hochmolekularer Verbindungen, Akademische Verlagsanstalt, Geest und Portig, Leipzig 1962
W. R. Sorensen und T. W. Campbell, Preparative methods of polymer chemistry, Interscience, New York 1961; Präparative Methoden der Polymerenchemie, Verlag Chemie, Weinheim 1962

C. G. Overberger, Hrsg., Macromolecular Syntheses, Wiley, New York, Bd. 1 (1963), ab Bd. 2 unter wechselnden Herausgebern

D. Braun, H. Cherdron und W. Kern, Praktikum der makromolekularen Chemie, Hüthig, Heidelberg, 2. Aufl. 1971; Techniques of polymer synthesis and characterization, Wiley, New York 1972

E. M. McCaffery, Laboratory preparation for macromolecular chemistry, McGraw-Hill, New York 1970

E. A. Collins, J. Bares und F. W. Billmeyer, Experiments in polymer science, Wiley, New York 1973

S. R. Sandler und E. Karo, Polymer syntheses, 2. Bde., Academic Press, New York 1977

W. J. Bailey, Ring-opening polymerization with expansion in volume, ACS Polymer Preprints **18** (1977) 17

16 Gleichgewichte bei Polyreaktionen

16.1 Übersicht

Die Wachstumsschritte der Polyreaktionen sind reversibel. Zwischen den verschiedenen Reaktionsteilnehmern wird sich daher solange ein thermodynamisches Gleichgewicht einstellen, als keiner von ihnen physikalisch oder chemisch irreversibel aus der Reaktionsmischung entfernt wird. Ein Beispiel dafür ist das Wachstum einer Polymerkette bei einer Polymerisation. Hier werden an die Polymerkette reversibel Monomermoleküle angelagert:

(16–1) $\quad R(M)_{n-1}M^* + M \rightleftarrows R(M)_n M^*$

Ist das durch einen Stern angedeutete „aktive Zentrum" z.B. ein Anion, so kann sehr häufig keine weitere Nebenreaktion auftreten: das Polymerisationsgleichgewicht ist direkt beobachtbar. Ist jedoch das aktive Zentrum ein Radikal, so kann dieses mit einem anderen Radikal reagieren: das so gebildete „tote" Polymermolekül kann sich nicht mehr am Polymerisationsgleichgewicht beteiligen, da es irreversibel aus dem Gleichgewicht entfernt wird. Solange jedoch die Reversibilität der betrachteten Reaktionen aufrechterhalten werden kann, ist die Lage des Polymerisationsgleichgewichtes unabhängig vom Weg. Es kann über Polymerisation oder Depolymerisation erreicht werden und die Mechanismen können ionisch oder radikalisch sein.

In jedem Falle müssen die im Gleichgewicht vorliegenden Reaktionsteilnehmer sehr sorgfältig definiert werden. Außer dem Gleichgewicht des Wachstums können ja noch andere Gleichgewichte vorliegen, z.B. zwischen dem Initiatorfragment R* und dem Monomeren, zwischen einer offenen Kette und einem Ringmolekül usw. Ferner können die Gleichgewichte noch durch Wechselwirkung zwischen den Reaktionsteilnehmern und ihrer Umgebung verschoben werden, d.h. die Reaktion kann thermodynamisch nicht-ideal sein.

16.2 Polymerbildung

16.2.1 MONOMERKONZENTRATIONEN

Im thermodynamisch idealen Fall läßt sich das Polymerisationsgleichgewicht recht einfach aus den Geschwindigkeiten v_p der Polymerisationsreaktion und v_{dp} der Depolymerisationsreaktion berechnen. Für Reaktionen des Typs der Gl. (16–1) ergibt sich so

(16–2) $\quad k_p [P_n^*][M] = k_{dp}[P_{n+1}^*]$

Für unendlich hohe Polymerisationsgrade werden die Konzentrationen der aktiven Spezies gleich groß, d.h. es gilt $[P_n^*] = [P_{n+1}^*]$ und Gl. (16–2) wird zu

(16–3) $\quad [M] = k_{dp}/k_p = K^{-1}$

Die Monomerkonzentration $[M]$ im Gleichgewicht ist daher gleich der reziproken Gleichgewichtskonstanten. Für die Standard-Gibbs-Energie der Polymerisation gilt andererseits

(16–4) $\quad \Delta G_p^o = \Delta H_p^o - T\Delta S_p^o = -RT \ln K = RT \ln [M]$

oder umgeformt

(16−5) $\ln [M] = -(\Delta S_p^o/R) + (\Delta H_p^o/R)T^{-1}$

Durch Auftragen der bei verschiedenen Temperaturen gemessenen Gleichgewichtskonzentrationen an Monomeren gegen die reziproke Temperatur läßt sich also aus der Neigung die Standard-Polymerisationsenthalpie und aus dem Ordinatenabschnitt die Standard-Polymerisationsentropie entnehmen. Eine Polymerisation kann offenbar nicht mehr stattfinden, wenn diejenige Monomerkonzentration erreicht wird, die der Massekonzentration des Monomeren entspricht. Die dazugehörige Temperatur ist die thermodynamische Übergangstemperatur (vgl. Abb. 16−1). Jenseits dieser Temperatur kann keine Polymerisation mehr stattfinden.

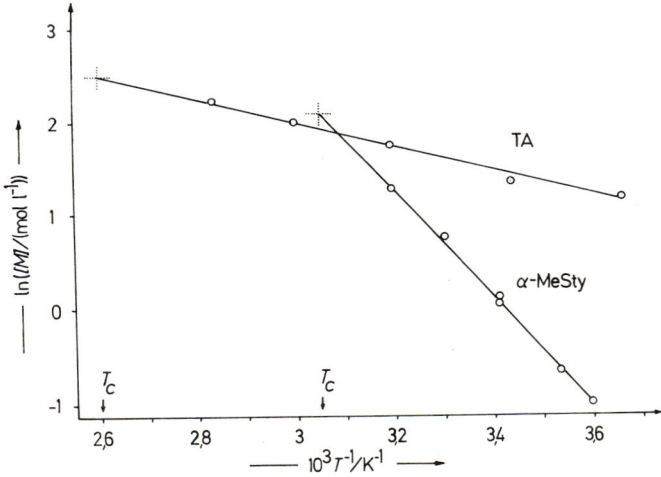

Abb. 16−1: Abhängigkeit der Monomerkonzentration im Polymerisationsgleichgewicht von der Temperatur bei α-Methylstyrol α-Mesty in Cyclohexan (nach Daten von F. S. Dainton und K. J. Ivin) sowie von Thioaceton TA (nach Daten von V. C. E. Burnop und K. G. Latham). Die Temperatur, bei der die Stoffmengenkonzentration $[M]_b$ des reinen Monomeren erreicht wird, ist die thermodynamische Übergangstemperatur T_c.

16.2.2 POLYMERISATIONSGRADE

Nicht nur die Monomerkonzentrationen, sondern auch die Polymerisationsgrade ändern sich bei Polymerisationsgleichgewichten mit der Temperatur. Diese Beziehungen können zweckmäßig über das Massenwirkungsgesetz beschrieben werden:

(16−6) $M_i + M \rightleftarrows M_{i+1}$; $K = [M_{i+1}]/([M_i][M])$

Im Gleichgewicht ist die Monomerkonzentration konstant. Das Verhältnis der Stoffmengenkonzentrationen zweier aufeinanderfolgender Spezies ist daher wegen

(16−7) $[M_{i+1}]/[M_i] = K[M] = const$

ebenfalls konstant, solange die Gleichgewichtskonstante K nicht vom Polymerisationsgrad i abhängt. Das Verhältnis $K[M]$ muß außerdem stets kleiner als 1 sein, wie man aus dem Ausdruck für die anfängliche Konzentration $[M]_0$ an Monomerbausteinen sieht. Diese Konzentration ist identisch mit der totalen Konzentration an freien und gebundenen Monomerbausteinen

$$(16-8) \quad [M]_0 = [M] + [M]_{geb} = [M] + \sum_{i=2}^{\infty} i[M_i]$$

Einsetzen von Gl. (16-6) in Gl. (16-8) gibt für molekulargewichtsunabhängige Gleichgewichtskonstanten

$$(16-9) \quad [M]_0 = [M](1 + \sum_{i=2}^{\infty} i(K[M])^{i-1})$$

Da i alle Werte von 2 bis unendlich annehmen kann, muß $K[M]$ positiv und kleiner als 1 sein. Anderenfalls würde nämlich die totale Konzentration an Monomerbausteinen unendlich, was physikalisch unsinnig ist.

Bei diesen und den folgenden Betrachtungen wird angenommen, daß die im Massenwirkungsgesetz auftretenden Aktivitäten durch die Stoffmengenkonzentrationen ersetzbar sind. Die Annahme ist exakt, wenn eine Polymerschmelze zu einem im Monomeren löslichen Polymeren ohne Wechselwirkung der Komponenten polymerisiert, d.h. wenn die Aktivitäten gleich 1 sind. Für nicht-ideale Verhältnisse siehe Kap. 16.2.4.

Die Stoffmengenkonzentrationen der einzelnen Spezies i sind in der Regel nicht einzeln bestimmbar. Sie müssen daher durch experimentell zugängliche Größen ersetzt werden. Die Art und die Verknüpfung dieser Größen richtet sich nach der Art des vorliegenden Gleichgewichtes, wie die folgenden drei einfachen Fälle zeigen. In jedem dieser Fälle wird angenommen, daß die Gleichgewichtskonstante des ersten Gleichgewichtes („Monomer-Gleichgewicht") verschieden von denen der Folgegleichgewichte („Polymer-Gleichgewichte") ist. Die Gleichgewichtskonstanten der Folgegleichgewichte werden jedoch wegen der vom Polymerisationsgrad unabhängigen Reaktivität als gleich groß angesehen.

Ein Monomer M_I reagiert mit einem Initiator XY, das entstehende „Polymer" XMY mit einem weiteren Monomeren usw.:

$$(16-10) \quad \begin{aligned} XY + M &\rightleftarrows XMY \quad ; \quad K_1 = [XMY]/([XY][M]) \\ XMY + M &\rightleftarrows XM_2Y \quad ; \quad K = [XM_2Y]/([XMY][M]) \\ &\cdots \\ XM_iY + M &\rightleftarrows XM_{i+1}Y \quad ; \quad K = [XM_{i+1}Y]/([XM_iY][M]) \end{aligned}$$

Ein Beispiel dafür ist die Ringöffnungspolymerisation von ε-Caprolactam mit Aminen als Initiator

$$(16-11) \quad \text{[Caprolactam]} + RNH_2 \rightarrow RNH-CO(CH_2)_5NH_2 \xrightarrow{+C_6H_{11}ON} RNH \text{\textlparen} CO(CH_2)_5NH \text{\textrparen}_2 H \text{ usw.}$$

Für die Stoffmengenkonzentration an polymeren Spezies erhält man

$$(16-12) \quad \sum_{i=1}^{\infty} [XM_iY] = [XMY] + [XM_2Y] + [XM_3Y] + \ldots$$

16.2 Polymerbildung

Einsetzen der Gl. (16–10) und Auflösung der binomischen Reihe mit der Bedingung $K[M] < 1$ ergibt

$$(16-13) \quad \sum_{i=1}^{\infty} [XM_iY] = K_1[XY][M] + K_1K[XY][M]^2 = K_1K^2[XY][M]^3 + \ldots$$
$$= K_1[XY][M](1 + K[M] + K^2[M]^2 + \ldots)$$
$$= K_1[XY][M](1 - K[M])^{-1}$$

Die Stoffmengenkonzentration an in Polymeren gebundenen Monomerbausteinen ergibt sich andererseits zu

$$(16-14) \quad \sum_{i=1}^{\infty} i[XM_iY] = [XMY] + 2[XM_2Y] + 3[XM_3Y] + \ldots$$
$$= K_1[XY][M] + 2\,K_1K[XY][M]^2 + 3\,K_1K[XY][M]^3 + \ldots$$
$$= K_1[XY][M](1 + 2\,K[M] + 3\,K^2[M]^2 + \ldots)$$
$$= K_1[XY][M](1 - K[M])^{-2}$$

Das Zahlenmittel des Polymerisationsgrades ergibt sich definitionsgemäß und nach Einsetzen der Gl. (16–13) und (16–14)

$$(16-15) \quad \overline{X}_n = \frac{\sum_{i=1}^{\infty} i[XM_iY]}{\sum_{i=1}^{\infty} [XM_iY]} = \frac{1}{1 - K[M]}$$

Einsetzen von Gl. (16–14) in Gl. (16–8) liefert mit Hilfe von Gl. (16–15) eine Beziehung zwischen anfänglicher Monomerkonzentration, Monomerkonzentration im Gleichgewicht, Gleichgewichtskonstanten und Zahlenmittel des Polymerisationsgrades

$$(16-16) \quad [M]_0 = [M](1 + K_1[XY]\overline{X}_n^2)$$

und entsprechend für die Initiatorkonzentrationen

$$(16-17) \quad [XY]_0 = [XY](1 + K[M]\overline{X}_n)$$

Fall II

Ein anderer Typ von Gleichgewicht ist dadurch charakterisiert, daß ein Monomer zuerst in ein Biradikal oder ein Zwitterion übergeht, das dann weiteres Monomer addiert:

$$(16-18) \quad \begin{array}{ll} M \rightleftarrows {}^*M^* \; ; & K_1 = [{}^*M^*]/[M] \\ {}^*M^* + M \rightleftarrows {}^*M_2^* \; ; & K = [{}^*M_2^*]/[{}^*M^*][M] \\ \ldots\ldots\ldots\ldots\ldots & \ldots\ldots\ldots\ldots\ldots \\ {}^*M_i^* + M \rightleftarrows {}^*M_{i+1}^* ; & K = [{}^*M_{i+1}^*]/[{}^*M_i^*][M] \end{array}$$

Als Polymer wird hier schon das „aktivierte Monomer" ${}^*M^*$ betrachtet, was bei den Summierungen zu beachten ist. Die Gleichgewichtkonstante K_1 weist außerdem eine andere Einheit als die Gleichgewichtskonstante K auf. Die mathematische Behandlung wird analog zu Fall I ausgeführt und liefert die in Tab. 16–1 zusammengestellten Ausdrücke für Polymerisationsgrad und Monomerkonzentration. Beispiele für derartige

Gleichgewichtspolymerisationen sind die Polymerisation der Achtringe des Schwefels zu langen Ketten (das Monomer ist hier das S_8-Molekül) und die Polymerisation von p-Cyclophan. p-Cyclophan geht bei hohen Temperaturen in p-Xylylen über, das mesomer mit dem entsprechenden Diradikal ist und bei tiefen Temperaturen polymerisiert:

(16–19)

Bei beiden chemischen Beispielen ist zu beachten, daß jedes aktivierte Monomer und Polymer nur mit einem nichtaktivierten Monomer reagieren soll (Polymerisation) und nicht mit einem anderen aktivierten Monomer oder Polymer (Polykondensation). Bei der Cyclophan-Polymerisation liefert die mathematische Behandlung der konsekutiven Gleichgewichte andere Ausdrücke als in Tab. 16–1 angegeben, da das Ausgangsprodukt Cyclophan *zwei* aktivierte Monomermoleküle gibt und jede Reaktion des aktivierten Monomeren und seiner Folgeprodukte immer nur Spezies mit ungerader Zahl an Strukturelementen liefert. Außerdem ist die Cyclophan-Polymerisation bei kleinen Polymerisationsgraden nicht mehr lebend, da hier monomolekulare (d.h. intramolekulare) Abbruchsreaktionen zur Bildung inaktivierter Ringe führen können.

Tab. 16–1: Polymerisationsgrade und Monomerkonzentrationen bei verschiedenen Polymerisationsgleichgewichten

	Gleichgewichtstyp			
	I	II	III	IV
Polymere	XMY, XM_2Y usw.	$*M*$, $*M_2*$ usw.	M_2, M_3 usw.	M, M_2, M_3
$\bar{X}_n =$	$(1 - K[M])^{-1}$	$(1 - K[M])^{-1}$	$1 + (1 - K[M])^{-1}$	$[W]/([W] - K[M])$
$\bar{X}_w =$	$\dfrac{1 + K[M]}{1 - K[M]}$	$\dfrac{1 + K[M]}{1 - K[M]}$	$\dfrac{1 + K[M] - (1 - K[M])^3}{1 - K[M] - (1 - K[M])^3}$	$([W] + K[M])/([W] - K[M])$
	$= 2\bar{X}_n - 1$	$= 2\bar{X}_n - 1$	$= \dfrac{2\bar{X}_n^3 - 7\bar{X}_n^2 + 8\bar{X}_n - 4}{\bar{X}_n^2 - 2\bar{X}_n}$	$= 2\bar{X}_n - 1$
$([M]_0/[M])-1 =$	$K_1[XY](1 - K[M])^{-2}$	$K_1(1 - K[M])^{-2}$	$(K_1/K)(1 - K[M])^{-2} - K_1 K^{-1}$	$\bar{X}_n^2 - 1$
	$= K_1[XY]\bar{X}_n^2$	$= K_1\bar{X}_n^2$	$= (K_1/K)\bar{X}_n(\bar{X}_n - 2)$	

Fall III

In einem anderen einfachen Fall geht ein Monomer direkt in Dimere, Trimere usw. über. Ein Beispiel dafür ist die Ringerweiterungsreaktion von 1,3-Dioxolan

(16–20)

16.2 Polymerbildung

Das Monomer M steht hier im Gleichgewicht mit den Polymeren M_2, M_3 usw.:

(16–21) $\quad M + M \rightleftarrows M_2 \quad ; \quad K_1 = [M_2]/[M]^2$

$\qquad M_2 + M \rightleftarrows M_3 \quad ; \quad K = [M_3]/([M_2][M])$

$\qquad \ldots \ldots \ldots \ldots \ldots \ldots \ldots \ldots \ldots$

$\qquad M_i + M \rightleftarrows M_{i+1} \quad ; \quad K = [M_{i+1}]/([M_i][M])$

Analoge Rechnungen wie in den Fällen I und II geben die in Tab. 16–1 zusammengestellten Resultate.

Fall IV

Die Polykondensation von AB-Monomeren wie z.B. einer ω-Hydroxycarbonsäure

(16–22) $\quad 2\ HO-R-COOH \rightleftarrows HO-R-COO-R-COOH + H_2O \quad$ usw.

läßt sich ebenfalls durch konsekutive Gleichgewichte beschreiben, nämlich

(16–23) $\quad M + M \rightleftarrows M_2 + W \quad ; \quad K = [M_2][W]/[M]^2$

$\qquad M_2 + M \rightleftarrows M_3 + W \quad ; \quad K = [M_3][W]/[M_2][M])$

$\qquad \ldots \ldots \ldots \ldots \ldots \ldots \ldots \ldots \ldots$

$\qquad M_i + M \rightleftarrows M_{i+1} + W \quad ; \quad K = [M_{i+1}][W]/[M_i][M])$

Analog kann man natürlich auch die Gleichgewichtskonstanten für die Polykondensation zwischen höhermolekularen Spezies, z.B. $M_i + M_i$, $M_i + M_{i+1}$ usw. definieren. Da es sich aber um konsekutive Gleichgewichte handelt, ist es gleichgültig, welchen Weg man wählt, um das Gleichgewicht zwischen allen Spezies zu erhalten. Die Durchrechnung analog zu Fall I führt zu den in Tab. 16–1 zusammengestellten Beziehungen. Man sieht aus ihnen, daß die Abhängigkeit der Zahlen- und Gewichtsmittel der Polymerisationsgrade von der Monomerkonzentration im Gleichgewicht bei der Polykondensation (Fall IV) genau analog wie für die Fälle I und II ist, wenn kein niedermolekularer Baustein W abgespalten wird und [W] daher formal gleich 1 gesetzt werden kann. Interessant ist auch, daß das Verhältnis von Ausgangs- zu Gleichgewichtsmonomerkonzentration nicht von einer Gleichgewichtskonstanten abhängt und nur durch das Zahlenmittel des Polymerisationsgrades gegeben ist.

Vergleich der vier Fälle

Zur exakten Berechnung der Gleichgewichtskonstanten muß für die Fälle I–III nach Tab. 16–1 außer der Monomerkonzentration im Gleichgewicht auch noch das Zahlenmittel des Polymerisationsgrades bekannt sein, beim Fall IV dazu noch die Wasserkonzentration im Gleichgewicht. Erst bei hohen Polymerisationsgraden kann man die Gleichgewichtskonstante direkt aus der Monomerkonzentration im Gleichgewicht berechnen wie man z.B. für die Fälle I und II durch Umformen der in Tab. 16–1 angegebenen Ausdrücke sieht

(16–24) $\quad K = [M]^{-1}(1 - \overline{X}_n^{-1}) \approx [M]^{-1}$

Die diskutierten Gleichgewichte setzen voraus, daß *alle* Reaktionsteilnehmer miteinander im Gleichgewicht stehen. Die Verteilung der Polymerisationsgrade ist dann durch die Wahrscheinlichkeit p_i gegeben, Moleküle mit dem Polymerisationsgrad i zu finden.

(16–25) $p_i = [XM_iY]/\sum_{i=1}^{\infty} [XM_iY] = (K[M])^{i-1}(1 - K[M])$;   Fall I

$p_i = [^*M_i^*]/\sum_{i=1}^{\infty} [^*M_i^*] = (K[M])^{i-2}(1 - K[M])$;   Fall II

$p_i = [M_i]/\sum_{i=1}^{\infty} [M_i] = (K[M])^{i-1}(1 - K[M])$;   Fall III

$p_i = [M_i]/\sum_{i=1}^{\infty} [M_i] = 1 - K[M][W]^{-1}$;   Fall IV

Je mehr sich aber $K[M]$ bzw. $K[M]/[W]$ dem Wert 1 nähert, um so höher wird nach Tab. 16–1 der Polymerisationsgrad und um so niedriger wird die Wahrscheinlichkeit, ein solches Polymermolekül mit dem Polymerisationsgrad i zu finden. Die Wahrscheinlichkeit p_i nimmt daher mit steigendem Polymerisationsgrad ständig ab.

Die Einstellung von Gleichgewichten zwischen den wachsenden Kettenenden und den Monomeren bedeutet aber nicht notwendigerweise, daß auch alle wachsenden Ketten miteinander im Gleichgewicht stehen. Bei vielen lebenden Polymerisationen läuft zwar die Polymerisation bis zur Einstellung eines „Gleichgewichtes" zwischen wachsender Kette und Monomer. Das Verhältnis von Gewichts- und Zahlenmittel des Polymerisationsgrades ist aber nicht wie durch Tab. 16–1 gefordert durch $\bar{X}_w/\bar{X}_n = 2 - \bar{X}_n^{-1} \approx 2$ gegeben, sondern ist auch bei hohen Polymerisationsgraden viel niedriger, z.B. 1,03. Die wachsenden Ketten stehen somit nicht im Gleichgewicht.

Um zum wahren Gleichgewicht zu gelangen, müssen Monomermoleküle von Polymerketten durch Depolymerisation abgespalten und an andere Ketten durch Polymerisation wieder angelagert werden. Bei diesem Prozeß bleibt die Zahl der Reaktionsteilnehmer konstant. Das Zahlenmittel des Polymerisationsgrades ändert sich somit nicht, wohl aber das Gewichtsmittel. Eine hier nicht wiedergegebene Durchrechnung ergab für die zeitliche Änderung des Gewichtsmittels des Polymerisationsgrades

(16–26) $d\bar{X}_w/dt = k_{dp}(x_m - x_{m,o})(\bar{X}_w - 1)X_n^{-1}$

Die Annäherung an das vollständige Polymerisationsgleichgewicht ist normalerweise sehr langsam, falls keine Austauschreaktionen zwischen Kettenteilen möglich sind (vgl. Kap. 23.3.1). Die Monomerkonzentrationen in einem solchen unvollständigen Gleichgewicht weichen jedoch nur unwesentlich von denen im vollständigen Gleichgewicht ab.

16.2.3 ÜBERGANGSTEMPERATUREN

Aus der Gleichgewichtskonstanten K des Polymerisations-/Depolymerisations-Gleichgewichtes läßt sich die molare Standard-Gibbs-Energie der Polymerisation berechnen:

(16–27) $\Delta G_p^o = -RT \ln K = \Delta H_p^o - T\Delta S_p^o$

Bei einer bestimmten Temperatur wird die Gleichgewichtskonstante gleich 1 und die molare Gibbs-Energie folglich gleich 0. Diese Temperatur wird als Übergangstemperatur der Polymerisation bezeichnet; sie ergibt sich zu

(16–28) $T_{trans} = \Delta H_p^o/\Delta S_p^o$

Je nach den Vorzeichen von Polymerisationsenthalpie und -entropie kann man vier verschiedene Fälle unterscheiden. Experimentell wichtig sind nur die beiden Fälle, bei denen beide Größen das gleiche Vorzeichen besitzen. Bei den beiden Fällen mit ungleichem Vorzeichen läßt sich nämlich die Existenz einer Übergangstemperatur nicht nachweisen, da die Polymerisation bei *allen* Temperaturen entweder möglich (ΔS_p^o negativ, ΔS_p^o positiv) oder unmöglich ist (ΔH_p^o positiv, ΔS_p^o negativ).

Weitaus am häufigsten ist der Fall, daß sowohl die Polymerisationsenthalpie als auch die Polymerisationsentropie negativ sind. Mit steigender Temperatur wird hier das Glied $-T\Delta S_p^o$ immer positiver, bis schließlich bei der Übergangstemperatur die Gibbs-Energie gleich null wird. Da *oberhalb* dieser Temperatur keine Polymerisation mehr möglich ist, wird diese Übergangstemperatur auch als Ceiling-Temperatur bezeichnet.

Sehr selten sind Polymerisationen mit positiver Polymerisationsenthalpie und positiver Polymerisationsentropie. Da das Glied $-T\Delta S_p^o$ mit fallender Temperatur immer negativer wird, existiert hier eine Boden-Temperatur, *unterhalb* derer keine Polymerisation auftritt.

Die Definition der Übergangstemperatur als der Temperatur oberhalb bzw. unterhalb derer „keine Polymerisation auftritt", bedarf einer Erläuterung. Da es sich um konsekutive Gleichgewichte handelt, kann die Gleichgewichtskonzentration an Polymer nach Gl. (15-29) niemals exakt gleich null werden. Die Polymerisationsgrade werden daher bei der Übergangstemperatur größer als 1 sein. Die Kombination der in Tab. 16-1 zusammengestellten Gleichungen liefert kubische Gleichungen für die Beziehungen zwischen Polymerisationsgrad einerseits und den Gleichgewichtskonstanten und anfänglichen Konzentrationen andererseits, aus denen die Polymerisationsgrade bei der Übergangstemperatur berechnet werden können (Tab. 16-2). Diese Polymerisationsgrade sind nach Tab. 16-2 bei initiierten Polymerisationen oft sehr viel größer als bei nicht-initiierten. Sie nehmen außerdem mit fallender Initiatorkonzentration und steigender anfänglicher Monomerkonzentration zu.

Tab. 16-2: Berechnete Polymeranteile $f_{polymer} = ([M]_0 - [M])/[M]_0$ und berechnete Zahlenmittel des Polymerisationsgrades für die Übergangstemperatur ($K = 1$) bei verschiedenen anfänglichen Monomer- und Initiatorkonzentrationen unter der Annahme $K_1 = 1$

$[M]_0$	$[XY]_0$	$\bar{X}_n$ für Fall			$f_{polymer}$ für Fall		
		I	II	III	I	II	III
6	1	6,16			0,86		
6	0,1	51,2	2,87	4,00	0,84	0,89	0,89
6	0,001	5001,2			0,83		
1	1	1,62			0,62		
1	0,1	3,70	1,47	2,62	0,27	0,68	0,62
1	0,001	32,13			0,01		
0,1	1	1,05			0,52		
0,1	0,1	1,10	1,05	1,00	0,09	0,52	0
0,1	0,001	1,11			0,01		

Die Extrapolation der bei verschiedenen Temperaturen gemessenen Polymerisationsgrade auf den Polymerisationsgrad 1 ist daher nicht immer eine zuverlässige Methode für die Bestimmung der Übergangstemperaturen. Auch die Extrapolation der Polymeranteile (Abb. 16-2) kann sehr irreführend sein, da der Anteil an Polymeren bei der Übergangstemperatur oft sehr hoch ist. Die Bestimmung der Übergangstemperatur durch Extrapolation der Polymeranteile auf den Anteil 0 ist um so zuverlässiger, je tiefer die anfängliche Initiatorkonzentration ist, gerade umgekehrt wie bei der Extrapolation der Polymerisationsgrade.

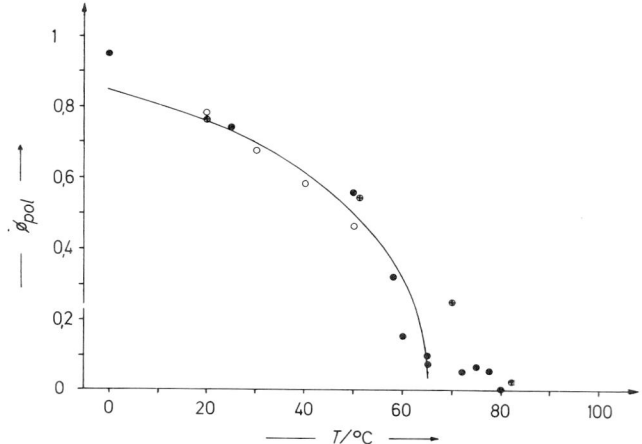

Abb. 16–2: Änderung des Polymeranteils mit der Polymerisationstemperatur bei der Polymerisation von Tetrahydrofuran in Masse mit verschiedenen kationischen Initiatoren (nach Daten von drei Arbeitsgruppen). —— gibt den über Gl. (16–32) berechneten Kurvenverlauf mit $\chi_{mp} = 0{,}5$, $\Delta H^\circ_{lc_1} = -12\,400$ J mol^{-1} und $\Delta S^\circ_{lc} = -40{,}8$ J K^{-1} mol^{-1} an.

16.2.4 DRUCKEINFLÜSSE

Der Satz von Clausius-Clapeyron beschreibt die Änderung der Ceiling-Temperatur mit dem Druck als Funktion der Polymerisationsenthalpie und der Änderung der Molvolumina

(16–29) $\quad dT_c/dp = T_c(V^m_{pol} - V^m_{mon})/\Delta H^\circ_p$

bzw. nach Integration

(16–30) $\quad \ln(T_c)_p = \ln(T_c)_{1\,bar} + [(V^m_{pol} - V^m_{mon})/\Delta H^\circ_p]p$

Das Polymer hat in der Regel das kleinere Volumen pro Stoffmenge Grundbaustein als das Monomer: der Ausdruck $(V^m_{pol} - V^m_{mon})$ ist negativ. Die Polymerisationsenthalpie ist ebenfalls meist negativ. Die Ceiling-Temperatur nimmt daher in der Regel mit steigendem Druck zu (vgl. Tab. 16–3). Mit steigendem Druck nimmt aber auch der Schmelzpunkt des Monomeren zu, wodurch u. U. die Beweglichkeit der Moleküle so stark herabgesetzt wird, daß sich das Polymerisationsgleichgewicht nicht mehr einstellen kann.

Analog zur Ceiling-Temperatur kann man auch einen Ceiling-Druck definieren, oberhalb dessen bei einer konstanten Temperatur keine Polymerisation mehr möglich ist. Dieser Druck beträgt z.B. bei 25 °C ca. 0,2 kbar für die Polymerisation von 0,1 mol/l Chloral in Pyridin, 5 kbar für reinen Butyraldehyd und über 30 kbar für reinen Schwefelkohlenstoff.

Tab. 16–3: Druckabhängigkeit der Ceiling-Temperatur bei der Polymerisation von α-Methylstyrol in der Schmelze. T_M = Schmelztemperatur des Monomeren

$\dfrac{p}{bar}$	$\dfrac{T_c}{°C}$	$\dfrac{T_M}{°C}$
1	61	−23,2
2200	97	—
4210	131	—
4860	143	+60
6480	171	—

16.2.5 LÖSUNGSMITTELEFFEKTE

Die bisherigen Betrachtungen bezogen sich auf den selten realisierten Fall, daß alle Spezies Aktivitätskoeffizienten von 1 aufweisen. In der Regel variieren jedoch die Aktivitätskoeffizienten mit dem Zustand der Spezies, was durch verschiedene Indices gekennzeichnet wird (Tab. 16–4).

Tab. 16–4: Indices x für stoffmengenbezogene thermodynamische Größen (ΔG^o_{xx}, ΔH^o_{xx}, ΔS^o_{xx}) bei Polymerisationsprozessen

Prozeß	Index xx
Gas (1 atm) → Gas (1 atm)	gg
Gas (1 atm) → kondensiert amorph (flüssig oder (meist) fest)	gc
Gas (1 atm) → kondensiert, kristallin	gc'
Flüssigkeit → kondensiert amorph (flüssig oder (meist) fest)	lc
Flüssigkeit → kondensiert, kristallin	lc'
Flüssigkeit → Lösung des Polymeren im Monomer (1-grundmolar!)	ls
1-molare Lsg. des Monomeren → 1-grundmolare Lsg. des Polymeren	ss
1-molare Lsg. des Monomeren → unlösliches kondensiertes Polymer (flüssig oder amorph)	sc

In den meisten Fällen ist man an der Polymerisation eines flüssigen Monomeren zum kondensierten Polymeren interessiert, also an ΔG^o_{lc}. Diese Gibbs-Energie beschreibt die Umwandlung eines Mols flüssigen Monomers in ein Mol Grundbausteine des amorphen Polymers oberhalb der Glasübergangstemperatur. Unterhalb der Glasübergangstemperatur ist noch die Einfrierwärme zu berücksichtigen. Bei konstanter Temperatur und konstantem Druck läuft die Reaktion bis

(16–31) $\quad \Delta G^o_p = \Delta G^o_{lc} - \Delta \widetilde{G}^o_{mon} + \Delta \widetilde{G}^o_{pol} - \Delta \widetilde{G}^o_s = 0$

ab, wobei $\Delta \widetilde{G}^o$, $\Delta \widetilde{G}^o_{pol}$ und $\Delta \widetilde{G}^o_s$ die partiellen molaren Gibbs-Energien von Monomer, Polymer und Lösungsmittel sind. Die partiellen molaren Gibbs-Energien werden in der Regel mit Hilfe der Flory-Huggins-Theorie (vgl. Kap. 6) berechnet, wobei eine Reihe von Vereinfachungen gemacht werden. Drei einfache Fälle sind besonders wichtig:

1. Die Gleichgewichtspolymerisation einer Monomerschmelze zu einem darin unlöslichen Polymeren ist ziemlich selten. Die Ceiling-Temperatur entspricht hier einer Phasenumwandlungstemperatur, d.h. es gibt nur eine einzige Ceilingtemperatur, unterhalb deren das Monomer *vollständig* in das Polymer umgewandelt wird. Beispiele sind die Polymerisationen von Chloral (T_c = 58 °C), Schwefeltrioxid (T_c = 30,4 °C) und Thioaceton (T_c = 95 °C).

2. Bei der Polymerisation einer Monomerschmelze zu einem darin gelösten Polymeren sind im Gegensatz zu den unmischbaren Systemen unterhalb der Ceiling-Temperatur noch beträchtliche Mengen Monomer vorhanden (Abb. 16–2). Zur Berechnung der molaren Gibbs-Polymerisationsenergie muß man noch die Mischungsenergien berücksichtigen. Für nicht zu niedrige Polymerkonzentrationen und bei hohen Polymerisationsgraden ergibt sich aus den Gl. (6–34) und (6–35) für $\sigma = 0$

(16–32) $\quad \Delta G^o_{lc} = \Delta G^o_{mon} - \Delta G^o_{pol} = RT(1 + \ln \phi_{mon} + \chi_{mp}(\phi_{pol} - \phi_{mon}))$

wobei ϕ_{mon} und ϕ_{pol} die Volumenbrüche von Monomer und Polymer sind und χ_{mp} der Wechselwirkungsparameter Monomer/Polymer ist.

$\Delta G^o_{lc}/RT$ kann für verschiedene Werte von χ_{mp} und $\phi_{mon} = 1 - \phi_{pol}$ berechnet werden (Tab. 16–5). Der Ausdruck ist nicht sehr empfindlich auf eine Änderung von χ_{mp}, sofern letzteres im üblichen Bereich von 0,3–0,5 liegt (vgl. Kap. 6).

Tab. 16–5: $\Delta G^o_{lc}/RT$ als Funktion des Volumenbruches ϕ_{mon} des Monomeren bei der Gleichgewichtspolymerisation flüssiger Monomerer zu Schmelzen von Polymeren unendlich hohen Polymerisationsgrades für verschiedene Wechselwirkungsparameter χ_{mp}, berechnet über Gl. (16–32)

	$\Delta G^o_{lc}/RT$		
ϕ_{mon}	$\chi_{mp}=0,3$	$\chi_{mp}=0,4$	$\chi_{mp}=0,5$
0,01	−3,31	−3,21	−3,12
0,05	−1,73	−1,64	−1,55
0,1	−1,06	−0,98	−0,90
0,2	−0,43	−0,37	−0,31
0,3	−0,09	−0,05	−0,01
0,4	0,14	0,16	0,18
0,5	0,31	0,31	0,31
0,6	0,43	0,41	0,39
0,7	0,52	0,48	0,44
0,8	0,60	0,54	0,48
0,9	0,65	0,57	0,49
0,95	0,68	0,59	0,50
0,99	0,70	0,60	0,50

3. Bei der Polymerisation eines gelösten Monomeren zu einem löslichen Polymeren sind zusätzlich noch die Wechselwirkungen mit dem Lösungsmittel zu berücksichtigen. Für die Gibbs-Polymerisationsenergie ergibt sich mit der Flory-Huggins-Theorie

(16–33) $\quad \Delta G^o_{ss}/RT = 1 + \ln \phi_{mon} + \chi_{mp}(\phi_{pol} - \phi_{mon}) + (\chi_{ms} - \chi_{ps})\phi_s$

und entsprechend

(16–34) $\quad \Delta G^o_{ss}/RT = 1 + \ln(\phi_{mon}/\phi^*_{mon}) + \chi_{mp}(\phi_{pol} - \phi_{mon}) + (\chi_{ms} - \chi_{ps})(\phi_s - \phi^*_s)$

wobei ϕ_s^* und ϕ_{mon}^* die Volumenbrüche von Lösungsmittel und Monomer in einer 1-molaren Lösung von Monomer bzw. dessen Grundbausteinen sind.

In vielen Fällen kann die Gibbs-Polymerisationsenergie auch durch

(15–35) $\Delta G_{ss}^o = \Delta H_{ss}^o - T\Delta S_{ss}^o - RT\ln [M]$

approximiert werden (vgl. aber Abb. 16–3). In jedem Fall ist der Einfluß des Lösungsmittels auf die Gibbs-Polymerisationsenergien ΔG_{ss}^o oft beträchtlich, während ΔG_{lc}^o bei richtiger Korrektur für die Mischungseffekte unabhängig vom Lösungsmittel ist (Abb. 16–3).

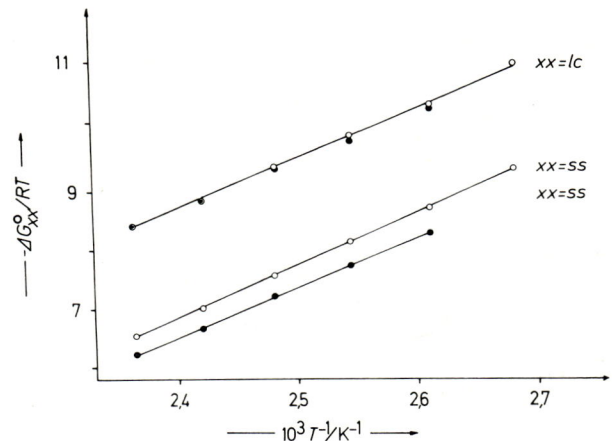

Abb. 16–3: Gibbs-Polymerisationsenergien für die Polymerisation von Styrol mit anionischen Initiatoren in Cyclohexan (○) bzw. Benzol (●) als Funktion der Temperatur, berechnet nach Gl. (16–33) und umgerechnet auf Gl. (16–32). Nach Daten von S. Bywater und K. J. Worsfold.

16.2.6 KONSTITUTION UND POLYMERISATIONSENTROPIE

Die Polymerisationsentropie wird von der Konstitution des Monomeren und den Zuständen von Monomer und Polymer beeinflußt. Die Entropieänderung ΔS_{gg}^o beim Übergang von einem gasförmigen Monomeren zu einem (hypothetischen) gasförmigen Polymeren setzt sich aus vier Teilen zusammen: Translationsentropie ΔS_{tr}^o, äußere (externe) und innere Rotationsentropie, ΔS_{er}^o und ΔS_{ir}^o, und Schwingungsentropie (Vibrationsentropie) ΔS_{vb}^o. Die Zahl der Moleküle nimmt bei der Polymerisation ab: ΔS_{tr}^o und ΔS_{er}^o müssen also negativ sein. Bei der Polymerisation werden aber auch mehr Freiheitsgrade frei: ΔS_{vb}^o und ΔS_{ir}^o sind positiv.

(16–36) $\Delta S_{gg}^o = \Delta S_{vb}^o + \Delta S_{ir}^o - \Delta S_{er}^o - \Delta S_{tr}^o$

Polymerisiert man gasförmige Monomere zu kondensierten kristallinen Polymeren, so sind außerdem noch die Anteile für die Verdampfung ΔS_V^o und für das Schmelzen ΔS_M^o zu berücksichtigen:

(16–37) $\Delta S_{gc'}^o = \Delta S_{gg}^o - \Delta S_V^o - \Delta S_M^o$

Die Polymerisationsentropie hängt demnach stark von den Zuständen von Monomer und Polymer ab (Tab. 16-6). Sie ist am negativsten für den Übergang gc' und wird in der Reihenfolge gc' → gc → gg → lc' → lc → c'c' zunehmend positiver.

Tab. 16-6: Einfluß des Zustandes auf die Standard-Polymerisationsentropie. Die Standard-Zustände des Monomeren sind 1 bar (gasförmig) bzw. 1 mol/l (in Lösung)

Monomer	$-\Delta S^o_{xx}$ / (J K^{-1} mol^{-1}) für xx =					
	gc'	gc	gg	lc'	lc	c'c'
Ethylen	173	156	142			
Propylen (it-PP)	205		167	136	115	
Buten-1	219	190	166	141	113	
Methylmethacrylat					117	40
Trioxan	156		64			18
Tetraoxan			51			−3
1,3-Dioxolan	205	153		100	61	
1,3-Dioxepan	181	144		77	39	

Diese Reihenfolge ist nach dem oben Gesagten unmittelbar verständlich. Bei der Polymerisation zu einem kristallinen Polymeren (c') muß die Polymerisationsentropie immer negativer als die zu einem amorphen Polymeren (c) sein, da die positive Schmelzentropie die Polymerisationsentropie zu negativeren Werten verschiebt. Die Polymerisationsentropie der Polymerisation gasförmiger Monomerer (g) muß ebenfalls negativer als diejenige flüssiger Monomerer (l) sein, da bei der Polymerisation flüssiger Monomerer nur die translatorischen und äußeren rotatorischen Entropieanteile des Monomeren verloren gehen; innerrotatorische und vibratorische Entropieanteile bleiben dagegen etwa erhalten. Berechnungen für Styrol, Ethylen und Isobutylen haben gezeigt, daß bei der Polymerisation der Verlust an äußerer Rotationsentropie gerade durch die Gewinne an innerer Rotationsentropie und an Schwingungsentropie ausgeglichen wird (Tab. 16-7):

(16-38) $\quad \Delta S^o_{er} = \Delta S^o_{ir} + \Delta S^o_{vb}$

Für die Polymerisation gasförmiger Monomerer zu amorphen Polymeren erhält man daher aus den Gl. (16-36)-(16-37) mit $\Delta S^o_M = 0$

(16-39) $\quad \Delta S^o_{gc} = -\Delta S^o_{tr} - \Delta S^o_V$

Tab. 16-7: Teilbeträge der Polymerisationsentropie bei der Polymerisation gasförmiger Monomerer zu gasförmigen Polymeren (nach Dainton und Ivin)

Monomer	Entropieanteile in J K^{-1} mol^{-1} im						
	Monomer					Grundbaustein	$\Delta S^o_{gg} =$
	S_{tr}	S_{er}	S_{vb}	S_{ir}	$(S^o_g)_{mon}$	$(S^o_g)_{pol} = S_{vb} - S_{ir}$	$(S^o_g)_{mon} - (S^o_g)_{pol}$
Ethylen	35,9	15,9	0,6	0	52,4	18,4	34,0
Isobutylen	38,0	23,1	–	9,1	70,2	29,2	41,5
Styrol	39,8	27,9	10,1	4,7	82,5	47,0	35,5

Für die Polymerisation flüssiger Monomerer zu amorphen Polymeren ergibt sich aus Gl. (16–36) mit $\Delta S_{tr}^o = 0$ und $\Delta S_{vb}^o = 0$ entsprechend

(16–40) $\Delta S_{lc}^o = -\Delta S_{er}^o - \Delta S_{tr}^o$

und folglich aus den Gl. (16–39) und (16–40) für die Differenz

(16–41) $\Delta S_{gc}^o - \Delta S_{lc}^o = -\Delta S_V^o + \Delta S_{er}^o$

ΔS_{gc}^o ist daher immer negativer als ΔS_{lc}^o.

Bei der Polymerisation von Olefinen gehen nur die translatorischen und äußeren rotatorischen Entropieanteile verloren. Der Verlust an Translationsentropie ist naturgemäß unabhängig von der Konstitution. Der Verlust an äußerer Rotationsentropie ist ebenfalls unabhängig von der Konstitution des Monomeren, weil die Momente und Trägheitsmomente bei den meisten Monomeren etwa gleich groß sind. Die Anteile von innerer Rotationsentropie und Schwingungsentropie sind zwar von Monomer zu Monomer verschieden, aber absolut gesehen recht gering (Tab. 16–7). Die Standardentropie ΔS_{lc}^o ist deshalb bei Verbindungen mit olefinischen Doppelbindungen praktisch unabhängig von der Konstitution (Tab. 16–8): Unterschiede in der Ceiling-Temperatur sind praktisch nur durch die Polymerisationsenthalpie bedingt.

Tab. 16–8: Molare Polymerisationsentropien und -enthalpien für die Polymerisation flüssiger Monomerer zu kondensierten Polymeren

Monomer	$-\Delta S_{lc}^o$ $\mathrm{J\,K^{-1}mol^{-1}}$	$-\Delta H_{lc}^o$ $\mathrm{kJ\,mol^{-1}}$	Monomer	$-\Delta S_{lc}^o$ $\mathrm{J\,K^{-1}mol^{-1}}$	$-\Delta H_{lc}^o$ $\mathrm{kJ\,mol^{-1}}$
Tetrafluorethylen		155	Cyclopropan	69	113
Ethylen		92	Cyclobutan	55	105
Propylen	115	84	Cyclopentan	43	22
Buten-1	113	84	Cyclohexan	11	– 3
Hexen-1	113	83	Cycloheptan	16	22
			Cyclooctan	3	35
Styrol	105	71	Cyclodecan		48
α-Methylstyrol	110	36	Cyclododecan		14
Isobutylen	117	56	Cycloheptadecan		8
Methylmethacrylat	112	48			
			Ethylenoxid	78	
Formaldehyd		31	Cyclooxabutan	67	
Acetaldehyd		0	Tetrahydrofuran	41	12
Chloral		20	Cyclooxahexan	26	13
Aceton		0	Cyclooxaheptan	3	
			Cyclooxaoctan	– 23	
Pyrrolidon		4			
Piperidon		9			
ε-Caprolactam		16			
Önanthlactam		22			
Capryllactam		33			

Bei kleinen Ringen ist die Rotation um die Ringbindungen sehr stark gehemmt, bei größeren Ringen dagegen fast so ungehindert wie bei Ketten. Die Polymerisation von kleinen Ringen setzt daher Polymerisationsentropie frei, die von großen Ringen dagegen praktisch nicht (Tab. 16–8).

Polymerisationsentropien können auf verschiedene Weise ermittelt werden: über die Temperaturabhängigkeit der Gleichgewichtskonzentrationen des Monomeren, über die Wärmekapazität, über die Aktionskonstanten von Polymerisation und Depolymerisation, oder über Berechnungen nach einer Inkrementenmethode. Die Wärmekapazität kann deshalb zur Ermittlung der Polymerisationsentropie dienen, weil der Quotient von spezifischer Entropie und spezifischer Wärmekapazität ($\Delta s^°/c_p^°$) von Polymeren bei 298 K unabhängig von der Polymerkonstitution etwa gleich 1 ist. Falsche Werte werden z.b. beobachtet, wenn im Monomerdampf noch Assoziate vorliegen oder beim Polymeren im Temperaturbereich zwischen kalorimetrischer Messung und Gleichgewichtsmessung physikalische Umwandlungen auftreten.

16.2.7 KONSTITUTION UND POLYMERISATIONSENTHALPIE

Die Enthalpieänderung $\Delta H_{gg}^°$ bei der Polymerisation eines gasförmigen Monomeren zu einem (hypothetischen) gasförmigen Polymeren ergibt sich theoretisch aus drei Anteilen: der Differenz der Bindungsenergien ($2E_\sigma - E_\pi$), der Delokalisierungsenergie (E_D) und der Differenz der Spannungsenergien von Monomer und Polymer ($E_{sM} - E_{sP}$).

(16–42) $\quad \Delta H_{gg}^° = (2E_\sigma - E_\pi) - E_D - (E_{sM} - E_{sP})$

Bei der Polymerisation gasförmiger Monomerer zu kondensierten kristallinen Polymeren sind außerdem noch die Verdampfungsenthalpien und Schmelzentropien zu berücksichtigen. Die Polymerisationsenthalpien hängen daher in gleicher Weise vom Stoffzustand ab wie die Polymerisationsentropien, d.h. es gilt gc′ > gc > gg > lc.

Die Differenz der *Bindungsenergien* läßt sich aus den Bindungsenthalpien unsubstituierter Verbindungen berechnen (Tab. 16–9). Die angegebenen Zahlenwerte sind dabei als relative und nicht als absolute Größen aufzufassen, da sie über unsubstituierte und substituierte Verbindungen gemittelt sind. Substituierte Verbindungen enthalten aber noch Anteile an Resonanz- und Spannungsenergie.

Tab. 16–9: Bindungsenergien von Mehrfach- und Einfachbindungen und daraus berechnete Beiträge ($2E_\sigma^m - E_\pi^m$) zur Polymerisationsenthalpie $\Delta H_p^°$

Mehrfachbindung			Einfachbindung		
Typ	E_π^m kJ mol^{-1}		Typ	E_σ^m kJ mol^{-1}	$2E_\sigma^m - E_\pi^m$ kJ mol^{-1}
>C=C<	609	→	>C–C<	352	− 95
>C=O	737	→	>C–O–	358	+ 21
>C=N–	615	→	>C–N<	305	+ 5
–C≡N	892	→	>C=N–	615	−338
>C=S	536	→	>C–S–	272	− 8
>S=O	435	→	>S–O–	232	− 29

Die *Delokalisierungsenergien* ergeben sich aus der Differenz der Verbrennungswärmen von Monomer und Grundbaustein. Sie setzen sich aus Resonanzenergien und Pitzerspannungen zusammen. Ekliptische Wasserstoffatome kleiner Ringe stören sich gegenseitig. Der Anteil dieser Pitzerspannung kann recht erheblich sein; er beträgt z.B. beim Tetrahydrofuran 12 kJ mol^{-1} (vgl. auch Tab. 16–8). Die Resonanzenergie wird negativ, wenn die Monomeren z.B. wegen Planarität resonanzstabilisiert sind, die Polymeren aber nicht.

Zur *Spannungsenergie* tragen konformative („sterische") Effekte und Ringspannungen bei. Entscheidend sind dabei die van der Waals-Radien und nicht die Atomradien. Fluor hat z.B. einen geringeren van der Waals-Radius als Wasserstoff, weil die höhere Atommasse des Fluors zu niedrigeren mittleren Schwingungsamplituden führt. Wasserstoffatome erzeugen daher einen größeren sterischen Effekt als die Fluoratome: die Polymerisationsenthalpie des Tetrafluorethylens ist negativer als die des Ethylens. Andere Beispiele für sterische Effekte sind Styrol/α-Methylstyrol und Propylen/Isobutylen (Tab. 16–8).

Die Ringspannung hängt sehr von der Flexibilität der Bindungen ab. Die Flexibilität der Bindungen ist um so höher, je stärker ausgeprägt der ionische Charakter der Bindung ist und je mehr sich d-Orbitals an der Bindung beteiligen. Sie sinkt bei unpolaren p- und sp-Bindungen und bei p_π-p_π-Überlappungen.

Bei Ringen kann man für die Abhängigkeit der Spannungsenergie von der Ringgröße zwei Minima erwarten. Ein erstes Minimum tritt auf, wenn die Bindungswinkel ungespannte Ringe zulassen. Bei größeren Ringen sind planare Anordnungen wegen der Valenzwinkel nicht mehr, Kronen-Formen wegen der zu geringen Kettengliederzahl aber noch nicht möglich: die Ringspannung steigt an. Bei noch größerer Kettengliederzahl sind wiederum weitere Anordnungen möglich, und die Ringspannung strebt nach Durchlaufen eines sehr flachen Minimums einem Plateau zu, z.B. –8 kJ/mol bei Cycloalkanen.

Bei substituierten Ringen treten zusätzliche Ringspannungen durch die Wechselwirkung zwischen Substituenten in 1,1-, 1,3- und 1,4-Stellung auf. Der 1,3-Effekt ist am größten: die Kettenbindungen können keine all-trans-Konformation annehmen und die Polymerisationsenthalpie wird daher positiver. Weniger stark ist der 1,4-Effekt: der Abstand der Gruppen ist beim Monomeren größer als beim Polymeren. Der 1,1-Effekt ist am kleinsten: durch die Abstoßung der Substituenten beim Monomeren wird der Winkel zwischen den Substituenten aufgeweitet. Die Hybridisierung ändert sich und der Bindungswinkel zwischen den Ringatomen nimmt ab. Dadurch rücken aber die anderen Gruppen wieder näher zusammen und die Polymerisationsenthalpie wird positiver.

Die Polymerisationsenthalpie wird experimentell entweder über die Temperaturabhängigkeit der Gleichgewichtskonzentration der Monomeren oder durch direkte Messung der Polymerisationswärme ermittelt. Sie kann auch theoretisch nach einer Inkrementenmethode berechnet werden. Alle Werte stimmen in der Regel gut überein.

16.3 Ringbildung

Gleichgewichte können nicht nur zwischen offenkettigen Monomeren und Polymeren, sondern auch zwischen ringförmigen Monomeren und ihren höheren Homologen bestehen. Ringe können zudem kinetisch kontrolliert gebildet werden, was der Vollständigkeit halber an dieser Stelle abgehandelt werden soll. Schließlich sind noch intramolekulare Cyclisierungen möglich, von denen die Cyclopolymerisation in diesem Kapitel, die Cyclokondensation aber in Kap. 17 diskutiert wird.

16.3.1 RING/KETTEN-GLEICHGEWICHTE

Bifunktionelle Moleküle können entweder intramolekular unter Ringschluß oder intermolekular unter Kettenbildung reagieren. Die Kettenbildung ist bei nicht zu niedrigen Kettengliederzahlen aus thermodynamischen und/oder kinetischen Gründen gegenüber der Ringbildung bevorzugt.

Das thermodynamische Gleichgewicht zwischen Ketten- und Ringmolekülen kann durch

$$(16-43) \quad {\sim}M_i{\sim} \rightleftarrows {\sim}M_{i-j}{\sim} + c\text{-}M_j \; ; \quad K_c = \frac{[{\sim}M_{i-j}{\sim}][c\text{-}M_j]}{[{\sim}M_i{\sim}]}$$

wiedergegeben werden. Die molaren Konzentrationen der linearen Moleküle sind durch die entsprechenden Wahrscheinlichkeiten p ausdrückbar, z.B. für Kettenmoleküle mit dem Polymerisationsgrad i nach Gl. (17–30)

$$(16-44) \quad [{\sim}M_i{\sim}] = (N_{mol}/V_{Lsg})p^{i-1}(1-p)$$

Für die Gleichgewichtskonstante ergibt sich daher

$$(16-45) \quad K_c = p^{-j}[c\text{-}M_j]$$

oder, da die Wahrscheinlichkeiten dem Wert 1 zustreben und die Ringgröße relativ klein ist

$$(16-46) \quad K_c \approx [c\text{-}M_j]$$

Die Konzentration an Ringmolekülen ist um so größer, je höher die Wahrscheinlichkeit ist, daß sich die beiden Kettenenden treffen. Eine Reaktion tritt beim Fadenendenabstand $L_j = 0$ ein. Die Wahrscheinlichkeitsdichte ist nach Gl. (A4–37) für diesen dreidimensionalen Fall durch

$$(16-47) \quad W(L_j) = \left(\frac{3}{2\pi N b^2}\right)^{3/2}$$

gegeben. Die Zahl N der Kettenatome pro Kette ist über den Polymerisationsgrad X mit der Zahl N_b der Kettenatome pro Grundbaustein verknüpft ($N = N_b X$).

Die Wahrscheinlichkeitsdichte bezieht sich auf das Molekül und kann daher mit Hilfe der Avogadro-Zahl N_L auf die molare Wahrscheinlichkeitsdichte umgerechnet werden. Bei gleicher Wahrscheinlichkeitsdichte ist die Konzentration an Ringmolekülen ferner um so niedriger, je mehr Bindungen $N_a = aX$ pro Ringmolekül geöffnet werden müssen. a ist dabei 1, wie im Falle der cyclischen Lactame, und 2, wie im Falle der cyclischen Siloxane. Mit der molaren Konzentration der Ringmoleküle

$$(16-48) \quad [c\text{-}M_j] = \frac{W(L_j)}{N_L N_a} = \frac{W(L_j)}{N_L a X}$$

ergibt sich daher für die Gleichgewichtskonstante der Cyclisierung

$$(16-49) \quad K_c = \frac{1}{a N_L}\left(\frac{3}{2\pi N_b b^2}\right)^{3/2} X^{-5/2}$$

Für spannungslose Ringe sagt also die Theorie eine Abnahme der Cyclisierungskonstanten K_c mit der 2,5. Potenz des Polymerisationsgrades voraus, was in der Tat für die höheren ringförmigen Homologen des Cyclooctens gefunden wurde (Abb. 16–4). Bei Kettengliederzahlen unter ca. 30 sind die Ringe nicht spannungslos, d.h. die Polymerisationsenthalpie ändert sich mit der Ringgröße.

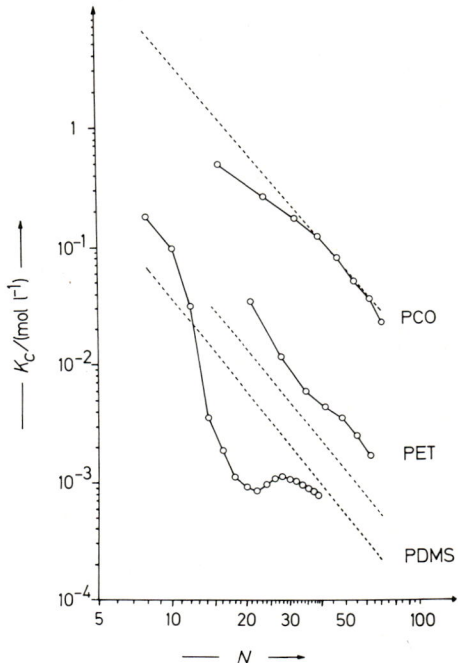

Abb. 16–4: Experimentell gefundene Gleichgewichtskonstanten K_c der Cyclisierung als Funktion der Zahl N der Ringatome für Polyreaktionen in Masse von Cycloocten (PCO) bei 25°C, Terephthalsäure und Ethylenglycol (PET) bei 270°C und Octamethylcyclotetrasiloxan (PDMS) bei 110°C. Die gestrichelten Linien geben die theoretisch über Gl. (16–49) berechneten Abhängigkeiten mit der Neigung – 5/2 an.

Thermodynamisch gute Lösungsmittel weiten die Ketten auf: die Kettenenden sind im Mittel weiter voneinander entfernt und die Wahrscheinlichkeit der Ringbildung sinkt. Die mittleren Kettenendenabstände nehmen ferner mit größerer Steifheit der Kette zu. Terephthalsäure bildet daher z.B. mit Glycerin weniger Ringe als Adipinsäure (vgl. auch Kap. 17).

16.3.2 KINETISCH KONTROLLIERTE RINGBILDUNGEN

Bei kinetisch kontrollierten Polyreaktionen ist der Anteil f_c an Ringen im Polymerisat durch das Verhältnis von Ringbildungsgeschwindigkeit ν_c zur Summe von Ring- und Kettenbildungsgeschwindigkeit gegeben:

(16–50) $f_c = \nu_c/(\nu_c + \nu_p)$

Die Ringbildung ist monomolekular und folglich durch die Konzentration der wachsenden Moleküle gegeben:

(16–51) $P_i^* \to c\text{-}P_i$; $v_c = k_c [P_i^*]$

Die Kettenbildung ist dagegen bimolekular, z.B. bei der Polymerisation

(16–52) $P_i^* + M \to P_{i+1}^*$; $v_p = k_p [P_i^*][M]$

Die Kombination dieser Gleichungen führt zu

(16–53) $1/f_c = 1 + (k_p/k_c)[M]$

Je höher die Monomerkonzentration, um so kleiner ist also der Anteil an Ringen (quantitative Formulierung des Ruggli-Zieglerschen Verdünnungsprinzips). Das Verhältnis k_p/k_c der Geschwindigkeitskonstanten weist die physikalische Einheit einer reziproken Stoffmengenkonzentration auf. Es gibt an, bei welcher Stoffmengenkonzentration Ketten und Ringe mit gleicher Wahrscheinlichkeit gebildet werden.

16.3.3 CYCLOPOLYMERISATION

Die Cyclopolymerisation ist eine intramolekulare Ringbildungsreaktion. Bei der Polymerisation von z.B. Acrylsäureanhydrid können außer seitenständigen Doppelbindungen (Gl. 16–54a)) auch kettenständige Ringe (Gl. (16–54b und c)) gebildet werden:

(16–54)

$$R^* + \underset{O\ O\ O}{\overset{1\quad 7}{\diagup\diagdown}} \longrightarrow$$

(a) $R\text{–}\overset{*}{C}H\text{–}CO\text{–}O\text{–}OC\text{–}CH=CH_2$

(b) Sechsring mit $R\text{–}CH_2$ und $\overset{*}{}$ (Glutarsäureanhydrid-Struktur)

(c) Fünfring mit $R\text{–}CH_2$ und $\overset{*}{C}H_2$ (Bernsteinsäureanhydrid-Struktur)

Cyclopolymerisationen werden auch von Methacrylsäureanhydrid, Divinylformal, o-Divinylbenzol, o-Diallylphthalat und sogar von Dimethylencyclohexan eingegangen:

(16–55) $R^* + CH_2{=}\langle\ \rangle{=}CH_2 \longrightarrow R\text{–}\langle\ \rangle\text{–}\overset{*}{C}H_2$

Das Ausmaß der Cyclisierung kann über die Wahrscheinlichkeiten von Ring- und Kettenbildung abgeschätzt werden. Die Wahrscheinlichkeit der Ringbildung ergibt sich aus der Verteilung der Kettenendenabstände sehr kurzer Ketten. Die Wahrscheinlichkeit der Kettenbildung berechnet sich andererseits aus dem mittleren Abstand zweier Doppelbindungen in der polymerisierenden Schmelze oder Lösung und dem für eine Reaktion erforderlichen Abstand. Aus den Wahrscheinlichkeiten erhält man dann das Verhältnis der Geschwindigkeitskonstanten, das sich bei Annahme statistischer Verteilung der Monomermoleküle und Abwesenheit sterischer Hinderungen bei kurzen Ketten zu $k_c/k_p \approx 1{,}11$ mol/l ergibt. Nach Gl. (16–53) sollte demnach eine Monomerkonzentration von 0,01 mol/l zu einer Cyclisierung von 99,1%, eine von 1 mol/l zu einer von 52,6% und eine von 7,43 mol/l (entspricht etwa der Polymerisation von 1,6-Dienen in Masse) zu einer von 13,0% führen. Experimentell wurden aber bei Monomerkonzentrationen von 1–8 mol/l weit höhere Cyclisierungsgrade von 90–100% gefunden.

Die beobachtete Cyclisierung ist auf eine Wechselwirkung zwischen den Doppelbindungen im Übergangszustand zurückzuführen, da im UV-Spektrum eine starke bathochrome Verschiebung der von den Doppelbindungen stammenden Absorptivität gefunden wurde. Experimentell wurden bei der Polymerisation von 1,6-Dienen sowohl Sechsringe als auch Fünfringe beobachtet. Das Ausmaß der Cyclisierung hängt dabei wie erwartet stark von der thermodynamischen Güte des Lösungsmittels ab (Tab. 16–10). Wegen der starken Cyclisierung werden bei derartigen Polymerisationen auch bei den höchsten Umsätzen noch lösliche Produkte erhalten, während bei einem überwiegenden Reaktionsweg nach Gl. (16–54a) vernetzte Polymere zu erwarten wären.

Tab. 16–10: Cyclisierungsverhältnisse k_c/k_p und Differenz der Aktivierungsenergien bei der Cyclopolymerisation verschiedener Monomerer

Monomer	Lösungsmittel	Temp. °C	Initiator	k_c/k_p mol/l	$E_c^{\neq} - E_p^{\neq}$ kJ/mol
Acrylsäureanhydrid	Cyclohexanon	60	radikal.	5,9	10,1
Methacrylsäureanhydrid	Cyclohexanon	60	radikal.	45	–
Methacrylsäureanhydrid	Dimethylformamid	60	radikal.	2,4	10,9
Divinylformal	Benzol	60	radikal.	130	10,9
o-Divinylbenzol	Benzol	50	radikal.	2,7	–
o-Divinylbenzol	–	50	radikal.	2,1	–
o-Divinylbenzol	Toluol	0	AlCl$_3$	4,9	–
o-Divinylbenzol	Toluol	0	BF$_3$/OEt$_2$	0,7	–
o-Divinylbenzol	Tetrachlorkohlenstoff	0	BF$_3$/OEt$_2$	1,4	–

Literatur zu Kap. 16

16.1 Übersichten

F. S. Dainton und K. J. Ivin, Some thermodynamic and kinetic aspects of addition polymerization, Quarterly Revs. **12** (1958) 61

K. E. Waele, Addition polymerization at high pressures, Quarterly Revs. **16** (1962) 267

H. Sawada, Thermodynamics of polymerization, Dekker, New York 1976

16.2 Polymerbildung

C.-R. Huang und H.-H. Wang, Theoretical reaction kinetics of reversible polymerization, J. Polymer Sci. [A–1] **10** (1972) 791

K. J. Ivin, Zur Thermodynamik von Additionspolymerisationsprozessen, Angew. Chem. **85** (1973) 533

16.3 Ringbildung

H. R. Allcock, Ring-chain equilibria, J. Macromol. Sci. [Revs.] C **4** (1970) 149
C. Aso, T. Kunitake und S. Tagami, Cyclopolymerization of divinyl and dialdehyde monomers, Progr. Polymer Sci. Japan **1** (1971) 149
G. C. Corfield, Cyclopolymerization, Chem. Soc. Revs. **1** (1972) 523
C. L. McCormick und G. B. Butler, Anionic cyclopolyimerization, J. Macromol. Sci. [Revs.] C **8** (1972) 201
G. B. Butler, G. C. Corfield und C. Aso, Cyclopolymerization, Progr. Polymer Sci. **4** (1975) 71
J. A. Semlyen, Ring-chain equilibria and the conformations of polymer chains, Adv. Polymer Sci. **21** (1976) 41

17 Polykondensationen

17.1 Chemische Reaktionen

17.1.1 ÜBERSICHT

Polykondensationen wurden in Kap. 15 als Polyreaktionen definiert, bei denen jeder einzelne Verknüpfungsschritt an mindestens bifunktionellen Verbindungen durch einen neuen Angriff des Katalysators aktiviert werden muß. Der Katalysator wechselt dabei von Kette zu Kette. Grundsätzlich sollten sich somit für Polykondensationen alle bekannten, meist mit monofunktionellen Verbindungen ausgeführten Reaktionen der niedermolekularen anorganischen und organischen Chemie eignen, wenn sie auf höherfunktionelle Verbindungen übertragen werden. Experimentell hat sich jedoch gezeigt, daß nur sehr wenige Reaktionstypen der niedermolekularen Chemie für Polykondensationen herangezogen werden können.

Bei Polykondensationen reagiert jeweils eine funktionelle Gruppe A mit einer anderen funktionellen Gruppe B. Damit Polymere auftreten können, muß die Funktionalität der reagierenden *Moleküle* mindestens gleich zwei sein. Die beiden funktionellen Gruppen A und B können daher in einem Molekül AB vorhanden sein; in diesem Falle handelt es sich um eine Selbstkondensation. Alternativ können auch AA-Moleküle mit zwei funktionellen Gruppen A mit BB-Molekülen reagieren. Eine derartige Fremdkondensation zwischen zwei verschiedenen Molekültypen wird nicht als Copolykondensation bezeichnet, obwohl es sich wie bei der Copolymerisation um eine Reaktion zwischen zwei verschiedenen Monomeren handelt. Sowohl AB- als auch AA/BB-Polykondensationen können sowohl substituierend unter Austritt niedermolekularer Verbindungen als auch rein addierend erfolgen.

17.1.2 SUBSTITUIERENDE POLYKONDENSATIONEN

Bei den *substituierenden* Polykondensationen sind die Polyamid- und Polyester-Bildungen besonders wichtig. Polyester werden durch AA/BB-Polykondensationen nach der allgemeinen Gleichung

(17–1) $HO-R-OH + XOC-R'-COX \longrightarrow \pm O-R-O-OC-R'-CO \pm + 2\,HX$

gebildet, wobei R und R' aliphatische, cycloaliphatische, heterocyclische oder aromatische Reste sein können. Falls die X-Gruppe eine Hydroxylgruppe ist, spricht man von Veresterungen. Alternativ können anstelle der Dicarbonsäuren auch die entsprechenden Anhydride verwendet werden; in diesem Falle wird natürlich pro Formalumsatz nur ein Molekül Wasser gebildet anstatt zwei wie in Gl. (17–1) angegeben. Falls die X-Gruppe eine OR''-Gruppierung ist, handelt es sich um Umesterungen; das abgehende Molekül ist hier ein Alkohol oder ein Phenol. Besonders reaktiv sind natürlich Säurechloride mit X = Cl, die dann in einer Schotten-Baumann-Reaktion mit den Diolen oder Diphenolen HO–R–OH reagieren.

Polyamid-Bildungen können ebenfalls schematisch durch

(17–2) $H_2N-R-NH_2 + XOC-R'-COX \longrightarrow \pm NH-R-NH-OC-R'-CO \pm + 2\,HX$

wiedergegeben werden. Bei Umsetzungen von Dicarbonsäuren mit X = OH handelt es sich hier um Amidierungen, bei Umsetzungen von Dicarbonsäuredichloriden (X = Cl) um Schotten-Baumann-Reaktionen. Umamidierungen mit X = OR″ werden relativ wenig verwendet.

Als Typus selten sind auch die Reaktionen von Dihalogeniden mit Dimetallverbindungen:

(17–3)   Hal–R–Hal + Mt–R′–Mt ⟶ ⟨R–R′⟩ + 2 MtHal

Bei aromatischen Verbindungen sind noch zwei andere substituierenden Polykondensationen gebräuchlich, nämlich

(17–4)   ⟨◯⟩–SO₂Cl ⟶ ⟨⟨◯⟩–SO₂⟩ + HCl

wobei anstelle der SO_2-Gruppe auch die CH_2-Gruppe treten kann und die oxidierende Kupplung

(17–5)   ⟨◯⟩–OH + 0,5 O₂ ⟶ ⟨⟨◯⟩–O⟩ + H₂O

Die bei den Reaktionen (17–1)–(17–4) auftretenden funktionellen Gruppen können sowohl in AB- als auch in AA- bzw. BB-Molekülen auftreten, d. h. sowohl bei Selbst- als auch bei Fremdkondensationen. Die Reaktion (17–5) ist auf Selbstkondensationen beschränkt.

17.1.3 ADDIERENDE POLYKONDENSATIONEN

Addierende Polykondensationen können durch Anlagerung funktioneller Gruppen an Doppelbindungen oder durch Addition an Heteroringe unter gleichzeitiger Ringöffnung stattfinden. Zur ersten Gruppe gehört die Polyurethan-Bildung aus Diolen und Diisocyanaten, bei denen sich die Wasserstoffe der Hydroxylgruppen an die Kohlenstoff/Stickstoff-Doppelbindungen der Isocyanat-Gruppen anlagern:

(17–6)   HO–R–OH + O=C=N–R′–N=C=O ⟶ ⟨O–R–O–OC–NH–R′–NH–CO⟩

Die Reaktion von Diisocyanaten mit Diaminen führt unter Addition entsprechend zu Polyharnstoffen, die mit Dicarbonsäuren unter Kohlendioxid-Abspaltung zu Polyamiden.

Addierende Polykondensationen an Kohlenstoff/Kohlenstoff-Doppelbindungen sind mit Diaminen (XH = NH₂) zu Iminen, mit Dithiolen (XH = SH) zu Thioethern, mit Aldoximen (XH = HON=CH) zu Polyamiden und mit Diphenolen (XH = OH) zu Polyethern möglich, wie hier für die Addition an Bismaleinimide gezeigt wird

(17–7)   [Strukturformel: Bismaleinimid] + HX–R′–XH ⟶ [Additionsprodukt mit X–R′–X]

Addierende Polykondensationen können schließlich auch unter gleichzeitiger Ringöffnung erfolgen, z. B. bei der Härtung von Diepoxiden mit Diaminen

(17–8)

$$\text{[epoxide-epoxide]} + H_2N-R-NH_2 \rightarrow {+}CH_2\underset{OH}{C}H\mathtt{\sim\!\sim}\underset{OH}{C}H-CH_2-NH-R-NH{+}$$

17.1.4 REAKTIONSLENKUNG

Das primäre Ziel jeder Polymersynthese sind hochmolekulare Verbindungen. Man muß also einerseits die physikalisch-chemischen Bedingungen für die Synthese wirklich makromolekularer Verbindungen kennen, andererseits aber auch die durch Thermodynamik und/oder Mechanismus gesetzten optimalen Ausbeuten. Die Ausbeuten sind dabei bekanntlich sowohl durch die Umsätze an Reaktanden als auch die Selektivität der Reaktion gegeben:

(17–9)   Ausbeute = Umsatz · Selektivität

Nebenreaktionen setzen die Selektivität herab. Sie werden zweckmäßig nicht bei Polykondensationen selbst, sondern bei den analogen niedermolekularen Reaktionen studiert. Hier können nämlich die Reaktionsansätze meist einfacher aufgearbeitet und auf eingetretene Nebenreaktionen untersucht werden. Diese chemisch-mechanistischen Aspekte lassen sich natürlich nicht generalisieren und werden daher bei den einzelnen Stoffsynthesen besprochen (vgl. Kap. 25–32).

Bei Polykondensationen müssen jedoch unabhängig vom Mechanismus immer sehr hohe Umsätze eingehalten werden, wenn man hochmolekulare lineare Polymere erhalten will. Ein Umsatz von 90% führt hier im günstigsten Fall nur zu Polymerisationsgraden von 10, ein Umsatz von 99% nur zu Polymerisationsgraden von 100 (vgl. Kap. 17.2). Die genauere Untersuchung der physikalisch-chemischen Gesetzmäßigkeiten zeigt außerdem, daß bei AA/BB-Polykondensationen auch die Stöchiometrie sehr wichtig ist, zumindest bei Gleichgewichtsreaktionen.

Bei multifunktionellen Polykondensationen müssen dagegen die Umsätze an Gruppen in der Regel nicht sehr hoch sein, damit vernetzte Polymere erhalten werden. Pro makromolekulare Kette müssen hier ja nur mindestens zwei Gruppen reagieren, damit alle Ausgangsketten miteinander verknüpft werden (Kap. 17.5). Die Forderung nach hohen Umsätzen für hohe Polymerisationsgrade ist daher bei multifunktionellen Polykondensationen nicht so kritisch wie bei bifunktionellen.

Unter Umständen führen jedoch multifunktionelle Polykondensationen nicht zu vernetzten, sondern zu linearen oder verzweigten Polymeren. Bei räumlich günstiger Anordnung der reaktiven Gruppen treten nämlich hier Cyclisierungen auf. Derartige Cyclopolykondensationen sind besonders wichtig für die Synthese von Polymeren mit Heteroringen in der Kette.

17.2 Bifunktionelle Polykondensationen: Gleichgewichte

17.2.1 GLEICHGEWICHTSKONSTANTEN

Polykondensationen sind prinzipiell Gleichgewichtsreaktionen. Bei nicht zu hohen Gleichgewichtskonstanten wird das Polykondensationsgleichgewicht in den üblichen Reaktionszeiträumen und bei den üblichen Umsätzen auch tatsächlich erreicht.

Die Gleichgewichtskonstante kann dabei auf den Umsatz an Gruppen oder den Umsatz an Molekülen bezogen werden.

Ein Beispiel dafür ist die Selbstkondensation einer ω-Hydroxycarbonsäure unter Wasserabspaltung zu einem Polyester. Die Gleichgewichtskonstante für die Veresterung von Hydroxyl- mit Carboxylgruppen ist dann durch

$$(17-10) \qquad K = \frac{[-COO-][W]}{[-COOH][-OH]}$$

definiert. Bei diesen Selbstkondensationen sind bei Abwesenheit von Nebenreaktionen immer gleich viel OH- und COOH-Gruppen vorhanden. Falls somit der Anteil p an Hydroxylgruppen verestert wird, sind noch je $1-p$ Anteile an Hydroxyl- bzw. Carboxylgruppen vorhanden sowie je p Anteile an Estergruppen und p_W Anteile an Wasser, bezogen auf die ursprünglich vorhandenen Stoffmengen an OH-Gruppen. Gl. (17–11) geht somit über in

$$(17-11) \qquad K = \frac{p\, p_W}{(1-p)^2}$$

Für die Ausbeute p an Estergruppen erhält man somit

$$(17-12) \qquad p = 1 + \frac{p_W}{2K} - \frac{p_W}{2K}\sqrt{1 + \frac{4K}{p_W}} \approx 1 - \left(\frac{p_W}{K}\right)^{1/2}$$

Das Vorzeichen vor der Wurzel muß dabei negativ sein, da sonst die Ausbeute p größer als 1 werden würde. Für nicht zu niedrige Umsätze geht die Beziehung ferner in den rechts stehenden Ausdruck über. Die Ausbeute an Estergruppen ist daher umso höher, je niedriger der Anteil an im Gleichgewicht verbleibendem Wasser und je größer die Gleichgewichtskonstante K ist.

Bei Selbstkondensationen und anderen substituierenden Polykondensationen bleibt die Gesamtzahl der Moleküle im System konstant. Die Änderungen der Translationsentropien und äußeren Rotationsentropien sind daher gleich null. Schwingungsentropie und innere Rotationsentropie nehmen dagegen zu, da bei Polymeren mehr Freiheitsgrade als bei Monomeren vorhanden sind. Der entropische Beitrag zur Gibbs-Energie der Polykondensation ist aber relativ klein gegenüber dem enthalpischen. Bei exothermen Reaktionen ist die Polymerisationsenthalpie negativ: die Gleichgewichtskonstanten der Polykondensation werden in diesem Fall mit steigender Temperatur abnehmen. Nach Gl. (17–12) wird dann auch die Ausbeute an Estergruppen kleiner. Die Förderung der Polykondensation durch Temperaturerhöhung erfolgt daher nicht durch eine Erhöhung der Gleichgewichtskonstanten, sondern vielmehr durch eine physikalische Entfernung des Abspaltungsproduktes Wasser aus dem Gleichgewicht, d. h. durch Erniedrigung von p_W.

In der niedermolekularen Chemie kann man ferner die Ausbeute an Estergruppen auch durch eine Erhöhung der Konzentrationen an Carboxyl- und/oder Hydroxylgruppen erhöhen. Dieser Weg ist in der makromolekularen Chemie nicht gangbar. Einmal können die Konzentrationen an diesen beiden Gruppen höchstens gleich denen in der Schmelze sein. Andererseits kann man nicht die Konzentration der einen Gruppe auf Kosten der anderen erhöhen: bei AB-Polykondensationen nicht, weil beide reagierende Gruppen in einem Molekül vereinigt sind, und bei AA/BB-Polykondensationen ebenfalls nicht, weil dann die andere Gruppe keinen Reaktionspartner findet. Setzt man z. B. 2 mol HO–R–OH mit 1 mol HOOC–R'–COOH um, so kann der mittlere Polymerisationsgrad nicht über 3 steigen, da bei vollständigem Umsatz die mittlere Zusammensetzung der Formel HO–R–O–(–OC–R'–CO–O–R–O–)$_n$H mit $n = 1$ entspricht. Tatsächlich sind jedoch im Produkt Moleküle mit n zwischen null und unendlich vorhanden (vgl. weiter unten). Das Beispiel zeigt aber, daß hohe Polymerisationsgrade nur bei äquivalenten Konzentrationen an beiden reagierenden Gruppen erhalten werden können.

Der in einem geschlossenen System erzielbare Polymerisationsgrad kann mit Hilfe des in Kap. 16.2.2 verwendeten Formalismus berechnet werden. Das Zahlenmittel des Polymerisationsgrades ist definitionsgemäß durch das Verhältnis der Zahl der Grundbausteine im System zur Zahl der Moleküle aus diesen Grundbausteinen gegeben:

$$(17-13) \quad \langle X \rangle_n = \frac{N_{mer}}{N_{mol}} = \frac{n_{mer}}{n_{mol}} = \frac{\sum_{i=1}^{\infty} [M_i] X_i}{\sum_{i=1}^{\infty} [M_i]}$$

Abgespaltene Wassermoleküle werden also bei der Berechnung des Polymerisationsgrades nicht mitgezählt, wohl aber nicht umgesetzte Monomermoleküle. Der Polymerisationsgrad ist ferner auf den Grundbaustein bezogen und nicht auf das Strukturelement. Die Summenausdrücke ergeben sich bei Selbstkondensationen zu

$$(17-14) \quad \sum_{i=1}^{\infty} [M_i] X_i = [M] + 2[M_2] + 3[M_3] + \ldots = [M]/(1-Y)^2$$

$$(17-15) \quad \sum_{i=1}^{\infty} [M_i] = [M] + [M_2] + [M_3] + \ldots = [M]/(1-Y)$$

wobei $Y = [M_i]/[M_{i-1}] \leq 1$ gesetzt wurde (vgl. Kap. 16.2.2). Aus der Definition der Gleichgewichtskonstanten für den Umsatz an Molekülen ergibt sich ferner

$$(17-16) \quad Y = K[M]/[W] = [M_i]/[M_{i-1}]$$

und damit für das Zahlenmittel des Polymerisationsgrades

$$(17-17) \quad \langle X \rangle_n = \frac{1}{1 - K[M][W]^{-1}}$$

Das Zahlenmittel des Polymerisationsgrades hängt daher bei Selbstkondensationen von der Gleichgewichtskonstanten und von den im Gleichgewicht vorhandenen Monomer- und Wasserkonzentrationen ab. Bei Fremdkondensationen ist dazu noch die Stöchiometrie wichtig (vgl. Kap. 17.2.2).

Die Gleichgewichtskonstanten von Veresterungen und Umesterungen liegen in der Regel bei ca. 1–10 (Tab. 17–1). Die Gleichgewichtskonstanten von Amidierungen liegen höher, aber nicht so hoch wie die von Schotten-Baumann-Reaktionen. Bei den letzteren werden daher oft nicht die Gleichgewichtszustände erreicht; die Polykondensation ist irreversibel. Hohe Gleichgewichtskonstanten werden auch für Cyclopolykondensationen berichtet.

Tab. 17–1: Gleichgewichtskonstanten verschiedener Polykondensationen. Die Beispiele 6 und 7 beziehen sich auf die ohne Wasseraustritt verlaufende erste Stufe der Polykondensation zu Polyamidsäuren

Monomere	$T/°C$	K
HOOC–⌬–COOH / HOCH$_2$CH$_2$OH	186	9,6
CH$_3$OOC–⌬–COOCH$_3$ / HOCH$_2$CH$_2$OH	280	4,9
HOCH$_2$CH$_2$OOC–⌬–COOCH$_2$CH$_2$OH	280	0,39
HOOC(CH$_2$)$_4$COOH / HO(CH$_2$)$_5$OH	280	6,0
HOOC(CH$_2$)$_{10}$NH$_2$	280	300
Pyromellitsäuredianhydrid / H$_2$N–⌬–O–⌬–NH$_2$	250	10^5 l/mol
Dianhydrid / H$_2$N–⌬–NH$_2$, H$_2$N–⌬–O–⌬–NH$_2$	250	10^{22} l/mol
C$_6$H$_5$COCl / C$_6$H$_5$OH	40	4300
C$_6$H$_5$COCl / C$_6$H$_5$OH	220	220

17.2.2 UMSATZ UND POLYMERISATIONSGRAD

Die Abhängigkeit des Polymerisationsgrades von Stöchiometrie und Umsatz kann sehr elegant über das Reaktionsausmaß der Gruppen ermittelt werden. Dazu wird vorausgesetzt, daß die funktionellen Gruppen nur durch Polykondensation und weder durch Nebenreaktionen noch durch Flüchtigkeit usw. aus dem System verschwinden. Bei der Polykondensation von A-Gruppen mit B-Gruppen (z. B. A–A mit B–B oder A–B mit A–B) sind am Anfang $(n_A)_0$ mol A-Gruppen (nicht Moleküle) und $(n_B)_0$ mol B-Gruppen im Verhältnis $r_0 = (n_A/n_B)_0$ vorhanden. r_0 wird so definiert, daß es nie größer als 1 ist (d.h. $(n_A)_0 < (n_B)_0$). p_A sei ferner das Reaktionsausmaß, d.h. der Bruchteil der im Unterschuß vorliegenden A-Gruppen, die bei einem bestimmten Umsatz reagiert haben.

Zur Berechnung der Mol Grundbausteine im System (n_{mer}) überlegt man sich, daß bei bifunktionellen Verbindungen die Zahl der A- und B-Gruppen doppelt so groß wie die der Bausteine ist:

$$(17-18) \quad n_{mer} = ((n_A)_0 + (n_B)_0)/2 = \frac{(n_A)_0 \, (1 + (1/r_0))}{2}$$

Die Berechnung der Stoffmengen an Molekülen kann über die Zahl der Endgruppen erfolgen, da pro Molekül nach Voraussetzung zwei Endgruppen vorhanden sein müssen. Nach einem bestimmten Umsatz p_A sind noch

$$(17-19) \quad n_A = (n_A)_0 - p_A (n_A)_0$$

17.2 Bifunktionelle Polykondensationen: Gleichgewichte

Mol A-Gruppe als Endgruppen vorhanden. Für die Stoffmengen an B-Endgruppen kann man eine analoge Gleichung ansetzen. Pro B-Gruppe wird aber auch eine A-Gruppe umgesetzt, also

$$(17-20) \quad n_B = (n_B)_0 - p_B(n_B)_0 = (n_B)_0 - p_A(n_A)_0$$

Für die totale Stoffmenge $n_E = n_A + n_B$ aller Endgruppen nach einem bestimmten Umsatz gilt dann

$$(17-21) \quad n_E = n_A + n_B = ((n_A)_0 - (n_A)_0 + ((n_B)_0 - p_A(n_A)_0))$$

und nach Addieren von $(n_A)_0 - (n_A)_0$ sowie nach Einführung von $r_0 = (n_A)_0/(n_B)_0$ und nach einer Umformung

$$(17-22) \quad n_E = (n_A)_0 [2(1-p_A) + (1-r_0)/r_0]$$

Die Zahl der Moleküle ist bei bifunktionellen Kondensationen halb so groß wie die Zahl der Endgruppen. Folglich gilt für Gl. (17-13)

$$(17-23) \quad \overline{X}_n = n_{mer}/n_{mol} = 2\, n_{mer}/n_E$$

oder mit Gl. (17-18) und Gl. (17-22) und nach einer Umformung

$$(17-24) \quad \overline{X}_n = \frac{r_0 + 1}{2 r_0 (1 - p_A) + 1 - r_0}$$

Das maximal erreichbare Zahlenmittel des Polymerisationsgrades bifunktioneller Polykondensate ist somit durch das Ausgangsmolverhältnis r_0 und das Reaktionsausmaß p_A gegeben.

Gl. (17-24) enthält einige Spezialfälle der bifunktionellen Polykondensation:

a) Äquimolare Ausgangsmischungen ($r_0 = 1$) und ein Reaktionsausmaß von 100 % ($p_A = 1$) führen zu einem unendlich hohen Polymerisationsgrad.

b) Bei vollständiger Reaktion ($p_A = 1$) der im Unterschuß vorliegenden A-Gruppen ($r_0 < 1$) reduziert sich Gl. (17-24) zu

$$(17-25) \quad (\overline{X}_n)_\infty = \frac{1 + r_0}{1 - r_0}$$

und der optimal erreichbare Polymerisationsgrad ist durch das Ausgangsmolverhältnis an Gruppen gegeben (Tab. 17-2). Je näher r_0 an 1 liegt, umso höher ist der erzielbare Polymerisationsgrad $(\overline{X}_n)_\infty$. Technische Polykondensate weisen Polymerisationsgrade von ca. 200 auf. Bei ihrer Synthese müssen also anfänglich etwa 1 Molproz. Überschuß an einer Gruppe oder die äquivalente Menge monofunktioneller Verunreinigungen anwesend gewesen sein oder aber das abgespaltene Wasser ist nur bis zu dem durch Gl. (17-17) gegebenen Wert entfernt worden.

c) Bei äquimolaren Ausgangskonzentrationen ($r_0 = 1$) hängt der optimal erreichbare Polymerisationsgrad nur noch vom Reaktionsmaß p_A ab (Tab. 17-3), da Gl. (17-24) übergeht in

$$(17-26) \quad \overline{X}_n = \frac{1}{1-p_A}$$

Tab. 17–2: Abhängigkeit des bei einem Reaktionsausmaß von 100 % ($p_A = 1$) erreichbaren Polymerisationsgrades $(\overline{X}_n)_\infty$ vom Ausgangsmolverhältnis r_0 der funktionellen Gruppen

$(n_A)_0$ mol	$(n_B)_0$ mol	$r_0 = (n_A)_0/(n_B)_0$	$(\overline{X}_n)_\infty$
1,0000	2,0000	0,5000	~ 3
1,0000	1,1000	0,9091	~ 21
1,0000	1,0100	0,9901	~ 201
1,0000	1,0010	0,9990	~ 2000
1,0000	1,0001	0,9999	~ 20000

Tab. 17–3: Zahlenmittel des Polymerisationsgrades $\overline{X}_n$ als Funktion des Reaktionsausmaßes p_A bei bifunktionellen Reaktionen

p_A	$\overline{X}_n$ für $r_0 = 1$	$r_0 = 0,833$
0,1	1,1	1,1
0,9	10	5,5
0,99	100	10
0,999	1000	10,9
0,9999	10000	11

Die bei der Polykondensation bifunktioneller Monomerer entstehenden Polymeren enthalten bei anfänglicher Äquivalenz der funktionellen Gruppen ($r_0 = 1$) noch kondensationsfähige Endgruppen, z. B. bei der Polyesterbildung —COOH und —OH. Diese Endgruppen können während der Verarbeitung des Polymeren noch weiterkondensieren und dadurch z. B. die Schmelzviskosität in unerwünschter Weise erhöhen. Die Weiterkondensation kann man wie folgt verhindern:

Arbeitet man mit einem kleinen Überschuß an einem der beiden Ausgangsmonomeren, so entsteht nur eine Sorte von Endgruppen. Wenn die endständigen Gruppen nicht miteinander reagieren können und die abspaltbaren endständigen Bausteine nicht flüchtig sind, so kann keine Weiterkondensation eintreten. Diese Bedingungen sind jedoch nur selten erfüllbar. Arbeitet man bei der Esterkondensation mit einem kleinen Überschuß an Äthylenglykol, so entstehen zwar nur Hydroxylendgruppen, die unter den Kondensationsbedingungen praktisch nicht miteinander reagieren. Die entstandenen Makromoleküle können aber eine Glykolyse eingehen, wobei die endständigen Glykolmoleküle abgespalten und aus dem Gleichgewicht entfernt werden.

Die Weiterkondensationen werden daher in der Regel durch Zusatz kondensationsfähiger monofunktioneller Verbindungen verhindert, die somit als „Kettenstabilisatoren" oder „Molmassenstabilisatoren" wirken. Diese Stabilisierung ist besonders bei den Polyamiden wichtig, da dort die Gleichgewichtskonstanten ca. hundertmal größer als bei den Polyestern sind. Liegen n_1 Mole der monofunktionellen Verbindungen vor, so wird Gl. (17–24) modifiziert zu

$$(17-27) \quad \overline{X}_n = \frac{1 + (n_1/n_A)_0}{1 - p_A + (n_1/n_A)_0}$$

p_A ist wieder das Reaktionsausmaß, $(n_A)_0$ die eingesetzten Mole an funktionellen Gruppen A. Die vorstehenden Gleichungen wurden unter der Annahme abgeleitet, daß die Monomeren nicht flüchtig sind und keine Nebenreaktionen eingehen. Diese Bedingungen sind nicht immer erfüllt. Bei der technisch wichtigen Polykondensation von Ethylenglykol mit Terephthalsäuredimethylester muß das Ausgangsmolverhältnis Glykol/Terephthalsäureester wegen der Flüchtigkeit des Ethylenglykols mindestens 1,4 betragen, damit genügend hohe Molmassen erreicht werden. Bei der Umesterung des Terephthalsäuredimethylesters mit dessen Hydrierungsprodukt Cyclohexan-1,4-dimethylol wird dagegen die höchste Molmasse beim Ausgangsmolverhältnis 1 : 1 erreicht (Abb. 17—1).

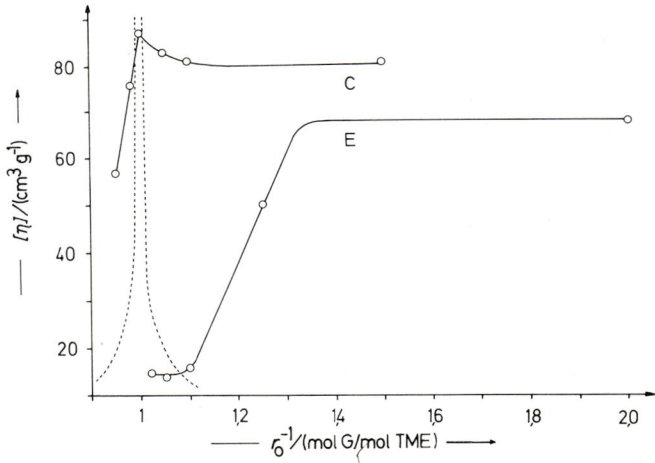

Abb. 17—1: Staudinger-Indices $[\eta]$ als Maß für die Molmasse in Abhängigkeit vom Ausgangsmolverhältnis mol Glykol/mol TME bei der Polykondensation von Terephthalsäuredimethylester TME mit 1,4-Cyclohexandimethylol C bzw. Ethylenglykol E (nach H.-G. Elias). — — — Theorie für die Polykondensation äquivalenter Mengen TME und E bei Abwesenheit chemischer und physikalischer Nebenreaktionen ($p = 1$).

Höhere Molverhältnisse Diol/Terephthalsäureester lassen hier die Molmasse praktisch konstant, da bei dieser Polyreaktion zuerst durch Umesterung Produkte mit Glykolendgruppen gebildet werden. Diese Produkte kondensieren anschließend unter Abspaltung von Glykol weiter zu höhermolekularen Produkten.

17.2.3 UMSATZ UND POLYMERISATIONSGRADVERTEILUNG

Da bei Polykondensationen alle gleichen Gruppen wegen des Prinzips der gleichen chemischen Reaktivität gleiche Reaktionswahrscheinlichkeiten besitzen, entstehen bei der Polykondensation Mischungen verschiedener Polymerisationsgrade. Ihre Verteilungsfunktion kann im Prinzip über kinetische Ansätze durch eine Aufsummierung der Anteile an den einzelnen Stufen abgeleitet werden. Eleganter ist die Ableitung über Wahrscheinlichkeitsrechnungen.

Vorausgesetzt sei die Polykondensation äquimolarer Mengen bifunktioneller Verbindungen (d.h. AB + AB oder AA + BB), z. B. die Reaktion von HO–R–OH mit HOOC–R'–COOH. p sei die Wahrscheinlichkeit für die Bildung einer Esterbindung. Sie ist gleich dem Reaktionsausmaß, bezogen auf funktionelle Gruppen. Der Bruchteil nichtumgesetzter Gruppen ist folglich $(1-p)$.

Die Wahrscheinlichkeit für die Bildung von drei Esterbindungen in einem Molekül ist p^3. Dazu sind 4 Grundbausteine erforderlich. Die Wahrscheinlichkeit des Auftretens für eine beliebige Zahl von Estergruppierungen ist folglich p^{X-1}, wobei X der Polymerisationsgrad ist.

Die Wahrscheinlichkeit p_X für das Auftreten *eines* Polymermoleküls vom Polymerisationsgrad X setzt sich aus der Wahrscheinlichkeit für das Auftreten von Esterbindungen und aus der Wahrscheinlichkeit für das Auftreten nichtreagierter Endgruppen zusammen, also

(17–28) $p_i = p^{X-1}(1-p)$

In einem Polykondensat sind N_{mol} Moleküle verschiedener Polymerisationsgrade vorhanden. Die Anzahl der Moleküle mit dem Polymerisationsgrad X ist proportional der Gesamtzahl der Moleküle

(17–29) $N_i = N_{mol}\, p^{X-1}(1-p)$

Der Stoffmengenanteil beträgt somit

(17–30) $x_i = \dfrac{N_i}{N_{mol}} = p^{X-1}(1-p)$

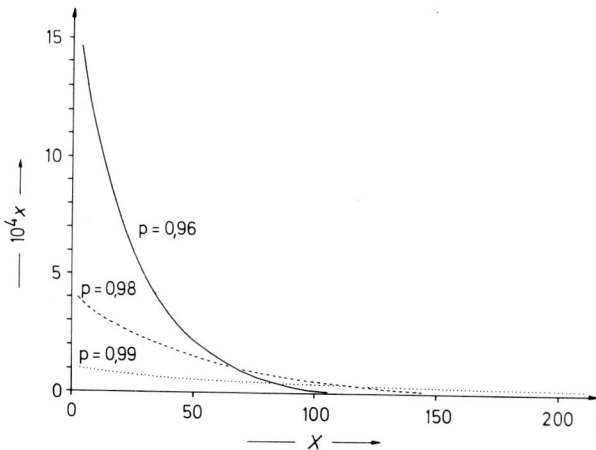

Abb. 17–2: Abhängigkeit der Stoffmengenanteile x vom Polymerisationsgrad X bei der Polykondensation äquivalenter Mengen bifunktioneller Monomerer. Die Zahlen geben das Reaktionsausmaß p an.

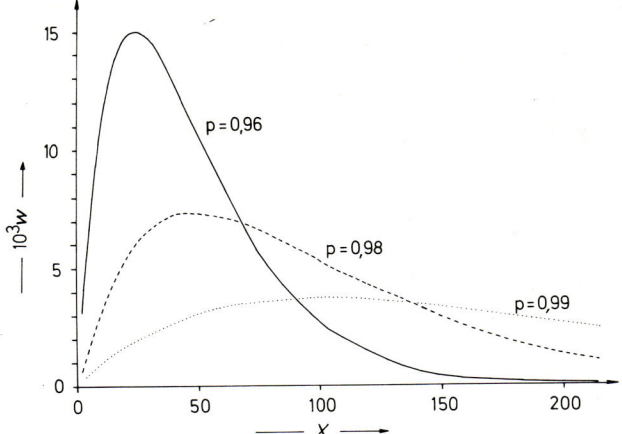

Abb. 17–3: Abhängigkeit der Massenbrüche w vom Polymerisationsgrad X bei der Polykondensation äquivalenter Mengen bifunktioneller Monomerer. Die Zahlen geben das Reaktionsausmaß p an.

Die Zahl der Moleküle wird nach Gl. (17–13) durch $N_{mol} = N_{mer}/\overline{X}_n$ ersetzt. $\overline{X}_n$ kann bei äquimolaren Ausgangsmengen nach Gl. (17–26) durch das Reaktionsausmaß ersetzt werden. Gl. (17–30) wird somit zu

(17–31) $\quad N_i = N_{mer}\, p^{X-1}\,(1-p)^2$

Der Massenanteil w_i von Molekülen mit dem Polymerisationsgrad X ist durch

(17–32) $\quad w_i = N_i X/N_{mer}$

gegeben. Setzt man Gl. (17–32) in (17–31) ein, so erhält man

(17–33) $\quad w_i = X\, p^{X-1}(1-p)^2$

Die nach Gl. (17–30) berechnete Abhängigkeit der Stoffmengenanteile x_i vom Polymerisationsgrad X ist in Abb. 17–2 für verschiedene Umsätze (verschiedene p-Werte) aufgetragen. Je höher der Polymerisationsgrad, umso kleiner wird der Stoffmengenanteil. Mit zunehmendem Umsatz wird die Molmassenverteilung immer breiter. Die entsprechenden Verteilungskurven für die Massenanteile w_i gehen dagegen durch Maxima (Abb. 17–3).

Das Zahlenmittel des Polymerisationsgrades ist durch

(17–34) $\quad \overline{X}_n \equiv \sum_i x_i X_i$

definiert. Mit Gl. (17–26) gilt somit

(17–35) $\quad \overline{X}_n = \sum_i X_i p_i^{X-1}(1-p) = 1/(1-p)$ *

also die gleiche Beziehung wie in Gl. (17–26). Das Gewichtsmittel $\overline{X}_w$ des Polymerisationsgrades ist über

(17–36) $\quad \overline{X}_w \equiv \sum_i w_i X_i$

'definiert. Mit Gl. (17–33) erhält man

(17–37) $\overline{X}_w = \sum_i X_i^2 p^{X-1}(1-p)^2 = (1+p)/(1-p)$*

Durch Kombination der Gl. (17–35) und (17–37) erhält man mit Gl. (17–26) nach Auflösung

(17–38) $\overline{X}_w = 2\,\overline{X}_n - 1$

Für das z-Mittel des Polymerisationsgrades ergibt sich durch ähnliche Überlegungen

(17–39) $\overline{X}_z = \dfrac{3\,\overline{X}_w^2 - 1}{2\,\overline{X}_w} = \dfrac{1 + 4p + p^2}{(1-p)(1+p)}$

Durch analoge Ableitungen erhält man für nichtäquimolare Ausgangsverhältnisse ($r_0 < 1$) bei vollständigem Umsatz der im Unterschuß vorliegenden Gruppe ($p_A = 1$)

(17–40) $w_i = X_i r_0^{(X-1)/2}\,(1-r_0)^2/(1+r_0)$

Für einen unvollständigen Umsatz sind die Gleichungen komplizierter, da hier im Polymerisat gleichzeitig Moleküle mit gerader und ungerader Zahl der Grundbausteine auftreten.

Setzt man z. B. zwei Mol Diamin mit einem Mol Dicarbonsäure ($r_0 = 0{,}5$) vollständig ($p_{COOH} = 1$) um, so beträgt nach Gl. (17–25) das Zahlenmittel der Polymerisationsgrades $\overline{X}_n = 3$ und das Gewichtsmittel nach Gl. (17–38) $\overline{X}_w = 5$. Das Diamid wird jedoch nach Gl. (17–40) nur zu 25 Gew. proz. gebildet ($w_i = 0{,}25$), sodaß die Ausbeute an dieser Verbindung nur 25 % des molaren Formelumsatzes betragen kann (Tab. 17–4).

Tab. 17–4: Massenanteile w_i der einzelnen Verbindungen bei der Polykondensation von zwei Mol Diamin mit 1 Mol Dicarbonsäure

Polymerisationsgrad X_i	Massenbruch w_i	Stoffmengenanteil $x_i = w_i \overline{X}_n/X_i$
1 (Diamin)	0,167	0,501
3 (Diamid)	0,250	0,250
5	0,208	0,125
7	0,146	0,063
9	0,094	0,031
11	0,057	0,016

---

* $\sum_i X_i p^{X-1} = 1/(1-p)^2$

$\sum_i X_i^2 p^{X-1} = (1+p)/(1-p)^3$

17.3 Bifunktionelle Polykondensationen: Kinetik

17.3.1 HOMOGENE POLYKONDENSATIONEN

Die Mechanismen von Polykondensationsreaktionen sind die gleichen wie die der entsprechenden niedermolekularen Kondensationen und werden daher nicht detailliert besprochen. Durch die Änderung der Molekülgröße mit der Zeit und die für große Polymerisationsgrade erforderlichen sehr hohen Umsätze treten aber einige Besonderheiten in der Kinetik auf. Sie seien am Beispiel der Polyestersynthese, der kinetisch am besten untersuchten Polykondensationsreaktion besprochen.

Kondensiert man eine Dicarbonsäure HOOC—R—COOH mit einem Glykol HO—R'—OH, so hängt bei irreversiblen Reaktionen die Abnahme der Konzentration an Carboxylgruppen von den Molkonzentrationen an Carboxylgruppen, Hydroxylgruppen und Katalysator K ab:

(17–41) $\quad -d\,[COOH]/dt = k\,[K]\,[COOH]\,[OH]$

Geht man von äquivalenten Molkonzentrationen an Hydroxyl- und Carboxylgruppen aus, so wird $[COOH] = [OH]$. Die zur Zeit t vorliegende Molkonzentration an Carboxyl-Gruppen $[COOH]$ ist über das Reaktionsausmaß p mit der anfänglich vorhandenen Molkonzentration $[COOH]_0$ verknüpft. Gl. (17–41) wird mit diesen Bedingungen und Gl. (17–26) für konstante Katalysatorkonzentration nach der Integration zu

(17–42) $\quad 1/(1-p) = 1 + k\,[K]\,[COOH]_0\,t = \overline{X}_n$

Bei Polykondensationen ohne zusätzlichen Katalysator wirken die Carboxylgruppen als Katalysator. Gl. (17–44) wird somit zu

(17–43) $\quad -d\,[COOH]/dt = k\,[COOH]^2\,[OH]$

und für äquivalente Ausgangskonzentrationen nach Integration

(17–44) $\quad 1/(1-p)^2 = 1 + 2k\,[COOH]_0^2\,t = \overline{X}_n^2$

Die experimentelle Prüfung dieser Ansätze ergab in der Tat für Polymerisationsgrade zwischen ca. 5 und 50 die erwarteten linearen Beziehungen zwischen $1/(1-p)$ und t im Falle der durch 0,1 Mol proz. p-Toluolsulfonsäure katalysierten Polykondensation von 12-Hydroxystearinsäure (Abb. 17–4) sowie zwischen $1/(1-p)^2$ und t im Falle der gleichen Polykondensation ohne zugesetzten Katalysator. Bei größeren und kleineren Polymerisationsgraden treten aber gelegentlich Abweichungen auf. Da Zahlenmittel der Polymerisationsgrade zwischen 5 und 50 nur Umsätzen p zwischen 0,8 und 0,98 entsprechen, gelten die abgeleiteten Beziehungen offenbar nur für einen verhältnismäßig kleinen Umsatzbereich.

Für die Abweichungen bei hohen Polymerisationsgraden ist in der Regel die Reaktion des Katalysators mit den Endgruppen des Polymeren verantwortlich. Ein Katalysator wie p-Toluolsulfonsäure wird der Reaktionsmischung nur in kleinen Konzentrationen zugesetzt. Am Anfang der Polykondensation sind viele Carboxylgruppen vorhanden, bei hohen Umsätzen aber nur noch wenige. Die Konzentration des Katalysators wird dann der Konzentration an Carboxylgruppen vergleichbar. Die Säuregrup-

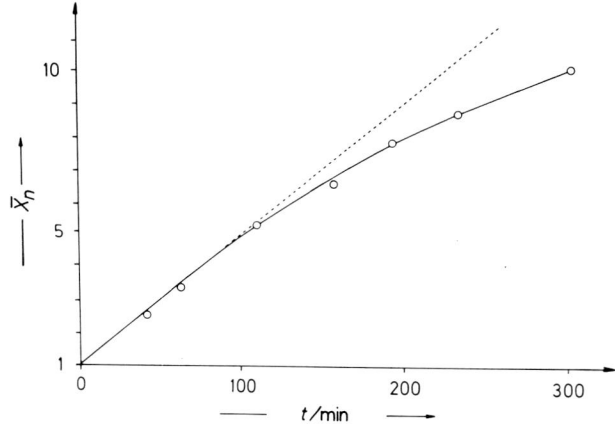

Abb. 17–4: Abhängigkeit des Zahlenmittels $\bar{X}_n$ des Polymerisationsgrades von der Zeit t bei der Polykondensation von 12-Hydroxystearinsäure bei 152,5°C mit 0,01 mol p-Toluolsulfonsäure/mol Grundbaustein als Katalysator. – – – Reaktionsverlauf nach Entfernen unverbrauchten Katalysators und erneutem Zusatz gleicher Mengen wie beim Beginn der Polykondensation (nach C. E. H. Bawn und M. B. Huglin).

pen des monofunktionellen Katalysators verestern dann ebenfalls Hydroxylgruppen. Die Konzentration an Katalysator und damit auch die Reaktionsgeschwindigkeit sinkt. Wäscht man zu diesem Zeitpunkt den noch unverbrauchten Katalysator aus und ersetzt ihn durch Katalysator in Höhe der Anfangskonzentration, so ist die lineare Beziehung zwischen $1/(1-p)$ und t auch noch bei höheren Umsätzen erfüllt (Abb. (17–4)).

Die Abweichungen bei niedrigen Umsätzen sind ungeklärt. Bei der Polykondensation von 12-Hydroxystearinsäure wurden sie nicht beobachtet (vgl. Abb. 17-4), wohl aber z.B. bei der Polykondensation von Adipinsäure mit Diglykol. Da bei der letztgenannten Polykondensation viel polarere Ausgangsmonomere eingesetzt werden, könnte eine Änderung der Aktivitätskoeffizienten der Endgruppen mit dem Umsatz die Ursache für die Abweichungen sein.

Die Geschwindigkeitskonstanten einiger Polykondensationen sind in Tab. 17–5 zusammengestellt. Sie liegen in den üblichen Temperaturbereichen sämtlich zwischen ca. 10^{-2} und 10^{-5} l mol^{-1} s^{-1} und sind daher um mehrere Größenordnungen niedriger als die Geschwindigkeitskonstanten der Wachstumsreaktion bei Polymerisationen (vgl. Kap. 18–20). Polykondensationen sind daher sehr langsame Polyreaktionen. Da bei ihnen außerdem hohe Polymerisationsgrade erst bei sehr hohen Umsätzen erreicht werden, zieht man im allgemeinen Polymerisationen vor, sofern nicht wirtschaftliche Gründe dagegen sprechen.

17.3.2 HETEROGENE POLYKONDENSATIONEN

Große Gleichgewichtskonstanten bedeuten viel schnellere Hinreaktionen als Rückreaktionen. Echte Polykondensationsgleichgewichte können sich daher erst nach sehr langen Zeiten ausbilden. Bei den üblichen Reaktionszeiten erscheint die Reaktion irreversibel: die größeren Geschwindigkeitskonstanten für die Polymerbildung führen zu relativ hohen Polymerisationsgraden schon bei niedrigen Totalumsätzen, die Polymerisationsgradverteilung folgt nicht den bei Gleichgewichtskondensationen üblichen Regeln und die Forderung nach Äquivalenz der Gruppen ist nicht so kritisch. Die Einstellung eines Gleichgewichtes ist natürlich besonders bei heterogen ablaufenden Polykondensationen sehr schwierig, da hier das gebildete Polymer ständig aus dem Reaktionsansatz entfernt wird.

Tab. 17–5: Geschwindigkeitskonstanten verschiedener Polykondensationen. Die Phenylengruppierungen sind jeweils in p-Stellung substituiert

Monomere	T / °C	$10^5 k$ / $l\,mol^{-1}s^{-1}$	Bem.
$HO(CH_2)_2OH$ / $HOOC-C_6H_4-COOH$	254	2,3	ohne Katalysator
$HO(CH_2)_2OH$ / $HOOC-C_6H_4-COOH$	251	7,8	mit 0,025 Gew.–% Sb_2O_3
$HO(CH_2)_2OH$ / $HOOC-C_6H_4-COOH$	250	110	mit 0,001 mol–% $Mn(OAc)_2$
$H_2N(CH_2)_{10}COOH$	176	18	in Kresol
$HO(CH_2)_4OH$ / $OCN-C_6H_4-NCO$	100	90	–
$HO-C_6H_4-C(CH_3)_2-C_6H_4-OH$ / $Cl-C_6H_4-SO_2-C_6H_4-Cl$	100	1200	in DMSO
$Cl-C_6H_4-SNa$	250	36	in Pyridin

Die bekannteste heterogen ablaufende Polykondensation ist die sog. Grenzflächen-Polykondensation oder Grenzflächen-Kondensation. Bei der Grenzflächen-Polykondensation reagieren zwei Monomere an der Phasengrenzfläche zwischen zwei nicht miteinander mischbaren Lösungsmitteln. Das gebildete Polykondensat fällt meist an der Grenzfläche in Form eines Filmes aus (Abb. 17–5). Mechanisch

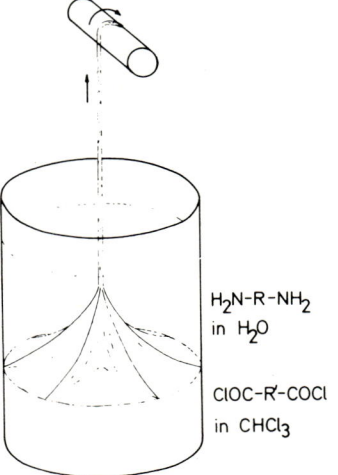

Abb. 17–5: Schematische Darstellung einer Grenzflächenkondensation mit Bildung eines Polymerfilms an der Grenzfläche zwischen wäßriger und chloroformischer Lösung.

stabile Filme können von der Grenzfläche abgezogen werden. Nicht entfernte Filme behindern den Transport der Monomermoleküle zur Phasengrenzfläche, sodaß die Polykondensation mit zunehmender Zeit immer langsamer wird.

Grenzflächen-Kondensationen wurden bislang fast ausschließlich mit Hilfe der Schotten-Baumann-Reaktion ausgeführt. Bei dieser Reaktion reagiert ein Dicarbonsäuredichlorid in z. B. Chloroform mit einem Diamin oder Diol in Wasser, z. B. nach

(17–45)

$$n\ H_2N-R-NH_2\ +\ n\ ClOC-R'-COCl\ \longrightarrow$$
$$\longrightarrow\ -(\!-NH-R-NH-CO-R'-CO\!-)_n\ +\ 2\ n\ HCl$$

Da die Säurechloride wegen der größeren Basizität des Diamins schneller mit diesem als mit dem Wasser reagieren, erhält man nur eine relativ geringe Verseifung des Säurechlorides zur Säure. Zum Binden des bei der Reaktion entstehenden HCl wird oft eine nichtkondensierbare Base (z. B. Pyridin) zugesetzt.

Bei der Grenzflächen-Polykondensation diffundiert das hydratisierte Diamin durch den immer dicker werdenden Film und reagiert auf dessen organischer Seite mit dem Dichlorid. Die Reaktion ist offensichtlich diffusionskontrolliert, da die Diffusionsgeschwindigkeit um Größenordnungen kleiner als die Reaktionsgeschwindigkeit ist. Die Wachstumsgeschwindigkeit dL/dt des Films ist umso größer, je höher die Konzentration c_A des Diamins und je kleiner die Filmdicke L ist, d. h. es gilt $dL/dt = k\,(c_A/L)$. Die Proportionalitätskonstante k enthält den Diffusionskoeffizienten des Diamins in den Film. Die Diffusionsgeschwindigkeit des Diamins in die organische Phase kann dabei durch Zusatz von Phasentransfer-Verbindungen wie z. B. quaternäre Ammonium- und Phosphoniumsalze sehr stark erhöht werden.

Auf der organischen Seite sammeln sich Wassertropfen an, die mit der Zeit immer größer werden. Das transportierte Wasser verseift COCl-Endgruppen

(17–46) $\quad R-COCl\ +\ H_2O\ \longrightarrow\ R-COOH\ +\ HCl$

Es entstehen zwei Äquivalente Säure, die durch Neutralisation ein Molekül Diamin verbrauchen. Von der Wachstumsgeschwindigkeit dL/dt ist folglich noch ein Faktor abzuziehen, der die Verseifungsreaktion berücksichtigt. Die Verseifungsreaktion hängt von der Filmdicke L und von einer Konstanten k' ab, die der Geschwindigkeitskonstanten der Verseifungsreaktion proportional ist:

(17–47) $\quad dL/dt = k\,(c_A/L) - k'L$

oder

(17–48) $\quad L = L_\infty (1 - \exp(-2\,k't))^{0,5}$

Die Filmdicke L_∞ bei unendlicher Zeit ergibt sich aus dem Grenzfall $dL/dt = 0$ zu

(17–49) $\quad L_\infty = (k/k')^{0,5}\,c_A^{0,5}$

Die Filmdicke strebt also nach unendlich langer Zeit einem Grenzwert L_∞ zu (vgl. Abb. 17–6)), der durch die beiden Proportionalitätskonstanten und die Konzentration des Diamins gegeben ist.

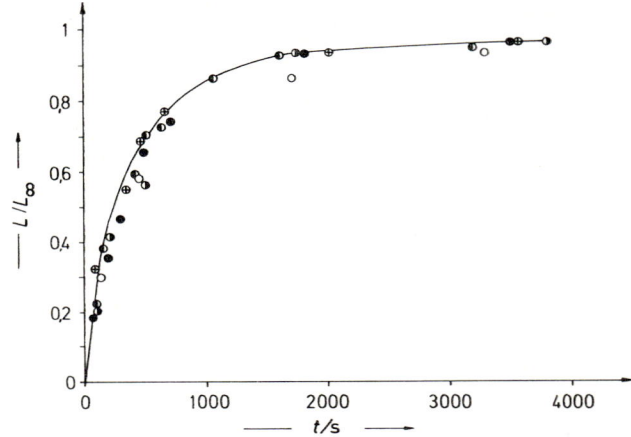

Abb. 17–6: Abhängigkeit der reduzierten Filmdicke L/L_∞ von der Zeit t bei der Grenzflächenkondensation von Hexamethylendiamin mit Sebacoylchlorid bei variabler Diamin-Konzentration zwischen 0,5 und 0,05 mol/l (verschiedene Zeichen) und konstantem (1 : 1) Molverhältnis von Amin und Säurechlorid (nach V. Enkelmann und G. Wegner).

Da die Grenzflächen-Polykondensation diffusionskontrolliert ist und ein Teil des Säurechlorids durch Verseifung verloren geht, muß das Verhältnis an funktionellen Gruppen nicht exakt äquivalent sein. In der Tat läuft das Molverhältnis für jedes Monomerpaar in Abhängigkeit vom Molverhältnis Amin/Säurechlorid durch ein Maximum (Abb. 17-7). Das optimale Molverhältnis wird durch den Verteilungskoeffizienten des Amins zwischen Wasser und organischem Lösungsmittel reguliert (Tab. 17–6).

Auch die Reinheit der Monomeren braucht wegen der Diffusionskontrolle nicht sehr groß zu sein. Schnell reagierende monofunktionelle Monomere müssen allerdings ausgeschlossen werden. Im Gegensatz zur Polykondensation in der Schmelze können mit der Grenzflächen-Polykondensation auch hitzeempfindliche Polymere oder solche mit hitzeempfindlichen Gruppen hergestellt werden.

Tab. 17-6: Abhängigkeit der Staudinger-Indices [η] vom Verteilungskoeffizienten des Hexamethylendiamins bei der Grenzflächenkondensation mit Sebacoyldichlorid

Lösungsmittel LM	Verteilungskoeffizient des Amins Wasser/LM	optimales Molverhältnis Diamin/Dichlorid	$\dfrac{[\eta]}{\text{ml/g}}$
Cyclohexan	182	17	86
Xylol	50	8	147
Ethylenchlorid	5,6	2,3	176
Chloroform	0,70	1,7	275

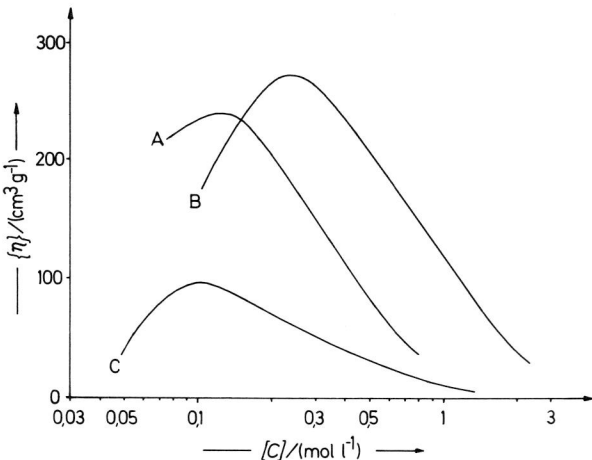

Abb. 17-7: Abhängigkeit der Molmasse, ausgedrückt durch die inhärente Viskosität $\{\eta\}$ (in cm^3/g), als Funktion der molaren Konzentration des Säurechlorides in Chloroform bei der Grenzflächenkondensation mit 0,4 mol/l Diamin. A, B, C = verschiedene Polyamide (nach H. F. Mark).

17.4 Bifunktionelle Copolykondensationen

Copolymere lassen sich durch Polykondensationen auf verschiedene Weise herstellen. Streng alternierende Copolymere erhält man am einfachsten, wenn die eine der beiden Bindungsarten in einem Monomeren vorgegeben und die andere dann durch Polykondensation gebildet wird. Alternierende Copolymere aus Piperazin (Diethylendiamin), Ethylenglykol, Kohlensäure und Adipinsäure entstehen z. B. wenn man durch Reaktion des Piperazins mit Ethylencarbonat zunächst ein Glykol herstellt, das erst dann mit Adipinsäuredichlorid polykondensiert wird

(17–50)

$$HN\overbrace{}NH + 2\ O\overbrace{}O \longrightarrow HOCH_2CH_2O-CO-N\overbrace{}N-CO-OCH_2CH_2OH$$
$$\qquad\qquad\qquad\quad \underset{O}{\parallel} \qquad\qquad\qquad\qquad\qquad\qquad\qquad\qquad\qquad\qquad\qquad I$$

$$I + ClOC-R-COCl \longrightarrow +OCH_2CH_2OOC-N\overbrace{}N-COOCH_2CH_2OOC-R-CO+$$

Bei der gleichzeitigen Polykondensation von z. B. Piperazin, Ethylenglykol, Phosgen und Adipinsäuredichlorid würde dagegen ein Copolymer mit mehr oder weniger statistischer Verteilung der Bausteine entstehen. Die Sequenz der Grundbausteine in der Kette ist hier jedoch noch durch die Bedingung reguliert, daß auf einen A-Baustein (Piperazin oder Ethylenglykol) immer nur ein B-Baustein (Kohlensäure oder Adipinsäure) folgen kann.

Falls die beiden Typen von A-Bausteinen und die beiden Typen von B-Bausteinen jeweils die gleiche Reaktivität aufweisen und/oder schnelle Transreaktionen wie z. B. Umesterungen, Umamidierungen usw. auftreten können, dann wird die Verteilung der A- und A'-Reste bzw. die der B- und B'-Reste jeweils statistisch sein. Bei ungleichen Reaktivitäten und in Abwesenheit von Kettenaustauschreaktionen erhält man dagegen Sequenzverteilungen, die kinetisch bedingt sind. Im einfachsten Fall können zwei Gruppen A und A' mit je einer Gruppe B reagieren. Reaktionen zwischen A und A', A und A, A' und A' sowie B und B sollen dagegen ausgeschlossen sein. Ein Beispiel ist die Reaktion eines Diols mit zwei verschiedenen Dicarbonsäuredichloriden. Die zeitliche Abnahme an A- und A'-Konzentrationen ergibt sich dann zu

(17-51) $\quad -d[A]/dt = k_A [A][B]$

(17-52) $\quad -d[A']/dt = k'_A [A'][B]$

Dividieren der beiden Gleichungen und Integration des Resultats führt zu

(17-53) $\quad \dfrac{[A]}{[A]_0} = \left(\dfrac{[A']}{[A']_0} \right)^{k_A/k'_A}$

Das Verhältnis der beiden Geschwindigkeitskonstanten wird als Copolykondensationskonstante r bezeichnet. Die r-Werte hängen dabei nicht nur vom Typ der A- und A'-Gruppen, sondern auch noch vom Reaktionsmedium ab, das bei Polykondensationen sehr die Reaktivität beeinflussen kann (Tab. 17-7).

Tab. 17-7: Copolykondensationskonstanten r verschiedener Diole mit Terephthalsäuredichlorid und einem anderen Dicarbonsäuredichlorid in Verhältnis 1 : 1 : 1 bei 40°C in Pyridin (sechsfache Menge des Diols) bzw. Triethylamin (zweifache Menge des Diols). Die r-Werte für das Monochlorbisphenol A wurden als Bezugswert gleich 1 gesetzt

Diol	r Pyridin	Triethylamin
HO–⌬–C(CH₃)(CH₃)–⌬(Cl)–OH	(1,00)	(1,00)
HO–⌬–C(CH₃)(C₆H₅)–⌬–OH	0,50	0,40
HO–⌬–C(CH₃)(CH₃)–⌬–OH	0,59	0,30
HO(CH₂)₆OH	1,20	0,03

17.5 Multifunktionelle Polykondensationen

Bei multifunktionellen Polykondensationen ist mindestens einer der Reaktionspartner tri- oder höherfunktionell. U. U. können zwei der Gruppen eines trifunktionellen Moleküls mit einer Gruppe eines bifunktionellen Moleküls unter Ausbildung eines Ringes reagieren. Bei dieser Cyclopolykondensation können daher trotz multifunktioneller Ausgangsmoleküle lineare oder nur schwach verzweigte Polymere entstehen. Bei allen anderen multifunktionellen Polykondensationen erhält man jedoch oberhalb eines bestimmten Umsatzes vernetzte Polymere, die sich makroskopisch durch einen Gelpunkt des Systems zu erkennen geben.

17.5.1 CYCLOPOLYKONDENSATIONEN

Polykondensationen, bei denen Ringe gebildet werden, nennt man Cyclopolykondensationen. Man kann dabei zwischen Homocyclisierungen und Heterocyclisierungen unterscheiden.

Bei Homocyclisierungen erfolgt die Ringbildung durch Reaktion gleicher Gruppen. Sie ist schon bei bifunktionellen Monomeren möglich und wird dann Cyclodimerisation genannt. Gewisse Diisocyanate können so z. B. zu Polyuretdionen cyclodimerisieren:

(17-54) $OCN-R-NCO \longrightarrow$ ...

Cyclotrimerisierungen führen dagegen meist von formal bifunktionellen Molekülen zu vernetzten Polymeren. Beispiele sind die Cyclotrimerisierung von Diisocyanaten zu Polyisocyanuraten

(17-55) $OCN-R-NCO \longrightarrow$ ...

von Dinitrilen zu Poly(s-triazinen)

(17-56) $NC-R-CN \longrightarrow$ ...

oder von Methylarylketonen unter Wasserabspaltung zu Benzolringen

(17-57) $CH_3-CO-Ar-CO-CH_3 \longrightarrow$ ...

Heterocyclisierungen erfolgen dagegen zwischen verschiedenen Gruppen. Sie werden in der Regel zweistufig ausgeführt. Zuerst wird ein mehr oder weniger lineares Polymeres gebildet, das dann anschließend intramolekular cyclisiert wird, z. B.

(17–58)

[Reaction scheme: aminophenol ether + dicarboxylic acid chloride → polyamide → benzoxazole polymer, with –HCl and –H₂O elimination]

17.5.2 GELPUNKTE

Kondensiert man eine bifunktionelle Verbindung (z.B. Adipinsäure) mit einer trifunktionellen (z.B. Glycerin) im Molverhältnis der funktionellen Gruppen von 1 : 1, so beobachtet man nach einer bestimmten Zeit, daß die zähe Masse in ein elastisches Gel übergeht. Dieser Übergang erfolgt so scharf, daß man von einem „Gelpunkt" sprechen kann. Dieses Gel enthält sofort nach Überschreiten des Gelpunktes einen in allen Lösungsmitteln unlöslichen Anteil sowie eine lösliche Fraktion. Es ist also nur teilweise vernetzt. Mit steigendem Umsatz nimmt der lösliche Anteil immer mehr ab.

Die Ursache des Phänomens ist die Bildung verzweigter Moleküle, die nach Überschreiten des Gelpunktes in vernetzte Polymere übergehen. Aus zwei trifunktionellen Verbindungen können dabei Substanzen wie z. B.

(17–59)

[Schematic reaction of trifunctional A-monomer with trifunctional B-monomer forming a branched/crosslinked network structure]

entstehen. Die vernetzten Moleküle sind dann „unendlich" groß. Der eigentliche Grund für das Auftreten unendlich großer Moleküle bei der Polykondensation von mindestens einer trifunktionellen Verbindung liegt darin, daß ein solches Makromolekül umso mehr Endgruppen besitzt, je größer es ist. Mit fortschreitender Kondensation können diese Endgruppen dann nicht nur mit neuen Monomeren, sondern auch intermolekular mit anderen bereits gebildeten Polymeren reagieren, wodurch die Molekülgröße stark ansteigt.

Die Zahl der Endgruppen N_E pro Molekül läßt sich aus dem erreichten Polymerisationsgrad $\bar{X}_n$ und der mittleren Funktionalität $f_0 = \Sigma N_i f_i / \Sigma N_i$ der Ausgangsmischung der Monomeren errechnen:

(17–60) $\quad N_E = \bar{X}_n \cdot f_0 - 2(\bar{X}_n - 1)$

Da der Polymerisationsgrad vom Reaktionsausmaß p abhängt, muß sich auch das erstmalige Auftreten eines Gels aus dem Umsatz und den Anfangsbedingungen (Funktionalität, Molverhältnis der Gruppen usw.) berechnen lassen.

Reagieren beispielsweise bifunktionelle B–B-Moleküle (z.B. Adipinsäure) mit einer Mischung aus bifunktionellen A–A-Molekülen (z. B. Ethylenglykol) und trifunktionellen $\mathrm{A}\diagdown\diagup\mathrm{A} \atop \mathrm{A}$ -Molekülen (z.b. Trimethylolpropan), so können folgende Größen definiert werden:

p_A sei die Wahrscheinlichkeit der Reaktion einer beliebigen A-Gruppe. Die B-Gruppen können sowohl mit bifunktionellen als auch mit trifunktionellen A-Molekülen reagieren, sodaß die Wahrscheinlichkeiten $p_A x_A^\wedge$ für die Reaktion mit einer A-Gruppe an einer Verzweigungsstelle und $p_A(1 - x_A^\wedge)$ für die Reaktion mit einer A-Gruppe an einem bifunktionellen Molekül zu unterscheiden sind. $p_A^\wedge$ ist der Molenbruch der A-Gruppen in trifunktionellen Molekülen:

$$(17-61) \quad x_A^\wedge \equiv \frac{(N_A)_0 \text{ in verzweigten Monomermolekülen}}{(N_A)_0 \text{ in verzweigten und unverzweigten Monomermolekülen}}$$

Die Strukturelemente bei der genannten Polykondensation sind allgemein durch

$$\begin{array}{cccc} \text{I} & \text{II} & \text{III} & \text{IV} \\ \downarrow & \downarrow & \downarrow & \downarrow \end{array}$$

$$\mathrm{A}\diagdown \atop \mathrm{A}\diagup \!\!\!\!\!> \!\!-\mathrm{A} - (\mathrm{B}-\mathrm{B}-\mathrm{A}-\mathrm{A})_i - \mathrm{B}-\mathrm{B} - \mathrm{A} -\!\!<\!\!{\mathrm{A} \atop \mathrm{A}} \quad ; \quad i = 0 \to \infty$$

beschreibbar. Die Wahrscheinlichkeit $(p_A)_v$, daß eine A-Gruppe mit dem gezeigten Kettenstück verknüpft ist, setzt sich aus den Wahrscheinlichkeiten für die Bildung der Bindungen I–IV zusammen. Sie sind p_A für die Bindung I, $(p_B'(1 - x_A^\wedge))^i$ für die Bildung von i Bindungen II, p_A^i für i Bindungen III und $p_B x_A^\wedge$ für die Bindung IV, d.h.

$$(17-62) \quad (p_A)_v = p_A (p_B(1 - x_A^\wedge))^i p_A^i \, p_B x_A^\wedge$$

Als Verzweigungskoeffizient α wird die Wahrscheinlichkeit definiert, daß eine funktionelle Gruppe an einer Verzweigungseinheit mit einer anderen Verzweigungseinheit mit $f > 2$ verknüpft ist. Das kann natürlich über andere Gruppen geschehen. Der Verzweigungskoeffizient ist auf das gesamte System bezogen, sodaß also gilt

$$(17-63) \quad \alpha = \sum_{i=0}^{i=\alpha} (p_A)_v$$

oder mit Gl. (17–62)

$$(17-64) \quad \alpha = \sum_{i=0}^{i=\alpha} p_A (p_B(1 - x_A^\wedge))^i p_A^i p_B x_A^\wedge$$

bzw. umgeformt*

---

* $\alpha = \sum_{i=0}^{i=\alpha} p_A p_B x_A^\wedge (p_A p_B(1 - x_A^\wedge))^i \equiv X \sum_i (Y)^i = X(1 + Y + Y^2 + \ldots)$

$\alpha = X \left(\dfrac{1}{1-Y}\right)$; da $p_A p_B (1 - x_A^\wedge) < 1$

$$(17-65) \quad \alpha = \frac{p_A p_B x_A^\wedge}{1 - p_A p_B (1 - x_A^\wedge)}$$

und mit $r_0 = p_B/p_A$

$$(17-66) \quad \alpha = \frac{r_0 p_A^2 x_A^\wedge}{1 - r_0 p_A^2 (1 - x_A^\wedge)} = \frac{p_B^2 x_A^\wedge}{r_0 - p_B^2 (1 - x_A^\wedge)}$$

Der Verzweigungskoeffizient α gestattet, den Gelpunkt als Funktion der Reaktionsausmaßes zu berechnen. Enthält eine Verzweigungsstelle f funktionelle Gruppen, dann erhöht sich bei der Anlagerung eines solchen polyfunktionellen Moleküles an ein lineares die Wahrscheinlichkeit für eine weitere Anlagerung um $(f-1)$. Die Wahrscheinlichkeit, daß aus N Ketten mehr als N Ketten entstehen, ist $\alpha(f-1)$. α ist ja die Wahrscheinlichkeit, daß an beiden Enden der Kette eine Verzweigungsstelle sitzt. Vernetzung tritt ein, wenn $\alpha(f-1) \geq 1$, d. h.

$$(17-67) \quad \alpha_{crit} = 1/(f-1)$$

bzw. mit Gl. (17-18)

$$(17-68) \quad \frac{1}{f-1} = \frac{r_0 p_{A,crit}^2 x_A^\wedge}{1 - r_0 p_{A,crit}^2 (1 - x_A^\wedge)}$$

Nach dieser Gleichung hängt das Reaktionsausmaß $(p_A)_{crit}$ am Gelpunkt nur von der Funktionalität f der Verzweigermoleküle, dem Molenbruch $x_A^\wedge$ der Verzweigermoleküle und dem Verhältnis r_0 an funktionellen Gruppen ab. Diese Aussage wird experimentell bestätigt, da die Gelbildung für die Polykondensation von 2 Molen Glycerin mit drei Molen Phthalsäureanhydrid ($r_0 = 3 \cdot 2/2 \cdot 3$ und $x_A^\wedge = 1$) immer beim gleichen Reaktionsausmaß p_A auftritt (Tab. 17-8). Der Gelpunkt tritt aber bei größeren Umsätzen auf, als berechnet wird (theoretisch $(p_A)_{crit} = 0{,}707$). Ähnliche Effekte wurden auch bei anderen multifunktionellen Polykondensationen beobachtet (Tab. 17-9).

Tab. 17-8: Experimentell gefundene kritische Reaktionsausmaße $(p_A)_{crit}$ bei der Polykondensation von 2 Molen Glycerin mit 3 Molen Phthalsäureanhydrid

Temp. °C	Gelbildung	
	min	$(p_A)_{crit}$
160	860	0,795
185	255	0,796
200	105	0,796
215	50	0,797

Dieser Effekt kommt dadurch zustande, daß bei der theoretischen Ableitung *intra*molekulare Kondensationen vernachlässigt wurden. Die dadurch hervorgerufenen Cyclisierungen tragen nichts zur Gelbildung bei, sodaß der Gelpunkt erst bei einem größeren Reaktionsausmaß auftritt. Nach Gl. (16-53) nimmt die Cyclisierung mit steigender Verdünnung zu. Durch Arbeiten bei verschiedenen Konzentrationen und

Extrapolation auf unendlich hohe Konzentration wird bei der Polykondensation in der Tat auch der richtige Gelpunkt gefunden (Abb. 17–8). Dazu ist noch anzumerken, daß die Schmelze der Komponenten wegen der „Verdünnung" der OH- und COOH-Gruppen durch die CH_2-Gruppen usw. *keine* unendlich hohe Konzentration darstellt.

Tab. 17–9: Gelpunkte bei multifunktionellen Polykondensationen. Berechnungen unter der Annahme der Abwesenheit intramolekularer Reaktionen

Substanzen	r_0	x_A^λ	p_{crit} exp.	p_{crit} ber.
Glycerin und Dicarbonsäure	1,000	1,000	0,765	0,707
Pentaerythrit + Adipinsäure	1,000	1,000	0,63	0,577
Diethylenglykol + Tricarballylsäure + Bernsteinsäure	1,000	0,194	0,939	0,916
Diethylenglykol + Tricarballylsäure + Bernsteinsäure	1,002	0,404	0,894	0,843
Diethylenglykol + Tricarballylsäure + Adipinsäure	1,000	0,293	0,911	0,879
Diethylenglykol + Tricarballylsäure + Adipinsäure	0,800	0,375	0,991	0,955

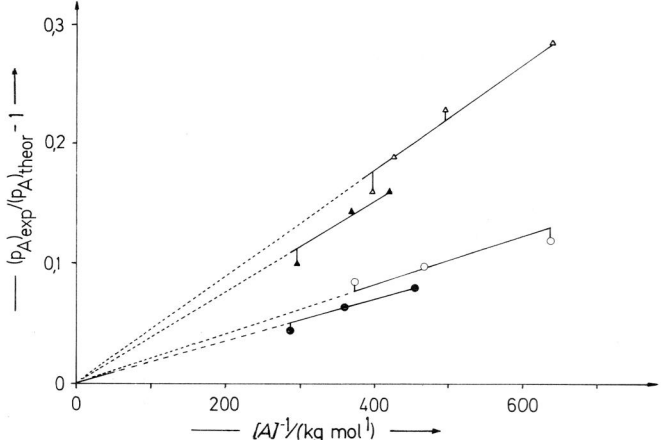

Abb. 17–8: Verhältnis von experimentell gefundenem Umsatz $(p_A)_{exp}$ zu theoretisch berechnetem Umsatz $(p_A)_{theor}$ am Gelpunkt bei der vernetzenden Polykondensation von Isophthalsäure mit Trimethylolpropan (●) oder Pentaerythrit (○) bzw. von Phthalsäureanhydrid mit Trimethylolpropan (▲) oder Pentaerythrit (△) in Toluol als Funktion der Verdünnung des verwendeten Alkohols (in kg Mischung/mol Alkohol) (nach Daten von J. J. Bernardo und P. Bruins).

Bei einer gegebenen anfänglichen Monomerkonzentration ist die Abweichung des am Gelpunkt beobachteten Reaktionsausmaßes $(p_A)_{exp}$ vom über Gl. (17–68) berechneten $(p_A)_{theor}$ ein Maß für die Cyclisierungstendenz. Diese Cyclisierungstendenz ist nach Abb. 17–8 beim Phthalsäureanhydrid größer als bei der Isophthalsäure und beim Pentaerythrit größer als beim Trimethylolpropan. Beide Befunde sind wegen der Stellung der Gruppen (ortho vs. meta) bzw. der Funktionalität der Moleküle (tetra vs. tri) verständlich.

17.5.3 MOLMASSEN

Abb. 17–9 gibt den typischen Verlauf einer Polykondensation mit Gelbildung für das Beispiel der Veresterung von Diethylenglykol mit Bernsteinsäure und Tricarballylsäure HOOC–CH_2–CH(COOH)–CH_2–COOH wieder. Mit fortschreitender Zeit und Annäherung an den Gelpunkt steigen Reaktionsausmaß p und Verzweigungskoeffizient α immer schwächer an. Das Zahlenmittel $\overline{X}_n$ das Polymerisationsgrades nimmt jedoch zunehmend stärker zu. Der Anstieg ist bei der Viskosität der Reaktionsmischung besonders stark.

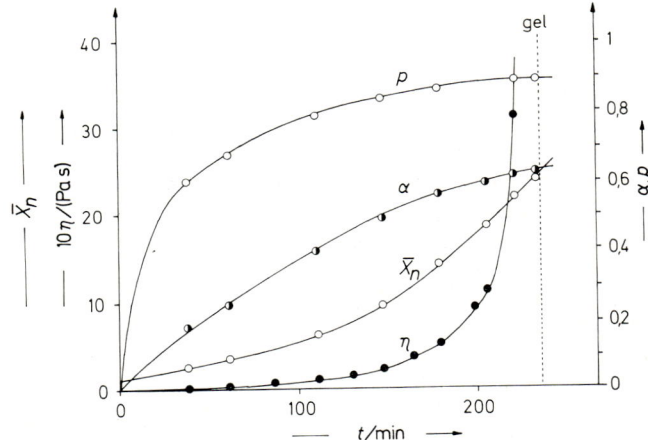

Abb. 17–9: Verlauf der Viskosität η (in 0,1 Pa s), des Zahlenmittels der Polymerisationsgrades $\overline{X}_n$, des Reaktionsausmaßes p und des Verzweigungskoeffizienten a mit der Zeit bei der mit p-Toluolsulfonsäure katalysierten multifunktionellen Polykondensation von Diethylenglykol mit einem Gemisch aus Bernsteinsäure und Tricarballylsäure (r_0 = 1,002; x_A^λ = 0,404) bei 109°C. gel = Gelpunkt (nach P. J. Flory).

Am Gelpunkt wird somit das Zahlenmittel der Molmasse nicht unendlich, sondern nimmt einen endlichen und noch nicht einmal sehr hohen Wert an (in Abb. 17–9 ist am Gelpunkt $\overline{X}_n \approx 24$). Daß niedrige Zahlenmittel des Polymerisationsgrades auftreten müssen, läßt sich auch theoretisch zeigen. Das Zahlenmittel des Polymerisationsgrades ist nach Gl. (17–13) durch den Quotienten aus der Zahl N_{mer} der Grundbausteine und N_{mol} der Moleküle gegeben. Beide Größen sind wie folgt berechenbar:

N_A und N_B sind die Zahlen der A- bzw. B-Gruppen zu Beginn der Polykondensation. Die Verzweigungsmoleküle sollen A-Gruppen tragen. f sei die Funktionalität der Verzweigermoleküle (also nicht die mittlere Funktionalität aller Moleküle). Die Zahl an insgesamt vorhandenen Bausteinen ist dann

(17–69) $\quad N_{mer} = (N_A)_0 (1 - x_A^Y)/2 + (N_A)_0 x_A^Y/f + (N_B)_0/2$

$\qquad\quad N_{mer} = (N_A)_0 [(1 - x_A^Y)/2 + x_A^Y/f + 0{,}5/r_0]$

wobei x_A^Y durch Gl. (17–31) und r_0 durch $r_0 = (N_A)_0/(N_B)_0$ definiert sind. Die Anzahl der Bindungen ist andererseits $N_{bind} = (N_A)_0 p_A$. Die Zahl der Moleküle ergibt sich aus $N_{mol} = N_{mer} - N_{bind}$ und folglich zu

(17–70) $\quad N_{mol} = 0{,}5 (N_A)_0 (1 - x_A^Y + 2x_A^Y/f + 1/r_0 - 2p_A)$

Wenn alle Bindungen intermolekular sind, so berechnet sich das Zahlenmittel des Polymerisationsgrades aus den Gl. (17–69) und (17–70) zu

(17–71) $\quad \overline{X}_n = \dfrac{N_{mer}}{N_{mol}} = \dfrac{f(1 - x_A^Y + \dfrac{1}{r_0}) + 2x_A^Y}{f(1 - x_A^Y + \dfrac{1}{r_0} - 2p_A) + 2x_A^Y}$

Für das in Abb. 17–9 gezeigte Beispiel gilt $r_0 = 1{,}002$, $x_A^Y = 0{,}404$ und $f = 3$. Daraus berechnet sich über Gl. (17–68) für den kritischen Umsatz am Gelpunkt $(p_A)_{crit} = 0{,}910$. Setzt man diese Werte in Gl. (17–41) ein, so erhält man $\overline{X}_n = 43$. Dieser sehr niedrige Wert gilt aber für eine Polykondensation ohne intramolekulare Cyclisierungen. Setzt man anstelle des theoretischen Wertes $(p_A)_{crit} = 0{,}910$ den experimentell gefundenen von ca. 0,90 ein, so erniedrigt sich der Polymerisationsgrad am Gelpunkt auf $\overline{X}_n = 29$, was gut mit dem experimentell gefundenen von ca. 24 übereinstimmt.

Diese niedrigen $\overline{X}_n$-Werte am Gelpunkt sind nur scheinbar im Widerspruch mit der Aussage, daß am Gelpunkt „unendlich" große Makromoleküle auftreten. Der Gelpunkt gibt nämlich an, wann erstmals „unendlich" große Makromoleküle auftreten, d.h. solche, die sozusagen von einer Wand des Reaktionsgefäßes bis zur anderen reichen. Am Gelpunkt sind jedoch noch nicht alle ursprünglich vorhandenen Monomerbausteine in diesen vernetzten Makromolekülen vereinigt. Dies ist erst bei einem Umsatz von 100 % der Fall. Am Gelpunkt liegt vielmehr ein Teil der Monomerbausteine in Form von hochverzweigten und noch löslichen Makromolekülen vor, die aus dem Gel extrahierbar sind. Für das Zahlenmittel der Molmasse ist aber die (große) Zahl der Moleküle, für das Gewichtsmittel dagegen die (große) Masse verantwortlich. Das Gewichtsmittel des Polymerisationsgrades am Gelpunkt ist denn auch unendlich hoch.

Dieser Effekt läßt sich leicht numerisch klarmachen. Kurz nach Überschreiten des Gelpunktes sei z.B. der Massenanteil des Gels $w_g = 0{,}0001$ und der Anteil der löslichen Fraktionen entsprechend $w_s = 0{,}9999$. Die mittleren Molmassen der als molekulareinheitlich gedachten Fraktionen seien $M_s = 10^3$ und $M_g = 10^{26}$ (entspricht ca. der vollständigen Vernetzung von 1 Mol Monomer mit $M_u = 170$). Für das Zahlenmittel der Molmasse gilt nach Gl. (8–44)

(17–72) $\quad \overline{M}_n = \dfrac{1}{\dfrac{w_s}{M_s} + \dfrac{w_g}{M_g}} = \dfrac{1}{0{,}9999 \cdot 10^{-3} + 10^{-30}} \approx 10^3 \text{ g mol}^{-1}$

und für das Gewichtsmittel der Molmasse nach Gl. (8–45)

(17–73) $\quad \overline{M}_w = w_s M_s + w_g M_g = 0{,}9999 \cdot 10^3 + 10^{-4} \cdot 10^{26} \approx 10^{22} \text{ g mol}^{-1}$

17.5 Multifunktionelle Polykondensationen

Das Zahlenmittel der Molmasse weist somit am Gelpunkt sehr niedrige, das Gewichtsmittel dagegen „unendlich" hohe Werte auf. Auch das Viskositätsmittel der Molmasse nimmt am Gelpunkt sehr hohe Werte an.

Für die Polymerisationsgrade nach Überschreiten des Gelpunktes lassen sich ebenfalls quantitative Beziehungen angeben, die aber ziemlich kompliziert sind. Das Wesentliche kann man jedoch bereits rein qualitativen Überlegungen entnehmen. Am Gelpunkt liegen vernetzte Moleküle unendlich hohen Polymerisationsgrades neben noch verzweigten Molekülen niedrigen Polymerisationsgrades vor. Mit fortschreitendem Umsatz ist die Wahrscheinlichkeit für einen Einbau hochverzweigter Moleküle in ein Netzwerk umso größer, je mehr reaktionsfähige Endgruppen pro Molekül vorhanden sind. Die höhermolekularen Vertreter des löslichen Anteils werden daher mit steigendem Umsatz zuerst verschwinden. Das Zahlenmittel des Polymerisationsgrades muß folglich weiter sinken und sich beim Umsatz 100 % dem Wert null nähern.

Die Verteilungsfunktionen der Polymerisationsgrade werden bei multifunktionellen Polykondensationen sehr kompliziert. Kondensiert man ein Monomer mit drei A-Gruppen mit einem bifunktionellen Monomer mit zwei B-Gruppen

(17–74)

so entstehen wegen der Vielzahl an Kondensationsmöglichkeiten Moleküle sehr verschiedener Molmassen. Am Gelpunkt weist das Zahlenmittel des Polymerisationsgrades sehr niedrige Werte, das Gewichtsmittel jedoch einen „unendlich" hohen Wert auf. Die Molmassenverteilung der verzweigten Produkte vor dem Gelpunkt muß daher sehr breit sein, viel breiter als sie durch die in Kp. 17.2.3 besprochenen Verteilungen bei bifunktionellen Kondensationen gegeben ist.

Spezielle Verhältnisse treten jedoch auf, wenn man ein multifunktionelles Monomer mit gleichen Endgruppen mit einem bifunktionellen Monomer mit zwei verschiedenen Endgruppen miteinander kondensiert:

(17–75)

Die Anlagerung eines Monomeren AB kann in diesem Fall nicht zu Vernetzungen führen, da die verzweigten Moleküle lediglich um AB-Einheiten verlängert werden. Die einzelnen Zweige werden aber verschieden lang. Sind unendlich viele Zweige an einem Verzweigermolekül vorhanden, so werden selbst bei statistischer Anlagerung der AB-Moleküle die entstehenden Makromoleküle aber gleich groß sein. Man legt sozusagen die Molmassenverteilung in ein einziges Makromolekül. Das Verhältnis $\overline{M}_w/\overline{M}_n$ muß daher bei hoher Funktionalität des Verzweigermoleküls dem Wert 1 zustreben.

17.6 Technische Polykondensationen

Polykondensationen können in der Schmelze, in Lösung, in Suspension oder als Grenzflächenkondensation ausgeführt werden.

Die Grenzflächenkondensation ist für die Synthese von Polymeren mit wenigen Ausnahmen eine Laboratoriumsmethode geblieben, da die Säurechloride für eine technische Produktion zu teuer sind. Diese Ausnahmen sind die Polykondensation von Biphenolen mit Phosgen (vgl. Kap. 26.5.1) und die Synthese aromatischer Polyamide aus m-Phenylendiamin, Isophthalsäurechlorid und Terephthalsäurechlorid (Kap. 28.2.4). Das Verfahren wird auch zum Filzfreiausrüsten von Wolle verwendet, indem man aus Sebacinsäuredichlorid und Hexamethylendiamin ein Polykondensat auf der Wollfaser erzeugt.

In den weitaus überwiegenden Fällen führt man Polykondensationen in der Schmelze bei Temperaturen zwischen ca. 120 und 180 °C in inerter Gasatmosphäre (N_2, CO_2, SO_2) mit oder ohne zugesetzten Katalysator aus. Die Schmelzkondensation setzt jedoch thermostabile Monomere und Polymere voraus.

Thermolabile Produkte werden durch Polykondensation in Lösung gewonnen. Bei den eigentlichen Lösungskondensationen setzt man ca. 20 proz. Lösungen ein. Das Wasser kann z. B. durch eine azeotrope Destillation aus dem Reaktionsgemisch entfernt werden, wenn man Schlepper wie Benzol oder CCl_4 einsetzt. Ein anderes Verfahren entfernt das Wasser durch eine kontinuierliche Dünnschichtverdampfung. Die Lösung der Ausgangskomponenten wird oben auf eine Füllkörperkolonne gegeben. Das freigewordene Wasser wird im Gegenstrom mit CO_2 entfernt. Bei diesem Verfahren entstehen sehr helle Produkte, da keine lokalen Überhitzungen auftreten können.

Bei der Polykondensation in Suspension setzt man z. B. Diarylester von Dicarbonsäuren mit Diaminen in aromatischen Kohlenwasserstoffen um, wobei die Phenole abgespalten werden und das gebildete Polyamid in feinkörniger Form ausfällt. Das verwendete Lösungsmittel darf natürlich nicht mit den Reaktionsteilnehmern reagieren, muß die Phenylester gut lösen und darf die entstehenden Polyamide nicht anquellen. Zuerst wird eine Vorkondensation bei Temperaturen zwischen 80–100 °C (amorphe Polyamide) bzw. 130–160 °C (kristalline Polyamide) durchgeführt. Die eigentliche Polykondensation wird dann bei höheren Temperaturen im Wirbelbett vorgenommen. Die obere Temperaturgrenze ist durch ein Verkleben der Polyamidteilchen gegeben.

Der letzte Schritt der Polykondensation in Suspension stellt eine Polykondensation im festen Zustand dar. Polykondensationen im festen Zustand können besonders gut bei Polyamiden durchgeführt werden. Auch hier führt man zunächst eine kontinuierliche Vorkondensation zu Molmassen zwischen 1000 und 4000 aus. Die Produkte werden dann durch Zerstäubung getrocknet und bei Temperaturen von ca. 200–

220°C unter Stickstoff auskondensiert. Diese Polykondensation erfolgt verhältnismäßig rasch. Um beim Polymeren aus Hexamethylendiamin und Adipinsäure von der Molmasse 1000 zur Molmasse 15 000 zu gelangen, sind bei 216°C 16 h erforderlich. Setzt man aber die Molmasse des Vorkondensates auf 4000 herauf, so werden nur noch 2 h benötigt. Da die Temperaturen niedriger als bei der Polykondensation in der Schmelze sind, bekommt man zudem bessere Endprodukte (geringere Verfärbung usw.)

Literatur zu Kap. 17

17.1 Allgemeine Übersichten

L. B. Sokolov, Synthesis of polymers by polycondensation (in Russ.), Nauka, Moskau 1966, Israel Program for Scientific Translations, Jerusalem 1968
H. D. Lee, D. Stoffey und K. Neville, New linear polymers, McGraw-Hill, New York 1967
G. F. Ham, Hrsg., Kinetics and mechanism of polymerization, Bd. 3, Condensation polymerization, Dekker, New York 1967
J. K. Stille und T. W. Campbell, Hrsg., Condensation monomers, Wiley-Interscience, New York 1972
D. H. Solomon, Hrsg., Step-growth polymerizations, Dekker, New York 1972
H.-G. Elias, Neue industrielle Polymere 1969–1974, Hanser, München 1975; New commercial polymers 1969–1975, Gordon and Breach, New York 1977

17.2 Bifunktionelle Polykondensationen: Gleichgewichte

G. J. Howard, The molecular weight distribution of condensation polymers, Progr. High Polymers **1** (1961) 185
V. V. Korshak und S. V. Vinogradova, Gleichgewichts-Polykondensation (in Russ.), Nauka, Moskau 1968

17.3 Bifunktionelle Polykondensationen: Kinetik

P. W. Morgan, Condensation polymers: by interfacial and solution methods, Interscience, New York 1965
D. H. Solomon, A Reassessment of the theory of polyesterfication with particular reference to alkyd resins, J. Macromol. Sci., C [Revs.] **1** (1967) 179
V. V. Korshak und S. V. Vinogradova, Nichtgleichgewichts-Polykondensation (in Russ.), Nauka, Moskau 1972
J. H. Saunders und F. Dobinson, The kinetics of polycondensation reactions, in C. H. Bamford und C. F. H. Tipper, Hrsg., Comprehensive chemical kinetics, Bd. 15, Non-radical polymerization, Elsevier, Amsterdam 1976
F. Millich und C. E. Carraher, Hrsg., Interfacial synthesis, Bd. 1 (Fundamentals), Bd. 2 (Polymer applications und technology), Dekker, New York 1977

17.4 Bifunktionelle Copolykondensationen

S. I. Kuchanov, Distribution of monomer units in products of homogeneous irreversible copolycondensation, Vysokomol. soyed. **A 15** (1973) 2140; Polymer Sci. USSR **15** (1973) 2424
V. V. Korshak, S. N. Vinogradova, S. I. Kuchanov und V. A. Vasnev, Non-equilibrium copolycondensation in homogeneous systems, J. Macromol. Sci. [Revs.] **C 14** (1976) 27
J. Cl. Bollinger, Characterization of block structures in copolycondensates: a review, J. Macromol. Sci. [Revs.] **C 16** (1977/78) 23

17.5 Multifunktionelle Polykondensationen

N. Yoda und M. Kurihara, New polymers of aromatic heterocycles by polyphosphoric acid solution methods, J. Polymer Sci. **D** [Macromol. Revs.] **5** (1971) 109

N. Yoda, M. Kurihara und N. Dokoshi, New synthetic routes to high temperature polymers by cyclocondensation reactions, Progr. Polym Sci. Japan **4** (1972) 1

V. V. Korshak, The principal characteristics of polycyclotrimerization, Vysokomol. soyed. A **16** (1974) 926; Polymer Sci. USSR **16** (1974) 1066

P. J. Flory, Introductory Lecture, Faraday Discuss. Chem. Soc. (Gels and Gelling Processes), **57** (1974) 7

M. Gordon und S. Ross-Murphy, The structure and properties of molecular trees and networks, Pure Appl. Chem. **43** (1975) 1

18 Ionische Polymerisationen

> "Can you do addition?" the White Queen asked, "What's one and one and one and one and one and one and one and one and one and one?"
>
> L. Carroll, Through the Looking Glass

18.1 Ionen und Ionenpaare

Ionische Polymerisationen zeichnen sich durch wiederholte Monomeraddition an wachsende Makroionen aus. Man unterscheidet dabei anionische Polymerisationen mit Makroanionen als wachsenden Zentren von kationischen Polymerisationen mit Makrokationen:

$$(18-1) \quad \sim\sim M_n^{\ominus} \xrightarrow{+M} \sim\sim M_{n-1}^{\ominus} \xrightarrow{+M} \sim\sim M_{n+2}^{\ominus} \quad \text{usw.}$$

$$(18-2) \quad \sim\sim M^{\oplus} \xrightarrow{+M} \sim\sim M_{n+1}^{\oplus} \xrightarrow{+M} \sim\sim M_{n+2}^{\oplus} \quad \text{usw.}$$

In realen Systemen liegt bei ionischen Polymerisationen jedoch meist mehr als eine Sorte von Ionen vor, und zwar besonders bei anionischen Polymerisationen. Man unterscheidet zwischen freien Ionen, Solvationenpaaren (solvensgetrennte bzw. lockere Ionenpaare), Kontaktionenpaaren (feste Ionenpaare), polarisierten Molekülen und Ionenassoziaten. Zwischen ihnen stellen sich häufig rasche dynamische Gleichgewichte ein, z.B.

$$(18-3) \quad R-X \rightleftarrows \overset{\delta^-}{R}-\overset{\delta^+}{X} \rightleftarrows \underbrace{R^{\ominus}X^{\oplus} \rightleftarrows R^{\ominus}/\!/X^{\oplus}}_{\text{Kontaktionenpaar} \quad \text{Solvationenpaar}} \rightleftarrows \underset{\text{freie Ionen}}{R^{\ominus}+X^{\oplus}}$$

$$\underset{\text{Polarisation}}{} \qquad \underset{\text{Ionisation}}{} \qquad \underset{\text{Dissoziation}}{}$$

$$2\, R^{\ominus}X^{\oplus} \rightleftarrows R^{\ominus}\underset{X^{\oplus}}{\overset{X^{\oplus}}{\diamondsuit}} {}^{\ominus}R \quad \text{Assoziation}$$

Freie Ionen, Solvationenpaare, Kontaktionenpaare und Ionenassoziate sind häufig durch UV-, IR-, Raman- oder Kernresonanzspektroskopie experimentell voneinander unterscheidbar. Poly(styrylanionen) I und Poly(dienylanionen) II sind nach NMR-Messungen stark ladungsdelokalisiert; sie weisen folglich im nahen Ultraviolett-Bereich eine starke Absorptionsbande auf, manchmal auch mehrere Banden.

$$\sim\sim CH_2-\overset{\ominus}{CH} \quad\quad \sim\sim CH_2-CH\text{=\!\!=}\overset{\ominus}{C}\text{=\!\!=}CH_2 \quad\quad \text{(Fluorenyl)}\; H \;\; Li^{\oplus}$$
$$||$$
$$C_6H_5 \;\; I R \;\; II III$$

Die Zuordnung zu den verschiedenen Ionentypen läßt sich beim Beispiel des Fluorenyllithiums III bzw. des entsprechenden Fluorenylnatriums gut verfolgen. Fluorenylnatrium besitzt in Tetrahydrofuran bei Raumtemperatur nur eine Bande bei 355 nm, bei Temperaturen unterhalb -50°C nur eine Bande bei 373 nm. Bei dazwischen liegenden Temperaturen treten beide Banden auf. Die relative Bandenhöhe wird weder durch eine Verdünnung der Lösungen noch durch einen Zusatz des in THF leicht dissoziierbaren $NaB(C_6H_5)_4$ beeinflußt. Verdünnen sollte aber das Gleichgewicht Solvationenpaar/ Freies Ion in Richtung freie Ionen, Salzzusatz dagegen in Richtung Solvationenpaar verschieben. Die Bande kann daher nicht von den freien Fluorenylanionen stammen. Auch nach Leitfähigkeitsmessungen muß die Konzentration an freien Ionen unter diesen Bedingungen sehr niedrig sein.

Die beiden Banden müssen daher von zwei verschiedenen Ionenpaaren stammen. Das Ionisationsgleichgewicht Kontaktionenpaar/Solvationenpaar stellt sich in Ggw. eines großen Überschusses an Lösungsmittel ein; nur wenig Lösungsmittel wird zur Bildung des Solvationenpaares verbraucht und das Gleichgewicht ist praktisch unabhängig von der Konzentration an Fluorenylnatrium. Da eine Solvatation bevorzugt bei tieferen Temperaturen erfolgt, muß die Bande bei 373 nm vom Solvationenpaar stammen und die bei 355 nm vom Kontaktionenpaar. Nach Messungen an Fluorenyllithium in verschiedenen Lösungsmitteln wird ferner die Bandenposition nur wenig vom Lösungsmittel beeinflußt (Abb. 18-1). Das Fluorenylanion kann daher nicht solvatisiert sein, wohl aber das nicht absorbierende Lithiumgegenion.

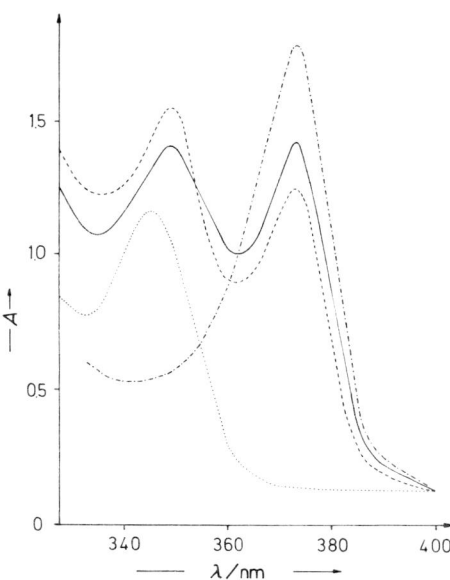

Abb. 18-1: Absorption A (früher Extinktion oder optische Dichte) des Fluoryllithiums bei 25°C in 3,4-Dihydropyran (. . . .), 3-Methyltetrahydrofuran (— — — —), 2,5-Dihydrofuran (———) und Hexamethylcyclotriphosphazen (—.—.—) (nach J. Smid).

18.2 Anionische Polymerisationen

18.2.1 ÜBERSICHT

Anionische Polymerisationen werden durch Basen und Lewis-Basen in polaren Systemen ausgelöst. Als Initiatoren wirken z.B. Alkalimetalle, Alkoholate, Metallketyle, Metallalkyle, Amine, Phosphine und Grignard-Verbindungen. Aus der Natur des Initiators allein kann dabei jedoch nicht auf den Polymerisationsmechanismus geschlossen werden. Tertiäre Amine und Phosphine lösen z.B. nicht nur anionische Polymerisationen, sondern u.U. auch Zwitterionen-Polymerisationen aus. In wenig polaren Systemen können außerdem auch Polyinsertionen ablaufen. Anionische Polymerisationen werden daher häufig in polaren Lösungsmitteln ausgeführt. Am gebräuchlichsten sind Ether und Stickstoffverbindungen wie Tetrahydrofuran, Ethylenglykoldimethylether (Glyme), Diethylenglykoldimethylether (Diglyme), Pyridin und Ammoniak.

Anionisch polymerisierbar sind Olefinabkömmlinge mit elektronenanziehenden Substituenten wie z.B. Acrylverbindungen und Diene sowie Lactame, Lactone, Oxirane, Thiirane, Isocyanate und Leuchs-Anhydride von α-Aminosäuren, α-Hydroxycarbonsäuren und α-Thiolcarbonsäuren:

$$CH_2=CH \quad CO-NH \quad CO-O \quad O \quad N=CO \quad \begin{matrix} R \\ \backslash \\ CH-CO \\ | \quad\quad \backslash O \\ X-CO \nearrow \end{matrix}$$
$$\;\;|\underbrace{}\underbrace{}\underbrace{}\;|$$
$$R R$$

Olefinabkömm- Lactame Lactone Oxirane Isocyanate Leuchs-Anhydride
linge

(R =   (substituierte oder unsub-   (X=NH, O oder S)
$CH=CH_2$, CN,   stituierte Ringe verschie-
$COOCH_3$, usw.)   dener Größe)

18.2.2 INITIATION UND START

Anionische Polymerisationsinitiatoren können in zwei verschiedenen Weisen wirken. Im einfachsten Fall enthält der zugesetzte Initiator direkt die polymerisationsauslösende Spezies. Bei der durch Amylkalium ausgelösten Polymerisation von Styrol lagert sich z.B. Styrol direkt an das Amylanion an; die Amylgruppe wird zu einer Endgruppe des Polymeren

$$(18-4) \quad C_5H_{11}^{\ominus} \xrightarrow{+Sty} C_5H_{11}-CH_2-\underset{\underset{C_6H_5}{|}}{CH^{\ominus}} \xrightarrow{+Sty} C_5H_{11}(CH_2-\underset{\underset{C_6H_5}{|}}{CH})_2^{\ominus} \quad \text{usw.}$$

Die eigentliche polymerisationsauslösende Spezies ist jedoch nicht immer mit dem zugesetzten Initiator identisch. Starke Basen wie z.B. t-C_4H_9OK reagieren in Dimethylsulfoxid zuerst mit diesem Lösungsmittel, wobei als polymerisationsauslösende Spezies das DMSO-Anion gebildet wird:

$$(18-5) \quad C_4H_9O^{\ominus}K^{\oplus} + (CH_3)_2SO \rightarrow CH_3SOCH_2^{\ominus}K^{\oplus} + C_4H_9OH$$

Ob ein bestimmter Initiator die anionische Polymerisation eines bestimmten Monomeren auslöst, hängt in erster Näherung von den Basizitäten von Monomer und Initiator ab. Monomere mit starken Elektronakzeptorgruppen benötigen nur schwache Basen als Initiatoren und umgekehrt.

2-Nitropropylen kann daher schon mit der schwachen Base $KHCO_3$ zur Polymerisation angeregt werden. Vinylidencyanid benötigt sogar nur die sehr schwachen Lewis-Basen Wasser, Alkohole oder Ketone. Methylmethacrylat ist andererseits wegen der anwesenden elektronendonierenden Methylgruppe schwieriger anionisch polymerisierbar als Acrylnitril, obwohl die Ester- und die Nitrilgruppe etwa gleich elektronenakzeptierend wirken. Bei Olefinabkömmlingen CH_2=CHR sinkt die Fähigkeit zur anionischen Polymerisation in der Reihenfolge der Substituenten R

$$NO_2 > COR' > COOR'' \approx CN > C_6H_5 \approx CH=CH_2 \gg CH_3$$

Je höher der pK_a-Wert eines Initiators, um so leichter ist im allgemeinen ein Monomer zur anionischen Polymerisation anzuregen. Die Anregbarkeit hängt aber nicht von der Basizität allein ab. Styrol wird in Ammoniak als Lösungsmittel nicht von Natriumfluorenyl (pK_a = 31) polymerisiert, wohl aber von Natriumxanthenyl (pK_a = 29). Abweichungen von der Beziehung zwischen der initiierenden Wirkung und dem pK_a-Wert des Initiators stammen z.B. von sterischen Effekten, der Resonanzstabilisierung der Initiatoranionen oder der Komplexierung der Gegenionen durch das Lösungsmittel oder das Monomer.

Die Polymerisationsauslösung kann auch durch Elektronenübertragung von einer elektronenabgebenden Spezies auf das Monomer erfolgen. Die Monomeren müssen dazu eine genügend hohe Elektronenaffinität besitzen; die Polymerisation muß außerdem in stark solvatisierenden aprotischen Lösungsmittel wie z.B. Tetrahydrofuran ausgeführt werden. Durch Reaktion von Naphthalin mit Natrium entsteht z.B. ein Naphthalidanion, das sich in THF mit grüner Farbe löst:

(18–6) [Naphthalin] + Na ⇌ [Naphthalin]$^{\ominus\bullet}$ $Na^{\oplus}$

Bei Zugabe von Styrol werden dann Elektronen vom Naphthalidanion auf das Monomer übertragen. Es bilden sich Radikalanionen und die Lösung färbt sich rot

(18–7) [Naphthalin]$^{\ominus\bullet}$ + CH_2=CH–C_6H_5 →

→ [Naphthalin] + [$CH_2 \overset{\bullet}{=} CH$–$C_6H_5$ ↔ $^\bullet CH_2$–$\overset{\ominus}{CH}$–C_6H_5 ↔ $^\ominus CH_2$–$\overset{\bullet}{CH}$–C_6H_5]

Bei diesen Radikalanionen sind die Ladungen nicht getrennt, wie auch die verschiedenen Resonanzformen andeuten. Die Radikalanionen dimerisieren dann zu den Dianionen, die die eigentliche Polymerisation auslösen:

(18–8) 2 $^\bullet CH_2$–$\overset{\ominus}{CH}$–C_6H_5 → $\overset{\ominus}{CH}$–CH_2–CH_2–$\overset{\ominus}{CH}$ (mit C_6H_5-Gruppen)

Bei der Polymerisation von α-Methylstyrol addiert das Radikalanion aber zuerst ein weiteres Monomermolekül. Zwei der so entstandenen dimeren Radikalanionen rekombinieren dann zum tetrameren Dianion, das die Polymerisation auslöst.

18.2.3 WACHSTUM: MECHANISMEN

Bei der klassischen anionischen Polymerisation wird bei jedem Wachstumsschritt ein neues Monomermolekül an das anionische Ende der wachsenden Polymerkette angelagert. Dabei ist es natürlich gleichgültig, wie das Makroanion entstanden ist und wieviele Anionen pro Polymerkette vorhanden sind.

Besonderheiten treten jedoch bei der durch starke Basen ausgelösten Polymerisation von Monomeren mit NH-Gruppen auf, z.B. bei Acrylamid, Lactamen und Leuchs-Anhydriden von α-Aminosäuren. Die Polymerisation von Acrylamid mit den Alkoholaten des t-Butylalkohols führt nicht zu Poly(acrylamid), sondern zu Poly(β-alanin), wobei auch die t-Butylgruppe nicht als Endgruppe in das Poly(β-alanin) eingebaut wird:

(18–9) $CH_2=CH-CONH_2 \underset{-t\text{-BuOH}}{\overset{+t\text{-BuO}^\ominus}{\rightleftarrows}} CH_2=CH-CO-\overset{\ominus}{N}H \xrightarrow{+CH_2=CH-CONH_2}$

$CH_2=CH-CONH-CH_2-\overset{\ominus}{C}H-CONH_2 \longrightarrow CH_2=CH-CONH-CH_2-CH_2-CO-\overset{\ominus}{N}H$

Bei der Polymerisation von Lactamen mit Alkoxiden wird zuerst analog zu Gl. (18–9) ein Lactamanion gebildet. Dieses Anion addiert ein Monomermolekül

(18–10)

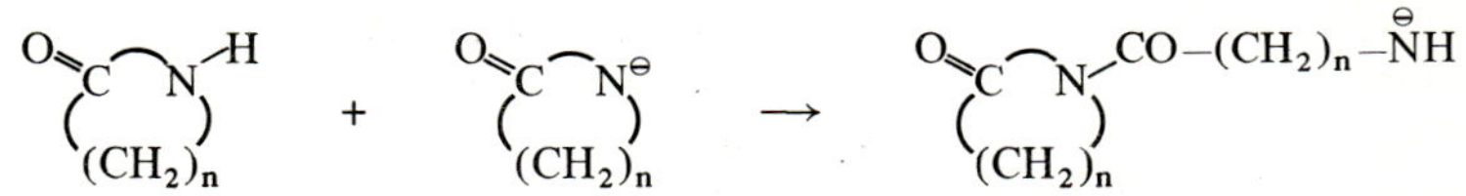

In einer anschließenden Übertragungsreaktion wird ein ω-Aminoacyllactam unter Regeneration eines Monomeranions erzeugt:

(18–11)

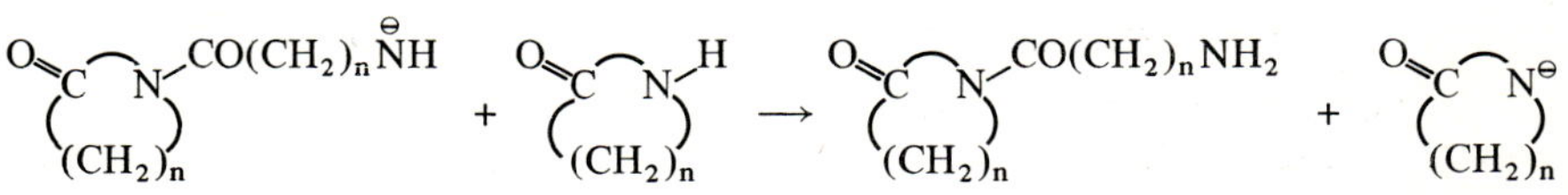

Das Monomeranion kann nun entweder die Lactammonomeren oder das ω-Aminoacyllactam angreifen. Beim letzteren ist jedoch der Lactamring durch eine zweite CO-Gruppe substituiert. Durch diese Aktivierung ist die Reaktion des Monomeranions mit dem ω-Aminoacyllactam viel schneller als mit dem Lactam selbst und die Polymerkette wird um eine Monomereinheit verlängert:

(18–12)

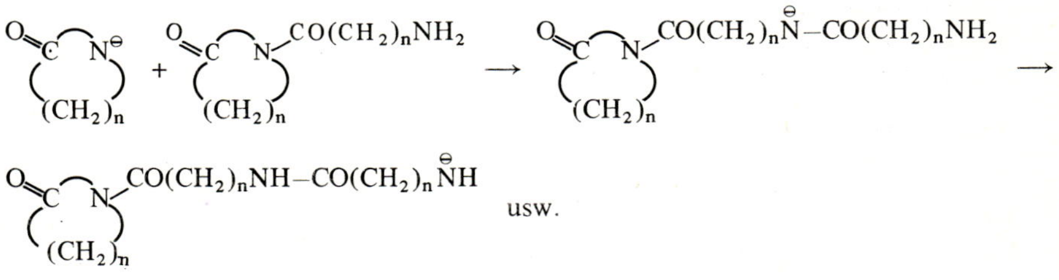

usw.

Die Lactampolymerisation mit starken Basen kann folglich durch zugesetzte „Aktivatoren" wie z.B. Acyllactame stark beschleunigt werden. Alternativ kann man die Acyllactame auch im Polymerisationsansatz in situ durch Zugabe von Essigsäureanhydrid oder Keten bilden.

Die Polymerisationsgeschwindigkeit anionischer Polymerisationen hängt stark vom Mechanismus ab. Beim Wachstum über Makroanionen sowie beim Wachstum über Monomeranionen im Falle einer Aktivierung durch z.B. Acyllactame ist die Polymerisationsgeschwindigkeit durch das Verhältnis von Monomer- und Basenkonzentration gegeben. Im ersteren Falle reagiert im allgemeinen die initiierende Base sehr schnell mit den Monomeren. Im zweiten Fall reagiert die Base sehr schnell mit dem Acyllactam. Dieser Initiationsschritt ist so schnell, daß zu Beginn der eigentlichen Polymerisation schon alle initiierenden Spezies vorliegen. Jede dieser Spezies hat dann die gleiche Chance, eine Polymerkette zu starten. Bei Abwesenheit von Abbruchs- und Übertragungsreaktionen ist bei diesen lebenden Polymerisationen der Polymerisationsgrad folglich durch das Verhältnis von Monomer- zu Initiatormolekülen gegeben. Derartige Polymerisationen werden daher gelegentlich auch stöchiometrische Polymerisationen genannt.

Ganz anders ist die Situation jedoch bei der Polymerisation über Monomeranionen ohne zusätzlichen Aktivator. Hier bildet sich zuerst in langsamer Reaktion der Aktivator ω-Aminoacyllactam, der dann in schneller Folgereaktion die Polymerkette startet. Während der Polymerisation werden laufend weitere ω-Aminoacyllactam-Moleküle gebildet. Nur wenn alle Basenmoleküle mit Monomermolekülen reagieren, bevor die anderen Monomermoleküle durch Bildung von Polymerketten verbraucht sind, ist der Polymerisationsgrad durch das Verhältnis von Monomer- zu Basenkonzentration gegeben. Da dies jedoch meist nicht der Fall ist, besteht keine Beziehung zwischen dem Verhältnis [Monomer]/[Base] und dem Polymerisationsgrad. Ähnliche Verhältnisse liegen auch bei der Polymerisation der Leuchsanhydride der α-Aminosäuren mit starken Basen vor.

18.2.4 WACHSTUM: LEBENDE POLYMERISATIONEN

Sehr viele anionische Polymerisationen sind „lebend": auf eine sehr schnelle Startreaktion erfolgt ein Kettenwachstum ohne Abbruchs- und Übertragungsreaktionen, d.h. ohne Vernichtung der individuellen Kettenträger. Die Polymerisationsgeschwindigkeit v_{br} ist in diesem Falle einfach durch die Geschwindigkeit der Wachstumsreaktion gegeben, die wieder je 1. Ordnung in bezug auf die Konzentration an Makroanionen und Monomeren ist:

(18–13) $v_{br} = -d[M]/dt = v_p = k_p [P^*][M]$

Die Konzentration an Kettenträgern ist konstant und gleich der anfänglichen Initiatorkonzentration für den Fall der einfachen Initiatoranlagerung (vgl. Gl. (18–4)) bzw. gleich der halben Initiatorkonzentration im Falle der Elektronenübertragung (vgl. Gl. (18–7)). Im ersten Falle erhält man aus Gl. (18–13) nach der Integration

(18–14) $\ln ([M]/[M]_0) = -k_p [I]_0 t$

Durch Auftragen von log $([M]/[M]_0)$ gegen die Zeit t ergibt sich eine Gerade mit der Neigung $k_p [I]_0/2{,}303$ (Abb. 18–2). Je höher jedoch die Polymerisationstemperatur, um so eher strebt die verbleibende Monomerkonzentration einem konstanten Wert zu. Diese lebende Polymerisation erreicht dann ihren Gleichgewichtszustand. Bei kinetischen Messungen ist entsprechend außer der Wachstumsreaktion auch noch die Depolymerisationsreaktion zu berücksichtigen. An die Stelle der Gl. (18–13) tritt dann

(18–15) $-\mathrm{d}[M]/\mathrm{d}t = k_p [P^*][M] - k_{dp} [P^*]$

Die Gleichgewichtskonstante ist durch $K = k_p/k_{dp}$ gegeben. Bei unendlich hohem Polymerisationsgrad gilt nach Gl. (16–3) für die Gleichgewichtskonstante ferner $K = 1/[M]_e^\infty$. Gl. (18–13) wird damit zu

(18–16) $-\mathrm{d}[M]/\mathrm{d}t = k_p [P^*]([M] - [M]_e^\infty)$

bzw. integriert und umgeformt

(18–17) $\log \dfrac{[M] - [M]_e^\infty}{[M]_0 - [M]_e^\infty} = k_p [P^*] t/2{,}303$

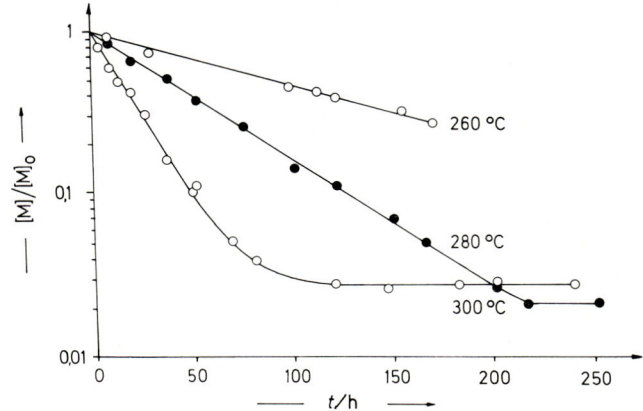

Abb. 18–2: Relativer Monomeranteil [M]/[M]₀ als Funktion der Zeit t bei der Polymerisation von wasserfreiem Laurinlactam mit $x_i = 0{,}01$ Laurinsäure als Initiator bei verschiedenen Temperaturen (nach H.-G. Elias und A. Fritz).

Bei derartigen lebenden Polymerisationen wachsen die Ketten proportional dem Umsatz $u = ([M]_0 - [M])/[M]_0$ und proportional dem Verhältnis der anfänglichen Konzentrationen. Das Zahlenmittel der Molmasse ist ferner durch

(18–18) $\langle M \rangle_n = M_I + M_{mon} \langle X \rangle_n$

gegeben, wobei M_I und M_{mon} die Molmassen von Initiatorfragment und Monomerbaustein sind. Bei endlichen Umsätzen erhält man somit

(18–19) $\langle M \rangle_n = M_I + \dfrac{M_{mon}[M]_0}{[I]_0} u$

Die Molmassen steigen somit linear mit dem Umsatz an (Abb. 18–3). Bei vollständigem Umsatz ist der erzielbare Polymerisationsgrad lediglich durch das Verhältnis

$[M]_0/[I]_0$ gegeben. Bei Polymerisationsgleichgewichten tritt anstelle dieses Verhältnisses der Ausdruck $([M]_0 - [M])/([I]_0 - [I])$.

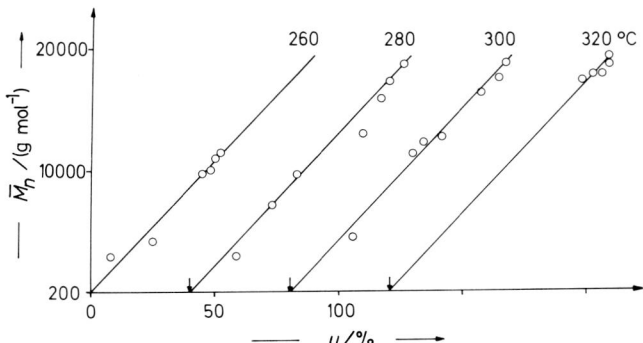

Abb. 18-3: Abhängigkeit des Zahlenmittels des Molekulargewichtes vom Umsatz bei der Polymerisation von wasserfreiem Laurinlactam mit $x_i = 0{,}01$ Laurinsäure als Initiator. Die eingezeichneten Geraden wurden über Gl. (18–19) theoretisch berechnet. Zur besseren Übersichtlichkeit wurden die Kurven bei 280, 300 und 320°C um 40, 80 und 120 Einheiten auf der Abszisse nach rechts verschoben (nach H.-G. Elias und A. Fritz).

Fügt man zu derartigen lebenden Polymeren nach Erreichen des Gleichgewichtes neues Monomer, so steigen sowohl Umsatz als auch Molmasse weiter an (vgl. z. B. Abb. 22–8).

18.2.5 WACHSTUM: IONENGLEICHGEWICHTE

Die Polymerisationsgeschwindigkeit anionischer lebender Polymerisationen hängt nicht nur von den Stoffmengenkonzentrationen an Initiator und Monomer ab, sondern auch von den relativen Anteilen an freien Ionen, Ionenpaaren und Ionenassoziaten. Für den allgemeinen Fall ergeben sich sehr komplizierte kinetische Ausdrücke. Glücklicherweise lassen sich jedoch fast alle anionischen Polymerisationen durch zwei Grenzfälle erfassen. Der eine Grenzfall wird von den Polymerisationen apolarer Monomerer in apolaren Lösungsmitteln gebildet: hier liegen nur Ionenpaare und Ionenpaarassoziate, aber keine freien Ionen vor. Der andere Grenzfall ist die Polymerisation von polaren Monomeren in polaren Lösungsmitteln. Hier braucht man keine Ionenassoziate zu berücksichtigen, wohl aber die Gleichgewichte zwischen freien Ionen und den verschiedenen Sorten von Ionenpaaren.

Zur ersten Klasse von anionischen Polymerisationen mit Gleichgewichten zwischen Ionenpaaren und Ionenassoziaten gehören die Polymerisationen von Styrol und Isopren mit Metallen oder Metallalkylen in Kohlenwasserstoffen als Lösungsmittel. Metallalkyle liegen in derartigen Lösungsmitteln teilweise assoziiert vor:

(18–20) $(BuLi)_N \rightleftarrows N\,BuLi$; $K_i = [BuLi]^N/[(BuLi)_N]$

Die Geschwindigkeit der Startreaktion ergibt sich nach Einsetzen des Ausdrucks der Gl. (18–20) zu

(18—21) $v_i = k_i[BuLi][M] = k_i K_i^{1/N} [(BuLi)_N]^{1/N} [M]$

Die Geschwindigkeiten der Startreaktion sind bei diesen Metallalkyl-initiierten anionischen Polymerisationen sehr niedrig (Tab. 18—1). Während der Polymerisation werden daher laufend zusätzliche Kettenträger neu gebildet.

Tab. 18—1: Konstanten bei der anionischen Polymerisation von Styrol bzw. Isopren mit Butyllithium (Initiation) bzw. Metallalkylen (Wachstum) bei 30°C

Metall Mt	Lösungsmittel	$\dfrac{k_p^{\pm} (K/N)^{1/N}}{\text{l mol}^{-1} \text{s}^{-1}}$	$\dfrac{k_p^{\pm}}{\text{l mol}^{-1} \text{s}^{-1}}$	$\dfrac{10^5 k_i^{\pm} (K/N)^{1/N}}{\text{l mol s}^{-1}}$
Styrol				
Caesium	—	—	18	—
Rubidium	—	—	24	—
Kalium	Benzol	1,8	47	—
Natrium	"	0,17	—	—
Lithium	"	0,016	16	2,3
Lithium · THF	"	—	0,4	—
Isopren				
Lithium ·	"	0,0014	—	360
"	Cyclohexan	0,0010	—	—
"	Hexan	0,0008	—	—

Für die Startreaktion ebenso wie für die Wachstumsreaktion wird dabei angenommen, daß sich weder Ionenassoziate noch freie Ionen an den Start- bzw. Wachstumsschritten beteiligen. Die Polymerisationsgeschwindigkeit ergibt sich dann analog zu Gl. (18—21) zu

(18—22) $v_p = -d[M]/dt = k_p^{\pm} K^{1/N} [(RM_n^{\ominus} Mt^{\oplus})_N]^{1/N} [M]$

wobei $RM_n^{\ominus} Mt^{\oplus}$ das Ionenpaar der wachsenden Polymerkette und k_p die entsprechende Geschwindigkeitskonstante des Wachstums ist. Da die Konzentration dieser Ionenpaare wegen der langsamen Startreaktion zeitlich zunächst schnell, dann langsamer zunimmt, wird Gl. (18—22) meist nur für die Anfangsbedingungen ausgewertet. Man trägt dazu den Logarithmus der reduzierten Anfangspolymerisationsgeschwindigkeit gegen den Logarithmus der formalen Initiatorkonzentration auf (Abb. 18—4). Die Neigung der Geraden ergibt den Assoziationsgrad N der Ionenassoziate, welcher bei Lithiumverbindungen 2, 3, 4 oder 6 beträgt. Der Ordinatenabschnitt enthält sowohl die Geschwindigkeitskonstante als auch die Gleichgewichtskonstante der Wachstumsreaktion. Die Werte dieses Ausdrucks schwanken je nach Monomer, Gegenion und Lösungsmittel um mehrere Zehnerpotenzen.

Die durch Elektronenübertragung ausgelöste Polymerisation in polaren Lösungsmitteln verläuft anders. Ein Beispiel dafür ist die Polymerisation von Styrol mit Natriumnaphthalin in Tetrahydrofuran. Die Polymerisation verläuft sehr schnell, so daß die Konzentration $[P^*]$ der wachsenden Ketten in der Regel mit einem sog. Strömungsrohr ermittelt wird. Monomer, Lösungsmittel und Initiator werden in einer Mischdüse gemischt, durch das Rohr turbulent strömen gelassen und in einer zweiten Mischdüse mit einem Kettenabbrecher versetzt. Aus dem Volumen des Strömungsrohres und dem in der Versuchszeit insgesamt geströmten Flüssigkeitsvolumen läßt sich dann die effek-

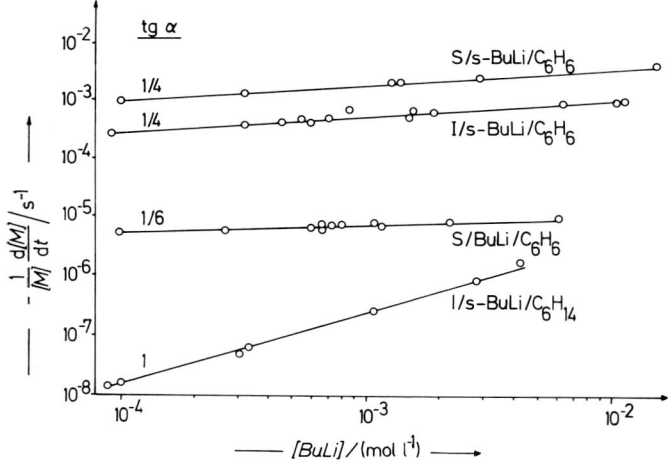

Abb. 18–4: Reduzierte Anfangspolymerisationsgeschwindigkeit als Funktion der formalen Initiatorkonzentration bei der Polymerisation von Styrol mit s-BuLi oder BuLi in Benzol bzw. von Isopren mit s-BuLi in Hexan oder Benzol, jeweils bei 30°C. Die Zahlen geben die Neigungen 1/N der Geraden an. Nach Daten von S. Bywater.

tive Polymerisationszeit berechnen und mit Hilfe des Monomerumsatzes und der totalen Konzentration $[C^*] = [P^*]$ an aktiven Keimen bzw. wachsenden Ketten dann über Gl. (18–13) die Geschwindigkeitskonstante des Wachstums.

Führt man jedoch die Experimente bei konstanter Monomerkonzentration und variabler Initiatorkonzentration aus, so nimmt das über Gl. (18–13) berechnete k_p mit steigender Initiatorkonzentration ab. Durch Zugabe von Fremdsalzen mit dem gleichen Gegenion, z.B. des gut in Tetrahydrofuran löslichen Natriumtetraphenylborats (Kalignost), fällt die berechnete Geschwindigkeitskonstante noch weiter ab, bis sie schließlich bei sehr großen Fremdsalzkonzentrationen $[Fremdsalz] \gg [C^*]$ einen konstanten Grenzwert erreicht. Daraus folgt, daß mindestens zwei Typen wachsender Spezies vorhanden sind, vermutlich Ionenpaare $P^\ominus Na^\oplus$ und freie Ionen $P^\ominus$. Die beobachtete Geschwindigkeitskonstante ist daher ein Mittelwert und Gl. (18–13) muß modifiziert werden

$$(18\text{–}23) \quad \bar{v}_p = -d[M]/dt = \bar{k}_p [C^*][M] = k_{(\pm)}[P^\ominus Na^\oplus][M] + k_{(-)}[P^\ominus][M]$$

$$(18\text{–}24) \quad \bar{k}_p = (k_{(+)}[P^\ominus Na^\oplus] + k_{(-)}[P^\ominus])/[C^*]$$

Die Konzentrationen an Ionenpaaren und freien Ionen können mit Hilfe des Ostwaldschen Verdünnungsgesetzes eliminiert werden. Der Dissoziationsgrad α der Ionenpaare ist definitionsgemäß durch $[Na^\oplus] = [P^\ominus] = \alpha[C^*]$ und $[P^\ominus Na^\oplus] = (1-\alpha)[C^*]$ gegeben. Die Gleichgewichtskonstante der Dissoziation ergibt sich daher zu

$$(18\text{–}25) \quad K = \frac{[P^\ominus][Na^\oplus]}{[P^\ominus Na^\oplus]} = \frac{\alpha^2 [C^*]}{1-\alpha}$$

Für die hier vorliegenden niedrigen Dissoziationsgrade wird $(1-\alpha) \approx 1$ und folglich

$K \approx \alpha^2 [C^*]$. Es gilt also auch $[P^\ominus Na^\oplus] \approx [C^*]$. Gl. (18–24) geht daher über in

(18–26) $\bar{k}_p = k_{(\pm)} + k_{(-)} K^{1/2} [C^*]^{-1/2}$

Die Dissoziationskonstante ist aus Leitfähigkeitsmessungen nur schwierig genügend genau erhaltbar. Sie kann jedoch auch aus reaktionskinetischen Daten ermittelt werden. Der Dissoziationsgrad ist ja gleich dem Anteil an freien Poly(styryl)anionen an der gesamten Keimkonzentration, d.h. es gilt $\alpha = [P^\ominus]/[C^*]$ und mit Gl. (18–25) und $(1-\alpha) \approx 1$ auch

(18–26) $\bar{k}_p = k_{(\pm)} + k_{(-)} [P^\ominus][C^*]^{-1} = k_{(\pm)} + k_{(-)} K [Na^\oplus]^{-1}$

Durch Auftragen der gemessenen Geschwindigkeitskonstanten $\bar{k}_p$ gegen die reziproke Gesamtkonzentration an Natriumgegenionen erhält man aus der Neigung das Produkt $k_{(-)} K$. Da man aus Messungen ohne Salzzusatz nach Gl. (18–26) den Wert $k_{(-)} K^{1/2}$ bekommt, lassen sich durch Kombination beider Werte die Geschwindigkeits- und Gleichgewichtskonstanten einzeln berechnen.

Tab. 18-2: Geschwindigkeitskonstanten $k_{(\pm)}$ der Polymerisation von Styrol via Ionenpaare bei 25 °C (nach M. Szwarc)

Lösungsmittel	$k_{(\pm)}$ / (l mol^{-1} s^{-1}) beim Gegenion				
	$Li^\oplus$	$Na^\oplus$	$K^\oplus$	$Rb^\oplus$	$Cs^\oplus$
Dioxan	0,9	4,0	20	22	25
Tetrahydropyran	–	14	60	80	–
Methyltetrahydrofuran	57	11	–	–	22
Tetrahydrofuran	160	80	70	60	22
Dimethoxyethan	–	3600	–	–	150

Die so berechneten Geschwindigkeitskonstanten des Wachstums über Ionenpaare variieren stark mit dem Typ des Gegenions und dem Lösungsmittel (Tab. 18–2). Die Geschwindigkeitskonstante des Wachstums über freie Makroanionen ist dagegen erwartungsgemäß unabhängig von Lösungsmittel und Gegenion. Sie wurde z.B. für Poly(styryl)anionen bei 25°C zu $k_{(-)} = 65\,000$ l mol^{-1} s^{-1} gefunden und ist daher viel größer als die Geschwindigkeitskonstanten für das Wachstum über Ionenpaare. Trotzdem tragen die Ionenpaare sehr viel zur beobachteten Polymerisationsgeschwindigkeit bei. Die Dissoziationskonstante beträgt nämlich für z.B. Poly(styryl)anionen in Tetrahydrofuran bei 25°C nur ca. $K = 10^{-7}$ mol/l (Tab. 18–3). Beträgt die Initiatorkonzentration z.B. nur $[C^*] = 0{,}001$ mol/l, so beläuft sich der Anteil der freien Ionen nach Gl. (18–25) nur zu $\alpha = (10^{-7}/10^{-3})^{1/2} = 0{,}01$, d.h. zu nur 1 %.

Die Temperaturabhängigkeit der Geschwindigkeitskonstanten des Wachstums über Ionenpaare folgt im Gegensatz zu der des Wachstums über freie Ionen nicht der Arrhenius-Gleichung (Abb. 18–5). Die Geschwindigkeitskonstanten $k_{(\pm)}$ müssen daher *mittlere* Geschwindigkeitskonstanten sein. Ihre Temperaturabhängigkeit deutet darauf hin, daß zwei Typen von Ionenpaaren miteinander im thermodynamischen Gleichgewicht stehen

$$(18-27) \quad \begin{array}{ccccccc}
P_n^{\ominus}Na^{\oplus} & + & mS & \xrightleftharpoons{K_{cs}} & P_n^{\ominus}/S_m/Na^{\oplus} & \xrightleftharpoons{K} & P_n^{\ominus} & + & Na^{\oplus}S_m \\
+M \downarrow k_{(\pm)c} & & & & +M \downarrow k_{(\pm)s} & & +M \downarrow k_{(-)} & & \\
P_{n+1}^{\ominus}Na^{\oplus} & + & mS & \xrightleftharpoons{K_{cs}} & P_{n+1}^{\ominus}/S_m/Na^{\oplus} & \xrightleftharpoons{K} & P_{n+1}^{\ominus} & + & Na^{\oplus}S_m
\end{array}$$

Die Geschwindigkeitskonstanten $k_{(-)}$ des Wachstums über freie Ionen sind dabei unabhängig vom Typ des Lösungsmittels. Die wachsenden Polymeranionen sind daher nicht solvatisiert wie auch schon durch spektroskopische Messungen gezeigt wurde (vgl. Kap. 18.1). Bei niedrigen Temperaturen streben die in verschiedenen Lösungsmitteln erhaltenen $k_{(\pm)}$-Werte einer gestrichelt eingezeichneten Grenzgeraden zu. Diese Grenzgerade ist ebenfalls unabhängig vom Lösungsmittel und muß daher die Temperaturabhängigkeit der Geschwindigkeitskonstanten für das Wachstum über Solvationenpaare angeben. Offensichtlich sind die für Hexamethylcyclotriphosphamid als Lösungsmittel gefundenen Geschwindigkeitskonstanten für das Wachstum über Ionenpaare exklusiv diejenigen für das Wachstum über Solvationenpaare. Die Geschwindigkeitskonstanten $k_{(\pm)s}$ der Polymerisation via Solvationenpaare und $k_{(\pm)c}$ der Polymerisation via Kontaktionenpaare sind mit der aus kinetischen Messungen erhaltbaren mittleren Geschwindigkeitskonstante $k_{(\pm)}$ über

$$(18-28) \quad k_{(\pm)} = k_{(\pm)c} + k_{(\pm)s} K_{cs}/(1 + K_{cs})$$

verknüpft. Die Gleichgewichtskonstante K_{cs} der Dissoziation der Kontaktionenpaare in Solvationenpaare ist durch Leitfähigkeitsmessungen zugänglich.

Die Temperaturabhängigkeit von $k_{(\pm)}$ ist daher durch die Temperaturabhängigkeiten der beiden Gleichgewichtskonstanten $k_{(\pm)c}$ und $k_{(\pm)s}$ sowie der Gleichgewichtskonstanten K_{cs} gegeben. Bei höheren Temperaturen streben alle Werte einer gemeinsamen Grenzgeraden für die Temperaturabhängigkeit der Geschwindigkeitskonstanten $k_{(\pm)c}$ zu (vgl. Abb. 18–5).

Tab. 18–3: Gleichgewichtskonstanten der Dissoziation von Ionenpaaren in freie Ionen bei der anionischen Polymerisation verschiedener Monomerer mit einer Reihe von Gegenionen (nach Zusammenstellungen von S. Bywater)

Monomer	Lösungsmittel	T/°C	K/(mol l^{-1}) für			
			Li$^{\oplus}$	Na$^{\oplus}$	K$^{\oplus}$	Cs$^{\oplus}$
Styrol	Dimethoxyethan	25	–	$1,4 \cdot 10^{-6}$	–	$0,9 \cdot 10^{-7}$
”	Tetrahydrofuran	25	$1,9 \cdot 10^{-7}$	$1,5 \cdot 10^{-7}$	$0,7 \cdot 10^{-7}$	$4,7 \cdot 10^{-9}$
”	Tetrahydropyran	30	$1,9 \cdot 10^{-10}$	$1,7 \cdot 10^{-10}$	$4,0 \cdot 10^{-10}$	–
”	Oxepan	30	–	$7,0 \cdot 10^{-12}$	–	–
Ethylenoxid	Dimethylsulfoxid	25	–	$3,0 \cdot 10^{-2}$	$4,7 \cdot 10^{-2}$	$9,4 \cdot 10^{-2}$
”	Tetrahydrofuran	20	–	–	$1,8 \cdot 10^{-2}$	$2,7 \cdot 10^{-2}$
Propylensulfid	Tetrahydrofuran	20	–	$3,0 \cdot 10^{-9}$	$5,4 \cdot 10^{-9}$	–
”	Tetrahydropyran	20	$4,0 \cdot 10^{-12}$	–	–	–

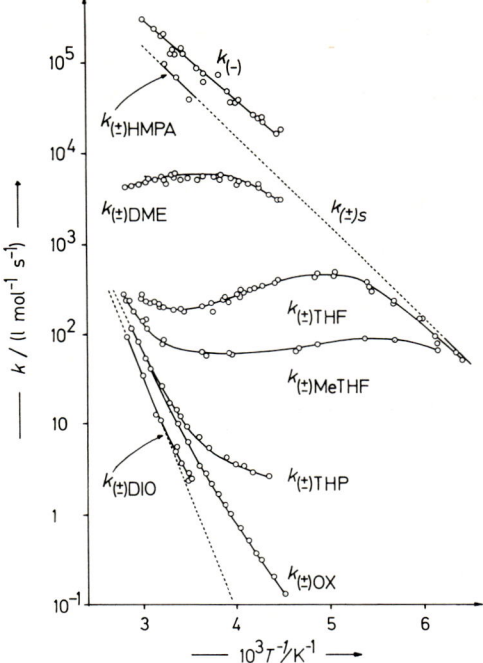

Abb. 18–5: Arrhenius-Diagramm der Geschwindigkeitskonstanten des Wachstums über freie Anionen ($k_{(-)}$), Solvationenpaare ($k_{(\pm)s}$) und Ionenpaare ($k_{(\pm)LM}$) allgemein. Messungen in Hexamethylcyclotriphosphamid (HMPA), Dimethylethylenglycol (DME), Tetrahydrofuran (THF), 3-Methyltetrahydrofuran (MeTHF), Tetrahydropyran (THP), Oxepan (OX) und 1,4-Dioxan (DIO). Nach B. J. Schmitt und G. V. Schulz.

18.2.6 MOLMASSENVERTEILUNGEN

Bei lebenden Polymerisationen über Makroionen ist das Zahlenmittel der Molmasse durch die Konzentrationen an Monomer und Initiator am Anfang und im Gleichgewicht sowie durch den Umsatz eindeutig festgelegt. Die Molmassenverteilung hängt aber noch davon ab, ob die Initiatorionen bzw. die Monomerionen tatsächlich alle gleichzeitig die Polymerisation auslösen. Gibt man nämlich die Initiatorlösung tropfenweise zur Monomerlösung, so starten die Ionen des ersten Tropfens bereits die Polymerisation, bevor diejenigen des zweiten Tropfens damit beginnen können. Die Ketten werden daher unterschiedlich lang.

Für die folgende Ableitung wird angenommen, daß die genannten Mischungs- und Diffusionsprobleme keine Rolle spielen. Alle Ketten sollen also gleichzeitig zu wachsen beginnen. Zur Zeit $t = 0$ soll der der Initiatorkonzentration äquivalente Anteil der Monomeren bereits in Monoionen P_1^* umgewandelt sein. Das Wachstum soll über Monoionen erfolgen. Die zeitliche Änderung der Stoffmengenkonzentration für Verbindungen mit einem Monomerbaustein pro Molekül ist dann für ein bimolekulares irreversibles Wachstum:

(18–29) $-\mathrm{d}[P_1^*]/\mathrm{d}t = k_p [M][P_1^*]$

wobei k_p die Geschwindigkeit der Wachstumsreaktion ist. Für die zeitliche Veränderung der Konzentration von Verbindungen mit zwei Monomerbausteinen gilt analog

(18–30) $\mathrm{d}[P_2^*]/\mathrm{d}t = k_p [M][P_1^*] - k_p [M][P_2^*]$

und für die i-Meren

(18–31) $\mathrm{d}[P_i^*]/\mathrm{d}t = k_p [M][P_{i-1}^*] - k_p [M][P_i^*]$

Die Abnahme des Monomeren mit der Zeit ist durch die Konzentration aller wachsenden Ketten bedingt

(18–32) $-\mathrm{d}[M]/\mathrm{d}t = k_p [M] \cdot \sum_1^\infty [P_i^*] = k_p [M][C^*]$

Zur Zeit $t = 0$ ist die totale Keimkonzentration $[C^*]$ gleich der Konzentration an Monoanionen ($P_1^* = C^*$). $[C^*]$ bleibt über den gesamten Polymerisationsverlauf konstant, da keine Abbruchsreaktionen auftreten sollen. Die Integration von Gl. (18–32) führt zu

(18–33) $-\int_{[M]_0-C^*}^{[M]} \mathrm{d}[M] = [C^*] \, k_p \int_0^t [M] \, \mathrm{d}t$

(18–34) $\dfrac{[M]_0 - [C^*] - [M]}{[C^*]} = k_p \int_0^t [M] \, \mathrm{d}t = \dfrac{[M]_0 - [M]}{[C^*]} - 1 = \overline{X}_n - 1 \equiv \nu$

Die neu eingeführte Größe ν gibt an, wieviel Monomermoleküle an das Monoanion P_1^* angelagert werden. Sie ist somit die kinetische Kettenlänge des Systems. ν läßt sich direkt aus der experimentellen Umsatzkurve entnehmen.

(18–35) $\mathrm{d}\nu = k_p [M] \, \mathrm{d}t$

Wird diese Gleichung in die Gl. (18–29)–(18–31) eingesetzt, so folgt

(18–36/1) $\mathrm{d}[P_1^*] = - [P_1^*]\mathrm{d}\nu$

(18–36/2) $\mathrm{d}[P_2^*] = [P_1^*]\mathrm{d}\nu - [P_2^*]\mathrm{d}\nu$

. . . .

(18–36/3) $\mathrm{d}[P_i^*] = [P_{i-1}^*]\mathrm{d}\nu - [P_i^*]\mathrm{d}\nu$

Die Integration von Gl. (18–36/1)

(18–37) $\int \mathrm{d}[P_1^*]/[P_1^*] = - \int \mathrm{d}\nu$

gibt $\ln [P_1^*] = - \nu + const$. Bei $t = 0$ wird auch $\nu = 0$. Bei $t = 0$ ist die Molkonzentration an Anionen gleich $[C^*]$. Also gilt $\ln [P_1^*] = - \nu + \ln [C^*]$ und folglich

(18–38) $[P_1^*] = [C^*] \cdot e^{-\nu}$

Gl. (18–38) wird in Gl. (18–36/2) eingesetzt:

(18–39) $\mathrm{d}[P_2^*] = [C^*] e^{-\nu} \mathrm{d}\nu - [P_2^*] \mathrm{d}\nu$

Die Integration erfolgt nach der Methode des integrierenden Faktors. Multiplikation mit e^ν führt zu

18.2 Anionische Polymerisationen

$$e^v d[P_2^*] + e^v [P_2^*] dv = [C^*] dv$$

Mit $d(e^v)/dv = e^v$ und folglich $e^v dv = d(e^v)$ bekommt man das **vollständige Differential**

$$e^v d[P_2^*] + [P_2^*] d(e^v) = [C^*] dv$$

Die Integration führt zu

$$e^v [P_2^*] = [C^*] v + const'$$

Für die Integrationskonstante erhält man mit $[P_2^*] = 0$ bei $t = 0$ ($v = 0$) folglich $const' = 0$. Die Integration von Gl. (18–39) ergibt somit

(18–40) $\quad [P_2^*] = e^{-v} [C^*] v$

In analoger Weise führt die Integration des Ausdrucks für die Trimeren

(18–41) $\quad d[P_3^*] = [P_2^*] dv - [P_3^*] dv = e^{-v} [C^*] v dv - [P_3^*] dv$

zu

(18–42) $\quad [P_3^*] = e^{-v} [C^*] v^2/2!$

Der verallgemeinerte Ausdruck für ein i-Mer lautet somit

(18–43) $\quad [P_i^*] = \dfrac{e^{-v} [C^*] v^{(X_i-1)}}{(X_i - 1)!}$

Der Molanteil $x_i = [P_i^*]/[C^*]$ der i-meren Anionen an den insgesamt vorhandenen Anionen ist gleichzeitig der Stoffmengenanteil des i-Meren an insgesamt vorhandenen Molekülen, d.h. es liegt eine Poisson-Verteilung vor (vgl. Kap. 8.3.2.3):

(18–44) $\quad x_i = e^{-v} \cdot v^{(X_i-1)}/(X_i - 1)!$

Der Massenbruch w_i ist durch $w_i = X_i x_i / \overline{X}_n$ gegeben und folglich hier durch $w_i = X_i x_i / (v + 1)$, da v nur die Anzahl der Schritte zählt

(18–45) $\quad w_i = \dfrac{e^{-v} v^{X_i-1} X_i}{(X_i - 1)! (v + 1)}$

Tab. 18–4: Stoffmengenanteile x_i und Massenanteile w_i bei einer kinetischen Kettenlänge $v = 10$ bei Poissonverteilungen

	Polymerisationsgrade $X_i =$						
	2	5	9	10	11	12	15	20
x_i	$4{,}5 \cdot 10^{-4}$	$2 \cdot 10^{-2}$	0,11	0,125	0,125	0,11	0,05	$3 \cdot 10^{-3}$
w_i	$8 \cdot 10^{-5}$	$9 \cdot 10^{-3}$	0,09	0,113	0,125	0,12	0,068	$5{,}5 \cdot 10^{-3}$

Wie man aus dem Zahlenbeispiel (Tab. 18–4) für eine kinetische Kettenlänge $v = 10$ sieht, ist die Verteilung der Polymerisationsgrade außerordentlich eng. Da man das Gewichtsmittel $\overline{X}_w$ des Polymerisationsgrades aus $\overline{X}_w = \Sigma w_i X_i$ erhält, bekommt man mit Gl. (18–45) und $\overline{X}_n = v + 1$

(18–46) $\quad \overline{X}_w = \sum\limits_i w_i X_i = \sum\limits_i \dfrac{e^{-v} v^{X_i-1} X_i^2}{(X_i - 1)! (v + 1)} = \dfrac{e^{-v} v}{(v + 1)} \sum\limits_i \dfrac{X_i^2 v^{X_i-2}}{(X_i - 1)!}$

$$(18-47) \quad \overline{X}_w = \left(\frac{\nu^2 + 3\nu + 1}{\nu + 1} \right) = \left(\frac{\overline{X}_n^2 + \overline{X}_n - 1}{\overline{X}_n} \right)$$

Der Quotient $\overline{X}_w/\overline{X}_n$ ergibt sich daher zu

$$(18-48) \quad \overline{X}_w/\overline{X}_n = 1 + ((\overline{X}_n - 1)/\overline{X}_n^2) \approx 1 + (1/\overline{X}_n)$$

Schon bei mäßig hohen Polymerisationsgraden wird somit $\overline{X}_w/\overline{X}_n \approx 1$ und somit experimentell von einer molekulareinheitlichen Substanz ununterscheidbar.

18.2.7 ÜBERTRAGUNG UND ABBRUCH

Lebende Polymerisationen weisen weder Übertragungs- noch Abbruchsreaktionen auf, d.h. die aktiven Kettenträger bleiben mit einer individuellen Polymerkette bis zum durch das Gleichgewicht Polymer/Monomer gegebenen Umsatz verbunden und auch nach Aufhören der Polymerisation noch aktiv. Die ionischen Enden der lebenden Polymeren kann man daher benutzen, um definiert aufgebaute Blockpolymere zu erzeugen. Diese Fähigkeit hängt aber noch von den Polaritäten von wachsendem Makroanion und anzulagerndem Monomer ab. In erster Näherung kann die Polarität durch die sog. e-Werte der beiden Monomeren beschrieben werden. Elektronenarme Monomere haben hohe e-Werte, elektronenreiche Monomere dagegen stark negative (vgl. auch Kap. 22.2.5). Das Poly(methylmethacrylanion) (Monomer e = 0,40) löst z.B. die Polymerisation von Acrylnitril (e = 1,20) aus, nicht aber die von Styrol (e = – 0,80). Umgekehrt kann aber das Poly(styrylanion) die Polymerisation von Methylmethacrylat starten.

Bei derartigen Blockpolymerisationen ist das Ende des neuen Blocks wieder lebend, d.h. es kann weitere Monomere anlagern. Lebende Polymere und Blockpolymere können jedoch auch durch Isomerisierungen oder absichtlich zugesetzte Reagentien abgetötet werden. Falls die dabei neu entstehenden Spezies keine Polymerisation mehr auslösen können, spricht man von Abbruchsreaktionen. Falls dagegen die neuen Spezies Polymerisationen initiieren, handelt es sich um Übertragungsreaktionen. Die Unterscheidung zwischen einer Abbruchs- und einer Übertragungsreaktion erfolgt daher aufgrund der Polymerisationsaktivität, nicht jedoch des Mechanismus, da bei vielen Abbruchsreaktionen ebenfalls etwas übertragen wird.

Poly(styrylnatrium) geht z.B. sehr langsame Isomerisierungsreaktionen ein

$$(18-49)$$

$$\sim\!\!CH_2-\overset{\ominus}{C}H \;\; Na^\oplus \;\; \xrightarrow{\begin{array}{c} +\,CH=CH\!\sim \\ |\\ C_6H_5 \end{array}} \begin{cases} \longrightarrow \sim\!\!CH=CH \;+\; NaH \\ | \\ C_6H_5 \\ \\ \longrightarrow \sim\!\!CH_2-CH_2 \;+\; CH\!\cdots\!\overset{\ominus}{C}H\!\cdots\!CH\!\sim \quad Na^\oplus \\ | | | | \\ C_6H_5 C_6H_5 C_6H_5 C_6H_5 \end{cases}$$

Ähnliche Reaktionen bei Poly(dienylen) sind jedoch viel schneller und konkurrieren mit der Wachstumsreaktion. In jedem Fall lösen die neu entstandenen Spezies keine Polymerisation mehr aus: die Polymerisation ist nicht mehr stöchiometrisch.

Abbruchsreaktionen können auch ungewollt durch Spuren von Verunreinigungen herbeigeführt werden. Wasser, Alkohole und Ammoniak töten lebende Makroanionen unter Protonenübertragung

(18–50) $\sim M^\ominus + RH \longrightarrow \sim MH + R^\ominus$

wobei bei Wasser (R = OH) immer Abbruch, bei Alkoholen (R = R'O) und Ammoniak (R = NH_2) außer Abbruch aber auch Übertragung auftreten kann. Nucleophile Substitutionen können ebenfalls sowohl zu Abbruch als auch zu Übertragung führen

(18–51) $\sim M^\ominus + ClCH_2\sim \longrightarrow \sim M-CH_2\sim + Cl^\ominus$

Zur Gewinnung funktioneller Endgruppen wird ein Abbruch manchmal auch gewollt herbeigeführt. Auf diese Weise können Carboxyl-, Hydroxyl- und Thiolgruppen erzeugt werden:

(18–52) $\sim^\ominus + CO_2 \longrightarrow \sim COO^\ominus$

(18–53) $\sim^\ominus + H_2C\underset{O}{\overset{}{\diagdown\!\!\diagup}}CH_2 \longrightarrow \sim CH_2CH_2O^\ominus$

(18–54) $\sim^\ominus + H_2C\underset{S}{\overset{}{\diagdown\!\!\diagup}}CH_2 \longrightarrow \sim CH_2CH_2S^\ominus$

Übertragungsreaktionen können nicht nur zwischen der wachsenden Kette und Verunreinigungen, sondern auch zwischen der wachsenden Kette und Monomermolekülen sowie zwischen dem Initiator und Monomermolekülen eintreten. Bei Acrylverbindungen greifen stark basische Initiatoren z.B. die Seitengruppen an

(18–55)
$$RLi + CH_2=C\begin{matrix}CH_3\\|\\|\\COOCH_3\end{matrix} \longrightarrow CH_2=C\begin{matrix}CH_3\\|\\|\\COR\end{matrix} + CH_3OLi$$

Übertragungsreaktionen treten oft nur in geringem Umfange auf und sind daher analytisch nicht erkennbar. Auch aus dem kinetischen Verhalten läßt sich nicht auf Übertragungsreaktionen schließen. Bei Übertragungen vom wachsenden Polymeren zum Monomeren gilt für die Startreaktion

(18–56) $M^* + M \longrightarrow P_2^*$; $v'_s = k'_s [M^*][M]$

für die Wachstumsreaktion

(18–57) $P_i^* + M \longrightarrow P_{i+1}^*$; $v_p = k_p [P^*][M]$

und für die Übertragungsreaktion

(18–58) $P_i^* + M \longrightarrow P_i + M^*$; $v_{tr,m} = k_{tr,m} [P^*][M]$

Für jeden verschwindenden Polymerkeim wird ein Monomerkeim gebildet. Die Bildungsgeschwindigkeit der ersteren ist durch Gl. (18–56), die der letzteren durch Gl. (18–58) gegeben. Also muß auch gelten

(18–59) $k_{tr,m} [P^*][M] = k'_s [M^*][M]$

oder

(18–60) $[P^*]/[M^*] = k'_s / k_{tr,m} = C$

Da alle Initiatormoleküle starten sollen, muß auch gelten $[P^*] + [M^*] = [I]_0$. Gl. (18–60) geht somit über in

(18-61) $[P^*] = [I]_0 \, C/(1 + C)$

Die Bruttopolymerisationsgeschwindigkeit hängt nur vom Verbrauch an Monomeren durch die Wachstumsreaktion ab. Der Verbrauch an Monomeren durch die Übertragungsreaktion (mit $k_{tr,m}$) und durch die zweite Startreaktion (mit v'_s) muß nämlich gering sein, da bei einem Überwiegen der Übertragungsreaktion keine Polymeren entstehen können. Für die Bruttopolymerisationsgeschwindigkeit gilt also mit den Gl. (18-57) und (18-61)

(18-62) $v_p = -d\,[M]/dt = k_p\,[P^*][M] = \left(\dfrac{C}{1+C}\right) k_p\,[I]_0\,[M]$

Wie man durch den Vergleich von Gl. (18-62) mit Gl. (18-14) sieht, läßt sich aus der Polymerisationsgeschwindigkeit v_p allein noch kein Hinweis auf allfällige Übertragungsreaktionen entnehmen.

Das tote Polymer P wird durch die Übertragungsreaktion gebildet. Für die Zunahme der Konzentration an totem Polymer gilt somit

(18-63) $d[P]/dt = k_{tr,m}\,[P^*][M]$

Mit dem Ausdruck für die Wachstumsreaktion (Gl. (18-57)) ergibt sich dann

(18-64) $d[P]/d[M] = -k_{tr,m}/k_p = -C_m$

Durch Integration von Gl. (18-64) gelangt man zu

(18-65) $[P] = C_m\,[M]_0 = [M^*]$

da bei jeder Übertragungsreaktion ein totes Polymer und ein aktiviertes Monomer gebildet werden. Beim Aufarbeiten des Ansatzes werden die noch lebenden Polymeren getötet. Das Zahlenmittel des Polymerisationsgrades ergibt sich somit auch in diesem Fall durch $\overline{X}_n = [M]_0/[I]_0$, wobei vollständiger Umsatz vorausgesetzt wird. Mit den Gl. (18-61) und (18-64) gilt dann

(18-66) $\overline{X}_n = \dfrac{[M]_0}{[P^*]+[M^*]} = \dfrac{[M]_0}{\left(\dfrac{C}{1+C}\right)[I]_0 + C_m\,[M]_0}$

oder umgeformt

(18-67) $\dfrac{1}{\overline{X}_n} = C_m + \dfrac{C}{1+C}\,\dfrac{[I]_0}{[M]_0}$

Für den Grenzfall $[I]_0/[M]_0 \gg C_m$, d.h. ($C \gg 1$), reduziert sich Gl. (18-67) zu $\overline{X}_n = [M]_0/[I]_0$, d. h. der Polymerisationsgrad wird nur durch Monomer- und Initiatorkonzentration bestimmt. Für den anderen Grenzfall gilt $[I]_0/[M]_0 \ll C_m$ und somit $\overline{X}_n = 1/C_m$; der Polymerisationsgrad hängt nur noch vom Verhältnis von Wachstums- zu Übertragungskonstante ab.

18.2.8 STEREOKONTROLLE

Anionische Polymerisationen von polaren Monomeren in polaren Lösungsmitteln sind nur wenig stereospezifisch, diejenigen von apolaren Monomeren in apolaren Lösungsmitteln dagegen u. U. sehr stereokontrolliert. Zwischen den beiden Extremen gibt es alle möglichen Übergänge.

In polaren Lösungsmitteln wird die Polymerisation durch Ionenpaare und freie Ionen fortgepflanzt. Bei hohen Initiatorkonzentrationen relativ zur Monomerkonzentration sind verhältnismäßig mehr Ionenpaare vorhanden als bei niedrigen. Hohe Initiator/Monomer-Verhältnisse erzeugen aber auch niedrige Molmassen. Da Ionenpaare und freie Ionen sicher verschieden stereokontrollierend wirken, ändert sich folglich die Taktizität mit der Molmasse der anionischen Polymerisate, wenn auch nur schwach (Abb. 18–6).

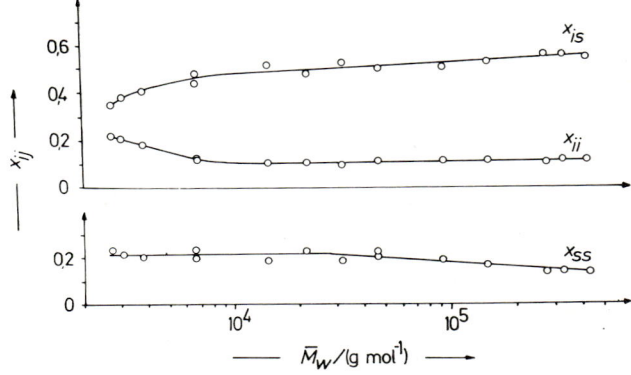

Abb. 18–6: Variation der Triadentaktizitäten mit der Molmasse, d. h. mit dem Verhältnis Monomer/Initiator bei der Polymerisation von α-Methylstryrol mit Natriumnaphthalin in Tetrahydrofuran bei $-78\,°C$. Nach Daten von H.-G. Elias und V. S. Kamat.

Stärker ist der Einfluß der Polarität des Mediums. In hochpolaren Lösungsmitteln werden Polymere mit verhältnismäßig hohen Anteilen an syndiotaktischen Triaden erhalten (vgl. Tab. 18–5). Je apolarer das Lösungsmittel, um so größer der Anteil der isotaktischen Diaden. Der Anteil der heterotaktischen Triaden bleibt jedoch etwa

Tab. 18–5: Einfluß der Polarität des Mediums auf die Triadenanteile in Poly(methylmethacrylat) (Polymerisation bei -30 °C mit Lithiumbutyl)

Toluol/Dimethoxyethan	Anteile an Triaden (%)		
	x_{ii}	x_{is}	x_{ss}
100 : 0	59	23	18
64 : 36	38	27	35
38 : 62	24	32	44
2 : 98	16	29	55
0 : 100*	13	25	62

*interpoliert aus Messungen bei 0 und -70 °C

konstant. Auch hier geht offenbar die Zunahme an Isotaktizität parallel mit der Zunahme an Ionenpaaren. Dieser Befund ist unmittelbar verständlich. Beim Kettenwachstum über freie Ionen wird die Verknüpfung durch den sterisch günstigsten Übergangszustand bestimmt; bei syndiotaktischen Verknüpfungen ist aber die sterische Hinderung kleiner als bei isotaktischen. Beim Kettenwachstum über Ionenpaare wird dagegen das neu zu verknüpfende Monomere immer in der gleichen Lage „insertiert", d. h. zwischen Makroanion und Gegenion eingelagert (vgl. auch Kap. 19).

Taktizitäten allein sagen noch nicht viel über den Polymerisationsmechanismus aus: eine gegebene Taktizität kann im Extremfall von Copolymeren aus iso- und syndiotaktischen Diaden stammen oder aber von Mischungen aus iso- und syndiotaktischen Ketten. Die durch Polymerisation von Ethylmethacrylat mit Butyllithium in Tetrahydrofuran bei tiefen Temperaturen hergestellten Polymerisate konnten z.B. in je eine hochisotaktische und eine hochsyndiotaktische Fraktion getrennt werden. Die Zahl der isotaktischen Ketten war unabhängig vom Umsatz; die der syndiotaktischen lief dagegen mit steigendem Umsatz durch ein Maximum. Der Befund spricht für ein unabhängiges Wachstum von iso- und syndiotaktischen Ketten zu Mischungen von it- und st-Poly(ethylmethacrylaten). Die Ursache ist unbekannt. Es kann sich jedoch nicht um eine Matrizenpolymerisation handeln, da die Stereoregulation nicht durch einen Zusatz hochtaktischer Polymerer zur polymerisierenden Mischung beeinflußt wird. Bei echten Matrizenpolymerisationen muß das Matrixmolekül immer länger als das zu bildende Makromolekül sein, da sonst nur schwierig Stereokomplexe gebildet werden können. Bei Matrizenpolymerisationen findet man immer eine Abhängigkeit der Taktizitäten vom Umsatz (Abb. 18–7).

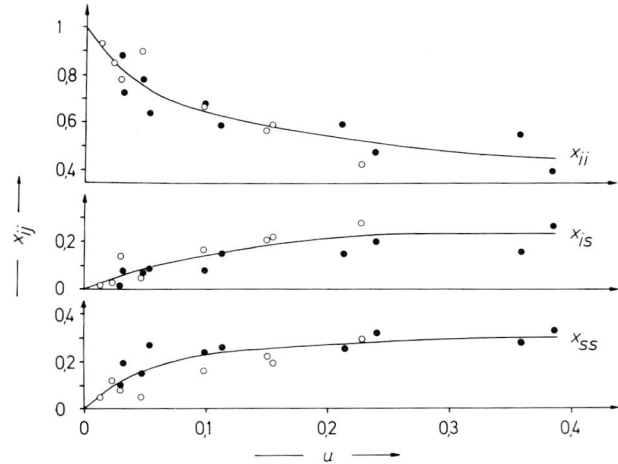

Abb. 18–7: Änderung der Triadentaktizitäten mit dem Umsatz bei der Polymerisation von 0,93 mol/l Methylmethacrylat mit 0,03 (○) bzw. 0,06 mol/l (●) Butylmagnesiumchlorid als Initiator in Toluol bei −50°C. Nach Daten von T. Migamoto, S. Tomoshige und H. Inagaki.

Die Taktizität wird zudem sehr stark von der Natur des Gegenions beeinflußt. Lithiumionen gehen z.B. chemische Bindungen mit großem kovalenten Bindungsanteil ein, die anderen Alkaliionen aber nicht. Lithiumverbindungen werden daher mehr Ionenpaare und Ionenassoziate bilden, vor allem in apolaren Lösungsmitteln. Lithium (und auch Lithiumalkyle) wirken daher bei der Polymerisation von Dienen in Kohlenwasserstoffen außerordentlich stark stereoregulierend, während die Stereokontrolle bei den anderen Alkalimetallen als Initiatoren nur schwach ist (Tab. 18–6). Die gute Stereokontrolle bei lithiumorganischen Verbindungen und Lithiummetall ist dabei vermutlich durch die Ausbildung sechsgliedriger, ringförmiger Übergangszustände bedingt, d.h. das Monomere wird vor der Verknüpfung erst orientiert und dann insertiert.

Tab. 18–6: Mikrostruktur von Polydienen, die mit Alkalimetallen in Kohlenwasserstoffen polymerisiert wurden

Initiator	Anteile an Strukturen in %			
	1,4 cis	1,4 trans	1,2	3,4
	Poly(isopren)			
Lithium	94	0	0	6
Natrium	0	43	6	51
Kalium	0	52	8	40
Rubidium	5	47	8	39
Caesium	4	51	8	37
	Poly(butadien)			
Lithium	35	52	13	–
Natrium	10	25	65	–
Kalium	15	40	45	–
Rubidium	7	31	62	–
Caesium	6	35	59	–

18.3 Kationische Polymerisationen

18.3.1 ÜBERSICHT

Kationische Polymerisationen erfolgen über Kationen als Träger der kinetischen Kette. Derartige Kationen können Carbokationen oder Oniumionen sein.

Als *Carbokationen* werden alle elektrophilen Kohlenstoffatome bezeichnet. Sie werden weiter in Carbeniumionen und Carboniumionen unterteilt. Carbeniumionen sind dreiwertige Carbokationen mit Elektronenmangel-Zentren. Diese klassischen Carbokationen sind planar oder nahezu planar sp^2-hybridisiert. Carboniumionen sind dagegen vier- oder fünffach koordinierte, nicht klassische Carbokationen. Das Carbokation-Zentrum wird hier durch drei Einfachbindungen und eine 2-Elektronen/2-Zentren-Bindung gebildet. *Onium*-ionen entstehen formal aus Carbokationen durch eine entsprechende Addition von Heteroverbindungen, z.B.

(18–68) $\quad CH_3^\oplus + O\begin{smallmatrix}CH_3\\CH_3\end{smallmatrix} \longrightarrow CH_3-\overset{\oplus}{O}\begin{smallmatrix}CH_3\\CH_3\end{smallmatrix}$

Zu den *Oniumionen* gehören z.B. Carboxonium-, Oxonium-, Sulfonium- und Immoniumionen:

$R_3C^\oplus$	$H_5C^\oplus$	$R-\overset{\oplus}{O}=CR_2$	$R_3O^\oplus$
Carbenium	Carbonium	Carboxonium	Oxonium

$R_3S^\oplus$	$R_2\overset{\oplus}{N}=CR_2$	Dioxolenium ($\begin{smallmatrix}O\\O\end{smallmatrix}\rangle^\oplus$)	$ArN_2^\oplus$
Sulfonium	Immonium	Dioxolenium	Aryldiazonium

Kationen sind thermodynamisch und kinetisch instabil. Sie können jedoch durch Delokalisierung der positiven Ladung stabilisiert werden, z.B. durch Phenylgruppen, in Tropyliumringen, durch elektronenabgebende konjugierte Substituenten wie z.B. RO-, R_2N- oder RS-, oder durch direkt an das Kation gebundene Heteroatome:

$$(18-69) \quad \sim CH_2-\overset{\oplus}{\underset{OR}{C}}H \leftrightarrow \sim CH_2-\underset{\overset{\oplus}{OR}}{\overset{\|}{C}}H \xrightarrow{+CH_2=CH-OR} \sim CH_2-\underset{OR}{CH}-\overset{\oplus}{O}-R \quad \underset{CH=CH_2}{}$$

Die relativ stabilen Oniumionen können daher oft direkt NMR-spektroskopisch beobachtet werden, ebenso Carbokationen in nicht-polymerisierenden Modellsystemen. In polymerisierenden Systemen ist entweder die Konzentration an Carbokationen zu klein oder aber die wachsende Spezies zu reaktiv. Auf die Existenz wachsender Carbokationen schließt man daher meist indirekt über Modellreaktionen, kinetische Messungen, Leitfähigkeitsmessungen oder Zusatz von Kationenfängern.

Kationisch polymerisierbare Monomere müssen starke elektronendonierende Gruppierungen aufweisen. Die nucleophilen Gruppen müssen zudem in einem Teil des Monomermoleküls vorkommen, der sich an der Polymerisation direkt beteiligt und außerdem der nucleophilste Teil des Monomermoleküls ist. Acrylnitril läßt sich aus dem letzteren Grunde nicht kationisch polymerisieren, da Carbokationen die Nitrilgruppe und nicht die Vinylgruppe angreifen:

$$(18-70) \quad R^\oplus + CH_2=CH-C\equiv N \rightarrow CH_2=CH-C\equiv \overset{\oplus}{N}-R \leftrightarrow CH_2=CH-\overset{\oplus}{C}=N-R \text{ etc.}$$

Die elektronendonierende Gruppierung kationisch polymerisierbarer Monomerer kann sich in einer polymerisierenden Doppelbindung, direkt in einer Seitengruppe oder aber in einem polymerisierbaren Ringsystem befinden. Zur ersten Gruppe gehören Aldehyde, gewisse Ketone, Thioketone und Diazoalkane

$\begin{array}{c}R\\|\\C=O\\|\\H\end{array}$	$\begin{array}{c}R\\|\\C=O\\|\\R'\end{array}$	$\begin{array}{c}R\\|\\C=S\\|\\R'\end{array}$	$\begin{array}{c}R\\|\\{}^\ominus C-\overset{\oplus}{N}\equiv N\\|\\R'\end{array}$
Aldehyde	Ketone	Thioketone	Diazoalkane

Die zweite Gruppe besteht aus π-Donatoren wie Olefine, Diene und Vinylaromaten sowie (π+n)-Donatoren wie N-substituierte Vinylamine und Vinylether

$CH_2=CRR'$	$\begin{array}{c}CH_2=CR'\\|\\CR=CH_2\end{array}$	$\begin{array}{c}CH_2=CR\\|\\Ar\end{array}$	$\begin{array}{c}CH_2=CH\\|\\NRR'\end{array}$	$\begin{array}{c}CH_2=CH\\|\\OR\end{array}$
Olefine	Diene	Vinylaromaten	N-substituierte Vinylamine	Vinylether

Die zur dritten Gruppe gehörenden kationisch polymerisierbaren Ringe sind sämtlich n-Donatoren. Zu ihnen gehören die cyclischen Ether, Acetale, Sulfide, Imine, Lactone und Lactame:

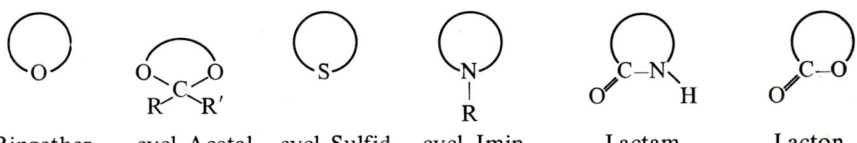

Ringether   cycl. Acetal   cycl. Sulfid   cycl. Imin   Lactam   Lacton

Kationische Polymerisationen können durch gewisse Salze, durch Brønsted-Säuren und durch Lewis-Säuren ausgelöst werden. Typische Salze sind z.B. Triphenylmethylperchlorat $[(C_6H_5)_3C]^{\oplus}[ClO_4]^{\ominus}$, Tropyliumhexachlorantimonat $C_7H_7^{\oplus}SbCl_6^{\ominus}$ und Acetylperchlorat $CH_3CO^{\oplus}ClO_4^{\ominus}$. Zu den Brønsted-Säuren gehören Perchlorsäure $HClO_4$, Trichloressigsäure CCl_3COOH und Schwefelsäure. Typische Lewis-Säuren sind $AlCl_3$, $TiCl_4$ und BF_3. Kationische Polymerisationen werden meistens in Lösungsmitteln wie Benzol, Nitrobenzol und Methylenchlorid ausgeführt.

Die Chemie kationischer Polymerisationen ist in der Regel wesentlich komplizierter als die der anionischen Polymerisationen. Der zur Polymerisationsauslösung zugesetzte Initiator ist in vielen Fällen nicht selbst initiierend, sondern bildet die eigentliche aktive Spezies erst in der Polymerisationsmischung mit sich selbst, einem „Cokatalysator" oder dem Monomeren. Die initiierende und die wachsende Spezies können außerdem durch Übertragung, Isomerisierung oder Abbruch eine ganze Reihe von Nebenreaktionen eingehen.

18.3.2 INITIATION DURCH SALZE

Bestimmte Salze dissoziieren in Ggw. der bei kationischen Polymerisationen gebräuchlichen Lösungsmittel direkt in Kationen und Anionen, wobei die Kationen z.T. spektroskopisch nachgewiesen werden können. Tritylchlorid bildet so das Triphenylmethylcarbeniumion und das Chloridanion:

(18-71) $(C_6H_5)_3CCl \longrightarrow (C_6H_5)_3C^{\oplus} + Cl^{\ominus}$

Die Dissoziation wird bei geeigneter Komplexion des Gegenions gefördert

(18-72) $(C_6H_5)_3CCl + SbCl_5 \longrightarrow (C_6H_5)_3C^{\oplus}[SbCl_6]^{\ominus}$

Die Dissoziation ist für etwa gleichgroße Ionen im gleichen Lösungsmittel etwa gleich stark. Sie variiert aber stark mit dem Lösungsmittel (Tab. 18-7).

Die so gebildeten Initiatorkationen lagern sich dann in vielen Fällen direkt an das Monomer unter Bildung eines „Monomer"kations an. Beispiele dafür sind die Polymerisation von p-Methoxystyrol oder Epoxiden mit Tritylhexachlorantimonat, die Polymerisation von Tetrahydrofuran mit Acetylperchlorat, und die Polymerisationen von Vinylethern und N-Vinylcarbazol mit Tropyliumhexachlorantimonat, z.B.

(18-73) $C_7H_7^{\oplus} + CH_2=CH \underset{OR}{|} \longrightarrow C_7H_7-CH_2-CH^{\oplus} \underset{OR}{|}$

Salze können aber u. U. die polymerisationsauslösende Spezies erst durch Reaktion mit den Monomeren bilden. Bei der Polymerisation von Tetrahydrofuran mit

Tritylcarbeniumion und dem entsprechenden Dikation $(C_6H_5)_2C^\oplus-CH_2CH_2-{}^\oplus C(C_6H_5)_2$ wurde nämlich beim gleichen Monomer/Initiator-Verhältnis jeweils die gleiche Molmasse gefunden, obwohl beim letzteren die Konzentration an Kationen doppelt so hoch ist. Es wird daher angenommen, daß das Tritylkation zunächst Tetrahydrofuran dehydriert und daß erst die entstehende protonierte Spezies die Polymerisation auslöst:

(18–74)

$$(C_6H_5)_3C^\oplus + 3\,\langle THF\rangle \longrightarrow \langle DHF\rangle + (C_6H_5)_3CH + [{}^\oplus O-H\cdots O]$$

$$[{}^\oplus O-H\cdots O] + \langle THF\rangle \longrightarrow HO(CH_2)_4-O^\oplus + \langle THF\rangle$$

Tab. 18–7: Dissoziationskonstanten einiger organischer Salze in verschiedenen Lösungsmitteln. Die Dissoziationsenthalpien und -entropien gelten für den Temperaturbereich von 0 bis –45°C.

Salz		Lösungs-	T	$10^4 K$	$\Delta H°$	$\Delta S°$
Kation	Anion	mittel	°C	mol l^{-1}	kJ mol^{-1}	J mol^{-1} K^{-1}
$Ph_3C^\oplus$	$SbCl_6^\ominus$	CH_2Cl_2	0	3,1	–8,4	–97
$Ph_3C^\oplus$	$SbCl_6^\ominus$	CH_2Cl_2	25	1,4		
$Ph_3C^\oplus$	$SbF_6^\ominus$	CH_2Cl_2	25	1,7		
$Ph_3C^\oplus$	$ClO_4^\ominus$	CH_2Cl_2	25	2,5		
$C_7H_7^\oplus$	$ClO_4^\ominus$	CH_2Cl_2	0	0,3	–5,0	–105
$C_7H_7^\oplus$	$SbCl_6^\ominus$	CH_2Cl_2	0	0,3	–10,0	–126
$C_7H_7^\oplus$	$BF_4^\ominus$	CH_2Cl_2	0	0,7	–3,5	–67
$(C_2H_5)_4N^\oplus$	$SbCl_6^\ominus$	CH_2Cl_1	0	0,84	–2,3	–90
$(C_4H_9)_4N^\oplus$	$SbCl_6^\ominus$	CH_2Cl_2	0	0,69	–2,5	–89
$(C_{12}H_{25})_4N^\oplus$	$SbCl_6^\ominus$	CH_2Cl_2	0	0,60	–2,8	–91
$(C_{18}H_{37})_4N^\oplus$	$SbCl^\ominus$	CH_2Cl_2	0	0,72	–2,4	–88
$(C_2H_5)_3O^\oplus$	$BF_4^\ominus$	CH_2Cl_2	0	0,04		
$(C_2H_5)_3S^\oplus$	$BF_4^\ominus$	CH_2Cl_2	20	0,44		
$(C_2H_5)_3S^\oplus$	$BF_4^\ominus$	$C_6H_5NO_2$	20	165		

Kationen derartiger Salze können jedoch auch in speziellen Fällen unter Elektronenübertragung vom Monomeren reagieren. Beispiele sind die Polymerisation gewisser Vinylether

(18–75) $(C_6H_5)_3C^\oplus + CH_2=CH-OCH_2R \longrightarrow (C_6H_5)_3C^\bullet + [CH_2=CH-OCH_2R]^{\bullet\oplus}$

oder die Polymerisation von N-Vinylcarbazol mit Triarylaminiumsalzen (Triarylamine sind nicht basisch und bilden keine quaternären Ammoniumsalze):

(18–76) $2\,(p-BrC_6H_4)_3N + 3\,SbCl_5 \longrightarrow 2\,(p-BrC_6H_4)_3N^\oplus SbCl_6^\ominus + SbCl_3$

$$(p-BrC_6H_4)_3N^\oplus + CH_2=CH{-}Cbz \longrightarrow (p-BrC_6H_4)_3N + {}^\bullet CH_2-CH^\oplus{-}Cbz$$

Nur wenige der so entstehenden Radikalkationen dimerisieren jedoch zu den entsprechenden Dikationen. Elektronenübertragungen sind daher im Gegensatz zu denen bei anionischen Polymerisationen keine guten Synthesemethoden für kationische lebende Polymerisationen zu Triblockpolymeren. Dikationen können aber in einem Einschrittverfahren aus Trifluormethansulfonsäureanhydrid mit z.B. Tetrahydrofuran

(18–77) $(CF_3SO_2)_2O + 3\,\square O \longrightarrow \square O^{\oplus}-(CH_2)_4-{}^{\oplus}O\square + 2\,CF_3SO_3^{\ominus}$

oder aber in einem Zweischrittverfahren aus bestimmten Dicarbonsäureestern zu Dioxoleniumsalzen I hergestellt werden, die dann mit Tetrahydrofuran weiter umgewandelt werden können

(18–78) $BrCH_2CH_2OOC(CH_2)_8COOCH_2CH_2Br \xrightarrow[-\,2\,AgBr]{+\,2\,Ag^{\oplus}}$

$\left[\substack{O\\O}\right]^{\oplus}\!-(CH_2)_8-^{\oplus}\!\left[\substack{O\\O}\right] \xrightarrow{+\,2\,THF} \square O^{\oplus}\!-CH_2CH_2OOC(CH_2)_8COOCH_2CH_2-{}^{\oplus}O\square$

    I

18.3.3 INITIATION DURCH BRØNSTED- UND LEWIS-SÄUREN

Nach der klassischen Vorstellung dissoziieren Brønsted-Säuren wie z.B. $HClO_4$ in Protonen und Gegenanionen. Die Protonen lagern sich dann an das Monomer an und die entstehenden Monomerkationen lösen die Polymerisation weiterer Monomerer aus, z.B.

(18–79) $H^{\oplus} + CH_2=C(CH_3)_2 \longrightarrow H-CH_2-\overset{\oplus}{C}(CH_3)_2$ usw.

(18–80) $H^{\oplus} + O\!\left\langle\substack{-O\\-O}\right. \longrightarrow H-\overset{\oplus}{O}\!\left\langle\substack{-O\\-O}\right.$ usw.

Perchlorsäure und andere Brønsted-Säuren leiten jedoch in sauerstofffreien Lösungsmitteln nicht den elektrischen Strom. Sie sind daher unter diesen Bedingungen „kovalente" Verbindungen. Kationisch polymerisierbare Monomere sind aber Brønsted-Basen, so daß Gl. (18–79) durch Gl. (18–81) ersetzt werden muß:

(18–81) $HClO_4 + CH_2=C(CH_3)_2 \longrightarrow H-CH_2-\overset{\oplus}{C}(CH_3)_2 + ClO_4^{\ominus}$

Diese Säure/Base-Reaktion läßt verstehen, warum nicht alle Protonsäuren kationische Polymerisationen starten können. Wichtig ist, daß das Kation nicht mit dem Anion irreversibel kombinieren kann. Gibt man z.B. Trifluoressigsäure als Initiator zu Styrol, so wird nur wenig Poly(styrol) niedriger Molmasse gebildet. Beim Zufügen von Styrol zu Trifluoressigsäure erhält man jedoch hochmolekulare Poly(styrol) in großer Ausbeute. Im letzteren Fall sind nämlich die Trifluoracetationen durch einen Überschuß Säure stabilisiert, im ersteren Fall jedoch nicht.

Lewis-Säuren lösen in der Regel keine direkte Polymerisation aus. Lösungen von Lewis-Säuren sind elektrisch leitfähig; es muß also eine Selbstionisierung eintreten, z.B.

(18–82) $2\,AlCl_3 \rightleftarrows AlCl_2^{\oplus} + AlCl_4^{\ominus}$

Lewis-Säuren sind daher eigentlich Salze. In diese Klasse gehören ferner J_2 (als $J^{\oplus}J_3^{\ominus}$),

TiCl$_4$ (als TiCl$_3^\oplus$TiCl$_5^\ominus$), RAlCl$_2$ (als RAlCl$^\oplus$RAlCl$_3^\ominus$) und PF$_5$ (als PF$_4^\oplus$PF$_6^\ominus$). Das PF$_6^\ominus$-Anion konnte z.B. auch analytisch nachgewiesen werden.

Einige Lewis-Säuren können jedoch nicht mit sich selbst komplexieren; sie benötigen einen sog. Cokatalysator wie z.B. Wasser, Trichloressigsäure, Alkylhalogenide, Ether oder auch das zu polymerisierende Monomer selbst. Die Cokatalysatoren bilden dissoziierbare Verbindungen wie z.B.

(18–83) $BF_3 + H_2O \rightleftarrows H^\oplus[BF_3OH]^\ominus$

(18–84) $BF_3 + (C_2H_5)_2O \rightleftarrows C_2H_5^\oplus[BF_3OC_2H_5]^\ominus$

(18–85) $R_2AlCl + C_2H_5Cl \rightleftarrows C_2H_5^\oplus[R_2AlCl_2]^\ominus$

Die so gebildeten Kationen lagern sich an die Monomeren an und lösen die Polymerisation aus. Der Cokatalysator trägt somit seinen Namen zu Unrecht: er wirkt nicht katalytisch und schon gar nicht cokatalytisch. Aus ihm wird vielmehr die initiierende Spezies gebildet; er wäre daher korrekt als Initiator zu bezeichnen. Die Lewis-Säure ist entsprechend auch kein Katalysator, sondern ein Co-Initiator.

18.3.4 WACHSTUM

Kationische Polymerisationen werden im einfachsten Fall durch wiederholte Anlagerung von Monomermolekülen an Carbokationen und Oniumionen fortgepflanzt. Das wachsende Makrokation wird durch Delokalisierung der positiven Ladung stabilisiert. Beispiele sind die Makrokationen von Isobutylen (I), Nitrosobenzol (II), Vinylmethylether (III), Acetaldehyd (IV) und Tetrahydrofuran (V)

$$\underset{I}{\sim CH_2-\overset{CH_3}{\underset{CH_3}{C^\oplus}}} \quad \underset{II}{\sim O-\overset{}{\underset{C_6H_5}{N^\oplus}}} \quad \underset{III}{\sim CH_2-\overset{H}{\underset{OCH_3}{C^\oplus}}} \quad \underset{IV}{\sim O-\overset{H}{\underset{CH_3}{C^\oplus}}} \quad \underset{V}{\sim \overset{\oplus}{O}\underset{CH_2-CH_2}{\overset{CH_2-CH_2}{\diagdown\diagup}}}$$

Die konventionell bestimmten mittleren Geschwindigkeitskonstanten des Wachstums überstreichen bei kationischen Polymerisationen den außerordentlich weiten Bereich von ca. 10^9 bis 10^{-5} l mol^{-1} s^{-1} (Tab. 18–8). Für einunddasselbe Monomer können dabei je nach Initiator und Lösungsmittel große Unterschiede gefunden werden. Bei gleichem Lösungsmittel und Initiator beobachtet man zudem einen deutlichen Unterschied in den Geschwindigkeitskonstanten für wachsende Carbokationen einerseits und Oniumionen andererseits:

Bei den Carbokationen greift ein Zentrum mit großer positiver Ladungsdichte das negativierte β-Atom eines Olefins an. Das im Übergangszustand auftretende Dipolmoment wird im wesentlichen durch das angreifende Kation erzeugt. Der Übergangszustand muß nahezu linear sein und die Aktivierungsenergie folglich niedrig. Die wachsenden Oniumionen sind dagegen stark solvatisiert. Ihre Ladungsdichte ist folglich geringer als bei Carbokationen. Da die Monomermoleküle starke Dipole aufweisen und sich dem Oniumion mit dem negativen Heteroatom nähern, kann der Übergangszustand nicht linear sein. Daraus folgt aber eine hohe Aktivierungsenergie.

Das Wachstum von Makrokationen wird ferner noch durch das Gegenanion und die Möglichkeit von intramolekularen Isomerisierungen reguliert. Bei den Gegenanionen kann man komplexe Anionen wie $AsF_6^\ominus$, $BF_4^\ominus$, $PF_6^\ominus$ und $SbCl_6^\ominus$ von nicht-komplexen Anionen wie $ClO_4^\ominus$, $CF_3SO_3^\ominus$ und $FSO_3^\ominus$ unterscheiden.

Tab. 18-8: Mittlere Geschwindigkeitskonstanten kationischer Polymerisationen

Monomer	Lösungs-mittel	T °C	Initiator	$\overline{k_p}$ l mol^{-1} s^{-1}
Cyclopentadien	–	–78	γ-Strahlen	$6 \cdot 10^8$
Isobutylen	–	0	γ-Strahlen	$2 \cdot 10^8$
Isobutylen	CH_2Cl_2	0	$C_7H_7^\oplus SbCl_6^\ominus$	$7 \cdot 10^7$
Styrol	–	15	γ-Strahlen	$4 \cdot 10^6$
Styrol	$ClCH_2CH_2Cl$	25	$HClO_4$	17
Styrol	$ClCH_2CH_2Cl$	30	J_2	$4 \cdot 10^3$
Styrol	CCl_4	20	$HClO_4$	$1 \cdot 10^{-3}$
N-Vinylcarbazol	CH_2Cl_2	–25	$C_7H_7^\oplus SbCl_6^\ominus$	$2 \cdot 10^5$
i-Butylvinylether	CH_2Cl_2	–25	$C_7H_7^\oplus SbCl_6^\ominus$	$2 \cdot 10^3$
1,3-Dioxepan	CH_2Cl_2	0	$HClO_4$	$3 \cdot 10^3$
1,3-Dioxolan	CH_2Cl_2	0	$HClO_4$	10
3,3-Diethylthietan	CH_2Cl_2	20	$(C_2H_5)_3O^\oplus BF_4^\ominus$	$3 \cdot 10^{-5}$

Komplexe Anionen können relativ leicht fragmentieren. $BF_4^\ominus$ und $SbCl_6^\ominus$ sind z.B. nur bis 30 °C stabil, $PF_6^\ominus$ und $SbF_6^\ominus$ dagegen bis 80 °C. Oberhalb der Stabilitätstemperatur dissoziieren die Anionen, z.B. nach

(18–86) $\quad BF_4^\ominus \rightleftarrows BF_3 + F^\ominus$

Die neu gebildeten Anionen können dann allerhand Nebenreaktionen eingehen. Zu stark nucleophile Anionen können außerdem mit dem Initiatorkation reagieren, wobei die Reaktionsprodukte mit dem Monomer weiterreagieren können, z.B. bei der Polymerisation von 1,3-Dioxolan

(18–87) $\quad CH_3O\overset{\oplus}{C}H_2 + SbCl_6^\ominus \rightleftarrows CH_3OCH_2Cl + SbCl_5$

$$2\, SbCl_5 + \overset{\frown}{O\_\_O} \rightarrow Cl_4Sb-OCH_2CH_2OCH_2^\oplus\ SbCl_6^\ominus$$
$$\downarrow\uparrow$$
$$Cl_4Sb-OCH_2CH_2OCH_2Cl + SbCl_5$$

Nichtkomplexe Anionen fragmentieren nicht. Sie können aber mit der wachsenden Kette kovalente Bindungen ausbilden. Dieser Effekt ist besonders ausgeprägt bei den durch sog. Supersäuren initiierten kationischen Polymerisationen. Supersäuren besitzen eine größere Säurestärke als hundertprozentige Schwefelsäure. Eine solche Supersäure ist z.B. Trifluormethansulfonsäure (triflic acid) CF_3SO_3H. Das Anhydrid $(CF_3SO_2)_2O$ und die Ester CF_3SO_2OR lösen ebenfalls kationische Polymerisationen aus, bei denen dann wachsende Makrokationen I mit wachsenden Makroestern II im Gleichgewicht stehen:

(18–88) $CF_3SO_3R + \underset{I}{O\!\!-\!\!(CH_2)_n} \rightleftarrows \underset{II}{(CH_2)_n\overset{\oplus}{O}\!\!-\!\!R\ CF_3SO_3^{\ominus}} \rightleftarrows R-O(CH_2)_nOSO_2CF_3$

In polaren Lösungsmitteln werden viel Makrokationen, in apolaren Lösungsmitteln viel Makroester gebildet (Tab. 18–9). Das Polymerwachstum erfolgt jedoch fast ausschließlich über Makrokationen. Makrokationen bzw. ihre Ionenpaare besitzen nämlich Geschwindigkeitskonstanten der Wachstumsreaktion von ca. $10^3 – 10^9$ l mol^{-1} s^{-1}, während diejenigen für Makroester nur ca. 10–100 betragen. Über Makrokationen erzeugte Polymere erreichen entsprechend auch Polymerisationsgrade von ca. $10^3 – 10^6$, während die über Makroester erhaltenen nur ca. $10 – 10^2$ betragen. Die Polymerisation über Makroester ist andererseits praktisch nicht durch recht große Mengen von Wasser beeinflußbar, während die Polymerisation über Makrokationen bereits durch Spuren Wasser verändert wird.

Tab. 18–9: Makrokation/Makroester-Gleichgewichte für die mit Trifluormethansulfonsäureethylester initiierte Polymerisation von Tetrahydrofuran bei 17°C

Lösungsmittel	Anteile in %	
	Makrokation	Makroester
CCl_4	4	96
CH_2Cl_2	23	77
CH_3NO_2	92	8

18.3.5 ISOMERISIERENDE POLYMERISATION

Wachsende Makrokationen können sich in stabilere Strukturen umlagern, wenn dafür die strukturellen Voraussetzungen gegeben sind und die Lebenszeit des individuellen Makrokations relativ groß ist. Der Grundbaustein isomerisiert dabei unter der Wirkung intramolekularer Übertragungsreaktionen. Da die Grundbausteine des so entstehenden Polymeren oft nicht durch Polymerisation existierender Monomerer erhalten werden können, spricht man auch von Phantom- oder Exotenpolymerisation. Sie kann durch Bindungsisomerisation oder aber unter „Materialtransport" erfolgen.

Bei der transannularen Polymerisation von Norbornadien werden Bindungen isomerisiert:

(18–89)

Bei der isomerisierenden Polymerisation mit Materialtransport kann man eine Polymerisation durch Hydridverschiebung wie beim 3-Methylbuten-1 (oder auch beim

4-Methylpenten-1, 4-Methylhexen-1 bzw. Vinylcyclohexan)

(18–90)

$$R-CH_2-CH_2-\overset{\oplus}{\underset{H_3C\,\,\,\,CH_3}{C}} \xleftarrow[< -100°C]{+R^\oplus} CH_2=CH \atop CH(CH_3)_2 \xrightarrow[> -50°C]{+R^\oplus} R-CH_2-\overset{\oplus}{CH} \atop CH(CH_3)_2$$

von einer Polymerisation durch Methidverschiebung wie beim 3,3-Dimethylbuten-1 unterscheiden

(18–91) $\quad CH_2=CH \atop C(CH_3)_3 \xrightarrow{+R^\oplus} R-CH_2-\overset{\oplus}{CH} \atop C(CH_3)_3 \longrightarrow R-CH_2-\overset{CH_3}{\underset{CH_3}{CH}}-\overset{CH_3}{\underset{}{C^\oplus}}$

Eine isomerisierende Polymerisation kann auch zur Ringöffnung von seitenständigen Ringen führen:

(18–92) $\quad\sim\!\!\sim\!CH_2-\overset{\oplus}{CH} \atop \underset{H_2C\text{---}CH_2}{CH} \longrightarrow \sim\!\!\sim\!CH_2-CH=CH-CH_2-\overset{\oplus}{CH_2}$

Die ringöffnende Polymerisation von 2-Oxazolinen erfolgt ebenfalls unter Isomerisierung

(18–93) $\quad \sim\!\!\sim\!\overset{\oplus}{N}\!\!\underset{R}{\diagdown}\!\!\diagup\!O \longrightarrow \sim\!\!\sim\!CH_2-CH_2-\overset{\oplus}{N} \atop CO-R$

2-Imino-2-Oxazolidine polymerisieren teilweise zu den N-substituierten Poly(aziridinen)

(18–94) $\quad R-N=\!\!\underset{O}{\overset{H\atop N}{\diagup\!\!\diagdown}} \rightleftarrows R-NH-\!\!\underset{O}{\overset{N}{\diagup\!\!\diagdown}} \longrightarrow \sim\!\!\sim\!N-CH_2-CH_2-\!\!\sim \atop CONH-R$

teilweise aber zu Polyurethanen:

(18–95) $\quad R-N=\!\!\underset{O}{\overset{H\atop N}{\diagup\!\!\diagdown}} \longrightarrow \sim\!\!\sim\!N-CO-O-CH_2-CH_2-\!\!\sim \atop R$

Der letztere Reaktionsweg wird auch von Ethyleniminocarbonaten (X = O) eingeschlagen, während 2-Iminotetrahydrofurane (X = CH$_2$) zu Polyamiden umgesetzt werden:

(18–96) $\quad R-N=C\!\!\underset{X}{\overset{O}{\diagup\!\!\diagdown}} \longrightarrow \sim\!\!\sim\!N-CO-X-CH_2-CH_2-\!\!\sim \atop R$

18.3.6 ÜBERTRAGUNG

Abbruchs- und intermolekulare Übertragungsreaktionen vernichten Makrokationen, wobei im letzteren Fall durch die neu entstehenden Kationen eine neue Polymerkette gestartet werden kann.

Übertragungsreaktionen sind bei kationischen Polymerisationen recht häufig. Sie können zum Monomeren, zum Polymeren oder zum Lösungsmittel erfolgen. Bei der mit Bortrifluorid/Wasser initiierten Polymerisation von Isobutylen wird das Wachstum einer individuellen Kette durch Übertragung zum Monomer beendet, wobei sich ungesättigte Endgruppen ausbilden

(18–97)
$$\sim CH_2-\overset{CH_3}{\underset{CH_3}{C^\oplus}} + CH_2=\overset{CH_3}{\underset{CH_3}{C}} \rightarrow \sim CH_2-\overset{CH_3}{\underset{CH_2}{\overset{\|}{C}}} + H-CH_2-\overset{CH_3}{\underset{CH_3}{C^\oplus}}$$

Das neue Monomerkation startet dann eine andere Polymerkette. Polymerisiert man jedoch Isobutylen (oder auch Norbornadien oder Styrol) mit $AlCl_3$, so werden primär gesättigte Endgruppen und ein ungesättigtes Monomerkation gebildet. Dieses Kation löst dann die Polymerisation einer weiteren Kette aus, wobei anschließend die auf diese Weise entstehende ungesättigte Endgruppe durch den Initiator alaniert wird. Jedes Polymermolekül enthält somit ein Aluminiumatom, und zwar entweder durch Gl. (18–98) oder durch Gl. (18–101):

(18–98) $AlCl_2^\oplus + CH_2=CMe_2 \rightarrow Cl_2Al-CH_2-\overset{\oplus}{C}Me_2$

(18–99) $\sim CH_2-\overset{\oplus}{C}Me_2 + CH_2=CMe_2 \rightarrow \sim CH_2-CMe_3 + CH_2=\overset{\oplus}{C}Me$

(18–100) $CH_2=\overset{\oplus}{C}Me + CH_2=CMe_2 \rightarrow CH_2=CMe-CH_2-\overset{\oplus}{C}Me_2$

(18–101) $CH_2=CMe-CH_2-CMe_2\sim + AlX_2^\oplus \rightarrow X_2Al-CH_2-\overset{\oplus}{C}Me-CH_2-CMe_2\sim$

Bei aromatisch substituierten Olefinen werden durch Übertragung zum Monomer Indan-Endgruppen erzeugt:

(18–102)
$$\sim CH_2-\overset{CH_3}{\underset{C_6H_5}{C}}-CH_2-\overset{CH_3}{\underset{C_6H_5}{C^\oplus}} + CH_2=\overset{CH_3}{\underset{}{C}}-C_6H_5 \longrightarrow \sim CH_2-\overset{CH_3}{\underset{C_6H_5}{C}}-CH_2\overset{CH_3}{\underset{C_6H_5}{\diagdown}} + H-CH_2-\overset{CH_3}{\underset{C_6H_5}{C^\oplus}}$$

Die Übertragung kann auch zum Lösungsmittel erfolgen wie bei der Polymerisation von Isobutylen in Methylchlorid mit $AlCl_3/HCl$ als Initiator durch Einbau von ^{14}C festgestellt wurde.

(18–103)
$$\sim CH_2-\overset{CH_3}{\underset{CH_3}{C^\oplus}} + {}^{14}CH_3Cl \rightarrow \sim CH_2-\overset{CH_3}{\underset{CH_3}{C}}-Cl + {}^{14}CH_3^\oplus$$

18.3.7 ABBRUCH

Echte Abbruchsreaktionen sind bei kationischen Vinylpolymerisationen relativ selten, ganz im Gegensatz zu Übertragungsreaktionen zum Monomer. Sie können jedoch bei gewissen Monomer/Initiatorsystemen durch den Initiator, das Monomere oder das Polymere erzeugt werden.

Ein Abbruch durch Gegenanionen ist relativ häufig, und zwar durch Makroesterbildung analog zu Gl. (18–88), durch Halogenierung analog zu Go. (18–87) oder auch durch Alkylierung, z.B.

(18–104) $\sim\overset{\oplus}{C}R'_2 + RAlX_3^{\ominus} \rightarrow \sim CR'_2R + AlX_3$

Der Abbruch durch das Monomere oder das Polymere ist eine Art Selbstmord des Polymeren. Bei der kationischen Polymerisation von Propylen tritt eine Hydridübertragung auf. Die allylischen Gruppierungen sind resonanzstabilisiert und lagern kein Propylen mehr an:

(18–105) $\sim CH_2-\underset{CH_3}{\overset{\oplus}{C}H} + CH_2=\underset{CH_3}{CH} \rightarrow \sim CH_2-\underset{CH_3}{CH_2} + CH_2\overset{\oplus}{\cdots}CH\cdots CH_2$

Falls das das Kation tragende Atom im Polymeren basischer ist als im Monomeren, findet ein Selbstmord durch Übertragung zum Polymeren statt. Bei der Polymerisation von Thietanen mit $(C_2H_5)_3O^{\oplus}BF_4^{\ominus}$ ist das neu entstehende tertiäre Sulfoniumion zu stabil, um eine Polymerisation von weiteren Thietanmolekülen auszulösen:

(18–106) $P_p-\overset{\oplus}{S}\diamondsuit + P_{m+n+1} \rightarrow P_{p+1}\underset{P_m}{\overset{\oplus}{S}(CH_2)_3P_n}$

18.4 Zwitterionen-Polymerisationen

Bei manchen ionischen Polymerisationen werden Zwitterionen gebildet, d.h. Moleküle, die sowohl eine positive als auch eine negative Ladung tragen. Derartige Zwitterionen können als intramolekulare oder als intermolekulare Ionenpaare vorliegen:

    intramolekular   intermolekular

Intramolekulare Zwitterionenpaar-Bildungen setzen recht flexible Molekülketten voraus. Steife Moleküle bilden dagegen nur intermolekulare Zwitterionenpaare, die eine Art Polybetaine darstellen.

Bei Zwitterionen-Polymerisationen sind die Polymerisationen *via* Zwitterionen von den eigentlichen Polymerisationen der Zwitterionen selbst zu unterscheiden. Bei der Polymerisation *via* Zwitterionen wird zuerst durch Anlagerung eines Initiatormoleküles an ein Monomermolekül in einer Art Michael-Addition ein Zwitterion gebildet, z.B. bei der Reaktion tertiärer Amine mit β-Lactonen

(18–107) $R_3N + \begin{matrix} CH_2-CO \\ | \quad\quad | \\ CH_2-O \end{matrix} \rightarrow R_3\overset{\oplus}{N}-CH_2CH_2COO^{\ominus}$ usw.

oder von Schwefeltrioxid mit Thiiranen

(18–108) $O_3S + S\!\!<\!\!\begin{matrix}CH_2\\|\\CH_2\end{matrix} \rightarrow {}^{\ominus}O_3S-\overset{\oplus}{S}\!\!<\!\!\begin{matrix}CH_2\\|\\CH_2\end{matrix} \xrightarrow{+C_2H_4S} {}^{\ominus}O_3S-S(CH_2)_2-\overset{\oplus}{S}\!\!<\!\!\begin{matrix}CH_2\\|\\CH_2\end{matrix}$ usw.

Bei der Reaktion von geeigneten Olefinderivaten mit z.B. tertiären Aminen entstehen Ylide, d.h. Zwitterionen, bei denen ein Carbanion direkt an ein positiv geladenes Heteroatom gebunden ist:

$$(18-109) \quad R_3N + CH_2=C\begin{array}{c}R'\\|\\R''\end{array} \longrightarrow \left[\underset{\text{Zwitterion}}{R_3\overset{\oplus}{N}-CH_2-\underset{R''}{\overset{R'}{\underset{|}{\overset{|}{C}}}}{}^{\ominus}} \longleftrightarrow \underset{\text{Ylid}}{R_3\overset{\oplus}{N}-\overset{\ominus}{C}H-\underset{R''}{\overset{R'}{\underset{|}{\overset{|}{C}}H}}}\right]$$

Die Zwitterionen lösen dann reguläre ionische Polymerisationen aus: anionische wie bei den Gl. (18–107) und (18–109) und kationische wie bei Gl. (18–108). Die Beteiligung der Zwitterionen an der Polymerisation wurde z.B. bei der Reaktion (18–109) über den Stickstoffgehalt der Polymeren, IR- und NMR-Messungen, die positive Ladung bei der Veresterung und die Wanderung der veresterten Produkte bei der Hochspannungselektrophorese nachgewiesen.

In manchen Fällen löst der Zusatz derartiger Initiatoren jedoch nur scheinbar eine Polymerisation via Zwitterionen aus. Bei der mit Triarylphosphinen initiierten Polymerisation von Acrylnitril wird z.B. zwar zuerst ein Zwitterion gebildet

$$(18-110) \quad R_3P + CH_2=CHCN \longrightarrow R_3\overset{\oplus}{P}-CH_2-\overset{\ominus}{C}HCN$$

das aber anschließend mit einem weiteren Acrylnitrilmolekül unter Protonübertragung reagiert

$$(18-111) \quad R_3\overset{\oplus}{P}-CH_2-\overset{\ominus}{C}HCN + CH_2=CHCN \longrightarrow R_3\overset{\oplus}{P}-CH_2-CH_2CN +$$
$$+ CH_2=\overset{\ominus}{C}CN$$

Das Monomeranion löst dann eine normale anionische Polymerisation aus.

Echte Polymerisationen von Zwitterionen selbst unter intermolekularer Ladungsabsättigung sind sehr selten. Ein Beispiel ist die in Kap. 27.4 beschriebene sog. death-charge-Polymerisation.

Literatur zu Kap. 18

18.1 Grundlagen

E. T. Kaiser und L. Kevan, Hrsg., Radical Ions, Interscience, New York 1968
L. P. Ellinger, Electron Acceptors as Initiators of Charge-Transfer Polymerization, Adv. Macromol. Chem. 1 (1968) 169
S. Tazuka, Photosensitized Charge Transfer Polymerization, Adv. Polymer Sci. 6 (1969) 321
N. G. Gaylord, One-Electron Transfer Initiated Polymerization Reactions. I. Initiation Through Monomer Cation Radicals, Macromol. Revs. 4 (1970) 183 (=J. Polymer Sci. D 4 (1970) 183)
B. L. Erusalimskij, Ionische Polymerisation polarer Monomerer (in Russ.), Nauka, Moskau 1970
A. Ledwith, Cation Radicals in Electron Transfer Reactions, Acc. Chem. Res. 5 (1972) 133
H. Zweifel und Th. Völker, Polymerisation via Zwitterionen, Chimia [Aarau] 26 (1972) 345
J. Smid, Die Struktur solvatisierter Ionenpaare, Angew. Chem. 84 (1972) 127
M. Szwarc, Hrsg., Ions and Ion Pairs in Organic Reactions, Wiley-Interscience, New York, Vol. 1, (1972), Vol. 2 (1974)
R. Foster, Molecular complexes, Crane, Russak and Co., New York, Bd. 1 (1973), Bd. 2 (1974)

G. Heublein, Zum Ablauf ionischer Polymerisationsreaktionen, Akademie-Verlag, Berlin 1975
C. H. Bamford und C. F. H. Tipper, Hrsg., Comprehensive chemical kinetics, Bd. 15, Non-radical polymerisation, Elsevier, Amsterdam 1976
A. Ledwith, Molecular complexes in polymer synthesis – from Lewis acid adducts to exiplexes, Polymer 17 (1976) 975

18.2 Anionische Polymerisation

J. M. Mulvaney, C. G. Overberger und A. M. Schiller, Anionic Polymerization, Fortschr. Hochpolym-Forschg.-Adv. Polymer Sci. 3 (1961) 106
M. Szwarc, Carbanions, Living Polymers and Electron Transfer Processes, Interscience, New York 1968
L. L. Böhm, M. Chmeliř, G. Löhr, B. J. Schmitt und G. V. Schulz, Zustände und Reaktionen des Carbanions bei der anionischen Polymerisation des Styrols, Adv. Poly. Sci. 9 (1972) 1
J. P. Kennedy und T. Otsu, Hydrogen Transfer Polymerization with Anionic Catalysis and the Problems of Anionic Isomerization Polymerization, J. Macromol. Sci. C 6 (1972) 237
M. Imoto und T. Nakaya, Polymerization by Carbenoids, Carbenes, and Nitrenes, J. Macromol. Sci. C 7 (1972) 1
M. Morton und L. J. Fetters, Anionic polymerization of vinyl monomers, Rubber Chem. Technol. 48 (1975) 359

18.3 Kationische Polymerisation

P. H. Plesch, Hrsg. The chemistry of cationic polymerization, Pergamon Press, London 1963
D. Pepper, Polymerization, in G. A. Olah, Hrsg., Friedel-Crafts and related reactions, Interscience. New York Vol. II, pt. 2 (1964) 1293
G. A. Olah und P. R. von Schleyer, Hrsg., Carbonium ions, Interscience, New York, 1968 (4 Bde.)
P. H. Plesch, Cationic polymerization, in J. C. Robb und F. W. Peaker, Hrsg., Progress in High Polymers, Heywood, London 1968, Vol. III, p. 137
T. Higashimura, Rate constants of elementary reactions in cationic polymerizations, in T. Tsuruta und K. F. O'Driscoll, Hrsg., Structure and mechanism in vinyl polymerization, Dekker, New York 1969, p. 313
Z. Zlamal, Mechanisms of cationic polymerizations, in G. E. Ham, Hrsg., Kinetics and Mechanism of Polymerization, M. Dekker, New York 1969, Vol. 1, pt. 2, p. 231
P. H. Plesch, The propagation rate-constants in cationic polymerisations, Adv. Polymer Sci 8 (1971) 137
M. Perst, Oxonium Ions in Organic Chemistry, Academic Press, New York 1971
J. P. Kennedy, Cationic Polymerization, in C. E. H. Bawn, Hrsg., Macromolecular Science (=Vol. 8 der MTP International Review of Science, Physical Chemistry Series One (1972) 49)
J. P. Kennedy, Self-initiation in cationic polymerization, J. Macromol. Sci. [Chem.] A 6 (1972) 329
G. A. Olah, Hrsg., Friedel-Crafts chemistry, Interscience, New York 1973
J. P. Kennedy, Cationic Polymerization of Olefins: A Critical Inventory, Wiley, New York 1975
A. Ledwith und D. C. Sherrington, Stable organic cationic salts: ion pair equilibria and use in cationic polymerization, Adv. Polymer Sci. 19 (1975) 1
J. P. Kennedy, Hrsg., Fourth International Symposium on Cationic polymerization, Polymer Symp. 56 (1976)
J. P. Kennedy und P. D. Trivedi, Cationic olefin polymerization using alkyl halide alkylaluminum initiator systems, Adv. Polymer Sci. 28 (1978) 83, 113

19 Polyinsertionen

19.1 Übersicht

Polyinsertionen sind Polyreaktionen, bei denen das Monomer zwischen der Polymerkette und dem daran gebundenen Initiatorfragment eingelagert wird. Dem eigentlichen Insertionsschritt geht häufig eine Koordination des Monomeren mit dem Initiatorfragment voraus. Polyinsertionen werden daher auch koordinative Polymerisationen genannt. Der Name „koordinative Polymerisation" ist aber nicht so zweckmäßig wie der Name „Polyinsertion". Einmal kann nämlich das Monomere mit dem Initiator koordinieren, ohne daß sich anschließend eine Polyinsertion anschließt. Ethylen koordiniert z. B. mit Silbernitrat als Initiator; die Polyreaktion ist aber radikalisch. Zum anderen legt der Name „Polyinsertion" das Schwergewicht auf den bei Polyreaktionen entscheidenden Verknüpfungsschritt („Wachstumsschritt") und nicht auf die diesem Schritt vorhergehende Komplexbildung.

Zu den Polyinsertionen gehören die Polyreaktionen mit Ziegler-Natta-Katalysatoren, die Metathese-Polyreaktionen, die pseudo-kationischen und pseudo-anionischen Polymerisationen und einige enzymatische Polymerisationen.

19.2 Ziegler-Natta-Polymerisationen

19.2.1 EINFÜHRUNG

Ziegler-Natta-Polymerisationen sind Polyinsertionen, die durch Ziegler-Katalysatoren ausgelöst und fortgepflanzt werden. Ziegler-Katalysatoren sind nach der klassischen Definition eine Klasse von polymerisationsauslösenden Spezies, die aus der Kombination von Metallverbindungen der IV. bis VIII. Nebengruppe des Perioden-Systems mit Hydriden, Alkyl- oder Arylverbindungen von Metallen der Hauptgruppen I–III entstehen. Ein typischer Ziegler-Katalysator besteht z. B. aus $TiCl_4$ und $(C_2H_5)_3Al$.

Diese Definition ist einerseits zu eng und andererseits zu weit. Ziegler-Natta-Polymerisationen werden nämlich nicht nur von Verbindungen der Metalle der I.–III. Hauptgruppe ausgelöst, sondern auch von metallorganischen Verbindungen des Zinns und des Bleis, also der IV. Hauptgruppe. Andererseits sind nicht alle Kombinationen im Sinne der klassischen Definition wirksam. Außerdem müssen Ziegler-Natta-Katalysatoren nicht notwendigerweise Polyinsertionen auslösen.

Ziegler-Natta-Katalysatoren initiieren anionische Polymerisationen, wenn das Metallalkyl die Polymerisation des Monomeren auch allein auslösen kann. Ein Beispiel ist die Polymerisation von Isopren mit $C_4H_9Li/TiCl_4$. Die Polymerisation ist kationisch, wenn die eine Komponente des Ziegler-Katalysators ein starker Elektronenakzeptor ist (wie z. B. $TiCl_4$, VCl_4, $C_2H_5AlCl_2$, $(C_2H_5)_2AlCl$) und das Monomer ein Elektronendonator (wie z. B. Vinylether). Selbst radikalische Polymerisationen können auftreten. Vinylchlorid kann z. B. mit $Ti(OC_4H_9)_4/(C_2H_5)_2AlCl$ in Ggw. von etwas CCl_4 radikalisch polymerisiert werden. Der primär gebildete, inaktive Ti^{3+}-Komplex unbekannter Struktur reagiert mit CCl_4, wobei ein Trichlormethylradikal entsteht, das dann die Polymerisation auslöst:

(19–1) (Ti^{3+})-Komplex + CCl_4 $\longrightarrow$ $Cl(Ti^{4+})$-Komplex + $^\bullet CCl_3$

$^\bullet CCl_3$ + $CH_2=CHCl$ $\longrightarrow$ $CCl_3-CH_2-^\bullet CHCl$

Als Ziegler-Natta-Polymerisationen sind somit nur diejenigen zu bezeichnen, die unter der Wirkung von Ziegler-Katalysatoren nicht nach den klassischen Mechanismen (anionisch, kationisch, radikalisch) ablaufen. Der Name Ziegler-„Katalysator" ist dabei auch nicht korrekt, da Katalysatorfragmente in die Polymerketten eingebaut werden. Die Ziegler-Katalysatoren sind daher eigentlich Ziegler-Initiatoren.

Ziegler-Natta-Polymerisationen erfolgen in der Regel mit Olefinen oder Dienen, in bestimmten Fällen auch mit Vinyl- oder Acrylverbindungen. Nicht jedes Initiatorsystem ist jedoch für jedes Monomer gleich wirksam. Alle Ziegler-Katalysatoren, die α-Olefine polymerisieren, tun dies auch mit Ethylen. Die Umkehrung dieser Faustregel trifft dagegen nicht zu. Verbindungen mit Metallen der Gruppe IV–VI initiieren sowohl die Polymerisation von α-Olefinen als auch die von Dienen. Übergangsmetalle der VIII. Gruppe sind dagegen bei Dienen wirksam, nicht aber bei α-Olefinen.

19.2.2 ZIEGLER-KATALYSATOREN

Ziegler-Katalysatoren wurden zuerst von Karl Ziegler bei Versuchen mit Ethylen zur Herstellung metallorganischer Verbindungen gefunden und später von Giulio Natta zur Polymerisation anderer Monomerer verwendet. Sie sind technisch und wissenschaftlich außerordentlich wichtig. Einmal können die sehr preiswerten Olefine und Diene mit ihnen sehr wirtschaftlich zu hochmolekularen Polymeren umgesetzt werden. Zum anderen ermöglichen Ziegler-Katalysatoren erstmals die Synthese stereoregulärer Polymerer aus nicht-chiralen Monomeren.

Der Katalysator kann in der Reaktionsmischung homogen oder heterogen vorliegen (Tab. 19–1). Allein mit den gleichen Komponenten lassen sich je nach Stoffzustand sehr unterschiedliche Wirkungen erzielen. Mischt man z.B. $TiCl_4$ mit $(i\text{-}Bu)_3Al$ in Heptan oder Toluol bei –78 °C, so eignet sich der entstehende dunkelrote Komplex gut für die Polymerisation von Ethylen, aber nur schlecht für die von Propylen. Bei –25 °C bildet sich dagegen ein schwarzbrauner, unlöslicher Komplex, der sich auch bei tieferen Temperaturen nicht mehr löst. Dieser Katalysator besteht aus einer Mischung von $i\text{-}BuTiCl_3$ und $(i\text{-}Bu)_4Al_2Cl_2$ und polymerisiert Propylen und Butadien gut.

Beim Mischen der Katalysatorkomponenten können sehr verschiedenartige Umsetzungen auftreten, z. B.

(19–2) $TiCl_4$ + R_xMt $\longrightarrow$ $RTiCl_3$ + $R_{x-1}MtCl$

gefolgt von

(19–3) $TiCl_4$ + $R_{x-1}MtCl$ $\longrightarrow$ $RTiCl_3$ + $R_{x-2}MtCl_2$

(19–4) $RTiCl_3$ + R_xMt $\longrightarrow$ R_2TiCl_2 + $R_{x-1}MtCl$

und weiter

(19–5) $RTiCl_3$ $\longrightarrow$ $TiCl_3$ + $R^\bullet$

(19–6) R_2TiCl_2 $\longrightarrow$ $RTiCl_2$ + $R^\bullet$

Tab. 19-1: Ziegler-Natta-Polymerisationen

Monomer	Initiator Zusammensetzung	Phase	Temp. °C	Konfiguration des Polymeren
Ethylen	$(C_2H_5)_3Al/TiCl_4$	het.	–	–
Propylen	$(C_2H_5)_2AlCl/TiCl_3$	het.	+50	it
Propylen	$(C_2H_5)_2AlCl/VCl_4$/Anisol	hom.	−78	st
Butadien	$(C_2H_5)_3Al/V(acetylacetonat)_3$	hom.?	+25	1,2-st
Butadien	$(C_2H_5)_2AlCl/CoCl_2$ *	hom.	–	1,4-cis
Butadien	$(C_2H_5)_3Al/TiI_4$	het.	–	1,4-cis
Isopren	$(C_2H_5)_3Al/TiCl_4$	het.	–	1,4-cis
1,5-Hexadien	$(i\text{-}Bu)_3Al/TiCl_4$	het.	+30	Cyclopolymerisation mit 5-8 % 1,2-Verknüpfungen
Cyclobuten	$(C_6H_{13})_3Al/VCl_4$	het.	−50	Ringerhaltung („Form I")
Cyclobuten	$(C_2H_5)_2AlCl/V(acetylacetonat)_3$	hom.?	−50	Ringerhaltung („Form II")
Cyclobuten	$(C_2H_5)_3Al/TiCl_4$	het.	−50	cis-1,4-Poly(butadien)
Cyclobuten	$(C_2H_5)_3Al/TiCl_3$	het.	+45	trans-1,4-Poly(butadien) im Gemisch mit Ringpolymeren

*Komplexierung mit z.B. Tributylphosphat, Pyridin oder Ethanol

Tab. 19-2: Anteil polymerisationsaktiver Übergangsmetallverbindungen bezogen auf die eingesetzten Konzentrationen an Übergangsmetallverbindungen $[C]_o$ und an Metallalkylen $[A]_o$ Die Konzentration aktiver Zentren wurde durch Abbruchsreaktionen mit markierten Verbindungen bestimmt (vgl. Kap. 19.2.3)

Monomer	Übergangsmetall/Metallalkyl Name	$[C]_o/[A]_o$	$[C^*]/[A]_o$	Methode
Ethylen	$TiCl_3/(C_2H_5)_3Al$	1	0,047	^{14}C
,,	$TiCl_3/(C_2H_5)_2AlCl$	1	0,080	$C_4H_9O^3H$
,,	$(C_3H_5)_2TiCl_2/(CH_3)_2AlCl$	1	0,6–7,2	^{14}C
Propylen	$TiCl_3/(C_2H_5)_2AlCl$	1	0,05	$C_4H_9O^3H$
Buten-1	$TiCl_3/(C_2H_5)_2AlCl$	1	0,004	$C_4H_9O^3H$
4-Methylpenten-1	$VCl_3/(C_2H_5)_3Al$	1	0,0004	CH_3O^3H
Isopren	$VCl_3/(C_2H_5)_3Al$	1	0,006	CH_3O^3H

Tab. 19-3: Mikrostruktur von Poly(isopren) in Abhängigkeit von der Initiator-Zusammensetzung bei 7 °C

$TiCl_4/AlEt_3$ mol/mol	Ausbeute %	cis-1,4 %	trans-1,4 %	3,4 %
5	5	42	52,5	3,8
2,5	60	50,5	44,0	4,2
1,25	58	89,6	6,1	4,2
1,0	95	95,2	0,7	4,0
0,83	100	96,1	0,0	3,9
0,71	68	96,3	0,0	3,7
$0,62_5$	41	95,8	0,0	4,2
$0,55_5$	10	95,8	0,0	4,2

wobei Mt z. B. Aluminium und R z. B. der C_2H_5-Rest ist. Diese Austauschreaktionen verlaufen langsam, so daß unterschiedlich „gealterte" Ziegler-Katalysatoren verschieden wirksam sind. Diese Prozesse machen die mechanistische Aufklärung von Ziegler-Polymerisationen so schwierig.

Aus dem Stoffzustand des Katalysators kann nicht in einfacher Weise auf seine Stereospezifität geschlossen werden. Heterogene Katalysatorsysteme scheinen aber für die Polymerisation zu isotaktischen Poly(α-olefinen) erforderlich zu sein. Umgekehrt ist syndiotaktisches Poly(propylen) bislang nur mit einem homogenen Katalysatorsystem erzeugt worden. Andere syndiotaktische Poly(α-olefine) sind nicht bekannt.

Homogene Katalysatoren sind bei der Polymerisation von Ethylen häufig sehr aktiv, da sie bei gleichem Gewichtsanteil eine größere „Oberfläche" als heterogene Katalysatorsysteme aufweisen. In anderen Fällen sind homogene Katalysatoren jedoch wenig aktiv. Das könnte daher rühren, daß sie eine komplizierte Mischung verschiedenartiger Verbindungen darstellen, von denen nur ein Teil aktiv ist (Tab. 19–2). Außerdem könnten die Geschwindigkeitskonstanten für lösliche und unlösliche „Stellen" verschieden sein. Unlösliche Polymere schließen den Katalysator ein und vermindern dadurch dessen Aktivität.

Ein in Kohlenwasserstoffen heterogen vorliegender Katalysator besteht aus $TiCl_3/(C_2H_5)_2AlCl$. Da hier $TiCl_3$ unlöslich, die Aluminiumverbindung aber löslich ist, muß das $(C_2H_5)_2AlCl$ auf der Oberfläche des $TiCl_3$ die aktiven Stellen bilden. $TiCl_3$ kommt in verschiedenen Kristallmodifikationen vor und bildet Kristallaggregate. Nach elektronenmikroskopischen Aufnahmen beginnt die Polymerisation an den Ecken und Seiten dieser Aggregate, nicht jedoch an den Basisflächen. Das Polymer wächst dann entlang den Spiralstufen der Kristalle.

Die verschiedenen Komplexe bilden sich in Gleichgewichtsreaktionen und liegen daher je nach Mischungsverhältnis der Komponenten in unterschiedlichen Konzentrationen vor. Erfahrungsgemäß wird bei α-Olefinen das Optimum der Polymerisationsgeschwindigkeit und der Stereospezifität bei molaren Verhältnissen Al/Ti = 2 – 3 erreicht. Bei der Polymerisation von Isopren liegt es dagegen bei ca. 1 : 1 (Tab. 19–3).

Aluminiumalkyle sind Reduktionsmittel (vgl. Gl. (19–2) bis (19–6)). Titan und die anderen Übergangselemente können daher in Ziegler-Katalysatoren in verschiedenen Wertigkeitsstufen vorliegen. Experimentell zugänglich ist nur die mittlere Wertigkeit des Katalysators, nicht aber die Wertigkeit der individuellen aktiven Stellen, die für die Polymerisation verantwortlich sind. Das Problem der Wertigkeit konnte bislang nur im Falle des Systems Ethylen/Cp_2TiCl_2/$EtAlCl_2$ (Cp = Cyclopentadienyl) gelöst werden. Ti^{III} ist paramagnetisch. Nach Messungen der magnetischen Suszeptibilität nimmt die Konzentration an Ti^{III} mit zunehmender Alterung des Katalysators zu. Die Polymerisationsgeschwindigkeit sinkt jedoch. Wirksam muß also das Ti^{IV} sein, aber in welcher Verbindung? Dieses Problem wurde durch Umsetzen von $Cp_2TiEtCl$ und $EtAlCl_2$ oder $AlCl_3$ gelöst. $Cp_2TiEtCl$ ist eine kristallisiert herstellbare Verbindung, die aber nicht die Polymerisation auslöst. Beim Umsetzen mit $EtAlCl_2$ wird die Katalysatormischung polymerisationsaktiv, nicht aber bei der Reaktion mit $AlCl_3$. Da das Titan in vierwertiger Form wirksam ist, muß also die Verbindung A polymerisationsaktiv sein. Dabei sind nach den Befunden an löslichen Ziegler-Katalysatoren Elektronenmangelbindungen anzunehmen:

(19-7)

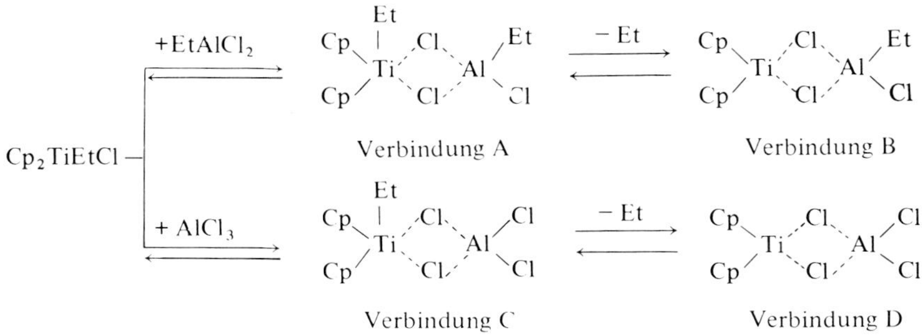

$$Cp_2TiEtCl \xrightarrow{+EtAlCl_2} \begin{array}{c} Cp\diagdown \overset{Et}{\underset{|}{Ti}}\diagup\overset{Cl}{\diagdown}\underset{Cl}{Al}\diagup\overset{Et}{\diagdown}{Cl} \\ Cp\diagup \qquad \diagdown Cl \diagup \end{array} \xrightleftharpoons{-Et} \begin{array}{c} Cp\diagdown \underset{Ti}{}\diagup\overset{Cl}{\diagdown}\underset{Cl}{Al}\diagup\overset{Et}{\diagdown}{Cl} \\ Cp\diagup \qquad \diagdown Cl \diagup \end{array}$$

Verbindung A   Verbindung B

Verbindung C   Verbindung D

Die Struktur der löslichen Ziegler-Katalysatoren aus Cp_2TiCl_2 und $(C_2H_5)_3Al$ konnte aufgeklärt werden. Gibt man beide Komponenten in Heptan bei Temperaturen bis zu 70 °C zusammen, so bildet sich unter Abspaltung von Ethan und Ethylen eine dunkelblaue Lösung, aus der sich beim Abkühlen blauer Kristalle abscheiden. Nach Molmassenbestimmungen (M_r = 331–339) und röntgenographischen Messungen an Einkristallen muß eine Struktur mit Elektronenmangelbindungen vorliegen.

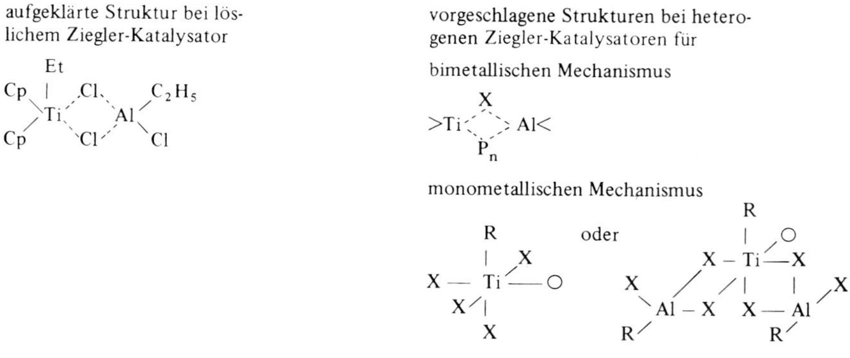

aufgeklärte Struktur bei löslichem Ziegler-Katalysator

vorgeschlagene Strukturen bei heterogenen Ziegler-Katalysatoren für

bimetallischen Mechanismus

$$>Ti\underset{P_n}{\overset{X}{<\ \ >}}Al<$$

monometallischen Mechanismus

Abb. 19–1: Strukturen von Ziegler-Katalysatoren auf Titan/Aluminium-Basis (X = Anion; O = unbesetzte Ligandenstelle). Die für den monometallischen *Mechanismus* verantwortlichen Komplexe können – wie gezeigt – sowohl mono- als auch bimetallisch sein.

Die Struktur der heterogenen Ziegler-Katalysatoren ist nicht mit Sicherheit bekannt. Die vorgeschlagenen Strukturen gründen sich z.T. auf Analogiebetrachtungen, z.T. auf MO-Berechnungen. In jedem Fall weist der Komplex einen Elektronenmangel auf. Durch Zugabe von kleinen Mengen von Elektronendonatoren sinkt die Polymerisationsgeschwindigkeit; vermutlich wird dabei die Zahl der aktiven Stellen vermindert. Setzt man aber große Mengen an Elektronendonatoren zu, so nimmt die Aktivität des Katalysators zu. Dieser Effekt kann durch eine Zerstörung der Kristallaggregate gedeutet werden. Diese Wirkung von elektronendonierenden Gruppen dürfte der Grund sein, warum sauerstoff- und stickstoffhaltige Monomere nicht mit den klassischen Ziegler-Katalysatoren polymerisiert werden können.

Die Wirksamkeit von Ziegler-Katalysatoren wird durch ihre Effektivität gemessen, d. h. die pro Masse Übergangsmetall erhaltene Menge Polymer. Klassische Ziegler-Katalysatoren besitzen Effektivitäten von ca. 1000–3000 g Poly(propylen) pro g Übergangsmetall. Die sog. zweite Generation von Ziegler-Katalysatoren bringt es dagegen auf bis zu 40 000 g PP/g Übergangsmetall. Diese Katalysatoren bestehen z. B. aus trägerfreien dreiwertigen Titanverbindungen wie $TiOCl/(i-C_6H_{13})_3Al$, aus Reaktionsprodukten von Magnesium und Übergangsmetallverbindungen, oder aus Chromverbindungen wie Bis(triphenylsilyl)chromat auf aktivierten Trägern.

19.2.3 WACHSTUMSMECHANISMUS

Der Mechanismus der Ziegler-Polymerisation war und ist Gegenstand vieler Experimente und Spekulationen gewesen. Er ist sicherlich nicht radikalischer Natur, da Wasserstoff als Kettenüberträger wirkt. Bei Zusatz von tritiierten Alkoholen als Kettenabbrecher findet man Tritium im Polymeren. Startet man mit $(^{14}C_2H_5)_3Al$, so ist das Polymer radioaktiv. Die Bruttoreaktion läßt sich somit nur unter Beteiligung der Metall/Kohlenstoff-Bindung formulieren:

(19-8) $\quad Mt-^{14}Et + n\, CH_2{=}CH_2 \longrightarrow Mt{-}(CH_2CH_2)_n{-}^{14}Et$

$$Mt{-}(CH_2CH_2)_n{-}^{14}Et \xrightarrow[\;+D_2\;]{+\,ROT} \begin{array}{l} MtOR + {}^{14}Et(CH_2CH_2)_nT \\ MtD + {}^{14}Et(CH_2CH_2)_nD \end{array}$$

Wegen der möglichen Austauschreaktionen der Alkylreste läßt sich aber nicht ohne weiteres entscheiden, ob die Polyreaktion an der Bindung Hauptgruppenmetall/Kohlenstoff (z. B. Al–C) oder an der Bindung Nebengruppenelement/Kohlenstoff (z. B. Ti–C) erfolgt. Zur Zeit gibt es kein einziges Experiment, das *allein* für die eine oder die andere Möglichkeit spricht. Dagegen gibt es eine Reihe von Hinweisen, die zusammengenommen alle für die Polymerisation an der Bindung Nebengruppenelement/Kohlenstoff sprechen:

a. Ethylen und α-Olefine lassen sich mit einer Reihe von Übergangsmetallhalogeniden auch ohne Zusatz von Metallalkylen zu hohen Molmassen polymerisieren. Die Polymerisationsgeschwindigkeit ist zwar niedriger, die Poly(α-olefine) sind aber isotaktisch. Derartige Katalysatoren sind $TiCl_2$, $(Cp)_2Ti(C_6H_5)_2/TiCl_4$, $CH_3TiCl_3/TiCl_3$, $TiCl_3/Et_3N$ und $Zr(CH_2C_6H_5)_4$. Andere Katalysatoren wie z. B. Ti/J_2, TiH_2, $Zr/ZrCl_4$ oder Dibenzolchrom polymerisierten Ethylen, aber nicht α-Olefine.

b. Setzt man diesen Katalysatoren (z.B. $TiCl_3/Et_3N$) Metallalkyle zu, so erhöht sich die Polymerisationsgeschwindigkeit um den Faktor 10 bis 10^4. Durch den Zusatz von Metallalkylen werden also entweder mehr monometallische Katalysatoren am Übergangsmetallhalogenid gebildet oder aber es liegt ein bimetallischer Mechanismus vor. Da die Katalysatoren bis zu 100 Stunden aktiv sind, kann man annehmen, daß pro aktive Stelle eine Kette gebildet wird. Bricht man die Polymerisation mit tritiiertem Isopropanol ab, so findet man in den durch echte Ziegler-Katalysatoren (mit Zusatz von Metallalkyl) hergestellten Polymeren $10^3 - 10^4$ mal mehr Tritium als in den mit hauptgruppenmetallalkyl-freien Katalysatoren hergestellten.

c. Organische Chloride reagieren mit der Metall/Kohlenstoff-Bindung und brechen dadurch die Kette ab:

(19-9) $ZnEt_2 + t\text{-}BuCl \longrightarrow ZnEtCl + t\text{-}BuEt$

Die Reihenfolge der Wirksamkeit der organischen Chloride ist nun bei echten Ziegler-Katalysatoren und metallalkylfreien Katalysatoren gleich. Die gleiche Wirksamkeit wäre unwahrscheinlich, wenn beide Systeme verschieden arbeiten würden.

d. Bei der Copolymerisation von Ethylen und Propylen mit Initiator-Systemen aus Aluminiumtriisobutyl und Halogeniden bzw. Oxyhalogeniden verschiedener Übergangsmetalle steigt der Propylengehalt der Polymeren in Richtung $HfCl_4 < ZrCl_4 < VOCl_3 < VOCl_4$. Hält man dagegen das Übergangsmetall konstant (VCl_4) und variiert die Alkyle ($Al(i\text{-}Bu)_3$, $Zn(C_6H_5)_2$, $Zn(i\text{-}Bu)_2$, CH_3TiCl_3), so bleibt der Anteil Propylen im Copolymeren konstant. Die Kette wächst daher am Übergangsmetall.

Für die weiteren Betrachtungen wird daher angenommen, daß die Polyreaktion an der Bindung Übergangsmetall/Kohlenstoff erfolgt. Für die Wachstumsreaktion wurden sowohl monometallische als auch bimetallische Mechanismen vorgeschlagen. Als monometallisch wird ein Mechanismus definiert, wenn bei der Wachstumsreaktion nur das Übergangsmetall beteiligt ist. Bei bimetallischen Mechanismen sind dagegen Übergangsmetall und Hauptgruppenmetall beteiligt. Bei den monometallischen *Mechanismen* spielt es somit per definitionem keine Rolle, ob der Komplex ein oder zwei Metallzentren enthält, d.h. ob es sich um einen monometallischen oder bimetallischen *Komplex* handelt.

Beim *monometallischen* Mechanismus wird angenommen, daß sich das Olefin mit seiner π-Bindung der unbesetzten Ligandenstelle des Übergangsmetalles nähert und von diesem koordiniert wird:

(19-10)

$$\begin{array}{c}
\text{R} \\
| \;\; X \\
X\!\!-\!\!Mt\cdots\circ + C_2H_4 \rightarrow X\!\!-\!\!Mt\cdots\| \rightarrow X\!\!-\!\!Mt\cdots| \rightarrow \\
X^{\diagup}| \qquad\qquad X^{\diagup}| \;\; CH_2 \qquad X^{\diagup}| \;\; CH_2 \\
X \qquad\qquad X \qquad\qquad X
\end{array}$$

$$\begin{array}{c}
\text{R} \\
| \\
(CH_2)_2 \qquad\qquad \circ \quad\; \text{R} \\
| \;\; X \qquad\qquad | \;\; X \diagdown CH_2 \\
\rightarrow X\!\!-\!\!Mt\cdots\circ \rightarrow X\!\!-\!\!Mt\!\!-\!\!CH_2 \\
X^{\diagup}| \qquad\qquad X^{\diagup}| \\
X \qquad\qquad X
\end{array}$$

Durch die Koordination wird die Bindung Mt—R zwischen dem Übergangsmetall und der Alkylgruppe R destabilisiert, wie durch quantenmechanische Berechnungen und magnetische Messungen gezeigt wurde, letztere an nichtpolymerisierenden Olefinen. Die Alkylgruppe wird dadurch so aktiviert, daß sie mit der Doppelbindung des koordinierten Monomermoleküls reagieren kann: das Olefin wird zwischen das Übergangsmetall und den Alkylrest (bzw. die Polymerkette) eingeschoben.

Der in Gl. (19-10) gezeigte Mechanismus gilt nicht nur für monometallische, sondern auch für bimetallische Komplexe. Entscheidend ist nämlich die Stabilität der Bindung Mt—R. Eine zu stabile Bindung Mt—R wird durch die Koordination des Monomeren nicht reaktiv. Eine zu instabile Bindung Mt—R würde andererseits unter den Polymerisationsbedingungen zerfallen. Die Liganden X müssen also bezüglich ihrer Elektronen-Donator-Eigenschaften so ausbalanciert sein, daß gerade der richtige Grad der Destabilisierung erhalten wird.

Als Liganden können verschiedene Reste X (z.B. C_2H_5, Cl) oder auch Aluminiumalkyle wie bei bimetallischen Komplexen wirken. Jeder Komplex mit einer Koordinationslücke sowie einer ungleichmäßigen Elektronenverteilung ist nämlich ein potentieller Ziegler-Katalysator. Ziegler-Katalysatoren sind daher auch Komplexe zwischen zwei Verbindungen verschiedener Metalle (Ti/Al), zwischen zwei Spezies desselben Metalles mit verschiedener Wertigkeit (Ti(II)/Ti(III)) oder zwischen Spezies mit verschiedenen Liganden und gleicher Wertigkeit des Zentralatoms (z. B. $RTiCl_2$/ $TiCl_3$). Bei heterogenen Katalysatoren wird die Bindung Mt—R auch durch das Kristallfeld stabilisiert.

Der monometallische Mechanismus könnte auch die stereospezifische Polymerisation von Propylen zu syndiotaktischem Poly(propylen) erklären. Diese Polymerisation erfolgt nur mit löslichen Katalysatoren bei tiefen Temperaturen (–70 °C). Bei Annäherung des Propylens an die freie Ligandenstelle behindert die Methylgruppe der vorher eingebauten Propyleneinheit die Verknüpfung der neuen Einheit. Es müssen daher syndiotaktische Polymere entstehen:

(19–11)

Mit zunehmender Temperatur wird aber die Potential-Schwelle leichter überwunden; der Anteil der syndiotaktischen Verknüpfungen nimmt ab. Das Bild erklärt auch, warum höhere α-Olefine (z. B. Buten-1) nicht mit dem gleichen Katalysator polymerisiert werden können. Andererseits gelingt aber die Copolymerisation von Buten-1 mit Ethylen.

Beim *bimetallischen* Mechanismus sind beide Metallatome an der Verknüpfungsreaktion beteiligt (Gl. (19–12)). Das π-Elektronensystem des α-Olefins tritt zunächst mit den p- oder d-Zuständen des Übergangsmetalles (in Gl. (19–12) des Titans) in Beziehung, wodurch eine neue Elektronenmangelbindung entsteht. Am C_β und am C_γ verbleiben dadurch geringe Restvalenzen (durch Δ gekennzeichnet). Da die Doppelbindung jedoch nur teilweise aufgehoben wird und die 2p-3d-Überlappung (C_α–Ti-Bindung) planar ist, gibt es keine freie Drehbarkeit um diese Bindungen. Dieses relativ starre System C_β–C_α–Ti schwingt um die Bindung Ti/X ein, wobei sich die Restvalenzen am C_β und am C_γ absättigen. Bei der anschließenden Hybridisierung am C_β- und C_γ-Atom löst sich die C_γ/Al-Bindung. Die am C_α und am Al neu entstehenden Restvalenzen sättigen sich ab, wodurch ein dem ursprünglichen entsprechender **Komplex** entstanden ist. Die Kette ist jedoch um ein Monomerglied verlängert:

(19–12)

[Reaktionsschema mit Ti/Al-Komplexen und Kohlenstoffatomen C_α, C_β, C_γ]

Sowohl beim bimetallischen als auch beim monometallischen Mechanismus müssen die Bindung des Monomeren und die anschließende Umlagerung innerhalb des Komplexes in immer gleicher Weise erfolgen: α-Olefine werden daher stereospezifisch zu isotaktischen Polymeren verknüpft.

Die eigentliche Verknüpfung kann als α-Insertion (primäre Insertion) oder als β-Insertion (sekundäre Insertion) erfolgen.

(19–13)

$$Mt-(CH_2CHR)_nCH_2CHRY \xrightarrow[\alpha\text{-Insertion}]{+CH_2=CHR} Mt-CH_2\overset{\beta}{C}HR(CH_2CHR)_nCH_2CHRY$$

$$Mt-(CHRCH_2)_nCHRCH_2Y \xrightarrow[\beta\text{-Insertion}]{+CH_2=CHR} Mt-CHR\overset{\alpha}{C}H_2(CHRCH_2)_nCHRCH_2Y$$

Sowohl die α- als auch die β-Insertion führen zu Kopf/Schwanz-Strukturen. Zwischen beiden Mechanismen kann durch Reaktion mit einem Überschuß an Metallalkyl und Analyse der entstehenden Metallalkyle nach Abtöten der aktiven Zentren mit Methanol entschieden werden. Die isotaktische Polymerisation von Propylen mit $TiCl_4/AlR_3$ erfolgt mit Sicherheit durch α-Insertion, die syndiotaktische Polymerisation des gleichen Monomeren mit $VCl_4/(C_2H_5)_2AlCl$/Anisol dagegen sehr wahrscheinlich durch β-Insertion.

β-Olefine werden durch Ziegler-Katalysatoren häufig erst isomerisiert. Bei schneller Isomerisierung wird das neu gebildete Isomere durch die Polymerisation ständig aus dem Gleichgewicht entfernt. Das Polymer besteht dann ausschließlich aus den Bausteinen des Isomerisierungsproduktes und enthält keine oder nur wenige Bausteine des ursprünglichen Monomeren. 4-Methylpenten-2 wird z. B. durch $Al(C_2H_5)_3/TiCl_3/CrCl_3$ zu Poly(4-methylpenten-1) polymerisiert.

19.2 Ziegler-Natta-Polymerisationen

Cycloolefine können entweder unter Öffnung der Doppelbindung und Erhalt des Ringes oder unter Öffnung des Ringes und Erhalt der Doppelbindung polymerisieren. Bei Ziegler-Natta-Polymerisationen wird die Doppelbindung umso eher geöffnet, je elektronegativer das Übergangsmetall der 7. und 8. Gruppe ist (Cr, V, Ni, Rh). Verbindungen mit elektropositiveren Übergangsmetallen (Ti, Mo, W, Ru) katalysieren eine Ringöffnungspolymerisation (Tab. 19 – 1).

19.2.4 ABBRUCHSREAKTIONEN

Bei Ziegler-Polymerisationen sind verschiedene Abbruchsreaktionen möglich. Bei Polymerisationstemperaturen unterhalb von 60 °C enthält jede Polymerkette ein Metallatom. Bei diesen Temperaturen erfolgt somit kein thermischer Abbruch, wohl aber bei höheren Temperaturen, da Vinyl- und Vinylidengruppen gefunden wurden:

(19–14)

$$Mt-CH_2-CH(CH_3)-P_n \begin{cases} \xrightarrow{+100°C} MtH + CH_2=C(CH_3)-P_n \\ \xrightarrow[+C_3H_6]{+200°C} Mt-CH_2-CH=CH_2 + CH_3-CH(CH_3)-P_n \end{cases}$$

Mit Zinkdiethyl als Katalysatorkomponente erfolgt der Abbruch durch Alkylaustausch:

(19–15) $\quad Mt-P_n + ZnEt_2 \rightarrow Mt-Et + Et-Zn-P_n$

Wasserstoff ist ein besonders guter Regler:

(19–16)
$Mt-P_n + H_2 \rightarrow MtH + H-P_n$
$MtH + \text{Olefin} \rightarrow \text{neue } Mt-C\text{-Bindung}$

Mit organischen (RCl) und anorganischen (HCl) Halogeniden können ebenfalls Austauschreaktionen stattfinden, und zwar hauptsächlich wie folgt:

(19–17) $\quad Ti-P_n + RCl \rightarrow Ti-Cl + R-P_n$

und daneben

(19–18) $\quad Et_2AlCl + RCl \rightarrow EtAlCl_2 + R-Et$

19.2.5 KINETIK

Zur Ableitung eines kinetischen Schemas wird angenommen, daß das Übergangsmetallhalogenid (z. B. $TiCl_3$) mit dem Metallalkyl A (z. B. $Al(C_2H_5)_3$) reagiert und so potentiell aktive Zentren mit der Konzentration $[C_i^*]$ bildet. Dabei muß es sich um eine echte chemische Reaktion und nicht um eine physikalische Adsorption des Metallalkyls auf der Oberfläche des heterogen vorliegenden Übergangsmetallhalogenids handeln. Im letzteren Fall müßte nämlich die Konzentration der potentiell aktiven Zentren proportional dem Anteil f_A der durch das Metallalkyl bedeckten Katalysatoroberfläche sein, was jedoch experimentell nicht gefunden wird.

Die potentiell aktiven Zentren reagieren dann mit dem Monomer in einem Initiationsschritt, dessen Geschwindigkeit v_i proportional der Konzentration $[C_i^*]$ an potentiell aktiven Zentren und proportional dem durch das adsorbierte Monomer eingenommenen Anteil f_{mon} der Katalysatoroberfläche ist:

(19–19) $\quad v_i = k_i\,[C_i^*]\,f_{mon}$

Beim Initiationsschritt werden neue, aktive Zentren mit der Konzentration $[C_{pol}^*]$ gebildet.

Das zweite Monomermolekül und alle folgenden Monomermoleküle werden im eigentlichen Wachstumsschritt mit der Geschwindigkeit v_p insertiert:

(19–20) $\quad v_p = k_p\,[C_{pol}^*]\,f_{mon}$

Die Konzentration an aktiven Zentren ist durch Umsetzen des Reaktionsgemisches mit tritiiertem Alkohol bestimmbar (vgl. Gl. (19–8)). Aus der Konzentration der tritiierten Ketten ist die Konzentration der Metall/Polymer-Bindungen, d. h. der aktiven Zentren, berechenbar. Die Zahl der Metall/Polymer-Bindungen ist jedoch nicht zeitlich konstant, sodaß ihr Wert bei verschiedenen Umsätzen ermittelt werden muß (Abb. 19–2).

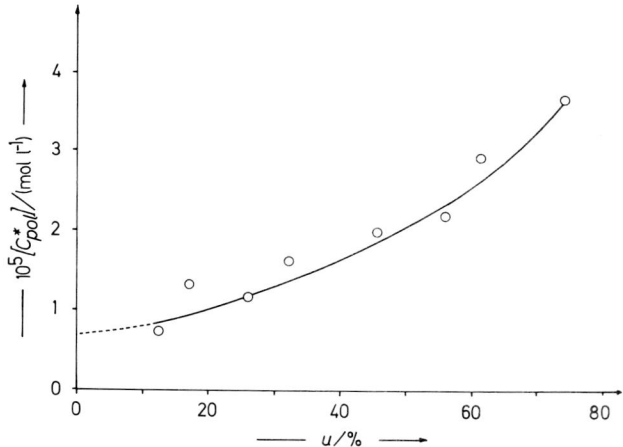

Abb. 19–2: Änderung der Konzentration $[C_{pol}^*]$ an Metall/Polymer-Bindungen, d. h. an aktiven Zentren, mit dem Umsatz u an 4-Methylpenten-1 bei 30°C. Ausgangskonzentration: $2{,}00 \cdot 10^3$ mol/m^3. Initiatorkonzentrationen: $[VCl_3] = 18{,}5$ mol/m^3 und $[Al(iBu)_3] = 37{,}0$ mol/m^3. Nach Daten von D. R. Burfield und P. J. T. Tait.

Gl. (19–20) fordert eine lineare Beziehung zwischen der Polymerisationsgeschwindigkeit v_p und dem Produkt $[C_{pol}^*]\,f_{mon}$, und zwar unabhängig von der chemischen Natur des Metallalkyls. Ein solches Verhalten wurde für das System 4-Methylpenten-1/ VCl$_3$/Aluminiumtrialkyle auch gefunden (Abb. 19–3). Die aktiven Zentren werden folglich tatsächlich durch die Übergangsmetallhalogenide gebildet. Als aktives Zentrum wirkt wahrscheinlich eine alkylierte Vanadiumspezies und sicher nicht ein bimetallischer Komplex.

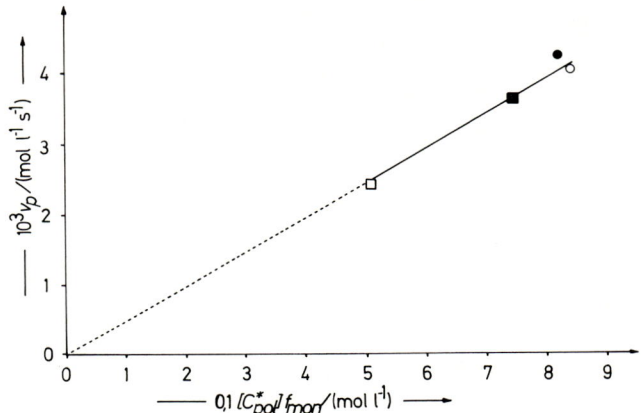

Abb. 19–3: Zunahme der Polymerisationsgeschwindigkeit v_p mit zunehmendem Produkt aus der Konzentration $[C^*_{pol}]$ an aktiven Zentren und dem durch das Monomer bedeckten Bruchteil f_{mon} der Katalysatoroberfläche bei der Polymerisation von $2{,}00 \cdot 10^3$ mol/m³ 4-Methylpenten-1 mit 18,5 mol/m³ VCl_3 und 37,0 mol/m³ AlR_3 bei 30°C. Die Neigung gibt die Geschwindigkeitskonstante k_p an. k_p ist unabhängig von der Natur des Aluminiumtrialkyls AlR_3, nämlich von $Al(iBu)_3$ (●), $Al(Et)_3$ (○), $Al(Bu)_3$ (■) und $Al(Hex)_3$ (□). Nach Daten von D. R. Burfield und P. J. T. Tait.

Ziegler-Polymerisationen weisen bei nicht zu hohen Temperaturen keine Abbruchsreaktionen auf (vgl. Kap. 19.2.4). Sie stellen lebende Systeme dar. Die totale Konzentration an aktiven Zentren muß daher konstant und zeitunabhängig sein:

(19–21) $\quad [C^*] = [C^*_i] + [C^*_{pol}] = $ const.

Es können jedoch Übertragungsreaktionen zum Monomer mit der Geschwindigkeit $v_{tr,mon}$ und zum Polymer mit der Geschwindigkeit $v_{tr,A}$ auftreten:

(19–22) $\quad v_{tr} = v_{tr,mon} + v_{tr,A} = k_{tr,mon} [C^*_{pol}] f_{mon} + k_{tr,A} [C^*_{pol}] f_A$

Bei beiden Übertragungsreaktionen verschwinden echte aktive Zentren, bei beiden werden neue, potentiell aktive Zentren gebildet. Im stationären Zustand muß gelten

(19–23) $\quad v_i = v_{tr}$

Mit den Gl. (19–19) und (19–21)–(19–23) erhält man daher für die Konzentration an echten aktiven Zentren

(19–24) $\quad [C^*_{pol}] = \dfrac{k_i [C^*] f_{mon}}{k_i f_{mon} + k_{tr,mon} f_{mon} + k_{tr,A} f_A}$

Die Adsorption des Monomeren auf der Katalysatoroberfläche, d. h. die Komplexbildung, kann durch eine Langmuir-Hinshelwood-Isotherme beschrieben werden. Der Bruchteil f_{mon} an durch das Monomer belegter Oberfläche ergibt sich folglich zu

$$(19-25) \quad f_{\text{mon}} = \frac{K_{\text{mon}}[M]}{1 + K_{\text{mon}}[M] + K_A[A]}$$

Analog ergibt sich für den Bruchteil f_A an durch das Metallalkyl belegter Oberfläche

$$(19-26) \quad f_A = \frac{K_A[A]}{1 + K_{\text{mon}}[M] + K_A[A]}$$

K_{mon} und K_A sind die Gleichgewichtskonstanten für die beiden Adsorptionsgleichgewichte und $[A]$ und $[M]$ die Molkonzentrationen von Metallalkyl und Monomer. Falls das Metallalkyl als Dimer auftritt, ist $[A]$ wegen $K = [A_2]/[A]^2$ durch $([A_2]/K)^{0,5}$ zu ersetzen. Dabei ist $[A_2]$ die Konzentration des Dimeren und K die Gleichgewichtskonstante der Dimerisation.

Bei kleinen Konzentrationen gilt

$$(19-27) \quad f_A = K_A[A] \; ; \quad f_{\text{mon}} = K_{\text{mon}}[M]$$

und folglich auch

$$(19-28) \quad v_p = \frac{k_p k_i [C^*] K_{\text{mon}}^2 [M]^2}{k_i K_{\text{mon}}[M] + k_{\text{tr,mon}} K_{\text{mon}}[M] + k_{\text{tr,A}} K_A[A]}$$

oder

$$(19-29) \quad \frac{[M][C^*]}{v_p} = \frac{1 + k_{\text{tr,mon}} k_i^{-1}}{k_p K_{\text{mon}}} + \frac{k_{\text{tr,A}} K_A[A]}{k_p k_i K_{\text{mon}}^2} \cdot \frac{1}{[M]}$$

Auftragen von $[M][C^*]/v_p$ gegen $[M]^{-1}$ sollte daher eine Gerade liefern (Abb. 19-4).

Bei Gültigkeit des kinetischen Ansatzes sollte die Polymerisationsgeschwindigkeit v_p nach Gl. (19–20) sowohl mit der Konzentration $[C_p^*]$ an echten aktiven Zentren als auch mit dem Bruchteil f_{mon} der durch das Monomer belegten Katalysatoroberfläche zunehmen. Bei konstanter Oberfläche des Übergangsmetallhalogenides und sehr kleiner Konzentration des Metallalkyls wird der Term $K_A[A]$ in Gl. (19–23) vernachlässigbar. f_{mon} ist dann in erster Näherung eine Konstante. Mit steigender Metallalkylkonzentration sollte dann die Konzentration an aktiven Zentren und folglich auch v_p zunehmen und schließlich – nachdem alle reaktiven Stellen auf der Katalysatoroberfläche besetzt sind – konstant werden. Mit zunehmender Metallalkylkonzentration wird aber auch die Adsorption des Monomeren durch die Adsorption des Metallalkyls immer stärker konkurrenziert. f_{mon} muß also abnehmen und folglich auch v_p. Im allgemeinen sollte daher die Polymerisationsgeschwindigkeit v_p mit zunehmender Konzentration an Metallalkyl durch ein Maximum laufen, wofür experimentelle Hinweise vorliegen. Bei konstantem Verhältnis Metallalkyl/Übergangsmetallhalogenid sollte die Polymerisationsgeschwindigkeit proportional der Konzentration an Metallalkyl sein.

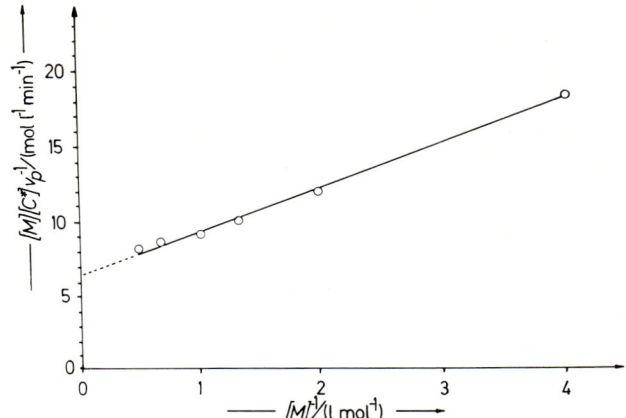

Abb. 19-4: Test der Gl. (19-29) bei der Polymerisation von 4-Methylpenten-1 mit $[VCl_3] = 17,8$ mol/m³ $= [C^*]$ und $[Al(iBu)_3] = 35,6$ mol/m³. Nach Daten von I. D. McKenzie, P. J. T. Tait und D. R. Burfield.

Das Zahlenmittel des Polymerisationsgrades $\overline{X}_n$ wird einerseits durch die Wachstumsreaktion und andererseits sowohl durch die Konzentration $[C^*]$ an echten aktiven Zentren als auch die beiden Übertragungsreaktionen zum absorbierten Monomer bzw. zum Metallalkyl bestimmt. Es ergibt sich für die Zeit t zu

$$(19-30) \quad \overline{X}_n = \frac{\int k_p f_{mon} [C^*_{pol}] \, dt}{[C^*_{pol}] + \int k_{tr,mon} f_{mon} [C^*_{pol}] \, dt + \int k_{tr,A} f_{mon} [C^*_{pol}] \, dt}$$

Nach Integration und Elimination von $[C^*_{pol}]$ erhält man für den Polymerisationsgrad

$$(19-31) \quad \frac{1}{\overline{X}_n} = \frac{k_{tr,A} K_A [A]}{k_p K_{mon} [M]} + \frac{1}{k_p K_{mon} [M] t} + \frac{K_A [A]}{k_p K_{mon} [M] t} + \frac{(k_{tr,mon} + t^{-1})}{k_p}$$

$\overline{X}_n$ sollte daher nach diesen Annahmen zuerst mit der Zeit zunehmen. Nach genügend langer Zeit ($t \to \infty$) erhält man jedoch

$$(19-32) \quad \frac{1}{\overline{X}_n} = \frac{k_{tr,mon}}{k_p} + \frac{k_{tr,A} K_A [A]}{k_p K_{mon} [M]}$$

Der Polymerisationsgrad wird also nach einiger Zeit zeitunabhängig, vorausgesetzt, daß weder die Monomer- noch die Metallalkylkonzentration mit der Zeit variieren.

Der Polymerisationsgrad ist nach Gl. (19-32) umso niedriger, je höher die Metallalkyl- und je niedriger die Monomerkonzentration ist. Er sollte unabhängig von der Konzentration des Übergangsmetallhalogenides sein. Die Natur des Metallalkyls sollte die Geschwindigkeit der Übertragung zum Monomer beeinflussen (vgl. auch Tab. (19-4).

Tab. 19–4: Einfluß des Aluminiumtrialkyls AlR₃ auf die Polymerisation von 4-Methylpenten-1 in Benzol bei 30 °C mit VCl₃ (nach Daten von I. D. McKenzie, P. J. T. Tait und D. R. Burfield)

R	$v_p/[\text{VCl}_3]$ mol l⁻¹ min⁻¹	$10^4 [C^*]$ mol/mol	$10^6 \, v_{\text{tr,A}}$ mol l⁻¹ min⁻¹
CH_3	0,288	–	–
C_2H_5	0,253	6,10	17,2
C_4H_9	0,221	3,30	1,53
C_6H_{13}	0,169	2,30	0,87
$C_{10}H_{21}$	0,107	–	–

19.3 Metathese-Polymerisationen

Metathesen sind Austausch- bzw. Disproportionierungsreaktionen von Olefinen und Cycloolefinen. Sie können zwischen zwei Olefinmolekülen, einem Olefin- und einem Cycloolefinmolekül oder zwischen zwei Cycloolefinmolekülen stattfinden. Nur die letztere Reaktion führt natürlich zu Polymeren.

Die Metathese acyclischer Olefine verläuft unter Austausch von Molekülteilen. Versetzt man z. B. Penten-2 mit dem Katalysator $WCl_6/C_2H_5OH/C_2H_5AlCl_2$, so wird bei Raumtemperatur in wenigen Minuten eine Mischung aus 25 Molproz. Buten-2, 50 Molproz. Penten-2 und 25 Molproz. Hexen-3 erhalten. Diese Zusammensetzung entspricht genau der statistischen Erwartung bei einem Austausch um die Doppelbindung. Da gleichartige Bindungen ausgetauscht werden, ist die Reaktionsenthalpie gleich null. Bestimmend ist nur die Reaktionsentropie. Bei sterisch gehinderten acylischen Olefinen spielt jedoch die Reaktionsenthalpie eine Rolle: Styrol disproportioniert im Gleichgewicht zu 3,5 Molproz. Ethylen, 93 Molproz. Styrol und 3,5 Molproz. Stilben. Die Metathese-Gleichgewichte können außerdem durch eine Reihe von Nebenreaktionen beeinflußt werden. Beim Katalysator-System $WCl_6/C_2H_5OH/C_2H_5AlCl_2$ sind dies Oligomerisationen, normale Ziegler-Natta-Polymerisationen, Alkylierungen aromatischer Lösungsmittel und Cyclotrimerisierungen von Alkinen. Beim Katalysator-System Re_2O_7/Al_2O_3 beobachtet man z. B. Doppelbindungsverschiebungen und kationische Oligomerisationen und Polymerisationen; bei höheren Temperaturen auch Skelettisomerisierungen, Crackungen und Dehydrierungen/Hydrierungen.

Die Olefin-Metathese kann zur Synthese makromolekularer Substanzen ausgenutzt werden. Aus Cycloolefinen erhält man durch Ringerweiterungspolymerisation die Dimeren, Trimeren, Tetrameren usw. Aus dem Metathese-Polymer des Cyclopentens konnten so die cyclischen Kohlenwasserstoffe $C_{10}H_{16}$, $C_{15}H_{24}$ usw. bis zum $C_{75}H_{120}$ isoliert werden. Die Metathese von Cycloolefinen ist jedoch im Gegensatz zu der von acyclischen Olefinen enthalpie- und entropiekontrolliert. Die Polymerisationsentropie kleiner Ringe vom Cyclopropen bis zum Cyclohexen ist je negativ, während die vom cis-Cycloocten aufwärts positiv ist. Zumindest bei kleinen Ringen muß daher die Polymerisationsenthalpie negativ sein (vgl. auch Kap. 16). Ein weiterer Beitrag zur Gibbs-Polymerisationsenthalpie kommt von der Einstellung von cis/trans-Gleichgewichten der Doppelbindungen.

Die Metathese-Reaktionen laufen vermutlich nicht über intermediär gebildete Cyclobutanringe ab, da Cyclobutan unter diesen Bedingungen nicht reaktiv ist und auch keine Cyclobutane als Reaktionsprodukte gefunden wurden. Vermutlich bildet sich ein Metallcarben-Komplex, z. B. schematisch für die Metathese acyclischer Olefine:

(19–33)

$$\underset{a}{\overset{b}{>}}C-Mt^{\ominus} + \underset{f}{\overset{e}{>}}C=C\underset{h}{\overset{g}{<}} \rightarrow \begin{array}{c} b \\ | \\ a-C-Mt \\ | \\ e-C-C-g \\ | \ \ | \\ f \ \ h \end{array} \rightarrow \begin{array}{c} a\diagdown \diagup b \\ C \\ \| \\ C \\ e\diagup \diagdown f \end{array} + \begin{array}{c} Mt^{\ominus} \\ | \\ C^{\oplus} \\ g\diagup \diagdown h \end{array}$$

Die Metathese von Cycloolefinen ist jedoch mindestens teilweise nicht intermolekular, sondern intramolekular; die wachsende Kette beißt sich in den eigenen Schwanz:

(19–34)

$$\begin{array}{c} Mt=CH\diagup \overset{CH_2}{\diagdown} \\ CH_2 \\ \sim\sim CH=CH\diagdown \diagup \\ CH_2 \end{array} \rightarrow \begin{array}{c} Mt \\ \| \\ CH \\ \wr \end{array} + \begin{array}{c} HC\diagup \overset{CH_2}{\diagdown} \\ \ \ \ \ \ \ \ \ \ \ \ \ \ \ CH_2 \\ HC\diagdown \diagup \\ CH_2 \end{array}$$

Ein derartiger Mechanismus erklärt, warum bei Metathese-Polymerisationen von Cycloolefinen überwiegend hochmolekulare lineare Polymere entstehen. Die in kleinen Mengen gefundenen cyclischen Oligomeren würden entsprechend auch nicht durch Kondensation zweier kleinerer Ringe gebildet.

19.4 Pseudoionische Polymerisationen

Eine Reihe von als ionisch angesehenen Polymerisationen verlaufen in Wirklichkeit über Polyinsertionen. Dazu gehören Polymerisationen über Ionenassoziate, über Makroester und möglicherweise auch über einige Kontaktionenpaare.

19.4.1 PSEUDOANIONISCHE POLYMERISATIONEN

Lithiumorganyle sind bekanntlich in apolaren Medien assoziiert (vgl. Kap. 18.3). Bei der Polymerisation von z. B. Isopren mit Lithiumalkylen RCH_2Li wird zuerst ein Lithiumisoprenyl gebildet

(19–35)

das dann mit den Assoziaten des Initiators, z. B. den Dimeren reagiert

(19–36)

Bei hohen Initiatorkonzentrationen ($> 10^{-2}$ mol/l) wird die Polymerisationsgeschwindigkeit wegen der kleinen Konzentrationen an Initiatorunimeren und der hohen Konzentration an Initiatormultimeren durch Gl. (19–35) geregelt. Bei kleinen Initiatorkonzentrationen ($< 10^{-2}$ mol/l) wird dagegen der Prozeß (19–36) geschwindigkeitsbestimmend, weil die Absolutkonzentration an Initiatormultimeren niedrig ist.

Die Polyreaktion von Ethylenoxid mit Natriumphenolat/Phenol als Initiatorsystem ist ebenfalls eine Polyinsertion. Da Ethylenoxid weder mit Phenol noch mit Natriumphenolat allein reagiert, kann das Phenolatanion sicher nicht gemäß

$$(19-37) \quad C_6H_5O^\ominus + \underset{O}{\triangle} \longrightarrow C_6H_5OCH_2CH_2O^\ominus$$

eine anionische Polymerisation auslösen. In diesem System nehmen aber die Stoffmengenkonzentrationen von Phenol und Ethylenoxid fast gleich schnell ab. Die Verbrauchsgeschwindigkeit von Phenol ist bei Stoffmengenverhältnissen Ethylenoxid/Phenol $< 1:1$ praktisch unabhängig von der Konzentration an Ethylenoxid, jedoch abhängig von den Konzentrationen an Natriumphenolat bzw. von Phenol selbst.

Aus diesen Befunden wurde geschlossen, daß die Polyreaktion über einen Komplex aus allen drei Komponenten ablaufen muß. Durch gesonderte Untersuchungen wurde nachgewiesen, daß dabei das Ethylenoxid in Form seines Etherates mit dem Phenol in den Komplex eintritt. Gibt man die drei Komponenten in den geeigneten Anteilen in einem Lösungsmittel zusammen, so beobachtet man ein Minimum in der Löslichkeit, im Dampfdruck und in der Dielektrizitätskonstanten, ein Maximum in der Dichte und ein Verschwinden der OH-Banden im Infrarotspektrum. Der Komplex muß somit OH-inaktive Schwingungen aufweisen, d.h. eine Ebene, in der sich das H-Atom zwischen drei Sauerstoffatomen befindet. Für die Reaktion wurde folgende Formulierung vorgeschlagen:

(19–38)

$$C_6H_5ONa + C_6H_5OH \ldots OC_2H_4 \rightleftarrows \begin{array}{c} C_6H_5 \\ Na \end{array}\!\!>\!\!O \to H\!\!<\!\!\begin{array}{c} O\triangle \\ OC_6H_5 \end{array}$$

$$\begin{array}{c} H_2C\text{---}O \\ H_2C\quad\;\; \\ \downarrow \\ C_6H_5O\longrightarrow H \\ \uparrow \\ Na \quad OC_6H_5 \end{array} \longrightarrow \begin{array}{c} \triangle O \\ C_6H_5\text{-}O\quad H \\ Na\text{--}O \\ \quad\; C_6H_5 \end{array} \longrightarrow \begin{array}{c} C_6H_5O\text{-}CH_2CH_2\text{-}H \\ + \\ NaOC_6H_5 \end{array}$$

19.4.2 PSEUDOKATIONISCHE POLYMERISATIONEN

Die kationische Polymerisation über Makroester ist ebenfalls eine Polyinsertion (vgl. Kap. 18.3.4). Ursprünglich hatte man angenommen, daß z. B. bei der Zugabe von Perchlorsäure zu Styrol in Methylenchlorid direkt das 1-Phenylethylkation $CH_3\overset{\oplus}{C}HC_6H_5$ entsteht. In der Tat beobachtet man auch Absorptionsbanden bei 309 und 421 nm, allerdings erst *nach* der Polymerisation. Die Banden stammen denn auch nicht von dem 1-Phenylethylkation, sondern hauptsächlich von 1-(Oligostyrol)-3-phenylindankationen und damit von einer Abbruchsreaktion

(19–39)

$$\sim\sim\sim CH_2-CH-CH_2 \xrightarrow[-HM^{\oplus}]{+M} \sim\sim\sim CH_2 \xrightarrow[-RH]{+R^{\oplus}} \sim\sim\sim CH_2$$

$-H_2$

Das Auftreten der Absorptionsbanden ist daher kein Beweis für eine echte kationische Polymerisation. Tatsächlich bildet sich bei diesen Polymerisationen zumindest in kleinen Mengen ein Makroester, der dann Styrol insertiert, wenn auch langsam, verglichen mit dem echten kationischen Wachstum:

(19–40)

$$CH_2=CH + HClO_4 \rightarrow \left(\begin{array}{c} CH_3-CH-O-ClO_3 \\ | \\ Ph \end{array}\right)_{solv} \xrightarrow{+Sty} \left(\begin{array}{c} CH_3-CH-CH_2-CH-O-ClO_3 \\ | \quad\quad\quad | \\ Ph \quad\quad\quad Ph \end{array}\right)_{solv}$$
$$\quad\; | \quad\quad\quad\quad\quad\quad\quad\quad\quad\quad\quad\; |$$
$$\;Ph \quad\quad\quad\quad\quad\quad\quad\quad\quad\quad Ph$$

Das Auftreten dieses Esters wurde u.a. durch seine Bildung aus 1-Phenylethylbromid und $AgClO_4$ in situ bewiesen. Der Ester ist rein nicht beständig, sondern nur in Gegenwart von mindestens der vierfachen Menge Styrol. Der Ester wird daher wahrscheinlich durch Styrol solvatisiert.

Pseudokationische Polymerisationen können von echten kationischen Polymerisationen durch die Temperaturabhängigkeit der Polyreaktionsgeschwindigkeit und die Wirkung von zugesetztem Wasser unterschieden werden. Pseudokationische Reaktionen verlaufen nämlich bei tiefen Temperaturen (ca. $-90\,°C$) langsam, kationische Polymerisationen aber noch recht schnell. Die Polymerisationsgeschwindigkeit wird ferner bei pseudokationischen Polymerisationen praktisch nicht durch Zugabe von Wasser beeinflußt (bis $[H_2O]/[\text{Initiator}] = 10!$). Bei echten kationischen Polymerisationen greift dagegen Wasser in die Polyreaktion ein. Carbokationen von Olefinen werden nämlich sofort durch Wasserzugabe zerstört (vgl. Kap. 18). Metallhalogenide bilden mit Wasser Hydrate. Die Konzentration dieser Hydrate und damit die Konzentration an Wasser beeinflußt dann die Polymerisationsgeschwindigkeit und den Polymerisationsgrad.

19.5 Enzymatische Polyreaktionen

Die enzymatische Synthese bestimmter Polysaccharide wird häufig als Polyinsertion aufgefaßt. Ein Beispiel dafür ist die Bildung des Poly(glucosids) Dextran (vgl. Kap. 31) aus Saccharose unter der Wirkung des Enzyms Dextransaccharase, wobei Fructose freigesetzt wird. Es wird angenommen, daß die in vorherigen Schritten gebildete Polymerkette P_n am Enzym adsorbiert ist. Das Substrat S (in diesem Fall Saccharose) wird ebenfalls am Enzym adsorbiert. Aus dem Enzym/Polymer-Komplex EP_n und dem Substrat S bildet sich ein Substrat/Enzym-Komplex SEP_n aus, der sich dann unter Insertion des Glucose-Restes der Saccharose und Freisetzen der Fructose in einen Enzym/Polymer-Komplex EP_{n+1} umwandelt:

(19–41)

Kinetisch handelt es sich um eine Polyreaktion mit vorgelagertem Gleichgewicht:

(19–42) $\quad EP_n + S \rightleftarrows SEP_n \quad ; \quad K = \dfrac{[SEP_n]}{[EP_n][S]}$

(19–43) $\quad SEP_n \xrightarrow{k_i} EP_{n+1} + F$

Falls weder die Gleichgewichtskonstante K noch die Geschwindigkeitskonstante k_i der Polyinsertion vom Polymerisationsgrad abhängen und der Insertionsschritt, Gl. (19–43), die geschwindigkeitsbestimmende Reaktion ist, erhält man

(19–44) $\quad v_p = k_i [SEP_n] = k_i K [EP_n][S]$

Die Geschwindigkeit ist also proportional der Substratkonzentration und der Konzentration an EP_n-Komplex. Die Proportionalitätskonstante setzt sich aus einer Geschwindigkeits- und einer Gleichgewichtskonstanten zusammen.

Bei diesem *Einketten*-Mechanismus bleibt das Enzym ständig mit der Polymerkette verbunden. Viel häufiger sind jedoch *Vielketten*-Mechanismen, bei denen das Enzym nach jedem Verknüpfungsschritt wieder abgespalten wird und somit von Kette zu Kette wandert (vgl. auch Polykondensationen, Kap. 17). Im ersten Schritt wird hier aus Enzym und Substrat ein Enzym/Substrat-Komplex ES gebildet:

(19–45) $E + S \rightleftarrows ES$; $v_c = k_c [E][S]$
$v_{-c} = k_{-c}[ES]$

Der Enzym/Substrat-Komplex wird im zweiten Schritt in das Produkt P und das Enzym E gespalten:

(19–46) $ES \rightleftarrows E + P$; $v_i = k_i [ES]$
$v_{-i} = k_{-i}[E][P]$

Das Enzym wird in sehr kleinen Mengen zugegeben. Die im Komplex ES vorliegende Menge Substrat ist daher vernachlässigbar klein gegenüber der frei vorliegenden Menge S. Für den Bereich konstanter Geschwindigkeit gilt demnach

(19–47) $-d[E]/dt = d[ES]/dt = 0$

oder

(19–48) $(v_c - v_{-i}) - (v_{-c} + v_i) = 0$

Nach Einsetzen der Gl. (19–45) und (19–46) in Gl. (19–48) erhält man

(19–49) $[E] = \dfrac{(k_{-s} + k_i)[ES]}{(k_c[S] + k_{-i}[P])}$

Die Gesamtkonzentration an Enzym ändert sich nicht:

(19–50) $[E]_0 = [E] + [ES]$

Die beobachtbare Reaktionsgeschwindigkeit v ist durch die Bildung des Produktes P oder durch das Verschwinden des Substrates S gegeben, d. h.

(19–51) $v = d[P]/dt = k_i[ES] - k_{-i}[E][P]$

und mit den Gl. (19–47) – (19–49)

(19–52) $v = \dfrac{k_c k_i [S] - k_{-c} k_{-i}[P]}{k_c[S] + k_{-i}[P] + k_{-c} + k_i} [E]_0$

Gl. (19–52) vereinfacht sich, wenn das Gleichgewicht (19–46) ganz auf der Seite des Produktes P liegt. Die Rückreaktionen P → S brauchen dann nicht berücksichtigt zu werden. Ist dies durch $k_{-i} \to 0$ verursacht, so reduziert sich Gl. (19–52) zur sogenannten Michaelis-Menten-Gleichung

$$(19-53) \quad v = \frac{k_i [S] [E]_0}{\frac{k_{-c} + k_i}{k_c} + [S]} = \frac{k_i [S] [E]_0}{K_m + [S]}$$

Die Michaelis-Menten-Konstante K_m ist nur dann eine echte Gleichgewichtskonstante, falls $k_i \ll k_{-c}$.

Arbeitet man bei sehr hohen Substratkonzentrationen, so wird $[S] \gg K_m$. Nach Gl. (19-53) erreicht die Geschwindigkeit unter diesen Bedingungen einen maximalen Wert $v_{max} = k_i [E]_0$. Gl. (19-53) kann man daher auch schreiben

$$(19-54) \quad v = v_{max} [S]/(K_m + [S])$$

oder umgeformt

$$(19-55) \quad \frac{1}{v} = \frac{1}{v_{max}} + \frac{K_m}{v_{max}} \cdot \frac{1}{[S]}$$

Durch Auftragen von $1/v$ gegen $1/[S]$ kann also bei Vorliegen dieser Kinetik aus dem Ordinatenabschnitt v_{max} und damit aus der Neigung K_m ermittelt werden (Lineweaver-Burk-Diagramm).

Die vorliegende Ableitung bezieht sich auf einen Vielkettenmechanismus mit einer katalytisch aktiven Gruppe pro Enzymmolekül. Weist das Enzymmolekül N gleiche und unabhängig voneinander wirksame Gruppen auf, so wird Gl. (19-54) modifiziert zu

$$(19-56) \quad v = v_{max} [S]^N / (K'_m + [S]^N)$$

Bei enzymatischen Polyreaktionen wird häufig gefunden, daß v_{max} und K_m noch vom Polymerisationsgrad abhängen. Dieser Befund kann wie folgt erklärt werden:

a. Die Bindungsfestigkeit des Enzyms am nichtreduzierenden Ende der Kette hängt vom Polymerisationsgrad ab, d.h. es gilt nicht das Prinzip der gleichen chemischen Reaktivität. In diesem Falle müssen bei steigendem Polymerisationsgrad v_{max} größer und K_m kleiner werden.
b. Die reagierende Endgruppe wird mit steigendem Polymerisationsgrad immer weniger zugänglich. In diesem Falle würde v_{max} mit steigendem Polymerisationsgrad kleiner, während K_m konstant bliebe.
c. Das Enzym wird nicht nur am Kettenende, sondern auch im Innern der Polymerkette gebunden. Die über die Michaelis-Menten-Gleichung berechneten Werte von v_{max} und K_m sind dann nur scheinbar. K_m würde sich aus den Konstanten $(K_m)_{endgruppe}$ und $(K_m)_{innern}$ zusammensetzen. v_{max} würde dann im wesentlichen von $(K_m)_{innern}$ bestimmt.

Literatur zu Kap. 19

19.1 Ziegler-Polymerisation

N.G. Gaylord und H.F. Mark, Linear and stereoregular addition polymers: polymerization with controlled propagation, Interscience, New York 1958
L. Reich und A. Schindler, Polymerization by organometallic compounds, Interscience, New York 1966

T. Keii, Kinetics of Ziegler-Natta polymerization, Kodansha, Tokio 1972
N. C. Billingham, The polymerization of olefins at transition metal-carbon bonds, Brit. Polymer J. **6** (1974) 299
P. Pino, A. Oschwald, F. Ciardelli, C. Carlini und E. Chiellini, Stereoselection und stereoelection in a-olefin polymerization, in J. C. W. Chien, Hrsg., Coordination polymerization, Academic Press, New York 1975
W. Cooper, Kinetics of polymerization initiated by Ziegler-Natta and related catalysts, in. C. H. Bamford und C. F. H. Tipper, Hrsg., Comprehensive chemical kinetics, Bd. 15, Non-radical polymerization, Elsevier, Amsterdam 1976
G. Henrici-Olivé und S. Olivé, Coordination and catalysis, Verlag Chemie, Weinheim 1977
K.-H. Reichert, Fortschritte auf dem Gebiet der Olefin-Polymerisation mit Ziegler-Katalysatoren, Chem.-Ing.-Techn. **49** (1977) 626
J. Boor, jr., Ziegler-Natta catalysts and polymerizations, Academic Press, New York 1978
A. Yamamoto und T. Yamamoto, Coordination polymerization by transition-metal alkyls and hydrides, Macromol. Revs. **13** (1978) 161

19.2 Metathese

N. Calderon, The olefin metathesis reaction, Acc. Chem. Res. **5** (1972) 127
N. Calderon, Ring-opening polymerization of cycloolefins, J. Macromol. Sci. [Revs.] **C 7** (1972) 105
R. Streck, Die Olefin-Metathese, ein vielseitiges Werkzeug der Petro- und Polymerchemie, Chem.-Ztg. **99** (1975) 397
N. Calderon, E. A. Ofstead und W. A. Judy, Mechanistische Aspekte der Olefin-Metathese, Angew. Chem. **88** (1976) 433

19.3 Pseudo-ionische Polyreaktionen

F. Patat, Polymeraufbau durch Einschieben von Monomeren, Chimia **18** (1964) 233

19.4 Enzymatische Polyreaktionen

E. Zeffren und P. L. Hall, The study of enzyme mechanisms, Wiley, New York 1973
I. H. Segel, Enzyme kinetics, Wiley, New York 1975

20 Radikalische Polymerisationen

20.1 Übersicht

Radikalische Polymerisationen werden durch freie Radikale ausgelöst und über wachsende Makroradikale fortgepflanzt. Die auslösenden Initiatorradikale $R_I^\bullet$ entstehen meist paarweise durch Disproportionierungsreaktionen absichtlich zugesetzter Initiatormoleküle I,

(20-1) $\quad I \longrightarrow 2\, R_I^\bullet$

seltener auch einzeln oder aus dem Monomeren selbst. Die so gebildeten Initiatorradikale $R_I^\bullet$ reagieren dann in der Startreaktion mit je einem Monomermolekül M

(20-2) $\quad R_I^\bullet + M \longrightarrow R_I M^\bullet$

worauf sich in der eigentlichen Wachstumsreaktion weitere Monomermoleküle addieren

(20-3) $\quad R_I M^\bullet \xrightarrow{+M} R_I M_2^\bullet \xrightarrow{+M} R_I M_3^\bullet \text{ usw.} \xrightarrow{+M} P_i^\bullet$

Im Gegensatz zu ionischen Polymerisationen, bei denen die wachsende Kette meist „lebend" bleibt, werden bei radikalischen Polymerisationen mit Monomakroradikalen $P_i^\bullet$ die individuellen Polymerketten durch Abbruchreaktionen vernichtet. Häufige Abbruchreaktionen sind die Kombination bzw. Disproportionierung zweier Makroradikale oder der Abbruch durch ein Initiatorradikal, schematisch

(20-4) $\quad P_i^\bullet + P_j^\bullet \longrightarrow P_{i+j}$ (Kombination)

(20-5) $\quad P_i^\bullet + P_j^\bullet \longrightarrow P_i + P_j$ (Disproportionierung)

(20-6) $\quad P_i^\bullet + R_I^\bullet \longrightarrow P_i R_I$ (Abbruch durch Initiatorradikal)

Beim Wachstum über Biradikale sind jedoch lebende radikalische Polymerisationen möglich, und zwar entweder durch Addition von Monomermolekülen oder von Makrobiradikalen

(20-7) $\quad {}^\bullet P_i^\bullet + M \longrightarrow {}^\bullet P_{i+1}^\bullet$

(20-8) $\quad {}^\bullet P_i^\bullet + {}^\bullet P_j^\bullet \longrightarrow {}^\bullet P_{i+j}^\bullet$

Bei solchen lebenden radikalischen Polymerisationen dürfen jedoch keine Disproportionierungen, keine Reaktionen der Makroradikale mit Initiatorradikalen und keine Übertragungsreaktionen stattfinden, da diese Reaktionen das Wachstum eines radikalischen Kettenendes unterbinden. Bei Übertragungsreaktionen wird von einem Molekül RQ eine Gruppe Q im Austausch gegen ein freies Elektron vom Makroradikal übertragen, z. B.

(20-9) $\quad P_i^\bullet + RQ \longrightarrow P_i Q + R^\bullet$

RQ kann ein Monomer-, Polymer-, Initiator-, bzw. Lösungsmittelmolekül oder ein absichtlich zugesetztes Übertragermolekül sein. Die Übertragungsreaktion beendet das Wachstum einer individuellen Polymerkette. Das neue Radikal löst aber gemäß Gl. (20-2) wieder eine Startreaktion aus, so daß die kinetische Kette erhalten bleibt.

Die Vielzahl der bei radikalischen Polymerisationen möglichen Elementarreaktionen läßt verstehen, warum nur ein Teil der vielen, thermodynamisch polymerisierbaren Gruppen radikalisch zu hochmolekularen unvernetzten Polymeren umgesetzt werden kann. Zu diesen gehören Vinyl-, Vinyliden- und Acrylverbindungen sowie einige gesättigte gespannte Ringe. Allylverbindungen polymerisieren nur zu verzweigten Oligomeren, Diallyl- und Triallylverbindungen jedoch zu hochmolekularen Netzwerken.

$$CH_2=CH \atop R \qquad CH_2=CR' \atop R' \qquad CH_2=CH \atop R'' \qquad CH_2=CH \atop CH_2R \qquad \diamondsuit$$

Vinylverbindung   Vinyliden-   Acrylverbindung   Allylverbindung   gespannter
                  verbindung   Ring (Beispiel)

mit $R = Cl, Br, OR''', SR''', NR_2''', OOCR''', Ar$ usw.
$R' = Cl, Br, CN$ oder R''
$R'' = CN, COOR^{IV}$

20.2 Initiation und Start

Die polymerisationsauslösenden Radikale werden meist im Monomeren oder in seiner Lösung erzeugt. In den weitaus überwiegenden Fällen erhält man sie aus geeigneten Radikalbildnern, sog. Initiatoren. In sehr seltenen Fällen polymerisieren Monomere auch „thermisch" ohne zugesetzte Initiatoren.

Um Radikale zu bilden, müssen covalente Bindungen homolytisch getrennt werden. Die zum Zerfall in Radikale erforderliche Energie kann auf verschiedene Weise in das System gebracht werden: thermisch, chemisch, elektrochemisch oder photochemisch. Je weniger Energie nötig ist, umso stabiler sind auch die Radikale. Sehr stabile freie Radikale wie z. B. das Triphenylmethylradikal leiten in der Regel keine Polymerisation ein.

20.2.1 INITIATORZERFALL

Radikalische Polymerisationsinitiatoren sind Verbindungen mit thermisch leicht homolytisch spaltbaren Bindungen, z. B. Hydroperoxide, Peroxide, Perester, Azoverbindungen und sterisch stark gehinderte Ethanderivate:

$$RO-OH \qquad RO-OR' \qquad R\underset{\underset{O}{\|}}{C}O-OR' \qquad RN=NR'' \qquad RR'C-CR''R'''$$

Hydroperoxid   Peroxid   Perester   Azoverbdg.   Ethanderivat

Diese Initiatoren zerfallen thermolytisch an den hervorgehobenen Bindungen, z. B. Dibenzoylperoxid BPO zu Benzoyloxy-Radikalen und in gewissen Lösungsmitteln auch weiter zu Phenylradikalen,

(20–10) $C_6H_5COO-OOCC_6H_5 \longrightarrow 2\, C_6H_5COO^{\bullet} \longrightarrow 2\, C_6H_5^{\bullet} + 2\, CO_2$

Azobisisobutyronitril AIBN zu Isobutyronitril-Radikalen,

(20–11) $(CH_3)_2\underset{CN}{C}-N=N-\underset{CN}{C}(CH_3)_2 \longrightarrow 2\, (CH_3)_2\underset{CN}{C^{\bullet}} + N_2$

aromatische Pinakole zu den entsprechenden Alkyl-Radikalen

(20–12) $\begin{array}{c} Ar\ Ar \\ |\ \ | \\ HO-C-C-OH \\ |\ \ | \\ Ar\ Ar \end{array} \longrightarrow 2\ \begin{array}{c} Ar \\ | \\ HO-C^{\bullet} \\ | \\ Ar \end{array}$

und Kaliumpersulfat in zwei Radikalanionen

(20–13) $K_2S_2O_8 \longrightarrow 2\ ^{\ominus}SO_4^{\bullet} + 2\ K^{\oplus}$

Einige andere, technisch viel verwendete Initiatoren besitzen die folgenden Konstitutionsformeln

$\begin{array}{c} CH_3 \\ | \\ C_6H_5-C-OOH \\ | \\ CH_3 \end{array}$ $\begin{array}{c} CH_3\ \ \ \ \ CH_3 \\ |\ \ \ \ \ \ \ \ \ \ \ | \\ C_6H_5-C-O-O-C-C_6H_5 \\ |\ \ \ \ \ \ \ \ \ \ \ | \\ CH_3\ \ \ \ \ CH_3 \end{array}$ $(CH_3)_2CH-O-\underset{\underset{O}{\|}}{C}-O-O-\underset{\underset{O}{\|}}{C}-O-CH(CH_3)_2$

Cumylhydroperoxid   Dicumolperoxid (Dicup)   Diisopropylperoxidicarbonat (IPP)

$\begin{array}{c} O-OH \\ | \\ CH_3-C-C_2H_5 \\ | \\ O-OH \end{array}$ $\underbrace{\begin{array}{c} O-OH\ \ \ \ \ \ \ \ \ \ O-OH \\ |\ | \\ CH_3-C-C_2H_5\ \ C_2H_5-C-CH_3 \\ |\ | \\ O\ O \end{array}}$ $(CH_3)_2C\text{-}\bigcirc\text{-}O\text{-}\underset{\underset{O}{\|}}{C}\text{-}O\text{-}O\text{-}\underset{\underset{O}{\|}}{C}\text{-}O\text{-}\bigcirc\text{-}C(CH_3)_3$

„Methylethylketonperoxid" (MEKP)   Bis(4-t-butylcyclohexyl)peroxidicarbonat (BCP)

Die Zerfallsgeschwindigkeit der Initiatoren

(20–14) $-d[I]/dt = k_z[I]$

schwankt in weiten Grenzen, wie man aus den Halbwertszeiten t_{50} des Zerfalls sehen kann. (Tab. 20–1). Diese Halbwertszeiten sind mit der Zerfallskonstanten k_z über $t_{50} = 0{,}693/k_z$ verknüpft. Halbwertszeiten des Initiatorzerfalls dienen in der Technik zur

Tab. 20–1: Halbwertszeiten und Aktivierungsenergien für den Zerfall einiger radikalischer Initiatoren; AIBN = Azobisisobutyronitril, BPO = Dibenzoylperoxid, MEKP = Methylethylketonperoxid, IPP = Diisopropylperoxidicarbonat, Dicup = Dicumolperoxid

Initiator	Lösungsmittel	E^+ kJ mol^{-1}	t_{50}/h 40°C	70°C	110°C	Techn. Anwendung
AIBN	Dibutylphthalat	122,2	303	5,0	0,057	S–PVC
	Benzol	125,4	354	6,1	0,076	
	Styrol	127,6	414	5,7	0,054	
BPO	Aceton	111,3	443	10,6	0,180	S–PS; UP
	Dibutylphthalat	120,1	898	15,9	0,197	
	Acetophenon	126,4	1 684	24,1	0,237	
	Styrol	132,8	2 525	29,2	0,231	
	Benzol	133,9	2 130	23,7	0,177	
	Poly(styrol)	146,9	11 730	84,6	0,392	
MEKP	Ethylacetat			217		UP
IPP	Dibutylphthalat	115,0	21,3	0,32	0,0044	PE; S–PVC
Dicup	Benzol	170	3 000 000	11 200	27	
Cumylhydroperoxid	Benzol	100	4 000 000	60 000	760	
$K_2S_2O_8$	0,1 m NaOH/H$_2$O	140	1 850	11,9		

raschen Charakterisierung von Initiatoren. Bei Grundlagenuntersuchungen zieht man dagegen die Zeit t_5 für einen 5-prozentigen Zerfall vor. Wenn weniger als 5 % zerfallen sind, ist nämlich die Radikalkonzentration [I] praktisch konstant geblieben, was die mathematische Behandlung der Polymerisationskinetik sehr vereinfacht.

Der Zerfall wird erleichtert, wenn sich für das Radikal zusätzliche Resonanzmöglichkeiten ergeben. Je mehr Resonanzmöglichkeiten aber vorhanden sind, umso stabiler ist das Radikal.

Die Zerfallsgeschwindigkeit hängt oft vom Lösungsmittel ab, wenn auch nicht so stark wie bei ionischen Reaktionen. Dibenzoylperoxid ist z. B. nach 60 min bei 79,8 °C in Tetrachlorkohlenstoff zu 13 %, in Benzol zu 16 %, in Cyclohexan zu 51 % und in Dioxan zu 82 % zerfallen. In i-Propanol sind bereits nach 10 min 95 % zersetzt und in Aminen erfolgt der Zerfall sogar explosionsartig. Der Zerfall von Azobisisobutyronitril wird dagegen weit weniger vom Lösungsmittel beeinflußt, wie man aus den Zeiten für einen Zerfall von 5 % sieht: 540 min in p-Dioxan, 420 min in N,N-Dimethylformamid und 280 min in Styrol.

Dieser Lösungsmitteleffekt wird durch den sog. induzierten Zerfall hervorgerufen. Bei der explosionsartigen Reaktion von Dibenzoylperoxid mit Dimethylanilin werden z. B. Radikalkationen erzeugt, die dann in Radikale übergehen

$$(20-15) \quad (CH_3)_2NC_6H_5 + C_6H_5COO-OOCC_6H_5 \xrightarrow[-C_6H_5COO^\bullet]{}$$

$$\xrightarrow[-C_6H_5COO^\bullet]{} [(CH_3)_2\overset{\bullet}{N}C_6H_5]^{\oplus} C_6H_5COO^{\ominus}$$

$$\longrightarrow (CH_3)_2NC_6H_4^\bullet + C_6H_5COOH$$

Bei dem durch Butylether induzierten Zerfall von Dibenzoylperoxid wird die Bildung von α-Butoxybutyl-Radikalen vermutet:

(20–16)

$$C_6H_5COO^\bullet + C_4H_9-O-C_4H_9 \longrightarrow C_6H_5COOH + C_3H_7-\overset{\bullet}{C}H-O-C_4H_9$$

$$C_3H_7-\overset{\bullet}{C}H-O-C_4H_9 + C_6H_5COO-OOCC_6H_5 \longrightarrow \underset{\underset{OOC-C_6H_5}{|}}{C_3H_7-CH-O-C_4H_9} + C_6H_5COO^\bullet$$

Der induzierte Zerfall erzeugt Abweichungen vom einfachen Geschwindigkeitsgesetz der Gl. (20–14). Er wird technisch zur Beschleunigung des Härtens von ungesättigten Polyestern ausgenutzt.

20.2.2 STARTREAKTIONEN

Die Startreaktion einer radikalischen Polymerisation besteht in der Anlagerung eines aus dem Initiator stammenden Radikales an ein Monomermolekül. In vielen Fällen lagern sich die primär gebildeten Radikale direkt an, z. B. das aus dem Zerfall von AIBN stammende Butyronitril-Radikal an Styrol

$$(20-17) \quad \underset{\underset{CN}{|}}{(CH_3)_2C^\bullet} + \underset{\underset{C_6H_5}{|}}{CH_2=CH} \longrightarrow \underset{\underset{CN}{|}}{(CH_3)_2C}-CH_2-\underset{\underset{C_6H_5}{|}}{\overset{\bullet}{C}H}$$

Das Initiatorradikal wird somit zur Endgruppe des Polymeren. Die Initiatoren der radikalischen Polymerisation sind folglich keine Katalysatoren, da sie bei der Startreaktion verbraucht werden.

Beim Dibenzoylperoxid lösen ebenfalls die primär gebildeten Benzoyloxyradikale die Polymerisation aus und nicht die in Abwesenheit von Monomermolekülen sekundär entstehenden Phenyl-Radikale. Bei den durch Pinakol gestarteten Polymerisationen wurden jedoch keine Fragmente der Primärradikale als Endgruppen gefunden. Die startenden Radikale sind hier vermutlich durch eine Übertragungsreaktion entstandene Monomerradikale

(20–18)
$$\begin{array}{c} \text{Ar} \\ | \\ \text{HO}-\overset{\bullet}{\text{C}} \\ | \\ \text{Ar} \end{array} + \begin{array}{c} \\ \text{CH}_2=\text{CH} \\ | \\ \text{R} \end{array} \longrightarrow \begin{array}{c} \text{Ar} \\ | \\ \text{O}=\text{C} \\ | \\ \text{Ar} \end{array} + \begin{array}{c} \\ \text{CH}_3-\overset{\bullet}{\text{CH}} \\ | \\ \text{R} \end{array}$$

Für quantitative Untersuchungen interessiert weniger die Geschwindigkeit des Initiatorzerfalls als die Bildungsgeschwindigkeit der Radikale. Pro verschwundenem Initiatormolekül entstehen im Idealfall zwei Primärradikale

(20–19) $\quad v_R = d[R_I^\bullet]/dt = -2d[I]/dt = 2k_z[I]$

Nicht alle gebildeten Primärradikale starten aber eine Polymerkette. Kurz nach dem Zerfall eines Initiatormoleküles befinden sich die Radikale nämlich noch sehr eng beieinander in einem „Käfig" aus Lösungsmittel- oder Monomermolekülen. Radikale mit kurzer Halbwertzeit zeigen dabei während und nach der Thermolyse im Kernresonanzspektrum vergrößerte Absorptions- und/oder Emissionssignale, die von Wechselwirkungen dieser Radikale in den Käfigen und/oder von Begegnungen von zwei Radikalen herrühren (CIDNP = chemically induced dynamic nuclear polarization). In diesem Käfig können die Radikale auch anderweitig reagieren, bevor sie eine Polymerkette starten. Die beim Zerfall von AIBN primär entstehenden Isobutyronitril-Radikale können z. B. miteinander kombinieren oder mit der Nitrilgruppe eines anderen Radikals reagieren:

(20–20)
$$\begin{array}{c} (\text{CH}_3)_2\text{C}-\text{C}(\text{CH}_3)_2 \\ | \quad\quad | \\ \text{CN} \quad \text{CN} \end{array} \longleftarrow 2(\text{CH}_3)_2\overset{\bullet}{\text{C}} \longrightarrow (\text{CH}_3)_2\text{C}=\text{C}=\text{N}-\text{C}(\text{CH}_3)_2 \\ \quad\quad\quad\quad\quad\quad | \quad\quad\quad\quad\quad\quad\quad\quad\quad\quad\quad\quad\quad | \\ \quad\quad\quad\quad\quad\quad \text{CN} \quad\quad\quad\quad\quad\quad\quad\quad\quad\quad\quad\quad\quad\quad \text{CN}$$

Diese Reaktionen verringern die Zahl der für die Startreaktion verfügbaren Radikale auf die sog. Radikalausbeute f:

(20–21) $\quad v_{R_I^\bullet} = d[R_I]/dt = -2f\,d[I]/dt = 2k_z f[I]$

Die Integration führt zu

(20–22) $\quad [I] = [I]_0 \exp(-k_z f t)$

Die Radikalausbeute beträgt für AIBN bei 50°C in Styrol und verschiedenen Lösungsmitteln $f = 0{,}5$. Sie hängt beim BPO wegen des induzierten Zerfalls sehr stark vom Lösungsmittel ab. Können die Primärradikale aus sterischen Gründen nicht kombinieren, so kann die Radikalausbeute u. U. bis auf $f = 1$ ansteigen.

Die Startreaktion ist somit meist keine einfache Funktion der zugesetzten Initiatorkonzentration, da sie noch von der Radikalausbeute und evtl. vom induzierten Zerfall abhängt. Ein schnellerer Initiatorzerfall muß daher keine schnellere Polymerisation hervorrufen. Dibenzoylperoxid zerfällt z. B. in Benzol 1000 mal schneller als Cyclohexylhydroperoxid, beschleunigt aber die Styrolpolymerisation nur 5 mal so stark.

Die Geschwindigkeit der Startreaktion ist durch den Verbrauch an Initiatorradikalen bzw. die Bildung an sog. Monomerradikalen $R_IM^\bullet$ aus Initiatorradikalen und Monomermolekülen gegeben

(20–23) $\quad v_{st} = -d[R_I^\bullet]/dt = k_{st}[R_I^\bullet][M] = d[R_IM^\bullet]/dt$

Der Initiator beeinflußt jedoch nicht nur die Geschwindigkeit der Polymerisation, sondern u. U. auch die Konstitution der entstehenden Polymeren. p-Vinylbenzylmethylether gibt z. B. mit AIBN bei niedrigen Monomerumsätzen unverzweigte, bei höheren Umsätzen dagegen leicht verzweigte Produkte. Mit Dibenzoylperoxid als Initiator erhält man dagegen bei hohen Umsätzen Vernetzung und mit Diacetyl als photochemischem Initiator eine solche schon bei niedrigen Umsätzen. Diese radikalischen Initiatoren gehen nämlich Übertragungsreaktionen zum Polymeren ein; die entstehenden Polymerradikale können Monomermoleküle addieren, wodurch verzweigte Produkte entstehen, oder aber unter Vernetzung kombinieren:

(20–24)

$$\sim\!CH_2CHR\!\sim \xrightarrow[-R_IH]{+R_I^\bullet} \sim\!CH_2\overset{\bullet}{C}R\!\sim \xrightarrow{+M} \sim\!CH_2\overset{\overset{\displaystyle M^\bullet}{|}}{C}R\!\sim \xrightarrow{+\sim\!CH_2\overset{\overset{\displaystyle M_n^\bullet}{|}}{C}R\!\sim} \begin{array}{c}\sim\!CH_2CR\!\sim \\ | \\ M_{n+1} \\ | \\ \sim\!CH_2CR\!\sim\end{array}$$

U. U. werden sogar durch bestimmte radikalische Initiatoren überhaupt keine radikalische Polymerisationen ausgelöst. Azobisisobutyronitril polymerisiert z. B. Vinylmercaptale $CH_2=CH-S-CH_2-S-R$ zu hochmolekularen Verbindungen. Mit Dibenzoylperoxid entsteht jedoch unter den gleichen Bedingungen überhaupt kein Polymer: die Mercaptalgruppe induziert einen Zerfall des BPO, wobei Benzoesäure und ein instabiler Ester $CH_2=CH-S-CH(OOCC_6H_5)-S-R$ entstehen. Der Initiator wird daher völlig durch diese Nebenreaktion verbraucht.

20.2.3 REDOX-INITIATION

Redox-Initiatoren erzeugen polymerisationsauslösende Radikale durch Reaktion eines Reduktionsmittels mit einem Oxidationsmittel. Die dazu erforderliche thermische Aktivierungsenergie ist nur gering, so daß Polymerisationen bei weit tieferen Temperaturen ausgelöst werden können als durch rein thermischen Zerfall von Peroxiden oder Perestern. Man kann fünf Typen von Redox-Systemen unterscheiden:

1. Die bereits diskutierten Systeme aus Peroxiden und Aminen sind relativ sauerstoffunempfindlich. Sie werden in der Technik häufig bei Massepolymerisationen eingesetzt, vor allem für Vernetzungsreaktionen.

2. Systeme aus einem Peroxid und einem Metallion als Reduktionsmittel sind wesentlich empfindlicher gegen Sauerstoff:

(20–25) $\quad ROOH + Mt^{n+} \longrightarrow RO^\bullet + OH^\ominus + Mt^{(n+1)+}$

(20–26) $\quad ROOH + Mt^{(n+1)+} \longrightarrow ROO^\bullet + H^\oplus + Mt^{n+}$

Das Metallion kann jedoch nicht gemäß Gl. (20–26) reduziert werden, wenn Peroxide anstelle von Hydroperoxiden verwendet werden. Die Regeneration gelingt aber durch Zusatz von Reduktionsmitteln wie z. B. Glucose, die dabei zu Glucuronsäure oxidiert wird. – Das klassische Redoxsystem ist hier H_2O_2/Fe^{2+}. Es erzeugt Hydroxylradikale, die wegen ihrer Kleinheit auch zu einem erheblichen Ausmaß am α-Kohlenstoffatom von Vinyl- und Acrylmonomeren angreifen können. Das Ausmaß dieses anomalen Startschrittes hängt vom pH-Wert ab, was für eine Beteiligung von Komplexen der Hydroxylradikale mit den Metallionen spricht.

3. Bei Übergangsmetallcarbonylen liegt das Metall im Valenzzustand null vor. Die Carbonyle reagieren mit organischen Halogeniden unter Bildung von z. B. Alkylradikalen

(20–27) $Mt^{\circ} + RHal \longrightarrow Mt^{\oplus}Hal^{\ominus} + R^{\bullet}$

4. Boralkyle reagieren mit Sauerstoff unter Bildung von Alkylradikalen:

(20–28) $R_3B \xrightarrow{+ O_2} R_2BOOR \xrightarrow{+ 2 R_3B} R_2BOBR_2 + R_2BOR + 2 R^{\bullet}$

Die Reaktion benötigt nur geringe Aktivierungsenergien und kann daher sogar bei $-100°C$ zur Auslösung von radikalischen Polymerisationen verwendet werden. Die entstehenden Alkylradikale sind besonders wenig resonanzstabilisiert und können daher eine Reihe von Nebenreaktionen eingehen, z. B. Übertragungsreaktionen.

5. Die bisher genannten Systeme erzeugen die Radikale einzeln, so daß die Radikalausbeute gleich 1 ist. Bei gewissen Redoxsystemen werden jedoch die Radikale paarweise gebildet, so daß Käfigeffekte und geringere Radikalausbeuten auftreten. Dazu gehören z. B. Systeme aus Kaliumpersulfat und Mercaptanen

(20–29) $K_2S_2O_8 + RSH \longrightarrow RS^{\bullet} + KSO_4^{\bullet} + KHSO_4$

Bei vielen Redox-Systemen laufen gekoppelte Reaktionen ab, die sorgfältig auf das Polymerisationssystem abgestimmt werden müssen. Ist die Redox-Reaktion zu langsam, so werden nur wenige Radikale pro Zeiteinheit gebildet und die Polymerisation ist ebenfalls langsam. Ist dagegen die Redox-Reaktion viel schneller als die Start-Reaktion, so wird der größte Teil der Initiatorradikale verbraucht, bevor er mit dem Monomeren reagieren kann. Die Redox-Systeme werden daher durch Zusatzstoffe weiter reguliert. Schwermetallionen können z. B. mit Citraten komplexiert werden, wobei sich naturgemäß ihre Reaktionsfähigkeit ändert. Da außerdem induzierter Zerfall auftreten kann, sind Redox-Systeme empfindlich auf das Medium und die Konzentration der Reaktionsteilnehmer. Technisch wichtige Redox-Systeme sind daher meist sehr kompliziert aufgebaut, um optimale Wirkungen zu erreichen.

In einigen Redox-Systemen wirkt Sauerstoff als Oxidationsmittel. Er kann jedoch auch direkt mit einigen Monomeren unter Bildung von Hydroperoxiden reagieren, durch deren Zerfall dann Initiatorradikale gebildet werden. Andererseits ist Sauerstoff selbst ein Biradikal und reagiert daher mit anfänglich gebildeten Monomer- und Polymerradikalen. Die so neu gebildeten Radikale sind meist recht reaktionsträge, so daß Sauerstoff in der Regel als Inhibitor wirkt. Ist der Sauerstoff dann verbraucht, so können die gebildeten Peroxide in Radikale zerfallen und so die Polymerisation starten. Umgekehrt können die Peroxide aber auch unter Bildung von Aldehyden reagieren, die ihrerseits stark übertragend wirken. Sauerstoff kann daher je nach den Versuchsbedingungen radikalische Polymerisationen entweder hemmen oder aber fördern.

20.2.4 FOTOINITIATION

Polymerisationsauslösende Radikale können auch fotochemisch gebildet werden. Die Azogruppe des Azobisisobutyronitrils absorbiert z. B. Licht bei 350 nm, worauf das Molekül zerfällt und Isobutyronitril-Radikale gebildet werden (vgl. Gl. 20–11)). Bestimmte aliphatische Ketone bilden unter Lichteinwirkung ebenfalls Radikale (vgl. Kap. 21). Diese fotoinitiierten Polymerisationen benötigen für die Bildung der Initiatorradikale keine thermische Aktivierungsenergie, so daß auch die Bruttoaktivierungsenergie niedrig ist (vgl. weiter unten) und die Polymerisation daher bei tieferen Temperaturen ausgeführt werden kann.

20.2.5 ELEKTROLYTISCHE POLYMERISATION

Bei der elektrolytischen oder elektrochemischen Polymerisation, oft auch Elektropolymerisation genannt, wird eine Elektrolyse in Ggw. eines Monomeren ausgeführt. Die bei der Elektrolyse von fettsauren Salzen gebildeten Alkylradikale

$$(20-30) \quad R-CH_2-CH_2COO^{\ominus} \xrightarrow{-e^{\ominus}} R-CH_2-CH_2-COO^{\bullet} \xrightarrow{-CO_2} R-CH_2-CH_2^{\bullet}$$

lösen in Ggw. eines Monomeren eine Polymerisation aus, während sie in Abwesenheit eines Monomeren kombinieren bzw. disproportionieren oder mit den Acyloxy-Radikalen zum Ester reagieren würden

$$(20-31) \quad RCH_2CH_2^{\bullet} \begin{cases} + RCH_2CH_2^{\bullet} \longrightarrow RCH_2CH_2CH_2CH_2R \\ + RCH_2CH_2^{\bullet} \longrightarrow RCH=CH_2 + CH_3CH_2R \\ + RCH_2CH_2COO^{\bullet} \longrightarrow RCH_2CH_2OOCCH_2CH_2R \end{cases}$$

Außer radikalischen werden dabei jedoch je nach Monomerem und Lösungsmittel auch kationische und anionische Polymerisationen beobachtet. Die anionische Entladung von Acetationen gibt z. B. in homogener Phase eine radikalische Polymerisation von Styrol bzw. Acrylnitril. Die anionische Entladung von Perchlorat- oder Bortetrafluorid-Ionen führt dagegen zu kationischen Polymerisationen von Styrol, N-Vinylcarbazol und Isobutylvinylether. Die durch den kathodischen Zerfall von Tetraalkylammoniumsalzen angeregte Polymerisation von Acrylnitril läuft dagegen anionisch ab.

Auf den Elektroden bilden sich bei solchen Polymerisationen häufig Deckschichten, die zur Gewinnung des Polymeren natürlich unerwünscht sind. Umgekehrt kann man diesen Effekt auch ausnutzen, um Deckschichten auf Metalle aufzubringen. Dazu sind aber nur bestimmte Kombinationen Monomer/Elektrode brauchbar. Stahl eignet sich z. B. für Acrylnitril oder Vinylacetat, Zink, Blei und Zinn dagegen für p-Xylylen oder Diacetonacrylamid $CH_3COCH_2-C(CH_3)_2-NH-OC-CH=CH_2$, jedesmal mit verdünnter Schwefelsäure als Elektrolyten.

20.2.6 THERMISCHE POLYMERISATION

Eine echte thermische Polymerisation ist eine Dunkelreaktion des Monomeren unter völligem Ausschluß von Fremdinitiatoren, einschl. Sauerstoff, Verunreinigungen der Gefäßwand usw. Derartige Polymerisationen werden auch spontan oder selbstinitiiert genannt. Sie sind von den konventionellen thermischen Polymerisationen zu unterscheiden, die durch Spuren anderer Initiatoren, Zerfallsprodukten von Verbindungen zwischen Monomeren und Sauerstoff, Licht usw. ausgelöst werden.

Rein thermische Homopolymerisationen zu hohen Molmassen wurden bis jetzt nur beim Styrol und einigen seiner Derivate, sowie bei 2-Vinylpyridin, 2-Vinylfuran, 2-Vinylthiophen, Methylmethacrylat und Acenaphthylen nachgewiesen. Vinylmesitylen, 9-Vinylanthracen und Methylacrylat polymerisieren dagegen nicht spontan. Einige dieser Polymerisationen sind radikalisch, da sie durch radikalische Inhibitoren unterbunden werden, andere dagegen nicht.

Die thermische Polymerisation von Styrol ist am besten untersucht. Ihre Bruttoaktivierungsenergie ist sehr hoch: ein Umsatz von 50% wird bei 29°C nach 400 Tagen, bei 127°C nach 253 min und bei 167°C nach 16 min erreicht. Der vermutliche Reaktionsweg ist in Gl. (20–32) zusammengefaßt.

(20–32)

Nach diesen Vorstellungen können die Vinyldoppelbindungen zweier Styrolmoleküle entweder in β, β oder aber in α, β reagieren. Das entstehende Biradikal Ia löst sicher keine Polymerisation aus, da dies auch die durch Zerfall der Azoverbindung II entstehenden gleichen Biradikale nicht tun. 1,2-Diphenylcyclobutan mit einem trans/cis-Verhältnis 3 : 1 ist das Hauptprodukt der Dimerenfraktion. In kleineren Mengen wurden noch 2,4-Diphenylbuten-1 (III) und 1-Phenyltetralin (VI) nachgewiesen. Die für den Polymerisationsstart verantwortlichen Radikale entstehen vermutlich durch Reaktion von IV mit Styrol oder einem bereits gebildeten Polymerradikal $P^\bullet_n$. In der Tat werden mit o,o-dideuteriertem Styrol kinetische Isotopeneffekte gefunden. Die Reaktion von IV mit Styrol könnte auch die gefundene 3. Ordnung der Startreaktion in Bezug auf Styrol erklären. Die Polymerisation verläuft unter Kettenübertragung zum Diels-Alder-Produkt IV, wodurch die Molmasse reguliert wird. Anfänglich ist jedoch nicht viel IV vorhanden, so daß zu Beginn der Polymerisation sehr hohe Molmassen erzielt werden, bis zu 80 Millionen.

20.3 Wachstum und Abbruch

20.3.1 AKTIVIERUNG DER MONOMEREN

Radikalische Wachstumsreaktionen setzen sehr spezifische Aktivierungen der Monomeren voraus. Die Öffnung von gesättigten ungespannten Ringen erfordert z. B. Aktivierungsenergien von ca. 250 kJ/mol. Da die Aktivierungsenergie für die Abstraktion eines Wasserstoffatoms mit ca. 40–80 kJ/mol wesentlich niedriger ist, greifen die Radikale das Monomere ziemlich unspezifisch an und das Produkt stellt eine Mischung von verschieden verzweigten niedermolekularen Kohlenwasserstoffen dar. Gesättigte Ringe polymerisieren daher nicht zu hochmolekularen Kettenmolekülen. Ausnahmen bilden Verbindungen, die Ringe und Doppelbindungen gleichzeitig enthalten. Ungesättigte Spiro-Orthocarbonate besitzen z. B. gespannte Ringsysteme; bei ihrer Polymerisation bleibt die Vinyldoppelbindung erhalten und die Ringe öffnen sich

(20–33)

$$CH_2=C\begin{matrix}CH_2-O\\ \\CH_2-O\end{matrix}C\begin{matrix}O-CH_2\\ \\O-CH_2\end{matrix}C=CH_2 \xrightarrow{+R^\bullet_I} R_I-O\{CH_2-\overset{CH_2}{\underset{\|}{C}}-CH_2-O-\overset{O}{\underset{\|}{C}}-O-CH_2-\overset{CH_2}{\underset{\|}{C}}-CH_2-O\}^\bullet$$

U. U. werden die Doppelbindungen auch in die Kette eingebaut, wie bei der Polymerisation der Vinylcyclopropanderivate:

(20–34)

$$R^\bullet_I + CH_2=CH\underset{R\triangle R'}{} \longrightarrow R-CH_2\overset{\bullet}{C}H\underset{R\triangle R'}{} \longrightarrow R-CH_2CH=CHCH_2-\overset{R}{\underset{R'}{C^\bullet}}$$

Stark gespannte Ringe wie das 1-Bicyclo[1.1.0]butanitril polymerisieren sogar unter Erhalt eines der Ringsysteme:

(20–35) $R_I^\bullet$ + ◇—CN ⟶ R_I—◇$^\bullet$CN

Die klassischen radikalischen Polymerisationen erfolgen jedoch über Kohlenstoff/Kohlenstoff-Doppelbindungen wie z. B. beim Acrylnitril

(20–36) $R_I - CH_2\overset{\bullet}{C}H$ $\xrightarrow{+\;CH_2=CHCN}$ $R-CH_2CH-CH_2\overset{\bullet}{C}H$ usw.
    | | |
    CN   CN   CN

Diese Wachstumsreaktion erfolgt umso leichter, je stärker resonanzstabilisiert das neugebildete Radikal ist. Die Resonanzstabilisierung ist bei Radikalen vom Typ ∼∼ $CH_2CHR^\bullet$ umso stärker, je mehr die Substituenten R in Konjugation zum ungepaarten Elektron stehen. Entsprechend wurde gefunden, daß die Resonanzstabilisierung der Radikale von substituierten Olefinen CH_2=CHR in der Reihenfolge

$$C_6H_5 \gtrsim CH{=}CH_2 > COCH_3 > CN > COOR' > Cl > CH_2X > OOCR > OR$$

abnimmt. Styrol ist also leichter zur Polymerisation anregbar als Vinylacetat. Umgekehrt ist das Poly(vinylacetat)-Radikal ca. 1000 mal reaktionsfähiger als das Poly(styrol)-Radikal. Die leichter zur Polymerisation anregbaren Monomeren geben in der Regel die stabileren Radikale und umgekehrt. Die Reaktivität kann dabei erwartungsgemäß durch Komplexieren der Substituenten beeinflußt werden, z. B. bei nitril- und carboxylgruppenhaltigen Monomeren mit Lewissäuren wie Zinkchlorid oder Aluminiumchlorid.

1,1-Disubstituierte Monomere sind normalerweise reaktiver als monosubstituierte, da das Makroradikal durch Wechselwirkung mit beiden Substituenten stärker resonanzstabilisiert werden kann. Umgekehrt sind 1,2-disubstituierte und 1,1,2-trisubstituierte Monomere weit weniger reaktiv, da hier keine Resonanzstabilisierung möglich ist und zudem sterische Hinderung auftritt. Beide Monomerklassen lassen sich jedoch u. U. radikalisch copolymerisieren.

Auch andere Doppelbindungen sollten grundsätzlich radikalisch polymerisierbar sein. Trifluoracetaldehyd polymerisiert radikalisch, weil der Substituent elektronenanziehend ist und die gebildeten Makroradikale so stabilisiert werden

(20–37) $R_I^\bullet$ + CH=O ⟶ R_I—CH—O$^\bullet$
              | |
              CF_3 CF_3

Im allgemeinen liegen jedoch die Ceiling-Temperaturen dieser Monomeren so tief, daß die Polymerisation nicht aus thermodynamischen Gründen erfolgen kann. Aceton polymerisiert daher nicht.

20.3.2 ABBRUCHREAKTIONEN

Radikalische Polymerisationen sind in der Regel nicht „lebend", d. h. die wachsenden Makroradikale werden nach einiger Zeit vernichtet und bleiben nicht bis zu 100 % Umsatz individuell erhalten. Eine Ausnahme soll bei durch γ-Strahlen polymerisierten Lösungen von Methacrylsäureestern in Phosphorsäure bestehen. Lebend sind auch einige biradikalische Polymerisationen.

Im allgemeinen reagiert jedoch ein individuelles wachsendes Makroradikal gelegentlich in einer „Nebenreaktion" derartig, daß sein individuelles Wachstum beendet wird. Zwei Makroradikale können z. B. miteinander zu einem toten Polymeren kombinieren (sog. Rekombination)

$$(20-38) \quad \sim CH_2\overset{\bullet}{C}H + \overset{\bullet}{C}H-CH_2 \longrightarrow \sim CH_2-CH-CH-CH_2\sim$$
$$\quad\quad\quad\quad\quad | \quad\quad | \quad\quad\quad\quad\quad\quad | \quad\quad |$$
$$\quad\quad\quad\quad\quad R \quad\quad R \quad\quad\quad\quad\quad\quad R \quad\quad R$$

Wichtig ist auch die analoge Abbruchreaktion mit einem Initiatorradikal

$$(20-39) \quad \sim CH_2-\overset{\bullet}{C}H + R_I^{\bullet} \longrightarrow \sim CH_2-CH-R_I$$
$$\quad\quad\quad\quad\quad\quad | \quad\quad\quad\quad\quad\quad\quad\quad\quad\quad |$$
$$\quad\quad\quad\quad\quad\quad R \quad\quad\quad\quad\quad\quad\quad\quad\quad\quad R$$

Abbruchreaktionen können auch gleichzeitig mit Übertragung von Atomen oder Substituenten erfolgen. Bei den sog. Abbrüchen durch Disproportionierung werden meist Wasserstoff- oder Halogenmoleküle übertragen, z. B.

$$(20-40) \quad \sim CH_2-\overset{\bullet}{C}H + \overset{\bullet}{C}H-CH_2\sim \longrightarrow \sim CH_2-CH_2 + HC=CH\sim$$
$$\quad\quad\quad\quad\quad\quad | \quad\quad | \quad\quad\quad\quad\quad\quad\quad\quad | \quad\quad |$$
$$\quad\quad\quad\quad\quad\quad R \quad\quad R \quad\quad\quad\quad\quad\quad\quad\quad R \quad\quad R$$

Übertragungen zum Monomeren können ebenfalls zum Abbruch der individuellen Kette führen. Bei Allylpolymerisationen wird z. B. vom Monomeren ein Wasserstoffatom zum wachsenden Poly(allyl)-Radikal übertragen:

$$(20-41) \quad \sim CH_2-CH^{\bullet} \quad\quad CH_2=CH \longrightarrow \sim CH_2-CH_2 + CH_2\cdots CH\cdots CH$$
$$\quad\quad\quad\quad\quad\quad\quad | \quad\quad\quad\quad\quad\quad | \quad\quad\quad\quad\quad\quad\quad | \quad\quad\quad\quad\quad\quad\quad\quad |$$
$$\quad\quad\quad\quad\quad\quad\quad CH_2R \quad\quad\quad CH_2R \quad\quad\quad\quad\quad CH_2R \quad\quad\quad\quad\quad\quad\quad R$$

Das neu entstehende Radikal des Allylmonomeren ist so stark resonanzstabilisiert, daß beim Anlagern eines Monomeren an dieses Radikal Resonanzenergie abgegeben werden müßte. Das Allylradikal kann daher keine neue Polymerkette starten; das Poly(allyl)-Radikal beging „Selbstmord".

Derartige Reaktionen können jedoch auch zu Synthesezwecken ausgenutzt werden. p-Diisopropylbenzol besitzt z. B. zwei leicht übertragbare Wasserstoffatome. Bei der Reaktion mit Initiatorradikalen werden die Wasserstoffatome übertragen und Biradikale gebildet. Die Monomer-Biradikale kombinieren dann in einer sog. Polyrekombination zu Poly(biradikalen):

$$(20-42) \quad n\ H-\underset{\underset{CH_3}{|}}{\overset{\overset{CH_3}{|}}{C}}-\underset{\underset{}{}}{\bigcirc}-\underset{\underset{CH_3}{|}}{\overset{\overset{CH_3}{|}}{C}}-H + 2nR^{\bullet} \rightarrow \left[\underset{\underset{CH_3}{|}}{\overset{\overset{CH_3}{|}}{C}}-\underset{\underset{}{}}{\bigcirc}-\underset{\underset{CH_3}{|}}{\overset{\overset{CH_3}{|}}{C}}\right]_n^{\bullet\bullet} + 2n\ RH$$

Da Poly(biradikale) beliebiger Größe miteinander zu neuen Biradikalen unveränderter Reaktivität kombinieren, handelt es sich bei diesen Polyrekombinationen nicht um Kettenreaktionen im kinetischen Sinne. Bei der Reaktion entstehen verzweigte und u. U. auch vernetzte Polymere, da die Reaktion der Initiatorradikale mit den Monomeren unspezifisch ist.

20.3.3 STATIONARITÄTSPRINZIP

Bei der radikalischen Polymerisation liegen anfänglich nur Initiatorradikale vor. Nach und nach werden dann Monomer- und Polymerradikale gebildet. Gleichzeitig werden jedoch auch Polymerradikale durch Abbruchreaktionen wieder vernichtet, so daß sich schließlich eine konstante Radikalkonzentration einstellt. In diesem stationären Zustand halten sich Bildung und Verschwinden von Radikalen die Waage. Man unterscheidet dabei zwischen stationären Zuständen 1. Art mit konstanten totalen Radikalkonzentrationen und stationäre Zustände 2. Art für individuelle Radikalkonzentrationen.

Der stationäre Zustand 1. Art wird bei radikalischen Polymerisationen schon nach recht kurzer Zeit erreicht. Die Bildungsgeschwindigkeit der Polymerradikale ist durch die Differenz der Geschwindigkeiten der Startreaktion und der Abbruchreaktionen gegeben, da in der ersteren Polymerradikale gebildet werden und in der letzteren wieder verschwinden. Erfolgt der Abbruch durch gegenseitige Desaktivierung zweier Polymerradikale, so gilt

$$(20-43) \quad d[P^\bullet]/dt = v_{st} - v_{t(pp)} = v_{st} - k_{t(pp)} [P^\bullet]^2$$

und für den stationären Zustand mit $d[P^\bullet]/dt = 0$

$$(20-44) \quad [P^\bullet]_{stat} = (v_{st}/k_{t(pp)})^{1/2}$$

Experimentell werden für die Startreaktionen Geschwindigkeiten von $v_{st} = (10^{-6}-10^{-8})$ mol l^{-1} s^{-1} und für die Geschwindigkeitskonstante der Abbruchreaktion Werte von $k_{t(pp)} = (10^7-10^8)$ l mol^{-1} s^{-1} gefunden. Im stationären Zustand beträgt daher die Radikalkonzentration $[P^\bullet] = (10^{-7}-10^{-8})$ mol/l. Derartig niedrige Radikalkonzentrationen können mit den meisten Elektronspinresonanz-Geräten nicht mehr ermittelt werden.

Die Zeit zum Erreichen des stationären Zustandes ergibt sich aus Gl. (20–43). Nach Trennung der Variablen resultiert ein Integralausdruck vom Typ

$$(20-45) \quad \int_0^{[P^\bullet]_t} \frac{dx}{a+bx^2} = \frac{1}{(ab)^{0,5}} \tanh^{-1} \frac{x(ab)^{0,5}}{a} = \int_0^t dt$$

der nach Integration und Umformen zu

$$(20-46) \quad [P^\bullet]_t = \frac{v_{st}}{(v_{st} k_{t(pp)})^{0,5}} \cdot \tanh(\sqrt{v_{st} k_{t(pp)}})t$$

führt. Im stationären Zustand gilt $[P^\bullet]_{stat} = [P^\bullet]_t$. Aus den Gl. (20–43) und (20–45) erhält man daher

$$(20-47) \quad [P^\bullet]_t/[P^\bullet]_{stat} = \tanh (v_{st} \cdot k_{t(pp)})^{0,5} t = 1$$

Für praktische Zwecke wird die Stationarität bereits bei 99,5 % des Endwertes erreicht. Setzt man $\tanh \alpha = y$ und $\tanh^{-1} y = x$, so erhält man für $x = 2$ einen Wert von 0,96, für $x = 3$ einen Wert von 0,995 und für $x = 4$ einen Wert von $y = 1$. Die Stationarität wird also für den Fall

$$(20-48) \quad (v_{st} k_{t(pp)})^{1/2} t \geq 3$$

praktisch erreicht. Für die Polymerisation von Styrol mit $[I]_0$ = 0,005 mol/l Azobisisobutyronitril bei 50 °C ergibt sich mit f = 0,5, k_z = 2 · 10^{-6} s^{-1} und $k_{t(pp)}$ = 10^8 · 1 mol^{-1} s^{-1} nach den Gl. (20–23) und (20–47), daß der stationäre Zustand bereits nach 3 s eintritt.

20.3.4 IDEALE POLYMERISATIONSKINETIK

Die kinetische Analyse der Polymerisationsreaktionen gibt wichtige Informationen über die Geschwindigkeit der Polymerisation als Funktion der Einflußvariablen und über den Einfluß der Nebenreaktionen bei Abweichungen von der sog. idealen Kinetik. Dazu wird angenommen:

1. Alle Reaktionen sind irreversibel.
2. Die Konzentration an Initiatorradikalen sei stationär; die Radikale werden durch Zerfallsreaktion des Initiators gebildet und durch die Startreaktion verbraucht:

(20–49) $d[R_I^\bullet]/dt = 2 f k_z [I] - k_{st} [R_I^\bullet][M] = 0$

3. Die Initiatorkonzentration bleibe während der Polymerisation praktisch konstant, d. h. die zur Zeit t herrschende Initiatorkonzentration sei mit der anfänglichen Konzentration $[I]_0$ identisch.
4. Das Monomere werde praktisch nur durch die Wachstumsreaktion verbraucht und nicht durch andere Reaktionen wie die Startreaktion und den Abbruch oder die Übertragung durch das Monomere. Diese Bedingung ist bei Polymerisationsgraden von über 100 immer erfüllt, da dann der Fehler durch einen anderweitigen Monomerverbrauch weniger als 1 % beträgt. In diesem Falle ist die Geschwindigkeit der Bruttoreaktion annähernd gleich derjenigen der Wachstumsreaktion:

(20–50) $v_{br} \approx v_p = -d[M]/dt = k_p [P^\bullet][M]$

5. Es gelte das Prinzip der gleichen chemischen Reaktivität, d. h. die Geschwindigkeitskonstante der Wachstumsreaktion sei unabhängig von der Molmasse.
6. Der Abbruch erfolge nur durch gegenseitige Desaktivierung zweier Polymerradikale, und nicht durch Initiatorradikale oder das Monomere.
7. Die Konzentration an Polymerradikalen sei stationär, d. h. es gelte

(20–51) $d[P^\bullet]/dt = k_{st}[R_I^\bullet][M] - k_{t(pp)} [P^\bullet]^2 = 0$

Die Kombination der Gl. (20–49)–(20–51) führt zu

(20–52) $-d[M]/dt = v_{br} = v_p = k_p (2 f k_z/k_{t(pp)})^{0,5} [M][I]^{0,5}$

bzw. mit Bedingung 3 nach der Integration

(20–53) $\ln([M]_0/[M]) = k_p (2 f k_z/k_{t(pp)})^{0,5} [I]_0^{0,5} t$

Durch Auftragen der linken Seite gegen die Zeit sollte man daher bei Zutreffen der Annahmen eine gerade Linie erhalten. Die Polymerisationsgeschwindigkeit sollte nach Gl. (20–52) bei konstanter Monomerkonzentration, d. h. bei genügend niedrigen Umsätzen, ferner mit der Wurzel aus der Initiatorkonzentration zunehmen (Abb. 20–1): eine vierfache Erhöhung der Initiatorkonzentration führt nur zu einer Verdoppelung der Polymerisationsgeschwindigkeit.

Aus der Polymerisationskinetik bei kleinen Umsätzen erhält man nach Gl. (20–53) nicht die Geschwindigkeitskonstante der Wachstumsreaktion, sondern stets deren Kombination mit Geschwindigkeitskonstanten anderer Elementarreaktionen. Die Radikalausbeute und die Zerfallskonstante des Initiators erhält man durch gesonderte Versuche mit einem zugesetzten Inhibitor. Dieser Inhibitor reagiert mit den Initiatorradikalen, so daß aus seinem Verbrauch das Produkt $f k_z$ berechnet werden kann:

(20-54) $- \mathrm{d}[Inhibitor]/\mathrm{d}t = f k_z [I]$

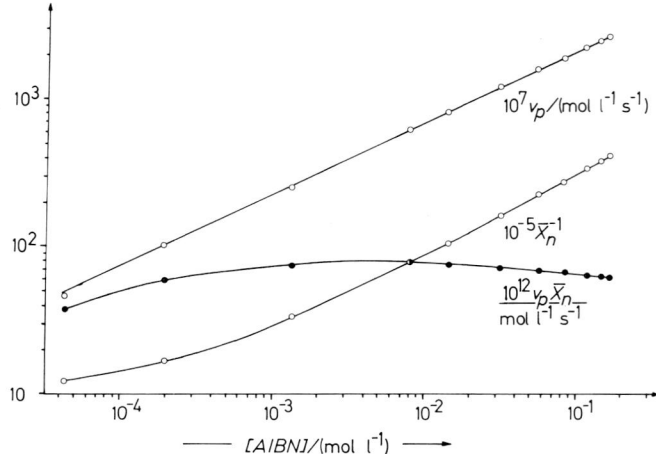

Abb. 20-1: Abhängigkeit der Polymerisationsgeschwindigkeit und des Zahlenmittels des Polymerisationsgrades von der Konzentration an Initiator Azobisisobutyronitril bei der Polymerisation von Styrol in Masse bei 60°C zu Umsätzen von 1-3 % (Nach Daten von Pryor und Coco). Die Initiatorabhängigkeit der Polymerisationsgeschwindigkeit folgt exakt dem Wurzelgesetz.

Das verbleibende unbekannte Verhältnis $k_p/k_{t(pp)}^{0,5}$ läßt sich durch die Bestimmung der mittleren Lebensdauer einer Kette eliminieren. Sie ist durch das Verhältnis von Polymerradikal-Konzentration zur Geschwindigkeit des Abbruchs gegeben, d. h. für einen Abbruch durch gegenseitige Desaktivierung zweier Polymerradikale durch

(20-55) $\tau^* = \dfrac{[P^\bullet]}{v_{t(pp)}} = \dfrac{[P^\bullet]}{k_{t(pp)}[P^\bullet]^2} = \dfrac{k_p[M]}{k_{t(pp)} v_{br}}$

Durch Kombination des Ausdruckes $k_t/k_{t(pp)}$ aus Gl. (20-55) mit dem Ausdruck $k_p/k_{t(pp)}^{0,5}$ aus Gl. (20-53) erhält man k_p und folglich auch $k_{t(pp)}$.

Die mittlere Lebensdauer der kinetischen Ketten läßt sich aus der Zeit bis zum Erreichen des stationären Zustandes bestimmen. Diese Zeit ist aber für eine direkte Beobachtung normalerweise viel zu klein (vgl. oben). Begrenzt man jedoch die Radikalerzeugung örtlich oder zeitlich, so kann man das entsprechende Abklingen der Polymerisationsgeschwindigkeit ermitteln. Man kann z. B. bei photochemisch initiierten Polymerisationen mit einer Lochblende dauernd mehrere scharf begrenzte Lichtstrahlen durch das Polymerisationsgefäß schicken. Bei Kenntnis der Diffusionsgeschwindigkeit des Polymeren läßt sich dann die mittlere Lebenszeit der Ketten ausrechnen.

Besser eingeführt hat sich die Methode des rotierenden Sektors. Bei diesem Verfahren werden die Geschwindigkeiten photochemisch initiierter Polymerisationen allein bzw. in Ggw. einer rotierenden, sektorförmigen Blende gemessen. Bei langsamer Umdrehungsgeschwindigkeit des Sektors werden in der Hellperiode Radikale gebildet und die Polymerisationsgeschwindigkeit erreicht langsam ihren vollen Wert. In der darauf folgenden Dunkelperiode sinkt die Polymerisationsgeschwindigkeit auf null ab. In diesem Fall ist die Belichtungszeit offensichtlich viel größer als die mittlere Lebenszeit der Ketten. Bei sehr schnellen Umdrehungsgeschwindigkeiten wird jedoch die Belichtungszeit viel kleiner als die mittlere Lebenszeit. Die Polymerisation wird nicht mehr völlig unterbrochen und die Polymerisationsgeschwindigkeit fällt nicht mehr auf null ab. Die erzielbare Polymerisationsgeschwindigkeit bleibt vielmehr zeitlich konstant, beträgt aber nur einen Bruchteil der normalen. Aus diesen experimentellen Daten läßt sich dann die mittlere Lebenszeit von Ketten berechnen. Sie beträgt bei radikalischen Polymerisationen ca. 0,1–10 s für die Anlagerung von ca. 1000 Monomermolekülen.

Die radikalische Polymerisation der meisten Vinyl- und Acrylverbindungen gehorcht mehr oder minder der idealen Polymerisationskinetik. Drastische Abweichungen treten jedoch bei Allylpolymerisationen auf, da hier ein kinetischer Kettenabbruch durch das Monomere dominiert (vgl. Gl. (20–41)). In Analogie zu Gl. (20–51) gilt dann für die Bildung der Polymerradikale

(20–56) $d[P^\bullet]/dt = k_{st}[R_I^\bullet][M] - k_{t(pm)}[P^\bullet][M] = 0$

Einsetzen der Gl. (20–56) und (20–49) in die Gl. (20–50) liefert einen Ausdruck für die Polymerisationsgeschwindigkeit

(20–57) $v_{br} \approx v_p = 2 f k_z k_p k_{t\,(pm)}^{-1} [I]$

Bei radikalischen Polymerisationen mit Abbruch durch das Monomere ist die Polymerisationsgeschwindigkeit somit unabhängig von der Monomerkonzentration und direkt proportional der Initiatorkonzentration. Die Kinetik derartiger Polymerisationen ist jedoch meist komplizierter als Gl. (20–57) anzeigt, da die Bedingung 4) oft nicht erfüllt ist.

20.3.5 GESCHWINDIGKEITSKONSTANTEN

Die Geschwindigkeitskonstanten des radikalischen Wachstums sind umso höher, je niedriger die Resonanzstabilisierung der Polymerradikale ist (Tab. 20–2). Die Aktivierungsenergien sind jedoch mehr oder weniger unabhängig von der Konstitution. Die Geschwindigkeitskonstanten werden daher weitgehend von den Aktionskonstanten der Arrhenius-Gleichung bestimmt. Sie hängen außerdem noch schwach von der Viskosität des Mediums ab.

Tab. 20–2: Geschwindigkeitskonstanten bei 50°C und Aktivierungsenergien einiger radikalischer Polymerisationen in Masse

	k_p $l\,mol^{-1}\,s^{-1}$	E_p^+ $kJ\,mol^{-1}$	$10^7 k_{t(pp)}$ $l\,mol^{-1}\,s^{-1}$	$E_{t(pp)}^+$ $kJ\,mol^{-1}$
Styrol	250	25	100	2
Methylmethacrylat	580	20	7	6
Vinylacetat	2600	29	12	21

Die Geschwindigkeitskonstanten des Abbruchs durch gegenseitige Desaktivierung zweier Polymerradikale sind dagegen außerordentlich stark viskositätsabhängig (Abb. 20–2). Da sie jedoch nicht von der Molmasse der Polymeren abhängen, kann dieser Effekt nicht durch die Makrodiffusion der Polymerradikale bedingt sein. Er muß vielmehr durch die Bewegung der Segmente am wachsenden Kettenende kontrolliert werden.

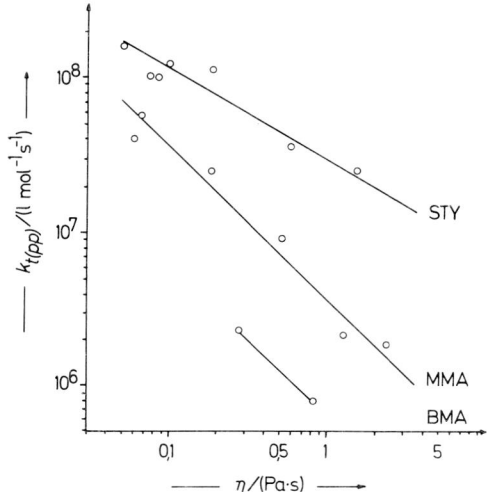

Abb. 20–2: Abhängigkeit der Geschwindigkeitskonstanten $k_{t(pp)}$ des Polymerisationsabbruchs durch gegenseitige Desaktivierung zweier Polymerradikale von der Viskosität des Lösungsmittels für Styrol (STY), Methylmethacrylat (MMA) und Benzylmethacrylat (BMA) bei 20°C (nach G. V. Schulz).

Die Aktivierungsenergien des Kettenabbruchs hängen von der Art des Abbruchs ab. Bei der Kombination zweier Polymerradikale wird keine Masse übertragen. Die Aktivierungsenergie ist daher niedrig. Sie ist aber nicht null, da bei der Kombination der Radikale eine Spinumkehr erfolgt. Poly(styrol)-Radikale werden fast ausschließlich durch Kombination vernichtet, was die experimentell gefundene niedrige Aktivierungsenergie erklärt. Poly(vinylacetat)-Radikale brechen dagegen hauptsächlich durch Disproportionierung ab. Hierbei wird Masse übertragen und die Aktivierungsenergien sind entsprechend hoch.

Die Polymerisationsgeschwindigkeit wird durch die Aktionskonstanten und die Aktivierungsenergien der einzelnen Elementarreaktionen geregelt. In den Ausdrücken für die Polymerisationsgeschwindigkeit treten nun immer Produkte verschiedener Geschwindigkeitskonstanten auf. Bei Produkten von Geschwindigkeitskonstanten sind aber die Aktivierungsenergien additiv:

(20–58) $\quad k_i k_j = A_i A_j \exp(-(E_i^\ddagger + E_j^\ddagger)/(RT))$

Für die Bruttoaktivierungsenergie der Polymerisation erhält man daher bei einem Abbruch durch gegenseitige Desaktivierung zweier Polymerradikale unter Annahme einer temperaturunabhängigen Radikalausbeute f mit Hilfe der Gl. (20–53): (20–82):

(20–59) $\quad E_{br}^{\ddagger} = E_{p}^{\ddagger} + 0{,}5\, E_{z}^{\ddagger} - 0{,}5\, E_{t(pp)}^{\ddagger}$

und entsprechend für einen Abbruch durch das Monomere nach Gl. (20–57):

(20–60) $\quad E_{br}^{\ddagger} = E_{p}^{\ddagger} + E_{z}^{\ddagger} - E_{t(pm)}^{\ddagger}$

Setzt man die üblicherweise gefundenen Aktivierungsenergien von $E_{z}^{\ddagger} = 126$ kJ/mol, $E_{p}^{\ddagger} = 25$ kJ/mol, $E_{t(pp)}^{\ddagger} = 6$ kJ/mol und $E_{t(pm)}^{\ddagger} = 25$ kJ/mol ein, so bekommt man für einen Abbruch durch gegenseitige Desaktivierung

$$E_{br}^{\ddagger} = 25 + 0{,}5 \cdot 126 - 0{,}5 \cdot 6 = 85 \text{ kJ/mol}$$

und für einen Abbruch durch das Monomere

$$E_{br}^{\ddagger} = 25 + 126 - 25 = 126 \text{ kJ/mol}$$

$E_{br}^{\ddagger}$ ist in beiden Fällen positiv, d. h. die Polymerisationsgeschwindigkeit nimmt mit steigender Temperatur zu. Die Temperaturabhängigkeit ist aber beim Abbruch durch das Monomere stärker als beim Abbruch durch gegenseitige Desaktivierung zweier Polymerradikale.

20.3.6 KINETISCHE KETTENLÄNGE

Die kinetische Kettenlänge gibt an, wieviel Monomermoleküle an ein Initiatorradikal addiert werden, bevor das Polymerradikal durch eine Abbruchreaktion vernichtet wird. Sie ist somit durch das Verhältnis der Geschwindigkeit der Wachstumsreaktion zur Summe der Geschwindigkeiten aller Abbruchsreaktionen gegeben:

(20–61) $\quad v = v_p / \sum_t v_t$

Die kinetische Kettenlänge ist meist nicht mit dem Zahlenmittel des Polymerisationsgrades identisch. Beim Abbruch durch Disproportionierung entstehen zwar aus zwei wachsenden Polymeren zwei tote Ketten und die kinetische Kettenlänge ist gleich dem Zahlenmittel des Polymerisationsgrades. Beim Abbruch durch Kombination zweier Polymerradikale koppeln aber je zwei Ketten zu einem Makromolekül und das Zahlenmittel des Polymerisationsgrades ist dann doppelt so groß wie die kinetische Kettenlänge.

Falls nur Abbruch durch Kombination oder Disproportionierung zweier Polymerradikale vorliegt, so erhält man nach Eliminieren der Radikalkonzentrationen mit Hilfe der Stationaritätsbedingungen, Gl. (20–51) und (20–49),

(20–62) $\quad v_{pp} = \dfrac{v_p}{2 f k_z [I]} = \dfrac{k_p}{(2 f k_z k_{t(pp)})^{0{,}5}} = \dfrac{[M]}{[I]^{0{,}5}}$

Die kinetische Kettenlänge nimmt mit steigender Monomerkonzentration zu und sinkt mit der Wurzel aus der Initiatorkonzentration. Kann nun die kinetische Kettenlänge gleich dem Zahlenmittel des Polymerisationsgrades gesetzt werden, dann ergibt sich aus den Gl. (20–52) und (20–62) für das Produkt aus Polymerisationsgeschwindigkeit und Polymerisationsgrad

(20–63) $\quad v_p \langle X_n \rangle = k_p^2 [M]^2 / k_{t(pp)}$

Das Produkt dieser beiden Größen sollte demnach unabhängig von der Initiatorkonzentration sein. Ein solches Verhalten wird in der Tat häufig angenähert gefunden, wenn die Versuche auf kleine Umsätze beschränkt werden (Abb. 20–1).

Beim Abbruch durch das Monomere ergibt sich dagegen, daß die kinetische Kettenlänge weder von der Monomer- noch von der Initiatorkonzentration abhängt

(20–64) $\quad k_{pm} = v_p / v_{t(pm)} = k_p / k_{t(pm)}$

Für die Aktivierungsenergien $E_X^\ddagger$ zur Bildung der Polymerisationsgrade bekommt man nach Gl. (20–62) für den Abbruch durch gegenseitige Desaktivierung zweier Polymerradikale mit $f \neq f(t)$

(20–65) $\quad E_X^\ddagger = E_p^\ddagger - 0{,}5\, E_z^\ddagger - 0{,}5 E_{t(pp)}^\ddagger$

und entsprechend für einen Abbruch durch das Monomere nach Gl. (20–64)

(20–66) $\quad E_X^\ddagger = E_p^\ddagger - E_{t(pm)}^\ddagger$

Die numerische Durchrechnung ergibt mit den in Kap. 20.3.5 benutzten Zahlen für den Abbruch durch gegenseitige Desaktivierung einen Wert von – 41 kJ/mol: der Polymerisationsgrad sinkt mit steigender Temperatur. Beim Abbruch durch das Monomere ist dagegen die entsprechende Aktivierungsenergie ungefähr gleich null, d. h. der Polymerisationsgrad ist praktisch temperaturunabhängig.

Bei radikalischen Polymerisationen werden die Initiatorradikale nicht zur gleichen Zeit gebildet. Die Polymerketten wachsen folglich auch nicht alle gleichzeitig. Außerdem kann ein Polymerradikal mit anderen Polymerradikalen beliebiger Länge abbrechen. All dies führt zu einer statistischen Verteilung der Kettenlängen, die nach der im Anhang A-20 wiedergegebenen Ableitung zu einer sog. Schulz-Flory-Verteilung der Kettenlängen führt. Die resultierende Verteilungsfunktion ist für einen Abbruch durch Disproportionierung identisch mit der bei Gleichgewichts-Polykondensationen auftretenden Normalverteilung; hier wie dort werden wahllos Ketten gebildet.

20.3.7 NICHT-IDEALE KINETIK: DEAD END-POLYMERISATION

Bei der idealen radikalischen Polymerisationskinetik ist die Polymerisationsgeschwindigkeit direkt proportional der Monomerenkonzentration. Abweichungen von dieser 1. Ordnung können von einer ganzen Reihe von Effekten hervorgerufen werden, auf die durch gesonderte kinetische Untersuchungen geprüft werden muß: Käfig-Effekte bei der Initiatorradikal-Bildung, Solvatation oder Komplexbildung der Initiatorradikale, Abbruch der kinetischen Kette durch Primärradikale, diffusionskontrollierte Abbruchsreaktionen und Übertragungsreaktionen unter Verringerung des Polymerisationsgrades. Abweichungen von der Wurzelabhängigkeit aus der Initiatorkonzentration sind vor allem beim Abbruch durch Primärradikale und bei Übertragungsreaktionen unter Verringerung des Polymerisationsgrades zu erwarten.

Alle diese Effekte können schon bei kleinen Umsätzen auftreten. Bei präparativen Arbeiten ist man jedoch an hohen Umsätzen interessiert. U. U. wird dabei die Zeit überschritten, innerhalb derer die Initiatorkonzentration noch als konstant angesehen werden kann. In anderen Fällen wird sogar der ganze Initiator verbraucht, bevor alles Monomere polymerisiert hat. Der in diesem Fall erzielbare optimale Umsatz läßt sich wie folgt berechnen:

Die Kombination der Gleichungen für den Initiatorverbrauch (Gl. (20−22)) und den Monomerverbrauch (Gl. (20−52)) führt nach der Integration zu

(20−67)

$$-\ln([M]/[M]_o) = 2\,k_p\,(2f/k_z k_{t(pp)})^{0,5}\,[I]_o^{0,5}\,(1 - \exp(-0,5\,f\,k_z\,t))$$

Für die Zeit unendlich erreicht die Monomerkonzentration den Endwert $[M]_\infty$ und Gl. (20−67) wird somit zu

(20−68)

$$-\ln(1 - u_\infty) = 2\,k_p(2f/k_{t(pp)}k_z)^{0,5}\,[I]_o^{0,5}\,;\,u_\infty = ([M]_o - [M]_\infty)/[M]_o$$

Der optimal erreichbare Umsatz u_∞ an Monomeren hängt somit von einer ganzen Reihe verschiedener Größen ab. Das Auftreten eines solchen Endwertes darf dabei nicht mit der Einstellung eines thermodynamischen Gleichgewichtes verwechselt werden. Gibt man nämlich bei derartigen dead end-Polymerisationen neuen Initiator zu, so geht die Polymerisation hier weiter, nicht aber bei Polymerisationsgleichgewichten, sofern nicht die Initiatorkonzentration extrem hoch ist.

Ein Beispiel möge die Auswirkungen dieser dead end-Polymerisation verdeutlichen. Für die Polymerisation von Styrol in Masse bei 60 °C (k_p = 260 dm³ mol⁻¹ s⁻¹; k_t = 1,2 · 10⁸ dm³ mol⁻¹ s⁻¹) erhält man mit Azobisisobutyronitril (AIBN) als Initiator (f = 0,5; k_z = 1,35 · 10⁻⁵ s⁻¹) für verschiedene Anfangskonzentrationen des Initiators folgende Umsätze:

$[AIBN]_o$ = 0,001 mol/dm³ u_∞ = 33,5 %
$[AIBN]_o$ = 0,01 mol/dm³ u_∞ = 51,0 %
$[AIBN]_o$ = 0,10 mol/dm³ u_∞ = 98,3 %

Eine höhere Initiatorkonzentration führt also zu einem größeren Umsatz. Gleichzeitig sinkt jedoch die Molmasse. Es ist daher zweckmäßig, in diesen Fällen den Initiator periodisch zuzusetzen.

Gl. (20−68) kann auch dazu dienen, die Zerfallskonstante k_z zu bestimmen. Durch eine Kombination der Gl. (20−67) und (20−68) erhält man

(20−69) $\dfrac{\ln(1-u)}{\ln(1-u_\infty)} = 1 - \exp(-0,5 f k_z t)$

Alle Gleichungen dieses Abschnittes gelten jedoch nur für den Fall, daß keine Übertragungsreaktionen und kein Abbruch durch Initiatorradikale auftreten.

20.3.8 NICHT-IDEALE KINETIK: GEL- UND GLASEFFEKT

Die Polymerisationsgeschwindigkeit ist nach Gl. (20−52) direkt der Monomerkonzentration proportional. Die Monomerkonzentration sinkt mit steigendem Umsatz; folglich sollte auch die Polymerisationsgeschwindigkeit linear mit dem Umsatz bis auf null abfallen.

Der lineare Abfall wird in der Tat für kleine Umsätze beobachtet. Bei höheren Umsätzen nimmt jedoch die Polymerisationsgeschwindigkeit wieder zu, läuft dann durch ein Maximum und sinkt schließlich auf null ab (Abb. 20–3). Dieser Effekt setzt bei 60 °C beim Methylmethacrylat schon bei Umsätzen von ca. 20 % ein, beim Styrol dagegen erst bei 65 %. Er wird auch bei isothermer Reaktionsführung gefunden, kann also nicht primär durch einen Wärmestau hervorgerufen sein. Der Effekt ist auch umso stärker, je viskoser die Masse ist (Zusatz von sonst inertem Polymer, niedrige Initiatorkonzentrationen, schlechte Lösungsmittel). Er muß daher etwas mit der Diffusionskontrolle zu tun haben und wird Gel-Effekt oder Trommsdorff-Norrish-Effekt genannt.

Die quantitative Auswertung der kinetischen Messungen an polymerisierenden Systemen mit Abbruch durch gegenseitige Desaktivierung der Radikale zeigt, daß die Wachstumskonstanten k_p konstant bleiben, während die Abbruchskonstanten $k_{t(pp)}$ abnehmen. Beim Allylacetat, wo ein Abbruch durch das Monomer erfolgt, bleibt dagegen die Abbruchskonstante $k_{t(pm)}$ auch bei hohen Umsätzen konstant. Durch die hohe Viskosität muß also die gegenseitige Desaktivierung zweier Polymerradikale behindert werden. Dadurch wird die Radikalkonzentration und damit auch die Polymerisationsgeschwindigkeit erhöht. Da die Abbruchskonstanten $k_{t(pp)}$ bereits bei niedrigen Viskositäten diffusionskontrolliert sind, kann der Effekt aber nicht durch ein *Einsetzen* einer Diffusionskontrolle bedingt sein. Er muß vielmehr davon kommen, daß die Effekte, die die Diffusionskontrolle bedingen, geändert werden. Als Erklärung für den Geleffekt ist angenommen worden, daß die Diffusionskontrolle durch die Polymer*moleküle* hervorgerufen wird. Die Geschwindigkeitskonstanten des Abbruchs werden dagegen durch die *Segmente* kontrolliert.

Bei noch höheren Umsätzen wird durch die sehr hohe Viskosität zusätzlich die Diffusion des Monomeren zu den Polymerradikalen kontrolliert. Die Polymerisationsgeschwindigkeit sinkt folglich wieder ab (Glaseffekt).

Für den Geleffekt sollte man folgendes Verhalten für den Polymerisationsgrad erwarten. Die kinetische Kettenlänge v ist bei Abwesenheit von Übertragungsreaktionen nach den Gl. (20–61), (20–51) und (20–49) gegeben durch

$$(20-70) \quad v = \frac{v_{br}}{2 f k_z [I]}$$

Da der Polymerisationsgrad der kinetischen Kettenlänge proportional ist, sollte man bei einer erhöhten Polymerisationsgeschwindigkeit auch einen erhöhten Polymerisationsgrad X finden. Dieses Verhalten beobachtet man auch tatsächlich für den Bereich des Geleffektes. Bei niedrigen Umsätzen vor Erreichen des Geleffektes fällt aber X nicht mit dem Umsatz u ab, sondern bleibt zunächst konstant (Abb. 20–4). Der Effekt kommt vermutlich durch eine Übertragung der Polymerradikale zum Monomeren zustande.

Kinetik, Polymerisationsgrad und Konstitution können aber noch durch eine Reihe weiterer Reaktionen (vgl. Kap. 20.4) verändert werden. Unter bestimmten Bedingungen beobachtet man z. B. das Auftreten blumenkohlartiger Gebilde (Popcorn-Polymerisation), die häufig vernetzte Polymere darstellen.

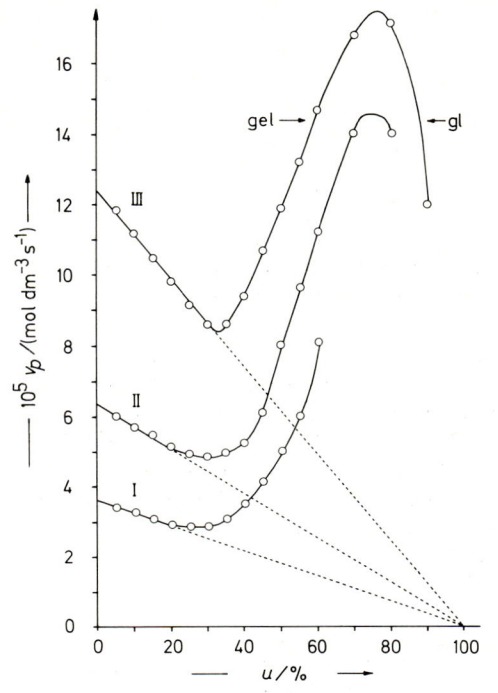

Abb. 20–3: Änderung der Polymerisationsgeschwindigkeit v_p mit dem Umsatz u bei der Polymerisation von Styrol in Masse mit AIBN als Initiator bei 50°C. Initiatorkonzentrationen von $1{,}83 \cdot 10^{-2}$ (I), $6{,}10 \cdot 10^{-2}$ (II) und $28{,}10 \cdot 10^{-2}$ mol dm^{-3} (III). Nach Daten von G. Henrici-Olive und S. Olive. - - - „Normaler" Polymerisationsverlauf, gel = Geleffekt, gl = Glaseffekt.

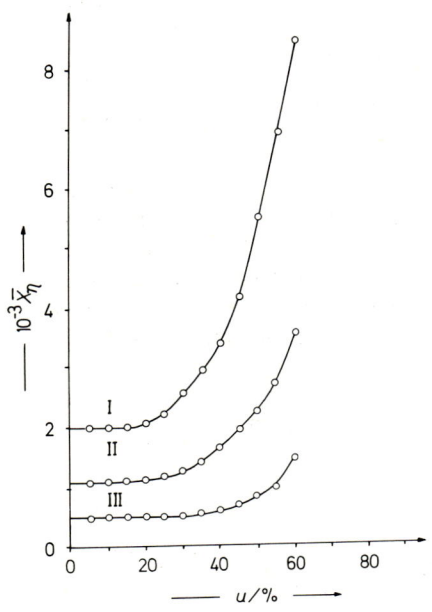

Abb. 20–4: Änderung des Viskositätsmittels $\overline{X}_\eta$ des Polymerisationsgrades mit dem Umsatz u bei der Polymerisation von Styrol in Masse bei 50°C. Gleiche Initiatorkonzentrationen wie in Abb. 20–5. Nach Daten von G. Henrici-Olive und S. Olive.

20.4 Kettenübertragung

20.4.1 ÜBERSICHT

Bei radikalischen Übertragungsreaktionen wird vom Polymerradikal ein Elektron auf ein anderes Molekül AX im Austausch gegen ein Atom X übertragen:

(20–71) $\quad \sim CH_2\overset{\bullet}{C}HR' + AX \longrightarrow \sim CH_2CHR'X + A^\bullet$

X ist meist ein Wasserstoff- oder Halogenatom. Derartige Übertragungen können zu allen im Polymerisationsansatz vorhandenen Molekülsorten vorkommen: zum Monomeren, zum Initiator, zum Polymeren, zum Lösungsmittel oder zu absichtlich zugesetzten Fremdstoffen.

Der chemische Begriff der Übertragung ist vom gleichlautenden kinetischen Begriff zu unterscheiden. Als Übertragungen werden nämlich kinetisch nur solche Reaktionen bezeichnet, bei denen das neu gebildete Radikal $A^\bullet$ eine Polymerisation auslösen kann. Ist dagegen dieses Radikal inaktiv, so ist die Reaktion kinetisch ein Kettenabbruch und keine Übertragung (vgl. Gl. (20–41)). Bei Polymerisationen mit absichtlich zugesetzten Fremdstoffen schränkt man den Begriff der Übertragung noch weiter ein: ist das neue Radikal reaktionsträger, so spricht man von einem Verzögerer. Ist es inaktiv, so liegt eine Inhibition vor (Tab. 20–3).

Tab. 20–3: Kinetische Einteilung chemischer Übertragungsreaktionen

Reaktivität des durch Übertragung gebildeten Radikals relativ zum ursprünglichen	Bezeichnung der Reaktion	
	ohne Zusatz	mit Zusatz
inaktiv	Abbruch	Verhinderung (Inhibition)
reaktionsträger	Übertragung	Verzögerung (Retardation)
gleich aktiv	Übertragung	Übertragung

Zusätze wirken sich daher sehr verschieden aus. Benzochinon erzeugt bei der thermischen Polymerisation von Styrol eine ausgesprochene Inhibitionsperiode (Abb. 20–5). Anschließend polymerisiert Styrol mit der gleichen Geschwindigkeit wie bei der reinen thermischen Polymerisation. Offenbar reagieren alle gebildeten Radikale sofort mit dem Benzochinon zu inaktiven Radikalen. Dabei kann ohne weitere Untersuchungen nicht unterschieden werden, ob das Benzochinon durch Übertragung ein Radikal bildet oder eingebaut wird:

(20–72)

$\sim CH_2\overset{\bullet}{C}HR + O=\langle\bigcirc\rangle=O$
$\longrightarrow \sim CH=CHR + HO-\langle\bigcirc\rangle-O^\bullet$
$\longrightarrow \sim CH_2CHR-O-\langle\bigcirc\rangle-O^\bullet$
$\longrightarrow \sim CH_2CHR-\langle\bigcirc\rangle\overset{O}{\underset{O^\bullet}{}} \longrightarrow \sim CH_2CHR-\langle\bigcirc\rangle\overset{HO}{\underset{O^\bullet}{}}$

Die freien bzw. eingebauten Benzochinon-Radikale lösen jedenfalls keine weitere Polymerisation aus: Benzochinon ist für diese Polymerisation ein Inhibitor. Chinone mit sehr hohem Redoxpotential wie z. B. 2,5,7,10-Tetrachlordiphenochinon sind jedoch Comonomere. Sie werden in die Kette eingebaut; ihr Radikal löst die Polymerisation des Styrols aus. Dieses Chinon copolymerisiert aber weder mit Acrylnitril noch mit Vinylacetat, so daß es sich nicht um eine einfache Copolymerisation handeln kann.

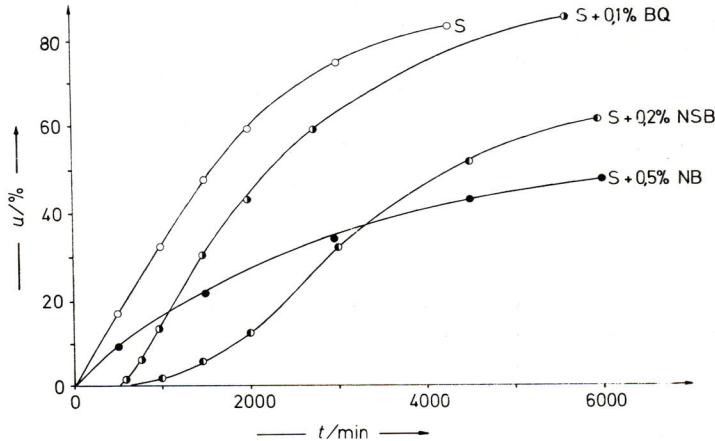

Abb. 20–5: Einfluß des Zusatzes von Benzochinon BC, Nitrosobenzol NSB und Nitrobenzol NB auf die thermische Polymerisation von Styrol S bei 100°C (nach G. V. Schulz).

Nitrobenzol erzeugt dagegen bei der thermischen Styrolpolymerisation keine Inhibitionsperiode. Die Polymerisation ist jedoch wesentlich langsamer: Nitrobenzol ist ein Verzögerer. Offensichtlich sind die durch Übertragung gebildeten Radikale viel reaktionsträger als die Polymerradikale.

Nitrobenzol verhält sich anfänglich wie ein Verhinderer, dann jedoch wie ein Verzögerer. Derartige Doppelrollen werden von vielen Substanzen gespielt. Tetraphenylhydrazin inhibiert z. B. die Polymerisation von Methylmethacrylat, induziert aber auch den radikalischen Zerfall von Dibenzoylperoxid.

20.4.2 KINETIK

Bei der Übertragung zu Monomeren, Initiatoren, Lösungsmitteln und Fremdstoffen, nicht aber zum Polymeren, wird das Wachstum einer individuellen Polymerkette beendet und eine neue Kette gestartet. Derartige Übertragungsreaktionen erniedrigen also den Polymerisationsgrad. Sind die kinetische Kettenlänge und das Zahlenmittel des Polymerisationsgrades identisch, so gilt für die Übertragung zu einem beliebigen Molekül AX nach Gl. (20–61) mit $v_{tr(ax)} = k_{tr(ax)} [P^\bullet][AX]$

(20–73) $\quad v_{pp} = \langle X \rangle_n = \dfrac{v_p}{v_{t(pp)} + v_{tr(ax)}}$

Einsetzen der Stationaritätsbedingungen (Gl. (20–49) und (20–51)) und Umformen führt zu

$$
(20-74) \quad \frac{1}{\langle X \rangle_n} = \frac{2fk_z[I]}{v_p} + \frac{k_{tr(ax)}[P^\bullet][AX]}{k_p[P^\bullet][M]} = \frac{1}{\langle X \rangle_{n,o}} + C_{tr(ax)}\frac{[AX]}{[M]}
$$

Durch Auftragen des reziproken Zahlenmittels des Polymerisationsgrades gegen das Verdünnungsverhältnis $[AX]/[M]$ erhält man daher aus dem Ordinatenabschnitt das Zahlenmittel $\langle X \rangle_{n,o}$ des Polymerisationsgrades in Abwesenheit des Stoffes AX (vgl. auch Gl. (20–62)). Die Neigung ist die sog. Übertragungskonstante $C_{tr(ax)}$, das Verhältnis der Geschwindigkeitskonstanten von Übertragung und Wachstum (Abb. 20–6). Zur Bestimmung der Übertragungskonstanten des Monomeren trägt man entsprechend das reziproke Zahlenmittel des Polymerisationsgrades gegen den Quotienten aus Initiatorkonzentration und Polymerisationsgeschwindigkeit auf:

$$
(20-75) \quad \frac{1}{\langle X \rangle_n} = C_{tr(m)} + 2fk_z\frac{[I]}{v_p}
$$

Alternativ kann man natürlich auch die Übertragungskonstante direkt aus dem Verbrauch des Überträgers ermitteln, d. h. über

$$
(20-76) \quad d[AX]/d[M] = C_{tr(ax)}[AX]/[M]
$$

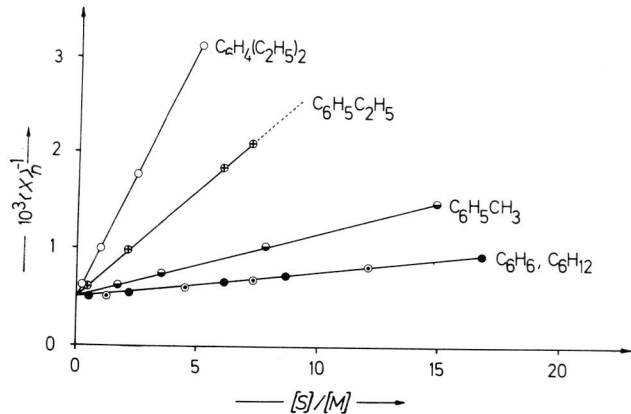

Abb. 20–6: Abhängigkeit des reziproken Zahlenmittels des Polymerisationsgrades von der Verdünnung bei der Polymerisation von Styrol in Diethylbenzol, Ethylbenzol, Toluol, Benzol bzw. Cyclohexan bei 100°C. AX = Lösungsmittel, M = Monomer (nach G. V. Schulz, A. Dinglinger und E. Husemann).

Viele der so bestimmten Übertragungskonstanten sind jedoch durch Folgereaktionen verfälscht. Bei der Übertragung zu Schwefelwasserstoff lösen die entstehenden HS–Radikale zwar die Polymerisation von z. B. Styrol aus. Anschließend erfolgt aber eine intramolekulare Sekundärübertragung

(20–76)

$$\begin{array}{c} \text{HCR} \begin{array}{c} \text{CH}_2 - \overset{\bullet}{\text{C}}\text{HR} \\ \text{CH}_2 - \text{S} \end{array} \text{H} \longrightarrow \text{HCR} \begin{array}{c} \text{CH}_2 - \text{CH}_2\text{R} \\ \text{CH}_2 - \text{S}^{\bullet} \end{array} \end{array}$$

die zu Polymeren des Typs H(CHR–CH$_2$)$_2$S(CH$_2$CHR)$_n$~ führt. Sekundärübertragungen sind immer bei multifunktionellen Überträgern zu erwarten, z. B. bei Tetrabromkohlenstoff. Die gemessenen Übertragungskonstanten beziehen sich dann auf die Folgeprodukte, nicht auf den primären Überträger. Aus diesem Grunde, und auch wegen des hohen Verbrauches an Übertragermolekülen mit großen Übertragungskonstanten, sollten Übertragungskonstanten immer bei sehr niedrigen Umsätzen ermittelt werden. Eine Übertragungskonstante von 6000 bedeutet z. B., daß bei nur 0,1 % Monomerumsatz bereits 99,75 % des Überträgers reagiert haben.

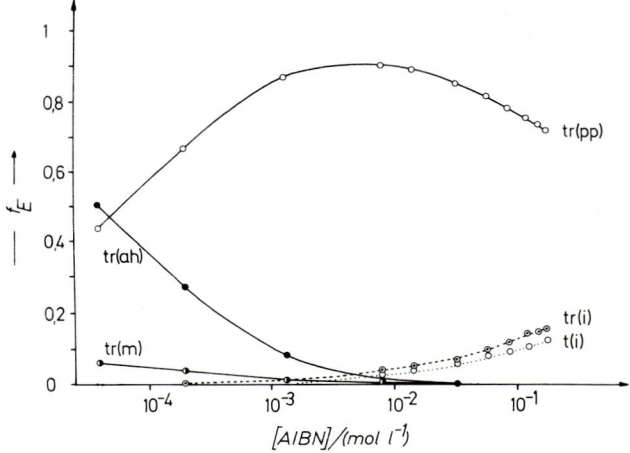

Abb. 20–7: Anteil f_E an Endgruppen bei der mit AIBN initiierten Polymerisation von Styrol bei 60°C und 1–3 % Umsatz. Der Abbruch t(pp) durch gegenseitige Desaktivierung zweier Polymerradikale führt zu einem Initiatorradikal-Fragment (Disproportionierung) bzw. bzw. zwei Initiatorradikal-Fragmenten (Kombination) pro Kette und bei der Disproportionierung auch zu einem Monomerrest. Beim Abbruch t(i) durch das Monomer weist das Molekül zwei Initiatorfragmente auf usw. tr(i) = Übertragung zum Initiator, tr(m) = Übertragung zum Monomer, tr(ah) = Übertragung zum Molekül III in Gl. (20–32). Nach Pryor und Coco.

Durch die Übertragungsreaktionen entstehen im Polymeren zwei neue Typen von Endgruppen. Der Anteil der Endgruppen hängt bei sonst gleichen Bedingungen noch von der Initiatorkonzentration ab. Im allgemeinen dominieren die Endgruppen, die von der gegenseitigen Desaktivierung zweier Polymerradikale stammen, d. h. Initiatorfragmente und gesättigte bzw. ungesättigte Monomerbausteine (Abb. 20–7). Der Anteil dieser Endgruppen läuft mit steigender Initiatorkonzentration jedoch durch ein Maximum. Mit zunehmender Intiatorkonzentration nimmt nämlich erwartungsgemäß auch der Abbruch und die Übertragung durch Initiatorradikale zu, während die Übertragungen zum Monomeren und zum Zusatzstoff AX abnehmen.

Die bei der Übertragung zum Lösungsmittel oder Regler neu entstehenden Radikale greifen ferner in die Abbruchreaktion ein, wodurch nicht nur der Polymerisationsgrad, sondern auch die Konzentration der wachsenden Radikale und damit die Polymerisationsgeschwindigkeit verringert wird. Durch diese degradative Übertragung nimmt die Polymerisationsgeschwindigkeit stärker ab als auf Grund der Verdünnung zu erwarten ist.

20.4.3 ÜBERTRAGUNGSKONSTANTEN

Die Übertragungskonstanten von *Monomeren* betragen ca. 10^{-4}–10^{-5} (Tab. 20–4). Auf je 10000 bis 100 000 Wachstumsschritte folgt also ein Übertragungsschritt.

Tab. 20–4: Übertragungskonstanten $C_{tr(ax)}$ einiger Verbindungen zu Poly(styrol)-, Poly(acrylnitril)- und Poly(vinylacetat)-Radikalen bei 60°C

Überträger	$10^3 C_{tr(ax)}$ für		
	Styrol	Acrylnitril	Vinylacetat
Monomere (ax = m)			
Styrol	0,060		
Acrylnitril		0,190	
Vinylacetat			0,026
Polymere (ax = p)			
Poly(styrol)	0,20		1,5
Poly(acrylnitril)		0,35	
Poly(vinylacetat)	0,30		0,34
Lösungsmittel (ax = s)			
Benzol	0,002	0,25	0,18
Cyclohexan	0,003	0,21	0,70
Toluol	0,012	0,29	3,3
Ethylbenzol	0,070	3,6	5,5
t-Butylbenzol	0,005	0,19	0,36
Fluoren	7,5		470
Pentaphenylethan	2 000		
Tetrachlorkohlenstoff	12	0,11	1 100
Tetrabromkohlenstoff	250 000		5 700 000
Initiatoren			
Bis(2,4-dichlorbenzoyl)peroxid	2 900		
Dibenzoylperoxid	50		90
Azobisisobutyronitril	0	0	55
Inhibitoren			
Chloranil	950 000		
p-Benzochinon	570 000		54 000
Durochinon	670		
Regulatoren			
1-Dodecanthiol	15 000	730	

Polymere weisen etwas höhere Übertragungskonstanten als die entsprechenden Monomeren auf. In einigen Fällen sind die so ermittelten Übertragungskonstanten unabhängig vom Polymerisationsgrad wie beim Poly(styrol), in anderen wie beim Poly(methylmethacrylat) jedoch nicht. Offenbar besitzen die Endgruppen des PMMA daher andere Übertragungskonstanten als die mittelständigen Gruppen.

Eine Übertragung zum Polymeren erzeugt an diesem eine radikalische Stelle, die weiteres Monomer anlagern kann. Das Polymer wird dadurch verzweigt. Erfolgen die

20.4 Kettenübertragung

Übertragungsreaktionen intramolekular wie beim Poly(ethylen), so werden Kurzkettenverzweigungen gebildet:

(20-77)

$$R-\underset{\underset{\bullet CH_2}{|}}{\underset{H}{\overset{CH_2}{CH}}}\overset{CH_2}{\underset{CH_2}{\diagdown}} \rightarrow R-\underset{\bullet}{CH}\overset{CH_2}{\diagup}\overset{CH_2}{\diagdown}\overset{CH_2}{\diagup}CH_3 \xrightarrow{+C_2H_4} R-\underset{\underset{\bullet CH_2}{|}}{\underset{CH_2}{|}}CH-(CH_2)_3-CH_3$$

Bei intermolekularen Übertragungen wie beim Poly(vinylacetat) entstehen dagegen Langkettenverzweigungen

(20-78)

$$\sim\sim CH_2\overset{\bullet}{C}H + CH_3COO-CH \longrightarrow \sim\sim CH_2CH_2 + {}^\bullet CH_2COO-CH$$
$$\underset{OOCCH_3}{|} \qquad\qquad\qquad\qquad \underset{OOCCH_3}{|}$$

Da die Konzentration an Polymeren mit dem Umsatz zunimmt, steigt auch die Selbstverzweigung mit dem Umsatz an. Verzweigungen können dabei jedoch nicht nur durch Übertragung von Polymerradikalen zu Polymermolekülen, sondern auch durch Übertragung von Initiatorradikalen zu Polymermolekülen erzeugt werden. Für die Polymerisation von Styrol mit AIBN bekommt man z. B.

(20-79) $$\frac{v_{tr(i)}}{v_{st}} = \frac{k_{tr(i)}[R_I^\bullet][P]}{k_{st}[R_I^\bullet][M]} = 0{,}35\,\frac{[poly]}{[M]}$$

Bei einem Umsatz von 5 % (zeitliches Mittel von 2,5 %) ergibt sich somit das Verhältnis $v_{tr(i)}/v_{st}$ zu $0{,}35 \cdot 2{,}5/97{,}5 \approx 0{,}01$ und bei einem Umsatz von 50 % zu ca. 0,1. Bei höheren Umsätzen werden also schon recht viele Ketten durch Verzweigungsstellen am Polymeren gestartet.

Die Übertragungskonstanten der *Lösungsmittel* variieren um neun Zehnerpotenzen von $2 \cdot 10^{-6}$ für Styrol in Benzol bis zu 5700 für Vinylacetat in Tetrabromkohlenstoff. Sie steigen mit der Zahl der übertragbaren Atome pro Lösungsmittelmolekül (Reihe Benzol-Toluol-Ethylbenzol), der Schwäche der Bindung (Tetrachlorkohlenstoff-Tetrabromkohlenstoff) und der Resonanzstabilisierung des entstehenden Radikales (Benzol-Fluoren-Pentaphenylethan). Die hohen Übertragungskonstanten werden technisch bei der sog. *Telomerisation* genutzt. Setzt man z. B. Ethylen mit Tetrachlorkohlenstoff in Ggw. verhältnismäßig großer Mengen Initiator um, so entstehen durch Übertragungs- und Wachstumsreaktionen eine ganze Reihe verschiedener Radikale und folglich auch Verbindungen

$R_I-CH_2CH_2^\bullet$ $R_I-CH_2CH_2-Cl$ $R_I-CH_2CH_2-CCl_3$

R_I-Cl $CCl_3-CH_2CH_2-Cl$

R_I-CCl_3 $CCl_3-CH_2CH_2-CCl_3$ usw.

Die Übertragungskonstanten hängen bei solchen Telomerisationen noch vom Polymerisationsgrad ab. Sie werden erst bei Polymerisationsgraden von ca. 3–6 polymerisationsgradunabhängig (Tab. 20–5).

Tab. 20-5: Übertragungskonstanten von Monomer-, Oligomer- und Polymer-Radikalen für die Übertragung zu Tetrachlorkohlenstoff

Monomer	$T/°C$	C_1	C_2	C_3	C_∞
Ethylen	100	0,16	3,0	5,5	11
Propylen	105	2,2	40	84	86
Isobutylen	100	1,4			17
Allylacetat	100	0,01	0,5		2,0
Vinylacetat	60		0,13	0,47	1,1
Vinylchlorid	105	0,005	0,026	0,033	0,038
Acrylnitril	80				0,00011
Styrol	76	0,0006	0,0025	0,004	0,012
Methylmethacrylat	80				0,00024

Eine andere Anwendung hoher Übertragungskonstanten erfolgt technisch bei den sog. *Reglern*. Niedrige Konzentrationen dieser Substanzen setzen die Polymerisationsgrade drastisch herab. In vielen Fällen sind nämlich zu hohe Polymerisationsgrade technisch unerwünscht, da dann die Produkte wegen der hohen Schmelzviskosität schwierig zu verarbeiten sind oder gar im Reaktor vernetzen. Man könnte zwar den Polymerisationsgrad auch durch höhere Initiatorkonzentrationen erniedrigen. Dadurch würde aber auch die Polymerisationsgeschwindigkeit erhöht und die Polymerisation könnte wegen der ungenügenden Abführung der Polymerisationswärme durchgehen.

Auch die übertragende Wirkung von *Initiatoren* kann sehr beträchtlich sein. Diese Werte kommen meist durch den induzierten Zerfall zustande.

Als *Inhibitoren* eignen sich besonders Chinone und Nitroverbindungen. Bei Nitroverbindungen addieren sich Initiatorradikale bzw. Polymerradikale ohne Übertragung direkt an die Nitroverbindung. Das neu gebildete Radikal reagiert dann mit einem weiteren Radikal ab, z. B. beim Nitrobenzol

(20-80)

Pro Molekül Nitrobenzol werden also zwei Radikale verbraucht. Entsprechend kann ein Molekül 1,3,5-Trinitrobenzol sechs Radikalketten stoppen. Erwartungsgemäß ist auch 2,2-Diphenyl-1-pikrylhydrazyl (DPPH) ein guter Inhibitor. Es liegt bereits im reinen Zustand als Radikal vor und verhindert die Polymerisation von Styrol oder Vinylacetat bereits in Konzentrationen von 10^{-4} mol/l.

$$\text{O}_2\text{N}-\underset{\text{NO}_2}{\overset{\text{NO}_2}{\underset{|}{\bigcirc}}}-\overset{\bullet}{\text{N}}-\text{N}(\text{C}_6\text{H}_5)_2 \quad \text{DPPH}$$

Die Wirkung von Chinonen wurde bereits diskutiert. In der Technik setzt man Monomeren zur *Stabilisierung*, d. h. zur Vermeidung vorzeitiger Polymerisationen beim Lagern, oft Hydrochinon zu. Hydrochinon wird zuerst von Sauerstoff zu Chinon oxidiert, fängt also den Sauerstoff weg, bevor dieser Hydroperoxide usw. bilden kann. Anschließend wirkt das so gebildete Benzochinon als Inhibitor. Hydrochinon selbst ist daher weder ein Inhibitor noch ein Verzögerer.

20.5 Stereokontrolle

Der Wachstumsschritt einer radikalischen Polymerisation

$$(20-81) \quad \sim\text{CH}_2-\underset{R}{\overset{H}{\text{C}}}-\text{CH}_2-\underset{R}{\overset{H}{\text{C}^\bullet}} + \text{CH}_2=\text{CHR} \longrightarrow \sim\text{CH}_2-\underset{R}{\overset{H}{\text{C}}}-\text{CH}_2-\underset{R}{\overset{H}{\text{C}}}-\text{CH}_2-\underset{R}{\overset{H}{\text{C}^\bullet}}$$

kann im Prinzip von verschiedenen Gruppierungen im wachsenden Radikal bzw. im Monomeren sterisch kontrolliert werden. Das radikalische Ende der wachsenden Kette besitzt entweder eine planare Konformation oder diejenige einer schnell umklappenden Pyramide. Ein stereoregulierender Effekt muß daher mit der prochiralen Seite dieses dreifach substituierten Kohlenstoffatoms verknüpft sein. Das entsprechende Kohlenstoffatom des Monomeren trägt nach Untersuchungen mit deuterierten Monomeren nichts zur Stereokontrolle bei. Daraus folgt, daß für die Stereokontrolle des radikalischen Wachstums die sterische Wechselwirkung des anzulagernden Monomeren mit der vorletzten Einheit des wachsenden Kettenendes verantwortlich ist. In der Regel wirkt daher die letzte konfigurative Diade stereoregulierend. Radikalische Polymerisationen sollten daher meist einer Markoff-Statistik 1. Ordnung folgen, bei der die Übergangswahrscheinlichkeiten für die Bildung z. B. einer syndiotaktischen Diade ungleich groß sind ($p_{i/s} \neq p_{s/s}$). Nach Tab. 20–6 trifft dies in der Regel zu. Die meisten radikalischen Polymerisationen führen überdies zu überwiegend syndiotaktischen Polymeren.

Die Stereokontrolle der radikalischen Polymerisation eines Monomeren wird bei gegebener Temperatur noch schwach vom Lösungsmittel beeinflußt. Dabei besteht jedoch für jede der bei einer Markoff-Statistik 1. Ordnung existierenden sechs Differenzen der total vier möglichen Elementarschritte eine lineare Beziehung zwischen den Differenzen der Aktivierungsenthalpien einerseits und den entsprechenden Differenzen der Aktivierungsentropien andererseits (Abb. 20–8). Diese Beziehungen sind jeweils unabhängig vom verwendeten Lösungsmittel und daher auch vom Umsatz. Die Geraden sind parallel zueinander, d. h. die Kompensationstemperatur ist unabhängig von der Art der Diadenbildung. Bei dieser Temperatur von ca. 60 °C ist für Methylmethacrylat die Stereokontrolle somit unabhängig vom Typ des Lösungsmittels.

Tab. 20–6: Anteile X_s an syndiotaktischen Diaden und Übergangswahrscheinlichkeiten p für die Bildung von iso- und syndiotaktischen Diaden bei radikalischen Polymerisationen von Ethylenderivaten $CH_2=CRR'$

R	R'	Lösungsmittel	Temp. °C	X_s	$p_{s/s}$	$p_{i/s}$	$p_{i/i}$	$p_{s/i}$
H	HCOO	–	40	0,48	0,54	0,42	0,58	0,46
H	CH_3COO	–	30	0,54	0,63	0,41	0,59	0,37
H	Cl	–	25	0,56	0,60	0,52	0,48	0,40
H	C_6H_5	–	100	0,74	0,74	0,77	0,23	0,26
CH_3	$COOCH_3$	–	60	0,74	0,80	0,67	0,33	0,20
CH_3	$COO(CH_2)_4H$	–	60	0,72	0,82	0,62	0.38	0,18
CH_3	$COOC(CH_3)_3$	–	60	0,72	0,72	0,71	0,29	0,28
CH_3	$COOC(C_6H_5)_3$	C_6H_6	60	0,44	0,55	0,32	0,68	0,45

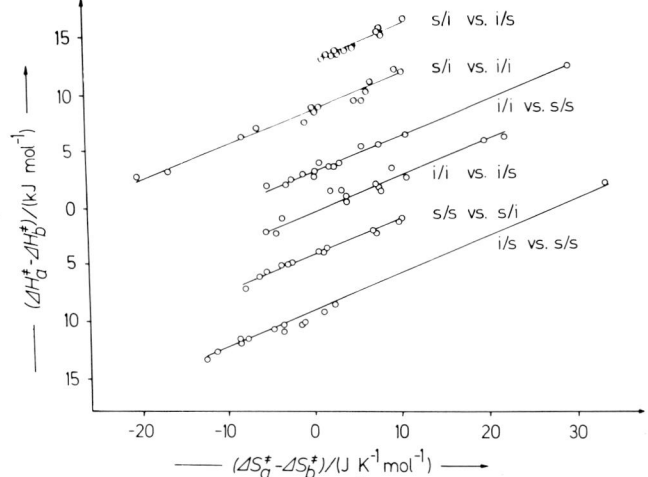

Abb. 20–8: Kompensationsdiagramm für die verschiedenen Anlagerungsmöglichkeiten bei einer Markoff-Statistik 1. Ordnung für die radikalische Polymerisation von Methylmethacrylat in verschiedenen Lösungsmitteln. Zur besseren Übersicht wurden einige der Geraden vertikal verschoben, und zwar um – 10,5 (i/s vs. s/s), 4,2 (i/i vs. s/s), 6,3 (s/i vs. i/i) und 10,5 (s/i vs. i/s) kJ/mol. Die Kompensationstemperatur, nicht aber die Kompensationsenthalpie, ist unabhängig von der Art der Anlagerung. Nach Daten von H.-G. Elias und P. Goeldi.

Der stereoregulierende Einfluß des Lösungsmittels auf die radikalische Polymerisation ist nicht geklärt. Ein Teil des Effektes stammt sicher vom Einfluß der Polarität. Beziehungen zwischen z. B. der Differenz der Aktivierungsenthalpien für die beiden Kreuzschritte und der relativen Permittivität als Maß für die Polarität existieren allerdings nur separat für jede einzelne Gruppe von Lösungsmitteln (Abb. 20–9). Konstitutionseinflüsse auf die Stereokontrolle radikalischer Polymerisationen können daher nur dann diskutiert werden, wenn die Lösungsmitteleffekte eliminiert worden sind.

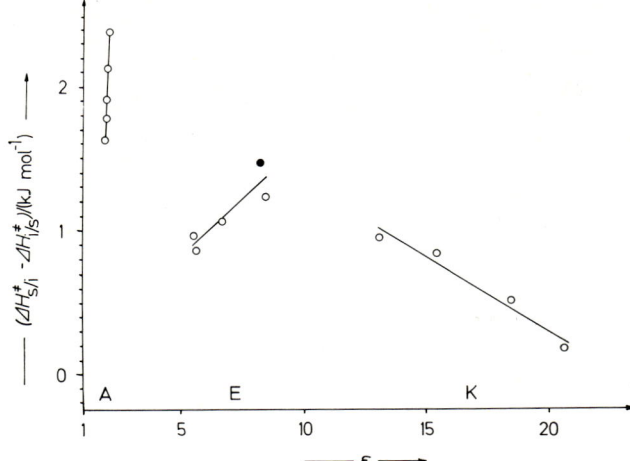

Abb. 20–9: Einfluß der relativen Permittivität des Lösungsmittels auf die Differenz der Aktivierungsenthalpien der Kreuzschritte bei der radikalischen Polymerisation von Vinyltrifluoracetat. A = Alkane, E = Ester, K = Ketone, ● = Polymerisation in Masse. Nach Daten von Matsuzawa et al.

20.6 Technische Polymerisationen

20.6.1 INITIATOREN

Technische Polymerisationen unterscheiden sich von den im Laboratorium ausgeführten durch die Art des radikalischen Initiators und die Prozeßführung.

Radikalische Initiatoren für technische Polymerisationen sollen möglichst viele Radikale bereitstellen. Sie müssen daher gut lagerfähig sein, d. h. sie dürfen sich nicht stark zersetzen. Die Lagerfähigkeit ist in der Regel umso größer, je besser die Perverbindung kristallisiert. Die Initiatoren können allerdings wegen der Explosionsgefahr nur in kleinen Gebinden gelagert werden. Mehr und mehr werden daher technische Initiatoren in großer Verdünnung in Tankwagen angeliefert.

Die Initiatoren müssen ferner hoch polymerisationsaktiv sein: Radikalausbeute und Startgeschwindigkeit sollen groß sein. Viele radikalische Polymerisationen werden daher durch Zusatz von z. B. Aminen „beschleunigt", d. h. die Radikalproduktion wird durch einen induzierten Zerfall erhöht. Die Initiatoren sollen außerdem zu einem möglichst geringen Restmonomergehalt im Polymeren führen. Monomere sind nämlich meist toxisch und können durch Ausdämpfen usw. nur in sehr aufwendiger Weise entfernt werden. Schließlich wird auch die Krustenbildung im Autoklaven durch die Initiatoren beeinflußt.

Je nach Monomer und Verfahrensweise werden daher verschiedene radikalische Initiatoren bevorzugt. Bei der Polymerisation von Vinylchlorid wurden früher hauptsächlich Dilaurylperoxid und Diisopropylperoxidicarbonat eingesetzt, heute dagegen in zunehmendem Maße Bis(4-t-butylcyclohexyl)peroxidicarbonat und Bis(2-ethylhexyl)peroxidicarbonat. In Japan wurden Azobisisobutyronitril und Azobis(2,4-dimethyl)valeronitril teilweise ebenfalls durch Peroxidicarbonate ersetzt. Peroxidicarbonate dienen auch zunehmend für die radikalische Polymerisation von Ethylen.

Styrol wird in Suspension vorwiegend mit Dibenzoylperoxid polymerisiert. Die Massepolymerisation wird oft nicht mehr rein thermisch ausgeführt, sondern unter Zusatz von Hochtemperatur-Initiatoren wie 1,2-Dimethyl-1,2-diethyl-1,2-diphenylethan oder Vinylsilantriacetat $CH_2=CH-Si(OOCCH_3)_3$.

20.6.2 POLYMERISATION IN MASSE

Bei der Polymerisation in Masse bzw. Substanz sind nur Monomere und Polymere sowie manchmal auch Initiatoren anwesend; es entstehen daher sehr reine Polymere. Beispiele sind die thermische Polymerisation von Styrol zu ,,Kristallpoly(styrol)`` und die radikalisch initiierte Polymerisation von Methylmethacrylat.

Bei der Massepolymerisation wird aber auch viel Polymerisationswärme pro Einheitsvolumen erzeugt, die in den großen technischen Anlagen nicht schnell abgeführt werden kann. Außerdem kann es durch den Geleffekt zu einem zusätzlichen Wärmestau kommen. Die lokale Überhitzung kann je nach System und Wärmeregulierung zu mehrmodalen Molmassenverteilungen und Verzweigungen des Polymeren, zu Explosionen, zu einem Polymerabbau oder zu einer Verfärbung des Polymeren führen.

Bei Polymerisationen in Masse wird daher die Reaktion oft bei einem Umsatz von 40–60 % abgebrochen und das restliche Monomere abdestilliert. Alternativ kann man auch in zwei Stufen polymerisieren: in der ersten Stufe in großen Kesseln bis zu einem mittleren Umsatz, in der zweiten Stufe in dünnen Schichten, z. B. in Kapillaren, in Dünnschicht an Wänden oder im dünnen Strahl im freien Fall.

20.6.3 POLYMERISATION IN SUSPENSION

Durch das Suspendieren eines wasserunlöslichen Monomeren in Wasser unter Zusatz eines Suspensionsmittels wird der bei der Substanzpolymerisation vorhandene Reaktionsraum in viele feine Tröpfchen von 0,001-1 cm Durchmesser aufgeteilt. Die Polymerisationswärme kann daher besser abgeführt werden. Die Polymerisation wird durch radikalische ,,öllösliche`` Initiatoren in den Tröpfchen gestartet. Mechanistisch läuft die Polymerisation wie in Substanz ab; es handelt sich sozusagen um eine ,,wassergekühlte`` Substanzpolymerisation. Nach dem Auspolymerisieren haben sich die Tröpfchen in Perlen verwandelt, weshalb das Verfahren auch Perlpolymerisation genannt wurde.

Nach dem Verfahren der Suspensionspolymerisation können nur solche Monomeren polymerisiert werden, die sehr wenig wasserlöslich sind und deren Polymeren eine genügend hohe Glasübergangstemperatur aufweisen. Ist das Monomere etwas wasserlöslich, so kann die Polymerisation u. U. auch außerhalb der Monomertröpfchen stattfinden. Die Größenverteilung der Perlen wird dann einen langen Schwanz zu kleinen Teilchen hin aufweisen. Dieser ,,Feinstaub`` ist technisch unerwünscht, da er bei der Verarbeitung zu ungleichmäßigen Schmelzen führen kann. Durch eine unterschiedliche Löslichkeit der Monomeren können bei Copolymerisationen die entstehenden Perlen außen und innen verschiedene Zusammensetzung besitzen. Der gleiche Effekt tritt bei unterschiedlichen Polymerisationsgeschwindigkeiten auf, da es sich um ,,abgeschlossene`` kleine Reaktionsräume handelt. Ist die Glasübergangstemperatur der Polymeren niedriger als die Polymerisationstemperatur, so können die Perlen leicht deformiert werden und folglich schon nach Umsätzen von 20–30 % agglomerieren.

Die Suspensionsmittel sollen das Zusammenlaufen der Tröpfchen verhindern. Man unterscheidet dabei Schutzkolloide und Pickering-Emulgatoren. Die ersteren sind wasserlösliche organische Polymere, die letzteren dagegen feinverteilte, wasserunlösliche anorganische Substanzen. Schutzkolloide wie Poly(vinylalkohol) erhöhen die Viskosität der Suspension und erniedrigen so die Wahrscheinlichkeit für den Zusammenstoß zweier Tröpfchen. Ionenseifen laden die Tröpfchen gleichsinnig auf und verringern daher ebenfalls die Zahl der Zusammenstöße. Schutzkolloide setzen ferner die Grenzflächenspannung Monomertröpfchen/Wasser herauf und den Dichteunterschied herab, was ebenfalls das Zusammenfließen der Monomertröpfchen erschwert. Im allgemeinen sind anorganische Suspendiermittel (Dispersionen von Bariumsulfat) vorzuziehen, da sie später leichter abgetrennt und ausgewaschen werden können. Mit fallendem Durchmesser der Perlen geht aber die eingeschlossene Menge an Suspendiermittel sowohl absolut als auch relativ durch ein Minimum. Je höher die Konzentration an Suspendiermittel, umso enger ist die Verteilung der Perldurchmesser.

20.6.4 POLYMERISATION IN LÖSUNGS- UND FÄLLUNGSMITTELN

Einige Polymere wie Poly(vinylchlorid) oder Poly(acrylnitril) sind in ihrem eigenen Monomeren unlöslich und fallen daher bei der Polymerisation schon bei recht geringen Umsätzen aus. Im ausgefallenen Polymerisat läuft die Polymerisation weiter. Ihre Geschwindigkeit wird durch die Diffusion des Monomeren zu den Polymerradikalen, die Beweglichkeit der Polymerradikale, die Wärmeabfuhr usw. und dadurch auch durch die Rührgeschwindigkeit bestimmt.

Vorteilhaft ist, daß die Polymeren bei der Fällungspolymerisation direkt in fester Form abgeschieden werden. Aus diesem Grunde führt man auch oft Polymerisationen unter Zusatz von Fällungsmitteln für das Polymere aus, die aber noch Lösungsmittel für das Monomere sein müssen.

Die Fällungsmittel können wie jedes zugesetzte Lösungsmittel die Polymerisation noch zusätzlich beeinflussen. Das Lösungsmittel wirkt als Verdünner. Dadurch sinkt die Polymerisationsgeschwindigkeit und die Polymerisationswärme kann besser abgeführt werden. Gleichzeitig wird die Übertragung zum Polymeren herabgesetzt, wodurch die Zahl der Verzweigungen geringer und die Molekulargewichtsverteilung enger wird. Gewisse Lösungsmittel können aber manche Initiatoren zu einem induzierten Zerfall anregen. Durch Übertragung wird z. B. aus dem Lösungsmittel Ethylacetat das Radikal $^{\bullet}CH_2$—$COOC_2H_5$ gebildet. Dieses sehr aktive Radikal führt zu einer erhöhten Polymerisationsgeschwindigkeit. Das Lösungsmittel kann auch übertragend wirken und so den Polymerisationsgrad herabsetzen.

Bei technischen Lösungspolymerisationen ist von Nachteil, daß die Lösungsmittel nach der Polymerisation nur schwierig aus dem Polymerisat entfernt werden können. Lösungspolymerisationen werden daher nur dann ausgeführt, wenn das Polymer gleich in Lösung verbleiben kann, z. B. für Lackharze.

20.6.5 EMULSIONSPOLYMERISATION

20.6.5.1 Phänomene

Bei Emulsionspolymerisationen enthält das System immer mindestens vier Bestandteile: wasserunlösliches Monomer, Wasser, Emulgator und Initiator. Die ersten Rezepte wurden rein empirisch gefunden, als man den Latex des Naturkautschuks nachahmen wollte. Dabei zeigte sich, daß wasserlösliche Initiatoren (z.B. $K_2S_2O_8$) wirksamer waren als monomerlösliche (z. B. Dibenzoylperoxid). Die für Emulsionspolymerisationen geeigneten Monomeren müssen wasserunlöslich sein.

Die Wirksamkeit wasserlöslicher Initiatoren deutet bereits darauf hin, daß die Polymerisation anders als bei der Suspensionspolymerisation nicht in den Monomertröpfchen, sondern „in der Flotte" abläuft. Diese Annahme wird durch Versuche bestätigt, bei denen die Flotte mit dem Monomeren überschichtet wurde oder bei denen Flotte und Monomer getrennt und nur über den Gasraum miteinander verbunden waren.

Die meisten Monomeren lösen sich nur sehr wenig in reinem Wasser. Styrol löst sich bei 50 °C zu 0,038 % in Wasser, aber zu 1,45 % in 0,093 molarer wässriger Kaliumpalmitatlösung. Das Monomer wird durch den Emulgator solubilisiert, indem es sich in die vom Emulgator gebildeten Mizellen einlagert.

Die meisten der verwendeten Emulgatoren bilden in Wasser Assoziate vom geschlossenen Typ mit ca. 20 bis 100 Molekülen pro Mizelle. Die Seifenmoleküle sind dabei so angeordnet, daß die polaren Gruppen nach außen und die Kohlenwasserstoffreste nach innen gerichtet sind. Die genaue geometrische Form der Mizellen ist meist unbekannt, diskutiert werden vor allem kugel- und stäbchenförmige Mizellen.

Durch die eingelagerten Monomermoleküle nimmt der Durchmesser der Mizellen zu, z. B. nach röntgenographischen Messungen bei Styrol in Kaliumoleatmizellen von 4,3 auf 5,5 nm. Mit fortschreitender Polymerisation nimmt der Durchmesser der Mizellen wegen der Kontraktion zunächst wieder ab. Die Polymerisation findet aber nicht in allen Mizellen statt. Beim System Styrol/Kaliumdodecanoat wandeln sich nämlich nur ca. 1/700 aller Mizellen in Latexpartikeln um.

Man beobachtet ferner, daß die Polymerisationsgeschwindigkeit in der ersten Zeit des Versuches stark ansteigt, dann konstant wird und schließlich wieder abfällt (Abb. 20–10). Gleichzeitig ändert sich auch die Oberflächenspannung. Dem starken Anstieg der Polymerisationsgeschwindigkeit entspricht eine konstante Oberflächenspannung, dem Übergang zur konstanten Polymerisationsgeschwindigkeit ein starker Anstieg der Oberflächenspannung. Offensichtlich geht der Anstieg der Oberflächenspannung auf das Verschwinden der Mizellen zurück. Es können somit drei Perioden unterschieden werden, die in der Theorie von Smith und Ewart sowie Harkins wie folgt interpretiert werden:

Zunächst hat man ein System aus Wasser, einem wenig wasserlöslichen Monomeren, einem Emulgator und einem schlecht öllöslichen Initiator (vgl. Abb. 20–11). Der Emulgator bildet Seifenmizellen von ca. 3,5 nm Ausdehnung, sofern er oberhalb der kritischen Mizellkonzentration vorliegt. Diese Mizellen können Monomeres lösen, wodurch sie auf ca. 4,5 nm aufquellen. Das Monomere wird aus den Monomertröpfchen von ca. 1000 nm Durchmesser durch Diffusion über das Wasser nachgeliefert. Der Initiator bildet Radikale. Die Radikale können unter Umständen mit echt im Wasser gelösten Monomeren reagieren. Viel günstiger ist aber eine Polymerisation in einer Mizelle, da hier eine höhere Konzentration an Monomer-Molekülen herrscht. Trifft daher ein solches Radikal eine mit Monomeren beladene Emulgatormizelle, so wird die Polymerisation in einer solchen Mizelle vor sich gehen. Das Radikal kann dabei wegen des lockeren Baues der Mizelle leicht in sie eindringen. Nach einer anderen Theorie von Medvedev soll sich zuerst in der wässrigen Flotte durch Übertragung vom Initiatorradikal ein Seifenmizell-Radikal bilden, das dann die Polymerisation in den Mizellen auslöst.

Bei partiell wasserlöslichen Monomeren sollen dagegen die Radikale in der wässrigen Phase entstehen. Diese Radikale bzw. die Oligoradikale können in die Mizell- bzw. Latexteilchen hinein- und ebenso wieder herausdiffundieren. Eingedrungene Radikale können also entweder wieder in die wässrige Phase entkommen, mit den Monomeren in den Teilchen unter Wachstum reagieren oder mit einem bereits im Teilchen sich befindenden Radikal abbrechen. Dieses Roe-Fitch-Ugelstad-Modell sagt voraus, daß Radikale sehr viel schneller in Latexteilchen eintreten, wenn diese bereits ein Radikal enthalten.

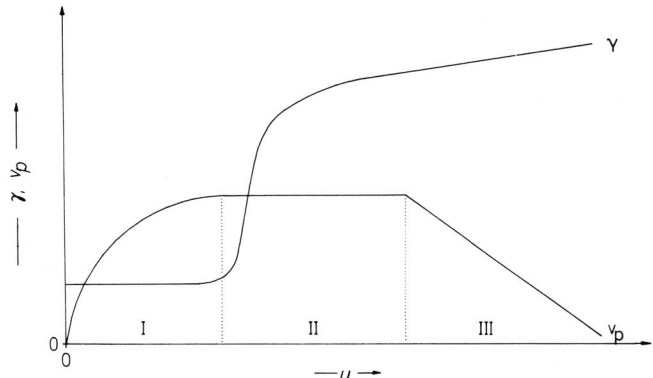

Abb. 20–10: Schematische Darstellung der Abhängigkeiten der Bruttoreaktionsgeschwindigkeit v_{br} und der Oberflächenspannung γ vom Umsatz u bei der Emulsionspolymerisation.

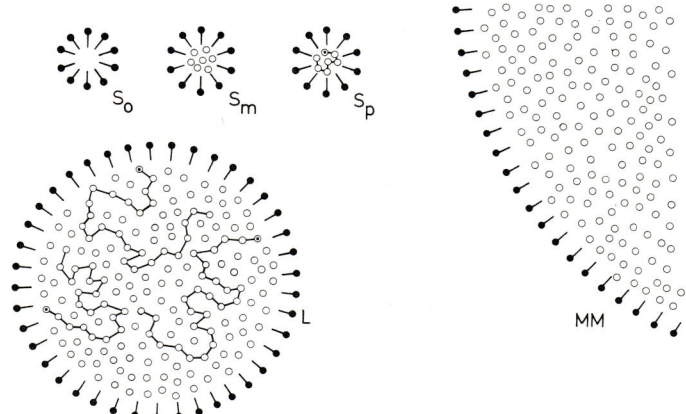

Abb. 20–11: Schema der Emulsionspolymerisation mit leeren Seifenmizellen (S_0), monomergefüllten Seifenmizellen (S_m), Seifenmizellen mit wachsenden Polymerketten (S_p), Monomertröpfchen (MM) und Latexteilchen (L) mit Monomeren M und wachsenden Polymeren. ⊗ = Radikalrest, ○ = Monomer.bzw. Monomerbaustein, ● = hydrophiler Rest des Seifenmoleküls.

Natürlich könnte auch eine Polymerisation in einem Monomertröpfchen anstatt in einer Emulgatormizelle vor sich gehen, die Wahrscheinlichkeit dazu ist aber viel geringer. In einem cm³ der Emulsion sind nämlich nur ca. 10^{10} Monomertröpfchen mit einem mittleren Durchmesser von 10^{-4} cm vorhanden, dagegen 10^{18} Emulgatormizellen. Die Polymerisation geht somit praktisch nur in den Mizellen vor sich, da die Gesamtoberfläche der Mizellen größer als die der Latexteilchen ist. Nun enthält aber eine Mizelle nur etwa 100 Monomermoleküle. Die Polymerisation müßte daher nach Verbrauch dieser Monomermoleküle unter Bildung eines Polymeren vom Polymerisationsgrad 100 zum Stillstand kommen, wenn nicht Monomers durch Diffusion aus den Monomertröpfchen nachgeliefert würde.

Durch die laufende Polymerisation werden aber die Mizellen immer größer und gehen schließlich in kugelförmige Polymerteilchen (Latexteilchen) über. Diese Latexteilchen können ebenfalls noch Monomeres gelöst enthalten. Durch den Abtransport von Monomeren wird aber die Zahl der großen Monomertröpfchen immer kleiner. Die Anzahl der Latexteilchen steigt dagegen. In dieser Periode der Teilchen-Bildung (Abb. 20–10) steigt auch die Bruttogeschwindigkeit, weil ständig mehr wachsende Ketten entstehen.

Weil aber nun viel mehr Latexteilchen gebildet werden als Monomertröpfchen verschwinden, sinkt der mittlere Teilchendurchmesser im System und trotz der geringen Teilchengröße der Latexpartikeln wird die Gesamtoberfläche aller Teilchen immer größer. An der größeren Gesamtoberfläche können aber mehr Emulgatormoleküle adsorbiert werden. Die Konzentration des freien Emulgators sinkt daher ständig. Schließlich sind überhaupt keine freien Mizellen mehr vorhanden, weil die kritische Mizellkonzentration unterschritten wird. Im gleichen Moment steigt die Oberflächenspannung stark an.

In dieser II. Phase der Polymerisation können keine neue Latexteilchen mehr gebildet werden. Dagegen werden durch die Diffusion aus den Monomertröpfchen laufend neue Monomer-Moleküle in die Latexteilchen geliefert. Die Monomerkonzentration in den Latexteilchen bleibt konstant und es resultiert eine Polymerisationsgeschwindigkeit, die 0. Ordnung in Bezug auf die Monomerkonzentration ist. Während dieser Zeit nimmt die Teilchenoberfläche zu, da große Monomertröpfchen durch kleine Latexteilchen ersetzt werden. Die Latexteilchen sind am Schluß dieser Periode nur zu 60 % mit Emulgator abgesättigt.

Die Phase 0. Ordnung in Bezug auf das Monomere bleibt solange erhalten, als noch Monomeres aus den Monomertröpfchen nachgeliefert werden kann. Sind diese schließlich aufgezehrt, so können zur weiteren Polymerisation nur noch die Monomermoleküle in den Latexteilchen verbraucht werden. Dadurch sinkt aber deren Konzentration in den Latexteilchen ständig, wodurch nach den allgemeinen Gesetzen der Formalkinetik eine Reaktion 1. Ordnung in Bezug auf das Monomere resultiert (Periode III).

20.6.5.2 Kinetik

Für die Bruttoreaktionsgeschwindigkeit $v_{br(L)}$ in einem Latexteilchen kann man analog zum Ausdruck für die Wachstumsgeschwindigkeit in homogener Phase ansetzen:

(20–82) $v_{br(L)} = k_{p(L)} \{M\}_L \{P^\bullet\}$

wobei $v_{br(L)}$ = Bruttoreaktionsgeschwindigkeit in einem Latexteilchen, $k_{p(L)}$ = Wachstumskonstante und $[M]_L$ bzw. $\{P^\bullet\}_L$ = Stoffmenge Monomer bzw. Radikale/Latexteilchen.

Das Gesamtvolumen der Emulsion v_E setzt sich aus dem Volumen der wässrigen Phase v_{wass} und den Volumina der Latexteilchen v_L zusammen:

(20–83) $\quad v_E = v_{wass} + v_L$

Die Bruttogeschwindigkeit in einem cm³ der Emulsion ist dann mit der Konzentration $[L]$ der Latexteilchen (als Teilchen pro cm³ Emulsion)

(20–84) $\quad v'_{br(E)} = [L]\, v_{br(L)}$

oder mit Gl. (20–83)

(20–85) $\quad v'_{br(E)} = k_{p(L)} [M]_L [P]_L [L]$

Experimentell findet man nun häufig für die Periode II eine konstante Bruttogeschwindigkeit (Abb. 20–10). Das kann bedeuten, daß jede einzelne Größe der rechten Seite der Gl. (20–85) konstant ist oder aber einige Größen sich so mit der Zeit ändern, daß sich ihre Zeitabhängigkeiten wegkompensieren.

Die Konzentration $\{P^\bullet\}_L$ an Radikalen in Latexteilchen kann nur konstant sein, wenn in der Zeiteinheit genau so viele Radikale gebildet werden wie verschwinden. Ein in ein Latexteilchen eintretendes Radikal wird eine Kette starten. Ein zweites Radikal wird aber wegen des kleinen Volumens der Latexteilchen eher mit dem Polymerradikal unter Abbruch reagieren als selbst eine Kette starten. Teilchen mit zwei Radikalen werden daher kaum existieren. Die Abbruchsgeschwindigkeit dürfte viel größer als die Eintrittsgeschwindigkeit sein. Die Zeit vom Eintritt eines zweiten Radikals bis zur Desaktivierung ist daher viel kleiner als die Zeit zwischen dem Eintritt des ersten und des zweiten Radikals. Die Austrittsgeschwindigkeit ist demgegenüber vernachlässigbar. Zu jedem Zeitpunkt enthält demnach ein Latexteilchen entweder ein Radikal oder überhaupt keines, im Zeitmittel also ein halbes ($\{P^\bullet\}_L = 0{,}5$). Führt man diese Konzentration in Gl. (20–85) ein und rechnet die Monomerkonzentration gleichzeitig auf molare Einheiten um, so erhält man mit der Loschmidt'schen Zahl N_L

(20–86) $\quad v_{br(E)} = 0{,}5\, k_p\, [L][M]_L / N_L$

über $v_{br(E)} = v'_{br(E)}/N_L$ = Bruttogeschwindigkeit in der Emulsion (mol/Monomer/ (s · cm³ Emulsion)), $k_p = k_{p(L)} \cdot N_L$ = Wachstumskonstante (cm³ Latexteilchen/ (mol Monomer · s)), $[M]_L = \{M\}_L/N_L$ = Monomerkonzentration (mol Monomer/cm³ Latexteilchen) und $[P^\bullet]_E = \{P^\bullet\}_L/N_L = ([L]/2)N_L$ = Radikalkonzentration (mol Radikale/cm³ Emulsion).

Dieser Ansatz gilt jedoch nur für kleine Umsätze. Bei größeren Umsätzen und hohen Teilchendurchmessern kann nämlich die Konzentration an Radikalen pro Latexteilchen von 0,5 bis auf Werte über 2 ansteigen.

Die Bruttogeschwindigkeit wird nach dieser Theorie von Smith und Harkins in der Periode II also konstant, wenn die Zahl der Latexteilchen und die Monomerkonzentration in den Latexteilchen konstant bleiben. Da die Latexteilchen aus den Mizellen gebildet werden, muß die Zahl der Mizellen ebenfalls konstant bleiben.

Die Monomerkonzentration kann durch zwei Effekte konstant bleiben. Einmal kann sich ein stationärer Zustand ausbilden, bei dem der Monomerverbrauch durch

Polymerisation gerade durch Nachdiffusion in die Latexteilchen kompensiert wird. Die Monomerkonzentration ist dann stets niedriger als die Sättigungskonzentration im Gleichgewicht.

Außerdem wird die Monomerkonzentration im Latexteilchen dann konstant, wenn sich Gibbs'sche Grenzflächenenergie ΔG_γ und Gibbs'sche Quellungsenergie ΔG_q gerade gegenseitig aufheben, so daß die Gibbs-Energie des Monomeren im Gleichgewicht gleich null wird

(20–87) $\quad \Delta G_M = \Delta G_\gamma + \Delta G_q = 0$

Setzt man die entsprechenden Ausdrücke für die Gibbs'sche Grenzflächenenergie und die Gibbs'sche Quellungsenergie (vgl. dazu Gl. (6-108)) ein:

(20–88) $\quad \dfrac{2 V_M^m \cdot \gamma}{r_L} + RT\,[\ln(1 - \phi_{P,L}) + \phi_{P,L} + \chi_1 \phi_{P,L}^2] = 0$

mit V_M^m = Molvolumen des Monomeren, γ = Grenzflächenspannung Latexteilchen/wässrige Phase, r_L = Radius der Latexteilchen, $\phi_{P,L}$ = Volumbruch des Polymeren im Latexteilchen ($\phi_{P,L} = 1 - \phi_{M,L}$) und χ_1 = Huggins-Flory'scher Wechselwirkungsparameter. Bei $\chi_1 > 0{,}5$ löst sich das Polymer ($M \to \infty$) nicht mehr in seinem Monomeren (Kap. 6.6). Die Durchrechnung ergibt, daß bei niedrigen χ_1-Werten der Gleichgewichtswert von $\phi_{M,L}$ noch stark vom Teilchenradius abhängt, bei hohen χ_1-Werten aber nicht mehr.

Abweichungen von dieser einfachen Theorie sind zu erwarten, wenn das Monomere wasserlöslich ist (z. B. Methylacrylat), ein Geleffekt auftreten kann oder der Abbruch durch das Monomere erfolgt.

Ein Teil der Emulsionspolymerisate wird direkt als Latices verwendet. Dazu interessiert die Abhängigkeit der Zahl N_{lat} der Latexteilchen pro cm³ Emulsion von den Versuchsbedingungen. Es sei angenommen, daß alle Radikale mit der konstanten Geschwindigkeit v_R (dm^{-3}s^{-1}) in die Mizellen eindringen. Das Eindringen erfolge zur Zeit t_{st}. In jeder so durch ein Radikal „angeimpften" Mizelle kann die Polymerisation starten. Wie experimentell gefunden wird, nimmt das Volumen V_l jedes Latexteilchens mit konstanter Geschwindigkeit zu, d. h. es gilt dV_l/dt = const. Zur Zeit t beträgt daher die Oberfläche A_l eines Latexteilchens

(20–89)

$$A_l = ((4\pi)^{0,5}\, 3 \int_{t_{st}}^{t} (dV_l/dt)\,dt_{st})^{2/3} = ((4\pi)^{0,5}\, 3\,(dV_l/dt))^{2/3} (t - t_{st})^{2/3}$$

Die totale Oberfläche A_L aller Latexteilchen pro Einheitsvolumen V_{em} der Emulsion ist daher

(20–90)

$$A_L/V_{em} = v_R \int_0^t A_l\,dt_{st} = 0{,}60\, v_R\, ((4\pi)^{0,5}\, 3\,(dV_L/dt))^{2/3}\, t^{5/3}$$

Die Seifenmoleküle nehmen eine spezifische Fläche $a_s = A_s/m_s$ ein. Sie liegen in einer Konzentration $c_s = m_s/V_{em}$ vor. Im Falle $A_L/V_{em} = a_s c_s = A_s/V_{em}$, d.h. $A_L = A_s$, befinden sich alle Seifenmoleküle nur auf den Latexteilchen. Mizellen können dann nicht mehr existieren, d. h. die Zeit I ist abgelaufen. Für die Zeitspanne der Periode I erhält man daher

$$(20-91) \quad t_{crit} = (a_s c_s/0{,}60 \, [(4\pi)^{0{,}5} \, 3 \, (dV_l/dt)]^{2/3} \, v_R)^{3/5}$$
$$= 0{,}53 \, (a_s c_s/v_R)^{3/5} \, (1/(dV_l/dt))^{2/5}$$

Die obere Grenze für die Zahl der Latexteilchen pro Volumen Emulsion ist daher

$$(20-92) \quad v_R \, t_{crit} = 0{,}53 \, (v_R/(dV_l/dt))^{2/5} \, (a_s c_s)^{3/5}$$

Die Polymerisationsgeschwindigkeit wird also größer, wenn die Seifenkonzentration c_s erhöht wird. Der Exponent von c_s wurde für Styrol und kernsubstituierte Styrole experimentell bestätigt. Bei wasserlöslichen Monomeren wie Vinylacetat sinkt der Exponent jedoch unter 0,6 ab.

Der Zahlenwert von 0,53 ist ein oberer Grenzwert, da die Radikale natürlich nicht nur in die Mizellen, sondern auch in die bereits gebildeten Latexteilchen eindringen. Die Durchrechnung ergibt als untere Grenze einen Faktor von 0,37 anstelle von 0,53.

Der Polymerisationsgrad ist nach Gl. (20–61) über die kinetische Kettenlänge proportional dem Verhältnis der Wachstums- bzw. Bruttogeschwindigkeit zu allen Geschwindigkeiten, die die individuelle Kette abbrechen. Man sollte daher die Proportionalitäten $\bar{X}_n \propto c_s^{0{,}6}$ und $\bar{X}_n \propto v_R^{0{,}4}$ bzw. $\bar{X}_n \propto [I]^{0{,}4}$ erwarten. Für Styrol wurden diese Funktionalitäten experimentell auch gefunden. Beim Kernmethylstyrol steigt der Exponent der Seifenkonzentration jedoch auf 0,72 und beim Kerndimethylstyrol sogar auf 1,0 an. Umgekehrt sinkt der Exponent der Katalysatorkonzentration beim Kernmethylstyrol auf 0,18 und beim Kerndimethylstyrol sogar auf 0,09 ab. Beide Effekte wurden auf einen langsamer werdenden Kettenabbruch zurückgeführt.

20.6.5.3 Produkteigenschaften

Die Emulsionspolymerisation bietet gegenüber anderen Polymerisationsverfahren eine Reihe verfahrenstechnischer Vorteile. Die Temperatur kann durch das Wasser leicht konstant gehalten werden. Durch die Redox-Initiatoren sind Polymerisationen noch bei relativ niedrigen Temperaturen mit hoher Geschwindigkeit möglich. Auch die Polymerisationsgrade können ziemlich hoch eingestellt werden. Das nicht polymerisierte Monomer ist durch Wasserdampfdestillation (Dämpfen) verhältnismäßig leicht entfernbar.

Andererseits sind die Reste des Emulgators nur schwierig aus den Polymeren entfernbar. Die Polymerisate werden durch Emulgatorrückstände hydrophiler und der dielektrische Verlust steigt. Bei der Emulsionspolymerisation von Vinylchlorid können außerdem gewisse Seifen die spätere Abspaltung von HCl im Fertigprodukt katalysieren. Man versucht daher, möglichst verseifbare Emulgatoren einzusetzen, emulgatorarm bzw. mit nichtionogenen Emulgatoren zu arbeiten, oder die Emulsionspolymerisation bei der Herstellung von festen Polymeren überhaupt durch die Substanz- oder die Suspensionspolymerisation zu ersetzen.

Der bei der Emulsionspolymerisation anfallende Latex kann aber direkt für Klebstoffe, Anstriche, Beschichtungen oder für die Ausrüstung von Leder weiterverwendet werden. Dazu wünscht man eine Kontrolle über die Verteilung der Latexteilchen. Legt man am Anfang der Polymerisation Emulgator und Wasser vor und gibt dann Monomer und Initiator erst im Verlauf der Polymerisation laufend zu, so wachsen nur die zuerst gebildeten Latexteilchen weiter. Die Latexteilchen sind relativ klein und weisen eine enge Größenverteilung auf. Polymerisiert man dagegen erst einen Teil des Ansatzes und gibt dann den Rest als Emulsion während der Polymerisation zu, so entstehen immer wieder neue Latexteilchen. Die zuerst gebildeten Teilchen werden sehr groß, die zuletzt gebildeten bleiben relativ klein. Die Größenverteilung wird sehr uneinheitlich.

Eine Kettenübertragung durch das Polymere führt zu verzweigten Polymeren. Verzweigte Polymere werden besonders leicht gebildet, wenn die Umsätze schon hoch sind, da dann die Wahrscheinlichkeit größer ist, daß die wachsende Kette auf ein fertiges Polymeres trifft. Die Polymerisation läuft nun bei Emulsionspolymerisationen in den Mizellen bzw. Latexteilchen ab. In beiden herrscht aber eine relativ hohe Polymerkonzentration. Emulsionspolymerisate sollten daher besonders stark verzweigt sein.

Durch eine Emulsionspolymerisation lassen sich selbstverständlich auch Copolymere herstellen. Die Zusammensetzung eines Copolymerisates ist von den Verhältnissen der Geschwindigkeitskonstanten abhängig (vgl. Kap. 22.2). Eine verschiedene Löslichkeit der beiden Monomeren im Wasser wird also eine gegenüber der Polymerisation in Substanz veränderte Zusammensetzung des Copolymerisates hervorrufen, wenn man sich in beiden Fällen auf die gleichen vorgegebenen Monomerkonzentrationen bezieht. Das Flottenverhältnis hat dann einen starken Einfluß auf die Zusammensetzung der Copolymerisate. Zwei schwerlösliche Monomere haben dagegen unter gleichen Bedingungen die gleiche Zusammensetzung bei Substanz- und Emulsionspolymerisation.

Bei verschieden löslichen Monomeren ist aber das tatsächliche Monomerverhältnis in der Ölphase, dem Ort der Polymerisation, verschieden von dem Gesamtmonomerverhältnis. Das wahre Monomerverhältnis kann aus dem vorgegebenen Verhältnis und dem Verteilungskoeffizienten ausgerechnet werden. Eine Auftragung der Zusammensetzung des Polymeren gegen das tatsächliche Monomerverhältnis in der Ölphase gibt Kurven, die deckungsgleich mit den Copolymerisations-Diagrammen bei der Substanzpolymerisation sind.

20.6.6 POLYMERISATION IN DER GASPHASE UND UNTER DRUCK

Bei den einfachsten Gasphasen-Verfahren wird die Polymerisation photochemisch initiiert. Wegen der großen Verdünnung enthält jede wachsende Partikel ähnlich wie bei der Emulsionspolymerisation ein einziges Radikal. Neues Monomer wird über die Gasphase nachgeliefert. Die Polymerisation wird dann durch die Geschwindigkeit der Absorption von Monomeren an der Partikel bestimmt. Da die Absorption mit steigender Temperatur abnimmt, verringert sich also auch die Polymerisationsgeschwindigkeit bei zunehmender Temperatur. Die Bruttoaktivierungsenergie des Prozesses wird daher negativ. Da Makromoleküle nicht in den gasförmigen Zustand überführbar sind, fällt das Polymer schon nach kurzer Zeit aus. Die Polymerisation in der Gasphase vereinigt also Kennzeichen der Emulsions- und der Fällungspolymerisation. Die Produkte sind sehr rein.

Führt man die Polymerisation in der Gasphase in Gegenwart von erhitzten Metalloberflächen aus, so lassen sich auch so unübliche Monomere wie Hexachlorbutadien an der Metalloberfläche zu Filmen polymerisieren. Dabei wird u.a. Chlor entwickelt und das Verhältnis Chlor/Kohlenstoff steigt auf 1 : 2. Das Polymerisat kann daher nicht den gleichen Grundbaustein wie das Monomer enthalten. Bei der ähnlich durchgeführten Polymerisation von Tetrafluorethylen fand man im Polymer z.B. CF_3-Gruppen. Erhöht man bei Gasphasen-Polymerisationen den Druck, so wird die Konzentration vergrößert. Viele Polymerisationen werden dadurch erst thermodynamisch möglich. Um einen merklichen Effekt zu erhalten, genügen meist Drucke von einigen hundert bar.

Arbeitet man dagegen mit Flüssigkeiten, so kann wegen der geringen Kompressibilität die Konzentration durch einen angelegten Druck nicht wesentlich erhöht werden. Um die Polymerisation zu beeinflussen, müssen bei Flüssigkeiten Drucke von mindestens einigen tausend Atmosphären angewendet werden. Bei den einzelnen Druckbereichen kann man folgende Effekte erwarten (1 kbar ≈ 1000 atm):

bis 1 kbar	Verdichtung von Gasen (Gleichgewichtsverschiebungen bei Gasreaktionen)
1 – 10 kbar	Überwindung zwischenmolekularer Kräfte (Kristallisation, Viskositätserhöhung usw.)
10–100 kbar	Änderung von Molekülstrukturen und Elektronenanordnungen, Verschiebung von Isomerengleichgewichten
über 1000 kbar	Erzeugung und Zerstörung chemischer Bindungen.

Druckänderungen bewirken daher im Vergleich zu Temperaturänderungen verhältnismäßig kleine Effekte. Um z. B. eine Kompressionsarbeit von 9,63 kJ/mol zu leisten, sind bei idealen Gasen ca. 50 kbar, beim Äthanol ca. 12 kbar und beim Schwefel ca. 60 kbar erforderlich.

Aus der Theorie des Übergangszustandes erhält man für druckabhängige Reaktionen, wenn die Geschwindigkeitskonstante k_i in druckinvarianten Einheiten gemessen wird (z. B. mol/kg):

$$(20-93) \quad k_i = \frac{kT}{h} \exp(\Delta S_i^{\ddagger}/R) \exp(-(\Delta H_i^{\ddagger} + p\Delta V_i^{\ddagger})/RT)$$

bzw.

$$(20-94) \quad \partial \ln k_i / \partial p = -\Delta V_i^{\ddagger}/RT$$

mit k = Boltzmann-Konstante, h = Planck'sches Wirkungsquantum, $\Delta S_i^{\ddagger}$ = Aktivierungsentropie, $\Delta H_i^{\ddagger}$ = Aktivierungsenthalpie und $\Delta V_i^{\ddagger}$ = Aktivierungsvolumen.

Das Aktivierungsvolumen spielt also für die Druckabhängigkeit der Geschwindigkeitskonstanten die gleiche Rolle wie die Aktivierungsenergie für die Temperaturabhängigkeit. Aus der Gleichung für die Bruttopolymerisationsgeschwindigkeit Gl. (20–52) erhält man somit analog zu Gl. (20–59)

$$(20-95) \quad \Delta V_{br}^{\ddagger} = \Delta V_p^{\ddagger} + 0{,}5\, \Delta V_z^{\ddagger} - 0{,}5\, \Delta V_{t(pp)}^{\ddagger}$$

Die Aktivierungsvolumina der einzelnen Elementarreaktionen lassen sich nun wie folgt abschätzen:

Initiation: Beim Zerfall von z. B. Benzoylperoxid muß die O–O-Bindung gestreckt und schließlich gebrochen werden. Das Aktivierungsvolumen $\Delta V_z^{\ddagger}$ ist folglich positiv. Es hängt stark vom Lösungsmittel ab, d.h. vom induzierten Zerfall.

Wachstum: Bei Olefinderivaten usw. verschwinden die zwischenmolekularen Abstände, das Aktivierungsvolumen ist negativ. Da Ringe meist die größeren Molvolumina als die entsprechenden offenkettigen Verbindungen haben, ist auch bei Ringöffnungspolymerisationen die Polymerisation durch Druck begünstigt.

Abbruch und Übertragung: Das Aktivierungsvolumen ist negativ, wenn der Abbruch durch Kombination erfolgt. Es ist aber vermutlich noch diffusionskontrolliert. Bei Abbruch durch Disproportionierung und bei Übertragungsreaktionen werden gleichzeitig Bindungen gebrochen und neue gebildet. Das Vorzeichen von $\Delta V_t^{\ddagger}$ ist daher ungewiß. Experimentell wird jedoch eine Zunahme der Übertragungsreaktionen mit dem Druck gefunden.

Bei der Polymerisation sind die Aktivierungsvolumina $\Delta V_{br}^{\ddagger}$ meist negativ (Tab. (20–7), $\partial \ln k_{br}/\partial p$ also positiv. Die Polymerisationsgeschwindigkeit nimmt also mit steigendem Druck zu, beim Styrol z.B. bei einer Druckerhöhung auf 3000 bar auf das etwa zehnfache. Das Molekulargewicht steigt jedoch nur um den Faktor 1,5.

Tab. 20–7: Aktivierungsvolumia des Initiatorzerfalles und des Polymerwachstums bei radikalischen Polymerisationen

Substanz	Lösungsmittel	$\dfrac{T}{°C}$	$\dfrac{V^{\ddagger}}{cm^3\ mol^{-1}}$
Initiatorzerfall ($V_z^{\ddagger}$)			
Dibenzoylperoxid	CCl_4	60	9,7
Dibenzoylperoxid	CCl_4	70	8,6
Azobisisobutyronitril	Toluol	63	3,8
Bis(t-butyl)peroxid	Toluol	120	5,4
Bis(t-butyl)peroxid	Cyclohexan	120	6,7
Bis(t-butyl)peroxid	Benzol	120	12,6
Bis(t-butyl)peroxid	CCl_4	120	13,3
Polymerwachstum ($V_p^{\ddagger}$)			
Methylmethacrylat	–	40	–19
Styrol	–	60	–18
α-Methylstyrol	–	60	–17
Allylacetat	–	80	–14
Acenaphthylen	–	60	–10

A-20 Anhang zu Kap. 20

Molmassenverteilung bei radikalischen Polymerisationen

Molmassenverteilungen können über Wahrscheinlichkeitsrechnungen oder aber detailliert über die Betrachtung der Elementarreaktionen abgeleitet werden. Das letztere Verfahren sei bei einer Polymerisation demonstriert, bei der die Monomeren durch Lichtquanten aktiviert werden sollen (M → M*) und der Abbruch nur durch Disproportionierung erfolgt. Die Bildung der aktivierten Monomeren M* = P_1^* hängt dann von der Intensität des eingestrahlten Lichtes I_{hv} und den Reaktionen ab, bei denen das aktivierte Monomer verschwindet:

(A 20–1)

$$d[M^*]/dt = f(I_{h\nu}) - k_p[M^*][M] - k_t[M^*][M^*] - k_t[M^*][P_2^*] \ldots -k_t[M^*][P_x^*]$$

wobei $f(I_{h\nu}) = k_I[M][I]$. Für die Bildung des Dimeren P_2^* erhält man analog

(A 20–2)

$$d[P_2^*]/dt = k_p[P_1^*][M] - k_p[P_2^*][M] - k_t[P_2^*][P_1^*] - k_t[P_2^*][P_2^*] \ldots -k_t[P_2^*][P_x^*]$$

und so weiter bis zum x-Meren

(A 20–3)

$$d[P_x^*]/dt = k_p[P_{x-1}^*][M] - k_p[P_x^*][M] - k_t[P_x^*][P_1^*] \ldots -k_t[P_x^*][P_x^*]$$

Im stationären Zustand gilt $d[M^*]/dt = d[P_2^*]/dt = \ldots = d[P_x^*]/dt = 0$ und mit $v_{st} = v_t$ für $v_{st} = f(I_{h\nu})$ und alle hier vorkommenden Abbruchsreaktionen

$$(A\ 20\text{--}4)\ f(I_{h\nu}) = k_t \sum_{x=1}^{\infty}[P_x^*] \cdot \sum_{x=1}^{\infty}[P_x^*] = k_{t(pp)}[P^*]^2$$

Mit Gl. (A 20–4) folgt aus Gl. (A 20–1) nach einer Umformung mit ($[M^*] = [P_1^*]$)

$$(A\ 20\text{--}5)\ f(I_{h\nu})/k_p[M] = [P_1^*](1+\beta);\quad \beta = \frac{k_{t(pp)}[P^*]}{k_p[M]} = \frac{(f(I_{h\nu})k_{t(pp)})^{0,5}}{k_p[M]}$$

β ist konstant, wenn die Monomerkonzentration konstant bleibt,(kleiner Umsatz). Für die weiteren Bilanzen der Gl. (A 20–1/3) gilt analog

$$(A\ 20\text{--}6)\ [P_{x-1}^*] = [P_x^*](1+\beta)$$

Nach Multiplikation mit Gl. (A 20–5) und einer Umformung erhält man

$$(A\ 20\text{--}7)\ [P_x^*] = \frac{f(I_{h\nu})}{k_p[M]}(1+\beta)^{-x}$$

Aus je zwei Polymerradikalen entstehen durch Disproportionierung zwei tote Polymere; für die Änderung der Polymerkonzentration gilt also

$$(A\ 20\text{--}8)\ d[P_x]/dt = k_{t(pp)}[P_x^*][P^*]$$

bzw. integriert

$$(A\ 20\text{--}9)\ [P_x] = k_{t(pp)}[P_x^*][P^*]t$$

Durch Kombination dieser Gleichung mit Gl. (A 20–7) und mit der Definition von β gelangt man zu

$$(A\ 20\text{--}10)\ [P_x] = f(I_{h\nu})\beta(1+\beta)^{-x}t$$

In der Zeit t werden $f(I_{h\nu})t$ Radikale erzeugt. Jedes Radikal führt nach den Annahmen zu einem Polymermolekül. Also gilt für die Summe aller Polymermoleküle

$$\text{(A 20-11)} \quad \sum_{X=1}^{\infty} f(I_{h\nu}) \beta (1+\beta)^{-X} t = f(I_{h\nu}) t = \sum_{X=1}^{\infty} [P_x]$$

$$\sum_{X=1}^{\infty} \beta (1+\beta)^{-X} = 1$$

Für den Stoffmengenanteil x_X der Moleküle mit dem Polymerisationsgrad X gilt dann

$$\text{(A 20-12)} \quad x_X = \frac{[P_x]}{\sum_{X=1}^{\infty}[P_x]} = \beta (1+\beta)^{-X}$$

und für den Massenanteil entsprechend

$$\text{(A 20-13)} \quad w_X = xX_x/\overline{X}_n = \beta^2 X (1+\beta)^{-X}$$

Diese Gleichungen gelten für einen Abbruch durch Disproportionierung, also für Polymermoleküle mit einem Kopplungsgrad 1. Analog kann man Gleichungen für andere Kopplungsgrade ableiten (vgl. Kap. 8).

Der durch Gl. (A 20-5) definierte Parameter β kann mit dem Zahlenmittel $\overline{X}_n$ des Polymerisationsgrades verknüpft werden. Mit Hilfe der Definition des Stoffmengenanteils (Gl. A 20-12) erhält man nämlich für das einfache Integral

$$\text{(A 20-14)} \quad \int_{X=1}^{\infty} (1+\beta)^{-X} dX = \int_{X=1}^{\infty} a^{-X} dX = \left. -\frac{1}{\ln a} \cdot a^{-X} \right|_{1}^{\infty} = \frac{1}{(1+\beta)\ln(1+\beta)}$$

und folglich mit der Definition des Zahlenmittels des Polymerisationsgrades

$$\text{(A 20-15)} \quad \overline{X}_n = \frac{1}{\int_{X=1}^{\infty} x_X dX} = \frac{(1+\beta)\ln(1+\beta)}{\beta^2}$$

Für $\beta \ll 1$ wird also $\overline{X}_n \approx 1/\beta$.

Für das Massenmittel des Molekulargewichtes bekommt man analog

$$\text{(A 20-16)} \quad \overline{X}_w = \frac{1}{\int_{X=1}^{\infty} w_X dX} = \frac{\beta^2 (\ln^2(1+\beta) + 2\ln(1+\beta) + 2)}{(1+\beta)\ln^3(1+\beta)}$$

und für $\beta \ll 1$ folglich $\overline{X}_w \approx 2/\beta$. Das in Gl. (A 20-16) auftretende Integral wird durch partielle Integration gelöst:

$$\text{(A 20-17)} \quad \int_{X=1}^{\infty} X^2 a^{-X} dX = -\left. \frac{a^{-X}}{\ln^3 a} ((X \ln a)^2 + 2X \ln a + 2) \right|_{1}^{\infty}$$

Nach Gl.(A 20-15) ist das Zahlenmittel des Polymerisationsgrades reziprok proportional β. β ist aber nach Gl. (A 20-5) reziprok proportional der Monomerkonzentration. Da der Polymerisationsgrad folglich der Monomerkonzentration proportional ist, sollte er mit steigendem Umsatz abnehmen. Tatsächlich wird bei radikalischen Polymerisationen jedoch häufig eine Unabhängigkeit des Polymerisationsgrades vom Umsatz gefunden. Dieses Verhalten kann damit erklärt werden, daß bei der obigen Ableitung ein Kettenabbruch durch die Initiatorradikale nicht berücksichtigt wurde.

Literatur zu Kap. 20

20.1 Allgemeine Übersichten

L. Küchler, Polymerisationskinetik, Springer, Heidelberg 1951
G. M. Burnett, Mechanism of Polymer Reactions, Interscience, New York 1954
C. H. Bamford, W. G. Barb, A. D. Jenkins und P. F. Onyon, Kinetics of Vinyl Polymerization by Radical Mechanism, Butterworths, London 1958
J. C. Bevington, Radical Polymerization, Academic Press, London 1961
G. H. Williams, Hrsg., Adv. Free Radical Chemistry, Academic Press, New York, Bd. 1 ff. (ab 1965)
A. M. North, The Kinetics of Free Radical Polymerization, Pergamon Press, Oxford 1965
H. Fischer, Freie Radikale während der Polymerisation, nachgewiesen und identifiziert durch Elektronenspinresonanz, Adv. Polymer Sci. Fortschr. Hochpolym. Forschg. **5** (1967/68) 463
Kh. S. Bagdasar'yan, Theory of Free Radical Polymerization, Israel Program for Scientific Translations, Jerusalem 1968 (= Übersetzung der russ. Ausgabe 1966)
G. E. Scott und E. Senogles, Kinetic relationships in radical polymerization, J. Macromol. Sci.-Revs. Macromol. Chem. **C 9** (1973) 49
P.-O. Kinell, B. Ranby und V. Runnström-Reio, Hrsg., ESR applications to polymer research (= Nobel Symposium 22), Wiley, New York 1973
H. Fischer und D. O. Hummel, Electron spin resonance, Monogr. Mod. Chem. **6** (1974) 289
C. H. Bamford und C. F. H. Tipper, Hrsg., Free radical polymerization (= Comprehensive Chem. Kinetics 14 A), Elsevier, Amsterdam 1976
B. Ranby und J. F. Rabek, ESR Spectroscopy in polymer research, Springer, Berlin 1977

20.2 Initiation und Start

C. Walling, Free radicals in solution, Wiley, New York 1957
A. C. Davies, Organic peroxides, Butterworth, London 1961
A. V. Tobolsky und R. B. Mesrobian, Organic peroxides, Interscience, New York 1961
B. L. Funt, Electrolytically controlled polymerizations, Macromol. Revs. **1** (1967) 35
N. Yamazaki, Electrolytically initiated polymerization, Adv. Polym. Sci. **6** (1969) 377
D. Swern, Hrsg., Organic peroxides, Wiley, 3 Bde. (1970–1972)
J. R. Ebdon, Thermal polymerization of styrene – a critical review, Brit. Polymer J. **3** (1971) 9
J. W. Breitenbach, O. F. Olaj und F. Sommer, Polymerisationsanregung durch Elektrolyse, Adv. Polymer Sci. **9** (1972) 47
G. Parravano, Electrochemical polymerization, in M. M. Bazier, Hrsg., Organic electrochemistry, Dekker, New York 1973
W. A. Pryor und L. D. Lasswell, Adv. Free Rad. Chem. **5** (1975) 27

20.3 Wachstum und Abbruch

D. G. Smith, Non-ideal kinetics in free radical polymerization, J. Appl. Chem. **17** (1967) 339
A. M. North, Diffusion control of homogeneous free-radical reactions, Progr. High Polymers **2** (1968) 95
J. W. Breitenbach, Popcorn polymerizations, Adv. Macromol. Chem. **1** (1968) 139
S. Tazuke, Effects of metal salts on radical polymerization, Progr. Polym. Sci. Japan **1** (1969) 69
V. I. Volodina, A. I. Tarasov und S. S. Spasskij, Polymerization von Allylverbindungen (in Russ.), Usspechi Chim. (Fortschr. Chem.) **39** (1970) 276
G. P. Gladyschew und K. M. G. Gibov, Polymerization at advanced degrees of conversion, Nauka Publ., Alma Ata 1968; Israel Progr. Sci. Transl., Jerusalem 1970

K. Takemoto, Preparation and polymerization of vinyl heterocyclic compounds, J. Macromol. Sci. C **5** (1970) 29

S. Nozakura und Y. Inaki, Radical polymerization of internal olefins: steric effects in polymerization, Progr. Polymer Sci. Japan **2** (1971) 109

J. W. Breitenbach, Proliferous polymerization, Brit. Polym. J. **6** (1974) 119

M. Oiwa und A. Matsumoto, Radical polymerizations of diallyl dicarboxylates, Progr. Polym. Sci. **7** (1974) 107

20.4 Übertragung

G. Henrici-Olivé und S. Olivé, Kettenübertragungen bei der radikalischen Polymerisation, Fortschr. Hochpolym. Forschg. **2** (1960/61) 496

C. M. Starks, Free radical telomerization, Academic Press, New York 1974

R. K. Freidlina und A. B. Terent'ev, Free-radical rearrangement in telomerization, Acc. Chem. Res. **10** (1977) 9

20.5 Stereokontrolle

H. G. Elias, P. Göldi und B. L. Johnson, Monomer constitution and stereocontrol in free radical polymerizations, Adv. Chem. Ser. **128** (1973) 21

B. Englin, 1,3-Asymmetric induction in stereoregular radical reactions, J. Polymer Sci. [Symp.] **55** (1976) 219

20.6 Technische Polymerisationen

F. A. Bovey, I. M. Kolthoff, A. J. Medalia und E. J. Mehan, Emulsion polymerization, Interscience, New York 1955

H. Gerrens, Kinetic der Emulsionspolymerisation, Fortschr. Hochpolym. Forschg. **1** (1958–1960) 234

D. C. Blackley, Hrsg., High polymer latices, MacLaren, London, 2 Bde., 1966

J. C. H. Hwa und J. W. Vanderhoff, Hrsg., New concepts in emulsion polymers, Wiley, New York 1969

A. E. Alexander und D. H. Napper, Emulsion polymerization, Progr. Polymer Sci. **3** (1971) 145

D. C. Blackley, Emulsion polymerization: theory and practice, Halsted, New York 1975

K. E. J. Barrett, Hrsg., Dispersion polymerization in organic media, Wiley, New York 1975

J. Ugelstad und F. K. Hansen, Kinetics and mechanism of emulsion polymerization, Rubber Chem. Technol. **49** (1976) 536

I. Piirma und J. L. Gardon, Hrsg., Emulsion polymerization, ACS Symp. Ser. **24** (1976)

H. Gerrens, Polymerization reactors and polyreactions. A review, Proc. 4th Internat./6th Europ. Symp. Chem. Reaction Engng., Dechema, Frankfurt (M), Bd. 2, 1976

T. C. Bouton und D. C. Chappeler, Hrsg., Continuous Polymerization reactors, AIChE Symp. Ser. **160**, Bd. 72, Amer. Inst. Chem. Engng., New York 1976

J. L. Gardon, Emulsion polymerization, in C. E. Schildknecht und I. Skeist, Hrsg., Polymerization processes, Wiley, New York 1977

21 Strahlungsaktivierte Polymerisationen

21.1 Übersicht

Durch elektromagnetische Strahlung eingeleitete und/oder fortgepflanzte Polymerisationen werden strahlungsaktivierte Polymerisationen genannt. Strahlungsaktivierte Polymerisationen werden in strahlungsinitiierte Polymerisationen und Strahlungspolymerisationen eingeteilt. Bei der strahlungsinitiierten Polymerisation leitet die Strahlung eine Polyreaktion ein; jeder einzelne Wachstumsschritt erfolgt aber ohne direkte Mitwirkung der Strahlung. Bei der Strahlungspolymerisation wird dagegen jeder einzelne Wachstumsschritt durch die Strahlung selbst bewirkt.

Strahlungsinitiierte Polymerisationen verlaufen somit mit Ausnahme des eigentlichen Startschrittes wie die regulär initiierten radikalischen und ionischen Polymerisationen ab. Eine Berechtigung zur Behandlung der strahlungsinitiierten Polymerisation in einem eigenen Kapitel ergibt sich eigentlich nur dadurch, daß der Wachstumsmechanismus in vielen Fällen nicht vorhergesagt werden kann. Strahlungspolymerisationen verlaufen dagegen häufig nicht nach einem radikalischen oder ionischen Mechanismus.

Strahlungsaktivierte Polymerisationen werden außerdem nach der Art der verwendeten Strahlung eingeteilt. Man unterscheidet dabei hochenergiereiche Strahlen (γ- und β-Strahlen, langsame Neutronen) und Strahlen niedriger Energie (sichtbares oder ultraviolettes Licht) (Tab. 21–1). Durch Strahlen niedriger Energie bewirkte Polymerisationen werden als fotoaktivierte Polymerisationen bezeichnet, wobei wiederum die fotoinitiierten Polymerisationen von den eigentlichen Fotopolymerisationen unterschieden werden können.

Die durch fotoaktivierte Polymerisationen erzeugten Polymeren werden Fotopolymere genannt. Fotovernetzbare Polymere sind dagegen solche, die unter dem Einfluß von Licht vernetzen. In der Literatur werden die Namen häufig in einem anderen Zusammenhang verwendet. Insbesondere wird oft nicht zwischen einer Fotopolymerisation und einer fotoinitiierten Polymerisation unterschieden und häufig auch nicht zwischen einem Fotopolymer und einem fotovernetzbaren Polymer.

Tab. 21–1: Energie E und Wellenlänge λ_0 von Strahlen und ihre Anwendungen in der Polymerchemie (nach J. Economy)

Strahlung	λ_0/nm	E/MJ	Anwendung
γ	0,001	117 000	Polymerisation
Elektronen (150 kV)	0,008	15 000	Härtung
Ionen (100 kV)	0,013	8 000	Ätzen von Resists
Elektronen (20 kV)	0,06	2 000	Resists
Röntgen	0,1–1	1 000	Resists
Ultraviolett	100–300	0,8	Härtung
Ultraviolett	300–400	0,4	Härtung von Druckfarben
Laser	300–600	0,3	Holographie
Ultraviolett	400–500	0,25	Photoresists
Laser	10 600	0,013	Kunststoff-Verdampfung

21.2 Strahlungsinitiierte Polymerisationen

Eine elektromagnetische Strahlung verliert beim Durchgang durch Materie durch den fotoelektrischen Effekt (ca. 60 keV = 9,6 fJ), die Compton-Streuung (60 keV - 25 MeV = (9,6 - 4000) fJ) und/oder durch die Erzeugung von Elektron/Positron-Paaren (ca. 1 MeV = 160 fJ) an Intensität. Für hochenergiereiche Strahlen ist die Compton-Streuung am wichtigsten. Die von einer ^{60}Co-Quelle ausgesandten γ-Strahlen stellen Photonen von so hoher Energie dar, daß sie nicht-selektiv Elektronen aus deren Orbitalen verdrängen können (primärer Strahlungseffekt). Das Photon verliert dabei einen Teil seiner Energie. Sowohl das herausgeschlagene Elektron (Compton-Elektron) als auch das Photon haben häufig noch genügend Energie, um in Sekundärprozessen weitere Elektronen herauszuschlagen. Um den Ort der ursprünglichen Wechselwirkung herum entstehen also lokale Ionisationen. Das wandernde Photon und die von ihm gebildeten Tochterprodukte erzeugen weitere Ionen, bis ihre Energie verbraucht ist. Auf diese Weise wird eine Bahn oder Spur von ionisierten Produkten gebildet. Die durch diesen Prozeß erzeugten Kationen und Elektronen können ionische Polymerisationen auslösen.

Angeregte Elektronen mit ungenügender Energie zur Erzeugung weiterer Ionisationen werden thermische Elektronen genannt. Thermische Elektronen senden bei der Rückkehr zum Grundzustand Photonen aus, bevor sie schließlich mit früher gebildeten Kationen rekombinieren. Diese niedrigenergetischen Photonen können ebenfalls die Polymerisation geeigneter Monomerer auslösen. Ionen können zu neuen, angeregten Molekülen rekombinieren. Sie können aber auch mit anderen Molekülen reagieren und dann eine ionische Polymerisation starten. Derartige kationische Polymerisationen treten aber nur mit ultrareinen Monomeren bei tiefen Temperaturen in Lösungsmitteln mit hoher Dielektrizitätskonstante auf. Ultrareine Monomere enthalten weniger als 10^{-5} % Verunreinigungen.

In den meisten Fällen lösen hochenergetische Strahlen jedoch radikalische Polymerisationen aus. Die stationäre Konzentration von Ionen oder Radikalen ist ja durch

$$(21-1) \quad [C^*]_{\text{stat}} = (v_i/k_t)^{0,5}$$

gegeben. v_i ist dabei die Geschwindigkeit der Bildung von Radikalen oder Ionen und k_t die Geschwindigkeitskonstante des Abbruchs bzw. der Rekombination.

Die Bildungsgeschwindigkeit von Ionen ist um den Faktor 10 bis 100 mal kleiner als die von Radikalen. Die Rekombinationskonstante k_t ist dagegen bei Ionen um den Faktor 100 größer als bei Radikalen. Daraus folgt, daß die Konzentrationen im stationären Zustand bei Ionen ca. 100 mal kleiner sind als bei freien Radikalen. Die meisten strahlungsinitiierten Polymerisationen laufen daher radikalisch ab.

Radikale entstehen durch Dissoziation angeregter Moleküle. Die Polymerisationsauslösung durch hochenergetische Strahlung ist besonders für Pfropfpolymerisationen und für die Polymerisation im festen Zustand wichtig. Für die Polymerisation gasförmiger, flüssiger und gelöster Monomerer hat sich die strahlungsinduzierte Polymerisation wegen der hohen Investitionskosten nicht durchgesetzt. Die Polymerisation von Methylmethacrylat in Masse wird jedoch in kleinerem Umfang durch Strahlung initiiert (ca. 2000 t/a).

Als Maß für die Produktion von Radikalen R• wird ein $G_{R•}$-Wert definiert. $G_{R•}$ gibt an, wieviel Radikale pro 100 Elektronenvolt (1 eV = $1,6 \cdot 10^{-19}$ J) absorbierter

Energie gebildet werden. Resonanzstabilisierte Moleküle wie z.B. Styrol können die absorbierte Energie auf das gesamte Molekül verteilen, wodurch relativ weniger Bindungen gebrochen werden als bei nichtresonanzstabilisierten Molekülen. So ist z. B. der $G_{R\bullet}$-Wert sowohl für Styrol als auch für Poly(styrol) niedrig. Chlorhaltige Verbindungen können unter dem Einfluß der Strahlung Chlorradikale bilden, die dann Kettenreaktionen auslösen können. Der $G_{R\bullet}$-Wert ist daher sowohl für Vinylchlorid als auch für Poly(vinylchlorid) hoch (Tab. 21 – 2). Ethylen kann wegen seiner Doppelbindung mehr Energie aufnehmen als Poly(ethylen), bevor Radikale entstehen. Der $G_{R\bullet}$-Wert für das Polymer ist daher höher als für das Monomer.

Tab. 21–2: $G_{R\bullet}$-Werte für einige Monomere bzw. Polymere

Monomere bzw. Grundbaustein	$G_{R\bullet}$ für Monomer	Polymer
Vinylchlorid	10	10-15
Vinylacetat	10-12	6 oder 12
Methylacrylat	6,3	6 oder 12
Acrylnitril	5-5,6	?
Ethylen	4,0	6,0 - 8,0
Styrol	0,69	1,5 - 3,0

Die Bestrahlung von Polymeren mit hochenergiereichen Strahlen erzeugt Polymerradikale, die die Polymerisation von Monomeren auslösen können. Die Polymerradikale können aber auch rekombinieren, sodaß vernetzte Polymere entstehen. Falls jedoch die Polymerradikale disproportionieren oder mit nichtpolymerisationsfähigen Verunreinigungen reagieren, wird die Polymerkette nur gespalten. Im allgemeinen ist der $G_{R\bullet}$-Wert für die Spaltung höher als der $G_{R\bullet}$-Wert für die Vernetzung. Es entstehen somit mehr Spaltungen als Vernetzungen. Eine geringe Vernetzung ändert die mechanischen Eigenschaften des Polymeren sehr drastisch, nicht jedoch eine geringe Spaltung. Eine stärkere Vernetzung erzeugt nur geringe Änderungen der mechanischen Eigenschaften, während sich die vielen Spaltungen ungünstig auswirken. Bei der Vernetzung von Polymeren durch Bestrahlung ist daher ein Optimum der gewünschten mechanischen Eigenschaften als Funktion der Bestrahlungsdosis zu erwarten.

21.3 Fotoaktivierte Polymerisationen

21.3.1 ANGEREGTE ZUSTÄNDE

Moleküle weisen in ihren Grundzuständen die niedrigste elektronische Energie auf. Zustände mit höheren Energien heißen angeregte Zustände. Grundzustände und elektronisch angeregte Zustände unterscheiden sich in den Elektronenspins. In den Singlett-Zuständen besitzen zwei Elektronen antiparallele Spins, in den Triplett-Zuständen dagegen parallele. Da zwischen den antiparallelen Spins Abstossungskräfte herrschen, müssen Triplett-Zustände energieärmer als die entsprechenden Singlett-Zustände sein (Abb. 21–1).

Die meisten Moleküle liegen im Grundzustand als Singlett mit gepaarten Elektronen mit antiparallelen Spins vor. Eine Ausnahme ist z. B. der Sauerstoff, dessen Grundzustand ein Triplett-Zustand ist. Beim Bestrahlen der Moleküle mit z. B. sichtbarem oder ultraviolettem Licht werden die Moleküle angeregt; die Elektronen sind jetzt ungepaart (Abb. 21–1), weil sie aus dem höchsten, noch besetzten Molekülorbital des Grundzustandes in das niedrigste, noch unbesetzte Molekülorbital angehoben werden. Dieser erste angeregte Zustand kann entweder ein Singlett oder ein Triplett T_1 sein. Noch höher angeregte Zustände wie $S_2, S_3 \ldots T_2, T_3 \ldots$ sind selbstverständlich ebenfalls möglich. Die höher angeregten Zustände wandeln sich jedoch mit 10^{11}–10^{14} s^{-1} so rasch in die ersten angeregten Zustände um, daß sie neben den langsameren normalen fotomechanischen Prozessen nicht zum Tragen kommen.

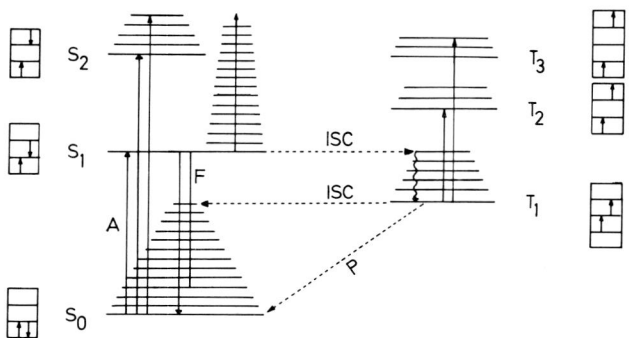

Abb. 21–1: Energie-Diagramm für einfache organische Moleküle. S = Singlett-Zustände, T = Triplett-Zustände, A = Absorption, F = Fluoreszenz, P = Phosphoreszenz, ISC = strahlungsloser Übergang (intersystem crossing) durch Abgabe von Schwingungsenergie nach dem Franck-Condon-Prinzip

Der erste angeregte Zustand kann auf verschiedene Weise in den Grundzustand zurückgeführt werden: strahlungslos durch Abgabe von Wärme W, unter Fluoreszenz $h\nu'$ oder durch Energieübertragung zu einem Quencher Q:

(21–2)

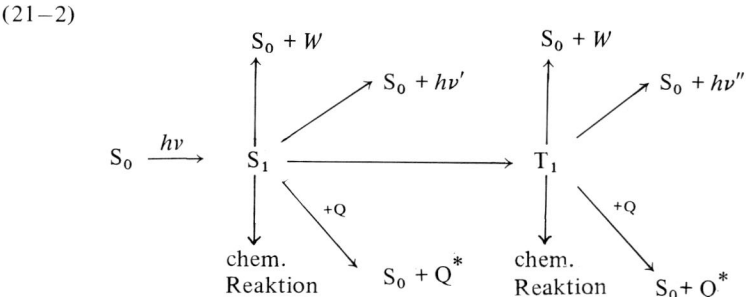

Triplett-Zustände können aus dem Grundzustand nicht durch direkte Absorption eines Photons gebildet werden; dieser Übergang ist verboten. Der niedrigste angeregte

Triplett-Zustand wird vielmehr aus dem niedrigsten angeregten Singlett-Zustand durch einen strahlungslosen Übergang gebildet (intersystem crossing). Höhere angeregte Triplett-Zustände entstehen ausschließlich aus dem niedrigsten Triplett-Zustand durch Aufnahme neuer Photonen. Die Desaktivierung der Triplett-Zustände erfolgt ähnlich wie die Desaktivierung der Singlett-Zustände; der Strahlungsübergang erfolgt jedoch durch Phosphoreszenz und nicht durch Fluoreszenz.

Die Absorption von Photonen genügender Energie ist die notwendige Voraussetzung für fotochemische Reaktionen. An den Absorptionsschritt schließt sich die sog. primäre fotochemische Reaktion elektronisch angeregter Zustände an. Dieser folgt die sekundäre Reaktion oder Dunkelreaktion der durch die primäre fotochemische Reaktion erzeugten chemischen Spezies.

Moleküle im angeregten Zustand können Energie an andere Moleküle durch direkte Energieübertragung oder durch Bildung von Excimeren oder Exciplexen abgeben. Bei der direkten Energieübertragung geht ein angeregtes Donormolekül D^* unter gleichzeitiger Übertragung der elektronischen Anregungsenergie an ein Akzeptormolekül in den Grundzustand über; das Akzeptormolekül wird angeregt:

$$(21-3) \quad D^* + A \longrightarrow D + A^*$$

Der Prozeß wird auch Sensibilisierung genannt. Falls Donor und Akzeptor identisch sind, spricht man von Energiemigration.

Excimere sind Dimere aus gleichen Molekülen, die unter elektronischer Anregung, aber nicht im Grundzustand, stabil sind. Sie werden meist durch MM^* symbolisiert. Excimere weisen eine Fluoreszenzbande, jedoch nicht die entsprechende Bande im Absorptionsspektrum auf.

Exciplexe sind Komplexe aus zwei verschiedenen Spezies, von denen die eine im Grundzustand, die andere im angeregten Zustand ist. Exciplexe sind nur im angeregten Zustand beständig. Sie werden durch nachträgliche Anregung eines primär gebildeten Ladungsübertragungskomplexes

$$(21-4) \quad D + A \rightleftarrows (D,A) \xrightarrow{h\nu} (D^{\overset{+}{\bullet}}, A^{\overset{-}{\bullet}})^*$$

oder durch Reaktion eines angeregten Donor- bzw. Akzeptormoleküls mit einem Molekül im Grundzustand gebildet

$$(21-5) \quad D \xrightarrow{h\nu} D^* \xrightarrow{+A} (D^*, A) \longrightarrow (D^{\overset{+}{\bullet}}, A^{\overset{-}{\bullet}})^* \longleftarrow (D, A^*) \xleftarrow{+D} A^* \xleftarrow{h\nu} A$$

21.3.2 FOTOINITIATION

Eine Fotoinitiation kann durch mehrere Mechanismen erfolgen. Im einfachsten Fall wird das Monomermolekül selbst in den angeregten Zustand überführt. Das angeregte Molekül zerfällt dann homolytisch in zwei Radikale, die die Polymerisation auslösen:

$$(21-6) \quad (A-B) \xrightarrow{h\nu} (A-B)^* \longrightarrow A^\bullet + B^\bullet$$

Derartige fotoinitiierte Polymerisationen werden jedoch häufiger durch Zerfall eines absichtlich zugesetzten Fotoinitiators gestartet. Azobisisobutyronitril und andere

Azoverbindungen zerfallen nicht nur thermolytisch (vgl. Gl. (20–11)), sondern auch unter der Einwirkung von Licht in zwei Isobutyronitril-Radikale. Ähnliche Fotohomolysen werden von Peroxiden und Disulfiden eingegangen. Benzoin und dessen Alkylether fragmentieren mit besonders hohen Quantenausbeuten:

$$(21-7) \quad C_6H_5-CO-\underset{\underset{OR}{|}}{CH}-C_6H_5 \xrightarrow{h\nu} C_6H_5\overset{\bullet}{C}O + C_6H_5\overset{\bullet}{C}HOR$$

Fotosensibilisatoren wirken auf zwei Arten. Benzophenon wird z. B. durch ultraviolettes Licht in den angeregten Triplett-Zustand überführt und überträgt dann Energie zum Monomeren. In Ggw. von Aminen und Schwefelverbindungen tritt dabei Fotoreduktion ein, möglicherweise unter intermediärer Bildung von Exiplexen:

(21–8)

$$Ar_2CO^*(T_1) + R_2NCH_2R \longrightarrow Ar_2\overset{\bullet}{C}-O^\ominus / R_2\overset{\bullet}{\overset{\oplus}{N}}-CH_2R$$
$$Ar_2\overset{\bullet}{C}-OH + R_2N-\overset{\bullet}{C}HR \quad Ar_2CO(S_0) + R_2N-CH_2R$$

In Ggw. von Wasserstoffüberträgern wird Benzophenon dagegen fotoreduziert, z. B.

$$(21-9) \quad Ar_2CO^*(T_1) + (CH_3)_2CHOH \longrightarrow Ar_2\overset{\bullet}{C}-OH + (CH_3)_2\overset{\bullet}{C}-OH$$

$$(CH_3)_2\overset{\bullet}{C}-OH + Ar_2CO \longrightarrow (CH_3)_2CO + Ar_2\overset{\bullet}{C}-OH$$

Durch Ladungsübertragung zwischen einem Monomeren und einem nicht polymerisierbaren organischen Akzeptor oder Donator bzw. einem anorganischen Salz können Komplexe entstehen, die durch Licht in den angeregten Zustand überführt werden können. Die Polymerisation selbst läuft dann über radikalische oder kationische Zwischenstufen ab. N-Vinylcarbazol bildet z. B. einen derartigen Komplex mit $NaAuCl_3 \cdot 2\ H_2O$, wobei unbekannt ist, ob Au(III) oder Au(II) für die Elektronenübertragung verantwortlich ist. Die Polymerisation wird nur wenig durch Sauerstoff, jedoch stark durch NH_3 verzögert. Es handelt sich daher vermutlich um eine kationische Polymerisation.

Die Ladungsübertragung zwischen einem polymerisierbaren Donor und einem polymerisierbaren Akzeptor kann ebenfalls zu einem Ladungsübertragungs-Komplex führen, der durch Einstrahlung von Licht in den angeregten Zustand gebracht werden kann. Diese Art der Fotoinitiierung kann entweder zur Unipolymerisation eines der beiden Monomeren oder aber zur Copolymerisation führen (vgl. auch Kap. 22.3.3).

21.3.3 FOTOPOLYMERISATION

Bei der eigentlichen Fotopolymerisation wird jeder einzelne Wachstumsschritt fotochemisch aktiviert. Dabei können entweder ein reaktiver Grundzustand oder die angeregten Singulett- oder Triplett-Zustände reagieren.

Aus einer fotochemischen Reaktion stammende reaktive Grundzustände sind z. B. an der fotoreduktiven Dimerisierung aromatischer Diketone zu hochmolekularen Poly-

21.3 Fotoaktivierte Polymerisationen

(benzpinakolen) beteiligt. Als Reduktionsmittel dient i-Propanol, das zu Aceton oxidiert wird:

(21–10)

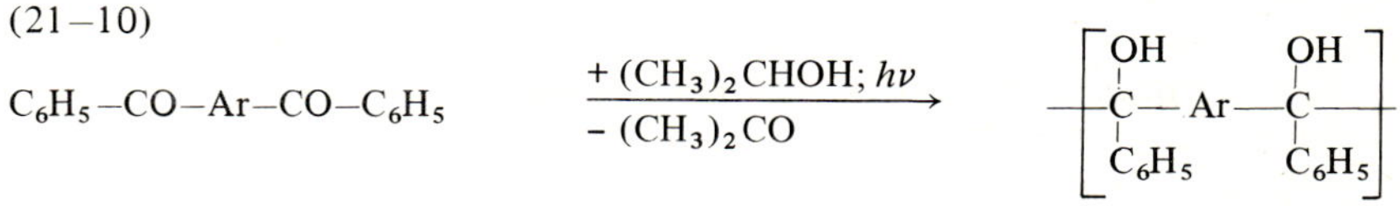

$$C_6H_5-CO-Ar-CO-C_6H_5 \xrightarrow[-(CH_3)_2CO]{+(CH_3)_2CHOH;\ h\nu} \left[\begin{array}{c} OH \\ | \\ -C-Ar-C- \\ | \\ C_6H_5 \end{array}\begin{array}{c} OH \\ | \\ \\ | \\ C_6H_5 \end{array}\right]$$

Ar kann dabei z.B. $-C_6H_4-(CH_2)_x-C_6H_4-$ sein.

Singulett-Zustände sind bei der Fotopolymerisation von Anthracen-Derivaten beteiligt, die eine $4\pi + 4\pi$-Cycloaddition darstellt:

(21–11)

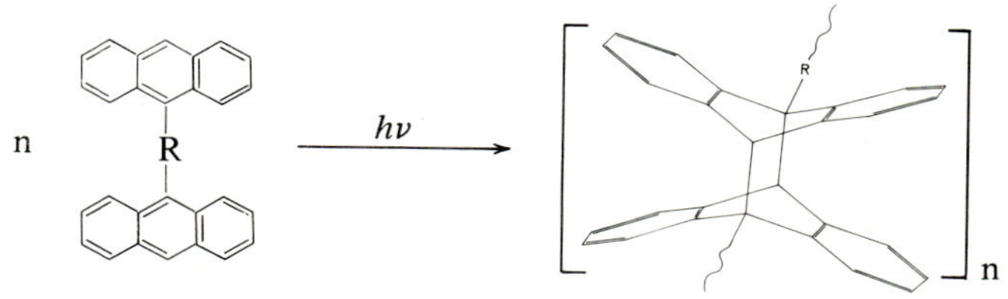

R kann dabei z.B. $-COO(CH_2)_nOCO-$ oder $-CH_2OCO(CH_2)_nCOOCH_2-$ sein.

Triplett-Zustände werden bei der 4-Zentren-Polymerisation von Distyrylpyrazinen durchlaufen. Diese Polyreaktion stellt eine $(2\pi + 2\pi)$-Cycloaddition dar:

(21–12)

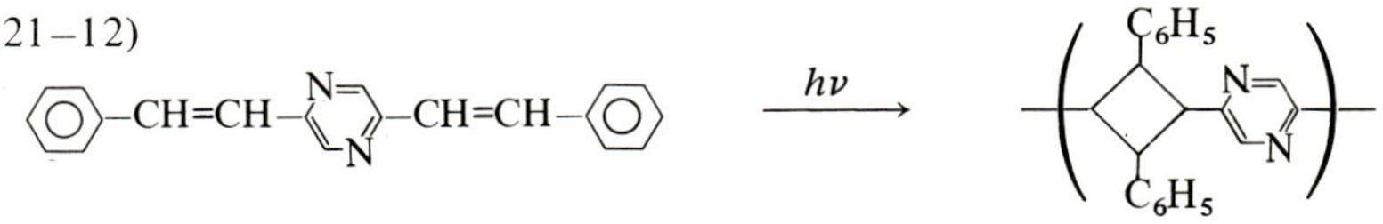

Die Fotopolymerisation läuft nur im festen Zustand mit nennenswerter Geschwindigkeit ab, d.h. z.B. in einer Suspension der Monomerkristalle. N,N-Polymethylen-bis-chlormaleinsäureimide fotopolymerisieren dagegen bereits in Lösung in Ggw. eines Sensibilisators wie z. B. Benzophenon zu hochmolekularen Poly(N,N'-polymethylen-bis-dichlormaleinsäureimiden):

(21–13)

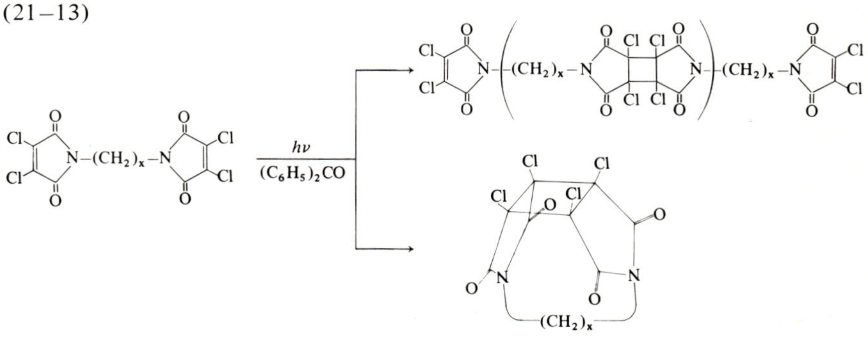

A

Das intramolekulare Cyclisierungsprodukt A tritt bei mehr als sechs Methylengruppen praktisch nicht auf. Bei drei Methylengruppen ist dagegen die Cyclisierung vollständig; es werden ausschließlich neungliedrige Ringe gebildet. Falls unsubstituierte Maleinsäureimid-Derivate verwendet werden, können die endständigen Doppelbindungen polymerisieren und so eine Vernetzung hervorrufen.

Fotopolymerisationen können besonders gut für Vernetzungsreaktionen verwendet werden. Eine geeignete Gruppe ist z. B. die Chalcon-Gruppe, die durch eine Friedel-Crafts-Reaktion in das Polymer eingeführt und anschließend fotopolymerisiert werden kann:

$$(21-14) \quad \{CH_2-CH\} \xrightarrow[AlCl_3,\ -HCl]{+C_6H_5CH=CHCOCl} \{CH_2-CH\} \xrightarrow{h\nu} \{CH_2-CH\}$$

(mit Seitengruppen C_6H_5 bzw. C_6H_4-CO-CH=CH-C_6H_5 bzw. vernetzt über C_6H_4-CO-CH-CH(C_6H_5)-CO-C_6H_4-)

Fotoempfindlich und daher für Fotovernetzungen geeignet sind auch Azide ($-N_3$), Carbazide ($-CON_3$), Sulfonazide ($-SO_2N_3$), Diazoniumsalze ($R-N_2X$) und Diazoketone mit der Gruppierung

21.4 Polymerisation im festen Zustand

Strahlung ist ein bevorzugtes Hilfsmittel zur Polymerisation von Monomeren im festen Zustand, d.h. unterhalb ihres Schmelzpunktes. Der Start kann aber auch durch fotochemische Zersetzung von Radikalbildnern an der Oberfläche der Kristalle erfolgen. Das gleichzeitige Abkühlen von Monomerdampf mit atomaren oder molekularen Dispersionen (z. B. Magnesiumdampf) ist eine recht unkonventionelle Methode, um die Polymerisation im festen Zustand auszulösen. Eine Reihe von Monomeren scheint auch „spontan" zu polymerisieren, z. B. p, p'-Divinyldiphenyl bei Raumtemperatur, d.h. weit unterhalb des Schmelzpunktes des Monomeren (152 °C). Polyreaktionen im festen Zustand sind außerdem nicht auf Polymerisationen beschränkt. Die Polykondensation von p-Halogenthiophenolen (X = Fluor, Chlor oder Brom, Mt = Lithium, Natrium oder Kalium):

$$(21-15) \quad X-\langle O \rangle-SMt \longrightarrow \{S-\langle O \rangle\} + MtX$$

führt z. B. oberhalb des Schmelzpunktes der Monomeren zu vernetzten, unterhalb des Schmelzpunktes aber zu unverzweigten hochmolekularen Produkten.

21.4 Polymerisation im festen Zustand

Die folgende Diskussion beschränkt sich auf die durch hoch- oder niedrigenergiereiche Strahlen ausgelösten Polymerisationen im festen Zustand.

21.4.1 START

Es gibt eine Reihe von Hinweisen, daß bei der Bestrahlung mit hochenergiereichen Strahlen die Polymerisation an Fehlstellen ausgelöst wird. Kratzt man nämlich, die Kristalle an, so beginnen die Polymerketten von diesen Stellen aus zu wachsen. Die Orte des Polymerisationsbeginns sind außerdem unregelmäßig verteilt. Bei der Polymerisation im Monomerkristall werden wegen der Dichteunterschiede zwischen Monomer und Polymer Spannungen erzeugt, die zu neuen Fehlstellen führen. Diese Fehlstellen können neue Polymerisationen auslösen. Auf elektronenmikroskopischen Aufnahmen sieht man daher eine Anzahl von Kratern, die zu einem späteren Zeitpunkt von Satellitenkratern umgeben sind.

Bei der Initiation durch Bestrahlung ist meist schwierig festzustellen, ob die Polymerisation radikalisch oder ionisch abläuft. Bei Elektronenspinresonanz-Messungen erhält man oft Signale. Damit ist jedoch noch nicht bewiesen, daß diese Radikale auch die Polymerisation auslösen. In vielen Fällen begnügt man sich mit der ,,chemischen Erfahrung": polymerisiert ein Monomer in Lösung nur kationisch, so kann die Polymerisation im Kristall nicht radikalisch sein und umgekehrt.

Die Wirkung von Inhibitoren ist ebenfalls kein sicherer Beweis für oder gegen einen Radikalmechanismus. Ein Zusatz von 5 % Benzochinon erniedrigt z.B. die Polymerisationsgeschwindigkeit des Acrylnitrils um die Hälfte. Der gleiche Effekt wird jedoch auch durch 5 % Toluol hervorgerufen. Ein exakter Beweis kann mit Inhibitoren nur erbracht werden, wenn diese isomorph mit dem Monomeren sind, die Fehlstellenkonzentration nicht verändern und außerdem in hoher Konzentration vorliegen. Das gleiche gilt für Copolymerisationen als Kriterium für den Mechanismus (vgl. Kap. 22).

Auch eine Reihe anderer Phänomene ist nicht unbedingt beweisend für den Mechanismus. Die Aktivierungsenergien der Polymerisationen im festen Zustand sind oft ungewöhnlich niedrig (vgl. weiter unten). Da bei Bestrahlung für die Startreaktion keine Aktivierungsenergie aufzubringen ist, kann diese geringe Aktivierungsenergie aber auch durch die speziellen Verhältnisse im Kristall bedingt sein. Das gleiche gilt für die Polymerisationen von Monomeren im festen Zustand, die in fluiden Phasen nur ionisch polymerisierbar sind.

Die Polymerisation mit hochenergiereichen Strahlen scheint in den meisten Fällen radikalisch zu erfolgen (vgl. Kap. 21.2.1). Die Startreaktion scheint nach ESR-Messungen in einer Disproportionierungsreaktion zu bestehen:

(21–16) $\quad 2\ CH_2{=}CHR \quad \longrightarrow \quad CH_3{-}\overset{\bullet}{C}HR \ + \ CH_2{=}\overset{\bullet}{C}R$

21.4.2 WACHSTUM

Bei der Polymerisation im festen Zustand sind zwei Typen unterscheidbar. Die eine Gruppe von Verbindungen polymerisiert knapp unterhalb des Schmelzpunktes (vgl. z. B. Abb. 21 - 2). Die Aktivierungsenergie ist hoch und beträgt 26,4 kJ/mol beim β-Propiolacton, 40,2 kJ/mol beim Hexamethylcyclotrisiloxan, 77 kJ/mol beim Trioxan und 96 kJ/mol beim Acrylamid. Da nur ein Bruchteil der Aktivierungsenergie für den Wachstumsschritt erforderlich ist, muß somit noch eine bestimmte

Beweglichkeit der Monomermoleküle im Kristall vorhanden sein, wodurch die Aktivierungsenergie erhöht wird. Da aber auch die Polymerisationsgeschwindigkeit recht hoch ist (Acrylnitril: ca. 20 mal schneller unterhalb T_M als oberhalb), muß bei der hohen Aktivierungsenergie auch die Aktionskonstante A noch recht hoch sein. Die Aktionskonstante wird größer, weil die Orientierung der Moleküle im Kristall den sterischen Faktor beträchtlich reduziert.

Bei der zweiten Gruppe von Monomeren erfolgt auch bei tiefen Temperaturen noch eine langsame Polymerisation. Die Bruttopolymerisationsgeschwindigkeit hängt nicht von der Temperatur ab. Die Aktivierungsenergie ist daher null. Zu dieser Gruppe scheint auch Formaldehyd zu gehören, das allerdings eine Aktivierungsenergie von 11,7 kJ/mol aufweist.

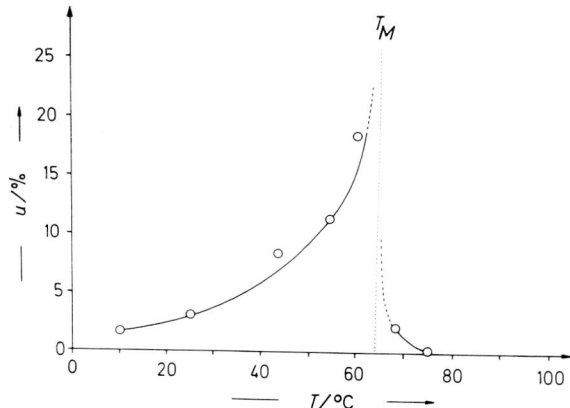

Abb. 21–2: Temperaturabhängigkeit des Umsatzes u bei der Polymerisation von Hexamethylcyclotrisiloxan im Kristall. T_M = Schmelztemperatur des Monomeren (nach E. J. Lawton, W. T. Grubb und J. S. Balwit).

Im kristallinen Zustand besitzt das chemische Potential den niedrigsten Wert. Wenn die Polymerisation thermodynamisch möglich ist, sollte daher das Monomer zu 100 % in Polymer umgewandelt werden. Niedrigere maximale Umsätze deuten daher auf kinetische Effekte (Tab. 21–3).

Tab. 21–3: Maximale Umsätze bei der Polymerisation kristalliner Monomerer

Typ	Monomer $T_M/°C$	Polymerisationstemperatur in °C	maximaler Umsatz in %
Acrylamid	85	27	100
Acrylnitril	– 82	– 196	4,4 (o. Nachpolymerisation)
		– 196	11 (m. Nachpolym.)
		– 90	22
Formaldehyd	– 92	– 196	45
		– 131	23

Eine kinetische Hemmung kann z.B. dadurch auftreten, daß das bereits gebildete Polymer wachsenden Ketten den Weg versperrt, weil in dieser Region schon alles Monomer aufgebraucht ist. Die freien Radikale bleiben erhalten, die Polymerisation stoppt aber.

Bei vielen Monomeren beobachtet man nach dem Abschalten der Strahlung noch eine Weiterpolymerisation. Der Anteil dieser Nachpolymerisation ist schwierig zu bestimmen. Man heizt dazu die Proben verschieden schnell auf, bestimmt dann den Umsatz und extrapoliert diesen auf die Aufheizzeit null. Die Nachpolymerisation kann sich über Wochen erstrecken. Sie ist vermutlich durch eingeschlossene Radikale und Ionen bedingt.

21.4.3 ABBRUCH UND ÜBERTRAGUNG

Auch bei der Polymerisation im kristallinen Zustand treten Übertragungsreaktionen auf. Ein Zusatz von 2 % des mit Acrylamid isomorphen Propionamids erniedrigt das Molekulargewicht, während die Polymerisationsgeschwindigkeit erst bei Zusätzen von ca. 50 % deutlich vermindert wird. Bei dem nichtisomorphen System Acrylamid/Acetamid beobachtet man dagegen keine Übertragung. Echte Abbruchreaktionen sind nicht bekannt.

21.4.4 STEREOKONTROLLE UND MORPHOLOGIE

Bei der strahlungsinduzierten Polymerisation kristalliner Monomerer entstehen in den meisten Fällen ataktische, nichtkristallisierbare Polymere, dadurch bedingt, daß sich die Orientierung der Monomermoleküle im Kristall beim eigentlichen Wachstumsschritt wegen der Dichteunterschiede zwischen Monomerkristall und Polymermolekül nicht auswirken kann.

Bei eigentlichen fotochemischen Polymerisationen können dagegen gelegentlich sterisch reine Produkte erzeugt werden, da hier jeder Wachstumsschritt fotochemisch kontrolliert werden muß. Voraussetzung dazu sind nur geringe Dichte-Unterschiede zwischen Monomer- und Polymerkristall. Ein Beispiel dafür ist die Polymerisation von Zimtsäure-Derivaten, die je nach der Kristallstruktur des Monomeren entweder zu β- oder α-Truxinsäure-Abkömmlingen führt:

(21–17)

Sind die Gitter des Ausgangsmonomeren und des entstehenden Polymeren kristallographisch verwandt, so spricht man von einer topotaktischen Polymerisation. Geeignet substituierte Diacetylene sind im Kristallgitter so angeordnet, daß die konjugierten Dreifachbindungen die Sprossen einer Leiter darstellen. Die Holme werden durch die Substituenten gebildet, die z. B. über Wasserstoff-Brückenbindungen zusammengehalten werden. Ein geeigneter Substituent R ist z.B.
$CH_2-O-CO-NH-C_6H_5$. Bei der Polymerisation erfolgt eine Art Scherung, sodaß die Dichteunterschiede zwischen dem kristallinen Monomeren und dem kristallinen Polymeren gering sind:

(21–18)

$$\begin{array}{c}\text{R}-\text{C}\equiv\text{C}-\text{C}\equiv\text{C}-\text{R} \\ \text{R}-\text{C}\equiv\text{C}-\text{C}\equiv\text{C}-\text{R} \\ \text{R}-\text{C}\equiv\text{C}-\text{C}\equiv\text{C}-\text{R} \\ \text{R}-\text{C}\equiv\text{C}-\text{C}\equiv\text{C}-\text{R}\end{array} \xrightarrow{h\nu} \begin{array}{c}=\text{C}-\text{R} \\ \text{R}-\text{C}=\text{C}=\text{C}-\text{R} \\ \text{R}-\text{C}=\text{C}=\text{C}-\text{R} \\ \text{R}-\text{C}=\end{array}$$

Die Polymeren sind nach Raman-Messungen aus abwechselnd konjugierten Doppel- und Dreifachbindungen aufgebaut. Die Monomerkristalle ändern bei der Polymerisation ihre Form nicht. Die Polymerkristalle sind tief gefärbt, zeigen Doppelbrechung und sind elektrisch leitfähig.

Die Konformation der bei der Polymerisation im festen Zustand entstehenden Polymeren hängt oft stark von der Kristallstruktur des Monomeren ab. Die Polymerisation von Tetroxan $(CH_2O)_4$ führt z.B. zu Helixstrukturen, die Polymerisation von Trioxan $(CH_2O)_3$ dagegen zu Zick-Zack-Ketten des Polyoxymethylens.

Die gute Orientierung der entstehenden Polymerketten ist vor allem durch die Kristallisierbarkeit der Polymermoleküle und weniger durch die Orientierung der Monomeren im Kristall bedingt. In all den Fällen, in denen man eine Polymerisation unterhalb des Schmelzpunktes findet, beobachtet man nämlich auch eine gewisse Beweglichkeit der Monomermoleküle. Eine Beweglichkeit reduziert aber die Chance zu einer Orientierung während der Polymerisation, sodaß die Orientierung der Polymerketten durch die Kristallisierbarkeit der Polymermoleküle bedingt sein dürfte.

Literatur zu Kap. 21

21.2 Strahlungsaktivierte Polymerisationen

A. Charlesby, Atomic Radiation and Polymers, Pergamon Press, Oxford 1960
A. Chapiro, Radiation Chemistry of Polymeric Systems, Interscience, New York 1962
R. C. Potter, C. Schneider, M. Ryska und D. O. Hummel, Entwicklungstendenzen bei der strahleninduzierten Polymerisation, Angew. Chem. 22 (1968) 921
M. Dole, Hrsg., The Radiation Chemistry of Macromolecules, Academic Press, 2 Bde., New York 1972
J. E. Wilson, Radiation Chemistry of Monomers, Polymers, and Plastics, M. Dekker, New York 1974
F. A. Makhlis, Radiation Physics and Chemistry of Polymers, Halsted, New York 1975

21.3 Fotoaktivierte Polymerisationen

J. L. R. Williams, Photopolymerization and photocrosslinking of polymers, Fortschr. chem. Forschg. **13** (1969) 227

G. A. Delzenne, Recent advances in photo-cross-linkable polymers, J. Macromol. Sci. **D 1** (1971) 185

D. Phillips, Polymer Photochemistry, Photochemistry **4** (1973) 869; **5** (1974) 691; **7** (1976) 505

D. R. Arnold, N. C. Baird, J. R. Bolton, J. C. D. Brand, P. W. M. Jacobs, P. de Mayo und W. R. Ware, Photochemistry-an introduction, Academic Press, New York 1974

J. Hutchison und A. Ledwith, Photoinitiation of Vinyl Polymerization by Aromatic Carbonyl Compounds, Adv. Polymer Sci. **14** (1974) 49

H. Kamogawa, Synthesis and Properties of Photoresponsive Polymers, Progr. Polymer Sci. Japan **7** (1974) 1

H. Gordon und W. R. Ware, Hrsg., The Exciplex, Academic Press, New York 1975

A. Ledwith, Photoinitiation, Photopolymerization and Photochemical Processes in Polymers, Internat. Rev. Sci., Phys. Chem. [2] **8** (1975) 253

S. H. Schroeter, Radiation Curing of Coatings, Ann. Rev. Mat. Sci. **5** (1975) 115

B. Ranby und J. F. Rabek, Hrsg., Singlet Oxygen, Wiley, New York 1978

21.4 Polymerisation im festen Zustand

M. Magat, Polymerization in the Solid State, Polymer **3** (1962) 449

Y. Tabata, Solid State Polymerization, Adv. Macromol. Chem. **1** (1968) 283

G. C. Eastwood, Solid state polymerization, Progr. Polymer Sci. **2** (1970) 1

M. Hasegawa, Y. Suzuki, H. Nakanishi und F. Nakanishi, Four-center type photopolymerization in the crystalline state, Adv. Polymer Sci. Japan **5** (1973) 143

M. Nishii und K. Hayasaki, Solid state polymerization, Ann. Rev. Mater. Sci. **5** (1975) 135

G. Wegner, Solid-state polymerization mechanisms, Pure Appl. Chem. **49** (1977) 443

R. H. Baughman und K. C. Yee, Solid-state polymerization of linear and cyclic acetylenes, Macromol. Revs. **13** (1978) 219

22 Copolymerisationen

22.1 Übersicht

Copolymere können sehr verschieden hergestellt werden: aus einem einzigen Monomeren oder einem einzigen Homopolymeren, aus zwei oder mehr Monomeren, oder aus einem Polymeren und einem oder mehr Monomeren. Nur bei mindestens zwei verschiedenen Ausgangspartnern spricht man jedoch von Copolymerisationen.

Ausgehend von einem einzigen Monomeren kann man zu Copolymeren entweder durch Polymerisation vorgeformter Einheiten oder aber durch partielle Isomerisierung vor bzw. während der Polymerisation gelangen. Die Polymerisation vorgeformter Einheiten kann in einer Ringöffnungspolymerisation oder einer Cyclopolymerisation bestehen. Die Ringöffnungspolymerisation von 1,3-Dioxolan führt z.B. zu einem Copolymeren mit alternierenden Oxymethylen- und Oxyethyleneinheiten:

(22–1) $\quad \text{1,3-Dioxolan} \longrightarrow (\text{OCH}_2\text{–OCH}_2\text{CH}_2)$

Bei der Cyclopolymerisation stellt das eigentliche Monomere eine mindestens tetrafunktionelle Verbindung dar (vgl. Kap. 16.3.3). Allylacrylat liefert nach der Cyclopolymerisation und der anschließenden Verseifung schließlich ein Copolymer aus alternierenden Acrylsäure- und Allylalkoholbausteinen:

(22–2) [Strukturformeln: Allylacrylat → cyclopolymerisiertes Zwischenprodukt → Copolymer mit COOH und CH_2OH Gruppen]

Gewisse Monomere können unter bestimmten Polymerisationsbedingungen vor der Polymerisation partiell isomerisieren und so ein Copolymer aus den beiden Isomeren geben. Ethylenoxid isomerisiert unter dem Einfluß einiger Katalysatoren in geringem Umfange zu Acetaldehyd; das entstehende Copolymer enthält dann Oxyethylen- und Oxymethylmethylen-Einheiten:

(22–3) $\quad H_2C\text{–}CH_2 \text{ (Epoxid)} \longrightarrow ((\text{OCH}_2\text{CH}_2)_{\overline{n}}\text{–OCH}(\text{CH}_3))$
$\qquad\qquad\qquad\qquad\qquad H_3C\text{–CH}=O$

Isomere Grundbausteine können außerdem auch während des Wachstumsschrittes entstehen. 1,3-Butadien polymerisiert z.B. häufig zu Produkten mit 1,2- und 1,4-Verknüpfungen der Grundbausteine

(22–4) $\quad CH_2=CH\text{–}CH=CH_2 \rightleftarrows$

- $-CH_2\text{–CH=CH–}CH_2-$ cis-1,4
- $-CH_2\text{–CH=CH–}CH_2-$ trans-1,4
- $-CH_2\text{–CH–}$ mit $CH=CH_2$ 1,2 (it oder st)

22.1 Übersicht

Ausgehend von einem Homopolymeren kann man zu Copolymeren durch partielle polymeranaloge Reaktionen gelangen. Aus Poly(vinylacetat) entsteht durch partielle Verseifung ein Copolymer mit Vinylalkohol- und Vinylacetat-Einheiten:

$$(22-5) \quad \mathrm{\{CH_2-CH\}} \longrightarrow \mathrm{\{CH_2-CH-\ldots-CH_2-CH-\ldots\}}$$
$$\quad\quad\quad\quad\quad\quad |\quad\quad\quad\quad\quad\quad\quad\quad |\quad\quad\quad\quad\quad\quad |$$
$$\quad\quad\quad\quad\quad \mathrm{OOCCH_3} \quad\quad\quad\quad\quad\quad \mathrm{OH} \quad\quad\quad \mathrm{OOCCH_3}$$

Alle diese Reaktionen erzeugen zwar Copolymere, werden jedoch nicht als Copolymerisationen bezeichnet. Bei Copolymerisationen reagieren definitionsgemäß mindestens zwei verschiedene Partner, z.b. zwei verschiedene Monomere oder ein Monomeres und ein Polymeres. Die Reaktion von Monomeren B mit den Enden eines Homopolymeren A stellt eine Blockpolymerisation, mit den mittelständigen Gruppen dieses Homopolymeren dagegen eine Pfropfpolymerisation dar (vgl. Kap. 2.5.2).

Bei der eigentlichen Copolymerisation geht man dagegen von einem anfänglichen Gemisch zweier (oder mehr) Monomerer aus. Dabei sind sehr viele Kombinationen möglich. Eine gegebene Anzahl N verschiedener Monomersorten liefert nach den Regeln der Kombinatorik für jede Gruppe aus i verschiedenen Monomeren eine bestimmte Zahl C von Kombinationen:

$$(22-6) \quad C = \frac{N(N-1)\ldots\ldots(N-i+1)}{i!}$$

Bei einer Terpolymerisation ($i = 3$) führen daher $N = 7$ verschiedene Monomersorten zu 35 möglichen Terpolymeren, während $N = 100$ Monomersorten schon zu 161 700 Terpolymeren führen. Bei jeder Kombination entstehen zudem je nach Monomertyp und Polymerisationsmechanismus ganz verschieden aufgebaute Copolymere. Das eine Extrem stellen Copolymere mit alternierenden Monomereinheiten dar, das andere Extrem Blockpolymere. Wenn weder Alternierungs- noch Blockbildungstendenz dominieren, werden sog. statistische Copolymere gebildet.

Der Ablauf von Copolymerisationen kann außerordentlich vielfältig sein. Zwei Monomere können z.B. vor dem Polymerisationsschritt zu einem Zwitterion oder einem Ladungsübertragungskomplex dimerisieren. Während der Wachstumsschritte werden in den meisten Fällen konventionelle Übergangszustände durchlaufen; es können aber auch Oxidations/Reduktions-Prozesse auftreten. Unter gewissen Umständen führt die gemeinsame Polymerisation zweier Monomerer überhaupt nicht zu Copolymeren, sondern zu Polymergemischen, manchmal bei allen Umsätzen, manchmal jedoch erst, nachdem das reaktivere Monomer weitgehend oder ganz verbraucht wurde.

Die Copolymerisation konstitutiv verschiedener Monomere ist technisch außerordentlich bedeutsam. Durch Einpolymerisieren kleiner Mengen eines zweiten Monomeren können bestimmte Polymereigenschaften vorteilhaft verändert werden, z.B. Anfärbbarkeit oder Adhäsion. Die Einpolymerisation größerer Mengen eines zweiten Monomeren führt jedoch zu Copolymeren mit ganz neuen Eigenschaften. Poly(ethylen), it-Poly(propylen) und ihr Blockpolymer sind Thermoplaste; das statistische Copolymer aus Ethylen und Propylen ist dagegen ein Elastomer.

22.2 Copolymerisationsgleichungen

22.2.1 GRUNDLAGEN

Im einfachsten Fall einer Copolymerisation reagieren die beiden aktiven Spezies irreversibel mit den beiden Monomeren, so daß also vier verschiedene Wachstumsreaktionen auftreten:

(22–7) $\sim M_A^* + M_A \longrightarrow \sim M_A M_A^*$; $v_{AA} = k_{AA}[M_A^*][M_A]$

(22–8) $\sim M_A^* + M_B \longrightarrow \sim M_A M_B^*$; $v_{AB} = k_{AB}[M_A^*][M_B]$

(22–9) $\sim M_B^* + M_A \longrightarrow \sim M_B M_A^*$; $v_{BA} = k_{BA}[M_B^*][M_A]$

(22–10) $\sim M_B^* + M_B \longrightarrow \sim M_B M_B^*$; $v_{BB} = k_{BB}[M_B^*][M_B]$

Zur Vereinfachung wurde hier, abweichend von Kap. 15.3, die Indices für die Anlagerungsreaktionen lediglich durch z.B. AA anstelle von A/A ausgedrückt, da keine Verwechslungsgefahr mit der Notierung für Diaden besteht.

Falls der Monomerverbrauch durch Start-, Abbruch- oder Übertragungsreaktionen gering ist, werden die Polymerisationsgrade hoch sein. Die Monomeren werden in diesem Falle praktisch nur durch die beiden Homo- und die beiden Kreuzwachstumsreaktionen verbraucht. Der relative Monomerverbrauch ist dann

(22–11) $\dfrac{-\mathrm{d}[M_A]/\mathrm{d}t}{-\mathrm{d}[M_B]/\mathrm{d}t} = \dfrac{v_{AA} + v_{BA}}{v_{BB} + v_{AB}}$

bzw. nach dem Einsetzen der Gl. (22–7)–(22–10) und Umformen

(22–12) $\dfrac{\mathrm{d}[M_A]}{\mathrm{d}[M_B]} = \left(\dfrac{k_{BA} + k_{AA}([M_A^*]/[M_B^*])}{k_{BB} + k_{AB}([M_A^*]/[M_B^*])} \right) \left(\dfrac{[M_A]}{[M_B]} \right)$

Für die weiteren Ableitungen ist es ferner zweckmäßig, die Verhältnisse der Geschwindigkeitskonstanten von Homo- zu Kreuzwachstum als sog. Copolymerisationsparameter r zu definieren

(22–13) $r_A \equiv k_{AA}/k_{AB}$; $r_B \equiv k_{BB}/k_{BA}$

Die Copolymerisationsparameter sind Verhältnisse der Geschwindigkeitskonstanten von je zwei Wachstumsreaktionen. Bei jedem Copolymerisationsparameter r lassen sich daher je fünf Fälle unterscheiden:

$r = 0$ Die Geschwindigkeitskonstante des Homowachstums ist gleich null. Die aktive Spezies lagert nur das fremde Monomer an.

$r < 1$ Die aktive Spezies addiert beide Monomersorten, lagert aber das fremde Monomer bevorzugt an.

$r = 1$ Die Geschwindigkeitskonstanten von Homo- und Kreuzwachstum sind gleich groß; fremdes und eigenes Monomer werden daher mit gleicher Leichtigkeit addiert.

$r > 1$ Das eigene Monomer wird bevorzugt, aber nicht ausschließlich angelagert.

$r = \infty$ Es erfolgt nur Homopolymerisation und keine Copolymerisation.

22.2.2 COPOLYMERISATIONEN MIT STATIONÄREM ZUSTAND

Bei einer Kreuzwachstumsreaktion wird eine A^*-Spezies durch eine B^*-Spezies ersetzt oder umgekehrt. Damit die Konzentrationen der beiden aktiven Spezies zeitlich konstant bleiben, müssen die Geschwindigkeiten der beiden Kreuzwachstumsreaktionen im stationären Zustand einander gleich sein:

(22–14) $\quad v_{AB} = v_{BA}$

Einsetzen dieser Bedingung in die Gl. (22–7)–(22–10) führt mit den Gl. (22–11) und (22–13) zur sog. einfachen Copolymerisationsgleichung (Lewis-Mayo-Gleichung)

(22–15) $\quad \dfrac{d[M_A]}{d[M_B]} = \dfrac{1 + r_A([M_A]/[M_B])}{1 + r_B([M_B]/[M_A])}$

Die Copolymerisationsgleichung beschreibt die *relative* Änderung der Monomerkonzentrationen als Funktion der momentanen Monomerkonzentrationen und der beiden Copolymerisationsparameter. Sie sagt nichts über die Kinetik der Copolymerisation aus.

Bei Copolymerisationen ändert sich in der Regel die Monomerzusammensetzung mit dem Umsatz, da das reaktivere Comonomer bevorzugt polymerisiert und die restliche Monomermischung daher an diesem verarmt. Unter Umständen wird das reaktivere Monomer schon weit vor Erreichen höherer Umsätze völlig aufgebraucht wie Abb. 22–1 für das Verhalten von Butadien bei der radikalischen Terpolymerisation von Butadien, Butylacrylat und Acrylnitril zeigt.

Wie die differentielle Copolymerzusammensetzung zeigt, enthalten die bei Umsätzen von mehr als 75% gebildeten neuen Copolymermoleküle überhaupt keine Butadieneinheiten, obwohl das Gesamtpolymer natürlich Butadienreste enthält.

Umsatzunabhängige Copolymerzusammensetzungen werden erhalten, wenn das reaktivere Comonomere entsprechend seinem Verbrauch laufend eingespeist wird. Alternativ kann man auch mit sog. azeotropen Mischungen arbeiten. Bei den resultierenden azeotropen Copolymerisationen darf sich die Zusammensetzung des Copolymeren nicht mit dem Umsatz ändern, d.h. es muß gelten

(22–16) $\quad d[M_A]/d[M_B] \equiv [M_A]/[M_B]$

Einsetzen dieser Beziehung in Gl. (22–15) führt zur Azeotrop-Bedingung

(22–17) $\quad [M_A]/[M_B] = (1 - r_B)/(1 - r_A)$

Azeotrope Copolymerisationen können somit nur dann ausgeführt werden, wenn jeweils beide Copolymerisationsparameter entweder kleiner oder aber größer als 1 sind. Für derartige Monomerpaare existiert nur jeweils eine einzige azeotrope Mischung. Nur im Spezialfall $r_A = r_B = 1$ hat das gebildete Copolymer bei jeder Ausgangsmonomermischung und bei jedem Umsatz immer die gleiche Zusammensetzung.

Bei den Gruppen der azeotropen und nichtazeotropen Copolymerisationen lassen sich noch weitere wichtige Spezialfälle unterscheiden (Tab. 22–1):

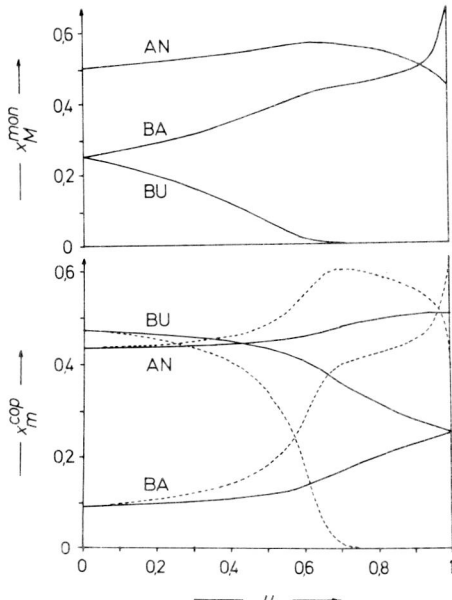

Abb. 22–1: Änderung der Stoffmengenanteile an Acrylnitril (AN), Butylacrylat (BA) und Butadien (BU) im Monomeren (x_M^{mon}) und im Copolymeren (x_m^{cop}) als Funktion des Umsatzes bei der radikalischen Terpolymerisation einer Mischung von $[AN]_0:[BA]_0:[BU]_0 = 0{,}5:0{,}25:0{,}25$ bei 60°C. Die Copolymerisationsparameter betragen $r_{ANBU} = 0{,}7$; $r_{ANBA} = 12{,}0$; $r_{BUBA} = 9{,}9$; $r_{BUAN} = 3{,}5$; $r_{BAAN} = 8{,}9$; $r_{BABU} = 0{,}8$. Oben: Änderung der Monomerzusammensetzung; unten: Änderung der integralen (——) und der differentiellen (-----) Copolymerzusammensetzung.

Beim Grenzfall der doppelt alternierenden Copolymerisation ($r_A = r_B = 0$) lagert jeder Keim nur fremdes Monomer an. In den Polymerketten alternieren daher beide Bausteinsorten. Die Zusammensetzung des anfänglich gebildeten Copolymeren ist unabhängig von der anfänglichen Monomerenzusammensetzung. Die Copolymerisation hört jedoch auf, wenn das im Unterschuß vorliegende Monomer verbraucht ist.

Tab. 22–1: Spezialfälle der gemeinsamen Polymerisation zweier Monomerer

Bezeichnung der Copolymerisation	$r_A r_B$	Untergruppen azeotrope		nichtazeotrope	
		r_A	r_B	r_A	r_B
Alternierende	0	0	0	0	> 0
Statistische	< 1	< 1	< 1	$< 1/r_B$	> 1
Ideale	1	1	1	$1/r_B$	
Block-	> 1	> 1	> 1	$> 1/r_B$	< 1
Blend-	∞	∞	∞	∞	$< \infty$

22.2 Copolymerisationsgleichungen

Bei der einfach alternierenden Copolymerisation ist nur ein Copolymerisationsparameter gleich null, z.B. $r_B = 0$. Gl. (22–5) wird dann zu

(22–18) $d[M_A]/d[M_B] = 1 + r_A([M_A]/[M_B])$

Bei einem großen Überschuß am Monomeren B werden daher ebenfalls nur Copolymere mit der Zusammensetzung 1 : 1 gebildet. Die Polymerisation stoppt, wenn Monomeres A verbraucht ist. Ist jedoch die Konzentration des Monomeren A größer als die des Monomeren B, so werden je nach Monomerverhältnis und Reaktivität immer Copolymere mit mehr als 50 Molproz. A-Einheiten gebildet (Abb. 22–2).

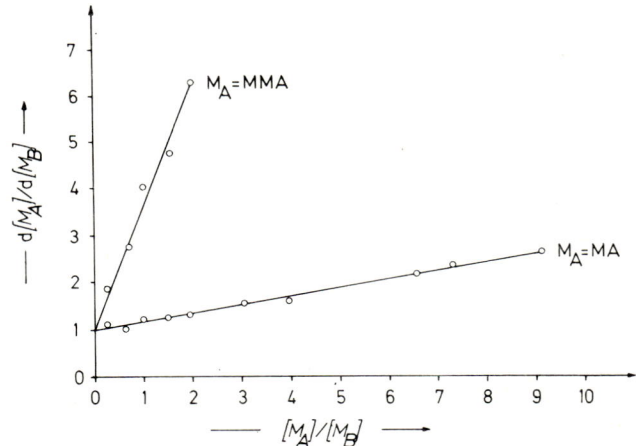

Abb. 22–2: Radikalische Copolymerisation von M_A = Methylmethacrylat MMA oder Methylacrylat MA mit M_B = α-Methoxystyrol bei 60 °C. Da die Copolymerisation oberhalb der Ceiling-Temperatur von α-Methyloxystyrol ausgeführt wird, können wegen der raschen Depolymerisation keine Zweier-, Dreier- usw. -Sequenzen aus diesen Monomereinheiten gebildet werden. Der Copolymerisationsparameter r_B wird daher gleich null und es resultiert eine einfach alternierende Copolymerisation (nach Daten von H. Lüssi).

Bei den sog. idealen Copolymerisationen ist die relative Anlagerung der Monomeren A und B unabhängig von der Natur des Keimes, d.h. es gilt $k_{AA}/k_{AB} = k_{BA}/k_{BB}$ bzw. $r_A = 1/r_B$. Gl. (22–15) reduziert sich daher zu

(22–19) $d[M_A]/d[M_B] = r_A[M_A]/[M_B]$

Das Molverhältnis der Bausteine im anfänglichen Copolymeren ist bei idealen Copolymerisationen immer um den Faktor r_A von der Zusammensetzung der Ausgangsmonomermischung verschieden. Die Kurve im Copolymerisationsdiagramm (Abb. 22–3) kann daher niemals die 45°-Gerade der idealen azeotropen Copolymerisation schneiden. Sie muß aber symmetrisch zur Senkrechten auf dieser Geraden sein.

Bei der nichtidealen nichtazeotropen Copolymerisation schneidet die Kurve ebenfalls nicht die Azeotroplinie. Im Gegensatz zur idealen nichtazeotropen Copolymerisation ist die Kurve jedoch nicht mehr symmetrisch. Bei azeotropen nichtidealen Co-

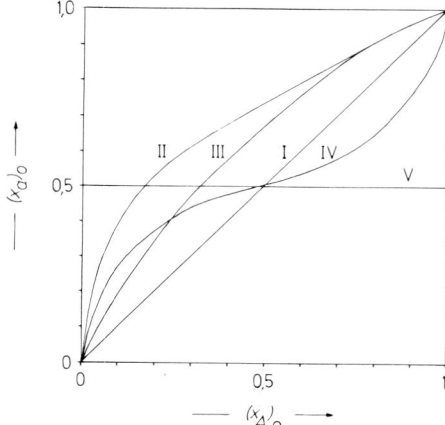

Abb. 22–3: Änderung des Stoffmengenanteils $(x_a)_0$ des Grundbausteins a im anfänglich gebildeten Comonomeren mit dem Stoffmengenanteil $(x_A)_0$ des Monomeren A in der Ausgangsmonomermischung für (I) ideale azeotrope ($r_A = r_B = 1$), (II) nichtideale nichtazeotrope (mit $r_A = 0,1$; $r_B = 2,0$), (III) ideale nichtazeotrope (mit $r_A = 0,5$ und $r_B = 2$), (IV) nichtideale azeotrope (mit $r_A = r_B = 0,2$) und (V) streng alternierende ($r_A = r_B = 0$) Copolymerisationen.

polymerisationen hängen die Verhältnisse davon ab, ob beide Copolymerisationspartner gleich groß sind oder nicht. Bei gleich großen Copolymerisationsparametern muß der azeotrope Punkt nach Gl. (22–15) bei einer Zusammensetzung von 1:1 liegen, d.h. bei einem Stoffmengenanteil von 0,5. Bei Stoffmengenanteilen kleiner als 0,5 für das Monomer B muß wegen der Tendenz zur Alternierung der Ordinatenpunkt oberhalb der 45°-Geraden für die ideale azeotrope Copolymerisation liegen, jedoch unterhalb der Horizontalen für die streng alternierende Copolymerisation. Für Stoffmengenanteile über 0,5 ist das Verhalten gerade umgekehrt. Bei ungleichen Copolymerisationsparametern ist der Verlauf der Kurve grundsätzlich ähnlich. Der azeotrope Punkt ist aber zu höheren ($r_A > r_B$) oder niedrigeren ($r_A < r_B$) Abszissenwerten verschoben.

Bei der Blockpolymerisation sind beide Parameter größer als 1. Die wachsenden Keime lagern bevorzugt Monomere der eigenen Sorte an und es entstehen mehr oder weniger lange Blöcke. Der Kurvenverlauf ist gerade umgekehrt wie bei der nichtidealen Copolymerisation. Im Grenzfall unendlich hoher Copolymerisationsparameter entstehen schließlich schon bei den kleinsten Umsätzen Gemische (Blends) der Homopolymeren.

22.2.3 EXPERIMENTELLE BESTIMMUNG VON COPOLYMERISATIONSPARAMETERN

Die Copolymerisationsgleichung beschreibt die relative Änderung der Monomerkonzentrationen als Funktion der momentanen relativen Monomerkonzentrationen. Diese Änderungen sind experimentell nicht direkt bestimmbar. Zur Ermittlung der Copolymerisationsparameter stehen daher nur zwei andere Wege offen: Verwendung der integrierten Copolymerisationsgleichung oder Ersatz der relativen Änderung der Monomerkonzentrationen durch experimentell zugängliche Größen.

Die Integration der Copolymerisationsgleichung führt zu

(22–20)
$$\frac{[M]}{[M]_0} = \left(\frac{[M_A][M]_0}{[M_A]_0[M]}\right)^\alpha \left(\frac{[M_B][M]_0}{[M_B]_0[M]}\right)^\beta \left(\frac{\frac{[M_A]_0}{[M]_0} - \frac{1-r_B}{2-r_A-r_B}}{\frac{[M_A]}{[M]} - \frac{1-r_B}{1-r_A-r_B}}\right)^\gamma$$

mit $[M] = [M_A] + [M_B]$; $[M]_0 = [M_A]_0 + [M_B]_0$

$\alpha = r_B/(1-r_B)$; $\beta = r_A/(1-r_A)$; $\gamma = (1-r_A r_B)/(1-r_A)(1-r_B)$

Die integrierte Copolymerisationsgleichung gestattet die Ermittlung von Copolymerisationsparametern für Copolymerisationen mit hohen Umsätzen, wenn von verschiedenen Ausgangsmonomermischungen ausgegangen wird. Da jedoch dazu umfangreiche Computerrechnungen erforderlich sind, wurden und werden die meisten Copolymerisationsparameter über die Copolymerisationsgleichung selbst bestimmt.

Die in einem bestimmten Umsatzintervall verbrauchten Monomermoleküle werden in die neu entstehenden Copolymermoleküle eingebaut. Die relative Änderung der Monomerkonzentrationen gibt daher auch das Verhältnis der Monomerbausteine im momentan entstehenden Copolymer an. Für infinitisimale Umsätze gilt daher

(22–21) $\lim_{\Delta u \to 0} d[M_A]/d[M_B] = [m_A]/[m_B]$

Da ferner Änderungen der Monomerkonzentrationen und Copolymerzusammensetzungen für beliebige Umsatzintervalle (z.B. von 50 auf 51%) nur sehr schwierig zu bestimmen sind, beschränkt man sich auf genügend kleine Umsatzintervalle in der Nähe des Umsatzes null (z.B. von 0 auf 3%). Ein solches Vorgehen ist für stationäre Zustände und nicht zu große Unterschiede in den Copolymerisationsparametern zulässig. Eine Extrapolation auf den Umsatz null ist aber bei lebenden Polymerisationen nicht unbedenklich, da es eine Extrapolation zu niedrigen Molmassen und zum bevorzugten Initiationsmechanismus beinhaltet.

Für derartig kleine Umsätze geht Gl. (22–15) mit Hilfe von Gl. (22–21) über in

(22–22) $\dfrac{[m_A]}{[m_B]} = \dfrac{1 + r_A([M_A]/[M_B])}{1 + r_B([M_B]/[M_A])}$; $u \to 0$

Zur graphischen Auswertung kann Gl. (22–22) auf verschiedene Weisen linearisiert werden, wobei zweckmäßigerweise die Hilfsvariablen G und F eingeführt werden:

(22–23) $G = \dfrac{([m_A]/[m_B] - 1)[M_A]/[M_B]}{[m_A]/[m_B]}$

(22–24) $F = \dfrac{([M_A]/[M_B])^2}{[m_A]/[m_B]}$

In den Fineman-Ross-Gleichungen wird dann entweder G gegen F oder G/F gegen $1/F$ aufgetragen (vgl. auch Abb. 22–4):

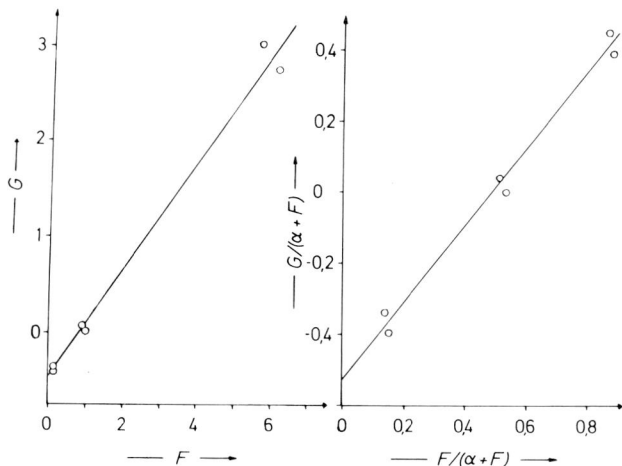

Abb. 22–4: Graphische Auswertung linearisierter Copolymerisationsgleichungen nach Fineman-Ross, Gl. (22–25), und Kelen-Tüdös, Gl. (22–28), für die radikalische Copolymerisation von Styrol und Methylmethacrylat in Masse bei 60 °C.

(22–25) $G = -r_B + r_A F$

(22–26) $G/F = r_A - r_B F^{-1}$

Beim Verfahren von Kelen-Tüdös wird eine weitere Hilfsvariable α eingeführt, die sich über den kleinsten und den größten Wert von F berechnen läßt:

(22–27) $\alpha = (F_{min}/F_{max})^{1/2}$

In der Kelen-Tüdös-Auswertung wird dann $G/(\alpha + F)$ gegen $F/(\alpha + F)$ aufgetragen (vgl. Abb. 22–4):

(22–28) $\dfrac{G}{\alpha + F} = -\dfrac{r_B}{\alpha} + (r_A + r_B \alpha^{-1})\left(\dfrac{F}{\alpha + F}\right)$

Zur Bestimmung der Copolymerisationsparameter führt man Copolymerisationsexperimente bei verschiedenen anfänglichen Monomerzusammensetzungen aus. Die Copolymerisation wird bis zu kleinen Umsätzen geführt und entweder die Copolymerzusammensetzung oder (seltener) die Zusammensetzung des nicht umgesetzten Monomergemisches bestimmt. Dabei ist in jedem Fall durch Löslichkeitsbestimmungen, Ultrazentrifugation im Dichtegradienten oder Fällungspunkt-Titration zu prüfen, ob wirklich Copolymere gebildet wurden. In die Gl. (22–23) und (22–24) werden dann für die relativen Monomerverhältnisse die Ausgangsmonomerkonzentrationen, für die relativen Copolymerzusammensetzungen die bei kleinen Umsätzen bestimmten Zusammensetzungen (exakt: bei Umsatz null) eingesetzt. Die Kelen-Tüdös-Gleichung ist dabei für größere Umsatzintervalle anwendbar als die Fineman-Ross-Gleichungen.

22.2.4 SEQUENZVERTEILUNG IN COPOLYMEREN

Die Häufigkeit des Auftretens von Sequenzen mit einem, zwei, drei usw. Bausteinen der gleichen Sorte wird durch die Wahrscheinlichkeit des Einbaues der betreffenden Monomeren in die Copolymerkette bestimmt. An ein gegebenes aktives Ende kann entweder das Monomere A oder das Monomere B an- oder eingelagert werden. Die Wahrscheinlichkeit p_{AA} der Bildung einer konstitutiven Diade $M_A M_A$ ist folglich um so höher, je größer die Anlagerungsgeschwindigkeit für die A-Monomeren im Vergleich zur Summe aller möglichen Anlagerungsgeschwindigkeiten ist

$$(22-29) \quad p_{AA} = v_{A/A}/(v_{A/A} + v_{A/B})$$

oder, nach Einsetzen der Ausdrücke für die Geschwindigkeiten, Gl. (22–7) und Gl. (22–8),

$$(22-30) \quad p_{AA} = \frac{r_A}{r_A + ([M_B]/[M_A])} = \frac{r_A[M_A]}{r_A[M_A] + [M_B]}$$

Für die drei anderen Diaden gilt entsprechend mit $p_{AA} + p_{AB} \equiv 1$ und $p_{BB} + p_{BA} \equiv 1$

$$(22-31) \quad p_{AB} = \frac{[M_B]}{r_A[M_A] + [M_B]} \; ; \quad p_{BA} = \frac{[M_A]}{r_B[M_B] + [M_A]} \; ; \quad p_{BB} = \frac{r_B[M_B]}{r_B[M_B] + [M_A]}$$

Um eine Sequenz von N Grundbausteinen A zu erhalten, müssen an den Keim $\sim M_A^*$ nun $(N-1)$ Monomere A angelagert werden. Die Wahrscheinlichkeit dafür ist p_{AA}^{N-1}. Die Sequenz wird durch einen B-Baustein abgeschlossen. Die Wahrscheinlichkeit für die Anlagerung dieses Bausteins an eine A-Sequenz ist $p_{AB} = (1 - p_{AA})$. Die Wahrscheinlichkeit, im Copolymer eine A-Sequenz mit N Einheiten zu finden, beträgt daher

$$(22-32) \quad \langle p_A \rangle_n = (p_{AA})^{N-1}(1 - p_{AA})$$

und entsprechend für den Massenanteil

$$(22-33) \quad \langle p_A \rangle_w = (p_{AA})^{N-1}(1 - p_{AA})^2 N$$

Die Sequenzverteilung der Bausteinsorte A hängt also nur von der Wahrscheinlichkeit p_{AA} ab und folglich nur von den Monomerkonzentrationen und vom Copolymerisationsparameter r_A, nicht aber vom Copolymerisationsparameter r_B. Eine Anzahl so berechneter Sequenzen ist in Tab. 22–2 zusammengestellt. Für niedrige Copolymeri-

Tab. 22–2: Verteilung der Sequenzen der Bausteine A im anfänglich gebildeten Copolymeren bei verschiedenen relativen Reaktivitäten r_A bei einer anfänglichen Comonomerzusammensetzung von 1:1

| Anzahl A-Einheiten | Anteil der Monomereinheiten in % bei | | |
pro Sequenz	$r_A = 0{,}1$	$r_A = 1$	$r_A = 10$
1	90,91	50,00	9,10
2	8,26	25,00	8,27
3	0,75	12,50	7,52
4	0,07	6,25	6,84
usw.	usw.	usw.	usw.
Zahlenmittel der Sequenzlänge	1,1	2	12

sationsparameter überwiegt die Tendenz zur Alternierung: es werden viele Einersequenzen gebildet. Für hohe Copolymerisationsparameter wird die Sequenzverteilung dagegen flacher, weil eine Tendenz zur Blockbildung besteht.

Das Zahlenmittel $\langle N_A \rangle_n$ der Sequenzlänge von Sequenzen des Bausteins A ist durch

$$(22-34) \quad \langle N_A \rangle_n = \sum_{i=1}^{i=\infty} x_i(N_A)_i = x_1(N_A)_1 + x_2(N_A)_2 + x_3(N_A)_3 + \ldots$$

gegeben (vgl. die Definition von Zahlenmitteln in Kap. 8). Die einzelnen Sequenzlängen können nur Zahlenwerte von 1, 2, 3 usw. annehmen. Die Stoffmengenanteile x_i sind durch die Wahrscheinlichkeiten der Bildung dieser Sequenzen gegeben, d.h. p_{AB} für die Bildung einer Einersequenz A, $p_{AA}p_{AB}$ für die Zweiersequenz AA usw. Für das Zahlenmittel der Sequenzlänge ergibt sich daher

$$(22-35) \quad \langle N_A \rangle_n = p_{AB} + 2\,p_{AA}p_{AB} + 3\,p_{AA}^2 p_{AB} + \ldots$$
$$= p_{AB}(1 + 2\,p_{AA} + 3\,p_{AA}^2 + \ldots)$$

Für die stets zutreffende Bedingung $p_{AA} < 1$ kann die Reihe in einen geschlossenen Ausdruck verwandelt werden und Gl. (22-35) wird zu

$$(22-36) \quad \langle N_A \rangle_n = p_{AB}/(1-p_{AA})^2 = 1/p_{AB} = 1 + r_A[M_A][M_B]^{-1}$$

Das Zahlenmittel der Sequenzlänge der B-Einheiten ergibt sich analog durch Vertauschen der Indices.

Die so erhaltenen Zahlenmittel der Sequenzlängen sind für die üblichen Copolymerisationsparameter und Monomerverhältnisse meist in der Größenordnung von 1–5. Sie nehmen erst bei hohen Monomerverhältnissen und/oder hohen Copolymerisationsparametern Werte von 10 und höher an (vgl. auch Tab. 22-1). Die Zahlenmittel der Sequenzlängen hängen noch vom Umsatz ab und können u.U. auch durch Maxima laufen (Abb. 22-5).

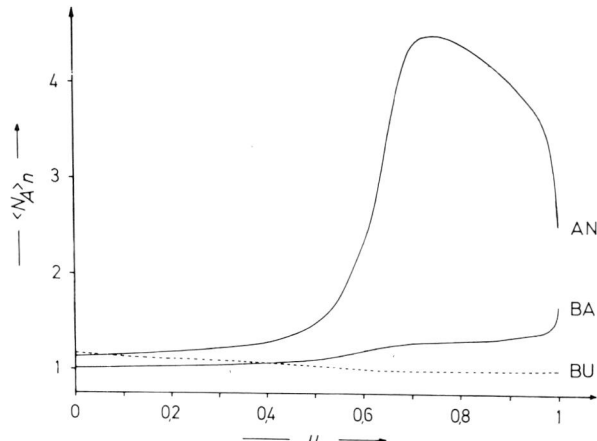

Abb. 22-5: Zahlenmittel der Sequenzlänge der Homosequenzen als Funktion des Umsatzes bei der radikalischen Terpolymerisation von Acrylnitril (AN), Butylacrylat (BA) und Butadien (BU). Versuchsbedingungen wie in Abb. 22-1.

22.2.5 Q,e-SCHEMA

Die Copolymerisationsparameter stellen relative Reaktivitäten für ein gegebenes System Monomer A/Monomer B/Initiatortyp/Temperatur dar. Sie müssen für jedes System separat bestimmt werden. Es hat daher nicht an Versuchen gefehlt, das Copolymerisationsverhalten durch einen Satz von monomerspezifischen und systemunabhängigen Parametern zu erfassen. Als besonders erfolgreich hat sich dabei das sog. Q,e-Schema erwiesen.

Bei der radikalischen Copolymerisation kann man die Monomerpaare nach der Größe des Produktes ihrer Copolymerisationsparameter in eine Reihe anordnen (Tab. 22–3). In dieser Reihe stehen links Monomere mit elektronenabgebenden Gruppen wie Butadien, Styrol oder Vinylacetat, rechts Monomere mit elektronenanziehenden Substituenten wie Maleinsäureanhydrid, Acrylnitril oder Vinylidenchlorid. In jeder senkrechten Reihe fällt das Produkt $r_A r_B$ von 1 auf 0 ab. In jeder waagerechten Reihe steigt es dagegen von kleinen Werten (links) auf Werte in der Nähe von 1 (rechts).

Tab. 22–3: Produkte $r_A r_B$ der Copolymerisationsparameter bei radikalischen Copolymerisationen (ca. 60°C)

Butadien								
1,08	Styrol							
–	0,55	Vinylacetat						
0,31	0,34	0,39	Vinylchlorid	2,5-				
0,21	0,16	–	–	Dichlorstyrol				
0,19	0,24	0,30	0,50	1,0	Methylmethacrylat			
0,10	0,16	0,1	0,86	–	0,61	Vinylidenchlorid		
0,08	0,02	0,25	0,07	0,015	0,24	0,34	Acrylnitril	
–	0	0,0004	0,002	–	0,12	0	0	Maleinsäure-anhydrid

Das Produkt spiegelt offenbar die Einflüsse von Polarität und Resonanzstabilisierung wider. Beide Größen müssen in der Arrheniusgleichung

$$(22-37) \quad k_{AB} = A_{AB}\exp(-E^{\ddagger}_{AB}/RT)$$

in der Aktivierungsenergie $E^{\ddagger}_{AB}$ enthalten sein. Bei konstanter Temperatur läßt sich nun der Ausdruck $E^{\ddagger}_{AB}/RT$ in die von der Resonanz beim Polymerradikal ($p^{\bullet}_A$) und beim Monomermolekül (q_B) herrührenden und in die durch die elektrostatischen Wechselwirkungen der Ladungen beim Radikal ($e^{\bullet}_A$) und beim Monomer (e_B) bedingten Anteile zerlegen:

$$(22-38) \quad k_{AB} = A_{AB}\exp(-(p^{\bullet}_A + q_B + e^{\bullet}_A e_B))$$

Bei Monomeren vom Typ $CH_2{=}CRR'$ greift jedes wachsende Polymerradikal immer eine Methylengruppe an. Die Aktionskonstante wird daher als monomerunabhängig angesehen. Die Größen $\exp(p^{\bullet}_A)$ und $\exp(q_B)$ werden mit der Aktionskonstante zu den neuen Größen P_A und Q_B vereinigt, so daß man erhält

$$(22-39) \quad k_{AB} = P_A Q_B \exp(-e^{\bullet}_A e_B)$$

oder, für gleich große effektive Ladungen bei Radikal und Monomer

$$(22-40) \quad k_{AB} = P_A Q_B \exp(-e_A e_B)$$

Analoge Gleichungen werden für die Geschwindigkeitskonstanten k_{AA}, k_{BA} und k_{BB} angesetzt. Mit diesen Ausdrücken ergibt sich dann für die Copolymerisationsparameter

$$(21-41) \quad r_A = (Q_A/Q_B)\exp(-e_A(e_A - e_B))$$
$$r_B = (Q_B/Q_A)\exp(-e_B(e_B - e_A))$$
$$r_A r_B = \exp(-(e_A - e_B)^2)$$

Jedem Monomer kann so bei der radikalischen Polymerisation ein Q-Wert (Resonanzterm) und ein e-Wert (Polaritätsterm) zugeordnet werden. Die Q- und e-Werte hängen naturgemäß noch von der Polymerisationsart (radikalisch, kationisch, anionisch) und von der Polymerisationstemperatur ab.

Zur Berechnung der Q- und e-Werte eines Monomeren müssen die Q- und e-Werte eines anderen Monomeren bekannt sein. Als Bezugsmonomer wurde bei radikalischen Copolymeren Styrol gewählt, da es sich mit vielen Monomeren copolymerisieren läßt. Seine Parameter wurden willkürlich als $Q = 1$ und $e = -0{,}8$ angesetzt. Die so berechenbaren Q- und e-Werte sind empirische Größen, die das experimentelle Verhalten oft recht befriedigend wiedergeben. Gelegentlich werden aber auch starke Abweichungen beobachtet (vgl. Tab. 22-4), besonders für die e-Werte, die über die Exponenten ausgerechnet werden und daher besonders auf Schwankungen in stark verschiedenen r-Werten ansprechen.

Tab. 22-4: Q- und e-Werte bei Versuchen mit verschiedenen Monomeren

Monomer A	Monomer B	r_A	r_B	Q_A	e_B
p-Methoxystyrol	Styrol	0,82	1,16	1,0	-1,0
	Methylmethacrylat	0,32	0,29	1,22	-1,1
	p-Chlorstyrol	0,58	0,86	1,23	-1,1
Vinylacetat	Vinylidenchlorid	0,1	6	0,022	-0,1
	Methylacrylat	0,05	9	0,028	-0,3
	Methylmethacrylat	0,025	20	0,026	-0,4
	Methylmethacrylat	0,015	20	0,022	-0,7
	Allylchlorid	0,7	0,67	0,047	-0,3
	Vinylchlorid	0,3	2,1	0,010	-0,5
	Vinylchlorid	0,23	1,68	0,015	-0,8
	Vinylidenchlorid	0	3,6	0,022	-0,9

Das Q,e-Schema gestattet auf der Basis experimenteller Daten die Copolymerisationsparameter unbekannter Monomerpaare abzuschätzen und somit die Copolymerisationsfähigkeit dieser Monomeren zu beurteilen. Dabei gilt: (1) Monomere mit sehr verschiedenen Q-Werten können nicht copolymerisieren; (2) bei etwa gleichen Q-Werten führen gleiche e-Werte zur idealen azeotropen, weit verschiedene e-Werte dagegen zur alternierenden Copolymerisation.

Es hat nicht an Versuchen gefehlt, die Q- und e-Werte theoretisch zu berechnen. e ist als Polaritätsfaktor ein Maß für die Elektronendichte. Q als Maß für die Resonanzstabilisierung im Übergangszustand läßt sich mit der theoretisch berechenbaren Lokalisierungsenergie korrelieren. Die Größe $-RT \ln Q$ kann dann als der Anteil an der Aktivierungsenergie für die Lockerung der π-Bindung am endständigen Kohlenstoffatom des Monomeren angesehen werden.

22.2.6 TERPOLYMERISATIONEN

Bei der Copolymerisation von drei Monomersorten treten insgesamt neun Geschwindigkeitskonstanten auf, die zu sechs Copolymerisationsparametern kombiniert werden können:

$$(22-42) \quad r_{AB} = k_{AA}/k_{AB} \; ; \quad r_{BA} = k_{BB}/k_{BA} \; ; \quad r_{CA} = k_{CC}/k_{CA}$$

$$r_{AC} = k_{AA}/k_{AC} \; ; \quad r_{BC} = k_{BB}/k_{BC} \; ; \quad r_{CB} = k_{CC}/k_{CB}$$

Jedes Monomere kann durch drei verschiedene Wachstumsschritte verbraucht werden, z.B. das Monomere A durch

$$(22-43) \quad -d[M_A]/dt = k_{AA}[M_A^*][M_A] + k_{BA}[M_B^*][M_A] + k_{CA}[M_C^*][M_A]$$

Mit den Stationaritätsbedingungen

$$(22-44) \quad v_{A/B} + v_{A/C} \equiv v_{B/A} + v_{C/A}$$
$$v_{B/A} + v_{B/C} \equiv v_{A/B} + v_{C/B}$$
$$v_{C/A} + v_{C/B} \equiv v_{A/C} + v_{B/C}$$

erhält man die Terpolymerisationsgleichung

$$(22-45) \quad d[M_A] : d[M_B] : d[M_C] = Q_A : Q_B : Q_C$$

mit
$$Q_A = [M_A]\left(\frac{[M_A]}{r_{CA}r_{BA}} + \frac{[M_B]}{r_{BA}r_{CB}} + \frac{[M_C]}{r_{CA}r_{BC}}\right)\left([M_A] + \frac{[M_B]}{r_{AB}} + \frac{[M_C]}{r_{AC}}\right)$$

$$Q_B = [M_B]\left(\frac{[M_A]}{r_{AB}r_{CA}} + \frac{[M_B]}{r_{AB}r_{CB}} + \frac{[M_C]}{r_{CB}r_{AC}}\right)\left([M_B] + \frac{[M_A]}{r_{BA}} + \frac{[M_C]}{r_{BC}}\right)$$

$$Q_C = [M_C]\left(\frac{[M_A]}{r_{AC}r_{BA}} + \frac{[M_B]}{r_{BC}r_{AB}} + \frac{[M_C]}{r_{AC}r_{BC}}\right)\left([M_C] + \frac{[M_A]}{r_{CA}} + \frac{[M_B]}{r_{CB}}\right)$$

Die sechs Copolymerisationsparameter sind nur unter großem Aufwand aus Terpolymerisationen bestimmbar. Sie werden daher meist entsprechenden Bipolymerisationen entnommen. Nicht immer sind jedoch alle erforderlichen Copolymerisationsparameter bekannt. Sie können in diesen Fällen wie folgt abgeschätzt werden:

Nach dem Ansatz des Q,e-Schemas gilt für die Geschwindigkeitskonstanten des Wachstums, z.B. für die Anlagerung von B an A-Keime

$$(22-46) \quad k_{AB} = P_A Q_B \exp(-e_A e_B)$$

und entsprechend für die anderen Geschwindigkeitskonstanten. Einsetzen dieser Ausdrücke in die Definitionsgleichungen für die Copolymerisationsparameter liefert

$$(22-47) \quad r_{AB} r_{BC} r_{CA} \equiv r_{AC} r_{CB} r_{BA}$$

und, wegen der Definition der Wahrscheinlichkeiten (vgl. Gl. (22–29)) auch

$$(22-48) \quad p_{AB} p_{BC} p_{CA} = p_{AC} p_{CB} p_{BA}$$

Tab. 22–5 zeigt die Prüfung dieser Beziehung an einem Satz von 7 Monomeren, für die alle 21 Copolymerisationsparameter gemessen wurden. Innerhalb der recht großen Fehlergrenzen scheint sich Gl. (22–48) in der Tat zu bestätigen, und zwar unabhängig von der Kombination konjugierter und nichtkonjugierter Monomerer. Die Fehlergrenzen sind allerdings so groß, daß Gl. (22–48) bestenfalls zur groben Abschätzung von Copolymerisationsparametern geeignet ist.

Tab. 22–5: Produkte der binären Copolymerisationsparameter für die radikalische Terpolymerisation der konjugierten Monomeren Methylacrylat, Methylmethacrylat, Acrylnitril und Styrol sowie der nichtkonjugierten Monomeren Vinylacetat, Vinylchlorid und Vinylidenchlorid bei 60 °C

| Monomere | | Mögl. | $\langle r_{AB} r_{BC} r_{CA} \rangle$ | $\langle r_{AC} r_{CB} r_{BA} \rangle$ | $\dfrac{r_{AB} r_{BC} r_{CA}}{r_{AC} r_{CB} r_{BA}}$ |
konj.	nichtkonj.	Komb.			
3	0	4	0,073 ± 0,055	0,165 ± 0,169	0,492 ± 0,224
2	1	18	0,372 ± 0,362	0,298 ± 0,315	1,248 ± 0,677
1	2	12	0,359 ± 0,235	0,649 ± 0,553	0,553 ± 0,788
0	3	1	0,362	0,317	1,142
					0,85 ± 0,56

Bei Terpolymerisationen können wie bei Bipolymerisationen Azeotrope auftreten. Eine Durchrechnung für 653 in der Literatur beschriebene Zweierpaare ergab 731 mögliche Dreierpaare mit 36 Dreierazeotropen, 598 Viererpaare mit 2 Viererazeotropen und 330 Fünferpaare mit nur einer einzigen, ein Azeotrop bildenden Fünferkombination. Neben den Dreierazeotropen („ternären Azeotropen") gibt es bei Terpolymerisationen auch noch Azeotroplinien (vgl. Abb. 22–6) und partielle Azeotrope. Bei den Azeotroplinien ist der Stoffmengenanteil einer Komponente im anfänglichen Monomergemisch und im anfänglichen Copolymeren gleich. Bei den partiellen Azeotropen bleibt das Stoffmengenverhältnis zweier Monomerer konstant, ändert sich aber relativ zum Stoffmengenanteil der dritten Komponente.

Derartige Terpolymerisationen können gut mit Dreieckskoordinaten dargestellt werden. Ein Pfeil gibt dabei an, wie sich bei der Polymerisation die Zusammensetzung

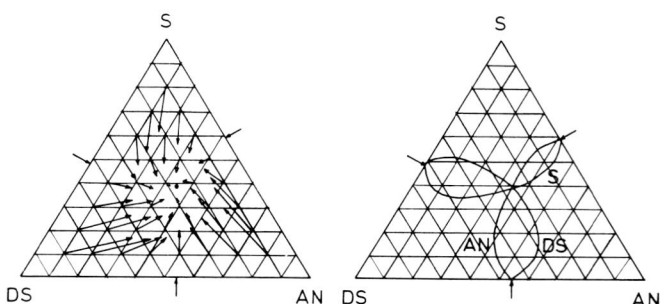

Abb. 22–6: Ternäre radikalische Copolymerisation im System Acrylnitril/2,5-Dichlorstyrol/Styrol bei 60 °C. Die äußeren Pfeile geben die Lage der Azeotrope bei der Bipolymerisation an (nach P. Wittmer, F. Hafner und H. Gerrens).

der anfänglichen Monomermischung zur anfänglichen Copolymerzusammensetzung verändert. Im azeotropen Fall sind beide Zusammensetzungen gleich: der Pfeil schrumpft zu einem Punkt zusammen (Abb. 22–6).

22.2.7 COPOLYMERISATIONEN MIT DEPOLYMERISATION

Die Lewis-Mayo-Gleichung wurde unter der Voraussetzung abgeleitet, daß alle Wachstumsschritte irreversibel sind. Sie muß erweitert werden, falls ein Wachstumsschritt oder deren mehrere reversibel sind. Die resultierenden Gleichungen hängen dann davon ab, welche Sequenzlängen reversibel depolymerisierbar sind.

Für den Fall einer Irreversibilität des Homowachstums des Monomeren A und der beiden Kreuzwachstumsschritte sowie einer Reversibilität des Wachstums des Monomeren B gilt

$$(22-49) \quad \frac{d[M_A]}{d[M_B]} = \frac{1 + r_A[M_A][M_B]^{-1}}{1 + r_B[M_B][M_A]^{-1}(1 - \sigma K^{-1}[M_B]^{-1})}$$

wobei K die Gleichgewichtskonstante des Polymerisations/Depolymerisationsgleichgewichtes des Monomeren B und σ eine weitere Variable ist

$$(22-50) \quad \sigma = \frac{r_B([M_B] + K^{-1}) + [M_A]}{2 r_B K^{-1}} - \left(\left(\frac{r_B([M_B] + K^{-1}) + [M_A]}{2 r_B K^{-1}}\right)^2 - [M_B]K\right)^{1/2}$$

Bei diesem Schema sind Zweiersequenzen, Dreiersequenzen usw. reversibel depolymerisierbar. Nur die Einersequenz von B kann definitionsgemäß wegen des irreversiblen Kreuzwachstumsschrittes nicht mehr depolymerisiert werden. Ist dagegen auch die Zweiersequenz BB nicht depolymerisierbar, sondern erst die Dreiersequenzen, Vierersequenzen usw., so gilt

$$(22-51) \quad \frac{d[M_A]}{d[M_B]} = \frac{1 + r_A[M_A][M_B]^{-1}}{1 + r_B[M_B][M_A]^{-1}\left(1 - \frac{\sigma K^{-1}[M_A]^{-1} r_B}{1 + r_B[M_B][M_A]^{-1}}\right)}$$

Bei kleinen Monomerverhältnissen $[M_B]/[M_A]$ gehen die Gl. (22–49) und (22–51) in die Gl. (22–18) über. Unter diesen experimentellen Bedingungen kann dann der Copolymerisationsparameter r_B bestimmt werden. Die Gleichgewichtskonstante K wird unabhängigen Polymerisationsgleichgewichts-Experimenten entnommen, so daß r_A als einziger anpassungsfähiger Parameter verbleibt.

In die beiden Copolymerisationsgleichungen (22–49) und (22–51) gehen die beiden Monomerkonzentrationen im Gegensatz zur einfachen Copolymerisationsgleichung (22–15) nicht nur als Verhältnis, sondern auch isoliert voneinander ein. Die Copolymerzusammensetzung hängt deshalb bei einem gegebenen Monomerenverhältnis noch von der totalen Monomerenkonzentration ab (Abb. 22–7). Aus dieser Konzentrationsabhängigkeit geht hervor, daß die radikalische Copolymerisation von α-Methylstyrol mit Methylmethacrylat bei 60°C eine reversible Depolymerisation der Zweiersequenzen von α-Methylstyrol aufweist. Bei der entsprechenden Copolymerisation mit Acrylnitril bei 80°C ist dagegen erst die Dreiersequenz der α-Methylstyroleinheiten reversibel depolymerisierbar.

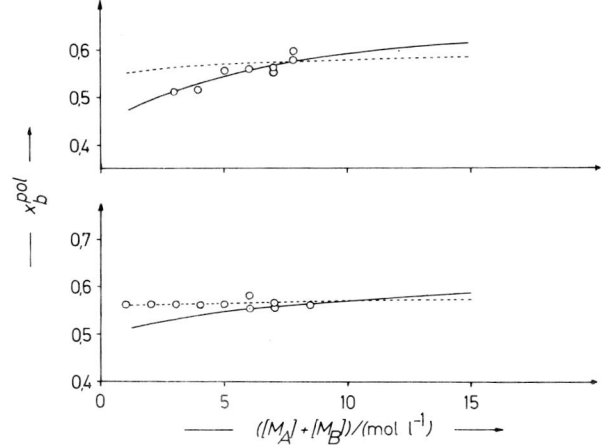

Abb. 22-7: Änderung der Stoffmengenanteile x_b^{pol} der Grundbausteine des reversibel polymerisierenden α-Methylstyrols bei der radikalischen Copolymerisation mit Methylmethacrylat bei 60 °C (oben) bzw. mit Acrylnitril bei 80 °C (unten) als Funktion der Gesamtmonomerkonzentration. Im ersten Falle werden reversibel depolymerisierende (———), im zweiten Fall nicht-depolymerisierende Zweiersequenzen (- - - - -) gefunden. Nach Daten von P. Wittmer.

22.2.8 LEBENDE COPOLYMERISATIONEN

Bei lebenden Copolymerisationen sind Abbruchs- und Übertragungsreaktionen abwesend. Alle einmal gebildeten aktiven Spezies bleiben also über die gesamte Polymerisationszeit aktiv. Falls zusätzlich der Startschritt sehr schnell gegenüber den Wachstumsschritten ist, werden ferner alle Initiatormoleküle „sofort" in aktive Spezies umgewandelt. Die Summe der Konzentrationen der aktiven Spezies ist daher in diesem Falle zeitlich konstant und gleich der ursprünglichen Initiatorkonzentration

(22–52) $[M_A^*] + [M_B^*] = [I]_0 = $ const.

oder

(22–53) $d([M_A^*] + [M_B^*])/dt = 0$

Wegen der Kreuzwachstumsschritte können sich aber die individuellen Konzentrationen der aktiven Spezies mit der Zeit bzw. dem Umsatz ändern, so daß das Verhältnis $[M_A^*]/[M_B^*]$ der Konzentrationen bei derartigen Polymerisationen mit dem Umsatz variiert. Sind umgekehrt die Kreuzwachstumsschritte abwesend, d.h. gilt $v_{A/B} = v_{B/A} = 0$, so bleibt das Verhältnis $[M_A^*]/[M_B^*]$ zeitlich konstant. Der erste Klammerausdruck der rechten Seite der Gl. (22–12) wird daher ebenfalls eine Konstante

(22–54) $d[M_A]/d[M_B] = R([M_A]/[M_B])$

mit

(22–55) $R = (k_{AA}/k_{BB})([M_A^*]/[M_B^*]) = const.$

Bei symmetrischen Homowachstumsreaktionen, z.B. bei der Copolymerisation von R- und S-Monomeren, gilt ferner $k_{AA} = k_{BB}$. In diesem Spezialfall ist die Proportionalitätskonstante R nur durch das Verhältnis der Konzentrationen der beiden aktiven Spezies gegeben. Bei der formal identischen sog. idealen Copolymerisationsgleichung (Gl. (22—19)) gibt dagegen R das Verhältnis zweier Geschwindigkeitskonstanten an.

Derartige lebende Copolymerisationen ohne Kreuzwachstumsschritte müssen zur Bildung von Mischungen von Homopolymeren führen bzw., falls Kreuzwachstumsschritte nicht völlig fehlen, zur Bildung von Blockcopolymeren. Ein solches Verhalten wurde bei der Copolymerisation der Leuchsanhydride von racemischem Leucin mit primären Aminen als Initiator gefunden, wobei die Sequenzanalyse enzymatisch durchgeführt wurde.

22.3 Spontane Copolymerisationen

22.3.1 ÜBERSICHT

In einem Gemisch zweier Monomerer ist das eine relativ zum anderen mehr elektrophil, das andere mehr nucleophil. Nucleophile Monomere sind Elektronendonatoren, elektrophile Monomere dagegen Elektronenakzeptoren. Beim Zusammengeben derartiger Monomerer können dann je nach den relativen Donator/Akzeptor-Stärken Reaktionen auftreten, die auch ohne zugefügten Initiator zu spontanen Copolymerisationen führen.

In sehr seltenen Fällen reagieren die beiden Monomeren direkt unter Änderung ihrer Valenzzustände. Bei der Reaktion eines cyclischen Phosphits mit Brenztraubensäure wird das erstere oxidiert und die letztere reduziert; es entsteht ein Copolymer

$$(22-56) \quad C_6H_5-O-P\begin{pmatrix}O\\O\end{pmatrix} + CH_3-CO-COOH \longrightarrow$$

$$+CH_2CH_2-O-\underset{\underset{OC_6H_5}{|}}{\overset{\overset{O}{\|}}{P}}-O-CH(CH_3)-COO+$$

Häufiger ist die Bildung von Ladungsübertragungskomplexen D → A. Die Ladungsübertragungskomplexe (charge-transfer-Komplexe, CT-Komplexe) können spontan in Zwitterionen $^{\oplus}DA^{\ominus}$ übergehen. Sie können aber auch durch sichtbares oder ultraviolettes Licht angeregt und dann in polaren Lösungsmitteln via CT-Singuletts, CT-Tripletts oder angeregte Franck-Condon-Zustände in Radikalionen überführt werden:

$$(22-57) \quad D + A \rightarrow [D,A] \begin{array}{c} \rightleftharpoons {}^{\oplus}DA^{\ominus} \\ \rightleftharpoons [D-A]^* \rightarrow D^{\bullet \oplus}A^{\bullet \ominus} \rightarrow D^{\bullet \oplus}_{solv} + A^{\bullet \ominus}_{solv} \end{array}$$

Die Zwitterionen können dann eine Homopolymerisation zu alternierenden Copolymeren eingehen. Die Radikalanionen können als Oxidations- bzw. Reduktions-

produkte der ursprünglichen Momoneren entweder ebenfalls copolymerisieren oder
aber Homopolymerisationen starten.

22.3.2 POLYMERISATION VON ZWITTERIONEN

Zwitterionen bilden sich spontan aus nucleophilen Monomeren wie cyclischen
exo- und endo-Iminoethern, Azetidinen, cyclischen Phosphiten und Schiffschen Basen
einerseits und elektrophilen Monomeren wie Lactonen, cyclischen Anhydriden, Sultonen und Acrylverbindungen andererseits (Tab. 22–6), d.h. entweder aus zwei geeigneten heterocyclischen Verbindungen oder aus einem Heterocyclus und einer Acrylverbindung. Die Reaktion erfolgt je nach Partner bereits bei Raumtemperatur oder erst beim
Erhitzen.

Ein Beispiel dafür ist die Reaktion von 2-Phenyl-2-oxazolin mit Acrylsäure

(22–58) [oxazoline] + $CH_2=CH-COOH$ → [zwitterion with $CH_2CH_2COO^{\ominus}$]

Das isolierbare Zwitterion polymerisiert spontan bei 150°C zu einem alternierenden
Iminoester

(22–59) [zwitterion with $CH_2CH_2COO^{\ominus}$] → $-(CH_2CH_2-N-CH_2CH_2COO)-$
$|$
C_6H_5CO

Tab. 22–6: Monomere für die Bildung und Polymerisation von Zwitterionen

Monomer D	Grundbaustein –D–	Monomer A	Grundbaustein –A–
[oxazoline, R]	$-CH_2-CH_2-N-$ $\|$ RCO	[β-propiolactone]	$-CH_2-CH_2-COO-$
[6-membered oxazine, R]	$-CH_2-CH_2-CH_2-N-$ $\|$ RCO	[succinic anhydride]	$-CO-CH_2-CH_2-COO-$
[pyrrolidinone, NR]	$-CH_2-CH_2-CH_2-N-CO-$ $\|$ R	[sultone]	$-CH_2CH_2CH_2OSO_2-$
[azetidine R,R,N-R]	$-CH_2-CR_2-CH_2-N-$ $\|\|$ RR	$CH_2=CH$ $\|$ $COOH$	$-CH_2CH_2COO-$
[cyclic phosphite P-R]	$-CH_2-CH_2-O-P-$ $\|\|$ O	$CH_2=CH$ $\|$ $CONH_2$	$-CH_2CH_2C-O-$ $\|\|$ NH
$Ar-CH=N-Ar'$	$-CH-N-$ $\|\|$ $ArAr'$	$CH_2=CH$ $\|$ $COOCH_2CH_2OH$	$-CH_2CH_2COOCH_2CH_2O-$

Die Copolymerisation der in Tab. 22–6 aufgeführten Monomeren erfolgt in ähnlicher Weise zu alternierenden Copolymeren mit den genannten Grundbausteinen. Bei der Polymerisation von Acrylamid erfolgt die Polymerisation jedoch nicht wie bei der Polymerisationsinitiation mit starken Basen (vgl. Gl (18–9)) über den Stickstoff zu β-Alanin-Grundbausteinen, sondern über den Sauerstoff zu Iminoether-Strukturen.

Die Monomeren homopolymerisieren unter den Copolymerisationsbedingungen selbst meist nicht. Da die Copolymerisation somit im Idealfall exklusiv über die primär gebildeten dimeren Zwitterionen erfolgt, werden ausschließlich alternierende Copolymere gebildet. Diese gemeinsame Polymerisation der beiden Monomeren stellt daher eigentlich eine Homopolyreaktion des Zwitterions dar.

Die Bildung der alternierenden Copolymeren kann entweder durch eine sukzessive Anlagerung der dimeren Zwitterionen an das kationische oder das anionische Ende der wachsenden Kette, d.h. durch Polymerisation, zustandekommen:

(22–60) $^{\oplus}D(AD)_n A^{\ominus} + {}^{\oplus}DA^{\ominus} \longrightarrow {}^{\oplus}D(AD)_{n+1} A^{\ominus}$; $n \geq 1$

oder aber durch Kombination dimerer, oligomerer und polymerer Zwitterionen, d.h. durch Polykondensation

(22–61) $^{\oplus}D(AD)_n A^{\ominus} + {}^{\oplus}D(AD)_m A^{\ominus} \longrightarrow {}^{\oplus}D(AD)_{n+m+1} A^{\ominus}$; $m \geq 1$
$n \geq 1$

Polymerisation und Polykondensation unterscheiden sich charakteristisch in der Umsatzabhängigkeit der Polymerisationsgrade. Zwitterionen-Copolymerisationen sind lebende Polyreaktionen, wie auch durch Zugeben frischer Monomermischung nach praktisch vollständigem Verbrauch der ursprünglich vorliegenden Monomermenge bewiesen wurde (Abb. 22–8). Bei lebenden Polymerisationen nimmt das Zahlenmittel des Polymerisationsgrades linear mit dem Umsatz zu (vgl. auch Kap. 15). Bei Polykondensationen nimmt dagegen das reziproke Zahlenmittel des Polymerisationsgrades linear mit dem Umsatz ab (vgl. Kap. 17). Offenbar liegt bei der Zwitterionencopolymerisation von 2-Oxazolin und β-Propiolacton in Dimethylformamid eine reine lebende Polymerisation vor, in Acetonitril dagegen eine Überlagerung von lebender Polymerisation (mit Polymerisationsgleichgewicht) und Polykondensation.

Eine Homopolymerisation einer der beiden Ausgangsmonomeren kann zusätzlich zur Bildung alternierender Copolymerer immer dann auftreten, wenn die Dipol/Ionen-Reaktion der Monomeren mit dem Zwitterion der Dipol/Dipol-Wechselwirkung der beiden Monomeren vergleichbar wird:

(21–62) $^{\oplus}D(AD)_n A^{\ominus}$ $\begin{array}{l} \xrightarrow{+D} {}^{\oplus}D_2(AD)_n A^{\ominus} \\ \xrightarrow{+A} {}^{\oplus}D(AD)_n A_2^{\ominus} \text{ usw.} \end{array}$

Acrylsäure gibt bei Temperaturen unter 80°C ein alternierendes Copolymer mit 1,3,3-Trimethylazetidin, darüber jedoch längere Acrylsäuresequenzen, da bei 150°C die Acrylsäure unter diesen Reaktionsbedingungen schon zum Poly(β-propiolacton) mit dem Grundbaustein $-\!(\!O\!-\!CH_2\!-\!CH_2\!-\!CO\!)\!-$ homopolymerisiert. Die gemeinsame Polymerisation von 1,3,3-Trimethylazetidin mit β-Propiolacton führt jedoch nur zum Homopolymer des β-Propiolactons, vermutlich, weil das Ammoniumion weniger reaktiv ist.

Vor allem bei erhöhten Temperaturen kann außerdem noch als Nebenreaktion eine Cyclisierung eintreten:

(22–63) $^{\oplus}D(AD)_n A^{\ominus} \longrightarrow \left(\begin{smallmatrix}(AD)_{\overline{n}}\\ DA\end{smallmatrix}\right)$

Die entstehenden Makrocyclen können jedoch unter den Reaktionsbedingungen nicht zur Polymerisation angeregt werden.

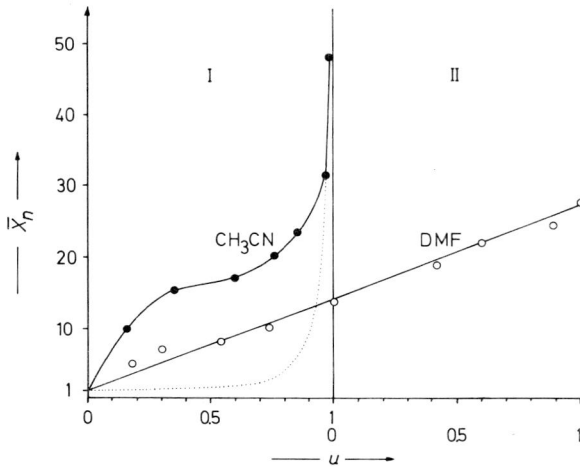

Abb. 22–8: Zahlenmittel des Polymerisationsgrades als Funktion des Umsatzes u bei der gemeinsamen Polymerisation einer 1:1-Mischung von 2-Oxazolin und β-Propiolacton zu alternierenden Copolymeren in Acetonitril bei 25 °C (●) bzw. in Dimethylformamid bei 40 °C (○). Nach praktisch vollständigem Umsatz in der Stufe I wurde in der Stufe II nochmals die gleiche Menge und Konzentration an Monomeren zugegeben. Die Polymerisationsgrade beziehen sich hier auf die Strukturelemente, nicht auf die Grundbausteine. (·····) Theorie für eine reine Polykondensation. Nach Daten von T. Saegusa, Y. Kimura und S. Kobayashi.

22.3.3 COPOLYMERISATION VON LADUNGSÜBERTRAGUNGSKOMPLEXEN

22.3.3.1 Zusammensetzung und Gleichgewichte

Ladungsübertragungskomplexe können verschiedene Verhältnisse von Donator- und Akzeptormolekülen aufweisen

(22–64) $D + nA \rightleftarrows DA_n; \quad K_{CT} = [DA_n]/[D][A]^n)$

Der Wert von n kann aus der Lage des Maximalwertes der DA_n-Konzentration als Funktion des anfänglichen Konzentrationsverhältnisses von D und A ermittelt werden. Eine einfache Methode geht von Lösungen gleicher molarer Konzentration von A und D aus, die in verschiedenen Volumenbrüchen $\phi_D = 1 - \phi_A$ gemischt werden. Es gilt dann für ideale Lösungen mit $[M]_0 = ([A] + [D])_0$

(22–65) $[A] = [A]_0 - n[DA_n] = [M]_0 \phi_A - n[DA_n]$

(22–66) $[D] = [D]_0 - [DA_n] = [M]_0(1 - \phi_A) - [DA_n]$

Die maximale Konzentration von DA_n wird bei $d[DA_n]/d\phi_A = 0$ erreicht, was für $n = \phi_A/(1 - \phi_A)$ zutrifft. Ein Maximum von DA_n bei $\phi_A = 0,5$ stammt daher von einem 1:1-Komplex ($n = 1$) (vgl. Abb. 22–9), ein Maximum bei $\phi_A = 2/3$ von einem 1:2-Komplex. Die weitaus überwiegende Mehrheit der zu CT-Copolymerisationen führenden Monomeren liegt als 1:1-Komplex vor, doch wurden bei Styrol/Maleinsäureanhydrid auch 1:2-Komplexe beobachtet.

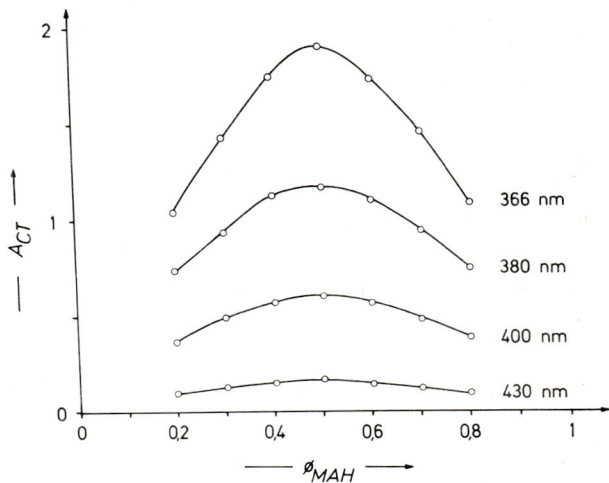

Abb. 22–9: Absorptivität A_{CT} des CT-Komplexes aus p-Dioxen PD und Maleinsäureanhydrid MAH als Funktion des Volumenbruches ϕ_{MAH} an Maleinsäureanhydrid in Chloroform. Ausgangskonzentrationen: 0,5045 (mol PD)/l und 0,5082 (mol MAH)/l. Nach S. Iwatsuki und Y. Yamashita.

CT-Komplexe weisen häufig ausgeprägte Banden im sichtbaren oder ultravioletten Spektralbereich auf. Aus der im Bandenmaximum beobachtbaren Absorptivität A_{obs} kann bei Kenntnis der molaren linearen Absorptionskoeffizienten ϵ und der Weglänge L in der Küvette die vom CT-Komplex stammende Absorptivität berechnet werden

(22–67) $A_{CT} = \epsilon_{CT} L [DA_n] = A_{obs} - \epsilon_D L [D]_0 - \epsilon_A L [A]_0$

Der molare lineare Absorptionskoeffizient ϵ_{CT} des Komplexes ist temperaturunabhängig, sofern nur ein einziger Komplextyp vorliegt.

Die Gleichgewichtskonstanten der CT-Komplexe sind im allgemeinen niedrig (Tab. 22–7). Die Konzentration an AD_n ist daher immer viel kleiner als die des Donators. Für 1:1-Komplexe erhält man daher aus den Gl. (22–64)–(22–66)

(22–68) $K_{CT} = \dfrac{[DA]}{([D]_0 - [DA])([A]_0 - [DA])} \approx \dfrac{[DA]}{[D]_0([A]_0 - [DA])}$

Einsetzen von Gl. (22–67) und Umformen führt zur Benesi-Hildebrand-Gleichung

$$(22-69) \quad \frac{[A]_0 L}{A_{CT}} = \frac{1}{\epsilon_{CT}} + \frac{1}{K_{CT}\, \epsilon_{CT}\, [D]_0}$$

bzw. zur Scott-Gleichung

$$(22-70) \quad \frac{[A]_0 [D]_0 L}{A_{CT}} = \frac{1}{K_{CT}\, \epsilon_{CT}} + \frac{[D]_0}{\epsilon_{CT}}$$

Durch Auftragen der linken Seiten gegen $[D]_0^{-1}$ (Benesi-Hildebrand-Gl.) bzw. gegen $[D]_0$ (Scott-Gleichung) können daher aus Neigung und Ordinatenabschnitt Gleichgewichtskonstante und molarer linearer Absorptionskoeffizient gewonnen werden. Die Gleichgewichtskonstanten folgen der van't Hoff-Beziehung, sofern nur ein einziger CT-Komplex vorliegt.

Die Gleichgewichtskonstanten können in vielen Fällen auch über magnetische Kernresonanzmessungen ermittelt werden. Für ideale Lösungen erhält man aus den chemischen Verschiebungen z.B. der Akzeptorprotonen im unkomplexierten Zustand (δ_A), im reinen CT-Komplex (δ_{CT}) und für die betreffende Mischungskonzentration (δ_{obs}) in Analogie zu Gl. (22-69)

$$(22-71) \quad \frac{1}{\delta_{obs} - \delta_A} = \frac{1}{\delta_{CT} - \delta_A} + \frac{1}{K_{CT}(\delta_{CT} - \delta_A)[D]_0}$$

Tab. 22-7: Molare lineare Absorptionskoeffizienten ϵ_{CT} und Gleichgewichtskonstanten K_{CT} von CT-Komplexen

CT-Komplex	Lösungs-mittel	$\dfrac{T}{°C}$	$\dfrac{\lambda}{nm}$	$\dfrac{\epsilon_{CT}}{1\,mol^{-1}\,cm^{-1}}$	$\dfrac{K_{CT}}{1\,mol^{-1}}$
Divinylether/Maleinsäureanhydrid		25	275	2745	0,0137
Divinylether/Maleinsäureimid		25	270	380	0,0374
Divinylether/Fumarsäurenitril		25	265	7794	0,0151
2-Chlorethylvinylether/Maleinsäureanhydrid	Benzol	30	340	25	0,10
2-Chlorethylvinylether/Maleinsäureanhydrid	Chloroform	30	340	33	0,11
p-Dioxen/Maleinsäureanhydrid	Benzol	25	350	500	0,069
,,	Chloroform	25	350	820	0,040
,,	Aceton	25	350	670	0,047
,,	Toluol	25	350	690	0,055

22.3.3.2 Autopolymerisationen

CT-Komplexe können entweder im Grundzustand oder im angeregten Zustand autopolymerisieren. Außerdem sind sog. regulierte Polymerisationen durch Zusatz von Komplexbildnern oder radikalischen Initiatoren möglich.

Ladungsübertragungskomplexe aus einem Donator- und einem Akzeptormolekül werden im Grundzustand im wesentlichen durch elektrostatische Kräfte zusammengehalten. Die Elektronen werden bei diesen Bindungen nicht anteilig; der CT-Komplex ist folglich wenig reaktiv. Es ist daher nicht sicher, ob einige der als spontane Polymerisation von CT-Komplexen gedeuteten gemeinsamen Polymerisationen wirklich über die Grundzustände von CT-Komplexen ablaufen. Beim Mischen von Vinylidencyanid mit Vinylethern entsteht z.B. ohne Farbentwicklung ein Gemisch von Poly(vinylidencyanid), Poly(vinylether) und Cycloadditionsprodukten. Die Polymerisation muß ionisch sein, da sie sowohl von Trihydroxyethylamin als auch von Diphosphorpentoxid inhibiert wird. Denkbar ist daher die primäre Bildung von Vinylether-Radikalkationen und Vinylidencyanid-Radikalanionen, die dann zu den entsprechenden Dikationen und Dianionen dimerisieren. Die Dikationen lösen die kationische Homopolymerisation von Vinylethern, die Dianionen die anionische Polymerisation von Vinylidencyanid aus. Ungeklärt ist dabei, warum bei diesen offenbar simultan ablaufenden anionischen und kationischen Homopolymerisationen die Ladungen nicht neutralisiert werden.

Andererseits führen die gemeinsamen Polymerisationen einer Reihe von elektronenakzeptierenden und elektronendonierenden Monomeren zu alternierenden Copolymeren, meist im Gemisch mit dem Kopf/Kopf-Cycloadditionsprodukt. Hierzu gehören die Elektronenakzeptoren Maleinsäureanhydrid, Fumarsäureester, Schwefeldioxid oder Carbondioxid in Kombination mit den Elektronendonatoren Butadien, Isobuten, Vinylether, p-Dioxen oder Vinylacetat.

Die CT-Komplexe gehen beim Bestrahlen mit Licht in die angeregten Zustände über; es werden Ladungen übertragen. Der entstehende angeregte CT-Komplex stellt ein einziges Molekül mit einem größeren π-Elektronensystem als die einzelnen Monomermoleküle dar. Ein ausgedehnteres π-Elektronensystem ist aber leichter polarisierbar und erfordert folglich für eine Reaktion eine niedrigere Aktivierungsenergie. In einem Gemisch von angeregten CT-Komplexen mit ihren homopolymerisierbaren Elektronendonatoren und -akzeptoren ist daher der CT-Komplex die reaktivste Spezies.

22.3.3.3 Regulierte Polymerisationen

Copolymerisationen von gewissen Elektronenakzeptoren mit gewissen Elektronendonatoren, die erst nach Zusatz von Lewis-Säuren oder radikalischen Initiatoren ablaufen, werden in der Literatur als regulierte Copolymerisationen bezeichnet. Das Gebiet überschneidet sich naturgemäß mit der radikalischen Copolymerisation.

Manche Elektronenakzeptoren sind zu schwach, um mit Elektronendonatoren genügend stabile CT-Komplexe zu bilden. Die CT-Komplexbildung kann in diesen Fällen durch Zusatz von Lewis-Säuren gefördert werden. Lewis-Säuren sind selbst Elektronenakzeptoren. Ihre Anlagerung an die schwach elektronenakzeptierenden Monomeren setzt die Elektronendichte an der Doppelbindung des Monomeren weiter herab, so daß sich nun ein stabilerer CT-Komplex mit dem elektronendonierenden Monomeren ausbilden kann. Der neue CT-Komplex führt dann zur alternierenden Copolymerisation der beiden Monomeren, oft über einen weiten Bereich der Ausgangsmonomerverhältnisse. Diese alternierende Copolymerisation erfolgt manchmal spontan, manchmal jedoch nach Zusatz von Radikalbildnern. Sie wird durch Radikalinhibitoren gehemmt und häufig durch die kationische Homopolymerisation eines der Monomeren konkurrenziert.

Derartige Copolymerisationen erfolgen zwischen den elektronendonierenden α-Olefinen, Dienen, ungesättigten Estern, ungesättigten Ethern und Halogenolefinen einerseits und den elektronenakzeptierenden Acrylverbindungen und Vinylketonen andererseits unter Zusatz von z.B. Zinkchlorid, Vanadiumoxytrichlorid oder Ethylaluminiumdichlorid. Es können somit auch solche Monomere copolymerisiert werden, die sonst nicht radikalisch homopolymerisieren wie z.B. Propylen oder Allylmonomere. Da die Komplexierung ein dynamisches Gleichgewicht darstellt und nur für den Wachstumsschritt erforderlich ist, genügen manchmal schon sehr kleine Mengen an zugesetzten Lewis-Säuren. Bei der alternierenden Copolymerisation von Butadien und Acrylnitril genügen z.B. 0,01 mol $(C_2H_5)_3Al$ und 0,0001 mol $VOCl_3$ pro mol Acrylnitril.

Die Komplexierung mit Lewis-Säuren ändert sowohl die Polarität als auch die Resonanzstabilisierung des elektronenakzeptierenden Monomeren (vgl. Tab.22−8). Die Änderung der Q- und e-Werte stammt dabei nicht unbedingt allein von einer Änderung des Bindungszustandes der Doppelbindung. Sie kann auch von einer Änderung der Angriffsrichtung herrühren. Bei der Copolymerisation von Butadien mit Propylen unter Zusatz von VCl_4/Et_3Al wird beim Propylen z.B. das α-Kohlenstoffatom angegriffen.

Tab. 22−8: Einfluß der Komplexierung mit Lewis-Säuren auf die Q- und e-Werte von elektronenakzeptierenden Monomeren M_A

Monomere M_A/M_B	Lewis-Säure	Q_A ohne Lewis-Säure	Q_A mit Lewis-Säure	e_A ohne Lewis-Säure	e_A mit Lewis-Säure
$CH_2=C(CH_3)COOCH_3/CH_2=CCl_2$	$ZnCl_2$	0,74	26,3	0,4	4,2
2 $CH_2=C(CH_3)COOCH_3/CH_2=CH(C_6H_5)$	$ZnCl_2$	0,74	13,5	0,4	1,74
$CH_2=CH(CN)/CH_2=CCl_2$	$ZnCl_2$	0,6	12,6	1,2	8,2
$CH_2=CH(CN)/CH_2=CHCl$	$SnCl_4$	0,6	2,64	1,2	2,22
2 $CH_2=CH(CN)/CH_2=CH(C_6H_5)$	$ZnCl_2$	0,6	24	1,2	2,53

Copolymerisationen unter Zusatz einer Lewis-Säure können entweder als Bipolymerisationen des elektronendonierenden Monomeren mit dem Komplex elektronenakzeptierendes Monomeres/Lewis-Säure oder als Homopolymerisation des ternären Komplexes Elektronendonator/Elektronenakzeptor/Lewis-Säure ablaufen, z.B. beim System Styrol/Methyl-α-chloracrylat/Diethylaluminiumchlorid:

$$(22-72) \quad \begin{array}{c} \sim\text{sty-mca}^\bullet \\ \downarrow \\ \text{al} \end{array} + \begin{array}{c} \text{Sty/MCA} \\ \downarrow \\ \text{al} \end{array} \longrightarrow \begin{array}{c} \sim\text{sty-mca-sty-mca}^\bullet \\ \downarrow \quad\quad \downarrow \\ \text{al} \quad\quad \text{al} \end{array}$$

$$(22-73) \quad \begin{array}{c} \sim\text{sty-mca}^\bullet \\ \downarrow \\ \text{al} \end{array} + \text{Sty} \longrightarrow \begin{array}{c} \sim\text{sty-mca-sty}^\bullet \\ \downarrow \\ \text{al} \end{array} \xrightarrow{+\text{MCA}-\text{al}} \begin{array}{c} \sim\text{sty-mca-sty-mca}^\bullet \\ \downarrow \quad\quad \downarrow \\ \text{al} \quad\quad \text{al} \end{array}$$

Beide Mechanismen unterscheiden sich charakteristisch in ihrer Geschwindigkeit.

Der Zusatz von Radikalbildnern kann bei der Polymerisation von CT-Komplexen verschiedene Effekte hervorrufen. Dibenzoylperoxid erhöht das Molekulargewicht des aus Butadien/Propylen/VCl$_4$/Et$_3$Al entstehenden alternierenden Copolymeren, da die Wasserstoffübertragung herabgesetzt wird. Beim Zusatz von Dibenzoylperoxid zu Vinylidencyanid/ungesättigten Ethern entstehen jedoch zusätzlich zu den beiden Homopolymeren und den Cycloaddukten auch noch 1:1-Copolymere. Die Copolymeren werden dabei nicht durch Ringöffnung des Cycloadduktes gebildet, da die ersteren Kopf/Schwanz-, die letzteren aber Kopf/Kopf-Verknüpfung aufweisen. Radikalisch initiierte Polymerisationen von CT-Komplexen sind auch für die Polymerisation solcher Monomerer verantwortlich, die allein nicht homopolymerisieren, z.B. Maleinsäureanhydrid/Stilben oder Styrol/α-Olefin.

In diese Polymerisationsklasse gehören möglicherweise auch die Copolymerisationen von Kohlendioxid, die mit Epoxiden zu Polyanhydriden, mit Aziridinen zu Polyurethanen und mit Vinylethern zu Polyketoethern führen, z.B.

(22–74) $CO_2 + CH_2=CH(OR) \longrightarrow \{CO-CH_2\underset{OR}{CH}-O-\underset{OR}{CH}-\underset{OR}{CH_2}\}$

Sowohl die Polymerisationsgeschwindigkeit als auch die Zusammensetzung der Copolymeren hängt außerdem noch vom Lösungsmittel ab. Lösungsmittel können die Lage des Komplex-Gleichgewichtes verschieben (vgl. Tab. 22–7). Dadurch kann z.B. die Homopolymerisation eines CT-Komplexes in eine Copolymerisation des CT-Komplexes mit einem seiner beiden Monomeren oder sogar in eine Terpolymerisation mit seinen beiden Monomeren übergehen. Derartige Effekte könnten z.B. neben dem Verdünnungseffekt für die Variation des Acrylnitril-Gehaltes der bei der gemeinsamen Polymerisation von Acrylnitril/p-Dioxen/Maleinsäureanhydrid entstehenden Terpolymeren mit Typ und Konzentration des Lösungsmittels verantwortlich sein (vgl. Abb. 22–10).

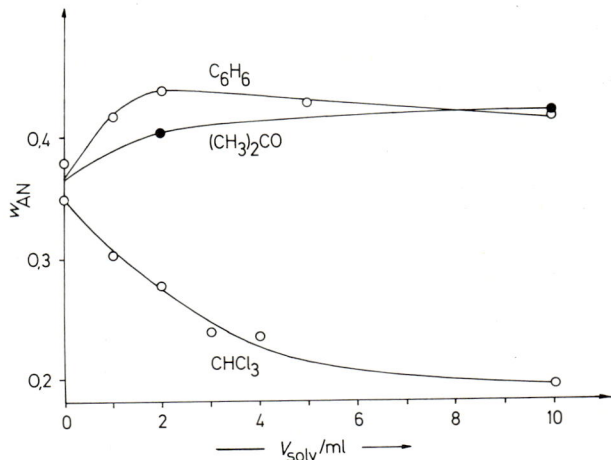

Abb. 22–10: Abhängigkeit des Acrylnitrilgehaltes des bei der Terpolymerisation von p-Dioxen, Maleinsäureanhydrid und Acrylnitril in verschiedenen Lösungsmitteln entstehenden Terpolymeren (nach Daten von S. Iwatsuki und Y. Yamashita).

Eine befriedigende Deutung aller Effekte ist noch nicht gelungen. In erster Näherung scheint die Art der Polymerisation von CT-Komplexen jedoch von der Gleichgewichtskonstante der Komplexbildung abzuhängen (Tab. 22–9).

Tab. 22–9: Polymerisation von Ladungsübertragungs-Komplexen bei 25 °C

Monomere	Lösungsmittel	$\dfrac{K_{CT}}{1\ \text{mol}^{-1}}$	Polymerisationstyp
4-Vinylpyridin/p-Chloranil	versch.	sehr hoch	keine Polymerisation
Vinylidencyanid/ Methylvinylether	versch.	1	spontane ionische Homopolymerisation
Maleinsäureanhydrid/ Dimethoxyethylen	CCl_4	0,15	spontane alternierende Copolymerisation
Vinylidencyanid/Styrol	versch.	0,1	spontane alternierende Copolymerisation
Cyclohexen/Schwefeldioxid	Heptan	0,053	spontane alternierende Copolymerisation
Styrol/ Methyl-α-chloracrylat/ $(C_2H_5)_2AlCl$	- - - - -	0,01	radikalisch initiierte alternierende Copolymerisation

22.4 Radikalische Copolymerisationen

22.4.1 KONSTITUTIONSEINFLÜSSE

Copolymerisationen in Gegenwart eines radikalischen Initiators befolgen in den meisten Fällen die einfache Copolymerisationsgleichung, Gl. (22–22). Die über diese Gleichung berechneten Copolymerisationsparameter können daher direkt als Verhältnisse zweier Geschwindigkeitskonstanten interpretiert werden. Als relative Reaktivitäten müssen sie von der Polarität, der Resonanzstabilisierung und den sterischen Effekten der Monomeren beeinflußt werden. Effekte der Resonanzstabilisierung sind dabei in der Regel stärker als Einflüsse der Polarität und diese wiederum größer als die der sterischen Hinderung.

Der Einfluß der Polarität ist besonders deutlich, wenn beide Monomere resonanzstabilisierte Polymerradikale geben. Das resonanzstabilisierte Styrol mit seiner elektronenabgebenden Phenylgruppe weist bei der Copolymerisation mit resonanzstabilisierten Comonomeren mit elektronenanziehenden Gruppierungen (z.B. Acrylverbindungen) immer Copolymerisationsparameter auf, die kleiner als 1 sind (vgl. Tab. 22–10). Das fremde Monomer wird somit immer bevorzugt addiert, was bei der Copolymerisation zweier Monomerer mit entgegengesetzter Polarität leicht verständlich ist. Auch bei der Copolymerisation von Vinylchlorid mit dem elektronenanziehenden Chlor-Substituenten und Vinylbenzoat mit der elektronenabgebenden Benzoat-Gruppe sind die Verhältnisse ähnlich.

Ist jedoch das eine Polymerradikal resonanzstabilisiert und das andere nicht, so wird sich das resonanzstabilisierte Monomer bevorzugt an das resonanzstabilisierte Radikal anlagern, da dann erneut eine resonanzstabilisierte Spezies gebildet wird. Bei der Copolymerisation von Styrol mit Vinylestern oder Vinylethern weist daher das erstere Copolymerisationsparameter weit über 1, die letzteren weit unter 1 auf.

Tab. 22–10: Copolymerisationsparameter für die radikalische Copolymerisation in **Masse bei 60 °C**

Monomere A	r_A	Monomer B	r_B
Styrol	0,78	Methylacrylat	0,18
Styrol	0,83	Ethylacrylat	0,18
Styrol	0,79	Butylacrylat	0,17
Styrol	0,75	Dodecylacrylat	0,34
Styrol	0,52	Methylmethacrylat	0,46
Styrol	0,55	Butylmethacrylat	0,42
Styrol	0,61	Octylmethacrylat	0,59
Styrol	0,59	Dodecylmethacrylat	0,46
Styrol	0,41	Acrylnitril	0,04
Styrol	55	Vinylacetat	0,01
Styrol	68	Vinylstearat	0,01
Styrol	50	Vinylpelargonat	0,01
Styrol	100	Methylvinylether	0,01
Styrol	80	Ethylvinylether	0
Styrol	65	Octylvinylether	0
Styrol	27	Dodecylvinylether	0
Styrol	17	Vinylchlorid	0,02
Styrol	18	Vinylbromid	0,06
Styrol	7	Vinyljodid	0,15
Acrylnitril	1,3	Methylacrylat	1,3
Acrylnitril	1,0	Butylacrylat	1,01
Acrylnitril	1,9	Octylacrylat	0,83
Acrylnitril	3,2	Dodecylacrylat	1,3
Acrylnitril	4,1	Octadecylacrylat	1,2
Acrylnitril	6	Maleinsäureanhydrid	0
Acrylnitril	470	Tetrachlorethylen	0
Vinylchlorid	0,04	Methylmethacrylat	12,5
Vinylchlorid	0,05	Butylmethacrylat	13,5
Vinylchlorid	0,04	Octylmethacrylat	14,0
Vinylbenzoat	0,28	Vinylchlorid	0,72
Vinylacetat	0,23	Vinylchlorid	1,7
Vinylacetat	3,0	Ethylvinylether	0
Vinylacetat	3,5	Butylvinylether	0,31
Vinylacetat	3,7	Heptylvinylether	0,23
Vinylacetat	4,5	Hexadecylvinylether	0,35
Vinylacetat	0,04	Methylmethacrylat	23
Vinylacetat	0,08	Butylmethacrylat	46
Vinylacetat	0,03	Heptylmethacrylat	60
Vinylacetat	0,14	Hexadecylmethacrylat	68
Stilben	0,03	Maleinsäureanhydrid	0,03
Ethylen	1,01	Vinylacetat	1,01
Ethylen	0,20	Methylacrylat	11
Ethylen	0,20	Methylmethacrylat	17
Ethylen	0,25	Diethylmaleat	10

Die Copolymerisationsparameter werden in der Regel nur durch die unmittelbar an der Ethylengruppierung sich befindenden Gruppen beeinflußt. Weiter entfernt liegende Gruppen verändern die Copolymerisationsparameter meist nicht. So sind die Copolymerisationsparameter von Styrol und Methacrylaten unabhängig von der Größe des Alkylrestes. In anderen Fällen beobachtet man jedoch eine Variation der Copolymerisationsparameter mit der Größe des Substituenten, z.B. für die Systeme Styrol/Alkylvinylether, Acrylnitril/Alkylacrylate oder Vinylacetat/Alkylmethacrylate. Dabei variiert interessanterweise nicht der Copolymerisationsparameter des alkylgruppenhaltigen Monomeren, sondern der des Comonomeren. Der nicht geklärte Effekt ist möglicherweise auf eine wechselnde Assoziation des Comonomeren zurückzuführen.

Einflüsse der sterischen Hinderung werden meist von denen der Polarität und Resonanzstabilisierung überspielt. 1,2-Disubstituierte Ethylenmonomere bilden mit Comonomeren ähnlicher Polarität statistische Copolymere, z.B. Dimethylfumarat/Vinylchlorid. Bei stark verschiedenen Polaritäten können wegen der Bildung von CT-Komplexen sogar alternierende Copolymere auftreten wie z.b. bei Maleinsäureanhydrid und Stilben, da hier die polare Wechselwirkung im Übergangszustand die sterische Hinderung überwinden hilft. Dreifach substituierte Olefine geben im Übergangszustand eine zusätzliche Stabilisierung ohne sterische Hinderung und sind daher mit Comonomeren entgegengesetzter Polarität leicht alternierend copolymerisierbar.

Besonders für stark polare Monomere wurde oft diskutiert, ob nicht Abweichungen von der einfachen Copolymerisationsgleichung durch Einflüsse des vorletzten Gliedes auftreten können (sog. penultimate-Effekt). Um derartige Einflüsse zu erfassen, müssen sehr genaue Experimente bei sehr kleinen Monomerverhältnissen ausgeführt und die einfache Copolymerisationsgleichung entsprechend modifiziert werden. Die als Einflüsse des vorletzten Gliedes interpretierten Effekte können jedoch häufig besser durch die Bildung von CT-Komplexen erklärt werden (vgl. Abb. 22–11). Die CT-Komplexe wirken in diesem Fall als drittes Monomer.

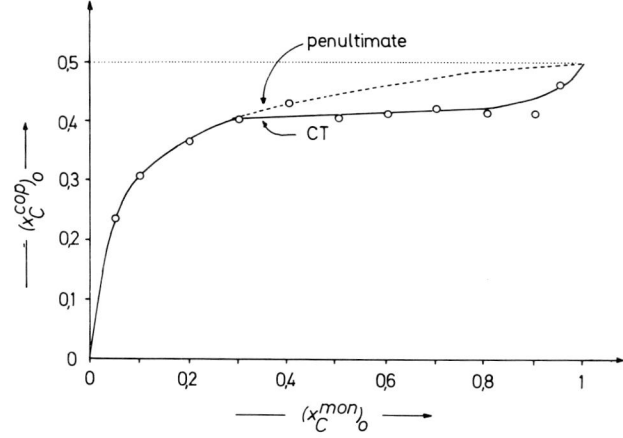

Abb. 22–11: Änderung des Stoffmengenanteils $(x_C^{cop})_0$ an β-Cyanacrolein-Einheiten im anfänglich gebildeten Copolymeren mit dem anfänglichen Stoffmengenanteil $(x_C^{mon})_0$ an dem Monomeren bei der radikalischen Copolymerisation mit Styrol in Tetrahydrofuran bei 60 °C. (——) Berechnet für Copolymerisation mit Beteiligung eines CT-Komplexes, (- - - - -) berechnet für einen penultimate-Effekt (nach M. Litt).

Die radikalische Copolymerisation kann gut durch das Q,e-Schema beschrieben werden. Q sollte nach der Normierung gleich null werden, wenn das Polymerradikal nicht resonanzstabilisiert ist. Tatsächlich weisen auch Ethylen, Vinylacetat und Vinylchlorid sehr niedrige Q-Werte auf (Tab. 22-11). Q wurde bei der Normierung für Styrol gleich 1 angesetzt, weil man für das Polystyrylradikal die größte Resonanzstabilisierung annahm. Noch höhere Q-Werte weisen jedoch 2,5-Dichlorstyrol, Butadien und Vinylidencyanid auf.

Tab. 22-11: Q- und e-Werte bei radikalischen Copolymerisationen

Monomeres	e	Q
Styrol (Bezugsmonomer)	-0,800	1,000
o-Divinylbenzol	-1,310	1,640
m-Divinylbenzol	-1,770	3,350
Methylmethacrylat	0,400	0,740
Butylmethacrylat	0,510	0,780
Octylmethacrylat	0,180	0,810
Dodecylmethacrylat	0,350	0,700
Octadecylmethacrylat	0,560	1,070
Methylacrylat	0,600	0,420
Butylacrylat	1,060	0,500
Octylacrylat	1,070	0,350
Octadecylacrylat	1,120	0,420
Acrylnitril	1,200	0,600
Ethylen	-0,200	0,015
Tetrafluorethylen	1,220	0,049
Tetrachlorethylen	2,030	0,003
Vinylacetat	-0,220	0,026
Vinylpalmitat	-0,020	0,026
Vinylfluorid	-0,820	0,025
Vinylchlorid	0,200	0,044
Vinylbromid	-0,250	0,047
Vinyljodid	-0,800	0,140
Ethylvinylether	-1,170	0,032
Butylvinylether	-1,200	0,087
Octylvinylether	-0,790	0,061
Dodecylvinylether	-0,740	0,033
Maleinsäureanhydrid	2,250	0,230
Stilben (cis)	-0,030	0,017

22.4.2 EINFLUSS DER UMGEBUNG

Die Copolymerisation hängt nicht nur von den Monomeren und der Polymerisationsart ab, sondern auch noch von der Umgebung, also von Lösungsmittel, Temperatur, Druck und Phasenverhältnissen.

Nach dem Ansatz des Q,e-Schemas werden die Copolymerisationsparameter durch die Polaritäten der Monomeren bzw. ihrer Polymerradikale beeinflußt. Bei lokalisierten Teilladungen kann der Polaritätsterm $e_A^\bullet e_B$ (und entsprechend die anderen drei Polaritätsterme) durch die Ladungen $z_A^\bullet$ des Radikals und $z_B^\bullet$ des Monomeren, den Abstand L dieser Ladungen im Übergangskomplex, die relative Permittivität ϵ, die Boltzmann-Konstante k und die absolute Temperatur T ausgedrückt werden:

(22-75) $\quad e_A^\bullet e_B = z_A^\bullet z_B / (L \epsilon k T)$

Man sollte daher einen Einfluß der relativen Permittivität des Lösungsmittels auf die Copolymerisationsparameter erwarten. Ein solcher Einfluß wird gelegentlich gefunden (Tab. 22−12), ist jedoch viel schwächer als von Gl. (22−75) vorgesagt. Der Ansatz trifft vermutlich nicht zu, weil die Teilladungen gar nicht lokalisiert sind und die Polaritätseffekte klein gegenüber den Resonanzeffekten sind.

Tab. 22−12: Lösungsmitteleinflüsse auf die Copolymerisationsparameter der radikalischen Copolymerisation von Styrol mit Methylmethacrylat bei 50°C

Lösungsmittel	Relative Permittivität des Lösungsmittels	r_s	r_{mma}
Dioxan	2,20	0,56	0,53
−	4,5	0,48	0,46
Aceton	20,7	0,49	0,50
Dimethylformamid	36,7	0,38	0,45

Das Lösungsmittel kann jedoch die relative Konzentration der Monomeren am Reaktionsort verändern. Beispiele dafür sind die Assoziation von Monomeren, die Adsorption von Monomeren an ausgefallene Polymere und die Löslichkeitsunterschiede in verschiedenen Phasen. In allen diesen Fällen sind die lokalen Konzentrationen nicht mehr mit den Gesamtkonzentrationen identisch. Konventionelle Berechnungen geben dann je nach Lösungsmittel bzw. Phase verschiedene Copolymerisationsparameter, obwohl nicht notwendigerweise die Reaktivitäten verschieden sind, sondern nur die aktuellen Monomerkonzentrationen. Bei der radikalischen Copolymerisation von Acrylnitril mit Methylacrylat wurden so je nach Verfahren verschiedene (scheinbare) Copolymerisationsparameter gefunden (Tab. 22−13).

Tab. 22−13: Copolymerisationsparameter der radikalischen Copolymerisation von Acrylnitril (A) mit Methylacrylat (M) bei ca. 50°C

Verfahren	r_A	r_M
Suspension	0,75 ± 0,05	1,54 ± 0,05
Emulsion	0,78 ± 0,02	1,04 ± 0,02
Lsg. in Dimethylsulfoxid	1,02 ± 0,02	0,70 ± 0,02

Die Temperaturabhängigkeit der Copolymerisationsparameter kann in vielen Fällen durch die Arrhenius-Gleichung beschrieben werden (Abb. 22−12). Vorexponentieller Faktor und Exponent geben dann die Differenz der Aktionskonstanten bzw. Aktivierungsenergien von Homo- und Kreuzwachstum an. Gelegentlich wird aber auch nicht-Arrheniussches Verhalten beobachtet, was möglicherweise auf Assoziation zurückzuführen ist.

Der Einfluß hoher Drucke auf die Copolymerisationsparameter wurde bislang nur wenig untersucht. Bei den beiden Systemen Methylmethacrylat/Acrylnitril und Styrol/Acrylnitril steigen die Copolymerisationsparameter mit steigendem Druck an. Das Produkt $r_A r_B$ nähert sich bei höheren Drucken dem Wert 1: die Copolymerisation wird zunehmend idealer.

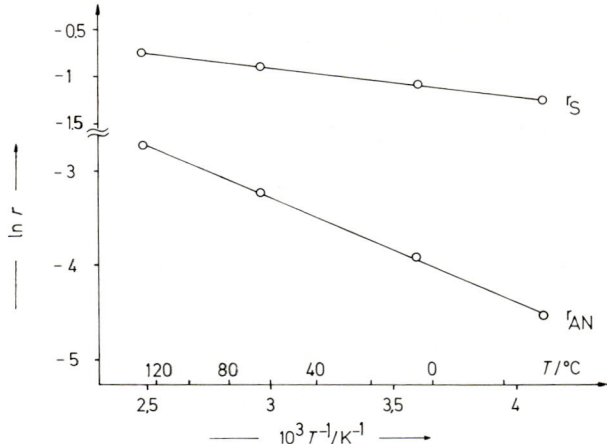

Abb. 22–12: Arrhenius-Auftragung für die Temperaturabhängigkeit der Copolymerisationsparameter der radikalischen Copolymerisation von Styrol (S) mit Acrylnitril (AN).

22.4.3 KINETIK

Die Geschwindigkeit der radikalischen Copolymerisation unterscheidet sich deutlich von denen der entsprechenden Homopolymerisationen (Tab. 22–14). Ein kleiner Zusatz von Styrol zu Methylmethacrylat setzt die Bruttogeschwindigkeit um den Faktor 2,5 herab; der gleiche Zusatz von Methylmethacrylat zu Styrol ändert dagegen die Polymerisationsgeschwindigkeit nur wenig. Wiederum anders verhalten sich die Geschwindigkeitskonstanten. Die Geschwindigkeitskonstanten der Kreuzwachstumsreaktionen sind für diese beiden Monomeren größer als die der jeweiligen Homopolymerisationen. Die Polymerisationsgeschwindigkeit der Copolymerisation ist aber trotz der erhöhten Geschwindigkeitskonstanten des Kreuzwachstums geringer, weil ein Abbruch zwischen ungleichen Radikalen proportional viel häufiger eintritt. Bei gleicher Radikalerzeugung nimmt aber bei einer erhöhten Abbruchsgeschwindigkeit die totale Radikalkonzentration ab, so daß auch die Polymerisationsgeschwindigkeit sinkt.

Tab. 22–14: Copolymerisationsgeschwindigkeiten v_p, Geschwindigkeitskonstanten k_p des Wachstums und Φ-Faktoren bei der radikalischen Copolymerisation von Methylmethacrylat (M) mit Styrol (S) bei 60 °C

Stoffmengenanteil von M im ursprünglichen Gemisch	$\dfrac{10^5 v_p}{\text{mol l}^{-1}\text{s}^{-1}}$	Φ	$\dfrac{k_p}{\text{l mol}^{-1}\text{s}^{-1}}$
1,00	26,30	–	734 ($\sim$m$^\bullet$ + M)
0,87	9,58	9	
0,73	7,49	12	1740 ($\sim$m$^\bullet$ + S)
0,52	5,90	17	352 ($\sim$s$^\bullet$ + M)
0,30	5,32	20	
0,15	4,93	23	
0,00	5,45	–	176 ($\sim$s$^\bullet$ + S)

Als Maß für den gekreuzten Abbruch zweier ungleicher Radikale kann ein Parameter Φ definiert werden:

$$(22-76) \quad \Phi = \frac{k_{t,BB}}{2\,(k_{t,AA}k_{t,BB})^{1/2}}$$

wobei k_t die Geschwindigkeitskonstanten für den Abbruch durch gegenseitige Desaktivierung zweier gleicher (AA bzw. BB) bzw. ungleicher Radikale (AB) sind. In der Literatur wird der Parameter Φ manchmal auch ohne den Faktor 2 definiert.

Bei der Definition von Φ wurde angenommen, daß der Kreuzabbruch gleich dem geometrischen Mittel des Homoabbruchs ist. Diese statistische Erwartung trifft bei Gasreaktionen zu. Bei Copolymerisationen kann aber der Wert von Φ bis auf einige Hundert ansteigen, z.b. auf 400 für Methylmethacrylat/Vinylacetat. Φ hängt außerdem noch von der Zusammensetzung der Monomermischung ab. Die Ursache dafür ist noch ungeklärt. Es ist aber auffällig, das Φ besonders bei alternierenden Copolymerisationen sehr groß ist.

22.5 Ionische Copolymerisationen

22.5.1 ÜBERSICHT

Ionische Copolymerisationen unterscheiden sich charakteristisch von radikalischen. Bei radikalischen Copolymerisationen werden meist statistische Copolymere gebildet; alternierende Copolymerisationen und Blockpolymerisationen sind recht selten. Bei ionischen Copolymerisationen ist es dagegen gerade umgekehrt. Die ionische Copolymerisation führt daher zu ganz anderen Copolymerisationsparametern als die radikalische (Tab. 22–15). Copolymerisationsversuche können folglich bei unbekannt wirkenden Initiatoren zwischen radikalischen, kationischen und anionischen Mechanismen unterscheiden (vgl. auch Tab. 22–16). Boralkyle sind demnach bei der Copolymerisation von Methylmethacrylat mit Acrylnitril radikalische Initiatoren, Lithiumalkyle dagegen anionische (Tab. 22–16).

Tab. 22–15: Einfluß der Polymerisationsanregung auf die konventionell berechneten Copolymerisationsparameter

Monomere		\multicolumn{6}{c}{r-Werte}				
		radikalisch		kationisch		anionisch	
A	B	r_A	r_B	r_A	r_B	r_A	r_B
Styrol	Vinylacetat	55	0,01	8,25	0,015	0,01	0,1
Styrol	Methylmethacrylat	0,52	0,46	10,5	0,1	0,12	6,4
Styrol	Chloropren	0,005	6,3	15,6	0,24	–	–
Methylmethacrylat	Methacrylnitril	0,67	0,65	–	–	0,67	5,2

Derartige Diagnosen haben aber sehr vorsichtig zu erfolgen. Die anionische Copolymerisation von Styrol mit Isopren mit Lithiumbutyl als Initiator führt in Triethylamin zu praktisch den gleichen Copolymerisationsparametern ($r_s = 0{,}8$; $r_i = 1{,}0$) wie die radikalische Copolymerisation ($r_s = 0,4$; $r_i = 2,0$), während in anderen Lösungsmitteln sehr verschiedene anionische Copolymerisationsparameter gefunden werden (vgl. auch Tab. 22−17).

Tab. 22−16: Einfluß verschiedener Initiatoren auf die Parameter der Copolymerisation von Methylmethacrylat (M) mit Acrylnitril (A).

Initiatoren	r_M	r_A	$r_M r_A$
Radikalisch	1,35	0,18	0,24
Alkyle von B, Al, Zn oder Cd	1,24	0,11	0,14
Alkyle von Li, Na, Be oder Mg	0,34	6,7	2,3
Anionisch	0,25	7,9	2,0

Tab. 22−17: Einflüsse von Initiator, Lösungsmittel und Temperatur auf die konventionell berechneten Copolymerisationsparameter ionischer Polymerisationen

Monomeres A	B	Initiator	Lösungsmittel	Temp. °C	ϵ	r_A	r_B
Kationische Polymerisationen							
Isobutylen	p-Chlorstyrol	AlBr$_3$	Hexan	25	1,82	1,10	1,14
			Benzol	25	2,28	1,14	0,99
			1,2-Dichlorethylen	25	10	2,80	0,89
			Nitrobenzol	25	36	14,9	0,53
			Nitromethan	25	38	22,2	0,73
Isobutylen	p-Chlorstyrol	SnCl$_4$	Benzol	25	2,28	12,2	2,8
			Nitrobenzol	25	36	8,6	1,25
Styrol	p-Chlorstyrol	SnCl$_4$	CCl$_4$	−20		2,5	0,3
			CCl$_4$	0		2,5	0,3
			CCl$_4$	32	2,24	2,2	0,35
Butylvinylether	Acenaphthylen	BF$_3 \cdot$(C$_2$H$_5$)$_2$O	Toluol/Benzol	−78		20	0,04
			Toluol/Benzol	−20		6,0	0,14
			Toluol/Benzol	0		4,2	0,24
			Toluol/Benzol	30	2,3	1,3	0,38
Anionische Polymerisationen							
Styrol	Isopren	Li(C$_4$H$_9$)	Cyclohexan	40	2,02	0,046	16,6
			Toluol	27	2,3	0,25	9,5
			Triethylamin	27	2,42	0,8	1,0
			Tetrahydrofuran	27	7,6	9	0,1
			Tetrahydrofuran	−35		40	2,0
Ziegler-Polymerisationen							
Ethylen	Propylen	Al(C$_6$H$_{13}$)$_3$/TiCl$_4$	-----	25		33,4	0,032
		Al(C$_6$H$_{13}$)$_3$/TiCl$_3$	-----	25		15,7	0,11
		Al(C$_6$H$_{13}$)$_3$/VOCl$_3$	-----	25		18,0	0,065
		Al(C$_6$H$_{13}$)$_3$/VCL$_3$	-----	25		5,6	0,15
		AlR$_2$Cl/VO(OR)$_3$	-----	25		26	0,04

22.5.2 EINFLÜSSE VON KONSTITUTION UND UMGEBUNG

Ionische Copolymerisationen sind verschiedenartigeren Einflüssen unterworfen als radikalische Polymerisationen. Wegen der Komplexität der Erscheinungen gibt es daher auch weniger gesicherte Erkenntnisse.

Ganz allgemein scheint zu gelten, daß bei ionischen Copolymerisationen die Polarität der Monomeren bzw. Makroionen wichtiger ist als die Resonanzstabilisierung. Bei radikalischen Copolymerisationen ist es dagegen umgekehrt. Da Kationen und Anionen entgegengesetzte Polaritäten (Elektronegativitäten) aufweisen, führt ein $r_A \gg r_B$ bei der kationischen Copolymerisation zu einem $r_A \ll r_B$ bei der anionischen Copolymerisation und umgekehrt (Tab. 22–15). In den meisten Fällen ist bei ionischen Copolymerisationen der eine Copolymerisationsparameter immer größer, der andere immer kleiner als 1 (Tab. 22–15 bis 22–17). Ionische Copolymerisationen können daher nicht azeotrop ausgeführt werden. Das Produkt $r_A r_B$ nimmt bei ionischen Copolymerisationen zwischen zwei resonanzstabilisierten Monomeren oder zwei nicht-resonanzstabilisierten Monomeren meist Werte um etwa 1 an, d.h. es liegen mehr oder weniger ideale nicht-azeotrope Copolymerisationen vor. Bei ionischen Copolymerisationen zwischen einem resonanzstabilisierten und einem nicht-resonanzstabilisierten Monomeren werden dagegen oft $r_A r_B$ Werte von weit über 1 gefunden. In diesen Fällen besteht also erwartungsgemäß eine ausgesprochene Tendenz zur Blockpolymerisation.

Die bei ionischen Copolymerisationen auftretenden Lösungsmitteleffekte sind qualitativ, aber noch nicht quantitativ verständlich. In ionisierenden Lösungsmitteln liegen relativ mehr freie Ionen als in nicht-ionisierenden vor. Als Maß für die ionisierende Wirkung kann in grober Näherung die relative Permittivität genommen werden. Es wird dann verständlich, daß die Copolymerisationsparameter eines gegebenen Systems Monomer A/Monomer B/Initiator/Temperatur mit steigender relativer Permittivität des Lösungsmittels systematisch variieren. In einigen Fällen wie bei Isobutylen/p-Chlorstyrol/AlBr$_3$ nehmen dabei beide Copolymerisationsparameter ab, während in anderen wie bei Styrol/Isopren/Lithiumbutyl nur der eine Copolymerisationsparameter zunimmt, der andere jedoch abnimmt.

Erhöhte Temperaturen sollten bei sonst gleichen Systemen zu einer erhöhten Ionenbildung führen, so daß eine starke Temperaturabhängigkeit der Copolymerisationsparameter zu erwarten ist. Eine solche Temperaturabhängigkeit wird oft, aber nicht immer gefunden. Manchmal führen erhöhte Temperaturen zu niedrigeren Copolymerisationsparametern, manchmal aber auch zu höheren. Auch der Wechsel des Initiators kann je nach Polarität des Lösungsmittels höhere oder tiefere Copolymerisationsparameter hervorrufen.

Dieses widersprüchliche Verhalten deutet darauf hin, daß die Copolymerisationsparameter vermutlich nicht nur durch die relativen Reaktivitäten der freien Makroionen bestimmt werden, sondern auch noch durch andere Größen wie die Gleichgewichte zwischen den freien Ionen und den verschiedenen Ionenpaaren einerseits und die Gleichgewichte zwischen einem wachsenden Makroion und einem Monomeren andererseits. Beim Vorliegen von Ionenpaaren geben die konventionell bestimmten Copolymerisationsparameter nur mittlere Reaktivitäten an. Bei vorgelagerten Gleichgewichten Makroion/Monomer ist der geschwindigkeitsbestimmende Schritt die Abreaktion des Zwischenproduktes, z.B.

$$(22-77) \quad \sim m_A^{\ominus}/G^{\oplus} + M_B \rightleftarrows \sim m_A^{\ominus}/M_B/G^{\oplus} \xrightarrow{k_{AB}^*} \sim m_A m_B^{\ominus}/G^{\oplus}$$

Bilden beide wachsende Ionen mit beiden Monomeren derartige Zwischenverbindungen, dann gilt für den Monomerverbrauch

(22–78) $-d[M]/dt = k_{AA}^*[M_A] + k_{BA}^*[M_A]$

$-d[M_B]/dt = k_{AA}^*[M_B] + k_{BA}^*[M_B]$

Die Copolymerisationsparameter geben dann die Verhältnisse der Geschwindigkeitskonstanten der Abreaktionen und nicht die relativen Reaktivitäten der eigentlichen aktiven Spezies an. Noch komplizierter wird es, wenn nur ein Makroion und/ oder nur ein Monomer ein Zwischenprodukt bildet.

Tab. 22–18: Anionische Copolymerisationen

Monomere	Initiator	Lösungsmittel	Temp. °C	Exponent Y in Gl. (22–82)
Styrol/ Methylmethacrylat	C_6H_5MgBr	Diethylether	−78	2,2
Styrol/ Methylmethacrylat	C_6H_5MgBr	Diethylether	−30	1,66
Styrol/ Methylmethacrylat	C_6H_5MgBr	Diethylether	20	1,4
Styrol/ Methylmethacrylat	C_6H_5MgBr	Toluol	20	1,9
Styrol/ Methylmethacrylat	$NaNH_2$	fl. NH_3	−50	2,0
Acrylnitril/ Methylmethacrylat	C_6H_5MgBr	Toluol/Ether	−78	2
Acrylnitril/ Methylmethacrylat	C_6H_5MgBr	Toluol	−78	2
Methylmethacrylat/ Methacrylnitril	C_6H_5MgBr	Ether	−78 bis +20	1
Methylmethacrylat/ Methacrylnitril	C_6H_5MgBr	Toluol	−78 bis +20	1
Methylmethacrylat/ Methacrylnitril	$NaNH_2$	fl. NH_3	−50	1,3
Butadien/Styrol	C_4H_9Li	Heptan	30	1

Eine weitere Komplikation ergibt sich bei stark verschiedenen Polaritäten von Monomeren und Makroionen. Makroion $M_A^\ominus$ kann z. B. nur langsam Monomer B anlagern, Makroion $M_B^\ominus$ aber nicht Monomer A. Alles eingebaute A muß dann aus dem Startschritt mit dem Initiator I und den unmittelbar darauffolgenden Wachstumsschritten stammen. Für die Zunahme der Konzentration an Makroionen gilt somit bei lebenden Polymerisationen

(22–79) $d[M_A^\ominus]/dt = k_{IA}[I^\ominus][M_A] - k_{AB}[M_A^\ominus][M_B] \approx k_{IA}[I^\ominus][M_A]$

$d[M_B^\ominus]/dt = k_{IB}[I^\ominus][M_B]$

Bei der Zeit 0 gilt daher

(22–80) $d[M_A^\ominus]/d[M_B^\ominus] = (k_{IA}/k_{IB})([M_A]/[M_B]) = [M_A^\ominus]/[M_B^\ominus]$

Der Monomerverbrauch durch die Startreaktionen kann bei genügend hohen Polymerisationsgraden vernachlässigt werden und der Monomerverbrauch durch Kreuzwachstumsreaktionen ist definitionsgemäß klein

(22–81) $-d[M_A]/dt \approx k_{AA}[M_A^\ominus][M_A]$
$-d[M_B]/dt \approx k_{BB}[M_B^\ominus][MB]$

Die Kombination der Gl. (22–80) und (22–81) ergibt

(22–82) $d[M_A]/d[M_B] = (k_{IA}/k_{IB})(k_{AA}/k_{BB})([M_A]/[M_B])^2$

Der Vergleich dieser Gleichung mit Gl. (22–19) zeigt, daß der Exponent Y der relativen Monomerkonzentrationen zwischen 1 (Gl.(22–19)) und 2 (Gl.(22–82)) variieren kann. Experimentell werden in der Tat bei ionischen Polymerisationen Exponenten zwischen 1 und 2 gefunden (Tab. 22–18, s. S. 665).

22.5.3 KINETIK

Bei ionischen Polymerisationen können bekanntlich die Geschwindigkeitskonstanten der Wachstumsreaktionen je nach Monomer, Ionisationsgrad, Temperatur usw. über viele Zehnerpotenzen schwanken (vgl. Kap. 18). Entsprechend diesen Variationen bei Homowachstumsreaktionen treten auch bei den Kreuzwachstumsreaktionen große Unterschiede auf (Tab. 22–19). Ihre Interpretation ist jedoch schwierig, da die Anteile der reinen ionischen Wachstumsschritte und die Anteile der durch das Gegenion beeinflußten Wachstumsschritte nicht separiert wurden.

Tab. 22–19: Geschwindigkeitskonstanten der Homo- und Kreuzwachstumsreaktionen von anionischen Homo- und Copolymerisationen in Tetrahydrofuran bei 25 °C

| Monomere | | | $k_p/(1\ mol^{-1}\ s^{-1})$ für | | |
A	B	$A^\ominus/A$	$A^\ominus/B$	$B^\ominus/A$	$B^\ominus/B$
Styrol	α-Methylstyrol	950	27	1200	2,5
Styrol	2-Vinylpyridin	950	100 000	<1	4500

Literatur zu Kap. 22

T. J. Alfrey, J. J. Bohrer und H. Mark, Copolymerization, Interscience, New York 1952

G. E. Ham, Hrsg., Copolymerization, Interscience, New York 1964

R. A. Patsiga, Copolymerization of vinyl monomers with ring compounds, J. Macromol. Sci. C [Revs.] 1 (1967) 223

J. E. Herz und V. Stannett, Copolymerization in the crystalline solid state, Macromol. Rev. 3 (1968) 1

P. W. Tidwell und G. A. Mortimer, Science of determining copolymerization reactivity rations, J. Macromol. Sci. C 4 (1970) 281

A. Valvassori und G. Sartori, Present status of the multicomponent copolymerization theory, Adv. Polymer Sci. 5 (1967/68) 28

D. Braun, W. Brendlein, G. Disselhoff, F. Quella, Computer program for the calculation of ternary azeotropes, J. Macromol. Sci. [Chem.] A 9 (1975) 1457

S. Iwatsuki und Y. Yamashita, Radical alternating copolymerizations, Progr. Polymer Sci. Japan 2. (1971) 1

J. Furukawa, Alternating copolymers of diolefins and olefinic compounds, Progress Polymer Sci. Japan **5** (1973) 1

H. Hirai, Mechanism of alternating copolymerization of acrylic monomers with donor monomers in the presence of Lewis acid, J. Polymer Sci. [Makromol. Revs.] **11** (1976) 47

T. Saegusa, S. Kobayashi, Y. Kimura, No catalyst copolymerization by spontaneous initiation mechanism, Pure Appl. Chem. **48** (1976) 307

T. Saegusa, Spontan ablaufende alternierende Copolymerisation über Zwitterion-Zwischenstufen, Angew. Chem. **89** (1977) 867

A. Rudin, Calculation of monomer reactivity ratios from multicomponent copolymerization results, Comput. Chem. Instr. **6** (1977) 117

J. Furukawa und E. Kobayashi, Alternating copolymerization, Rubber Chem. Techn. **51** (1978) 600

23 Reaktionen von Makromolekülen

23.1 Grundlagen

23.1.1 ÜBERBLICK

Reaktionen an Makromolekülen werden ausgeführt, um den makromolekularen Aufbau von Polymeren zu beweisen oder deren Konstitution aufzuklären. Umsetzungen an Makromolekülen sind ferner wissenschaftlich und technisch interessant, um neue Verbindungen herzustellen, und zwar besonders dann, wenn deren Monomere nicht existieren (Vinylalkohol als Enolform des Acetaldehydes) oder schwer oder nicht polymerisieren (z.B. Vinylhydrochinon). In diesem Falle polymerisiert man Derivate wie Vinylacetat oder Vinylhydrochinonester und verseift anschließend die Polymeren zu Poly(vinylalkohol) bzw. Poly(vinylhydrochinon). Technisch bedeutsam sind ferner Umsetzungen von preiswerten makromolekularen Verbindungen wie Cellulose zu neuen Stoffen (Celluloseacetat, Cellulosenitrat usw.), die Herstellung von Ionenaustauschern sowie Reaktivfärbungen. Alle genannten Reaktionen erfolgen also gezielt. Bleibt der Polymerisationsgrad dabei erhalten, so werden sie polymeranaloge Umsetzungen genannt.

Unter dem Einfluß von Atmosphärilien (Luft, Wasser, Licht usw.) laufen daneben bei mehr oder weniger langzeitiger Beanspruchung von makromolekularen Werkstoffen ungewollte Reaktionen ab. Bei dieser sog. ,,Alterung" zu unerwünschten Folgeprodukten kann nicht nur z.B. durch Oxidation die Konstitution der Grundbausteine geändert, sondern auch durch Oxidation oder Hydrolyse der Polymerisationsgrad verringert werden. In einigen Fällen wird aber auch durch gleichzeitig ablaufende Vernetzungsreaktionen die Molmasse erhöht. Da meist die Abnahme des Polymerisationsgrades überwiegt, spricht man bei diesen ungewollten Reaktionen oft einfach von einem ,,Abbau". Der Ausdruck Abbau sollte aber eigentlich auf Reaktionen mit Abnahme des Polymerisationsgrades und Beibehalt der ursprünglichen Konstitution beschränkt bleiben.

Reaktionen und Eigenschaften von Makromolekülen werden durch die chemische Struktur und die Molekülgröße bestimmt. Es ist daher zweckmäßig, diese Größen und nicht etwa die Mechanismen als Basis für die Einteilung der Reaktionen zu wählen. Jenachdem, ob die chemische Struktur, die Molmasse und/oder der Polymerisationsgrad erhalten bleibt oder geändert wird, unterscheidet man daher Katalysen, Isomerisierungen, polymeranaloge Umsetzungen, Aufbau- und Abbau-Reaktionen.

23.1.2 MOLEKÜL UND GRUPPE

Im Großen und Ganzen laufen makromolekulare Reaktionen ähnlich ab wie niedermolekulare. Besonderheiten ergeben sich durch Nachbargruppen-Effekte und den Verbleib der ,,Nebenprodukte".

In der niedermolekularen Chemie führen Nebenreaktionen lediglich zu einer verminderten Ausbeute des Hauptproduktes. Bei makromolekularen Substanzen können aber die Nebenreaktionen am gleichen Makromolekül auftreten, da jedes Makromolekül viele reaktive Gruppen besitzt. Haupt- und Nebenprodukte können daher nicht wie in der niedermolekularen Chemie mehr oder weniger leicht voneinander getrennt werden. Anders als in der niedermolekularen Chemie muß man daher Ausbeute (in bezug auf gewünschtes Endprodukt) und Umsatz (in bezug auf Ausgangsprodukt) deutlich voneinander unterscheiden.

Die Reaktionsfähigkeit von Gruppen an makromolekularen Verbindungen ist etwa gleich der niedermolekularer Substanzen, wenn der Einfluß der Nachbargruppen beachtet wird. Für die Hydrolyse von Poly(vinylacetat) mit Natronlauge in Aceton/Wasser (75/25) bei 30 °C ist Isopropylacetat und nicht Ethylacetat oder Vinylacetat die geeignete Modellverbindung, wie man aus den Geschwindigkeitskonstanten sieht:

$$-(CH_2-CH)_n-CH_2- \qquad H-CH_2-CH-CH_2-H \qquad H-CH_2-CH-H$$
$$\quad\quad\; | \qquad\qquad\qquad\qquad\qquad | \qquad\qquad\qquad\qquad\; |$$
$$\quad\quad O \qquad\qquad\qquad\qquad\qquad O \qquad\qquad\qquad\qquad\; O$$
$$\quad\quad\; | \qquad\qquad\qquad\qquad\qquad | \qquad\qquad\qquad\qquad\; |$$
$$\quad COCH_3 \qquad\qquad\qquad\qquad COCH_3 \qquad\qquad\qquad\quad COCH_3$$

$$k = 0{,}37 \qquad\qquad\qquad k = 0{,}57 \qquad\qquad\qquad k = 3{,}5 \; dm^3 \, mol^{-1} \, min^{-1}$$

Sind bei einer Reaktion die funktionellen Gruppen nur in geringer Zahl pro Makromolekül vorhanden, so ändert sich die Umgebung dieser Gruppen während der Reaktion nicht. Die makromolekulare Kette wirkt lediglich als Verdünner. Selbstverständlich können auch in diesem Fall die nächsten Nachbarn die Reaktion beeinflussen, und zwar besonders dann, wenn fünf- und sechsgliedrige cyclische Übergangszustände auftreten können. Ein Beispiel dafür ist die partielle Imidbildung von Poly(methacrylamid) bei Temperaturen oberhalb 65 °C und von Poly(acrylamid) oberhalb 140 °C, z.B.

(23-1)

oder die Lactonbildung bei der Polymerisation von Chloracrylsäure in Wasser

(23-2)

Selbst bei einer sehr niedrigen Konzentration der Makromoleküle sind jedoch die funktionellen Gruppen noch in recht hoher Konzentration vorhanden. Die meisten Makromoleküle liegen in Lösung als Knäuelmoleküle vor (vgl. Kap. 4). Innerhalb dieses Knäuelmoleküls ist die Konzentration an Gruppen hoch, außerhalb ist sie gleich null.

Das folgende Beispiel verdeutlicht die Situation: eine einprozentige Lösung von Ethylacetat (M = 88 g mol^{-1}) stellt eine Lösung von 0,11 mol/l in bezug auf die Acetatgruppen dar. Eine einprozentige Lösung von Poly(vinylacetat) von M = 10^6 g mol^{-1} ist ebenfalls ca. 0,11 molar in Bezug auf die Acetatgruppen (M_u = 86 g mol^{-1}). In einem als kugelförmig mit homogener Dichte gedachten Knäuel liegen jedoch

$$\text{(23-3)} \quad \frac{\overline{X}_n}{V_p} = \frac{M/M_u}{(4\pi r^3/3)} = \text{Gruppen/Volumen}$$

vor. Mit einem Radius von ca. $r = 20$ nm erhält man folglich $3{,}5 \cdot 10^{20}$ Gruppen/cm^3, d. h. eine Lösung von 0,55 mol Acetatgruppen pro Liter.

23.1.3 MEDIUM

Das Medium kann den Reaktionsverlauf in der makromolekularen Chemie entscheidend beeinflussen, wobei nicht nur die Geschwindigkeit, sondern auch der optimal erzielbare Umsatz verändert werden kann. Bei gleichen Konzentrationen ist die Wahrscheinlichkeit für intramolekulare Reaktionen von Knäuelmolekülen in schlechten Lösungsmitteln (niedriger 2. Virialkoeffizient) größer als für gute Lösungsmittel (hoher 2. Virialkoeffizient). Ringschlußreaktionen laufen daher in schlechten Lösungsmitteln bevorzugt ab.

Bei polymeranalogen Reaktionen an Unipolymeren wird bei unvollständigem Umsatz in jedem Fall zunächst ein Copolymer gebildet. Sind diese Copolymeren im Lösungsmittel unlöslich, so fallen sie aus und ein weiterer Umsatz wird wegen der Unzugänglichkeit der potentiell umsetzbaren Gruppen nicht mehr erzielt. Das entstehende Umsetzungsprodukt enthält die neu eingeführten Gruppierungen heterogen verteilt. Um homogene Produkte zu erzielen, muß daher ein Lösungsmittel für die Reaktion eingesetzt werden, in dem sich das Endprodukt löst.

Im Extremfall können bei derartigen Umsetzungen Blockcopolymere oder Polymergemische entstehen. Beim Hydrieren von Poly(styrol) mit Raneynickel als Katalysator werden die Gruppen in der Nähe des Katalysators bevorzugt hydriert. Es bildet sich zunächst ein Block von Hexahydrostyrol-Einheiten in einer Poly(styrol)-Kette. Ist der Block groß genug, so wird er unverträglich mit den Poly(styrol)-Blöcken sein (zur Unverträglichkeit vgl. Kap. 6.6.6). Wenn bei der einsetzenden Phasentrennung die Vinylcyclohexan-Einheiten wiederum in der Nähe des Katalysators sind, werden zunächst nur diese Ketten mit durchhydriert, während andere Ketten weiterhin aus reinem Poly(styrol) bestehen. Obwohl die Hydrierung also an sich statistisch abläuft, werden durch den Einfluß des Mediums Polymergemische gebildet.

In kristallinen Polymeren liegen die Ketten in gegenseitiger hoher Ordnung vor. Diffusionsvorgänge sind daher sehr langsam oder bei zu engem Abstand der Ketten ganz unmöglich. In partiell kristallinen Polymeren laufen die Reaktionen folglich nur in den amorphen Bereichen ab. Da auch die Orientierung der Ketten eine erschwerte Zugänglichkeit bedeutet, können bei festen Polymeren je nach Vorbehandlung verschiedene Umsätze erzielt werden. Das Lösungsmittel kann andererseits die festen Polymeren quellen, wodurch erhöhte Umsätze möglich sind.

23.2 Polymere Katalysatoren

Katalysatoren sind definitionsgemäß Substanzen, die eine Reaktion durch Erniedrigung der Aktivierungsenergie stark beschleunigen. Sie sollen das Reaktionsgleichgewicht nicht beeinflussen und am Ende der Reaktion außerdem unverändert vorliegen.

Polymere Katalysatoren sind demgemäß polymere Substanzen mit katalytisch wirksamen Gruppen. Sie können u. U. eine größere katalytische Aktivität und eine größere Spezifizität als die entsprechenden niedermolekularen Analoga aufweisen. Wegen ihrer andersartigen Löslichkeitscharakteristiken können sie außerdem leicht von den Reaktionsprodukten abgetrennt werden. Polymere Katalysatoren wurden daher in den letzten Jahren sehr häufig für die verschiedensten Reaktionen untersucht. Ionenaustauscher-Harze wurden z.B. für Hydrolysen, Hydratationen und Dehydratationen, Alkylierungen von Phenolen, Veresterungen und Umesterungen, Aldolkondensationen und Cannizzaro-Reaktionen, Cyanethylierungen und die Prins-Reaktion von Aldehyden mit Olefinen zu 1,3-Dioxanen eingesetzt. Chelierte Poly(aminosäuren), Poly(vinylpyridine) und Poly(phthalocyanine) sowie polykonjugierte Polymere wie z.B. Poly(acetylene) sollen sich als Katalysatoren für milde Oxidierungen, Dehydrierungen und Dehydratationen eignen. In der Regel werden diese Polymeren dabei als feste Phasen verwendet.

Nur in wenigen Fällen wurde jedoch eine echte katalytische Wirkung bewiesen. Polykationen beschleunigen z.B. die Bromessigsäure/Thiosulfat-Reaktion

(23–4) $BrCH_2COO^\ominus + S_2O_3^{2\ominus} \rightarrow CH_2(S_2O_3)(COO)^{2\ominus} + Br^\ominus$

viel stärker (Abb. 23–1) als die entsprechenden niedermolekularen Verbindungen. Sie stellen aber für diese Reaktion keine echten Katalysatoren dar, da sie auch das Gleich-

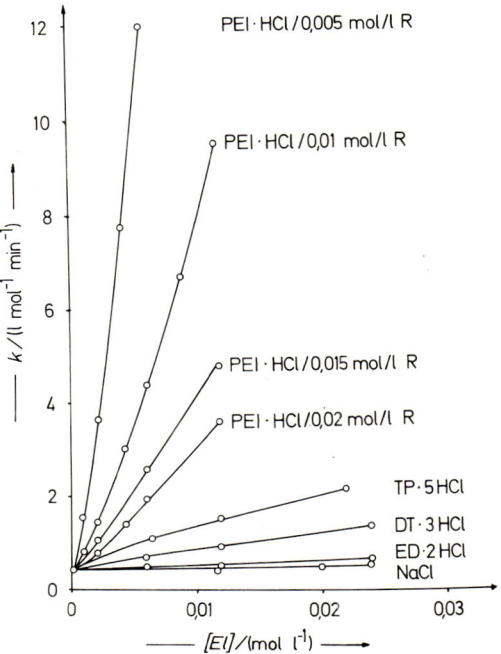

Abb. 23–1: Beschleunigung der Bromacetat/Thiosulfat-Reaktion durch verschiedene nieder- und hochmolekulare Elektrolyte bei 25°C als Funktion der Stoffmengenkonzentration (El) bezogen auf die katalytisch wirksamen Gruppen. PEI · nHCl = Poly(ethyleniminhydrochlorid), TP · 5HCl = Tetraethylenpentaminhydrochlorid, DT · 3HCl = Diethylentriaminhydrochlorid, ED · 2HCl = Ethylendiaminhydrochlorid. Die Bromacetat- und Thiosulfat-Konzentrationen waren jeweils 0,01 mol/l, sofern nicht anders angegeben. (Nach N. Ise und F. Matsui).

gewicht verschieben. Die starke Beschleunigung dürfte in diesem Fall durch die hohe lokale Konzentration an den Reaktanden in der Nachbarschaft der katalytisch wirkenden Gruppen in den Polymermolekülen hervorgerufen werden. Eine hohe Konzentration an katalytisch aktiven Gruppen erzeugt nämlich eine größere Chance für kooperative Effekte.

Die Spezifizität eines Katalysators wird dagegen durch die relative Anordnung der katalytischen Gruppen reguliert. Sie ist besonders wichtig für bifunktionelle Katalysen wie z.B. den gemeinsamen Angriff eines elektrophilen und eines nucleophilen Reagenzes auf ein Substrat. Derartige bifunktionelle Analysen werden auch für die hohe Wirksamkeit von Enzymen verantwortlich gemacht. Allerdings kann die Spezifizität nicht ausschließlich durch die Bindung des Substrates an zwei Stellen erzeugt werden, da zwei Punkte allein noch keine Asymmetrie hervorrufen. Die aktiven Zentren der Enzyme befinden sich aber jeweils in einer von außen zugänglichen Spalte in der Bruttokonformation. Die Gestalt dieser Spalte entspricht weitgehend der Form des Substrats, das auf diese Weise zuerst nach dem Schlüssel/Schloß-Prinzip spezifisch gebunden wird, bevor es abreagiert. Für die Spezifizität synthetischer polymerer Katalysatoren dürfte entsprechend die Größenverteilung der Hohlräume verantwortlich sein.

Bei Enzymen und Hormonen unterscheidet man zwischen einer Anordnung der katalytisch wirksamen Gruppen als ,,continuate word" und einer solchen als ,,discontinuate word" (Abb. 23–2). Bei der Anordnung als ,,continuate word" ist die Sequenz der reaktiven Gruppen wichtig, beim ,,discontinuate word" dagegen die Topologie. Im ersteren Fall hat man sozusagen eine zweidimensionale Stereochemie, im zweiten Fall eine dreidimensionale. Hohe Aktivitäten und Spezifitäten sind nur beim ,,discontinuate word" zu erwarten.

A B

Abb. 23–2: Anordnung kooperativ wirksamer katalytischer Stellen in Hormonen und Enzymen. A = continuate word, B = discontinuate word.

Die katalytisch wirksamen Gruppen synthetischer Polymerer kann man in ähnlicher Weise klassifizieren. Die Wirksamkeit konventionell hergestellter Pfropfpolymerer und statistischer Copolymerer ist verhältnismäßig klein, weil nur wenige der katalytisch wirksamen Gruppen in der richtigen Lage zueinander angeordnet sind (Abb. 23–3). Diese richtige Lage kann man jedoch erreichen, wenn man Vernetzer mit spaltbaren Gruppen verwendet. Der 2,3-O-p-Vinylphenylborsäureester des D-Glycerinsäure-p-vinylanilids kann z. B. mit Divinylbenzol in Acetonitril copolymerisiert werden. Nach Abspaltung der D-Glycerinsäure besitzt das vernetzte Polymer freie Amino- und Borsäure-

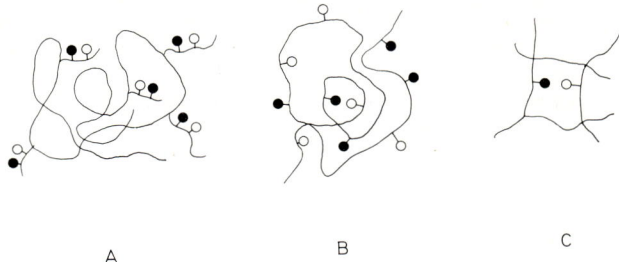

Abb. 23:3: Anordnung kooperativ wirksamer katalytischer Stellen in Pfropfpolymeren (A), statistischen Copolymeren (B) und bei konformativ gezielt eingeführten Gruppen (C).

gruppen, die durch den vernetzten Träger in der „richtigen" Lage zueinander gehalten werden (Abb. 23–4). Das so entstandene Polymer kann D,L-Glycerinsäure und D,L-Glycerinaldehyd in die Antipoden auftrennen. Ähnliche kooperative Effekte kann man bei katalytisch wirksamen Gruppen erwarten. Die Nachbarschaft der beiden katalytisch aktiven Gruppen erzeugt entropisch günstigere Bedingungen für die Reaktion mit dem Substrat: die an sich termolekulare Reaktion erscheint als bimolekular.

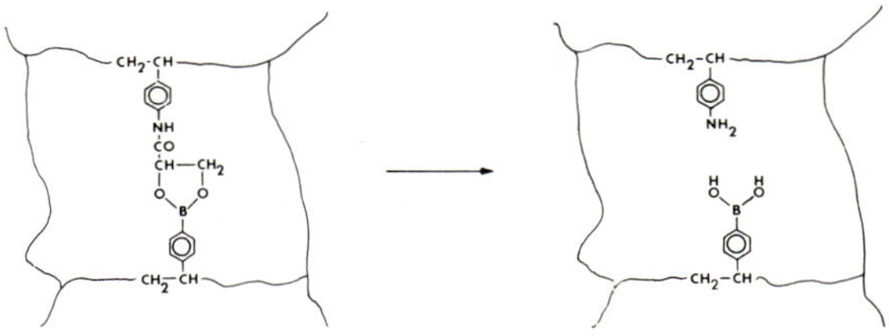

Abb. 23–4: Beispiel einer gezielt eingeführten, katalytisch-kooperativ wirkenden Gruppierung.

Die Selektivität eines makromolekularen Katalysators hängt sowohl von der Größe des Substrates als auch von hydrophoben Effekten ab. Je größer das Substrat ist, umso schwieriger wird es bei sonst gleichen Bedingungen mit der katalysierend wirkenden Gruppe in Kontakt treten können. Cyclododecen wird aus diesem Grunde fünfmal langsamer als Cyclohexen an einem „polymeren" Rhodium(I)-Katalysator (I) hydriert, während sich bei der analogen „isolierten" Verbindung (II) dieser Effekt nicht zeigt.

$$\begin{array}{cc} & P(C_6H_5)_3 \\ & | \\ \}\!\!-\!C_6H_4\!-\!CH_2\!-\!P(C_6H_5)_2\!-\!Rh\!-\!Cl \\ & | \\ & P(C_6H_5)_3 \end{array} \qquad \begin{array}{c} P(C_6H_5)_3 \\ | \\ (C_6H_5)_3P\!-\!Rh\!-\!Cl \\ | \\ P(C_6H_5)_3 \end{array}$$

I II

Wenn Ester des Typs (III) mit Poly(vinylimidazol) (IV) als Katalysator verseift werden, beobachtet man eine ca. tausendfache Erhöhung der Verseifungsgeschwindigkeit gegenüber der analogen Reaktion mit Imidazol (V). Die Reaktion ist außerdem autokatalytisch. Je länger der Acylrest, umso größer ist auch die Verseifungsgeschwindigkeit (Faktor 25 von n = 1 zu n = 17). Offenbar tritt mit steigender Länge der Methylenkette eine zunehmende intramolekulare Assoziation des Polymers ein, das ja bei der Verseifung des Esters intermediär acyliert wird.

Halbleitende Polymere wurden als Katalysatoren für Dehydrierungs-, Oxidations- und Zerfallsreaktionen verwendet. Die Gründe für ihre Wirksamkeit sind zur Zeit nicht klar. Bei den Dehydrierungsreaktionen wirken offenbar nur solche Polymere katalysierend, die von einer aromatischen in eine chinoide Struktur übergehen können und umgekehrt. Mit derartigen Katalysatoren wurde z.B. Cyclohexanol bei 250 °C ohne Nebenreaktionen in Cyclohexanon überführt. Cyclohexan geht bei 350 °C in Benzol über, ohne daß die bei Palladium-Katalysatoren sonst übliche Disproportionierung zu Benzol und Cyclohexan beobachtet wird.

23.3 Isomerisierungen

Isomerisierungen sind als Reaktionen definiert, bei denen die chemische Struktur verändert wird, die Zusammensetzung und das Zahlenmittel der Molmasse jedoch konstant bleiben. Zu ihnen gehören die Austauschgleichgewichte und die Konstitutions- und Konfigurationsumwandlungen.

23.3.1 AUSTAUSCHGLEICHGEWICHTE

Bei Austauschreaktionen wird ein Segment eines Makromoleküles gegen ein Segment eines anderen Makromoleküles ausgetauscht, z.B. bei Polyamiden

$$(23-5) \quad \begin{array}{c} \sim R-NH \\ | \\ \sim R'-CO \end{array} + \begin{array}{c} OC-R''\sim \\ | \\ NH-R'''\sim \end{array} \longrightarrow \begin{array}{c} \sim R-NH-CO-R''\sim \\ + \\ \sim R'-CO-NH-R'''\sim \end{array}$$

Bei diesen Austauschreaktionen ändert sich nicht die Zahl der Moleküle im System; die Zahlenmittel des Polymerisationsgrades und der Molmasse bleiben daher ebenfalls konstant. Alle anderen Mittelwerte werden jedoch verändert, da die Reaktion prinzipiell an beliebigen kettenständigen Gruppen erfolgen kann. Die Reaktion zwischen zwei Makromolekülen gleichen Polymerisationsgrades führt daher zu je einem Makromolekül mit niedrigerem und einem mit höherem Polymerisationsgrad. Das Massenmittel des Polymerisationsgrades nimmt folglich bei Austauschreaktionen von Substanzen mit enger Molmassenverteilung solange zu, bis ein Wert von $\langle X \rangle_w = 2\langle X \rangle_n - 1$ erreicht ist.

Die gleiche Beziehung wird bei Gleichgewichts-Polykondensationen erhalten, was verständlich ist, da die Lage von Gleichgewichten unabhängig von den zu ihnen führenden Wegen ist.

Austauschgleichgewichte stellen sich besonders leicht bei Molekülketten mit kettenständigen Heteroatomen ein, da hier die Aktivierungsenergien für einen derartigen Angriff recht niedrig sind. Beispiele sind außer den Polyamiden die Polyester, Polyacetale, Polyurethane und Polysiloxane. Die entsprechenden Austauschreaktionen werden auch Umamidierungen, Umesterungen, Umacetalisierungen usw. bzw. Transamidierungen, Transacetalisierungen usw. genannt, im speziellen Fall der Polysiloxane auch Äquilibrierungen. Reine Kohlenstoffketten gehen keine Austauschreaktionen ein, da sie weder Elektronenlücken noch freie Elektronenpaare oder ungesättigte Elektronenschalen bei kettenständigen Atomen enthalten; die Aktivierungsenergie für einen Angriff am Kohlenstoffatom ist demgemäß sehr hoch.

Bei Austauschreaktionen werden gleichartige Bindungen ausgetauscht; die Reaktionsenthalpie ist folglich gleich null. Bestimmend ist daher die Reaktionsentropie, d.h. die Statistik der Anordnungsmöglichkeiten der Segmente (vgl. die Metathese-Reaktionen in Kap. 19). Die Lage der Austauschgleichgewichte wird jedoch verschoben, wenn eine Komponente aus dem System entfernt wird, z.B. durch Kristallisation der neu gebildeten Sequenzen. Bei der Polykondensation von Terephthalsäure mit einem Gemisch von cis- und trans-1,4-Cyclohexandimethylol werden die beiden Glykole statistisch eingebaut. Die Schmelztemperatur dieses Copolymeren hängt nur vom Gehalt an der trans-Verbindung ab. Setzt man jedoch Esteraustausch-Katalysatoren zu und erwärmt auf Temperaturen kurz unterhalb der Schmelztemperatur, so sinkt die Löslichkeit und die Schmelztemperatur steigt: durch Esteraustausch ist ein Blockcopolymer mit längeren kristallisationsfähigen trans-Sequenzen entstanden.

In der Technik sind Austauschreaktionen nicht immer erwünscht, da sie zu einer zeitlichen Änderung der physikalischen Eigenschaften führen. Bei der anionischen Polymerisation von ϵ-Caprolactam werden z.B. recht enge Molmassenverteilungen erhalten. Bei der anschließenden Verarbeitung des Polymeren erfolgen Austauschreaktionen, wodurch das Massenmittel des Polymerisationsgrades und folglich auch die Schmelzviskosität ansteigen. Die Verarbeitungsgeschwindigkeit muß daher ständig nachreguliert werden.

23.3.2 KONSTITUTIONS-UMWANDLUNGEN

Von den vielen möglichen Isomerisierungsreaktionen der Grundbausteine wurden bislang nur die durch Licht ausgelösten näher untersucht.

Aromatische Polyester können unter der Einwirkung von Licht eine Fries'sche Verschiebung eingehen:

(23-6)

Werden derartige Fotoisomerisierungen von einer beträchtlichen Farbänderung begleitet, so wird der Prozeß Fotochromie genannt. Poly(methacrylate) mit gewissen Spiropyran-Gruppen werden bei der Belichtung farbig und im Dunkeln wieder langsam farblos:

(23-7)

23.3.3 KONFIGURATIONSUMWANDLUNGEN

Die Lage der Konfigurationsgleichgewichte hängt vom Unterschied in den Energieinhalten der Konfigurationsisomeren (geometrischen Isomeren) ab:

(23-8) $\quad \Delta G_{iso} = G_a - G_b = -RT \ln K_{iso} = -RT \ln \dfrac{[a]}{[b]}$

a und b sind dabei die Isomeren, z. B. R- und S-Isomeren optisch aktiver Verbindungen oder die cis- and trans-Isomeren.

Eine Isomerisierung führt zu gleich großen Anteilen, wenn der Energieinhalt gleich groß ist. Dieser Spezialfall wird Racemisierung genannt. Ein Beispiel dafür ist die Isomerisierung von α-Aminosäuren.

Polydiene können cis/trans-Isomerisierungen unterworfen werden. Durch Anlagerung von Radikalen $X^\bullet$ an die Doppelbindung wird die Bindung frei drehbar. Bei einer Wiederabspaltung des Radikals kann die sich zurückbildende Doppelbindung in eine neue Lage einschnappen:

(23-9)

Derartige Radikale werden durch Bestrahlen organischer Bromide, Sulfide oder Mercaptane oder von Br_2 mit ultraviolettem Licht gebildet. Die Isomerisierung kann auch alternativ über Ladungsübertragungskomplexe mit Schwefel oder Selen erfolgen. cis-1,4-Poly(butadien) wird auf diese Weise bei 25 °C bis zu einem Gleichgewicht von 77 % trans-Bindungen isomerisiert. Mit $K_{iso} = 77/23 = 3,35$ erhält man daher über Gl. (23-8) ein $\Delta G_{iso} = -3,0$ kJ mol^{-1}.

Bei der Isomerisierung von iso- und syndiotaktischen Polymeren mit Kohlenstoff-Ketten muß zuvor der tetragonale Zustand der Kohlenstoffatome aufgehoben werden. Dazu müssen aber Bindungen gesprengt werden, und zwar entweder in den Ketten oder aber von den Kettenatomen zu den Substituenten. Nach der Rückbildung der Bindungen stellt sich der wahrscheinlichste Zustand ein, d.h. es werden Polymere mit dem Verhältnis an iso- und syndiotaktischen Diaden gebildet, das dem Konformationsgleichgewicht entspricht.

Die Isomerisierung von it/st-Polymeren kann nur selten erreicht werden. Die Sprengung von Kettenbindungen braucht sehr viel Aktivierungsenergie und wird in den meisten Fällen auch zu einem unerwünschten Abbau der Polymeren führen. it/st-Isomerisierungen ohne unerwünschten Nebenreaktionen werden daher nur in seltenen Fällen beobachtet werden können. Ein Beispiel dafür ist die Isomerisierung von it-Poly(isopropylacrylat) mit katalytischen Mengen Natriumisopropylat in trockenem Isopropanol. Durch die Base wird am α-Kohlenstoffatom vorübergehend ein Carbanion erzeugt, das mesomer mit seiner Enolatform ist. Bei der Rückbildung der ursprünglichen Konstitution treten folglich Konfigurationsänderungen auf und es resultiert ein „ataktisches" Polymer (vgl. auch Kap. 4.3.2):

$$(23-10) \quad it\text{-}(CH_2CH)_n \atop O=C-OR \xrightarrow[-BH]{+B^\ominus} \left[\begin{array}{c} (CH_2C^\ominus)_n \\ | \\ O=C-OR \end{array} \longleftrightarrow \begin{array}{c} (CH_2C)_n \\ \| \\ {}^\ominus O-C-OR \end{array} \right] \xrightarrow[-B^\ominus]{+BH} at\text{-}(CH_2CH)_n \atop O=C-OR$$

Das in Lösung beobachtete Konfigurationsgleichgewicht kann verschoben werden, wenn ein Isomer aus dem Gleichgewicht entfernt werden kann, z. B. durch Kristallisation. Wenn z.B. 1,4-Poly(butadiene) mit hohem trans-Gehalt mit geringen Mengen eines all-trans-Poly(butadiens) dotiert werden, so wird zunächst eine Abnahme des trans-Gehaltes beobachtet. Anschließend nimmt jedoch der trans-Gehalt wieder zu. Es wird angenommen, daß in den kristallin-amorphen Grenzschichten eine trans-Isomerisierung abläuft, wobei die längeren trans-Sequenzen in das Kristallgitter eingebaut und dadurch aus dem Gleichgewicht entfernt werden. Das Gleichgewicht versucht sich dann erneut durch Erzeugung neuer trans-Gruppierungen einzustellen.

23.4 Polymeranaloge Reaktionen

23.4.1 ÜBERSICHT

Bei polymeranalogen Reaktionen wird ein Polymer mit einem Reagenz B zu einem neuen Polymeren umgesetzt. Im idealen Falle werden alle A-Gruppen des Ausgangspolymeren vollständig in C-Gruppen überführt, ohne daß durch Nebenreaktionen N-Gruppen entstehen. Die Reaktion kann ferner mit oder ohne Abspaltung von D-Molekülen erfolgen, schematisch

$$(23-11) \quad \underset{A\ A\ A\ A\ A\ A}{|\ |\ |\ |\ |\ |} \xrightarrow[(-D)]{+B} \underset{C\ C\ C\ A\ C\ N}{|\ |\ |\ |\ |\ |}$$

Bei polymeranalogen Reaktionen ändern sich somit die Konstitution und die Molmasse, nicht jedoch der Polymerisationsgrad. Ein Spezialfall der polymeranalogen Reaktionen sind die kettenanalogen Reaktionen, bei denen nur die Endgruppen und nicht die Grundbausteine umgewandelt werden.

Polymeranaloge Reaktionen teilt man nach der Natur der Gruppierungen A, B, C, D und N und der Art des gewünschten Endproduktes ein. Polymeranaloge Reaktionen im klassischen Sinn sind diejenigen, bei denen Poly(C) das gewünschte Endprodukt der Reaktion von Poly(A) mit B ist. Poly(A) kann aber auch nur Mittel zum Zweck der Gewinnung der niedermolekularen Verbindung D sein; Poly(C) ist dann ein Nebenprodukt. In diesem Fall bezeichnet man Poly(A) als Reaktivharz. Je nach der elektrischen Ladung werden Reaktivharze weiter in Polymerreagentien und Ionenaustauscher eingeteilt.

Lagert sich die Verbindung B an Poly(A) ohne Abspaltung von D und ohne Ausbildung covalenter Bindungen an, so spricht man von Komplexbildungen. Nur in einigen Fällen handelt es sich dabei um echte chemische Reaktionen, nämlich dann, wenn die Komplexbildung durch koordinative Bindungen oder Elektronenmangelbindungen erfolgt. In den meisten Fällen handelt es sich um rein physikalische Bindungen über Wasserstoffbrücken oder hydrophobe Bindungen. Bei Komplexbildungen kann B ebenfalls in Form eines Polymeren vorliegen. Erfolgt die Komplexbildung lediglich aufgrund von Konfigurationsunterschieden in Poly(A) und Poly(B) bei sonst gleicher Konstitution, so handelt es sich um Stereokomplexe.

23.4.2 KOMPLEXBILDUNG

Ein Makromolekül Poly(A) kann mit ungeladenen oder geladenen, nieder- oder hochmolekularen anderen Verbindungen Komplexe bilden. Beispiele sind die Bindungen von Farbstoffen an Proteine, α-Aminosäuren an Enzyme, Oligonucleotiden an Polynucleotide, Jod an Amylose, Ionen an Polyelektrolyte, Poly(oxyethylenen) an Poly(methacrylsäuren) und von isotaktischem Poly(methylmethacrylat) an syndiotaktisches. Die Bindung kann durch Wasserstoffbrücken, elektrostatische Kräfte oder hydrophobe Bindungen erfolgen.

In allen Fällen handelt es sich um Mehrfachgleichgewichte. Das Polymere Poly(A) besitzt N Bindungsstellen, beispielsweise N bindungsfähige Peptidgruppen bei Proteinen oder $N = X$ Seitengruppen bei einem synthetischen Polymeren mit dem Polymerisationsgrad X. Pro Polymermolekül können daher $N = 1, 2, 3....$ B-Moleküle gebunden werden. Für jede einzelne Bindung existiert ein Gleichgewicht zwischen der A- und der B-Gruppe.

(23–12) $A + B \rightleftarrows AB;\quad K = [AB]/([A][B])$

Die Konzentration an Komplexen $[AB]$ ist proportional der Wahrscheinlichkeit p_A, daß eine A-Gruppe komplexiert ist. Entsprechend ist die Konzentration $[A]$ proportional $(1 - p_A)$, d.h. der Wahrscheinlichkeit, daß die A-Gruppe nicht komplexiert ist. Setzt man die Wahrscheinlichkeiten in Gl. (23–12) ein, so resultiert

(23–13) $\dfrac{p_A}{1 - p_A} = K[B]$

Jedes Polymermolekül enthält aber N A-Gruppen. Falls diese alle identisch sind und unabhängig voneinander komplexieren können, dann ist die Zahl N_A an komplexierten A-Stellen durch $N_A = N p_A$ gegeben. Einsetzen in Gl. (12–13) und Umformen führt zur Klotz-Gleichung

(23–14) $\dfrac{1}{N_A} = \dfrac{1}{N} + \dfrac{1}{N K [B]}$

Durch Auftragen des reziproken Anteils an gebundenen A-Stellen gegen die reziproke Stoffmengenkonzentration an B-Molekülen läßt sich somit aus dem Ordinatenabschnitt die Anzahl N an Bindungsstellen pro Polymermolekül und aus der Neigung die Gleichgewichtskonstante der Komplexbildung entnehmen.

Die Anzahl N der Bindungsstellen läßt sich relativ einfach ermitteln, wenn bei genügend hohen B-Konzentrationen Sättigung erreicht wird. In Praxis ist das wegen der relativ niedrigen Gleichgewichtskonstanten selten der Fall (Abb. 23–5). Es ist dann mit Hilfe der hyperbolischen Gl. (23–14) und ihrer anderen Linearisierungen wie z.B. N_A = f(N_A/[B]) schwierig zu entscheiden, ob die Komplexbildungen alle wirklich unabhängig voneinander erfolgen. In diesem Falle ist es zweckmäßig, die Gleichgewichtskonstanten K_1, K_2, K_3... K_N für die Bindung des ersten, zweiten, dritten ....Nten B-Moleküles über nichtlineare Kurvenanpassungen mit der EDV auszurechnen. Nichtidentität der einzelnen Gleichgewichtskonstanten zeigt dann eine Nichtäquivalenz der einzelnen Bindungsstellen an.

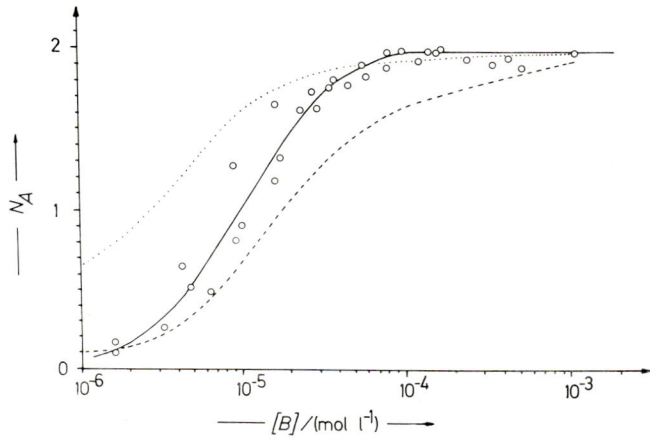

Abb. 23–5: Abhängigkeit der Anzahl N_A komplexierter A-Stellen vom Logarithmus der Konzentration [B] an nicht-komplexierten B-Molekülen für die Bindung von L-Leucin B an das Enzym α-Isopropylmaleat-Synthetase. Die unterbrochenen Linien entsprechen der Klotz-Gleichung mit N = 2 und K = 500 000 1/mol (······) bzw. K = 55 000 1/mol (- - - -). Nach Daten von E. Teng-Leary und G. B. Kohlhaw.

Im allgemeinen Fall eines A-Polymeren mit N Bindungsstellen, deren Bindungsfähigkeit mit dem Ausmaß der Besetzung variiert, sind entsprechend $2^{N-1}N$ Gleichgewichtskonstanten für diese Bindungsstellen zu berücksichtigen. Ein Protein mit N = 3 Bindungsstellen weist demgemäß 12 dieser Gleichgewichtskonstanten auf, die in keiner einfachen Beziehung zu den N = 3 stöchiometrischen Gleichgewichtskonstanten stehen. Das schwierige mathematische Problem der Analyse derartiger Komplexbildungen kann etwas vereinfacht werden, wenn die Bindung nur durch die nächsten Nachbarn beeinflußt wird.

Bei dieser Analyse werden zwei Gleichgewichtskonstanten angenommen: K_0 für die Bindung eines B-Moleküls an einer A-Stelle neben einer anderen unbesetzten A-Stelle und K für die Bindung an einer A-Stelle neben einer bereits besetzten A-Stelle. Die Gibbs-Wechselwirkungsenergie E zwischen zwei besetzten Stellen ist dann

(23–15) $\quad K = K_0 \exp(-E/RT)$

Mit der Definition zweier Hilfsparameter s und σ

(23–16) $\quad s = [B]K_0 \exp(-E/RT)$

(23–17) $\sigma = \exp(E/RT)$

erhält man nach einer längeren und hier nicht wiedergegebenen Rechnung für den Anteil $f_A = N_A/N$ an besetzten A-Stellen bei unendlich langen Ketten

(23–18) $f_A = \dfrac{1}{2} + \dfrac{s-1}{2[(s-1)^2 + 4\sigma s]^{1/2}}$

Beim Auftragen des Anteils f_A gegen $(\ln[B] + \ln K_0) = (\ln s + E/RT)$ erhält man je nach dem Wert von E eine Reihe S-förmiger Kurven. Die Bindung heißt cooperativ für $E < 0$, nicht-cooperativ für $E = 0$ und anticooperativ bzw. negativ-cooperativ für $E > 0$. Die Isotherme nimmt für große E-Werte eine doppelte S-Form an (Abb. 23–6).

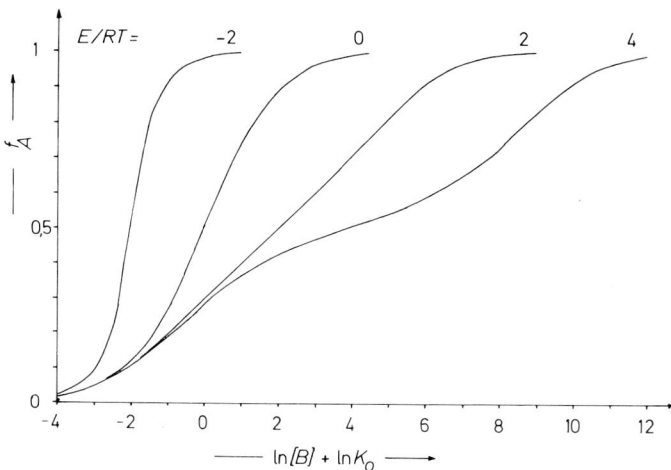

Abb. 23–6: Anteil f_A gebundener A-Gruppen als Funktion der normierten Aktivität der B-Gruppen (nach I. Applequist).

Bei der Komplexbildung zwischen zwei Polymeren entstehen in der Regel unlösliche Substanzen, z.B. zwischen Kieselsäure I und Poly(2-vinylpyridinium-1-oxid) II. Diese Komplexbildung wird zur Verhinderung der Silicose vorgenommen, eine bei Bergarbeitern auftretende Krankheit, bei der sich aus Silikaten in der Lunge faserförmige Abscheidungen von Kieselsäure bilden.

Die Komplexbildung zwischen einem Polykation und einem Polyanion wird auch Polysalz-Bildung oder Koazervation genannt. Gibt man z.B. eine Lösung von Poly-

(natriumstyrolsulfonat) III zu einer gleichmolaren Lösung von Poly(4-vinylpyridinium-hydrobromid) IV, so bildet sich ein stöchiometrischer Komplex in bezug auf die Seitengruppen, und zwar bei jedem Mischungsverhältnis (Abb. 23–7A). Auch bei der Zugabe von IV zu III treten stöchiometrische Komplexe auf, deren Zusammensetzung unabhängig vom Mischungsverhältnis ist (Abb. 23–7B). Der Überschuß an der jeweils anderen Komponente nimmt nicht an der Komplexbildung teil. Die Komplexe sind in Wasser unlöslich, weil die Neutralisation der elektrischen Ladungen die Hydrophobizität sehr stark erhöht.

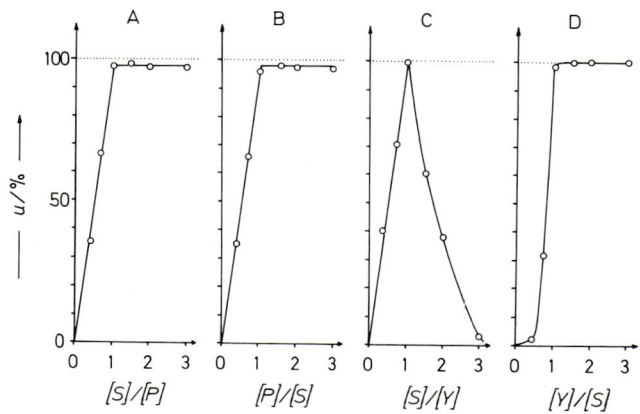

Abb. 23–7: Konzervat-Bildung (A und B) bzw. Solubilisierung (C und D) beim Mischen des Polyanions von Poly(natriumstyrolsulfonat) S mit Poly(4-vinylpyridiniumhydrobromid) P oder dem Ionene Y bzw. umgekehrt.

Falls jedoch die Ladungen des Polykations nicht in der Seitenkette, sondern in der Hauptkette vorliegen, ergibt sich ein völlig anderes Bild. Beim Zugeben von Poly(natriumstyrolsulfonat) III zum Ionene V bildet sich zwar ebenfalls zuerst ein stöchiometrischer Komplex. Dieser Komplex geht aber bei weiterer Zugabe von III wieder in Lösung, bis bei einem Verhältnis von III : V = 3 : 1 wieder alles gelöst ist. Das gleiche Verhalten beobachtet man auch bei der umgekehrten Zugabe von V zu III: erst wenn ein Wert von V : III = 1 : 3 überschritten ist, setzt stöchiometrische Komplexbildung ein. Im allgemeinen Fall sind für stöchiometrische Komplexbildungen natürlich nicht nur die Konzentrationen $[PA]$ an anionischen und $[PC]$ an kationischen Gruppen zu berücksichtigen, sondern auch die entsprechenden Dissoziationsgrade α, d.h.

(23–19) $[PA]\alpha_{PA} = [PC]\alpha_{PC}$

23.4.3 SÄURE/BASE-REAKTIONEN

Die im vorhergehenden Kapitel beschriebene Polysalz-Bildung ist ein Spezialfall der Titration von Polyelektrolyten. Auch diese Säure/Base-Reaktionen weisen gegenüber den entsprechenden Phänomenen bei niedermolekularen Verbindungen einige Besonderheiten auf.

Bei niedermolekularen einwertigen Elektrolyten besteht bekanntlich ein einfacher Zusammenhang zwischen dem pH-Wert und dem Dissoziationsgrad α bzw. dem Neutralisationsgrad β. Die Gleichgewichtskonstante K der Dissoziation einer Säure HA ist als $K \equiv [H^+][A^-]/[HA]$ definiert. Die Logarithmierung führt zu

(23–20) $\quad \log K = \log[H^+] + \log([A^-]/[HA])$

Definitionsgemäß gelten $pH \equiv -\log[H^+]$ und $pK_a \equiv -\log K$. Gl. (23–20) geht damit in die Henderson-Hasselbalch-Gleichung über

(23–21) $\quad pH = pK_a + \log([A^-]/[HA]) = pK_a + \log((1-\beta)/\beta)$

wobei β der Anteil an neutralisierten Säuregruppen ist, d.h. $\beta = [HA]/([HA] + [A^-])$. Der Neutralisationsgrad β wird üblicherweise aus der zugefügten Menge Base berechnet. Analog kann man auch den Dissoziationsgrad $\alpha = 1 - \beta$ verwenden.

Die Henderson-Hasselbalch-Gleichung muß für Polyelektrolyte modifiziert werden. Mit zunehmender Neutralisation der Polyelektrolyte wird ja die Konzentration negativer Ladungen in der unmittelbaren Nachbarschaft der Carboxylgruppen erhöht. Um ein Proton von der Oberfläche des Polyions in eine unendliche Entfernung zu bringen, ist daher eine zusätzliche elektrische Arbeit ΔG_{el} erforderlich. Da eine Gibbs-Energie als $\Delta G = -2{,}303\, RT \log K$ geschrieben werden kann, ergibt sich mit $-\log K = pK_a$

(23–22) $\quad pH = pK_a - \log(\beta/(1-\beta)) + 0{,}434\, \Delta G_{el}/(RT)$

Die erhöhte lokale Konzentration an negativen Gruppen erniedrigt die Dissoziation der Carboxylgruppen und somit auch die Säurestärke. Eine Zugabe von Neutralsalzen drängt die Protonen mehr an die Carboxylatgruppen heran. Der Einfluß der Protonen auf die Dissoziation benachbarter Carboxylgruppen wird daher geringer: die Säurestärke von Polysäuren ist in Gegenwart von Neutralsalzen höher (vgl. auch Abb. 23–8).

Für die mit abnehmender Säurestärke der Polysäure gefundene Zunahme der Abhängigkeit des pK_a-Wertes vom Neutralisationsgrad β ist jedoch außer dem elektrostatischen Effekt auch noch ein statistischer Effekt verantwortlich. Der statistische Effekt ist auch bei niedermolekularen Dicarbonsäuren bekannt. Er ist dadurch bedingt, daß die Kationen der Base mit den Protonen der Säure um die Plätze konkurrieren. Unterhalb eines Neutralisationsgrades von $\beta = 0{,}5$ sind mehr Möglichkeiten für eine Dissoziation als für eine Assoziation der Protonen vorhanden. Oberhalb $\beta = 0{,}5$ ist es gerade umgekehrt. Wegen dieses statistischen Effektes sollten also polyvalente Säuren bei kleinen Neutralisationsgraden stärkere Säuren als die entsprechenden univalenten Säuren sein, während es bei großen Neutralisationsgraden gerade umgekehrt sein sollte. Wie man aus Abb. 23–8 durch Verschieben der beiden Kurven (- - - -) und (- ○ - ○ -) parallel zur β-Achse sieht, ist dieser statistische Effekt in der Tat vorhanden. Er wird aber völlig vom elektrostatischen Effekt überdeckt, sodaß Poly(acrylsäure) bei allen Neutralisationsgraden eine schwächere Säure als Propionsäure ist.

Die Säurestärke der Polysäuren hängt ferner noch von der Größe der nichthydratisierten Gegenionen ab. Das Lithiumkation ist kleiner als das Rubidiumkation und weist daher die größere Ladungsdichte auf der Oberfläche auf. Lithiumionen werden daher durch Polysäuren fester gehalten als Rubidiumionen. Einunddieselbe Polysäure besitzt also bei der Titration mit Lithiumhydroxidlösungen die größere scheinbare Säurestärke als bei der Titration mit Rubidiumhydroxidlösungen.

Bei der Titration von Polysäuren mit Basen mit großen Kationen wird beobachtet

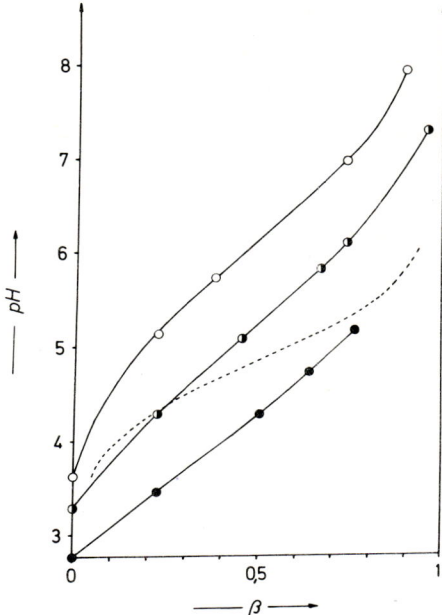

Abb. 23–8: Abhängigkeit des pH-Wertes vom Neutralisationsgrad β bei der Titration von 0,01 n Propionsäure (---), 0,01 grundnormaler Poly(acrylsäure) (○), 0,01 grundnormaler Poly(acrylsäure) in 0,1 m KCl (◐) bzw. 0,01 grundnormaler Poly(acrylsäure) in 3,0 m KCl (●) (nach H. P. Gregor, L. B. Luttinger und E. M. Loebl).

daß zum Erreichen der Neutralität bis zum 1,2fachen der stöchiometrisch berechneten Menge Base zugegeben werden muß. Diese Ionen werden also zusätzlich gebunden. Auch bei Osmose-, Diffusions- und Elektrophorese-Messungen verhalten sich die Polyionen oft so, als ob sie große Mengen (manchmal bis zu 70%) der Gegenionen gebunden hielten, d.h., als ob ein großer Teil der Gegenionen überhaupt nicht dissoziieren könnte.

Zusätzliche Effekte können auch durch hydrophobe Bindungen auftreten. Die Säure aus dem alternierenden Copolymeren von Maleinsäureanhydrid und Ethylvinylether verhält sich bei Titrationen ganz normal (Abb. 23–9). Bei den entsprechenden Copolymeren mit Butyl- und Cyclohexylgruppen wird jedoch ein Maximum beobachtet, das von der stabilisierenden Wirkung der Methylengruppen stammt.

Die Ionenbindung wird in eine spezifische und in eine nichtspezifische Art unterteilt. Bei spezifischen Ionenbindungen sind nur individuelle Gruppen bzw. ihre Nachbargruppen wichtig. Nichtspezifische Ionenbindungen sind dagegen durch das elektrische Feld des gesamten Polyions bedingt. Spezifische und nichtspezifische Ionenbindungen lassen sich durch Ramanspektroskopie und/oder Messungen der magnetischen Kernresonanz unterscheiden. Spezifische Ionenbindungen müssen sich nämlich durch das Auftreten neuer Linien im Ramanspektrum zu erkennen geben, da in diesem Fall das durch die Nachbargruppen hervorgerufene elektrische Feld wichtig wird. Nachbargruppeneffekte geben sich im Kernresonanzspektrum durch eine chemische Verschiebung zu erkennen. Nach derartigen Untersuchungen soll die Ionenbindung bei mehrwertigen Gegenionen spezifisch, bei einwertigen Gegenionen nicht spezifisch sein.

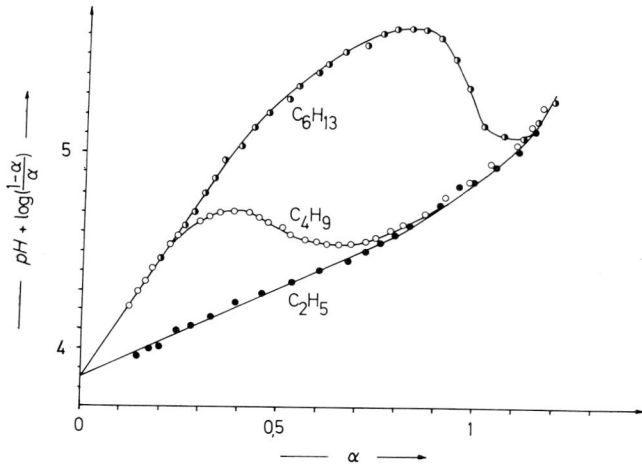

Abb. 23–9: Titration der alternierenden Copolymeren von Maleinsäureanhydrid mit Ethyl-, Butyl- oder Cyclohexylvinylethern bei 30 °C in reinem Wasser (nach P. L. Dubin und U. P. Strauss).

23.4.4 IONENAUSTAUSCHER

Ionenaustauscher sind vernetzte Polyelektrolyte. Die Mehrzahl der technischen Produkte besteht aus einem Grundgerüst aus vernetzten Copolymeren von Styrol mit Divinylbenzol. Vernetzte Poly(styrole) sind zur Synthese von Ionenaustauschern besonders gut geeignet, weil sich in den Phenylrest sehr einfach verschiedene, dissoziierbare Gruppen einführen lassen. Durch Behandeln mit SO_3 entstehen stark saure Kationenaustauscher

(23–23)

und durch Behandeln mit Chlordimethylether und anschließender Quaternierung oder durch Umsetzen mit N-Chlormethylphthalimid stark basische Anionenaustauscher:

(23–24)

Schwach saure Kationenaustauscher gewinnt man durch Copolymerisation von Divinylbenzol mit Acrylsäureestern. Die Estergruppen werden anschließend mit Alkali verseift. Außer diesen Typen sind noch viele andere bekannt, z.B. auf Basis der Phenol/ Formaldehyd-Harze, der Cellulose usw.

Die so hergestellten Ionenaustauscher quellen in Wasser stark auf, wodurch die dissoziierbaren Gruppen zugänglich werden. Die Harze tauschen in Gleichgewichtsreaktionen ihre dissoziierbaren niedermolekularen Ionen aus, so daß man salzhaltiges Wasser durch Passieren je eines Kationen- und Anionenaustauschers mit den Polyionen $(poly)^-$ bzw. $(poly)^+$ entsalzen kann:

$$\begin{aligned}(23-25)\quad & (poly)^- \, H^+ \;+\; Na^+ \;\rightleftarrows\; (poly)^- \, Na^+ \;+\; H^+ \\ & \underline{(poly)^+ \, OH^- \;+\; Cl^- \;\rightleftarrows\; (poly)^+ \, Cl^- \;+\; OH^-} \\ & (poly)^- \, H^+ \;\;+\;\; (poly)^+ \, OH^- + NaCl \;\rightleftarrows\; (poly)^- \, Na^+ + (poly)^+ \, Cl^- + H_2O \end{aligned}$$

Die beladenen Ionenaustauscher werden anschließend durch Behandeln mit Säuren bzw. Laugen regeneriert.

Die Austauschkapazität wird durch die dissoziierbaren Gruppen pro Monomerbaustein und den Vernetzungsgrad bestimmt. Je höher der Vernetzungsgrad, umso größer ist auch der pK_a-Wert der Polysäuren, weil die Zugänglichkeit der Gruppen herabgesetzt wird. Besonders gute Austauschkapazitäten besitzen die makroporösen Ionenaustauscher, da sie eine feste, nicht quellbare Gelstruktur aufweisen (vgl. Kap. 2.5.3).

Die Säurestärke der vernetzten Polysäuren nimmt mit der Größe der hydratisierten Gegenionen ab. Das hydratisierte Lithiumion ist größer als das hydratisierte Rubidiumion. Die scheinbare Säurestärke ist also bei vernetzten Polysäuren in Gegenwart von Rubidiumionen größer als in Gegenwart von Lithiumionen, gerade umgekehrt wie bei den unvernetzten Polysäuren, wo es auf die Größe der unhydratisierten Ionen ankommt.

Dieser Effekt ist vermutlich durch die andersartige Struktur des Wassers im Gel im Vergleich zum Knäuel bedingt. Nach Protonresonanzmessungen ist das Wasser in den Gelen der Poly(styrolsulfonsäure) weniger geordnet als außerhalb. Da der Ordnungsgrad mit der Vernetzungsdichte variiert, könnte dieser Befund auch erklären, warum die Selektivität eines geladenen Gels gegenüber Ionen mit steigender Vernetzungsdichte durch ein Maximum geht.

23.4.5 POLYMERANALOGE UMSETZUNGEN

Polymeranaloge Umsetzungen zeichnen sich gegenüber den analogen niedermolekularen Reaktionen durch eine Reihe von Besonderheiten aus. Bei jeder chemischen Reaktion werden in mehr oder minder großen Mengen Nebenprodukte gebildet. Diese Nebenprodukte werden bei Polymeren jedoch Teil der makromolekularen Struktur und lassen sich nicht wie bei niedermolekularen Reaktionen durch physikalische Methoden abtrennen. Ist der niedermolekulare Reaktionspartner bifunktionell, so entstehen dabei inter- und intramolekular vernetzte Produkte. Die intermolekulare, nicht aber die intramolekulare, Nebenreaktion kann dabei nach dem Ruggli-Zieglerschen Verdünnungsprinzip zurückgedrängt werden (Kap. 16.3.2).

Eine weitere Besonderheit besteht in der Existenz von ausgesprochenen Nachbargruppeneffekten. Die umzusetzenden Gruppen des Polymeren können z.B. so stark durch benachbarte Gruppierungen abgeschirmt sein, daß ihre Reaktion aus rein sterischen Gründen unmöglich ist. In anderen Fällen wird der erreichbare maximale Umsatz durch sterische Effekte mehr oder weniger limitiert. In wieder anderen Fällen beeinflussen Nachbargruppen nur die Reaktionsgeschwindigkeiten, nicht aber den maximalen Umsatz.

Im allgemeinen Fall sind je nach der Art der Nachbarn trotz gleicher Konstitution mindestens drei verschiedene Reaktionsfähigkeiten der A-Gruppen zu unterscheiden. Die umzusetzende A-Gruppe kann sich nämlich zwischen zwei anderen A-Gruppen in der Sequenz $-A-A'-A-$, zwischen je einer A- und C-Gruppe in der Sequenz $-A-A''-C-$, und zwischen zwei C-Gruppen in der Sequenz $-C-A'''-C-$ befinden. Die Reaktionsgeschwindigkeit einer pseudomonomolekularen Reaktion ist entsprechend durch

$$(23-26) \quad -d[A]/dt = k'[A'] + k''[A''] + k'''[A'''] = k_{app}[A]$$

gegeben. Je nach der relativen Reaktionsfähigkeit der zentralen A-Gruppe in diesen drei Triaden-Typen AAA, (AAC + CAA) und CAC sind die intermediär bei weniger als 100% Umsatz der A-Gruppen entstehenden Copolymeren mehr alternierend oder mehr blockweise aufgebaut. Die Extremfälle der völlig alternierenden Copolymeren und der Blockcopolymeren werden dabei jedoch nur selten erreicht. Blockreiche Copolymere erhält man z.B. bei der Verseifung von Poly(alkylmethacrylaten), da hier die zuerst rein statistisch gebildeten $COO^\ominus$-Gruppen die Verseifung der benachbarten Estergruppen induzieren. Mehr oder weniger alternierende Copolymere erhält man umgekehrt nur in den sehr seltenen Fällen, in denen geeignete Zwischenprodukte gebildet werden. Die Veresterung von syndiotaktischer Poly(methacrylsäure) mit Hilfe von Carbodiimiden führt z.B. zuerst zu einem Anhydrid, daß dann bei der Abreaktion mit dem Alkohol zu je einer benachbarten Ester- und Carboxygruppe führt:

(23-27)

Durch die Beteiligung von Nachbargruppen entstehen auch häufig unerwartete Reaktionsprodukte. Poly(methacrylchlorid) folgt z.B. nicht dem bei Arndt-Eistert-Reaktionen üblichen Reaktionsverlauf zu Diazoketonen. Es bilden sich vielmehr intermediär β-Ketoketenringe und bei der anschließenden Hydrolyse durch Decarboxylierung cyclische Ketoneinheiten:

(23-28)

23.4.6 RINGSCHLUSS-REAKTIONEN

Ringschluß-Reaktionen an Makromolekülen sind Spezialfälle polymeranaloger Reaktionen. Je nach Ausgangspolymer, Reaktionspartner und Reaktionstyp können dabei annellierte oder isolierte Ringe entstehen.

Durchgehend annellierte Ringsysteme werden Leiterpolymere genannt, weil sie ähnlich wie eine Leiter mit Sprossen aussehen. Sie können in einem Schritt hergestellt werden wie bei der Diels-Alder-Polymerisation von 2-Vinylbutadien mit p-Chinon

(23-29)

oder in Zweistufen-Verfahren, bei denen zuerst eine lange Polymerkette erzeugt wird, die dann durch Polymerisation der Seitengruppen cyclisiert wird. Ein Beispiel dafür ist die Polymerisation von Butadien zu 1,2-Poly(butadien) mit anschließender Cyclisierung der Vinylgruppen:

(23-30)

Weitere Beispiele sind die radikalische Polymerisation von Vinylisocyanat mit anschließender anionischer Polymerisation der Isocyanat-Seitengruppen oder die entsprechenden Polymerisationen von Acrylnitril bzw. Poly(acrylnitril). Radikalische und anionische Polymerisationen sind dabei günstiger als kationische, da die letzteren häufig zu Übertragungsreaktionen neigen, die die Annellierung unterbrechen. Bei der Cyclisierung von Naturkautschuk mit Hilfe von konz. Säuren oder Lewis-Säuren werden im Mittel nur drei annellierte Ringe erhalten (vgl. Gl. (25-9)). Die intermolekulare Wasserabspaltung von Poly(vinylmethylketon) führt nur zu Einer-, Zweier- und Dreier-Ringen:

(23-31)

In diesem Fall sollten bei reinen Kopf/Schwanz-Verknüpfungen der Grundbausteine mindestens $1/2e = 0,184$ Gruppen nicht umgesetzt werden, falls die Reaktion rein statistisch und irreversibel abläuft (Tab. 23-1).

Tab. 23–1: Anteil f unreagierter Gruppen bei der bifunktionellen Verknüpfung von Substituenten R in Homopolymeren bzw. azeotropen Copolymeren mit dem Anteil p an reaktionsfähigen Gruppen. KS = Kopf/Schwanz-, KK = Kopf/Kopf-, SS = Schwanz/Schwanz-Verknüpfung

Polymertyp Verknüpf. der Subst.	Zahl Gruppen per Mer	Anteil f unreagierter Gruppen allgemein	$p = 0$	$p = 1$
Homopolymere				
KS	1	$\exp(-2)$	–	0,135
KS	2	$1/2e$	–	0,184
KS, KK, SS, statist.	2	0,312	–	0,312
KK, SS, altern.	2	1/2	–	0,500
Azeotrope Copolymere				
KS	1	$\exp(-2p)$	1	0,135
KS	2	$1 - p + (2/9)p^3 ...$	1	0,184
KS, KK, SS, statist.	2	$1 - (3/4)p + (5/72)p^3 ...$	1	0,312
KK, SS, altern.	2	$1 - 0,5p$	1	0,500

Ähnliche statistische Beschränkungen gibt es auch bei der irreversiblen Reaktion von Seitengruppen eines Polymeren mit bifunktionellen niedermolekularen Verbindungen. Befinden sich alle Gruppen in 1,3-Stellung, so können theoretisch $1/e^2$ der Gruppen nicht reagieren (vgl. Anhang A 23). Das entspricht einem maximalen theoretischen Umsatz von 86,5% bei der Reaktion von Poly(vinylalkohol) mit Aldehyden zu Poly(vinylacetalen):

(23–32)

Experimentell wurden für Chloracetaldehyd maximale Umsätze von 85,8%, für Palmitinaldehyd 85,0% und für Benzaldehyd 83% erzielt. Enthält der Aldehyd ionisierbare Gruppen, so fällt der maximal erzielbare Umsatz stark ab, z.B. auf 44% bei der o-Benzaldehydsulfonsäure und auf 36% bei der 2,4-Benzaldehyddisulfonsäure.

Bei Copolymeren aus einem Monomeren mit reaktiven Gruppen A und einem Monomeren mit nichtreagierenden Gruppen B erfolgt die Berechnung ähnlich. Die potentiell reagierbaren Anteile berechnen sich dann aus der Wahrscheinlichkeit p_{AA}, daß im Copolymeren konstitutive Diaden aus den Bausteinen A auftreten (vgl. Kap. 15 und 22). An die Stelle des für Unipolymere gültigen Ausdruckes $1/e^2 = \exp(-2)$ tritt bei Copolymeren der Ausdruck $\exp(-2p_{AA})$.

23.4.7 POLYMER-REAGENTIEN

Polymere bieten als Träger von Reagentien eine Reihe von Vorteilen über niedermolekulare Verbindungen. Die mit ihnen reagierenden niedermolekularen Verbindungen bzw. deren Umsetzungsprodukte können z.B. wegen der sehr verschiedenen Löslichkeit von nieder- und hochmolekularen Verbindungen leicht voneinander getrennt werden. Die Trennung ist besonders einfach, wenn die Polymeren vernetzt sind und in Form einer Trennsäule angewendet werden. Durch den in der Säule herrschenden großen Konzentrationsgradienten kann außerdem die Ausbeute stark gesteigert werden. Den gleichen Effekt erzielt man durch den leicht anzuwendenden großen Überschuß eines Reaktionspartners. Die Polymerreagentien sollen selbstverständlich leicht regenerierbar sein und unter den Reaktionsbedingungen nicht abbauen. Vorteilhaft ist ferner die Verwendung makroretikularer Netzwerke, da anderenfalls Adsorptionsprobleme auftreten können.

Die reaktiven Gruppen können in die Polymerreagentien durch verschiedene Strategien eingeführt werden, wobei die eigentlichen Reaktionen jedoch meist konventionell sind. Man kann z.B. Copolymere durch vernetzende Polymerisation herstellen und anschließend die reaktiven Gruppierungen einführen. Dieses Verfahren ist bei der Synthese von Ionenaustauschern üblich (vgl. Kap. 23.4.4). Alternativ kann ein Monomeres bereits die reaktive Gruppe enthalten und das Polymerreagenz somit durch die Copolymerisation direkt aufgebaut werden. In den meisten Fällen verwendet man vernetztes Poly(styrol) in Perlform, daß dann z.B. mit Chlordimethylether funktionalisiert wird (vgl. Gl. (23–24)). Die Chlormethyl-Gruppe wird dann weiter zum gewünschten Polymerreagenz umgesetzt, z.B. mit Lithiumdiphenylphosphin:

(23–33) Ⓟ $-CH_2Cl + LiP(C_6H_5)_2 \rightarrow$ Ⓟ $-CH_2P(C_6H_5)_2 + LiCl$

Bei dieser Strategie sind jedoch die Art der Substitution (ortho, meta, para, mono vs. di usw.) sowie der Umsatz schwierig zu bestimmen.

Zu den Polymerreagenzien gehören außer den Ionenaustauschern auch die sog. Redox- oder Reduktions/Oxidations-Polymere, die Elektronenüberträger darstellen. Polymerreagentien werden auch bei der sog. Merrifield-Synthese der Proteine und Peptide verwendet (vgl. Kap. 30). Einige andere Polymerreagentien und ihre Verwendung sind nachfolgend zusammengestellt:

Ⓟ $-\langle\bigcirc\rangle-JCl_2$ cis-Chlorierung von Olefinen

Ⓟ $-\langle\bigcirc\rangle N-BH_3$ Hydrierung und Reduktion von Aldehyden, Ketonen und Säurechloriden

Ⓟ $-\langle\bigcirc\rangle-P=CRR'$ Wittig-Reaktion von Aldehyden

Ⓟ $-\langle\bigcirc\rangle-J(OOCCH_3)_2$ Oxidation von Anilin zu Azobenzol

Ⓟ$-N-CO-$Ⓟ   Oxidation von Alkoholen
   |
   Cl

Reaktionen laufen jedoch bei Polymerreagentien wegen der Nachbargruppeneffekte nicht immer gleich wie bei niedermolekularen Verbindungen ab. Allgemeine Regeln gibt es dafür noch nicht. Zur Illustration möge daher nur ein Beispiel dienen: die Reaktion von Cyclohexen mit N-Bromsuccinimid führt unter Substitution zum Bromcyclohexen. Die entsprechende Reaktion mit dem polymeren N-Bromsuccinimid liefert jedoch unter Addition das 1,2-Dibromcyclohexan

(23–34)

23.5 Aufbau-Reaktionen

Bei Aufbau-Reaktionen nimmt der Polymerisationsgrad des Makromoleküls zu. Je nach der Kettenstruktur des neu entstehenden Makromoleküls werden dabei Blockbildungsreaktionen, Pfropfreaktionen und Vernetzungsreaktionen unterschieden. Bei den Blockbildungsreaktionen wird eine Kette an einem oder an beiden der Kettenenden um einen oder zwei Blöcke eines fremden Monomeren verlängert. Die Kette bleibt unverzweigt. Bei Pfropfreaktionen werden an einzelnen Grundbausteinen Seitenketten gebildet. Das Pfropfpolymer ist verzweigt. Bei Vernetzungsreaktionen werden die primär vorliegenden Moleküle miteinander zu einem einzigen Molekül verknüpft.

Blockbildungsreaktionen und Pfropfreaktionen werden stets mit fremden Monomeren ausgeführt. Block- und Pfropfpolymere sind daher Copolymere. Vernetzungsreaktionen können dagegen auch ohne fremde Monomere ausgeführt werden. Bei allen drei Typen von Aufbaureaktionen kann man sowohl Polymerisationen als auch Polykondensationen und Polyinsertionen verwenden.

23.5.1 BLOCKPOLYMERISATIONEN

Blockpolymere können entweder durch Kombination vorgeformter Blöcke oder aber durch Addition von Monomeren an anderweitig gebildete Blöcke hergestellt werden, d.h. schematisch

(23–35)
$$A_n \xrightarrow{\begin{array}{c}+B_n\\+B\end{array}} \begin{array}{l} A_n - B_n \\ A_n - B \end{array} \xrightarrow{+B} A_n - B_2 \xrightarrow{+B} \ldots \xrightarrow{+B} A_n - B_n$$

Welche Strategie eingeschlagen werden muß, hängt von der Struktur der gewünschten Blockpolymeren und den zu ihrer Synthese geeigneten Polyreaktionen ab. Zweckmäßigerweise kann man dabei zwischen Zweiblockpolymeren $A_n B_m$, Dreiblockpolymeren $A_n B_m A_n$ und Multiblockpolymeren $(A_n B_m)_p$ unterscheiden. Multiblockpolymere mit kurzen Blöcken A_n und B_m werden auch segmentierte Copolymere oder Segment-Copolymere genannt.

Alle wichtigeren Verfahren zur Herstellung von Blockpolymeren mit langen Blöcken bedienen sich der Methode der „lebenden" Polymeren. Um definierte Blocklängen zu erreichen, dürfen die wachsenden Enden keine Abbruchs- und Übertragungsreaktionen eingehen. Anionische Polymerisationen sind daher in der Regel vorteilhafter als kationische (vgl. auch Kap. 18).

Die bei der Herstellung von Blockpolymeren verwendeten Strategien können gut am Beispiel der Dreiblockpolymeren demonstriert werden. Das Dreiblockpolymer (Styrol)$_m$-(Butadien)$_n$-(Styrol)$_m$ ist als sog. thermoplastisches Elastomer im Handel. Dieses Dreiblockpolymer läßt sich am besten über einen *Zweistufen-Prozeß mit bifunktionellen*

Initiatoren herstellen. Als Initiatoren können Natriumnaphthalin oder Dilithiumverbindungen verwendet werden (vgl. Kap. 18.1). An das entstehende Dianion $^{\ominus}B_n^{\ominus}$ wird dann Styrol angelagert, so daß $^{\ominus}S_mB_nS_m^{\ominus}$ entsteht. Die genannten Initiatoren wirken aber nur in Tetrahydrofuran und anderen Ethern. In diesen Lösungsmitteln entstehen jedoch Butadienblöcke mit geringem cis-1,4-Gehalt, was sich ungünstig auf die Eigenschaften der gewünschten thermoplastischen Elastomeren auswirkt (zu hohe Glasübergangstemperatur). Als Initiatoren verwendet man daher vorzugsweise gut lösliche aromatische Dilithiumverbindungen in Ggw. geringer Mengen aromatischer Ether. Nach der Bildung der Dien-Blöcke wird dann Dimethoxyethan zugegeben und die Styrolpolymerisation in diesem Lösungsmittel ausgeführt. Ungewollte Abbruchreaktionen führen bei diesem Verfahren entweder zu homopolymerem Poly(butadien) oder zu Zweiblockpolymeren A_mB_n. Poly(butadien) erhöht lediglich den Matrixanteil der thermoplastischen Elastomeren (vgl. Kap. 5.5.4) und schadet daher den gewünschten Eigenschaften nicht. Der Prozeß läßt sich schematisch durch die nachstehende Reaktionsfolge wiedergeben:

(23–36) $\quad ^{\ominus}R^{\ominus} + nB \longrightarrow \ ^{\ominus}B_{n/2}RB_{n/2}^{\ominus} \xrightarrow{+2mA} \ ^{\ominus}A_m(B_{n/2}RB_{n/2})A_m^{\ominus}$

Beim *Zweistufen-Prozeß mit monofunktionellen Initiatoren* baut man zuerst ein Zweiblockpolymer auf und kuppelt es dann in der Mitte zu einem Dreiblockpolymeren:

(23–37) $\quad R^{\ominus} + mA \longrightarrow RA_m^{\ominus} \xrightarrow{+0{,}5\,nB} RA_mB_{n/2}^{\ominus}$

$\quad 2\,RA_mB_{n/2}^{\ominus} + {}^{\oplus}X^{\oplus} \longrightarrow RA_m(B_{n/2}XB_{n/2})A_mR$

Verwendet man als Initiator z.B. Lithiumbutyl, dann läßt sich die entstehende $C_4H_9A_mB_{n/2}^{\ominus}Li^{\oplus}$-Verbindung mit $X = COCl_2$ zum Dreiblockpolymer kuppeln. Das Verfahren liefert in der Regel mehr Zweiblockpolymere als der Zweistufen-Prozeß mit bifunktionellen Initiatoren.

Dreistufen-Prozesse arbeiten ebenfalls mit monofunktionellen Initiatoren, verzichten aber auf eine Kupplung:

(23–38) $\quad R^{\ominus} + mA \longrightarrow RA_m^{\ominus} \xrightarrow{+nB} RA_mB_n^{\ominus} \xrightarrow{+mA} RA_mB_nA_m^{\ominus}$

Wegen der drei separaten Wachstumsschritte besteht aber eine erhöhte Wahrscheinlichkeit für unerwünschte Abbruchsprozesse.

23.5.2 PFROPFPOLYMERISATIONEN

Einige Polymere enthalten bereits reaktive Gruppierungen, die eine Pfropfpolymerisation auslösen können. Die Hydroxylgruppen der Cellulose lösen die Polymerisation von Ethylenimin aus

(23–39) $\quad \text{cell} - OH + n\,CH_2\underset{NH}{\overset{}{\diagdown\!\!\diagup}}CH_2 \longrightarrow \text{cell} - O{\text{-}}(CH_2-CH_2-NH{\text{-}})_nH$

und Amidgruppen von Polyamiden reagieren mit Ethylenoxid

(23-40)

$$\sim NH-CO\sim + n\, CH_2\!-\!\!-\!\!-\!CH_2 \longrightarrow \sim N-CO\sim$$
$$\diagdown O \diagup \qquad\qquad |$$
$$(CH_2-CH_2-O)_n H$$

Beim Poly(vinylalkohol) kann man Radikale erzeugen, die die Polymerisation von Vinylmonomeren starten

(23-41)

$$\sim CH_2-\underset{OH}{CH}\sim + Ce^{4+} \longrightarrow Komplex \longrightarrow \sim CH_2-\underset{OH}{\overset{\bullet}{C}}\sim + H^+ + Ce^{3+}$$

Sind derartige Gruppen nicht vorhanden, so kann man sie oft durch eine gezielte chemische Synthese einführen. Die Polymerisation von Monomeren auf Poly(styrol) gelingt z.B. leicht, wenn einige Phenylkerne isopropyliert und dann zum Hydroperoxid umgewandelt werden. Die Bildung des Hydroperoxides wird durch Zugabe von Radikalbildnern (Peroxide) begünstigt, da die Primärreaktion (RH + O_2 → $R^\bullet$ + $^\bullet OOH$) sehr langsam ist. Das Hydroperoxid spaltet sich thermisch in ein $RO^\bullet$-Radikal und ein $HO^\bullet$-Radikal, die beide die Polymerisation von Vinylmonomeren auslösen. Durch die $HO^\bullet$-Radikale werden somit neben den gewünschten Pfropfpolymeren unerwünschte Homopolymere gebildet. Homopolymere lassen sich aus der Mischung mit Pfropfpolymeren meist schlecht abtrennen. Die Pfropfausbeute läßt sich dann nicht mit Sicherheit bestimmen. Außerdem sind Homopolymer und Pfropfpolymer meist über weite Bereiche der Zusammensetzung des Pfropfpolymeren miteinander unverträglich, wodurch die mechanischen Eigenschaften ungünstig werden. Man kann aber das Hydroperoxid reduktiv spalten, so daß nur noch die $RO^\bullet$-Radikale die Polymerisation auslösen.

(23-42)

$$\sim CH_2-\underset{\underset{\underset{CH_3\; CH_3}{CH}}{\bigcirc}}{CH}\sim \xrightarrow{\underset{AlCl_3}{(CH_3)_2 CHCl}} \sim CH_2-\underset{\underset{\underset{CH_3\; CH_3}{CH}}{\bigcirc}}{CH}\sim \xrightarrow{+O_2} \sim CH_2-\underset{\underset{\underset{CH_3\;|\;CH_3}{C}}{\bigcirc}}{CH}\sim \begin{array}{l} \xrightarrow{thermisch} RO^\bullet + {}^\bullet OH \\ \xrightarrow{+Fe^{2+}} RO^\bullet + OH^- + Fe^{3+} \end{array}$$

(mit OOH an C)

In vielen Fällen ist es aber nicht möglich, die Pfropfpolymerisation von bestimmten Gruppierungen der Kette aus zu starten. Man führt daher reaktive Stellen gleichzeitig mit dem zu pfropfenden Monomeren ein. Diese Methoden arbeiten unter drastischen Bedingungen. Sie sind darum unspezifisch und für viele Polymere anwendbar. Oft ist aber auch die Pfropfwirkung fraglich und außerdem ein Abbau nicht zu vermeiden.

Eine universell anwendbare Methode ist die Pfropfung durch Kettenübertragung. Ein Polymerradikal $P^\bullet$ oder ein Initiatorradikal $R^\bullet$ abstrahiert z.B. ein H- oder Cl-Atom und bildet ein Makroradikal, das die Polymerisation des zugesetzten Monomeren auslöst:

(23-43) $\quad \sim CH_2-CHCl\sim \xrightarrow[-RCl]{+R^\bullet} \sim CH_2-\overset{\bullet}{C}H\sim \xrightarrow{+nM} \sim CH_2-CH\sim$
$\phantom{(23-43) \quad \sim CH_2-CHCl\sim \xrightarrow[-RCl]{+R^\bullet} \sim CH_2-\overset{\bullet}{C}H\sim \xrightarrow{+nM} \sim CH_2-CH} |$
$\phantom{(23-43) \quad \sim CH_2-CHCl\sim \xrightarrow[-RCl]{+R^\bullet} \sim CH_2-\overset{\bullet}{C}H\sim \xrightarrow{+nM} \sim CH_2-CH\sim}M_n^\bullet$

Die Übertragungskonstanten von Polymerradikalen $P^\bullet$ sind jedoch verhältnismäßig niedrig. Die Pfropfausbeute wird dadurch sehr klein. Man bildet daher die Makroradikale durch Zusatz von Initiatorradikalen $R^\bullet$. Die Initiatorkonzentration muß darum hoch sein. Wirksam sind jedoch nur Initiatorradikale, die übertragend wirken können. Ob das gebildete Makroradikal die Polymerisation des zugesetzten Monomeren auslöst, hängt von der Resonanzstabilisierung und der Polarität von Makroradikal und Monomer ab. Die Wirksamkeit kann daher über das Q/e-Schema abgeschätzt werden. Bei dieser Methode werden in jedem Fall auch Unipolymere gebildet. Technisch wird sie zur Synthese gewisser Typen von ABS-Polymeren eingesetzt.

Einige wenige Polymere können direkt mit ultraviolettem Licht aktiviert werden. Ein Beispiel dafür ist Poly(vinylmethylketon). Das Polymere wird jedoch gleichzeitig abgebaut. Außerdem entstehen Homopolymere.

Auch die Bildung von Makroradikalen durch γ-Strahlen ist nicht spezifisch. Die Radikale werden sowohl in amorphen als auch in kristallinen Bereichen gebildet. In den amorphen Anteilen können die Makroradikale bei $T \gtrsim T_G$ rekombinieren, wodurch das Polymer vernetzt wird. Die Radikale in den kristallinen Bereichen müssen dagegen migrieren. Bestrahlt man in Gegenwart des aufzupfropfenden Monomeren, so werden sowohl Makro- als auch Monomerradikale gebildet. Beide Sorten lösen die Polymerisation des Monomeren aus. Die unerwünschte Bildung von Homopolymeren kann jedoch bei passender Auswahl Polymer/Monomer vermindert werden. Halogenverbindungen geben z. B. einen hohen G_R.-Wert, Aromaten dagegen einen kleinen (Kap. 21.2.1). Die Bestrahlung von Poly(vinylchlorid) in Gegenwart von Styrol gibt daher in hoher Ausbeute Pfropfpolymere neben sehr wenig Poly(styrol).

Ist die Rekombinationstendenz der Makroradikale gering, so kann man auch zunächst bestrahlen und erst nach der Bestrahlung das aufzupfropfende Monomer zugeben. Dabei muß die Temperatur so gewählt werden, daß die Geschwindigkeit der Desaktivierung der eingeschlossenen Radikale geringer als die des Kettenstarts mit dem fremden Monomeren ist. Die Pfropfausbeute ist daher in der Nähe der Glastemperatur besonders hoch.

23.5.3 VERNETZUNGSREAKTIONEN

Bei der Vernetzung werden die einzelnen Molekülketten untereinander zu „unendlich" großen Molekülen verknüpft. Die vor der Vernetzung vorliegenden Makromoleküle werden Primärmoleküle genannt. Vernetzungen entstehen vielfach ungewollt bei Pfropfpolymerisationen. Die bewußte Vernetzung ist andererseits von großer technischer Bedeutung. Sie kann je nach Konstitution der Primärmoleküle durch Polykondensations- oder Polymerisationsreaktionen vorgenommen werden. Beispiele für Vernetzungen durch Polykondensation sind die sogenannten Härtungen der Phenol-, Amino- und Epoxidharze (vgl. Kap. 25.4.3, 28.3.2 und 26.2.5). Diese Vernetzungen werden Härtungen genannt, da viskose weiche Massen in harte feste Produkte übergehen.

Auch Vernetzungen durch Polymerisation sind in großer Zahl bekannt. Ungesättigte Polyester werden durch Copolymerisation mit Styrol oder Methylmethacrylat vernetzt. Die Vernetzung von Naturkautschuk mit Schwefel führt zu Gummi. Ethylen/Propylen-Kautschuke können mit Peroxiden vernetzt werden (vgl. Kap. 37).

Für Vernetzungen durch γ-Strahlen vgl. Kap. 21.2.1. Die Betrachtung der $G_{R^\bullet}$-Werte zeigt, daß zwar Styrol auf Poly(vinylchlorid) gepfropft werden kann, nicht aber Vinylchlorid auf Poly(styrol). Im ersteren Fall können nämlich soviele Radikale auf der Polymerkette erzeugt werden, daß praktisch kein Homopolymer gebildet wird. Oberhalb der Glastemperatur (amorphe Polymere) bzw. der Schmelztemperatur (kristalline Polymere) nehmen die $G_{R^\bullet}$-Werte von Polymeren wegen der größeren Beweglichkeit der Ketten zu, so daß man auch durch die Temperaturvariation andere Effekte erzielen kann.

Bei der Vernetzungsreaktion werden die verschiedenen primär vorliegenden Polymerketten A, B, C, D usw. miteinander verbunden. Die primären Polymerketten seien zunächst als molekulareinheitlich vom Polymerisationsgrad X angenommen. Jede Vernetzungsstelle sei dabei tetrafunktionell (Beispiel: Vernetzung von ungesättigten Polyesterharzen mit Styrol, Kap. 26.4.5). p_m sei die Wahrscheinlichkeit, daß an irgendeinem Grundbaustein eine Vernetzungsbrücke sitzt. Das vernetzte Polymermolekül kann dann schematisch durch

A   ooooo<>oooo
B   ooo<>oooooo)– Vernetzungsbrücken
C   oooo<>ooooo

wiedergegeben werden (hier $X = 10$). Die Erwartung ϵ, in einem Primärmolekül vom Polymerisationsgrad X eine Vernetzungsstelle zu finden, ist dann

(23–44) $\epsilon = \dot{p}_m (X - 1)$

da für $X = 1$ keine Vernetzung möglich ist. Die Erwartung eines Ereignisses ist gleich dem Produkt aus der Wahrscheinlichkeit und den Faktoren, die diese Wahrscheinlichkeit regulieren.

Pro Primärmolekül muß mindestens eine tetrafunktionelle Vernetzungsstelle vorliegen, damit alle Primärketten miteinander verbunden sind. Ist die Erwartung ϵ kleiner als 1, so kann die Vernetzung nicht alle Primärmoleküle umfassen und es entstehen lediglich verzweigte Makromoleküle (die Vernetzungsstellen sind dann Verzweigungsstellen). Bei $\epsilon > 1$ entstehen immer vernetzte Strukturen. Die kritische Bedingung für das Eintreten einer Vernetzung liegt also bei $\epsilon_{crit} = 1$. Gl. (23–44) wird dann zu

(23–45) $(p_m)_{crit} = 1/(X - 1) \approx 1/X$

Bei tetrafunktionellen Vernetzungsstellen braucht man zur Vernetzung eine Vernetzungsstelle und eine Vernetzungsbrücke pro Primärkette. Bei trifunktionellen Vernetzungsstellen sind dagegen zwei Vernetzungsstellen pro Primärmolekül erforderlich.

Besitzen die primären Ketten eine Molmassenverteilung, so muß die Wahrscheinlichkeit berechnet werden, eine tetrafunktionelle Einheit als Teil eines Primärmoleküls anzutreffen. Jedes Primärmolekül – und auch das kleinste – muß mindestens eine Vernetzungsstelle aufweisen. Da die Vernetzungsstellen voraussetzungsgemäß statistisch verteilt sind, werden folglich die großen Primärmoleküle mehr als eine Vernetzungsstelle besitzen. Die Erwartung, pro Primärmolekül eine Vernetzungsstelle zu finden, hängt somit einmal von der mittleren Größe der Primärmoleküle ab und zum anderen vom Anteil der vernetzbaren Grundbausteine. Ist dieser Anteil zu klein, so können bei einer gegebenen Größe der Primärmoleküle nicht alle Primärmoleküle vernetzt werden. Als Anteil der vernetzten Grundbausteine ist der Massenbruch $(w_m)_i$ und nicht der Stoffmengenanteil $(x_m)_i$ einzusetzen.

Beispiel: Ein Primärmolekül vom Polymerisationsgrad $X = 20$ und ein Primärmolekül vom Polymerisationsgrad $X = 10$ besitzen zusammen zwei vernetzte Grundbausteine. Die Wahrscheinlichkeit, einen dieser Bausteine im Primärmolekül mit $X = 20$ anzutreffen, ist doppelt so groß wie beim Primärmolekül mit $X = 10$. Die Wahrscheinlichkeit für das große Molekül ist also 2/3, die für das kleine 1/3. Für den Massenbruch des großen Moleküls gilt andererseits mit der Zahl N und der Masse m der Moleküle

$$w_{20} = \frac{N_{20} \cdot m_{20}}{N_{20} \cdot m_{20} + N_{10} \cdot m_{10}} = \frac{1 \cdot 20}{1 \cdot 20 + 1 \cdot 10} = 2/3$$

und für das kleine Molekül entsprechend $w_{10} = 1/3$. Für den Stoffmengenanteil des großen Moleküls bekommt man dagegen

$$x_{20} = \frac{N_{20}}{N_{20} + N_{10}} = \frac{1}{1+1} = 1/2$$

Für den Anteil der vernetzten Grundbausteine ist also der Massenbruch einzusetzen.

Bei den molekularuneinheitlichen Polymeren wird dann die Erwartung ϵ_i für eine herausgegriffene Primärkette i nunmehr

(23–46) $\quad \epsilon_i = p_m (w_m)_i (X_i - 1)$

Gesucht wird jedoch die mittlere Erwartung für die gesamte Probe:

(23–47) $\quad \overline{\epsilon} = \sum_i \epsilon_i = \sum_i p_m (w_m)_i (X_i - 1) = p_m \sum_i ((w_m)_i X_i - (w_m)_i)$

Mit $\overline{X}_w \equiv \sum_i (w_m)_i X_i$ und $\sum_i (w_m)_i \equiv 1$ erhält man folglich

(23–48) $\quad \overline{\epsilon} = p_m (\overline{X}_w - 1)$

bzw. mit $\epsilon_{crit} = 1$

(23–49) $\quad (p_m)_{crit} = 1/(\overline{X}_w - 1) \approx 1/\overline{X}_w$

Bei molekularuneinheitlichen Primärketten hängt also die kritische Konzentration an vernetzten Monomereinheiten vom Gewichtsmittel des Polymerisationsgrades des Primärmoleküls ab und nicht vom Zahlenmittel.

23.6 Abbau-Reaktionen

23.6.1 GRUNDLAGEN

Unter einem „Abbau" wird oft die ungezielte und unerwünschte Änderung von Konstitution und Molmasse eines Polymeren verstanden. Nachfolgend wird die Bezeichnung „Abbau" jedoch ausschließlich für Prozesse unter Verringerung des Polymerisationsgrades und unter Beibehalt der Konstitution der Grundbausteine reserviert.

Ein Abbau einer Kette kann chemisch, thermisch, mechanisch, durch Ultraschall oder auch durch Licht herbeigeführt werden. Chemische Reaktionen sind z.B. die Hydrolysen von Polyestern, Polyamiden oder Cellulose oder die Ozonisierung und anschließende Spaltung von Polydienen. Thermische Spaltungen laufen je nach Temperatur und Ausgangspolymer homolytisch oder heterolytisch ab.

Bei einem Abbau können zwei Grenzfälle unterschieden werden: Depolymerisation und Kettenspaltung. Bei der Depolymerisation wird von einem aktivierten Ende Monomer M abgespalten. Sie ist die Umkehrung der Polymerisation und läuft in einer Art Reißverschlußreaktion ab:

(23–50) $P^*_{n+1} \longrightarrow P^*_n + M \longrightarrow P^*_{n-1} + 2M$ usw.

Die Kettenspaltung ist dagegen die Umkehrung der Polykondensation, da die Spaltung an beliebigen Stellen der Kette unter Bildung größerer oder kleinerer Bruchstücke erfolgt:

(23–51) $P_n P_m \longrightarrow P_n + P_m$

Für die mittlere Zahl q von Spaltungen pro Primärmolekül gilt dann für ein geschlossenes System (intakte und gespaltene Ketten, abgespaltenes Monomer) unabhängig von der Art des Abbaus, da $(\bar{X}_n)_0 \equiv n_m/(n_p)_0$

(23–52) $(\bar{X}_n)_t = (\bar{X}_n)_0/(q+1) = n_m/(q+1)(n_p)_0$

$\bar{X}_{n,t}$ und $\bar{X}_{n,0}$ sind die Zahlenmittel der Polymerisationsgrade zu den Zeiten t und 0. n_m = Stoffmenge der Monomerbausteine im System und $(n_p)_0$ = Stoffmenge der Polymermoleküle zur Zeit 0. Die Polymerisationsgrade sind dabei über *alle* Moleküle gerechnet, auch über die abgespaltenen Monomermoleküle.

23.6.2 KETTENSPALTUNGEN

Beim mechanischen Abbau werden durch die Scherkräfte Ketten zerissen und Radikale gebildet. Je stärker ein Makromolekül geknäuelt ist, umso weniger wird es der Beanspruchung ausweichen können und umso stärker ist der Abbau. Poly(isobutylen) baut darum in Theta-Lösungen stärker als in guten Lösungsmitteln ab, wenn man die Lösungen durch Kapillaren preßt. Sehr steife Makromoleküle können die bei der Scherung zugeführte Energie nicht in Rotationen um die Hauptkette umsetzen und bauen daher ebenfalls leicht ab. Der Polymerisationsgrad hochmolekularer Desoxyribonucleinsäuren wird z.B. schon beim Ausfließen ihrer Lösungen aus Pipetten verringert. Ein starker mechanischer Abbau ist daher besonders bei steifen Makromolekülen, in schlechten Lösungsmitteln, bei tiefen Temperaturen und bei hohen Schergeschwindigkeiten zu erwarten.

Der Abbau durch Ultraschall ist ein spezieller mechanischer Abbau. Durch Ultraschall werden in der Lösung periodisch Zug und Druck erzeugt. An Stellen, an denen ein gasförmiger oder fester Keim vorhanden ist, kann dabei die Flüssigkeit zerreißen. Dabei werden „Höhlen" vom Durchmesser mehrerer Moleküle gebildet, die aber rasch wieder zusammenfallen (Kavitation). Bei diesem Kollaps werden beträchtliche Drucke und Scherkräfte frei, die die Bindungsenergie von kovalenten Bindungen übersteigen können. Polymermoleküle werden dabei statistisch gespalten, da sie wegen ihrer trägen Masse nicht schnell genug ausweichen können.

Ein Abbau durch Ultraschall hängt von der eingestrahlten Energie ab. Entgaste Lösungen sind wesentlich schwieriger durch Ultraschall abzubauen. Durch das Ent-

23.6 Abbau-Reaktionen

gasen werden einmal mögliche Keime entfernt. Außerdem verbleibt weniger Sauerstoff, der natürlich einen chemischen Abbau hervorrufen könnte.

Statistische Kettenspaltungen treten besonders leicht auf, wenn das Makromolekül leicht aktivierbare Bindungen in der Hauptkette enthält. Diels-Alder-Strukturen werden z.B. thermisch leicht gespalten. Bei chemischen Reaktionen sind alle Gruppierungen mit Heteroatomen leicht aktivierbar.

Als Abbaugrad wird der Bruchteil f_b der gebrochenen Bindungen definiert. Er ist durch das Zahlenmittel des Polymerisationsgrades vor dem Abbau und durch die Zahl q der gebrochenen Bindungen pro Ausgangsmolekül gegeben:

$$(23-53) \quad f_b = \frac{q}{(\overline{X}_n)_0 - 1}$$

Der Polymerisationsgrad vor dem Abbau ist mit dem Polymerisationsgrad nach dem Abbau über die Zahl der gebrochenen Bindungen verknüpft:

$$(23-54) \quad (\overline{X}_n)_0 = (1+q)(\overline{X}_n)_t$$

Einsetzen in Gl. (23-53) führt zu

$$(23-55) \quad f_b = \frac{(\overline{X}_n)_0 - (\overline{X}_n)_t}{(\overline{X}_n)_t((\overline{X}_n)_0 - 1)}$$

bzw. für hohe Polymerisationsgrade mit $(\overline{X}_n)_0 \gg 1$

$$(23-56) \quad f_b = \frac{1}{(\overline{X}_n)_t} - \frac{1}{(\overline{X}_n)_0}$$

Definitionsgemäß gilt für die Anteile der gebrochenen Bindungen, f_b, und die Anteile der verbleibenden Verbindungen, f_r,

$$(23-57) \quad f_b + f_r \equiv 1$$

Die Geschwindigkeit der Kettenspaltung hängt von der Konzentration $[K]$ des Katalysators und dem Anteil der verbleibenden Bindungen ab

$$(23-58) \quad -df_r/dt = k[K]f_r$$

$$(23-59) \quad f_r = (f_r)_0 \exp(-k[K]t)$$

Bei hohen Polymerisationsgraden ist der Abbau anfänglich nur niedrig, sodaß gilt $f_r/(f_r)_0 \approx 1$. Folglich erhält man auch $\exp(-k[K]t) \approx 1$. Mit sehr guter Näherung gilt dann $\exp(-k[K]t) = 1 - k[K]t$. Gl. (23-59) geht daher über in

$$(23-60) \quad f_r = (f_r)_0 (1 - k[K]t)$$

$(f_r)_0$ ist der Anteil der verbleibenden Bindungen zur Zeit null; da dort noch alle Bindungen vorhanden sind, muß er gleich 1 sein. Mit den Gl. (23-56) und 23-57) geht dann Gl. (23-60) über in

$$(23-61) \quad \frac{1}{(\overline{X}_n)_t} = \frac{1}{(\overline{X}_n)_0} + k[K]t$$

Das reziproke Zahlenmittel des Polymerisationsgrades sollte also linear mit der Zeit t ansteigen, wie es auch Abb. 23–10 für die Hydrolyse von Cellulose zeigt. Die Abbaugeschwindigkeit nimmt dabei in Übereinstimmung mit Gl. (23–61) mit der Konzentration des Katalysators zu.

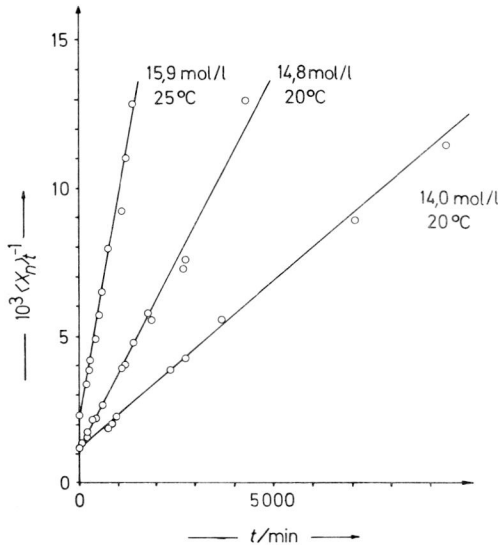

Abb. 23–10: Zeitabhängigkeit des reziproken Zahlenmittels des Polymerisationsgrades bei der Hydrolyse von Cellulose durch Phosphorsäure bei 25 °C (○) bzw. 20 °C (●). Die Zahlen geben die Stoffmengenkonzentration in mol/l an (Diagramm von A. Mark und A. Tobolsky nach Daten von A. af Ekenstamm, A. J. Stamm und W. E. Cohen, G. V. Schulz und H. J. Lohmann sowie L. A. Hiller und E. Pascu).

Gl. (23–61) ist ein Spezialfall für kleine bis mittlere Abbaugrade. Bei höheren Abbaugraden kann die Konzentration ursprünglicher Bindungen nicht mehr als konstant angesehen werden. An die Stelle von Gl. (23–61) tritt dann

$$(23\text{--}62) \quad \ln\left(1 - \frac{1}{(\overline{X}_n)_t}\right) = \ln\left(1 - \frac{1}{(\overline{X}_n)_0}\right) - k\,[K]\,t$$

Gl. (23–61) muß auch modifiziert werden, wenn während der Kettenspaltung ein Stoff-Stoffmengenanteil x_m in Form von Monomer oder Oligomer verloren geht:

$$(23\text{--}63) \quad \frac{1 - x_m}{(\overline{X}_n)_t} = \frac{1}{(\overline{X}_n)_0} + k\,[K]\,t$$

Wird von den Bindungen der Hauptkette die eine Sorte viel schneller gespalten als die andere, so kann die Kettenspaltung nur bis zu einem Polymerisationsgrad $(\overline{X}_n)_\infty$ fortschreiten. Gl. (23–61) wird dann zu

$$(23-64) \quad \frac{1}{(\overline{X}_n)_t} - \frac{1}{(\overline{X}_n)_\infty} = \frac{1}{(\overline{X}_n)_0} + k\,[K]\,t$$

Die bislang angeführten Gleichungen gelten nur, wenn das Zahlenmittel des Polymerisationsgrades gemessen wird. Wünscht man das Gewichtsmittel des Polymerisationsgrades zu verwenden, so kann man von folgenden Überlegungen ausgehen:

Erfolgen mehr als fünf Spaltungen pro Primärkette, so kann für das Abbauprodukt bereits eine Schulz-Flory-Verteilung angenommen werden. Bei Schulz-Flory-Verteilungen gibt aber der Anteil f_r der verbleibenden Bindungen gerade den Umsatz an, den man bei einer Polykondensation zu einem Produkt mit dem gleichen Polymerisationsgrad erzielen würde. Für das Gewichtsmittel ergibt sich nach Gl. (17–37)

$$(23-65) \quad \overline{X}_w = \frac{1+f_r}{1-f_r}$$

Für den Abbaugrad erhält man daher anstelle von Gl. (23–56)

$$(23-66) \quad f_b = 2\left(\frac{1}{(\overline{X}_w)_t + 1} - \frac{1}{(\overline{X}_w)_0 + 1}\right)$$

und für die Abbaugeschwindigkeit mit $\overline{X}_w/\overline{X}_n = 2$ anstelle von Gl. (23–61)

$$(23-67) \quad \frac{1}{(\overline{X}_w)_t} = \frac{1}{(\overline{X}_w)_0} + 0{,}5\,k\,[K]\,t$$

Ein ursprünglich molekulareinheitliches Polymer zerfällt bei einem statistischen Abbau in verschieden große Bruchstücke und wird dabei molekularuneinheitlich. Bei einem vollständigen Abbau liegen schließlich nur noch Monomere mit dem Polymerisationsgrad 1 vor. Das Produkt des totalen Abbaus ist also wieder molekulareinheitlich. Während des Abbaus muß also der Quotient $(\overline{X}_w/\overline{X}_n)_t$ durch ein Maximum gehen.

23.6.3 PYROLYSE

Die chemischen Reaktionen von Makromolekülen sollten im Prinzip denen niedermolekularer Substanzen ähnlich sein. Experimentell findet man jedoch entweder einen Abbau bei viel niedrigeren Temperaturen oder gelegentlich einen Abbau zu anderen Produkten. Die Zersetzung von Poly(ethylen) beginnt z.B. bei ca. 200 K tieferen Temperaturen als die von Hexadekan. Poly(methylmethacrylat) wird bei 450 °C praktisch vollständig zum Monomer Methylmethacrylat depolymerisiert (Tab. 23–2). Nie-

Tab. 23–2: Monomer-Ausbeuten bei der thermischen Zersetzung von Polymeren im Vakuum bei ca. 300 °C

Polymer	Monomer	
	Massenanteile	Stoffmengenanteile
Poly(methylmethacrylat)	1,00	1,00
Poly(α-methylstyrol)	1,00	1,00
Poly(isobutylen)	0,32	0,78
Poly(styrol)	0,42	0,65
Poly(ethylen)	0,03	0,21

dermolekulare primäre Ester zerfallen dagegen bei dieser Temperatur in Olefin und Säure. Die Anteile der Abbauprodukte hängen ferner davon ab, ob man bei Atmosphärendruck unter N_2 oder aber im Hochvakuum arbeitet (Tab. 23-3).

Tab. 23-3: Pyrolyse von Poly(styrol) unter verschiedenen Bedingungen

Abbauprodukt	Ausbeuten in Massenprozent. bei	
	1 bar 310 - 350 °C	Hochvak. 290 - 320 °C
Monomer (Styrol)	63	38
Dimer (2,4-Diphenyl-buten-1 und 1,3-Diphenylpropan)	19	19
Trimer (2,4,6-Triphenyl-hexen-1 und 1,3,5-Triphenyl-pentan)	4	23

Für diese Unterschiede sind mehrere Faktoren verantwortlich. Einmal sind die Makromoleküle nicht so regelmäßig aufgebaut, wie es die idealisierte Konstitutionsformel angibt. Sie enthalten „weiche Bindungen" (Kap. 2.3.1) und Endgruppen, sowie nur schwierig zu entfernende Fremdstoffe (Initiatorrückstände, Lösungsmittelreste usw.). An diesen Stellen kann die Zersetzung einsetzen. Die Zersetzung wird umso vollständiger und bei umso niedrigeren Temperaturen in Richtung des Monomeren verlaufen, je niedriger die Gibbs-Polymerisationsenergie ist. Aus diesem Grunde depolymerisieren Poly(methylmethacrylat) und Poly(α-methylstyrol) praktisch quantitativ in ihre Monomeren. Polymere mit höheren Polymerisationsenergien erfordern zur Zersetzung höhere Temperaturen. Unter diesen Bedingungen sind aber oft die Bindungen der Substituenten weniger stabil als die der Hauptkette. Aus Poly(vinylacetat) wird daher bei der thermischen Zersetzung unter Bildung von Polyen-Strukturen Essigsäure abgespalten. Schließlich ist noch zu bedenken, daß die Polymeren immer in hoher Segmentkonzentration vorliegen, sodaß verhältnismäßig leicht Reaktionen mit benachbarten Gruppen eintreten. Zersetzungsreaktionen mit Abspaltung flüchtiger Bestandteile lassen sich besonders einfach durch die sog. Thermogravimetrie verfolgen. Als „Thermogravimetrie" wird die quantitative Verfolgung der Massenänderung einer Probe bei konstanter Aufheizgeschwindigkeit definiert.

Das Phänomen der pyrolytischen Spaltung in eine Vielzahl von Abbauprodukten kann man umgekehrt zur Charakterisierung des ursprünglichen Polymeren benutzen. Nimmt man die Pyrolyse unter Standardbedingungen vor, so liefern die Abbauprodukte jedes Polymeren bei z.B. gaschromatographischer Untersuchung einen charakteristischen „Fingerabdruck". Das Verfahren eignet sich daher sehr gut zur Betriebskontrolle und evtl. auch zur Strukturaufklärung (Sequenz usw.) von Polymeren.

Gezielte Pyrolysen werden präparativ ausgeführt, um hochtemperaturbeständige oder elektrisch leitfähige Polymere zu erhalten. Ein Beispiel dafür ist die dehydrierende Zersetzung von st-1,2-Poly(butadien) zu Doppelstrangpolymeren.

Die Anfälligkeit gegen Pyrolysen kann durch Auswahl geeigneter Grundbausteine verbessert werden. Lange Sequenzen von Methylengruppen dürfen z.B. nicht vorhanden sein, da sie leicht homolytisch oder dehydrierend zerfallen:

(23-68) $\sim CH=CH\sim \xleftarrow{-H_2} \sim CH_2-CH_2\sim \longrightarrow \sim \overset{\bullet}{C}H_2 + {}^{\bullet}CH_2\sim$

Anfällig gegenüber Pyrolyse sind ferner Verzweigungsstellen, elektronenanziehende Gruppen und alle Gruppierungen, die leicht Fünf- oder Sechsringe bilden können.

23.6.4 DEPOLYMERISATION

Die Depolymerisation ist die Umkehr der Polymerisation (Gl. (23-50)). Sie tritt nur dann ohne Nebenreaktionen auf, wenn die Seitengruppen viel stabiler als die Bindungen der Hauptkette sind. Nur bei lebenden Polymeren kann die Depolymerisation spontan einsetzen. Bei allen anderen Makromolekülen müssen dagegen zunächst Bindungen in der Hauptkette in einer Startreaktion homolytisch gespalten werden. Die Depolymerisation läuft daher in diesen Fällen nach einem Radikalmechanismus ab.

Bei der Depolymerisation wird bei jeder Spaltung eines Polymeren P ein einziges Monomer M gebildet (Ausnahme: Spaltung eines Dimeren). Die Stoffmengen $(n_M)_t$ des Monomeren zur Zeit t und $(n_P)_0$ des Polymeren zur Zeit 0 sind über die mittlere Zahl der Spaltungen q pro Polymermolekül miteinander verknüpft:

(23-69) $q(n_P)_0 = (n_M)_t$

Der Polymerisationsgrad der Reaktionsmischung zur Zeit t ist durch Gl. (23-52) gegeben; zur Zeit 0 also durch $(\overline{X}_n)_0 = n_m/(n_P)_0$. n_m ist dabei die Menge der Grundbausteine m. Das Verhältnis der Polymerisationsgrade in einem geschlossenen System (n_m = const.) ergibt sich folglich mit den Gl. (23-69) und (23-52)

(23-70) $\dfrac{(\overline{X}_n)_t}{(\overline{X}_n)_0} = \dfrac{(n_P)_0}{(q+1)(n_P)_0} = \dfrac{(n_P)_0}{(n_M)_t + (n_P)_0} = \dfrac{1}{((n_M)_t/(n_P)_0) + 1}$

bzw. mit $(\overline{X}_n)_0 = n_m/(n_P)_0$ und umgeformt

(23-71) $\dfrac{1}{(\overline{X}_n)_t} = \dfrac{1}{(\overline{X}_n)_0} + \dfrac{1}{n_m} \cdot (n_M)_t$

Nach dieser Gleichung sollte also bei der Depolymerisation $1/(\overline{X}_n)_t$ als Funktion der Menge des abgespaltenen Monomeren eine Gerade mit der Neigung $(1/n_m)$ geben. Alternativ kann man Gl. (23-12) auch in einer anderen Form auftragen:

(23-72) $\dfrac{(\overline{X}_n)_0}{(\overline{X}_n)_t} = 1 + \dfrac{(\overline{X}_n)_0}{n_m} \cdot (n_M)_t$

Bei der Depolymerisation interessiert man sich aber in der Regel nicht für den Polymerisationsgrad der Reaktionsmischung (abgebaute Polymere + gebildetes Monomer), sondern lediglich für den Polymerisationsgrad $(\overline{X}_n^*)_t$ der zurückbleibenden Polymeren. Dieser Fall entspricht einem „offenen" System, bei dem das abgespaltene Monomer mit den Stoffmengen $(n_M)_t$ ständig abgeführt wird. Anstelle von Gl. (23-52) bekommt man daher

(23-73) $(\overline{X}_n^*)_t = \dfrac{n_m - (n_M)_t}{(q+1)(n_P)_0 - (n_M)_t}$

oder umgeformt mit Gl. (23-69) und $(\overline{X}_n)_0 = n_m/(n_p)_0$

$$(22\text{-}74) \quad (\overline{X}_n^*)_t = (\overline{X}_n)_0 - \frac{(\overline{X}_n)_0}{n_m} (n_M)_t$$

In diesem Fall hat man also das Zahlenmittel des Polymerisationsgrades des zurückbleibenden Polymeren gegen die abgespaltene Stoffmenge des Monomeren aufzutragen.

Die Gleichungen (23–73) und (23–74) können nur gelten, wenn die depolymerisierenden Makroradikale weder Abbruchs- noch Übertragungsreaktionen eingehen. Durch diese Reaktionen wird nämlich der mittlere Polymerisationsgrad verändert. Die Abbruchsreaktion setzt außerdem die Wahrscheinlichkeit für die Bildung von Monomermolekülen herab.

Die Zip-Länge Ξ gibt die Anzahl der abgespaltenen Monomermoleküle pro kinetische Kette an. Kleine Ξ-Werte bedeuten wenig abgespaltenes Monomer, jedoch nicht notwendigerweise geringen Abbau (vgl. z. B. die Zip-Länge von Poly(styrol) (Tab. 23–4) mit den beim Abbau gebildeten Produkten (Tab. 23–3).

Tab. 23-4: Zip-Längen Ξ verschiedener Polymerer

Polymer	Ξ	Polymer	Ξ
Poly(ethylen)	0,01	Poly(styrol)	3,1
Poly(acrylnitril)	< 0,5	Poly(α-deuterostyrol)	11,8
Poly(methylacrylat)	< 1,0	Poly(α-methylstyrol)	> 200
Poly(isobutylen)	3,1	Poly(methylmethacrylat)	> 200

Das Verhalten eines Polymeren bei der Depolymerisation hängt sehr stark vom Verhältnis Molmasse/Zip-Länge und der anfänglichen Molmassenverteilung ab (Abb. (23–11)). Ist die Molmasse eines molekulareinheitlichen Polymeren sehr hoch ($\Xi < X$), so wird durch die Depolymerisation stets nur ein Teil der Polymerkette abgebaut. Dieser Teil wird mit den unverändert gebliebenen Ketten als Polymer gemessen. Die Molmasse des Rückstandes sinkt. Es gilt Gl. (23–74), wie es Abb. 23–11 für Poly(methylmethacrylate) mit den Molmassen 725 000 und 650 000 zeigt. Ist dagegen die Molmassen eines molekulareinheitlichen Polymeren niedrig ($\Xi > X$), so werden bei gleicher Zip-Länge einige Ketten total zum Monomeren abgebaut. Die anderen Ketten behalten aber ihren ursprünglichen Polymerisationsgrad. Der Polymerisationsgrad des Rückstandes ändert sich dann nicht mit der abgespaltenen Monomermenge (Molmasse 44 300 in Abb. 23–11).

Bei molekularuneinheitlichen Polymeren kann man sich vorstellen, daß bei einem Teil der Ketten der Polymerisationsgrad größer als die Zip-Länge ist und bei dem anderen kleiner. Die Wahrscheinlichkeit einer Spaltung pro Kette ist bei den höhermolekularen Ketten größer als bei den niedermolekularen. Wird eine niedermolekulare Kette ($\Xi > \overline{X}_n$) abgebaut, so verschwindet sie vollständig aus dem Gemisch und der Polymerisationsgrad des Rückstandes steigt an. Eine hochmolekulare Kette wird dagegen wegen $\Xi < \overline{X}_n$ nicht vollständig abgebaut und $\overline{X}_n$ sinkt daher. Bei bestimmten Verhältnissen ($\Xi, \overline{X}_n$, Molmassenverteilung) kompensieren sich beide Effekte und $\overline{X}_n$ bzw. $\overline{M}_n$ bleiben bei kleinen Umsätzen konstant. Die Molmassenverteilung wird jedoch mit zunehmendem Abbau in die Richtung der niedermolekularen Produkte verschoben. Mit zunehmender Menge des abgespaltenen Monomeren muß dann der Polymerisationsgrad sinken (vgl. $(\overline{M}_n)_0$ = 179 000 in Abb. 23–11). Da die Proben der Abb. 23–11 molekularuneinheitlich waren, kann man keine quantitative Übereinstimmung zwischen Ziplänge und Abbauverhalten erwarten.

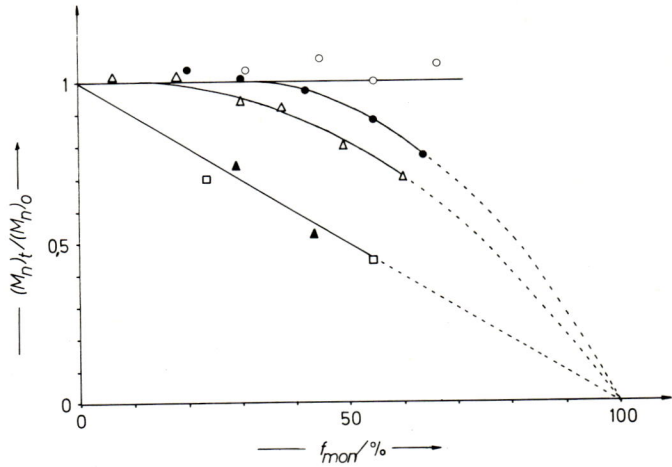

Abb. 23–11: Änderung der normierten Zahlenmittel der Molmassen des Rückstandes mit dem prozentualen Anteil abgespaltenen Monomers bei Poly(methylmethacrylaten) verschiedenen Zahlenmittels der Molemasse $(\overline{M}_n)_0$. $(\overline{M}_n)_0$-Werte: ○ 44 300, ● 94 000, △ 179 000, ▲ 650 000, □ 725 000 g/mol Molekül (nach N. Grassie und H.W. Melville).

Die Kinetik der Depolymerisation ist im Gegensatz zu der der Kettenspaltung sehr spezifisch von der Art der Initiationsreaktion, der Molmassenverteilung usw. abhängig. Sie muß daher für jeden Fall gesondert durchgerechnet werden. Sie kann z.B. von der Art der Endgruppen abhängen. Um innerhalb von 45 min einen 50 prozentigen Abbau zum Monomeren zu erhalten, sind bei einem mit Benzoylperoxid hergestellten Poly(methylmethacrylat) 283°C erforderlich. Bei einem thermisch polymerisierten Produkt muß man dagegen die Temperatur auf 325°C steigern.

23.7 Biologische Reaktionen

Die chemischen Reaktionen von Biopolymeren bilden die eigentliche Domäne der Biochemie, Molekularbiologie und Physiologischen Chemie und werden daher schon lange untersucht. Erst in den letzten Zeit befaßt man sich jedoch intensiver mit den unerwünschten biologischen Reaktionen synthetischer Polymerer.

Natürlich vorkommende Polymere sind Teil eines über Jahrtausende und Jahrmillionen gewachsenen Ecosystems und daher mehr oder weniger gut durch Licht, Luft,

Wasser, Bakterien, Pilze usw. biologisch abbaubar. Synthetische Polymere sind dagegen biologisch meist schwieriger zu niedermolekularen Verbindungen abzubauen. Diese Eigenschaft ist bei der Verwendung von polymeren Werkstoffen in den meisten Fällen außerordentlich erwünscht: im Boden liegende Drainage- und Wasserleitungen aus Kunststoffen sollen möglichst lange intakt bleiben; sie werden daher meist speziell mit Fungiziden usw. ausgerüstet. Umgekehrt stört herumliegendes Verpackungsmaterial aus Kunststoffen nur rein optisch. Dabei handelt es sich nämlich nicht um ein Problem der biologischen Verschmutzung der Umwelt, da die für Verpackungen verwendeten synthetischen Polymeren weder direkt verdaut noch resorbiert werden können. Man kann zwar die biologische Abbaubarkeit dieser Polymeren durch Einbau leicht angreifbarer Gruppen erhöhen, z.B. durch Einbau von Ketogruppen. Derartige Polymere zerfallen im Licht zu Oligomeren. Im Gegensatz zu Polymeren können aber Oligomere relativ leicht von Mikroorganismen verdaut werden, und es ist daher zu befürchten, daß einige dieser biologisch abbaubaren Polymeren gerade das tun, was sie auf keinen Fall tun sollten: die Umwelt verschmutzen.

In Polymeren verbleibende restliche Monomermengen sind genau so problematisch wie Oligomere. Auch sie können leicht diffundieren und permeieren sowie angegriffen werden. Sehr viele der Monomeren sind oberhalb bestimmter Grenzkonzentrationen (threshold limit values) toxisch (Tab. 23–5). Diese Grenzkonzentrationen gelten für akut auftretende „normale" Krankheiten und Entzündungen. Tiefere Werte werden für die oft sehr langsam sich entwickelnden Krebserkrankungen angegeben, z.B. ca. 1 ppm für Acrylnitril und Vinylchlorid.

Tab. 23–5: Grenzwerte (threshold limit values) *TLV* der Toxizität von Monomeren

Monomer	TLV/ppm	Monomer	TLV/ppm
Acrolein	0,1	Chloropren	25
Vinylidenchlorid	5	Ethylenoxid	50
Methylacrylat	10	Styrol	100
Acrylnitril	20	Vinylchlorid	500
Ethylacrylat	25	Butadien	1000

Die rasche Permeation und Diffusion niedermolekularer Substanzen wird umgekehrt von der Pharmakologie seit Jahrhunderten genutzt. Seit Paracelsus ist bekannt, daß für die Anwendung eines Pharmakons die Dosis entscheidend ist. Zu kleine Dosen sind therapeutisch nicht wirksam, zu große Dosen rufen zu starke Nebenwirkungen hervor oder sind sogar toxisch (Abb. 23–12). Niedermolekulare Pharmaka werden nun schnell von den Organen aufgenommen, von ihnen aber auch rasch wieder abgegeben. Man gibt sie daher periodisch in solchen Abständen und Konzentrationen, daß die Spitzenkonzentrationen möglichst nicht höher als die zulässige therapeutische Dosis, die tiefsten Konzentrationen jedoch noch nicht im subtherapeutischen Bereich liegen. Da der therapeutische Bereich schwierig einzuhalten ist und die Pharmaka außerdem unkontrolliert in andere Organe wandern, versucht man neuerdings, die Dosierung über die Verwendung von Polymeren genau einzustellen. Dabei können drei Verfahren unterschieden werden: Diffusion bzw. Permeation niedermolekularer Pharmaka durch umhüllende Polymerschichten, Abspaltung niedermolekularer Pharmaka von hochmolekularen Trägern und Verwendung hochmolekularer Pharmaka selbst.

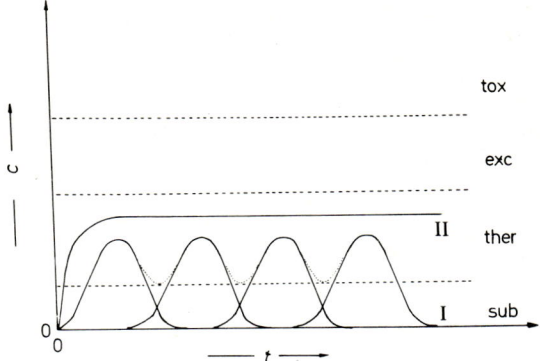

Abb. 23–12: Schematische Darstellung der Konzentrationen von Pharmaka in Organen als Funktion der Zeit. I = wiederholte Gabe von niedermolekularen Pharmaka, II = kontrollierte Freisetzung durch umhüllende Polymere. Sub. = subtherapeutischer Bereich, ther = therapeutischer Bereich, exc = Überschußbereich, tox = toxischer Bereich.

Bei der kontrollierten Diffusion bzw. Permeation niedermolekularer Pharmaka bilden die Polymeren lediglich eine physikalische Barriere. Das Pharmakon wird mit einem Polymeren umhüllt, das entweder für das Therapeutikum genügend durchlässig ist oder aber langsam von der Oberfläche her erodiert wird. Im allgemeinen strebt man eine Freisetzungsgeschwindigkeit 0. Ordnung an, so daß dem Organ ständig die gleiche Dosis zugeführt wird (Abb. 23–12). Im ersten Fall verwendet man Polymere mit den schwierig zu spaltenden Kohlenstoff/Kohlenstoff-Ketten oder mit Ethergruppierungen in der Hauptkette, hauptsächlich für Anwendungen bei leicht zugänglichen Organen wie Augen, Haut, Vagina, Darmtrakt usw. Die zweite Methode wird bei systemischen Anwendungen eingesetzt; abbaubare Polymere umfassen hier Proteine, gewisse Polysaccharide, Polyamide usw.

Das niedermolekulare Pharmakon kann jedoch auch fest mit einem polymeren Träger verbunden werden, der dann im Blutstrom zum betreffenden Organ transportiert wird. Derartige polymere Träger müssen neben dem gebundenen Pharmakon noch löslichkeitsvermittelnde Gruppierungen sowie einen Molekülbereich enthalten, der für einen gezielten Transport („homing device") oder als unspezifischer Resorptionsvermittler für die gewünschte Variation der Verteilung des Pharmakons im Körper sorgt. Permanent gebundene Pharmaka müssen zudem in der Regel über einen Abstandshalter an das Polymer gebunden werden, da sonst die kettenständigen Gruppierungen des Polymeren in die Wechselwirkung zwischen Rezeptorgruppe und Pharmakon eingreifen können.

Anhang A 23: Berechnung des maximal möglichen Umsatzes bei intramolekularen Cyclisierungsreaktionen

Der theoretisch maximal mögliche Umsatz berechnet sich bei irreversiblen, ausschließlich intramolekularen Reaktionen für Kopf/Schwanz-Polymere wie folgt.

Das Polymere besitze X Grundbausteine und entsprechend X reaktionsfähige Substituenten. Es sollen nur benachbarte Gruppen miteinander reagieren können. Die mittlere Zahl unreagierter Gruppen pro Kette mit dem Polymerisationsgrad X sei N_x. Das Polymer mit dem Polymerisationsgrad 1 kann nicht intramolekular reagieren; es gilt $N_1 = 1$. Beide Substituenten des Dimeren reagieren vollständig ($N_2 = 0$). Beim Polymerisationsgrad 3 können nur zwei der drei vorhandenen Substituenten reagieren, pro Trimer bleibt stets eine Gruppe übrig und folglich ist $N_3 = 1$. Bei einem Tetrameren können je zwei Substituenten in den Paaren 1 – 2, 2 – 3 oder 3 – 4 reagieren. Wird zuerst das Paar 1 – 2 gebildet, so ist für das verbleibende Paar 3 – 4 die Situation wie die für ein Dimer, d.h. es können alle vier Substituenten des Tetrameren reagieren. Für die primäre Bildung des Paares 3 – 4 ist die Situation gleich. Wird dagegen das Paar 2 – 3 gebildet, so bleiben die Substituenten 1 und 4 isoliert. Nach der Bildung eines Paares 2 – 3 ist also die Situation wie bei der Reaktion eines Monomeren. Es sind nach der Bildung eines ersten Paares (1 – 2, 3 – 4 oder 2 – 3) jeweils 2 Möglichkeiten wie für ein Dimer (N_2) und zwei Möglichkeiten für ein Monomer (N_1) vorhanden, die sich auf insgesamt 3 Kombinationen verteilen. Für die Anzahl isolierter Gruppen in einem Tetrameren gilt folglich:

(A 23-1) $\quad N_4 = (2 N_1 + 2 N_2)/3 = 2(N_1 + N_2)/(X - 1)$

Da $N_1 = 1$ und $N_2 = 0$, ergibt sich $N_4 = 2/3$. Bei einem Pentamer kann zuerst das Paar 1 – 2 gebildet werden, und anschließend Paar 3 – 4 (Substituent 5 reagiert dann nicht) oder Paar 4 – 5 (Substituent 3 isoliert). Analog ist es bei der primären Bildung von Paar 4 – 5. Man hat also für die Bildung des zweiten Paares zweimal die Situation wie bei einem Trimeren. Werden dagegen zuerst die Paare 2 – 3 oder 3 – 4 gebildet, so bleiben jeweils je ein Monomer und ein Dimer zurück. Insgesamt gilt also

(A 23-2) $\quad N_5 = (2 N_3 + 2 N_2 + 2 N_1)/(X - 1)$

oder für beliebige Polymerisationsgrade

(A 23-3) $\quad N_x = \dfrac{2}{X-1} (N_1 + N_2 + N_3 + \ldots N_{x-3} + N_{x-2})$

bzw. analog für N_{x-1} nach einer kleinen Umformung

(A 23-4) $\quad N_{x-1}(X - 2) = 2(N_1 + N_2 + \ldots N_{x-3})$

Zieht man Gl. (A 23-4) von Gl. (A 23-3) ab

(A 23-5) $\quad N_x(X - 1) - N_{x-1}(X - 2) = 2 N_{x-2}$

und führt die Definitionen

(A 23-6) $\quad N_x - N_{x-1} \equiv \Delta_x \; ; \quad N_{x-1} - N_{x-2} \equiv \Delta_{x-1}$ usw.

ein, so wird Gl. (A 23-6) zu

(A 23-7) $\quad (X - 1) \Delta_x + \Delta_{x-1} = N_{x-2}$

Von dieser Gleichung kann man das analoge Glied $(X - 2) \Delta_{x-1} + \Delta_{x-2} = N_{x-3}$ abziehen und erhält dann nach einer Umformung

$$(A\,23-8) \quad \Delta_x - \Delta_{x-1} = \frac{-2}{X-1}(\Delta_{x-1} - \Delta_{x-2})$$

bzw. nach wiederholtem Einsetzen

$$(A\,23-9) \quad \Delta_x - \Delta_{x-1} = \frac{(-2)^{X-1}}{(X-1)!}(\Delta_1 - \Delta_0)$$

Den Wert für $\Delta_1 - \Delta_0$ erhält man aus den Werten $N_2 = 0, N_1 = 1$ und $N_0 = 0$. Folglich gilt $\Delta_1 = 1$ und $\Delta_2 = -1$. Aus Gl. (A 23-9) bekommt man dann

$$(A\,23-10) \quad \Delta_2 - \Delta_1 = -2(\Delta_1 - \Delta_0) = -2$$

und damit $\Delta_1 - \Delta_0 = 1$. Gl. (A 23-9) wird also zu

$$(A\,23-11) \quad \Delta_x = 1 - \frac{2}{1!} + \frac{4}{2!} - \frac{8}{3!} + \ldots \frac{(-2)^{X-1}}{(X-1)!}$$

Für $X \to \infty$ entspricht diese Reihe dem Reihenausdruck für $1/e^2$, d. h.,

$$(A\,23-12) \quad \Delta_\infty = 1/e^2$$

Für ein einzelnes Molekül mit dem (hohen) Polymerisationsgrad $\overline{X}_n$ erhält man somit N_x unreagierte Gruppen, d. h.

$$(A\,23-13) \quad N_x \approx X/e^2$$

Für kürzere Ketten bekommt man durch analoge Überlegungen

$$(A\,23-14) \quad N_x = X - 2(X-1) + \frac{4(X-2)}{2!} - \ldots + (-2)^{X-1}\frac{(X-(X-1))}{(X-1)!}$$

Literatur zu Kap. 23

23.1 Grundlagen

E. M. Fetters, Hrsg., Chemical reactions of polymers, Interscience, New York 1964
R. W. Lenz, Organic chemistry of synthetic high polymers, Interscience, New York 1967
J. A. Moore, Hrsg., Reactions on polymers, Reidel Publ., Dordrecht 1973
H. Morawetz, Macromolecules in solution, Interscience, New York, 2. Aufl. 1975

23.2 Makromolekulare Katalysatoren

W. Hanke, Heterogene Katalyse an halbleitenden organischen Verbindungen, Z. Chem. **9** (1969) 1
D. R. Cooper, A. M. G. Law und B. J. Tighe, Highly conjugated organic polymers as heterogenous catalysts, Brit. Polymer J. **5** (1973) 163
C. G. Overberger and K. N. Sannes, Polymere als Reagenzien für organische Synthesen, Angew. Chem. **86** (1974) 139; dto., in H.-G. Elias, Hrsg., Trends in Macromolecular Science, Gordon and Breach, London 1974
W. Dawydoff, Über den Einsatz von Polymeren in der Heterogen- und Homogenkatalyse, Faserforschg. Textiltechn. **25** (1974) 450, 499; **27** (1976) 1; **33**, 189; **29** (1978) 343
N. K. Mathur und R. E. Williams, Organic syntheses using polymeric supports, polymeric reagents, and polymeric catalysts, J. Macromol. Sci.-Rev. Macromol. Chem. **C 15** (1976) 117
E. Tsuchida und H. Nishide, Polymer-metal complexes and their catalytic action, Adv. Polymer Sci. **24** (1977) 1

C. U. Pittman, Jr., Polymer supports in organic synthesis, Polymer News **4** (1977) 5
Y. Chauvin, D. Commereuc und F. Dawans, Polymer supported catalysts, Progr. Polymer Sci. **5** (1977) 95

23.3 Isomerisierungen

N. Calderon, The olefin metathesis reaction, Acc. Chem. Res. **5** (1972) 127
V. K. Ermakova, V. D. Arsenov, M. I. Cherkashin und P. P. Kisilitsa, Photochromic polymers, Usph. Khim. **46** (1977) 292

23.4.1 GRUNDLAGEN POLYMERANALOGER UMSETZUNGEN

H. Morawetz, Chemical reaction rates reflecting physical properties of polymer solutions, Acc. Chem. Res. **3** (1970) 354
V. Böhmer, Reaktionen funktioneller Gruppen in Makromolekülen, Chem.-Ztg. **98** (1974) 169

23.4.2 KOMPLEXBILDUNG

I. M. Klotz, Protein interactions with small molecules, Acc. Chem. Res. **7** (1974) 162
J. Applequist, Cooperative ligand binding to linear chain molecules, J. Chem. Educ. **54** (1977) 417
E. A. Bekturov und L. A. Bimendina, Interpolymer complexes (in Russ.), Nauka, Alma Ata 1977

23.4.3 POLYMERREAGENTIEN

E. C. Blossey und P. C. Neckers, Solid-phase synthesis, Halsted Press, New York 1975
A. Patchornik, Polymer supported reagents, in R. Scheffold, Hrsg., Modern Synthetic Methods 1976, Sauerländer, Aarau 1976
N. K. Mathur und R. E. Williams, Organic syntheses using polymeric supports, polymeric reagents, and polymeric catalysts, J. Macromol. Sci.-Rev. Makromol. Chem. C **15** (1976) 117

23.4.4 SÄURE/BASE-REAKTIONEN

R. Kunin, Ion exchange resins, Wiley, New York, 2. Aufl. 1958
S. A. Rice und M. Nagasawa, Polyelectrolyte solutions, Academic Press, New York 1961
F. Helfferich, Ion exchange, McGraw-Hill, New York 1962

23.4.5 RINGSCHLUSS-REAKTIONEN

A. A. Berlin und M. C. Chanser, Polymers with doubled chains (Ladder polymers), Usph. Khim. Polim. (1966) 256
W. de Winter, Double strand polymers, Revs. Makromol. Sci. **1** (1966) 329
V. V. Korshak, Heat-resistant polymers, Israel Progr. Sci. Transl., Jerusalem 1971

23.4.6 IMMOBILISIERTE ENZYME

G. Manecke, Immobilisierte Enzyme, Chimia **28** (1974) 467
R. A. Messing, Immobilized enzymes for industrial reactors, Academic Press, New York 1975

23.5.1 BLOCKPOLYMERISATION

W. J. Burlant und A. S. Hoffmann, Block and Graft Copolymers, Reinhold, New York 1961
E. B. Bradford und L. D. McKeever, Block copolymers, Progr. Polymer Sci. **3** (1971) 109
D. C. Allport und W. H. Janes, Block copolymers, Halsted Press, New York 1973
R. J. Ceresa, Block and graft copolymers, Wiley, New York, 2 Bde. (1973 und 1976)

23.5.2 PFROPFPOLYMERISATION

W. J. Burlant und A. S. Hoffmann, Block and graft copolymers, Reinhold, New York 1961
A. Charlesby, Atomic radiation and polymers, Pergamon Press, Oxford 1961

A. Chapiro, Radiation chemistry of polymeric systems, Interscience, New York 1962
H. A. J. Battaerd und G. W. Tregear, Graft copolymers, Interscience, New York 1967
J. P. Kennedy, Cationic graft copolymerization, Wiley, New York 1978

23.5.3 VERNETZUNGEN

G. Alliger und I. J. Sjothun, Vulcanization of elastomers, Reinhold, New York 1964

23.6 Abbau-Reaktionen

H. H. G. Jellinek, Degradation of Vinyl Polymers, Academic Press, New York 1955
N. K. Baramboim, Mechanochemistry of Polymers, herausgegeben von W. F. Watson, Rubber and Plastic Res., Assn. Great Britain, MacLaren, London 1964
N. Grassie, Chemistry of High Polymer Degradation Processes, Butterworths, London, 2. Aufl. 1966
S. L. Madorsky, Thermal Degradation of Organic Polymers, Interscience, New York 1964
L. Reich und D. W. Levi, Dynamic Thermogravimetric Analysis in Polymer Degradation, Macromol. Revs. 1 (1967) 173
A. H. Frazer, High Temperature Resistant Polymers, J. Wiley, London 1968
R. T. Conley, Thermal Stability of Polymers, M. Dekker, New York 1969
V. V. Korshak, Heat-Resistant Polymers, International Scholarly Book Services, Portland, Ore., 1971
L. Reich und S. Stivala, Elements of Polymer Degradation, McGraw-Hill, New York 1971
C. David, Thermal Degradation of Polymers, Compr. Chem. Kinet. **14** (1975) 1; High Energy Degradation of Polymers, Compr. Chem. Kinet. **14** (1975) 175
C. H. Bamford und C. F. H. Tipper, Hrsg., Comprehensive Chem. Kin. **14** (Degradation of polymers), Elsevier, Amsterdam 1975
J. M. Sharpley und A. M. Kaplan, Hrsg., Proc. 3rd Internat. Biodegradation Symp., Appl. Sci. Publ., Barking, Essex, England 1976
C. J. Hilado, Pyrolysis of polymers, Technomic Publ., Westport 1976
A. M. Basedow und K. H. Ebert, Ultrasonic degradation of polymers in solution, Adv. Polymer Sci. **22** (1977) 84
H. H. G. Jellinek, Hrsg., Aspects of degradation and stabilization of polymers, Elsevier, Amsterdam 1978
B. Doležel, Die Beständigkeit von Kunststoffen und Gummi, Hanser, München 1978

23.7 Biologische Reaktionen

K. E. Malten und R. L. Zielhuis, Industrial toxicology and dermatology in the production and processing of plastics, Elsevier, Amsterdam 1964
R. Lefaux, Chemie und Technologie der Kunststoffe, Krausskopf, Mainz 1966
H. Contzen, F. Straumann und E. Paschke, Grundlagen der Alloplastik mit Metallen und Kunststoffen, Thieme, Stuttgart 1967
H. Lee und K. Neville, Handbook of biomedical plastics, Pasadena Technol. Press, Pasadena 1971
S. D. Bruck, Macromolecular aspects of biocompatible materials – a review, J. Biomed. Mater. Res. **6** (1972) 173
L. G. Donaruma, Synthetic biologically active polymers, Progr. Polymer Sci. **4** (1975) 1
anonym, Pharmakologisch aktive Polymere, Nachr. Chem. Techn. **23** (1975) 375
D. R. Paul und F. W. Harris, Hrsg., Controlled release polymeric formulations, ACS Symp. Ser. **33** (1976)
W. J. Hayes, Jr., Essays in Toxicology **6** (1975) 212
J. M. Sharpley und A. M. Kaplan, Hrsg., Proc. 3rd Internat. Biodegradation Symp., Appl. Sci. Publ., Barking, Essex, England 1976
C. G. Gebelein, Survey of chemotherapeutic polymers, Polymer News **4** (1978) 163
L. G. Donaruma und O. Vogl, Hrsg., Polymeric drugs, Academic Press, New York 1978
R. L. Kostelnik, Hrsg., Polymeric delivery systems, Gordon and Breach, New York 1978
C. M. Samour, Polymeric Drugs, Chem. Techn. **8** (1978) 494

Teil V

STOFFE

24 Rohstoffe

24.1 Einführung

Polymere können natürlich vorkommen oder synthetisch hergestellt werden. Polyprene, Nucleinsäuren, Proteine, Polysaccharide und Lignin sind die Hauptklassen von Biopolymeren. Biopolymere dienen im Tier- und Pflanzenreich als Gerüstsubstanzen, Informationsträger, Transportmittel und Speicher- und Reservestoffe oder sind ganz einfach Stoffwechselprodukte.

Die Menschheit nutzt Biopolymere schon seit Urzeiten. Die Proteine Wolle und Seide und das Polysaccharid Baumwolle werden als Fasern verwendet, das Polypren Naturkautschuk als Elastomer. Die direkte Verwendung von Biopolymeren stößt jedoch auf natürliche Grenzen, da die Produktionskapazität für Biopolymere beschränkt ist und ihre Eigenschaften nur in einem engen Bereich variiert werden können. Synthetisch hergestellte Derivate von Biopolymeren besitzen zwar andere Eigenschaften als die Biopolymeren selbst, jedoch nicht drastisch verschiedene, da ja das Rückgrat der Polymerkette gleich bleibt.

Vollsynthetische Polymere können dagegen sozusagen „nach Maß" für den vorgesehenen Verwendungszweck hergestellt werden. Ihre Synthese setzt jedoch geeignete Rohstoffe und genügend Energie voraus. Erdöl ist zur Zeit die Hauptrohstoffquelle für synthetische Polymere; kleinere Mengen an Zwischenprodukten werden außerdem aus Erdgas, Holz und Kohle sowie bestimmten Pflanzen gewonnen. Die fossilen Rohstoffe Erdöl, Erdgas und Kohle sind z. Zt. aber auch die Hauptenergielieferanten (Tab. 24−1), so daß sie gleichzeitig Energieträger und Rohstoffquelle sind. Diese Situation wird sich auch in den nächsten Jahrzehnten noch nicht wesentlich ändern, da eine Nutzung der sog. „Endlosenergien" Sonne, Kernfusion und Geothermie vorerst nicht in größerem Umfange zu erwarten ist.

Tab. 24−1 Weltvorräte R_o an wichtigen Energiequellen in SKE-Einheiten. Reserven sind sichere und wahrscheinliche Vorkommen, die mit den heute verfügbaren Methoden wirtschaftlich genutzt werden können. Resourcen sind geschätzte und spekulative Vorkommen. Die aus Uran gewinnbare Energie würde beim Einsatz schneller Brüter [a] auf das etwa Hundertfache ansteigen. Der Verbrauch E_o bezieht sich auf das Jahr 1974. Bei der Berechnung der Erschöpfungszeit t_e wurde eine jährliche Zunahme des Energieverbrauches von 4% angenommen.

Energieträger	$10^{-12} R_o$/SKE			$10^{-12} E_o$/SKE	t_e/a	
	Reserven	Resourcen	Vorräte		Reserven	Vorräte
Erdöl	135	425	560	4	21	47
Ölschiefer und Ölsande	−	600	600	0	−	−
Erdgas	72	28	400	1,8	24	57
Steinkohle	460	6240	6700	2,2	56	120
Braunkohle	167	533	700	0,4	72	107
Uran	0,3	0,3	0,6	0,03	8 / 93[a]	15 / 110[a]
Thorium	−	0,3	0,3	0	−	−

Tab. 24–1 gibt das Vorkommen und den Verbrauch an Energie in sog. Steinkohleeinheiten an. Steinkohleeinheiten (SKE) sind Energieeinheiten: 1 SKE entspricht dem Energieinhalt eines Kilogramms Steinkohle mittlerer Güte, d.h. 1 SKE ≈ 29 300 kJ. Steinkohleeinheiten wurden vor vielen Jahren eingeführt, als Steinkohle noch der Hauptenergieträger war und man alle anderen Energieträger an der Steinkohle maß. Der Energieinhalt einer Tonne Steinkohle entspricht derjenigen von ca. 700 kg Erdöl, 1000 m^3 Erdgas oder 7 kg Uran.

Der Weltanteil des Erdöls am Primärenergiebedarf betrug im Jahre 1974 ca. 47% (Tab. 24–1). Er ist jedoch von Land zu Land stark verschieden: Dänemark deckt seinen Primärenergiebedarf zu 95%, Japan zu 73% und die Bundesrepublik Deutschland zu 52% aus Erdöl. Viele hochindustrialisierte Länder hängen dabei sehr stark von Importen ab, hauptsächlich aus arabischen Ländern (Tab. 24–2). Kern- und Wasserkraftwerke spielen als Lieferanten von Primärenergie z.Zt. nur eine recht geringe Rolle: in den USA stammten im Jahre 1974 44% der verbrauchten Energie aus dem Erdöl, 31% aus Erdgas, 21% aus Kohle, 3% von Wasser- und 1% von Kernkraftwerken.

Tab. 24–2 Jahresproduktion und Jahresverbrauch an Erdöl und Steinkohle der je sechs größten Förderländer sowie der größten Industrienationen im Jahre 1976 (1 Tg = 10^6 t). Sichere Reserven werden als solche definiert, die mit der *heutigen* Technologie und den *heutigen* Preisen wirtschaftlich ausgebeutet werden können.

Staat		Erdöl		Steinkohle	
	Reserven Tg	*Produktion* Tg/a	*Verbrauch* Tg/a	*Produktion* Tg/a	*Verbrauch* Tg/a
USA	5700	443	818	600	540
USSR	12900	573	318	461	
Saudiarabien	21000	364		0	
Iran	8100	293		1	
Venezuela		176		0	
Taiwan		145		457	
VR China	44000	50	39	428	
BRD		6,6	150	103	
Frankreich		1,3	123	26,4	
Italien		1,0	108	0	
Japan		0,7	244	22	
Polen		0,4		157	
Großbritannien	1800	0	114	132	
Niederlande	320	0	42		
Antarktis	1800	0			
Mexiko	25000	0			
Welt		2775		2207	

In den USA wurden ca. 28% der Primärenergie für industrielle Zwecke, 25% für Transportzwecke, 26% für die Elektrizitätserzeugung und 21% für Wohnungs- und Geschäftsheizungen verbraucht. Die chemische Industrie ist mit einem Anteil von ca. 8% der Energie der zweitgrößte Energieverbraucher nach der eisenschaffenden Industrie. Nicht weniger als 1,5% des gesamten Energieverbrauches der USA gehen zu Lasten der Papierindustrie. 40% des Erdöls wurden für die Herstellung von Benzin verbraucht, aber nur 6% für die Synthese von synthetischen Polymeren.

24.1 Einführung

Die Zeit t_e bis zur völligen Erschöpfung der Vorräte R_0 läßt sich bei Annahme eines exponentiell nach $E = E_0 \exp(kt)$ ansteigenden Verbrauchs über den Ansatz

(24-1) $\quad -dR/dt = E_0 \exp(kt)$

ausrechnen, wobei E_0 der gegenwärtige Energieverbrauch ist. Nach Integration von R_0 bis 0 für die Menge R und von 0 bis t für die Zeit ergibt sich

(24-2) $\quad t_e = \dfrac{1}{k} \ln \left(\dfrac{kR_0}{E_0} + 1 \right)$

Die Reserven an den z. Zt. hauptsächlichen Energieträgern Erdöl und Erdgas werden bei Zuwachsraten des Verbrauches von ca. 4% per Jahr ($k = 0{,}04$) in ca. 22 Jahren aufgezehrt sein, alle Vorräte an Reserven und Resourcen in ca. 50 Jahren. Der Zwang zum Energiesparen begünstigt daher die Herstellung solcher Materialien, die nur wenig Energie verbrauchen. Synthetischen Polymeren ist dabei der Vorzug vor Glas und Metallen zu geben (Tab. 24—3), besonders, wenn auf das Volumen und nicht auf die Masse bezogen wird. Materialien werden nämlich pro Masse verkauft, aber pro Volumen angewendet.

Tab. 24—3 Energieverbrauch bei der Herstellung verschiedener Materialien (nach NATO Science Committee)

Material	Dichte g/cm³	Energieverbrauch MJ/kg	kJ/cm³	Energiekosten Produktionswert
Bauholz	~0,5	4	2,0	0,1
Kunststoffe	~1,1	10	11	0,04
Zement	~2,5	9	23	0,5
Papier	~1,6	25	40	0,3
Glas	~2,5	30—50	75—125	0,3
Magnesium	1,74	80—100	140—175	0,1
Aluminium	2,68	60—170	160—460	0,4
Stahl	7,75	25—50	195—390	0,3
Kupfer	8,96	25—30	225—270	0,05

Die Herstellung eines Materials verläuft gewöhnlich in mehreren Stufen. Aus den Rohstoffen werden zunächst Basis- oder Vorprodukte hergestellt, die dann in Zwischenprodukte überführt werden. Die Zwischenprodukte werden in Monomere umgewandelt, die anschließend in Polymere überführt werden. Die Polymeren werden durch Zusatz von Füllstoffen, Antioxidantien usw. ausgerüstet und so zu Kunststoffen, die als Thermoplaste, Duromere, Elastomere oder Elastoplaste zu Werkstoffen, Filmen oder Fasern verarbeitet werden (Kap. 33). Bei bestimmten Verbindungen können einige Stufen übersprungen werden: Ethylen ist ein direktes Folgeprodukt der Erdölverarbeitung und daher nach unserer Nomenklatur ein Basisprodukt; es ist aber gleichzeitig auch ein Monomer. Die Endprodukte einer Stufe sind ferner immer die Vorprodukte für die nächste Stufe, so daß man in der Literatur je nach Standpunkt verschiedene Stufen als Vorprodukte bezeichnet findet. Polymere sind z.B. für den Monomererzeuger Folgeprodukte, für den Kunststoffhersteller Endprodukte und für den Kunststoffverarbeiter Vorprodukte oder Rohstoffe.

24.2 Erdgas

Erdgas im weiteren Sinne sind alle aus dem Boden strömenden Gase, im engeren Sinne dagegen Gase mit einem hohen Anteil an aliphatischen Kohlenwasserstoffen. Europäisches Erdgas ist reich an Methan, während saudiarabische und amerikanische Erdgase verhältnismäßig reich an höheren Kohlenwasserstoffen sind (Tab. 24–4). Da diese höheren Kohlenwasserstoffe leicht zu verflüssigen sind, werden C_2–C_5-reiche Erdgase auch „nasse" Erdgase genannt. Die nassen amerikanischen Erdgase waren der Ausgangspunkt der petrochemischen Industrie, wobei aus Buten und später auch aus Butan außer Butadien noch eine Reihe weiterer Zwischenprodukte und Monomere hergestellt wurden.

Tab. 24–4 Zusammensetzung von Erdgasen

Vorkommen	Anteile in Gew. proz.						
	CH_4	C_2H_6	C_3H_8	C_4H_{10}	CO_2	H_2S	N_2
USA (Rio Arriba, NM)	93,5	2,4	0,5	0,2	2,2	0	1,1
Nordsee	85,5	8,1	2,7	0,9			
Algerien	86,9	9,0	2,6	1,2			
Iran	74,9	13,0	7,2	3,1			
USA (Amarillo, TX)	51,4	5,6	3,7	2,3	0	0	35,0
Frankreich (Lacq)	49,6	4,0	2,7	1,5	19,5	22,6	0
Saudiarabien	48,1	18,6	11,7	4,6			

Heute wird Erdgas auf Synthesegas, Ethylen oder Acetylen verarbeitet (Tab. 24–5). Synthesegase sind Gemische von Kohlenmonoxid und Wasserstoff mit wechselnder Zusammensetzung. Synthesegas wird manchmal auch je nach Herkunft als Wassergas oder Spaltgas und je nach Verwendung als Methanol-Synthesegas oder Oxogas bezeichnet. Wassergas wird aus Kohle und Wasserdampf, Spaltgas aus Methan und Wasserdampf hergestellt. Zur Synthese von Methanol setzt man Gemische von CO mit $2\ H_2O$ ein, zur Hydroformylierung (Oxoreaktion) dagegen Gemische von CO mit H_2O.

Synthesegas kann nach dem Dampfspaltverfahren oder dem autothermen Verfahren hergestellt werden. Beim Dampfspaltverfahren (steam reforming) werden Kohlenwasserstoffe in Gegenwart von Wasserdampf mit von außen zugeführter Wärme katalytisch gespalten. Als Rohmaterialien können Kohlenwasserstoffe vom Methan bis zu den C_4–C_7-Franktionen des Leichtbenzins dienen. Beim autothermen Verfahren wird dagegen die zur Spaltung benötigte Energie durch partielle Verbrennung der Kohlenwasserstoffe erhalten. Dieses Verfahren arbeitet katalysatorfrei mit Wasserdampf/Sauerstoff-Mischungen und kann Kohlenwasserstoffe vom Methan bis zum schweren Heizöl verwenden.

24.3 Erdöl

Erdöl (Petroleum) ist eine zähe Flüssigkeit von hellgelber bis schwarzer Farbe, die im Erdinnern in typischen Sedimentgesteinen gelagert ist. Nach Anbohren der Lagerstätten kann es durch Pumpen gefördert werden. Bei einigen Fundstätten befindet sich über den Ölnestern ein derartig großer Gasdruck, daß das Erdöl aus den Bohrlöchern als Springbrunnen schießt. Normales Pumpen entfernt ca. 25–30% des in einer Lagerstätte enthaltenen Erdöls (sog. primäres Rohöl). Durch Einpumpen von Wasser in die Bohrlöcher kann die Ausbeute auf ca. 30–40% gesteigert werden (sog. sekundäres Rohöl), durch Einpumpen wässriger Lösungen von Detergentien und Alkoholen gefolgt von wässrigen Lösungen bestimmter Polymerer sogar auf 35–45% (sog. tertiäres Rohöl).

Tab. 24–5 Erdgas als Quelle für Basis- und Zwischenprodukte sowie für Monomere und Polymere

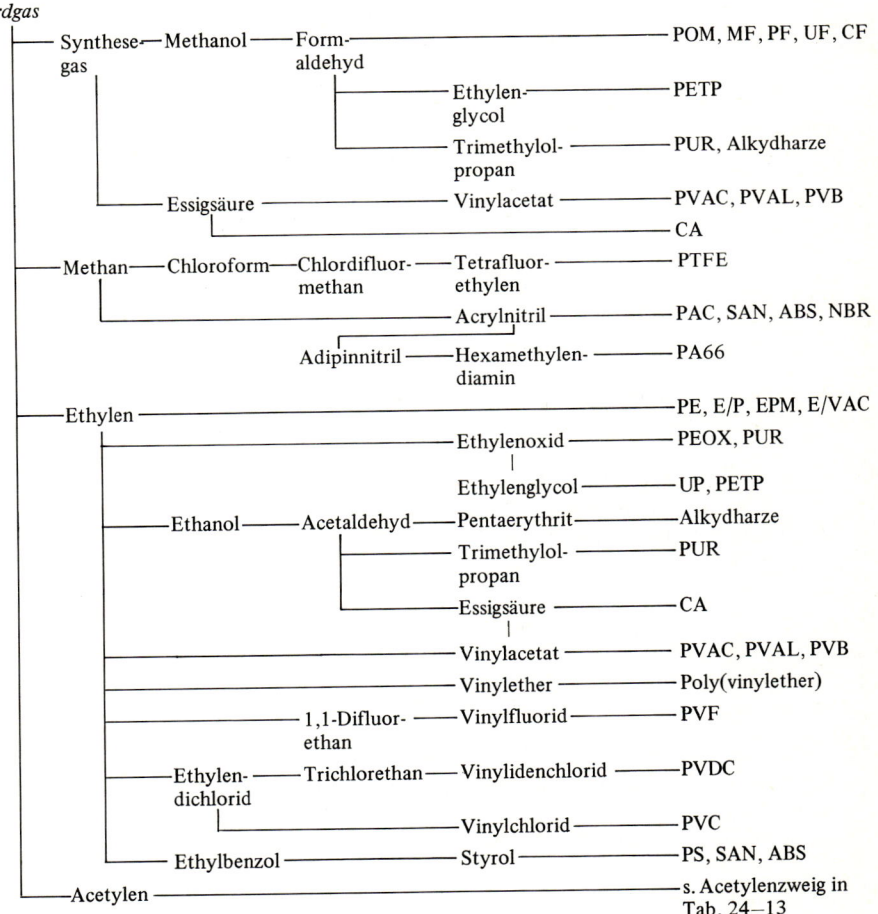

Die größten Erdölvorkommen liegen im arabischen Raum, in der USSR, in Nordamerika, in der Karibik und in Ostasien (Tab. 24–2). Die meisten Industrienationen besitzen keine nennenswerten Erdölvorkommen und müssen daher Erdöl importieren. Die Organisation der petroleumexportierenden Länder (OPEC), der nur nichtindustrialisierte Länder angehören, kann daher die Weltmarktpreise für Rohöl willkürlich festsetzen: sie betrugen 1980 ca. $ 30 pro US-barrel Petroleum (1 barrel = 158,94 l). Die Förderkosten für primäres Rohöl betrugen dagegen in Saudiarabien ca. 0,20 $/barrel, in den USA ca. 3,50 $/barrel. Die US-Förderkosten sind für sekundäres Rohöl etwa doppelt, für tertiäres Rohöl etwa dreimal so hoch. Die unterschiedlichen Förderkosten der Staaten erklären sich durch die verschiedenen Förderungen pro Bohrung: im Nahen Osten ca. 400 000 Mg/a, in der Bundesrepublik Deutschland 2 200 Mg/a und in den USA 1 200 Mg/a.

Erdöl ist häufig mit Sand und Wasser verunreinigt. Nach Absetzen dieser Verunreinigungen erhält man das Rohöl, das zu etwa 95–98% aus Kohlenwasserstoffen und zu 2–5% aus sauerstoff-, stickstoff- und schwefelhaltigen Verbindungen besteht. Die Kohlenwasserstoffe sind hauptsächlich Aliphaten, teilweise auch Naphthene (Kohlenwasserstoffe der Reihe C_nH_{2n}) und in geringem Umfange auch Aromaten. Das Rohöl wird dann in Raffinerien durch Destillation in verschiedene Fraktionen zerlegt, deren Zusammensetzung und Siedebereich in Tab. 24–6 zusammengestellt ist. Ölraffinerie und -produktion verbrauchen ca. 12% des Erdöls als Energiequelle.

Tab. 24–6 Erdölfraktionen aus der Destillation von Rohöl

Name der Fraktion	Zahl der Kohlenstoffatome in den Komponenten	Siedebereich °C	Anteile in USA Gew. proz.	BRD Gew. proz.
Gas (Raffinerie- und Flüssiggas)	1–4	25	11,7	7,0
Naphtha (Leichtbenzin, Chemiebenzin)	4–7	20–100	55,0	19,0
Benzin (Fahrbenzin)	6–12	70–200		
Kerosin (Schwerbenzin, Petroleum, Flugbenzin)	9–16	175–275	24,9	38,7
Gasöl (Dieselöl, Heizöl)	15–25	200–400		
Paraffinwachs	18–35	230–300 (0,07–0,10 bar)		
Schmieröl	25–40	300–365 (0,07–0,10 bar)	8,4	35,3
Bitumen	30–70	Rückstand		
Petrolkoks	70	Rückstand		

Die Destillation des Erdöls liefert praktisch nur gesättigte Kohlenwasserstoffe. Die für die petrochemische Industrie benötigten Olefine werden daher aus den einzelnen Erdölfraktionen durch thermisches oder katalytisches Spalten („cracken") erhalten. Beim Cracken laufen gleichzeitig Kettenspaltungen und Dehydrierungen ab:

(24–3) $\quad C_{m+n}H_{2(m+n)+2} \longrightarrow C_mH_{2m} + C_nH_{2n+2}$

(24–4) $\quad C_nH_{2n+2} \longrightarrow C_mH_{2m} + H_2$

Zur Benzingewinnung ist man andererseits an gesättigten Kohlenwasserstoffen interessiert. Man erhitzt daher Gasöl in Ggw. von Wasserstoff und Platin auf 400–500 °C. Bei diesem „Reforming" fallen zwar C_1–C_4-Fraktionen („Flüssiggas") an, jedoch nur wenig Olefine.

24.3 Erdöl

Olefine werden hauptsächlich durch thermisches Cracken erhalten, wobei in den USA überwiegend Flüssiggas, in Europa und Japan dagegen Naphtha eingesetzt wird. Der Grund hierfür ist in den verschiedenen Bedürfnissen der Länder zu suchen. Die USA brauchten verhältnismäßig mehr Benzin, Europa und Japan dagegen relativ mehr Heizöl. Bei der Benzingewinnung muß aber drastischer gecrackt werden als bei der Heizölgewinnung. Die als Nebenprodukte der Benzingewinnung anfallenden C_1–C_4-Fraktionen dienen dann als Flüssiggas für die Olefinsynthese. Aus einer Reihe von Gründen wird jedoch auch in den USA vermehrt Naphtha als Rohstoff für die petrochemische Synthese eingesetzt.

Zur Gewinnung von Olefinen wird Flüssiggas wenige Sekunden auf 700–900 °C erhitzt, wobei hauptsächlich Ethylen anfällt. Ethylen kann jedoch auch durch Cracken von Propan erhalten werden. Umgekehrt erhält man Propylen durch Cracken von Butanen. Butadien wird durch Dehydrierung von Butan erhalten, Aromaten dagegen durch katalytisches Reforming von Schwerbenzin.

In Europa und in Japan dominiert dagegen Naphtha als Rohstoff für die petrochemische Industrie. In der Bundesrepublik Deutschland wurden im Jahre 1973 z.B. 13,4 Millionen Tonnen Naphtha, aber nur 1,2 Millionen Tonnen schweres Heizöl und 0,9 Millionen Tonnen Erdgas für chemische Zwecke verwendet. Naphtha wird jedoch nicht nur für Petrochemikalien eingesetzt, sondern auch zur Gewinnung von Ammoniak- und Methanol-Synthesegas, Stadtgas, künstlichem Erdgas (SNG = substitute natural gas) und für die Wasserstoffgewinnung. Es werden daher zunehmend höhere Erdölfraktionen als petrochemische Rohstoffe verwendet. Je höher die Erdölfraktion, um so niedriger ist die Ethylenausbeute, um so höher ist aber auch der Anteil an petrochemisch verwendbaren Produkten (Tab. 24–7). Beim Cracken von Naphtha und Gasölen fallen im Gegensatz zu dem von Flüssiggas alle petrochemischen Basisprodukte gemeinsam an.

Tab. 24–7 Ausbeuten bei der Dampfspaltung verschiedener Erdölfraktionen

Kohlenwasserstoff	Ausbeute bei Verwendung von		
	Naphtha Gew.proz.	leichtem Gasöl Gew.proz.	schwerem Gasöl Gew.proz.
Abgas	17,3	11,3	10,0
Ethylen (polymerrein)	31,2	26,3	23,3
Propylen	16,1	15,1	14,3
Butadien	4,5	4,0	4,0
Butene	4,5	4,9	4,4
Pyrobenzin (C_5 bis 200 °C)	21,9	15,2	13,8
Heizöl (204 °C und höher)	4,5	23,2	30,2

Die bei der Naphtha- bzw. Gasölcrackung anfallenden Fraktionen werden dann destillativ getrennt, wie Tab. 24–8 für die Zusammensetzung einer C_5-Fraktion zeigt. Von den Spalt- und Folgeprodukten des Naphthas werden ca. 50% für die Synthese von Kunststoffen und Elastomeren und ca. 10% für die Erzeugung von Synthesefasern verwendet, was die Bedeutung der Polymerindustrie als Abnehmer der Petrochemie kennzeichnet. Tab. 24–9 zeigt aus Crackbenzin hergestellte Monomere und Polymere. Tab. 24–10 solche aus Naphta.

Tab. 24–8 Zusammensetzung einer C_5-Fraktion aus dem Dampfspalt-Verfahren (Steam Cracker) bei Einsatz von Leichtbenzin (nach F. Asinger)

Komponente	Gew.proz.	Komponente	Gew.proz.
C_4-Verbindungen	0,5	Pentadien–1,4	1,6
		Pentadien–1,3 (trans)	5,5
Pentan	22,1	Pentadien–1,3 (cis)	3,2
2,2–Dimethylbutan	0,1	Isopren	15,0
2,3–Dimethylbutan	0,1		
i–Pentan	15,0	Cyclopentan	0,9
		Cyclopenten	1,8
Penten–1	3,4	Cyclopentadien	} 14,5
Penten–2 (trans)	3,3	Dicyclopentadien	
Penten–2 (cis)	2,1		
2–Methylbuten–1	4,7	Hexan	2,1
3–Methylbuten–1	0,6	2–Methylpentan	0,6
2–Methylbuten–2	2,6	3–Methylpentan	0,3

Rohöl kann nach der gegenwärtigen Verfahrenstechnologie nur zu einem sehr geringen Anteil in Kunststoffe überführt werden, wie das folgende Schema für die Herstellung von Poly(ethylen)-Folien zeigt. Das Rohöl wird zuerst destilliert. Neben dem gewünschten Chemiebenzin entstehen eine große Menge anderer Nebenprodukte, die zwar meist sinnvoll weiterverwendet, aber nicht in Ethylen überführt werden können.

Tab. 24–9 Crackbenzin als Rohstoff für Zwischenprodukte, Monomere und Polymere

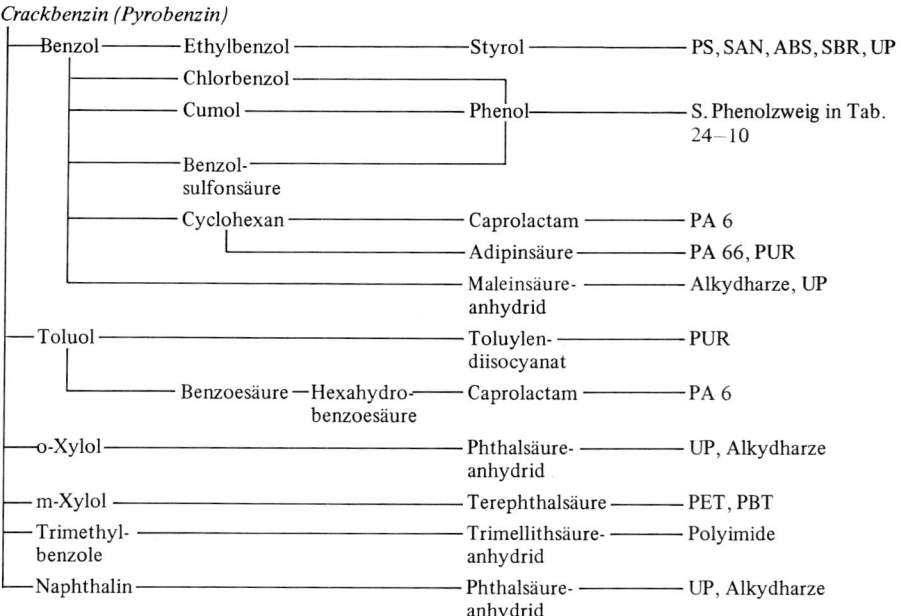

Tab. 24–10 Naphtha als Rohstoff für Zwischenprodukte, Monomere und **Polymere**

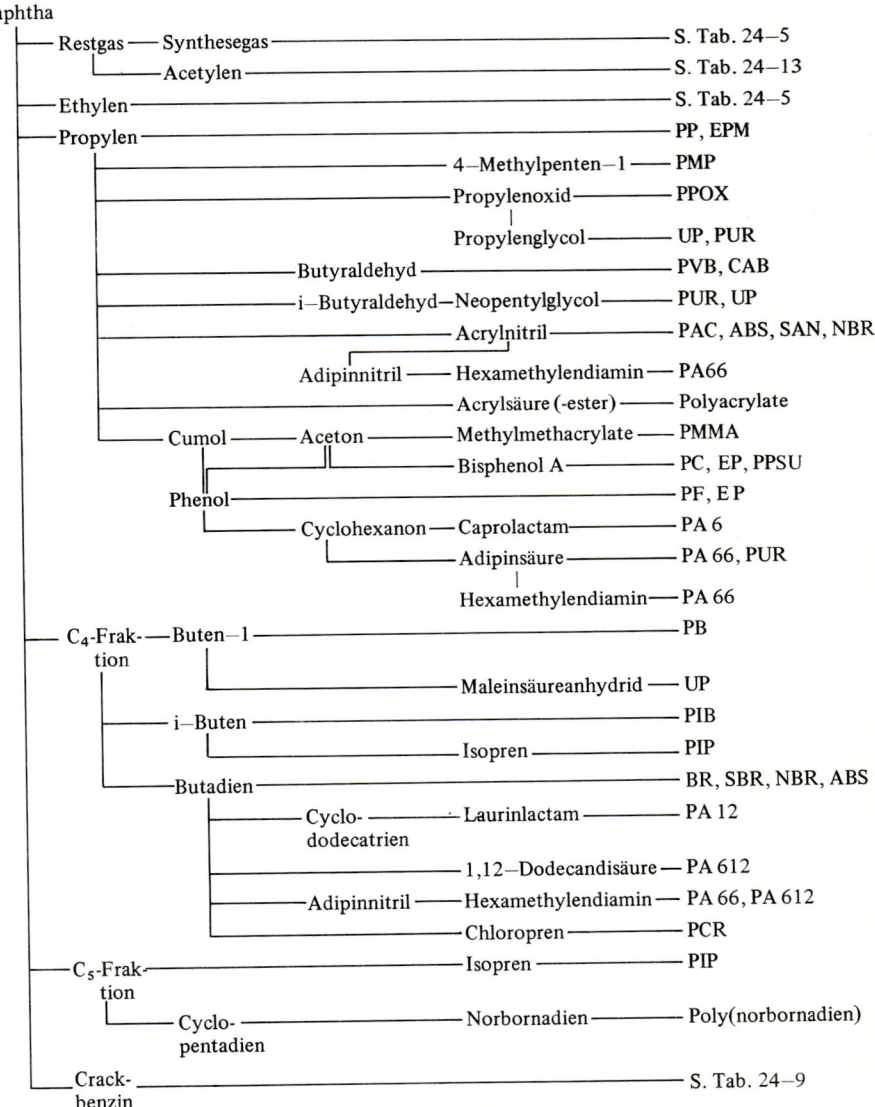

Beim Dampfcracken des Chemiebenzins fallen Propylen und Wachse als Nebenprodukte an. Bei der Polymerisation gibt es Fehlchargen, Wandanbackungen usw., bei der Folienproduktion schließlich Randbeschnitte, Folienfehler usw.. Die Ausbeute an Poly(ethylen), bezogen auf Rohöl, beträgt somit nur ca. 3%, die an Poly(ethylen)-Folien sogar nur 1,6% (s. das Schema auf S. 722).

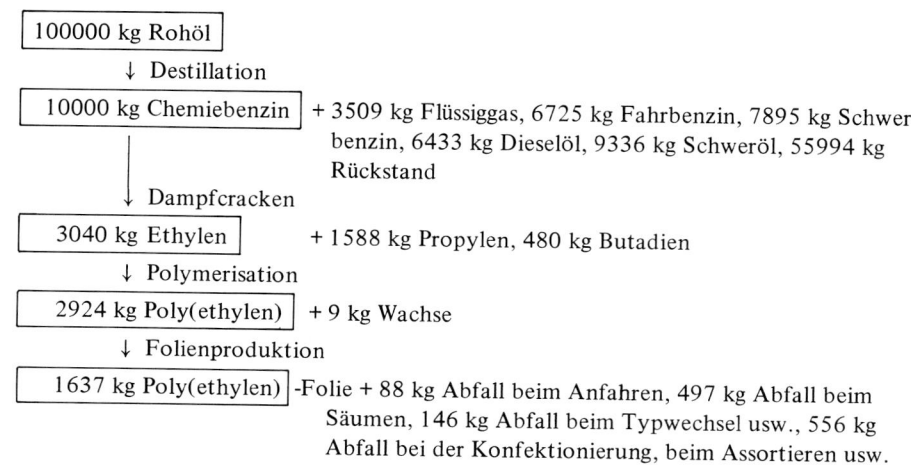

Die Ausbeute an Poly(ethylen), bezogen auf Rohöl, beträgt somit nur ca. 3%, die an Poly(ethylen)-Folien sogar nur 1,6%.

24.4 Ölschiefer

Ölschiefer ist ein Kerogen enthaltendes, poröses Gestein geringer Permeabilität, das in Brasilien, den USA und der UdSSR vorkommt. Kerogen ist ein vernetztes hochmolekulares Wachs. Die Vorkommen in Utah, Wyoming und Colorado enthalten ca. 25–250 kg Kerogen pro Tonne Ölschiefer, während die US-Vorkommen östlich des Mississippi weniger Kerogen aufweisen.

Kerogen und Gestein sind innig vermengt und daher schwierig zu trennen. Zur Gewinnung des Schieferöls wird das Gestein auf ca. 500°C erhitzt, wobei Gas, Flüssiggas und Öl entweichen und ca. 20% des Kerogens als Koks im Gestein zurückbleiben. 1 Tonne Ölschiefer liefert gewöhnlich weniger als 160 Liter Öl, so daß große Mengen Rückstand bewegt werden müssen. Die Ölgewinnung aus Ölschiefern verbraucht auch große Wassermengen, ca. 1–3 Liter Wasser pro Liter produziertes Öl, und ist aus diesen Gründen derzeit noch nicht wirtschaftlich. Sie wird vermutlich wegen der hohen Transportkosten direkt an den Fundorten der Ölschiefer ausgeführt werden müssen, was wiederum auf den Widerstand der Umweltschützer stößt.

Das rohe Schieferöl wird zunächst fraktioniert destilliert, wobei Naphtha, Leichtöl, Schweröl und Rückstand entstehen. Der Rückstand wird dann zu Gas, Naphtha, Leichtöl und Schweröl gecrackt. Anschließend wird zur Gewinnung eines synthetischen Erdöls (Syncrude) hydriert.

24.5 Kohle

Kohlen sind fossile Pflanzenprodukte wechselnder Zusammensetzung. Ihre empirische Zusammensetzung schwankt zwischen $C_{75}H_{140}O_{56}N_2S$ für Torf und $C_{240}H_{90}O_4NS$ für Anthrazitkohle. Je älter die Kohle, um so höher ist der Kohlenstoffgehalt (Tab. 24–11). Von den gesicherten Kohlevorräten befinden sich 50% in Nordamerika, 38% in Asien, 10% in Europa und je 1% in Afrika und Australien.

24.5 Kohle

Tab. 24–11 Chemische Zusammensetzung verschiedener Kohlen im Vergleich zu Erdöl (nach G. A. Mills) nach Abzug von Feuchtigkeit und Asche

Element	Anteile der Elemente (in %) bei			
	Anthrazit	Bitumen	Braunkohle	Petroleum
Kohlenstoff	93,7	88,4	72,7	85
Wasserstoff	2,4	5,0	4,2	13,8
Sauerstoff	2,4	4,1	21,3	–
Stickstoff	0,9	1,7	1,2	0,2
Schwefel	0,6	0,8	0,6	1,0

Das hohe Kohlenstoff/Wasserstoff-Verhältnis und das Verhalten der Kohlen beim Erhitzen sprechen für hocharomatische Strukturen. Dem chemischen Verhalten nach müssen aber außerdem noch alkoholische und phenolische Hydroxylgruppen, aromatisch und hydroaromatisch gebundener Stickstoff, hydroaromatische Strukturen sowie ca. ein Radikal pro 5000 Kohlenstoffatome vorhanden sein (Abb. 24–1). Die Umwandlung der komplexen Kohlestrukturen in die einfachen Strukturen chemischer Zwischenprodukte erfordert recht drastische Verfahren, die in vier Gruppen eingeteilt werden können:

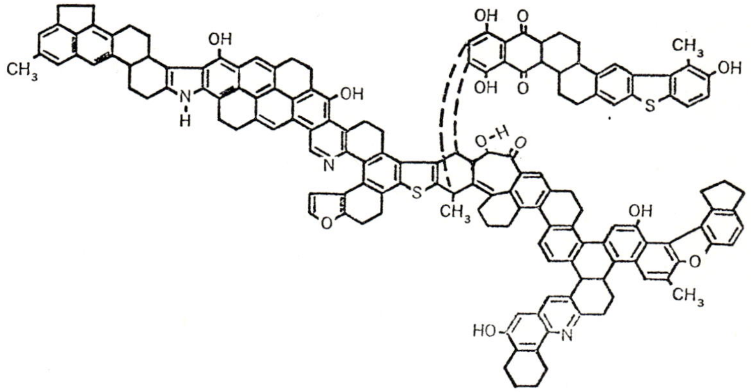

Abb. 24–1: Schematische Darstellung der Struktur einer Kohle

Bei der *Pyrolyse* (Schwelung, Verkokung) wird Kohle in Abwesenheit von Luft auf hohe Temperaturen erhitzt (Tab. 24–12). Das Verfahren erzeugt hauptsächlich Koks und Schwelteere und nur geringe Mengen gasförmiger Kohlenwasserstoffe. Die Schwelteere werden je nach Siedebereich in Leichtöl (Benzol, Toluol, Xylole), Phenolöl (Phenol, Naphthalin, Pyridin), Kreosotöl (Kresole), Schweröl (Anthrazen, Phenanthren, Carbazol) und Teer unterteilt. Der Koks wird als Brennmaterial oder zur Stahlgewinnung verwendet oder aber mit Hilfe von Calciumoxid in Calciumcarbid umgewandelt, aus dem durch Hydrolyse Acetylen entsteht.

Tab. 24–12 Ausbeuten an flüssigen und gasförmigen Kohlenwasserstoffen bei verschiedenen Kohleveredlungsverfahren

Verfahren	Reaktionsbedingungen		Ausbeute pro t Kohle	
	Temp. °C	Druck bar	Flüss. l	Gas m³
Pyrolyse	1000–1400	1–70	160–240	100–140
Hydrierung	400–450	150–200	400–560	60–85
Extraktion		20	320–480	100–130
Fischer-Tropsch	190	30	240–320	230–280

Die *Hydrierung* (Bergius-Verfahren) arbeitet bei tieferen Temperaturen und unter Zusatz von Wasserstoff. Sie führt wegen der weniger drastischen Bedingungen zu größeren Ausbeuten an flüssigen Kohlenwasserstoffen.

Bei der *Extraktion* wird die Kohle in organischen Lösungsmitteln suspendiert und dann wie bei der Hydrierung in Ggw. von Wasserstoff erhitzt. Die verwendeten Lösungsmittel stammen vom Verfahren selbst.

Tab. 24–13 Zwischenprodukte, Monomere und Polymere aus Steinkohle

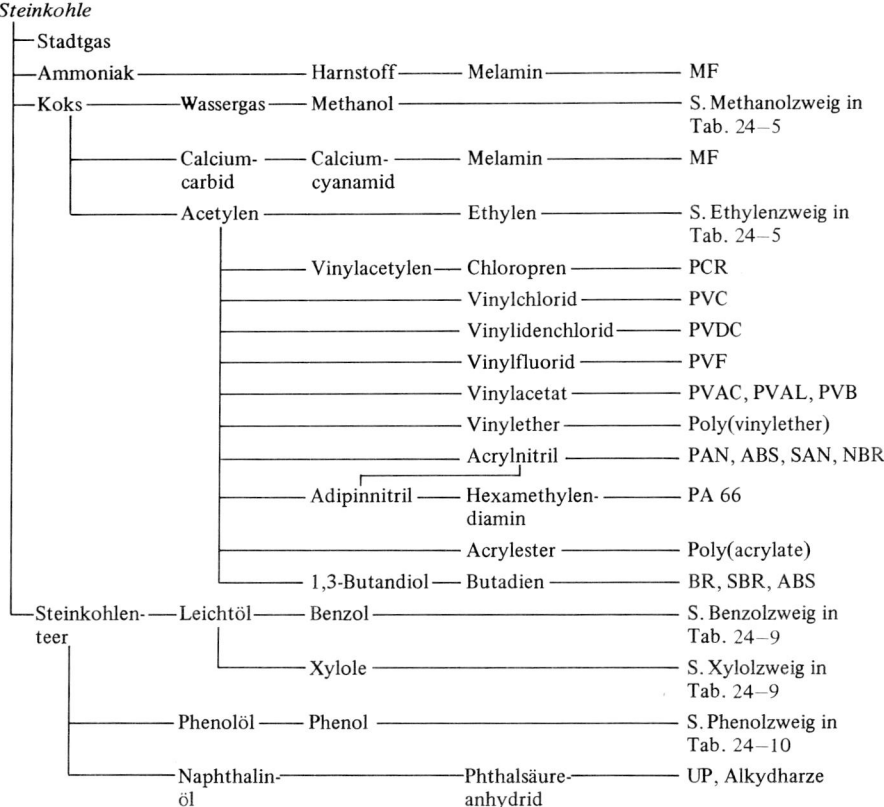

Das *Fischer-Tropsch*-Verfahren verbrennt die Kohle partiell in Sauerstoff/Wasserdampf-Gemischen und in Ggw. von Kobalt- oder Nickelkatalysatoren. Primär entsteht aus Kohlenstoff und Wasser ein Kohlenmonoxid/Wasserstoff-Gemisch. Das Kohlenmonoxid wird dann unter gleichzeitiger Hydrierung zu höheren Kohlenwasserstoffen polymerisiert. Das Verfahren wurde in Deutschland bis zum Ende des zweiten Weltkrieges ausgeführt und wird jetzt nur noch in Südafrika betrieben.

Bei allen diesen Verfahren liegen die Gestehungspreise für Öl zwischen 13 und 18 $/barrel (0,082–0,113 $/l). Sie können daher z.Zt. nicht mit Erdöl konkurrieren. Im Prinzip können jedoch aus Steinkohle fast alle Petrochemikalien hergestellt werden (Tab. 24–13).

Ein neues, jedoch noch nicht technisches Verfahren verflüssigt die Kohle durch Pfropfpolymerisation. Durch radikalisches Aufpfropfen von Monomeren auf die Kohle bei 140 °C und Normaldruck wird die Kohle löslich, z.B. in aliphatischen Kohlenwasserstoffen, wenn aliphatische Monomere verwendet werden, in aromatischen, falls aromatische Monomere aufgepfropft werden usw. Bei der Pfropfung wird aus nicht geklärten Gründen auch ein großer Teil des Schwefels entfernt. Die lösliche Kohle kann dann als flüssiger Brennstoff transportiert und verwendet werden.

In Deutschland wurden 1974 ca. 5% der organischen Chemikalien aus Kohle hergestellt, darunter Benzol, Naphthalin, Anthrazen, Acetylen und Kohlenmonoxid. Weitere 8% trugen Graphit und Ruße bei.

24.6 Holz

24.6.1 ÜBERSICHT

Holz ist ein natürlich vorkommendes Verbundmaterial aus Cellulose, Lignin, Hemicellulosen (= Pentosen) und Wasser: ein durch Wasser weichgemachter Composite aus orientierten Cellulosefasern in einer kontinuierlichen Matrix aus vernetztem Lignin. Frisch geschlagenes (grünes) Holz enthält ca. 40–60% Wasser, lufttrocknes ca. 10–20%. Die Zusammensetzung von Holz ist je nach Baumart verschieden (Tab. 24–14).

Tab. 24–14 Zusammensetzung von Pflanzenbestandteilen (Trockensubstanz)

	Cellulose	Hemicellulosen	Anteile in % an Lignin	Proteine, Harze, Wachse	Pektin
Hartholz	42	38	19	3	0
Weichholz	42	28	28	2	0
Baumwolle	95	1	0	3	1

Der gesamte Holzbestand der Welt wird auf etwa 100 Milliarden Tonnen geschätzt. In jedem Jahr werden ca. 1 Milliarde Tonnen Holz geschlagen. Der größte Teil des Holzes wird als Brennmaterial oder Bauholz verwendet. Etwa 1/6 der Holzproduktion dient als Cellulosequelle für Papier und Zellstoff. Lignin hat nur eine geringe Bedeutung als Chemierohstoff, Hemicellulose noch gar keine.

Holz ist leicht zugänglich und einfach verarbeitbar und wurde daher schon seit Urzeiten als Baumaterial verwendet. Es hat jedoch auch eine Reihe von Nachteilen wie

Quellung in Wasser, Brennbarkeit, Befall durch Pilze und Termiten und geringe Abriebfestigkeit. Durch Verkohlen der Oberfläche, Anstreichen oder Tränken mit Phosphaten, Chromaten oder Ammoniumsalzen hat man schon lange versucht, diese Nachteile zu beheben. Neuere Entwicklungen sind Preßholz und Polymerholz.

24.6.2 PRESSHOLZ

Zur Herstellung von Preßholz wird Buchenholz machinell vorgetrocknet. Anschließend wird die gewünschte Form durch spanabhebende Verarbeitung oder Verleimen mehrerer Hölzer geschaffen. Das Formstück wird dann allseitig bei Drucken bis zu 300 bar und Temperaturen bis zu 150 °C verpreßt. Dabei sinkt das Porenvolumen auf praktisch null ab und die Dichte steigt um über 30% bis auf 1,44 g/cm^3 an. Die Faserrichtung wird beibehalten. Druckfestigkeit, Schlagzähigkeit, Biegefestigkeit usw. senkrecht zur Faserrichtung nehmen aber stark zu. Preßholz kann nur noch spanabhebend mit hoher Schnittgeschwindigkeit bearbeitet, aber nicht mehr genagelt werden.

Da Preßholz eine hohe Wechselbiegefestigkeit aufweist, wird es für Federn an Transportrinnen verwendet. In der Textilindustrie wird es für Schlagteile und Lager eingesetzt, da es eine hohe Splitterfestigkeit aufweist, keine Schmierung erfordert und der Schmutz in die Oberfläche statt in die Webware gepreßt wird. Hämmer aus Preßholz verhindern die Funkenbildung.

24.6.3 POLYMERHOLZ

Zur Herstellung von Polymerholz wird das Holz entgast und anschließend je nach Holzart mit 35–95% des Monomeren beladen. Die Monomeren werden dann durch Polykondensation oder Polymerisation in Polymere umgewandelt. Bei der Polykondensation sind natürlich solche Monomere bevorzugt, die bei der Polyreaktion keine flüchtigen Bestandteile abspalten. Polymerisiert werden können sowohl ringförmige Monomere als auch Monomere mit Kohlenstoffdoppelbindungen. Im letzteren Fall kann die Polymerisation sowohl durch γ-Strahlen als auch durch Peroxide, Redoxsysteme usw. ausgelöst werden. Nicht alle Monomeren eignen sich allerdings für die Herstellung von Polymerholz. Acrylnitril ist z.B. im eigenen Monomeren unlöslich; die Fällungspolymerisation führt daher im Holz nur zu pulvrigen Ablagerungen und nicht zu einer kontinuierlichen Phase. Beim Vinylchlorid besteht das gleiche Problem, außerdem ist aber der Siedepunkt des Monomeren zu niedrig. Poly(vinylacetat) hat eine zu niedrige Glastemperatur. Monomere mit niedrigen G-Werten (vgl. Kap. 21) brauchen außerdem hohe Dosen bei der Polymerisationsauslösung mit γ-Strahlen. Technisch verwendet man Copolymere von Styrol und Acrylnitril, Poly(methylmethacrylat) und ungesättigte Polyester.

Bei der Polymerisation tritt vermutlich teilweise Pfropfung ein. Die Elektronenspinresonanz zeigt nämlich nach der Bestrahlung sowohl bei der Cellulose als auch beim Lignin Radikale an. Außerdem ist ein Teil des Polymeren nicht extrahierbar. Diese Nichtextrahierbarkeit kann aber nicht von einer Vernetzung der Polymerketten unter sich allein stammen, da die extrahierbaren Anteile unverzweigt sind. Bei einer Vernetzungsreaktion müßte man aber im Extrakt verzweigte Ketten finden.

Die Polymerisation wird durch Begleitstoffe des Holzes gehemmt. Das im Holz enthaltene Quercitin geht z.B. unter der Wirkung von Sauerstoff in ein Chinon über, das als Inhibitor wirkt (vgl. Kap. 20). Diese unvermeidbare Inhibition wird durch geeignete Auswahl der Initiatoren überspielt, z.B. durch eine Mischung eines schnell und eines langsam zerfallenden Initiators.

Polymerholz hat gegenüber Holz verbesserte mechanische Eigenschaften. Es wird für Fensterrahmen, Sportgeräte, Musikinstrumente und als Bootsholz eingesetzt. Parkettfußböden aus Polymerholz brauchen nicht mehr versiegelt zu werden.

24.6.4 ZELLSTOFFGEWINNUNG

Beim sog. Holzaufschluß wird das Lignin durch Behandeln mit Säure oder Alkali entfernt und die Cellulose unter Abbau der Celluloseketten als Holzzellstoff in Form kurzer Fasern gewonnen.

Beim *Säure-* oder Bisulfitprozeß wird Holz mit Hydrogensulfiten einige Stunden bei 140–150°C gekocht, früher mit Calciumhydrogensulfit, neuerdings auch mit Natrium-, Magnesium- oder Ammoniumhydrogensulfit. Dabei entstehen lösliche Ligninsulfosäuren und die Hemicellulosen werden zu Mono- und Oligosacchariden hydrolysiert. Die zurückbleibende Cellulose wird in einem Defibrator (liegende Trommel mit Speichen und Wellen) zerfasert und der entstehende Sulfitzellstoff anschließend in einem Bleichholländer mit Chlor, unterchloriger Säure, Chlorkalk, Chlordioxid oder Wasserstoffsuperoxid gebleicht.

Bei den Alkaliprozessen unterscheidet man das Sodaverfahren vom Sulfatverfahren. Beim *Sodaverfahren* werden Harthölzer mit ca. 8% Natronlauge einige Stunden bei 140–170°C unter Druck gekocht. Dabei werden Ligninphenolate gebildet, die in Form der Natriumsalze aus dem gebildeten Natronzellstoff herausdiffundieren. Das Verfahren gibt dunkle, ligninreiche Ablaugen und wird nur noch wenig verwendet.

Beim *Sulfat-* oder Kraftverfahren können im Gegensatz zum Sulfitverfahren auch Nadelhölzer, Sägemehl und harzreiche Hölzer eingesetzt werden. Das Holz wird einige Stunden bei 165–175°C mit einer Lösung von Natriumhydroxid, Natriumcarbonat und Natriumsulfid gekocht, wobei vermutlich ein Teil der Hydroxylgruppen der Cellulose durch Sulfhydrylgruppen ausgetauscht wird. Die in Alkali instabilen Mercaptangruppen spalten die Esterbrücken des Lignins und ersetzen sie durch Sulfidbrücken. Die Sulfide werden anschließend hydrolytisch gespalten, wodurch das Lignin abgebaut und löslich wird. Die Restlauge wird unter Zusatz von Natriumsulfat eingedampft. Aus den Abgasen gewinnt man das terpentinölhaltige Kiefernöl. Beim Erhitzen des Rückstandes auf ca. 1150°C entsteht Kohlenstoff, der das Sulfat zu Sulfit reduziert. Der anfallende Rückstand besteht im wesentlichen aus Natriumsulfid und Natriumcarbonat. Das Natriumcarbonat wird durch Kaustifizieren mit Calciumhydroxid in Natriumhydroxid umgewandelt und so ein Teil des beim Sulfatverfahren verwendeten Natriumhydroxids regeneriert. Da das Verfahren unter Zusatz von Natriumsulfat arbeitet, wird der Prozeß auch oft Sulfatverfahren und der anfallende Zellstoff Sulfatzellstoff genannt. Sulfatzellstoff ist opaker und voluminöser als Sulfitzellstoff und muß ebenso wie der letztere gebleicht werden.

Der anfallende Zellstoff enthält im Gegensatz zur Baumwollcellulose immer noch einige Prozente niedermolekularer Fremdpolyosen, meist Pentosane. Außerdem sind stets Carbonyl- und Carboxylgruppen vorhanden. Die Zellstoffasern sind ein bis drei Millimeter lang und daher in der Regel nicht direkt als Textilfasern einsetzbar. Aus dem Zellstoff stellt man daher auf Langsiebmaschinen zuerst Zellstoffbögen her, die dann nach dem Viskose- oder dem Kupferseideprozeß zu Reyonfasern weiterverarbeitet werden.

24.6.5 HOLZVERZUCKERUNG

Bei der Holzverzuckerung wird Cellulose zu Glucose hydrolysiert. Behandeln von Holz bei Zimmertemperatur mit 38,5% Salzsäure führt zu einem als Viehfutter verwendbaren polymeren „Trockenzucker". Dieser Trockenzucker geht beim nachträglichen Behandeln mit 10% Essigsäure in ein Gemisch von niedermolekularen Zuckern über. Insgesamt werden so aus 100 kg trockenem Nadelholz ca. 31 kg Glucose, 17 kg Mannose, 3 kg Galactose, 1 kg Fructose, 5 kg Xylose, 2 kg Essigsäure, 3 kg Harz und 33 kg Lignin erhalten.

Die Ausbeute kann bei der Hydrolyse mit 3–6% Schwefel- oder Salzsäure bei 140–180°C und 6–9 bar bis auf ca. 55 kg Glucose pro 100 kg Holz gesteigert werden. Das anfallende Lignin wird als Energielieferant für den Prozeß eingesetzt und daher unter den Kesseln verbrannt.

Nach einem neueren Verfahren kann die Cellulose auch durch das Enzym Cellulase von Trichiderma viride zu Glucose mit Ausbeuten von 50% hydrolysiert werden. Das Holz muß jedoch vor der Behandlung außerordentlich fein gemahlen werden, da sonst die Lignocellulose nicht angegriffen wird.

Die Holzverzuckerung zu Glucose ist z.Zt. nicht wirtschaftlich. In der Vergangenheit wurde die Glucose auch nicht direkt verwendet, sondern zu Alkohol vergoren. Dabei gehen jedoch 49% des Kohlenstoffs als Kohlendioxid verloren, so daß diese Alkoholgewinnung ebenfalls nicht sehr wirtschaftlich ist. Nicht wirtschaftlich ist ferner z.Zt. die Umwandlung der Glucose in Fructose, Sorbose, Glycerin oder Hydroxymethylfurfural (vgl. Tab. 24–15).

Tab. 24–15 Potentielle Zwischenprodukte, Monomere und Polymere aus Holz und Celluloseabfällen

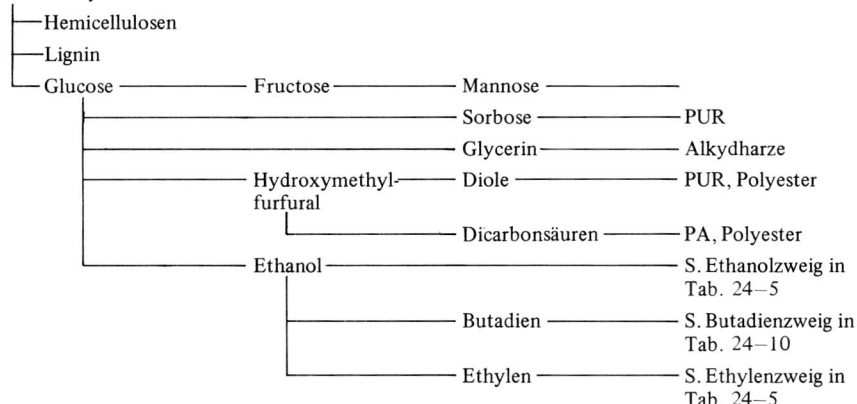

24.6.6 HOLZVERGASUNG

Die voraussehbare Erdölknappheit läßt die erneuerbare Rohstoffquelle Holz als Ausgangsmaterial für organische Zwischenprodukte interessant erscheinen. Bei der anaeroben Vergasung von Holz bei Temperaturen bis zu 1000°C wird Synthesegas erhalten, das in Methanol und weiter in eine Reihe organischer Zwischenprodukte und Monomere umgewandelt wird. Die Ausbeuten sind aber recht gering: aus 1000 t Holz entstehen ca. 52 t Ethylen, 8 t Acetylen, 5 t Propan, 18 t Benzol und 3 t Toluol. Bei der Vergasung von Holz in Ggw. von Wasserstoff bei Temperaturen zwischen 300 und 800°C und Drucken zwischen 30 und 100 bar entsteht hauptsächlich Methan. Bei der Holzvergasung im elektrischen Lichtbogen bei 200–2500°C werden bis zu 15% Acetylen gebildet. Durch Kochen von Holz mit Kohlenmonoxid und Wasser bei 350–400°C und Drucken bis zu 300 bar in Ggw. von Katalysatoren entstehen Öle. Alle diese Verfahren sind jedoch z. Zt. nicht wirtschaftlich.

24.6.7 LIGNIN

In der Holztechnologie wird Lignin als der durch verdünnte Säuren und organische Lösungsmittel nicht lösbare Anteil des Holzes definiert. In der Chemie bezeichnet man als Lignin eine Gruppe von hochmolekularen, amorphen Substanzen mit hohem Methoxylgehalt, die sich vom Coniferylalkohol ableiten lassen.

Coniferylalkohol V entsteht in vivo aus Glucose I über Shikimi-Säure II, Prephensäure III und p-Hydroxyphenylbrenztraubensäure IV:

(24–5)

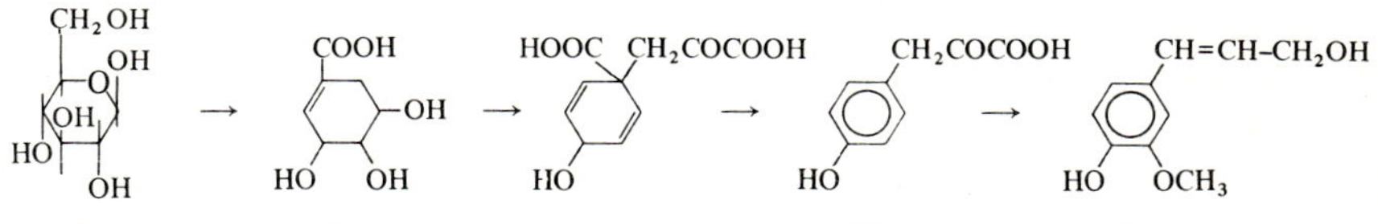

Coniferylalkohol wird in vivo unter dem Einfluß des Enzyms Laccase dehydriert. Das entstehende Dehydroconiferylalkoholradikal kann über mesomorphe Formen weiterreagieren, wobei verzweigte und vernetzte Substanzen entstehen:

(24–6)

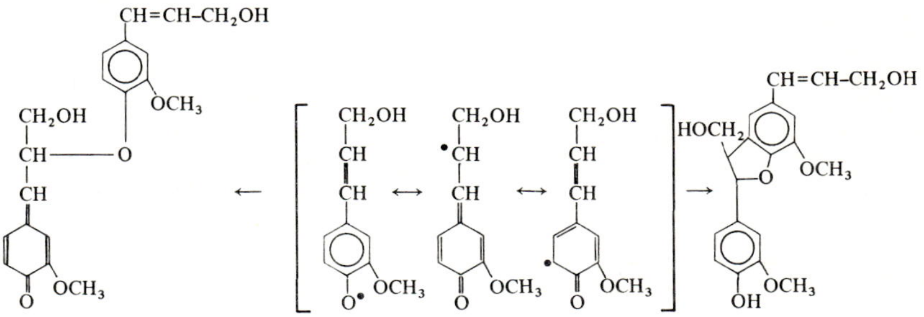

Durch erneute Dehydrierung und Anlagerung der Radikale schreitet die Polymerisation vorwärts, wodurch sehr komplexe Strukturen entstehen. Lignin hat daher keine definierte Strukturformel; es läßt sich günstigstenfalls die Zusammensetzung an Grundbausteinen und deren mittlere Verknüpfung angeben.

Lignin ist in den Pflanzen hauptsächlich in den Lamellen konzentriert, von wo aus die Ligninbildung allmählich in die primären und sekundären Zellwände voranschreitet. Die einzelnen Pflanzen enthalten dabei unterschiedliche Mengen Lignin (Tab. 24–14).

Lignin fällt in großen Mengen bei der Zellstoffherstellung als in heißer Alkali- oder Bisulfitlauge lösliche Lignosulfonate mit molaren Massen zwischen 4000 und 100 000 g/mol an. Die eingedickten Sulfitablaugen (black liquor) werden verbrannt, um die Wärmebilanz der Zellstofffabriken zu verbessern. Kleinere Mengen eingedickter Sulfitablaugen werden für Straßenbeläge, als Bindemittel für Gießereiformen sowie als Flotations- und Bohrhilfsmittel verwendet. Abbauprodukte des Lignins werden auch in kleinen Mengen für die Synthese von Ionenaustauschern, Lackrohstoffen und Kunstharzen eingesetzt. Noch kleinere Mengen Lignin werden durch Kalischmelze, Zinkdestillation, Oxidation usw. zu organischen Zwischenprodukten wie Gallussäure, Vanillin, Syringaaldehyd usw. abgebaut.

24.7 Weitere pflanzliche und tierische Rohstoffe

Tiere und Pflanzen enthalten eine Reihe makromolekularer Substanzen, die vom Menschen nach ihrer Isolierung und Reinigung teils direkt, teils nach chemischen Umwandlungen verwendet werden. Aus den Haaren von Schafen, Ziegen und Lamas erhält man nach einer Reinigung das Protein Naturwolle. Die Haut von Kühen, Pferden, Ziegen und Schweinen dient zur Gewinnung von Leder, Pergament und Gelatine, sämtlich Umsetzungs- bzw. Abbauprodukte des Proteins Kollagen. Aus Kuhmilch gewinnt man das Protein Casein, aus den Kokons der Seidenwürmer das Protein Naturseide und aus den Schalen von Krustentieren die Mucopolysaccharide Chitin und Chitosan.

Cellulose ist nicht nur die Gerüstsubstanz des Holzes, sondern auch aller anderer Pflanzen. Die Stengel des Flachses liefern Leinen, die Blätter des Sisals Hanf. Die Samenhaare des Baumwollstrauches geben die Baumwollfaser. Andere Samen und Algen enthalten sog. Pflanzengummis, ebenfalls Polysaccharide. Aus Getreidekörnern gewinnt man Stärke, ein Gemisch der Polysaccharide Amylose und Amylopektin. Früchte liefern Pektin, ein saures Polysaccharid. Aus bestimmten Bäumen und Pflanzen lassen sich Latices gewinnen, die die Polyprene Naturkautschuk, Balata, Guttapercha oder Chicle enthalten.

Makromolekulare Naturstoffe wie z.B. Naturkautschuk, Naturwolle, Baumwolle, Stärke und Kollagen sowie ihre makromolekularen Derivate wie z.B. Leder, Celluloseacetat und Celluloseether werden häufig in sehr großen Mengen direkt verwendet. Der Anteil von Naturstoffen als Monomerlieferanten ist dagegen gering. Tierische Rohstoffe scheiden als Quelle für größere Rohstoffmengen aus, da Tiere von Pflanzen und anderen Tieren leben und viele Rohstoffe daher einfacher von Pflanzenprodukten erhalten werden können. Ganz allgemein ist die Versorgung mit Rohstoffen pflanzlicher Herkunft verhältnismäßig unsicher, da Qualität und Quantität wegen Witterungseinflüssen schwanken können und politische Entscheide die Lieferung oft ganz unterbinden.

Eine verhältnismäßig große Quelle pflanzlicher Rohstoffe bilden die Öle. Öle sind gemischte Triglycerinester von Fettsäuren (Tab. 24–16). Man unterscheidet zwischen trocknenden Ölen mit hohen Gehalten an Linolen- und Linolsäure, halbtrocknenden Ölen mit hohen Anteilen an Linol- und Ölsäure und nichttrocknenden Ölen mit hohen Gehalten an Ölsäure. Sie werden teilweise direkt verwendet, teilweise aber chemisch in Monomere überführt.

Tab. 24-16 Mittlere Zusammensetzungen von Ölen an Fettsäuren R(CH$_2$)$_7$COOH (alle Doppelbindungen in cis, mit Ausnahme der mit * gekennzeichneten trans-Doppelbindungen der Oleostearinsäure)

Fettsäuren Trivialname	R	Anteil in Massenprozent						
		Trocknende Öle		Halbtrocknende Öle		Nichttrocknende Öle		
		Leinöl	Holzöl (Tungöl)	Dehydriertes Ricinusöl	Soja- öl	Ricinusöl	Kokosöl	Baumwoll- samenöl
Caprylsäure	H						6	
Caprinsäure	H(CH$_2$)$_2$						6	
Laurinsäure	H(CH$_2$)$_4$						44	
Myristinsäure	H(CH$_2$)$_6$						18	1
Palmitinsäure	H(CH$_2$)$_8$	6	4	2	11	2	11	29
Palmitinolsäure	H(CH$_2$)$_6$CH=CH							2
Stearinsäure	H(CH$_2$)$_{10}$	4	1	1	4	1	6	4
Ölsäure	H(CH$_2$)$_8$CH=CH	22	8	7	25	7	7	24
Ricinolsäure	H(CH$_2$)$_6$CH(OH)CH$_2$CH=CH			7		87		
9,11-Linolsäure	H(CH$_2$)$_6$CH=CHCH=CH			26				
9,12-Linolsäure	H(CH$_2$)$_5$CH=CHCH$_2$CH=CH	16	4	57	51	3	2	40
Linolensäure	H(CH$_2$)$_2$CH=CHCH$_2$CH=CHCH$_2$CH=CH	52	3		9			
Oleostearinsäure	H(CH$_2$)$_4$CH$\overset{*}{=}$CHCH$\overset{*}{=}$CHCH=CH		80					
Erucasäure	H(CH$_2$)$_8$CH=CH(CH$_2$)$_4$							
Weltproduktion im Jahre 1959 in Millionen Tonnen		1,00	0,11		3,36			1,95

Ricinusöl wird durch Methanolyse in Methylricinolat überführt, da dieses mit weit höheren Ausbeuten thermisch spaltbar ist als Ricinusöl selbst. Bei dieser bei 550 °C mit kurzen Verweilzeiten ausgeführten Pyrolyse entstehen Heptanal (Enanthol) und Methyl-undecenat:

(24-7)

$$CH_3-(CH_2)_5-\underset{\underset{O\cdots H}{\|}}{CH}\overset{CH_2}{\underset{CH-(CH_2)_7-COOCH_3}{CH}} \longrightarrow CH_3-(CH_2)_5-\underset{O}{CH} + \underset{CH_2-(CH_2)_7-COOCH_3}{\overset{CH_2=}{CH}}$$

Der Undecenmethylester wird verseift. Die entstehende Säure wird in einer Anti-Markownikoff-Reaktion unter dem Einfluß von Peroxiden oder Licht mit Bromwasserstoff zur 11-Bromundecansäure umgesetzt. Reaktion der 11-Bromundecansäure mit Ammoniak führt zum Ammoniumsalz der 11-Aminoundecansäure, aus dem durch Ansäuern die Säure freigesetzt wird. Die freie Säure wird dann zum Polyamid 11 polykondensiert.

Die Alkalispaltung des Ricinusöls bzw. der Ricinolsäure führt dagegen zur Sebacinsäure, einem Ausgangsmonomeren für das Polyamid 610:

(24-8)
$$H(CH_2)_6\overset{OH}{\underset{|}{C}}HCH_2 \vdots CH=CH(CH_2)_7COOH \xrightarrow{600\,°C}$$
$$\longrightarrow H(CH_2)_6\overset{OH}{\underset{|}{C}}HCH_3 + HOOC(CH_2)_8COOH$$

Aus Ölsäure entsteht durch Oxidation mit Salpetersäure die Azelainsäure

(24-9) $CH_3(CH_2)_7CH=CH(CH_2)_7COOH \longrightarrow HOOC(CH_2)_7COOH$

Methanolyse von Sojaöl liefert die Methylester der zugrundeliegenden Fettsäuren. Die reduzierende Ozonolyse dieser Ester führt zu der C$_9$-Aldehydsäure, die weiter mit

Ammoniak und Wasserstoff zum Aminoester umgesetzt wird, der dann zur 9-Aminononansäure verseift wird:

(24-10)
$$H(CH_2)_5CH=CHCH_2CH=CH(CH_2)_7COOCH_3 \longrightarrow OCH(CH_2)_7COOCH_3$$
$$OCH(CH_2)_7COOCH_3 + NH_3 + H_2 \longrightarrow H_2N(CH_2)_8COOCH_3$$

Die Pflanze Crambe abyssinica enthält ca. 55% Erucasäure, aus deren Methylester durch Ozonolyse der Monomethylester der Brassyl-Säure gewonnen wird. Behandeln mit Ammoniumhydroxid/Sulfuroxydichlorid liefert das Nitril, das dann zum Amin hydriert wird:

(24-11)
$$H(CH_2)_8CH=CH(CH_2)_{11}COOCH_3 \longrightarrow CH_3OOC(CH_2)_{11}COOH$$
$$CH_3OOC(CH_2)_{11}COOH \longrightarrow CH_3OOC(CH_2)_{11}CN \longrightarrow HOOC(CH_2)_{12}NH_2$$

Maiskolben und andere landwirtschaftliche Abfallprodukte sind reich an Pentosanen. Die Pentosane werden mit verd. Schwefelsäure zum Furfural hydrolysiert, das bei 400°C zum Furan pyrolysiert wird. Hydrierung des Furans bei 125°C und 100 kbar liefert Tetrahydrofuran:

(24-12)

$$\begin{array}{c} HO-CH_2-CH-OH \\ | \quad\quad | \\ CH_2 \quad CH-CHO \\ | \quad\quad | \\ OH \quad OH \end{array} \longrightarrow \underset{O}{\bigcirc}-CHO \longrightarrow \underset{O}{\bigcirc} \xrightarrow{+H_2} \underset{O}{\bigcirc}$$

Tetrahydrofuran (THF) ist das Ausgangsmaterial für eine Reihe Monomerer. Hydrolyse gibt 1,4-Butandiol. Behandeln von THF mit Chlorwasserstoff führt zum 1,4-Dichlorbutan, das in das Dinitril und schließlich in 1,6-Hexamethylendiamin überführt wird.

Literatur zu Kap. 24

24.1 Allgemeine Übersichten

Rohstoffe

W. L. Faith, D. B. Keyes, R. L. Clark, Industrial Chemicals, Wiley, New York 1965
F. A. Lowenheim, M. K. Moran, Industrial Chemicals, Wiley, New York, 4. Aufl. 1975
K. Weissermel, H.-J. Arpe, Industrielle organische Chemie, Verlag Chemie, Weinheim 1976
R. N. Shreve, I. A. Brink, jr., Chemical process industries, McGraw-Hill, New York, 4. Aufl. 1977

Zwischenprodukte und Monomere

G. E. Ham, Hrsg., Vinyl polymerization, Dekker, New York 1967 (2 Bde.)
P. D. Ritchie, Hrsg. (Bd. 1), und G. Matthews, Hrsg. (Bd. 2), Vinyl and allied polymers, Iliffe, London 1968
F. Asinger, Mono-olefins chemistry and technology, Pergamon, Oxford 1969
S. A. Miller, Ethylene and its industrial derivatives, E. Benn, London 1969
E. C. Leonhard, Hrsg., Vinyl and diene monomers, J. Wiley, New York 1971 (3 Bde.)
P. Wiseman, An introduction to industrial organic chemistry, J. Wiley, New York, 1972
E. G. Hancock, Propylene and its industrial derivatives, E. Benn, London 1973
E. Hancock, Hrsg., Benzene and its industrial derivatives, E. Benn, London 1974

L. F. Albright, Processes for major addition-type plastics and their monomers, McGraw-Hill, New York 1974
P. Janssen, Entwicklung auf dem Rohstoffgebiet der Kondensationspolymere für Folien- und Faserherstellung, Angewandte Makromol. Chem. 40/41 (1974) 1
K. Weissermel, H.-J. Arpe, Industrielle organische Chemie, Verlag Chemie, Weinheim 1976

Energiequellen

J. T. McMullan, R. Morgan, R. B. Murray, Energy Resources and Supply, J. Wiley, London 1976
D. N. Lapedes, Hrsg., McGraw-Hill Encyclopedia of Energy, McGraw-Hill, Hew York 1976
Statistische Angaben
—, Börsen- und Wirtschafts-Handbuch, Societäts-Verlag, Frankfurt/M. (jährlich)

24.3 Erdöl

R. Long, Hrsg., The Production of Polymer and Plastics Intermediates from Petroleum, Butterworth, London 1967
R. F. Goldstein, A. L. Waddams, The Petroleum Chemicals Industry, Spon Ltd., London, 3. Aufl. 1967
P. Leprince, J. P. Catry, A. Chauvel, Les produits intermédiaires de la chimie des dérivés du pétrole, Soc. Edit. Technip, Paris 1967
A. L. Waddams, Chemicals and Petroleum, J. Murray, London, 2. Aufl. 1968
F. Asinger, Die petrochemische Industrie, Akademie-Verlag, Berlin 1971
B. Riediger, Die Verarbeitung des Erdöls, Springer, Berlin 1971
A. L. Waddams, Chemicals from petroleum, J. Murray, London 1973
D. L. Klass, Synthetic crude oil from shale and coal, Chem. Technol. 5 (1975) 499
H. K. Abdel-Aal, R. Schmelzlee, Petroleum economics and engineering, Dekker, New York 1976
A. H. Pelofsky, Hrsg., Synthetic fuels processing, M. Dekker, New York 1977
G. D. Hobson, W. Pohl, Hrsg., Modern Petroleum Technology, J. Wiley, New York, 4. Aufl. 1973

24.4 Ölschiefer

T. F. Yen, Hrsg., Science and technology of oil shale, Ann Arbor Sci. Publ., Ann Arbor, MI, 1976

24.5 Kohle

D. J. W. Kreulen, Elements of coal chemistry, Nijghland von Ditman, Rotterdam 1948
W. Krönig, Die katalytische Druckhydrierung von Kohlen, Teeren und Mineralölen, Springer, Berlin 1950
D. W. van Krevelen, Coal, Elsevier, New York, 2. Aufl. 1961
W. Francis, Coal, E. Arnold, London, 2. Aufl. 1961
H. H. Lowry, Chemistry of coal utilization, J. Wiley, New York 1963
P. H. Given, Hrsg., Coal science (= Adv. Chem. Ser. 55), American Chemical Soc., New York 1966
D. L. Klass, Synthetic crude oil from shale and coal, Chem. Technol. 5 (1975) 499
M. E. Hawley, Coal, 2 Bde., Academic Press, New York 1976
K. F. Schlupp, H. Wien, Herstellung von Öl durch Hydrierung von Steinkohle, Angew. Chem. 88 (1976) 349
J. Falbe, Chemierohstoffe aus Kohle, G. Thieme, Stuttgart 1977

24.6 Holz

24.6.1 – 24.6.3 ALLGEMEINE ÜBERSICHTEN

B. L. Browning, Hrsg., The chemistry of wood, Interscience, New York 1963
N. I. Nikitin, The chemistry of cellulose and wood, Israel Program Sci. Transl., Jerusalem 1966
K. Kürschner, Chemie des Holzes, H. Cram, Berlin 1966
H. F. J. Wenzl, The chemical technology of wood, Academic Press, New York 1970
F. P. Kollmann, E. W. Kuenzi, A. J. Stamm, Wood based materials, Springer, New York 1974

C. R. Wilke, Hrsg., Cellulose as a chemical and energy source (= Biotechnology and Bioengineering Symp. 5), Interscience, New York 1975

J. A. Meyer, Wood-plastic materials and their current commercial applications, Polym.-Plastics Technol. Engng. 9 (1977) 181

F. A. Loewus und V. C. Runeckles, Hrsg., The structure, biosynthesis and degradation of wood, Plenum, New York 1977

W. Mehl, Polymerholz und seine wirtschaftliche Anwendung, Holz Roh-Werkst. 35 (1977) 431

G. T. Maloney, Chemicals from pulp and wood waste, Noyes Data, Park Ridge, N.J., 1978

24.6.4 ZELLSTOFFGEWINNUNG

A. J. Stamm, E. E. Harris, Chemical processing of wood, Chem. Publ., New York 1963

H. Hentschel, Chemische Technologie der Zellstoff- und Papierherstellung, VEB Fachbuchverlag, Leipzig, 3. Aufl. 1966

24.6.7 LIGNIN

F. E. Brauns, The chemistry of lignin, Academic Press, New York 1952; F. E. Brauns, D. A. Brauns, dto., Suppl. Vol. 1960

J. M. Harkin, Recent developments in lignin chemistry, Fortschr. chem. Forschg. 6 (1966) 101

I. A. Pearl, The chemistry of lignin, Dekker, New York 1967

K. Freudenberg, A. C. Neish, Constitution and biosynthesis of lignin, Springer, Berlin 1968

K. V. Sarkanen, C. H. Ludwig, Hrsg., Lignins: Occurence, formation, structure and reactions, Wiley, New York 1971

H. Nimz, Das Lignin der Buche – Entwurf eines Konstitutionsschemas, Angew. Chem. 86 (1974) 336

Institute of Paper Chemistry, Chemistry and utilization of lignins, Inst. Paper Chem., Appleton, WI. 1976

25 Kohlenstoff-Ketten

25.1 Kohlenstoffe

25.1.1 DIAMANT UND GRAPHIT

Kohlenstoff kommt in einer Reihe allotroper Formen vor, d.h. Isomeren mit verschiedener Verknüpfung der Kohlenstoffatome. Beim Diamanten ($\rho = 3,51$ g/cm^3) weisen alle Atome den gleichen Atomabstand von 0,154 nm auf; sie sind tetraedrisch miteinander verknüpft (Abb. 25–1). Der Diamant ist somit der Grundkörper der aliphatischen Kohlenwasserstoffe. Beim Graphit ($\rho = 2,22$ g/cm^3) liegen dagegen alle Kohlenstoffatome in einer Ebene. Der Abstand zwischen den in der Ebene angeordneten Atomen beträgt 0,1415 nm, der Abstand von Schicht zu Schicht dagegen 0,335 nm. Der Schichtabstand entpricht etwa der Summe der van der Waals'schen Radien des Kohlenstoffs. Die Ebenen sind wegen des großen Schichtabstandes leicht gegeneinander verschiebbar. Innerhalb jeder Schicht sind die Elektronen delokalisiert. Aus allen diesen Gründen kann der Graphit somit als Grundkörper der Benzolreihe angesehen werden.

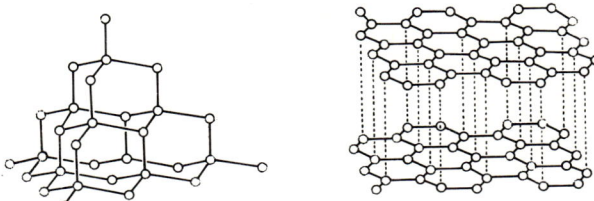

Abb. 25–1: Anordnung der Kohlenstoffatome im Diamantgitter (links) und im Graphitgitter (rechts)

Graphit ist bei 30°C und 1 bar Druck um 2 900 J/mol stabiler als Diamant. Beide Formen stehen bei 300°C und 15'000 bar im Gleichgewicht. Bei 2 700°C und bei Drucken über 125'000 bar kann Graphit in Diamant umgewandelt werden. Die Reaktion ist jedoch sehr langsam und muß daher durch Katalysatoren (Cr, Fe, Pt) beschleunigt werden.

Die Fluorierung des Graphits mit Fluor im Fließbett-Plasma-Verfahren bei (627 ± 3)°C führt zu Poly(carbonmonofluorid) $(CF_x)_n$ mit $x < 1,12$, wobei die Ecken der Graphitschichten mit „superstöchiometrischen" CF_2-Gruppen besetzt sind. Das weiße Polymer ist in Luft bis 600°C beständig und somit das thermisch stabilste Kohlenstoff/Fluor-Polymer. Es besitzt eine sehr gute Schmierwirkung und kann auch als Kathodenmaterial für Batterien dienen.

Chlor oder Kalium werden dagegen zwischen die Graphitschichten unter Erhalt der elektrischen Leitfähigkeit nur eingelagert. Starke Oxidationsmittel reagieren mit Graphit unter Bildung von Graphitoxid, wobei die Schichtabstände auf 0,6–0,7 nm aufgeweitet werden. Die Sauerstoffatome sind vermutlich etherartig gebunden, was auch den Verlust der elektrischen Leitfähigkeit erklären könnte.

25.1.2 RUßE

Ruße entstehen durch Verbrennung von gasförmigen oder flüssigen Kohlenwasserstoffen bei beschränktem Luftzutritt. Nach elektronenmikroskopischen Aufnahmen mit dem Phasenkontrastmikroskop besitzen sie graphitähnliche Mikrostrukturen mit Gitterabständen von ca. 0,35 nm. Die Schichten liegen parallel zur Teilchenoberfläche. Diskrete kristalline Bereiche sind nicht erkennbar. Die Struktur der Ruße läßt sich daher besser als parakristalliner Zustand denn als statistische Verteilung von Graphitkristallen beschreiben.

Ruße sind mikroporös. Die „Poren"-Durchmesser sind in erster Näherung einfache Vielfache von 0,35 nm, d.h. sie sind durch fehlende Gitterschichten bedingt. Es handelt sich also nicht um durchgehende Poren im üblichen Sinne. Die große innere Oberfläche macht Ruße zu einem gesuchten Adsorbens. Sie werden außerdem als verstärkende Füllstoffe verwendet. Die Verstärkerwirkung kommt vermutlich durch die Reaktion der sich an der Oberfläche befindenden Elektronen mit dem zu verstärkenden Material (z.B. Poly(dienen)) zustande.

Durch Zersetzen von Kohlenwasserstoffen zwischen 1000 und 2000°C wird eine isotrope Form der Kohle erhalten. Diese *pyrolytische Kohle* eignet sich für künstliche Organe, z.B. für künstliche Herzklappen. Sie ist mit Blutproteinen und dem Gewebe verträglich und verursacht daher nur wenig Blutkoagulation.

Bitumen ist eine fast schwarze, natürlich vorkommende oder durch Aufbereitung von Erdöl gewonnene Masse. Es besteht aus in ölartigen Substanzen dispergierten hochmolekularen Kohlenwasserstoffen.

Asphalt ist ein braunes bis pechschwarzes, natürliches oder künstliches Gemenge aus Bitumen und Mineralien.

25.1.3 KOHLENSTOFF- UND GRAPHITFASERN

Graphit ist ziemlich oxidationsstabil. Er kann außerdem unter Stickstoff bei Temperaturen bis zu 3000°C verwendet werden. Man hat daher versucht, diese Eigenschaften bei hochtemperaturbeständigen Fasern nutzbar zu machen. Dabei wird zwischen Kohlenstoff- und Graphitfasern unterschieden. Kohlenstoffasern werden bei 1000–1500°C hergestellt und enthalten 80–95% Kohlenstoff. Graphitfasern entstehen dagegen durch kurzzeitige Pyrolyse bei 2500°C; sie weisen ca. 99% Kohlenstoff auf.

Zur technischen Herstellung von Kohlenstoff- und Graphitfasern eignet sich die Pyrolyse von organischen Fasern oder von hochviskosen Kohlenwasserstoffen wie z.B. Asphalt, Teer oder Pech. Nicht eingeführt haben sich das Wachstum von Fasern im Hochdrucklichtbogen oder durch thermische Zersetzung von Gasen (z.B. Koksofengas oder CH_4/H_2-Gemische).

Als Precursoren werden meist Fasern aus Reyon oder Poly(acrylnitril) eingesetzt, daneben auch Poly(vinylalkohol), aromatische Polyamide oder Poly(acetylene). Bei der Pyrolyse dürfen die Fasern nicht schmelzen. Außerdem dürfen keine kohlenstoffhaltigen flüchtigen Produkte entstehen, die die Faser porös machen würden.

Nach dem einen Verfahren werden Cellulosefasern bei Temperaturen über 2400°C carbonisiert und gleichzeitig um bis zu 50% ihrer Länge verstreckt. Durch diese Streckgraphitierung werden die entstehenden Graphitkristalle in Faserrichtung orientiert. Nur auf diese Weise kann der gewünschte hohe Elastizitätsmodul der Fasern erreicht werden.

Die schwierige Streckgraphitierung wird bei einem anderen Verfahren vermieden. Hier werden eingespannte Poly(acrylnitril)fasern bei (200–300)°C oxidiert. Die dadurch bewirkte Vernetzung stabilisiert die Faserform. Das Einspannen verhindert ferner die Schrumpfung der Fasern und bewirkt eine Vororientierung für die sich später bildenden Graphitkristalle. Anschließend wird 24 h bei 2000°C unter Wasserstoff carbonisiert. Weiteres Erhitzen auf (1600–2000)°C unter Argon erzeugt besonders reißfeste Graphitfasern (Typ HT = „high tensile"), kurzzeitiges Erhitzen unter Argon auf (2600–2800)°C Hochmodulfasern (Typ HM).

Kohlenstoff- und Graphitfasern werden für textile (Autopolsterstoffe) oder industrielle Zwecke (Filtertücher) eingesetzt. Sie dienen außerdem als verstärkende Füllstoffe. Kompressorschaufeln von Strahltriebwerken werden z.B. aus mit Epoxidharzen verbundenen Graphitfasern hergestellt, ebenso Griffe von Tennisschlägern.

Taucht man Reyon-Fasern vor der Zersetzung in Alkalisilikat-Lösungen, so entstehen Silica/Kohle-Fasern. Sie eignen sich ebenfalls für die Verstärkung von Kunststoffen.

25.2 Poly(olefine)

25.2.1 POLY(ETHYLEN)

> "Polyethylene is good for inert laboratory beakers and very little else."
> R. E. Dickerson and I. Geis, The Structure and Action of Proteins, Harper and Row, New York 1969, p. 4

25.2.1.1 Homopolymere

Der einfachste Poly(kohlenwasserstoff) $\pm CH_2\pm_n$ kann durch Polymerisation von Ethylen $CH_2=CH_2$, von Diazomethan CH_2N_2 oder von einem Gemisch aus Kohlenmonoxid CO und Wasserstoff H_2 hergestellt werden. Das aus Diazomethan entstehende Polymer heißt Poly(methylen). Es ist nur wenig verzweigt. Der Polymerisationsmechanismus ist unklar. Für Gold als Initiator wird ein Carbenmechanismus diskutiert, für die Initiation mit Bortrifluorid/Wasser dagegen eine reguläre kationische Polymerisation mit Protonanlagerung und anschließendem Wachstumsschritt

$$(25\text{-}1) \quad H^\oplus + CH_2N_2 \longrightarrow CH_3N_2^\oplus \xrightarrow[-N_2]{+CH_2N_2} CH_3CH_2N_2^\oplus$$

Diese Synthese ist jedoch ebenso wie die aus Kohlenmonoxid und Wasserstoff bei Temperaturen um 140°C und Drücken über 500 bar mit Rutheniumkatalysatoren im Gegensatz zu der aus Ethylen technisch nicht bedeutsam.

Ethylen erhält man heute hauptsächlich durch Pyrolyse von Ethan, Propan, Butan, Naphtha, Gasöl oder Rohöl (vgl. auch Kap. 24). Früher wurde Ethylen durch Auswaschen von Kokereigas oder durch Dehydratisieren von Ethanol hergestellt, was jedoch z.Zt. unwirtschaftlich ist.

Ethylen wird technisch nach Hoch-, Mittel-, oder Niederdruckverfahren in Masse, Lösung oder in der Gasphase polymerisiert (Tab. 25–1). Beim *Hochdruckverfahren* erfolgt die Polymerisation radikalisch: der Zusatz von ca. 0,05% Sauerstoff zum Ethylen erzeugt vermutlich Ethylenhydroperoxid $CH_2=CH(OOH)$, dessen Zerfall die Starterradikale liefert. Im Hochdruck-Poly(ethylen) wurden entsprechend Hydroxylgruppen nachgewiesen. Intermolekulare Übertragungen durch Polymer- oder Initiatorradikale erzeugen mittelständige Radikale, die die Polymerisation von Ethylen auslösen:

$$(25-2) \quad \sim CH_2CH_2 \sim \xrightarrow[-RH]{+R^{\bullet}} \sim CH_2\overset{\bullet}{C}H \sim \xrightarrow{+C_2H_4} \sim CH_2CH \sim \xrightarrow{+C_2H_4} \text{usw.}$$
$$\underset{CH_2CH_2^{\bullet}}{|}$$

Die so entstehenden Langkettenverzweigungen wurden durch Vergleich der Trägheitsradien mit denen von praktisch unverzweigten Poly(methylenen) gleicher Molmasse nachgewiesen. Butylseitengruppen entstehen dagegen durch intramolekulare Übertragungsraktionen

(25–3)

Sie wurden spektroskopisch nachgewiesen. Der Nachweis von Ethylseitengruppen ist hingegen umstritten. Nach diesen Messungen werden etwa 8–40 Verzweigungsstellen pro 1000 Kettenatome gebildet. Die vielen Verzweigungen reduzieren die Kristallisierbarkeit und damit auch die Dichte. Die beim Hochdruckverfahren entstehenden LDPE (= low density poly(ethylenes)) weisen entsprechend eine Röntgenkristallinität von nur 60% und eine Dichte von ca. 0,92 g/cm³ auf. Höhere Dichten werden mit Percarbonaten anstelle von Sauerstoff als Initiator erzielt, da deren Radikale weniger zu Übertragungsreaktionen neigen.

Tab. 25–1: Typische Ausführungsformen technischer Polymerisationen von Ethylen

		Hochdruck		Mitteldruck	Verfahren	Niederdruck	
		ICI	BASF	Standard Oil	Phillips	Ziegler	UCC
Druck	bar	1500	500	70	40	4	14
Medium	–	Masse	Emulsion in CH_3OH	Lösung in Xylol	Lösung in Xylol	Lösung in Schmieröl	Gasphase
Temperatur	°C	180	< 200	130	70	< 100	
Initiator	–	Sauerstoff	Peroxide	part. red. MoO_3 auf Al_2O_3	part. red. Chromoxid auf Al_2O_3 oder Aluminiumsilikaten	$TiCl_4$/ R_2AlCl	?
Umsatz	%	20		100	100	100	?
Dichte	g/cm³	0,92		0,96	0,96	0,94	
Schmelztemp.	°C	108		133	133	130	
Methyl pro C	–	0,03		<0,00015	<0,00015	0,006	
Polymertyp		LDPE	Wachse	HDPE	HDPE	HDPE	LDPE (Copolymer)

Poly(ethylene) höherer Dichte (HDPE) werden durch Mittel- oder *Niederdruckpolymerisation* gewonnen. In allen Fällen erfolgt die Polymerisation in Lösung nach

Insertionsmechanismen (vgl. Kap. 19). Beim Standard-Oil-Verfahren bleibt das entstehende Poly(ethylen) gelöst, wodurch die Katalysatoroberfläche ständig frei und aktiv bleibt. Beim Phillips- und beim Ziegler-Verfahren fällt das Polymer dagegen aus, wobei Katalysatorrückstände eingeschlossen werden. Da diese Rückstände die Alterungsbeständigkeit ungünstig beeinflussen, müssen sie entfernt werden, was die durch das Arbeiten bei niedrigem Druck erzielte Wirtschaftlichkeit teilweise wieder rückgängig macht. Die wirtschaftlichen Vorteile des Arbeitens bei niedrigem Druck sind aber so groß, daß 90% aller HDPE nach dem Phillips- oder dem Ziegler-Verfahren hergestellt werden. Neuere Ausführungsarten der Niederdruckpolymerisation arbeiten mit löslichen Katalysatoren oder in der Gasphase.

Die HDPE sind bis zu 85% röntgenkristallin und weisen dann entsprechend hohe Schmelztemperaturen und Dichten auf. LDPE und HDPE sind Thermoplaste (vgl. Kap. 36.3). Sie werden hauptsächlich für Verpackungen (Filme, Folien, Flaschen) verwendet, daneben auch für Rohre, Kabelummantelungen und in Form von Latices auch für Bodenpflegemittel.

25.2.1.2 Derivate

Die Bestrahlung des Poly(ethylens) mit γ-Strahlen führt zu vernetzten Produkten mit erhöhter Wärmebeständigkeit; sie wird insbesondere bei Flaschen, Schaumstoffen und anderen Formkörpern angewandt. Bestrahlt man unter Zusatz hydrophiler Monomerer wie z.B. Acrylamid, so werden diese aufgepfropft, wobei leichter bedruckbare Oberflächen entstehen.

Poly(ethylen) kann in Masse (z.B. Fließbett), in Lösung (z.B. CCl_4), in Emulsion oder in Suspension in Gegenwart von Radikalbildnern chloriert werden. Produkte mit 25–40% Chlor sind gummiähnlich, weil durch die unregelmäßige Substitution die Kristallinität herabgesetzt wird. Produkte mit größerem Chlorgehalt ähneln dem PVC und werden daher von einigen Firmen auch als wärmebeständiges Poly(vinylchlorid) bezeichnet. Sie werden dem Poly(vinylchlorid) zugesetzt, um dessen Schlagzähigkeit zu verbessern oder auch für Heißwasserdruckrohre eingesetzt.

Bei der Sulfochlorierung läßt man auf Lösungen von PE in heißem CCl_4 Chlor und Schwefeldioxid in Ggw. von UV-Licht oder einem Azo-Initiator einwirken. Sulfochloriertes Poly(ethylen) enthält pro 100 Ethylengruppen 25–42 (CH_2CHCl)-Gruppierungen und 1–2 $(CH_2CH(SO_2Cl))$-Gruppen. Die SO_2Cl-Gruppen reagieren mit Metalloxiden (MgO, ZnO, PbO) unter $MtCl_2$-Abspaltung und Ausbildung von OMtO-Brücken. Die so vernetzten Produkte werden wegen ihrer guten Witterungsbeständigkeit für Schutzüberzüge, Kabelummantelungen, Weißwandreifen usw. verwendet.

25.2.1.3 Copolymere

Durch Copolymerisation des Ethylens mit anderen Monomeren wird die Sequenzlänge der CH_2-Blöcke herabgesetzt und dadurch die Kristallisationsfähigkeit der Produkte vermindert oder sogar aufgehoben. Wegen der nur schwachen Dispersionskräfte zwischen den Methylengruppierungen stellen diese Copolymeren bei genügend kleiner Sequenzlänge Elastomere dar.

Die Copolymerisation des Ethylens mit 5% Buten-1 oder Hexen-1 nach dem Phillips-Verfahren gibt ein gegen Spannungsriß-Korrosion beständigeres Produkt. Unter Standardbedingungen wird die Beständigkeit von 190 auf 2000 h heraufgesetzt. Ein

Blockcopolymer von Propylen mit geringem Ethylengehalt kann das kautschukmodifizierte, schlagfeste Poly(propylen) ersetzen.

Die Copolymerisation von Ethylen und größeren Anteilen Propylen mit Ziegler-Katalysatoren (VCl$_3$/R$_2$AlCl) in Hexan gibt Elastomere (EPR-Kautschuke) mit hervorragender Elastizität und guter Licht- und Oxidationsbeständigkeit. Die EPR-Polymeren sind nicht mit Naturkautschuk verschweißbar und daher keine Konkurrenz zum Poly(isopren), wohl aber zum Butylkautschuk und zum Poly(chlorpren). Wegen der Abwesenheit von Doppelbindungen sind sie gut alterungsbeständig; dieser Vorteil wurde aber mit dem Nachteil erkauft, daß ein spezielles, auf Übertragungsreaktionen beruhendes, Vulkanisationsverfahren mit Peroxiden entwickelt werden mußte. Die neueren Ethylen-Propylen-Elastomeren sind dagegen Terpolymere (EPT-Kautschuke), da sie einige Prozente einer dritten Komponente mit Dien-Struktur enthalten, die die zur klassischen Schwefel-Vulkanisation benötigten Doppelbindungen bereitstellt. Als solche Verbindungen werden die folgenden Verbindungen verwendet.

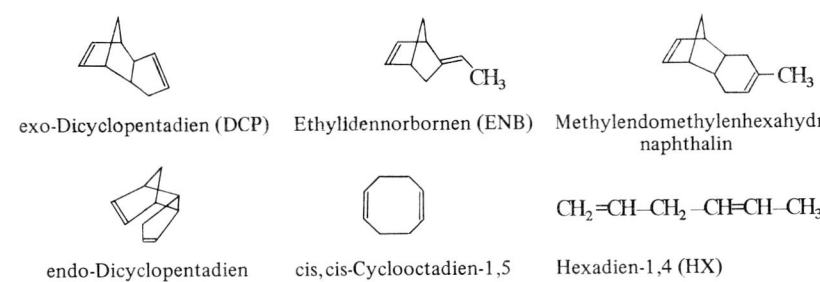

exo-Dicyclopentadien (DCP)   Ethylidennorbornen (ENB)   Methylendomethylenhexahydronaphthalin

endo-Dicyclopentadien   cis,cis-Cyclooctadien-1,5   Hexadien-1,4 (HX)

$CH_2=CH-CH_2-CH=CH-CH_3$

Technisch wird jetzt meist Ethylidennorbornen verwendet. EPT enthält ca. 15 Doppelbindungen pro 1000 C-Atome, 1,4-cis-Poly(butadien) dagegen 250 und 1,4-cis-Poly(isopren) 200. EPT-Kautschuke sind daher viel widerstandsfähiger gegen Ozon als die Poly(diene). Für Seitenstreifen von Reifen werden daher dem NR oder SBR 20–25 Prozent EPR zugemischt. Reifen aus 100% EPR eignen sich für Personenwagen. Bei Lastwagen ist die Walkarbeit zu groß, wodurch zu viel Wärme entwickelt wird und die Elastizität absinkt.

Die Copolymerisation von Ethylen und größeren Mengen Dicyclopentadien mit z.B. Vanadiumtrisacetylacetonat/AlR$_3$ führt zu Polymeren mit isolierten Doppelbindungen. Sie oxidieren bei Zimmertemperatur zu unlöslichen, vernetzten Filmen und können mit Phenol/Formaldehyd-Harzen vernetzt und verschnitten werden.

Ethylen kann radikalisch mit Vinylacetat copolymerisiert werden. Die Copolymerisation mit 0–35% Vinylacetat wird bei 1000–2000 bar in Masse, die von 35–100% bei 100–400 bar in t-Butanol, und die von 60–100% bei 1–200 bar in Emulsion ausgeführt. Produkte mit Vinylacetat-Gehalten über 10% geben schrumpfbare Folien, solche mit bis zu 30% Vinylacetat thermoplastische Kunststoffe, und mit Gehalten über 40% Vinylacetat klare Folien. Produkte mit noch höherem Vinylacetatgehalt sind Elastomere, Schmelz- und Lösungskleber oder PVC-Modifikatoren. Sie können mit Laurylperoxid unter Zusatz von z.B. Triallylcyanurat vernetzt werden. In den Eigenschaften ähnlich sind die Copolymeren des Ethylens mit Ethylacrylat.

Durch radikalische Copolymerisation von Ethylen mit Methacrylsäure und ähnlichen Monomeren entstehen „Ionomere", die an den Ketten vereinzelte, negativ geladene Carboxylgruppen enthalten. Die Carboxylgruppen werden mit Kationen (z.B. Na^+, K^+, Mg^{2+} usw.) partiell in $-COOMt$ überführt. Diese Gruppen sind teilweise dissoziiert. Eine Carboxylgruppe ist dabei von vielen Metallionen umgeben und umgekehrt. Entscheidend für die Bindung ist die Koordinationszahl und nicht die Valenz. Die so entstehenden Cluster wirken bei tiefen Temperaturen als Vernetzer. Bei erhöhten Temperaturen tritt eine Dissoziation der ionischen Bindungen ein. Die Produkte können daher wie Thermoplaste verarbeitet werden. Da die ionische Vernetzung irregulär erfolgt, können sich keine größeren kristallinen Bereiche ausbilden. Die meisten Ionomeren sind daher transparent. Da die Ionomeren polare Gruppen enthalten, haften sie auf verschiedenen Trägermaterialien weit besser als andere Poly(olefine). Sie eignen sich besonders gut für Extrusionsbeschichtungen, da porenfreie Überzüge gebildet werden.

Durch Einleiten von Ethylen in eine Lösung von N-Vinylcarbazol entsteht bei Temperaturen unter 60–70°C unter der Wirkung eines modifizierten Ziegler-Katalysators ein Copolymer aus beiden Monomeren. Das Copolymer mit seiner hohen Glastemperatur von 140°C eignet sich besonders für elektrische Isolationen.

Das Copolymer aus Ethylen und Trifluorchlorethylen ist bis 200°C beständig und nicht brennbar. Wegen seiner hervorragenden chemischen Beständigkeit und seinen guten mechanischen Eigenschaften wird es für medizinische Verpackungen, für Kabelummantelungen und chemische Laborgeräte eingesetzt.

25.2.2 POLY(PROPYLEN)

Propylen $CH_2=CH(CH_3)$ wird durch Cracken von Erdölfraktionen als Nebenprodukt der Ethylensynthese erhalten (vgl. Kap. 24). Die radikalische Polymerisation von Propylen liefert nur niedermolekulare Öle aus verzweigten, ataktischen Molekülen. Die Ziegler-Natta-Polymerisation mit $TiCl_3/3\,(C_2H_5)_2AlCl$ bei (50–80)°C in Hexan oder Heptan unter leichtem Druck führt dagegen zu festen Polymeren aus isotaktischen und ataktischen Molekülen. Das it-PP fällt pulverförmig aus. Das at-PP (APP) bleibt dagegen in Lösung und wird durch Abdestillieren des Lösungsmittels gewonnen.

Das technische it-PP enthält stets noch einige Prozent at-PP. Es ist ein Thermoplast (vgl. Kap. 36.3), dessen Eigenschaften noch vom Grad der Stereoregularität und der durch diese erreichbaren Kristallinität abhängen. Reines it-PP kristallisiert in Form einer 3_1-Helix und weist durch die dadurch erzeugte kompaktere Struktur eine höhere Schmelztemperatur und eine größere Zugfestigkeit als Poly(ethylen) auf. Diese Eigenschaften befähigen PP, teilweise in das Gebiet der Metalle einzudringen. Vorteilhaft ist auch seine sehr niedrige Dichte von $(0,85-0,92)$ g/cm^3. Nachteilig sind seine geringe Kältebeständigkeit (Glasübergangstemperatur $-18°C$) und seine relativ hohe Sprödigkeit. Bessere Eigenschaften erreichen Copolymere und Blends. Copolymere werden z.B. so hergestellt, daß man Propylen zu 90% auspolymerisiert, Ethylen zufügt und dann weiterpolymerisiert. Derartige Copolymere machen einen großen Anteil der technischen „Poly(propylene)" aus. Schlagfeste Poly(propylene) sind dagegen Blends von it-PP mit EPR.

Ataktische Poly(propylene) (APP) können auch direkt hergestellt werden. Sie sind hochverzweigte Moleküle mit vielen Kopf-Kopf-Verknüpfungen. Industriell werden sie für Papierlaminierungen, Teppichbeschichtungen, Mischungen mit Bitumen usw. eingesetzt.

25.2.3 POLY(BUTEN-1)

Buten-1 fällt beim Cracken von Erdöl als Nebenprodukt an. Die Polymerisation mit Ziegler-Natta-Katalysatoren führt zu einem Gemisch von it- und at-PB. Alternativ kann man auch von Gemischen von cis- und trans-Buten-2 ausgehen, die beide mit gewissen Katalysatorsystemen vor der Polymerisation zu Buten-1 isomerisiert werden.

Isotaktisches Poly(buten-1) wird wegen seiner hohen Reißfestigkeit und seiner geringen Spannungskorrosion für Rohre und Verpackungsfolien eingesetzt. Ataktisches Poly(buten-1) (APB) wird meist durch direkte Polymerisation hergestellt. Es besitzt ähnliche Eigenschaften wie ataktisches Poly(propylen). Sydiotaktisches Poly(buten-1) entsteht bei der Hydrierung von 1,2-Poly(butadien); es ist jedoch nicht technisch bedeutsam.

25.2.4 POLY(4-METHYLPENTEN-1)

4-Methylpenten-1 gewinnt man durch Dimerisieren von Propylen bei ca. 160°C in Ggw. von Alkalimetallen auf Graphit oder von Alkalimetallalkylen. Bei der Polymerisation mit Ziegler-Natta-Katalysatoren entstehen glasklare isotaktische Polymere mit sehr geringen Dichten von ca. 0,83 g/cm^3 und Röntgenkristallinitäten von ca. 40%. Die Glasübergangstemperatur beträgt zwar nur 40°C, die Erweichungstemperatur aber 179°C. Das Polymer ist daher sterilisierbar und im Dauerbetrieb bis zu 170°C einsetzbar. Da sein Ausdehnungskoeffizient ähnlich wie der von Wasser ist, eignet es sich für graduierte Laborgeräte für wässrige Lösungen.

25.2.5 POLY(ISOBUTYLEN)

Isobutylen $CH_2=C(CH_3)_2$ wird überwiegend aus Crackgasen gewonnen, daneben auch durch Dehydratisierung von t-Butanol. Bei der technischen Polymerisation wird Isobuten unter Zusatz von etwas Diisobuten verflüssigt, mit der gleichen Menge flüssigen Ethylens vermischt und anschließend bei -80°C mit BF_3/H_2O kationisch polymerisiert. Das Diisobuten wirkt als Kettenüberträger und reguliert daher die Molmasse. Das Ethylen polymerisiert unter diesen Bedingungen nicht; es führt vielmehr durch sein Verdampfen die Polymerisationswärme ab.

PIB kristallisiert erst unter Zugspannung. Wegen der geringen Kristallinität, den nur schwachen zwischenmolekularen Kräften und der niedrigen Glasübergangstemperatur von -70°C ist es daher ein Elastomer. Die niedermolekularen Typen werden als Klebstoffe oder Viskositätsverbesserer verwendet, die höhermolekularen als Kautschukzusätze oder für sehr luftundurchlässige Schläuche. Der kalte Fluß kann durch Zusatz von Poly(ethylen) beseitigt werden. Für den Bauten- und Korrosionsschutz werden modifizierte Polymere verwendet, z.B. Copolymere mit 10% Styrol.

Die Copolymerisation von Isobutylen mit 2% Isopren unter der Wirkung von $AlCl_3/CH_3Cl$ im Slurry-Verfahren bei -90°C im siedenden Ethylen führt zum sog. Butylkautschuk. Butylkautschuk ist vulkanisierbar, wegen der sehr geringen Anteile von Doppelbindungen aber auch gut witterungsbeständig. Schneller vulkanisierende Butylkautschuke erzielt man durch Chlorieren oder Bromieren. Die Bromierung läuft vermutlich ionisch ab; das Brom geht nach NMR-Messungen in die Allylstellung der Isopren-Doppelbindung:

(25-4)

$$\sim CH_2-\underset{\underset{}{|}}{\overset{\overset{CH_3}{|}}{C}}=CH-CH_2\sim \xrightarrow[-Br^{\ominus}]{+Br_2} \sim CH_2-\underset{\underset{Br}{|}}{\overset{\overset{CH_3}{|}}{\underset{\oplus}{C}}}-CH-CH_2\sim \longleftrightarrow$$

$$\longleftrightarrow \sim CH_2-\underset{\underset{Br}{\underset{\oplus}{\cdots\cdots}}}{\overset{\overset{CH_3}{|}}{C}}\underset{}{\overset{\overset{H}{|}}{C}}-CH_2\sim \xrightarrow{-H^{\oplus}} \sim CH_2-\overset{\overset{CH_2}{\|}}{C}-CHBr-CH_2\sim$$

25.2.6 POLY(STYROL)

Styrol wird technisch fast ausschließlich durch Dehydrieren von Ethylbenzol gewonnen, in kleinerem Umfange auch durch Dehydratisierung von α-Methylbenzylalkohol, dem Nebenprodukt der Propylenoxid-Synthese aus Propylen und α-Methylbenzylhydroperoxid. Styrol kann radikalisch, kationisch, anionisch und mit Ziegler-Natta-Katalysatoren polymerisiert werden. Von technischem Interesse sind jedoch nur die radikalischen Polymerisationen.

Die thermische Polymerisation (vgl. Kap. 20.2.6) erfolgt nach dem Turmverfahren. Dabei wird eine Lösung von ca. 30% Poly(styrol) in Styrol auf einen Turm bei ca. 100°C aufgegeben und nach Verweilzeiten von etwa 1 Tag unten bei Temperaturen von ca. 220°C kontinuierlich als Polymer abgezogen. Große Mengen werden auch diskontinuierlich nach dem Suspensionsverfahren polymerisiert.

Erhebliche Mengen Styrol werden in Copolymerisaten und Blends verwendet, z.B. als Copolymer mit Acrylnitril (SAN), bei Terpolymeren aus Styrol/Acrylnitril/Butadien (ABS-Polymere) oder Acrylnitril/Styrol/Acrylester (ASA) usw. Die Glasübergangstemperatur von Poly(styrol) von 100°C kann durch Copolymerisation mit α-Methylstyrol erhöht werden. Die sog. schlagfesten Poly(styrole) sind unverträgliche Blends mit Poly-(butadien) oder EPDM und daher trübe. Reine Poly(styrole) werden darum gelegentlich auch Kristallpoly(styrole) genannt.

Bei der Ziegler-Natta-Polymerisation von Styrol entstehen isotaktische Poly(styrole). Diese Polymeren sind wegen ihrer hohen Schmelztemperatur von ca. 230°C schlecht verarbeitbar. Außerdem sind sie sehr spröde. Geringe Mengen Styrol werden mit Divinylbenzol zu vernetzten Produkten copolymerisiert. Das Masse-Polymerisat kann nur spanabhebend bearbeitet werden. Es wird in der Elektrotechnik verwendet und hat nur eine geringe Bedeutung. In Suspension hergestellte Copolymerisate fallen als Perlen an, die nach der Sulfonierung als Ionenaustauscher dienen (vgl. Kap. 23.4.4).

25.3 Poly(diene)

Poly(diene) entstehen durch Polymerisation von Dienen oder durch deren Copolymerisation mit anderen Monomeren. Als Diene werden meist 1,3-Diene $CH_2=CR-CH=CH_2$ eingesetzt, z.B. Butadien (R = H), Isopren (R = CH_3) oder Chloropren (R = Cl). Bei der Polymerisation dieser Diene entstehen verschiedene Sorten von Grundbausteinen

$$-CH_2-\underset{\underset{CH=CH_2}{|}}{\overset{\overset{R}{|}}{C}}- \qquad -CH_2-\underset{\underset{\underset{R}{|}}{\overset{|}{C=CH_2}}}{\overset{|}{CH}}- \qquad -CH_2\diagdown_{\underset{R}{\overset{|}{C=CH}}}\diagup^{CH_2}- \qquad -CH_2\diagdown_{\underset{R}{\overset{|}{C=CH}}}\diagdown_{CH_2-}$$

1,2 (it oder st)   3,4 (it oder st)   1,4-cis   1,4-trans
                 falls R ≠ H

die in den Polydienen je nach Polymerisationsverfahren in wechselnden Mengen auftreten (Tab. 25–2).

Tab. 25–2: Konstitution und Konfiguration technischer Poly(diene)

Monomer	Polymerisation		Struktur (%)			
	Initiator	Medium	1,4-cis	1,4-trans	1,2	3,4
Butadien	Natrium	–	10	25	65	–
	Lithiummethyl	THF	0	9	91	–
	Lithiummethyl	THF/Benzol	13	13	74	–
	Lithiummethyl	Benzol/Triethylamin	23	40	37	–
	Lithium	Hexan	38	53	9	–
	Lithiummethyl	Toluol	44	47	9	–
	Titan-Vbdg.		95	3	2	–
	Cobalt-Vbdg.		98	1	1	–
	Nickel-Vbdg.		97	2	1	–
	Alfin	Lsg.	20	80	0	–
Butadien/Styrol	Radikale	Emuls., 70°C	20	63	17	–
	Radikale	Emuls., 5°C	12	72	16	–
	Anionisch	Lsg.	40	54	6	–
Isopren	Lithiumalkyle	Lsg.	93	0	0	7
Chloropren	Radikalisch	–	11	86	2	1

Die Grundbausteine der Poly(diene) enthalten stets eine Doppelbindung, und zwar entweder in der Hauptkette oder aber im Substituenten. Dem Aufbau, nicht aber der Entstehung nach, gehören zu dieser Verbindungsklasse auch die Poly(alkenmeren), die durch Metathese-Polymerisation von Cycloolefinen entstehen.

25.3.1 POLY(BUTADIENE)

Butadien gewinnt man technisch durch Dehydrierung oder oxidative Dehydrierung von Butan oder Buten oder aus dem C_4-Schnitt von Naphtha-Crackern. Ältere, vom Ethanol oder vom Acetylen ausgehende Verfahren sind jetzt unwirtschaftlich.

25.3.1.1 Anionische Polymerisation:

Das älteste, jetzt nicht mehr ausgeführte Verfahren, arbeitete mit Natriumdispersionen in Kohlenwasserstoffen als Initiatoren. Die so gebildeten *Butadien-Natrium*-Polymerisate (Buna) stellten wegen ihres hohen Gehaltes von 70% 1,2-Strukturen keine guten Elastomeren dar, so daß ihre Produktion in Deutschland schon im Jahre 1939 eingestellt wurde. Sie wurden durch die weiter unten beschriebenen Butadien-Copolymeren mit Styrol oder Acrylnitril abgelöst.

Die anionische Polymerisation wurde technisch erst nach Einführung der Ziegler-Katalysatoren erneut studiert. Das im C_4-Schnitt der Naphtha-Crackung in Konzentrationen von 30–65% vorliegende Butadien kann direkt ohne weitere Aufbereitung durch Butyllithium polymerisiert werden und liefert dann ein Elastomer mit ca. 38% 1,4-cis-Bindungen. Durch Variation der Polymerisationsbedingungen erhält man Poly(butadiene) mit wechselndem Verhältnis von 1,4- und 1,2-Bindungen. Diese Polymeren weisen ähnliche Eigenschaften wie die in großem Ausmaß verwendeten Copolymeren von Butadien und Styrol (SBR) auf. Da die SBR wegen des hohen Styrolpreises viel teurer geworden sind, können sie somit in vielen Fällen durch 1,4/1,2-Poly(butadiene) ersetzt werden.

Bei Einsatz von Dianionen und Abbruch der Polymerisation durch Carbondioxid entstehen Poly(butadiene) mit Carboxylendgruppen. Derartige Produkte mit molaren Massen von ca. 10 000 g/mol sind Flüssigkautschuke, die mit Polyisocyanaten vernetzt werden (vgl. Kap. 37.3.2).

Durch anionische Polymerisation werden auch Triblockpolymere $(Sty)_n$-$(Bu)_m$-$(Sty)_n$ hergestellt. Diese thermoplastischen Elastomeren sind reversibel vernetzte Produkte (vgl. Kap. 37.3.4).

25.3.1.2 Alfin-Polymerisation

Neuerdings wird auch die schon lange bekannte sog. Alfin-Polymerisation des Butadiens technisch ausgeführt. Der Alfin-Katalysator hat seinen Namen daher, daß zu seiner Herstellung ursprünglich ein *Al*kohol und ein Ole*fin* verwendet wurden (z.B. Natriumisopropylat und Allylnatrium). Die wirtschaftlich beste Methode für die Herstellung des Katalysators geht von Isopropanol, Natrium und n-Butylchlorid aus

(25–5) $2\,Na + (CH_3)_2CHOH + C_4H_9Cl \rightarrow (CH_3)_2CHO^{\ominus}Na^{\oplus} + 0{,}5\,H_2 + C_4H_9^{\ominus}Na^{\oplus} + NaCl$

Durch Zugabe von Propylen zu dieser Suspension geht das Butylnatrium in Allylnatrium über:

(25–6) $C_4H_9^{\ominus}Na^{\oplus} + CH_2=CH-CH_3 \rightarrow CH_2=CH-CH_2^{\ominus}Na^{\oplus} + C_4H_{10}$

Der Alfin-Katalysator ist vermutlich ein Komplex aus Allylnatrium, Natriumisopropylat und NaCl

$$\begin{array}{c} CH_3 \\ \diagdown \\ CH-\overset{\ominus}{O}\cdots\overset{\oplus}{Na}\cdots\overset{\ominus}{C}H_2\diagdown \\ \diagupCH \\ CH_3\overset{\oplus}{Na}\cdots\overset{\ominus}{C}H_2\diagup \end{array}$$

Die Alfin-Polymerisation liefert extrem hochmolekulare Poly(butadiene) mit ca. 65–75% trans-1,4-Strukturen. Als Kettenüberträger zur Regelung des Molekulargewichtes dienen 1,4-Dihydrobenzol oder 1,4-Dihydronaphthalin. Technisch werden Copolymere des Butadiens mit 5–15% Styrol oder 3–10% Isopren hergestellt.

25.3.1.3 Radikalische Polymerisation

Radikalisch hergestellte Copolymere von Butadien mit Styrol werden technisch in größten Mengen verbraucht (Kap. 37.2). Diese Polymerisate werden jetzt allgemein als SBR bezeichnet (*S*tyrene-*B*utadiene-*R*ubber), früher als Buna S oder GR-S (*g*overnment *r*ubber with *s*tyrene). Die Polymerisation wird in Emulsion ausgeführt und liefert je nach Polymerisationstemperatur sog. Kaltkautschuke (5°C) oder Warmkautschuke

(70°C). Die seitenständigen Vinylgruppen vernetzen bei größeren Umsätzen. Man bricht daher die Polymerisation bei ca. 60% Umsatz ab. Da die Vernetzung bei gleicher Konstitution mit steigender Molmasse zunimmt, erniedrigt man ferner den Polymerisationsgrad durch Zugabe kettenübertragender Substanzen wie Dodecylmercaptan und Diproxid (Diisopropylxanthogendisulfid).

Die Molmasse wird außerdem durch diese Regler so eingestellt, daß eine Mastifikation nicht mehr erforderlich ist. Die Kaltpolymerisation ist vorteilhafter als die Warmpolymerisation, weil sie zu transreicheren Strukturen führt. Cis-reichere Polymere neigen nämlich eher zur Cyclisierung, was bei der anschließenden Verarbeitung im Kneter zur „Verstrammung", d.h. zu einer unerwünschten Viskositätszunahme führt. Buna S kann direkt mit Naturkautschuk vermischt werden. Es dient vor allem für Laufflächen von Autoreifen.

Die Copolymerisation von Butadien mit Acrylnitril erfolgt wie die mit Styrol in Emulsion und zwar entweder diskontinuierlich in einer Kaskade oder aber mit kontinuierlichem Abzug des Latex am Boden des Kessels. Acrylnitril und Butadien werden als Azeotrop im Verhältnis 37:63 eingesetzt. Die Copolymeren sind unter dem Namen Nitrilkautschuk oder der Abkürzung NBR im Handel, früher auch als Buna N oder GR-N. Sie sind ölbeständige Elastomere. Mit kationaktiven Emulgatoren hergestellte Latices dienen zum Imprägnieren oder Beschichten von Papier oder Textilien.

25.3.1.4 Ziegler-Polymerisation:

Poly(butadiene) mit sehr hohen cis-1,4-Gehalten werden mit Hilfe von Ziegler-Katalysatoren erhalten, vorzugsweise mit $VOCl_2/(C_2H_5)_2AlCl$. Die Polymerisation ist lebend: die Molmasse steigt mit dem Umsatz an. Die hohen Molmassen erzeugen wiederum sehr hohe Viskositäten, so daß die von der Anwendungsseite her gewünschte hohe Molmasse auf diese Weise nicht erzielt werden kann. Gibt man jedoch am Ende der Polymerisation Alkyl- oder Acyldihalogenide wie z.B. $SOCl_2$ zu, so reagieren die Kettenenden mit diesen Verbindungen unter Verkopplung mehrerer Ketten. Die Molmasse wird durch diese „Molekulargewichtssprungreaktion" definiert erhöht.

Mit anderen Ziegler-Katalysatoren (z.B. Kobaltverbindungen + Alkylaluminiumchloride oder Nickelverbindungen/Trialkylaluminium/BF_3-Etherat) entstehen niedermolekulare „Poly(butadien)öle" mit cis-1,4-Gehalten zwischen 80 und 97%. Die Produkte sind wenig verzweigt und trocknen so schnell wie Holzöl und schneller als Leinöl. Umsetzen der Poly(butadien)öle mit 20% Maleinsäureanhydrid gibt lufttrocknende Alkydharze. Modifizierte Poly(butadiene) verfestigen erosionsgefährdete Böden. Die wässrige Emulsion dringt wegen ihrer niedrigen Viskosität in die oberste Bodenschicht ein. Durch die Oxidation verkleben die Erdkrumen. Da es aber keine Haut gibt, bleibt die Saugfähigkeit des Bodens erhalten.

Hochsyndiotaktische 1,2-Poly(butadiene) mit hohen Molmassen erhält man bei der Polymerisation von Butadien mit $CoHal_2/Ligand/AlR_3/H_2O$ in Lösung. Aus diesen Thermoplasten lassen sich extrem reißfeste Filme mit guter Gasdurchlässigkeit herstellen, die für die Verpackung von frischen Früchten oder von Fisch dienen. Die Polymeren weisen viele reaktive Allylgruppierungen auf, die bei der Bewitterung unter dem Einfluß von Licht und Sauerstoff vernetzen. Der gleichzeitig eintretende Fotoabbau läßt Flaschen aus diesem Material nach einiger Zeit in grobe Stücke zerfallen.

25.3.2 POLY(ISOPRENE)

25.3.2.1 Natürliche Polyprene

Polyprene sind Oligomere und Polymere des Isoprens, die in der Natur in über 2000 Pflanzen vorkommen. Das natürlich vorkommende 1,4-cis-Poly(isopren) ist als Naturkautschuk bekannt, das 1,4-trans-Poly(isopren) als Guttapercha oder Balata. Chicle ist eine Mischung von 1,4-trans-Poly(isoprenen) mit Triterpenen, Substanzen aus sechs Isopreneinheiten.

Fast aller Naturkautschuk wird heute von den Bäumen von Hevea brasiliensis gewonnen. Der Ertrag liegt bei 500–2000 kg Latex pro Jahr und Hektar. Die Bäume werden dazu mit winkelförmigen Schnitten angezapft und der herausfließende Latexsaft gesammelt. Dieser Prozeß gab dem Kautschuk seinen Namen: in der Maya-Sprache bedeutet „caa" nämlich Holz und „o-chu" Fließen oder Weinen. H. brasiliensis ist für Plantagekulturen besonders vorteilhaft, weil der Latex bei mehrmaligem Anzapfen immer stärker fließt. Im Gegensatz dazu versiegen die im Amazonasgebiet vorkommenden Castilla elastica und C. ulai bei mehrmaligem Anzapfen; sie bildeten jedoch die Hauptquelle für den Wildkautschuk. Die Produktion Ostasiens stützte sich früher auf Ficus elastica. Bei den buschartigen Pflanzen von Guayule (Paethenium argentatum) und Kok-Ssagys bestehen über 30% der Pflanzen aus Latex. Während des 2. Weltkrieges wurde versucht, Kok-Ssagys in Rußland und Guayule in den USA zu kultivieren, um den dringend benötigten Naturkautschuk zu gewinnen. Heute stammt aller Naturkautschuk von Plantagen; hauptsächlich aus Malaysia, Indonesien, Thailand, Ceylon und Vietnam.

Die trans-1,4-Poly(isoprene) kommen in den Latices von Palaquium gutta und Mimusops balata vor. Sie wurden hauptsächlich für Kabel (Gutta) und werden noch für Treibriemen und Golfballüberzüge (Balata) verwendet. Eine Mischung von Guttapercha und Triterpenen liefert die in Zentralamerika wachsende Pflanze Achras sapota. Ihr Polypren bildet die Grundlage für Chicle-Kaugummi. In Konkurrenz dazu stehen die Alstonia- und Dyera-Arten Ostasiens, die allerdings einen hohen Harzgehalt aufweisen.

Die Pflanze erzeugt Naturkautschuk über die sog. aktivierte Essigsäure, den Essigsäurethiolester des Coenzyms A:

$$CH_3-CO-S-(CH_2)_2-NHCO-(CH_2)_2-NHCO-\underset{\underset{CH_3}{OH}}{\overset{CH_3}{\underset{|}{\overset{|}{C}}}}-CH_2-O\left(\overset{O}{\underset{OH}{\overset{\|}{P}}}-O\right)_2-CH_2-\cdots$$

R = PO(OH)₂

| Essigsäure | Coenzym A |

Durch Dimerisierung entsteht zunächst Acetacetyl-CoA (II), dann weiter β-Hydroxy-β-methylglutaryl-CoA (III), Mevalonsäure (IV) und zum Schluß Isopentenylpyrophosphat (V) und Dimethylallylpyrophosphat (VI):

(25–7) $\text{CH}_3\text{COCH}_2\text{CO–SCoA} \longrightarrow \underset{\text{III}}{\text{HOOC–CH}_2\text{–}\underset{\underset{\text{OH}}{|}}{\overset{\overset{\text{CH}_3}{|}}{\text{C}}}\text{–CH}_2\text{–CO–SCoA}} \longrightarrow$

$\longrightarrow \underset{\text{IV}}{\text{HOOC–CH}_2\text{–}\underset{\underset{\text{OH}}{|}}{\overset{\overset{\text{CH}_3}{|}}{\text{C}}}\text{–CH}_2\text{–CH}_2\text{OH}} \longrightarrow \underset{\text{V}}{\text{CH}_2\text{=}\overset{\overset{\text{CH}_3}{|}}{\text{C}}\text{–CH}_2\text{–CH}_2\text{–O–}\overset{\overset{\text{O}}{\|}}{\underset{\underset{\text{O}^{\ominus}}{|}}{\text{P}}}\text{–O–}\overset{\overset{\text{O}}{\|}}{\underset{\underset{\text{O}^{\ominus}}{|}}{\text{P}}}\text{–O}^{\ominus}} \longrightarrow$

$\longrightarrow \underset{\text{VI}}{\text{CH}_3\text{–}\overset{\overset{\text{CH}_3}{|}}{\text{C}}\text{=CH–CH}_2\text{–O–}\overset{\overset{\text{O}}{\|}}{\underset{\underset{\text{O}^{\ominus}}{|}}{\text{P}}}\text{–O–}\overset{\overset{\text{O}}{\|}}{\underset{\underset{\text{O}^{\ominus}}{|}}{\text{P}}}\text{–O}^{\ominus}}$

Der Kettenaufbau erfolgt dann aus V und VI:

(25–8) $\text{V + VI} \longrightarrow \text{CH}_3\text{–}\overset{\overset{\text{CH}_3}{|}}{\text{C}}\text{=CH–CH}_2\text{–CH}_2\text{–}\overset{\overset{\text{CH}_3}{|}}{\text{C}}\text{=CH–CH}_2\text{–OP}_2\text{O}_6^{3-} + \text{P}_2\text{O}_7^{4-} + \text{H}^+$

Naturkautschuklatex enthält ca. 20–60% Poly(isopren). Die Latexteilchen besitzen Durchmesser von 0,1–1 μm und sind noch von einer Schicht Protein umgeben. Der Latex muß mit 5–7 g/l Ammoniak gegen den Befall von Mikroorganismen stabilisiert werden. Da der Versand wegen des hohen Wassergehaltes zu teuer ist, wird der Latex noch durch Erhitzen mit Alkali und Zusatz eines Schutzkolloides, durch Aufrahmen unter Zusatz von Schutzkolloiden (Tragant, Alginate, Gelatine, Poly(vinylalkohol)) mittels Zentrifugieren, Ultrafiltration oder Elektroaufrahmung auf etwa 75% Feststoffgehalt aufkonzentriert. Dieser Latex wird für Tauchartikel verwendet, nachdem vorher Schwefel, Vulkanisationsbeschleuniger usw. zugesetzt wurden. Nach dem Tauchen wird durch Dampf, kochendes Wasser oder Heißluft vulkanisiert.

Der größte Teil des Kautschuks wird jedoch schon in der Plantage mit 1% Essigsäure oder 0,5% Ameisensäure koaguliert. Beim Durchgang durch vier Riffelwalzen mit Friktion wird er mit viel Wasser gewaschen und gelangt so als „pale crepe" in den Handel. „Smoked sheets" werden auf vier glatten Walzen mit fließendem Wasser gewaschen, dann durch eine Riffelwalze geschickt und anschließend in Kreosot-Dampf aus Teeröl-Fraktionen geräuchert. Beide Maßnahmen erfolgen, um den Befall durch Mikroorganismen zu vermeiden. Von minderer Handelsqualität sind Sorten, die von Rückständen in Auffangbechern, spontan koaguliertem Kautschuk usw. stammen. Naturkautschuk enthält stets Fettsäuren und Proteine. Die Fettsäuren wirken als Stabilisatoren, die Proteine als Vulkanisationsaktivatoren. Bei synthetischem Kautschuk müssen dagegen Stabilisatoren und Amine eigens zugesetzt werden.

25.3.2.2 Synthetisches Poly(isopren)

Isopren wird heute aus dem C_5-Schnitt der Naphtha-Crackung gewonnen. Alle anderen der über 50 bekannten Syntheseverfahren sind nicht wirtschaftlich genug. Die Struktur der synthetischen Poly(isoprene) wird außerordentlich stark durch das Polymerisationsverfahren beeinflußt (Tab. 25–3). Technisch wird Poly(isopren) durch Polymerisation mit Lithiumalkylen in Kohlenwasserstoffen hergestellt. Bei der Polymerisation in aliphatischen Lösungsmitteln erhält man praktisch unabhängig von der

Initiatorkonzentration und dem Umsatz immer ca. 20−35% Gelanteile, vermutlich durch eine gelegentlich vorkommende 3,4-Addition an der Katalysatoroberfläche. In aromatischen Lösungsmitteln wird dagegen nur wenig Gel gebildet, da aromatische Lösungsmittel mit derartigen Katalysatoren stabile Komplexe geben.

Die Gelanteile beeinflussen zwar die Verarbeitung, nicht aber die Eigenschaften des Vulkanisates. Die Endeigenschaften variieren jedoch mit dem Gehalt an 3,4-Strukturen. Naturkautschuk weist etwa 3%, Lithium-Poly(isopren) etwa 6 und Natrium-Poly(isopren) etwa 51% 3,4-Strukturen auf. Steigt der 3,4-Gehalt über ca. 10%, so verschwindet der Selbstklebeeffekt. Bei höheren 3,4-Anteilen sinken außerdem die Zugfestigkeit und der 600%-Modul, während die Dehnung nur wenig beeinflußt wird.

Tab. 25−3: Struktur der bei der Isopren-Polymerisation mit verschiedenen Initiatoren bei 30°C entstehenden Polymeren

Initiator	Lösungsmittel	Strukturen in %			
		cis-1,4	trans-1,4	3,4	1,2
$TiCl_4/Al(C_2H_5)_3$		96		4	
$VCl_3/Al(C_2H_5)_3$	Alkane		99		
$AlCl_3$	C_2H_5Br		93		
BF_3	C_5H_{12}		90		
Redox	wässr. Emulsion		90		
Li	Alkane	94		6	
Na	Alkane	0	43	51	6
K	Alkane	0	52	40	8
Rb	Alkane	5	47	39	8
Cs	Alkane	4	51	37	8

25.3.2.3 Derivate

Durch Erhitzen von Naturkautschuk auf über 250°C in Ggw. von Protonen wird der Kautschuk von Molmassen von ca. 300 000 auf ca. 2000−10000 g/mol abgebaut und gleichzeitig cyclisiert. Je nach Umsatz und Reaktionsbedingungen entstehen dabei mono-, di- und tricyclische Strukturen, die durch Methylengruppen oder nichtcyclische Isopreneinheiten voneinander getrennt sind:

(25−9)

Als Protonenlieferant hat sich besonders Phenol bewährt, da es gleichzeitig ein Sauerstoffänger ist. Es wird teils als Etherendgruppe, teils als substituiertes Phenol eingebaut. Beim Cyclisieren verschwinden ca. 50−90% der ursprünglichen Doppelbindungen. Der Cyclokautschuk weist eine Glasübergangstemperatur von ca. 90°C auf. In seinen Eigenschaften ähnelt er je nach Vorbehandlung vulkanisiertem Kautschuk oder

Balata bzw. Guttapercha. Er dient als Bindemittel für Druckfarben, Lacke, Klebstoffe usw.

Beim Einleiten von HCl in Ggw. von H_2SnCl_6 in Kautschuklösungen entsteht eine feste weiße Masse des Kautschukhydrochlorids I. Kautschukhydrochlorid wird für Filme und Folien verwendet. Aus dem Kautschukhydrochlorid entstehen durch HCl-Abspaltung unter gleichzeitiger Isomerisierung die Isokautschuke II.

$$\underset{I}{-CH_2-\underset{\underset{CH_3}{|}}{CH}-CHCl-CH_2-} \qquad \underset{II}{\underset{H_2}{C}\overset{CH_2}{\underset{\|}{\diagup}}\underset{H_2}{C}-\underset{H_2}{C}\overset{CH_2}{\underset{\|}{\diagdown}}C} \qquad III$$

Durch Behandeln des Naturkautschuks mit Chlor gewinnt man den Chlorkautschuk III. Die Produkte können bis zu 65% Chlor enthalten, es muß also neben der Addition an die Doppelbindungen (Theorie 51%) auch eine Substitution eingetreten sein. Spektroskopische Untersuchungen deuten ferner auf Cyclohexanstrukturen. Lösungen des Chlorkautschukes werden als Klebstoffe für Dienkautschuk/Metall-Verbunde eingesetzt.

25.3.3 POLY(DIMETHYLBUTADIEN)

Poly(2,3-dimethylbutadien) wurde während des 1. Weltkrieges von den Zentralmächten unter dem Namen Methylkautschuk als Ersatz für den fehlenden Naturkautschuk hergestellt. Die H-Type wurde gewonnen, indem das Monomer in Metalltrommeln 3 Monate stehen gelassen wurde. Die so durch Popcorn-Polymerisation erhaltene weiße, feste, kristalline Masse wurde beim Mahlen gummiartig. Die W-Type wurde dagegen durch sechsmonatiges Erhitzen auf 70°C unter Druck synthetisiert. Eine B-Type wurde durch 2–3 Wochen Polymerisation mit Natrium in Ggw. von Carbondioxid erzeugt. Der Methylkautschuk konnte sich jedoch nach Kriegsende wegen des hohen Preises und der schlechten Eigenschaften nicht halten. Neuere Untersuchungen mit Ziegler-Polymerisaten haben noch nicht zu einem technischen Produkt geführt.

25.3.4 POLY(CHLOROPREN)

Chloropren $CH_2=CCl-CH=CH_2$ wird heute aus Butan, Buten oder Butadien durch Chlorieren und anschließende Abspaltung von Chlorwasserstoff erhalten. Chloropren wurde zuerst mit Luftsauerstoff als Initiator in Abwesenheit von Licht polymerisiert. Später wurde zur Emulsionspolymerisation übergegangen. Da die Emulsionspolymerisation durch Sauerstoff stark gehemmt wird, versuchte man, die letzten Spuren Sauerstoff durch Zugabe von Reduktionsmitteln wie Natriumhypodisulfit zu entfernen. Wider Erwarten wurde aber die Polymerisation dadurch stark beschleunigt, was in der Folge zur Entdeckung der Redoxpolymerisation führte. Die Emulsionspolymerisation verläuft unter den gleichen Bedingungen etwa 700 mal schneller als die von Isopren. Die Polymerisationswärme muß daher rasch durch kräftige Außenkühlung oder durch Arbeiten im Strömungsrohr abgeführt werden. Alternativ kann man auch die Polymerisationsgeschwindigkeit durch Zugabe von Schwefel als Inhibitor herabsetzen.

25.3.5 POLY(ALKENAMERE)

Poly(alkenamere) entstehen durch Ringöffnungspolymerisation von Cycloolefinen mit Metathese-Katalysatoren (vgl. Kap. 19). Der technisch gebräuchliche Name dieser Verbindungsklasse geht auf eine inzwischen aufgegebene IUPAC-Nomenklatur zurück. Nach der modernen IUPAC-Nomenklatur wären diese Verbindungen als Poly-(1-alkenylene) zu bezeichnen. Im Versuchsstadium befinden sich Poly(pentenamer) und Poly(octenamer).

Poly(pentenamer) wird durch Polymerisation von Cyclopenten erhalten

(25−10)   ⬠ ⟶ ─(CH=CH−CH$_2$−CH$_2$−CH$_2$)─

Cyclopenten kommt in großen Mengen im C$_5$-Schnitt der Naphtha-Crackung vor (vgl. Kap. 24.3). Der C$_5$-Schnitt enthält außerdem Cyclopentadien und Dicyclopentadien, die beide in Cyclopenten überführt werden können. Cycloocten wird dagegen durch Hydrieren von Cyclooctadien, dem Dimerisierungsprodukt des Butadiens, erhalten.

Cyclopenten wird mit $R_3Al/WCl_6/C_2H_5OH$ zum trans-Poly(pentenamer) polymerisiert. Dieses Polymer ist ein Allzweck-Kautschuk, der teils Naturkautschuk, teils cis-Poly(butadien) ähnelt. Beim Poly(octenamer) werden Typen mit 75−80% bzw. mit 40−50% cis-Gehalten studiert. Beide Typen sind ebenfalls Allzweck-Kautschuke.

25.4 Aromatische Kohlenwasserstoffketten

Aromatische Kohlenwasserstoffketten enthalten in der Hauptkette aromatische Ringe. Sie werden meist durch Polykondensationen hergestellt.

25.4.1 POLY(PHENYLENE)

Poly(phenylene) sind oligomere bis polymere Verbindungen aus in ortho-, meta-, oder para-Stellung verknüpften Phenylenringen oder verwandten Gruppierungen wie Naphthalin- oder Anthracenresten. Sie sind auch unter den Namen Polyphenyle, Oligophenyle, Oligophenylene oder Polybenzol bekannt. Die höhermolekularen Poly(phenylene) sind ausnahmslos verzweigt.

Benzol kann oxidativ-kationisch bei milden Temperaturen mit Eisentrichlorid, Aluminiumtrichlorid/Kupferdichlorid usw. zu braunen bis schwarzen Massen polymerisiert werden. Die unlöslichen Massen können unter hohem Druck zu Formteilen verpreßt werden.

Lösliche und über die Schmelze verarbeitbare Poly(phenylene) werden durch oxidativ-kationische Polymerisation der verschiedenen Terphenyle, z.T. mit Zusatz anderer Oligophenyle, erhalten. Die in Chloroform oder Chlorbenzol löslichen Präpolymeren werden dann, als Tränklack für Laminate oder mit Füllstoffen versehen, mit Toluolsulfonsäure, Sulfurylchlorid oder Bortrifluorid/Diethylether in unlösliche und unschmelzbare Massen umgewandelt.

Verzweigte Polymere bilden auch die Oligophenylene mit Acetylenendgruppen. Diese Verbindungen vernetzen unter dem Einfluß von z.B. Titan(IV)chlorid/Diethylaluminiumchlorid, vermutlich unter Cyclotrimerisierung der Acetylgruppen. Die

Präpolymeren sind löslich und unter gleichzeitiger Formgebung härtbar. Sie dienen für korrosionsbeständige Überzüge.

25.4.2 POLY(P-XYLYLEN)

Poly(p-xylylen) wird aus dem [2,2]-p-Cyclophan, auch Di-p-xyxylen genannt, gewonnen:

$$(25-11) \quad \begin{array}{c} H_2C-\text{C}_6H_4-CH_2 \\ | \qquad\qquad | \\ H_2C-\text{C}_6H_4-CH_2 \end{array} \longrightarrow [^\bullet CH_2-\text{C}_6H_4-CH_2^\bullet]$$

$$\longrightarrow (\!\!-CH_2-\text{C}_6H_4-CH_2-\!\!)_n$$

Die Polymerisation verläuft über lebende Diradikale. Technisch werden Poly(p-xylylen), Poly(2-chlor-p-xylylen) und Poly(2,5-dichlor-p-xylylen) hergestellt, und zwar durch direkte Polymerisation der Monomeren auf die zu bedeckende Oberfläche. Die nur wenig gas- und wasserdampfdurchlässigen Filme werden hauptsächlich für Kondensatorzwischenschichten verwendet.

25.4.3 PHENOLHARZE

Phenolharze sind Kondensationsprodukte von Phenolen mit Formaldehyd, gelegentlich auch mit anderen Aldehyden. Durch Säurekatalyse mit einem Unterschuß Formaldehyd entstehen Novolake, durch Basenkatalyse mit einem Überschuß Formaldehyd dagegen Resole (A-Zustand), Resitole (B-Zustand) und Resite (C-Zustand).

25.4.3.1 Säurekatalyse

Formaldehyd wird durch Säuren in das Methylolkation $^\oplus CH_2OH$ überführt. Dieses Kation reagiert dann mit Phenol zu p- oder o-Methylolphenolen

$$(25-12) \quad C_6H_5OH + {}^\oplus CH_2OH \longrightarrow [\text{ortho-adduct}] \longrightarrow \text{o-HOC}_6H_4CH_2OH + H^\oplus$$

die jedoch nicht isolierbar sind, sondern sich schnell zu den entsprechenden Methylenverbindungen umsetzen:

$$(25-13) \quad \left[\text{o-HOC}_6H_4CH_2O^\oplus H_2 \rightleftharpoons \text{o-HOC}_6H_4CH_2^\oplus + H_2O\right] \longrightarrow \text{(o-HOC}_6H_4)CH_2(\text{C}_6H_5OH)^\oplus \longrightarrow$$

$$\longrightarrow \text{2-HOC}_6H_4-CH_2-\text{C}_6H_4OH\text{-2} + H^\oplus$$

Außerdem entstehen offenkettige Formale

(25-14) $\quad 2\ \underset{}{C_6H_4(OH)CH_2OH}\ +\ HCHO\ \rightarrow\ (HO)C_6H_4-CH_2OCH_2OCH_2-C_6H_4(OH)\ +\ H_2O$

Die entstehenden Novolake sind löslich und werden dann mit Härtern wie z. B. Hexamethylentetramin (Urotropin, Hexa) vernetzt:

(25-15) ~CH$_2$–[C$_6$H$_3$(OH)]–CH$_2$~ + Hexa → ~CH$_2$–[C$_6$H$_2$(OH)(CH$_2$–NH–CH$_2$–C$_6$H$_2$(OH)(~CH$_2$)(CH$_2$~))]–CH$_2$~

Die Härtungsreaktion erfolgt in p-Stellung schneller als in o-Stellung. Die Novolake sollen daher möglichst o,o'-Methylol-Verbindungen darstellen. Bei der Umsetzung von Phenol mit Formaldehyd entstehen jedoch wegen dieser höheren Reaktivität der p-Stellung gerade die p-Methylolphenole. Um die Reaktion in die o-Stellung zu lenken, führt man daher die Novolak-Bildung bei mäßig hohen Protonenkonzentrationen aus. Bei diesen Konzentrationen sind die intermediär gebildeten o-Methylolphenole kurzzeitig durch eine Wasserstoffbrücke stabilisiert. Die Stabilität und daher die Ausbeute an diesen Verbindungen kann auch durch Zusatz von chelatbildenden zweiwertigen Metallen weiter erhöht werden.

25.4.3.2 Basenkatalyse

Bei der basenkatalysierten Reaktion von Phenol mit Formaldehyd wird das Phenolatanion nucleophil an Formaldehyd addiert

(25-16) $\left[C_6H_5O^\ominus \leftrightarrow C_6H_5O \text{ (Carbanion)} \right] \xrightarrow{+CH_2O} o\text{-}(^\ominus O)C_6H_4\text{-}CH_2OH \rightarrow o\text{-}(HO)C_6H_4\text{-}CH_2O^\ominus$

Bei der basenkatalysierten Härtung der entstehenden Resole reagieren die Methylolgruppen unter Veretherung.

Bei der säurekatalysierten Härtung wird der Phenolalkohol an der basischeren Methylolgruppe protoniert. Das entstehende Oxoniumion spaltet Wasser ab und bildet ein Benzylcarboniumion, das dann mit einer Verbindung mit mindestens zwei nucleophilen Gruppen HY vernetzt; Y kann dabei O-Alkyl, S-Alkyl, NH-Alkyl usw. oder auch eine CH-acide Verbindung sein. Da die Aktivierungsenergie für die Bildung einer Methylenbrücke jedoch nur etwa die Hälfte derjenigen für die Bildung einer Etherbrücke beträgt, werden bei der säurekatalysierten Härtung von Resolen hauptsächlich Methylenbrücken gebildet.

Bei der „nichtkatalysierten", d. h. ohne Zusatz von Fremdstoffen ausgeführten Härtung laufen die gleichen Reaktionen wie bei der sauren oder basischen Härtung ab. Der früher für die nichtkatalysierte Härtung postulierte Ablauf über Chinonmethide ist daher nicht notwendig. Chinonmethide entstehen bei Abwesenheit von Sauerstoff in nennenswertem Umfang erst bei Temperaturen von ca. 600°C. In Ggw. von Sauerstoff bilden sich jedoch Chinonmethide schon bei tieferen Temperaturen und rufen dann eine Vergilbung der Phenolharze hervor

(25–17) $\sim\!\!\bigcirc\!\!-CH_2-\bigcirc\!\!-OH + 0{,}5\ O_2 \rightarrow \sim\!\!\bigcirc\!\!-CH=\bigcirc\!\!=O + H_2O$

Diese Vergilbung kann durch Blockieren der Phenolgruppen, z.B. durch Veresterung, verhindert werden. Die den meisten Phenolharzen eigene gelbe Farbe stammt jedoch nicht von Chinonmethiden, sondern von einer Nebenreaktion der Phenolharze bei der Härtung mit Hexa. Durch Dehydrierung speziell der Kettenenden werden hier nämlich Azomethingruppen gebildet:

(25–18) $\sim\!\!\bigcirc\!\!-CH_2-NH-CH_2-\bigcirc\!\!\sim \rightarrow \sim\!\!\bigcirc\!\!-CH=N-CH_2-\bigcirc\!\!\sim$

Die ohne Füllstoffe in Formen bei erhöhter Temperatur ausgeführte Härtung der Resole führt zu durchscheinenden Gegenständen, die z.B. für Messergriffe verwendet werden. Die unter Zusatz von Benzylalkohol ablaufende saure Härtung der A-Stufe mit Phosphorsäure oder aromatischen Sulfosäuren gibt säurebeständige Kitte (Asplit). Setzt man der mit Benzolsulfosäure ablaufenden Härtung noch gasabgebende Mittel wie $NaHCO_3$ zu, so erhält man Schaumstoffe. Mit Asbest gefülltes Material wird für Spachtelmassen oder für Isolierungen verwendet.

Resitole werden mit Papier, Holz und Gewebe heiß als Schichtpreßmassen zu Platten usw., aber auch zu mit Wasser schmierbaren Zahnrädern verarbeitet. Resitole werden allein, sowie in Form von mit Resitolen getränkten Papieren (Tegofilm) als Kleber verwendet. Für raschhärtende Sperrholzkleber werden Verbindungen mit vielen o-Verknüpfungen, also vielen para-ständigen Methylol-Gruppen, eingesetzt. Der im 2. Weltkrieg berühmt gewordene englische Jagdbomber „Mosquito" wurde z.B. mit Phenolharzen geklebt.

Phenolharze sind für Lackzwecke besonders vielfältig abgewandelt worden. Die reinen Novolake sind nur in polaren Lösungsmitteln wie Alkohol, Aceton, niedrigen Estern usw. löslich und weisen als spritlösliche Lacke nur einen beschränkten Einsatzbereich auf; zudem sind sie für viele Zwecke zu spröde. Es wurden darum sogen. plastifizierte und elastifizierte Phenolharze entwickelt. Bei der Plastifizierung wird entweder partiell verethert (z.B. mit t-Butylalkohol) oder verestert (z.B. mit Fettsäuren) oder sowohl verethert als auch verestert (z.B. mit Adipinsäure und Trimethylolpropan). Die so plastifizierten Phenolharze haben eine erhöhte Elastizität, lösen sich in Aromaten, sind verträglich mit Polyvinylverbindungen und Fettsäuren und können so gut als Einbrennlacke verwendet werden.

Sowohl die spritlöslichen Novolake als auch die plastifizierten Phenolharze lösen sich aber nicht in trocknenden Ölen wie Leinöl. Ein erster Fortschritt in dieser Richtung wurde durch Kombination der Phenolharze mit Abietinsäure erzielt, die vorher mit Glycerin verestert wurde. Diese „modifizierten Phenolharze" trocknen besser als die Kopal-Leinöl-Harze. Noch bessere „elastifizierte Phenolharze" wurden durch Einführen neuer Gruppierungen in die Grundkomponenten erzielt. Verwendet man als Phenolkomponente das Bisphenol A (vgl. Kap. 26.5.1), so wird nicht nur die Löslichkeit in trocknenden Ölen heraufgesetzt, sondern auch die Vergilbungsneigung erniedrigt. Die unter Bildung von Chinonmethid-Strukturen ablaufende Vergilbung kann bei Verwendung von Bisphenol A nicht eintreten, da die in p-Stellung sich befindende Methylengruppe vollkommen substituiert ist. Auch diese Alkylphenolharze lösen sich in trocknenden Ölen, wenn die Phenole p-substituiert sind: sie können in Kombination mit trocknenden Ölen eingebrannt werden. Eine Elastifizierung kann auch durch Verwendung von Bis- oder Polyphenolen mit elastischen Zwischengliedern erreicht werden. Unverseifbare Einbrennlacke erhält man so z.B. aus Verbindungen, die durch Kondensation von höherchlorierten $C_{15}-C_{30}$-Paraffinen mit Phenol unter Wirkung von $ZnCl_2$ erhalten und anschließend mit Formaldehyd zu Resolen umgesetzt werden.

Phenolharze werden ferner als Gerbstoffe, als Bindemittel für Formsand und als Vulkanisationshilfsmittel verwendet. Ionenaustauschbar werden durch Einkondensation von Phenolen mit Sulfo-, Carboxyl- oder Aminogruppen erhalten. Die Mäntel der Weltraumraketen weisen ebenfalls eine Schicht von Phenolharzen auf, die unter dem Einfluß der Hitze carbonisiert wird und so einen guten Wärmeschutz abgibt.

Aus Phenolharzen werden auch Fasern hergestellt. Ein Novolak mit M ≈ 800 g/mol wird aus der Schmelze bei 130 °C mit ca. 200 m/min versponnen. Anschließend wird 6–8 h bei 100–150 °C mit Formaldehydgas oder -lösung gehärtet. Die gelbliche Faser hat eine Dehnbarkeit von ca. 30 % und verkohlt in der Flamme unter Beibehalt der Form. Sie wird hauptsächlich für die Füllung flammfester Decken und für flammfeste Berufskleider eingesetzt. Acetylierung der Endgruppen liefert weiße Fasern, da bei der Härtung keine Chinonmethide gebildet werden können (vgl. Gl. (25–17)).

25.4.4 POLY(ARMETHYLENE)

Durch Kondensation von Aralkylethern oder Aralkylhalogeniden mit Phenolen oder anderen aromatischen, heterocyclischen oder metallorganischen Verbindungen in Ggw. von Friedel-Crafts-Katalysatoren entstehen Präpolymere

(25–19) $(n + 2)$ [Phenol] $+ (n + 1)\ CH_3OCH_2-$[Phenyl]$-CH_2OCH_3\ \xrightarrow{\Delta}$

$\xrightarrow{\Delta}$ [HO-Phenyl]$-[CH_2-$[Phenyl]$-CH_2-$[HO-Phenyl]$]_n-CH_2-$[Phenyl]$-CH_2-$[HO-Phenyl]$\ + (2n + 2)\ CH_3OH$

Die Präpolymeren weisen ähnliche Strukturen wie Phenolharze auf und können mit Hexa oder Polyepoxiden vernetzt werden.

25.5 Andere Poly(kohlenwasserstoffe)

25.5.1 CUMARON/INDEN-HARZE

Die zwischen 150 und 200 °C siedende Teerfraktion enthält 20–30 % Cumaron (Benzofuran), bedeutende Mengen Inden und als Hauptbestandteil eine cycloparaffinreiche Fraktion (Naphtha)

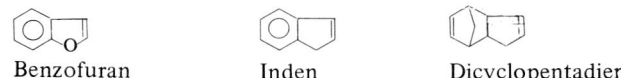

Benzofuran   Inden   Dicyclopentadien

Benzofuran und Inden haben sehr ähnliche Siedepunkte von 174 bzw. 182°C und werden daher nicht getrennt, sondern direkt in der Naphtha-Lôsung mit H_2SO_4 oder $AlCl_3$ als Katalysatoren zu Harzen mit Molmassen zwischen 1000 und 3000 g/mol polymerisiert. Die Polymerisation erfolgt überwiegend über die Doppelbindung der Fünfringe. Nach der Polymerisation wird die Naphtha verdampft. Durch Hydrieren der Harze wird ihre Verfärbung an Licht und Luft verhindert.

25.5.2 HARZÖL-HARZE

Bei der Röhrspaltung von Rohbenzin oder Gasöl fallen sog. Harzöle an. Diese Gemische von C_8-C_{10}-Kohlenwasserstoffen enthalten sowohl inerte (Xylole, Naphthaline usw.) als auch polymerisierbare Verbindungen (Styrol, α-Methylstyrol, Vinyltoluole, Inden, Methylindene, Dicyclopentadien). Die Harzöle werden direkt mit Friedel-Crafts-Katalysatoren polymerisiert. Dabei werden auch inerte Kohlenwasserstoffe alkyliert, so daß die Harzausbeute größer ist, als sich aus der Summe der polymerisierbaren Komponenten berechnen läßt. Durch Copolymerisation mit trocknenden Ölen entstehen leicht trocknende Lackharze mit gutem Glanz und guter Härte.

25.5.3 PINEN-HARZE

α-Pinen und β-Pinen kommen im Terpentinöl vor. β-Pinen polymerisiert unter Stickstoff ohne Katalysator zu kristallinen Polymeren

(25-20)

Die kationische Copolymerisation von β-Pinen mit ca. 20% Isobutylen führt zu schlagfesten Thermoplasten, die mit mehr als 90% Isobutylen zu vulkanisierbaren Elastomeren.

α-Pinen wird dagegen bei der kationischen Polymerisation zuerst zum Dipenten (D,L-Limonen) isomerisiert, das dann polymerisiert

(25-21)

25.5.4 POLYMERE AUS UNGESÄTTIGTEN NATURÖLEN

Aus ungesättigten Naturölen (vgl. Kap. 24.7) werden durch Vernetzungsreaktionen niedermolekulare Produkte hergestellt, von denen besonders Linoxyn und Faktis zu nennen sind.

Die Polymerisation von Leinöl in Ggw. von Sauerstoff bei 60°C führt zu *Linoxyn*. Anschließend wird Linoxyn mit Colophonium oder Kopalharzen bei 150°C zu „Linoleumzement" homogenisiert. Der zähe, gelartige Linoleumzement wird dann mit Füllstoffen und Farbstoffen vermischt, auf Jutebahnen ausgewalzt und zu Linoleum ausgehärtet.

Faktis wird aus fetten Ölen wie Leinöl, Ricinusöl, Sojaöl oder Rüböl hergestellt. Um braunen Faktis zu erhalten, wird das Öl mit Schwefel 6–8 h auf 130–160°C erhitzt. Die Vulkanisation führt zu einem weichen, krümeligen elastischen Produkt mit 5–20% Schwefel. Weißer Faktis wird durch Vulkanisation der Öle mit Dischwefeldichlorid bei Raumtemperatur gewonnen. Er enthält 15–20% Schwefel und ist nicht elastisch. Beide Faktissorten werden zur Verbilligung von Gummiartikeln und zur Verbesserung der Maßhaltigkeit von Kalanderfolien aus Naturkautschuk eingesetzt.

25.6 Poly(vinylverbindungen)

Poly(vinylverbindungen) werden durch Polymerisation von Vinylverbindungen $CH_2=CHX$ oder durch polymeranaloge Umsetzung von Poly(vinylverbindungen) hergestellt. X ist dabei eine über Sauerstoff-, Stickstoff- oder Schwefel an die Vinylgruppe gekoppelte Gruppierung oder ein Halogen. Poly(vinylidenverbindungen) weisen dagegen die allgemeine Struktur $CH_2=CX_2$ auf. Erfolgt die Kopplung über eine CO-Gruppe oder ist der Substituent eine Nitrilgruppe, so spricht man von Acrylverbindungen. Das Monomer mit zwei Nitrilgruppen in 1,1-Stellung heißt allerdings wieder Vinylidencyanid. Allylverbindungen sind substituierte Propylene $CH_2=CH-CH_2X$.

Technisch wichtig sind einige O- und N-Vinylverbindungen, Acrylverbindungen, Allylverbindungen und einige Vinylhalogenide. S-Vinylverbindungen beanspruchen dagegen nur akademisches Interesse.

25.6.1 POLY(VINYLACETAT)

Vinylacetat $CH_2=CH-O-OCCH_3$ wird aus Ethylen und Essigsäure oder aus Acetaldehyd und Acetanhydrid hergestellt. Die früher viel verwendete Synthese aus Acetylen und Essigsäure ist zu teuer.

Vinylacetat wird radikalisch in Substanz, Emulsion oder Suspension polymerisiert. Die Polymerisation in Masse erfolgt beim Siedepunkt des Monomeren (72,5°C bei 1 bar); sie liefert wegen der Übertragung zur Estergruppe stark verzweigte Polymere (vgl. Kap. 20.4.3). Technisch wird bis zu einem bestimmten Umsatz polymerisiert und dann das restliche Monomere durch Dünnschichtverdampfung entfernt. Alternativ kann man auch in einem Turm polymerisieren. Da hierbei das Polymer noch fließfähig sein und die Fließtemperatur noch unterhalb der Zersetzungstemperatur liegen muß, kann man mit diesem Verfahren wegen der starken Zunahme der Fließtemperatur mit der Molmasse nur mäßig hohe Molmassen erhalten.

Emulsions- und Suspensionspolymerisationen müssen wegen der niedrigen Glasübergangstemperatur des Poly(vinylacetates) von +28°C bei tiefen Temperaturen ausgeführt werden, da bei höheren Temperaturen die Latices bzw. Perlen agglomerieren würden. Die Emulsionspolymerisation wird üblicherweise mit anionischen Emulgatoren ausgeführt und liefert daher negativ geladene Latices. Positiv geladene Latices entstehen bei Verwendung z.B. stickstoffhaltiger Derivate oxethylierter Poly(propylenoxide).

Stabile, feindisperse Latices mit mehr als 50% Feststoffgehalt sind schwierig herzustellen, werden jedoch bei Einbau kleiner Mengen hydrophiler Verbindungen erhalten.

Poly(vinylacetat) wird als Klebstoff und für Holzleime (40% Lösungen), als Lackrohstoff und für Appreturen (Dispersionen) sowie als Betonzusatz (Dispersionspulver durch Sprühtrocknung) verwendet. Wasserbeständigere Poly(vinylacetat)-Typen werden durch Copolymerisation von Vinylacetat mit Vinylstearat oder Vinylpivalat erhalten, da deren sperrige Seitengruppen die Verseifungsgeschwindigkeit herabsetzen. Reines Poly(vinylpivalat) hat jedoch für die meisten Verwendungszwecke der Poly(vinylester) eine zu hohe Glasübergangstemperatur von 78°C. Weitere Copolymere des Poly(vinylacetates) werden mit Ethylen (vgl. Kap. 25.2.1.3) oder Vinylchlorid (vgl. Kap. 25.7.5.3) hergestellt.

25.6.2 POLY(VINYLALKOHOL)

Vinylalkohol ist das Enol des Acetaldehyds. Im Tautomeriegleichgewicht liegt es in kleinen Mengen vor; Acetaldehyd kann daher durch Polymerisation in polaren Lösungsmitteln mit Alkalialkoholaten als Initiatoren in Poly(vinylalkohol) überführt werden. Das Verfahren wird jedoch nicht technisch ausgeführt.

Poly(vinylalkohol) stellt man vielmehr durch Umestern von Poly(vinylacetat) mit Methanol oder Butanol dar

$$(25-22) \quad \text{+CH}_2\text{--CH+} + \text{ROH} \rightarrow \text{+CH}_2\text{--CH+} + \text{CH}_3\text{COOR}$$
$$\quad\quad\quad\quad\;\; |\quad\quad\quad\quad\quad\quad\quad\quad\quad\quad\; |$$
$$\quad\quad\quad\quad \text{O--CO--CH}_3 \quad\quad\quad\quad\quad\quad \text{OH}$$

Methylacetat und das wertvollere Butylacetat sind gesuchte Lösungsmittel. Bei der Umesterung wird bei Umsätzen zwischen 45 und 75% eine hochviskose Phase durchlaufen. Um diese Phase zu vermeiden, wurde vorgeschlagen, kontinuierlich in sehr verdünnter Lösung zu arbeiten, die Lösung des Poly(vinylacetates) in Kohlenwasserstoffen zu emulgieren oder Kneter zu benutzen. Die Schwierigkeiten könnten auch bei dem leicht durch heißes Wasser verseifbaren Poly(vinylformiat) umgangen werden. Die bei dessen Verseifung entstehende Ameisensäure wirkt aber stark korrodierend. Außerdem ist das monomere Vinylformiat wegen seiner leichten Hydrolysierbarkeit schwierig herzustellen.

Poly(vinylalkohol) wird für viele Zwecke verwendet: als Schlichte für Polyamide und Kunstseide, als Emulgator und Schutzkolloid für Polymerisationen, als Komponente für Druckfarben, Zahnpasten und kosmetische Präparate, und für treibstoffeste Schläuche. Durch Verspinnen wässriger Lösungen in ein Natriumsulfatbad und anschließendes Verstrecken, Tempern und Vernetzen mit Formaldehyd wird in Japan eine Faser mit drahtigem Griff hergestellt. Eine flammfeste Faser entsteht durch Coextrudieren von Poly(vinylalkohol) und Poly(vinylchlorid). Belichten in Ggw. von Alkalidichromat führt zu unlöslichen Kopierschichten.

25.6.3 POLY(VINYLACETALE)

Poly(vinylformal) kann direkt aus Poly(vinylacetat) hergestellt werden. Poly(vinylbutyral) muß dagegen über den Poly(vinylalkohol) gewonnen werden:

$$(25-23) \quad \underset{\text{OH OH OH}}{\frown\frown\frown\frown} + \text{RCHO} \rightarrow \underset{\underset{H\;\;R}{\diagdown\diagup}}{\underset{O\quad\;O\;\;\;\text{OH}}{\frown\frown\frown\frown}}$$

Bei allen Acetylisierungsreaktionen ist kein vollständiger Umsatz erreichbar (vgl. Kap. 23.4.6), so daß aus diesem Grunde und wegen der unvollständigen Umesterung des Poly(vinylacetates) die Poly(vinylacetale) immer Acetal-, Acetat- und Hydroxylgruppen enthalten.

Poly(vinylacetale) mit ca. 10% Acetatgruppen, 6% Hydroxylgruppen und 84% Formalgruppen werden mit Resolen gemischt und zur elektrischen Isolierung von Magnetdrähten verwendet.

Poly(vinylbutyrale) mit ca. 2% Acetat-, 18% Hydroxy- und 80% Butyralgruppen werden mit ca. 30% Dibutylsebacat als Weichmacher versetzt und als Filme für Sicherheitsgläser verwendet. Sicherheitsgläser bestehen aus einem 0,3–0,5 mm starken Film von Poly(vinylbutyral) zwischen zwei Glasscheiben. Beim Zersplittern haften die Scherben an dem gut klebenden Poly(vinylbutyral). Die Polymeren werden außerdem als „wash primer" für Lackgrundierungen eingesetzt.

25.6.4 POLY(VINYLETHER)

Vinylether $CH_2=CH-OR$ erhält man aus Ethylen und Alkoholen in Ggw. von Sauerstoff oder durch Anlagerung von Alkoholen an Acetylen. Vinylether werden kationisch polymerisiert. Bei der technischen Polymerisation wird ein kleiner Teil des Monomeren in Dioxan bei 5°C vorgelegt, der Initiator $BF_3 \cdot 2\,H_2O$ zugegeben und nach dem Anspringen der Polymerisation weiteres Monomeres so zugefügt, daß bei ca. 100°C unter Rückfluß polymerisiert werden kann.

Poly(vinylether) sind Weichharze von schwerer Verseifbarkeit und guter Lichtbeständigkeit. Sie werden als Klebstoffe, Textilhilfsmittel und Weichmacher eingesetzt.

25.6.5 POLY(N-VINYLCARBAZOL)

Carbazol wird aus dem Steinkohlenteer gewonnen. Die Vinylierung erfolgt mit Acetylen bei 160–180°C und 20 bar in Ggw. von ZnO/KOH. N-Vinylcarbazol kann radikalisch mit nichtoxidierenden Initiatoren, kationischen Initiatoren und möglicherweise auch von Elektronenacceptoren polymerisiert werden:

(25–24)

Die Polymeren sind bis ca. 160°C wärmeformbeständig, aber spröde. Die Sprödigkeit kann durch Copolymerisation mit etwas Isopren herabgesetzt werden. Poly(N-vinylcarbazol) wurde für Isolationsschichten für Hochfrequenzbausteine eingesetzt. Neuerdings ist vor allem seine hohe Fotoleitfähigkeit von Interesse, die zusammen mit seinem sehr hohen Dunkelwiderstand Anwendungen für elektrostatische Kopierverfahren, Fernsehaufnahmeröhren usw. verspricht.

25.6.6 POLY(N-VINYLPYRROLIDON)

γ-Butyrolacton reagiert mit Ammoniak zu Pyrrolidon, das dann mit Acetylen zu N-Vinylpyrrolidon I vinyliert wird. Die Polymerisation erfolgt in Masse oder in wässriger Lösung. Das wichtigste technische Verfahren initiiert mit Hydrogenperoxid in

Ggw. aliphatischer Amine, da die letzteren die im sauren Milieu auftretende Zersetzung von Vinylpyrrolidon verhindern. Die Polymeren sind sowohl in Wasser als auch in polaren organischen Lösungsmitteln löslich. Sie dienen als Schutzkolloide, Emulgatoren, Bestandteile von Haarsprays und als Blutplasmaersatzmittel.

25.6.7 POLY(VINYLPYRIDINE)

4-Vinylpyridin ist ein Nucleophil und löst daher die Polymerisation von Vinylpyridiniumsalzen aus. Bei hohen Monomerkonzentrationen in Wasser entstehen nach dem normalen Vinylmechanismus Poly(vinylpyridinsalze) II hoher Molmasse, bei niedrigen Monomerkonzentrationen tritt jedoch eine Polyadduktbildung zu Oligomeren III auf:

Poly(2-vinylpyridinoxid) IV verhindert Silicose, d.h. die durch Silikatteilchen ausgelöste Bildung von Kollagen in der Lunge.

2-Methyl-5-vinylpyridin V ist aus Paraldehyd und Ammoniak erhältlich. Seine Copolymerisation mit Butadien liefert ein dem SBR ähnliches Elastomer, das hauptsächlich als Latex für die Haftverbesserung von Textilcord an Reifengummi verwendet wird.

25.7 Poly(halogenkohlenwasserstoffe)

Fluorierte Poly(alkane) sind wegen der großen Bindungsenergie der Kohlenstoff/Fluor-Bindung und der damit verbundenen Verkürzung des Kovalenzradius (Tab. 25–4) sehr widerstandsfähig gegen thermische und chemische Spaltungen der C–F-Bindungen. Eine große Zahl von Fluorpolymeren wurde aus diesem Grunde auf ihre Brauchbarkeit als wärme- und chemikalienbeständige Kunststoffe untersucht.

Poly(vinylchlorid) ist einer der in den größten Mengen hergestellten Kunststoffe, während Poly(vinylidenchlorid) in kleineren Mengen produziert wird. Trichlorethylen und Tetrachlorethylen sind nicht homopolymerisierbar, da die Tendenz zu Übertragungsreaktionen mit zunehmender Zahl der Halogenatome und zunehmender Ordnungszahl des Halogens ansteigt. Poly(vinylbromid) und Poly(vinyljodid) werden nicht technisch verwendet.

Tab. 25–4: Bindungsenergien der Kohlenstoff/Halogen-Bindungen C–X und Kovalenzradien X–X

		X =				
		F	H	Cl	Br	J
Bindungsenergie C–X	kJ/mol Bindung	461	377	293	251	188
Kovalenzradien X–X	nm	0,072	0,077	0,099	0,114	0,133
van der Waals-Radien	nm	0,13	0,12	–	–	–

25.7.1 POLY(TETRAFLUORETHYLEN)

25.7.1.1 Homopolymere

Tetrafluorethylen wird aus Chloroform und Fluorwasserstoff in mehreren Stufen über eine Reihe von Zwischenprodukten erhalten. Das Monomer ist bei Raumtemperatur gasförmig und wird daher unter Druck und wegen seiner hohen Polymerisationswärme in Wasser radikalisch mit z.B. $K_2S_2O_8$ als Initiator polymerisiert. Das pulverförmige Polymerisat ist in allen Lösungsmitteln unlöslich. Seine Molmasse wird daher über die Carboxylendgruppen bestimmt, die durch Verseifung der primären Initiatorfragmente entstehen:

$$(25-25) \quad \sim(CF_2)_3CF_2-O-SO_2OK \xrightarrow{+H_2O} \sim(CF_2)_3CF_2-OH \xrightarrow{+H_2O}$$

$$\longrightarrow \sim(CF_2)_3-COOH \longrightarrow \sim CF_2-CF=CF_2 + HF + CO_2$$

Poly(tetrafluorethylen) (PTFE) wurde zuerst von der Fa. DuPont unter dem Namen Teflon in den Handel gebracht. Der Name Teflon ist aber mittlerweile ein Gattungsname für eine ganze Reihe Fluorpolymerer geworden.

PTFE ist sehr chemikalienbeständig, widerstandsfähig gegen Oxidation, schlecht brennbar, und wegen seiner hohen Schmelztemperatur von 327°C auch sehr wärmebeständig. Seine sehr hohe Schmelzviskosität (10^{10} Pa·s bei 380°C) erlaubt jedoch keine Verarbeitung über die Schmelze. Werkstücke aus PTFE wurden daher zunächst durch Verpressen und Nachsintern von Pulvern hergestellt. Zur Herstellung von Profilen werden PTFE-Pulver mit bei 200°C verdampfbaren Mineralölen als Vehikel angeteigt und dann oberhalb dieser Temperatur extrudiert. PTFE-Folien können verklebt werden, wenn die Oberfläche mit Natrium behandelt wird. Dabei werden C—F-Bindungen gebrochen und Radikale erzeugt, die mit dem Klebstoff reagieren können.

25.7.1.2 Copolymere

Den ausgezeichneten Endeigenschaften des PTFE steht die schwierige Verarbeitbarkeit gegenüber. Aus diesem Grunde wurde eine ganze Reihe leichter verarbeitbarer Fluorpolymerer entwickelt, u.a. auch durch Copolymerisation des Tetrafluorethylens.

Das erste dieser Copolymeren war das Copolymer aus Tetrafluorethylen und Hexafluorpropylen (FEP). Später wurden auch ein Copolymer des Tetrafluorethylens mit kleinen Mengen Perfluorpropylvinylether und schließlich ein alternierendes Copolymer aus Tetrafluorethylen und Ethylen entwickelt. Alle diese Polymeren weisen ähnliche Eigenschaften wie PTFE auf, sind jedoch im Gegensatz zu diesem über die Schmelze verarbeitbar (vgl. Kap. 36.4).

Die hervorragenden Eigenschaften fluorierter Polymerer hat man sich auch für Elastomere nutzbar gemacht. Durch alternierende radikalische Copolymerisation von Tetrafluorethylen mit Trifluornitrosomethan und kleinen Mengen von 4-Nitroperfluorbuttersäure als Vernetzungsstelle entstehen bei -20°C alternierende Copolymere mit einer Glastemperatur von -51°C. Sie werden mit Diaminen vulkanisiert. Die kältebeständigen Elastomeren werden bei Düsenflugzeugen in der Arktis und als flexible Behälter für Raketentreibstoffe eingesetzt.

Terpolymere aus Tetrafluorethylen, Perfluormethylvinylether und einer kleinen Menge eines vernetzbaren Termonomeren wie z.B. Perfluor(4-cyanbutylvinylether) werden radikalisch in Emulsion copolymerisiert. Die Vulkanisation erfolgt durch Cyclotrimerisierung der Cyangruppen zu s-Triazinringen. Das Elastomer besitzt eine Glasübergangstemperatur von −12 °C und eine Sprödigkeitstemperatur von −39 °C. Es ist sehr wetterbeständig und besitzt eine gute Tieftemperaturflexibilität.

25.7.2 POLY(TRIFLUORCHLORETHYLEN)

Poly(trifluorchlorethylen) $\text{-}(CF_2CFCl)\text{-}$ wurde als Konkurrent zum Poly(tetrafluorethylen) entwickelt. Die Monomersynthese erfolgt aus Hexachlorethan über 1,1,2-Trifluor-1,2,2-trichlorethan. Das Monomer wird radikalisch in Suspension mit dem Redox-System $K_2S_2O_8$/$NaHSO_3$/$AgNO_3$ oder in Masse mit Bis(trichloracetylperoxid) polymerisiert.

Das Polymer weist eine niedrigere Schmelztemperatur (220 °C) als Poly(tetrafluorethylen) (327 °C) auf und kann deshalb bei 250–300 °C auf den üblichen Kunststoffmaschinen verarbeitet werden. Diese Maschinen müssen jedoch wegen der bei diesen Temperaturen schon möglichen Zersetzung korrosionsfest sein.

Das alternierende Copolymer aus Trifluorchlorethylen und Ethylen weist eine höhere Schmelztemperatur von 240 °C auf. Es ähnelt in seinen mechanischen Eigenschaften dem Poly(vinylidenfluorid) bzw. dem alternierenden Copolymeren aus Tetrafluorethylen und Ethylen.

25.7.3 POLY(VINYLIDENFLUORID)

Vinylidenfluorid $CH_2=CF_2$ erhält man durch Pyrolyse von 1,1-Difluor-1-chlorethan, das man wiederum aus Acetylen, Vinylidenchlorid oder 1,1,1-Trichlorethan durch Reaktion mit Fluorwasserstoff gewinnt. Vinylidenfluorid wird wegen seiner niedrigen Siedetemperatur von −84 °C unter Druck radikalisch in Suspension oder Emulsion polymerisiert. Dabei entstehen erhebliche Anteile an Kopf/Kopf-Verknüpfungen.

Das thermoplastische Polymer ähnelt mehr dem Poly(ethylen) als dem Poly(vinylidenchlorid). Es kann extrudiert und spritzgegossen werden. Seine Witterungs- und Chemikalienbeständigkeit ist ausgezeichnet.

Aus Vinylidenfluorid und Hexafluorisobutylen $CH_2=C(CF_3)_2$ entsteht durch radikalische Polymerisation in Suspension ein alternierendes Copolymer, das nicht nur die gleiche Schmelztemperatur wie Poly(tetrafluorethylen), sondern auch praktisch gleiche mechanische Eigenschaften aufweist. Lediglich die Reißdehnung und die Schlagfestigkeit sind sehr viel niedriger. Im Gegensatz zu PTFE kann es aber über die Schmelze verarbeitet werden.

25.7.4 POLY(VINYLFLUORID)

Vinylfluorid wird aus Acetylen oder Ethylen mit Fluorwasserstoff erhalten. Die radikalische Polymerisation wird wegen der niedrigen Siedetemperatur von −72 °C unter Drucken von 300 bar ausgeführt. Das Polymer ist teilweise kristallin und ähnelt in seinen Eigenschaften dem Poly(ethylen). Die Schmelztemperatur (200 °C) und die Witterungsbeständigkeit sind jedoch viel höher.

25.7.5 POLY(VINYLCHLORID)

25.7.5.1 Homopolymere

Vinylchlorid wird heute praktisch nur noch durch Anlagerung von Chlor an Ethylen und Pyrolyse des entstehenden 1,2-Dichlorethans zu Vinylchlorid bzw. durch oxidative Chlorierung von Ethylen mit Chlorwasserstoff/Sauerstoff hergestellt. Das klassische Verfahren der Anlagerung von Chlorwasserstoff an Acetylen wird nur noch wenig ausgeübt.

Vinylchlorid wird in Masse, Suspension, Emulsion oder in der Gasphase polymerisiert. Die Massepolymerisation ist eine Fällungspolymerisation. Sie wird zur Verhinderung eines Wärmestaus durch die Polymerisationswärme in zwei Stufen ausgeführt. Bei der Gasphasen-Polymerisation wird vorpolymerisiertes PVC unterhalb des Sättigungsdampfdruckes mit Vinylchlorid beladen und kontinuierlich in einer Wirbelschicht oder Kaskade weiterpolymerisiert. Emulsionspolymerisate enthalten noch stets Fremdstoffe und können daher nur für Pasten verwendet werden.

Die radikalische Polymerisation zeichnet sich durch eine hohe Übertragung zum Monomeren aus

(25-26) $\sim CH_2-\overset{\bullet}{C}HCl + CH_2=CHCl \rightarrow \sim CH_2-CHCl_2 + CH_2=\overset{\bullet}{C}H$

Da die Geschwindigkeit der Übertragungsreaktion viel größer als die der Abbruchsreaktion ist, wird der Polymerisationsgrad praktisch unabhängig von der Initiatorkonzentration. Die Einstellung des Polymerisationsgrades erfolgt daher technisch über die Variation der Polymerisationstemperatur. Die Monomerradikale lösen die Polymerisation von Vinylchlorid aus und bilden ungesättigte Endgruppen (ca. 2–3 pro 1000 Grundbausteine). Diese Endgruppen sind teilweise für die beim PVC zu beobachtenden Dehydrochlorierungsreaktionen verantwortlich, gegen die das PVC speziell stabilisiert werden muß (Kap. 34.5.4). Alternativ kann man höher wärmebeständige Poly(vinylchloride) auch durch Copolymerisation mit anderen Monomeren erzeugen. Die Comonomeren unterbrechen die Sequenz der Vinylchlorid-Bausteine und bei den reißverschlußartig ablaufenden Dehydrochlorierungsreaktionen folglich auch die Bildung von Polyen-Sequenzen. PVC wird als sog. Hart-PVC für Rohre, Profile und Folien eingesetzt. Höher schlagfeste Sorten erzielt man durch Beimischen von Elastomeren wie ABS, MBS, NBR, chloriertes PE, EVAC, Poly(acrylate) usw.

Große Mengen PVC werden jedoch mit Weichmachern zu Pasten vermischt und als Weich-PVC für Folien, Kunstleder, Bodenbeläge und Kabelisolierungen verwendet. Der Verarbeiter bezieht das Weich-PVC in vielen Fällen als sog. Plastisol, d.h. als Aufschlämmung von 40–70% PVC-Körnchen in Weichmachern. Bei 180°C geliert dann das Plastisol zum Weich-PVC. Organosole enthalten außer PVC und Weichmacher noch ein flüchtiges organisches Dispergiermittel.

25.7.5.2 Derivate

PVC löst sich nur in wenigen Lösungsmitteln wie Tetrahydrofuran oder Cyclohexanon. Nachchlorieren des PVC führt zu acetonlöslichen Polymerisaten mit Chlorgehalten von ca. 64%. Die Chlorierung kann in Lösung bei 60–100°C oder im Gelzustand bei 50°C vorgenommen werden. Bei beiden Verfahren werden die Methylengruppen weit stärker chloriert als die CHCl-Gruppen. Das nachchlorierte PVC enthält daher etwa gleiche Anteile von –(CHCl–CHCl)– und (CH₂–CHCl)–-Gruppierungen und nur wenige Vinylidenchlorid-Gruppierungen. Bei gleichem Chlorgehalt weisen die als Gel nachchlorierten PVC eine höhere Glastemperatur auf, vermutlich wegen des stärkeren Blockcharakters. Die nachchlorierten PVC werden als Kleber und Lackrohstoffe oder für technische Fasern eingesetzt.

25.7.5.3 Copolymere

Die Copolymerisation von Vinylchlorid mit 3–20% Vinylacetat in Aceton- oder Dioxan-Lösung bzw. im Fällungsmittel Hexan liefert in Lacklösungsmitteln lösliche Produkte. Copolymere von Vinylchlorid mit 15% Vinylacetat dienen für HiFi-Schallplatten.

Bei der radikalischen Copolymerisation des Vinylchlorids mit 3–10% Propylen muß das Propylen ständig nachgeführt werden, damit die konstitutive Uneinheitlichkeit nicht zu breit wird. Der Propyleneinbau verhindert den Reißverschlußmechanismus der Dehydrochlorierung. Die Polymeren werden für Fernsehgehäuse, Kühlschränke, Staubsauger, Flaschen usw. eingesetzt.

25.7.6 POLY(VINYLIDENCHLORID)

Vinylidenchlorid $CH_2=CCl_2$ entsteht durch Pyrolyse von 1,1,2-Trichlorethan oder Trichlorethylen. Die radikalische Polymerisation liefert ein Polymer mit einer Schmelztemperatur von 220°C, das sich bei den erforderlichen hohen Verarbeitungstemperaturen zersetzt. Die Schmelztemperatur wird durch Copolymerisation mit 10–15% Vinylchlorid auf 120°C herabgesetzt. Dieses Copolymer ist nur wenig gasdurchlässig und wird daher für Filme für Lebensmittelverpackungen eingesetzt. Fasern werden nicht mehr hergestellt. Faserbildende Polymere wurden auch durch Copolymerisation von Vinylidenchlorid mit 35–45% Acrylnitril erhalten.

25.8 Poly(acrylverbindungen)

25.8.1 POLY(ACRYLSÄURE)

Acrylsäure $CH_2=CHCOOH$ kann durch eine Reihe von Verfahren hergestellt werden: direkte Oxidation von Acrolein, Oxidation von Ethylen zu Ethylenoxid mit weiterer Anlagerung von Cyanwasserstoff zu Ethylencyanhydrin und anschließender Verseifung und Dehydratisierung, Anlagerung von Carbonmonoxid und Wasser an Acetylen, und aus Aceton nach Pyrolyse zum Keten und Anlagerung von Formaldehyd an Keten zum β-Propiolacton. β-Propiolacton polymerisiert zum entsprechenden Polyester, der bei 150°C zu Acrylsäure depolymerisiert

$$(25-27) \quad n \begin{array}{c} CH_2-CO \\ | \quad\quad | \\ CH_2-O \end{array} \rightarrow CH_2=CH-COO-(CH_2CH_2COO)_{n-1}H \rightarrow n\, CH_2=CH-COOH$$

Acrylsäure löst sich in Wasser und wird daher in diesem Lösungsmittel radikalisch mit $K_2S_2O_8$ polymerisiert. Auch Poly(acrylsäure) löst sich in Wasser und dient wegen der hohen Viskosität seiner Lösungen als Verdicker. Durch Copolymerisation der Acrylsäure oder der Methacrylsäure mit Methylmethacrylat erhält man erdalkalilösliche Verdickungsmittel für Flutwasserzusätze bei der Erdölgewinnung. Da die Calciumsalze wasserlöslich sind, stellen die Copolymeren auch Bodenverbesserer dar. Poly(acrylsäure) selbst bildet dagegen wasserunlösliche Erdalkalisalze. Sie ist ein gutes Flockungsmittel zum Klären von Abwassern. Poly(acrylsäure) wird ferner wasserlöslichen Anstrichmitteln als Pigmentverteiler zugesetzt. Sie vernetzt als polyfunktionelle Verbindung auch die Oberfläche von Leder und schließt sie daher ab.

25.8.2 POLY(ACRYLSÄUREESTER)

Acrylsäuremethylester wird analog der Acrylsäure aus Acetylen, Ethylen oder Keten hergestellt, wobei das Wasser durch Methanol ersetzt wird. Acrylsäureester höherer Alkohole werden durch Veresterung von Acrylsäure erhalten.

Acrylsäureester werden wegen ihrer niedrigen Glasübergangstemperaturen radikalisch in Emulsion polymerisiert. Die anfallenden Emulsionen können dann direkt als Schlichten, Appretiermittel, Autolacke, Fußbodenpflegemittel und Lederhilfsmittel weiterverwendet werden.

Durch Copolymerisation von Acrylsäureestern mit 5–15% Acrylnitril oder 2-Chlorethylvinylether gewinnt man Elastomere. Diese Copolymeren sind wegen des Fehlens von Doppelbindungen besser wärme- und oxidationsbeständig als Butadien/Acrylnitril-Copolymere. Sie eignen sich aus dem gleichen Grund als Dichtungen und Membranen für technische Öle mit hohem Schwefelgehalt (z.B. Wellendichtungen im Automobilbau). Da die Seitengruppen schlecht hydrolysebeständig sind, ist keine Dampfvulkanisation möglich. Die Vulkanisation erfolgt mit Aminen.

Poly(1,1-dihydroperfluoralkylacrylate) werden über den folgenden Weg erhalten. Aliphatische Carbonsäuren werden elektrochemisch fluoriert. Die entstehenden Perfluorcarbonsäuren $CF_3(CF_2)_x COOH$ werden als Chlorid oder Ester hydriert und die 1,1-Dihydroperfluoralkohole $CF_3(CF_2)_x CH_2OH$ mit Acrylsäurechlorid verestert. Die Monomeren werden in wässriger Emulsion mit $K_2S_2O_8$ polymerisiert. Nach Vulkanisation der Polymeren mit Schwefel/Triethylentetramin entstehen ölbeständige Elastomere. Im Handel sind Poly(1,1-dihydroperfluorbutylacrylat) und Poly(3-perfluormethoxy-1,1-dihydroperfluorpropylacrylat).

25.8.3 POLY(ACROLEIN)

Acrolein $CH_2=CH-CHO$ erhält man durch Oxidation von Propylen, Reaktion von Formaldehyd mit Acetaldehyd, oder (veraltet) durch Dehydratisierung von Glycerin. Die radikalische Polymerisation führt zu Copolymeren mit verschiedenen Grundbausteinsorten

Die Ringstrukturen dürften für die relative hohe Glasübergangstemperatur von 85°C verantwortlich sein. Die ionische Polymerisation läuft je nach Initiator und Reaktionsbedingungen über die Vinylgruppe, die Ketogruppe oder über beide ab. Eine 1,4-Polymerisation wie beim Butadien wurde noch nicht nachgewiesen. Einige Polymere wurden technisch erprobt.

25.8.4 POLY(ACRYLAMID)

Acrylamid $CH_2=CH-CONH_2$ erhält man durch Verseifen von Acrylnitril. Aus der mit Kalk neutralisierten Lösung kristallisiert nach der Filtration das Acrylamid beim Einengen aus.

Acrylamid wird in wässeriger saurer Lösung radikalisch zu Poly(acrylamid) mit dem Grundbaustein I polymerisiert. Bei Temperaturen über 140°C entstehen durch Ammoniakabspaltungen intramolekulare oder intermolekulare Imidierungen (II und III). In zu stark alkalischem Medium wird die Amidgruppe zur Carboxylgruppe verseift. Bei der Polymerisation von Acrylamid mit sehr starken Basen in organischen Lösungsmitteln entsteht jedoch Poly(β-alanin) mit dem Grundbaustein IV.

```
-CH2-CH-           CH2           -CH2-CH-        -CH2-CH2-CO-NH-
    |             /   \              |
   CONH2    -CH2-CH    CH-         CO-NH-CO
              |       |
              OC      CO          -CH2-CH-
               \     /
                NH

   I              II                 III                  IV
```

Poly(acrylamid) dient ähnlich wie Poly(acrylsäure) als Gerbstoff, Fixierungsmittel und Sedimentationshilfsmittel. Die Copolymerisation von Acrylamid mit wenig Acrylsäure liefert Papierhilfsmittel, die bei Zugabe von Alaun die Naßfestigkeit von Papieren verbessern. Durch Umsetzen von Poly(acrylamid) oder Poly(methacrylamid) mit Aldehyden werden Methylolverbindungen erhalten, die als Textilhilfsmittel wertvoll sind. Vernetzte Copolymere des Acrylamids dienen als Träger für Enzyme.

25.8.5 POLY(ACRYLNITRIL)

Die Ammonoxidation von Propylen mit Ammoniak und Sauerstoff liefert Acrylnitril $CH_2=CHCN$. Andere Acrylnitrilsynthesen erfolgen aus Acetaldehyd und Cyanwasserstoff über α-Hydroxypropionitril oder aus Ethylenoxid über Ethylencyanhydrin.

Acrylnitril löst sich in Wasser. Die radikalische Polymerisation erfolgt als Fällungspolymerisation in saurer Lösung. Im alkalischen Bereich werden gelblich gefärbte Polymere erhalten, vermutlich durch Polymerisation der Nitrilgruppen und anschließende Nitronbildung:

(25–28)

Poly(acrylnitril) löst sich nur in sehr polaren Lösungsmitteln wie N,N-Dimethylformamid, γ-Butyrolacton, Dimethylsulfoxid, Ethylencarbonat und azeotroper Salpetersäure. Es wird aus ihnen nach dem Trocken- oder Naßspinnverfahren versponnen. Die Fasern sind gut licht- und wetterbeständig und weisen zudem eine hohe Bauschkraft und ein gutes Wärmerückhaltvermögen auf. Die schlechte Anfärbbarkeit wird durch Copolymerisation mit ca. 4% basischen (2-Vinylpyridin, N-Vinylpyrrolidon), sauren (Acrylsäure, Methallylsulfonsäure) oder weichmachend wirkenden Monomeren

(Vinylacetat, Acrylester) verbessert. Die Fasern dürfen nicht bei Temperaturen über ca. 150°C gebügelt werden, da sonst die in Gl. (25–28) wiedergegebene Cyclisierung eintritt.

Acrylfasern enthalten stets mindestens 85% Acrylnitril. Sog. Modacrylfasern bestehen definitionsgemäß zu 35–84% aus Acrylnitril, meist als Copolymer mit Vinylchlorid oder Vinylidenchlorid.

25.8.6 POLY(α-CYANOACRYLATE)

α-Cyanacrylsäure $CH_2=C(CN)COOR$ polymerisiert bereits in Ggw. so schwacher Basen wie Wasser. Die Monomeren werden daher zusammen mit einem Weichmacher, einem Verdicker und einem Stabilisator (wie SO_2) als Einkomponentenkleber eingesetzt. Die höheren Homologen (R = Butyl, aber auch Hexyl und Heptyl) werden gut von Blut benetzt. Die Monomeren werden daher auf Gewebeoberflächen aufgespritzt, um einen Polymerfilm auszubilden und dadurch das Bluten zu stoppen. Die Wundumgebung wird dabei durch Poly(ethylen)folien abgedeckt, an denen die Monomeren nicht haften. Die Monomeren dienen außerdem als Gewebekleber. Da sie aber auch die Zellen der Nachbarschaft angreifen, können sie nur bei solchen Geweben benutzt werden, bei denen der Zelltod (Nekrose) toleriert werden kann, z.B. bei Leber- und Nieren-, nicht aber bei Herzoperationen. Der Polymerfilm wird in 2–3 Monaten biologisch abgebaut. Dabei entsteht der antiseptisch wirkende Formaldehyd, der im Körper entweder mit NH_3 Harnstoff gibt oder aber weiter zu CO_2 und H_2O abgebaut wird. Der Abbau ist vermutlich eine Depolymerisation.

25.8.7 POLY(METHYLMETHACRYLAT)

Methylmethacrylat wird technisch aus Aceton hergestellt:

(25–29)

$$\underset{\underset{CH_3}{|}}{\overset{\underset{CH_3}{|}}{CO}} \xrightarrow[\text{Base}]{+HCN} \underset{\underset{CH_3}{|}}{\overset{\underset{CH_3}{|}}{\underset{|}{C}}\underset{\underset{CN}{\searrow}}{\overset{\nearrow OH}{}}} \xrightarrow[\text{120-130°C}]{\text{konz. }H_2SO_4} \underset{\underset{CH_3}{|}}{\overset{\underset{CH_3}{|}}{\underset{|}{C}}\underset{\underset{CONH_2}{\searrow}}{\overset{\nearrow OSO_2OH}{}}} \longrightarrow \left[\begin{array}{c} CH_2 \\ \| \\ C-CONH_3 \\ | \\ CH_3 \end{array}\right]^{\oplus} \left[HSO_4\right]^{\ominus} \xrightarrow[+H^+]{+ROH} \underset{\underset{CH_3}{|}}{\overset{\underset{CH_2}{\|}}{C}-COOR}$$

Die Polymerisation erfolgt radikalisch in Masse, Lösung, Emulsion oder Suspension. In *Masse* wird polymerisiert, um optisch klare Formteile (Platten, Rohre) zu erhalten. Die Substanzpolymerisation ist jedoch wegen der hohen Polymerisationswärme und des großen Gel-Effektes schwierig zu beherrschen. Das Monomere wird bei 90°C bis zu einer Viskosität von 1 Pa s anpolymerisiert, wodurch gleichzeitig der im Ester gelöste Sauerstoff ausgetrieben und der Schwund bei der eigentlichen Polymerisation vermindert wird. Bei höheren Viskositäten des Vorpolymerisats sind Blasen schwer zu vermeiden. Die Platten werden in verstellbaren Formen aus Spiegelglas hergestellt, da die Volumenkontraktion ausgeglichen werden muß. Formen aus Metall verkratzen zu leicht. Als bewegliche Abstandshalter werden Elastomere oder Pappscheiben verwendet. Sie werden entfernt, wenn die Masse genügend, aber noch nicht völlig verfestigt ist. Die großen Formwände folgen dann der Schrumpfung der Masse. Die Polymerisationswärme wird durch Luftkühlung abgeführt, wobei Wirbelbildung vermieden werden muß, da sonst ein „Hammereffekt" an der Oberfläche auftritt. Die Polymerisation ist langsam und erfordert bei 40–50 °C und Plattendicken über 5 cm Wochen, um bis zu einem Umsatz von 90 % zu kommen. Der Rest wird kurz oberhalb der Glastemperatur auspolymerisiert.

Die Polymerisation in *Lösung* (Ketone, Aromaten, Ester) wird für Lackharze verwendet, und zwar für physikalisch trocknende (Copolymere mit z. B. Laurylmethacrylat) oder hitzehärtbare (mit Methacrylsäureglycidylester oder Methacrylsäureglykolester). Auch wasserlösliche Harze aus Copolymeren von Methylmethacrylat mit etwas Methacrylsäure werden so hergestellt, wobei später mit Ammoniak neutralisiert wird. In Lösung (Mineralöl) werden auch die V.I.-Verbesserer synthetisiert (vgl. weiter unten). In *Suspension* polymerisierte Typen werden für Spritzguß- und Strangpreß-Massen verwendet, außerdem für Dentalzwecke (Gaumenplatten, Zahnfüllungen).

Poly(methylmethacrylat) besitzt mit 92% Lichtdurchlässigkeit bessere optische Eigenschaften als Glas und wird daher als organisches Glas verwendet. Die gute Lichtdurchlässigkeit des Poly(methylmethacrylates) wird bei den sog. Lichtleitern ausgenutzt. Die Festigkeit von Flugzeugfenstern wird durch vernetzende Copolymerisation mit Glycoldimethacrylat erhöht. Das Polymere ist unter Normalbedingungen nicht verseifbar, was sich günstig für die Wetterbeständigkeit auswirkt. Copolymere des Methylmethacrylates mit Methacrylsäureestern höherer Alkohole (Laurylester usw.) sind V.I-Verbesserer (V.I. = Viskositätsindex).

25.8.8 POLY(2-HYDROXYETHYLMETHACRYLAT)

2-Hydroxyethylmethacrylat $CH_2=C(CH_3)COOCH_2CH_2OH$, auch Glycolmethacrylat genannt, copolymerisiert mit dem vernetzend wirkenden Glycoldimethacrylat zu hydrophilen Gelen. Die Gele nehmen in Kontakt mit der Tränenflüssigkeit etwa 37% Wasser auf und werden für weiche Kontaktlinsen verwendet. Ihr Porendurchmesser beträgt 0,8–3,5 nm und ist daher zu klein, um Bakterien (ca. 0,2 μm) eindringen zu lassen. Sie müssen aber periodisch gereinigt werden, da sich auf und in ihnen sonst Proteine ablagern.

25.8.9 POLY(METHACRYLIMID)

Poly(methacrylimide) werden aus Poly(methacrylsäure-co-methacrylnitril) durch Zugabe eines NH_3 abspaltenden Treibmittels (z.B. NH_4HCO_3) bei Temperaturen oberhalb der Glastemperatur von ca. 140 °C erhalten:

(25–30)

$$-\left(-\underset{\underset{OH}{\overset{\|}{C}}=O}{\overset{CH_3}{\underset{|}{C}}}-CH_2-\underset{\underset{N}{\overset{\|}{C}}}{\overset{CH_3}{\underset{|}{C}}}-\right)- \longrightarrow -\left(-\underset{\underset{\underset{H}{N}}{\overset{\|}{C}=O}}{\overset{CH_3}{\underset{|}{C}}}-CH_2-\underset{\overset{\|}{C}=O}{\overset{CH_3}{\underset{|}{C}}}-\right)- \underset{-2 H_2O}{\overset{+NH_3}{\rightleftarrows}} -\left(-\underset{\underset{OH}{\overset{\|}{C}=O}}{\overset{CH_3}{\underset{|}{C}}}-CH_2-\underset{\underset{OH}{\overset{\|}{C}=O}}{\overset{CH_3}{\underset{|}{C}}}-\right)-$$

Die Imidierungsreaktion läuft gleichzeitig mit der Ausbildung des Zellgefüges ab. Die entstehenden Hartschäume sind geschlossenzellig und sehr temperaturbeständig ($T_G \approx 200$ °C). Sie besitzen hohe Zug- und Druckfestigkeiten, nehmen aber auch viel Wasser auf.

25.9 Poly(allylverbindungen)

Allylverbindungen $CH_2=CH-CH_2Y$ mit z.B. Y = OH, Y = $OCOCH_3$ usw. sind radikalisch wegen des Kettenabbruchs durch das Monomer (vgl. Kap. 20.3.2) nur zu niedrigen Polymerisationsgraden polymerisierbar. Technische Bedeutung haben deshalb nur Di- und Triallylmonomere erlangt, und zwar nur die Ester. Da die bei der Polymerisation entstehenden vernetzten Polymeren in den Seitengruppen Estergruppierungen enthalten, werden sie in der Technik auch manchmal als „Polyester" bezeichnet.

Die monomeren Di- und Triallylester werden durch Umsetzen von Allylalkohol mit Säuren, Säureanhydriden oder Säurechloriden hergestellt. Diallylphthalat (I) entsteht so aus Phthalsäureanhydrid und Triallylcyanurat (II) aus Trichlor-s-triazin

<chemical structures: I is diallyl phthalate with two $CO-OCH_2-CH=CH_2$ groups on benzene ring; II is triallyl cyanurate, a triazine ring with three $OCH_2CH=CH_2$ groups>

Die Monomeren werden radikalisch bis zu Umsätzen von ca. 25 % (bezogen auf die Vinylgruppen) zu Produkten mit Molekulargewichten von ca. 10 000 – 25 000 polymerisiert. Dieses stark verzweigte, aber noch nicht vernetzte Vorpolymer wird anschließend beim Verarbeiter ausgehärtet, meist in Mischung mit dem Monomeren. Die Schrumpfung bei der Polymerisation des Vorpolymers ist sehr gering, nämlich nur 1 % verglichen mit 12 % beim Monomeren.

Die Polymere werden als Gießharze für optische Teile eingesetzt, da die Lichtdurchlässigkeit etwa der des Poly(methylmethacrylates) entspricht, die Kratzfestigkeit und die Beständigkeit gegen Abrieb aber 30–40 mal besser als beim PMMA sind. Poly(diethylenglykolbisallylcarbonat) wird z.B. für Gläser von Sonnenbrillen verwendet. Die ausgehärteten Harze weisen elektrische Leitfähigkeiten auf, die zwischen denen von Porzellan und Poly(tetrafluorethylen) liegen. Sie werden daher auch für elektrische Isolationen eingesetzt. Mit Vorpolymeren getränkte Harzmatten sind als Prepregs im Handel.

Literatur zu Kap. 25

E. Müller, Hrsg., Houben-Weyl: Methoden der organischen Chemie, Bd. XIV, Makromolekulare Stoffe, 2 Teile, G. Thieme, Stuttgart 1961.
R. W. Lenz, Organic Chemistry of Synthetic High Polymers, Interscience, New York 1967.
H.-G. Elias, Neue polymere Werkstoffe 1969–1974, Hanser, München 1975; New commercial polymers 1969–1975, Gordon and Breach, New York 1977.

25.1 Kohlenstoffe

H. Abraham, Asphalts and allied substances, Van Nostrand, Princeton, 6. Aufl. 1960
A. J. Hoiberg, Bituminous materials: asphalts, tar and pitches, Interscience, New York 1964
P. L. Walker, jr., Hrsg., Chemistry and physics of carbon, M. Dekker, New York, Bd. 1 ff. (1965 ff.)
E. Best, Technische Russe, Chem.-Ztg. **94** (1970) 453
D. J. Müller and D. Overhoff, Kohlenstoffäden, Angew. Makromol. Chem. **40/41** (1974) 423
G. H. Jenkins and K. Kawamura, Polymeric carbons – carbon fibre, glass and char, Cambridge Univ. Press, London 1976

J. B. Donnet und A. Voet, Carbon black: physics, chemistry, and elastomer reinforcement, M. Dekker, New York 1976

25.2 Poly(olefine)

H. V. Boenig, Polyolefins, Elsevier, Amsterdam 1966
J. G. Cook, Handbook of polyolefin fibres, Textile Book Service, London 1967
P. D. Ritchie, Hrsg., Vinyl and allied polymers, Iliffe, London 1968
R. Vieweg, A. Schley und A. Schwarz, Kunststoff-Handbuch, Bd. IV, Polyolefine, Hanser, München 1969

25.2.1 POLY(ETHYLEN)

K. Ziegler, Folgen und Werdegang einer Erfindung, Angew. Chem. 76 (1964) 545
G. Natta, Von der stereospezifischen Polymerisation zur asymmetrischen autokatalytischen Synthese von Makromolekülen, Angew. Chem. 76 (1964) 553
P. Ehrlich und G. A. Mortimer, Fundamentals of the free-radical polymerization of ethylene, Adv. Polym. Sci. 7 (1970) 386
F. P. Baldwin und G. Ver Strate, Polyolefin elastomers based on ethylene and propylene, Rubber Chem. Technol. 45 (1972) 709
S. Cesca, The chemistry of unsaturated ethylene-propylene-based terpolymers, Macromol. Revs. 10 (1975) 1

25.2.2 POLY(PROPYLEN)

T. O. J. Kresser, Polypropylene, Reinhold, New York 1960
H. P. Frank, Polypropylene, Gordon and Breach, New York 1968
E. G. Hancock, Hrsg., Propylene and its industrial derivatives, Halsted, New York 1973
A. Zambelli und C. Tosi, Stereochemistry of propylene polymerization, Adv. Polymer Sci. 15 (1974) 31

25.2.3 POLY(BUTEN-1)

I. D. Rubin, Poly(1-butene), Gordon und Breach, New York 1968

25.2.4 POLY(4-METHYLPENTEN-1)

K. J. Clark und R. P. Palmer, Transparent polymers from 4-methylpentene-1, Soc. Chem. Ind., Monograph No. 20, London 1966, p. 82

25.2.5 POLY(ISOBUTYLEN)

H. Güterbock, Polyisobutylen und Isobutylen-Mischpolymerisate, Springer, Berlin 1955
J. P. Kennedy und I. Kirschenbaum, Isobutylene, in E. C. Leonhard, Hrsg., Vinyl and Diene Monomers, Vol. 2, J. Wiley, New York 1971

25.2.6 POLY(STYROL)

R. H. Boundy und R. F. Boyer, Styrene, Reinhold Publ., New York 1952
H. Ohlinger, Polystyrol, Springer, Berlin 1955
C. H. Basdekis, ABS Plastics, Reinhold, New York 1964
H.-L. v. Cube und K. E. Pohl, Die Technologie des schäumbaren Polystyrols, A. Hüthig, Heidelberg 1965
M. H. George, Styrene, in G. E. Ham, Hrsg., Vinyl Polymerization, Vol. I, M. Dekker, New York 1967
R. Vieweg und G. Daumiller, Kunststoff-Handbuch, Bd. V, Polystyrol, Hanser, München 1969
K. C. Coulter, H. Kehde und B. F. Hiscock, Styrene and Diene Monomers, Vol. 2, J. Wiley, New York 1971
H. Jenne, Polystyrol und Styrol-Copolymerisate, Kunststoffe 66 (1976) 581

25.3 Poly(diene)

Allgemeine Übersichten

G. S. Whitby, Synthetic Rubber, Wiley, New York 1954
J. LeBras, Grundlagen der Wissenschaft und Technologie des Kautschuks, Berliner Union, Stuttgart 1955
K. F. Heinisch, Kautschuk-Lexikon, Gentner, Stuttgart 1966
S. Boström, Kautschuk-Handbuch, Berliner Union, Stuttgart, 6 Bde. 1958–1962
P. W. Allen, Natural rubber and the synthetics, Crosby Lockwood, London 1972
W. M. Saltman, Hrsg., The stereo rubbers, Wiley, New York 1977

25.3.1 POLY(BUTADIEN)

C. Heuck, Ein Beitrag zur Geschichte der Kautschuk-Synthese: Buna-Kautschuk IG (1925–1945), Chem.-Ztg. **94** (1970) 147
H. Logemann und G. Pampus, Buna S – seine großtechnische Herstellung und seine Weiterentwicklung – ein geschichtlicher Überblick, Kautsch. Gummi-Kunstst. **23** (1973) 479
W. J. Bailey, Butadiene, in E. C. Leonhard, Hrsg., Vinyl and Diene Monomers, Bd. 2, Wiley, New York 1971
D. H. Richards, The polymerization and copolymerization of butadiene, Chem. Soc. Revs. **6** (1977) 235
W. Hofmann, Nitrilkautschuk, Berliner Union, Stuttgart 1965

25.3.2 POLY(ISOPREN)

F. Lynen und V. Henning, Über den biologischen Weg zum Naturkautschuk, Angew. Chem. **72** (1960) 820
L. G. Polhamus, Rubber, L. Hill, London 1962 (Botanik)
W. J. Bailey, Isoprene, in E. C. Leonard, Hrsg., Vinyl and diene monomers, Wiley, New York, Vol. 2, 1971
W. König, Cyclokautschuklacke, Colomb, Stuttgart 1966

25.3.4 POLY(CHLOROPREN)

P. S. Bauchwitz, J. B. Finley und C. A. Steward, jr., Chloroprene, in E. C. Leonard, Hrsg., Vinyl and diene monomers, Wiley, New York, Bd. 2, 1971
P. R. Johnson, Polychloroprene rubber, Rubber Chem. Technol. **49** (1976) 650

25.4 Aromatische Poly(kohlenwasserstoffe)

H. F. Mark und S. M. Atlas, Aromatic polymers, Internat. Rev. Sci. Org. Chem. Ser. Two **3** (1976) 299

25.4.1 POLY(PHENYLENE)

G. K. Noren und J. K. Stille, Polyphenylenes, J. Polymer Sci. **D** (Macromol. Revs.) **5** (1971) 385
J. G. Speight, P. Kovacic und F. W. Koch, Synthesis and properties of polyphenyls and polyphenylenes, J. Macromol. Sci. **C 5** (1971) 295

25.4.2 POLY(P-XYLYLEN)

M. Szwarc, Poly-para-xylylene: its chemistry and application in coating technology, Polymer Sci. Engng. **16** (1976) 473
L. Baldauf, C. Hamann und L. Libera, Parylene-Polymere. Synthese, Eigenschaften, Bedeutung, Plaste Kautsch. **25**/2 (1978) 61

25.4.3 PHENOLHARZE

T. S. Carswell, Phenoplasts, Interscience, New York 1947
K. Hultzsch, Chemie der Phenolharze, Springer, Berlin 1950

R. W. Martin, The Chemistry of Phenolic Resins, Wiley, New York 1956
N. J. L. Megson, Phenolic Resin Chemistry, Butterworths, London 1958
A. A. K. Whitehouse, D. G. K. Pritchett, G. Barnett, Phenolic Resins, Iliffe Ltd., London 1967
R. Vieweg und E. Becker, Duroplaste (= Bd. 10 von R. Vieweg und K. Krekeler, Kunststoff-Handbuch), C. Hanser, München 1968

25.4.4 DIELS-ALDER-POLYMERE

J. K. Stille, Diels-Alder-Polymerization, Fortschr. Hochpolym. Forschg.-Adv. Polymer Sci. 3 (1961/1964) 48
A. Renner und F. Widmer, Vernetzung durch Diels-Alder-Polyaddition, Chimia 22 (1968) 219
W. J. Bailey, Diels-Alder Polymerization, Kinet. Mech. Polym. 3 (1972) 333

25.5 Andere Poly(kohlenwasserstoffe)

W. Sandermann, Naturharze, Terpentinöl, Tallöl; Chemie und Technologie, Springer, Berlin 1960
E. Hicks, Shellac, Chem. Publ. Co., New York 1961
P. Wagner und H. F. Sarx, Lackkunstharze, Hanser, München, 5. Aufl. 1971

25.6 Poly(vinylverbindungen)

25.6.1 POLY(VINYLACETAT)

M. K. Lindemann, The mechanism of vinyl acetate polymerization, in G. E. Ham, Hrsg., Vinyl polymerization, Bd. I, Dekker, New York 1967
H. Lüssi, Umvinylierungen und verwandte Reaktionen, Chimia 21 (1967) 82
M. K. Lindemann, The higher vinylesters, in E. C. Leonard, Hrsg., Vinyl and diene monomers, Teil 1, Wiley, New York 1970
G. Matthews, Hrsg., Vinyl and allied polymers, Bd. 2, Iliffe, London 1972

25.6.2 POLY(VINYLALKOHOL)

F. Kainer, Polyvinylalkohole, F. Enke, Stuttgart 1949
J. G. Pritchard, Poly(vinyl alcohol) – Basic properties and uses, Gordon and Breach, New York 1970
K. Fujii, Stereochemistry of Poly(vinylalcohol), Macromol. Revs. 5 (1971) 431
C. A. Finch, Hrsg., Polyvinyl alcohol, properties and applications, Wiley, New York 1973

25.6.4 POLY(VINYLETHER)

N. D. Field und D. H. Lorenz, Vinyl ethers, in E. C. Leonard, Hrsg., Vinyl and diene monomers, Bd.1, Wiley, New York 1970

25.6.5 POLY(N-VINYLCARBAZOL)

W. Klöpffer, Polyvinylcarbazol, Kunststoffe 61 (1971) 533

25.6.6 POLY(N-VINYLPYRROLIDON)

W. Reppe, Polyvinylpyrrolidon, Verlag Chemie, Weinheim 1954

25.7.1–25.7.4 POLY(FLUORKOHLENWASSERSTOFFE)

M. A. Rudner, Fluorcarbons, Reinhold, New York 1958
W. Postelnik, L. E. Coleman und A. M. Lovelace, Fluorine-Containing Polymers, Fortschr. Hochpolymeren-Forsch. 1 (1958) 75
C. A. Sperati und H. W. Starkweather, jr., Fluorine-Containing Polymers (II. Polytetrafluoroethylene), Fortschr. Hochpolymeren-Forsch. 2 (1961) 465
O. Scherer, Technische organische Fluorverbindungen, Fortschr. chem. Forschg. 14 (1970) 127
O. Scherer, Fluorkunststoffe, Fortschr. chem. Forschg. 14 (1970) 161

L. E. Wolinski, Fluorvinyl Monomers, in E. C. Leonhard, Hrsg., Vinyl and Diene Monomers, **Vol. 3**, J. Wiley, New York 1971
L. A. Wall, Hrsg., Fluoropolymers, Wiley, New York 1972
R. G. Arnold, A. L. Barney, D. C. Thompson, Fluorelastomers, Rubber Chem. Technol. **46** (1973) 619

25.7.5 POLY(VINYLCHLORID)

K. Krekeler und G. Wick, Polyvinylchlorid (2 Bde.), in R. Vieweg, Kunststoff-Handbuch, Hanser, München 1963
F. Chevassus und R. De Broutelles, The stabilization of polyvinyl chloride, St. Martin, London 1963
anonym, Guide to the Literature and Patents Concerning Polyvinyl Chloride Technology, Soc. Plastics Engineers, Stamford, Conn. 2. Aufl. 1964
H. Kainer, Polyvinylchlorid und Vinylchlorid-Mischpolymerisate, Springer, Berlin 1965
G. Talamini und E. Peggion, Polymerization of Vinyl Chloride and Vinylidene Chloride, in G. E. Ham, Hrsg., Vinyl Polymerization, Vol. **1**, M. Dekker, New York, 1967
W. Geddes, Mechanism of PVC Degradation, Rubber Chem. Technol. **40** (1967) 177
M. Kaufmann, The history of PVC – The chemistry and industrial production of polyvinylchloride, MacLaren & Sons, London 1969
J. V. Koleske und L. H. Wartman, Poly(vinylchloride), Gordon and Breach, New York 1969
H. A. Sarvetnick, Polyvinyl chloride, van Nostrand-Reinhold, New York 1969
M. Onozuka und M. Asahina, On the Dehydrochlorination and the Stabilization of Polyvinyl Chloride, J. Macromol. Sci. (Revs.) **C 3** (1969) 235
W. S. Penn, PVC-Technology, MacLaren & Sons, 3. Aufl., London 1972
G. Matthews, Vinyl and allied polymers, Bd. 2, Vinyl chloride and vinyl acetate polymers, Iliffe, London 1972
L. I. Nass, Hrsg., Encyclopedia of PVC, M. Dekker, New York, 3 Bde., 1976–1978

25.7.6 POLY(VINYLIDENCHLORID)

L. G. Shelton, D. E. Hamilton und R. H. Fisackerly, Vinyl and Vinylidene Chloride, in E. C. Leonhard, Hrsg., Vinyl and Diene Monomers, Vol. 3, J. Wiley, New York 1971
R. A. Wessling, Polyvinylidene Chloride, Gordon and Breach, New York 1975

25.8 Poly(acrylverbindungen)

E. H. Riddle, Monomeric Acrylic Esters, Reinhold, New York 1954
M. B. Horn, Acrylic Resins, Reinhold, New York und London 1960
H. Rauch-Puntigam und Th. Völker, Acryl- und Methacrylverbindungen (= Bd. 9 von K. A. Wolf, Hrsg., Chemie, Physik und Technologie der Kunststoffe in Einzeldarstellungen), Springer, Berlin 1967
R. C. Schulz, Polymerization of Acrolein, in G. E. Ham, Hrsg., Vinyl Polymerization, Vol. I, M. Dekker, New York 1967
A. D. Jenkins, Occlusion Phenomena in the Polymerization of Acrylonitril and other Monomers, in G. E. Ham, Hrsg., Vinyl Polymerization, Vol. I, M. Dekker, New York 1967
R. H. Beevers, The Physical Properties of Polyacrylonitrile and Its Copolymers, Macromol. Revw. 3 (1968) 113
L. S. Luskin, Acrylic Acid, Methacrylic Acid, and the Related Esters, in E. C. Leonard, Hrsg., Vinyl and Diene Monomers, Teil 1, Wiley-Interscience, New York 1970
N. M. Bikales, Acrylamide and Related Amides, in E. C. Leonard, Hrsg., Vinyl and Diene Monomers, Vol. 1, Wiley-Interscience, New York 1970
M. A. Dalin, I. K. Kolchin, B. R. Serebryakov, Acrylonitrile, Technomic Publ., Stamford, Conn. 1971
R. Vieweg und F. Esser, Hrsg., Kunststoff-Handbuch, Bd. IX, Polymethacrylate, Hanser, München 1975
C. W. Smith, Hrsg., Acrolein, Hüthig, Heidelberg 1975

25.9 Poly(allylverbindungen)

H. Raech, Allylic Resins and Monomers, Reinhold, New York 1965

26 Kohlenstoff/Sauerstoff-Ketten

26.1 Polyacetale

Die Hauptketten der Polyacetale bestehen aus streng alternierenden Kohlenstoff/Sauerstoff-Bindungen des Typs —CHR—O—. Sie entstehen durch Polymerisation von Aldehyden bzw. deren cyclischen Trimeren. Die cyclischen Trimeren und Tetrameren des Formaldehyds nennt man Trioxan bzw. Tetroxan. Ein spontan aus Formaldehyd-Lösungen in Wasser entstehendes Oligomer des Formaldehyds mit 6–10 Grundbausteinen ist unter dem Namen Paraformaldehyd bekannt. Das cyclische Trimere des Acetaldehydes heißt Paraldehyd, das cyclische Tetramere Metaldehyd.

26.1.1 POLY(OXYMETHYLEN)

Poly(oxymethylen) mit dem Grundbaustein $+CH_2O+$ entsteht aus Formaldehyd HCHO oder dessen cyclischem Trimeren Trioxan (1,3,5-Trioxacyclohexan). Das aus dem Formaldehyd erhaltene technische Polymer ist auch unter dem Namen Polyacetal-Homopolymer, das aus dem Trioxan gewonnene als Polyacetal-Copolymer bekannt.

Formaldehyd wird in den USA fast ausschließlich durch Oxidation von Methan, in den anderen Ländern dagegen hauptsächlich durch Dehydrierung oder Oxydehydrierung von Methanol erhalten. Geringe Mengen werden auch durch Oxidation von Dimethylether oder höheren Kohlenwasserstoffen gewonnen. Der anfallende Formaldehyd wird in Wasser absorbiert, wobei Methylenglycol, das Hydrat des Formaldehydes, gebildet wird. Lösungen mit bis zu 30 proz. Formaldehyd sind klar. Aus Lösungen höheren Konzentrationen fällt amorpher Paraformaldehyd $H(OCH_2)_nOH$ aus. Paraformaldehyd depolymerisiert bei 180–200 °C zum Formaldehyd. Erhitzt man die Formaldehyd-Lsg. mit 2 proz. Schwefelsäure und extrahiert mit Chloroform, so erhält man Trioxan. Trioxan wird für Polymerisationszwecke durch fraktionierte Destillation oder Rekristallisation aus Methylenchlorid bzw. Petrolether gereinigt.

Formaldehyd kann entweder zum Poly(oxymethylen) oder zum Poly(hydroxymethylen) polymerisiert werden

(26–1) Formaldehyd H—C(=O)H ⟶ —CH(OH)— Poly(hydroxymethylen)

Trioxan ⟶ —CH$_2$—O— Poly(oxymethylen); Poly(formaldehyd)

Poly(hydroxymethylene) sind Zucker. Sie bilden sich meist nur in kleinen Ausbeuten; nur mit TlOH als Katalysator wurden 90 % Umsatz erhalten. Cannizzaro-Reaktionen sorgen dafür, daß maximal Hexosen gewonnen werden können.

Die Polymerisation von Formaldehyd kann kationisch, anionisch oder nach dem Insertionsmechanismus erfolgen. Die anionische Polymerisation des Formaldehydes wird durch Amine, Amide, Amidine, Ammoniumsalze, Phosphine usw. ausgelöst und durch Alkoxyionen fortgepflanzt:

$(26-2) \quad A^{\ominus} + CH_2O \longrightarrow ACH_2O^{\ominus} \xrightarrow{+ CH_2O} ACH_2OCH_2O^{\ominus}$

Bei der kationischen Polymerisation mit z. B. Protonsäuren wird an den Formaldehyd zuerst ein Proton angelagert; das entstehende Carboniumion löst dann die Polymerisation aus

$(26-3) \quad H^{\oplus} + CH_2O \longrightarrow HO\overset{\oplus}{C}H_2 \xrightarrow{+ CH_2O} HOCH_2O\overset{\oplus}{C}H_2$ usw.

Da die Ceiling-Temperatur bei 127 °C liegt, depolymerisiert das Polymer bei den normalerweise höheren Verarbeitungstemperaturen. Das Polymer wird daher durch Umsetzen mit Acetanhydrid stabilisiert, wobei Acetatendgruppen gebildet werden.

Bei der proton-initiierten kationischen Polymerisation von Trioxan bildet sich ein Oxoniumion. Der Ring öffnet sich, weil die offenkettige Spezies resonanzstabilisiert ist

$(26-4) \quad H^{\oplus} + \underset{\text{Trioxan}}{\bigcirc} \rightleftarrows H-\overset{\oplus}{\bigcirc} \longrightarrow HOCH_2OCH_2O\overset{\oplus}{C}H_2$

$\longrightarrow HOCH_2OCH_2-\overset{\oplus}{O}=CH_2$

Das Kettenwachstum erfolgt dann durch Anlagerung dieses Kations an Trioxan, durch Reaktion des Kations mit Formaldehyd, der im Gleichgewicht mit dem Trioxan steht, und evtl. auch durch Transacetalisierung.

Die Stabilisierung der Polymeren erfolgt bei der technischen Polymerisation von Trioxan direkt durch Zusätze und nicht erst beim fertigen Polymeren wie bei der Polymerisation von Formaldehyd. Dabei unterscheidet man die Stabilisierung gegen Wärmeabbau von der Stabilisierung gegen Alkaliabbau. Cyclische Ether wie Ethylenoxid sind Wärmestabilisatoren, d. h. sie stabilisieren gegen eine Depolymerisation vom Kettenende her. Sie werden als Comonomere bei kleinen Umsätzen quantitativ eingebaut:

$(26-5) \quad \sim\!(OCH_2)_n O\overset{\oplus}{C}H_2 + H_2C\!-\!CH_2 \longrightarrow \sim\!(OCH_2)_{n+1}OCH_2\overset{\oplus}{C}H_2$
$\qquad\qquad\qquad\qquad\qquad\quad \underset{O}{\diagdown\diagup}$

Die gleichzeitig ablaufende Transacetalisierung sorgt für eine spätere statistische Verteilung der Ethylenoxidreste im Copolymeren. Die Ethylenoxidgruppierungen stoppen die Depolymerisation der Oxymethylenketten, falls diese durch zufällige Kettenspaltungen ausgelöst wird.

Ethylenoxid stabilisiert auch gegen Alkaliabbau. Gute Alkalistabilisatoren sind ferner cyclische Acetale oder z. B. Dimethylformal:

$(26-6) \quad \sim\!O\overset{\oplus}{C}H_2 + CH_3OCH_2OCH_3 \longrightarrow \sim\!OCH_2\overset{\oplus}{O}CH_2OCH_3 \longrightarrow$
$\qquad\qquad\qquad\qquad\qquad\qquad\qquad\qquad\quad\;\; CH_3$

$\qquad\qquad\qquad \longrightarrow \sim\!OCH_2OCH_3 + [\overset{\oplus}{C}H_2OCH_3 \leftrightarrow CH_2=\overset{\oplus}{O}-CH_3]$

Die entstehenden Kationen lösen die Polymerisation von Trioxan aus. Gute Alkalistabilisatoren sind daher auch gute Kettenüberträger; pro Überträgermolekül werden bis zu 40 Polymermoleküle gebildet. Da immer beide Endgruppen versiegelt werden müssen, eignen sich Alkohole und Easter nicht als Alkalistabilisatoren, da sie nur eine stabile Endgruppe bilden können.

Technische Polyacetale werden außerdem noch mit Harnstoff, Hydrazin oder mit Polyamiden gegen einen Wärmeabbau stabilisiert; diese Zusätze reagieren mit Formaldehyd oder dessen Folgeprodukten wie z. B. Ameisensäure. Zur Erhöhung der Oxidationsbeständigkeit werden außerdem noch sekundäre und tertiäre Amine zugesetzt.

Polyacetale sind Konstruktionswerkstoffe, weil sie sehr hart und steif sind, eine hohe Festigkeit aufweisen, gut abrieb- und verschleissfest sind und ein günstiges Gleitverhalten gegenüber anderen Werkstoffen besitzen. Sie nehmen praktisch kein Wasser auf und sind daher auch sehr maßhaltig. Sie lösen sich beim Raumtemperatur nur in Hexafluoracetonhydrat, und zwar unter Abbau, bei höheren Temperaturen auch in m-Kresol.

26.1.2 HÖHERE POLYACETALE

Die Polymerisation von Acetaldehyd ist wegen der sehr niedrigen Ceiling-Temperatur von −60 °C nur bei sehr tiefen Temperaturen möglich. Die anionische Polymerisation führt zu hoch syndiotaktischen, kristallinen Polymeren, die kationische dagegen zu „ataktischen", kautschukartigen Produkten. Die Polymeren oxidieren leicht und werden nicht technisch verwendet.

Poly(fluoral) mit dem Grundbaustein $-CH(CF_3)O-$ depolymerisiert bei 380–400 °C zu Monomeren, ohne vorher eine Glasübergangs- oder Schmelztemperatur zu zeigen. Es ist sehr chemikalienbeständig, z. B. gegen 10 proz. Natronlauge oder Kochen mit rauchender Salpetersäure. Wegen seiner schlechten Verarbeitbarkeit wird es ebenfalls nicht technisch verwendet.

Chloral CCl_3CHO polymerisiert anionisch oder kationisch. Die Polymerisation wird oberhalb der Ceiling-Temperatur von 58 °C initiiert und dann weit unterhalb der Ceiling-Temperatur ablaufen gelassen. Als Initiatoren anionischer Polymerisationen eignen sich besonders Phosphine und Lithium-t-butoxid, während tertiäre Amine nur Poly(chlorale) niedriger thermischer Stabilität erzeugen. Die anionische Copolymerisation von Chloral mit einem Überschuß von Isocyanaten führt zu alternierenden Polymeren, ebenso wie die kationische Copolymerisation von Chloral mit Trioxan.

Poly(chloral) ist weitgehend isotaktisch und in allen Lösungsmitteln unlöslich. Formstücke können daher nur nach der Monomergießtechnik oder spanabhebend hergestellt werden. Das Polymer ist sehr beständig gegen Chemikalien, wird aber oberhalb von 200 °C thermisch zu seinem brennbaren Monomeren abgebaut. Es wird nicht technisch hergestellt.

26.2 Aliphatische Polyether

Als Polyether werden Polymere mit dem Grundbaustein $-R-O-$ bezeichnet. R ist dabei ein aliphatischer Rest mit mindestens zwei Methylengruppen oder ein aromatischer oder cycloaliphatischer Ring. In Ausnahmefällen kann die Etherstruktur auch Teil eines kettenständigen Ringes sein.

26.2.1 POLY(ETHYLENOXID)

Ethylenoxid wird technisch durch direkte Oxidation von Ethylen mit Sauerstoff hergestellt. Die Abspaltung von Chlorwasserstoff aus Ethylenchlorhydrin wird technisch nicht mehr ausgeführt.

Ethylenoxid polymerisiert mit wenig Natriummethylat oder Alkalihydroxid zu Poly(ethylenoxid) mit Molmassen unter ca. 40 000 g/mol. Da die technischen Systeme stets etwas Wasser enthalten, werden bei diesem Prozeß Poly(ethylenglycole), d. h. Poly(ethylenoxide) H(OCH$_2$CH$_2$)$_n$OH mit Hydroxylendgruppen gebildet. Höhermolekulare Produkte mit Molmassen von bis zu 3 Millionen g/mol bekommt man mit Erdalkalioxiden oder Erdalkalicarbonaten als Katalysatoren.

Poly(ethylenoxide) lösen sich in Wasser und mit Ausnahme extrem hoher Molmassen auch in allen organischen Lösungsmitteln mit Ausnahme von Alkanen und Schwefelkohlenstoff. Die höhermolekularen Produkte dienen als Verdicker und Schlichten, die niedermolekularen z. B. bei kosmetischen und pharmazeutischen Präparaten. Für die Kosmetik ist dabei wertvoll, daß sich die Schmelztemperaturen durch Abmischen verschiedener Polymerisationsgrade leicht auf die Körpertemperatur einstellen lassen.

26.2.2 POLY(TETRAHYDROFURAN)

Tetrahydrofuran enthält man durch Hydrieren von Maleinsäureanhydrid oder aus landwirtschaftlichen Abfällen (vgl. Kap. 24). Das Monomer polymerisiert nur kationisch zu Poly(tetrahydrofuran)

(26–7) $\quad \langle\!\!\!\bigcirc\!\!\!_O\rangle \longrightarrow \{O-(CH_2)_4\}$

Die niedermolekularen Produkte sind viskose Öle, die hochmolekularen dagegen kristalline Produkte. Polymere mit zwei Hydroxylendgruppen und Molmassen von ca. 2000 g/mol dienen als Weichsegmente für elastische Polyurethanfasern oder Polyetherester-Elastomere.

26.2.3 POLY(PROPYLENOXID)

Propylen ist das Ausgangsmaterial für technische Propylenoxid-Synthesen. Die direkte Oxidation mit Sauerstoff liefert nur schlechte Ausbeuten. Man oxidiert daher stöchiometrisch mit Hydroperoxiden wie t-Butylhydroperoxid oder α-Methylbenzylhydroperoxid. Alternativ kann man auch aus Propylenchlorhydrin CH$_3$–CH(OH)–CH$_2$Cl Chlorwasserstoff abspalten.

Propylenoxid $\overline{O-CH_2-CH}$(CH$_3$) existiert in zwei Antipoden. Die Polymerisation eines der Antipoden liefert daher stereoreguläre Polymere. Die Polymerisation der racemischen Monomeren gibt dagegen oft „ataktische" Produkte mit vielen Kopf/Kopf-Verknüpfungen.

Propylenoxid wird technisch vor allem für Copolymere verwendet. Die Blockcopolymerisation von Ethylenoxid mit Propylenoxid liefert wasserlösliche Detergentien. Durch Copolymerisation von Propylenoxid mit nichtkonjugierten Dienen entstehen ölfeste und tieftemperaturbeständige Elastomere, die mit Schwefel vulkanisierbar sind. Die durch Copolymerisation von Propylenoxid mit Allylglycidylether erhaltenen Elastomeren sind dagegen nur wenig ölfest, jedoch gut ozon- und tieftemperaturbeständig.

26.2.4 POLY(EPICHLORHYDRIN) UND VERWANDTE POLYMERE

Epichlorhydrin $\overline{O-CH_2CH-CH_2Cl}$ erhält man durch Oxidation von Allylchlorid mit Persäuren, durch Hochtemperaturchlorierung von Propylen mit anschließender Anlagerung von Chlor/Wasser und Abspaltung von Chlorwasserstoff, sowie durch ein Dreistufen-Verfahren aus Acrolein. Die Homopolymerisation von Epichlorhydrin mit z. B. Et_3Al/H_2O/Acetylaceton als Initiator

$$(26-8) \quad H_2C\overset{O}{-\!\!\!-\!\!\!-}CH\underset{CH_2Cl}{} \longrightarrow (OCH_2CH)\underset{CH_2Cl}{}$$

und auch die Copolymerisation mit Ethylenoxid führen zu ozon-, öl- und kältebeständigen Elastomeren, die über die Chlorgruppen mit Aminen vernetzt werden können.

Ein dem Epichlorhydrin chemisch ähnliches Monomer erhält man durch Chlorieren von Butadien und anschließende Oxidation zum 1,2-Di(chlormethyl)ethylenoxid. Das Monomer kann mit Katalysatoren wie R_2Mg/H_2O oder R_2Zn/H_2O je nach Katalysator zu cis- oder trans-Polymeren polymerisiert werden

$$(25-9) \quad ClCH_2\overset{}{-}HC\overset{O}{-\!\!\!-\!\!\!-}CH\underset{}{-}CH_2Cl \longrightarrow \begin{pmatrix} CH_2Cl \\ CH-CH-O \\ CH_2Cl \end{pmatrix}$$

Die Polymeren sind als Konstruktionsthermoplaste bzw. wollähnliche Fasern vorgeschlagen worden. Sie sind als evtl. Nachfolger für ein Polymer im Gespräch, das früher technisch aus 2,2-Bis(chlormethyl)oxacyclobutan erhalten wurde

$$(25-10) \quad \underset{CH_2-O}{\overset{CH_2Cl}{ClCH_2-C-CH_2}} \longrightarrow \underset{CH_2Cl}{\overset{CH_2Cl}{(C-CH_2CH_2-O)}}$$

26.2.5 EPOXID-HARZE

Epoxid-Harze enthalten die charakteristischen Oxirangruppierungen, die in den Härtungsreaktionen zu vernetzten Produkten führen. Über 85 % der Weltproduktion an Epoxid-Harzen entfallen auf den Bisphenol-A-diglycidylether, auch 2,2-Bis(p-glycidyloxyphenyl)propan genannt, mit der idealisierten Struktur:

$$CH_2\overset{}{-\!\!\!-\!\!\!-}CH-CH_2-O-[\!\!\bigcirc\!\!-\underset{CH_3}{\overset{CH_3}{C}}-\!\!\bigcirc\!\!-O-CH_2-\overset{OH}{CH}-CH_2-O-]_q\!\!\bigcirc\!\!-\underset{CH_3}{\overset{CH_3}{C}}-\!\!\bigcirc\!\!-O-CH_2-CH\overset{}{-\!\!\!-\!\!\!-}CH_2$$

Das Monomere entsteht durch Umsetzen von Bisphenol A mit Epichlorhydrin. Verbindungen mit q = 0,1-0,6 sind flüssig, solche mit q = 2-12 fest. Andere Epoxid-Harze basieren auf epoxidierten Phenol/Formaldehyd- und Kresol/Formaldehyd-Harzen oder auf cycloalipathischen bzw. heterocyclischen Strukturen. Handelsübliche Epoxid-Harze

26.2 Aliphatische Polyether

sind ferner noch formuliert, d. h. sie enthalten Weichmacher, Verdünner, Füllstoffe, Pigmente usw.

Die Vernetzung erfolgt hauptsächlich mit Carbonsäureanhydriden bei 80–100°C. Bei dieser Wärmehärtung werden endständige Epoxidgruppen und mittelständige Hydroxylgruppen angegriffen, wobei Polyester- und Polyetherester-Strukturen entstehen:

(26–11)

$$\sim CH \sim \atop OH \quad + \quad \underset{O \;\; O \;\; O}{\triangle} \quad \longrightarrow \quad \sim CH \sim \atop OOC\text{—}\!\!\text{—}COO^{\ominus} \quad + H^{\oplus}$$

$$\underset{O}{\triangle} \quad + H^{\oplus} \quad \longrightarrow \quad \left[\underset{\overset{\oplus}{O}\,H}{\triangle} \quad \longleftrightarrow \quad \underset{OH}{\text{—}\!\!\text{—}\overset{\oplus}{\text{—}}\!\!\text{—}} \right]$$

$$\left[\underset{\overset{\oplus}{O}\,H}{\triangle} \right] \quad \xrightarrow[-H^{\oplus}]{+ \sim CH(OH)\sim} \quad \underset{OH}{\text{—}\!\!\text{—}\!\!\text{—}} \;\; \underset{\overset{|}{O}}{\text{—}\!\!\text{—}} \\ \qquad\qquad\qquad\qquad\qquad\qquad \sim CH \sim$$

$$\left[\underset{OH}{\text{—}\!\!\text{—}\overset{\oplus}{\text{—}}\!\!\text{—}} \right] \quad \xrightarrow{+ RCOO^{\ominus}} \quad \underset{OH \;\; OOCR}{\text{—}\!\!\text{—}\!\!\text{—}}$$

Amine wie Diethylentriamin, Isophorondiamin, 4,4'-Diaminodiphenylmethan bewirken dagegen unter Bildung von Poly-β-hydroxypropylamin-Strukturen eine sog. Kalthärtung:

(26–12) $\quad R^1R^2NH + H_2C\!\!-\!\!\underset{O}{\underset{\triangle}{CH\!\!-\!\!CH_2}}\!\!\sim \quad \longrightarrow \quad \left[R^1R^2\overset{\oplus}{N}\underset{H}{\overset{CH_2}{\diagdown}}\!\!\overset{}{\underset{\ominus O}{\diagup}}\!\!CH\!\!-\!\!CH_2\sim \right]$

$\longrightarrow R^1R^2N\!\!-\!\!CH_2\!\!-\!\!\underset{OH}{CH}\!\!-\!\!CH_2\!\sim$

Bei allen diesen Vernetzungsreaktionen steigt mit zunehmendem Umsatz der Vernetzungsgrad und damit auch die Glasübergangstemperatur. Die Segmente werden unbeweglich, nicht alle Gruppen können reagieren und es wird kein vollkommenes Netzwerk ausgebildet. Gehärtete Epoxidharze weisen daher in der Regel nicht die für ideale Netzwerke zu erwartenden optimalen Eigenschaften auf.

Epoxid-Harze werden als Klebstoffe, für Anstrichzwecke, in der Elektroindustrie und nach Verstärkung mit Glasfasern auch für Bauelemente und Großbehälter eingesetzt. Aromatische Epoxide besitzen wegen der größeren Steifheit der Kette eine höhere Wärmebeständigkeit als aliphatische. Cycloaliphatische Epoxide sind ebenfalls wärmebeständig, gehen aber bei Härtungsreaktionen weniger Nebenreaktionen als aromatische Epoxide ein. Epoxid-Harze werden deshalb als Konstruktionswerkstoffe für höhere mechanische und thermische Beanspruchungen verwendet. Der Rohstoffpreis ist aber höher und die Aushärtungszeit länger als bei den preiswerteren ungesättigten Polyesterharzen.

26.2.6 FURAN-HARZE

Aus landwirtschaftlichen Abfällen wird Furfurylalkohol gewonnen. Furfurylalkohol geht beim Erhitzen auf 100°C in Ggw. von Säuren in ein braunes, in organischen Lösungsmitteln lösliches Polymer über

(26–13) $\quad \text{Furfuryl-CH}_2\text{OH} \xrightarrow{-H_2O} (\text{Furyl-CH}_2)_n$

Das nach dem Neutralisieren und Entwässern entstehende Harz wird mit großen Mengen von Harnstoff/Formaldehyd- bzw. Phenol/Formaldehyd-Harzen vermischt und als Bindeharz für Sandgußformen in Eisengießereien verwendet. Ein Zusatz von schwachen Säuren gibt Produkte mit langen Topfzeiten, die bei (100–200)°C härten. Starke Säuren härten dagegen schon bei Raumtemperatur. Vermutlich erfolgt dabei eine Polymerisation über die Doppelbindungen.

26.3 Aromatische Polyether

26.3.1 POLY(PHENYLENOXIDE)

Poly(phenylenoxide) entstehen durch oxidative Kupplung von 2,6-disubstituierten Phenolen. Die Polymeren werden auch als Poly(oxyphenylene) oder Poly(phenylether), im Falle der Dimethylverbindung auch als Poly(xylenol) bezeichnet. Die Reaktion wird durch Cu(I)-Salze in Form ihrer Komplexe mit Aminen katalysiert. Primäre aromatische Verbindungen werden zu Azoverbindungen, sekundäre aromatische Verbindungen wahrscheinlich zu Hydrazoverbindungen oxidiert. Gut geeignet ist Pyridin.

Der Mechanismus der oxidativen Kupplung ist nicht völlig geklärt. Die Reaktion läuft ähnlich wie eine Polykondensation ab, vermutlich über einen Chinon-Mechanismus:

(26–14)

Dafür spricht, daß die Kupplung nur erfolgt, wenn die para-Stellung zur phenolischen Hydroxylgruppe durch H, t-C_4H_9 und $HOCH_2$ besetzt ist, nicht aber, wenn CH_3, C_2H_5, oder C_6H_5 vorliegen. Die Kupplung gelingt auch nicht, wenn die Substituenten R zu elektronegativ sind (Nitro- oder Methoxygruppen) oder zu voluminös.

Poly(p-xylenol) wird jetzt nur noch im Ostblock als Homopolymer hergestellt. Der harte und zähe Werkstoff besitzt eine Glasübergangstemperatur von 209°C und eine Schmelztemperatur von 261–272°C. Er wird in Luft bei Temperaturen oberhalb 110–120°C schnell oxidativ abgebaut. Die sehr guten Endeigenschaften sind aber mit einer schwierigen Verarbeitbarkeit kombiniert. In den USA werden daher Blends von Poly(xylenol) mit verschiedenen Polymeren in den Handel gebracht. Ihre Herstellung erfolgt vermutlich durch Lösen von Poly(xylenol) in z. B. Styrol und anschließende Polymerisation des letzteren. Die Glasübergangstemperaturen dieser einphasigen Blends liegen über ca. 155°C. Die Blends sind hart, zähfest und nicht-transparent.

2,6-Diphenylphenol kann ebenfalls oxidativ gekuppelt werden. Das entstehende Polymer besitzt eine Glasübergangstemperatur von 235°C und eine Schmelztemperatur von 480°C. Es ist in Luft bis 175°C stabil und kann aus organischen Lösungsmitteln trocken versponnen werden. Die Fäden werden nach dem Verstrecken bei hohen Temperaturen hochkristallin. Kurzfasern können zu Papieren verarbeitet werden, die zur Kabelisolation unter superhohen Spannungen dienen.

Poly(phenylenether) entstehen auch als unlösliche Verbindungen bei der durch Licht bewirkten Vernetzung von Chinonaziden, was in der Reproduktionstechnik ausgenutzt wird:

(26-15)

26.3.2 PHENOXY-HARZE

Phenoxyharze entstehen aus Bisphenolen und Epichlorhydrin in Ggw. von Alkali. Das primär gebildete Phenolation lagert Epichlorhydrin an und das gebildete Alkoxidion reagiert dann unter Kettenverlängerung weiter:

(26-16)

Die Umsetzung des Alkoxidions mit einer phenolischen Hydroxylgruppe regeneriert das Phenolatanion. Die so gebildete sekundäre Hydroxylgruppe kann aber ebenfalls reagieren und dann zu vernetzten Polymeren führen. Die Vernetzungsreaktion wird verhindert, wenn das Epichlorhydrin im Überschuß vorliegt. Da hierbei jedoch nur niedermolekulare Produkte entstehen, wendet man für die Synthese hochmolekularer Verbindungen ein 2-Stufen-Verfahren an. In der ersten Stufe arbeitet man mit einem Überschuß Epichlorhydrin. Aus den entstehenden niedermolekularen Produkten wird das restliche Epichlorhydrin und das Natriumhydroxid entfernt. Das Natriumhydroxid wirkt ja in der ersten Stufe als stöchiometrisches Dehydrohalogenierungsreagenz, in der zweiten Stufe jedoch nur als Katalysator. In der zweiten Stufe fügt man daher die berechnete Menge Diphenol und nur katalytische Mengen Natriumhydroxid zu.

Niedermolekulare Produkte werden in Masse hergestellt. Hochmolekulare Produkte für Überzüge werden in Butanon, Spritzgußqualitäten und wasserlöslichen Lösungsmitteln synthetisiert. Die Polymeren werden aus diesen Lösungen in Wasser ausgefällt.

Die Phenoxyharze sind wegen der sekundären Hydroxylgruppen hervorragende Primer. In der Automobilindustrie wird auf diesen Primern zuerst ein spezielles Epoxidesterharz und dann erst das Acrylharz als eigentliches Lackharz aufgetragen. Da die Glasübergangstemperatur bei 80°C liegt, ist der Einsatz für Spritzgußartikel beschränkt.

26.4 Aliphatische Polyester

Polyester enthalten in der Hauptkette die Estergruppe —COO—. Zu ihrer Synthese eignen sich viele Methoden: die Selbstkondensation von α,ω-Hydroxysäuren, die Ringöffnungspolymerisation von Lactonen, die Polykondensation von Dicarbonsäuren mit Diolen, die Umesterung, die Polykondensation von Dicarbonsäuredichloriden mit Diolen, die Polymerisation von O-Carboxyanhydriden von α- und β-Hydroxycarbonsäuren und die Copolymerisation von Säureanhydriden mit Ringethern. Die letztere Reaktion wird bei der Anhydridhärtung von Epoxiden technisch genutzt.

26.4.1 POLY(α-HYDROXYESSIGSÄUREN)

Poly(glycolid) ist der einfachste aliphatische Polyester. Es entsteht durch anionische Polymerisation des cyclischen Dimeren (Glycolid) oder des O-Carboxyanhydrides der Glycolsäure

(26-17)

$$\text{Glycolid} \longrightarrow -(\text{OCH}_2\text{CO})- \xleftarrow{-CO_2} \text{O-Carboxyanhydrid}$$

Poly(glycolid) dient für chirurgische Nähfäden. Es wird im Körper nicht eingekapselt, sondern resorbiert. Außerdem ruft es keine Entzündungen hervor. Poly(lactid) ist das methylsubstituierte Poly(glycolid) und besitzt folglich den Grundbaustein $-(\text{OCH}(\text{CH}_3)\text{CO})-$. Es kann in ähnlicher Weise wie Poly(glycolid) synthetisiert werden. Wegen seines asymmetrischen Kohlenstoffatomes sind verschiedene Stereoisomere möglich: die beiden isotaktischen Poly-D- und Poly-L-verbindungen, das syndiotaktische alternierende D-L-Copolymer, statistische Copolymere mit L- und D-Einheiten usw.

26.4.2 POLY(β-PROPIONSÄUREN)

Der Grundkörper dieser Reihe entsteht nicht nur durch Polymerisation von β-Propiolacton, sondern auch durch Wasserstoffübertragung beim Erhitzen von Acrylsäure auf Temperaturen über 120°C:

(26–18) $CH_2 = CH-COOH \longrightarrow +CH_2CH_2COO+$

Die entstehende Poly(β-propionsäure) besitzt im Gegensatz zu zwei ihrer methylsubstituierten Abkömmlinge nur akademisches Interesse.

Poly(β-D-hydroxybutyrat) mit dem Grundbaustein $+OCH(CH_3)CH_2CO+$ kommt im Cytoplasma von Bakterien in Form hydrophober Granulen von 500 nm Durchmesser vor. Die Polymeren weisen Polymerisationsgrade von ca. 23 000 und sehr enge Molmassenverteilungen auf. Poly(β-D-hydroxybutyrat) dient für die Bakterien als Kohlenstoffreserve, ähnlich wie die Stärke für die Pflanzen.

Poly(pivalolacton) ist der Polyester der Hydroxypivalinsäure. Hydroxypivalinsäure polykondensiert nicht zu hohen Molmassen, sodaß Pivalolacton als Monomer verwendet wird. Mit Tributylphosphin als Initiator bilden sich lebende Zwitterionen, an die sich weiteres Pivalolacton anlagert:

(26–19)

$$Bu_3P + CH_3-\underset{\underset{H_2C-O}{|}}{\overset{\overset{CH_3}{|}}{C}}-C=O \longrightarrow Bu_3\overset{\oplus}{P}-CH_2-C(CH_3)_2-COO^{\ominus}$$

Das Phosphin wird als Endgruppe eingebaut. „Normale" tertiäre Amine wirken ähnlich. „Gespannte" tertiäre Amine führen jedoch zu einer Copolymerisation

(26–20) $\sim COO^{\ominus} + \langle N \rangle \longrightarrow \sim COO-CH_2CH_2-\langle \overset{\ominus}{N} \rangle$

Bei höheren Temperaturen treten Übertragungsreaktionen auf, wodurch das Polymer gegen Depolymerisation stabilisiert wird:

(26–21)

$$Bu_3\overset{\oplus}{P}\sim\sim COO^{\ominus} \begin{cases} \longrightarrow Bu_3\overset{\oplus}{P}\sim\sim COOBu + Bu_2P\sim\sim COO^{\ominus} \\ \longrightarrow Bu_3\overset{\oplus}{P}\sim\sim COBu + Bu_2\underset{O}{\overset{\|}{P}}\sim\sim COO^{\ominus} \end{cases}$$

Das Polymer zersetzt sich oberhalb seiner Schmelztemperatur von 245°C zu Pivalolacton und weiter zu Isobutylen und Carbondioxid. Bei der Verarbeitung der Schmelzen zu Formartikeln, Filmen oder Fasern muß daher sehr rasch aufgeheizt werden. Außerdem müssen dem Polymeren Nucleierungsmittel zugesetzt werden. Diese Verarbeitungsschwierigkeiten sind vermutlich der Grund, warum die Polymeren noch nicht technisch hergestellt werden, obwohl die mechanischen Eigenschaften gut sind.

26.4.3 POLY(ε-CAPROLACTON)

Die radikalische Polymerisation von Lactonen führt wegen starker Übertragungsreaktionen zwar zu hohen Ausbeuten, jedoch nur zu niedrigen Molmassen. Hohe Molmassen erzielt man bei kationischen oder anionischen Polymerisationen. Bei beiden erfolgt vermutlich eine Acylspaltung, z. B. beim ε-Caprolacton

(26−22)

$$CH_3\overset{\oplus}{C}O + \underset{O}{\overset{O}{\bigcirc}} \longrightarrow \underset{O}{\overset{RCOO}{\bigcirc}}{}^{\oplus} \longrightarrow RCO(O(CH_2)_5CO)^{\oplus}$$

$$R^{\ominus} + \underset{O}{\overset{O}{\bigcirc}} \longrightarrow \underset{O}{\overset{R\;\;O^{\ominus}}{\bigcirc}} \longrightarrow RCO((CH_2)_5O)^{\ominus}$$

Für β-Propiolacton wird jedoch auch eine Alkylöffnung diskutiert. Poly(ε-caprolactone) dienen als Polymerweichmacher und als Zusätze zur Verbesserung der Färbbarkeit und Schlagfestigkeit von Polyolefinen.

26.4.4 ANDERE GESÄTTIGTE POLYESTER

Durch Polykondensation von Ethylenglycol mit Adipinsäure oder Sebacinsäure werden Polyester mit Molmassen von einigen Tausend erhalten. Die Polymeren besitzen wegen der flexiblen Estergruppe niedrige Glasübergangs- und Schmelztemperaturen und dienen daher als Weichsegmente für elastische Fasern, als sekundäre Polymerweichmacher, als nichtfettende Salbengrundlage und wegen der wasserabstoßenden Wirkung zum Undurchlässigmachen von Leder.

26.4.5 UNGESÄTTIGTE POLYESTER

Ungesättigte Polyester werden in der Technik durch Polykondensation von Maleinsäureanhydrid, Phthalsäureanhydrid, Isophthalsäure, Terephthalsäure oder HET-Säure mit Ethylenglycol, 1,2-Propylenglycol, Neopentylglycol, oxethylierten Bisphenolen oder Cyclododecandiol hergestellt, z. B.

(26−23) $HOCH_2CH_2OH + \underset{O}{\overset{O\;\;\;\;\;O}{\bigtriangleup}} \xrightarrow{-H_2O} +OCH_2CH_2OOCCH=CHCO+$

Bei der Polykondensation isomerisiert der preiswerte Maleinsäurerest größtenteils zur technisch erwünschteren Fumarsäuregruppierung. Außerdem werden an bis zu 15 % der Maleinsäuredoppelbindungen unter Ausbildung von Ethergruppierungen Glycole angelagert, sodaß bei der Polykondensation nicht stöchiometrisch gearbeitet werden kann.

Anschließend wird durch Copolymerisation mit z. B. Styrol oder Methylmethacrylat radikalisch vernetzt. Die Mischungen der eigentlichen ungesättigten Polyester mit diesen Monomeren werden in der Technik als ungesättigte Polyester-Harze gekennzeichnet. Durch Variation der Säuren, Glycole und Vinylmonomeren können die Eigenschaften der Duromeren dem Verwendungszweck angepaßt werden. Die Copolymerisation mit elektronegativeren Comonomeren wie Styrol oder Vinylacetat führt z. B. zu „alternierenden" Copolymeren, d. h. zu kürzeren Vernetzungsbrücken und folglich zu härteren Duromeren. Elektropositivere Comonomere wie z. B. Methylmethacrylat bilden dagegen zwischen den Polyesterketten lange Methylmethacrylatblöcke aus und geben weichere Polymerisate.

Ungesättigte Polyesterharze werden in der Regel mit Glasfasern verstärkt und dienen dann für viele Verwendungszwecke von transparenten Bauelementen bis zu Bootsrümpfen. Ihre Anwendung wird durch den Einsatz der sog. SMC (sheet molding compounds) sehr erleichtert. SMC sind fertig formulierte Mischungen von ungesättigten Polyestern, Vinylmonomeren, Initiatoren und Glasfasern, die sich zwischen zwei Poly(ethylen)filmen befinden. Zum Gebrauch wird einer der Deckfilme abgezogen, die Harzschicht durch Rollen an die Form gedrückt und so mit den vorher aufgebrachten anderen Matten verschweisst. Anschließend wird ausgehärtet.

Bandagen sind eine Spezialform der SMC. Auf ein Nylon-Netz wird eine Mischung von ungesättigten Polyestern, Styrol und Benzoinderivaten aufgebracht. Die Mischung härtet unter ultraviolettem Licht aus. Vorteilhaft gegenüber Gips sind das niedrige Gewicht, die Wasserbeständigkeit und die Durchlässigkeit für Röntgenstrahlen.

Ungesättigte Polyester besitzen verhältnismäßig viele Doppelbindungen pro Polymermolekül und außerdem noch reaktionsfähige Endgruppen, die bei der Vernetzungsreaktion nicht eingebaut werden und dann die Netzwerkeigenschaften ungünstig beeinflussen. Diese ungünstigen Strukturmerkmale sind bei den sog. Vinylesterharzen weitgehend eliminiert:

$$\overset{|}{C}=\overset{|}{C}-COO(CH_2\underset{OH}{\overset{|}{C}H}CH_2O-C_6H_4-C(CH_3)_2-C_6H_4-O)_{1-2}CH_2\underset{OH}{\overset{|}{C}H}CH_2OOC-\overset{|}{C}=\overset{|}{C}$$

Es handelt sich also chemisch um Acrylester und nicht um Vinylester. Die „Vinylester" werden ebenso wie die ungesättigten Polyesterharze als Mischungen mit Styrol angeboten; sie werden daher auch oft unter die ungesättigten Polyesterharze gezählt. Zu dieser Klasse gehören auch einige andere Verbindungen, z. B.

$$CH_2=\overset{\overset{CH_3}{|}}{C}-COOCH_2CH_2O-C_6H_4-C(CH_3)_2-C_6H_4-OCH_2CH_2OOC-\overset{\overset{CH_3}{|}}{C}=CH_2$$

$$CH_2=\overset{|}{C}-COOCH_2CH_2CH\underset{O-CH_2}{\overset{O-CH_2}{\diagdown}}C\underset{CH_2-O}{\overset{CH_2-O}{\diagup}}CHCH_2CH_2OOC-\overset{|}{C}=CH_2$$

Alle Verbindungen weisen weniger Doppelbindungen pro Ausgangsverbindung als ungesättigte Polyester auf und schrumpfen daher beim Aushärten auch weniger.

26.5 *Aromatische Polyester*

26.5.1 POLYCARBONAT

Polycarbonate sind Polyester der Kohlensäure mit Bisphenol A. Bisphenol A gewinnt man durch Umsetzen von Phenol mit Aceton. Polycarbonate werden technisch durch Umesterung oder durch die Schotten-Baumann-Reaktion hergestellt. Beim Umesterungsverfahren wird Bisphenol A mit einem leichten Überschuß Diphenylcarbonat unter Phenolabspaltung in zwei Schritten umgesetzt:

(26–24) n HO–C_6H_4–$C(CH_3)_2$–C_6H_4–OH + (n+1) C_6H_5O–CO–OC_6H_5 ⟶

⟶ C_6H_5O–CO$\{$O–C_6H_4–$C(CH_3)_2$–C_6H_4–O–CO$\}_n$OC_6H_5 + 2n C_6H_5OH

Im ersten Schritt wird bei 180–220°C unter Drucken von bis zu 400 Pa ein nichtflüchtiges Oligomer mit Phenolester-Endgruppen erhalten. Im zweiten Schritt erfolgt unter langsamer Temperatursteigerung auf ca. 300°C bei Drucken bis zu 130 Pa die eigentliche Umesterung zu Molmassen von ca. 30 000 g/mol. Höhere Molmassen sind wegen der hohen Viskosität der Schmelze nicht erzielbar. Saure Katalysatoren ergeben größere Reaktionsgeschwindigkeiten als basische, führen aber auch über die Kolbe-Reaktion zu Verzweigungen:

(26–25) ~~⟨○⟩–$C(CH_3)_2$–⟨○⟩–O–CO–O~~ ⟶ ~~⟨○⟩–$C(CH_3)_2$–⟨○⟩$\underset{\text{COOH}}{\overset{}{}}$–O~~

Die Schotten-Baumann-Reaktion zwischen dem Natriumsalz des Bisphenols A und Phosgen läuft bereits bei Raumtemperatur ab:

(26–26) NaO–C_6H_4–$C(CH_3)_2$–C_6H_4–ONa + $COCl_2$ ⟶

$\{$O–C_6H_4–$C(CH_3)_2$–C_6H_4–O–CO$\}$ + 2 NaCl

Sie ist billiger als der Esteraustausch und führt zu höheren Molmassen. Die Produkte sind aber nur schwierig vom entstehenden Natriumchlorid zu befreien, z. B. in Ausdampfextrudern. Die Schotten-Baumann-Reaktion wird entweder in organischen Lösungsmitteln (Aromaten, Chlorkohlenwasserstoffe) unter Zusatz von Akzeptoren (Pyridin, t-Amine) ausgeführt oder mit wässrigem Alkali unter Zusatz wasserunlöslicher organischer Verbindungen, da anderenfalls keine hohen Molmassen erhalten werden.

Polycarbonate besitzen eine niedrige Wasserabsorption, eine mäßig gute Wärmebeständigkeit, eine gute elektrische Isolierfähigkeit sowie hervorragende Dimensionsstabilitäten und Schlagfestigkeiten. Sie werden daher hauptsächlich für maßhaltige Spritzgußartikel und Isolationsfolien eingesetzt. Sie sind jedoch anfällig gegen Spannungsrißkorrosion. Polycarbonate werden auch in Mischgeweben mit Cellulose für pflegeleichte Kochwäsche verwendet.

26.5.2 POLY(ETHYLENGLYCOLTEREPHTHALAT)

Poly(ethylenglycolterephthalat), auch Poly(ethylenterephthalat) oder PET genannt, ist der Polyester aus Terephthalsäure- und Ethylenglycol-Einheiten. Das älteste technische Verfahren geht vom Terephthalsäuredimethylester und Ethylenglycol aus, die in einem Zwei-Stufen-Verfahren ähnlich wie bei der Polycarbonat-Synthese umgesetzt werden.

(26–27) n CH_3OOC–C_6H_4–COOCH_3 + (n+1) HOCH_2CH_2OH ⟶

HOCH_2CH_2O(OC–C_6H_4–COOCH_2CH_2O$)_n$H + 2n CH_3OH

26.5 Aromatische Polyester

Der Weg über den Dimethylester war anfänglich nötig, weil die schwer lösliche und hoch schmelzende Terephthalsäure schwierig zu reinigen war. Neuerdings wird vermehrt Ethylenglycol mit Terephthalsäure direkt verestert. Man vermeidet dadurch die kostspielige Rückgewinnung des beim Umesterungsverfahren anfallenden Methanols.

Der größte Teil des PET wird aus der Schmelze zu den sog. Polyesterfasern versponnen. Die Fasern haben ausgezeichnete Trage- und Wascheigenschaften, vergilben jedoch am Licht. Ihre Hydrophobizität und die dadurch bewirkte Verschmutzungsneigung kann durch Aufpfropfen von etwas Acrylsäure oder durch Freilegung von Carboxylgruppen durch partielle Hydrolyse der Oberfläche beseitigt werden. Eine bessere Anfärbbarkeit resultiert durch Herabsetzen der Kristallinität durch Einbau von etwas Adipinsäure oder durch Einbau chemischer Gruppierungen.

Beträchtliche Mengen PET werden auch nach Zusatz von Kristallisationskeimbildnern durch Spritzgießen zu Formteilen verarbeitet, wobei jedoch sehr genaue Verarbeitungsbedingungen eingehalten werden müssen. Das Polymer ist steif, hart, reibungs- und verschleissarm, mechanisch hoch belastbar und sehr kriechfest. Es wird zusammen mit dem Poly(butylenterephthalat) in der Technik auch als „thermoplastischer Polyester" bezeichnet.

Ein dem PET verwandter Polyester entsteht aus Cyclohexan-1,4-dimethylol und Terepthalsäuredimethylester:

$$(26-28) \quad n\ CH_3OOC-C_6H_4-COOCH_3 + (n+1)\ HOCH_2-C_6H_{10}-CH_2OH \longrightarrow$$

$$\longrightarrow HOCH_2-C_6H_{10}-CH_2O(OC-C_4H_{10}-COOCH_2-C_6H_{10}-CH_2O)_nH + 2n\ CH_3OH$$

Das Glycol erhält man durch Hydrieren des Terephthalsäuredimethylesters. Das Polymer ist besser anfärbbar als PET.

26.5.3 POLY(BUTYLENTEREPHTHALAT)

Poly(butylenterephthalat) ist der Polyester aus Terephthalsäure und 1,4-Butylenglycol. Er wird daher auch Poly(tetramethylenterephthalat) genannt. PTMT kann bei wesentlich tieferen Formentemperaturen als PET verarbeitet werden. Dieser Vorteil wird jedoch mit einer niedrigeren Glasübergangstemperatur und etwas verschlechterten mechanischen Eigenschaften erkauft.

Multiblockcopolymere aus „harten" Blöcken aus PTMT-Einheiten und weichen Blöcken aus Poly(tetrahydrofuran)-Gruppierungen sind thermoplastische Elastomere. Von den vielen möglichen Polyetherblöcken eignet sich nur Poly(tetrahydrofuran) als Baustein, da nur dann die volle Härte der Polymeren unmittelbar nach der Verarbeitung erreicht wird. Polyetherester mit Poly(oxyethylen)-Einheiten als weiche Blöcke brauchen dagegen wegen der langsameren Kristallisation ungefähr einen Tag bis zum Erreichen der Endeigenschaften.

26.5.4 POLY(P-HYDROXYBENZOAT)

Die direkte Polykondensation der p-Hydroxybenzoesäure führt bei den erforderlichen Temperaturen von über 200°C zur Decarboxylierung. Technisch wird daher der Phenylester in Terphenyl als Lösungsmittel polykondensiert, da für hohe Umsätze unbedingt ein guter Wärmeüberträger erforderlich ist.

Das Homopolymer weist eine Schmelztemperatur von mindestens 550°C auf. Es ist in allen bekannten Lösungsmitteln unlöslich und thermisch außerordentlich stabil.

Das metallähnliche Polymer kann jedoch nur durch Hämmern, Plasmasprühen oder Sintern verarbeitet werden. Man hat daher besser verarbeitbare Copolymere der p-Hydroxybenzoesäure mit Isophthalsäure, Hydrochinon, Terephthalsäure oder p,p'-Diphenylether mit entsprechend veränderten mechanischen Eigenschaften geschaffen. Diese Polymeren werden in der Technik oft kurz „aromatische Polyester" genannt.

Die Copolykondensation verschiedener Glycole bzw. Diphenole mit verschiedenen Dicarbonsäuren ist offensichtlich vieler Abwandlungen fähig. Unter dem Namen Polyarylate werden z. B. Polymere aus Terephthalsäure, Isophthalsäure und Bisphenol A im Stoffmengenverhältnis 1:1:2 angeboten. Die mechanischen Eigenschaften dieser amorphen Polymeren entsprechen denen eines typischen Konstruktionsthermoplasten.

26.5.5 ALKYDHARZE

Alkyd- oder Glyptalharze (Glycerin + Phthalsäure) entstehen durch Umsetzen von drei- oder mehrwertigen Alkoholen (Glycerin, Trimethylolpropan, Pentaerythrit, Sorbit) mit zweiwertigen Säuren (Phthalsäure, Bernsteinsäure, Maleinsäure, Fumarsäure, Adipinsäure), Fettsäuren (aus Leinöl, Ricinusöl, Sojaöl, Kokosöl) oder Anhydriden (Phthalsäureanhydrid) bei Temperaturen zwischen 200 und 250°C. Die Umsetzung wird zunächst nur bis zu noch löslichen Produkten geführt, die Vernetzung erfolgt erst nach der Anwendung, z. B. als Lackharz. Die Technologie der Alkydharze ist noch weitgehend empirisch.

Literatur zu Kap. 26

26.1 Polyacetale

J. Furukawa und T. Saegusa, Polymerization of aldehydes and oxides, Wiley, New York 1963
M. Sittig, Polyacetal resins, Guld Publ. Comp., Houston, 3. Aufl. 1964
K. Weissermel, E. Fischer, K. Gutweiler, H. D. Hermann und H. Cherdron, Polymerisation von Trioxan, Angew. Chem. **79** (1967) 512
S. J. Barker und M. B. Price, Polyacetals, Iliffe, London 1970
H. Tani, Stereospecific polymerization of aldehydes and epoxides, Adv. Polymer Sci. **11** (1973) 57
O. Vogl, Kinetics of aldehyde polymerization, J. Macromol. Sci. [Revs.] C **12** (1975) 109

26.2.1–26.2.4 POLYETHER, ALLGEMEIN

J. Furukawa und T. Saegusa, Polymerization of aldehydes and oxides, Wiley, New York 1963
A. F. Gurgiolo, Poly(alkylene oxides), Revs. Macromol. Chem. **1** (1966) 39
H. Tadokoro, Structure of crystalline polyethers, Macromol. Revs. **1** (1967) 119
P. Dreyfuß und M. P. Dreyfuß, Polytetrahydrofuran, Adv. Polymer Sci. **4** (1967) 528
P. Dreyfuß und M. P. Dreyfuß, 1,3-Epoxides and higher epoxides, in K. C. Frisch und S. L. Reegen, Hrsg., Ring-opening polymerizations, M. Dekker, New York 1969
C. C. Price, Polyethers, Acc. Chem. Res. **7** (1974) 294
F. E. Bailey, jr. und J. V. Koleske, Poly(ethylene oxide), Academic Press, New York 1976

26.2.5 EPOXIDE

A. M. Paquin, Epoxydverbindungen und Epoxydharze, Springer, Berlin 1958
H. Lee und K. Neville, Handbook of Epoxy resins, McGraw-Hill, New York 1967
H. Jahn, Epoxidharze, VEB Dtsch. Verlag f. Grundstoffindustrie, Leipzig 1969
Y. Ishii und S. Sakai, 1,2-Epoxides, in K. C. Frisch und S. L. Reegen, Hrsg., Ring-Opening Polymerization, Dekker, New York 1969
P. F. Bruins, Hrsg., Epoxy resin technology, Interscience, New York 1969

H. S. Eleuterio, Polymerization of perfluoro epoxides, J. Polymer Sci. [A−1] **6** (1972) 1027
C. A. May und Y. Tanaka, Hrsg., Epoxy resins-chemistry and technology, Dekker, New York 1973
H. Batzer und F. Lohse, Epoxidharze, Kunststoffe **66** (1976) 637

26.2.7 FURANHARZE

C. R. Schmitt, Polyfurfuryl alkohol resins, Polymer-Plast. Technol. Engng. **3** (1974) 121
A. Gandini, The behaviour of furan derivatives in polymerization reactions, Adv. Polymer Sci. **25** (1977) 47

26.3 Aromatische Polyether

A. S. Hay, Aromatic polyethers, Adv. Polymer Sci. **4** (1967) 496
A. S. Hay, Polymerization by oxydative coupling − a historical review, Polymer Engng. Sci. **16** (1976) 1

26.4 Aliphatische Polyester

J. Bjorksten, H. Tovey, B. Harker und J. Henning, Polyesters and their applications, Reinhold, New York York, 3. Aufl. 1959
H. Martens, Alkyd resins, Reinhold, New York 1961
H. V. Boenig, Unsaturated polyesters, Elsevier, Amsterdam 1964
V. V. Korshak und S. V. Vinogradova, Polyesters, Pergamon Press, Oxford 1965
I. Goodman und J. A. Rhys, Polyesters, Bd. I, Saturated Polyesters, Iliffe, London 1965
B. Parkyn, F. Lamb und B. V. Clifton, Polyesters, Bd. II. Unsaturated polyesters, Iliffe, London 1967
D. H. Solomon, A reassessment of the theory of polyesterfication with particular reference to alkyd resins, J. Macromol. Sci. C [Revs.] **1** (1967) 179
R. D. Lundberg und E. F. Cox, Lactones, in K. C. Frisch und S. L. Reegen, Hrsg., Ring-opening polymerizations, Dekker, New York 1969
E. W. Laue, Glasfaserverstärkte Polyester und andere Duromere, Zechner und Hüthig, Speyer, 2.Aufl. 1969
G. L. Brode und J. V. Koleske, Lactone polymerization and polymer properties, J. Macromol. Sci. [Chem.] A **6** (1972) 1109
P. F. Bruins, Unsaturated polyester technology, Gordon und Breach, New York 1976

26.5 Aromatische Polyester

W. F. Christopher, Polycarbonates, Reinhold, New York 1962
H. Schnell, Chemistry and physics of polycarbonates, Interscience, New York 1964
V. V. Korshak und S. V. Vinogradova, Polyesters, Pergamon, Oxford 1965
I. Goodman und J. A. Rhys, Polyesters, Bd. I, Saturated polyesters, Iliffe, London 1965
H. Ludwig, Polyester-Fasern, Akademie-Verlag, Berlin, 2. Aufl. 1975; Polyester Fibres, Wiley, New York 1971
O. V. Smirnova, Polycarbonates, Khimiya Publ., Moskau 1975 (in Russ.)

27 Kohlenstoff/Schwefel-Ketten

27.1 Aliphatische Polysulfide mit Monoschwefel

Aliphatische Polysulfide mit Monoschwefel weisen die allgemeine Konstitutionsformel $+R-S+_n$ auf, wobei R ein aliphatischer oder cycloaliphatischer Rest ist. Die einfachste Kettenstruktur $+CH_2-S+_n$ entsteht durch Polymerisation von Thioformaldehyd HCHS oder dessem cyclischen Trimeren Trithian. Das Polymer hat jedoch nur akademische Bedeutung, da es sich leicht zu den Monomeren zersetzt.

Aliphatische Polysulfide mit zwei oder mehr Kohlenstoffatomen pro Grundbaustein sind entweder durch Ringöffnungspolymerisation cyclischer Sulfide oder durch Anlagerung von Thiolgruppen an Vinylgruppen zugänglich. Cyclische Sulfide können mit lithiumorganischen Verbindungen polymerisiert werden. Die anionische Polymerisation der Cyclosulfide unterscheidet sich dabei wesentlich von derjenigen der Cycloether. Bei Cycloethern greift das Ethylanion das Kohlenstoffatom an. Bei der mit Ethyllithium initiierten Polymerisation von Propylensulfid bildet sich jedoch zuerst Lithiummethanthiolat, dessen Anion dann die Polymerisation von Propylensulfid auslöst:

$$(27-1) \quad C_2H_5Li + CH_3-\underset{S}{CH-CH_2} \rightarrow C_2H_5SLi + CH_3-CH=CH_2$$

$$C_2H_5S^\ominus + CH_3-\underset{S}{CH-CH_2} \rightarrow C_2H_5S+CH(CH_3)-CH_2-S+^\ominus$$

Viergliedrige Ringe werden jedoch direkt angegriffen und es bilden sich Carbanionen:

$$(27-2) \quad C_2H_5Li + \underset{CH_2-CH_2}{CH_3-CH-S} \rightarrow C_2H_5+S-\underset{CH_3}{CH}-CH_2-CH_2+^\ominus Li^\oplus$$

Die durch Polymerisation von Cyclosulfiden erhaltenen Polymeren besitzen keine technische Bedeutung. Aus Pentaerythrit $C(CH_2OH)_4$ und Chloracetaldehyd $ClCH_2CHO$ läßt sich jedoch ein Monomer gewinnen, das nach der Polykondensation mit Dinatriumsulfid zu schwefelhaltigen Polymeren führt:

$$(27-3) \quad ClCH_2-\underset{O}{\overset{O}{\diagdown}}\underset{O}{\overset{O}{\diagup}}-CH_2Cl + Na_2S \xrightarrow[-2\,NaCl]{DMSO} \left(-S-CH_2-\underset{O}{\overset{O}{\diagdown}}\underset{O}{\overset{O}{\diagup}}-CH_2-\right)$$

Zur Stabilisierung werden die Endgruppen mit Ethylenchlorhydrin verkappt. Das Material wird bei 200–260°C thermoplastisch und kann dann zu zähen Filmen verarbeitet werden.

Aliphatische Polysulfide des Typs $+S-R-S-R'+$ entstehen durch radikalische Addition von Thiolgruppen an Substanzen mit Vinyldoppelbindungen:

$$(27-4) \quad \sim R-SH + CH_2=CH\sim \rightarrow \sim R-S-CH_2-CH_2\sim$$

Als Radikalquelle können Peroxide, Elektronenstrahlen oder ultraviolettes Licht dienen. Technisch benutzt man multifunktionelle Monomere und erhält daher vernetzte Polymere, die sich als Überzüge für eine Reihe von Anwendungen eignen.

27.2 Aliphatische Polysulfide mit Polyschwefel

Bei diesen Polymeren mit dem Strukturelement $-(R-S_x)-$ wird x als Schwefelgrad bezeichnet. Der Schwefelgrad gibt die mittlere Zahl von Schwefelatomen pro Strukturelement an.

Die technisch bedeutsamen Polysulfide werden aus α, ω-Dichlorverbindungen und Natriumpolysulfid hergestellt:

(27–5) $n\ Cl-R-Cl + n\ Na_2S_x \rightarrow -(RS_x)_n- + 2\ n\ NaCl$

Als Halogenverbindung wird technisch überwiegend das Bis(2-chlorethyl)formal $(ClCH_2CH_2O)_2CH_2$ verwendet, das zum Schwefelgrad 2 führt. In einigen Fällen wird auch 1,2-Dichlorethan benutzt (gibt Schwefelgrad 4) oder ein Gemisch von Bis(2-chlorethyl)formal und 1,2-Dichlorethan (Schwefelgrad 2,2).

Die beiden Reaktionspartner brauchen nicht in äquivalenten Mengen eingesetzt zu werden. Durch einen Überschuß an Na_2S_x werden nämlich NaS-Endgruppen gebildet. Diese Endgruppen können entweder disproportionieren

(27–6) $2 \sim RS_xNa \rightarrow \sim RS_xR\sim + Na_2S_x$

oder oxidiert werden

(27–7) $2 \sim RSNa + 0,5\ O_2 + H_2O \rightarrow \sim RSSR \sim + 2\ NaOH$

wobei die Molmasse erhöht wird. Die leichte Oxidierbarkeit nutzt man bei technischen Härtungen aus, die mit Bleidioxid, organischen Peroxiden oder p-Chinondioxim durchgeführt werden können.

Die Eigenschaften der gehärteten Polymeren hängen in erster Linie vom Schwefelgrad ab (Tab. 27–1). Die Schwefelatome in Polymeren mit höheren Schwefelgraden liegen dabei in Form von Ketten $-S-S-S-$ vor. Höhere Schwefelgrade können durch Behandeln mit Natriumpolysulfid reduziert werden. Beim Umsetzen gleicher Stoffmengen von $-(RS_4)-$ und Na_2S_4 entsteht z. B. $-(RS_{3,1})-$ und $NaS_{4,9}$.

Tab. 27-1: Einfluß des Schwefelgrades auf die Konsistenz organischer Polysulfid-Polymerer

$-(CH_2-S)_n-$	Pulver
$-(CH_2-S_2)_n-$	feste, plastische Masse
$-(CH_2-S_4)_n-$	Gummi
$-(CH_2-CH_2-S)_n-$	Pulver
$-(CH_2-CH_2-S_2)_n-$	hornähnlich, kalt verstreckbar
$-(CH_2-CH_2-S_3)_n-$	gummiähnlich
$-(CH_2-CH_2-S_4)_n-$	Gummi, neigt beim Stehen zur Kristallisation

Die festen Polysulfide werden wegen ihrer Beständigkeit gegen Lösungsmittel, Sauerstoff und Ozon für Dichtungen und andere Formartikel verwendet, sowie in Form von Blends mit Epoxiden für Kleber und als Beschichtungsmaterial im Straßenbau. Gemische von flüssigen Polysulfiden mit gewissen Oxidationsmitteln verbrennen mit großer Intensität und Gasentwicklung und werden als Grundstoffe für Feststoffraketen eingesetzt.

27.3 Aromatische Polysulfide

Poly(thio-1,4-phenylen), auch Poly(phenylensulfid) oder PPS genannt, entsteht durch Reaktion von 1,4-Dichlorbenzol mit Natriumsulfid in N-Methylpyrrolidon:

(27-8) $Cl-C_6H_4-Cl + Na_2S \longrightarrow \{S-C_6H_4\} + 2\,NaCl$

Das lösliche weiße Polymer verfärbt sich beim Erhitzen nach braun und wird unlöslich. Es ist in Luft bis 500°C stabil und nicht entflammbar. Der ausgesprochene Konstruktionskunststoff wird daher für korrosionsfeste Überzüge von Pumpen und Ventilen sowie für Kochtöpfe und -pfannen eingesetzt.

27.4 Aromatische Polysulfidether

Die den aromatischen Polysulfidethern zugrundeliegenden Monomeren mit vier Methylengruppen werden aus Phenol und Thiophen

(27-9) [Thiophen] S + [Phenyl]$-OH + Cl_2 \longrightarrow$ [Thiophen]$\overset{\oplus}{S}-$[Phenyl]$-OH + Cl^{\ominus} + HCl$

die mit fünf Methylengruppen pro Strukturelement jedoch über eine Ringschlußreaktion hergestellt:

(27-10) $Br(CH_2)_5Br + CH_3-S-$[Phenyl]$-OH \longrightarrow$ [Ring]$\overset{\oplus}{S}-$[Phenyl]$-OH + Br^{\ominus} + CH_3Br$

Die entstandenen Verbindungen werden mit Natriummethylat oder Anionenaustauschern in Zwitterionen umgewandelt, die dann in einer sog. Death charge-Polymerisation unter Aufgabe der Ladung und Ringöffnung zu den Polysulfidethern polymerisieren, z.B.

(27-11) [Thiophen]$\overset{\oplus}{S}-$[Phenyl]$-O^{\ominus} \longrightarrow -(CH_2)_4\{S-$[Phenyl]$-O\}$

Die technische Bedeutung dieser Reaktion liegt darin, daß aus wässrigen Lösungen der Monomeren wasserbeständige Überzüge erhalten werden. Die aus den bifunktionellen Monomeren hergestellten linearen Polymeren sind jedoch verhältnismäßig weich. Harte Überzüge erzielt man durch Copolymerisation mit multifunktionellen Zwitterionen. Die Härte dieser Überzüge kann durch Filmbildung in Ggw. von Latices oder kolloidalem Siliciumdioxid erhöht werden.

27.5 Polyethersulfone

Poly(sulfo-1,4-phenylen) oder Poly(p-phenylensulfon) mit dem Grundbaustein $\{SO_2-C_6H_4\}$ weist eine sehr hohe Schmelztemperatur von 520°C auf und kann daher technisch nur schwierig verarbeitet werden. Erst bei Einführung der flexibel machenden Ethergruppen gelangt man zu gut verarbeitbaren Produkten.

Alle technischen Polyethersulfone enthalten in der Hauptkette aromatische Gruppierungen, Sulfonreste und Ethergruppen. Je nach Herstellerfirma werden sie als Polysulfone, Polyarylsulfone, Polyethersulfone oder Polyarylether bezeichnet. Die fünf verschiedenen, im Handel befindlichen Polyethersulfone sind ein Polymer mit dem Grundbaustein I, ein Polymer mit einem Überschuß von Grundbausteinen I über Grundbaustein II, ein alternierendes Copolymer von I und II, ein Copolymer von I und II mit einem Überschuß II, und ein Polymer mit dem Strukturelement III.

$$-SO_2-\!\!\bigcirc\!\!-O-\!\!\bigcirc\!\!- \qquad -SO_2-\!\!\bigcirc\!\!-\!\!\bigcirc\!\!- \qquad -SO_2-\!\!\bigcirc\!\!-O-\!\!\bigcirc\!\!-\underset{CH_3}{\overset{CH_3}{C}}-\!\!\bigcirc\!\!-O-\!\!\bigcirc\!\!-$$

$$\text{I} \qquad\qquad\qquad \text{II} \qquad\qquad\qquad\qquad\qquad \text{III}$$

Polyethersulfone werden technisch nach zwei Verfahren hergestellt. Bei der elektrophilen Substitution von aromatisch gebundenem Wasserstoff durch Sulfonyliumionen kann man entweder von AB-Monomeren ausgehen oder aber die Polykondensation zwischen AA- und BB-Monomeren ablaufen lassen:

(27-12) $C_6H_5O-C_6H_4-SO_2Cl \rightarrow \{C_6H_4-O-C_6H_4-SO_2\}$

(27-13) $C_6H_5-O-C_6H_5 + ClSO_2-C_6H_4-SO_2Cl \xrightarrow[-HCl]{} \{C_6H_4-O-C_6H_4-SO_2-C_6H_4-SO_2\}$

Auch bei der nucleophilen Substitution von aromatisch gebundenem Halogen durch Phenoxyionen hat man die Wahl zwischen einer AB- und einer AA/BB-Polykondensation:

(27-14) $Cl-C_6H_4-SO_2-C_6H_4-OMt \xrightarrow[-MtCl]{} \{C_6H_4-SO_2-C_6H_4-O\}$

(27-15) $Cl-C_6H_4-SO_2-C_6H_4-Cl + Mt-Ar-Mt \xrightarrow[-2MtCl]{} \{C_6H_4-SO_2-C_6H_4-O-Ar-O\}$

Die Reaktion (27-12) liefert praktisch nur p-substituierte Produkte, während Reaktion (27-13) zu Produkten mit ca. 80% para- und 20% ortho-Substitution führt. Bei den nucleophilen Polykondensationen werden Polymere mit reaktiven Endgruppen gebildet. Diese Endgruppen kondensieren bei der Verarbeitung weiter, wobei die Molmassen und folglich auch die Schmelzviskositäten ansteigen. Zur Stabilisierung werden daher die phenolischen Endgruppen mit Methylchlorid umgesetzt, wobei nichtreaktive Methoxygruppen entstehen.

Die Polyethersulfone sind amorph und besitzen hohe Glasübergangstemperaturen zwischen 190 und 290 °C. Sie weisen gutes Kriechverhalten, gute dielektrische Eigenschaften und gute thermische und hydrolytische Stabilitäten auf. Sie eignen sich für konstruktive und elektrische Teile, Beschichtungen von Pfannen und Töpfen und in Form des Sulfonierungsproduktes auch als Membranen für die Entsalzung von Meerwasser.

Aliphatische Polysulfone besitzen wegen ihrer niedrigen Ceiling-Temperatur nicht die Stabilität gegen Licht und Wärme wie die aromatischen Polysulfone und werden daher nicht als Werkstoffe verwendet. Gerade aus diesem Grunde können sie aber als Abdecklacke bei der Herstellung integrierter Schaltkreise eingesetzt werden.

Literatur zu Kap. 27

27.0 Übersichten

E. J. Goethals, Sulfur-Containing Polymers, J. Macromol. Sci. [Reviews] C **2** (1968) 73
E. J. Goethals, Sulfur-containing polymers, Top. Sulfur Chem. **3** (1977) 1

27.1 Aliphatische Ketten mit Monoschwefel

P. Sigwalt, Polysulfures d'éthylene, Chim. et Ind. **104** (1971) 47
P. Sigwalt, Stereoregular and Optically Active Polymers of Episulfides, Int. J. Sulfur. Chem. C **7** (1972) 83
W. H. Sharkey, Polymerization through the Carbon-Sulfur double bond, Adv. Polymer Sci. **17** (1975) 73

27.2 Aliphatische Ketten mit Polyschwefel

G. Gaylord, Polyethers, Pt. 3, Polyalkylene Sulfides and Other Polythioethers, Wiley, London 1962
E. R. Bertozzi, Chemistry and Technology of Elastomeric Polysulfide Rubbers, Rubber Chem. Technol. **41** (1968) 114
C. Placek, Polysulfide Manufacture, Noyes Data Corp., Park Ridge, NY (1970)
W. Cooper, Polyalkylensulphides, Brit. Polymer J. **3** (1971) 28
E. Dachselt, Thioplaste, VEB Dtsch. Vlg. für Grundstoffindustrie, Leipzig 1971
F. Lautenschlaeger, Alkylene Sulfide Polymerizations, J. Macromol. Sci. [Chem.] A **6** (1972) 1089

27.3 Aromatische Polysulfide

J. N. Short und H. W. Hill, Jr., Polyphenylene sulfide coating and molding resins, Chem. Technol. **2** (1972) 481
G. C. Bailey und H. W. Hill, Jr., Polyphenylene sulfide: a new industrial resin, in A. D. Deanin, Hrsg., New Industrial Polymers [ACS Sym. Ser. 4], Amer. Chem. Soc., Washington 1974, 83

27.4 Aromatische Polysulfidether

D. L. Schmidt, H. B. Smith, M. Yoshimine, M. J. Hatch, Preparation and properties of polymers from aryl cyclic sulfonium zwitterions, J. Polymer Sci. [Chem.] **10** (1972) 2951

27.5 Polyethersulfone

K. J. Ivin and J. B. Rose, Polysulphones, Organic and Physical Chemistry, Adv. Macromol. Sci. **1** (1976) 336
V. J. Leslie, J. B. Rose, G. O. Rudkin und J. Feltzin, Polyethersulphone – a New High Temperature Engineering Thermoplastic, in R. D. Deanin, Hrsg., New Industrial Polymers [ACS Symp. Ser. 4], Amer. Chem. Soc., Washington 1974, 63

28 Kohlenstoff/Stickstoff-Ketten

28.1 Polyimine

Als Imine werden in der organischen Chemie Verbindungen des Typs RCH=NH bezeichnet. *Polyimine* wären daher sinngemäß Polymere mit dem Grundbaustein +NH–CHR+. Solche Polymere können durch Polymerisation von Nitrilen und anschließende Hydrierung der Polynitrile hergestellt werden

(28–1) $N \equiv C\underset{R}{|} \longrightarrow +N=C\underset{R}{|}+ \xrightarrow{+H_2} +NH-CH\underset{R}{|}+$

Poly(ethylenimine) sind Polymere mit zwei Kohlenstoffatomen zwischen je zwei Stickstoffatomen der Kette, d. h. sie sind eigentlich sekundäre Amine. Unverzweigte Poly(ethylenimine) erhält man durch die durch $C_2H_5[BF_3OC_2H_5]$ ausgelöste isomerisierende Polymerisation von unsubstituierten 2-Oxazolinen und anschließende Verseifung der Produkte

(28–2) [N-Oxazolin-Ring] $\longrightarrow +CH_2CH_2N+ \atop CHO \xrightarrow[-HCOONa]{+NaOH} +CH_2CH_2NH+$

Unverzweigte Poly(ethylenimine) sind kristallin (T_M = 58,5°C) und nur in heißem Wasser löslich.

Verzweigte Poly(ethylenimine) entstehen bei der kationischen Polymerisation von Ethylenimin mit Protonsäuren oder alkylierenden Agenzien als Initiatoren, z. B.

(28–3) $H^{\oplus} + HN{\triangleleft} \longrightarrow H_2\overset{\oplus}{N}{\triangleleft} \xrightarrow{+n\ C_2H_5N} H(NHCH_2CH_2)_n\overset{\oplus}{N}{\triangleleft}$ usw.

Die resultierenden Polymeren lösen sich in kaltem Wasser. Sie enthalten wegen der Übertragungsreaktionen zu den sekundären Stickstoffatomen auch tertiäre Stickstoffatome als Verzweigungsstellen und primäre Stickstoffatome als Endgruppen. Das Verhältnis von primären:sekundären:tertiären Aminogruppen beträgt bei Handelsprodukten ca. 1:2:1. Technische Poly(ethylenimine) werden als Papierhilfsmittel oder als Adhäsive für z. B. die Bindung von Polyestercord an Kautschuk eingesetzt. Quaternierte Poly(ethylenimine) dienen als Flockungsmittel in der Wasseraufbereitung.

Die kationische Polymerisation N-substituierter Ethylenimine verläuft ähnlich. Eine Ausnahme bildet N-t-Butylethylenimin, dessen Polymerisation ohne Abbruch und Übertragung abläuft und somit zu lebenden Polymeren führt.

Poly(alkylenimine) mit längeren Alkylenresten zwischen den sekundären Amingruppen bilden sich durch N-Alkylierung tertiärer Diamine

(28–4) $\underset{CH_3}{\overset{CH_3}{|}}N-(CH_2)_x-\underset{CH_2}{\overset{CH_3}{|}}N + Br-(CH_2)_y-Br \longrightarrow +\underset{\underset{Br^{\ominus}}{CH_3}}{\overset{CH_3}{|}}\overset{\oplus}{N}-(CH_2)_x-\underset{\underset{Br^{\ominus}}{CH_3}}{\overset{CH_3}{|}}\overset{\oplus}{N}-(CH_2)_y+$

Diese starken Polyelektrolyte sind unter dem Namen Ionene bekannt.

Strukturell verwandt sind die sog. *Poly(carbodiimide)*, die aus multifunktionellen Isocyanaten durch Abspaltung von Carbondioxid unter der Wirkung von z. B. Phospholenoxiden als Katalysatoren entstehen

(28–5) $OCN-R-NCO \longrightarrow \ {-}(N=C=N-R{-}) + CO_2$

Die vollkommen reagierten Polymeren stellen leichte offenzellige Hartschaumstoffe dar. Sie können aber auch durch Formpressen zu Werkstücken verarbeitet werden. Aus unvollständig reagierten Lösungen kann man klare Filme gießen, die nachgehärtet werden können.

28.2 Polyamide

28.2.1 AUFBAU UND SYNTHESE

Polyamide enthalten in der Hauptkette die Amidgruppe $-NH-CO-$. Sie lassen sich in zwei Reihen einteilen. Bei der Perlon-Reihe sind Grundbaustein und Strukturelement identisch, während bei der Nylon-Reihe zwei Grundbausteine ein Strukturelement bilden. R und R' können dabei aliphatische, cycloaliphatische, aromatische oder heterocyclische Reste sein:

$\quad\quad {-}(NH-CO-R{-}) \quad\quad\quad {-}(NH-R-NH-CO-R'-CO{-})$
$\quad\quad$ Perlon-Reihe $\quad\quad\quad\quad\quad$ Nylon-Reihe

Das Wort „Nylon" war ursprünglich ein Markenname der Fa. DuPont; es ist nunmehr ein Gattungsname. Die Herkunft des Namens ist nicht genau bekannt. Nach einer besonders hübschen, aber nicht unbedingt wahren Geschichte soll der Name auf den Erfinder des Nylons, W. H. Carothers, zurückgehen. Demnach soll Carothers erkannt haben, daß die hervorragenden Fasereigenschaften des Nylons das japanische Seidenmonopol bedrohen könnten. Aus den Anfangsbuchstaben seines Ausrufs „Now, you lousy old nipponese" soll dann das Wort „Nylon" gebildet worden sein. – Das Wort „Perlon" ist dagegen noch heute ein Markenname; es wurde offensichtlich in Anlehnung an das Wort „Nylon" gebildet.

Technische Produkte werden häufig ohne weitere Unterscheidung als Nylons bezeichnet und durch Nummern oder Buchstaben voneinander unterschieden. Die Nummern geben die Zahl der Kohlenstoffatome pro aliphatischen Grundbaustein an. Nylon 6 oder Polyamid 6 ist somit Poly(ϵ-caprolactam). Bei der eigentlichen Nylon-Reihe gibt die erste Zahl die Anzahl der Kohlenstoffatome pro Diamin, die zweite Zahl die der Kohlenstoffatome der Dicarbonsäure an. Nylon 6,6 oder Nylon 66 ist daher Poly(hexamethylenadipamid). Buchstaben werden oft zur Kennzeichnung ringförmiger Reste verwendet, z. B. T für den Terephthalsäurerest.

Polyamide mit Molmassen über 10 000 g/mol wurden wegen ihrer besseren Eigenschaften von Carothers ursprünglich Superpolyamide genannt. In den letzten Jahren wurde dieser Name jedoch gelegentlich auch für Polyamide mit aromatischen Gruppierungen verwendet.

Polyamide dienen als Fasern und als Konstruktionswerkstoffe. Aliphatische Polyamide sind meistens Textilfasern, während gewisse aromatische Polyamide industrielle

Fasern darstellen. Polyamidfasern, bei denen mindestens 85 % der Amidgruppen mit zwei aromatischen Ringen verknüpft sind, werden auch Aramidfasern genannt.

28.2.2 NYLON-REIHE

Nylon 6,6 ist das klassische Polyamid und die erste vollsynthetisch hergestellte Faser überhaupt. Technisch hergestellt werden z. Zt. außerdem Nylon 6,10 und Nylon 6,12. Nylon 13,13 ist in Entwicklung.

PA 6,6 $-NH(CH_2)_6NH-CO(CH_2)_4CO-$ Poly(hexamethylenadipamid)
PA 6,10 $-NH(CH_2)_6NH-CO(CH_2)_8CO-$ Poly(hexamethylensebacamid)
PA 6,12 $-NH(CH_2)_6NH-CO(CH_2)_{10}CO-$ Poly(hexamethylendodecandiamid)
PA 13,13 $-NH(CH_2)_{13}NH-CO(CH_2)_{13}CO-$ Poly(tridecanbrassylamid)

Alle diese Polyamide werden durch Polykondensationen eines α,ω-Diamins mit einer α,ω-Dicarbonsäure hergestellt:

(28-6) $H_2N-R-NH_2 + HOOC-R'-COOH \longrightarrow \{NH-R-NH-CO-R'-CO\} + 2\,H_2O$

Die Synthese von Polyamiden der Nylon-Reihe hat den Vorteil, daß im Polykondensationsgleichgewicht der Anteil an Monomeren und Oligomeren sehr gering ist. Monomere und Oligomere müssen daher im Gegensatz zu den Polyamiden aus der Lactam-Polymerisation hier nicht entfernt werden. Die Polykondensation ist andererseits jedoch viel aufwendiger auf die Polymerisation. In den USA und in England dominiert aus historischen Gründen PA 6,6, in Deutschland und in Japan jedoch PA 6 den Markt.

Hexamethylendiamin ist über verschiedene Verfahren zugänglich (vgl. Kap. 24) und wird technisch meist aus Adipinsäure, Butadien oder Acrylnitril hergestellt. Sebacinsäure gewinnt man aus Ricinusöl. Wegen der unsicheren Versorgungslage wird Sebacinsäure für derartige Polyamide zunehmend durch die Dodecandisäure ersetzt, die man durch Oxidation von Cyclododecatrien, dem cyclischen Trimeren des Butadiens, erhält. Die Monomeren für das Polyamid 13 stammen von der Erucasäure ab (vgl. Kap. 24).

Die für die Polykondensation erforderliche Äquivalenz der funktionellen Gruppen wird erreicht, indem zuerst das Salz aus äquivalenten Stoffmengen Diamin und Dicarbonsäure hergestellt wird. Adipinsäure und Hexamethylendiamin bilden so z. B. das sog. AH-Salz. Das gereinigte Salz wird direkt für die Schmelzkondensation verwendet. Das Amidierungsgleichgewicht liegt so günstig, daß die Polykondensation in Ggw. von Wasser erfolgen kann. Wasser wird daher als Wärmeträger verwendet. Typisch für technische Synthesen ist z. B. die Polykondensation des AH-Salzes: eine 60–80 % Aufschlämmung des Salzes wird mit etwas Essigsäure als Regulator (vgl. Kap. 28.2.3.2) 1–2 h bei (275–280)°C und (13–17) bar, d. h. dem Dampfdruck des Wasserdampfes, vorkondensiert. Nachdem ein Umsatz von 80–90 % erreicht ist, wird oberhalb der Schmelztemperatur von 264°C unter Vakuum weiterkondensiert.

Polyamid 66 dient als Textilfaser; die Polyamide 6,10 und 6,12 sind Werkstoffe. Die Produktion von Polyamid 13,13 ist z. Zt. unwirtschaftlich, weil der bei der Gewinnung des Crambe-Öls anfallende Presskuchen nicht verwertet werden kann. Er läßt sich nämlich nicht verfüttern, weil sich sein Geschmack auf Milch und Eier überträgt.

Zu den Polyamiden der Nylon-Reihe sind auch die sog. Versamide zu zählen. Die Versamide entstehen durch Polykondensation der Estergruppen „polymerisierter" pflanzlicher Öle mit Diaminen und Triaminen. Die verzweigten Produkte sind von niedriger bis mittlerer Molmasse, gut löslich, und mit Schmelztemperaturen zwischen Raumtemperatur und 185 °C. Aus Ethylendiamin erhält man „harte" Versamide. Die als Klebstoff verwendeten Verbindungen kleben erst nach kurzem Erwärmen, können also in der Kälte gelagert werden. Aus Diethylentriamin bekommt man dagegen „weiche" Versamide. Diese Versamide sind gut mit Epoxiden sowie Phenol- und Kolophoniumharzen kombinierbar.

28.2.3 PERLON-REIHE

28.2.3.1 Aminosäure-Polymerisation

Polyamide der Perlon-Reihe können aus sehr verschiedenen Monomeren durch eine große Zahl von Verfahren hergestellt werden. Die Polykondensation von ω-Aminosäuren

$$(28-7) \quad H_2N-R-COOH \longrightarrow +NH-R-CO+ + H_2O$$

muß in der Regel bei höheren Temperaturen ausgeführt werden, da bei niedrigeren Temperaturen die Reaktivität der Carboxylgruppe wegen ihrer Resonanzstabilisierung zu gering ist. Bei höheren Temperaturen treten aber Nebenreaktionen ein: Cyclodimerisierung bei α-Aminosäuren, Ammoniakabspaltung und Bildung von Acrylsäure bei der β-Aminosäure, intramolekulare Cyclisierung zu den Lactamen bei den γ- und δ-Aminosäuren. Erst bei höheren als δ-Aminosäuren tritt beim Erhitzen überwiegend Polykondensation ein.

Aminosäureester sind leichter zu polykondensieren, da die Estergruppe weniger resonanzstabilisiert ist. Noch weniger resonanzstabilisiert und daher sehr reaktiv ist die Säurechloridgruppe. Die Säurechloride der ω-Aminosäuren sind jedoch aus dem gleichen Grunde nicht gut isolierbar, so daß die Polymerbildung recht unkontrolliert abläuft.

28.2.3.2 Lactam-Polymerisation

Wenn immer daher die thermische Stabilität der Monomeren und Polymeren ausreicht, stellt man die Polyamide der Perlon-Reihe über ihre Lactame her. Lactame können anionisch, kationisch oder „hydrolytisch" polymerisiert werden.

Die *anionische* Polymerisation wird durch Natrium oder Alkali- bzw. Erdalkalihydroxide ausgelöst, die in situ ein Lactamanion erzeugen. Das Lactamanion greift dann den Co-Initiator an, z. B. ein am N-Atom mit elektronenanziehenden Substituenten aktiviertes Lactamderivat. Diese Co-Initiatoren können ebenfalls in situ erzeugt werden, z. B. durch Zusatz von Acetanhydrid oder Keten. Der Ring öffnet sich und es bildet sich ein N-substituiertes Lactam. Dieses Lactam reagiert unter Protonenaustausch sehr rasch mit einem Lactammolekül, wobei ein Lactamanion regeneriert wird. Anschließend erfolgt ein neuer Wachstumsschritt durch Angriff eines Lactamanions. Die Polymerisation ist lebend und wird nur durch reaktive Verunreinigungen abgebrochen. Ein Beispiel ist die anionische Polymerisation von ε-Caprolactam (vgl. ferner Gl. (28–17)):

$$(28-8) \quad \underset{O}{\overset{}{\bigcirc}}N^{\ominus} + \underset{O}{\overset{}{\bigcirc}}N-CO-R \longrightarrow \underset{O}{\overset{}{\bigcirc}}N-CO-(CH_2)_5-\overset{\ominus}{N}-CO-R$$

28.2 Polyamide

$$\text{[cycloheptanone-N]}-CO-(CH_2)_5-\overset{\ominus}{N}-CO-R + \text{[cycloheptanone-NH]} \longrightarrow$$

$$\text{[cycloheptanone-N]}-CO-(CH_2)_5-NH-CO-R + \text{[cycloheptanone-N}^{\ominus}\text{]}$$

Die anionische Lactampolymerisation ist sehr schnell und wird daher in der Technik als sog. Schnellpolymerisation zur Herstellung großer Formteile aus PA 6 benutzt. Sie weist überwiegend die Charakteristiken einer lebenden Polymerisation mit anfänglich homogener Verteilung des Initiators auf: die Molmassenverteilung ist mit einem Verhältnis $\overline{M}_w/\overline{M}_n$ von 1,2–1,3 recht eng. Die Molmassenverteilung verbreitert sich jedoch beim Tempern mit zunehmender Zeit, z. B. durch Polymerisation bei tieferen Temperaturen, Aufheizen von Spritzgußmassen usw.. Dabei bleibt das Zahlenmittel der Molmasse praktisch konstant. Die beobachtete Zunahme des Massenmittels der Molmasse oder der diesem proportionalen Schmelzviskosität kann daher nicht von einer zusätzlichen Polymerisation oder Polykondensation stammen. Sie rührt vielmehr von einer Umamidierung (Transamidierung) durch säurekatalysierte Aminolyse her

$$(28-9) \quad \begin{array}{c} \sim M_k-CO-NH-M_m \sim \\ + \\ \sim M_n-NH_2 \end{array} \rightleftharpoons \begin{array}{c} \sim M_k-CO \\ | \\ \sim M_n-NH \end{array} \quad + \quad H_2N-M_m \sim$$

Entfernt man die Aminoendgruppen durch Reaktion mit z. B. Essigsäure, so wird keine Umamidierung mehr beobachtet. Im technischen Sprachgebrauch werden derartig wirkende monofunktionelle Verbindungen auch als Regulatoren, Stabilisatoren oder Kettenabbrecher bezeichnet. Ihre Wirkung zeigt, daß die direkte Transamidierung zwischen zwei Amidgruppen nicht bedeutsam ist.

Die *kationische* Polymerisation führt mit den bislang bekannten Initiatoren nur zu geringen Umsätzen und Polymerisationsgraden, vermutlich durch Bildung von Amidinendgruppen, z. B.

$$(28-10) \quad \sim NH-CO-(CH_2)_5-\overset{\oplus}{N}H_3 \longrightarrow \sim NH-\text{[cycloheptene-}\overset{\oplus}{N}H\text{]} + H_2O$$

Die sog. *„hydrolytische"* Polymerisation ist technisch außerordentlich bedeutsam. Sie wird chargenweise mit einer 80–90 % Lactamlösung in Wasser in einem Autoklaven unter Zusatz von z. B. Essigsäure als Regulator ausgeführt. Unter den Reaktionsbedingungen wird eine kleine Menge Lactam zu der entsprechenden ω-Aminosäure hydrolysiert. Die Amino- und Carboxylgruppen dieser Aminosäure lösen dann die Polymerisation des Lactams aus:

$$(28-11) \quad H_2N(CH_2)_5COOH + n \text{ [caprolactam]} \longrightarrow H_2N(CH_2)_5CO(NH(CH_2)_5CO)_nOH$$

Diese Polymerisation ist um ca. eine Größenordnung schneller als die ebenfalls stattfindende Polykondensation der Aminosäuren untereinander:

(28−12)
$$H_2N(CH_2)_5COOH + n\ H_2N(CH_2)_5COOH \longrightarrow H_2N(CH_2)_5CO(NH(CH_2)_5CO)_nOH + n\ H_2O$$

Bei den hydrolytischen und anionischen Lactampolymerisationen stellt sich zwischen wachsender Polymerkette und Monomer ein Polymerisationsgleichgewicht ein. Das im Polymer verbleibende Monomer wirkt weichmachend und wird daher extrahiert, z. B. mit heißem Wasser.

28.2.3.3 Andere Polyreaktionen

Die Polymerisation von Bislactamen mit zwei Lactamresten pro Ring ist naturgemäß der Polymerisation von Monolactamen mechanistisch sehr ähnlich. Sie wird jedoch nicht technisch ausgeführt.

(28−13)
$$\text{[Bislactam ring]} \longrightarrow \text{-(NH-R-CONH-R-CO)-}$$

Speziell für die Synthese der Polyamide der PA 2-Gruppe eignet sich die Polymerisation der Leuchs-Anhydride (N-Carboxyanhydride) der entsprechenden α-Aminosäuren (vgl. Kap. 18):

(28−14)
$$\text{[Leuchs anhydride ring]} \longrightarrow \text{-(NH-CHR-CO)-} + CO_2$$

Zur Synthese von Poly(β-alanin) eignet sich die Polymerisation von Acrylamid mit starken Basen, z. B. t-Natriumbutanolat:

(28−15)
$$BuO^{\ominus} + CH_2=CHCONH_2 \longrightarrow BuOH + CH_2=CHCO\overset{\ominus}{N}H$$
$$CH_2=CHCO\overset{\ominus}{N}H + CH_2=CHCONH_2 \longrightarrow CH_2=CH-CONH-CH_2\overset{\ominus}{C}H-CONH_2$$
$$\updownarrow$$
$$CH_2=CH-CONH-CH_2CH_2-CO\overset{\ominus}{N}H$$

Die Butoxygruppe wird somit nicht in das Polymere eingebaut.

28.2.3.4 Poly(α-aminosäuren)

Über 500 verschiedene α-Aminosäuren HOOC−CHR−NH$_2$ wurden bislang synthetisiert bzw. isoliert. Etwa 20 von ihnen bilden die Hauptkomponenten der Proteine (vgl. Kap. 30). α-Aminosäuren werden technisch durch Fermentation von Glucose (arg, asp, glan, glu, his, ile, lys, pro, val, thr) oder Glycin (ser), enzymatisch aus Asparagin (ala) oder Fumarsäure (asp), durch Hydrolyse von z. B. Casein oder Zuckerrübenrückständen (arg, cys, his, hyp, leu, tyr), durch Umwandlung von Ornithin (arg) oder Glutaminsäure (gln) oder auch vollsynthetisch aus Aldehyden über die Strecker-Synthese (ala, gly, leu, met, phe, thr, trp, val), aus Acrylnitril (glu, lys) oder aus Caprolactam (lys) hergestellt. Bei der Vollsynthese entstehen die Racemate, bei allen anderen Verfahren isoliert man dagegen die L-Aminosäuren. Die Racemate werden gespalten und die anfallenden D-Isomeren wieder racemisiert.

Großtechnisch werden nur Lysin, Methionin und Glutaminsäure hergestellt. Lysin und Methionin erhält man durch Vollsynthese; sie werden als essentielle Aminosäuren Nahrungsmitteln zugesetzt. L-Glutaminsäure mit einer Weltproduktion von ca. 200 000 t/a wird dagegen fast ausschließlich durch Hydrolyse von Proteinen gewonnen. Der größte Teil der Glutaminsäure wird in Form des Natriumsalzes für Würzen verbraucht. In Japan wird Poly(γ-methyl-L-glutamat) als Ausgangsstoff für Beschichtungen künstlicher Leder gehandelt. Poly(L-glutaminsäure) ist ein aussichtsreicher Kandidat für seidenähnliche Fasern. Der größeren Anwendung der α-Aminosäuren in der Polymerchemie steht jedoch bislang der hohe Preis der reinen Isomeren entgegen.

Poly(α-aminosäuren) dienen als Modellsubstanzen für Proteine. Sie existieren im festen Zustand in zwei Formen. Die α-Form ist eine durch intramolekulare Wasserstoffbrücken stabilisierte Helix (vgl. Kap. 4.2.1). Die β-Form ist die Faltblattstruktur (vgl. Abb. 5–10). Sie ist wegen der intermolekularen Wasserstoffbrücken unschmelzbar und unlöslich. Die α-Form gibt wollähnliche, die β-Form seidenähnliche Fasern.

Die Polymerisation der Leuchsanhydride der L-Isomeren von Alanin, Leucin, Lysin, Glutaminsäure, Phenylalanin und Methionin führt zur α-Form, die der L-Formen von Cystein, Glycin, Serin und Valin zur B-Form. Zum Verarbeiten muß die lösliche α-Form vorliegen, was die technische Verwendung der letztgenannten Aminosäuren ausschließt. Das Verspinnen muß bei so niedrigen Konzentrationen erfolgen, daß noch keine Mesophasen vorliegen. Beim Verstrecken und anschließendem Lagern wandeln sich die α-Formen in die für den Gebrauch erwünschten β-Formen um. Durch Kochen in bestimmten Lösungsmitteln kann man u. U. die β-Formen wieder in die α-Formen umwandeln.

28.2.3.5 Höhere Poly(ω-aminosäuren)

Nylon 3 selbst ist noch kein technisches Produkt. Das 3,3-dimethylsubstituierte PA 3 wird jedoch technisch durch anionische Polymerisation des Lactans hergestellt:

$$(28-16) \quad SO_3 + ClCN \longrightarrow ClSO_2NCO \xrightarrow{+ CH_2=C(CH_3)_2} \underset{\text{Azetidinon mit } SO_2Cl}{\text{Azetidinon}} \xrightarrow{+ H_2O}$$

$$\longrightarrow \underset{\text{Azetidinon}}{\text{Azetidinon mit NH}} \longrightarrow -[NH-CO-C(CH_3)_2-CH_2]-$$

Die Polymeren sind schwerlöslich und können nur aus einer methanolischen Lösung von Calciumthiocyanat versponnen werden. Gesponnene Fäden sind auch ohne

Verstrecken hochkristallin. Die Polymeren besitzen hohe Schmelztemperaturen und sind sehr oxidationsbeständig. Sie werden daher als Nähgarne für technische Nähmaschinen eingesetzt. Technische Nähmaschinen arbeiten sehr schnell und haben daher sehr heiße Nähnadeln. Bei einem Stillstand der Maschine würden daher Nähfäden aus niedrigschmelzenden Polymere durchschmelzen und die Produktion wegen des mühsamen Wiedereinfädelns lahmlegen.

Polyamid 4 (Poly(pyrrolidon)) erhält man durch anionische Polymerisation des Lactams mit Alkalimetallpyrrolidon als Initiator und Acylverbindungen bzw. Carbondioxid als Cokatalysatoren gemäß dem allgemeinen Schema 28–8. Die mit Acylverbindungen gestarteten Polymerisationen führen dabei zu breiteren Molmassenverteilungen als die mit Carbondioxid initiierten, vermutlich, weil im ersteren Falle eine Transinitiation stattfindet, z. B. mit N-Acetylpyrrolidon als Cokatalysator ($X = CH_3$)

(28–17) $X-CO-NH\sim\sim + {}^{\ominus}N\overset{}{\underset{O}{\bigcirc}} \longrightarrow X-CO-N\overset{}{\underset{O}{\bigcirc}} + {}^{\ominus}NH\sim\sim$

Diese Transinitiation würde den Coinitiator regenerieren, wodurch auch bei den kleinsten Initiatorkonzentrationen ständig neue Polymermoleküle gebildet würden. Bei den mit Carbondioxid gestarteten Polymerisationen ist dagegen $X = O^{\ominus}$. Im Übergangszustand würden sich hier die negativen Ladungen abstoßen und eine Transinitiation wäre damit ausgeschlossen. Polyamid 4 ist bislang kein technisches Produkt, ebenso wie Polyamid 5 (= Poly(piperidon) = Poly(valerolactam)).

Polyamid 6 ist das technisch bedeutendste Polymer der Perlonreihe. Es ist auch unter dem Namen Poly(ε-caprolactam) bekannt, weil es ausschließlich durch Polymerisation von ε-Caprolactam hergestellt wird. Caprolactam kann nach verschiedenen Verfahren hergestellt werden:

1) Phenol → Cyclohexanol → Cyclohexanon → Cyclohexanonoxim → CL
2) Cyclohexan → Cyclohexanol → Cyclohexanon → Caprolacton → CL
3) Cyclohexan → Cyclohexanonoxim (mit NOCl) → CL
4) Cyclohexan → Nitrocyclohexan → Oxim → CL
5) Toluol → Benzoesäure → Cyclohexancarbonsäure → Oxim → CL

Alle über das Oxim führende Verfahren erzeugen bei der Beckmann-Umlagerung große Mengen Ammonsulfat. Ammonsulfat wird als Dünger verwendet und läßt sich nur bei kurzen Transportwegen gewinnbringend absetzen. Die Größe der Caprolactam-Anlagen ist daher in vielen Fällen durch die Möglichkeit des Absatzes von Ammonsulfat beschränkt. Man bemüht sich folglich um Verfahren, bei denen kein Ammonsulfat anfällt.

Caprolactam wird für Faserzwecke chargenweise hydrolytisch polymerisiert und zwar als 80–90 % wäßrige Lösung mit 0,2–0,5 % Essigsäure und Ethylendiamin bei 250–280 °C. Die Essigsäure wirkt als Kettenstabilisator (s. oben). Das Ethylendiamin erhöht das Aminäquivalent des PA 6, so daß Mischgewebe aus Perlon und Wolle (hohes Aminäquivalent) egal gefärbt werden können. Das Wasser wird mit fortschreitender Polymerisation als Dampf abgezogen. Caprolactam wird auch kontinuierlich nach dem sog. VK-Verfahren polymerisiert. Dieses *v*ereinfacht-*k*ontinuierliche Verfahren arbeitet drucklos mit z. B. 6-Aminocapronsäure oder AH-Salz als Initiator. Im Gegensatz zur Herstellung von Polyamid 6,6 ist ein kontinuierliches Arbeiten möglich: die

Schmelze kann direkt aus dem Reaktor versponnen werden. Fasern aus Polyamid 6 besitzen gute textile Eigenschaften; sie vergilben jedoch langsam, da an den Kettenenden Pyrrolstrukturen gebildet werden.

Polyamid 7 (= Poly(önanthlactam)) wird technisch nicht mehr hergestellt, da alle Verfahren zu unwirtschaftlich sind. Es wurde zuletzt über die ω-Aminoönanthsäure polykondensiert. Polyamid 8 ist über das Stadium der halbtechnischen Polymerisation des Capryllactams nicht hinausgekommen. Polyamid 9 wurde in der Sowjet-Union halbtechnisch durch Polykondensation der ω-Aminopelargonsäure hergestellt, ist jedoch unwirtschaftlich. Ein wirtschaftliches Verfahren zur Synthese der ω-Aminocaprinsäure und damit des Polyamides 10 ist ebenfalls nicht bekannt.

Polyamid 11 wird technisch durch Polykondensation der 11-Aminoundecansäure hergestellt, die aus Ricinusöl erhältlich ist (vgl. Kap. 23). In der UdSSR gewinnt man das Monomer auch aus Ethylen und Tetrachlorkohlenstoff durch Telomerisation (vgl. Kap. 20.4.3).

Das Ausgangsmaterial für Polyamid 12 ist 1,5,9-Cyclododecatrien, das man durch Trimerisierung von Butadien erhält. Je nach Katalysator fällt die trans,trans,cis- oder die trans,trans,trans-Verbindung an. Die ttc-Verbindung wird hydriert und zum Cyclododecanol oxidiert, das dann auf verschiedenen Wegen in das Laurinlactam überführt wird. Laurinlactam wird hydrolytisch polymerisiert. Der Monomergehalt und die Depolymerisationstendenz des PA 12 sind weit geringer als beim PA 6. Poly(laurinlactam) eignet sich daher sehr gut für Verpackungsfolien. Es ist aber wenig rauchdurchlässig und kann daher in den USA nicht als Hülle für geräucherte Würste verwendet werden, da dort im Gegensatz zu Europa die Würste erst nach dem Stopfen geräuchert werden. Die niedrige Schmelztemperatur macht PA 12 für das Wirbelsintern und als Schmelzkleber in der Konfektion von Textilien geeignet. Die geringe Wasseraufnahme erzeugt auch eine gute Dimensionsstabilität für Präzisionsteile.

28.2.4 POLYAMIDE MIT RINGEN IN DER KETTE

Aromatische Polyamide enthalten in der Hauptkette mindestens einen aromatischen Rest pro Strukturelement. Das einfachste aromatische Polyamid ist das Poly(p-benzamid) mit dem Grundbaustein $-NH-C_6H_4-CO-$. Es eignet sich gut für Reifencord für Gürtelreifen.

Das einfachste aromatische Polyamid mit einem AA/BB-Strukturelement ist das Poly(p-phenylenterephthalamid), das durch Umsetzen des Säurechlorides mit dem Amin in Hexamethylphosphorsäuretriamid/N-Methylpyrrolidon bei $-10\,°C$ hergestellt wird:

(28-18) $H_2N-\bigcirc-NH_2 + ClOC-\bigcirc-COCl \longrightarrow \{NH-\bigcirc-NH-OC-\bigcirc-CO\} + 2\,HCl$

Das Polymer gibt eine hochkristalline Faser mit sehr hohem Elastizitätsmodul. Diese Fasern dienen als Reifencord und zur Verstärkung von Kunststoffen.

Die Polykondensation von Terephthalsäure mit Hexamethylendiamin führt zu einem hochschmelzenden Polyamid, das wegen seiner hohen Schmelztemperatur von 370 °C nur aus konz. Schwefelsäure versponnen werden kann. Polykondensiert man jedoch Terephthalsäure mit dem 1:1-Gemisch der 2,2,4- und 2,4,4-Trimethylhexamethylendiamine I und II, so erhält man ein leicht verarbeitbares, glasklares amorphes

Polyamid. Glasklare Polyamide entstehen auch durch Polykondensation von Terephthalsäure mit dem Gemisch der Diaminomethylennorbornene III und IV sowie ε-Caprolactam.

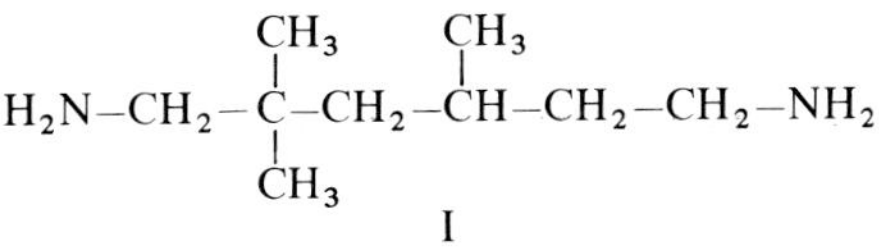

$$H_2N-CH_2-\underset{\underset{CH_3}{|}}{\overset{\overset{CH_3}{|}}{C}}-CH_2-\overset{\overset{CH_3}{|}}{CH}-CH_2-CH_2-NH_2 \qquad H_2N-CH_2-\overset{\overset{CH_3}{|}}{CH}-CH_2-\underset{\underset{CH_3}{|}}{\overset{\overset{CH_3}{|}}{C}}-CH_2-CH_2-NH_2$$

I 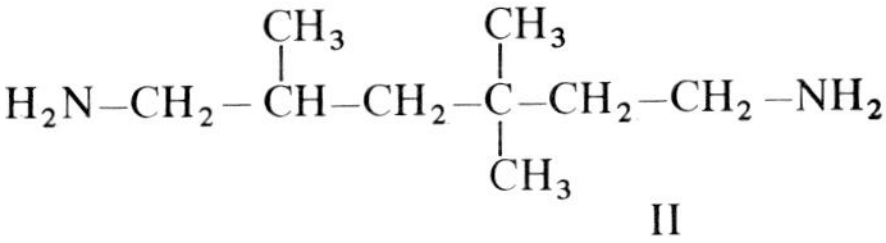 II

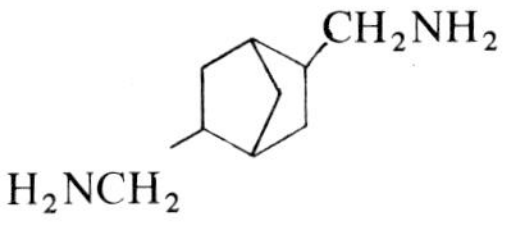

III 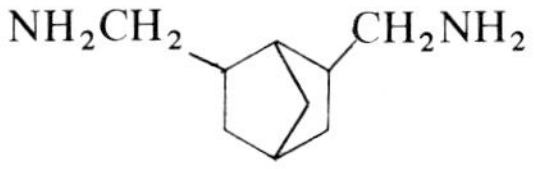 IV 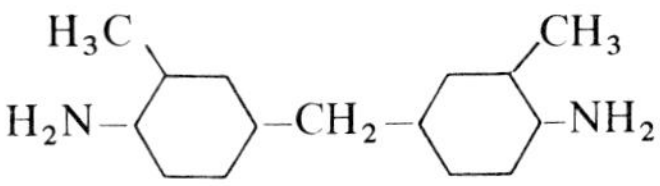 V

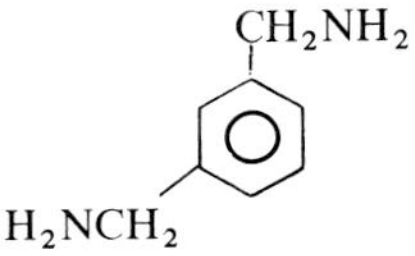

VI 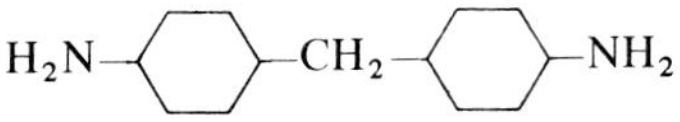 VII

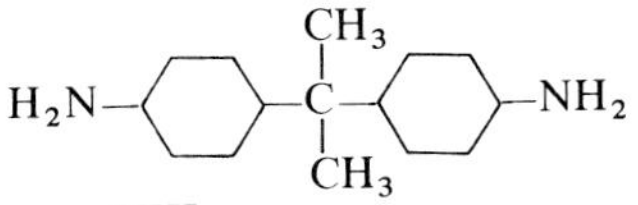

VIII

Isophthalsäure in Kombination mit dem Diamin V und Laurinlactam gibt ebenfalls ein transparentes Polyamid mit guten Eigenschaften. Alle diese glasklaren Polyamide konkurrieren mit Polycarbonat, weisen jedoch im Gegensatz zu diesem keine Spannungsrisskorrosion auf.

Isophthalsäuredichlorid führt nach der Polykondensation mit dem Dihydrochlorid des m-Phenylendiamins in Ggw. von Trimethylaminhydrochlorid als Katalysator, Dimethylacetamid als Lsgm. und Natriumhydroxid als HCl-Fänger zu einem Polyamid, das wegen seiner hohen Schmelztemperatur von 375 °C nur aus seiner Lösung in Dimethylacetamid nach Zusatz von 3 % $CaCl_2$ versponnen werden kann. Die nicht anfärbbaren Garne und Fasern dienen für industrielle Zwecke, z. B. als Filtertücher für heiße Gase oder für Papiere für elektrische Isolierungen.

In Japan wird aus Adipinsäure und m-Xylylendiamin VI ein für Reifencord sehr gut geeignetes Polyamid hergestellt, das jedoch gegen Wärme und Feuchtigkeit empfindlich ist.

Neuere Polyamide enthalten auch cycloaliphatische Gruppierungen. Abkömmlinge des Cyclohexans können bekanntlich in cis- und trans-Konfigurationen vorkommen, die sehr verschiedene Eigenschaften aufweisen. Durch Variation z. B. des trans-Anteiles lassen sich somit Polymere mit verschiedenen Eigenschaften herstellen, ohne daß die Konstitution geändert wird. Die Kombination der 1,12-Decandisäure mit dem trans, trans-Diaminodicyclohexylmethan (70 % trans) VII liefert z. B. weichfallende, seidenähnliche Gewebe. Das Polymer eignet sich auch für Reifencord. Ein Polymer aus dem Diamin VIII und einer Mischung von Azelain- und Adipinsäure hat ebenfalls gute Eigenschaften.

Amidgruppierungen entstehen auch durch Umsetzen von Ketenderivaten mit Aminogruppen. Diese Reaktion wird in der Reproduktionstechnik bei den sog. Negativverfahren ausgenutzt: Azoketone zersetzen sich am Licht zu Carbenen, die sich in Ketene umlagern. Die Ketene werden dann in situ mit z. B. Poly(p-aminostyrol) vernetzt.

(28–19)

28.3 Polyharnstoffe und verwandte Verbindungen

28.3.1 POLYHARNSTOFFE

Zur Synthese von Polyharnstoffen mit dem Grundbaustein –R–NH–CO–NH– sind mindestens 15 Methoden vorgeschlagen worden. Die meisten eignen sich jedoch wegen Nebenreaktionen nicht zu technischen Synthesen. Bei der Umsetzung von Diisocyanaten mit Diaminen entstehen z. B. leicht Biuretgruppen und damit vernetzte Polymere (vgl. Kap. 28.4). Polymere aus der Reaktion von Diaminen mit COS sind nicht schwefelfrei zu erhalten usw.

In der Praxis setzt man daher nur Diamine mit Harnstoff in Schmelze oder in Phenol um. Die Reaktion läuft möglicherweise unter intermediärer Bildung von Isocyansäure ab. Das beim Erhitzen auf 140–160°C erhaltene Präpolymer wird dann im Vakuum bei ca. 250°C auskondensiert. Die Zugabe von einbasigen Säuren, Aminen, oder Amiden usw. stabilisiert die labilen Endgruppen, bei denen es sich vermutlich um Harnstoff- oder Isocyanatgruppierungen handelt. Die Bildungsreaktion ist eine Gleichgewichtsreaktion; eine Harnstoffumlagerung ist daher möglich.

(28–20) $H_2N–R–NH_2 + H_2N–CO–NH_2 \longrightarrow \text{(}R–NH–CO–NH\text{)} + 2\ NH_3$

Technisch stellt man aus Nonamethylendiamin und Harnstoff eine Faser her. Das Polymer besitzt eine Schmelztemperatur von 240°C, eine höhere Alkalibeständigkeit als z. B. Poly(ethylenterephthalat) und eine gute Färbbarkeit mit sauren Farbstoffen.

Durch Umsetzen von Gemischen verschiedener Diamine mit Harnstoff gelangt man zu weitgehend amorphen Copolymeren, die durch Spritzgießen, Extrudieren, Blasen oder Wirbelsintern verarbeitet werden können.

28.3.2 AMINOHARZE

28.3.2.1 Synthesen

Aminoharze bzw. Aminoplaste sind Kondensationsprodukte aus NH-haltigen Verbindungen, die mit einer nucleophilen Komponente über das Carbonylkohlenstoffatom eines Aldehydes oder eines Ketones in einer Art Mannich-Reaktion verknüpft werden:

$$(28-21) \quad H-Y \ + \ \underset{R}{\overset{R}{C}}=O \ + \ H-N\diagdown \ \longrightarrow \ Y-\underset{R}{\overset{R}{C}}-N\diagdown \ + \ H_2O$$

nucleophile   Carbonyl-   NH-
Komponente   Komponente   Komponente

Bei dieser nach der wichtigsten Reaktion auch α-Ureidoalkylierung genannten Reaktion werden als *NH-gruppenhaltige* Verbindungen hauptsächlich Harnstoff und Melamin verwendet, daneben in geringerem Umfange entsprechende substituierte und cyclische Harnstoffe, Thioharnstoffe, Guanidine, Urethane, Cyanamide, Säureamide usw.

Als *Carbonyl*komponente wurde ursprünglich nur Formaldehyd eingesetzt. In neuerer Zeit werden auch höhere Aldehyde und Ketone verwendet. Die Brauchbarkeit dieser Aldehyde und Ketone wird jedoch durch Aldolisierungen, Cannizzaro-Reaktionen, Enamin-Bildung und sterische Hinderung eingeschränkt.

Als *nucleophile* Partner dienen alle H-aciden Verbindungen, die an der Kondensationsstelle ein ungebundenes Elektronenpaar aufweisen. Hierzu gehören einmal die Halogenwasserstoffe, dann als OH-acide Verbindungen Alkohole, Carbonsäuren und Halbacetale, als NH-acide Verbindungen Säureamide, Harnstoffe, Guanidine, Melamine, Urethane, primäre und sekundäre Amine, als SH-acide Substanzen Mercaptane. Auch können alle Verbindungen eingesetzt werden, die unter Protonabgabe ein Carbanion bilden (CH-acide Verbindungen) oder durch Prototropie in tautomere Formen übergehen wie enolisierbare Ketone. Außer den entsprechend (mit NO_2-, CN-, COOH-Gruppen usw.) aktivierten Substanzen mit Methylengruppen (CH-acide Verbindungen) gehören hierzu auch entsprechend substituierte aromatische Verbindungen wie Anilin usw.

Im Primärschritt wird in einer Gleichgewichtsreaktion die Carbonylkomponente mit der NH-Verbindung durch eine säure- oder basenkatalysierte Reaktion verknüpft; z. B.:

$$(28-22) \quad H_2N-CO-NH_2 \ \xrightarrow[-H_2O]{+OH^{\ominus}} \ H_2N-CO-\overset{\ominus}{N}H \ \xrightarrow{+CH_2O} \ H_2N-CO-NH-CH_2-O^{\ominus}$$

$$H_2N-CO-NH-CH_2-O^{\ominus} + H^{\oplus} \longrightarrow H_2N-CO-NH-CH_2-OH \rightleftarrows \begin{array}{c} H_2N \quad H \\ \diagdown \, / \\ C-N \\ \diagup \quad \diagdown \\ O \quad CH_2 \\ \vdots \quad / \\ H-O \end{array}$$

Der entstehende N-Methylolharnstoff ist dabei durch eine intramolekulare Wasserstoffbrücke stabilisiert. Bei der basenkatalysierten Reaktion bleibt die Reaktion auf der Stufe der Methylolharnstoffe stehen. Unter dem Einfluß von Säuren geht jedoch die N-Methylolverbindung sehr leicht in ein resonanzstabilisiertes Carbonium/Immonium-Ion über:

$$(28-23) \quad R_2N-CO-NH-CH_2OH \xrightarrow[-H_2O]{+H^{\oplus}} [R_2N-CO-NH-\overset{\oplus}{C}H_2 \longleftrightarrow R_2N-CO-\overset{\oplus}{N}H=CH_2]$$

Die resonanzstabilisierten α-Ureidoalkyl(carbonium/immonium)- Ionen reagieren dann in elektrophiler Substitutionsreaktion mit geeigneten nucleophilen Reaktionspartnern. Da Harnstoff selbst als NH-acide Verbindung ein solcher Reaktionspartner sein'kann, erhält man nach

$$(28-24) \quad NH_2CONH\overset{\oplus}{C}H_2 + NH_2CONH_2 \rightarrow NH_2CONHCH_2NHCONH_2 + H^{\oplus}$$

eine Kettenverlängerung. Die Wasserstoffe der NH-Gruppen können ebenfalls reagieren, so daß man schließlich zu vernetzten Produkten kommt.

Die Methylolierung NH-gruppenhaltiger Verbindungen mit Formaldehyd ist 1. Ordnung in Bezug auf die NH-Verbindung, den Formaldehyd und den Katalysator. Da eine termolekulare Reaktion unwahrscheinlich ist, muß sich zuerst ein Assoziat bilden, z. B. aus Formaldehyd und Katalysator. Der geschwindigkeitsbestimmende Schritt wäre dann die Reaktion des Assoziates mit der NH-Verbindung. Die Geschwindigkeit ist bei Verbindungen wie $HCO_3^{\ominus}$, $H_2PO_4^{\ominus}$ und $HPO_4^{2\ominus}$ größer als bei CH_3COOH oder $HR_3N^{\oplus}$, da die erstgenannten Verbindungen bifunktionelle Katalysatoren sind, die als Säure ein Proton aufnehmen und als Base ein Proton abgeben können.

Neben diesem normalen Mechanismus der α-Ureidoalkylierung ist besonders die Transureidoalkylierung wichtig, eine nucleophile Substitution einer H-aciden Komponente durch eine andere nucleophile Verbindung

$$(28-25) \quad {>}N-CR_2-X + HY \longrightarrow {>}N-CR_2-Y + HX$$

Transureidoalkylierungen spielen nicht nur bei der Herstellung von Harnstoff/Formaldehyd-Harzen, sondern auch ganz allgemein bei der Härtung von Lacken und der sog. Textilhochveredlung von Baumwolle eine Rolle. Die Härtbarkeit von Novolaken durch Zusatz von Polymethylenharnstoffen beruht z. B. auf diesem Vorgang.

Die Kondensationen von Formaldehyd mit Melamin (1,3,5-Tri-amino-s-triazin) und Anilin laufen prinzipiell gleich ab. Beim Melamin reagieren jedoch im Gegensatz zum Harnstoff zwei Moleküle Formaldehyd mit einer NH_2-Gruppe. Beim Anilin wirkt in saurem Medium der aromatische Ring als geeigneter nucleophiler Reaktionspartner, wobei wegen der in zwei ortho- und einer para-Stellung möglichen Substitution sowie wegen der Bifunktionalität der Aminogruppe Vernetzungen eintreten.

28.3.2.2 Technische Produkte

Harnstoffharze werden zu über 85 % als Bindemittel für Holzwerkstoffe verwendet. Kleinere Mengen werden als Formmassen, Lackharze, Gießereiharze und Schaumstoffe verbraucht.

Die aus Harnstoff und Formaldehyd ohne weitere Zusätze entstehenden, preiswerten Kondensationsprodukte sind stark polar und im unvernetzten Zustand wasserlöslich. Sie werden als Leimharze, zur Knitterfestausrüstung von Baumwolle, zur Erzeugung nassfester Papiere und zur Schaumstoffherstellung eingesetzt. Wird die Reaktion in 5–30 % wässrigen Lösungen ausgeführt, so entstehen kugelförmige Teilchen mit großer innerer Oberfläche, die als Füllstoffe und Pigmente für Papiere dienen.

Aminoharze werden in organischen Lösungsmitteln löslich, wenn Butanol und i-Butanol als zusätzliche nucleophile Komponenten verwendet werden. Kürzerkettige Alkohole liefern nicht genügend lösliche Lackharze, längerkettige weisen eine ,,zu geringe Veretherungsgeschwindigkeit" auf. Die Harze werden meist in 50 proz. Lösung in Butanol bzw. Butanol/Xylol geliefert. Mit Methanol teilveretherte Aminoharze sind sehr gut wasserlösliche Lackharze.

Die alkoholmodifizierten Harnstoffharze nehmen nur relativ wenig Pigmente auf. Da sie außerdem beim Einbrennen ziemlich spröde und unelastische Filme geben, werden sie häufig ,,plastifiziert". Eine solche Plastifizierung besteht in einer Kombination mit Nitrocellulose und Weichmachern für lufttrocknende Harze oder in einer Kombination mit Alkydharzen für Einbrennlacke. Im letzteren Falle erfolgt die Kombination technisch überwiegend durch einfaches Mischen der Komponenten und nicht durch Erzeugung beider Strukturtypen in situ. Die chemische Reaktion der Harnstoff/Formaldehyd-Harze mit den Alkylharzen tritt also erst bei der Härtung der Lackfilme ein.

Ein Teil der Aminoharze wird für Pressmassen eingesetzt, z. T. mit Trägern wie z. B. Cellulose. Aminoharze sind dabei farbloser und weniger lichtempfindlich als Phenolharze, jedoch stärker empfindlich gegen Feuchtigkeit und Temperatur. Harnstoffharze können bis zu Temperaturen von 90 °C eingesetzt werden, Melaminharze bis zu 150 °C. Die Harnstoffharze eignen sich vorzüglich als Schnellpressmassen, die Anilinharze jedoch nicht. Bei Anilinharzen müssen nämlich vorvernetzte Produkte verwendet werden, da ohne Zusatz saurer Katalysatoren keine Kernkondensation eintritt und die Nachhärtung mit Verbindungen wie Paraformaldehyd, Hexamethylentetramin oder Furfurol erfolgen muß.

28.3.3 POLYHYDRAZIDE

Aus Terephthalsäuredichlorid und p-Aminobenzhydrazid entstehen sog. Polyhydrazide

$$(28-26) \quad ClOC-C_6H_4-COCl + H_2N-C_6H_4-CONHNH_2 \xrightarrow{-2\,HCl}$$

$$+(NH-C_6H_4-CONHNH)-CO-C_6H_4-CO+$$

Der in runden Klammern stehende Aminobenzhydrazidrest kann dabei teilweise umgekehrt angeordnet sein, so daß in der Technik von ,,partiell geordneten" Poly(amidhydraziden) gesprochen wird. Die Polymeren können zu Fasern mit außerordentlich hohen Elastizitätsmoduln versponnen werden, die als sog. Hochmodulfasern zum Verstärken von Kunststoffen und für Reifencord verwendet werden.

28.4 Polyurethane

28.4.1 SYNTHESE

Polyurethane weisen die charakteristische Gruppierung $-NH-CO-O-$ auf. Sie stehen somit in Konstitution und Eigenschaften zwischen den Polyharnstoffen mit der Gruppierung $-NH-CO-NH-$ und den Polycarbonaten mit der Gruppierung $-O-CO-O-$.

Isocyanate werden in der Technik ausschließlich aus Aminen und Phosgen hergestellt. Die Synthese erfolgt in zwei Stufen, um die Bildung von Polyharnstoffen zurückzudrängen. In der ersten Stufe wird die Lösung oder die Suspension des Amins bei 0°C mit einem Überschuß Phosgen versetzt, wobei ein Gemisch aus Carbaminsäurechlorid und Carbaminsäurechlorid-Hydrochlorid anfällt (Kaltphosgenierung):

(28–27) $H_2N-R-NH_2 + 2\ COCl_2 \longrightarrow$

$ClOC-NH-R-NH-COCl + [ClOC-\overset{\oplus}{N}H_2-R-\overset{\oplus}{N}H_2-COCl]\ 2\ Cl^{\ominus}$

Ein Unterschuß Phosgen würde zu Polyharnstoffen und dem Aminhydrochlorid führen. In der zweiten Stufe wird in die Suspension der Carbaminsäurechloride bei 60–70 °C weiter Phosgen eingeleitet, wobei unter Hydrochlorid-Abspaltung das Isocyanat entsteht (Heißphosgenierung):

(28–28) $ClOC-HN-R-NH-COCl \longrightarrow O=C=N-R-N=C=O\ +\ 2\ HCl$

Isocyanatgruppierungen können entweder polymerisieren oder aber funktionelle Gruppen addieren. Die Polymerisation zu Polyisocyanaten I wird z. B. durch Lithiumbutyl ausgelöst, die Trimerisation zu Isocyanuraten II durch Säuren und Basen, und die Dimerisation zu Uretdionen III durch tertiäre Phosphine oder Pyridin:

I $\quad$ II $\quad$ III

Polyisocyanate sind sehr steife Moleküle; sie besitzen nur akademisches Interesse. Uretdiongruppierungen dienen zur Modifikation bestimmter Polyurethane. Isocyanurate bilden Hartschaumstoffe (vgl. Kap. 35.5). Die Reaktion zweier Isocyanatgruppen führt schließlich zu den Carbodiimiden (vgl. Kap. 28.1).

An Isocyanatgruppen können ferner durch 1,3-dipolare Reaktionen eine ganze Reihe von Verbindungen angelagert werden, schematisch

(28-29) $\text{R-N=C=O} + \overset{\oplus}{X}-Y-\overset{\ominus}{Z} \longrightarrow$ R–N⟨structure with X, Y, Z and C=O⟩

Die technisch wichtigste Polyreaktion der Isocyanate ist jedoch ihre Addition an Verbindungen des allgemeinen Typus XH, wobei X z. B. OH, OR, SR, NHR, NR_2, PH, SiH, RCOO, Hal usw. sein kann. Dieser Typ von Polyreaktion wird im deutschen Sprachgebrauch auch als Polyaddition von der Polymerisation (engl. addition polymerization) einerseits und der Polykondensation (engl. condensation polymerisation) andererseits abgehoben. Mechanistisch stellt diese Polyreaktion eine Polykondensation dar, und zwar entweder ohne Abspaltung niedermolekularer Bestandteile wie bei der Isocyanat-Addition an Hydroxylgruppen.

(28-30) $\sim$N=C=O + HO$\sim \longrightarrow \sim$NH–CO–O$\sim$

oder mit Abspaltung bei der Addition an Carboxylgruppen:

(28-31) $\sim$N=C=O + HOOC$\sim \longrightarrow \sim$NH–CO$\sim$ + CO_2

Sie wird durch Protonsäuren, tertiäre Amine und metallorganische Verbindungen katalysiert.

Je nach Äquivalenz der Reaktanten oder Überschuß an Isocyanatgruppen entstehen bei der Polyaddition verschiedene Gruppierungen (Tab. 28–1). Die Addition an Hydroxylgruppen ist eine Gleichgewichtsreaktion. Als Faustregel gilt, daß die entstehenden Urethane umso stabiler sind, je geringer ihre Bildungsgeschwindigkeit ist. Urethane aus aliphatischen Isocyanaten sind daher stabiler als solche aus aromatischen, solche aus sekundären Alkoholen stabiler als die aus primären. Bei Alkoholen kann jedoch eine Olefinspaltung als Nebenreaktion auftreten:

(28-32) $\sim C_6H_4$–NH–COO–CHR–$CH_2R' \longrightarrow \sim C_6H_4NH_2$ + CHR=CHR' + CO_2

Tab. 28-1: Isocyanat-Additionen

Addition von –NCO an	entstehende Strukturen bei Äquivalenz	Überschuß –NCO
–OH	–NH–CO–O– (Urethan)	–N–CO–O– | CO–NH– (Allophanat)
–NH_2	–NH–CO–NH– (Harnstoff)	–N–CO–NH– | CO–NH– (Biuret)
–COOH	–NH–CO– + CO_2 (Amid)	–N–CO– | CO–NH– (Acylharnstoff)

Die mangelnde Stabilität mancher Isocyanat-Additionsprodukte nutzt man für die Synthese „verkappter" Isocyanate. Verkappte Isocyanate erlauben ein physiologisch gefahrloses Arbeiten bei Raumtemperatur. Bei höheren Temperaturen dissoziieren die verkappten Isocyanate und setzen die Isocyanatgruppe frei, die dann mit den gewünschten Komponenten reagiert. Uretdione stellen z. B. verkappte Isocyanate dar; bei ihnen muß nach der Reaktion mit z. B. Hydroxylgruppen kein Verkapper entfernt werden. Allophanate dissoziieren ebenfalls oberhalb ca. 100 °C. Die Isocyanatgruppe kann auch durch Reaktion mit Phenolen, Acetessigester oder Malonestern verkappt werden. Mit Natriumhydrogensulfit verkappte aliphatische Mono- oder Diisocyanate sind sog. Bisulfitabspalter für die Textilausrüstung.

28.4.2 EIGENSCHAFTEN UND VERWENDUNG

Polyurethane sind gegen alkalische oder saure Verseifung sehr beständig. Diese Eigenschaft und die Vielzahl möglicher Reaktionen der Isocyanatgruppe führen zu einer Reihe von Polymeren für sehr unterschiedliche Verwendungszwecke.

Fasern und Filme: Durch Reaktion von Hexamethylendiisocyanat mit 1,4-Butandiol entsteht ein polyamidähnliches Produkt, das zu Borsten und Spritzgußmassen verarbeitet wird. Das aliphatische Diisocyanat geht Nebenreaktionen nur in untergeordnetem Ausmaß ein. Die Produkte sind hochlichtecht.

Lacke: Lacke entstehen bei der Umsetzung von Triisocyanaten mit Substanzen mit drei oder mehr Hydroxylgruppen pro Molekül (verzweigte Polyester, Pentaerythrit, partiell verseiftes Celluloseacetat usw.) in geeigneten Lösungsmitteln. Als Isocyanatkomponente wird z. B. $C_2H_5-C(CH_2-O-CO-NH-C_6H_3(o-CH_3)NCO)_3$ verwendet (Mischung verschiedener Produkte). Die Produkte besitzen wegen ihrer schon bei Raumtemperatur ablaufenden, exothermen Reaktion eine von der Größe des Behälters (Wärmeabführung!) abhängige Topfzeit. Die Topfzeit ist die Lagerungszeit für eine bestimmte Gebindegröße. Lagerbeständige Lacke werden mit Isocyanatabspaltern erhalten, z. B. bei Einbrennlacken mit Phenolabspaltern.

Klebstoffe: Durch Umsetzung von Monomeren mit drei und mehr *reaktiven* Isocyanatgruppen pro Molekül einerseits und Polyestern mit Hydroxylendgruppen andererseits entstehen Klebstoffe. Die guten Eigenschaften kommen durch eine Kombination mehrerer Effekte zustande: Entfernung des Wasserfilms an der Oberfläche durch Polyharnstoffbildung, Ausbildung von Wasserstoffbrücken zum Glas, Reaktion mit OH-Gruppen des Glases (Silanolgruppen), der Cellulose, von Metallen (Oberflächenhydroxide) usw.

Schaumstoffe: Schaumstoffe werden durch Reaktion von Toluylendiisocyanat (Isomerengemisch des 2,4-Diisocyanat- und des 2,6-Diisocyanattoluols) mit Polyestern oder Polyethern mit Hydroxylendgruppen und dosierten Wassermengen hergestellt. Die genaue Wasserdosierung ist wichtig, da bei einem zu frühen Entweichen des abgespaltenen CO_2 die Masse zusammenfällt und bei einer zu späten CO_2-Entwicklung das bereits gebildete Netzwerk aufreißt. Hartschäume haben einen hohen Vernetzungsgrad, sie werden daher mit einem großen Anteil Isocyanat hergestellt. Weichschäume entstehen aus flexiblen Polymeren und Polyethern. Schaumstoffe sind das wichtigste Einsatzgebiet der Polyurethane, in das 75 % allen Toluylendiisocyanates, des in den größten Mengen hergestellten Isocyanates, gehen. Diese Diisocyanat ist daher preiswert, neigt aber zur Vergilbung.

Neuerdings werden auch sog. Polymer-Polyole eingesetzt, d. h. mit Acrylnitril oder Styrol gepfropfte Polyether.

Elastomere: Elastomere Polyurethane bestehen aus einem „Hartsegment" aus aromatischen Isocyanaten und einem „Weichsegment" aus flexiblen Makromolekülen vom Molekulargewicht 2000 mit Hydroxylendgruppen. Solche Weichsegmente können aliphatische Polyester, oder Polyether wie Poly(propylenglykol) oder Poly(tetrahydrofuran) sein. Als Hartsegmente dienen 1,5-Naphthylendiisocyanat oder p,p'-Diisocyanatdiphenylmethan. Die Synthese erfolgt in zwei Schritten. Im ersten Schritt wird die Hydroxylkomponente mit einem Überschuß des Diisocyanats (2 : 3,5) umgesetzt, wobei lineare „verlängerte" Diisocyanate entstehen (Copolymere mit Isocyanatendgruppen). Im zweiten Schritt werden die „verlängerten Diisocyanate" vernetzt. Diese Vernetzung kann durch verschiedene Maßnahmen erreicht werden:

a) Mit aromatischen Diaminen im Unterschuß erfolgt zunächst eine weitere Kettenverlängerung über Harnstoffgruppen und dann unter Vernetzung eine Reaktion der überschüssigen Isocyanatgruppen mit den Harnstoffgruppen zu Biuretgruppen.

b) Mit aliphatischen Glykolen (z. B. 1,4-Butandiol) im Unterschuß entstehen unter Kettenverlängerung Urethangruppen und weiter mit überschüssigen Isocyanatgruppen Allophanate. Die Allophanate werden bei ca. 150 °C gespalten, so daß das bei Raumtemperatur vernetzte Polymer bei höheren Temperaturen wie ein Thermoplast verarbeitet werden kann.

c) Trimerisierung zum Isocyanat. Bei sorgfältiger Kontrolle der Äquivalenz (schwacher Überschuß des Isocyanats wegen Nebenreaktionen) können lineare (?) bzw. schwach vernetzte Polymere erhalten werden, die als elastische Fasern dienen. Spandex-Fasern sind elastische Fasern, deren faserbildende Komponente zu wenigstens 85 % aus einem segmentierten Polyurethan besteht.

Reproduktionstechnik: Die bei der Zersetzung von aromatischen Carbonsäureaziden durch Licht entstehenden Isocyanate setzen sich mit den Schichten aus Poly(vinylalkohol) zu vernetzten Produkten mit Urethangruppierungen um:

(28–33)

$$N_3OC-C_6H_4-CON_3 \xrightarrow{h\nu} OCN-C_6H_4-NCO + 2 N_2$$

$$OCN-C_6H_4-NCO + \sim CH_2-\underset{OH}{CH}\sim \longrightarrow \sim CH_2-\underset{\underset{\sim CH-CH_2 \sim}{|}}{\underset{OCONH-C_6H_4-NHCOO}{|}}CH\sim$$

Die nicht vernetzten Anteile des Poly(vinylalkohols) werden anschließend herausgelöst, wodurch das Klischee entsteht.

28.5 Polyimide

28.5.1 NYLON 1

Polyimide enthalten in der Hauptkette die Gruppierung $-CO-NR-CO-$. Der Grundkörper dieser Reihe bildet sich durch Polymerisation der Isocyansäure spontan bei 15 °C:

(28–34) H–N=C=O ⟶ ⁺(NH–CO)⁺

Die Polymerisation kann auch durch tertiäre Amine oder Zinn(IV)-chlorid initiiert werden. Das so entstehende Poly(isocyanat) ist mit dem schon länger bekannten Cyamelid identisch. Cyamelid ist kein Polyamid, sondern chemisch als Polyimid oder Polyharnstoff anzusprechen. Substituierte Poly(isocyanate) erhält man entsprechend durch Polymerisation von Isocyanaten mit z. B. KCN als Initiator.

28.5.2 IN SITU-IMIDBILDUNG

Alle technisch verwendeten Polyimide enthalten cyclisch gebundene Imidgruppen. Die Imidgruppe kann dabei erst während der Polyreaktion gebildet werden oder schon von Anfang an in den Monomeren vorliegen. Bei jedem dieser beiden Synthesetypen können außerdem entweder vernetzte oder unvernetzte Produkte gebildet werden.

Das erste technische Polyimid wurde durch Polykondensation von Pyromellithsäureanhydrid mit 4,4-Diaminodiphenylether hergestellt. Die erste Stufe wird in sehr polaren Lösungsmitteln wie Dimethylformamid, Dimethylacetamid, Tetramethylharnstoff oder Dimethylsulfoxid ausgeführt, wobei sich eine sog. Polyamidsäure bildet:

(28–35) [Reaktionsschema: Pyromellithsäureanhydrid + H₂N–C₆H₄–NH₂ ⟶ Polyamidsäure mit HOOC-, CONH-, OC-, COOH-Gruppen]

Die Verknüpfung erfolgt hauptsächlich in para- und nur wenig in meta-Stellung. Um während dieser Stufe Vernetzungen zu vermeiden, wird der Festkörpergehalt der Lösungen auf 10–15 % und der Umsatz auf unter 50 % beschränkt. Die Molmasse der entstehenden Polyamidsäure wird wesentlich durch die Art der Zugabe der Reaktionspartner beeinflußt; sie kann Werte bis zu $\langle M \rangle_n$ = 55 000 und $\langle M \rangle_w$ = 240 000 g/mol erreichen. In der zweiten Stufe wird dann bei 300 °C unter Ringschluß Wasser abgespalten

(28–36) [Reaktionsschema: Polyamidsäure $\xrightarrow{-2\,H_2O}$ Polyimid]

Diese Polykondensation erfolgt aber nicht nur intramolekular, sondern auch intermolekular. Wegen der dabei auftretenden Vernetzung muß die Reaktion gleichzeitig unter Formgebung ausgeführt werden. Das abgespaltene Wasser kann Imidgruppen hydrolysieren und so Polymerketten spalten. Man tränkt daher die Filme vor dem Erhitzen mit Akzeptoren für das Wasser, z. B. mit Acetanhydrid oder Pyridin. Die anfallenden Filme werden direkt weiterverwendet. Um Lösungen für Laminierharze herzustellen, werden die Polyamidsäuren in Mischungen von N-Methylpyrrolidon mit DMF oder Xylol gelöst. Diese Lösungen werden auf Magnetdrähte oder Kondensatoren aufgetragen und bilden nach dem Aushärten eine Beschichtung.

Die Polyimide sind in Luft bis ca. 350 °C gut mechanisch beständig und verformen sich auch bei höheren Gebrauchstemperaturen nicht wesentlich. Sie sind jedoch schwierig herzustellen und zu verarbeiten. Polyimidamide und Polyesterimide weisen diese Nachteile nicht auf, besitzen jedoch dafür etwas weniger gute Wärmebeständigkeiten. Sie werden durch direktes Umsetzen von Diaminen mit Trimellithsäureanhydrid bzw. durch Reaktion von Diaminen mit einem Precursor aus Trimellithsäureanhydrid und Phenolestern hergestellt, z. B.

(28–37)

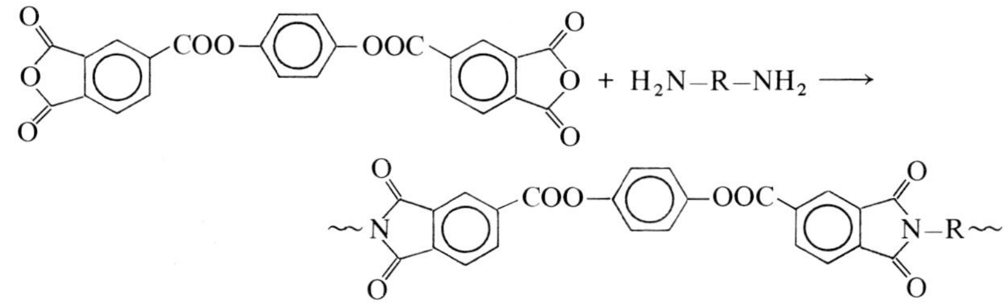

Die aufwendige Cyclisierung wird vermieden, wenn Dianhydride mit aromatischen Diisocyanaten statt mit Diaminen umgesetzt werden

(28–38)

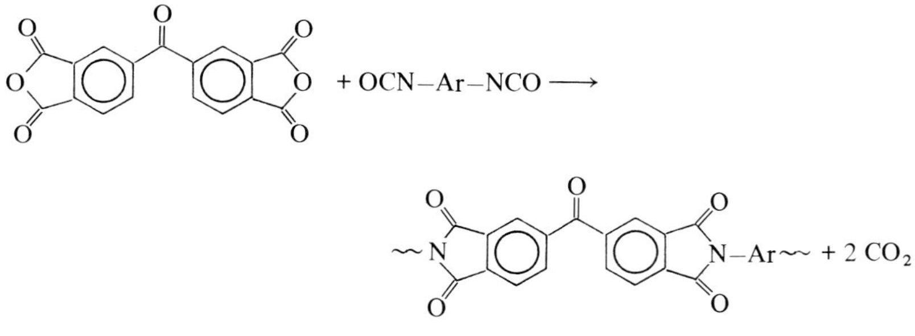

Die Isocyanate können dabei als eine Art „verkappter" Amine aufgefaßt werden. Amine sind stets schwer zu reinigen; sie sind außerdem stark basisch. Verkappte Amine sind dagegen leicht zu reinigen und weniger basisch. Als verkappte Amine können auch Carbaminsäureester, Harnstoffe, Aldimine und Ketimine dienen.

Die beiden zur Imidbildung erforderlichen Funktionen können auch in einem Molekül vereinigt werden

(28–39)

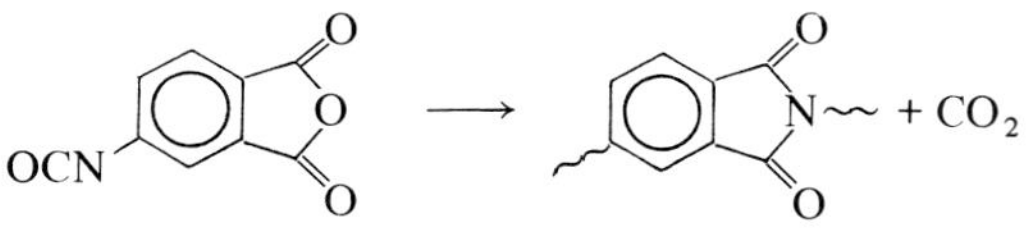

Die durch die Reaktionen (28–38) und (28–39) entstehenden Polyimide sind gut löslich. Sie lassen sich nach dem Nass- oder dem Trockenspinnverfahren direkt aus den Lösungsmitteln verspinnen.

Polyimide entstehen auch durch isomerisierende Polymerisationen von solchen Lactamen, bei denen eine Carboxygruppe mit der Amidgruppe in Wechselwirkung treten kann

(28–40)

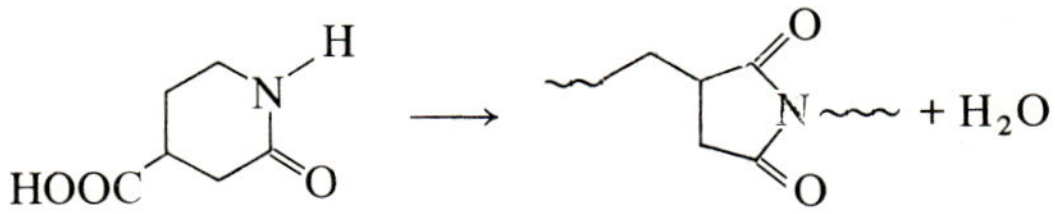

Ausgangsmonomer und Grundbaustein sind hier nicht strukturell identisch; es liegen somit anders als bei der normalen ringöffnenden Polymerisation von Lactamen keine Monomer/Polymer-Gleichgewichte vor.

28.5.3 VORGEFORMTE IMIDGRUPPEN

Bei den in situ gebildeten Polyimiden wird die Imidgruppierung gleichzeitig mit dem Polymeren erzeugt. Synthese- und Verarbeitungsschwierigkeiten bei den in situ-Polyimiden führten zur Entwicklung von Monomeren und Präpolymeren mit vorgeformten Imidgruppen. Maleinsäureanhydrid setzt sich z. B. mit geeigneten Diaminen zu den sog. Bismaleinimiden um

(28–41)

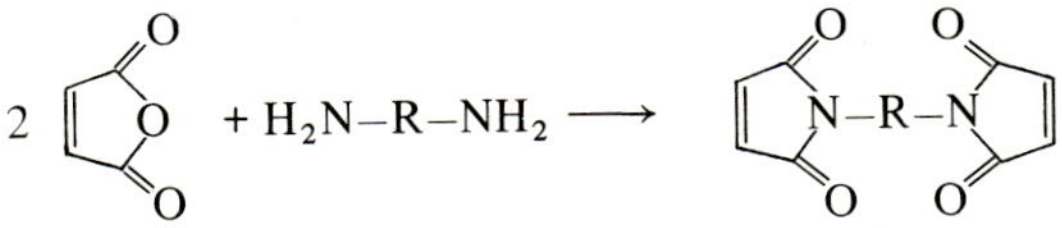

Die Bismaleinimide werden anschließend durch Addition von Sulfhydrylgruppen von Disulfiden, durch Reaktion von Dialdoximen oder Diaminen gehärtet, z. B.

(28–42)

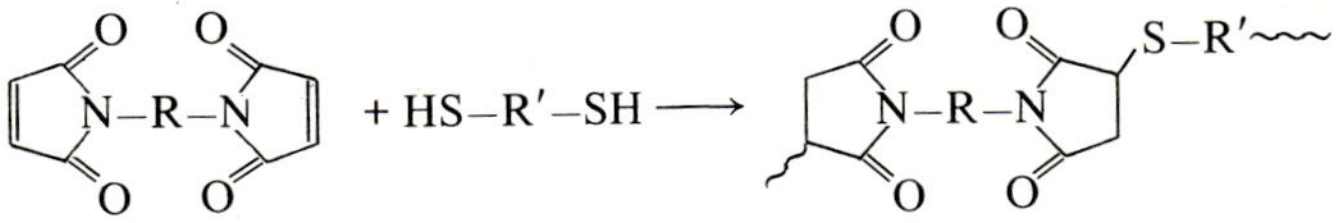

Präpolymere Imide mit Norbornen-Endgruppen I vernetzen unter normaler Polymerisation und solche mit Acetylen-Endgruppen II vermutlich unter Trimerisierung zu Benzolringen.

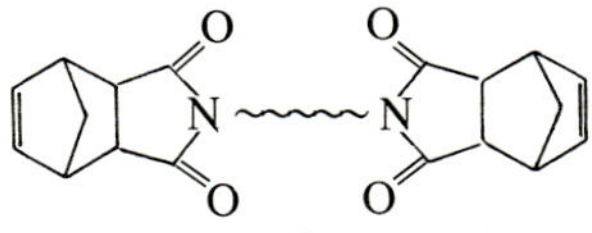

I

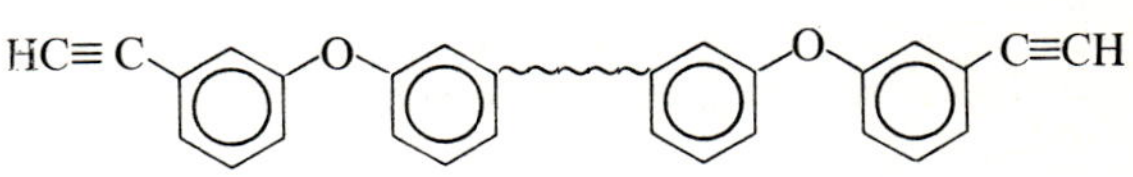

II

28.6 Polyazole

Polyazole sind Polymere mit fünfgliedrigen heterocyclischen Ringen in der Hauptkette, wobei diese Ringe mindestens ein tertiäres Stickstoffatom enthalten. Von der

Vielzahl der möglichen Verbindungen werden in der Polymerchemie bislang nur die Benzimidazol-(I), Hydantoin-(II), Parabansäure-(III), Oxadiazol-(IV), und Triazol-Gruppierungen-(V) verwendet.

28.6.1 POLY(BENZIMIDAZOLE)

Poly(benzimidazole) entstehen aus Dicarbonsäuren und aromatischen Tetraminen. Technisch geht man bevorzugt von 3,3′-Diaminobenzidintetrahydrochlorid und Diphenylisophthalat aus. Der Phenylester wird verwendet, weil a) die freien Säuren unter den hohen Reaktionstemperaturen von 250–400 °C decarboxylieren, b) die Säurechloride zu schnell reagieren, so daß der Ringschluß schwierig wird, und c) mit den Methylestern die Aminogruppen partiell methyliert werden. Das Hydrochlorid wird benutzt, weil es stabiler gegen Oxidation als das Amin selbst ist. Bei der in zwei Stufen ausgeführten Polykondensation wird zunächst unter Aufschäumen und Phenolabspaltung ein Präpolymer A gebildet

(28-43)

Das erstarrte Präpolymer A wird pulverisiert und unter Stickstoff bei 260–425 °C in Ggw. von 5–50 % Phenol als Weichmacher in das eigentliche Poly(benzimidazol) B überführt:

(28-44)

28.6 Polyazole

Die Ringschlußreaktionen sind jedoch nie vollständig, da anderenfalls aus Wahrscheinlichkeitsgründen intermolekulare Vernetzungen auftreten würden. Technische Polymere enthalten daher immer noch einige A-Reste in der Kette.

Poly(benzimidazole) sind Spezialpolymere, die außer im militärischen Bereich und für Weltraumzwecke nur verhältnismäßig wenig zivile Anwendungen gefunden haben. PBI-Fasern werden für temperaturbeständige Schutzbekleidungen eingesetzt sowie als Precursoren für die Herstellung von Graphitfasern. Hohlfäden und Filme aus PBI dienen zur Aufbereitung von See- und Brackwasser nach dem Verfahren der umgekehrten Osmose.

Die Poly(benzimidazole) sind sehr temperaturbeständig und es hat daher nicht an Versuchen gefehlt, die Temperaturbeständigkeit durch Wahl geeigneter Ausgangsmonomerer noch weiter zu erhöhen. Ersetzt man die Dicarbonsäuren durch Tetracarbonsäuren bzw. ihre Dianhydride und setzt mit Tetraminen um, so gelangt man zu mehr oder weniger perfekten Leiterpolymeren. Diese Leiterpolymeren haben alle um eine ca. 100 K höhere Temperaturstabilität als PBI, sind also bis zu etwa 600°C verwendbar. Zu nennen sind insbesondere Poly(imidazopyrrolon) oder „Pyrron", Polypyrrolon und Poly(benzimidazobenzophenanthrolin) oder „BBB". Die Synthese dieser schwerlöslichen Polymeren muß meist in Lösungsmitteln wie Polyphosphorsäure, Zinkchlorid oder eutektischen Mischungen aus Aluminiumchlorid und Natriumchlorid erfolgen.

Pyrron

BBB

Polypyrrolon

28.6.2 POLY(HYDANTOINE)

Zur technischen Synthese von Polyhydantoinen mit aromatischen Resten in der Hauptkette kondensiert man Diamine mit Dimethylchloressigsäureethylester und setzt diese Verbindung dann mit Diisocyanaten in Lösungsmitteln wie Phenol oder Kresol um:

(28–45)

$H_2N-Ar-NH_2 + 2\ Cl-C(CH_3)_2-COOC_2H_5 \xrightarrow{-2\ HCl}$

$C_2H_5OOC-C(CH_3)_2-NH-Ar-NH-C(CH_3)_2-COOC_2H_5$
I

$$I + OCN-Ar-NCO \longrightarrow \sim\!\!\sim Ar-\underset{\underset{C(CH_3)_2COOC_2H_5}{|}}{N}-CO-NH-Ar-\underset{\underset{C(CH_3)_2COOC_2H_5}{|}}{N}-CO-NH-Ar\sim\!\!\sim \qquad II$$

$$II \longrightarrow \sim\!\!\sim Ar-N\underset{O}{\overset{H_3C\underset{CH_3}{\diagup}\!\!\overset{O}{\diagdown}}{\underset{}{\bigvee}}}N-Ar-N\underset{O}{\overset{H_3C\underset{CH_3}{\diagup}\!\!\overset{O}{\diagdown}}{\underset{}{\bigvee}}}N\sim\!\!\sim \;+\; 2\,C_2H_5OH$$

Poly(hydantoine) mit aromatischen und aliphatischen Bausteinen in der Hauptkette entstehen durch Reaktion von Diisocyanaten mit dem Produkt aus Fumarsäureester und aliphatischen Diaminen:

$$(28\text{-}46)\quad H_2N-R'-NH_2 \;+\; 2\,ROOC-CH=CH-COOR \longrightarrow$$

$$\underset{\underset{ROOC-CH_2}{}}{ROOC-CH-NH-R'-NH-CH-COOR}\atop{CH_2-COOR} \qquad III$$

$$III + OCN-Ar-NCO \longrightarrow \sim\!\!\sim Ar-N\underset{O}{\overset{H_3C\underset{CH_3}{\diagup}\!\!\overset{O}{\diagdown}}{\bigvee}}N-R'-N\underset{O}{\overset{H_3C\underset{CH_3}{\diagup}\!\!\overset{O}{\diagdown}}{\bigvee}}N\sim\!\!\sim$$

Aromatische Poly(hydantoine) eignen sich für elektrische Isolationsfolien, aromatisch/aliphatische als Isolierlacke. Sie besitzen gute Wärmebeständigkeiten, nehmen jedoch verhältnismäßig viel Wasser auf.

28.6.3 POLY(PARABANSÄUREN)

Poly(parabansäuren) sind nahe Verwandte der Poly(hydantoine). Sie werden auch 2,4,5-Triketoimidazolidin-Polymere genannt. Man kann sie nach mehreren Verfahren herstellen, z. B. aus Oxamidsäureestern und (verkappten) Isocyanaten

$$(28\text{-}47)\quad \sim\!\!\sim R-NH-CO-CO-OR' + OCN-B\!\sim\!\!\sim \longrightarrow \sim\!\!\sim R-N\underset{O}{\overset{OO}{\bigvee}}N-B\!\sim\!\!\sim$$

Alternativ kann man in einer dreistufigen Synthese zuerst aus Isocyanaten und Cyanwasserstoff die Cyanformamide bilden, die dann zu den entsprechenden substituierten Harnstoffen, den Poly(iminoimidazolidinonen) und schließlich zu den Poly(parabansäuren) umgesetzt werden:

$$(28\text{-}48)\quad \sim\!\!\sim R-NCO + HCN \longrightarrow$$

$$\sim\!\!\sim R-NH-CO-CN \xrightarrow{+\,OCN\sim\!\!\sim} \sim\!\!\sim R-\underset{\underset{}{|}}{N}-CO-NH\sim\!\!\sim \atop \overset{COCN}{|}$$

Poly(parabansäuren) sind amorphe Polymere, die durch Filmgießen und Formpressen zu Filmen, Überzügen und Isoliermaterialien verarbeitet werden. Lösungen in z. B. N-Methylpyrrolidon eignen sich auch für Drahtlacke oder Klebstoffe.

28.6.4 POLY(TEREPHTHALOYLOXAMIDRAZON)

Aus Dicyan und Hydrazin entsteht Oximidrazon $NH_2NH-C(NH)-C(NH)-NH-NH_2$, dessen Isomeres mit Terephthaloylchlorid zum Poly(terephthaloyloxamidrazon) PTO umgesetzt wird. PTO kann in ein Poly(triazol), ein Poly(oxadiazol) oder in ein mit Metallionen cheliertes Polymer überführt werden (Gl. (28–49)).

(28–49)

Die Chelierung führt zu einer Pseudocyclisierung, wobei ein koordinatives Netzwerk entsteht. Die in Gl. (28-49) gezeigte Struktur ist dabei nur eine von vielen möglichen. Die Farbe des chelierten PTO variiert je nach Natur des Metallions und je nach Stoffmengenverhältnis Metall/PTO zwischen gelb (Zr^{4+}/PTO = 0,35) über orange (Zn^{2+}/PTO = 2) und olivgrün (Cu^{2+}/PTO = 0,66) nach braun (Ca^{2+}/PTO = 1) und schwarz (Fe^{2+}/PTO = 1). Weiße und blaue Farbtöne werden nicht erhalten. Die chelierten Polymeren sind sehr flammfest, besonders bei Chelierung mit Zink-, Zinn- oder Eisenionen. Quecksilberionen geben strahlen-, aber nicht flammfeste Polymere.

28.6.5 POLY(OXADIAZOLE) UND POLY(TRIAZOLE)

Durch den im vorstehenden Kapitel genannten Prozeß werden Poly(triazole) und Poly(oxadiazole) mit je zwei Heteroringen pro Strukturelement erhalten. Poly(triazole) mit einem Triazolrest per Strukturelement entstehen aus Terephthalsäure und Hydrazin mit anschließender Cyclokondensation der Poly(phenylenhydrazide)

(28-50)

Poly[3,5-(4-phenyl-1,2,4-triazol)-1,4-phenylen]

Poly[3,5-(4-oxa-1,2-diazol)-1,4-phenylen]

Das entstehende Poly(triazol) hat eine sehr hohe Glasübergangstemperatur von 260 °C. Es kann aus Ameisensäure trocken und naß versponnen werden. Die Fasern behalten selbst bei 300 °C noch 30 % ihrer ursprünglichen Reißdehnung. Zur Herstellung von Fasern aus Poly(oxadiazolen) verspinnt man dagegen das Poly(phenylenhydrazid). Aus dessen verstreckter oder unverstreckter Faser wird dann Wasser abgespalten, wobei das Poly(oxadiazol) entsteht.

Poly(aminotriazole) entstehen durch Umsetzen von Dicarbonsäureestern mit Hydrazin und weiterem Umsatz der primär erhaltenen Dihydrazide mit einem Überschuß Hydrazin:

(28-51) $H_2NNHCO(CH_2)_8CONHNH_2 \xrightarrow{-2 H_2O} -(CH_2)_8-$ ...

28.7 Polyazine

Polyazine sind Polymere mit sechsgliedrigen heteroaromatischen Ringen in der Hauptkette, wobei diese Ringe mindestens ein tertiär gebundenes Stickstoffatom enthalten. Verwandt mit diesen Verbindungen sind diejenigen, die man sich durch partielle Hydrierung der Heteroringe entstanden denken kann. Von der sehr großen Anzahl verschiedener möglicher Verbindungen haben in der Technik Chinoxalin-(I), Chinazolindion-(II), Triazin-(III), Melamin-(IV), und Isocyanurat-Gruppierungen (V) Eingang gefunden.

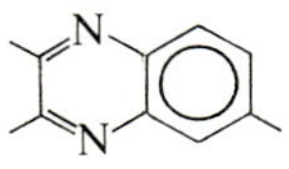

I 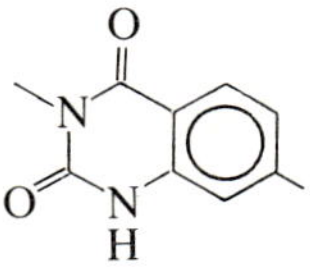   II 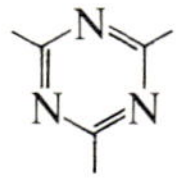   III 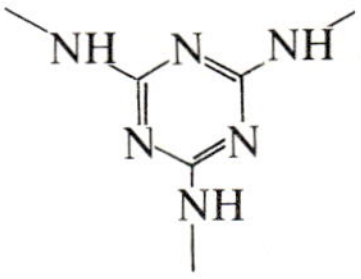   IV 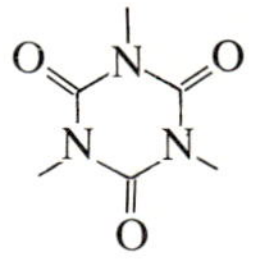   V

28.7.1 POLY(PHENYLCHINOXALINE)

Poly(phenylchinoxaline) PPQ entstehen aus aromatischen Diaminen und Bis-(1,2-dicarbonylverbindungen), z. B.

(28–52) H_2N–⌬–Y–⌬–NH_2 + X–⌬–CO–CO–R–CO–CO–⌬–X ⟶
         H_2N NH_2

⟶ [Polymer-Struktur mit Chinoxalin-Einheiten]

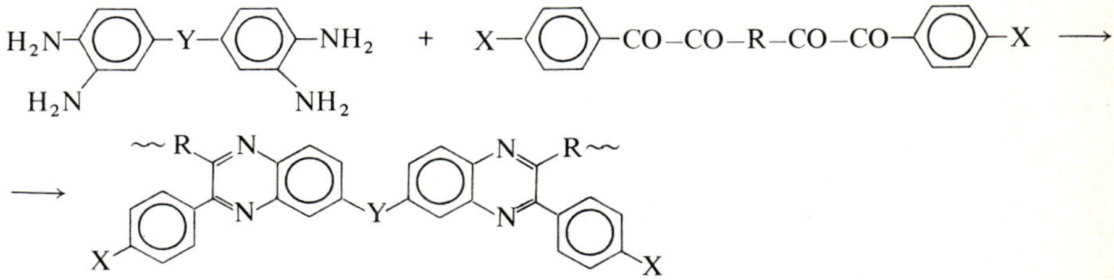

wobei R ein aromatischer oder aliphatischer Rest und X eine Alkyl-, Hydroxyl-, Alkoxy-, Ester-, Nitril- oder Halogengruppe ist. Diese Synthese kann zwar in der Schmelze ausgeführt werden, wird jedoch meist in Aufschlämmungen in Chloroform, sym-Tetrachlorethan oder m-Cresol/Xylol mit einem Überschuß an der Dicarbonylverbindung vorgenommen.

Filme aus PPQ verfärben sich beim Erhitzen, behalten aber ihre Transparenz und auch einen großen Teil ihrer mechanischen Eigenschaften. PPQ's sind bislang für den Einsatz als hochtemperaturbeständige Adhäsive und als Matrices für Verbundwerkstoffe getestet worden. Für derartige Hochtemperaturanwendungen muß nachgehärtet werden, wobei durch thermischen oder thermooxidativen Abbau Vernetzungen entstehen.

28.7.2 POLY(CHINAZOLINDIONE)

Die Chinazolindion-Gruppierung ist über eine Reihe von Wegen zugänglich, von denen in der Technik der folgende eingeschlagen wurde:

(28–53) O_2N–⌬(COOH)(NH_2) + OCN–⌬–NO_2 ⟶

O_2N–⌬(COOH)(NH–CO–NH–⌬–NO_2)

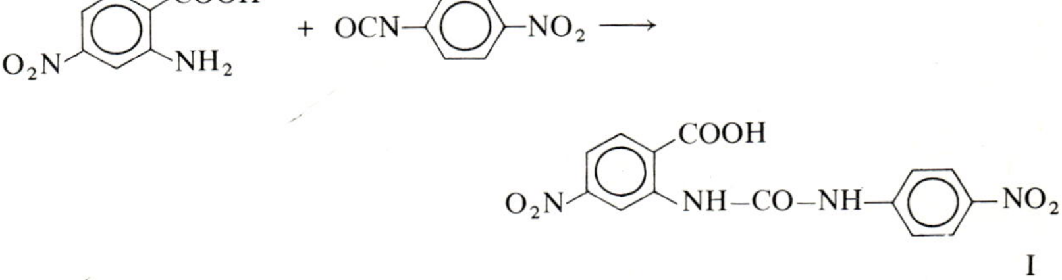

I

I $\xrightarrow{+ COCl_2}$ [structure: 7-nitro-3-(4-nitrophenyl)quinazoline-2,4-dione] $\xrightarrow[H_2N]{+ H_2}$ [structure: 7-amino-3-(4-aminophenyl)quinazoline-2,4-dione] II

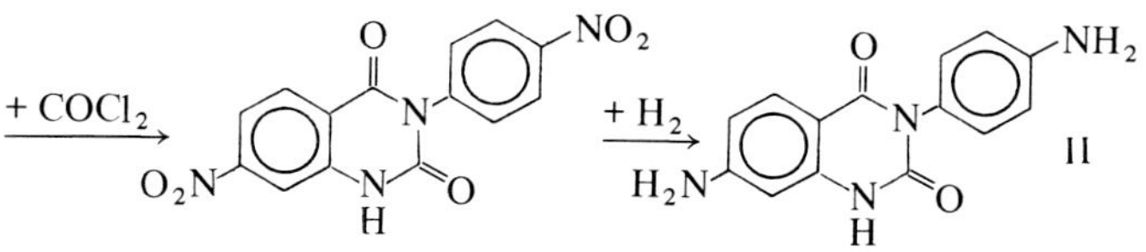

II + ClOC–C₆H₄–COCl $\xrightarrow{- 2 \, HCl}$ [poly(chinazolindion) structure with –HN– and –NH–OC–C₆H₄–CO– linkages]

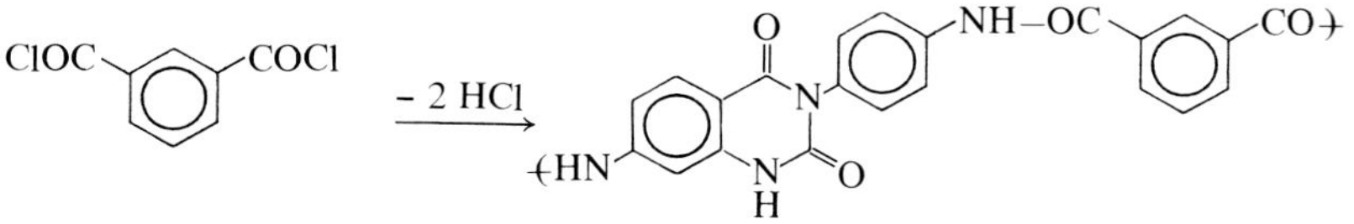

Die hochviskose Lösung des Poly(chinazolindions) in N-Methylpyrrolidon oder Dimethylacetamid kann direkt trocken oder naß versponnen werden. Die hygroskopische, temperaturbeständige und schwerentflammbare Faser ist für den Einsatz für Gewebe für Schutzanzüge sowie als Filterfilz für die Heißgasfiltration vorgesehen.

28.7.3 POLY(TRIAZINE)

Der s-Triazinring ist ähnlich wie der Benzolring sehr resonanzstabilisiert und daher hochtemperaturbeständig. Diese Eigenschaften hat man sich zuerst bei den Melamin/Formaldehyd-Harzen nutzbar gemacht (vgl. Kap. 28.3.2), bei denen vorgebildete Triazin-Strukturen polykondensiert werden. Der Triazin-Ring kann jedoch auch in situ aufgebaut werden, z. B. durch Cyclotrimerisation von Nitrilen oder primären bzw. sekundären Biscyanamiden in Ketonen oder niederen Alkoholen:

(28–54) NC–NR–Ar–NR–CN + NC–NH–Ar–NH–CN ⟶

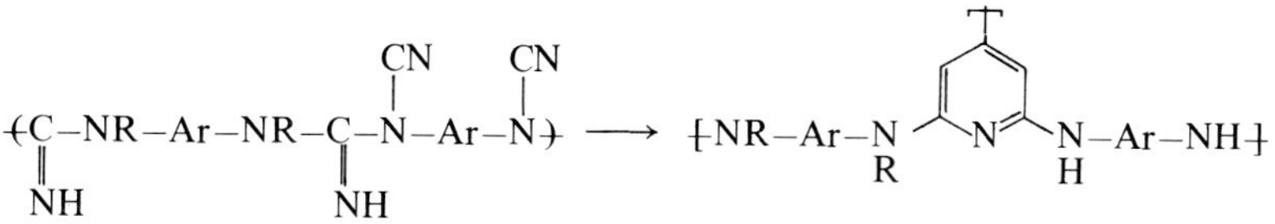

$$\{C(=NH)-NR-Ar-NR-C(=NH)-N(CN)-Ar-N(CN)\} \longrightarrow \{NR-Ar-N\overset{\displaystyle\frown}{\underset{R}{\,}}\,N\overset{\displaystyle\frown}{\underset{H}{\,}}N-Ar-NH\}$$

wobei Ar und Ar' aromatische Gruppen und R elektrophile Gruppen sind. Die so entstehenden Präpolymeren sind löslich und werden anschließend unter Verformung bei 150 °C ausgehärtet. Anstelle von Biscyanamiden kann man auch von Cyansäureestern ausgehen, die man wiederum aus Bisphenol A und Cyanurchlorid erhalten kann:

(28–55) NC–O–C₆H₄–C(CH₃)₂–C₆H₄–O–CN ⟶

[polymer structure: ~O–C₆H₄–C(CH₃)₂–C₆H₄–O–(triazine ring)–O–C₆H₄–C(CH₃)₂–C₆H₄–O~ with third triazine substituent –O–C₆H₄–]

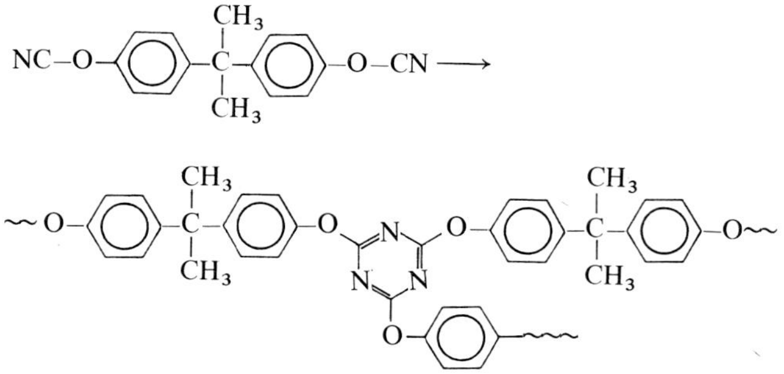

Poly(triazine) sind für die Anwendung als Pressmassen, insbesondere für Laminate, vorgesehen.

28.7.4 POLY(ISOCYANURATE)

Poly(isocyanurate) entstehen durch Cyclotrimerisierung von Isocyanaten, z. B. p-Diphenyldiisocyanaten (vgl. auch Kap. 28.4):

(28–56) 3 ~NCO ⟶ [Isocyanurat-Ring]

Die Cyclisierung wird durch Phenolate, Alkoholate und Carboxylate der Alkalimetalle, tertiäre Amine und verschiedene metallorganische Verbindungen katalysiert. Bei der Reaktion werden erhebliche Wärmemengen frei; zugesetzte Chlorfluoralkane verdampfen, wobei harte Schaumstoffe gebildet werden. Der hohe Vernetzungsgrad macht jedoch reine Poly(isocyanurat)-Schaumstoffe zu spröde, so daß technische Produkte immer noch flexibilisierende Urethanreste enthalten. Die Urethangruppierungen werden durch Zusatz kleiner Mengen von oligomeren Polyestern oder Polyethern mit Hydroxylendgruppen zu den Ausgangsmonomeren gebildet. Die Schaumstoffe werden hauptsächlich in der Bauindustrie verwendet.

Literatur zu Kap. 28

28.1 Polyimine

O. C. Dermer und G. E. Ham, Ethyleneimine and other aziridines, Academic Press, New York 1968
M. Hauser, Alkyleneimines, in K. C. Frisch und S. L. Reegen, Hrsg., Ring-Opening Polymerizations, M. Dekker, New York 1969
D. Wöhrle, Polymere aus Nitrilen, Adv. Polymer Sci. **10** (1972) 35
M. N. Berger, Addition polymers of monofunctional isocyanates, J. Macromol. Sci. [Revs.] **C 9** (1973) 269
G. E. Ham, Alkyleneimine polymers, Encycl. Polymer Sci. Technol., Suppl. **1** (1976) 25

28.2 Polyamide

H. Hopff, A. Müller und F. Wenger, Die Polyamide, Springer, Heidelberg 1954
C. A. Bamford, A. Elliott, und W. E. Hanby, Synthetic Polypeptides, Academic Press, New York 1956
V. V. Korshak und T. M. Frunze, Synthetic heterochain polyamides, Akad. Wiss. USSR, Moskau 1962; Israel Program Sci. Transl., Jerusalem 1964
R. Graf, G. Lohan, K. Börner, E. Schmidt und H. Bestian, β-Lactame, Polymerisation und Verwendung als Faserrohstoff, Angew. Chem. **74** (1962) 523
K. Dachs und E. Schwarz, Pyrrolidon, Capryllactam und Laurinlactam als neue Grundstoffe für Polyamidfasern, Angew. Chem. **74** (1962) 540
C. F. Horn, B. T. Freure, H. Vineyard, H. J. Decker, Nylon 7, ein faserbildendes Polyamid, Angew. Chem. **74** (1962) 531
M. Genas, Rilsan (Polyamid 11), Synthese und Eigenschaften, Angew. Chem. **74** (1962) 535
H. Klare, E. Fritzsche und V. Gröbe, Synthetische Fasern aus Polyamiden, Akademie-Verlag, Berlin 1963

W. K. Franke und K.-A. Müller, Synthesewege zum Laurinlactam für Nylon 12, Chem.-Ing.-Techn. 36 (1964) 960

M. Szwarc, The kinetics and mechanism of N-carboxy-α-amino-acid anhydride (NCA) polymerization to polyamino acids, Adv. Polymer Sci. 4 (1965) 1

R. Vieweg und A. Müller, Hrsg., Polyamide (Kunststoff-Handbuch, Bd. VI), Hanser, München 1966

D. E. Floyd, Polyamide resins, Reinhold, New York 1966

R. Gabler, H. Müller, G. E. Ashby, E. R. Agouri, H.-R. Meyer und G. Kabas, Amorphe Polyamide aus Terephthalsäure und verzweigten Diaminen, Chimia 21 (1967) 65

D. G. H. Ballard, Synthetic Polypeptides, in H. F. Mark, S. M. Atlas und E. Cernia, Hrsg., Man-made fibers, Vol. 2, Interscience, New York 1968

J. Šebenda, Lactam polymerization, J. Macromol. Sci. [Chem.] A 6 (1972) 1145

J. Noguchi, S. Tokura und N. Nishi, Poly-α-amino acid fibres, Angew. Makromol. Chem. 22 (1972) 107

M. Kohan, Nylon plastics, Wiley, New York 1973

T. Kaneka, Y. Izumi, I. Chibata und T. Itoh, Synthetic production and utilization of amino acids, Kodansha, Tokio, und Halsted, New York 1974

K. Yamada, S. Kinoshita, T. Tsunoda, K. Aida, Hrsg., The microbial production of amino acids, Kodansha, Tokio, und Halsted, New York 1974

W. E. Nelson, Nylon plastics technology, Newnes-Butterworth, London 1976

H. K. Reimschuessel, Nylon 6, Chemistry and mechanisms, Macromol. Revs. 12 (1977) 65

28.3 Polyharnstoffe

P. Börner, W. Gugel und R. Pasedag, Synthese und Eigenschaften copolymerer Polyharnstoffe mit linearer Struktur, Makromol. Chem. 101 (1967) 1

28.4 Polyurethane

J. H. Saunders und K. C. Frisch, Polyurethanes, Chemistry and Technology, Interscience, New York 1962 (Bd. I) und 1964 (Bd. II)

B. A. Dombrow, Polyurethanes, Reinhold, New York, 2. Aufl. 1965

R. Vieweg und A. Höchtlen, Polyurethane (= Kunststoff-Handbuch, Bd. VII), Hanser, München 1966

D. J. Lyman, Polyurethanes, Revs. Macromol. Chem. 1 (1966) 191

J. M. Buist und H. Gudgeon, Advances in polyurethane technology, McLaren, London 1968

K. C. Frisch und L. P. Rumao, Catalysis in isocyanate reactions, J. Macromol. Sci. C 5 (1970) 103

E. N. Doyle, The development and use of polyurethane products, McGraw-Hill, New York, 2. Aufl. 1971

K. C. Frisch und S. L. Reegen, Advances in Urethane Science and Technology, Technomic Publ. Col, Westport, Conn., Vol. 1 ff. (1971 ff.)

28.6 Polyimide

H. Lee, D. Stoffey und K. Neville, New linear polymers, McGraw-Hill, New York 1967

N. A. Adrova, M. I. Bessonov, L. A. Laius und A. P. Rudakov, Polyimides: a new class of heat-resistant polymers, Israel Progr. Sci. Transl., Jerusalem 1969

M. W. Ranney, Polyimide manufacture, Noyes Data Corp., Park Ridge, NJ, 1971

C. E. Sroog, Polyimides, Macromol. Revs. 11 (1976) 161

28.6 Polyazole

J. P. Critchley, A review of the poly(azoles), Progr. Polymer Sci. 2 (1970) 47

V. V. Korshak und M. M. Teplyakov, Synthesis methods and properties of polyazoles, J. Macromol. Sci. [Revs.] C 5 (1971) 409

P. M. Hergenrother, Linear polyquinoxalines, J. Macromol. Sci. C 6 (1971) 1

J. P. Luongo und H. Schonhorn, Thermal degradation of poly(parabanic acid), J. Polymer Sci. [Chem.] 13 (1975) 1363

V. V. Koršak, A. L. Rusanov, L. Ch. Plieva, Benzimidazolringe oder deren Kombinationen mit anderen cyclischen Systemen in der Hauptkette enthaltende Polymere, Faserforschg. Textiltechn. 28 (1977) 371

29 Nucleinsäuren

29.1 Vorkommen

Pflanzliche und tierische Zellen weisen sehr viele verschiedene Komponenten auf: Desoxyribonucleinsäuren (DNS oder DNA), Ribonucleinsäuren (RNS oder RNA), Proteine, Lipide, Nucleotide, Aminosäuren, Kohlenhydrate, anorganische Ionen und Wasser (Tab. 29—1). Die Komponenten enthalten entweder nur eine Molekülsorte wie die DNA und die r-RNA oder aber sehr viele verschiedene wie t-RNA, m-RNA, Proteine usw.

Tab. 29—1: Ungefähre Zusammensetzung einer Bakterienzelle von Escherichia coli

Komponente	Massenanteil in %	Anzahl an Komponentensorten	Mittlere Molmasse in g/mol	Anzahl Moleküle pro Zelle
DNA	1	1	2 500 000 000	4
23 S r-RNA		1	1 000 000	$3{,}0 \cdot 10^4$
16 S r-RNA	6	1	500 000	$3{,}0 \cdot 10^4$
t-RNA		60	25 000	$4{,}0 \cdot 10^5$
m-RNA		1 000	1 000 000	$1{,}0 \cdot 10^3$
Proteine	15	2 500	40 000	$1{,}0 \cdot 10^6$
Lipide	2	50	750	$2{,}5 \cdot 10^7$
Nucleotide	0,4	200	300	$1{,}2 \cdot 10^7$
Aminosäuren	0,4	120	100	$3{,}0 \cdot 10^7$
Kohlenhydrate	3	150	200	$2{,}0 \cdot 10^8$
Andere org. Moleküle	0,2	250	150	$1{,}7 \cdot 10^7$
Anorganische Ionen	1	20	40	$2{,}5 \cdot 10^8$
Wasser	71	1	18	$4{,}0 \cdot 10^{10}$

Desoxyribonucleinsäuren und Ribonucleinsäuren sind Polynucleotide, d. h. Copolymere aus verschiedenen sog. Nucleotiden. Die RNA werden dabei nach ihrer Funktion und nach ihrem Vorkommen klassifiziert. Man spricht so von Transfer-RNA (t-RNA), Boten- oder Messenger-RNA (m-RNA) und Ribosomen-RNA (r-RNA). Zur weiteren Unterscheidung der RNA werden häufig ihre Sedimentationskoeffizienten S verwendet.

RNA und DNA kommen in Zellen von Tieren, Pflanzen, Bakterien und Viren vor. Sie sind meist über die ganze Zelle verteilt, wobei die DNA im Zellkern und die RNA im Cytoplasma angereichert sind.

29.2 Chemische Struktur

Nucleinsäuren sind die linearen Polyester der Phosphorsäure mit den Zuckern Ribose (RNA) oder 2'-Desoxyribose (DNA). Die beiden Pentosen liegen in der Furanose-Form vor; sie sind durch Purin- oder Pyrimidin-Basen substituiert.

RNA enthalten die Purinbasen Adenin und Guanin und die Pyrimidinbasen Cytosin und Uracil (Abb. 29—1). Die Basen sind β-glycosidisch an die Zucker gebunden.

DNA weisen anstelle von Uracil dessen 3-methylsubstituiertes Produkt Thymin auf. Die Verbindungen dieser Basen mit Ribose bzw. 2′-Desoxyribose heißen Nucleoside. Die Phosphorsäureester der Nucleoside werden Nucleosidphosphate oder Nucleotide genannt (Tab. 29−2).

Abb. 29−1: Schreibweisen für Ribonucleinsäure-Strukturen bei einer kurzen Kette mit (von links nach rechts) Adenosin-, Uridin-, Guanosin- und Cytidin-Nucleosiden.

Durch enzymatische RNA-Hydrolyse wurde nachgewiesen, daß die Nucleotide in den Nucleinsäuren in 5′,3′-Stellung miteinander verknüpft sind. Konventionsgemäß wird das 5′-Ende des Moleküls stets links geschrieben. Die Enden des Moleküls werden als 5′-Ende und 3′-Ende bezeichnet, je nachdem, ob der endständige Ribosylrest eine unveresterte Hydroxylgruppe in 5′- oder 3′-Stellung besitzt. Befindet sich der Phosphorsäurerest in 5′-Stellung, so wird ein p links von dem Symbol für das Nucleosid geschrieben; ist er in 3′-Stellung, dagegen rechts. Bei den Nucleosiden der Desoxyribose wird zur Unterscheidung von denen der Ribose noch ein d vor den Namen gesetzt.

Tab. 29−2: Vorkommen und Namen der Bausteine von Nucleinsäuren

Vorkommen	Basen		Nucleoside		Nucleotide	
RNA, DNA	Adenin	(Ade)	Adenosin	(A)	Adenylsäure	(Ado)
RNA, DNA	Guanin	(Gua)	Guanosin	(G)	Guanidylsäure	(Guo)
RNA, DNA	Cytosin	(Cyt)	Cytidin	(C)	Cytidylsäure	(Cyd)
RNA, −	Uracil	(Ura)	Uridin	(U)	Uridylsäure	(Urd)
−, DNA	Thymin	(Thy)	Thymidin	(T)	Thymidilsäure	(Thd)

Polynucleotide enthalten außer den genannten fünf Basen Adenin, Guanin, Cytosin, Uracil und Thymin (= 3-Methyluracil) noch kleine Mengen von Basenderivaten. In Pflanzen-DNA kommen bis zu 6 %, in gewissen Säugetier-DNA bis zu 1,5 % 5-Methylcytosin vor. In RNA befinden sich außerdem 1-Methylguanin oder Dihydrouracil. Diese Derivate entstehen in RNA durch Modifikation der Basen *nach* der in vitro-RNA-Synthese.

Nach der Chargaff-Regel enthält jede Nucleinsäure gleichviel Adenin wie Thymin (Tab. 29–3). Auch ist immer ebensoviel Guanin wie Cytosin bzw. 5-Methylcytosin vorhanden. Man spricht daher von sog. Basenpaaren A/T, G/C, G/5MC und A/U. Diese Regel ist bei den DNA gut erfüllt, während bei den RNA manchmal signifikante Abweichungen auftreten. Dieser Befund hängt eng mit der unterschiedlichen physikalischen Struktur der DNA und RNA zusammen (vgl. Kap. 29.4).

Die Bindung zwischen den einzelnen Nucleotiden, die sog. Internucleotid-Bindung, ist hydrolyseempfindlich. Die glycosidische Bindung zwischen den Furanoseresten und den Base-Resten ist erwartungsgemäß säurelabil, vor allem bei Purinnucleotiden. Die RNA sind zudem wegen der sich in 2'-Stellung befindenden OH-Gruppen alkalilabil.

Natürliche Polynucleotide besitzen nach Protonresonanz-Messungen eine „anti"-Konformation der Thymidin-Reste: die CH_3-Gruppe der Base liegt über der Zuckerebene. Die „syn"-Konformation (CO-Gruppe über der Zuckerebene) ist sehr selten. Sie liegt vermutlich bei den alternierenden Copolymeren [d(A–s^4T)] vor, die durch enzymatische Copolymerisation von Desoxyadenosintriphosphat (dATP) mit 4-Thiothymidintriphosphat (S^4dTTP) unter der Wirkung von Bacillus-subtilis-DNA hergestellt werden. Auf das Vorliegen einer syn-Konformation wurde geschlossen, weil dieses Copolymer nach Messungen der optischen Rotationsdispersion und des Circulardichroismus bei 400 nm einen stark negativen Cotton-Effekt zeigt. Die gleiche Bande besitzt jedoch beim monomeren 4-Thiothymidin ein positives Vorzeichen.

Tab. 29–3: Aufbau und Größe von DNA-Molekülen aus verschiedenen Organismen. N = Anzahl der Basenpaare pro DNA-Molekül, M = Molmasse, L = Länge.

Organismus	$10^{-3} N$	$10^{-6} M$ g mol^{-1}	L mm	Gestalt
Viren				
Polyoma SV 40	4,5	3	0,0015	ringförmig
Papillama	6,8	5	0,0023	ringförmig
Adeno	34	22	0,0120	linear
Herpes Simplex	155	105	0,0530	linear
Bakterien				
B. subtilis	3 000	2 000	1,0	linear
E. coli	3 700	2 500	1,3	ringförmig
Eukaroyten				
Hefe	13 500		4,6	
Fruchtfliege	165 000	> 80 000	56	
Mensch	2 900 000		990	
Lungenfisch	102 000 000		34 700	

29.3 Substanzen

29.3.1 DESOXYRIBONUCLEINSÄUREN

Desoxyribonucleinsäuren weisen zwischen einigen Tausend und einigen Hundert Milliarden Basenpaare pro Molekül auf (Tab. 29—4). Die Molmassen variieren entsprechend von einigen Millionen aufwärts. Charakteristisch für die DNA ist ihre außerordentlich hohe Komplexität. Als Komplexität wird dabei die Anzahl der Basenpaare in sich nicht wiederholender Sequenz definiert. Die Komplexität einfacher natürlicher DNA liegt bereits bei etwa 10^4-10^5.

Die DNA kommen in der Regel nicht als einzelne Moleküle vor, sondern paarweise als sog. Doppelstränge. Einsträngig sind nur die DNA einiger kleiner Viren wie z. B. die des Bakteriophagen ϕX 174. Diese einsträngigen DNA sind oft ringförmig. Umgekehrt kennt man auch ringförmige Moleküle bei den doppelsträngigen DNA aus Mitochondrien und Bakterien.

Bei den doppelsträngigen Desoxyribonucleinsäuren sind je zwei helical vorliegende Ketten nach dem Watson-Crick-Modell zu einer „Doppelhelix" umeinander gewunden (Abb. 29—2). Die Doppelhelix dreht im Uhrzeigersinn aufwärts (P-Helix). Die schraubenartige Verdrehung der Stränge erzeugt dabei periodisch angeordnete große und kleine Furchen von je 2,2 bzw. 1,2 nm. Nach 3,4 nm bzw. 10 Basen ist somit die Windung vollständig. Der Durchmesser der Doppelhelix beträgt ca. 2 nm.

Nucleinsäuren können jedoch auch in Tripelhelices vorkommen. So steht z. B. die Doppelhelix aus je einer Poly(riboadenylat)- und Poly(ribouridylat)-Kette im Gleichgewicht mit einer Tripelhelix

(29—1) $2 \text{ Poly(A)} \cdot \text{Poly(U)} \rightleftarrows \text{Poly(A)} \cdot 2 \text{ Poly(U)} + \text{Poly(A)}$

Tab. 29—4: Zusammensetzung von Nucleinsäuren an Purin- und Pyrimidinbasen. [a] = Hydroxymethylcytosin.

Quelle		Molanteil an				Verhältnis	
DNA-Quelle	A	T	G	C	5MC	$\frac{A}{T}$	$\frac{G}{C+5MC}$
Menschl. Thymus	0,309	0,294	0,199	0,198	—	1,05	1,00
Schafsleber	0,296	0,292	0,204	0,208	—	1,01	0,98
Kalbsthymus	0,282	0,278	0,215	0,212	0,013	1,01	0,96
Heringssperma	0,278	0,275	0,222	0,207	0,019	1,01	0,98
Weizenkeime	0,265	0,270	0,235	0,172	0,058	0,98	1,02
T 2-Phagen	0,325	0,325	0,182	—	0,168[a]	1,00	1,08
RNA-Quelle	A	U	G	C	—	$\frac{A}{U}$	$\frac{G}{C}$
Kalbsleber	0,195	0,164	0,350	0,291	—	1,19	1,20
Kaninchenleber	0,193	0,199	0,326	0,282	—	0,97	1,15
Hühnerleber	0,195	0,207	0,333	0,265	—	0,94	1,25
Bäckerhefe	0,251	0,246	0,302	0,201	—	1,02	1,50
Tabakmosaikvirus	0,299	0,263	0,254	0,185	—	1,14	1,37

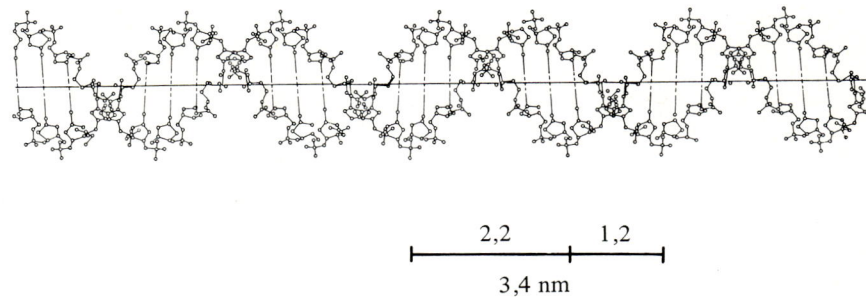

Abb. 29—2: Ausschnitt aus dem Grundgerüst der B-DNA mit etwa drei Windungen der Doppelhelix mit großer Furche von 2,2 nm und kleiner Furche von 1,2 nm. Die Periodizität beträgt 3,4 nm.

Die 3'5'-Internucleotid-Bindungen sind in den Strängen der Doppelhelix gegenläufig angeordnet, d. h. die Stränge sind antiparallel. Die Einzelstränge sind außerdem komplementär zueinander: die Purinbasen des einen Stranges sind über Wasserstoffbrückenbindungen mit den Pyrimidinbasen des anderen Stranges gekoppelt bzw. „gepaart". Entsprechend der Chargaff-Regel ergibt sich so ein Basenverhältnis von 1:1:

Thymin   Adenin   Cytosin   Guanin

Die Doppelhelix wird durch diese intermolekularen Wasserstoffbrückenbindungen und den sog. Stapeleffekt zusammengehalten. Der Stapeleffekt kommt durch intramolekulare π-π-Wechselwirkungen zwischen den planparallel gelagerten aromatischen Purin- bzw. Pyrimidin-Ringen jeweils eines Stranges zustande. Dieser Stapeleffekt erklärt, warum Nucleosid-Gemische in Wasser nach säulenchromatographischen Untersuchungen an C- bzw. G-haltigen Gelen nicht entsprechend den für Wasserstoffbrückenbindungen zwischen gleichen bzw. verschiedenen Nucleosiden berechneten Bindungsenergien getrennt werden. Mit steigendem Polymerisationsgrad geht jedoch vermutlich der Einfluß des Stapeleffektes zugunsten dem der Wasserstoffbrücken zurück. Wasserstoffbrücken dominieren auch bei Nucleosiden und Nucleotiden in organischen Lösungsmitteln wie Chloroform, Tetrachlorkohlenstoff und Dimethylsulfoxid.

29.3.2 RIBONUCLEINSÄUREN

Ribonucleinsäuren sind unverzweigte Moleküle. Sie liegen im Gegensatz zu den DNA meist einsträngig vor. Die Ribonucleinsäuren einiger Viren sind jedoch doppelsträngig. Nur ein Teil der Basen ist gepaart, und zwar intramolekular und nicht intermolekular wie bei den DNA (Abb. 29–3). Die nur teilweise Basenpaarung erklärt die bei den RNA häufigen Abweichungen von der Chargaffschen Regel, da bei der thermodynamisch stabilen Konformation nicht jede Purin-Base einen Pyrimidin-Partner erfordert. Die RNA nehmen eine kompakte ellipsenförmige Gestalt an.

Bei über 80 t-RNA-Molekülen wurden die Sequenzen ermittelt. Die Polymerisationsgrade der t-RNA liegen zwischen etwa 73 und 93. Trotz dieser Variationen ist allen t-RNA-Molekülen mit Ausnahme der Initiator-RNA die gleiche Kleeblatt-Struktur zu eigen (Abb. 29–3).

Die verschiedenen Ribonucleinsäuren besitzen verschiedene biologische Funktionen. r-RNA sind die Strukturelemente der Ribosomen (vgl. Kap. 29.3.3). t-RNA bewirken die Anpassung der α-Aminosäure an den genetischen Code. m-RNA dienen als Matrize bei der Proteinsynthese.

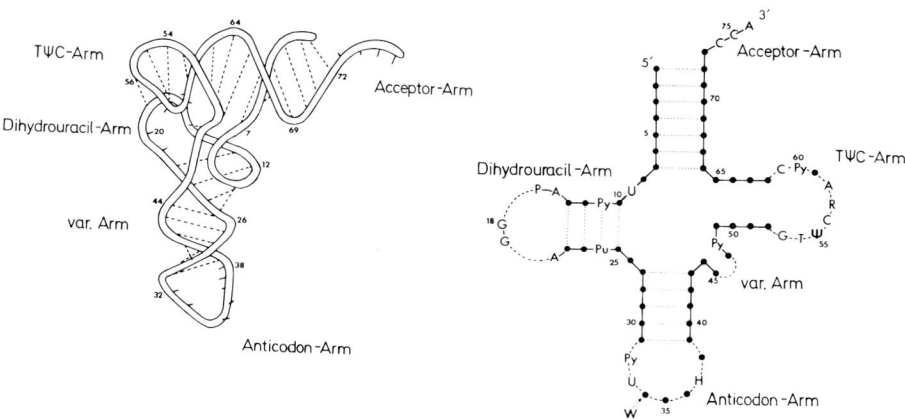

Abb. 29–3: Struktur der t-RNA. Links: Sequenz und Projektion der Konformation. Die Numerierung entspricht derjenigen der phenylalanin-spezifischen t-RNA^{phe} aus Hefe. A = Adenyl-, C = Cytosil-, G = Guanidyl-, T = Thymidyl-, und U = Uridylnucleosid. Beim Pseudouridylrest Ψ ist die Base über das C^5 mit dem Zucker verbunden. Pu ist ein Purin-, Py ein Pyrimidin- und H ein sog. hypermodifiziertes Purinnucleotid. Die übrigen Plätze können von beliebigen Nucleotiden besetzt werden, die jedoch im Falle der durch – – – angedeuteten Wasserstoffbrücken komplementär zueinander sein müssen. w = wobble-Base. Rechts: räumliche Struktur.

29.3.3 NUCLEOPROTEINE

Aus dem Zellinhalt (Cytoplasma) lassen sich durch Zentrifugieren die Zellkerne und bei zunehmend höheren Zentrifugalfeldern auch Mitochondrien und Mikrosomen gewinnen. Mikrosomen bestehen aus einer Matrix aus Lipoproteinen, auf der die Ribosomen angeordnet sind. Mehrere Ribosomen sind stets zu sog. Polysomen vereinigt, wobei die Bindung durch m-RNA bewirkt wird (vgl. auch Abb. 30–1).

Durch Behandeln der Mikrosomen mit Desoxycholsäure werden die Lipoproteine gelöst und die Ribosomen gewonnen. Ribosomen sind Verbindungen aus gleichen Massenanteilen Nucleinsäuren und Proteinen; sie sind Nucleoproteine. Die verhältnismäßig niedermolekularen Proteine sind dabei über Mg^{2+}-Ionen an die stäbchenförmige Helix der hochmolekularen Nucleinsäuren gebunden. Die Molmasse dieser molekulareinheitlichen Nucleoproteine kann mehrere Millionen betragen.

Pflanzliche Viren sind ebenfalls Nucleoproteine. Tierische Viren enthalten außerdem noch zusätzliche Lipide. Viren unterscheiden sich sowohl durch ihren Anteil an RNA und Proteinen als auch durch ihre Molmasse (Tab. 29–5). Bei den Viren ist ein Kern aus Nucleinsäuren (Virion) von einer Hülle aus Proteinen (Capsid) umgeben. Zu den Nucleoproteinen gehören auch die Nucleinsäureprotamine und die Histone.

Tab. 29–5: Zusammensetzung f und Molmasse M einiger Viren

Virus	f		$10^{-6} M$
	Protein	RNA	g mol^{-1}
Tabakmosaikvirus	94	6	40
Kartoffel-X-Virus	94	6	30–35
Turnip yellow mosaic-Virus	60	40	5

Nucleinsäureprotamine kommen in Fischspermen vor. Sie können durch Behandeln mit Schwefelsäure in Nucleinsäuren und Protaminsulfat zerlegt werden. Die so gewonnenen, chemisch uneinheitlichen Protamine mit Molmassen von 2000–8000 g/mol enthalten nur wenige Sorten Aminosäuren pro Molekül, niemals jedoch Cystin, Asparaginsäure und Tryptophan. Sie sind dagegen verhältnismäßig reich an basischen Aminosäuren, wie die Zusammensetzung der Protamine Clupein und Salmin zeigt (Tab. 29–6). Diese basischen Aminosäuren bewirken die Bindung an die Nucleinsäuren.

Tab. 29–6: Aminosäuregehalte von Protaminen

Protamin (Quelle)	Aminosäuren pro Molekül		Alanin	Serin	Prolin
	Total	Arginin			
Clupein (Hering)	36,5	24,6	3,0	2,5	2,7
Salmin (Lachs)	36,2	24,6	0,35	3,6	3,2

Die den Protaminen nahe verwandten Histone kommen in den Chromosomen von Organismen mit wahren Zellkernen vor, d. h. z. B. in Thymusdrüsen. Ihre biologische Bedeutung ist noch weitgehend unbekannt. Sie regeln wahrscheinlich die Replikation oder Transkription (vgl. weiter unten).

Histone sind stark basische Substanzen mit Molmassen von ca. 10 000 bis 20 000 g/mol. Sie enthalten wie die Protamine nicht Cystin, Asparaginsäure oder Tryptophan, im Gegensatz zu diesen jedoch alle anderen sonstigen α-Aminosäuren.

Histone werden meist nach ihrem Gehalt an Arginin oder Lysin eingeteilt. Es scheint nur eine begrenzte Zahl verschiedener Histone zu geben. Jeder Typ kann aber durch Methylierung, Phosphorylierung oder Acetylierung nach der Transkription in verschiedenen Derivaten auftreten.

29.3.4 FUNKTION

Die Nucleinsäuren sind für die Übertragung genetischer Information verantwortlich. Diese Information ist als Erbgut in den Chromosomen gespeichert, den Kernfäden bzw. -schleifen der Zellkerne. Zahl, Größe und Form der Chromosomen sind für jede Art Lebewesen typisch und konstant. Pferdespulwürmer besitzen z. B. 2, Menschen 46 und einige Krebse und Vögel 100 davon. Chromosomen werden nie neu gebildet, sondern gehen durch identische Verdoppelung (Replikation) und anschließende Teilung aus den vorhandenen Chromosomen hervor.

Das Erbgut kann sich durch sog. Mutationen sprunghaft ändern: a) durch Änderung der Zahl der Chromosomen (Genom-Mutation), b) in größeren Chromosomenabschnitten durch Ausfall (Deletion), Umkehrung (Inversion) oder Verdoppelung (Duplikation) und c) bei Genen (Punkt-Mutation). Als Gen wird dabei ein Abschnitt eines Chromosoms bezeichnet, der für ein bestimmtes funktionelles Produkt verantwortlich ist, z. B. RNA oder deren Folgeprodukte (Proteine). Die genetischen Einheiten für die Rekombination, Mutation und Funktion sind verschieden groß. Die kleinste Funktionseinheit ist dabei ein Vielfaches der Rekombinations- oder Mutationseinheit; sie wird Cistron genannt.

Die genetische Information wird nun nach dem sog. zentralen Dogma der Molekularbiologie

$$(29-2) \quad DNA \longleftrightarrow RNA \longrightarrow Protein$$

gemäß den stark gezeichneten Pfeilen durch die DNA auf die RNA und durch diese auf die Proteine übertragen. Nach neueren Untersuchungen kann jedoch auch DNA Information zur DNA liefern (ausgezogener Pfeil) und wahrscheinlich auch RNA zu RNA sowie RNA zu DNA (gestrichelt). In mehr chemischer Schreibweise besorgt das DNA-abhängige Enzym RNA-Polymerase die Polykondensation der Nucleotidtriphosphate zu den verschiedenen RNA, die sog. Transkription

$$(29-3) \quad \text{Nucleotidtriphosphate} \xrightarrow[\text{RNA-Polymerase}]{\text{DNA}} \begin{cases} \text{m-RNA} \\ \text{t-RNA} \\ \text{r-RNA usw.} \end{cases}$$

Die Boten-RNA bewirkt dann in Ggw. von Ribosomen, t-RNA, Enzymen usw. die sog. Translation, d. h. die Polykondensation der α-Aminosäuren zu Proteinen; dabei wird für jede Aminosäure eine andere t-RNA benötigt

$$(29-4) \quad \text{Aminosäuren} \xrightarrow[\substack{\text{Ribosome} \\ \text{t-RNA} \\ \text{Enzyme usw.}}]{\text{m-RNA}} \text{Proteine}$$

Die Aufeinanderfolge der vier Basentypen A, G, C und T innerhalb einer Desoxyribonucleinsäure entspricht einer Vier-Buchstabenschrift. Der in dieser Schrift in der DNA fixierte genetische „Code" wird zunächst im Zellkern in die etwas andere Vier-Buchstaben-Schrift der m-RNA übertragen (transkribiert). Die m-RNA-Moleküle wandern dann aus dem Zellkern in das Zellplasma. Dort wird in der Translation die Vier-Buchstaben-Schrift der Nucleinsäure mit Hilfe eines Triplett-Codes aus je drei Nucleotidresten in die Zwanzig-Buchstaben-Schrift der Proteine übersetzt.

29.4 Synthesen

29.4.1 GRUNDLAGEN

Die Kopplung der Nucleotide zu Polynucleotiden erfolgt in vivo und in vitro nun nicht über die Monophosphate, sondern über die Diphosphate und Triphosphate, z. B. über d-p-Adenosintriphosphat (d-p-ATP):

$$\text{d-p-ATP}$$

Diese Nucleotide sind „energiereicher" als die Monophosphate, so daß ihre Kondensation leichter erfolgt. Als energiereiche Verbindung bezeichnet man in der Biochemie nicht eine Verbindung mit hoher thermochemischer Dissoziationsenergie, sondern eine Substanz, deren Hydrolyse leicht aktivierbar ist. ATP ist nach quantenmechanischen Berechnungen eine derart energiereiche Verbindung, weil die Phosphatgruppierung fünf aufeinanderfolgende, positiv geladene Kettenatome aufweist, die leicht von den negativen Ionen der Phosphatasen angegriffen werden.

29.4.2 CHEMISCHE POLYNUCLEOTID-SYNTHESEN

Die chemische Synthese von Polynucleotiden ist prinzipiell durch einen stufenweisen Aufbau der Kette möglich, durch die Labilität der einzelnen Bindungen aber sehr mühsam. Zunächst wird das Nucleosid zum Nucleotid phosphoryliert, wobei als klassisches Kondensationsmittel Dicyclohexylcarbodiimid verwendet wird. Zur Kondensation zweier Nucleotide müssen der Phosphorsäurerest des einen Nucleotides, die Aminogruppen der Basen und die nicht zur Kondensation vorgesehenen Hydroxylgruppen beider Nucleotide geschützt werden. Für die Aminogruppen werden die gleichen Schutzgruppen wie in der Peptidchemie verwendet (vgl. Kap. 30.3.2). Die Hydroxylgruppen in 5'-Stellung werden durch Tritylderivate, die in 2'-Stellung durch Dihydropyran oder Ethylvinylether geschützt. Die Phosphorsäuregruppierung wird durch eine einfache Veresterung blockiert, eine zweifache Veresterung inaktiviert dagegen das Nucleotid.

29.4.3 ENZYMATISCHE POLYNUCLEOTID-SYNTHESEN

Bei der enzymatischen Polynucleotid-Synthese läßt man Nucleotid-5'-triphosphate in Ggw. von Enzymen polyreagieren. Die verwendeten Enzyme werden aus Mikroorganismen wie z. B. Escherichia coli bzw. aus Zellen höherer Organismen gewonnen und so gereinigt, daß sie eine zellfreie Polynucleotid-Synthese ermöglichen. Die Enzyme katalysieren die lineare Verknüpfung der Nucleotide in der Weise, daß die 3'-Hydroxygruppe des letzten Ribose- oder Desoxyribose-Restes der wachsenden Polynucleotid-Kette mit der 5'-Hydroxygruppe des hinzukommenden Nucleotids durch eine Phosphordiester-Brücke verbunden wird. Die meisten Enzyme können dabei nicht zwischen den an den Zuckerresten hängenden Basen unterscheiden.

Bei enzymatischen Polynucleotid-Synthesen unterscheidet man drei Typen: de novo-Synthese, primerabhängige und matrizenabhängige Synthese. Template (Matrizen) sind Polynucleotide, deren Nucleotidsequenz kopiert wird und die nicht über kovalente Bindungen in das entstehende Polynucleotid eingebaut werden. Wenn dagegen das zugesetzte Polynucleotid in das synthetisierte Polynucleotid eingebaut wird oder der Reaktionsmechanismus unklar ist, spricht man von Primern. Ein Primer kann gleichzeitig als Matrize dienen. Matrizen brauchen nicht sehr hochmolekular zu sein; es genügen u. U. bereits Verbindungen mit drei Tripletts, d. h. einem Polymerisationsgrad neun.

Bei der *de novo-Synthese* werden die Nucleosidtriphosphate unter Wirkung bestimmter Enzyme in Abwesenheit von Matrizen, Primern und Mg^{2+}-Ionen zu Polynucleotiden polykondensiert. Nach dieser Methode werden einsträngige Homopolymere hergestellt, z. B. Poly(dA) oder Poly(dG). Die Molmassenverteilung entspricht einer wahrscheinlichsten Schulz-Flory-Verteilung.

Bei de novo-Copolymerisationen hängt die chemische Struktur der entstehenden Polynucleotide sowohl von der Art der Nucleosid-5'-triphosphate als auch von den Arbeitsbedingungen ab. Aus einem Gemisch von d–GTP und d–CTP entstehen bei der gemeinsamen Polykondensation die beiden Homopolymeren Poly(dG) und Poly(dC), die in Doppelsträngen Poly(dG) · Poly(dC) aus je einer Homopolymer-Sorte vereinigt sind. Derarteigen Komplexen aus zwei Homopolymeren schreibt man die Komplexität Eins zu.

Die Polykondensation von Gemischen aus d–ATP und d–TTP in Abwesenheit von DNA-Matrizen oder Mg^{2+}-Ionen führt dagegen zu alternierenden Copolymeren Poly[d(A–alt–T)]. Der Doppelstrang besteht hier aus gegenläufigen Copolymersequenzen: entweder, wie im Beispiel, aus zwei Einzelsträngen oder aber, ebenfalls möglich, aus einem haarnadelartig in sich zurückgefalteten Einzelstrang. Im ersten Fall hat der Doppelstrang die Struktur Poly[d(A–alt–T)] · Poly[d(T–alt–A)], im zweiten Fall würde er die Struktur Poly[d(A–alt–T)] aufweisen. Die Polymeren besitzen jedoch immer die Komplexität Zwei.

Bei der *primerabhängigen Synthese* werden an einer bestehenden Polynucleotid-Kette unter der Wirkung der Enzyme PN-Pase und/oder Addase schrittweise neue Nucleotideste angelagert. Auf diese Weise können besonders Blockpolymere aufgebaut werden. Unter der Wirkung von PN-Pase und Addase erhält man z. B. das Polynucleotid rrr–d(ddd)$_n$, unter der Wirkung von Addase die Kette ddd–r(ddd)$_n$. Der Prozeß entspricht dem einer „lebenden Polymerisation", d. h. es resultiert eine enge Molmassenverteilung.

Besonders hohe Molmassen werden mit dem Enzym Terminal-Desoxynucleotidyltransferase aus Kalbsthymus erzielt. Als Primer werden Oligodesoxynucleotide beliebiger Sequenz mit freier 3'-O-Gruppe und Mindestpolymerisationsgraden von 3–4 benötigt. Das Enzym synthetisiert nur Einzelstränge, die dann zu Doppelsträngen kombiniert werden können.

Bei der *matrizenabhängigen Synthese* werden die Nucleosidphosphate in Ggw. einer natürlichen oder synthetischen Nucleinsäure als Matrize polykondensiert. Die Nucleotidreste werden dabei nach dem Prinzip der Basen-Komplexität in der durch die Matrize vorgegebenen Sequenz eingebaut. Mit synthetischer Poly[d(A−alt−T)] als Matrize und dem Enzym RNA-Polymerase aus Bakterien erhält man so aus dem Gemisch von ATP und UTP das Poly[U−alt−A]. Arbeitet man dagegen mit dem Enzym Polynucleotid-Phosphorylase, so entstehen Polynucleotide Poly[U−ran−A] mit statistisch verteilten Bausteinen.

Die Molmassen der entstehenden Polynucleotide sind in vielen Fällen durch die Molmasse der zugesetzten Matrize gegeben. Allerdings kann bei diesen stimulierten Synthesen auch die Matrize durch einen sog. Slipping-Mechanismus gegen die wachsende Polynucleotid-Kette verschoben werden. Dafür spricht, daß das Heptamer d(pA)$_7$ in Ggw. der Matrize (pT)$_4$ als Starter für die Synthese hochmolekularer Poly(dA) wirken kann. Bei dem Slipping-Mechanismus rutscht das durch Reduplikation gebildete Polynucleotid die Kette der Matrize entlang:

(29−5) TATATA $\xrightarrow{\text{Reduplikation}}$ TATATA $\xrightarrow{\text{Slipping}}$ TATATA
                                                    5′-p-ATATAT   5′-p-ATATAT

Bei der Reduplikation natürlicher DNA mit DNA-Polymerase I (Kornberg-Enzym) benutzt man diese natürliche DNA als Matrize für die Polyreaktion aller vier Nucleosid-5′-triphosphate (d-ATP, d-TTP, d-GTP und d-CTP). Der ursprüngliche Doppelstrang teilt sich in zwei Einzelstränge, die dann die Matrize für die neuen Stränge bilden (Abb. 29−4). Nach der Reduplikation enthält jeder Doppelstrang einen alten und einen neuen Strang. Der Mechanismus wird deshalb auch semikonservativ genannt.

Die Verdopplung erfolgt aber nicht über die gesamte Länge der Matrize, sondern nur zu relativ kurzen Segmenten mit Polymerisationsgraden von etwa 1000. Diese sog. Okazaki-Fragmente werden dann durch das Enzym Polynucleotid-Ligase vereinigt. DNA-Polymerase ist also nicht das einzige wirksame Enzym bei der Reduplikation.

Völlig intakte DNA-Doppelstränge sind jedoch nur sehr langsam wirkende Matrizen. Besser wirkt eine durch das Enzym Pankreas-DNAse angedaute und anschließend kurz bei 77 °C denaturierte DNA. Die nur schlechte Wirksamkeit intakter Matrizen bei dieser Reaktion läßt darauf schließen, daß DNA-Polymerase ein sog. reparierendes Enzym ist. Tatsächlich lassen sich auch mit DNAse und den entsprechend zugesetzten Nucleotiden sowie einer DNA als Matrize bei 20 °C Lücken in DNA-Molekülen reparieren. Bei höheren Temperaturen entstehen allerdings verzweigte Polynucleotide.

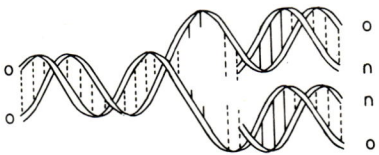

Abb. 29−4: Semikonservative DNA-Reduplikation, bei der die beiden Stränge der ursprünglichen Doppelhelix als Matrizen für zwei neue Stränge dienen. o = alter Strang, n = neuer Strang.

Literatur zu Kap. 29

R. F. Steiner und R. F. Beers, jr., Polynucleotides, Elsevier, Amsterdam 1960
A. M. Michelson, The chemistry of nucleosides and nucleotides, Academic Press, New York 1963
J. D. Watson, Molecular biology of the gene, Benjamin, New York 1965
D. Beyersmann, Nucleinsäuren, Verlag Chemie, Weinheim 1971
J. N. Davidson, The biochemistry of nucleic acids, Academic Press, New York, 7. Aufl. 1972
D. M. P. Phillips, Hrsg., Histones and nucleohistones, Plenum, New York 1971
J. H. Spencer, The physics and chemistry of DNA and RNA, W. B. Saunders, Philadelphia 1972
S. Mandeles, Nucleic acid sequence analysis, Columbia University Press, New York 1972
N. K. Kochetkov und E. I. Budovskii, Organic chemistry of nucleic acids, Plenum, London 1972
J. Duchesne, Hrsg., Physico-chemical properties of nucleic acids, Academic Press, New York 1973 (3 Bde.)
R. D. Wells und R. B. Inman, Hrsg., DNA synthesis in vitro, Univ. Park Press, Baltimore 1973
A. I. Laskin, Hrsg., Nucleic acid biosynthesis, M. Dekker, New York 1973
A. Kornberg, DNA synthesis, Freeman, San Francisco 1974
K. Burton, Hrsg., Biochemistry of nucleic acids, Univ. Park Press, Baltimore 1974
V. A. Bloomfield, D. M. Crothers und I. Tinoco, jr., Physical chemistry of nucleic acids, Harper and Row, New York 1974
K. Wulff, Polydesoxynucleotide als DNA-Modelle, Naturwiss. **61** (1974) 434
J. Richardson, Biosynthese der Ribonucleinsäuren, Angew. Chem. **87** (1975) 497
C. A. Knight, Chemistry of viruses, Springer, New York, 2. Aufl. 1975
D. Freifelder, Hrsg., The DNA molecule-structure and properties, W. H. Freeman, San Francisco 1977
P. R. Stewart und D. S. Latham, Hrsg., The ribonucleic acids, Springer, New York, 2. Aufl. 1978
A. Rich und P. R. Schimmel, Introduction to transfer RNA, Acc. Chem. Res. **10** (1977) 385
L. B. Townsend, Hrsg., Nucleic acid chemistry: improved and new synthetic procedures, methods and techniques, 2 Bde., Wiley-Interscience, New York 1978

30 Proteine

30.1 Vorkommen und Einteilung

Proteine sind natürlich vorkommende Copolymere hoher Komplexität. Sie sind überwiegend aus α-Aminosäuren, in geringerem Umfange auch aus Iminosäuren aufgebaut. Die α-Aminosäuren liegen meist in der L-Konfiguration vor. Einige Proteine enthalten jedoch auch bis zu 15 % D-α-Aminosäuren. Die in Proteinen gewöhnlich vorkommenden α-Aminosäuren sind in Tab. 30–1 zusammengestellt. Daneben sind noch etwa 200 „ungewöhnliche" α-Aminosäuren bekannt, d. h. solche, die nicht Bestandteile von Proteinen sind und nicht in den üblichen Stoffwechselprozessen auftreten.

Die in den Proteinen vorkommenden Amidbindungen werden aus historischen Gründen auch Peptidbindungen genannt. Je nach der Anzahl der Peptidbindungen pro Molekül, bzw. je nach Polymerisationsgrad und Molmasse, unterscheidet man zwischen den eigentlichen Proteinen mit Molmassen über 10 000 g/mol und den Polypeptiden mit Molmassen unter ca. 10 000 g/mol. Poly(α-aminosäuren) sind im Gegensatz zu Proteinen und Polypeptiden jedoch keine Copolymeren, sondern Homopolymere.

Außer den „reinen" Proteinen kennt man noch mehrere Klassen sog. konjugierter Proteine, d. h. Verbindungen von Proteinen mit nicht-α-Aminosäuren, sog. prosthetischen Gruppen. Chromoproteine sind derartige Verbindungen von Proteinen mit Metallen. Glycoproteine enthalten weniger als 4 %, Mucoproteine dagegen mehr als 4 % Polysaccharide. Verbindungen von Proteinen mit Lipiden heißen Lipoproteine, mit Nucleinsäuren Nucleoproteine, mit Flavinderivaten Flavoproteine und mit Eisenporphyrinverbindungen Hämoproteine.

Proteine besitzen in Organismen verschiedene Funktionen. Einige wie die Enzyme sind biochemische Katalysatoren, andere wie die Skleroproteine Strukturelemente. Wiederum andere dienen zum Transport anderer Substanzen oder sind für den immunologischen Verteidigungsmechanismus verantwortlich. Die Funktion ist dabei eng mit der Gestalt der Proteine verbunden. Enzyme und Transportproteine müssen schnell an ihren Bestimmungsort befördert werden können. Sie müssen daher niedrigviskose Lösungen geben, was durch eine kompakte, kugelförmige oder ellipsoidale Form der Proteinmoleküle erzielt wird. Skleroproteine sollen dagegen dem Organ eine hohe Strukturstabilität verleihen; sie sind in der Regel fibrillär.

30.2 Struktur

30.2.1 ÜBERSICHT

Die Struktur der Proteine läßt sich im Prinzip mit den gleichen Strukturparametern wie andere makromolekulare Verbindungen beschreiben, nämlich Konstitution, Konfiguration, Mikrokonformation, Makrokonformation, Assoziation und Überstruktur. Teils aus historischen Gründen, teils aus Zweckmäßigkeit benutzt man in der Proteinchemie jedoch eine andere Einteilung, nämlich nach Primär-, Sekundär-, Tertiär- und Quartärstrukturen.

Tab. 30–1: Gewöhnliche α-Aminosäuren H_2N-CHR-COOH und Iminosäuren der Proteine. α = Konformation der α-Helix, β = Faltblattstruktur, 10_3 bzw. 3_1 = andere Helixtypen. Werte in [ ] geben die Konformation nach dem Verstrecken an. h = helixbildend, ○ = indifferent, r = helixbrechend. Mit einem * gekennzeichnete Abkürzungen werden verwendet, wenn nicht zwischen Säure und Amid unterschieden wird.

Substituent R	Trivialname	Symbol		Konformation in Poly(α-aminosäuren)	Proteinen
α – Aminosäuren					
H	Glycin	gly	G	β	r
CH_3	Alanin	ala	A	α [β]	h
$CH(CH_3)_2$	Valin	val	V	β	h
$CH_2CH(CH_3)_2$	Leucin	leu	L	α	h
$CH(CH_3)CH_2CH_3$	Isoleucin	ile	I	β	(h)
$CH_2C_6H_5$	Phenylalanin	phe	F	α	h
$CH_2C_6H_4OH$	Tyrosin	tyr	Y	α	r
CH_2–(indolyl)	Tryptophan	trp	W	α	h
CH_2–(imidazolyl)	Histidin	his	H	α	h
$(CH_2)_3NH_2$	Ornithin	orn	–	–	–
$(CH_2)_4NH_2$	Lysin	lys	K	α [β]	(h)
$(CH_2)_2N=C(NH_2)_2$	Arginin	arg	R	–	o
$(CH_2)_2CH(OH)CH_2NH_2$	Hydroxylysin	hyl	–	–	–
CH_2OH	Serin	ser	S	β	o
$CH(CH_3)OH$	Threonin	thr	T	β	o
CH_2SH	Cystein	cys	C	–	o
CH_2S-SCH_2	Cystin	cys cys	–	–	–
$(CH_2)_2SCH_3$	Methionin	met	M	α	h
CH_2COOH	Asparaginsäure	asp ⎫ asx*	D ⎫ B*	α	o
CH_2CONH_2	Asparagin	asn ⎭	N ⎭	–	r
$(CH_2)_2COOH$	Glutaminsäure	glu ⎫ glx*	E ⎫ Z*	α	h
$(CH_2)_2CONH_2$	Glutamin	gln ⎭	Q ⎭	–	h
Iminosäuren					
(Pyrrolidin-COOH)	Prolin	pro	P	$10_3, 3_1$	r
(Hydroxypyrrolidin-COOH)	Hydroxyprolin	–	–	3_1	–

Die *Primärstruktur* ist durch Zahl, Typ, Sequenz und Konfiguration der durch Peptidbindungen miteinander verknüpften Amino- bzw. Iminosäurereste einer Polypeptidkette gegeben. Sie gibt also die Konstitution des Polypeptides bzw. Proteines an. Bei der Angabe der Sequenz wird die N-terminale Aminosäure immer links geschrieben, die C-terminale immer rechts. gly-ala-ser bedeutet daher

$$NH_2CH_2CO-NHCH(CH_3)CO-NHCH(CH_2OH)COOH$$

Die *Sekundärstruktur* umfaßt alle durch Wasserstoffbrücken zwischen Peptidbindungen erzeugten räumlich geordneten Konformationen, also Helixsequenzen und Faltblattstrukturen. Die Tendenz zur Helixbildung ist dabei für die gleichen Aminosäurereste in Poly(α-aminosäuren) und in Proteinen meist, aber nicht immer, gleich groß (Tab. 30–1). In den Faltblattstrukturen sind die Peptidketten meist antiparallel angeordnet. Segmente in der Knäuelkonformation werden nicht zur Sekundärstruktur gerechnet.

Als *Tertiärstruktur* bezeichnet man Makrokonformationen, die durch Wechselwirkungen zwischen den Seitenketten stabilisiert werden. Dazu gehören einerseits covalente Bindungen wie die Cystinbindungen, andererseits aber auch ionische und hydrophobe Bindungen.

Quartärstrukturen sind definierte Assoziate aus zwei oder mehr gleichen oder verschiedenen Polypeptidketten. Hämoglobin enthält z. B. zwei gleiche A- und zwei gleiche B-Ketten. Der Tabakmosaikvirus ist andererseits aus über 2100 Peptidketten aufgebaut. Derartige Quartärstrukturen können so stabil sein, daß sie häufig als Protein-„moleküle" angesprochen werden. Sie weisen oft Molmassen von mehreren Millionen auf, während die Molmassen der nichtassoziierten Polypeptidketten in der Regel Werte von 200 000 g/mol nicht überschreiten.

Die Einteilung in Primär-, Sekundär-, Tertiär- und Quartärstrukturen ist vom chemischen und vom physikalischen Standpunkt aus nicht konsequent. Covalente Bindungen werden nämlich sowohl unter die Primär- als auch die Tertiärstrukturen eingeordnet, Konformationen sowohl unter Sekundär- als auch Tertiärstrukturen usw..

30.2.2 PROTEIN-NACHWEIS

Proteine können durch die Biuret- oder die Ninhydrinreaktion nachgewiesen werden. Bei der *Biuretreaktion* wird die wässrige Proteinlösung mit viel Natronlauge und anschließend mit wenig Kupfersulfatlösung versetzt. Peptide mit mindestens drei Peptidbindungen geben purpurfarbene, lösliche Kupferkomplexe der Struktur

Beim Erwärmen mit *Ninhydrin* (Triketohydrinden) färben sich wässrige Proteinlösungen unter Bildung eines konjugierten Ringsystems violett:

(30–1)

$$\text{Ninhydrin} + H_2N-CHR-COOH \xrightarrow{-H_2O} \text{Addukt}$$

$$\xrightarrow{-CO_2, -H_2O} \text{Zwischenprodukt} \xrightarrow[-RCHO]{+H_2O} \text{Amin}$$

$$\text{Amin} + \text{Ninhydrin-Hydrat} \xrightarrow{-H_2O} \text{Farbstoff}$$

Proteine mit aromatischen Seitengruppen geben die *Xanthoproteinreaktion:* nach Zusatz von Salpetersäure färbt sich das Produkt gelb, nach weiterem Zusatz von Ammoniak orange. Spezifisch auf Tyrosin ist die *Millon'sche Reaktion:* durch Kochen der Eiweißlösung mit einer Auflösung von Quecksilber in salpetrigsäurehaltiger Salpetersäure wird ein rotbrauner Niederschlag gebildet.

30.2.3 SEQUENZ

Die Konstitution eines Proteins ist erst vollständig bekannt, wenn die Zusammensetzung und die Sequenz ermittelt worden sind. Durch die Sequenz sind die N-terminalen ($NH_2-CHR-CO\sim\sim\sim$) und die C-terminalen ($\sim\sim\sim NH-CHR'-COOH$) Aminosäuren festgelegt.

Durch saure Totalhydrolyse werden zunächst die einzelnen Aminosäuren und ihre Anteile im Protein bestimmt. Die Trennung erfolgt chromatographisch an Ionenaustauschern, die Identifizierung somit nach dem Retentionsvolumen und die quantitative Bestimmung nach Anfärbung mit Ninhydrin. Mit den kommerziell erhältlichen vollautomatischen Aminosäureanalysatoren ist eine derartige Analyse in 24 Stunden möglich.

Durch einen gezielten enzymatischen Abbau werden die Polypeptidketten in größere Bruchstücke zerlegt. Trypsin spaltet z. B. spezifisch an den Carboxylgruppen von Arginin und Lysin, während Pepsin und Chymotrypsin die Peptidkette unspezifischer hydrolysieren. Die Carboxypeptidase A setzt vom Carboxylende der Peptidkette her Aminosäuren frei. Von den Bruchstücken wird dann über die Totalhydrolyse wieder die Zusammensetzung und mit der Endgruppenanalyse die C- und N-terminalen Aminosäuren sowie die Sequenz bestimmt. Durch Kombination der bei den verschiedenen enzymatischen Spaltungen entstehenden, sich „überlappenden" Peptide kann auf die Sequenz des Gesamtmoleküls geschlossen werden.

Die N-terminalen Aminosäuren werden meist mit der *Fluordinitrophenyl*-Methode (DNP-Methode, Sanger-Abbau) bestimmt:

(30–2) $NO_2-\langle\bigcirc\rangle-F + H_2N-CHR-CO-NH-CHR'-CO\sim\sim$
         NO_2

$\downarrow$ +NaHCO$_3$, 40 °C
  −NaF, H$_2$O, CO$_2$

$NO_2-\langle\bigcirc\rangle-NH-CHR-CO-NH-CHR'-CO\sim\sim$
NO_2

$\downarrow$ +H$_2$O

$NO_2-\langle\bigcirc\rangle-NH-CHR-COOH + NH_2-CHR'-COOH + \ldots$
NO_2

Die *Phenylthiocarbamylmethode* (PTC-Methode, Edman-Abbau) dient hauptsächlich zur Sequenzanalyse, weniger zur hier gezeigten Endgruppenbestimmung:

(30–3) $H_2N-CHR-CO-NH-CHR'-CO\sim\sim \xrightarrow{+C_6H_5NCS}$

$C_6H_5-NH-CS-NH-CHR-CO-NH-CHR'-CO\sim\sim \longrightarrow$

$C_6H_5-NH-\underset{S}{\overset{N}{\bigcirc}}\!\!\!\overset{R}{\underset{O}{H}} + H_2N-CHR'-CO\sim\sim$

$C_6H_5-NH-\underset{S}{\overset{N}{\bigcirc}}\!\!\!\overset{R}{\underset{O}{H}} \xrightarrow{\Delta} C_6H_5-\underset{S}{\overset{O}{N}}\!\!\!\overset{R}{\underset{N}{H}}$

Die modifizierten Aminosäuren werden extrahiert und spektroskopisch identifiziert.

Zur Bestimmung der C-terminalen Aminosäuren geht man ähnlich vor. Bei der *LiAlH$_4$-Methode* wandelt man die Carboxylgruppe in eine Methylolgruppe um und bestimmt nach der Hydrolyse den Aminoalkohol neben den übrigen Aminosäuren:

(30–4)

$\sim\sim NHCHRCOOH \xrightarrow{+CH_2N_2} \sim\sim NHCHRCOOCH_3 \xrightarrow{+LiAlH_4} \sim\sim NHCHRCH_2OH$

Bei der *Hydrazinmethode* werden alle Aminosäuren mit Ausnahme der endständigen in Hydrazide umgesetzt. Die C-terminale Aminosäure kann dann mit Fluor-2,4-dinitrobenzol umgesetzt und colorimetrisch bestimmt werden:

(30–5)

$\sim\sim NHCHRCO-NHCHR'COOH \xrightarrow[-H_2NCHR'COOH]{+NH_2NH_2}$

$\sim\sim NHCHRCO-NHNH_2 \xrightarrow[-H_2O]{+C_6H_5CHO} \sim\sim NHCHRCO-NH-N=CH-C_6H_5$

Außerdem müssen noch die freien Säuregruppen (Glutaminsäure, Asparaginsäure) bestimmt werden, was durch Veresterung mit Diazomethan erfolgt. S—S-Brücken werden meist durch reduktiven, oxidativen oder sulfitolytischen Abbau gespalten.

Jedes Molekül eines bestimmten Proteins weist nach diesen Untersuchungen die gleiche Sequenz an Aminosäuren auf. Fibrilläre Proteine scheinen jedoch nicht notwendigerweise dieser Regel zu folgen.

30.2.4 SEKUNDÄR- UND TERTIÄRSTRUKTUREN

Bei aliphatischen Aminen beträgt der C/N-Bindungsabstand 0,146—0,150 nm, bei Peptiden dagegen nur 0,132 nm. Andererseits ist bei Peptiden die C/O-Doppelbindung gegenüber aliphatischen Ketonen von 0,1215 auf 0,124 nm aufgeweitet. Die C/N-Bindung muß daher ca. 40%, die C/O-Bindung ca. 60% Doppelbindungscharakter besitzen. Die Peptidbindung weist somit mesomere Grenzformen mit einer Resonanzenergie von ca. 125 kJ/mol auf:

$$(30-6) \quad \underset{O}{\overset{H}{\underset{|}{C-N}}} \longleftrightarrow \underset{\ominus O}{\overset{H}{\underset{|}{C=N^{\oplus}}}}$$

Der partielle Doppelbindungscharakter der Peptidbindung erzwingt eine ebene Anordnung der Amidgruppen. Konformationsänderungen der Peptidkette können daher nur um die anderen Kettenbindungen, nicht jedoch um die Peptidbindungen erfolgen. Die Peptidgruppe kann außerdem noch Wasserstoffbrücken zu Sauerstoffatomen anderer Peptidgruppen, zu Hydroxyl- oder Aminogruppen usw. ausbilden.

Ursprünglich wurde angenommen, daß die verhältnismäßig starre Struktur der Proteine nur durch Wasserstoff-Bindungen erzeugt wird. Diese Hypothese gründete sich auf die Beobachtung, daß Harnstoff Wasserstoffbrücken-Bindungen mit den Peptidgruppen bildet und so die Wasserstoffbrücken zwischen zwei Peptidgruppen schwächen kann. Harnstoff erhöht aber auch die Löslichkeit von Alkanen in Wasser, d. h. er vergrößert die Tendenz zur hydrophoben Bindung. Man nimmt heute an, daß die α-Helices hauptsächlich durch nichtgebundene Atome und nicht durch Wasserstoffbrücken zusammengehalten werden.

Die vereinten Wirkungen des Doppelbindungscharakters der Peptidbindung, der intramolekularen Wasserstoffbrückenbindungen, der hydrophoben Bindungen und der L-Konfiguration der Peptidreste zwingen die meisten Poly(L-α-aminosäuren) und Proteinsequenzen in eine rechtsgängige α-Helix. Es gibt jedoch auch Ausnahmen. Poly(L-β-benzylaspartat) bildet trotz der L-Konfiguration der Peptidreste eine linksgängige α-Helix. Außer den α-Helices und den Faltblattstrukturen (β-Strukturen) sind zudem bei Poly(α-aminosäuren) und Proteinen noch weitere Sekundärstrukturen bekannt (Tab. 30—2).

Die Sekundärstrukturen können sich weiterhin zu Supersekundärstrukturen bzw. Sekundärstrukturaggregaten zusammenlagern. Bei der sog. Doppel-α-Helix sind zwei α-Helices über Seitenketten miteinander verzahnt; sie winden sich mit einer Periode von ca. 18 nm umeinander. Derartige Doppel-α-Helices wurden z. B. beim α-Keratin, beim Myosin, beim Paramyosin und beim Tropomyosin gefunden. Eine andere Supersekundärstruktur ist die Faltblatt/Helix-Structur, bestehend aus drei Faltblattsträngen und zwei α-Helices. Derartige Supersekundärstrukturen treten bei Phosphorylase, Phosphoglycerat-Kinase und einigen Dehydrogenasen auf.

Tab. 30–2: Sekundärstrukturen von Polypeptiden und Proteinen. Rechtsgängige Helices sind mit positiven, linksgängige Helices mit negativen Zahlen für die Anzahl der Peptidreste pro Windung gekennzeichnet.

Struktur	Zähligkeit der Helix	Peptidreste pro Windung	Ganghöhe pro Grundbaustein in nm
α-Helix	18_5	3,60	0,150
β-Struktur (Faltblatt)			
parallel	2_1	2,0	0,325
antiparallel	2_1	2,0	0,35
γ-Helix		5,14	0,098
π-Helix		4,4	0,115
ω-Helix	4_1	−4,0	0,1325
2_1-Helix	2_1	2,0	0,280
Poly(glycin) II	3_1	±3,0	0,310
Poly(L-prolin) II	3_1	−3,0	0,312
Poly(L-prolin) I	10_3	3,33	0,19

30.2.5 QUARTÄRSTRUKTUREN

Proteine aus zwei oder mehr covalent über Cystinreste gebundenen Peptidketten können durch Zusatz von S-S-gruppenspaltenden Reagenzien unter Erhalt der Primärstruktur in die Peptidketten gespalten werden. Die Quartärstrukturen der meisten Proteine werden jedoch durch nicht-covalente Bindungen zusammengehalten. Diese Bindungen können durch eine Änderung des Milieus wie z. B. des pH-Wertes, der Ionenstärke, Zusatz organischer Lösungsmittel usw. in sog. Untereinheiten und weiter in die eigentlichen Peptidmoleküle gespalten werden (Tab. 30–3, 30–4). Der Zerfall kann dabei stufenweise

Tab. 30–3: Kriterien für nicht-covalente Bindungen bei Proteinen

Typ	Bindung wird geschwächt durch	gestärkt durch
elektrostatische Bindung (Ionenpaar-Bindung)	Abschirmung der Ladungen durch Elektrolytzugabe; pH-Variation entsprechend pK-Variation	Erniedrigung der Dielektrizitätskonstanten; pH-Variation
Wasserstoffbrücke	Erhöhung der Bindungskapazität (Zusatz von Harnstoff, Guanidin); gruppenspezifische Blockierung; pH-Variation (Trennung ∼∼ COOH/HOOC ∼∼)	Verminderung der H-Bindungskapazität (Zusatz von LiBr); pH-Variation
hydrophobe Bindung	Temperaturerniedrigung; Verminderung der Polaritätsdifferenz; Erniedrigung der Dielektrizitätskonstanten; Solubilisierung der unpolaren Komponenten	Temp.-Erhöhung; Verminderung der Löslichkeit der unpolaren Komponenten; Elektrolytzugabe.

(30–7) Protein ⇌ a Untereinheiten ⇌ xa Polypeptide

teilweise in Stufen

(30–8) Protein ⇌ a Untereinheiten A + b Untereinheiten B

oder direkt und vollständig erfolgen

(30–9) Protein ⇌ a Polypeptide

Tab. 30–4: Einige aus nicht-kovalent gebundenen Untereinheiten bestehende Proteine

Protein	Untereinheiten Zahl	Molmasse in g/mol	Molmasse im nativen Zustand in g/mol
Insulin	2	5 733	11 466
β-Lactoglobulin	2	17 500	35 000
Hämoglobin	4	16 000	64 500
Glycerin-1-phosphat-Dehydrogenase	2	40 000	78 000
Glycerin-3-phosphat-Dehydrogenase	4	37 000	140 000
Katalase	4	60 000	250 000
Urease	6	83 000	483 000
Myosin	3	200 000	620 000
Glutaminsäure-Dehydrogenase	8	250 000	2 000 000
Turnip yellow-Mosaikvirus	150	21 000	5 000 000
Tabakmosaikvirus	2 130	17 500	40 000 000

30.2.6 DENATURIERUNG

Proteine mit chemischen Funktionen wie z. B. Enzyme nehmen unter physiologischen Bedingungen ihre native Makrokonformation ein. Ihre Gestalt ist wegen der vielen inter- und intramolekularen Bindungen im allgemeinen sehr starr und kompakt; diese Proteine liegen meist kugelförmig oder ellipsoidal vor. Die äußere Form kann häufig durch hydrodynamische Messungen oder Elektronenmikroskopie bestimmt werden. Aufschluß über die innere Struktur ist häufig über röntgenographische Messungen an mit Schwermetallen dotierten Proteinkristallen möglich (vgl. auch Kap. 5.3.1).

Für die meisten Lebewesen entsprechen die physiologischen Bedingungen Temperaturen von ca. 20 °C, atmosphärischen Drucken von ca. 1 bar und osmotischen Drucken von ca. 5 bar. Derartige Organismen nennt man mesophil. Daneben gibt es aber auch „extremophile" Lebewesen, die nur unter extremen Bedingungen existieren können. In heißen Quellen, Wüsten und Komposthaufen kommen sog. thermophile Organismen vor, die bis zu 100 °C aushalten können. In der Arktis und der Antarktis leben sog. psychrophile Lebewesen bei Temperaturen bis zu −40 °C. In der Tiefsee existieren bei Drucken bis zu 1100 bar barophile Organismen.

Die Stabilität aller dieser Organismen wird im wesentlichen durch die Stabilität der in ihnen vorkommenden Proteine und konjugierten Proteine bestimmt. Proteine aus extremophilen Organismen unterscheiden sich dabei in Bezug auf Primär-, Sekundär- und Tertiärstrukturen im allgemeinen nicht von den Proteinen aus den mesophilen Lebewesen. Thermophile Proteine scheinen jedoch einen höheren Gehalt an mehrwertigen Metallkationen aufzuweisen.

Alle Proteine ändern oberhalb ihrer sog. Denaturierungstemperatur ihre Struktur und gehen aus einem hochgeordneten nativen in einen ungeordneten denaturierten Zustand über. Dabei werden alle intramolekularen physikalischen Vernetzungsstellen gelöst, so daß die Proteinmoleküle schließlich die Makrokonformation statistischer Knäuel annehmen. Da die native Makrokonformation durch die Konstitution und Konfiguration gegeben ist, sind die Denaturierungen prinzipiell reversibel. An die Denaturierung schließt sich jedoch häufig noch eine irreversible Aggregation an, die schließlich zu einer Koagulation führt. Dieser Gesamtprozeß wird in der älteren Literatur und in der Industrie häufig ebenfalls als Denaturierung bezeichnet.

30.3 Protein-Synthesen

30.3.1 BIOSYNTHESE

Die Protein-Synthese erfolgt in vivo in zwei Schritten (Kap. 29.3.4). Im ersten Schritt wird im Zellkern aus Ribonucleotiden mit DNA als Matrize und dem Enzym RNA-Polymerase die Boten-RNA gebildet. Die m-RNA ist dabei komplementär zu dem als Matrize verwendeten Strang der DNA; ihre Nucleotid-Sequenz enthält den Aminosäure-Code.

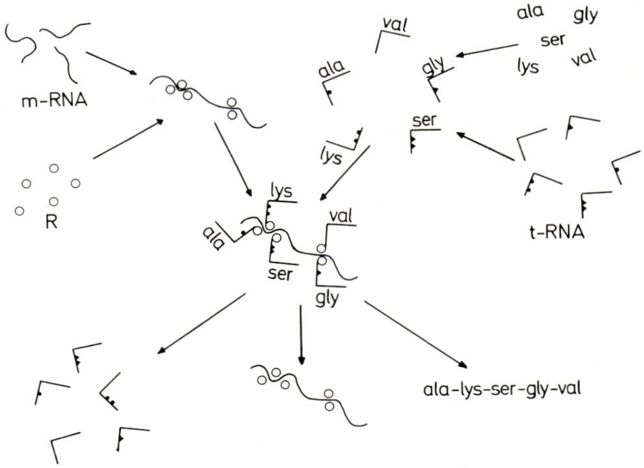

Abb. 30–1: Schematische Darstellung der Proteinbiosynthese. m-RNA-Moleküle schließen sich mit Ribosomen R zu Polysomen zusammen. t-RNA-Moleküle reagieren spezifisch mit den entsprechenden α-Aminosäuren zu Aminoacyl-RNA-Molekülen. Die Aminoacyl-RNA werden an die Polysomen gebunden, worauf die Aminosäuren zu Peptidketten verknüpft und die t-RNA und die Polysomen wieder freigesetzt werden.

Im zweiten Schritt vereinigen sich die m-RNA und die Ribosomen zu den Polysomen (Abb. 30–1), den Matrizen für die Bildung der Polypeptidketten. Die zur Synthese erforderlichen α-Aminosäuren werden aber nicht direkt an den Polysomen zu den Polypeptiden verknüpft. Sie werden vielmehr zunächst über ihre Carboxylgruppen mit den 3'-Enden der t-RNA mit Hilfe der Aminoacetyl-t-RNA-Synthetasen zu Aminoacyl-t-RNA verestert. Für jeden Typ α-Aminosäure ist dabei eine besondere t-RNA erforderlich.

Die so verknüpften α-Aminosäuren werden dann zu den Polysomen transportiert und dort an den Ribosomen zu den Polypeptiden vereinigt. Da die Aminosäuren über ihre Carboxylgruppe an die t-RNA gebunden sind, muß der Aufbau der Peptidkette vom N-terminalen Ende her erfolgen, z. B.

(30–10)

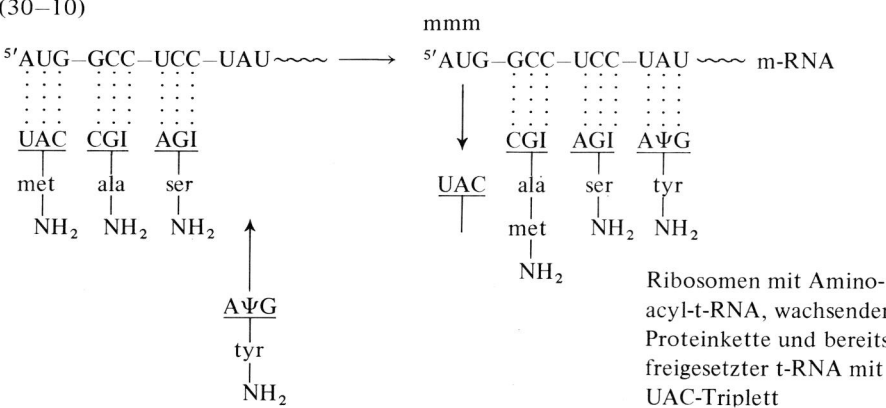

Ribosomen mit Aminoacyl-t-RNA, wachsender Proteinkette und bereits freigesetzter t-RNA mit UAC-Triplett

Für jeden Aminosäure-Typ ist ein besonderes Syntheseenzym erforderlich. Die für die Verknüpfung erforderliche Energie wird durch den Übergang von Adenosintriphosphat in Adenosinmonophosphat aufgebracht.

Tab. 30–5: Codons für die Polypeptidsynthese bei der m-RNA

1. Buchstabe	2. Buchstabe				3. Buchstabe
	U	C	A	G	
U	phe	ser	tyr	cys	U
U	phe	ser	tyr	cys	C
U	leu	ser	Ende	Ende	A
U	leu	ser	Ende	trp	G
C	leu	pro	his	arg	U
C	(leu)	pro	his	arg	C
C	leu	pro	gln	arg	A
C	leu	pro	gln	arg	G
A	ile	thr	asn	ser	U
A	ile	thr	asn	ser	C
A	ile	thr	lys	(arg)	A
A	[met]	thr	lys	arg	G
G	val	ala	asp	gly	U
G	val	ala	asp	gly	C
G	val	ala	glu	gly	A
G	[val]	ala	glu	gly	G

( ) = Codon durch Synthese gesichert, Triplett aber in t-RNA unwirksam.
[ ] = Anfangs-Codons (vgl. Text); Ende = Nonsense-Codons (Termination).

Die gewünschte Sequenz der α-Aminosäuren in der Peptidkette wird durch den Triplett-Code erreicht: je drei Nucleotidreste enthalten alle zum Erkennen der α-Aminosäuren notwendige Information. Der Triplett-Code ist gleichzeitig die einfachste Möglichkeit, um mit den vier verschiedenen Basentypen der RNA bzw. DNA total 20 verschiedene Typen von α-Aminosäuren zu erkennen. Bei einem Triplett-Code aus vier Basen bestehen nämlich $4^3 = 64$ Möglichkeiten, während bei einem Dublett-Code nur $4^2 = 16$ Möglichkeiten bestehen würden. Ein Dublett-Code weist daher weniger Möglichkeiten auf als α-Aminosäuretypen vorhanden sind. Ein Triplett-Code hat aber auch $64 - 20 = 44$ mehr Einbaumöglichkeiten als α-Aminosäuretypen vorhanden sind. Es muß also verschiedene Tripletts oder Codons geben, die jeweils die gleiche Aminosäure einbauen (Tab. 30–5).

Nach Versuchen mit synthetischen Polynucleotiden genügt es dabei häufig, daß die beiden ersten der drei Basen eines Codons identisch sind. So bauen die Codons GCU, GCC, GCA und GCG alle Alanin ein. In genetischer Sicht setzt dieser „Wackel-Effekt" (Wobble-Effekt) die Mutationshäufigkeit herab, führt also zu einer Stabilisierung der Spezies.

Tab. 30–6: Anticodons für die Polypeptidsynthese bei der t-RNA.
Anticodons für Aminosäuren in Klammern sind nicht völlig gesichert.

1. Buchstabe	2. Buchstabe				3. Buchstabe
	U	C	A	G	
U	lys	arg	(ile)	(thr)	U
U	glu	gly	val	ala	C
U		leu	leu	ser	A
U	gln	(arg)	leu	pro	G
C	lys		met	(thr)	U
C	(glu)	gly	(val)	(ala)	C
C		trp	leu	ser	A
C	gln	(arg)	leu	(pro)	G
G	asn	arg	ile	thr	U
G	lys	gly	val	(ala)	C
G	tyr	cys	phe	(ser)	A
G	his	(arg)	leu	(pro)	G
I		thr	ile		U
I		(gly)	val	ala	C
I				ser	A
I		arg	(leu)	(pro)	G

( ) = vermutet

Die Bindung der Aminoacyl-t-RNA an die Ribosomen erfolgt über den Anticodon-Arm der t-RNA (vgl. Abb. 29–3). Dieser Arm weist die erforderliche Basensequenz auf, um das Anticodon über Wasserstoffbrücken spezifisch an die Basen des komplementären Codons der m-RNA zu binden. Da die Basensequenz bei der m-RNA vom 5'- zum 3'-Ende gelesen wird und die jeweils dritte Base eines Codons weniger spezifisch als die beiden anderen ist, muß bei dem Anticodon der t-RNA die erste Base (Nr. 34 in Abb. 29–3) die wobble-Base sein. Die bislang bekannten Anticodons sind in Tab. 30–6 zusammengestellt. Adenosin bildet demnach niemals die erste Anticodon-Base, jedoch kann Inosin als solche auftreten.

Die Proteinbiosynthese höherer Organismen wird im allgemeinen durch Methionin initiiert. Bakterien sind dagegen auf N-Formylmethionin angewiesen. Methionin scheint jedoch nach Versuchen an höheren Zellen nach Anbau von 15–20 Aminosäuren wieder abgespalten werden.

Die sog. Nonsense-Codons UGA, UAG und UAA der m-RNA geben das Signal für den Abbruch einer Proteinkette mit Hilfe des Enzyms Peptidyltransferase (Termination). Sie wurden bei Mutationsversuchen an E. Coli entdeckt; hier wurden nach bestimmten Mutationen plötzlich zwei kurze Proteinketten anstatt einer langen gebildet.

Die Zuordnung der Homo-Tripletts UUU, CCC, AAA und GGG zu den Aminosäuren geschah mit synthetischen homopolymeren Polynucleotiden, die der gemischten Tripletts mit statistischen Copolymeren. Ein Beispiel dafür sind Versuche mit statistischen Copolymeren der mittleren Zusammensetzung Poly(U_5G_1) und Poly($U_6C_1G_1$) als Matrizen (Tab. 30–7). Bei beiden Matrizen wird überwiegend Phenylalanin eingebaut, da sehr viele UUU-Tripletts vorliegen. Auch Glycin und Tryptophan werden in Gegenwart jeder der Matrizen stärker eingebaut als im Blindversuch. Nur Poly($U_6G_1C_1$) baut aber Arginin stärker ein als im Blindversuch. Das Codon für Arginin muß also aus U, G und C bestehen.

Tab. 30–7: Ermittlung der für den Einbau des Arginins erforderlichen Triplett-Zusammensetzung

Eingebaute Aminosäure	Eingebaute Menge in 10^{-9} mol/mg. Ribosomprotein bei Zugabe von		
	Blindversuch	Poly(U_5G_1)	Poly($U_6G_1C_1$)
phe	0,18	13,40	10,60
arg	0,12	0,04	0,47
gly	0,19	0,74	0,45
try	0,03	0,70	0,46

30.3.2 PEPTIDSYNTHESE

Peptide werden in vitro in drei Stufen synthetisiert. In der ersten Stufe werden die Amino- oder Carboxylgruppen der α-Aminosäuren durch sogenannte Schutzgruppen substituiert:

(30–11) $\overset{\oplus}{H_3N}-CHR-CO-O^{\ominus} \rightarrow Z-NH-CHR-CO-OH$

(30–12) $\overset{\oplus}{H_3N}-CHR'-CO-O^{\ominus} \rightarrow H_2N-CHR'-CO-Y$

Diese Schutzgruppen heben den Zwitterionenzustand der Aminosäuren auf und lenken gleichzeitig im zweiten Schritt der Synthese die Verknüpfung in die gewünschte Sequenz. Dazu werden die zu verknüpfenden Carboxylgruppen in Form ihrer „aktivierten" Ester eingesetzt:

(30–13)

$Z-NH-CHR-CO-X + H_2N-CHR'-CO-Y \rightarrow Z-NH-CHR-CO-NH-CHR'-CO-Y$

30.3 Protein-Synthesen

In der dritten Stufe werden die Schutzgruppen selektiv abgespalten:

(30–14)

$$Z-NH-CHR-CO-NH-CHR'CO-Y \nearrow \begin{array}{l} Z-NH-CHR-CO-NH-CHR'-COOH \\ H_2N-CHR-CO-NH-CHR'-CO-Y \end{array}$$

Die Aminogruppen werden durch folgende Schutzgruppen blockiert:

Carbobenzoxygruppe	$C_6H_5-CH_2-O-CO-$	(Abkürzung Z)
p-Toluolsulfonylgruppe	$CH_3-C_6H_4-SO_2-$	(Abkürzung Tos)
Triphenylmethylgruppe	$(C_6H_5)_3C-$	(Abkürzung TRI)
t-Butyloxycarbonylgruppe	$CH_3-C(CH_3)_2-O-CO-$	(Abkürzung BOC)

Zum Schutz der Carboxylgruppe werden Methylester (OMe), Ethylester (OAt), Benzylester (OBZL), p-Nitrobenzylester (ONB), t-Butylester (OBut) oder substituierte Hydrazide (z. B. $-N_2H_2-Z$) verwendet. Die Verknüpfung erfolgt nach der Azidmethode

(30–15)
$$R-CO-OCH_3 \xrightarrow{+N_2H_4 \cdot H_2O} R-CO-NH-NH_2 \xrightarrow{+HNO_2} R-CON_3$$

$$R-CON_3 \xrightarrow{+H_2NR'} R-CO-NH-R' + HN_3$$

der Carbodiimid-Methode

(30–16)
$$R-COOH \xrightarrow{+C_6H_{11}-N=C=N-C_6H_{11}} R-CO-O-C\underset{NH-C_6H_{11}}{\overset{N-C_6H_{11}}{\diagup\!\!\!\diagdown}}$$

$$R-CO-O-C\underset{NH-C_6H_{11}}{\overset{N-C_6H_{11}}{\diagup\!\!\!\diagdown}} \xrightarrow{+H_2NR'} R-CO-NH-R' + C_6H_{11}NH-CO-NHC_6H_{11}$$

der gemischten Anhydridmethode (mit z. B. Chlorameisensäureisobutylester)

(30–17)
$$R-COOH + Cl-CO-O-Alk \xrightarrow{+Et_3N} R-CO-O-CO-O-Alk$$

$$R-CO-O-CO-O-Alk \xrightarrow{+H_2NR'} R-CO-NH-R' + CO_2 + Alk-OH$$

oder der Nitrophenylestermethode

(30–18)
$$R-COO-C_6H_4-NO_2 + H_2N-R' \rightarrow R-CO-NH-R' + HO-C_6H_4-NO_2$$

Jede Methode hat für die Knüpfung einer bestimmten Peptidbindung sowohl Vorteile als auch Nachteile. Bei der Azidmethode ist z. B. im Gegensatz zu den drei anderen Verfahren noch nie eine Racemisierung der α-Aminosäuren beobachtet worden, dagegen sind aber viele Nebenreaktionen (Amidbildung, Curtius-Abbau zu Isocyanaten usw.) bekannt. Die gemischte Anhydridmethode führt zu sehr starken Racemisierungen, gibt aber hohe Ausbeuten und ist sehr schnell. Sie wird darum zur Knüpfung von Glycyl- oder Prolylbindungen eingesetzt. Ein Peptid wird darum in der Regel nicht mit einer einzigen Methode aufgebaut.

Das Problem der Trennung der nichtumgesetzten Peptide von den gewünschten Syntheseprodukten ist in eleganter Weise durch Kopplung der Peptide an eine feste Matrix gelöst worden. Bei dieser von Merrifield eingeführten Synthese benutzt man ein mit CH_2O/HCl chlormethyliertes, vernetztes Poly(styrol). Die Chlormethylgruppen werden mit der Aminosäure umgesetzt, die später das N-terminale Ende bilden soll:

(30–19)

$$\text{CH}-\bigcirc-CH_2Cl + H_2N-CHR-COOR' \rightarrow \text{CH}-\bigcirc-CH_2-NH-CHR-COOR'$$

Die weiteren Schritte erfolgen wie in den Gl. (30–13) und (30–14). Die Peptidketten haften so ständig an der Poly(styrol)matrix. Nichtreagiertes Material kann daher sehr einfach ausgewaschen werden. Jeder einzelne Schritt muß aber sehr sorgfältig auf Vollständigkeit geprüft werden. Zur Zeit lassen sich mit der Merrifield-Methode Peptide mit bis zu 20 Bausteinen aufbauen.

30.3.3 TECHNISCHE PROTEIN-SYNTHESEN

Proteine können technisch durch eine Reihe mikrobiologischer Synthesen aus verschiedenen Substraten gewonnen werden. Hefen können geradkettige Paraffine, Gasöle, Ethanol oder Cellulose, Bakterien können Paraffine, Gasöle, Methanol, Ethanol, Methan oder Cellulose, Pilze können Zucker, Stärke und andere Kohlenhydrate und Algen können Kohlendioxid auf diese Weise in sog. Einzellproteine (single cell proteins, SCP) umwandeln. Diese SCP bestehen aus Proteinen, Fetten, Kohlenhydraten, Salzen und Wasser.

Paraffine werden so mit Ammoniak und Luftsauerstoff in Ggw. von Mineralsalzen zu Proteinen der ungefähren Zusammensetzung $CH_{1,7}O_{0,5}N_{0,2}$, Kohlendioxid und Wasser umgesetzt, wobei etwa 32 000 kJ/kg Trockenmasse frei werden. Der dicke Brei wird durch Zentrifugieren von nicht verbrauchten Paraffinen getrennt und sehr sorgfältig gewaschen. Das gelbliche Endprodukt wird zur Tierernährung eingesetzt.

30.4 Enzyme

30.4.1 EINTEILUNG

Enzyme sind globuläre Proteine, die als biologische Katalysatoren wirken. Sie werden manchmal noch Fermente genannt. Die einfachen Enzyme bestehen nur aus Aminosäurebausteinen; Beispiele dafür sind Ribonuclease und Pepsin. Konjugierte Enzyme enthalten außer dem Apoenzym (Proteinanteil) noch eine nichtproteinische bzw. prosthetische Gruppe, das sog. Coenzym. Apoenzym und Coenzym bilden das sog. Holoenzym. Isoenzyme bzw. Isozyme sind genetisch festgelegte Formen eines Enzyms, die in verschiedenen Organen, Zellen und Organellen desselben Individuums vorkommen. Von ihnen sind etwa 100 bekannt. Pseudo-Isoenzyme oder Metazyme sind sekundäre Enzym-Modifikationen, die meist durch Konformationsänderungen zustande kommen. Allozyme bzw. Enzymvarianten unterscheiden sich von den normalen Enzymen bezüglich Struktur und Spezifität. Ihre Genfrequenz ist definitionsgemäß unter 0,01 und damit populationsgenetisch nicht relevant. Bei Genfrequenzen über 0,01 spricht man dagegen von Enzym-Polymorphismus.

Enzyme werden je nach ihrer Wirkung in sechs verschiedene Klassen eingeteilt: Oxidoreduktasen, Transferasen, Hydrolasen, Lyasen, Isomerasen und Ligasen. Sie werden international durch ein Nummernsystem gekennzeichnet. Jedes einzelne Enzym bekommt vier Zahlen zugeteilt, die durch Punkte getrennt sind (vgl. Tab. 30–8).

Tab. 30–8: Klassifikation von Enzymen

Klasse Subklasse (2. Zahl)	Sub-Subklasse (3. Zahl)
1. Oxidoreduktasen Typ der in Donor oxidierten Gruppe: (1) CHOH, (2) CO, (3) CH-CH, (4) $CH\text{-}NH_2$ (5) C-NH, (6) reduzierte NAD oder NADP, (7) andere stickstoffhaltige Gruppen, (8) Schwefel, (9) Häm, (10) Bisphenole, (11) H_2O_2, (12) Wasserstoff, (13) einzelne Donoren mit Einschl. von Sauerstoff, (14) gepaarte Donoren mit Einschl. von Sauerstoff	Typ des bei jedem Donor beteiligten Akzeptors, z. B. (1) Coenzym, (2) Cytochrom, (3) molekularer Sauerstoff usw.
2. Transferasen Übertragene Gruppe: (1) Gruppen mit einem C-Atom, (2) Aldehyde oder Ketone, (3) Acyl, (4) Glycosyl, (5) Alkyl, (6) stickstoffhaltige G., (7) phosphorh. G., (8) schwefelh. G.	Weitere Unterteilung, z. B. 2.1.1 Methyltransferasen, 2.3.1 Acyltransferasen, 2.7.7 Nucleotidyltransferasen
3. Hydrolasen Hydrolysierte Gruppe: (1) Ester, (2) Glycosyl, (3) Ether, (4) Peptid, (5) andere C-N, (6) Säureanhydrid, (7) C-C, (8) Halogenid, (9) P-N usw.	Weitere Präzisierung der hydrolysierten Gruppe, z. B. 3.2.1 Glycosid-hydrolasen
4. Lyasen Gebrochene Bindung: (1) C-C, (2) C-O, (3) C-N, (4) C-S, (5) C-Hal	Natur der entfernten Gruppe, z. B. 4.1.1 Carboxylyasen
5. Isomerasen Typ der Isomerisierung: (1) Racemasen und Epimerasen, (2) cis/trans, (3) intramol. Oxidoreduktasen, (4) intramol. Transferasen, (5) intramol. Lyasen	Spezifizierung der Isomerisierung, z. B. 5.1.1 bei Aminosäuren und ihren Derivaten
6. Ligasen Typ der neuen Bindung: (1) C-O, (2) (-S), (3) C-N, (4) C-C	Natur der gebildeten Substanz, z. B. 6.1.1 Aminosäure-RNA-Ligase, 6.3.3 Cycloligase

Die erste Zahl gibt die obengenannte Enzymklasse an, die zweite die Subklasse, die dritte die sog. Sub-Subklasse usw.. In der Klasse 1 der Oxidoreduktasen befinden sich daher alle Enzyme, die einen Donor oxidieren können. Die Subklassen dieser Klasse beschreiben den Typ der oxidierten Gruppe und die Sub-Subklassen den Typ des bei jedem Donor beteiligten Acceptors.

Analog wird die Klasse 2 (Transferasen) unterteilt. Diese Gruppe von Enzymen überträgt verschiedene chemische Gruppen. Hydrolasen (Klasse 3) hydrolysieren Gruppen. Lyasen (Klasse 4) entfernen vom Substrat Gruppen, ausgenommen durch Hydrolyse; bei dieser Reaktion werden Doppelbindungen gebildet oder es wird etwas an Doppelbindungen addiert. Isomerasen (Klasse 5) katalysieren Isomerisierungen. Ligasen bzw. Synthetasen (Klasse 6) katalysieren unter Brechung einer Pyrophosphat-Bindung die Kombination von zwei Molekülen.

30.4.2 STRUKTUR UND WIRKSAMKEIT

Enzyme sind stets globulär. Die relativ kompakte Struktur wird durch helicale Segmente, β-Strukturen, intramoleculare Assoziationen usw. hervorgerufen (vgl. auch Abb. 4—14). Nur ein Teil des Enzymmoleküls ist jedoch katalytisch wirksam. Dieses sog. aktive Zentrum befindet sich immer in Vertiefungen in der globulären Struktur, niemals in herausragenden Teilen. Derartige Vertiefungen oder Spalten werden durch die Makrokonformation der Primärkette selbst gebildet wie bei den meisten respiratorisch wirkenden Enzymen oder auch durch die Assoziation zweier Untereinheiten wie bei den regulativ wirkenden Enzymen. Bei den metallhaltigen Enzymen sind z. B. zwei globuläre Teile durch eine tiefe Spalte getrennt, in der im Innern das Metallatom sitzt. In der Nähe des Metallatoms befindet sich eine hydrophobe Vertiefung, die wahrscheinlich das Substrat aufnimmt und somit für die Enzymspezifität verantwortlich ist.

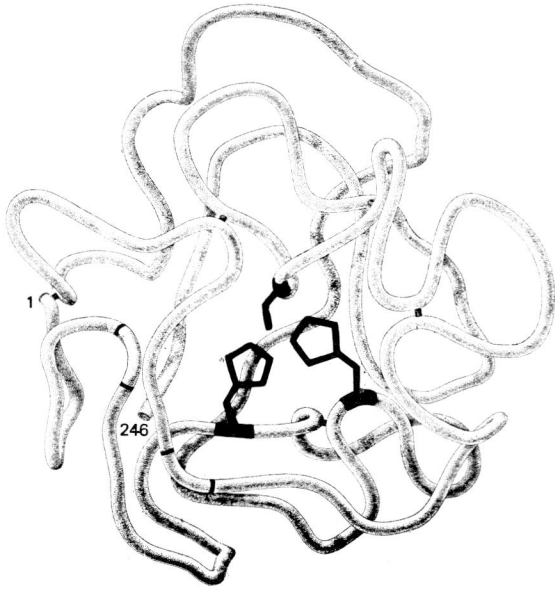

Abb. 30—2: Schematische Darstellung der Kettenformation des Enzyms Chymotrypsinogen. Das Molekül enthält fünf Disulfidbrücken. Die beiden schwarz gekennzeichneten Histidinreste und der ebenfalls schwarz gezeichnete Serinrest bilden das aktive Zentrum. Das Molekül geht in ein aktives Enzym über, wenn die Kette an der Stelle des schwarzen Ringes links im Bild gebrochen wird (nach H. Neurath).

Beim Enzym Chymotrypsinogen wird das aktive Zentrum aus zwei Histidinresten und einem Serinrest gebildet (Abb. 30–2). Der Rest des Enzymmoleküls hält diese drei Gruppen in einer ganz bestimmten Lage zueinander. Nur ganz bestimmte Substrate können daher mit dem aktiven Zentrum reagieren, andere passen entweder nicht in das aktive Zentrum oder können ihre reaktiven Gruppierungen nicht in sterisch und/ oder elektronisch günstige Lagen bringen. Die optimale Reaktion wird erreicht, wenn Substrat und aktives Zentrum sich wie Schlüssel und Schloß zueinander verhalten. In diesem Falle wird das Substrat vom Enzym bis zur Sättigung „adsorbiert"; die meisten Enzyme befolgen daher eine Michaelis-Menten-Kinetik (vgl. Kap. 19).

Für die enzymatische Wirkung sind dabei die gleichen chemischen Gruppierungen verantwortlich wie bei Reaktionen in der niedermolekularen Chemie. So müssen z. B. für Spaltungen wirksame nucleophile Gruppierungen vorhanden sein:

$$(30-20) \quad R-\underset{O}{\overset{\|}{C}}-X + Y^{\ominus} \rightleftarrows R-\underset{O^{\ominus}}{\overset{Y}{\underset{|}{C}}}-X \rightleftarrows R-\underset{O}{\overset{Y}{\underset{\|}{C}}} + X^{\ominus}$$

Wegen dieser Gruppierungen gibt es spezifische pH-Optima für die Enzymwirkung. Die pH-Optima lassen umgekehrt abschätzen, welche Gruppierungen für die Enzymwirkung verantwortlich sind.

Die Wirksamkeit eines Enzyms wird häufig als sog. Wechselzahl (turn-over-number TN) angegeben:

$$(30-21) \quad TN = \frac{\text{Anzahl reagierter Substratmoleküle}}{\text{Minuten} \cdot \text{Mol Enzymmoleküle}}$$

Eine andere, spezielle Einheit für die Enzymaktivität ist das katal

$$(30-22) \quad 1 \text{ katal} = \text{umgesetzte Mol/Sekunden}$$

Enzymkatalysierte Reaktionen laufen oft bis zum Faktor 10^{12} schneller ab als die entsprechenden nichtkatalysierten und immer noch 10^2-10^8 mal schneller als die durch niedermolekulare Basen oder Säuren katalysierten. Enzyme können daher selbst in sehr geringen Konzentrationen noch sehr wirksam sein; sie werden meist in molaren Konzentrationen von $10^{-5}-10^{-9}$ mol/l eingesetzt.

Enzyme können in Wasser eine Autolyse eingehen, d. h. sie können ihr eigenes Substrat sein und sich selbst verdauen. Gegen Autolyse kann durch Zusatz von Salzen oder bestimmten Metallionen stabilisiert werden. Proteasen reagieren jedoch nur mit denaturierten, nicht mit nativen Proteinen.

Die Wechselwirkung zwischen zwei Enzymmolekülen oder einem Enzymmolekül und einem niedermolekularen „Effektor" kann zu konstitutiven oder konformativen Änderungen der Enzymmoleküle führen. Falls dabei die Enzymfunktion geändert wird, spricht man von allosterischen Effekten.

30.4.3 PROTEASEN

Proteasen bewirken Hydrolysen, einige auch die Spaltung von Esterbindungen oder Transpeptidisation (Austausch von Peptidbindungen). Sie entstehen aus höhermolekularen Proteinen durch Abspaltung von Aminosäuren. Diese höhermolekularen Proteine heißen auch Precursoren oder Zymogene.

Aus dem Precursor Pepsinogen (M = 42 500) wird vom Aminoende aus ein basisches Peptid abgespalten und das Enzym Pepsin (M = 35 500) gebildet. Der Precursor Trypsinogen (M = 23 700) geht unter der Wirkung von Enterokinase (pH 5,2 – 6,0) oder Trypsin selbst in Gegenwart von Ca^{2+}-Ionen (pH 7 – 9) in Trypsin mit der Molmasse 15 100 über. Chymotrypsin (M = 22 000) wandelt sich unter der Wirkung von Trypsin in das α-Chymotrypsin (M = 21 600) um. Aus dem Zymogen Procarboxypeptidase (M = 95 000) entsteht die Carboxypeptidase (M = 34 000).

Proteasen sind sehr verschieden aufgebaut. Trypsin besteht z. B. aus einer Kette, die intracatenar durch Disulfidbrücken stabilisiert ist. Es hat einen isoelektrischen Punkt bei pH 7–8; sein Wirkungsmaximum liegt bei pH 7–9. Papain (isoelektrischer Punkt bei pH 8) besitzt zwei verschieden aktive SH-Gruppen. Schwermetalle können mit der aktiveren SH-Gruppe Komplexe bilden und das Enzym so vergiften. Mit Quecksilber bildet sich beispielsweise ein 2 : 1 Komplex (Enzym/Hg) mit der Molmasse 41 400. Pepsin hat den isoelektrischen Punkt bei pH 1–2 und Wirkungsmaxima bei pH 1,9 und pH 4–5. Bei pH über 7 erfolgt Denaturierung unter Erhalt der Molmasse, bei pH-Werten unter 4 Selbstverdauung. Nach elektrophoretischen Messungen ist Pepsin nicht einheitlich. Da die chemischen (Aminosäureanalyse) und physikalischen Molmassen aber gut übereinstimmen, muß Pepsin in verschiedenen Makrokonformationen vorliegen. Im nativen Zustand besteht es aus einer Polypeptidkette, die durch drei intracatenare Disulfidbrücken und eine intracatenare Phosphatdiesterbrücke stabilisiert ist.

30.4.4 OXIDOREDUKTASEN

Oxidoreduktasen besitzen gegenüber proteolytisch wirkenden Enzymen im allgemeinen viel höhere Molmassen und außerdem immer eine prosthetische Gruppe oder mindestens ein gebundenes Metallatom (Tab. 30–9).

Tab. 30–9: Aufbau von Oxidoreduktasen

Enzym	nicht-Proteinanteil	Molmasse in g/mol
Ascorbinsäureoxidase	6 Cu-Atome	146 000
Altes gelbes Enzym	Lactoflavinphosphorsäure	
Lebercatalase	4 Ferriporphyringruppen	ca. 240 000
Cytochrom C	1 Porphyringruppe	13 200

Bei den Redoxasen wurde besonders die Rolle des Cytochrom C bei der Evolution untersucht. Cytochrom C enthält pro Molekül 104–108 Aminosäurereste (je nach Spezies) sowie als prosthetische Gruppe das covalent gebundene Häm. Je nach Spezies sind Differenzen im Aufbau vorhanden. So hat der Mensch gegenüber dem Rhesusaffen nur eine von 104 Aminosäuren verschieden, während sich die verschiedenen Cytochrome umso mehr unterscheiden, je weiter die Spezies phylogenetisch auseinanderstehen. So beträgt z. B. die Differenz zum Thunfisch 21 und zur Bäckerhefe 48 Aminosäuren von 104. Ein Unterschied von einer Aminosäure entspricht molekulargenetisch einer Evolutionsperiode von 22 Millionen Jahren.

30.4.5 INDUSTRIELLE NUTZUNG

Von den etwa 2000 bekannten Enzymen werden ungefähr 150 in Milligramm- bis Kilogramm-Mengen kommerziell hergestellt und in Medizin, Analyse und biochemischer Forschung verwendet. Die nur 17 industriell genutzten Enzyme sind meistens Hydrolasen (Tab. 30—10).

Tab. 30—10: Industriell genutzte Enzyme

Name	Quelle	Anwendung
Oxidoreduktasen		
Glucoseoxidase	Asp. niger	Lebensmittelkonservierung
Hydrolasen		
Proteasen		
Pancreatin	Säugetier-Pankreas	Verdauungshilfe
Bromelain	Ananas comosus	Verdauungshilfe
Papain	Papaya	Mürbemachen von Fleisch
Pepsin	Schweinemägen	Milchgerinnung, Verdauungshilfe
Rennin	Kalbsmägen	Käseherstellung
Carbohydrasen		
Bakterien-Amylase	B. subtilis	Stärkeverflüssigung
Glucoamylase	Asp. niger	Glucose aus verfl. Stärke
Pilz-Amylase	Asp. oryzae	Herst. von Maissyrup
Invertase	Sacharomyces cerevisiae	Invertzucker aus Rohrzucker
Pectinase	Asp. niger	Klärung von Fruchtsäften
Cellulase	Asp. niger, Trichoderma viridae	Verbesserung von Zellstoff
Aminoacylasen		
L-Aminoacylase	Asp. oryzae	Trennung von racemischen α-Aminosäuren
Penicillinacylase	E. coli	Herstellung von 6-Aminopenicillinsäure aus Penicillin G
Isomerasen		
Glucoseisomerase	Streptomyces sp.	Isomerisierung von Glucose zu Fructose

Enzyme werden bevorzugt aus Mikroorganismen gewonnen, da diese im Gegensatz zu Pflanzen und Tieren schnell und unter kontrollierten Bedingungen wachsen. Eine Bakterienzelle enthält aber 1000—2000 verschiedene Proteine, so daß das gewünschte Enzym in Wildstämmen nur in Konzentrationen von Bruchteilen von Prozenten vorhanden ist. Durch Selektion, Mutation und Wahl geeigneter Bedingungen kann jedoch das gewünschte Enzym manchmal bis zu Konzentrationen von 10 % hochgezüchtet werden. Die Zellen werden zerstört und die Enzyme durch eine Kombination von Fällprozessen, Chromatographie, Zentrifugation usw. isoliert und stufenweise gereinigt.

In Lösung verwendete Enzyme liegen meist stark verdünnt vor und können daher nur schwierig wiedergewonnen werden. Industriell verwendete Enzyme werden daher zunehmend an festen Trägern „immobilisiert", was durch Einschluß, Mikroverkapselung, covalente Bindung, Adsorption oder Vernetzung erfolgen kann (Abb. 30—3).

Bei den Einschlußverfahren wird das Enzym in einer Lösung aus einem Monomeren, einem Vernetzer und einem Initiator gelöst und die Lösung dann polymerisiert. Als Monomere werden meist Acrylamid oder 2-Hydroxyethylmethacrylat benutzt. Diese einfache Methode bettet das Enzym in eine Polymermatrix ein. Die Zugänglichkeit des Enzyms wird jedoch wegen der erschwerten Diffusion durch die Polymermatrix herabgesetzt und nimmt mit zunehmendem Durchmesser der Teilchen stark ab.

Bei der Mikroverkapselung (vgl. Kap. 39.3) werden die Enzyme in Kapseln von 5–300 μm eingeschlossen, z. B. aus Polyamiden. Die dünnen Wandstärken erlauben einen relativ ungehinderten Zutritt der Substrate zum Enzym, das wegen seiner Größe selbst nicht herausdiffundieren kann.

Die covalente Knüpfung der Enzyme an einen hochmolekularen Träger wird am häufigsten angewendet. Dabei werden für die Enzymfunktion nicht benötigte Aminosäurereste über Isocyanat-, Carbodiimid-, Azid-Reaktionen usw. an Cellulose, Glaskugeln oder Poly(ethylene) bzw. Poly(methacrylate) mit kleinen Mengen eingebauter reaktiver Gruppen gebunden.

Die Adsorption ist die älteste Methode zur Herstellung immobilisierter Enzyme. Die Enzyme werden hier an oberflächenaktive Materialien wie Aluminiumoxid, Glas, Aktivkohle, Ionenaustauscherharze, Cellulose oder Ton physikalisch gebunden.

Bei der Vernetzung werden die Enzymmoleküle durch multifunktionelle Reagenzien wie Diisothiocyanate, Alkylierungsmittel, Aldehyde usw. intermolekular und covalent vernetzt. Sie bilden die Vernetzungspunkte des Netzwerks.

Die so immobilisierten Enzyme haben Lebenszeiten zwischen einigen Tagen und zwei Jahren. Die Ersparnis bei den Wiedergewinnungskosten wird jedoch teilweise durch die Kosten der Immobilisierung aufgewogen.

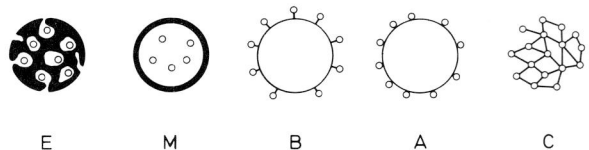

Abb. 30-3: Schematische Darstellung immobilisierter Enzyme. E = Einschluß in eine vernetzte Matrix, M = Mikroverkapselung, B = covalente Bindung an einen Träger, A = Adsorption, C = Vernetzung. Die Enzymmoleküle sind jeweils durch ● symbolisiert.

Die gleichen Methoden werden auch zur Immobilisierung ganzer Zellen verwendet. Bei der Immobilisierung von Zellen vermeidet man die sonst erforderliche aufwendige Isolierung und Reinigung von Enzymen. Die Aktivität der immobilisierten Zellen kann dabei durch Toxizität bei der Immobilisierung und durch gehinderte Diffusion für das Substrat herabgesetzt werden. Umgekehrt können jedoch immobilisierte Zellen auch aktiver als freie Zellen sein. Bei einer teilweisen oder völligen Zerstörung der Zellwände werden nämlich aus der Zelle bestimmte Proteasen entfernt, die Enzyme spalten und damit unwirksam machen können. In Poly(acrylamid)-Gelen eingeschlossene E.coli-Bakterien werden z. B. für die Umwandlung von Natriumfumarat in L-Aspartinsäure industriell genutzt.

30.5 Skleroproteine

30.5.1 EINTEILUNG

Skleroproteine sind Gerüstproteine. Sie kommen in Form faserförmiger Substanzen vor und werden gewöhnlich nach ihrer Makrokonformation eingeteilt.

Skleroproteine mit Faltblattstrukturen (β-Strukturen) sind wenig dehnbar, jedoch sehr reißfest. Bei ihnen liegen die Peptidketten jeweils in einer Ebene, und zwar parallel wie beim β-Keratin der Vogelfedern oder antiparallel wie bei den höherkristallinen Seiden.

Proteine mit Helixstrukturen (α-Strukturen) sind auf ca. die doppelte Länge dehnbar und von ungewöhnlicher Elastizität. Zu dieser Gruppe gehören Wollkeratin, das Muskelprotein Myosin, Fibrinogen und Kollagen.

Regenerierte Proteinfasern liegen als statistische Knäuel vor. Zu ihnen gehören Arachin (Erdnußprotein), Zein, Casein und Eialbumin.

Die Makrokonformation dieser Proteine ist eine direkte Funktion der Zusammensetzung und Sequenz von α-Aminosäuren (Tab. 30–11).

Tab. 30–11: Aminosäure-Zusammensetzung von Proteinen

Aminosäure	Anteil in mmol/kg				
	Casein	Merinowolle	Seidenfibroin	Sericin	Rinderkollagen
Glycin	300	693	5 700	1 911	3 740
Alanin	430	415	3 740	559	1 170
Valin	540	427	281	460	212
Leucin	600	579	68	181	279
Isoleucin	490	236	84	99	123
Phenylalanin	280	206	81	49	152
Serin	600	856	1 542	4 849	423
Threonin	410	554	115	1 118	189
Tyrosin	450	353	660	329	52
Tryptophan	80	103	21	–	–
Lysin	610	192	42	312	279
Arginin	250	603	60	460	535
Histidin	190	58	23	148	51
Hydroxylysin	–	Spur	–	–	76
Asparaginsäure	630	503	166	1 924	5
Glutaminsäure	1 530	1 012	130	443	8
Methionin	170	40	10	–	74
Cystin	20	470	14	66	–
Cystein	–	30	–	–	–
Lanthionin	–	10	–	–	–
Prolin	650	–	–	99	1 460
Hydroxyprolin	–	–	–	–	1 014
Amidstickstoff	–	650	160	–	–

30.5.2 SEIDE

Seiden – oder exakter: Naturseiden – werden von gewissen Raupen und Spinnen produziert. Das wichtigste Produkt ist die vom Maulbeerseidenspinner (Bombyx mori Linné) stammende edle Seide, in die sich die Raupe in Form von Kokons einspinnt. Die Kokons bestehen zu 78 % aus Seidenfibroin und zu 22 % aus Seidenleim (Sericin).

In den einzelnen Fäden sind 10 nm breite Mikrofibrillen in bis zu 2000 nm breiten Fibrillenbändern zusammengefaßt. In den Mikrofibrillen liegen die Proteinketten in Faltblattstrukturen vor. Dieses sog. Seidenfibroin kann mit Chymotrypsin in einen röntgenkristallinen (60 Gew. proz.) und einen amorphen Teil gespalten werden. Der kristalline Teil besteht aus einheitlichen Hexapeptiden (ser–gly–ala–gly–ala–gly). Beim Fibroin von Bombyx mori L. sind zehn dieser Hexapeptide, also insgesamt 60 Aminosäurereste, zusammen mit 33 Aminosäureresten des amorphen Teils zu einer Peptidkette vereinigt. Die sehr verschiedenen Aminosäuren dieses amorphen Teils sind zu Peptiden unterschiedlicher Zusammensetzung und Länge angeordnet.

Die dichte Packung ist für die hohe Festigkeit verantwortlich, der amorphe Anteil für die Dehnbarkeit. Die Eigenschaften werden noch wesentlich vom Gehalt an Aminosäuren mit kurzen Seitenketten beeinflußt, wie Tab. 30–12 für das Fibroin verschiedener Seidenwürmer zeigt.

Tab. 30–12: Zusammensetzung und Eigenschaften von Fibroinen verschiedener Seidenwürmer

	% Aminosäuren mit kurzen Seitenketten	Dehnung bei 0,5 g/den (65 % rel. Luftfeuchtigkeit)	elastische Erholung von 10% Dehnung	
			Luft	Wasser
Anaphe moloneyi	95,2	1,3	50	50
Bombyx mori	87,4	2,5	50	60
Antherea mylitta	71,1	4,4	30	70

Zur Gewinnung der Seide werden die Puppen mit Wasserdampf oder heißer Luft abgetötet. Durch Eintauchen der Kokons in heißes Wasser wird der Seidenleim erweicht. Rotierende Bürsten erfassen den Anfang der Seidenfäden. Je 4–10 der Fäden werden zusammen auf eine Haspel aufgewickelt und getrocknet. Von den 3000–4000 m Faden pro Kokon können aber nur ca. 900 abgehaspelt werden. Die äußeren und inneren Schichten sind zu verunreinigt und werden zusammen mit beschädigten Kokons in der Schappespinnerei verarbeitet.

Durch Eintauchen der Fäden in Öl werden sie geschmeidig gemacht und anschließend mit möglichst alkalifreier Seife vom Sericin befreit (entbastet). Die Seide verliert dabei bis zu 25 % Gewicht und wird daher wieder künstlich erschwert (chargiert). Man behandelt sie dazu mit wässrigen Lösungen von $SnCl_4$ und Na_2HPO_4. Diese Verbindungen werden auf der Faser zu Zinnphosphat umgesetzt, das dann mit Wasserglas in Silicate umgewandelt wird. Ist die Gewichtszunahme durch Erschwerung gleich der Gewichtsabnahme durch Entbastung, so spricht man von pari. 50 % über pari bedeutet, daß z.B. 100 kg Rohseide am Ende des Prozesses auf 150 kg zugenommen haben. Diese 150 kg bestehen bei einem Entbastungsverlust von 25 % somit aus 75 kg Seidenfibroin und 75 kg Erschwerungsmittel. Die Erschwerung verbessert Griff und Glanz. Eine vegetabilische Erschwerung mit Gerbstoffen wird nur vorgenommen, wenn das Material hinterher schwarz eingefärbt wird. An das Erschweren schließt sich eine Bleiche mit SO_2, Perboraten oder Alkaliperoxiden usw., an.

30.5.3 WOLLE

Wolle ist das abgeschnittene Haar von Schafen, Ziegen, Lamas usw.. Bei der Rohwolle sind die Wollfasern mit Wollfett, Wollschweiss und pflanzlichen Verunreinigungen verklebt, die zuerst durch Carbonisieren entfernt werden müssen.

Die Wollfaser hat einen schuppenförmigen Aufbau (Abb. 30–4 und 38–11). Sie besteht aus zwei Teilen mit unterschiedlicher chemischer Zusammensetzung und verschiedenen Eigenschaften, dem Paracortex und dem Orthocortex. Die Wollfaser ist daher technologisch eine Bikomponentenfaser (s. Kap. 38). Die Cortices sind wiederum aus Bündeln von Cortexzellen aufgebaut, in deren Mitte der Zellkernrest liegt. Jede Cortexzelle besteht aus Mikrofibrillen, die um einen Kern herum in der sog. Matrix aus sehr schwefelreichen Proteinen angeordnet sind. Jede Mikrofibrille weist 11 sog. Protofibrillen auf, von denen wiederum neun äußere die beiden inneren umgeben. Jede Protofibrille besteht aus 2–3 α-Helices.

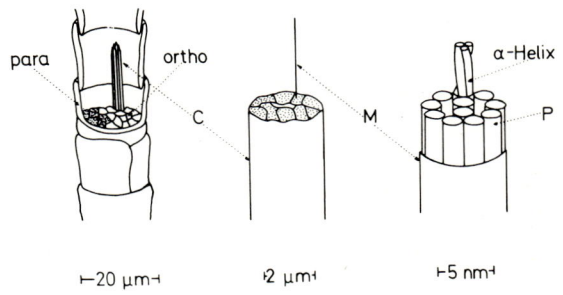

Abb. 30–4: Schematische Darstellung des Aufbaus von Wollfasern W (links) aus Cortexzellen C (mitte), die wiederum aus Mikrofibrillen M (rechts) bestehen. Die Mikrofibrillen enthalten je 11 Protofibrillen P, die aus je zwei bis 3 α-Helixes aufgebaut sind. para = Paracortex, ortho = Orthocortex.

Der komplizierte Aufbau der Wollfaser macht verständlich, daß Wolle chemisch aus ca. 200 verschiedenen makromolekularen Verbindungen besteht. 80% davon sind Keratine, 17% Nichtkeratin-Proteine, 1,5% Polysaccharide bzw. Nucleinsäuren und 1,5% Lipide bzw. anorganische Verbindungen.

Bei den Keratinen können wiederum drei Gruppen unterschieden werden: schwefelarme helixbildende Proteine (ca. 20 Sorten), schwefelreiche Proteine (ca. 100 Sorten) und glycin/thyrosin-reiche Proteine (ca. 50 Sorten). Bei den Nichtkeratin-Proteinen unterscheidet man Zellkernreste, Cytoplasmaproteine und Zellkernproteine.

Fast alle der vorkommenden α-Aminosäuren besitzen sehr voluminöse Seitengruppen (vgl. Tab. 30–11), die viel Platz erfordern und so die Ausbildung von Faltblattstrukturen verhindern. Die resultierenden α-Helices sind über Querbrücken aus Disulfiden und N_ϵ-[γ-glutamyl]lysin-Resten

$$-S-S- \qquad -CH_2CH_2CO-NH(CH_2)_4-$$

vernetzt. Wolle ist daher im Gegensatz zu allen anderen bekannten Naturfasern unlöslich.

Das Carbonisieren der Wolle entfernt Cellulosefasern und andere Verunreinigungen durch saure Hydrolyse. Es besteht aus drei Teilprozessen: Foulardieren in 4−7 proz. Schwefelsäure, Trocknen („Brennen") bei 100−120 °C und Klopfen („Rumpeln"), d. h. mechanischem Abtrennen der Cellulosebestandteile. Beim Carbonisieren laufen mehrere chemische Operationen ab, nämlich eine N/O-Peptidylverschiebung

(30−23)

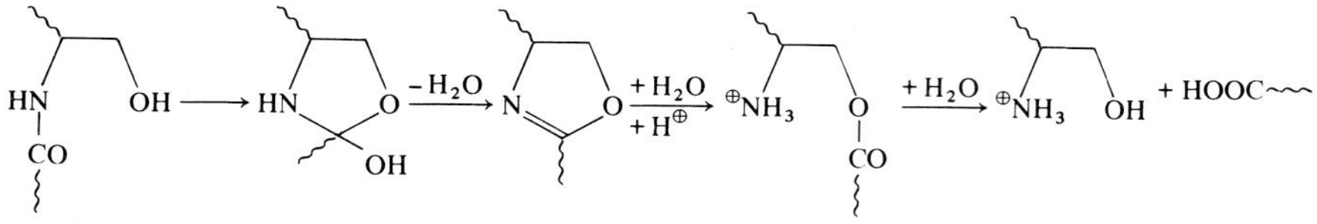

eine Veresterung von Serin mit nachfolgender Zersetzung unter β-Eliminierung

(30−24)

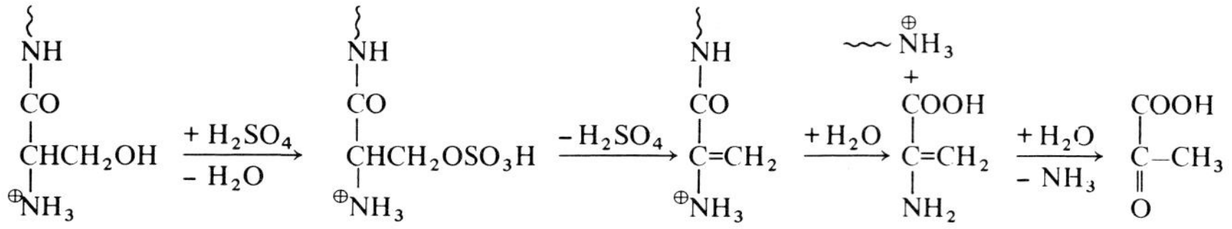

eine Sulfidierung von Tyrosin und wahrscheinlich in untergeordnetem Masse die Bildung von Sulfaminsäure:

(30−25) $\sim\sim NH_2 + H_2SO_4 \longrightarrow \sim\sim NH-SO_3H + H_2O$

Wolle muß sehr sorgfältig gebleicht werden, da anderenfalls Peptidbindungen gespalten werden. Zum Verhindern des lästigen Verfilzens wird die Wolle ferner oft noch chloriert.

Beim Bügeln von Wolle oder bei der Herstellung von Dauerwellen werden Quervernetzungen gelöst und wieder andersartig verknüpft. Durch Behandeln der Wolle mit Alkali werden Cystein-Brücken gebrochen und Thiolgruppen gebildet. Die Thiolgruppen katalysieren dann den Disulfidaustausch

(30−26)

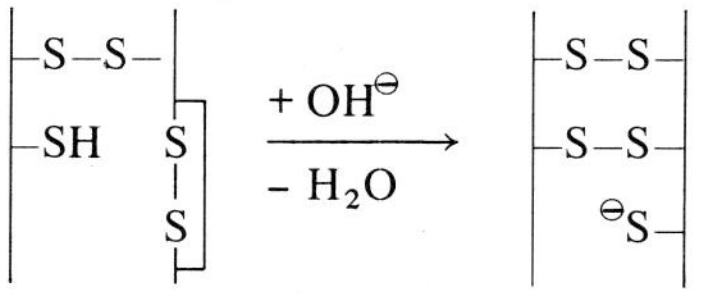

Die Reaktion wird durch Dehnen der Fasern begünstigt. Dämpft man nur kurz, so lösen sich nur die Bindungen. Erst wenn man länger preßt, schnappen die Bindungungen in die neue Lage ein und die Faser behält durch diesen „Set" die gewünschte Dehnung bei.

30.5.4 KOLLAGEN UND ELASTIN

Kollagen und Elastin sind die Hauptbestandteile tierischer Bindegewebe, d. h. der Haut, Sehnen, Knorpel, Därme, Blutgefäße usw.. Das Elastin sorgt dabei für die Elastizität des Bindegewebes bei kleinen Deformationen. Das Kollagen verhindert dagegen das Reißen des Gewebes.

Elastin besteht aus vernetzten Peptidketten, die im wesentlichen aus Tripletts und Quadrupletts der Sequenz (ala$_2$lys) und (ala$_3$lys) aufgebaut sind. Daneben kommen auch die Sequenzen (ser-ala-lys), (ala-pro-gly-lys) und (try-gly-ala-arg) vor.

Die Grundstruktur des Kollagens ist die Protofibrille, eine Tripelhelix aus zwei identischen, sog. α_1-Ketten und einer davon etwas verschiedenen α_2-Kette. Die α_1-Ketten aus Kalbs- bzw. Rattenhäuten bestehen aus 1052 α-Aminosäureresten, von denen 1011 in Tripletts der allgemeinen Struktur (gly-X-Y) angeordnet sind. X kann dabei Prolin, Leucin, Phenylalanin, Glutaminsäure sein, während Y meist Hydroxyprolin oder Arginin ist. Kollagen ist das einzige Protein, das Hydroxyprolin enthält. Diese Iminosäurereste werden jedoch erst nach der Proteinbiosynthese gebildet. Die Tripletts sind wiederum in Sequenzen aus polaren und apolaren Bereichen vereinigt. An den N- und C-terminalen Enden der Triplettsequenzen befinden sich die Telopeptide, kurze Peptidstrukturen ohne Triplettstruktur. Die Telopeptide sind an Lysin angereichert, das für intra- und intermolekulare covalente Vernetzungen zwischen den Peptidketten sorgt.

Die α_1- und α_2-Ketten bilden linksgängige Helices, während die aus ihnen aufgebaute Superhelix des Tropokollagens rechtsgängig ist. Tropokollagen bildet Stäbchen von 280 nm Länge und einem Durchmesser von 1,4 nm. Die Protofibrillen des Tropokollagens schließen sich dann zu Subfibrillen in der Weise zusammen, daß jedem polaren ungeordneten Bereich mit überwiegend positiver Ladung der Seitengruppen ein polarer Bereich mit negativer Ladung gegenüber liegt. Der abwechselnde Aufbau des Tropokollagens aus polaren und apolaren Bereichen führt dazu, daß die Subfibrillen nach dem Anfärben mit z. B. Uranylsalzen quergestreift sind. Die dunklen Bänder entsprechen den polaren, die hellen Interbänder den apolaren Bereichen. Die Tropokollagene sind in den Subfibrillen covalent über Kohlenhydrate vernetzt. Die Subfibrillen vereinigen sich zu Kollagenfibrillen und diese wiederum zu den Kollagenfasern (Abb. 30–5).

Bringt man die trockene Kollagenfaser in Wasser, so werden die ungeordneten polaren Bereiche (Band) angequollen und die Kräfte zwischen den Protofibrillen geschwächt. Die Kollagenfaser streckt sich. In saurer bzw. alkalischer Lösung werden die basischen bzw. sauren Seitengruppen in den polaren Bereichen neutralisiert und die Salzbindung nimmt ab. Die Faser quillt daher in den ungeordneten Bereichen stark auf. Durch die kleinen Gegenionen des Neutralisationsmittels wird aber ein osmotischer Quellungsdruck hervorgerufen, so daß die Kollagenfaser sich verkürzt.

Erwärmt man eine gequollene Kollagenfaser, so lagert sich die gestreckte Faser mehr und mehr in die energetisch günstigere Form eines Knäuels um. Die Faser schrumpft dabei. Erwärmt man längere Zeit über diese Schrumpftemperatur (ca. 40–60 °C), so wird das Kollagen hydrolysiert und geht in Gelatine über. Dabei zerfällt zuerst das Tropokollagen. Es folgt ein Abbau der Peptidkette.

Kollagen wird auf verschiedene Weisen verwertet. Bei Häuten sind z. B. die Kollagenfibrillen in einer Netzwerkstruktur angeordnet. Durch „Gerben" entstehen intermolekulare Netzwerke unter Erhalt der Fibrillenstruktur. Als Gerbstoffe eignen sich eine Vielzahl von polyvalenten Verbindungen, wobei je nach Gerbstoff covalente Vernetzungsbrücken, Salzbindungen, koordinative Bindungen oder Wasserstoffbrücken gebildet werden (vgl. auch Kap. 38.6.3). Diese Naturleder sind von den künstlichen

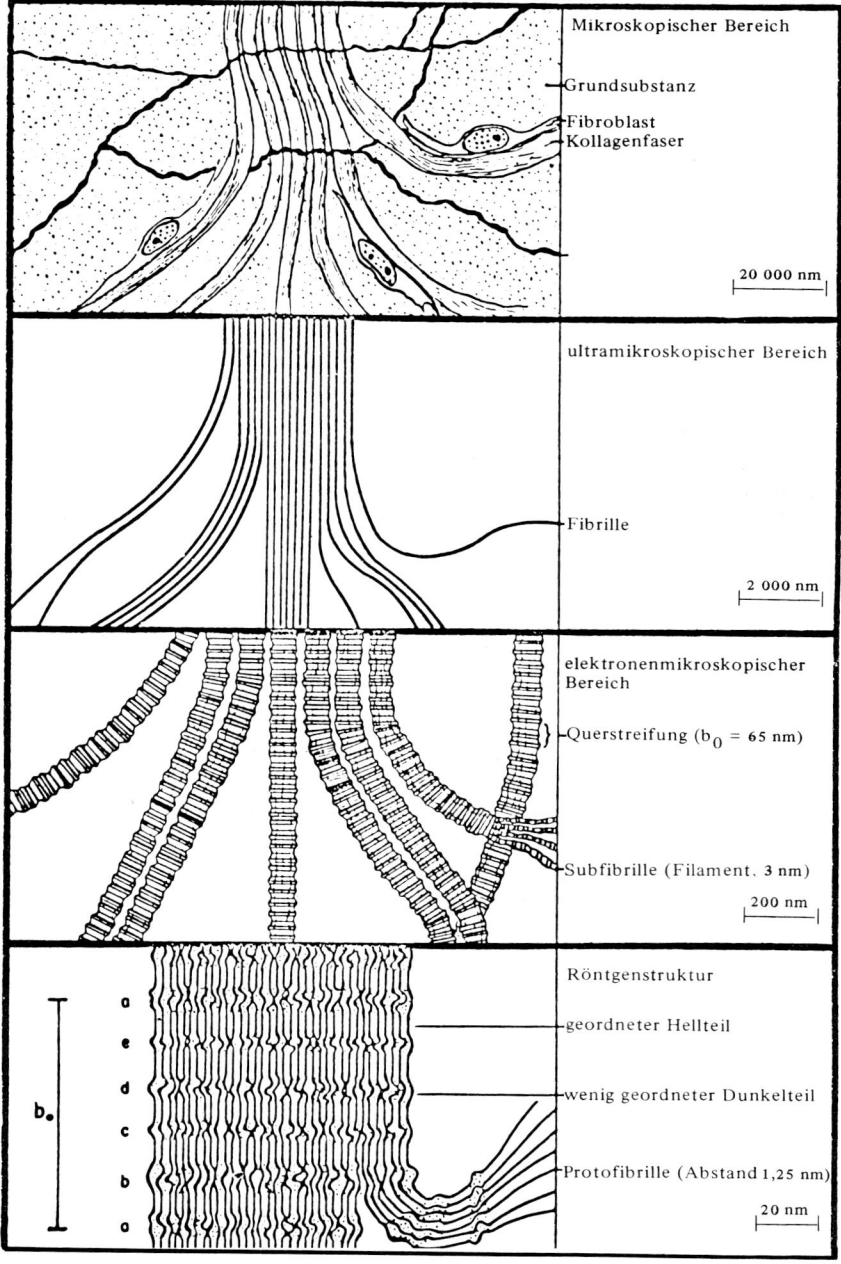

Abb. 30–5: Strukturelemente der Kollagenfaser. Von oben nach unten: mikroskopischer Bereich, ultramikroskopischer Bereich, elektronenmikroskopischer Bereich, Röntgenstruktur (nach R. S. Baer).

Ledern zu unterscheiden, bei denen eine Dispersion von Kollagenfasern in ein Vlies umgewandelt wird. Kunstleder bestehen dagegen nicht aus Kollagen.

Falls die ursprüngliche Faseranordnung zerstört wird, die Faserstruktur aber erhalten bleibt, kann man die angequollenen Kollagenfasern durch Extrudieren zu Kollagen-Stapelfasern oder Wursthüllen verarbeiten. Endlose Kollagenfasern erhält man durch Auflösen von Kollagenfasern mit Hilfe von Enzymen und anschließendes Naßspinnen.

30.5.5 GELATINE

Gelatine entsteht durch partielle Hydrolyse von Kollagen. In Europa wird Gelatine hauptsächlich aus frischen Knochen hergestellt, von denen sie in Ausbeuten bis zu 12% erhalten werden kann. Dazu werden die Knochen mit Salzsäure zuerst zu „Ossein" demineralisiert. In den USA bilden Schweinehäute die Hauptquelle für Gelatine.

Das Ossein bzw. die entfetteten Schweinehäute werden zuerst mit Säure oder Alkali behandelt, um die ungewünschten Komponenten zu entfernen. Der Säureprozeß führt zu A-Gelatine, die hauptsächlich für Lebensmittelzwecke verwendet wird. Alkali gibt die B-Gelatine für photographische Filme.

Anschließend wird gewaschen, das Kollagen partiell hydrolysiert und die gebildete Gelatine durch Kochen bei pH = 4 – 5 herausgelöst, zuerst bei 40–50 °C, dann bei zunehmend höheren Temperaturen. Die Lösung wird aufkonzentriert. Dann wird kalte Luft über die Oberfläche geblasen, worauf sich eine Haut bildet, die abgezogen werden kann. Viel verwendet wird auch die Sprühtrocknung.

30.5.6 CASEIN

Kuhmilch besteht aus Wasser, Proteinen, Fett, Milchzucker, Salzen und Vitaminen. Der Proteinanteil stellt ein Gemisch von α-, β-, γ- und κ-Caseinen dar. Die α- und β-Caseine enthalten an Serinreste gebundene Phosphatgruppen. Die mittleren Molmassen der Caseine schwanken zwischen 75 000 und 375 000. Ein Teil der Magermilch wird technisch zu Kunsthorn oder Caseinwolle verarbeitet.

Zur Herstellung von *Kunsthorn* wird die Magermilch bei 35 °C mit dem Labferment Rennin des Kälbermagens versetzt. Nach Temperaturerhöhung auf 65 °C erfolgt Koagulation der Proteine (Denaturierung) zum Quark. Quark enthält ca. 60 proz. Wasser. Er wird gewaschen und dann in Leinenbeuteln getrocknet und zerkleinert. Alternativ kann man die Proteine auch mit Säuren ausflocken. Aus 30 Litern Magermilch werden ca. 1 kg getrocknetes Casein erhalten. Das Handelsprodukt enthält noch Fett und ist daher gelblich-milchig.

Zur weiteren Verarbeitung wird das Casein in Wasser gequollen. Verschiedene Partien werden wegen der unterschiedlichen Eigenfarbe gemischt, um ein gleichmäßiges Rohmaterial zu erhalten. Die Produkte werden dann eingefärbt und in geheizten Pressen plastifiziert. Die erhaltenen Platten oder Stäbe werden dann – oft tagelang – in Bädern mit Formaldehyd gelagert, um das Casein zu vernetzen. Nach Behandeln mit Glycerin oder Öl bei 100 °C ist Kunsthorn biegbar. Es kann spanabhebend verarbeitet werden, vor allem zu Bijouteriewaren (Knöpfe usw.). Kunsthorn hat auch heute noch eine gewisse Bedeutung, da man sich wegen der leichten Einfärbbarkeit schnell Modeströmungen anpassen kann.

Caseinwolle wird ähnlich wie Kunsthorn hergestellt. Das Casein wird durch verdünnte Schwefelsäure bei 20 °C ausgefällt und dann gewaschen und abgepreßt. Die Alkalilösung des Caseins wird anschließend bei 50 °C in ein saures Fällbad versponnen und die Faser durch Formaldehyd vernetzt.

Caseinwolle ist ähnlich wie Naturwolle empfindlich gegen Säuren, Alkali und Wärme, jedoch weniger naßfest. Außerdem besitzt Caseinwolle im Gegensatz zur Naturwolle eine plastische Dehnung.

Durch Pfropfen von 70 % Acrylnitril auf 30 % Casein und anschließendes Verspinnen entsteht eine seidenähnliche Faser. Die Faser ist besser lichtecht als Seide und besitzt auch bessere Trocken- und Naßfestigkeiten.

30.6 Blutproteine

Blut besteht aus etwa 90 % Wasser und ca. 10 % gelösten Substanzen (Proteine, Salz usw.). Die Blutproteine haben sehr verschiedene Aufgaben zu erfüllen. In einem Liter Blut befinden sich z.B. $133 \cdot 10^{19}$ Moleküle Hämoglobin (für Sauerstoff-Transport), $17,3 \cdot 10^{19}$ Moleküle Albumin (für Transport anderer Moleküle), $1,63 \cdot 10^{19}$ Moleküle Gammaglobulin (Schutzfunktionen), ferner Hormone usw. Der Sauerstoff-Transport ist also die bei weitem wichtigste Aufgabe des Blutes.

Durch Zusatz von Oxalat trennt sich das Blut in zwei Schichten. Die dunkelrote Schicht enthält die Blutkörperchen, die gelbliche das Plasma mit dem Plasmaprotein. Durch fraktioniertes Ausfällen mit Ammonsulfatlösungen werden dann die Plasmaproteine isoliert. 20–25 proz. Ammonsulfatlösungen fällen Fibrinogen, 33 prozentige Globuline, 50 prozentige Pseudoglobuline, während Albumine bei noch höheren Konzentrationen anfallen. Nach Ultrazentrifugen-Messungen kann man vier Komponenten mit unterschiedlichen Sedimentationskoeffizienten s unterscheiden und isolieren:

X-Komponente (Lipoproteine),	3,3 % des Gesamtproteins,	2,25 s
A-Komponente (Albumin),	59 % des Gesamtproteins,	4,03 s
G-Komponente (γ-Globulin),	25 % des Gesamtproteins,	6,2 s
M-Komponente (α_2-Makroglobulin),	2 % des Gesamtproteins,	17 s

Die Globulin-Fraktion besteht wiederum aus mehreren Komponenten. Bei der Elektrophorese wandert Albumin am schnellsten, dann folgen die α-Globuline, die β-Globuline und schließlich die γ-Globuline.

Das Blutserum (durch Zentrifugieren von Fibrin befreites Plasma) enthält die Serumalbumine. Serumalbumin besitzt eine Molmasse von 67 500 g/mol und einen isoelektrischen Punkt bei pH 4,8–5,0. Die Serumalbumine der höheren Tiere unterscheiden sich vor allem in den Aminosäuregruppierungen des einen Endes, während das andere Ende immer Asparagin ist:

asp	. . . . val	Truthahn
asp	. . . . ala	Huhn, Ente
asp–thr	. . . . leu–ala	Schaf, Kuh
asp–ala	. . . . ala	Schwein
asp–ala	. . . . leu–ala	Pferd, Esel, Maulesel
asp–ala	. . . . leu	Kaninchen, Hund
asp–ala	. . . . gly–val–ala–leu	Affe
asp–ala	. . . . lys–val–ala–leu	Mensch

Bei der Blutkoagulation wird das lösliche Fibrinogen in das unlösliche Fibrin umgewandelt. Fibrinogen weist eine Molmasse von ca. 330 000 g/mol auf. Es besteht aus einer Doppelhelix von 1,5 nm Durchmesser, die an beiden Enden einen globulinähnlichen Teil von 6,5 nm und in der Mitte einen von 5 nm Durchmesser besitzt. Unter der Wirkung von Thrombin werden aus dessen mittleren Teil vom Aminoende her zwei sogen. B-Peptide mit Molmassen von 2460 g/mol und aus dem einen endständigen Teil zwei A-Peptide mit je M = 1890 g/mol herausgespalten. In einer noch nicht ganz geklärten Folge von Prozessen wird dann dieses aktivierte Fibrinogen in Fibrin umgewandelt.

Unter Antigenen versteht man im allgemeinen körperfremde Stoffe, die in höheren Organismen die Bildung von Antikörpern auslösen. In einer Sekunde werden pro Antigen-Molekül ca. 1000–2000 Antikörper-Moleküle gebildet. Die Antikörper reagieren sehr spezifisch mit den Antigenen. Der Körper wird dadurch immun gegen Antigene.

Antikörper sind γ-Globuline. Als Antigene wirken nur relativ große und starre Makromoleküle. Sie müssen groß sein, damit sie im Körper nicht zu schnell abgebaut oder ausgeschieden werden. Die Zusammenhänge zwischen der Starrheit der Antigene und ihrer Wirksamkeit sind noch nicht ganz klar.

30.7 Glycoproteine

Glycoproteine (Mucoproteine) sind Proteine mit einem wechselnden Gehalt an kovalent gebundenen Kohlehydraten

% Kohlehydrat	Beispiele
0	Hämoglobin, Lysozym, Insulin, Kollagen
10	19 s γ-Globulin
20	3 s α_2-Globulin
60	Protein-Mucopolysaccharid-Komplexe
80	Blutgruppensubstanzen, kohlenhydratreiche α_1-Glycoproteine
100	saure Mucopolysaccharide (Glycogen)

Die Kohlenhydratreste sind oft nur 15–15 Zuckergruppen lang. Sie hängen ähnlich wie prosthetische Gruppen an der Polypeptidkette. Die Zucker sind meist sehr verschieden (Galactose, Mannose, Fucose, Glucosamin, Galactosamin usw.). Verhältnismäßig oft tritt Sialinsäure (Neuraminsäure) auf. Die Aminogruppen der Aminozucker sind meist acetyliert. Im lebenden Organismus wirken Glycoproteine als Hormone, Enzyme oder Schutzstoffe (Immunglobuline).

Literatur zu Kap. 30

30.1 Allgemeine Übersichten

C. H. Bamford, A. Elliott und W. E. Hanby, Synthetic polypeptides, Academic Press, New York 1959
B. Schröder und K. Lübke, The peptides, 2 Bde., Academic Press, New York 1966
R. E. Dickerson und I. Geis, The structure and action of proteins, Harper and Row, New York 1969

H. Fasold, Die Struktur der Proteine, Verlag Chemie, Weinheim 1972
H. Neurath und R. L. Hill, Hrsg., The proteins, Academic Press, New York, 3. Aufl. 1975
G. E. Schulz und R. H. Schirmer, Principles of protein structure, Springer, New York 1978

30.2 Struktur

M. Joly, A physico-chemical approach to the denaturation of proteins, Academic Press, London 1965
G. Bodo, Zur chemischen Aufklärung von Eiweißstrukturen, Fortschr. chem. Forschg. 6 (1966) 1
H. Sund and K. Weber, Die Quartär-Struktur der Proteine, Angew. Chem. 78 (1966) 217; Angew. Chem. Internat. Ed. 5 (1966) 121
T. Dévényi und J. Gergely, Analytische Methoden zur Untersuchung von Aminosäuren, Peptiden und Proteinen, Akad. Verlagsges., Frankfurt/M. 1968
C. Tanford, Protein denaturation, Adv. Protein Chem. 23 (1968) 121
S. Blackburn, Protein sequence determination: methods and techniques, Dekker, New York 1970
T. L. Blundell und L. N. Johnson, Protein crystallography, Academic Press, New York 1976
S. B. Needleman, Hrsg., Protein sequence determination, Springer, New York, 2. Aufl. 1975

30.3 Synthesen

J. Meienhofer, Synthesen biologisch wirksamer Peptide, Chimia 16 (1962) 385
E. Wunsch, Synthese von Peptid-Naturstoffen, Angew. Chem. 83 (1971) 773
G. R. Pettit, Hrsg., Synthetic peptides, Van Nostrand-Reinhold, London 1971 (Vol. 1 ff.)
E. H. McConkey, Hrsg., Protein synthesis: a series of advances, Dekker, New York 1971 (Vol. 1 ff.)
H. Gounelle de Pontanel, Hrsg., Protein from hydrocarbons, Academic Press, New York 1972
R. Haselkorn und L. B. Rothman-Denes, Protein synthesis, Ann. Rev. Biochem. 42 (1973) 397
D. D. MacLaren, Single-cell protein – an overview, Chem. Technol. 5 (1975) 594
M. Bodanszky, Y. S. Klausner und M. A. Ondetti, Peptide synthesis, Wiley, New York 1976
H. Weissbach und S. Pestka, Hrsg., Molecular mechanisms of protein biosynthesis, Academic Press, New York 1977
R. Uy and F. Wold, Posttranslational covalent modification of proteins, Science 198 (1977) 890
E. Huller, Proteinbiosynthese: die codonspezifische Aktivierung der Aminosäuren, Angew. Chem. 90 (1978) 682

30.4 Enzyme

Commission on Biochemical Nomenclature (IUPAC and IUB), Enzyme nomenclature, Elsevier, Amsterdam 1973
M. V. Volkenstein, Enzyme physics, Plenum, New York 1969
E. Zeffren und P. L. Hall, The study of enzyme mechanisms, Wiley, New York 1973
O. R. Zaborsky, Immobilized enzymes, CRC Press, Cleveland 1973
H. H. Weetall und S. Suzuki, Hrsg., Immobilized enzyme technology, Plenum Press, New York 1975
H. H. Weetall, Immobilized enzymes, antigens, antibodies, and peptides: preparation and characterization, Dekker, New York 1975
R. A. Messing, Immobilized enzymes for industrial reactors, Academic Press, New York 1975
J. Konecny, Enzymes as industrial catalysts, Chimia 29 (1975) 95
K. J. Skinner, Enzymes technology, Chem. Engng. News 53/33 (18. Aug. 1975) 22
I. H. Segel, Enzyme kinetics, Wiley, New York 1975
J. Tze-Fei Wong, Kinetics of enzyme mechanisms, Academic Press, London 1975
K. G. Scrimgeour, Chemistry and control of enzyme reactions, Academic Press, London 1977
K. Mosbach, Hrsg., Immobilized Enzymes, Methods in Enzymology 44 (1977)

30.5 Faserförmige Proteine

J. H. Collins, Casein plastics and allied materials, Plastics Inst., London 1952
R. L. Wormell, New fibres from proteins, Academic Press, London 1954
K. H. Gustavson, The chemistry and reactivity of collagen, Academic Press, New York 1956
W. von Bergen, Wool Handbook, 2 Bde., American Wool Handbook Co., New York 1963
C. Earland, Wool, its chemistry and physics, Chapman and Hall, London, 2. Aufl. 1963
A. Veis, Macromolecular chemistry of gelatin, Academic Press, New York 1964

G. Reich, Kollagen, Steinkopff, Dresden 1966
I. V. Yannas, Collagen and gelatine in the solid state, J. Macromol. Sci. C **7** (1972) 49
R. D. B. Frazer, T. P. MacRae und G. E. Rogers, Keratins: their composition, structure and biosynthesis, Thomas, Springfield 1972
R. D. B. Frazer und T. P. MacRae, Conformation in fibrous proteins, Academic Press, New York 1973
K. Bräumer, Das Faserprotein Kollagen, Angew. Makromol. Chem. **40/41** (1974) 485
J. C. W. Chien, Solid state characterization of the structure and property of collagen, J. Macromol. Sci. [Revs.] C **12** (1975) 1
P. L. Nayak, Grafting of vinyl monomers onto wool fibers, J. Macromol. Sci. Revs. Macromol. Chem. C **14** (1976) 193
R. S. Asquith, Chemistry of natural fibers, Plenum, New York 1977
A. G. Ward und A. Courts, Hrsg., Science and technology of gelatin, Academic Press, London 1977
L. B. Sandberg, W. R. Gray und C. Franzblau, Hrsg., Elastin and elastic tissue, Plenum, New York 1977

30.6 Blutproteine

K. Laki, Hrsg., Fibrinogen, Dekker, New York 1968
M. Sela, Hrsg., The antigens, 4 Bde., Academic Press, New York 1973–1977
A. Nisonoff, J. E. Hopper und S. B. Spring, The antibody molecule, Academic Press, New York 1975
F. W. Putnam, Hrsg., The plasma proteins, 3 Bde., Academic Press, New York, 2. Aufl. 1975–1977

30.7 Glycoproteine

K. Schmid, Methods for the isolation, purification and analysis of glycoproteins: a brief review, Chimia **18** (1964) 321
A. Gottschalk, Glycoproteins, Elsevier, Amsterdam, 2. Aufl. 1972
M. Horowitz und W. Pigman, The glycoconjugates, 2 Bde., Academic Press, New York 1977–1978

31 Polysaccharide

31.1 Vorkommen und Bedeutung

Polysaccharide sind Uni- oder Copolymere aus miteinander verknüpften Zuckerresten. Praktisch alle Zuckerreste sind Hexosen oder Pentosen vom Aldose-Typ; Ketose-Reste sind bei Polysacchariden selten. Bei den Aldohexosen dominieren D-Glucose, D-Galactose und D-Mannose, bei den Aldopentosen L-Arabinose, D-Ribose und D-Xylose. Die Bindungen zwischen den Zuckerresten sind glycosidisch. Die Polysaccharid-Ketten können linear oder kamm- bzw. sternartig verzweigt sein. Polysaccharide kommen im nativen Zustand meist nicht „rein" vor; sie weisen vielmehr einen stabilen und wahrscheinlich kovalent gebundenen Peptidanteil von einigen Prozent auf. Dieser Peptidanteil ist reich an hydroxylgruppenhaltigen Aminosäuren.

Eine große Zahl von Polysacchariden wird wirtschaftlich genutzt z.B. als Faserstoffe, Nahrungsmittel, industrielle Verdicker, Blutplasmaersatz, Blutantikoagulantien usw. (vgl. Tab. 31–1).

Tab. 31–1: Verbrauch von Polysacchariden in den Vereinigten Staaten im Jahre 1973

	Nahrungsmittel t/a	Andere Zwecke t/a	Total t/a
Cellulose und Cellulosederivate			
Bauholz	0	80 000 000	80 000 000
Baumwolle	0	1 820 000	1 820 000
Rayon	0	406 000	406 000
Acetatfaser	0	321 000	321 000
Papier und Pappe	0	44 000 000	44 000 000
Methylcellulose	500	25 000	25 500
Carboxymethylcellulose	6 400	45 000	51 800
Stärke	230 000	1 590 000	1 820 000
Pflanzengummis	5 500	900	6 400
Alginate	5 500	900	6 400
Carrageenan	4 500	230	4 730
Gummi arabicum	6 800	2 700	9 500
Guar	5 500	15 000	20 500
Johannisbrot	13 600	4 500	18 100
Pectine	5 500	100	5 600
Xanthan	1 600	2 300	3 900
Traganth	680	50	730
Karaya	2 300	4 100	6 400
Agar-agar	230	230	460
Fucellaran	90	–	90
Ghatti (Indischer G.)	3 600	1 800	5 400

Polysaccharide kommen in Tieren und Pflanzen vor. Bei Algen und höheren Pflanzen sind sie Bestandteile der Zellwände oder des Zellinnern. Bei Bakterien und Pilzen sind sie sowohl Zellbestandteile als auch Stoffwechselprodukte. Polysaccharide teilt man daher außer nach ihrer chemischen Struktur häufig nach ihren Funktionen oder ihrer Verwendung ein:

Zellwände sind aus den sogen. *Strukturpolysacchariden* aufgebaut, faser- oder flächenförmig angeordneten linearen Ketten. Zu den Strukturpolysacchariden gehören außer Cellulose auch die Xylane pflanzlicher Zellwände und das Chitin der Insektenkörper.

Reservepolysaccharide dienen als Nahrungsreserve; sie sind schwach bis stark verzweigt und bilden kompakte Makromoleküle. Zu ihnen gehören die Amylose und das Amylopektin der Pflanzenstärke sowie das Glycogen der Tiere. Bakterien benutzen als Nahrungsreserve das Poly(β-hydroxybutyrat), einen linearen Polyester.

Gelbildende Polysaccharide sind aus linearen Ketten aufgebaut. Sie können sehr viel Wasser aufnehmen. Zu ihnen gehören die Mucopolysaccharide des Bindegewebes und einige Pflanzengummis wie z.B. Agar-Agar oder Pektin. Einige andere Pflanzengummis dienen den Pflanzen zum Verschließen von Wunden.

31.2 Grundtypen

31.2.1 EINFACHE MONOSACCHARIDE

Die Grundbausteine aller Polysaccharide lassen sich auf Monooxo-polyhydroxy-Verbindungen $C_nH_{2n}O_n$ zurückführen. Zucker mit n = 4 Kohlenstoffatomen heißen Tetrosen, mit n = 5 Pentosen, mit n = 6 Hexosen usw. Die Zucker entstehen formal durch Dehydrierung von n-wertigen Alkoholen mit n Kohlenstoffatomen. In der Natur kommen jedoch nur solche Zucker vor, bei denen sich die Oxo-Gruppe am Kohlenstoffatom 1 oder 2 befindet. Außerdem muß stets eine Oxo-Cyclo-Tautomerie möglich sein, d.h. z.B. bei den Hexosen

(31−1)

Bei den Aldehydzuckern befindet sich das C^1-Kohlenstoffatom in einer Aldehydgruppe, bei den Ketozuckern das C^2-Kohlenstoffatom in einer Ketogruppe. Da die geforderte Oxo-Cyclo-Tautomerie erst bei fünfgliedrigen Ringen auftreten kann, müssen Aldehydzucker mindestens vier und Ketozucker mindestens fünf Kohlenstoffatome aufweisen. Die einfachen Zucker sind daher cyclische Halbacetale von Monooxo-polyhydroxy-Verbindungen mit mindestens vier Kohlenstoffatomen in unverzweigter Kette. Die Zahl der möglichen Stereoisomeren ist durch das 2^j-Gesetz gegeben. Da die Aldehydzucker j = n−2 und die Ketozucker j = n−3 asymmetrische Kohlenstoffatome aufweisen, gibt es folglich 2^2 Aldotetrosen, 2^3 Aldopentosen und 2^2 Ketopentosen, 2^4

Aldohexosen und 2^3 Ketohexosen usw. Diese Zucker werden mit Trivialnamen bezeichnet (Tab. 31–2).

Da sich Epimere nur in der Konfiguration um ein einzelnes Kohlenstoffatom unterscheiden, sind D-Glucose und D-Mannose zueinander Epimere hinsichtlich des C^2-Kohlenstoffatoms, D-Glucose und D-Galactose Epimere hinsichtlich des C^4-Kohlenstoffatoms usw.

Je die Hälfte der Tetrosen, Pentosen, Hexosen usw. liegt in der D-Form, die andere Hälfte in der L-Form vor. Die Zucker werden dabei konventionsgemäß als D-Zucker bezeichnet, wenn das der CH_2OH-Gruppe benachbarte Kohlenstoffatom die gleiche Konfiguration wie der D-Glycerinaldehyd aufweist:

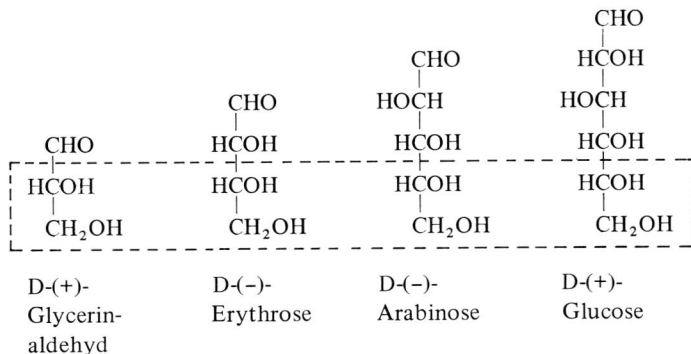

Die Zucker liegen in Lösung überwiegend in den cyclischen Formen vor (vgl. Gl. (31–1). Die sechsgliedrigen Ringe sind Abkömmlinge des Pyrans (=Oxycyclohexan) und heißen daher Pyranosen; die fünfgliedrigen Ringe werden Furanosen genannt. Die Hexosen bevorzugen die Pyranose-Form, die Pentosen die Furanose-Form. Durch die Ringbildung tritt ein neues Asymmetriezentrum auf. Diese Art der Epimerie am C^1 wird bei den Zuckern als Anomerie bezeichnet. Bei den α-Anomeren ist die anomere Hydroxylgruppe axial orientiert; das anomere Wasserstoffatom ist daher äquatorial. Bei den β-Anomeren ist dagegen die anomere Hydroxylgruppe äquatorial. Bei der D-Glucose (D-Glucopyranose) ergibt sich folglich

(31–2)

α-D-Glucose ⇌ β-D-Glucose

In Fischer-Projektionen erscheint bei der β-D-Glucose die anomere Hydroxylgruppe „auf der gleichen Seite" wie die CH_2OH-Gruppe (vgl. Tab. 31–2). Zur besseren Übersicht sind in Tab. 31–3 alle vier möglichen Glucopyranosen und alle vier möglichen Galactopyranosen zusammengestellt, sowie je eine Gluco- und Galactofuranose (vgl. diese Formeln mit denen in Tab. 31–2).

Tab. 31–2: Konfiguration und Trivialnamen der sechs möglichen D-Pentosen und zwölf möglichen D-Hexosen. Die Konfiguration ist bei den Ketozuckern auf das Kohlenstoffatom bezogen, das benachbart zu der CH$_2$OH-Gruppe ist, die am weitesten von der CO-Gruppe entfernt ist.

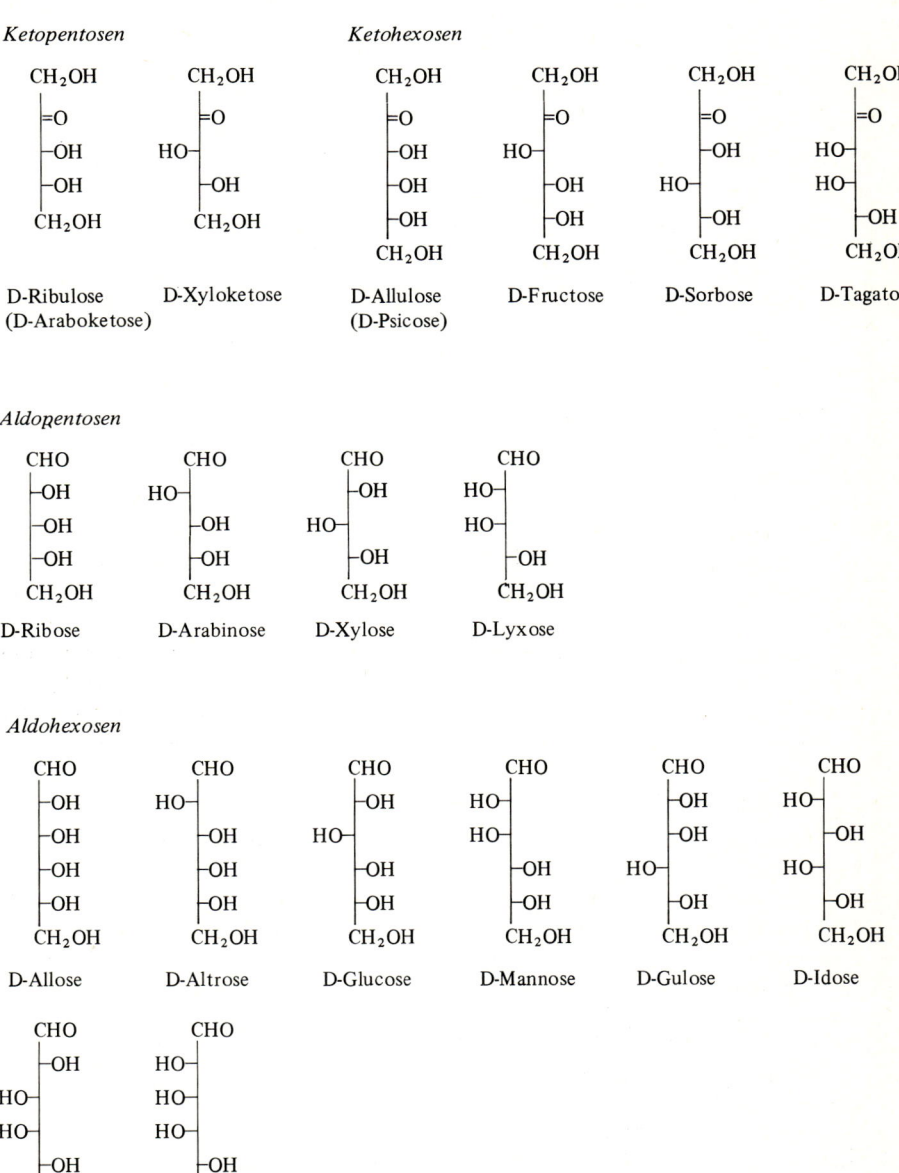

Tab. 31-3: Die vier möglichen Glucopyranosen und die vier möglichen Galactopyranosen sowie je eine Glucofuranose und Galactofuranose

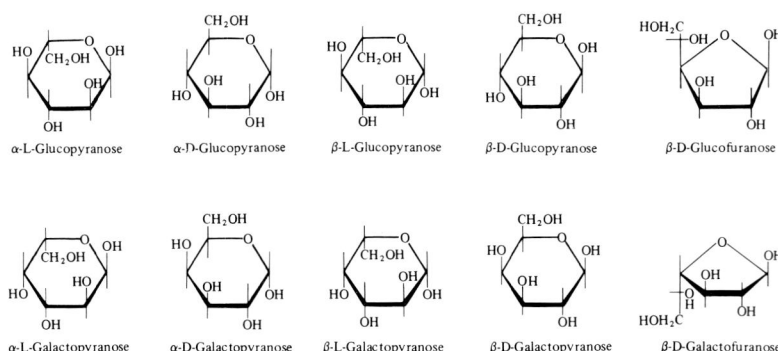

Das β-Anomere der D-Glucose kann zwischen der CH$_2$OH-Gruppe und der äquatorialen anomeren Hydroxylgruppe eine Wasserstoffbrücke ausbilden, was beim α-Anomeren nicht möglich ist. Die optische Aktivität der β-D-Glucose ($[\alpha]_D^{20}$ = 18,7 ist daher geringer als die der α-D-Glucose (112,2).

Die voluminöse CH$_2$OH-Gruppe ist immer äquatorial. Alle D-Zucker besitzen daher die gleiche Sessel-Konformation. Daraus folgt auch, daß die α-Anomeren der D-Zucker immer die höhere (rechtsdrehende) optische Aktivität aufweisen als die entsprechenden β-Anomeren.

Aus den gleichen konformativen Gründen dominiert bei den wässrigen Lösungen der D-Aldosen das β-Anomere, wenn das C^2-Atom D-konfiguriert ist (Ribose, Xylose, Allose, Glucose, Gulose, Galactose). Bei L-konfigurierten C^2-Atomen herrscht dagegen das α-Anomere vor (Arabinose, Lyxose, Alrose, Mannose, Idose, Talose).

31.2.2 DERIVATE DER MONOSACCHARIDE

Einige Derivate einfacher Monosaccharide können ebenfalls als Bausteine von Polysacchariden vorkommen:

Anhydrozucker liegen vor, wenn zwei Hydroxylgruppen innerhalb des gleichen Bausteins intramerar verethert sind. Ein Beispiel dafür ist die 3,6-Anhydro-α-L-galactopyranose (Tab. 31-4).

Uronsäuren sind Verbindungen, bei denen die CH$_2$OH-Gruppe durch eine COOH-Gruppe ersetzt ist. Ein Beispiel dafür ist die β-D-Glucuronsäure oder β-D-Glucopyranosyluronsäure (Tab. 31-4).

Aminozucker weisen eine NH$_2$-Gruppe anstelle einer OH-Gruppe auf. Zur Kennzeichnung der nicht vorhandenen Hydroxylgruppe wird häufig „desoxy" eingefügt. Ein Beispiel dafür ist die 2-Amino-2-desoxy-β-D-galactose oder 2-Amino-2-desoxy-β-D-galactopyranose, gelegentlich auch 2-Aminogalactose oder Galactosamin genannt.

Alkylzucker haben mindestens eine Hydroxylgruppe mit Alkylgruppen verethert. Bei Acylzuckern sind Hydroxylgruppen verestert. Halbester der Schwefelsäure heißen auch Sulfate (vgl. Tab. 31-4).

Tab. 31–4: Beispiele von Zuckerderivaten

3,6-Anhydro-α-L-galactopyranose

β-D-Glucopyranosyl-uronsäure (Glucuronsäure)

2-Amino-2-desoxy-β-D-galactopyranose (Galactosamin)

6-O-Methyl-β-D-galactopyranose

2-O-Acetyl-β-D-xylopyranose

α-L-Galactopyranose-6-sulfat

31.2.3 NOMENKLATUR DER POLYSACCHARIDE

Die Nomenklatur der Polysaccharide schwankt bei älteren und neueren Arbeiten erheblich. Von den vielen Trivialnamen (Cellulose, Chitin, Dextran usw.) einmal abgesehen, sind folgende Nomenklaturen in Gebrauch:

Im einfachsten Falle werden die Polymeren z.B. der Glucose einfach als Poly(glucosen) bezeichnet. Man findet jedoch auch die Namen Poly(glucane), Poly(anhydroglucosen) oder Poly(anhydroglucane). Da es sich hier um Bindungen zwischen zwei verschiedenen Zuckerresten handelt und nicht um Bindungen innerhalb eines Zuckerrestes, pflegt man die Positionsnummern der Kohlenstoffatome mit einem Pfeil zu verbinden. Bei der Cellulose erfolgt z.B. die Verknüpfung der Glucose-Reste vom C^1 zum C^4 des nächsten Glucose-Restes. Cellulose ist daher eine Poly(β-(1→4)-anhydro-D-glucose).

Die Zuckerreste sind durch α- oder β-acetalische Bindungen verknüpft. Diese Bindungen zwischen einer anomeren Hydroxylgruppe und der Hydroxylgruppe eines anderen Zuckerrestes werden auch glycosidisch genannt. Korrekterweise müßte man ferner noch angeben, ob der Zuckerrest in der Pyranose- oder in der Furanose-Form vorliegt, doch wird diese Angabe oft fortgelassen, da es sich bei den natürlich vorkommenden Polysacchariden meist um Aldehydzucker handelt und diese praktisch in der Pyranose-Form vorliegen.

Der Name eines Polysaccharides mit einer einzigen Sorte Bausteinen müßte also den Namen des zugrundeliegenden Monozuckers, seine Konfiguration, die Bezeichnung „anhydro" für die glycosidische Bindung, die Art der glycosidischen Verknüpfung von Baustein zu Baustein und die Angabe, ob es sich um eine α- oder β-Verknüpfung handelt, enthalten. Bei Copolymeren käme noch dazu die Angabe, ob alternierende Grundbausteine oder statistische Copolymere vorliegen. In vielen Fällen sind jedoch Konstitution und Konfiguration der natürlich vorkommenden Polysaccharide nur unvollständig bekannt.

31.3 Synthesen

31.3.1 BIOLOGISCHE SYNTHESE

Die Biosynthese der Polysaccharide ist nicht eine einfache Umkehrung der Hydrolyse, da die direkte Polykondensation von Monozuckern im wässrigen Milieu eine positive Gibbs-Energie aufweist. Die Biosynthese erfolgt vielmehr durch Anlagerung eines Monozuckers an das nichtreduzierende Ende eines sog. Primers

$$(31-3) \quad G-O-X \; + \; (G-O)_n G \;\xrightarrow{E}\; (G-O)_{n+1} G \; + \; X$$

wobei G = Kohlenhydratrest, X = nichtpolymeres Produkt (z.B. Pyrophosphat, Uridindiphosphat, Monozucker usw.) und E = Enzym ist.

Die membrangebundenen Biosynthesen laufen intrazellular in den Zisternen des Golgi-Apparates ab. Die Polymeren werden dann durch Exocytose nach außen verlagert. X ist bei der in vivo-Synthese der Polysaccharide der *Amylose-Gruppe* Uridindiphosphat (UDP), das Enzym E die Uridindiphosphatglucosetransglucosylase. Die für die Biosynthese des Polysaccharides aufzuwendende Energie wird durch die Umsetzung von UDP mit Adenosintriphosphat (ATP) zu Uridintriphosphat (UTP) und Adenosindiphosphat (ADP) aufgebracht. Das UTP reagiert dann mit D-Glucose-1-phosphat (Cori-Ester) unter der Wirkung des Enzyms UDPG-Pyrophosphorylase zu Uridindiphosphatglucose und Pyrophosphat. Das D-Glucose-1-phosphat wird dabei aus D-Glucose-6-phosphat mit Hilfe des Enzyms Phosphoglucomutase synthetisiert.

Bei der *Cellulose-Synthese* tritt an die Stelle des UDP vermutlich Guanosindiphosphat. Bei in vitro-Synthesen wurde auch Adenosintriphosphat oder der Cori-Ester eingesetzt. Die Polykondensation der einfachen Monozucker gelingt auch mit Hilfe der Kondensationsprodukte von Ethern mit Phosphorpentoxid.

Bei anderen Polysaccharid-Synthesen scheint die intermediäre Bildung von D-Glucose-1-phosphat nicht erforderlich zu sein. Rohrzucker (Sucrose, Saccharose) geht z.B. unter der Wirkung des Enzyms Dextransaccharase unter Abspaltung von Fructose in Dextran, eine Poly(glucose), über. Aus Saccharose entsteht ferner mit Hilfe des Enzyms Lävansaccharase die Poly(fructose) Lävan, wobei Glucose freigesetzt wird. Alle diese Biosynthesen scheinen phosphorfrei zu verlaufen.

31.3.2 CHEMISCHE SYNTHESE

Die chemische Synthese von Polysacchariden ist eine Acetal-Synthese, formal zwischen der Halbacetal-Funktion am C^1 und irgendeiner Hydroxylgruppe eines anderen Zuckerbausteines. Sie kann entweder stufenweise durch Kondensationsreaktionen oder aber durch Ringöffnungspolymerisation erfolgen. In beiden Fällen sind die Syntheseanforderungen wesentlich höher als bei Polynucleotiden, Proteinen oder Poly(α-aminosäuren). Die Zuckerbausteine müssen ja stereospezifisch am C^1 verknüpft werden. Dieses Kohlenstoffatom ist aber dem Ringsauerstoff benachbart. Der Ringsauerstoff destabilisiert jedoch äquatoriale elektronegative Abgangsgruppen und stabilisiert benachbarte Carboniumionen. Die stereospezifische Synthese wird auch noch durch die Ringflexibilität, durch Nachbargruppeneffekte und durch sterische Hinderungen erschwert.

31.3.2.1 Stufenweise Synthesen

Die stufenweise Synthese von Oligo- und Polysacchariden mit geordneten Sequenzen erfordert einen entsprechend substituierten Monozucker. Dieser muß am C^1 eine reaktive Abgangsgruppe X, an der zu verknüpfenden Hydroxylgruppe (z.B. am C^4) eine leicht zu entfernende Schutzgruppe B und an den restlichen Hydroxylgruppen beständige Schutzgruppen R aufweisen. Man kuppelt dann das zu verknüpfende Monomer über C^1 an die von der Schutzgruppe B befreite Hydroxylgruppe, z.B. bei Kupplung in (1→4)-Stellung. Nach dem Entfernen der Schutzgruppe B wird erneut mit einem anderen Zucker gekuppelt usw. Dabei kann z.B. X = Br, B = $CO-C_6H_4NO_2$ und R = $CH_2C_6H_5$ sein.

(31-4)

Wegen der Dipol/Dipol-Wechselwirkung sind elektronegative Abgangsgruppen nur in der α-Stellung (der axialen Stellung) stabil genug. Bei der Methanolyse von völlig verethertem α-D-Glucopyranosylchlorid (cis-1,2-Konfiguration) tritt jedoch eine nahezu stereospezifische Inversion am C^1 ein, so daß man das veretherte Methyl-β-D-glucopyranosid (trans-1,2-Konfiguration) erhält. Die gleiche Reaktion am entsprechenden α-D-Bromid führt aus noch nicht geklärten Gründen zur Racemisierung. Durch diese Methode können daher gewöhnlich nur die β-Glycoside erhalten werden.

Wegen der Dipol/Dipol-Wechselwirkung sind elektronegative Abgangsgruppen nur in der α-Stellung (der axialen Stellung) stabil genug. Bei der Methanolyse von völlig verethertem α-D-Gluco-pyranosylchlorid (cis-1,2-Konfiguration) tritt jedoch eine nahezu stereospezifische Inversion am C^1 ein, sodaß man das veretherte Methyl-β-D-glucopyranosid (trans-1,2-Konfiguration) erhält. Die gleiche Reaktion am entsprechenden α-D-Bromid führt aus noch nicht geklärten Gründen zur Racemisierung. Durch diese Methode können daher gewöhnlich nur die β-Glycoside erhalten werden.

Die Solvolyse von Zuckerderivaten mit sich nicht an der Reaktion beteiligenden Gruppen am C^2 gibt wegen des Nachbargruppeneffektes hohe trans-1,2-Stereospezifitäten. Beispiele dafür sind Reaktionen benzoylierter Glucosyl- oder Mannosylbromide. Mit dieser Methode können daher im allgemeinen keine hochreinen cis-1,2-Glycoside hergestellt werden.

Glycosidsynthesen mit Zuckerderivaten mit sich nicht beteiligenden Gruppen am C^2 laufen je nach der Art der anderen Substituenten verschieden ab. Die Methanolyse benzylierter α-D-Glucopyranosylbromide mit einer p-Nitrobenzoatgruppe am C^6 gibt z.B. über 90 % der entsprechenden Methyl-α-glucoside. Wird jedoch die p-Nitrobenzoatgruppe durch p-Methoxybenzoat ersetzt, so werden β-Glucoside erhalten.

Die Polykondensation führt daher im allgemeinen nicht zu völlig sterisch reinen Produkten. Auch die Polymerisationsgrade sind meist niedrig, da die Umsätze und Ausbeuten gering sind.

31.3.2.2 Ringöffnungs-Polymerisation

Durch Ringöffnungspolymerisation werden im allgemeinen höhere Polymerisationsgrade als bei der Polykondensation erhalten. Bei Oligo- und Polysaccharid-Synthesen wurden zwei Typen verwendet: Orthoester-Synthese und kationische Anhydrozucker-Polymerisation.

Bei der *Orthoester-Synthese* wird ein cyclischer Orthoester ohne freie Hydroxylgruppen mit $HgBr_2$ als Katalysator in Ausbeuten von bis zu 50 % zu Produkten mit Polymerisationsgraden von bis zu 50 überführt:

(31–5)

Dabei muß es sich um eine Polymerisation via aktivierte Monomere (und nicht um eine Polykondensation) handeln, da das Molekulargewicht durch das Monomer/Initiator-Verhältnis bestimmt wird. Die Polymerisationsgeschwindigkeit nimmt stark mit der Katalysatorkonzentration zu, da dann die Konzentration der aktivierten Monomeren erhöht wird.

Die *Anhydrozucker-Polymerisation* läuft dagegen über aktivierte Ketten ab. Das Wachstum erfolgt vermutlich über einen Angriff des Brückensauerstoffs eines Monomermoleküls auf das C^1 eines wachsenden Trialkyloxonium-Ions mit gleichzeitiger Ringöffnung des Oxoniumionen-Rings:

(31–6)

Die stereospezifische Polymerisation mit PF_5 als Katalysator bei tiefen Temperaturen (z.B. $-78\,°C$) gibt Ausbeuten bis zu 95 % und Polymerisationsgrade bis zu 2000. Die Molekulargewichte variieren nicht sehr mit dem Umsatz, was auf ein Kettenwachstum mit Übertragung hinweist, vermutlich zum Katalysator. Typische Homopolymerisationen sind die von 1,6-Anhydromaltosebenzylether zum Poly(α-(1→6)-mannopyranan) oder von 1,6-Anhydrocellobiosebenzylether zu Poly(4-β-D-glucopyranosyl-(1→6)-α-D-glucopyranan). Polymerisationsgeschwindigkeit und Polymerisationsgrad nehmen dabei in der Reihenfolge Manno > Gluco > Galacto ab. Copolymerisationen zwischen z.B. Gluco- und Galactopyranosen scheinen der klassischen Copolymerisationstheorie zu folgen.

31.4 Poly(α-glucosen)

31.4.1 AMYLOSEGRUPPE

Die Moleküle der Amylosegruppe bestehen aus D-Glucoseresten, die in α-(1→4)-Stellung miteinander verknüpft sind:

Zur Amylosegruppe gehören Amylose, Amylopektin, Glykogen und Dextrin. Amylose und Amylopektin sind Bestandteile der Stärke, dem Reservepolysaccharid der Pflanzen. Glykogen ist das Reservepolysaccharid der Tiere; es findet sich z.B. in der Leber und im Gehirn. Dextrine sind cyclische Abbauprodukte von Amylose, Amylopektin oder Glykogen.

31.4.1.1 Stärke

Stärke liegt in Pflanzen als 0,01–0,9 mm große Körnchen vor. Sie wird in den USA hauptsächlich aus Mais, in Europa aus Kartoffeln und in Brasilien und Indonesien aus Tapiokawurzeln gewonnen.

Zur Stärkegewinnung werden z.B. Maiskörner geschält und anschließend 40 h bei $125\,°C$ in Schwefelsäure von pH 3,5–4 getaucht. Die so weichgemachten Maiskörner werden grob gemahlen und die Keime abflotiert. Anschließend wird in Wasser feingemahlen, wobei sich die Stärkekörner absetzen. Faseranteile werden abfiltriert und die Stärkekörner aus der verbleibenden Proteinlösung abzentrifugiert. Die so gewonnenen Stärkekörner werden dann gewaschen und getrocknet. 60 % der Stärke wird durch partielle Hydrolyse in Stärkesyrup oder Dextrose umgewandelt. Die restlichen 40 % werden als Lebensmittel oder in der Textil-, Papier- oder Waschmittel-Industrie verwendet, z.T. als Derivate wie z.B. als Stärkeacetat oder als Hydroxyethylstärke.

Radikalisches Aufpfropfen von Acrylnitril auf Stärke liefert ein Pfropfcopolymer, in das durch alkalische Verseifung Carboxyl- und Carboxyamid-Gruppen eingeführt werden können. Die Säureform dieses Polyelektrolyten löst sich bereitwillig in Wasser und liefert nach der Neutralisation eine dicke, elastische Masse, die aus einer dichtgepackten Dispersion von Gelteilchen besteht. Aus diesen Dispersionen können selbsttragende Filme gegossen werden, die über einen weiten pH- und Temperaturbereich ihre Form beibehalten. Sehr kräftiges Rühren der Dispersionen kann die Viskosität um den Faktor 1000 erniedrigen. Aus den resultierenden echten Lösungen können ebenfalls Filme gegossen werden, die beim Altern in hoher Luftfeuchtigkeit, durch Erzitzen oder durch ^{60}Co-Bestrahlung unlöslich werden. Diese Filme können bis zum 2000-fachen ihrer Masse an Wasser aufnehmen und werden daher „Superschlürfer" genannt.

Durch Behandeln mit heißem Wasser wird die Stärke in die „lösliche" Amylose und das „unlösliche" Amylopektin zerlegt. Alternativ kann man auch die Amylose vom Amylopektin aus wässriger Lösung durch Fällen mit Butanol oder durch Lösen in flüssigem Ammoniak abtrennen. Stärken enthalten in der Regel 15–25% Amylose, doch kann der Amylosegehalt auch wesentlich höher sein, z.B. 34% bei der Lilienknolle oder 67% bei bestimmten Erbsen.

31.4.1.2 Amylose

Bei der Säurehydrolyse von Amylose entsteht ausschließlich D-Glucose, beim enzymatischen Abbau dagegen Maltose. Nach Permethylierungsversuchen ist Amylose nur wenig verzweigt. Amylose ist daher eine praktisch lineare Poly(α-(1→4)-D-glucose). Natürlich vorkommende Amylose weist Polymerisationsgrade von ca. 6000 und eine enge Molmassenverteilung auf. Ihre stabile Konformation ist die einer Helix, was das eigentümliche Lösungsverhalten natürlicher Amylosen erklärt:

In der Stärke ist Amylose im kontinuierlichen Netzwerk des Amylopektins eingebettet. Das Netzwerk verhindert die Ausbildung von vollständigen Helixstrukturen. Beim Behandeln der Amylose mit heißem Wasser gehen die Amylosemoleküle daher als mehr oder weniger statistische Knäuel „in Lösung". Diese Amyloseknäuel enthalten helicale Sequenzen, die beim Abkühlen der Lösung eine weitere Helixbildung induzieren können. In verdünnter Lösung schreitet die Helixbildung relativ rasch voran. Die mehr oder weniger perfekten Helices lagern sich lateral aneinander an: Amylose kristallisiert langsam aus der Lösung aus und wird somit unlöslich. Dieser Vorgang heißt Retrogradation. Die getrocknete Amylose löst sich nicht mehr in Wasser.

In konzentrierter Lösung erfolgt die Helixbildung dagegen nur langsam. Die Helixstücke können aber aggregieren, d.h. sie kristallisieren partiell und bilden ein physikalisches Netzwerk: die Amylose geliert.

Amylose kann in vitro aus Glucose-l-phosphat mit einem Enzym aus Kartoffelpreßsaft und einem Primer oder aus Muskelphosphorylase und einem Primer synthetisiert werden. Als Primer und eigentliche Starter wirken höhere Zucker, beim Kartoffelsaft auch Maltotriose.

Mit einer konventionell hergestellten Phosphorylase erhält man nur relativ geringe Polymerisationsgrade von 30–250. Erhitzt man aber die Enzymlösung, so steigen die Polymerisationsgrade bis zu denen der natürlichen Amylose an. Die Phosphorylase muß also ein thermolabiles, hydrolysierendes Enzym enthalten. Je höher die Primer-Konzentration, umso höher der Polymerisationsgrad. Da es im System viel mehr Startermoleküle als Enzymmoleküle gibt, muß das Enzym von Kette zu Kette wechseln. Die synthetischen Amylosen besitzen sehr enge Molekulargewichtsverteilungen.

Verzweigte Produkte werden durch das sogenannte Q-Enzym hervorgerufen, das z.B. in Kartoffeln vorkommt. Das Q-Enzym kann nur auf Amylose Verzweigungen aufpfropfen, wodurch Amylopektin entsteht, selbst aber keine Amylose bilden.

Amylose wird in der Nahrungsmittelindustrie für sofortlösliche Produkte, eßbare Wursthüllen, Puddings, Verdicker usw. verwendet. In der pharmazeutischen Industrie dient sie für Verkapselungen, Bindemittel, Schwämme oder Bandagen, in der Papierindustrie als Naßfestigkeitsverbesserer, Adhesiv oder Tintengrundlage und in der Textilindustrie als Schlichte.

31.4.1.3 Amylopektin

Amylopektine sind ebenfalls Poly(α-(1$\rightarrow$4)-D-glucosen). Im Gegensatz zur Amylose entfällt jedoch beim Amylopektin auf je 18–27 Glucosereste eine Verzweigung über die 6-Stellung, wobei viele Folgeverzweigungen vorkommen können. In der Stärke liegt Amylopektin als Netzwerk vor und ist daher unlöslich in heißem Wasser. Beim schnellen Rühren wird aber Amylopektin in kaltem Wasser kolloidal dispergiert („gelöst"). Nach dem Trocknen entstehen amorphe Pulver, die wegen des hohen Verzweigungsgrades keine langen Helixstücke ausbilden können und daher auch nicht kristallisieren. Die amorphen Pulver können aber erneut in Wasser dispergiert werden.

31.4.1.4 Glykogen

Glykogen ist noch stärker verzweigt als Amylopektin: auf etwa 8–16 Glucosereste entfällt eine Verzweigungsstelle. Die Verzweigungsstellen sind unregelmäßig verteilt, wobei auch viele Folgeverzweigungen vorkommen. Glykogen ist daher wie Amylopektin keine definierte Substanz, sondern eine Klasse von Verbindungen, deren Aufbau je nach Herkunft und Gewinnungsmethode schwankt. Wegen der hohen Verzweigung ist Glykogen ein sehr kompaktes Molekül mit hoher Knäueldichte; es verhält sich bei hydrodynamischen Messungen kugelähnlich.

31.4.1.5 Dextrine

Amylose, Amylopektin und Glykogen werden durch den Bacillus macerans zu Cycloamylosen abgebaut. Diese cyclischen Oligo(α-(1$\rightarrow$4)-anhydroglucosen) weisen 6–12 Glucosereste auf und werden auch Schardinger-Dextrine genannt. In diesen Dextrinen befindet sich die Glucose in der Sesselform, und zwar sowohl im festen Zustand (Röntgenanalyse) als auch in Lösung (NMR und ORD). Sowohl im festen Zustand als auch in Lösung existiert ferner eine Wasserstoffbrücke von der 3-Hydroxylgruppe zu 2-Hydroxylgruppe eines benachbarten Glucoserestes. Diese intramolekularen Wasserstoffbrücken sind vermutlich mindestens teilweise für die kegelartige Form der Dextrine verantwortlich.

Die Cycloamylosen können in die Löcher ihrer Ringe (vgl. Tab. 31–5) Gastmoleküle einlagern, wobei deren Größe von Edelgasen über Jod bis zu Coenzym A-Derivaten

Tab. 31–5: Abmessungen von Dextrinen

Name		Dimensionen in nm	
		Durchmesser	Tiefe
Cyclohexaamylose	α-Dextrin	0.45	0.67
Cycloheptaamylose	β-Dextrin	~0.70	~0.70
Cyclooctaamylose	γ-Dextrin	~0.85	~0.70

reichen kann. Die Stabilität dieser Komplexe hängt sowohl von der Cycloamylose als auch vom Gastmolekül ab.

31.4.1.6 Pullulan

Durch Behandeln von Stärke mit der Hefe Pullularia pullulans entstehen lineare Ketten der Poly(β-(1→5)-D-maltotriose) mit Molekulargewichten von ca. 40 000. Dieses sog. Pullulan ist sehr gut wasserlöslich. Durch Anteigen eines Pulvers mit wenig Wasser kann das Produkt zu biologisch abbaubaren Folien, Filmen oder Formartikeln verpreßt werden. Die Artikel sind nicht toxisch und lassen keinen Sauerstoff durch.

31.4.2 DEXTRAN

Dextrane sind Poly(α-(1→6)-D-glucosen) mit vielen α-1,4-Verzweigungen. Beim Dextran aus Leuconostoc mesenteroides sind z.B. 95% 1,6-Bindungen und 5% nicht-1,6-Bindungen vorhanden. 80% der Verzweigungen sind nur eine Glucoseeinheit lang, die restlichen 20% sind Langkettenverzweigungen. Das Zahlenmittel der Molmasse liegt bei nativen Produkten bei ca. 200 000. Das extrapolierte scheinbare Massenmittel $(\overline{M}_w)_{ext}$ kann dagegen wegen der auch in Wasser auftretenden Assoziation bis auf über 500 Millionen ansteigen.

Die Bildung von Dextran wurde zuerst als lästige Schleimproduktion bei der Zuckerfabrikation beobachtet. Das von den Bakterien produzierte Enzym Dextransaccharase greift nur Saccharose an und setzt unter Bildung von Dextran Fructose frei. Ein Primer wie bei der Amylose-Synthese ist nicht erforderlich. In der Aufbaureaktion bildet sich aus dem an das Dextranpolymer gebundenen Enzym EP_n und der Saccharose S ein sehr stabiler Komplex SEP_n, der dann unter Bildung von Fructose F zerfällt:

(31−7) $\quad EP_n + S \rightleftarrows SEP_n$

$\qquad SEP_n \quad \rightarrow EP_{n+1} + F$

Die Molmasse ist bereits bei kleinen Umsätzen hoch. Mit bestimmten Akzeptoren (Glucose, Maltose, Isomaltose) kann die Polymerisationsgeschwindigkeit erhöht werden, mit anderen dagegen erniedrigt (Fructose, Glycerin, Saccharose). Gleichzeitig werden Anteile niedrigerer Molmasse gebildet.

Dextran vom Massenmittel der Molmasse 80 000 wird für Blutplasma-Expander verwendet. Vernetzte Dextrane werden als Kolonnenfüllung für die Gelpermeationschromatographie eingesetzt.

31.5 Cellulose

31.5.1 DEFINITION UND VORKOMMEN

Cellulosen sind die wichtigsten Bestandteile pflanzlicher Zellwände. Der Name „Cellulose" wird in den einzelnen Wissenschaftszweigen mit unterschiedlicher Bedeutung verwendet. Ursprünglich bezeichnete der Botaniker Payen im Jahre 1847 mit „Cellulose" den Hauptbestandteil pflanzlicher Zellwände. Die Botaniker verwenden das Wort noch heute in diesem Sinne, ganz gleich, ob die Pflanze eine Blütenpflanze, ein Farn oder eine Alge ist. Der Fasertechnologe versteht unter Cellulosen die Materialien, die aus einer kleinen Zahl von Pflanzen durch bestimmte chemische Grundprozesse isoliert werden. Für den Chemiker sind Cellulosen hochmolekulare Substanzen aus in β-Stellung miteinander verknüpften D-Glucose-Resten. Der Kristallograph bezeichnet schließlich als Cellulose eine kristalline Substanz mit ganz bestimmter Einheitszelle.

Cellulose kommt ziemlich rein in den Samenhaaren (Baumwolle) und Stengeln bzw. Blättern (Flachs, Hanf, Ramie) mancher Pflanzen vor. Da für technologische Zwecke nur eine mechanische Trennung erforderlich ist, werden diese Vorkommen schon seit Jahrtausenden genutzt. In neuerer Zeit wird Cellulose auch durch nichtmechanische Trennverfahren aus Laub- und Nadelhölzern bzw. Stengeln von Einjahrespflanzen gewonnen. In diesen Pflanzen kommt Cellulose in der verholzten Zellwand zusammen mit Lignin und Hemicellulosen vor. Hemicellulosen sind Polysaccharide, die aus Holz und Pflanzen durch wässriges Alkali extrahierbar sind. Trotz ihres historisch bedingten Namens sind sie keine Cellulosen, sondern kürzerkettige Polysaccharide aus Nichtglucose-Zuckern (Arabinogalactane, Xylane, Glucuronoxylane, Glucomannane und Galactoglucomannane).

Chemisch reine Cellulose ist Poly(β-(1→4)-D-glucopyranose):

31.5.2 NATIVE CELLULOSEN

Bei faserbildenden Pflanzen kann man mit abnehmendem Durchmesser folgende Ordnungsstrukturen unterscheiden: Fasern (0,06–0,28 mm), Zellwände, Makrofibrillen (400 nm), Mikrofibrillen (20–30 nm) und Elementarfibrillen (3,5 nm). In den interfibrillären Zwischenräumen von 5–10 nm Breite ist Lignin als eine Art Zement eingelagert. Zwischen den Elementarfibrillen befinden sich kleinere Zwischenräume von ca. 1 nm Breite, die zwar für Wasser, Zinkchlorid oder Jod zugänglich sind, nicht aber für Farbstoffe.

Bei den Zellwänden unterscheidet man primäre Zellwände, Mittellamellen und sekundäre Zellwände. Die primäre Zellwand enthält nur etwa 8% Cellulose und wenig Pektin, dagegen sehr viel Hemicellulosen, sie weist eine netzartige Struktur mit nur geringer Orientierung der Cellulosemoleküle auf (Abb. 31–1). Die Mittellamelle bildet den Leim zwischen den primären Zellwänden. Sie ist pektinartig.

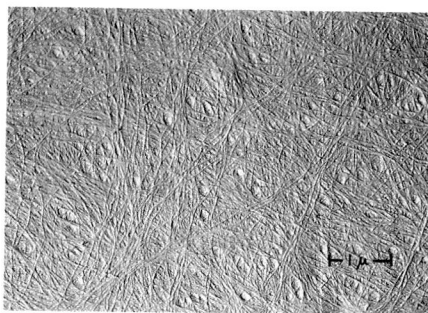 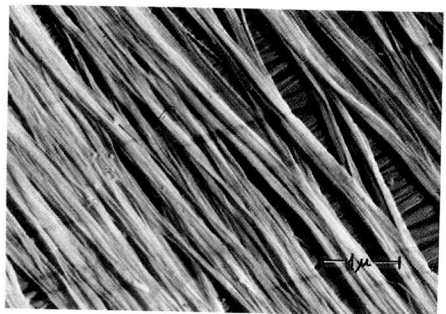

Abb. 31–1 Aufbau der Zellwände der Cellulose. Links: Primärwand, rechts: Sekundärwand (K. Mühlethaler)

Die sekundäre Zellwand wächst erst nach Bildung der primären Zellwand. Sie enthält je nach Pflanze verschiedene Anteile an Cellulose: ca. 93% bei den Samenhaaren der Baumwolle, 53% im Stamm der Zitterespe, 41% im Stamm der Birke, 50% im Weizenstroh, 26% im Klee und 52% in den Schalen der Sojabohne.

Die Cellulosemoleküle sind in den sekundären Zellwänden hochorientiert. Aus den sekundären Zellwänden cellulosereicher Pflanzen lassen sich daher verhältnismäßig einfach Fasern gewinnen, was von der Menschheit schon seit Urzeiten genutzt wurde. Derartige faserliefernde Pflanzen sind vor allem Baumwolle, Flachs, Hanf, Ramie, Jute, Espartogras und Kapok.

Baumwolle ist eine buschartige subtropische Pflanze von 1–2,5 m Höhe. Sie enthält in ihren Samenhaaren ca. 93% Cellulose. Frühe Baumwollkulturen existierten in Indien (ca. 1500 v. Chr.) und Peru (ca. 500 v. Chr.). 1974 produzierten die USA 21%, die Sowjetunion 20%, der indische Kontinent 14%, die VR China 12%, Brasilien 5% und Ägypten 4% der Baumwolle. Die ägyptische Baumwolle hat die größte Stapellänge und ist darum am teuersten.

Baumwolle braucht 3–4 Monate von der Saat bis zur Blüte und nach einer Blütezeit von nur 10 Stunden weitere 2–3 Monate bis zur Reife des Samens. Die Frucht wird von Hand oder mit Maschinen gepflückt. 1/3 der Gewichtes sind Haare, der Rest Samen. Durch Walzen (Saw-Gin) mit vielen aufgesetzten Sägeblättern werden die Baumwollsamen von den Haaren getrennt (Ginning). Diese Sägeblätter greifen durch einen Rost in den Raum, in dem sich die Baumwollsamen befinden. Auf der anderen Seite befindet sich eine Bürstenwalze zum Abstreifen der Baumwollfasern von den Sägezähnen. Die Fasern (Lints) werden dann durch Luft weggeblasen. Mit einer Art großem elektrischen Rasierapparat werden dann die Kerne zum zweiten Mal geschert. Die anfallenden Linters werden vorwiegend für Kunstseide und Schießbaumwolle verwendet. Die rohen Kerne werden in Pressereien ausgepreßt. Das Öl (15 – 20 % der Kerne) ist hochwertig. Der Preßkuchen wird als Viehfutter verwendet.

Flachs ist kein Samenhaar, sondern eine Bastfaser aus der Bastschicht der Stengel von Linum usitatissimum (30 – 80 cm hoch). Durch Dreschen der Pflanze wird der Samen entfernt. Aus den Samen gewinnt man Leinöl. Anschließend wird 3 – 6 Wochen in Wasser faulen gelassen („rotten"), wodurch das Lignin oxidativ abgebaut wird. Durch Brechen, Klopfen bzw. Schlagen wird dann die verholzte Substanz von den Bastfasern getrennt. Beim anschließenden Hecheln werden die aneinanderklebenden Bastfasern durch Stahlkämme gezogen, wodurch die einzelnen Fasern getrennt werden. Aus 100 kg trockenen Stengeln werden 12 kg Flachs erhalten. Flachs wird praktisch ausschließlich in nördlich liegenden Staaten angebaut (Rußland, Polen, Deutschland, Frankreich, Belgien).

Hanf wird etwa in den gleichen Gebieten wie Flachs produziert, außerdem aber in Oberitalien. Die Pflanze wird 1 bis 5 m hoch. Der Hanfanbau geht laufend zurück, da Hanf für Leinwand durch Jute und für Seile durch Sisal- oder Manilahanf bzw. Nylon ersetzt wird. Aus dem Hanföl wird im Orient Haschisch (Rauschgift) gewonnen.

Manilahanf (musa textilis) ist mit der Bananenpflanze verwandt und kommt hauptsächlich in Ostindien vor. *Sisalhanf* wird aus einer Agavenart in Indien und Mexiko gewonnen. Beide sind Blattfasern und nicht Stengelfasern wie Hanf und Flachs.

Ramie wird aus Chinagras erhalten. Die mehrjährige Pflanze ist dicker als Flachs und Hanf und liefert ein sehr reißfestes Papier („japanisches Papier"). Sie kommt in zwei Arten als weiße (Boehmeria nivea) und grüne (B. tenacissima) Ramie vor allem in China, Japan, Thailand, Indien und Malaya, daneben in Mexiko vor.

Jute (Cordorus capularis) ist der Hanfpflanze ähnlich. Sie ist stark ligninhaltig und braungelb. Anbaugebiete sind in Turkestan, am Kaspischen Meer und in Bangla Desh. Sie wird für Säcke, Matten und als Faser für Linoleum-Einlagen verwendet.

Espartogras wächst in Nordafrika und wird für feine Papiere, Matten und für Strohhalme für Brissago verwendet. Die Papiere werden auch als „englische Papiere" bezeichnet, da für Nordafrika bestimmte englische Kohlendampfer auf dem Rückweg Esparto mitführten.

Kapok ist eine auf Java vorkommende Kokonseide, die aus ca. 65 % Cellulose, 15 % Lignin, 12 % Wasser, Pentosen, Proteinen und Wachs besteht. Sie wird für Matratzen- und Kissenfüllungen sowie für thermische und akustische Isolierungen benutzt.

31.5.3 REORIENTIERTE CELLULOSEN

Cellulosen können durch Reorientieren ihrer Faserstruktur in andere nützliche Produkte umgewandelt werden. Dazu gehören Papier, Pergamentpapier, Vulkanfiber, mercerisierte Baumwolle und Hydrocellulosen.

Beim *Mercerisieren* wird Baumwolle unter Spannung mit 10–25 % Natronlauge behandelt. Der Prozeß vergrößert den Faserdurchmesser, verkleinert die Faserlänge und ruft einen starken Glanz der Fasern hervor.

Papiere sind blattartige, durch Verfilzung kurzer Fasern entstandene Produkte aus Cellulose oder synthetischen Polymeren. 95 % der Weltproduktion von Cellulosepapieren stammt von Holzschliff, der Rest von Textillumpen und landwirtschaftlichen Abfallprodukten (vgl. auch Kap. 38.6.2).

Zu *Pergamentpapier* wird jetzt vor allem Sulfitzellstoff, daneben auch Linters verarbeitet. Die Bahnen von Papierrollen werden kontinuierlich etwa 5–20 s lang in 70–75 proz. kalte Schwefelsäure getaucht und sofort kräftig mit Wasser ausgewaschen. Nach dem Weichmachen mit Glycerin wird auf Kalandern getrocknet. Der Zusatz von Glycerin und tierischen und pflanzlichen Leimen macht das Pergamentpapier beschreibbar. Es wird als Verpackungsmaterial für Fette und Lebensmittel, z.B. auch für Wursthüllen, verwendet.

Für *Vulkanfiber* (= vulcanized fiber) werden ebenfalls ungeleimte Papiere aus Linters oder Natronzellstoff verarbeitet. Durch Behandeln mit 70 proz. $ZnCl_2$-Lösung bei 50–70 °C werden die Bahnen durch Pergamentierung zu Schichtstoffen verschweißt. Dickes Pergamentpaier und dünne Vulkanfiber sind praktisch identisch. Es wird angenommen, daß sich durch den Pergamentierungsprozeß ein Cellulosehydrat bildet. Wie bei der Herstellung von Pergamentpapier werden die Bahnen dann ausgewaschen, getrocknet und kalandriert. Zur Herstellung von Platten werden die Papierbahnen nach dem Tränken aufgewickelt und Tage bis Wochen gereift. Dann wird langsam ausgewaschen (8 Tage bis 1 Jahr!), getrocknet und zwischen 80 und 130 °C unter Druck gepreßt. Vulkanfiber weist bei niedrigem spezifischen Gewicht eine hohe Zugfestigkeit, Schlagzähigkeit und Biegefestigkeit auf. Wegen dieser Eigenschaften und ihrer Splittersicherheit wird sie als Koffermaterial verwendet. In der Textilindustrie dient sie für Spinnkannen (Haltbarkeit mehr als 30 Jahre) und für Spulenkästen. Aus Vulkanfiber werden ferner Knöpfe, Dichtungen und Transportbehälter hergestellt. In der Elektroindustrie wird sie zum Bau von Schaltern eingesetzt, da sie Lichtbögen löscht.

Hydrocellulosen entstehen durch hydrolytischen Abbau von Cellulose. Sie ähneln β-Cellulose und werden auch mikrokristalline Cellulosen genannt. Schlägt man 5 % dieser abgebauten Cellulose (Polymerisationsgrad 100–200) in Wasser mit schnellaufenden Rührwerken, so wird eine cremeartige Masse erhalten, die als nichtverdaubarer Verdikker in der Nahrungsmittelindustrie eingesetzt wird. Die cremeartige Konsistenz kommt durch eine physikalische Vernetzung von Cellulose-Kristalliten zustande.

31.5.4 REGENERIERTE CELLULOSEN

Bei der Regeneration von Cellulosen werden diese molekular gelöst und anschließend wieder in Form von Fasern regeneriert. Dabei werden die Polymerisationsgrade drastisch erniedrigt. Regenerierte Cellulosen werden entweder nach dem Cuoxam- oder dem Viskoseverfahren hergestellt. Diese Verfahren erlauben die Herstellung von Fasern aus preiswerten Rohmaterialien wie z.B. Linters oder Holzzellstoff. Nachteilig sind die enormen Kosten für die Aufbereitung der bei den Verfahren verwendeten enormen Mengen Wasser und die im allgemeinen schlechten Fasereigenschaften.

31.5.4.1 Cuoxam-Verfahren

Beim Cuoxam-Verfahren werden Linters oder Edelzellstoff in einer ammoniakalischen Lösung von Kupfer(II)oxid gelöst. Zur Herstellung von Kupferseide und Zellglas werden dabei etwas verschiedene Verfahren verwendet.

Zur Herstellung von Kupferseide wird die Cellulose in einer Lösung von 40% Kupfersulfat in 25 proz. Ammoniak gelöst und dann 8% NaOH dazugegeben. Die klare Spinnlösung wird während des Rührens durch Luftsauerstoff angegriffen, wodurch der Polymerisationsgrad sinkt. Die Spinnlösung ist nach dem Filtrieren und Vakuumlüften unter Licht- und Luftausschluß haltbar. Das Verfahren ist darum einfacher als das Viscoseverfahren, wegen der Fabrikationshilfsstoffe Cu und NH_3 jedoch teurer. Das Kupfer ist zu 95% regenerierbar, das Ammoniak zu etwa 80%. Die Lösung wird im Streckspinnverfahren versponnen, d.h. im Spinntrichter von warmem Wasser mitgerissen und verstreckt. Im anschließenden Schwefelsäurebad wird die Faser von Kupfer- und Ammoniakresten befreit.

Zur Herstellung von Zellglas (Cellulosehydrat-Folien) muß man höhere Cellulosekonzentrationen verwenden, da sonst die frisch gebildete Folie zu viel Lösungsmittel enthalten und zu leicht reißen würde. Damit man aber höhere Cellulosekonzentrationen erreichen kann, muß man von einem basischen Kupfersulfat oder von Kupferhydroxid ausgehen. Bei der Verwendung von Kupfersulfat würde nämlich zu viel Natriumsulfat entstehen, wodurch die Lösefähigkeit der Cuoxam-Lösung für die Cellulose sinken würde.

31.5.4.2 Viscose-Verfahren

Beim Viscose-Verfahren geht man überwiegend von Holzzellstoff, meist Sulfitzellstoff, aus. Die Cellulosen werden zuerst in die Alkalicellulose I, dann in das Xanthogenat II umgewandelt, gelöst und beim Verspinnen wieder regeneriert:

$$(31-8) \quad \text{cell-OH} \xrightarrow[-H_2O]{+NaOH} \underset{I}{\text{cell-ONa}} \xrightarrow{CS_2} \underset{II}{\text{cell-OC}\overset{S}{\underset{SNa}{\diagdown}}} \xrightarrow[-CS_2; -NaHSO_4]{+H_2SO_4} \text{cell-OH}$$

Durch Einwirken von 18–20% Natronlauge auf Cellulose entsteht die Alkalicellulose I. Gleichzeitig werden aus dem Zellstoff Hemicellulosen und kurzkettige Cellulosen herausgelöst.

Die Herstellung der Alkalicellulosen erfolgt jetzt meist nach dem Maischalkalisierverfahren. Hierbei wird der Zellstoff in mit Alkalilauge gefüllten Behältern bei Temperaturen zwischen etwa 40 und 55 °C zu einer homogenen Maische aufgeschlagen. Anschließend wird die überschüssige Lauge auf siebartigen Pressen solange abgepreßt, bis die Alkalicellulose etwa 1/3 Cellulose enthält. Die abgepreßte Alkalicellulose wird zu einer krümeligen Masse zerfasert und dann der sog. Vorreife (Murissement) unterworfen, wobei die Celluloseketten in Ggw. von Luftsauerstoff abgebaut werden. Der Abbau erfolgt bei Normalviscosefasern bis zu Polymerisationsgraden von ca. 300–350, um die Viskosität der Viscose bei hinreichend hohem Cellulosegehalt in technisch erträglichen Grenzen zu halten.

Beim Xanthogenieren (Sulfidieren) läßt man die Alkalicellulose mit einer Schwefelkohlenstoffmenge reagieren, die etwa 1/3 der Cellulosemenge entspricht. Das entstehende Cellulosexanthogenat wird mit Natronlauge und Wasser zu Viscose mit ca. 8–10% Cellulose und ca. 6% Alkali gelöst. Das in der Viscose vorliegende Produkt II enthält bei Normalviskosen ca. 0,4 Xanthogenatgruppen pro Glucosebaustein. Natriumcellulosexanthogenate sind farblos; die orangerote Farbe technischer Produkte ist durch das bei der Umsetzung von Schwefelkohlenstoff mit Natronlauge entstehende Nebenprodukt Natriumtrithiocarbonat bedingt. Die Viscosen werden dann zur Entfernung ungelöster Teilchen bzw. Luftbläschen mehrfach filtriert und entlüftet, um beim Spinnen Düsenverstopfungen und Fadenbrüche zu verhindern.

Frisch hergestellte Viscose ist unter normalen Bedingungen nicht spinnbar. Sie wird deshalb durch eine etwa 10–100 stdge Lagerung bei 15–20 °C einer sog. Nachreife (Maturation) unterworfen. Hierbei spaltet das Cellulosexanthogenat laufend Schwefelkohlenstoff ab, der teils rexanthogenierend wirkt und teils mit der Natronlauge zu Natriumtrithiocarbonat und Natriumsulfid reagiert. Die primäre OH-Gruppe am C_6-Atom der Glucosereste ist normalerweise am reaktivsten. Wegen der bei Cellulose vorliegenden Wasserstoffbrücken reagieren jedoch beim Xanthogenieren die OH-Gruppen der C_2 Atome rascher als die der C_6-Atome. Beim Nachreifen werden dann die Xanthogenatgruppen an den C_2- und C_3-Atomen bevorzugt abgespalten und die primäre OH-Gruppe am C_6 rexanthogeniert. Durch die Nachreife kommt es daher einerseits zu einer laufenden Verringerung des Substitutionsgrades der Cellulose und andererseits zu einer Vergleichmäßigung der Substituentenverteilung. Als Folge beider Prozesse sinkt die Viskosität der Viscose zunächst ab und steigt dann nach Durchlaufen eines Minimums wieder an, was bei zu langem Stehen der Viskose bis zur Koagulation führen kann. Der Viskositätsabfall wird sowohl auf die Änderung der Verteilung der Xanthogenatgruppen als auch auf die dadurch verursachte Auflösung von Assoziationsbereichen zurückgeführt. Der nachfolgende Viskositätsanstieg beruht auf der Wiederausbildung von Wasserstoffbrücken zwischen den OH-Gruppen der Cellulose als Folge der Xanthogenatgruppenabspaltung.

Beim Spinnprozeß wird die Viskose durch Spinndüsen mit Lochdurchmessern zwischen etwa 40 und 100 μm in ein Fällbad aus Schwefelsäure und Natriumsulfat versponnen. Teilweise enthalten die Fällbäder auch Zinksulfat und in Spezialfällen Ammoniumsulfat. Beim Eintritt in das Fällbad koaguliert das Cellulosexanthogenat; es wird anschließend unter Bildung von Natriumsulfat und Rückbildung von CS_2 und Cellulose zersetzt. Aus dem in der Viscose vorhandenen Na_2CS_3, Na_2S und geringen Mengen Natriumpolysulfid entstehen bei der Säureeinwirkung CS_2, H_2S und elementarer Schwefel, der sich teilweise auf den Fasern ablagert. Beim Spinnprozeß werden die Fäden mehr oder minder stark verstreckt. Die Fäden bzw. Fasern müssen nach dem Spinnen noch entsäuert, entschwefelt, teilweise gebleicht, gewaschen, aviviert und getrocknet werden. Die endlosen Regeneratcellulosefäden werden Rayon, Reyon oder Kunstseide genannt, die entsprechenden Stapelfasern Zellwolle.

Die normalen Viskosefasern haben einen wesentlich niedrigeren Polymerisationsgrad und eine schlechtere Ordnung und Orientierung der Celluloseketten als Baumwolle; ihre Formstabilität ist daher besonders im nassen Zustand geringer. Durch Veränderungen in der Viscoseherstellung (z. B. Einsatz höherwertiger Zellstoffe, geringere Vorreife, erhöhter Schwefelkohlenstoffeinsatz, veränderte Viscosezusammensetzung), Zusatz von Modifikatoren zur Viscose und zum Spinnbad und veränderte Spinnbedingungen ist es möglich, die Eigenschaften der Celluloseregeneratfäden und -fasern in weiten Grenzen zu variieren. Die unter speziellen Bedingungen hergestellten sog. Polynosic- und HWM-Fasern (HWM = high wet modulus) besitzen verringerte Alkalilöslichkeiten und verbesserte Festigkeits- und Dehnungsverhalten, besonders im nassen Zustand. Sie sind baumwollähnlicher als normale Viskosefasern und eignen sich besonders zur Mischung mit Baumwolle oder Synthesefasern.

Zellglas (Cellophan^R) wird analog wie Reyon hergestellt, nur wird noch mit Glycerin, Propylenglycol, Ethylenglycol oder Harnstoff weichgemacht. Die Folien weisen einen höheren Glanz und eine größere Steifheit als Kunststoffolien auf. Nachteilig ist ihre Durchlässigkeit gegen Wasserdampf. Sie werden daher noch mit Nitrolacken lakkiert oder mit Poly(vinylidenchlorid) (Lacke oder Dispersionen) beschichtet. Neuerdings werden Zellglas-Folien auch mit Poly(ethylen)folien kaschiert, wobei die Haftung durch Harnstoff/Formaldehyd-Harze vermittelt wird.

31.5.5 STRUKTUR VON CELLULOSEN

31.5.5.1 Chemische Struktur

Nur wenige Cellulosen sind reine Poly(β-(1→4)-anhydroglucosen). Entfernt man die nicht-cellulosischen Komponenten der Zellwand nacheinander durch Kochen mit Wasser, Chlorieren und Behandeln mit Kalilauge, so werden die sog. α-Cellulosen in Form langer Mikrofibrillen von 10–20 nm Durchmesser erhalten. Diese α-Cellulosen sind nur in den seltensten Fällen aus reiner Glucose aufgebaut, z.B. bei den Algen Valonia oder Cladophora. Alle anderen α-Cellulosen enthalten noch kleine Mengen anderer Zucker. Baumwolle weist z.B. außer 1,5 % Xylose noch kleinere Mengen Mannose, Galactose und Arabinose auf. Die α-Cellulose der Rotalge Rhodymenia palmata besteht andererseits zu 50 % aus Xylose. Selbst in diesem Fall erhält man aber das gleiche Röntgendiagramm wie bei der α-Cellulose von Valonia. Bei der α-Cellulose der Rotalge muß daher um einen kristallinen Kern aus reiner Poly(β-(1→4)-D-anhydroglucose) eine parakristalline Hülle der anderen Zucker liegen.

In der Zellstoffindustrie wird die Bezeichnung α-Cellulose etwas anders verwendet. α-Cellulose wird hier der hochmolekulare Anteil genannt. β-Cellulose ist die in 17,5 % Alkali lösliche und beim Neutralisieren ausfallende Fraktion. γ-Cellulose ist der beim Neutralisieren löslich bleibende Anteil. β- und γ-Cellulosen sind teilweise oxidierte Cellulosen niedrigen Polymerisationsgrades.

Die Konstitution der Cellulose wurde wie folgt bewiesen. Die Totalhydrolyse liefert mit mehr als 95 % Ausbeute D-Glucose. Mit Dimethylsulfat permethylierte Cellulose gibt nach der Hydrolyse 2,3,6-Trimethylcellulose: die Glucosereste müssen daher in 1,4-Stellung verknüpft sein. Cellulose wird enzymatisch nur durch β-Glucosidasen abgebaut, die Verknüpfung ist daher β-glycosidisch. Für β-glycosidische Bindungen spricht ferner die Röntgenanalyse und die optische Drehung des Disaccharides Cellobiose, das durch Abbau der Cellulose mit Acetanhydrid erhalten wird. In der Reihe der D-Zucker ist nämlich die Drehung der β-Form immer niedriger als die der α-Form: Cellubiose besitzt z.B. eine niedrigere Drehung als Maltose.

Native Cellulosen weisen sehr hohe Polymerisationsgrade und enge Verteilungen auf. Die Cellulose der Alge Valonia besitzt einen Polymerisationsgrad von ca. 44 000, die unter Ausschluß von Licht und Sauerstoff geerntete Baumwolle dagegen einen ca. 18 000. Konventionell geerntete Baumwolle ist schon etwas abgebaut und besitzt nur noch Polymerisationsgrade von ca. 10 000.

Cellulose löst sich nicht in Wasser. Als Grund werden intramolekulare Wasserstoffbrücken sowie die hohe Röntgenkristallinität von ca. 60 % und die dadurch erforderliche zusätzliche Schmelzenthalpie angegeben. Andererseits kann man aber Cellulose in Metallkomplexen wie Cuoxam ($[Cu(NH_3)_4]^{2+}$), Cuen ($[Cu(H_2NCH_2CH_2NH_2)]^{2+}$) oder EWN (Eisen-Weinsäure-Natrium-Lösung, ein 3 : 1 Komplex aus $[(C_4H_3O_6)_3Fe]Na$ mit HOOC−CHOH−CHOH−COOH) lösen. EWN ist dabei weniger oxidationsempfindlich als Cuoxam und Cuen. In diesen Lösungsmitteln dürften Hydratkomplexe der Cellulose vorliegen. Man kann weiterhin Cuoxam-Lösungen sehr stark mit Wasser verdünnen, ohne daß die Cellulose ausfällt. Diese Beobachtungen sprechen dafür, daß die schlechte Wasserlöslichkeit der Cellulose im wesentlichen nicht durch Kristallinität und intermolekulare Wasserstoffbrücken bedingt ist. In Lösung ist Cellulose auch ein relativ flexibles Molekül (vgl. die σ-Werte in Tab. 4–6). Der hohe Exponent von $a_\eta = 1$ in der Viskositäts/Molekulargewichts-Beziehung ist demzufolge nicht durch die Steifheit des Cellulosemoleküls, sondern durch spezifische Lösungsmitteleffekte bedingt.

31.5.5.2 Physikalische Struktur

Cellulose kommt in verschiedenen kristallinen Modifikationen vor, die sich alle etwas in den Dimensionen und den Winkeln der Elementarzellen unterscheiden (Tab. 31–6). Bei den einzelnen Modifikationen ist die genaue Lage der Wasserstoffbrücken unbekannt. Von der Cellobiose weiß man jedoch, daß die beiden Glucopyranosen in Sesselform und alle OH- und CH_2OH-Gruppen äquatorial angeordnet sind. Zwischen den Sauerstoffen am C^3 und C^5 ist eine intramolekulare Wasserstoffbrücke vorhanden, außerdem existieren sieben intermolekulare Brücken. Diese Wasserstoffbrücken sind vermutlich für die hohe Glasübergangstemperatur trockener Cellulosen von ca. 230 °C verantwortlich.

Die röntgenographische Dichte von Cellulose ist 1,59 g/cm³. Cellulosefasern besitzen dagegen nur Dichten von 1,50–1,55 g/cm³. Bei nativen Fasern sind die Dichten wegen der intermicellaren Zwischenräume noch viel geringer: Baumwolle weist nur eine Dichte von 1,27 g/cm³ auf.

In Cellulose I liegen die Celluloseketten nach röntgenographischen Messungen parallel, in Cellulose II dagegen antiparallel. Die Cellulosen III und IV weisen dagegen eine Mischstruktur auf: ihre Ramanspektren stellen eine lineare Überlagerung der Ramanspektren der Cellulosen I und II dar.

In der Cellulose I sind die Cellulosemoleküle gestreckt und nicht gefaltet, wie durch Abbauversuche bewiesen wurde. Die parallel gelagerten Elementarfibrillen der Alge Valonia wurden senkrecht zur Faserachse im Abstand der Kettenlänge geschnit-

Tab. 31–6: Modifikationen der Cellulose

Typ	Vorkommen		Elementarzelle			
	natürlich	künstlich	$\frac{a}{nm}$	$\frac{b}{nm}$	$\frac{c}{nm}$	$\frac{\gamma}{°}$
Cellulose I (native Cellulose)	Ramie, cellulosehaltige Algen	aus III mit H_2O unter Druck	0,817	1,034	0,785	96,4
Cellulose II (Hydratcellulose: regenerierte Cellulose)	Helicystis-Algen	Auflösen und Wiederausfällen von Cellulose I; mercerisierte Fasern	0,792	1,034	0,908	117,3
Cellulose III (Ammoniak-Cellulose)	–	vorsichtige Zersetzung von Ammoniakcellulose (aus II mit NH_3)	0,774	1,03	0,99	122
Cellulose IV (Hochtemperatur – Cellulose)	Huflattich	Erhitzen von III in Glycerin bis 290 °C	0,811	1,03	0,791	90
Valonia-Cellulose	Valonia	–	1,643	1,034	1,570	97

ten. Im Mittel wird so jede Kette einmal getroffen und das Zahlenmittel des Polymerisationsgrades sinkt um die Hälfte ab. Die resultierende Molmassenverteilung muß aber bei gestreckten und gefalteten Ketten verschieden sein. Bei gefalteten Ketten werden einige Ketten gar nicht, andere in der Gegend der Kettenfaltung sehr häufig getroffen: es sollte sich bei weitgehendem Erhalt der Lage der Ausgangsverteilung eine zusätzliche Verteilung kleinerer Polymerisationsgrade aufbauen. Bei gestreckten Ketten muß der Abbau dagegen rein statistisch sein: die ganze Molmassenverteilung verschiebt sich zu kleineren Werten, wie es auch experimentell gefunden wurde.

Cellulosen verschiedener Herkunft weisen verschiedene Kristallinitäten (Tab. 31–7) auf. Die Kristallinitäten sind bei einer gegebenen Cellulose auch von Methode zu Methode verschieden. Gründe dafür könnten die Erfassung unterschiedlicher Ordnungszustände und/oder die Modifizierung der ursprünglichen Faserstruktur durch Quellung usw. sein.

Tab. 31–7: Kristallinitäten von Cellulosen

Substanz	Säurehydrolyse (HCl+FeCl$_3$)	Kristallinität in % bei			
		Röntgen-Diagramm	Dichte	Deuteriumaustausch*	Formylierung
Ramie	95	70	60	–	–
Baumwolle	82-87	70	60	60	72
Baumwolle, unter Zug mercerisiert	78	–	–	–	–
Baumwolle, ohne Zug mercerisiert	68	–	–	–	48
Zellstoff	–	65	65	45–50	53–65
Viskosefaser	68	40	40	32	–

* C–D 2600 cm^{-1}; C–H 3450 cm^{-1}

31.5.6 CELLULOSEDERIVATE

Der Umsatz von Cellulose mit verschiedenen Reagenzien verläuft heterogen, zumindest anfänglich. Nicht alle Moleküle sind daher gleich zugänglich und es kann eine breite Verteilung an Umsetzungsprodukten auftreten. Man muß ferner zwischen Reaktionsgrad und Substitutionsgrad unterscheiden. Der Reaktionsgrad DR gibt die mitt-

$R = CH_2-CH-CH_3$
      $\quad\quad\quad\;\;|$
      $\quad\quad\quad\;\;OH$

lere Zahl der pro Anhydroglucose-Rest umgesetzten Moleküle Reagenz an; er ist im Beispiel also gleich DR = 3. Der experimentell nicht verläßlich bestimmbare Substitutionsgrad DS beschreibt dagegen die mittlere Anzahl substituierter Hydroxylgruppen. Er ist DS = 3 für den linken Glucoserest und DS = 2 für den rechten. Bei monofunktionellen Reagenzien gilt natürlich DS = DR.

31.5.6.1 Cellulosenitrat

Cellulosenitrat ist der Salpetersäureester der Cellulose. Es wurde früher auch Nitrocellulose genannt und wird durch Nitrieren von Cellulose mit Salpetersäure/Schwefelsäure hergestellt. Als Ausgangsstoff für Fotofilme, Nitrolacke und Celluloid dient Linters. Zellstoffe sind nämlich wegen der in ihnen enthaltenen Carbonyl- und Carboxylgruppen nicht lichtbeständig und können daher nur für Schießbaumwolle verwendet werden. Die gewünschten Substitutionsgrade können je nach Wahl der Nitriersäure aus Schwefel- und Salpetersäure durch direkte Veresterung erhalten werden: DS = 2,7–2,9 für Schießbaumwolle, DS = 2,5–2,6 für Fotofilme, DS = 2,25–2,6 für Nitrolacke und DS = 2,25–2,4 für Celluloid. Cellulosenitrate mit DS ≈ 2 heißen Pyroxyline. Kollodium ist eine Lösung von Pyroxylin in Ether/Ethanol; Patentleder sind mit Pyroxylin beschichtete Gewebe.

Für Celluloid geeignetes Cellulosenitrat enthält nach dem Nitrieren noch 40–50% Wasser, das durch Zentrifugieren oder Pressen durch Ethanol „verdrängt" wird. Das entstehende Produkt enthält 30–45% „Feuchtigkeit" aus 80% Ethanol und 20% Wasser. Es wird mit 20–30% Campher als Weichmacher vermischt und anschließend mit Ethanol in Knetern gelatiniert. Beim anschließenden Walzen verringert sich der Gehalt an Ethanol auf 12–18%. Die Walzfelle werden dann durch „Kochpressen" bei 80–90°C und unter Druck zu festen Blöcken verschweißt und die Blöcke zu Halbzeug verschnitten. Celluloid ist leicht verarbeitbar und besonders gut einfärbbar. Nachteilig sind die lohnintensive Herstellung und die leichte Entflammbarkeit. Aus 55% Cellulosenitrat und 45% Glycerintrinitrat entsteht ein homogener, fester Raketentreibstoff, der beim Verbrennen neutrale Reaktionsgase freisetzt.

31.5.6.2 Celluloseacetat

Zur Herstellung von Celluloseacetaten wird von Linters oder Zellstoffen mit geringen Anteilen an Hemicellulosen ausgegangen. Im Gegensatz zur Nitrierung ist eine direkte partielle Acetylierung nicht möglich; statt dessen werden Mischungen von völlig acetylierten und nicht acetylierten Molekülen gebildet. Partiell acetylierte Produkte müssen daher durch Verseifen des primär hergestellten Triacetates hergestellt werden; Cellulosetriacetat wird daher auch Primäracetat genannt.

Cellulosetriacetat kann aus Methylenchlorid-Lösung zu Fasern versponnen werden. Die Triacetatfaser ist sehr wetterbeständig und gut knitterfest. Ein Teil des Triacetates wird oxidativ abgebaut und dann aus Methylenchlorid oder Chloroform zu Fasern für Kabelummantelungen versponnen.

Das Triacetat konnte früher mangels geeigneter und preiswerter Lösungsmittel nicht verarbeitet werden. Aus ihm wurden daher durch partielle Verseifung verschiedene Produkte hergestellt: das 2 1/2-Acetat für Acetatseide und ein kleiner Teil mit DS = 2,2–2,8 ähnlich wie Celluloid für Spritzgußmassen, Fotofilme oder Folien. Die vollständige Verseifung der Acetatseide liefert eine sehr feinfasrige und hochorientierte Cellulosefaser.

Cellulose(acetat-co-butyrat) enthält zwischen 29 und 6% Acetyl- und zwischen 17 und 48% Butyrylgruppen. Die Formbeständigkeit dieser Thermoplaste ist höher als die der Celluloseacetate. Wie diese laden sie sich nur wenig elektrostatisch auf. Cellulose(acetat-co-butyrate) werden für Autozubehör und für Rohre in der Petroleumindustrie verwendet. Durch Eintauchen von Gütern in die geschmolzenen Copolymeren können korrosionsfreie Verpackungen hergestellt werden.

31.5.6.3 Celluloseether

Celluloseether werden aus Alkalicellulosen hergestellt, da bei diesen das Cellulosegitter aufgeweitet ist und die Hydroxylgruppen besser zugänglich sind. Technisch unterscheidet man Verfahren mit oder ohne Alkaliverbrauch.

Bei der Herstellung der Methyl- und Ethylether werden die entsprechenden Chloride mit der Alkalicellulose unter Alkaliverbrauch umgesetzt. Das Produkt wird mit Wasser ausgewaschen. Das Produkt wird dann bis auf einen Wassergehalt von 55–60% geschleudert und anschließend in Schneckenpressen homogenisiert und verdichtet. Cellulosemethylether werden technisch mit DS = 1,6–2,0, Celluloseethylether mit DS = 2,1–2,6 hergestellt. Sie dienen als Textilhilfsmittel, Anstrichmittel und Spritzgußmassen.

Umsetzungen der Alkalicellulose mit Ethylenoxid oder Propylenoxid verlaufen dagegen ohne Alkaliverbrauch. An die neu gebildeten Hydroxylgruppen können sich weitere Ethylenoxid- oder Propylenoxidmoleküle anlagern. Die technische Hydroxypropylcellulose mit DR = 4 löst sich unterhalb 38 °C in Wasser. Sie kann auch thermoplastisch verarbeitet werden und dient daher zur Herstellung von wasserlöslichen Verpackungsfolien, Konfektioniermitteln, Schlagrahmstabilisatoren, Bindemitteln für Keramik, Suspensionsmitteln bei der Emulsionspolymerisation usw.

Durch Umsetzen von Alkalicellulose mit Chloressigsäure erhält man das Natriumsalz der Carboxymethylcellulose (CMC) mit DS = 0,4–1,4. CMC dient als Detergens (ca. 38%), Verdicker für Lebensmittel (14%) und als Bohr- (13%), Textil- (11%) oder Papierhilfsmittel (8%).

31.6 Poly(β-glucosamine)

Bei Poly(β-glucosaminen) sind Hydroxylgruppen der Cellulose durch Aminogruppen ersetzt. Die wichtigsten der natürlich vorkommenden Poly(β-glucosamine) stellen Poly(β-(1→4)-2-amino-2-desoxyglucopyranosen) dar.

31.6.1 CHITIN UND CHITOSAN

Chitin ist das Gerüstpolysaccharid der Gliederfüßer, d.h. der Insekten, Spinnen, Krustentiere usw. Es ist stets mit Calciumcarbonat und/oder Proteinen vergesellschaftet und ist chemisch eine Poly(β-(1→4)-N-acetyl-2-amino-2-desoxyglucopyranose).

Zur Isolierung wird das Calciumcarbonat mit fünfproz. kalter Salzsäure weggelöst. Nach dem Filtrieren und Waschen werden die Proteine entweder mit siedender 4% Natronlauge oder mit proteolytischen Enzymen entfernt. Das nach dem Bleichen gewonnene Chitin ist in Wasser, verdünnten Säuren und Basen, sowie organischen Lösungsmitteln unlöslich. Es löst sich unter Hydrolyse in Ameisensäure und in konz. Mineralsäuren.

Durch Behandeln von Chitin mit 40% Natronlauge bei erhöhten Temperaturen entsteht Chitosan, das Reacetylierungsprodukt des Chitins. Chitosan löst sich im Gegensatz zu Chitin in verd. Säuren. Es wird für biologisch abbaubare Filme für Nahrungsmittelverpackungen, als Additiv zur Verbesserung der Naßfestigkeit von Papier, als Ionenaustauscher für die Wasserreinigung und zur Abdeckung von Wunden verwendet.

31.6.2 MUCOPOLYSACCHARIDE

Mucopolysaccharide sind saure, acetamidhaltige, alternierende Copolymere (vgl. Tab. 31–8). Zu den Mucopolysacchariden gehören außer Hyaluronsäure auch Chondroitin, Chondroitinsulfat, Keratansulfat, Dermatansulfat und Heparin.

Hyaluronsäure ist ein alternierendes Copolymer von D-Glucuronsäure und N-Acetylglucosamin. Sie kommt in den Schmierflüssigkeiten der Gelenke und der Augen vor und dient bei der extracellularen Grundsubstanz des Bindegewebes als eine Art Zement.

Chondroitin-4-sulfat (Chondroitinsulfat A) und Chondroitin-6-sulfat (Chondroitinsulfat C bzw. D) sind ebenfalls alternierende Copolymere, jedoch aus D-Glucuronsäure und N-Acetyl-D-galactosaminsulfaten (Tab. 30–8). Die beiden Chondroitinsulfate bilden die intercellulare Matrix von Knorpeln. Sie sind im Körper für den Sulfataustausch und die Calcification der Knochen verantwortlich und nehmen mit dem Alter der Tiere ab.

Dermatan-4-sulfat (Chondroitinsulfat B) ist ein alternierendes Copolymer aus N-Acetyl-D-galactosamin-4-sulfat und L-Iduronsäure. Es bildet die intercellulare Matrix der Haut.

Heparin ist ein Poly(tetrasaccharid) aus D-Glucuronsäure, N-Acetyl-D-glucosaminsulfat, D-Iduronsäure und N-Acetyl-D-glucosaminsulfat. Heparansulfat ähnelt dem Heparin, enthält aber nur eine Sulfatgruppe pro Tetrasaccharid-Struktureinheit. Heparin kommt in der Leber, Heparansulfat in der menschlichen Aorta vor. Die Sulfatgruppierungen des Heparins sind, wenn auch nicht allein, verantwortlich für die gute Wirkung des Heparins als Blutanticoagulans.

31.7 Poly(galactosen)

31.7.1 GUMMI ARABICUM

Das getrocknete Ausscheidungsprodukt kranker Akazien wird Gummi arabicum genannt. Gesunde Bäume scheiden kein Harz aus. Die Hauptkette des Polysaccharids des Gummi arabicums besteht im wesentlichen aus (1→3)-verknüpften D-Galactopyranose-Einheiten. Einige der Grundbausteine sind in C^6-Stellung mit verschiedenen Seitengruppen substituiert. Gummi arabicum wird hauptsächlich als Verdicker in der Nahrungsmittelindustrie verwendet, daneben aber auch in der Pharmazeutik, der Kosmetik, der Textilindustrie und zur Herstellung von Adhäsiven und Tinten.

31.7.2 AGAR-AGAR

Agar-agar kommt in gewissen Rotalgen vor den Küsten Japans, Neuseelands, Südafrikas, Mexikos, Marokkos und Ägyptens vor. Zur Gewinnung des Polysaccharides werden die Algen zunächst gewaschen und zwei Stunden gekocht. Anschließend werden

31.7 Poly(galactosen)

Tab. 31-8: Struktur von Mucopolysacchariden

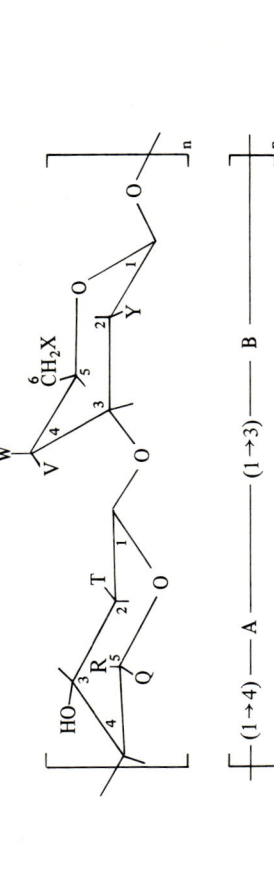

Name	A	B	Q	R	T	V	W	X	Y
Chondroitin	β-D-Glucose	β-D-Galactose	COOH	H	OH	H	OH	OH	NHCOCH$_3$
Chondroitin-4-sulfat	,,	,,	COOH	H	OH	H	OSO$_3$H	OH	NHCOCH$_3$
Chondroitin-6-sulfat	,,	,,	COOH	H	OH	H	OH	OSO$_3$H	NHCOCH$_3$
Keratansulfat	α-L-Idose	,,	CH$_2$OSO$_3$H	H	NHCOCH$_3$	H	OH	OSO$_3$H	OH
Dermatansulfat	α-L-Idose	β-D-Glucose	H	COOH	OH	H	OH	OH	NHCOCH$_3$
Hyaluronsäure	β-D-Glucose	,,	COOH	H	OH	OH	H	OH	NHCOCH$_3$
Heparin {	,,	,,	COOH	COOH	OH	OSO$_3$H	H	OH	NHSO$_3$H
	α-L-Idose		H	COOH	OH	OSO$_3$H	H	OH	NHSO$_3$H

sie 14 h bei 80 °C mit verdünnter Schwefelsäure bei pH = 5 - 6 aufgeschlossen. Nach dem Bleichen mit Sulfit wird die Flüssigkeit abfiltriert, das abgekühlte Gel in Stücke geschnitten, eingefroren und wieder aufgetaut. Durch die dadurch bewirkte Desintegration der Zellwände werden die in kaltem Wasser löslichen Bestandteile entfernt. Nach einem zweiten Gefrierprozeß wird mit kaltem Wasser gewaschen oder das Polysaccharid mit wasserlöslichen organischen Lösungsmitteln gefällt, worauf sich eine Dialyse anschließt.

Die Makromoleküle stellen vermutlich alternierende Copolymere aus in (1→3)-Stellung gekuppelten β-D-Galactopyranosyl- und 3,6-Anhydro-α-L-galactopyranosyl-Resten dar. Agar-agar besitzt nach neueren Untersuchungen offenbar keine Sulfatgruppen. Die Polymeren sind unlöslich in kaltem, löslich in kochendem Wasser. Bereits 0,04 - 2 proz. Lsgn. gelieren bereits bei 35 °C. Das Gel „schmilzt" jedoch erst bei 60 - 97 °C. Wegen der guten Gelierung wird es als Bakteriennährboden und als Verdicker in der Marmeladeindustrie verwendet.

31.7.3 TRAGANTH

Traganth ist ein Pflanzenexudat bestimmter Leguminosen. Es stellt eine Mischung verschiedener Polysaccharide dar, vor allem mit D-Galacturonsäureresten und wird als Verdicker in der Nahrungsmittelindustrie verwendet, z.B. bei Salatsaucen, Eiscreme usw.

31.7.4 CARRAGEENIN

Unter diesem Namen werden alternierende Copolymere verschiedener Galactopyranosesulfate mit Molekulargewichten von einigen Hunderttausend zusammengefaßt, die in den Rotalgen des Atlantiks (Irisches Moos) vorkommen. Ca. 80 % der Produktion wird als Verdicker in Nahrungsmitteln verwendet, der Rest in Pharmazie und Kosmetik sowie als Geliermittel, Stabilisator und Viskositätserhöher.

31.7.5 PEKTINE

Pektinsäure ist Poly(α-(1→4)-D-galacturonsäure). Je nach Herkunft kann die Hauptkette noch L-Arabinose, D-Galactose, L-Rhamnose und Fucose enthalten.

Bei den Pektinen sind 20 - 60 % der Carboxylgruppen mit Methanol verestert. Außerdem ist bei den Pektinen der Zuckerrübe ein geringer Teil der Hydroxylgruppen acetyliert, nicht jedoch bei den Pektinen der Orange und Zitrone. Der Veresterungsgrad und die Molekulargewichte (20 000 - 40 000) schwanken je nach Herkunft und Aufarbeitungsbedingungen.

Pektine kommen in allen höheren Pflanzen vor. Zitronen und Orangen enthalten bis zu 30 % davon. Wichtig ist auch das Vorkommen im Zuckerrübensaft. Auch junge Baumwolle enthält 5 % Pektine; der Gehalt nimmt jedoch beim Reifen auf ca. 0,8 % ab. Pektine dienen biologisch als eine Art Zement für die Zellwände, regeln wahrscheinlich die Permeabilität für Ionen und haben wahrscheinlich auch etwas mit dem Metabolismus der Reservesubstanzen zu tun. Pektine werden technisch als Geliermittel oder als Verdicker verwendet.

Die Gewinnung der Pektine richtet sich nach dem Verwendungszweck. Sollen die Pektine als Geliermittel dienen, so wird die Pflanze mit Wasser unter Säurezusatz extrahiert und die Pektine dann mit Alkohol gefällt. Für die Verwendung als Verdicker wird alkalisch extrahiert. Bei den Geliermitteln kann man Typen mit und ohne Ca^{2+} unterscheiden.

Bei den Calciumtypen ist es wichtig, daß die Pektinsäure nur wenig verestert ist, da dann sehr viel Carboxylgruppen für die Vernetzung bereitstehen. Bei den calciumfreien Typen ist umgekehrt nur ein hoher Veresterungsgrad der Vernetzung förderlich. Bei einem hohen Veresterungsgrad sind viele hydrophobe Gruppen pro Kette vorhanden. Diese Gruppen versuchen hydrophobe Bindungen einzugehen. Durch die ionisierten Carboxylgruppen werden jedoch die Ketten versteift. Die optimale Zahl der hydrophoben Bindungen kann daher nur intermolekular ausgebildet werden. So erklärt es sich, daß die steifsten Gele bei einem Veresterungsgrad von ca. 50 % erhalten werden, ein Zusatz von Säuren die Gelierung fördert (Anteil COO^- bei den Polymeren sinkt) und ein Zusatz von Zuckern oder Glycerin wegen der dann erfolgenden Dehydratation der Gruppen die Gelierung begünstigt.

31.8 Poly(mannosen)

31.8.1 GUARAN

Guar wird in Indien und im Südwesten der USA angebaut. Aus ihrem Samen wird das bereits in kaltem Wasser lösliche Polysaccharid Guaran gewonnen. Guaran (M ~ 200 000) besteht aus einer linearen Hauptkette aus Poly(β-(1→4)-mannopyranosyl). Jeder zweite Mannoserest enthält noch eine einzelne, über α-(1→6) gebundene D-Galactoseeinheit als Seitengruppe

Technische Produkte werden teilweise noch mit Ethylenoxid oder Propylenoxid so umgesetzt, daß bei jedem Zuckerrest im Mittel eine Hydroxylgruppe mit einer Oxiraneinheit substituiert wird. Guaran und seine Substitutionsprodukte werden als Flotations- und Flockungsmittel im Bergbau, als Filtrationsmittel, als Verdickungsmittel für Nahrungsmittel, zur Papierherstellung usw. eingesetzt.

31.8.2 ALGINATE

Alginsäure kommt in Braunalgen vor und wirkt dort in der Zellwand als Ionenaustauscher. Sie wird in England, Frankreich, Norwegen, Japan, Südkalifornien und Australien durch Extraktion der Zellwände mit Sodalösung als Alginat gewonnen.

Alginsäure ist ein lineares Multiblock-Copolymer aus Blöcken von β-(1→4)-D-Mannuronsäure, α-(1→4)-L-Guluronsäure sowie alternierenden Copolymeren aus diesen beiden Grundbausteinen. Die Molmassen betragen bei nativen Produkten etwa 150 000, bei regenerierten ca. 30 000 – 60 000. Alginate sind die Salze der Alginsäure.

Alginsäure wird nicht direkt verwendet. Natriumalginat löst sich in Wasser und wird in 1 – 2 proz. Lsgn. als Suspensions- und Emulgiermittel benutzt. Ammoniumalginat wird Eiscreme zugesetzt. Fasern aus wasserlöslichen Alginaten werden auch militärisch verwendet, z.B. für ,,Wegwerf''-Fallschirme. Fasern aus Calciumalginat werden für feuerbeständige Gewebe sowie für assimilierbare chirurgische Nähfäden benutzt.

Durch Umsetzen mit Propylenoxid entsteht das nicht toxische Propylenglykolalginat, das im Gegensatz zu den Alkalialginaten bei höheren Konzentrationen nicht geliert. Typische Verwendungszwecke sind als Stabilisator für Puddings, Eiscreme, Orangesaft, Bierschaum (in den USA), für Tinten, kosmetische Artikel usw.

31.9 Andere Polysaccharide

31.9.1 XYLANE

Xylane sind Polymere der Xylose. Sie sind wesentliche Komponenten der Zellwände von Laubbäumen und Gräsern und liegen dort in Anteilen von 20 – 25 % bzw. 15 – 20 % vor. Nadelbäume enthalten ebenfalls Xylane, jedoch stets mit den häufigeren Glucomannanen vergesellschaftet.

Das Xylan des Espartograses ist linear aufgebaut, d.h. es ist Poly(β-(1 – 4')-D-xylopyranose). Sein Polymerisationsgrad beträgt nur etwa 70. Alle anderen Xylane sind verzweigt.

31.9.2 XANTHANE

Xanthane entstehen aus Dextrose durch Einwirkung von Xanthomonas campestris NRRL B-1459. Es besteht in der Hauptkette aus statistisch angeordneten Einheiten von D-Glucuronsäure, D-Mannose und D-Glucose. In den Seitenketten sind D-Mannose und 4,6-O-(1-Carboxyethyliden)-D-glucose angeordnet. Die Seitenketten sind vermutlich nur einen Zuckerrest lang. Ungefähr 8 % der Hydroxylgruppen sind ferner mit Essigsäure verestert. Das Massenmittel der Molmasse beträgt etwa 5 000 000 g/mol.

Xanthan ist ein wasserlösliches Polymer mit interessanten rheologischen Eigenschaften. Wässrige Lösungen sind ausgesprochen strukturviskos, aber nur wenig thixothrop. Der turbulente Fluß wird durch Zusatz sehr geringer Mengen Xanthan beträchtlich erniedrigt. Salzkonzentrationen unter 0,01 % erniedrigen die Lösungsviskosität, solche über 1 % erhöhen sie aber. Zweiwertige Kationen fällen Xanthan bei pH-Werten über 9, dreiwertige dagegen schon bei niedrigeren pH-Werten.

Xanthan wird für die Gewinnung von Sekundär- und Tertiäröl, als Träger für Agrikulturchemikalien, Geliermittel für Explosivstoffe, Verdicker für Kosmetika usw.

verwendet. Da es nicht metabolisiert wird, kann es als kalorienarmer Zusatzstoff für Puddings, Salatsaucen, Trockenmilch, Fruchtgetränke usw. verwendet werden.

31.9.3 POLYFRUCTOSEN

Bei den Polyfructosen kann man die Inulin-Gruppe mit 1,2-glycosidisch verknüpften Fructose-Resten von der Phlean-Gruppe mit 2,6-glycosidischen Bindungen unterscheiden. Polyfructosen kommen als Reservestoffe in Wurzeln, Blättern und Samen verschiedener Pflanzen vor. Sie werden außerdem durch gewisse Bakterienarten produziert, z.B. die zur Phlean-Gruppe gehörenden Lävane.

Der Polyfructosegehalt unserer Gräser nimmt z.B. mit zunehmender Zeit nach Durchlaufen eines Maximums ca. Mitte Mai wieder ab. Der Cellulosegehalt nimmt dagegen stetig zu. Da das Vieh zwar Cellulose (im Gegensatz zum Menschen) verdauen kann, aber nicht gern frißt, und der Nährwert mit zunehmendem Cellulosegehalt sinkt, schneidet man das Gras etwa Mitte Mai.

Literatur zu Kap. 31

31.1 und 31.2 Allgemeine Literatur

—, Nomenclature of Polysaccharides, J. Org. Chem. 28 (1963) 281
W. W. Pigman und R. M. Groegg Jr., Chemistry of the Carbohydrates, Academic Press, New York 1948
R. L. Whistler und C. L. Smart, Polysaccharide Chemistry, Academic Press, New York 1953
F. Micheel, Chemie der Zucker und Polysaccharide, Akd. Verlagsges., Leipzig 1956
E. Percival und R. H. McDowell, Chem. and Enzymol. of Marine Algae Polysaccharides, Academic Press, London 1967
J. Stanek, M. Cerny und J. Pacak, The Oligosaccharides, Academic Press, New York 1965
G. O. Aspinall, Polysaccharides, Pergamon Press, Oxford 1970
R. L. Whistler, Hrsg., Industrial Gums-Polysaccharides and their derivatives, Academic Press, New York 1973

31.3 Synthesen

C. Schuerch, Systematic Approaches to the Chemical Synthesis of Polysaccharides, Acc. Chem. Res. 6 (1973) 184

31.4 Poly(α-glucosen)

A. Gronwall, Dextran and Its Use in Colloidal Infusion Solutions, Almquist & Wiksell, Stockholm 1957
R. L. Whistler und E. P. Paschall, Starch: Chemistry and Technology, Academic Press, New York, Bd. 1, (1965), Bd. 2 (1967)
M. Ullmann, Die Stärke, Akademie-Verlag, Berlin 1967 ff. (Bibliographie)
J. A. Radley, Starch and Its Derivatives, Chapman & Hall, London 1968 (4. Aufl.)
W. Banks, C. T. Greenwood, Starch and its Components, University Press, Edinburgh 1975
J. A. Radley, Hrsg., Examination and Analysis of Starch and its Components, Appl. Sci. Publ., Barking, Essex, 1976
J. A. Radley, Hrsg., Starch Production Technology, Appl. Sci. Publ., Barking, Essex, 1976
J. A. Radley, Hrsg., Industrial Uses of Starch and its Derivatives, Appl. Sci. Publ., Barking, Essex, 1976

31.5 Cellulose

E. Ott und H. M. Spurlin, Cellulose and Cellulose Derivatives, 3 Bde., Interscience, New York 1956 (2. Aufl.); Bd. 4 und 5: N. M. Bikales und L. Segal, 1971
H. B. Brown und J. O. Ware, Cotton, McGraw-Hill, New York, 3. Aufl. 1958

J. Honeyman, Recent Advances in the Chemistry of Cellulose and Starch, Heywood, London 1959
N. I. Nikitin, The Chemistry of Cellulose and Wood, Israel Program for Sci. Translations, Jerusalem 1967
R. H. Marchessault und A. Sarko, X-ray Structure of Polysaccharides, Adv. Carbohydrate Chem. **22** (1967) 421
E. Treiber, Chemie der Pflanzenzellwand, Springer, Berlin 1957
A. Frey-Wyssling, Die pflanzliche Zellwand, Springer, Berlin 1959
W. D. Paist, Cellulosics, Reinhold, New York 1958
G. W. Lock, Sisal, Longmans, London 1969 (2. Aufl.)
J. N. Mathers, Carding-Jute and Similar Fibres, Iliffe, London 1969
J. R. Colvin, The Structure and Biosynthesis of Cellulose, Crit. Revs. Macromol. Sci. **1** (1972) 47
L. S. Gal'braikh und Z. A. Rogovin, Chemical Transformation of Cellulose, Adv. Polymer Sci. **14** (1974) 87
C. R. Wilke, Hrsg., Cellulose as a chemical and energy source (= Biotechnology and bioengineering, Symp. No. 5), Interscience, New York 1975
H. Rath, Lehrbuch der Textilchemie, Springer, Berlin 1963 (2. Aufl.)
R. H. Peters, Textile Chemistry, Elsevier, Amsterdam 1963
H. Fourné, Synthetische Fasern, Wissenschaftliche Verlagsgesellschaft, Stuttgart 1964
K. Götz, Chemiefasern nach dem Viskoseverfahren, Springer, Berlin 1967
O. Wurz, Celluloseäther, C. Roether, Darmstadt 1961
F. D. Miles, Cellulose Nitrate, Interscience, New York 1955
V. E. Yarsley, W. Flavell, P. S. Adamson und N. G. Perkins, Cellulosic Plastics, Iliffe, London 1964

31.6 Poly (β-glucosamine)

R. W. Jeanloz und E. A. Balasz, Hrsg., The Amino Sugars, 4 Bde., Academic Press, New York 1965 ff.
J. S. Brimacombe und J. M. Webber, Mucopolysaccharides, Elsevier, Amsterdam 1964
R. A. Bradshaw, S. Wessler, Hrsg., Heparin: Structure, Function and Clinical Implications, Plenum Press, New York 1975
R. A. A. Muzzarelli, Chitin, Pergamon Press, London 1977

31.9 Andere Polysaccharide

A. Jeanes, Application of extracellular microbial polysaccharide polyelectrolytes: review of literature, including patents, J. Polymer Sci. [Symp.] **C 45**, 209 (1974)

32 Anorganische Ketten

32.1 Einleitung

Außer Kohlenstoff können auch viele andere Elemente mit sich selbst oder mit anderen Elementen Kettenstrukturen bilden. Polymere ohne Kohlenstoffatome in der Kette werden anorganische Polymere genannt. Sie werden nach der Art der die Ketten aufbauenden Elemente in Iso- und Heteroketten eingeteilt, nach der Art der Verknüpfung der Ketten in lineare Ketten, Leiter-, Schichten- und Gitterpolymere (vgl. auch Kap. 2).

Einige anorganische Bindungen weisen höhere Bindungsenergien als Kohlenstoff/Kohlenstoff-Bindungen (320 kJ/mol) auf, so z.B. Bor/Kohlenstoff (370), Silicium/Sauerstoff (370), Bor/Stickstoff (440) und Bor/Sauerstoff (500 kJ/mol). Polymere mit solchen anorganischen Heteroketten sollten daher gegen Kettenspaltungen thermisch stabiler als Kohlenstoffketten sein. Derartige Bindungen sind jedoch mehr oder weniger stark polarisiert. Einige von ihnen weisen zudem freie Elektronenpaare oder Elektronenpaarlücken auf. Die Aktivierungsenergie für die Reaktion solcher Bindungen mit chemischen Agenzien ist folglich niedrig: Heteroketten werden leicht oxidativ und hydrolytisch abgebaut. Die gute Temperaturbeständigkeit der Einzelketten kann daher nur in inerter Atmosphäre ausgenutzt werden, z.B. im Weltraum.

Die Oxidations- und Hydrolysebeständigkeit kann durch verschiedene Maßnahmen erhöht werden. Man kann einmal die Einzelketten geeignet substituieren, so daß der Angriff auf die Hauptkette sterisch behindert oder elektronisch erschwert wird. Bei Leiter-, Schichten- und Gitterpolymeren ist es dagegen statistisch unwahrscheinlich, daß benachbarte Bindungen simultan angegriffen werden; der Angriff wird zudem noch durch eine dichte Kettenpackung herabgesetzt.

32,2 Bor-Polymere

Lineare, borhaltige Heteroketten sind in der Regel thermisch beständig, aber entweder leicht hydrolysierbar wie die Borazine $(BRNR')_n$, Boroxide $(B_2O_3)_n$ oder Aminoborane $(H_2BNH_2)_n$ oder leicht oxidierbar wie die Bor/Kohlenstoff-Ketten. $(F_2BNH_2)_n$ löst sich sogar in Wasser.

Bornitrid $(BN)_n$ bildet dagegen ein gegen Hydrolyse und Oxidation sehr stabiles Schichtenpolymer, das bis ca. 2000 °C eingesetzt werden kann. Zu seiner Herstellung stellt man zuerst Fasern aus Dibortrioxid her, die dann mit Ammoniak zum weißen Bornitrid umgesetzt werden:

(32–1)

$$B_2O_3 \xrightarrow[200°C]{+NH_3} (B_2O_3)_n \cdot NH_3 \xrightarrow[-H_2O]{>350°C} (BN)_x(B_2O_3)_y(NH_3)_z \xrightarrow[-H_2O]{>1800°C}$$

Alternativ kann man auch von polymeren Aminoboranen ausgehen

(32–2) $(H_2BNH_2)_n \xrightarrow[-H_2]{135-200°C} (BN)_x$

32.3 Silicium-Polymere

Silicium bildet als vierwertiges Element mit sich selbst und mit anderen Elementen eine ganze Reihe von Strukturen und Verbindungen. Von den makromolekularen Substanzen sind jedoch nur die mit Silicium/Sauerstoff-Ketten bedeutsam geworden, d.h. Silikate und Silicone.

32.3.1 SILIKATE

Silikate entstehen durch Polykondensation des Orthosilikatanions

(32–3) $2\ SiO_4^{4-} \rightleftarrows Si_2O_7^{6-} + O^{2-}$ usw.

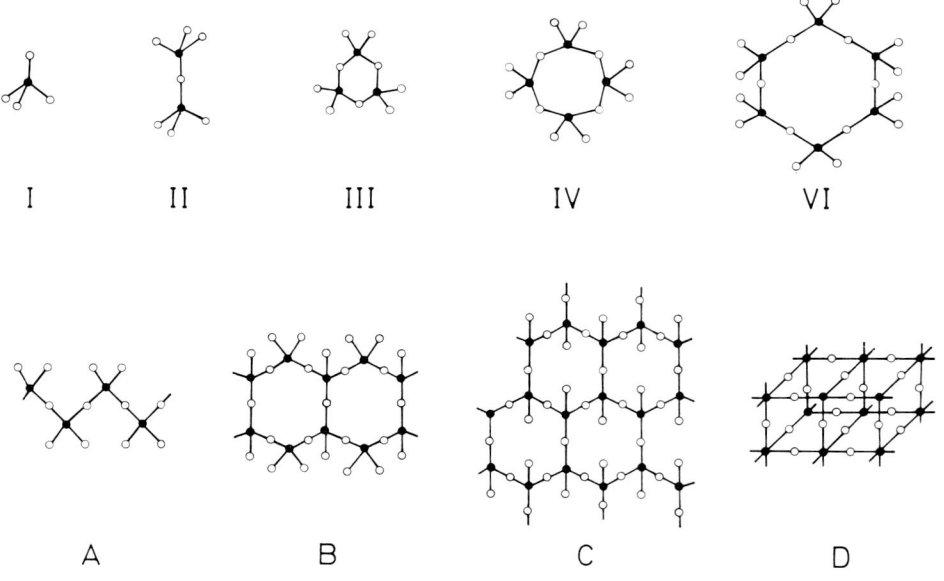

Abb. 32–1: Strukturen von Silikaten (mit Beispielen für natürlich vorkommende Silikate). ● Siliciumatome, ○ Sauerstoffatome. Die Sauerstoffatome sind teilweise negativ geladen (nicht eingezeichnet). Von links nach rechts bedeuten in der oberen Reihe (niedermolekulare Strukturen): I = Tetraeder (Olivine, Granate, Topase), II = Doppeltetraeder (Mellilithgruppe), III = Dreiringe (Wollastonit), IV = Vierringe (Neptunit), VI = Sechsringe (Beryll). In der unteren Reihe sind makromolekulare Strukturen dargestellt: A = Kettenpolymere (Augite), B = Leiter- oder Doppelkettenpolymere (Hornblenden), C = Schichtenpolymere (Glimmer, Talk), D = Raumpolymere (Quarz).

Ausgehend vom Tetraeder des Orthosilikates [SiO$_4$]$^{4-}$ werden Doppeltetraeder [Si$_2$O$_7$]$^{6-}$, Dreierringe [Si$_3$O$_9$]$^{6-}$, Viererringe [Si$_4$O$_{12}$]$^{8-}$, Sechserringe [Si$_6$O$_{18}$]$^{12-}$, Ketten [Si$_4$O$_{12}$]$^{8-}$, Doppelketten bzw. Leiter oder Bänder [Si$_4$O$_{11}$]$^{6-}$, Schichten [Si$_4$O$_{10}$]$^{4-}$ und schließlich Quarz SiO$_2$ gebildet (Abb. 32–1). Die negativen Ladungen sind dabei durch Kationen abgesättigt.

Die Lage der konsekutiven Gleichgewichte und die Struktur der Silikate wird durch die Kationen bestimmt. Falls Cyclisierungsreaktionen abwesend sind, läßt sich nach der Theorie der multiplen Gleichgewichte eine Beziehung zwischen dem Stoffmengenanteil x_{SiO_2} an SiO$_2$ in der SiO$_2$/MtO-Schmelze, der durch Gl. (32–3) definierten Gleichgewichtskonstanten K und der Aktivität a_{MtO} der Metalloxide angeben:

$$(32-4) \quad \frac{1}{x_{SiO_2}} = 2 + \frac{1}{1 - a_{MtO}} + \frac{b}{1 + a_{MtO}(bK^{-1} - 1)}$$

Für lineare Ketten gilt dabei $b = 1$, für verzweigte $b = 3$. Die Aktivität a_{MtO} ist bei zweiwertigen Kationen nach dem sog. Temkinschen Gesetz mit dem Stoffmengenanteil der O^{2-}-Ionen identisch. Die Konzentration dieser Ionen kann massenspektroskopisch nach Verkappen der Silikatanionen mit Trimethylsilyl-Radikalen bestimmt werden. Nach diesen Messungen bilden Co^{2+} und Ni^{2+} lineare Polymere, Sn^{2+}, Fe^{2+}, Mn^{2+}, Pb^{2+} und Ca^{2+} dagegen verzweigte (vgl. Abb. 32–2).

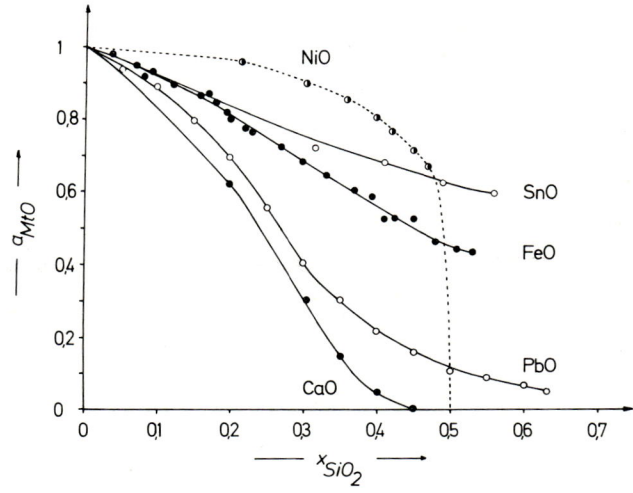

Abb. 32–2: Aktivität a_{MtO} zweiwertiger Metalloxide MtO als Funktion des Stoffmengenanteils x_{SiO_2} in Silikatschmelzen aus NiO/SiO$_2$ (1650–1950°C), SnO/SiO$_2$ (1100°C), FeO/SiO$_2$ (1785–1960°C), PbO/SiO$_2$ (1000°C) und CaO/SiO$_2$ (1600°C). Die Linien sind über Gl. (32–4) für lineare (-----) bzw. verzweigte Strukturen (———) berechnet. Nach Daten von C. R. Masson.

Die Zahlenmittel der Polymerisationsgrade in solchen Silikatschmelzen berechnen sich sowohl für lineare als auch für verzweigte Ketten über

$$(32-5) \quad \langle X \rangle_n^{-1} = (1 - a_{MtO})(x_{SiO_2}^{-1} - 2)$$

Die in Silikatschmelzen vorliegenden Polymerisationsgrade sind ziemlich niedrig (Tab. 32–1) und streben erst für $x_{SiO_2} \to 1/2$ dem Wert unendlich zu. Ein Silikatglas mit $x_{SiO_2} = 1/2$ weist daher sehr lange lineare Ketten des Typs I

```
    O⁻  O⁻  O⁻  O⁻                    O⁻  O⁻  O⁻  O⁻
    |   |   |   |                     |   |   |   |
  ~Si–O–Si–O–Si–O–Si–O~             ~Si–O–Si–O–Si–O–Si–O~
    |   |   |   |                     |   |   |   |
    O⁻  O⁻  O⁻  O⁻                    O⁻  O⁻  O⁻  O⁻
                                              |
                                          O⁻–Si–O⁻
                                              |
                                              O      O⁻
                                              |      |
                                           ~Si–O–Si–O~
                                              |      |
      I                                       O⁻     O⁻         II
```

auf. Die thermischen und mechanischen Eigenschaften solcher Gläser werden direkt durch die Kettenstrukturen bestimmt. Die Glasübergangstemperatur z.B. eines Natriumsilikat-Glases mit 49% SiO_2 beträgt 420°C. Erhöht man den SiO_2-Anteil auf 70%, so entstehen Siloxan-Ketten mit kurzen Seitenketten II: die Glasübergangstemperaturen sinken wegen der Verzweigung auf 355°C (vgl. auch Kap. 10). Steigert man den SiO_2-Gehalt weiter auf 92%, so werden viele Siloxan-Gruppierungen in Band-, Blatt- und Gitterstrukturen vereinigt, und die höhere Ordnungsstruktur läßt die Glasübergangstemperatur auf 540°C ansteigen.

Tab. 32–1: Gleichgewichtskonstanten K und Zahlenmittel des Polymerisationsgrades $\langle X \rangle_n$ in binären Silikatschmelzen (nach Daten von C. R. Masson)

Kation	$T/°C$	K	$\langle X \rangle_n$ bei $x_{SiO_2} =$ 0,2	0,4
Ca^{2+}	1600	0,0016	1,0	2,1
Pb^{2+}	1000	0,196	1,1	2,6
Mn^{2+}	1600	0,25	1,2	2,6
Fe^{2+}	1900	1,35	1,5	4,4
Sn^{2+}	1100	2,55	2,0	6,3
Co^{2+}	1500	2,8	1,7	3,3
Ni^{2+}	1700	46	4,8	11,8

Natürlich vorkommende und synthetisch hergestellte Silikate werden seit Jahrhunderten als Werkstoffe verwendet, so z.B. Silikatgläser für Fenster und Haushaltsgeräte, Sand für Mörtel, Glimmer als Isolationsmaterial, Montmorillonite als Spülmittel bei Bohrungen, Asbest als temperaturbeständiges Isolationsmittel, Glaswolle zum Isolieren usw. Durch Zerblasen der Schmelze von Kieselerde werden Fasern verschiedener Feinheit erhalten, die bis 1200 °C formstabil sind. Sie werden zu Papieren, Filzen, Tüchern, Rohren usw. verarbeitet und zum Isolieren von Öfen und Induktionsspulen, Auskleiden von Gießrinnen für flüssiges Aluminium usw. verwendet.

Aus Gläsern werden nach dem Düsenziehverfahren Glasfasern von ca. (5–13) μm Durchmesser hergestellt, die zur Verstärkung synthetischer Polymerer eingesetzt werden. Wegen der guten Wasser- und Witterungsbeständigkeit hat sich dafür das ursprünglich für die Elektroisolation entwickelte alkalifreie E-Glas besonders bewährt (50—55% SiO_2, 8—12% B_2O_3, 13—15% Al_2O_3, 15—17% CaO, 3—5% MgO, weniger als 1% Alkalioxid). Durch neuere Entwicklungen auf dem Gebiete der Haftmittel ist es gelungen, auch mit dem etwas billigeren, alkalireichen A-Glas gute, wasserfeste Laminate zu erhalten.

32.3.2 SILICONE

Der Name „Silicone" dient in der Chemie als Sammelbezeichnung für monomere und polymere siliciumorganische Verbindungen mit Silicium/Kohlenstoff-Bindungen. In der Technik bezeichnet man als Silicone nur die Poly(siloxane) $+(SiRR'-O)_n$ mit organischen Substituenten R und R'. Der Name Silicon stammt von dem englischen Forscher Kipping, der in einer Verbindung der Bruttozusammensetzung R_2SiO ein siliciumorganisches Analogon zu den Ketonen R_2CO der Kohlenstoffchemie gefunden zu haben glaubte. Die Si=O-Doppelbindung scheint jedoch nicht stabil zu sein. Auch sonst unterscheidet sich die Chemie der Organosilicium-Verbindungen durch die freien 3d-Orbitale des Siliciums, die Koordinationszahl 6 und die Polarität der Si-C-Bindungen charakteristisch von der Chemie der Kohlenstoff-Verbindungen.

32.3.2.1 Silikat-Umwandlungen

Silicone können entweder durch polymeranaloge Umwandlung von Silikaten oder durch Polyreaktion niedermolekularer siliciumorganischer Verbindungen hergestellt werden. Die polymeranaloge Umsetzung von Silikaten mit Hexamethyldisiloxan, Isopropanol und Salzsäure bei 75 °C gelingt nur bei einigen Silikaten. Zuerst wird das Hexamethyldisiloxan zu Trimethylsilanol hydrolysiert:

$$(32-6) \quad (CH_3)_3Si-O-Si(CH_3)_3 + H_2O \xrightarrow{HCl} 2(CH_3)_3SiOH$$

Die Silikate werden in die Poly(dihydroxysiloxane) überführt, die dann mit dem Trimethylsilanol umgesetzt werden, schematisch

$$(32-7) \quad \begin{array}{c} O^-Mt^+ \\ | \\ +Si-O-) \\ | \\ O^-Mt^+ \end{array} \xrightarrow[-2\,MtOH]{+2\,H_2O} \begin{array}{c} OH \\ | \\ +Si-O+ \\ | \\ OH \end{array} \xrightarrow[-2\,H_2O]{+2(CH_3)_3SiOH} \begin{array}{c} OSi(CH_3)_3 \\ | \\ +Si-O+ \\ | \\ OSi(CH_3)_3 \end{array}$$

Die Zusammenhänge zwischen der Struktur der Silikate und ihrer Bereitschaft zur Trimethylsilylierung sind nicht völlig klar. Alle bislang untersuchten Einzelketten und Doppelketten sowie einige Schichtensilikate reagieren überhaupt nicht, werden nur teilweise trimethylsilyliert oder geben nur unlösliche Polymere. Einige Schichtenpolymere, erstaunlicherweise jedoch nicht Einzelketten oder Doppelketten, liefern jedoch nach vollständiger Entfernung der Kationen in Ausbeuten bis zu ca. 18% in organischen Lösungsmitteln lösliche Produkte, die völlig trimethylsilyliert sind. Diese Löslichkeit scheint eng mit dem Anteil an Aluminium in den Schichtstrukturen verbunden: Silikate mit hohen Anteilen an Aluminium geben niedermolekulare Produkte, Silikate mit geringerem Aluminiumanteil hochmolekulare. Alle Produkte sind nur wenig erforscht und werden bislang nicht technisch verwendet.

32.3.2.2 Polyreaktionen

Technische Silicone stellt man daher nicht durch polymeranaloge Umwandlungen, sondern ausschließlich durch Polykondensation oder Polymerisation niedermolekularer Verbindungen dar. Dialkylsilandichloride liefern bei der Polykondensation mit Wasser neben den Poly(dialkylsiloxanen) auch Cyclosiloxane, wobei die Polykondensation angeblich über die primär gebildeten Dialkylsilandiole abläuft:

$$(32-8) \quad R_2SiCl_2 \xrightarrow[-2\ HCl]{+2\ H_2O} R_2Si(OH)_2 \xrightarrow{-H_2O} HO(SiR_2O)_nH + (R_2SiO)_{3-10}$$

Verwendung von Tri- und Tetrachlorsilanen führt entsprechend zu verzweigten und vernetzten Produkten.

Cyclosiloxane können z.B. mit dem Dikaliumsalz des Tetramethyldisiloxandiols als Initiator zu hochmolekularen Polysiloxanen polymerisiert werden, die im Polymerisationsgleichgewicht noch eine Reihe von Cyclosiloxanen $(R_2SiO)_x$ enthalten:

$$(32-9) \quad (R_2SiO)_4 \xrightarrow{K_2Si_2(CH_3)_4O_3} KOSi(CH_3)_2O(R_2SiO)_nSi(CH_3)_2OK + (R_2SiO)_x$$

Die hochmolekularen Polysiloxane werden anschließend durch Umsatz mit Trimethylchlorsilan an den Enden versiegelt.

In vielen Fällen ist man an Siliconen mit reaktionsfähigen organischen Gruppen interessiert, sog. organofunktionellen Siliconen. Organofunktionelle Silicone weisen reaktionsfähige Gruppen Y auf, die durch mindestens eine Methylengruppe vom Siliciumatom getrennt sind. Die Methylgruppen der Poly(dimethylsiloxane) können beispielsweise direkt chloriert werden. Vorteilhaft zur Synthese organofunktioneller Silicone ist auch die Addition von Allylverbindungen an Poly(methylsiloxanen):

$$(32-10) \quad \begin{array}{c} CH_3 \\ | \\ +Si-O+ \\ | \\ H \end{array} + CH_2=CHCH_2Y \rightarrow \begin{array}{c} CH_3 \\ | \\ +Si-O+ \\ | \\ CH_2CH_2CH_2Y \end{array}$$

Derartige Silicone lassen sich in der Regel nur durch diese polymeranaloge Reaktion, nicht aber durch Einführen der funktionellen Gruppe in das Monomere erhalten. Man kann zwar CH_3SiHCl_2 mit $CH_2=CHCH_2Y$ umsetzen; das entstehende Monomere reagiert aber bei der Polykondensation mit Wasser auch über die funktionelle Gruppe, falls z.B. Y = OH. Umgekehrt stellt man fluorhaltige Polymere direkt durch Polykondensation der Monomeren her, z.B. von $CF_3CH_2CH_2Si(Cl_2)CH_3$, das man aus CH_3SiHCl_2 und $CH_2=CHCF_3$ gewinnt. Nur γ-substituierte Fluorsilikone werden verwendet; α- und β-substituierte sind thermisch und hydrolytisch nicht stabil.

Die leichte Einstellung der Gleichgewichte zwischen den Cyclo- und Polysiloxanen wird als sog. Äquilibrierung technisch zur Verschiebung der Oligomeranteile bzw. der Molmassenverteilungen ausgenutzt. Die Äquilibrierung ist andererseits nicht immer erwünscht: bei der Apollo 8-Kapsel beschlugen die Fenster mit einem Belag aus Cyclosiloxanen, die im Vakuum aus den Silicon-Dichtungen verdampften.

Man kann das Äquilibrierungs-Prinzip aber auch zur Synthese von „Leiter"polymeren verwenden. Phenyltrihydroxysilan $C_6H_5Si(OH)_3$ bzw. Phenyltrialkoxysilan $C_6H_5Si(OR)_3$ können in geeigneten Lösungsmitteln in Käfigverbindungen der allgemeinen Zusammensetzung $(C_6H_5SiO_{3/2})_x$ überführt werden: aus heißem Toluol fällt eine Käfigverbindung mit x = 8, aus Aceton eine mit x = 10 und aus Tetrahydrofuran eine mit x = 12 aus. Diese Verbindungen polymerisieren beim Erhitzen zum Poly(phenylsesquisiloxan) (Abb. 32–3). Dieses Polymer wurde ursprünglich als Leiterpolymer angesehen, dürfte jedoch die in Abb. 32–3 gezeigte Perlenstruktur aufweisen.

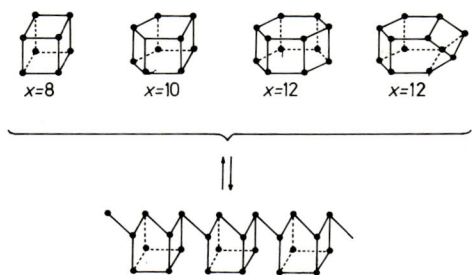

Abb. 32–3: Schematische Darstellung der Polymerisation von Käfigsiloxanen $(C_6H_5SiO_{3/2})_x$ zu Perlenketten-Strukturen. Die ausgefüllten Kreise zeigen die Lage der Siliciumatome an; Sauerstoffatome und Phenylgruppen sind nicht eingezeichnet.

32.3.2.3 Produkte

Die linearen Poly(dimethylsiloxane) sind je nach Molmasse nieder- bis hochviskose Öle. Sie liegen in Masse als Helices vor, bei denen der anorganische Kern durch die organische Hülle abgeschirmt ist. Der Abstand der Silicium/Sauerstoff-Bindungen von 0,164 nm ist nur wenig höher als derjenige der Silikate, aber deutlich tiefer als sich aus der Summe der kovalenten Bindungsradien nach L. Pauling (0,183 nm) oder aus den Ionenradien nach V. M. Goldschmidt (0,171 nm) berechnet. Der relativ unpolare Charakter der Silicone zeigt sich auch in der Oberflächenspannung und in ihrer hydrophoben Wirkung. Auf polaren Oberflächen reichern sich die polaren Si–O–Si-Bindungen auf der polaren Seite, die Methylgruppen auf der anderen Seite an. Die Poly(dimethylsiloxane) sind daher wegen ihrer hohen Oberflächenlöslichkeit und ihrer geringen Volumenlöslichkeit gute Antischaum- und Trennmittel. Die organofunktionellen Siloxane sind jedoch Schäumer und Haftmittel, falls sie stark elektronegative Substituenten aufweisen.

Die Bindungsenergie der Si/O-Bindung ist mit 373 kJ/mol etwas höher als die der C/C-Bindung von 343 kJ/mol. Die Hauptkette der Silicone ist daher thermisch recht stabil. Die Bindungsenergie der Si/C-Bindungen ist jedoch mit 243 kJ/mol wesentlich tiefer. Die Si/C-Bindungen werden durch die elektronendonierenden Methylsubstituenten verfestigt, durch die elektronenaufnehmenden Phenylgruppen dagegen gelockert: methylsubstituierte Silicone sind daher weniger gut oxidierbar als phenylsubstituierte. Methylgruppen polarisieren jedoch die Hauptkette stärker als die Phenylgruppen, so daß die Hydrolysierbarkeit bei den ersteren größer ist. Da die Wärmebeständigkeit nicht nur auf dem Widerstand gegen Kettenspaltungen, sondern auch auf den Widerständen gegen Oxidation und Hydrolyse beruht, zeigen Silicone mit sowohl Methyl- als auch Phenylsubstituenten die besten Wärmebeständigkeiten.

Organofunktionelle Polysiloxane mit Silanol-Gruppen sind mit Methyltriacetoxysilan, Tetrabutyltitanat usw. in der Kälte vernetzbar. Organofunktionelle Polysiloxane mit ca. 0,2% Vinylgruppen werden dagegen mit Peroxiden in der Wärme vernetzt. Alle diese Siliconkautschuke werden noch mit hochdispergiertem Siliciumdioxid gefüllt, da die ungefüllten Kautschuke keine praktisch brauchbaren Elastomeren geben.

Blockpolymere mit Dimethylsiloxan-Einheiten wurden in großer Zahl hergestellt, z.B. mit Polystyrol- oder Polycarbonat-Blöcken. Dreiblock-Polymere mit zentralen Siloxanblöcken und „harten" Außenblöcken zeigen die typischen Eigenschaften thermoplastischer Elastomerer (vgl. Kap. 37.3.4).

Dispersionen von stäbchenförmigen Teilchen aus z.B. Styrol/Butylacrylat-Copolymeren in α, ω-Dihydroxy-poly(dimethylsiloxanen) werden als m-Polymere bezeichnet. Die Polymeren besitzen gute Trenneigenschaften und werden für Verguß- und Tauchmassen eingesetzt.

32.3.3 POLY(CARBORANSILOXANE)

Poly(carboransiloxane) enthalten in der Kette m-Carboranreste und Siloxangruppen. Zur Synthese dieser hochtemperaturbeständigen Polymeren wird zunächst Acetylen an Decaboran $B_{10}H_{14}$ (oder auch Pentaboran B_5H_9) addiert. Das entstehende o-Carboran $B_{10}C_2H_{12}$ (1,2-Dicarbaclovodecaboran) lagert sich bei 475°C in m-Carboran um:

(32–11)

Durch Umsetzen des m-Carborans mit Butyllithium entsteht die m-Dilithiumverbindung $LiCB_{10}H_{10}CLi$. Die säurekatalysierte Reaktion dieser Verbindung mit Dichlordisiloxan liefert nach anschließender Polykondensation mit Wasser Polymere mit Molmassen von ca. 15 000 bis 30 000 g/mol:

(32–12)

$$LiCB_{10}H_{10}CLi + 2\ Cl-\underset{\underset{CH_3}{|}}{\overset{\overset{CH_3}{|}}{Si}}-O-\underset{\underset{CH_3}{|}}{\overset{\overset{CH_3}{|}}{Si}}-Cl \xrightarrow[-2\ LiCl]{}$$

$$\xrightarrow[-2\ LiCl]{} Cl-\underset{\underset{CH_3}{|}}{\overset{\overset{CH_3}{|}}{Si}}-O-\underset{\underset{CH_3}{|}}{\overset{\overset{CH_3}{|}}{Si}}CB_{10}H_{10}C\underset{\underset{CH_3}{|}}{\overset{\overset{CH_3}{|}}{Si}}-O-\underset{\underset{CH_3}{|}}{\overset{\overset{CH_3}{|}}{Si}}-Cl \xrightarrow[-2\ HCl]{+2\ H_2O}$$

$$\xrightarrow[-2\ HCl]{+2\ H_2O} -\left[\underset{\underset{CH_3}{|}}{\overset{\overset{CH_3}{|}}{Si}}-CB_{10}H_{10}C\left(\underset{\underset{CH_3}{|}}{\overset{\overset{CH_3}{|}}{Si}}-O\right)_3\right]-$$

Die Polykondensation mit Wasser gelingt nur in Anwesenheit von Siloxangruppen, d.h. z.B. nicht mit Dichlorsilan. In diesem Falle werden die Dichlorverbindungen mit den entsprechenden Dimethoxyderivaten (aus der Reaktion der Dichlorverbindungen mit Methanol) umgesetzt:

(32-13)

$$n\ Cl-\underset{\underset{CH_3}{|}}{\overset{\overset{CH_3}{|}}{Si}}-CB_{10}H_{10}C-\underset{\underset{CH_3}{|}}{\overset{\overset{CH_3}{|}}{Si}}-Cl\ +\ n\ CH_3O-\underset{\underset{CH_3}{|}}{\overset{\overset{CH_3}{|}}{Si}}-CB_{10}H_{10}C-\underset{\underset{CH_3}{|}}{\overset{\overset{CH_3}{|}}{Si}}-OCH_3 \xrightarrow[-2n\ CH_3Cl]{FeCl_3,\ \Delta}$$

$$\xrightarrow[-2n\ CH_3Cl]{FeCl_3,\ \Delta} \left[-\underset{\underset{CH_3}{|}}{\overset{\overset{CH_3}{|}}{Si}}-CB_{10}H_{10}C-\underset{\underset{CH_3}{|}}{\overset{\overset{CH_3}{|}}{Si}}-O-\right]_{2n}$$

Das entstehende Polymer besitzt eine Schmelztemperatur von 464 °C und eine Glasübergangstemperatur von 77 °C. Kondensiert man dagegen die Dimethoxyverbindungen unter den gleichen Bedingungen mit Dichlordimethylsilan, so entstehen Elastomere mit Schmelztemperaturen von 151 °C und Glasübergangstemperaturen von -22 °C.

32.4 Phosphor-Ketten

32.4.1 ELEMENTARER PHOSPHOR

Phosphor existiert in mehreren allotropen Modifikationen. Der weiße Phosphor besteht aus diskreten P_4-Tetraedermolekülen; er schmilzt bei 44 °C und löst sich in Schwefelkohlenstoff. Beim Zusatz von Katalysatoren und unter Drucken von über 35 000 bar geht er jedoch bei 20 °C über den roten und violetten in den schwarzen Phosphor über. Der schwarze Phosphor weist in kompliziertes, dem Graphit ähnliches Schichtgitter auf; er löst sich nicht mehr in Schwefelkohlenstoff. Roter und violetter Phosphor haben weniger ausgeprägte Schichtgitter als schwarzer Phosphor und folglich auch niedrigere Polymerisationsgrade.

32.4.2 POLYPHOSPHATE

Poly(phosphorsäure) ist das hochmolekulare Kondensationsprodukt der Orthophosphorsäure. Die entsprechenden Salze heißen Polyphosphate. Zu den Polyphosphaten zählt man häufig ferner auch die oligomeren, cyclischen Verbindungen, die sog. Metaphosphate.

Zur Synthese der Polyphosphate werden Alkalidihydrogenphosphate kontrolliert entwässert. Dabei entsteht bei Temperaturen bis 160 °C zunächst das Diphosphat, das bei Temperaturerhöhung auf ca. 240 °C in das cyclische Trimetaphosphat übergeht. Trimetaphosphat polymerisiert beim Erhitzen seiner Schmelze zum Grahamschen Salz.

(32-11) $NaH_2PO_4 \rightarrow Na_2[H_2P_2O_7] \rightarrow Na_3[P_3O_9] \rightarrow \left(\underset{\underset{ONa}{|}}{\overset{\overset{O}{\|}}{P}}-O\right)_n$

Beim wasserlöslichen Grahamschen Salz sind PO_4-Tetraeder kettenförmig über je zwei Sauerstoffatome miteinander verknüpft. Beim Tempern geht das glasige Grahamsche Salz je nach Temperatur in eine der beiden Formen A und B des hochmolekularen

Kurrolschen Salzes, in das Maddrellsche Salz oder schließlich in eine der drei Formen des Natriumtrimetaphosphates $Na_3[P_3O_9]$ über.

Grahamsches Salz, Kurrolsches Salz A und B und Maddrellsches Salz stellen verschiedene Konformationen des kettenförmigen Polyphosphates dar (Abb. 32–4). Je nach Metallion und/oder Temperatur wird dabei die eine oder die andere Konformation bevorzugt. Beim Schmelzen und Kristallisieren dieser Verbindungen bleiben jedoch nicht die individuellen Ketten erhalten. Sie werden vielmehr durch Äquilibrierung gespalten und im Kristallverband wieder neu aufgebaut. Diese Austauschgleichgewichte wurden röntgenographisch über die Verteilung der Arsenatome in Arsenat/Phosphat-Copolymeren bewiesen. Die Verteilung ist beim Typ des Grahamschen Salzes statistisch; beim Typ des Maddrellschen Salzes besetzen die Arsenatome dagegen bevorzugt die Zentren derjenigen PO_4-Tetraeder, welche in Abb. 32–4 nach rechts schauen.

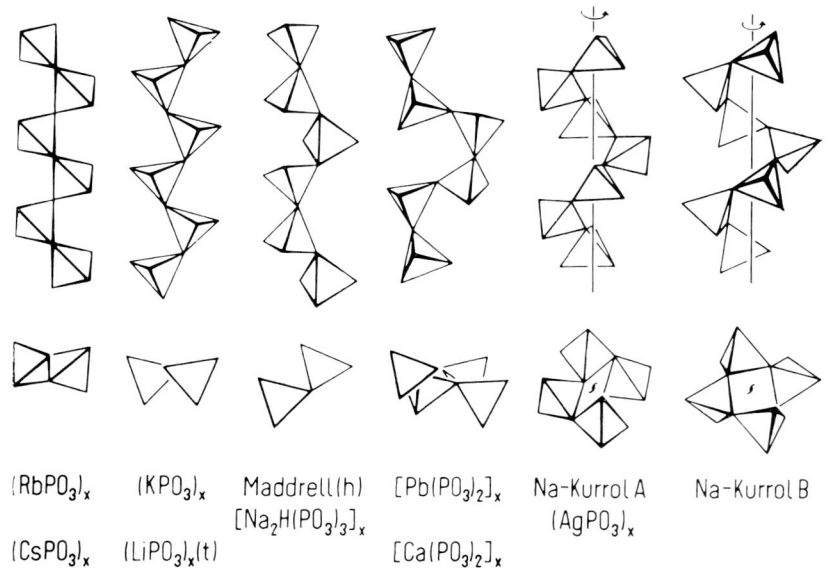

Abb. 32–4: Die bisher bekannten sechs Kettenkonformationen der Anionen von kristallinen hochmolekularen Polyphosphaten und einige ihrer typischen Vertreter. Oben: Projektionen senkrecht zur Kettenrichtung; unten: Projektionen in Kettenrichtung (nach E. Thilo).

Die hochmolekularen Polyphosphate II stehen im Gleichgewicht mit den cyclischen oligomeren Metaphosphaten III und den vernetzten Polyphosphaten I:

(32–14)

Der relative Anteil der einzelnen Verbindungstypen hängt vom Na/P-Verhältnis und vom Wassergehalt ab (vgl. z. B. die Ausführungen zu den ähnlichen Verhältnissen bei den Silikaten). Als Endgruppen treten OH- und ONa-Gruppen auf.

Die oligomeren und polymeren Polyphosphate binden mehrwertige Kationen sehr fest und halten sie dabei so in Lösung, daß sie mit den üblichen Fällungsreagentien nicht mehr nachgewiesen werden können. Sie werden daher technisch zum Weichmachen von Kesselspeisewasser, Kühlwasser und Wasch- und Färbeflotten verwendet, sowie in der Lebensmittelindustrie.

32.4.3 POLYPHOSPHAZENE

Aus Phosphorpentachlorid und Ammoniumchlorid entstehen durch Erhitzen in Lösungsmitteln wie z. B. Chlorbenzol oder Tetrachlorethan die Phosphornitrilchloride:

$$(32-15) \quad n\, PCl_5 + n\, NH_4Cl \xrightarrow{120\,°C} (NPCl_2)_n + 4\, n\, HCl$$

Die Phosphornitrilchloride stellen eine Mischung der cyclischen Trimeren, Tetrameren, Pentameren usw. mit verschiedenen linearen Oligomeren dar. Ja nach den Reaktionsbedingungen kann die Ausbeute an Tri- und Tetrameren bis auf ca. 90% gesteigert werden. Beim Ersatz des PCl_5 durch R_2PCl_3 gelangt man entsprechend zu Verbindungen mit dem Grundbaustein $(NPR_2)_n$.

Die trimeren (I) und tetrameren Phosphornitrilchloride polymerisieren bei 250 °C „thermisch" zu hochmolekularen Produkten, z. B.

(32–16)

$$\frac{n}{3}\; \text{[Hexachlorcyclotriphosphazen I]} \xrightleftharpoons[350\,°C]{250\,°C} \;\;{+}N{=}PCl_2{+}_n$$

I   II

Die schlecht reproduzierbare Polymerisation wird vermutlich durch Spuren kationisch initiierender Verunreinigungen ausgelöst. Die entstehenden Poly(phosphornitrilchloride) oder Poly(dichlorphosphazene) II weisen meist PCl_3-Endgruppen auf. Sie depolymerisieren bei höheren Temperaturen zu Hexachlorcyclotriphosphazen I und Octachlorcyclotetraphosphazen und hydrolysieren bereits an feuchter Luft. Die bei höheren Umsätzen entstehenden Produkte sind vernetzt und weisen alle Eigenschaften anorganischer Elastomerer auf. Sie werden daher auch anorganische Kautschuke genannt.

Man hat sich daher bemüht, die Phosphazen-Kette durch organische Substituenten gegen Hydrolyse abzuschirmen. Bei den organisch substituierten Trimeren und Tetrameren liegt das Polymerisationsgleichgewicht jedoch auf seiten der Oligomeren. Poly(organophosphazene) werden daher nicht über Ringöffnungspolymerisationen der cyclischen Oligomeren, sondern durch polymeranaloge Umsetzungen der Poly(chlorphosphazene) synthetisiert. Als solche Reaktionen eignen sich die Alkoholysen mit RONa oder die Aminolysen mit R_2NH. Mit mehrfunktionellen Reaktanden wie Ammoniak oder Methylamin entstehen vernetzte Produkte.

Technische Produkte werden durch Alkoholyse mit Alkoholaten von Gemischen fluorierter Alkohole hergestellt, z.B. in Tetrahydrofuran mit dem Gemisch aus CF_3CH_2ONa und $C_3F_7CH_2ONa$:

(32–17) $(NPCl_2)_n + 2n\ NaOR \rightarrow (NP(OR)_2)_n + 2n\ NaCl$

Die entstehenden amorphen Copolymeren besitzen sehr niedrige Glasübergangstemperaturen. Im Gegensatz zu den Poly(dichlorphosphazenen) sind sie hydrolysenbeständig. Sie können mit organischen Peroxiden, Schwefel oder hochenergiereicher Bestrahlung vulkanisiert werden. Die Zugfestigkeit dieser Spezialelastomeren ist höher als die von Siliconen und erreicht diejenige konventioneller Elastomerer, und zwar über den verhältnismäßig breiten Temperaturbereich von –60 bis +200 °C. Sie werden daher für Dichtungen, arktische Treibstoffleitungen und Dämpfungslager eingesetzt.

32.5 Schwefel-Ketten

32.5.1 ELEMENTARER SCHWEFEL

Elementarer Schwefel besteht aus einer Reihe von Verbindungen, die sich in simultanen Gleichgewichten befinden. Der monokline β-Schwefel geht bei 119 °C in den λ-Schwefel über, einem Ring mit je acht Schwefelatomen. Der λ-Schwefel steht wiederum im Gleichgewicht mit dem Π-Schwefel, einer vermutlich offenkettigen Verbindung mit ebenfalls acht Schwefelatomen. Außerdem kennt man noch S_{10}-, S_{12}- und μ-Schwefel.

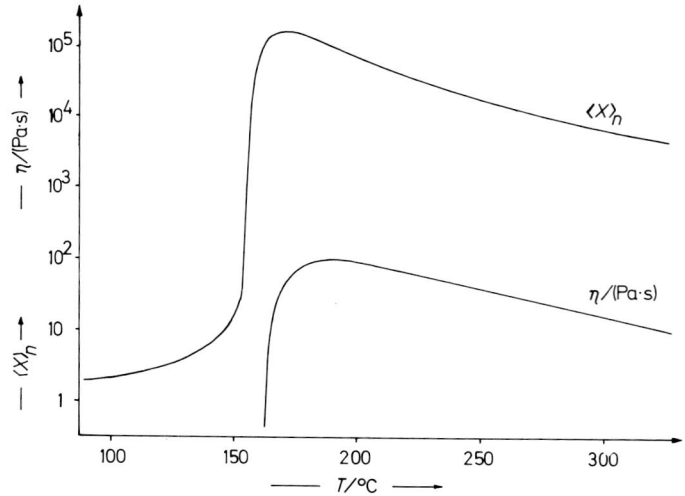

Abb. 32–5: Temperaturabhängigkeit der Viskosität und der Zahlenmittel des Polymerisationsgrades von Schwefel (nach A. Eisenberg und A. V. Tobolsky).

Oberhalb 159 °C steigt die Viskosität des Schwefels abrupt um ca. zwei Zehnerpotenzen an. Gleichzeitig verringert sich drastisch die Zahl der ungepaarten Elektronen pro System wie durch Elektronenspinresonanz und Titration mit Jod ermittelt wurde. Da nach röntgenographischen Messungen bei dem entstandenen μ-Schwefel die Zahl der nächsten Nachbarn gleich zwei sein muß und jedes freie Radikal offenbar eine Endgruppe darstellt, läßt sich so der Polymerisationsgrad als Funktion der Temperatur bestimmen (Abb. 32–5). Demnach nimmt der Polymerisationsgrad mit stsigender Temperatur zunächst stark zu, läuft durch ein Maximum und nimmt wieder ab. Es liegt ein Polymerisationsgleichgewicht mit einer Floor-Temperatur vor, unterhalb derer keine Polymerisation möglich ist. Die positive Polymerisationsenthalpie von 13,8 kJ/mol wird dabei durch eine positive Polymerisationsentropie von 31,6 J K^{-1} mol^{-1} überkompensiert. Die Translationsentropie des Systems nimmt zwar wegen der verringerten Zahl der Moleküle ab, wird aber durch den Gewinn an Konformationsentropie beim Übergang von den starren Ringen des λ-Schwefels zu den flexiblen Ketten des μ-Schwefels mehr als aufgewogen. Oberhalb von ca. 200 °C setzen statistische Kettenspaltungen ein. Selen verhält sich ähnlich wie Schwefel.

Beim Abschrecken der Schmelze werden die Polymerisationsgleichgewichte eingefroren und man erhält den sog. plastischen Schwefel. Der plastische Schwefel besteht aus langen Schwefelketten, die durch die cyclischen Moleküle des λ-Schwefels weichgemacht sind. Extrahiert man den λ-Schwefel, so kristallisiert der μ-Schwefel und die Substanz wird spröde.

32.5.2 POLY(SULFAZEN)

Tetraschwefeltetranitrid geht bei der Pyrolyse in Dischwefeldinitrid über, das dann im festen Zustand zum Poly(sulfazen) polymerisiert:

(32–18) $\quad S_4N_4 \xrightarrow{\Delta} S_2N_2 \longrightarrow (SN)_n$

Poly(sulfazen) bildet „Einkristalle", d.h. hochorientierte Faserbündel. Das Polymer verhält sich in bezug auf Reflektion, spezifische Wärmekapazität, elektrische Leitfähigkeit und magnetische Suszeptibilität wie ein Metall. Der spezifische Widerstand beträgt bei Raumtemperatur ca. 0,001 $\Omega \cdot$ cm. Bei 0,26 K wird das Polymer superleitend.

32.6 Metallorganische Verbindungen

Polymere mit Metallen in den Seitengruppen können durch Polymerisation oder Polykondensation entsprechender Monomerer oder durch polymeranaloge Umsetzungen hergestellt werden. Vinylferrocen copolymerisiert z.B. radikalisch mit Styrol unter der Wirkung nichtoxidierender Initiatoren wie AIBN zu Produkten hoher Molmasse. BPO oxidiert das Eisen. Beispiele für die Einführung von Metallen durch polymeranaloge Umsetzung sind die Synthese von Poly(p-lithiumstyrol) (vgl. Gl. 3–12) oder die Umsetzung von Poly(p-chlormethylstyrol) mit Natriumwolframpentacarbonyl, bei der die Metallanionen als nucleophile Reagenzien wirken:

(32–19) $\quad \{CH_2-CH\} \xrightarrow[-NaCl]{+ Na^+[W(CO)_5]^-} \{CH_2-CH\}$
$\qquad\qquad\quad\;\; | \qquad\qquad\qquad\qquad\qquad\quad |$
$\qquad\qquad\quad\; C_6H_4 \qquad\qquad\qquad\qquad\quad\; C_6H_4$
$\qquad\qquad\quad\;\; | \qquad\qquad\qquad\qquad\qquad\quad |$
$\qquad\qquad\quad CH_2Cl \qquad\qquad\qquad\qquad CH_2W(CO)_5$

Metallorganische Verbindungen mit Metallen in der Hauptkette können nur durch Polykondensation hergestellt werden. In einigen dieser Reaktionen liegt die Metallgruppierung schon vor der Polykondensation vor, z.B. bei der Reaktion der Ethylacetoacetat-Derivate des Kupfers mit Glykolen:

(32–20)

Aus anorganischen Säuren und Fe^{3+} (oder auch anderen Übergangsmetallen) bilden sich unter der Wirkung von Aldehyden unvernetzte, in Aceton oder Butanon lösliche Polymere:

(32–21)

Da diese Polymeren sich in Wasser langsam zersetzen, wurde vorgeschlagen, daß man als Säurekomponente solche mit biologischer Aktivität nimmt, um auf diese Weise Herbizide, Insektizide usw. kontrolliert freizusetzen.

Die Reaktionen metallorganischer Polymerer wurden nicht systematisch untersucht. Monomeres Ferrocen und andere metallorganische Verbindungen überführen jedoch den Triplett-Zustand des Anthracens (Zustand mit zwei ungepaarten Elektronen mit parallelem Spin) in den Grundzustand, d.h. sie wirken als Quencher. Der Prozeß wird vermutlich durch ungepaarte Elektronen in der äußeren Valenzschale des Eisens hervorgerufen. Ferrocen ist andererseits ein Sensibilisator für die fotochemische Dimerisierung des Isoprens. Diese Wirksamkeit ist vermutlich durch die π-Elektronen im Liganden oder aber durch die Elektronen bedingt, die den Liganden an das Eisen binden. Polymere metallorganischer Verbindungen eignen sich daher möglicherweise als Festbettkatalysatoren.

Literatur zu Kap. 32

32.1 Einleitung

D. B. Sowerby und L. F. Audrieth, Inorganic Polymerization Reactions, J. Chem. Educ. **37** (1960) 2, 86, 134

M. L. Lappert und G. J. Leigh, Developments in Inorganic Polymer Chemistry, Elsevier, Amsterdam 1962

F. G. A. Stone und W. A. G. Graham, Hrsg., Inorganic Polymers, Academic Press, New York 1962

F. G. R. Gimblett, Inorganic Polymer Chemistry, Butterworth, London 1963

D. N. Hunter, Inorganic Polymers, Wiley, New York 1963

K. A. Andrianov, Metalorganic polymers, Interscience, New York 1965

W. Gerrard, Inorganic Polymers, Trans. and J. Plastics Inst., **35** (1967) 509

H. R. Allcock, Heteroatom Ring Systems and Polymers, Academic Press, New York 1967

G. Winter, Polykristalline anorganische Fasern-Herstellung, Eigenschaften, Anwendung, Angew. Chem. **84** (1972) 866

32.2 Silicum-Ketten

A. Hunyar, Chemie der Silicone, VEB Verlag Technik, Berlin 1959

W. Noll, Chemie und Technologie der Silicone, Verlag Chemie, Heidelberg, 2. Aufl. 1968

R. J. H. Voorhoeve, Organohalosilanes, Percursors to Silicones, Elsevier, Amsterdam 1967

S. N. Borisova, M. G. Voronkov und E. Ya. Lukevits, Organosilicon Heteropolymers und Heterocompounds, Plenum Press, New York 1970

K. A. F. Schmidt, Technologie textiler Glasfasern, Hüthig, Heidelberg 1964

O. Knapp, Glasfasern, Akademia Kiado, Budapest 1966

A. D. Wilson und S. Crisp, Organolithic Macromolecular Materials, Appl. Sci. Publ., Barking, Essex 1977

32.3 Phosphor-Ketten

E. Thilo, Zur Strukturchemie der kondensierten anorganischen Phosphate, Angew. Chem. **17** (1965) 1056

M. Sander und E. Steiniger, Phosphorous containing polymers, J. Macromol. Sci. Revs. **C 1** (1967) 1, 7, 91; **C 2** (1968) 1, 33, 57

H. R. Allcock, Phosphorous-nitrogen compounds, Academic Press, New York 1972

H. R. Allcock, Poly(organophosphazenes), Chem. Technol. **5** (1975) 552

R. E. Singler, N. S. Schneider und G. L. Hagnauer, Polymer Engng. Sci. **15** (1975) 321

32.4 Schwefel-Ketten

A. V. Tobolsky und W. J. MacKnight, Polymeric sulfur and related polymers, Interscience, New York 1965

32.5 Bor-Ketten

H. A. Schroeder, Polymer chemistry of boron cluster compounds, Inorg. Macromol. Revs. **1** (1970) 45

I. B. Atkinson und B. R. Currell, Boron-nitrogen polymers, Inorg. Macromol. Revs. **1** (1971) 203

32.6 Verschiedene anorganische Ketten

E. W. Neuse und H. Rosenberg, Metallocene Polymers, J. Macromol. Sci. Revs. **C 4** (1970) 1

C. U. Pittman, Jr., Organic polymers containing transition metals, Chem. Technol. **1** (1971) 416

C. E. Carraher, Jr., J. E. Sheats, C. V. Pittman, Jr., Organometallic Polymers, Academic Press, New York 1978

Teil VI

TECHNOLOGIE

33 Übersicht

33.1 Einteilung der Kunststoffe

Der Begriff des „Kunststoffes" ist nicht eindeutig definiert. Im weiteren Sinne sind „Kunststoffe" alle künstlich hergestellten Mischungen von Kunststoff-Rohstoffen und Additiven, unabhängig von Erscheinungsform und Verarbeitungsverhalten (Thermoplaste, Duromere, Elastomere, Elastoplaste), Verarbeitungsform (Werkstoffe, Überzüge, Fasern) oder Endverbrauch (Formstücke, Textilien, Lacke, Klebstoffe, Ionenaustauscher usw.). Als eigentliche Kunststoffe bezeichnet man in der Regel jedoch nur solche Mischungen, die während der Verarbeitung „plastische" Zustände durchlaufen und als Werkstoffe verwendet werden.

Kunststoff-Rohstoffe sind synthetische Polymere und Oligomere, sowie eine Reihe von abgewandelten natürlichen Polymeren. Additive können nieder- oder hochmolekular sein. Sie wirken z.B. als Füllstoffe, Weichmacher, Farbstoffe, Gleitmittel oder Antioxidantien.

Kunststoffe bzw. Kunststoff-Rohstoffe werden je nach Erscheinungsform und Verarbeitungsverhalten in Thermoplaste, Duromere, Elastomere und Elastoplaste eingeteilt. Erscheinungsform und Verarbeitungsverhalten werden durch Molekülarchitektur und Gebrauchstemperatur bestimmt (Tab. 33–1).

Tab. 32–1 Einteilung von Kunststoffen bzw. Kunststoff-Rohstoffen nach Molekülarchitektur und charakteristischen Übergangstemperaturen T_{trans} (T_M falls kristallin, T_G falls amorph) relativ zu den Gebrauchstemperaturen T. Bei zweiphasigen Polymeren ist für die charakteristische Übergangstemperatur die jeweils niedrigste einzusetzen

Molekülarchitektur	$T < T_{trans}$	$T > T_{trans}$
Linear oder schwach verzweigt	Thermoplaste	Flüssigkeiten
Reversibel vernetzt	reversible Duromere	Elastoplaste (= reversible Elastomere)
Irreversibel vernetzt	Duromere	Elastomere

Thermoplaste, auch Plastomere oder Plaste (DDR) genannt, sind aus linearen oder schwach verzweigten Polymeren aufgebaut. Ihre Gebrauchstemperatur liegt bei kristallinen Polymeren unterhalb der Schmelztemperatur, bei amorphen Polymerer unterhalb der Glasübergangstemperatur. Beim Erwärmen über diese charakteristischen Temperaturen gehen sie in einen leicht verformbaren „plastischen" Zustand über. Dieser „plastische" Zustand ist von der Ordnung der Moleküle her als flüssig, vom rheologischen Verhalten her dagegen als viskoelastisch zu bezeichnen. Beim Abkühlen unter die charakteristischen Temperaturen nehmen die geformten Gebilde den typischen Charakter der Thermoplaste an: recht hohe Formstabilität bei kurzzeitigen Beanspruchungen und mehr oder weniger ausgeprägtes Kriechen bei langzeitigen Belastungen. Beim erneuten Erhitzen werden sie wieder thermoplastisch.

Duromere, auch Duroplaste genannt, entstehen aus Polymeren oder Oligomeren (= Präpolymeren) durch irreversible Vernetzung der Moleküle über covalente Bindungen. Vernetzungen über koordinative Bindungen oder Elektronenmangelbindungen werden technisch praktisch nicht verwendet. Duromere weisen im Gegensatz zu den Elastomeren eine hohe Vernetzungsdichte auf. Die hohe Vernetzungsdichte verhindert weitgehend die Kristallisation der Molekülsegmente und vergrößert außerdem die Aktivierungsenergie für Segmentbewegungen. Duromere sind daher meist nicht kristallin; sie weisen zudem entweder eine erhöhte oder sogar überhaupt keine Glasübergangstemperatur auf. Zur Herstellung von Duromeren werden die Duromer-Rohstoffe (= Harze) entweder allein oder unter Zusatz von Vernetzern erhitzt, wobei die sog. Härtung eintritt. Beim Abkühlen auf die Gebrauchstemperatur bilden sich harte Massen, die bei langzeitigen Belastungen sowie bei erhöhten Temperaturen formstabil bleiben. Nach der Aushärtung können Duromere wegen der irreversiblen Vernetzung im Gegensatz zu Thermoplasten nicht erneut spanlos verformt werden.

Elastomere werden manchmal auch Gummis genannt. Sie sind ebenfalls über covalente Bindungen irreversibel vernetzte Polymere. Die Elastomer-Rohstoffe (= Kautschuke) weisen in der Regel jedoch höhere molare Massen als die Duromer-Rohstoffe auf. Das bei der Vernetzung (Vulkanisation, Härtung) entstehende Netzwerk ist ferner nicht so dicht geknüpft wie bei den Duromeren. Elastomere besitzen daher oberhalb der Glasübergangstemperatur eine hohe Segmentbeweglichkeit. Oberhalb dieser Temperatur verformen sie sich unter der Einwirkung von Kräften. Beim Entfernen der Last gehen sie jedoch wegen ihres vernetzten Aufbaus schnell wieder in den Ausgangszustand zurück, der dem Zustand mit dem Maximum der Konformationsentropie entspricht.

Elastoplaste sind im Gegensatz zu den Elastomeren reversibel vernetzt. Sie werden auch als thermoplastische Elastomere, Plastomere oder Thermolastics bezeichnet. Die reversible Vernetzung wird durch ihren zweiphasigen Aufbau erzeugt. Von der Molekülarchitektur her sind die Elastoplaste nämlich entweder Blockpolymere, Pfropfpolymere oder segmentierte Copolymere aus zwei Bausteintypen A und B. Die A-Sequenzen und die B-Sequenzen sind miteinander unverträglich und entmischen sich lokal. Bei geeigneter Molekülarchitektur (s. Kap. 5.5.4) bilden die Domänen der „harten" A-Sequenzen die physikalischen Vernetzungspunkte in der kontinuierlichen Matrix der „weichen" B-Sequenzen. Die B-Sequenzen werden dabei so ausgewählt, daß sie sich bei der Gebrauchstemperatur oberhalb ihrer Glasübergangstemperatur befinden. Die Glasübergangstemperatur (falls amorph) bzw. die Schmelztemperatur (falls kristallin) der A-Sequenzen muß dagegen oberhalb der Gebrauchstemperatur sein, damit die A-Domänen als Vernetzungspunkte wirken können. Elastoplaste verhalten sich daher bei der Gebrauchstemperatur wie Elastomere. Oberhalb der charakteristischen Umwandlungstemperatur werden jedoch die A-Sequenzen mobil und die Elastoplaste können dann wie Thermoplaste verarbeitet werden.

Analog zu den Elastoplasten als reversibel vernetzten Elastomere existiert auch eine Klasse von reversibel vernetzten Duromeren, für die sich jedoch bislang kein eigener Name eingeführt hat. In diese Klasse gehören partiell kristalline Thermoplaste, da bei ihnen die kristallinen Bereiche reversible physikalische Vernetzungsstellen darstellen. Chemisch reversibel vernetzte Duromere sind die sog. Ionomeren, bei denen die reversible Vernetzung durch Koordination von Polyionen um ein Metallion hervorgerufen wird. Die reversiblen Vernetzungen dissoziieren bei den Verarbeitungstemperaturen, so daß die Materialien wie normale Thermoplaste verarbeitbar sind. Bei den Gebrauchstemperaturen verhalten sie sich dagegen wie leicht vernetzte Thermoplaste. Wir werden diese Klasse von Kunststoffen als *reversible Duromere* bezeichnen.

Thermoplaste, Duromere, Elastoplaste und Elastomere können in verschiedenen *Verarbeitungsformen* auftreten: dreidimensional als Werkstoffe, „zweidimensional" als Filme, Folien und Überzüge, und „eindimensional" als Fasern oder Fäden. Als Werkstoffe kann man alle Klassen von Kunststoffen einsetzen, d.h. Thermoplaste, Duromere, Elastoplaste und Elastomere. Die meisten Fasern und Fäden sind Thermoplaste, doch gibt es unter ihnen auch Duromere (z.B. Phenolharzfasern), Elastoplaste (z.B. Spandexfasern) und Elastomere (z.B. Gummifäden). Filme, Folien und Überzüge können wiederum aus allen Klassen von Kunststoffen bestehen. Umgekehrt sind jedoch nicht alle Vertreter einer bestimmten Klasse für alle Verarbeitungsformen geeignet.

Eine weitere Einteilungsart richtet sich nach den für die Kunststoffe geeigneten *Verarbeitungsprozessen*. Jede Verarbeitungsart erfordert bestimmte rheologische und/oder chemische Eigenschaften, die wiederum von molekularen und übermolekularen Größen wie Konstitution, molare Masse, Kettenflexibilität, Verhakungen usw. abhängen. Man unterscheidet so Kunststoffe für die Extrusion, das Spritzgießen, das Reaktionsgießen, das Blasformen, das Schmelzspinnen usw. Schließlich kann man Kunststoffe auch nach ihrer *Anwendung* klassifizieren: für Überzüge, Verpackungsstoffe, Fußbödenbeläge, Lacke, Membranen, Schaumstoffe, Isolierstoffe, Antidröhnmittel, Röhren, Haushaltswaren, Ionenaustauscher, Verdickungsmittel usw.

33.2 Eigenschaften der Kunststoff-Klassen

Die verschiedenen Kunststoffklassen unterscheiden sich deutlich in ihren wichtigsten mechanischen Eigenschaften (Tab. 33–2). Elastomere sind schwach vernetzt. Eine Dehnung der Proben führt zu starken Konformationsänderungen der Kettenstücke zwischen den Vernetzungspunkten und folglich zu hohen Reißdehnungen (Abb. 33–1). Pro Querschnittsfläche sind nur wenige covalente Vernetzungen vorhanden, die jedoch die ganze Last aufnehmen müssen: die Reißfestigkeit ist gering. Wegen der niedrigen Reißfestigkeit und der hohen Dehnung ist auch der Elastizitätsmodul als Quotient von anfänglicher mechanischer Spannung und anfänglicher Dehnung niedrig.

Tab. 33–2 Richtwerte für mechanische Eigenschaften der wichtigsten Polymerklassen

Polymerklasse	Elastizitätsmodul in MPa	Reißfestigkeit in MPa	Reißdehnung in %
Elastomere (vulkanisiert)	1	20	1000
Thermoplaste	100	100	200
Duromere	1 000	100	1
Fasern (Textil-)	10 000	1000	50
Fasern (Hochmodul-)	100 000	2000	5

Amorphe Thermoplaste befinden sich beim Gebrauch unterhalb ihrer Glasübergangstemperatur, kristalline Thermoplaste unterhalb ihrer Schmelztemperatur. Die

Kettensegmente liegen daher im Gegensatz zu denjenigen der Elastomeren in einem eingefrorenen Zustand vor. In diesem Zustand bestehen zwischen den Segmenten viele physikalische Bindungen. Die Reißfestigkeit der Thermoplasten ist daher höher als die der Elastomeren. Die physikalischen Bindungen verringern jedoch auch die Beweglichkeit der Kettensegmente, so daß die Reißdehnung der Thermoplasten niedriger als diejenige der Elastomeren ist.

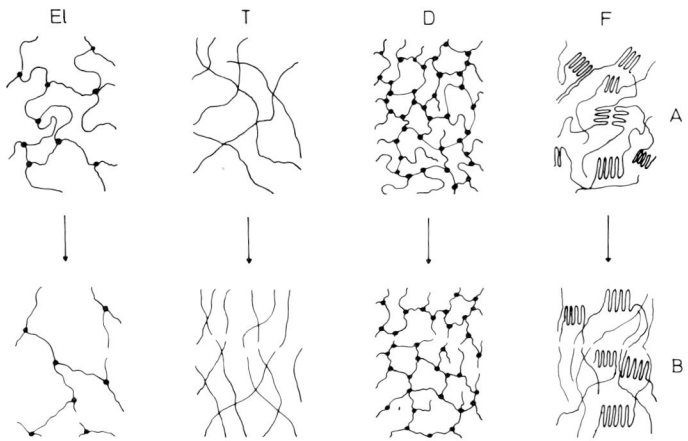

Abb. 33–1: Schematische Darstellung des Dehnungsverhaltens von Elastomeren (E), Thermoplasten (T), Duromeren (D) und Fasern (F) vor der Verstreckung (A) und nach dem Bruch (B).
• zeigt Vernetzungspunkte an.

Duromere sind stark covalent vernetzt. Zwischen den Vernetzungspunkten befinden sich nur kurze Kettenstücke, die zudem noch meist eingefroren sind. Die Reißdehnung der Duromeren ist daher geringer als diejenige der Thermoplasten. Die Reißfestigkeit von Thermoplasten und Duromeren ist dagegen ungefähr gleich groß. Duromere weisen zwar covalente intermolekulare Bindungen mit Bindungsenergien auf, die viel höher als die Bindungsenergien der intermolekularen physikalischen Bindungen bei den Thermoplasten sind. Die Vernetzung der Duromeren erfolgt aber in der Regel inhomogen, so daß einige wenige Vernetzungen die ganze Last zu tragen haben. Die Reißfestigkeit der Duromeren ist daher als Resultierende von wenigen wirksamen Bindungen und hoher Bindungsenergie ungefähr gleich groß wie die von Thermoplasten mit ihren vielen intermolekularen Kontakten geringer Bindungsenergie.

Bei thermoplastischen Fasern sind die Molekülsegmente teilweise in Faserrichtung orientiert. Bei einer Dehnung können daher die Segmente nur wenige neue Konformationen annehmen: die Reißdehnung ist niedriger als bei thermoplastischen Werkstoffen, aber höher als bei den recht starr vernetzten Duromeren. Die Orientierung der Molekülsegmente führt andererseits zu einer Zunahme der Zahl der intermolekularen physikalischen Bindungen, so daß die Reißfestigkeit der Fasern größer als die der Thermoplaste ist. Hochmodulfasern sind noch viel stärker orientiert als Textilfasern; sie weisen erhöhte Reißfestigkeiten und geringere Reißdehnungen auf.

In der Reihe Elastomere—Thermoplaste—Duromere—Fasern steigt daher die Reißfestigkeit an, während die Reißdehnung im allgemeinen sinkt. Der Elastizitätsmodul nimmt von Klasse zu Klasse jeweils um ungefähr eine Zehnerpotenz zu. Die Werte sind jedoch nur als Richtwerte zu verstehen, da sie noch von der chemischen und physikalischen Struktur der Polymeren, der Testtemperatur und der Testgeschwindigkeit, dem Einfluß von Additiven usw. abhängen.

33.3 Wirtschaftliche Aspekte

Synthetische Polymere sind verhältnismäßig junge Materialien. Die Naturfaser Wolle wird schon seit Urzeiten benutzt, die erste vollsynthetische Faser Nylon jedoch erst seit 1940. Eisen als Werkstoff ist seit Tausenden von Jahren bekannt, während das älteste Duromer Phenolharz erst seit 1906 und der älteste vollsynthetische Thermoplast Poly(vinylchlorid-co-acetat) erst seit 1928 technisch hergestellt werden. Bei den Elastomeren kennt man eine größere Verwendung von Naturkautschuk seit dem Beginn des 19. Jahrhunderts, die erste technische Synthese eines vollsynthetischen Elastomeren (Poly(2,3-dimethylbutadien)) jedoch erst seit 1916. Seit dieser Zeit hat die technische Erzeugung von Thermoplasten, Duromeren, Chemiefasern und Synthesekautschuken stark zugenommen (Abb. 33—2).

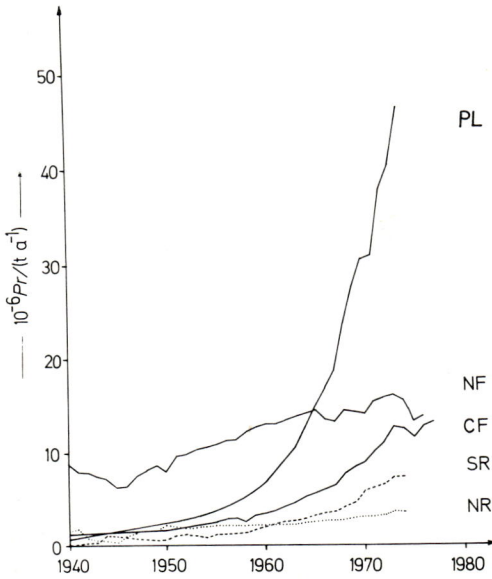

Abb. 33—2: Jährliche Änderungen der Weltproduktion Pr (in Tonnen pro Jahr) an Thermoplasten und Duromeren (PL), Naturfasern (NF), Chemiefasern (CF), Synthesekautschuken (SR) und Naturkautschuk (NR) seit dem Jahre 1940

Die Gründe dafür sind vielfältig. Das Streben der Menschheit nach besseren Lebensbedingungen führt zu einem erhöhten Bedarf an Werkstoffen für den Wohnungsbau und für Gebrauchsgegenstände, an Fasern für die Bekleidung und an Werkstoffen und Elastomeren für individuelle Transportmittel. Dieser Bedarf kann schon seit langem nicht mehr durch Naturfasern und Naturkautschuk gedeckt werden, da die Ausbeute pro Landfläche nicht beliebig gesteigert werden kann und die Verwendung von Ländereien für die Naturfaser- und Naturkautschukerzeugung in der Regel zu Lasten der Nahrungsmittelerzeugung geht. Mineralien für die Herstellung von Werkstoffen sind ebenfalls nicht unbeschränkt verfügbar, ihre Lagerstätten werden zunehmend weniger ergiebig und der Energieverbrauch für ihre Herstellung ist außerdem höher (vgl. Kap. 23.1). In den USA, einem der höchstindustrialisierten Länder, stagniert daher die Produktion an Holz und Zink schon seit langem, während die Stahlerzeugung nur noch langsam ansteigt (Abb. 33–3). Synthetische Polymere sind dagegen prinzipiell in fast beliebigen Mengen herstellbar, wenn nicht aus Erdöl, so aus Kohle und vielleicht auch eines Tages aus Kohlendioxid, sofern genügend billige Energie verfügbar ist. Es nimmt daher nicht Wunder, daß die Weltproduktion von Synthesekautschuk diejenige von Naturkautschuk schon längst übertroffen hat und daß die Weltproduktion von Synthesefasern diejenige von Naturfasern in nicht zu ferner Zukunft übertreffen wird (Abb. 33–2). Für die USA kann man mit ziemlicher Sicherheit vorhersagen, daß die Produktion an Kunststoffen diejenige an Stahl volumenmäßig etwa 1980 erreichen wird (Abb. 33–3).

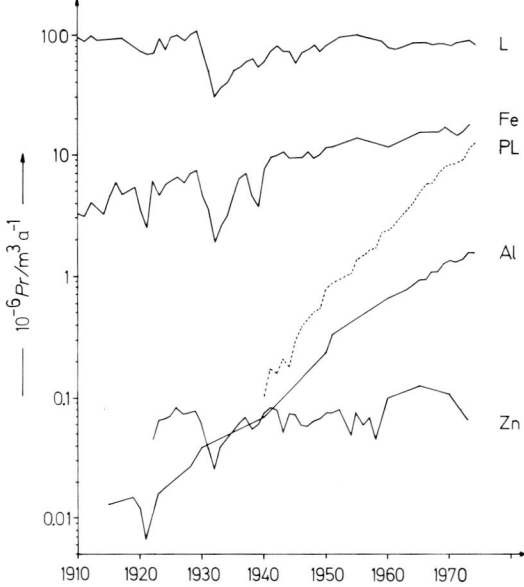

Abb. 33–3: Jährliche Änderungen der amerikanischen Jahresproduktion Pr (in Kubikmetern pro Jahr) an Holz (L), Rohstahl (Fe), Thermoplasten und Duromeren (PL), Aluminium (Al) und Zink (Zn). Beim Vergleich der Zahlen ist zu beachten, daß die USA 85% ihres Aluminiumbedarfes (Bauxit und Metall) und 64% ihres Zinkbedarfes importieren.

Der Erfolg der synthetischen Polymeren ist aber nicht nur auf die günstigere Rohstofflage zurückzuführen. Synthetische Polymere besitzen auch Eigenschaften, die den konventionellen Materialien fehlen. Alle synthetischen Polymeren zeichnen sich durch recht geringe Dichten von ca. (0,9—1,5) g cm^{-3} aus, was zu erheblichen Gewichtseinsparungen gegenüber Materialien wie Stahl, Zink oder Glas führt. Sie sind leicht und schnell zu verarbeiten und bedürfen häufig keiner Nachbehandlung der Oberfläche. Viele von ihnen sind korrosionsfest. Obwohl bei vielen Verwendungen das oft schlechte Kriechverhalten und die oft ungenügende Temperaturbeständigkeit nachteilig sind, überwiegen doch die Vorteile so stark, daß die Polymerindustrie auch in den kommenden Jahren noch eine Wachstumsindustrie darstellen wird. Ganz allgemein beobachtet man ja eine Beziehung zwischen dem Wachstum und dem Alter einer Industrie (Abb. 33—4).

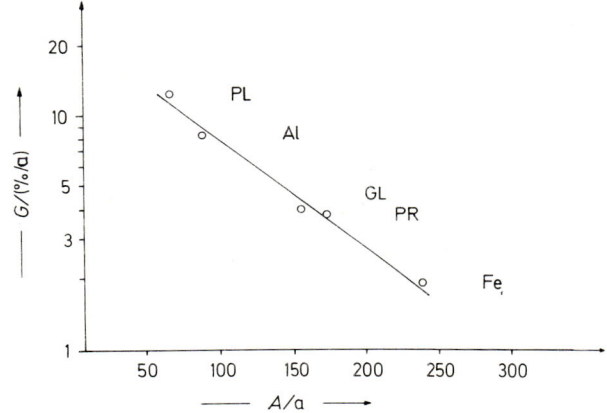

Abb. 33—4: Beziehung zwischen dem Wachstum G einer Industrie (in % Produktionszunahme pro Jahr) und ihrem Alter A (in Jahren) seit Einführung der ersten großtechnischen Verfahren. Bei Thermoplasten und Duromeren (PL) ist dies die technische Phenolharz-Synthese, bei Aluminium (Al) das Elektrolyseverfahren, bei Glas (GL) die Flaschenproduktion im Gußverfahren, bei Papier (PR) die Papiermaschine und beim Eisen (Fe) die Verwendung von Koks (G. R. Snelling)

Ein überdurchschnittliches Wachstum ist noch aus einem anderen Grunde zu erwarten. Der pro Kopf-Verbrauch an Kunststoffen ist bei den Industrienationen in den letzten Jahren ständig gestiegen. Er war 1974 in der Bundesrepublik Deutschland mit 76,6 kg/Kopf am höchsten (Tab. 33—3) und es ist zu erwarten, daß der pro Kopf-Verbrauch noch weiter steigen wird. In den USA verbraucht z.B. die Automobilindustrie, einer der größten Kunststoffkonsumenten, schon jetzt über 74 kg Polymere/Automobil. Laut amerikanischem Gesetz muß jedoch der hohe amerikanische Benzinverbrauch von durchschnittlich 15 Liter/100 km bis zum Jahre 1985 auf 8,4 Liter/100 km gesenkt werden. Eine derartige Senkung des Verbrauches ist nur durch Gewichtseinsparungen möglich, was durch weniger große Wagen und/oder geringere Dichten der verwendeten Materialien erreicht werden kann. Der Kunststoffbedarf wird also steigen. Außerdem wird man eine steigende Nachfrage nach Kunststoffen von seiten der Entwicklungsländer erwarten können, da hier der pro-Kopf-Verbrauch teilweise noch unter 0,2 kg/Kopf liegt.

Tab. 33–3 Produktion, Einfuhr, Ausfuhr und Verbrauch an Thermoplasten und Duromeren durch wichtige Industrienationen im Jahre 1974

Land	$10^{-3}(m\,t^{-1})/(t\,a^{-1})$				Pro-Kopf-Verbrauch in kg a^{-1}
	Produktion	Einfuhr	Ausfuhr	Verbrauch	
USA	12 455	1 150	1 460	11 145	53
Japan	6 693	237	954	5 967	55
BRD	6 271	1 340	2 857	4 754	77
Italien	2 650	460	860	2 250	41
Frankreich	2 616	1 012	1 041	2 587	46
Großbritannien	1 940	509	416	2 033	36
Niederlande	1 683	488	1 633	538	40
Österreich	247	213	112	348	35
Schweiz	105	351	94	362	57

Der Löwenanteil an der Produktion synthetischer Polymerer entfällt dabei in jeder Klasse auf nur einige wenige Typen (Tab. 33–4). 86% der Thermoplast-Produktion werden von Poly(ethylen), Poly(vinylchlorid), Poly(styrol) und Poly(propylen) bestritten. 90% der Duroplast-Produktion entfallen auf Aminoharze, Phenolharze, Polyurethane und ungesättigte Polyester. Styrol/Butadien-Kautschuke, Isopren-Kautschuke und

Tab. 33–4 Weltproduktion Pr synthetischer Polymerer im Jahre 1974

Polymer	$Pr/(t\,a^{-1})$
Thermoplaste	
Poly(ethylen)	13 000 000
Poly(vinylchlorid)	10 000 000
Poly(styrol)	5 800 000
Poly(propylen)	5 000 000
Andere Thermoplaste	3 100 000
Duromere	
Aminoharze	3 500 000
Phenolharze	2 100 000
Polyurethane	1 300 000
Ungesättigte Polyesterharze	1 200 000
Andere Duromere	900 000
Synthesekautschuke (Kapazität)	
Styrol/Butadien-Kautschuke	5 743 000
Butadien-Kautschuke	1 242 000
Isopren-Kautschuke	633 000
Poly(chloropren)-Kautschuke	448 000
Andere Synthesekautschuke	1 149 000
Synthesefasern	
Polyesterfasern	3 270 000
Polyamidfasern	2 600 000
Acrylfasern	1 450 000
Polyolefinfasern	700 000
Andere Synthesefasern	144 000

Poly(chloropren) bestreiten 88% der Synthesekautschuk-Kapazität und bei den Synthesefasern machen Polyester, Polyamide, Acrylfasern und Polyolefine gar 98% der Produktion aus.

Die Anteile der einzelnen Polymertypen sind dabei je nach Land sehr stark verschieden (Tab. 33–5). In den USA machen z.b. Kunststoffe mit hochentwickelter Synthesetechnologie (z.B. ABS, Epoxidharze, Polyurethane) einen überdurchschnittlich hohen Prozentsatz der Gesamtproduktion aus. Umgekehrt ist in der Sowjetunion der Anteil an klassischen, einen geringen technologischen Aufwand erfordernden Polymeren, wie z.B. Aminoharzen, sehr hoch.

Tab. 33–5 Produktion an Kunststoffen in den sechs größten kunststofferzeugenden Staaten im Jahre 1974 (*Verbrauch, **Plan für 1975)

Kunststoff	USA*	Japan	BRD	USSR**	Italien	Frankreich
			$10^{-3} Pr/(t\, a^{-1})$			
Gesamtproduktion	13350	6685	6271	4322	2623	2616
Thermoplaste						
Poly(ethylen)	4045	1895	1500	677	682	900
Poly(vinylchlorid)	2860	1465	1040	682	750	623
Poly(styrol), SAN	2360	650	470	420	289	189
Poly(propylen)	1060	790	200	17	177	74
ABS	580	195	70			
Acrylate	245	77	90		40	34
Cellulosederivate	76		200			
Polyamide	88	37	73	27		31
Duromere						
Phenolharze	585	240	176	434	96	77
Aminoharze	475	630	47	913	224	222
Polyester	425	135	225	21	80	72
Epoxide	105	41	27	64		
Polyurethane	620	120			27	119
Alkydharze		100				66
Andere Duromere		14				

Der Preis eines Gutes wird von vier Faktoren bestimmt. Die Kosten für Rohstoffe, Energie und Umweltschutz bleiben bestenfalls konstant, steigen jedoch im allgemeinen jährlich an. Die dadurch bedingten Preiserhöhungen können nur dann aufgefangen werden, wenn die Einsparungen durch technische Verbesserungen größer sind. Zu den technischen Verbesserungen zählen z.B. größere Anlagen, höhere Raumzeitausbeuten, weniger unverkäufliche Nebenprodukte, geringere Aufarbeitungskosten usw. Da die Erdölkosten zwischen 1960 und 1972 praktisch konstant blieben, erfreuten sich die Kunststoffe in den Jahren 1955–1972 wegen der Einsparungen durch technische Verbesserungen ständiger Preisabschläge (Abb. 33–5). Die Erhöhung der Erdölpreise von ca. 2,50 $/barrel auf 10,50 $/barrel im Jahre 1973 bewirkte jedoch eine Preisexplosion, die durch technische Verbesserungen vermutlich nur langfristig wieder aufgefangen werden kann.

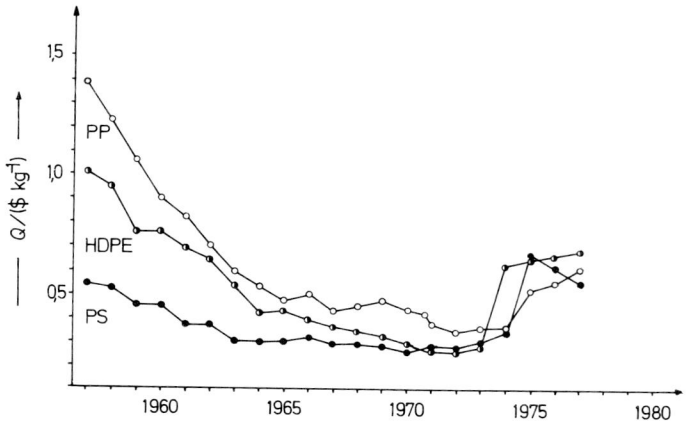

Abb. 33–5: Amerikanische Preise Q von drei Massenkunststoffen für die Jahre 1955–1970 (linearer Teil) bzw. 1973 und 1974 (Anstieg)

Der Einfluß der Produktionsgröße zeigt sich auch beim Vergleich der Preise für verschiedene Werkstoffe. Trägt man die Logarithmen der Preise gegen die Logarithmen der entsprechenden Jahresproduktionen auf, so ergibt sich in diesem „Erfahrungsdiagramm" für Thermoplaste, Konstruktionskunststoffe, Duromere und sogar Erdöl eine recht gute Gerade (Abb. 33–6). Je größer die Jahresproduktion, um so niedriger ist bei vergleichbaren Gütern der Preis. Solche Erfahrungsdiagramme zeigen auch, daß bei gleicher Jahresproduktion bei Kunststoffen die Preise pro Volumen im allgemeinen niedriger sind als bei Metallen.

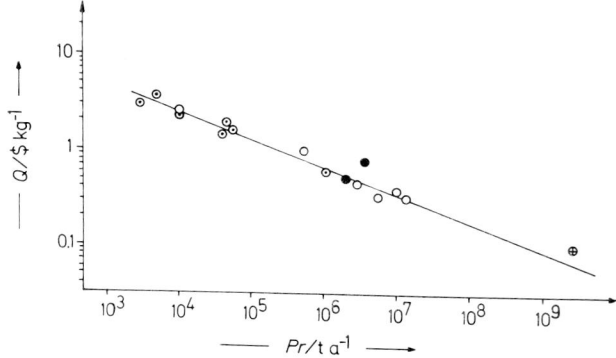

Abb. 33–6: Erfahrungsdiagramm für die Beziehung zwischen Preis Q und amerikanischer Jahresproduktion Pr im Jahre 1974 für Massenkunststoffe (o), Konstruktionskunststoffe (⊙), Duromere (•) und Petroleum (⊕)

Literatur zu Kap. 33

Bibliographien; Handelsnamen

– , Chemiefasern auf dem Weltmarkt, Dtsch. Rhodiaceta, Freiburg/Br., 7. Aufl. 1969, Ergänzung 1976
P. Eyerer, Informationsführer Kunststoffe, VDI-Verlag, Düsseldorf 1974
E. R. Yescombe, Plastics and Rubbers: World Sources of Informations, Appl. Sci. Publ., Barking, Essex, England, 2. Aufl. 1976
O. A. Battista, The Polymer Index, McGraw-Hill, New York 1976
J. Schrade, Kunststoffe (Hochpolymere). Bibliographie aus dem deutschen Sprachgebiet. Erste Folge 1911–1968, Dr. J. Schrade, Schweiz. Aluminium AG, Zürich 1976
The International Plastics Selector, Commercial names and sources 1978, Cordura Publ., San Diego, 1978

Handbücher

– , Modern Plastics Encyclopedia, McGraw Hill, New York; erscheint jedes Jahr als Heft 10A der Zeitschrift „Modern Plastics"
K. Stoeckhert, Hrsg., Kunststoff-Lexikon, C. Hanser, München, 5. Aufl. 1973
K. Saechtling und W. Zebrowski, Hrsg., Kunststoff-Taschenbuch, C. Hanser, München, 21.Aufl. 1978
J. Brandrup und E. H. Immergut, Hrsg., Polymer Handbook, Wiley, New York, 2.Aufl. 1975
C. A. Harper, Hrsg., Handbook of Plastics and Elastomers, McGraw Hill, New York, 1975
J. Frados, Hrsg., Plastics Engineering Handbook, van Nostrand-Reinhold, New York 1976
D. W. van Krevelen, Properties of polymers-correlation with chemical structure, Elsevier, Amsterdam, 2. Aufl. 1976

Statistische Unterlagen (jährlich)

United Nations, Statistical Yearbook,
Chemical Economics Handbook, Stanford Research Institute, Menlo Park, CA
World Almanac, Newspaper Enterprise Association, New York
Börsen- und Wirtschafts-Handbuch, Societäts-Verlag, Frankfurt/M.

34 Ausrüstung

34.1 Einführung

Polymere per se erfüllen nicht alle technologischen Anforderungen; sie stellen Kunststoff-Rohstoffe, aber keine Kunststoffe dar. Wirtschaftlich brauchbar werden sie erst durch den Zusatz von Kunststoff-Hilfsmitteln, den sog. Additiven. Diese Additive sind in der Matrix des Polymeren physikalisch dispergiert bzw. gelöst oder reichern sich an seiner Oberfläche an. Sie beeinflussen daher weder die Konstitution noch die Konfiguration der Makromoleküle, wohl aber deren Konformationen, sowie die Super- oder Oberflächenstrukturen der Polymeren. Nur in seltenen Fällen werden Kunststoffe ohne Additive verwendet, z.B. Poly(ethylen)-Filme für die Verpackung von Lebensmitteln.

Die Ausrüstung der Polymeren mit Additiven soll die mechanischen, elektrischen oder chemischen Eigenschaften des Produktes verbessern, seine Verarbeitung erleichtern und ihm ein gefälliges Aussehen verleihen. Füllstoffe, Weichmacher, Nucleierungsmittel und Treibmittel beeinflussen die mechanischen Eigenschaften, Antioxidantien, Wärmestabilisatoren, Flamm- und Lichtschutzmittel die chemische Alterung, Gleitmittel und Antistatika die Oberflächeneigenschaften und Farbstoffe, Pigmente und Aufheller das Aussehen. Zu den Kunststoff-Additiven werden manchmal auch die peroxidisch wirkenden Vernetzungsinitiatoren von ungesättigten Polyestern und ähnlichen Harzen gezählt.

Additive werden in der Regel einzeln angeboten. Mehr und mehr erscheinen auf dem Markt jedoch auch sog. Additivsysteme, d.h. vom Additivlieferanten aufeinander abgestimmte Kombinationen verschiedener Additive. Additivsysteme können reine Mischungen der einzelnen Wirksubstanzen sein oder aber als sog. Batches oder Masterbatches ein Trägermaterial enthalten. Ein Masterbatch ist ein Konzentrat des Additivs im Polymeren. Die Einarbeitung der Additive in das Polymere erfolgt durch Zugabe der berechneten Menge des Masterbatches, wodurch die Dosierung kleiner Mengen der Additive erleichtert wird.

Tab. 34–1: Verbrauch von Additiven für Thermoplaste und Duromere in den USA im Jahre 1977. Die US-Produktion an Kunststoff-Rohstoffen betrug in diesem Jahr ca. 13 000 000 t. Textilhilfsmittel wurden nicht berücksichtigt.

Additiv	Verbrauch t/a	Additiv	Verbrauch t/a
Farbstoffe, Pigmente	138 200	Antioxidantien	15 350
Füllstoffe, nicht-synth.	?	Wärmestabilisatoren	41 800
synth. Polymere	30 000	Flammschutzmittel	180 000
Weichmacher	810 000	Lichtschutzmittel	1 746
Gleitmittel	33 000	Vernetzungsinitiatoren	13 160
Antistatika	2 000	Treibmittel	6 572

Weichmacher, Antioxidantien, Wärmestabilisatoren, Farbstoffe, Aufheller, Antistatika, Flamm- und Lichtschutzmittel wandern gern aus dem Innern der Kunststoffe an die Oberfläche aus, wobei ihre Wirkung teilweise verloren geht und die Oberfläche unansehnlich wird. Das Auswandern kann durch Einpolymerisieren kleiner Mengen von Monomeren mit den entsprechenden Funktionen in die Polymeren verhindert werden. Während bei Weichmachern eine derartige „innere Weichmachung" schon lange bekannt ist und genutzt wird, steht die Funktionalisierung von Kunststoffen mit anderen Wirkgruppen erst am Anfang. In der Textilchemie ist man noch einen anderen Weg gegangen: die klassischen Naturfasern enthalten alle chemisch reaktive Gruppen und können daher mit sog. Reaktivfarbstoffen umgesetzt werden. Die Farbstoffe werden dadurch kovalent an die Faser gebunden und können nicht mehr ausgewaschen werden.

Additive werden in z.T. beachtlichen Mengen verbraucht (Tab. 34—1). Auch die in kleineren Mengen verwendeten Additive sind jedoch wirtschaftlich außerordentlich bedeutsam, da ihr Preis teilweise das Hundertfache des Preises der Polymeren beträgt.

In diesem Kapitel werden aus Zweckmäßigkeitsgründen nicht alle Additive besprochen. Weichmacher, Gleitmittel und verstärkende Fasern werden im Kap. 35, Peroxide in den Kap. 20 und 36, Textilausrüstungen im Kap. 38, Nucleierungsmittel im Kap. 10 und Antistatika im Kap. 13 behandelt.

34.2 Compoundieren

Bei der absatzweisen Polymerisation entstehen oft von Ansatz zu Ansatz etwas unterschiedliche Chargen. Solche Chargen werden gemischt, um den Kunden Produkte mit konstanter Spezifikation liefern zu können. Der Mischprozeß wird auch Mikrohomogenisieren genannt. Makrohomogenisieren ist dagegen das Mischen von Granulaten oder ähnlichen Vorfabrikaten.

Die Ausrüstung von Polymeren mit Additiven wird als Compoundieren oder Konfektionieren bezeichnet. Die Compounds unterscheiden sich je nach Herstellung und Zusätzen. Rührt man z.B. Poly(vinylchlorid) mit Additiven in einem Mischer zusammen, so entsteht ein heterogenes Compound. Dieser sog. Premix kann wegen seiner Heterogenität nicht direkt für die Herstellung von Fertigfabrikaten eingesetzt werden. Verwendet man dagegen Hochleistungsmischer, so werden homogene, rieselfähige Mischungen erhalten, die als sog. Dry Blends direkt auf Extrudern und Spritzgußmaschinen verarbeitet werden können. Compounds werden oft noch in eine zur Verarbeitung geeignetere Form gebracht, z.B. durch Schmelzen, Extrudieren und anschließendes Granulieren der Stränge. Granulate müssen vor der Verarbeitung oft noch vorgetrocknet werden, da sonst im Fabrikat Blasen entstehen.

34.3 Füllstoffe

Füllstoffe sind feste anorganische oder organische Materialien. Inaktive Füllstoffe strecken die teuren Polymeren und verbilligen daher den Kunststoff. Aktive Füllstoffe verbessern bestimmte mechanische Eigenschaften; sie werden daher auch verstärkende Kunststoffe oder Harzträger genannt. Der Begriff der „Verstärkung" ist nicht genau definiert, da als Verstärkung sowohl die Erhöhung der Zugfestigkeit, Kerbschlagzähigkeit oder Wechselbiegefestigkeit als auch die Verringerung des Abriebs bezeichnet wird.

Als Füllstoffe werden meist anorganische Materialien wie Gesteinsmehl, Kreide, Kaolin, Talkum, Glimmer, Schwerspat, Kieselgur, Aerosil (= fein verteiltes SiO_2), Asbest, Glasfasern, Glashohlkugeln, Metalle, Metalloxide, sowie Einkristalle aus Metallen oder Metalloxiden (sog. Whiskers) verwendet. Organische Füllstoffe werden seltener eingesetzt; zu ihnen gehören Russe, Holzmehl, Celluloseflocken, Schaumstoff- und Papierschnitzel, Papier- und Gewebebahnen, Chemiefasern und Stärke. Glas- bzw. chemiefaserverstärkte Kunststoffe werden als GFK bzw. CFK bezeichnet. Füllstoffe werden Thermoplasten in Mengen bis zu 30%, Duroplasten bis zu 60% zugesetzt (vgl. auch Tab. 34-2).

Tab. 34-2: Füllstoffe für Thermoplaste, Duromere und Elastomere

Füllstoff	Dichte g/cm³	Verwendung in	Konzentration %	Verbesserte Eigenschaften
Anorganische Füllstoffe				
Kreide	2,7	PE, PVC, PPS, PB, UP	<33 in PVC <67 in Vinylasbest	Preis, Glanz
Kaliumtitanat		PA	40	Dimensionsstabilität
Schwerspat	4,5	PVC, PUR	<25	Dichte, Transparenz
Talk	2,7	PUR, UP, PVC, EP, PE, PS, PP		Weißpigment, Schlagfestigkeit, Weichmacheraufnahme
Glimmer	2,7–3,1	PUR, UP	<25	Dimensionsstabilität, Steifheit, Härte
Asbest	2,2–3,3	PVC, PP, UP, PA, EP, MF, SI, PF, UF, PB, PI	<60	Härte, Wärmestabilität
Kaolin	2,2	UP, Vinylverbdg.	<60	Entformung
Glaskugeln	2,5	Thermoplaste und Duromere	<40	Elastizitätsmodul, Schrumpf, Kompressionsfestigkeit, Oberflächeneigenschaften
Glasfasern	2,5	sehr viele	<40	Zugfestigkeit, Schlagzähigkeit
Aerosil		Thermoplaste und Duromere	<3	Viskosität (Erhöhung), Reißfestigkeit
Quarz		PE, EP, PMMA	<45	Wärmestabilität, Bruchverhalten
Sand		EP, UP, PF	<60	Schwindung
Al, Zn, Cu, Ni etc.		PA, POM, PP		Leitfähigkeit für Wärme und Elektrizität
MgO		UP		Steifheit, Härte
ZnO		PP, PUR, UP		UV-Stabilität, Wärmeleitfähigkeit
Organische Füllstoffe				
Russe		PVC, HDPE, PUR, PI, Elastomere	<60	UV-Stabilität, Pigmentierung, Vernetzung
Graphit		EP, UF, PB, PI, PPS, UP, PMMA, PTFE	<50	Steifheit, Kriechverhalten
Holzmehl		PF, MF, UF, UP	<5	Schwindung, Schlagzähigkeit
Stärke		PVAL, PE	<7	Biologischer Abbau

34.3 Füllstoffe

Die verstärkende Wirkung aktiver Kunststoffe kann mehrere Ursachen haben. Einige Füllstoffe können mit dem zu verstärkenden Material chemische Bindungen eingehen. Beim Ruß erfolgt dies über radikalische Reaktionen der im Ruß in großer Zahl vorhandenen ungepaarten Elektronen. Die Rußteilchen wirken daher in Elastomeren als Vernetzer.

Andere Füllstoffe wirken rein durch ihre Volumenbeanspruchung. Die Molekülketten des zu verstärkenden Polymeren können wegen der Gegenwart der Füllstoffteilchen nicht alle prinzipiell möglichen konformativen Lagen einnehmen. Die Molekülketten werden dadurch weniger flexibel; die Zugfestigkeiten und die Elastizitätsmoduln nehmen zu. Dieser Verstärkereffekt steigt mit dem Volumenanteil an Füllstoff an (Abb. 34—1). Die Wirkung ist ferner um so größer, je feiner verteilt die Füllstoffe sind.

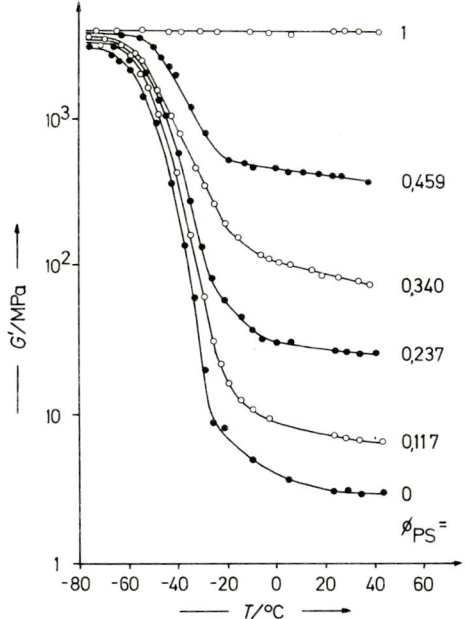

Abb. 34—1: Temperaturabhängigkeit der Speichermoduln eines Styrol/Butadien-Kautschuks, der mit verschiedenen Mengen eines Poly(styrol)-Latex verstärkt wurde. (Nach Daten von G. Kraus et al.)

Eine dritte Wirkungsweise ergibt sich dadurch, daß die Molekülketten bei einer Beanspruchung unter Energieaufnahme von den Füllstoffoberflächen abrutschen können. Die Schlagenergie wird dadurch besser verteilt und die Schlagfestigkeit wird erhöht (vgl. auch Kap. 11).

34.4 Farbmittel

Farbmittel werden in Farbstoffe und Pigmente eingeteilt. Farbstoffe sind in der Polymer-Matrix löslich, Pigmente dagegen unlöslich in Polymeren und Lösungsmitteln. Zur Einfärbung von Kunststoff-Werkstoffen werden weit überwiegend Pigmente verwendet, da sie lichtechter und beständiger gegen Auswandern als Farbstoffe sind. Textilfasern färbt man dagegen praktisch ausschließlich mit Farbstoffen ein (vgl. Kap. 38). Farbstoffe und Pigmente werden Kunststoffen in Mengen von 0,001 −5% zugesetzt.

Die folgenden Pigmente werden am häufigsten verwendet:

weiß:	Titandioxid (nur Rutilmodifikation), ZnO, ZnS, Lithopone ($ZnS + BaSO_4$).
gelb:	CdS (säureempfindlich), $Fe_2O_3 \cdot x\, H_2O$, $PbCrO_4$ (Chromgelb), Benzidingelb, Flavanthrongelb.
orange:	Pigmente aus der Anthrachinongruppe.
rot:	CdSe, Eisenoxidrot, Molybdatrot und viele organische Pigmente.
bordeaux:	CdSe, Thioindigo, Chinacridone.
violett:	viele organische Pigmente.
blau:	Ultramarinblau, Kobaltblau, Manganblau ($Ba(MnO_4)/BaSO_4$), Phthalocyaninblau.
grün:	Chromoxidgrün, chloriertes Kupferphthalocyanin.
Metallpulver:	Aluminium.
Perlglanzpigmente:	blättchenförmige Bleicarbonate.
schwarz:	Russ.

Titandioxid allein bestreitet bei Kunststoff-Werkstoffen ca. 60−65% des ganzen Farbmittelverbrauches, Ruß weitere 20%. Nur 2% des Farbmittelverbrauches für Kunststoff-Werkstoffe entfallen auf Farbstoffe.

Effektpigmente bestehen aus kleinen spiegelnden Plättchen. Sie liegen meist planparallel zur Oberfläche des Kunststoffes. Perleffekte treten auf, wenn die Effektpigmente farblos sind oder höchstens die irisierenden Farben dünner Plättchen zeigen. Perlmutteffekte entstehen, wenn zusätzlich noch Orientierungen vorhanden sind.

Pigmente brauchen im Gegensatz zu Textilfarbstoffen keine besondere Affinität für das Polymersubstrat zu besitzen. Sie müssen jedoch durch die Polymerschmelze benetzbar sein, was z.B. durch Behandeln mit oberflächenaktiven Agentien erreicht werden kann. Pigmente dürfen außerdem nicht verklumpen. Da das Verklumpen oft durch Lufteinschlüsse bedingt ist, wird die Luft durch Anlegen eines Vakuums entfernt. Die Gesamtheit der Vorbehandlungsprozesse für Pigmente nennt man auch Konditionieren.

Pigmente können nach verschiedenen Methoden in das Polymer eingebracht werden. Granulate bedecken sich beim Vermischen mit Pigmenten in Granulatmischern infolge elektrostatischer Aufladung an der Oberfläche mit Pigmentkörnchen; auf diese Weise kann bis zu 1% Pigment eingebracht werden. In vielen Fällen mischt man Pigmente zusammen mit Füllstoffen an, um sie dosiert einbringen zu können. Falls zweckmäßig, können auch Pasten mit einem Weichmacher oder Masterbatches bzw. Farbkonzentrate mit einem Polymeren verwendet werden. Für Lacke und Überzüge werden spezielle Methoden benutzt (vgl. Kap. 39).

An Pigmente und Farbstoffe werden hohe Anforderungen in bezug auf Hitzebeständigkeit, Dispergierbarkeit, Migrations-, Licht- und Wetterechtheit, physiologische Unbedenklichkeit, Nuance und Preis gestellt. Die Hitzebeständigkeit ist wegen der meist hohen Verarbeitungstemperaturen erforderlich. Licht-, Wetter- und Migrationsbeständigkeit sowie physiologische Unbedenklichkeit werden in speziellen Tests geprüft.

Die Nuance (Farbton, Farbstärke, Farbreinheit) hängt außer von der chemischen Konstitution und der Kristallmodifikation bei Pigmenten noch von der Teilchengröße ab. Die eingefärbten Kunststoffe sind transparent, falls die Pigmentteilchen kleiner als die halbe Wellenlänge des einfallenden Lichtes sind. Pigmente sollen Durchmesser zwischen etwa 0,3 und 0,8 μm aufweisen. Mit derartigen Pigmenten können Folien und Fäden bis herab zu Stärken von 20 μm eingefärbt werden. Bei dünneren Folien bzw. Fäden tritt dann der sog. Fadenbruch auf, weil die Pigmentteilchen in ihrer Größe der Folienstärke vergleichbar werden und das Material dann leicht an der Aufenthaltsstelle eines Pigmentteilchens bricht. Für sehr dünne Folien und Fasern werden aus diesem Grunde nur organische Pigmente verwendet, da die organischen Pigmente viel feiner ausgemahlen werden können als die anorganischen (spezifische Flächen von 10–70 m^2/g gegen 400–700 m^2/g). Durch Vermahlen können hellere Farbtöne erhalten werden, allerdings steigt dann auch das Quellvermögen. Das Deckvermögen steigt mit zunehmender Differenz der Brechungsindices von Pigment und Kunststoff (vgl. auch Kap. 14).

34.5 Antioxidantien und Wärmestabilisatoren

34.5.1 ÜBERSICHT

Unter der Alterung eines Polymeren versteht man die unerwünschte Änderung seiner chemischen und physikalischen Struktur während des Gebrauches. Chemische Veränderungen werden meist durch den Einfluß von Atmosphärilien hervorgerufen; sie können sowohl bei der Verarbeitung als auch bei der Anwendung von Polymeren auftreten. Bei den üblichen hohen Verarbeitungstemperaturen spielen thermische und oxidative Reaktionen eine Rolle, bei der Verwendung in Ggw. von Luft und Licht dagegen photochemische und oxidative.

Oxidationen können zu Kettenabbau, zur Vernetzung und/oder zur Verfärbung von Polymeren führen. Diese unerwünschte chemische Alterung kann durch Zusatz von Antioxidantien weitgehend vermieden werden. Bei Poly(vinylchlorid) wird zudem häufig Chlorwasserstoff abgespalten; dieses Polymer muß daher noch durch sog. Wärmestabilisatoren ausgerüstet werden.

34.5.2 OXIDATION

Polymere können im Primärschritt von molekularem Sauerstoff, Ozon oder bereits vorliegenden Radikalen angegriffen werden. Neue Radikale entstehen besonders durch thermischen oder fotochemischen Zerfall primär gebildeter Hydroperoxide

(34–1) $\quad RH + O_2 \longrightarrow ROOH$

(34–2) $\quad ROOH \longrightarrow RO^\bullet + {}^\bullet OH$

Die direkte Bildung von Radikalen durch Angriff von Sauerstoff

(34–3) $\quad RH + O_2 \longrightarrow R^\bullet + {}^\bullet OOH$

ist demgegenüber sehr langsam, während diejenige durch Reaktion mit Ozon nicht bewiesen ist:

(34–4) $\quad RH + O_3 \longrightarrow RO^\bullet + {}^\bullet OOH$

Die gleichen Radikale werden auch durch den Zerfall von Rückständen von Hydroperoxid-Initiatoren gebildet. Die Zerfallsreaktionen derartiger Hydroperoxide werden durch Ionen der Übergangsmetalle induziert und beschleunigt. Das Metallion kann dabei je nach Redoxpotential oxidierend oder reduzierend wirken:

(34–5) $\quad ROOH + Mt^{n+} \longrightarrow RO^\bullet + OH^- + Mt^{(n+1)+}$

(34–6) $\quad ROOH + Mt^{n+} \longrightarrow ROO^\bullet + H^+ + Mt^{(n-1)+}$

Die Peroxyradikale greifen das Substrat an und bilden Substratradikale

(34–7) $\quad ROO^\bullet + RH \longrightarrow ROOH + R^\bullet$

An Kohlenwasserstoffradikale lagert sich dann in einer sehr schnellen Reaktion Triplett-Sauerstoff an

(34–8) $\quad R^\bullet + {}^3O_2 \longrightarrow ROO^\bullet$

Die so entstandenen Peroxyradikale ROO$^\bullet$ (bzw. Hydroperoxyradikale HOO$^\bullet$), Oxyradikale RO$^\bullet$ (bzw. Hydroxyradikale HO$^\bullet$) und Alkylradikale R$^\bullet$ reagieren dann je nach der chemischen Natur des Substrats weiter. Peroxyradikale bilden mit Kohlenwasserstoffen Hydroperoxide

(34–9) $\quad ROO^\bullet + RH \longrightarrow ROOH + R^\bullet$

wobei tertiäre Wasserstoffatome bevorzugt angegriffen werden. Bei Poly(olefinen) treten Nachbargruppeneffekte auf

(34–10)

Beim Poly(acrylnitril) wird wegen der dirigierenden Wirkung der Nitrilgruppe nicht das tertiäre Wasserstoffatom, sondern die Methylengruppe angegriffen.

Bei der Reaktion von Peroxyradikalen mit Olefinen erfolgt dagegen Anlagerung oder Epoxidbildung

(34–11)

während bei konjugierten Doppelbindungen Anlagerung der Radikale und Verschiebung der Doppelbindung auftritt

$(23-12)$ $\quad$ ROO$^\bullet$ + ~CH=CH–CH=CH~ $\quad\to\quad$ ~CH–CH=CH–$\overset{\bullet}{\text{C}}$H~
$\qquad\qquad\qquad\qquad\qquad\qquad\qquad\qquad\qquad\quad\;\,$|
$\qquad\qquad\qquad\qquad\qquad\qquad\qquad\qquad\quad\;\,$OOR

Bei Oxyradikalen findet man schließlich je nach Substrat Wasserstoffübertragung, Anlagerung oder induzierten Zerfall

$(34-13)$ $\quad$ RO$^\bullet$ + RH $\quad\to\quad$ ROH + R$^\bullet$

$(34-14)$ $\quad$ RO$^\bullet$ + –CH=CH– $\quad\to\quad$ RO–CH–$\overset{\bullet}{\text{C}}$H–
$\qquad\qquad\qquad\qquad\qquad\qquad\qquad\qquad\quad\;\,$|

$(34-15)$ $\quad$ RO$^\bullet$ + ROOH $\quad\to\quad$ ROH + ROO$^\bullet$

Die wichtigste kinetische Abbruchreaktion scheint die Rekombination zweier Peroxyradikale unter Rückbildung von Peroxiden und Sauerstoff bzw. unter Bildung von Ketonen, Alkoholen und Sauerstoff zu sein:

$(34-16)$ $\quad$ 2 RR$'$HCOO$^\bullet$ $\quad\begin{cases}\to\text{ RR}'\text{HCOOCHR}'\text{R} + \text{O}_2 \\ \to\text{ R–CO–R}' + \text{O}_2 + \text{R–CHOH–R}'\end{cases}$

Kohlenwasserstoffradikale (z. B. aus den Reaktionen (34–14) oder (34–12) können ferner unter Vernetzung der Polymerketten miteinander rekombinieren. Eine Vernetzung tritt auch durch Rekombination zweier Oxyradikale auf

$(34-17)$ $\quad$ 2 $\rangle$CH–O$^\bullet$ $\quad\to\quad$ $\rangle$CH–O–O–CH$\langle$

34.5.3 ANTIOXIDANTIEN

Die Oxidation von Polymeren wird herabgesetzt, wenn die Zugänglichkeit der oxidierbaren Gruppen vermindert oder die Reaktion selbst unterbunden wird. Die Zugänglichkeit wird um so geringer, je kristalliner das Material ist. Das Eindiffundieren des Sauerstoffs wird durch Oberflächenschutzmittel verringert, die in Mengen von ca. 1% zugegeben werden.

Die eigentlichen Antioxidantien teilt man in Desinitiatoren und Kettenabbrecher ein. Desinitiatoren verhindern die Bildung von Hydroperoxiden oder steuern deren Zersetzung in einer solchen Weise, daß weniger Radikale gebildet werden. Kettenabbrecher greifen in die kinetische Kette ein und vernichten Radikale.

Bei den *Desinitiatoren* unterscheidet man Peroxid-Desaktivatoren, Metall-Desaktivatoren und UV-Absorber. Die UV-Absorber gehören zu den Lichtschutzmitteln und werden dort besprochen. Peroxid-Desaktivatoren zerstören Hydroperoxide, bevor sie in freie Radikale zerfallen. Tertiäre Phosphine werden so zu Phosphinoxiden

$(34-18)$ $\quad$ R$_3$P + ROOH $\quad\to\quad$ R$_3$PO + ROH

und analog tertiäre Amine zu Aminoxiden und Sulfide zu Sulfoxiden oxidiert. Die Sulfoxid-Bildung ist aber zu langsam, um die Autoxidation von Polymeren zu Hydroperoxiden zu verhindern. Die antioxidative Wirkung ist vielmehr auf die Folgereaktionen und Folgeprodukte zurückzuführen, z. B. bei β-aktivierten Thioverbindungen auf die Abreaktion des primär gebildeten Sulfoxides

$(34-19)$ $\quad$ R–CH$_2$–CH$_2$–$\overset{\overset{\text{O}}{\|}}{\text{S}}$–CH$_2$–CH$_2$–R $\quad\to\quad$ R–CH$_2$–CH$_2$–SOH + CH$_2$=CH–R

$$R-CH_2-CH_2-SOH + ROOH \longrightarrow R-CH_2-CH_2-\underset{\underset{O}{\|}}{S}-OOH + RH$$

$$R-CH_2-CH_2-\underset{\underset{O}{\|}}{S}-OOH \longrightarrow R-CH_2-CH_2OH + SO_2$$

Sowohl die Sulfensäure als auch das Schwefeldioxid können Hydroperoxide zersetzen. Als Kettenabbrecher eignen sich Phenole, Amine und einige annellierte Kohlenwasserstoffe. Durch Substanzen wie Di-t-butyl-p-kresol werden pro Molekül zwei Radikale vernichtet:

(34–20)

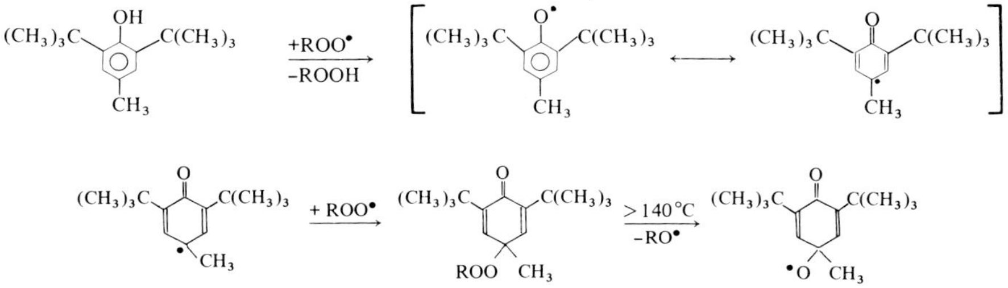

Die Reaktion läuft wahrscheinlich über einen primär gebildeten π-Komplex des Radikals ROO• mit dem Kresol ab. Bei höheren Temperaturen sind Phenole jedoch ziemlich unwirksame Antioxidantien, da sie neue Radikale bilden können.

Bei Aminen hat man stärkere Hinweise für eine Komplexbildung:

(34–21)

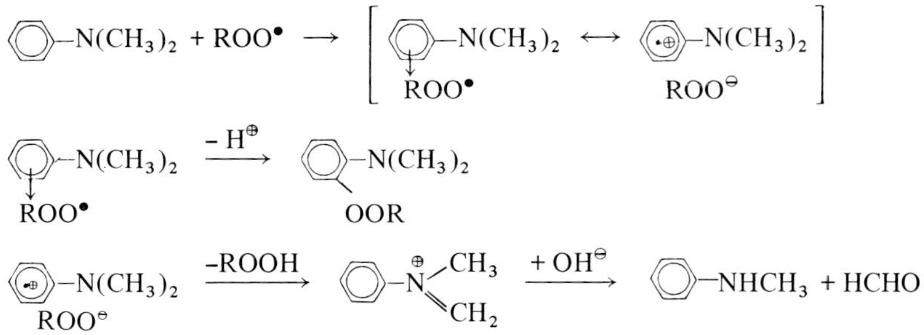

Anthracen wird durch ROO•-Radikale zu Anthrachinon oxidiert:

(34–22)

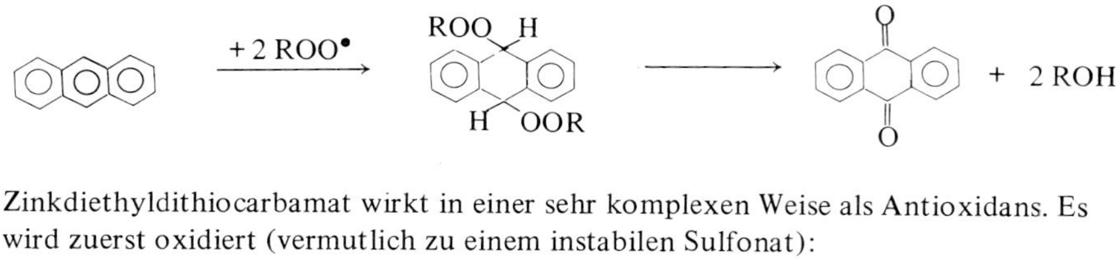

Zinkdiethyldithiocarbamat wirkt in einer sehr komplexen Weise als Antioxidans. Es wird zuerst oxidiert (vermutlich zu einem instabilen Sulfonat):

(34-23)
$$(R_2NCS)_2Zn \xrightarrow{ROOH} (R_2NC(=S)-S(=O)-O)_2Zn$$

Dieses Sulfonat könnte in der gleichen Weise thermisch zerfallen, wie es bei der Benzthiozol-2-sulfonsäure bekannt ist:

(34-24)
$$R_2NC(=S)-S(=O)_2-H \xrightarrow{-SO_2} R_2NC(=S)-OH \longrightarrow R-N=C=S + ROH$$

Das dabei entstehende Schwefeldioxid ist ein aktiver Katalysator für den Zerfall von Hydroperoxiden, z.B. von Cumolhydroperoxid:

(34-25)
$$C_6H_5-C(CH_3)_2-OOH + SO_2 \longrightarrow C_6H_5-C(CH_3)_2-O^{\oplus} + HSO_3^{\ominus} \longrightarrow C_6H_5OH + (CH_3)_2CO + SO_2$$

SO_2 und Isothiocyanat wurden in der Tat nachgewiesen. Nach diesem Mechanismus spielt das Übergangsmetall nur eine untergeordnete Rolle.

Kombiniert man einen Desinitiator und einen Kettenabbrecher, so erzielt man oft einen größeren Effekt in bezug auf Inhibitionsperiode und Geschwindigkeit der Sauerstoff-Aufnahme als sich additiv aus den Einzelwirksamkeiten ergibt. Dieser synergistische Effekt kommt zustande, weil beide Verbindungen nacheinander in die Reaktion eingreifen. Kombinationen mit geringerer Wirksamkeit sind ebenfalls bekannt (antagonistischer Effekt). Antagonistische Effekte treten bei der Wirksamkeit von Antioxidantien in Gegenwart von Ruß auf, da Ruß die Antioxidantien absorbieren und damit unwirksam machen kann.

34.5.4 WÄRMESTABILISATOREN

Poly(vinylchlorid) verfärbt sich „am Licht" und außerdem „thermisch" bei den Verarbeitungstemperaturen. Bei der Verfärbung durch Licht handelt es sich um eine photochemische Oxidation, bei der unter Abspaltung von Chlorwasserstoff konjugierte Systeme gebildet werden:

(34-26)
$$\sim CH_2-CHCl-CH_2-CHCl\sim \xrightarrow{+O_2} \sim CH_2-C(OOH)(H)-CH_2-CHCl\sim \xrightarrow{-HO^{\bullet}} \sim CH_2-C(O^{\bullet})(H)-CH_2-CHCl\sim$$

$$\sim CH_2-C(O^{\bullet})(H)-CH_2-CHCl\sim \xrightarrow{-Cl^{\bullet}} \sim CH_2-CO-CH_2-CHCl\sim \xrightarrow{-HCl^{\bullet}} \sim CH_2-CO-CH=CH\sim$$

Als Stabilisatoren werden Kondensationsprodukte von Aminen und Phenolen mit Aldehyden und Ketonen verwendet.

Der Mechanismus der thermischen Chlorwasserstoff-Abspaltung ist trotz vieler Arbeiten immer noch umstritten. Ursprünglich wurde angenommen, daß die Dehydrochlorierung an tertiären Chloratomen beginnt. Nach neueren Untersuchungen enthält PVC jedoch keine tertiären Chloratome, wohl aber 0,5–1,5 Doppelbindungen pro 1000 Kohlenstoffatome. An diesen Doppelbindungen soll die Dehydrochlorierungsreaktion beginnen und dann nach einem Reißverschlußmechanismus weiterlaufen:

$$(34-27) \quad -CH=CH-\underset{\underset{Cl}{|}}{CH}-CH_2- \longrightarrow -CH=CH-CH=CH- + HCl$$

Das Polymer wird gelblich, wenn sieben konjugierte Doppelbindungen vorhanden sind und verfärbt sich mit zunehmender Ausdehnung des konjugierten Doppelbindungssystemes über braun nach schwarz. Ein Teil der Farbe scheint auch von Ladungsübertragungskomplexen der Doppelbindungen mit dem Chlorwasserstoff zu stammen.

Als Stabilisatoren gegen die Dehydrochlorierung wirken anorganische und organische Derivate des Bleis, sowie organische Derivate des Bariums, Cadmiums, Zinks und Zinns. Die Wirkungsweise dieser primären Stabilisatoren ist noch nicht völlig gesichert. Für die technisch wichtigen Metallcarboxylate, z.B. Zinkstearat $(C_{15}H_{31}COO)_2Zn$, wird ein Mechanismus diskutiert, nach dem zuerst die freien Säuren und Zinkchlorid gebildet werden

$$(34-28) \quad Zn(OOCR)_2 + HCl \longrightarrow ZnCl(OOCR) + RCOOH$$

$$ZnCl(OOCR) + HCl \longrightarrow ZnCl_2 + RCOOH$$

$$RCOOH + ZnCl_2 \longrightarrow R-C\underset{O}{\overset{O}{\diagdown}}Zn\overset{Cl}{\diagdown} + HCl$$

Der koordinativ nicht abgesättigte Zinkkomplex reagiert mit der teilweise abgebauten Polymerkette

(34–29)

und unterbricht so die Polyensequenz, wodurch die Färbung schwächer wird. Die primären Stabilisatoren verhindern somit nicht die eigentliche Zersetzung. In vielen Fällen setzt man den primären Stabilisatoren noch sog. sekundäre Stabilisatoren zu, z.B. epoxidierte pflanzliche Öle, die allein nicht stabilisieren, jedoch weichmachend wirken.

34.6 Flammschutzmittel

34.6.1 VERBRENNUNGSPROZESSE

Alle organischen Verbindungen sind bei Raumtemperatur gegen Sauerstoff thermodynamisch instabil. Die für die Oxidation erforderliche Aktivierungsenergie kann aber meist erst bei höheren Temperaturen aufgebracht werden.

Die Verbrennung ist ein komplizierter Prozeß, den man in die Stadien des Aufheizens, der Pyrolyse, der Zündung, der Verbrennung und der Brandausbreitung einteilen kann. Beim *Aufheizen* wird das Material auf die für die eigentlichen Verbrennungsprozesse erforderlichen Temperaturen gebracht. Das Aufheizen erfolgt um so schneller, je niedriger die spezifischen Wärmekapazitäten und je höher die Wärmeleitfähigkeiten sind.

Bei der *Pyrolyse* wird das Polymer unter Bildung von Gasen, Flüssigkeiten und einem kohleartigen Rückstand abgebaut. Bei der anschließenden *Zündung* fangen die brennbaren Gase an zu brennen, wobei die Zündung von selbst ohne äußere Energiezufuhr oder aber durch eine Fremdflamme oder einen Funken erfolgen kann. Nach der Zündung beginnt die *Verbrennung*, die als radikalische Kettenreaktion abläuft. Die bei der Verbrennung entwickelte Wärme heizt weiteres Material auf, wodurch die Pyrolyse und die Brandausweitung gefördert werden:

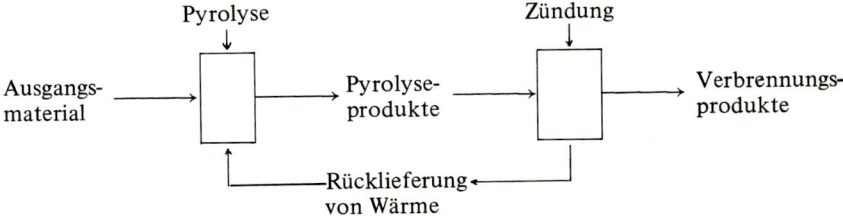

Ein quantitatives Maß für die Entzündbarkeit und Verbrennung ist der Sauerstoffindex LOI (= *l*imiting *o*xygen *i*ndex). Der Sauerstoffindex ist der Grenzwert des Volumenbruches an Sauerstoff in einer Sauerstoff/Stickstoff-Mischung, bei dem das Material nach dem Entzünden mit einer Fremdflamme gerade noch von selbst weiterbrennt:

(34–30) $\quad LOI = \phi_{O_2} = V_{O_2}/(V_{O_2} + V_{N_2})$

Der Sauerstoffindex wird in der Regel so bestimmt, daß die Probe von oben entzündet wird und dann wie eine Kerze weiterbrennt. Praxisnäher ist ein Entzünden der Probe von unten. In diesem Falle wird nämlich ein größerer Teil der Probe aufgeheizt, so daß unter der Wirkung der Rückkopplung pro Zeiteinheit mehr Material pyrolysiert und verbrannt wird. Der „von unten" ermittelte Sauerstoffindex ist daher stets niedriger als der „von oben" ermittelte (Tab. 34–3). Der Sauerstoffindex hängt ferner von den geometrischen Abmessungen der Probe und der Temperatur der Zündflamme ab. Er steigt im allgemeinen bei Verdopplung des „Stoffgewichtes" (Verhältnis Masse/Fläche) wegen der Behinderung der Sauerstoff-Diffusion um ca. 15% an.

Tab. 34−3: Sauerstoffindices LOI verschiedener Substanzen beim Entzünden von oben (O) bzw. von unten (U)

Substanz	ϕ_{O_2} O	U	Substanz	ϕ_{O_2} O	U
Wasserstoff	0,054	0,054	Poly(ethylenterephthalat)	0,20	0,16
Formaldehyd	0,071	0,071	Cellulose	0,20	
Benzol	−	0,131	Nylon 6.6	0,21	
Poly(oxymethylen)	0,14	0,12	Wolle	0,25	
Celluloseacetat	0,16	0,15	Poly(m-phenylenisophthal-säureamid)	0,26	0,17
Poly(propylen)	0,17	0,15	Poly(vinylchlorid)	0,32	0,20
Poly(acrylnitril)	0,17	0,15	Polybenzimidazol	0,48	0,29
Poly(ethylen)	0,18	0,15	Kohlenstoff	0,60	
Poly(styrol)	0,18		Poly(tetrafluorethylen)	0,95	

Substanzen mit Sauerstoffindices größer als 0,225 bezeichnet man als flammwidrig, mit Werten größer als ca. 0,27 als selbstverlöschend. Diese Bezeichnungen sind wegen der verschiedenen Ermittlungsarten des Sauerstoffindexes nicht völlig zutreffend, geben aber eine grobe Klassifizierung der Polymeren an. Im allgemeinen besteht dabei eine gute Zuordnung von Sauerstoffindex zum Anteil an kohleartigen Rückständen (Abb. 34−2).

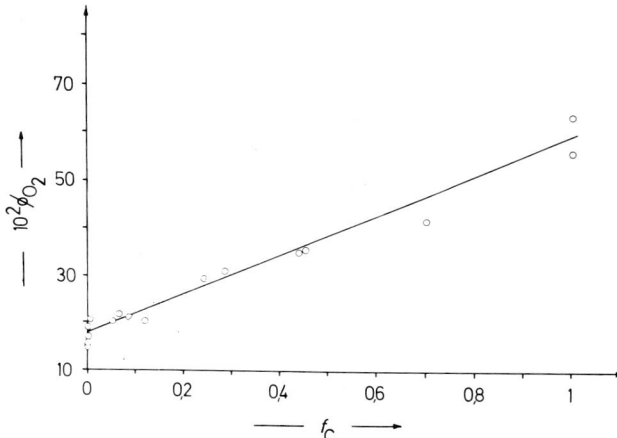

Abb. 34−2: Zusammenhang zwischen Sauerstoffindex LOI bei kerzenartiger Verbrennung und Anteil f_c an kohleartigen Rückständen im Verbrennungsprodukt. (Nach D. W. van Krevelen.)

Die Zündbarkeit hängt aber nicht nur von der lokalen Sauerstoffkonzentration ab, sondern auch noch von der Fremd- und Selbstzündtemperatur, der Geschwindigkeit der Wärmeaufnahme, der Art der Pyrolyseprodukte und dem Schmelzverhalten. Bei der Entzündung thermoplastischer Fasern schmilzt das Material soweit von der Flamme weg, bis die „Schmelztemperatur" unterschritten wird und die Flamme verlöscht. Bei Mischgeweben können jedoch nichtfließbare Bestandteile als Docht wirken und die fließbaren Bestandteile am Zurückweichen hindern.

Die Zusammenhänge zwischen Flammbarkeit, Brennbarkeit, Toxizität und Rauchbildung sind noch weitgehend ungeklärt. Bei der Verbrennung entstehen je nach Material verschiedene Mengen Gase, die erstickend oder vergiftend wirken können (Tab. 34-4). Der entstehende Rauch kann außerdem stark die Sicht behindern. Aliphatische Hauptketten brennen stark, entwickeln aber wenig Rauch. Halogenhaltige Polymere sind andererseits nur schwach brennbar, geben aber starken Rauch ab. Polymere mit aromatischen Seitengruppen brennen stark mit großer Rauchentwicklung.

Tab. 34–4: Massenanteile von Verbrennungsprodukten (ALD = Formaldehyd, Acetaldehyd, Butyraldehyd, Acrolein usw.)

Produkt	$10^3 w$						
	CO	CO_2	O_2	HCN	NO_2	HCl	ALD
Poly(acrylnitril)-Teppich	1,1	33	150	0,1	0,001	0	?
Woll-Teppich	19	180	50	10	0	0	?
PVC-Fußbodenbelag	1,5	?	?	0	0	0,1	?
Eichenholz	14	93	100	0,04	0,01	0	0,43
Baumwolle	?	?	?	?	?	?	0,37

34.6.2 FLAMMSCHUTZ

Der Flammschutz kann durch Verwendung von Überzügen oder Anwendung von Flammfestmachern verbessert werden. Nichtbrennbare oder stark reflektierende Überzüge setzen dabei die Pyrolysetemperatur herauf.

Alle technisch wichtigen Flammfestmacher (Flammschutzmittel) enthalten mindestens eines der folgenden Elemente: P, Sb, Cl, Br, B oder N. Da der Wirkungsmechanismus der Flammschutzmittel nur in wenigen Fällen bekannt ist, erfolgt ihre Auswahl weitgehend empirisch. Gesichert sind zwei verschiedene Wirkungsweisen: Verhinderung des Sauerstoffzutritts durch Abspalten nichtbrennbarer Gase und „Vergiften" der Flamme durch Radikale. Die sog. thermische Theorie der Flammfestmacher ist dagegen umstritten. Nach dieser Theorie werden die Flammfestmacher endotherm abgebaut. Sie erniedrigen dadurch die Oberflächentemperatur der Kunststoffe auf so tiefe Werte, daß die durch die Oxidation freiwerdende Energie nicht mehr für die Zersetzung der Makromoleküle zu leicht brennbaren Fragmenten ausreicht.

Der Sauerstoff-Zutritt wird verhindert, wenn die Flammfestmacher oder die Polymeren selbst nichtbrennbare Gase abgeben. Polycarbonate zersetzen sich unter Bildung von CO_2, wodurch sie selbstverlöschend werden. Der Zusatz von $ZnCl_2$ fördert den Abbau der Cellulose zu Kohlenstoff und Wasserdampf, wobei gleichzeitig ein schlecht brennender Überzug aus Kohlenstoff gebildet wird.

Radikalbildende Flammfestmacher „vergiften" die Flamme, indem sie mit den in der Flamme auftretenden Radikalen rekombinieren. Durch die Rekombination wird die kinetische Kette abgebrochen. Chlor- und bromhaltige Verbindungen wirken in dieser Weise. Erfahrungsgemäß müssen 2–4 Gew. proz. Brom- und 20–30 Gew.

proz. Chlorverbindungen zugesetzt werden, damit ein Flammschutz erhalten wird. Bromverbindungen sind aber viel weniger lichtbeständig als Chlorverbindungen und werden daher weniger verwendet. Die Chlorverbindungen können zugemischt oder in die Polymerkette eingebaut werden. Als zumischbare Stoffe eignen sich Chlorparaffine. Wegen ihrer Unverträglichkeit mit den Polymeren verlieren die Werkstücke aber ihre Transparenz. Der Einbau ist daher in vielen Fällen vorteilhafter.

Antimon(III)oxid allein wirkt nicht als Flammschutzmittel, wohl aber in Gegenwart von Halogenverbindungen. Durch Reaktion der Halogenverbindungen mit Sb_4O_6 entstehen flüchtige Antimonverbindungen ($SbOCl$ und $SbCl_3$), die leicht mit Radikalen reagieren.

Phosphorhaltige Flammschutzmittel oxidieren bei der Verbrennung zu Phosphoroxiden, die dann in Ggw. von Wasser zu Phosphorsäuren umgesetzt werden. Phosphorsäuren katalysieren die Wasserabspaltung, wodurch mehr verkohlte feste Rückstände und somit weniger brennbare Gase gebildet werden. Die nicht flüchtigen Phosphoroxide erzeugen auf der Substratoberfläche einen glasartigen Überzug. Dieser Überzug verhindert das Entweichen von brennbaren Gasen sowie den Zutritt von Sauerstoff.

34.7 Lichtschutzmittel

34.7.1 PROZESSE

Die Bestrahlung chemischer Verbindungen mit Licht kann je nach Gruppierung genügend Energie zur Dissoziation kovalenter Bindungen bereitstellen (Abb. 34–3). Im ultravioletten Bereich absorbieren demnach nur Mehrfachbindungen. Nur wenige Polymere, wie Poly(isopren), Poly(styrol) oder Poly(acrylnitril), werden daher direkt von UV-Licht unter Bildung von Radikalen abgebaut:

(34–31)
$$\sim CH_2-\underset{\underset{CH_3}{|}}{C}=CH-CH_2-CH_2-\underset{\underset{CH_3}{|}}{C}=CH-CH_2\sim \xrightarrow{+h\nu}$$

$$\sim CH_2-\underset{\underset{CH_3}{|}}{C}=CH-\overset{\bullet}{C}H_2 + {}^{\bullet}CH_2-CH=CH-CH_2\sim$$

Die entstehenden Polymerradikale bilden durch erneute Übertragung kettenständige Radikale, die dann kombinieren und so das Polymer vernetzen. Sind dagegen die Radikale nur wenig resonanzstabilisiert, so erfolgt Disproportionierung und Kettenabbau

(34–32) $\sim CH_2-\underset{\underset{COOCH_3}{|}}{\overset{\overset{CH_3}{|}}{C}}-CH_2-\underset{\underset{COOCH_3}{|}}{\overset{\overset{CH_3}{|}}{C}}\sim \xrightarrow{-{}^{\bullet}COOCH_3}$

$\sim CH_2-\underset{\underset{COOCH_3}{|}}{\overset{\overset{CH_3}{|}}{C}}-CH_2-\underset{\underset{\bullet}{|}}{\overset{\overset{CH_3}{|}}{C}}\sim \rightarrow \sim CH_2-\underset{\underset{COOCH_3}{|}}{\overset{\overset{CH_3}{|}}{C}}{}^{\bullet} + CH_2=\underset{\underset{}{}}{\overset{\overset{CH_3}{|}}{C}}\sim$

Polymere wie Poly(ethylen) oder Poly(propylen) sollten ihrer idealen Struktur nach nach keine absorbierenden Gruppen enthalten. Die technischen Polymeren absorbieren aber trotzdem ultraviolettes Licht, wofür Strukturfehler und Verunreinigungen verantwortlich sind. Die Natur dieser absorbierenden Gruppierungen ist nicht immer mit Sicherheit bekannt. Häufig handelt es sich jedoch um Ketone, Aldehyde, Peroxide oder aromatische Kohlenwasserstoffe.

Bei Ketonen können verschiedene fotoinduzierte Prozesse auftreten. Der sog. Norrish I-Mechanismus

(34–33) $\quad -\overset{|}{\underset{|}{C}}-\underset{\|}{C}-\overset{|}{\underset{|}{C}}- \xrightarrow{h\nu} -\overset{|}{\underset{|}{C}}-\underset{\|}{C}^{\bullet} + {}^{\bullet}\overset{|}{\underset{|}{C}}- \longrightarrow -\overset{|}{\underset{|}{C}}{}^{\bullet} + CO + {}^{\bullet}\overset{|}{\underset{|}{C}}-$

ist eine Radikalreaktion und kann daher durch Radikalfänger gestoppt werden. Er ist sehr wichtig bei Poly(α-olefinen). Der Norrish II-Mechanismus

(34–34)

$$\underset{\underset{|}{\overset{|}{C''}}-\underset{|}{\overset{|}{C'}}}{\overset{H\cdots\cdots O}{\underset{C'''}{\diagdown}\diagup}\underset{C-}{\diagdown}} \xrightarrow{h\nu} \mathbin{>}C'''{=}\overset{|}{C''} + \mathbin{>}C'{=}\overset{OH}{\underset{|}{C}}- \longrightarrow \mathbin{>}C'''{=}\overset{|}{C''} + H\overset{|}{C'}-\overset{O}{\underset{\|}{C}}-$$

ist dagegen ein molekularer Prozeß und kann daher nicht durch die üblichen Antioxidantien verhindert werden. Bei aromatischen Ketonen ist die direkte Wasserstoffübertragung wichtig, da diese im Triplett-Zustand sehr wirksame Oxidationsmittel sind:

(34–35) $\quad \mathbin{>}C{=}O + RH \xrightarrow{h\nu} \mathbin{>}C{\overset{\bullet}{}}{\diagup}^{OH} + R^{\bullet}$

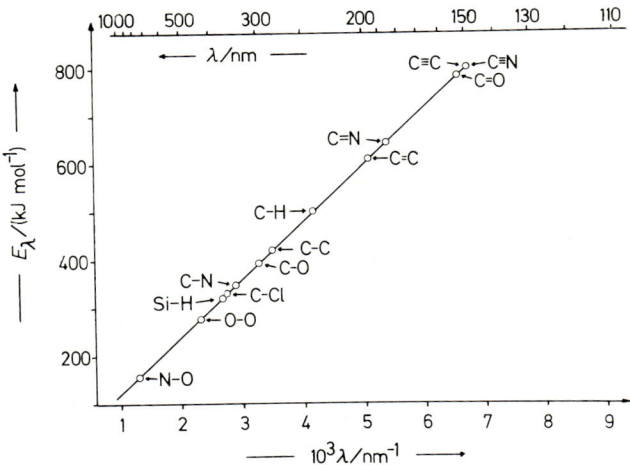

Abb. 34–3: Dissoziationsenergien chemischer Bindungen als Funktion der Wellenlänge des eingestrahlten Lichtes. (Abszisse: lies λ^{-1} anstatt λ)

Die Wasserstoffübertragung zu primär gebildeten Biradikalen scheint dagegen keine Rolle zu spielen:

(34-36) $\text{>C=O} \xrightarrow{h\nu} \text{>}\overset{\bullet}{\text{C}}-\overset{\bullet}{\text{O}} \xrightarrow{+RH} \text{>}\underset{\bullet}{\text{C}}{\text{<}}^{\text{OH}} + R^{\bullet}$

34.7.2 LICHTSCHUTZ

Polymere können gegen einen durch Licht induzierten Abbau durch folgende Maßnahmen geschützt werden: Verhinderung der Lichtabsorption, Desaktivierung angeregter Zustände, Zerstörung gebildeter Perverbindungen und Verhinderung der Reaktion von Radikalen. Die letzteren Maßnahmen wurden bereits in Kap. 34-5 besprochen. Für die Lichtabsorption setzt man UV-Absorber, für die Desaktivierung angeregter Zustände dagegen energieübertragende Mittel ein, sog. Quencher.

Die Lichtabsorption durch Polymere kann durch bestimmte Pigmente stark herabgesetzt werden. Einige pigmentierte Polymere reflektieren das Licht, so daß nur wenige Radikale gebildet werden. Ruß als Füllstoff absorbiert ultraviolettes Licht sehr gut; er ist außerdem eine wirksame Radikalfalle. Titandioxid ist jedoch ein Sensibilisator und fördert den Abbau.

Durchsichtige Polymere müssen in jedem Fall durch Zusatz von UV-Absorbern gegen einen Lichtabbau geschützt werden. UV-Absorber sollen das UV-Licht absorbieren und dabei keine Radikale bilden. Die Absorptionsmaxima vieler Kunststoffe liegen zwischen 290 und 360 nm. UV-Absorber für technische Zwecke müssen daher unter 420 nm absorbieren. UV-Absorber für kosmetische Zwecke sollen dagegen unter 320 nm absorbieren, da die menschliche Haut ein scharfes Empfindlichkeitsmaximum bei 297 nm aufweist.

UV-Absorber wie o-Hydroxybenzophenone oder 2-(2'-Hydroxyphenyl)-benztriazole nehmen die eingestrahlte Energie über die Wasserstoffbrücke auf und wandeln sie in Infrarotstrahlung um. Andere Verbindungen wandeln sich fotochemisch in die eigentlichen UV-Absorber um, z. B. Phenylsalicylate in o-Hydroxybenzophenone.

o-Hydroxybenzophenon   2-(2'-Hydroxyphenyl)-benztriazol

UV-Absorber für Kunststoffe müssen nicht nur eine Absorptionsfähigkeit und eine Schutzwirkung aufweisen, sondern außerdem noch verträglich mit dem Substrat sein, eine hohe Lichtechtheit besitzen, unter den Verarbeitungsbedingungen stabil bleiben, ungiftig sein und z. B. bei Fasern die Farbechtheit nicht beeinträchtigen.

Angeregte Zustände können durch sog. Quencher desaktiviert werden. Der Quencher nimmt dabei die Energie des angeregten Sensibilisators auf und geht selbst in einen angeregten Zustand über. Nur solche Quencher eignen sich aber als Schutzmittel gegen einen UV-Abbau, die im angeregten Zustand ihre akkumulierte Energie ohne weitere schädliche Folgen dissipieren können. Bislang kennt man nur einige Nickelverbindungen, die als derartige Schutzmittel wirken können.

Einige Nickelverbindungen wie Nickeldibutyldithiocarbamat (NiDBC) und Nickelacetophenodioxim (NiOx) wurden bislang als Quencher angesehen. Keines von beiden wirkt jedoch als Quencher für Carbonyl- oder Singulett-Sauerstoff. Sie wandeln vielmehr Hydroperoxide bei hohen Temperaturen schnell in nicht-radikalische Produkte um und entfernen somit die primären Photoinitiatoren. Diese Reaktionen sind beim NiDBC katalytisch, beim NiOx jedoch stöchiometrisch.

Literatur zu Kap. 34

34.1 Übersichten

—, Polymer additives, Noyes Data Corp., Park Ridge, N. Y. 1972
L. Mascia, The role of additives in plastics, Arnold Publ., London 1974
T. R. Crompton, Chemical analysis of additives in plastics, Pergamon Press, Oxford, 2nd ed. 1977

34.2 Prozesse

O. Lauer und K. Engels, Aufbereiten von Kunststoffen, Hanser, München 1971

34.3 Füllstoffe

S. Oleesky und G. Mohr, Handbook of reinforced plastics, Reinhold, New York 1964
G. Kraus, Hrsg., Reinforcement of elastomers, Interscience, New York 1965
W. S. Penn, GFP-Technology, MacLaren, London 1966
P. H. Selden, Hrsg., Glasfaserverstärkte Kunststoffe, Springer, Berlin 1967
R. T. Schwartz und H. S. Schwartz, Fundamental aspects of fiber reinforced plastic composites, Interscience, New York 1968
W. C. Wake, Hrsg., Fillers for plastics, Iliffe, London 1971
P. D. Ritchie, Hrsg., Plasticisers, stabilisers, and fillers, Butterworth, London 1971
G. Kraus, Reinforcement of elastomers by carbon black, Adv. Polymer Sci. **8** (1971) 155
J. B. Donnet, Filler-elastomer interactions, Brit. Polymer J. **5** (1973) 213
M. P. Wagner, Reinforcing silicas and silicates, Rubber Chem. Technol. **49** (1976) 703
R. D. Deanin und N. R. Schott, Hrsg., Fillers and reinforcements for plastics, Chem. Soc., London 1975

34.4 Farbmittel

C. H. Giles, The coloration of synthetic polymers, Brit. Polymer J. **3** (1971) 279
T. B. Reeve, Organic colorants for polymers, Revs. Polymer Technol. **1** (1972) 217
VDI, Einfärben von Kunststoffen, VDI-Verlag, Düsseldorf 1975
R. R. Myers und J. S. Long, Pigments, M. Dekker, New York 1975
E. Herrmann, Kunststoffeinfärbung, Zechner und Hüthig, Speyer 1976
T. Patton, Hrsg., Pigment Handbook, Wiley, New York, 3 Vols. (1973–1976)

34.5 Antioxidantien und Wärmestabilisatoren

34.5.1 ÜBERSICHT

M. B. Neiman, Aging and Stabilization of Plastics, Consultants Bureau, New York, 1965
S. H. Pinner, Weathering and Degradation of Plastics, Columbine Press, Manchester 1966
J. Voigt, Die Stabilisierung der Kunststoffe gegen Licht und Wärme, Springer, Berlin 1967
D. V. Rosato und R. T. Schwartz, Environmental Effects on Polymeric Materials, 2 Bde., Interscience, New York 1968
C. Thinius, Stabilisierung und Alterung von Plastwerkstoffen, Bd. 1, Stabilisierung und Stabilisatoren (1969), Bd. 2, Alterung (1971), Akademie-Verlag, Berlin
J. J. P. Staudinger, Disposal of Plastics Waste and Litter, Soc. Chem. Ind., London 1970

G. Scott, Some New Concepts in Polymer Stabilisation, British Polymer J. 3 (1971) 24
W. L. Hawkins, Hrsg., Polymer Stabilization, Wiley-Interscience, New York 1972
H. H. G. Jellinek, Hrsg., Aspects of degradation and stabilization of polymers, Elsevier, Amsterdam 1978

34.5.2 OXYDATIONSPROZESSE

W. O. Lundborg, Autoxidation and Antioxidants, Interscience, New York 1961
G. Scott, Atmospheric Oxidation and Antioxidants, Elsevier, Amsterdam 1965
L. Reich und S. T. Stivala, Autoxidation of Hydrocarbons and Polyolefins, Dekker, New York 1968
J. F. Rabek, Oxidative degradation of polymers, in C. H. Bamford und C. F. H. Tipper, Hrsg., Comprehensive Chemical Kinetics, Bd. 14, Elsevier, Amsterdam 1975

34.5.3 ANTIOXYDANTIEN

L. E. Mahoney, Antioxidantien, Angew. Chem. 81 (1969) 555
R. A. Lofquist und J. C. Haylock, Ozone in polymer chemistry, in J. S. Murphy and J. S. Orr, Hrsg., Ozone Chem. Technol., Franklin Institute Press, Philadelphia 1975
G. Geuskens, ed., Degradation and Stabilization of polymers, Appl. Sci. Publ., Barking, Essex, 1975
H. Gysling, Antioxidantien und UV-Stabilisatoren, Kunststoffe 66 (1976) 670
Z. Mayer, Thermal decomposition of poly(vinyl chloride) and of its low-molecular-weight model compounds, J. Macromol. Sci. [Revs.] C 10 (1974) 263
G. Ayrey, B. C. Head, R. C. Poller, The thermal dehydrochlorination and stabilization of poly(vinyl chloride), Macromol. Revs. 8 (1974) 1

34.6 Flammschutzmittel

A. A. Delman, Recent Advances in the Development of Flame-Retardant Polymers, J. Macromol. Sci. (Revs. in Macromol. Chem.) C 3 (1969) 281
J. W. Lyons, The Chemistry and Uses of Fire Retardants, Wiley-Interscience, New York 1970
I. N. Einhorn, Fire retardance of polymeric materials, J. Macromol. Sci. D 1 (1971/72) 113
W. C. Kuryla und A. J. Papa, Hrsg., Flame Retardancy of Polymeric Materials, Dekker, New York, Bd. 1 (1973), 2 (1973), 3 (1975), 4 (1978)
A. Williams, Flame Resistant Fabrics, Noyes, NJ, 1974
M. Lewis, S. M. Atlas and E. M. Pearce, Hrsg., Flame-Retardant Polymeric Materials, Plenum, New York 1976
G. L. Nelson, P. L. Kinson, C. B. Quinn, Fire retardant polymers, Ann. Rev. Mat. Sci. 4 (1974) 391
H. J. Fabris, J. G. Sommer, Flammability of elastomeric materials, Rubber Chem. Technol. 50 (1977) 523
E. Meyer, Chemistry of hazardous materials, Prentice-Hall, Eaglewood-Cliffs 1977
A. Granzow, Flame retardation by phosphorous compounds, Acc. Chem. Res. 11 (1978) 177

34.7 Lichtschutzmittel

N. Z. Searle und R. C. Hirt, Bibliography on Ultraviolet Degradation and Stabilization of Plastics, Soc. Plast. Engng. Trans. 2 (1969) 32
R. B. Fox, Photodegradation of High Polymers, Progr. Polymer Sci. 1 (1967) 45
H. J. Heller, Protection of Polymers Against Light Irradation, European Polymer J., Suppl. 1969, 105
O. Cicchetti, Mechanism of Oxidative Photodegradation and UV Stabilization of Polyolefins, Adv. Polymer Sci. 7 (1970) 70
B. Ranby und J. F. Rabek, Photodegradation, Photo-Oxidation and Photostabilization of Polymers, Wiley, New York 1975
B. Baum und R. D. Deanin, Controlled UV Degradation in Plastics, Polymer-Plast. Technol. Engng. 2 (1973) 1
B. Felder und R. Schumacher, Untersuchungen über Wirkungsmechanismen von Lichtschutzmitteln, Angew. Makromol. Chem. 31 (1973) 35
S. S. Labana, Hrsg., Ultraviolet Light Induced Reactions in Polymers, ACS Symposium Ser. 25, Amer. Chem. Soc., Washington 1976
F. H. Winslow, Photooxidation of high polymers, Pure App. Chem. 49 (1977) 495

35 Blends und Composites

35.1 Übersicht

Die Eigenschaften eines Polymeren können nicht nur durch chemische Modifikation, sondern in vielen Fällen einfacher, wirksamer und weniger kostspielig durch Mischen des Polymeren mit anderen Substanzen verändert werden. Die so erzeugbaren Eigenschaften hängen von der Natur und dem physikalischen Zustand des Ausgangspolymeren, von der Art, dem physikalischen Zustand und der Verarbeitungsform des Zusatzstoffes, dem Mischungsverhältnis von Ausgangspolymer und Zusatzstoff, der Wechselwirkung zwischen den Komponenten und auch von der Verarbeitungsart ab. Das Ausgangspolymere kann ein Thermoplast, ein Duromer, ein Elastoplast oder ein Elastomer sein, der Zusatzstoff ein Gas, eine niedermolekulare Flüssigkeit, ein Kunststoff oder ein anderes festes Material. Der Zusatzstoff kann dreidimensional als Netzwerk, zweidimensional als Gewebe, eindimensional als Faser und „nulldimensional" als Pulver oder Flocken vorliegen. Die resultierende Mischung kann schließlich ein- oder mehrphasig sein.

Mischungen eines Polymeren mit anderen Materialien offerieren daher sehr viele Möglichkeiten und Kombinationen. Eine allgemein anerkannte Nomenklatur existiert bislang nicht. Die Vielfalt der Möglichkeiten läßt sich jedoch recht gut durch ein Schema wiedergeben, das die Natur und die „Dimensionalität" des Zusatzstoffes sowie die Zahl der resultierenden Phasentypen zugrundelegt (Tab. 35–1).

Tab. 35–1 Einteilung der Gemische eines Polymeren mit einem Zusatzstoff. Die Linien geben die Bereiche der Schaumstoffe (······), Blends (-----) und Composites (——) an.

Anzahl Phasentypen im Gemisch	„Dimensionalität" des Zusatzstoffes	Natur des Zusatzstoffes					
		Gas	Niedermol. Flüssigkeit	Fester Nichtkunststoff	Duromer	Thermoplast	Elastomer
1	0		weichgemachte Kunststoffe			–homogene Blends–	
2	0	geschlossenzellige Schaumstoffe		partikulär gefüllte Kunststoffe	IPN's	–heterogene Blends–	
2	1			–faserverstärkte Kunststoffe ————			
2	2			–laminierte Kunststoffe ————			
2	3	offenzellige Schaumstoffe		Honig-Waben			

Mischungen eines Polymeren mit Gasen werden allgemein als polymere Schaumstoffe bezeichnet, solche mit Weichmachern als weichgemachte Kunststoffe und solche in inniger Mischung mit anderen Polymeren als Blends oder Polymerblends. Bei Mischungen von Polymeren mit Partikeln spricht man von gefüllten Kunststoffen; solche Partikeln können z.B. Gesteinsmehle, Ruße, Salze, Holzmehl usw. sein, also polymere oder nichtpolymere Substanzen. Mischungen von Polymeren mit faserförmigen Materialien heißen faserverstärkte Kunststoffe, solche mit Geweben Laminate. Der

Zusatzstoff kann makroskopisch dreidimensional vorliegen, z.B. als Honigwaben. Er kann aber auch ein mikroskopisch dreidimensionales Netzwerk aus Ketten bilden wie bei den interpenetrierenden Netzwerken (IPN's). IPN's, faserverstärkte Kunststoffe, laminierte Kunststoffe und Honigwabenstrukturen faßt man unter dem Begriff der Verbundwerkstoffe (Composites) zusammen. Bei konsequenter Anwendung des Schemas 35–1 sind geschlossenzellige Schaumstoffe als heterogene Blends aus Polymeren und Luft aufzufassen, offenzellige Schaumstoffe als Composites aus Polymeren und Luft und weichgemachte Kunststoffe als homogene Blends aus Kunststoff und Weichmacher. Blends und Composites können andererseits als Spezialfälle gefüllter Kunststoffe betrachtet werden. Allen derartigen Mischungen von Polymeren und Zusatzstoffen ist gemeinsam, daß es sich um physikalische Mischungen handelt. Der Zusatzstoff beeinflußt daher die Konformation und die übermolekulare Struktur des Polymeren, nicht aber dessen Konstitution und Konfiguration.

Eine andere Einteilung basiert auf der Wirkung des Zusatzstoffes. Weichmachende Zusatzstoffe führen zu weichgemachten Pllymeren, ganz gleich, ob der Weichmacher nieder- oder hochmolekular ist. Einige Zusatzstoffe wirken ,,verstärkend", wobei jeweils zu definieren ist, worin die Verstärkung besteht. Verstärkt werden können z.B. die Reißfestigkeit, die Schlagfestigkeit, der Widerstand gegen kalten Fluß usw. Da eine derartige Einteilung auf der Wirkung und nicht auf der Struktur beruht, werden manchmal auch Block- oder Pfropfpolymere unter die Blends und Composites gerechnet. Derartige Polymere können zwar mehrphasig auftreten, sind jedoch keine physikalischen Mischungen.

35.2 Weichgemachte Polymere

35.2.1 WEICHMACHER

Weichmacher werden Thermoplasten oder Elastomeren zugesetzt, um sie besser biegsam, verarbeitbar oder schäumbar zu machen. Im allgemeinen handelt es sich bei Weichmachern um niedermolekulare Flüssigkeiten, seltener um niedermolekulare oder hochmolekulare Feststoffe. Elastomere werden meist mit Mineralölen weichgemacht; typische Gummireifen enthalten z.B. ca. 40% Mineralöl. Bei den Weichmachern für Thermoplaste dominieren Phthalsäureester und hier wiederum das Di(2-ethylhexyl)phthalat (,,Dioctylphthalat", DOP). In weit geringeren Mengen werden Epoxide und Adipate verwendet. Polymerweichmacher werden nur in relativ geringen Mengen eingesetzt; sie stellen meist Polyester oder Polyether dar. Hochmolekulare Polyester benutzt man für Polymerblends, niedermolekulare Polyester dagegen als eigentliche Weichmacher. Da die letzteren durch Polykondensation hergestellt werden, besitzen sie breite Molmassenverteilungen und folglich auch monomere und oligomere Anteile. Hohe Monomeranteile bedingen niedrige Polymeranteile, aber recht hohe Oligomerenanteile. In diesem Falle spricht man von Oligomerweichmachern.

Bei den Weichmachern unterscheidet man ferner primäre und sekundäre Weichmacher. Primäre Weichmacher wechselwirken direkt mit den Ketten, während sekundäre Weichmacher eigentlich nur Verdünner für die primären Weichmacher sind. Sekundäre Weichmacher heißen daher auch Extender. Ein bestimmter Weichmacher kann je nach Polymer daher primärer Weichmacher oder Extender sein. Schweröle sind z.B. Extender für PVC-Weichmacher, aber primäre Weichmacher für Elastomere.

80–85% aller Weichmacher werden zur Herstellung von Weich-PVC verwendet. Die bei Weich-PVC bevorzugt verwendeten Phthalate dienen auch zur Weichmachung bestimmter Polyurethane, Polyesterharze und Phenolharze. Phosphatester sind gute Weichmacher für Poly(vinylacetat), Poly(vinylbutyral), Cellulose(acetat) und Phenolharze. Sulfonamide sind Spezialweichmacher für Melaminharze, Phenolharze, ungesättigte Polyester, Polyamide und Celluloseacetat. Insgesamt werden auf dem Markt etwa 500 verschiedene Weichmacher angeboten.

35.2.2 WEICHMACHERWIRKUNG

Weichmacher erhöhen die Beweglichkeit von Kettensegmenten durch verschiedene molekulare Effekte. Polare Weichmacher rufen bei polaren Ketten den gauche-Effekt hervor, d.h. sie vergrößern den Anteil der gauche-Konformationen zu Lasten der trans-Konformationen und setzen somit die mittlere Rotationsschwelle herab (vgl. Kap. 4.1.2). Als mehr oder weniger gute Lösungsmittel lösen Weichmacher ferner Helixstrukturen und kristalline Bereiche auf. Durch die Verdünnung werden außerdem Kettensegmente auseinandergeschoben. Eine Solvatation führt dagegen per se nicht zu einer erhöhten Kettenbeweglichkeit, da eine Solvathülle als Substituent wirkt und folglich die Rotationsschwelle heraufsetzt.

Als Folge der erhöhten Kettenbeweglichkeit erniedrigen sich die Glasübergangstemperaturen, Elastizitätsmoduln, Reißfestigkeiten und Härten, während die Bruchdehnungen heraufgesetzt werden. Die Änderung dieser Größen kann daher als makroskopisches Maß für die Weichmacherwirksamkeit herangezogen werden. Nur die Glasübergangstemperatur hängt jedoch praktisch ausschließlich von der Kettenbeweglichkeit ab, während alle anderen Größen noch von anderen Parametern beeinflußt werden. Messungen der Weichmacherwirksamkeit über Glasübergangstemperaturen, Elastizitätsmoduln, Reißfestigkeiten, Bruchdehnungen und Härten können daher nicht identische Resultate liefern.

Damit ein Weichmacher die Kettenbeweglichkeit erhöhen kann, muß er mit dem Polymeren eine thermodynamisch stabile Mischung bilden, d.h. er muß verträglich sein. Zu gute Lösungsmittel versteifen jedoch die Ketten durch Solvatation. Weichmacher müssen daher möglichst schlechte Löser sein, aber natürlich auch keine Nichtlöser. Die Kettenversteifung durch Solvatation ist nun um so höher, je größer die Weichmachermoleküle sind. Die über die Glasübergangstemperaturen gemessenen Weichmacherwirkungen sind daher bei kleinen Weichmachermolekülen besonders ausgeprägt (Abb. 35-1).

Hohe Weichmacherwirksamkeiten werden erzielt, wenn die Wechselwirkungen zwischen den Weichmachermolekülen selbst sehr gering sind. Zu starke Wechselwirkungen zwischen den Weichmachermolekülen vermindern nämlich die Wechselwirkungen zwischen Weichmachermolekülen und Polymerketten. Außerdem bilden dann die Weichmachermoleküle eine Art Netz, gegen das die Bewegungen der Polymersegmente ausgeführt werden müssen. Dafür ist mehr Energie erforderlich, so daß in diesem Falle die Glasübergangstemperatur relativ ansteigt. Kleine Wechselwirkungen zwischen Weichmachermolekülen zeigen sich durch eine geringe Viskosität des Weichmachers an, so daß gute Weichmacher im allgemeinen niedrige Viskositäten aufweisen.

Vom Standpunkt der Weichmacherwirksamkeit sind also kleine Weichmachermoleküle zu bevorzugen. Kleine Moleküle mit nur geringen intermolekularen Wechselwirkungen besitzen aber hohe Dampfdrucke und folglich auch hohe Flüchtigkeiten. Derartige Weichmachermoleküle bluten oder schwitzen aus, d.h. sie wandern aus dem Innern des

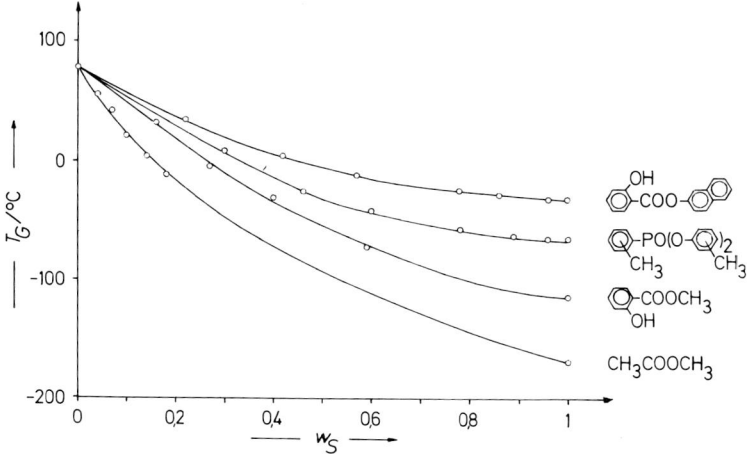

Abb. 35–1: Erniedrigung der Glasübergangstemperatur T_G eines Poly(styrols) durch verschiedene Massenanteile w_S von Weichmachern. Von oben nach unten: β-Naphthylsalicylat, Tricresylphosphat, Methylsalicylat und Methylacetat.

weichgemachten Kunststoffes an die Oberfläche. Das Ausschwitzen kann durch Einsatz von Polymerweichmachern herabgesetzt werden. Polymerweichmacher sind flexible Kettenmoleküle mit entsprechend niedrigen Glastemperaturen. Dazu zählen z.B. gewisse

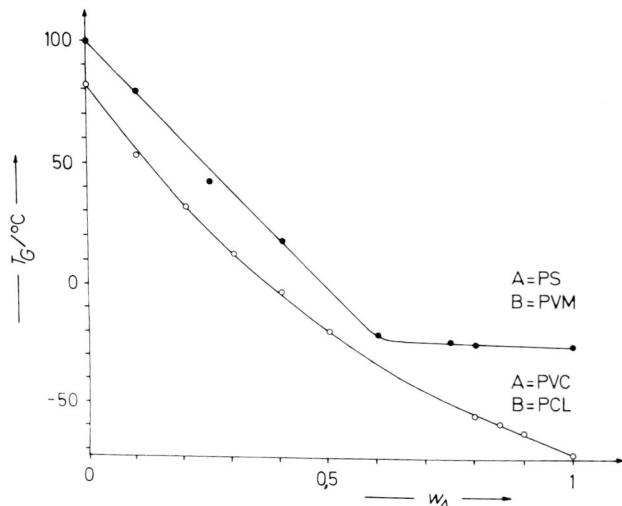

Abb. 35–2: Erniedrigung der Glasübergangstemperaturen T_G von Poly(styrol) PS und Poly(vinylchlorid) PVC durch die polymeren Weichmacher Poly(vinylmethylether) PVM und Poly(ε-caprolacton) PCL

aliphatische Polyester und Polyether mit Molmassen von 2000—4000 g/mol sowie Poly-(vinylmethylether) (vgl. Abb. 35—2). Je höher die Molmasse, um so niedriger der Diffusionskoeffizient und folglich auch die Weichmacherwanderung. Mit steigender Molmasse nimmt aber auch die thermodynamische Unverträglichkeit zu (vgl. Kap. 6.6.6). Die Wahl der Molmasse ist daher durch den Kompromiß zwischen thermodynamischer Unverträglichkeit und kinetisch gehinderter Entmischung bedingt. Genau die gleichen Faktoren spielen auch bei den Polymerblends eine Rolle.

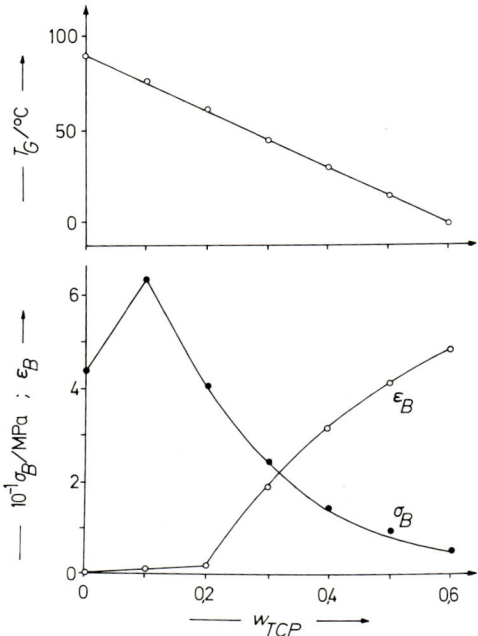

Abb. 35—3: Reißfestigkeit σ_B, Bruchdehnung ε_B und Glasübergangstemperaturen T_G eines mit Tricresylphosphat weichgemachten Poly(vinylchlorides) (nach R.S. Spencer und R.F. Boyer)

Die Weichmacherwirksamkeit gibt sich auch bei mechanischen Größen zu erkennen, z.B. bei höheren Weichmacherkonzentrationen durch eine Erniedrigung der Reißfestigkeit oder eine Erhöhung der Bruchdehnung (Abb. 35—3). Bei tieferen Weichmacherkonzentrationen können jedoch Anomalien auftreten, z.B. eine anfängliche Erhöhung der Reißfestigkeit. Diese Versteifung des Materials bei kleinen Weichmacherkonzentrationen wird oft Antiweichmachung genannt. Sie kann nicht von einer Solvatation herrühren, da dann auch die Glasübergangstemperatur ansteigen müßte, was jedoch nicht gefunden wird. Vermutlich ist die Antiweichmachung durch das Ausheilen von Fehlstellen im Polymeren durch den zugesetzten Weichmacher bedingt.

35.2.3 TECHNISCHE WEICHMACHER

Technische Weichmacher müssen nicht nur gute Weichmacherwirkungen aufweisen, sondern auch noch eine Reihe von Nebenbedingungen erfüllen. Im allgemeinen strebt man hohe spezifische Weichmacherwirkungen an, d.h. der Differentialquotient der Änderung der Eigenschaft mit der Weichmachermasse soll hoch sein. Diese Wirkung wird von kleinen und leicht flüchtigen Molekülen hervorgerufen, die aber wiederum auch leicht ausschwitzen, abwandern und verdunsten. In der Technik strebt man daher einen Kompromiß zwischen der Weichmacherwirksamkeit einerseits und der Beständigkeit gegenüber Entmischen und Ausschwitzen andererseits an.

Typische technische Weichmacher sind daher nicht zu niedermolekular und nicht zu thermodynamisch schlechte Lösungsmittel. Für apolare Polymere muß man dagegen polare Weichmacher einsetzen, z.B. Ester für PVC. Die primären Weichmacher können bei polaren Polymeren teilweise durch Extender ersetzt werden. Extender sind meist unverträglich mit dem Polymeren und können daher nur in Mischung mit einem primären Weichmacher verwendet werden. Zu ihnen zählen beim PVC z.B. Paraffine, epoxidierte Öle und ungesättigte Polyester.

Weichmacher sollen außerdem gegen Ausschwitzen (Ausbluten), Extraktion und Migration beständig sein. Ausschwitzen ist das Auswandern des Weichmachers aus dem Innern an die Oberfläche bzw. an die Luft, Extraktion das Auswandern in eine umgebende Flüssigkeit und Migration das Auswandern in einen festen Kontaktstoff. Das Ausbluten ist durch die thermodynamische Unverträglichkeit von Polymer und Weichmacher bedingt, kann also durch geeignete Wahl des Weichmachers verhindert werden. Extraktion und Migration erfolgen dagegen auch bei thermodynamisch verträglichen Weichmachern, sofern die umgebende Flüssigkeit oder der feste Kontaktstoff mit dem Weichmacher verträglich sind. In diesen Fällen bestehen nämlich zwischen dem weichgemachten Polymer und dem Kontaktstoff Unterschiede in den chemischen Potentialen des Weichmachers und daher Anreize zur Extraktion bzw. Migration. Extraktions- bzw. Migrationsgeschwindigkeit werden durch das Diffusionsverhalten der Weichmacher im weichgemachten Material reguliert. Kinetische Faktoren können die Migration zwar verzögern, aber nicht völlig verhindern. So migrieren Polymerweichmacher trotz hoher Viskosität; Sperrschichten halten migrierende Weichmacher nur bedingt auf. Ausschwitzen, Extraktion und Migration sind nicht nur aus ästhetischen Gründen unerwünscht, sie sind auch technisch und toxikologisch bedeutsam, z.B. bei Verbundwerkstoffen und bei Lebensmittelverpackungen.

Das Ausschwitzen eines Weichmachers darf nicht mit der durch Mikroorganismen hervorgerufenen Bildung eines schleimigen Überzuges verwechselt werden. Mikroorganismen gedeihen auf vielen Weichmachern, so daß diese bzw. die Polymeren fungizid ausgerüstet werden müssen.

Weichmacher für den Einsatz bei höheren Verarbeitungs- und Betriebstemperaturen müssen natürlich thermisch stabil sein. Bei noch höheren Temperaturen empfiehlt sich der Einsatz von Antioxidantien und flammhemmenden Additiven bzw. flammhemmenden Weichmachern selbst. Ein interessanter Spezialfall ergibt sich, wenn hohe Schmelzviskositäten so hohe Verarbeitungstemperaturen erfordern, daß das Polymer dabei abgebaut wird. Ein Zusatz von vernetzbaren Weichmachern niedriger Anfangsviskosität erniedrigt hier die Schmelzviskosität und die Verarbeitungstemperatur. Anschließend wird gehärtet, so daß die Glasübergangstemperatur des geformten Werkstoffes hoch bleibt. Ein Beispiel dafür ist der mit Polysulfonen verträgliche reaktive Weichmacher 4,4'-Bis(3-ethynylphenoxy)diphenylsulfon.

35.2.4 GLEITMITTEL

Bei Gleitmitteln unterscheidet man häufig äußere und innere Gleitmittel. *Äußere Gleitmittel* beeinflussen die Vorgänge in und an Phasengrenzflächen: Reibung von Kunststoffpulvern an der Wand der Verarbeitungsmaschinen, gegenseitige Reibung der Partikeln untereinander, Reibung der Polymerschmelze an der Wand und Haftung der ausgeformten Masse am Werkzeug. *Innere Gleitmittel* verbessern das Fließverhalten und die Homogenität der Schmelze und verringern den Barus-Effekt und den Schmelzebruch. In beiden Fällen verhindern die Gleitmittel das Entstehen von Reibungswärme. Sie wirken also als Wärmeregulatoren oder physikalische Thermostabilisatoren.

Die molekulare Wirkungsweise der Gleitmittel ist nicht genau bekannt. Beim Verarbeiten pulverförmiger oder granulierter Kunststoffe brechen die Teilchen beim Übergang zur Schmelze in kleinere „Fließeinheiten" von ca. 0,1–1 μm Durchmesser auf. Diese Fließeinheiten sind sehr stabile Aggregate, die vermutlich schon bei der Polymerisation entstehen und sich erst bei sehr hohen Temperaturen auflösen. Kunststoffschmelzen sind daher kurz nach dem Aufschmelzen der Pulver bzw. Granulate keineswegs homogene Flüssigkeiten, sondern mehr oder weniger dichte Kugelpackungen von Aggregaten.

Die Wirkung eines Gleitmittels wird durch seine Affinität zum Polymeren bestimmt. Im Polymeren gut lösliche Gleitmittel reichern sich in den Außenzonen der Fließeinheiten an. Die Fließeinheiten quellen auf und verschmelzen mit der bereits flüssigen Phase. Derartige Gleitmittel wirken als innere Gleitmittel, d.h. als eine Art Weichmacher.

Mit dem Polymeren unverträgliche Gleitmittel sind dagegen äußere Gleitmittel. Sie reichern sich auf den Oberflächen der Polymeraggregate an und verringern deren Reibung aneinander. Die so verminderte Reibungswärme verhindert das Aufbrechen der Polymeraggregate zu den kleinen Fließeinheiten. Gleichzeitig bilden die Gleitmittel zwischen Polymerschmelze und Werkzeugwandung eine schmierende Schicht. Die bei der Verarbeitung im Kontakt mit dem Kunststoff stehenden Metallteile sind nämlich stets oberflächlich oxidiert. Die polaren Oxid- und Hydroxidgruppen bilden mit polaren Polymeren physikalische Bindungen aus, wodurch das Gleiten des Kunststoffes an der Metalloberfläche erschwert wird. Das Gleitverhalten wird folglich verbessert, wenn die Oberfläche der Kunststoffschmelze durch apolare Gruppen abgeschirmt wird. Andererseits müssen die Gleitmittel an der Metalloberfläche haften. Gleitmittel für polare Polymere sind daher in der Regel amphiphile Verbindungen, z.B. Metallstearate oder Amide und Ester von Fettsäuren, Gleitmittel für apolare Polymere dagegen Wachse.

35.3 Blends und IPN's

35.3.1 EINTEILUNG UND AUFBAU

Blends und interpenetrierende Netzwerke sind physikalische Mischungen konstitutiv und/oder konfigurativ verschiedener Homo- oder Copolymerer. Sie werden hergestellt, um bestimmte End- oder Verarbeitungseigenschaften so zu verbessern, daß das

Eigenschaftsbild der Massenkunststoffe auf wirtschaftliche Weise dem der Konstruktionswerkstoffe angenähert wird.

Die Endeigenschaften der Blends hängen von einer Vielzahl von Faktoren ab. Die chemische Struktur der Ausgangskomponenten und die Gebrauchstemperatur bestimmen die Verträglichkeit und die Glasübergangstemperaturen. Mischungsverhältnis und Art der Herstellung entscheiden über die Verträglichkeit, Phasenanteile und Phasendominanz. Die mechanischen Eigenschaften werden bei homogenen (einphasigen) Blends von beiden Komponenten, bei heterogenen Systemen dagegen weitgehend vom Stoff in der kontinuierlichen Phase bestimmt. Die kontinuierliche Phase wird auch als Matrix bezeichnet.

Die zur Herstellung von Blends verwendeten Polymeren können als Thermoplaste, Elastomere oder Duromere vorliegen. Bei Mischungen aus zwei Elastomeren strebt man einphasige Systeme an: nach der Vulkanisation bilden die beiden Komponenten ein einziges Netzwerk. Im Idealfall der interpenetrierenden Netzwerke (IPN's) baut man zuerst ein Netzwerk der einen Komponenten auf. Dieses Netzwerk wird dann durch das Monomere der zweiten Komponenten angequollen. Nach der vernetzenden Polymerisation der zweiten Komponenten liegen dann zwei sich gegenseitig durchdringende, jedoch voneinander unabhängige Netzwerke vor.

Homogene Blends aus einem Thermoplasten und einem Elastomeren oder aus zwei Thermoplasten werden hergestellt, um die Matrix weichzumachen. Heterogene Blends aus Elastomerteilchen in einer kontinuierlichen Phase aus Thermoplasten machen dagegen den Thermoplasten schlagzäher. Der Zusatz von Fasern zu Thermoplasten wirkt versteifend. Blends können aber auch aus einer Reihe von anderen Gründen hergestellt werden: um Polymere durch Zusatzstoffe flammfester zu machen, um die Verarbeitung zu erleichtern usw.

Entscheidend für viele Eigenschaften ist oft, ob der Blend ein- oder mehrphasig vorliegt. Mehrphasige Blends geben sich in vielen Fällen rein optisch durch ihr opakes Aussehen im festen Zustand zu erkennen. Klare Proben sind jedoch umgekehrt kein Beweis für die Verträglichkeit zweier Polymerer. Eine Opazität ist nämlich die Folge einer Lichtstreuung und kann bei mehrphasigen Systemen nur dann auftreten, wenn die Brechungsindex-Unterschiede zwischen den Phasen genügend groß sind und die Phasendimensionen etwa gleich groß oder größer als die Wellenlänge des eingestrahlten Lichtes sind. Auch klare Proben können daher sehr wohl mehrphasig sein. Die Mehrphasigkeit läßt sich in diesem Falle elektronenmikroskopisch nachweisen, manchmal direkt, manchmal erst nach Anfärben einer Komponenten. Ein Beispiel dafür ist das „Anfärben" der Dienkomponenten von Polyolefin/Polydien-Mischungen mit Osmiumtetroxid, wobei die tiefgefärbten Osmiumsäureester des Polydiens entstehen:

$$(35-1) \quad \sim\!\!\overset{|}{C}\!\!=\!\!\overset{|}{C}\!\!\sim + OsO_4 \longrightarrow \sim\!\!\overset{|}{\underset{O\diagdown \diagup O}{C}}\!\!\underset{Os}{\rule{2em}{0.4pt}}\!\!\overset{|}{\underset{O\diagup \diagdown O}{C}}\!\!\sim$$

Bei amorphen Polymeren gibt sich die Mehrphasigkeit auch durch das Auftreten von mehreren Glastemperaturen zu erkennen (Abb. 35–4). Bei zweiphasigen Systemmen werden die beiden Glasübergangstemperaturen der Komponenten immer dann gefunden, wenn die Durchmesser der Phasen größer als ca. 3 nm sind. Einphasige Systeme zeigen dagegen nur eine Glasübergangstemperatur, deren Lage nach der Mischungsregel vom Anteil und den Glasübergangstemperaturen der beiden Komponenten A und B bestimmt wird (Abb. 35–5):

(35–2) $\quad T_G = w_A (T_G)_A + (1 - w_A)(T_G)_B$

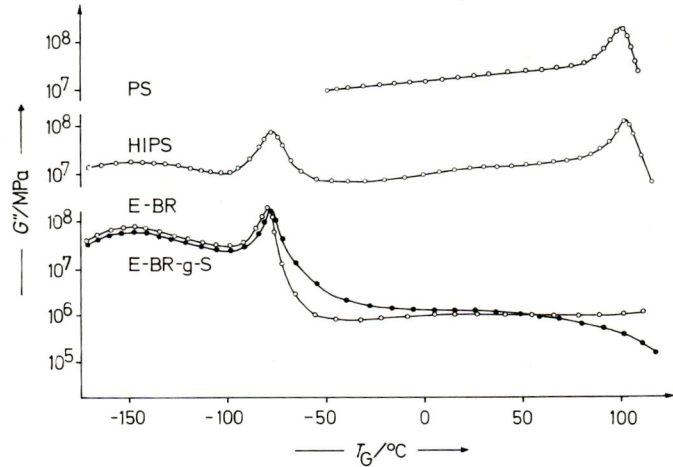

Abb. 35–4 Verlustmoduln G'' als Funktion der Temperatur für ein durch Emulsionspolymerisation hergestelltes Poly(butadien)-Elastomer E-BR, ein mit Styrol gepfropftes E-BR, ein Poly(styrol) PS und ein durch in-situ-Polymerisation von Styrol in einer Lösung von E-BR in Styrol hergestelltes schlagfestes Poly(styrol) HIPS. Die Peaks geben dynamische Glasübergangstemperaturen an (nach Daten von H. Willersinn)

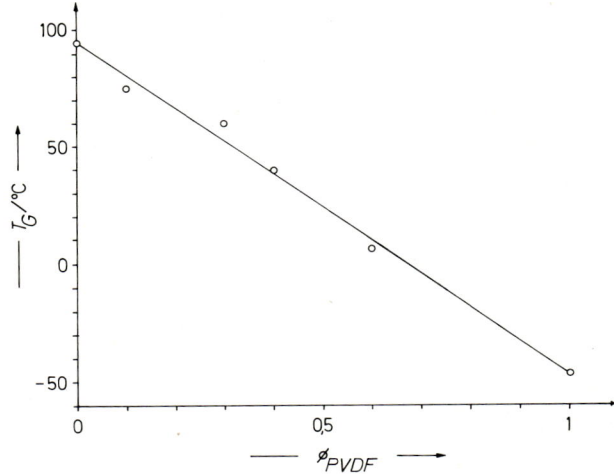

Abb. 35–5: Glasübergangstemperaturen einphasiger Mischungen von Poly(methylmethacrylat) mit Poly(vinylidenfluorid) (nach J. S. Noland, N. N. Hsu, R. Saxon und J. M. Schmitt)

Ob ein System ein- oder mehrphasig vorliegt, hängt von den thermodynamischen Zustandsfunktionen und den kinetischen Bedingungen ab. Mischungen zweier Polymerer sind in der Regel thermodynamisch unverträglich (vgl. Kap. 6.6.6). Kristalline Polymere sind jedoch verträglich, wenn Mischkristalle auftreten können. Eine Verträglichkeit ist auch immer dann gewährleistet, wenn starke molekulare Assoziationen gebildet werden können, z. B. als Stereokomplexe oder über Wasserstoffbrückenbindungen. Poly(γ-methyl-L-glutamat) bildet z. B. einen 1:1-Stereokomplex mit der entsprechenden D-Verbindung und it-Poly(methylmethacrylat) einen Komplex mit st-Poly(methylmethacrylat). Zwischen den Grundbausteinen der Poly(acrylsäure) und denen des Poly(oxyethylens) existieren Wasserstoffbrücken, die trotz des großen Unterschiedes in den Löslichkeitsparametern über einen weiten Zusammensetzungsbereich zu 1:1-Komplexen führen.

Eine Verträglichkeit von Polymeren, die nicht diese Bedingungen erfüllen, ist selten. Verträglichkeit bedeutet ja, daß zwei Substanzen bei einer gegebenen Temperatur über den ganzen Zusammensetzungsbereich mischbar sind (vgl. Kap. 6.6). Zwei Substanzen sind demgemäß unverträglich, wenn über einen gewissen Zusammensetzungs- und Temperaturbereich eine Mischungslücke existiert. Die Mischungslücke vergrößert sich mit steigender Molmasse der Polymeren (Abb. 35–6). Sie weitet sich mit steigender Temperatur, wenn untere kritische Löslichkeitstemperaturen vorliegen, und mit abnehmender Temperatur bei oberen kritischen Löslichkeitstemperaturen. Bei Copolymeren hängt der Verträglichkeitsbereich außerdem noch von der Zusammensetzung des Copolymeren sowie dessen Sequenzverteilung ab (Abb. 35–7).

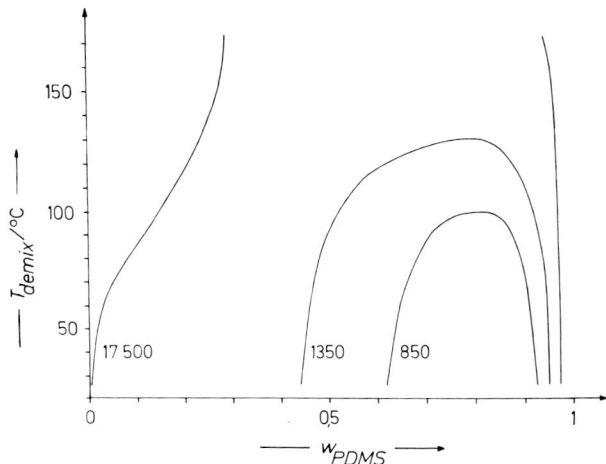

Abb. 35–6: Entmischungstemperaturen für Gemische aus einem Poly(isobutylen) mit der Molmasse 250 g/mol und Poly(dimethylsiloxanen) mit den Molmassen 850, 1350 und 17500 g/mol als Funktion der Zusammensetzung

Verträgliche Polymere müssen jedoch nicht notwendigerweise einphasige Systeme bilden, da sich das thermodynamische Gleichgewicht wegen der hohen Viskosität und der niedrigen Diffusionsgeschwindigkeit nur extrem langsam einstellen kann. Umgekehrt kann ein teilweise mischbares System im Zusammensetzungsbereich zwischen der Binodalen und der Spinodalen bei Abwesenheit von Keimbildnern unendlich lange als metastabile homogene Phase existieren. Auch außerhalb dieses Bereiches kann ferner eine Homogenität aus kinetischen Gründen sehr lange aufrechterhalten werden. Homogene Systeme zeigen daher nicht notwendigerweise thermodynamische Verträglichkeiten, heterogene Systeme nicht unbedingt Unverträglichkeiten an.

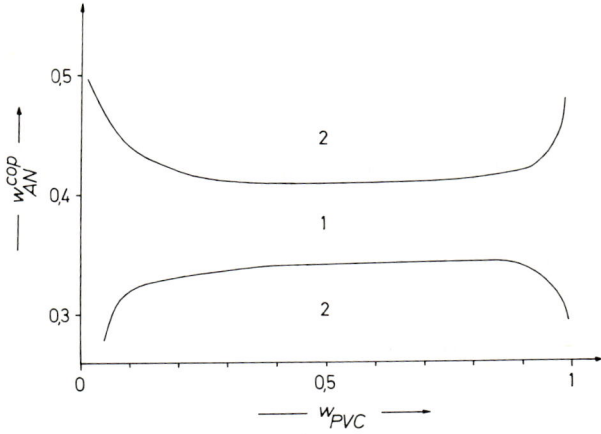

Abb. 35–7: Mischbarkeit eines Poly(vinylchlorides) der Molmasse 100 000 g/mol mit Nitrilkautschuken NBR der Molmasse 100 000 g/mol, jedoch wechselnden Acrylnitril-Gehalten bei 25°C. Die Zahlen geben an, ob der Blend ein- oder zweiphasig ist (nach R. Casper und L. Morbitzer)

35.3.2 HERSTELLUNG VON POLYMERBLENDS

Polymerblends können auf zwei verschiedene Weisen hergestellt werden: durch Mischen von zwei separat hergestellten Polymeren oder durch in-situ Polymerisation eines Monomeren in Ggw. eines vorgebildeten Polymeren. Das Mischen zweier fertiger Polymerer kann über die Schmelze, die Latices oder über die Lösungen erfolgen.

Beim *Schmelzmischen* werden die als Ballen (Elastomere) oder feinkörnige Pulver (Thermoplaste) vorliegenden Polymeren auf Walzenstühlen oder in Knetern vermischt. Eine gute Vermischung kann wegen der hohen Viskosität nur bei höheren Temperaturen und unter starken Scherfeldern erreicht werden. Die Polymeren werden unter diesen Bedingungen homolytisch abgebaut und die entstehenden Radikale können Pfropfung und Vernetzung ehrvorrufen. Der Scherabbau kann bei Verwendung von Polymeren niedrigerer Molmasse zurückgedrängt werden. Die durch Schmelzmischen erzielbaren Domänengrößen hängen von den Mischbedingungen und den Schmelzrheologien ab. Bei unverträglichen Polymeren dient die beim Mischen aufgenommene Energie z.T. zur Deckung des Bedarfs an Oberflächenenergie für die Bildung neuer Partikeln, z.T. für Fließvorgänge. Die Domänengröße wird nach einiger Zeit konstant und kann dann durch weiteres Rühren nicht mehr verkleinert werden. Wegen der hohen Viskosität der Schmelze sind die Diffusionskoeffizienten der Moleküle sehr niedrig; die Schmelze entmischt sich daher trotz der thermodynamischen Unverträglichkeit der Polymeren praktisch nicht. Aus dem gleichen Grunde kann aber auch aus zwei verträglichen Polymeren durch Schmelzmischen praktisch kein einphasiges System erzeugt werden.

Beim *Latexverfahren* werden wässrige Dispersionen der beiden Polymeren miteinander gemischt. Wegen der niedrigen Viskosität der Latices kann bei tieferen Temperaturen und bei niedrigeren Scherfeldern als beim Schmelzmischen gearbeitet werden. Die innige Mischung der Latexteilchen bleibt auch nach der Koagulation mehr oder weniger erhalten. Die koagulierte Masse muß dann jedoch zusammen „geschmolzen" werden, wobei natürlich die gleichen Probleme wie beim Schmelzmischen auftreten.

Beim *Lösungsmischen* geht man von unabhängig hergestellten Lösungen der beiden Polymeren aus. In jeder Lösung liegen die Polymeren molekular gelöst vor. Beim Mischen entsteht bei verträglichen Polymeren eine innige Verteilung der Moleküle. Unverträgliche Polymere entmischen sich dagegen schon bei sehr kleinen Konzentrationen, wobei zusätzlich noch eine Fraktionierung nach den Molmassen eintreten kann. Versuche, die innige Mischung der Lösungen unverträglicher Polymerer durch rasches Einfrieren dieses Nichtgleichgewichtszustandes aufrechtzuerhalten, sind alle mißglückt. Die Phasentrennung unverträglicher Polymerer wird beim Eindampfen der Lösungen wegen der erhöhten Diffusionsgeschwindigkeit natürlich noch beschleunigt. Sowohl beim Einfrieren als auch beim Eindampfen muß anschließend das Lösungsmittel durch Sublimation bzw. Destillation entfernt werden, wodurch vor allem beim Eindampfen die Domänengröße erhöht werden kann.

Bei der *in-situ-Polymerisation* wird ein Monomer A in Ggw. des Polymeren B polymerisiert. Im einfachsten Fall wird ein nichtvernetzbares Polymeres in einem nichtvernetzbaren Monomeren gelöst und das Monomere anschließend polymerisiert. Im technisch wichtigsten Fall ist das Polymere ein vernetzbares Dien, während das Monomere zu einem Thermoplasten führt. Im Spezialfall der interpenetrierenden Netzwerke quillt man ein polymeres Netzwerk B in einem vernetzbaren Monomeren A an, das dann im idealen Falle zu einem unabhängigen polymeren Netzwerk A polymerisiert.

Bei allen drei Ausführungsarten der in-situ-Polymerisation tritt während der Polymerisation oft eine Phasenumkehr auf, wenn die Konzentration des neu gebildeten Polymeren A derjenigen des vorgegebenen Polymeren B vergleichbar wird. Ein Beispiel dafür ist die technisch wichtige Polymerisation von Styrol in einer Lösung von ca. 8% Poly(butadien)-Elastomer in Styrol. Bei der radikalischen Polymerisation dieses Systems bildet sich zuerst Poly(styrol) in Ggw. unveränderten Poly(butadiens). Da das Poly(styrol) mit Poly(butadien) unverträglich ist und anfänglich als Minderheitskomponente vorliegt, scheiden sich aus der styrolischen Lösung des Poly(butadiens) bei kleinen Umsätzen Poly(styrol)-Teilchen ab (Abb. 35-8). Bei höheren Umsätzen wird das Poly(butadien) gepfropft und schließlich vernetzt. Läuft die Polymerisation ohne Rühren ab, so betten sich Poly(styrol)-Teilchen in das entstehende Geflecht von gepfropftem und vernetztem Poly(butadien) ein und es entsteht ein interpenetrierendes Netzwerk von Poly(styrol) und Elastomer. Rührt man jedoch, so kehren sich die Phasen um, wenn etwa 9–12% Poly(styrol) vorliegen und es werden gepfropfte und vernetzte Poly(butadien)-Teilchen in einer kontinuierlichen Poly(styrol)-Matrix gebildet. Je geringer die anfängliche Kautschukkonzentration, um so niedrigere Umsätze erzeugen die Phasenumkehr.

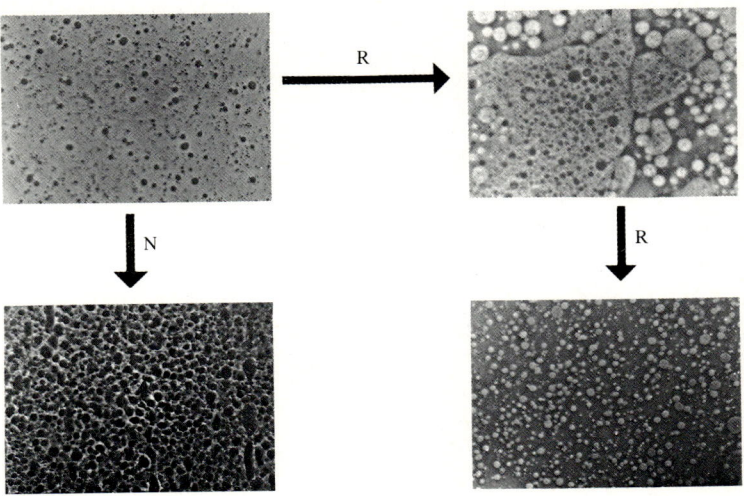

Abb. 35–8: Phasenumkehr bei der radikalischen Polymerisation von gerührten Poly(butadien)-Lösungen in Styrol (Weg R). Ohne Rühren tritt keine Phasenumkehr auf (Weg N). Bei der positiven Phasenkontrast-Mokroskopie erscheinen die Phasen mit dem höheren Brechungsindex (PS) als schwarz, die mit dem niedrigeren Brechungsindex (E-BR bzw. E-BR-g-S) als weiß (nach G. Molau und H. Keskkula).

Ob und wenn bei nicht-gerührten in-situ-Polymerisationen solche Phasenumkehrungen stattfinden, scheint vom Pfropfungsgrad abzuhängen. Bei nichtgerührten Polymerisationen von Poly(chloropren)/Styrol-Lösungen wurde nämlich je nach Ausgangspolymer die Phasenumkehr beobachtet oder auch nicht.

Alle vier Verfahren haben bestimmte Vor- und Nachteile in bezug auf Verfahrensdurchführung, Wirtschaftlichkeit und Endeigenschaften der Produkte. Über den Einfluß der Verfahrensweise auf Thermoplast/Thermoplast-Systeme und Elastomer/Elastomer-Systeme liegen praktisch keine vergleichbaren Daten und systematische Untersuchungen vor. Nur für Systeme Thermoplast/Elastomer gibt es vereinzelte systematische Untersuchungen (vgl. weiter unten).

35.3.3 PHASENMORPHOLOGIE

Die Struktur mehrphasiger Systeme wird von einer Reihe von Faktoren bestimmt: dem Mengenverhältnis der beiden Komponenten, der Gestalt und Packung der dispergierten Komponente und den Löslichkeiten und Viskositäten beider Komponenten.

Das Mengenverhältnis bestimmt, welche Komponente bei genügend freier Beweglichkeit die dispergierte Phase bildet. In der Regel liegt die dispergierte Komponente in Form von mehr oder weniger kugelförmigen Teilchen vor. Im Extremfall der hexagonal dichtesten Packung nehmen Kugeln ca. 74% des verfügbaren Raumes ein (Tab. 35–2). Eine in weniger als 26% vorliegende Komponente kann daher niemals die kontinuierliche Phase bilden. Eine Ausnahme besteht nur dann, wenn eine derartige Komponente

Tab. 35-2 Maximal erreichbare Volumenanteile ϕ_{max} für dispergierte Formkörper verschiedener Gestalt bei den angegebenen Packungen

Typ und Packung	ϕ_{max}	Typ und Packung		ϕ_{max}
Kugeln		Stäbchen		
hexagonal dichtest	0,745	uniaxial hexagonal dichtest		0,907
kubisch flächenzentriert	0,7405	uniaxial einfach kubisch		0,785
kubisch raumzentriert	0,60	uniaxial statistisch		0,82
einfach kubisch	0,524	dreidimensional statistisch	L/D = 1	0,704
statistisch dichtest	0,637		L/D = 2	0,671
statistisch locker	0,601		L/D = 4	0,625
			L/D = 8–70	*)

*) $\phi_{max}^{-1} = 1{,}052 + 0{,}123(L/D) + 0{,}00111\,(L/D)^2$

während der Herstellung des Blends durch Vernetzen immobilisiert wird (vgl. Abb. 35-8) und nicht die von den Packungsverhältnissen geforderte Dispersität erreichen kann.

Die beiden Komponenten liegen oft in solchen Mengenverhältnissen vor, daß beim Schmelzmischen im Prinzip jede Komponente die kontinuierliche Phase bilden kann. Ist nun die eine Komponente sehr viel stärker polar als die andere, dann wird die polarere Komponente assoziieren. Die Komponente mit dem höheren Löslichkeitsparameter wird in diesem Falle dispergiert. Eine Ausnahme von dieser Regel tritt ein, wenn eine der Komponenten sehr viel viskoser als die andere ist. In diesem Falle umhüllt die niederviskose Komponente die hochviskose Komponente.

Die Phasenbildung aus Lösungen wird durch die Löslichkeitsverhältnisse reguliert, wie man aus dem Verhalten der benzolischen Lösungen von Naturkautschuk/Poly(methylmethacrylat)-Mischungen sieht. Methanol ist ein stärkeres Fällungsmittel für Naturkautschuk als für PMMA: beim Zusatz von Methanol bildet der Naturkautschuk die dispergierte Phase. Petrolether ist jedoch ein stärkeres Fällungsmittel für PMMA, so daß dieses beim Zusatz von Petrolether in die dispergierte Phase geht. Die Phasenmorphologie und die Glasübergangs- bzw. Schmelztemperaturen der Phasen bestimmen die Endeigenschaften (Tab. 35-3).

Tab. 35-3 Einfluß der Morphologie und der Übergangstemperaturen von Phasen auf die Endeigenschaften von Blends. Weich: Phase befindet sich bei Gebrauchstemperatur oberhalb der Glasübergangstemperatur (falls amorph) bzw. oberhalb der Schmelztemperatur (falls kristallin); hart: Phase unterhalb der Übergangstemperaturen

Phase		Verbesserte Eigenschaft
Kontinuierlich	Diskontinuierlich	
weich	weich	Abrieb
weich	hart	Elastizitätsmodul
hart	weich	Schlagfestigkeit
hart	hart	Schlagfestigkeit, Schmelzviskosität

35.3.4 ELASTOMER-VERSCHNITTE

Die bekannten Elastomeren weisen nicht alle erwünschten Eigenschaften auf und werden daher von den Verarbeitern mit einem zweiten Elastomer verschnitten. Ungefähr 75% aller Elastomerer werden nicht allein, sondern als Blends verwendet.

Die Verträglichkeit zweier Elastomerer kann in der Regel über die Unterschiede in den Löslichkeitsparametern vorhergesagt werden (Tab. 35–4). Sind die Differenzen in den Löslichkeitsparametern größer als ca. 0,7, so beobachtet man zwei Glasübergangstemperaturen und die Mischung ist zweiphasig. Einphasige Blends mit nur einer Glasübergangstemperatur treten auf, wenn die Löslichkeitsparameter um nicht mehr als 0,7 auseinanderliegen.

Tab. 35–4 Glasübergangstemperaturen und Löslichkeitsparameter verschiedener vulkanisierter Elastomerer und ihrer Mischungen. BR = Poly(butadien)e, CR = Poly(chlopren), NBR = Poly(butadien-co-acrylnitril)e, NR = Naturkautschuk, SBR = Poly(styrol-co-butadien)

| Polymer | | Mischungs- | T_G/°C | | δ | | $\Delta\delta$ |
I	II	verhältnis I/II	I	II	I	II	
BR (96% 1,4)	NBR (32%AN)	–	-105	-30	8,21	9,55	1,34
,,	,,	50/50	-107	-33			
NR	NBR (32%AN)	–	-68,5	-30	8,25	9,55	1,30
,,	,,	50/50	-67,5	-33			
NR	CR	–	-68,5	-43	8,25	9,26	1,01
,,	,,	50/50	-65	-44			
NBR (24%AN)	NBR (38%AN)	–	-48	-23	9,15	9,70	0,55
,,	,,	50/50	— -35 —				
NR	BR (31% 1,4)	–	-72	-48	8,25	9,72	0,33
,,	,,	50/50	— -60 —				
BR (89% 1,4)	SBR (25% S)	–	-95	-50	8,17	8,13	0,04
,,	,,	42/58	— -70 —				

In der Praxis werden sowohl ein- als auch zweiphasige Blends verwendet. Zweiphasige Blends werden vor allem für Reifenmischungen verwendet, und hier besonders für Laufflächen, da der Abrieb durch den Verschnitt wesentlich verringert werden kann. Derartige Laufflächenmischungen bestehen z.B. aus Naturkautschuk/SBR oder aus cis-BR/SBR.

Ein spezielles Problem zweiphasiger Blends stellt die Verträglichkeit der Vulkanisationshilfsmittel mit den beiden Phasen dar. Die Vulkanisationshilfsmittel verteilen sich zu ungleichen Teilen auf die beiden Phasen, was wiederum eine ungleichmäßige Vulkanisation erzeugt. Im Extremfall kann eine Phase übervulkanisiert, die andere untervulkanisiert werden, was zu unbrauchbaren Produkten führt.

35.3.5 KAUTSCHUKMODIFIZIERTE THERMOPLASTE

35.3.5.1 Herstellung

Der Zusatz von 5–20% Elastomeren zu Thermoplasten erhöht die Reißdehnung und die Kerbschlagzähigkeit und erniedrigt den Elastizitätsmodul und die Reißfestigkeit: der Thermoplast wird zäher, ohne daß sich dabei die Glasübergangstemperatur wesentlich ändert (Tab. 35–5). Diese physikalische Umwandlung preiswerter, aber spröder Massenkunststoffe in schlagzähe Konstruktionswerkstoffe durch Zusatz billiger Elastomerer ist technisch außerordentlich bedeutsam.

Tab. 35–5 Änderungen der Eigenschaften von Poly(styrol) ohne (PS) bzw. mit Verstärkung durch Kautschuke (HIPS) (nach C. B. Bucknall)

Eigenschaft	Phys. Einheit	Eigenschaftswerte PS	HIPS
Elastizitätsmodul	MPa	3500	1600
Obere Streckspannung	MPa	–	17,5
Reißfestigkeit	MPa	54	21
Dehnung bei Höchstkraft	%	–	2
Reißdehnung	%	2,1	40
Kerbschlagzähigkeit	J/cm	1,0	4,5
Lichtdurchlässigkeit	–	klar	opak
Glasübergangstemperatur	°C	100	96

Je nach dem Herstellungstyp lassen sich zwei große Gruppen von kautschukmodifizierten Thermoplasten unterscheiden: styrolhaltige Blends werden praktisch nur durch in-situ-Polymerisation, alle anderen Blends praktisch nur durch Schmelzmischen hergestellt. Für die Bevorzugung der einen oder der anderen Herstellungstechnologie liegen verschiedene Gründe vor:

Styrol läßt sich relativ einfach radikalisch polymerisieren. In Ggw. eines Dienkautschuks wird zudem das Styrol auf den Kautschuk aufgepfropft und das entstehende Pfropfpolymer kann dann als eine Art „Anker" zwischen den beiden Phasentypen dienen, da es jede der beiden Komponenten enthält. Aus diesem Grunde bezeichnet man solche Pfropfpolymeren auch als „Öl-in-Öl"-Emulgatoren. Nach diesem Verfahren wurden aus Poly(styrol) und SBR bzw. cis-BR die schlagfesten Poly(styrole), aus Styrol/Acrylnitril-Copolymeren und Nitrilkautschuken die ABS-Polymeren, aus SAN und Acrylkautschuken die ACS-Polymeren hergestellt.

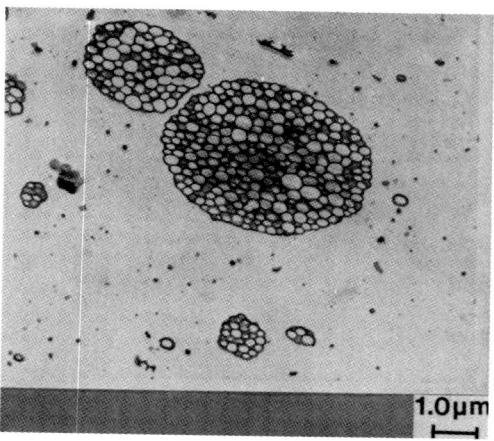

Abb. 35–9 Mehrphasen-Systeme bei der in-situ-Herstellung von schlagfestem Poly(styrol) durch radikalische Polymerisation einer Styrol/cis-Poly(butadien)-Lösung (nach S. L. Aggarwal und R. A. Livigni)

Bei diesen in-situ-Polymerisationen entstehen wegen der Phasenumkehr mehrphasige Systeme, d.h. die Kautschukphase ist zwar die dispergierte Phase, aber innerhalb der Kautschukphasen befinden sich noch Poly(styrol)-Phasen (Abb. 35–9). Optimale Eigenschaften werden erzielt, wenn die Kautschukphase Durchmesser von mehr als 1 μm aufweist. Das in-situ-Pfropfverfahren wird den anderen Mischverfahren vorgezogen, weil die so erzielbaren Schlagfestigkeiten viel höher als beim Schmelzmischen oder beim Latexverfahren sind (Abb. 35–10). Der Grund dafür dürfte im wesentlichen von der Verankerung der Phasen durch Pfropfen und die Vernetzung innerhalb der Kautschukphase stammen, die bei der in-situ-Polymerisation stark, beim Schmelzmischen schwach und beim Latexmischen überhaupt nicht vorkommen.

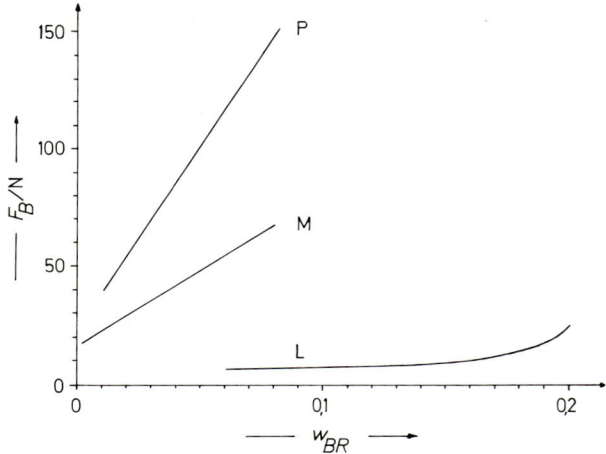

Abb. 35–10: Kerbschlagzähigkeiten F_B als Funktion des Massenanteiles der Poly(butadien)-Komponente bei Blends aus cis-BR und PS, die nach dem Latexverfahren L, dem Schmelzmisch-Verfahren M und der in-situ-Polymerisation P hergestellt wurden (nach J. A. Manson und L. H. Sperling)

Alle anderen kautschukverstärkten Thermoplaste werden durch Schmelzmischen hergestellt. Bei den durch Nitrilkautschuk verstärkten Poly(vinylchloriden) läßt sich nämlich das Vinylchlorid nicht auf den Dienkautschuk aufpfropfen, weil die Q- und e-Werte ungünstig liegen. Bei gesättigten Kautschuken ohne leicht radikalisch übertragbare Gruppen ist ein Aufpfropfen sowieso sehr schwierig; die acrylkautschukmodifizierten Poly(methylmethacrylate) und die Poly(isobutylen)-modifizierten Poly(ethylene) werden daher ebenfalls durch Schmelzmischen erzeugt. Das Schmelzmischen ist außerdem praktisch das einzig anwendbare Herstellungsverfahren, wenn der Thermoplast nur durch Ziegler-Polymerisation erhalten werden kann wie im Falle der Blends aus it-Poly(propylen) und Ethylen/Propylen-Kautschuken. Für alle diese kautschukverstärkten Thermoplaste gibt es offenbar optimale Größen für den Durchmesser der Weichphase, z.B. kleiner als 0,1 μm für das kautschukverstärkte PVC.

Zu den kautschukverstärkten Polymeren gehören ferner ein Teil der sog. Barriere-Harze (vgl. Kap. 7.3). Auch Duromere lassen sich übrigens durch Kautschuke verstärken, z.B. Epoxide durch telechelische Oligobutadiene mit Carboxylendgruppen.

35.3.5.2 Moduln und Viskositäten

Elastizitätsmoduln, Schermoduln und Schmelzviskositäten lassen sich aus den entsprechenden Eigenschaften und Anteilen der reinen Komponenten wegen der komplizierten Phasenmorphologie und wegen des großen Unterschiedes in den Eigenschaften von Hart- und Weichphasen bislang nicht absolut berechnen. Für die beiden Grenzfälle parallel und in Serie geschalteter Elemente lassen sich jedoch Gleichungen angeben.

Bei einem Blend oder Composit aus parallel und alternierend angeordneten Platten aus den beiden Komponenten werden alle Komponenten der gleichen Spannung unterworfen. Der Schermodul G_{max} (bzw. analog der Elastizitätsmodul E, die Viskosität η, das Poisson-Verhältnis ν und die Wärmeleitfähigkeit λ) berechnet sich dann aus den Volumenanteilen und den Moduln der harten Phasen (H) und der weichen Phasen (S) zu

(35–3) $G_{max} = \phi_H G_H + \phi_S G_S$

Der so errechenbare Schermodul G_{max} für die parallele Anordnung gibt den maximal erreichbaren Grenzwert an. Der minimal erreichbare Grenzwert ergibt sich für die An-

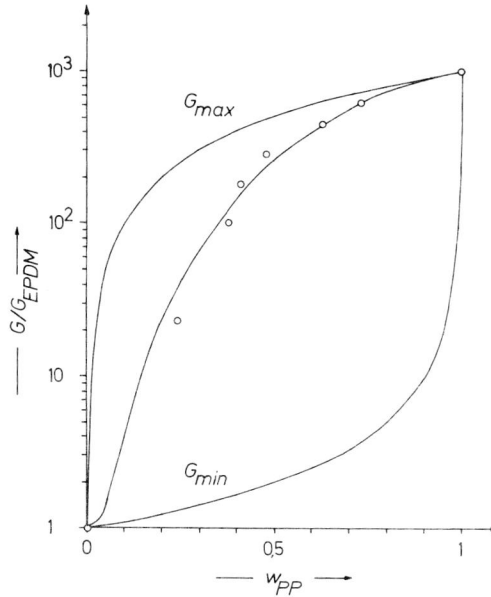

Abb. 35–11: Reduzierter Schermodul G/G_{EPDM} als Funktion des Massenanteiles von it-Poly(propylen) in Blends mit einem EPDM-Kautschuk. G_{max} gibt die maximal, G_{min} die minimal erreichbaren Werte und (o) die experimentellen Daten an. Die mittlere Linie wurde über Gl. (35–9) mit $n = 2$ berechnet (nach A. Y. Coran und R. Patel)

ordnung der Komponenten in Serie:

(35–4) $$\frac{1}{G_{min}} = \frac{\phi_H}{G_H} + \frac{\phi_S}{G_S}$$

Die experimentell erzielbaren Schermoduln liegen zwischen diesen beiden Extremen. Bei hohen Volumenanteilen ϕ_H der Hartphase nähern sie sich den maximalen Werten an, bei niedrigen Volumenanteilen jedoch den minimalen Werten (Abb. 35–11).

Die realen, zwischen diesen beiden Extremen liegenden Werte stammen vermutlich von der komplizierten Phasenmorphologie, was durch einen Kontinuitätsfaktor f beschrieben werden kann. f wird so normiert, daß es bei einer total kontinuierlichen Weichphase und einer total diskontinuierlichen Hartphase den Wert 0, bei einer total kontinuierlichen Hartphase und einer total diskontinuierlichen Weichphase dagegen den Wert 1 annimmt. Der Kontinuitätsfaktor wird gleich 1/2, wenn Hart- und Weichphase in etwa gleichem Ausmaß kontinuierlich bzw. diskontinuierlich sind. Der Schermodul des gesamten Systems ergibt sich dann zu

(35–5) $\quad G = fG_{max} + (1-f)G_{min}$

Der Kontinuitätsfaktor f muß mit den Volumenanteilen der Hart- und Weichphasen variieren. Die stärkste Änderung ist zu erwarten, wenn etwa gleiche Anteile an Hart- und Weichphasen vorliegen, da dann eine Phasenumkehr auftritt. Für diese Änderung kann man setzen

(35–6) $\quad df/d\phi_H = 6\phi_H \phi_S = 6\phi_H(1-\phi_H)$

oder nach der Integration

(35–7) $\quad f = 3\phi_H^2 - 2\phi_H^3 = \phi_H^2[3 - 2\phi_H]$

Im allgemeinen Fall kann eine Phasenumkehr auch bei anderen Volumenanteilen als $\phi_H = \phi_S = 1/2$ sowie zusätzlich eine Pfropfung eintreten, so daß man in Analogie zu Gl. (35–7) schreiben kann

(35–8) $\quad f = \phi_H^n[(n+1) - n\phi_H]$

Für den Modul ergibt sich daher aus den Gl. (35–5) und (35–8)

(35–9) $\quad G = \phi_H^n(n+1-n\phi_H)(G_{max} - G_{min}) + G_{min}$

Der gleiche Ausdruck kann für den Elastizitätsmodul E oder die Viskosität η anstelle des Schermoduls G verwendet werden. Bei Viskositätsmessungen ist dann die „harte" Phase die viskosere.

Gl. (35–9) beschreibt recht gut die experimentellen Daten für eine große Zahl von Systemen (Abb. 35–11). Niedrige Parameter n führen zu hohen Kontinuitätsfaktoren, die nur wenig mit dem Volumenanteil an der Hartphase variieren (Tab. 35–6). Hohe Parameter n geben dagegen Kontinuitätsfaktoren, die rasch mit fallendem Volumenanteil an der Hartphase absinken.

35.3.5.3 Zug- und Schlagfestigkeiten

Die kautschukmodifizierten Thermoplasten verhalten sich beim Zugspannungsversuch ganz anders als die reinen Thermoplaste (Abb. 35–12). Poly(styrol) ist ein sprödes

Tab. 35–6 Beschreibung der Variation der Elastizitätsmoduln E, Schermoduln G und Schmelzviskositäten η mehrphasiger Systeme mit dem Anteil ϕ_H der Hartphase (bzw. ϕ_V der viskosen Phase) durch den anpaßbaren Parameter n (nach Daten von Coran und Patel)

Gemessene Eigenschaft	Harte Phase/weiche Phase	n	f für ϕ_H = 0,75	0,50	0,25
E	Orientierte Kohlenstofffasern in Epoxid	0,6	0,97	0,86	0,63
E	Graphit/Epoxid	0,75	0,96	0,82	0,55
E	SAN/BR	2,5	0,79	0,40	0,09
E	PS/SBR	2,95	0,74	0,32	0,05
E	Poly(S-b-Bu)	4,5	0,58	0,14	0,01
G	PP/EPDM	2,0	0,84	0,50	0,16
G	Glaskugeln/Epoxid	2,5	0,79	0,40	0,09
G	PAN-Kugeln/PUR	4,0	0,63	0,19	0,015
G	PMMA-Kugeln/PUR	4,5	0,58	0,14	0,01
G	Kohlefasern/Epoxid	4,7	0,56	0,13	0,007
G	PA 6-block-Polyether	5,1	0,52	0,10	0,004
η	Schmelze von BR/PE	3,0	0,74	0,31	0,05

Material: nach einer linearen Verformung ohne Fließgrenze treten bei Zugspannungen von ca. 35 MPa Pseudobrüche (Crazes) auf und schließlich ein spröder Bruch bei 45 MPa. Das schlagfeste Poly(styrol) zeigt dagegen einen Weißbruch bei ca. 12,5 MPa, der von einer Fließgrenze und einer Dehnung ohne Teleskop-Effekt gefolgt wird. Der Teleskop-Effekt tritt jedoch auf, wenn die Zugspannungs/Dehnungs-Versuche bei Temperaturen oberhalb ca. 60°C ausgeführt werden. ABS-Polymere zeigen den Teleskop-Effekt bei Raumtemperatur, nicht aber bei tiefen Temperaturen.

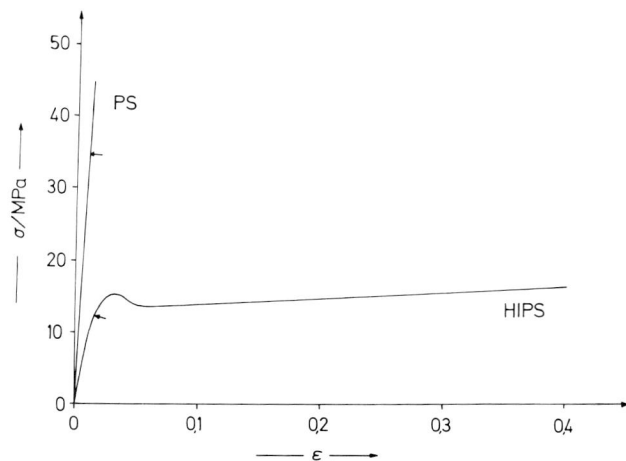

Abb. 35–12: Zugspannungs-/Dehnungs-Kurven für Poly(styrol) PS und schlagfestes Poly(styrol) HIPS bei 20°C. Die Pfeile zeigen das Einsetzen einer weißlichen Verfärbung an (nach C. B. Bucknall)

Der starke Temperatureinfluß zeigt sich auch bei anderen mechanischen Eigenschaften, z.B. bei der Kerbschlagzähigkeit (Abb. 35–13). Die Kerbschlagzähigkeit von Poly(styrol) ist niedrig und über einen großen Temperaturbereich praktisch konstant. Die Kerbschlagzähigkeit schlagfesten Poly(styrols) nimmt dagegen oberhalb der Glasübergangstemperatur von cis-Poly(butadien) von –90°C zu und steigt oberhalb ca. 12°C nochmals dramatisch an. Bei –90°C beginnt an der Kerbe eine weiße Zone aufzutreten, die bei 12°C die ganze Bruchfläche erfaßt hat. Das Auftreten dieses Weißbruches ist daher offensichtlich mit einem energieabsorbierenden Prozeß verknüpft.

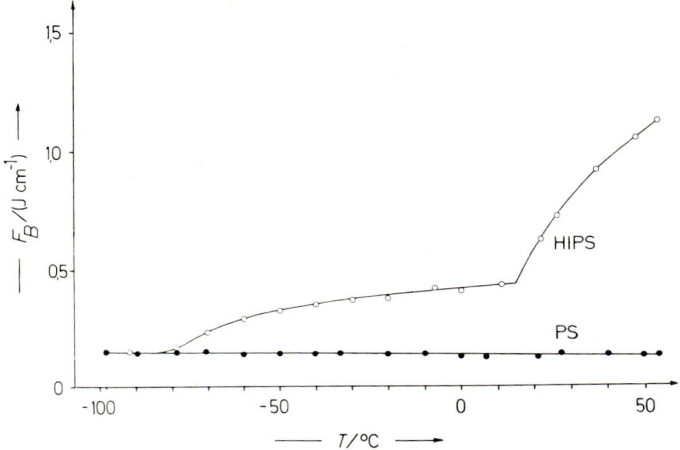

Abb. 35–13: Temperaturabhängigkeit der Kerbschlagzähigkeit von Poly(styrol) PS und schlagfestem Poly(styrol) HIPS (nach C. B. Bucknall)

Thermoplaste und kautschukverstärkte Thermoplaste werden im wesentlichen nach dem gleichen Mechanismus verformt. Da die Kautschukphase dispergiert ist, kann sie nämlich nicht direkt zu der beobachteten großen Deformation beitragen. Die Deformation muß vielmehr von der Matrix stammen und die Kautschukpartikeln sorgen dafür, daß die bei der Deformation auftretenden Spannungsspitzen gleichmäßiger verteilt werden. Der Haupteffekt scheint das Auftreten vieler Pseudobrüche zu sein, während ein kleinerer Beitrag durch den kalten Fluß hervorgerufen wird.

Beim Verstrecken kautschukverstärkter Thermoplaste werden an den Stellen maximaler Verformung Spannungsspitzen erzeugt, die durch Bildung von Crazes abgebaut werden. Die Spannungsspitzen treten vor allem in der Nähe des Äquators der Kautschukteilchen auf. Die an diesen Stellen erzeugten Crazes wachsen in Richtung der Hauptdeformation. Da sehr viele Kautschukteilchen vorhanden sind, werden auch sehr viele Crazes gebildet. Die Crazes wachsen solange, bis sie auf ein Hindernis treffen, z.B. ein anderes Kautschukteilchen oder ein Scherband, oder bis die Spannungskonzentration an der Spitze der wachsenden Crazes zu gering wird. Es resultieren viele kleine

Crazes und eine gleichmäßige Verteilung der Spannungen. Bei normalen Thermoplasten konzentrieren sich dagegen die Spannungsspitzen auf einige wenige Fehlstellen: die Probe bricht bei kleinen Verformungen. Teleskop-Effekte machen die Verteilung der Spannungsspitzen noch gleichmäßiger, können aber nicht die primäre Ursache für den Verstärkungseffekt sein, da höhere Zug- und Schlagfestigkeiten auch in Abwesenheit von Teleskopeffekten auftreten können.

Die Spannungsspitzen können jedoch nur dann gleichmäßig abgebaut werden, wenn die Kautschukphase vernetzt ist und gut an der Thermoplastphase haftet. Die Haftung wird bei der in-situ-Polymerisation durch die entstehenden Pfropfpolymeren erzeugt, die sich als „Öl-in-Öl"-Emulgatoren an der Grenzfläche Hartphase/Weichphase anreichern, wie durch UV-Fluoreszenzmikroskopie von entsprechend mit wenigen fluoreszierenden Gruppen dotierten Block- und Pfropfpolymeren bewiesen wurde. Die emulgierende Wirkung der Block- und Pfropfpolymeren ist um so größer, je höher ihre Molmasse ist und je mehr sich ihre Blocklängen ähneln.

Eine gute Haftung führt jedoch nicht a priori zu einer besseren Übertragung der Schlagenergie von der Hartphase auf die Weichphase. Die Weichphase kann nämlich nur im Bereich der Glasübergangstemperatur wesentlich Energie absorbieren. Selbst diese Energieabsorption ist aber so gering, daß sie die Spannungsverhältnisse im Werkstoff nicht wesentlich beeinflußt. Die Weichphasen stehen jedoch durch die umgebende Hartphase unter allseitigen Spannungen von ca. 60–80 MPa. Beim Abkühlen der Blends versuchen sich die Weichphasen von den Hartphasen wegen der unterschiedlichen Ausdehnungskoeffizienten der sich entmischenden Komponenten zu lösen. Bei gepfropften Weichphasen bleiben zwar die Komponenten miteinander verbunden, eine unvernetzte Weichphase würde aber trotzdem schrumpfen, wodurch Spannungen und Löcher entstehen. Vernetzte Weichphasen dilatieren jedoch, da sie unter einer allseitigen Spannung stehen. Da die Glastemperatur um etwa 0,25 K/MPa ansteigt, führt eine angelegte Zugspannung zu einem Absinken der Glasübergangstemperatur um ca. 15–20 K, wodurch die Schlagenergie absorbiert wird.

35.3.6 MISCHUNGEN VON THERMOPLASTEN

Mischungen zweier Thermoplaste werden auch Polymerlegierungen genannt. Sie werden hergestellt, um die Schlagfestigkeit, den Abrieb und/oder die Verarbeitbarkeit von Massenkunststoffen auf wirtschaftliche Weise zu verbessern. Polymerlegierungen füllen daher die Lücke zwischen den preiswerten Massenkunststoffen und den teuren Konstruktionswerkstoffen. Über die technische Herstellung von Polymerlegierungen ist nur wenig bekannt. Da es sich immer um unvernetzte Komponenten handelt, kämen im Prinzip alle der in Kap. 35.2.3 genannten Verfahren in Frage. Die meisten Polymerlegierungen sind mehrphasig aufgebaut. Zu den einphasigen Blends gehört die Mischung von schlagzähem Poly(styrol) mit dem sog. Poly(phenylenoxid), die vermutlich durch Substanzpolymerisation von Styrol in Ggw. von gelöstem Poly(2,6-dimethyloxyphenylen) hergestellt wird. Einphasig sind auch die Mischungen von PVC mit Poly(ϵ-caprolacton) und von Poly(vinylacetat) mit Poly(methylacrylat). In allen diesen Fällen bestehen die Mischungen aus zwei amorphen Substanzen, so daß sich die Verträglichkeit verhältnismäßig einfach über die Differenz der Löslichkeitsparameter vorhersagen läßt.

Ist diese Differenz jedoch zu groß oder ist mindestens eine der Komponenten kristallisierbar, dann versagt jedoch diese Abschätzung. In der Tat ist die große Mehrzahl der Polymerlegierungen zweiphasig. Die Eigenschaften der mehrphasigen Polymerlegierungen hängen wie die aller Polymerblends nicht nur von den Eigenschaften der Ausgangskomponenten, sondern auch vom Mischungsverhältnis und der Phasengröße ab. Die Phasengröße wiederum ist eine Funktion des Mischungsprozesses, so daß man je nach der Mischungsintensität sehr verschiedene mechanische Eigenschaften erhält (Abb. 35–14).

Polymerlegierungen werden in großem Umfange eingesetzt, um die Verarbeitbarkeit zu verbessern. Ein Zusatz flexibler Thermoplaste mit entsprechend niedrigen Glasübergangstemperaturen reduziert die Schmelzviskosität beträchtlich. Zu derartigen Legierungen gehören außer dem bereits genannten PPO/HIPS auch Blends von PVC mit Poly(ϵ-caprolacton), Poly(propylen) mit Poly(ϵ-caprolacton), oder Polyimide mit Poly(phenylensulfonen).

Polymerlegierungen dienen auch in großem Umfange als Lagermaterialien. Hier versucht man, die Abriebfestigkeit zu erhöhen und den Reibungskoeffizienten zu erniedrigen. Beispiele dafür sind Blends aus Poly(oxymethylen)/Poly(tetrafluorethylen), Poly(oxymethylen)/Poly(ethylen) und Polyamid/Poly(ethylen).

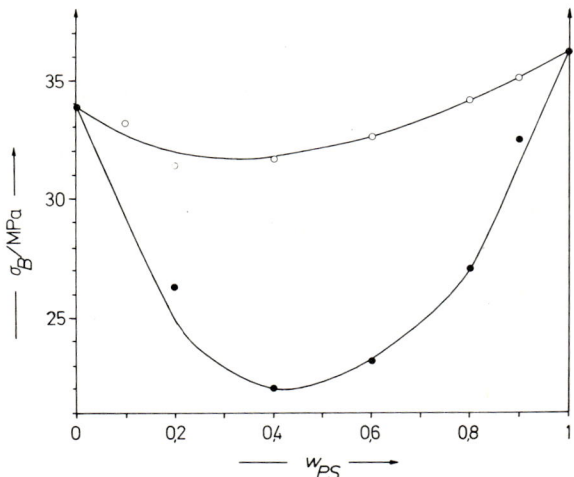

Abb. 35–14: Reißfestigkeit von Blends aus Poly(styrol) und Poly(ethylen) hoher Dichte als Funktion des Poly(styrol)-Gehaltes für Mischungen, die durch Mischen der Granulate in einer Spritzgußmaschine mit Kolben (o——o) bzw. in der gleichen Maschine mit vorgeschaltetem Kneter (•——•) hergestellt wurden (nach C. D. Han)

35.4 Verbundwerkstoffe (Composites)

35.4.1 ÜBERSICHT

Verbundwerkstoffe sind dreidimensionale Werkstoffe aus einer kontinuierlichen Matrix mit darin eingebetteten Materialien mit höherem Elastizitätsmodul, z.B. molekularen Netzwerken, Fasern, Geweben oder Honigwaben. Derartige Verbundwerkstoffe werden auch Composites genannt.

Composites können natürlich vorkommen oder synthetisch hergestellt werden. Holz ist z. b. ein natürlich vorkommender, mit Wasser weichgemachter Verbundwerkstoff aus orientierten Cellulosefasern in einer kontinuierlichen, vernetzten Matrix aus Lignin. Die Matrix kann bei synthetisch hergestellten Composites z.B. ein Metall sein (z.B. die Eisenarmierung in Beton); wir werden uns jedoch auf die Besprechung von Verbundwerkstoffen mit synthetischen Polymeren als Matrix beschränken.

Die eingebetteten Materialien sollen die Matrix „verstärken", z.B. in bezug auf die Biegesteifigkeit. Da den interpenetrierenden Netzwerken diese Wirkung abgeht, werden sie häufig nicht zu den Verbundwerkstoffen gerechnet, obwohl sie der Struktur nach Composites mit einer „nulldimensionalen" dispergierten „Phase" darstellen. Nicht zu den Composites zählt man ferner die mit aktiven oder inaktiven partikularen Füllstoffen ausgerüsteten Polymeren.

Fasern werden je nach ihrer Länge verschieden eingearbeitet. Kurze Fasern von ca. 0,3–0,5 mm Länge werden mit den pulverförmigen Kunststoffen vermischt. Das resultierende Material wird dann extrudiert und granuliert. Langfasern werden zuerst kontinuierlich mit dem Kunststoff imprägniert, dann auf 6–12 mm Länge geschnitten und anschließend eingearbeitet.

35.4.2 ELASTIZITÄTSMODULN

Fasern können in verschiedener Form in eine Kunststoffmatrix eingebettet werden. Eine „kontinuierliche" Faser von extremer Länge heißt Filament, eine Faser von kurzer Länge dagegen Stapelfaser (vgl. auch Kap. 38.1). Faserartige Einkristalle von Metallen und Metalloxiden werden Whiskers genannt, da sie in Büscheln wachsen und diese Büschel den Barthaaren der Katzen ähnlich sehen (engl. whiskers). Ein kompaktes Bündel von Filamenten ohne Verdrillung heißt ein „Strand", ein loses Bündel mit geringen Verdrillungen dagegen ein „Roving". Garne sind Bündel von Fasern oder Filamenten für Webzwecke.

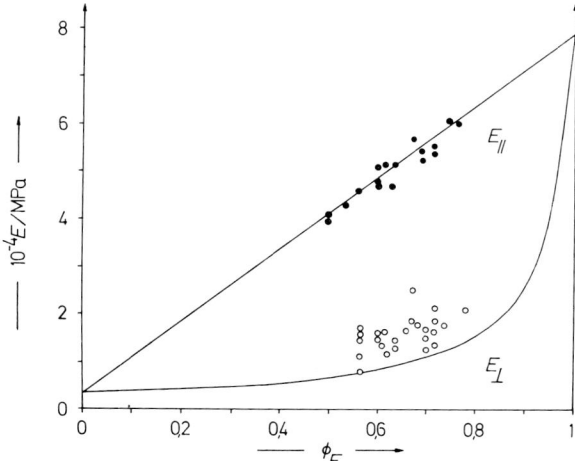

Abb. 35–15: Elastizitätsmoduln von Verbundwerkstoffen aus einem Epoxid und Glasfasern als Funktion des Faseranteils für Messungen in Faserrichtung ($E_\parallel$) bzw. senkrecht zur Faserrichtung $E_\perp$) (nach Daten von R. L. McCollough)

35.4 Verbundwerkstoffe (Composites)

Faserverstärkte Kunststoffe können als spezielle Blends von Kunststoffmatrices und Fasern aufgefaßt werden. Der durch die Mischung maximal erzielbare Elastizitätsmodul ist daher durch die Additivitätsregel der Gl. (35–3) gegeben. Die Fasern können jedoch verschieden orientiert sein, so daß zusätzlich ein Orientierungsfaktor f_{orient} berücksichtigt werden muß:

(35–10) $\quad E = \phi_M E_M + f_{\text{orient}} \phi_F E_F$

Der Orientierungsfaktor wird gleich 1, wenn alle Fasern in Zugrichtung liegen. Bei dreidimensional statistisch verteilten Fasern gilt $f_{\text{orient}} = 1/6$, bei zweidimensional statistisch verteilten $f_{\text{orient}} = 1/3$. Falls sich die Fasern in rechtem Winkel kreuzen und in einer der beiden Faserrichtungen geprüft wird, gilt $f_{\text{orient}} = 1/2$. Streng genommen müßte in Gl. (35–10) noch der Einfluß der verschiedenen Poisson-Zahlen berücksichtigt werden.

Der Elastizitätsmodul von Verbundwerkstoffen in Faserrichtung stimmt in der Regel sehr gut mit dem über die Additivitätsregel berechneten überein (Abb. 35–15). Die Elastizitätsmoduln senkrecht zur Faserrichtung sind jedoch deutlich höher, als sich für das Verhalten von in Serie geschalteten Elementen ergibt.

Tab. 35–7 Dichten, Elastizitätsmoduln, „spezifische" Elastizitätsmoduln (= Elastizitätsmoduln/Dichte) Dichte) und Reißfestigkeiten von verstärkenden Fasern

Fasern	Dichte in g cm^{-3}	Elastizitätsmodul in GPa	„Spez." E-Modul in MN·m·kg^{-1}	Reißfestigkeit in GPa
Siliciumcarbid, Whiskers	3,18	< 1100	350	< 43
", polykristallin	3,2	440	140	2,6
Aluminiumoxid, Whiskers	3,96	< 2100	280	< 25
", polykristallin	3,15	180	57	2,2
Graphit, Whiskers	1,66	730	440	20
", Modmor I	1,99	420	210	2,1
Bor (mit Wolframseele)	2,63	350	130	2,8
Beryllium	1,83	320	170	1,3
Stahl (verstreckt)	7,75	210	27	< 4,3
Polyamidhydrazid	1,47	< 110	75	2,1
E-Glas	2,55	70	27	3,6
Aluminium	2,68	70	26	2,1
Rayon	1,53	16	10	
Poly(ethylenterephthalat), hochreißfest	1,39	10	7,2	
", Textilfaser	1,39	5,6	4,0	
Polyamid 6, hochreißfest	1,14	4,5	4,0	

Je höher die Elastizitätsmoduln der Fasern, um so größer sollten nach Gl. (35–10) die Elastizitätsmoduln der Verbundwerkstoffe sein. Verstärkende Fasern besitzen daher alle recht hohe Elastizitätsmoduln (Tab. 35–7). In der Tat findet man für eine gegebene Matrix, daß die Elastizitätsmoduln der Verbundwerkstoffe bei gleichem Faseranteil mit den Elastizitätsmoduln der Fasern ansteigen (Tab. 35–8, Abb. 35–16). Umgekehrt ist bei gleicher Faser die relative Erhöhung der Elastizitätsmoduln der Verbundwerkstoffe um so größer, je niedriger der Elastizitätsmodul der Matrix ist (Tab. 35–9).

Die experimentell erzielbaren Elastizitätsmoduln hängen jedoch nicht nur von den Volumenanteilen, Elastizitätsmoduln und Orientierungsfaktoren ab. Empirisch hat sich z.B. gezeigt, daß für optimale Versteifungen das Modulverhältnis E_F/E_M einen Wert von 50 nicht überschreiten soll, da sonst die Fasersteifigkeit nicht voll ausgenutzt wird. Be-

Tab. 35–8 Einfluß des Fasertyps auf die Eigenschaften eines mit 65 Gew.-% Fasern verstärkten, gehärteten Epoxidharzes (nach H. Batzer)

Material	ρ(g cm^{-3}) Faser allein	ρ(g cm^{-3}) Verbund	E/GPa Faser allein	E/GPa Verbund	σ/GPa Faser allein	σ/GPa Verbund
Epoxidharz, allein	–	1,2	–	3,5	–	0,085
–, mit S-Glasfasern	2,49	2,05	88	53	3,4	1,8
–, mit Stahlfasern	7,8	–	210	–	2,0	–
–, mit Graphitfasern	1,9	1,75	260	140	1,75	1,1
–, mit Kohlenstoffasern	1,5	1,4	260	140	2,0	0,7
–, mit Borfasern	2,6	2,05	420	250	3,5	2,5
–, mit Saphir-Whiskern	3,96	–	2100	–	43	–

einflussend sind ferner Faserlänge und Faserhaftung. Zu kurze Fasern können nicht mehr völlig von der Matrix gefaßt werden: es tritt ein Schlupf auf und die verstärkende Wirkung sinkt. Zu lange Fasern sind schwierig in der gewünschten Verteilung einzuarbeiten.

Die Elastizitätsmodul faserverstärkter Kunststoffe können die von Metallen übertreffen. So ist der Modul eines mit 60% Borfasern verstärkten Epoxidharzes höher als der von Stahl, der eines mit 30% Borfasern gleich dem von Titan und der mit 30% Glasfasern höher als der von Aluminium (Abb. 35–16). Da die Dichten der faserverstärkten Epoxide wesentlich geringer als die der Metalle sind, ergeben sich höhere „spezifische" Moduln und daher höhere Steifigkeiten pro Masse.

35.4.3 ZUGFESTIGKEITEN

Bei einer Zugbeanspruchung werden die örtlichen Zugspannungen durch Scherkräfte auf die Grenzfläche Kunststoff/Faser übertragen und über die größere Fläche der Faser verteilt. Die Faser muß dazu gut an dem Kunststoff haften und eine bestimmte Länge haben, da sie sonst aus dem Matrixmaterial herausgleitet. Epoxidharze haften z.B. gut an Glasfasern, aber nicht so gut an Bor- oder Kohlenstoffasern. Die Epoxid-

Tab. 35–9 Dichten, Elastizitätsmoduln, lineare Ausdehnungskoeffizienten, Reißfestigkeiten, Schwindungen und Martens-Temperaturen einiger glasfaserverstärkter Kunststoffe

	ρ/(g cm^{-3})		E/GPa		$10^5\alpha$/K^{-1}		σ_B/MPa			Schwindung in %			Martens-Temp. in °C		
Glasfasergehalt in Gew.-%	0	30	0	30	0	30	0	30	40	0	30	40	0	30	40
LDPE							11	25	30	2,80	0,35	0,30		50	60
HDPE	0,98	1,13	1,5	6,5	13		27	50			0,40			55	
it-PP	0,91	1,14	1,3	7,0	10		35	45	50	2,00	0,40	0,30	43	65	70
PS							50	100			0,46	0,25	0,15	70	75	90
SAN	1,08	1,35	3,7	10,0	8	2,5	70	120							
PC	1,20	1,43	2,2	6,2	6	3,0	65	130	140	0,62	0,20	0,15	127	135	140
PBTP	1,30	1,53	2,6	9,5	6	3,5	60	130							
POM	1,41	1,58	3,1	8,0			70	120		2,52	0,40		58	120	
PA 6	1,13	1,35	3,0	9,0	7	2,5	50	130	190	0,92	0,20	0,15	50	190	200
PA 66							60	135	200	1,52	0,35	0,25	52	230	230

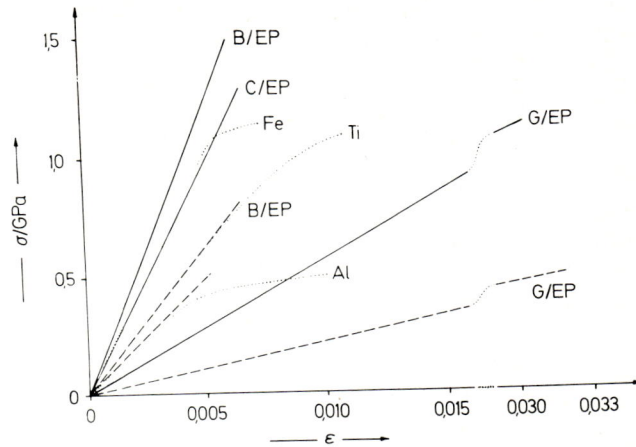

Abb. 35—16: Zugspannungs-/Dehnungs-Kurven für faserverstärkte Epoxide mit 60 (———) bzw. 30 Gew.-% Fasern (- - - - -) im Vergleich zu Metallen (· · · · ·). B = Borfasern, C = Kohlenstoffasern, G = Glasfasern, Fe = Stahl, Ti = Titan, Al = Aluminium, EP = Epoxid (nach Daten von R. L. McCollough)

gruppen können nämlich mit den Silanolgruppen auf der Glasoberfläche unter Ausbildung von Ethergruppierungen reagieren. Eine solche Reaktion ist naturgemäß zwischen Epoxiden und Bor- bzw. Kohlenstoffasern nicht möglich. Composites aus Epoxiden und Glasfasern brechen daher viel später als solche mit Bor- oder Kohlenstoffasern (Abb. 35—16). Whisker haften ebenfalls schlecht an Kunststoffmatrices. Die Haftfestigkeit kann jedoch durch Verwendung von Haftmitteln verbessert werden. Silanisieren von Glasfasern mit z.B. Vinyltriethoxysilan erhöht z.B. die Adhäsion von Glasfasern zu Polyamiden, Polycarbonaten oder Poly(styrol). Das Vinyltriethoxysilan reagiert dabei mit den Silanolgruppen der Glasoberfläche unter Bildung von Vinylsilangrupierungen, wahrscheinlich nach vorhergehender Hydrolyse zu Vinyltrihydroxysilan:

$$(35-11) \quad \sim\!\!\overset{\}{\underset{\}{O}}\!-\!Si-OH + (HO)_3SiCH=CH_2 \rightarrow \sim\!\!\overset{\}{\underset{\}{O}}\!-\!Si-O-\overset{OH}{\underset{OH}{Si}}-CH=CH_2 + H_2O$$

Die erzielbare Steigerung der Zugfestigkeit hängt sowohl vom Kunststoff als auch von der verstärkenden Faser ab. Die Rißbildung wird durch Schubspannungsspitzen an den Grenzflächen Faser/Kunststoff verursacht. Kunststoffe mit duktilem Verformungsverhalten erzielen daher bessere mechanische Werte als spröde: glasfaserverstärkte Polyamide weisen im Vergleich zu glasfaserverstärkten Epoxiden die größere Zunahme der Zugfestigkeit auf.

Bei idealen Systemen brechen alle Fasern gleichzeitig, wenn die Reißfestigkeit erreicht wird. Die Last wird dann auf die schwächere Matrix übertragen, die bei dieser Zugspannung ebenfalls sofort bricht. Bei realen Systemen besitzen die Fasern jedoch Schwachstellen und die Fasern reißen eine nach der anderen. Falls keine Haftung zwischen Faser und Matrix vorliegt, wird die Last nunmehr auf immer weniger Fasern verteilt. Die Stärke eines Faserbündels ist daher geringer als die mittlere Stärke jeder Faser. Je länger die Faser, um so wahrscheinlicher wird das Auftreten von Schwachstellen pro Faser, um so größer wird die Bruchwahrscheinlichkeit.

Höhere Festigkeitswerte werden erzielt, wenn man die Fasern nicht statistisch verteilt, sondern gerichtet einarbeitet. Bei einem Epoxidharz stieg z.B. die Reißfestigkeit von 60 MPa nach der Verstärkung mit einer Glasfasermatte auf 200 MPa und beim Verarbeiten nach dem sog. Filament-Winding-Verfahren sogar auf 1200 MPa an.

Die Reißfestigkeiten von faserverstärkten Kunststoffen liegen je nach System sogar höher als diejenigen von Metallen (Abb. 35–16). Glasfaserverstärkte Epoxide erzielen auch erheblich höhere Bruchdehnungen als Eisen, Titan oder Aluminium.

35.4.4 SCHLAGZÄHIGKEITEN

Die Schlagzähigkeit verstärkter Kunststoffe hängt von den Wahrscheinlichkeiten des Rißbeginns und des Rißabfangens ab. Bei ungekerbten Prüfstücken werden durch einen höheren Faseranteil mehr Lücken erzeugt: die Schlagzähigkeit nimmt ab. Bei gekerbten Prüflingen ist dagegen die Kerbe die größte Lücke. Ein größerer Faseranteil verhindert hier das Weiterlaufen von Rissen. Je länger die Fasern sind, um so weniger Faserenden und damit Störstellen sind vorhanden, um so weniger Risse können sich bilden. Ein zu guter Verbund zwischen Faser und Matrix ist für die Schlagzähigkeit nicht immer vorteilhaft. Falls nämlich die Grenzfläche Matrix/Faser beim Schlag nicht gelöst wird, läuft der Riß weiter in die Matrix hinein. Bei einem schlechten Verbund löst sich dagegen die Faser von der Matrix: Der Riß wird abgeleitet, die Schlagenergie aufgefangen.

35.5 Schaumstoffe

35.5.1 ÜBERSICHT

Schaumstoffe sind Blends von Thermoplasten, Duromeren oder Elastomeren mit Gasen. Sie werden nach der Natur des zugrundeliegenden Kunststoffes, nach ihrer Härte oder nach ihrer Zellstruktur eingeteilt.

Bei harten Schaumstoffen liegt die Glasübergangstemperatur weit über, bei weichen Schaumstoffen tief unter der Gebrauchstemperatur. Die Zellstruktur kann offen, geschlossen oder gemischt sein. Bei offenzelligen Schaumstoffen sind alle Zellen miteinander verbunden. Bei geschlossenzelligen Schaumstoffen ist dagegen jede Zelle von einer Kunststoffwand umhüllt und somit von den anderen abgekapselt. Strukturschaumstoffe sind Schaumstoffe mit dichter Außenhaut und einem Kern mit niedriger Dichte; sie werden auch Integralschaumstoffe genannt. Syntaktische Schaumstoffe enthalten im Gegensatz zu den normalen Schaumstoffen in der Matrix nicht die Gase direkt, sondern kleine, mit Gasen oder Vakuum gefüllte Hohlkörper aus Glas, Keramik oder Kunststoffen.

Schaumstoffe besitzen eine sehr geringe Wärmeleitfähigkeit und werden daher als Isoliermittel verwendet. Da ihre Dichte niedrig ist und das Schaumstoffgerüst bei Stößen elastisch nachgibt, werden sie auch als stoßsicheres Verpackungsmaterial eingesetzt. Strukturschaumstoffe weisen zudem bei günstigem Verhältnis von Steifigkeit zu Masse auch hohe Festigkeiten auf und je nach Polymerkomponente auch ein günstiges mechanisch-thermisches Verhalten.

35.5.2 HERSTELLUNG

Schaumstoffe können durch eine Reihe von Methoden hergestellt werden (Tab. 35−10). Bei der *chemischen* Schaumerzeugung entstehen durch chemische Reaktionen Gase, die die Polymeren aufblähen. Vorgebildete Polymere können mit gasabgebenden Mitteln geschäumt werden, z.B. durch Stickstoff aus dem thermischen Zerfall von Azoverbindungen oder durch Ammoniak, Carbondioxid und Wasserdampf aus dem Zerfall von Ammoniumhydrogencarbonat (Tab. 35−11). Die Gase können aber auch durch die Polyreaktion selbst entstehen, z.B. bei der Umsetzung von Polyisocyanaten mit Polycarbonsäuren (vgl. Kap. 28.4.1). Bei dieser Reaktion wird ein polymeres Netzwerk aufgebaut, das während seiner Entstehung aufgebläht wird.

Tab. 35−10 Wichtige Schaumstoffe (h = Hartschaum, w = Weichschaum)

Polymer	Schaumerzeugung		
	mechanisch	physikalisch	chemisch
Phenolharze	h	h	h
Melaminharze	h	h	h
Polyurethane	−	h, w	h, w
Poly(styrol)	−	h	−
Poly(vinylchlorid)	−	h, w	h, w
Poly(vinylformal)	w	−	w
Silicone	−	−	w
Poly(ethylen)	−	−	h, w
Naturkautschuk	−	h, w	h, w
Naturkautschuklatex	w	−	w

Bei der *physikalischen* Schaumerzeugung läßt man vorher zugesetzte Flüssigkeiten oder unter Druck befindliche Gase expandieren. Schaum-Poly(styrol) wird z.B. durch Verdampfen niedrigsiedender Kohlenwasserstoffe oder Halogenkohlenwasserstoffe nach dem Dampfstoßverfahren erzeugt. Zu den physikalischen Verfahren zählt auch das Aufblähen von PVC-Plastisolen und thermoplastischen Integralschaumstoffen durch Stickstoff. Fluorchlorkohlenwasserstoffe dienen zum Herstellen von weichen und harten Polyurethanschaumstoffen oder zum Extrusionsschäumen von Poly(styrol).

Bei der *mechanischen* Schaumstofferzeugung werden Latices oder Präpolymere unter Zusatz von oberflächenaktiven Substanzen heftig gerührt oder geschlagen (Schlagschaumverfahren). Der gebildete Schaum wird anschließend durch chemische Vernetzung des schaumbildenden Kunststoffes fixiert.

Beim *Auslaugverfahren* wird die dem Kunststoff in Partikelform zugesetztes Material durch Auslaugen entfernt. Viscose-Schwämme werden z.B. so hergestellt, daß man in die Viscose Natriumsulfat-Kristalle einmischt, zur Stabilisierung der Schwammstruktur erhitzt und anschließend das Natriumsulfat mit Wasser herauslöst. Seltener verwendet wird das Sintern von Kunststoffpulvern.

Strukturschaumstoffe können sowohl chemisch als auch physikalisch hergestellt werden. Beim Niederdruck-Spritzgießverfahren (Thermoplast-Schaumgießverfahren,

TSG-Verfahren) spritzt man z.B. eine Schmelze mit großer Geschwindigkeit in einen größeren Formhohlraum ein. Die Schmelze schäumt unter der Wirkung des Treibmittels auf und erzeugt einen zelligen Kern mit einer kompakten Außenhaut. Die Außenhaut ist um so dicker, je höher der Druck ist. Umgekehrt steigt die Oberflächenrauhigkeit mit steigendem Druck an.

Tab. 35–11 Einige chemische Treibmittel für Kunststoffe

Bezeichnung	Zersetzungs-temperatur in Luft in °C	Entwickelte Gase	Gasausbeute in cm³/g	Verwendung für
(1) Azobisisobutyronitril	>100	N_2	137	NR
(2) Azodicarbonamid	>200	N_2, CO, NH_3, CO_2	220	ABS, PA, PE, PP PVC, PS
(3) Azodicarbonamid-diisopropylester	100	N_2, CO, CO_2		ABS, EVAC, PA, PE, PP, PUR, PVC, PS
(4) p-Toluolsulfohydrazid	120	N_2		EVAC, PE, PVC
(5) p,p'-Oxybis(benzol-sulfohydrazid)	130	N_2	125	EVAC, PE, PVC
(6) p,p'-Oxybis(benzol-sulfonylsemicarbazid)	215	N_2	145	ABS, PA, PE, PP, PPO, PS
(7) N,N'-Dinitroso-pentamethylentetramin	200	N_2, NO, NH_3	240	PVC
(8) Isophthalsäure-biskohlensäure-ethylesteranhydrid	190	CO_2	75	PC

(1) $(CH_3)_2C-N=N-C(CH_3)_2$
             | |
            CN   CN

(2) $H_2NOC-N=N-CONH_2$

(3) $(CH_3)_2CHOOC-N=N-COOCH(CH_3)_2$

(4) $CH_3-C_6H_4-SO_2NHNH_2$

(5) $H_2NNHSO_2-C_6H_4-O-C_6H_4-SO_2NHNH$

(6) $(H_2NOC-NHNHSO_2-C_6H_4)_2O$

(7) $H_2C-N-CH_2$
      | | |
    ON-N CH_2 N-NO
      | | |
    $H_2C-N-CH_2$

(8) $C_2H_5O-\underset{O}{\overset{\parallel}{C}}-OOC-C_6H_4-COO-\underset{O}{\overset{\parallel}{C}}-OC_2H_5$

35.5.3 EIGENSCHAFTEN

Die Eigenschaften der Schaumstoffe hängen von der Lage der Glasübergangstemperatur und von ihrer Dichte ab (Tab. 35–12). Bei harten Schaumstoffen, d.h. solchen mit hohen Glasübergangstemperaturen, steigt die Reißfestigkeit mit der Dichte der Schaumstoffe an (Abb. 35–17). Diese Dichteabhängigkeit ist in erster Näherung unabhängig von der chemischen Konstitution der Schaumstoffe. Auch die Kompressionsfestigkeit harter Schaumstoffe wird in erster Näherung nur von ihrer Dichte bestimmt.

Die Wärmeleitfähigkeit hängt bei geschlossenzelligen Schaumstoffen wesentlich von der Natur des Füllgases (vgl. Tab. 35–11), daneben auch noch von der Flexibilität des Schaumstoffes ab. Bei offenzelligen Schaumstoffen niedriger Dichte schwankt die Wärmeleitfähigkeit relativ unabhängig von der chemischen Konstitution zwischen etwa 110 und 170 J m^{-1} h^{-1} K^{-1}. Sie nimmt erst bei Dichten über ca. 0,3 g/cm³ wesentlich höhere Werte an.

35.5 Schaumstoffe

Tab. 35–12 Dichten ρ, Reißfestigkeiten σ_B, Kompressionsfestigkeiten σ_K bei 10% Verformung und Wärmeleitfähigkeiten λ verschiedener Schaumstoffe. (Nach Daten der Modern Plastics Encyclopedia 1976/77). *) Strukturschaumstoffe

Schaumstoff	$\dfrac{\rho}{\text{g cm}^{-3}}$	$\dfrac{\sigma_B}{\text{MPa}}$	$\dfrac{\sigma_K}{\text{MPa}}$	$\dfrac{\lambda}{\text{J m}^{-1}\,\text{h}^{-1}\,\text{K}^{-1}}$	Symbol in Abb. 35–17
CA	0,11	1,2	0,9	160	⊕
EP	0,08	0,4	0,6	135	●
	0,16	1,3	1,9	145	●
	0,32	4,7	7,7	165	●
PE	0,02	0,1₅	0,04	145	◐
	0,14	1,5	0,11	175	◐
	0,40*	8,6	9,3	480	◐
PF	0,005	0,02	0,01₅	110	▲
	0,11	0,57	1,1	125	▲
	0,35	–	8,6	520	▲
PS	0,016	0,15	0,09	130	▽
	0,032	0,30	0,18	120	▽
	0,16	4,3	0,49	125	▽
PUR, hart	0,02	0,11	0,11	57 (Fluor-Kw)	○
, hart	0,02	0,11	0,11	120 (CO_2)	○
, hart	0,32	5,6	8,6	220 (CO_2)	○
, weich	0,32	9,7	0,7		–
, weich	0,02	0,07	0,002	160 (CO_2)	–
PVC, offenzellig	0,06	0,35	0,004	125	□
, geschlossenzellig	0,06	7,2	–	104	–
UF	0,02	schlecht	0,04	104	–

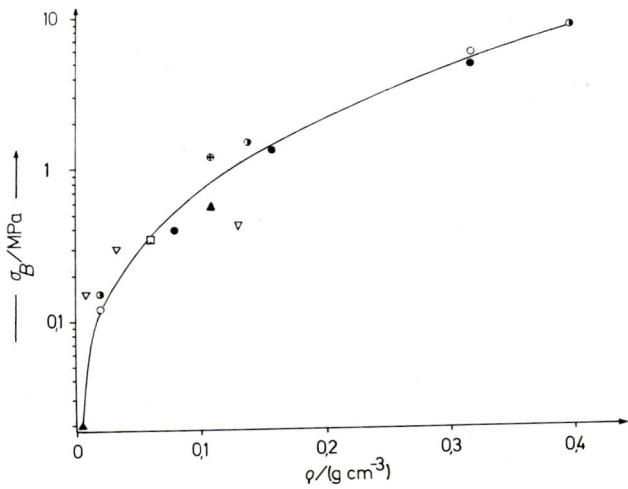

Abb. 35–17: Reißfestigkeiten harter Schaumstoffe als Funktion der Dichte. Für die Bedeutung der Symbole s. Tab. 35–12

Literatur zu Kap. 35

35.1 Übersichten

L. Mascia, The role of additives in plastics, Arnold Publ., London 1974

35.2 Weichgemachte Polymere

K. Thinius, Chemie, Physik und Technologie der Weichmacher, VEB Dtsch. Verlag f. Grundstoffindustrie, Leipzig 1962
I. Mellan, Industrial plasticizers, Pergamon, Oxford 1963
P. D. Ritchie, Hrsg., Plasticizers, stabilizers, and fillers, Butterworth, London 1971

35.3 Blends und IPN's

P. J. Corish, Fundamental studies of rubber blends, Rubber Chem. Technol. **40** (1967) 324.
W. V. Titow, B. J. Lanham, Reinforced thermoplastics, Appl. Sci. Publ., Barking, Essex, England 1975; Wiley, New York, 1975; Halsted Press, New York, 1975.
L. E. Nielsen, Mechanical properties of polymers and composites, M. Dekker, New York 1974 (Vol.1), 1976 (Vol. 2)
J. A. Manson, L. H. Sperling, Polymer blends and composites, Plenum Press, New York 1976
C. B. Bucknall, Toughened plastics, Appl. Sci. Publ., London 1977
L. H. Sperling, Interpenetrating polymer networks and related materials, J. Polymer Sci.-Macromol. Revs. **12** (1977) 141
D. R. Paul und S. Newman, Hrsg., Polymer Blends, Academic Press, 2 Bde., New York 1978

35.4 Composites

W. S. Penn, GFP-Technology, MacLaren, 1966
P. H. Selden, Hrsg., Glasfaserverstärkte Kunststoffe, Springer, Berlin 1967
R. T. Schwartz und H. S. Schwartz, Fundamental aspects of fiber reinforced plastic composites, Interscience, New York 1968
R. L. McCullough, Concepts of fiber-resin composites, M. Dekker, New York 1971
N. G. McCrum, A review of the science of fibre reinforced plastics, H. M. Stationery Office, London 1971
R. M. Gill, Carbon fibres in composite materials, Iliffe Books, London 1972
L. E. Nielsen, Mechanical properties of polymers and composites, M. Dekker, New York 1974 (Bd.1) and 1976 (Bd.2)
L. J. Broutman, R. H. Crock, Hrsg., Composite Materials, Academic Press, New York 1974–1975 (8 Bde.)
W. V. Titow, B. J. Lanham, Reinforced thermoplastics, Appl. Sci. Publ., Barking, Essex, England 1975; Wiley, New York 1975; Halsted Press, New York 1975
J. A. Manson, L. H. Sperling, Polymer blends and composites, Plenum Press, New York 1976
J. G. Mohr, Hrsg., SPI Handbook of technology and engineering of reinforced plastics/composites, Van Nostrand-Reinhold, New York, 2. Aufl. 1976
G. W. Ehrenstein und R. Wurmb, Verstärkte Thermoplaste – Theorie und Praxis, Angew. Makromol. Chem. **60/61** (1976) 157

35.5 Schaumstoffe

T. H. Ferrigno, Rigid plastics foams, Reinhold, New York 1963
H. Götze, Schaumkunststoffe, Straßenbau, Chemie und Technik Verlagsges., Heidelberg 1964
K. C. Frisch, J. H. Saunders, Hrsg., Plastic foams, M. Dekker, New York 1972 (Bd.1), 1973 (Bd.2)
E. Meinecke, Mechanical properties of polymeric foams, Technometric Publ., Westport, Conn. 1973
H. Piechota, H. Röhr, Integralschaumstoffe, Hanser, München–Wien 1975
Desk-top data bank, Foams, International Plastics Selector, San Diego 1978

36 Thermoplaste und Duromere

36.1 Einführung

Thermoplaste und Duromere sind die beiden größten Untergruppen der Kunststoffe (vgl. Kap. 33). Sie weisen in bezug auf ihre Verwendung und z.T. auch in bezug auf ihre ihre Verarbeitung so viele Gemeinsamkeiten auf, daß sie zusammen besprochen werden können. Thermoplaste und Duromere unterscheiden sich jedoch durch den bei der Verarbeitung entstehenden Abfall: Randstücke usw. können bei Thermoplasten prinzipiell wiederverarbeitet werden, bei Duromeren jedoch nicht.

Thermoplaste und Duromere werden im Hinblick auf ihre Endeigenschaften oft noch weiter in Massenkunststoffe (engl. commodity polymers, general purpose plastics), Konstruktionskunststoffe bzw. technische Kunststoffe (engl. engineering plastics, high performance plastics, advanced plastics) und wärmebeständige Kunststoffe (engl. high-temperature plastics, HT-plastics) unterteilt. Die Massenkunststoffe werden wegen ihrer günstigen Rohstoffbasis und des resultierenden niedrigen Gestehungspreises in den größten Mengen produziert (Tab. 36-1). Duromere bilden die zweitgrößte Gruppe. Konstruktionsthermoplaste und wärmebeständige Thermoplaste werden wegen ihres hohen Preises in weit geringeren Mengen hergestellt.

Tab. 36-1: Verbrauch von Kunststoffen in den USA im Jahre 1977 (1 Gg = 1000 t). Die Statistiken sind teilweise unvollständig.

Kunststoff	Preis in $/kg	Total	Verbrauch in Gg/a					
			Ver-packung	Trans-portwesen	Bauwesen	Möbel	Elekt. Ind.	Haush. u. Küchengeräte
LDPE	0,69	2939	1270		122	8	250	188
PVC u. Copolymere	0,72	2380	170	11	1186	103	170	69
PS u. Copolymere	0,61	2010	575		45	42	107	216
HDPE	0,70	1620	695		187			130
PP	0,66	1247	214	7	15	13		97
PUR	1,23	796	29	42	140	249	1	21
PF	1,03	638	10	4	298	31	76	47
UF, MF	1,19	514	6		359	7	18	
Vinylvbdg. o. PVC	~0,7	480	97		2			
UP	0,79	477		15	199	8	56	24
ABS	1,30	468	11	72	124	6	11	57
Alkyd		360						
Acryl	1,23	240		33	71			3
EP	1,67	125			9		9	4
PA	2,55	110		5			18	6
Cellulosederivate	1,85	67	19		2		1	1
PC	2,40	57			21		11	7
SAN	0,88	50						7
POM	2,07	42			8		2	3
PET	2,16	21	23		3		4	2
Verschiedene		150	114	6		4	6	24
Total	–	14791	3233	902	2791	471	740	906
Total in %		100	22	6	19	3	5	6

Der größte Anteil der in den USA verbrauchten Kunststoffe wird für Verpackungszwecke verwendet (Tab. 36–1), gefolgt von der Bauindustrie. Haushaltswaren, Elektro- und Elektronikteile, Möbel, Transportwesen, Klebstoffe und Tinten verbrauchen ebenfalls viele Kunststoffe. Die Aufteilung auf die verschiedenen Verwendungszwecke ist für andere hochindustrialisierte Staaten ähnlich.

Tab. 36–2: Vergleich einiger Eigenschaften sowie der Preise Q und Pr von einigen wichtigen umgefüllten Werkstoffen. ρ = Dichte, E = Elastizitätsmodul, σ_s = Streckspannung, T_f = Formbeständigkeitstemperatur (bei einer Belastung von 1,85 MPa) (Daten für ca. 1974/75).

Material		Eigenschaften				Preise		Preis pro Eigenschaft	
Symbol	Name	ρ	E	σ_s	T_f	Q	Pr	Pr/E	Pr/σ_s
		g cm^{-3}	GPa	MPa	°C	\$ kg^{-1}	\$ dm^{-3}	\$ GPa^{-1} dm^{-3}	\$ GPa^{-1} dm^{-3}
Massenthermoplaste									
HDPE	Poly(ethylen) hoher Dichte	0,96	1,1	32	49	0,31	0,30	0,27	9
PP	Poly(propylen)	0,90	1,2	36	56	0,42	0,38	0,32	11
PS	Poly(styrol)	1,05	3,2	46	73	0,30	0,32	0,10	7
PVC	Poly(vinylchlorid)	1,35	2,9	60	68	0,74	1,00	0,34	17
Konstruktionsthermoplaste									
ABS	Acrylnitril-Butadien-Styrol-Terpolymer	1,07	2,9	56	93	0,57	0,61	0,21	11
PA 66	Nylon 6,6	1,10	2,9	65	75	1,65	1,82	0,63	28
POM	(Poly(oxymethylen), Acetal	1,42	3,7	72	124	1,31	1,86	0,50	26
PC	Polycarbonat	1,20	2,9	79	135	1,65	2,00	0,70	25
PSU	Polysulfon	1,24	2,6	73	203	2,02	2,50	0,97	34
Duromere									
UF	Harnstoff/Formaldehyd-Harz	1,56	10,0	43		0,65	1,01	0,10	23
PF	Phenol/Formaldehyd-Harz	1,36	8,6	50	121	0,48	0,65	0,08	13
EP	Epoxid-Harz	1,20	3,6	72	>110	1,10	1,32	0,37	18
PI	Polyimid	1,40	5,0	72	>243	8,40	11,76	2,35	163
Metalle									
Fe	Gußeisen	7,77	215	920		0,36	2,80	0,01	3
–	Rostfreier Stahl	7,69	208	430		0,81	6,22	0,03	14
Al	Aluminium	2,67	73	93		1,01	2,70	0,04	29
Cu	Kupfer	8,77	122	72		1,92	16,84	0,14	234
Zn	Zink-Spritzguß	6,5		157		0,66	4,29		27
Ti	Titan	4,5	108	720					
Verschiedene									
–	Beton	2,3	30	5,5		0,04	0,09	0,003	17
–	Holz	0,5	11	70		0,04	0,02	0,002	0,?

Kunststoffe sind Werkstoffe und konkurrieren daher mit anderen Werkstoffen wie Metallen, Zement, Holz, Leder usw. Die Auswahl eines Werkstoffes für einen bestimmten Verwendungszweck richtet sich nach drei Kriterien: geforderte Endeigenschaften, Verarbeitungsmöglichkeiten und Preis bezüglich Eigenschaften und Verarbeitbarkeit. Tab. 36–2 vergleicht Preise, Eigenschaften und Preise pro Eigenschaft einiger typischer Werkstoffe.

Die Elastizitätsmoduln von Kunststoffen liegen nach diesen Daten noch unterhalb von denen von Holz, Beton und Metallen; Kunststoffe sind daher weniger steif als diese Materialien. Ihre Streckspannung ist jedoch wesentlich höher als die von Beton (= partikular gefüllter Zement), etwa gleich der von Holz, Kupfer und Aluminium, jedoch weit niedriger als die von Gußeisen, Titan und Stahl. Beton und Holz sind die billigsten Werkstoffe, während die Preise für Kunststoffe und Metalle auf Massebasis etwa gleich sind. Kunststoffe haben jedoch gegenüber Metallen wegen ihrer niedrigeren Dichte einen deutlichen Vorsprung bei den Preisen auf Volumenbasis. Beim Vergleich der pro Geldmenge erbrachten Leistung schneiden die Kunststoffe relativ zu Beton, Holz und Metallen in bezug auf den Elastizitätsmodul schlecht ab. Sie konkurrieren jedoch erfolgreich mit Metallen und Beton in bezug auf Kosten pro Zugspannung.

Innerhalb der Kunststoffe selbst bestehen deutliche Unterschiede in den Endeigenschaften von Massenthermoplasten einerseits und Duromeren andererseits. Duromere sind steifer, besitzen eine höhere Zugfestigkeit und weisen wesentlich höhere Formbeständigkeitstemperaturen auf; ihre Preise pro Elastizitätsmodul sind denen von Massenthermoplasten vergleichbar, ihre Preise pro Streckspannung jedoch meist beträchtlich höher. Dazu kommt, daß ihre Verarbeitungskosten pro Werkstück meist beträchtlich höher sind. Man hat sich daher bemüht, unter Beibehalt der guten Verarbeitbarkeit Thermoplaste mit verbesserten Endeigenschaften zu entwickeln. Diese sog. Konstruktionsthermoplaste sind dabei in den Streckspannungen den Duromeren vergleichbar, ohne bislang die gleichen Elastizitätsmoduln zu erreichen. Hochwärmebeständige Thermoplaste streben dagegen die gleichen Formbeständigkeitstemperaturen wie die Duromeren an.

36.2 Verarbeitung

36.2.1 EINLEITUNG

Vom Polymerrohstoff, d.h. vom Monomeren oder Präpolymeren, zum geformten Kunststoff führen verschiedene Wege:
 A. Direkte Polyreaktion unter gleichzeitiger Formgebung,
 B. Polyreaktion zum Polymer, gefolgt von einer separaten Formgebung,
 C. Polyreaktion zum Polymer, Formgebung zum Halbzeug, und anschließende Verarbeitung zum Endprodukt.

Je weniger Schritte vom Polymerrohstoff zum geformten Kunststoff notwendig sind, um so wirtschaftlicher ist im Prinzip das Verfahren. Verfahrensweise A sollte daher am günstigsten sein. Technisch ergeben sich bei dieser Verfahrensweise jedoch oft Probleme, weil eine niedrigviskose Flüssigkeit in ein sehr hochviskoses Formstück umgewandelt werden muß. Aus diesem Grunde wird für die Verarbeitung im allgemeinen die Verfahrensweise B vorgezogen.

Bei den Verfahrensweisen B und C wird das Polymer vor der Formgebung isoliert und eine mehr oder weniger lange Zeit gelagert, z.B. als Granulat. Im allgemeinen müssen derartige Granulate vor der Verarbeitung vorgetrocknet werden, da der bei der Verarbeitung entstehende Wasserdampf im Formstück Kavernen bilden kann. Bei diskontinuierlichen Verarbeitungsverfahren muß man ferner den Kunststoff-Rohstoff genau dosieren. Dazu muß man seine Schüttdichte kennen, aus der für Verarbeitungszwecke der sog. Füllfaktor A = Rohdichte/Schüttdichte berechnet wird. Bei langfaserigen Materialien ergibt sich entsprechend der sog. Füllfaktor B als Quotient aus Rohdichte und Stopfdichte.

Die Wahl eines spezifischen Verarbeitungsverfahrens richtet sich *technisch* nach den rheologischen Materialeigenschaften und der Gestalt des Formstücks, *wirtschaftlich* nach den Investitionskosten für die Verarbeitungsmaschinen und der erzielbaren Verarbeitungsgeschwindigkeit. Die Verarbeitungsverfahren können dabei nach der Verfahrenstechnologie oder nach der Art der Formgebung eingeteilt werden.

Verfahrenstechnisch teilt man die Verfahren nach den bei ihnen durchlaufenen rheologischen Zuständen ein:

viskos:	Gießen, Pressen, Spritzen, Auftragen
elastoviskos:	Spritzgießen, Strangpressen (Extrudieren), Kalandrieren, Walzen, Kneten
elastoplastisch:	Ziehen, Blasen, Schäumen
viskoelastisch:	Sintern, Schweißen
fest:	Spangebende Verarbeitung, Fügen, Kleben

Als elastoviskos wird dabei ein rheologisches Verhalten mit viel viskosen und wenig elastischen Anteilen, als viskoelastisch umgekehrt ein Verhalten mit hauptsächlich elastischen und wenig viskosen Anteilen bezeichnet. Stoffe mit elastoplastischem Verhalten weisen eine ausgeprägte Fließgrenze auf. Zwischen diesen Verhaltensweisen gibt es selbstverständlich alle Übergänge. Das Verspinnen zu Fäden kann man als Spezialfall der Kunststoffverarbeitung betrachten. Die Verarbeitbarkeit ist in der Regel um so besser, je breiter die Molekulargewichtsverteilung ist.

Nach der Art der Formgebung kann man die Verfahren einteilen in

Urformen:	Gießen, Tauchen, Pressen, Spritzgießen, Extrudieren, Schäumen, Sinterformen
Umformen:	Kalandrieren, Prägen, Biegen, Tiefziehen
Fügen:	Schweißen, Kleben, Verschrauben und Nieten, Auf- und Einschrumpfen, Verspannen
Beschichten:	Kaschieren, Streichen, Flammspritzen, Wirbelsintern, Auskleiden
Trennen:	Schneiden, Spanen
Veredeln:	Oberflächenvergüten, Gefügesteuerung.

Weitere Einteilungsmöglichkeiten bestehen nach dem angewendeten Druck oder danach, ob das Verfahren diskontinuierlich, halbkontinuierlich oder kontinuierlich ist bzw. automatisch abläuft und nach der Weiterverarbeitung: Halbzeug (z.B. Profile, usw.), Fertigzeug (z.B. Schäume) (vgl. Kunststoff-Taschenbuch oder DIN-Normen).

36.2.2 VERARBEITUNG ÜBER DEN VISKOSEN ZUSTAND

Bei der Verarbeitung über den viskosen Zustand muß die Viskosität der zu verarbeitenden Massen niedrig sein. Man arbeitet daher mit Schmelzen von Monomeren oder Präpolymeren bzw. mit Lösungen oder Dispersionen von Polymeren. Die hauptsächlichsten Verfahrensgruppen sind Gieß-, Preß- und Auftrageverfahren. Gießen und Pressen werden besonders für Duromere, die Auftrageverfahren auch für Thermoplaste und Elastomere verwendet.

Gießverfahren

Beim Gießen werden flüssige Massen in eine Form gegossen und dort „ausgehärtet", d.h. polykondensiert oder polymerisiert (Abb. 36-1). Durch Gießen werden Phenol- und Epoxidharze, aber auch Monomere wie Methylmethycrylat, Styrol, Vinylcarbazol und Caprolactam verarbeitet (Reaktionsguß). Das Gießen gelierbarer Massen heißt Gelatinieren (Weich-Poly(vinylchlorid)). Beim Gießen sind die Werkzeugkosten niedrig. Metallteile können leicht eingegossen werden. Diesen Vorteilen stehen zwei Nachteile gegenüber. Die Fertigungsgeschwindigkeit ist gering; das Verfahren ist daher nur bei Fertigungen von bis zu ca. 3000 Teilen pro Jahr wirtschaftlich. Außerdem lassen sich exotherme Reaktionen schwierig beherrschen. Aus diesem Grund hat sich die Verarbeitung von Polyesterharzen durch Gießen nicht recht eingeführt. Zu Thermoplasten führende Monomere werden nur für Spezialteile durch Gießen verarbeitet, z.B. Methylmethacrylat für Linsen oder für Gebisse.

Folienguß und *Rotationsguß* sind zwei Abarten des Gießens. Durch Gießen hergestellte Folien sind homogener als die durch Kalandrieren fabrizierten. Durch Foliengießen werden vor allem Celluloseacetat, Polyamide und Polyester verarbeitet. Der Rotationsguß (auch Schleudern genannt) wird hauptsächlich für die automatische Fertigung von Hohlkörpern aus Weich-PVC eingesetzt.

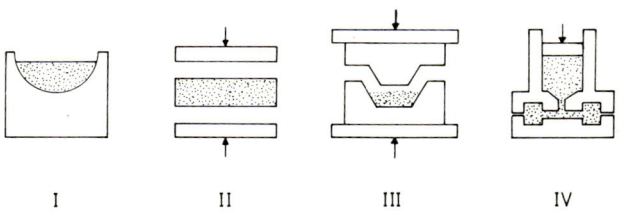

Abb. 36-1: Verarbeitung durch Gießen und Pressen (schematisch). I = Gießen, II = Schichtpressen, III = Formpressen, IV = Spritzpressen.

Preßverfahren

Bei den Preßverfahren unterscheidet man das eigentliche Pressen vom Formpressen und Spritzpressen. Beim *Pressen* werden Pulver oder tablettierte Gießmassen vorgewärmt in eine Presse gebracht, gepreßt und dabei gleichzeitig ausgehärtet (vgl. Abb. 36-1). Als Preßmassen werden in der Regel nur stark gefüllte Duromere eingesetzt, d.h. Phenol-, Harnstoff-, Melamin- und ungesättigte Polyesterharze. Preßt man unter Verwendung eingelegter Gewebe oder Matten, so spricht man von *Schichtpressen*.

Beim *Formpressen* bringt man kalte Pulver oder Gießmassen unter Druck in eine geheizte Form; das Verfahren wird daher auch als *Warmpressen* bezeichnet. Nach dem Formpreßverfahren werden glasfaserverstärkte ungesättigte Polyesterharze verarbeitet. Die Vulkanisation von Elastomeren erfolgt ebenfalls nach dem Formpreßverfahren. Hochwertige Schallplatten werden aus dem Thermoplasten Poly(ethylen-co-vinylacetat) gepreßt, billige dagegen spritzgegossen.

Beim *Spritzpressen* spritzt man eine warme Preßmasse in eine kalte Form unter Druck ein. Auch beim Spritzpressen werden wie beim Pressen und beim Formpressen in der Regel nur Duromere eingesetzt. Thermoplaste werden durch Spritzpressen nur dann verarbeitet, wenn sich wirtschaftliche Vorteile bieten (z.B. Poly(chlortrifluorethylen) oder Hart-PVC). Durch Spritzpressen lassen sich besonders günstig dickwandige Teile sowie Teile geringer Masse in großen Stückzahlen herstellen. Das Spritzgießen bietet gegenüber dem Pressen und dem Formpressen folgende Vorteile. Die größere Produktionsgeschwindigkeit gestattet eine Automatisierung. Die Produkte sind besser maßhaltig als beim Pressen, da beim Pressen je nach Füllung Unterschiede im Preßdruck auftreten. Durch das Vorwärmen der Massen in der Vorkammer sind ferner niedrigere Viskositäten und Drücke erforderlich. Nachteilig gegenüber dem Pressen und dem Formpressen sind dagegen der höhere Materialverbrauch, die Orientierung von Füllstoffteilchen durch den Spritzprozeß und die großen Investitionskosten für Formen für sehr dünnwandige oder sehr große Formteile.

Auftrageverfahren

Bei den Auftrageverfahren trägt man Lösungen, Schmelzen oder Dispersionen auf eine Unterlage auf. Die Unterlage kann aus dem Polymeren selbst oder aus einem Fremdstoff bestehen. Sie kann nach dem Auftragen mit dem aufgetragenen Polymeren verbunden bleiben oder aber von ihm wieder entfernt werden.

Das *Lackieren* ist eines der ältesten Auftrageverfahren: auf ein Werkstück oder eine Folie werden Lösungen filmbildender Polymerer durch eine Bürste aufgetragen und das Lösungsmittel dann verdunsten lassen. Diese Lösungen müssen sehr niederviskos und dilatant sein. Einerseits müssen sie nämlich vor der Filmbildung gut verlaufen, damit eine glatte Oberfläche erzeugt wird. Andererseits erzeugen Bürsten Geschwindigkeitsgradienten von bis zu 20 000 s^{-1}, d.h. die scheinbare Viskosität der Lösungen nimmt beim Auftragen stark zu. Anstelle von Lösungen verwendet man daher vorteilhaft auch Dispersionen bzw. Latices. Beim *Spritzen* werden ähnliche Anforderungen an die Lösungen gestellt; das Auftragen erfolgt hier mit einer Spritzpistole anstelle einer Bürste.

Durch *Tauchen* werden besonders dünne Formteile hergestellt, z.B. Gummihandschuhe. Das Negativ wird solange und/oder so oft in einen Latex oder eine Paste getaucht, bis die gewünschte Schichtdicke erreicht ist. Die Viskosität der Latices soll bei diesen Verfahren weniger als 12 Pa · s betragen; die Fließgrenze soll möglichst niedrig sein. Auf diese Weise werden PVC-Pasten und Latices des Naturkautschuks, des Poly(chloroprens) und der Silicone verarbeitet.

Hochviskose Lösungen und Schmelzen werden auf Träger durch *Beschichten* aufgebracht. Das Beschichten kann z.B. durch Walzenauftrag mit Hilfe einer Mitnehmerwalze erfolgen (Abb. 36–2a). Beim Walzenauftrag mit einer zusätzlichen Gravurwalze kann dabei die Oberfläche gleichzeitig geprägt werden (Abb. 36–2b). Am häufigsten wird jedoch das *Rakeln* angewendet, z.B. mit Hilfe einer unten liegenden Walze (Walzenrakel, Abb. 36–2c), eines Gummituches (Gummirakel), oder auf freitragender Bahn (Luftrakel). Beschichtungen können auch durch *Aufsprühen* hergestellt werden (Abb. 36–2d), doch sind die Beschichtungen bei hochviskosen Materialien weniger gleichmäßig als z.B. beim Rakeln. Ein Aufsprühverfahren ist auch das sog. *Faserspritzen*, bei dem Kurzfasern noch in der Luft mit zerstäubtem Harz gemischt und auf die Werkzeugoberfläche aufgespritzt werden.

Beim *Laminieren* werden zwei oder mehr Materialien miteinander verbunden. Zur Herstellung von *Schichtstoffen* werden dazu einzelne Schichten miteinander vereinigt, während beim *Kaschieren* zwei Folien verbunden werden.

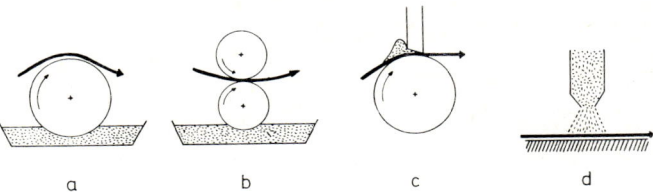

Abb. 36–2: Verarbeitung durch Auftragen: (a) durch Walzenauftrag, (b) durch Walzenauftrag mit Gravurwalze, (c) durch Walzenrakel, (d) durch Aufsprühen.

Im weiteren Sinne gehören zu den Laminierverfahren auch das Handauflegeverfahren und das Fadenwickelverfahren. Beim *Handauflegeverfahren* werden Matten aus Glasfasern mit ungesättigten Polyesterharzen getränkt. Die getränkten Matten werden dann von Hand auf die Form gebracht und durch Rollen angepreßt. Die endgültige Formgebung erfolgt durch Kaltpressen. Das Verfahren eignet sich für großflächige Gegenstände in kleinen Stückzahlen, z. B. für Bootskörper. Es kann durch die Verwendung sog. Prepregs vereinfacht werden. Dazu werden Matten kontinuierlich in das Harz getaucht, abgequetscht, im Ofen vorgehärtet und dann im Pressverfahren unter Formgebung verarbeitet. Bei den sog. SMC's (sheet molding compounds) handelt es sich um vorgetränkte Stücke von Glasfasermatten, die in Formen eingelegt und dann ausgehärtet werden.

Beim *Fadenwickelverfahren* (filament winding) tränkt man Glasfaser-Rovings mit dem Harz, wickelt sie nach einem geometrischen Muster um einen entfernbaren Kern und läßt dann aushärten. Das Verfahren wird zur Herstellung von Hohlkörpern sehr hoher Festigkeit aus Glasfasern und Epoxidharzen verwendet. Nach einer neueren Variante dieses Verfahrens werden die Faserwicklungen auf die Innenseite eines rotierenden Hohlzylinders unter Ausnutzung der Zentrifugalkraft aufgelegt.

36.2.3 VERARBEITUNG ÜBER DEN ELASTOVISKOSEN ZUSTAND

Polymere können über den elastoviskosen Zustand durch Kneten, Walzen, Kalandrieren, Strangpressen und Spritzgießen verarbeitet werden. Die entstehenden Halb- und Fertigfabrikate werden – ausgenommen beim Spritzgießen – beim Austritt aus der Verarbeitungsmaschine nicht durch eine Form gestützt. Die zu verarbeitenden Massen müssen daher zumindest an dieser Stelle eine viel höhere Viskosität bzw. einen niedrigeren Schmelzindex als bei der Verarbeitung über den viskosen Zustand aufweisen (Tab. 36–3). Die Viskosität muß dabei umso höher sein, je dickwandiger der Artikel ist.

Das *Kneten* dient zur Herstellung von Halbzeug aus Elastomeren, vor allem zum Einarbeiten von Füllstoffen und anderen Polymeradditiven sowie zum Mischen von Elastomeren. Es wird in schweren Banbury-Knetern mit recht hohen Schergradienten ausgeführt.

Beim *Walzen* (Abb. 36–3) und *Kalandrieren* (Abb. 36–4) werden Elastomere oder weichgemachte Thermoplaste zu Fellen oder Folien ausgezogen oder Folien oder Gewebe mit Thermoplasten, Elastomeren oder Duromeren beschichtet. Die beheizten Walzen laufen mit unterschiedlicher Geschwindigkeit. Bei den Walzenstühlen staut sich das Gut

Tab. 36-3: Charakteristiken einiger Verarbeitungsverfahren

Verfahren	Produkt	Erforderlicher Schmelzindex	Schergradient in s^{-1}	Abzugsgeschwindigkeit in m/min
Kalandrieren	Elastomer-Halbzeug		< 50	
Walzen	Elastomer-Halbzeug		50–100	
Kneten	Elastomer-Halbzeug		500–1000	
Extrudieren	Rohre	< 0,1	10–1000	< 10
	Filme	9–15	10–1000	< 150
	Kabel	0,1–1	10–1000	< 1000
	Filamente	0,5–1	1000–100000	< 1000
Spritzgießen	Dickwandig	1–2	1000–100000	
	Dünnwandig	3–6	1000–100000	

am Walzenspalt, wobei der so entstehende Knet durch die kombinierte Scher- und Knetwirkung plastifiziert wird. In die plastifizierte Masse lassen sich dann Additive leichter einarbeiten. Beim Kalandrieren (Kalandern) führt die unterschiedliche Walzengeschwindigkeit zu einer Friktion und diese wiederum zu einer Reckung der Folien. Kalander werden in einer Reihe von Formen mit verschiedener Zahl und Anordnung der Walzen gebaut (Abb. 36–4). Die Verweilzeiten des Gutes sinken dabei von den L-Kalandern über die F-Kalander zu den Z-Kalandern ab. Kalander dienen hauptsächlich zur Herstellung von Folien von 60–600 μm Dicke; dickere Folien erzeugt man durch Extrudieren.

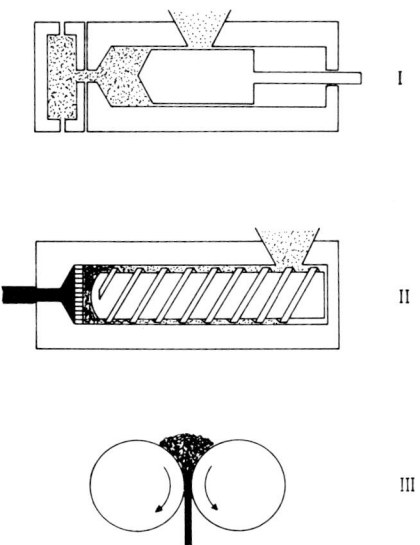

Abb. 36–3: Verarbeitung über den elastoviskosen Zustand durch Spritzgießen I, Extrudieren II und Walzen III. Beim Spritzgießen wird der gezeigte und früher ausschließlich gebrauchte Torpedo neuerdings durch Schnecken oder Doppelschnecken ersetzt.

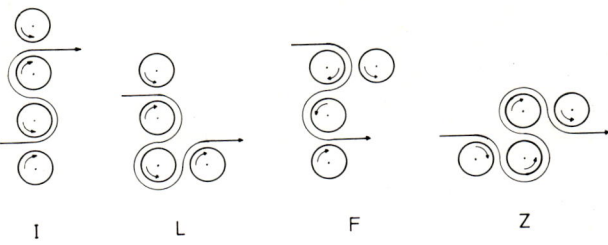

Abb. 36—4: Verschiedene Typen von Kalandern.

Beim *Extrudieren* wird das vorgewärmte Material mit einer Schnecke oder einer Doppelschnecke durch eine Lochblende aus dem Extruder herausgefördert und an der Luft oder in einem Kühlbad erkalten gelassen. Extrudiert werden Thermoplaste, Elastomere, Elastoplaste und Duromere. Die erforderliche hohe Formstabilität des extrudierten Materials kann durch molekulare Verhakungen erreicht werden, d.h. durch Polymere hoher Molmasse. Alternativ kann man die Polymeren auch leicht anvernetzen. Hohe Extrudiergeschwindigkeiten werden bei Polymeren mit breiter Molmassenverteilung erzielt. Die niedrigen Molmassen wirken als eine Art Schmiermittel und erlauben daher höhere Schergeschwindigkeiten, so daß der gefürchtete Schmelzbruch erst bei höheren Ausstoßgeschwindigkeiten eintritt. Höhere Ausstoßgeschwindigkeiten führen aber zu einer stärkeren Strangaufweitung, was man wiederum durch höhere Extrudiertemperaturen oder durch Verwendung von Polymeren mit geringeren elastischen Anteilen verhindern kann.

Beim Extrudieren von Duromeren wird eigentlich das Monomer oder ein Präpolymer extrudiert, wobei sich der Hauptteil der Härtungsreaktion in einer beheizten Druckkammer bei Drücken bis zu einigen hundert bar abspielt. Um eine unterschiedliche Aushärtung zu vermeiden, benutzt man meistens Kolbenstrangpressen und nicht Schnecken- oder Doppelschneckenpressen. Beim Extrudieren von Elastomeren erfolgt jedoch die Härtungsreaktion nach der Extrusion in einem gesonderten Verfahrensschritt.

Das Extrudieren von Monomeren unter gleichzeitiger Formgebung ist prinzipiell auch bei Thermoplasten möglich, wird aber nur in sehr beschränktem Ausmaß angewendet, z.B. beim Methylmethacrylat.

Durch Extrusion werden Rohre, Folien, Profile, Drahtisolationen und knotenfreie Netze hergestellt. Ein Spezialfall ist das Extrudieren mit Breitschlitzdüsen zu z.B. Flachfolien von 20—100 μm Dicke. Der Film wird anschließend durch Kühlwalzen oder Wasserbäder abgeschreckt (Schmelzgießen oder Chill-Roll-Verfahren). Breitschlitzdüsen werden auch beim sog. Extrusionsbeschichten von Papier oder Karton mit z.B. Poly-(ethylen) verwendet. Die so behandelten Papiere können dann heißgesiegelt werden.

Beim *Spritzgießen* werden die Massen zunächst vorgewärmt und dann durch einen Kolben, eine Schnecke oder eine Doppelschnecke in die klare, evtl. leicht vorgewärmte Form befördert (Abb. 36—3). Die Kolben (Torpedos) bzw. die Schnecken dienen gleichzeitig als Plastizier-, Dosier- und Einspritzaggregat. Die zu verarbeitenden Materialien werden dabei vorteilhaft als Granulat eingesetzt, da Pulver und Grieß beim Spritzgießen in der Mitte zusammengedrängt werden und dort einen kalten Pfropfen bilden. Schnecken bzw. Doppelschnecken sind vorteilhafter als Kolben, da sie einen höheren Durchsatz ermöglichen. Bei Schneckenmaschinen kann außerdem die Schmelze leicht in die Räume zwischen die Granulat-Körner eindringen, wodurch die Schmelze besser entlüftet wird. Durch die Scherwirkung der Schnecken werden zudem ständig neue Oberflächen aufgerissen, so daß Zusätze besser eingeknetet werden. Die Schmelze muß nach dem Einspritzen in die Form noch kurz nachgedrückt werden, damit sich keine Lunker bilden. An der kalten Formwand wird beim Einspritzen eine ca. 0,05 mm starke Haut gebildet, die die „plastische Seele" von der kalten Wand isoliert. Die in der Mitte nachfließende Schmelze erzeugt eine radiale Orientierung von Polymermolekülen bzw. Füllstoffteilchen. Anschließend wird die Form abgefahren und das gebildete Teil ausgeworfen. Der ganze Vorgang ist automatisiert.

Nach dem Spritzgußverfahren werden sehr viele Thermoplaste und einige Duromere verarbeitet. Zu den verwendeten Thermoplasten gehören Poly(styrol), Poly(ethylen), Poly(propylen), Poly(vinylchlorid), Polyamide, Polyurethane, Poly(oxymethylen), Polycarbonate, Poly(trifluorchlorethylen), Poly(methylmethacrylat) und Cellulosederivate, zu den Duromeren Phenolharze, Aminoharze und ungesättigte Polyester. In jedem Fall muß die Schmelzviskosität relativ niedrig sein (vgl. Tab. 36—3).

Beim *Sandwich-Spritzgießen* werden zwei Polymerisatmassen aus getrennten Spritzeinheiten nacheinander durch den gleichen Ausguß in eine Form gespritzt. Das eindringende zweite Polymer bläht das erste Polymer wie einen Ballon auf und preßt es gegen die Wände. Das Verfahren eignet sich besonders zum Einbringen von Schäumen in eine festere Außenhaut oder zum Ummanteln von billigeren Kunststoffen durch teurere.

Eine Abart des Spritzgießens ist auch das sog. *RIM-Verfahren* (reaction injection molding). Bei diesem Reaktionsspritzguß erfolgen Spritzgießen und vernetzende Polykondensation gleichzeitig. Das Verfahren wird ausschließlich zur Herstellung von Spritzgußteilen aus Polyurethanen verwendet.

36.2.4 VERARBEITUNG ÜBER DEN ELASTOPLASTISCHEN ZUSTAND

Bei einigen Verarbeitungsverfahren nutzt man die Existenz einer Fließgrenze aus. Zu diesen Verfahren gehören das Ziehen, das Streckformen, das Blasen und das Schäumen. Streckformen und Blasen werden als sog. Kaltverformungen bezeichnet, da das Material dabei nicht erhitzt wird. Die Kaltverformung ist nur im duktilen Bereich der Zugspannungs/Dehnungskurve möglich. Derartige duktile Bereiche treten nur bei nicht zu kristallinen Polymeren auf, d.h. die Schmelztemperatur der Polymeren darf nicht zu scharf sein. Poly(4-methylpenten-l) kann daher nicht vakuumgeformt werden.

Beim *Ziehen* wird eine vorgewärmte Platte zwischen ein Positiv und ein Negativ eingeführt und dann durch Zusammendrücken des Werkzeugs in die gewünschte Form gebracht (Abb. 36—5).

Das *Streckformen* oder *Strecken* ist eine Art Ziehen unter weitgehender Verstreckung der Folien. Die Verstreckung kann mechanisch mit einem Stempel, durch Preßluft oder durch Vakuum erreicht werden. Im letzteren Fall spricht man auch von Vakuumformen. Ein Tiefziehen mit federnden Niederhaltern wird Ziehformen genannt. Durch Tiefziehen können mit 4—12fach-Werkzeugen in der Stunde 4000—8000 Teile hergestellt werden. Das Verfahren wird hauptsächlich für Verpackungen von Obst, Eiern, Pralinen usw. eingesetzt. Nach dem Tiefzieh-Verfahren werden ABS-Polymere, Celluloseacetat, Polycarbonat, Poly(olefine), Poly(methylmethacrylat), Poly(styrol) und Hart-PVC verarbeitet.

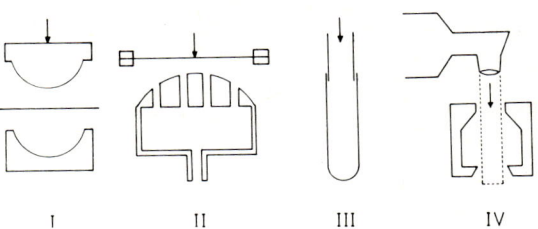

Abb. 36—5: Verarbeitung über den elastoplastischen Zustand (schematisch). I = Ziehen, II = Streckformen mit Vakuum, III = Blasen, IV = Extrusionsblasen mit Ringdüse (vgl. Text).

Das *Blasen* kann als eine Spezialform des Streckformens aus Ringdüsen zur Herstellung von endlosen Hohlkörpern angesehen werden, die als solche verwendet oder nachher zu Folien aufgeschnitten werden. Durch Blasen können auch Hohlkörper aus zwei Komponenten hergestellt werden, z.B. Zahnpastatuben, die außen aus Polyamid und innen aus Poly(ethylen) bestehen.

Das *Extrusionblasen* ist eigentlich eine Spezialform des Extrudierens. Der Extruderkopf wird senkrecht nach unten gerichtet (Abb. 36—5) und der aus einer Ringdüse kommende endlose Schlauch in eine Form geblasen. Durch Zuklappen der Form entsteht in einem Arbeitsgang ein unten geschlossener Hohlkörper, was sonst nur durch das aufwendigere Rotationsgießen möglich ist. Wird der Vorformling statt durch Extrudieren mit einem Spritzgießwerkzeug gefertigt, so spricht man auch von Spritzblasen oder Spritzgießblasen. Durch Hohlkörperblasen werden Poly(ethylen), Hart-PVC, Polyamide, schlagfestes Poly(styrol) und Polycarbonat verarbeitet.

36.2.5 VERARBEITUNG ÜBER DEN VISKOELASTISCHEN ZUSTAND

Zu den Verfahren für die Verarbeitung von Polymeren über den viskoelastischen Zustand zählen Schweißen, Sintern, Wirbelsintern, Flammspritzen und Heißstrahlspritzen.

Beim *Schweißen* werden Thermoplaste unter Stickstoff (manchmal auch unter Luft) bis zu einer teigigen Konsistenz erhitzt. Es dient zum Verbinden von Röhren und Formteilen, hauptsächlich aus Poly(ethylen) oder Poly(vinylchlorid). Beim autogenen Schweißen liefert das zu verbindende Material selbst die Schweißnaht; dabei werden die zu verschweißenden Rohre meist übereinander geschoben. Beim heterogenen Schweißen stoßen die Rohre bzw. Formteile stumpf aneinander; die Verbindung wird durch eine Schweißnaht aus zusätzlichem Material besorgt. Das Erwärmen erfolgt in der Regel durch heiße Gase. Beim Reibungsschweißen läßt man die zu verbindenden Teile schnell gegeneinander rotieren. Durch die entstehende Reibungswärme wird die Glas- bzw. Schmelztemperatur überschritten, so daß Selbstdiffusion auftritt. Dieses „Verschmelzen" wird noch durch Druck begünstigt. Beim Induktionsschweißen wird in die Nut ein Metallband eingelegt, die Teile angedrückt und 50 kHz angelegt. Die entstehende Induktionswärme führt zum Verschweißen der Teile.

Das *Sintern* dient zur Oberflächenbehandlung, zur Herstellung permporöser Werkstoffe oder zur Fabrikation großer Hohlkörper. Das Material wird unter hohen Drucken zu einer Fritte gepreßt und dann so hoch erhitzt, daß die oberen Schichten zu schmelzen beginnen. Die Teilchen verkleben und schaffen permporöse Körper mit offenen Porenkanälen. Der permporösen Körper werden als Filtereinsätze, als Wirkkörper in Stoffaustauschern oder für Belüftungsflächen verwendet. Als Werkstoffe werden Poly(ethylen), Poly(propylen), Poly(tetrafluorethylen), Poly(methylmethacrylat) und Poly(styrol) eingesetzt.

Beim *Doppelrotationsschleuder*-Verfahren werden die erhitzten Körner in einer Art Zentrifuge zusammengesintert. Auf diese Weise werden Hohlkörper aus Poly(ethylen) mit Inhalten bis zu 10 000 dm^3 hergestellt.

Das *Wirbelsintern* ist eigentlich keine Abart des Sinterns. Hier werden die erhitzten und vorher durch Sandstrahlen aufgerauhten oder mit Washprimern behandelten Metallteile in ein Wirbelbett aus dem Kunststoffpulver eingetaucht. Das Kunststoffpulver mit Korngrößen von ca. 200 µm schmilzt an der warmen Oberfläche und fließt zu einem dichten Film von ca. 200–400 µm Stärke zusammen. Auf diese Weise werden z.B. Gartenmöbel mit Polyamiden überzogen. Außer Polyamiden werden so Poly(ethylen) und Poly(vinylchlorid) verarbeitet, seltener auch Celluloseacetobutyrat.

Beim *Flammspritzen* müssen die zu behandelnden Metallteile ebenfalls aufgerauht oder mit Washprimern vorbehandelt werden. Die granulierten Thermoplaste werden dann in einer Flammspritzpistole aufgeschmolzen und auf die erwärmte Metalloberfläche gespritzt. Das Verfahren eignet sich besonders für kleine Stückzahlen. Durch Flammspritzen werden Poly(ethylen), PVC, Celluloseester und Epoxide verarbeitet.

Das *Heißstrahlsprühen* ist eine Abart des Flammspritzens, bei dem die Metalloberfläche nicht erwärmt zu werden braucht. Das Erhitzen der Metalloberflächen wird in vielen Fällen gern vermieden, weil dadurch unerwünschte Gefügeänderungen der Metalle hervorgerufen werden. Beim Heißstrahlsprühen wird das Kunststoffpulver mit einer Spritzpistole auf das Werkstück aufgeblasen und von einem ca. 1600°C heißen Lichtbogen (unter Ar, He, N_2) erweicht. Das Metall erwärmt sich dabei nur auf 50–60°C. Nach diesem Verfahren werden Polyamide und Epoxidharze verarbeitet.

36.2.6 VERARBEITUNG ÜBER DEN FESTEN ZUSTAND

Thermoplaste und Duromere werden im festen Zustand spanlos durch Stanzen, Schneiden oder Schmieden verarbeitet, spanabhebend durch Sägen, Bohren, Drehen oder Fräsen.

Das *Schneiden* wird noch bei der Herstellung von Folien aus Halbzeug von Celluloid oder Poly(tetrafluorethylen) verwendet. Das *Stanzen* wird nur selten für Spezialteile angewendet. Neuerdings werden jedoch einige Konstruktionsthermoplaste durch *Schmieden* umgeformt, z. B. Poly(p-hydroxybenzoat) oder Poly(ethylen) mit ultrahoher Molmasse.

Bei den spanabhebenden Verfahren sollen hohe Schnittgeschwindigkeiten möglichst vermieden werden, da sich der Kunststoff sonst zu stark erwärmt, viskoelastisch wird und dann „schmiert". Bei hohen Schnittgeschwindigkeiten muß aus diesem Grunde der Spanquerschnitt klein sein.

Einige Verbundkunststoffe werden durch Verbinden fester Polymerer hergestellt. Beim *Kaschieren* verbindet man vorgeformte feste Kunststoffolien durch Haftvermittler oder Kleber direkt mit dem zu kaschierenden Material. Einige sog. synthetische Leder sind ebenfalls durch Kaschieren hergestellte Verbundwerkstoffe.

36.2.7 VEREDLUNG VON KUNSTSTOFFOBERFLÄCHEN

Kunststoffoberflächen werden manchmal aus technischen (Abrieb, Oberflächenhärte) oder ästhetischen Gründen (Glanz) durch Überzüge aus anderen Materialien veredelt.

Das *Metallisieren* ist durch verschiedene Verfahren möglich. Bei allen Verfahren muß die Kunststoffoberfläche zuvor gründlich entgast, entfettet und getrocknet werden.

Fast alle Kunststoffe lassen sich im Vakuum mit Metallen bedampfen, wobei Schichten bis zu ca. 1 μm erhalten werden. Nachteilig ist die geringe Haftfestigkeit so hergestellter dickerer Schichten, vorteilhaft der hohe Glanz. Die Haftfestigkeit kann durch eine Kombination von chemischen Verfahren und Vakuumaufdampfung verbessert werden. Bei diesem Verfahren wird der Kunststoff zuerst mit einem Anstrich versehen, der Cadmium-, Zink- oder Bleioxid enthält. Die Oxide werden dann zu einer festhaftenden und elektrisch leitfähigen Metallschicht reduziert, die anschließend mit anderen Metallen überzogen wird. Als alleinige Methode wird die chemische Metallisierung nur beim Versilbern angewendet.

Bessere Haftfestigkeiten erzielt man durch Galvanisierung, wozu sich allerdings nur ABS-Polymere eignen. Die Kunststoffoberfläche wird zuerst gebeizt, wodurch die Elastomerkomponente anoxidiert wird. In den entstandenen Kavernen und Kanälen wird dann Silber durch Reduktion von Silbersalzen abgeschieden. Das Silber bildet den Haftgrund für stromlos durch chemische Rduktion abgeschiedene Kupferschichten, die anschließend durch den galvanischen Überzug verstärkt werden. Metallschichten von mehr als ca. 10 μm Dicke sind jedoch auch durch dieses Verfahren schwierig herzustellen, weil die unterschiedlichen thermischen Ausdehnungskoeffizienten von Kunststoffen und Metallen leicht zu Spannungen und damit zu Blasen oder Rissen führen können.

Kunststoffoberflächen können durch 3 μm dicke *Glasschichten* vor dem Verkratzen geschützt werden. Diese Schichten werden durch Aufdampfen bestimmter Borsilikatgläser im Hochvakuum mit Hilfe von Elektronenstrahlen erzeugt. Das Verfahren ist wegen der hohen Verdampfungsgeschwindigkeiten und der entsprechend kurzen Bedampfungszeiten wirtschaftlich. Das direkte Verdampfen oder das Verdampfen mit Hilfe von Kathodenstrahlen ist dagegen zu langsam. Die Kondensationsgeschwindigkeit darf allerdings nicht zu schnell sein, da sonst Risse entstehen. Beschichtungen mit SiO_2 sind wegen der im Vergleich zu den Kunststoffen sehr verschiedenen thermischen Ausdehnungskoeffizienten nicht genügend temperaturbeständig.

Überzüge können auch mit alkoholischen Lösungen von hydrolysierbaren Alkoholaten mehrwertiger Metalle (z.B. Ti, Si, Al) erhalten werden. Beim Verdunsten des Alkohols an der Luft erfolgt gleichzeitig Hydrolyse, wodurch sich ein Netzwerk ausbildet. Erfolgt die Netzwerkwirkung bei tiefen Temperaturen, so enthält das Produkt noch > Mt$-$OH-Gruppen; die Oberfläche ist hydrophil und antistatisch. Bei höheren Temperaturen entstehen Metalloxide: die Oberfläche ist kratzfest.

Kratzfeste Überzüge auf Poly(methylmethacrylat) können durch Aufbringen einer 50:50 Mischung von Poly(kieselsäure) und Poly(tetrafluorethylen-co-hydroxyalkylvinylether) erzeugt werden. Es ist nicht bekannt, warum auf diese Weise Überzüge mit der Kratzfestigkeit von Glas erzeugt werden können.

36.3 Massenthermoplaste

Alle Massenerzeugnisse benötigen zu ihrer Herstellung billige Rohstoffe und preiswerte Energie. Erdöl liefert beides. Sein Cracken führt zudem zu einfachen ungesättigten Kohlenwasserstoffen, die zu technisch brauchbaren Polymeren umgesetzt werden können (vgl. Kap. 24). Die meisten Massenkunststoffe sind daher Polymere von α-Olefinen $CH_2=CHR$ wie Poly(ethylen) (R=H), it-Poly(propylen) ($R=CH_3$), it-Poly(buten-1) ($R=C_2H_5$), Poly(vinylchlorid) (R=Cl) und Poly(styrol) ($R=C_6H_5$). Zu den Massenkunststoffen zählt man ferner auch Poly(methylmethacrylat) mit dem Grundbaustein $\{CH_2-C(CH_3)COOCH_3\}$ und einige thermoplastisch verarbeitbare Celluloseester.

Der Handelsname von Polymeren hält nicht immer, was er verspricht. Unter dem Namen Poly(ethylen) segeln nicht nur die mehr oder weniger verzweigten Homopolymeren mit verschiedenen Molmassen, sondern auch Copolymere des Ethylens mit Propylen, Buten-1 usw. Als Poly(styrole) bezeichnet man technisch oft nicht nur die Homopolymeren des Styrols, sondern auch die Copolymeren mit Acrylnitril (SAN), die Blends von Poly(styrol) mit verschiedenen Elastomeren (IPS = impact resistant poly(styrene)) und die Pfropfcopolymeren/Blends aus Acrylnitril, Butadien und Styrol. In all diesen Polymeren sind die Styrolbausteine die Hauptkomponenten; die Polymeren werden daher zur Poly(styrol)-Familie gerechnet, obwohl die Eigenschaften weit voneinander abweichen können (Tab. 36–4).

Tab. 36–4: Dichten ρ, Massenanteile w an Butadien- bzw. Acrylnitril-Grundbausteinen, Elastizitätsmodul E, Streckspannungen σ_s, Reißfestigkeiten ϵ_B, und Kerbschlagzähigkeiten F_K typischer handelsüblicher Poly(styrole)

Bezeichnung	w_{BU}	w_{AN}	ρ g/cm³	E GPa	σ_s MPa	σ_B MPa	F_K N
PS	–	–	1,05	4,1	37	0,009	14
SAN	–	0,253	1,08	3,9	61	0,016	17
IPS, mittel	0,034	–	1,05	3,4	27	0,014	32
IPS, hoch	0,051	–	1,05	2,4	22	0,35	69
IPS, super	0,145	–	1,02	1,8	14	0,17	240
ABS, medium 1	0,049	0,162	1,05	2,6	24	0,40	70
ABS, medium 2	0,133	0,293	1,05	3,0	49	0,094	150
ABS, standard	0,193	0,268	1,04	2,7	39	0,029	360
ABS, super	0,267	0,234	1,04	1,9	29	0,022	370

Das herausragende Merkmal aller Massenthermoplaste ist ihre relativ geringe Reißfestigkeit. Sie liegt für die Poly(α-olefine) im Bereich von 10–37 MPa und nimmt nur beim PVC und beim PMMA etwas höhere Werte an (Tab. 36–5). Andererseits weisen die Poly(alkane) recht hohe Reißdehnungen auf, was sie für den Einsatz als Verpackungsfilme prädestiniert (vgl. auch Tab. 36–1). Die Reißdehnungen von PVC und PS sind dagegen sehr gering.

LDPE, PB und UHMPE sind anhand ihrer Elastizitätsmoduln als halbsteife Thermoplaste zu klassifizieren, die anderen Massenthermoplaste jedoch als steife. In allen Fällen sind die Elastizitätsmoduln der technischen Polymeren weit niedriger als theoretisch für völlig orientierte Ketten zu erwarten ist (vgl. Kap. 11). Der Härte nach rangieren die Massenthermoplaste zwischen „weich" und „hart".

Tab. 36–5: Richtwerte für physikalische Eigenschaften einiger ungefüllter Massenkunststoffe bei Raumtemperatur

Eigenschaft	Phys. Einh.	LDPE $+CH_2CH_2+$	HDPE $+CH_2CH_2+$	UHMPE $+CH_2CH_2+$	it-PP $+CH_2CH+$ $\|$ CH_3	it-PB $+CH_2CH+$ $\|$ C_2H_5	PMMA $+CH_2C(CH_3)+$ $\|$ $COOCH_3$	PVC $+CH_2CH+$ $\|$ Cl	PS $+CH_2CH+$ $\|$ C_6H_5	PS/PPO
Dichte	g/cm³	<0,92	<0,96	0,94	0,91	0,91	1,19	1,35	1,05	1,06
Therm. Ausdehnungs- koeffizient ($\cdot 10^5$)	K⁻¹	16	12	7	8	15	8	8	7	6,5
Schwindung	%	2,5	2,5	2,5	2,0	3,0	0,4	0,3	0,5	0,6
Schmelztemperatur	°C	<130	<140	135	176	126	–	–	–	–
Glasübergangstemp.	°C	–80	–80	–80	–15	–24	105	90	100	155
Formbeständigkeitstemp. (bei 1,89 MPa)	°C	37	49	113	56	57	90	68	104	130
Reißfestigkeit	MPa	10	31	22	35	29	65	48	37	69
Reißdehnung	%	<800	<1300	400	<700	340	6	60	1	25
Elastizitätsmodul	MPa	190	860	470	1400	250	3000	3400	4100	2500
Biegemodul	MPa	240	1300	1000	1500	350	3200	2800	3200	2600
Kerbschlagzähigkeit	J/m	kein Bruch	530	kein Bruch	74	kein Bruch	23	530	14	265
Härte (Rockwell M)	–	25	45	45	58	40	75	55	75	78
Rel. Permittivität (1 MHz)	–	2,3	2,3	2,3	2,4	2,3	3,3	3,0	2,6	2,6
Dielektr. Verlustfaktor (1 MHz)	–	<0,0005	<0,0005	0,0002	0,001	0,005	0,04	0,013	0,003	0,0004
Wasserabsorption (24 h Immersion)	%	<0,01	<0,01	<0,01	0,02	0,02	0,25	0,2	0,06	–

Die kristallinen Thermoplaste besitzen relativ niedrige Schmelztemperaturen, die amorphen Thermoplaste verhältnismäßig tiefe Glasübergangstemperaturen. Die Massenthermoplaste weisen folglich auch relative tiefe Formbeständigkeitstemperaturen auf.

Einige der Massenthermoplaste sind wenig schlagzäh. Die Schlagzähigkeit kann bekanntlich durch Blenden mit anderen Polymeren stark erhöht werden (vgl. Kap. 35.3.5.3), was beim recht spröden Poly(styrol) durch Copolymerisation, durch Pfropfcopolymerisation in Ggw. von Polydienen oder durch Styrolpolymerisation in Ggw. von Poly(2,6-dimethylphenylenoxid) erreicht werden kann. Auch Poly(vinylchlorid) wird oft durch Poly(acrylate) schlagfest ausgerüstet.

Tab. 36−6: Richtwerte für den Einfluß der Verstärkung mit ca. 30−40 Gew.-% Glasfasern auf die Dichte ρ, die Schwindung $\triangle$, die Zugfestigkeit σ, den Elastizitätsmodul E und die Reißdehnung ϵ_B bei 23 °C, sowie auf die Formbeständigkeitstemperatur T_F (bei 1,89 MPa) und die Dauerbeständigkeitstemperatur T_D einiger Kunststoffe

Kunststoff	Füllstoff	ρ g/cm³	$\triangle$ %	T_F °C	T_D °C	σ MPa	E MPa	ϵ %
Thermoplaste								
PP	−	0,9	1,1	60	115	35	720	500
	Glasf.	1,2	0,5	150	160	72	5700	2
PVC	−	1,4	0,3	74		50	2900	60
	Glasf.	1,6		74		129	13600	4
SAN	−	1,1	0,4	93	96	72	3600	4
	Glasf.	1,4	0,1	104	104	129	12200	2
ABS	−	1,1	0,4	110	110	50	2900	20
	Glasf.	1,3		110	110	115	7200	3
PA 6	−	1,1	1,1	65	150	65	2900	29
	Glasf.	1,7	0,4	260	204	230	14300	10
POM	−	1,4	2,8	100	104	72	3600	50
	Glasf.	1,6	0,5	170	104	130	10800	2
PC	−	1,2	0,6	145	135	79	2900	125
	Glasf.	1,5	0,2	150	135	158	10800	2
PET	−	1,3	1,7	71		57	2900	300
	Glasf.	1,5	0,5	235	188	129	10800	5
PPS	−	1,35	1,0	138	260	70	3400	3
	Glasf.	1,65	0,2	>220	260	150	8000	1,3
Duromere								
PF	−	1,3	1,1		150	54	7200	<0,6
	Glasf.	1,8	0,5		230	72	18000	0,2
UP	−	1,2	0,6		150	86	3600	2,6
	Glasf.	1,8	0,1	230	204	143	18000	0,2
EP	−	1,2	0,5		88	72	3600	4,4
	Glasf.	1,8	0,2		260	430	25800	3,0
SIR	−	1,2	0,3		204	72		100
	Glasf.	1,9	0,2	385	260	215	20000	3

Die Schwindung beim Spritzgießen und bei anderen Verarbeitungsarten beträgt bei den amorphen Massenthermoplasten nur ca. 0,3−0,6%. Sie ist bei den kristallinen

Polymeren wesentlich höher, da bei der Kristallisation der Schmelzen die Dichteänderungen viel größer als beim Erstarren zu glasigen Körpern ist. Die Schwindung kann bei amorphen und kristallinen Polymeren durch Zusatz von Füllstoffen noch weiter herabgesetzt werden (vgl. Tab. 36–6).

36.4 Konstruktionsthermoplaste

Konstruktionsthermoplaste können ingenieurmäßig verwendet werden, d.h. sie sind wärmefester, schlagzäher, korrosionsbeständiger und/oder kriechfester als die Massenthermoplaste. Im allgemeinen lassen sie sich jedoch nicht scharf von den Massenthermoplasten in bezug auf Eigenschaften und Preise abgrenzen. Sehr häufig teilt man die Konstruktionsthermoplaste noch weiter in zwei Gruppen ein: solche mit gegenüber den Massenthermoplasten mäßig erhöhten Eigenschaften und solche mit stark verbesserten Eigenschaften. Zur ersten Gruppe zählt man außer SAN und ABS aliphatische Polyamide PA, Poly(ethylenterephthalat) PET, Poly(butylenterephthalat) PBT, Polycarbonat PC, Poly(oxymethylen) POM, und Polysulfone PSU, zur zweiten Gruppe die Polyimide PI, Polybenzimidazol PBI und die aromatischen Polyamide. Die technische Literatur verwendet oft die Bezeichnungen „Acetalharze" für Poly(oxymethylene), „thermoplastische Polyester" für Poly(ethylenterephthalat) und Poly(butylenterephthalat), „Nylons" für die aliphatischen Polyamide und „Aramide" für die aromatischen Polyamide.

Kristalline Konstruktionsthermoplaste besitzen in der Regel höhere Schmelztemperaturen, amorphe Konstruktionsthermoplaste dagegen höhere Glasübergangstemperaturen als die Massenthermoplaste (Tab. 36–7). Entsprechend sind in der Regel auch die Formbeständigkeitstemperaturen höher. Die relativ niedrigen Formbeständigkeitstemperaturen der Polyamide und Polyester können durch Zusatz verschiedener Füllstoffe stark erhöht werden (vgl. auch Tab. 35–9): ein Zusatz von 40 Gew.% Glasfasern setzt die Formbeständigkeitstemperatur von PET von 70 auf 235 °C herauf und die von PA 6.6 von 65 auf 260 °C (Tab. 36–7). Die Formbeständigkeitstemperaturen anderer Thermoplaste wie die von PVC, ABS oder PC werden jedoch durch den Zusatz von Glasfasern nicht wesentlich verändert.

Die Reißfestigkeiten ungefüllter Konstruktionsthermoplaste sind ebenfalls wesentlich höher als die von Massenthermoplasten: 60–160 MPa gegen 10–60 MPa (Tab. 36–5 und 36–7). Glasfaserverstärkung setzt die Reißfestigkeit noch weiter herauf (Tab. 36–6). In der Regel werden daher alle Konstruktionsthermoplaste mit Füllstoffen verstärkt, um die Eigenschaften optimal auszunutzen. Für den Konstrukteur sind dabei besonders die stark erhöhten Elastizitätsmoduln wichtig: E-Moduln von über 4500 MPa bringen so viel zusätzliche Steifigkeit, daß bei Konstruktionen mit geringeren Materialdicken gearbeitet werden kann.

Die Zugfestigkeiten gefüllter und ungefüllter Kunststoffe fallen mit zunehmender Temperatur mehr oder weniger steil ab (Abb. 36–6). Sehr viele Thermoplaste behalten jedoch auch bei erhöhten Temperaturen ihre Zugfestigkeiten über manchmal erstaunlich lange Zeiträume bei, um dann katastrophenartig zusammenzubrechen (Abb. 36–7).

Fluorthermoplaste sind in der Regel keine eigentlichen Konstruktionswerkstoffe, da ihre Reißfestigkeiten und Elastizitätsmoduln die der Massenthermoplaste nicht überschreiten (Tab. 36–8). Andererseits besitzen sie jedoch gute Kerbschlagzähigkei-

Tab. 36-7: Richtwerte für die physikalischen Eigenschaften typischer Konstruktionsthermoplaste

Eigenschaft	Phys. Einh.	PA 6	PA 12	PBT	PET	PC	PI	POM	PSU (Astrel)	PHB
Dichte	g/cm^3	1,13	1,01	1,35	1,31	1,20	1,43	1,40	1,36	1,45
Therm. Ausdehnungskoeffizient ($\cdot 10^5$)	K^{-1}	9	10	7		7	5	9	5	1,5
Schwindung	%	1,1	1,4	1,7		0,6		2,8	0,7	
Schmelztemperatur	°C	225	179	225	265			181		>550
Glasübergangstemp.	°C	50	40	35	70	150	235	-82	288	295
Formbeständigkeitstemp.	°C	65	54	60	71	115	135	120	274	100
Reißfestigkeit	MPa	80	62	59	57	62	120	70	160	
Reißdehnung	%	200	300	200	300	120	10	45		
Elastizitätsmodul	MPa	1700	1300	2600	2900	2400	1300	3700	2600	7300
Biegemodul	MPa	2000	1200	2600	2400	2400	3400	2900	2800	510
Kerbschlagzähigkeit	J/m	110	220	50	53	870	37	80	164	55
Härte (Rockwell M)	–	107	81	80	78	70		94	110	
Rel. Permittivität (1 MHz)	–	3,4	3,1	3,2		2,9	3,4	3,7	3,5	3,3
Dielektr. Verlustfaktor (1 MHz)	–	0,02	0,03	0,01	0,09	0,01	0,002	0,005	0,003	0,003
Wasserabsorption	%	1,4	0,25	0,09		0,16	0,03	0,22	1,8	0,03

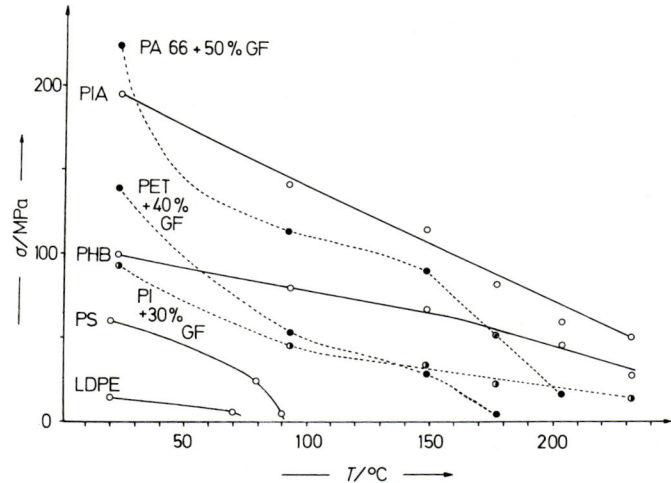

Abb. 36–6: Temperaturabhängigkeit der Zugfestigkeiten einiger ungefüllter (—) bzw. mit Glasfasern gefüllter (- - -) Kunststoffe. PA = Polyamid, PIA = Polyimidamid, PET = Poly-(ethylenterephthalat), PHB = Poly(p-hydroxybenzoesäure), PI = Polyimid, PS = Poly-(styrol), LDPE = Poly(ethylen) niedriger Dicke, GF = Glasfaser

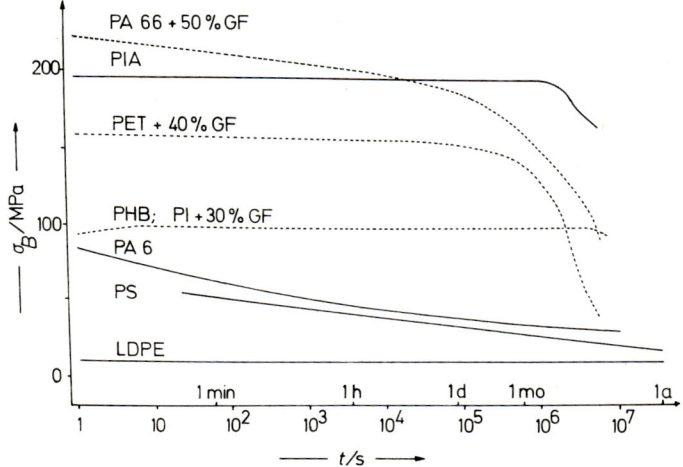

Abb. 36–7: Zeitabhängigkeit der Zugfestigkeiten einiger ungefüllter bzw. mit Glasfasern gefüllter Kunststoffe bei 205°C und für Poly(styrol) und Poly(ethylen) niedriger Dichte bei 20°C. Gleiche Symbole wie bei Abb. 36–6

Tab. 36–8: Struktur und Eigenschaften einiger ungefüllter fluorhaltiger Thermoplaste bei ca. 23 °C. Für die einzelnen Polymeren sind die Kurzbezeichnungen, die chemische Natur der Grundbausteine und, bei Copolymeren, die Art der Verknüpfung der Grundbausteine angegeben.

Eigenschaft	Phys. Einh.	PTFE $-(CF_2CF_2)-$	FEP $-(CF_2CF_2)-$ und $-(CF_2CF(CF_3))-$	PFA $-(CF_2CF_2)-$ mit wenig $-(CF_2CF(O(CF_2)_3)F)-$	ETFE $-(CF_2CF_2)-$ alt. mit $-(CH_2CH_2)-$	PCTFE $-(CF_2CFCl)-$	ECTFE $-(CF_2CFCl)-$ alt. mit $-(CH_2CH_2)-$	PVDF $-(CH_2CF_2)-$	CM-1 $-(CH_2CF_2)-$ alt. mit $-(CH_2C(CF_3)_2)-$
Dichte	g/cm³	2,15	2,15	2,15	1,70	2,15	1,68	1,77	1,88
Therm. Ausdehnungskoeffizient (·10⁵)	K⁻¹	10	9	12	7	7	8	9	4
Schmelztemperatur	°C	327	275	305	270	220	240	175	327
Formbeständigkeitstemp. (bei 1,89 MPa)	°C		51	48	60	66	78	90	220
Dauergebrauchstemp.	°C	260	205	260	165	177	155	155	280
Glasübergangstemp.	°C	127			110				
Reißfestigkeit	MPa	25	21	28	45	43	56	45	39
Reißdehnung	%	350	300	300	300	250	200	150	2
Elastizitätsmodul	MPa	420	360		1400	2200	6700	860	3900
Biegemodul	MPa	680	680	680	1400		1700	1430	4700
Kerbschlagzähigkeit	J/m	175	kein Bruch	kein Bruch	kein Bruch	150	kein Bruch	200	21
Rel. Permittivität	–	2,1	2,1	2,1	2,6	2,5	2,5	8	2,3
Dielektr. Verlustfaktor	–	0,0002	0,0007	0,002	0,0005	0,013	0,001	0,1	0,002
Spez. Durchgangswiderstand	Ω cm	10¹⁸	10¹⁸	10¹⁸	10¹⁶	10¹⁸	10¹⁵	10¹⁴	10¹⁷
Oberflächenwiderstand	Ω	10¹⁶	10¹⁶	10¹⁷	10¹⁴		10¹⁵	10¹³	
Lichtbogenwiderstand	s	180	180	180	15	360	135	60	

ten, relativ hohe Formbeständigkeits- und Dauergebrauchstemperaturen und vor allem so gute Oberflächeneigenschaften, daß sie seit jeher als eine besondere Klasse von Kunststoffen angesehen wurden. Das erste kommerziell erhältliche Fluorpolymer, Poly(tetrafluorethylen) PTFE, dominiert auch heute noch den Markt. Es ist aber relativ schwierig zu verarbeiten, so daß eine Reihe von besser verarbeitbaren Copolymeren und Homopolymeren mit geringeren Kristallinitäten und niedrigeren Dauergebrauchstemperaturen entwickelt wurde. In jüngster Zeit ist dem PTFE jedoch in dem alternierenden Copolymeren aus Vinylidenfluorid und Hexafluorisobuten ein ernstzunehmender Konkurrent entstanden.

36.5 Temperaturbeständige Thermoplaste

Temperaturbeständige Kunststoffe müssen bei höheren Temperaturen sowohl physikalisch als auch chemisch beständig sein. Eine physikalische Beständigkeit ist dann gegeben, wenn die Kettensegmente bei erhöhten Temperaturen gegenseitig festgelegt bleiben. Die Potentialschwelle für Konformationsumwandlungen muß daher relativ hoch sein: die Ketten müssen eine intramolekulare Steifheit aufweisen. Die thermische Beständigkeit wird auch durch eine intermolekulare Steifheit erhöht, d.h. durch Bildung von Doppelhelices oder durch Kristallisation. Schließlich kann man noch die Ketten miteinander geordnet oder ungeordnet verknüpfen: bei Leiterpolymeren und Netzwerken können die einzelnen Ketten ebenfalls nicht voneinander abgleiten. Intra- und intermolekulare Steifheiten geben sich direkt in hohen Schmelz- und Glasübergangstemperaturen zu erkennen (vgl. auch Kap. 10).

Bei der Verwendung von Kunststoffen bei noch höheren Temperaturen spielt auch die chemische Beständigkeit gegen Kettenspaltungen und Sauerstoff eine Rolle. Die statistische Wahrscheinlichkeit für eine thermische Kettenspaltung einer Bindung ist zwar bei linearen Ketten einerseits und bei Leiterpolymeren und Netzwerken andererseits praktisch gleich groß. Während jedoch eine Kettenspaltung bei linaren Ketten zu einem Kettenabbau und damit zu niedrigeren Polymerisationsgraden mit entsprechend verringerten mechanischen Eigenschaften führt, bleibt bei Kettenspaltungen in z.B. einer Kette eines Leiterpolymeren das Molekül erhalten, da es unwahrscheinlich ist, daß die beiden Kettenbindungen einer Sprosse der Leiter gleichzeitig gespalten werden (vgl. auch Kap. 23).

Die Reaktion von Polymeren mit Sauerstoff ist um so weniger wahrscheinlich, je weniger Wasserstoff das Molekül enthält. Fluorierte Polymere weisen daher höhere Temperaturbeständigkeiten als nichtfluorierte sonst gleicher Konstitution auf. Noch temperaturbeständiger sind aromatische und heteroaromatische Substituenten.

Die temperaturbeständigen Kunststoffe teilt man entsprechend in zwei Klassen ein: wärmebeständige und hochtemperaturbeständige. Bei den wärmebeständigen Kunststoffen steht der Widerstand gegen eine mechanische Deformation bei höheren Temperaturen im Vordergrund. Derartige Kunststoffe sind bis zu 250–300°C anwendbar, während die konventionellen Kunststoffe nur bis ca. 100°C einsetzbar sind. Zu den wärmebeständigen Kunststoffen gehören viele Konstruktionskunststoffe (vgl. Kap. 36.4). Von ihnen erwartet man Formbeständigkeitstemperaturen von mindestens 180°C, Zugfestigkeiten von mindestens 45 MPa und Biegemoduln von mindestens 2200 MPa bei 180°C unter Beibehalt von mindestens 50% der Werte der mechanischen Eigenschaften in Luft bei 115°C für mindestens 11,5 Jahre (100 000 h). Die Polymeren sollten außerdem bei Temperaturen von 80°C und höher gegen möglichst viele Chemikalien resistent sein.

Bei den hochtemperaturbeständigen Kunststoffen sind mechanische und chemische Beständigkeit gleich wichtig. Diese Klasse besteht aus wasserstoffarmen, amorphen Polymeren mit starrem Gerüst: Poly(phenylene), Poly(phenylenoxide), Poly(xylylene), aromatische Polyamide, Polyimide, Polybenzimidazole usw. Aus vielen dieser Polymeren werden auch hochtemperaturbeständige Fasern hergestellt (vgl. Kap. 38).

36.6 Duromere

Duromere entstehen durch Vernetzung niedermolekularer Verbindungen. Diese Verbindungen können Monomere sein oder aus diesen entstandene Oligomere. Im letzteren Fall spricht man auch von Präpolymeren oder Harzen.

Die Vernetzung kann durch Polykondensation oder Polymerisation erfolgen. Zu den durch Polykondensation härtenden Duromeren gehören Melamin/Formaldehyd-Harze MF, Harnstoff/Formaldehyd-Harze UF, Phenol/Formaldehyd-Harze PF und gewisse Polyimide PI. Da bei der Vernetzungsreaktion Wasser oder andere niedermolekulare Bestandteile abgespalten werden, führt man zuerst eine Vorreaktion zu einem löslichen und noch leicht verarbeitbaren Präpolymeren aus. Die Vernetzung erfolgt dann unter gleichzeitiger Formgebung durch einen recht geringen Umsatz funktioneller Gruppen, so daß die abgespaltene Menge niedermolekularer Bestandteile gering ist und folglich keine Blasen bilden kann. Eine Blasenbildung kann man auch durch Zugabe absorbierender Materialien verhindern, z.B. durch Zugabe von Holzmehl im Falle abgespaltenen Wassers.

Eine Reihe von Duromeren härtet nach Polykondensationsmechanismen, jedoch ohne Abspaltung niedermolekularer Bestandteile. Zu diesen Duromeren gehören die Epoxide EP und die Polyurethane PUR. Eine Präpolykondensation ist hier nicht notwendig; man kann direkt die Monomeren härten.

Durch radikalische Polymerisation härten Allylester, ungesättigte Polyester sowie einige sog. Vinyl- oder Acrylester. Bei den Allylestern werden direkt die Monomeren vernetzt. Die ungesättigten Polyester copolymerisiert man dagegen mit Monomeren wie Styrol oder Methylmethacrylat. Da die ungesättigten Polyester viele kettenständige Doppelbindungen aufweisen und die Struktur des Netzwerkes schon nach einem geringen Umsatz festgelegt wird, reagieren nur wenige Doppelbindungen. Diese nicht-umgesetzten Doppelbindungen können aber später mit Atmosphärilien reagieren und so eine schlechte Witterungsbeständigkeit der vernetzten Produkte hervorrufen. Die Polymerisation erzeugt außerdem viele freie Kettenenden, die nichts oder nur unvorteilhaft zu den mechanischen Eigenschaften der Duromeren beitragen. Die neu entwickelten „Vinyl-" bzw. Acrylester vermeiden diese beiden Probleme, indem die vernetzbaren Monomeren nur endständige ungesättigte Doppelbindungen aufweisen (vgl. Kap. 26.4.5).

Acrylester und ungesättigte Polyester werden technisch durch Peroxide oder Perester gehärtet. Die Auswahl einer Perverbindung richtet sich nach dem Preis, der erzielbaren Polymerisationsgeschwindigkeit und den gebildeten Nebenprodukten. Die Polymerisationsgeschwindigkeit richtet sich nach der Zerfallsgeschwindigkeit der Initiatoren in Mischung mit der zu härtenden Verbindung und der Radikalausbeute. Außerdem ist zu beachten, daß sich manche Perverbindungen beim Lagern langsam zersetzen und so die Polymerisationsaktivität per Masse Initiator herabsetzen. Kristalline Perverbindungen sind wegen der niedrigeren Diffusion daher lagerbeständiger als amorphe oder gelöste. Nebenprodukte des Initiatorzerfalls können die Langzeiteigenschaften der Duromeren ungünstig beeinflussen: Dibenzoylperoxid bildet z.B. Säuren, Dicumylperoxid Ketone. Säuren können jedoch die Esterbindungen der Ketten spalten und Ketone photochemisch Radikale erzeugen, die die Ketten angreifen können.

Duromere besitzen gegenüber Thermoplasten meist die höheren Formbeständigkeitstemperaturen (Tab. 36–9). Wegen der starken Vernetzung sind sie außerdem sehr beständig gegen Kriechen. Diesen Vorteilen stehen die relativ langsame Verarbeitungsgeschwindigkeit und die Irreversibilität der Vernetzungsreaktion als Nachteile gegenüber.

Bei der Vernetzung soll die Schwindung möglichst gering sein. Monomere und Präpolymere mit einem niedrigen Verhältnis von reaktiver Gruppe zu Molmasse formen bei der Vernetzungsreaktion weniger neue Bindungen als solche mit einem hohen Verhältnis; der Schwund ist folglich niedriger. Die Schwindung wird auch durch Zusatz von Füllstoffen herabgesetzt. Füllstoffe erhöhen ferner die Formbeständigkeitstemperatur, die Zugfestigkeit und den Elastizitätsmodul; sie setzen die Reißdehnung herab (Tab. 36–7). Die Schlagfestigkeit von Duromeren kann durch Blenden mit Elastomeren stark erhöht werden, und zwar besonders, wenn Duromer und Elastomer durch chemische Reaktionen miteinander verbunden werden können. Ein Beispiel ist die Reaktion von Epoxiden mit Oligobutadienen mit Carboxyl-Endgruppen.

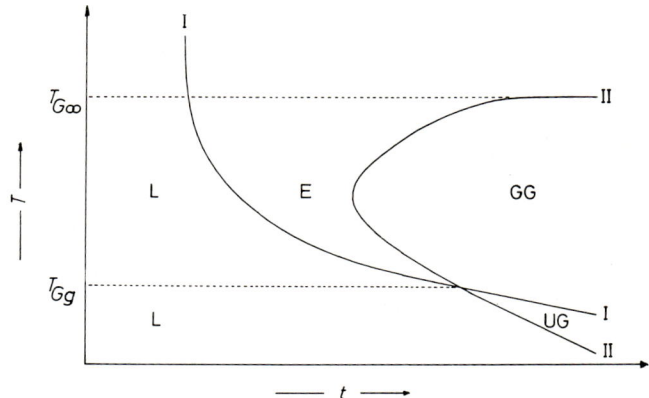

Abb. 36–8: Schematische Darstellung der Zeitabhängigkeit der Härtung von Duromeren bei verschiedenen Härtungstemperaturen. L = flüssiges Harz, E = kautschukartiger Zustand, GG = geliertes Glas, UG = nichtgeliertes Glas, I = Übergang Flüssigkeit/Gel, II = Übergang Gel/Glas bzw. Flüssigkeit/Glas (nach J. Gillham)

Bei der Härtung von Duromeren überlagern sich zwei Prozesse: Gelierung und glasige Erstarrung (Abb. 36–8). Arbeitet man oberhalb einer Temperatur T_{Gg}, so geht das flüssige Präpolymer bei der Vernetzung zuerst in ein Gel über. Das Gel besteht aus vernetzten Ketten in der Flüssigkeit des polymerisierten, aber noch nicht vernetzten

Tab. 36-9: Richtwerte für physikalische Eigenschaften von Duromeren

Eigenschaft	Phys. Einh.	Allyl	MF	PF	UF	UP	EP	PUR	PI (amid)	PPS
Dichte	g/cm³	1,35	1,48			~1,3	~1,3	<1,05	1,41	1,34
Therm. Ausdehnungskoeff. (·10⁵)	K⁻¹	11		4		8	6		4	5
Schwindung	%	1,0	0,7	1,1	1,3	0,6	0,5	1,0	1,4	1,0
Formbeständigkeitstemp. (bei 1,89 MPa)	°C	74	148	121		~130	~170	91	280	230
Reißfestigkeit	MPa	40		54		68	60	75	95	77
Reißdehnung	%	–		1		>5	5	5	3	3
Elastizitätsmodul	MPa	2150				3400	2500	4400	5000	3400
Biegemodul	MPa	2100		6300						5700
Kerbschlagzähigkeit	J/m	17		16		16	35	21	58	16
Härte (Rockwell M)	–	98		126		90	95			106
Rel. Permittivität	–	3,7		4,7		3,5	3,7	3,5	3,9	3,2
Dielektr. Verlustfaktor	–	0,05		0,02		0,02	0,04	0,003	0,0006	0,0007
Wasserabsorption	%	0,2		0,15		0,4	0,13	0,2	0,28	0,02

Restes des Präpolymeren. Mit fortschreitender Zeit polymerisiert auch dieser Rest und die ganze Mischung erstarrt zu einem Glas. Bei genügend tiefen Reaktionstemperaturen kann sich jedoch kein Gelzustand ausbilden und es entsteht direkt das Glas. T_{Gg} kann daher als die Temperatur definiert werden, bei der die Zeiten für die Gel- und Glasbildung gleich groß sind. In einigen Fällen treten jedoch scheinbare Abweichungen von diesem generellen Verhalten auf. Bei Elastomeren wird unter den normalen Härtungsbedingungen keine Glasbildung beobachtet, weil die Glasübergangstemperatur von Elastomeren sehr tief ist. Bei Phenolharzen tritt ebenfalls keine Glasübergangstemperatur auf, weil bereits Zersetzung einsetzt.

36.7 Folien

Flächenartige Gebilde heißen Folien, wenn sie selbsttragend, und Filme, wenn sie nicht selbsttragend sind. Im Sprachgebrauch des Alltags wird jedoch die Bezeichnung „Film" häufig auch für Folien verwendet, z.B. bei Kinofilmen.

Die hervorragenden Eigenschaften von Folien werden in der Regel erst durch Recken erzeugt. Beim uniaxialen Recken lösen sich ganze Kristallitblöcke aus ihrer ursprünglichen physikalischen Struktur und orientieren sich neu in Reckrichtung (vgl. auch Kap. 38.3). In vielen Fällen schließt sich an das Recken noch ein Temperprozeß an, bei dem die durch das Recken und Tempern erzielte physikalische Struktur fixiert wird.

Folien können durch Walzenstühle uniaxial verstreckt werden. Derartige Folien besitzen in Reckrichtung erhöhte, rechtwinklig dazu jedoch verringerte Reißfestigkeiten. Eigentliche Verbesserungen werden daher erst durch biaxiales Recken erreicht (Tab. 36–10). Ein biaxiales Recken wird durch bis zu achtseitige Reckmaschinen gleichzeitig in beiden Richtungen vorgenommen.

Tab. 36–10: Eigenschaften von normalen und biaxial verstreckten Folien

Polymer	Zugfestigkeit in MPa		Dehnung in %		Elastizitätsmodul in MPa	
	normal	biaxial	normal	biaxial	normal	biaxial
PS	27	72	3	7	1340	1790
SAN	64	78	5	7	1430	1790
PP	28	49	50	50	780	1390
PVC (schlagfest)	49	52	210	120	1340	1680

Beim Verarbeiten von Folien werden oft Spannungen eingefroren. Die Spannungen werden beim Wiedererwärmen gelöst, wodurch die Folie schrumpft und das eingepackte Gut dicht umhüllt. Derartige Schrumpffolien sind im Verpackungswesen besonders dann interessant, wenn der Schrumpfprozeß in Heißwasserbädern ausgeführt werden kann.

In vielen Fällen werden auch zwei Folien miteinander verklebt oder verschweißt. Cellulosefolien (Zellglasfolien) werden z.B. mit Hilfe von Harnstoff/Formaldehyd-

Harzen mit Poly(ethylen)-Folien kaschiert. Bei diesen Verbundfolien sorgt dann die Cellulose für die Aroma-, das Poly(ethylen) für die Wasserdichtigkeit. Ähnliche Effekte können oft auch durch Lackieren der Folien erreicht werden.

36.8 Abfallaufbereitung

Bei der Produktion, beim Verarbeiten und beim Verbrauch von Kunststoffen entstehen Kunststoff-Abfälle, die man mehr und mehr aufzubereiten und zu verwenden sucht. Das Verfahren ist bei den bei der Produktion und beim Verarbeiten anfallenden, einheitlich zusammengesetzten Thermoplasten und Elastoplasten ziemlich einfach: Reinigen und evtl. Zerkleinern und Kompaktieren genügen und die Kunststoffe können direkt oder als Zusätze zum gleichen Kunststofftyp wiederverarbeitet werden. Abfälle von Duromeren oder Elastomeren kann man jedoch wegen ihres vernetzten Zustandes bei rein mechanischer Aufbereitung nur als Füllstoffe weiterverwenden.

Die Aufbereitung von Kunststoffmischungen ist schwieriger. Solche Mischungen fallen z.B. in Mengen von 3–5% beim Hausmüll an. Mann kann zwar derartige Mischungen ebenfalls reinigen, zerkleinern und direkt verarbeiten; die so erhaltenen Endprodukte weisen jedoch wegen der Unverträglichkeit der in ihnen enthaltenen Polymeren sehr schlechte mechanische Eigenschaften auf. Das nachträgliche Sortieren von Kunststoffmischungen von Hand ist teuer und zudem nicht zuverlässig. Selbst das getrennte Sammeln von Alt-Kunststoffen ist unwirtschaftlich, und zwar sogar bei Hilfe von unbezahlten Helfern. Wirtschaftlich ist dagegen die Ausnutzung des Wärmeinhaltes der Kunststoffe als Energielieferant bei der Müllverbrennung, wodurch der zu vollständigen Verbrennung erforderliche Heizölzusatz verringert wird.

Kunststoffabfälle können außerdem als Quelle für chemische Rohstoffe dienen. Die potentiellen Möglichkeiten sind hier beträchtlich, fallen doch jährlich etwa 25–30% der verbrauchten Kunststoffe wieder als Abfall an. Als zweckmäßig hat sich folgendes Verfahren erwiesen. Zuerst werden die hydrolysierbaren Kunststoffe bei Temperaturen unter ca. 200°C zu ihren Monomeren hydrolysiert; die Monomeren werden dann fraktioniert destilliert. Anschließend wird das im Gemisch vorhandene Poly(vinylchlorid) bei ca. 350°C zu Poly(olefinen) dehydrohalogeniert. Die Rückstände werden dann bei ca. 600–800°C in einer Sandwirbelschicht pyrolysiert. Der Produktanteil hängt stark von der Zusammensetzung des Pyrolysegutes ab. Im allgemeinen werden jedoch bei dieser Hochtemperaturpyrolyse bis zu 40% Anteile an den wirtschaftlich erwünschten Aromaten erhalten, und zwar auch dann, wenn zusätzlich Wasserdampf eingeblasen wird, um die Bildung von Kohlenstoff zu vermeiden. Alternativ kann man auch bei ca. 400°C in Poly(ethylen)wachs als Reaktionsmedium eine sog. Tieftemperaturpyrolyse ausführen. Hierbei entstehen leichtsiedende Öle mit hohem Olefinanteil, sowie Wachs und Ruß.

Literatur zu Kap. 36

36.1 Übersichten

36.1.1 NACHSCHLAGEWERKE UND TABELLEN

anonym, Kunststoff-Handelsnamenverzeichnis, Brand-Verhütungsdienst für Industrie und Gewerbe, Zürich 1970
W. J. Roff und J. R. Scott, Fibres, films, plastics and rubbers, Butterworth, London 1971
D. W. van Krevelen, Properties of polymers, Elsevier, New York, 2. Aufl. 1976
W. Hellerich, G. Harsch, S. Haenle, Werkstoff-Führer Kunststoffe, Hanser, München 1975
K. Stoeckhert, Kunststoff-Lexikon, Hanser, München 6. Aufl. 1975
J. Frados, Hrsg., Plastics Engineering Handbook, van Nostrand-Reinhold, New York 1976
P. A. Schweitzer, Corrosion resistance tables (metals, plastics, nonmetallics, rubbers), Dekker, New York 1976
K. Saechtling und W. Zebrowski, Hrsg., Kunststoff-Taschenbuch, Hanser, München, 21. Aufl. 1978
— Modern Plastics Encyclopedia, McGraw-Hill, New York (jährlich im Oktober)
— The international plastics selector, Internat. Plast. Selector, Inc., San Diego, 1977

36.1.2 BIBLIOGRAPHIEN

E. R. Yescombe, Plastics and rubbers: world sources of informations, Appl. Sci. Publ., Barking, Essex 1976
O. A. Battista, The polymer index, McGraw-Hill, New York 1976
P. Eyerer, Informationsführer Kunststoffe, VDI-Verlag, Düsseldorf, 2. Aufl. 1977

36.1.3 BÜCHER

R. Vieweg u.a., Kunststoff-Handbuch, Hanser, München, ca. 10 Bde. seit 1966
J. A. Brydson, Plastics materials, Butterworth, London, 2. Aufl. 1969
H. Domininghaus, Kunststoffe, 2 Bde., VDI-Verlag, Düsseldorf, 1972 und 1973
S. Rosen, Fundamental principles of polymeric materials for practicing engineers, Cahners Books, Boston 1973
R. V. Milby, Plastics technology, McGraw-Hill, New York 1973
T. A. Richardson, Modern industrial plastics, Sams, Indianapolis 1975
A. Ledwith and A. M. North, Hrsg., Molecular behavior and the development of polymeric materials, Halsted, New York 1975
H.-G. Elias, Neue polymere Werkstoffe, 1969–1974, Hanser, München 1975; New commercial polymers 1969–1975, Gordon and Breach, New York 1977
J. H. DuBois und F. W. John, Plastics, Van Nostrand-Reinhold, New York, 5. Aufl. 1976
K.-U. Bühler, Spezialplaste, Akademie-Verlag, Berlin 1978

36.1.4 ANALYSE

J. Haslam, H. A. Willis, D. C. M. Squirrel, Identification and analysis of plastics, Butterworth, London, 2. Aufl. 1972
J. Urbanski, W. Czerwinski, K. Janicka, F. Majewska und H. Zowell, Handbook of analysis of synthetic polymers and plastics, Wiley, New York 1977
D. O. Hummel und F. Scholl, Atlas der Polymer- und Kunststoffanalyse, 3 Bde., C. Hanser, München, 2. Aufl. 1978/79

36.2 Verarbeitungsprozesse

36.2.1 EINFÜHRUNG

J. A. McKelvey, Polymer processing, Wiley, New York 1962
W. Schaaf und A. Hahnemann, Verarbeitung von Plasten, VEB Dtsch. Vlg. f. Grundstoffindustrie, Leipzig 1968
L. F. Albright, Processing for major addition-type plastics and their monomers, McGraw-Hill, New York 1974

H. Domininghaus, Kunststoffe II (Kunststoffverarbeitung), VDI-Verlag, Düsseldorf 1969
G. Menges, Einführung in die Kunststoffverarbeitung, Hanser, München 1975
R. V. Torner, Grundprozesse der Verarbeitung von Polymeren, VEB Dtsch. Verlag f. Grundstoffindustrie, Leipzig 1974
W. A. Holmes-Walker, Polymer Conversion, Wiley, New York 1975
S. Middleman, Fundamentals of polymer processing, McGraw-Hill, New York 1977
C. D. Han, Rheology in polymer processing, Academic Press, New York 1976
R. S. Lenk, Plastics rheology, Appl. Sci. Publ., London 1978

36.2.2 VERARBEITUNG ÜBER DEN VISKOSEN ZUSTAND

D. V. Rosato und C. S. Grove, Jr., Filament winding, Interscience, New York 1968
W. Schönthaler, Verarbeiten härtbarer Kunststoffe, VDI-Verlag, Düsseldorf 1973

36.2.3 VERARBEITUNG ÜBER DEN ELASTOVISKOSEN ZUSTAND

J. S. Walker und E. R. Martin, Injection moulding of plastics, Butterworth, London 1966
I. I. Rubin, Injection molding theory and practice, Wiley-Interscience, New York 1972
E. G. Fischer, Extrusion of plastics, Interscience, New York, 3. Aufl. 1976
R. E. Elden und A. D. Swan, Calendering of plastics, Iliffe, London 1971
H. Kopsch, Kalandertechnik, Hanser, München 1978

36.2.4 VERARBEITUNG ÜBER DEN ELASTOPLASTISCHEN ZUSTAND

A. Höger, Warmformen von Kunststoffen, Hanser, München 1971
E. G. Fischer, Blow moulding of plastics, Transatlantic Arts, Levittown, New York 1974

36.2.5 VERARBEITUNG ÜBER DEN VISKOELASTISCHEN ZUSTAND

P. F. Bruins, Hrsg., Basic principles of rotational molding, Gordon and Breach, New York 1971
P. F. Bruins, Hrsg., Basic principles of thermoforming, Gordon and Breach, New York, 1973

36.2.6 VERARBEITUNG ÜBER DEN FESTEN ZUSTAND

A. Kobayashi, Machining of plastics, McGraw Hill, New York 1967
G. F. Abele, Kunststoff-Fügeverfahren, Hanser, München 1978

36.2.7 OBERFLÄCHENBEHANDLUNG

G. Kühne, Bedrucken von Kunststoffen, Hanser, München 1967
P. Schmidt, Beschichten von Kunststoffen, Hanser, München 1967
E. Roeder. Galvanische Beschichtung von Kunststoffen, Adhäsion (1972) 202
B. Rotrekl, K. Hudeček, J. Komárek und J. Staněk, Surface treatment of plastics, Khimiya Publ., Leningrad 1972 (in Russ.)
I. A. Abu-Isa, Metal plating of polymeric surfaces, Polymer-Plast. Technol. Engng. 2 (1973) 29
R. Weiner, Hrsg., Kunststoff-Galvanisierung, E. G. Lenze, Saulgau 1973
K. Stoeckhert, Hrsg., Veredeln von Kunststoff-Oberflächen, Hanser, München 1975
S. T. Harris, The technology of powder coatings, Portcullis Press, London 1976

36.2.8 KONSTRUIEREN MIT KUNSTSTOFFEN

E. Baer, Hrsg., Engineering design for plastics, Reinhold, New York 1964
B. S. Benjamin, Structural design with plastics, Van Nostrand-Reinhold, New York 1969
G. Schreyer, Konstruieren mit Kunststoffen, Hanser, München, 2. Aufl. 1972

36.3 Massenthermoplaste

Siehe Lit. zu 36.1

36.4 Konstruktionsthermoplaste

Z. D. Jastrzebski, The nature and properties of engineering plastics, Wiley, New York 1976

36.5 Temperaturbeständige Thermoplaste

C. L. Segal, Hrsg., High-temperature polymers, Dekker, New York 1967
H. Lee, D. Stoffey, K. Neville, New linear polymers, McGraw-Hill, New York 1967
A. Frazer, High temperature resistant polymers, Interscience, New York 1968
H. F. Mark und S. M. Atlas, Aromatic polymers, Int. Rev. Sci. Org. Chem. Ser. Two **3** (1976) 299
E. Behr, Hochtemperaturbeständige Kunststoffe, Hanser, München 1969
R. T. Conley, Thermal stability of polymers, Dekker, New York 1970
V. V. Korshak, Heat-resistant polymers, Israel Progr. Sci. Transl., Book Centre, London 1972

36.6 Duromere

E. W. Lane, Glasfaserverstärkte Polyester und andere Duromere, Zechner und Hüthig, Speyer, 2. Aufl. 1969
A. Whelan und J. A. Brydson, Hrsg., Developments with thermosetting plastics, Halsted, New York 1975
P. F. Bruins, Unsaturated polyester technology, Gordon and Breach, New York 1975

36.7 Folien

O. J. Sweeting, The science and technology of polymeric films, 2 Bde., Interscience, New York 1968
W. R. R. Park, Plastics Film Technology, Van Nostrand-Reinhold, London 1970
J. H. Briston and L. L. Katan, Plastic Films, Halsted, New York 1974
C. R. Oswin, Plastic films and packaging, Appl. Sci. Publ., Barking, Essex 1975
D. H. Solomon, The chemistry of organic film formers, Krieger, Huntington, New York 1977

36.8 Abfallaufbereitung

J. E. Guillet, Hrsg., Polymers and ecological problems, Plenum, London 1973
Hj. Sinn, Recycling der Kunststoffe, Chem.-Ing. Techn. **46** (1974) 579
J. Brandrup, Wiederverwerten von Kunststoffen, Kunststoffe **65** (1975) 881
Hj. Sinn, W. Kaminsky und J. Janning, Verarbeitung von Kunststoffmüll und Altreifen zu Chemierohstoffen, besonders durch Pyrolyse, Angew. Chem. **88** (1976) 737
R. B. Seymour und J. M. Sosa, Plastics from plastics, Chem. Tech. **7** (1977) 507

37 Elastomere und Elastoplaste

37.1 Einleitung

Kautschuke sind Polymere, deren Glasübergangstemperatur unterhalb der Gebrauchstemperatur liegt. Chemisch leicht vernetzte Kautschuke werden Gummis oder Elastomere genannt; chemisch sehr stark vernetzte dagegen Hartgummis. Elastomere sind bei der Gebrauchstemperatur physikalisch vernetzte Polymere, die bei höheren Temperaturen thermoplastisch verarbeitet werden können.

Die wichtigste Eigenschaft von Elastomeren und Elastoplasten ist ihre ausgeprägte Hoch-, Kautschuk- oder Gummielastizität. Die technisch interessanten Eigenschaftswerte werden dabei in der Regel erst nach einer Ausrüstung (Formulierung) mit Füllstoffen, Weichmachern usw. erreicht. Die anschließende Vernetzung richtet sich nach dem Typ des Kautschuks, d. h. nach der Art der vernetzbaren Gruppierungen.

Nach der Art der Herkunft unterscheidet man Naturkautschuk und Synthesekautschuke. Wichtige Naturkautschukproduzenten sind Malaya, Indonesien, Thailand, Ceylon, Vietnam und Liberia. Etwa 2/3 des Verbrauches an Kautschuken entfällt auf Synthesekautschuke (Tab. 37−1), wobei Styrol/Butadien-Kautschuke in den größten Mengen produziert werden.

Tab. 37−1: Weltproduktion Pr an Kautschuken im Jahre 1976. Die Aufschlüsselung der Produktion auf die einzelnen Typen in den Ostblockstaaten ist unbekannt.

Typ		Pr t/a	Typ		Pr t/a
Naturkautschuk	NR	3 500 000	Nitrilkautschuk	NBR	290 000
Styrol/Butadien-K.	SBR	3 200 000	Ethylen/Propylen-K.	EPM	250 000
Poly(butadien)	BR	800 000	Syn. Poly(isopren)-K.	IR	210 000
Butylkautschuk	IIR	350 000	Spezialkautschuke	−	8 000
Poly(chloropren)	CR	330 000	Ostblockstaaten	−	1 000 000

Nach der Art der Verwendung wird zwischen Allzweckkautschuken, ölbeständigen Kautschuken und wärmebeständigen Kautschuken unterschieden. Etwa die Hälfte der Kautschukproduktion wird für Reifen verwendet, die andere Hälfte für technische Gummiwaren.

Kautschuke werden meist in Ballenform angeliefert, in selteneren Fällen auch als Platten, Krümel, Pulver, Latices oder Flüssigkeiten. Partiell formulierte Kautschuke werden als Masterbatches angeboten, besonders für rußgefüllte Typen.

37.2 Dien-Kautschuke

37.2.1 AUFBAU UND FORMULIERUNG

Unter dem Begriff „Dien-Kautschuk" kann man alle Kautschuke zusammenfassen, die durch Polymerisation oder Copolymerisation von Dienen bzw. Cycloalkenen entstehen. Alle Dien-Kautschuke weisen kettenbeständige Kohlenstoff/Kohlenstoff-Doppelbindungen auf, wie man aus ihren Grundbausteinen sieht:

$-CH_2\diagdown \quad \diagup CH_2- \atop \quad C=CH \atop \quad \mid \atop \quad CH_3$ $-CH_2-C(CH_3)_2-/-CH_2-C(CH_3)=CH-CH_2-$

cis-1,4-Poly(isopren)   Isobuten/Isopren-Kautschuk IIR
Naturkautschuk NR oder   (mit ca. 2–4 % Isopren-Bausteinen)
Synthesekautschuk IR

$-CH_2-\underset{\underset{Cl}{|}}{C}=CH-CH_2-$ $-CH_2-CH=CH-CH_2-/-CH_2-\underset{\underset{CH=CH_2}{|}}{CH}-$

Poly(chloropren) CR   Poly(butadien) BR mit je nach
                             Polymerisation wechselndem
                             Anteil an cis-1,4-, trans-1,4-
                             und 1,2-Strukturen

$-CH_2-CH=CH-CH_2-/-CH_2-\underset{\underset{C_6H_5}{|}}{CH}-$ $-CH_2-CH=CH-CH_2-/-CH_2-\underset{\underset{CN}{|}}{CH}-$

Styrol/Butadien-Kautschuk SBR   Acrylnitril/Butadien-
                                 Kautschuk NBR

$-CH=CH-CH_2CH_2CH_2-$ $-CH_2CH_2-/-CH_2\underset{\underset{CH_3}{|}}{CH}-/$ ⟨bicyclic structure⟩

                                                                          $CH-CH_3$
Poly(pentenamer)   EPDM mit Ethyliden-
                                  norbornen

Der von den Herstellern angelieferte Kautschuk wird auf Walzen mastiziert, d. h. zu niedrigen Molmassen abgebaut. Die so erzeugte niedrigere Viskosität erlaubt das einfachere und homogenere Einarbeiten der Additive, das zusätzlich noch durch das ständige neue Aufreißen von Oberflächen beim Walzvorgang gefördert wird.

Die resultierende Mischung ist recht kompliziert aufgebaut (Tab. 37–2). Üblicherweise werden dabei die Mengen an Additiven auf 100 Teile Kautschuk bezogen (Angaben in phr = *p*arts per *h*undred parts of *r*ubber). Der Kautschuk gibt dabei dem Elastomer die gewünschten viskoelastischen Eigenschaften. Schwefel bildet die Vernetzungsbrücken zwischen den Molekülketten; das Eigenschaftsspektrum wird durch die Vernetzung von „viskos" nach „elastisch" verschoben. Ruß dient einerseits als Füllstoff, d. h. zum Verbilligen. Andererseits bewirkt aber Ruß als sog. aktiver Füllstoff auch eine größere mechanische Festigkeit des Elastomeren. Mineralöl wird als Weichmacher zugegeben, um die durch die Vernetzung erhöhte Glasübergangstemperatur wieder zu senken. Beschleuniger wie z. B. Diphenylguanidin erhöhen die Radikalproduktion (vgl. auch Kap. 20.4.3 und 34.5.3). Die Beschleuniger werden durch Zinkoxid aktiviert, das gleichzeitig auch als Füllstoff wirkt. Stearinsäure wird als Gleitmittel zugesetzt.

Die durch eine derartige Formulierung erzeugten Eigenschaften der Elastomeren können in weiten Grenzen schwanken (Tab. 37–2). Wegen der Vielfältigkeit der möglichen Einflüsse stellt die Formulierung von Kautschukmischungen eine Kunst dar, die noch weitgehend empirisch ausgeübt wird.

Tab. 37–2: Einfluß von Additiven auf die Eigenschaften eines Styrol/Butadien-Kautschukes, der 40 min bei 154°C vulkanisiert wurde

		Mischung						
		A	B	C	D	E	F	G
Formulierung (Teile)								
SBR		100,0	100,0	100,0	100,0	100,0	100,0	100,0
ZnO		5,0	5,0	5,0	5,0	5,0	5,0	5,0
Stearinsäure		1,0	1,0	1,0	1,0	1,0	1,0	–
ASTM ÖL 103		5,0	5,0	5,0	5,0	5,0	5,0	–
Beschleuniger 1		0,9	0,9	0,9	0,9	0,9	0,9	–
Beschleuniger 2		0,1	0,1	0,1	0,1	0,1	0,1	1,5
Beschleuniger 3		–	–	–	–	–	–	0,75
Schwefel		1,4	1,4	1,4	1,4	1,4	1,4	2,75
Russ I		20,0	40,0	60,0	80,0	–	–	–
Russ II		–	–	–	–	100,0	50,0	–
Russ III		–	–	–	–	–	–	40,0
Aluminiumsilikat, hydrat.		–	–	–	–	–	–	10,0
Eigenschaften								
Reissfestigkeit	MPa	17,6	24,8	24,7	21,0	18,6	20,2	9,2
E-Modul bei 300 % Dehnung	MPa	2,6	7,2	14,8		17,4	7,1	3,4
Reissdehnung	%	690	620	460	290	350	690	550
Härte (Shore A)	–	49	59	69	78	76	59	54
Bleibende Verformung (24 h)	%	24,2	21,2	22,3	20,6	13,3	15,1	21,2
Einreissfestigkeit	kN/m	22,6	45,7	58,1	45,5	53,0	43,6	13,1

37.2.2 VULKANISATION

Die durch Schwefel in der Wärme erzeugte Vernetzung des Naturkautschuks wurde empirisch gefunden. Da das Verfahren mit Schwefel und Wärme arbeitet und Schwefel und Wärme die dem Gott Vulkan zugeschriebenen Attribute sind, wurde die Vernetzung von Kautschuken Vulkanisation genannt. Heutzutage unterscheidet man die bei 120–160 °C mit Schwefel ausgeführte sog. Heißvulkanisation von der durch Dischwefeldichlorid oder Magnesiumoxid bewirkten sog. Kaltvulkanisation.

Bei der nichtbeschleunigten Heißvulkanisation greift der Schwefel in α-Stellung zur Doppelbindung an und bildet inter- und intramolekulare Vernetzungen:

(37–1)
$$\sim CH_2-\underset{\underset{}{CH_3}}{C}=CH-CH_2\sim \xrightarrow{S_x} \underset{\underset{\underset{\sim CH_2-CH-C=CH-CH_2\sim}{CH_3}}{S_x}}{\sim CH-\underset{}{\overset{CH_3}{C}}=CH-CH_2\sim} \xrightarrow{-S_{x-2}} \underset{\underset{\sim CH_2-CH-\overset{CH_3}{C}=CH-CH_2\sim}{S_2}}{\sim CH-\overset{CH_3}{C}=CH-CH_2\sim}$$

$$+ ZnO \downarrow - ZnS$$

$$\underset{\underset{\sim CH \sim}{S}}{\sim CH \sim} \qquad \underset{\underset{S}{H_2C\diagdown\diagup CH_2}}{CH=CH}$$

Dabei geht ein Teil der cis-Doppelbindungen in trans-Doppelbindungen über. Auf je etwa 50 eingesetzte Schwefelatome wird eine Vernetzungsbrücke gebildet. Die Heißvulkanisation wird in der Technik durch Verbindungen wie Zinkoxid, 2-Mercaptobenzthiazol oder Tetramethylthiuramdisulfid beschleunigt. Die Wirkungsweise dieser Verbindungen ist nicht genau bekannt; sie erhöhen jedoch die Schwefelnutzung von 1/50 auf ca. 1/1,5.

Der Mechanismus der Schwefelvulkanisation ist nicht genau bekannt. Die Reaktion wird nicht durch Peroxide beschleunigt; sie ist daher vermutlich ionischer Natur. In der Regel wird eine Induktionsperiode beobachtet (Abb. 37–1). Bei der Vulkanisation scheinen sich zwei verschiedene Vernetzungsreaktionen abzuspielen, die von einem Kettenabbau durch Scherwirkung und/oder Oxidation begleitet werden. Das relative Ausmaß von Vernetzung zu Abbau variiert mit dem Polydien und den Vulkanisationsbedingungen. Poly(isopren)-Ketten werden z. B. durch Sauerstoff gespalten, Styrol/Butadien-Kautschuke dagegen vernetzt.

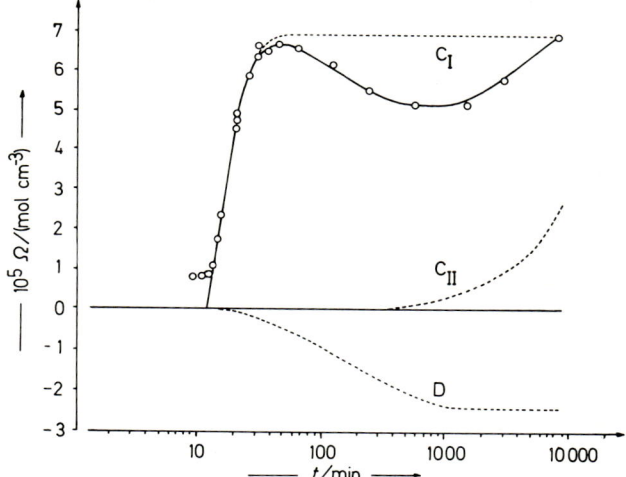

Abb. 37–1: Netzwerkdichte Ω in Stoffmenge an Netzketten pro Volumen Vulkanisat als Funktion der Vulkanisationszeit bei der Vulkanisation von Naturkautschuk mit 2 phr Schwefel, 5 phr Zinkoxid, 1 phr 2-Mercaptobenzthiazol und 1 phr Stearinsäure bei 140°C. C_I = Hauptvernetzungsreaktion, C_{II} = Langzeitvernetzung, D = Kettenabbau (nach D. A. Smith).

Die Heißvulkanisation wird in elektrisch oder mit Dampf beheizten Pressen ausgeführt. Sie kann jedoch auch durch Mikrowellen bewirkt werden und ist dann schnell bei polaren Kautschuken und langsam bei apolaren. Die Geschwindigkeit dieser Vulkanisation wird durch Ruß erhöht; ein diesen Effekt bewirkender heller Füllstoff ist jedoch nicht bekannt.

Die Kaltvulkanisation erfolgt bei Raumtemperatur. Sie führt bei Verwendung von Dischwefeldichlorid zu monosulfidischen Vernetzungsbrücken:

(37–2)
$$2 \sim CH_2-CH=CH-CH_2 \sim + S_2Cl_2 \longrightarrow \begin{array}{c} \sim CH_2-CH-CHCl-CH_2 \sim \\ | \\ S \\ | \\ \sim CH_2-CH-CHCl-CH_2 \sim \end{array}$$

37.2.3 KAUTSCHUK-TYPEN

Naturkautschuk ist ein Poly(isopren) mit über 98 % der Gruppierungen in cis-1,4-Stellung. Die hohe Stereoregularität bewirkt ein ausgeprägtes Kristallisationsvermögen unter Dehnung und als Folge davon eine hohe Rohfestigkeit im unvernetzten Zustand und eine ausgezeichnete Konfektionsklebrigkeit. Die verstärkende Wirkung der kristallinen Bereiche erzeugt auch gute Reißfestigkeiten und Reißdehnungen sowie sehr gute dynamische Eigenschaften (Tab. 37–3). cis-1,4-Poly(isopren) kann jetzt auch synthetisch als „Natsyn" mit praktisch den gleichen Eigenschaften wie Naturkautschuk hergestellt werden. Dem synthetischen Poly(isopren) müssen jedoch die im Naturkautschuk bereits enthaltenen natürlichen Beschleuniger und Antioxidantien erst künstlich zugesetzt werden. Umgekehrt fällt der Naturkautschuk im Gegensatz zum Synthesekautschuk wegen der regions- und witterungsbedingten Unterschiede nicht immer mit gleicher Qualität an. Für vergleichende Untersuchungen wird daher von den Naturkautschukproduzenten eine standardisierte Type als SMR (= Standard Malaysia Rubber) angeboten.

Tab. 37–3: Charakteristische Eigenschaften einiger verstärkter Allzweck-Elastomerer. NR = Naturkautschuk, IR = synthetisches cis-1,4-Poly(isopren), BR = Poly(butadien) (Li-Typ), TPR = trans-Poly(pentenamer), SBR = Styrol/Butadien-Kautschuk (Emuls. Typ mit 40 % Styrol), EPDM = Ethylen/Propylen/Dien-Kautschuk

Phys. Eigenschaft	Phys. Einheit	Eigenschaftswerte bei						
		NR	IR	BR	TPR	E-SBR	IIR	EPDM
Dichte	g/cm^3	0,93	0,93	0,94		0,94	0,93	0,86
Schmelztemp.	°C	2		2	20			
Glasübergangstemp.	°C	−73		−95	−97			−55
Anwendungstemp., untere	°C	−60		−90		−40	−30	−35
obere	°C	120		40		140	190	180
Reissfestigkeit	MPa	32	26	14	18	29	22	13
Reissdehnung	%	780	620	510	360	650	620	320
E-Modul bei 300 % Dehnung	MPa	5,0	3,2	7,3	13	9,3	7,2	8,6
Rückprallelastizität	%	40	40	65		40	2	45
Abriebfestigkeit		gut	gut	hervorragend		sehr gut	mäßig	gut
Härte	Shore A	50	55	60	64	60	55	65

cis-1,4-Poly(isopren) bringt alle drei der für Elastomer-Eigenschaften notwendigen Voraussetzungen mit: Molekülketten mit niedriger Potentialschwelle für die Rotation um Kettenbindungen, nur schwache van der Waals-Kräfte zwischen den Molekülketten und leicht angreifbare Kettengruppierungen für den Vernetzungsschritt. Die gleichen molekularen Eigenschaften lassen sich natürlich auch durch einen anderen molekularen Aufbau erzielen. Das erste großtechnisch erfolgreiche synthetische Elastomer war das SBR, ein durch Emulsionspolymerisation hergestelltes statistisches Copolymer aus Styrol und Butadien (Tab. 37–4). Dieses Vielzweckelastomer ist dem Naturkautschuk in Bezug auf gleichmäßige Beschaffenheit, Verarbeitbarkeit, Vulkanisationsverhalten, Alterungsbeständigkeit und vor allem Abriebfestigkeit überlegen. Es wird daher hauptsächlich für Reifen von Personenwagen verwendet. Umgekehrt ist der

Naturkautschuk dem SBR in bestimmten mechanischen Eigenschaften, der Konfektionsklebrigkeit und vor allem der geringeren Walkwärme überlegen. Naturkautschuk dominiert daher bei den großen Lastwagen- und Flugzeugreifen. SBR und Naturkautschuk bilden aber verträgliche Blends, die gewisse Vorzüge beider Elastomerer vereinigen und daher häufig angewendet werden.

Tab. 37–4: Konstitution, Konfiguration und Eigenschaften von Polymeren auf Basis Butadien

Typ	Anteil in % an				Glasübergangstemp. in °C	Schmelztemp. in °C
	Styrol	Butadien				
		cis-1,4	trans 1,4	1,2		
Stereo-BR (Co-Typ)	0	98	1	1	−105	2
Stereo-BR (Ni-Typ)	0	97	2	1		
Stereo-BR (Ti-Typ)	0	95	3	2		
Stereo-BR (Li-Typ)	0	38	53	9	− 95	
Emuls.-BR	0	10	69	21	− 80	
Lsg.-SBR (Typ A)	19	30	42	9	− 70	
Lsg.-SBR (Typ B)	25	24	32	19	− 47	
Emuls.-SBR	40	6	42	12	− 30	
trans-BR	0	4	94	2	− 83	145
st-BR	0	9	0	91	− 5	156

Copolymere aus Styrol und Butadien können jedoch auch durch anionische Polymerisation in Lösung mit lithiumorganischen Verbindungen als Initiatoren hergestellt werden. Durch derartige Polymerisationen kann die Molekülstruktur in Bezug auf Styrolgehalt, Butadien-Einbau in 1,4- und 1,2-Stellung, Sequenzverteilung, Molmassenverteilung und Langkettenverzweigung fast beliebig gesteuert werden. Geänderte Molekülstrukturen führen jedoch auch zu anderen technologischen Eigenschaften. Je enger z. B. die Molmassenverteilung, umso mehr Ruß und Mineralöl kann aufgenommen werden. Einige Lösungs-SBR-Typen übertreffen sogar das Emulsions-SBR an Abriebwiderstand.

Die Homopolymerisation des Butadiens führt je nach Initiator und Lösungsmittel zu Polymeren mit bis zu 98% cis-1,4-Einheiten (Tab. 37–4). Diese sog. Stereo-Poly(butadiene) BR besitzen eine hohe Abriebfestigkeit, eine gute Rückprallelastizität und einen großen Widerstand gegen eine Rißbildung bei dynamischer Beanspruchung. Diese Eigenschaften prädestinieren die Stereo-Poly(butadiene) für den Reifenbau. Allerdings ist der Reibungskoeffizient nur gering, so daß die Strassenhaftung klein und damit die Bremswege lang sind. Andererseits zeigen Stereo-Poly(butadiene) im Spannungs/Dehnungs-Diagramm aber auch eine große Hysterese, was wiederum zu hohen Wärmeentwicklungen und großen Rutschsicherheiten führt. Aus diesem Grunde werden für Laufflächen meist Verschnitte von Stereo-Poly(butadienen) mit 50–80% Naturkautschuk verwendet.

Durch Variation des Lösungsmittels bei der mit Lithium bzw. Lithiumalkylen initiierten Polymerisation von Butadien kann der Anteil an 1,2-Gruppierungen zwischen 7 und 92 % variiert werden. Je polarer das Lösungsmittel, umso größer ist der Anteil an 1,2-Einheiten. Die Entwicklung derartiger 1,2/1,4-Poly(butadiene) ist interessant, weil Poly(butadiene) mit Vinylgruppen-Gehalten zwischen 35 und 55 % ähnliche Eigenschaften in Bezug auf Abrieb, Elastizität, Reibung und Rutschwiderstand wie die für Reifen verwendeten Verschnitte von SBR mit cis-1,4-BR aufweisen.

Naturkautschuk, synthetisches cis-1,4-Poly(isopren), Butadienkautschuke und Styrol/Butadien-Kautschuke sind alle wegen des hohen Anteils an Kohlenstoff/Kohlenstoff-Doppelbindungen nicht sehr oxidationsbeständig. Der Versuch, die Oxidationsbeständigkeit unter Beibehalt der Vulkanisationsfreudigkeit zu erniedrigen, führte zur Entwicklung des sog. Butylkautschukes IIR, eines Copolymeren von Isobutylen mit wenig Isopren. Der Butylkautschuk weist jedoch nur eine sehr geringe Rückprallelastizität auf. Da er jedoch gleichzeitig auch sehr wenig gasdurchlässig ist, wird er hauptsächlich für Reifenschläuche verwendet.

Amorphe Copolymere aus Ethylen und Propylen (EPM) weisen ebenfalls kautschukelastische Eigenschaften auf. Sie sind jedoch wegen der fehlenden Kohlenstoff/Kohlenstoff-Doppelbindungen nicht mit Schwefel vulkanisierbar, so daß eine spezielle Technik mit Peroxiden als Radikalquelle für Übertragungsreaktionen entwickelt werden mußte. Durch Einpolymerisieren einer Dienkomponenten wie z. B. Cyclopentadien oder Ethylidennorbornen entstehen jedoch sog. EPDM-Kautschuke mit Doppelbindungen in der Seitenkette, die einerseits klassisch mit Schwefel vulkanisiert werden können, andererseits jedoch noch gut alterungsbeständig sind. EPDM-Kautschuke werden daher hauptsächlich im Automobilbau, in der Kabel- und Bauindustrie sowie für technische Zwecke eingesetzt. Die EPDM-Kautschuke weisen jedoch nur wenig Eigenklebrigkeit auf, so daß die Konfektionierarbeiten beim Reifenbau erschwert sind. EPDM-Kautschuke werden daher nicht für Reifen verwendet.

Alle bisher besprochenen Dien-Kautschuke – Naturkautschuk, Styrol/Butadien-Kautschuke, Poly(butadiene), Butylkautschuk und Ethylen/Propylen-Kautschuke – sind aus aliphatischen bzw. aromatischen Grundbausteinen aufgebaut. Sie quellen daher leicht in Aliphaten: sie sind schlecht ölbeständig. Die radikalische Copolymerisation von Acrylnitril mit Butadien führt jedoch zu einem sog. Nitrilkautschuk, der wegen seiner vielen polaren Nitrilgruppen gut ölbeständig ist. Je höher jedoch der Nitrilgehalt, umso niedriger sind Rückprallelastizität und Tieftemperaturflexibilität. NBR wird daher hauptsächlich für Treibstoffschläuche, Motordichtungen, Transportbänder usw. verwendet.

37.3 Spezialkautschuke

37.3.1 ÖL- UND TEMPERATURBESTÄNDIGE KAUTSCHUKE

Die im Kap. 37.2 beschriebenen Dien-Kautschuke bestreiten ca. 98 % des gesamten Kautschukverbrauches. Die restlichen 2 % entfallen auf eine ganze Reihe sog. Spezialkautschuke mit den verschiedenartigsten Grundbausteinen:

$$\{CONH\text{—}\bigcirc\text{—}CH_2\text{—}\bigcirc\text{—}NHCO\{O(CH_2)_2OOC(CH_2)_4CO\}_nO(CH_2)_2O\}$$

Beispiel eines Polyurethan-Kautschukes (PUR)

37.3 Spezialkautschuke

$-(-CH_2CH_2S_{\overline{x}}-)_y-(-CH_2CH_2OCH_2OCH_2CH_2S_{\overline{x}}-)_{\overline{y}}-$

Beispiel eines Polysulfid-Kautschukes (T)

$-(-CH_2CH_2-)-/-(-CH_2-CH-)-/-(-CH_2CR-)-$
　　　　　　　　　　|　　　　　|
　　　　　　　COOCH$_3$　　COOH

Acryl-Kautschuk (AR)

$-(-CH_2-CH-)-/-(-CH_2CH_2-)-/(CH_2-CH-)-$
　　　|　　　　　　　　　　　　|
　　SO$_2$Cl　　　　　　　　　Cl

Chlorsulfoniertes Poly(ethylen) (CSM)

$-(-CH_2CH_2O-)-/-(-CH_2CHO-)-$
　　　　　　　　　　　|
　　　　　　　　　CH$_2$Cl

Epichlorhydrin-Kautschuk (CHR)

$-(-CH_2CH_2-)-/-(-CH_2CH-)-$
　　　　　　　　　　|
　　　　　　　　OOCCH$_3$

Ethylen-Vinylacetat-Kautschuk (EVAC)

$-(-P=N-)-/-(-P=N-)-$ / Vernetzungsstelle
　　|　　　　|
OCH$_2$CF$_3$　CH$_2$(CF$_2$)$_4$H

Phosphazen-Kautschuk (PNR)

　　CH$_3$　　　CH$_3$
　　　|　　　　　|
$-(-Si-O-)-/-(-Si-O-)-$
　　　|　　　　　|
　　CH$_3$　　CH$_2$CH$_2$CH=CH$_2$

Silicon-Kautschuk (SIR)

$-(-CH_2CF_2-)-/-(-CF_2CFCl-)-$ / Vernetzungsstelle

Beispiel eines Fluor-Kautschukes (CFM)

$-(-CF_2CF_2-)-/-(-O-N-)-/-(-O-N-)-$
　　　　　　　　　　|　　　　　|
　　　　　　　　　CF$_3$　　(CF$_2$)$_3$COOH

Carboxynitroso-Kautschuk (CNR)

Alle Spezialkautschuke sind Copolymere, die durch Polykondensation, Polymerisation oder Reaktionen an Polymeren hergestellt werden. Polyurethan-Kautschuke (PUR) entstehen durch Polykondensation von Diisocyanaten mit hydroxylendgruppenhaltigen aliphatischen Polyestern oder Polyethern (vgl. auch Kap. 28.4.2). Polysulfid-Kautschuke (T) erhält man durch Polykondensation von Dithiolen mit chlorierten Acetalen oder Ethern (vgl. Kap. 27.2). Die Polymerisationsprodukte sind in vielen Fällen Terpolymere aus zwei Monomeren mit einer kleinen Menge eines die vernetzbare Gruppe tragenden Termonomeren. Zu dieser Klasse gehören die Acrylkautschuke aus Olefinen und (Meth)acrylestern (AR), die Fluorkautschuke (CFM), die Carboxynitrosokautschuke (CNR) und die Ethylen/Vinylacetat-Kautschuke (EVAC) (vgl. Kap. 25) sowie die Phosphazen-Kautschuke (PNR) (vgl. Kap. 32.4.3). Bei den Silicon-Kautschuken (SIR) (vgl. Kap. 32.3.2) und den Epichlorhydrin-Kautschuken (vgl. Kap. 26.2.4) handelt es sich dagegen meist um echte Bipolymere. Die CSM-Kautschuke schließlich entstehen durch Chlorsulfonierung von Poly(ethylen).

Eine Reihe dieser Kautschuke weist polare Gruppierungen auf; die entsprechenden Elastomeren quellen daher nicht in Ölen. Zu den gut ölbeständigen Kautschuken gehören Polyurethan- und Polysulfid-Kautschuke, sowie die bereits besprochenen Nitril- und Chloropren-Kautschuke (Tab. 37–5). Mittlere Ölbeständigkeiten und gleichzeitig verbesserte Temperaturbeständigkeiten zeigen chlorsulfoniertes Poly(ethylen), sowie Acryl-, Silicon- und Fluor-Kautschuke.

Tab. 37–5: Charakteristische Eigenschaften einiger verstärkter öl- bzw. temperaturbeständiger Elastomerer

		---------Ölbeständig--------				----Temperaturbeständig----			
		CR	NBR	PUR	T	AR	CSM	CFM	SIR
Dichte	g/cm^3	1,25	1,00	1,25	1,35	1,10	1,25		1,25
Reissfestigkeit	MPa	19	30	40	8	12	18	20	6
Reissdehnung	%	800	750	500	300	250	200	450	300
E-Modul bei 300 % Dehnung	MPa	4,3	3,5	13					2,2
Härte	Shore A	50	45	70			90		50
Rückprallelastizität		gut	gut	gut	mäßig	schlecht	mäßig	mäßig	mäßig
Anwendungstemp.:									
untere	°C	−35	−40	−15	−45	−40	−50	−45	−150
obere	°C	180	170	100	180	210	200	220	250

Alle diese Kautschuke weisen keine Kohlenstoff/Kohlenstoff-Doppelbindungen auf. Sie sind daher einerseits relativ witterungsbeständig, andererseits aber auch nicht mit dem klassischen Schwefelverfahren vulkanisierbar. Ein Teil dieser Kautschuke wird daher mit Hilfe von Peroxiden vernetzt, und zwar entweder durch Polymerisation von Vinylgruppen wie bei einigen Silicon-Kautschuken oder durch radikalische Übertragungsreaktionen wie bei Ethylen/Vinylacetat- oder Acryl-Kautschuken. Andere Spezialelastomere werden durch Reaktion mit Diaminen vernetzt, z. B. Acryl-, Epichlorhydrin- und Fluor-Kautschuke.

Spezialkautschuke werden in sehr verschiedenen Gebieten angewendet. Mengenmäßig ragt die Anwendung „unter der Motorhaube" im Automobilbau heraus, bei denen mittlere Öl- und Temperaturbeständigkeiten erwünscht sind.

37.3.2 FLÜSSIG-KAUTSCHUKE

Die klassische Kautschuk-Verarbeitung ist wegen der hohen Viskosität der Polymeren sehr aufwendig: Das Einarbeiten der Vulkanisationsbeschleuniger, Füllstoffe, Weichmacher, Aktivatoren usw. muß auf Mischwalzen erfolgen, die Vulkanisation in beheizten Pressen. Flüssige Kautschuke besitzen demgegenüber eine niedrige Viskosität und lassen sich folglich einfacher verarbeiten. Sie sind schon lange bei den Siliconen, Polyurethanen, Polyestern und Polyethern bekannt, wurden aber erst in jüngster Zeit bei Dien-Kautschuken entwickelt.

Bei den flüssigen Silicon-Kautschuken dominieren die „kalt", d. h. bei Zimmertemperatur, härtenden Einkomponenten-Typen (RTV = Room temperature vulcanizable elastomer). Bei ihnen handelt es sich um verzweigte Poly(dimethylsiloxane) mit Silanol-Endgruppen, die mit Tetrabutyltitanat oder Methyltriacetoxysilan vernetzbar sind. Die Vernetzung beginnt bei Zutritt von Luftfeuchtigkeit, wobei z. B. beim Methyltriacetoxysilan Essigsäure freigesetzt wird und das entstehende Methyltrihydroxysilan mit den Silanolgruppen des Polymeren reagiert:

$$(37-3) \quad 3 \;\sim\!\!\!\sim\!\!\underset{\underset{CH_3}{|}}{\overset{\overset{CH_3}{|}}{Si}}\!-\!OH \;+\; CH_3Si(OOCCH_3)_3 \quad \xrightarrow{-\,3\;CH_3COOH} \quad \sim\!\!\!\sim\!\underset{\underset{CH_3}{|}}{\overset{\overset{CH_3}{|}}{Si}}\!-\!O\!-\!\underset{\underset{O}{|}}{\overset{\overset{CH_3}{|}}{Si}}\!-\!O\!-\!\underset{\underset{CH_3}{|}}{\overset{\overset{CH_3}{|}}{Si}}\!\sim\!\!\!\sim$$

$$CH_3\!-\!Si\!-\!CH_3$$

37.3 Spezialkautschuke

Die flüssigen Polyurethan-Kautschuke bestehen meist aus Polyurethanen mit Isocyanat-Endgruppen, sie werden in der Regel mit schwach basischen Aminen vulkanisiert, z. B. mit Methylen-bis-2-chloranilin:

$$(37-4) \quad OCN\text{\textasciitilde}\text{\textasciitilde}NCO + H_2N\text{-}\underset{Cl}{\underset{|}{C_6H_3}}\text{-}CH_2\text{-}\underset{Cl}{\underset{|}{C_6H_3}}\text{-}NH_2 \longrightarrow$$

$$\text{-}(CONH\text{\textasciitilde}\text{\textasciitilde}NHCONH\text{-}\underset{Cl}{\underset{|}{C_6H_3}}\text{-}CH_2\text{-}\underset{Cl}{\underset{|}{C_6H_3}}\text{-}NH)\text{-}$$

Die einfachsten Typen flüssiger Dien-Kautschuke sind Abbauprodukte regulärer Polydiene, die über die verbleibenden Kohlenstoff/Kohlenstoff-Doppelbindungen vernetzt werden. Das Schwergewicht der Entwicklung liegt jedoch bei der Entwicklung von flüssigen Polydienen mit reaktiven Endgruppen. Solche Polymere können durch anionische Polymerisation von Dienen mit bifunktionellen Startern hergestellt werden. Die Dianionen werden anschließend mit Kohlendioxid, Ethylenoxid oder Ethylensulfid zu Polymeren mit Carboxyl-, Hydroxyl- oder Sulfhydryl-Endgruppen umgesetzt (vgl. auch Kap. 18). Die Vulkanisation besteht dann in einer Umsetzung dieser reaktiven Endgruppen mit polyfunktionellen Vernetzern, meist mit multifunktionellen Isocyanaten. Die Konzentration dieser Vernetzer muß wegen der niedrigen Molmassen der Flüssigkautschuke recht hoch sein; bei vielen Systemen muß außerdem die Stöchiometrie genau eingehalten werden.

Tab. 37-6: Vergleich der physikalischen Eigenschaften der Vulkanisate von ungefüllten regulären und flüssigen Kautschuken

Phys. Eigenschaft	Phys. Einheit	cis-1,4-Poly(isoprene)		Styrol/Butadien-Copolymere			Poly(urethane)	
		regulär	flüssig	regulär	flüssig mit COOH	flüssig mit OH	regulär	flüssig
Reissfestigkeit	MPa	23	0,8–1,1	24	15	16	40	1–76
Reissdehnung	MPa	800	200–500	540	340	270	500	10–1000
Elastizitätsmodul	MPa	50	0,1–0,3	61	63	85	13	0,1–35
Härte (Shore D)		12	6,5–9				20	4,5–85
Rückprallelast.	%	40		45	41	50		10–64
Temp.-Erhöhung bei rollenden Reifen innerhalb von 25 min.	K			49	74	100		
Abrieb nach 1000 Umdrehungen	cm³			0,21	1,21	0,43		

Die Eigenschaften der Vulkanisate flüssiger Kautschuke liegen bei Polyurethanen ähnlich wie bei den regulären Polyurethanen (Tab. 37–6). Vulkanisate flüssiger Dien-Kautschuke weisen jedoch weit niedrigere Reißfestigkeiten und Reißdehnungen als die Vulkanisate regulärer Dien-Kautschuke auf, wahrscheinlich eine Folge der geringeren Anzahl von Vernetzungsstellen pro Primärmolekül und des erhöhten Anteiles an „freien", d. h. nicht vernetzten, Kettenenden. Außerdem ist die Temperaturerhöhung und der Abrieb bei rollenden Reifen aus Flüssigkautschuken höher als bei solchen aus den regulären Ballenkautschuken. Aus allen diesen Gründen werden aus Flüssigkautschuken auf Dien-Basis keine Reifen produziert. Derartige Flüssigkautschuke dienen jedoch zum Runderneuern von Reifen.

37.3.3 PULVER-KAUTSCHUKE

Das Einarbeiten der Zuschläge in die konventionell ballenförmig angelieferten Kautschuke ist außerordentlich arbeits- und energieintensiv. Flüssige und pulverförmige Kautschuke sind dagegen erheblich einfacher zu verarbeiten. Da bislang aber kein flüssiger Allzweck-Kautschuk entwickelt werden konnte, hat sich die Entwicklung auf pulverförmige Kautschuke konzentriert.

Pulverkautschuke können wegen der Eigenklebrigkeit der Kautschuke und wegen ihres kalten Flusses weder durch Sprühtrocknung, Gefriertrocknung, Entspannungsverdampfung, Mahlen, Mikroverkapselung noch durch Aufbringen pulvriger Deckschichten in lagerfähigem Zustand hergestellt werden. Erfolgreich scheint jedoch die gemeinsame Fällung von Elastomeren und Füllstoffen zu Masterbatches mit Teilchendurchmessern von $100-1500$ μm zu sein. Nach dieser Methode können Stereo-Poly(butadiene), Ethylen/Vinylacetat-Kautschuke, Styrol/Butadien-Kautschuke und chlorierte Poly(ethylene) direkt aus ihren Polymerisationslösungen bzw. -emulsionen als trockene Pulver gefällt werden. Die Eigenschaften der Vulkanisate derartiger Pulverkautschuke unterscheiden sich praktisch nicht von denen ballenförmiger Kautschuke.

Ein speziell für die Anwendung als Pulverkautschuk entwickelter Kautschuk ist Poly(norbornen). Norbornen ist das Diels-Alder-Additionsprodukt von Ethylen und Cyclopentadien. Es polymerisiert mit bestimmten Wolfram-Katalysatoren unter Ringöffnung:

(37–5)

Die Kohlenstoff/Kohlenstoff-Doppelbindungen dieses Polymeren sind teils in cis-, teils in trans-Stellung. Das Polymer selbst ist mit Schmelztemperaturen von $170-190\,°C$ und Glasübergangstemperaturen von $35-47\,°C$ ein Thermoplast. Es kann aber bis zum Vierfachen seines Eigengewichtes an Mineralöl absorbieren und weist dann kautschukartige Eigenschaften und Glasübergangstemperaturen von -45 bis $-60\,°C$ auf. Es kann konventionell mit Schwefel vulkanisiert werden.

37.3.4 THERMOPLASTISCHE ELASTOMERE

Pulverförmige und flüssige Kautschuke vereinfachen das Einarbeiten von Additiven, erfordern aber immer noch den aufwendigen chemischen Vulkanisationsschritt. Bei der chemischen Vulkanisation werden irreversible Vernetzungsstellen gebildet; die Vernetzung kann nur unter Zerstörung der Primärmoleküle entfernt werden. Der bei der Vulkanisation entstehende Abfall kann also nicht als Kautschuk wiederverwendet werden.

37.3 Spezialkautschuke

Thermoplastische Elastomere vulkanisieren dagegen durch eine physikalische Vernetzung, d. h. durch die Bildung „harter" Domänen in einer „weichen" Matrix. „Hart" und „weich" bezieht sich hier auf die Glasübergangstemperaturen relativ zur Gebrauchstemperatur. Die Eigenschaften dieser thermoplastischen Elastomeren (TPE's, Plastomeren) folgen direkt aus ihrem Aufbau: alle TPE's sind Copolymere mit längeren Sequenzen aus harten und weichen Blöcken. Dabei kann es sich um Blockpolymere, Segmentpolymere oder Pfropfpolymere handeln.

Alle z. Zt. technisch verwendeten Blockpolymeren bestehen aus Styrol- und Butadieneinheiten. Das erste thermoplastische Elastomer war ein Dreiblockpolymer mit der Sequenz (Styrol)$_n$-(Butadien)$_m$-(Styrol)$_n$. Bei genügend großem Verhältnis Butadien/Styrol bilden die Styrol-Sequenzen kugelförmige Domänen in einer Butadiensequenz-Matrix (vgl. auch Kap. 5.6.3), und zwar schon beim Extrudieren oder Spritzgießen. Die mechanischen Eigenschaften solcher Triblockpolymeren sind denen der klassischen Dien-Kautschuke durchaus vergleichbar (Tab. 37–7). Die Polymeren besitzen jedoch wegen der niedrigen Glasübergangstemperatur der Poly(styrol)-Blöcke nur eine geringe Formbeständigkeitstemperatur und können deshalb auch nicht wie die chemisch vulkanisierten Elastomeren oberhalb der Verarbeitungstemperatur verwendet werden. Die geringe Witterungsbeständigkeit kann durch Hydrieren der Butadien-Blöcke zu den entsprechenden „Copolymeren" aus Ethylen und Buten-1 bedeutend verbessert werden. Die hohe Schmelzviskosität wird beim Übergang von linearen Dreiblockpolymeren zu sternförmigen Blockpolymeren herabgesetzt; diese sternförmigen Blockpolymeren kann man als Diblockpolymere auffassen, bei denen die Butadienreste alle an eine multifunktionelle niedermolekulare Verbindung gebunden sind. Außer diesen Styrol/Butadien-Triblockpolymeren und den verwandten Styrol/Triblockpolymeren wurden noch eine ganze Reihe anderer Triblockpolymere beschrieben wie z. B. Polycarbonat/Silicon/Polycarbonat-Polymere; keines scheint jedoch industriell hergestellt zu werden.

Tab. 37–7: Eigenschaften ungefüllter thermoplastischer Elastomerer

Eigenschaft	Phys. Einheit	Copolymere		Multiblockcopolymere		Triblockco-polymere
		EVAC	EPM	PEST-ET	PUR-ES	S-Bu-S
Dichte	g/cm^3	0,94	0,88	1,15–1,22	1,15–1,27	0,90–1,01
Schmelztemp.	°C	–	–	176–212	–	–
Vicat-Temp.	°C	40–80	40–140		75–170	
Sprödigk.-Temp.	°C	<–76	<–60	<–70	<–75	<–70
Elast.-Modul bei						
100 % Dehnung	MPa			8–20	4–27	
200 % Dehnung	MPa		9–13		6–35	
300 % Dehnung	MPa				10–52	1,4–6,0
Reissfestigkeit	MPa	5–23	9–20	10–49	21–57	10–32
Bruchdehnung	%	700–1000	200–350	500–800	200–800	500–1400
Biegemodul	MPa	50	100–500	50–2000	50–1000	3–6
Einreissfestigkeit	kN/m		13–70	16	80–240	10–56
Bleib. Verformung (20–25 h)	%	85–130		4	20–84	
Rückprallelastizität	%	50		70	20–40	67–84
Shore-Härte	–	A70–A94	D40–D60	A90–D63	A75–D73	A44–A91

Segmentpolymere sind eigentlich Multiblockpolymere. Die weichen Segmente bestehen hier aus aliphatischen Polyester- oder Polyethersequenzen, die harten Segmente aus aromatischen Urethan- oder Polyestergruppierungen. Mit den Segmentpolymeren verwandt sind einige Typen von Ethylen/Vinylacetat- oder Ethylen/Propylen-Polymeren, bei denen durch pulsierendes Einspeisen der Monomeren längere Homosequenzen der einzelnen Monomeren erzeugt werden.

Thermoplastische Pfropfpolymere kann man als verzweigte Blockpolymere mit vielen Verzweigungsstellen auffassen. Technisch verwendet wird ein Pfropfpolymer von Isobutylen auf Poly(ethylen) und ein Pfropfpolymer von Styrol/Acrylnitril auf Acrylkautschuk.

Thermoplastische Elastomere werden für Spielsachen, Automobilzubehörteile, Sportartikel, Tuben und Adhäsive verwendet.

37.4 Altgummi-Aufbereitung

Jedes Jahr fallen ausgediente Gummiwaren in großen Mengen an, in Deutschland z. B. allein ca. 200 000 Tonnen Altreifen pro Jahr. Der weitaus überwiegende Anteil dieses Altgummis besteht aus mit Schwefel vulkanisierten Dien-Kautschuken. An und für sich sollte die Schwefelvulkanisation ein reversibler Prozeß sein, da die Bindungsenergie der Kohlenstoff/Schwefel-Bindung sowohl absolut als auch relativ zu Kohlenstoff/Kohlenstoff-Bindungen niedrig ist. In der Tat wurde auch versucht, durch Kochen des in Stücke zerkleinerten Altgummis mit Natronlauge, Wasserdampf oder Mineralöl die Kohlenstoff/Schwefel-Bindungen zu sprengen und den Kautschuk zu regenerieren. Dieser Regeneratkautschuk weist jedoch ganz andere Eigenschaften als der Ausgangskautschuk auf, da beim Versuch der Regenerierung auch thermische Kettenspaltungen, Rekombinationen von Radikalen, Übertragungsreaktionen usw. stattfinden. Regeneratkautschuke wurden daher nur als verstärkende Füllstoffe für jungfräuliche Elastomere verwendet; ihr Herstellungsprozeß ist z. Zt. unwirtschaftlich.

Die Verschrottung von Autoreifen zu Kohlenwasserstoffen durch Pyrolyse bei 500–800 °C ist erst im Versuchsstadium. Bei diesem Verfahren erhält man 10–30 Gew. % Gas mit bis zu 0,6 % Schwefelwasserstoff, 40–50 Gw.-% Öl mit sehr wenig Schwefel und 30–40 Gew.-% Aktivkohle. Im Gegensatz zur Pyrolyse von Thermoplasten ist es jedoch bei der Pyrolyse von Dien-Elastomeren schwierig, den entstehenden Ruß zu beseitigen.

Literatur zu Kap. 37

Bibliographien und Handbücher

C. F. Ruebensaal, Hrsg., Rubber industry statistical report, Internat. Inst. Synth. Rubber Prod., New York (jährlich)
The International Plastics Selector Inc., Desk-top data bank, Elastomeric materials, Cordura Publ., La Jolla, CA (jährlich)
K. F. Heinisch, Kautschuk-Lexikon (Dictionary of rubber) Halsted, New York 1974
—, Elastomers manual, Internat. Inst. Synth. Rubber Prod., New York 1974 (Klassen und Namen von Elastomeren)

C. A. Harper, Hrsg., Handbook of plastics and elastomers, McGraw-Hill, New York 1975
E. R. Yescombe, Plastics and rubbers: world sources of informations, Appl. Sci. Publ., Barking, Essex, 2. Aufl. 1976

Lehrbücher und Monographien

W. Breuers and H. Luttropp, Buna: Herstellung, Prüfung, Eigenschaften, Berlin, 1954
G. S. Whitby, Hrsg., Synthetic rubber, Wiley, New York 1954
J. R. Scott, Ebonite, its nature, properties and compounding, MacLaren, London 1958
H. J. Stern, Rubber: natural and synthetic, Appl. Sci. Publ., London, 2. Aufl. 1967
P. Kluckow und F. Zeplichal, Chemie und Technologie der Elastomere, Berliner Union, Stuttgart 1970
C. M. Blow, Hrsg., Rubber technology and manufacture, Butterworth, London 1971
M. Morton, Hrsg., Rubber technology, Van Nostrand-Reinhold, New York, 2. Aufl. 1973
W. M. Saltman, Hrsg., The stereo rubbers, Wiley, New York 1977
C. W. Evans, Powdered and particulate rubber technology, Appl. Sci. Publ., London 1978
P. K. Freadkley and A. R. Payne, Theory and practice of engineering with rubber, Appl. Sci. Publ., Barkin, Essex, England 1978

Ausrüstung und Verarbeitung

A. Noury, Reclaimed rubber, MacLaren, London 1962
M. Hofmann, Vulkanisation und Vulkanisationshilfsmittel, Berliner Union, Stuttgart 1965
T. P. Blokh, Organic accelerators in the vulcanization of rubber, Israel Progr. Sci. Transl., Jerusalem 1968
W. S. Penn, Hrsg., Injection moulding of elastomers, MacLaren, London 1969
J. van Alphen, Rubber chemicals, Reidel, Dordrecht 1973
M. A. Wheelans, Injection molding of rubber, Halsted, New York 1974
M. M. Coleman, J. R. Shelton, J. L. Koenig, Sulfur vulcanization of hydrocarbon diene elastomers, Ind. Engng. Chem., Prod. Res. Dev. **13** (1974) 154
M. Porter, Vulcanization of rubber, in S. Oae, Hrsg., Organic chemistry of sulfur, Plenum Press, New York 1977
G. Kraus, Reinforcement of elastomers by carbon black, Adv. Polymer Sci. **8** (1971) 155
A. I. Medalia, Effect of carbon black on dynamic properties of rubber vulcanizates, Rubber Chem. Technol. **51** (1978) 437
H. Schnecko, G. G. Degler, H. Dongowski, R. Caspary, G. Angerer und T. S. Ng, Synthesis and characterization of functional diene oligomers in view of their practical applications, Angew. Makromol. Chem. **70** (1978) 9

38 Fasern und Fäden

38.1 Einteilung und Übersicht

Fäden und Fasern sind „eindimensionale" Gebilde aus Thermoplasten, seltener auch aus Duromeren, Elastoplasten oder Elastomeren. Sie werden nach ihrer Herkunft in Naturfasern und Chemiefasern eingeteilt.

Naturfasern können tierischen, pflanzlichen oder mineralischen Ursprungs sein. Alle zur Zeit gebräuchlichen tierischen Fasern sind aus Proteinen aufgebaut wie Wolle und Seide, alle genutzten pflanzlichen Fasern aus Cellulose wie Baumwolle, Flachs, Hanf, Ramie und Sisal. Eine mineralische Faser ist z. B. Asbest.

Chemiefasern teilt man in Regenerat- und Synthesefasern ein. Regeneratfasern werden aus Naturprodukten durch chemische Aufbereitung oder Modifikation hergestellt wie z. B. Viskoseseide, Zellwolle, Acetatseide und Alginatfasern. Synthesefasern werden dagegen vollsynthetisch aus anderen Rohstoffen erzeugt wie z. B. Polyester, Polyamide, Poly(acrylnitril), Polyolefine und Glas.

Die Weltproduktion von Naturfasern stagniert oder nimmt nur noch langsam zu (Abb. 38-1). Die größten Baumwollerzeuger sind die USA (21 %), die Sowjetunion (20 %), der indische Kontinent (14 %), die Volksrepublik China (12 %), Brasilien (5 %) und Ägypten (4 %). Die größten Wollproduzenten sind Australien (30 %), die Sowjetunion (17 %), Neuseeland (12 %), Argentinien (7 %) und Südafrika (4 %). Seide kommt jetzt hauptsächlich aus Korea und nur noch in kleinerem Umfange aus Japan.

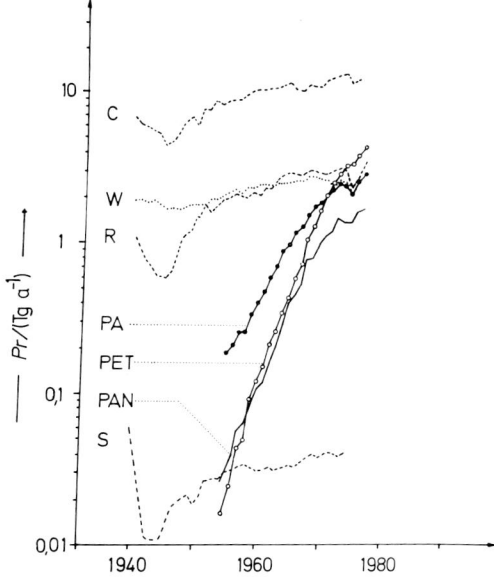

Abb. 38–1: Jährliche Weltproduktion an Seide S, Wolle W, Baumwolle C, Rayon R, Polyesterfasern PET, Polyamidfasern PA und Poly(acrylnitril)fasern PAN.

38.1 Einteilung und Übersicht

Die Weltproduktion von Regeneratfasern auf Cellulosebasis wie z. B. Rayon stagniert ebenfalls, während die von Synthesefasern in den letzten Jahren stark zunahm (Abb. 38–1). Die Ursache dürfte in den generell schlechteren Eigenschaften von Regeneratfasern und in den hohen Kosten für die Abwässeraufbereitung zu suchen sein. Der größte Reyonerzeuger ist die USA (15,4%), gefolgt von Japan (14,6%) und der Sowjetunion (12,7%).

Bei den organischen Synthesefasern beherrschen vier Fasertypen den Markt: Polyester (41,5%), Polyamide (30%), Acrylfasern (18,4%) und Olefinfasern (8,7%). Die Weltproduktion von Glasfasern ist etwa so hoch wie die von Olefinfasern.

Bei den Natur-, Regenerat- und Synthesefasern unterscheidet man ferner Fäden und Fasern. Fäden sind „endlos", Fasern haben dagegen eine endliche Länge von ca. 30–180 mm. Bei den Naturfasern sind Baumwolle und Wolle Fasern, während die Seide Fäden bildet. Alle Chemiefasern werden als Fäden produziert. Ein großer Teil von ihnen wird jedoch später zu Fasern geschnitten. Bei den Regeneratfasern unterscheidet man entsprechend die Kunstseiden mit Endlosfäden von den Stapelfasern mit kurzen Fasern. Bei den Chemiefasern scheint sich jetzt jedoch allgemein der Ausdruck Filamente für die Endlosfäden und der Ausdruck Spinnfasern für die kurzen Fäden durchzusetzen. Diese Nomenklatur ist nicht ganz glücklich, da man bei den Naturfasern als Filament eine Faser von ca. 5–50 nm Durchmesser bezeichnet; Fasern von ca. 100–800 nm werden hier Fibrillen genannt. Chemiefäden und -fasern besitzen dagegen Durchmesser von ca. 10–30 μm (s. a. Abb. 38–2).

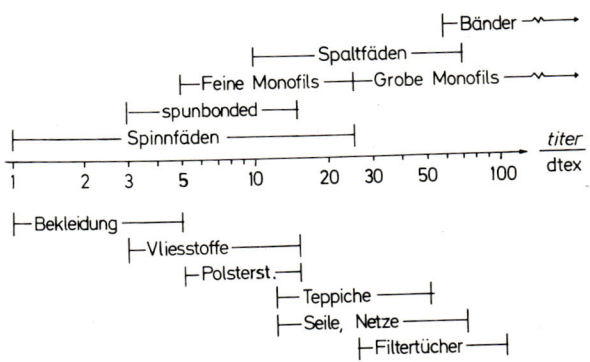

Abb. 38–2: Anwendung von Fasertypen hinsichtlich Titer und Herstellungsmethode (nach F. Hensen).

Das Verhältnis Faserlänge/Faserdurchmesser wird als Schlankheitsverhältnis bezeichnet (engl. aspect ratio). Die längenbezogene Masse einer Faser bzw. eines Fadens heißt Titer oder Feinheit. Der Titer wird in tex = g/km angegeben, in der älteren Literatur auch in denier (1 den = 1/9 tex).

Chemiefasern und -fäden kann man durch Spinnen von Schmelzen bzw. Lösungen oder durch Spalten von Folien herstellen. Die so erhaltenen Fäden können als Einzelfäden, sog. Monofils, weiterverwendet werden. Fäden und Fasern kann man aber auch zu Bündeln zusammenfassen oder zu Kabeln und Garnen verspinnen. Ein loses Bündel ohne wesentliche Vertwistung der Fäden bezeichnet man als Roving, ein kompaktes Bündel ohne Vertwistung als Strand. Rovings aus Glasfäden bestehen aus mehreren Strukturfäden, sog. Ends. Ein End setzt sich aus 204 Glasfäden zusammen. Garne sind kontinuierliche Strands von Fasern oder Filamenten. Fasern, Filamente und Garne können dann zu größeren flächigen Gebilden vereinigt werden, z. B. zu Geweben, Gewirken, Filzen, Matten usw.

Nach Art der Verwendung unterscheidet man ferner textile und industrielle Fasern bzw. Fäden. Textile Fasern werden für Bekleidung und Wohnung, industrielle Fasern für technische Zwecke wie Reifencord, Filtertücher, Kunststoffverstärkungen usw. verwendet. Jeder Verwendungsbereich stellt andere Anforderungen in Bezug auf Tragekomfort. Anschmutzungsverhalten, Feuerbeständigkeit, Aussehen, Reißfestigkeit usw. (Abb. 38-2).

38.2 Herstellung von Fäden und Fasern

38.2.1 ÜBERSICHT

Die Fadenbildung ist keine besondere Eigenschaft makromolekularer Substanzen: Fäden lassen sich nicht nur aus Schmelzen und konzentrierten Lösungen von Polymeren, sondern auch aus Honig oder Seifenlösungen ziehen. Bei allen diesen Vorgängen orientieren sich mehr oder weniger langgestreckte Moleküle in Zugrichtung und bilden laterale physikalische Bindungen aus. Die Zahl solcher Bindungen pro Molekül ist bei niedermolekularen Verbindungen nur gering: die mechanischen Festigkeiten sind niedrig. Je höher der Polymerisationsgrad, umso mehr Kontaktstellen können pro Molekül ausgebildet werden. Zum Erreichen einer gewünschten Mindestfestigkeit ist daher ein bestimmter Mindestpolymerisationsgrad erforderlich, der noch von der Stärke der einzelnen physikalischen Bindungen abhängt. Er beträgt beim Polyamid 6 wegen der starken intermolekularen Wasserstoffbrückenbindungen nur ca. 50, beim Poly(styrol) wegen der schwächeren Dispersionskräfte jedoch etwa 600.

Um Fäden und Fasern zu bilden, müssen daher Molekülsegmente oder besser ganze Molekülketten irgendwie orientiert und dann in dieser Anordnung fixiert werden. Dazu eignen sich prinzipiell zwei Wege: Verspinnen fluider Systeme und Spalten orientierter Folien. Die Spinntechnologien und die Endeigenschaften der Fäden bzw. Fasern richten sich einmal danach, ob flexible Kettenmoleküle, starre Ketten oder Emulsionen versponnen werden sollen. Zum anderen ist zu berücksichtigen, ob man mit Schmelzen arbeiten kann oder Lösungen verwenden muß.

38.2.2 SPINNVERFAHREN

Bei den Spinnverfahren unterscheidet man Schmelz-, Naß-, Trocken-, Extrusions-, Dispersions- und Polymerisationsspinnen.

Das *Schmelzspinnen* ist die wirtschaftlichste Methode. Die vorgeheizten Polymeren werden mit einer geheizten Spinnpumpe durch Düsen gepreßt (Abb. 38-3). Die resultierenden Fäden werden mit Geschwindigkeiten bis zu 1200 m/min abgezogen, verstreckt und an der Luft völlig erkalten gelassen. Schmelzspinnen lassen sich wegen der erforderlichen hohen Temperaturen nur schmelzbare und thermostabile Polymere, wie z. B. Poly(olefine), aliphatische Polyamide, aromatische Polyester, Glas und Aluminiumoxid. Auch diese Verbindungen bauen jedoch unter den Spinnbedingungen schon teilweise thermisch ab, wobei Monomere, Oligomere und u. U. niedermolekulare

Zersetzungsprodukte entstehen, die sich als Spinnrauch auf den Spinnaggregaten niederschlagen.

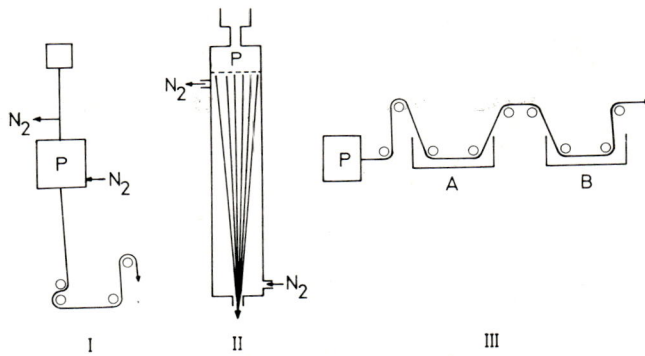

Abb. 38–3: Spinnverfahren (schematisch). I = Schmelzspinnen, II = Trockenspinnen, III = Naßspinnen, P = Spinnpumpe, A = Fällbad, B = Streckbad.

Das *Naßspinnverfahren* wird angewendet, wenn sich die Polymeren beim Schmelzen zersetzen. 5–25 proz. Lösungen werden mit einer Spinnpumpe durch die Düsen befördert. Die entstehenden Fäden werden in einem Fällbad koaguliert und in einem Streckbad verstreckt. Die Abzugsgeschwindigkeiten sind wesentlich tiefer als beim Schmelzspinnen, nämlich nur ca. 50–100 m/min. Da die Lösungsmittel zurückgewonnen werden müssen, ist das Verfahren außerdem nicht so wirtschaftlich. Nach diesem Verfahren werden Viscose, Kupferseide und Poly(vinylalkohol) aus wässrigen Lösungen versponnen.

Beim *Trockenspinnen* bildet Luft das Fällbad. Es wird ebenfalls für Polymere verwendet, die sich beim Schmelzen zersetzen, jedoch nur dann, wenn für die Polymeren leichtflüchtige Lösungsmittel bekannt sind. Man geht von 20–45 proz. Lösungen aus. Die Fäden durchlaufen nach dem Verlassen der Düsen einen 5–8 m langen Kanal, in dem ihnen Warmluft entgegengeblasen wird. Das Lösungsmittel verdunstet und die Fäden erstarren. Die Abzugsgeschwindigkeiten liegen mit ca. 300–400 m/min höher als beim Naßspinnverfahren. Bei einigen Schnellspinnverfahren mit Schnellverdampfung der Lösungsmittel in einem Vakuum bzw. mit rascher Erstarrung der Fäden in Heißluft werden sogar Abzugsgeschwindigkeiten von ca. 5000 m/min erreicht; diese Fäden sind jedoch für textile Zwecke zu ungleich. Die laufenden Kosten sind geringer, die Installationskosten jedoch größer als beim Naßspinnen. Verwendet werden z. B. 20 % Cellulosetriacetat in Methylenchlorid, 25 % Poly(acrylnitril) in Dimethylformamid und 45 % Poly(vinylchlorid) in Aceton.

Eine höhere Formstabilität der Fäden und eine entsprechend höhere Abzugsgeschwindigkeit von ca. 500 m/min kann beim *Extrusionsspinnen* oder *Gel*- bzw. *Gelextrusionsspinnen* erreicht werden, bei dem 35–55 proz. Lösungen versponnen werden. Beispiele für organische Faserbildner sind Poly(acrylnitril) und Poly(vinylalkohol), ein Beispiel für anorganische Materialien ist Aluminiumoxid.

Das *Dispersionsspinnen* ist ein spezieller Spinnprozeß für unlösliche und unschmelzbare Polymere. Der Dispersion des zu verspinnenden Polymeren werden andere gelöste organische Polymere zur Viskositätserhöhung der Dispersionen und zur Stabilisierung der entstehenden Fäden zugesetzt. Ein Beispiel ist das Verspinnen von Dispersionen von Poly(tetrafluorethylen)-Teilchen in wässrigen Poly(vinylalkohol)-Lösungen. Nach dem Auspressen durch Düsen werden die Fäden erhitzt, wobei das Wasser verdunstet. Der Poly(vinylalkohol) wird anschließend weggebrannt, wobei das PTFE zusammensintert. Das Verfahren ist auch für anorganische Fasern aus Aluminiumoxid, Magnesiumoxid und Calciumoxid anwendbar. In einer Abart des Verfahrens wird die Stützsubstanz nicht weggebrannt, sondern vernetzt, z. B. beim Verspinnen von in PVAL-Lösungen gelösten PVC-Teilchen; nach dem Verdampfen des Wassers wird hier der Poly(vinylalkohol) mit Formaldehyd vernetzt.

Beim *Polymerisationsspinnen* wird das Monomer zusammen mit den Initiatoren, Füllstoffen, Pigmenten und Flammschutzmitteln polymerisiert und gleichzeitig ohne Isolierung des Polymeren mit Geschwindigkeiten von bis zu 400 m/min versponnen. Das Verfahren eignet sich nur für schnell polymerisierende Monomere.

Anorganische Fäden können auch nach dem sog. *Tränkverfahren* hergestellt werden. Fäden aus organischen Polymeren, z. B. aus Rayon, werden mit Lösungen anorganischer Salze getränkt. Anschließend wird das organische Material pyrolysiert und die verbleibenden anorganischen Bestandteile zusammengesintert. Nach diesem Verfahren werden Fäden aus Aluminiumoxid und Zirkoniumoxid hergestellt.

Spezialfasern werden auch durch *Fasertransformation* hergestellt, bei der vorgeformte Fasern durch Pyrolyse oder durch Reaktion mit anderen Substanzen in die gewünschten Fasern umgewandelt werden. Nach diesem Verfahren werden Kohlenstoff-, Graphit-, Bornitrid- und Borcarbidfäden erhalten.

Bei all diesen Spinnverfahren entstehen je nach der Form der Spinndüsen und der Art der Diffusionsprozesse außerhalb der Düsen verschiedene Arten von Faserquerschnitten. Runde Düsen geben beim Schmelzspinnen Fäden mit zylindrischem Querschnitt, wobei allerdings der Fadenquerschnitt wegen des Barus-Effektes größer als der Düsendurchmesser ist. Beim Erstarren der durch Trocken- oder Naßspinnen aus runden Düsen erhaltenen Fäden bilden sich jedoch wegen der Diffusionsprozesse nichtzylindrische Fadenquerschnitte. Nichtzylindrische Fadenformen können natürlich auch erhalten werden, wenn zu anderen Düsenquerschnitten übergegangen wird (Abb. 38-4).

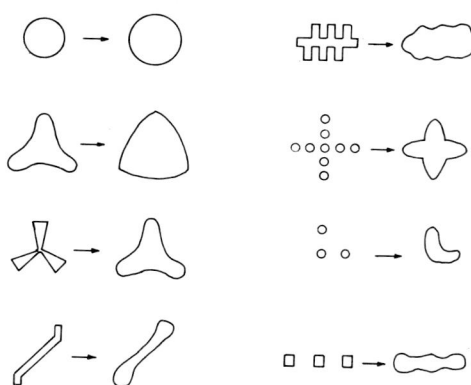

Abb. 38-4: Einige Düsenquerschnitte und resultierende Fadenquerschnitte.

Dreieckige Düsen mit z. B. konkav gewölbten Seitenflächen geben dreieckige Fäden mit konvex gewölbten Seitenflächen. Nichtzylindrische Fadenformen sind bei Textilfäden erwünscht, da die Fäden wegen der größeren Oberfläche besser färbbar sind und Fäden, Fasern und Gewebe ein angenehmeres Aussehen und einen besseren Griff erhalten.

Durch Naß-, Trocken- und Emulsionsspinnen, seltener auch durch Schmelzspinnen, können ferner sog. Bikomponentenfasern erhalten werden. Bikomponentenfasern werden auch konjugierte Fasern, Zwillingsfaserstoffe oder Faserstoffe mit bilateraler Struktur genannt. Zur Herstellung derartiger Fasern werden zwei Spinnlösungen verschiedener Zusammensetzung getrennt der Düse zugeführt und erst unmittelbar vor der Düsenöffnung vereinigt. Die beiden Komponenten können Seite-an-Seite liegen, eine Kern/Mantel-Struktur aufweisen oder eine Matrix/Fibrillen-Struktur besitzen (Abb. 38–5). In den USA rechnet man die Matrix/Fibrillen-Fasern nicht zu den Bikomponentenfasern; sie werden dort als Matrixfasern bezeichnet. Die Bi- bzw. Multikomponentenfasern faßt man mit den sog. bistrukturellen Fasern und den Filamentmischgarnen auch oft unter dem Oberbegriff „Chemiefaserlegierungen" zusammen. Bei bistrukturellen Fasern bestehen die beiden Komponenten aus dem gleichen Polymeren mit zwei verschiedenen physikalischen Strukturen. Filamentmischgarne sind Mischungen von Monofils mit unterschiedlicher chemischer und/oder physikalischer Zusammensetzung.

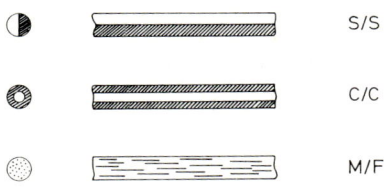

Abb. 38–5: Schematische Darstellung der Quer- und Längsschnitte von Bikomponentenfasern. S/S = Seite/Seite, C/C = Kern/Mantel, M/F = Matrix/Fibrillen.

38.2.3 SPINNBARKEIT

Die bei einem Spinnprozeß erzielbare maximale Fadenlänge wird Spinnbarkeit genannt. Diese Fadenlänge hängt von der Viskosität η der Flüssigkeit und der Geschwindigkeit v des Spinnvorganges ab. Die Länge der Fäden geht mit steigendem Produkt $v\eta$ durch ein Maximum (Abb. 38–6).

Das Auftreten eines Maximums in der Funktion $L = f(v\eta)$ bedeutet, daß die Spinnbarkeit durch mindestens zwei Prozesse reguliert wird, und zwar durch den Kohäsions- und den Kapillarbruch. In jeder viskoelastischen Flüssigkeit wird ja ein bestimmter Betrag an elastischer Energie gespeichert (vgl. Kap. 7.6). Dieser Betrag hängt außer von der Viskosität der Flüssigkeit, der Geschwindigkeit des Spinnprozesses und dem Elastizitätsmodul der Flüssigkeit auch noch von der Kohäsionsenergie des Materials ab. Wird ein bestimmter Betrag an gespeicherter Energie überschritten, so reißt der Faden durch den sog. Kohäsionsbruch (vgl. Abb. 38–7). Der Kapillarbruch hängt andererseits außer von der Viskosität der Flüssigkeit und der Geschwindigkeit des Spinnprozesses noch von der Oberflächenspannung der Flüssigkeit ab. Er ist nichts anderes als der Schmelzbruch, der durch elastische Oberflächenwellen hervorgerufen wird.

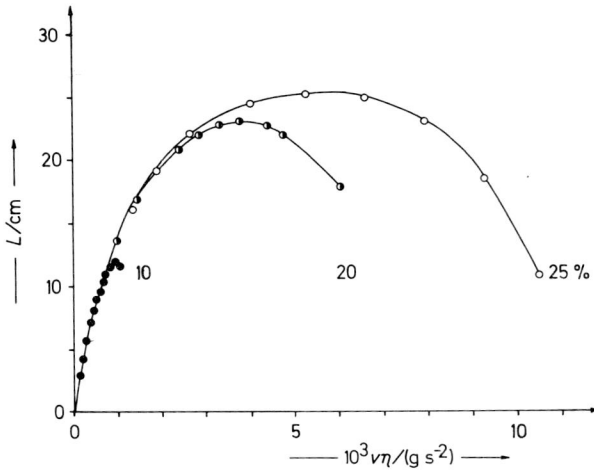

Abb. 38–6: Fadenlänge L als Funktion von Spinngeschwindigkeit v und Viskosität η beim Verspinnen verschieden konzentrierter Lösungen eines Celluloseacetates aus einer 85/15 Aceton/Wasser-Mischung. Die Spinnbarkeit ist als Fadenlänge im Maximum der Kurven definiert (nach A. Ziabicki anhand von Daten von Y. Oshima, H. Maeda und T. Kawai).

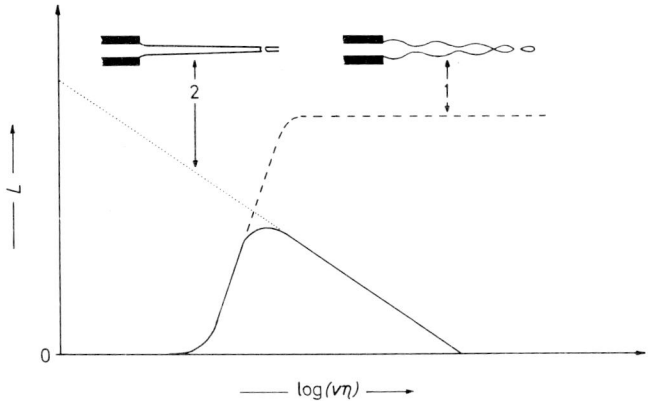

Abb. 38–7: Einfluß von Kapillarbruch (– – – –) und Kohäsionsbruch (· · ·) auf die erzielbare Länge L von Fäden beim Verspinnen von Flüssigkeiten mit der Viskosität η und der Spinngeschwindigkeit v. Der beobachtbare Effekt ergibt sich aus der Überlagerung von Kapillar- und Kohäsionsbruch (———). Nach A. Ziabicki.

Der früher einsetzende der beiden Mechanismen führt zum Abreißen des Fadens (Abb. 38–7). Ist die Spinngeschwindigkeit und/oder die Viskosität beim Spinnen zu niedrig, dann tritt der Kapillarbruch ein und die Flüssigkeit zerfällt wegen des dominierenden Einflusses der Oberflächenspannung in einzelne Tropfen. Zu große Relaxationszeiten, wie sie durch hohe Viskositäten hervorgerufen werden, führen dagegen zum Kohäsionsbruch, einem Sprödbruch. Zu hohe Viskositäten ergeben sich z. B. durch hohe Molmassen, hohe Konzentrationen, schnelle Gelbildung oder tiefe Spinntemperaturen.

Alle Spinnprozesse laufen nach etwa dem gleichen Schema in vier Teilschritten ab. Im ersten Schritt wird die zu verspinnende Flüssigkeit durch die Düse extrudiert; die erzielbare Fadenlänge wird dabei durch die Spinnbarkeit reguliert. Im zweiten Schritt beginnt sich der Faden zu verfestigen, wobei innere Spannungen ausgeglichen werden. Bei diesen ersten beiden Schritten erhält der Faden seine äußere Form. Der immer noch halbflüssige Faden wird im dritten Schritt unter seinem eigenen Gewicht verlängert, wobei die Ketten schon schwach orientiert werden. Im vierten Schritt wird dann der Faden verstreckt.

Die Verweilzeiten der Flüssigkeiten in den Düsen betragen ca. 0,1–100 Millisekunden. Die Relaxationszeiten für diesen Vorgang liegen andererseits zwischen ca. 100 und 1000 Millisekunden. Beim Verspinnen sind also Relaxationsprozesse wichtig. Sie machen sich besonders als Barus-Effekt und als elastische Turbulenz bemerkbar.

Beim Spinnprozeß werden die Molekülketten durch drei Effekte orientiert: Strömungsorientierungen innerhalb und außerhalb der Düse sowie Orientierung durch Deformation. Damit sich die vorhandene Orientierung der Molekülketten in der Düse als Orientierung im Faden auswirkt, muß die Geschwindigkeit der Verfestigung des Fadens größer als die reziproke Relaxationszeit sein. Diese Forderung trifft nur für die Oberfläche, nicht aber für das Innere des Fadens zu. Die Orientierung der Moleküle im Innern der Düse beeinflußt daher die Orientierung der Moleküle im fertigen Faden nur wenig.

Durch den Fluß selbst orientieren sich die Moleküle auch noch außerhalb der Düse. Die optische Doppelbrechung nimmt mit steigendem Abstand von der Düsenöffnung zuerst langsam und dann schnell bis zu einem Grenzwert zu. Der Grenzwert ist durch das Erstarren des Fadens und die dadurch herabgesetzte Beweglichkeit der Moleküle gegeben. Dieser Prozeß erzeugt den größten Anteil an der beobachteten Orientierung. Ein kleiner Anteil kommt schließlich noch vom dritten Prozeß, nämlich einer Orientierung der Ketten durch Deformation des gebildeten physikalischen Netzwerkes.

38.2.4 FLACH-, SPLITTER- UND SPALTFÄDEN

Fäden können nicht nur durch Verspinnen von Schmelzen, Lösungen, Emulsionen und Dispersionen erzeugt werden, sondern auch durch Fibrillieren bzw. Spleissen monoaxial gereckter Folien längs der Reckrichtung. Die entstehenden faserartigen Gebilde werden je nach Herstellungstechnologie Flachfäden, Folienfäden, Folienbändchen, Splitterfäden oder Spaltfäden genannt. Der wirtschaftliche Anreiz solcher Verfahren liegt in den geringeren Anlagen- und Herstellkosten einerseits und den speziellen Eigenschaften der so hergestellten Fäden andererseits. Gewebe aus solchen Fäden besitzen eine sehr hohe Flächendeckung. Sie werden für Seile, Schnüre, Sackgewebe und Gartenmöbelbespannungen sowie als Grundlage für Tuftingteppiche verwendet und ersetzen in diesen Bereichen zunehmend die natürlichen Hartfasern wie Manilahanf und Sisal.

Die ersten solcher Fäden wurden aus Viskose, Poly(styrol), Poly(vinylidenchlorid) und Poly(vinylchlorid) hergestellt. Im Vordergrund stehen jedoch jetzt Poly(ethylen) und Poly(propylen), weil sie preiswert sind und sich als Folien gut orientieren lassen. Die Fibrillierung kann dann durch verschiedene Maßnahmen erfolgen:

Flachfäden erzeugt man durch Aufschneiden einer extrudierten Folie mit vielen parallel angeordneten Messern. Die Flachfäden werden dann monoaxial verstreckt und aufgewickelt. Alternativ kann man erst verstrecken und dann aufschneiden.

Bei den Splitter- und Spaltverfahren unterscheidet man drei Untergruppen. Hochverstreckte Folien bzw. Folienbändchen mit hoher Festigkeitsanisotropie können durch „unkontrollierte" mechanische Fibrillierung in netzartig zusammenhängende Fasern aufgespalten werden, z. B. durch Einwirkung zylindrischer rotierender Bürsten auf Folien oder durch Hochverzwirnung von Folienbändchen. Es entstehen Faserkapillaren sehr unterschiedlicher Dicke mit nur unvollkommener Längstrennung. Die Festigkeit solcher Fäden ist beim Poly(propylen) gleich der der Ausgangsfolien, bei Polyamiden und Polyestern jedoch nur ungefähr halb so hoch.

Bei der unkontrollierten chemisch-mechanischen Fibrillierung fügt man dem Polymeren vor der Folienbildung einen nichtverträglichen Zusatz zu, z. B. ein Salz oder ein Polymer. Der Zusatz erzeugt statistisch verteilte Inhomogenitäten, die beim Verstrecken orientiert werden und so die Fibrillierung begünstigen. Wie bei der unkontrollierten mechanischen Fibrillierung entstehen auch hier netzartig zusammenhängende Splitterfasern.

Am bedeutendsten sind jedoch die kontrollierten Aufspaltungen von Folien oder Folienbändchen durch definierte Schlitz-, Schneide- oder Spaltvorgänge, z. B. durch Längsrillung von Folien, durch mit Zähnen oder Nadeln besetzte rotierende Walzen oder durch eng gesetzte Messerkombinationen. Diese Verfahren führen zu weitgehend getrennten Einzelfasern mit gleichmäßigem Titer als die beiden anderen Verfahren.

38.3 Spinnverfahren und Faserstruktur

38.3.1 FLEXIBLE KETTENMOLEKÜLE

Flexible Kettenmoleküle können aus der Schmelze oder aus genügend konzentrierten Lösungen nach den Methoden des Schmelz-, Trocken- oder Naßspinnens versponnen werden. Beispiele sind Poly(ethylen), it-Poly(propylen), Poly(acrylnitril), Poly(oxymethylen) und aliphatische Polyamide. Alle diese Kettenmoleküle weisen nur niedrige Potentialschwellen für Konformationsumwandlungen auf; sie kristallisieren zudem leicht unter Kettenfaltung zu lamellaren Strukturen. Eine Kristallisation ist aber für die Bildung von Fäden nicht unbedingt erforderlich, da man z. B. aus dem nichtkristallinen ataktischen Poly(styrol) sowie aus den nichtkristallinen, verzweigten Phenolharzen Fäden herstellen kann. Eine zu hohe Kristallinität ist sogar unerwünscht, da dann die Fäden zu spröde werden.

Fäden aus flexiblen Kettenmolekülen bestehen im wesentlichen aus praktisch parallel liegenden Mikrofibrillen von mehr als ca. 20 nm Durchmesser und mehr als 100 nm Länge. Jede Mikrofibrille besteht aus Lamellen mit gefalteten Kettenmolekülen, die durch dünnere amorphe Schichten getrennt sind (Abb. 38–8). Die Lamellen sind durch Bündel gestreckter Kettenmoleküle verbunden. Diese Kristallbrücken (engl.

tie molecules) ziehen sich manchmal durch zwanzig oder mehr Lamellen und amorphe Bereiche; sie sind für die mechanische Festigkeit in Fadenrichtung verantwortlich.

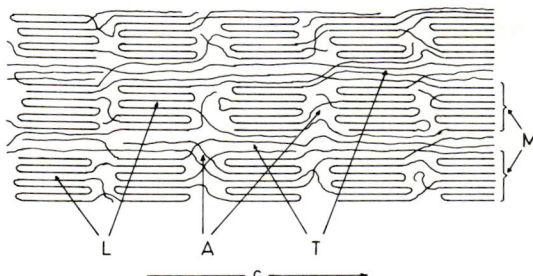

Abb. 38–8: Strukturmodell verstreckter teilkristalliner Fäden mit Mikrofibrillen M, kristallinen Faltenlamellen L, ungeordneten zwischenlamellaren Bereichen A und Kristallbrücken T.

Die durch die Spinnprozesse erzeugte Kristallinität der Fäden schwankt in weiten Grenzen. Bei langsam kristallisierenden, sich schnell verfestigenden Polymeren ist die Kristallinität der Fäden praktisch gleich null, z. B. beim schmelzgesponnenen Poly(ethylenterephthalat). Gut kristallisierende, sich langsam verfestigende Polymere zeigen dagegen praktisch ihre optimal möglichen Kristallinitäten, z. B. durch Naßspinnen erhaltene Fäden aus Cellulose oder Poly(vinylalkohol). Mittlere Kristallinitäten besitzen durch Schmelzspinnen erhaltene Fäden aus it-Poly(propylen) bzw. aliphatischen Polyamiden.

Beim Naßspinnen werden im allgemeinen die höchsten Kristallinitäten erhalten, da dort die Beweglichkeit der Moleküle am größten ist. Beim Schmelzspinnen wird dagegen gewöhnlich sehr schnell unter die Glasübergangstemperatur der Polymeren abgekühlt: die Beweglichkeit der Moleküle und folglich auch der Kristallinitätsgrad ist klein. Da die Moleküle bereits während des Spinnens verstreckt werden, treten Sphärolithe beim Schmelzspinnen nur selten, beim Naß- und Trockenspinnen überhaupt nicht auf.

Die Fäden werden nach dem Verspinnen verstreckt, wodurch sie erst ihre großen Reißfestigkeiten erhalten (Tab. 38–1). Beim Streckprozeß werden ganze Lamellen aus ihrer ursprünglichen Struktur gelöst und neu orientiert. Gleichzeitig formieren und o orientieren sich die Kristallbrücken in Faserrichtung. Das Verstrecken erhöht die Reißfestigkeit und den Elastizitätsmodul in Faserrichtung (Abb. 38–9) und erniedrigt die Reißdehnung. Anschließend wird häufig noch getempert und schließlich unter Spannung fixiert. Tempern und Fixieren ändern das Verhältnis von gestrecktkettigen zu gefalteten Ketten und damit auch die mechanischen Eigenschaften.

Durch Strecken, Tempern und Fixieren können Fäden mit sehr hohen Elastizitätsmoduln und großen Reißfestigkeiten in Faserrichtung erhalten werden (vgl. auch Tab. 38–1). Hochverstreckte Fasern aus Poly(ethylen) werden z. B. erhalten, indem man die Fäden zuerst mit einer normalen Geschwindigkeit von ca. 50 %/s bis zum „natürlichen" Verstreckungsverhältnis von 4–6 und anschließend mit weit geringeren Geschwindigkeiten von ca. 50 %/min bis zu Verstreckungsverhältnissen von total ca. 20–25

Tab. 38–1: Hochverstreckte Fasern mit verschiedenen Streckverhältnissen DR

Faser	Verstreckung	Reissfestigkeit MPa	E-Modul MPa	Reissdehnung %
POM	nicht verstreckt	70	3 700	45
	DR = 7	900	20 600	8
	DR = 22	2 000	38 400	5
PP	nicht verstreckt	35	1 400	700
	DR = 8	680	10 700	6
	DR = 25	1 700	26 800	4
PS	nicht verstreckt	35		
	DR = 6	110		
PA	nicht verstreckt		2 400	
	DR = 5,4		5 500	

verstreckt. Die so erhaltenen Fäden besitzen viele laterale Kristallbrücken und sind demzufolge hart und fest.

Völlig andere Fadeneigenschaften ergeben sich für die gleichen Polymertypen durch eine andere Verstreckungsmethode. Bei diesem Verfahren werden die schmelzgesponnenen Polymeren zuerst mäßig bis zu einem Verstreckungsverhältnis von 2-2,5 verstreckt, dann auf ein Verstreckungsverhältnis von 1,8-2,0 relaxieren gelassen und die resultierende Struktur fixiert. Unter diesen Bedingungen wird durch das Verstrecken zwar ein gewisser Anteil an Kristallbrücken erzeugt. Nicht alle Kristallbrücken orientieren sich jedoch lateral, da bei der anschließenden Relaxation einige von ihnen sich wieder in Lamellenform zurückfalten. Die nachfolgende Fixierung führt dann zu einem Kompromiß zwischen ungeordneten amorphen Bereichen einerseits und einem bestimmten Verhältnis von gefalteten und gestreckten Ketten andererseits. Die Elastizitätsmoduln und die Reißfestigkeiten solcher Fäden sind nicht sonderlich hoch, wohl aber ihre

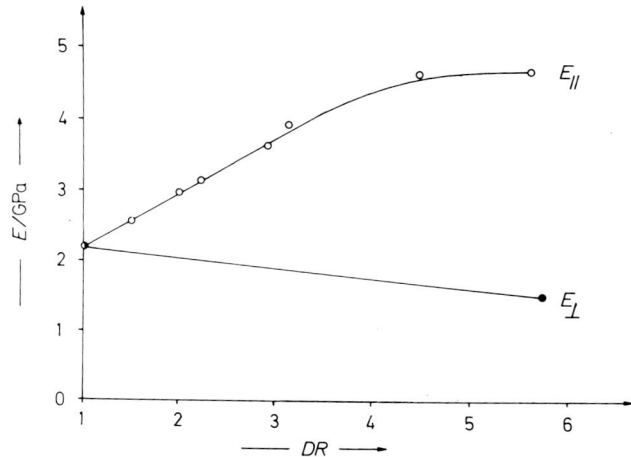

Abb. 38–9: Abhängigkeit des Elastizitätsmoduls in Faserrichtung $(E_{\parallel})$ und senkrecht zur Faserrichtung $(E_{\perp})$ vom Streckverhältnis DR für Nylonfäden (nach I. M. Ward).

Reißdehnungen (vgl. auch Tab. 38—2). Bei der Dehnung solcher hart-elastischer Fasern werden nämlich die Lamellenpakete verformt, während die Kristallbrücken mehr oder weniger ihre Lage beibehalten (Abb. 38—10). Die Dehnung solcher Fasern führt somit zu einer Zunahme der Potentialenergie: sie sind energieelastisch, während die gummielastischen Fasern entropieelastisch sind.

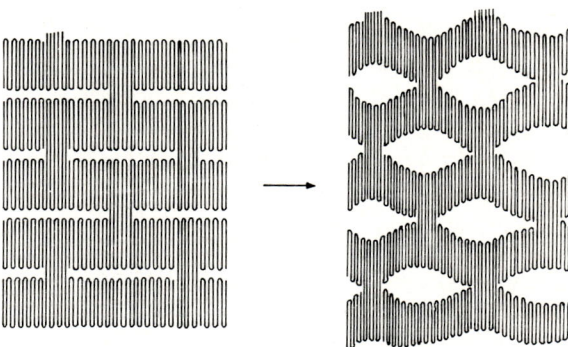

Abb. 38—10: Idealisierte Darstellung der Deformation einer hart-elastischen Faser: die Lamellenpakete werden verformt, können sich aber wegen der vielen Kristallbrücken nicht voneinander lösen und schnappen beim Wegnehmen der Spannung wieder in die ursprüngliche Lage zurück.

38.3.2 STEIFE KETTENMOLEKÜLE

Aromatische Polyamide und Polyester sind wegen der starren aromatischen Ringe und der resonanzstabilisierten Amid- bzw. Esterbindungen relativ starre Moleküle. In Schwefelsäure als Lösungsmittel sind die Amidbindungen zudem noch teilweise protoniert; derartige Lösungen stellen Polyelektrolytlösungen dar, bei denen die Makromoleküle wegen der gegenseitigen Abstoßung zwischen den positiven Ladungen der Amidbindungen noch stärker gestreckt sind. Die Lösungen solcher Polymerer sind anisotrop und zeigen alle Eigenschaften nematischer Mesophasen, z. B. optische Doppelbrechung und sehr hohe Viskositäten.

Aromatische Polyamide werden z. B. aus 100 °C heißer Schwefelsäurelösung in kaltes Wasser naßversponnen. Die laterale Selbstassoziation der Makromoleküle in der nematischen Mesophase bleibt nach dem Ausfällen der Fäden erhalten und führt zu den sehr hohen Elastizitätsmoduln und guten Reißfestigkeiten solcher Fasern. Die Eigenschaften hängen dabei wesentlich vom Verstreckungsverhältnis beim Spinnen ab, d. h. vom Verhältnis der Fadenquerschnitte bei der Düse und nach dem ersten Aufwinden. Je höher dieses Verhältnis, umso höher sind die Elastizitätsmoduln und umso geringer die Reißdehnungen.

38.4 Ausrüstung von Fäden und Fasern

Naturfasern können meist nicht direkt für textile oder industrielle Zwecke eingesetzt werden. Wolle muß z. B. entfettet, Seide erst entbastet und beschwert werden.

Diese Verfahren sind so spezifisch, daß sie bei den einzelnen Naturfasern besprochen werden.

Auch Synthesefasern müssen jedoch vorbehandelt werden. Beim Schmelzspinnen versuchen sich z. T. Polyreaktionsgleichgewichte einzustellen und es bilden sich Monomere, Oligomere und niedermolekulare Abbauprodukte. Diese Verbindungen wandern an die Oberfläche der Fasern und können beim Spinnen, Texturieren und Färben Schwierigkeiten bereiten. Sie werden daher durch Extraktion der Fäden entfernt.

Stapelfasern enthalten viele lose Enden und Schleifen, die beim Weben durch sog. Schlichten niedergehalten werden müssen. Die billigste und wirksamste Schlichte ist Stärke. Stärke muß jedoch in relativ großen Mengen verwendet werden. Sie geliert ferner und erzeugt dadurch hohe Viskositäten. Außerdem kann sie nur durch enzymatische Behandlung entfernt werden. Aus diesen Gründen verwendet man jetzt auch Stärkederivate wie Stärkeacetat oder Hydroxyethylstärke.

38.4.1 NATUR- UND REGENERATFASERN

Natur- und Regeneratfasern werden häufig auch zwecks „Hochveredlung" mit speziellen Chemikalien ausgerüstet, um den Tragekomfort und die Wascheigenschaften zu verbessern. Diese Ausrüstung wird in der Regel beim Gewebe oder Gewirk und nicht bei den Fäden und Fasern ausgeführt.

Kunstseide und Zellwolle werden schon seit Jahrzehnten mit Formaldehyd vernetzt, um die mangelnde Knitterfestigkeit im trockenen Zustand und die Dimensionsstabilität im feuchten Zustand zu verbessern. Unter dem Druck der Konkurrenz der Synthesefasern hat man sich dann auch bemüht, bügelfreie Baumwollgewebe zu schaffen. Bei dieser Hochveredlung unterscheidet man Ausrüstungen mit Aldehyden, mit Aminoplast-Vorkondensaten, mit sog. Reaktantharzen und mit stickstofffreien Cellulosevernetzern.

Bei der Vernetzung mit Aldehyden strebt man die Bildung von Formalen an, z. B. beim Formaldehyd

$$(38-1) \quad cell-OH + CH_2O + HO-cell \longrightarrow cell-O-CH_2-O-cell + H_2O$$

Mit Formaldehyd bilden sich aber auch Hemiacetale. Hemiacetale erniedrigen die Tendenz zur Bildung von Wasserstoffbrückenbindungen zwischen benachbarten Hydroxylgruppen der Cellulose, ohne etwas zur intercatenaren Vernetzung beizutragen. Die Hemiacetalbildung ist daher vermutlich für die verringerte Naßfestigkeit von mit Formaldehyd vernetzten Baumwollgeweben verantwortlich. Der tetrafunktionelle Vernetzer Glyoxal OHC–CHO zeigt dagegen dieses Verhalten nicht.

Am meisten werden für die Hochveredelung heute wässrige Lösungen von Harnstoff/Formaldehyd-Vorkondensaten verwendet. Die oligomeren Verbindungen dringen in die intermicellaren Räume der Cellulose ein und härten dort in der Wärme aus. Es ist jedoch ungewiß, ob die verbesserte Knitterfestigkeit allein durch die mechanische Wirkung des Harzes zustande kommt und nicht auch durch die vernetzende Wirkung des Formaldehydes, der bei der Kondensation der Methylolharnstoffe gebildet wird (vgl. Kap. 28.3.2). Die mit UF-Harzen ausgerüsteten Fasern sind jedoch nicht kochwaschecht. Bei der Wäsche mit chloriertem Wasser neigen sie außerdem zu Chloraminbildung. Beim Bügeln wird dann Chlorwasserstoff abgespalten, wodurch Faserschädigungen und Verfärbungen auftreten.

Diese unangenehmen Nebenerscheinungen fallen bei den sog. Reaktantharzen weg. Reaktantharze sind Methylolverbindungen cyclischer Harnstoffderivate mit tertiärem Stickstoff, epoxidgruppenhaltige Verbindungen, oder Substanzen mit aktivierten ethylenischen Doppelbindungen:

| Triazon | Butadiendiepoxid | Divinylsulfon |

Für die vernetzende Wirkung der einzelnen Vernetzer ist deren Konstitution ziemlich gleichgültig. Entscheidend ist jedoch die Verfahrensweise. Durch die Vernetzung werden die Ketten gegeneinander festgelegt und versteift. Die Versteifung führt zu Versprödung: Reiß- und Scheuerfestigkeit nehmen ab. Die Knitterfestigkeit hängt jedoch davon ab, ob im trockenen oder im nassen Zustand vernetzt wurde. Bei der Vernetzung im nassen Zustand fixiert man eine bestimmte Konformation der Cellulosemoleküle. Bringt man dann die trockene Faser erneut in Wasser, so stellt sich wieder die gleiche statistische Verteilung der Kettensegmente wie bei der Naßvernetzung ein und die Naßknitterfestigkeit ändert sich nicht. Bei der trockenen Vernetzung ist umgekehrt die Trockenfestigkeit konstant.

38.4.2 SYNTHESEFASERN

Der Tragekomfort einer Faser wird durch die Weichheit, das Wärmeisolationsvermögen und das Wasseraufnahme- und Durchlässigkeitsvermögen der Fasern bestimmt. Die mehr oder weniger hydrophoben Synthesefasern werden daher zu Erhöhung des Tragekomforts hydrophilisiert. Eine Hydrophilierung soll die Feuchteaufnahme erhöhen, die Weichheit verbessern, die Anschmutzbarkeit vermindern und die elektrostatische Aufladung herabsetzen. Bei der Hochveredelung werden die Fasern bzw. Gewebe zu diesem Zweck mit ethoxylierten Fettalkoholen, Fettsäuren, Fettsäureamiden oder mit quaternierten Ammonium- bzw. Sulfosäurederivaten behandelt. Alternativ kann man auch die Fasern durch Aufpfropfen mit z. B. Acrylamid oder Methacrylsäure hydrophilisieren.

Textile Produkte werden schließlich noch gebleicht und anschließend gefärbt. Bei den Färbeverfahren spielen sich physikalische und/oder chemische Prozesse ab, deren Untersuchung die eigentliche Domäne der Textilchemie ist. Die Färbbarkeit synthetischer Fasern kann dabei durch Einpolymerisieren kleiner Mengen bestimmter Comonomerer erhöht werden, die eine bessere Affinität zu den Farbstoffen als die Grundbausteine der eigentlichen Faserbildner zeigen, z. B. saure Comonomere bei PET und PA für basische Farbstoffe basische Comonomere bei PET und PA für saure Farbstoffe

$$X-CH_2-CH_2-N\underset{}{\overgroup{}}N-CH_2-CH_2-X\ ;\qquad X = OH\ \text{für PET},\ X = NH_2\ \text{für PA}$$

saure Comonomere bei PAN für basische Farbstoffe

$$\underset{SO_3K}{\underset{|}{C_6H_5}}-CH=CH_2 \qquad \underset{SO_3K}{\underset{|}{CH_2=CH}} \qquad \underset{COOH}{\underset{|}{CH_2=CH}}$$

basische Comonomere bei PAN für saure Farbstoffe

$$\underset{\text{(Pyridyl)}}{CH_2=CH} \qquad \underset{CH_2N(CH_3)_2}{\underset{|}{C_6H_4-CH=CH_2}}$$

38.5 Fasertypen

38.5.1 ÜBERSICHT

Die Eigenschaften der Naturfasern Baumwolle, Wolle und Seide setzen auch heute noch die Maßstäbe für alle Textilfasern. Diese Eigenschaften umfassen mechanische Eigenschaften wie Reißfestigkeit, Reißdehnung und Elastizitätsmodul, thermische Eigenschaften wie Wasch-, Bügel- und Entzündungstemperaturen, Trageeigenschaften wie Wasseraufnahmevermögen, Luftdurchlässigkeit und Wärmeleitfähigkeit, Pflegeeigenschaften wie Schmutzempfindlichkeit, Waschbarkeit und Bügelfreiheit, Aussehen wie Glanz, Kräuselung und Färbbarkeit und viele andere mehr. Diese Eigenschaften hängen nicht nur von der chemischen Natur des Faserrohstoffes und der physikalischen Struktur der Fasern, sondern auch von der Form der Fasern und deren Verbund ab.

Baumwoll-, Woll- und Seidefasern besitzen sehr verschiedene Querschnittsformen (Abb. 38–11). Baumwolle ist eine Hohlfaser. Seidenfäden haben einen dreieckigen Querschnitt. Wolle besitzt eine schuppige Oberfläche. Synthesefasern können dagegen mit fast beliebigen Querschnittsformen hergestellt werden: rund, dreieckig, trilobal usw. (Abb. 38–4 und Abb. 38–12, vgl. Kap. 38.2.2). Allein durch die Querschnittsform können Fasereigenschaften wie Glanz, Griff und Rauschen verändert werden. Dreieckige Querschnitte erzeugen einen seideähnlichen Griff und einen hohen Glanz. Schuppige Oberflächen rufen ein wollähnliches Gefühl hervor. Die typische Kräuselfähigkeit und Voluminosität (Bausch) der Wolle stammt dagegen von ihrer Bikomponentennatur. Diese Eigenschaften kann man bei synthetischen Fasern durch Bildung von Bikomponentenfasern und/oder geeignete Texturierung erzielen.

Die mechanischen Eigenschaften von Fäden und Fasern hängen nicht nur von ihrer chemischen und physikalischen Struktur, sondern auch vom Durchmesser und von der Länge der Fäden ab (Abb. 38–13). Die Wahrscheinlichkeit des Auftretens von Fehlstellen nimmt nämlich mit dem Durchmesser und der Länge der Fäden zu. Technisch hergestellte Fäden dürfen höchstens 1 Fehler pro 2000 km Faden aufweisen. Labormäßig erzeugte Fäden weisen dagegen viel mehr Fehler auf. Beim Vergleich der

38.5 Fasertypen

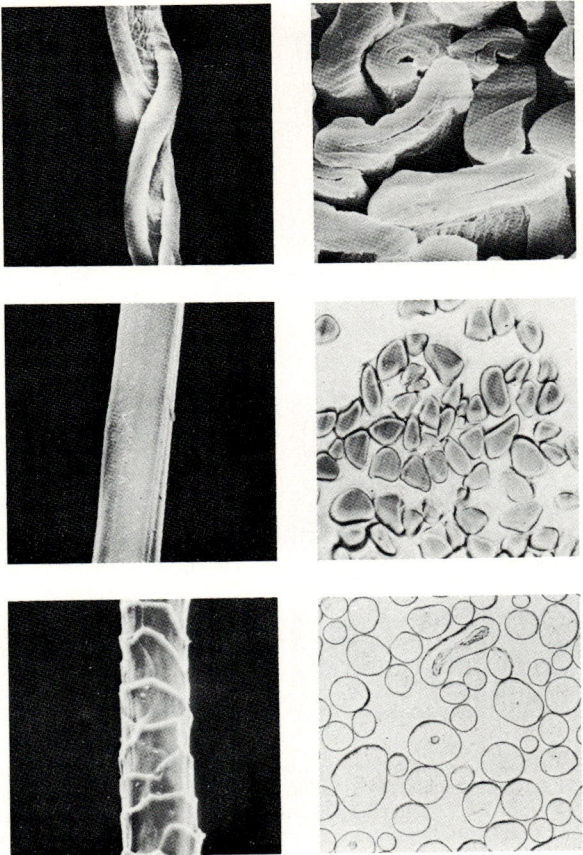

Abb. 38—11: Längs- und Querschnitte verschiedener Naturfasern (Institut für angewandte Mikroskopie der Fraunhofer-Gesellschaft, Karlsruhe). Von oben nach unten: Baumwolle, Seide und Wolle.

mechanischen Eigenschaften von Laborfasern sind daher stets die höchsten der experimentell erhaltenen Werte zu nehmen, da man sonst die Schwachstellen und nicht den Einfluß der Struktur vergleichen würde. Die Eigenschaften von Fasern werden außerdem durch den Polymerisationsgrad, die Ausrüstung und die Faserform beeinflußt, wie Tab. 38—2 für einige Rayon-Typen zeigt.

In der Textilindustrie werden Reißfestigkeiten und Elastizitätsmoduln meist inkorrekt als Masse/Titer anstelle der korrekten mechanischen Spannungen angegeben. Die Reißfestigkeiten der Textilindustrie stellen somit in Wirklichkeit Reißlängen dar. Bei technischen Fäden benutzt man dagegen in der Regel die vom SI-System vorgeschriebenen mechanischen Spannungen. In diesem Buche werden Reißfestigkeiten und Elastizitätsmoduln ebenfalls als mechanische Spannungen angegeben, damit die mechanischen Eigenschaften von Fasern mit denen von Thermoplasten, Elastomeren usw. verglichen werden können.

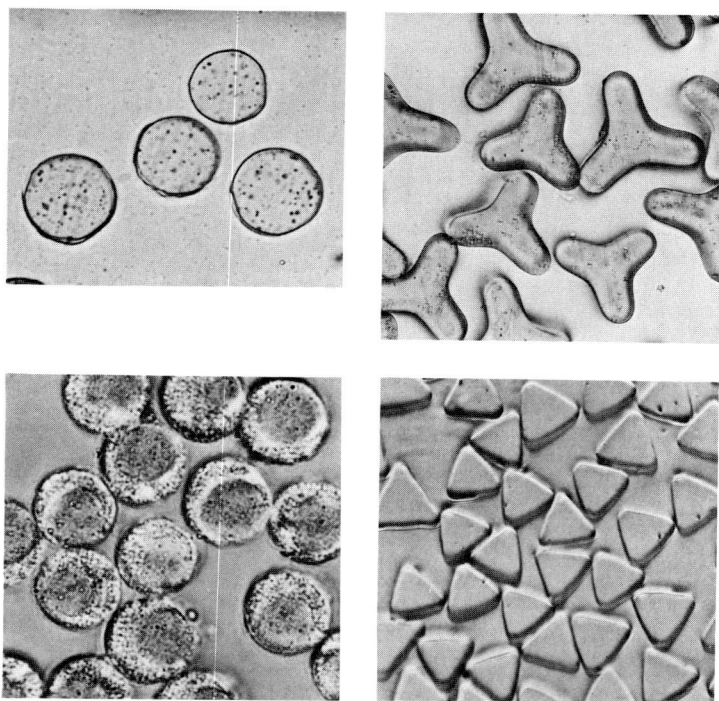

Abb. 38-12: Querschnitte verschiedener synthetischer Fäden. Polyamidfäden mit rundem (oben links) und trilobalem Querschnitt (oben rechts), Bikomponentenfäden mit einem Kern aus PA 6,6 und einem Mantel aus PA 6 (unten links), Polyesterfäden mit dreieckigem Querschnitt (unten rechts). (Institut für angewandte Mikroskopie der Fraunhofer-Gesellschaft, Karlsruhe).

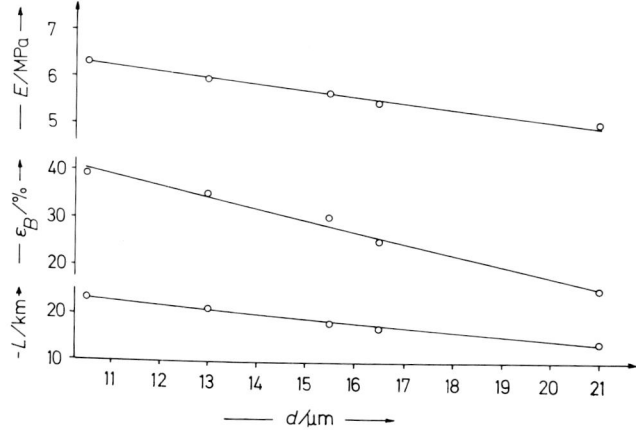

Abb. 38-13: Einfluß des Fadendurchmessers a auf die Elastizitätsmoduln E, Reißdehnungen ϵ_B und Reißlängen L von Phenolharz-Fäden.

Tab. 38–2: Eigenschaften einiger Rayon-Fasern mit Titern von ca. 2 dtex (nach W. Albrecht)

Eigenschaft	Phys. Einheit	Eigenschaftswert bei			
		Normal-fasern	Gekräuselten Fasern	Hochnaßfesten Fasern	Polynosischen Modalfasern
Reißfestigkeit	MPa	360	400	530	650
Reißlänge	km	24	27	35	43
Reißdehnung	%	18	20	21	8
rel. Naßfestigkeit	%	60	60	70	65
Wasserrückhalte-vermögen	%	90	90	60	60
Elastizitätsmodul	GPa	10	10	10	40
Mercerisierbarkeit	–	nein	nein	nein	gut

Tab. 38–3: Einige mittlere Eigenschaften von Textilfasern. ρ = Dichte, T_G = Glasübergangstemperatur, T_M = Schmelztemperatur, σ_B = Reißfestigkeit, E = Elastizitätsmodul, ϵ_B = Reißdehnung, $\triangle \epsilon$ = Erholung bei 3 % Dehnung.*) Hartelastische Faser

Faser	$\frac{\rho}{\text{g/cm}^3}$	$\frac{T_G}{°C}$	$\frac{T_M}{°C}$	$\frac{\sigma_B}{\text{MPa}}$	$\frac{\epsilon_B}{\%}$ trocken	naß	$\frac{E}{\text{GPa}}$	$\frac{\triangle \epsilon}{\%}$
Baumwolle	1,55		165	500	14		15	
Rayon	1,52		165	360	18	11	10	
Hanf	1,48		165	850	2		29	
Naturseide	1,34			400	20	30	8	64
Poly(L-glutaminsäure)	1,46			330	20	13	4	
β-Poly(L-leucin)	1,03			210	17	20	3	
Casein-g-Acrylnitril	1,20			500	20	22	7	85
PET	1,38	69	270	900	20		15	
PA 6.6	1,14	50	270	800	19		6	
Schafwolle	1,32			200	41		4	94
PAN	1,16	97	340	280	35		5	
α-Poly(L-leucin)	1,04			57	55	97	2	17
Spandex	1,21			83	600		0,008	99
POM*	1,40			330	400		3	98
PP*	0,91			120	250		2,5	97

Einige mittlere Eigenschaften von Textilfasern sind in Tab. 38–3 miteinander verglichen. Nach diesen Daten besitzen Seide und Baumwolle etwa die gleichen Reißfestigkeiten, während die Reißfestigkeit der Wolle erheblich niedriger ist. Baumwolle weist den höchsten Elastizitätsmodul der textilen Naturfasern auf und ist daher nach Rayon die steifste Textilfaser. Die Reißdehnung ist bei Wolle am höchsten und bei Baumwolle am niedrigsten.

Beim Vergleich der mechanischen Eigenschaften von Fasern und Fäden ist zu beachten, daß die Spannungs/Dehnungs-Kurven selbst bei kleinen Dehnungen bereits nichtlinear sind. Derartige Diagramme zeigen auch die charakteristischen Unterschiede im Verhalten von Baumwolle und Rayon auf, die aus der Tab. 38–2 nicht so ersichtlich sind (Abb. 38–14).

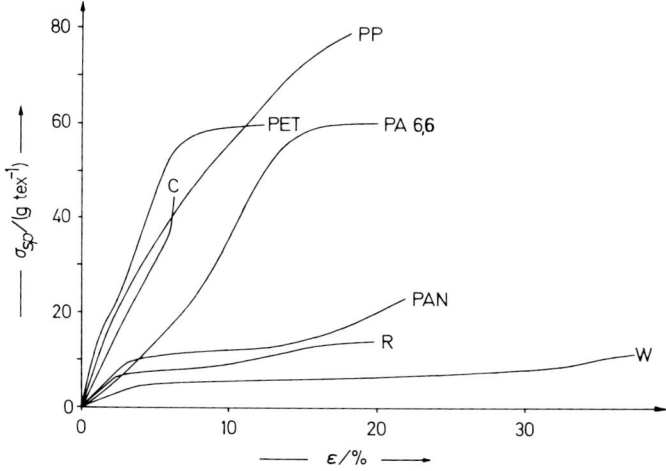

Abb. 38–14: Spannungs/Dehnungs-Kurven für einige Textilfasern und -fäden. σ_{sp} ist die „spezifische" Spannung der Textilindustrie.

38.5.2 WOLLTYPEN

Wolle besitzt eine Bikomponentenstruktur (vgl. auch Abb. 38–11). Die beiden Hälften der Wollfaser nehmen verschiedene Mengen Wasser auf, wodurch die dauerhafte dreidimensionale Kräuselung und damit auch der bekannte wollähnliche Griff, das bauschige Volumen und das gute Wärmerückhaltevermögen hervorgerufen wird. Ähnliche Eigenschaften besitzt auch Poly(acrylnitril). Beide Fasern lassen sich zudem gut färben; sie sind auch beständig gegen Licht und Wetter. Woll- und Acryl-Fasern eignen sich daher besonders für Heimtextilien und für Damenober- bzw. Kinderbekleidung. Acrylfasern werden dagegen nicht für die meist langlebigeren Herrenoberbekleidungen verwendet, und zwar hauptsächlich wegen des sog. Pilling.

Beim Scheuern von Woll- und Acryl-Fasern bilden sich nämlich an der Oberfläche des Gewebes leicht Faserkügelchen, auch Knötchen, Noppen oder Pills genannt. Die Pills sind mit dem Gewebe durch wenige Einzelfasern verbunden. Wollfasern besitzen nun niedrigere Reiß- und Biegefestigkeiten als Acryl-Fasern, so daß bei Wollgeweben die Knötchen leicht abbrechen, bei Acrylgeweben aber nicht. Acrylstoffe sehen daher bei längerem Gebrauch unansehnlich aus.

Das Pilling kann durch Herabsetzen der Reißfestigkeit, d. h. durch niedrigere Molmassen, vermindert werden. Niedrigere Molmassen führen aber zu niedrigeren Viskositäten und damit auch zu Schwierigkeiten beim Verspinnen. Abhilfe schafft der Einbau von Verzweigungen sowie von Schwachstellen in der makromolekularen Kette. Diese Schwachstellen können nach dem Spinnen durch z. B. Wasserdampf gespalten werden, so daß die Schmelzviskosität hoch, die Reißfestigkeit der Fasern aber niedrig ist.

Wollähnlich sind auch die Fasern aus der helicalen α-Form von Poly(L-leucin), die jedoch nicht kommerziell sind. Sie wurden in Tab. 38–3 nur aufgenommen, um den Einfluß der Konformation der Makromoleküle auf die Fasereigenschaften zu demonstrieren. Das in der β- bzw. Faltblattkonformation vorliegende Poly(L-leucin) besitzt nämlich ganz andere Eigenschaften; es ist seidenähnlich.

38.5.3 BAUMWOLLTYPEN

Die Cellulosefaser Baumwolle ist immer noch die in den größten Mengen erzeugte Faser (vgl. Abb. 38—1). Wegen ihrer guten Wasseraufnahmefähigkeit wird sie vor allem für Unterwäsche verwendet, in warmen Ländern auch für Damenkleider. Die hohen Baumwollpreise führten schon vor Jahrzehnten zur Entwicklung von Rayon, einer Chemiefaser aus Holzcellulose. Rayon weist jedoch nur sehr niedrige Polymerisationsgrade von einigen Hundert gegenüber von einigen Tausend bei der Cellulose auf und besitzt im allgemeinen schlechtere mechanische Eigenschaften.

Die Glasübergangstemperatur trockener Cellulose dürfte knapp oberhalb der Raumtemperatur liegen. Durch die Wasseraufnahme sinkt die Glasübergangstemperatur und die so weichgemachten Cellulosefasern lassen sich daher sehr leicht durch Druck verformen. Cellulose ist daher nicht knitterfest. Den gleichen Effekt nutzt man umgekehrt beim Bügeln aus: Baumwolle bzw. Rayon werden befeuchtet und mit einem heißen Bügeleisen gebügelt. Das Wasser verdampft und die Cellulosemoleküle werden in der gewünschten Gewebeform eingefroren.

Die schlechte Knitterfestigkeit der Cellulosefasern kann durch Ausrüstung mit Harzen verbessert, aber nicht völlig eliminiert werden. Technisch bevorzugt man daher den Einsatz von Mischgeweben, vor allem mit Polyestergarnen, z. B. für Oberhemden und neuerdings auch für Unterwäsche.

38.5.4 SEIDENTYPEN

Seide galt wegen ihrer hohen Erzeugungskosten und ihrer kostbaren Erscheinungsform schon immer als Spezialfaser. Sie wurde früher allgemein für Damenkleider und sommerliche Herrenanzüge für gehobene Ansprüche verwendet, dient jedoch in westlichen Ländern heute fast nur noch für Accessoires wie z. B. Krawatten und Halstücher. In Japan wird dagegen der klassische Kimono immer noch aus Naturseide hergestellt. Da der Bedarf an Seide größer als das Angebot ist, hat man sich daher in Japan bemüht, seidenähnliche Fasern synthetisch zu erzeugen. Im Handel ist z. Zt. eine durch Pfropfung von Acrylnitril auf Casein hergestellte Faser. Im Versuchsstadium befindet sich ferner Poly(L-glutaminsäure).

Die synthetischen Fasern auf Basis Polyamid und Polyester kommen in vielen Eigenschaften der Naturseide recht nahe. Vor Einführung des Polyamids 6,6, der ersten vollsynthetischen Faser, wurden z. B. kostbare Damenstrümpfe aus Naturseide, billigere dagegen aus Baumwolle hergestellt. Die neuen „Nylons" waren seidenähnlich und verdrängten in kurzer Zeit sowohl Naturseide als auch Baumwolle als Strumpfmaterial.

Polyamid 6,6 und das nur kurze Zeit später eingeführte Polyamid 6 besitzen hohe Reiß-, Scheuer- und Biegefestigkeiten, so daß sie nunmehr für stark strapazierte Textilien eingesetzt werden, z. B. Damenstrümpfe, Bodenbeläge und technische Gewebe. Sie sind außerdem leicht anfärbbar und gut texturierfähig. Die Färbbarkeit kann durch Copolymerisation mit Monomeren mit sauren oder basischen Gruppen, durch Variation der Endgruppen oder durch Aufpfropfen in weiten Grenzen variiert werden. Bei Polyamidcord für Autoreifen stört der relativ hohe Anfangsmodul; er kann durch

Schmelzblenden von Polyamiden und Polyestern erniedrigt werden. Dazu müssen jedoch beim Polyamid die Endgruppen blockiert werden, da diese sonst einen Kettenabbau des Polyesters katalysieren würden.

Polyesterfasern bestehen aus Poly(ethylenterephthalat). Sie sind durch Einbau verschiedener Gruppierungen modifizierbar und gut texturierfähig. Aus ihnen hergestellte Textilien besitzen ausgezeichnete Formstabilitäten, gute Trage- und Pflegeeigenschaften und einen hohen Repräsentationswert. Die Tendenz zum Pillig konnte inzwischen durch geeignete Copolymerisationen behoben werden.(vgl. Kap. 38.5.2). Polyesterfasern sind im Gegensatz zu Polyamidfasern jedoch nur durch Dispersionsfarbstoffe färbbar. Die Farbstoffaufnahme wird dabei durch Einbau von aliphatischen Dicarbonsäuren, Isophthalsäure oder Poly(ethylenglycol) erhöht, wobei gleichzeitig die Glasübergangs- und Schmelztemperaturen herabgesetzt werden. Eingebaute aliphatische Dicarbonsäuren und langkettige Diole erhöhen auch die Schrumpffähigkeit der Polyesterfasern. Die Schrumpffähigkeit kann auch durch geeignete Wahl der Verstreckungstemperatur und des Verstreckungsverhältnisses vergrößert werden; diese physikalische Modifikation wird jedoch im Verlaufe der Verarbeitungsprozesse beim Erwärmen teilweise wieder rückgängig gemacht und hat sich daher industriell nicht recht durchgesetzt.

Polyesterfasern sind von allen Fasern die universellsten und am besten anpaßbaren, was ihre überdurchschnittliche Mengenentwicklung erklärt (Abb. 38–1). Sie eignen sich hervorragend für Bekleidungen und Heimtextilien, wobei sie entweder allein oder in Mischung mit Baumwolle bzw. Wolle eingesetzt werden.

38.5.5 ELASTISCHE FASERN

Elastische Fasern sind für bestimmte textile Anwendungsbereiche erwünscht, z. B. bei Strümpfen und bei sportlicher Oberbekleidung. Eine solche Elastizität kann durch vier Methoden erzielt werden: chemische Synthese von Spezialfasern, physikalische Änderung der Molekülkonformationen, mechanische Nachbehandlung von Fasern und spezielle Herstellungsverfahren von Textilstoffen.

Textilstoffe können durch eine ganze Reihe von Verfahren erzeugt werden, z. B. durch Weben, Wirken oder Vliesbildung. Gewirkte Stoffe sind stärker elastisch als gewebte, was zuerst bei der Herstellung von Wolljerseys ausgenutzt wurde und später eine große Anwendung bei den sog. Double-knits aus Polyestergarnen fand. Fasern und Fäden können außerdem durch eine ganze Reihe mechanischer Verfahren elastischer gemacht werden, z. B. durch Kräuseln oder Falschzwirnen.

Die durch diese Modifikationen erzielten Änderungen sind jedoch im Vergleich zu den durch gezielten Aufbau von faserbildenden Kettenmolekülen erreichbaren Änderungen bescheiden. Der erste Vertreter der Klasse von elastischen Polymeren für Textilzwecke war Spandex, ein segmentiertes Polyurethan, bei dem die „harten" Segmente als Vernetzungsstellen für die gummiartige Matrix aus „weichen" Segmenten dienen. Derartige Fasern besitzen typisch gummielastische Eigenschaften (vgl. auch Tab. 38–2).

Durch geeignete physikalische Nachbehandlung können aber auch Polymere wie it-Poly(propylen) oder Poly(oxymethylen) in sog. hart-elastische Fasern überführt werden (vgl. Kap. 38.3.1). Diese energieelastischen Fasern befinden sich z. Zt. im Versuchsstadium.

38.5.6 HOCHMODUL- UND HOCHTEMPERATURFASERN

Fasern mit hohen Elastizitätsmoduln dienen zur Versteifung von Thermoplasten und Elastomeren. Da die Elastizitätsmoduln typischer Textilfasern nur etwa 4–40 GPa betragen, wurden in der Vergangenheit als versteifende Fasern Glas-, Stahl- und Kohlenstoffasern eingesetzt, wobei Werte bis zu 350 GPa erreicht werden können (Tab. 38–4). Die schlechte Adhäsion dieser Fasern zu Thermoplasten und Elastomeren kann durch eine Behandlung der Oberfläche mit Haftvermittlern teilweise behoben, aber nicht immer völlig eliminiert werden.

Tab. 38–4: Eigenschaften einiger Hochmodul- und Hochtemperaturfasern. ρ = Dichte, T_M = Schmelztemperatur, T_G = Glasübergangstemperatur, σ = Reißfestigkeit, ϵ_B = Reißdehnung, E = Elastizitätsmodul, $\triangle W$ = Wasseraufnahmevermögen bei 21 °C und 65 % relativer Luftfeuchtigkeit, LOI = Sauerstoffindex

Faser	ρ g/cm³	T_G °C	T_M °C	σ_B MPa	ϵ_B %	E GPa	$\triangle W$ %	LOI %
Stahl	7,8	–	1 540	2 400		210	0	
B₄C	2,2			2 500		310	0	
BN	1,9			2 600		90	0	
E-Glas	2,55	840	–	3 500	5	70		
Asbest	2,4			1 600	11	80		
Kohlenstoff	2,0			2 800		350		
Poly(p-phenylen-terephthalamid)	1,44	300		2 900	4	150		31
", Typ 49	1,45			2 800	2	630		
Poly(amidhydrazid)	1,46			2 100	3,5	100		
Poly(m-phenylen-isophthalamid)	1,38			670	22	27	5	28
Poly(benzimidazol)				500	11	13	12	40
Poly(terephthaloyl-oxamidrazon), cheliert	1,75	–	–	350	25		12	41
Phenolharz	1,25	–	–	200	25	5	6	36

Hohe Elastizitätsmoduln werden jedoch auch durch Verspinnen nematischer Mesophasen steifer Kettenmoleküle wie Poly(m-phenylenisophthalamid), Poly(p-phenylenterephthalamid), verschiedener aromatischer Polyamidhydrazide und aromatischer Polyester erhalten. Die erzielbaren E-Moduln sind bei geeigneter Nachverstreckung sogar noch höher als die von Kohlenstoff. Diese organischen Hochmodulfasern besitzen eine gute Adhäsion zu den meisten Thermoplasten, Duromeren und Elastomeren; sie sind für den Einsatz als Reifencord und als Verstärkungsfasern vorgesehen.

Die Steifheit der Hochmodulfasern ist auf ihre Kettenstruktur zurückzuführen und damit auf ihren Aufbau aus aromatischen Gruppierungen. Aromatische Gruppen sind jedoch auch wasserstoffarm und damit nicht so leicht brennbar. Die organischen Hochmodulfasern sind daher auch gleichzeitig flammfest bzw. hochtemperaturbeständig. Umgekehrt besitzen nicht alle flammfesten und temperaturbeständigen Fasern auch hohe Elastizitätsmoduln, wie Tab. 38–4 für die Poly(benzimidazole), die chelierten Poly(terephthaloyloxamidrazone) und die Phenolharzfasern zeigt. Diese hochtemperaturbeständigen Fasern dienen bislang nur für Spezialzwecke, z. B. für flammfeste Decken oder Berufskleider.

Auch normale Textilien müssen jedoch in vielen Fällen flammfest sein. Dieses Ziel kann man prinzipiell auf drei Wegen erreichen: Copolymerisation mit kleinen Mengen flammhemmender Monomerer, Addition von flammhemmenden niedermolekularen Substanzen zur Spinnlösung oder Nachbehandlung der Textilien mit Flammhemmern. Die letztere Methode ist zwar sehr variabel und preiswert, liefert jedoch nicht immer technisch völlig befriedigende Resultate. Sie wird daher nur bei den Naturfasern Wolle und Baumwolle verwendet.

Die Chemiefasern Rayon und Celluloseacetat werden flammfest ausgerüstet, indem die Spinnlösung mit flammhemmenden Zusätzen versetzt wird. Auf diese Weise wird die Wirksubstanz in den ganzen Fasern verteilt und nicht nur auf der Oberfläche, wie bei Wolle und Baumwolle.

Bei den Synthesefasern Poly(acrylnitril) und Poly(ethylenterephthalat) polymerisiert man dagegen flammhemmende Bausteine in kleinen Mengen direkt in die Kettenmoleküle ein. Die Flammhemmer sind so fest mit der Kette verbunden und können im Gegensatz zu den niedermolekularen Substanzen auch beim wiederholten Waschen der Textilien nicht herausgelöst werden. PAN, PET und PP werden im geringeren Umfange jedoch auch beim Verspinnen flammfest ausgerüstet.

38.6 Flächige Gebilde

Fäden und Fasern werden für textile und viele technische Zwecke zuerst zu Garnen versponnen, die dann durch Weben, Stricken oder Wirken in Textilstoffe überführt werden. Die Produktionsgeschwindigkeit solcher Textilstoffe ist jedoch nicht allzu hoch (Tab. 38-5), so daß man schon früh versucht hat, einige Zwischenstufen der Textilstoffherstellung auszuschalten und von den Fäden bzw. Fasern direkt zu flächigen Gebilden überzugehen. Derartige Vliesstoffe werden mit erheblich höheren Produktionsgeschwindigkeiten hergestellt. Sie ähneln zudem mehr dem Papier als den Textilien, unterscheiden sich jedoch von den eigentlichen Papieren charakteristisch durch die Anordnung der Fasern bzw. Fäden (Abb. 38-15). Zu den flächigen Gebilden sind ferner noch die Leder zu zählen.

Tab. 38-5: Produktionsgeschwindigkeiten v von Textilprodukten

Prozeß	$v/(m^2 h^{-1})$	Prozeß	$v/(m^2 h^{-1})$
Weben	5	Vliesbildung, trocken	5 000
Stricken	20	,, , naß	30 000
Wirken	80	Papiermachen	100 000

38.6.1 TEXTILVERBUNDSTOFFE

Unter der Bezeichnung Textilverbundstoffe werden alle flächigen Gebilde zusammengefaßt, die direkt aus Fäden und Fasern ohne die Zwischenstufe der Garne hergestellt werden. Im allgemeinen unterscheidet man im englischen Sprachgebrauch die aus Stapelfasern hergestellten „non-woven fabrics" von den aus Fäden erzeugten „spunbonded sheet products". Der erste Ausdruck entspricht etwa dem deutschen Begriff des Vliesstoffes, für den zweiten scheint ein deutsches Gegenstück zu fehlen.

Abb. 38–15: Schematischer Aufbau von Vliesstoffen (V) bzw. Papieren (P). Bei Papieren werden die Fasern parallel zur Unterlage abgelegt, bei den Vliesstoffen sollen dagegen die Kurzfasern möglichst senkrecht zu den Längsfasern stehen.

Vliesstoffe sind definitionsgemäß flexible poröse Flächengebilde aus Textilfasern, die nach einer Verfestigung untereinander verbunden werden. Sie können nach dem Naß- oder dem Trockenverfahren hergestellt werden. Beim Naßprozeß werden 5–40 mm lange Fasern in sehr viel Wasser suspendiert und auf ein wasserdurchlässiges Sieb in einer Art Filtrationsprozeß statistisch abgelegt. Das erforderliche Verdünnungsverhältnis ist proportional dem Titer und umgekehrt proportional dem Quadrat der Faserlänge. Anschließend werden die Fasern miteinander verbunden, z. B. durch Nadeln, durch unter Druck erzeugte Wasserstoffbrückenbindungen bei Cellulosefasern, durch Verschweissen thermoplastischer Fasern, durch Verkleben mit Hilfe eines Bindemittels, durch Anlösen oder durch eine Kombination aller dieser Verfahren (vgl. Abb. 38–16).

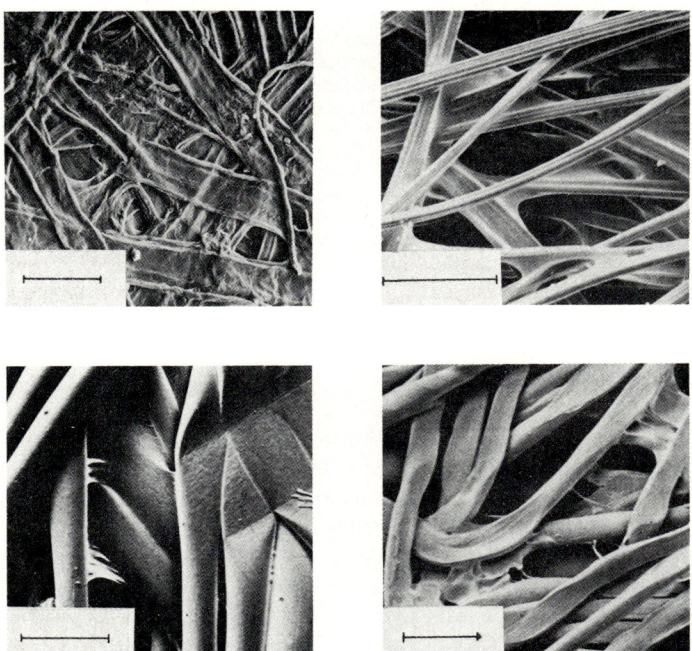

Abb. 38–16: Textilverbundstoffe: Papier aus Kiefernholz (oben links), mit Latex gesättigter Vliesstoff aus Rayon-Stapelfasern (oben rechts), spunbonded Poly(ethylen) (unten links), thermoplastisch verbundene Poly(propylen)-Fäden (unten rechts). Die Balken entsprechen 100 μm. Nach E. Treiber.

Beim Trockenprozeß benutzt man längere Fasern von 30–100 mm sowie Filamente, meist nach vorheriger Verstreckung. Die Fasern bzw. Fäden werden durch einen Luftstrom oder durch Krempeln auf ein luftdurchlässiges Sieb abgelegt und dann chemisch oder thermisch miteinander verbunden, wobei naturgemäß viele Variationsmöglichkeiten bestehen.

Zur Herstellung von Vliesstoffen werden Zellwolle, Polyamide und aromatische Polyester verwendet. Vliesstoffe dienen für Teppichrücken und für Einlagen in Anzügen.

Spunbonded Verbundstoffe erzeugt man dagegen hauptsächlich aus Poly(ethylen), Poly(propylen) und aromatischen Polyestern. Die Filamente können dabei flächenmäßig oder nur punktmäßig verbunden sein. Flächengebundene Produkte verhalten sich eher wie Papier, punktgebundene dagegen eher wie Vliesstoffe (Tab. 38–6). Verbundstoffe aus Poly(ethylen) oder it-Poly(propylen) werden dabei ohne Binder rein thermisch verschweisst; die resultierenden Produkte überspannen den ganzen Bereich von schweren Packpapieren zu feinen Schreibpapieren. Die Poly(ethylen)-Papiere sind wegen der wirkenden Kapillarkräfte trotz der hydrophoben Oberfläche mit normalen Tinten beschreibbar. Verbundstoffe aus Poly(ethylenterephthalat) werden dagegen mit Hilfe von Polyester-Bindern hergestellt.

Tab. 38–6: Vergleich einiger Eigenschaften von Textilverbundstoffen mit denen von Geweben und Papieren (nach R. A. A. Hentschel)

Physik. Größe	Physik. Einheit	Kraftpapier	Flächengebundene, spun-bonded PE-Filamente	Punktgebundene, spun-bonded PE-Filamente	Baumwolltuch	PA/Rayon Textilverbundstoff
Dicke	mm	0,12	0,20	0,15	0,26	0,26
Elastizitätsmodul	MPa	1 000	860	147	46	8,6
Berstfestigkeit	MPa	0,18	1,1	0,39	0,60	0,25
Einreißkraft	kN	1,3	4,0		13	5,3
Längenbezogene Reißkraft	N/cm	49	79	19	57	12
Längenbezogene Reißdehnung	%	4,3	29	19	12	72

38.6.2 PAPIERE

Papiere sind blattartige poröse Produkte. Die klassischen Papiere entstehen durch Verfilzung kurzer Fasern; sie sind daher Faservliese. Einige neuere synthetische Papiere basieren dagegen auf Folien. Papiere sollen steif, faltfest, opak und bedruckbar sein.

Die Welterzeugung an Papier wird auf ungefähr 150 Millionen Tonnen (150 Tg) geschätzt, wovon ca. 45 % als Verpackungs-, 23 % als Schreib- und Buchdruck- und 16 % als Zeitungspapiere dienen. Papiere werden nach „Gewicht" verkauft, d. h. nach flächenbezogenen Massen. Ein 60-Papier wiegt 60 g/m². In den USA wird das „Gewicht" von Karton in lb/(1000 sq. ft.) = 4887 g/m² angegeben.

Über 99 % aller Papiere bestehen aus Cellulosefasern. 95 % der Cellulosepapiere stammen wiederum vom Holzschliff. Der Rest verteilt sich auf Papiere aus Stroh, Baumwolle, Leinen, Bambus und Zuckerrohrstengel. Papyrus, der dem Papier den Namen gegeben hat, wird praktisch nicht mehr zur Papierherstellung verwendet.

Holzschliff wird sowohl aus Nadel- als auch aus Laubbäumen hergestellt. Das Holz wird von der Borke befreit, gesäubert, und in kleine Stücke geschnitten. Die Cellulosefasern werden von den anderen Holzkomponenten abgetrennt, gewaschen, gebleicht und gesäubert und mit Farbmitteln, Harzen, Schlichten usw. gemischt. Die wässerige Dispersion wird in der Papiermaschine über ein Bronzesieb geführt, wobei Wasser und feinere Partikeln ablaufen und sich ein nasses Vlies bildet. Das Rückhaltevermögen für Feststoffe wird z. B. durch Zusatz von ca. 500 g Poly(acrylamid) pro 1000 kg trockener Fasern erhöht. Das Vlies wird durch Rollenpressen und über Zylindertrockner geführt, um das restliche Wasser zu verdampfen und die Eigenbindung der Cellulosefasern herbeizuführen. Die rauhe Oberfläche wird bei den höherwertigen Papieren noch „gestrichen", d. h. durch Beschichten mit füllstoffhaltigen Dispersionen polymerer Substanzen geglättet. Der so mechanisch hergestellte Holzschliff wird für Papiere und Karton verwendet, bei denen es hauptsächlich auf Adsorption, Opazität und Voluminosität ankommt. Für feinere und dauerhaftere Papiere verwendet man dagegen Sulfat- oder Sulfit-Zellstoff.

Cellulosepapiere sind opak, steif und wenig dehnbar, aber auch nur wenig dimensionsstabil und naßfest. Cellulose ist als Rohstoff sehr billig, die Papiermaschinen sind aber sehr teuer. Cellulose ist ein erneuerbarer Rohstoff und leicht wieder aufarbeitbar, die Zellstoffherstellung bringt jedoch eine hohe Abwasser- und Abluftbelastung. Aus all diesen Gründen hat man sich schon seit vielen Jahren mit der Entwicklung von Papieren aus synthetischen Polymeren befaßt.

Bei Papieren aus synthetischen Materialien unterscheidet man synthetische Papiere und Kunststoffpapiere. Synthetische Papiere sind Faservliese, Kunststoffpapiere dagegen Folien. Zur Herstellung von synthetischen Papieren geht man von Poly(ethylen), Poly(propylen), Polyamiden oder Polyestern aus, die z. B. durch Flash-Spinnen in Fäden überführt und dann zu Kurzfasern zerschnitten werden. Faserähnliche Produkte aus Poly(ethylen) oder Poly(propylen), die ähnlich wie Cellulosezellstoff auf herkömmlichen Papiermaschinen verarbeitet werden, nennt man auch Synthesezellstoffe; Synthesezellstoffe sind also keine Celluloseprodukte. Synthetische Papiere werden oft noch beschichtet, um die Bedruckbarkeit zu erhöhen.

Kunststoffpapiere sind extrudierte Folien aus synthetischen Polymeren mit einer Porenstruktur zumindest an der Oberfläche. Die Porenstruktur ist für die gewünschte Opazität, Farbstoffaufnahme und niedrige Dichte unbedingt erforderlich. Normal extrudierte Folien besitzen keine derartige Porenstruktur; Poren müssen daher durch Verstrecken, Schäumen, Beschichten, Anquellen oder ähnlichen Methoden erzeugt werden. Am wichtigsten ist dabei das Verstrecken. Es muß biaxial erfolgen, da sonst die Folie beim Bedrucken aufgepleisst werden könnte. Wichtig ist auch die Höhe der Proportionalitätsgrenze, da die beim Bedrucken auftretenden Druck- und Zugbeanspruchungen vom Papier ohne bleibende Dehnung aufgefangen werden müssen. Das Beschichten kann vor oder nach dem Recken der Folien erfolgen.

38.6.3 LEDER

Naturleder entsteht aus tierischen Häuten und Fellen durch Vernetzung des in den Häuten enthaltenen Proteins Kollagen. Synthetische Leder sind dagegen Verbundwerkstoffe aus synthetischen Polymeren mit lederähnlichen Eigenschaften.

Tierische Häute werden getrocknet und gesalzen angeliefert, um die bakterielle Zersetzung der Proteine zu vermeiden. Häute bestehen aus Oberhaut (Epidermis), Lederhaut (Corium) und Unterhaut (Fetthaut). Die Oberhaut ist aus hornsubstanzähnlichen Eiweißzellen aufgebaut, die an der Oberfläche abgestorben sind. Zwischen der Oberhaut und der Lederhaut befindet sich das Corium minor, das alle funktionellen Elemente enthält: Haarwurzeln, Fettdrüsen, Blutgefäße und Muskeln, alles eingebettet in einer Grundsubstanz aus Mucopolysacchariden und Globulinen, die wiederum von einem dreidimensionalen Netzwerk aus Kollagen- und Elastinfasern durchzogen ist. Die Lederhaut besteht aus Bündeln von Kollagenfasern. Die Unterhaut ist aus einem lockeren Bindegewebe, Muskelfasern, Fetteinlagerungen und Blutgefäßen aufgebaut.

Die angelieferten Häute werden in der sog. Wasserwerkstatt vom Schmutz befreit und angequollen. Durch „Äschen" mit z. B. Calciumhydroxid werden Oberhaut und Unterhaut praktisch vollständig entfernt; es verbleibt die „Blösse", ein lockeres Geflecht aus Kollagenfasern. Dieses Geflecht wird dann bei der Gerbung durch Reaktion mit multifunktionellen Reagenzien vernetzt. Die Vernetzung kann z. B. kovalent mit Aldehyden, Difluordinitrodiphenylsulfonen oder Aminoharzen erfolgen, mit Polyphosphorsäure oder Ligninsulfosäure unter Ausbildung ionischer Bindungen, durch Chromkomplexe über koordinative Bindungen oder sogar über Wasserstoffbrückenbindungen. Anschließend werden in das Leder Weichmacher und Imprägniermittel eingearbeitet, z. B. Öle mit emulgierenden Mitteln, Siliconharze, Poly(acrylverbindungen) oder Poly(isobutylen).

Tab. 38–7: Typische Eigenschaften von Ledern.
a) in der Ebene, b) Clarino, c) Alcantara

Phys. Eigensch.	Phys. Einheit	Physikalische Größen bei		
		Naturleder	Synth. b) Leder	Synth. c) Wildleder
Dicke	mm	1,45	1,57	1,43
Flächenbezogene Masse	g/m^2	990	760	194
Dichte	g/cm^3	0,68	0,49	0,14
Reißfestigkeit a)	MPa	27	5	3
Reißdehnung a)	%	54	120	80
Elast. modul	MPa	35	8	
Einreißfestigkeit	N/mm	64	40	
Biegesteifigkeit	MPa	2,6		1,1

Leder müssen reißfest, dehnbar, luft- und feuchtigkeitsdurchlässig, oberflächentexturiert und modisch abwandelbar sein. Rohstoffknappheiten und die arbeitsintensive Zubereitung von Naturleder haben daher schon seit Jahrzehnten die Suche nach synthetischen Ledern stimuliert. Die schon lange bekannten Kunstleder (synthetic leather) bestehen dabei aus Geweben, die mit Polyamiden, Polyurethanen oder Poly(vinylchlorid) beschichtet sind. Diese Kunstleder können jedoch Naturleder nicht überall ersetzen, da ihnen vor allem der Griff und die Durchlässigkeiten abgehen.

Die modernen synthetischen Leder (man-made leather, poromerics) sind dagegen immer aus mehreren Schichten aufgebaut, meist zwei oder drei. Corfam®, das erste Produkt dieser Art, bestand z. B. aus einer oberen dampfdurchlässigen Polyurethanschicht, einer mittleren Schicht aus einem Mischgewebe von 95 % Poly(ethylenerephthalat) und 5 % Baumwolle, und einer unteren Schicht aus einem porösen Poly(ethylenterephthalat)-Vlies, das von einem elastomeren Polyurethan-Binder zusammengehalten wurde. Das gegenwärtig in den größten Mengen hergestellte Produkt, Clarino®, ist dagegen ein 2-Schichten-Poromer mit einer Tragschicht aus Polyamidfasern mit einem Polyurethanbinder und einer Oberflächenschicht aus Polyurethanen.

Das synthetische Wildleder Alcantara® (Ultrasuede® in den USA, Escaine® in Japan, Australien und Südafrika) besteht dagegen aus extrem feinen Poly(ethylenterephthalat)-Fasern in einer Poly(styrol)-Matrix. Diese Matrix-Fibrillen-Fasern bilden einen Nadelfilz, der mit Polyurethanen imprägniert wird. Anschließend wird die Poly-(styrol)-Matrix mit Dimethylformamid extrahiert, so daß sich die Fibrillen im System relativ frei bewegen können. Dieses synthetische Wildleder ist wesentlich leichter und knitterärmer als natürliches Wildleder; es ist außerdem voll waschbar. Tab. 38−7 vergleicht die Eigenschaften einiger Leder.

Literatur zu Kap. 38

38.1 Übersicht

38.1.1 NACHSCHLAGEWERKE

—, Chemiefasern auf dem Weltmarkt, Dtsch. Rhodiaceta, Freiburg/Br., 7. Aufl. 1969, Ergänzung 1974 (Handelsnamen)
K. Meyer, Chemiefasern (Handelsnamen, Arten, Hersteller), VEB Fachbuchverlag, Leipzig, 2. Aufl. 1970, Ergänzung 1971
C. A. Farnfield, Hrsg., A guide to sources of information in the textile industry, Textile Institute, Manchester, 2. Aufl. 1974
A. J. Hall, The standard handbook of textiles, Wiley, New York 1975

38.1.2 LEHRBÜCHER

R. H. Peters, Textile chemistry, Elsevier, Amsterdam 1963
H. Rath, Lehrbuch der Textilchemie, Springer, Berlin, 2. Aufl. 1963
H. Fourne, Synthetische Fasern, Wissenschaftliche Verlagsgesellschaft, Stuttgart 1964
H. F. Mark, S. M. Atlas und E. Cernia, Hrsg., Man-made fibers, 3 Bde., Interscience, New York 1968
C. B. Chapman, Fibres, Butterworth, London 1974
R. W. Moncrieff, Man-made fibres, Halsted, New York, 6. Aufl. 1975
W. E. Morton und J. W. S. Hearle, Physical properties of textile fibres, Heinemann, London, 2. Aufl. 1975

38.2 Herstellung von Fäden und Fasern

A. Ziabicki, Fundamentals of fibre formation, Wiley, London 1976
Z. K. Walczak, Formation of synthetic fibers, Gordon and Breach, New York 1977
H. Krässig, Film to fiber technology, J. Polymer Sci.-Macromol. Revs. **12** (1977) 321

38.3 Spinnverfahren und Faserstrukturen

J. W. S. Hearle und R. H. Peters, Fibre Structure, Butterworth, London 1963
J. W. S. Hearle und R. Greer, Fibre Structure, Text. Progr. 2/4 (1970) 1
W. E. Morton und J. W. S. Hearle, Physical properties of textile fibres, Wiley, New York 1975
R. Meredith, The structures and properties of fibers, Text. Progr. 7/4 (1975) 1
S. L. Cannon, G. B. McKenna und W. O. Statton, Hard-elastic fibers (a review of a novel state for crystalline polymers), Macromol. Revs. **11** (1976) 209

38.4 Ausrüstung

W. Bernhard, Praxis des Bleichens und Färbens von Textilien, Springer, Berlin 1966
C. H. Giles, The coloration of synthetic polymers – a review of the chemistry of dyeing of hydrophobic fibres, Brit. Polymer J. **3** (1971) 279
H. Mark, N. S. Wooding, S. M. Atlas, Chemical aftertreatment of textiles, Wiley, New York 1971
I. D. Rattee und M. M. Breuer, The physical chemistry of dye adsorption, Academic Press, London 1974
E. R. Trotman, Dyeing and chemical technology of textile fibers, Griffen, London, 5. Aufl. 1975
R. Peters, The physical chemistry of dyeing, Elsevier, Amsterdam 1975
A. Chwala und V. Anger, Hrsg., Handbuch der Textilhilfsmittel, Verlag Chemie, Weinheim 1977

38.5 Fasertypen

38.5.1 TEXTILFASERN

H. B. Brown und J. O. Ware, Cotton, McGraw-Hill, New York, 3. Aufl. 1958
C. Earland, Wool, its chemistry and physics, Chapman and Hall, London, 2. Aufl. 1963
W. von Bergen, Wool Handbook, 2 Bde., American Wool Handbook Co., New York 1963
K. Götz, Chemiefasern nach dem Viskoseverfahren, Springer, Berlin 1967
C. Placek, Multicomponent fibers, Noyes Development, Pearl River 1971
M. E. Carter, Essential fiber chemistry, Dekker, New York 1971
R. Jeffries, Bicomponent fibers, Merrow, Watford 1972
W. E. Morton und J. W. S. Hearle, Physical proporties of textil fibers, Heinemann, London 1975
R. S. Asquith, Chemistry of natural protein fibers, Plenum, London 1977
S. L. Cannon, G. B. McKenna und W. O. Statton, Hard-elastic fibers (a review of a novel state for crystalline polymers), J. Polymer Sci. [Macromol. Revs.] **11** (1976) 209
D. S. Lyle, Performance of textiles, Wiley, New York 1977

38.5.2 HOCHMODUL- UND HOCHTEMPERATURFASERN

L. R. McCreight, H. W. Rauch und W. H. Hutton, Ceramic und graphite fibers and whiskers, Academic Press, New York 1965
W. B. Black und J. Preston, Hrsg., High-modulus wholly aromatic fibers, Dekker, New York 1973
H. Dawczynski, Temperaturbeständige Faserstoffe aus anorganischen Polymeren, Akademie-Verlag, Berlin 1974
W. B. Black, High-modulus organic fibers, Internat. Rev. Sci., Phys. Chem. [2] **8** (1975) 33
D. W. van Krevelen, Flame resistance of chemical fibers, J. Appl. Polymer Sci. [Appl. Polym. Symp.] **31** (1977) 269

38.6 Faserverbunde

38.6.1 VLIESE

R. A. A. Hentschel, Spunbonded sheet products, Chem. Tech. **4** (1974) 32
G. Egbers, Vliesstoffe der zweiten Generation, Angew. Makromol. Chem. **40/41** (1974) 219

38.6.2 PAPIERE

O. A. Battista, Hrsg., Synthetic fibers in papermaking, Interscience, New York 1968
K. Ward, Jr., Chemical modification of papermaking fibers, Dekker, New York 1973
L. H. Lee, Microstructures and physical properties of synthetic and modified fibers, Appl. Polymer Symp. **23** (1974) 167
V. Franzen, Synthetische Papiere, Angew. Makromol. Chem. **40/41** (1974) 305
M. G. Halpern, Synthetic paper from fibers and films, Noyes Data, Park Ridge NJ 1976
V. M. Volpert, Synthetic polymers and the paper industry, Miller-Freeman, San Francisco 1977

38.6.3 LEDER

T. Hayashi, Man-made leather, Chem. Tech. **5** (1975) 28

39 Überzüge und Klebstoffe

39.1 Übersicht

Polymere werden nicht nur als thermoplastische und duroplastische Werkstoffe, als Fasern und als Elastomere, sondern auch in sehr großen Mengen für Überzüge und Klebstoffe verbraucht. Im Jahre 1972 betrug z. B. in den USA der Handelswert von Thermoplasten und Duroplasten 4,5 G\$/a, von synthetischen Fasern 4,0 G\$/a, von Überzügen 3,5 G\$/a, von synthetischem Gummi 1,3 G\$/a und von Adhäsiven 1,0 G\$/a.

Als Überzüge und Klebstoffe werden hauptsächlich Thermoplaste und Duromere, daneben aber auch Elastomere und thermoplastische Elastomere verwendet. Die acht größten Polymergruppen machen dabei nur etwa die Hälfte des Gesamtverbrauches an Überzügen und Klebstoffen aus (Tab. 39–1), d. h. der Verbrauch verteilt sich viel gleichmäßiger auf viele verschiedene Polymere als z. B. bei den thermoplastischen und duroplastischen Werkstoffen, Elastomeren und Fasern (vgl. Kap. 33 und 36–38).

Tab. 39–1: Jährlicher Verbrauch Pr an den für Überzüge und Klebstoffe verwendeten Polymeren in den USA im Jahre 1975. (1 Gg = 1000 t)

Polymer-typ	$Pr/(Gg\ a^{-1})$ Überzüge	Klebstoffe	Total	Jährlicher Zuwachs in %
Styrol/Butadien	320	190	510	6
Aminoharze	40	360	400	6
Phenolharze	20	360	380	4
Acrylate	260	60	320	10
Alkydharze	300	0	300	0
Poly(ethylen), EVAC	260	30	290	3
Poly(vinylchlorid)	220	30	250	6
Poly(vinylacetat)	150	80	230	7
Andere	1 030	990	2 020	5
Total	2 600	2 100	4 700	5

39.2 Überzüge

39.2.1 GRUNDLAGEN

Die Oberfläche fast aller erzeugten Güter wird vor der Endverwendung noch mit einem Überzug versehen. Der Überzug soll das Gut schützen (Witterungseinflüsse, Verschleiß), es schmücken (Farbgebung, Glanz) oder ihm Spezialeigenschaften verleihen (Spiegelung, elektrische Isolation usw.).

Überzüge (engl. coatings oder surface coatings) sind ganz allgemein dünne Schichten, die auf der zu bedeckenden Oberfläche gut haften müssen. Sie können auf sehr verschiedene Weise aufgebracht werden (vgl. Kap. 36 und weiter unten). Am wichtigsten sind die sog. Anstrichmittel oder Lacke, von denen in hochindustrialisierten Ländern bis zu 20 kg pro Kopf der Bevölkerung verwendet werden.

Lacke sind Verbundstoffe aus im allgemeinen drei Bestandteilen: Pigmenten, Bindemitteln und Lösungsmitteln. Die Art des Pigmentes kann je nach Verwendungszweck des Lackes außerordentlich variieren (vgl. auch Kap. 34). Die Bindemittel werden auch Filmbildner genannt; sie sind ausschließlich Polymere oder Präpolymere, d.h. Thermoplaste, Duromere, Elastomere und Elastoplaste. Die Art des Lösungsmittels kann ebenfalls je nach Art des Bindemittels und dem gewünschten Verwendungszweck in weiten Grenzen schwanken. In der Lackindustrie werden dabei Lösungsmittel dann als „gut" bezeichnet, wenn sie zu niedrigviskosen Lacken führen. Derartig gute Lösungsmittel sind häufig schlechte Lösungsmittel im thermodynamischen Sinne (vgl. Kap. 4 und 6).

Die Anteile an Pigmenten und Bindemitteln faßt man häufig als „Festkörperanteil" zusammen (engl. solids content). Umgekehrt wird im Englischen die Summe von Binde- und Lösungsmitteln als „vehicle" bezeichnet. Lacke ohne Pigmente werden auch Firnisse genannt.

Anstrichmittel sind kompliziert aufgebaute Systeme, die eine ganze Reihe verschiedener Anforderungen erfüllen müssen. Eine der wichtigsten Kenngrößen ist das Verhältnis von Pigmentanteil zu Bindemittelanteil (engl. pigment-volume concentration oder PVC). Für jeden Lack existiert eine kritische PVC oder CPVC, oberhalb derer sich die Eigenschaften von Lackfilmen drastisch ändern (Abb. 39–1): Reißfestigkeiten und Biegsamkeiten nehmen ab, die Neigung zur Blasenbildung steigt an usw. . Diese Eigenschaftsänderungen treten auf, weil oberhalb der CPVC nicht mehr genug Bindemittel vorhanden sind, um die Pigmentteilchen vollständig zu umhüllen.

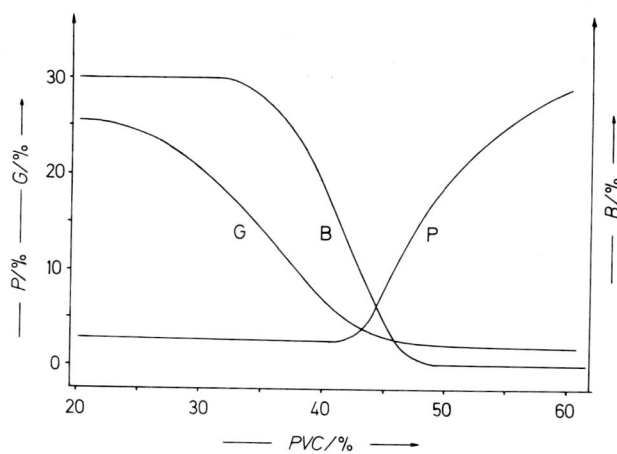

Abb. 39–1: Einfluß der PVC auf einige Eigenschaften eines Anstrichs (nach Daten von W. K. Asbeck und M. Van Loo). G = Glanz, B = Blasenbildung, P = Permeabilität.

Wichtig ist auch die Dispergierbarkeit der Pigmente in Binde- und Lösungsmitteln, und zwar besonders dann, wenn die Bindemittel ebenfalls als Dispersion vorliegen. Die Dispergierbarkeit wird durch adsorptive oder chemische Bindung der Bindemittel oder spezieller Zusatzstoffe an die Pigmentteilchen stark erhöht. Man kann z. B. reaktive

Gruppen an der Oberfläche von Pigmenten als Polyreaktionsinitiatoren benutzen und so die Pigmentteilchen mit einer Polymerschicht umgeben, die das Absetzen der Pigmentdispersion verhindert.

Ebenso wirksam sind häufig Blockpolymere. Werden z. B. Titandioxid-Dispersionen in Toluol mit Blockpolymeren aus Styrol und Butadien behandelt, die einige statistisch verteilte Carboxylgruppen enthalten, so beträgt die Absetzzeit etwa einen Monat. Bei einem Poly(butadien) mit statistisch verteilten Carboxylgruppen dauert es dagegen nur einen Tag, bei Fettsäuren nur eine Stunde und ohne Zusatz von Dispergiermitteln nur wenige Sekunden.

Nach der Applikation der Anstrichmittel müssen die Bindemittel einen guten Film bilden. Die dazu erforderliche Temperatur liegt einige Grade über der Glasübergangstemperatur. Diese Bedingung schränkt die Zahl der möglichen Filmbildner bei den Thermoplasten deutlich ein, während sie naturgemäß bei den Duromeren nicht so kritisch ist (vgl. Kap. 36.6). Die Filmbildung erfolgt bei thermoplastischen Filmbildnern durch einfaches Verdunsten des Lösungsmittels. Duromere Filme entstehen dagegen durch Vernetzung der entsprechenden Präpolymeren, je nach System z. B. durch Wärme, ultraviolettes Licht, Sauerstoff, Härter, Katalysatoren usw.

Die so entstehenden Filme müssen gut auf der Oberfläche haften. Die Haftfestigkeit wird dazu durch sog. Haftvermittler verbessert, die Unregelmäßigkeiten der Oberfläche ausgleichen und die Adhäsion verbessern sollen (vgl. auch Kap. 39.4.2). Die bei Metallen verwendeten Haftvermittler heißen auch Primer. Ein typischer Primer für Eisen besteht z. B. aus einer Dispersion von Poly(vinylbutyral) (mit ca. 40% Butyral-, 50% Vinyl- und 7% Hydroxylgruppen), der meist noch ein zweites Harz wie z. B. Melaminharze, Epoxidharze usw. zugesetzt ist. Washprimer haben ihren Namen daher, weil sie auf den eisernen Decks von Kriegsschiffen „aufgewaschen" wurden.

Lacke werden eingeteilt nach
- dem Bindemitteltyp (Asphalt-, Alkyd-, Kopal- usw. Lacke),
- dem Pigmentgehalt (Klar-, Lasur-, Dick- usw.),
- der Verarbeitung (Spritz-, Tauch-, Streich- usw.),
- der Verarbeitungsreihenfolge (Grund-, Schleif-, Überzugs-)
- der Trocknung (Luft-, Vierstunden-, Ofen- usw.),
- den Endeigenschaften (Isolier-, Rostschutz- usw.), und
- dem Verwendungszweck (Außen-, Möbel-, Leder- usw.).

In neuerer Zeit wird eine Einteilung nach dem Anstrichmittel-System bevorzugt. Man unterscheidet hier
- Lösungsmittel-Lacke (d. h. solche mit org. Lösungsmitteln),
- lösungsmittelarme Systeme,
- wasserlösliche Bindemittel,
- wäßrige Dispersionen
- nicht-wäßrige Dispersionen und
- Pulverlacke

39.2.2 LÖSUNGSMITTEL-LACKE

Die klassischen Anstrichmittel sind Lösungsmittel-Lacke. Beispiele dafür sind Schellack in Alkohol oder Nitrocellulose in Alkohol/Ether. Ihre Bedeutung geht wegen ihrer relativ hohen Kosten, der nicht zu guten Eigenschaften und der Kosten für Arbeits- und Umweltschutzmaßnahmen ständig zurück. Da aber die andern, neu entwikkelten Anstrichmittel-Systeme hohe Investitionskosten erfordern, hat man in den letzten Jahren lösungsmittelarme Systeme (engl. high solids) mit nicht mehr als ca. 20 % Lösungsmitteln entwickelt, die mit den herkömmlichen Anlagen verarbeitet werden können.

Lösungsmittelarme Systeme sind eigentlich schon lange bekannt, z. B. bei den leinölhaltigen Anstrichmitteln. Bei den neueren Systemen dominieren Epoxide und Polyurethane. Wichtig sind ferner Poly(butadien)öle, Oligo(acrylate), und ölfreie Polyester mit Melamin/Formaldehyd-Harzen.

Völlig lösungsmittelfrei sind einige neu entwickelte Systeme, bei denen das Bindemittel selbst flüssig ist und erst beim Härtungsvorgang zum eigentlichen Bindemittel wird. Ein Beispiel dafür sind Mischungen aus Polythiolen und Polyenen, die durch Peroxide, Elektronenstrahlen oder UV-Licht vernetzt werden können (vgl. Kap. 27.1).

39.2.3 LACKE MIT WASSERLÖSLICHEN BINDEMITTELN

Zur Herstellung von Lacken mit wasserlöslichen Bindemitteln können praktisch alle Bindemittel verwendet werden, sofern sie hydrophile Gruppierungen enthalten. Die Hydrophilie kann durch Copolymerisation mit entsprechenden Monomeren bei der Herstellung des Bindemittels oder durch nachträgliche Behandlung mit entsprechenden Reagenzien erzeugt werden. Als hydrophile Gruppierungen werden meist Carboxyl-, Ammonium- oder Ethylenoxid-Gruppen verwendet. Typisch für diese Klasse von Lacken sind maleinisierte Öle und Epoxide, Alkydharze, Polyester, Acrylharze und Poly(butadiene).

Die Lacke mit wasserlöslichen Bindemitteln können konventionell durch Streichen, Tauchen, Spritzen usw. verarbeitet werden. Vorteilhaft ist die Nichttoxizität des als Lösungsmittel verwendeten Wassers. Nachteilig ist die hohe Verdampfungsenergie des Wassers und die dadurch erforderlichen hohen Verarbeitungstemperaturen und/oder -zeiten. Die Verdampfungstemperatur des Wassers kann außerdem im Gegensatz zu den organischen Lösungsmittelsystemen nicht sehr variiert werden.

Wasserlösliche Lacke mit Polyelektrolyten als Bindemitteln eignen sich gut für die Elektrotauchlackierung. Bei diesem Verfahren werden meist Polyanionen verwendet. Die anionische Abscheidung erzeugt einen sehr guten Umgriff. Eine kationische Abscheidung hat dagegen den Vorteil, daß die Phosphatierungsschicht nicht angegriffen wird und an der Kathode kein Metall in Lösung geht.

39.2.4 WÄSSRIGE DISPERSIONEN

Ein Latex ist eine Dispersion von wasserunlöslichen Polymeren in Wasser. Sehr feinteilige Dispersionen bzw. Latices werden auch Hydrosole genannt.

Latices können entweder durch Emulsionspolymerisation (vgl. Kap. 20.6.5) oder durch nachträgliche Dispergierung einer Polymerlösung bzw. -schmelze in Wasser hergestellt werden. Sie weisen sehr hohe Festkörpergehalte auf: bis zu 74 % bei perfekten Kugeln, bis zu 80 % bei imperfekten. Wässrige Dispersionen sind zudem preiswert herstellbar. Wasser ist ferner ein nichttoxisches und nicht-entflammbares Lösungsmittel. Diesen Vorteilen stehen als Nachteile gegenüber, daß das Wasser nur langsam und verhältnismäßig unkontrollierbar entfernt werden kann und daß zurückgehaltenes Wasser die Polymereigenschaften ungünstig beeinflußt.

Das Trocknen von Latices kann in mehrere Teilprozesse unterteilt werden. In der ersten Stufe bewegen sich die Latexteilchen solange unter dem Einfluß der Brown'schen Bewegung, bis sie durch die Aufkonzentrierung des Latex unbeweglicher werden. Die Grenzflächenspannung Wasser/Luft zwingt die Teilchen in der zweiten Stufe in geordnete Packungen, wobei die Doppelschichten um die Latexteilchen noch intakt bleiben. In diesen beiden Stufen verdampft das Wasser aus den Latices mit der gleichen Geschwindigkeit wie reines Wasser. Beim weiteren Trocknen fangen die Teilchen in der dritten Stufe zu koaleszieren an: Polymer/Polymer-Kontakte werden gebildet und der Einfluß der Grenzflächenspannung Wasser/Luft wird durch die Kräfte der Grenzflächenspannung Polymer/Wasser komplementiert. Falls diese Kräfte die Latexteilchen deformieren können, wird ein kontinuierlicher Film gebildet. Falls die Kräfte jedoch nicht ausreichen, bleibt die Filmbildung nach Ausbildung der Kontakte zwischen den Latexteilchen stehen und es resultiert ein diskontinuierlicher Film. In jedem Fall sinkt die Verdunstungsgeschwindigkeit des Wassers aus dem gebildeten Film nach der Koaleszenz exponentiell ab, da das Wasser nun durch die zwischen den Teilchen gebildeten Kapillaren an die Oberfläche entweichen muß. In der letzten Stufe, nach dem Trocknen des Films, verschmelzen die Teilchen vollständig, wobei unverträgliche Substanzen wie z. B. Emulgatoren aus dem Film herausgequetscht werden.

Latices sind vor allem für Bautenlacke wichtig. Für die Außenanwendung bevorzugt man Acrylpolymere, für die Innenanwendung dagegen Copolymere des Vinylacetates mit z. B. Vinylchlorid und Ethylen. In den USA werden für Innenanwendungen auch Styrol/Butadien-Copolymere mit wärmevernetzbaren Gruppen verwendet; diese Polymeren spielen in Europa als Anstrichmittel keine Rolle, da sie nicht gut lichtbeständig sind.

Wie fast alle Anstrichmittel, enthalten auch solche auf Basis wässriger Dispersionen außer dem Bindemittel, den Pigmenten und dem Lösungsmittel Wasser noch andere Bestandteile. Die Latexstruktur wird z. B. durch einen Zusatz von Poly(acrylamid) günstig beeinflußt. Zugesetzte Silicone verhindern das Schäumen. Die Fließeigenschaften werden durch Hydroxyethylcellulose oder Pflanzengummis verbessert. Die gewünschten thixotropen Eigenschaften der Dispersionen werden durch Zusätze von Bentonit, Zirconiumcarbonat, Triethanolaminaluminat usw. erzeugt.

39.2.5 NICHTWÄSSRIGE DISPERSIONEN

Nichtwässrige Dispersionen laufen in der Fachpresse oft unter der Kurzbezeichnung NAD (*non-aqueous dispersions*). Sie sind sozusagen die Umkehrung der wässrigen Dispersionen: das Lösungsmittel ist meist Benzin, das dispergierte Bindemittel meist ein Acrylharz.

39.2.6 PULVERLACKE

Pulverlacke sind völlig lösungsmittelfrei. Sie stellen sozusagen Dry Blends aus den Pigmenten und dem Bindemittel dar und werden entweder durch Wirbelsintern oder durch elektrostatisches Spritzen auf die zu bedeckende Oberfläche aufgebracht. Epoxide sind die wichtigsten Bindemittel, teils allein, teils in Kombination mit Polyestern. Wichtig sind außerdem Pulyurethane, Polyester kombiniert mit Triglycidylisocyanurat, und Acrylate kombiniert mit Oxazolinen.

Pulverlacke sind vorteilhaft, weil sie hoch ausnutzbar, wiedergewinnbar und energiesparend sind. Nachteilig sind die hohen Investitionskosten für die Herstellung und die Verarbeitung. Sie sind außerdem schwierig zu konfektionieren; vorgegebene Farbtöne sind z. B. nicht leicht einzustellen.

39.3 Mikrokapseln

Mikrokapseln sind mehr oder weniger kugelförmige Gebilde von 1–5000 μm Durchmesser, bei denen eine polymere Wand das einzuhüllende Gut umgibt. Die Wandstärken betragen ca. 1 μm bei Durchmessern von weniger als 10 μm und ca. 50 μm bei Durchmessern von 3000 μm. Je größer die Beladung (payload), umso dünner ist die Wand.

Mikrokapseln wurden erstmals zum Einhüllen von Rußteilchen für nichtschmutzende Durchschlagpapiere verwendet. Sie dienen nun zum Einkapseln sehr verschiedener Wirkstoffe, die man kontrolliert freisetzen will. Beispiele mikroverkapselter Substanzen sind Pharmaka, Herbizide, Fungizide, und Klebstoffe.

Mikrokapseln können durch sehr verschiedene Verfahren hergestellt werden. Dabei können meist drei Verfahrensschritte unterschieden werden: Herstellung einer Dispersion oder Emulsion, Bildung der Kapsel, und Isolierung der Kapsel. Die Wandbildung kann physikalisch oder chemisch erfolgen, z. B. durch Phasentrennung, Koazervation, Sprühtrocknung, Wirbelsintern, Tauch- oder Zentrifugenverfahren, elektrostatische Abscheidung, Grenzflächenkondensation, in situ-Polymerisation usw.

Die Phasentrennung in einem System aus dem zu umhüllenden Gut, einem Polymeren, einem Lösungsmittel und einem Fällungsmittel bildet die Grundlage für eines der wichtigsten Mikroverkapselungsverfahren. Hierbei wird die zu umhüllende Substanz, z. B. Ruß, in einer Polymerlösung dispergiert, so daß ein Zweiphasen-System vorliegt. Anschließend wird das gelöste Polymer als neue dritte flüssige Phase abgeschieden, z. B. durch Zugabe eines Fällungsmittels, einer Lösung eines anderen, mit dem ersten unverträglichen Polymeren, Temperaturänderung usw. (vgl. auch Kap. 6.6). In dieser dritten Phase liegt das Polymer in einer hochkonzentrierten „Gelphase" in einem Gemisch aus Lösungs- und Fällungsmittel vor. Das dispergierte Gut stellt eine Art Keimbildner für die einsetzende Phasentrennung dar, so daß die abgeschiedene Gelphase nicht zusammenläuft, sondern sich auf dem Gut als Wandschicht ablagert. Durch ständiges Rühren wird gesorgt, daß die Teilchen nicht zusammenfließen. Anschließend wird die Wandschicht verfestigt, z. B. durch Abkühlen unter die Glasübergangstemperatur des abgeschiedenen Polymeren, durch chemische Vernetzungsreaktionen usw.

Das eingekapselte Gut kann durch langsame Diffusion durch die Wand oder aber schnell durch Druck, Auflösen, Aufschmelzen oder chemischen Abbau freigesetzt werden. Die gemessenen Diffusionszeiten stimmen dabei gut mit den über die Permeabilitätskoeffizienten berechneten überein (vgl. Kap. 7.2), hängen also sowohl von der chemischen Natur der Wandschicht als auch von der der inneren Phase ab. Die Halbwertszeit für einen Durchtritt von Wasser durch eine ca. 25 μm starke Wand vom Poly(butadien)-Kautschuk beträgt z. B. nur ca. 2 h, während für Poly(ethylen) mit gleicher Wandstärke bereits 42 d und für Poly(trifluorchlorethylen) mit Wandstärken von ca. 12 μm sogar über 2,5 a benötigt werden.

39.4 Klebstoffe

39.4.1 EINFÜHRUNG

Klebstoffe bestehen aus Oligomeren und Polymeren in fluiden Formen, d. h. als Schmelzen oder Lösungen. Da ihre Wirksamkeit u. a. wesentlich von den zwischen ihnen und den zu verklebenden Oberflächen wirkenden Anziehungskräften abhängt, werden sie auch oft Adhäsive genannt. Im weiteren Sinne gehören zu den Klebstoffen auch noch die Dichtungsmassen.

Adhäsive bieten gegenüber anderen Materialverbunden wie Nägeln, Schrauben, Garnen usw. viele Vorteile. Sie ermöglichen eine bessere Spannungsverteilung über eine größere Fläche, erhöhen die Dimensionsstabilität, wirken als Barriere für Feuchtigkeit oder elektrische Ladungen, erlauben den Verbund sehr dünner Schichten, sind schneller zu verarbeiten und weisen zudem oft niedrigere Kosten auf.

39.4.2 ADHÄSION

Im streng wissenschaftlichen Sinne ist Adhäsion die Anziehung zwischen Molekülen auf einer Oberfläche. Als Adhärens wird dabei die aufnehmende Fläche, als Adhäsiv das aufziehende Material bezeichnet. Die Stärke der Adhäsion bestimmt sich nach dieser Definition aus der Zahl der Haftpunkte pro Einheitsfläche und der Größe der Anziehung an diesen Haftpunkten. Bei dieser Definition wäre die Adsorption die entscheidende Größe und man müßte nur die Kräfte zwischen dem Adsorbens (der Unterlage) und dem Adsorptiv (der aufziehenden Substanz) betrachten.

Bei realen Systemen und vor allem bei technischen Prozessen sind aber außer der Adsorption noch weitere Größen wichtig, z.B. die Diffusion und/oder chemische oder elektrische Wechselwirkungen. Alle diese Effekte tragen zur beobachteten Adhäsion bei. Welcher Effekt allein vorhanden ist oder überwiegt, läßt sich aus Adhäsionsmessungen allein nicht entscheiden. Falls das Adhärens vollständig mit adhärierenden Gruppen belegt ist und jede Gruppe einen Platz von $6,25$ nm^2 beansprucht, so befinden sich ca. $5 \cdot 10^{14}$ Gruppen pro cm^2. Mit dieser Zahl und den bekannten Bindungsstärken erhält man Festigkeiten von $500-2500$ MPa für chemische Bindungen, $200-800$ MPa für Wasserstoffbrückenbindungen und $80-200$ MPa für van der Waals-Bindungen (Dispersionskräfte, Dipolkräfte). Experimentell werden jedoch nur bis zu 20 MPa gefunden.

Typ und Ausmaß der Wechselwirkungen zwischen Adhäsiv und Adhärens werden wahrscheinlich primär vom physikalischen Zustand beider Stoffe bestimmt. Dabei können bei Makromolekülen drei Grenzfälle unterschieden werden, zwischen denen selbstverständlich Übergänge möglich sind. Beim E/E-Typ befinden sich sowohl Adhärens als auch Adhäsiv oberhalb der Glastemperatur im viskoelastischen Zustand. Beim G/G-Typ sind beide Stoffe unterhalb der Glastemperatur. Beim G/E-Typ ist das Adhärens oberhalb und das Adhäsiv unterhalb der Glastemperatur. Diese physikalischen Zustände führen zu den folgenden Konsequenzen für die Adhäsion:

Beim E/E-Typ sind die Segmente und im gewissen Ausmaß auch die Makromoleküle des Adhärens und des Adhäsivs selbst beweglich. Sie können daher ineinander diffundieren. Sind Adhärens und Adhäsiv chemisch gleich, so beobachtet man bei diesem Typ eine Selbstdiffusion. Die Selbstdiffusion führt zu einer Autohäsion, worauf z. B. der Selbstklebeeffekt von frisch geschnittenen Flächen des Naturkautschuks beruht. Der Selbstklebeeffekt ist dann besonders gut, wenn unter Druck oder beim Tempern eine schwache Kristallisation auftreten kann, wie z. B. beim Naturkautschuk oder beim

1,5-trans-Polypentenamer (physikalische Vernetzung). Bei einer zu starken Kristallisation wird jedoch die Deformierbarkeit des Klebers zu niedrig.

Sind Adhärens und Adhäsiv chemisch verschieden, so führt dies beim E/E-Typ zu einer Interdiffusion und folglich zu einer Heterohäsion. Interdiffusionen sind selbstverständlich nur dann möglich, wenn die verschiedenen Makromoleküle miteinander verträglich sind. Die Stärke der Autohäsion bzw. der Heterohäsion hängt außer von der Diffusion noch von der Adsorption ab.

Der G/G-Typ ist das andere Extrem. Da sich beide Stoffe unterhalb der Glastemperatur befinden, ist die Beweglichkeit der Segmente sehr gering. Die Selbstdiffusionskoeffizienten wurden theoretisch zu ca. 10^{-21} cm^2/s abgeschätzt, so daß Diffusionseffekte bei den üblichen Beobachtungszeiten sehr gering sein sollten.

Auch beim G/E-Typ erfolgt nur eine geringe Interdiffusion, da sich das Adhärens unterhalb der Glastemperatur befindet. Die Kettenenden des Adhäsivs besitzen jedoch eine gewisse Beweglichkeit. Sie können – vor allem unter Druck – die Oberfläche des Adhärens ausfüllen, so daß eine größere Zahl von Haftpunkten erhalten wird. Die Adhäsion von G/E-Typen wird daher durch Aufrauhen des Adhärens gefördert. Bei diesem Typ ist die Adsorption sehr wichtig. Der Entscheid, ob die Diffusion oder die Adsorption wichtiger ist, läßt sich nur schwierig führen, da beide Effekte in etwa gleicher Weise zeit- und temperaturabhängig sind.

Eine Haftung eines viskoelastischen Stoffes (eines Klebfilmes) an einer festen Oberfläche ist nur dann zu erwarten, wenn die Oberflächenspannung γ_{lv} der Flüssigkeit kleiner als die kritische Oberflächenspannung γ_{crit} des Feststoffes ist. Diese beiden Größen sind nach Gl. (12–4) mit dem Kontaktwinkel ϑ und der Grenzflächenspannung γ_{sl} zwischen Feststoff und Klebfilm verknüpft. Da durch eine chemische Variation der Oberfläche auch deren Oberflächenspannung verändert werden kann, läßt sich so oft eine bessere Haftung erreichen. Ein Beispiel dafür ist die Oxidation der Oberfläche von Polyolefinen (vgl. die kritischen Oberflächenspannungen von Poly(ethylen) und Poly(vinylalkohol) in Tab. 12–2).

39.4.3 TYPEN

Bei Adhäsiven unterscheidet man drei Typen: Schmelzkleber, Lösungskleber und Polymerisationskleber. In allen drei Fällen können Elastomere, Elastoplaste und Duromere verwendet werden.

Schmelzkleber sind amorphe und/oder teilkristalline Polymere oberhalb ihrer Glasübergangs- bzw. Schmelztemperatur. Ihre Viskosität soll nicht zu hoch sein, damit sie noch die Oberfläche benetzen, und nicht zu niedrig, damit sie bei der Anwendung nicht wegfließen. Die besten Ergebnisse werden bei Viskositäten von ca. 10–1000 Pa·s erzielt. Als Schmelzkleber werden z. B. Poly(ethylene), Poly(ethylen-co-vinylacetate), Poly(vinylbutyrale), Versamide, Polyamide, aromatische Copolyester, Polyurethane, Bitumen und Asphalt verwendet. Die Klebewirkung wird durch das Erstarren des Schmelzklebers hervorgerufen.

Lösungskleber sind Lösungen von Polymeren. Zu ihnen zählen z. B. wäßrige Lösungen von Stärke, Dextrinen, Natriumsilikaten, Poly(vinylalkohole) und gewissen Duromeren. Wäßrige Lösungen von Kollagen werden auch Leime genannt. Zemente sind dagegen Lösungen in organischen Lösungsmitteln, z. B. von Natur- oder Acrylkautschuken bzw. Vinylchlorid-Copolymeren. Lösungskleber entfalten ihre Wirkung nach dem Entfernen des Lösungsmittels durch Verdunsten oder Erhitzen.

39.4 Klebstoffe

Polymerisationskleber sind dagegen Monomere oder Oligomere, die durch eine Polymerisationsreaktion gehärtet werden. Sie sind sehr häufig Zweikomponenten-Kleber, d. h. die Härtungsreaktion setzt erst nach Zusammengeben der beiden Komponenten ein. Einkomponenten-Kleber härten photochemisch oder unter Einwirkung von Atmosphärilien. Zur letzteren Gruppe gehören die Cyanacrylat-Kleber, die unter dem Einfluß von Spuren Luftfeuchtigkeit innerhalb weniger Sekunden anionisch auspolymerisieren.

39.4.4 KLEBUNG

Um eine gute Klebung zu erreichen, muß die zu verklebende Fläche vom Kleber gut benetzt werden. Der Kleber muß sich dann im abgebundenen Zustand verfestigen. Schließlich muß die Klebschicht genügend deformierbar sein, damit Spannungsspitzen ausgeglichen werden können.

Die Güte einer Klebung wird meist mit einer Zerreißmaschine gemessen. Derartige Untersuchungen sagen aber nur dann etwas über die Stärke der Klebung aus, wenn die Klebschicht gleichmäßig deformierbar ist. Die zu verklebenden Werkstoffe dürfen also nicht deformierbar sein (Abb. 39−2/II). Bei stark deformierbaren Werkstoffen und wenig deformierbaren Klebschichten wird dagegen die Klebschicht an den Enden wesentlich stärker deformiert als in der Mitte. Die auftretenden Spannungsspitzen lassen dann den Klebstoff auch bei guter Adhäsion als schlecht erscheinen. Dieser Effekt erklärt, warum man beim Verkleben von Metallen hohe Festigkeiten erzielt. Dünne Folien sind dagegen oft recht schwierig zu verkleben, da sie leicht deformierbar sind. Zum Verkleben von Folien müssen daher sehr leicht deformierbare Klebstoffe verwendet werden.

Für die nachfolgenden Betrachtungen wird vorausgesetzt, daß die Klebschicht besser deformierbar ist als die zu verklebenden Werkstoffe. Es sei zunächst auch angenommen, daß zwischen Werkstoff und Klebstoff keine chemischen Bindungen bestehen. Die somit zunächst allein zu diskutierende Adhäsion hängt hauptsächlich von der Adsorption und von der Diffusion ab. Das Adhäsiv soll ein reiner Stoff sein und muß

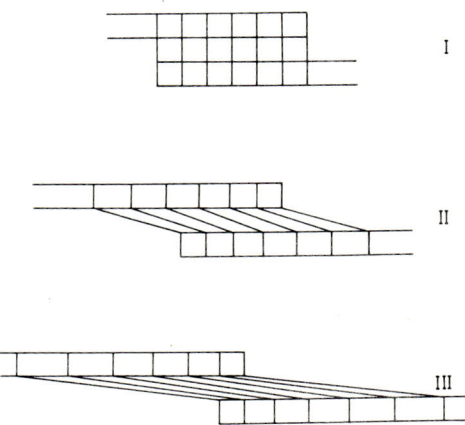

Abb. 39−2: Schematische Darstellung der Zugbeanspruchung von Klebungen, wenn das Adhärens verformbarer als der Klebfilm ist.

folglich oberhalb seiner Glastemperatur (falls amorph) bzw. oberhalb seiner Schmelztemperatur (falls partiell kristallin) vorliegen. Die Diffusion in die Werkstoffe erfolgt nun umso schneller, je niedriger die Molmasse des Adhäsivs ist. Der Beitrag der Adsorption zur Adhäsion ist dagegen umso größer, je mehr Haftstellen pro Molekül des Adhäsivs vorhanden sind, je höher also seine Molmasse ist. Die Adhäsion sollte also bei einer bestimmten Molmasse des Schmelzklebers ein Optimum aufweisen. Eine geringe Zahl von Verzweigungen pro Molekül setzt dessen Schmelzviskosität herab und erhöht folglich die Diffusionsgeschwindigkeit. Bei sehr stark verzweigten Molekülen können dagegen weniger Haftpunkte pro Molekül Adhäsiv ausgebildet werden, so daß die Adhäsion mit zunehmender Verzweigung ebenfalls durch ein Maximum gehen sollte.

Als Kleber werden häufig Lösungen von makromolekularen Stoffen verwendet. Das Lösungsmittel setzt die Viskosität des Klebstoffes herab und vereinfacht sein Aufbringen. Außerdem kann das Lösungsmittel bei richtiger Auswahl (Anpassen der Löslichkeitsparameter von Werkstoff und Lösungsmittel) das Adhärens anquellen. Durch die dadurch herabgesetzten Glas- bzw. Schmelztemperaturen wird die Interdiffusion gefördert (Übergang vom G/E- zum E/E-Typ). Nach dem Verkleben sollte das Lösungsmittel aber nicht mehr weichmachen. Dazu muß das Lösungsmittel sehr leicht aus den Randzonen der Verbindung Werkstoff/Klebstoff wegdiffundieren, was mit niedermolekularen flüchtigen Lösungsmitteln erreicht werden kann. Die Weichmachung wird auch aufgehoben, wenn man polymerisierbare Monomere als Lösungsmittel verwendet. Eine bessere Verbindung von Werkstoff und Klebstoff wird natürlich noch erreicht, wenn zwischen ihnen chemische Bindungen ausgebildet werden können.

Die verwendeten Klebstoffe können je nach Art und Verwendungszweck in Festkleber und Weichkleber eingeteilt werden. Bei den Festklebern liegt die Klebschicht nach der Verklebung unterhalb der Glas- bzw. Schmelztemperatur, bei den Weichklebern oberhalb dieser Temperaturen vor. Bei den Festklebern kann man solche ohne Vernetzung von denen mit Vernetzung unterscheiden. Als Festkleber ohne Vernetzung werden z.B. Dispersionen von Poly(vinylacetat) oder Stärkelösungen verwendet. Als Festkleber mit Vernetzung wirken z.B. Harnstoff-, Phenol- und Melaminharze, Epoxidharze, ungesättigte Polyester und Polyisocyanatklebstoffe. Bei beiden Festklebertypen hängt die Wirkung stark von der chemischen Natur von Werkstoff und Klebstoff ab. Bei den Weichklebern unterscheidet man Kontaktkleber und Haftkleber. Kontaktkleber sind z.B. Lösungen von polaren synthetischen Kautschuken (wie Poly(chlorbutadien) oder Poly(butadien-co-acrylnitril) oder die Polymeren selbst (z.B. bei Selbstklebepostkarten). Haftkleber sind hochkonzentrierte Lösungen niedermolekularer Polymerer, z.B. von Poly(isobutylen) oder Poly(vinylethern) oder von Kautschukabbauprodukten. Sie werden für Klebebänder oder Heftpflaster verwendet.

Um gute Verklebungen zu erzielen, muß die Oberfläche des Werkstoffes meist vorbereitet werden. Die Art der Vorbereitung hängt vom Typ des Werkstoffes ab. Bei Festklebern mit Vernetzung können auf den Werkstoffen reaktive Gruppierungen z.B. durch Oxydation mit Chromschwefelsäure oder z.B. durch Glimmentladungen geschaffen werden. Da alle Klebstoffe beim Aufbringen in viskoser bzw. viskoelastischer Form sind, empfiehlt sich immer ein Aufrauhen der Oberfläche. Oberflächenbeläge müssen entfernt werden: adsorbierte Gase durch Ausgasen, Fett durch organische Lösungsmittel.

Literatur zu Kap. 39

39.2 Überzüge

H. F. Paine, Organic coating technology, Wiley, New York, 2 Bde., 1954, 1961
D. W. Chatfield, The science of surface coatings, Van Nostrand, New York 1962
D. H. Parker, Principles of surface coating technology, Interscience, New York 1965
R. R. Myers und J. S. Long, Hrsg., Film-forming compositions, New York, 3 Bde. 1967–1972
D. H. Solomon, The chemistry of organic film formers, Wiley, New York 1967
C. Martens, Technology of paints, varnishes and lacquers, Reinhold, New York 1968
R. L. Davidson und M. Sittig, Hrsg., Water soluble resins, Van Nostrand-Reinhold, New York, 2. Aufl. 1968
H. Warren, The applications of synthetic resin emulsions, E. Bern, London 1972
N. M. Bikales, Hrsg., Water-soluble polymers, Plenum Press, New York 1973
G. P. Bierwagen und T. K. Hay, The reduced pigment volume concentration as an important parameter in interpreting and predicting the properties of organic coatings, Progr. Org. Coat. **3** (1975) 281
J. W. Vanderhoff, Latex film formation, Polymer News **3** (1977) 194

39.3 Mikrokapseln

S. Krause, Hrsg., Symposium on microencapsulation (Chicago 1973); Plenum, New York 1974
C. Thies, Physicochemical aspects of microencapsulation, Polymer-Plast. Technol. Engng. **5**/1 (1975) 1
C. Tanquary, R. E. Lacey, Hrsg., Controlled release of biologically active agents, Plenum Press, New York 1974

39.4 Klebstoffe

S. S. Voyutskii, Autohesion and adhesion of high polymers, Interscience, New York 1963
–, Contact angle, Wettability and adhesion, Adv. Chem. Ser. **43** (1964)
R. Houwink und G. Solomon, Hrsg., Adhesion and adhesives, Elsevier, Amsterdam 1965
R. S. R. Parker und P. Taylor, Adhesion and adhesives, Pergamon Press, London 1966
R. L. Patrick, Hrsg., Treatise on adhesion and adhesives, Dekker, New York 1967–1969 (2 Bde.)
J. J. Bikerman, The science of adhesive joints, Academic Press, New York, 2. Aufl. 1968
N. I. Moskvitin, Physicochemical principles of glueing and adhesion processes, Iseral Progr. Sci. Transl., Jerusalem 1969
D. H. Kaelble, Physical chemistry of adhesion, Wiley-Interscience, New York 1971
D. H. Kaelble, Rheology of adhesion, J. Macromol. Sci. [Revs.] **C 6** (1971) 85
P. E. Cassidy und W. J. Yager, Coupling agents as adhesion promoters, J. Macromol. Sci. D [Revs. Polymer Technol.] **1** (1971/1972) 1
T. R. Bullett und J. L. Prosser, The measurement of adhesion, Progr. Org. Coat. **1** (1972) 45
E. Bister, W. Borchard und G. Rehage, Autohäsion und Tack bei kautschukartigen unvernetzten Polymeren, Kautschuk + Gummi-Kunststoffe **29** (1976) 527
B. S. Herman, Adhesives; recent developments, Noyes Data Corporation, Park Ridge, NJ 1976
I. Skeist, Handbook on adhesives, Van Nostrand, Cincinnati 1977
Desk-Top Data Bank, Adhesives 1978/79, International Plastics Selector Inc., San Diego, 2 Bde. 1978

VII Anhang

VII ANHANG

> Mancherlei Gewicht und
> Maß ist beides Greuel
> dem Herrn.
> Sprüche Salomos 20, 10

Tab. VII–1: SI-Einheiten

Physikalische Größe		Physikalische Einheit	
Symbol	Name	Name	Symbol
Basisgrößen			
l	Länge	Meter	m
m	Masse	Kilogramm	kg
t	Zeit	Sekunde	s
I	Elektrische Stromstärke	Ampere	A
T	Thermodynamische Temperatur	Kelvin	K
I_ν	Lichtstärke	Candela	cd
n	Stoffmenge	Mol	mol
Zusätzliche Basisgrößen			
α, β, γ	Winkel in der Ebene	Radiant	rad
ω, Ω	Winkel im Raum	Steradiant	sr
Abgeleitete Größen			
F	Kraft	Newton	$N = J\,m^{-1} = kg\,m\,s^{-2}$
E	Energie, Arbeit, Wärme	Joule	$J = N\,m = kg\,m^2\,s^{-2}$
P	Leistung, Energiefluß	Watt	$W = V\,A = J\,s^{-1}$
p	Druck, Spannung	Pascal	$Pa = N\,m^{-2} = J\,m^{-3}$
ν	Frequenz	Hertz	$Hz = s^{-1}$
Q	Elektrizitätsmenge, elektrische Ladung	Coulomb	$C = A\,s$
U	Elektrische Potentialdifferenz, elektrische Spannung	Volt	$V = J\,C^{-1} = W\,A^{-1}$
R	Elektrischer Widerstand	Ohm	$\Omega = V\,A^{-1}$
G	Elektrischer Leitwert	Siemens	$S = A\,V^{-1}$
C	Elektrische Kapazität	Farad	$F = A\,s\,V^{-1}$
ϵ	Relative Permittivität	—	1
Φ	Magnetischer Fluß	Weber	$Wb = V\,s$
L	Eigeninduktivität, magnetischer Leitwert	Henry	$H = Wb\,A^{-1}$
B	Magnetische Flußdichte	Tesla	$T = Wb\,m^{-2}$
Φ_ν	Lichtstrom	Lumen	$lm = cd\,sr$
E_ν	Beleuchtungsstärke	Lux	$Lx = lm\,m^{-2}$
	Radioaktivität	Becquerel	$Bq = s^{-1}$
	Energiedosis	Gray	$Gy = J\,kg^{-1}$

Tab. VII–2: Vorsilben für SI-Einheiten

Faktor	Name	Vorsilbe	Symbol
10^{18}	Trillion	Exa	E
10^{15}	Billiarde	Peta	P
10^{12}	Billion	Tera	T
10^{9}	Milliarde	Giga	G
10^{6}	Million	Mega	M
10^{3}	Tausend	Kilo	k
10^{2}	Hundert	Hekto	h
10^{1}	Zehn	Deka	da
10^{-1}	Zehntel	Dezi	d
10^{-2}	Hundertstel	Zenti	c
10^{-3}	Tausendstel	Milli	m
10^{-6}	Millionstel	Mikro	μ
10^{-9}	Milliardstel	Nano	n
10^{-12}	Billionstel	Pico	p
10^{-15}	Billiardstel	Femto	f
10^{-18}	Trillionstel	Atto	a

Tab. VII–3: Fundamentale Konstanten

Physikalische Größe	Symbol = Zahlenwert · Physikalische Einheit
Lichtgeschwindigkeit	$c = (2{,}997\,925 \pm 0{,}000\,003) \cdot 10^8$ m s^{-1}
Elementarladung	$e = (1{,}602\,10 \pm 0{,}000\,07) \cdot 10^{-19}$ C
Faraday-Konstante	$F = (9{,}648\,70 \pm 0{,}000\,16) \cdot 10^4$ C mol^{-1}
Planck-Konstante	$h = (6{,}625\,6 \pm 0{,}000\,5) \cdot 10^{-34}$ J s
Boltzmann-Konstante	$k = (1{,}380\,54 \pm 0{,}000\,09) \cdot 10^{-23}$ J K^{-1}
Avogadro-Konstante (Loschmidtsche Zahl)	$N_L = (6{,}022\,52 \pm 0{,}000\,28) \cdot 10^{23}$ mol^{-1}
(Molare) Gaskonstante	$R = (83{,}143\,3 \pm 0{,}004\,4)$ bar cm^3 K^{-1} mol^{-1}
	$= (8{,}314\,33 \pm 0{,}000\,44)$ J K^{-1} mol^{-1}
Magnetische Feldkonstante (Permeabilität des Vakuums)	$\mu_0 = 4\pi \cdot 10^{-7}$ J s^2 C^{-2} m^{-1}
Permittivität des Vakuums	$\epsilon_0 = \mu_0^{-1} c^{-2} = (8{,}854\,185 \pm 0{,}000\,18) \cdot 10^{-12}$ J^{-1} C^2 m^{-1}

Tab. VII–4: Umrechnungen von veralteten und angelsächsischen Einheiten in SI-Einheiten
(* = im Systéme International zugelassen)

Name	Umrechnung Alte Einheit	=	SI-Einheit
1. Längen			
Meile	1 mile	=	1 609,344 m
Yard	1 yd	=	0,914 4 m
Foot	1 ft = 1'	=	0,304 8 m
Inch	1 in = 1"	=	0,025 4 m
Mil	1 mil	=	$2{,}54 \cdot 10^{-5}$ m
Mikron	1 μ	=	10^{-6} m = 1 μm
Millimikron	1 mμ	=	10^{-9} m = 1 nm
Ångstrøm	1 Å	=	10^{-10} m = 0,1 nm

Name	Umrechnung Alte Einheit	=	SI-Einheit

2. Flächen ($1\,m^2 = 10^4\,cm^2 = 10^6\,mm^2$)

Square mile	1 sq. mile	=	$2{,}589\,988\,11 \cdot 10^6\,m^2$
Hektar	1 ha	=	$10^4\,m^2$
Acre	1 acre	=	$4{,}047 \cdot 10^3\,m^2$
Ar	1 a	=	$100\,m^2$
Square yard	1 sq. yd.	=	$0{,}836\,127\,36\,m^2$
Square foot	1 sq. ft.	=	$9{,}290\,304 \cdot 10^{-2}\,m^2$
Square inch	1 sq. in.	=	$6{,}451\,6 \cdot 10^{-4}\,m^2$
Barn	1 b	=	$10^{-28}\,m^2$

3. Volumina ($1\,m^3 = 10^6\,cm^3 = 10^9\,mm^3$)

Store	1 st	=	$1\,m^3$
Cubic yard	1 cu. yd.	=	$0{,}764\,554\,857\,m^3$
Imperial barrel		=	$0{,}1636\,m^3$
US barrel petroleum	1 bbl	=	$0{,}158\,97\,m^3$
US barrel		=	$0{,}119\,m^3$
Cubic foot	1 CF	=	$2{,}831\,684\,659\,2 \cdot 10^{-2}\,m^3$
Gallon (British oder Imperial)	1 gal	=	$4{,}545\,9 \cdot 10^{-3}\,m^3$
Gallon (US dry)	1 gal	=	$4{,}44 \cdot 10^{-3}\,m^3$
Gallon (US liquid)	1 gal	=	$3{,}785\,412 \cdot 10^{-3}\,m^3$
Liter (cgs)	1 L	=	$1{,}000\,028 \cdot 10^{-3}\,m^3$
*Liter	1 L	=	$1{,}000\,000 \cdot 10^{-3}\,m^3$
Quart (US)	1 qt.	=	$9{,}463\,353 \cdot 10^{-4}\,m^3$
Ounce (British liquid)	1 ounce	=	$2{,}8413 \cdot 10^{-5}\,m^3$
Ounce (US liquid)	1 ounce	=	$2{,}9574 \cdot 10^{-5}\,m^3$
Cubic inch	1 cu. in.	=	$1{,}638\,706\,4 \cdot 10^{-5}\,m^3$

4. Massen

Long ton (UK)	1 ton	=	$1016{,}046\,909\,kg$
*Tonne	1 t	=	$1000\,kg$
Short ton (US)	1 ton	=	$907{,}184\,74\,kg$
Hundred weight (UK)	1 cwt	=	$50{,}802\,3\,kg$
Short hundred weight	1 sh cwt	=	$45{,}359\,2\,kg$
Slug	1 slug	=	$14{,}59\,kg$
Stone = 14 lb	1 stone	=	$6{,}350\,293\,18\,kg$
Pound (avoirdupois) = = 16 drams	1 lb	=	$0{,}453\,592\,37\,kg$
Pound (apothekers)	1 lb	=	$0{,}373\,242\,kg$
Ounce (avoirdupois)	1 oz.	=	$0{,}028\,349\,52\,kg$
Karat	1 ct	=	$2 \cdot 10^{-4}\,kg$
Grain	1 gr	=	$6{,}48 \cdot 10^{-5}\,kg$

5. Zeiten

Jahr	1 a	=	$3{,}155\,76 \cdot 10^7\,s$
Monat	1 mo	=	$2{,}629\,8 \cdot 10^6\,s$
Tag	1 d	=	$86\,400\,s$
*Stunde	1 h	=	$3600\,s$
*Minute	1 min	=	$60\,s$

6. Temperaturen

*Grad Celsius (= "centigrade")		$y°C - 273{,}16°C = K$
Degree Fahrenheit		$(x°F - 32°F)(5/9) = y°C$

7. Winkel

*Winkelgrad	1°	=	$(\pi/180)\,rad = 1{,}745\,329\,2 \cdot 10^{-2}\,rad$
*Winkelminute	1'	=	$2{,}908\,882 \cdot 10^{-4}\,rad$
*Winkelsekunde	1"	=	$4{,}848\,136\,6 \cdot 10^{-6}\,rad$

Name	Umrechnung		
	Alte Einheit	=	SI-Einheit

8. Dichten ($1\ \text{kg m}^{-3} = 10^{-3}\ \text{g cm}^{-3}$)

	1 lb/cu. in.	=	$27{,}679\ 904\ 71\ \text{g cm}^{-3}$
	1 oz/cu. in.	=	$1{,}729\ 993\ 853\ \text{g cm}^{-3}$
	1 lb/cu. ft.	=	$1{,}601\ 846\ 337 \cdot 10^{-2}\ \text{g cm}^{-3}$
	1 lb/gal. US	=	$7{,}489\ 150\ 454 \cdot 10^{-3}\ \text{g cm}^{-3}$

9. Energien, Arbeit, Wärmemengen ($1\ \text{J} = 1\ \text{N m} = 1\ \text{Ws}$)

Kilowattstunde	1 kWh	=	$3{,}6 \cdot 10^6\ \text{J}$
Horse power hour	1 hph	=	$2{,}685 \cdot 10^6\ \text{J}$
Cubic foot-atmosphere	1 cu. ft. atm.	=	$2{,}869\ 205 \cdot 10^3\ \text{J}$
British thermal unit	1 BTU_{mean}	=	$1{,}055\ 79 \cdot 10^3\ \text{J}$
British thermal unit	1 BTU_{IT}	=	$1{,}055\ 056 \cdot 10^3\ \text{J}$
	1 $\text{ft}^3\ \text{lb(wt)/in.}^2$	=	$1{,}952\ 378 \cdot 10^2\ \text{J}$
Literatmosphäre	1 L atm	=	$1{,}013\ 250 \cdot 10^2\ \text{J}$
	1 m kgf	=	$9{,}806\ 65\ \text{J}$
Kalorie	1 cal_{IT}	=	$4{,}186\ 8\ \text{J}$
Kalorie	1 cal_{th}	=	$4{,}184\ \text{J}$
	1 ft-lbf	=	$1{,}355\ 818\ \text{J}$
	1 ft-pdl	=	$4{,}215\ 384\ \text{J}$
	1 erg	=	$10^{-7}\ \text{J}$
Elektronenvolt	1 eV	=	$1{,}602\ 1 \cdot 10^{-19}\ \text{J}$

10. Kräfte

Schlagzähigkeit (bezogen auf Breite)	1 ft-lbf/in.notch	=	$53{,}378\ 64\ \text{N}$
Pound force	1 lbf	=	$4{,}448\ 22\ \text{N}$
Poundal	1 pdl	=	$0{,}138\ 3\ \text{N}$
Pond	1 p	=	$9{,}806\ 65 \cdot 10^{-3}\ \text{N}$
Gram force	1 gf	=	$9{,}806\ 65 \cdot 10^{-3}\ \text{N}$
Dyn	1 dyn	=	$10^{-5}\ \text{N}$

11. Längenbezogene Kräfte

Schlagzähigkeit (bezogen auf Querschnitt)	1 kp/cm	=	$980{,}665\ \text{N m}^{-1}$
Schlagzähigkeit (bezogen auf Querschnitt)	1 lbf/ft	=	$14{,}593\ 898\ \text{N m}^{-1}$
Oberflächenspannung	1 dyn/cm	=	$10^{-3}\ \text{N m}^{-1}$

12. Flächenbezogene Kräfte, Drücke und mechanische Spannungen ($1\ \text{MPa} = 1\ \text{MN m}^{-2} = 1\ \text{N mm}^{-2}$)

Phys. Atm. = 760 torr	1 atm	=	$0{,}101\ 325\ \text{MPa}$
	1 bar*	=	$0{,}1\ \text{MPa}$
Techn. Atmosphäre	1 at	=	$0{,}098\ 065\ \text{MPa}$
	1 kp/cm²	=	$0{,}098\ 065\ \text{MPa}$
	1 kgf/cm²	=	$0{,}098\ 065\ \text{MPa}$
	1 lbf/sq. in.	=	$6{,}894\ 76 \cdot 10^{-3}\ \text{MPa}$
	1 psi	=	$6{,}894\ 76 \cdot 10^{-3}\ \text{MPa}$
Inch mercury	1 in. Hg	=	$3{,}386\ 388 \cdot 10^{-3}\ \text{MPa}$
Torr	1 torr	=	$1{,}333\ 224 \cdot 10^{-4}\ \text{MPa}$
Millimeter Quecksilbersäule	1 mm Hg	=	$1{,}333\ 224 \cdot 10^{-4}\ \text{MPa}$
	1 dyn/cm²	=	$10^{-5}\ \text{MPa}$
Millimeter Wassersäule	1 mm H₂O	=	$9{,}806\ 65 \cdot 10^{-6}\ \text{MPa}$
	1 pdl/sq. ft.	=	$1{,}488\ 649 \cdot 10^{-6}\ \text{MPa}$

Anhang

Name	Umrechnung		
	Alte Einheit	=	SI-Einheit

13. Leistungen ($1 \text{ W} = 1 \text{ J s}^{-1}$)

Pferdestärke (metrisch)	1 PS	=	735,499 W
Horsepower (UK)	1 hp	=	745,700 W
	1 BTU/h	=	0,293 275 W
	1 cal/h	=	$1,162\,222 \cdot 10^{-3}$ W

14. Wärmeleitfähigkeiten

1 cal/(cm s °C)	=	$418,6 \text{ W m}^{-1} \text{K}^{-1}$
1 BTU/(ft h °F)	=	$1,731\,956 \text{ W m}^{-1} \text{K}^{-1}$
1 kcal/(m h °C)	=	$1,162\,78 \text{ W m}^{-1} \text{K}^{-1}$

15. Wärmeübergangskoeffizienten

1 cal/(cm² s °C)	=	$4,186\,8 \cdot 10^4 \text{ W m}^{-2} \text{K}^{-1}$
1 BTU/(ft² h °F)	=	$5,682\,215 \text{ W m}^{-2} \text{K}^{-1}$
1 kcal/(m² h °C)	=	$1,163 \text{ W m}^{-2} \text{K}^{-1}$

16. Längenbezogene Massen (= Feinheit = Titer = „lineare Dichten")

*Tex	1 tex	=	$10^{-6} \text{ kg m}^{-1}$
Denier	1 den	=	$0,111 \cdot 10^{-6} \text{ kg m}^{-1}$

17. Reißlängen (= tenacities)

1 g/den	=	$9 \cdot 10^3$ m

18. „Spezifische Reißkräfte"

1 gf/den	=	$0,082\,599 \text{ N tex}^{-1}$
	=	$98,06 \cdot$ (Dichte in g cm^{-3}) MPa

19. Dynamische Viskositäten

Poise	1 P	=	0,1 Pa s

20. Kinematische Viskositäten

Stokes	1 St	=	$10^{-4} \text{ m}^2 \text{ s}^{-1}$

21. Elektrischer Leitwert

Reziprokes Ohm	1 mho	=	1 S

22. Elektrische Feldstärke

1 V/mil	=	$3,937\,008 \cdot 10^4 \text{ V m}^{-1}$

23. Radioaktivität

Curie	1 Ci	=	37 GBq

24. Ionendosis

Röntgen	1 R	=	$2,58 \cdot 10^{-4} \text{ C kg}^{-1}$

25. Äquivalentendosis

1 rem	=	10^{-2} Gy

Tab. VII–5: Energieinhalte verschiedener Energieträger
(Synthetisches Erdgas (SNG = substitute natural gas) und verflüssigtes Erdgas
(LNG = liquid natural gas) besitzen etwa den gleichen Energieinhalt wie Erdgas)

Menge und Energiequelle				
1 cu. ft. natural gas	=	1 CF	∴	1,055 J
10^3 cu. ft. natural gas	=	1 MCF	∴	1,055 kJ
10^6 cu. ft. natural gas	=	1 MMCF	∴	1,055 MJ
10^9 cu. ft. natural gas	=	1 BCF	∴	1,055 GJ
10^{12} cu. ft. natural gas	=	1 TCF	∴	1,055 TJ
1 US barrel crude oil	=	1 bbl	∴	5,904 kJ
1 Short ton bituminous coal	=	1 T	∴	26,368 kJ
1 British thermal unit	=	1 BTU	∴	1,055 kJ
1 Quadrillion BTU	=	1 Q	∴	$1,055 \cdot 10^{12}$ J
1 Steinkohleneinheit	=	1 SKE	∴	29,300 MJ

Tab. VII–6: International gebräuchliche Kurzbezeichnungen für Thermoplaste, Duroplaste, Fasern, Elastomere und Hilfsstoffe
(nach DIN 7723, 7728 und 60001; ASTM D 1600–64 T und 1418–67; BS 3502–1962; ISO 1043–1975; IUPAC; EWG; EDV-Schlüssel des europäischen Textilkennzeichnungsgesetzes; DDR)

ABR	Poly(acrylester-co-butadien) [Elastomer; ASTM; IUPAC] vgl. auch AR
ABS	Poly(acrylnitril-co-butadien-co-styrol) [ASTM; DIN; ISO; IUPAC]
AC	Acetatfaser (EDV); vgl. CA
ACM	Copolymer aus Acrylester und einer kleinen Menge eines vulkanisierbaren Monomeren, z. B. 2-Chlorvinylether [Elastomer; ASTM]
ACS	Mischung von Poly(acrylnitril-co-styrol) mit chloriertem Poly(ethylen)
AES	Poly(acrylnitril-co-ethylen-co-propylen-co-styrol)
AFK	Asbestfaserverstärkter Kunststoff
AFMU	Poly(tetrafluorethylen-co-trifluornitrosomethan-co-nitrosoperfluorbuttersäure) = Nitrosokautschuk [ASTM]
AIBN	Azobisisobutyronitril
A/MMA	Poly(acrylnitril-co-methylmethacrylat) [DIN; ISO]
ANM	Poly(acrylnitril-co-acrylester) [Elastomer; ASTM]
AP	Poly(ethylen-co-propylen) [Elastomer] vgl. auch APK, EPM und EPR
APK	Poly(ethylen-co-propylen) [Elastomer] vgl. auch AP, APT, EPM und EPR
APT	Poly(ethylen-co-propylen-co-dien) [Elastomer], sog. Ethylen/Propylen-Terpolymer, vgl. auch EPDM, EPT und EPTR
AR	Elastomere aus Acrylestern und Olefinen, vgl. auch ABR, ACM, ANM
A/S/A	Poly(acrylnitril-co-styrol-co-acrylester) [DIN; ISO]
ASE	Alkylsulfonsäureester [ISO]
AU	Polyurethan-Elastomer mit Polyester-Segmenten [ASTM]
BBP	Benzylbutylphthalat [DIN; ISO]
BFK	Borfaserverstärkter Kunststoff
BIIR	Copolymer von Bromoisopren und Isopren [Elastomer; ASTM]
BOA	Benzyloctyladipat [ISO] (= Benzyl-2-ethylhexyladipat)
BPO	Dibenzoylperoxid
BR	Poly(butadien) [Elastomer; ASTM]
BT	Poly(buten-1)
Butyl	Poly(isobutylen-co-isopren) [sog. Butylkautschuk; BS]
CA	Celluloseacetat [ASTM; DIN; ISO; IUPAC]; vgl. AC
CAB	Celluloseacetobutyrat [ASTM; DIN; ISO; IUPAC]

CAP	Celluloseacetopropionat [ASTM; DIN; ISO; IUPAC]
CAR	Kohlenstoff-Faser
CEM	Poly(trifluorchlorethylen) [ASTM]
CF	Kresol/Formaldehyd-Harze [DIN; ISO; IUPAC]
CFK	1. Chemiefaserverstärkter Kunststoff − 2. Kohlenstoffaserverstärkter Kunststoff
CFM	1. Poly(trifluorchlorethylen) [ASTM] vgl. auch PCTEE
	2. Copolymer von Trifluorchlorethylen und Vinylidenfluorid
CHC	Poly(epichlorhydrin-co-ethylenoxid) [Elastomer] vgl. auch ECO
CHR	Poly(epichlorhydrin) [Elastomer] vgl. auch CO
CIIR	Copolymer von Chloroisobutylen und Isopren [Elastomer; ASTM]
CL	Poly(vinylchlorid)-Faser [EWG; EDV]; vgl. PVC
CM	Chloriertes Poly(ethylen) [ASTM] vgl. auch CPE
CMC	Carboxymethylcellulose [ASTM; DIN; ISO; IUPAC]
CN	Cellulosenitrat [ASTM; DIN; ISO; IUPAC] vgl. NC
CNR	Carboxynitroso-Kautschuk, vgl. auch AFMU
CO	Poly(epichlorhydrin) = „Polychlormethyloxiran" [Elastomer; ASTM]; vgl. auch CHC, CHR und ECO
CP	Cellulosepropionat [DIN; ISO; IUPAC]
CPE	Chloriertes Poly(ethylen), vgl. auch CM
CPVC	Chloriertes Poly(vinylchlorid), vgl. PC, PeCe, PVCC
CR	Poly(chloropren) [Elastomer; ASTM; BS; IUPAC]
CS	Casein, Kunsthorn [DIN; ISO; IUPAC]
CSM	Chlorsulfoniertes Poly(ethylen) [ASTM], vgl. CSPR, CSR
CSPR	Chlorsulfoniertes Poly(ethylen) [BS], vgl. CSM, CSR
CSR	Chlorsulfoniertes Poly(ethylen)
CT	Cellulosetriacetat (DIN); vgl. TA
CTA	Cellulosetriacetat
CuHp	Kupferkaschiertes Hartpapier
CV	Viskose (DIN); vgl. VI
DABCO	Triethylendiamin
DAP	Diallylphthalat(-Harze) [ASTM; DIN], vgl. FDAP
DBP	Dibutylphthalat [DIN, ISO, IUPAC]
DCP	Dicaprylphthalat [DIN, ISO, IUPAC]
DDP	Didecylphthalat
DEP	Diethylphthalat [ISO]
DHP	Diheptylphthalat [ISO]
DHXP	Dihexylphthalat [ISO]
DIBP	Diisobutylphthalat [DIN, ISO]
DIDA	Diisodecyladipat [DIN, ISO, IUPAC]
DIDP	Diisodecylphthalat [DIN, ISO, IUPAC]
DINA	Diisononyladipat [ISO]
DINP	Diisononylphthalat [DIN, ISO]
DIOA	Diisooctyladipat [DIN, ISO, IUPAC]
DIOP	Diisooctylphthalat [DIN, ISO, IUPAC]
DIPP	Diisopentylphthalat
DITDP	Diisotridecylphthalat [DIN, ISO], vgl. DITP
DITP	Diisotridecylphthalat [DIN], vgl. DITDP
DMA	Dimethylacetamid
DMF	N,N-Dimethylformamid
DMP	Dimethylphthalat [ISO]
DMSO	Dimethylsulfoxid
DMT	Dimethylterephthalat
DNP	Dinonylphthalat [ISO, IUPAC]
DOA	Dioctyladipat, Di-2-ethylhexyladipat [DIN, ISO, IUPAC]
DODP	Dioctyldecylphthalat [ISO], vgl. ODP
DOIP	Dioctylisophthalat, Di-2-ethylhexylisophthalat [DIN, ISO]
DOP	Dioctylphthalat, Di-2-ethylhexylphthalat [DIN, ISO, IUPAC]
DOS	Dioctylsebazat, Di-2-ethylhexylsebazat [DIN, ISO, IUPAC]

DOTP	Dioctylterephthalat, Di-2-ethylhexylterephthalat [DIN, ISO]
DÖZ	Dioctylazelat, Di-2-ethylhexylazelat [DIN, ISO, IUPAC]
DPCF	Diphenylkresylphosphat [ISO]
DPOF	Diphenyloctylphosphat [ISO]
DUP	Diundecylphthalat
EA	Segmentierte Polyurethan-Fasern [EDV]; vgl. PUE
EC	Ethylcellulose [DIN, ISO, IUPAC]
ECB	Mischungen aus Ethylencopolymeren mit Bitumen
ECO	Copolymer aus Ethylenoxid und Epichlorhydrin [Elastomer; ASTM], vgl. CHC
E/EA	Poly(ethylen-co-ethylacrylat) [ISO]
ELO	Epoxidiertes Leinöl [DIN, ISO]
EP	Epoxidharz [ASTM, DIN, ISO, IUPAC]
E/P	Poly(ethylen-co-propylen) [ISO]
EPDM	Poly(ethylen-co-propylen-co-nichtkonjugiertes Dien) [Elastomer], vgl. auch APT, EPT, EPTR
EP-G-G	Epoxidharz-Textilglasgewebe-Prepreg
EP-K-L	Epoxidharz-Kohlenstoffasergewebe-Prepreg
EPM	Poly(ethylen-co-propylen) [Elastomer; ASTM, ISO], vgl. AP, APK, EPR
EPR	Poly(ethylen-co-propylen) [Elastomer; BS], vgl. AP, APK, EPM
EPS	Poly(styrol)-Schaumstoff
EPT	Poly(ethylen-co-propylen-co-dien) [Elastomer], vgl. APT, EPDM, EPTR
EPTR	Poly(ethylen-co-propylen-co-dien) [Elastomer; BS], vgl. APT, EPDM, EPT
E-PVC	Emulsions-PVC
E-SBR	Emulsions-SBR
ESO	Epoxidiertes Sojaöl [DIN, ISO]
ETFE	Poly(ethylen-co-tetrafluorethylen)
EU	Polyurethan-Elastomere mit Polyether-Segmenten [ASTM]
EVA	Poly(ethylen-co-vinylacetat) [DIN, ISO]
E/VAC	Poly(ethylen-co-vinylacetat) [ASTM, ISO]
FDAP	Diallylphthalat(-Harze), vgl. auch DAP
FE	Fluorhaltige Elastomere
FEP	Poly(tetrafluorethylen-co-hexafluorpropylen) [DIN, ISO], vgl. PFEP
FK	Faserverstärkter Kunststoff
FKM	Polymer mit gesättigter Hauptkette und Fluor-, Perfluoralkyl- oder Perfluoralkoxy-Substituenten [ASTM; Elastomer]
FPM	Poly(vinylidenfluorid-co-hexafluorpropylen) [ASTM]
FQ	Silicon mit Fluorsubstituenten [Elastomer; ASTM]
FSI	Fluorsilicone [ASTM]
GEP	Glasfaserverstärktes Epoxidhard
GF	Glasfaserverstärkte Kunststoffe, vgl. auch GFK, RP
GF-EP	Glasfaserverstärkte Epoxidharze
GFK	Glasfaserverstärkte Kunststoffe, vgl. auch GF, RP
GF-PF	Glasfaserverstärkte Phenolharze
GF-UP	Glasfaserverstärkte ungesättigte Polyesterharze
GP	Guttapercha
GPO	Copolymer von Propylenoxid und Allylglycidylether [Elastomer; ASTM]
GR-I	frühere US-Bezeichnung für Butylkautschuk
GR-N	frühere US-Bezeichnung für Nitrilkautschuk
GR-S	frühere US-Bezeichnung für Styrol-Butadien-Kautschuk
GUP	Glasfaserverstärkte ungesättigte Polyesterharze
GV	bei glasfaserverstärkten Thermoplasten übliche Bezeichnung
HDPE	Poly(ethylen) hoher Dichte; im deutschsprachigen Schrifttum früher auch für Hochdruck-Poly(ethylen), d.h. Poly(ethylen) mit meist niedriger Dichte
Hgw	Hartgewebe
HIPS	schlagfestes Poly(styrol) (high impact poly(styrene))
Hm	Hartmatte

HMPT	Hexamethylphosphorsäuretriamid
HMWPE	Unverzweigtes Poly(ethylen) mit sehr hohem Molekulargewicht
Hp	Hartpapier
HPC	Hydroxypropylcellulose
IIR	Poly(isobutylen-co-isopren) [Elastomer; ASTM], vgl. Butyl, PIB, GR-I
IM	Poly(isobutylen), vgl. PIB
IR	cis-1,4-Poly(isopren), synthetisch [ASTM, BS, IUPAC]; vgl. auch PIP
KFK	Kohlenstoffaserverstärkte Kunststoffe [DIN]
LDPE	Poly(ethylen) niedriger Dichte
L-SBR	Lösungspolymerisat des SBR
MA	Modacryl-Faser [EDV]; vgl. PAM
MBS	Poly(methylmethacrylat-co-butadien-co-styrol)
MC	Methylcellulose
MD	Modalfaser (EDV)
MDI	4,4-Diphenylmethandiisocyanat
MDPE	Poly(ethylen) mittlerer Dichte (ca. 0,93–0,94 g/cm^3)
MF	Melamin-Formaldehyd-Harz (ASTM, DIN, ISO, IUPAC)
MFK	Metallfaserverstärkter Kunststoff
MOD	Modacryl-Faser (EWG)
MP	Melamin-Phenol-Formaldehyd-Harz
M-PVC	Masse-Polymerisat des PVC
MQ	Silicone mit Methylsubstituenten [Elastomer; ASTM]
NBR	Poly(butadien-co-acrylnitril), Nitrilkautschuk [ASTM, BS, IUPAC], vgl. PBAN
NC	Cellulosenitrat, vgl. CN
NCR	Poly(acrylnitril-co-chloropren) [ASTM; IUPAC]
NDPE	Poly(ethylen) niedriger Dichte, vgl. LDPE
NIR	Poly(acrylnitril-co-isopren) [Elastomer; ASTM]
NK	Naturkautschuk vgl. NR
NR	Naturkautschuk [ASTM, IUPAC], vgl. NK
ODP	Octyldecylphthalat [ISO], vgl. DODP
OER	Oil-extended rubber (mit Mineralöl gefüllter Kautschuk)
OPR	Oxypropylene rubber (Poly(propylenoxid)-Kautschuk)
PA	Polyamid [ASTM, DIN, ISO, IUPAC]; die erste Zahl gibt die Methylengruppen des aliphatischen Diamins, die zweite die Kohlenstoffatome der aliphatischen Dicarbonsäure an; ein I steht für Isophthalsäure, ein T für Terephthalsäure. Eine einzelne Zahl bezieht sich auf das Polyamid einer α,ω-Aminosäure (bzw. eines Lactams)
PAA	Poly(acrylsäure)
PAC	Poly(acrylnitril) [IUPAC; DIN], vgl. PAN, PC
PAM	Modacrylfaser [DIN]; vgl. MA
PAN	Poly(acrylnitril), vgl. PAC, PC (auch als Warenzeichen!)
PB	Poly(buten-1) [DIN], vgl. PBT, ISO
PBAN	Poly(butadien-co-acrylnitril) [Elastomer]
PBR	Poly(butadien-co-pyridin) [ASTM]
PBS	Poly(butadien-co-styrol), vgl. SBR
PBT	Poly(buten-1), vgl. PBT
PBTP	Poly(butylenterephthalat) [DIN, ISO], vgl. PTMT
PC	1. Polycarbonat [ASTM, DIN, ISO, IUPAC]
	2. Poly(acrylnitril) [EWG, EDV], vgl. PAC, PAN
	3. früher: nachchloriertes PVC
PCD	Poly(carbodiimid)
PCF	Poly(trifluorchlorethylen)-Faser
PCTFE	Poly(trifluorchlorethylen) [DIN, ISO, IUPAC], vgl. CFM
PCU	Poly(vinylchlorid)

PDAP	Poly(diallylphthalat) [DIN, ISO], vgl. DAP, FDAP
PDMS	Poly(dimethylsiloxan)
PE	1. Poly(ethylen) [ASTM, DIN, ISO, IUPAC]
	2. Polyester-Faser [EWG; DDR]
PEC	Chloriertes Poly(ethylen) [DIN, ISO], vgl. CPE
PeCe	Chloriertes PVC, vgl. CPVC, PC, PVCC
PEO	Poly(ethylenoxid), vgl. PEOX
PEOX	Poly(ethylenoxid), vgl. PEO [ISO]
PES	1. Polyester-Faser [DIN]; vgl. PL, PE
	2. Polyethersulfon
PET	Poly(ethylenterephthalat), vgl. PETP
PETP	Poly(ethylenterephthalat) [ASTM, DIN, ISO, IUPAC], vgl. PET
PF	Phenol-Formaldehyd-Harz [ASTM, DIN, ISO, IUPAC]
PFEP	Poly(tetrafluorethylen-co-hexafluorpropylen)
PF-P-B	Phenolharz-Papierbahnen-Prepreg
PI	
PIB	
PIBI	trans-1,4-Poly(isopren), Guttapercha [BS]
PIB	Poly(isobutylen-co-isopren), Butylkautschuk, vgl. Butyl, IIR
PIBO	Poly(isobutylenoxid)
PIP	cis-1,4-Poly(isopren), synthetisch
PIR	Poly(isocyanurat)
PL	1. Poly(ethylen) [EWG]
	2. Polyesterfaser [EDV]
PMCA	Poly(methyl(α-chlor)methacrylat)
PMI	Poly(methacrylimid)
PMMA	Poly(methylmethacrylat) [ASTM, DIN, ISO, IUPAC]
PMP	Poly(4-methylpenten-1) [DIN, ISO]
PO	1. Poly(propylenoxid) [Elastomer, ASTM]
	2. Poly(olefine)
	3. Phenoxy-Harze
POB	Poly(p-hydroxybenzoat)
POM	Poly(oxymethylen) [DIN, ISO, IUPAC]
POR	Poly(propylenoxid-co-allylglycidylether) [Elastomer]
PP	Poly(propylen) [ASTM, DIN, ISO, IUPAC, EDV]
PPO	Poly(phenylenoxid); auch eingetragenes Warenzeichen
PPOX	Poly(propylenoxid) [ISO]
PPSU	Poly(phenylensulfon) [ISO], vgl. PSU
PQ	Silicon mit Phenylsubstituenten [Elastomer; ASTM]
PS	Poly(styrol) [ASTM; DIN; ISO, IUPAC]
PSAN	Poly(styrol-co-acrylnitril) [DIN], vgl. SAN
PSAB	Poly(styrol-co-butadien) [DIN], vgl. SB
PSBR	Terpolymer aus Vinylpyridin, Styrol und Butadien [ASTM; Elastomer]
PSI	Poly(methylphenylsiloxan) [ASTM]
PST	Poly(styrol)-Faser
PS-TSG	Poly(styrol)-Schaumspritzguß
PSU	Poly(phenylensulfon), vgl. PPSU
PTF	Poly(tetrafluorethylen)-Faser
PTFE	Poly(tetrafluorethylen) [ASTM, DIN, ISO; IUPAC]
PTMT	Poly(tetramethylenterephthalat) = Poly(butylenterephthalat), vgl. PBTP
PU	1. Polyurethan-Elastomere (BS)
	2. Polyurethan-Faser [EDV]
PUA	Polyharnstoff-Faser
PUE	Segmentierte Polyurethan-Fasern [DIN]; vgl. EA
PUR	Polyurethan [DIN, ISO, IUPAC]; vgl. PU
PVA	1. Poly(vinylacetat), vgl. PVAC
	2. Poly(vinylalkohol), vgl. PVAL
	3. Poly(vinylether)
PVAC	Poly(vinylacetat) [ASTM, DIN, ISO, IUPAC]
PVAL	Poly(vinylalkohol) [ASTM, DIN, ISO, IUPAC]

PVB	Poly(vinylbutyral) [ASTM, DIN, ISO, IUPAC]
PVC	Poly(vinylchlorid) [ASTM, DIN, ISO, IUPAC]; vgl. CL
PVCA	Poly(vinylchlorid-co-vinylacetat) [DIN; IUPAC], vgl. PVCAC
PVCAC	Poly(vinylchlorid-co-vinylacetat) [ASTM]
PVCC	Chloriertes PVC [DIN; ISO], vgl. CPVC, PC, PeCe
PVDC	Poly(vinylidenchlorid) [DIN, ISO, IUPAC]
PVDF	Poly(vinylidenfluorid) [DIN, ISO, IUPAC], vgl. PVF_2
PVF	Poly(vinylfluorid) [ASTM; DIN; ISO, IUPAC]
PVF_2	Poly(vinylidenfluorid), vgl. PVDF
PVFM	Poly(vinylformal) [DIN, ISO; IUPAC], vgl. PVFO
PVFO	Poly(vinylformal) [DIN], vgl. PVFM
PVID	Poly(vinylidennitril)
PVK	Poly(vinylcarbazol) [DIN, ISO]
PVM	Poly(vinylchlorid-co-vinylmethylether)
PVP	Poly(vinylpyrrolidon) [ISO]
PVSI	Poly(dimethylsiloxan) mit Phenyl- und Vinylgruppen [ASTM]
PY	Ungesättigte Polyester-Harze [BS]
RF	Resorcin/Formaldehyd-Harz
RP	verstärkte Kunststoffe (engl.)
SAN	Poly(styrol-co-acrylnitril) [DIN; ISO; IUPAC], vgl. PSAN
S/B	Poly(styrol-co-butadien) [DIN; ISO; IUPAC]
SBR	Poly(styrol-co-butadien) [ASTM, BS; IUPAC]
SCR	Poly(styrol-co-chloropren) [ASTM; IUPAC]
SFK	Synthesefaserverstärkter Kunststoff
SI	1. Silicone allgemein [DIN; ISO; IUPAC]
	2. Poly(dimethylsiloxan) [ASTM]
SIR	1. Silicon-Kautschuk [IUPAC]
	2. Poly(styrol-co-isopren) [ASTM]
SMR	Standardisierter malaysischer Kautschuk
S/MS	Poly(styrol-co-α-methylstyrol) [DIN, ISO]
S-PVC	Suspensions-PVC
T	Polysulfidkautschuk
TA	Cellulosetriacetat (EDV); vgl. CT
TC	Technisch-klassifizierter Naturkautschuk
TCEF	Trichlorethylphosphat [ISO]
TCF	Trikresylphosphat [DIN, ISO]; vgl. TCP, TKP, TTP
TCP	Trikresylphosphat [IUPAC], vgl. TCF, TKP, TTP
TDI	Toluylendiisocyanat
TIOTM	Triisooctyltrimellitat [DIN, ISO]
THF	Tetrahydrofuran
TKP	Trikresylphosphat, vgl. TCF, TCP, TTP
TMS	Tetramethylsilan
TOF	Trioctylphosphat, Tri(2-ethylhexyl)phosphat [DIN, ISO], vgl. TOP
TOP	Trioctylphosphat, Tri(2-ethylhexyl)phosphat [IUPAC], vgl. TOF
TOPM	Tetraoctylpyromellitat [DIN; ISO]
TOTM	Trioctylmellitat [DIN, ISO]
TPA	1,5-trans-Poly(pentenamer), vgl. TPR
TPF	Triphenylphosphat [DIN, ISO], vgl. TPP
TPP	Triphenylphosphat [IUPAC], vgl. TPF
TPR	1. 1,5-trans-Poly(pentenamer), vgl. TPA
	2. Thermoplastisches Elastomer, vgl. TR
TR	Thermoplastisches Elastomer
TTP	Trikresylphosphat, vgl. TCF, TCP, TKP
UE	Polyurethan-Elastomer [ASTM]
UF	Harnstoff-Formaldehyd-Harz [ASTM, DIN, ISO, IUPAC]
UHMPE	Poly(ethylen) mit ultrahohem Molekulargewicht

UP	Ungesättigte Polyester [DIN, ISO, IUPAC]
UP-G-G	Prepreg aus ungesättigten Polyestern und Textilglasgewebe
UP-G-M	Prepreg aus ungesättigten Polyestern und Textilglasmatten
UP-G-R	Prepreg aus ungesättigten Polyestern und Textilglasrovings
UR	Polyurethan-Elastomere [BS]
VA	Vinylacetat
VAC	Vinylacetat
VC	Vinylchlorid, vgl. VCM
VC/E	Poly(ethylen-co-vinylchlorid) [ISO]
VC/E/MA	Poly(ethylen-co-vinylchlorid-co-maleinsäureanhydrid) [ISO]
VC/EV/AC	Poly(ethylen-co-vinylchlorid-co-vinylacetat)
VCM	Vinylchlorid, vgl. VC
VC/MA	Poly(vinylchlorid-co-maleinsäureanhydrid) [ISO]
VC/OA	Poly(vinylchlorid-co-octylacrylat)
VC/VAC	Poly(vinylchlorid-co-vinylacetat) [ISO]
VF	Vulkanfiber
VI	Viskose (EDV); vgl. CV
VPE	Vernetztes Poly(ethylen)
VQ	Silicon mit Vinylsubstituenten [Elastomer; ASTM]
WFK	Whiskerverstärkter Kunststoff
WM	Weichmacher
XABS	Copolymere aus Acrylnitril, Butadien, Styrol und einer vierten Komponenten.
YSBR	Thermoplastisches Elastomer aus Styrol und Butadien [Elastomer; ASTM]

Tab. VII–7: Generische Namen von Textilfasern
Die amerikanische „Federal Trade Commission" hat die folgenden generischen Namen von Textilfasern definiert:

(a) acetate – a manufactured fiber in which the fiber-forming substance is cellulose acetate. Where not less than 92% of the hydroxyl groups are acetylated, the term triacetate may be used as a generic description of the fiber.

(b) acrylic – a manufactured fiber in which the fiber forming substance is any long chain synthetic polymer composed of at least 85% by weight of acrylonitrile units $\{CH_2-CH(CN)\}$.

(c) anidex – a manufactured fiber in which the fiber-forming substance is any long chain synthetic polymer composed of at least 50% by weight of one or more esters of a monohydric alcohol and acrylic acid, $CH_2=CH-COOH$.

(d) aramide – a manufactured fiber in which the fiber-forming substance is a long-chain synthetic polyamide in which at least 85% of the amide linkages are attached directly to the aromatic rings.

(e) azlon – a manufactured fiber in which the fiber-forming substance is composed of any regenerated naturally occurring proteins.

(f) glass – a manufactured fiber in which the fiber-forming substance is glass.

(g) metallic – a manufactured fiber composed of metal, plastic-coated metal, metal-coated plastic, or a core completely covered by metal.

(h) modacrylic – a manufactured fiber in which the fiber-forming substance is any long chain synthetic polymer composed of less than 85% but at least 35% by weight of acrylonitrile units $\{CH_2-CH(CN)\}$, except fibers qualifying under subparagraph (2) of paragraph (n) of this section and fibers qualifying under paragraph (c) of this section.

(i) nylon – a manufactured fiber in which the fiber-forming substance is any long chain synthetic polyamide having recurring amide groups $\{CO-NH\}$ as an integral part of the polymer chain

(j) nytril – a manufactured fiber containing at least 85% of a long chain polymer of vinylidene dinitrile $\{CH_2-C(CN)_2\}$ where the vinylidene dinitrile content is no less than every other unit in the polymer chain.

- *(k) olefin* – a manufactured fiber in which the fiber-forming substance is any long chain synthetic polymer composed of at least 85% by weight of ethylene, propylene, or other olefin units, except amorphous (non-crystalline) polyolefins qualifying under category (1) of Paragraph (n) of Rule 7.
- *(l) polyester* – a manufactured fiber in which the fiber-forming substance is any long chain synthetic polymer composed of at least 85% by weight of an ester of a dihydric alcohol and terephthalic acid (p–HOOC–C_6H_4–COOH).
- *(m) rayon* – a manufactured fiber composed of regenerated cellulose, as well as manufactured fibers composed of regenerated cellulose in which substituents have replaced not more than 15% of the hydrogens of the hydroxyl groups.
- *(n) rubber* – a manufactured fiber in which the fiber-forming substance is comprised of natural or synthetic rubber, including the following categories:
  (1) a manufactured fiber in which the fiber-forming substance is a hydrocarbon such as natural rubber, polyisoprene, polybutadiene, copolymers of dienes and hydrocarbons, or amorphous (non-crystalline) polyolefins.
  (2) a manufactured fiber in which the fiber-forming substance is a copolymer of acrylonitrile and a diene (such as butadiene) composed of not more than 50% but at least 10% by weight of acrylonitrile units $+CH_2-CH(CN)+$. The term "lastrile" may be used as a generic description for fibers falling within this category.
  (3) a manufactured fiber in which the fiber-forming substance is a polychloroprene or a copolymer of chloroprene in which at least 35% by weight of the fiber-forming substance is composed of chloroprene units $+CH_2-CCl=CH-CH_2+$.
- *(o) saran* – a manufactured fiber in which the fiber-forming substance is any long chain synthetic polymer composed of at least 80% by weight of vinylidene chloride units $+CH_2-CCl_2+$.
- *(p) spandex* – a manufactured fiber in which the fiber-forming substance is a long chain synthetic polymer comprised of at least 85% of a segmented polyurethane.
- *(q) vinal* – a manufactured fiber in which the fiber-forming substance is any long chain synthetic polymer composed of at least 50% by weight of vinyl alcohol units $+CH_2-CHOH+$ and in which the total of the vinyl alcohol units and any one or more of the various acetal units is at least 85% by weight of the fiber.
- *(r) vinyon* – a manufactured fiber in which the fiber-forming substance is any long chain synthetic polymer composed of at least 85% by weight of vinyl chloride units $+CH_2-CHCl+$.

Sachregister

Bei der Anordnung der Stichworte wurden die Umlaute ä, ö, ü und äu wie die nichtumgelauteten Stichworte a, o. u und au behandelt, jedoch nach diesen angeordnet. Worte mit ph wurden teilweise auch mit f geschrieben. Die zu näheren Kennzeichnung chemischer Verbindungen verwendeten Präfixes 2-, o-, m-, p-, d-, D-, N-, α-, β-, it- usw. wurden bei der alphabetischen Anordnung nicht berücksichtigt. Handelsnamen und meist auch Kurzzeichen wurden nicht in das Stichwortverzeichnis aufgenommen. Die Abkürzungen bedeuten:

Anion.	= anionisch(e)	MS	= Monomersynthese
Def.	= Definition	PK	= Polykondensation
ff.	= folgende	PM	= Polymerisation
kat.	= kationisch(e)	rad.	= radikalisch(e)

Die Zahlen geben die Seite an, auf der das Stichwort erwähnt ist oder seine Behandlung beginnt. Weiterführende Literatur wurde nicht in das Sachregister aufgenommen; sie befindet sich stets am Ende jedes Kapitels.

Abbau 695
—, biologischer 703
Abbaugrad 697
Abbau-Reaktion 695
Abbesche Zahl 421
Abbruch, anion. PM 530
—, Def. 570
—, Disproportionierung 581
—, gekreuzter 662
—, Initiator 531, 581
—, kat. PM 544
—, Kombination 581
—, Monomer 581
—, rad. PM 579 ff.
—, Ziegler-Natta-PM 555
Abbruchsreaktion, s. a. Abbruch
Abfallaufbereitung 1004
Abrieb 392
ABS-Polymer 962, 992, 994
Abschirmfunktion 312
Absolutmethode 255, 259
Abtast-Kalorimetrie 327
Acetaldehyd, PM 776
Acetalharz 995
Acetatfaser 890, 1006, 1076
Achiralität 54
Acrolein, PM 765
Acrylamid, PM 31, 519, 766, 780
—, Polymerisation 780
Acrylester, PM 765
Acrylfaser 766, 1040, 1076

Acrylnitril, PM 536, 546
Acrylsäure, PM 764
Acrylsäureanhydrid, PM 482
Acrylsäureester, s. Acrylester
Acrylsäurenitril, s. Acrylnitril
Acrylvbdg. 571, 757
—, PM, anion. 531
ACS-Polymer 962
Acylharnstoff 810
Acylzucker 872
Additive 928
—, Symbole 1070
Additivsystem 928
Adenin 825
Adenosin 826
Adenosintriphosphat 833
Adenylsäure 826
Adhärens 1057
Adhäsion 1057
Adhäsiv 1057
Adsorption 407
Adsorptionschromatographie 296
Advanced plastic 979
Agar-Agar 892
Aggregation 192
AH-Salz 797
AIBN, s. Azobisisobutyronitril
Aktionskonstante 449
Aktivierungsenergie, elektr. Leitfähigkeit 417
—, rad. PM 585
Aktivierungsgrößen 448

Aktivierungsvolumen 611
Aktivität, opt. 111
—, thermodynamische 175
Aktivitätskoeffizient 175
Alanin 838
Albumin 864
Aldehyde, PM 580
Aldehydzucker 868
Aldohexose 871
Aldopentose 871
Alfin-PM 745
Alginate 896
Alginsäure 896
Alkalicellulose 885
Alkane, Schmelztemp. 5
Alkydharz 788
Alkylaustausch 553
Alkylradikal 572
Alkylzucker 872
Allomerie 148
Allophanat 440, 810
Allose 871
Allosterisch 853
Allozym 851
Allulose 871
Allylacrylat, PM 630
Allylharz, Eigenschaften 1002
Allylpolymerisation 581, 585
Allylvbdg. 571, 757
Alternierung, Co-PM 634
Alterung 688, 933
Altgummi 1020

Altrose 871
Aluminiumalkyle, Katalysator-
  wirkung 548
Amin, Oxidation 936
–, verkapptes 814
Aminoacyl-t-RNA 846
Aminocarbonsäuren, α- 800
Aminoharz 806
Aminoplaste 806ff.
Aminosäure, α- 800
–, Konfiguration 56
Aminosäureanalysator 840
Aminosäurecode 845
Aminosäuresequenz, Proteine 840
Aminozucker 872
Ammoniakcellulose 888
Amorphizität 160
Amylopektin 879
Amylose 877, 878
Anfangs-Codon 847
Anhydridmethode 849
Anhydrozucker 872
–, PM 876
Anidex, Def. 1076
Anilinharz 808
Anion, komplexes 541
–, nichtkomplexes 541
Anionische PM 517
Annellierung 687
Anomer 870
Anomerie 870
Anorganische Makromoleküle
  899ff.
Anstrichmittel 1051
–, Deckvermögen 426
Antagonismus 937
Anthracenvbdg., Foto-PM
  623
Anthrazit 722
Anti 77
Anticlinal 77, 146
Anticodon 847
Anticooperativität 120, 680
Antigen 865
Antikörper 865
Antioxidans 933, 935
Antiparallel 77
Antiperiplanar 77
Antipode 53
–, Chromatographie 672
Antistatika 416
Antithixotropie 229
Antiweichmachung 951
Apoenzym 850

Äquatorialreflex 138
Äquilibrierung 904
Äquivalentmethode 259
Äquivalenzprinzip 83
Arabinose 871
Araboketose 871
Aramid 995
–, Def. 1076
Aramidfaser 797
Arginin 838
Arrhenius-Aktivierungsenergie
  449
Arrhenius-Gl. 449, 641
Aryldiazoniumion 536
ASA-Polymer 743
Asparagin 838
Asparaginsäure 838
Asphalt 736
Assoziation 192 ff.
Asymmetrie 54
Ataktizität 63, 453
Athermizität, thermodynami-
  sche 176
Atom, gebundenes 78
–, nichtgebundenes 78
Atompolarisation 411
ATP 833
Aufbau-Reaktion 690
Aufladung, elektrostatische
  415
Aufsprühen 984
Auftrageverfahren 984
Auftretenswahrscheinlichkeit
  451
Aufweitungsfaktor 98
Ausbeute, Def. 487
Ausbluten 949
Ausdehnung, thermische 324
Ausdehnungskoeffizient, ther-
  mischer 322
Aushärtung, s. Härtung
Aussalzen 214
Ausschlußchromatographie 293
Ausschwitzen 949, 952
Austauschgleichgewicht 674
Austauschkapazität 685
Autohäsion 1057
Autolyse 853
Autopolymerisation 652
Avrami-Gl. 335
Azidmethode 849
Azlon, Def. 1076
Azobisisobutyronitril 571,
  621

Azodiisobuttersäurennitril, s.
  Azobisisobutyronitril

Bagley-Diagramm 378
Baker-Williams-Methode 293
Balata 747
Bändermodell 418
Bandviskosimeter 225
Bandzentrifugation 292
Barophil 844
Barus-Effekt 378
Basenpaar 827
Batch 928
Baumwolle 882, 1041
BBB 817
BCP 572
Beaman-Boyer-Regel 350
Beanspruchung, dynamische
  383
Beersches Gesetz 268
Behinderungsparameter 102,
  310
Benesi-Hildebrand-Gl. 651
Benetzbarkeit 405
Benzochinon, Inhibitor 446
Benzofuran, s. a. Cumaron
Benzofuran/Inden-Harz 755
Benzoin, Fragmentierung 622
Benzol, PM 751
Benzophenon, Sensibilisierung
  622
Benzoylperoxid, s. Dibenzoyl-
  peroxid
Bereich, duktiler 386
Bergius-Verfahren 724
Bernoulli-Mechanismus 450
Berry-Gleichung 311
Beschichten 984
Beweglichkeit, elektrophoreti-
  sche 224
Biegefestigkeit 393
Biegewechselfestigkeit 399
Bikomponentenfaser 1027
Bindemittel 1052
Bindung, cooperative 680
–, hydrophobe 200, 842
–, solvatophobe 200
Bindungsenergie 48, 478, 760,
  942
Bindungsgrad 27
Bindungslänge, effektive 312
Bingham-Körper 226
Binodale 200
Binodiale 200

Biosynthese, Lignin 729
—, Naturkautschuk 747
—, Nucleinsäuren 833
—, Polysaccharide 874
—, Proteine 845
Bipolymer, Def. 34
Bis(4-t-butylcyclohexyl)per-
  oxidicarbonat 572
Bismaleinimid 486, 815
Bisphenol A 785
Bisulfatabspalter 811
Bisulfitprozeß 727
Bitumen 736
Biuret 810
Biuretreaktion 839
Black liquor 730
Blasen 989
Blend 947, 953
—, Herstellung 957
Blindleistung 412
Blockcopolymer, Def. 34
Blockpolymer, Def. 34
—, taktisches 63
—, Morphologie 163
—, Supergitter 142
—, Synthese 530
—, taktisches 63
Blockpolymerisation 690
—, (veraltet für Polymerisation in Masse)
Blockzahl 42
Blut 864
Blutersatz 760, 880
Blutproteine 864
BOC 849
Boden-Temperatur 471
Boltzmann-Faktor 449
Bornitrid 899
Boten-RNA 825
Boyer-Simha-Regel 350
Boyle-Temperatur 176
BPO, s. Dibenzoylperoxid
Braggsches Gesetz 134
Brassylsäure 732
Brechungsindex 421
Brechungsindexinkrement 281
Brinell-Härte 391
Brønsted-Säuren 539
Brookfield-Viskosimeter 230
Bruch, athermischer 393
Bruchdehnung 386
Bruchfestigkeit 386
Bruchgrenze 386
Bruchvorgänge 393
Bügelfreiheit 1034

Buna 744
Buna N 746
Buna S 745
Bündelmodell 162
Bungenberg-de Jong-Gl. 303
Buntheit 429
Buntkraft 430
Buntpigment 429
Burchard-Stockmayer-Fixman-Gl. 309
Butadien, PM 630
Butadien/Styrol-Blockpolymere, Synthese 690
Butylkautschuk 742, 1014
Butyllithium, Assoziation 523

Cabannes-Faktor 271
Cannon-Fenske-Viskosimeter 300
Caprolactam, PM 466, 519, 802
Capsid 831
Carbeniumion 535
Carbodiimid-Methode 849
Carbokation 535, 540
Carbonisieren 860
Carboniumion 535
Carborane 906
Carboxoniumion 536
Carboxymethylcellulose 891
Carboxypeptidase A 854
Carrageenin 894
Casein 863
Catena-Vbdg. 18
Cauchy-Dehnung 387
Ceiling-Druck 472
Ceiling-Temperatur 471
Cellophan 886
Celluloid 890
Cellulose 881
—, Biosynthese 874
—, Hydrolyse 698
—, Kristallinität 134
—, mikrokristalline 884
—, Pfropfung 691
—, regenerierte 884
—, Struktur 887
Celluloseacetat 890
Cellulose(acetat-co-butyrat) 891
Celluloseether 891
Cellulosenitrat 890
Cellulosetriacetat 890
Cellulosexanthogenat 885
CFK 930

Chalcone, PM 624
Chargaffsche Regel 827
Charge-transfer-Komplex 647
Chargieren 858
Chemiebenzin 719
Chemiefaser 1022
Chemiefaserlegierung 1027
Chicle 747
Chill-Roll-Verfahren 987
Chinon, rad. PM 592
Chiralität 54
Chitin 891
Chitosan 892
Chlorkautschuk 750
Cholesterisch 159
Chondroitin 893
Chondroitinsulfat 892
Chroma 430
Chromatizitätsdiagramm 432
Chromatographie 293
Chromoprotein 837
Chromosom 832
Chymotrypsin 854
Chymotrypsinogen 853
CIDNP 574
CIE-System 429, 431
Circulardichroismus 113
cis (Konfiguration) 64
cis (Konformation) 77
cis-taktisch 64
Cistron 832
Clupein 831
Cluster-Integral 99
CMC (= Carboxymethylcellulose) 891
CMC (= kritische Mizellkonzentration) 197
Coating 1051
Cochius-Rohr 232
Code, genetischer 832
Codon 847
Coefficient, trichromatic 432
Coenzym 850
Coenzym A 747
Cokatalysator 540
Colligative Methoden 259
Commodity polymer 979
Composit, s.a. Verbundwerkstoff
Composites 969
Compoundieren 929
Compton-Streuung 135, 618
Coniferylalkohol 729
Continuate word 672
Copolykondensation 502

Sachregister

Copolymer, alternierendes 34
—, Best. der Zusammensetzung 35
—, Def. 23, 24
—, Fraktionierung 36
—, Glastemperatur 355
—, Lichtstreuung in Lsg. 272
—, Molmassen 257
—, Schmelztemperatur 348
—, Sequenzverteilung 36, 639
—, statistisches 34
—, Synthese 630
—, Ultrazentrifugation 291
—, Zusammensetzung 208
Copolymerisation, allgemein 630
—, alternierende, Def. 634
—, (von) Antipoden 454
—, azeotrope 633
—, CT-Komplexe 650
—, depolymerisierende 645
—, ideal azeotrope 450
—, ideale 635, 647
—, ionische 662
—, Kinetik 661, 666
—, lebende 646
—, radikalische 656
—, spontane 647
Copolymerisationsgleichung 632
Copolymerisationsparameter, Bestimmung 636
—, Def. 632
—, Einfl. der Konst. 656
Cooperativität 680
Cori-Ester 874
Cortex 859
Cotton-Effekt 113
Cotton-Mouton-Effekt 222
Couette-Effekt 299
Couette-Viskosimeter 302
CPVC 1052
Cracken 718
Crambe 732
Craze 394
CT-Komplex 650
—, Leitfähigkeit 418
Cuen 887
Cumaron/Inden-Harz 755
Cumylhydroperoxid 572
Cuoxam 887
Cuoxam-Verfahren 884
Cyamelid 813
Cycloaddition 623

Cycloamylose 879
Cyclodimerisation 504
Cyclokautschuk 749
Cycloolefine, PM 557, 562
Cyclophan, PM 468
Cyclopolykondensation 504
Cyclopolymerisation 482, 630
Cyclotrimerisation 504
Cystein 838
Cystin 838
Cytidin 826
Cytidylsäure 826
Cytochrom C 854
Cytosin 825

Dalton 259
Dampfdruckosmometrie 267
Dampfspaltverfahren 716
Dauerfestigkeit 398
de novo-Synthese 834
dead end-Polymerisation 588
Death charge-Polymerisation 792
Deborah-Zahl 381
Debye-Bueche-Theorie 312
Debye-Scherrer-Methode 135
Deckvermögen 426, 428
Deformation 385
—, affine 373
Dehnung, Def. 385
—, nominelle 387
—, wahre 387
Deletion 832
Denaturierung 95, 844
Dendrit 157
Depolarisation, Streulicht 271
Depolymerisation 696, 701
Dermatansulfat 892
Desaktivator 935
Desinitiator 935
Desoxyribonucleinsäure 828
Desoxyribose, 2'— 825
Desoxyzucker 872
Dextran 880
Dextrin 879
Diacetylenderivate, PM 628
Diade, Def. 39
—, konformative 79
—, konstitutive 39
Diamant 735
Diastereomer 53
Diastereotopisch 69
Dibenzoylperoxid 571
Dichte, Bestimmung 139

Dichtegradient, Ultrazentrifugation 289
Dichtegradientenrohr 139
Dicumolperoxid 572
Dicup 572
Diederwinkel 76
Dielektrizitätskonstante, s. Permittivität
Dien-Kautschuk 1008
Differentialrefraktometer 281
Differential Scanning Calorimetry 327
Differentialthermoanalyse 326
Diffusion, anomale 239
—, Festkörper 235
—, (in) Polymeren 221
—, verd. Lsgn. 218, 220
Diffusionskoeffizient 218
—, Rotation 222
Diffusionszellen 219
Diglyme 517
Dihydrouracil 827
Diisopropylperoxidicarbonat 572
Diisotaktisch 64
Dikationen 539
Diketone, Fotoreduktion 622
Dilatanz 226
Dilatometrie 459
Dimension, (aus) Lichtstreuung 279
—, ungestörte 97
— (aus) Visk.-Messungen 313
3,3-Dimethylbuten-1, PM 543
4,4-Dimethylpenten-1 PM 31
Dioxan, PM 468, 541
Dioxoleniumion 536
Discontinuate word 672
Dispersion 1054
—, axiale 296
—, dielektrische 413
—, optische 421
—, opt. Rotations- 112
Dispersionsspinnen 1025
Disproportionierung, Def. 570
—, rad. PM 581
Dissymmetrie, Konformation 54
—, Lichtstreuung 277
Distyrylpyrazin, Foto-PM 623
Disyndiotaktisch 64
Ditaktisch 64
Divinyldiphenyl, PM 624

Sachregister

DL-System 55
DNP-Methode 840
Dogma, zentrales 832
Doppel-α-Helix 842
Doppelbrechung, Def. 222
—, opt. 168
Doppelhelix 86, 828
Doppelrotationsschleudern 990
Doppelstrang 828
Doppelstrang-Polymere 48
DPP, s.a. Bisphenol A
DPPH 598
Drehachse 51
Drehinversion 51
Drehkristallverfahren 138
Drehspiegelung 51
Drehung, opt. 112 ff.
Dreiecksdiagramm 40
Druck, osmotischer 260
Drude-Gleichung 112
Dry Blend 929
DSC 327
DTA 326
Dublett-Code 847
Duktilität 386
Dunkelreaktion 621
Dünnschichtchromatographie 296
Duplikation 832
Durchlässigkeit, innere 427
Durchschlagsfeldstärke 414
Durchspülbarkeit 306
Duromer 979 ff., 1000
—, Def. 917
—, reversibles 919
—, Symbole 1070
Durometer 392
Duroplast, s. Duromer
Duroskop 392
Düsengeometrie 378

E-Glas 903
E-Modul 363
Ebullioskopie 266
Edman-Abbau 841
Effektpigment 932
Eigenschaften, elektr. 411
—, mechanische 362
—, opt. 421
Einfriertemperatur 321
Einheit, konstitutive 3
—, physikalische 1065
—, Umrechnungen 1066
Einheitszelle 142

Einketten-Mechanismus 440, 568
Einkristall 150
Einsalzen 214
Einstein-Funktion 326
Einstein-Gleichung 297
Einstein-Sutherland-Gl. 220
Einstein-Temperatur 326
Einzelzellprotein 850
Eiweiß, s. Protein
Ekliptisch 77
Elast, s. Elastomer
Elastin 860
Elastizität 363 ff.
Elastizitätsgrenze 386
Elastizitätsmodul 363
—, (von) Blends 964
—, Druckabhängigkeit 365
—, realer 368
—, theoretischer 365
—, Verbundwerkstoff 970
Elastomer 1008
—, Blend 961
—, Def. 918
—, Dehnung 369
—, Scherung 375
—, Symbole 1070
—, thermoplastisches 1018
—, thermoplastisches, s. a. Elastoplast
—, Verarbeitung 1008
Elastoplast 918, 1008, 1018
Elektret 416
Elektrolyse, PM durch 577
Elektron, thermisches 618
Elektronegativität 27
Elektronenpolarisation 411
Elektronenübertragung 518
Elektrophorese 224
Elektropolymerisation 577
Elektrotauchlackierung 224, 1054
Elementarfibrille 881
Elementarzelle 142
Ellipsometrie 408
Elutionschromatographie 293
Elutionsvolumen 293
Embryon 331
Emulsionspolymerisation 603
Enantiomer 53
Enantiotrop 69
End 1024
Endgruppe, Best. 33
—, Def. 3

—, funktionelle 531
Energie, Freie, s. Helmholtz-Energie
Energieelastizität 363, 371
Energieinhalt 1070
Energiemigration 621
Energieproduktion 713
Engineering plastic 979
Engineering strain 387
Engineering stress 386
Enthalpie, Freie, s. Gibbs-Energie
Entmischung, s. Phasentrennung
Entropiebindung 200
Entropieelastizität, Def. 369
Enzyme 850
—, immobilisierte 855
—, PM durch 565
EPDM-Kautschuk 1014
Epimerie 54, 870
Epitaxie 157
Epoxide, s. Epoxidharze
Epoxidharze 778, 1002
Epoxyharze, s. Epoxidharze
Epprecht-Viskosimeter 229
Erdgas 716
Erdöl 716
Erfahrungsdiagramm 926
Erweichungstemperatur 321
Erythro-di-isotaktisch 64
Erythro-di-syndiotaktisch 64
Espartogras 883
Essigsäure, aktivierte 747
Ester, aktivierter 848
Ethylen, PM 737
Ethyleniminocarbonat, PM 543
Ethylenoxid, PM 564, 630
Ethylmethacrylat, PM 534
EWN 887
Excimer 621
Exciplex 621
Exciton 149
Exoten-Polymere 542
Exotenpolymerisation 542
Expansionsfaktor 98
Expansionskoeffizient 308
Exponentenmittel 253
Exponentenregel 254
Exponentialverteilung 250
Extender 948
—, s. a. Weichmacher, sekundäre
Extinktionskoeffizient 428

Sachregister 1083

Extinktionswinkel, Def. 223
Extraktion 952
Extremophil 844
Extrudieren 987
Extrusion 379
Extrusionsbeschichten 987
Extrusionsblasen 989
Extrusionsspinnen 1025
Exzeß-Größen 175

Faden, Def. 1022
Fadenbildung 1024
Fadenendenabstand 93
–, allgemein 100 ff.
–, Knäuel, ungestörter Zustand 102
–, Theorie 124
–, Verteilung 128
Fadenwickel-Verfahren 985
Faktis 756
Fällfraktionierung 35, 206
Fällungspolymerisation 603
Fällungspunkttitration 208
Fällungstitration 210
Faltblatt/Helix-Struktur 842
Faltblattstruktur 145
Faltenlänge 154
Faltenmizelle 152
Faltungshöhe, s. Lamellenhöhe
Farbanteil, spektraler 432
Farbe 429
–, irisierende 423
Farbkonzentrat 932
Farbmittel 932
Farbstoff 932
Farbtafel 432
Farbton 430
Farbvalenz 431
Faser 1022 ff.
–, Ausrüstung 1033
–, Def. 1022
–, Eigenschaften 1036
–, elastische 1042
–, generische Namen 1076
–, hart-elastische 1033
–, Hydrophilisierung 1035
–, Kristallinität 1031
–, konjugierte 1027
–, polynosische 886
–, Symbole 1070
Faserdiagramm 138
Faserspritzen 984
Fasertransformation 1026
Fehlstelle 149
Feinheit (Fasern) 1023

Ferment 850
Festkleber 1060
Festkörperanteil 1052
Fibrille 1023
Fibrillieren 1029
Fibrin 865
Fibrinogen 865
Fibroin 858
Ficksches Gesetz 218
Fikentscher-Konstante 304
Filament 1023
Filamentmischgarn 1027
Filament-Winding 985
Film 1003
Filmbildner 1052
Filmbildung 1055
Fineman-Ross-Gl. 637
Firniss 1052
Fischer-Projektion 57
Fischer-Tropsch-Verfahren 725
Flächenmittel 220
Flächenpolymer 48
Flachfäden 1029
Flachs 883
Flammschutz 939
Flammspritzen 990
Flavoprotein 837
Flexibilität, Moleküle 82
Fließexponent 228
Fließgrenze 226, 386
Fließkurve 226
Fluidität 226
Fluktuationsvolumen 162
Fluordinitrophenyl-Methode 840
Fluorenylnatrium 516
Fluoreszenz 620
–, polarisierte 169
Fluorpolymere 760, 765
–, Eigenschaften 998
Fluß 218
–, kalter 382, 388
Flüssig-Flüssig-Umwandlung 358
Flüssiggas 719
Flüssigkautschuk 1016
Flüssigkeit, Newtonsche 226
–, Oberflächenspannung 403
Folgeverzweigung 43
Folie 1003
Folienbändchen 1029
Folienfaden 1029

Folienguß 983
Fordbecher 232
Formbeständigkeitstemperatur 329
Formdoppelbrechung 168
Formpressen 983
Fotochromie 675
Fotoinitiation 621
Fotopolymer 617
Fotopolymerisation 622
Fotosensibilisator 622
Fraktionierung 206
Fransenmizelle 150
Fremdkondensation 486
Fresnel-Gleichung 423
Fries-Reaktion 675
Fructose 871
Füllfaktor 982
Füllstoff 929
Funktionalität 440
Fuoss-Gl. 306
Furan-Harz 780
Furanose 869

G-Wert 618
Galactopyranose 870
Galactosamin 872
Galactose 871
Galvanisieren 991
Garn 1024
Gaspermeation 235
Gauche-Effekt 79
–, Konformation 77
Gauss-Verteilung 245
Gedeckt 77
Gefrierpunktserniedrigung 266
Gefriertrocknung 240
Gel 45
Gelatine 861
Gelatinieren 983
Gelchromatographie 293
Geleffekt 589
Gelextrusionsspinnen 1025
Gelfiltration 293
Gelierung 1001
Gelpermeationschromatographie 293
Gelphase 207
Gelpunkt 505
Gelspinnen 1025
Gen 832
General purpose plastics 979
Genom-Mutation 832
Gerben 1048

Sachregister

Gerüstprotein 857
Geschwindigkeitsgefälle 225
Geschwindigkeitsgradient 225
Gestaffelt 77
Gewicht, statistisches 242
Gewichtsmittel (veraltet), s. Massenmittel
GFK 930
Gibbs-Duhem-Beziehung 175
Gibbs-Energie 175
Gießen 983
Gitterdefekt 148
Gitterkonstante 144
Gittermodul 366
Gitterpolymer 48
Gladstone-Dale-Regel 281
Glanz 426
Glas, anorganisches 902
Glaseffekt 589
Glasfaser 902
—, Def. 1076
Glastemperatur, s. Glasübergangstemperatur
Glasübergang 348
Glasübergangstemperatur 321
—, Weichmacherwirkung 949
Gleichgewicht, Polymer/Monomer 464
—, Polymer/Polymer 675
Gleitmittel 953
Gleitmodul 364
Glitzern 427
Globulin 864
Glucopyranose 870
Glucose 871
Glucose-1-phosphat 874
Glucuronsäure 872, 873
Glutamin 838
Glutaminsäure 838
Glycin 838
Glycoproteine 837, 865
Glykogen 879
Glyme 517
Glyptalharz 788
GR-N 746
GR-S 745
Graded copolymer, s. Gradientencopolymer
Graderwert 232
Gradientencopolymer, Def. 34
Gradzahl 232
Graftpolymer, s. Pfropfpolymer
Grahamsches Salz 907
Graphit 735
Graphitfaser 726

Grassmannsches Gesetz 431
Graugehalt 430
Grenzflächenkondensation 499
Grenzflächenpolykondensation, s. Grenzflächenkondensation
Grenzflächenspannung 404
Grenzkonzentration, biol. 704
Grenzviskositätszahl 298
Griffith-Theorie 394
Grundbaustein, Def. 3
—, Verknüpfung 29
Grundfarbe 431
Grundmolenbruch 183
Grundzustand 619
Gruppe, prosthetische 837
Guanidylsäure 826
Guanin 825
Guanosin 826
Guar 895
Guaran 895
Gulose 871
Gummi 1008
—, arabicum 892
—, s. Elastomer
Gummielastizität, Def. 369
Guttapercha 747

Haftvermittler 1053
Hagen-Poiseuille-Gl. 231, 299
Hagenbach-Effekt 299
Halbleiter, elektr. 411
Halbwertszeit 572
—, elektr. Auflladung 415
—, Radikalbildner 572
Halo, 135
Halogenthiophenole, PM 624
Halsbildung 387
Hämoglobin 94
Hämoprotein 837
Handauflegeverfahren 985
Handelsname, Bedeutung 992
Hanf 883
Harnstoff/Formaldehyd-Harz 808, 1002
Härte, Def. 390
Hartgummi 1008
Hartphase 1019
Hart-PVC 763
Hartsegment 1020
Härtung 1000
—, Epoxide 779
—, s. a. Vulkanisation
Harz 918, 1000
Harzöl-Harz 756
Harzträger 929

Haschisch 883
Häufigkeitsfaktor 449
Häufigkeitsverteilung 244
Hauptachse 51
Hauptdrehachse 51
Hauptkette 43
Heat distortion temperature 329
Heißphosgenierung 809
Heißstrahlsprühen 990
Heißvulkanisation 1010
Helix, Def. 85
—, Länge 90
—, Nomenklatur 85
—, opt. Aktivität 113
—, Röntgendiagramm 139
—, Stabilität 119
—, Typen 85
—, Umwandlung 123
Helligkeit 430
Helmholtz-Energie 175
Hemicellulose 881
Hencky-Dehnung 387
Henderson-Hasselbalch-Gl. 682
Henrysches Gesetz 236
Heparansulfat 892
Heparin 892
Heparinsäure 892
Heterocyclisierung 504
Heteroketten, Aufbau 26 ff.
—, Def. 22
Heteropolymer 23
—, veraltet für Copolymer
Heterosterisch 69
Heterotaktisch 59
Hexose 869
High performance plastic 979
High temperature plastic 979
Hilfsstoff, Symbole 1070
Histidin 838
Histon 831
Hochmodulfaser 1043
Hochnassmodulfaser 886
Hochtemperaturfaser 1043
Hochveredlung 1034
Holoenzym 850
Holz 725
Holzaufschluß 727
Holzschliff 1046
Holzvergasung 728
Holzverzuckerung 728
Homing device 705
Homocyclisierung 504
Homologie 4
Homopolymer, Aufbau 29 ff.

Sachregister

−, Def. 23, 29
Homosterisch 69
Hookesches Gesetz 363,380
Höppler-Viskosimeter 232
HT-Plastic 979
Hyaluronsäure 892
Hue 430
Huggins-Gleichung 303
Hydrazin-Methode 841
Hydridverschiebung 31, 543
Hydrocellulose 884
Hydrolase 851
Hydrosol 1054
Hydroxycarbonsäuren, PM 469
Hydroxylysin 838
Hydroxyprolin 838
Hydroxypropylcellulose 891

Idealelastizität 363
Idealität, thermodynamische Exzeß-Größen 175
Identität 51
Idose 871
Imidbildung 669
Imino-2-oxazolidin, 2-, PM 543
Iminotetrahydrofuran, 2-, PM 543
Immoniumion 536
Induktionsschweißen 989
Infrarotdichroismus 168
Infrarotspektroskopie, feste Polymere 141
−, Konfigurationsaufklärung durch 71
Ingles-Theorie 394
Inhibition 592
Inhibitor 598
Initiation, radikalische 571
Initiator, Def. 571
−, rad., techn. 601
Inklusion 240, 261
Integralschaumstoff 974
Intercatenar 44
Internucleotid-Bindung 827
Interpolymer (veralt.) 23
Intersystem crossing 621
Intracatenar 44
Intrinsic viscosity, s. Staudinger-Index
Inulin 897
Inversion 51, 832
Ionenassoziat 515, 523
Ionenaustauscher 684
Ionenbindung 683
Ionene 515

Ionengleichgewichte 522
Ionenpaar 515
Ionomer 32, 740, 918
Ionone 796
IPN 42, 953
IPP 572
IPS 992
Irrflug-Polymerisation 451
Irrflug-Statistik 102
Isobutylen, PM 539, 544
Isoclinal 145
Isocyanurat 809
Isocyanat, verkapptes 811
−, Reaktion 440
Isoenzym 850
Isokautschuk 750
Isokette, Aufbau 23 ff.
−, Def. 22
Isolator, elektr. 411
Isoleucin 838
Isomerase 851
Isomerisierung 674
−, Ketten- 674
−, Konfiguration 676
−, Konstitution 675
Isomorphie 145, 147
Isopren, PM 522, 563
Isotaktisch 59
Isozym 850
IUPAC = International Union for Pure and Applied Chemistry

Jog 149
Jute 883

Käfigeffekt 574
Käfigstruktur 47
Kalandern 986
Kalandrieren 985
Kalignost 524
Kaliumpersulfat, Zerfall 572
Kalorimetrie 140
Kaltkautschuk 745
Kaltphosgenierung 809
Kaltpolymerisation 745
Kaltverformung 988
Kaltvulkanisation 1011
−, Silicone 906
Kammolekül 43
Kapillarbruch 1027
Kapillarviskosimeter 230, 299
Kapok 883
Kaschieren 984, 990
Katal 853

Katalysator, Effektivität 553
−, enantiomorpher 456
−, polymerer 670
Kautschuk 1008
−, anorganischer 909
−, Def. 918
−, ölbeständiger 1014
Kautschukfaser, Def. 1077
Kautschukhydrochlorid 750
Kavitation 696
Kegel-Platte-Viskosimeter 230
Keilstrich-Projektion 57
Keimbildung 331
Keimwachstum 335
Kelen-Tüdös-Gl. 638
Kelvin-Körper 380
Keratansulfat, Konst. 893
Keratin 859
Kerbschlagzähigkeit 394
Kernresonanz, magnetische, Breitlinien- 328
− −, Konfigurationsaufklärung 67
Kerogen 722
Kerr-Effekt 222
Ketohexose 871
Ketopentose 871
Ketozucker 869
Kette, anorg., Def. 23
−, Desaktivierung 441
−, eindimensionale 43
−, irreguläre 23
−, lineare 43
−, reguläre 23
−, unverzweigte 43
−, wurmartige 106
Kettenabbau, s. Abbau
Kettenabbrecher 799, 935
Kettenabbruch, s. Abbruch
Kettenfaltung 143, 151
Kettenglied, Def. 5
Kettengliederzahl 5
Kettenlänge, kinetische 587
Kettenreaktion 439
Kettensegment 92
Kettenspaltung 696
Kettenstabilisator 492
Kettenstarter, s. Initiatoren
Kettenübertragung, für Pfropfungen 692
−, rad. 592
Kinetik, Abbaureaktionen 696
−, ion. PM 520
−, lebende PM 520
−, Polyinsertion 557

1085

—, Polykondensation 497
—, rad. PM 583
Kinke 149
Kirkwood-Riseman-Theorie 312
Klarheit 427, 428
Klebstoff 1051, 1057
Klebung 1059
Kleeblatt-Struktur 830
Klotz-Gl. 678
Knäuel, ausgeschl. Volumen 97
—, durchspültes 312
—, ideales 98
—, undurchspültes 308
—, ungestörtes 100
—, Visk. 308
Knäuelmolekül 93
—, Gestalt 95
Knet 986
Kneten 985
Koazervation 680
Koeffizient, phänomenologischer 265
Koflerbank 330
Kohäsionsbruch 1027
Kohäsionsenergiedichte 176
Kohle 722
—, pyrolytische 736
Kohlendioxid, Co-PM 655
Kohlenhydrate, Konfiguration 56
—, s. a. Polysaccharide
Kohlenstoff 735
Kohlenstoffaser 736
Kohlenstoffketten 735
Kollagen 860
Kollisionstheorie 449
Kollodium 890
Kolloid, Def. 8
Kombination, Def. 570
—, s. Rekombination
Kompensationseffekt 458
—, Diffusion 238
Komplexbildung 678
Komplexität 828
Kompressibilität 322, 364
Kompressionsmodul 364
Kondensationsgleichgewichte 487
Konditionieren 932
Konfektionieren 929
Konfiguration 51
—, Def. 6, 55
Konfigurationsentropie 182
Konfigurationsisomer 53

Konfigurationsumwandlung 92, 676
Konformation 75
—, Def. 6
—, Konstitutionseinfl. 86
—, Kristall 83
—, Lösung 88
—, Schmelze 88
Konformationsanalyse 78
Konformationsgleichgewicht 92
Konformationsisomer 53
Konformationsumwandlung 82, 119
Konformationswinkel 76
Konformer 75
Konstante, physik. 254
Konstanten, fundamentale 1066
Konstellation, s. Konformation
Konstitution 17
—, Def. 6
—, Nomenklatur 17
Konstitutionsisomerie 53
Konstitutionsumwandlung 675
Konstruktionskunststoff 979
Konstruktionsthermoplast 995
Kontaktionenpaar 515
Kontaktklarheit 426
Kontaktwinkel 404
Konturdiagramm 80
Konturlänge 93
Konzentration, kritische 187, 232
Kooperativität 120
Kopf/Kopf-Struktur 30
Kopf/Kopf-Verknüpfung 444
Kopf/Schwanz-Struktur 30
Kopplungsgrad 250
Kornberg-Enzym 835
Kraemer-Gleichung 303
Kraft, kurzreichende 98
—, langreichende 98
Kraftverfahren 727
Kratzfestmachen 991
Kreuzabbruch 662
Kriechen 382
Kriechstrom 414
Kristall, flüssiger 159
—, gestrecktkettiger 152
—, Morphologie 338
Kristallbrücke 155, 1030
Kristallgitter 144

Kristallinität, Bestimmung 134
—, Def. 6, 131
Kristallisation 331
Kristallisierbarkeit, Def. 131
Kristallmodifikation 147
Kristallmodul 366
Kristallparadoxon 394
Kristallpoly(styrol) 602, 743
Kristallstruktur 142
Kubelka-Munk-Gleichung 428
Kryoskopie 266
Kubin-Verteilung 250
Kugel, ausgeschlossenes Volumen 97
—, Visk. 306
Kugeldruckhärte 392
Kuhn-Mark-Houwink-Sakurada-Gleichung 309
Kunsthorn 863
Kunstleder 1048
Kunstseide 886, 1023
Kunststoff, Ausrüstung 928
—, Def. 917
—, Eigenschaften 919
—, Produktion 924
—, techn. 979
—, Verarbeitung 981
—, Wirtschaftlichkeit 921
Kupplung, oxidierende 486, 780
Kurrolsches Salz 908
Kurzbezeichnungen 1070
Kurzkettenverzweigung 43
Kurzperiodizität 143

Lack 1051
Lackieren 984
—, elektrophoretisches 225
Lactam, isomerisierende PM 815
—, PM 519, 798
Lacton, PM 545
Lactonbildung 669
Ladungsübertragungskomplex 621, 647
—, Copolymerisation 650
Lagermaterial 969
Lamellenhöhe 154
Lamellenstruktur, Blockpolymere 164
—, krist. Polymere 152
Laminieren 984
Lammsche Differentialgleichung 286
Langkettenverzweigung 43

Langmuir-Trog 402
Langperiodizität 143
Lansing-Kraemer-Verteilung 247
Lastrile, Def. 1077
Latex 1054
—, Naturkautschuk 748
—, synth. 609
Lävan 897
LCST 203
Leder 863, 1047
Leervolumen 161
Leinöl 883
Leiterpolymer 48, 687, 817
Leitfähigkeit, elektrische 411
Leuchs-Anhydrid, PM 780
Leuchtdichte 432
Leucin 838
Lewis-Mayo-Gleichung 633
Lewis-Säuren 539
$LiAlH_4$-Methode 841
Lichtbrechung 421
Lichtbeugung 422
Lichtdurchlässigkeit 425
Lichtleitung 424
Lichtschutz 942
Lichtschutzmittel 944
Lichtstreuung 268, 427
Ligand, Def. 18
Ligase 851
Lignin 729
Lineweaver-Burk-Diagramm 568
Linoleum 757
Linoxyn 756
Linters 882
Lints 882
Lipoprotein 837
Lithiumalkyl, Assoziation 563
Lockerstelle 32
LOI 939
Lorenz-Lorentz-Gl. 422
Löslichkeit 180
—, kristalline Polymere 216
Löslichkeitskoeffizient 236
Löslichkeitsparameter 176
Loss factor 413
Lösung, athermische 176
—, ideale 176
—, irreguläre 176
—, konz. 187
—, pseudoideale 176
—, reale 176
—, tactoidale 159
—, Thermodynamik 175

Lösungskleber 1058
Lösungsmittel, Güte 99, 1052
Lösungsmittel-Lacke 1053
Lösungspolymerisation 603
Lyase 851
Lysin 838
Lyxose 871

Mäandermodell 163
Maddrellsches Salz 908
Makroanion 33, 515
Makroester 541, 565
Makrofibrille 881
Makrohomogenisieren 929
Makroion, Def. 33
Makrokation 33, 515
Makrokonformation 75
Makromolekül, Def. 3
—, Gestalt 92
—, s. a. Polymer
—, Reaktionen 668
Makroradikal, Def. 33
Mandelkern-Flory-Scheraga-Gleichung 287
Manilahanf 883
Mannose 871
Markoff-Mechanismus 450
Martenszahl 329
Martin-Gl. 303
Masse, hydrodynamisch wirksame 217
—, molare, Def. 4
Massenkunststoff, Def. 979
Massenmittel 5, 252
Massenthermoplast 992
Maßhaltigkeit 324
Masterbatch 928, 1008
Mastizieren 1009
Matrix (Wolle) 859
Matrixfaser 1027
Matrize 834
Matrizenpolymerisation 441, 534
Maturation 886
Maxwell-Körper 380
Mechanismus, bimetallischer 552, 554
—, monometallischer 552, 554
—, semikonservativer 835
Medvedev-Theorie 604
MEKP 572
Mehrfachgleichgewicht 678
Mehrketten-Mechanismus 440
Mehrschrittpolymer, Def. 35
Melaminharz 808, 1002

Membranosmometrie 260
Memory-Effekt 378
Mer, Def. 3
Mercerisieren 883
Meridionalreflex 138
Merrifield-Synthese 850
Meso-Verbindung 54
—, (polymer) 62, 69
Mesophase 158
Mesophil 844
Messenger-RNA 825
Metaldehyd 774
Metallalkyle, Assoziation 523
Metallfaser, Def. 1076
Metallisieren 991
Metaphosphate 907
Metathese 562
Metazym 850
Methanol-Synthesegas 716
Methidverschiebung 543
Methionin 838
Methylbuten-1, 3-, PM 542
Methylcytosin, 5- 827
Methylethylketonperoxid 572
Methylguanin, 1- 827
Methylkautschuk 750
Methylmethacrylat, PM 618
Methylpenten, 4- PM 558
Methylstyrol, α- PM 519
Michaelis-Menten-Gl. 567
Migration 952
Mikrofibrille 881
Mikrogel 45
Mikrohomogenisieren 929
Mikrokapsel 1056
Mikrokonformation 75
Mikrosom 830
Mikroverkapselung 855
Milchigkeit 427
Millonsche Reaktion 840
Mischlöser 181
Mischpolymer 23
—, veraltet für Copolymer
Mischpolymerisation, s. Copolymerisation
Mischungsenthalpie 183
Mischungsentropie 182
Mischungslücke 203
Mischungstemperatur, krit. 202
Mittel, s. a. Mittelwert
Mittelwert 5, 243, 251
Mizellarlehre 11
Mizellkonzentration, krit. 197 ff.

Modacrylfaser 767, 1076
Modalfaser 886
Modellkonstante 254
Modellsubstanz 669
Modul, imaginärer 384
—, komplexer 384
—, realer 384
Moffitt-Yang-Gl. 112
Mohs-Härte 391
Molekül, Flexibilität 82
—, kompaktes 94
Molekülarchitektur 42
Molekulargewicht, s. a. Molmasse
Molekulargewichtssprungreaktion 746
Molekularsiebchromatographie 293
Molekularuneinheitlichkeit 5
Molekülknäuel 93
Molekülkristall 142
Molmasse 242 ff.
—, Best. 259
—, Def. 4
—, Massenmittel 5
—, scheinbares 190, 260
—, via Endgruppe 33
—, Visk.-Mittel 314
—, Zahlenmittel 5
—, z-Mittel 243
Molmassenstabilisator 492
Molmassenverhältnis 256
Molmassenverteilung 242, 244
—, Best. 259
—, rad. PM 612
—, (aus) Sedimentation 289
Moment 251
Monade 39
Monofil 1023
Monomer, Aktivierbarkeit 442
—, Isomerisierung 444
Monomerbaustein, Def. 3
Monomereinheit, Def. 4
Monomerradikal 575
Monotaktisch 59
Mooney-Rivlin-Gl. 374
Morphologie 131
—, amorphe Polymere 162
—, Blends 959
—, krist. Polymer 150
MR-System 430
Mucopolysaccharid 892
Mucoprotein 837, 865
Multimer 193
Multimerisation, Def. 192

Munsell-System 429
Murrissement 885
Myoglobin 94

Nachbargruppeneffekt 685
Nachfließen 382
Nachgiebigkeit 363
—, komplexe 385
NAD 1055
Naphtha 719
Naßspinnen 1025
Natriumnaphthalin 518
Natriumtetraphenylborat 524
Naturfaser 1022
Naturkautschuk 747, 1012
Naturleder 1047
Naturseide 857
Nematisch 159
Netzdefekt 149
Netzkette 45
Netzpolymer 48
Netzwerk 44
—, Dehnung 373
—, geordnetes 47
—, ideales 46
—, makroporöses 46
—, interpenetrierendes 42
—, makroretikulares 46
—, Scherung 375
—, statistische Thermodynamik 373
—, ungeordnetes 44
Netzwerkdichte 45
Neutronenstreuung 281
Newman-Projektion 57
Newtonsches Gesetz 226, 380
Ninhydrinreaktion 839
Nitrilkautschuk 746, 1014
Nitrocellulose 890
Nitrophenylester-Methode 849
Nitropropylen, PM 518
Noduln 163
Nomenklatur, Enzyme 850
Nomenklatur, Polysaccharide 873
—, synth. Polymere 17
—, techn. Polymere 29
Nonsense-Codon 848
Non-woven fabric 1044
Norbornadien, PM 542, 544
Normalspannung 369, 377
Normalvalenz 431
Normalverteilung 245, 250

—, logarithmische 431
Normfarbwertanteil 431
Norrish-Mechanismus 943
Novolak 752
Nuance 430, 933
Nucleierung 334
Nucleinsäure 825
Nucleinsäureprotamin 831
Nucleoprotein 830, 837
Nucleosid 826
Nucleosidphosphat 826
Nucleotid 826
Nylon 796 ff, 995
Nylon 1 812
Nylonfaser, Def. 1076
Nytrilfaser, Def. 1076

Oberflächenenergie 405
Oberflächenpolarisation 416
Oberflächenspannung 403
—, kritische 405
Oberflächenwiderstand 414
Okazaki-Fragment 835
Öle 730
Olefinderivate, anion. Pm 518
Olefine, α-, PM 554
Olefine, β-, PM 556
Olefinfaser, Def. 1077
Oligomer 6
Oligomerweichmacher 948
Ölsäure 731
Oligophenyl 751
Oligophenylen 751
Ölschiefer 722
Oniumion 535, 540
Opazität 428
Organosol 763
Orientierung 167
—, Def. 6
Orientierungsfaktor 167
Orientierungspolarisation 411
Orientierungsverhältnis 444
Orientierungswinkel 167
Ornithin 838
Orthocortex 859
Orthoester-Synthese 816
Osmometrie 260
Ossein 263
Ostwald-de-Waele-Gl. 228
Ostwald-Viskosimeter 300
Ostwaldsches Verdünnungsgesetz 524
Oxazolin, 2-, PM 543, 795
Oxidation 933
Oxidoreduktase 851, 854

Sachregister

Oxogas 716
Oxoniumion 536

PA 5 802
PA 6 802
PA 7 803
PA 8 803
PA 9 803
PA 11 803
PA 12 803
Packung, dichteste 959
Pale crepe 748
Papain 854
Papier 883, 1046
–, synthetisches 1047
Paracortex 859
Paraformaldehyd 774
Parakristall 149
Paraldehyd 774
Pari 858
Patentleder 890
PBI-Faser 816
Pektin 894
Pektinsäure 894
Pendelhärte 392
Pentose 869
Penultimate-Effekt 658
Pepsin 854
Pepsinogen 854
Peptidbindung 837, 842
Peptidsynthese 848
Pergamentpapier 884
Perlon 796 ff.
Perlpolymerisation 602
–, s. a. Suspensionspolymerisation
Permeabilitätskoeffizient 237
Permeation 235
Permittivität 411
Peroxid, Zerfall 933
Persistenzlänge 105
Perverbindung, techn. 1000
–, Zerfall 571
Petroleum 716
Pfropfausbeute 44
Pfropfcopolymer 34, 44
Pfropferfolg 44
Pfropfhöhe 44
Pfropfpolymer 34, 44
Pfropfpolymerisation 691
Pfropfungsgrad 44
Phantom-Polymer 31
Phantom-Polymerisation 542
Pharmaka, polymere 705
Phasen-Modell 133

Phasentrennung 200, 1056
–, feste Polymere 954, 959, 961
–, Stäbchen 210
Phenol, Oxidation 936
Phenolharz 752, 1002
Phenoxyharz 781
Phenylalanin 838
Phenylthiocarbamyl-Methode 841
Philippoff-Gl. 298
Phlean 897
Phonon 149, 359
Phosphor 907
Phosphoreszenz 621
Phosphornitrilchlorid 909
Photochromie 675
Photointiation 577
Photoleitfähigkeit 420
Phr 1009
Phyllo-Verbdg. 18
Pickering-Emulgator 603
Pigment 429, 932
Pigment-volume-concentration 1052
Pilling 1040
Pinakol, Zerfall 572
Pinen-Harz 756
Plasma (Blut) 864
Plast, s. Thermoplast
Plastisol 763
Plastizität, Def. 226
Plastomer 1019
–, s. Elastoplast
–, s. Thermoplast
Pleated sheet 145
Poisson-Verteilung 249, 259
Poisson-Zahl 364
Polarisierbarkeit 268, 411, 422
Poly(acetal) 774 ff.
Poly(acetaldehyd) 776
Poly(acrolein) 765
Poly(acrylamid) 766
–, Imidisierung 669
Poly(acrylnitril) 766
Poly(acrylsäure) 32, 764
Poly(acrylsäureester) 765
Polyaddition 810
–, Def. 438
Poly(β-alanin) 801
Poly(alkenamer) 751
Poly(alkylenimin) 795
Polyallomer 148
Poly(allylverbindungen) 769

Polyamid 543, 796 ff.
–, 3 801
–, 4 802
–, 6 798
–, 6,6 797
–, 6,10 797
–, 6,12 797
–, 13,13 797
–, aliphatisches 801
–, aromatisches 803
–, cycloaliphatisches 804
–, Eigenschaften 996
–, Fasern 1041
–, glasklares 803
–, Pfropfung 691
–, Synthese 485, 796 ff.
Poly(amidhydrazid) 808
Polyamidsäure 813
Poly(ω-aminopelargonsäure) 803
Poly(α-aminosäure) 800, 837
–, opt. Akt. 115
Poly(aminotriazol) 820
Poly(aminoundecanat) 803
Polyampholyt 32
Poly(anhydroglucose) 873
Polyanion, Def. 32
Poly(armethylen) 755
Polyarylat 788
Polyazin 820
Poly(aziridin) 543
Polyazol 815
Polybase 32
Poly(p-benzamid) 803
Poly(benzimidazobenzophenanthrolin) 817
Poly(benzimidazol) 816
Poly(benzol) 751
Poly(butadien) 744
–, Cyclisierung 687
–, Eigenschaften 1013
–, Isomerisierung 676
–, Struktur 1013
Poly(butadien-b-styrol) 164
Poly(butadien-co-styrol) 745, 1012
Poly(buten-l) 742
–, Eigenschaften 993
Poly(buten-co-ethylen) 739
Poly(butylenterephthalat) 787, 996
Poly(ϵ-caprolactam) 802
Poly(ϵ-caprolacton) 784
Poly(capryllactam) 803
Poly(carbodiimid) 796

Polycarbonat 785, 996
Poly(carboransiloxan) 906
Poly(chinazolindion) 821
Poly(chloral) 776
Poly(chloropren) 750
Poly(α-cyanoacrylat) 767
Poly(cyclohexan-1,4-dimethylol-terephthalat) 787
Poly(1,2-di(chlormethyl)-ethylenoxid) 778
Poly(dichlorphosphazen) 909
Poly(diene) 743
Poly(dimethylbutadien) 750
Poly(dimethylsiloxan) 905
Polydispersität 193
Polyelektrolyte, Def. 32
—, Mischungsenergie 186
—, osm. Druck 262
—, Titration 681
—, Visk. verd. Lsgn. 305
Poly(epichlorhydrin) 778
Polyester, aliphatische 782
—, aromatische 785, 788
—, Synthese 485
—, thermoplastische 787, 995
—, ungesättigte 784
Polyesterfaser, Def. 1077
—, Eigenschaften 1042
Polyether, aliphatische 776
—, aromatische 780
Polyetherester 787
Polyethersulfon 792
Poly(ethylen) 737
—, chloriertes 739
—, Eigenschaften 993
—, Konformation 85
Poly(ethylenadipat) 784
Poly(ethylen-co-methacryl-säure) 740
Poly(butadien-co-2-methyl-5-vinylpyridin) 760
Poly(ethylen-co-propylen) 740, 1014
Poly(ethylen-co-tetrafluorethylen) 761
Poly(ethylen-co-trifluorchlor-ethylen) 741
Poly(ethylen-co-vinylacetat) 740
Poly(ethylen-co-N-vinylcarbazol) 741
Poly(ethylenglycol) 777
Poly(ethylenglycolterephtha-lat) 786
Poly(ethylenimin) 32, 795

Poly(ethylenoxid) 777
Poly(ethylenoxid-b-styrol), Morphologie 166
Poly(ethylensebacat) 784
Poly(ethylenterephthalat) 786, 996
Poly(fluoral) 776
Poly(formaldehyd) 774
—, s. a. Poly(oxymethylen)
Poly(fructose) 897
Poly(galactose) 892
Poly(glucan) 873
Poly(β-glucosamin) 891
Poly(glucose) 873
Poly(α-glucose) 877
Poly(L-glutaminsäure) 801
Poly(glycolid) 782
Polyharnstoff 805
Poly(hexafluorisobutylen-co-vinylidenfluorid) 762
Poly(hexafluorpropylen-co-tetrafluorethylen) 761
Poly(hexamethylendodecan-amid) 797
Poly(hexamethylensebacamid) 797
Poly(hexamethylenterephthal-amid) 803
Poly(hydantoin) 817
Polyhydrazid 808
Poly(p-hydroxybenzoesäure) 787, 996
Poly(β-hydroxybutyrat) 783
Poly(2-hydroxyethylmeth-acrylat) 768
Poly(hydroxymethylen) 774
Polyimid 812, 996, 1002
Poly(imidazopyrrolon) 817
Polyimin 795
Polyinsertion 548 ff.
—, Def. 440
Polyion 32
Poly(isobutylen) 742
Poly(isocyanat) 809, 813
Poly(isocyanurat) 504, 823
Poly(isopren) 747, 1012
Poly(isopropylacrylat), Isomeri-sierung 677
Poly(p-jodstyrol) 72
Polykondensation 485 ff.
—, addierende 486
—, Def. 13, 437
—, fester Zustand 512
—, Gleichgewicht 487
—, heterogene 498

—, Kinetik 497
—, multifunktionelle 504
—, Polymerisationsgrad 490
—, Polymerisationsgradverteilung 493
—, substituierende 485
—, technische 505
Poly(lactid) 782
Poly(laurinlactam) 803
Poly(p-lithiumstyrol) 72
Poly(mannose) 895
Polymer, s. a. Makromolekül
—, amorphes 160
—, anorganisches 899
—, Def. 2
—, fotovernetzbares 617
—, hart-elastisches 387
—, lebendes 439
— —, Molmassenverteilung 527
—, metallorganisches 911
—, mikrokristallines 155
—, -Polyol 811
—, -Reagentien 688
—, Reinigung 460
—, segmentiertes 34
—, Selbstmord 545
—, stereoreguläres 59
—, taktisches 59
—, techn., Namen 29
—, telechelisches 6
—, Trocknung 240
—, Weichmachung 948
m-Polymer 906
Polymereinkristall 150
Polymergemisch, Nachweis 36
Polymerholz 726
Polymerhomologie 4
Polymerisation, anionische 517
—, Def. 7, 437
—, (unter) Druck 610
—, elektrolytische 577
—, Elementarschritte 440
—, (in) Emulsion 603
—, enzymatische 565
—, experimentelle Verfolgung 459
—, fester Zustand 624
—, fotoaktivierte 619
—, (im) Gas 610
—, hydrolytische 799
—, ideal ataktische 451
—, in situ 963
—, ionische 515
—, isomerisierende 542
—, kationische 535

Sachregister

–, koordinative 548
–, lebende 439, 470, 520, 570, 580
–, (in) Lösung 603
–, (in) Masse 602
–, Metathese 562
–, pseudoionische 563
–, radikalische 570
–, regulierte 653
–, spontane, 441, 577
–, Statistik 449
–, Stereokontrolle 533, 599
–, stereoselektive 454
–, stereospezifische 454
–, strahlungsaktivierte 617
–, strahlungsinitiierte 618
–, strukturgesteuerte 441
–, (in) Substanz 602
–, technische 601
–, thermische 577
–, zeitgesteuerte 441
Polymerisationsenthalpie 478
Polymerisationsentropie 475
Polymerisationsgleichgewicht, Druckeinfluß 472
–, Konstitutionseinfluß 475
–, Lösungsmitteleinfluß 473
–, Temperatureinfluß 470
Polymerisationsgrad, Def. 4
–, Initiatorabhängigkeit 587
–, Massenmittel 5, 252
–, Mittelwerte 5
–, Temperaturabhängigkeit 588
–, Zahlenmittel 5, 252
Polymerisationskinetik 447
Polymerisationskleber 1059
Polymerisationsmechanismen, Unterscheidung 445
Polymerisationsspinnen 1026
Polymerlegierungen 968
Polymerreagenz 678
Polymerweichmacher 948, 950
Poly(methacrylimid) 768
Poly(methacrylnitril) 31
Poly(methacrylsäure) 686
Poly(methylen) 737
Poly(methylenbischlormalein-säureimide), PM 623
Poly(γ-methyl-L-glutamat) 801
Poly(methylmethacrylat) 767, 993
Poly(4-methylpenten-l) 742
Polymolekularität, Def. 5

Polymolekularitätsindex 256
Polymorphie 146
Poly(norbornen) 1018
Polynucleotide 825
Poly(octenamer) 751
Poly(α-olefine) 737
–, opt. Akt. 116
Poly(önanthlactam) 803
Poly(organophosphazen) 909
Poly(oxadiazol) 819 ff.
Poly(oxymethylen) 774, 996
Poly(oxyphenylen) 780
Poly(parabansäure) 818
Poly(pentenamer) 751
Polypeptid 837
Poly(phenylchinoxalin) 821
Poly(phenylen) 751
Poly(phenylenisophthalamid) 804
Poly(phenylenoxid) 780
Poly(phenylensulfid) 792, 1002
Poly(phenylensulfon) 792
Poly(phenylenterephthalamid) 803
Poly(phenylether) 780
Poly(phenylsesquisiloxan) 904
Poly(phosphat) 907
Polyphosphazen 909
Poly(phosphornitrilchlorid) 909
Poly(phosphorsäure) 32, 907
Poly(piperidon) 802
Poly(pivalolacton) 783
Polypren 747
Poly(β-propiolacton) 783
Poly(propylen) 741
–, Eigenschaften 993
–, Konformation 85
Poly(propylen-co-vinylchlorid) 764
Poly(propylenoxid) 777
–, Konstitution 30
Poly(propylensulfid) 790
Poly(pyrrolidon) 802
Polypyrrolon 817
Polyradikal 33
Polyreaktion 437
–, experimentelle Verfolgung 459
–, Gleichgewichte 464
Polyrekombination 581
Polysaccharide 868
Polysalz 32, 680
Polysäure, Def. 32

–, Säurestärke 682
Poly(siloxane) 903
Polysom 830, 845
Poly(styrol) 743
–, Eigenschaften 993
–, schlagfestes 962
–, techn. 992
Poly(sulfan) 24
Poly(sulfazen) 911
Polysulfid, aliphatisches 790
–, aromatisches 792
Polysulfidether 792
Polysulfon 792
Poly(terephthaloyloxamidrazon) 818
Poly(tetrafluorethylen) 85, 761
Poly(tetrafluorethylen-co-4-nitrosoperfluorbuttersäure) 761
Poly(tetrahydrofuran) 777
Poly(tetramethylenterephthalat) 787
Poly(triazin) 504, 822
Poly(triazol) 819 ff.
Poly(tridecanbrassylamid) 797
Poly(trifluorchlorethylen) 762
Polyuretdion 504
Polyurethane 543, 809, 1002
–, Eigenschaften 1002
Polyurethankautschuk 1017
Poly(valerolactam) 802
Poly(vinylacetal) 758
Poly(vinylacetat) 757
Poly(vinylacetat-co-vinyl-chlorid) 764
Poly(vinylalkohol) 758
–, Acetalisierung 688
–, Konstitution 30
–, Pfropfung 692
Poly(vinylamin) 32
Poly(vinylbutryal) 758
Poly(N-vinylcarbazol) 759
Poly(vinylchlorid) 763
–, Eigenschaften 993
–, nachchloriertes 763
–, Verfärbung 937
–, wärmebeständiges 739
Poly(vinylether) 759
Poly(vinylfluorid) 30, 762
Poly(vinylformal) 758
Poly(vinylidenchlorid) 764
Poly(vinylidenfluorid) 762
Poly(vinylimidazol) 674
Poly(vinylmethylketon),

Cyclisierung 687
Poly(vinylpivalat) 758
Poly(vinylpyridin) 32, 760
Poly(vinylpyridinoxid) 760
Poly(vinylpyrrolidon) 759
Poly(vinylschwefelsäure) 32
Poly(vinylsulfonsäure) 32
Poly(xylenol) 780
Poly(p-xylylen) 752
Poly(m-xylylenadipamid) 804
Popcorn-Polymerisation 590
Poromere 1048
Potential, chemisches 175, 187
Potentialenergie 79
Potentialschwelle 79
Poynting-Theorem 269
PPQ 821
Prandt-Eyring-Gl. 228
Präpolymer 1000
Precursor 853
Premix 929
Prepreg 985
Pressen 983
Preßholz 726
Primäracetat 890
Primärmolekül 46, 693
Primärstruktur 839
Primärvalenz 431
Primer 834, 1053
Prochiralität 54
Prolin 838
Proportionalitätsgrenze 368, 386
Propylen, PM 545, 555
Prosthetisch 837
Proteasen 853
Proteine 837 ff.
—, Biosynthese 845
—, Denaturierung 95
—, Helix-Gehalt 115
—, konjugierte 837
—, Kristalle 142
—, opt. Aktivität 115
—, Quartärstruktur 95
—, techn. 850
Protofibrille 859, 861
Protonübertragung 531
Protonverschiebung 31
Pseudo-Isoenzym 850
Pseudoasymmetrie 54
Pseudobruch 394
Pseudoplastizität 226
Psychrophil 844
PTC-Methode 841

Pullulan 880
Pulverkautschuk 1018
Pulverlack 1055
Punkt, kritischer 201, 206
Punktdefekt 149
Punktgruppe 51
Punktmutation 832
Purpurlinie 432
PVC (Kunststoff) 763
PVC (Pigmentkonzentration) 1052
Pyranose 869
Pyrolyse 699, 939
—, Gummi 1020
Pyromellithsäure 813
Pyroxylin 890
Pyrron 817

Q-Enzym 879
Q-e-Schema 641
Quartärstruktur 94, 839, 843
Quasibinarität 204
Quaterpolymer 34
Quellung 212
Quencher 620, 945
Quinterpolymer 34

Rabinowitsch-Weissenberg-Gl. 228
Racemat 54
Racemisch (bei Polymeren) 62, 69
Racemisierung 676
Radikal, Resonanzstabilisierung 580
Radikalanion 518
Radikalausbeute 574
Radikalfänger, s. Inhibitoren
Rakeln 984
Ramie 883
Raoultsches Gesetz 266
Rauchbildung 941
Rauhigkeit 405
Rayleigh-Verhältnis 272
Rayon 886, 1039, 1041
Rayonfaser, Def. 1077
Reaktantharz 1035
Reaktion, fotochemische 621
—, kettenanaloge 677
—, polymeranaloge 677
Reaktionsgrad 889
Reaktionsguß 983
Reaktivfarbstoff 929
Reaktivharz 678
Reaktivität, gleiche chemische 447
Recken 1003
Redoxinitiatoren 575
Redoxpolymere 689
Reflexion 51, 422
Reflexionskoeffizient 265
Reforming 718
Regeneratfaser 1022
Regeneratkautschuk 1020
Regler 598
Regularität, thermodynamische 176
Regulator 799
Reibung 392
Reibungsbeiwert 312
Reibungskoeffizient 220, 222
—, Sedimentation 286
Reibungsschweißen 989
Reihe, polymerhomologe 4
Reihenstruktur 340
Reinheit 430
Reißdehnung 386
Reißfestigkeit 386
Rekombination 581
Re-Konfiguration 55
Relativmethode 259
Relaxation 381
Remission 429
Reneker-Defekt 149
Repeat unit., s. Strukturelement
Reservepolysaccharid 868
Resit 752
Resitol 752
Resol 752
Retardation 382
Retrogradation 878
Reyon 886
—, s. Rayon
Rheopexie 229
Rheovibron 385
Rhodium-Katalysator, polymerer 673
Ribonucleinsäuren 829
Ribose 825, 871
Ribosom 830
Ribosomen-RNA 825
Ribulose 871
Ricinusöl 731
RIM 988
Ringbildung 479 ff.
Ringöffnungspolymerisation 876
Ringschluß-Reaktionen 687
Ringspannung 479
RNA, s. Ribonucleinsäure

m-RNA 825
r-RNA 825
t-RNA 825
RNS, s. Ribonucleinsäure
Rockwell-Härte 391
Roe-Fitch-Ugelstad-Theorie 605
Rohöl 717
Rohstoffe 713
Röntgenkleinwinkelstreuung 281
Röntgenographie 134, 167
Rotamer 75
Rotation 51
Rotationsbarriere 79
Rotationsdiffusion 218, 221
Rotationsdispersion, opt. 112
Rotationsguß 983
Rotationsisomer 75
Rotationswinkel 76
Rotationsviskosimeter 229, 302
Roving 970, 1023
RS-System 55
RTV 1016
Rücksprunghärte 392
Ruggli-Zieglersches Verdünnungsprinzip 482
Run number 42
Ruß 736

Sägebock-Projektion 57
Salmin 831
Sandwich-Spritzgießen 988
Sanger-Abbau 840
SAN-Polymer 743, 992, 994
Saran, Def. 1077
Sättigung 430
Saturation 430
Sauerstoffindex 939
SBR 1012
Schallfortpflanzung 170
Schappe 858
Schardinger-Dextrin 879
Schaschlik-Struktur 157, 340
Schaumerzeugung 975
Schaumstoff 974
Schergeschwindigkeit 225
Scherkraft 226
Schermodul 364
Schernachgiebigkeit 364
Scherspannung 226
Schichtenpolymer 48
Schichtpressen 983
Schief 77
Schießbaumwolle 890
Schlagbiegefestigkeit 394

Schlagfestigkeit, Blend 965
—, faserverstärkter Kunststoff 974
Schlagzähigkeit 394
—, s. a. Schlagfestigkeit
Schlankheitsverhältnis 1023
Schleier 427
Schleudern 983
Schlichte 1034
Schmelzbruch 229
Schmelzenthalpie 140
Schmelzgießen 987
Schmelzindex 232
Schmelzkleber 1058
Schmelzprozeß 340
Schmelzspinnen 1024
Schmelztemperatur 324, 341
Schmelzviskosität 232
Schmieden 990
Schneiden 990
Schnellpolymerisation 799
Schönfließ-Symbolik 51
Schotten-Baumann-Reaktion 485, 500, 785
Schrumpffolie 390, 1003
Schubkraft 226
Schubmodul 364
Schubspannung 226
—, generalisierte 301
Schulz-Blaschke-Gleichung 303
Schulz-Flory-Verteilung 245, 249, 588
Schüttdichte 982
Schutzkolloid 603
Schwanz/Schwanz-Struktur 30
Schwefel, polymerer 910
—, Polymerisation 468, 910
Schwefelgrad 791
Schweißen 989
Schweißfaktor 413
Schwellverhalten 378
Schwindung 994, 1001
Scott-Gl. 652
SCP 850
Sedimentationsgeschwindigkeit 286, 289
—, Dichtegradient 289
Sedimentationskoeffizient 286
Sedimentationskonstante, veraltet für Sedimentationskoeffizient
Seebeck-Koeffizient 417
Segment 92
Segmentpolymer, Def. 34
Segmentpolymere, s. a. Block-

polymere
Seide 857, 1041
Seitenkettenkristallisation 348
Sektor, rotierender 584
Sekundärstruktur 839, 842
Sekundärstrukturaggregat 842
Selbstinitiation 577
Selbstionisierung 539
Selbstklebeeffekt 1057
Selbstkondensation 486
Selbstleuchter 429
Selektivitätskoeffizient 265
Senioritätsregeln 20
Sensibilisierung 621 ff.
Sequenz, Def. 6
—, konstitutive 39
Sequenzanalyse, Proteine 840
Sequenzlänge, konfigurative 67
—, konstitutive 40
Sequenzverteilung, konstitutive 639
Sequenzzahl 42
Sericin 858
Serin 838
Serum (Blut) 864
Shade 430
Shore-Härte 392
Si-Konfiguration 55
SI-Einheiten 1065
Sicherheitsglas 759
Siedepunktserhöhung 266
Silan 23
Silanisieren 973
Silicone 903
—, organofunktionelle 904
Siliconkautschuk 1016
Silicose 680
Silikate 900 ff.
Silikat-Umwandlung 903
Single cell protein 850
Singlett-Zustand 619
Sintern 989
SKE 714
Skleroprotein 837, 857
Skleroskop 392
Slipping-Mechanismus 835
SMC 785, 985
Smektisch 159
Smith-Ewart-Harkins-Theorie 604
Smoked sheets 748
SMR 1012
SNG 719
Sodaverfahren 727
Solids content 1052

Sachregister

Solphase 207
Solvatation 217
Solvationenpaar 515
Sorbose 871
Spaghetti-Struktur 162
Spaltfaden 1029
Spaltgas 716
Spandex, Def. 1077
Spandexfaser 1042
Spannungsdoppelbrechung 168
Spannungskorrosion 396
Spannungsrißbildung 397
Spannungsverhärtung 386
Spannungsweichmachung 386
Speichermodul 384
Speichernachgiebigkeit 385
Spektralfarbenzug 432
Sphärolith 155, 339
—, Streuung 429
Spiegelung 51
Spin-Gitter-Relaxationszeit 328
Spinnbarkeit 1027
Spinnfaser 1023
Spinnrauch 1025
Spinnverfahren 1024, 1030
Spinodale 201
Spiro-Vbdg., PM 579
Spleißen 1029
Splitterfaden 1029
Spreitung 402
Springy polymers 387
Spritzblasen 989
Spritzen 984
Spritzgießblasen 989
Spritzgießen 987
Spritzpressen 983
Sprödbruch 393
Sprödigkeitstemperatur 329
Spunbonded sheet 1044
Stäbchen, ausgeschl. Volumen 97
—, Visk. 307
Stabilisator 599, 799
Standard-Lichtquelle 431
Standardabweichung, Def. 246
Stanzen 990
Stapeleffekt 829
Stapelfaser 1023
Stärke 877
Startreaktion, Def. 570
—, radikalische 571
Stationarität 582
Staudinger-Gleichung, modifizierte 309
Staudinger-Index 298

Staverman-Koeffizient 265
Steam reforming 716
Steifheit 364
Steifigkeit 384
Steinkohleeinheit 714
Stereoblockpolymer 63
Stereoformel 57
Stereoisomerie 53
Stereokomplex 199
Stereokontrolle, Aktivierungsenergien 458
—, Geschwindigkeitskonstanten 456
—, Statistik 449
Stereopoly(butadien) 1013
Stereoregularität 59
—, Bestimmung 67
Sternmolekül 43
Stirlingsche Näherung 182
Stockmayer-Fixman-Gl. 309
Stoffgewicht 939
Stokessche Gleichung 220
Stoßelastizität 392
Strand 970, 1024
Strangaufweitung 378
Strecken 988
Streckformen 988
Streckgrenze, techn. 386
Streckspannung 386
Streufunktion 279
Streulichtmethode, s. Lichtstreuung
Strömungsdoppelbrechung 221
Struktur, mesomorphe 158
—, übermolekulare 131
Strukturelement, Def. 3
—, sterisches 59
Strukturpolysaccharide 868
Strukturschaumstoff 974
Strukturviskosität 226
Stufenreaktion 439
Stundenglas-Diagramm 202
Styrol, PM 517, 522, 531, 539, 544, 564, 578
Styrol(p-sulfamid), PM 31
Subfibrille 861
Substituent 32
Substitution, Def. 25
Substitutionsgrad 889
Sulfatverfahren 727
Sulfatzellstoff 727
Sulfitablauge 730
Sulfizellstoff 727
Sulfochlorierung 739

Sulfoniumion 536
Supergitter 142
Superhelix 86
Superpolyamid 796
Supersäure 541
Superschlürfer 878
Supersekundärstruktur 86, 842
Surface coating 1051
Suspensionspolymerisation 602
Svedberg-Einheit 286
Svedberg-Gleichung 287
Switchboard-Modell 153
Symmetrieachse 51
Symmetrieebene 51
Symmetrieelement 51
Symmetriegruppe 51
Symmetrieoperation 51
Symmetriezentrum 51
Synclinal 77
Syncrude 722
Syndiotaktisch 59
Synergismus 937
Synperiplanar 77
Synthese, de novo 834
—, matrizenabhängige 834
—, primerabhängige 834
—, stimulierte 835
Synthesefaser 1022
Synthesegas 716
Synthesezellstoff 1047
Synthetase 851

Tagatose 871
Taktizität 58, 66, 453
Talose 871
Tangentialkraft 226
Tapered copolymer, s. Gradientenpolymer
Tauchen 984
Tecto-Verbdg. 18
Teflon 761
Teilvernetzung 45
Teleskop-Effekt 387
Telomer 6
Telomerisation 597
Telopeptid 861
Temkinsches Gesetz 901
Temperatur, krit. 202, 207
Templat 834
Termination 858
Terpolymer 34
Terpolymerisation 643
Tertiärstruktur 839, 842

Sachregister

Tetrade 39
Tetrahydrofuran, MS 732
—, PM 538
Tetrose 869
Tetroxan 774
Textilstoff 1044
Textilverbundstoff 1044
Thermo-EMK 417
Thermoanalyse 326
Thermodiffusion 218
Thermodynamik, statistische (Lsgn.) 182
Thermogravimetrie 700
Thermolastic, s. Elastoplast
Thermophil 844
Thermoplast 979 ff.
—, Blend 968
—, Def. 917
—, kautschukmodifizierter 961
—, Symbole 1070
—, temp.-best. 999
Thermospannung 417
Theta-Gemische 208
Theta-Lösung 176
Theta-Temperatur 176, 189, 207
Theta-Zustand 207
Thietan, PM 545
Thiiran, PM 545
Thixotropie 229
Threo-di-isotaktisch 64
Threo-di-syndiotaktisch 64
Threonin 838
Threshold limit value 704
Thymidilsäure 826
Thymidin 826
Thymin 826
Tiefziehen 988
Tiselius-Elektrophorese 224
Titer 1023
Topfzeit 811
Torf 722
Torsional braid 329
Torsionsbiegefestigkeit 399
Torsionsmodul 364
Torsionspendel 329, 385
Torsionswinkel 76
Tos 849
Totalreflexion 424
Traganth 894
Trans, Konformation 77
—, Taktizität 64
Transfer-RNA 825
Transferase 851
Transinitiation 802

Transkription 832
Translation 51, 832
Translationsdiffusion 218
Transluzens 426
Transmission 429
—, innere 425
Transparenz 425
Transpeptidisation 853
Transportphänomene 217
Transureidoalkylierung 807
Träger-Elektrophorese 224
Trägheitsradius, Knäuel 102
—, Molmassenabhängigkeit 108
Tränkverfahren 1026
Triacetatfaser 890
Triade 39
Triflic acid 541
Triketohydrinden 839
Triketoimidazolidin-Polymere 818
Trimellithsäure 814
Trioxan 774
Tripelhelix 86, 828
Triplett-Code 847
Triplett-Zustand 619
Tritylchlorid 537
Trockenspinnen 1025
Trocknung 240
Trommsdorf-Norrish-Effekt 590
Tropokollagen 861
Trübungskurve 205
Truxinsäure, Polymere der 627
Trypsin 854
Trypsinogen 854
Tryptophan 838
TSG-Verfahren 976
Tung-Verteilung 251
Turbulenz 229
Turn-over-number 853
Tyndall-Effekt 268
Tyrosin 838

Ubbelohde-Viskosimeter 300
Übergangstemperatur 470
—, thermodynamische 465
Übergangswahrscheinlichkeit 450
Übergangszustand 449
Übertragung, Def. 570
—, degradative 596
Übertragungskonstante 594
Übertragungsreaktion 531, 543, 592
Überzug 1051

UCST 202
Ultraschall 696
Ultraverstreckung 389
Ultrazentrifugation 282
Umsetzung, polymeranaloge 12, 677, 685
Umwandlung, s. a. Reaktion
—, thermische 321
Umwegfaktor 240
Unbuntheit 429
Uneinheitlichkeit, konstitutive 36
—, molekulare 256
Unimer, Def. 193
Unipolymer, zeitweilig gebräuchlicher Name für Copolymer
Untereinheit 843
—, Proteine 95
Unverträglichkeit 211
Uracil 825
Ureidoalkylierung 807
Uretdion 809
Uridin 826
Uridylsäure 826
Uronsäuren 872
UV-Absorber 945

Vakuumformen 988
Valenzwinkelkette 102
Valin 838
Value 430
Van't Hoff-Gleichung 261
Vaporometrie 267
Vehicle 1052
Verbindung, energiereiche 833
Verbrennung 939
Verbundwerkstoff 948, 969
Verdünnungsenergie 189
Verdünnungsgesetz, Ostwaldsches 524
Verformung 385
Verformungsbruch 393
Verglasen 991
Verhakung 232, 375, 377
Verhältnis, charakteristisches 103
—, dichroitisches 169
Verknüpfung, interlamellare 155
Verlustfaktor 385
—, dielektrischer 413
—, mechanischer 357
Verlustleistung 412 ff.
Verlustmodul 384
Verlustnachgiebigkeit 385

Vernetzung 693
—, Epoxide 779
—, physikalische 47
—, s. a. Aushärtung, Härtung, Vulkanisation
Vernetzungsdichte, Def. 45
Vernetzungsgrad, Def. 45
Vernetzungsindex 46
Vernetzungsreaktionen 505
Versamid 797
Verspinnen 379
Verstärkung, Def. 929
Verstrammung 746
Verstrecken 389, 1031
Verstreckung, maximale 389
—, natürliche 389
Verstreckungsgrad 167
Verstreckungsverhältnis 385
Verteilungsfunktion 244
Verzögerung 592
Verzweigung 43
—, (über) Visk. 317
Vicat-Temperatur 329
Vickers-Härte 392
Vielketten-Mechanismus 568
Vinal, Def. 1077
Vinylcarbazol, PM 538
Vinylcyclopropan, PM 579
Vinylesterharz 785
Vinylether, PM 536 ff.
Vinylidencyanid, PM 518
Vinylidenvbdg. 571, 757
Vinylvbdg. 571, 757
Vinyon, Def. 1077
Virial 190
Virialkoeffizient 190
—, Knäuel 192
—, Kugel 192
—, Stäbchen 192
Virion 831
Virus 831
Viscose 885
Viskoelastizität, Def. 379
Viskosimeter 229
Viskosimetrie 297
Viskosität 225
—, inhärente, Def. 304
—, relative, Def. 297
—, Schmelze 232
—, spezifische, Def. 297
Viskositätsmittel 253
VK-Verfahren 802
Vliesstoff 1045
Voigt-Körper 380
Volumen, ausgeschlossenes 93, 96, 191
—, freies 160
—, hydrodynamisches 217
—, spezifisches 139
Volumenbruch, krit. 202
Volumenpolarisation 416
Vorzugselement, statistisches 104
Vulkanfiber 884
Vulkanisation 1010
—, s. a. Aushärtung, Härtung, Vernetzung

Wachstum, rad. PM 579
Wachstumsreaktion, Def. 570
Wackel-Effekt 847
Walzen 985
Wärme, spez. 325
— —, s. Wärmekapazität
Wärmeaggregation 95
Wärmedenaturierung 95
Wärmeformbeständigkeit 329
Wärmekapazität 322, 325
Wärmeleitfähigkeit 358
Wärmestabilisator 933, 937
Warmkautschuk 745
Warmpolymerisation 745
Warmpressen 983
Wash primer 1053
Wassergas 716
Watson-Crick-Modell 828
Wechselwirkungsparameter, Def. 184
—, krit. 202, 206
Wechselzahl 853
Weich-PVC 763, 949
Weichkleber 1060
Weichmacher 948
—, sekundärer 952
—, technischer 952
Weichmachung, innere 356
Weichphase 1019
Weichsegment 1020
Weissenberg-Effekt 378
Weissenberg-Gl. 231
Weisspigment 426, 429
Wellenlänge, farbtongleiche 432
Werkstoffe, Wirtschaftlichkeit 980
Wesslau-Verteilung 247
Whisker 970
Wildleder, synthetisches 1049
Wilhelmy-Methode 403
Williams-Landel-Ferry-Gleichung 235, 353

Windschief 77
Wirbelsintern 990
WLF-Gleichung 235, 353
Wobble-Effekt 847
Wöhler-Kurve 399
Wolle 859
—, Eigenschaften 1040
—, Filzfreiausrüsten 512

Xanthane 896
Xanthogenieren 885
Xanthoproteinreaktion 840
Xerographie 420
Xylane 896
Xyloketose 871
Xylose 871

Yamakawa-Gl. 100
Ylid 546
Young-Gl. 404
Young-Modul 363

Z-Mittel 243, 252
Zahlenmittel 5, 252
Zähbruch 393
Zähigkeit 226
—, s. Viskosität
Zeitfestigkeit 398
Zeitschwingungsfestigkeit 399
Zeitstandfestigkeit 398
Zellglas 885 ff.
Zellstoff 727
Zellwolle 886
4-Zentren-Reaktion 623
Zerfall, induzierter 573
Ziegler-Katalysator 548 ff.
Ziegler-Natta-Polymerisation 548
Ziegler-Polymerisation 746
Ziehen 988
Ziehformen 988
Zimm-Crothers-Viskosimeter 302
Zimm-Diagramm 279
Ziplänge 702
Zisman-Verfahren 406
Zonenzentrifugation 292
Zucker, s. Kohlenhydrate
Zugbruch 393
Zugfestigkeit, Blend 965
—, Verbundwerkstoff 972
Zugnachgiebigkeit 363
Zugspannung 385
—, nominelle 386
—, reale 386

Zugversuch 385
Zusammensetzung, konstitutive 35
Zustand, amorpher 160
—, angeregter 619

Zwillingsfaser 1027
Zwischengitteratom 149
Zwitterionen 648
—, PM 545
Zylinder, ausgeschl. Vol. 97

—, s. a. Stäbchen
Zymogen 853

Hüthig

Praktikum der makromolekularen organischen Chemie

von Prof. Dr. Dietrich Braun, Prof. Dr. Harald Cherdon und Prof. Dr. Werner Kern
3., überarb. und erw. Aufl. 1979, 333 S., 35 Abb., geb., DM 68,50
ISBN 3-7785-0539-4

An einer Reihe von Universitäten werden bereits Polymer-Praktika für Chemiker angeboten. Trotzdem erfahren viele Chemiker während ihres Studiums noch immer sehr wenig über dieses Gebiet und haben vor allem keine Gelegenheit, sich durch eigene Versuche mit den experimentellen Methoden der makromolekularen Chemie vertraut zu machen.
Hier soll das „Praktikum der makromolekularen organischen Chemie" helfen. Ausführliche Beschreibungen der allgemeinen Arbeitsmethoden zur Darstellung und Untersuchung von Polymeren, ergänzt durch über 100 gut ausgearbeitete Versuchsvorschriften mit ausreichenden theoretischen Erläuterungen ermöglichen es, Synthese, Reaktionen und Eigenschaften makromolekularer Stoffe kennenzulernen.

Inhaltsübersicht

Grundbegriffe der makromolekularen Chemie • Arbeitsmethoden der Polymerchemie • Theoretische und praktische Grundlagen der Synthesen von makromolekularen Stoffen durch Polymerisation, Polykondensation und Polyaddition • Chemische Umsetzungen mit makromolekularen Stoffen

Beispiel- und Aufgabensammlung zur Technologie der Verarbeitung von Polymeren

von V. N. Krasovskij und A. M. Voskresenskij
1978, 253 S. 36 Abb. und 64 Tab., Kunststoffeinband, DM 39,–
VEB Deutscher Verlag für Grundstoffindustrie, Leipzig.
Zu beziehen durch Dr. Alfred Hüthig Verlag GmbH.

Die bedeutende Steigerung der Produktion von Plasterzeugnissen und deren qualitative Verbesserung geht untrennbar mit der Anwendung hochproduktiver Verarbeitungsmaschinen und einer rationellen Prozeßführung einher. Das ist jedoch nur bei der Ausnutzung wissenschaftlich begründeter Berechnungsmethoden der Verarbeitungsmaschinen möglich.
In dem vorliegenden Buch werden die mathematischen Modelle der Grundprozesse der Verarbeitung von Polymeren für die ingenieurwissenschaftliche Verwertung aufbereitet. Die entwickelten Algorithmen, Nomogramme und EDV-Programme erlauben, in der studentischen Ausbildung von Verfahrens- und Verarbeitungstechnikern höhere Fertigkeiten bei der Berechnung zu entwickeln. Die zahlreichen Aufgaben und Anwendungsbeispiele dürften besonders für den Ingenieur in der Praxis von großem Nutzen sein.

Inhaltsübersicht

Technologische Eigenschaften polymerer Werkstoffe • Verarbeitungsmethoden polymerer Werkstoffe • Kontinuierliches und diskontinuierliches Mischen • Tablettieren und Pressen • Spritzgießen • Extrusion • Pneumatische Druck- und Vakuumformung • Walzen und Kalandrieren • Herstellung von Erzeugnissen aus Schichtpreßstoffen und glasfaserverstärkten Plastwerkstoffen durch Wickeln • Fügen und Veredeln (Schweißen und Wirbelsintern)

Dr. Alfred Hüthig Verlag · Postfach 10 28 69 · 6900 Heidelberg 1